Springer-Lehrbuch

Jürgen Bortz

Statistik
für Human- und Sozialwissenschaftler

Sechste, vollständig überarbeitete und aktualisierte Auflage
mit 84 Abbildungen und 242 Tabellen

Prof. Dr. Jürgen Bortz
Institut für Psychologie und Arbeitswissenschaft
TU Berlin, Fakultät V
Franklinstr. 28/29, 10587 Berlin

Mitarbeit (SPSS-Anhang):
Dr. René Weber
Institut für Psychologie und Arbeitswissenschaft
TU Berlin, Fakultät V
Franklinstr. 28/29, 10587 Berlin

ISBN 3-540-21271-X 6. Auflage
Springer Medizin Verlag Heidelberg

Bibliografische Information Der Deutschen Bibliothek
Die Deutsche Bibliothek verzeichnet diese Publikation in der Deutschen Nationalbibliografie;
detaillierte bibliografische Daten sind im Internet über http://dnb.ddb.de abrufbar.

Dieses Werk ist urheberrechtlich geschützt. Die dadurch begründeten Rechte, insbesondere die der Übersetzung, des Nachdrucks, des Vortrags, der Entnahme von Abbildungen und Tabellen, der Funksendung, der Mikroverfilmung oder der Vervielfältigung auf anderen Wegen und der Speicherung in Datenverarbeitungsanlagen, bleiben, auch bei nur auszugsweiser Verwertung, vorbehalten. Eine Vervielfältigung dieses Werkes oder von Teilen dieses Werkes ist auch im Einzelfall nur in den Grenzen der gesetzlichen Bestimmungen des Urheberrechtsgesetzes der Bundesrepublik Deutschland vom 9. September 1965 in der jeweils geltenden Fassung zulässig. Sie ist grundsätzlich vergütungspflichtig. Zuwiderhandlungen unterliegen den Strafbestimmungen des Urheberrechtsgesetzes.

Springer Medizin Verlag
Ein Unternehmen von Springer Science+Business Media

springer.de

© Springer Medizin Verlag Heidelberg 1977, 1979, 1985, 1989, 1993, 1999, 2005
Printed in Italy

Die Wiedergabe von Gebrauchsnamen, Handelsnamen, Warenbezeichnungen usw. in diesem Werk berechtigt auch ohne besondere Kennzeichnung nicht zu der Annahme, dass solche Namen im Sinne der Warenzeichen- und Markenschutz-Gesetzgebung als frei zu betrachten wären und daher von jedermann benutzt werden dürften.

Planung: Dr. Svenja Wahl
Projektmanagement: Michael Barton
Zeichnungen: G. Hippmann, Nürnberg
SPIN: 10818340
Satz: K + V Fotosatz GmbH, Beerfelden
Gedruckt auf säurefreiem Papier   26/3160/SM – 5 4 3 2 1 0

Vorwort zur sechsten Auflage

Aufbau und didaktisches Konzept der 5. Auflage haben sich offenbar bewährt, sodass hierzu nur einige „Schönheitskorrekturen" angebracht waren. Nach wie vor behandelt das Buch drei Teile: Elementarstatistik, Varianzanalytische Methoden und Multivariate Methoden. Die Anfänger werden auch in dieser Auflage viele Hilfen finden, statistische Verfahren zu verstehen und auch rechnerisch nachzuvollziehen. Für fortgeschrittene Leserinnen und Leser habe ich neuere Literatur und aktuelle Entwicklungen eingearbeitet, die belegen, dass es für die Anfertigung dieser Neuauflage gute Gründe gab.

Aber auch in der 6. Auflage habe ich auf die Darstellung noch nicht ausgereifter „Modetrends" verzichtet, die in jüngster Zeit vor allem im Umfeld der elektronischen Datenverarbeitung entstanden sind (z. B. zum Stichwort „Data Mining"). In diesem Zusammenhang sei eine kurze Anmerkung erlaubt: Die Statistik-Softwarepakete samt Begleitliteratur haben erfreulicherweise ohne Frage erheblich dazu beigetragen, „Berührungsängste" gegenüber mathematisch und rechnerisch aufwändigen statistischen Analysen abzubauen. Weniger erfreulich ist es allerdings, dass statistische Verfahren zunehmend häufiger unkritisch, wenn nicht gar falsch angewendet bzw. interpretiert werden. Allein der Einsatz einer komplizierten statistischen Analyse macht aus einer im Übrigen dürftigen Forschungsarbeit noch längst keine bahnbrechende Wissenschaft!

Ich danke allen, die durch konstruktive Beiträge und Kritik zur Verbesserung des Statistik-Buches beigetragen haben, verbunden mit der erneuten Bitte um Korrektur- und Ergänzungsvorschläge. Mein besonderer Dank gilt meiner Kollegin Frau Prof. Dr. K. Borcherding für ihre wertvollen Anregungen. Herr Dr. R. Weber hat – jetzt in eigener Verantwortung – den Anhang E (Statistik mit SPSS) überarbeitet, und Frau Dr. H. Klemmert, Herr Priv.-Doz. Dr. R. Oesterreich sowie Herr Dr. K. Leitner waren wichtige Berater für statistische Detailfragen. Die Schreibarbeiten wurden wie immer zuverlässig von Frau I. Ottmers erledigt, und verlagsseitig haben Frau Dr. S. Wahl und Frau M. Seeker das Buchprojekt geplant und betreut. Vielen Dank!

Berlin, im Sommer 2004   Jürgen Bortz

Vorwort zur ersten Auflage

Mit diesem Buch wird der Versuch unternommen, eine Reihe von statistischen Verfahren sowie deren Beziehungen untereinander und zu generellen sozialwissenschaftlichen Methodenproblemen zu behandeln, die gewöhnlich nicht in einem einzelnen Jahrbuch erörtert werden. Angesichts des weitgesteckten inhaltlichen Rahmens und einer Begrenzung des geplanten Buchumfangs mussten allerdings bezüglich der mathematischen Herleitung der Verfahren einige Abstriche gemacht werden. Mir kam es vor allem darauf an, dem Leser die interne Logik, die rechnerische Durchführung und den Stellenwert der behandelten statistischen Methoden im Rahmen empirischer Forschungen zu verdeutlichen, wobei ich hierbei den Vorwurf gelegentlicher Weitschweifigkeit gern in Kauf nehme. Obgleich es mein Bestreben war, die für dieses Buch relevante Literatur möglichst weitgehend zu berücksichtigen, bin ich mir sicher, dass der eine oder andere wichtige Beitrag übersehen wurde. Für diesbezügliche Anregungen sowie Hinweise auf Formel- und Rechenfehler, die vermutlich trotz mehrfachen Korrekturlesens nicht entdeckt wurden, bin ich dem Leser sehr dankbar.

Das Buch ist aus Lehrveranstaltungen hervorgegangen, die ich seit mehreren Jahren im Fach „Psychologische Methodenlehre" am Institut für Psychologie der Technischen Universität Berlin durchführe. Es wendet sich dementsprechend an einen **Leserkreis**, dem in erster Linie Psychologiestudenten angehören. Da jedoch Verfahren behandelt werden, die generell einsetzbar sind, wenn es um die Auswertung empirischer Daten geht, kann dieses Buch auch dem Studenten der Soziologie, der Pädagogik, der Medizin, der Wirtschaftswissenschaften usw. Anregungen vermitteln. Besondere mathematische Vorkenntnisse, die über die übliche schulmathematische Vorbildung hinausgehen, sind zum Verständnis des Textes nicht erforderlich.

Beim **didaktischen Aufbau** des Buches wurde darauf Wert gelegt, die Verfahren so aufzubereiten, dass der Leser den jeweiligen Rechengang selbständig nachvollziehen kann. Jedes Verfahren wird deshalb an einem Zahlenbeispiel demonstriert, an dem die zuvor dargestellten und zum Teil abgeleiteten Formeln und Rechenvorschriften erläutert werden. Dem Anfänger sei empfohlen, in einem ersten Durchgang nur diejenigen Kapitel zu lesen, die durch ein ▷ markiert sind, und Absätze, in denen Spezialfragen oder mathematische Herleitungen aufgegriffen werden, zu übergehen. Auf diese Weise wird dem Leser zunächst ein Gesamtüberblick über den behandelten Stoff sowie die Indikation und Interpretation der Verfahren vermittelt. In einem zweiten vollständigen Durchgang können dann das bereits vorhandene Wissen vertieft und die Begründung für die jeweiligen Rechenregeln nachvollzogen werden. Das Buch ist gleichermaßen als Einführungslektüre wie auch als Nachschlagewerk geeignet.

Nachdem die Kultusministerkonferenz Rahmenrichtlinien für die Ausbildung im Fach Psychologie verabschiedet hatte, wurden „Psychologische Methodenlehre und

Statistik" praktisch an allen psychologischen Instituten Bestandteil der Diplom-Vorprüfung. Die Statistik würde sicherlich im Kontext der übrigen Prüfungsfächer überproportional gewichtet werden, wenn man den gesamten, hier behandelten Stoff zum obligatorischen Wissensbestand eines Vorexamens deklarieren wollte. Um den Studenten dennoch bei seinen Prüfungsvorbereitungen anzuleiten, wurden im Anschluss an jedes Kapitel Übungsaufgaben in Form von Wissens- und Verständnisfragen formuliert, die jeweils eine gezielte Auswahl der zuvor behandelten Inhalte aufgreifen. Mit dieser Sammlung von Übungsaufgaben sollen Schwerpunkte gesetzt werden, die es dem Studenten erleichtern, die für ein Psychologiestudium besonders wichtigen methodischen Ansätze und Verfahren sowie deren Bedeutung zu erkennen.

Der **Inhalt** des Buches ist in drei Teile gegliedert, in denen die *Elementarstatistik, varianzanalytische Methoden und multivariate Methoden* behandelt werden. Die Vereinigung dieser drei für die Datenanalyse wichtigen Bereiche in einem Buch hat – so hoffe ich – den Vorteil, dass der Leser auch an kompliziertere statistische Gedankengänge herangeführt werden kann, die erfahrungsgemäß leichter verstanden werden, wenn allmählich auf bereits erworbenem Wissen aufgebaut wird und die Möglichkeit besteht, Parallelen und Äquivalenzen zwischen bereits behandelten Verfahren und neu zu erarbeitenden Inhalten aufzuzeigen bzw. zu entdecken.

Vor der eigentlichen Behandlung der statistischen Verfahren wird in der Einleitung die wissenschaftstheoretische Bedeutung der Statistik im Rahmen empirischer Untersuchungen erörtert. Das erste Kapitel beginnt mit einigen Bemerkungen zur Messtheorie und wendet sich dann der deskriptiven Statistik zu. Problematisch für den Anfänger und zu wenig ausführlich für den Experten ist möglicherweise Kap. 2, in dem Fragen der Wahrscheinlichkeitstheorie und Wahrscheinlichkeitsverteilungen aufgegriffen werden. In diesem Kapitel musste eine Auswahl aus Gebieten gefunden werden, die in der mathematischen Statistik nicht selten mehrere Bände füllen. Es wurde versucht, diese schwierige Materie in den für uns relevanten Ausschnitten möglichst einfach darzustellen, um den Leser auf das in der Statistik wichtige Denken in Wahrscheinlichkeiten vorzubereiten. Kapitel 3 (Stichprobe und Grundgesamtheit) leitet zur Inferenzstatistik über und ist zusammen mit Kap. 4 (Formulierung und Überprüfung von Hypothesen) für alle folgenden Kapitel von grundlegender Bedeutung. Relativ breiten Raum nehmen dann die Kap. 5 und 6 über verschiedene Techniken zur Überprüfung von Unterschieds- und Zusammenhangshypothesen ein.

Die Kapitel 7 bis 12 (Teil II) behandeln varianzanalytische Methoden. Neben den „klassischen" Varianzanalysen (einfaktorielle Varianzanalyse in Kap. 7 und mehrfaktorielle Varianzanalyse in Kap. 8) werden zahlreiche Spezialfälle und Modifikationen mit der Intention aufgegriffen, den Leser zu befähigen, durch eine geeignete Kombination der entsprechenden varianzanalytischen „Bausteine" einen der jeweiligen inhaltlichen Fragestellung optimal angepassten Versuchs- und Auswertungsplan zu konstruieren. Kapitel 9 behandelt Varianzanalysen mit Messwiederholungen, Kap. 10 kovarianzanalytische Pläne **und Kap.** 11 unvollständige Versuchspläne wie z. B. quadratische und hierarchische **Anord**nungen. In diesen Kapiteln habe ich bewusst auf eine Behandlung des theoretischen Hintergrundes verzichtet und mich hauptsächlich um eine verständliche und durchsichtige Darstellung der ohnehin recht komplizierten Rechenregeln und der Einsatzmöglichkeiten der einzelnen Verfahren bemüht. Der theoretische Hintergrund der behandelten Varianzanalysen wird in Kap. 12 gesondert behandelt. Dieses Kapitel dürfte zu den schwierigsten des Buches zählen und ist sicherlich ohne ein vorheriges Durcharbeiten des Anhangs B über das Rechnen mit Erwartungswerten nur schwer zu verstehen. Den Abschluss dieses Kapitels stellt eine Methode dar, die es in schematischer Weise gestattet, auch solche varianzanalytischen Versuchspläne einzusetzen, die nicht im Detail behandelt werden.

Im Teil III schließlich gehe ich auf die Verfahren ein, die üblicherweise unter dem Sammelbegriff „Multivariate Methoden" zusammengefasst werden. Da der Einsatz eines multivariaten Verfahrens nicht unbedingt ein detailliertes Verständnis seines mathematischen Aufbaus voraussetzt, werden in diesem Teil Fragen der Indikation und Interpretation der Verfahren deutlich von der jeweiligen mathematischen Durchführung getrennt. Dennoch wurde Wert darauf gelegt, den Rechengang der Verfahren anhand einfacher Zahlenbeispiele auch denjenigen Lesern zu erklären, die weder in der Matrix-Algebra noch in der Differentialrechnung sattelfest sind. Im einzelnen gehe ich ein auf die multiple Korrelation und Regression (Kap. 13), die Faktorenanalyse mit besonderer Berücksichtigung der Hauptkomponentenanalyse (Kap. 14), multivariate Mittelwertsvergleiche und Klassifikationsprobleme (Kap. 15) sowie die Diskriminanzanalyse und die kanonische Korrelationsanalyse (Kap. 16). Beziehungen zwischen varianzanalytischen und multivariaten Methoden werden durch die Analyse sog. „Designmatrizen" verdeutlicht.

Mein herzlicher Dank gilt Herrn Dr. R.K. Silbereisen und Herrn Dipl.-Psych. R. Oesterreich für die kritische Durchsicht des Manuskripts und die zahlreichen Anregungen, den Text verständlicher und durchsichtiger zu gestalten. Mein besonderer Dank gilt auch Herrn Professor Dr. K. Eyferth, der sich trotz vieler Belastungen die Zeit nahm, Teile des Manuskriptes zu überarbeiten. Sehr hilfreich war für mich die Mitarbeit von Herrn Dipl.-Psych. E. Schwarz, der den größten Teil der Zahlenbeispiele durchrechnete und nach Fertigstellung des Manuskripts korrigierte.

Mein Dank gilt ferner Herrn cand. psych. M. Hassebrauck für Literaturbeschaffungen, den Herren cand. math. R. Budke, Dr. W. Korte, Dipl.-Psych. K. Krüger, Professor Dr. U. Tewes, Dipl.-Psych. H. Tröger und Dipl.-Psych. K. Werkhofer für die Mithilfe bei der Lösung einzelner Probleme sowie Frau Dr. C. Wolfrum, die einzelne Teilkapitel mathematisch überarbeitete. Herrn M. Eistert danke ich für die Anfertigung der Abbildungsvorlagen und Frau K. Eistert sowie Frau H. Weiss für das Schreiben des Manuskripts. Bedanken möchte ich mich auch bei Frau cand. psych. O. Wolfslast und Frau cand. psych. S. Knoch, die mir bei der Überprüfung der Korrekturabzüge und der Anfertigung der Register behilflich waren. Nicht unerwähnt bleiben soll die Tatsache, dass alle Mitarbeiter des Instituts für Psychologie der Technischen Universität Berlin dazu beigetragen haben, mich während der Anfertigung des Manuskripts von universitären Verwaltungsaufgaben zu entlasten. Ihnen allen sei hiermit herzlich gedankt.

Berlin, im Frühjahr 1977   Jürgen Bortz

Inhaltsverzeichnis*

▷ Vorbemerkungen: Empirische Forschung
und Statistik 1

Teil I Elementarstatistik

▷ Einleitung 14

Kapitel 1 Deskriptive Statistik 15

▷ 1.1   Messtheoretische Vorbemerkungen 15
▷ 1.2   Tabellarische Darstellung der Daten 27
▷ 1.3   Graphische Darstellung der Daten 30
▷ 1.4   Statistische Kennwerte 34
▷ 1.4.1 Maße der zentralen Tendenz 35
▷ 1.4.2 Dispersionsmaße 39
▷ 1.4.3 z-Werte 44
  1.4.4 Schiefe und Exzess 45
  Übungsaufgaben 46

Kapitel 2 Wahrscheinlichkeitstheorie und Wahrscheinlichkeitsverteilungen . 49

▷ 2.1   Grundbegriffe der Wahrscheinlichkeitsrechnung 49
▷ 2.1.1 Zufallsexperimente und zufällige Ereignisse 50
▷ 2.1.2 Relative Häufigkeiten und Wahrscheinlichkeiten 52
  2.2   Variationen, Permutationen, Kombinationen 59
▷ 2.3   Wahrscheinlichkeitsfunktionen und Verteilungsfunktionen 62
  2.4   Diskrete Verteilungen 65
  2.4.1 Binomialverteilung 65
  2.4.2 Hypergeometrische Verteilung 70
  2.4.3 Poisson-Verteilung 71
  2.4.4 Weitere diskrete Verteilungen 72
  2.5   Stetige Verteilungen 73
▷ 2.5.1 Normalverteilung 73
  2.5.2 χ^2-Verteilung 79
  2.5.3 t-Verteilung 81
  2.5.4 F-Verteilung 81
  2.5.5 Vergleich von F-, t-, χ^2- und Normalverteilung 82
  Übungsaufgaben 83

Kapitel 3 Stichprobe und Grundgesamtheit 85

▷ 3.1   Stichprobenarten 86
▷ 3.2   Die Stichprobenkennwerteverteilung 89
▷ 3.2.1 Die Streuung der Stichprobenkennwerteverteilung 90
▷ 3.2.2 Die Form der Stichprobenkennwerteverteilung 93
▷ 3.2.3 Der Mittelwert der Stichprobenkennwerteverteilung 94
  3.3   Kriterien der Parameterschätzung 95
  3.4   Methoden der Parameterschätzung 98
▷ 3.5   Intervallschätzung 100
▷ 3.6   Bedeutung des Stichprobenumfangs 104
  Übungsaufgaben 106

Kapitel 4 Formulierung und Überprüfung von Hypothesen 107

▷ 4.1   Alternativhypothesen 108
▷ 4.2   Die Nullhypothese 109
▷ 4.3   Fehlerarten bei statistischen Entscheidungen 110
▷ 4.4   Signifikanzaussagen 111
▷ 4.5   Einseitige und zweiseitige Tests 116
▷ 4.6   Statistische Signifikanz und praktische Bedeutsamkeit 119
▷ 4.7 α-Fehler, β-Fehler und Teststärke 121
▷ 4.8   Bedeutung der Stichprobengröße 125

---

* Die mit einem ▷ versehenen Textteile werden zusammen mit den Einleitungen zu den Kapiteln dem Anfänger als Erstlektüre empfohlen.

	4.9	Praktische Hinweise	128
▷	4.10	Multiples Testen	129
	4.11	Monte-Carlo-Studien und die Bootstrap-Technik	130
		Übungsaufgaben	133

Kapitel 5 Verfahren zur Überprüfung von Unterschiedshypothesen . . . 135

	5.1	Verfahren für Intervalldaten	136
▷	5.1.1	Vergleich eines Stichprobenmittelwertes mit einem Populationsparameter	136
▷	5.1.2	Vergleich zweier Stichprobenmittelwerte aus unabhängigen Stichproben (t-Test) .	140
▷	5.1.3	Vergleich zweier Stichprobenmittelwerte aus abhängigen Stichproben (t-Test)	143
	5.1.4	Vergleich einer Stichprobenvarianz mit einer Populationsvarianz	146
▷	5.1.5	Vergleich zweier Stichprobenvarianzen (F-Test)	148
	5.2	Verfahren für Ordinaldaten	150
	5.2.1	Vergleich von zwei unabhängigen Stichproben hinsichtlich ihrer zentralen Tendenz (U-Test von Mann-Whitney)	150
	5.2.2	Vergleich von zwei abhängigen Stichproben hinsichtlich ihrer zentralen Tendenz (Wilcoxon-Test)	153
▷	5.3	Verfahren für Nominaldaten	154
▷	5.3.1	Vergleich der Häufigkeiten eines zweifach gestuften Merkmals	156
	5.3.2	Vergleich der Häufigkeiten eines k-fach gestuften Merkmals	162
	5.3.3	Vergleich der Häufigkeiten von zwei alternativen Merkmalen	168
▷	5.3.4	Vergleich der Häufigkeiten von zwei mehrfach gestuften Merkmalen	172
	5.3.5	Vergleich der Häufigkeiten von m alternativ oder mehrfach gestuften Merkmalen (Konfigurationsfrequenzanalyse)	175
▷	5.3.6	Allgemeine Bemerkungen zu den χ^2-Techniken	176
		Übungsaufgaben	177

Kapitel 6 Verfahren zur Überprüfung von Zusammenhangshypothesen . 181

	6.1	Merkmalsvorhersagen	182
▷	6.1.1	Lineare Regression	183
▷	6.1.2	Statistische Absicherung	191
	6.1.3	Nonlineare Regression	196
▷	6.2	Merkmalszusammenhänge	201
▷	6.2.1	Kovarianz und Korrelation	203
▷	6.2.2	Überprüfung von Korrelationshypothesen	213
▷	6.3	Spezielle Korrelationstechniken	224
	6.3.1	Korrelation zweier Intervallskalen	224
	6.3.2	Korrelation einer Intervallskala mit einem dichotomen Merkmal	224
	6.3.3	Korrelation einer Intervallskala mit einer Ordinalskala	227
	6.3.4	Korrelation für zwei dichotome Variablen	227
	6.3.5	Korrelation eines dichotomen Merkmals mit einer Ordinalskala (biseriale Rangkorrelation)	231
	6.3.6	Korrelation zweier Ordinalskalen	232
	6.3.7	„Korrelation" zweier Nominalskalen (Kontingenzkoeffizient)	234
▷	6.4	Korrelation und Kausalität	235
		Übungsaufgaben	236

Teil II Varianzanalytische Methoden

▷		Einleitung	243

Kapitel 7 Einfaktorielle Versuchspläne 247

▷	7.1	Grundprinzip der einfaktoriellen Varianzanalyse	248
	7.2	Ungleiche Stichprobengrößen	260
	7.3	Einzelvergleiche	263
	7.3.1	Konstruktionsprinzipien	263
	7.3.2	Zerlegung der Treatmentquadratsumme	267
	7.3.3	α-Fehler-Korrektur	271
	7.3.4	Einzelvergleiche a priori oder a posteriori?	272
	7.3.5	Scheffé-Test	274
	7.4	Trendtests	276
	7.4.1	Äquidistante Stufen	276
	7.4.2	Beliebige Abstufungen	281

7.4.3	Monotone Trends	282
▷ 7.5	Voraussetzungen der einfaktoriellen Varianzanalyse	284
	Übungsaufgaben	287

Kapitel 8 Mehrfaktorielle Versuchspläne ... 289

▷ 8.1	Zweifaktorielle Varianzanalyse	290
8.2	Einzelvergleiche	305
8.3	Drei- und mehrfaktorielle Varianzanalysen	312
8.4	Ungleiche Stichprobengrößen	321
8.5	Varianzanalyse mit einem Untersuchungsobjekt pro Faktorstufenkombination ($n=1$)	325
8.6	Voraussetzungen mehrfaktorieller Versuchspläne	328
	Übungsaufgaben	329

Kapitel 9 Versuchspläne mit Messwiederholungen ... 331

▷ 9.1	Einfaktorielle Varianzanalyse mit Messwiederholungen	331
9.2	Mehrfaktorielle Varianzanalysen mit Messwiederholungen	336
9.3	Voraussetzungen der Varianzanalyse mit Messwiederholungen	352
	Übungsaufgaben	359

Kapitel 10 Kovarianzanalyse ... 361

▷ 10.1	Einfaktorielle Kovarianzanalyse	362
10.2	Voraussetzungen der Kovarianzanalyse	369
10.3	Mehrfaktorielle Kovarianzanalyse	373
10.4	Kovarianzanalyse mit Messwiederholungen	376
	Übungsaufgaben	385

Kapitel 11 Unvollständige, mehrfaktorielle Versuchspläne ... 387

11.1	Hierarchische und teilhierarchische Versuchspläne	388
11.2	Lateinische Quadrate	396
11.3	Griechisch-lateinische Quadrate	400
11.4	Quadratische Anordnungen mit Messwiederholungen	403
	Übungsaufgaben	408

Kapitel 12 Theoretische Grundlagen der Varianzanalyse ... 411

12.1	Einfaktorielle Varianzanalyse	411
12.2	Zwei- und mehrfaktorielle Varianzanalysen	416
12.3	Varianzanalysen mit Messwiederholungen	423
12.4	Kovarianzanalyse	427
12.5	Unvollständige, mehrfaktorielle Varianzanalysen	428
12.6	Allgemeine Regeln für die Bestimmung der Erwartungswerte von Varianzen	430
	Übungsaufgaben	436

Teil III Multivariate Methoden

▷ Einleitung ... 439

Kapitel 13 Partialkorrelation und Multiple Korrelation ... 443

▷ 13.1	Partialkorrelation	443
13.2	Multiple Korrelation und Regression	448
▷ 13.2.1	Grundprinzip und Interpretation	448
13.2.2	Multikollinearität und Suppressionseffekte	452
13.2.3	Mathematischer Hintergrund	465
13.3	Lineare Strukturgleichungsmodelle	471
	Übungsaufgaben	481

Kapitel 14 Das allgemeine lineare Modell (ALM) ... 483

14.1	Codierung nominaler Variablen	483
14.2	Spezialfälle des ALM	488
14.2.1	t-Test für unabhängige Stichproben	489
14.2.2	Einfaktorielle Varianzanalyse	490
14.2.3	Zwei- und mehrfaktorielle Varianzanalyse (gleiche Stichprobenumfänge)	491
14.2.4	Zwei- und mehrfaktorielle Varianzanalyse (ungleiche Stichprobenumfänge)	494
14.2.5	Kovarianzanalyse	498
14.2.6	Hierarchische Varianzanalyse	500
14.2.7	Lateinisches Quadrat	501

14.2.8	t-Test für abhängige Stichproben	502		17.5	Einfaktorielle, multivariate Varianzanalyse	592
14.2.9	Varianzanalyse mit Messwiederholungen	503		17.6	Mehrfaktorielle, multivariate Varianzanalyse	598
14.2.10	4-Felder-χ^2-Test	505		Übungsaufgaben		602
14.2.11	k × 2-χ^2-Test	507				
14.2.12	Mehrebenenanalyse	508				
Übungsaufgaben		509				

Kapitel 15 Faktorenanalyse ... 511

▷ 15.1 Faktorenanalyse im Überblick ... 511
▷ 15.2 Grundprinzip und Interpretation der Hauptkomponentenanalyse ... 516
15.3 Rechnerische Durchführung der Hauptkomponentenanalyse ... 524
15.4 Kriterien für die Anzahl der Faktoren ... 543
15.5 Rotationskriterien ... 547
15.6 Weitere faktorenanalytische Ansätze ... 556
Übungsaufgaben ... 563

Kapitel 16 Clusteranalyse ... 565

16.1 Ähnlichkeits- und Distanzmaße ... 566
16.1.1 Nominalskalierte Merkmale ... 567
16.1.2 Ordinalskalierte Merkmale ... 568
16.1.3 Kardinalskalierte Merkmale ... 568
16.1.4 Gemischt-skalierte Merkmale ... 570
▷ 16.2 Übersicht clusteranalytischer Verfahren ... 571
16.2.1 Hierarchische Verfahren ... 571
16.2.2 Nicht-hierarchische Verfahren ... 573
16.3 Durchführung einer Clusteranalyse ... 575
16.3.1 Die Ward-Methode ... 575
16.3.2 Die k-means-Methode ... 578
16.4 Evaluation clusteranalytischer Lösungen ... 580
Übungsaufgaben ... 584

Kapitel 17 Multivariate Mittelwertvergleiche ... 585

▷ 17.1 Mehrfache univariate Analysen oder eine multivariate Analyse? ... 585
17.2 Vergleich einer Stichprobe mit einer Population ... 586
17.3 Vergleich zweier Stichproben ... 588
17.4 Einfaktorielle Varianzanalyse mit Messwiederholungen ... 590

Kapitel 18 Diskriminanzanalyse ... 605

▷ 18.1 Grundprinzip und Interpretation der Diskriminanzanalyse ... 606
18.2 Mathematischer Hintergrund ... 612
18.3 Mehrfaktorielle Diskriminanzanalyse ... 617
18.4 Klassifikation ... 617
Übungsaufgaben ... 626

Kapitel 19 Kanonische Korrelationsanalyse ... 627

▷ 19.1 Grundprinzip und Interpretation ... 628
19.2 Mathematischer Hintergrund ... 634
19.3 Die kanonische Korrelation: Ein allgemeiner Lösungsansatz ... 639
19.4 Schlussbemerkung ... 644
Übungsaufgaben ... 645

Anhang

Lösungen der Übungsaufgaben ... 649
A. Das Rechnen mit dem Summenzeichen ... 703
B. Das Rechnen mit Erwartungswerten ... 705
C. Das Rechnen mit Matrizen ... 713
D. Maximierung mit Nebenbedingungen ... 725
E. Statistik mit SPSS ... 727
F. Verzeichnis der wichtigsten Abkürzungen und Symbole ... 781
G. Glossar ... 787
H. Formelverzeichnis ... 801

Tabellen ... 807

Tabelle A. Binomialverteilungen ... 807
Tabelle B. Verteilungsfunktion der Standardnormalverteilung ... 812
Tabelle C. Verteilungsfunktion der χ^2-Verteilungen ... 817

Tabelle D.	Verteilungsfunktion der t-Verteilungen und zweiseitige Signifikanzgrenzen für Produkt-Moment-Korrelationen	819
Tabelle E.	Verteilungsfunktion der F-Verteilungen . .	820
Tabelle F.	U-Test-Tabelle	826
Tabelle G.	Tabelle der kritischen Werte für den Wilcoxon-Test	829
Tabelle H.	Fishers Z-Werte	830
Tabelle I.	c-Koeffizienten für Trendtests (orthogonale Polynome)	831
Tabelle K.	Kritische Werte der F_{max}-Verteilungen	832
Tabelle L.	Normal-Rang-Transformationen	833

Literaturverzeichnis 835

Namenverzeichnis 863

Sachverzeichnis 873

Vorbemerkungen   Empirische Forschung und Statistik

Statistik ist ein wichtiger Bestandteil empirisch-wissenschaftlichen Arbeitens. Statistik beschränkt sich nicht nur auf die Zusammenfassung und Darstellung von Daten (dies ist Aufgabe der *deskriptiven Statistik*, die im ersten Kapitel behandelt wird), sondern sie ermöglicht empirischen Wissenschaften objektive Entscheidungen über die Brauchbarkeit der überprüften Hypothesen. Dieser Teilaspekt der Statistik, der sich mit der Überprüfung von Hypothesen befasst, wird häufig als *analytische Statistik* oder *Inferenz- (schließende) Statistik* bezeichnet.

Wissenschaftliches Arbeiten zielt auf die Verdichtung von Einzelinformationen und Beobachtungen zu allgemein gültigen theoretischen Aussagen ab. Hierbei leitet die deskriptive Statistik zu einer übersichtlichen und anschaulichen Informationsaufbereitung an, und die Inferenzstatistik ermöglicht eine Überprüfung von Hypothesen an der beobachteten Realität.

Wenn beispielsweise das Sprachverhalten von Unterschichtkindern interessiert, könnten wir eine Schülerstichprobe beobachten und für verschiedene Sprachmerkmale Häufigkeitsverteilungen erstellen bzw. graphische Darstellungen anfertigen. Das erhobene Material wird in quantitativer Form so aufbereitet, dass man sich schnell einen Überblick über die in der untersuchten Stichprobe angetroffenen Merkmalsverteilungen verschaffen kann. Verallgemeinernde Interpretationen dieser deskriptiven statistischen Analyse, die über das erhobene Material hinausgehen, sind jedoch spekulativ.

Lassen sich theoretisch Erwartungen hinsichtlich der Häufigkeit des Auftretens bestimmter Sprachmerkmale begründen, wird eine allgemeingültige Hypothese formuliert, die sich nicht nur auf einige zufällig ausgewählte Kinder, sondern auf alle Kinder dieser Schicht bezieht. Die Tauglichkeit dieser Hypothese wird anhand der empirischen Daten getestet. Verfahren, die dies leisten und die verallgemeinerte, über die jeweils untersuchten Personen hinausgehende Interpretationen zulassen, bezeichnen wir als inferenzstatistische Verfahren.

> **Die Inferenzstatistik ermöglicht im Unterschied zur deskriptiven Statistik die Überprüfung von Hypothesen.**

Hat man keine Theorie bzw. Erkenntnisse, die eine Hypothese begründen könnten, bezeichnen wir die Untersuchung als ein *Erkundungsexperiment*, das dazu dient, erste Hypothesen über einen bestimmten, noch nicht erforschten Gegenstand zu formulieren. Bevor diese Hypothesen akzeptiert und zu einer allgemeingültigen Theorie verdichtet werden können, bedarf es weiterer Untersuchungen, in denen mit inferenzstatistischen Verfahren die Gültigkeit der „erkundeten" Hypothesen gesichert wird.

Bereits an dieser Stelle sei nachdrücklich auf einen Missbrauch der Inferenzstatistik hingewiesen: das statistische Überprüfen einer Hypothese anhand derselben Daten, die die Formulierung der Hypothese veranlasst haben. Forschungsarbeiten, in denen dasselbe Material zur Formulierung und Überprüfung von Hypothesen herangezogen wird, sind unwissenschaftlich. Dies gilt selbstverständlich in verstärktem Maße für Arbeiten, in denen Hypothesen erst nach der statistischen Auswertung aufgestellt werden. Eine Forschungsarbeit, die ein gefundenes Untersuchungsergebnis im Nachhinein so darstellt, als sei dies die zu prüfende Hypothese gewesen, kann nur mehr oder weniger zufällige Ergebnisse bestätigen, die untereinander häufig widersprüchlich sind und sich deshalb eher hemmend als fördernd auf den Forschungsprozess auswirken.

Dies bedeutet natürlich nicht, dass Hypothesen grundsätzlich nur vor und niemals nach einer empirischen Untersuchung formuliert werden dürfen. Falls in einer Untersuchung angesichts der erhobenen Daten neue Hypothesen aufgestellt werden, ist diese Untersuchung jedoch explizit als Erkundungsexperiment oder explorative Studie zu kennzeichnen. Diese Hypothesen sind dann Gegenstand weiterführender, Hypothesen prüfender Untersuchungen.

> Für den sinnvollen Einsatz der Inferenzstatistik ist es erforderlich, dass vor Untersuchungsbeginn eine theoretisch gut begründete Hypothese oder Fragestellung formuliert wurde.

Der sinnvolle Einsatz statistischer Verfahren, der über die reine Deskription des Untersuchungsmaterials hinausgeht, setzt also gründliche, theoretisch-inhaltliche Vorarbeit voraus. So gesehen kann der Wert einer konkreten statistischen Analyse immer nur im Kontext einer vollständigen Untersuchungsanlage erkannt werden, für die theoretische Vorarbeit, Hypothesenformulierung und eine genaue Untersuchungsplanung essentiell sind.

Phasen der empirischen Forschung

Wegen der engen Verknüpfung statistischer Methoden mit inhaltlichen und untersuchungsplanerischen Fragen soll vor der eigentlichen Behandlung statistischer Techniken deren Funktion im Kontext empirischer Untersuchungen genauer verortet werden. Bei dieser Gelegenheit sind auch einige Fachbegriffe einzuführen, die in der empirischen Forschung gebräuchlich sind.

Wir unterteilen den empirischen Forschungsprozess in sechs verschiedene Phasen (vgl. Abb. 1), die im Folgenden kurz beschrieben werden. Ausführlichere Hinweise zur Planung und Durchführung empirischer Untersuchungen sowie weiterführende Literatur zu diesem Thema findet man z.B. bei Bortz u. Döring (2002), Campbell u. Stanley (1963), Czienskowski (1996), Hager (1987), Hussy u. Jain (2002), Lüer (1987), Rogge (1995), Sarris (1990, 1992) und Selg et al. (1992). Wissenschaftstheoretische Aspekte empirischer Forschung werden z.B. bei Chalmers (1986), Schnell et al. (1999, Kap. 3) und Westermann (2000) erörtert. Für eine grundlegende Orientierung sei die Enzyklopädie über „Methodische Grundlagen der Psychologie" von Herrmann u. Tack (1994) empfohlen.

Erkundungsphase

Zur Erkundungsphase zählen die Sichtung der für das Problem einschlägigen Literatur, Kontaktaufnahmen mit Personen, die am gleichen Problem arbeiten, erste Erkundungsuntersuchungen, Informationsgespräche mit Praktikern, die in ihrer Tätigkeit mit dem zu untersuchenden Problem häufig konfrontiert werden, und ähnliche, zur Problemkonkretisierung beitragende Tätigkeiten. Ziel dieser Erkundungsphase ist es, die eigene Fragestellung in einen theoretischen Rahmen einzuordnen bzw. den wissenschaftlichen Status der Untersuchung – Hypothesen prüfend oder Hypothesen erkundend – festzulegen. Manche Forschungsthemen knüpfen direkt an bewährte Theorien an, aus denen sich für ein Untersuchungsvorhaben gezielte Hypothesen ableiten lassen. Andere hingegen betreten wissenschaftliches Neuland und machen zunächst die Entwicklung eines theoretischen Ansatzes erforderlich. Systematisch erhobene und objektiv beschriebene empirische Fakten müssen in einen gemeinsamen widerspruchsfreien Sinnzusammenhang gestellt werden, der geeignet ist, die bekannten empirischen Fakten zu erklären bzw. zukünftige Entwicklungen oder Konsequenzen zu prognostizieren. (Ausführliche Informationen zur Bedeutung und Entwicklung von Theorien und weitere Literatur hierzu findet man bei Bortz u. Döring 2002, Kap. 6.)

Die Erkundungsphase ist – wie empirische Wissenschaft überhaupt – gekennzeichnet durch ein Wechselspiel zwischen Theorie und Empirie bzw. zwischen induktiver Verarbeitung einzelner Beobachtungen und Erfahrungen zu allgemeinen Vermutungen oder Erkenntnissen und deduktivem Überprüfen der gewonnenen Einsichten an der konkreten Realität.

Hält man die „vorwissenschaftliche" Erkundungsphase für abgeschlossen, empfiehlt sich eine logische und begriffliche Überprüfung des theoretischen Ansatzes.

Theoretische Phase

Bevor man eine Hypothese empirisch überprüft, sollte man sich vergewissern, dass die Hypothese

Theoretische Phase

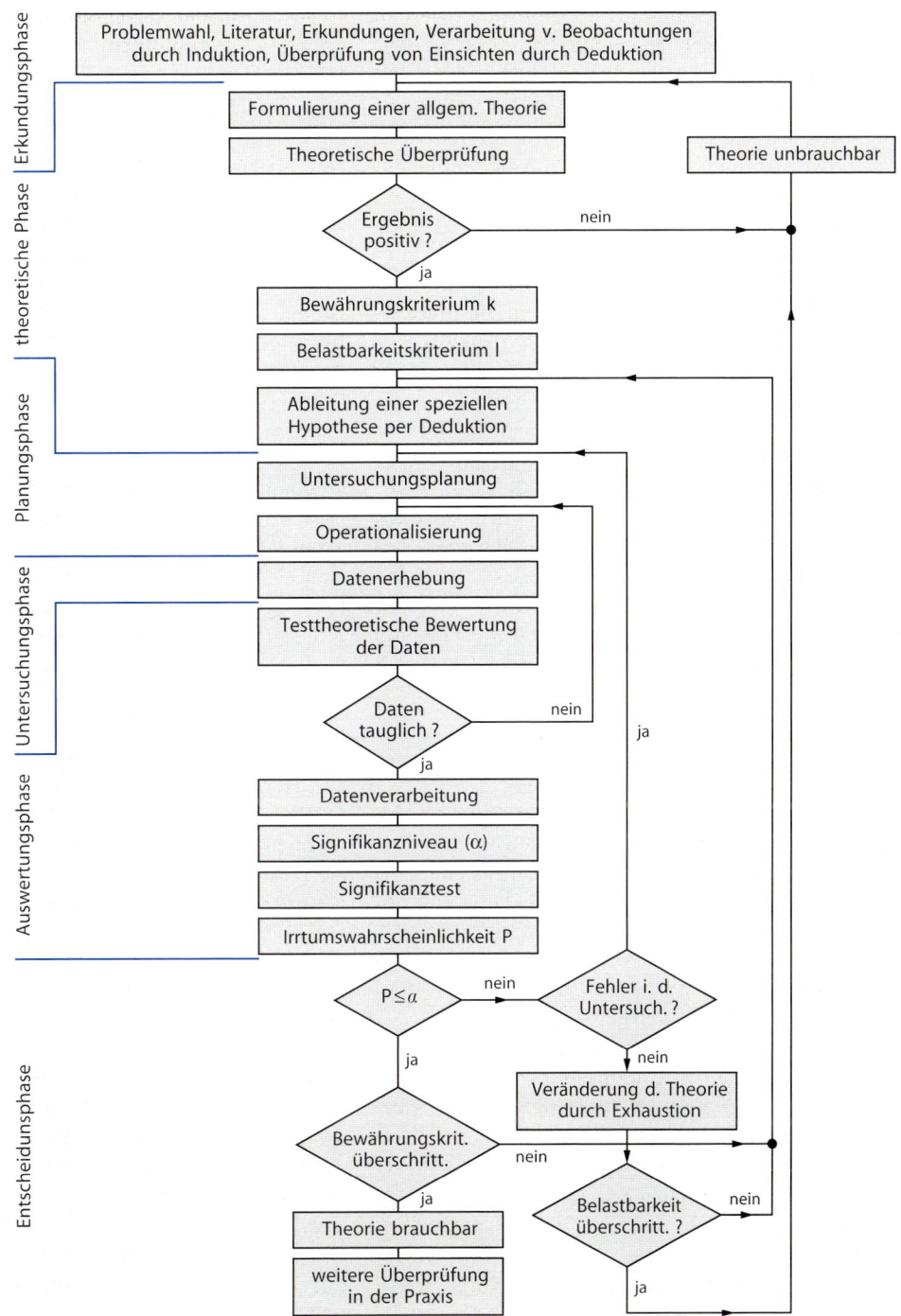

Abb. 1. Phasen der empirischen Forschung

bzw. die zu prüfende Theorie einigen formalen bzw. logischen Kriterien genügt. Diese Überprüfung setzt streng genommen voraus, dass die Theorie hinreichend entwickelt und formalisiert ist, um sie exakt nach logischen Kriterien analysieren zu können. Dies trifft auf die wenigsten human- und sozialwissenschaftlichen Theorien zu. Deshalb ist zu erwarten (und dies zeigt auch die derzeitige Forschungspraxis), dass gerade diese Phase in empirischen Untersuchungen eine vergleichsweise geringe Priorität besitzt. Die Prüfkriterien sind jedoch auch für weniger formalisierte Theorien von Bedeutung, denn sie tragen dazu bei, Schwächen des theoretischen Ansatzes bereits vor der empirischen Arbeit aufzudecken, die der empirischen Prüfbarkeit der Hypothesen entgegenstehen könnten.

In Anlehnung an Opp (1999) sollten in der theoretischen Phase folgende Fragen beantwortet werden:
- Ist die Theorie präzise formuliert?
- Welchen Informationsgehalt besitzt die Theorie?
- Ist die Theorie in sich logisch konsistent?
- Ist die Theorie mit anderen Theorien logisch vereinbar?
- Ist die Theorie empirisch überprüfbar?

Präzision. Eine Theorie ist wenig tauglich, wenn sie Begriffe enthält, die nicht eindeutig definiert sind. Die Definition der Begriffe sollte sicherstellen, dass diejenigen, die die (Fach-)Sprache beherrschen, mit dem Begriff zweifelsfrei kommunizieren können.

Informationsgehalt. Um den Informationsgehalt einer Theorie zu erkunden, werden die Aussagen der Theorie auf die logische Struktur eines „Wenn-dann"- bzw. eines „Je-desto"-Satzes *(Konditionalsätze)* zurückgeführt. (Wenn eine Theorie behauptet, frustrierte Menschen reagieren aggressiv, würde der entsprechende Konditionalsatz lauten: „Wenn Menschen frustriert sind, dann reagieren sie aggressiv.")

Eine Je-desto-Formulierung resultiert, wenn zwei *kontinuierliche Merkmale* miteinander in Beziehung gesetzt werden, wie z. B. in der Aussage: „Mit zunehmendem Alter sinkt die Sehtüchtigkeit des erwachsenen Menschen." Der Konditionalsatz hierzu lautet: „Je älter ein Erwachsener, desto schlechter ist seine Sehtüchtigkeit."

Der Informationsgehalt eines Wenn-dann-Satzes (entsprechendes gilt für Je-desto-Sätze) nimmt zu, je mehr Ereignisse denkbar sind, die mit der Aussage des Dann-Teiles im Widerspruch stehen. Ereignisse, die mit dem Dann-Teil der Aussage nicht vereinbar sind, werden als potenzielle *Falsifikatoren der Theorie* bezeichnet. Der Satz „Wenn der Alkoholgehalt des Blutes 0,5‰ übersteigt, dann hat dies positive oder negative Auswirkungen auf die Reaktionsfähigkeit", hat demnach einen relativ geringen Informationsgehalt, da sowohl verbesserte Reaktionsfähigkeit als auch verschlechterte Reaktionsfähigkeit mit dem Dann-Teil übereinstimmen. Die Aussage hat nur einen potenziellen Falsifikator, nämlich „gleichbleibende Reaktionsfähigkeit". Der Informationsgehalt dieses Satzes könnte gesteigert werden, wenn der Dann-Teil weniger Ereignisse zulässt, sodass die Anzahl der potenziellen Falsifikatoren steigt. Dies wäre der Fall, wenn beispielsweise eine verbesserte Reaktionsfähigkeit durch den Dann-Teil ausgeschlossen wird.

Der Informationsgehalt eines Satzes hängt auch von der Präzision der verwendeten Begriffe ab. Betrachten wir hierzu den Satz: „Wenn sich eine Person autoritär verhält, dann wählt sie eine konservative Partei". Der Informationsgehalt dieses Satzes hängt davon ab, wie die Begriffe „autoritär" und „konservativ" definiert sind. Für jemanden, der den Begriff „konservativ" sehr weit fasst und eine Vielzahl von Parteien konservativ nennt, hat der Satz wenig potenzielle Falsifikatoren und damit weniger Informationsgehalt als für jemanden, der den Begriff „konservativ" sehr eng fasst und nur eine begrenzte Zahl von Parteien darunter zählt.

Logische Konsistenz. Führt die logische Überprüfung einer theoretischen Aussage zu dem Ergebnis, dass diese immer wahr ist, so ist die entsprechende Aussage logisch inkonsistent. Wir bezeichnen derartige Aussagen als analytisch wahr bzw. als *tautologisch.* Ein tautologischer Satz besitzt keine potenziellen Falsifikatoren. Beispielsweise wäre der Satz: „Wenn ein Mensch einen Intelligenzquotienten über 140 hat, dann ist er ein Genie", tautologisch, falls der Begriff „Genie" durch eben diese Intelligenzhöhe definiert ist. Dieser Satz ist bei jeder Beschaffenheit der Realität immer wahr, *er hat keine potenziellen Falsifikatoren.*

Nicht immer ist der tautologische Charakter einer Aussage offensichtlich. Die Wahrscheinlichkeit einer „verkappten" Tautologie nimmt zu, wenn in einem Satz unpräzise Begriffe enthalten sind.

Ebenfalls nicht offensichtlich ist die Tautologie von so genannten „Kann"-Sätzen. Betrachten wir beispielsweise die folgende Aussage: „Wenn jemand ständig erhöhtem Stress ausgesetzt ist, dann kann es zu einem Herzinfarkt kommen." Bezogen auf eine einzelne Person ist dieser Satz nicht falsifizierbar, da sowohl das Auftreten als auch das Nichtauftreten eines Herzinfarktes mit dem Dann-Teil der Aussage vereinbar ist. Beziehen wir den Satz auf alle Menschen, so wäre er nur falsifizierbar, wenn unter allen Menschen, die jemals an irgendeinem Ort zu irgendeiner Zeit gelebt haben, leben oder leben werden, kein einziger durch erhöhten Stress einen Herzinfarkt erleidet. Da eine solche Überprüfung niemals durchgeführt werden kann, sind Kann-Sätze für praktische Zwecke tautologisch.

Überprüfbar und damit wissenschaftlich brauchbar wird ein Kann-Satz erst durch die Spezifizierung bestimmter Wahrscheinlichkeitsangaben im Dann-Teil, wenn also die Höhe des Risikos eines Herzinfarktes bei ständigem Stress genauer spezifiziert wird. Lautet der Satz beispielsweise: „Wenn jemand ständig erhöhtem Stress ausgesetzt ist, dann kommt es mit einer Wahrscheinlichkeit von mindestens 20% zu einem Herzinfarkt", dann ist diese Aussage zwar ebenfalls, auf eine einzelne Person bezogen, nicht falsifizierbar. Betrachten wir hingegen eine Gruppe von hundert unter ständigem Stress stehenden Menschen, von denen weniger als 20 einen Herzinfarkt erleiden, dann gilt dieser Satz als falsifiziert. (Genauer werden wir dieses Problem im Kap. 3 behandeln, in dem es u.a. um die Verallgemeinerung und Bewertung von Stichprobenergebnissen geht.)

Im Gegensatz zu einer tautologischen Aussage ist eine *kontradiktorische Aussage* immer falsch. Sie kann empirisch niemals bestätigt werden, d.h. sie hat keine potenziellen Konfirmatoren. Kontradiktorisch ist beispielsweise der Satz: „Wenn eine Person keinen Wein trinkt, dann trinkt sie Chardonay." Aus der Tatsache, dass Chardonnay ein spezieller Wein ist, folgt, dass dieser Satz analytisch falsch ist. Auch kontradiktorische Sätze sind natürlich wissenschaftlich unbrauchbar.

Neben tautologischen und kontradiktorischen Aussagen gibt es Sätze, die deshalb unwissenschaftlich sind, weil sie aus anderen Sätzen **logisch falsch abgeleitet** sind. So wird man beispielsweise leicht erkennen, dass die Aussage „Alle Christen sind Polizisten" logisch falsch aus den Sätzen „Christen sind hilfsbereite Menschen" und „Polizisten sind hilfsbereite Menschen" erschlossen wurde.

Die Ermittlung des Wahrheitswertes derartiger abgeleiteter Sätze ist Gegenstand eines Teilbereiches der Wissenschaftstheorie, der formalen Logik, mit dem wir uns nicht weiter auseinandersetzen wollen (Literatur zur Logik: Carnap, 1960; Cohen u. Nagel, 1963; Kyburg, 1968; Stegmüller, 1969, Kap. 0; Tarski, 1965).

Logische Vereinbarkeit. Der Volksmund rät angehenden Paaren: „Gleich und Gleich gesellt sich gern". Er sagt aber auch: „Gegensätze ziehen sich an." Wir haben es hier offenbar mit zwei widersprüchlichen theoretischen Aussagen zu tun. Theorien, die sich logisch widersprechen, müssen bzgl. ihrer internen Logik, ihres Informationsgehalts und ihrer Präzision verglichen werden. Sind die Theorien hinsichtlich dieser Kriterien gleichwertig, ist diejenige Theorie vorzuziehen, die empirisch am besten abgesichert erscheint oder sich in einem kritischen Vergleichsexperiment als die bessere erweist. Außerdem solle man – wie im o.g. Beispiel – überprüfen, ob *beide* Theorien, unter jeweils spezifischen Randbedingungen, Gültigkeit beanspruchen können.

Widerspruchsfreiheit der verglichenen Theorien bedeutet keineswegs, dass die Theorien wahr sind. Es lassen sich Theorien konstruieren, die zwar in keinem logischen Widerspruch zueinander stehen, die aber dennoch falsch sind. *Der Wahrheitsgehalt einer Theorie kann nur durch empirische Überprüfungen ermittelt werden.* Dies setzt allerdings voraus, dass die Theorie unbeschadet ihrer logisch fehlerfreien Konstruktion überhaupt empirisch überprüfbar ist.

Empirische Überprüfbarkeit. Die Forderung nach empirischer Überprüfbarkeit einer Theorie ist eng an die Forderung nach ihrer Falsifizierbarkeit geknüpft. Es sind aber Aussagen denkbar, die zwar im Prinzip falsifizierbar, aber (noch) nicht empirisch überprüfbar sind. Zur Verdeutlichung nehmen wir folgende Aussage: „Alle Menschen sind von Natur aus aggressiv. Wenn sich die Aggressivität im Verhalten nicht zeigt, dann ist sie verdrängt." Unabhängig von der mangelnden Präzision der verwendeten Begriffe kann diese Aussage nur dadurch falsifiziert werden, dass ein Mensch gefunden wird, der weder aggressives Verhalten zeigt noch seine Aggressionen verdrängt hat. Die Falsifizierbarkeit hängt somit ausschließlich von der Möglichkeit ab, nachweisen zu können, dass jemand weder manifeste noch verdrängte Aggressionen hat.

Eine solche Theorie kann unbeschadet ihrer potenziellen Falsifizierbarkeit und unbeschadet ihres möglichen Wahrheitsgehaltes nur dann empirisch überprüft werden, wenn ein wissenschaftlich anerkanntes Instrument zum Erkennen verdrängter und manifester Aggressionen existiert. So gesehen ist es durchaus denkbar, dass wissenschaftliche Theorien zwar falsifizierbar, aber beim derzeitigen Stand der Forschung noch nicht empirisch überprüfbar sind. Die Überprüfung der Theorie muss in diesem Falle die Entwicklung geeigneter Messinstrumente abwarten.

Erweist sich die Theorie hinsichtlich der genannten Kriterien (Präzision, Informationsgehalt, logische Konsistenz, logische Vereinbarkeit, empirische Überprüfbarkeit) als unbrauchbar, sollte auf dem fortgeschrittenen Informationsstand eine neue Erkundungsphase eröffnet werden. Ein positiver Ausgang der theoretischen Überprüfung ermöglicht die endgültige Festlegung des Untersuchungsgegenstandes.

Ein Beispiel soll diese Zusammenhänge erläutern. Einer Untersuchung sei der folgende theoretische Satz vorangestellt: „Autoritärer Unterricht hat negative Auswirkungen auf das Sozialverhalten der Schüler." Wenn diese Behauptung richtig ist, dann müssten sich Schüler aus 8. Schulklassen, in denen Lehrer autoritär unterrichten, weniger kooperationsbereit zeigen als Schüler 8. Schulklassen mit nicht autoritär unterrichtenden Lehrern (zum Hypothesenbegriff vgl. z. B. Groeben u. Westmeyer, 1975 oder Hussy u. Möller, 1996).

Diese Hypothese ist durch drei Deduktionsschlüsse mit der Theorie verbunden: Erstens wurde aus allen möglichen autoritären Unterrichtsformen der Unterrichtsstil von Lehrern 8. Klassen herausgegriffen, zweitens wurde auf einen bestimmten Personenkreis, nämlich Schüler der 8. Klasse, geschlossen und drittens wurde als eine Besonderheit des Sozialverhaltens die Kooperationsbereitschaft ausgewählt.

Neben dieser einen Hypothese lassen sich natürlich weitere Hypothesen aus der Theorie ableiten, womit sich das Problem stellt, wie viele aus einer Theorie abgeleitete Hypothesen überprüft werden müssen, damit die Theorie als bestätigt gelten kann. Auf diese Frage gibt es keine verbindliche Antwort. Der Allgemeinheitsanspruch einer Theorie lässt es nicht zu, dass eine Theorie auf Grund empirischer Überprüfungen endgültig und eindeutig als „wahr" bezeichnet werden kann (vgl. S. 12).

Aus heuristischen Gründen wurden im Flussdiagramm (vgl. Abb. 1) ein theoretisches *Bewährungskriterium* k und ein theoretisches *Belastbarkeitskriterium* l aufgenommen. Diese Kriterien sollen angeben, nach wie vielen Hypothesen bestätigenden Untersuchungen der Konsens über die Brauchbarkeit (Bewährungskriterium) bzw. über die Unbrauchbarkeit (Belastbarkeitskriterium) der Theorie hergestellt sein sollte. Auf diese Kriterien wird in der Entscheidungsphase (s. unten) ausführlicher eingegangen.

Planungsphase

Nachdem das Thema festliegt, müssen *vor Beginn der Datenerhebung* Aufbau und Ablauf der Untersuchung vorstrukturiert werden. Durch eine sorgfältige Planung soll verhindert werden, dass während der Untersuchung Pannen auftreten, die in der bereits laufenden Untersuchung nicht mehr korrigiert werden können.

Auswahl der Variablen. Die Planung beginnt mit einer *Aufstellung von Variablen*, die für die Untersuchung relevant sind. Wir verstehen unter einer **Variablen** ein Merkmal, das – im Unterschied zu einer **Konstanten** – in mindestens zwei Abstufungen vorkommen kann. Eine zweistufige Variable wäre beispielsweise das Geschlecht (männlich, weiblich), eine dreistufige Variable die Schichtzugehörigkeit (Unter-, Mittel-, Oberschicht) und eine Variable mit beliebig vielen Abstufungen das Alter. (Das Problem der Variablenklassifikation wird in Kap. 1, S. 18 ff. ausführlich behandelt.)

Als nächstes erfolgt eine Klassifikation der Variablen. Wir unterscheiden
- unabhängige Variablen,

Planungsphase

- abhängige Variablen und
- Kontrollvariablen.

(Ausführlicher hierzu vgl. Bortz u. Döring, 2002, Kap. 1.1.1.)

Unter den unabhängigen Variablen werden diejenigen Merkmale verstanden, deren Auswirkungen auf andere Merkmale – die abhängigen Variablen – überprüft werden sollen. Im Allgemeinen ist bereits auf Grund der Fragestellung festgelegt, welche der relevanten Variablen als abhängige und welche als unabhängige Variablen in die Untersuchung eingehen sollen. Darüber hinaus wird die Liste der relevanten Variablen jedoch häufig weitere Variablen enthalten, die weder zu den abhängigen noch zu den unabhängigen Variablen zu zählen sind. Es muss dann entschieden werden, ob diese Variablen als Kontrollvariablen mit erhoben werden sollen, ob nur eine Ausprägung der Variablen (z. B. nur weibliche Personen) erfasst (was als Konstanthalten einer Variablen bezeichnet wird) oder ob die Variable überhaupt nicht berücksichtigt werden soll.

Für das o. g. Beispiel wäre folgende Variablengruppierung denkbar:

Unabhängige Variable: Art des Unterrichtsstils („autoritär" vs. „demokratisch").

Bei der Festlegung der unabhängigen Variablen ist darauf zu achten, dass nicht nur die eigentlich interessierende Merkmalsausprägung – hier also autoritärer Unterrichtsstil – untersucht wird. Um den Begriff „Variable" rechtfertigen zu können, sind (mindestens) zwei Ausprägungen (also mindestens zwei Unterrichtsformen) als Stufen der unabhängigen Variablen in die Untersuchung einzubeziehen, denn nur so kann das Besondere des autoritären Unterrichtsstils im Vergleich zu anderen Unterrichtsformen herausgearbeitet werden.

Für eine Hypothesen prüfende Untersuchung ist es zudem erforderlich, für jede Stufe der unabhängigen Variablen mehrere Untersuchungseinheiten vorzusehen, d. h., für unser Beispiel benötigen wir eine Auswahl autoritär unterrichteter und eine Auswahl demokratisch unterrichteter Schulklassen.

Abhängige Variable: Kooperationsbereitschaft. Die Frage, wie die abhängige Variable genau erfasst bzw. „operationalisiert" wird, behandeln wir später (s. S. 9).

Kontrollvariablen: Erziehungsstil der Eltern, Anzahl der Geschwister, soziale Schicht der Kinder, Geschlecht der Kinder.

Diese Variablen werden miterhoben, um später prüfen zu können, ob sie den Zusammenhang zwischen Unterrichtsstil und Kooperationsbereitschaft beeinflussen bzw. „moderieren". Die Kontrollvariablen werden deshalb gelegentlich auch *Moderatorvariablen* genannt.

Konstant gehaltene Variablen: Alter der Kinder (14 Jahre oder 8. Schulklasse), Größe der Schulklasse (16–20 Kinder), Geschlecht des Lehrers (männlich), Unterrichtszeit (8 bis 9 Uhr bzw. 1. Unterrichtsstunde), Art des Unterrichtsstoffes (Mathematik).

Es ist zu beachten, dass ein Untersuchungsergebnis um so weniger generalisierbar ist, je mehr Variablen konstant gehalten wurden. Es gilt in unserem Beispiel nur für 8. Schulklassen mit 16–20 Jungen, die in der 1. Stunde Mathematikunterricht haben. Wir werden dieses Thema unter dem Stichwort „Labor- oder Felduntersuchung" erneut aufgreifen.

Nicht berücksichtigte Variablen: Alter des Lehrers, Intelligenz der Kinder, Motivation der Kinder, Lärmbelästigung etc.

Auch dies sind Variablen, die die Kooperationsbereitschaft der Kinder zumindest potenziell beeinflussen können. In diesem Falle würden sie den eigentlich interessierenden Zusammenhang zwischen Unterrichtsstil und Kooperationsverhalten „stören" bzw. dessen Interpretation erschweren. Die potenziell bedeutsamen, aber in der Untersuchung nicht berücksichtigten Variablen werden deshalb häufig *Störvariablen* genannt.

Labor- oder Felduntersuchung. Diese Untersuchungsvarianten markieren die Extreme eines Kontinuums, das durch eine unterschiedlich starke Kontrolle untersuchungsbedingter Störvariablen gekennzeichnet ist. Wenn in einer Untersuchung äußere Einflüsse, die den Untersuchungsablauf stören könnten, weitgehend kontrolliert oder ausgeschaltet sind, sprechen wir von einer Laboruntersuchung. Findet umgekehrt die Untersuchung in einem natürlichen („biotischen") Umfeld statt, das durch äußere Eingriffe des Untersuchenden nicht verändert wird, handelt es sich um eine Felduntersuchung.

In der Untersuchungsplanung muss nun entschieden werden, ob die Untersuchung eher Labor- oder eher Feldcharakter haben soll. Beide Varianten sind mit Vor- und Nachteilen verbunden. Die Kontrolle von untersuchungsbedingten Störvariablen in der Laboruntersuchung gewährleistet, dass die Untersuchungsergebnisse weitgehend frei von störenden Einflüssen und damit eindeutiger interpretierbar sind. In diesem Sinne haben Laboruntersuchungen eine hohe interne Validität bzw. Gültigkeit.

> Eine Untersuchung ist intern valide, wenn ihr Ergebnis eindeutig interpretierbar ist. Die interne Validität sinkt mit wachsender Anzahl plausibler Alternativerklärungen für das Ergebnis auf Grund nicht kontrollierter Störvariablen.

Der Nachteil einer Laboruntersuchung liegt in ihrer eingeschränkten Generalisierbarkeit, denn Untersuchungsergebnisse, die für ein „steril" gehaltenes Untersuchungsumfeld gültig sind, können nur bedingt auf natürliche Lebenssituationen übertragen werden. Laboruntersuchungen verfügen in der Regel über eine geringere externe Validität.

> Eine Untersuchung ist extern valide, wenn ihr Ergebnis über die besonderen Bedingungen der Untersuchungssituation und über die untersuchten Personen hinausgehend generalisierbar ist. Die externe Validität sinkt mit wachsender Unnatürlichkeit der Untersuchungsbedingungen bzw. mit abnehmender Repräsentativität der untersuchten Stichproben.

Angesichts dieser Gültigkeitskriterien ist es häufig schwierig, für die zu prüfende Fragestellung eine geeignete Untersuchungskonzeption zu entwickeln. Oft wird man sich – wie in unserem Beispiel – mit einem Planungskompromiss begnügen müssen, der Feld- und Laborelemente in einer der Fragestellung angemessenen Weise kombiniert. Man beachte allerdings, dass ein Mindestmaß an interner Validität für jede wissenschaftliche Untersuchung erforderlich ist.

Experimentelle oder quasiexperimentelle Untersuchung. Während das Kontinuum Labor vs. Feld das Ausmaß der Kontrolle untersuchungsbedingter Störvariablen beschreibt, kennzeichnet die Unterscheidung von experimenteller und quasiexperimenteller Untersuchung das Ausmaß der Kontrolle von Personen bedingten Störvariablen. In unserem Beispiel wären dies Variablen wie Intelligenz oder Motivation der Schüler, die Anzahl der Geschwister, der Erziehungsstil der Eltern etc.

In einer experimentellen Untersuchung ist dafür Sorge zu tragen, dass die Personen bezogenen Störvariablen unter allen Untersuchungsbedingungen (d.h. unter allen Stufen der unabhängigen Variablen) annähernd gleich ausgeprägt sind. Dies ist dadurch zu erreichen, dass die Personen den Untersuchungsbedingungen nach Zufall zugeordnet werden. Diese Vorgehensweise wird Randomisierung genannt.

> Unter Randomisierung versteht man die zufällige Zuordnung der Untersuchungsteilnehmer zu den Untersuchungsbedingungen.

Da es durch die Randomisierung der Personen zu einem „statistischen Fehlerausgleich" kommt, hat dieser Untersuchungstyp natürlich eine höhere interne Validität als Untersuchungen ohne Randomisierung. Die Personen-bezogene externe Validität wäre durch eine repräsentativ auszuwählende Stichprobe sicherzustellen (vgl. hierzu 3.1).

Bei einer quasiexperimentellen Untersuchung muss auf eine Randomisierung verzichtet werden, da hier „natürliche" bzw. bereits existierende Gruppierungen untersucht werden. Beispiele hierfür sind Vergleiche von weiblichen und männlichen Personen, von Abiturienten und Realschülern, von Autofahrern und Nichtautofahrern etc. In diesen Fällen ist die Zugehörigkeit der Untersuchungsteilnehmer zu den Stufen der unabhängigen Variablen vorgegeben, d.h. eine Randomisierung ist ausgeschlossen.

Unser Schülerbeispiel ließe sich vermutlich auch nur quasiexperimentell realisieren, es sei denn, die ausgewählten Schulklassen erhalten durch Zufall einen autoritären oder demokratischen Lehrer. Da dies der üblichen Schulpraxis widerspricht, wird man bereits bei der Auswahl der Schulklassen darauf achten, welche Klassen eher von einem als autoritär bzw. demokratisch zu bezeichnenden Lehrer unterrichtet werden.

Gegenüber einem experimentellen Ansatz birgt diese Vorgehensweise jedoch die Gefahr, dass die vom Untersuchungsleiter nicht hergestellte Schulklassengruppierung von Störvariablen überlagert ist, die die spätere Interpretation der Ergebnisse erschweren. Beispielsweise könnten die sog. autoritären Lehrer älter sein als die sog. demokratischen

Kollegen und deshalb ein anderes didaktisches Unterrichtskonzept vertreten; hier wäre also das Alter die eigentlich relevante Variable.

Diese Hinweise mögen genügen, um zu verdeutlichen, dass quasiexperimentelle Untersuchungen intern weniger valide sind als experimentelle Untersuchungen.

> Experimentelle Untersuchungen haben eine höhere interne Validität als quasiexperimentelle Untersuchungen.

Die interne Validität einer quasiexperimentellen Untersuchung lässt sich jedoch erhöhen, wenn es gelingt, die zu vergleichenden Gruppen nach relevanten Störvariablen zu *parallelisieren*. Um im Beispiel zu bleiben, könnten die Schulklassengruppen paarweise so zusammengestellt werden, dass der autoritäre und der demokratische Lehrer in jedem Schulklassenpaar ungefähr gleichaltrig sind. Auf diese Weise aufgestellte Stichproben bezeichnet man als „*matched samples*".

Operationalisierung. Von entscheidender Bedeutung für den Ausgang der Untersuchung ist die Frage, wie die unabhängigen Variablen, die abhängigen Variablen und die Kontrollvariablen operationalisiert werden. Durch die Operationalisierung wird festgelegt, welche Operationen (Handlungen, Reaktionen, Zustände usw.) wir als indikativ für die zu messende Variable ansehen wollen und wie diese Operationen quantitativ erfasst werden. Anders formuliert: Nachdem festgelegt wurde, *welche* Variablen erfasst werden sollen, muss durch die Operationalisierung bestimmt werden, *wie* die Variablen erfasst werden sollen. Bezogen auf unser Beispiel stellt sich z. B. die Frage, wie wir die Kooperationsbereitschaft der untersuchten Schüler messen bzw. den Unterrichtsstil der Lehrer erfassen können.

Die Operationalisierung wird um so schwieriger, je komplexer die einbezogenen Variablen sind. Während einfache Variablen wie z. B. „Anzahl der Geschwister" problemlos zu ermitteln sind, kann es oftmals notwendig sein, komplexe Variablen wie z. B. „kooperatives Verhalten" durch mehrere operationale Indikatoren zu bestimmen. Fundierte Kenntnisse über bereits vorhandene Messinstrumente (Tests, Fragebögen, Versuchsanordnungen usw.) können die Operationalisierung erheblich erleichtern, wenngleich es häufig unumgänglich ist, unter Zuhilfenahme der einschlägigen Literatur über Test- und Fragebogenkonstruktion eigene Messinstrumente zu entwickeln. Hinweise hierzu und weiterführende Literatur findet man bei Bortz u. Döring (2002, Kap. 4).

Hinsichtlich der unabhängigen Variablen muss zweifelsfrei entschieden werden können, welchen Unterrichtsstil ein Lehrer praktiziert. Dies kann z. B. durch Verhaltensbeobachtung, Interviews oder Fragebögen (vgl. z. B. Mummendey, 1995) geschehen. Auch diese Datenerhebungstechniken werden bei Bortz u. Döring (2002, Kap. 4) ausführlich beschrieben.

Ist entschieden, wie die einzelnen Variablen zu operationalisieren sind, können die entsprechenden Untersuchungsmaterialien bereitgestellt werden. Wenn neue Messinstrumente entwickelt werden müssen, sollten diese unbedingt zuvor an einer eigenen Stichprobe hinsichtlich des Verständnisses der Instruktion, der Durchführbarkeit, der Eindeutigkeit in der Auswertung, des Zeitaufwandes usw. getestet werden.

Stichprobengröße. Eine dem Statistiker häufig gestellte Frage lautet: Wie viele Untersuchungsteilnehmer oder „Versuchspersonen" (abgekürzt: „Vpn") werden für die Untersuchung benötigt? Allgemein bezieht sich diese Frage auf die Anzahl der Untersuchungseinheiten bzw. – in unserem Beispiel – auf die Anzahl der Schulklassen, die erforderlich ist, um eine Hypothese verlässlich überprüfen zu können. Die einfachste Antwort auf diese Frage wäre: So viele wie möglich.

Präziser kann die Antwort des Statistikers nicht sein, es sei denn, er erhält genauere Informationen über den Kontext der Untersuchung. Dazu zählen:
- eine Mindestangabe über die Größe des Effektes, den der Untersuchende für praktisch bedeutsam halten würde (im Beispiel: Wäre es von praktischer Bedeutung, wenn demokratisch unterrichtete Schüler nur um 3% kooperativer sind als autoritär unterrichtete Schüler?);
- eine Einschätzung der Folgen, die sich ergeben, wenn aus der Untersuchung falsche Schlüsse gezogen werden (im Beispiel: Welche Konsequenzen hätte es, wenn auf Grund der Untersuchung fälschlicherweise behauptet wird, autoritär unterrichtete Schüler seien weniger ko-

operativ als demokratisch unterrichtete Schüler?).

Wie mit diesen Informationen umgegangen wird, um eine begründete Entscheidung über den zu wählenden Stichprobenumfang treffen zu können, behandeln wir im Kap. 4.

Planung der statistischen Auswertung. Die Planungsphase endet mit Überlegungen zur statistischen Auswertung des Untersuchungsmaterials. Es müssen diejenigen statistischen Auswertungstechniken festgelegt werden, mit denen über die Brauchbarkeit der Hypothesen entschieden werden soll. Manchmal wird auf eine Planung der statistischen Auswertung verzichtet, in der Hoffnung, dass sich nach der Datenerhebung schon die geeigneten Auswertungsverfahren finden werden. Diese Nachlässigkeit kann dazu führen, dass sich die erhobenen Daten nur undifferenziert auswerten lassen, wobei eine geringfügige Änderung in der Datenerhebung (z.B. verbessertes *Skalenniveau*, vgl. Kap. 1.1) den Einsatz differenzierterer Auswertungstechniken ermöglicht hätte.

Untersuchungsphase

Wurde die Untersuchung in der Planungsphase gründlich vorstrukturiert, dürfte die eigentliche Durchführung der Untersuchung keine prinzipiellen Schwierigkeiten bereiten. Wir wollen deshalb auf eine Erörterung dieser Phase verzichten unter Verweis auf die eingangs (S. 2) erwähnte Literatur zur Planung und Durchführung empirischer Untersuchungen.

Ein besonderes Problem psychologischer Untersuchungen sind sog. Versuchsleiter-(Vl-)Artefakte, also mögliche Beeinträchtigungen des Untersuchungsergebnisses durch das Verhalten des Versuchsleiters. Hierzu findet man ausführliche Informationen bei Rosenthal (1966) bzw. Rosenthal u. Rosnow (1969) oder zusammenfassend bei Bortz u. Döring (2002, Kap. 2.5).

Auswertungsphase

In der Auswertungsphase werden die erhobenen Daten statistisch verarbeitet. Zuvor sollte man sich jedoch – zumindest bei denjenigen Fragebögen, Tests oder sonstigen Messinstrumenten, die noch nicht in anderen Untersuchungen erprobt wurden – einen Eindruck von der *testtheoretischen Brauchbarkeit der Daten* verschaffen.

Im einfachsten Fall wird man sich damit begnügen zu überprüfen, ob das Untersuchungsmaterial eindeutig quantifizierbar ist bzw. ob verschiedene Auswerter den Vpn auf Grund der Untersuchungsergebnisse die gleichen Zahlenwerte zuordnen. Dieses als *Objektivität* des Untersuchungsinstrumentes bezeichnete Kriterium ist bei den meisten im Handel erhältlichen Verfahren gewährleistet. Problematisch hinsichtlich ihrer Objektivität sind Untersuchungsmethoden, die zur Erfassung komplexer Variablen nicht hinreichend standardisiert sind. So wäre es in unserem Beispiel möglich, dass verschiedene Auswerter – bedingt durch ungenaue Operationalisierungen – zu unterschiedlichen Einstufungen der Kooperationsbereitschaft der Schüler gelangen oder dass Lehrer nicht übereinstimmend als demokratisch oder autoritär bezeichnet werden. Ein Untersuchungsmaterial, das eine nur geringe Objektivität aufweist, ist für die Überprüfung der Hypothesen wenig oder gar nicht geeignet. Sobald sich solche Mängel herausstellen, sollte die Untersuchung abgebrochen werden, um in einem neuen Versuch zu Operationalisierungen zu gelangen, die eine objektivere Datengewinnung gestatten.

In größer angelegten Untersuchungen ist zusätzlich zur Objektivität auch die **Reliabilität** der Untersuchungsdaten zu überprüfen. Über dieses Kriterium, das die Genauigkeit bzw. Zuverlässigkeit der erhobenen Daten kennzeichnet, sowie über weitere Gütekriterien wird in der testtheoretischen Literatur berichtet. Auch eine zu geringe Reliabilität des Untersuchungsmaterials sollte eine bessere Operationalisierung der Variablen veranlassen.

Genügen die Daten den testtheoretischen Anforderungen, werden sie in übersichtlicher Form *tabellarisch* zusammengestellt bzw., falls die Auswertung mit einem statistischen Programmpaket geplant ist, in geeigneter Weise aufbereitet (vgl. Anhang E, S. 733 als Beispiel für die Aufbereitung einer SPSS-Datei). Die sich anschließende statistische Analyse ist davon abhängig, ob eine Hypothesen erkundende oder Hypothesen prüfende Untersuchung durchgeführt wurde. Für Hypothesen erkundende Untersuchungen nimmt man üblicherweise Datenaggregierungen vor, die in Kap. 1 zusammengestellt sind. Hypothesen prüfende Untersuchungen werden mit den vielfältigen, in diesem Buch dargestellten Methoden der schließenden Statistik oder Inferenzstatistik ausgewertet.

Mit der Anwendung eines inferenzstatistischen Verfahrens bzw. eines „Signifikanztests" wird eine Entscheidung über die zu prüfende Hypothese herbeigeführt. Hierzu errechnet man eine sog. Irrtumswahrscheinlichkeit P, die angibt, mit welcher Wahrscheinlichkeit man sich irren würde, wenn man die fragliche Hypothese akzeptiert. Um die Hypothese annehmen zu können, sollte diese Irrtumswahrscheinlichkeit natürlich möglichst klein sein.

Die Größe der maximal tolerierbaren Irrtumswahrscheinlichkeit liegt allerdings nicht im Ermessen des Untersuchenden, sondern ist durch eine allgemein gültige Konvention festgelegt. Man bezeichnet diese Grenze, die von der Irrtumswahrscheinlichkeit P nicht überschritten werden darf, als „Signifikanzniveau" und verwendet hierfür das Symbol α. Die üblichen Werte für das Signifikanzniveau sind $\alpha = 5\%$ oder sogar $\alpha = 1\%$. Der Untersuchende muss vor Durchführung des Signifikanztests festlegen, welches α-Niveau für die Untersuchung angemessen ist.

Entscheidungsphase

Ein Vergleich der ermittelten Irrtumswahrscheinlichkeit P mit dem zuvor fest gelegten Signifikanzniveau α zeigt, ob das Ergebnis der Untersuchung signifikant ($P \leq \alpha$) oder nicht signifikant ($P > \alpha$) ist. Zunächst wollen wir uns einem *nicht signifikanten Ergebnis* zuwenden.

Bei einem nicht signifikanten Ergebnis gilt die geprüfte Hypothese – wir werden sie unter 4.1 als Alternativhypothese bzw. als H_1 bezeichnen – als nicht bestätigt. Diese Aussage basiert auf einer sehr vorsichtigen Entscheidungsregel, nach der eine Hypothese bereits dann als nicht bestätigt gelten soll, wenn man im Falle ihrer Annahme mit einer Wahrscheinlichkeit von nur 5% oder mehr (bzw. gar 1% oder mehr) eine Fehlentscheidung riskiert.

Diese Konvention gewährleistet, dass die Hypothese erst dann als bestätigt angesehen wird, wenn das empirische Ergebnis in sehr überzeugender Weise für die Richtigkeit dieser Hypothese spricht. „Nicht signifikant" bedeutet also nicht, dass die Hypothese (H_1) falsch ist; „nicht signifikant" heißt lediglich, dass die Untersuchung nicht geeignet war, die Gültigkeit der Hypothese zu belegen.

Vor einer endgültigen Ablehnung der eigenen Hypothese ist zunächst zu überprüfen, ob in der Untersuchung Fehler begangen wurden, auf die das nicht signifikante Ergebnis zurückgeführt werden kann. Wird im Nachhinein erkannt, dass beispielsweise bestimmte relevante Variablen nicht hinreichend berücksichtigt wurden, dass Instruktionen falsch verstanden wurden, dass sich die Vpn nicht instruktionsgemäß verhalten haben oder dass die untersuchten Stichproben zu klein waren, kann die gleiche Hypothese in einer Wiederholungsuntersuchung, in der die erkannten Fehler korrigiert sind, erneut überprüft werden.

Problematischer ist ein nicht signifikantes Ergebnis, wenn Untersuchungsfehler praktisch auszuschließen sind. Ist der deduktive Schluss von der Theorie auf die überprüfte Hypothese korrekt, muss an der allgemeinen Gültigkeit der Theorie gezweifelt werden. Wenn in unserem Beispiel die allgemeine Theorie richtig ist, dass sich ein autoritärer Unterrichtsstil negativ auf das Sozialverhalten von Schülern auswirkt, und wenn Kooperationsbereitschaft eine Form des Sozialverhaltens ist, dann muss die Kooperationsbereitschaft auch bei den untersuchten Kindern durch den autoritären Unterrichtsstil negativ beeinflusst werden. Andernfalls ist davon auszugehen, dass die der Untersuchung zugrunde liegende Theorie fehlerhaft ist.

Konsequenterweise ist in Abb. 1 auf Grund eines nicht signifikanten Ergebnisses, das nicht auf Untersuchungsfehler zurückzuführen ist, ein Pfeil eingezeichnet, der besagt, dass *die Theorie verändert werden muss*. Die veränderte Theorie sollte jedoch nicht nur an die alte Theorie anknüpfen, sondern auch die Erfahrungen berücksichtigen, die durch die Untersuchung gewonnen wurden. So könnte beispielsweise die hier skizzierte Untersuchung, von der wir einmal annehmen wollen, dass sich der Zusammenhang zwischen autoritärem Unterrichtsstil und unkooperativem Verhalten als nicht signifikant herausgestellt habe, zur Vermutung Anlass geben, dass das Kooperationsverhalten nur bei Schülern aus der Oberschicht durch den Unterrichtsstil beeinflusst wird, während die beiden Merkmale bei anderen Schülern keinen Zusammenhang aufweisen. Anlässlich eines solchen Befundes würden wir durch *Indukti-*

onsschluss den Geltungsbereich der ursprünglichen Theorie auf Oberschichtschüler begrenzen. Formal stellt sich diese Veränderung der Theorie so dar, dass *der Wenn-Teil der theoretischen Aussage konjunktiv um eine Komponente erweitert wird:* „Wenn autoritär unterrichtet wird *und* die Schüler der Oberschicht entstammen, dann wird das Sozialverhalten negativ beeinflusst." Derartige Modifikationen einer Theorie auf Grund einer falsifizierten Hypothese bezeichnen wir in Anlehnung an Holzkamp (1968, 1971) bzw. Dingler (1923) als *Exhaustion.*

Es ist nun denkbar, dass auch die Überprüfung weiterer, aus der exhaurierten Theorie abgeleiteten Hypothesen zu nicht signifikanten Ergebnissen führen, sodass sich die Frage aufdrängt, durch wie viele Exhaustionen eine Theorie „*belastet*" (Holzkamp, 1968) werden kann bzw. wie viele exhaurierende Veränderungen eine Theorie „erträgt". Theoretisch findet ein sich zyklisch wiederholender Exhaustionsprozess dann ein Ende, wenn durch ständig zunehmende Einschränkung der im Wenn-Teil genannten Bedingungen eine „Theorie" resultiert, deren Informationsgehalt praktisch gegen Null geht. So könnten weitere Exhaustionen an unserem Modellbeispiel zu einer Theorie führen, nach der sich eine ganz spezifische Form des autoritären Unterrichts nur bei bestimmten Schülern zu einer bestimmten Zeit unter einer Reihe von besonderen Bedingungen auf einen Teilaspekt des Sozialverhaltens negativ auswirkt. Eine solche Theorie über die Bedingungen von Sozialverhalten ist natürlich wenig brauchbar. (Koeck, 1977, diskutiert die Grenzen des Exhaustionsprinzips am Beispiel der Frustrations-Aggressions-Theorie.)

Die Wissenschaft wäre allerdings nicht gut beraten, wenn sie jede schlechte Theorie bis zu ihrem, durch viele Exhaustionen bedingten, natürlichen Ende führen würde. Das Interesse an der Theorie wird auf Grund wiederholter Falsifikationen allmählich nachlassen, bis sie in Vergessenheit gerät. *Das Belastbarkeitskriterium der Theorie ist überschritten.*

Als nächstes wollen wir überprüfen, welche Konsequenzen sich mit einem *signifikanten Ergebnis* verbinden. Bei einem signifikanten Ergebnis riskieren wir mit der Annahme der untersuchten Hypothese (H_1) eine Fehlentscheidung, deren Wahrscheinlichkeit nicht größer als 5% (1%) ist. Man ist sich also ziemlich sicher, mit einer Entscheidung zugunsten der geprüften Hypothese keinen Fehler zu begehen, aber auch nur „ziemlich" sicher und nicht „völlig" sicher, denn es verbleibt eine Restwahrscheinlichkeit von 5% (1%) für eine Fehlentscheidung. Dennoch ist es Konvention, die geprüfte Hypothese in diesem Falle als bestätigt anzusehen.

Hinsichtlich der Theorie besagt eine durch ein signifikantes Ergebnis bestätigte Hypothese, dass wir keinen Grund haben, an der Richtigkeit der Theorie zu zweifeln, sondern dass wir vielmehr der Theorie nach der Untersuchung eher trauen können als vor der Untersuchung. Die absolute Richtigkeit der Theorie ist jedoch damit nicht erwiesen; dafür müssten letztlich unendlich viele aus der Theorie abgeleitete Einzelhypothesen durch Untersuchungen verifiziert werden – eine Forderung, die in der empirischen Forschung nicht realisierbar ist. *Somit kann durch empirische Forschung auch die absolute Richtigkeit einer Theorie nicht nachgewiesen werden.*

Dennoch regulieren neue, durch empirische Forschung gewonnene Erkenntnisse mehr oder weniger nachhaltig unseren Alltag. Genauso, wie eine schlechte Theorie allmählich in Vergessenheit gerät, kann sich eine gute Theorie durch wiederholte Bestätigung zunehmend mehr bewähren, bis sie schließlich Eingang in die *Praxis* findet. *Das Bewährungskriterium ist überschritten.*

„So ist die empirische Basis der objektiven Wissenschaft nichts ‚Absolutes'; die Wissenschaft baut nicht auf Felsengrund. Es ist eher ein Sumpfland, über dem sich die kühne Konstruktion ihrer Theorien erhebt; sie ist ein Pfeilerbau, dessen Pfeiler sich von oben her in den Sumpf senken – aber nicht bis zu einem natürlichen ‚gegebenen' Grund. Denn nicht deshalb hört man auf, die Pfeiler tiefer hineinzutreiben, weil man auf eine feste Schicht gestoßen ist: Wenn man hofft, dass sie das Gebäude tragen werden, beschließt man, sich vorläufig mit der Festigkeit der Pfeiler zu begnügen" (Popper, 1966; S. 75f.).

# Teil I **Elementarstatistik**

▷ Einleitung

Im 1. Teil dieses Buches werden die wichtigsten Grundlagen der Statistik erarbeitet. Wir beginnen im Abschnitt 1.1 mit messtheoretischen Vorbemerkungen, die die in der Statistik übliche Datenklassifikation – Nominal-, Ordinal- und Kardinaldaten – theoretisch fundieren. Wie diese Daten deskriptiv in Form von Tabellen, Graphiken oder statistischen Kennwerten aufgearbeitet werden können, wird in den weiteren Abschnitten des 1. Kapitels erklärt.

Kapitel 2 befasst sich mit Wahrscheinlichkeitstheorie und Wahrscheinlichkeitsverteilungen. Hier war eine Auswahl aus einer Stoffvielfalt zu treffen, die in der mathematischen Statistik ganze Bücher füllt. Diese Auswahl orientiert sich an den wahrscheinlichkeitstheoretischen Voraussetzungen der in den folgenden Kapiteln behandelten Inferenzstatistik.

Essentiell für die Inferenzstatistik ist der Begriff der Stichprobe, der in Kap. 3 eingeführt wird. Hiervon ausgehend werden sog. Stichprobenkennwerteverteilungen („Sampling distributions") behandelt, die zu einem zentralen Konzept der Inferenzstatistik, dem sog. Konfidenzintervall, hinführen. Wie man allgemein statistische Hypothesen formuliert und prüft, wird in Kap. 4 beschrieben.

Die beiden letzten Kapitel aus Teil I behandeln eine Reihe konkreter Verfahren der Hypothesenprüfung (sog. Signifikanztests). Hierbei wird zwischen Unterschieds- (Kap. 5) und Zusammenhangshypothesen (Kap. 6) unterschieden – eine Unterscheidung, die zwar sachlich nicht zwingend ist (vgl. Kap. 14), die sich jedoch gerade für Statistik-Einführungen didaktisch bewährt hat.

Kapitel 1 Deskriptive Statistik

ÜBERSICHT

Messtheorie – Skalenarten – Häufigkeitstabellen – Polygon und Histogramm – Kreisdiagramm – Modalwert – Medianwert – arithmetisches Mittel – geometrisches Mittel – „harmonisches" Mittel – gewichtetes Mittel – Variationsbreite – Perzentile – AD-Streuung – Varianz- und Standardabweichung – z-Wert – Schiefe und Exzess

> **Statistische Methoden zur Beschreibung der Daten in Form von Graphiken, Tabellen oder einzelnen Kennwerten bezeichnen wir zusammenfassend als deskriptive Statistik.**

Die Anwendung statistischer Verfahren setzt voraus, dass quantitative Informationen über den jeweiligen Untersuchungsgegenstand bekannt sind. Die Aussage: „Herr X ist neurotisch" mag zwar als qualitative Beschreibung der genannten Person informativ sein; präziser wäre diese Information jedoch, wenn sich die Ausprägung des Neurotizismus durch eine bestimmte Zahl kennzeichnen ließe, die beispielsweise Vergleiche hinsichtlich der Ausprägungsgrade des Neurotizismus bei verschiedenen Personen ermöglicht.

Liegen quantitative Informationen über mehrere Personen bzw. ein Vpn-Kollektiv vor (die Bezeichnung Stichprobe werden wir erst in Kap. 3 einführen), erleichtern summarische Darstellungen der Messwerte bzw. der Daten die Interpretation der im Vpn-Kollektiv angetroffenen Merkmalsverteilung. Die Altersangaben der Klienten einer therapeutischen Ambulanz beispielsweise könnten folgendermaßen statistisch „verdichtet" werden:

- Tabellen und Graphiken informieren über die gesamte Verteilungsform.
- Maße der zentralen Tendenz (z. B. der Mittelwert) geben an, welches Alter alle Klienten am besten charakterisiert.
- Dispersionsmaße (z. B. die Streuung) kennzeichnen die Unterschiedlichkeit der behandelten Klienten in Bezug auf das Alter.

Ein anderer Teilbereich der Statistik ist die Inferenzstatistik bzw. die schließende Statistik. Sie befasst sich mit dem vergleichsweise schwierigeren Problem der Überprüfung von Hypothesen (vgl. Kap. 4). Der Begriff „Statistik" umfasst somit in unserem Verständnis alle quantitativen Analysetechniken, mit denen empirische Daten zusammenfassend beschrieben werden können (deskriptive Statistik) bzw. mit denen auf Grund empirischer Daten Aussagen über die Richtigkeit von Hypothesen formuliert werden können (Inferenzstatistik).

Die beschreibende und die schließende Statistik setzen quantitative Beobachtungen bzw. Messungen voraus. Was aber sind Messungen im Rahmen der Human- und Sozialwissenschaften bzw. welche Kriterien müssen Messungen erfüllen, damit sie statistisch analysiert werden können? Wir wollen zunächst dieses grundsätzliche Problem, das der statistischen Analyse der Messungen vorgeordnet ist, aufgreifen.

▷ 1.1 Messtheoretische Vorbemerkungen

Allgemein gilt, dass nicht die jeweils interessierenden Objekte oder Untersuchungsgegenstände als Ganzes, sondern nur deren Eigenschaften messbar sind, wobei jedes Objekt durch ein System von Eigenschaften gekennzeichnet ist (vgl. Torgerson, 1958, S. 9 ff.). Will beispielsweise ein Chemiker das Gewicht einer durch einen chemischen Prozess entstandenen Verbindung ermitteln, so legt er diese auf eine geeichte Waage, liest die auf der Messskala angezeigte Zahl ab und schließt von dieser Zahl auf das Merkmal Gewicht. Dieser Messvorgang informiert den Chemiker somit zwar über eine Eigenschaft der untersuchten Verbindung, aber nicht über das gesamte Untersuchungsobjekt, das durch viele weitere Eigenschaften, wie z. B. Farbe, Siedepunkt, elektrische Leitfähigkeit usw., charakterisiert ist.

Im Mittelpunkt human- bzw. sozialwissenschaftlicher Forschung stehen Eigenschaften des Menschen, deren Messung wenig Probleme bereitet, wenn es sich dabei um Eigenschaften wie Größe, Gewicht, Blutdruck oder Reaktionsgeschwindigkeit handelt. Sehr viel schwieriger gestaltet sich jedoch die quantitative Erfassung komplexer Merkmale, wie z. B. Antriebsverhalten, Intelligenz, soziale Einstellungen oder Belastbarkeit.

Ein Messvorgang lässt sich allgemein dadurch charakterisieren, dass einem Objekt bzgl. der Ausprägung eines Merkmals oder einer Eigenschaft eine Zahl zugeordnet wird. Kann man nach dieser vorläufigen Definition behaupten, dass jede Zuordnung einer Zahl zu einem Objekt eine Messung darstellt? Sicherlich nicht, denn nach dieser Definition wären auch zufällige Zuordnungen zulässig, die zu unsinnigen Messergebnissen führen würden. Erforderlich sind eindeutige Regeln, nach denen diese Zuordnung erfolgt.

Diese Regeln zu erarbeiten, ist Aufgabe der Messtheorie, auf die wir in den für uns wichtigen Ausschnitten im Folgenden eingehen (ausführlicher dazu vgl. Orth, 1974, 1983 oder Steyer u. Eid, 2001). Daran anschließend werden die am häufigsten eingesetzten Skalenarten sowie die entsprechenden Regeln, die zu diesen Messskalen führen, behandelt. Ein Beispiel wird diese etwas „trockene" Materie illustrieren. Das abschließende Resumé erörtert die besondere Problematik des Messens in den Human- und Sozialwissenschaften.

Terminologie

Grundlegende Begriffe für die Messtheorie sind das empirische und das numerische Relativ. Unter einem *Relativ* oder *Relationensystem* versteht man eine Menge von Objekten und eine oder mehrere Relationen, mit denen die Art der Beziehung der Objekte untereinander charakterisiert wird. Formal lässt sich ein Relativ durch $\langle A, R_1, \ldots, R_n \rangle$ beschreiben, wobei A die Menge der Objekte und $R_1, \ldots, R_n$ verschiedenartige Relationen darstellen.

Besteht diese Menge A aus empirischen Objekten, wie z. B. den Kindern einer Schulklasse, sprechen wir von einem *empirischen Relativ*. Die für ein empirisches Relativ zu prüfenden Relationen lassen sich nach verschiedenen Typen unterscheiden. Binäre oder zweistellige, d. h. auf jeweils 2 beliebige Objekte aus A bezogene Relationen könnten hier z. B. sein, dass 2 Schüler nebeneinander sitzen, dass 2 Schüler gleichaltrig sind, dass 1 Schüler bessere Englischkenntnisse hat als ein anderer etc. Von einer dreistelligen Relation würde man z. B. sprechen, wenn 2 Schüler im Sport zusammengenommen genauso weit werfen können wie ein dritter Schüler und von einer vierstelligen Relation, wenn ein Schülerpaar beim Tischtennisdoppel einem anderen Paar überlegen ist.

Wie die Beispiele zeigen, können die für ein empirisches Relativ charakteristischen Relationen sehr unterschiedlich sein. Die Art der Relationen wird durch Symbole gekennzeichnet. Wichtige Relationen sind z. B. $\sim$ (Äquivalenzrelation), mit der die Gleichheit von Objekten bzgl. eines Merkmals gekennzeichnet wird, oder $\succcurlyeq$ (schwache Ordnungsrelation), die besagt, dass ein Merkmal bei einem Objekt mindestens so stark ausgeprägt ist wie bei einem anderen. Ist A eine Schulklasse und die Äquivalenzrelation „gleiches Geschlecht", würde das empirische Relativ $\langle A, \sim \rangle$ die Schüler in männliche und weibliche Schüler einteilen. Bezeichnet man mit $\succcurlyeq$ die Relation der Schüler bzgl. ihrer Mathematikkenntnisse, ist $\langle A, \succcurlyeq \rangle$ eine Rangfolge der Schüler nach ihren Mathematikkenntnissen.

Wenn man nun als Objektmenge die Menge aller reellen Zahlen (R) betrachtet, dann ist mit $\langle R, S_1, \ldots, S_n \rangle$ ein *numerisches Relativ* definiert, wobei $S_1, \ldots, S_n$ für unterschiedliche Typen von Relationen stehen. Geläufige Relationen sind hier die Gleichheitsrelation (z. B. 3=3) und die Größer-kleiner-Relation (z. B. 4>3).

Sind das empirische und numerische Relativ vom gleichen Typ (weil für beide z. B. eine binäre Relation betrachtet wird), lässt sich das empirische Relativ unter bestimmten Bedingungen in das numerische Relativ abbilden. Angenommen, wir wollen jedem Objekt aus A eine Zahl aus R zuordnen: Kennzeichnen wir die Zuordnungs-

1.1 Messtheoretische Vorbemerkungen

funktion mit dem griechischen Buchstaben φ (Phi), muss für jedes Objekt aus A (z. B. das Objekt a) eine Zahl $\varphi(a)$ in R existieren. Diese Abbildung wird **homomorph** genannt, wenn die Relationen zwischen 2 beliebigen Objekten a und b in A den Relationen zwischen $\varphi(a)$ und $\varphi(b)$ in R entsprechen. Soll z. B. das empirische Relativ $\langle A, \succcurlyeq \rangle$ in das numerische Relativ $\langle R, \geq \rangle$ homomorph abgebildet werden, muss für 2 Objekte a und b aus A gelten:

$$a \succcurlyeq b \Leftrightarrow \varphi(a) \geq \varphi(b).$$

Hierbei steht das Symbol „$\Leftrightarrow$" für „genau dann, wenn". Bezogen auf das Beispiel besagt eine homomorphe Abbildung also: Die einem Objekt a zugeordnete Zahl ist genau dann mindestens so groß wie die einem Objekt b zugeordnete Zahl, wenn die Merkmalsausprägung von a mindestens so groß ist wie die Merkmalsausprägung von b.

Mit dieser Terminologie lässt sich die oben erwähnte vorläufige Definition des Messens nach Orth (1983, S. 138) wie folgt präzisieren:

> „Das Messen ist eine Zuordnung von Zahlen zu Objekten oder Ereignissen, sofern diese Zuordnung eine homomorphe Abbildung eines empirischen Relativs in ein numerisches Relativ ist."

Die homomorphe Abbildungsfunktion zusammen mit einem empirischen und numerischen Relativ bezeichnet man auch als **Skala** und die Funktionswerte $\varphi(a), \varphi(b) \ldots$ als **Skalenwerte** oder **Messwerte**. Aufgabe der Messtheorie ist es nun, relationale Regeln zu benennen, die im empirischen Relativ erfüllt sein müssen, damit es durch ein numerisches Relativ Struktur erhaltend repräsentiert werden kann. Dies geschieht durch die Angabe eines sog. **Repräsentationstheorems**, mit dem die Existenz einer Skala behauptet wird, wenn bestimmte Axiome im empirischen Relativ gültig sind.

Die hier angesprochenen **Axiome** kennzeichnen als Sätze, die keines Beweises bedürfen, einige grundlegende Eigenschaften des numerischen Relativs. Damit ein Homomorphismus bzw. eine homomorphe Abbildung möglich ist, müssen diese Axiome auch für die Objekte und Relationen im empirischen Relativ gelten. Wenn beispielsweise für 3 Zahlen $\varphi(a), \varphi(b)$ und $\varphi(c)$ gilt: $\varphi(a) > \varphi(b)$ und $\varphi(b) > \varphi(c)$, dann muss zwangsläufig auch $\varphi(a) > \varphi(c)$ richtig sein. Dieses Axiom wäre in einem empirischen Relativ mit 3 Tischtennisspielern a, b und c verletzt, wenn Spieler a Spieler b schlagen würde ($a \succ b$) und Spieler b Spieler c ($b \succ c$), aber Spieler a Spieler c unterlegen ist ($c \succ a$).

Aufgabe der Empirie ist es zu überprüfen, ob diese oder weitere Axiome des numerischen Relativs auch für die Objekte und Relationen eines empirischen Relativs gültig sind.

Mit dem **Eindeutigkeitsproblem** verbindet sich die Frage, ob die im Repräsentationstheorem zusammengefassten Eigenschaften einer Skala nur durch *eine* Abbildungsfunktion φ oder ggf. durch weitere Abbildungsfunktionen φ' realisiert werden. Hier geht es also um die Frage, wie stark die Menge aller möglichen Abbildungsfunktionen eingeschränkt ist.

Gilt z. B. im empirischen Relativ $a \succ b \succ c$, wäre $\varphi(a) = 3$, $\varphi(b) = 2$ und $\varphi(c) = 1$ eine homomorphe Abbildung, aber z. B. auch $\varphi'(a) = 207$, $\varphi'(b) = 11{,}11$ und $\varphi'(c) = 0{,}2$ oder jede beliebige Zahlenfolge mit $\varphi'(a) > \varphi'(b) > \varphi'(c)$. Die Menge aller möglichen Abbildungsfunktionen ist hier also relativ wenig eingeschränkt, da jede Abbildung, die die Struktur $a \succ b \succ c$ erhält, zulässig ist. Alle zulässigen Abbildungen sind in diesem Fall durch eine sog. **monotone Transformation** ineinander überführbar. Hierbei muss für 2 beliebige Abbildungsfunktionen φ und φ' gelten:

$$\varphi(a) \geq \varphi(b) \Leftrightarrow \varphi'(a) \geq \varphi'(b).$$

Allgemein sagt man, eine Skala ist eindeutig bis auf die für sie zulässigen Transformationen.

Ein empirisches Relativ mit einer Liste von Axiomen, aus der sich die Art der Repräsentation im numerischen Relativ sowie die Eindeutigkeit der Skala ableiten lassen, bezeichnet man als eine **Messstruktur**. Der Eindeutigkeit einer Skala ist zu entnehmen, welche mathematischen Operationen mit den Skalenwerten durchgeführt werden können bzw. genauer, welche mathematischen Aussagen gegenüber den für eine Skala zulässigen Transformationen invariant sind.

Bestehen diese zulässigen Transformationen wie im obigen Beispiel aus monotonen Transformationen, wäre z. B. die Bestimmung einer durchschnittlichen Merkmalsausprägung nicht sinnvoll. Die Objektrelationen $a \succ b \succ c \succ d$ könnten z. B.

durch $\varphi(a) = 4$, $\varphi(b) = 3$, $\varphi(c) = 2$ und $\varphi(d) = 1$ abgebildet werden, sodass man sowohl für a und d als auch für b und c jeweils einen Mittelwert von 2,5 erhält. Zulässig wären jedoch auch $\varphi'(a) = 3{,}5$ bzw. $\varphi''(a) = 4{,}5$, was zur Folge hätte, dass der Mittelwert für a und d einmal unter und einmal über dem Mittelwert für b und c liegt. Die Relationen der numerischen Aggregate (hier der Mittelwerte) sind also gegenüber monotonen Transformationen nicht invariant.

Dieses in der messtheoretischen Terminologie als „*Bedeutsamkeit*" bezeichnete Problem spielt in der Statistik eine besondere Rolle, bei der es letztlich darum geht, die erhobenen Messungen auf vielfältige Weise mathematisch „weiterzuverarbeiten". Welche mathematischen Operationen mit den Messwerten zulässig sind, ist von der Art der Skala bzw. deren Repräsentationsanspruch abhängig.

Skalenarten

Im Folgenden werden die 4 wichtigsten Skalenarten vorgestellt. Dabei wird die für eine Skalenart jeweils gebräuchlichste Messstruktur sowie die Art ihrer Repräsentation im numerischen Relativ kurz beschrieben. Ferner nennen wir die wichtigsten skalenspezifischen Axiome, die im empirischen Relativ erfüllt sein müssen. Die Behandlung der Skalen erfolgt hierarchisch, beginnend mit einfachen, relativ ungenauen Messungen bis hin zu exakten Messstrukturen, die vor allem im physikalisch-naturwissenschaftlichen Bereich Anwendung finden. Abschließend gehen wir anhand von Beispielen auf die Eindeutigkeit und Bedeutsamkeit der jeweiligen Skala ein.

Nominalskala. Eine Nominalskala setzt im empirischen Relativ eine Menge A voraus, für die die Äquivalenzrelation $\sim$ gelten soll: $\langle A, \sim \rangle$. Dies ist immer dann der Fall, wenn sich zeigen lässt, dass im empirischen Relativ die folgenden Axiome gelten:

N1: $a \sim a$ (Reflexivität),
N2: Wenn $a \sim b$, dann $b \sim a$ (Symmetrie),
N3: Wenn $a \sim b$ und $b \sim c$, dann $a \sim c$ (Transitivität).

Nach diesen Axiomen sind z. B. die Relationen, „a hat das gleiche Geschlecht wie b", „a hat die gleiche Haarfarbe wie b" oder „a hat die gleiche Biologienote wie b", Äquivalenzrelationen. Keine Äquivalenzrelationen wären hingegen die Relationen, „a sitzt neben b", „a schreibt von b ab" oder „a hat ein gleiches Wahlfach wie b". Im ersten Beispiel wäre N1 verletzt (a kann nicht neben sich selbst sitzen), im zweiten Beispiel N2 (wenn a von b abschreibt, muss b nicht von a abschreiben) und im dritten Beispiel N3 (a könnte Musik und Geschichte, b Geschichte und Sport und c Sport und Biologie als Wahlfächer haben).

Ein empirisches Relativ, für das die Äquivalenzrelation gilt, bezeichnet man als eine *klassifikatorische Messstruktur*.

Wenn nun den Objekten des empirischen Relativs Zahlen zugeordnet werden können, sodass gilt

$$a \sim b \quad \Leftrightarrow \quad \varphi(a) = \varphi(b), \qquad (1.1)$$

bezeichnet man die Zuordnungsfunktion zwischen $\langle A, \sim \rangle$ und $\langle R, = \rangle$ als Nominalskala. Auf einer Nominalskala erhalten somit Objekte mit identischen Merkmalsausprägungen identische Zahlen und Objekte mit verschiedenen Merkmalsausprägungen verschiedene Zahlen. Um welche Zahlen es sich handelt, ist für eine Nominalskala unerheblich. Man kann z. B. 4 verschiedenen Herkunftsländern von Ausländern die Zahlen 1, 2, 3 und 4 aber auch die Zahlen 7, 2, 6 und 3 oder andere Zahlen zuordnen. Oder: Statt der Zahlen 1, 2, 3, 4, und 5 für die Benotung eines Aufsatzes könnte man beliebige andere Zahlen verwenden, wenn die Zahlen lediglich gleich gute und verschieden gute Aufsätze unterscheiden sollen. Wir sagen: Die quantitativen Aussagen einer Nominalskala sind gegenüber jeder beliebigen *eindeutigen Transformation* invariant.

> Eine Nominalskala ordnet den Objekten eines empirischen Relativs Zahlen zu, die so geartet sind, dass Objekte mit gleicher Merkmalsausprägung gleiche Zahlen und Objekte mit verschiedener Merkmalsausprägung verschiedene Zahlen erhalten.

Statistische Operationen bei nominalskalierten Merkmalen beschränken sich in der Regel darauf auszuzählen, wie viele Objekte aus A eine bestimmte Merkmalsausprägung aufweisen. Man erhält damit für verschiedene Merkmalsausprägungen eine *Häufigkeitsverteilung*, die wir in 1.2 behandeln. Auf die Analyse von Häufigkeitsverteilungen gehen wir in 5.3 bzw. 6.3 ein.

Ordinalskala. Zur Verdeutlichung einer Ordinalskala setzen wir ein empirisches Relativ voraus, für deren Objektmenge A eine schwache Ordnungsrelation vom Typus „$\succeq$" gilt: $\langle A, \succeq \rangle$. Diese existiert, wenn neben den Axiomen N1 bis N3 die folgenden Axiome gelten:

O1: $a \succeq b$ oder $b \succeq a$ oder beides bei Äquivalenz (Konnexität),
O2: Wenn $a \succeq b$ und $b \succeq c$, dann $a \succeq c$ (Transitivität).

Bei 2 Objekten a und b muss also entscheidbar sein, ob das untersuchte Merkmal beim Objekt a oder beim Objekt b stärker ausgeprägt ist, oder ob beide Objekte äquivalent sind. Das Axiom O1 wird beispielsweise nicht erfüllt, wenn das untersuchte Merkmal nur Klassifikationen zulässt wie z. B. die Merkmale Wahlfach und Geschlecht. Das Axiom O2 wird z. B. verletzt, wenn Schüler a im Tischtennis Schüler b und Schüler b wiederum Schüler c schlägt, aber Schüler a Schüler c unterlegen ist.

Ein empirisches Relativ mit einer schwachen Ordnungsstruktur ermöglicht die folgende Repräsentation im numerischen Relativ:

$$a \succeq b \quad \Leftrightarrow \quad \varphi(a) \geq \varphi(b). \tag{1.2}$$

Wenn ein Merkmal bei einem Objekt a mindestens so stark ausgeprägt ist wie bei einem Objekt b, dann ist die dem Objekt a zugeordnete Zahl mindestens so groß wie die dem Objekt b zugeordnete Zahl. Eine Zuordnungsfunktion mit dieser Eigenschaft bezeichnet man als Ordinalskala. Bei einem ordinalskalierten Merkmal ist es also möglich, die Objekte einer Menge A hinsichtlich ihrer Merkmalsausprägungen in eine Rangreihe zu bringen. Man bezeichnet deshalb eine Ordinalskala auch als *Rangskala*.

Eine Rangskala ermöglicht also eine Aussage darüber, ob ein Merkmal bei einem Objekt stärker oder schwächer ausgeprägt ist als bei einem anderen; sie erlaubt aber keine Aussage darüber, um *wie viel* stärker oder schwächer das Merkmal ausgeprägt ist.

Wir sagen: Die quantitativen Aussagen einer Ordinalskala sind gegenüber jeder beliebigen *monotonen Transformation* invariant. Wie auf S. 17 formalisieren wir eine monotone Transformation durch

$$\varphi(a) \geq \varphi(b) \quad \Leftrightarrow \quad \varphi'(a) \geq \varphi'(b).$$

Bezogen auf das oben genannte Aufsatzbeispiel wäre also von einer Ordinalskala zu fordern, dass dem schlechteren von jeweils 2 Aufsätzen eine höhere Zahl (!) zugeordnet wird. Dies kann mittels der üblichen „Notenskala" geschehen oder auch mit jeder anderen Zahlenfolge, die die empirischen Relationen „mindestens genau so schlecht wie" korrekt abbildet.

> Eine Ordinalskala ordnet den Objekten eines empirischen Relativs Zahlen zu, die so geartet sind, dass von jeweils 2 Objekten das Objekt mit der größeren Merkmalsausprägung die größere Zahl erhält.

Die statistische Analyse von Ordinalskalen läuft also auf die Auswertung von Ranginformationen hinaus. Einige der einschlägigen Verfahren werden wir in 5.2 bzw. 6.3 kennenlernen.

Intervallskala. Im Unterschied zu einer Menge A, die aus einzelnen Objekten besteht, betrachten wir für die Erläuterung einer Intervallskala alle möglichen Paare von Objekten, die aus den Objekten von A gebildet werden können. Formal wird dieser Sachverhalt durch $A \times A$ (kartesisches Produkt von A) zum Ausdruck gebracht. Elemente aus $A \times A$ sind also z. B. ab, ac, bc etc., wobei jedes dieser Elemente im Folgenden als „Unterschied zwischen zwei Objekten" interpretiert wird. Bezogen auf die Schüler wäre ab also z. B. der Unterschied zwischen den von 2 Schülern a und b geschriebenen Aufsätzen.

Für die Objektpaare einer Menge A soll weiterhin gelten, dass die Unterschiede von je 2 Objekten eine schwache Ordnungsstruktur aufweisen: $\langle A \times A; \succeq \rangle$. Von einer „algebraischen Differenzenstruktur" sprechen wir, wenn folgende Axiome gelten (auf weitere Messstrukturen, die ebenfalls zu einer Intervallskala führen, wird hier nicht eingegangen):

I1: $ab \succeq cd$ ist konnex und transitiv.
I2: Wenn $ab \succeq cd$, dann $dc \succeq ba$ (Vorzeichen-Umkehr-Axiom).
I3: Wenn $ab \succeq de$ und $bc \succeq ef$, dann $ac \succeq df$ (schwache Monotonie).

I4: Wenn ab≽cd≽aa, dann existieren Elemente d_1, d_2 aus A, sodass gilt: $ad_1 \sim cd \sim d_2b$
(Lösbarkeit).

I5: Archimedisches Axiom (s. unten).

Mit dem 1. Axiom (I1) werden die Axiome O1 und O2 auf Objektpaare übertragen: Der Unterschied zweier Objekte a und b ist mindestens so groß wie der Unterschied zweier Objekte c und d (oder umgekehrt), oder beide Unterschiede sind gleichgroß (ab≽cd oder cd≽ab gemäß O1). Die Anwendung von O2 auf Objektpaare bedeutet: Wenn ab≽cd und cd≽ef, dann ab≽ef.

Das Axiom I1 wäre bei einer Ordinalskala nicht zu erfüllen, weil hier die Größe des Unterschiedes zwischen 2 Objekten nicht definiert ist. Wenn beispielsweise 4 Tennisspieler a, b, c und d auf der Tennisweltrangliste die Plätze 1, 2, 3 und 4 einnehmen, kann nicht entschieden werden, ob a und b oder c und d größere Leistungsunterschiede aufweisen, oder ob beide Leistungsunterschiede gleich groß sind.

Anders wäre es, wenn man die 4 Tennisspieler paarweise z. B. zehnmal gegeneinander spielen lassen würde, sodass 30 Matches pro Spieler bzw. insgesamt 60 Spiele absolviert werden. Wenn nun Spieler a 25 Siege, Spieler b 15 Siege, Spieler c 12 Siege und Spieler d 8 Siege für sich verbuchen kann, macht es durchaus einen Sinn zu behaupten, der Leistungsunterschied zwischen a und b sei größer als der zwischen c und d.

Das Axiom I2 weist darauf hin, dass die Richtung eines Unterschiedes zu beachten ist. Wenn der positive Unterschied zwischen „a abzüglich b" größer ist als der positive Unterschied „c abzüglich d", sollte daraus folgen, dass der negative Unterschied „d abzüglich c" kleiner ist als der negative Unterschied „b abzüglich a", sodass dc ≽ ba ist.

Zur Erläuterung von I3 stelle man sich 6 unterschiedlich warme Tage a, b, c, d, e und f vor. Wenn der Temperaturunterschied ab größer ist als der Temperaturunterschied de und der Temperaturunterschied bc größer ist als der Temperaturunterschied ef, sollten die zusammengenommenen Unterschiede ab und bc größer sein als die zusammengenommenen Unterschiede de und ef. Der Unterschied ab zusammengefasst mit dem Unterschied bc entspricht jedoch dem Unterschied ac, und aus de zusammengefasst mit ef müsste df folgen, sodass ac ≽ df ist.

I4 ist – wieder bezogen auf unterschiedlich warme Tage – wie folgt zu verstehen: Wenn ab und cd größer als aa sind, handelt es sich zunächst bei ab und cd um positive Unterschiede, weil aa „kein Unterschied" bedeutet. Wenn nun der Unterschied ab größer ist als der Unterschied cd, sollte ein Tag d_1 existieren, der so geartet ist, dass der Unterschied ad_1 dem Unterschied cd entspricht. Offenbar muss es an diesem Tag d_1 wärmer sein als am Tag b. Ferner soll ein Tag d_2 existieren, der zu b den gleichen Wärmeunterschied aufweist wie c zu d. Dies kann nur ein Tag sein, an dem es kühler war als am Tag a. Das Axiom I4 wäre also verletzt, wenn sich empirisch zeigen ließe, dass derartige Tage d_1 und d_2 nicht existieren können.

Das archimedische Axiom (I5) betrifft im numerischen Relativ eine Eigenschaft der reellen Zahlen, die besagt, dass es für jede beliebig kleine positive Zahl x und jede beliebig große positive Zahl y eine ganze Zahl n gibt, sodass $n \cdot x \geq y$ ist. Die Abfolge $1 \cdot x, 2 \cdot x, 3 \cdot x, \ldots$ ist also nach oben durch y begrenzt. Diese Abfolge nennt man eine Standardabfolge. Übertragen auf ein empirisches Relativ besagt das archimedische Axiom vereinfacht, dass eine Folge von Objekten denkbar (oder herstellbar) ist, bei der zwischen jeweils 2 aufeinanderfolgenden Objekten ein konstanter Unterschied (Äquidistanz) besteht (ab $\sim$ bc $\sim$ cd, etc.). Dies ist eine Voraussetzung für das Abzählen von Maßeinheiten bei einem konkreten Messvorgang bzw. für die Vergleichbarkeit aller Objekte auf einer nach oben begrenzten Skala.

Sind die Bedingungen für eine algebraische Differenzenstruktur erfüllt, lässt sich ein empirisches Relativ durch folgende Abbildung im numerischen Relativ repräsentieren:

$$ab \succcurlyeq cd \Leftrightarrow \varphi(a) - \varphi(b) \geq \varphi(c) - \varphi(d). \quad (1.3)$$

Wenn der Unterschied zwischen 2 Objekten a und b mindestens so groß ist wie der Unterschied zwischen 2 Objekten c und d, ist die Differenz der den Objekten a und b zugeordneten Zahlen $\varphi(a) - \varphi(b)$ mindestens so groß wie die Differenz der den Objekten c und d zugeordneten Zahlen $\varphi(c) - \varphi(d)$. Eine Abbildungsfunktion mit dieser Eigenschaft definiert mit den entsprechenden Relativen eine Intervallskala. (Wie bereits erwähnt, ist dies nicht die einzige Messstruktur, die zu einer Intervallskala führt.)

1.1 Messtheoretische Vorbemerkungen

Allgemein gilt, dass Messungen auf einer Intervallskala (x) durch folgende Transformation Struktur erhaltend in Messungen einer anderen Intervallskala (y) überführt werden können:

$$y = \beta \cdot x + a \quad (\text{mit } \beta > 0).$$

Transformationen dieser Art bezeichnet man als „lineare" Transformationen. Durch β und a werden die Einheit und der Ursprung einer Intervallskala im numerischen Relativ festgelegt. Wir sagen: Die quantitativen Aussagen einer Intervallskala sind gegenüber jeder *linearen Transformation* vom Typus $y = \beta \cdot x + a$ (mit $\beta > 0$) invariant.

> Eine Intervallskala ordnet den Objekten eines empirischen Relativs Zahlen zu, die so geartet sind, dass die Rangordnung der Zahlendifferenzen zwischen je 2 Objekten der Rangordnung der Merkmalsunterschiede zwischen je 2 Objekten entspricht.

Ein Beispiel für eine Intervallskala sind die Zahlen der Celsiusskala, die der Länge einer Quecksilbersäule und damit der zu messenden Temperatur zugeordnet werden. Statt der Celsiusskala kann man für Temperaturmessungen jedoch auch die Fahrenheitskala einsetzen, mit der Relationen zwischen Temperaturunterschieden ebenso genau abgebildet werden. Zwischen Celsius (C) und Fahrenheit (F) besteht folgende Beziehung:

$$C = \frac{5}{9} \cdot F - \frac{160}{9}.$$

Bei dieser linearen Transformation setzen wir also $\beta = 5/9$ und $a = -160/9$.

Hat man an 4 Tagen a, b, c und d in Fahrenheit die Temperaturen $60°$, $68°$, $71°$ und $79°$ gemessen, ergeben sich in Celsius die Temperaturen $15{,}6°$, $20{,}0°$, $21{,}7°$ und $26{,}1°$. Betrachten wir die Temperaturunterschiede an den Tagen a und b sowie an den Tagen c und d, erhält man für beide Vergleiche jeweils einen identischen Wert: $F(a) - F(b) = F(c) - F(d) = -8°$ bzw. $C(a) - C(b) = C(c) - C(d) = -4{,}4°$. Bezogen auf Gl. (1.3) sind beide Skalen äquivalent.

Mit Intervallskalendaten können sinnvoll Differenzen, Summen oder auch Mittelwerte berechnet werden. Die meisten der in den folgenden Kapiteln zu behandelnden Verfahren gehen von Messungen auf Intervallskalen aus.

Verhältnisskala. Eine Verhältnisskala setzt (typischerweise) ein empirisches Relativ mit einer sog. extensiven Messstruktur voraus, die den Operator ∘ beinhaltet. Zudem muss für die Objekte eine schwache Ordnungsrelation definiert sein, d. h., das empirische Relativ wäre zusammenfassend durch $\langle A, \circ, \succcurlyeq \rangle$ zu charakterisieren. Der Operator ∘ entspricht einer „Zusammenfügungsoperation" (*Konkatenation*), z. B. das Aneinanderlegen zweier Bretter, das Zusammenlegen von 2 Objekten in eine Waagschale etc. Bezogen auf 2 Gewichte a und b ist a ∘ b zu interpretieren als das zusammengefasste Gewicht von a und b. Im numerischen Relativ entspricht dem Operator „∘" das Pluszeichen „+".

Bei Merkmalen, auf die der Operator ∘ sinnvoll angewendet werden kann, sind Aussagen wie „a ∘ b sind genau so lang wie c" oder „d ∘ e sind doppelt so schwer wie a" sinnvoll. Dies ist bei den meisten psychologischen Merkmalen nicht möglich, denn Aussagen wie „die zusammengenommene Trauer zweier Menschen a und b ist genauso groß wie die Trauer eines Menschen c" oder „die zusammengenommene Intelligenz von 2 Schülern b und c ist halb so groß wie die Intelligenz eines Schülers f" machen wenig Sinn.

Soll die Repräsentation einer Objektmenge A mit $\langle A, \circ, \succcurlyeq \rangle$ im numerischen Relativ mit $\langle R, +, \geq \rangle$ eine Verhältnisskala darstellen, müssen folgende Axiome erfüllt sein:

V1: $\succcurlyeq$ ist konnex und transitiv.
V2: a ∘ (b ∘ c) ∼ (a ∘ b) ∘ c (Assoziativität).
V3: Wenn a $\succcurlyeq$ b, dann a ∘ c $\succcurlyeq$ b ∘ c
    und c ∘ a $\succcurlyeq$ c ∘ b (Monotonie).
V4: Ein archimedisches Axiom (s. unten).

Nach V1 müssen O1 und O2 im empirischen Relativ gelten (vgl. S. 19). V2 besagt, dass die Reihenfolge des Zusammenfügens von 3 Objekten a, b und c für das Ergebnis unerheblich sein muss, und V3 bedeutet, dass a mit c über b mit c „dominieren" sollte, wenn a über b dominiert. Eine Verletzung von V3 lässt sich an folgendem Beispiel verdeutlichen: Angenommen, jemand trinkt lieber Tee (a) als schwarzen Kaffee (b), sodass a $\succ$ b gilt. Wenn nun c für „Sahne" steht, könnte es sein, dass Kaffee mit Sahne (b ∘ c) Tee mit Sahne (a ∘ c) vorgezogen wird, d. h. man erhält b ∘ c $\succ$ a ∘ c, sodass V3 verletzt wäre.

Das archimedische Axiom fordert, dass für a≻b eine ganze Zahl n existieren muss, sodass n · b≻a gilt, wobei 1b durch b, 2b durch b ∘ b, 3b durch b ∘ b ∘ b etc. definiert sind. Ähnlich wie I5 läuft auch dieses Axiom darauf hinaus, dass eine Folge von Objekten denkbar (oder herstellbar) ist, die äquidistant gestuft sind bzw. dass alle Objekte in dem Sinn miteinander vergleichbar sind, dass kein Objekt „unendlich viel größer" sein kann als ein anderes.

Ein empirisches Relativ, das diese Axiome erfüllt, bezeichnet man als „*extensive Messstruktur*". Eine extensive Messstruktur kann durch folgende, als Verhältnisskala bezeichnete Abbildung im numerischen Relativ repräsentiert werden:

$$a \succcurlyeq b \Leftrightarrow \varphi(a) \geq \varphi(b), \tag{1.4a}$$

$$\varphi(a \circ b) = \varphi(a) + \varphi(b). \tag{1.4b}$$

Wenn die Merkmalsausprägung für a mindestens so groß ist wie die für b, ist die dem Objekt a zugeordnete Zahl mindestens so groß wie die Zahl für b. Ferner gilt: Die Zahl, die der Merkmalsausprägung zugeordnet wird, die sich durch das Zusammenfügen von a und b ergibt, entspricht der Summe der Zahlen für a und b.

Eine Verhältnisskala x kann durch folgende Ähnlichkeitstransformationen in eine andere Verhältnisskala y überführt werden:

$$y = \beta \cdot x \quad (\text{mit } \beta > 0).$$

Beispiele für diese Transformation sind das Umrechnen von Metern in Zentimeter oder Inches, das Umrechnen von Kilogramm in Gramm oder Unzen, das Umrechnen von Euro in Dollar, das Umrechnen von Minuten in Sekunden etc. Wir sagen: Die quantitativen Aussagen einer Verhältnisskala sind gegenüber jeder *Ähnlichkeitstransformation* vom Typus $y = \beta \cdot x$ ($\beta > 0$) invariant.

> Eine Verhältnisskala ordnet den Objekten eines empirischen Relativs Zahlen zu, die so geartet sind, dass das Verhältnis zwischen je 2 Zahlen dem Verhältnis der Merkmalsausprägungen der jeweiligen Objekte entspricht.

Beispiele für Verhältnisskalen sind viele physikalische Messungen wie Längen-, Gewichts- und Zeitmessungen. Meist handelt es sich um Messungen, bei denen die Zahl „Null" einen empirischen Sinn macht. Bei Verhältnisskalen sind Aussagen wie „a ist doppelt so groß wie b" oder „a und b stehen im gleichen Verhältnis wie c und d" möglich. (Dass die Existenz eines Nullpunktes keine Verhältnisskala garantiert, zeigt das Beispiel der Temperaturmessung auf der Kelvinskala, die einen absoluten Nullpunkt hat. Fügt man zwei gleich große Wassermengen mit gleicher Temperatur zusammen, bleibt die Temperatur erhalten, d. h. es kommt nicht zu einer Verdoppelung der Temperatur. Man beachte allerdings, dass diese Aussage nicht für die Wärmemenge gilt.)

Auf Intervallskalen ist eine Abbildung von Verhältnissen zwischen Merkmalsausprägungen nicht möglich. Durch die hier zulässige Lineartransformation ist der Ursprung der Skala nicht eindeutig bestimmt. Das Verhältnis zweier Messungen $\varphi(a) = 2$ und $\varphi(b) = 4$ ändert sich, wenn die Messungen z. B. durch die Transformation $\varphi' = 3 \cdot \varphi + 5$ in $\varphi'(a) = 11$ und $\varphi'(b) = 17$ überführt werden. Das ursprüngliche Verhältnis der Zahlen (1:2) lautet nun 11:17.

Zu beachten ist jedoch, dass sich die *Unterschiede* von Merkmalsausprägungen bei einem intervallskalierten Merkmal durch eine Verhältnisskala abbilden lassen, denn die Aussage, der Temperaturunterschied zwischen a und b sei doppelt so groß wie der Temperaturunterschied zwischen c und d, macht durchaus Sinn.

Verhältnisskalen kommen in der humanwissenschaftlichen Forschung (z. B. mit psychologischen Merkmalen) nur selten vor. Dementsprechend finden sie in der Statistik keine besondere Beachtung. Da jedoch Verhältnisskalen genauere Messungen ermöglichen als Intervallskalen, sind alle mathematischen Operationen bzw. statistischen Verfahren für Intervallskalen auch für Verhältnisskalen gültig. Man verzichtet deshalb häufig auf eine Unterscheidung der beiden Skalen und bezeichnet sie zusammengenommen als **Kardinalskalen** oder auch als *metrische* Skalen.

Tabelle 1.1 fasst die hier behandelten Skalenarten sowie einige typische Beispiele noch einmal zusammen. Die genannten „möglichen Aussagen" sind invariant gegenüber den jeweils zulässigen skalenspezifischen Transformationen.

Ein Vergleich der 4 Skalen zeigt, dass die Messungen mit wachsender Ordnungsziffer der Skalen genauer werden bzw. dass zunehmend mehr Ei-

1.1 Messtheoretische Vorbemerkungen

genschaften des numerischen Relativs auf das empirische Relativ übertragbar sind. Dies wird deutlich, wenn wir uns vor Augen führen, dass Ordinalskalen die Größer-kleiner-Relationen richtig abbilden, auch die Gleichheits-Ungleichheits-Bedingung der Nominalskalen erfüllen bzw. dass „Gleichheit der Differenzen" (Intervallskala) sowohl Größer-kleiner- als auch Gleich-ungleich-Relationen beinhaltet und dass „Gleichheit der Verhältnisse" (Verhältnisskala) alle drei genannten Bedingungen impliziert. So gesehen, stellt die Klassifikation der 4 Skalen eine Ordinalskala dar, wobei mit zunehmender Rangnummer der Skalen mehr Informationen des empirischen Relativs im numerischen Relativ abgebildet werden.

Unter dem Gesichtspunkt der „Bedeutsamkeit" (vgl. S. 18) ergibt sich die in Tabelle 1.2 dargestellte Skalenhierarchie (nach Fahrmeir et al. 2001, S. 18).

Ein weiteres Klassifikationskriterium für Merkmale betrifft die Anzahl der möglichen Ausprägungen. Hat ein Merkmal endlich viele Ausprägungen (z. B. Anzahl der Geschwister) oder abzählbar unendliche viele Ausprägungen (z. B. Anzahl der Roulette-Würfe bis eine Null erscheint), bezeichnen wir das Merkmal als *diskret* oder *diskontinuierlich*. Diskret sind also alle Zählvariablen mit einer oberen oder ohne eine obere Schranke.

Befinden sich in einem Merkmalsintervall hingegen beliebig viele Merkmalsausprägungen, heißt das Merkmal *stetig* oder *kontinuierlich* (z. B. Körpergewicht, Zeitmessungen). Falls ein stetiges Merkmal aufgrund einer begrenzten Messgenauigkeit nur diskret gemessen werden kann, sprechen wir von einem quasi-stegigen Merkmal.

Die Skalenarten auf dem Prüfstand: Ein Beispiel

Ein Briefmarkenhändler gibt einen Katalog heraus, in dem jede Briefmarke mit einer Zahl von 0 bis 10 gekennzeichnet ist. Es soll im Folgenden anhand der skalenspezifischen Axiome gezeigt werden, wie der Händler „getestet" werden könnte, wenn er behauptet, die Zahlen würden eine Nominal-, Ordinal-, Intervall- oder Verhältnisskala darstellen.

Nominalskala. Die Briefmarken könnten nach den Nominalskalen „Motive", „Länder", „Jahre" etc. in 11 Gruppen unterteilt sein, denen jeweils die Zahlen 0 bis 10 zugeordnet sind. Nehmen wir an, es handle sich um eine Gruppierung nach Motiven (Politiker, Landschaften, Tiere, Gebäude etc.) mit insgesamt 11 verschiedenen Motivgruppen; die Axiome N1 bis N3 wären dann wie folgt empirisch zu prüfen:

N1 (Reflexivität): Der Händler müsste in der Lage sein, jede Briefmarke bei einer wiederholten Gruppierung den gleichen Kategorien zuzuordnen wie bei der ersten Gruppierung.

N2 (Symmetrie): Wenn der Händler einer „Ankermarke" a wegen eines vergleichbaren Motivs eine Briefmarke b zuordnet, müsste er bei einem Wiederholungsversuch auch die Marke a der Marke b zuordnen.

N3 (Transitivität): Wenn der Händler meint, 2 Marken a und b hätten das gleiche Motiv wie die Marken b und c, müsste er auch der Auffassung sein, dass die Marken a und c dem gleichen Motiv angehören.

Tabelle 1.1. Die vier wichtigsten Skalentypen

Skalenart	Mögliche Aussagen	Beispiele
1. Nominalskala	Gleichheit Verschiedenheit	Telefonnummern Krankheitsklassifikationen
2. Ordinalskala	Größer-kleiner-Relationen	Militärische Ränge Windstärken
3. Intervallskala	Gleichheit von Differenzen	Temperatur (z. B. Celsius) Kalenderzeit
4. Verhältnisskala	Gleichheit von Verhältnissen	Längenmessung Gewichtsmessung

Tabelle 1.2. Sinnvolle Berechnungen für Daten verschiedener Skalen

Skalenart	Sinnvoll interpretierbare Berechnungen			
	Auszählen	Ordnen	Differenzen bilden	Quotienten bilden
Nominal	ja	nein	nein	nein
Ordinal	ja	ja	nein	nein
Intervall	ja	ja	ja	nein
Verhältnis	ja	ja	ja	ja

Die für N1 bis N3 geforderten „Tests" müssten auch funktionieren, wenn den 11 Motivklassen beliebige andere Zahlen zugeordnet sind, denn der Informationsgehalt einer Nominalskala ist gegenüber jeder eindeutigen Transformation invariant.

Ordinalskala. Der Händler behauptet, die Zahlen 0 bis 10 würden eine Rangordnung der Briefmarken bzgl. ihres Wertes darstellen (0 = geringster Wert; 10 = höchster Wert). Diese Behauptung wäre über die Axiome O1 und O2 wie folgt zu prüfen:

O1 (Konnexität): Bei 2 zufällig herausgegriffenen Briefmarken a und b müsste der Händler entscheiden können, welche der beiden Marken wertvoller ist oder ob beide Marken den gleichen Wert haben.

O2 (Transitivität): Wenn der Händler eine Marke a für mindestens so wertvoll hält wie eine andere Marke b und die Marke b wiederum mindestens für so wertvoll wie eine Marke c, müsste er auch a für mindestens so wertvoll halten wie c. Diese Transitivität wäre für jede Dreiergruppe von Marken zu prüfen.

Der Händler hätte statt der Zahlen 0 bis 10 für die 11 Kategorien auch andere Zahlen wählen können. Solange gewährleistet ist, dass von jeweils 2 Marken der wertvolleren eine größere Zahl zugeordnet wird als der weniger wertvollen und dass Marken mit einer ursprünglich identischen Klassifikation wieder identisch klassifiziert werden, ist die Auswahl der Zahlen beliebig, denn Ordinalskalen sind gegenüber monotonen Transformationen invariant.

Intervallskala. Der Händler behauptet, die Zahlen wären intervallskalierte Wertklassen. Diese Behauptung wäre korrekt, wenn er die folgenden „Tests" bzgl. der Axiome I1 bis I5 besteht:

I1 (schwache Ordnung von Paaren): Ein (naiver) Kunde bietet dem Händler zwei Tauschgeschäfte an: Er will z. B. eine B3 (Briefmarke aus der Kategorie 3) hergeben und dafür eine B2 bekommen (erster Tausch = T1) oder eine B7 hergeben und eine B5 bekommen (zweiter Tausch = T2). Formal soll dieser „Handel" wie folgt dargestellt werden:

	Händler		Kunde
T1	B2	↔	B3
T2	B5	↔	B7

Der Händler muss bei jedem Tauschgeschäft dieser Art entscheiden können, welcher der beiden Tausche für ihn günstiger ist. Im Beispiel würde er – Intervallskalenniveau vorausgesetzt – natürlich T2 gegenüber T1 präferieren. (Man beachte, dass diese Präferenz bei ordinalskalierten Kategorien keineswegs zwangsläufig ist: Der Wertunterschied zwischen B2 und B3 könnte größer sein als der Wertunterschied zwischen B5 und B7.)

Hält der Händler zudem einen Tausch T1 für günstiger als einen Tausch T2 und T2 für günstiger als einen weiteren Tausch T3, muss er auch T1 für günstiger halten als T3. (Es wäre hier und im Folgenden auch die Äquivalenz zweier Tausche zulässig.)

I2 (Vorzeichen-Umkehr-Axiom): Der Händler möge bei folgendem Tauschgeschäft T1 präferieren:

	Händler		Kunde
T1	B1	↔	B3
T2	B5	↔	B6

In diesem Falle müsste er gemäß I2 bei folgendem Tausch-„Geschäft" ebenfalls T1 präferieren:

	Händler		Kunde
T1	B6	↔	B5
T2	B3	↔	B1

I3 (schwache Monotonie): Zur Prüfung dieses Axioms sind 3 Tauschgeschäfte zu vergleichen, wie z. B.:

1. Tauschgeschäft

	Händler		Kunde
T1	B0	↔	B2
T2	B7	↔	B8

2. Tauschgeschäft

	Händler		Kunde
T1	B2	↔	B5
T2	B8	↔	B10

Wenn der Händler in beiden Tauschgeschäften T1 präferiert, sollte er auch im 3. Tauschgeschäft T1 präferieren, das sich nach I3 aus den beiden ersten Tauschgeschäften wie folgt ergibt:

    3. Tauschgeschäft
	Händler		Kunde
T1	B0	↔	B5
T2	B7	↔	B10

Auch diese Präferenz wäre wohl selbstverständlich, wenn die Wertklassen intervallskaliert sind.

I4 (Lösbarkeit): Der Händler präferiert bei folgendem Tauschgeschäft T1:

	Händler		Kunde
T1	B0	↔	B10
T2	B5	↔	B5

Gegen welche Briefmarken müssten B0 und B10 getauscht werden, damit die so resultierenden Tausche zu T2 äquivalent sind? Dies sind offenbar B0↔B0 (also d_1 = B0) und B10↔B10 (d_2 = B10).

Der Leser mag sich davon überzeugen, dass es für beliebige Tausche T1 und T2 für I4 immer eine Lösung gibt, wenn die Wertklassen intervallskaliert sind.

I5 (archimedisches Axiom): Dieses Axiom wird als sog. „technisches Axiom" empirisch nicht geprüft. Das archimedische Axiom wäre allerdings verletzt, wenn der Händler eine sehr wertvolle Marke besitzt, die er gegen „nichts auf der Welt" tauschen würde.

Statt der Zahlenfolge 0 bis 10 hätte der Händler den Kategorien lineartransformierte Werte der Zahlen 0 bis 10 zuordnen können. Für die Einheit β = 10 und den Ursprung a = 50 wären dies die Zahlen 50, 60, 70 ... 150. Sämtliche Tests müssten auch mit diesen (oder anderen lineartransformierten Zahlen) funktionieren.

Verhältnisskala. Behauptet der Händler, seine Kategorienummern würden den Wert der Marken als Zahlen einer Verhältnisskala abbilden, sollte der Operator ∘ zulässig sein. Demnach müsste die Zahl, die dem Wert von 2 Briefmarken zugeordnet wird, der Summe der Zahlen entsprechen, die die Werte der beiden Einzelmarken kennzeichnen, also z. B. B1 ∘ B3 ~ B4. Erst bei dieser Skalierungsart dürfte der Händler behaupten, dass eine B6 doppelt so wertvoll ist wie eine B3 oder dass das Wertverhältnis von B2 zu B4 dem Wertverhältnis von B3 zu B6 entspricht.

Die Axiome haben die folgende empirische Bedeutung:

V1 (schwache Ordnung): Wie O1 und O2.

V2 (Assoziativität): Wenn ein Kunde z. B. für eine B8 als Gegenwert eine B4 und eine B3 anbietet, müsste der Händler eine B1 nachfordern. Besteht das Angebot des Kunden aus einer B3 und einer B1, wäre eine B4 nachzufordern.

V3 (Monotonie): Präferiert der Händler B5 und B6 gegenüber B4 und B6, muss er auch B5 gegenüber B4 präferieren.

V4 (archimedisches Axiom): Wie I5.

Die Zahlen 0 bis 10 sind hier durch eine beliebige Zahlenfolge ersetzbar, die aus der Ähnlichkeitstransformation $y = \beta \cdot x$ $(\beta > 0)$ hervorgeht. Wenn eine Briefmarke der Kategorie 1 z. B. € 5,- wert wäre (β = 5), könnten die Kategorien auch durch € 0,-, € 5,-, € 10,-, € 15,- ... € 50,- beschrieben werden.

Messung in der Forschungspraxis

Empirische Sachverhalte werden durch die vier in Tabelle 1.1 genannten Skalenarten unterschiedlich genau abgebildet. Die hieraus ableitbare Konsequenz für die Planung empirischer Untersuchungen liegt auf der Hand. Bieten sich bei einer Quantifizierung mehrere Skalenarten an, sollte diejenige mit dem höchsten Skalenniveau gewählt werden. Erweist sich im Nachhinein, dass die empirischen Aussagen gegenüber den für ein Skalenniveau zulässigen Transformationen nicht invariant sind, besteht die Möglichkeit, die erhobenen Daten auf ein niedrigeres Skalenniveau zu transformieren (beispielsweise, indem fehlerhafte Intervalldaten auf ordinalem Niveau ausgewertet werden). *Eine nachträgliche Transformation auf ein höheres Skalenniveau ist hingegen nicht möglich.*

Wie jedoch – so lautet die zentrale Frage – wird in der Forschungspraxis entschieden, auf welchem Skalenniveau ein bestimmtes Merkmal gemessen wird? Ist es erforderlich bzw. üblich, bei jedem Merkmal die gesamte Axiomatik der mit einer Skalenart verbundenen Messstruktur wie in unserem Briefmarkenbeispiel empirisch zu überprüfen?

Sucht man in der Literatur nach einer Antwort auf diese Fragen, wird man feststellen, dass hierzu unterschiedliche Auffassungen vertreten werden (vgl. z.B. Wolins, 1978). Unproblematisch und im Allgemeinen ungeprüft ist die Annahme, ein Merkmal sei nominalskaliert. Geschlecht, Parteizugehörigkeit, Farbpräferenzen, Herkunftsland etc. sind Merkmale, deren Nominalskalenqualität unstrittig ist.

Weniger eindeutig fällt die Antwort jedoch aus, wenn es darum geht zu entscheiden, ob Schulnoten, Testwerte, Einstellungsmessungen, Schätz- (Rating-) Skalen o.Ä. ordinal- oder kardinalskaliert sind. Hier eine richtige Antwort zu finden, ist insoweit von Bedeutung, als die Berechnung von Mittelwerten und anderen wichtigen statistischen Maßen nur bei kardinalskalierten Merkmalen zu rechtfertigen ist, d.h. für ordinalskalierte Daten sind andere statistische Verfahren einzusetzen als für kardinalskalierte Daten.

Die übliche Forschungspraxis verzichtet auf eine empirische Überprüfung der jeweiligen Skalenaxiomatik. Die meisten Messungen sind *„Per-fiat"-Messungen* (Messungen „durch Vertrauen"), wie z.B. Messungen mit Fragebögen, Tests, Ratingskalen etc. Man nimmt an, diese Instrumente würden das jeweilige Merkmal metrisch messen, sodass der gesamte statistische „Apparat" für metrische Daten eingesetzt werden kann (vgl. hierzu auch Lantermann, 1976, oder Davison u. Sharma, 1988).

Hinter dieser „liberalen" Auffassung steht die Überzeugung, dass die Bestätigung einer Forschungshypothese durch die Annahme eines falschen Skalenniveaus eher erschwert wird. Anders formuliert: Lässt sich eine inhaltliche Hypothese empirisch bestätigen, ist dies gleichzeitig ein Beleg für die Richtigkeit der skalentheoretischen Annahme. Wird eine inhaltliche Hypothese empirisch hingegen widerlegt, sollte dies ein Anlass sein, auch die Art der „Operationalisierung" des Merkmals und damit das Skalenniveau der Daten zu problematisieren. Es ist festzustellen, dass die Untersuchung der Zulässigkeit von Messoperationen die Theorie des untersuchten Gegenstandes in vielen Fällen wesentlich bereichert hat (ausführlicher hierzu vgl. z.B. Bortz u. Döring, 2002, Abschnitt 2.3.5).

Wie stark Messtheorie und inhaltliche Theorie miteinander verbunden sind, sei an einem kleinen (nicht ganz ernst gemeinten) Beispiel verdeutlicht: Ein verhaltenstherapeutischer Psychologe behandelt Patienten mit Hundephobien und möchte dieses Phänomen quantitativ erfassen oder messen. Die Annahme einer Nominalskala setzt voraus, dass theoretisch verschiedene Formen phobischer Angstzustände begründet werden können. Dies wäre zweifellos unproblematisch, wenn – für eine zweistufige Nominalskala – nur zwischen „Phobie vorhanden"/„nicht vorhanden" unterschieden werden soll. Eine differenziertere Nominalskala könnte die Art der Angstgefühle nach der Art des Anlasses (z.B. verschiedene Hunderassen) klassifizieren.

Eine Ordinalskala setzt die Existenz unterschiedlich starker phobischer Zustände voraus. Will man darüber entscheiden, welcher von zwei phobischen Zuständen der stärkere ist, kann man die Patienten hierzu befragen, man kann verschiedene angstauslösende Szenarien paarweise vergleichen lassen (Paarvergleichskalierung; vgl. z.B. Bortz u. Döring, 2002, Kap. 4.2.2), man kann den Blutdruck, die Herzfrequenz oder andere physiologische Erregungsindikatoren messen, man kann in einer „Life"-Situation Vermeidungsreaktionen (Fluchtgeschwindigkeit oder maximal tolerierte Distanz zum Angst auslösenden Reiz) erfassen usw. Die Gültigkeit dieser Indikatoren für die Stärke einer Phobie ließe sich z.B. dadurch nachweisen, dass die Phobiemessungen mit fortschreitender Therapie zunehmend geringer ausfallen. Hierbei kann sich nun herausstellen, dass sich einige Indikatoren erwartungsgemäß verändern und andere nicht, was wichtige Rückschlüsse auf die der Therapie zugrundeliegende Theorie zuließe.

Eine Intervallskala würde die Möglichkeit eröffnen, die Phobienstärken äquidistant abzustufen, um diese z.B. auf einer Ratingskala abzubilden. Unter dieser Voraussetzung könnte man z.B. überprüfen, ob zwischen der Phobienstärke und der Anzahl der therapeutischen Behandlungstermine eine lineare Beziehung besteht. Falls dies nicht der Fall ist, wären dafür ein nicht linear verlaufender Therapieerfolg (z.B. hohe therapeutische Effektivität nur in der Anfangsphase), eine falsche skalentheoretische Annahme (Phobienstärken sind nicht intervall-, sondern bestenfalls ordinalskaliert) oder beides verantwortlich zu machen. Kann man jedoch nachweisen, dass ein solcher linearer Zusammenhang besteht, wäre dies gleichzeitig ein Beleg für die Richtigkeit der Intervallskalenannahme und für die Gleichförmigkeit des Therapieverlaufes.

Nur der Vollständigkeit halber seien auch einige Überlegungen zur Verhältnisskala angestellt. Hier müssten Aussagen wie „die Phobiestärke von a ist doppelt so groß wie die Phobiestärke von b" möglich sein. Wäre es theoretisch zu rechtfertigen, dass die Stärke einer phobischen Reaktion von der Intensität des Angst auslösenden Reizes abhängt, müsste eine Verdopplung der Reizintensität mit einer Verdopplung der Angstreaktion einhergehen. Wäre die maximal tolerierte Distanz zum Angst auslösenden Reiz ein theoretisch gut begründeter Indikator für die Stärke der Phobie, müsste also der Bogen, den ein Phobiker um zwei ähnliche Hunde macht, annähernd doppelt so groß sein wie der Bogen um nur einen Hund. Es ist davon auszugehen, dass die Theorie der Hundephobie auch nicht annähernd so präzise ist, als dass numerische Aussagen dieser Art die Stärke von Phobien angemessen abbilden könnten.

> Human- und sozialwissenschaftliche Messung ist selten ein rein technisches, sondern meistens auch ein theoriegeleitetes Unterfangen.

Hinweis: Genauere Ausführungen zu dieser Thematik findet man in den auf S. 16 bereits erwähnten Arbeiten und bei Coombs et al. (1975), Gigerenzer (1981), Michell (1990), Niederée u. Mausfeld (1996 a, b), Niederée u. Narens (1996), Pfanzagl (1971), Roberts (1979) oder Suppes u. Zinnes (1963).

▷ 1.2 Tabellarische Darstellung der Daten

Eine Gruppe von n *Untersuchungseinheiten* (wir werden diesen allgemeinen Begriff im Folgenden häufig durch die Bezeichnungen „Vpn" oder „Personen" ersetzen) soll hinsichtlich eines Merkmals X beschrieben werden. Um den Begriff **Stichprobe** als Teilmenge einer Population für inferenzstatistische Fragen zu reservieren, wollen wir eine Personengruppe, die lediglich beschrieben werden soll und für die sich die Frage der Repräsentativität hinsichtlich einer Grundgesamtheit nicht stellt, als ein **Kollektiv** bezeichnen.

Die individuellen Messwerte der Vpn konstituieren die sog. Urliste, die nach Festlegung der *Kategorienbreiten* in eine zusammenfassende *Strichliste* überführt wird. Die tabellarische Beschreibung der Merkmalsverteilung kann, ausgehend von der Strichliste, durch
- eine Häufigkeitsverteilung,
- eine kumulierte Häufigkeitsverteilung,
- eine Prozentwertverteilung und
- eine kumulierte Prozentwertverteilung erfolgen.

BEISPIEL

Untersucht werden soll ein Kollektiv von 90 Patienten mit hirnorganischen Schäden hinsichtlich der Fähigkeit, aus einzelnen Teilstücken eine vorgegebene Figur zusammenzusetzen (Puzzle). Das uns interessierende Merkmal ist die Bearbeitungszeit, die die Vpn zum Zusammenlegen der Figur benötigen. Bei dem untersuchten Merkmal handelt es sich um eine stetige bzw. kontinuierliche Variable (vgl. S. 23), wobei die Variable „Bearbeitungszeit" als Verhältnisskala betrachtet wird. Tabelle 1.3 stellt die Urliste der Merkmalsausprägungen dar.

In dieser Urliste werden nacheinander die Bearbeitungszeiten der 90 Vpn notiert, ohne die Zugehörigkeit einer Leistung zu einer Vp zu kennzeichnen. Hierauf kann verzichtet werden, da wir lediglich an der Merkmalsverteilung im gesamten Kollektiv und nicht an individuellen Daten interessiert sind.

Die Messungen wurden mit einer Genauigkeit von 0,1 s erfasst, was in diesem Beispiel zur Folge hat, dass keine identischen Bearbeitungszeiten vorkommen.

Kategorisierung der Messwerte

Um die Verteilungseigenschaften der Bearbeitungszeiten veranschaulichen zu können, werden die individuellen Messwerte in *Kategorien* bzw.

Tabelle 1.3. Urliste

131,8	106,7	116,4	84,3	118,5	93,4	65,3	113,8 140,3
119,2	129,9	75,7	105,4	123,4	64,9	80,7	124,2 110,9
86,7	112,7	96,7	110,2	135,2	134,7	146,5	144,8 113,4
128,6	142,0	106,0	98,0	148,2	106,2	122,7	70,0 73,9
78,8	103,4	112,9	126,6	119,9	62,6	116,6	84,6 101,0
68,1	95,9	119,7	122,0	127,3	109,3	95,1	103,1 92,4
103,0	90,2	136,1	109,6	99,2	76,1	93,9	81,5 100,4
114,3	125,5	121,0	137,0	107,7	69,0	79,0	111,7 98,8
124,3	84,9	108,1	128,5	87,9	102,4	103,7	131,7 139,4
108,0	109,4	97,8	112,2	75,6	143,1	72,4	120,6 95,2

Intervalle (wir verwenden die beiden Bezeichnungen synonym) zusammengefasst. Hiermit verbindet sich die Frage, wie die **Kategorienbreiten** festzulegen sind bzw. wie viele Kategorien aufgemacht werden sollen. Wählen wir die Kategorien zu breit, werden Leistungsunterschiede verdeckt, während umgekehrt zu enge Kategorien zu Verteilungsformen führen, bei denen zufällige Irregularitäten den Verteilungstyp häufig nur schwer erkennen lassen.

Es gibt einige Faustregeln, die bei der Festlegung der Kategorienbreite bzw. der Kategorienzahl beachtet werden sollen:
- Mit wachsender Größe des untersuchten Kollektivs können engere Kategorienbreiten gewählt werden.
- Je größer die *Variationsbreite* der Messwerte (d. h. die Differenz zwischen dem größten und kleinsten Wert), desto breiter können die Kategorien sein.
- Nach einer Faustregel von Sturges (1926) soll die Anzahl der Kategorien m nach der Beziehung $m \approx 1 + 3{,}32 \cdot \lg n$ (n = Kollektivgröße, lg = dekadischer Logarithmus) festgelegt werden.
- Die maximale Anzahl der Kategorien sollte aus Gründen der Übersichtlichkeit 20 nicht überschreiten.
- Alle Kategorien sollten im Normalfall die gleiche Breite (Kb) aufweisen.

Ausgehend von diesen Faustregeln könnten die 90 erhobenen Messwerte in ca. 8 Kategorien zusammengefasst werden. Die endgültige Anzahl der Kategorien erhalten wir durch die Bestimmung der Kategorienbreite, die sich ergibt, wenn wir die *Variationsbreite* der Messwerte durch die vorläufig in Aussicht genommene Kategorienzahl dividieren. Da in unserem Beispiel die Variationsbreite 148,2 s (größter Wert) $-62{,}6$ s (kleinster Wert) $= 85{,}6$ s beträgt, ermitteln wir eine Kategorienbreite (Kb) von $85{,}6 : 8 = 10{,}7$. Diese Kategorienbreite ist jedoch wegen der Dezimalstelle wenig praktikabel; anschaulicher und leichter zu handhaben sind ganzzahlige Kategorienbreiten, was uns dazu veranlasst, die Kategorienbreite auf Kb = 10 festzulegen. Dies hat zur Konsequenz, dass die ursprünglich vorgeschlagene Kategorienzahl von 8 auf 9 erhöht wird.

Nach dieser Vorarbeit können wir die in Tabelle 1.4 dargestellte Strichliste anfertigen. In dieser Tabelle kennzeichnen wir die Nummer einer Kategorie mit k und deren Häufigkeit (Frequenz) mit f(k).

Gegen die Kategorienwahl in Tabelle 1.4 könnte man einwenden, dass die Kategorien nicht die geplante Breite von Kb = 10, sondern von Kb = 9,9 aufweisen. Dies ist jedoch nur scheinbar der Fall, denn das untersuchte Material „Bearbeitungszeit" ist stetig verteilt, sodass die Kategoriengrenzen genau genommen durch die Werte 60–69,999... bzw. durch 60–69,$\overline{9}$ usw. zu kennzeichnen gewesen wären. Da unsere Messungen jedoch nur eine Genauigkeit von einer Nachkommastelle aufweisen, können alle Messwerte durch die in Tabelle 1.4 vorgenommene Kennzeichnung der Kategoriengrenzen eindeutig zugeordnet werden. Wir unterscheiden zwischen *scheinbaren* Kategoriengrenzen, die eine zweifelsfreie Zuordnung aller Messwerte in Abhängigkeit von der Messgenauigkeit gestatten, und *wahren* Kategoriengrenzen, die die Kategorienbreiten mathematisch exakt wiedergeben.

In einigen Untersuchungen ergeben sich *Extremwerte*, die so weit aus dem Messbereich der übrigen Werte herausfallen, dass bei Wahrung einer konstanten Kategorienbreite zwischen den durch das Hauptkollektiv besetzten Kategorien und den Kategorien, in die die Extremwerte hineinfallen, leere bzw. unbesetzte Kategorien liegen. Für solche „*Ausreißer*" werden an den Randbereichen der Verteilung **offene Kategorien** eingerichtet. Wenn in unserem Untersuchungsbeispiel für eine extrem schnelle Vp eine Bearbeitungszeit von 38,2 s und für eine extrem langsame Vp eine Bearbeitungszeit von 178,7 s vorläge, so könnten diese in die Kategorien <60 bzw. >150 eingesetzt werden. Zu beachten ist jedoch, dass bei Verwendung offener Kategorien

Tabelle 1.4. Strichliste

Kategorie (k)		Häufigkeit f(k)
60,0–69,9	⊞	5
70,0–79,9	⊞ |||	8
80,0–89,9	⊞ ||	7
90,0–99,9	⊞ ⊞ ||	12
100,0–109,9	⊞ ⊞ ⊞ ||	17
110,0–119,9	⊞ ⊞ ⊞	15
120,0–129,9	⊞ ⊞ |||	13
130,0–139,9	⊞ ||	7
140,0–149,9	⊞		6

statistische Kennwerte der Verteilung, wie z. B. Mittelwert und Streuung nicht berechnet werden können, es sei denn, die Extremwerte werden gesondert aufgeführt.

Das 1. Intervall wurde in Tabelle 1.4 auf 60–69,9 festgelegt, obwohl dies keineswegs zwingend ist. Ausgehend von der ermittelten Intervallbreite und der Variationsbreite der Werte wären auch folgende Kategorienfestsetzungen denkbar: 60,1–70; 70,1–80... oder 60,2–70,1; 70,2–80,1... bzw. auch 61–70,9; 71–80,9... oder 62–71,9; 72–81,9... usw. Die hier angedeuteten verschiedenen Möglichkeiten der Kategorienfestsetzung werden als die *Reduktionslagen* einer Häufigkeitsverteilung bezeichnet. In Tabelle 1.4 haben wir uns für eine Reduktionslage entschieden, in der 60er-, 70er-, 80er-Werte usw. zusammengefasst werden. Grundsätzlich hätte jedoch auch jede andere Reduktionslage eingesetzt werden können, denn statistische Kennwerte wie z. B. Mittelwerte und Streuungsmaße werden durch die verschiedenen Reduktionslagen nicht beeinflusst. Lediglich das Verteilungsbild der Häufigkeiten ist in geringfügigem Ausmaß von der Reduktionslage abhängig (vgl. Abb. 1.1). Eine einheitliche Regelung für die Festlegung der Reduktionslage nennt Lewis (1966).

Empirische Merkmalsverteilung

Durch Auszählung der Striche in der Strichliste erhalten wir die Häufigkeiten für die einzelnen Kategorien. Um zu kontrollieren, ob alle Messwerte berücksichtigt wurden, empfiehlt es sich, die Häufigkeiten in den einzelnen Kategorien sukzessiv aufzuaddieren, wobei die letzte Kategorie den Wert n = Kollektivumfang erhalten muss. Die sukzessiv summierten Kategorienhäufigkeiten werden als *kumulierte Häufigkeitsverteilung* bezeichnet.

Sollen zwei unterschiedlich große Kollektive hinsichtlich ihrer Merkmalsverteilung verglichen bzw. die Merkmalsverteilung in einem Kollektiv leichter überschaubar gemacht werden, können die absoluten Häufigkeiten in den einzelnen Kategorien als *Prozentwerte* ausgedrückt werden. Prozentwerte ermittelt man nach folgender Gleichung:

$$\%_k = \frac{f(k)}{n} \cdot 100\% \,. \tag{1.5}$$

Hierbei bedeuten:
$\%_k$ = zu errechnender Prozentwert für die Kategorie k,
$f(k)$ = Häufigkeit (Frequenz) in der Kategorie k,
n = Kollektivgröße.

Soll beispielsweise der Prozentwert für die 3. Kategorie (80,0–89,9) errechnet werden, erhalten wir

$$\%_{(80,0-89,9)} = \frac{7}{90} \cdot 100\% = 7,8\% \,.$$

Liegen keine Rechenfehler vor, muss die **kumulierte Prozentwertverteilung** in der letzten Kategorie den Wert 100% erhalten.

Bei einer Häufigkeitsverteilung, die nur in Prozentwerten ausgedrückt wird, ist darauf zu achten, dass der Kollektivumfang n mitgeteilt wird. Nur so ist zu gewährleisten, dass für weitere Auswertungen die absoluten Häufigkeiten rückgerechnet werden können.

Tabelle 1.5 zeigt die auf Grund der Strichliste (vgl. Tabelle 1.4) ermittelte Häufigkeitsverteilung (nicht kumuliert und kumuliert) sowie die Prozentwertverteilung (nicht kumuliert und kumuliert).

Die Werte in der Spalte $\%_{kum}(k)$ werden gelegentlich auch als *Prozentränge* (PR) bezeichnet. Man berechnet sie nach der Gleichung

$$PR = \frac{f_{kum}(k)}{n} \cdot 100\% \,. \tag{1.6}$$

Die bisher besprochene tabellarische Aufbereitung wurde an einem Material demonstriert, dem eine *stetige (kontinuierliche) Variable* zugrunde liegt. Soll ein Kollektiv hinsichtlich einer *diskreten Variablen* (vgl. S. 23) beschrieben werden, wie z. B. Parteipräferenzen (Nominalskala), Rangposition in der Geschwisterreihe (Ordinalskala) oder Test-

Tabelle 1.5. Häufigkeitsverteilung und Prozentwertverteilung

Kategorie (k)	$f(k)$	$f_{kum}(k)$	% (k)	$\%_{kum}(k)$
60,0–69,9	5	5	5,6	5,6
70,0–79,9	8	13	8,9	14,4
80,0–89,9	7	20	7,8	22,2
90,0–99,9	12	32	13,3	35,6
100,0–109,9	17	49	18,9	54,4
110,0–119,9	15	64	16,7	71,1
120,0–129,9	13	77	14,4	85,6
130,0–139,0	7	84	7,8	93,4
140,0–149,9	6	90	6,7	100,0

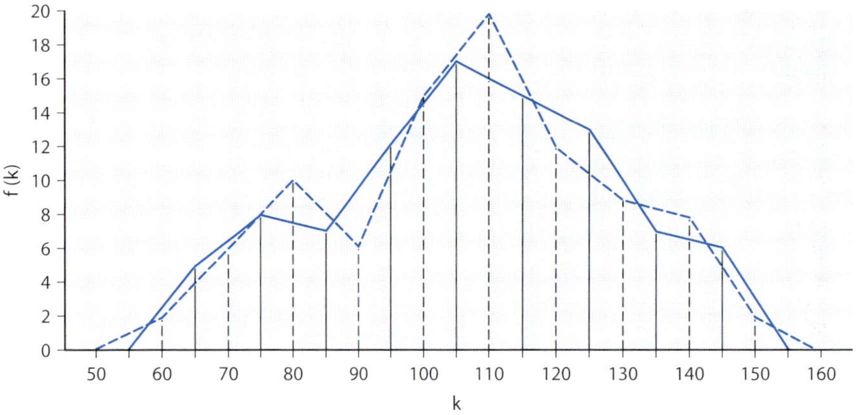

Abb. 1.1. Polygon der Häufigkeiten in Tabelle 1.5 für 2 Reduktionslagen

punktwerte (Intervallskala), gelten die gleichen Prinzipien der Materialaufbereitung wie bei stetigen Skalen. Die Bestimmung der Kategorienbreiten erübrigt sich natürlich bei Nominalskalen. Hier könnten inhaltlich ähnliche, schwach besetzte Kategorien zusammengefasst werden.

▷ 1.3 Graphische Darstellung der Daten

Die graphische Darstellung der ermittelten Tabellen ist wenig normiert. Relativ leicht anzufertigende und übersichtliche Darstellungen sind das *Polygon* und das *Histogramm*, wobei das Polygon der graphischen Darstellung einer stetigen Variablen und das Histogramm der graphischen Darstellung einer diskreten Variablen vorbehalten bleiben sollte.

Polygon

Bei der graphischen Veranschaulichung der Häufigkeitsverteilung einer stetigen Variablen benötigen wir statt der Kategoriengrenzen die Kategorienmitten, die nach folgender Beziehung berechnet werden:

$$\text{Kategorienmitte} = \frac{\text{obere Kategoriengr.} + \text{untere Kategoriengr.}}{2}.$$

Es ist darauf zu achten, dass diese Gleichung nicht von den scheinbaren, sondern von den wahren Kategoriengrenzen ausgeht. Die Kategorienmitten werden in gleichen Abständen auf der Abszisse und die Häufigkeiten bzw. Prozentwerte auf der Ordinate eines Koordinatensystems abgetragen. In den die Kategorienmitten kennzeichnenden Punkten werden Lote errichtet, deren Länge jeweils der Kategorienhäufigkeit (absolut oder prozentual) entspricht. Verbindet man die Endpunkte der Lote, erhält man das Polygon. Die Fläche unter dem Polygonzug repräsentiert die Kollektivgröße n bzw. 100%. Analog wird verfahren, wenn statt der Häufigkeiten (Prozentwerte) die kumulierten Häufigkeiten (Prozentwerte) als Polygon dargestellt werden sollen.

Abbildung 1.1 veranschaulicht das Polygon der Häufigkeitsverteilung in Tabelle 1.5. Der gestrichelte Polygonzug veranschaulicht die Häufigkeitsverteilung, die sich für eine Reduktionslage mit den Kategorien 55–64,9... ergibt.

Verfahren der gleitenden Durchschnitte

Da die einem Polygon zu Grunde liegende Variable stetig ist, dürften sich theoretisch keine Knicke im Linienverlauf ergeben. Eine recht gute Annäherung an einen „geglätteten" Verlauf würden wir erhalten, wenn das untersuchte Kollektiv sehr groß und die Kategorien sehr eng sind. Eine andere Möglichkeit, den Kurvenverlauf zu glätten, stellt das Verfahren der gleitenden Durchschnitte dar. Bei diesem Verfahren geht man davon aus, dass sich die Häufigkeiten in benachbarten Kategorien auf einer stetigen Variablen nicht sprunghaft, sondern kontinuierlich verändern. Deshalb kann die Häufigkeit einer Kategorie durch die Häufigkeiten der benachbarten Kategorien im Interpolationsverfahren bestimmt werden. Zufällig

1.3 Graphische Darstellung der Daten

Tabelle 1.6. Häufigkeitsverteilung mit 3-gliedriger und 7-gliedriger Ausgleichung

k	Intervalle	Intervall-mitten	f(k)	f̄(k) nach 3-gliedriger Ausgleichung	f̄(k) nach 7-gliedriger Ausgleichung
1	17,5–22,4	20,0	0	0,0	0,0
2	22,5–27,4	25,0	0	0,0	1,0
3	27,5–32,4	30,0	0	0,0	5,3
4	32,5–37,4	35,0	0	2,3	9,3
5	37,5–42,4	40,0	7	12,3	15,7
6	42,5–47,4	45,0	30	21,7	26,9
7	47,5–52,4	50,0	28	34,3	38,3
8	52,5–57,4	55,0	45	50,3	51,3
9	57,5–62,4	60,0	78	67,7	62,7
10	62,5–67,4	65,0	80	83,0	69,6
11	67,5–72,4	70,0	91	86,0	75,7
12	72,5–77,4	75,0	87	85,3	76,7
13	77,5–82,4	80,0	78	78,7	73,1
14	82,5–87,4	85,0	71	67,0	67,6
15	87,5–92,4	90,0	52	58,7	57,8
16	92,5–97,4	95,0	53	48,7	48,3
17	97,5–102,4	100,0	41	39,0	38,7
18	102,5–107,4	105,0	23	28,0	29,3
19	107,5–112,4	110,0	20	18,0	21,9
20	112,5–117,4	115,0	11	12,0	14,3
21	117,5–122,4	120,0	5	5,3	8,4
22	122,5–127,4	125,0	0	1,7	5,1
23	127,5–132,4	130,0	0	0,0	2,3
24	132,5–137,4	135,0	0	0,0	0,7
25	137,5–142,4	140,0	0	0,0	0,0
			800		

bedingte Irregularitäten und Sprünge im Verlauf eines Polygons können also ausgeglichen werden, wenn statt der Häufigkeit einer Kategorie k der Durchschnitt der Häufigkeiten der Kategorien k−1, k und k+1 eingesetzt wird. Formal ausgedrückt, erhalten wir als neuen Häufigkeitswert f̄(k) für die Kategorie k

$$\bar{f}(k) = \frac{f(k-1) + f(k) + f(k+1)}{3}. \quad (1.7)$$

Da jeweils 3 benachbarte Kategorien berücksichtigt werden, bezeichnen wir diese Ausgleichung als *dreigliedrig*.

Werden die Häufigkeiten von 5 aufeinander folgenden Kategorien zur Schätzung der Häufigkeit der mittleren Kategorie berücksichtigt, sprechen wir von einer *5-gliedrigen* Ausgleichung bzw. bei m aufeinander folgenden Kategorien (wobei m eine ungerade Zahl sein sollte) von einer m-gliedrigen Ausgleichung. Zu beachten ist, dass bei größer werdendem m die Randkategorien nur unter Zuhilfenahme von unbesetzten oder Nullkategorien ausgeglichen werden können. Nullkategorien selbst werden so lange in die Ausgleichung mit einbezogen, bis die nach der Ausgleichsrechnung bestimmten, neuen Häufigkeiten Null werden.

Tabelle 1.6 zeigt die ursprüngliche Körpergewichtsverteilung eines Kollektivs der Größe n = 800 sowie eine 3-gliedrige und eine 7-gliedrige Ausgleichung. Wie Abb. 1.2 zeigt, ist der 7-gliedrig ausgeglichene Kurvenzug am meisten geglättet.

Histogramm

Zur graphischen Veranschaulichung einer Häufigkeitsverteilung einer diskreten (diskontinuierlichen) Variablen wird ein Histogramm angefertigt. Wie durch die beiden folgenden Beispiele veranschaulicht, werden hierfür auf der Abszisse die Kategoriengrenzen und auf der Ordinate wie beim Polygon die Häufigkeiten (absolut oder prozentual) abgetragen. Die Gesamtfläche des His-

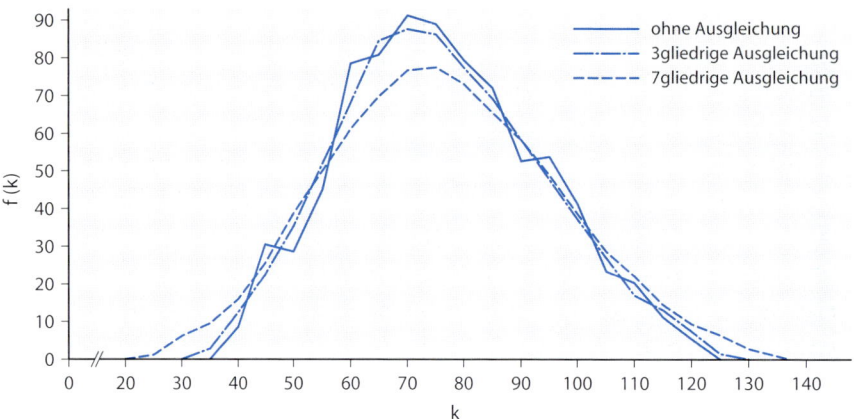

Abb. 1.2. Polygone der Häufigkeiten in Tabelle 1.6 mit 3- und 7-gliedriger Ausgleichung

togramms entspricht wiederum der Kollektivgröße n oder 100%.

Abbildung 1.3 zeigt die in einem Raucherkollektiv (n = 1000) angetroffene prozentuale Verteilung des wöchentlichen Zigarettenkonsums. Sind die Messwerte der diskreten Variablen nicht zu Kategorien zusammengefasst, sondern macht jeder einzelne Messwert eine eigene Kategorie auf, werden die Säulen des Histogramms durch die einzelnen Messwerte und nicht durch die Grenzen gekennzeichnet. Dies ist in Abb. 1.4 geschehen, in der die prozentualen Häufigkeiten der in einem Kollektiv (n = 700) angetroffenen Geschwisterzahlen dargestellt sind.

Verteilungsformen

Die graphische Darstellung einer Häufigkeitsverteilung in Form eines Polygons oder eines Histogramms erleichtert es, die Verteilungsform zu beschreiben. Bei der Charakterisierung einer Verteilungsform werden häufig die folgenden Begriffe verwendet:
- symmetrisch oder asymmetrisch,
- unimodal (eingipflig) oder bimodal (zweigipflig),
- schmalgipflig oder breitgipflig,
- linkssteil oder rechtssteil,
- U-förmig oder abfallend.

Abbildung 1.5 zeigt für diese Verteilungsformen prototypische Beispiele. (Als Darstellungsform wurden Dichtefunktionen stetig verteilter Merkmale gewählt, vgl. S. 63)

Unkorrekte Darstellungen

Bei der Anfertigung eines Polygons oder eines Histogramms ist darauf zu achten, dass durch die Wahl der Maßstäbe für Abszisse und Ordinate keine *falschen Eindrücke* von einer Verteilungsform provoziert werden. So kann beispielsweise eine schmalgipflige Verteilung vorgetäuscht werden, indem ein sehr kleiner Maßstab für die Abszisse und ein großer Maßstab für die Ordinate gewählt wird (vgl. Abb. 1.6a). Umgekehrt wird der Eindruck einer flachgipfligen Verteilung erweckt, indem die Ordinate stark gestaucht und die Abszisse stark gestreckt wird (Abb. 1.6b).

Die Wahl der Achsenmaßstäbe muss so objektiv wie möglich erfolgen; eigene Vorstellungen über den Verlauf der Verteilung sollten nicht zu einer Maßstabsverzerrung führen. Hays u. Winkler (1970, S. 263) empfehlen eine Ordinatenlänge, die ungefähr 3/4 der Abszissenlänge beträgt.

Des Weiteren kann die graphische Darstellung einer Häufigkeitsverteilung missinterpretiert werden, wenn die Häufigkeitsachse nicht bei 0 beginnt (vgl. Abb. 1.7a). In diesem Fall werden größere Häufigkeitsunterschiede vorgetäuscht, als tatsächlich vorhanden sind. Soll aus Gründen der Platzersparnis dennoch eine verkürzte Häufigkeitsachse eingesetzt werden, muss zumindest durch zwei Trennlinien angedeutet werden, dass die Häufigkeitsachse nicht vollständig dargestellt ist (Abb. 1.7b). Dies gilt natürlich auch für Polygonzüge. Betrachten wir hierzu Abb. 1.8, in der die Anzahl jährlich aufgeklärter Einbruchdelikte einer Stadt graphisch dargestellt ist. Ohne Frage könnte der Polizeipräsident die Erfolge seiner Po-

1.3 Graphische Darstellung der Daten

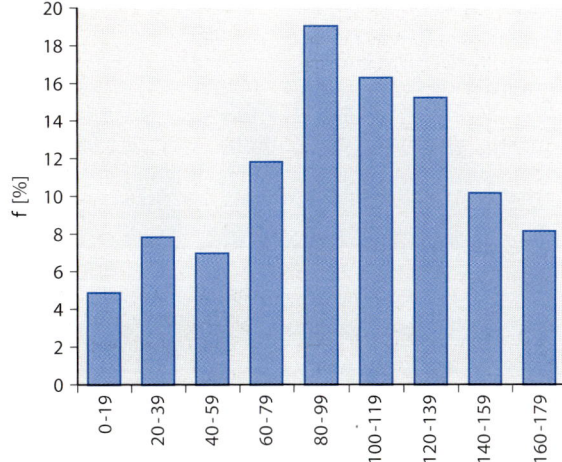

Abb. 1.3. Histogramm (gruppierte Daten)

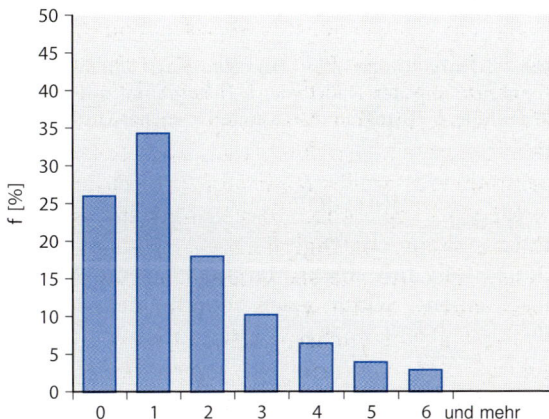

Abb. 1.4. Histogramm (ungruppierte Daten)

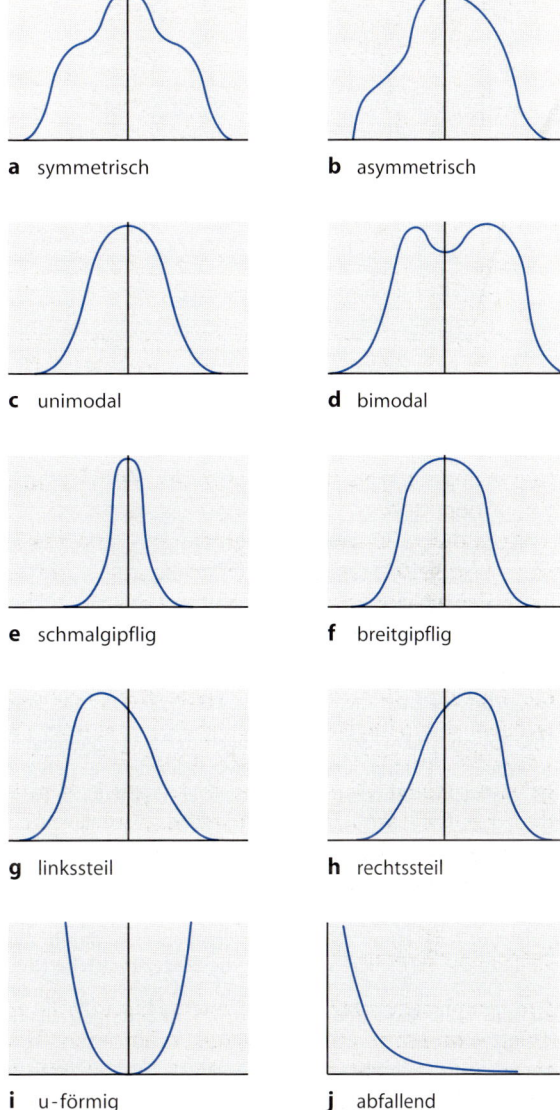

Abb. 1.5 a–j. Verschiedene Verteilungsformen

lizei mit Abb. 1.8b sehr viel überzeugender darstellen als mit Abb. 1.8a, obwohl in beiden Abbildungen dieselben Häufigkeiten abgetragen sind.

Informativer als das Histogramm oder Polygon ist der Stem-and-Leaf-Plot, bei dem nicht nur die Häufigkeit pro Kategorie visualisiert wird, sondern auch die Verteilung der Messwerte innerhalb der Kategorien.

BEISPIEL

Nehmen wir als Beispiel folgende Verteilung der Punktzahlen von n = 20 Studierenden in einer Klausur:

10(3), 11(3), 12(2), 13, 17, 28(3), 29(2), 30(2), 31, 32, 52

Die Zahlen in Klammern geben die Anzahl der Studierenden mit der entsprechenden Punktzahl an (3 Studierende haben 10 Punkte, 3 haben 11 Punkte etc.). Der entsprechende Stem-and-Leaf-Plot ist in Abb. 1.9 dargestellt.

Die Zahlen links vom Strich, dem „Stamm", stehen für die 1. Dezimalstelle der Punktzahlen. Rechts vom Stamm sind die „Blätter" aufgeführt, die der Größe und Häufigkeit der 2. Dezimalstelle entsprechen. Im Einzelnen: Mit der 1. Dezimalstelle 1 (der Zehnerkategorie) verbunden sind 3-mal die „Blätter" Null (3-mal 10 Punkte), 3-mal eins (3-mal 11 Punkte), 2-mal 2 (2-mal 12 Punkte) etc. Die „Stammzahl" Vier hat keine „Blätter", weil Punktzahlen in der 40er-Kategorie nicht erzielt wurden.

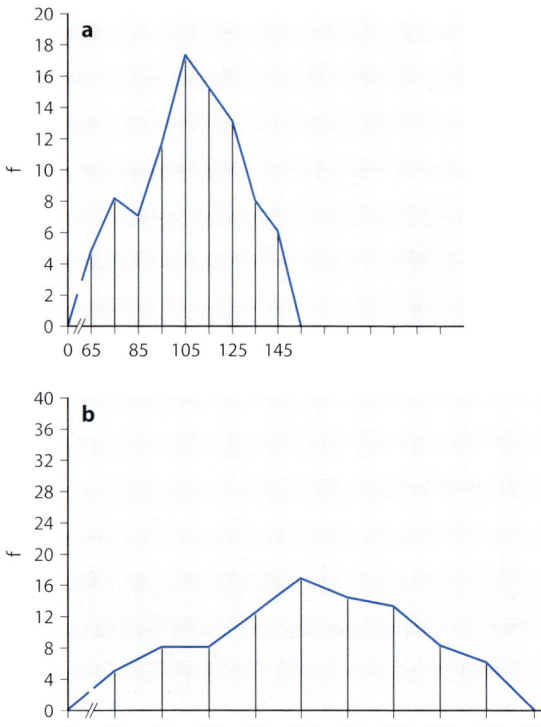

Abb. 1.6 a, b. Unkorrekte Darstellungen der Häufigkeitsdaten in Tabelle 1.5 durch extreme Maßstabswahlen. **a** Polygon bei gestauchter Abszisse und gestreckter Ordinate, **b** Polygon bei gestreckter Abszisse und gestauchter Ordinate

Auch bei mehrstelligen Messwerten definiert die 1. Dezimalstelle den Stamm. Die Blätter ergeben sich durch Abrundung der restlichen Stellen auf die 2. Dezimalstelle (Beispiel: Die Euro-Beträge 127, 319 und 566 werden gerundet auf Euro 130, Euro 320 und Euro 570 und dargestellt als 1|3, 3|2 sowie 5|7.

Kreisdiagramm

Als letzte Darstellungsform sei das Kreisdiagramm erwähnt. So mögen sich beispielsweise die Anteile aller in einer Stadt gelesenen Zeitungen folgendermaßen verteilen: Zeitung A = 60%, Zeitung B = 20%, Zeitung C = 8%, Zeitung D = 7% und sonstige Zeitungen = 5%. Ausgehend von diesen Werten lässt sich das in Abb. 1.10 dargestellte Kreisdiagramm anfertigen.

Der Winkel, der die Größe der Kreissektoren der einzelnen Zeitungen bestimmt, ergibt sich hierbei nach der Beziehung

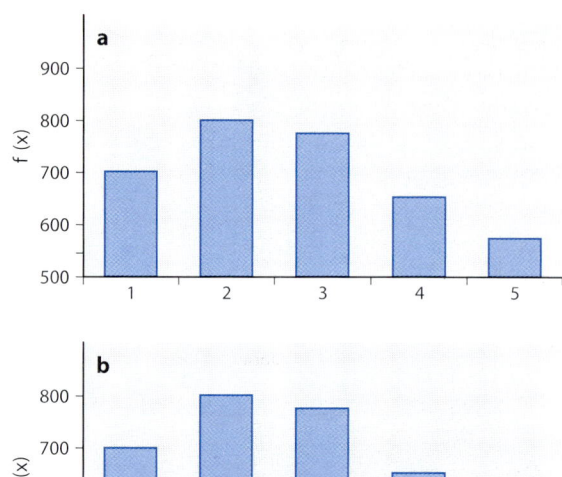

Abb. 1.7 a, b. Unkorrekte Darstellungsart durch falsche Kennzeichnung der Null-Linie. **a** Histogramm mit falscher Grundlinie, **b** Histogramm mit unterbrochener Ordinate

$$\text{Winkel} = \frac{\%(k) \cdot 360°}{100\%}.$$

Die Zeitung mit einem Marktanteil von 8% erhält also einen Sektor, der durch den Winkel $8\% \cdot 360°/100\% = 28{,}8°$ bestimmt ist.

Hinweise

Weitere Informationen können z. B. den Normvorschriften DIN 55301 und DIN 55302 entnommen werden. Interessante Anregungen zur graphischen Aufbereitung empirischer Untersuchungsmaterialien (*explorative Datenanalyse*) findet man zudem bei Behrens (1987), Tukey (1977) bzw. Wainer u. Thissen (1981). Eine aufschlussreiche Zusammenstellung fehlerhafter Aufbereitungen haben Huff (1954) und Krämer (1995) angefertigt.

1.4 Statistische Kennwerte

Informiert eine Tabelle oder eine graphische Darstellung über die gesamte Verteilung eines Merkmals in einem Kollektiv, so haben die statisti-

1.4.1 Maße der zentralen Tendenz

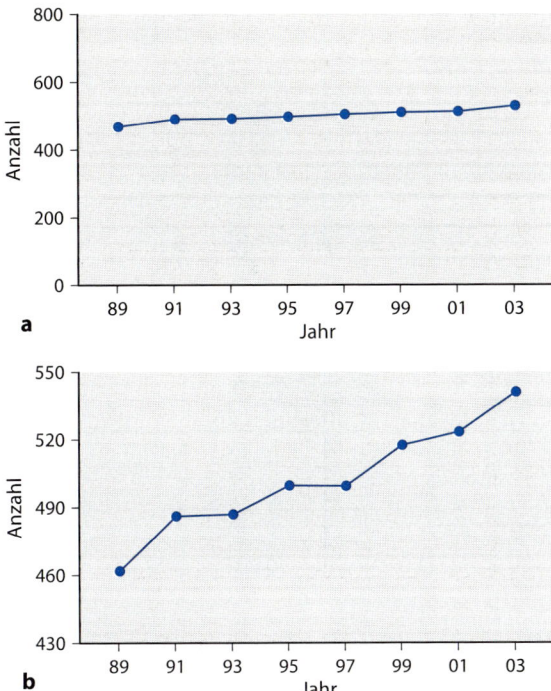

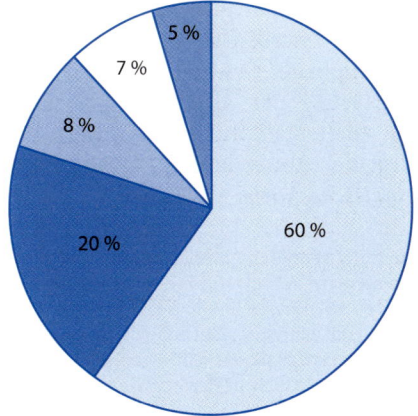

Abb. 1.10. Kreisdiagramm

Abb. 1.8 a, b. Zeitliche Entwicklung der Anzahl jährlich aufgeklärter Einbruchsdelikte – dargestellt mit korrekter Ordinate (**a**) und mit verkürzter Ordinae (**b**)

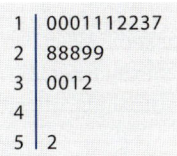

Abb. 1.9. Stem-and-Leaf-Plot für Klausurpunkte

schen Kennwerte die Funktion, über spezielle Eigenschaften der Merkmalsverteilung summarisch Auskunft zu geben. Am meisten interessieren hierbei Maße, die alle Messwerte insgesamt gut repräsentieren – die Maße der zentralen Tendenz sowie Kennwerte, durch die die Unterschiedlichkeit oder Variabilität der Ausprägungen eines Merkmals in einem Kollektiv gekennzeichnet wird – die Dispersionsmaße.

▷ **1.4.1 Maße der zentralen Tendenz**

Ausgehend von der in Abb. 1.1 dargestellten Häufigkeitsverteilung der Bearbeitungszeiten fragen wir, *durch welchen Wert die gesamte Verteilung am besten repräsentiert wird.* Diese Frage kann nicht eindeutig beantwortet werden, solange nicht geklärt ist, was unter „am besten repräsentiert" zu verstehen ist. Wir fragen deshalb genauer nach demjenigen Wert, der die Merkmalsausprägung einer zufällig ausgewählten Person A am besten wiedergibt. Ist man daran interessiert, dass der gesuchte Wert mit dem Wert der Person A mit möglichst großer Wahrscheinlichkeit identisch ist, liegt es auf der Hand, denjenigen Wert zu wählen, der im Kollektiv am häufigsten vorkommt. Die Wahrscheinlichkeit dafür, dass eine beliebige Person A einer bestimmten Kategorie angehört, ist für diejenige Kategorie maximal, die am häufigsten besetzt ist. Der Wert, der eine Verteilung in diesem Sinne am besten repräsentiert, wird als **Modalwert** bezeichnet.

Ein anderes Kriterium für die Bestimmung des besten Repräsentanten einer Verteilung könnte erfordern, dass die absolute Abweichung (d. h. die Abweichung ohne Berücksichtigung des Vorzeichens) des gesuchten Wertes vom Wert der Person A möglichst klein sein soll. Wir suchen somit einen Wert, von dem beliebige Werte im Durchschnitt am wenigsten abweichen. Diese Eigenschaft hat der **Medianwert**.

Wird der Median als Schätzung des Wertes einer Person A verwendet, können große Fehler mit gleicher Wahrscheinlichkeit auftreten wie kleine Fehler. Ist uns jedoch daran gelegen, dass der gesuchte Wert den Wert der Person A ungefähr richtig wiedergibt und dass große Schätzfehler möglichst vermieden werden sollen, müssen wir einen Wert finden, bei dem größere Abweichungen stärker „bestraft" werden als kleinere Abweichungen. Diese implizite Gewichtung wird z. B. durch die Quadrierung der Abweichungen realisiert. Sucht man einen statistischen Kennwert, bei dem das Quadrat der Abweichungen minimal ist, wäre das **arithmetische Mittel** zu wählen.

Die stärkere Gewichtung größerer Abweichungen kann auch durch andere Exponenten herbeigeführt werden. Die aus beliebigen Exponenten ableitbaren Maße der zentralen Tendenz sind jedoch für die Statistik unerheblich, sodass wir sie übergehen können. Lediglich der „mid-range" sei hier kurz erwähnt, weil er gelegentlich in der englischsprachigen Literatur auftaucht. Dieses Maß erhalten wir, wenn als Exponent der Koeffizient ∞ eingesetzt wird und die so gewichteten Abweichungen möglichst klein werden sollen:

$$\left(\sum_{i=1}^{n}(x_i - x_A)^{\infty}\right)^{\frac{1}{\infty}} \to \min.$$

Diese Abweichungsgewichtung führt zu einem Wert x_A, der die Mitte zwischen dem größten und dem kleinsten aller Messwerte kennzeichnet.

Die gebräuchlichsten Maße der zentralen Tendenz sind der Modalwert, der Medianwert und das arithmetische Mittel (häufig kurz als *Mittelwert* bezeichnet), die im Folgenden einzeln behandelt werden.

Modalwert

Der Modalwert (Mo) einer Verteilung ist derjenige Messwert, der am häufigsten vorkommt bzw. in der Häufigkeitsverteilung der Wert, bei dem die Verteilung ihr Maximum hat. Handelt es sich um eine diskrete Variable, bei der keine Messwerte zu Kategorien zusammengefasst sind, ist der am häufigsten auftretende Messwert der Modalwert. Der Modalwert kann für alle kategorialen Merkmale, also auch für Nominalskalen, berechnet werden. Das kleine Zahlenbeispiel in Tabelle 1.7 soll dies verdeutlichen.

Wurden die Messwerte in Kategorien zusammengefasst, gilt die *Kategorienmitte* der am häufigsten besetzten Kategorie als Modalwert. Der Verteilung in Tabelle 1.5 entnehmen wir also einen Modalwert von Mo = 105.

Manchmal gibt es mehrere gleich häufig besetzte Kategorien, sodass nicht eindeutig zu entscheiden ist, an welcher Stelle der Modalwert liegt. Befindet sich zwischen zwei mit gleicher Häufigkeit besetzten Kategorien mindestens eine weniger besetzte Kategorie, so sprechen wir von einer *bimodalen* Verteilung. Ist jedoch zwischen den beiden Intervallen mit den höchsten Frequenzen kein weiteres Intervall, so handelt es sich um eine Verteilung mit nur einem Modalwert, die allerdings *breitgipflig* ist. Der Modalwert entspricht hier der Grenze zwischen diesen beiden Intervallen. Üblicherweise spricht man von einem Modalwert nur bei solchen Verteilungen, die tatsächlich einen Gipfel im Sinne eines Maximums besitzen (links und rechts von diesem Maximum muss die Verteilung wieder abfallen). Handelt es sich eindeutig um ansteigende oder abfallende Verteilungen, bei denen eine der beiden Randkategorien maximale Häufigkeiten aufweist (wie z. B. in Abb. 1.5 j), ist die Angabe eines Modalwertes nicht üblich.

Medianwert

Wir suchen einen Wert, von dem alle übrigen Werte in der Weise abweichen, dass die Summe der Absolutbeträge der Abweichungen ein Minimum ergibt. Man kann zeigen, dass dies derjenige Wert ist, der eine Häufigkeitsverteilung halbiert (vgl. Fechner, 1874; zum Beweis vgl. Sixtl, 1993, A3). Liegen in einer Verteilung über einem Wert genauso viele Fälle wie unter diesem Wert, so wird dieser Wert als Median (Md) bezeichnet. Der Medianwert setzt mindestens ordinalskalierte Merkmale voraus.

Der Median kann bei einer *ungeraden Anzahl* von Messwerten, die nicht in Kategorien zusammengefasst sind, bestimmt werden, indem die Messwerte der Größe nach geordnet und die unteren (n–1)/2 Werte abgezählt werden. Der nächst

Tabelle 1.7. Modalwert einer Häufigkeitsverteilung

	Messwert (x)	Häufigkeit (f(x))
	11	2
	12	8
	13	18
	14	17
	15	22
Modalwert	16	28
	17	21
	18	11
	19	3

1.4.1 Maße der zentralen Tendenz

größere Wert ist dann der Medianwert. Haben beispielsweise 9 Vpn die Messwerte 3, 5, 6, 7, 9, 11, 15, 16, 19 erhalten, so lautet der Median Md = 9. Ist der Kollektivumfang *geradzahlig*, werden die unteren 50% der geordneten Fälle abgezählt. Das arithmetische Mittel zwischen dem größten der zu den unteren 50% gehörenden Werte und dem darauffolgenden Wert kennzeichnet den Medianwert. Kommt beispielsweise zu den 9 Vpn eine weitere Vp mit dem Wert 17 hinzu, lautet der Medianwert Md = (9 + 11) : 2 = 10.

Bei gruppierten Daten kann der Median in eine „kritische" Kategorie fallen, deren Häufigkeit bei der Kumulation über die 50%-Marke hinausgeht. Die genaue Position des Medians in dieser Kategorie erhält man durch:

- Auszählen der Vpn, die aus dieser Kategorie benötigt werden, um genau 50% zu erreichen;
- Division dieser Vpn-Zahl durch die Anzahl aller Vpn in der „kritischen" Kategorie;
- Multiplikation dieses Quotienten mit der Kategorienbreite;
- Addition dieses Wertes zur unteren Grenze der kritischen Kategorie.

Auf Tabelle 1.5 angewendet, stellen wir fest, dass die „kritische" Kategorie dem Intervall 100,0–109,9 entspricht. Aus dieser Kategorie benötigen wir 13 Vpn, um auf 50% bzw. auf 90/2 = 45 Vpn zu kommen (32+13 = 45). Wir dividieren 13 durch 17 (= Anzahl der Vpn in der kritischen Kategorie) und multiplizieren das Ergebnis mit 10 (= Kategorienbreite), d.h. wir erhalten (13/17)·10 = 7,65. Dieser Wert wird zu 100,0 (= untere Grenze der kritischen Kategorie) addiert: 100,0+7,65 = 107,65.

Diese als lineare Interpolation bezeichneten Rechenschritte führen in Tabelle 1.5 also zu Md = 107,65.

Arithmetisches Mittel

(Hinweis: Da in diesem Abschnitt erstmalig mit dem *Summenzeichen* gerechnet wird, sollte man sich vor der Lektüre dieses Abschnitts mit dieser Rechenart anhand des Anhanges A vertraut machen.) Das arithmetische Mittel (AM oder auch $\bar{x}$) ist das gebräuchlichste Maß zur Kennzeichnung der zentralen Tendenz einer Verteilung. Es wird berechnet, indem die Summe aller Werte durch die Anzahl aller Werte dividiert wird:

$$AM = \bar{x} = \frac{\sum_{i=1}^{n} x_i}{n} . \qquad (1.8)$$

Die Berechnung des AM setzt voraus, dass das untersuchte Merkmal kardinalskaliert ist.

Das AM hat die Eigenschaft, dass die Summe der quadratischen Abweichungen aller x_i-Werte von $\bar{x}$ ein Minimum ergibt (zum Beweis s. Gl. 3.14 und 3.15). Ebenfalls ein Minimum ergibt die Summe der gerichteten (mit Vorzeichen versehenen) Abweichungen. Wie sich aus der Berechnungsvorschrift für das AM leicht ableiten lässt, muss diese Summe immer 0 ergeben:

$$\sum_{i=1}^{n}(x_i - \bar{x}) = 0 .$$

Da $\bar{x} = \frac{\sum_{i=1}^{n} x_i}{n}$, können wir auch schreiben:

$$\sum_{i=1}^{n}\left(x_i - \frac{\sum_{i=1}^{n} x_i}{n}\right) = \sum_{i=1}^{n} x_i - n \cdot \frac{\sum_{i=1}^{n} x_i}{n} = 0$$

(vgl. Anhang A, Gl. A3).

Unhandliche Werte können nach der Beziehung $y = a \cdot x + b$ in einfacher zu handhabende y-Werte *linear transformiert* werden, um dann das AM der y-Werte ($\bar{y}$) zu berechnen. Der Mittelwert der ursprünglichen x-Werte steht – wie der folgende Gedankengang zeigt – mit dem Mittelwert der durch Lineartransformation gewonnenen y-Werte in folgender Beziehung:

$$\begin{aligned}\bar{y} &= \frac{\sum_{i=1}^{n} y_i}{n} = \frac{\sum_{i=1}^{n}(a \cdot x_i + b)}{n} \\ &= \frac{a \cdot \sum_{i=1}^{n} x_i + n \cdot b}{n} \\ &= a \cdot \frac{\sum_{i=1}^{n} x_i}{n} + \frac{n \cdot b}{n} \\ &= a \cdot \bar{x} + b .\end{aligned} \qquad (1.9)$$

Das AM linear transformierter Werte ist mit dem linear transformierten Mittelwert der ursprünglichen Werte identisch. Durch Rücktransformation erhält man also $\bar{x}$ nach der Beziehung $\bar{x} = (\bar{y} - b)/a$.

Die Berechnung des AM kann bei *gruppierten Daten* durch folgende Formel vereinfacht werden:

$$\bar{x} = \frac{\sum_{k=1}^{m} f_k \cdot x_k}{\sum_{k=1}^{m} f_k} = \frac{\sum_{k=1}^{m} f_k \cdot x_k}{n} . \qquad (1.10)$$

Hierin sind:

f_k = Häufigkeit in der Kategorie k,
x_k = Kategorienmitte der Kategorie k,
m = Anzahl der Kategorien.

Nach dieser Formel erhalten wir für die Häufigkeitsverteilung in Tabelle 1.5 folgenden Mittelwert:

$$\bar{x} = \frac{5 \cdot 65 + 8 \cdot 75 + \cdots + 6 \cdot 145}{90} = 106{,}78 \ .$$

Bei der Berechnung des AM nach Gl. (1.10) gehen wir davon aus, dass alle Werte in einer Kategorie mit der Kategorienmitte identisch sind bzw. dass der Mittelwert aller Werte einer Kategorie mit der Kategorienmitte übereinstimmt. Ist dies nicht der Fall, kann sich zwischen einem nach Gl. (1.8) anhand der Einzelwerte berechneten AM und einem nach Gl. (1.10) auf Grund gruppierter Werte berechneten AM ein geringfügiger Unterschied ergeben.

Aus der Position des AM, des Mo und des Md in einer Verteilung wird ersichtlich, ob eine Verteilung *rechtssteil*, *linkssteil* oder *symmetrisch* ist. Wie Abb. 1.11 zeigt, besteht bei rechtssteilen Verteilungen die Beziehung AM < Md < Mo, bei linkssteilen Verteilungen die Beziehung Mo< Md<AM und bei symmetrischen Verteilungen die Beziehung AM = Mo = Md (als Darstellungsformat wurden Dichtefunktionen gewählt; vgl. S. 63).

Weitere Maße der zentralen Tendenz

Geometrisches Mittel. Werden subjektive Empfindungsstärken gemittelt, kann man auf Grund psychophysischer Gesetzmäßigkeiten zeigen, dass die durchschnittliche Empfindungsstärke verschiedener Reize nicht durch das arithmetische Mittel, sondern besser durch das geometrische Mittel (GM) abgebildet wird. Soll beispielsweise in einem psychophysischen Experiment eine Vp die durchschnittliche Helligkeit von drei verschiedenen Lampen mit den Helligkeiten 100 Lux, 400 Lux und 1000 Lux einstellen, erwarten wir, dass die eingestellte durchschnittliche Helligkeit nicht dem AM (= 500 Lux), sondern dem GM entspricht.

Das geometrische Mittel setzt voraus, dass alle Werte positiv sind, und wird nach folgender Beziehung berechnet:

$$GM = \sqrt[n]{x_1 \cdot x_2 \cdot x_3 \cdot \ldots \cdot x_n} = \sqrt[n]{\prod_{i=1}^{n} x_i} \ , \quad (1.11)$$

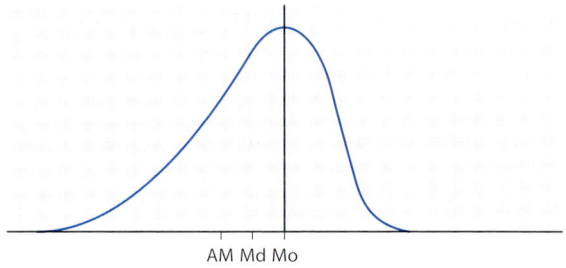

a rechtssteile Verteilung

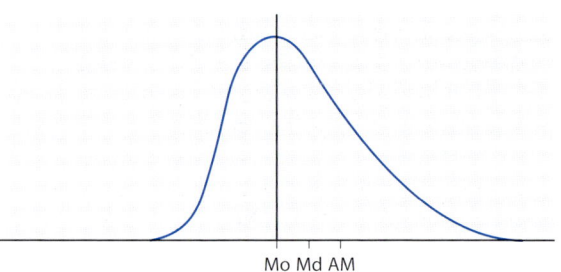

b linkssteile Verteilung

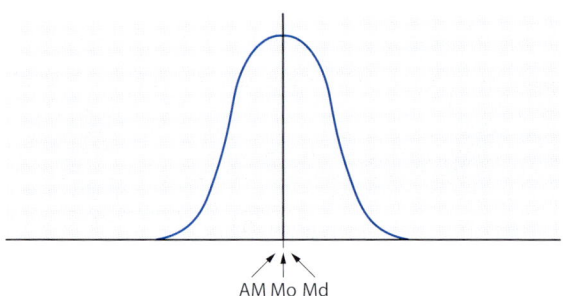

c symmetrische Verteilung

Abb. 1.11 a–c. Arithmetisches Mittel, Modal- und Medianwert bei verschiedenen Verteilungsformen

wobei $\prod_{i=1}^{n} x_i$ = Produktkette der Werte x_1 bis x_n ($x_1 \cdot x_2 \cdot \ldots \cdot x_n$).

Das geometrische Mittel in unserem Zahlenbeispiel lautet:

$$GM = \sqrt[3]{100 \cdot 400 \cdot 1000} = 342 \ .$$

Ein wichtiges Anwendungsfeld für das geometrische Mittel sind durchschnittliche Wachstumsraten, wie beispielsweise durchschnittliche Umsatzsteigerungen pro Jahr, durchschnittliche Veränderungen der Bevölkerungszahlen pro Jahr oder Preissteigerungen pro Jahr, wobei die Wachstumsrate als prozentuale Veränderung gegenüber dem Vorjahr definiert ist (ausführlicher hierzu vgl. z. B. Sixtl, 1993, S. 61 ff.).

Harmonisches Mittel. Ein Autofahrer fährt staubedingt 50 km mit einer Geschwindigkeit von 20 km/h und danach 50 km mit 125 km/h. Wie lautet die Durchschnittsgeschwindigkeit für die Gesamtstrecke von 100 km?

Die vielleicht spontan einfallende Antwort (20 km/h+125 km/h)/2 =72,5 km/h ist falsch, denn die Durchschnittsgeschwindigkeit ergibt sich als Gesamtstrecke/Gesamtzeit. Für die 2·50 km benötigt der Fahrer 50/20+50/125 = 2,5+0,4 = 2,9 Stunden, sodass sich eine Durchschnittsgeschwindigkeit von 100 km/2,9 h = 34,48 km/h ergibt. Dieser Wert entspricht dem harmonischen Mittel der beiden Geschwindigkeiten. Die allgemeine Berechnungsvorschrift für das harmonische Mittel lautet:

$$\text{HM} = \frac{n}{\sum_{i=1}^{n} \frac{1}{x_i}}. \quad (1.12)$$

Wenden wir Gl. (1.12) auf das Beispiel an, resultiert

$$\frac{2 \cdot 50\,\text{km}}{\frac{50\,\text{km}}{20\,\text{km/h}} + \frac{50\,\text{km}}{125\,\text{km/h}}} = \frac{2}{\frac{1}{20\,\text{km/h}} + \frac{1}{125\,\text{km/h}}}$$
$$= 34{,}48\,\text{km/h}$$

Das harmonische Mittel kommt zur Anwendung, wenn Indexzahlen (Kilometer pro Stunde, Preis pro Liter, Einwohner pro Quadratkilometer etc.) zu mitteln sind, und die Zählervariable (Kilometer, Preis, Einwohnerzahl) konstant ist.

Ist die Nennervariable (Fahrzeit, Litermenge, Flächengröße) konstant, ergibt sich der durchschnittliche Index über das arithmetische Mittel der Einzelindizes. Für beispielsweise 3 Tankfüllungen à 50 Liter mit Preisen von € 0,82 pro Liter, € 0,87 pro Liter und € 0,92 pro Liter ergibt sich ein durchschnittlicher Literpreis von

$$\frac{50\,\text{l} \cdot 0{,}82\,\text{€/l} + 50\,\text{l} \cdot 0{,}87\,\text{€/l} + 50\,\text{l} \cdot 0{,}92\,\text{€/l}}{3 \cdot 50\,\text{l}}$$
$$= \frac{0{,}82\,\text{€/l} + 0{,}87\,\text{€/l} + 0{,}92\,\text{€/l}}{3}$$
$$= 0{,}87\,\text{€/l}.$$

Gewichtetes Mittel. Gelegentlich ist es von Interesse, Mittelwerte eines Merkmals aus mehreren Kollektiven zusammenzufassen. Der Gesamtmittelwert verschiedener Einzelmittelwerte wird als das *gewichtete* arithmetische Mittel (GAM) bezeichnet. Bei der Berechnung des GAM machen wir von der Tatsache Gebrauch, dass der n-fache Mittelwert einer Messwertreihe der Summe aller Messwerte entspricht: $n \cdot \bar{x} = \sum_{i=1}^{n} x_i$. Sind nur die Mittelwerte und die entsprechenden Kollektivgrößen bekannt, lässt sich somit die Gesamtsumme aller Messwerte berechnen, die, dividiert durch die Summe aller Kollektivgrößen, zum Gesamtmittelwert führt:

$$\text{GAM} = \frac{\sum_{j=1}^{k} n_j \cdot \bar{x}_j}{\sum_{j=1}^{k} n_j}, \quad (1.13)$$

wobei
k = Anzahl der Kollektive,
n_j = Größe des Kollektivs j,
$\bar{x}_j$ = AM des Kollektivs j.

BEISPIEL

Für 4 Schulklassen, in denen sich 20, 25, 28 und 32 Schüler befinden, mögen sich – in gleicher Reihenfolge – die folgenden durchschnittlichen Abwesenheitszeiten pro Monat ergeben haben: 4 h, 7 h, 2 h und 11 h. Die gesamte durchschnittliche Abwesenheit aller Schüler lautet somit:

$$\text{GAM} = \frac{20 \cdot 4 + 25 \cdot 7 + 28 \cdot 2 + 32 \cdot 11}{20 + 25 + 28 + 32} = 6{,}31.$$

▷ 1.4.2 Dispersionsmaße

Ähneln sich 2 Verteilungen hinsichtlich ihrer zentralen Tendenz, können sie dennoch wegen unterschiedlicher Streuungen (Dispersionen) der einzelnen Werte stark voneinander abweichen. Während Maße der zentralen Tendenz angeben, durch welchen Wert eine Verteilung am besten repräsentiert ist, informieren die Dispersionsmaße über die Unterschiedlichkeit der Werte.

Für die empirische Forschung sind Dispersionsmaße den Maßen der zentralen Tendenz zumindest ebenbürtig. Ein wichtiges allgemeines

Forschungsanliegen ist die Beantwortung der Frage, wie die bezüglich eines Merkmals angetroffene Unterschiedlichkeit von Personen oder anderen Untersuchungseinheiten erklärt werden kann. Wir stellen fest, dass Schüler unterschiedlich leistungsfähig sind, dass Patienten auf eine bestimmte Behandlung unterschiedlich gut ansprechen, dass Wähler unterschiedliche Parteien präferieren etc. und suchen nach Gründen, die für die jeweils registrierte Verschiedenartigkeit verantwortlich sein könnten. Nahezu alle statistischen Verfahren zur Überprüfung von Hypothesen tragen dazu bei, auf diese Frage eine Antwort zu finden.

Das Bemühen, Unterschiedlichkeit erklären zu wollen, setzt jedoch zunächst voraus, dass sich die in einer Untersuchung festgestellten Unterschiede angemessen beschreiben oder quantifizieren lassen. Hierfür wurden verschiedene Dispersionsmaße entwickelt, von denen – wie die folgenden Kapitel zeigen werden – die Varianz von besonderer Bedeutung ist.

Variationsbreite und Perzentile

Das einfachste Dispersionsmaß ist die Variationsbreite („range"), der entnommen werden kann, in welchem Bereich sich die Messwerte befinden. Sie wird ermittelt, indem man die Differenz aus dem größten und kleinsten Wert bildet.

Dieses Maß hängt stark von Extremwerten in der Verteilung ab. Stabiler sind eingeschränkte Streubereiche, wie z.B. nur die mittleren 90% aller Werte. Dieser Bereich ist durch Werte begrenzt, die die unteren 5% (das 5. Perzentil) bzw. die oberen 5% (das 95. Perzentil) der Verteilung abschneiden. Allgemein ist das x-te Perzentil (P_x) diejenige Merkmalsausprägung, die x% der Verteilungsfläche abschneidet.

Man kann eine Verteilung in 4 Quartile (mit den Grenzen P_{25}, P_{50} und P_{75}) oder auch in 10 Dezile (mit den Grenzen P_{10}, P_{20}, ..., P_{90}) einteilen. Die Berechnung eines Perzentils erfolgt nach den gleichen Richtlinien wie die Berechnung eines Medianwertes, dem 50. Perzentil. Man verwendet hierfür die auf S. 37 genannten Rechenschritte, wobei lediglich 50% durch x% zu ersetzen sind.

Der Streubereich für die mittleren 80% aller Werte (begrenzt durch P_{10} und P_{90}) heißt Interdezilbereich und der Streubereich der mittleren 50% (begrenzt durch P_{25} und P_{75}) Interquartilbereich.

Der mittlere Quartilabstand ist durch $(P_{75} - P_{25})/2$ definiert.

Für die Daten in Tabelle 1.5 lautet der Interdezilbereich $P_{90} - P_{10} = 60{,}7$ und der Interquartilbereich $P_{75} - P_{25} = 30{,}6$.

Eine Möglichkeit zur gleichzeitigen Veranschaulichung von zentraler Tendenz und Dispersion einer Verteilung bietet der von Tukey (1977) eingeführte „Box-Plot" (vgl. Abb. 1.12).

Der Box-Plot visualisiert die folgenden 5 Verteilungskennwerte (in Klammern sind die Werte für Tabelle 1.5 genannt):
- x_{max} (148,2 s),
- x_{min} (62,6 s),
- P_{25} (92,1 s),
- $P_{75} = $ (122,7 s),
- $P_{50}(=$ Median) (107,7 s).

Die „Box" wird durch P_{25} und P_{75} begrenzt. Im Beispiel resultiert ein Medianwert, der die Box nahezu halbiert, was für eine stark symmetrische Verteilung spricht. Die Striche oberhalb und unterhalb der Box markieren die Grenzwerte für die gesamte Verteilung.

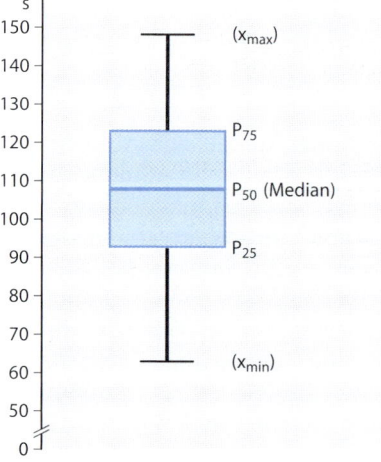

Abb. 1.12. Box-Plot der Häufigkeitsverteilung in Tabelle 1.5

1.4.2 Dispersionsmaße

AD-Streuung

Informationsreicher als die Streubreiten aller oder einiger Werte ist die AD-Streuung („average-deviation"), die den Durchschnitt der in Absolutbeträgen gemessenen Abweichungen aller Messwerte vom AM angibt.

$$AD = \frac{\sum_{i=1}^{n}(|x_i - \bar{x}|)}{n} \,. \qquad (1.14)$$

Das Beispiel in Tabelle 1.8 verdeutlicht die Ermittlung einer AD-Streuung. Berechnet werden soll die AD-Streuung der Examensnoten von 12 Prüflingen.

Liegen die Daten in gruppierter Form vor, kann folgende Formel benutzt werden:

$$AD = \frac{\sum_{k=1}^{m} f_k \cdot (|x_k - \bar{x}|)}{n} \,, \qquad (1.15)$$

wobei

f_k = Häufigkeit in Kategorie k,
x_k = Kategoriemitte der Kategorie k,
$\bar{x}$ = das nach Gl. (1.10) berechnete arithmetische Mittel.

Die nach dieser Formel ermittelte AD-Streuung der Werte in Tabelle 1.5 lautet AD = 17,5.

Tabelle 1.8. Berechnung einer AD-Streuung

Noten (x)	$(|x_i - \bar{x}|)$
3,3	0,8
1,7	0,8
2,0	0,5
4,0	1,5
1,3	1,2
2,0	0,5
3,0	0,5
2,7	0,2
3,7	1,2
2,3	0,2
1,7	0,8
2,3	0,2
$\sum_{i=1}^{n} x_i = 30$	$\sum_{i=1}^{n}(|x_i - \bar{x}|) = 8,4$
$\bar{x} = 2,5$	$AD = \frac{8,4}{12} = 0,70$

Varianz und Standardabweichung

Die gebräuchlichsten Maße zur Kennzeichnung der Variabilität bzw. Dispersion einer Verteilung sind die Varianz (s^2) und die Standardabweichung (s). Wie auch bei der AD-Streuung werden – im Unterschied zur Variationsbreite und dem Interdezil- bzw. Interquartilbereich – bei der Ermittlung der Varianz sämtliche Werte einzeln berücksichtigt, was eine treffendere Beschreibung der gesamten Variabilität aller Werte ermöglicht. Varianz und Standardabweichung setzen – wie auch die AD-Streuung – intervallskalierte Merkmale voraus.

Die Varianz (s^2) einer empirischen Verteilung ist wie folgt definiert:

$$s^2 = \frac{\sum_{i=1}^{n}(x_i - \bar{x})^2}{n} \,. \qquad (1.16)$$

> Die Summe der quadrierten Abweichungen aller Messwerte vom arithmetischen Mittel, dividiert durch die Anzahl aller Messwerte, ergibt die Varianz.

Vergleichen wir dieses Dispersionsmaß mit den bisher besprochenen, müssen wir einen entscheidenden Nachteil des Varianzmaßes feststellen. Variationsbreite und Interdezil-(Interquartil-)bereich geben denjenigen *Ausschnitt der Messskala* wieder, in dem sich ein bestimmter Prozentsatz aller Werte (100%, 80%, 50%) befindet. Es sind somit Maßzahlen mit der gleichen Einheit wie die ursprünglichen Werte (z.B. Zeiteinheiten, Längeneinheiten, Testpunkteinheiten usw.). Das gleiche gilt auch für die AD-Streuung, die in der Einheit der ursprünglichen Werte die durchschnittliche Absolutabweichung angibt. Bei der Varianz hingegen erhalten wir durch die Quadrierung der Einzelabstände ein Maß, dem das *Quadrat der ursprünglichen Einheit* der Messwerte zugrundeliegt.

Da ein solches Maß nur schwer interpretierbar ist, wird die Quadrierung wieder rückgängig gemacht, indem man die Wurzel aus der Varianz berechnet. Der positive Wert dieser Wurzel wird als Standardabweichung (oder kurz als **Streuung**) bezeichnet:

$$s = \sqrt{s^2} = \sqrt{\frac{\sum_{i=1}^{n}(x_i - \bar{x})^2}{n}} \,. \qquad (1.17)$$

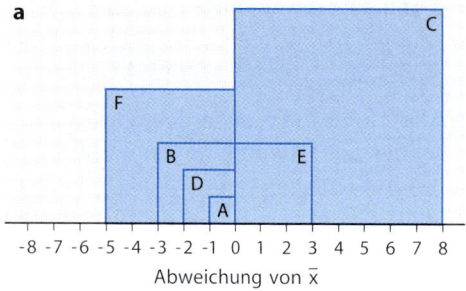

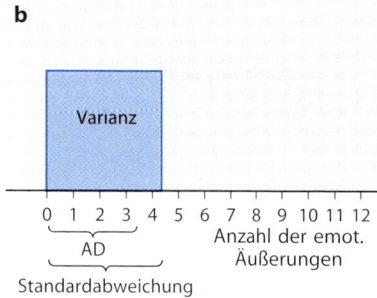

Abb. 1.13 a, b. Veranschaulichung der AD-Streuung, der Varianz und der Standardabweichung

Abbildung 1.13 a,b veranschaulicht die Beziehungen zwischen der AD-Streuung, der Varianz und der Standardabweichung. In einer gruppendynamischen Untersuchung wird ausgezählt, wie häufig sich die Teilnehmer während einer Diskussion emotional äußern. Es ergaben sich folgende Werte:

Teilnehmer A: 9
            B: 7
            C: 18
            D: 8
            E: 13
            F: 5.

Diesen Werten entspricht ein Mittelwert von $\bar{x} = 10$. In Abb. 1.13 a sind die Abweichungen der individuellen Werte vom Mittelwert graphisch dargestellt (z. B. für A: $9 - 10 = -1$; für B: $7 - 10 = -3$; für C: $18 - 10 = +8$ usw.). Die Summe dieser Abweichungswerte muss Null ergeben (vgl. S. 37). Lassen wir jedoch das Vorzeichen der Abweichungen außer Acht, resultiert als Durchschnitt der absoluten Abweichungen die AD-Streuung (AD = 3,67).

Der Berechnungsvorschrift für eine Varianz entnehmen wir, dass die individuellen Abweichungen zunächst quadriert werden müssen. Dies ist ebenfalls in Abb. 1.13 a geschehen. Die Flächen der einzelnen Quadrate repräsentieren die quadrierten Abweichungen für die einzelnen Personen. Fügen wir die Teilflächen A–F zu einer Gesamtfläche zusammen, resultiert die Summe der quadrierten Abweichungen, die wir kurz als *Quadratsumme* (QS) bezeichnen (QS = 112). Die Durchschnittsfläche der 6 Einzelflächen entspricht der durchschnittlichen Quadratsumme bzw. der Varianz ($s^2 = 112 : 6 = 18,67$). Zur Veranschaulichung ist diese Fläche in Abb. 1.13 b dargestellt. Die Länge einer Seite dieses durchschnittlichen Quadrates ergibt sich als die Wurzel aus der Flächengröße und repräsentiert die Standardabweichung ($s = \sqrt{18,67} = 4,32$).

Wie Abb. 1.13 b verdeutlicht, ist die Standardabweichung größer als die AD-Streuung. Dies ist darauf zurückzuführen, dass bei der Standardabweichung durch die Quadrierung größere Abweichungen überproportional stärker berücksichtigt werden als kleinere Abweichungen, während die AD-Streuung alle Abweichungen gleich gewichtet. Die Differenz zwischen einer AD-Streuung und einer Standardabweichung nimmt deshalb bei steigender Dispersion einer Verteilung zu.

Bedeutung der Standardabweichung. Im Folgenden seien einige Eigenschaften der Standardabweichung veranschaulicht. Wir wollen einmal davon ausgehen, dass eine Verteilung *unimodal* und *symmetrisch* ist und zudem einen *glockenförmigen Verlauf* aufweist (vgl. Abb. 1.14). Eine solche Verteilung wird als **Normalverteilung** (s. S. 73 ff.) bezeichnet.

Für Normalverteilungen gilt, dass zwischen den Werten $\bar{x} + s$ und $\bar{x} - s$ ca. 2/3 aller Fälle (genau 68,26%) liegen. Erweitern wir den Bereich auf $\bar{x} \pm 2s$, befinden sich in diesem Bereich ca. 95% (genau 95,44%) aller Fälle. Wenn also in einem Kollektiv die Intelligenzquotienten mit einem Mittelwert von $\bar{x} = 90$ und einer Streuung von $s = 8$ angenähert normalverteilt sind, befinden sich im Bereich von 82 bis 98 IQ ca. 68% aller Personen. Hieraus können wir z. B. folgern, dass bei Vorliegen einer Normalverteilung die Wahrscheinlichkeit dafür, dass ein Messwert um mehr als eine Standardabweichungseinheit vom Mittelwert abweicht, kleiner als $100\% - 68\% = 32\%$ ist.

1.4.2 Dispersionsmaße

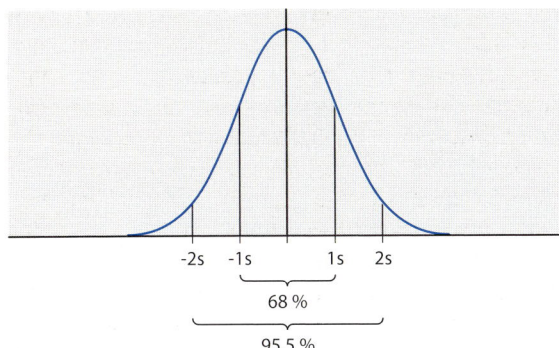

Abb. 1.14. Streuungsbereiche in der Normalverteilung

Ist ein Merkmal nicht normal, sondern nur eingipflig und symmetrisch verteilt, gilt bei hinreichend großem Kollektivumfang folgende Beziehung:

$$p(|x_i - \bar{x}| > s) < \frac{4}{9}. \quad (1.18)$$

Die Wahrscheinlichkeit (symbolisiert durch p; vgl. S. 52), dass ein Messwert x_i um mehr als eine Standardabweichungseinheit vom Mittelwert $\bar{x}$ abweicht, ist somit kleiner als $p = \frac{4}{9} = 0,44$. Entsprechende Angaben lassen sich für die Wahrscheinlichkeit des Auftretens von größeren Abweichungen machen. Soll, allgemein formuliert, die Abweichung eines Wertes x_i von $\bar{x}$ größer als k Standardabweichungseinheiten sein $((|x_i - \bar{x}|) > k \cdot s)$, ergibt sich für das Auftreten eines solchen Wertes folgende Maximalwahrscheinlichkeit:

$$p(|x_i - \bar{x}| > k \cdot s) < \frac{4}{9 \cdot k^2}. \quad (1.19)$$

In dem oben erwähnten Intelligenzbeispiel können somit – wenn wir davon ausgehen, dass die Intelligenzwerte lediglich eingipflig-symmetrisch und nicht normalverteilt sind – Intelligenzquotienten über 114 bzw. unter 66 (für k = 3) höchstens mit einer Wahrscheinlichkeit von $\frac{4}{9 \cdot 9} = 0,049$ bzw. 4,9 % auftreten. Für beliebige Verteilungsformen ergibt sich folgende Wahrscheinlichkeitsrelation:

$$p(|x_i - \bar{x}| > k \cdot s) < \frac{1}{k^2} \quad (k \geq 1). \quad (1.20)$$

Ungleichungen dieser Art gehen auf Tschebycheff zurück und werden z.B. bei Savage (1961) ausführlich behandelt.

Berechnung von Varianz- und Standardabweichung.
Die Berechnungsvorschrift für eine Varianz- oder Standardabweichung wurde bereits in den Gl. (1.16) und (1.17) genannt. Nach diesen Gleichungen muss die gesamte Messwertreihe zweimal „durchlaufen" werden: einmal, um den Mittelwert zu bestimmen, und ein weiteres Mal, um die Abweichungsquadrate der Messwerte vom Mittelwert zu berechnen. Handlicher und weniger anfällig gegenüber möglichen Rundungsungenauigkeiten ist folgende, aus Gl. (1.16) abgeleitete Beziehung, in der nur die Summe der Werte bzw. die Summe der quadrierten Werte benötigt wird:

$$s^2 = \frac{\sum_{i=1}^{n} x_i^2 - \left(\sum_{i=1}^{n} x_i\right)^2/n}{n} = \frac{\sum_{i=1}^{n} x_i^2}{n} - \bar{x}^2 \quad (1.21)$$

Gl. (1.17) gilt analog.

Man erhält Gl. (1.21) nach folgenden Umformungen:

$$s^2 = \frac{\sum_{i=1}^{n}(x_i - \bar{x})^2}{n}$$
$$= \frac{\sum_{i=1}^{n}(x_i^2 - 2 \cdot x_i \cdot \bar{x} + \bar{x}^2)}{n}$$
$$= \frac{\sum_{i=1}^{n} x_i^2 - 2 \cdot \bar{x} \cdot \sum_{i=1}^{n} x_i + n \cdot \bar{x}^2}{n}. \quad (1.22)$$

Da $\Sigma x_i = n \cdot \bar{x}$, können wir auch schreiben:

$$s^2 = \frac{\sum_{i=1}^{n} x_i^2 - 2 \cdot n \cdot \bar{x}^2 + n \cdot \bar{x}^2}{n}$$
$$= \frac{\sum_{i=1}^{n} x_i^2 - n \cdot \bar{x}^2}{n} = \frac{\sum_{i=1}^{n} x_i^2 - \left(\sum_{i=1}^{n} x_i\right)^2/n}{n}.$$

Um die Rechenarbeit zu vereinfachen, können große Zahlen in Analogie zu Gl. (1.9) linear nach der Beziehung $y = a \cdot x + b$ transformiert werden. Die Varianz der x-Werte ist mit der Varianz der y-Werte durch folgende Beziehung verknüpft:

$$s_y^2 = \frac{\sum_{i=1}^{n}(y_i - \bar{y})^2}{n}$$
$$= \frac{\sum_{i=1}^{n}[(a \cdot x_i + b) - (a \cdot \bar{x} + b)]^2}{n}$$

(da $y = a \cdot x + b$ und $\bar{y} = a \cdot \bar{x} + b$, vgl. Gl. 1.9)

$$= \frac{\sum_{i=1}^{n}(a \cdot x_i - a \cdot \bar{x})^2}{n} = \frac{\sum_{i=1}^{n}[a \cdot (x_i - \bar{x})]^2}{n}$$

$$s_y^2 = \frac{a^2 \cdot \sum_{i=1}^{n}(x_i - \bar{x})^2}{n} = a^2 \cdot s_x^2. \quad (1.23)$$

Die Veränderung einer Messwertreihe durch eine additive Konstante b hat somit keinen Einfluss auf die Varianz der Messwerte. Werden die Messwerte hingegen mit einem konstanten Faktor a multipliziert, so hat die neue Messwertreihe eine um den Faktor a^2 veränderte Varianz. Für die Varianz der ursprünglichen x-Werte ergibt sich also:

$$s_x^2 = s_y^2/a^2.$$

Für die Daten in Tabelle 1.8 ermitteln wir nach Gl. (1.16) die Varianz $s^2 = 0{,}66$ (vgl. Tabelle 1.9). Als Standardabweichung erhalten wir $s = \sqrt{0{,}66} = 0{,}81$.

Zum gleichen Ergebnis kommen wir nach Gl. (1.21):

$$s^2 = \frac{\Sigma x_i^2 - (\Sigma x_i)^2/n}{n} = \frac{82{,}92 - 30^2/12}{12}$$
$$= \frac{7{,}92}{12} = 0{,}66.$$

Bei *gruppierten Werten* können folgende, den Rechenaufwand vereinfachende Formeln eingesetzt werden:

Tabelle 1.9. Berechnung einer Varianz

Noten (x)	$x_i - \bar{x}$	$(x_i - \bar{x})^2$
3,3	0,8	0,64
1,7	−0,8	0,64
2,0	−0,5	0,25
4,0	1,5	2,25
1,3	−1,2	1,44
2,0	−0,5	0,25
3,0	0,5	0,25
2,7	0,2	0,04
3,7	1,2	1,44
2,3	−0,2	0,04
1,7	−0,8	0,64
2,3	−0,2	0,04
$\sum_{i=1}^{n} x_i = 30$ $\sum_{i=1}^{n}(x_i - \bar{x}) = 0$		$\sum_{i=1}^{n}(x_i - \bar{x})^2 = 7{,}92$
$\bar{x} = 2{,}5$		$s^2 = \frac{\sum_{i=1}^{n}(x_i - \bar{x})^2}{n}$ $= \frac{7{,}92}{12} = 0{,}66$

$$s^2 = \frac{\sum_{k=1}^{m} f_k \cdot (x_k - \bar{x})^2}{n} \quad (1.24)$$

bzw. von Gl. (1.21) ausgehend,

$$s^2 = \frac{\sum_{k=1}^{m} f_k \cdot x_k^2 - \left(\sum_{k=1}^{m} f_k \cdot x_k\right)^2/n}{n}$$
$$= \frac{\sum_{k=1}^{m} f_k \cdot x_k^2}{n} - \bar{x}^2 \quad (1.25)$$

Für die Daten in Tabelle 1.5 ermitteln wir eine Varianz von $s^2 = 461{,}3$ und eine Standardabweichung von $s = 21{,}5$.

Variationskoeffizient

Ein weiteres Streuungsmaß, der Variationskoeffizient, relativiert die Standardabweichung am Mittelwert:

$$V = \frac{s}{\bar{x}} \quad (\bar{x} > 0). \quad (1.26)$$

Der Variationskoeffizient drückt die Standardabweichung in Mittelwertseinheiten aus und ist damit maßstabsunabhängig. Für die Daten in Tabelle 1.9 ermitteln wir:

$$V = \frac{0{,}81}{2{,}5} = 0{,}324.$$

Dieses Maß wird gelegentlich eingesetzt, wenn Streuungen von Verteilungen mit unterschiedlichen Mittelwerten zu vergleichen sind und Mittelwert und Streuung voneinander abhängen.

▷ 1.4.3 z-Werte

Gelegentlich steht man vor der Aufgabe, Testwerte zweier Personen, die verschiedenen Kollektiven angehören, miteinander zu vergleichen. Bezogen auf das Beispiel der Examensnoten (vgl. Tabelle 1.8) möge beispielsweise eine Person A die Note 1,7 erhalten haben. Eine zu einem älteren Examensjahrgang gehörende Person B habe das Examen ebenfalls mit der Note 1,7 abgeschlossen. Kann man auf Grund dieser Ergebnisse behaupten, dass beide Leistungen gleichwertig seien?

Absolut gesehen wäre diese Frage zweifelsfrei zu bejahen. Es ist jedoch nicht auszuschließen, dass die Examensbedingungen beim älteren Jahrgang einfacher (oder schwerer) waren, sodass die beiden Leistungen nicht ohne weiteres gleichgesetzt werden können.

Die einfachste Art, zwei Werte miteinander vergleichbar zu machen, ist die Berechnung von *Prozenträngen*: Für jede Person wird ermittelt, wieviel Prozent aller Mitglieder des Kollektivs einen größeren (oder kleineren) Wert erhalten haben. Prozentrangwerte können problemlos anhand der kumulierten Prozentwertverteilung bestimmt werden (s. Gl. 1.6).

Interessant könnte auch ein Vergleich der Abweichungen der individuellen Leistung von den Durchschnittsleistungen der jeweiligen Kollektive sein. Nehmen wir einmal an, die Durchschnittsleistung des älteren Examensjahrganges sei $\bar{x}_ä = 2{,}7$. Für Person B ermitteln wir somit eine Abweichung von $x_B - \bar{x}_ä = -1{,}0$. Da die Durchschnittsleistung des jüngeren Examensjahrgangs $\bar{x}_j = 2{,}5$ beträgt (vgl. Tabelle 1.9), berechnen wir für Person A eine Abweichung von $x_A - \bar{x}_j = -0{,}8$. Die Note von Person B ist also eine ganze Note und die der Person A um 0,8 Notenanteile besser als der jeweilige Kollektivdurchschnitt. Kann man auf Grund dieses Vergleiches sagen, Person B habe die bessere Leistung erbracht, weil sie deutlicher unter dem Mittelwert ihres Kollektivs liegt? Auch diese Frage ist nicht ohne weiteres beantwortbar, da es beispielsweise denkbar wäre, dass Person B im Vergleich zu ihrem Kollektiv nur die fünftbeste Leistung erzielt hat, während Person A in ihrem Kollektiv an 2. bzw. 3. Stelle (da der Wert 1,7 in Tabelle 1.9 zweimal auftritt, genau genommen an 2,5. Stelle) rangiert.

Um die Abweichungen zweier Leistungen vom Mittelwert besser vergleichbar machen zu können, müssen sie zuvor an der Unterschiedlichkeit aller Werte im jeweiligen Kollektiv relativiert werden. Dies geschieht, indem die Abweichungen durch die Standardabweichung im jeweiligen Kollektiv dividiert werden. Ein solcher Wert wird als *z-Wert* bezeichnet:

$$z_i = \frac{x_i - \bar{x}}{s}. \quad (1.27)$$

Nehmen wir an, die Streuung der Noten betrage im älteren Jahrgang $s_ä = 1{,}10$ und im jüngeren Examensjahrgang $s = 0{,}81$ (vgl. Tabelle 1.9); wir erhalten dann folgende Vergleichswerte:

$$z_A = \frac{1{,}7 - 2{,}5}{0{,}81} = -0{,}99,$$

$$z_B = \frac{1{,}7 - 2{,}7}{1{,}10} = -0{,}91.$$

Danach wäre somit die relative Leistung der Person A besser zu bewerten als die der Person B, weil die Leistung von A um 0,99 Streuungseinheiten und die von B nur um 0,91 Streuungseinheiten unter dem jeweiligen Mittelwert liegt.

Werden alle Werte einer Verteilung z-transformiert, erhält man – wie die folgende Ableitung zeigt – eine neue Verteilung mit $\bar{z} = 0$ und $s_z^2 = 1$:

$$\bar{z} = \frac{\sum_{i=1}^{n} z_i}{n} = \frac{\sum_{i=1}^{n}(x_i - \bar{x})}{n \cdot s_x} = \frac{\sum_{i=1}^{n} x_i - n \cdot \bar{x}}{n \cdot s_x} = 0$$

$$\left(\text{wegen } n \cdot \bar{x} = \frac{n \cdot \sum_{i=1}^{n} x_i}{n} = \sum_{i=1}^{n} x_i\right)$$

$$s_z^2 = \frac{\sum_{i=1}^{n}(z_i - \bar{z})^2}{n}$$

$$= \frac{\sum_{i=1}^{n} z_i^2}{n} \quad (\text{wegen } \bar{z} = 0)$$

$$= \frac{\sum_{i=1}^{n}(x_i - \bar{x})^2}{s_x^2 \cdot n} = 1$$

$$\left(\text{wegen } \sum_{i=1}^{n}(x_i - \bar{x})^2 / n = s_x^2\right).$$

> **Eine z-transformierte Verteilung hat einen Mittelwert von 0 und eine Streuung von 1.**

1.4.4 Schiefe und Exzess

Es wurde bereits erwähnt, dass die Schiefe einer Verteilung durch die Positionen vom arithmetischen Mittel, Modalwert und Medianwert beschrieben werden kann (vgl. Abb. 1.11). Eine grobe Abschätzung für die Größe der Schiefe (Sch) einer Verteilung nannte bereits Pearson (1895):

$$\text{Sch} = \frac{\bar{x} - \text{Mo}}{s}. \quad (1.28)$$

Ist Sch < 0, bezeichnen wir die Verteilung als rechtssteil,
ist Sch > 0, bezeichnen wir die Verteilung als linkssteil,
ist Sch = 0, bezeichnen wir die Verteilung als symmetrisch.

Ein weiteres Charakteristikum für die Form einer Verteilung ist die Wölbung bzw. der Exzess. Der Exzess (Ex) (breitgipflig vs. schmalgipflig) kann über Perzentilwerte nach folgender Gleichung näherungsweise geschätzt werden:

$$\text{Ex} = \frac{P_{75} - P_{25}}{2 \cdot (P_{90} - P_{10})}. \quad (1.29)$$

Der Exzess einer *Normalverteilung* (vgl. S. 73 ff.) beträgt Ex = 0,263. Je größer der Exzess einer Verteilung, um so breitgipfliger ist ihr Verlauf.

Genauer lassen sich Schiefe und Exzess durch die sog. **Potenzmomente** (a) einer Verteilung schätzen, wobei das 3. Potenzmoment die Schiefe (a_3) und das 4. Potenzmoment den Exzeß (a_4) beschreibt:

$$a_3 = \frac{\sum_{i=1}^{n} z_i^3}{n}, \quad (1.30)$$

$$a_4 = \frac{\sum_{i=1}^{n} z_i^4}{n} - 3. \quad (1.31)$$

Beide Formeln gehen von in Gl. (1.27) definierten z-Werten aus. Ist eine Verteilung rechtssteil, ergeben sich größere negative z-Werte als positive z-Werte (vgl. Abb. 1.11). Da durch die 3. Potenz größere z-Werte stärker gewichtet werden als kleinere z-Werte, und da die 3. Potenz das Vorzeichen der z-Werte nicht ändert, erhalten wir bei einer rechtssteilen Verteilung einen negativen a_3-Wert. Wir bezeichnen deshalb rechtssteile Verteilungen auch als Verteilungen mit einer **negativen Schiefe**. Umgekehrt wird eine linkssteile Verteilung als eine Verteilung mit **positiver Schiefe** beschrieben.

Wird der a_4-Wert für eine *Normalverteilung* (vgl. S. 73 ff.) berechnet, erwarten wir einen Wert von $a_4 = 0$. Kleinere a_4-Werte kennzeichnen eine breitgipflige und größere a_4-Werte eine schmalgipflige Verteilung. Der Exzess einer Verteilung sollte nur bei unimodalen Verteilungen berechnet werden.

Über weitere Maße zur Schiefe und zum Exzess von Verteilungen sowie über deren Bedeutung berichten de Carlo (1997) sowie Hopkins u. Weeks (1990). Hier findet man auch Tests zur Überprüfung der Frage, ob eine Verteilung bezüglich ihrer Schiefe bzw. ihres Exzesses statistisch bedeutsam von einer Normalverteilung abweicht.

ÜBUNGSAUFGABEN

1. Eine Untersuchung von Franke et al. (1971) stellte 62 Studenten der Rechts- und Wirtschaftswissenschaften u.a. vor die Aufgabe, 10 politische Zielvorstellungen im vollständigen Paarvergleich miteinander hinsichtlich ihrer Bedeutsamkeit zu vergleichen. Hierfür erhielt jeder Student eine Liste der 45 möglichen Paare von Zielvorstellungen (zum Paarbildungsgesetz vgl. S. 61) mit der Bitte, jeweils diejenige Zielvorstellung anzukreuzen, die für bedeutsamer gehalten wird. Die folgende Tabelle zeigt, wie häufig die einzelnen Zielvorstellungen insgesamt von den 62 Studenten den übrigen Zielvorstellungen vorgezogen wurden:

Zielvorstellung	Präferenzhäufigkeit
1. Sicherung in unverschuldeten Notlagen	356
2. Sicherung der Menschenwürde gegenüber staatlicher Macht	520
3. Förderung des Ansehens der deutschen Nation	26
4. Minderung gesetzlicher Reglementierung des Sexualverhaltens	109
5. Gleichheit der Bildungschancen	470
6. Leistungsgemäße Verteilung des Vermögens	218
7. Förderung zukunftsorientierter Produktion oder Forschung	396
8. Verwirklichung erweiterter Mitbestimmung des Arbeitnehmers im Betrieb	173
9. Eigenständigkeit in Fragen nationaler Sicherheit	74
10. Politische Integration Europas	448

Welche Rangreihe der politischen Zielvorstellungen ergibt sich auf Grund der Präferenzhäufigkeiten?

Übungsaufgaben

2. Ein Lehrer korrigiert je 10 Diktate seiner 20 Schüler und erhält folgende Fehlerverteilung:

Fehleranzahl (k)	Anzahl der Diktate
0–9	11
10–19	28
20–29	42
30–39	46
40–49	24
50–59	17
60–69	9
70–79	3
80–89	8
90–99	12

Bitte fertigen Sie
a) ein Histogramm,
b) eine kumulierte Häufigkeitstabelle,
c) eine Prozentwerttabelle,
d) eine kumulierte Prozentwerttabelle
an.

3. In einer Untersuchung wurde überprüft, wie schnell 300 Vpn eine Liste sinnloser Silben erlernen. Die folgende Tabelle zeigt die Verteilung der Lernzeiten:

Lernzeiten	Häufigkeit	Lernzeiten	Häufigkeit
0–9,9 s	0	60–69,9 s	69
10–19,9 s	0	70–79,9 s	62
20–29,9 s	3	80–89,9 s	26
30–39,9 s	18	90–99,9 s	15
40–49,9 s	49	100–109,9 s	0
50–59,9 s	58	110–119,9 s	0

Fertigen Sie ein Polygon der Häufigkeitsverteilung und der dreigliedrig ausgeglichenen Verteilung an.

4. Wie lauten das arithmetische Mittel, der Medianwert und der Modalwert
a) für die Daten in Aufgabe 2?
b) für die Daten in Aufgabe 3?

5. In 4 verschiedenen Untersuchungen, in denen ein Aggressivitätstest zur Anwendung kommt, wird über die folgenden durchschnittlichen Aggressivitätswerte von Häftlingen berichtet: $\bar{x}_1 = 18,6$ ($n_1 = 36$); $\bar{x}_2 = 22,0$ ($n_2 = 45$); $\bar{x}_3 = 19,7$ ($n_3 = 42$); $\bar{x}_4 = 17,1$ ($n_4 = 60$). Wie lautet die durchschnittliche Aggressivität aller untersuchten Häftlinge?

6. Wie groß sind Varianz und Standardabweichung der Daten in
a) Aufgabe 2?
b) Aufgabe 3?

7. Eine Verteilung sei durch $\bar{x} = 2500$ und $s = 900$ gekennzeichnet. Wie groß ist die Wahrscheinlichkeit, dass ein zufällig herausgegriffener Messwert um mehr als 1800 Messwerteinheiten vom Mittelwert abweicht, wenn
a) die Verteilung eingipflig und symmetrisch ist?
b) die Verteilung eine beliebige Form aufweist?

8. Ein Lehrling hat in 3 verschiedenen Eignungstests die folgenden Testwerte erhalten: $x_1 = 60$, $x_2 = 30$, $x_3 = 110$. Auf Grund von Untersuchungen, die zuvor mit vielen Lehrlingen durchgeführt wurden, sind die 3 Tests durch folgende Mittelwerte und Standardabweichungen gekennzeichnet: $\bar{x}_1 = 42$, $s_1 = 12$; $\bar{x}_2 = 40$, $s_2 = 5$; $\bar{x}_3 = 80$, $s_3 = 15$. In welchem Eignungstest hat der Lehrling am besten abgeschnitten?

Kapitel 2 Wahrscheinlichkeitstheorie und Wahrscheinlichkeitsverteilungen

ÜBERSICHT

Subjektive und objektive Wahrscheinlichkeiten – Zufallsexperimente und Elementarereignisse – Vereinigung und Durchschnitt von Ereignissen – relative Häufigkeiten und Wahrscheinlichkeiten – Axiome der Wahrscheinlichkeitsrechnung – Additionstheorem – bedingte Wahrscheinlichkeiten – Multiplikationstheorem – Satz von der totalen Wahrscheinlichkeit – Theorem von Bayes – Variationen – Permutationen – Kombinationen – Zufallsvariablen – Wahrscheinlichkeitsfunktion – Dichtefunktion und Verteilungsfunktion – Erwartungswert und Varianz von Zufallsvariablen – Binomialverteilung – hypergeometrische Verteilung – Poisson-Verteilung – multinomiale Verteilung – negative Binomialverteilung – Normalverteilung – χ^2-Verteilung – t-Verteilung – F-Verteilung

Eine der wichtigsten, kulturellen Errungenschaften des Menschen ist seine Fähigkeit, Redundanzen in der Umwelt zu erkennen und zu erlernen. Diese von Hofstätter (1966) als wesentliches Charakteristikum der Intelligenz apostrophierte Eigenschaft ermöglicht es dem Menschen, im Überangebot der auf ihn einströmenden Informationen Musterläufigkeiten zu entdecken, die verhindern, dass er in einem Chaos von Irregularitäten und Zufälligkeiten zu Grunde geht. Der Mensch schafft sich so ein Ordnungssystem, an dem er im festen Vertrauen auf dessen Tragfähigkeit sein Verhalten orientiert. Die Geschichte zeigt jedoch, dass es keine absolut sicheren, ewig wahren Erkenntnisse sind, auf die unser Ordnungssystem aufbaut, sondern vielmehr zeitabhängige Auslegungen und Interpretationen von Ereignisabfolgen, die vom Menschen als sinnvoll zusammenhängend gedeutet werden. Wir regulieren unser Verhalten nicht nach Wahrheiten, sondern an einem komplizierten System unterschiedlich wahrscheinlicher Hypothesen. Es verbirgt sich hinter der Fähigkeit, Redundanzen zu erkennen, die Fähigkeit, Wahrscheinlichkeiten zu lernen.

Wie bedeutsam erlernte Wahrscheinlichkeiten für den Alltag sind, kann durch zahllose Beispiele belegt werden. Wir verlassen uns darauf, dass uns der Wecker am Morgen zur gewünschten Zeit weckt, wir lassen uns impfen in der Hoffnung, einer möglichen Epidemie zu entgehen, wir besteigen ein Flugzeug im Vertrauen darauf, dass es nicht abstürzen wird, wir unterlassen es, von einer Speise zu essen, wenn wir vermuten, sie sei verdorben, wir wählen Kandidaten, von denen wir annehmen, dass sie unsere Interessen hinreichend gut vertreten werden usw. Immer sind es nur Wahrscheinlichkeiten, die uns dazu veranlassen, irgendetwas zu tun oder nicht zu tun.

Aufgabe der Statistik ist es letztlich, das verhaltensregulierende System von Wahrscheinlichkeiten transparenter und durch Trennung zufälliger von „überzufälligen" Ereignissen präziser zu machen. Darüber hinaus trägt sie dazu bei, Fehleinschätzungen von Wahrscheinlichkeiten zu korrigieren bzw. neu entdeckte Musterläufigkeiten hinsichtlich ihrer Tragfähigkeit abzusichern. Elementarer Bestandteil der Statistik ist somit die Wahrscheinlichkeitslehre.

Im folgenden Abschnitt werden die grundlegenden Axiome der Wahrscheinlichkeitstheorie sowie einige für die Statistik wichtige Grundprinzipien der Wahrscheinlichkeitsrechnung dargestellt. Ferner werden theoretische Wahrscheinlichkeitsverteilungen, die für die in diesem Buch zu besprechenden Verfahren von Bedeutung sind, beschrieben.

▷ 2.1 Grundbegriffe der Wahrscheinlichkeitsrechnung

Begriffe wie „wahrscheinlich" finden nicht nur in der Statistik, sondern auch in der Umgangssprache Verwendung. Man hält es beispielsweise für „sehr wahrscheinlich", dass am nächsten Wochenende in Berlin die Sonne scheinen wird, oder man nimmt an, dass ein Pferd X in einem bestimmten Rennen mit einer Wahrscheinlichkeit (Chance) von 90% siegen wird.

Mit diesen o. ä. Formulierungen werden subjektive Überzeugungen oder Mutmaßungen über die Sicherheit einmaliger, nicht wiederholbarer Ereignisse zum Ausdruck gebracht, die prinzipiell entweder auftreten oder nicht auftreten können. Zahlenangaben, die die Stärke der inneren Überzeugung von der Richtigkeit derartiger Behauptungen charakterisieren, bezeichnet man als **subjektive Wahrscheinlichkeiten**.

Der statistische Wahrscheinlichkeitsbegriff geht auf das 16. Jahrhundert zurück, als man sich für die Wirksamkeit von „Zufallsgesetzen" bei Glücksspielen (z. B. Würfelspielen) zu interessieren begann. (Einen kurzen Überblick zur Geschichte der Wahrscheinlichkeitstheorie findet man bei Hinderer, 1980, S. 18 ff., oder ausführlicher bei King u. Read, 1963.) Der statistische Wahrscheinlichkeitsbegriff dient der „Beschreibung von beobachteten Häufigkeiten bei (mindestens im Prinzip) beliebig oft wiederholbaren Vorgängen, deren Ausgang nicht vorhersehbar ist" (Hinderer, 1980, S. 3).

„Die Wahrscheinlichkeit, mit einem einwandfreien Würfel eine Sechs zu werfen, beträgt 1/6" oder „die Wahrscheinlichkeit, dass ein beliebiger 16-jähriger Schüler in einem bestimmten Intelligenztest mindestens einen Intelligenzquotienten von 120 erreicht, beträgt $p = 0{,}12$", sind Aussagen, die diesen Wahrscheinlichkeitsbegriff verdeutlichen.

Im ersten Beispiel erwartet man bei vielen Würfen mit einem Würfel für etwa 1/6 aller Fälle eine Sechs, und im zweiten Beispiel geht man davon aus, dass ca. 12% aller 16-jährigen Schüler in dem angesprochenen Intelligenztest einen Intelligenzquotienten von mindestens 120 erreichen werden. Die erste Aussage basiert auf vielen, voneinander unabhängigen, gleichartigen „Versuchen" mit einem Objekt und die zweite auf jeweils einmaligen „Versuchen" mit vielen gleichartigen Objekten. Zahlenangaben dieser Art heißen **objektive Wahrscheinlichkeiten**.

▷ **2.1.1 Zufallsexperimente und zufällige Ereignisse**

Für die Definition objektiver Wahrscheinlichkeiten ist der Begriff des *„Zufallsexperimentes"* zentral. Unter einem Zufallsexperiment (oder auch einer Zufallsbeobachtung) „verstehen wir einen beliebig oft wiederholbaren Vorgang, der nach einer ganz bestimmten Vorschrift ausgeführt wird und dessen Ergebnis ,vom Zufall abhängt', das soll heißen, nicht im Voraus eindeutig bestimmt werden kann" (Kreyszig, 1973, S. 50). Das Ergebnis eines Zufallsexperimentes bezeichnen wir als Elementarereignis und die Menge aller mit einem Zufallsexperiment verbundenen Elementarereignisse als *Ergebnismenge* (Ω). Dies sind z. B. beim Zufallsexperiment „Würfeln" die Augenzahlen 1 bis 6, beim Münzwurf die Ausgänge „Zahl" oder „Adler", beim Ziehen einer Karte aus einem Skatspiel die 32 verschiedenen Kartenwerte etc. Aber auch die Befragung einer Person bezüglich ihrer Parteipräferenz, die Messung ihrer Reaktionszeit bzw. die Bestimmung der Fehleranzahl in einem Schülerdiktat bezeichnet man als Zufallsexperimente. Deren Elementarereignisse sind die zum Zeitpunkt der Befragung existierenden Parteien, die Menge aller möglichen Reaktionszeiten bzw. aller möglichen Fehlerzahlen. Jedes einzelne Zufallsexperiment führt zu einem bestimmten Elementarereignis, das zu einer Ergebnismenge zählt, die für die Art des Zufallsexperimentes charakteristisch ist.

Verknüpfung von Elementarereignissen

Häufig interessieren nicht die einzelnen Elementarereignisse, sondern Teilmengen bzw. Klassen zusammengefasster Elementarereignisse, die wir kurz „Ereignisse" nennen. Bezogen auf die oben genannten Beispiele wären etwa alle geradzahligen Augenzahlen beim Würfeln, alle Herzkarten beim Skatspiel, alle konservativen Parteien, Reaktionszeiten unter einer halben Sekunde bzw. 2–4 Fehler im Diktat derartige Ereignisse.

Für die Zusammenfassung oder Verknüpfung von Elementarereignissen gibt es aus der Mengenlehre einige Regeln, die wir uns im Folgenden anhand eines Beispiels erarbeiten wollen.

2.1.1 Zufallsexperimente und zufällige Ereignisse

BEISPIEL

Von 10 Schülern gehen 3 zum Gymnasium, 4 zur Realschule und 3 zur Hauptschule. Die Intelligenzquotienten (IQ) dieser Schüler mögen lauten:

Schulart	Schüler-Nr.	IQ
Gymnasium (A)	1	101
	2	108
	3	115
Realschule (B)	4	92
	5	93
	6	99
	7	103
Hauptschule (C)	8	86
	9	95
	10	94

Aus den IQ-Werten bildet man zwei Gruppen für die drei intelligentesten und die drei am wenigsten intelligenten Schüler:
 hohe Intelligenz (D): Schüler 2, 3 und 7,
 niedrige Intelligenz (E): Schüler 4, 5 und 8.
Die Ergebnismenge Ω besteht damit aus 10 Schülern, die in die Untergruppen A, B, C, D und E unterteilt sind. Die Ergebnismenge sowie die Untergruppen oder Teilmengen veranschaulicht Abb. 2.1.
Die Ereignisse A bis E bestehen – in Kurzform geschrieben – aus folgenden Elementarereignissen:

$A = \{1, 2, 3\}$
$B = \{4, 5, 6, 7\}$
$C = \{8, 9, 10\}$
$D = \{2, 3, 7\}$
$E = \{4, 5, 8\}$

Die Tatsache, dass das Elementarereignis 1 (Schüler 1) im Ereignis A enthalten ist, kennzeichnen wir durch $1 \in A$ (1 ist Element von A). Wenn aus den 10 Schülern Schüler 1 *oder* Schüler 2 *oder* Schüler 3 ausgewählt wird, ist das Ereignis A eingetreten. Formal schreiben wir unter Verwendung des Operators „∪" für die Operation „Vereinigung" oder „logische Summe":

$A = 1 \cup 2 \cup 3$

Entsprechendes gilt für die Ereignisse B bis E.

Vereinigung von Ereignissen

Die Vereinigung zweier oder mehrerer Ereignisse führt wiederum zu einem Ereignis, das eintritt, wenn mindestens ein (Elementar-)Ereignis der verknüpften Ereignisse eintritt. Das Ereignis $A \cup B$ (Gymnasium oder Realschule) ist also realisiert, wenn mindestens einer der Schüler mit den Nummern 1 bis 7 ausgewählt wurde.
Die Vereinigung der Ereignisse A und D besteht aus folgenden Elementarereignissen:

$A \cup D = \{1, 2, 3, 7\}$

Die sowohl zu A als auch D gehörenden Elementarereignisse 2 und 3 werden hierbei nur einmal gezählt.

Sichere und unmögliche Ereignisse. Die Vereinigung der Ereignisse A, B und C führt zu einem sicheren Ereignis, denn ein beliebig ausgewählter Schüler gehört entweder zu A, B oder C. Das Ereignis „Person ohne Schulbesuch" kann bei keiner Realisierung des hier behandelten Zufallsexperimentes eintreten. Es heißt deshalb „unmögliches Ereignis" und wird mit $\emptyset$ (leere Menge) gekennzeichnet.

Komplementäre Ereignisse. Alle Ereignisse, die nicht zum Ereignis A gehören, bezeichnet man zusammengefasst als das entgegengesetzte oder komplementäre Ereignis zu A. Es wird durch $\overline{A}$ (lies: non A) gekennzeichnet. In unserem Beispiel wäre

$\overline{A} = B \cup C$.

Die Vereinigung von A und $\overline{A}$ ($A \cup \overline{A}$) führt zu einem sicheren Ereignis.

Durchschnittsbildung. Alle Elementarereignisse, die *sowohl* zu A *als auch* D gehören, bilden den Durchschnitt von A und D. Der Durchschnitt wird durch das Symbol „∩" (logisches Produkt) gekennzeichnet.

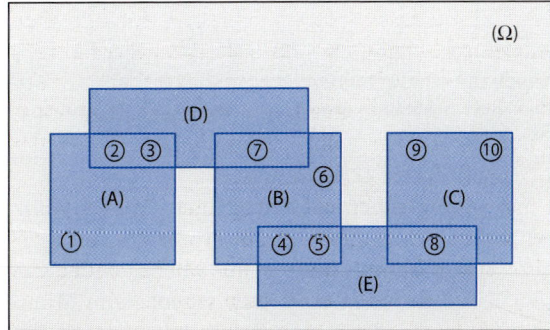

Abb. 2.1. Veranschaulichung einer Ergebnismenge

Im Beispiel: $A \cap D = \{2, 3\}$

Das Ereignis $A \cap D$ ist also eingetreten, wenn Schüler 2 oder Schüler 3 ausgewählt wird, also Schüler, die zur Gruppe „Gymnasiasten" *und* „höhere Intelligenz" gehören.

Vereinbare und einander ausschließende Ereignisse. Haben zwei Ereignisse keine gemeinsamen Elemente, bezeichnet man sie als einander ausschließend (unvereinbar oder auch disjunkt). Der Durchschnitt zweier oder mehrerer einander ausschließender Ereignisse führt zur leeren Menge.

Im Beispiel: $A \cap B = \emptyset$ oder auch
$A \cap B \cap C = \emptyset$

Vereinbar bzw. nicht disjunkt sind hingegen die Ereignisse A und D, B und D, B und E sowie C und E, weil sie jeweils gemeinsame Elemente haben. Man erhält jedoch

$A \cap B \cap D = \emptyset$,

weil es kein Elementarereignis gibt, das sich in A und B und D befindet.

▷ 2.1.2 Relative Häufigkeiten und Wahrscheinlichkeiten

Wird ein Zufallsexperiment n-mal wiederholt, lässt sich auszählen, wie häufig ein (Elementar-)Ereignis A eingetreten ist. Bezeichnen wir diese Häufigkeit mit n_A, ergibt sich die relative Häufigkeit H(A) zu

$$H(A) = \frac{n_A}{n}. \quad (2.1)$$

Hierbei kann n_A die Werte $0, 1, 2, \ldots, n$ annehmen. Macht man mehrere Versuchsserien mit jeweils n voneinander unabhängigen Realisierungen des Zufallsexperimentes, wird man feststellen, dass die Unterschiedlichkeit der Werte für H(A) mit zunehmendem n kleiner wird. H(A) konvergiert mit wachsendem n auf einen konstanten Wert, den wir als Wahrscheinlichkeit von A bzw. $\pi(A)$ bezeichnen.

Die Wahrscheinlichkeit eines Ereignisses A lässt sich also über die relative Häufigkeit H(A) schätzen, wobei diese Schätzung um so genauer ausfällt, je größer n ist. Die so geschätzte Wahrscheinlichkeit bezeichnen wir als „statistische Wahrscheinlichkeit", die üblicherweise durch das Symbol p (von „probabilité") gekennzeichnet wird. Für Gleichung (2.1) können wir also auch schreiben

$$p(A) = \frac{n_A}{n} \quad (2.2)$$

bzw. wenn wir das Auftreten von A als günstiges und das Auftreten eines beliebigen Ereignisses des Ereignisraumes als mögliches Ereignis bezeichnen:

$$p(A) = \frac{\text{Anzahl der günstigen Ereignisse (A)}}{\text{Anzahl der möglichen Ereignisse}}. \quad (2.3)$$

Die Verbindung der Konzepte „relative Häufigkeit" $p_A = n_A/n$ und „Wahrscheinlichkeit" $\pi(A)$ wird formal durch das sog. „Bernoulli-Theorem" hergestellt:

$$p\left(\left|\frac{n_A}{n} - \pi(A)\right| \geq e\right) \to 0 \quad \text{für } n \to \infty \quad (2.4)$$

(zum Beweis dieses Theorems vgl. z. B. Kreyszig, 1973, S. 136 f.).

Wenn ein Ereignis A mit der Wahrscheinlichkeit $\pi(A)$ auftritt und n voneinander unabhängige, gleichartige Zufallsexperimente durchgeführt werden, geht die Wahrscheinlichkeit dafür, dass sich die relative Häufigkeit n_A/n um einen beliebig kleinen Betrag e von der Wahrscheinlichkeit $\pi(A)$ unterscheidet, gegen Null, vorausgesetzt, n geht gegen unendlich. (Eine kritische Auseinandersetzung mit diesem Theorem bzw. weiterführende Literatur findet man bei Tholey, 1982, S. 323 f.)

> Die Wahrscheinlichkeit $\pi(A)$ für ein Ereignis A wird durch die relative Häufigkeit $p(A) = n_A/n$ geschätzt, wobei diese Schätzung um so genauer ausfällt, je größer n ist.

Umgangssprachlich kennzeichnet man Wahrscheinlichkeiten auch durch Prozentwerte. Bezogen auf das Ereignis „Zahl" beim Münzwurf (p = 0,5) kann man also auch sagen: Beim Münzwurf tritt das Ereignis „Zahl" mit einer Wahrscheinlichkeit von 50% auf.

2.1.2 Relative Häufigkeiten und Wahrscheinlichkeiten

BEISPIEL

Bei einem einwandfrei arbeitenden Roulette möge 20-mal hintereinander eine rote Zahl gefallen sein. Diese Serie veranlasst einen Spieler dazu, bei den folgenden Würfen auf Schwarz zu setzen, in der Überzeugung, dass die „überzufällige" Häufung von Rotwürfen durch weitere Kugeln des Roulettes dadurch kompensiert werden müsse, dass nun „überzufällig" viele schwarze Zahlen fallen.

Da das Roulette jedoch kein Gedächtnis hat (es also nicht weiß, dass es 20-mal Rot zu kompensieren hat), wollen wir davon ausgehen, dass das Roulette in den nächsten 102 Würfen relative Häufigkeiten für Rot und Schwarz produziert, die den Wahrscheinlichkeiten dieser Ereignisse ungefähr entsprechen (50-mal Rot, 50-mal Schwarz und zweimal Null). Für alle 122 Würfe ergibt sich somit für Rot die relative Häufigkeit von $70/122 = 0{,}574$ und für Schwarz $50/122 = 0{,}410$. Das extreme Ereignis der anfänglichen 20 roten Zahlen ist somit bereits durch 102 den Wahrscheinlichkeitsverhältnissen entsprechende Würfe recht gut kompensiert. Fällt in den folgenden 1030 Würfen 500-mal Rot und 500-mal Schwarz (und zusätzlich 30-mal Null), ergeben sich bereits recht ähnliche relative Häufigkeiten für Rot (0,495) und Schwarz (0,477). Die Differenz zwischen der relativen Häufigkeit und der exakten Wahrscheinlichkeit von $\pi = 18/37 = 0{,}486$ für Rot (bzw. Schwarz) wird zunehmend kleiner, ohne dass eine extreme Ereignisabfolge durch eine andere extreme Ereignisabfolge kompensiert werden muss.

Gleichwahrscheinliche Ereignisse. Im Roulette-Beispiel war es möglich, die über die relative Häufigkeit geschätzte statistische Wahrscheinlichkeit für „Rot" mit der wahren Wahrscheinlichkeit für „Rot" ($\pi = 18/37$) zu vergleichen. Die Tatsache, dass die wahren Wahrscheinlichkeiten bei diesem Zufallsexperiment bekannt sind, ist damit zu begründen, dass die „physikalischen Eigenschaften" eines einwandfreien Roulettes so geartet sind, dass jede Zahl mit gleicher Wahrscheinlichkeit auftritt. Wann immer ein Zufallsexperiment so angelegt ist, dass von k einander ausschließenden Ereignissen E_i ($i = 1, \ldots, k$) jedes mit gleicher Wahrscheinlichkeit eintritt, lässt sich die wahre Wahrscheinlichkeit $\pi(E_i)$ wie folgt berechnen:

$$\pi(E_i) = \frac{1}{k}. \tag{2.5}$$

Im Roulette-Beispiel mit $k = 37$ erhält man z. B. für das Ereignis „3" (oder jede beliebige andere Zahl des Roulettespiels) die Wahrscheinlichkeit $\pi = 1/37$. Besteht eine Ereignisklasse A aus k_A verschiedenen Ereignissen (z. B. 18 rote Zahlen im Roulette), resultiert als Wahrscheinlichkeit für diese Ereignisklasse:

$$\pi(A) = \frac{k_A}{k}. \tag{2.6}$$

Die Wahrscheinlichkeit für eine rote Zahl beträgt also $\pi = 18/37$.

Andere Zufallsexperimente mit gleichwahrscheinlichen Ereignissen sind z. B. das Würfeln, der Münzwurf, Lotteriespiele, Kartenspiele etc. Auch bei diesen Zufallsexperimenten sind die wahren Wahrscheinlichkeiten für Ereignisse oder Ereignisklassen einfach zu berechnen.

Wenn in Gl. (2.2) für $n_A = n$ bzw. in Gl. (2.6) für $k_A = k$ resultiert, ist A ein sicheres Ereignis. Für diesen Fall erhält man $p(A) = 1$. Das unmögliche Ereignis ($n_A = 0$ bzw. $k_A = 0$) hat eine Wahrscheinlichkeit von $p(A) = 0$. Da die Vereinigung von A mit dem Komplementärereignis $\overline{A}$ ein sicheres Ereignis darstellt, ergibt sich die Komplementärwahrscheinlichkeit $p(\overline{A})$ wegen $n_A + n_{\overline{A}} = n$ zu

$$p(\overline{A}) = 1 - p(A). \tag{2.7}$$

Axiome und Regeln der Wahrscheinlichkeitsrechnung

Für den mathematischen Umgang mit Wahrscheinlichkeiten hat Kolmogoroff (1933) eine Axiomatik aufgestellt, nach der den Realisationen eines Zufallsexperiments Zahlen zugeordnet werden, die als Wahrscheinlichkeiten folgende Bedingungen erfüllen müssen:
1. Für die Wahrscheinlichkeit eines zufälligen Ereignisses A gilt $p(A) \geq 0$ (Nichtnegativität).
2. Die Wahrscheinlichkeit eines sicheren Ereignisses ist gleich 1 (Normierung).

Diese Axiome konnten bereits aus unseren Überlegungen zur relativen Häufigkeit als Schätzwert der Wahrscheinlichkeit plausibel gemacht werden. Das dritte Axiom lautet:
3. Sind die Ereignisse $A_1, A_2, \ldots, A_k$ paarweise disjunkt, gilt

$$p(A_1 \cup A_2, \cdots, \cup A_k) = \sum_{i=1}^{k} p(A_i)$$

(Sigmaadditivität)

Die Wahrscheinlichkeit, dass eines der disjunkten Ereignisse A_1 oder A_2 oder $\ldots A_k$ auftritt, ist gleich der Summe der Einzelwahrscheinlichkeiten $p(A_1)$, $p(A_2) \ldots p(A_k)$. Mit diesem Axiom beschäftigt sich auch das im Folgenden behandelte Additionstheorem.

Additionstheorem. Bezogen auf das in Abb. 2.1 dargestellte Beispiel wollen wir nach der Wahrscheinlichkeit fragen, dass ein zufällig ausgewählter Schüler entweder zu A (Gymnasium) oder D (höhere Intelligenz) gehört, d.h. wir fragen nach der Wahrscheinlichkeit für das Ereignis $A \cup D$: $p(A \cup D)$. Um hierfür eine stabile Wahrscheinlichkeitsschätzung zu erhalten, sollte die Ergebnismenge natürlich nicht nur aus 10, sondern aus einer sehr viel größeren bzw. theoretisch unbegrenzten Anzahl von Schülern bestehen. Die folgenden Überlegungen gelten aber nicht nur für wahre Wahrscheinlichkeiten, sondern auch für Wahrscheinlichkeiten, die über relative Häufigkeiten geschätzt wurden.

Angenommen, wir entnehmen dieser Ergebnismenge n Schüler, die sich wie folgt aufteilen:
n_A Schüler aus der Gruppe „Gymnasium" (A),
n_D Schüler aus der Gruppe „höhere Intelligenz" (D),
n_{AD} Schüler aus der Gruppe „Gymnasium" und aus der Gruppe „höhere Intelligenz" ($A \cap D$),
n_0 Schüler aus den anderen Gruppen.

Wird jeder Schüler nur einmal gezählt, gilt:
$n = n_A + n_D + n_{AD} + n_0$.

Nach Gl. (2.2) schätzt man folgende Wahrscheinlichkeiten:

$$p(A) = \frac{n_A + n_{AD}}{n}, \quad p(D) = \frac{n_D + n_{AD}}{n},$$
$$p(A \cup D) = \frac{n_A + n_D + n_{AD}}{n}, \quad p(A \cap D) = \frac{n_{AD}}{n}.$$

Hieraus folgt
$$p(A) + p(D) = \frac{n_A + n_D + 2n_{AD}}{n}$$
$$= p(A \cup D) + p(A \cap D)$$

bzw.
$$p(A \cup D) = p(A) + p(D) - p(A \cap D). \qquad (2.8)$$

> Die Wahrscheinlichkeit, dass bei einem Zufallsexperiment mit den Ereignissen A, B, C, D ... wenigstens eines der beiden Ereignisse A oder D eintrifft, ergibt sich aus der Summe der Wahrscheinlichkeiten für A und D abzüglich der Wahrscheinlichkeit dafür, dass beide Ereignisse zugleich auftreten.

Gleichung 2.8 bezeichnet man als das Additionstheorem für nicht disjunkte (vereinbare) Ereignisse.

BEISPIEL

Man fragt nach der Wahrscheinlichkeit, dass eine aus dem Skatblatt (32 Karten) gezogene Karte entweder rot oder ein As ist. Es ergeben sich $p(\text{rot}) = 16/32$, $p(\text{As}) = 4/32$ und $p(\text{As} \cap \text{rot}) = 2/32$ und damit $p(\text{rot} \cup \text{As}) = 16/32 + 4/32 - 2/32 = 18/32 = 0{,}5625$.

Bezogen auf Abb. 2.1 wollen wir nun nach der Wahrscheinlichkeit fragen, dass ein zufällig ausgewählter Schüler entweder zu A oder B gehört, d.h. es interessiert die Wahrscheinlichkeit $p(A \cup B)$. Wenden wir diese Problemstellung auf Gl. (2.8) an, ist festzustellen, dass A und B keine gemeinsamen Ereignisse aufweisen, d.h. $A \cap B = \emptyset$, sodass $p(A \cap B) = 0$ ist. Bei disjunkten oder einander ausschließenden Ereignissen reduziert sich Gl. (2.8) also zu

$$p(A \cup B) = p(A) + p(B), \qquad (2.9)$$

bzw. verallgemeinert auf k disjunkte Ereignisse $A_1, A_2, \ldots, A_k$

$$p(A_1 \cup A_2 \cup, \ldots, \cup A_k)$$
$$= p(A_1) + p(A_2) + \cdots + p(A_k). \qquad (2.10)$$

Diese Regel, das Additionstheorem fürs disjunkte Ereignisse, haben wir bereits als drittes Wahrscheinlichkeitsaxiom (s. S. 53) kennengelernt.

Ist die Ergebnismenge mit k Ereignissen erschöpft, resultiert nach Gl. (2.10) eine Wahrscheinlichkeit von 1.

> Die Wahrscheinlichkeit, dass eines von k disjunkten Ereignissen eintritt, entspricht der Summe der Wahrscheinlichkeiten für die k Ereignisse.

BEISPIEL

Die Wahrscheinlichkeit, aus einem Skatblatt eine 7, 8 oder 9 zu ziehen, ergibt sich zu $p(7 \cup 8 \cup 9) = 4/32 + 4/32 + 4/32 = 0{,}375$.

Bedingte Wahrscheinlichkeit. Die bedingte Wahrscheinlichkeit $p(B|A)$ (lies $p(B)$ unter der Bedingung A) kennzeichnet die Wahrscheinlichkeit des Ereignisses B unter der Bedingung, dass das Ereignis A eingetreten ist. Bezogen auf das Schüler-

2.1.2 Relative Häufigkeiten und Wahrscheinlichkeiten

beispiel könnten wir nach der Wahrscheinlichkeit fragen, dass ein Schüler ein Gymnasium besucht (A) unter der Voraussetzung, dass er zu der Gruppe „hohe Intelligenz" (D) gehört: $p(A|D)$. Hierbei geht es also um die relative Häufigkeit der Gymnasiasten in der Gruppe „höhere Intelligenz", d. h. wir erhalten

$$p(A|D) = \frac{n_{AD}}{n_D}.$$

Dividieren wir Zähler und Nenner durch n, resultiert

$$p(A|D) = \frac{n_{AD}/n}{n_D/n} = \frac{p(A \cap D)}{p(D)}. \quad (2.11)$$

Analog hierzu erhält man

$$p(D|A) = \frac{p(A \cap D)}{p(A)}. \quad (2.12)$$

BEISPIEL

Wie groß ist die Wahrscheinlichkeit, ein As (B) zu ziehen unter der Voraussetzung, dass es sich um eine Herz-Karte (A) handelt? In diesem Falle sind $p(A \cap B) = \frac{1}{32}$ (die Wahrscheinlichkeit für Herz As) und $p(A) = \frac{1}{4}$ (die Wahrscheinlichkeit für eine Herz-Karte). Damit ergibt sich für $p(B|A) = \frac{1}{32} : \frac{1}{4} = \frac{1}{8}$. Zu dem gleichen Ergebnis kommen wir auch nach Gl. (2.2): Die Anzahl der möglichen Ereignisse sind hier alle 8 Herz-Karten, und das günstige Ereignis ist das Herz As: $p(B|A) = \frac{1}{8}$.

Die Regeln für bedingte Wahrscheinlichkeiten gelten natürlich auch für Wahrscheinlichkeiten, die über relative Häufigkeiten geschätzt wurden.

BEISPIEL

Es werden 200 Klienten, die sich vor längerer Zeit in Wartelisten von Psychotherapeuten eingetragen hatten, nach ihrem Gesundheitszustand befragt. Einige dieser Klienten wurden inzwischen therapeutisch behandelt, andere nicht. Die Häufigkeiten der behandelten und nicht behandelten Klienten, die sich gesund bzw. nicht gesund fühlen, sind in Tabelle 2.1 wiedergegeben.

Ausgehend von diesen Häufigkeiten ergibt sich für das Ereignis „gesund" eine geschätzte Wahrscheinlichkeit von $p(\text{gesund}) = 100/200 = 0.5$. Betrachten wir hingegen nur die Klienten, die bereits therapiert wurden, so ergibt sich eine bedingte Wahrscheinlichkeit von $p(\text{gesund}|\text{Therapie}) = 60/80 = 0.75$. Wenn wir für A das Ereignis „gesund" und für B das Ereignis „Therapie durchgeführt" annehmen, erhalten wir diesen Wert auch nach Gl. (2.11):

$$p(A|B) = \frac{p(A \cap B)}{p(B)} = \frac{60/200}{80/200} = \frac{60}{80} = 0.75.$$

In der statistischen Entscheidungstheorie sind bedingte Wahrscheinlichkeiten von besonderer Bedeutung. Hierzu möge man sich vergegenwärtigen, dass eigentlich jede Wahrscheinlichkeitsaussage an Bedingungen geknüpft ist. Diese betreffen in jedem Falle die Untersuchungsbedingungen, unter denen ein Zufallsexperiment durchgeführt wird. Genau genommen müsste die Aussage „In diesem Zufallsexperiment hat das Ereignis A eine Wahrscheinlichkeit von $p(A)$" ersetzt werden durch die Aussage „In diesem Zufallsexperiment hat das Ereignis A eine Wahrscheinlichkeit von $p(A)$, vorausgesetzt, das Zufallsexperiment wird korrekt durchgeführt (Ereignis B)". Da man jedoch meistens davon ausgehen kann, dass diese Voraussetzung erfüllt ist (d.h. dass die Wahrscheinlichkeit eines korrekten Zufallsexperimentes eins ist bzw. dass $p(B) = 1$), erhält man statt der bedingten Wahrscheinlichkeit $p(A|B)$ die einfache Wahrscheinlichkeit $p(A)$. Dieser Gedankengang wird in Kap. 4 wichtig, wenn wir uns mit der Wahrscheinlichkeit empirischer Ergebnisse unter der Voraussetzung, eine bestimmte Hypothese sei wahr, auseinandersetzen.

Multiplikationstheorem. Aus Gl. (2.11) und (2.12) folgt für zwei Ereignisse A und B:

$$p(A \cap B) = p(A) \cdot p(B|A) \quad (2.13)$$

bzw.

$$p(A \cap B) = p(B) \cdot p(A|B).$$

Die Rechenregel (2.13) bezeichnet man als das Multiplikationstheorem für Wahrscheinlichkeiten.

Tabelle 2.1. Zahlenbeispiel für bedingte Wahrscheinlichkeiten

	Therapie	Keine Therapie	
Gesund	60	40	100
Nicht gesund	20	80	100
	80	120	n = 200

Haben 2 Ereignisse A und B in einem Zufallsexperiment die Wahrscheinlichkeiten p(A) und p(B), ergibt sich für die Wahrscheinlichkeit, dass beide Ereignisse gemeinsam eintreten, das Produkt der Wahrscheinlichkeiten $p(A) \cdot p(B|A)$ bzw. $p(B) \cdot p(A|B)$.

BEISPIEL

Bleiben wir bei Skatkarten: Wie groß ist die Wahrscheinlichkeit, dass die gezogene Karte sowohl eine rote Karte (A) als auch ein As (B) ist? In diesem Falle sind $p(A) = \frac{1}{2}$ und die Wahrscheinlichkeit für ein As unter der Bedingung rot $p(B|A) = \frac{2}{16}$, d.h., wir ermitteln $p(A \cap B) = \frac{1}{2} \cdot \frac{2}{16} = \frac{1}{16}$.

Nach Gl. (2.13) errechnet man die Wahrscheinlichkeit $p(A \cap B)$ für den Durchschnitt der Ereignisse A und B aus $p(A)$ und $p(B|A)$, also der bedingten Wahrscheinlichkeit für B unter der Voraussetzung, dass A eingetreten ist. Die Wahrscheinlichkeit, dass B eintritt, hängt also von der Wahrscheinlichkeit für A ab.

Häufig fragen wir jedoch nach der Wahrscheinlichkeit gemeinsamer Ereignisse A und B, die nicht voneinander abhängen (z.B. die Wahrscheinlichkeit, mit einem Würfel eine 6 und mit einer Münze „Zahl" zu werfen). In diesen Fällen ist die Wahrscheinlichkeit des Ereignisses A völlig unabhängig davon, ob B eingetreten ist oder nicht (bzw. umgekehrt: Die Wahrscheinlichkeit von B ist unabhängig von A), d.h., die bedingte Wahrscheinlichkeit $p(A|B)$ ist gleich der Wahrscheinlichkeit $p(A)$. (Die Wahrscheinlichkeit, eine 6 zu würfeln, ist unabhängig vom Ausgang des Münzwurfes.) Entsprechend reduziert sich Gl. (2.13) zu

$$p(A \cap B) = p(A) \cdot p(B). \qquad (2.14)$$

BEISPIEL

Wie groß ist die Wahrscheinlichkeit, aus einem Skatspiel nacheinander 2 Asse (A und B) zu ziehen, wenn die 1. gezogene Karte wieder zurückgelegt wird? Da durch das Zurücklegen der 1. Karte die Wahrscheinlichkeit, mit der 2. Karte ein As zu ziehen, von der Art der 1. Karte unabhängig ist, ergibt sich wegen $p(A) = p(B) = \frac{1}{8}$ nach Gl. (2.14) $p(A \cap B) = \frac{1}{8} \cdot \frac{1}{8} = \frac{1}{64}$.

Man beachte, dass sich diese Wahrscheinlichkeit ändert, wenn die 1. Karte nicht zurückgelegt wird. Nachdem mit $p(A) = \frac{1}{8}$ das 1. As gezogen wurde, lautet die Wahrscheinlichkeit für das 2. As $p(B|A) = \frac{3}{31}$ (unter den 31 verbleibenden Karten befinden sich noch 3 Asse), d.h., wir errechnen nach Gl. (2.13) $p(A \cap B) = \frac{1}{8} \cdot \frac{3}{31} = \frac{3}{248}$. War die erste Karte hingegen kein As $\left(p(\overline{A}) = \frac{28}{32} = \frac{7}{8}\right)$, bestimmen wir $p(B|\overline{A}) = \frac{4}{31}$ bzw. $p(\overline{A} \cap B) = \frac{28}{32} \cdot \frac{4}{31} = \frac{7}{62}$. Die Wahrscheinlichkeit für B ist von der Art des vorangegangenen Ereignisses abhängig.

Gleichung (2.14) definiert die Unabhängigkeit zweier Ereignisse.

Zwei Ereignisse A und B sind voneinander unabhängig, wenn die Wahrscheinlichkeit für das gemeinsame Auftreten der Ereignisse A und B dem Produkt ihrer Einzelwahrscheinlichkeiten entspricht.

Entsprechendes gilt für mehrere voneinander unabhängige Ereignisse.

Wir wollen nun überprüfen, ob – bezogen auf Tabelle 2.1 – die Ereignisse „Therapie" und „gesund" voneinander unabhängig sind. Dieses Ergebnis spräche natürlich gegen die Therapie, denn von einer erfolgreichen Therapie sollte man erwarten, dass das Ereignis „gesund" davon abhängt, ob man therapiert wurde oder nicht.

Unter der Annahme der Unabhängigkeit errechnet man für „Therapie" und „gesund" nach Gl. (2.14) eine Wahrscheinlichkeit von

$$p(A \cap B) = \frac{100}{200} \cdot \frac{80}{200} = 0{,}2.$$

Unter der Unabhängigkeitsannahme würde man also mit einer Wahrscheinlichkeit von $p(A \cap B) = 0{,}2$ Patienten antreffen, die therapiert wurden und gesund sind. Bezogen auf die 200 untersuchten Patienten wären dies $0{,}2 \cdot 200 = 40$ Patienten. Beobachtet werden jedoch 60 gesunde Patienten mit Therapie, also 20 mehr, als bei Unabhängigkeit zu erwarten wären.

Ob diese Abweichung von der Unabhängigkeit durch Zufall zu erklären ist oder ob sich hinter diesen Zahlen ein systematischer Zusammenhang verbirgt (das Ereignis „gesund" hängt davon ab, ob eine Therapie durchgeführt wurde oder nicht), wird mit einem unter 5.3.3 zu besprechenden Verfahren (4-Felder-χ^2) überprüft.

2.1.2 Relative Häufigkeiten und Wahrscheinlichkeiten

Man achte darauf, dass die Aussagen „2 Ereignisse schließen einander wechselseitig aus" (vgl. S. 52) und „2 Ereignisse sind voneinander unabhängig" nicht verwechselt werden. 2 Ereignisse A und B, die einander ausschließen, haben keine gemeinsamen Elemente, sodass $A \cap B = \emptyset$ und damit auch $p(A \cap B) = 0$. Wären diese Ereignisse voneinander unabhängig, müsste auch $p(A \cap B) = p(A) \cdot p(B)$ gelten, d.h., $p(A)$ oder $p(B)$ (oder beide) sind Null. Damit wären A oder B (bzw. beide) unmögliche Ereignisse.

Satz von der totalen Wahrscheinlichkeit. Bezogen auf das in Abb. 2.1 wiedergegebene Beispiel können die n_B Schüler, die eine Realschule besuchen, in n_{BD} Realschüler mit höherer Intelligenz, n_{BE} Realschüler mit niedriger Intelligenz und $n_{B\overline{DE}}$ Realschüler mit mittlerer Intelligenz ($\overline{DE}$) aufgeteilt werden. Es gilt also

$$n_B = n_{BD} + n_{BE} + n_{B\overline{DE}}.$$

Da die Ereignisse D, E und $\overline{DE}$ einander ausschließen, können wir auch schreiben

$$B = B \cap D + B \cap E + B \cap \overline{DE}.$$

Allgemein: Wenn ein Ereignis B immer gleichzeitig mit einem von k einander ausschließenden Ereignissen A_i ($i = 1, \ldots, k$) eintritt, gilt für B:

$$B = \sum_{i=1}^{k} B \cap A_i. \qquad (2.15)$$

Da sich die Ereignisse $(B \cap A_1)$, $(B \cap A_2)$, …, $(B \cap A_k)$ ebenfalls ausschließen, erhält man nach dem Additionstheorem gemäß Gl. (2.10)

$$p(B) = \sum_{i=1}^{k} p(B \cap A_i). \qquad (2.16)$$

Ersetzen wir $p(B \cap A_i)$ nach Gl. (2.13), resultiert

$$p(B) = \sum_{i=1}^{k} p(A_i) \cdot p(B|A_i). \qquad (2.17)$$

Gleichung (2.17) bezeichnet man als den „Satz von der totalen Wahrscheinlichkeit".

Für das Schülerbeispiel erhält man nach Gl. (2.17)

$$\begin{aligned}
p(B) &= p(D) \cdot p(B|D) + p(E) \cdot p(B|E) \\
&\quad + p(\overline{DE}) \cdot p(B|\overline{DE}) \\
&= (n_D/n) \cdot (n_{BD}/n_D) + (n_E/n) \cdot (n_{BE}/n_E) \\
&\quad + (n_{\overline{DE}}/n) \cdot (n_{B\overline{DE}}/n_{\overline{DE}}) \\
&= n_{BD}/n + n_{BE}/n + n_{B\overline{DE}}/n \\
&= n_B/n.
\end{aligned}$$

Theorem von Bayes

Das Theorem von Bayes verknüpft die bedingten Wahrscheinlichkeiten $p(A|B)$ und $p(B|A)$ unter Verwendung des Satzes von der totalen Wahrscheinlichkeit. Im Schülerbeispiel geht es also z. B. um die Frage, wie man die bedingte Wahrscheinlichkeit $p(B|D)$ berechnen kann (Realschulbesuch unter der Bedingung höherer Intelligenz), wenn die bedingte Wahrscheinlichkeit $p(D|B)$ bekannt ist (höhere Intelligenz unter der Bedingung Realschule). Man beachte, dass es sich hierbei um zwei verschiedene Wahrscheinlichkeiten handelt!

Gleichung (2.13) entnehmen wir

$$p(A_i \cap B) = p(B) \cdot p(A_i|B) = p(A_i) \cdot p(B|A_i).$$

Hieraus folgt

$$p(A_i|B) = \frac{p(A_i) \cdot p(B|A_i)}{p(B)}$$

bzw. nach Gl. (2.17)

$$p(A_i|B) = \frac{p(A_i) \cdot p(B|A_i)}{\sum_{i=1}^{k} p(A_i) \cdot p(B|A_i)}. \qquad (2.18)$$

Gleichung (2.18) bezeichnet man als das Theorem von Bayes. Es modifiziert die Wahrscheinlichkeiten $p(A_i)$ (die sog. „Prior-Wahrscheinlichkeiten") in Wahrscheinlichkeiten $p(A_i|B)$ (die sog. „Posterior-Wahrscheinlichkeiten") unter Verwendung der bedingten Wahrscheinlichkeiten $p(B|A_i)$.

Mit der Symbolik in Abb. 2.1 fragen wir z. B. nach der Wahrscheinlichkeit $p(B|D) = n_{BD}/n_D$. Diesen Wert errechnet man auch über Gl. (2.18):

$$\begin{aligned}
&p(B|D) \\
&= \frac{p(B) \cdot p(D|B)}{p(A) \cdot p(D|A) + p(B) \cdot p(D|B) + p(C) \cdot p(D|C)} \\
&= \frac{\frac{n_B}{n} \cdot \frac{n_{BD}}{n_B}}{\frac{n_A}{n} \cdot \frac{n_{AD}}{n_A} + \frac{n_B}{n} \cdot \frac{n_{BD}}{n_B} + \frac{n_C}{n} \cdot \frac{n_{CD}}{n_C}} \\
&= \frac{n_{BD}/n}{(n_{AD} + n_{BD} + n_{CD})/n} \\
&= \frac{n_{BD}}{n_D}.
\end{aligned}$$

In diesem Beispiel erübrigt sich eine Anwendung des bayesschen Theorems, da die Wahrscheinlichkeit p(B|D) auch direkt als relative Häufigkeit geschätzt werden kann. Die Bedeutung des Theorems von Bayes wird deshalb erst ersichtlich, wenn die Ergebnismenge – anders als in Abb. 2.1 – nicht vollständig bekannt ist, sodass die Wahrscheinlichkeit p(B|D) nicht direkt, sondern – wie im folgenden Beispiel – nur über Gl. (2.18) ermittelt werden kann.

BEISPIEL

Ein älterer Herr lässt einen Labortest auf Prostatakarzinom durchführen. Der Test zeigt das für Prostatakarzinome typische Symptom (S) und signalisiert damit, dass die Krankheit (K) vorliegen könnte. Der Patient möchte nun wissen, mit welcher Wahrscheinlichkeit er an Prostatakrebs erkrankt ist. Er fragt damit nach dem „positiven Vorhersagewert" des Labortests bzw. nach der bedingten Wahrscheinlichkeit p(K|S).

Es sei bekannt, dass Prostatakrebs in der fraglichen Altersgruppe mit einer Wahrscheinlichkeit von 1‰ vorkommt, d.h., die Krankheit hat eine „Prävalenzrate" von p(K) = 0,001. Den Veröffentlichungen zum Labortest ist ferner zu entnehmen, dass der Test mit einer Wahrscheinlichkeit von 98% positiv ausfällt, wenn die Krankheit vorliegt; dies bedeutet, dass der Test eine „Sensitivität" von p(S|K) = 0,98 hat. Die „Spezifität" (das ist die Wahrscheinlichkeit, dass der Test negativ ausfällt, wenn die Krankheit nicht vorliegt) wird mit p($\bar{S}$|$\bar{K}$) = 0,995 angegeben.

Diese Angaben reichen aus, um die Wahrscheinlichkeit p(K|S) über das bayessche Theorem zu berechnen. Hierfür übertragen wir zunächst Gl. (2.18; bayessches Theorem) in die Symbolik des Beispiels:

$$p(K|S) = \frac{p(K) \cdot p(S|K)}{p(S|K) \cdot p(K) + p(S|\bar{K}) \cdot p(\bar{K})}.$$

Im Beispiel ist k = 2, denn das Symptom kann nur unter der Bedingung „Krankheit" – p(S|K) – oder der Bedingung „keine Krankheit" – p(S|$\bar{K}$) – auftreten. Im letztgenannten Fall spricht man vom „falsch-positiven Wert", denn das Symptom ist vorhanden, ohne dass die Krankheit vorliegt. Der falsch-positive Wert ergibt sich als Gegenwahrscheinlichkeit zur „Spezifität"; p(S|$\bar{K}$) = 1 − p($\bar{S}$|$\bar{K}$) = 1−0,995 = 0,005. Nun benötigen wir noch die Wahrscheinlichkeit dafür, dass die Krankheit nicht auftritt, die als Gegenwahrscheinlichkeit zur Prävalenz berechnet wird: P($\bar{K}$) = 1−p(K) = 1−0,001 = 0,999. Damit sind alle Werte bekannt, um die Wahrscheinlichkeit p(K|S) bestimmen zu können. Sie ergibt sich zu:

$$p(K|S) = \frac{0,001 \cdot 0,98}{0,98 \cdot 0,001 + 0,005 \cdot 0,999} = 0,164.$$

Die Wahrscheinlichkeit, dass der Patient Prostatakrebs hat, beträgt also nach dem positiven Labortest 16,4% (Posterior-Wahrscheinlichkeit). Ohne positiven Labortestbefund entspräche die Wahrscheinlichkeit für das Vorliegen der Krankheit der Prävalenz, also 0,1% (Prior-Wahrscheinlichkeit).

Statistische Entscheidungen. Das Theorem von Bayes hat auch in der statistischen Entscheidungstheorie eine besondere Bedeutung. Statistische Entscheidungen werden immer aufgrund bedingter Wahrscheinlichkeiten getroffen, wobei wir uns hier nur mit Wahrscheinlichkeiten für das Auftreten von empirischen Daten (D) unter der Bedingung, dass eine bestimmte Hypothese (H) richtig ist (p(D|H)), befassen werden (vgl. Kap. 4).

Umgekehrt kann uns jedoch auch die Wahrscheinlichkeit einer Hypothese angesichts bestimmter Daten (p(H|D)) interessieren, d.h. die Wahrscheinlichkeit

$$p(H_i|D) = \frac{p(H_i) \cdot p(D|H_i)}{\sum_{i=1}^{k} p(H_i) \cdot p(D|H_i)}. \quad (2.19)$$

Man sucht also die Wahrscheinlichkeiten für verschiedene Hypothesen H_i (i = 1, ..., k) unter der Voraussetzung eines empirisch ermittelten Untersuchungsergebnisses (D). Hierfür müssen die Wahrscheinlichkeiten des Untersuchungsergebnisses bei Gültigkeit der verschiedenen Hypothesen (p(D|H_i)) sowie die Wahrscheinlichkeiten der Hypothesen p(H_i) bekannt sein. Während man für p(D|H_i) Schätzwerte berechnen kann (vgl. hierzu unter 4.4), ist man bezüglich der Wahrscheinlichkeit der Hypothesen auf Mutmaßungen angewiesen, was häufig als Schwachstelle des bayesschen Theorems im Kontext der statistischen Entscheidungstheorie angesehen wird.

Hinweis. Einführungen in die bayessche Statistik sind den Arbeiten von Aitchison (1970), Berger (1980), Bortz u. Döring (2002, Kap. 7.2.5), Dyckman, Schmidt u. McAdams (1969), Edwards, Lindman u. Savage (1963), Hofstätter u. Wendt (1974, Kap. 19), Koch (2000), Molenaar u. Lewis (1996), Philips (1973), Schmitt (1969) und Winkler (1972) zu entnehmen. Grundlegendere Darstellungen findet der interessierte Leser bei Bühlmann et al. (1967), Chernoff u. Moses (1959), de Groot (1970), Gelman et al. (1995), La Valle (1970) und Pratt et al. (1965).

2.2 Variationen, Permutationen, Kombinationen

Insbesondere durch Glücksspiele wurde eine Reihe von Rechenregeln angeregt, mit denen die Wahrscheinlichkeit bestimmter Ereigniskombinationen von gleichwahrscheinlichen Elementarereignissen ermittelt wird. Diese Rechenregeln beinhalten im Allgemeinen Anweisungen, wie man ohne mühsame Zählarbeit die Anzahl der möglichen und die Anzahl der günstigen Ereignisse berechnen kann, um so nach Gl. (2.3) die gesuchten Wahrscheinlichkeiten zu bestimmen. Einige dieser Rechenregeln, deren mathematische Grundlagen ausführlich z. B. Mangold u. Knopp (1964) behandeln, sollen im Folgenden dargestellt werden.

1. Variationsregel

Gesucht wird die Wahrscheinlichkeit, dass bei 5 Münzwürfen 5-mal nacheinander „Zahl" fällt. Da es sich um ein günstiges Ereignis unter $2^5 = 32$ möglichen Ereignissen handelt, beträgt die Wahrscheinlichkeit $p = 1/32 = 0,031$. Die allgemeine Regel für die Ermittlung der möglichen Ereignisse lautet:

> Wenn jedes von k sich gegenseitig ausschließenden Ereignissen bei jedem Versuch auftreten kann, ergeben sich bei n Versuchen k^n verschiedene Ereignisabfolgen.

BEISPIEL

In einem Fragebogen zur Erfassung der vegetativen Labilität, der als Antwortmöglichkeiten die 3 Kategorien „ja", „nein" und „?" vorsieht, soll nicht nur die Anzahl der bejahten Fragen ausgewertet, sondern zusätzlich die Sequenz, in der bei aufeinanderfolgenden Aufgaben die 3 Kategorien gewählt werden („configural scoring", vgl. Meehl, 1950). Es möge sich herausgestellt haben, dass Patienten mit Schlafstörungen üblicherweise die ersten 10 Fragen folgendermaßen beantworten:

ja, ja, ?, ja, nein, nein, ?, ja, ?, nein .

Wie groß ist die Wahrscheinlichkeit, dass diese Antwortabfolge zufällig auftritt?

Günstige Fälle $= 1$
mögliche Fälle $= 3^{10}$
$= 59049$,
$p = \dfrac{1}{59049}$
$= 0,0000169$
$= 1,69 \cdot 10^{-5}$.

2. Variationsregel

Gesucht wird die Wahrscheinlichkeit, mit einer Münze „Zahl" und mit einem Würfel die Zahl 6 zu werfen. Dieses eine günstige Ereignis kann unter $2 \cdot 6 = 12$ Ereignissen auftreten, sodass die Wahrscheinlichkeit $p = 1/12 = 0,08$ beträgt. Allgemein formuliert:

> Werden n voneinander unabhängige Zufallsexperimente durchgeführt und besteht die Ergebnismenge des 1. Zufallsexperimentes aus k_1, die Ergebnismenge des 2. Zufallsexperimentes aus k_2, ... und die Ergebnismenge des n-ten Zufallsexperimentes aus k_n verschiedenen Elementarereignissen, sind $k_1 \cdot k_2 \cdot \ldots \cdot k_n$ verschiedene Ereignisabfolgen möglich.

BEISPIEL

In einem Experiment zum Orientierungslernen müssen Ratten den richtigen Weg durch ein Labyrinth finden (vgl. Abb. 2.2).

Das Labyrinth ist so konstruiert, dass sich die Ratte zunächst zwischen zwei Wegalternativen, dann wieder zwischen zwei Wegalternativen und zuletzt zwischen drei

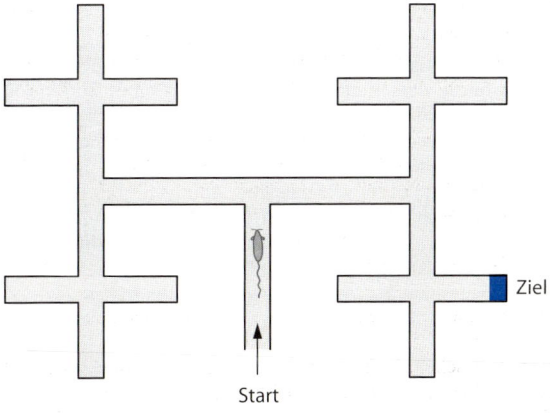

Abb. 2.2. Labyrinth zum Orientierungslernen

Wegalternativen entscheiden muss. Wie groß ist die Wahrscheinlichkeit, dass eine Ratte zufällig auf direktem Wege (d.h. ohne umzukehren) das Ziel erreicht?

Richtiger Weg $= 1$

mögliche Wege $= 2 \cdot 2 \cdot 3 = 12$

$p = \dfrac{1}{12} = 0{,}083$.

Permutationsregel

In einer Urne befinden sich 6 Kugeln mit unterschiedlichem Gewicht. Wie groß ist die Wahrscheinlichkeit, dass die 6 Kugeln der Urne nacheinander in der Reihenfolge ihres Gewichtes (von der leichtesten bis zur schwersten Kugel) entnommen werden?

Für die erste Kugelentnahme ergeben sich 6 Möglichkeiten, für die zweite 5, für die dritte 4 usw. bis hin zur letzten Kugel. Insgesamt sind somit $6 \cdot 5 \cdot 4 \cdot 3 \cdot 2 \cdot 1 = 720$ Abfolgen denkbar. Da nur eine Abfolge richtig ist, lautet die Wahrscheinlichkeit $p = 1/720 = 0{,}0014$. Allgemein formuliert:

> n verschiedene Objekte können in
>
> $n! = 1 \cdot 2 \cdot 3 \cdot \ldots \cdot (n-1) \cdot n$
>
> verschiedenen Abfolgen angeordnet werden (n! lies: n Fakultät).

BEISPIEL

In einem psychophysischen Experiment soll die subjektive Lautheit von 5 verschiedenen Tönen von Versuchspersonen auf einer Ratingskala eingestuft werden. Da man davon ausgehen muss, dass die subjektive Lautheit eines Tones von der Lautheit des (der) zuvor gehörten Tones (Töne) abhängt, werden den Versuchspersonen alle möglichen Abfolgen dargeboten. Wie viele Urteile muss eine Vp abgeben?

Es sind $5! = 120$ verschiedene Abfolgen mit jeweils 5 Tönen möglich, d.h. es müssen $5 \cdot 120 = 600$ Urteile abgegeben werden. Die Wahrscheinlichkeit für eine Abfolge beträgt $p = 1/120 = 0{,}0083$.

1. Kombinationsregel

Wie groß ist die Wahrscheinlichkeit, dass aus einem Skatspiel zufällig nacheinander die Karten Kreuz As, Pik As, Herz As und Karo As gezogen werden? Für die erste Karte ergeben sich 32 Möglichkeiten, für die zweite Karte 31, für die dritte Karte 30 und für die vierte Karte 29 Möglichkeiten. Insgesamt stehen somit $32 \cdot 31 \cdot 30 \cdot 29 = 863\,040$ mögliche Folgen zur Verfügung, sodass die Wahrscheinlichkeit $1/863\,040 = 1{,}16 \cdot 10^{-6}$ beträgt. Dieses Ereignis kommt somit ungefähr unter 1 Million Fällen nur einmal vor. Allgemein formuliert:

> Wählt man aus n verschiedenen Objekten r zufällig aus, ergeben sich $n!/(n-r)!$ verschiedene Reihenfolgen der r Objekte.

Wenden wir diese allgemeine Beziehung auf unser Beispiel an, erhalten wir erneut $32!/(32-4)! = 32 \cdot 31 \cdot 30 \cdot 29 = 863\,040$ Abfolgen.

BEISPIEL

Bei einer Olympiade haben sich 7 annähernd gleich starke Läufer für den Endlauf qualifiziert. Wie groß ist die Wahrscheinlichkeit, dass Läufer A die Goldmedaille, Läufer B die Silbermedaille und Läufer C die Bronzemedaille erhält, wenn das Ergebnis von der (zufälligen) Tagesform bestimmt wird?

Günstige Fälle $= 1$,

mögliche Fälle $= \dfrac{7!}{(7-3)!} = 210$,

$p = \dfrac{1}{210} = 0{,}005$.

2. Kombinationsregel

Wie groß ist die Wahrscheinlichkeit, beim Lotto „6 aus 49" 6 Richtige zu haben? Im Unterschied zur letzten Rechenregel ist hier die Reihenfolge, in der die 6 Zahlen gezogen werden, beliebig. Die Rechenregel lautet:

> Wählt man aus n verschiedenen Objekten r zufällig aus und lässt hierbei die Reihenfolge außer Acht, ergeben sich für die r Objekte $\binom{n}{r}$ verschiedene Kombinationen.

2.2 Variationen, Permutationen, Kombinationen

Der Ausdruck $\binom{n}{r}$ stellt keinen Quotienten dar, sondern wird als „n über r" gelesen. $\binom{n}{r}$ entspricht der Anzahl der Möglichkeiten, aus n Objekten Gruppen der Größe r zu bilden. Sie wird wie folgt berechnet:

$$\binom{n}{r} = \frac{n!}{r! \cdot (n-r)!} \,. \tag{2.20}$$

Da $0! = 1$, ist $\binom{n}{0} = 1$.

Im Lottospiel ermitteln wir als Anzahl der möglichen Fälle

$$\binom{49}{6} = \frac{49 \cdot 48 \cdot 47 \cdot \ldots \cdot 3 \cdot 2 \cdot 1}{(6 \cdot 5 \cdot 4 \cdot 3 \cdot 2 \cdot 1) \cdot (43 \cdot 42 \cdot \ldots \cdot 2 \cdot 1)}$$
$$= \frac{49 \cdot 48 \cdot 47 \cdot 46 \cdot 45 \cdot 44}{6 \cdot 5 \cdot 4 \cdot 3 \cdot 2 \cdot 1} = 13983816 \,.$$

Die Wahrscheinlichkeit für 6 Richtige lautet somit $1/13983816 = 7{,}15 \cdot 10^{-8}$. (Es sei darauf hingewiesen, dass die Wahrscheinlichkeit für 5 Richtige im Lotto nicht nach Gl. 2.20 berechnet werden kann. Wir werden dieses Problem unter 2.4.2 aufgreifen.)

BEISPIEL

In einer Untersuchung zur Begriffsbildung erhalten Kinder u. a. die Aufgabe, aus den Worten

Apfel – Baum – Birne – Sonne – Pflaume

diejenigen 3 herauszufinden, die zusammengehören. Wie groß ist die Wahrscheinlichkeit, dass die richtige Lösung (Apfel – Birne – Pflaume = Obst) zufällig gefunden wird?

$n = 5, \quad r = 3$.

Anzahl der günstigen Fälle = 1
Anzahl der möglichen Fälle = $\binom{5}{3} = \frac{5!}{3! \cdot 2!}$
$= \frac{5 \cdot 4 \cdot 3 \cdot 2 \cdot 1}{3 \cdot 2 \cdot 1 \cdot 2 \cdot 1} = 10$
$p = 1/10 = 0{,}1$.

In einigen Fällen kann der Rechenaufwand erleichtert werden, wenn von folgender Beziehung Gebrauch gemacht wird:

$$\binom{n}{r} = \binom{n}{n-r},$$

d. h. z. B. $\binom{10}{8} = \binom{10}{2} = 45$.

Der häufigste Anwendungsfall der zweiten Kombinationsregel ist das *Paarbildungsgesetz*, nach dem ermittelt werden kann, zu wie vielen Paaren n Objekte kombiniert werden können. Da in diesem Falle r = 2, reduziert sich Gl. (2.20) zu

$$\binom{n}{2} = \frac{n!}{2! \cdot (n-2)!} = \frac{n \cdot (n-1)}{2} \,.$$

Danach lässt sich beispielsweise das Problem, mit welcher Wahrscheinlichkeit bei einem Skatspiel im Skat zwei Buben liegen, in folgender Weise lösen:

Günstige Fälle $= \binom{4}{2} = \frac{4 \cdot 3}{2 \cdot 1} = 6$,

mögliche Fälle $= \binom{32}{2} = \frac{32 \cdot 31}{2 \cdot 1} = 496$,

$p = \frac{6}{496} = 0{,}012$.

3. Kombinationsregel

In einer Urne befinden sich gut gemischt 4 rote, 3 blaue und 3 grüne Kugeln. Wir entnehmen der Urne zunächst 4 Kugeln, dann 3 Kugeln und zuletzt die verbleibenden 3 Kugeln. Wie groß ist die Wahrscheinlichkeit, dass die 4 roten Kugeln zusammen, danach die 3 blauen Kugeln und zuletzt die 3 grünen Kugeln der Urne entnommen werden? Dieses Problem wird nach der folgenden allgemeinen Regel gelöst:

> Sollen n Objekte in k Gruppen der Größen $n_1, n_2, \ldots, n_k$ eingeteilt werden (wobei $n_1 + n_2 + \cdots + n_k = n$), ergeben sich $n!/(n_1! \cdot \ldots \cdot n_k!)$ Möglichkeiten.

Die Anzahl der möglichen Fälle ist somit in unserem Beispiel:

$$\frac{10!}{4! \cdot 3! \cdot 3!} = 4200 \,.$$

Da nur ein günstiger Fall angesprochen ist, ergibt sich mit $p = 1/4200 = 2{,}38 \cdot 10^{-4}$ eine ziemlich geringe Wahrscheinlichkeit für diese Aufteilung.

BEISPIEL

In einem Ferienhaus stehen für 9 Personen ein 4-Bett-Zimmer, ein 3-Bett-Zimmer und ein 2-Bett-Zimmer zur Verfügung. Die Raumzuweisung soll nach Zufall erfolgen. Wieviel verschiedene Raumzuweisungen sind möglich?

Mögliche Fälle $= \dfrac{9!}{4! \cdot 3! \cdot 2!}$
$= 1260$.

Die Wahrscheinlichkeit für eine bestimmte Raumzuweisung beträgt somit $1/1260 = 0{,}0008$.

▷ 2.3 Wahrscheinlichkeitsfunktionen und Verteilungsfunktionen

Zufallsvariablen

Nach den Ausführungen auf S. 50 verstehen wir unter einem Zufallsexperiment einen Vorgang, dessen Ergebnis ausschließlich vom Zufall abhängt. Eine Zufallsvariable ist nun eine Funktion, die den Ergebnissen eines Zufallsexperimentes (d. h. Elementarereignissen oder Ereignissen) reelle Zahlen zuordnet. Beim Würfeln beispielsweise ordnen wir dem Ergebnis eines jeden Wurfes eine der Zahlen 1 bis 6 zu. Interessieren wir uns für das Studienfach von Studierenden, könnte diese Funktion den Ausgängen des Zufallsexperimentes „Befragung" (Soziologie, Mathematik, Psychologie etc.) die Zahlen 1, 2, 3 etc. zuordnen. Bei Reaktionszeitmessungen werden den Ergebnissen Zahlen zugeordnet, die den Reaktionszeiten entsprechen usf. In Abhängigkeit davon, welche Eigenschaften der Ausgänge eines Zufallsexperimentes erfasst werden sollen, unterscheiden wir Zufallsvariablen mit Nominal-, Ordinal-, Intervall- oder Verhältniskalencharakter (vgl. Kap. 1.1).

Zufallsvariablen können ferner diskret oder stetig sein. Werden die Ergebnisse eines Zufallsexperimentes kategorisiert oder gezählt, liegt eine *diskrete* Zufallsvariable vor. Eine Zufallsvariable heißt *stetig*, wenn die Werte in einem gegebenen Intervall beliebig genau sein können (vgl. S. 23). Zufallsvariablen werden üblicherweise durch Großbuchstaben (X, Y ...) gekennzeichnet und die Werte, die sie annehmen können (die Realisierungen der Zufallsvariablen) durch Kleinbuchstaben (x, y ...).

Die Inferenzstatistik behandelt Stichprobenergebnisse (zum Begriff der Stichprobe vgl. S. 86 ff.) in statistischen Untersuchungen wie Ausgänge eines Zufallsexperimentes. Ermitteln wir beispielsweise für eine Stichprobe von 100 Schülern die durchschnittliche Intelligenz $\bar{x}$, stellt $\bar{x}$ eine Realisierung der Zufallsvariablen $\bar{X}$ dar. Diese Sichtweise wird einleuchtend, wenn man sich vergegenwärtigt, dass die Größe des $\bar{x}$-Wertes von Zufälligkeiten in der Stichprobe abhängt und dass eine andere Auswahl von 100 Schülern vermutlich zu einem anderen $\bar{x}$-Wert führen würde.

> Die Größe eines $\bar{x}$-Wertes hängt von der zufälligen Zusammensetzung der Stichprobe ab und stellt damit eine Realisierung der Zufallsvariablen $\bar{X}$ dar.

Für die weiteren Überlegungen benötigen wir Angaben darüber, mit welcher Wahrscheinlichkeit die Realisierungen einer Zufallsvariablen auftreten. Hierüber informiert die Wahrscheinlichkeitsverteilung (oder kurz: Verteilung) einer Zufallsvariablen, wobei zwischen der Wahrscheinlichkeitsfunktion einer Zufallsvariablen und ihrer Verteilungsfunktion zu unterscheiden ist.

Diskrete Wahrscheinlichkeitsfunktionen

Bei diskreten Zufallsvariablen ist die Wahrscheinlichkeitsverteilung durch die sog. Wahrscheinlichkeitsfunktion definiert. Sie gibt an, mit welcher Wahrscheinlichkeit bei einem Zufallsexperiment eine bestimmte Realisierung der Zufallsvariablen eintritt, bzw. vereinfacht, wie wahrscheinlich die Ereignisse eines Zufallsexperimentes sind. Beim Zufallsexperiment „Würfeln" lautet die Wahrscheinlichkeit dafür, dass die Zufallsvariable X den Wert 3 annimmt, $p(X = 3) = \tfrac{1}{6}$. Nimmt eine Zufallsvariable X allgemein die Werte x_i an (mit $i = 1, \ldots, N$ und $N =$ Anzahl der Ereignisse einer Ergebnismenge), schreiben wir

$$f(X) = \begin{cases} p_i & \text{für } X = x_i \\ 0 & \text{für alle übrigen } x. \end{cases} \quad (2.21)$$

Mit dieser Gleichung ist die Wahrscheinlichkeitsfunktion $f(X)$ einer Zufallsvariablen X definiert. Da die Zufallsvariable X in jedem Zufallsexperiment stets irgendeinen Wert annimmt, ist die Summe aller $f(X)$ gleich 1:

$$\sum_{i=1}^{N} f(x_i) = 1. \quad (2.22)$$

2.3 Wahrscheinlichkeitsfunktionen und Verteilungsfunktionen

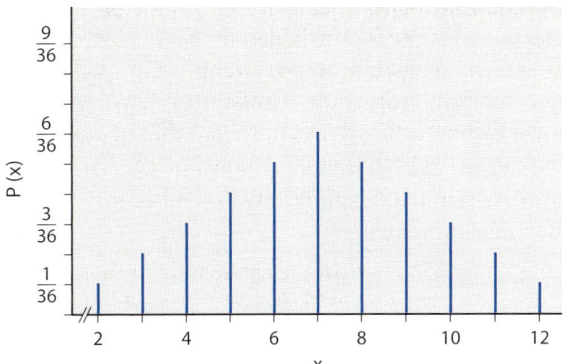

Abb. 2.3. Wahrscheinlichkeitsfunktion

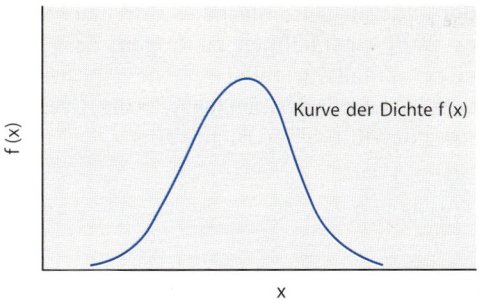

Abb. 2.4. Dichtefunktion einer stetigen Zufallsvariablen

Abbildung 2.3 zeigt die Wahrscheinlichkeitsfunktion der Zufallsvariablen X für das Würfeln mit 2 Würfeln.

Diese Zufallsvariable kann die Werte 2 bis 12 annehmen, deren Wahrscheinlichkeiten sich nach dem Multiplikationstheorem für voneinander unabhängige Ereignisse und dem Additionstheorem für einander ausschließende Ereignisse ergeben. Für die Augensumme 8 beispielsweise errechnet sich diese Wahrscheinlichkeit wie folgt:

$$f(X = 2 \cap 6) = 1/6 \cdot 1/6 = 1/36$$
$$f(X = 3 \cap 5) = 1/6 \cdot 1/6 = 1/36$$
$$f(X = 4 \cap 4) = 1/6 \cdot 1/6 = 1/36$$
$$f(X = 5 \cap 3) = 1/6 \cdot 1/6 = 1/36$$
$$f(X = 6 \cap 2) = 1/6 \cdot 1/6 = 1/36.$$

Da sich diese 5 Ereignisse, die alle zur Augenzahl 8 führen, wechselseitig ausschließen, erhält man $f(X = 8) = 5/36$. Dafür schreiben wir in Kurzform $p(8) = 5/36$ oder – wenn das jeweilige Ereignis aus dem Kontext hervorgeht – auch nur $p = 5/36$.

Die Wahrscheinlichkeit dafür, dass eine Realisierung in einen durch a und b begrenzten Bereich fällt, ergibt sich bei diskreten Zufallsvariablen als Summe der Wahrscheinlichkeiten für alle Realisierungen in diesem Bereich:

$$p(a \leq X \leq b) = \sum_{i=a}^{b} f(x_i) \,. \tag{2.23}$$

Im Würfelbeispiel ergibt sich für eine Augenzahl von 6 bis 8 eine Wahrscheinlichkeit von $p = 5/36 + 6/36 + 5/36 = 16/36$.

Stetige Wahrscheinlichkeitsfunktionen

Wird in einem Zufallsexperiment eine kontinuierliche Größe erfasst (wie z. B. bei Zeit-, Längen- oder Gewichtsmessungen), besteht die Ergebnismenge aus unendlich vielen Elementarereignissen, denen eine Zufallsvariable X unendlich viele Werte zuweist. Derartige Zufallsvariablen heißen stetig. Bei stetigen Zufallsvariablen fragen wir nicht nach der Wahrscheinlichkeit einzelner Elementarereignisse (diese geht gegen Null), sondern nach der Wahrscheinlichkeit für das Auftreten von Ereignissen, die sich in einem bestimmten Intervall Δx (lies: delta x) der Zufallsvariablen befinden (z. B. nach der Wahrscheinlichkeit einer Körpergröße zwischen 170 und 180 cm).

Warum dies so ist, verdeutlicht der folgende Gedankengang. Nehmen wir einmal an, in Abb. 2.4 sei die Verteilung des stetigen Merkmals „Körpergröße" wiedergegeben. (Diese Variable kann wegen einer begrenzten Messgenauigkeit praktisch nur diskret erfassbar werden; es handelt sich deshalb um eine quasi-stetige Variable.)

Jedem Messwert x_i ist hier ein Ordinatenwert $f(x_i)$ zugeordnet, der größer oder gleich Null ist. Entsprächen diese $f(x_i)$-Werte den Wahrscheinlichkeiten der x_i-Werte, würde man für die Summe der „Wahrscheinlichkeiten" aller möglichen x_i-Werte mit $f(x_i) > 0$ einen Wert erhalten, der gegen unendlich strebt. Dies stünde im Widerspruch zu den auf S. 53 eingeführten Axiomen der Wahrscheinlichkeitsrechnung. Bei stetigen Zufallsvariablen bezeichnet man deshalb einen $f(x_i)$-Wert nicht als Wahrscheinlichkeit eines x_i-Wertes, sondern als (Wahrscheinlichkeits-) *Dichte* eines x_i-Wertes.

Auf der anderen Seite macht es durchaus Sinn, nach der Wahrscheinlichkeit zu fragen, dass sich ein Wert der Zufallsvariablen in einem bestimmten Intervall Δx befindet. Setzen wir die Gesamtfläche unter der Kurve der Dichte eins

$$\int\limits_{-\infty}^{+\infty} f(x)\,dx = 1, \qquad (2.24)$$

entspricht diese Wahrscheinlichkeit der Fläche über dem Intervall Δx. Hat das Intervall Δx die Grenzen a und b, ermitteln wir

$$p(a < X < b) = \int\limits_{a}^{b} f(x)\,dx. \qquad (2.25)$$

(Für $p(a < X < b)$ können wir bei stetigen Variablen auch $p(a \leq X \leq b)$ schreiben.)

Die Wahrscheinlichkeit, dass sich ein Wert x_i der Zufallsvariablen X im Intervall Δx mit den Grenzen a und b befindet, entspricht dem Integral der Dichtefunktion in den Grenzen a und b. Diesen Sachverhalt verdeutlicht Abb. 2.5.

Lassen wir die Intervallbreite Δx kleiner werden, verringert sich auch die Fläche über dem Intervall bzw. die Wahrscheinlichkeit des Intervalls. Für $\Delta x \to 0$ geht die Wahrscheinlichkeit des Intervalls gegen Null.

Ein Vergleich von stetigen und diskreten Zufallsvariablen zeigt uns, dass die Wahrscheinlichkeit eines Intervalls Δx bei stetigen Variablen durch das entsprechende Integral der Dichtefunktion (Flächenanteil) und bei diskreten Variablen durch die Summe der entsprechenden Einzelwahrscheinlichkeiten definiert ist.

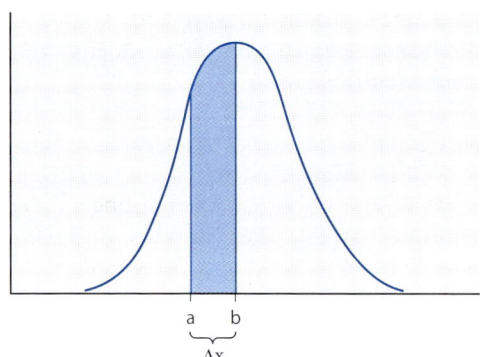

Abb. 2.5. Wahrscheinlichkeit eines Intervalls Δx bei stetigen Verteilungen

Verteilungsfunktion für diskrete Zufallsvariablen

Wird die Wahrscheinlichkeitsfunktion einer diskreten Zufallsvariablen kumuliert, spricht man von der Verteilungsfunktion der Zufallsvariablen. Zwischen der Verteilungsfunktion F(x) und der Wahrscheinlichkeitsfunktion besteht damit folgender Zusammenhang:

$$F(x) = \sum_{x_j \leq X} f(x_j).$$

Bezogen auf die in Abb. 2.3 wiedergegebene Wahrscheinlichkeitsfunktion (Würfeln mit 2 Würfeln) ermitteln wir beispielsweise für $X = 6$ den Funktionswert $F(x) = \frac{1}{36} + \frac{2}{36} + \frac{3}{36} + \frac{4}{36} + \frac{5}{36} = \frac{15}{36} = \frac{5}{12}$. Die Wahrscheinlichkeit, beim Würfeln mit zwei Würfeln höchstens eine Augenzahl von 6 zu erzielen, beträgt $p(X \leq 6) = \frac{5}{12}$.

Verteilungsfunktion für stetige Zufallsvariablen

Bei einer stetigen Zufallsvariablen entnimmt man der Verteilungsfunktion die Wahrscheinlichkeit, dass die Zufallsvariable X einen Wert annimmt, der höchstens so groß ist wie a, dem Integral der Dichtefunktion (bzw. der Fläche) von $-\infty$ bis a:

$$p(X < a) = \int\limits_{-\infty}^{a} f(x)\,dx. \qquad (2.26)$$

Der Verteilungsfunktion einer Zufallsvariablen ist damit auch einfach zu entnehmen, mit welcher Wahrscheinlichkeit ein bestimmter Wert einschließlich größerer Werte in einem Zufallsexperiment auftreten. Sie ergibt sich wegen Gl. (2.7) als Komplementärwahrscheinlichkeit zu der in Gl. (2.26) definierten Wahrscheinlichkeit:

$$p(X \geq a) = 1 - p(X < a). \qquad (2.27)$$

Diese Beziehung ist wichtig für die Benutzung der im Anhang wiedergegebenen Tabellen, auf die wir noch ausführlich eingehen werden.

Erwartungswert und Varianz von Zufallsvariablen

Der Mittelwert ($\bar{x}$) und die Varianz (s^2) wurden bereits unter 1.4 als statistische Kennwerte zur Beschreibung einer empirischen Verteilung eingeführt. Hier betrachten wir theoretische Verteilungen von Zufallsvariablen mit allen möglichen N Realisationen, die insgesamt die (in der Regel unendliche) Grundgesamtheit oder Population einer Zufallsvariablen ausmachen (vgl. hierzu auch 3.1).

Im Unterschied zu den statistischen Kennwerten $\bar{x}$ und s^2 einer empirischen Verteilung kennzeichnet man die theoretische Verteilung einer Zufallsvariablen durch die Parameter μ und σ^2, wobei man μ bei einer diskreten Zufallsvariablen wie folgt bestimmt:

$$\mu = \sum_{i=1}^{N} x_i \cdot p_i. \quad (2.28)$$

σ^2 ist bei diskreten Zufallsvariablen durch folgende Gleichung definiert:

$$\sigma^2 = \sum_{i=1}^{N} p_i \cdot (x_i - \mu)^2. \quad (2.29)$$

Die Analogie von μ und σ^2 zu den statistischen Kennziffern $\bar{x}$ und s^2 wird ersichtlich, wenn man für p_i die relativen Häufigkeiten n_i/n einsetzt.

Eine Anwendung von Gl. (2.28) bzw. Gl. (2.29) auf stetige Variablen macht wenig Sinn, da die Wahrscheinlichkeit eines bestimmten Wertes einer stetigen Zufallsvariablen Null ist. μ und σ^2 sind hier wie folgt definiert:

$$\mu = \int_{-\infty}^{\infty} x f(x) \, dx, \quad (2.30)$$

$$\sigma^2 = \int_{-\infty}^{\infty} (x - \mu)^2 f(x) \, dx. \quad (2.31)$$

Um $\bar{x}$ und μ begrifflich unterscheiden zu können, sprechen wir bei empirischen Verteilungen vom Mittelwert ($\bar{x}$) und bei theoretischen Verteilungen vom Erwartungswert (μ).

Ausführliche Hinweise zur Bedeutung von Erwartungswerten sowie weitere Eigenschaften von Zufallsvariablen findet man im Anhang B.

2.4 Diskrete Verteilungen

Im Folgenden sollen einige theoretische Wahrscheinlichkeitsverteilungen, die für die Statistik von besonderer Bedeutung sind, besprochen werden. Der Wert dieser Verteilungen für die Statistik ergibt sich aus der Tatsache, dass empirisch beobachtbare Verteilungen, vor allem aber Verteilungen von statistischen Kennwerten, die aus empirischen Verteilungen abgeleitet werden können (z. B. Mittelwertsverteilungen, Streuungsverteilungen usw.) häufig durch mathematisch exakt beschreibbare theoretische Verteilungen approximiert werden können. Ausgehend von den Verteilungsfunktionen dieser Wahrscheinlichkeitsverteilungen lassen sich Angaben darüber machen, mit welcher Wahrscheinlichkeit statistische Kennwerte auftreten, die mindestens so groß sind wie ein empirisch ermittelter Kennwert.

In diesem Abschnitt behandeln wir zunächst diskrete Verteilungen. Die für die angewandte Statistik wichtigsten diskreten Verteilungen sind die Binomialverteilung, die hypergeometrische Verteilung und die Poisson-Verteilung. Neben diesen Verteilungen werden kurz die multinomiale Verteilung und die negative Binomialverteilung erwähnt.

2.4.1 Binomialverteilung

Als erste diskrete Wahrscheinlichkeitsverteilung wird die Binomialverteilung behandelt. Im Rahmen der Binomialverteilung interessieren wir uns für Ereignisse, die in zwei Alternativen auftreten, wobei die Alternativen gleich oder ungleich wahrscheinlich sein können. Alternative Ereignisse mit gleichen Wahrscheinlichkeiten sind beispielsweise die Ereignisse Zahl vs. Adler beim Münzwurf, gerade Zahl vs. ungerade Zahl beim Würfel usw.; um ungleich wahrscheinliche Alternativen handelt es sich bei den Ereignissen Stadtkind vs. Landkind, Zahl 6 vs. eine andere Zahl beim Würfel, Akademiker vs. Nichtakademiker usw.

Bernoulli-Prozess

Werfen wir mehrmals hintereinander eine Münze, so erhalten wir eine Zufallsabfolge der Ereignisse Adler und Zahl. Eine solche Abfolge von zufälligen alternativen, voneinander unabhängigen Ereignissen, die mit konstanter Wahrscheinlichkeit p (bzw. $1-p$) auftreten, bezeichnen wir als eine Folge von Bernoulli-Versuchen oder als einen Bernoulli-Prozess. Wenn n Versuche durchgeführt werden, kann das Ereignis A (z. B. Zahl beim Münzwurf) 0-mal, 1-mal, 2-mal, ..., n-mal auftreten. Die Häufigkeit X des Auftretens von A bei n Versuchen kennzeichnet damit eine Zufallsvariable. Die Binomialverteilung ist die Wahrscheinlichkeitsfunktion f(x) für die Zufallsvariable „Häufigkeiten des Auftretens von A bei n Bernoulli-Versuchen".

Diese Wahrscheinlichkeitsverteilung ist zum einen abhängig von den Wahrscheinlichkeiten der beiden alternativen Ereignisse und zum anderen von der Anzahl der Versuche n. Bezeichnen wir eine Alternative mit A (z. B. Zahl bei Münzwurf) und die andere mit $\overline{A}$ und die Wahrscheinlichkeit für A mit p und die Wahrscheinlichkeit für $\overline{A}$ mit q, ergibt sich

$$p + q = 1. \qquad (2.32)$$

Herleitung der Binomialverteilung

Mit X = Häufigkeit des Auftretens von A kann X für n = 1 die Werte x = 0 oder x = 1 annehmen. Für diese beiden Ereignisse erhalten wir bei gleichwahrscheinlichen Alternativen jeweils eine Wahrscheinlichkeit von 0,5: f(X = 0) = f(X = 1) = 0,5.

Die Wahrscheinlichkeit, dass bei einem Münzwurf das Ereignis Zahl eintritt, ist gleich der Wahrscheinlichkeit, dass Zahl nicht fällt. Für beide Ereignisse erhalten wir als Wahrscheinlichkeit den Wert p = 0,5.

Ist n = 2 und p = q, können 4 Ereignisse (A A, A $\overline{A}$, $\overline{A}$ A, $\overline{A}$ $\overline{A}$) mit gleicher Wahrscheinlichkeit auftreten, und X kann die Werte 0, 1 und 2 annehmen. Für die 3 x-Werte ergibt sich die folgende Wahrscheinlichkeitsverteilung:

f(X = 0) = 1/4 (wenn $\overline{A}\,\overline{A}$ eintritt),
f(X = 1) = 1/2 (wenn A $\overline{A}$ oder $\overline{A}$ A eintritt),
f(X = 2) = 1/4 (wenn A A eintritt).

Bei n = 3 können die folgenden 8 Ereignisse eintreten:

A A A

$\overline{A}$ A A   A $\overline{A}$ A   A A $\overline{A}$

$\overline{A}\,\overline{A}$ A $\overline{A}$ A $\overline{A}$ A $\overline{A}\,\overline{A}$

$\overline{A}\,\overline{A}\,\overline{A}$.

Für X = 0, 1, 2, 3 ermitteln wir die folgende Wahrscheinlichkeitsverteilung:

f(X = 0) = 1/8 (wenn $\overline{A}\,\overline{A}\,\overline{A}$ eintritt),
f(X = 1) = 3/8 (wenn $\overline{A}\,\overline{A}$ A oder $\overline{A}$ A $\overline{A}$
oder A $\overline{A}\,\overline{A}$ eintritt),
f(X = 2) = 3/8 (wenn A A $\overline{A}$ oder A $\overline{A}$ A
oder $\overline{A}$ A A eintritt),
f(X = 3) = 1/8 (wenn A A A eintritt).

Allgemein wird die Wahrscheinlichkeit dafür gesucht, dass in n *Versuchen das Ereignis A gerade* x-*mal eintrifft* (z. B. die Wahrscheinlichkeit, dass bei 10 Münzwürfen gerade 7-mal die Zahl erscheint). Wir wollen einmal annehmen, dass die ersten k Versuche A ergeben und die letzten n − k Versuche $\overline{A}$ ergeben, sodass X = k ist (bei den ersten 7 Münzwürfen fällt Zahl und bei den letzten 3 Münzwürfen Adler).

Soll die Wahrscheinlichkeit für ein solches Ereignis berechnet werden, benötigen wir das *Multiplikationstheorem der Wahrscheinlichkeiten für voneinander unabhängige Ereignisse*, denn das Ereignis setzt sich aus n Elementarereignissen zusammen, die gemeinsam auftreten und voneinander unabhängig sind. Bezogen auf das Beispiel, suchen wir die Wahrscheinlichkeit, dass im ersten Versuch Zahl, im 2. Versuch Zahl, ..., im 6. Versuch Zahl, im 7. Versuch Zahl, im 8. Versuch Adler, ... und im 10. Versuch Adler auftritt.

Ausgehend von den Wahrscheinlichkeiten p und q für die Einzelereignisse A und $\overline{A}$ resultiert für das Gesamtergebnis die Wahrscheinlichkeit

$$f(X = k) = \underbrace{p \cdot p \cdot \ldots \cdot p}_{k\text{-mal}} \cdot \underbrace{q \cdot q \cdot \ldots \cdot q}_{(n-k)\text{-mal}}$$
$$= p^k \cdot q^{(n-k)}$$
$$= p^k \cdot (1-p)^{(n-k)}. \qquad (2.33)$$

Wenden wir Gl. (2.33) auf unser Beispiel an, bei dem p = q ist, ergibt sich

$$\left(\frac{1}{2}\right)^7 \cdot \left(\frac{1}{2}\right)^3 = \left(\frac{1}{2}\right)^{10} = \frac{1}{1024} = 9{,}77 \cdot 10^{-4}.$$

Gefragt war jedoch nach der Wahrscheinlichkeit, dass das Ereignis A *insgesamt* k-mal auftritt und nicht nach der Wahrscheinlichkeit, dass gerade die ersten k Versuche zum Ereignis A führen. Es

2.4.1 Binomialverteilung

könnten auch die letzten k Versuche sein oder eine andere beliebige Abfolge der Ereignisse A und $\overline{A}$, in der das Ereignis A k-mal auftritt. Jede dieser Anordnungen tritt mit der Wahrscheinlichkeit von $p^k \cdot q^{(n-k)}$ auf, und jede dieser Anordnungen erfüllt unsere Bedingung, dass unter n Versuchen k-mal das Ereignis A auftritt. Wollen wir also die Wahrscheinlichkeit ermitteln, dass irgendeine dieser Anordnungen auftritt, müssen wir nach dem *Additionstheorem der Wahrscheinlichkeiten einander ausschließender Ereignisse* die Einzelwahrscheinlichkeiten für diese Anordnungen addieren.

Wir benötigen deshalb die Anzahl derjenigen Abfolgen, in denen bei einer beliebigen Reihung von n Ereignissen das Ereignis A k-mal auftritt. Bezogen auf das Münzbeispiel suchen wir somit die Anzahl aller Möglichkeiten, mit 10 Münzen 7-mal Zahl zu werfen. Auf dieses Problem lässt sich die 2. Kombinationsregel (vgl. Gl. 2.20) anwenden, nach der wir $\binom{n}{k} = n!/(k! \cdot (n-k)!)$ hinsichtlich des Auftretens von A gleichwertige Abfolgen erhalten. Jede dieser Abfolgen tritt mit einer Wahrscheinlichkeit von $p^k \cdot q^{n-k}$ auf. Um die Wahrscheinlichkeit zu erhalten, mit der irgendeine Anordnung auftritt, in der k-mal A und $(n-k)$-mal $\overline{A}$ enthalten sind, müssen wir die Einzelwahrscheinlichkeiten $\binom{n}{k}$ mal addieren bzw. mit dem Faktor $\binom{n}{k}$ multiplizieren. Die Wahrscheinlichkeit, k-mal A in n Versuchen zu erhalten, ergibt sich somit zu

$$f(X = k|n) = \binom{n}{k} \cdot p^k \cdot q^{n-k}, \quad (2.34)$$

wobei $f(X = k|n)$ = Wahrscheinlichkeit, dass die Zufallsvariable X den Wert k aufweist, unter der Bedingung, dass n Versuche durchgeführt werden.

> Gl. (2.34) definiert die Wahrscheinlichkeit der Häufigkeiten für das Auftreten eines Alternativereignisses A in n Versuchen, wenn A mit einer Wahrscheinlichkeit von p eintritt. Diese Wahrscheinlichkeitsfunktion heißt Binomialverteilung mit den Parametern n und p.

Setzen wir die Werte unseres Beispiels in (2.34) ein, erhalten wir

$$f(X = 7|n = 10) = \binom{10}{7} \cdot \left(\frac{1}{2}\right)^7 \cdot \left(\frac{1}{2}\right)^3$$
$$= \frac{10 \cdot 9 \cdot 8 \cdot 7 \cdot 6 \cdot 5 \cdot 4}{7 \cdot 6 \cdot 5 \cdot 4 \cdot 3 \cdot 2 \cdot 1} \cdot \left(\frac{1}{2}\right)^{10}$$
$$= 0,117.$$

Die Wahrscheinlichkeit, mit 10 Münzen genau 7mal Zahl zu treffen, beträgt somit $p = 0,117$.

BEISPIEL

Gesucht wird die Wahrscheinlichkeit, mit 8 Würfen genau einmal eine 6 zu würfeln. Hierbei sind:

A = die Zahl 6 beim Würfel,
$\overline{A}$ = beliebige andere Zahl beim Würfel,
$p = \frac{1}{6}$,
$q = \frac{5}{6}$,
$n = 8$,
$k = 1$.

Setzen wir diese Werte in (2.34) ein, ergibt sich

$$f(X = 1|n = 8) = \binom{8}{1} \cdot \left(\frac{1}{6}\right)^1 \cdot \left(\frac{5}{6}\right)^7 = 0,372.$$

Für $X = 0$ vereinfacht sich Gl. (2.34) zu

$$f(X = 0|n) = q^n.$$

Für $X = 1$ ergibt sich

$$f(X = 1|n) = n \cdot p \cdot q^{(n-1)}.$$

Für $X = n - 1$ ergibt sich

$$f(X = n - 1|n) = n \cdot p^{(n-1)} \cdot q,$$

und für $X = n$ ergibt sich

$$f(X = n|n) = p^n.$$

Tabellarische und graphische Darstellung

Tabelle A des Anhangs enthält die Wahrscheinlichkeiten für die x-Werte der Binomialverteilung mit den Parametern $n = 1$ bis $n = 20$ für einige ausgewählte p-Werte. (Da $p = 1 - q$, sind nur p-Parameter im Bereich $0 < p \leq 0,50$ aufgenommen.) Dieser Tabelle entnehmen wir beispielsweise, dass eine Merkmalsalternative A mit $p(A) = 0,25$ in $n = 13$ Versuchen mit einer Wahrschein-

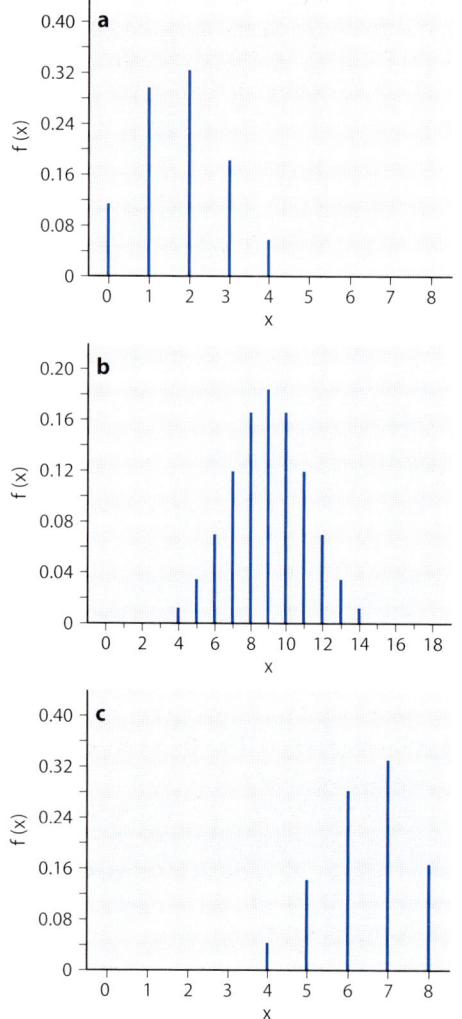

Abb. 2.6 a–c. Wahrscheinlichkeitsfunktionen von Binomialverteilungen. **a** Binomialverteilung mit n = 6 und p = 0,30, **b** Binomialverteilung mit n = 18 und p = 0,50, **c** Binomialverteilung mit n = 8 und p = 0,80

lichkeit von p = 0,0186 genau 7-mal eintritt: $f(X = 7|n = 13) = 0,0186$.

Abbildung 2.6 a–c zeigt 3 binomiale Wahrscheinlichkeitsfunktionen.

Verteilungsfunktion

Summieren wir die bei gegebenem n und p erhaltenen Wahrscheinlichkeiten für alle x_j, muss die Summe der Wahrscheinlichkeiten 1 ergeben.

$$\sum_{j=0}^{n} f(X = x_j | n) = q^n + n \cdot p \cdot q^{(n-1)} + \cdots$$
$$+ \sum_{j=2}^{n-2} \binom{n}{j} p^j \cdot q^{(n-j)} + \cdots$$
$$+ n \cdot p^{(n-1)} \cdot q + p^n$$
$$= 1. \qquad (2.35)$$

Analog hierzu kann ermittelt werden, wie groß die Wahrscheinlichkeit ist, dass unter n Versuchen bei gegebenem p *mindestens* k-mal das Ereignis A eintritt. Da alle Häufigkeiten $x_j \geq k$ diese Bedingung erfüllen, ergibt sich als Wahrscheinlichkeit

$$f(X \geq k | n) = \sum_{j=k}^{n} \binom{n}{j} \cdot p^j \cdot q^{(n-j)}. \qquad (2.36)$$

Soll das Ereignis A *höchstens* k-mal auftreten, ermitteln wir entsprechend

$$f(X \leq k | n) = \sum_{j=0}^{k} \binom{n}{j} \cdot p^j \cdot q^{(n-j)}. \qquad (2.37)$$

Gl. (2.37) definiert die Verteilungsfunktion der Binomialverteilung.

BEISPIEL

Wie groß ist die Wahrscheinlichkeit, dass unter 100 Roulettewürfen mindestens 3-mal die Zahl 13 fällt?

A = Zahl 13 beim Roulette;
$\overline{A}$ = jede beliebige andere Zahl;
p = 1/37;   q = 36/37;
n = 100, x_j = 3, 4, 5, ..., 99, 100.

Da alle $x_j \geq 3$-Werte die Bedingung „mindestens 3-mal die 13" erfüllen, müssen bei dieser Frage 98 Einzelwahrscheinlichkeiten addiert werden. Diesen erheblichen Rechenaufwand können wir umgehen, wenn wir von der Beziehung $p(A) = 1 - p(\overline{A})$ Gebrauch machen. Wir ermitteln somit zunächst nach Gl. (2.37) die Wahrscheinlichkeit des Komplementärereignisses $\overline{A}$, dass unter 100 Würfen höchstens 2-mal die 13 fällt.

2.4.1 Binomialverteilung

$f(X \leq 2|n)$

$= \sum_{j=0}^{2} f(X = x_j|100)$

$= q^n + n \cdot p \cdot q^{(n-1)} + \binom{n}{2} \cdot p^2 \cdot q^{(n-2)}$

$= \left(\frac{36}{37}\right)^{100} + 100 \cdot \frac{1}{37} \cdot \left(\frac{36}{37}\right)^{99}$

$\quad + \binom{100}{2} \cdot \left(\frac{1}{37}\right)^2 \cdot \left(\frac{36}{37}\right)^{98}$

$= 0{,}0646 \; (= \text{Wahrscheinlichkeit für 0-mal 13})$

$\quad + 0{,}1794 \; (= \text{Wahrscheinlichkeit für 1-mal 13})$

$\quad + 0{,}2466 \; (= \text{Wahrscheinlichkeit für 2-mal 13})$

$= 0{,}4906 \,.$

Mit einer Wahrscheinlichkeit von p = 0,4906 fällt somit bei 100 Roulettewürfen höchstens 2-mal die 13. Die Wahrscheinlichkeit, dass mindestens 3-mal die 13 fällt, beträgt somit 1 − 0,4906 = 0,5094.

Pascalsches Dreieck

Wegen p + q = 1 gilt auch

$(p+q)^n = 1 \,.$ (2.38)

Aus (2.38) und (2.35) folgt:

$(p+q)^n = q^n + n \cdot p \cdot q^{n-1} + \cdots$

$\quad + \sum_{j=2}^{n-2} \binom{n}{j} p^j \cdot q^{(n-j)} + \cdots$

$\quad + n \cdot p^{(n-1)} \cdot q + p^n \,.$ (2.39)

Die rechte Seite dieser Gleichung stellt die Entwicklung des Binoms p + q für die n-te Potenz dar und heißt binomische Entwicklung. Die Koeffizienten $\binom{n}{j}$ werden Binomialkoeffizienten genannt. Diese Binomialkoeffizienten können leicht einer Hilfstafel, dem sog. pascalschen Dreieck, entnommen werden (Tabelle 2.2).

Die Zeilenbezeichnungen geben das n an, und die einzelnen Werte in der Zeile sind die Binomialkoeffizienten für unterschiedliche j-Werte.

Beispiel: Für n = 5 ergibt sich für die Binomialkoeffizienten:

$\binom{5}{0} = 1$

$\binom{5}{1} = 5$

$\binom{5}{2} = \frac{5 \cdot 4}{2 \cdot 1} = 10$

$\binom{5}{3} = \binom{5}{2} = 10$

$\binom{5}{4} = \binom{5}{1} = 5$

$\binom{5}{5} = \binom{5}{0} = 1$

Diese Werte sind in der Zeile n = 5 aufgeführt.

Die Fortschreibung des pascalschen Dreiecks ist denkbar einfach: Für die Randziffern (j = 0 und j = n) ergibt sich immer der Wert 1, und die übrigen Werte entsprechen den Summen der beiden jeweils darüberliegenden Werte.

Die Wahrscheinlichkeiten der Binomialverteilung für p = q können einfach anhand der Zahlen des pascalschen Dreiecks ermittelt werden: Gesucht ist die Wahrscheinlichkeit, mit 5 Münzwürfen 2-mal Zahl zu erzielen. In der Zeile n = 5 lesen wir für j = 2 (der dritte Wert dieser Zeile) den Wert 10 ab. Diese Zahl gibt die Anzahl der günstigen Fälle wieder. Die Summe aller Binomialkoeffizienten für n = 5 (Summe dieser Zeile) entspricht der Anzahl der möglichen Fälle, die in diesem Falle 32 lautet (allgemein: 2^n). Die gesuchte Wahrscheinlichkeit beträgt somit $f(X = 2|n = 5) = 10/32 = 0{,}3125$. Dieser Wert stimmt mit dem in Tabelle A im Anhang für p = 0,5, n = 5 und k = 2 genannten Wert überein.

Verteilungseigenschaften

Binomialverteilungen sind unimodale Verteilungen, die für p = q symmetrisch und für p < 0,5 linkssteil sind. Man kann zeigen, dass die Binomialverteilung einen Erwartungswert von $\mu_x = n \cdot p$ und eine Streuung von $\sigma_x = \sqrt{n \cdot p \cdot q}$ aufweist. Macht man mehrere Versuchsdurchgänge mit z. B.

Tabelle 2.2. Pascalsches Dreieck

n = 0													1								
1												1		1							
2											1		2		1						
3										1		3		3		1					
4									1		4		6		4		1				
5								1		5		10		10		5		1			
6							1		6		15		20		15		6		1		

n = 30 und p = 0,4, wird die Merkmalsalternative A im Durchschnitt $\mu_x = 30 \cdot 0{,}4 = 12$-mal auftreten. Für die Streuung der einzelnen x-Werte errechnet man $\sigma_x = \sqrt{30 \cdot 0{,}4 \cdot 0{,}6} = 2{,}68$.

Weitere Informationen zur Binomialverteilung findet man auf S. 77 f.

2.4.2 Hypergeometrische Verteilung

Zur Veranschaulichung der Beziehung zwischen einer Binomialverteilung und einer hypergeometrischen Verteilung stelle man sich eine Urne vor, in der (theoretisch) unendlich viele schwarze und (theoretisch) unendlich viele rote Kugeln enthalten sind. Entnehmen wir dieser Urne eine Stichprobe von n Kugeln, lässt sich die Wahrscheinlichkeit dafür, dass in dieser Stichprobe k rote Kugeln enthalten sind, nach der Binomialverteilung (mit p = q) ermitteln. Sind in der Urne jedoch nicht unendlich viele, sondern nur N Kugeln enthalten, so benötigen wir für die Berechnung der Wahrscheinlichkeit, dass in einer Stichprobe des Umfanges n k rote Kugeln enthalten sind, die hypergeometrische Verteilung.

Die Binomialverteilung kann hier nicht eingesetzt werden, weil durch die sukzessive Entnahme einzelner Kugeln aus der Urne mit endlicher Kugelanzahl die Wahrscheinlichkeiten für das Auftreten einer roten bzw. schwarzen Kugel geändert werden. Würden wir die Kugeln nach der Entnahme wieder in die Urne zurücklegen, blieben die Wahrscheinlichkeiten konstant, und wir könnten die Binomialverteilung anwenden. Sind beispielsweise in einer Urne 5 schwarze und 5 rote Kugeln enthalten, und wir wollen 4 Kugeln entnehmen, so ermitteln wir für die Wahrscheinlichkeit, dass die erste Kugel eine rote Kugel ist, den Wert p = 1/2. Werden die erste und die folgenden Kugeln wieder zurückgelegt, so bleiben die Wahrscheinlichkeiten für rote und schwarze Kugeln erhalten, und wir können die Wahrscheinlichkeit, dass sich in einer Stichprobe von n Kugeln k rote Kugeln befinden, anhand der bereits bekannten Binomialverteilung ausrechnen. Wird die erste Kugel hingegen nicht zurückgelegt, so verändern sich die zweite und die folgenden Kugeln die Wahrscheinlichkeiten. In unserem Beispiel beträgt die Wahrscheinlichkeit dafür, dass nach einer roten Kugel eine weitere rote Kugel entnommen wird, p = 4/9.

Herleitung der hypergeometrischen Verteilung

Befinden sich unter N Objekten K Objekte mit der Alternative A (und damit N − K Objekte mit $\overline{A}$), können sich in einer Stichprobe des Umfanges n (n ≤ N) 0, 1, 2, ... oder n Objekte mit der Alternative A befinden. Die Häufigkeit X des Auftretens von A schwankt zufällig von Versuch zu Versuch und stellt damit eine Zufallsvariable dar. Die Wahrscheinlichkeitsfunktion f(X) gibt an, mit welcher Wahrscheinlichkeit diese Zufallsvariable die Werte 0, 1, 2, ... n annimmt. Diese Wahrscheinlichkeitsfunktion heißt hypergeometrische Verteilung. Sie ist abhängig von den Parametern N, K und n.

Für die Ermittlung der hypergeometrischen Verteilung vereinbaren wir zusammenfassend:

$$N = \text{Anzahl aller Objekte}$$
$$K = \text{Anzahl aller Objekte mit der Alternative A}$$
$$N - K = \text{Anzahl aller Objekte mit der Alternative } \overline{A}$$
$$n = \text{Größe der Stichprobe (n} \leq \text{N)}$$
$$k = \text{Häufigkeit der Alternative A in der Stichprobe}$$
$$n - k = \text{Häufigkeit der Alternative } \overline{A} \text{ in der Stichprobe.}$$

Die Berechnung einer hypergeometrischen Wahrscheinlichkeit orientiert sich an der allgemeinen Formel

$$p = \frac{\text{Anzahl der günstigen Fälle}}{\text{Anzahl der möglichen Fälle}}.$$

Zunächst wollen wir am Urnenmodell veranschaulichen, wie viele verschiedene Möglichkeiten es gibt, aus N Kugeln n Kugeln zu ziehen. Die Antwort liefert die 2. Kombinationsregel (s. Gl. 2.20): Es ergeben sich $\binom{N}{n}$ Möglichkeiten.

Als nächstes ermitteln wir, wie viele günstige Fälle (z. B. X = k rote Kugeln) denkbar sind. Die roten Kugeln können auf $\binom{K}{k}$ verschiedene Weise aus der Grundgesamtheit entnommen werden, und für die schwarzen Kugeln bestehen $\binom{N-K}{n-k}$ verschiedene Möglichkeiten.

Jede der Möglichkeiten, rote Kugeln zu ziehen, kann mit jeder der Möglichkeiten, schwarze Kugeln zu ziehen, kombiniert werden, sodass das Produkt dieser Möglichkeiten die Anzahl aller günstigen Fälle ergibt. Die Wahrscheinlichkeit, dass k rote Kugeln in der Stichprobe enthalten sind, wird somit nach folgender Formel berechnet:

$$f(X = k|N, K, n) = \frac{\binom{K}{k} \cdot \binom{N-K}{n-k}}{\binom{N}{n}}, \quad (2.40)$$

wobei $f(X = k|N, K, n) =$ Wahrscheinlichkeit, k Ereignisse mit der Alternative A zu erhalten unter der Bedingung, dass eine Stichprobe des Umfanges n aus einer Grundgesamtheit von N Objekten gezogen wird, in der sich die Alternative A K-mal befindet.

> Gl. (2.40) definiert die Wahrscheinlichkeitsfunktion der Häufigkeiten für das Auftreten eines Alternativereignisses A, wenn aus N Ereignissen n zufällig ausgewählt werden, und das Ereignis A unter den N Ereignissen K-mal vorkommt. Diese Wahrscheinlichkeitsfunktion heißt hypergeometrische Verteilung mit den Parametern N, K und n.

BEISPIEL

Gesucht wird die Wahrscheinlichkeit, im Lotto „6 aus 49" 6 Richtige zu haben. Dieses Beispiel wurde bereits im Zusammenhang mit der 2. Kombinationsregel (vgl. S. 60 f.) besprochen, und wir wollen nun prüfen, ob mit der Berechnungsvorschrift für hypergeometrische Wahrscheinlichkeiten das gleiche Ergebnis ermittelt wird. Formal stellt sich das Beispiel so dar: $N = 49$; $K = 6$; $N - K = 43$; $n = 6$; $k = 6$; $n - k = 0$. Somit ist $K = n = k$, sodass sich Gl. (2.40) folgendermaßen vereinfacht:

$$f(X = k|N, K = n = k) = \frac{\binom{K}{K} \cdot \binom{N-k}{0}}{\binom{N}{n}} = \frac{1}{\binom{N}{n}}$$

wegen $\binom{N-K}{0} = 1$. Für 6 Richtige ermitteln wir somit auch nach Gl. (2.40) die Wahrscheinlichkeit $p = 7{,}15 \cdot 10^{-8}$.

Als nächstes soll überprüft werden, wie groß die Wahrscheinlichkeit für 5 Richtige im Lotto ist. In diesem Fall erhalten wir: $N = 49$; $K = 6$; $N - K = 43$; $n = 6$; $k = 5$; $n - k = 1$. Setzen wir diese Werte in Gl. (2.40) ein, ergibt sich:

$$f(X = 5|N = 49, K = 6, n = 6) = \frac{\binom{6}{5} \cdot \binom{43}{1}}{\binom{49}{6}}$$

$$= \frac{6 \cdot 43}{13983816}$$

$$= 0{,}0000184$$

$$= 1{,}845 \cdot 10^{-5}.$$

Für 4 Richtige erhalten wir

$$f(X = 4|N = 49, K = 6, n = 6) = \frac{\binom{6}{4} \cdot \binom{43}{2}}{\binom{49}{6}}$$

$$= \frac{13545}{13983816}$$

$$= 0{,}0010$$

und für 3 Richtige

$$f(X = 3|N = 49, K = 6, n = 6) = \frac{\binom{6}{3} \cdot \binom{43}{3}}{\binom{49}{6}}$$

$$= \frac{246820}{13983816}$$

$$= 0{,}0177.$$

Die Wahrscheinlichkeit, mindestens 3 Richtige zu haben, beträgt somit

$$7{,}15 \cdot 10^{-8} + 1{,}845 \cdot 10^{-5} + 0{,}0010 + 0{,}0177 = 0{,}0187.$$

2.4.3 Poisson-Verteilung

Die Poisson-Verteilung ist die *Verteilung seltener Ereignisse*. Wenn die Anzahl der Ereignisse n sehr groß und die Wahrscheinlichkeit p des untersuchten Alternativereignisses A sehr klein ist, wird die Ermittlung binomialer Wahrscheinlichkeiten nach Gl. (2.34) sehr aufwendig. In diesem Falle kann die exakte binomiale Wahrscheinlichkeitsfunktion durch die Poisson-Verteilung approximiert werden. Die Wahrscheinlichkeitsfunktion der Poisson-Verteilung lautet (vgl. z. B. Pfanzagl, 1974, Kap. 2.4):

$$f(X = k|\mu) = \frac{\mu^k}{e^\mu \cdot k!}, \quad (2.41)$$

wobei e = Basis der natürlichen Logarithmen $= 2{,}718$ und $\mu = n \cdot p$.

Nach Sachs (2002, S. 228) sind Binomialverteilungen mit $n > 10$ und $p < 0{,}05$ hinreichend genau durch die Poisson-Verteilung approximierbar. Wie bei der Binomialverteilung wird vorausgesetzt, dass p(A) über alle Versuch hinweg konstant ist (Stationaritätsannahme). Erwartungswert und Varianz sind bei der Poisson-Verteilung identisch:

$$\mu_x = \sigma_x^2 = n \cdot p. \qquad (2.42)$$

BEISPIEL

Ein Karnevalsverein hat 100 Mitglieder. Wie groß ist die Wahrscheinlichkeit, dass mindestens 1 Mitglied am 1. April Geburtstag hat?

Übertragen in die Terminologie der Binomialverteilung fragen wir nach der Wahrscheinlichkeit, dass das Ereignis A (am 1. April Geburtstag) bei n = 100 „Versuchen" mindestens X = 1-mal vorkommt: $f(X \geq 1 | n = 100)$ für p = 1/365 (gleich bleibende Geburtstagswahrscheinlichkeit für alle 365 Tage eines Jahres bzw. Stationarität vorausgesetzt). Da die Bedingungen für eine Approximation der Binomialverteilung durch die Poisson-Verteilung (n > 20, p ≤ 0,05) erfüllt sind, errechnen wir diese Wahrscheinlichkeit über Gl. (2.41) mit $\mu = 100 \cdot 1/365 = 0{,}2740$. Außerdem vereinfachen wir uns die Rechnung, indem wir zunächst die Komplementärwahrscheinlichkeit $f(\bar{A})$ berechnen (kein Mitglied hat am 1. April Geburtstag), um dann über $f(A) = 1 - f(\bar{A})$ zur gesuchten Wahrscheinlichkeit zu gelangen. Wir errechnen

$$f(X = 0 | \mu = 0{,}2740) = \frac{0{,}2740^0}{e^{0{,}2740} \cdot 0!} = 0{,}7604 \, (0{,}7801).$$

(Hier und im Folgenden sind in Klammern die exakten Binomialwahrscheinlichkeiten nach Gl. 2.34 angegeben).

Für die Wahrscheinlichkeit, dass kein Mitglied am 1. April Geburtstag hat, ergibt sich also der Wert 0,7604. Als Komplementärwahrscheinlichkeit errechnet man

$$f(X \geq 1 | \mu = 0{,}2740) = 1 - f(X = 0 | \mu = 0{,}2740)$$
$$= 1 - 0{,}7604 = 0{,}2396.$$

Zu Demonstrationszwecken überprüfen wir dieses Ergebnis, indem wir die Wahrscheinlichkeiten für X = 1, 2, 3, ..., n Mitglieder mit Geburtstag am 1. April ermitteln:

$$f(X = 1 | \mu = 0{,}2740) = \frac{0{,}2740^1}{e^{0{,}2740} \cdot 1!} = 0{,}2083 \, (0{,}2088),$$

$$f(X = 2 | \mu = 0{,}2740) = \frac{0{,}2740^2}{e^{0{,}2740} \cdot 2!} = 0{,}0285 \, (0{,}0284),$$

$$f(X = 3 | \mu = 0{,}2740) = \frac{0{,}2740^3}{e^{0{,}2740} \cdot 3!} = 0{,}0026 \, (0{,}0025),$$

$$f(X = 4 | \mu = 0{,}2740) = \frac{0{,}2740^4}{e^{0{,}2740} \cdot 4!} = \underline{0{,}0002 \, (0{,}0002)}$$
$$0{,}2396 \, (0{,}2399).$$

Mit X = 4 erreicht die Summe der Wahrscheinlichkeiten den Wert 0,2396. Die Wahrscheinlichkeitswerte für 5 oder mehr Mitglieder mit Geburtstag am 1. April sind also (bei 4 Nachkommastellen) zu vernachlässigen.

Zusammenfassend ist festzustellen: Ca. 24% aller Karnevalsvereine der hier untersuchten Art (mit n = 100 Mitgliedern) haben mindestens 1 Mitglied, das am 1. April Geburtstag hat.

2.4.4 Weitere diskrete Verteilungen

Multinomiale Verteilung

Zur Veranschaulichung der multinomialen Verteilung (auch Polynomialverteilung genannt) verwenden wir erneut eine Urne, in der sich rote und schwarze Kugeln in einem bestimmten Häufigkeitsverhältnis befinden. Die Wahrscheinlichkeiten, dass bei n Versuchen X = 0, 1, 2, ... rote Kugeln gezogen werden, sind unter der Voraussetzung, dass die Kugeln wieder zurückgelegt werden, binomial verteilt. Befinden sich in der Urne hingegen rote, schwarze, grüne und blaue Kugeln in einem bestimmten Häufigkeitsverhältnis, kann die Wahrscheinlichkeit dafür, dass bei n Versuchen k_1 rote, k_2 schwarze, k_3 grüne und k_4 blaue Kugeln gezogen werden (wiederum mit Zurücklegen), nach folgender Beziehung ermittelt werden:

$$f(k_1, k_2, \ldots, k_s | n, p_1, p_2, \ldots, p_s)$$
$$= \frac{n!}{k_1! \cdot k_2! \cdot \ldots \cdot k_s!} \cdot (p_1)^{k_1} \cdot (p_2)^{k_2} \cdot \ldots \cdot (p_s)^{k_s}, \qquad (2.43)$$

wobei

$1, 2, \ldots, s =$ die verschiedenen Ereignisklassen (rote, schwarze, grüne, ... Kugeln)

$n =$ Anzahl der Beobachtungen (es werden z. B. n = 10 Kugeln gezogen)

$k_1, k_2, \ldots, k_s =$ Anzahl der Beobachtungen in den einzelnen Ereignisklassen (es werden z. B. 3 rote, 4 blaue, 2 schwarze und 1 grüne Kugel gezogen)

$p_1, p_2, \ldots, p_s =$ Wahrscheinlichkeiten für die einzelnen Ereignisklassen.

Die nach Gl. (2.43) für bestimmte n- und p_1-, p_2-, ..., p_s-Werte ermittelten Wahrscheinlichkeiten führen zur multinomialen Wahrscheinlichkeitsverteilung. Ist s = 2, reduziert sich Gl. (2.43) zu der bereits bekannten Formel für die Ermittlung von Wahrscheinlichkeiten der Binomialverteilung nach Gl. (2.34). Die gleiche Problematik „ohne Zurücklegen" haben wir auf S. 61 behandelt (3. Kombinationsregel).

2.5.1 Normalverteilung

BEISPIEL

In einer studentischen Population haben 3 Parteien A, B und C die folgenden Sympathisantenanteile: $p_A = 0{,}5$, $p_B = 0{,}3$ und $p_C = 0{,}2$. In einem Seminar befinden sich 12 Studenten, von denen 4 Partei A, 6 Partei B und 2 Partei C favorisieren. Wie groß ist die Wahrscheinlichkeit für diese Zusammensetzung von 12 Studenten? Wir errechnen nach Gl. (2.43):

$$f(4;\ 6;\ 2|12;\ 0{,}5;\ 0{,}3;\ 0{,}2)$$
$$= \frac{12!}{4! \cdot 6! \cdot 2!} \cdot 0{,}5^4 \cdot 0{,}3^6 \cdot 0{,}2^2$$
$$= 0{,}0253\,.$$

Die Wahrscheinlichkeit, dass die Seminarteilnehmer „repräsentativ" für die gesamte studentische Population sind, ist mit 2,53% also sehr gering.

Negative Binomialverteilung

Während die Binomialverteilung darüber informiert, mit welcher Wahrscheinlichkeit wir bestimmte Häufigkeiten eines alternativen Ereignisses A bei n Beobachtungen erwarten können, ermittelt man mit der negativen Binomialverteilung, wieviele Beobachtungen erforderlich sind, damit ein binomialverteiltes Ereignis mit einer bestimmten Wahrscheinlichkeit auftritt. Zur Veranschaulichung sei wieder eine mögliche Situation am Roulettetisch herausgegriffen. Ein Spieler möchte wissen, wie groß die Wahrscheinlichkeit ist, dass im 10. Wurf erstmalig eine bestimmte Zahl (z.B. die 13) fällt, oder allgemein, dass nach r „falschen" Zahlen und $k - 1$ Treffern im $(r + k) = $ n-ten Versuch der k-te Treffer auftritt. Nach dem Bildungsgesetz der negativen Binomialverteilung ermitteln wir hierfür

$$f(X = k|r, p) = \binom{k + r - 1}{r} \cdot p^k \cdot q^r\,. \quad (2.44)$$

Setzen wir für unser Beispiel $k = 1$, $r = 9$, $p = 1/37$ und $q = 36/37$, ergibt sich für das Ereignis „nach 9 Würfen erstmalig die 13" eine Wahrscheinlichkeit von

$$f(X = 1|9, 1/37) = \binom{9}{9} \cdot \left(\frac{1}{37}\right)^1 \cdot \left(\frac{36}{37}\right)^9$$
$$= 0{,}021\,.$$

Hierbei ist zu beachten, dass die Wahrscheinlichkeit, im 10. Wurf die erste 13 zu erhalten ($p = 0{,}02$), natürlich nicht identisch ist mit der Wahrscheinlichkeit, mit einem beliebigen Wurf eine 13 zu werfen ($p = 1/37 = 0{,}027$). Soll im 10. Wurf die gewünschte Zahl bereits zum zweitenmal fallen, errechnen wir folgende Wahrscheinlichkeit:

$$f(X = 2|8, 1/37) = \binom{9}{8} \cdot \left(\frac{1}{37}\right)^2 \cdot \left(\frac{36}{37}\right)^8$$
$$= 0{,}005\,.$$

Da auf Grund der negativen Binomialverteilung errechnet werden kann, wie lange man „warten" muss, bis ein bestimmtes Ereignis mit einer bestimmten Wahrscheinlichkeit zum k-ten Male auftritt, wird die negative Binomialverteilung häufig zur Analyse von Wartezeiten herangezogen. Setzen wir $k = 1$, erhalten wir eine Verteilung, die gelegentlich auch als „*geometrische Verteilung*" bezeichnet wird. Ein sozialwissenschaftlich relevantes Anwendungsbeispiel für die negative Binomialverteilung, die z.B. bei Parzen (1962) ausführlich dargestellt wird, findet der interessierte Leser bei Mosteller u. Wallace (1964).

2.5 Stetige Verteilungen

Die für die Statistik wichtigste Verteilung ist die Normalverteilung, die in 2.5.1 ausführlich behandelt wird. Aus ihr abgeleitet sind weitere stetige Verteilungen, wie z.B. die χ^2-Verteilung (2.5.2), die t-Verteilung (2.5.3) sowie die F-Verteilung (2.5.4). Zusammenhänge zwischen diesen Verteilungen werden in 2.5.5 erörtert.

▷ **2.5.1 Normalverteilung**

Eigenschaften der Normalverteilung

So, wie die bisher besprochenen Verteilungsarten (Binomialverteilung, Poisson-Verteilung usw.) jeweils eine ganze Klasse von Verteilungen charakterisieren, gilt auch die Bezeichnung Normalverteilung für viele Verteilungen, deren Gemeinsamkeiten durch Abb. 2.7 veranschaulicht werden.

Den Dichtefunktionen sind folgende, für alle Normalverteilungen typische Eigenschaften zu entnehmen:

- Die Verteilung hat einen glockenförmigen Verlauf.

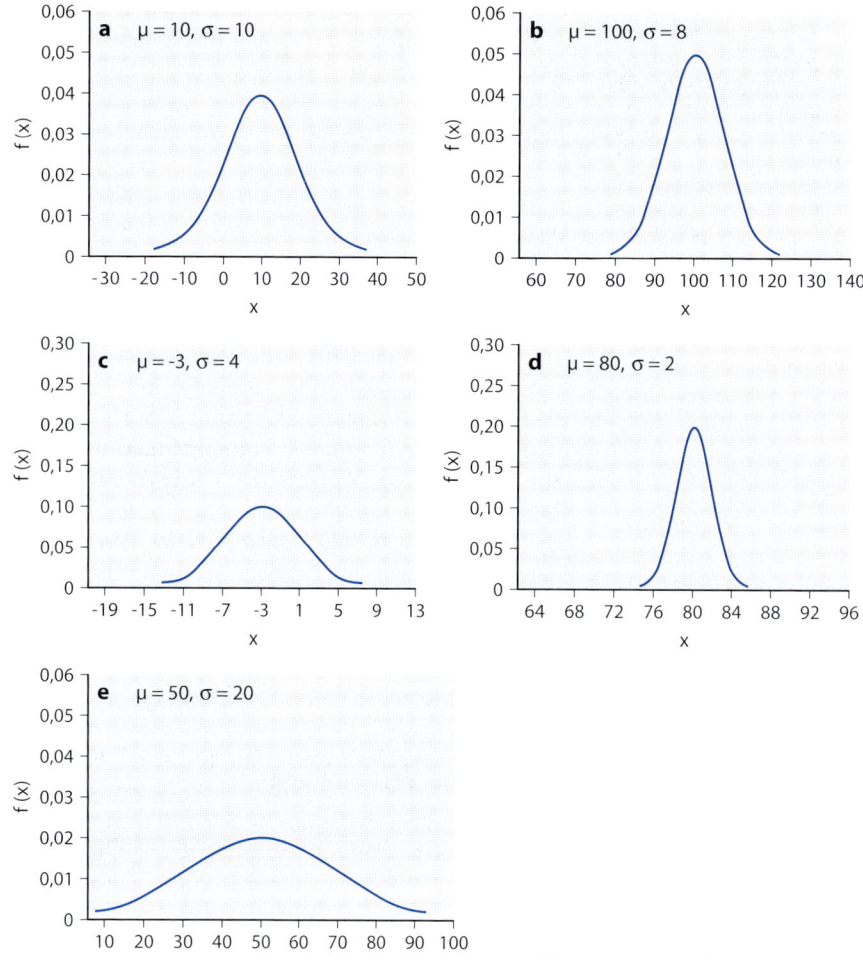

Abb. 2.7 a–e. Verschiedene Normalverteilungen (Dichtefunktionen)

- Die Verteilung ist symmetrisch.
- Modalwert, Median und Erwartungswert fallen zusammen (vgl. Abb. 1.11 c).
- Die Verteilung nähert sich asymptotisch der X-Achse.
- Zwischen den zu den Wendepunkten gehörenden x-Werten befindet sich ca. 2/3 der Gesamtfläche.

Die in Abb. 2.7 a–e deutlich werdenden *Verteilungsunterschiede* sind darauf zurückzuführen, dass die Verteilungen
a) durch unterschiedliche Erwartungswerte (μ)
b) durch unterschiedliche Streuungen (σ)
gekennzeichnet sind.

Normalverteilungen mit gleichem Erwartungswert und gleicher Streuung sind identische Normalverteilungen. Die Normalverteilung wird somit durch die beiden Parameter μ und σ eindeutig festgelegt. Ihre Dichtefunktion lautet:

$$f(x) = \frac{1}{\sqrt{2\pi \cdot \sigma^2}} \cdot e^{-(x-\mu)^2/2\sigma^2} , \qquad (2.45)$$

wobei $\pi = 3{,}14$, $e = 2{,}72$ (Basis der natürlichen Logarithmen).

Aus dieser Gleichung können zusätzlich zu den bereits erwähnten Eigenschaften folgende Merkmale der Normalverteilung abgeleitet werden:
- Die Funktion ist definiert, wenn x beliebige reelle Zahlen annimmt.
- Bei gegebenem μ und σ ergibt sich für $x = \mu$ die folgende Ordinate (Wahrscheinlichkeitsdichte):

$$f(x = \mu) = \frac{1}{\sqrt{2\pi\sigma^2}} \cdot e^0 = 0{,}4 \cdot \sigma^{-1} .$$

2.5.1 Normalverteilung

- Da der Exponent von e negativ ist, kann der Ausdruck $e^{-(x-\mu)^2/2\sigma^2}$ nur Werte zwischen Null und 1 annehmen.
- Je mehr sich x bei gegebenem μ und σ von μ unterscheidet, desto kleiner wird $e^{-(x-\mu)^2/2\sigma^2}$ bzw. die Wahrscheinlichkeitsdichte f(x).
- Durch die Quadrierung des Ausdruckes $(x - \mu)$ liegt die Verteilung symmetrisch um μ.
- Bei gegebenem μ werden mit zunehmender Streuung die f(x)-Werte kleiner, d.h. je größer die Streuung der Verteilung, desto langsamer werden bei zunehmender Diskrepanz $x - \mu$ die f(x)-Werte kleiner; die Verteilung wird also mit zunehmender Streuung flacher.
- Die 2. Ableitung der Funktion zeigt, dass die Wendepunkte der Verteilung, zwischen denen sich ca. 68% der Gesamtfläche befinden, bei $\mu \pm 1\sigma$ liegen.

Standardnormalverteilung

Unter den unendlich vielen Normalverteilungen gibt es eine Normalverteilung, die dadurch ausgezeichnet ist, dass sie einen Erwartungswert von $\mu = 0$ und eine Streuung von $\sigma = 1$ aufweist. Dieser Normalverteilung wird deshalb eine besondere Bedeutung zugemessen, weil sämtliche übrigen Normalverteilungen durch eine einfache Transformation in sie überführbar sind. Wie wir bereits unter 1.4.3 kennengelernt haben, wird dies durch die *z-Transformation* gewährleistet (vgl. Gl. 1.27).

> Durch die z-Transformation können sämtliche Normalverteilungen standardisiert werden, d.h. auf einen Standard gebracht werden. Wir bezeichnen deshalb die Normalverteilung mit $\mu = 0$ und $\sigma = 1$ als **Standardnormalverteilung**.

Wegen $\mu = 0$ und $\sigma = 1$ vereinfacht sich die Dichtefunktion Gl. (2.45) zu

$$f(z) = \frac{1}{\sqrt{2\pi}} \cdot e^{-z^2/2}. \tag{2.46}$$

In dieser Gleichung wurde die x-Variable durch die z-Variable ersetzt, um zum Ausdruck zu bringen, dass sich die Dichtefunktion in Gl. (2.46) auf eine normalverteilte Zufallsvariable mit $\mu = 0$ und $\sigma = 1$ bezieht.

Wie in Kap. 2.3 ausgeführt, unterscheiden wir bei stetigen Verteilungen zwischen der Dichtefunktion und der Verteilungsfunktion, wobei letzterer die Wahrscheinlichkeit zu entnehmen ist, dass die Zufallsvariable z einen Wert annimmt, der nicht größer als $z = a$ ist: $p(z < a)$. Zur Ermittlung dieser Wahrscheinlichkeit berechnen wir die Fläche unter der Verteilung in den Grenzen $-\infty$ und a:

$$p(z < a) = \int_{-\infty}^{a} \frac{1}{\sqrt{2\pi}} \cdot e^{-z^2/2} \, dz. \tag{2.47}$$

Die Gesamtfläche hat den Wert eins.

Die Integrale der Standardnormalverteilung können der Tabelle B des Anhangs entnommen werden. Diese Tabelle gibt die Flächen F(z) wieder, die durch die Grenzen $-\infty$ und z gekennzeichnet sind. Für die Teilfläche $z = -\infty$ bis $z = 0$ ergibt sich ein Wert von $p = 0{,}5$, d.h. die Wahrscheinlichkeit, dass ein zufälliger Wert in den Bereich $-\infty < z < 0$ fällt, beträgt 50%. (Ein Rechenprogramm zur Bestimmung von Flächenanteilen der Standardnormalverteilung findet man bei Sletten, 1980.)

Tabelle B sind auch Flächenanteile zwischen beliebigen z-Werten zu entnehmen. Um beispielsweise die Fläche zu ermitteln, die sich zwischen $z = 2$ und $z = -1$ befindet, lesen wir zunächst $F(z = 2) = 0{,}9772$ ab und ziehen hiervon $F(z = -1) = 0{,}1587$ ab. Der gesuchte Flächenanteil heißt somit $0{,}9772 - 0{,}1587 = 0{,}8185$. In gleicher Weise ermitteln wir den Flächenanteil, der zwischen den beiden Wendepunkten der Normalverteilung liegt: $F(z = 1) - F(z = -1) = 0{,}8413 - 0{,}1587 = 0{,}6826$. Dies ist der auf S. 43 genannte Wert. Die Wahrscheinlichkeit, dass die Zufallsvariable z einen Wert in den Grenzen $z = -1$ und $z = +1$ annimmt, beträgt $p = 0{,}6826$.

BEISPIEL

Durch das folgende Beispiel soll die Benutzung der Normalverteilungstabelle weiter vertieft werden. Tabelle 1.5 enthält die Häufigkeitsverteilung der Bearbeitungszeiten von 90 Personen. Es soll überprüft werden, ob diese Verteilung angenähert einer Normalverteilung entspricht. Wir ermitteln hierfür, wie viele Personen in die einzelnen Zeitintervalle fallen müssten, wenn die Bearbeitungszeiten normalverteilt wären. Die folgenden Schritte führen zu den gesuchten Häufigkeiten:

- Die empirische Verteilung muss in eine Verteilung mit dem Mittelwert $\bar{x} = 0$ und der Streuung $s = 1$ überführt werden. Dies geschieht durch z-Standardisierung sämtlicher Werte (vgl. Gl. 1.27). Als Mittelwert und Streuung verwenden wir die auf S. 38 und 44 ermittelten Werte von $\bar{x} = 106{,}78$ und $s = 21{,}48$. Da die Messwerte bereits in Kategorien zusammengefasst sind, brauchen nur die Kategoriengrenzen z-standardisiert zu werden.

- Problematisch sind die Kategorien an den Randbereichen der Verteilung, die in unserem Beispiel nicht offen, sondern geschlossen sind. Sollte die Bearbeitungszeit jedoch normalverteilt sein, darf es theoretisch keine kleinste und keine größte Bearbeitungszeit geben, d.h., die Randkategorien müssen offen sein. Die untere Grenze der Kategorie mit den kürzesten Bearbeitungszeiten erhält deshalb den Wert $-\infty$ und die obere Grenze der Kategorie mit den längsten Bearbeitungszeiten den Wert $+\infty$. Spalte 3 in Tabelle 2.3 gibt die z-standardisierten Kategoriengrenzen wieder.
- Ausgehend von den z-standardisierten Kategoriengrenzen werden anhand Tabelle B diejenigen Flächenanteile bestimmt, die sich zwischen je zwei Kategoriengrenzen befinden. Die Summe dieser Flächenanteile muss 1 ergeben (vgl. 4. Spalte in Tabelle 2.3).
- Die Flächenanteile (= Wahrscheinlichkeiten) werden mit dem Stichprobenumfang n = 90 multipliziert. Wir erhalten so die Häufigkeiten, die sich theoretisch ergeben müssten, wenn die Bearbeitungszeiten von 90 Personen bei einem Erwartungswert von $\mu = 106{,}78$ und einer Streuung von $\sigma = 21{,}48$ normalverteilt wären. Die Summe dieser erwarteten Häufigkeiten muss n = 90 ergeben.

Vergleichen wir die empirisch angetroffenen und die theoretisch erwarteten Häufigkeiten, stellen wir je nach Kategorie teils größere, teils geringere Abweichungen fest. Ein Verfahren zur Bewertung dieser Abweichungen bzw. zur Überprüfung der Hypothese, die Bearbeitungszeiten seien normalverteilt, wird unter 5.3.2 im Zusammenhang mit den χ^2-Techniken dargestellt.

Bedeutsamkeit der Normalverteilung

Die Bedeutsamkeit der Normalverteilung leitet sich aus den folgenden Eigenschaften ab:
- die Normalverteilung als empirische Verteilung,
- die Normalverteilung als Verteilungsmodell für statistische Kennwerte,
- die Normalverteilung als mathematische Basisverteilung,
- die Normalverteilung in der statistischen Fehlertheorie.

Im Folgenden wollen wir nach dieser Gliederung die Bedeutung der Normalverteilung analysieren.

Die Normalverteilung als empirische Verteilung. Wir haben bisher die Normalverteilung als eine rein theoretische Verteilung mit bestimmten mathematischen Eigenschaften kennengelernt. Ihre Bedeutung ist jedoch zum Teil darauf zurückzuführen, dass sich einige human- und sozialwissenschaftlich relevante Merkmale zumindest angenähert normalverteilen.

Das Modell der Normalverteilung wurde erstmalig im 19. Jahrhundert von dem Belgier Adolph Quetelet (vgl. Boring, 1950) auf menschliche Eigenschaften angewandt. Quetelet war es aufgefallen, dass sich eine Reihe von Messungen, wie z.B. die Körpergröße, das Körpergewicht, Testleistungen usw. angenähert normalverteilen, was ihn zu dem Schluss veranlasste, dass die Normalverteilung psychologischer, biologischer und anthropologischer Merkmale einem Naturgesetz entspricht (hinsichtlich weiterer normalverteilter Merkmale vgl. Anastasi, 1963, Kap. 2). Er ging davon aus, dass die Natur eine ideale, normative Ausprägung aller Merkmale anstrebe, dass jedoch die individuelle Ausprägung eines Merkmals von einer großen Zahl voneinander unabhängiger Faktoren abhänge, sodass die endgültige Merkmalsausprägung sowohl von der „idealen Norm" als auch von Zufallseinflüssen determiniert wird. Das Ergebnis dieser beiden Wirkmechanismen sei die Normalverteilung.

Dieser in einem Abriss über die Historie der Normalverteilung bei Walker (1929) dargestellte Ansatz hat inzwischen weitgehend an Bedeutung verloren. Vor allem wird der Gedanke, dass sich in der Normalverteilung ein Naturgesetz abbilde, heute eindeutig abgelehnt. Empirische Merkmalsverteilungen können zwar angenähert normalverteilt sein; es existieren jedoch auch andere empirische Verteilungen, die mit der Normalverteilung nicht die geringste Ähnlichkeit haben. Dies wird durch eine Studie von Micceri (1989) in eindrucksvoller Weise belegt.

Die Normalverteilung als Verteilungsmodell für statistische Kennwerte. In einer Urne mögen sich viele Kugeln mit unterschiedlichem Gewicht befinden. Wir denken uns, dass aus dieser Urne viele Stichproben gleichen Umfangs (mit Zurücklegen) gezogen werden. Berechnen wir als statistischen Kennwert das durchschnittliche Gewicht der Kugeln einer jeden Stichprobe, würden wir feststellen, dass diese Mittelwerte – bedingt durch die zufällige Zusammensetzung der Stichproben – von Stichprobe zu Stichprobe unterschiedlich ausfallen. Die Mittelwerte zufällig gezogener Stichproben stellen eine Zufallsvariable dar. Diese Zufallsvariable ist unter der Voraussetzung genügend großer Stichproben normalverteilt, und zwar un-

2.5.1 Normalverteilung

Tabelle 2.3. Vergleich einer empirischen Verteilung mit einer Normalverteilung

1 Intervall	2 Beobachtete Häufigkeit	3 Standardisierte Kategoriengrenzen	4 Flächenanteil (p_j)	5 Erwartete Häufigkeit ($f_{e(j)}$)
60,0–69,9	5	$-\infty$ –1,71	0,044	3,96
70,0–79,9	8	–1,71 bis –1,25	0,062	5,58
80,0–89,9	7	–1,25 bis –0,78	0,111	9,99
90,0–99,9	12	–0,78 bis –0,32	0,157	14,13
100,0–109,9	17	–0,32 bis 0,15	0,181	16,29
110,0–119,9	15	0,15 bis 0,62	0,173	15,57
120,0–129,9	13	0,62 bis 1,08	0,128	11,52
130,0–139,9	7	1,08 bis 1,55	0,080	7,20
140,0–149,9	6	1,55 bis ∞	0,061	5,49
			$\sum_{j=1}^{k} p_j \approx 1{,}000$	$\sum_{j=1}^{k} f_{e(j)} \approx 90$

abhängig davon, wie die Gewichte aller Kugeln in der Urne verteilt sind. Entsprechendes gilt – in Grenzen – für andere statistische Kennwerte. Dieser grundlegende Sachverhalt der Inferenzstatistik wird im nächsten Kapitel ausführlich dargestellt.

Die Normalverteilung als mathematische Basisverteilung. Aus der Normalverteilung lassen sich weitere theoretische Verteilungen ableiten, von denen einige in den Abschnitten 2.5.2–2.5.4 dargestellt werden (χ^2-Verteilung, t-Verteilung, F-Verteilung); über die Relationen weiterer Verteilungen zur Normalverteilung berichtet Sachs (2002, S. 228). Welche Beziehung zwischen der Normalverteilung und der Binomialverteilung besteht, sollen die folgenden Ausführungen zeigen.

Abbildung 2.6 b (S. 68) zeigt die Binomialverteilung für $n = 18$ und $p = 0{,}50$, die offensichtlich einer Normalverteilung sehr ähnlich ist. Wollen wir das Ausmaß der Ähnlichkeit überprüfen, müssen die Wahrscheinlichkeiten ermittelt werden, nach denen ein Ereignis A bei n Versuchen 0-mal, 1-mal, 2-mal, …, n-mal auftritt, wenn die Häufigkeit des Auftretens des Ereignisses A normalverteilt wäre. Die Berechnung der unter der Normalverteilungshypothese erwarteten Häufigkeiten (bzw. Wahrscheinlichkeiten) haben wir bereits im Zusammenhang mit dem Bearbeitungszeitenbeispiel (vgl. Tabelle 2.3) kennengelernt, bei dem 2 stetige Verteilungen, eine empirische und eine theoretische, miteinander verglichen wurden. Im vorliegenden Fall sind wir jedoch mit dem Problem konfrontiert, eine stetige Verteilung (die Normalverteilung) mit einer diskreten Verteilung (Binomialverteilung) zu vergleichen. Vereinfachend nehmen wir deshalb an, die Binomialverteilung sei stetig, wobei die einzelnen Häufigkeiten für A die Intervallmitten kennzeichnen.

Wie im Beispiel Tabelle 2.3 müssen auch hier die Kategoriengrenzen, die sich zu $0{,}5 - 1{,}5$; $1{,}5 - 2{,}5$; … ergeben, z-standardisiert werden, um anhand der Normalverteilungstabelle die Flächenanteile zu ermitteln, die sich über den einzelnen Intervallen befinden. Bei der z-Standardisierung verwenden wir als Mittelwert der Binomialverteilung $\mu = n \cdot p$ und als Streuung $\sigma = \sqrt{n \cdot p \cdot q}$ (vgl. S. 69).

Werden nach diesem Verfahren bei größer werdendem n und $p = q = 1/2$ Binomialverteilungen mit Normalverteilungen verglichen, ergeben sich zunehmend kleinere Abweichungen (vgl. Gebhard, 1969). Man kann zeigen, dass für $n \to \infty$ die Binomialverteilung exakt mit der Normalverteilung identisch ist (vgl. z.B. Kendall u. Stuart, 1969, S. 106 ff.).

Wie die Abbildungen 2.6 a und c zeigen, sind Binomialverteilungen für $p \neq q$ nicht symmetrisch. Das Ausmaß der Schiefe einer Binomialverteilung kann durch folgende Beziehung gekennzeichnet werden:

$$\text{Schiefe} = \frac{p - q}{\sigma}. \tag{2.48}$$

Da die Streuung einer Binomialverteilung $\sigma = \sqrt{p \cdot q \cdot n}$ lautet, wird die Schiefe einer Verteilung bei gegebenem p mit zunehmendem n (=

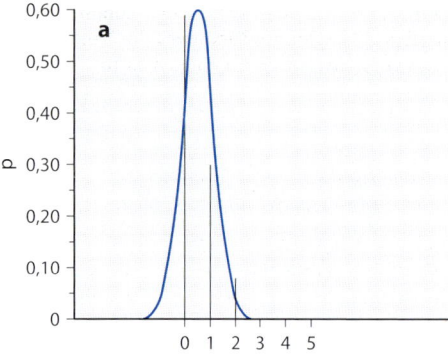
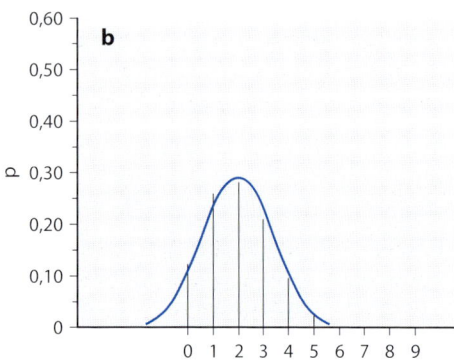
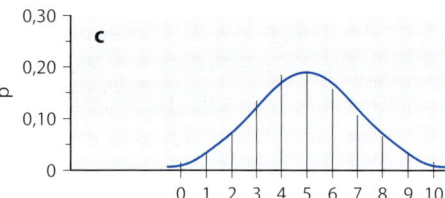

Abb. 2.8 a–c. Wahrscheinlichkeitsfunktionen der Binomialverteilung im Vergleich zur Dichte der Normalverteilung. **a** n = 5; p = 0,10 ($\mu = 0,5$, $\sigma = 0,67$, Schiefe = 1,19), **b** n = 20; p = 0,10 ($\mu = 2$, $\sigma = 1,34$, Schiefe = 0,60), **c** n = 50; p = 0,10 ($\mu = 5$, $\sigma = 2,12$, Schiefe = 0,38)

zunehmende Streuung) immer kleiner. Dies wird in Abb. 2.8 veranschaulicht. Die Binomialverteilung ist somit auch für $p \neq q$ mit wachsendem n in die Normalverteilung überführbar. Nach Sachs (2002, S. 228) kann eine Binomialverteilung hinreichend gut durch eine Normalverteilung approximiert werden, wenn $n \cdot p \cdot q \geq 9$ ist.

> Eine Binomialverteilung kann bei größeren Stichproben durch eine Normalverteilung approximiert werden.

BEISPIEL

Gesucht wird die Wahrscheinlichkeit, dass unter 1000 Würfen beim Roulette höchstens 20-mal die Null fällt. Die Berechnung dieser Wahrscheinlichkeit ist nach Gl. (2.37) aufwendig, sodass wir – zumal die Bedingung $p \cdot q \cdot n > 9 (1/37 \cdot 36/37 \cdot 1000 = 26,3 > 9)$ erfüllt ist – die Normalverteilungsapproximation benutzen wollen.

Der Mittelwert der Binomialverteilung lautet $\mu = (1/37) \cdot 1000 = 27,03$ und die Streuung $\sigma = \sqrt{(1/37) \cdot (36/37) \cdot 1000} = 5,13$. Gesucht wird die Wahrscheinlichkeit, dass X (Anzahl der gefallenen Nullen) einen Wert im Intervall 0 bis 20 bzw. wenn wir die Binomialverteilung als stetige Verteilung betrachten, im Intervall $-0,5$ bis 20,5 annimmt. Die z-Standardisierung dieser Kategoriengrenzen führt zu den Werten $z_{\text{untere Grenze}} = (-0,5 - 27,03)/5,13 = -5,37$ und $z_{\text{obere Grenze}} = (20,5 - 27,03)/5,13 = -1,27$. Aus der Normalverteilungstabelle entnehmen wir, dass zwischen diesen beiden z-Werten ein Flächenanteil von $p \approx 0,1$ liegt. Die Wahrscheinlichkeit, dass bei 1000 Roulettewürfen höchstens 20-mal die Null fällt, beträgt somit ungefähr 10%.

Die Normalverteilung in der statistischen Fehlertheorie. Wird eine Eigenschaft eines Objektes mehrfach gemessen, werden wir feststellen, dass die wiederholten Messungen nicht exakt identisch sind. Eine Vielzahl von möglichen Zufallsfaktoren, die im Moment der Messung wirksam (oder nicht wirksam) sind, verhindert es, dass sich wiederholte Messungen gleichen. Wenn beispielsweise die Körpergröße eines Menschen gemessen wird, kann es passieren, dass die Messlatte (oder die zu messende Person) nicht exakt senkrecht steht, dass der Fußboden nicht völlig eben ist, dass die Körperhaltung nicht aufrecht ist usw. Man kann sich leicht vorstellen, dass die Anzahl der Zufallsfaktoren, die die Messung potenziell beeinflussen können, sehr groß ist. Ferner wollen wir annehmen, dass Art und Anzahl der Einflussgrößen, die gerade bei einer konkreten Messung wirksam sind, vom Zufall bestimmt sind.

Zur Veranschaulichung dieser zufällig wirksamen Einflussgrößen stelle man sich folgende Apparatur vor: Über eine schiefe Ebene, die jeweils versetzt mit Nägeln versehen ist (vgl. Abb. 2.9), lassen wir sehr viele Kugeln rollen. Die Kugeln werden durch einen Schlitz auf das Brett gebracht und treffen auf den 1. Nagel, der sich direkt unter dem Schlitz befindet, sodass die Kugeln mit einer Wahrscheinlichkeit von $p \approx 0,50$ nach links bzw. rechts abgelenkt werden. Die Endposi-

2.5.2 χ^2-Verteilung

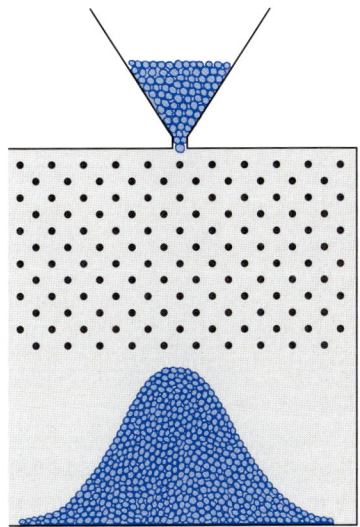

Abb. 2.9. Nagelbrett zur Veranschaulichung einer Normalverteilung

tionen der Kugeln werden dadurch bestimmt, wie die übrigen Nägel die Durchläufe beeinflussen.

Allgemein haben wir es mit einer sehr großen Anzahl von alternativen Ereignissen (Einflussgröße ist wirksam vs. Einflussgröße ist nicht wirksam) zu tun, die – wie bereits bekannt – *binomialverteilt* sind. Die Wahrscheinlichkeit, dass bei einer bestimmten Messung von n möglichen Einflussgrößen gerade k wirksam sind, kann anhand der Binomialverteilung ermittelt werden.

Wie jedoch auf S. 77 f. bereits gezeigt wurde, geht die Binomialverteilung bei großem n in die Normalverteilung über, sodass wiederholte Messungen um die „wahre" Ausprägung des Merkmals herum normalverteilt sind. Wie Abb. 2.9 zeigt, erhalten wir in unserem Nagelbrettbeispiel eine normale Kugelverteilung.

Bezogen auf Messoperationen gehen wir von folgendem Modell aus:

$$x_{ij} = a_i + \varepsilon_{ij}. \qquad (2.49)$$

Eine Messung x_{ij} setzt sich additiv aus 2 Komponenten zusammen: eine Komponente a_i, die die wahre Ausprägung des Merkmals bei einem Objekt i kennzeichnet und die bei wiederholten Messungen konstant bleibt, sowie eine weitere Komponente ε_{ij}, die einen für jede Messung j spezifischen Fehleranteil enthält.

> Unter der Annahme, dass die Anzahl der zufällig wirksamen Fehlerfaktoren sehr groß ist, sind die Fehlerkomponenten ε_{ij} bei vielen Wiederholungsmessungen normalverteilt.

ε_{ij} ist als Abweichung des gemessenen x_{ij}-Wertes von der wahren Ausprägung a_i definiert ($\varepsilon_{ij} = x_{ij} - a_i$), d.h., es sind positive und negative Fehlerkomponenten denkbar, die sich bei vielen Wiederholungsmessungen gegenseitig ausbalancieren. Als Erwartungswert der Normalverteilung der Fehlerkomponenten kann deshalb der Wert Null angenommen werden. Dieses Modell der Fehlerkomponentenverteilung ist für die Inferenzstatistik grundlegend und wird deshalb in mehreren Zusammenhängen erneut aufgegriffen.

2.5.2 χ^2-Verteilung

Gegeben sei eine normalverteilte Zufallsvariable z mit $\mu = 0$ und $\sigma = 1$ (Standardnormalverteilung). Das Quadrat dieser Zufallsvariablen bezeichnen wir als eine χ_1^2-verteilte Zufallsvariable.

$$\chi_1^2 = z^2. \qquad (2.50)$$

Wenn (theoretisch unendlich) viele χ_1^2-Werte aus zufällig gezogenen z-Werten nach Gl. (2.50) ermittelt werden, erhalten wir eine stetige χ_1^2-Verteilung, deren Form durch die Dichtefunktion beschrieben wird (zur Dichtefunktion der χ^2-Verteilung vgl. Graybill, 1961, oder Hofstätter u. Wendt, 1974). Der Gesamtfläche der Verteilung wird der Wert 1 zugewiesen. Die sich über einem χ_1^2-Intervall befindliche Fläche gibt somit die Wahrscheinlichkeit an, mit der sich ein zufälliger χ_1^2-Wert in diesem Intervall befindet.

Die Summe der Quadrate zweier voneinander unabhängiger, normalverteilter Zufallsvariablen mit $\mu = 0$ und $\sigma = 1$ definiert eine χ_2^2-verteilte Zufallsvariable.

$$\chi_2^2 = z_1^2 + z_2^2. \qquad (2.51)$$

Aus vielen Summen von je 2 z^2-Werten erhalten wir die Verteilung der χ_2^2-Werte. Werden allgemein n normalverteilte, voneinander unabhängige Zufallsvariablen mit $\mu = 0$ und $\sigma = 1$ quadriert und addiert, resultiert eine χ_n^2-verteilte Zufallsvariable:

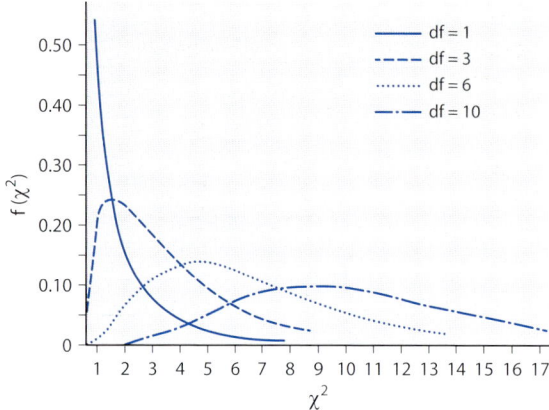

Abb. 2.10. χ^2-Verteilungen (Dichtefunktionen)

$$\chi_n^2 = z_1^2 + z_2^2 + \cdots + z_n^2 = \sum_{i=1}^{n} z_i^2. \quad (2.52)$$

χ^2-Verteilungen unterscheiden sich somit darin, dass unterschiedliche Anzahlen von z^2-Variablen summiert werden. In Abhängigkeit von der Anzahl der z^2-Variablen sprechen wir von χ^2-Verteilungen mit unterschiedlichen **Freiheitsgraden (df = „degrees of freedom")**. Die Anzahl der Summanden in Gl. (2.52) entspricht der Anzahl der Freiheitsgrade (df = n). Auf die Bedeutung der Freiheitsgrade eines χ^2-Wertes wird in Kap. 5 (z.B. S. 157) ausführlich eingegangen. Abbildung 2.10 veranschaulicht die χ^2-Dichtefunktionen mit 1, 3, 6 und 10 Freiheitsgraden.

Das Integral der Verteilung zwischen bestimmten χ^2-Werten gibt die Wahrscheinlichkeit an, dass sich ein zufälliger χ^2-Wert in diesem Intervall befindet. χ^2-Verteilungsfunktionen (kurz: χ^2-Verteilungen) werden vor allem im Zusammenhang mit den unter 5.3 zu besprechenden Verfahren benötigt, wobei uns im Allgemeinen jedoch nur – wie noch gezeigt wird – bestimmte Flächenanteile der χ^2-Verteilungen interessieren. Tabelle C des Anhangs enthält deshalb nur diejenigen χ^2-Werte, die ausgewählte Anteile der Gesamtfläche einer χ^2-Verteilung mit einer bestimmten Anzahl von Freiheitsgraden abschneiden. Wenn beispielsweise gefragt wird, welcher χ^2-Wert *die oberen* 5% der χ^2-Verteilung mit 2 Freiheitsgraden (df = 2) abschneidet, können wir Tabelle C entnehmen, dass dies der Wert $\chi^2_{(2;95\%)} = 5,99$ ist (das Integral der Fläche zwischen den Grenzen Null und 5,99 beträgt $p = 0,95$). Weitere Erläuterungen der χ^2-Tabelle erfolgen in Kap. 5. Ein Rechenprogramm für die Ermittlung von χ^2-Wahrscheinlichkeiten findet man bei Sletten (1980).

Eine χ^2_{df}-Verteilung hat einen Erwartungswert von $\mu = df$, eine *Streuung* von $\sqrt{2df}$ und eine *Schiefe* von $\sqrt{8/df}$. Mit größer werdendem df nähert sich die χ^2-Verteilung einer Normalverteilung mit dem Mittelwert $\mu = df$ und der Streuung $\sigma = \sqrt{2df}$.

Ein χ^2-Wert mit $df \to \infty$ ist unter Verwendung von Gl. (1.27) durch folgende Beziehung mit einem z-Wert der Standardnormalverteilung verknüpft:

$$z = \frac{\chi^2_{df} - df}{\sqrt{2 \cdot df}} \quad (df \to \infty). \quad (2.53)$$

Eine bessere Approximation an die Normalverteilung stellt die Verteilung der Größe $\sqrt{2 \cdot \chi^2}$ dar, die einen Erwartungswert von $\mu = \sqrt{2 \cdot df - 1}$ und eine Streuung von $\sigma = 1$ aufweist. Diese Approximation gilt bereits bei $df \geq 30$ als ausreichend. Setzen wir in Gl. (1.27) $x = \sqrt{2 \cdot \chi^2}$, $\bar{x} = \mu = \sqrt{2 \cdot df - 1}$ und $\sigma = 1$, erhalten wir als z-Transformation:

$$z = \sqrt{2 \cdot \chi^2} - \sqrt{2 \cdot df - 1} \quad (df > 30). \quad (2.54)$$

Für $df \geq 10$ lässt sich ein χ^2-Wert nach folgender Beziehung in einen z-Wert transformieren (vgl. Vahle u. Tews, 1969):

$$z = \frac{\sqrt[3]{\chi^2_{df}/df} - \left(1 - \frac{2}{9 \cdot df}\right)}{\sqrt{\frac{2}{9 \cdot df}}}. \quad (2.55)$$

BEISPIEL

Der Zusammenhang zwischen der χ^2-Verteilung und der Normalverteilung bei $df \geq 30$ sei an einem Beispiel verdeutlicht. In Tabelle C lesen wir ab, dass in der χ^2-Verteilung mit df = 30 der Wert 43,77 die oberen 5% der Verteilung abschneidet ($\chi^2_{(30;95\%)} = 43,77$), d.h., das Integral der Verteilung von 0 bis 43,77 beträgt $p = 0,95$. Nach Gl. (2.54) erhalten wir für diesen χ^2-Wert den folgenden z-Wert:

$$z = \sqrt{2 \cdot 43,77} - \sqrt{2 \cdot 30 - 1} = 1,68.$$

In der Normalverteilungstabelle (vgl. Tabelle B) lesen wir ab, dass das Integral der Normalverteilung von $-\infty$ bis 1,68 $p = 0,953$ beträgt, was, bis auf die 3. Nachkommastelle, dem Flächenanteil in der χ^2_{30}-Verteilung entspricht. Einen genaueren Wert erhalten wir nach Gl. (2.55):

$$z = \frac{\sqrt[3]{43{,}77/30} - \left(1 - \frac{2}{9 \cdot 30}\right)}{\sqrt{\frac{2}{9 \cdot 30}}} = 1{,}6452\,.$$

Dieser z-Wert schneidet nahezu exakt 5% der Fläche der Standardnormalverteilung ab.

Für df = 2 kann man von folgender Beziehung Gebrauch machen (vgl. Kendall, 1962, S. 123 f.):

$$\ln(1 - F(z_{x\%})) = -\chi^2_{(2,x\%)}/2 \qquad (2.56)$$

Tabelle B entnehmen wir z.B., dass das Integral der Standardnormalverteilung von $z_{0\%} = -\infty$ bis $z_{95\%} = 1{,}65$ $F(z = 1{,}65) = 0{,}95$ beträgt. Man erhält $\ln(1 - 0{,}95) = -2{,}9957$. Tabelle C entnehmen wir $\chi^2_{(2;95\%)} = 5{,}99147$, sodass $-\chi^2_{(2;95\%)}/2 = -2{,}9957$ dem oben errechneten Wert entspricht.

Eine weitere Eigenschaft der χ^2-Verteilungen lautet:

> Wenn ein $\chi^2_{n_1}$-Wert zu einer χ^2-Verteilung mit n_1 Freiheitsgraden und ein $\chi^2_{n_2}$-Wert zu einer χ^2-Verteilung mit n_2 Freiheitsgraden gehört, dann ist die Summe dieser beiden χ^2-Werte auch χ^2-verteilt mit df = $n_1 + n_2$ Freiheitsgraden.

Wir werden uns diese Beziehung im Zusammenhang mit Kap. 5.3.5 zunutze machen.

2.5.3 t-Verteilung

Aus einer standardnormalverteilten Zufallsvariablen ($\mu = 0$; $\sigma = 1$) wird ein z-Wert und aus einer hiervon unabhängigen χ^2_{df}-verteilten Zufallsvariablen ein χ^2_{df}-Wert gezogen. Der folgende Quotient definiert einen t_{df}-Wert:

$$t_{df} = \frac{z}{\sqrt{\chi^2_{df}/df}}\,. \qquad (2.57)$$

Die Verteilung dieser Zufallsvariablen heißt t-Verteilung. Diese Verteilung wurde 1908 von Gosset unter dem Pseudonym „Student" entwickelt und ist unter der Bezeichnung „Student-t-Verteilung" in die Literatur eingegangen. Wieder kennzeichnet der Ausdruck „t-Verteilung" eine ganze Familie von Verteilungen, die sich jeweils untereinander durch die Freiheitsgrade der einbezogenen χ^2-Werte unterscheiden. Wir sprechen deshalb

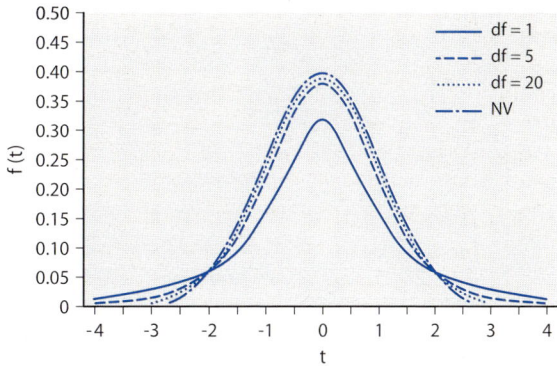

Abb. 2.11. t-Verteilungen im Vergleich zur Normalverteilung (Dichtefunktionen)

auch von t-Verteilungen mit unterschiedlichen Freiheitsgraden.

Wie die Standardnormalverteilung sind auch die t-Verteilungen symmetrische, eingipflige Verteilungen mit einem Erwartungswert von $\mu = 0$. Die Streuung einer t-Verteilung mit df Freiheitsgraden beträgt $\sigma = \sqrt{df/(df-2)}$. Im Vergleich zur Standardnormalverteilung sind t-Verteilungen *schmalgipfliger*, wobei jedoch die Schmalgipfligkeit mit zunehmender Anzahl der Freiheitsgrade abnimmt. Für df $\to \infty$ geht die t-Verteilung in die Standardnormalverteilung über. Abbildung 2.11 zeigt die t-Verteilung für 1, 5 und 20 df im Vergleich zur Standardnormalverteilung.

Tabelle D des Anhangs enthält, ähnlich wie die χ^2-Tabelle, ausgewählte Flächenanteile für die t-Verteilungsfunktionen. Aus dieser Tabelle entnehmen wir beispielsweise, dass durch $t_{(8;99\%)} = 2{,}896$ das obere 1% der t-Verteilung mit 8 df abgeschnitten wird. Die t-Werte für df $\to \infty$ sind mit den entsprechenden z-Werten der Standardnormalverteilung identisch. Auf Anwendungsbeispiele für die t-Verteilung wird unter 5.1 ausführlich eingegangen.

2.5.4 F-Verteilung

Gegeben sei eine χ^2-Verteilung mit df_1 und eine weitere, unabhängige χ^2-Verteilung mit df_2. Der Quotient von 2 zufällig aus diesen beiden Verteilungen entnommenen χ^2-Werten, multipliziert mit dem Kehrwert des Quotienten ihrer Freiheitsgrade, wird als F-Wert bezeichnet.

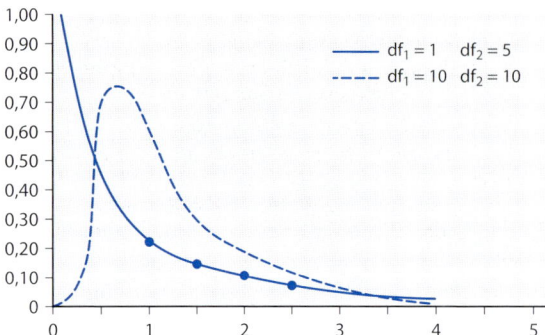

Abb. 2.12. F-Verteilungen (Dichtefunktionen)

$$F_{(df_1, df_2)} = \frac{\chi^2_{df_1}}{\chi^2_{df_2}} \cdot \frac{df_2}{df_1} \quad (2.58)$$

Die Verteilung dieser Zufallsvariablen heißt F-Verteilung. Verschiedene F-Verteilungen unterscheiden sich durch die Anzahl der Freiheitsgrade des Zähler -χ^2 (df$_1$ *Zählerfreiheitsgrade*) und die Anzahl der Freiheitsgrade des Nenner -χ^2 (df$_2$ *Nennerfreiheitsgrade*). F-Verteilungen sind stetige, asymmetrische Verteilungen mit einer Variationsbreite von 0 bis ∞. Abbildung 2.12 zeigt F-Verteilungen mit einem Zählerfreiheitsgrad und 5 Nennerfreiheitsgraden bzw. 10 Zählerfreiheitsgraden und 10 Nennerfreiheitsgraden.

Tabelle E des Anhangs enthält die F-Werte für bestimmte Flächenanteile der F-Verteilungsfunktionen. Die oberen 5% der F-Verteilung mit 3 Zählerfreiheitsgraden und 10 Nennerfreiheitsgraden etwa werden durch den Wert $F_{(3,10;95\%)} = 3{,}71$ abgeschnitten.

Anwendungsmöglichkeiten der F-Verteilung werden ausführlich z.B. in Teil II über varianzanalytische Verfahren besprochen.

2.5.5 Vergleich von F-, t-, χ^2- und Normalverteilung

In Abschnitt 2.5.3 wurde bereits darauf hingewiesen, dass die t-Verteilung für df $\to \infty$ in die Standardnormalverteilung übergeht.

Quadrieren wir Werte einer t-verteilten Zufallsvariablen mit df = n, erhalten wir

$$t_n^2 = \frac{z^2}{\chi_n^2/n} \quad (2.59)$$

Gemäß Gl. (2.50) und Gl. (2.58) können wir hierfür auch schreiben

$$t_n^2 = \frac{\chi_1^2}{\chi_n^2/n} = \frac{\chi_1^2}{\chi_n^2} \cdot \frac{n}{1} = F_{(1,n)} \quad (2.60)$$

Die quadrierte t-Verteilung mit n Freiheitsgraden ist also mit der F-Verteilung für einen Zählerfreiheitsgrad und n Nennerfreiheitsgraden identisch. Wir wollen überprüfen, ob diese Beziehung anhand der Tabelle D und Tabelle E nachvollzogen werden kann. In Tabelle E lesen wir ab, dass der Wert $F_{(1,8;95\%)} = 5{,}32$ die oberen 5% der $F_{(1,8)}$-Verteilungsfläche abschneidet. Der entsprechende Wert der t-Verteilung lautet $t_{(8;95\%)} = 1{,}86$. Quadrieren wir diesen Wert, erhalten wir $t^2_{(8;95\%)} = 3{,}46$, der mit dem $F_{(1,8;95\%)} = 5{,}32$ nicht übereinstimmt. Gl. (2.60) ist somit offenbar nicht erfüllt.

Der Grund für diese Unstimmigkeit ist folgender: Wir erinnern uns zunächst, dass die t-Verteilung um 0 symmetrisch ist, d.h. dass positive wie negative t-Werte mit gleicher Wahrscheinlichkeit auftreten können. Quadrieren wir die t-Verteilung, erhalten wir nur positive Werte, sodass die Wahrscheinlichkeit positiver Werte in der t^2-Verteilung doppelt so groß ist wie in der t-Verteilung. Die Quadrate der t-Werte im Bereich $-\infty$ bis $t_{(n,5\%)}$ und im Bereich $t_{(n,95\%)}$ bis ∞ machen also zusammengenommen 10% der oberen Verteilungsfläche der t^2-Verteilung aus. Damit schneidet der Wert $t^2 = 3{,}46$ 10% und nicht 5% vom oberen Verteilungsast der t^2-Verteilung mit 8 df ab. Wir benötigen deshalb diejenigen t-Werte, die die unteren und die oberen 2,5% der t-Verteilung abschneiden. Werte, die sich in diesen Bereichen befinden, ergeben durch die Quadrierung zusammen die oberen 5% der t^2-Verteilung. Gemäß Tabelle D sind dies die Werte $t_{(8;2,5\%)} = -2{,}306$ und $t_{(8;97,5\%)} = +2{,}306$. Diese beiden Werte erfüllen Gl. (2.60): $2{,}306^2 = 5{,}32$.

Ausgehend von der Dichtefunktion der F-Verteilung (vgl. Kendall u. Stuart, 1969, Kap. 16) kann man zeigen, dass ferner die folgende Beziehung gilt:

$$z^2 = F_{(1,\infty)} \quad (2.61)$$

Da die z-Werte der Standardnormalverteilung ebenfalls symmetrisch um Null verteilt sind, entspricht ein F-Wert, der z.B. in der $F_{(1,\infty)}$-Verteilung die oberen 5% abschneidet, demjenigen z-Wert, der in der Standardnormalverteilung die unteren bzw. oberen 2,5% abschneidet. Wir ermitteln für $F_{(1,\infty;95\%)} = 3,84$ und für $z_{(97,5\%)} = 1,96$ (bzw. für $z_{(2,5\%)} = -1,96$), sodass $z^2_{(2,5\%)} = z^2_{(97,5\%)} = \pm 1,96^2 = 3,84$.

Zwischen einer χ^2-Verteilung und einer F-Verteilung besteht folgende Beziehung:

$$F_{(n,\infty)} = \chi^2_n / n. \qquad (2.62)$$

Auch diese Gleichung sei an einem Beispiel verdeutlicht: Für $F_{(10,\infty;99\%)} = 2,32$ ermitteln wir $\chi^2_{(10,99\%)} = 23,21$, sodass $\chi^2/n = 2,32$.

Ausgehend von den hier dargestellten Beziehungen hat Jaspen (1965) ein allgemeines Rechenprogramm entwickelt, mit dem die z-, t-, F- und χ^2-Verteilungen integriert werden können. Dieses Programm macht somit die Benutzung der entsprechenden, im Anhang wiedergegebenen Tabellen überflüssig, weil für jeden Verteilungswert exakt errechnet werden kann, welcher Anteil der jeweiligen Verteilung durch diesen Wert abgeschnitten wird.

Dies gilt auch für praktisch alle Statistik-Softwarepakete (SPSS, SAS, SYSTAT, BMDP, Statistika, S-Plus etc.). Wenn man sog. Signifikanztests (t-Test, F-Test und χ^2-Test als Beispiele für elementare Signifikanztests; vgl. Kap. 4 und 5) mit einem dieser Statistik-Programme am Computer durchführt, kann man auf die im Anhang gelisteten Tabellen (weitgehend) verzichten. Das Computerprogramm berechnet die exakten Flächenanteile beliebiger t-, F- oder χ^2-Verteilungswerte, die für inferenzstatistische Aussagen (z. B. sog. Signifikanzaussagen) benötigt werden (ausführlicher hierzu S. 118 f.).

ÜBUNGSAUFGABEN

1. In einer Lotterie mit 100 Losen befinden sich 60 Nieten, 30 Kleingewinne und 10 sog. Hauptgewinne. Wie groß ist die Wahrscheinlichkeit, beim Kauf eines Loses mindestens einen Kleingewinn zu erhalten?

2. Aus dem deutschen Alphabet wird zufällig ein Buchstabe ausgewählt. Wie groß ist die Wahrscheinlichkeit, dass dieser Buchstabe ein Vokal ist oder dass der Buchstabe zu den ersten zehn Buchstaben des Alphabets zählt?

3. In einem psychopharmakologischen Experiment soll überprüft werden, ob ein Medikament durch ein Plazebo (= chemisch unwirksame Substanz) ersetzt werden kann. Während eines Behandlungszeitraums von 10 Tagen müssen die Versuchspersonen hierfür 10 Tabletten einnehmen, wobei sich unter den 10 Tabletten 4 Plazebos befinden, die sich äußerlich nicht von der Tablette unterscheiden. Wie groß ist die Wahrscheinlichkeit, dass es sich bei den 4 zuerst eingenommenen Tabletten um ein Plazebo handelt?

4. Die Wahrscheinlichkeit, in 20 Jahren noch zu leben, möge für Herrn M. $p = 0,60$ und für Frau M. $p = 0,70$ betragen. Wie groß ist die Wahrscheinlichkeit, dass Herr und Frau M. in 20 Jahren noch leben werden, wenn die Überlebenszeiten voneinander unabhängig sind?

5. Wie groß ist die Wahrscheinlichkeit, mit 6 Würfen nacheinander die Zahlen 1, 2, 3, 4, 5 und 6 zu würfeln?

6. In einem parapsychologischen Experiment wird ein Hellseher aufgefordert vorherzusagen, welches Menu sich ein Gast in einem Restaurant zusammenstellt. Zur Auswahl stehen 4 Vorspeisen, 6 Hauptgerichte und 3 Nachspeisen. Wie groß ist die Wahrscheinlichkeit, dass die Menuzusammenstellung zufällig richtig erraten wird?

7. Im Untertest „Bilderordnen" des Hamburg-Wechsler-Intelligenztests werden die Probanden aufgefordert, verschiedene graphisch dargestellte Szenen so in eine Reihenfolge zu bringen, dass sie eine sinnvolle Geschichte ergeben. Wie groß ist die Wahrscheinlichkeit, dass die richtige Reihenfolge von 6 Einzelbildern zufällig erraten wird?

8. Im Test „Familie in Tieren" müssen Tiere benannt werden, die den Vater, die Mutter oder andere Familienangehörige am besten charakterisieren. Wie viele Kombinationsmöglichkeiten ergeben sich für ein Kind, das aus 20 Tieren für 4 Familienangehörige je ein anderes Tier auswählen soll?

9. Eine Werbeagentur möchte herausfinden, welche 5 der insgesamt 8 Mitarbeiter zusammen das kreativste Team darstellen. Wie viele Arbeitsgruppen à 5 Personen kommen hierfür potenziell in Frage?

10. Eine Schulklasse, bestehend aus 15 Schülern, will eine Fußballmannschaft (3 Stürmer, 4 Mittelfeldspieler, 3 Verteidiger, 1 Torwart) zusammenstellen. Wie viele Mannschaftsaufstellungen sind möglich, wenn jeder Schüler für jeden Platz in Frage kommt?

11. Ein Test möge aus 10 Fragen bestehen, wobei zu jeder Frage 4 Antwortmöglichkeiten vorgegeben sind. Wie groß ist die Wahrscheinlichkeit, dass bei diesem Test mindestens drei richtige Antworten zufällig erraten werden?

12. In einer Lostrommel befinden sich 100 Lose. Dem Losverkäufer ist bekannt, dass sich unter den 100 Losen 10 Gewinne befinden. Wie groß ist die Wahrscheinlichkeit, dass man bei einem Kauf von 5 Losen mindestens einmal gewinnt?

13. Lehrling P hat in einem mechanischen Verständnistest 78 Punkte und in einem Kreativitätstest 35 Punkte erreicht. Im ersten Test erzielen Lehrlinge im Durchschnitt eine Leistung von $\bar{x} = 60$ mit einer Streuung von $s = 8$ und im zweiten Test eine durchschnittliche Leistung von $\bar{x} = 40$ mit einer Streuung von $s = 5$. Die

Testleistungen seien in beiden Tests normalverteilt.

a) Wie groß ist der Prozentsatz der Lehrlinge, die im mechanischen Verständnistest schlechter abschneiden als Lehrling P?
b) Wie groß ist der Prozentsatz der Lehrlinge, die im Kreativitätstest besser abschneiden als Lehrling P?
c) Lehrling F habe im Kreativitätstest eine Leistung von 43 Punkten erreicht. Wie viel Prozent aller Lehrlinge haben in diesem Test eine bessere Leistung als Lehrling P, aber gleichzeitig eine schlechtere Leistung als Lehrling F?

14. Wie lautet der χ^2-Wert, der vom oberen Teil der χ^2-Verteilung mit 9 df 5% abschneidet?
15. Wie lauten die t-Werte, die jeweils 0,5% vom oberen und unteren Teil der t-Verteilung mit 12 df abschneiden?
16. Welcher F-Wert schneidet vom oberen Teil der F-Verteilung mit 4 Zähler-df und 20 Nenner-df 5% ab?

Kapitel 3 Stichprobe und Grundgesamtheit

> **ÜBERSICHT**
>
> Zufallsstichprobe – Klumpenstichprobe – geschichtete Stichprobe – Stichprobenkennwerteverteilung – Standardfehler – zentrales Grenzwerttheorem – Erwartungstreue – Konsistenz – Effizienz – Suffizienz – Methode der kleinsten Quadrate – Maximum-likelihood-Methode – Punktschätzung – Konfidenzintervall – Stichprobengröße

Kapitel 1 stellt Verfahren dar, mit deren Hilfe die in einem Kollektiv angetroffene Merkmalsverteilung beschrieben werden kann, wobei Fragen der Generalisierbarkeit der Ergebnisse ausgeklammert wurden. Die meisten empirischen Untersuchungen sind jedoch darauf gerichtet, allgemeingültige Aussagen zu formulieren, die über die Beschreibung einer spezifischen Gruppe von Untersuchungseinheiten hinausgehen. Wir wollen deshalb in diesem Kapitel das Grundprinzip einführen, wie auf der Basis von Ergebnissen, die an einer verhältnismäßig kleinen Personen-(Objekt-) Gruppe ermittelt wurden, induktiv allgemein gültige Aussagen formuliert werden können. Der sich hiermit befassende Teilbereich der Statistik wird als *Inferenz-* oder *schließende Statistik* bezeichnet.

Mit inferenzstatistischen Verfahren lässt sich also angeben, wie gut aufgrund der Untersuchung von relativ wenig Personen oder Objekten – einer *Stichprobe* – auf Merkmalsverteilungen in der *Grundgesamtheit (Population)* aller Personen oder Objekte geschlossen werden kann. Der inferenzstatistische Ansatz ermöglicht es, Fragen wie z. B. „Was weiß ich über das Kurzzeitgedächtnis 8-jähriger Kinder, wenn ich das Kurzzeitgedächtnis tatsächlich nur bei 100 8-jährigen Kindern untersucht habe?" zu beantworten. Hiermit sind Probleme des *Schließens* angesprochen, die wir in diesem Kapitel behandeln.

Ein weiterer, wichtiger Bereich der Inferenzstatistik befasst sich mit der empirischen Überprüfung von Hypothesen. Nehmen wir an, es soll die Hypothese überprüft werden, dass männliche Studenten bessere Statistikklausuren schreiben als weibliche, und nehmen wir ferner an, dass in einer Untersuchung die durchschnittliche Klausurleistung von 30 geprüften männlichen Studenten um 2 Punkte über der Durchschnittsleistung von 30 weiblichen Studenten liegt. Kann man aufgrund dieser Untersuchung von 60 Studenten behaupten, die Hypothese sei richtig, dass männliche Studenten generell bessere Statistikklausuren schreiben als weibliche, oder könnte dieses Untersuchungsergebnis auch auf zufällige Besonderheiten der verglichenen Studenten zurückgeführt werden? Hiermit sind Probleme des *Testens* angesprochen, die wir in Kap. 4 behandeln.

Statistische Kennwerte, wie z. B. die Maße der zentralen Tendenz oder die Maße der Dispersion, können für Stichproben und für Grundgesamtheiten ermittelt werden. Die Kennwerte der Merkmalsverteilungen in Grundgesamtheiten bezeichnen wir – in Analogie zu theoretischen Verteilungen – als *Parameter*. Für Parameter verwenden wir entweder griechische Buchstaben (z. B. μ und σ als Mittelwert- und Standardabweichungsparameter einer Grundgesamtheit) oder große Buchstaben (z. B. N als Umfang einer Grundgesamtheit). Stichprobenverteilungen werden wie bisher durch kleine Buchstaben ($\bar{x}$, s, n) gekennzeichnet.

Abschnitt 3.1 behandelt Regeln für die Ziehung einer *Stichprobe*. Man muss allerdings damit rechnen, dass auch eine sorgfältig gezogene Stichprobe die Merkmalsverteilung in der Population nicht exakt wiedergibt. Werden aus einer Grundgesamtheit mehrere Stichproben gezogen, kann man nicht davon ausgehen, dass die ermittelten statistischen Kennwerte, wie z. B. die Stichprobenmittelwerte, identisch sind. Die Unterschiedlichkeit der an mehreren Stichproben ermittelten Verteilungskennwerte ist jedoch, wie wir in 3.2 zeigen werden, kalkulierbar. Die zentrale Frage, wie man aufgrund von Stichprobenkennwerten auf Populationsparameter schließen kann, wird in 3.3 bis 3.5 behandelt.

3.1 Stichprobenarten

Als *Grundgesamtheit (Population)* bezeichnen wir allgemein alle potenziell untersuchbaren Einheiten oder „Elemente", die ein gemeinsames Merkmal (oder eine gemeinsame Merkmalskombination) aufweisen. So sprechen wir beispielsweise von der Population aller Deutschen, von der Grundgesamtheit der Bewohner einer bestimmten Stadt, der Leser einer bestimmten Zeitung, der linkshändigen Schüler, der dreisilbigen Substantive, der zu einem bestimmten Zeitpunkt auf einem Bahnhof anwesenden Personen, der in einer Zeitung enthaltenen Informationen usw. Wie die Beispiele zeigen, beziehen sich Grundgesamtheiten nicht immer auf Personen. Grundgesamtheiten können ferner einen begrenzten oder theoretisch unbegrenzten Umfang aufweisen.

Eine *Stichprobe* stellt eine Teilmenge aller Untersuchungsobjekte dar, die die untersuchungsrelevanten Eigenschaften der Grundgesamtheit möglichst genau abbilden soll. Eine Stichprobe ist somit ein „Miniaturbild" der Grundgesamtheit. Je besser die Stichprobe die Grundgesamtheit repräsentiert, um so präziser sind die inferenzstatistischen Aussagen über die Grundgesamtheit.

Die Präzision der Aussagen ist ferner von der Größe der untersuchten Stichprobe und der Größe der Grundgesamtheit abhängig. In 3.6 werden wir der Frage nachgehen, wie die Stichprobengröße die Genauigkeit der Schätzung eines Populationsparameters beeinflusst. Auf inferenzstatistische Besonderheiten, die sich ergeben, wenn Stichproben aus Populationen mit endlichem Umfang gezogen werden, wird nur hingewiesen. Der hier diskutierte Ansatz, der von Grundgesamtheiten mit sehr großem (theoretisch unendlichem) Umfang ausgeht, ist für praktische Zwecke immer dann gültig, wenn die Grundgesamtheit mindestens 100-mal so groß ist wie der Stichprobenumfang. Wenn beispielsweise eine Stichprobe des Umfangs $n = 100$ untersucht wird, ist es praktisch unerheblich, ob die Population einen Umfang $N = 10\,000$ oder $50\,000$ aufweist. Sollte das angegebene Verhältnis von Populationsumfang zu Stichprobengröße erheblich unterschritten werden, ist die *Inferenzstatistik für endliche (finite) Grundgesamtheiten* indiziert, die z. B. bei Cochran (1972) oder Menges (1959) ausführlich dargestellt wird.

Im Folgenden behandeln wir zunächst einige Techniken, aus einer Grundgesamtheit eine Stichprobe zu ziehen. Da in diesem einführenden Text allgemeine Probleme der Inferenzstatistik wichtiger erscheinen als Techniken und Theorien komplexer Stichprobenpläne, sind die folgenden Ausführungen kurz gehalten. Im Mittelpunkt steht die Zufallsstichprobe, die für die Inferenzstatistik von besonderer Bedeutung ist. Andere Stichprobenarten, die in sozialwissenschaftlichen Erhebungen zur Schätzung von Populationsparametern eingesetzt werden, behandeln wir nur kurz (ausführlicher hierzu vgl. Bortz u. Döring, 2002, Kap. 7). Im Übrigen wird auf die für diese Probleme einschlägige Speziallliteratur verwiesen (z. B. Cochran, 1972; Heyn, 1960; Kish, 1965; Kreienbrock, 1989; Levy u. Lemeshow, 1999; Schwarz, 1975; Stenger, 1971; Tryfos, 1996). Eine Bibliographie zu diesem Thema liefern Thomas u. Schofield (1986).

Die mit der Erhebung einer Stichprobe verbundene Frage lautet: Wie kann gewährleistet werden, dass eine Stichprobe eine Grundgesamtheit möglichst genau repräsentiert? Eine Stichprobe kann für eine Grundgesamtheit entweder in Bezug auf alle Merkmale *(globale Repräsentativität)* oder in Bezug auf bestimmte Merkmale *(spezifische Repräsentativität)* repräsentativ sein. Die Entscheidung darüber, ob eine Stichprobe global oder spezifisch repräsentativ sein soll, hängt davon ab, wie viele Vorkenntnisse über das zu untersuchende Merkmal bereits vorhanden sind.

Zufallsstichprobe

Ist über die Verteilung der untersuchungsrelevanten Merkmale praktisch nichts bekannt, sollte eine Zufallsstichprobe gezogen werden.

Untersucht werden soll beispielsweise die Abstraktionsfähigkeit von chronischen Alkoholikern. Die Determinanten, die auf die Verteilung des Merkmals Abstraktionsfähigkeit in der Grundgesamtheit der chronischen Alkoholiker Einfluss nehmen können, seien unbekannt. In diesem Fall wird eine zufällige Auswahl von Alkoholikern die beste Gewähr dafür bieten, dass die Stichprobe die Verteilungseigenschaften in der Grundgesamtheit gut repräsentiert.

Die Theorie der einfachen Zufallsstichprobe geht davon aus, dass aus einer Grundgesamtheit von N Objekten eine Stichprobe von n Objekten gezogen wird. Die Anzahl der Möglichkeiten, n Objekte aus N Objekten auszuwählen, errechnet sich über Gl. (2.20): Es sind $\binom{N}{n}$ Möglichkeiten. Wenn nun alle Möglichkeiten gleich wahrscheinlich sind, ist eine dieser Auswahlen eine einfache Zufallsstichprobe.

> Eine einfache Zufallsstichprobe ist eine Teilmenge aus einer Grundgesamtheit, wenn alle gleich großen Teilmengen, die aus dieser Grundgesamtheit gebildet werden können, gleich wahrscheinlich sind.

Aus dieser Definition folgt, dass jedes Objekt der Grundgesamtheit mit gleicher Wahrscheinlichkeit ausgewählt werden kann.

Dieses Kriterium ist bei bekannten Grundgesamtheiten dadurch leicht zu erfüllen, dass für alle Objekte der Grundgesamtheit eine „Urne" angefertigt wird (Karteien, Namenslisten usw.), aus der per Zufall (mit Hilfe von Zufallszahlen, Würfeln, Münzen, Losverfahren usw.) die Stichprobe mit dem gewünschten Umfang zusammengestellt wird. Sind nicht alle Objekte der Grundgesamtheit erfassbar, sollte die Zufallsstichprobe aus einer zugänglichen, möglichst großen Teilmenge der Grundgesamtheit zusammengestellt werden. Dies hat zur Konsequenz, dass die Befunde genaugenommen nur auf diese Teilmenge der Grundgesamtheit generalisiert werden können, es sei denn, man kann begründen, dass die Teilmenge ihrerseits repräsentativ für die Gesamtpopulation ist.

Häufig sind nicht alle Untersuchungsobjekte, die zu einer Population gehören, bekannt, sodass die Ziehung einer „echten" Zufallsstichprobe unmöglich oder doch zumindest mit einem unzumutbaren Aufwand verbunden ist. Man begnügt sich deshalb gelegentlich mit sog. „anfallenden" oder Ad-hoc-Stichproben (z. B. die „zufällig" in einem Seminar anwesenden Teilnehmer) in der Hoffnung, auch so zu aussagefähigen Resultaten zu gelangen. Vor dieser Vorgehensweise sei nachdrücklich gewarnt. Zwar ist die Verwendung inferenzstatistischer Verfahren nicht daran gebunden, dass eine Stichprobe aus einer wirklich existierenden Population gezogen wird; letztlich lässt sich für jede „Stichprobe" eine fiktive Population konstruieren, für die diese „Stichprobe" repräsentativ erscheinen mag. Die Schlüsse, die aus derartigen Untersuchungen gezogen werden, beziehen sich jedoch nicht auf real existierende Populationen und können deshalb wertlos sein. Zumindest sollte man darauf achten, dass die Besonderheiten der untersuchten Stichprobe diskutiert bzw. dass Verallgemeinerungen vorsichtig formuliert werden, wenn die Zufälligkeit bzw. Repräsentativität der Stichprobe für die eigentlich interessierende Zielpopulation in Frage steht (vgl. hierzu auch Alf u. Abrahams, 1973).

Bei der Stichprobenauswahl ist darauf zu achten, dass die Stichprobe nicht durch systematische Fehler im Auswahlverfahren verzerrt („*biased*") wird. Es soll beispielsweise eine Zufallsstichprobe dadurch zusammengestellt werden, dass in einer belebten Straße jeder 5. Passant gebeten wird, an der Untersuchung teilzunehmen. Diese Stichprobe hätte in Bezug auf das Kriterium „Bereitschaft, an dieser Untersuchung teilzunehmen" einen „Bias", falls einige der Angesprochenen die Teilnahme verweigern.

Ähnliches gilt für *schriftliche Befragungen*, bei denen einer zufällig ausgewählten Stichprobe per Post die Untersuchungsunterlagen zugestellt werden; die Ergebnisse können sich in diesem Fall nur auf diejenigen Personen beziehen, die bereit sind, die Untersuchungsunterlagen auch wieder zurückzuschicken. Bei schriftlichen Befragungen, aber auch bei *telefonischen* oder anderen Umfragen sollte deshalb immer berücksichtigt werden, ob die Ergebnisse durch systematische Selektionseffekte verfälscht sein können (vgl. zu diesem Problem Bortz u. Döring, 2002, Kap. 4.4.2).

Klumpenstichprobe

In der Praxis wird man häufig aus ökonomischen Gründen auf zufällig auszuwählende Teilmengen zurückgreifen, die bereits vorgruppiert sind und für die sich deshalb Untersuchungen leichter organisieren lassen. Solche Stichproben werden als Klumpenstichproben („Cluster Samples") bezeichnet. In der oben erwähnten Untersuchung der

Abstraktionsfähigkeit könnten als Klumpen beispielsweise alle Alkoholiker untersucht werden, die sich in zufällig ausgewählten Kliniken befinden. Die Generalisierbarkeit der Ergebnisse einer solchen Untersuchung hängt dann davon ab, wie stark sich die untersuchten Alkoholiker von Klinik zu Klinik unterscheiden und wie gut die ausgewählten Kliniken die Population aller Kliniken repräsentieren (vgl. z. B. Pfanzagl, 1972, S. 169 f.).

Man beachte, dass ein einzelner Klumpen (z. B. eine Schulklasse, eine Station in einem Krankenhaus, eine Arbeitsgruppe in einem Betrieb etc.) keine Klumpenstichprobe darstellt, sondern eine Ad-hoc-Stichprobe, bei der zufällige Auswahlkriterien praktisch keine Rolle spielen. Die Bezeichnung „Klumpenstichprobe" ist nur zu rechtfertigen, wenn *mehrere* zufällig ausgewählte Klumpen vollständig untersucht werden.

> Eine Klumpenstichprobe besteht aus allen Untersuchungsobjekten, die sich in mehreren, zufällig ausgewählten Klumpen befinden.

Geschichtete Stichprobe

Einfache Zufallsstichproben und Klumpenstichproben können mehr oder weniger repräsentativ für die Grundgesamtheit sein. Ist bekannt, welche Determinanten die Verteilung des untersuchten Merkmals beeinflussen, empfiehlt es sich, eine Stichprobe zusammenzustellen, die vor allem in Bezug auf diese Determinanten für die Grundgesamtheit spezifisch repräsentativ ist. Eine Stichprobe mit dieser Eigenschaft bezeichnet man als geschichtete oder stratifizierte Stichprobe.

Sollen beispielsweise die Konsumgewohnheiten der Bewohner Niedersachsens untersucht werden, wird man darauf achten, dass die Stichprobe insbesondere bezüglich solcher Merkmale repräsentativ ist, von denen man annimmt, dass sie das Konsumverhalten beeinflussen (Schichtungsmerkmale, wie z. B. Stadt-, Landbevölkerung, Geschlecht, Alter, Größe der Familien, Höhe des Einkommens usw.). Um eine Stichprobe proportional zur Grundgesamtheit schichten zu können, müssen wir allerdings wissen, wie sich die für das untersuchte Kriterium relevanten Merkmale in der Grundgesamtheit verteilen.

> Wenn die prozentuale Verteilung der Schichtungsmerkmale in der Stichprobe mit der Verteilung in der Population identisch ist, sprechen wir von einer proportional geschichteten Stichprobe.

Die Auswahl innerhalb der einzelnen Schichten (Strata) muss zufällig bzw., wenn es aus organisatorischen Gründen unumgänglich ist, nach dem Klumpenverfahren erfolgen. Entspricht die anteilsmäßige Verteilung der Merkmale in der geschichteten Stichprobe nicht der Verteilung in der Grundgesamtheit, nennt man die Stichprobe „*disproportional geschichtet*".

Bei geschichteten Stichproben sollte darauf geachtet werden, dass nicht die Anzahl der Merkmale, nach denen die Schichten zusammengestellt werden, die spezifische Repräsentativität der Stichprobe erhöht, sondern die Relevanz der Merkmale. Ist die Stichprobe in der Untersuchung der Konsumgewohnheiten beispielsweise repräsentativ in Bezug auf Merkmale wie Blutdruck, Haarfarbe, Anzahl der plombierten Zähne usw., so dürfte diese Art der Repräsentativität kaum zur Verbesserung der Erfassung der Konsumgewohnheiten beitragen. Generell gilt, dass eine sinnvoll, d. h. nach relevanten Merkmalen geschichtete Stichprobe zu genaueren Schätzwerten der Populationsparameter führt als eine einfache Zufallsstichprobe.

Hinweis: Die drei kurz angesprochenen Stichprobenvarianten haben eines gemeinsam: Über die Auswahl der Untersuchungsobjekte entscheidet der Zufall. Bei der einfachen Zufallsstichprobe wird aus der Grundgesamtheit direkt eine Zufallsauswahl gezogen, bei der Klumpenstichprobe eine Zufallsauswahl aus der Grundgesamtheit der Klumpen, und bei der geschichteten Stichprobe werden die Untersuchungsobjekte innerhalb der Schichten nach Zufall ausgewählt. Stichproben dieser Art nennt man *probabilistische Stichproben* im Unterschied zu nicht probabilistischen Stichproben, bei denen der Zufall keine Rolle spielt. Zu den nicht probabilistischen Stichproben zählen u. a. die

- Quotenstichprobe (die Zusammensetzung der Stichprobe hinsichtlich ausgewählter Merkmale wird durch die Vorgabe von „Quoten" den Populationsverhältnissen angeglichen, wobei die „Erfüllung" der Quoten wichtiger ist als die Zufallsauswahl innerhalb der Quoten; vgl. z. B. Bortz u. Döring, 2002, S. 487),

- theoretische Stichprobe (theoriegeleitet werden für eine bestimmte Forschungsfrage besonders typische oder untypische Objekte ausgewählt) und die
- Ad-hoc-Stichprobe (eine bereits bestehende Objektgruppe, wie z. B. eine Schulklasse oder Teilnehmer eines Seminars oder eine „irgendwie" zusammengesetzte Personengruppe wird als Stichprobe untersucht).

Nicht probabilistische Stichproben sind für inferenzstatistische Auswertungen ungeeignet, es sei denn, man rekurriert – wie bereits auf S. 87 erwähnt – auf fiktive Populationen, die sich für jede beliebige „Stichprobe" konstruieren lassen. Unter der Perspektive einer realistischen Generalisierbarkeit sind diese Stichproben von höchst fraglichem Wert.

3.2 Die Stichprobenkennwerteverteilung

Gegeben sei eine Grundgesamtheit, aus der eine Zufallsstichprobe (oder eine andere probabilistische Stichprobe) des Umfangs n gezogen wird. Wir messen die uns interessierende Variable X an den Objekten der Stichprobe und ermitteln die durchschnittliche Ausprägung der Variablen. Nach welchen Kriterien können wir entscheiden, wie gut der Durchschnittswert $\bar{x}$ die durchschnittliche Ausprägung der Variablen bei allen Objekten der Grundgesamtheit repräsentiert bzw. wie brauchbar der statistische Kennwert $\bar{x}$ als Schätzwert für den Populationsparameter μ ist?

Eine Antwort auf diese Frage geben die folgenden Überlegungen (man beachte, dass es sich hier um einen theoretischen Gedankengang handelt und nicht, wie es gelegentlich missverstanden wird, um praktische Hinweise für eine konkrete Untersuchung).

Nehmen wir einmal an, dass aus derselben Grundgesamtheit eine weitere Zufallsstichprobe gezogen wird, die von der ersten unabhängig ist. Je deutlicher die Mittelwerte dieser beiden Stichproben voneinander abweichen, um so weniger werden wir davon ausgehen können, dass einer der beiden Stichprobenkennwerte den Populationsparameter richtig schätzt. Rein intuitiv erscheint es plausibel, als Schätzwert für den Populationsparameter μ den Mittelwert der beiden $\bar{x}$-Werte zu verwenden. Noch verlässlicher wäre diese Schätzung, wenn man nicht nur zwei, sondern mehrere Stichprobenmittelwerte berücksichtigen würde. Generell ist davon auszugehen, dass die Mittelwerte verschiedener Stichproben aus derselben Population nicht identisch sind, sondern mehr oder weniger stark vom Populationsparameter μ abweichen. Ziehen wir aus einer Population (theoretisch unendlich) viele Stichproben (mit Zurücklegen), erhalten wir eine Verteilung der Stichprobenkennwerte, die Stichprobenkennwerteverteilung („Sampling Distribution"). (Hier und im Folgenden betrachten wir als Stichprobenkennwert den Mittelwert $\bar{x}$. Die gleichen Überlegungen gelten im Prinzip jedoch für jeden erwartungstreuen Stichprobenkennwert; vgl. 3.3.)

Die Streuung dieser Stichprobenkennwerteverteilung bestimmt, wie gut ein einzelner Stichprobenkennwert (z. B. $\bar{x}$) den unbekannten Parameter (μ) schätzt: Je geringer die Streuung der Stichprobenkennwerteverteilung, desto genauer schätzt ein einzelner Stichprobenkennwert den gesuchten Parameter.

Unter Bezugnahme auf die Ausführungen in 2.3 lässt sich dieser Sachverhalt auch folgendermaßen ausdrücken: Betrachten wir die Ziehung einer Zufallsstichprobe als ein Zufallsexperiment, stellt der Mittelwert $\bar{x}$ dieser Zufallsstichprobe eine Realisierung der Zufallsvariablen $\bar{X}$ dar. Wäre nun die Dichtefunktion dieser Zufallsvariablen bekannt, ließe sich bestimmen, mit welcher Wahrscheinlichkeit die Abweichung eines Stichprobenmittelwertes $\bar{x}$ vom Parameter μ einen bestimmten Betrag a nicht überschreitet.

> Die Stichprobenkennwerteverteilung ist eine theoretische Verteilung, die die Beziehung möglicher Ausprägungen eines statistischen Kennwertes (z. B. $\bar{x}$) und deren Auftretenswahrscheinlichkeit (Dichte) beim Ziehen von Zufallsstichproben des Umfanges n beschreibt.

Bei Bekanntheit der Stichprobenkennwerteverteilung wären wir also in der Lage, die Präzision einer Parameterschätzung genau zu beschreiben. Wir befassen uns deshalb im Folgenden ausführlicher mit der Stichprobenkennwerteverteilung bzw. speziell der Dichtefunktion der Zufallsvariablen $\bar{X}$, die wir vereinfachend als Mittelwertverteilung oder $\bar{x}$-Werteverteilung bezeichnen.

3.2.1 Die Streuung der Stichprobenkennwerteverteilung

Die Wahrscheinlichkeit, dass ein Stichprobenmittelwert $\bar{x}$ den Populationsparameter μ um einen bestimmten Betrag a verschätzt, hängt von der Streuung der $\bar{x}$-Werteverteilung ab. Lassen wir die Streuung dieser Verteilung gegen Null gehen, nähert sich die Wahrscheinlichkeit, dass $\bar{x}$ den Parameter μ richtig schätzt, dem Wert 1. Ist die Streuung der $\bar{x}$-Werteverteilung hingegen sehr groß, wird die Wahrscheinlichkeit, dass ein zufällig herausgegriffener $\bar{x}$-Wert μ richtig schätzt, entsprechend klein sein. Diese für die Schätzung von Populationsparametern wichtige Streuung der Stichprobenkennwerteverteilung bezeichnen wir als Standardfehler.

> Der Standardfehler des Mittelwertes (abgekürzt: $\sigma_{\bar{x}}$) ist als die Standardabweichung der Mittelwerte von gleichgroßen Zufallsstichproben einer Population definiert.

Als nächstes ist zu prüfen, wovon die Größe dieses Standardfehlers abhängt.

Eine Determinante des Standardfehlers des Mittelwertes ist die Streuung (Standardabweichung σ) der *Messwerte* in der Population. Betrachten wir den extremen Fall, dass alle Messwerte identisch sind bzw. eine Streuung von Null aufweisen; in diesem Fall sind die Mittelwerte von Stichproben natürlich ebenfalls identisch, d.h., der Standardfehler ist Null. Ist die Streuung der Messwerte in der Population jedoch sehr groß, sind Stichproben denkbar, in denen sich zufällig viele Objekte mit starker oder viele Objekte mit geringer Merkmalsausprägung befinden, wodurch sich die Streuung der Mittelwerte bzw. der Standardfehler erhöht. Daraus ergibt sich als Schlussfolgerung:

> Der Standardfehler des Mittelwertes verändert sich proportional zur Streuung des Merkmals in der Population.

Ferner kann man sich leicht veranschaulichen, dass der Umfang der Zufallsstichproben die Streuung ihrer Mittelwerte beeinflusst. Nehmen wir an, die Stichproben hätten den gleichen Umfang wie die Grundgesamtheit. In diesem Fall wäre die Untersuchung von k „Stichproben" mit der k-fachen Untersuchung der Grundgesamtheit identisch. Wir erhalten also k-mal denselben Populationsmittelwert μ bzw. eine Mittelwertestreuung von Null. Betrachten wir umgekehrt den kleinstmöglichen Stichprobenumfang n = 1, sind die Mittelwerte der „Stichproben" mit den Messwerten der Grundgesamtheit identisch. Dem Standardfehler $\sigma_{\bar{x}}$ entspricht in diesem Fall die Populationsstreuung σ.

> Der Standardfehler des Mittelwertes verringert sich mit zunehmendem Stichprobenumfang.

In Abb. 3.1 a, b werden diese Zusammenhänge graphisch veranschaulicht. Hier wurden – nach den Regeln einer Monte-Carlo-Studie (vgl. S. 130 ff.) – mit dem Computer aus einer gegebenen Population mit bekanntem μ und σ^2 jeweils 200 Stichproben unterschiedlichen Umfangs (n = 2, n = 10, n = 20) gezogen, sodass sich für jeden Stichprobenumfang eine „empirische" Stichprobenkennwerteverteilung mit 200 Mittelwerten ergibt. Diese Mittelwerteverteilungen sind zusätzlich zur Populationsverteilung graphisch dargestellt. In der Spalte $\bar{x}_{\bar{x}}$ befindet sich der Mittelwert von jeweils 200 Mittelwerten und in den Spalten $\sigma^2_{\bar{x}}$ bzw. $\sigma_{\bar{x}}$ die Varianz bzw. Streuung der Mittelwerte. Die letzte Spalte enthält den „wahren" nach Gl. (3.1) ermittelten Standardfehler.

Der Vergleich der Abb. 3.1 a und b zeigt, dass die Mittelwerteverteilungen für konstante Stichprobenumfänge weniger streuen, wenn die Populationsvarianz σ^2 geringer ist. (Man beachte, dass auf der Abszisse sowohl X als auch $\bar{X}$ und dass auf der Ordinate sowohl f(X) als auch f($\bar{X}$) abgetragen sind.) Vergleichen wir die Mittelwerteverteilungen innerhalb einer Abbildung, wird deutlich, dass der Standardfehler des Mittelwertes bei konstanter Populationsvarianz σ^2 und zunehmendem Stichprobenumfang kleiner wird. Der Standardfehler des Mittelwertes ist proportional zur Populationsstreuung, und er wird kleiner, wenn der Stichprobenumfang zunimmt. Im Anhang B (B 24) wird gezeigt, dass der Standardfehler des Mittelwertes nach folgender Beziehung berechnet wird:

$$\sigma_{\bar{x}} = \sqrt{\frac{\sigma^2}{n}}. \tag{3.1}$$

3.2.1 Die Streuung der Stichprobenkennwerteverteilung

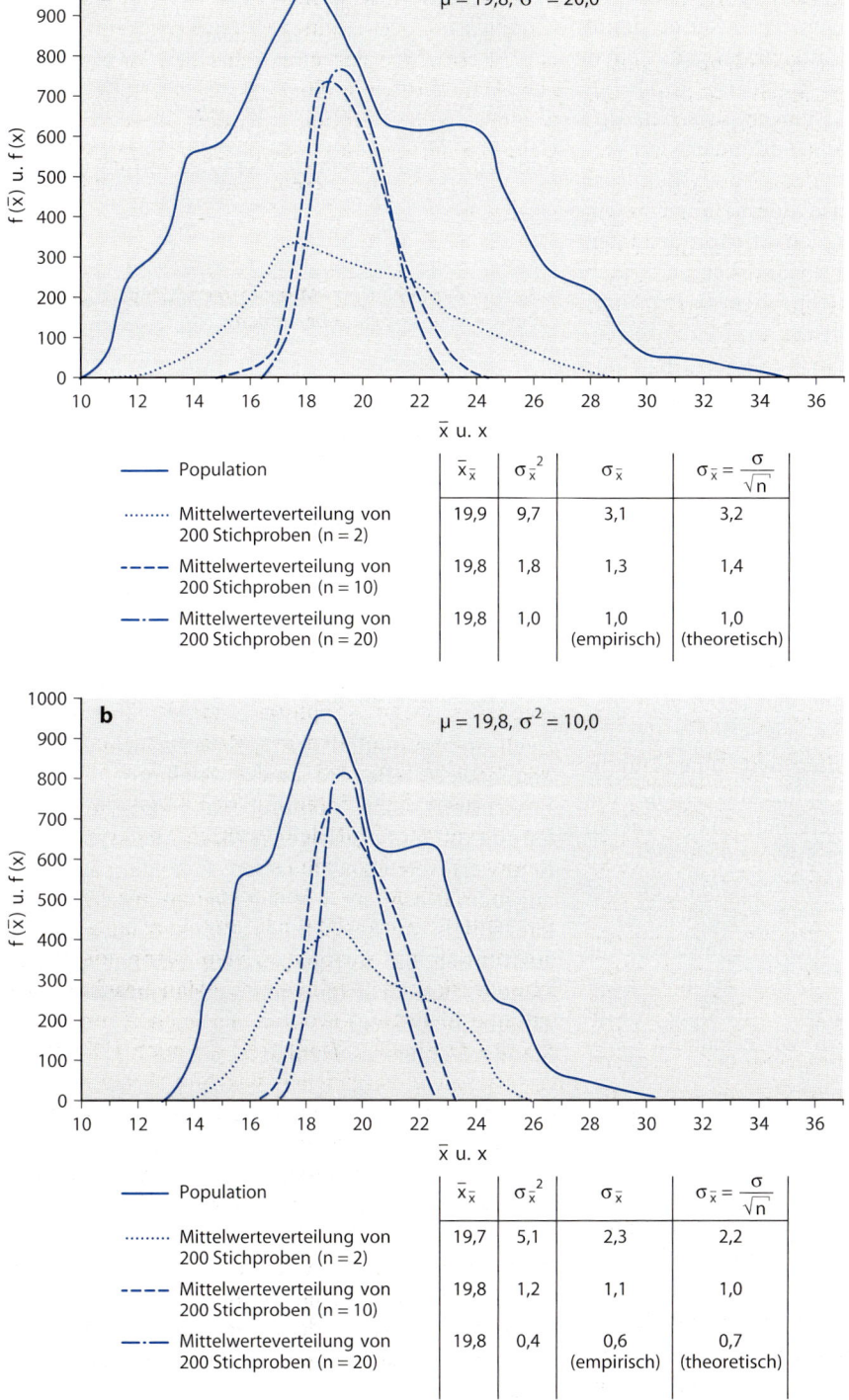

Abb. 3.1 a,b. Mittelwerteverteilungen für unterschiedliches σ^2 und n

Schätzung des Standardfehlers $\sigma_{\bar{x}}$

Ist der Populationsparameter σ^2 bekannt, kann der Standardfehler des Mittelwertes aus einer Stichprobe des Umfangs n nach Gl. (3.1) bestimmt werden. In den meisten empirischen Untersuchungen sind jedoch die Parameter der Verteilung eines Merkmales in der Grundgesamtheit nicht bekannt. Wir sind also darauf angewiesen, die Populationsvarianz aus den Stichprobendaten zu schätzen, wobei es auf der Hand liegt, die nach Gl. (1.16) ermittelte Stichprobenvarianz als Schätzwert der Populationsvarianz einzusetzen. Verlässlicher wäre die Schätzung, wenn nicht nur die Varianz einer Stichprobe, sondern die Varianzen aus mehreren, voneinander unabhängigen Stichproben des Umfangs n berücksichtigt werden könnten. Davon ausgehend, dass der Mittelwert von Mittelwerten aus verschiedenen Stichproben eine verbesserte Schätzung des Populationsparameters μ abgibt, wäre es naheliegend anzunehmen, dass auch der Mittelwert von Varianzen aus verschiedenen Stichproben den Populationsparameter σ^2 besser schätzt. Dies ist jedoch nur bedingt richtig. Werden die Varianzen von Zufallsstichproben des Umfangs n aus einer Grundgesamtheit gemittelt, erhalten wir eine Durchschnittsvarianz, die die Populationsvarianz um den Faktor $(n-1)/n$ unterschätzt (vgl. hierzu Anhang B, B 25). Wir sagen: Stichprobenvarianzen sind keine „erwartungstreuen" Schätzungen der Populationsvarianz (zum Begriff der Erwartungstreue vgl. 3.3). Damit eine Stichprobenvarianz die Populationsvarianz erwartungstreu schätzt, müssen wir die Stichprobenvarianz mit dem Faktor $n/(n-1)$ multiplizieren, d. h. wir erhalten

$$\hat{\sigma}^2 = \frac{\sum_{i=1}^{n}(x_i - \bar{x})^2}{n} \cdot \frac{n}{n-1} = \frac{\sum_{i=1}^{n}(x_i - \bar{x})^2}{n-1}. \quad (3.2)$$

Die aus Stichprobendaten geschätzte Populationsvarianz bezeichnen wir mit $\hat{\sigma}^2$. Wir erhalten $\hat{\sigma}^2$, wenn die Summe der Abweichungsquadrate aller Messwerte vom Mittelwert bzw. kurz: die Quadratsumme nicht durch n, sondern durch $n-1$ dividiert wird. Den Ausdruck $n-1$ werden wir später (S. 138) als *Freiheitsgrade* der Varianz kennenlernen.

> Wird eine empirisch ermittelte Quadratsumme durch $n-1$ dividiert, resultiert eine erwartungstreue Schätzung der entsprechenden Populationsvarianz.

Unter Verwendung der geschätzten Populationsvarianz ergibt sich folgende Gleichung für die Schätzung des Standardfehlers des Mittelwertes:

$$\hat{\sigma}_{\bar{x}} = \sqrt{\frac{\hat{\sigma}^2}{n}} = \sqrt{\frac{\sum_{i=1}^{n}(x_i - \bar{x})^2}{n \cdot (n-1)}}. \quad (3.3)$$

> Der Standardfehler des Mittelwertes kann mit Gl. (3.3) geschätzt werden. Ein Mittelwert stellt eine um so präzisere Schätzung des Populationsparameters dar, je kleiner sein Standardfehler ist.

Im Folgenden gehen wir von großen Stichproben aus, sodass der Unterschied zwischen Gl. (3.1) und Gl. (3.3) unbedeutend ist (zur Begründung vgl. S. 103).

Weitere Standardfehler

Auch andere statistische Kennwerte, wie z. B. der Medianwert, die Standardabweichung oder ein Prozentwert, sind stichprobenabhängig und stellen damit Zufallsvariablen dar. Auch für diese Kennwerteverteilungen lassen sich Standardfehler angeben. Nachdem wir die Bedeutung des Standardfehlers am Beispiel des arithmetischen Mittels ausführlich erörtert haben, können wir uns für weitere Standardfehler mit einer einfachen Aufzählung begnügen:

Standardfehler des Medians

$$\hat{\sigma}_{Md} = 1{,}25 \cdot \sqrt{\frac{\hat{\sigma}^2}{n}}. \quad (3.4)$$

Standardfehler der Standardabweichung

$$\hat{\sigma}_s = \sqrt{\frac{\hat{\sigma}^2}{2 \cdot n}}, \quad (3.5)$$

Standardfehler eines Prozentwertes

$$\hat{\sigma}_{\%} = \sqrt{\frac{P \cdot Q}{n}}, \quad (3.6)$$

wobei P = Prozentsatz, mit dem das untersuchte Merkmal auftritt (Q = 100% − P).

Werden Stichproben des Umfangs n aus einer Grundgesamtheit des Umfanges N gezogen, wobei $N/n \leq 100$ (*finite Grundgesamtheit*), muss der Standardfehler um den Faktor $\sqrt{(N-n)/(N-1)}$ korrigiert werden (*Endlichkeitskorrektur*). Der Standardfehler des arithmetischen Mittelwertes für finite Grundgesamtheiten ($\widehat{\sigma}^2_{\bar{x}_f}$) lautet somit

$$\widehat{\sigma}_{\bar{x}_f} = \sqrt{\frac{\widehat{\sigma}^2}{n} \cdot \frac{N-n}{N-1}}. \qquad (3.7)$$

Im vorigen Abschnitt wurde darauf hingewiesen, dass Kennwerte einer (sinnvoll) *geschichteten Stichprobe* bessere Schätzwerte für den Populationsparameter sind als Kennwerte von ungeschichteten Zufallsstichproben. Der Standardfehler von Mittelwerten einer geschichteten Stichprobe ($\widehat{\sigma}_{\bar{x}_g}$) ist kleiner als der Standardfehler von Kennwerten einer ungeschichteten Zufallsstichprobe:

$$\widehat{\sigma}_{\bar{x}_g} = \sqrt{\frac{\widehat{\sigma}^2 - \widehat{\sigma}^2_{\bar{x}(m)}}{n}}. \qquad (3.8)$$

Hierin stellt $\widehat{\sigma}^2_{\bar{x}(m)}$ die geschätzte Varianz der Mittelwerte in den einzelnen Schichten (Strata) der Stichprobe dar. Sie wird nach folgender Gleichung berechnet:

$$\widehat{\sigma}^2_{\bar{x}(m)} = \frac{1}{n}[n_1 \cdot (\bar{x}_1 - \bar{x})^2 + n_2 \cdot (\bar{x}_2 - \bar{x})^2 + \cdots$$
$$+ n_k \cdot (\bar{x}_k - \bar{x})^2], \qquad (3.9)$$

wobei
$n_1, n_2, \ldots, n_k$ = Anzahl der Beobachtungseinheiten in den einzelnen Schichten (Strata),
n = Gesamtumfang der Stichprobe,
$\bar{x}_1, \bar{x}_2, \ldots, \bar{x}_k$ = Mittelwerte für die einzelnen Schichten (Strata),
$\bar{x}$ = Gesamtmittelwert.

Über die Standardfehler weiterer Verteilungskennwerte berichten Guilford (1956, Kap. 9) und Sachs (2002).

Die Größe eines Standardfehlers informiert darüber, wie unterschiedlich Stichprobenkennwerte (z. B. Mittelwerte) bei einem gegebenen Stichprobenumfang sein können. Genauere Informationen ließen sich ermitteln, wenn nicht nur der Standardfehler, sondern die gesamte Verteilung der Stichprobenkennwerte bzw. deren Dichtefunktion bekannt wären. Man könnte dann Bereiche angeben, in denen sich ein beliebiger Stichprobenkennwert mit einer bestimmten Wahrscheinlichkeit befindet. Wir behandeln deshalb im Folgenden ein weiteres Bestimmungsstück der Stichprobenkennwerteverteilung: die Verteilungsform.

▷ 3.2.2 Die Form der Stichprobenkennwerteverteilung

Erneut betrachten wir zunächst die Verteilung von Mittelwerten. Einen optischen Eindruck von der Form dieser Verteilung vermittelte bereits Abb. 3.1: Man erkennt, dass sich die Verteilung der Mittelwerte mit wachsendem Stichprobenumfang einer Normalverteilung nähert, über deren Eigenschaften bereits unter 2.5.1 ausführlich berichtet wurde.

Zentrales Grenzwerttheorem

Bevor wir uns einem der wichtigsten Lehrsätze der Inferenzstatistik zuwenden, wollen wir gedanklich ein kleines Zufallsexperiment durchführen.

Die uns interessierende Grundgesamtheit möge aus allen Ereignissen des Würfelns, d. h. den Zahlen 1 bis 6 bestehen. Aus dieser Grundgesamtheit werden Stichproben des Umfanges $n = 2$ gezogen. Wir wollen überprüfen, wie sich die Mittelwerte dieser Stichproben (= Mittelwerte der mit 2 Würfeln geworfenen Zahlen) verteilen.

Zunächst stellen wir fest, dass wir es mit einer gleichverteilten Grundgesamtheit zu tun haben, denn die Ereignisse 1 bis 6 treten jeweils mit einer Wahrscheinlichkeit von $p = 1/6$ auf. Da die Summen aus 2 Würfelzahlen nur ganzzahlige Werte zwischen 2 und 12 annehmen können, erhalten wir eine diskrete Mittelwerteverteilung mit den $\bar{x}$-Werten 1; 1,5; 2; ...; 5; 5,5; 6. Die Wahrscheinlichkeiten für das Auftreten der einzelnen $\bar{x}$-Werte sind in Tabelle 3.1 aufgeführt (vgl. auch S. 63).

Einen Mittelwert von z. B. $\bar{x} = 2,5$ erhalten wir, wenn die Summe der beiden gewürfelten Zahlen 5 ergibt, also wenn eine der Kombinationen 2 − 3, 3 − 2, 4 − 1 oder 1 − 4 fällt. Da 36 Kombinationen möglich sind, beträgt die Wahrscheinlichkeit des Auftretens des Ereignisses „$\bar{x} = 2,5$" $p = 4/36$.

Wie man erkennt, hat die Form der Verteilung der Mittelwerte mit der Form der Verteilung der Grundgesamtheit nichts mehr zu tun. Während

Tabelle 3.1. Wahrscheinlichkeitsverteilung für n = 2 beim Würfeln

$\bar{x}$	$p(\bar{x})$
1	1/36
1,5	2/36
2	3/36
2,5	4/36
3	5/36
3,5	6/36
4	5/36
4,5	4/36
5	3/36
5,5	2/36
6	1/36
$\Sigma p(\bar{x}) = 1$	

die Ereignisse der Grundgesamtheit mit gleicher Wahrscheinlichkeit auftreten (Gleichverteilung), erhalten wir für die Mittelwerte von Stichproben des Umfangs n = 2 eine Verteilung, die einen deutlichen Modalwert besitzt und symmetrisch ist. Die Mittelwerteverteilung weist somit bereits für n = 2 Eigenschaften auf, die wir von der Normalverteilung her kennen. Lassen wir n größer werden (n kennzeichnet den Stichprobenumfang, also im Beispiel die Anzahl der Würfel pro Stichprobe und nicht – wie gelegentlich missverstanden wird – die Anzahl der Stichproben!), nähert sich die Mittelwerteverteilung zunehmend der Normalverteilung.

Entsprechendes gilt für jede beliebige Verteilungsform einer Grundgesamtheit. Dies ist die Aussage des sog. zentralen Grenzwerttheorems, auf dessen Beweis hier nicht eingegangen werden kann. Der interessierte Leser wird auf die Literatur zur mathematischen Statistik, wie z.B. Schmetterer (1966), Fisz (1989) oder Kendall u. Stuart (1969) verwiesen. Über verschiedene Varianten des Grenzwerttheorems berichtet z.B. Assenmacher (2000, Kap. 6.2).

Unter der Voraussetzung, dass die Varianz in der Grundgesamtheit endlich ist (was bei empirischen Daten praktisch immer der Fall ist), formulieren wir:

> **Die Verteilung von Mittelwerten aus Stichproben des Umfangs n, die derselben Grundgesamtheit entnommen wurden, geht mit wachsendem Stichprobenumfang in eine Normalverteilung über.**

Für praktische Zwecke können wir davon ausgehen, dass die Mittelwerteverteilung für beliebige Verteilungsformen des Merkmals in der Population bereits dann hinreichend normal ist, wenn $n \geq 30$ ist. Neben der Streuung der Mittelwerteverteilung $\hat{\sigma}_{\bar{x}}$ ist somit auch ihre Form – zumindest bei hinreichend großen Stichproben – bekannt.

Die bisherigen Erörterungen bezogen sich nur auf das arithmetische Mittel. Wie wir jedoch in Kap. 1 kennengelernt haben, kann eine Verteilung durch weitere Kennwerte beschrieben werden, deren Streuungen (Standardfehler) wir bereits im letzten Abschnitt genannt haben. Im Gegensatz zu Mittelwerteverteilungen, die – hinreichend große Stichprobenumfänge vorausgesetzt – nach dem Zentralen Grenzwerttheorem auch dann angenähert normalverteilt sind, wenn die Grundgesamtheit nicht normalverteilt ist, können Verteilungen anderer Stichprobenkennwerte, wie z.B. des Medianwertes, der Standardabweichung oder eines Prozentwertes erheblich von der Normalität abweichen, wenn die Grundgesamtheit nicht normalverteilt ist. (Zur Überprüfung der Normalverteilungsannahme vgl. Kap. 5.3.2.) Präzisionsbestimmungen von Parameterschätzungen aufgrund nicht normalverteilter Stichprobenkennwerte sind nur dann möglich, wenn die Dichtefunktion der Kennwerteverteilung bekannt ist.

Wie in 2.5.1 dargestellt wurde, ist eine Normalverteilung durch die Parameter μ und σ^2 festgelegt. Zur eindeutigen Charakterisierung einer normalverteilten Stichprobenkennwerteverteilung fehlt somit nur noch der unbekannte Parameter μ, dem wir uns im Folgenden zuwenden wollen.

▷ 3.2.3 Der Mittelwert der Stichprobenkennwerteverteilung

Der Mittelwert der $\bar{x}$-Werteverteilung (bzw. der Erwartungswert der Zufallsvariablen $\bar{X}$) entspricht – wie im Anhang B gezeigt wird – dem Mittelwert μ der Verteilung des Merkmals X in der Population (bzw. dem Erwartungswert der Zufallsvariablen X). Dieser ist uns in der Regel nicht bekannt (andernfalls würde sich eine Schätzung von μ durch einen Stichprobenkennwert $\bar{x}$ erübrigen). Wir können also nach den bisherigen Ausführungen davon ausgehen, dass sich Mittelwerte aus hinreichend großen Zufallsstichproben um den unbekannten Parameter μ mit einer Streuung von $\sigma_{\bar{x}}$ normalverteilen.

Von Normalverteilungen ist bekannt, dass sich innerhalb des Bereiches $\mu \pm \sigma$ ca. 68% und innerhalb des Bereiches $\mu \pm 2 \cdot \sigma$ ca. 95,5% aller Messwerte befinden (vgl. Abb. 1.14). Wir können somit sagen, dass sich Mittelwerte aus Zufallsstichproben mit einer Wahrscheinlichkeit von ca. 95,5% innerhalb des Bereiches $\mu \pm 2 \cdot \sigma_{\bar{x}}$ befinden bzw. dass mit 95,5%iger Wahrscheinlichkeit gilt:

$$\mu - 2 \cdot \sigma_{\bar{x}} \leq \bar{x} \leq \mu + 2 \cdot \sigma_{\bar{x}}. \quad (3.10)$$

Unter 3.5 werden wir zeigen, wie sich diese wichtige Beziehung nutzen lässt, um die Genauigkeit kalkulieren zu können, mit der der Mittelwert $\bar{x}$ einer Stichprobe den unbekannten Parameter μ schätzt. Hier wollen wir zunächst den Gedankengang, der zur Bestimmung des in Gl. (3.10) genannten Bereiches von $\bar{x}$-Werten führt, zusammenfassen und anschließend an einem Beispiel erläutern. Dabei ist darauf zu achten, dass die Begriffe Populationsvarianz (σ^2), geschätzte Populationsvarianz ($\hat{\sigma}^2$), Stichprobenvarianz (s^2), Varianz der Stichprobenmittelwerte ($\sigma_{\bar{x}}^2$) und Standardfehler des arithmetischen Mittels (= Streuung der Stichprobenmittelwerte $\sigma_{\bar{x}}$) nicht verwechselt werden.

- Aus einer Grundgesamtheit wird *eine* Zufallsstichprobe des Umfangs n > 30 gezogen. Der Mittelwert $\bar{x}$ dieser Stichprobe wird berechnet.
- Die Parameter der Population μ und σ^2 sind unbekannt.
- Je nach Art der Zufallsstichprobe wird $\bar{x}$ den Parameter μ unterschiedlich gut schätzen.
- Der $\bar{x}$-Wert wird μ um so besser schätzen, je kleiner der Standardfehler des Mittelwertes ($\sigma_{\bar{x}}$) ist.
- $\sigma_{\bar{x}}$ verhält sich proportional zu σ und umgekehrt proportional zu $\sqrt{n}$. Der Standardfehler des Mittelwertes kann nach der Beziehung $\sigma_{\bar{x}} = \sqrt{\sigma^2/n}$ berechnet werden.
- Da σ^2 – wie angenommen – nicht bekannt ist, schätzen wir σ^2 aus den Stichprobendaten durch $\hat{\sigma}^2$ nach Gl. (3.2).
- Unter Verwendung der geschätzten Populationsvarianz $\hat{\sigma}^2$ schätzen wir den Standardfehler des Mittelwertes nach der Beziehung $\hat{\sigma}_{\bar{x}} = \sqrt{\hat{\sigma}^2/n}$.
- Die Mittelwerteverteilung ist durch die Parameter μ (unbekannt) und $\sigma_{\bar{x}}$, das durch $\hat{\sigma}_{\bar{x}}$ geschätzt wird, gekennzeichnet.
- Die Mittelwerte von hinreichend großen Stichproben verteilen sich nach dem Zentralen Grenzwerttheorem normal um μ.
- Ausgehend von den Verteilungseigenschaften einer Normalverteilung befindet sich der Stichprobenmittelwert $\bar{x}$ mit einer Wahrscheinlichkeit von ca. 68% im Bereich $\mu \pm \hat{\sigma}_{\bar{x}}$ und mit einer Wahrscheinlichkeit von ca. 95,5% im Bereich $\mu \pm 2 \cdot \hat{\sigma}_{\bar{x}}$.

BEISPIEL

Eine psychologische Untersuchungsstelle des Technischen Überwachungsvereins habe an einer repräsentativen Stichprobe von 100 Verkehrsdelinquenten Tests zur Ermittlung der sensomotorischen Koordinationsfähigkeit durchgeführt. Die Testleistungen haben einen Mittelwert von $\bar{x} = 80$, und die Populationsvarianz wird nach Gl. (3.2) mit $\hat{\sigma}^2 = 400$ geschätzt. Für den Standardfehler des Mittelwertes resultiert nach Gl. (3.3) ein Schätzwert von $\hat{\sigma}_{\bar{x}} = \sqrt{\frac{400}{100}} = \sqrt{4} = 2$. Damit können wir sagen, dass der Mittelwert $\bar{x} = 80$ mit einer Wahrscheinlichkeit von 68% höchstens um einen Betrag von $1 \cdot \hat{\sigma}_{\bar{x}} = 2$ Testpunkte und mit einer Wahrscheinlichkeit von 95,5% höchstens um einen Betrag von $2 \cdot \hat{\sigma}_{\bar{x}} = 4$ Testpunkte vom wahren Populationsparameter μ abweicht.

Den Gedankengang, der zur Bestimmung des in Gl. (3.10) genannten $\bar{x}$-Wertebereiches führt, werden wir unter 3.5 (Intervallschätzung) noch einmal aufgreifen.

Dieser Gedankengang gilt nicht nur für das arithmetische Mittel. Entsprechend kann verfahren werden, wenn die Verteilung eines beliebigen Stichprobenkennwertes normal ist (was immer der Fall ist, wenn sich die Grundgesamtheit normalverteilt) und wenn für den Standardfehler des jeweiligen statistischen Kennwertes ein verlässlicher Schätzwert eingesetzt werden kann. Ist die Wahrscheinlichkeitsdichtefunktion nicht normalverteilter Kennwerte bekannt, werden entsprechende Wahrscheinlichkeitsbereiche durch die Integralrechnung bestimmt.

3.3 Kriterien der Parameterschätzung

Statistische Kennwerte werden – wie wir im letzten Abschnitt gesehen haben – nicht nur zur Beschreibung von Merkmalsverteilungen in Stichproben benötigt, sondern auch zur Schätzung der Parameter von Grundgesamtheiten. Undiskutiert blieb bisher die Frage, welche Stichprobenkennwerte zur Schätzung welcher Parameter herangezogen werden können bzw. die Frage, nach welchen Kriterien wir entscheiden können, ob ein statistischer Kennwert einen brauchbaren Schätzwert für einen Parameter darstellt. So wurde beispielsweise im letzten Kapitel angenommen, dass das arithmetische Mittel einer Stichprobe ein brauchbarer Schätzwert des Populationsparameters μ sei, ohne geprüft zu haben, ob andere Maße der zentralen Tendenz, wie z. B. der Median- oder Modalwert, den Parameter μ genauso gut oder gar besser schätzen.

Die Entscheidung darüber, welcher statistische Kennwert am besten zur Schätzung eines Populationsparameters geeignet ist, wird aufgrund von Kriterien getroffen, die R.A. Fisher (1925a) aufgestellt hat. Die Theorie der Schätzung entwickelte **Kriterien**, die gute Schätzwerte erfüllen müssen, und **Methoden**, die es gestatten, Schätzwerte mit den geforderten Eigenschaften abzuleiten. Die Eigenschaften, die eine gute Schätzung auszeichnen, sind nach Fisher die folgenden:

Erwartungstreue

> Ein statistischer Kennwert schätzt einen Populationsparameter erwartungstreu, wenn das arithmetische Mittel der Kennwerteverteilung bzw. deren Erwartungswert dem Populationsparameter entspricht.

Wie in Anhang B gezeigt wird, stellt das *arithmetische Mittel* einer Zufallsstichprobe eine erwartungstreue Schätzung des Populationsparameters μ dar. Das arithmetische Mittel hat die Eigenschaft, dass es den Parameter μ weder systematisch über- noch systematisch unterschätzt. Die Abweichung des Erwartungswertes $E(\bar{X})$ von μ ist Null. Allgemein bezeichnen wir die Abweichung des Erwartungswertes eines statistischen Kennwertes vom geschätzten Populationsparameter als *Verzerrung* oder *Bias*. Bezogen auf das arithmetische Mittel ergibt sich

$$\text{Bias}(\bar{X}) = E(\bar{X}) - \mu = 0 \, .$$

Werden Zufallsstichproben aus einer beliebig symmetrisch verteilten Grundgesamtheit gezogen, erweist sich auch der *Stichprobenmedianwert* als erwartungstreue Schätzung des arithmetischen Mittels in der Grundgesamtheit, d. h., das arithmetische Mittel der Medianwerteverteilung $E(Md)$ ist in diesem Fall mit dem Parameter μ identisch. Der *Modalwert* ist dann eine erwartungstreue Schätzung des arithmetischen Mittels der Grundgesamtheit, wenn die Grundgesamtheit symmetrisch und unimodal verteilt ist, wie z. B. bei der Normalverteilung.

Dem gegenüber schätzt die *Varianz* s^2 einer Stichprobe aus einer beliebig verteilten Grundgesamtheit die Populationsvarianz σ^2 nicht erwartungstreu. Wie in Anhang B (B25) gezeigt wird, unterschätzt der Erwartungswert einer Varianz bzw. das arithmetische Mittel von Varianzen aus voneinander unabhängigen Zufallsstichproben des Umfangs n die Populationsvarianz σ^2 um den Faktor $(n-1)/n$. Wir erhalten als Bias:

$$\begin{aligned}\text{Bias}(S^2) &= E(S^2) - \sigma^2 \\ &= \sigma^2 \cdot \frac{n-1}{n} - \sigma^2 \\ &= \sigma^2 \cdot \left(\frac{n-1}{n} - 1\right) \\ &= -\frac{1}{n} \cdot \sigma^2 \, .\end{aligned}$$

Korrigieren wir diesen „bias", erhalten wir – wie auf S. 92 ausgeführt – eine erwartungstreue Schätzung der Populationsvarianz.

Da s^2 keine erwartungstreue Schätzung der Populationsvarianz σ^2 darstellt, schätzt natürlich auch die *Standardabweichung* s den Populationsparameter σ nicht erwartungstreu. Da jedoch $\hat{\sigma}^2$ eine erwartungstreue Schätzung von σ^2 ist, liegt die Vermutung nahe, dass auch $\sqrt{\hat{\sigma}^2} = \hat{\sigma}$ die Standardabweichung in der Population erwartungstreu schätzt. Dies ist jedoch nicht der Fall. Wird ein erwartungstreuer Schätzwert nicht linear transformiert (wie beispielsweise durch eine Wurzeltransformation), so muss der transformierte Wert keineswegs ebenfalls erwartungstreu sein. Das Ausmaß, in dem der Erwartungswert einer Stichprobenstandardabweichung die Populationsstandardabweichung verschätzt, ist abhängig von der Verteilung der Grundgesamtheit. Bei normalverteilter Grundgesamtheit besteht zwischen dem Erwartungswert der Stichprobenstandardabweichung $E(S)$ (bzw. dem Mittelwert der Standardabweichungsverteilung μ_s) und dem Parameter σ folgende Beziehung:

$$E(S) = \mu_s = \left(\frac{4 \cdot n - 4}{4 \cdot n - 3}\right) \cdot \sigma \, . \qquad (3.11)$$

Wie Gl. (3.11) zu entnehmen ist, stellt s nur für $n \to \infty$ eine erwartungstreue Schätzung von σ dar. Wir bezeichnen diese Eigenschaft als *asymptotische Erwartungstreue*.

3.3 Kriterien der Parameterschätzung

Weitere Einzelheiten über erwartungstreue Schätzungen für die Standardabweichung einer Grundgesamtheit können den Arbeiten von Cureton (1968a, b) sowie Bolch (1968) entnommen werden.

Konsistenz

> Von einem konsistenten Schätzwert sprechen wir, wenn sich ein statistischer Kennwert mit wachsendem Stichprobenumfang dem Parameter, den er schätzen soll, nähert.

Formal beinhaltet die Konsistenzbedingung

$$p(|\text{Schätzwert} - \text{Parameter}| < \varepsilon) \rightarrow 1$$
$$\text{für } n \rightarrow \infty. \quad (3.12)$$

Ein Schätzwert ist konsistent, wenn die Wahrscheinlichkeit dafür, dass der Absolutbetrag der Differenz zwischen dem Parameter und dem Schätzwert kleiner als jede beliebige, reelle Zahl ε ist, mit wachsendem Stichprobenumfang gegen 1 geht.

Demnach ist z. B. die *Standardabweichung* einer Stichprobe eine konsistente Schätzung des Parameters σ (vgl. Gl. 3.11 für $n \rightarrow \infty$), obwohl dieser Schätzwert – wie erwähnt – nur asymptotisch erwartungstreu ist. Das *arithmetische Mittel* hingegen ist sowohl konsistent als auch erwartungstreu.

Eine weitere Eigenschaft konsistenter Schätzwerte besagt, dass ihr mittlerer quadratischer Fehler (Mean Squared Error oder abgekürzt: MSE) für $n \rightarrow \infty$ gegen Null geht. Der MSE ist definiert als quadratische Abweichung eines Schätzwertes vom zu schätzenden Parameter. Er setzt sich zusammen aus dem quadrierten Standardfehler des Schätzwertes und dem quadrierten Bias (vgl. z. B. Assenmacher, 2000, S. 114 f.). Konsistenz (genauer: Konsistenz im quadratischen Mittel) setzt also voraus, dass mit wachsendem Stichprobenumfang sowohl der Standardfehler als auch der Bias gegen Null gehen. Dieses Kriterium ist bei den wichtigsten statistischen Kennwerten ($\bar{x}$, s^2, s und p als Schätzwerte von μ, σ^2, σ und π) erfüllt.

Effizienz

Die dritte geforderte Eigenschaft eines guten Schätzwertes ist die Effizienz. Sie kennzeichnet die *Präzision*, mit der ein Populationsparameter geschätzt werden kann. Im Abschnitt 3.2.1 wurde dargelegt, dass der Standardfehler eines statistischen Kennwertes indikativ für die Präzision ist, mit der ein Populationsparameter geschätzt wird. Damit eng verknüpft ist die Effizienz eines Schätzwertes, die – bei erwartungstreuen Schätzwerten – durch die Varianz der Stichprobenkennwerteverteilung (bzw. dem Quadrat des Standardfehlers) gekennzeichnet ist.

> Für erwartungstreue Schätzwerte gilt: Je größer die Varianz der Stichprobenkennwerteverteilung, desto geringer ist die Effizienz des entsprechenden Schätzwertes.

Soll beispielsweise der Parameter μ einer *Normalverteilung* geschätzt werden, kann hierfür – ausgehend von den Kriterien der Erwartungstreue und der Konsistenz – sowohl das *arithmetische Mittel* als auch der *Medianwert* einer Stichprobe herangezogen werden. Beide Stichprobenkennwerte stellen in diesem Fall erwartungstreue und konsistente Schätzungen dar. Quadrieren wir jedoch Gl. (3.3) und (3.4), stellen wir fest, dass die Varianz der Medianwerteverteilung um den Faktor 1,56 größer ist als die Varianz der Mittelwerteverteilung. Das arithmetische Mittel schätzt somit den Populationsparameter μ effizienter als der Medianwert.

Sind die zu vergleichenden Schätzwerte nicht erwartungstreu, wird die Effizienz auf der Basis der MSE-Werte definiert, die sich aus dem jeweiligen quadrierten Standardfehler und dem quadrierten Bias zusammensetzen (s. oben). Von zwei Schätzwerten T_1 und T_2 ist T_1 MSE-effizienter, wenn MSE $(T_1) <$ MSE (T_2) ist.

Zum Vergleich der Effizienz zweier erwartungstreuer Schätzwerte wird die **relative Effizienz** eines Schätzwertes berechnet. In Prozentwerten ausgedrückt, ergibt sich die relative Effizienz eines Schätzwertes a im Vergleich zu einem Schätzwert b nach folgender Beziehung:

$$\text{relative Effizienz von a} = \frac{\hat{\sigma}_b^2}{\hat{\sigma}_a^2} \cdot 100\,\%. \quad (3.13)$$

Nach Gl. (3.13) beträgt die relative Effizienz des Medianwertes bei normalverteilten Grundgesamtheiten in Bezug auf das arithmetische Mittel somit

$$\text{relative Effizienz}_{\text{Md}} = \frac{\widehat{\sigma}^2/n}{1{,}56 \cdot \widehat{\sigma}^2/n} \cdot 100\% = 64\%.$$

Die Effizienz des Medianwertes ist somit nicht einmal 2/3 so groß wie die des arithmetischen Mittels. Die relative Effizienz von 64% kann so interpretiert werden, dass der Medianwert einer Stichprobe des Umfangs n = 100 aus einer normalverteilten Population den Parameter μ genauso präzise schätzt wie das arithmetische Mittel aus einer Stichprobe des Umfangs n = 64.

Suffizienz

> Ein Schätzwert ist suffizient oder erschöpfend, wenn er alle in den Daten einer Stichprobe enthaltenen Informationen berücksichtigt, sodass durch Berechnung eines weiteren statistischen Kennwertes keine zusätzliche Information über den zu schätzenden Parameter gewonnen werden kann.

Da der *Medianwert* nur ordinale Informationen eines Datenmaterials berücksichtigt (die Größe der Werte, die zu den unteren bzw. oberen 50% der Verteilung zählen, ist für den Median unerheblich) und das *arithmetische* Mittel Intervallskaleninformationen, ist das arithmetische Mittel der erschöpfendere Schätzwert.

3.4 Methoden der Parameterschätzung

Wir wollen uns nun der Frage zuwenden, wie man aus den Daten einer Stichprobe einen statistischen Kennwert bestimmen kann, der als Schätzwert eines Populationsparameters bestimmte wünschenswerte Eigenschaften (vgl. 3.3) aufweist. Dieses Problem ist für die wichtigsten, uns interessierenden Populationsparameter gelöst. Wir wissen bereits, dass z. B. für μ der Stichprobenkennwert $\bar{x}$ und für σ^2 der Stichprobenkennwert $\widehat{\sigma}^2$ gute Schätzer darstellen.

Offen blieb jedoch bisher, mit welchen Methoden man herausfindet, welcher statistische Kennwert besonders gut geeignet ist, um als Schätzer eines fraglichen Populationsparameters eingesetzt zu werden. Hierfür werden wir im Folgenden die „Methode der kleinsten Quadrate" kennenlernen, sowie die „Maximum-likelihood-Methode". Letztere kommt z. B. im Rahmen log-linearer Modelle oder in der probabilistischen Testtheorie häufig zum Einsatz. Eine weitere Methode ist die „Momentenmethode", deren Grundidee z. B. bei Assenmacher (2000, S. 217) dargestellt wird.

Methode der kleinsten Quadrate

Nehmen wir einmal an, wir suchen einen Wert a als Schätzer für μ mit folgender Eigenschaft: a soll so geartet sein, dass er alle Werte der Stichprobe in der Weise repräsentiert, dass die Summe der quadrierten Abweichungen der Werte von a ein Minimum ergibt. Wir schreiben deshalb

$$f(a) = \sum_{i=1}^{n}(x_i - a)^2 = \min.$$

Differenzieren wir diesen Ausdruck nach a, ergibt sich

$$\frac{df(a)}{da} = \frac{d\left[\sum_{i=1}^{n}(x_i - a)^2\right]}{da} \quad (3.14)$$

$$\frac{df(a)}{da} = \frac{d\left[\sum_{i=1}^{n}(x_i^2 - 2 \cdot a \cdot x_i + a^2)\right]}{da}$$

$$= \frac{d\left(\sum_{i=1}^{n}x_i^2 - 2 \cdot a \sum_{i=1}^{n}x_i + n \cdot a^2\right)}{da}$$

$$= -2\sum_{i=1}^{n}x_i + 2 \cdot n \cdot a.$$

Setzen wir diese erste Ableitung Null und lösen nach a auf, gelangen wir zu folgender Bestimmungsgleichung für den gesuchten Kennwert a:

$$-2\sum_{i=1}^{n}x_i + 2 \cdot n \cdot a = 0$$

$$a = \frac{\sum_{i=1}^{n}x_i}{n} = \bar{x}. \quad (3.15)$$

Der gesuchte Schätzwert entspricht damit dem arithmetischen Mittel. Als 2. Ableitung erhalten wir den positiven Wert $+2n$, wodurch sichergestellt ist, dass die Summe der quadratischen Abweichungen durch $a = \bar{x}$ tatsächlich minimiert wird.

3.4 Methoden der Parameterschätzung

Die Methode der kleinsten Quadrate (im Englischen: Ordinary Least Squares oder kurz: OLS) werden wir in einem anderen Zusammenhang (Regressionsrechnung, Kap. 6.1) noch ausführlicher kennenlernen. Auch dort wird es darum gehen, für unbekannte Parameter Schätzwerte zu finden, die die in einer Stichprobe beobachteten Messungen nach dem Kriterium der kleinsten Summe der quadrierten Abweichungen (kurz: nach dem Kriterium der kleinsten Quadrate) möglichst gut repräsentieren.

Schätzer, die man mit der Methode der kleinsten Quadrate bestimmt, sind unabhängig davon, wie das Merkmal in der Grundgesamtheit verteilt ist, erwartungstreu und konsistent.

Maximum-likelihood-Methode

Mit der Maximum-likelihood-Methode finden wir für die Schätzung unbekannter Parameter Stichprobenkennwerte, die so geartet sind, dass sie die Wahrscheinlichkeit (genauer: Likelihood, s. unten) des Auftretens der in einer Stichprobe beobachteten Messungen maximieren. Die Bedeutung dieser Methode, deren Anwendung voraussetzt, dass die Verteilungsform des untersuchten Merkmals bekannt ist, lässt sich intuitiv einfach vermitteln. Nehmen wir an, in einer Stichprobe wurden die Messungen $x_1 = 11$, $x_2 = 8$, $x_3 = 12$, $x_4 = 9$ und $x_5 = 10$ registriert. Gehen wir von Messungen eines normalverteilten Merkmals aus, ist es äußerst unwahrscheinlich, dass ein Populationsparameter von z. B. $\mu = 20$ diese Stichprobenwerte ermöglicht. Plausibler wäre es, für μ den Wert 10 oder zumindest Werte in der Nähe von 10 anzunehmen. Nach der Maximum-likelihood-Methode würde sich herausstellen, dass der Mittelwert $\bar{x} = 10$ als bester Schätzer für μ gilt. Bei einem normalverteilten Merkmal resultiert für die beobachteten Werte eine maximale Auftretenswahrscheinlichkeit, wenn wir μ durch $\bar{x}$ schätzen. (Eine detailliertere Herleitung von $\bar{x}$ als Maximum-likelihood-Schätzung von μ bei normalverteilten Merkmalen findet man z. B. bei Hofer u. Franzen, 1975, S. 305 f.)

Wie man einen Schätzwert nach der Maximum-likelihood-Methode bestimmt, sei im Folgenden anhand eines Beispiels (Bestimmung eines Schätzwertes für den Populationsanteil π) erläutert.

BEISPIEL

Nach einem gruppendynamischen Training äußern von 12 Teilnehmern 5 spontan die Ansicht, ihre Kontaktschwierigkeiten seien weitgehend beseitigt worden. Wir wollen überprüfen, bei welchen Populationsverhältnissen ein solches Stichprobenergebnis am wahrscheinlichsten ist.

Zunächst nehmen wir einmal an, der Anteil derjenigen, die nach einem gruppendynamischen Training behaupten, ihre Kontaktschwierigkeiten seien weitgehend beseitigt, betrage in der Grundgesamtheit $\pi = 0{,}3$. Ausgehend von einem binomialverteilten Merkmal ermitteln wir nach Gl. (2.34), wie groß die Wahrscheinlichkeit (Likelihood = L) ist, dass für $\pi = 0{,}3$ das Ereignis „gebessert" unter 12 möglichen Ereignissen 5-mal auftritt:

$$L(k=5|n=12) = \binom{12}{5} \cdot 0{,}3^5 \cdot 0{,}7^7 = 0{,}158\,.$$

Setzen wir $\pi = 0{,}4$, erhalten wir

$$L(k=5|n=12) = \binom{12}{5} \cdot 0{,}4^5 \cdot 0{,}6^7 = 0{,}227\,.$$

Für $\pi = 0{,}5$ ergibt sich

$$L(k=5|n=12) = \binom{12}{5} \cdot 0{,}5^{12} = 0{,}193\,.$$

Offenbar ist von den 3 Parameterschätzungen ($\pi = 0{,}3$; $\pi = 0{,}4$; $\pi = 0{,}5$) die Schätzung $\pi = 0{,}4$ am besten. Für diesen Parameter ist die Wahrscheinlichkeit (L), dass unter 12 möglichen Ereignissen das Ereignis „gebessert" 5-mal auftritt, am größten.

Es ist jedoch nicht auszuschließen, dass die Wahrscheinlichkeit (L) für den empirischen Befund für andere Populationsparameter noch größer ist. Ausgehend von den 3 Parameterschätzungen können wir vermuten, dass die maximale Wahrscheinlichkeit (maximale Likelihood) im Bereich $0{,}3 < \pi < 0{,}5$ liegt.

Der folgende Gedankengang führt zu einem π-Wert, bei dem das Stichprobenergebnis am wahrscheinlichsten ist:

Da π beliebige, stetig verteilte Werte im Bereich Null bis 1 annehmen kann, bedienen wir uns – wie bereits bei der Methode der kleinsten Quadrate – der Differenzialrechnung, um die maximale Auftretenswahrscheinlichkeit für das gefundene Ergebnis in Abhängigkeit von π zu ermitteln. Wir definieren eine Wahrscheinlichkeitsfunktion, die *Likelihood-Funktion*, die nach dem gesuchten Parameter π differenziert wird. Setzen wir die erste Ableitung Null und lösen nach π auf, erhalten wir die Bestimmungsgleichung für den gesuchten Parameter. Bezogen auf unser Beispiel lautet die Likelihood-Funktion:

$$L(k|n;\pi) = \binom{n}{k} \cdot \pi^k \cdot (1-\pi)^{n-k}. \quad (3.16)$$

Um diese Gleichung einfacher differenzieren zu können, logarithmieren wir beide Seiten zur Basis e und erhalten so die Summe der Logarithmen der einzelnen Faktoren, die gliedweise differenziert werden kann. (Diese Vorgehensweise ist deshalb zulässig, weil der Logarithmus eines positiven Argumentes eine monotone Funktion des Argumentes ist. Das Maximum der logarithmierten Funktion ist somit gleich dem Maximum der ursprünglichen Funktion.)

Die logarithmierte Likelihood-Funktion lautet

$$\ln L(k|n;\pi) = \ln \binom{n}{k} + k \cdot \ln \pi \\ + (n-k) \cdot \ln(1-\pi). \quad (3.17)$$

Für die erste Ableitung erhalten wir

$$\frac{d \ln L}{d\pi} = \frac{k}{\pi} - \frac{n-k}{1-\pi}. \quad (3.18)$$

Wird die 1. Ableitung Null gesetzt und nach π aufgelöst, ergibt sich

$$\pi = \frac{k}{n}. \quad (3.19)$$

Das gefundene Ergebnis erhält somit maximale Auftretenswahrscheinlichkeit, wenn der Populationsparameter π durch die relative Häufigkeit in der Stichprobe geschätzt wird. Für unser Beispiel ermitteln wir $\pi = 5/12 = 0{,}42$, sodass

$$L(k=5|n=12) = \binom{12}{5} \cdot 0{,}42^5 \cdot 0{,}58^7 \\ = 0{,}229 = \max.$$

Da die 2. Ableitung der Likelihood-Funktion ein negatives Vorzeichen hat, ist sichergestellt, dass das Ergebnis „5 gebessert" unter 12 möglichen Fällen für eine Grundgesamtheitswahrscheinlichkeit von $\pi = 0{,}42$ tatsächlich maximale (und nicht minimale) Auftretenswahrscheinlichkeit besitzt.

Es bleibt nachzutragen, warum wir bei diesen Überlegungen nicht von „Wahrscheinlichkeit", sondern von der „Likelihood" (diese Bezeichnung bleibt üblicherweise unübersetzt) sprechen. Auf S. 53 definierten wir „Wahrscheinlichkeit" als eine Zahl, die nur Werte zwischen 0 und 1 annehmen kann. Ferner wurde die Summe der Wahrscheinlichkeiten aller einander ausschließenden Ereignisse einer Ergebnismenge 1 gesetzt. Diese Axiome wären verletzt, wenn wir die nach der Maximum-likelihood-Methode bestimmten Likelihoods als Wahrscheinlichkeiten auffassen würden.

In unserem Beispiel ermittelten wir als Likelihood des empirischen Ergebnisses für $\pi = 0{,}3$ den Wert 0,158. Die entsprechenden Werte für $\pi = 0{,}4$ und $\pi = 0{,}5$ lauteten 0,227 und 0,193. Die Summe dieser Likelihoods beträgt also 0,578. Neben diesen drei Werten für den Parameter π kann π theoretisch jeden beliebigen anderen Wert in den Grenzen 0 bis 1 annehmen; allein zwischen $\pi = 0{,}3$ und $\pi = 0{,}4$ befinden sich unendlich viele π-Werte, die sämtlich eine Likelihood zwischen 0,158 und 0,227 aufweisen. Die Summe der Likelihoods dieser einander ausschließenden Ereignisse geht gegen unendlich und ist also mit der Axiomatik von Wahrscheinlichkeiten nicht vereinbar.

Existiert für einen Parameter ein suffizienter bzw. erschöpfender Schätzwert, dann entspricht der nach der Maximum-likelihood-Methode bestimmte statistische Kennwert diesem Schätzwert. Hieraus folgt, dass erschöpfende, statistische Kennwerte, wie z. B. das arithmetische Mittel $\bar{x}$ oder die Varianz s^2, gleichzeitig Maximum-likelihood-Schätzungen der Parameter μ und σ^2 sind. Man beachte jedoch, dass Maximum-likelihood-Schätzungen nicht gleichzeitig erwartungstreue Schätzungen sind, wie durch die Varianz s^2 belegt wird, die zwar erschöpfend, aber nicht erwartungstreu ist. Maximum-likelihood-Schätzer sind außerdem konsistent und asymptotisch normal verteilt.

Eine ausführliche Behandlung des Problems der Parameterschätzung findet der interessierte Leser z. B. bei Kendall u. Stuart (1973) bzw. bei Klauer (1996a).

3.5 Intervallschätzung

Die Schätzung von Populationsparametern durch einen einzigen Wert, der aus den beobachteten Daten ermittelt wurde, bezeichnen wir als eine *Punktschätzung*. Wie unter 3.2 gezeigt, müssen wir jedoch davon ausgehen, dass Punktschätzungen von Zufallsstichprobe zu Zufallsstichprobe schwanken bzw. dass Punktschätzungen Zufallsvariablen darstellen, deren Verteilung bekannt sein muss, wenn wir die Brauchbarkeit einer konkreten Schätzung richtig bewerten wollen.

Diese Verteilung, die wir in Kap. 3.2 Stichprobenkennwerteverteilung nannten, ist uns jedoch nur teilweise bekannt. Wir kennen – zumindest, wenn wir als Stichprobenkennwert erneut vorerst nur das arithmetische Mittel betrachten – ihre Verteilungsform (sie ist bei Gültigkeit des zentralen Grenzwerttheorems normal) und ihre Streuung (Standardfehler, den wir mit $\hat{\sigma}_{\bar{x}} = \hat{\sigma}/\sqrt{n}$ schätzen). Unbekannt ist der zu schätzende Parameter μ. Nach wie vor ist damit die Frage offen, was wir über diesen unbekannten Parameter wissen, wenn wir nur das Ergebnis einer Stichprobenuntersuchung kennen.

Für die folgenden Überlegungen nehmen wir zunächst an, μ sei *bekannt* (z.B. $\mu = 100$). Bezugnehmend auf Kap. 3.2 können wir dann behaupten, dass sich der Mittelwert einer beliebigen Zufallsstichprobe des Umfangs n mit einer Wahrscheinlichkeit von 95,5% im Bereich $\mu \pm 2 \cdot \sigma_{\bar{x}}$ befindet. Wenn $\sigma_{\bar{x}} = 5$ ist, lautet dieser Bereich 90 bis 110. Wir wollen diesen Bereich als den $\bar{x}$-*Werte-Bereich* (oder das Schwankungsintervall) von $\mu = 100$ bezeichnen. Ein Mittelwert von z.B. $\bar{x} = 93$ fällt also in diesen $\bar{x}$-Werte-Bereich. Der gleiche Mittelwert könnte jedoch auch resultieren, wenn $\mu = 90$ ist. Für dieses μ ergibt sich (bei gleichem $\sigma_{\bar{x}}$) ein $\bar{x}$-Werte-Bereich von 80 bis 100, der $\bar{x} = 93$ ebenfalls umschließt. Aber hätte man mit diesem Stichprobenergebnis auch rechnen können, wenn $\mu = 70$ ist? Offensichtlich nicht, denn für diesen Parameter resultiert ein $\bar{x}$-Werte-Bereich von 60 bis 80, der den gefundenen $\bar{x}$-Wert von 93 nicht umschließt.

Allerdings hatten wir den $\bar{x}$-Werte-Bereich bisher so bestimmt, dass sich in ihm „nur" 95,5% aller Stichprobenmittelwerte befinden. Erweitern wir den Bereich auf $\mu \pm 3 \cdot \sigma_{\bar{x}}$, können wir praktisch sicher sein, dass jeder Stichprobenmittelwert in diesen Bereich fällt. Allerdings nur „praktisch" und nicht völlig sicher, denn die Wahrscheinlichkeit, dass ein Stichprobenmittelwert in diesen Bereich fällt, beträgt 99,74% und nicht 100%. Ein völlig sicherer Bereich hätte bei normalverteilten Mittelwerten wegen der Verteilungseigenschaften der Normalverteilung (sie nähert sich auf beiden Seiten asymptotisch der Abszisse) die Grenzen $-\infty$ und $+\infty$. Damit könnte theoretisch jeder Populationsparameter das Stichprobenergebnis $\bar{x} = 93$ „erzeugen", was bedeuten würde, dass der Stichprobenmittelwert $\bar{x} = 93$ überhaupt nichts über die Größe des „wahren" Populationsparameters aussagt.

Gibt man sich jedoch mit einer begrenzten Wahrscheinlichkeit von beispielsweise 95,5% zufrieden, scheiden bestimmte Populationsparameter als „Erzeuger" des Stichprobenmittelwertes $\bar{x} = 93$ aus. Dies sind offensichtlich Parameter, deren $\bar{x}$-Werte-Bereiche eine obere Grenze haben, die unter $\bar{x} = 93$ liegt, bzw. Parameter, deren $\bar{x}$-Werte-Bereiche eine untere Grenze haben, die über $\bar{x} = 93$ liegt. Da der Abstand von μ zur oberen (bzw. unteren) Grenze des $\bar{x}$-Werte-Bereichs $2 \cdot \sigma_{\bar{x}} = 10$ beträgt, kommen hierfür nur Parameter $\mu < 83$ bzw. $\mu > 103$ in Betracht. Alle übrigen Parameter im Bereich $83 \leq \mu \leq 103$ haben $\bar{x}$-Werte-Bereiche, die den gefundenen Mittelwert $\bar{x} = 93$ *mit Sicherheit* umschließen. Zu diesen Parametern zählt auch der ursprünglich als bekannt vorausgesetzte Parameter $\mu = 100$.

Welche Konsequenzen lassen sich nun aus diesen Überlegungen für den üblichen Fall ableiten, dass μ *unbekannt* ist? Aufgrund einer Stichprobenuntersuchung erhalten wir einen Mittelwert $\bar{x}$. Populationsparameter, die diesen Mittelwert mit einer Wahrscheinlichkeit von 95,5% hervorbringen können, befinden sich dann im Bereich $\bar{x} \pm 2 \cdot \sigma_{\bar{x}}$. Man kann deshalb vermuten, dass sich auch der gesuchte Parameter in diesem Bereich befindet. Die Wahrscheinlichkeit, dass $\bar{x}$ zu einer Population gehört, deren Parameter μ außerhalb dieses Bereichs liegt, beträgt höchstens 4,5%. (Die eigentlich plausibel klingende Aussage, der gesuchte Parameter befinde sich mit einer Wahrscheinlichkeit von 95,5% im Bereich $\bar{x} \pm 2 \cdot \sigma_{\bar{x}}$, ist genau genommen nicht korrekt, denn tatsächlich kann der Parameter nur innerhalb oder außerhalb des gefundenen Bereichs liegen. Die Wahrscheinlichkeit, dass ein Parameter in einen bestimmten Bereich fällt, ist damit entweder 0 oder 1; Näheres hierzu s. Leiser, 1982.)

Konfidenzintervalle

Bereiche, in denen sich Populationsparameter befinden, die als „Erzeuger" eines empirisch bestimmten Stichprobenkennwertes mit einer bestimmten Wahrscheinlichkeit in Frage kommen, heißen nach Neyman (1937) Konfidenzintervalle. Als Wahrscheinlichkeiten werden hierbei üblicherweise nicht – wie in den bisherigen Ausführungen

– 95,5 %, sondern 95 % oder 99 % festgelegt. Diese Wahrscheinlichkeiten bezeichnet man als **Konfidenzkoeffizienten**. Die Grenzen eines 95%igen (bzw. 99%igen) Konfidenzintervalls bestimmen wir – große Stichproben (n≥30) vorausgesetzt – in folgender Weise:

In der Standardnormalverteilung (deren Verteilungsfunktion im Anhang in Tabelle B wiedergegeben ist) befinden sich zwischen $z = -1{,}96$ und $z = 1{,}96$ 95 % der Gesamtfläche. (Natürlich lassen sich beliebige andere Paare von z-Werten, wie z. B. $z = -1{,}75$ und $z = 2{,}33$, finden, die ebenfalls 95 % der Gesamtfläche begrenzen. Mit $z = \pm 1{,}96$ erhalten wir jedoch das kürzeste Konfidenzintervall, das zudem um $\bar{x}$ symmetrisch ist.) Die Standardnormalverteilung hat einen Erwartungswert von 0 und eine Standardabweichung von 1. Wollen wir die Stichprobenkennwerteverteilung des arithmetischen Mittels, deren Parameter μ und $\sigma_{\bar{x}}$ wir durch $\bar{x}$ und $\hat{\sigma}_{\bar{x}}$ schätzen, in eine Standardnormalverteilung überführen, bedienen wir uns der bereits bekannten z-Transformation (Gl. 1.27):

$$z = \frac{x_i - \bar{x}}{s}.$$

Angewandt auf die Mittelwerteverteilung lautet die z-Transformation

$$z = \frac{\bar{x}_i - \mu}{\sigma_{\bar{x}}}.$$

Für $\bar{x}_i$ setzen wir die unbekannte untere bzw. obere Grenze des Konfidenzintervalls ein, für die nach einfachen Umformungen folgende Bestimmungsgleichung resultiert:

$$\text{untere/obere Grenze} = \mu \pm z \cdot \sigma_{\bar{x}}.$$

Wir verwenden $\bar{x}$ als erwartungstreue Schätzung für μ, $\hat{\sigma}_{\bar{x}}$ als Schätzwert für $\sigma_{\bar{x}}$ und ersetzen z durch diejenigen z-Werte, die in der Standardnormalverteilung die mittleren 95 % der Fläche begrenzen bzw. an den Enden jeweils 2,5 % abschneiden:

$$\text{untere Grenze} = \bar{x} - 1{,}96 \cdot \hat{\sigma}_{\bar{x}}$$
$$\text{obere Grenze} = \bar{x} + 1{,}96 \cdot \hat{\sigma}_{\bar{x}}. \quad (3.20)$$

Für das 99%ige Konfidenzintervall setzen wir diejenigen z-Werte ein, die die mittleren 99 % der Standardnormalverteilungsfläche begrenzen bzw. an den Enden jeweils 0,5 % der Fläche abschneiden. Nach Tabelle B des Anhangs sind dies die Werte $z = \pm 2{,}58$. Das 99%ige Konfidenzintervall hat demnach die Grenzen

$$\text{untere Grenze} = \bar{x} - 2{,}58 \cdot \hat{\sigma}_{\bar{x}}$$
$$\text{obere Grenze} = \bar{x} + 2{,}58 \cdot \hat{\sigma}_{\bar{x}}. \quad (3.21)$$

Wie $\bar{X}$ sind auch die Intervallgrenzen Zufallsvariablen, d. h., sie hängen von der Größe des Stichprobenkennwertes $\bar{x}$ als Realisierung der Zufallsvariable $\bar{X}$ ab. Wenn man aus einer Grundgesamtheit sehr viele Stichproben zieht und für jeden der resultierenden $\bar{x}$-Werte ein Konfidenzintervall berechnet, würden 95 % (99 %) dieser Konfidenzintervalle den Parameter μ einschließen und 5 % (1 %) nicht.

Allgemein bestimmen wir ein Konfidenzintervall Δ_{crit} nach

$$\Delta_{\text{crit}} = \bar{x} \pm z_{(\alpha/2)} \cdot \hat{\sigma}_{\bar{x}}. \quad (3.22)$$

α ist hierbei die Restwahrscheinlichkeit (1− Konfidenzkoeffizient), sodass $z_{(\alpha/2)}$ beim 95%igen Konfidenzintervall vom oberen (positiven) Teil der Standardnormalverteilungsfläche 2,5 % und beim 99%igen Konfidenzintervall 0,5 % abschneidet. Für die Konfidenzintervallbreite (KIB) folgt damit:

$$\text{Konfidenzintervallbreite (KIB)} = 2 \cdot z_{(\alpha/2)} \cdot \hat{\sigma}_{\bar{x}}. \quad (3.23)$$

> **Das Konfidenzintervall kennzeichnet denjenigen Bereich eines Merkmals, in dem sich 95 % (99 %) aller möglichen Populationsparameter befinden, die den empirisch ermittelten Stichprobenkennwert erzeugt haben können.**

BEISPIEL

Tabelle 3.2 erläutert die einzelnen Rechenschritte, die zur Bestimmung eines Konfidenzintervalls führen. Gesucht wird das 95%ige (99%ige) Konfidenzintervall für die durchschnittliche Neurotizismustendenz (N-Wert) von Studenten. Die Untersuchung von n = 35 Studenten mit einem Neurotizismus-Fragebogen führte zu einem Mittelwert von $\bar{x} = 20{,}0$ und einer Standardabweichung von $\hat{\sigma} = 3{,}4$. Damit resultiert für den geschätzten Standardfehler der Wert $\hat{\sigma}_{\bar{x}} = 0{,}6$. Das 95%ige Konfidenzintervall hat die Grenzen 18,82 und 21,18 bzw. eine Konfidenzintervallbreite KIB = 2,36. (Für das 99%ige Konfidenzintervall resultieren die Grenzen 18,45 und 21,55 mit KIB = 3,10.) Diejenigen Populationen, die einen 95%igen $\bar{x}$-Werte-Bereich aufweisen, in denen sich der gefundene $\bar{x}$-Wert mit Sicherheit befindet, haben damit Parameter in den Grenzen 18,82 und 21,18. Oder vereinfacht: Im Bereich 18,82 bis 21,18 befinden sich 95 % aller Parameter, die $\bar{x} = 20{,}0$ erzeugt haben können.

3.5 Intervallschätzung

Tabelle 3.2. Bestimmung der Konfidenzintervalle für die Konfidenzkoeffizienten 95% und 99%

Vp-Nr.	N-Wert	$(x_i - \bar{x})$	$(x_i - \bar{x})^2$
1	21	1,0	1,0
2	17	-3,0	9,0
3	18	-2,0	4,0
4	15	-5,0	25,0
5	25	5,0	25,0
6	27	7,0	49,0
7	22	2,0	4,0
8	21	1,0	1,0
9	13	-7,0	49,0
10	20	0,0	0,0
11	19	-1,0	1,0
12	21	1,0	1,0
13	18	-2,0	4,0
14	21	1,0	1,0
15	16	-4,0	16,0
16	18	-2,0	4,0
17	19	-1,0	1,0
18	24	4,0	16,0
19	21	1,0	1,0
20	18	-2,0	4,0
21	17	-3,0	9,0
22	23	3,0	9,0
23	20	0,0	0,0
24	18	-2,0	4,0
25	15	-5,0	25,0
26	23	3,0	9,0
27	22	2,0	4,0
28	17	-3,0	9,0
29	28	8,0	64,0
30	16	-4,0	16,0
31	20	0,0	0,0
32	21	1,0	1,0
33	24	4,0	16,0
34	19	-1,0	1,0
35	23	3,0	9,0
Summen: 35	700	0,0	392,0

$\bar{x} = \dfrac{700}{35} = 20{,}0$

$\hat{\sigma} = \sqrt{\dfrac{392}{34}} = 3{,}4$

$\hat{\sigma}_{\bar{x}} = \dfrac{3{,}4}{\sqrt{35}} = 0{,}6$

Konfidenz-koeffizient	$\dfrac{\alpha}{2}$	$z_{(\alpha/2)}$	$z \cdot \hat{\sigma}_{\bar{x}}$	$\Delta_{\text{crit}} = \bar{x} \pm z_{(\alpha/2)} \cdot \hat{\sigma}_{\bar{x}}$
95%	2,5%	1,96	1,18	18,82 bis 21,18
99%	0,5%	2,58	1,55	18,45 bis 21,55

Kleine Stichproben

Die bisherigen Überlegungen bedürfen einer kleinen, aber theoretisch wichtigen Korrektur. Wir gingen davon aus, dass der Standardfehler des Mittelwertes unbekannt ist bzw. über die Stichprobenvarianz geschätzt wird. Für diesen Fall ist zu beachten, dass der Quotient $(\bar{x} - \mu)/\hat{\sigma}_{\bar{x}}$ nicht normalverteilt, sondern mit df = n−1 t-verteilt ist (vgl. S. 137 f.).

Für die Konfidenzintervallbestimmung hat dies allerdings praktisch keine Bedeutung, solange wir, von großen Stichproben (n ≥ 30) ausgehen, denn mit wachsendem Stichprobenumfang geht die t-Verteilung in die Standardnormalverteilung über (vgl. 2.5.3).

Bei kleineren Stichproben wird für die oben beschriebene Konfidenzintervallbestimmung gefordert, dass das geprüfte Merkmal in der Grundgesamtheit normalverteilt ist und dass die Streuung σ (und damit der Standardfehler $\sigma_{\bar{x}}$) bekannt ist. Müssen wir den Standardfehler schätzen, weil σ unbekannt ist, verwenden wir in Gl. (3.22) statt des z-Wertes denjenigen t-Wert, der von der t-Verteilung mit n−1 Freiheitsgraden $\alpha/2\%$ abschneidet (zur Bedeutung der Freiheitsgrade s. 2.5.3 bzw. ausführlicher S. 138). Diese Werte sind im Anhang, Tabelle D (Spalte „0,975" bzw. „0,995") wiedergegeben.

Allerdings dürfte der Fall, dass ein Parameter anhand einer Stichprobe mit n < 30 geschätzt wird, in der Praxis selten vorkommen, da bei diesem Stichprobenumfang nur sehr ungenaue Parameterschätzungen (große KIB-Werte) möglich sind. Falls das Merkmal nicht normalverteilt ist, muss bei kleinen Stichproben auf die hier beschriebene Konfidenzintervallbestimmung verzichtet werden.

> Bei kleineren Stichproben (n < 30) folgt die Verteilung der am geschätzten Standardfehler relativierten Differenzen $\bar{x} - \mu$ einer t-Verteilung, vorausgesetzt, das Merkmal ist normalverteilt.

Konfidenzintervalle für Prozentwerte

Der Grundgedanke zur Ermittlung von Konfidenzintervallen ist auf alle statistischen Kennwerte übertragbar, die sich zumindest angenähert normalverteilen. Wir wollen diese Analogie am Beispiel der Bestimmung eines Konfidenzintervalls für Prozentwerte (P) verdeutlichen.

Dass Konfidenzintervalle von Prozentwerten, die über die Normalverteilung ermittelt werden, immer nur Approximationen sein können, geht aus der anschaulichen Tatsache hervor, dass eine Prozentwerteverteilung nur Werte von 0 bis 100 annehmen kann. Die approximativen Schätzwerte werden zudem um so schlechter sein, je kleiner der Stichprobenumfang ist. Es sollte daher die Beziehung $n \cdot p \cdot q \geq 9$ erfüllt sein (vgl. S. 78). In Analogie zu Gl. (3.22) ermitteln wir Konfidenzintervalle für einen Prozentwert nach folgender Beziehung:

$$\Delta_{\text{crit}(\%)} = P \pm z_{(\alpha/2)} \cdot \widehat{\sigma}_{\%} \qquad (3.24)$$

und

$$\text{KIB} = 2 \cdot z_{(\alpha/2)} \cdot \widehat{\sigma}_{\%},$$

wobei $\widehat{\sigma}_{\%}$ nach Gl. (3.6)

$$\widehat{\sigma}_{\%} = \sqrt{\frac{P \cdot Q}{n}}.$$

Den Mittelwert der Prozentwerteverteilung schätzen wir – hinreichend große Stichproben vorausgesetzt – durch den in der Stichprobe ermittelten Prozentwert. Genauer ist nach Hays u. Winkler (1970, Kap. 6.12) die folgende, rechnerisch aufwendigere Konfidenzintervallbestimmung:

$$\Delta_{\text{crit}(\%)} = \frac{n}{n + z_{(\alpha/2)}^2} \cdot \left[P + \frac{z_{(\alpha/2)}^2}{2n} \right.$$
$$\left. \pm z_{(\alpha/2)} \cdot \sqrt{\frac{P \cdot Q}{n} + \frac{z_{(\alpha/2)}^2}{4n^2}} \right], \quad (3.25)$$

wobei P und Q Schätzwerte für die Parameter $100 \cdot \pi$ bzw. $100 \cdot (1 - \pi)$ darstellen.

BEISPIEL

Bei einer zur Wahlprognose durchgeführten Meinungsumfrage unter n = 500 zufällig herausgegriffenen Personen haben sich 35% für den Kanzlerkandidaten A ausgesprochen. Gesucht wird das 99%ige Konfidenzintervall.

Da die Bedingung $p \cdot q \cdot n \geq 9$ erfüllt ist ($0{,}35 \cdot 0{,}65 \cdot 500 = 113{,}75 > 9$), können wir dieses Intervall über die Normalverteilungsapproximation der Binomialverteilung bestimmen. Als Standardfehler für 35% ergibt sich nach (3.6)

$$\widehat{\sigma}_{\%} = \sqrt{\frac{35\% \cdot 65\%}{500}} = 2{,}13\%.$$

Setzen wir diesen Wert in Gl. (3.24) ein, resultiert der folgende Bereich:

$$\Delta_{\text{crit}(35\%)} = 35\% \pm 2{,}58 \cdot 2{,}13\%$$
$$= 35\% \pm 5{,}5\%.$$

Eine bessere Schätzung erhalten wir unter Verwendung von Gl. (3.25)

$$\Delta_{\text{crit}(35\%)} = 0{,}987 \cdot (35{,}007\% \pm 5{,}503\%).$$

Im Bereich 29,12% bis 39,98% befinden sich 99% aller Populationsparameter, die den Stichprobenkennwert P = 35% „erzeugt" haben können.

▷ 3.6 Bedeutung des Stichprobenumfangs

Bezogen auf das zuletzt genannte Beispiel könnte man die Ansicht vertreten, dass eine Prozentwertangabe, die mit einem ca. 10% breiten Konfidenzintervall versehen ist, für praktische Zwecke wenig brauchbar ist. Ein engeres Konfidenzintervall kann jedoch bei konstantem Stichprobenumfang und gleichbleibendem P-Wert nur zu Lasten der Sicherheit erreicht werden. Wenn beispielsweise das Konfidenzintervall nicht mit einem Konfidenzkoeffizienten von 99%, sondern nur mit einem Konfidenzkoeffizienten von 95% abgesichert wird, lauten die Grenzwerte 30,58% bis 38,87% ($z_{2{,}5\%} = 1{,}96$).

Eine weitere Bestimmungsgröße für die Breite eines Konfidenzintervalls ist der Stichprobenumfang. Je größer die untersuchte Stichprobe, um so kleiner ist das Konfidenzintervall. Es sollte deshalb vor Durchführung einer Untersuchung entschieden werden, wie viele Personen benötigt werden, um Aussagen mit der gewünschten Genauigkeit machen zu können.

Zunächst wollen wir überprüfen, wie groß eine Stichprobe sein muss, um einen Prozentwert in der Grundgesamtheit mit bestimmter Genauigkeit schätzen zu können. Die Gleichung, die wir benötigen, um diesen Stichprobenumfang ermitteln zu können, lässt sich aus Gl. (3.24) ableiten:

$$n = \frac{4 \cdot z_{(\alpha/2)}^2 \cdot P \cdot Q}{\text{KIB}^2}, \qquad (3.26)$$

3.6 Bedeutung des Stichprobenumfanges

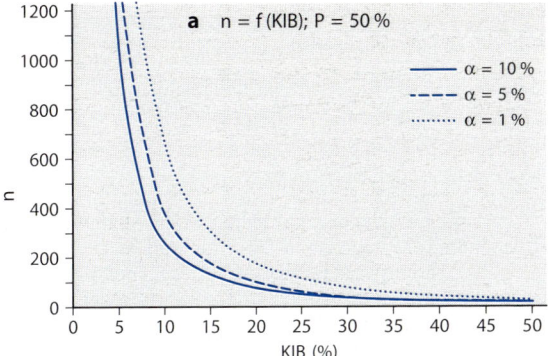

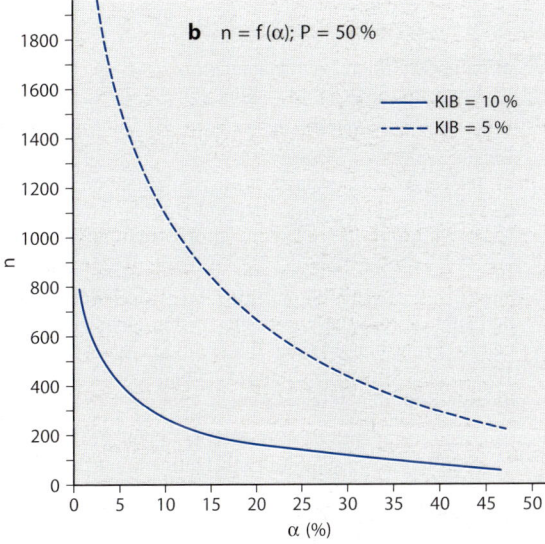

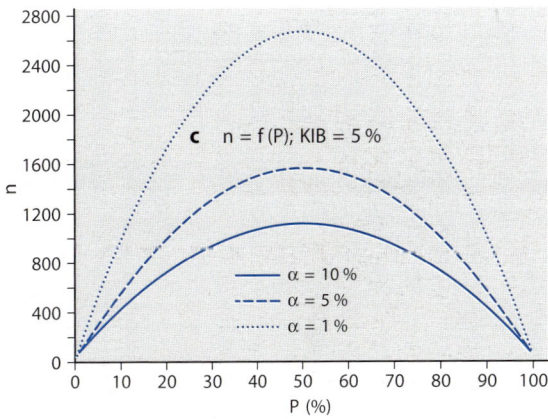

Abb. 3.2 a–c. Stichprobenumfang in Abhängigkeit von KIB, α und P

wobei KIB = Breite des Konfidenzintervalls, P = Schätzwert für $\pi \cdot 100$.

Soll in dem letztgenannten Beispiel ein 2% breites Konfidenzintervall mit einem Konfidenzkoeffizienten von 99% abgesichert werden, benötigen wir folgenden, ganzzahlig abgerundeten Stichprobenumfang:

$$n = \frac{4 \cdot 2{,}58^2 \cdot 35 \cdot 65}{4} = 15\,143\,.$$

Halbieren wir die Konfidenzintervallbreite auf 1%, benötigen wir bereits den 4fachen Stichprobenumfang.

> **Die Halbierung eines Konfidenzintervalls macht einen vierfachen Stichprobenumfang erforderlich.**

Generell gilt, dass mit kleiner werdendem Konfidenzintervall bei konstantem Konfidenzkoeffizienten der benötigte Stichprobenumfang quadratisch anwächst.

Als nächstes wollen wir überprüfen, wie sich der notwendige Stichprobenumfang ändert, wenn bei konstantem Konfidenzintervall der Konfidenzkoeffizient variiert wird. Sichern wir im oben genannten Beispiel das 2% breite Konfidenzintervall mit einem Konfidenzkoeffizienten von 95% ab, benötigen wir statt der 15 143 Personen 8740 Personen. Die Absicherung eines 2% breiten Konfidenzintervalls mit einem Konfidenzkoeffizienten von 90% ist bereits bei n = 6194 Personen möglich.

Abbildung 3.2 zeigt, wie sich der Stichprobenumfang in Abhängigkeit von KIB (Abb. 3.2 a) von $\alpha = 1 -$ Konfidenzkoeffizienten (Abb. 3.2 b) und von P (Abb. 3.2 c) ändert.

Es geht $n \to \infty$, wenn KIB $\to 0$ geht und/oder $\alpha \to 0$ geht. Für P $\to 0\%$ (Q $\to 100\%$) geht $n \to 0$. Maximaler Stichprobenumfang wird bei konstantem KIB und α für P = Q = 50% benötigt.

Ausgehend von Gl. (3.23) mit $\widehat{\sigma}_{\bar{x}} = \widehat{\sigma}/\sqrt{n}$ erhalten wir die Bestimmungsgleichung für Stichprobenumfänge, die benötigt werden, um ein vorgegebenes Konfidenzintervall für einen Mittelwertparameter μ mit einem bestimmten Konfidenzkoeffizient abzusichern:

$$n = \frac{4 \cdot z^2_{(\alpha/2)} \cdot \widehat{\sigma}^2}{\text{KIB}^2}\,. \qquad (3.27)$$

BEISPIEL

Bezogen auf die Daten in Tabelle 1.5 wollen wir fragen, wie viele Vpn untersucht werden müssen, um ein Konfidenzintervall der durchschnittlichen Bearbeitungszeit von $106{,}78 \pm 2\,\text{s}$ mit einem Konfidenzkoeffizienten von 95% absichern zu können. Setzen wir die Werte $\hat{\sigma}^2 = 466{,}46$ (vgl. S. 44; man beachte jedoch, dass für die Berechnung von $\hat{\sigma}^2$ die Quadratsumme nicht durch n, sondern durch $n-1$ dividiert wird), $z_{(\alpha/2)} = 1{,}96$ und KIB = 4 in Gl. (3.27) ein, resultiert (ganzzahlig gerundet):

$$n = \frac{4 \cdot 1{,}96^2 \cdot 466{,}46}{4^2} = 448\,.$$

Die benötigten Stichprobenumfänge können erheblich gesenkt werden, wenn statt einer einfachen Zufallsstichprobe eine sinnvoll geschichtete Stichprobe (vgl. Kap. 3.1) gezogen wird. Dies hat zur Folge, dass gemäß Gl. (3.8) der Standardfehler verkleinert wird, was nach Gl. (3.26) bzw. Gl. (3.27) zu kleineren Stichprobenumfängen führt.

Grundsätzliche Schwierigkeiten bereitet bei der Vorabschätzung benötigter Stichprobenumfänge der Standardfehler, der meistens unbekannt ist, weil die in Gl. (3.26) und (3.27) enthaltenen Populationsparameter π und σ^2 nicht bekannt sind. Liegen keine Paralleluntersuchungen vor, die eine Schätzung der unbekannten Parameter zulassen, können kleinere Voruntersuchungen durchgeführt werden, die eine erste Schätzung des gesuchten Parameters gestatten. Hiervon ausgehend errechnen wir eine erste Schätzung des benötigten Stichprobenumfangs, die nach sukzessivem Eintreffen weiterer Daten ständig verbessert werden kann, bis sich der benötigte Stichprobenumfang nicht mehr verändert, weil sich die Schätzung des unbekannten Parameters stabilisiert hat. Erst dann sollten die restlichen Daten erhoben werden, die die gewünschte Absicherung des Ergebnisses gewährleisten.

Weitere Einzelheiten zur Kalkulation von Stichprobenumfängen für die Bestimmung von Konfidenzintervallen findet man bei Bortz u. Döring (2002, Kap. 7).

ÜBUNGSAUFGABEN

1. Was sind die Besonderheiten einer
   a) einfachen Zufallsstichprobe,
   b) Klumpenstichprobe,
   c) geschichteten Stichprobe?

2. Was ist eine Stichprobenkennwerteverteilung?

3. Was besagt das zentrale Grenzwerttheorem?

4. Wie kann eine Normalverteilung von Stichprobenmittelwerten in eine Standardnormalverteilung transformiert werden?

5. Welche der folgenden Beziehungen sind falsch?
   a) Stichprobenvarianz > geschätzte Populationsvarianz.
   b) Standardfehler des Mittelwertes = Standardabweichung der Mittelwerte in der Mittelwertverteilung.
   c) Populationsvarianz = Quadrat des Standardfehlers.
   d) Standardfehler von $\bar{x}$ = n-fache Stichprobenvarianz.
   e) $\bar{x}$ = Schätzwert von μ,
   f) Populationsvarianz = n-fache Varianz von $\bar{x}$.

6. Eine Verteilung von n = 200 Beobachtungen sei durch $\bar{x} = 100$ und $\hat{\sigma} = 10$ gekennzeichnet. Wie lautet das Konfidenzintervall des Mittelwertes für
   a) einen Konfidenzkoeffizienten von 95%,
   b) einen Konfidenzkoeffizienten von 99%?

7. Wie verändert sich das Konfidenzintervall des Mittelwertes
   a) bei Vergrößerung des Konfidenzkoeffizienten,
   b) bei Vergrößerung des Stichprobenumfangs,
   c) bei Vergrößerung der Populationsstreuung?

8. In einem Konditionierungsexperiment lernen Hunde, auf ein akustisches Signal hin einen Mechanismus zu bedienen, um Futter zu erhalten. Nach einer einwöchigen Trainingsphase zeigen die Hunde in 200 Versuchen 160-mal das gewünschte Verhalten. Wie lautet das 95%ige Konfidenzintervall?

9. Ein Lehrer möchte wissen, welche Intelligenzquotienten Schüler aufweisen, die beabsichtigen, auf das Gymnasium zu gehen. Da es unmöglich ist, die gesamte Population der entsprechenden Schüler zu untersuchen, plant er, eine Stichprobe zu ziehen, die hinreichend groß ist, um den „wahren" Durchschnitts-IQ mit einer Genauigkeit von ± 3 IQ-Punkten ermitteln zu können. Der Literatur entnimmt der Lehrer, dass die Streuung der IQ-Werte üblicherweise mit $\hat{\sigma} = 10$ angegeben wird, und akzeptiert diesen Wert auch für seine Fragestellung, wenngleich er davon ausgehen kann, dass die Streuung in der Population, die ihn interessiert, kleiner ist als in einer unausgelesenen Population. Wie viele Schüler müssen mindestens untersucht werden, wenn der Lehrer ein Konfidenzintervall von 6 IQ-Punkten mit einem Konfidenzkoeffizienten von 90% absichern will?

10. Wie verändert sich der in Aufgabe 9 benötigte Stichprobenumfang, wenn
    a) die Streuung in der Population tatsächlich kleiner ist,
    b) das Konfidenzintervall verkleinert wird,
    c) der Konfidenzkoeffizient vergrößert wird?

Kapitel 4 Formulierung und Überprüfung von Hypothesen

ÜBERSICHT

Alternativhypothesen – Nullhypothese – statistische Hypothesen – α-Fehler – β-Fehler – Signifikanzniveau – signifikante Ergebnisse – spezifische und unspezifische Hypothesen – einseitige und zweiseitige Tests – Effektgröße und praktische Bedeutsamkeit – Teststärke und Teststärkekurven – „optimale" Stichprobenumfänge – Monte-Carlo-Studien – Bootstrap-Technik

Statistische Kennwerte wie das arithmetische Mittel oder die Standardabweichung werden als Punktschätzungen berechnet, um eine Stichprobe hinsichtlich der zentralen Tendenz bzw. der Dispersion ihrer Messwerte zu beschreiben. Dem vergangenen Kapitel entnehmen wir jedoch, dass diese Punktschätzungen mehr oder weniger genau sind, wobei wir allerdings die Unsicherheit eines Stichprobenkennwertes als Schätzwert eines Populationsparameters über Konfidenzintervalle bestimmen können.

In diesem Kapitel wählen wir einen anderen Ansatz, bei dem nicht – wie es im Rahmen der Konfidenzintervallberechnung geschieht – von den in einer Stichprobe erhobenen Daten (Empirie) auf Eigenschaften der Population (Theorie) geschlossen wird, sondern umgekehrt zuerst Eigenschaften einer Population postuliert werden, um dann zu überprüfen, inwieweit die postulierten Eigenschaften der Population (Theorie) durch stichprobenartig erhobene Daten (Empirie) bestätigt werden können.

So könnte beispielsweise aus der Theorie der Verwahrlosung Minderjähriger abgeleitet werden, dass die Intelligenzleistungen verwahrloster Jugendlicher insbesondere bei solchen Aufgaben unterdurchschnittlich sind, die das Erkennen von ordnenden Strukturen und Redundanzen voraussetzen (vgl. Eberhard, 1974). Oder es wird behauptet, die Population der Blinden sei durch überdurchschnittliche Fähigkeiten zur akustischen Reizdiskriminierung gekennzeichnet, eineiige Zwillinge seien einander ähnlicher als zweieiige, autoritäre Erziehung wirke sich negativ auf die kindliche Fähigkeit zur Rollenübernahme aus usw. In jedem Fall steht am Anfang eine Behauptung (Hypothese) über Eigenschaften einer oder mehreren Populationen, deren Brauchbarkeit durch empirische Untersuchungen überprüft werden muss.

Hiermit ist eine der schwierigsten Fragen der Inferenzstatistik angedeutet. Wie kann ein Stichprobenergebnis, von dem wir gerade gelernt haben, dass es mehr oder weniger starken Zufallsschwankungen unterliegt, herangezogen werden, um über die Richtigkeit einer aus einer allgemeinen Theorie abgeleiteten Hypothese zu entscheiden? Wie stark darf beispielsweise ein Stichprobenmittelwert von dem nach der Theorie zu erwartenden Mittelwert abweichen, um ihn gerade noch als „mit der Theorie übereinstimmend" zu deklarieren? Mit diesen und ähnlichen Fragen wollen wir uns im Folgenden beschäftigen. Die hierbei deutlich werdenden Grundprinzipien der statistischen Hypothesenprüfung gehen sowohl auf Fisher (1925b) als auch auf Neyman u. Pearson (1928) zurück (zur Geschichte der Hypothesen prüfenden Inferenzstatistik vgl. z. B. Cowles, 1989; Gigerenzer u. Murray, 1987 oder Ostmann u. Wutke, 1994). Weitere Informationen zur statistischen Hypothesenprüfung findet man z. B. bei Erdfelder u. Bredenkamp (1994).

Die Schätzung von Populationsparametern (Konfidenzintervallbestimmung) und das Testen von Hypothesen werden hier bewusst als zwei verschiedenen Bereiche der Inferenzstatistik aufgefasst. In der Statistikliteratur findet man jedoch gelegentlich die Auffassung, die Testproblematik sei ein Bestandteil der Schätzproblematik. Dieser Zusammenhang – Konfidenzintervallbestimmung zum Zwecke der Hypothesenprüfung – wird etwa bei Fahrmeier et al. (2001, S. 407 f.) an einem Beispiel verdeutlicht (vgl. hierzu auch Gl. 6.43 bzw. S. 194). Diese Sichtweise ist zwar sachlich korrekt; sie bereitet jedoch didaktisch erheblich mehr Probleme als die hier vorgenommene Trennung von Schätz- und Testproblemen.

▷ 4.1 Alternativhypothesen

Wie in den Vorbemerkungen (z. B. S. 6) erwähnt, bezeichnen wir Aussagen oder Schlussfolgerungen, die aus allgemeinen Theorien abgeleitet sind, als Hypothesen. Hypothesen gehen wie die ihnen zu Grunde liegenden neuen Theorien über den herkömmlichen Erkenntnisstand einer Wissenschaft hinaus. Sie beinhalten Aussagen, die mit anderen Theorien in Widerspruch stehen können bzw. Aussagen, die den bisherigen Wissensstand ergänzen sollen. Hypothesen, die in diesem Sinne „innovative" Aussagen beinhalten, werden als *Gegen- oder als Alternativhypothesen* bezeichnet. Aufgabe empirischer Wissenschaften ist es nun zu überprüfen, ob die Realität durch neue, hypothetisch formulierte Alternativen besser erklärt werden kann als durch Theorien, die bisher zur Erklärung herangezogen wurden.

Die Beschäftigung mit einer neuen Lerntheorie könnte einen Lehrer dazu veranlassen, herkömmliche Unterrichtsmethoden zu modifizieren. Er formuliert eine Hypothese, in der die Überlegenheit der neuen Lehrmethode behauptet wird. Oder ein Erziehungsberater vermutet, dass die Konzentrationsfähigkeit von Kindern mit der Dauer des Fernsehens abnimmt. Hier wird eine Hypothese über den Zusammenhang zweier Merkmale formuliert.

Varianten für Alternativhypothesen

Je nach Art der Hypothesenformulierung unterscheiden wir zwischen *Unterschiedshypothesen und Zusammenhangshypothesen*. Wie im Weiteren gezeigt wird, determiniert die Hypothesenart das Verfahren der Hypothesenüberprüfung. Unterschiedshypothesen werden im Allgemeinen mit *Häufigkeitsvergleichen* bzw. *Mittelwertsvergleichen* (vgl. Kap. 5) und Zusammenhangshypothesen mit der *Korrelationsrechnung* (vgl. Kap. 6) geprüft.

Gerichtete und ungerichtete Hypothesen. Ferner unterscheiden wir zwischen gerichteten und ungerichteten Hypothesen. Bei den oben erwähnten Beispielen handelt es sich in beiden Fällen um gerichtete Hypothesen. Mit der Behauptung, dass die neue Unterrichtsmethode besser sei, wird die Richtung des Unterschiedes vorgegeben.

Von einer ungerichteten Hypothese würden wir sprechen, wenn irgendein Unterschied postuliert wird, wenn also der Lehrer behauptet hätte, dass sich die neue Lehrmethode von der alten in irgendeiner Richtung unterscheidet. Ob die neue Lehrmethode besser oder schlechter ist als die herkömmliche, ist bei dieser Hypothesenart unbedeutend.

Entsprechendes gilt für *Zusammenhangshypothesen*. Mit der Behauptung, zwischen Konzentrationsfähigkeit und Dauer des Fernsehens bestehe ein negativer Zusammenhang, wird ein gerichteter Zusammenhang postuliert. Von einer ungerichteten Hypothese sprechen wir, wenn sowohl positive als auch negative Zusammenhänge hypothesenkonform sind, wenn also der Erziehungsberater in unserem Beispiel lediglich behauptet hätte, dass die Konzentrationsfähigkeit irgendwie mit der Dauer des Fernsehens zusammenhängt.

Wie die Beispiele verdeutlichen, setzen gerichtete Hypothesen mehr Kenntnisse bzw. Vorwissen voraus als ungerichtete Hypothesen. Wie wir noch sehen werden (S. 117), wird dieses bessere Vorwissen insoweit „belohnt", als sich eine gerichtete Hypothese leichter bestätigen lässt als eine ungerichtete – es sei denn, das empirische Ergebnis widerspricht der hypothetisch vorhergesagten Richtung. Gerichtete Hypothesen bedürfen also einer besseren Begründung als ungerichtete.

Spezifische und unspezifische Hypothesen. Bei einer gerichteten Unterschiedshypothese wird zwar die Richtung des Unterschiedes, aber nicht dessen Größe spezifiziert. Lässt sich auch die Größe des Unterschiedes angeben, sprechen wir von einer spezifischen Unterschiedshypothese, also z. B.: Die neue Unterrichtsmethode ist (mindestens) um den Betrag x besser als die alte. Entsprechendes gilt für gerichtete Zusammenhangshypothesen, wenn die Enge des erwarteten Zusammenhangs in der Alternativhypothese durch einen Korrelationskoeffizienten (vgl. Kap. 6) festgelegt werden kann.

Spezifische Hypothesen kommen in der Forschungspraxis meistens nur in Verbindung mit gerichteten Hypothesen vor, denn Fragestellungen, bei denen man einen ungerichteten Unterschied oder Zusammenhang näher spezifizieren will, sind äußerst selten. (Beispiel: Die neue Lehrmethode ist entweder um den Betrag x besser oder schlechter als die alte Methode).

Die Alternativhypothese sollte – soweit sich dies inhaltlich rechtfertigen lässt – so präzise wie möglich formuliert sein. Die wenigsten Vorkenntnisse verlangt eine unspezifische ungerichtete Hypothese, gefolgt von einer unspezifischen gerichteten Hypothese und – bei sehr genauen Vorkenntnissen – einer spezifischen gerichteten Hypothese.

Statistische Hypothesen

Für die Überprüfung einer wissenschaftlichen Hypothese ist es erforderlich, diese zunächst in eine statistische Hypothese zu überführen. Die statistische Alternativhypothese, die üblicherweise mit H_1 abgekürzt wird, lautet, bezogen auf den Vergleich zweier Unterrichtsmethoden: Die durchschnittlichen Unterrichtsleistungen von Schülern, die nach einer herkömmlichen Methode unterrichtet wurden (μ_0), sind schlechter als die Durchschnittsleistungen von Schülern, die nach der neuen Methode unterrichtet wurden (μ_1). Die statistische Alternativhypothese heißt damit in Kurzform $H_1 : \mu_0 < \mu_1$.

Quantifizieren wir den Zusammenhang zweier Merkmale (im Beispiel: Dauer des Fernsehens und Konzentrationsfähigkeit) durch eine Korrelation (ϱ; griech. „rho"; vgl. Kap. 6.2.2), behauptet die statistische Alternativhypothese, dass in der angesprochenen Zielpopulation eine negative Korrelation zwischen den interessierenden Merkmalen besteht: $H_1: \varrho < 0$ (negativ deshalb, weil mit zunehmender Fernsehdauer die Konzentrationsfähigkeit sinkt).

Nicht immer ist die Zuordnung einer statistischen Alternativhypothese zu einer inhaltlichen Hypothese so eindeutig, wie es in den beiden oben genannten Beispielen erscheinen mag. Gelegentlich wird man feststellen, dass sich die inhaltliche Hypothese in mehrere statistische Hypothesen umsetzen lässt, die sich jedoch in der Genauigkeit, mit der sie den Sachverhalt der inhaltlichen Hypothese wiedergeben, unterscheiden können.

(Bezogen auf den Vergleich zweier Unterrichtsmethoden könnte sich die statistische H_1 z.B. auch auf die Medianwerte der schulischen Leistungen und nicht auf die arithmetischen Mittelwerte beziehen.)

> Grundsätzlich sollte die statistische H_1 so formuliert werden, dass sie die inhaltliche Hypothese so präzise wie möglich wiedergibt.

In Abhängigkeit von der Art der statistischen Hypothese ist dann ein statistisches Verfahren auszuwählen, das eine möglichst „strenge" Überprüfung des hypothetisch behaupteten Sachverhaltes gewährleistet. Wir werden diese Forderung im Zusammenhang mit den einzelnen in diesem Text behandelten statistischen Verfahren erneut aufgreifen. (Ausführlicher wird das Problem des Umsetzens wissenschaftlicher Hypothesen in statistische Hypothesen bei Bredenkamp, 1986; Hager u. Westermann, 1983 a, b bzw. Hager, 1992 a, b, diskutiert.)

▷ 4.2 Die Nullhypothese

In Abhängigkeit von der Alternativhypothese, die eigentlich überprüft werden soll, wird eine konkurrierende Hypothese, die sog. *Nullhypothese*, formuliert. Sie beinhaltet allgemein, dass der in der Alternativhypothese formulierte Sachverhalt nicht zutrifft, dass er sozusagen „null und nichtig" ist, dass also die hypothetisch formulierte Behauptung nicht richtig ist. Die Nullhypothese beinhaltet somit keine andere, aus einer konkurrierenden Theorie abgeleitete inhaltliche Aussage. Diese würde als eine weitere Alternativhypothese bezeichnet werden. Die inhaltliche Aussage einer Nullhypothese ist bei gegebener Alternativhypothese genaugenommen informationslos.

> Die Nullhypothese ist eine Negativhypothese, mit der behauptet wird, dass die zur Alternativhypothese komplementäre Aussage richtig sei.

So lautet beispielsweise die Nullhypothese zu der Alternativhypothese, dass die neue Unterrichtsmethode besser sei als eine herkömmliche Methode: Die neue Methode ist bestenfalls genauso gut wie die herkömmliche Methode oder sogar schlechter. Bei einer ungerichtet formulierten Alternativhypothese würde die entsprechende Nullhypothese lauten: Die beiden Methoden unterscheiden sich nicht.

Analog hierzu wird die Nullhypothese bei Alternativhypothesen über *Zusammenhänge* formuliert: Bei ungerichteten Alternativhypothesen (zwischen den beiden Merkmalen besteht ein Zusammenhang) lautet die Nullhypothese: Zwischen den beiden Merkmalen besteht kein Zusammenhang. Bei einer gerichteten Alternativhypothese (zwischen zwei Merkmalen besteht ein positiver/negativer Zusammenhang) heißt sie entsprechend: Zwischen den beiden Merkmalen besteht kein Zusammenhang oder sogar ein negativer (positiver) Zusammenhang.

Die *statistische Nullhypothese* (H_0) folgt ebenfalls zwingend aus der statistischen Alternativhypothese (H_1). Bezogen auf den Vergleich zweier Mittelwerte sind die folgenden drei Hypothesenpaare denkbar:

H_1: $\mu_0 > \mu_1$ H_0: $\mu_0 \leq \mu_1$

H_1: $\mu_0 < \mu_1$ H_0: $\mu_0 \geq \mu_1$

H_1: $\mu_0 \neq \mu_1$ H_0: $\mu_0 = \mu_1$

(Auf spezifische Hypothesen gehen wir unter 4.7 ein.)

In ähnlicher Weise formuliert man statistische Nullhypothesen zu statistischen Alternativhypothesen, die sich auf Zusammenhänge beziehen (z. B. H_1: $\varrho > 0$; H_0: $\varrho \leq 0$).

Die Prüfung der statistischen Alternativhypothese läuft nun darauf hinaus zu zeigen, dass die Nullhypothese vermutlich nicht richtig ist, um dann – im Unkehrschluss – auf die Richtigkeit der statistischen Alternativhypothese zu schließen. Nur wenn die Realität „praktisch" nicht mit der Nullhypothese zu erklären ist, darf sie zugunsten der neuen Alternativhypothese verworfen werden.

> Die Nullhypothese stellt in der klassischen Prüfstatistik die Basis dar, von der aus entschieden wird, ob die Alternativhypothese akzeptiert werden kann oder nicht.

▷ 4.3 Fehlerarten bei statistischen Entscheidungen

Nachdem die Nullhypothese und die Alternativhypothese formuliert bzw. in statistische Hypothesen überführt sind, kann die Untersuchung, aufgrund derer die Tragfähigkeit der beiden Hypothesen ermittelt werden soll, durchgeführt werden. Wie aber wird angesichts der in den erhobenen Daten erfassten Realität entschieden, welche der beiden Hypothesen die richtige ist?

Die Entscheidung hierüber wird dadurch erschwert, dass sich das Ergebnis der Untersuchung nur auf die Stichprobe bezieht, die in die Untersuchung einbezogen wurde, während die Hypothesen die Verhältnisse in der Population beschreiben.

> Die inferenzstatistische Hypothesenprüfung bezieht sich auf Hypothesen, die für diejenige Population gültig sein sollen, der die untersuchte Stichprobe entnommen ist.

Damit ist nicht auszuschließen, dass das Ergebnis der Untersuchung aufgrund der Stichprobenauswahl zufällig die Alternativhypothese bestätigt, wenngleich „in Wahrheit", d. h. bezogen auf die gesamte Population, die Nullhypothese zutrifft. Umgekehrt können stichprobenspezifische Zufälle für die Beibehaltung der Nullhypothese sprechen, während in der Population die Alternativhypothese richtig ist.

α-Fehler und β-Fehler

Die Entscheidungssituation, lässt sich schematisch wie in Tabelle 4.1 darstellen. Neben den beiden richtigen Entscheidungen, bei denen aufgrund der Stichprobenergebnisse die Populationsverhältnisse korrekt erschlossen werden, können zwei fehlerhafte Entscheidungen getroffen werden, die als α-Fehler (Fehler 1. Art) oder als β-Fehler (Fehler 2. Art) bezeichnet werden:

- **α-Fehler**: Eine richtige Nullhypothese wird zugunsten der Alternativhypothese abgelehnt,
- **β-Fehler**: Eine richtige Alternativhypothese wird zugunsten der Nullhypothese abgelehnt.

> In der statistischen Entscheidungstheorie bezeichnet man eine fälschliche Entscheidung zugunsten von H_1 als α-Fehler (Fehler 1. Art) und eine fälschliche Entscheidung zugunsten von H_0 als β-Fehler (Fehler 2. Art).

4.4 Signifikanzaussagen

Tabelle 4.1. α- und β-Fehler bei statistischen Entscheidungen

		In der Population gilt die	
		H_0	H_1
Entscheidung aufgrund der Stichprobe zugunsten der:	H_0	richtige Entscheidung	β-Fehler
	H_1	α-Fehler	richtige Entscheidung

Bewertung der Fehlentscheidungen

Welche Konsequenzen sich mit einem α-Fehler und einem β-Fehler verbinden können, sei an den eingangs erwähnten Beispielen erläutert:

Die *Unterschiedshypothese* hinsichtlich der Unterrichtsmethoden lautete:

$H_1: \mu_0 < \mu_1$ (Die neue Unterrichtsmethode ist besser als eine herkömmliche Unterrichtsmethode.)
$H_0: \mu_0 \geq \mu_1$ (Die Unterrichtsmethoden unterscheiden sich nicht oder die neue Methode ist sogar schlechter.)

α-Fehler: Die H_0 wird verworfen, obwohl sie richtig ist, d.h., es wird fälschlicherweise angenommen, die neue Lehrmethode sei besser als die alte Methode. Dies kann die Neuanschaffung von Lehrmaterial, Umschulung der Lehrer, Neugestaltung der Curricula usw. zur Folge haben – Maßnahmen, die angesichts der falschen Entscheidung nicht zu rechtfertigen sind.

β-Fehler: Die H_1 wird verworfen, obwohl sie richtig ist, d.h., es wird fälschlicherweise angenommen, dass sich die neue Lehrmethode von der herkömmlichen nicht unterscheidet. Die Folge hiervon wird sein, dass weiterhin nach der alten Lehrmethode unterrichtet wird. Es werden zwar keine „Fehlinvestitionen" riskiert, aber es wird eine Chance, den Unterricht zu verbessern, verpasst.

Die als Beispiel erwähnte *Zusammenhangshypothese* lautete:

$H_1: \varrho < 0$ (Mit zunehmender Dauer des Fernsehens sinkt die Konzentrationsfähigkeit.)
$H_0: \varrho \geq 0$ (Zwischen der Dauer des Fernsehens und der Konzentrationsfähigkeit besteht kein Zusammenhang oder sogar ein positiver Zusammenhang.)

α-Fehler: Die H_0 wird verworfen, obwohl sie richtig ist, d.h., es wird fälschlicherweise angenommen, dass zu langes Fernsehen die Konzentrationsfähigkeit mindert. Dies kann zur Konsequenz haben, dass der Erziehungsberater den Eltern empfiehlt, die Fernsehzeit des Kindes einzuschränken. Diese Maßnahme wird zwar die Konzentrationsfähigkeit des Kindes nicht verbessern, sie dürfte darüber hinaus jedoch keine ernsthaften negativen Auswirkungen auf das Kind haben.

β-Fehler: Die H_1 wird verworfen, obwohl sie richtig ist, d.h., es wird fälschlicherweise angenommen, dass Fernsehen die Konzentrationsfähigkeit nicht beeinträchtigt. Die hieraus abzuleitenden negativen Folgen liegen auf der Hand: Der Erziehungsberater wird den Eltern mitteilen, dass die Konzentrationsschwäche des Kindes nichts mit dem Fernsehen zu tun hat, das Kind darf weiterhin uneingeschränkt fernsehen, und die Konzentrationsfähigkeit nimmt weiter ab.

Die Beispiele mögen genügen, um zu zeigen, dass je nach Art der Fragestellung entweder der α-Fehler (wie im ersten Beispiel) oder der β-Fehler (wie im zweiten Beispiel) zu gravierenderen Konsequenzen führt.

Wie jedoch wird angesichts der Tatsache, dass die „wahren" Verhältnisse in der Population unbekannt sind, überprüft, ob bei einer Entscheidung zugunsten der Alternativhypothese ein α-Fehler bzw. bei einer Entscheidung zugunsten der Nullhypothese ein β-Fehler begangen wird?

▷ 4.4 Signifikanzaussagen

Die Analyse des α-Fehlers sei am Beispiel der konkurrierenden Lehrmethoden verdeutlicht. Eine Überprüfung der neuen Lehrmethode anhand einer Stichprobe von Schulkindern möge zu dem Ergebnis geführt haben, dass tatsächlich im Durchschnitt bessere Leistungen erbracht werden als nach der herkömmlichen Methode. Können wir nun aufgrund eines solchen Ergebnisses behaupten, die Alternativhypothese sei richtig?

Bereits im vorangegangenen Kapitel wurde gezeigt, dass Stichprobenergebnisse zufällig von Populationswerten abweichen können. Auch in diesem Fall könnte das Ergebnis rein zufällig, d.h.

aufgrund der gewählten Stichprobe zustande gekommen sein, sodass eine Entscheidung zugunsten der Alternativhypothese falsch im Sinne des α-Fehlers wäre. Mit Sicherheit würden wir einen α-Fehler begehen, wenn wir wüssten, dass in Wahrheit die Nullhypothese richtig ist und wir uns trotzdem aufgrund des Stichprobenergebnisses für die Alternativhypothese entscheiden. Da wohl niemand eine solch unsinnige Entscheidung treffen wird, können wir davon ausgehen, dass bei statistischen Entscheidungen niemals mit Sicherheit ein α-Fehler bzw. – analog hierzu – ein β-Fehler gemacht wird. Bei – wie üblich – nicht bekannten Populationsverhältnissen können wir die Qualität einer Entscheidung nur dadurch abschätzen, dass wir die *Wahrscheinlichkeit eines α-Fehlers (bzw. β-Fehlers)* ermitteln.

Auf unser Beispiel bezogen lautet das Problem: Mit welcher Wahrscheinlichkeit erzielt eine Stichprobe von Kindern, die nach der herkömmlichen Methode unterrichtet werden, genauso gute oder sogar bessere Leistungen im Vergleich zu einer Stichprobe von Kindern, die nach der neuen Methode unterrichtet werden – oder allgemein formuliert: Mit welcher Wahrscheinlichkeit ist mit dem gefundenen oder einem extremeren Ergebnis zu rechnen, wenn wir davon ausgehen, dass die Nullhypothese richtig ist? Diese Wahrscheinlichkeit entspricht der *Wahrscheinlichkeit für einen α-Fehler* oder der *Irrtumswahrscheinlichkeit*, die wir in Kauf nehmen müssen, wenn wir aufgrund des Untersuchungsergebnisses irrtümlicherweise die Nullhypothese verwerfen. Irrtumswahrscheinlichkeiten sind somit *bedingte Wahrscheinlichkeiten*, d.h. Wahrscheinlichkeiten für das Auftreten eines Ereignisses unter der Bedingung, dass die Nullhypothese zutrifft.

> Die Wahrscheinlichkeit, mit der das gefundene Ergebnis oder extremere Ergebnisse bei Gültigkeit von H$_0$ eintreten, bezeichnet man als α-Fehlerwahrscheinlichkeit oder Irrtumswahrscheinlichkeit.

Bestimmung der Irrtumswahrscheinlichkeit

Bei der Bestimmung der Irrtumswahrscheinlichkeit können wir auf unsere Überlegungen zum Konfidenzintervall (s. unter 3.5) zurückgreifen.

Wir gehen von der Verteilung der Mittelwerte zufällig gezogener Stichproben aus, die nach dem

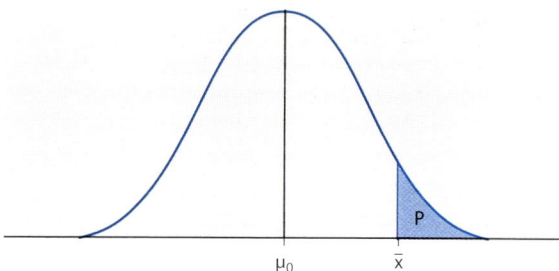

Abb. 4.1. Irrtumswahrscheinlichkeit beim Verwerfen der H$_0$

zentralen Grenzwerttheorem Normalform hat (vgl. 3.2.3). Werden theoretisch unendlich viele Stichproben des Umfangs n ≥ 30 nach der *alten* Methode unterrichtet, erhalten wir eine Normalverteilung der Mittelwerte mit der Streuung $\sigma_{\bar{x}}$ und dem Mittelwert μ_0, der dem wahren Lernerfolg der alten Methode entspricht. Abbildung 4.1 zeigt diese Verteilung, deren Fläche wir den Wert 1 zuweisen.

Der Lernerfolg der nach der *neuen* Methode unterrichteten Stichprobe ist in der Abbildung durch den Punkt $\bar{x}$ markiert. Die blaue Fläche besagt, mit welcher Wahrscheinlichkeit die gleiche oder eine bessere Durchschnittsleistung auch mit der alten Methode hätte erzielt werden können. Diese Teilfläche gibt die Wahrscheinlichkeit an, mit der wir uns bei einer Entscheidung zugunsten der Alternativhypothese bei einem Untersuchungsergebnis $\bar{x}$ irren würden – *die Irrtumswahrscheinlichkeit*. Die Größe der Irrtumswahrscheinlichkeit kennzeichnen wir mit P.

BEISPIEL

Ein numerisches Beispiel soll diesen wichtigen Gedankengang verdeutlichen: Der mit der alten Lehrmethode durchschnittlich erzielte Lernerfolg möge $\mu_0 = 40$ (z.B. Anzahl der gelösten Testaufgaben) und die Streuung der Lernleistungen $\hat{\sigma} = 8$ betragen. Diese Werte seien durch eine Reihe von Einzeluntersuchungen mit der alten Lehrmethode bestätigt und können deshalb als Schätzwerte für die Populationsparameter herangezogen werden. (Liegt für die zu vergleichenden Lehrmethoden nur jeweils ein Stichprobenergebnis vor, so sind die in Kap. 5 beschriebenen Verfahren anzuwenden. Dies gilt auch für den Fall, dass die Populationsstreuung unbekannt ist und aus den Stichprobenergebnissen geschätzt wird.) Die Schülerstichprobe, die nach der neuen Methode unterrichtet wurde, habe den Umfang n = 100 und eine durchschnittliche Leistung von $\bar{x} = 42$ erzielt.

Es muss nun überprüft werden, mit welcher Wahrscheinlichkeit 100 Schüler auch nach der alten Methode eine durchschnittliche Leistung von $\bar{x} = 42$ oder besser hätten erzielen können; denn sollte die neue Methode in Wirklichkeit nicht besser sein als die alte Methode, so wäre es trotzdem nicht auszuschließen, dass die Untersuchung per Zufall aufgrund der Stichprobenzusammensetzung zu einer Durchschnittsleistung von $\bar{x} = 42$ führt.

Um diese Wahrscheinlichkeit zu ermitteln, stellen wir uns vor, es wären sehr viele (theoretisch unendlich viele) Stichproben des Umfangs n = 100 nach der alten Methode unterrichtet worden. Es ist damit zu rechnen, dass einige dieser Stichproben eine genauso gute Leistung oder sogar noch bessere Leistungen erzielen als die Stichprobe, die nach der neuen Methode unterrichtet wurde. Jede gleich gute oder bessere Leistung wäre ein Indiz dafür, dass eine Entscheidung zugunsten der Alternativhypothese (die neue Methode ist besser als die alte) falsch ist, da ja auch nach der alten Methode vergleichbare oder sogar bessere Leistungen erzielt werden können. Relativieren wir die Anzahl dieser gleich guten oder besseren Durchschnittsleistungen, die nach der alten Methode erzielt werden, an der Anzahl aller nach der alten Methode erzielten Durchschnittsleistungen, so erhalten wir gemäß Gl. (2.3) die Wahrscheinlichkeit dafür, dass mit der alten Methode gleich gute oder bessere Leistungen erzielt werden. Dies ist die Wahrscheinlichkeit, einen α-Fehler zu begehen (d.h. die an sich richtige H_0 zu verwerfen) bzw. die Irrtumswahrscheinlichkeit P, wenn wir uns aufgrund des Ergebnisses $\bar{x} = 42$ für die H_1 entscheiden.

In der Praxis ist diese Art der Ermittlung der Irrtumswahrscheinlichkeit natürlich nicht durchzuführen. Der Kosten- und Zeitaufwand für die empirische Ermittlung der Zufallsverteilung der Mittelwerte unter der Annahme der H_0 würde ins Unermessliche gehen.

Unter 3.2 wurde jedoch dargestellt, wie die Zufallsverteilung der Mittelwerte auf theoretischem Wege zumindest annähernd bestimmt werden kann. In Anlehnung an das Beispiel nehmen wir an, dass:

- diese Verteilung den Mittelwert $\mu_0 = 40$ hat,
- diese Verteilung die Streuung (den geschätzten Standardfehler)

$$\widehat{\sigma}_{\bar{x}} = \frac{\widehat{\sigma}}{\sqrt{n}} = \frac{8}{\sqrt{100}} = 0{,}8 \quad \text{hat,}$$

- es sich gemäß dem zentralen Grenzwerttheorem um eine Normalverteilung handelt, die sich bei großen Stichproben durch z-Transformation in eine Standardnormalverteilung überführen lässt. (Bei kleineren Stichproben ersetzen wir, wie in Kap. 3.5, die Standardnormalverteilung durch eine t-Verteilung, wobei dann allerdings vorausgesetzt werden muss, dass das Merkmal in der Population normalverteilt ist; vgl. S. 103.)

Es muss deshalb lediglich ermittelt werden, welcher z-Wert in der Standardnormalverteilung (Mittelwert = 0 und Streuung = 1) dem gefundenen $\bar{x}$-Wert in der Zufallsverteilung der Mittelwerte (Mittelwert = 40 und Streuung = 0,8) entspricht. Modifizieren wir Gl. (1.27), ergibt sich der folgende z-Wert:

$$z = \frac{\bar{x} - \mu_0}{\widehat{\sigma}_{\bar{x}}} = \frac{42 - 40}{0{,}8} = 2{,}50 \,. \qquad (4.1)$$

Nach Tabelle B des Anhangs schneidet dieser z-Wert 0,62% von der Normalverteilungsfläche ab. Der in Abb. 4.1 gefärbte Flächenanteil bzw. die Wahrscheinlichkeit dafür, dass das gefundene oder ein extremeres Ergebnis auch bei Gültigkeit der H_0 hätte auftreten können (= die Wahrscheinlichkeit, dass wir die H_0 irrtümlicherweise verwerfen = Irrtumswahrscheinlichkeit), beträgt im Beispiel somit P = 0,62%.

Dieser Wert besagt, dass das gefundene Ergebnis von $\bar{x} = 42$ nur sehr schwer mit der Nullhypothese in Einklang zu bringen ist. Wenn 10 000 Stichproben des Umfangs n = 100 nach der alten Methode unterrichtet werden, die H_0 also gilt, können wir nur bei ca. 62 Stichproben mit einer durchschnittlichen Leistung von $\bar{x} = 42$ oder besser rechnen. Das Ergebnis ist somit ein ausgesprochen schlechter Beleg für die Richtigkeit der Nullhypothese bzw. dafür, dass die neue Lehrmethode genauso gut oder sogar schlechter ist als die alte Lehrmethode.

Genau genommen endet an dieser Stelle der Beitrag des statistischen Prüfverfahrens, um die Entscheidung über die beiden Hypothesen H_0 und H_1 zu objektivieren (vgl. hierzu auch S. 114). Wir haben herausgefunden, dass wir uns bei einer Entscheidung zugunsten der Alternativhypothese mit einer Wahrscheinlichkeit von 0,62% irren. Zu fragen bleibt, ob man bereit ist, diese Irrtumswahrscheinlichkeit zu akzeptieren und damit die Nullhypothese zu Gunsten der Alternativhypothese zu verwerfen.

Das Signifikanzniveau

Um eine gewisse Vergleichbarkeit und Qualität statistisch abgesicherter Entscheidungen zu gewährleisten, hat es sich eingebürgert, eine Nullhypothese erst dann zu verwerfen, wenn die Irrtumswahrscheinlichkeit P kleiner oder gleich 5%

bzw. sogar kleiner oder gleich 1% ist. (Über den Ursprung dieser Konvention berichten Cowles u. Davis, 1982.) Diese Grenz- oder Schwellenwerte (1% oder 5%) bezeichnet man als das *α-Fehler-Niveau* bzw. *Signifikanzniveau*. Führt eine Untersuchung zu einer so gut abgesicherten Entscheidung, dann sprechen wir von einem signifikanten Ergebnis ($\alpha = 5\%$) bzw. einem sehr signifikanten Ergebnis ($\alpha = 1\%$).

> Beträgt die Wahrscheinlichkeit des gefundenen oder eines extremeren Untersuchungsergebnisses unter der Annahme, die H_0 sei richtig, höchstens 5%, so wird dieses Ergebnis als signifikant bezeichnet. Beträgt diese Wahrscheinlichkeit höchstens 1%, so ist das Ergebnis sehr signifikant.

Verkürzt kann ein signifikantes Ergebnis in der Schreibweise „bedingter" Wahrscheinlichkeiten (vgl. S. 54 f.) folgendermaßen dargestellt werden:

$$P = p(\text{Ergebnis}|H_0) \leq 5\%:$$
$$\text{signifikantes Ergebnis} \quad (4.2a)$$
$$P = p(\text{Ergebnis}|H_0) \leq 1\%:$$
$$\text{sehr signifikantes Ergebnis} \quad (4.2b)$$

Das Wort „Ergebnis" kennzeichnet hier das gefundene Ergebnis und alle weiteren Ergebnisse, die noch extremer (d.h. noch widersprüchlicher zur Nullhypothese) sind. Die „Bedingung" ist hierbei die H_0, von der angenommen wird, sie träfe zu ($p(H_0) = 1$).

Missverständnisse. Man beachte, dass diese Signifikanzaussage *nicht* gleichzusetzen ist mit
- der Wahrscheinlichkeit des gefundenen Ergebnisses, also mit p(Ergebnis),
- der Wahrscheinlichkeit der Nullhypothese, also $p(H_0)$,
- der Gegenwahrscheinlichkeit für die Alternativhypothese, also $1 - p(H_0)$ oder
- der Wahrscheinlichkeit der H_0 unter der Bedingung des gefundenen Ergebnisses, also $p(H_0|\text{Ergebnis})$.

Dass es sich hier um Fehlinterpretationen handelt, wird unmittelbar einleuchten, wenn man Gl. (2.18) bzw. (2.19) – das Theorem von Bayes – auf die hier genannten Zusammenhänge anwendet. Weitere Ausführungen zu dieser missverständlichen Interpretation des Signifikanzkonzeptes findet

man z.B. bei Markus (2001) bzw. Pollard u. Richardson (1987).

Konventionen. Über die Frage, auf welchem α-Fehler-Niveau (5% oder 1%) eine Nullhypothese zugunsten einer Alternativhypothese verworfen werden soll, muss vor Untersuchungsbeginn nach inhaltlichen Kriterien entschieden werden. Sind die Folgen einer Fehlentscheidung zugunsten der H_1 sehr gravierend, ist das 1%-Niveau oder sogar das 1‰-Niveau zu wählen; bei weniger gravierenden Folgen begnügt man sich mit dem 5%-Niveau (oder gelegentlich auch dem 10%-Niveau; vgl. hierzu S. 123).

Hierzu einige erläuternde Beispiele (in Anlehnung an Anderson, 1956, S. 123 f.): Wenn ein Metereologe mit einer Irrtumswahrscheinlichkeit von 5% behauptet, dass morgen die Sonne scheinen wird, sind wir uns „praktisch" sicher, auf einen Regenschirm verzichten zu können. Wenn ein Arzt seinem Patienten versichert, seine Krankheit sei ungefährlich, hierbei aber eine Irrtumswahrscheinlichkeit von 5% eingesteht, wäre die subjektive Einschätzung „akute Lebensgefahr" zweifellos nachvollziehbar. Und wenn ein Ingenieur mit einer Irrtumswahrscheinlichkeit von 5% behauptet, die von ihm gebaute Brücke sei sicher, würde man die Brücke nicht nur sofort schließen, sondern den Ingenieur umgehend vor ein Gericht stellen.

Im ersten Beispiel mag das 5%ige Signifikanzniveau angemessen sein, im zweiten Beispiel würden wir uns bei einer Irrtumswahrscheinlichkeit von 1% oder weniger sicher viel wohler fühlen und im dritten Beispiel schließlich wäre sogar das 1‰-Niveau nicht sehr beruhigend.

Eine angesichts des empirischen Ergebnisses vorgenommene Korrektur des zuvor festgesetzten α-Fehler-Niveaus ist unzulässig (vgl. hierzu auch Shine, 1980).

Bei einem vorgegebenen α-Niveau von 1% hat unsere (fiktive) Untersuchung zu einem sehr signifikanten Ergebnis geführt: $P = p(\text{Ergebnis}|H_0) = 0{,}62\% < 1\%$. Kurz formuliert sagen wir: Die Hypothese, nach der die neue Lehrmethode besser ist als die alte, ist auf dem $\alpha = 1\%$-Niveau abgesichert.

Statistische Signifikanz und Wahrheit

Nachdem nun das Grundschema des statistischen Überprüfens von Hypothesen erläutert wurde, wird auch die in der Einleitung aufgestellte Behauptung, dass mit der schließenden Statistik letztlich keine „Wahrheiten" gefunden werden können bzw. nichts „bewiesen" werden kann, nachvollziehbar. Immer, wenn wir uns aufgrund eines Stichprobenergebnisses für die H_1 entscheiden, können wir nicht ausschließen, einen α-Fehler zu begehen. Die Wahrscheinlichkeit für eine fehlerhafte Entscheidung wird durch die Restfläche der Standardnormalverteilung bestimmt, die durch den z-Wert, der aus dem Stichprobenergebnis resultiert, abgeschnitten wird. Diese Restfläche wird erst dann völlig verschwinden, wenn der ermittelte z-Wert $\to \infty$ geht.

In Abhängigkeit von Gl. (4.1)

$$z = \frac{\bar{x} - \mu_0}{\hat{\sigma}_{\bar{x}}},$$

wobei

$$\hat{\sigma}_{\bar{x}} = \frac{\hat{\sigma}}{\sqrt{n}}$$

ist, verringert sich bei sonst konstanten Bedingungen die Irrtumswahrscheinlichkeit bei:

- *größer werdender Diskrepanz* $\bar{x} - \mu_0$. Der theoretische Fall einer Irrtumswahrscheinlichkeit von $P = 0\%$ tritt ein, wenn $(\bar{x} - \mu_0) \to \infty$ (bei endlichem $\hat{\sigma}_{\bar{x}}$);
- *kleiner werdender Populationsstreuung* $\hat{\sigma}$. Eine absolut fehlerfreie Entscheidung liegt dann vor, wenn $\hat{\sigma} = 0$, d.h. wenn alle Mitglieder der Population die gleiche Merkmalsausprägung aufweisen bzw. jeder individuelle Wert mit dem Populationsparameter identisch ist. In diesem Fall erübrigt sich die statistische Hypothesenüberprüfung, da bereits aufgrund eines einzigen Wertes eine eindeutige fehlerfreie Entscheidung getroffen werden kann;
- *einer Vergrößerung des Stichprobenumfangs.* Je größer die untersuchte Stichprobe, desto kleiner wird – eine konstante Abweichung $\bar{x} - \mu$ und eine konstante Streuung $\hat{\sigma}$ vorausgesetzt – die Irrtumswahrscheinlichkeit. Fehlerfreie Entscheidungen sind nur bei Untersuchung der gesamten Population möglich. Dann jedoch sind die wahren Populationsverhältnisse bekannt, sodass sich eine statistische Hypothesenüberprüfung ebenfalls erübrigt.

Die statistische Hypothesenüberprüfung führt somit zu keinen „Wahrheiten", sondern „lediglich" zu Wahrscheinlichkeitsangaben darüber, wie gut das empirische Ergebnis mit der Nullhypothese vereinbar ist. Die Entscheidung zugunsten der H_1 wird gewissermaßen im Umkehrschluss getroffen: Wenn man festgestellt hat, dass diese Wahrscheinlichkeit sehr klein ist bzw. dass die H_0 ein sehr schlechtes Erklärungsmodell für das gefundene Ergebnis darstellt, entscheidet man sich für die Gegen- bzw. Alternativhypothese.

Man beachte, dass diese Entscheidungsregel die H_1 nicht direkt, sondern nur indirekt bestätigt, indem von zwei rivalisierenden Hypothesen diejenige für falsch gehalten wird, die als Erklärung für das gefundene Ergebnis praktisch nicht in Frage kommt. Dabei kann das 5%- bzw. 1%-Kriterium als hinreichende Absicherung dagegen angesehen werden, dass in der Wissenschaft willkürlich zufallsbedingte und spekulative Entscheidungen getroffen werden. Die Signifikanzgrenzen garantieren, dass wissenschaftliche Entscheidungen besser abgesichert werden als Entscheidungen, die wir im alltäglichen Leben treffen. Nach Wendt (1966) begnügen wir uns bei Alltagsentscheidungen je nach subjektiver Einschätzung der Bedeutsamkeit der Entscheidung mit Irrtumswahrscheinlichkeiten von ca. 20%. Wie statistische Entscheidungskriterien mit Fragen der Bedeutsamkeit von Entscheidungen und nutzentheoretischen Erwägungen verknüpft werden können, wird bei Hays u. Winkler (1970) dargestellt.

Unspezifische Nullhypothesen

Die im letzten Abschnitt geprüfte Alternativhypothese lautete $H_1: \mu_0 < \mu_1$ (die neue Lehrmethode ist der alten überlegen). Wir haben diese Hypothese akzeptiert, weil das gefundene Ergebnis mit der $H_0: \mu_0 = \mu_1$ nur sehr schwer zu vereinbaren ist. Nach 4.2 lautet die H_0, die der gerichteten $H_1: \mu_0 < \mu_1$ gegenübersteht, jedoch nicht $\mu_0 = \mu_1$, sondern $\mu_0 \geq \mu_1$. Es ist also zu fragen, ob die H_0 auch dann zu verwerfen ist, wenn wir die H_0 nicht spezifisch, sondern korrekterweise unspezifisch formulieren.

Dass unsere Entscheidung richtig war, verdeutlicht Abb. 4.2. Die Abbildung zeigt die Mittelwerteverteilung für zwei unter der Annahme der unspezifischen H_0 ($\mu_0 \geq \mu_1$) mögliche Populationsparameter. In einem Fall wurde wie im vorangegangen

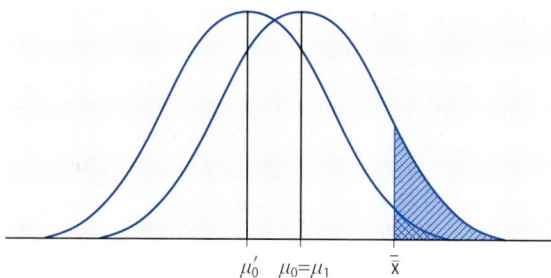

Abb. 4.2. Irrtumswahrscheinlichkeiten bei unspezifischer H_0

Abschnitt $\mu_0 = \mu_1$ gesetzt, und im anderen Fall wurde ein $\mu_0 > \mu_1'$ angenommen. Wie durch die schraffierten Flächen in Abb. 4.2 ersichtlich wird, ist die Irrtumswahrscheinlichkeit für den Fall $\mu_0 > \mu_1'$ kleiner als die Irrtumswahrscheinlichkeit bei $\mu_0 = \mu_1$. Generell gilt, dass bei vorliegendem Stichprobenergebnis $\bar{x}$ eine Entscheidung zugunsten der H_1 mit einer um so geringeren Irrtumswahrscheinlichkeit versehen ist, je größer der Unterschied zwischen μ_1 und μ_0 in der durch die H_0 vorgeschriebenen Richtung ist. Anders formuliert:

> Kann die H_0: $\mu_0 = \mu_1$ mit einer Irrtumswahrscheinlichkeit von $\alpha = 1\%$ (5%) verworfen werden, so kann jede weitere H_0: $\mu_0 > \mu_1$ mit einer kleineren Irrtumswahrscheinlichkeit $\alpha < 1\%$ (5%) verworfen werden.

Es genügt also, wenn eine unspezifische Alternativhypothese (H_1: $\mu_0 < \mu_1$) an der spezifischen Nullhypothese (H_0: $\mu_0 = \mu_1$) getestet wird.

▷ 4.5 Einseitige und zweiseitige Tests

Eine Hypothese kann entweder gerichtet oder ungerichtet sein. Bezogen auf den Vergleich zweier Unterrichtsmethoden können wir entweder behaupten, die eine Methode sei besser als die andere (dies wäre eine unspezifische, gerichtete Hypothese, die wir im Abschn. 4.4 überprüften) oder die beiden Methoden unterscheiden sich (diese Hypothese wäre unspezifisch und ungerichtet). Dementsprechend sind – wie unter 4.1 – die statistischen Hypothesen zu formulieren.

Bei der Überprüfung dieser Hypothesen unterscheiden wir einen einseitigen Test für eine gerichtete Hypothese und einen zweiseitigen Test für eine ungerichtete Hypothese.

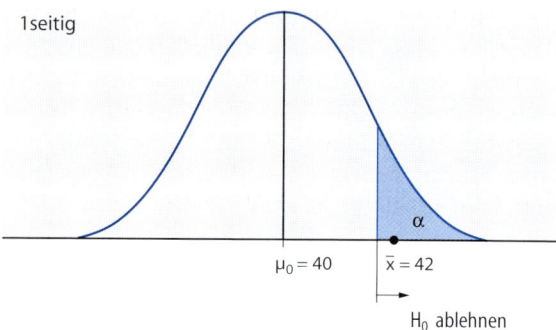

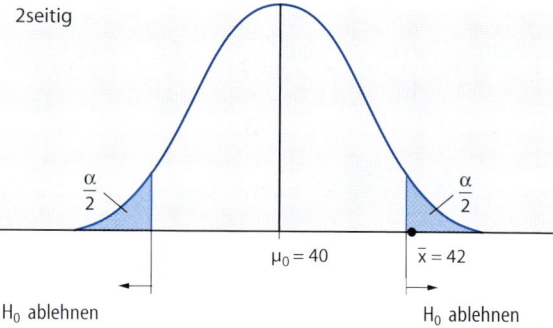

Abb. 4.3. Ablehnungsbereiche der H_0 bei ein- und zweiseitigen Tests

> Gerichtete Hypothesen werden mit einem einseitigen Test und ungerichtete Hypothesen mit einem zweiseitigen Test überprüft.

Abbildung 4.3 zeigt, wie diese beiden Testvarianten formal aufgebaut sind.

Zur Erläuterung der Abb. 4.3 greifen wir erneut auf den Vergleich der Unterrichtsmethoden zurück. Für den einseitigen und den zweiseitigen Test ist jeweils die Verteilung von Mittelwerten gemäß H_0, also von Mittelwerten, die nach der alten Methode auftreten können, dargestellt.

Einseitiger Test

Beim einseitigen Test ist auf der x-Achse ein Bereich für $\bar{x}$-Werte markiert, die zur Ablehnung von H_0 führen. Wie die Grenze für diesen Bereich festzulegen ist, haben wir im Prinzip bereits im Abschn. 4.4 kennengelernt. Über Gl. (4.1) wurde ermittelt, dass dem Wert $\bar{x} = 42$ ein z-Wert von 2,50 in der Standardnormalverteilung entspricht mit einer Restfläche von 0,62%. Diese Irrtumswahrscheinlichkeit ist sehr viel kleiner als das α-Niveau (5%), sodass H_0 zu verwerfen war. Wir fragen nun nach der Grenze $\bar{x}_{crit(1-\alpha)}$, die von einem $\bar{x}$-Wert überschritten werden muss, um die H_0 auf dem 5%-Niveau verwerfen zu können.

Die Berechnungsvorschrift hierfür ergibt sich durch Auflösen von Gl. (4.1) nach $\bar{x}$:

$$\begin{aligned}\bar{x}_{crit(1-\alpha)} &= \mu_0 + z_{1-\alpha} \cdot \hat{\sigma}_{\bar{x}} \\ &= 40 + 1{,}65 \cdot 0{,}8 \\ &= 41{,}32 .\end{aligned} \qquad (4.3)$$

Hierbei ist $z_{1-\alpha} = 1{,}65$ laut Tabelle B derjenige Wert, der von der rechten Seite der Standardnormalverteilung genau 5% abschneidet. Alle $\bar{x}$-Werte, die mindestens so groß sind wie $\bar{x}_{crit(1-\alpha)}$ ($\bar{x} \geq 41{,}32$), befinden sich also im Ablehnungsbereich für die H_0, während für $\bar{x} < 41{,}32$ die H_0 beizubehalten ist (vgl. hierzu den Abschnitt „Nichtsignifikante Ergebnisse" auf der nächsten Seite).

Soll der kritische $\bar{x}$-Wert für ein α-Fehlerniveau von 1% ermittelt werden, muss in Gl. (4.3) der entsprechende z-Wert für das 1%-Niveau eingesetzt werden. Bei einseitigem Test wird der z-Wert gesucht, der 1% der Verteilung abschneidet. Dies ist der Wert $z = 2{,}33$. Auf dem $\alpha=1\%$-Niveau wäre die H_0 also für $\bar{x} \geq 40+2{,}33\cdot 0{,}8 = 41{,}86$ abzulehnen.

Zweiseitiger Test

Zur Prüfung der ungerichteten Alternativhypothese $\mu_0 \neq \mu_1$ führen wir einen zweiseitigen Test durch, bei dem wir fragen, wie gut $\bar{x} = 42$ mit der H_0: $\mu_0 = \mu_1$ zu vereinbaren ist. Hierbei sind also $\bar{x}$-Werte, die deutlich kleiner sind, und $\bar{x}$-Werte, die deutlich größer sind als μ_0, indikativ für die Richtigkeit der H_1. Wir bestimmen die Grenzen deshalb so, dass an beiden Seiten der Mittelwerteverteilung *insgesamt* 5% abgeschnitten werden, also an beiden Seiten jeweils 2,5%. Bezogen auf die Standardnormalverteilung sind dies gemäß Tabelle B die Werte $z_{\alpha/2} = -1{,}96$ und $z_{1-\alpha/2} = 1{,}96$. Nach Gl. (4.3) erhält man also

$$\begin{aligned}\bar{x}_{crit(\alpha/2)} &= 40 - 1{,}96 \cdot 0{,}8 \\ &= 38{,}43\end{aligned}$$

und

$$\begin{aligned}\bar{x}_{crit(1-\alpha/2)} &= 40 + 1{,}96 \cdot 0{,}8 \\ &= 41{,}57 .\end{aligned}$$

$\bar{x}$-Werte in den Bereichen $\bar{x} \leq 38{,}43$ und $\bar{x} \geq 41{,}57$ führen damit zur Ablehnung der H_0.

Beim zweiseitigen Test mit $\alpha = 1\%$ werden die Werte $z = \pm 2{,}58$ eingesetzt, die an beiden Seiten der Standardnormalverteilung 0,5% abschneiden. Als Grenzen für den Ablehnungsbereich der H_0 ermitteln wir $\bar{x} \geq 42{,}06$ bzw. $\bar{x} \leq 37{,}94$.

Einseitiger und zweiseitiger Test im Vergleich

Wie aus Abb. 4.3 ersichtlich wird, fällt die gefundene Durchschnittsleistung $\bar{x} = 42$ sowohl beim einseitigen als auch zweiseitigen Test mit $\alpha = 0{,}05$ in den Ablehnungsbereich der H_0, d.h. wir müssen bei beiden Tests die H_0 zugunsten der jeweiligen H_1 verwerfen. Die Abbildung zeigt darüber hinaus, dass der gefundene $\bar{x}$-Wert beim zweiseitigen Test näher an der Grenze des Ablehnungsbereiches der H_0 liegt als beim einseitigen Test.

Für $\alpha = 0{,}01$ haben wir errechnet:

$$\begin{aligned}\bar{x}_{crit(1-\alpha)} &= 40 + 2{,}33 \cdot 0{,}8 \quad \text{(einseitiger}\\ &= 41{,}86 \quad \text{Test),}\\ \bar{x}_{crit(\alpha/2)} &= 40 - 2{,}58 \cdot 0{,}8 \\ &= 37{,}94 \quad \text{(zweiseitiger}\\ \bar{x}_{crit(1-\alpha/2)} &= 40 + 2{,}58 \cdot 0{,}8 \quad \text{Test)}\\ &= 42{,}06 .\end{aligned}$$

Man stellt also fest, dass das Ergebnis für $\alpha = 0{,}01$ nur beim einseitigen, aber nicht beim zweiseitigen Test sehr signifikant wird. In diesem Fall dürfte die H_0 nur dann abgelehnt werden, wenn vor Untersuchungsbeginn explizit eine gerichtete Alternativhypothese ($\mu_0 < \mu_1$) aufgestellt wurde. Falls das Vorwissen nicht ausreiche, eine Richtung des Unterschiedes zu begründen, die H_1 also ungerichtet formuliert wurde ($\mu_0 \neq \mu_1$), ist es erforderlich, die H_0 beizubehalten. Im Nachhinein, gewissermaßen erst angesichts des gefundenen Ergebnisses aus einer ursprünglich ungerichteten Hypothese eine gerichtete Hypothese zu machen, ist wissenschaftlich nicht haltbar.

> Eine Hypothese muss vor der Durchführung einer Untersuchung aufgestellt werden. Eine Modifikation der Hypothese angesichts der gefundenen Daten und eine gleichzeitige Überprüfung der modifizierten Hypothese an denselben Daten ist unzulässig.

Es muss also *vor der Durchführung der Untersuchung* festgelegt werden, ob eine gerichtete Hypothese getestet werden soll oder eine ungerichtete Hypothese. Kann nicht klar entschieden werden, ob der Sachverhalt besser durch eine gerichtete oder eine ungerichtete Hypothese erfasst wird, muss in jedem Fall zweiseitig getestet werden. (Fragen, die sich mit ein- und zweiseitigem Testen verbinden, werden ausführlich bei Steger, 1971, Kap. 4, behandelt.)

Das ein- bzw. zweiseitige Testen verdeutlicht erneut, wie direkt die statistische Analyse auf die ihr zu Grunde liegenden Inhalte bezogen ist. Eine genauere (z. B. gerichtete) Hypothese wird durch geringere Differenzen bestätigt als eine weniger genaue (z. B. ungerichtete) Hypothese. Gestatten inhaltliche Überlegungen eine präzisere Hypothesenformulierung, machen sich diese Vorkenntnisse im Nachhinein „bezahlt", weil bereits geringere Differenzen (die allerdings der Richtung nach hypothesenkonform sein müssen) statistisch signifikant werden.

Nichtsignifikante Ergebnisse

Wir wollen einmal annehmen, die Prüfung der $H_0: \mu_0 \geq \mu_1$ hätte zu keinem signifikanten Unterschied im Sinne der $H_1: \mu_0 < \mu_1$ geführt. Wäre daraus zu folgern, dass die H_0 bestätigt ist, dass also die neue Lehrmethode genauso viel oder sogar weniger leistet als die alte?

Diese Schlussfolgerung ist falsch. Korrekt wäre es, wenn man nach diesem Ergebnis sagen würde, dass die H_0 mit der durchgeführten Untersuchung (vor allem bezogen auf die untersuchte Stichprobengröße; vgl. S. 125 ff.) nicht verworfen werden konnte und dass im Übrigen über die Richtigkeit von H_0 und H_1 keine Aussage gemacht werden kann.

> **Ein nichtsignifikantes Ergebnis ist kein Beleg dafür, dass die Nullhypothese richtig ist.**

Diese scheinbar widersinnige Interpretation wird plausibel, wenn man z. B. von einer Irrtumswahrscheinlichkeit von 6% ausgeht, die nur geringfügig größer ist als das α-Niveau von 5%. Der Konvention folgend könnte die H_0 in diesem Fall zwar nicht abgelehnt werden; das Ergebnis damit jedoch gleichzeitig als Bestätigung der H_0 anzusehen, wäre wenig angemessen, wenn man bedenkt, dass gefundene oder extremere Ergebnisse bei Gültigkeit von H_0 lediglich mit einer Wahrscheinlichkeit von 6% auftreten können. Wie noch gezeigt wird, könnte es durchaus sein, dass der gleiche Unterschied zwischen den verglichenen Methoden in einer anderen Untersuchung mit einer größeren Stichprobe zu einem signifikanten Ergebnis führt.

Eine H_0 zu bestätigen setzt voraus, dass das gefundene Ergebnis gut mit der H_0, aber nur sehr schwer mit einer rivalisierenden H_1 zu vereinbaren ist. Dies jedoch betrifft die β-Fehlerproblematik, die wir unter 4.7 behandeln.

Exakte P-Werte und Signifikanzschranken

Auf S. 113 wurde verdeutlicht, wie man im Rahmen des hier beispielhaft demonstrierten Signifikanztests eine exakte Irrtumswahrscheinlichkeit P berechnet. Es ergab sich ein Wert von P = 0,62 %. Daraufhin wurde – beim einseitigen Test – das Ergebnis als sehr signifikant bezeichnet, weil der P-Wert kleiner ist als das Signifikanzniveau $\alpha = 1\%$ (P = 0,62 % < 1 %). Für ein signifikantes Ergebnis reicht es aus, wenn der P-Wert höchstens 5 % beträgt (P ≤ 5 %). Allgemein: Die Entscheidung, ob ein Ergebnis (sehr) signifikant oder nichtsignifikant ist, hängt davon ab, ob der exakte P-Wert höchstens so groß ist wie das Signifikanzniveau oder ob der P-Wert größer ist als das Signifikanzniveau.

Der Signifikanznachweis kann jedoch auch über kritische Signifikanzschranken geführt werden. Hierzu berechnet man zunächst über Gl. (4.1) einen z-Wert, der mit einem kritischen z-Wert als Signifikanzschranke verglichen wird. Wie bereits erwähnt, entnimmt man die kritischen z-Werte der Tabelle B des Anhangs. Gesucht werden diejenigen z-Werte, die bei einseitigem Test 1 % bzw. 5 % der Verteilungsfläche abschneiden und bei zweiseitigem Test auf beiden Verteilungsseiten jeweils 0,5 % bzw. 2,5 %. Diese kritischen z-Werte seien hier noch einmal wiederholt:

Einseitiger Test: $z_{crit} = 2{,}33 \ (\alpha = 1\%)$,
$z_{crit} = 1{,}65 \ (\alpha = 5\%)$,
Zweiseitiger Test: $z_{crit} = \pm 2{,}58 \ (\alpha = 1\%)$,
$z_{crit} = \pm 1{,}96 \ (\alpha = 5\%)$.

Empirische z-Werte, die genauso groß oder extremer sind als die kritischen z-Werte, signalisieren signifikante Ergebnisse für das gewählte Signifikanzniveau und den jeweils eingesetzten Test (ein- oder zweiseitig).

Beide Vorgehensweisen – Vergleich exakter P-Werte mit dem Signifikanzniveau oder Vergleich empirischer z-Werte mit kritischen z-Werten als Signifikanzschranken – kommen bezüglich der Frage, ob ein empirisches Ergebnis signifikant ist oder nicht, zum gleichen Ergebnis und beide Vorgehensweisen werden in der statistischen Auswerrungspraxis eingesetzt. Wie wir in den Folgekapiteln allerdings noch sehen werden, gibt es statistische Kennwerte, für die – anders als für z-Werte – exakte P-Werte nicht ohne weiteres bestimmt werden können und die häufig auch aus Platzgründen nicht vollständig tabelliert sind. Bei diesen Signifikanztests werden wir überwiegend mit tabellierten Signifikanzschranken operieren.

Statistische Programmpakete (wie z. B. SPSS) sind zunehmend dazu übergegangen, exakte P-Werte zu berechnen. Allerdings gelten diese P-Werte meistens nur für den zweiseitigen Test; sie sind bei einseitigem Test zu halbieren, d.h., man prüft, ob (P/2)≤5% (1%) ist. E 1 im Anhang E gibt hierfür ein Beispiel.

▷ 4.6 Statistische Signifikanz und praktische Bedeutsamkeit

Das unter 4.4 behandelte Beispiel führte zu dem Resultat, dass ein Unterschied von zwei Punkten zwischen den Leistungen von Schülern, die nach einer herkömmlichen und einer neuen Methode unterrichtet wurden, beim einseitigen Test auf dem $a = 1\%$-Niveau statistisch signifikant ist. Bedeutet dieses Ergebnis, dass diese Differenz in beliebigen Untersuchungen signifikant wird? Wie die folgenden Überlegungen zeigen, ist diese Schlussfolgerung falsch.

Nehmen wir einmal an, man hätte in der Untersuchung nicht 100, sondern nur 36 Schüler nach der neuen Methode unterrichtet, und auch diese Schüler seien um zwei Punkte besser als Schüler, die herkömmlich unterrichtet wurden. Für diese Stichprobe ermitteln wir einen Standardfehler (mit $\widehat{\sigma} = 8$) von

$$\frac{\widehat{\sigma}}{\sqrt{n}} = \frac{8}{\sqrt{36}} = 1{,}33$$

bzw. nach Gl. (4.1) z = 1,5. Dieser z-Wert schneidet von der Standardnormalverteilungsfläche jedoch mehr als 1% (genau: 6,68%) ab, d.h., die gleiche Differenz ist in dieser Untersuchung nicht signifikant. Auf dem 1%-Niveau signifikant wäre in einer Untersuchung mit 36 Schülern erst eine Differenz von mindestens d = 3,11 Punkten. (Man erhält diese Differenz $d = \bar{x} - \mu_0$ einfach durch Umstellen von Gl. (4.1): $d = z_{1-a} \cdot \widehat{\sigma}_{\bar{x}}$. In diesem Beispiel – einseitiger Test und $a = 1\%$ – ist $z_{99\%} = 2{,}33$.)

Werden hingegen statt der 100 Schüler 1000 Schüler untersucht, kann man leicht errechnen, dass bereits ein Unterschied von d = 0,59 Punkten auf dem 1%-Niveau signifikant wird. Erhöhen wir den Stichprobenumfang weiter auf n = 10 000, verkleinert sich der statistisch signifikante Unterschied weiter auf d = 0,19 Punkte.

Hier muss man sich natürlich fragen, ob ein derartiges Untersuchungsergebnis trotz der statistischen Signifikanz überhaupt noch von praktischer Bedeutung ist. Man könnte den Standpunkt vertreten, dass ein Unterschied von 0,19 Punkten in den Leistungen der Schüler den Aufwand, der mit der Einführung der neuen Unterrichtsmethode verbunden wäre, nicht lohnt.

Nimmt man ferner an, dass die $H_0: \mu_0 = \mu_1$ eine theoretische Fiktion ist (es ist unrealistisch anzunehmen, dass zwei verschiedene, real existierende Populationen exakt identische Mittelwertsparameter aufweisen), dürfte jede H_0 bei genügend großen Stichproben zu verwerfen sein. Die H_0 ist bei sehr großen Stichproben gewissermaßen chancenlos. Oder: Jede Alternativhypothese lässt sich als statistisch signifikant absichern, wenn man nur genügend große Stichproben untersucht. (Bei gerichteten Alternativhypothesen gilt dies natürlich nur, wenn die Richtung des Unterschiedes mit der Hypothese übereinstimmt.)

> Ein hypothesenkonformer Unterschied ist bei genügend großen Stichproben und einer gegebenen (endlichen) Populationsstreuung immer signifikant.

Diese Überlegungen mindern – so könnte man meinen – den Wert einer Signifikanzüberprüfung von Hypothesen erheblich. Sie zeigen, dass die

Aussage „das Ergebnis ist statistisch signifikant" für sich genommen ohne praktische Bedeutung ist. Auf der anderen Seite sind Ergebnisse, deren „praktische Bedeutsamkeit" offenkundig ist, weil z. B. eine beachtliche Mittelwertsdifferenz gefunden wurde, wertlos, solange man nicht sichergestellt hat, dass dieses Ergebnis nicht zufällig zustande kam. Diese Schlussfolgerungen legen es nahe, das Konzept der statistischen Signifikanz mit Kriterien der praktischen Bedeutsamkeit zu verbinden. (Überlegungen zu diesem Thema liegen von zahlreichen Autoren vor, vgl. etwa Bakan, 1966; Bredenkamp, 1969 a, b, 1972; Carver, 1978; Chow, 1988; Cook et al., 1979; Cortina u. Dunlop, 1997; Crane, 1980; Diepgen, 1993; Folger, 1989; Gigerenzer, 1993; Greenwald, 1975; Harnatt, 1975; Heerden u. Hoogstraten, 1978; Krause u. Metzler, 1978; Lane u. Dunlap, 1978; Lykken, 1968; Witte, 1977, 1980.)

Den Wert einer empirischen Forschungsarbeit allein davon abhängig zu machen, ob das Untersuchungsergebnis statistisch signifikant ist oder nicht, wird von vielen Autoren vehement kritisiert (vgl. z.B. Cohen, 1994; Dar, 1987; Kirk, 1996; Schmidt, 1996; Thompson, 1996; zusammenfassend sei Nickerson, 2000 empfohlen). Manche Autoren gehen sogar so weit, mangelnden Fortschritt in der psychologischen Forschung der ausschließlichen Verwendung von Signifikanztests anzulasten („I believe that the almost universal reliance on merely refuting the null hypothesis as the standard method for corroborating substantive theories in the soft areas is a terrible mistake, is basically unsound, poor scientific strategy, and one of the worst things that ever happened in the history of psychology". Meehl, 1978, S. 817; zitiert nach Kirk, 1996, S. 754). Eine Gegenposition hierzu vertritt z. B. Wainer (1999).

Wie statistische Signifikanz mit Überlegungen zur praktischen Bedeutsamkeit zu verbinden ist, wird im Folgenden erörtert. Zuvor jedoch noch ein Hinweis: Auch wenn statistische Signifikanz als einziges Kriterium für „erfolgreiche" empirische Forschung zu Recht kritisiert wird, befreit uns diese Kritik nicht von der Aufgabe, uns zunächst mit dem Gegenstand dieser Kritik, nämlich den vielen, auch in diesem Buch behandelten Signifikanztests ausführlich auseinanderzusetzen.

> Die korrekte Anwendung eines Signifikanztests und die Interpretation der Ergebnisse unter dem Blickwinkel der praktischen Bedeutsamkeit sind essentielle und gleichwertige Bestandteile der empirischen Hypothesenprüfung.

Effektgrößen

Erfahrene Pädagogen könnten die Ansicht vertreten, dass die neue Unterrichtsmethode erst dann „konkurrenzfähig" sei, wenn die durchschnittlichen Leistungen, zu denen diese Methode befähigt, um mindestens 3 Punkte über den Durchschnittsleistungen von Schülern liegen, die herkömmlich unterrichtet wurden ($\mu_1 = 43$). Vielleicht ist die neue Methode (für Lehrer und Schüler) arbeitsintensiver, sodass Leistungsverbesserungen von weniger als 3 Punkten den erhöhten Aufwand nicht rechtfertigen.

Einen (standardisierten) Unterschied, der zwischen zwei Populationen (hier: herkömmlich unterrichtete Schüler und nach der neuen Methode unterrichtete Schüler) mindestens bestehen muss, um von einem praktisch bedeutsamen Unterschied sprechen zu können, bezeichnet man als Effektgröße. Dieser allgemeine Ausdruck findet auch Verwendung, um die Mindestgröße einer praktisch bedeutsamen Korrelation, einer praktisch bedeutsamen Prozentwertdifferenz o.ä. zu charakterisieren. Generell kann man davon ausgehen, dass für alle in diesem Text behandelten statistischen Signifikanztests Effektgrößen definierbar sind, auf die wir im Kontext des jeweiligen Verfahrens ausführlich eingehen werden.

Für den in diesem Kapitel behandelten Vergleich eines Stichprobenkennwertes $\bar{x}$ mit einem Populationsparameter μ_0 wird eine Effektgröße ε wie folgt definiert.

$$\begin{aligned} \varepsilon &= \frac{\sqrt{2} \cdot (\mu_1 - \mu_0)}{\sigma} \\ &= \frac{\sqrt{2} \cdot (43 - 40)}{8} \\ &= 0{,}530\,. \end{aligned} \qquad (4.4)$$

Mit der Effektgröße wird also festgelegt, wie stark der H_1-Parameter μ_1 (mindestens) von μ_0 abweichen muss, um von einem praktisch bedeutsamen Effekt sprechen zu können. Um Effektgrößen verschiedener Untersuchungen vergleichen zu können, wird die Differenz $\mu_1 - \mu_0$ an der Streuung des untersuchten Merkmals (σ) relativiert (Standardisierung). (Zur Begründung des Faktors $\sqrt{2}$ wird auf S. 139 bzw. Cohen, 1988, S. 45 ff. verwiesen.)

Will man vor Durchführung einer Hypothesen prüfenden Untersuchung eine Effektgröße festlegen, bedeutet dies zunächst, dass man sich intensiv mit dem *inhaltlichen* Problem, das man empirisch überprüfen will, auseinandersetzen muss. Die Effektgrößenbestimmung erfordert mehr inhaltliche Arbeit als die schlichte Durchführung eines Signifikanztests. Mit der Festlegung einer Effektgröße verbindet sich jedoch der immense Vorteil, dass der Stichprobenumfang, den man für eine derartige Hypothesen prüfende Untersuchung benötigt, kalkulierbar ist. Er sollte nicht so groß sein, dass auch praktisch unbedeutende Effekte signifikant werden, und nicht so klein, dass praktisch bedeutende Effekte nicht signifikant werden können. Bevor wir dieses Thema genauer untersuchen, ist es erforderlich, uns zunächst mit dem unter 4.3 erwähnten β-Fehler zu beschäftigen.

▷ 4.7 α-Fehler, β-Fehler und Teststärke

Nachdem nun bekannt ist, wie die Wahrscheinlichkeit des α-Fehlers ermittelt wird, den man beim Verwerfen der Nullhypothese riskiert, wollen wir uns fragen, mit welcher Wahrscheinlichkeit wir einen β-Fehler begehen, wenn wir statt der H_0 die H_1 (die neue Lehrmethode ist besser als die alte Lehrmethode) verwerfen. Hierbei kann der Gedankengang, der zur Ermittlung der α-Fehler-Wahrscheinlichkeit führte, analog angewandt werden: Gesucht wird die (bedingte) Wahrscheinlichkeit für das gefundene Untersuchungsergebnis, wenn die H_1 richtig ist.

Bestimmung der β-Fehler-Wahrscheinlichkeit

Für die Ermittlung der α-Fehler-Wahrscheinlichkeit benötigen wir die Verteilung der Mittelwerte von Stichproben, die aus der Population mit dem Parameter μ_0 gezogen wurden. Die entsprechende Verteilung, die wir für die Ermittlung der β-Fehler-Wahrscheinlichkeit brauchen, besteht aus den Mittelwerten von Stichproben aus der Population mit dem Parameter μ_1. Wenn mit der H_1 jedoch lediglich behauptet wird, die neue Lehrmethode sei besser als die alte und nicht näher spezifiziert wird, um wie viel besser, ist der Populationsparameter μ_1 und damit auch die Verteilung der Mittelwerte unbekannt.

> Die β-Fehler-Wahrscheinlichkeit, die mit einer Entscheidung zugunsten der H_0 verbunden ist, kann bei unspezifischen Alternativhypothesen nicht bestimmt werden.

Spezifische Hypothesen. Um die β-Fehler-Wahrscheinlichkeit bei einer Entscheidung zugunsten der H_0 bestimmen zu können, müssen wir die H_1 genauer formulieren, d.h., wir müssen spezifizieren, um wieviel besser die neue Lehrmethode sein soll bzw. wie der Populationsparameter μ_1 unter der Annahme einer Alternativhypothese lautet. Dabei können wir an unsere Überlegungen zur Effektgröße anknüpfen, nach denen für μ_1 ein Minimalwert festzulegen ist, der bei Gültigkeit von $H_1: \mu_1 > \mu_0$ aus inhaltlichen Gründen nicht unterschritten werden sollte. Im letzten Abschnitt wurde dafür der Wert $\mu_1 = 43$ festgelegt.

Vorausgesetzt, die Streuung der Leistungen von Schülern, die nach der neuen Methode unterrichtet wurden, sei ebenfalls $\hat{\sigma} = 8$, ergibt sich für eine Durchschnittsleistung von $\bar{x} = 42$ der z-Wert

$$z = \frac{\bar{x} - \mu_1}{\hat{\sigma}_{\bar{x}}} = \frac{42 - 43}{0{,}8} = -1{,}25 \,. \quad (4.5)$$

Dieser Wert schneidet von der linken Seite der Standardnormalverteilung 10,6% ab. Entscheidet man sich aufgrund des Ergebnisses $\bar{x} = 42$ für die H_0, so würde man mit einer Wahrscheinlichkeit von 10,6% einen β-Fehler begehen, d.h. die H_1 verwerfen, obwohl sie richtig ist. Hätte man – in Analogie zum α-Fehler-Niveau – ein β-Fehler-Niveau von 1% vereinbart, wäre die β-Fehler-Wahrscheinlichkeit von 10,6% zu groß, um die H_1 verwerfen zu können.

Die kritische Grenze, die zur Ablehnung von H_1 mit $\beta = 0{,}01$ von $\bar{x}$ hätte unterschritten werden müssen, errechnet man in Analogie zu Gl. (4.3):

$$\begin{aligned}\bar{x}_{\text{crit}}(\beta) &= \mu_1 + z_\beta \cdot \hat{\sigma}_{\bar{x}} \quad (4.6)\\ &= 43 - 2{,}33 \cdot 0{,}8 \\ &= 41{,}14\end{aligned}$$

$\bar{x}$-Werte im Bereich $\bar{x} \leq 41{,}14$ würden also zur Ablehnung von H_1 führen.

Im Beispiel wurde die $H_1: \mu_1 = 43$ geprüft, obwohl wir unter Gesichtspunkten der praktischen Bedeutsamkeit gefordert hatten, dass die neue Methode *mindestens* ein Resultat von 43 erzielen sollte, sodass die H_1 eigentlich $\mu_1 \geq 43$ heißen müsste.

Das gleiche Problem hatten wir bereits beim Vergleich der Nullhypothesen $\mu_0 = \mu_1$ und $\mu_0 \geq \mu_1$, wobei Abb. 4.2 zu der Erkenntnis verhalf, dass bei einer gerichteten Alternativhypothese jede $H_0: \mu_0 > \mu_1$ mit einer kleineren Irrtumswahrscheinlichkeit verworfen werden kann als die $H_0: \mu_0 = \mu_1$. Entsprechendes gilt für den Vergleich der Hypothesen $\mu_1 = 43$ und $\mu_1 > 43$: Wann immer die $H_1: \mu_1 = 43$ mit einer bestimmten β-Fehlerwahrscheinlichkeit verworfen werden kann, ist eine H_1 vom Typus $\mu_1 > 43$ mit einer geringeren β-Fehler-Wahrscheinlichkeit zu verwerfen. Es genügt also, nur die $H_1: \mu_1 = 43$ zu prüfen.

Wahl des β-Fehler-Niveaus. Mit der in unserem Beispiel ermittelten β-Fehler-Wahrscheinlichkeit von 10,6% verbindet sich die Frage, ob diese Wahrscheinlichkeit genügend klein ist, um die spezifische H_1 zugunsten der H_0 verwerfen zu können. Diese Frage wäre angesichts der α-Fehler-Wahrscheinlichkeit, die wir auf S. 113 mit 0,62% ermittelten, sicherlich zu verneinen. Aber besagt dieses Verhältnis von α- und β-Fehler-Wahrscheinlichkeit auch, dass die spezifische H_1 ($\mu_1 = 43$) damit bestätigt ist?

Anders als für das α-Fehler-Niveau gibt es für die Festsetzung einer maximal tolerierbaren β-Fehler-Wahrscheinlichkeit (β-Fehler-Niveau) keine Konventionen. Letztlich ist der inhaltliche Kontext bzw. die Bewertung der mit einem α- bzw. β-Fehler verbundenen praktischen Folgen ausschlaggebend für die Wahl des β-Fehler-Niveaus. Generell ist jedoch zu unterscheiden, ob mit einer Untersuchung die H_1 oder die H_0 bestätigt werden soll, wobei der letztgenannte Fall in der Forschungspraxis relativ selten vorkommt. (Beispiele hierfür sind die später zu behandelnden Tests zur Überprüfung der Voraussetzungen eines statistischen Verfahrens).

Will man mit einer Untersuchung eine gut begründete spezifische Alternativhypothese bestätigen, sollte man neben den üblichen Werten für das α-Fehler-Niveau (5% oder 1%) für das β-Fehler-Niveau einen Wert von 20% ($\beta = 0{,}2$) vorsehen. Untersuchungsergebnisse mit einer Irrtumswahrscheinlichkeit von höchstens 5% (1%) und einer β-Fehler-Wahrscheinlichkeit von mindestens 20% können als akzeptable Belege für die Richtigkeit der spezifischen H_1 angesehen werden (vgl. hierzu auch S. 127). Nach dieser Regel wäre in unserem Beispiel die H_0 zu verwerfen (0,62% < 1%); die spezifische H_1 könnte jedoch wegen der β-Fehler-Wahrscheinlichkeit von 10,6% (< 20%) nicht akzeptiert werden. In diesem Fall liegt der wahre Parameter offenbar zwischen den Werten $\mu_0 = 40$ und $\mu_1 = 43$.

Für die Bestätigung einer Nullhypothese sollten die Zahlenverhältnisse umgekehrt sein. Hierfür wäre zu fordern, dass die β-Fehler-Wahrscheinlichkeit unter 5% (1%) liegt, während für die Irrtumswahrscheinlichkeit ein Minimalwert von $\alpha = 0{,}2$ anzusetzen wäre.

Indifferenzbereiche. Gelegentlich kommt es vor, dass bei fixiertem α- und β-Niveau Stichprobenergebnisse resultieren, die zu keiner eindeutigen Entscheidung bezüglich H_0 oder einer spezifischen H_1 führen. Das Stichprobenergebnis (z. B. ein $\bar{x}$-Wert) befindet sich dann in einem Bereich, für den

- weder die H_0 noch die H_1 abgelehnt werden können oder
- sowohl die H_0 als auch die H_1 abgelehnt werden müssen.

Derartige Bereiche, in denen keine eindeutigen Entscheidungen getroffen werden können, bezeichnen wir als Indifferenzbereiche.

Wenn in unserem Beispiel die Folgen eines α-Fehlers für ähnlich gravierend gehalten werden wie die Folgen eines β-Fehlers, könnte man für das α- und β-Fehler-Niveau „symmetrische" Werte annehmen. Wählen wir $\alpha = \beta = 0{,}01$, ergeben sich die folgenden Ablehnungsbereiche (s. Gl. 4.3 und Gl. 4.6):

- für die H_0: $\bar{x} > 41{,}86$,
- für die H_1: $\bar{x} < 41{,}14$.

Hätte die Untersuchung zu einem $\bar{x}$-Wert im Bereich $41{,}14 < \bar{x} < 41{,}86$ geführt, könnte weder die H_0 noch die H_1 verworfen werden. Wie mit diesem Problem umzugehen ist, erörtern wir unter 4.8.

Beziehung zwischen α- und β-Fehler-Wahrscheinlichkeit

Nachdem nun auch die Bestimmung der β-Fehler-Wahrscheinlichkeit bekannt ist, können wir untersuchen, in welcher Beziehung die α-Fehler-Wahrscheinlichkeit und die β-Fehler-Wahrscheinlichkeit zueinander stehen. (Diese dürfen nicht mit dem α-Fehler-Niveau und β-Fehler-Niveau verwechselt werden, die nach inhaltlichen Kriterien vor Untersuchungsbeginn festzulegen sind.)

Abbildung 4.4 veranschaulicht die in unserem Beispiel bei spezifischer H_1 und spezifischer H_0 ermittelte β-Fehler-Wahrscheinlichkeit zusammen mit der α-Fehler-Wahrscheinlichkeit (Irrtumswahrscheinlichkeit P).

Aus der Abbildung wird leicht ersichtlich, wie sich die α-Fehler-Wahrscheinlichkeit und β-Fehler-Wahrscheinlichkeit verändern, wenn das Stichprobenergebnis $\bar{x}$ variiert. Mit größer werdendem $\bar{x}$ sinkt die Wahrscheinlichkeit, bei einer Entscheidung zugunsten der H_1 einen α-Fehler zu begehen. Gleichzeitig steigt die Wahrscheinlichkeit des β-Fehlers, d.h. Entscheidungen zugunsten der H_0 werden mit größer werdendem $\bar{x}$ zunehmend unwahrscheinlicher. Umgekehrt sinkt bei kleiner werdendem $\bar{x}$ die Wahrscheinlichkeit eines β-Fehlers, während die Wahrscheinlichkeit einer fälschlichen Annahme der H_1 (α-Fehler) steigt.

> α- und β-Fehler-Wahrscheinlichkeit verändern sich gegenläufig.

Die Konsequenz dieser gegenläufigen Beziehung liegt auf der Hand. Je stärker man sich dagegen absichern will, eine an sich richtige H_0 zu verwerfen (niedriges α-Fehler-Niveau bzw. Signifikanzniveau), desto größer wird die Wahrscheinlichkeit, dass die H_0 fälschlicherweise beibehalten wird (hohe β-Fehler-Wahrscheinlichkeit). Innovative Forschungen in einem relativ jungen Untersuchungsgebiet, bei denen die Folgen einer fälschlichen Annahme von H_1 vorerst zu vernachlässigen sind, hätten also bei einem α-Niveau von 1% nur wenig Chancen, der Wissenschaft neue Impulse zu verleihen. In derartigen Untersuchungen ist deshalb auch ein α-Niveau von 10% zu rechtfertigen.

Teststärke

Wenn die β-Fehler-Wahrscheinlichkeit angibt, mit welcher Wahrscheinlichkeit die H_1 verworfen wird, obwohl ein Unterschied besteht, so gibt der Ausdruck $1-\beta$ an, mit welcher Wahrscheinlichkeit zu Gunsten von H_1 entschieden wird, wenn ein Unterschied besteht bzw. die H_1 gilt. Dieser Wert wird als die Teststärke („power") eines Tests bezeichnet. Da sich α und β gegenläufig verändern, ist die Teststärke $1-\beta$ für $\alpha=0{,}05$ natürlich größer als für $\alpha=0{,}01$.

> Die Teststärke $(1-\beta)$ gibt an, mit welcher Wahrscheinlichkeit ein Signifikanztest zugunsten einer spezifischen Alternativhypothese entscheidet.

Zur Verdeutlichung der Teststärke wollen wir noch einmal auf den Vergleich der beiden Lehrmethoden zurückkommen. Wir hatten herausgefunden, dass die Abweichung des empirisch ermittelten $\bar{x}$-Wertes ($\bar{x}=42$ mit $n=100$) von dem gemäß H_0 erwarteten Parameter $\mu_0=40$ bei einseitigem Test ($\mu_1>\mu_0$) signifikant ist. Ferner fragten wir auf S. 117, wie groß der $\bar{x}$-Wert mindestens sein muss, um die H_0 mit $\alpha=0{,}05$ verwerfen zu können. Dieser als „kritische Grenze" bezeichnete $\bar{x}$-Wert ergab sich zu $\bar{x}=41{,}32$, d.h. alle Werte $\bar{x}\geq 41{,}32$ führen zu einem signifikanten Ergebnis ($\alpha=0{,}05$).

Um nun die Stärke dieses Signifikanztests zu ermitteln, prüfen wir zunächst, mit welcher Wahrscheinlichkeit wir einen β-Fehler begehen würden, wenn wir bei $\bar{x}\leq 41{,}32$ die H_0 beibehalten würden. Wie bereits bekannt, benötigen wir hierfür einen spezifischen H_1-Parameter, den wir mit $\mu_1=43$ fixiert hatten. Unter Verwendung des Standardfehlers $\hat{\sigma}_{\bar{x}}=0{,}8$ erhält man also

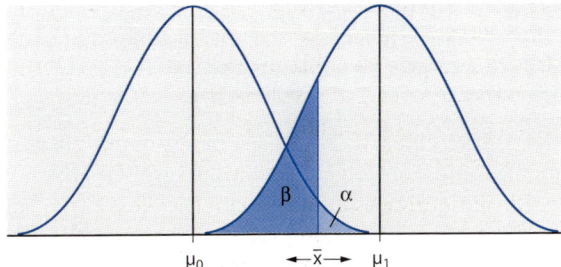

Abb. 4.4. Schematische Darstellung der α-Fehler-Wahrscheinlichkeit und β-Fehler-Wahrscheinlichkeit

$$z = \frac{41{,}32 - 43}{0{,}8} = -2{,}1$$

und damit nach Tabelle B eine β-Fehler-Wahrscheinlichkeit von $\beta = 0{,}0179$. Die Teststärke beträgt also $1 - 0{,}0179 = 0{,}9821$, d.h. die Wahrscheinlichkeit, dass wir uns aufgrund des Signifikanztests zu Recht zu Gunsten der $H_1 : \mu_1 = 43$ entscheiden, beträgt – wenn diese H_1 richtig ist – 98,21%.

Determinanten der Teststärke. Ersetzen wir $\mu_1 = 43$ durch $\mu_1 = 42$, ergibt sich nach Gl. (4.5):

$$z = \frac{41{,}32 - 42}{0{,}8} = -0{,}85 \, .$$

Für diesen z-Wert entnehmen wir Tabelle B $\beta = 0{,}1977$ und damit $1 - \beta = 0{,}8023$. Die Teststärke ist also gesunken.

> Mit kleiner werdender Differenz $\mu_0 - \mu_1$ verringert sich die Stärke des Signifikanztests.

Ferner wollen wir prüfen, was mit der Teststärke geschieht, wenn wir den Stichprobenumfang von $n = 100$ auf $n = 200$ verdoppeln. Wir erhalten als Standardfehler $\hat{\sigma}_{\bar{x}} = 8/\sqrt{200} = 0{,}566$ und damit eine „kritische Grenze" von

$$\bar{x}_{\text{crit}(95\%)} = 40 + 1{,}65 \cdot 0{,}566 = 40{,}93 \, .$$

Entscheidet man bei diesem oder kleineren $\bar{x}$-Werten zu Gunsten der H_0, ergibt sich für $\mu_1 = 42$

$$z = \frac{40{,}93 - 42}{0{,}566} = -1{,}89$$

und damit $\beta = 0{,}0294$ bzw. $1 - \beta = 0{,}9706$. Die Verdoppelung des Stichprobenumfangs hat also dazu geführt, dass sich die Teststärke von 80,23% auf 97,06% erhöht.

> Mit wachsendem Stichprobenumfang vergrößert sich die Teststärke.

Eine Vergrößerung des Stichprobenumfangs führt zu einer Verkleinerung des Standardfehlers, was zur Folge hat, dass die Teststärke höher wird. Da der Standardfehler jedoch auch kleiner wird, wenn sich die Merkmalsstreuung σ verringert, haben Untersuchungen mit einer kleinen Merkmalsstreuung – bei sonst gleichen Bedingungen – eine höhere Teststärke als Untersuchungen mit einer großen Merkmalsstreuung.

> Die Teststärke sinkt mit wachsender Merkmalsstreuung.

Zu fragen bleibt, ob ein einseitiger oder zweiseitiger Test eine höhere Teststärke aufweist. Wie oben ermittelt wurde, ergibt sich für den einseitigen Test für $\mu_0 = 40$, $\mu_1 = 43$, $\alpha = 0{,}05$ und $n = 100$ eine Teststärke von $1 - \beta = 0{,}9821$. Um einen vergleichbaren Teststärkewert für den zweiseitigen Test bestimmen zu können, benötigen wir eine spezifische ungerichtete H_1, die angibt, wie weit der H_1-Parameter den H_0-Parameter ($\mu_0 = 40$) mindestens überschreiten oder unterschreiten muss. Wir setzen hierfür $\mu_1 = 40 \pm 3$ ($\mu_{1+} = 43$ und $\mu_{1-} = 37$) und erhalten unter Verwendung der kritischen $\bar{x}_{\text{crit}(2{,}5\%)}$- bzw. $\bar{x}_{\text{crit}(97{,}5\%)}$-Werte von S. 117:

$$z = \frac{41{,}57 - 43}{0{,}8} = -1{,}79$$

bzw.

$$z = \frac{38{,}43 - 37}{0{,}8} = 1{,}79 \, .$$

Beide z-Werte schneiden – in Richtung auf μ_0 – von den jeweiligen H_1-Verteilungen 3,67% der Standardnormalverteilungsfläche ab, d.h., die β-Fehler-Wahrscheinlichkeit, die sich ergeben würde, wenn man bei $\bar{x} < 41{,}47$ bzw. $\bar{x} > 38{,}43$ fälschlicherweise die H_1 ablehnen würde, addiert sich zu $2 \times 0{,}0367 = 0{,}0734$. Die Teststärke ist also mit $1 - \beta = 0{,}9266$ kleiner als die des einseitigen Tests, wenn man $\bar{x} > \mu_0$ voraussetzt.

> Bestätigt das Untersuchungsergebnis der Tendenz nach eine gerichtete Hypothese, hat der einseitige Test eine höhere Teststärke als der zweiseitige Test.

Die Stärke eines Tests $(1 - \beta)$ hängt damit zusammenfassend von folgenden Einflussgrößen ab:
- Einseitiger/zweiseitiger Test: Die Teststärke ist beim einseitigen Test (H_1: $\mu_1 > \mu_0$) größer als beim zweiseitigen Test, wenn $\bar{x} > \mu_0$ ist.
- α-Fehler-Niveau: Die Teststärke ist für $\alpha = 0{,}05$ größer als für $\alpha = 0{,}01$.

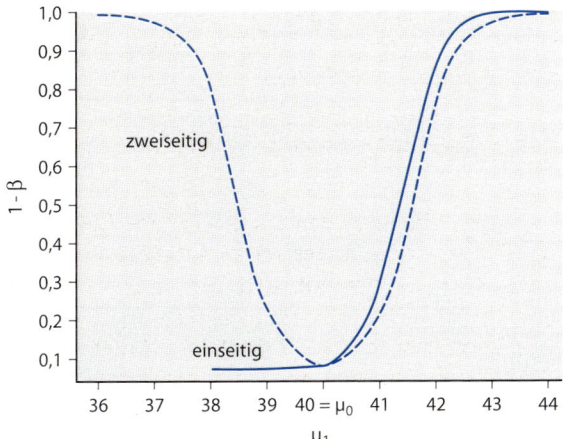

Abb. 4.5. Teststärkefunktionen

- Effektgröße: Die Teststärke wächst mit größer werdender Differenz $\mu_1 - \mu_0$.
- Stichprobengröße: Die Teststärke wächst mit zunehmendem Stichprobenumfang.
- Merkmalsstreuung: Die Teststärke sinkt mit größer werdender Merkmalsstreuung.

Teststärkefunktionen. Die Abhängigkeit der Stärke eines Tests von der Differenz $\mu_1 - \mu_0$ wird in sog. Teststärkefunktionen verdeutlicht, denen die $(1 - \beta)$-Werte für variable Differenzen $\mu_1 - \mu_0$ zu entnehmen sind. Derartige Teststärkefunktionen können als Entscheidungskriterium herangezogen werden, wenn zur Überprüfung einer Hypothese mehrere statistische Tests, wie z. B. verteilungsfreie Tests, zur Verfügung stehen (Näheres hierzu s. Bortz et al. 2000, Kap. 2 und 4).

Abbildung 4.5 zeigt die Teststärkekurven des einseitigen Tests (H$_1$: $\mu_0 < \mu_1$) und des zweiseitigen Tests (H$_1$: $\mu_0 \neq \mu_1$) für unterschiedliche μ_1-Parameter, $n = 100$, $\alpha = 0{,}05$ und $\mu_0 = 40$. Man erkennt, dass der einseitige Test dem zweiseitigen für $\mu_1 > \mu_0$ überlegen ist. Für $\mu_1 < \mu_0$ „versagt" der einseitige Test. Die Teststärke ist hier geringer als $\alpha = 0{,}05$, der Wert für $\mu_0 = \mu_1$. Gilt die H$_0$ ($\mu_0 = \mu_1$), entscheidet der Test mit einer Wahrscheinlichkeit von $1 - \beta = \alpha = 0{,}05$ zugunsten von H$_1$.

4.8 Bedeutung der Stichprobengröße

Auf S. 119 f. haben wir den „klassischen" Signifikanztest insoweit kritisiert, als ein Untersuchungsergebnis auch bei kleinsten Effekten praktisch immer signifikant wird, wenn der Stichprobenumfang genügend groß ist. Daraufhin wurde das Konzept einer Effektgröße ε eingeführt, die im Kontext einer Untersuchung angibt, wie weit ein H$_1$-Parameter mindestens vom H$_0$-Parameter entfernt sein soll, um von einem praktisch bedeutsamen Effekt sprechen zu können. Mit der Festlegung einer Effektgröße kennen wir den H$_1$-Parameter, sodass – wie in 4.7 gezeigt wurde – auch die β-Fehler-Wahrscheinlichkeit bzw. die Teststärke bestimmt werden können.

Auf S. 122 wurde im Kontext unseres Beispiels festgestellt, dass für $\mu_0 = 40$, $\mu_1 = 43$, $\alpha = \beta = 0{,}01$ und $n = 100$ Untersuchungsergebnisse vorkommen können, die weder zur Ablehnung von H$_0$ noch zur Ablehnung der spezifischen H$_1$ führen. Hierbei handelt es sich um Ergebnisse, die in den Bereich $41{,}14 < \bar{x} < 41{,}86$ fallen. Diese wenig befriedigende Situation lässt sich vermeiden, wenn man $\alpha, \beta, \varepsilon$ und n so aufeinander abstimmt, dass bei jedem empirischen Ergebnis eine eindeutige Entscheidung über die Gültigkeit von H$_0$ oder H$_1$ sichergestellt ist.

Da α, β und ε nach inhaltlichen Kriterien festgelegt werden sollten und damit nicht beliebig veränderbar sind, bleibt als einziger „freier Parameter" der Stichprobenumfang n übrig, der so gewählt werden sollte, dass aufgrund des Untersuchungsergebnisses eine eindeutige Entscheidung über die rivalisierenden Hypothesen H$_0$ und H$_1$ getroffen werden kann. Stichprobenumfänge mit dieser Eigenschaft wollen wir als „optimale" Stichprobenumfänge kennzeichnen.

> Stichprobenumfänge sind optimal, wenn sie bei gegebenem α, β und ε eine eindeutige Entscheidung über die Gültigkeit von H$_0$ oder H$_1$ sicherstellen.

Diese Definition „optimaler" Stichprobenumfänge könnte zu der Vermutung Anlass geben, dass unter Umständen eine kleinere Stichprobe, die in diesem Sinne „optimal" ist, einer größeren Stichprobe vorzuziehen sei. Diese Vermutung ist falsch, denn grundsätzlich führen größere Stichproben zu genaueren Ergebnissen als kleinere, was vor allem bei der in 3.5 behandelten Intervallschätzung zu beachten ist. Gemeint ist, dass sich der mit der Untersuchung einer größeren Stichprobe verbundene Aufwand nicht lohnt, wenn bei einer Hypothesenprüfung mit gegebenem α und β eine unter praktischen Gesichtspunkten für bedeutsam erachtete Effektgröße auch mit einem kleineren, dem „optimalen", Stichprobenumfang abgesichert werden könnte (vgl. hierzu auch Hinkle u. Oliver, 1983, 1985). Außerdem kann – wie wir noch sehen werden (vgl. S. 127) – die Situation eintreten, dass bei zu großen Stichproben sowohl die H_0 als auch die H_1 abzulehnen sind.

Bestimmung des „optimalen" Stichprobenumfangs

Der Gedankengang, der zu Stichprobenumfängen führt, die nach diesem Verständnis „optimal" sind, sei im Folgenden anhand unseres Beispiels verdeutlicht (Vergleich der neuen Lehrmethode mit einer herkömmlichen Methode bzw. allgemein formuliert: Vergleich eines Stichprobenmittelwertes mit einem Populationsparameter, s. Kap. 5.1.1). Hierzu stellen wir den gefundenen $\bar{x}$-Wert einmal im Kontext der H_0-Verteilung und einmal im Kontext der H_1-Verteilung dar. Bezogen auf die H_0-Verteilung erhält man in Analogie zu Gl. (4.3)

$$\bar{x} = \mu_0 + z_{(1-\alpha)} \cdot \hat{\sigma}_{\bar{x}}. \quad (4.7)$$

Hierbei sei $z_{(1-\alpha)}$ der nach Gl. (4.1) errechnete z-Wert (vgl. S. 113). Wir erhalten also

$$40 + 2{,}50 \cdot 0{,}8 = 42.$$

Bezogen auf die H_1-Verteilung gilt

$$\bar{x} = \mu_1 + z_\beta \cdot \hat{\sigma}_{\bar{x}}, \quad (4.8)$$

wobei z_β den nach Gl. (4.5) errechneten z-Wert kennzeichnet. Für $\mu_1 = 43$ und $z_\beta = -1{,}25$ erhält man also

$$43 + (-1{,}25) \cdot 0{,}8 = 42.$$

Gleichung (4.7) und Gl. (4.8) führen für beliebige $\bar{x}$-Werte (mit den jeweils entsprechenden $z_{(1-\alpha)}$- und z_β-Werten) zu identischen Resultaten. Wir können also schreiben

$$\mu_0 + z_{(1-\alpha)} \cdot \hat{\sigma}_{\bar{x}} = \mu_1 + z_\beta \cdot \hat{\sigma}_{\bar{x}} \quad (4.9)$$

bzw. wegen $\hat{\sigma}_{\bar{x}} = \hat{\sigma}/\sqrt{n}$

$$\mu_0 + z_{(1-\alpha)} \cdot \hat{\sigma}/\sqrt{n} = \mu_1 + z_\beta \cdot \hat{\sigma}/\sqrt{n}. \quad (4.10)$$

Durch Umstellen ergibt sich

$$\frac{\mu_1 - \mu_0}{\hat{\sigma}} = \frac{z_{(1-\alpha)} - z_\beta}{\sqrt{n}} \quad (4.11)$$

bzw. (nach Multiplikation beider Seiten mit $\sqrt{2}$) wegen Gl. (4.4)

$$\varepsilon = \frac{\sqrt{2} \cdot (z_{(1-\alpha)} - z_\beta)}{\sqrt{n}}. \quad (4.12)$$

Diese Gleichung zeigt die funktionale Verknüpfung von ε, n, α und $1 - \beta$. Aufgelöst nach n resultiert

$$n = \frac{2 \cdot (z_{(1-\alpha)} - z_\beta)^2}{\varepsilon^2}. \quad (4.13)$$

Setzen wir $\alpha = 0{,}0062$ (und damit $z_{(1-\alpha)} = 2{,}50$), $1 - \beta = 0{,}894$ (und damit $z_\beta = -1{,}25$) sowie $\varepsilon = \sqrt{2} \cdot (43 - 40)/8 = 0{,}530$, muss für n natürlich der tatsächlich verwendete Stichprobenumfang resultieren:

$$n = \frac{2 \cdot (2{,}50 - (-1{,}25))^2}{0{,}530^2} = 100.$$

Dieser Stichprobenumfang (n = 100) wäre also „optimal", wenn wir $\alpha = 0{,}0062$, $\beta = 0{,}106$ und $\mu_1 = 43$ (bzw. $\varepsilon = 0{,}530$) gesetzt hätten. Ersetzen wir diese unüblichen Werte durch $\alpha = \beta = 0{,}01$, also diejenigen Werte, für die bei n = 100 im Bereich $41{,}14 < \bar{x} < 41{,}86$ keine Entscheidung zu treffen war, erhält man nach Gl. (4.13) mit $z_{(1-\alpha)} = 2{,}33$ und $z_\beta = -2{,}33$:

$$n = \frac{2 \cdot (2{,}33 - (-2{,}33))^2}{0{,}530^2} = 154{,}422.$$

Dieser Wert wäre für die praktische Umsetzung auf n = 155 nach oben zu runden.

Man errechnet (mit dem ungerundeten Wert)

$$\hat{\sigma}_{\bar{x}} = 8/\sqrt{154{,}422} = 0{,}6438$$

und als kritische Grenze des Ablehnungsbereiches der H_0

$$\bar{x}_{\text{crit}(1-\alpha)} = 40 + 2{,}33 \cdot 0{,}6438 = 41{,}5.$$

Für die kritische Grenze des Ablehnungsbereiches der H_1 resultiert der gleiche Wert:

$$\bar{x}_{\text{crit}(\beta)} = 43 - 2{,}33 \cdot 0{,}6438 = 41{,}5.$$

Die Entscheidungssituation ist bei diesem Stichprobenumfang eindeutig: Für $\bar{x} \geq 41{,}5$ wird die

4.8 Bedeutung der Stichprobengröße

H_0 und für $\bar{x} < 41{,}5$ die H_1 abgelehnt. Inwieweit die jeweils entsprechenden Gegenhypothesen damit auch anzunehmen sind, werden wir weiter unten erörtern.

> Für Stichprobenumfänge, die kleiner sind als der „optimale", existiert ein $\bar{x}$-Wertebereich, der sowohl mit H_0 als auch H_1 vereinbar ist. Für größere Stichproben hingegen gibt es $\bar{x}$-Werte, die weder mit H_0 noch H_1 zu vereinbaren sind.

Weitere Informationen zur Bestimmung optimaler Stichprobenumfänge findet man z. B. bei Schiffler und Harwood (1985).

Beispiele

Die folgenden Beispiele, bei denen wir von $\alpha = 0{,}05$, $\beta = 0{,}2$ und $\varepsilon = 0{,}530$ ausgehen, sollen verdeutlichen, wie der Stichprobenumfang die Eindeutigkeit der statistischen Entscheidung bestimmt. Bezüglich α und β folgen wir hierbei einer Empfehlung von Cohen (1988), die besagt, dass bei vielen Fragestellungen ein gegenüber dem α-Fehler-Niveau vervierfachtes β-Niveau angemessen sei. Dies ist gleichzeitig eine α-/β-Fehlerkonstellation, für die nach Ablehnung der H_0 auch die Annahme der H_1 zu rechtfertigen ist (vgl. S. 122).

„*Optimaler*" *Stichprobenumfang:*

$$n = \frac{2 \cdot (1{,}65 - (-0{,}84))^2}{0{,}530^2} = 44{,}0896$$

$$\bar{x}_{\text{crit}(1-\alpha)} = 40 + 1{,}65 \cdot 8/\sqrt{44{,}0896} = 41{,}988$$

$$\bar{x}_{\text{crit}(\beta)} = 43 - 0{,}84 \cdot 8/\sqrt{44{,}0896} = 41{,}988$$

Bezogen auf unser Beispiel wäre also ein Stichprobenumfang von $n = 45$ optimal gewesen. Für $\bar{x} \geq 41{,}988$ wäre die Ablehnung von H_0 mit einer Irrtumswahrscheinlichkeit $\alpha \leq 0{,}05$ verbunden. Für $\bar{x} < 41{,}988$ würde man bei Ablehnung von H_1 eine β-Fehler-Wahrscheinlichkeit von $\beta < 0{,}2$ riskieren. Das Risiko einer falschen Entscheidung ist bei Annahme der H_0 ($\mu_0 = 40$) und $\bar{x} = 41{,}988$ viermal so groß wie bei Annahme der H_1 ($\mu_1 = 43$) und $\bar{x} = 41{,}988$. Falls diese Relation aus inhaltlichen Gründen genügend groß erscheint, könnte die H_1 angenommen werden, wenn $\bar{x} \geq 41{,}988$ ist.

Kleinerer Stichprobenumfang: $n = 30$

$$\bar{x}_{\text{crit}(1-\alpha)} = 40 + 1{,}65 \cdot 8/\sqrt{30} = 42{,}41$$

$$\bar{x}_{\text{crit}(\beta)} = 43 - 0{,}84 \cdot 8/\sqrt{30} = 41{,}77$$

Für $\bar{x} \geq 42{,}41$ kann die H_0 abgelehnt werden. Es könnte gleichzeitig auch die H_1 angenommen werden; würde man für $\bar{x} \geq 42{,}41$ zu Gunsten von H_0 entscheiden, wäre diese Entscheidung mit einem β-Fehlerrisiko von mindestens 34% verbunden (gemäß Gl. (4.5)).

Mit $41{,}77 < \bar{x} < 42{,}41$ resultiert ein Indifferenzbereich, in dem keine Entscheidung getroffen werden kann, da weder die H_0 noch die H_1 abgelehnt werden kann. Sollte $\bar{x}$ im Indifferenzbereich liegen, wäre die Untersuchung mit einer größeren Stichprobe zu replizieren.

Größerer Stichprobenumfang: $n = 200$

$$\bar{x}_{\text{crit}(1-\alpha)} = 40 + 1{,}65 \cdot 8/\sqrt{200} = 40{,}93$$

$$\bar{x}_{\text{crit}(\beta)} = 43 - 0{,}84 \cdot 8/\sqrt{200} = 42{,}52$$

Da im Bereich $40{,}93 \leq \bar{x} \leq 42{,}52$ sowohl H_0 als auch H_1 zu verwerfen sind, würde man für $\bar{x}$-Werte in diesem Bereich folgern, dass der wahre Parameter zwischen $\mu_0 = 40$ und $\mu_1 = 43$ liegt. H_0 wäre abzulehnen, wenn $\bar{x} \geq 40{,}93$ ist, ohne dabei gleichzeitig die H_1 annehmen zu können. Die H_1 könnte ggf. angenommen werden, wenn $\bar{x} \geq 42{,}52$ ist, denn bei diesen $\bar{x}$-Werten würde man im Fall der Ablehnung von H_1 ein β-Fehlerrisiko von mindestens 20% eingehen.

Stichprobenumfang und Teststärke

Gleichung (4.13) ist zu entnehmen, dass mit kleiner werdender Effektgröße der „optimale" Stichprobenumfang größer wird. Hätte man in unserer Untersuchung den H_1-Parameter auf $\mu_1 = 42$ gesetzt, ergäbe sich nach Gl. (4.4)

$$\varepsilon = \frac{\sqrt{2} \cdot (42 - 40)}{8} = 0{,}354$$

und nach Gl. (4.13)

$$n = \frac{2 \cdot (1{,}65 - (-0{,}84))^2}{0{,}354^2} = 99{,}20 \, .$$

Der für unser Beispiel gewählte Stichprobenumfang von $n = 100$ wäre also ausreichend gewesen, um eine Effektgröße von $\varepsilon = 0{,}354$ für $a = 0{,}05$ mit einer Teststärke von $1 - \beta = 0{,}8$ nachzuweisen.

Auch für Ex-post-Analysen empirischer Untersuchungen ohne fixierten H_1-Parameter (und damit ohne Möglichkeit zur Bestimmung der β-Fehler-Wahrscheinlichkeit) kann Gl. (4.13) interessante Erkenntnisse vermitteln. Angenommen, die neue Untersuchungsmethode sei an einer Stichprobe mit $n = 44$ geprüft worden und das Ergebnis wäre bei einem a-Niveau von 0,05 signifikant. Im nachhinein kommt man zu der Erkenntnis, dass sich die Überlegenheit der neuen Methode unter praktischen Gesichtspunkten in mindestens zwei Testpunkten niederschlagen müsse, sodass der Untersuchung implizit eine Effektgröße von $\varepsilon = \sqrt{2} \cdot (42 - 40)/8 = 0{,}354$ zu Grunde liegt. Wir können nun nach der Wahrscheinlichkeit fragen, mit der dieser Signifikanztest zugunsten von H_1 entscheiden würde, wenn tatsächlich die $H_1: \mu_1 \geq 42$ richtig ist, d.h., wir fragen nach der Teststärke.

Hierzu lösen wir Gl. (4.13) nach z_β auf:

$$z_\beta = z_{(1-a)} - \varepsilon \cdot \sqrt{n}/\sqrt{2} \qquad (4.14)$$
$$= 1{,}65 - 0{,}354 \cdot \sqrt{44}/\sqrt{2} = -0{,}008\,.$$

Diesem z-Wert entspricht gemäß Tabelle B ein Flächenanteil von $\beta \approx 0{,}5$, d.h., auch die Teststärke hat den Wert $1 - \beta \approx 0{,}5$. Mit anderen Worten: Die Wahrscheinlichkeit für ein signifikantes Ergebnis beträgt in dieser Untersuchung nur 50%. Die Untersuchung hätte eine sehr viel größere Chance für ein signifikantes Ergebnis, wenn $\mu_1 = 44$ der wahre H_1-Parameter wäre. Man errechnet dann

$$z_\beta = 1{,}65 - 0{,}707 \cdot \sqrt{44}/\sqrt{2} = -1{,}67\,,$$

sodass sich $\beta = 0{,}0475$ bzw. $1 - \beta = 0{,}9525$ ergibt. Falls die $H_1: \mu_1 \geq 44$ die richtige Annahme wäre, hätte man mit einer Wahrscheinlichkeit von 95,25% mit einem signifikanten Ergebnis rechnen können.

Die Chance, zu einem signifikanten Ergebnis zu kommen, lässt sich natürlich auch durch einen größeren Stichprobenumfang erhöhen. Bliebe man bei $\varepsilon = 0{,}354$ und würde statt 44 Vpn 80 Vpn untersuchen, ergäbe sich

$$z_\beta = 1{,}65 - 0{,}354 \cdot \sqrt{80}/\sqrt{2} = -0{,}59\,.$$

Diesem z-Wert entspricht ein Flächenanteil von 27,8% bzw. eine Teststärke von 72,2%, d.h. die Chance eines signifikanten Ergebnisses ist von 50% auf 72,2% gestiegen.

▷ 4.9 Praktische Hinweise

Unsere bisherigen Überlegungen gingen von der Annahme aus, dass sich die H_0- und H_1-Verteilung nur in dem Parameter μ unterscheiden und im Übrigen identisch seien (normalverteilt mit gleichem Standardfehler). Dies ist jedoch bei den in diesem Buch zu behandelnden statistischen Tests in der Regel nicht der Fall. Die zu einer spezifischen H_1 gehörende Prüfverteilung ist meistens eine sog. nonzentrale Verteilung, deren Mathematik über den Rahmen dieses Buches hinausgeht (Informationen zu diesem Thema findet man z.B. bei Bickel und Doksum, 1977; Buchner et al., 1996; Manoukian, 1986; Winkler, 1983 oder Witting, 1978). Ohne diese Verteilungen sind jedoch β bzw. $1 - \beta$ und damit der für die Absicherung einer vorgegebenen Effektgröße „optimale" Stichprobenumfang nicht bestimmbar.

Um nun auf entsprechende Planungshinweise nicht vollständig verzichten zu müssen (vgl. hierzu auch Sedlmeier u. Gigerenzer, 1989), werden zumindest für die wichtigsten Verfahren „optimale" Stichprobenumfänge genannt, die als Richtwerte zur Absicherung einer kleinen, mittleren oder großen Effektgröße erforderlich sind. Diese Zahlen gehen auf Cohen (1988, 1992) zurück und beziehen sich auf $a = 0{,}05$ und $1 - \beta = 0{,}80$. Gleichung (4.13) ist zu entnehmen, wie die jeweils genannten Stichprobengrößen zumindest der Tendenz nach zu verändern wären, wenn einer Untersuchung ein kleineres a-Niveau und/oder eine andere Teststärke zu Grunde gelegt werden sollen: Der Stichprobenumfang ist für $a = 0{,}01$ und für eine höhere Teststärke zu vergrößern. Genauere Informationen sind den Tabellen von Cohen (1977, 1988) zu entnehmen, die in Auszügen auch bei Bortz u. Döring (2002, Kap. 9.2.2) wiedergegeben sind. Ein Computerprogramm zur Teststärkenbestimmung haben Erdfelder et al. (1996) entwickelt.

Noch ein Hinweis in eigener Sache: Die Beispiele, an denen die einzelnen Verfahren erläutert werden, verwenden keine „optimalen" Stichprobenumfänge, sondern in der Regel sehr viel kleinere Stichproben. Damit soll die Rechenarbeit, die zum besseren Verständnis der Verfahren erforderlich ist, in zumutbaren Grenzen gehalten werden.

4.10 Multiples Testen

Die Behauptung, dass zwischen der Dauer des Fernsehens und der Konzentrationsfähigkeit von Schülern ein negativer Zusammenhang besteht, diente auf S. 108 als Beispiel für eine Zusammenhangshypothese. Allgemeiner hätte man formulieren können, dass Fernsehnutzung generell einen Einfluss auf Verhaltensmerkmale der Schüler ausübt. Werden nun zur Prüfung dieser allgemeinen Hypothese für die Fernsehnutzung mehrere operationale Indikatoren herangezogen (z. B. Dauer des Fernsehens, Art der genutzten Programme, Tages-/Nachtzeit der Nutzung, Nutzung allein oder mit anderen Personen) und auch mehrere Verhaltensweisen geprüft (z. B. Konzentrationsfähigkeit, Kreativität und Aggressivität), ergibt sich eine Problematik, die in der Statistikliteratur unter dem Stichwort „Multiples Testen" (auch „Multiple Endpunkte" oder „Simultane Tests" genannt) behandelt wird. Bezogen auf unser Beispiel lässt sich diese Problematik wie folgt konkretisieren: Bei 4 Indikatoren der Fernsehnutzung und 3 Verhaltensmerkmalen kann man $4 \times 3 = 12$ Korrelationen berechnen und prüfen. Die allgemeine Nullhypothese „kein Zusammenhang" erhält also 12-mal die Gelegenheit, verworfen zu werden. Wird nun mindestens eine der 12 Korrelationen signifikant, ist die globale H_0 zu verwerfen – allerdings nicht auf dem angesetzten Signifikanzniveau, sondern mit einer Irrtumswahrscheinlichkeit, die sehr viel höher ist als das nominelle α-Fehler-Niveau (genauer hierzu vgl. S. 271 ff.). Die Überprüfung der allgemeinen Nullhypothese über multiple Signifikanztests hat also eine größere Chance (Teststärke), die H_0 zu verwerfen als ein einzelner Signifikanztest.

Ähnliches gilt für Unterschiedshypothesen, die wir am Beispiel des Vergleiches zweier Unterrichtsmethoden verdeutlicht haben. Wird die Qualität des Unterrichts nicht nur über die Leistungen der Schüler operationalisiert, sondern zusätzlich durch die Zufriedenheit der Schüler und der Lehrer mit dem Unterricht, durch die Länge von Vor- und Nachbereitungszeiten für Schüler und Lehrer etc., ergibt sich auch hier das Problem des multiplen Testens. Erneut erhält die globale Nullhypothese „kein Unterschied" wiederholt Gelegenheit, verworfen zu werden mit der Folge einer nur schwer kontrollierbaren α-Fehler-Kumulation.

Eine Möglichkeit, mit dem Problem des multiplen Testens umzugehen, ist die sog. *Bonferoni-Korrektur* (Bonferoni war/ist offenbar ein Statistiker, der diese Korrektur „erfunden" hat, obwohl weder direkt noch indirekt Quellen bekannt sind, die dies belegen). Die Bonferoni-Korrektur ist denkbar einfach: Besteht das multiple „Testpaket" aus m Einzeltests (im Fernsehbeispiel wäre m = 12), wird jeder Signifikanztest mit einem korrigierten α-Fehler-Niveau α' durchgeführt, wobei $\alpha' = \alpha/m$ ist. Wollte man die globale H_0 (kein Zusammenhang) mit $\alpha = 0{,}05$ testen, müsste mindestens ein Einzeltest auf dem Niveau $\alpha' = 0{,}05/12 = 0{,}0042$ signifikant werden, um die globale H_0 verwerfen zu können. Die Bonferoni-Korrektur erschwert allerdings – zumal bei großen m-Werten – die Ablehnung einer H_0 erheblich. Wir sagen: Die Bonferoni-Korrektur führt zu konservativen Entscheidungen (vgl. hierzu auch S. 272).

Weniger konservativ ist die sog. *Holm-Korrektur* (Holm, 1979), die folgendermaßen vorgeht: Zunächst werden die testspezifischen Effekte ihrer Größe nach geordnet. Im Unterrichtsbeispiel wären dies die $\hat{\varepsilon}$-Werte (geschätzte Effektgrößen), die die Größe des Unterschiedes zwischen den Unterrichtsmethoden in Bezug auf „Leistungen der Schüler", „Zufriedenheit der Schüler", „Zufriedenheit der Lehrer" etc. abbilden (im Fernsehbeispiel entsprächen die 12 Korrelationen den Effekten). Der größe Effekt wird auf dem Niveau $\alpha' = \alpha/m$ getestet. Ist er nichtsignifikant, endet hier die Testprozedur. Ist er signifikant, wird der zweitgrößte Effekt auf dem Niveaue $\alpha' = \alpha/(m-1)$ getestet. Ist er nichtsignifikant, endet die Testprozedur. Ist er signifikant, wird der drittgrößte Effekt auf dem Niveau $\alpha' = \alpha/(m-2)$ getestet etc., bis man auf den ersten nichtsignifikanten Effekt stößt.

Gelegentlich fällt es schwer zu entscheiden, ob mehrere Hypothesen als Paket mit Bonferoni-/Holm-Korrektur getestet werden müssen oder als

Einzelhypothesen ohne Korrektur. Eine gewisse Hilfestellung stellt folgende Prüffrage dar: Hat die Hypothese den Charakter einer „Es gibt"-Behauptung? („Es gibt" einen Unterschied zwischen A und B oder „es gibt" einen Zusammenhang zwischen x und y). Wenn mehrere $\hat{\varepsilon}$-Werte oder Korrelationen zur Überprüfung der Hypothese anstehen und es sich um eine „Es gibt"-Behauptung handelt, muss das Signifikanzniveau korrigiert werden. Andernfalls, wenn man jede Hypothese spezifisch hergeleitet und begründet hat, kann auf eine Korrektur verzichtet werden (Ausführlicher hierzu s. z. B. Bortz et al. 2000, Kap. 2.2.11 oder Hsu, 1996).

Weitere Möglichkeiten, mit dem Problem „Multiples Testen" umzugehen, werden wir im Teil 3 dieses Buches (Multivariate Methoden wie z. B. Hotellings T^2-Test, MANOVA, Diskriminanzanalyse; multiple und kanonische Korrelation) erarbeiten.

4.11 Monte-Carlo-Studien und die Bootstrap-Technik

Für alle Signifikanztests ist es wichtig zu wissen, wie stark der für eine zu prüfende Hypothese relevante Kennwert Stichproben bedingt streut, wenn die H_0 richtig ist. Bezogen auf den Kennwert „arithmetisches Mittel" haben wir für diese Streuung die Bezeichnung „Standardfehler des Mittelwertes" ($\sigma_{\bar{x}}$) eingeführt, dessen Bestimmung in 3.2 bzw. genauer in Anhang B analytisch hergeleitet wird. Wie für das arithmetische Mittel lassen sich auch für andere statistische Kennwerte (z. B. die Differenz zweier Mittelwerte oder Prozentwerte, die Korrelation, der Quotient zweier Varianzen etc.) unter bestimmten Bedingungen (dies sind die Voraussetzungen eines Signifikanztests) auf analytischem Weg Standardfehler herleiten, die im Kontext des jeweiligen Signifikanztests in den folgenden Kapiteln behandelt werden.

Es gibt jedoch auch statistische Kennwerte, deren mathematischer Aufbau so kompliziert ist, dass es bislang nicht gelungen ist, deren Standardfehler auf analytischem Wege zu entwickeln. In diesen Fällen können sog. Monte-Carlo-Studien oder die Bootstrap-Technik eingesetzt werden, mit denen die unbekannte H_0-Verteilung des jeweiligen Kennwertes auf einem Computer simuliert wird.

Monte-Carlo-Studien

Die Monte-Carlo-Methode wurde 1949 von Metropolis und Ulam für unterschiedliche Forschungszwecke eingeführt. Die uns hier vorrangig interessierenden Anwendungsvarianten betreffen:
- die Erzeugung der H_0-Verteilung eines statistischen Kennwertes und
- die Überprüfung der Folgen, die mit der Verletzung von Voraussetzungen eines statistischen Tests verbunden sind.

Erzeugung einer H_0-Verteilung. Ein kleines Beispiel für diese Anwendungsvariante haben wir bereits in 3.2.2 bzw. Abb. 3.1 a, b kennengelernt. Hier ging es um die Bestimmung der Streuung von Mittelwerten, die man erhält, wenn „viele" Stichproben aus einer Population gezogen werden. Mit Hilfe des Computers wurde eine „Population" mit $\mu = 19.8$ und $\sigma^2 = 20.0$ erzeugt, aus der 200 Zufallsstichproben des Umfangs $n = 10$ gezogen wurden. Die Mittelwerte dieser 200 Stichproben bilden die simulierte Mittelwerteverteilung, deren Kennwerte $\bar{x}_{\bar{x}}$ und $\hat{\sigma}_{\bar{x}}$ den theoretisch zu erwartenden Parametern $\mu = 19.8$ und $\sigma_{\bar{x}} = \sqrt{20/10}$ gegenübergestellt wurden. Wie man der Abb. 3.1a entnehmen kann, stimmen die aus der simulierten Verteilung errechneten Schätzwerte und die Parameter bereits bei 200 Stichproben sehr gut überein, sodass der Standardfehler auch auf diese Weise hätte errechnet werden können.

Üblicherweise werden Monte-Carlo-Studien mit sehr viel mehr (1000 bis 5000) Zufallsstichproben durchgeführt. Der Computer erzeugt eine Merkmalsverteilung, für die H_0 gilt, und entnimmt dieser Verteilung eine zuvor festgelegte Anzahl von Zufallsstichproben des Umfangs n. Für jede Stichprobe wird der fragliche Kennwert ermittelt, sodass sich über alle gezogenen Stichproben eine Kennwerteverteilung ergibt. Diese Verteilung stellt die H_0-Verteilung dar, über die ermittelt werden kann, ob ein empirischer Kennwert, also ein Kennwert aufgrund einer konkreten Untersuchung, „signifikant" ist oder nicht. Für $\alpha = 0.05$ und einseitigen Test wäre also zu prüfen, ob der gefundene Kennwert in die oberen (oder ggf. auch unteren) 5% der Fläche der simulierten Verteilung fällt. Das Ergebnis einer solchen Monte-Carlo-Studie sind die „Signifikanzgrenzen" für variable

Stichprobenumfänge n, mit denen der empirisch gefundene Kennwert verglichen wird.

Verletzung von Voraussetzungen. Die oben beschriebene Anwendungsvariante bezieht sich auf Kennwerte, deren theoretische Verteilung unbekannt ist. Für viele Kennwerte lässt sich die Verteilungsform jedoch theoretisch herleiten, wenn die erhobenen Daten bestimmte Voraussetzungen erfüllen. Voraussetzungen dieser Art sind z.B. bestimmte Mindestgrößen für Stichprobenumfänge, die es gewährleisten, dass ein Kennwert (z.B. $\bar{x}$) nach dem zentralen Grenzwerttheorem normalverteilt ist oder normalverteilte Merkmale, für die sich t-verteilte Kennwerte berechnen lassen etc.

Die mathematischen Voraussetzungen, die zur theoretischen Bestimmung einer Kennwerteverteilung im Rahmen eines Signifikanztests erfüllt sein müssen, werden in der empirischen Forschung nicht selten verletzt. Dies muss nicht unbedingt bedeuten, dass die erhobenen Daten mit dem entsprechenden Signifikanztest nicht ausgewertet werden können, denn entscheidend ist, *wie der Test auf Verletzungen seiner Voraussetzungen reagiert*. Auch dies lässt sich mit Monte-Carlo-Studien überprüfen.

Als Beispiel hierfür können wir wieder den in den letzten Abschnitten behandelten Lehrmethodenvergleich heranziehen, den wir dahingehend modifizieren, dass nur n = 10 Schüler nach der neuen Methode unterrichtet werden und dass das Merkmal „Testpunkte" eindeutig linksschief verteilt ist. (Andere Verteilungsformen wären Gegenstand weiterer Monte-Carlo-Simulationen.) Bei diesem Stichprobenumfang wird die Voraussetzung für die Wirksamkeit des zentralen Grenzwerttheorems (n ≥ 30; vgl. S. 93 f.) verletzt, sodass nicht mehr davon auszugehen ist, dass die Verteilung der Mittelwerte einer Normalverteilung folgt.

Von der Standardnormalverteilung wissen wir, dass z = 1,65 von der rechten Seite der Verteilung 5% abschneidet, was für den korrekt durchgeführten Signifikanztest bedeutet, dass für $\bar{x} \geq \mu_0 + 1{,}65 \cdot \sigma_{\bar{x}}$ die H$_0$ mit $\alpha = 0{,}05$ abzulehnen ist. Über eine Monte-Carlo-Simulation mit Stichproben des Umfangs n = 10 aus einer linksschiefen Populationsverteilung kann nun eine Verteilung von $\bar{x}$-Werten erzeugt werden, deren Verteilungsform mit Sicherheit nicht mit einer Normalverteilung übereinstimmt. Interessant ist hier die Frage, wie stark diese Verteilung von einer Normalverteilung abweicht.

Wird die Verteilung z-transformiert, kann man feststellen, welcher Anteil der Verteilungsfläche durch z = 1,65 abgeschnitten wird. Liegt dieser Flächenanteil nahe bei 5% (näheres hierzu s. unten), sprechen wir von einem *robusten* Signifikanztest, also einem Test, der trotz der Voraussetzungsverletzung praktisch richtig entscheidet. Ist der Flächenanteil größer als 5%, entscheidet der Test *progressiv*, was bedeutet, dass der Test mehr $\bar{x}$-Werte signifikant werden lässt, als nach dem nominellen α-Niveau von 5% zulässig sind. Werden durch z = 1,65 weniger als 5% abgeschnitten, sprechen wir von einem *konservativen* Test, bei dem die Anzahl der $\bar{x}$-Werte, die bei Gültigkeit von H$_0$ die kritische Grenze von $\mu_0 + 1{,}65 \cdot \sigma_{\bar{x}}$ überschreiten, unter 5% liegt.

Bradley (1978) fordert, den Begriff „Robustheit" quantitativ genauer zu bestimmen. Nach seiner Auffassung wird der α-Fehler (entsprechendes gilt für den β-Fehler) durch Verletzungen von Voraussetzungen dann „wesentlich" beeinflusst, wenn die tatsächliche Irrtumswahrscheinlichkeit α' bei statistischen Entscheidungen außerhalb der Grenzen $\alpha' \pm 0{,}5 \cdot \alpha$ liegt. Bei $\alpha = 0{,}05$ ist man bereit zu akzeptieren, dass 5% aller Entscheidungen zu Gunsten der H$_1$ Fehlentscheidungen sind. Ein Test wäre demzufolge als robust zu bezeichnen, wenn die Anzahl der Fehlentscheidungen nicht genau bei 5%, sondern im Bereich 2,5% bis 7,5% liegt.

Erweist sich ein Test als robust, besteht keine Veranlassung, auf seine Anwendung zu verzichten, auch wenn möglicherweise Voraussetzungen verletzt sind. Auch Tests mit konservativer Entscheidung können bei nicht erfüllten Voraussetzungen eingesetzt werden, wenn man bereit ist, den mit einem konservativen Test verbundenen Teststärkeverlust bzw. die reduzierte Wahrscheinlichkeit für ein signifikantes Ergebnis in Kauf zu nehmen. Bei einem deutlichen Teststärkeverlust sollte allerdings geprüft werden, ob ein anderer Test aus der Gruppe der verteilungsfreien oder „nonparametrischen" Methoden (vgl. z.B. Bortz et al., 2000 oder Bortz u. Lienert, 2003), der an weniger Voraussetzungen geknüpft ist, aber dafür in der Regel auch eine geringere Teststärke aufweist, dem „parametrischen" oder „verteilungsgebundenen" Test vorzuziehen ist.

Progressive Tests sollten bei verletzten Voraussetzungen nicht eingesetzt werden, da man bei einem signifikanten Ergebnis nicht erkennen kann, ob diese Signifikanz „echt" ist oder als „Scheinsignifikanz" durch die nicht erfüllten Voraussetzungen erklärbar ist. In diesem Fall muss auf den „parametrischen" Test zu Gunsten eines äquivalenten verteilungsfreien Tests verzichtet werden, auch wenn es sich hierbei um ein testschwächeres Verfahren handeln sollte. Ersatzweise könnte auch der Stichprobenumfang vergrößert werden, denn mit zunehmendem Stichprobenumfang wird jeder statistische Test robuster.

Monte-Carlo-Studien sind für die empirische Forschung äußerst wichtig, weil sie – zumindest in der zuletzt genannten Anwendungsvariante – die Entscheidung darüber erleichtern, unter welchen Umständen ein bestimmter Test eingesetzt oder nicht eingesetzt werden kann. Dies wird durch die umfangreiche Literatur dokumentiert, die sich mit der Bedeutung der Voraussetzungen für die verschiedenen statistischen Verfahren bei ein- oder zweiseitigem Test bzw. für unterschiedliche α- oder β-Fehler-Niveaus befasst. Über die Ergebnisse dieser Untersuchungen wird jeweils an geeigneter Stelle berichtet.

Ausführlichere Informationen zum Aufbau einer Monte-Carlo-Studie findet man z. B. bei Hammersley u. Handscomb (1965), Robert u. Casella (2000), Rubinstein (1981) sowie Kalos u. Whitlock (1986).

Bootstrap-Technik

Die Bootstrap-Technik wurde in Weiterentwicklung des sog. „jackknife"-Verfahrens von Efron (1979) eingeführt und findet seitdem in vielen Anwendungsfeldern zunehmende Verbreitung. Auch wenn die Mathematik dieser Technik in ihren fortgeschrittenen Varianten sehr kompliziert ist, lässt sich ihr Grundprinzip relativ einfach darstellen.

Wie die Monte-Carlo-Methode setzt auch die Bootstrap-Technik leistungsstarke Computer voraus, die über eine große Anzahl von Zufallsstichproben die Verteilung des untersuchten Stichprobenkennwertes errechnen. Auch hier sind es typischerweise Kennwerte, deren Verteilung auf analytischem Weg nur sehr schwer oder gar nicht zugänglich ist, sodass Computersimulationen als Behelfslösung erforderlich sind.

Die Bootstrap-Technik unterscheidet sich von der Monte-Carlo-Methode in einem wesentlichen Punkt: Während eine Monte-Carlo-Studie zu generalisierbaren Ergebnissen kommt, die von allen Anwendern des jeweiligen Signifikanztests genutzt werden können, beziehen sich die Ergebnisse der Bootstrap-Technik immer nur auf eine bestimmte, konkrete Untersuchung. Eine Monte-Carlo-Studie erzeugt für variable Stichprobenumfänge die Verteilung eines Kennwertes bei Gültigkeit von H_0, die in jeder Untersuchung zur Überprüfung der Signifikanz des ermittelten Kennwertes herangezogen werden kann. Die Bootstrap-Technik hingegen verwendet ausschließlich Informationen einer empirisch untersuchten Stichprobe mit dem Ziel, eine Vorstellung über die Variabilität des zu prüfenden Stichprobenkennwertes zu gewinnen.

Zur Veranschaulichung greifen wir noch einmal auf das Lehrmethodenbeispiel zurück. Wie – so lautet unsere Frage – kann man mit Hilfe der Bootstrap-Technik entscheiden, ob der gefundene Wert $\bar{x} = 42$ signifikant vom H_0-Parameter $\mu_0 = 40$ abweicht, wenn man die Berechnungsvorschrift für den Standardfehler ($\hat{\sigma}_{\bar{x}} = \hat{\sigma}/\sqrt{n}$) nicht kennt? Statt $n = 100$ seien für unser Beispiel nur die folgenden $n = 8$ Messungen erhoben worden:

39; 46; 42; 40; 46; 45; 38; 40

Aus dieser ursprünglichen Stichprobe werden nun sehr viele (2000 bis 10000) Zufallsstichproben, die sog. „Bootstrap-Stichproben" des Umfangs n, „mit Zurücklegen" gezogen.

Beispiele

S_1: 39; 39; 39; 39; 39; 39; 39; 39
S_2: 46; 40; 40; 39; 42; 38; 42; 42
S_3: 38; 39; 40; 40; 42; 45; 46; 46
S_4: 40; 39; 40; 38; 38; 42; 42; 42
etc.

Die Stichproben S_1 ($8 \times$ derselbe Wert) und S_3 (jede Messung ist in der Stichprobe enthalten) stellen nur scheinbar ungewöhnliche Auswahlen dar, denn jede beliebige Kombination der 8 Messwerte hat die gleiche Wahrscheinlichkeit. (Da mit Berücksichtigung der Abfolge n^n unterscheidbare Abfolgen möglich sind, tritt jede Stichprobe mit einer Wahrscheinlichkeit von $1/n^n$ auf. Im Beispiel für n = 8 ergeben sich $8^8 = 16\,777\,216$ verschiedene Stichproben).

Im Weiteren bestimmt man für jede Bootstrap-Stichprobe den Mittelwert $\bar{x}$ (bzw. allgemein den zu prüfenden Kennwert) und die Varianz dieser Mittelwerte (der Kennwerte). Unter Verwendung dieser Varianz wird in der einfachsten Bootstrap-Variante ein Konfidenzintervall (vgl. 3.5) mit $\bar{x} = 42$ als Schätzwert des unbekannten Parameters μ errechnet. Befindet sich der H_0-Parameter ($\mu_0 = 40$) außerhalb dieses Konfidenzintervalls, ist die H_0 abzulehnen, und andernfalls, für einen vom Konfidenzintervall umschlossenen μ_0-Parameter, beizubehalten. Man beachte, dass das so ermittelte Konfidenzintervall nur für die untersuchte Stichprobe und nicht für Stichproben vergleichbarer Untersuchungen gilt.

Genauere Hinweise zu dieser Technik findet man bei Efron u. Tibshirani (1986, 1993), Efron (1987), Hall (1992) oder Sievers (1990).

ÜBUNGSAUFGABEN

1. Erläutern Sie den Unterschied zwischen
    a) einer Alternativhypothese und einer Nullhypothese,
    b) einer gerichteten und einer ungerichteten Alternativhypothese,
    c) einer spezifischen und einer unspezifischen Alternativhypothese.

2. Formulieren Sie zu den auf S. 107 erwähnten Beispielen jeweils die Nullhypothese und die Ihnen am angemessensten erscheinende Alternativhypothese.

3. Nennen Sie Beispiele für Entscheidungen, bei denen nach Ihrer Ansicht
    a) ein möglicher α-Fehler schwerwiegender ist als ein möglicher β-Fehler,
    b) ein möglicher β-Fehler schwerwiegender ist als ein möglicher α-Fehler.

4. Warum ist die folgende Aussage falsch: Die Entscheidung zugunsten der H_0 war mit einer α-Fehler-Wahrscheinlichkeit von 8% versehen.

5. Warum kann bei einer unspezifischen H_1 die β-Fehler-Wahrscheinlichkeit nicht bestimmt werden?

6. Es soll überprüft werden, ob die Position des Anfangsbuchstabens von Nachnamen im Alphabet für das berufliche Vorankommen von Bedeutung ist (vgl. hierzu eine Untersuchung von Rosenstiel u. Schuler, 1975). Die berufliche Karriere, die wir durch einen Karriereindex quantifizieren wollen, möge in der Population der männlichen Erwerbstätigen mit einem Durchschnittswert von $\mu = 40$ und einer Streuung von $\hat{\sigma} = 12$ gekennzeichnet sein. 64 männliche Erwachsene mit Namen, deren Anfangsbuchstaben zu den letzten 10 Buchstaben des Alphabets gehören, weisen einen durchschnittlichen Karriereindex von $\bar{x} = 38$ auf. Wie groß ist die α-Fehler-Wahrscheinlichkeit, wenn man behauptet, dass angesichts dieser Werte Personen mit Namen, deren Anfangsbuchstaben zu den letzten 10 des Alphabets zählen, hinsichtlich ihres Berufserfolges nicht zu der Population mit beliebigen Anfangsbuchstaben gehören (einseitiger Test)?

7. In einer Untersuchung möge unter der Annahme einer gültigen H_0 ein Mittelwert von $\mu = 80$ erwartet werden. Empirisch ergibt sich jedoch der Wert $\bar{x}_1 = 85$. Die Abweichung sei bei zweiseitigem Test auf dem 5%-Niveau signifikant. Wäre die gleiche Abweichung auch bei einseitigem Test signifikant?

8. Ein Betriebspsychologe schlägt dem Vorstand seiner Firma vor, die Arbeitsplätze nach psychologischen Erkenntnissen farblich neu zu gestalten. Durch diese Maßnahme soll die Zufriedenheit der Werksangehörigen mit ihrem Arbeitsplatz und damit auch ihre Leistungsfähigkeit erhöht werden. Nachdem der Kostenaufwand für die farbliche Neugestaltung der Arbeitsplätze kalkuliert wurde, teilte man dem Psychologen mit, dass diese Maßnahmen nur durchgeführt werden können, wenn sie mindestens zu einer 10%igen Leistungssteigerung führen. Um dies herauszufinden, wird vorgeschlagen, für eine Voruntersuchung zunächst nur die Arbeitsplätze von 36 Werksangehörigen farblich neu zu gestalten. Für diese 36 Werksangehörigen resultiert nach Veränderung des Arbeitsplatzes ein durchschnittlicher Leistungsindex von $\bar{x} = 106$, dem ein bisher gültiger Leistungsindex aller Werksangehörigen der Firma von $\mu = 100$ gegenübersteht. Sowohl bei Gültigkeit der H_0 als auch bei Gültigkeit der H_1 wird angenommen, dass die Streuung der Leistungen vom Betrag $\hat{\sigma} = 18$ sei.
    a) Wie lautet in diesem Problem die H_0?
    b) Wie lautet in diesem Problem die H_1?
    c) Wie groß ist die α-Fehler-Wahrscheinlichkeit, wenn angesichts der Daten die H_1 akzeptiert wird?
    d) Wie groß ist die β-Fehler-Wahrscheinlichkeit, wenn angesichts der Daten die H_0 akzeptiert wird?
    e) Von welcher Effektgröße geht die Untersuchung aus?
    f) Wie viele Werksangehörige müssten mindestens untersucht werden, um die H_1 mit einer Teststärke von 99% und $\alpha = 1\%$ annehmen zu können?

9. Wie lautet der kritische z-Werte-Bereich, in dem Ergebnisse auf dem 1%-Niveau bei einseitiger Fragestellung signifikant und bei zweiseitiger Fragestellung nichtsignifikant sind?

10. Was versteht man unter einer Teststärkefunktion?

11. Was versteht man unter einer Effektgröße?

12. Welche Bestimmungsstücke sind erforderlich, um einen optimalen Stichprobenumfang für eine Hypothesen überprüfende Untersuchung festlegen zu können?

Kapitel 5 Verfahren zur Überprüfung von Unterschiedshypothesen

ÜBERSICHT

t-Test für unabhängige Stichproben – t-Test für abhängige Stichproben – Freiheitsgrade – F-Test – U-Test – Wilcoxon-Test – eindimensionaler χ^2-Test – McNemar-χ^2-Test – Prozentwertvergleiche – Vierfelder-χ^2-Test – k · ℓ-χ^2-Test – Konfigurationsfrequenzanalyse – optimale Stichprobenumfänge

Aktives Lernen, so behaupten Lerntheoretiker, führt zu einem besseren Lernerfolg als passives Lernen. Das laute Lesen des Textes, der gelernt werden soll, bzw. das Niederschreiben von Textpassagen resultieren in einer differenzierteren Wahrnehmung des Lernmaterials, die eine bessere Organisation und Strukturierung der einzelnen Lerninhalte ermöglicht und sich damit positiv auf das Behalten auswirkt.

Wollen wir diese Behauptung überprüfen, müssen wir auch hier die theoretische Aussage mit der Realität konfrontieren. Wir können beispielsweise eine Zufallsstichprobe von n = 40 Vpn auffordern, einen Text still durchzulesen und eine andere Stichprobe von ebenfalls n = 40 Vpn bitten, den gleichen Text abzuschreiben und beim Schreiben laut mitzusprechen. In einem abschließenden Test wird überprüft, wie der passiv bzw. aktiv gelernte Stoff im Gedächtnis haften geblieben ist. Wir wollen einmal annehmen, dass die Stichprobe, die passiv gelernt hat, im Durchschnitt 18,5 Fragen und die Stichprobe, die aktiv gelernt hat, 21,8 Fragen richtig beantwortet. Können wir aufgrund eines solchen Ergebnisses behaupten, die Hypothese, nach der aktives Lernen zu einem höheren Lernerfolg führt als passives Lernen, sei richtig? Oder müssen wir, ausgehend von der in den beiden letzten Kapiteln behandelten Unsicherheit bzw. Zufälligkeit von Stichprobenergebnissen, damit rechnen, dass die gefundene Differenz der durchschnittlichen Testleistungen auf zufällige Besonderheiten der gezogenen Stichproben zurückzuführen ist? Was sagt uns die Differenz der Stichprobenmittelwerte, wenn wir eigentlich an den Mittelwerten der Population aller aktiv Lernenden bzw. passiv Lernenden interessiert sind?

Die skizzierte Problemsituation unterscheidet sich von der im vergangenen Kapitel behandelten Fragestellung darin, dass zwei Stichprobenergebnisse miteinander und nicht ein Stichprobenergebnis mit einer bekannten Population verglichen werden. Das für diese Fragestellung einschlägige Verfahren werden wir in Kap. 5.1.2 (Vergleich zweier Stichprobenmittelwerte aus unabhängigen Stichproben) kennenlernen. Da Populationsparameter nur selten bekannt sind, kommen statistische Verfahren zur Überprüfung der Unterschiedlichkeit zweier (oder mehrerer) Stichprobenergebnisse weitaus häufiger zur Anwendung als Verfahren zur Überprüfung des Unterschiedes zwischen einem Stichprobenkennwert und einem Populationsparameter. Diese Verfahren und Verfahren zur Überprüfung von Zusammenhangshypothesen stellen das wichtigste Handwerkszeug der Inferenzstatistik dar. (Bezugnehmend auf 4.1 unterscheiden wir zwischen Unterschiedshypothesen und Zusammenhangshypothesen, wenngleich Überprüfungen dieser beiden Hypothesenarten – wie wir in Kap. 7.4 und 14 sehen werden – wechselseitig ineinander überführbar sind. Aus didaktischen Gründen wollen wir jedoch im elementarstatistischen Teil diese Differenzierung beibehalten.)

Die in Kap. 5 und 6 zu besprechenden Verfahren sind nach der Skalenart, die den erhobenen Daten zu Grunde liegt, gegliedert. Bezogen auf das eingangs erwähnte Beispiel (Vergleich aktives Lernen vs. passives Lernen) könnten die Vpn in beiden Stichproben danach klassifiziert werden, ob sie mehr als 20 Fragen oder höchstens 20 Fragen richtig beantwortet haben. Die so resultierenden Häufigkeiten lassen sich in einer 4-Felder-Tafel anordnen, die Grundlage eines Verfahrens zur Überprüfung von Unterschiedshypothesen für Nominaldaten ist. Dieses sowie weitere Verfahren für Nominaldaten behandeln wir unter 5.3. Ein anderes Verfahren wäre indiziert, wenn die Vpn aus beiden Stichproben gemäß ihrer Lernleistungen in eine gemeinsame Rangreihe gebracht würden (Ordinalskala). Unterschiedshypothesen, die sich auf Ordinaldaten beziehen, werden mit Verfahren geprüft, die unter 5.2 behandelt werden.

Schließlich können die Lernleistungen – wie im Beispiel vorgegeben – durch die Anzahl der beantworteten Fragen operationalisiert werden, für die sich eine Intervallskala rechtfertigen lässt. Die hierfür einschlägigen Verfahren werden wir unter 5.1 kennenlernen.

Die Wahl des adäquaten Testverfahrens setzt voraus, dass zuvor entschieden wurde, welche Skalenqualität die erhobenen Daten kennzeichnet. Dies ist jedoch – wie unter 1.1 ausgeführt wurde – nicht immer zweifelsfrei möglich, sodass wir insbesondere bei Verfahren, die Intervalldaten voraussetzen, darauf angewiesen sind, den Einsatz eines bestimmten Verfahrens durch theoretische Annahmen über die Skalenqualität des quantifizierten Merkmals zu rechtfertigen. In kritischen Fällen empfiehlt es sich, die Daten in Rangwerte zu transformieren und mit einem Verfahren für Ordinaldaten auszuwerten (vgl. 5.2). Hierbei ist allerdings zu beachten, dass die zu vergleichenden Stichprobenkennwerte skalenabhängig sind: Auf Intervalldaten-Niveau werden (in der Regel) Mittelwerte verglichen und auf Ordinaldaten-Niveau Medianwerte.

▷ 5.1 Verfahren für Intervalldaten

Sind Mittelwert und Varianz einer Messwertreihe aufgrund der Skalenqualität sinnvoll interpretierbar, können Hypothesen bezüglich der Unterschiedlichkeit zweier Mittelwerte bzw. Varianzen mit den in den folgenden Abschnitten beschriebenen Verfahren überprüft werden.

▷ 5.1.1 Vergleich eines Stichprobenmittelwertes mit einem Populationsparameter

Wir greifen zunächst erneut den bereits im vorigen Kapitel behandelten Vergleich eines Stichprobenmittelwertes mit einem Populationsmittelwert auf.

Für eine Zufallsstichprobe des Umfangs n wird der Mittelwert $\bar{x}$ berechnet. Es soll die Hypothese überprüft werden, dass die Zufallsstichprobe zu einer Grundgesamtheit mit bekanntem Mittelwertsparameter μ_0 gehört. Können wir keine Angabe über die Richtung der Abweichung des Stichprobenmittelwertes machen, formulieren wir die Frage ungerichtet.

Die konkurrierenden statistischen Hypothesen lauten dann:

H_0: $\mu_0 = \mu_1$,
H_1: $\mu_0 \neq \mu_1$.

Die statistische H_1 behauptet also, dass die untersuchte Stichprobe einer Population angehört, deren Parameter μ_1 vom Parameter μ_0 der Referenzpopulation abweicht.

Die Entscheidung darüber, welche der beiden Hypothesen wir als die richtige betrachten können, hängt davon ab, wie die Differenz $\bar{x} - \mu_0$ angesichts der Tatsache, dass $\bar{x}$ eine Zufallsstichprobe kennzeichnet, zu bewerten ist.

Wir betrachten zunächst den Fall, dass die Merkmalsstreuung σ **bekannt** ist. Wie bereits bekannt, verteilen sich $\bar{x}$-Werte aus (theoretisch unendlich) vielen Stichproben des Umfangs n bei Gültigkeit der H_0 mit der Streuung $\sigma_{\bar{x}} = \sigma/\sqrt{n}$ um μ_0. Ferner wissen wir, dass sich die Mittelwerte bei hinreichend großen Stichprobenumfängen (n > 30) nach dem zentralen Grenzwerttheorem angenähert normalverteilen, sodass wir die gefundene Differenz nach Gl. (5.1) in einen z-Wert der Standardnormalverteilung transformieren können:

$$z = \frac{\bar{x} - \mu_0}{\sigma_{\bar{x}}} \qquad (5.1)$$

In Tabelle B lesen wir ab, wie viel Prozent der Standardnormalverteilung durch diesen z-Wert am oberen Teil (bei positivem z-Wert) bzw. am unteren Teil (bei negativem z-Wert) abgeschnitten werden. Bei zweiseitigem Test verdoppeln wir den Prozentwert und erhalten die Wahrscheinlichkeit dafür, dass ein Mittelwert in der vorgefundenen

5.1.1 Vergleich eines Stichprobenmittelwertes mit einem Populationsparameter

Weise oder noch extremer (in beiden Richtungen) von μ_0 abweicht, wenn die Nullhypothese zutrifft. Dies ist die Irrtumswahrscheinlichkeit P, d.h. die Wahrscheinlichkeit, mit der wir uns irren würden, wenn wir die H_0 zu Gunsten der H_1 ablehnen. Ist diese Irrtumswahrscheinlichkeit P kleiner als das Signifikanzniveau von $\alpha = 5\%$ bzw. $\alpha = 1\%$, weicht der gefundene Mittelwert in signifikanter bzw. sehr signifikanter Weise vom Parameter μ_0 ab, d.h., wir akzeptieren die H_1 und verwerfen die H_0. Es wird dann angenommen, dass die durch $\bar{x}$ gekennzeichnete Stichprobe nicht zu einer Grundgesamtheit mit dem Parameter μ_0 gehört.

BEISPIEL

Es soll die H_1 überprüft werden, dass Verwahrloste hinsichtlich ihrer Intelligenz der „Normalpopulation" unterlegen sind (gerichtete H_1, $\alpha = 5\%$). Ausgehend von einer Zufallsstichprobe von 36 Verwahrlosten wird ein durchschnittlicher Intelligenzquotient von $\bar{x} = 98$ bestimmt. Die Intelligenzquotienten haben in der „Normalpopulation" einen Durchschnitt von $\mu_0 = 100$. Die Streuung der Intelligenzquotienten, die in diesem Fall aufgrund der Eichstichprobe des Tests bekannt ist und die deshalb nicht durch die Stichprobendaten geschätzt zu werden braucht, beträgt in der Population $\sigma = 10$, sodass wir einen Standardfehler von $\sigma_{\bar{x}} = \sigma / \sqrt{n} = 10 / \sqrt{36} = 1{,}667$ erhalten. Nach Gl. (5.1) ermitteln wir einen z-Wert von

$$z = \frac{98 - 100}{1{,}667} = -1{,}20,$$

der laut Tabelle B 11,5% vom negativen Teil der Standardnormalverteilung abschneidet. Die Signifikanzgrenze ($z_{5\%} = -1{,}65$) wird damit nicht erreicht, d.h., der gefundene Unterschied ist nicht signifikant. Die Hypothese, nach der sich Verwahrloste hinsichtlich ihrer Intelligenz von „Normalen" unterscheiden, kann nicht aufrecht erhalten werden. Für die zweiseitige Fragestellung ergibt sich eine Irrtumswahrscheinlichkeit von $2 \cdot 11{,}5\% = 23\%$, d.h., der Unterschied ist – wie aufgrund der Ausführungen zu ein- und zweiseitigen Tests unter 4.5 zu erwarten – in diesem Falle erst recht nicht signifikant.

Wie ist zu verfahren, wenn die Merkmalsstreuung σ **unbekannt** ist? In diesem Fall relativieren wird die Abweichung $\bar{x} - \mu_0$ am *geschätzten* Standardfehler, der über Gl. (3.3) ermittelt wird. Die so resultierende Prüfgröße ist bei großen Stichproben ($n > 30$), unabhängig von der Form der Merkmalsverteilung, mit $df = n-1$ Freiheitsgraden (s. unten) t-verteilt.

$$t_{n-1} = \frac{\bar{x} - \mu_0}{\hat{\sigma}_{\bar{x}}}. \qquad (5.2)$$

Der empirische t-Wert wird mit einer kritischen Signifikanzschranke verglichen, die – für unterschiedliche Signifikanzstufen – Tabelle D des Anhanges zu entnehmen ist. Für $\alpha = 0{,}05$ wählen wir bei einseitigem Test die Spalte „0,95" und bei zweiseitigem Test die Spalte „0,975". Für $\alpha = 0{,}01$ sind es die Spalten 0,99 (einseitiger Test) bzw. 0,995 (zweiseitiger Test). Bei empirischen t-Werten, die mindestens so groß sind wie der jeweilige kritische Schrankenwert ($t_{emp} \geq t_{crit}$), wird die H_0 zu Gunsten der H_1 verworfen.

Wie auf S. 81 bereits erwähnt, kann die t-Verteilung mit größer werdender Anzahl von Freiheitsgraden durch die Standardnormalverteilung approximiert werden. Für $df > 30$ ist es praktisch unerheblich, ob die Unterschiedshypothese über Gl. (5.1) oder Gl. (5.2) geprüft wird.

Kleine Stichproben

Sind die untersuchten Stichproben klein ($n \leq 30$), sodass man nicht mehr davon ausgehen kann, dass sich die Stichprobenmittelwerte nach dem zentralen Grenzwerttheorem normalverteilen, müssen wir voraussetzen, dass sich die Messwerte in der Grundgesamtheit normalverteilen. Wie Gosset (1908) unter dem Pseudonym „Student" zeigen konnte, verteilen sich die am geschätzten Standardfehler relativierten Differenzen $\bar{x} - \mu$ aus Stichproben normalverteilter Grundgesamtheiten wie die in 2.5.3 behandelten t-Verteilungen, wobei die Form der Verteilung von der Größe der Stichprobe bzw. den *Freiheitsgraden* abhängig ist.

> Werden Stichproben des Umfangs n aus einer normalverteilten Grundgesamtheit gezogen, verteilen sich die am geschätzten Standardfehler $\hat{\sigma}_{\bar{x}}$ relativierten Differenzen $\bar{x} - \mu$ entsprechend einer t-Verteilung mit $n - 1$ Freiheitsgraden.

Soll die Abweichung des Mittelwertes einer kleinen Stichprobe vom Parameter μ_0 einer normalverteilten Grundgesamtheit auf Signifikanz getestet werden, relativieren wir wie in Gl. (5.2) die gefundene Differenz an der geschätzten Streuung der Mittelwerteverteilung. Der resultierende t-Wert wird – wie oben beschrieben – anhand Tabelle D des Anhanges zufallskritisch bewertet.

Herleitung der Prüfgröße. Warum der Quotient in Gl. (5.2) t-verteilt ist wird durch folgenden Gedankengang begründet: Sowohl der Zähler in Gl. (5.2) $(\bar{x} - \mu_0)$ als auch der Nenner $(\hat{\sigma}_{\bar{x}})$ sind stichprobenabhängig. Die Verteilung des Quotienten dieser beiden Zufallsvariablen ist kompliziert, es sei denn, man nimmt an, $\bar{X}$ (dies ist die variable Größe des Zählers) und $\hat{\sigma}_{\bar{x}}$ (dies ist die variable Größe des Nenners) seien voneinander unabhängig. Diese Annahme trifft auf normalverteilte Zufallsvariablen zu (vgl. Bickel u. Docksum, 1977, S. 20 ff.).

Gleichung (2.57) definiert eine t-Verteilung mit n Freiheitsgraden als die Verteilung eines Quotienten zweier voneinander unabhängiger Zufallsvariablen. Hierbei ist die Zählervariable mit $\mu = 0$ und $\sigma = 1$ normalverteilt, und die Nennervariable stellt eine durch n dividierte, χ^2-verteilte Zufallsvariable mit n Freiheitsgraden dar. Ersetzen wir die Freiheitsgrade durch $n - 1$, resultiert

$$t = \frac{z}{\sqrt{\chi^2_{(n-1)}/(n-1)}} \;. \tag{5.3}$$

Einen z-Wert der Standardnormalverteilung erhalten wir, indem die Abweichung eines $\bar{x}$-Wertes von μ durch die Streuung der $\bar{x}$-Werte $\sigma_{\bar{x}}$ dividiert wird:

$$z = \frac{\bar{x} - \mu}{\sigma_{\bar{x}}} = \frac{\bar{x} - \mu}{\sigma/\sqrt{n}} \;. \tag{5.4}$$

Ersetzen wir z in Gl. (5.3) durch die rechte Seite von Gl. (5.4), ergibt sich

$$t = \frac{\frac{\bar{x} - \mu}{\sigma/\sqrt{n}}}{\sqrt{\chi^2_{(n-1)}/(n-1)}} \;. \tag{5.5}$$

Da die Summe zweier χ^2-verteilter Zufallsvariablen mit n_1 und n_2 Freiheitsgraden wiederum mit $n_1 + n_2$ Freiheitsgraden χ^2-verteilt ist, schreiben wir für den Nenner von Gl. (5.5):

$$\sqrt{\frac{\chi^2_{(n-1)}}{n-1}} = \sqrt{\frac{\chi^2_n - \chi^2_1}{n-1}} \;. \tag{5.6}$$

Nach Gl. (2.52) können χ^2-Werte in folgender Weise ersetzt werden:

$$\sqrt{\frac{\chi^2_n - \chi^2_1}{n-1}} = \sqrt{\frac{\frac{\sum\limits_{i=1}^{n}(x_i - \mu)^2}{\sigma^2} - \frac{(\bar{x} - \mu)^2}{\sigma^2/n}}{n-1}} \tag{5.7}$$

Der χ^2_1-Wert resultiert hierbei aus dem in Gl. (5.4) definierten z-Wert. Durch Ausmultiplizieren und Zusammenfassen entsprechender Ausdrücke reduziert sich Gl. (5.7) zu

$$\sqrt{\frac{\chi^2_n - \chi^2_1}{n-1}} = \sqrt{\frac{\sum\limits_{i=1}^{n} x_i^2 - n \cdot \bar{x}^2}{\sigma^2 \cdot (n-1)}} = \frac{\hat{\sigma}}{\sigma} \;. \tag{5.8}$$

Setzen wir den so modifizierten Nenner in Gl. (5.5) ein, erhalten wir Gl. (5.2)

$$t = \frac{\frac{\bar{x} - \mu}{\sigma/\sqrt{n}}}{\frac{\hat{\sigma}}{\sigma}} = \frac{\bar{x} - \mu}{\hat{\sigma}/\sqrt{n}} \;. \tag{5.2}$$

Gleichung (5.2) und (5.3) sind damit identisch, d.h., der Ausdruck $(\bar{x} - \mu_0)/\hat{\sigma}_{\bar{x}}$ ist t-verteilt.

Anzahl der Freiheitsgrade. Dass der in Gl. (5.2) definierte t-Wert $n - 1$ Freiheitsgrade hat, lässt sich folgendermaßen plausibel machen: Für die Berechnung des Standardfehlers $\hat{\sigma}/\sqrt{n}$ benötigen wir die Varianz $\hat{\sigma}^2$, in die n Abweichungsquadrate $(x_i - \bar{x})^2$ eingehen. Wie auf S. 37 jedoch bereits gezeigt wurde, ist die Summe der Abweichungen von n Messungen von ihrem Mittelwert Null $\left(\sum\limits_{i=1}^{n}(x_i - \bar{x}) = 0\right)$, d.h., von n Abweichungen (bzw. Abweichungsquadraten) können nur $n - 1$ frei variieren. Ergeben sich beispielsweise bei einer Stichprobe mit $n = 5$ vier Abweichungen zu $x_1 - \bar{x} = -5$, $x_2 - \bar{x} = 3$, $x_3 - \bar{x} = 1$ und $x_4 - \bar{x} = 2$, muss zwangsläufig $x_5 - \bar{x} = -1$ sein, damit die Summe aller Abweichungen Null ergibt. Bei der Varianzberechnung ist eine der n Abweichungen festgelegt, d.h., die Varianz hat $n - 1$ Freiheitsgrade. Damit ist die Anzahl der Bestimmungsstücke, die bei der Berechnung eines t-Wertes frei variieren können, ebenfalls auf $n - 1$ begrenzt.

BEISPIEL

Nach einer längeren Untersuchungsreihe hat man ermittelt, dass Ratten im Durchschnitt $\mu_0 = 170$ s benötigen, bis sie es gelernt haben, einen Mechanismus zu bedienen, durch den Futter freigegeben wird. Die Zeiten seien angenähert

5.1.1 Vergleich eines Stichprobenmittelwertes mit einem Populationsparameter

normalverteilt mit einer Streuung von $\hat{\sigma} = 12$. Es soll überprüft werden, ob Ratten, deren Eltern bereits trainiert (konditioniert) waren, schneller in der Lage sind, den Mechanismus zu bedienen (einseitiger Test, $\alpha = 5\%$). 20 Ratten mit konditionierten Eltern erzielten eine Durchschnittszeit von 163 s. In diesem Problem sind somit $\bar{x} = 163$, $\mu_0 = 170$ und $\hat{\sigma} = 12$, sodass wir nach (5.2) einen t-Wert von

$$t = \frac{163 - 170}{12/\sqrt{20}} = \frac{-7}{2{,}68} = -2{,}61$$

erhalten.

Tabelle D des Anhangs entnehmen wir, dass der kritische Wert in der t-Verteilung mit $(n-1) = 19$ Freiheitsgraden, der von der linken Seite 5% abschneidet, $t = -1{,}73$ lautet. Dieser Wert ist – seinem Absolutbetrag nach – kleiner als der empirisch gefundene Wert von $t = -2{,}61$. Das Ergebnis ist deshalb signifikant. Ratten, deren Eltern zuvor konditioniert wurden, lernen schneller als Ratten mit nicht konditionierten Eltern.

„Optimale" Stichprobenumfänge

Für den Vergleich eines Stichprobenmittelwertes $\bar{x}$ mit einem bekannten Populationsparameter μ_0 werden die folgenden „optimalen" Stichprobenumfänge empfohlen, deren theoretischer Hintergrund unter 4.8 behandelt wurde. Die Angaben gelten für $\alpha = 0{,}05$, $1 - \beta = 0{,}80$ und einseitigen Test. Weitere Werte findet man bei Cohen (1988).

Effektgröße (ε):

$$\varepsilon = \frac{\sqrt{2} \cdot (\mu_1 - \mu_0)}{\sigma} \quad (\mu_1 > \mu_0) \quad (5.9)$$

Der Faktor $\sqrt{2}$ macht die Effektgröße mit der noch zu definierenden Effektgröße für zwei unabhängige Stichproben (Gl. 5.17) vergleichbar (vgl. Cohen, 1988, S. 45ff.). Die Schätzung für $\mu_1 - \mu_0$ in Gl. (5.9) basiert auf n Objekten und die Schätzung für $\mu_1 - \mu_2$ in Gl. (5.17) auf 2 n Objekten. Dementsprechend unterscheiden sich die jeweiligen Standardfehler (Gl. 3.1 für den Mittelwert $\bar{X}$ und Gl. 5.10 für die Mittelwertedifferenz) um den Faktor $\sqrt{2}$. Da nun die Power- und Stichprobentabellen von Cohen (1988, Tab. 2.3 und Tab. 2.4), auf die wir hier Bezug nehmen, für den Vergleich von zwei unabhängigen Stichproben ausgelegt sind, wird die Effektgröße in Gl. (5.9) durch den Faktor $\sqrt{2}$ an die Effektgröße für zwei unabhängige Stichproben (Gl. 5.17) angeglichen.

Wie die folgende Aufstellung zeigt, benötigt man z. B. für die Absicherung eines schwachen Effektes ($\varepsilon = 0{,}2$) eine Stichprobe mit n = 310. Mit $\sigma = 1$ erhält man einen schwachen Effekt bereits für eine Differenz von $\mu_1 - \mu_0 = 0{,}14\,(0{,}14) \cdot \sqrt{2} = 0{,}2)$. Aus der Aufstellung von S. 143 (unabhängige Stichproben) hingegen wird deutlich, dass für die Absicherung eines schwachen Effektes *zwei* Stichproben mit $n_1 = n_2 = 310$ erforderlich sind und dass dem schwachen Effekt eine Mittelwertedifferenz von $\mu_1 - \mu_2 = 0{,}2$ entspricht (mit $\sigma = 1$). Da der Standardfehler des Mittelwertes um den Faktor $\sqrt{2}$ kleiner ist als der Standardfehler der Mittelwertedifferenz (bei gleichem n und σ^2) verbirgt sich – im Vergleich zu Gl. (5.17) – hinter einem kleinen Effekt gem. Gl. (5.9) eine um den Faktor $\sqrt{2}$ verringerte Mittelwertedifferenz $\mu_1 - \mu_0$.

Eine entsprechende „Aufwertung" gilt auch für die übrigen Effektgrößen: Identische Effekte machen beim Vergleich eines Stichprobenmittelwertes mit einem Populationsparameter kleinere Differenzen erforderlich, als ein Vergleich von zwei Stichprobenmittelwerten.

$\varepsilon = 0{,}20$	(schwacher Effekt)	$n_{opt} = 310$
$\varepsilon = 0{,}30$		$n_{opt} = 138$
$\varepsilon = 0{,}40$		$n_{opt} = 78$
$\varepsilon = 0{,}50$	(mittlerer Effekt)	$n_{opt} = 50$
$\varepsilon = 0{,}60$		$n_{opt} = 37$
$\varepsilon = 0{,}70$		$n_{opt} = 26$
$\varepsilon = 0{,}80$	(starker Effekt)	$n_{opt} = 20$.

Man benötigt also eine Stichprobe von n = 50, um mit einer Teststärke von 80% ($1 - \beta = 0{,}8$) einen mittleren Effekt ($\varepsilon = 0{,}50$) mit einer Irrtumswahrscheinlichkeit von $\alpha = 0{,}05$ nachweisen zu können. Schätzen wir im o.g. Beispiel μ_1 mit 163 s, ergäbe sich nach Gl. (5.9) eine Effektgröße von $\hat{\varepsilon} = \sqrt{2} \cdot (170 - 163)/12 = 0{,}825$, die im Nachhinein als „starker Effekt" zu interpretieren wären (wir schreiben $\hat{\varepsilon}$ statt ε, um zu verdeutlichen, dass die Effektgröße aus den Daten geschätzt und nicht als Populationsparameter postuliert wurde). Mit einem starken Effekt als Planungsvorgabe und $1 - \beta = 0{,}8$ sowie $\alpha = 0{,}05$ wäre die Größe der untersuchten Stichprobe (n = 20) nahezu optimal.

5.1.2 Vergleich zweier Stichprobenmittelwerte aus unabhängigen Stichproben (t-Test)

Werden 2 voneinander unabhängige Stichproben des Umfangs n_1 und n_2 aus 2 Grundgesamtheiten gezogen, überprüft der **t-Test für unabhängige Stichproben** die Nullhypothese, dass die beiden Stichproben aus Populationen stammen, deren Parameter μ_1 und μ_2 identisch sind:

H_0: $\mu_1 - \mu_2 = 0$,

die (ungerichtete) H_1 lautet:

H_1: $\mu_1 - \mu_2 \neq 0$.

(Theoretisch wäre auch eine H_0: $\mu_1 - \mu_2 = a$ denkbar. Da dieser Fall in der Praxis jedoch äußerst selten vorkommt, wollen wir den t-Test im Folgenden nur an der H_0: $\mu_1 - \mu_2 = 0$ verdeutlichen. Der gleiche Rechengang ist jedoch ohne Besonderheiten auf den Fall übertragbar, dass die Differenz $\mu_1 - \mu_2$ gemäß H_0 bekannt und vom Betrag $a \neq 0$ ist.)

Ziehen wir aus 2 Populationen sehr häufig 2 voneinander unabhängige Stichproben, erhalten wir eine *Verteilung der Differenzen der Stichprobenmittelwerte*. Bei Gültigkeit von H_0 hat die Verteilung des Kennwertes „Differenz zweier Mittelwerte" einen Erwartungswert von 0. Die Streuung dieser Kennwerteverteilung (bzw. den Standardfehler der Differenz zweier Mittelwerte) erhalten wir durch folgende Überlegung: Bei Unabhängigkeit der Stichproben stellen die Mittelwerte $\bar{x}_1$ und $\bar{x}_2$ Realisierungen der unabhängigen Zufallsvariablen $\bar{X}_1$ und $\bar{X}_2$ dar. Die Differenz $\bar{X}_1 - \bar{X}_2$ ist als Linearkombination zweier unabhängiger Zufallsvariablen aufzufassen mit den Gewichten $(+1)$ für $\bar{X}_1$ und (-1) für $\bar{X}_2$. Nach Gl. (B. 33) (Anhang B) ergibt sich für die Varianz einer Linearkombination zweier Zufallsvariablen mit den Gewichten $(+1)$ und (-1):

$$\sigma^2_{\bar{x}_1-\bar{x}_2} = (+1)^2 \cdot \sigma^2_{\bar{x}_1} + (-1)^2 \cdot \sigma^2_{\bar{x}_2}.$$

Wegen $\sigma^2_{\bar{x}_1} = \sigma^2_1/n_1$ und $\sigma^2_{\bar{x}_2} = \sigma^2_2/n_2$ gemäß Gl. (3.1) erhalten wir also für den Standardfehler der Differenz zweier Mittelwerte:

$$\sigma_{(\bar{x}_1-\bar{x}_2)} = \sqrt{\frac{\sigma^2_1}{n_1} + \frac{\sigma^2_2}{n_2}}. \quad (5.10)$$

Bei gleichen Populationsvarianzen ($\sigma^2_1 = \sigma^2_2 = \sigma^2$) können wir hierfür schreiben

$$\sigma_{(\bar{x}_1-\bar{x}_2)} = \sqrt{\sigma^2 \cdot \left(\frac{1}{n_1} + \frac{1}{n_2}\right)}.$$

Ist die gemeinsame Populationsvarianz σ^2 unbekannt, wird sie aufgrund der Daten *beider Stichproben* in folgender Weise geschätzt:

$$\hat{\sigma}^2 = \frac{\sum_{i=1}^{n_1}(x_{i1}-\bar{x}_1)^2 + \sum_{i=1}^{n_2}(x_{i2}-\bar{x}_2)^2}{(n_1-1)+(n_2-1)}. \quad (5.11)$$

Den Standardfehler der Differenz schätzen wir damit durch folgende Gleichung

$$\hat{\sigma}_{(\bar{x}_1-\bar{x}_2)} = \sqrt{\frac{\sum_{i=1}^{n_1}(x_{i1}-\bar{x}_1)^2 + \sum_{i=1}^{n_2}(x_{i2}-\bar{x}_2)^2}{(n_1-1)+(n_2-1)}}$$
$$\times \sqrt{\frac{1}{n_1} + \frac{1}{n_2}}. \quad (5.12)$$

Wurden die geschätzten Populationsvarianzen $\hat{\sigma}^2_1$ und $\hat{\sigma}^2_2$ bereits ermittelt, führt folgende Gleichung einfacher zum gesuchten Standardfehler:

$$\hat{\sigma}_{(\bar{x}_1-\bar{x}_2)} = \sqrt{\frac{(n_1-1)\cdot\hat{\sigma}^2_1 + (n_2-1)\cdot\hat{\sigma}^2_2}{(n_1-1)+(n_2-1)}}$$
$$\times \sqrt{\frac{1}{n_1} + \frac{1}{n_2}}. \quad (5.13)$$

Da $\bar{X}_1$ und $\bar{X}_2$ nach dem zentralen Grenzwerttheorem für $n \geq 30$ normalverteilte Zufallsvariablen sind, ist auch die Differenz $\bar{X}_1 - \bar{X}_2$ normalverteilt. Bei kleineren Stichprobenumfängen ($n_1 + n_2 < 50$) folgt die am Standardfehler relativierte Differenzenverteilung einer t-Verteilung mit $n_1 + n_2 - 2$ Freiheitsgraden, wenn das untersuchte Merkmal in den verglichenen Populationen normalverteilt ist.

Die Bedeutsamkeit der Abweichung der gefundenen Differenz $\bar{x}_1 - \bar{x}_2$ von der Differenz der Populationsparameter $\mu_1 - \mu_2$ wird in Relation zur Streuung der Mittelwertedifferenz ($\hat{\sigma}_{(\bar{x}_1-\bar{x}_2)}$) ermittelt:

$$t = \frac{(\bar{x}_1-\bar{x}_2)-(\mu_1-\mu_2)}{\hat{\sigma}_{(\bar{x}_1-\bar{x}_2)}}. \quad (5.14)$$

Setzen wir gemäß der Nullhypothese $\mu_1 - \mu_2 = 0$, reduziert sich Gl. (5.14) zu

5.1.2 Vergleich zweier Stichprobenmittelwerte aus unabhängigen Stichproben (t-Test)

$$t = \frac{\bar{x}_1 - \bar{x}_2}{\hat{\sigma}_{(\bar{x}_1 - \bar{x}_2)}} . \qquad (5.15)$$

> Gleichung (5.15) definiert eine Zufallsvariable, die für kleine Stichproben mit $n_1 + n_2 - 2$ Freiheitsgraden t-verteilt und für größere Stichproben ($n_1 + n_2 \geq 50$) angenähert normalverteilt ist.

Die Zufallswahrscheinlichkeit eines t-Wertes wird bei kleineren Stichproben anhand der t-Tabelle (vgl. Anhang, Tabelle D) und bei größeren Stichproben anhand der Normalverteilungstabelle (vgl. Anhang, Tabelle B) bestimmt. Da die t-Verteilungen mit wachsendem n in eine Standardnormalverteilung übergehen, kann man natürlich auch bei großen Stichprobenumfängen die t-Tabelle verwenden.

Voraussetzungen

Die Anwendung von Gl. (5.15) ist an folgende Voraussetzungen geknüpft:

1. Bei kleineren Stichproben müssen sich die *Grundgesamtheiten*, aus denen die Stichproben entnommen wurden, *normalverteilen*. Sind die Verteilungsformen der Grundgesamtheiten unbekannt, kann die Normalverteilungsannahme mit einem Verfahren überprüft werden, das unter 5.3.2 besprochen wird.

2. Die hier beschriebene Schätzung des Standardfehlers der Differenz geht davon aus, dass die Varianzen in den zu vergleichenden Populationen gleich bzw. die Varianzschätzungen $\hat{\sigma}_1^2$ und $\hat{\sigma}_2^2$ annähernd gleich bzw. homogen sind. Ein Verfahren zur Überprüfung dieser Voraussetzung behandeln wir in 5.1.5. Lässt sich die Annahme gleicher Populationsvarianzen (bzw. – bei kleinen Stichproben – die Normalverteilungsannahme) nicht aufrechterhalten, wählt man ein verteilungsfreies Prüfverfahren (vgl. 5.2.1). Soll der t-Test mit heterogenen Varianzen durchgeführt werden, stoßen wir auf das sog. *Behrens-Fisher-Problem*, für dessen Lösung u.a. Welch (1947, zit. nach Pfanzagl, 1974, Kap. 9.8) eine approximative Lösung vorgeschlagen hat: Man schätzt über Gl. (5.10) (mit geschätzten Varianzen $\hat{\sigma}_1^2$ und $\hat{\sigma}_2^2$) den Standardfehler der Mittelwertedifferenz und berechnet mit diesem Wert über Gl. (5.15) einen t-Wert. Die Freiheitsgrade dieses t-Wertes sind folgendermaßen zu korrigieren:

$$df_{corr} = \frac{1}{\dfrac{c^2}{n_1 - 1} + \dfrac{(1-c)^2}{n_2 - 1}} \qquad (5.16)$$

mit $c = \dfrac{\hat{\sigma}_{\bar{x}_1}^2}{\hat{\sigma}_{\bar{x}_1}^2 + \hat{\sigma}_{\bar{x}_2}^2}$.

3. Die Durchführung eines t-Tests nach Gl. (5.15) setzt voraus, dass die beiden Stichproben voneinander unabhängig sind. Was unter dieser Voraussetzung zu verstehen ist, wird im Zusammenhang mit dem im nächsten Kapitel zu besprechenden t-Test für abhängige Stichproben deutlich.

Aus Monte-Carlo-Studien geht hervor, dass der t-Test für unabhängige Stichproben auf Verletzungen seiner Voraussetzungen robust reagiert (vgl. Boneau, 1971; Glass et al., 1972; Sawilowsky u. Blair, 1992; Srivastava, 1959 oder Havlicek u. Peterson, 1974; zum Begriff „robust" vgl. Box, 1953 oder Kap. 4.11). Dies gilt insbesondere, wenn gleichgroße Stichproben aus ähnlichen, möglichst eingipflig-symmetrisch verteilten Grundgesamtheiten verglichen werden. Sind die Stichprobenumfänge deutlich unterschieden, wird die Präzision des t-Testes nicht beeinträchtigt, solange die Varianzen gleich sind. Sind jedoch weder die Stichprobenumfänge noch die Varianzen gleich, ist mit einem erheblich höheren Prozentsatz an Fehlentscheidungen zu rechnen. Nach Ramsey (1980) entscheidet der Test eher zu Gunsten der H_1, wenn die Varianz in der kleineren Stichprobe größer ist als die Varianz in der größeren Stichprobe (progressive Testentscheidung). Ist die Varianz in der größeren Stichprobe jedoch größer als in der kleineren, fallen die Testentscheidungen eher konservativ, d.h. zugunsten der H_0 aus. Insbesondere progressive Fehlentscheidungen sind zu vermeiden, da dabei mit einer erhöhten Wahrscheinlichkeit auf Unterschiede geschlossen werden kann, die faktisch nicht vorhanden sind. In diesem Fall sind entweder *Korrekturverfahren*, die bei Cochran u. Cox (1966) und Satterthwaite (1946) beschrieben werden, oder *verteilungsfreie Verfahren* einzusetzen (vgl. 5.2). Über die relative Teststärke verteilungsfreier Verfahren im Vergleich zum hier behandelten t-Test berichten Zimmermann u. Zumbo (1993).

Tabelle 5.1. Beispiel für einen t-Test (unabhängige Stichproben)

$x_{i1}(♂)$	$x_{i1} - \bar{x}_1$	$(x_{i1} - \bar{x}_1)^2$	$x_{i2}(♀)$	$x_{i2} - \bar{x}_2$	$(x_{i2} - \bar{x}_2)^2$
86	-17,2	295,84	97	-7,2	51,84
91	-12,2	148,84	87	-17,2	295,84
96	-7,2	51,84	113	8,8	77,44
103	-0,2	0,04	93	-11,2	125,44
121	17,8	316,84	115	10,8	116,64
86	-17,2	295,84	108	3,8	14,44
121	17,8	316,84	126	21,8	475,24
105	1,8	3,24	118	13,8	190,44
112	8,8	77,44	93	-11,2	125,44
96	-7,2	51,84	120	15,8	249,64
97	-6,2	38,44	86	-18,2	331,24
129	25,8	665,64	104	-0,2	0,04
101	-2,2	4,84	122	17,8	316,84
103	-0,2	0,04	97	-7,2	51,84
92	-11,2	125,44	102	-2,2	4,84
87	-16,2	262,44	88	-16,2	262,44
105	1,8	3,24	100	-4,2	17,64
114	10,8	116,64	109	4,8	23,04
99	-4,2	17,64	88	-16,2	262,44
94	-9,2	84,64	125	20,8	432,64
107	3,8	14,44	95	-9,2	84,64
108	4,8	23,04	101	-3,2	10,24
96	-7,2	51,84	92	-12,2	148,84
125	21,8	475,24	122	17,8	316,84
87	-16,2	262,44	106	1,8	3,24
112	8,8	77,44	98	-6,2	38,44
117	13,8	190,44	104	-0,2	0,04
124	20,8	432,64	106	1,8	3,24
89	-14,2	201,64	95	-9,2	84,64
92	-11,2	125,44	97	-7,2	51,84
94	-9,2	84,64	113	8,8	77,44
90	-13,2	174,24	90	-14,2	201,64
119	15,8	249,64	130	25,8	665,64
100	-3,2	10,24	3440	1,4 [a]	5112,12
114	10,8	116,64			
Summen: 3612	0,0	5367,60			

$\bar{x}_1 = 103,2$, $\bar{x}_2 = 104,2$, $n_1 = 35$, $n_2 = 33$,

$\sum_{i=1}^{n_1}(x_{i1} - \bar{x}_1)^2 = 5367,60$ $\sum_{i=1}^{n_2}(x_{i2} - \bar{x}_2)^2 = 5112,12$, $\bar{x}_1 - \bar{x}_2 = -1,0$

$\hat{\sigma}^2 = \dfrac{\sum_{i=1}^{n_1}(x_{i1} - \bar{x}_1)^2 + \sum_{i=1}^{n_2}(x_{i2} - \bar{x}_2)^2}{(n_1 - 1) + (n_2 - 1)} = \dfrac{5367,60 + 5112,12}{34 + 32} = \dfrac{10479,72}{66} = 158,78$, $\dfrac{1}{n_1} = 0,0285$, $\dfrac{1}{n_2} = 0,0303$

$\hat{\sigma}_{(\bar{x}_1 - \bar{x}_2)} = \sqrt{158,78 \cdot (0,0285 + 0,0303)} = \sqrt{158,78 \cdot 0,0588} = \sqrt{9,34} = 3,06$

$t = \dfrac{-1}{3,06} = -0,33$, df $= n_1 + n_2 - 2 = 35 + 33 - 2 = 66$

$\hat{\sigma}_1^2 = \dfrac{5367,60}{34} = 157,87$; $\hat{\sigma}_2^2 = \dfrac{5112,12}{32} = 159,75$; $\hat{\sigma}_{(\bar{x}_1 - \bar{x}_2)} = \sqrt{\dfrac{157,87}{35} + \dfrac{159,75}{33}} = \sqrt{4,51 + 4,84} = 3,06$

$c = \dfrac{4,51}{4,51 + 4,84} = 0,48$; df$_{corr} = \dfrac{1}{\dfrac{0,48^2}{34} + \dfrac{(1 - 0,48)^2}{32}} = 65,68$; $t_{(66;5\%)} = -1,67$

[a] Rundungsungenauigkeiten

5.1.3 Vergleich zweier Stichprobenmittelwerte aus abhängigen Stichproben (t-Test)

BEISPIEL

Es soll überprüft werden, ob weibliche Personen belastbarer sind als männliche Personen (einseitiger Test, $\alpha = 5\%$); $n_1 = 35$ männliche Vpn und $n_2 = 33$ weibliche Vpn wurden mit einem Belastungstest untersucht. Tabelle 5.1 zeigt die Daten und die statistische Auswertung der Untersuchung.

Der ermittelte t-Wert ist nicht signifikant, d. h., die Hypothese, nach der weibliche Vpn belastbarer sind als männliche Vpn, wird nicht bestätigt. Dies gilt auch für den korrigierten t-Test nach Welch, der nur zu Demonstrationszwecken durchgeführt wurde, denn die Varianzen $\hat{\sigma}_1^2$ und $\hat{\sigma}_2^2$ sind gem. Gl. (5.39) homogen.

„Optimale" Stichprobenumfänge

Für den Vergleich zweier Stichprobenmittelwerte aus unabhängigen Stichproben werden die folgenden „optimalen" Stichprobenumfänge empfohlen, deren theoretischer Hintergrund in 4.8 behandelt wurde. Diese Angaben gelten für $\alpha = 0{,}05$, $1 - \beta = 0{,}80$ und einseitigen Test. Weitere Werte findet man bei Cohen (1988) bzw. Bortz u. Döring (2002, Kap. 9.2.2).

Effektgröße (ε):

$$\varepsilon = \frac{\mu_1 - \mu_2}{\sigma} \quad (\mu_1 > \mu_2) \qquad (5.17)$$

$\varepsilon = 0{,}20$ (schwacher Effekt) : $n_{1(\text{opt})} = n_{2(\text{opt})} = 310$

$\varepsilon = 0{,}30$: $n_{1(\text{opt})} = n_{2(\text{opt})} = 138$

$\varepsilon = 0{,}40$: $n_{1(\text{opt})} = n_{2(\text{opt})} = 78$

$\varepsilon = 0{,}50$ (mittlerer Effekt) : $n_{1(\text{opt})} = n_{2(\text{opt})} = 50$

$\varepsilon = 0{,}60$: $n_{1(\text{opt})} = n_{2(\text{opt})} = 37$

$\varepsilon = 0{,}70$: $n_{1(\text{opt})} = n_{2(\text{opt})} = 26$

$\varepsilon = 0{,}80$ (starker Effekt) : $n_{1(\text{opt})} = n_{2(\text{opt})} = 20$

BEISPIEL

Man benötigt 2 Stichproben à 50 Vpn, um mit einer Teststärke von 80 % $(1-\beta=0{,}8)$ einen mittleren Effekt mit einer Irrtumswahrscheinlichkeit von $\alpha=0{,}05$ nachweisen können.

Ex post schätzen wir für das Beispiel (Tabelle 5.1) eine Effektgröße von $\hat{\varepsilon} = (104{,}2 - 103{,}2)/\sqrt{158{,}78} = 0{,}08$. Dieser Effekt ist erheblich kleiner als ein schwacher Effekt und sicherlich ohne jede praktische Bedeutung. Dennoch könnte auch dieser Effekt signifikant werden, wenn man deutlich mehr als 1000 weibliche und männliche Versuchspersonen untersuchen würde. Ohne Frage wäre dies ein Aufwand, der unter praktischen Gesichtspunkten keinesfalls zu rechtfertigen ist.

Die Merkmalsvarianz $\hat{\sigma}^2$ wurde im Beispiel über Gl. (5.11) geschätzt. Bei gleichgroßen Stichproben ergibt sich hieraus $\hat{\sigma}^2 = (\hat{\sigma}_1^2 + \hat{\sigma}_2^2)/2$. (Zur Problematik der Effektgröße ε bei heterogenen Varianzen vgl. Grissom u. Kim, 2001.)

▷ 5.1.3 Vergleich zweier Stichprobenmittelwerte aus abhängigen Stichproben (t-Test)

Der im letzten Abschnitt besprochene t-Test geht davon aus, dass zwei Stichproben voneinander unabhängig erhoben werden. Durch diese Unabhängigkeitsforderung wird gewährleistet, dass die Objekte der Grundgesamtheit, die in die eine Stichprobe aufgenommen werden, keinen Einfluss auf die Auswahl der zur anderen Stichprobe gehörenden Objekte ausüben.

Gelegentlich ist es jedoch aufgrund der Fragestellung notwendig, zwei Stichproben zu vergleichen, *deren Objekte* jeweils paarweise einander zugeordnet sind. In diesem Fall sprechen wir von **abhängigen (verbundenen) Stichproben.** Um abhängige Stichproben handelt es sich beispielsweise, wenn bei Freundes- oder Ehepaaren die männlichen Partner mit den weiblichen Partnern verglichen werden, wenn in verschiedenen Arbeitsgruppen jeweils der Beliebteste mit dem Tüchtigsten verglichen wird oder wenn allgemein jedem Objekt der einen Stichprobe ein Objekt der anderen Stichprobe zugeordnet ist. Typische Beispiele für voneinander abhängige Stichproben sind *parallelisierte Stichproben (matched samples)*, bei denen die Objekte in den beiden Stichproben nach einem sinnvollen Kriterium paarweise einander zugeordnet sind (vgl. S. 9).

Von abhängigen Stichproben sprechen wir jedoch auch, wenn an einer Stichprobe zwei Messungen durchgeführt werden *(Messwiederholung).* Typische Beispiele hierfür sind Untersuchungen des Gesundheitszustandes vor und nach einer Behandlung, der Vergleich von Messungen, die an einer Stichprobe morgens und abends erhoben wurden, Einstellungsmessungen vor und nach Werbemaßnahmen usw.

> Bei zwei abhängigen (verbundenen) Stichproben sind die Objekte zweier Stichproben einander paarweise zugeordnet. Außerdem erhalten wie abhängige (Daten-)Stichproben, wenn eine Stichprobe wiederholt untersucht wird.

Beim t-Test für abhängige Stichproben wird berücksichtigt, dass die Varianz der einen Messwertreihe (1. Stichprobe) die Varianz der anderen Messwertreihe (2. Stichprobe) beeinflusst (und/oder umgekehrt). Wenn beispielsweise überprüft werden soll, wie sich der Wissensstand einer Stichprobe nach einer Schulungsmaßnahme verändert hat, können die Wissensunterschiede, die vor der Schulung bestanden haben, z.T. auch noch nach der Schulung bestehen. Schätzen wir den Standardfehler der Differenz gemäß Gl. (5.13) aus den Standardfehlern der beiden zu vergleichenden Mittelwerte, werden Unterschiede zwischen den Personen, die vor und nach der Schulung bestehen, doppelt berücksichtigt, weil sie den Standardfehler des ersten Mittelwertes und des zweiten Mittelwertes zumindest teilweise beeinflussen. Der Anteil der gemeinsamen Unterschiedlichkeit (gemeinsame Varianz) beider Messwertreihen wird um so größer sein, je höher die beiden Messwertreihen „korrelieren" – ein Begriff, den wir in Kap. 6 ausführlich behandeln werden.

Die zweifache Berücksichtigung der gleichen Unterschiedlichkeit entfällt, wenn wir die beiden Messwertreihen nicht einzeln betrachten, sondern nur die jeweils zusammengehörenden Messwertpaare. Für jedes Messwertpaar i bilden wir die Differenz d_i:

$$d_i = x_{i1} - x_{i2} \,. \tag{5.18}$$

Als nächstes berechnen wir das arithmetische Mittel aller d_i-Werte:

$$\bar{x}_d = \frac{\sum_{i=1}^{n} d_i}{n} \,. \tag{5.19}$$

Hierbei ist darauf zu achten, dass n nicht die Anzahl aller Messwerte, sondern die *Anzahl aller Messwertpaare* angibt. Wir überprüfen nun, wie sich Mittelwerte von Differenzen in (theoretisch unendlich) vielen Stichproben verteilen. (Man beachte, dass wir beim t-Test für unabhängige Stichproben die Verteilung der Differenzen von Mittelwerten und beim t-Test für abhängige Stichproben die Verteilung der Mittelwerte von Differenzen benötigen.) Die Streuung (oder der Standardfehler) der Verteilung der Mittelwerte von Differenzen lautet in Analogie zum Standardfehler des arithmetischen Mittels (vgl. Gl. 3.3):

$$\hat{\sigma}_{\bar{x}_d} = \frac{\hat{\sigma}_d}{\sqrt{n}} \,, \tag{5.20}$$

wobei wir die Streuung der Differenzen in der Population (σ_d) aufgrund der Stichprobendifferenzen nach folgender Beziehung schätzen:

$$\hat{\sigma}_d = \sqrt{\frac{\sum_{i=1}^{n}(d_i - \bar{x}_d)^2}{n-1}} = \sqrt{\frac{\sum_{i=1}^{n} d_i^2 - \frac{\left(\sum_{i=1}^{n} d_i\right)^2}{n}}{n-1}} \,. \tag{5.21}$$

Die in einer Untersuchung ermittelte durchschnittliche Differenz kann nach folgender Beziehung hinsichtlich ihrer statistischen Bedeutsamkeit überprüft werden:

$$t = \frac{\bar{x}_d - \mu_d}{\hat{\sigma}_{\bar{x}_d}} \,. \tag{5.22}$$

Ist gemäß der Nullhypothese $\mu_d = 0$, vereinfacht sich Gl. (5.22) zu

$$t = \frac{\bar{x}_d}{\hat{\sigma}_{\bar{x}_d}} \,. \tag{5.23}$$

Der nach Gl. (5.23) ermittelte t-Wert wird anhand Tabelle D mit dem für ein Signifikanzniveau kritischen t-Wert verglichen. Das Ergebnis ist signifikant, wenn der beobachtete t-Wert größer ist als der für ein bestimmtes Signifikanzniveau und df = n − 1 (n = Anzahl der Messwertpaare!) kritische t-Wert. Nach dem zentralen Grenzwerttheorem geht die Verteilung der Differenzmittelwerte bei zunehmendem Stichprobenumfang in eine Normalverteilung über, sodass die Irrtumswahrscheinlichkeit eines t-Wertes auch in Tabelle B abgelesen werden kann.

Voraussetzungen

Bei *kleineren Stichprobenumfängen* (n =Anzahl der Messwertpaare < 30) muss die Voraussetzung erfüllt sein, dass sich die Differenzen in der Grundgesamtheit normalverteilen. Diese Voraussetzung gilt als erfüllt, wenn sich die Differenzen in der Stichprobe angenähert normalverteilen (ein

5.1.3 Vergleich zweier Stichprobenmittelwerte aus abhängigen Stichproben (t-Test)

Verfahren zur Überprüfung dieser Voraussetzung werden wir unter 5.3.2 kennenlernen).

Wie beim t-Test für unabhängige Stichproben gilt jedoch auch hier, dass der Test auf Voraussetzungsverletzungen relativ robust reagiert. Man sollte allerdings prüfen, ob hohe Messungen in der ersten Stichprobe mit hohen Messungen in der zweiten Stichprobe einhergehen. In Kap. 6 werden wir diese Art der Beziehung zweier Messwertreihen als positive Kovarianz bzw. Korrelation kennenlernen. Korrelieren die Messwertreihen nicht positiv, sondern negativ miteinander, verliert der t-Test für abhängige Stichproben an Teststärke. In diesem Fall könnte ersatzweise das in 5.2.2 behandelte Verfahren (Wilcoxon-Test) eingesetzt werden.

BEISPIEL

Es wird überprüft, ob Examenskandidaten in der Lage sind, ihre eigene Leistungsfähigkeit richtig einzuschätzen. Vor Durchführung einer Klausur mit 70 Aufgaben sollen 15 Kandidaten angeben, wie viele Aufgaben sie vermutlich richtig lösen werden. Die Anzahl der richtig gelösten Aufgaben wird mit der eingeschätzten Anzahl durch einen t-Test für abhängige Stichproben verglichen. Wir wollen davon ausgehen, dass die Differenzen zwischen den Schätzungen und den tatsächlichen Leistungen normalverteilt sind. Da nicht genügend Vorinformationen über die Richtung möglicher Fehleinschätzungen vorliegen, wird die H_1 ungerichtet formuliert. Das Ergebnis soll auf dem $\alpha = 5\%$-Niveau abgesichert werden. Tabelle 5.2 erläutert den Rechengang.

Der empirisch ermittelte t-Wert liegt außerhalb des durch die Grenzen $t_{(14;2,5\%)} = -2{,}15$ und $t_{(14;97,5\%)} = +2{,}15$ gekennzeichneten Bereiches für die Beibehaltung der H_0, d.h. das Ergebnis ist signifikant (*). Der Richtung des Mittelwertunterschiedes entnehmen wir, dass die tatsächlichen Leistungen unterschätzt werden.

„Optimale" Stichprobenumfänge

Für den Vergleich zweier Stichprobenmittelwerte aus abhängigen Stichproben werden die folgenden „optimalen" Stichprobenumfänge empfohlen, deren theoretischer Hintergrund in 4.8 behandelt wurde. Diese Angaben gelten für $\alpha = 0{,}05$, $1 - \beta = 0{,}80$ und einseitigen Test. Weitere Werte findet man bei Cohen (1988) bzw. Bortz u. Döring (2002, Kap. 9.2.2).

Effektgröße:

$$\varepsilon' = \frac{\mu_1 - \mu_2}{\sigma \cdot \sqrt{1-r}}. \quad (5.24\,\text{a})$$

$\hat{\sigma}$ ist die Streuung des Merkmals in der Population, die über Gl. (5.11) geschätzt wird. Zur Berechnung von r (Korrelation zwischen den beiden Messwertreihen) wird auf S. 205 f. verwiesen.

Man erkennt, dass diese Effektgröße für konstantes $\mu_1 - \mu_2$ und σ mit der Effektgröße für den Vergleich zweier unabhängiger Stichproben identisch ist, wenn die beiden Messwertreihen in keinem Zusammenhang stehen (r = 0). Sie wird größer für positive r-Werte und kleiner für negative r-Werte. Dementsprechend reichen für die Absicherung eines nach Gl. (5.17) definierten Effektes bei einer positiven Korrelation kleinere Stichproben aus. Für eine Korrelation von r = 0,5 wären die folgenden Stichprobenumfänge (n = Anzahl der Messwertpaare) optimal:

$\varepsilon' = 0{,}20$	(schwacher Effekt)	: $n_{opt} = 156$
$\varepsilon' = 0{,}30$		: $n_{opt} = 70$
$\varepsilon' = 0{,}40$		: $n_{opt} = 40$
$\varepsilon' = 0{,}50$	(mittlerer Effekt)	: $n_{opt} = 26$
$\varepsilon' = 0{,}60$		: $n_{opt} = 19$
$\varepsilon' = 0{,}70$		: $n_{opt} = 14$
$\varepsilon' = 0{,}80$	(starker Effekt)	: $n_{opt} = 11$.

Für die in Gl. (5.42 a) definierte Effektgröße ε' können wir auch schreiben

$$\varepsilon' = \frac{\mu_1 - \mu_2}{\sigma_D} \cdot \sqrt{2}. \quad (5.24\,\text{b})$$

σ_D, die Streuung der Differenzen, wird über Gl. (5.21) geschätzt. Der Faktor $\sqrt{2}$ ist darauf zurückzuführen, dass die Tabelle 2.3 (Power-Tabelle) und die Tabelle 2.4 (Tabelle der Stichprobengrößen) bei Cohen (1988) sowohl für den t-Test für unabhängige als auch für abhängige Stichproben eingesetzt werden kann. Der Faktor $\sqrt{2}$ macht die in Gl. (5.24 a) und Gl. (5.17) definierten Effektgrößen vergleichbar. Würden wir den Faktor $\sqrt{2}$ in Gl. (5.24 b) weglassen, ergäbe sich folgende Unstimmigkeit:

Für σ_D in Gl. (5.24 b) schreiben wir (vgl. Anhang B, Gl. B.36 und Gl. 6.57):

$$\sigma_D = \sqrt{\sigma_1^2 + \sigma_2^2 - 2 \cdot r \cdot \sigma_1 \cdot \sigma_2}.$$

Bei gleichen Varianzen ($\sigma_1^2 = \sigma_2^2 = \sigma^2$) ergibt sich

$$\sigma_D = \sqrt{2\sigma^2 - 2r \cdot \sigma^2} = \sigma \cdot \sqrt{2 \cdot (1-r)}.$$

Tabelle 5.2. Beispiel für einen t-Test (abhängige Stichproben)

Vp	Geschätzte Anzahl der gelösten Aufgaben	Tatsächliche Anzahl der gelösten Aufgaben	d_i	d_i^2
1	40	48	−8	64
2	60	55	5	25
3	30	44	−14	196
4	55	59	−4	16
5	55	70	−15	225
6	35	36	−1	1
7	30	44	−14	196
8	35	28	7	49
9	40	39	1	1
10	35	50	−15	225
11	50	64	−14	196
12	25	22	3	9
13	10	19	−9	81
14	40	53	−13	169
15	55	60	−5	25
Summen:			−96	1478

$$n = 15, \quad \sum_{i=1}^{n} d_i = -96, \quad \sum_{i=1}^{n} d_i^2 = 1478, \quad \bar{x}_d = \frac{\sum_{i=1}^{n} d_i}{n} = \frac{-96}{15} = -6{,}4$$

$$\sum_{i=1}^{n} d_i^2 - \frac{\left(\sum_{i=1}^{n} d_i\right)^2}{n} = 1478 - \frac{-96^2}{15} = 1478 - 614{,}4 = 863{,}6$$

$$\hat{\sigma}_d = \sqrt{\frac{\sum_{i=1}^{n} d_i^2 - \frac{\left(\sum_{i=1}^{n} d_i\right)^2}{n}}{n-1}} = \sqrt{\frac{863{,}6}{14}} = \sqrt{61{,}7} = 7{,}9$$

$$\hat{\sigma}_{\bar{x}_d} = \frac{\hat{\sigma}_d}{\sqrt{n}} = \frac{7{,}9}{\sqrt{15}} = \frac{7{,}9}{3{,}87} = 2{,}04$$

$$t = \frac{\bar{x}_d}{\hat{\sigma}_{\bar{x}_d}} = \frac{-6{,}4}{2{,}04} = -3{,}14^*$$

$$df = 14, \quad t_{(14;2{,}5\%)} = -2{,}15; \quad t_{(14;97{,}5\%)} = 2{,}15$$

Wir nehmen nun an, die Korrelation zwischen den beiden abhängigen Stichproben sei Null, d.h., wir gehen von unabhängigen Stichproben aus. Man erhält dann

$$\sigma_D = \sigma \cdot \sqrt{2}$$

d.h., σ_D überschätzt σ um den Faktor $\sqrt{2}$. Eine Differenz $\mu_1 - \mu_2$ würde also über Gl. (5.17) zu einem anderen Effekt führen als über Gl. (5.24b) (ohne den Faktor $\sqrt{2}$). Der Faktor $\sqrt{2}$ in Gl. (5.24b) stellt sicher, dass eine gegebene Differenz $\mu_1 - \mu_2$ über Gl. (5.17) zum gleichen Effekt führt wie über Gl. (5.24b) (mit $r = 0$).

Setzt man $\sigma_D = \sigma \cdot \sqrt{2 \cdot (1-r)}$ in Gl. (5.24b) ein, resultiert Gl. (5.24a). Die Identität von Gl. (5.24a) und (5.24b) gilt allerdings nur, wenn, wie oben angenommen, die Varianzen gleich sind: $\sigma_1^2 = \sigma_2^2 = \sigma^2$.

Der Aufstellung ist zu entnehmen, dass bei einer Studie, in der eine Stichprobe zweimal untersucht wird, 26 Individuen benötigt werden, um einen mittleren Effekt ($\varepsilon' = 0{,}5$) mit einer Irrtumswahrscheinlichkeit von $\alpha = 0{,}05$ und einer Teststärke von $1-\beta = 0{,}8$ nachweisen zu können, wenn die Korrelation der beiden Messwertreihen $r = 0{,}5$ beträgt. Erwartet man eine höhere Korrelation, werden weniger Individuen benötigt (genauer hierzu vgl. Bortz u. Döring 2002, Tab. 51 bzw. Cohen 1988, S. 62 ff.).

Im o.g. Beispiel erreichnet man (z.B. über Gl. 6.60) eine Korrelation von r = 0,86 und geschätzte Varianzen von $\hat{\sigma}_1^2 = 816{,}52$ und $\hat{\sigma}_2^2 = 183{,}81$. Hieraus folgt $\hat{\sigma} = \sqrt{(816{,}52 + 183{,}81)/2} = 22{,}36$ (vgl. S. 143). Damit ergibt sich nach Gl. (5.24a) eine ex post geschätzte Effektgröße von $\hat{\varepsilon}' = 0{,}75$. Über Gl. (5.24b) erhält man jedoch

$$\hat{\varepsilon}' = \frac{6{,}4}{7{,}9} \cdot \sqrt{2} = 1{,}15 \ .$$

Die Diskrepanz der beiden Effektgrößenschätzungen ist auf die Heterogenität der Varianzen zurückzuführen ($\hat{\sigma}_1^2 = 816{,}52$; $\hat{\sigma}_2^2 = 183{,}81$). Da diese nur in Gl. (5.24a) zum Tragen kommt (diese Gleichung basiert auf der Annahme $\sigma_1^2 = \sigma_2^2$), ist die über Gl. (5.24b) ermittelte Effektgrößenschätzung zu bevorzugen.

5.1.4 Vergleich einer Stichprobenvarianz mit einer Populationsvarianz

Gelegentlich kann es interessant sein zu wissen, ob eine Stichprobe aufgrund der Unterschiedlichkeit ihrer Messwerte (= Varianz- bzw. Standardabweichung der Messwerte) zu einer bestimmten Grundgesamtheit gehört. Der folgende Test überprüft die Nullhypothese, dass die Grundgesamtheit, aus der eine Stichprobe gezogen wurde, hinsichtlich ihrer Varianz mit einer anderen Grundgesamtheit A identisch ist:

H_0: $\sigma^2 = \sigma_A^2$.

Die entsprechende Alternativhypothese kann gerichtet oder ungerichtet formuliert werden. Schätzen wir die Populationsvarianz σ^2 aus den Daten nach Gl. (3.2) durch $\hat{\sigma}^2$, ergibt sich der folgende Signifikanztest:

$$\chi^2 = \frac{(n-1) \cdot \hat{\sigma}^2}{\sigma_A^2} \ . \qquad (5.25)$$

Der nach Gl. (5.25) ermittelte χ^2-Wert hat $n-1$ Freiheitsgrade und kann anhand Tabelle C auf Signifikanz überprüft werden.

Herleitung der Prüfgröße. Warum sich die rechte Seite von (5.25) $\chi^2_{(n-1)}$-verteilt, zeigt der folgende Gedankengang: Die Abweichung einer Messung x_i von μ lässt sich zerlegen in

$$(x_i - \mu) = (x_i - \bar{x}) + (\bar{x} - \mu) \ . \qquad (5.26)$$

Die Abweichung eines Wertes x_i von μ setzt sich aus der Abweichung des Messwertes vom Stichprobenmittelwert und der Abweichung des Stichprobenmittelwertes vom Mittelwert der Grundgesamtheit zusammen. Quadrieren wir (5.26), ergibt sich

$$(x_i - \mu)^2 = (x_i - \bar{x})^2 + (\bar{x} - \mu)^2 \\ + 2 \cdot (x_i - \bar{x}) \cdot (\bar{x} - \mu) \ . \qquad (5.27)$$

Die Summe der quadrierten Abweichungen über alle Messwerte lautet

$$\sum_{i=1}^n (x_i - \mu)^2 = \sum_{i=1}^n (x_i - \bar{x})^2 + \sum_{i=1}^n (\bar{x} - \mu)^2 \\ + 2 \cdot \sum_{i=1}^n (x_i - \bar{x}) \cdot (\bar{x} - \mu) \ . \qquad (5.28)$$

Da der Ausdruck $(\bar{x} - \mu)^2$ konstant ist, können wir schreiben

$$\sum_{i=1}^n (x_i - \mu)^2 = \sum_{i=1}^n (x_i - \bar{x})^2 + n \cdot (\bar{x} - \mu)^2 \\ + 2 \cdot (\bar{x} - \mu) \cdot \sum_{i=1}^n (x_i - \bar{x}) \ . \qquad (5.29)$$

Die Summe der Abweichungen aller Messwerte vom Mittelwert $\sum_{i=1}^n (x_i - \bar{x})$ ergibt Null, sodass sich (5.29) zu

$$\sum_{i=1}^n (x_i - \mu)^2 = \sum_{i=1}^n (x_i - \bar{x})^2 + n \cdot (\bar{x} - \mu)^2 \qquad (5.30)$$

reduziert. Dividieren wir Gl. (5.30) durch die Populationsvarianz σ^2, ergibt sich

$$\frac{\sum_{i=1}^n (x_i - \mu)^2}{\sigma^2} = \frac{\sum_{i=1}^n (x_i - \bar{x})^2}{\sigma^2} + \frac{n \cdot (\bar{x} - \mu)^2}{\sigma^2} \ . \qquad (5.31)$$

Da $(x_i - \mu)/\sigma = z$, resultiert

$$\sum_{i=1}^n z_i^2 = \frac{\sum_{i=1}^n (x_i - \bar{x})^2}{\sigma^2} + \frac{n \cdot (\bar{x} - \mu)^2}{\sigma^2} \ . \qquad (5.32)$$

Sind die Messwerte um μ normalverteilt, entspricht $\sum_{i=1}^n z_i^2$ nach Gl. (2.52) einem χ_n^2-Wert.

Dividieren wir Zähler und Nenner des ganz rechts stehenden Ausdrucks durch n, erhalten wir im Nenner das Quadrat des Standardfehlers des arithmetischen Mittelwertes $\sigma_{\bar{x}}^2 = \sigma^2/n$. $(\bar{x} - \mu)^2 / \sigma_{\bar{x}}^2$ ist somit auch ein quadrierter z-Wert. Die Verteilung von Mittelwerten aus Stichproben einer normalverteilten Grundgesamtheit ist nach dem zentralen Grenzwerttheorem normal, sodass nach Gl. (2.50) diesem z^2-Wert ein χ_1^2-Wert entspricht:

$$\frac{n \cdot (\bar{x} - \mu)^2}{\sigma^2} = \frac{(\bar{x} - \mu)^2}{\sigma^2/n}$$

$$= \frac{(\bar{x} - \mu)^2}{\hat{\sigma}_{\bar{x}}^2} = z^2 = \chi_1^2. \quad (5.33)$$

Für Gl. (5.32) können wir somit schreiben:

$$\chi_n^2 = \frac{\sum_{i=1}^{n}(x_i - \bar{x})^2}{\sigma^2} + \chi_1^2. \quad (5.34)$$

Da $\hat{\sigma}^2 = \sum_{i=1}^{n}(x_i - \bar{x})^2/(n-1)$, ergibt sich $\sum_{i=1}^{n}(x_i - \bar{x})^2 = (n-1) \cdot \hat{\sigma}^2$ bzw.

$$\chi_n^2 = \frac{(n-1) \cdot \hat{\sigma}^2}{\sigma^2} + \chi_1^2. \quad (5.35)$$

Durch Umstellen erhalten wir

$$\frac{(n-1) \cdot \hat{\sigma}^2}{\sigma^2} = \chi_n^2 - \chi_1^2. \quad (5.36)$$

Unter 2.5.2 wurde bereits darauf hingewiesen, dass die Summe (Differenz) von 2 χ^2-Werten mit n_1 und n_2 Freiheitsgraden ebenfalls mit $n_1 + n_2$ (bzw. $n_1 - n_2$) Freiheitsgraden χ^2-verteilt ist. Die Testgröße $(n-1) \cdot \hat{\sigma}^2/\sigma^2$, die wir benötigen, um den Unterschied zwischen einer Stichprobenvarianz und einer Populationsvarianz auf Signifikanz prüfen zu können, ist somit χ^2-verteilt mit $df = n - 1$:

$$\chi_{(n-1)}^2 = \frac{(n-1) \cdot \hat{\sigma}^2}{\sigma^2}. \quad (5.37)$$

Wie die Ableitung zeigt, müssen wir bei der Durchführung dieses Signifikanztests darauf achten, dass die Grundgesamtheit, aus der die Stichprobe entnommen wurde, normalverteilt ist.

BEISPIEL

Es soll die Hypothese überprüft werden, dass sich Patienten mit bipolarer Störung (depressive und manische Episoden) stärker in ihren Gestimmtheiten unterscheiden als „normale" Personen. Aufgrund der Eichstichprobe eines Stimmungsfragebogens wissen wir, dass die Testwerte der Grundgesamtheit mit $\sigma_A = 15$ streuen. Bei einer Stichprobe von $n = 80$ Patienten schätzen wir eine Populationsstreuung von $\hat{\sigma} = 19$. Da wir vermuten, dass Patienten mit bipolarer Störung höhere Stimmungsschwankungen aufweisen, soll die $H_0: \sigma_A = \sigma$ einseitig auf dem 5%-Niveau getestet werden. Ferner wollen wir annehmen, dass sich die Testwerte normalverteilen.

Nach Gl. (5.25) ermitteln wir folgenden χ^2-Wert:

$$\chi^2 = \frac{(80-1) \cdot 19^2}{15^2} = 126{,}75.$$

Das Beispiel ist so geartet, dass die Wahrscheinlichkeit für die Richtigkeit der H_1 mit größer werdendem χ^2 zunimmt. Wir suchen deshalb in Tabelle C denjenigen χ^2-Wert heraus, der von der rechten Seite der χ_{79}^2-Verteilung (die praktisch mit der χ_{80}^2-Verteilung identisch ist) 5% abschneidet. Dies ist der Wert 101,88. Da der gefundene χ^2-Wert größer ist, unterscheidet sich die Varianz der Testwerte der Patienten mit bipolarer Störung signifikant von der Varianz in der „Normal"-Population.

Hinweis: Wäre H_1 in der Weise *gerichtet* formuliert worden, dass $\sigma^2 < \sigma_A^2$ vermutet wird, muss der ermittelte χ^2-Wert mit demjenigen χ^2-Wert verglichen werden, der von der linken Seite der χ^2-Verteilung 5% bzw. 1% abschneidet. In diesem Fall ist das Ergebnis signifikant, wenn der gefundene Wert kleiner ist als der theoretische Wert.

Testen wir *zweiseitig*, bestimmen wir anhand der χ^2-Tabelle diejenigen χ^2-Werte, die von beiden Seiten der Verteilung jeweils 2,5% (0,5%) abschneiden. Liegt der empirische χ^2-Wert außerhalb des durch diese beiden Werte gekennzeichneten Bereichs, ist das Ergebnis auf dem 5%(1%)-Niveau signifikant.

5.1.5 Vergleich zweier Stichprobenvarianzen (F-Test)

Eine Stichprobenvarianz wird in der Praxis häufiger mit einer anderen Stichprobenvarianz verglichen als mit einer Populationsvarianz. Der hier indizierte F-Test überprüft die Null-Hypothese, dass die beiden zu vergleichenden Stichproben aus Grundgesamtheiten mit gleichen Varianzen stammen, d.h. dass mögliche Varianzunterschiede nur stichprobenbedingt bzw. zufällig sind:

5.1.5 Vergleich zweier Stichprobenvarianzen (F-Test)

$H_0:\ \sigma_1^2 = \sigma_2^2$.

Ausgehend von den Schätzwerten $\hat{\sigma}_1^2$ und $\hat{\sigma}_2^2$ bilden wir folgenden F-Wert:

$$F = \frac{\hat{\sigma}_1^2/\sigma_1^2}{\hat{\sigma}_2^2/\sigma_2^2}\ . \quad (5.38)$$

Da gemäß der H_0 $\sigma_1^2 = \sigma_2^2$, reduziert sich (5.38) zu:

$$F = \frac{\hat{\sigma}_1^2}{\hat{\sigma}_2^2}\ . \quad (5.39)$$

Die in Gl. (5.39) definierte Prüfgröße ist unter der Voraussetzung, dass das untersuchte Merkmal normalverteilt ist, mit $df_Z = n_1 - 1$ Zählerfreiheitsgraden und $df_N = n_2 - 1$ Nennerfreiheitsgraden F-verteilt.

Herleitung der Prüfgröße. Nach Gl. (2.58) ist ein F-Wert folgendermaßen definiert:

$$F_{(n_1-1, n_2-1)} = \frac{\chi^2_{(n_1-1)}/(n_1 - 1)}{\chi^2_{(n_2-1)}/(n_2 - 1)}\ . \quad (5.40)$$

Für $\hat{\sigma}_1^2$ und $\hat{\sigma}_2^2$ erhalten wir nach Gl. (5.37) durch Umstellen

$$\hat{\sigma}_1^2 = \frac{\chi^2_{(n_1-1)} \cdot \sigma_1^2}{n_1 - 1} \quad \text{und} \quad (5.41\,a)$$

$$\hat{\sigma}_2^2 = \frac{\chi^2_{(n_2-1)} \cdot \sigma_2^2}{n_2 - 1}\ . \quad (5.41\,b)$$

Setzen wir (5.41 a u. b) in (5.39) ein, ergibt sich

$$F = \frac{\dfrac{\chi^2_{(n_1-1)} \cdot \sigma_1^2}{n_1 - 1}}{\dfrac{\chi^2_{(n_2-1)} \cdot \sigma_2^2}{n_2 - 1}}\ . \quad (5.42)$$

Da σ_1^2 und σ_2^2 unter der Annahme, die H_0 sei richtig, gleich sind, reduziert sich Gl. (5.42) zu Gl. (5.40), d.h., der Quotient $\hat{\sigma}_1^2/\hat{\sigma}_2^2$ ist F-verteilt. Die Zähler-df sind durch $n_1 - 1$ und die Nenner-df durch $n_2 - 1$ bestimmt. Beim F-Test müssen wir bei kleinen Stichproben (n_1, $n_2 < 30$) voraussetzen, dass die Grundgesamtheiten normalverteilt sind.

BEISPIEL

Es wird gefragt, ob Leser einer Zeitung A eine homogenere Meinung vertreten als Leser einer Zeitung B (gerichtete Hypothese, $\alpha = 5\%$). Auf Grund eines Fragebogens wird bei 120 Lesern der Zeitung A und bei 100 Lesern der Zeitung B ein Einstellungsindex ermittelt, von dem wir annehmen, er sei normalverteilt. Diese Indizes haben bei den A-Lesern eine Varianz von $\hat{\sigma}_A^2 = 80$ und bei den B-Lesern eine Varianz von $\hat{\sigma}_B^2 = 95$. Der F-Wert lautet somit nach (5.39)

$$F = \frac{95}{80} = 1{,}19\ .$$

Der F-Tabelle (Tabelle E) entnehmen wir, dass bei 99 Zählerfreiheitsgraden und 119 Nennerfreiheitsgraden ein F-Wert von ca. 1,40 auf dem 5%-Niveau erwartet wird. Der empirisch ermittelte F-Wert liegt unter diesem Wert, d.h., die Varianzen der Einstellungen der Leser beider Zeitungen unterscheiden sich nicht signifikant.

Hinweise: Es ist darauf zu achten, dass bei *einseitigem Test* diejenige Varianz im Zähler steht, die nach der H_1 die größere sein müsste. Der Grund hierfür ist darin zu sehen, dass die F-Tabelle im Anhang E nur diejenigen F-Werte enthält, die von der rechten Seite der F-Verteilung ($1 < F < \infty$) 5% (1%) abschneiden. Auf die tabellarische Wiedergabe von F-Verteilungsintegralen im Bereich $0 < F < 1$, die benötigt werden, wenn die kleinere Varianz im Zähler steht, wurde verzichtet. Somit sind auch die für zweiseitige Tests benötigten theoretischen F-Werte in Tabelle E nicht enthalten. Da der F-Test jedoch – zumindest im Rahmen der im Teil II zu besprechenden varianzanalytischen Verfahren – fast ausschließlich einseitig verwendet wird, sind die in Tabelle E enthaltenen Werte für die meisten Fragestellungen ausreichend.

Der hier beschriebene F-Test setzt Unabhängigkeit der verglichenen Stichproben voraus. Eine Alternative zu Gl. (5.39) wurde von Kristof (1981) vorgeschlagen:

$$t_{(n-1)} = \frac{\hat{\sigma}_1^2 - \hat{\sigma}_2^2}{2 \cdot \hat{\sigma}_1 \cdot \hat{\sigma}_2} \cdot \sqrt{n - 1}\ . \quad (5.39\,a)$$

Gl. (5.39 a) setzt $n = n_1 \approx n_2$ voraus. Schätzen wir n im o. g. Beispiel mit $(n_1 + n_2)/2 = 110$, ergibt sich

$$t_{109} = \frac{80 - 95}{2 \cdot \sqrt{80 \cdot 95}} \cdot \sqrt{109} = -0{,}90\ .$$

Auch dieser Wert ist gem. Tafel D des Anhangs ($t_{crit} \approx -1{,}68$) nicht signifikant

Für den Vergleich von Varianzen aus *abhängigen Stichproben* empfiehlt Kristof (1981) folgenden Test:

$$t_{(n-2)} = \frac{\hat{\sigma}_1^2 - \hat{\sigma}_2^2}{2 \cdot \hat{\sigma}_1 \cdot \hat{\sigma}_2 \cdot \sqrt{1 - r^2}} \cdot \sqrt{n - 2}\ . \quad (5.39\,b)$$

r steht hier für „Korrelation zwischen den abhängigen Stichproben", die z. B. über Gl. (6.60) berechnet werden kann. Weitere Information zu dieser Thematik findet man bei Wilcox (1989).

5.2 Verfahren für Ordinaldaten

Sieht der Untersuchungsplan die Erhebung von Rangreihen vor, oder kann die Annahme, die Daten haben Intervallskalencharakter, nicht aufrechterhalten werden (zur Diskussion dieser Annahme vgl. Bortz u. Döring, 2002, S. 180 f.), können die unter 5.1 beschriebenen Verfahren nicht eingesetzt werden. Desgleichen müssen wir auf diese Verfahren verzichten, wenn – insbesondere bei kleineren Stichprobenumfängen – die jeweiligen Voraussetzungen (normalverteilte Grundgesamtheit und ggf. Varianzhomogenität) nicht erfüllt sind. In diesen Fällen benötigen wir spezielle, voraussetzungsärmere Verfahren, die lediglich die ordinale Information der Daten auswerten. Einen ausführlichen Überblick über diese Verfahren *(verteilungsfreie Verfahren)* findet man z.B. bei Bortz et al. (2000, Kap. 6) bzw. Bortz u. Lienert (2003, Kap. 3). Wir wollen uns hier nur mit den häufigsten Problemfällen beschäftigen, bei denen es um den Vergleich zweier Stichproben hinsichtlich ihrer zentralen Tendenz geht (im Unterschied zu Kap. 5.1 sprechen wir hier nicht von Mittelwertsvergleichen, da bei ordinalen Daten das arithmetische Mittel nicht definiert ist). Wie in 5.1 unterscheiden wir zwischen abhängigen und unabhängigen Stichproben.

5.2.1 Vergleich von zwei unabhängigen Stichproben hinsichtlich ihrer zentralen Tendenz (U-Test von Mann-Whitney)

Es soll überprüft werden, ob die Beeinträchtigung der Reaktionszeit unter Alkoholeinfluss durch die Einnahme eines Präparates A wieder aufgehoben werden kann. Da wir nicht davon ausgehen können, dass Reaktionszeiten normalverteilt sind, entscheiden wir uns für ein Verfahren, das nur die ordinale Information der Daten berücksichtigt und das nicht an die Normalverteilungsvoraussetzung geknüpft ist.

An einem Reaktionsgerät werden 12 Personen (Gruppe 1) mit einer bestimmten Alkoholmenge und 15 Personen (Gruppe 2), die zusätzlich Präparat A eingenommen haben, getestet. Es mögen sich die in Tabelle 5.3 genannten Reaktionszeiten ergeben haben.

In Tabelle 5.3 wurde in aufsteigender Reihenfolge eine gemeinsame Rangreihe aller 27 Messwerte gebildet. Wenn eine der beiden Gruppen langsamer reagiert, müsste der Durchschnitt der Rangplätze ($\bar{R}$) in dieser Gruppe höher sein als in der anderen Gruppe. Der Unterschied von $\bar{R}_1$ und $\bar{R}_2$ kennzeichnet also mögliche Unterschiede in den Reaktionszeiten. Für die erste Gruppe erhalten wir eine Rangsumme von $T_1 = 172$ bzw. $\bar{R}_1 = 14{,}33$ und für die zweite Gruppe $T_2 = 206$ bzw. $\bar{R}_2 = 13{,}73$. T_1 und T_2 sind durch die Beziehung

$$T_1 + T_2 = \frac{n \cdot (n+1)}{2} \quad (n = n_1 + n_2) \quad (5.43)$$

miteinander verknüpft. Als nächstes wird eine Prüfgröße U (bzw. U') bestimmt, indem wir auszählen, wie häufig ein Rangplatz in der einen Gruppe größer ist als die Rangplätze in der anderen Gruppe. In unserem Beispiel erhalten wir den U-Wert folgendermaßen: Die erste Person in Gruppe 1 hat den Rangplatz 4. In Gruppe 2 befinden sich 13 Personen mit einem höheren Rangplatz. Als nächstes betrachten wir die 2. Person in Gruppe 1 mit dem Rangplatz 17. Dieser Rangplatz wird von 5 Personen in Gruppe 2 übertroffen. Die 3. Person der Gruppe 1 hat Rangplatz 22, und es befinden sich 3 Personen in Gruppe 2 mit höherem Rangplatz usw. Addieren wir diese aus $n_1 \cdot n_2$ Vergleichen resultierenden Werte, ergibt sich der gesuchte U-Wert (in unserem Beispiel U = $13 + 5 + 3 \ldots$). Ausgehend von der Anzahl der *Rangplatzunterschreitungen* erhalten wir U'. U und U' sind nach folgender Beziehung miteinander verknüpft:

$$U = n_1 \cdot n_2 - U'. \quad (5.44)$$

Die recht mühsame Zählarbeit bei der Bestimmung des U-Wertes kann man sich ersparen, wenn folgende Beziehung eingesetzt wird:

$$U = n_1 \cdot n_2 + \frac{n_1 \cdot (n_1 + 1)}{2} - T_1. \quad (5.45)$$

Danach ist U in unserem Beispiel

5.2.1 Vergleich von zwei unabhängigen Stichproben hinsichtlich ihrer zentralen Tendenz

Tabelle 5.3. Beispiel für einen Mann-Whitney-U-Test

Mit Alkohol		Mit Alkohol und Präparat A	
Reaktionszeit (ms)	Rangplatz	Reaktionszeit (ms)	Rangplatz
85	4	96	10
106	17	105	16
118	22	104	15
81	2	108	19
138	27	86	5
90	8	84	3
112	21	99	12
119	23	101	13
107	18	78	1
95	9	124	25
88	7	121	24
103	14	97	11
		129	26
	$T_1 = 172$	87	6
		109	20
			$T_2 = 206$

$$U = 12 \cdot 15 + \frac{12 \cdot 13}{2} - 172 = 86,$$

bzw. durch Austausch von n_1 und n_2 in Gl. (5.45) und unter Verwendung von T_2:

$$U' = 12 \cdot 15 + \frac{15 \cdot 16}{2} - 206 = 94.$$

Zur Rechenkontrolle überprüfen wir, ob Gl. (5.44) erfüllt ist:

$$86 = 12 \cdot 15 - 94.$$

Unterscheiden sich die Populationen, aus denen die Stichproben entnommen wurden, nicht, erwarten wir unter der H_0 einen U-Wert von

$$\mu_U = \frac{n_1 \cdot n_2}{2}. \qquad (5.46)$$

Alle denkbaren U-Werte sind um μ_U symmetrisch verteilt. Die Streuung der U-Werte-Verteilung (*Standardfehler des U-Wertes*) lautet:

$$\sigma_U = \sqrt{\frac{n_1 \cdot n_2 \cdot (n_1 + n_2 + 1)}{12}}. \qquad (5.47)$$

Die Verteilung der U-Werte um μ_U ist bei größeren Stichproben (n_1 oder $n_2 > 10$) angenähert normal, sodass der folgende z-Wert anhand Tabelle B auf seine statistische Bedeutsamkeit hin überprüft werden kann:

$$z = \frac{U - \mu_U}{\sigma_U}. \qquad (5.48)$$

Für das Beispiel errechnet man

$$\mu_U = \frac{12 \cdot 15}{2} = 90 \quad \text{und}$$

$$\sigma_U = \sqrt{\frac{12 \cdot 15 \cdot (12 + 15 + 1)}{12}} = 20{,}49.$$

Da U und U' symmetrisch zu μ_U liegen, ist es unerheblich, ob U oder U' in Gl. (5.48) eingesetzt werden. Wir ermitteln für z

$$z = \frac{86 - 90}{20{,}49} = -0{,}20.$$

Gemäß unserer Fragestellung ist dieser z-Wert einseitig zu prüfen. Wir entnehmen Tabelle B den kritischen Wert $z_{5\%} = -1{,}65$, sodass die H_0 wegen $-1{,}65 < -0{,}20$ beizubehalten ist.

Kleine Stichproben

Bei kleineren Stichprobenumfängen wird die Signifikanzüberprüfung eines U-Wertes anhand Tabelle F vorgenommen, in der für $n_1 \leq 8$ und $n_2 \leq 8$ die exakten Irrtumswahrscheinlichkeiten der U-Werte tabelliert sind. Die Tabelle ermöglicht die Bestimmung von einseitigen und zweiseitigen Irrtumswahrscheinlichkeiten. Wir definieren $U < U'$ und lesen bei einseitigem Test die zu U gehörende Irrtumswahrscheinlichkeit ab. Bei zweiseitigem Test ist die entsprechende Irrtumswahrscheinlichkeit zu verdoppeln, außer für $U = \mu_0$. In diesem Fall ist die H_0 beizubehalten.

Für $1 < n_1 \leq 20$ und $9 \leq n_2 \leq 20$ enthält die Tabelle kritische U-Werte, die von U erreicht oder unterschritten werden müssen, um bei dem jeweils genannten α-Niveau bei ein- oder zweiseitigem Test signifikant zu sein.

Der kritische U-Wert für unsere Fragestellung ($n_1 = 12$, $n_2 = 15$, $\alpha = 0{,}05$, einseitiger Test) lautet $U_{crit} = 55$. Wegen $U = 86 > 55$ kommen wir also zum gleichen Ergebnis wie nach Gl. (5.48): Der Unterschied ist nicht signifikant, d.h., H_0 ist beizubehalten. Eine Aufhebung des Alkoholeinflusses durch das Präparat A kann nicht nachgewiesen werden.

Verbundene Ränge

Liegen verbundene Ränge vor, weil sich mehrere Personen einen Rangplatz teilen, wird die Streuung des U-Wertes folgendermaßen korrigiert:

$$\sigma_{U_{corr}} = \sqrt{\frac{n_1 \cdot n_2}{n \cdot (n-1)}} \times \sqrt{\frac{n^3 - n}{12} - \sum_{i=1}^{k} \frac{t_i^3 - t_i}{12}}, \quad (5.49)$$

wobei

$n = n_1 + n_2$

t_i = Anzahl der Personen, die sich Rangplatz i teilen,

k = Anzahl der verbundenen Ränge.

Wie man verbundene Ränge bestimmt, zeigt das folgende Beispiel:

BEISPIEL

Zwei Schülergruppen ($n_1 = 10$, $n_2 = 11$) spielen Theater. Die Schauspieler werden hinterher mit 8 Preisen belohnt, wobei eine Jury entscheidet, wie die 8 Preise verteilt werden sollen. Der beste Schauspieler erhält den 1. Preis, der zweitbeste den 2. Preis usw. Da nur 8 Preise zur Verfügung stehen, aber möglichst viele Schüler einen Preis erhalten sollen, müssen sich einige Schüler Preise teilen.

Es soll überprüft werden, ob sich die beiden Schauspielergruppen signifikant in ihrer schauspielerischen Leistung unterscheiden (zweiseitiger Test, $\alpha = 5\%$).

Die Preisverteilung führt zu folgenden Ergebnissen:

Schüler	9	Gruppe 1	1. Preis
Schüler	2	Gruppe 1	2. Preis
Schüler	6	Gruppe 1	
Schüler	10	Gruppe 2	
Schüler	4	Gruppe 1	3. Preis
Schüler	7	Gruppe 1	4. Preis
Schüler	3	Gruppe 2	
Schüler	1	Gruppe 1	5. Preis
Schüler	3	Gruppe 1	6. Preis
Schüler	4	Gruppe 2	
Schüler	8	Gruppe 1	7. Preis
Schüler	1	Gruppe 2	8. Preis
Schüler	5	Gruppe 2	

Daraus resultiert die in Tabelle 5.4 dargestellte gemeinsame Rangreihe der Schüler, wobei die 8 Schüler ohne Preis nach ihren Leistungen auf die Rangplätze 14 bis 21 verteilt werden. Die *verbundenen Ränge* (Rangverbindungen) erhalten wir, indem Schülern mit gleichem Rangplatz der Durchschnitt der für diese Schüler normalerweise zu vergebenden Rangplätze zugewiesen wird. Beispiel: 3 Schüler teilen sich den 2. Preis; jeder dieser Schüler erhält den Rangplatz $(2+3+4)/3 = 3$.

Für Gruppe 1 ermitteln wir $T_1 = 76$ und für Gruppe 2 $T_2 = 155$ (Kontrolle nach Gl. 5.43: $76 + 155 = 21 \cdot 22/2$). μ_U berechnen wir nach Gl. 5.46 zu:

$$\mu_U = \frac{10 \cdot 11}{2} = 55.$$

Die U-Werte lauten nach Gl. (5.45)

$$U = 10 \cdot 11 + \frac{10 \cdot (10+1)}{2} - 76 = 89$$

und

$$U' = 10 \cdot 11 + \frac{11 \cdot (11+1)}{2} - 155 = 21.$$

Gleichung (5.44) ist erfüllt. Um die für Rangbindungen korrigierte U-Werte-Streuung zu ermitteln, wenden wir uns zunächst dem Ausdruck

$$\sum_{i=1}^{k} \frac{t_i^3 - t_i}{12}$$

zu. Aus Tabelle 5.4 entnehmen wir die folgenden 4 Rangbindungsgruppen:

$t_1 = 3$ Schüler mit dem Rang 3,

$t_2 = 2$ Schüler mit dem Rang 6,5,

$t_3 = 2$ Schüler mit dem Rang 9,5,

$t_4 = 2$ Schüler mit dem Rang 12,5.

Der Summenausdruck lautet somit

$$\sum_{i=1}^{4} \frac{t_i^3 - t_i}{12} = \frac{3^3 - 3}{12} + \frac{2^3 - 2}{12} + \frac{2^3 - 2}{12} + \frac{2^3 - 2}{12} = 3{,}5.$$

Für $\sigma_{U_{corr}}$ ermitteln wir daher

$$\sigma_{U_{corr}} = \sqrt{\frac{10 \cdot 11}{21 \cdot (21-1)} \cdot \left(\frac{21^3 - 21}{12} - 3{,}5\right)} = 14{,}17.$$

Dies führt nach (5.48) zu einem z-Wert von

$$z = \frac{89 - 55}{14{,}17} = 2{,}40.$$

Nach Tabelle B erwarten wir bei zweiseitigem Test für das $\alpha = 5\%$-Niveau einen z-Wert von $\pm 1{,}96$. Da der empirisch ermittelte z-Wert außerhalb dieses z-Wert-Bereichs liegt, unterscheiden sich die beiden Schülergruppen signifikant auf dem 5%-Niveau.

5.2.2 Vergleich von zwei abhängigen Stichproben hinsichtlich ihrer zentralen Tendenz

Tabelle 5.4. Mann-Whitney-U-Test für verbundene Ränge

Gruppe 1		Gruppe 2	
Schüler	Rangplatz	Schüler	Rangplatz
1	8	1	12,5
2	3	2	21
3	9,5	3	6,5
4	5	4	9,5
5	14	5	12,5
6	3	6	18
7	6,5	7	17
8	11	8	20
9	1	9	16
10	15	10	3
		11	19
	$T_1 = 76$		$T_2 = 155$

Tabelle 5.5. Beispiel für einen Wilcoxon-Test ($n < 25$)

		(1) vorher	(2) nachher	(3) d_i	(4) Rangplatz von $|d_i|$
Betrieb	1	8	4	4	7,5
	2	23	16	7	10
	3	7	6	1	2
	4	11	12	−1	2(−)
	5	5	6	−1	2(−)
	6	9	7	2	4,5
	7	12	10	2	4,5
	8	6	10	−4	7,5(−)
	9	18	13	5	9
	10	9	6	3	6
					$T = 11,5$
					$T' = 43,5$

Hinweise: Für kleinere Stichproben mit verbundenen Rängen verwendet man eine von Buck (1976) entwickelte Tabelle, die in Auszügen bei Bortz et al. (2000, Tafel 7) wiedergegeben ist. Der hier beschriebene U-Test von Mann u. Whitney (1947) und der *Rangsummentest* von Wilcoxon (1947) sind mathematisch äquivalent.

5.2.2 Vergleich von zwei abhängigen Stichproben hinsichtlich ihrer zentralen Tendenz (Wilcoxon-Test)

Es soll der Erfolg von Unfallverhütungsmaßnahmen in Betrieben überprüft werden. In 10 zufällig herausgegriffenen Betrieben werden die Werktätigen über Möglichkeiten der Unfallverhütung informiert. Verglichen wird die monatliche Unfallzahl vor und nach der Aufklärungskampagne. Die in Tabelle 5.5 genannten Unfallhäufigkeiten wurden registriert.

Da wir nicht davon ausgehen können, dass sich Unfallzahlen normalverteilen, und da die Stichprobe klein ist, entscheiden wir uns für ein verteilungsfreies Verfahren. Es wurde die gleiche Stichprobe zweimal untersucht, sodass der Wilcoxon-Test für Paardifferenzen angezeigt ist (Wilcoxon, 1945, 1947). Nach diesem Verfahren kann die H_0 (die beiden Messwertreihen stammen aus Populationen, die keine Unterschiede hinsichtlich der zentralen Tendenz aufweisen) folgendermaßen überprüft werden ($\alpha = 1\%$, einseitiger Test): Wie beim t-Test für abhängige Stichproben wird zunächst für jedes Messwertepaar die Differenz d_i berechnet (Spalte 3). Die Absolutbeträge der Differenzen werden in eine Rangreihe gebracht (Spalte 4), wobei wir diejenigen Rangplätze kennzeichnen, die zu Paardifferenzen mit dem selteneren Vorzeichen gehören (zur Ermittlung verbundener Rangplätze vgl. 5.2.1). In unserem Beispiel sind dies die negativen Paardifferenzen. Die Summe der Rangplätze von Paardifferenzen mit dem selteneren (hier negativen) Vorzeichen kennzeichnen wir durch T und die Summe der Rangplätze von Paardifferenzen mit dem häufigeren Vorzeichen durch T'. Sollte ein Paar aus gleichen Messwerten bestehen (was auf unser Beispiel nicht zutrifft), ist die Paardifferenz Null. In diesem Fall kann nicht entschieden werden, zu welcher Gruppe von Paardifferenzen (mit positivem oder negativem Vorzeichen) die Differenz gehört. Paare mit Null-Differenzen bleiben deshalb in der Rechnung unberücksichtigt. Das n wird um die Anzahl der identischen Messwertpaare reduziert. Ist die Anzahl der Null-Differenzen groß, so weist dieser Tatbestand bereits auf die Richtigkeit der H_0 hin. (Ausführliche Hinweise zur Behandlung von Nulldifferenzen findet man bei Bortz et al., 2000, S. 262 ff.).

In unserem Beispiel ermitteln wir

$$T = 11{,}5 \quad \text{und} \quad T' = 43{,}5 \, .$$

T und T' sind durch die Beziehung (5.50) miteinander verbunden.

$$T + T' = \frac{n \cdot (n+1)}{2}, \quad (5.50)$$

wobei n = Anzahl der Paardifferenzen.

Je deutlicher sich T und T' unterscheiden, um so unwahrscheinlicher ist die H_0. Unter der Annahme der H_0, dass die Stichproben aus Populationen mit gleicher zentraler Tendenz stammen, erwarten wir als T-Wert die halbe Summe aller Rangplätze:

$$\mu_T = \frac{n \cdot (n+1)}{4}. \quad (5.51)$$

Bezogen auf unsere Daten ergibt sich

$$\mu_T = \frac{10 \cdot 11}{4} = 27{,}5.$$

Je deutlicher der empirische T-Wert von μ_T abweicht, um so geringer ist die Wahrscheinlichkeit, dass der gefundene Unterschied zufällig zustande gekommen ist, bzw. die Wahrscheinlichkeit, dass das gefundene Ergebnis mit der H_0 vereinbar ist. Tabelle G informiert darüber, welche untere T-Wert-Grenze bei gegebenem α-Fehler-Niveau und ein- bzw. zweiseitigem Test zu unterschreiten ist. Für den einseitigen Test unseres Beispiels lautet der kritische Wert für n = 10 und $\alpha = 1\%$: T = 5. Da der empirische Wert (T = 11,5) größer ist (d.h. nicht so extrem von μ_T abweicht wie der für das 1%-Niveau benötigte T-Wert), kann die H_0 nicht verworfen werden. Die Aufklärungskampagne hat keinen signifikanten Einfluss auf die Unfallzahlen ausgeübt.

Große Stichproben

Tabelle G enthält nur die kritischen T-Werte für Stichproben mit maximalem n = 25. Bei größeren Stichprobenumfängen geht die Verteilung der T-Werte in eine Normalverteilung über, sodass die Standardnormalverteilungstabelle benutzt werden kann. Die für die Transformation eines T-Wertes in einen z-Wert benötigte Streuung der T-Werte (Standardfehler des T-Wertes) lautet:

$$\sigma_T = \sqrt{\frac{n \cdot (n+1) \cdot (2 \cdot n+1) - \sum_{i=1}^{k} \frac{t_i^3 - t_i}{2}}{24}} \quad (5.52)$$

mit k = Anzahl der Rangbindungen und t_i = Länge der Rangbindung i.

BEISPIEL

Es soll überprüft werden, ob Ehepartner das ihnen zur Verfügung stehende Einkommen zu gleichen Teilen ausgeben (H_0). Die Fragestellung soll zweiseitig mit einem α-Niveau von 5% überprüft werden. Befragt wurden n = 30 junge Ehepaare. Das Ergebnis der Befragung und die Auswertung zeigt Tabelle 5.6.

Da die Differenzenverteilung deutlich bimodal ist, ziehen wir den Wilcoxon-Test für Paardifferenzen dem t-Test für abhängige Stichproben vor. Ein Ehepaar kann in der Rechnung nicht berücksichtigt werden, da die von beiden Ehepartnern angegebenen Beträge identisch sind. Der T-Wert für die verbleibenden n_{red} = 29 Paare ist angenähert normalverteilt, sodass wir die Signifikanzüberprüfung anhand der Normalverteilungstabelle vornehmen können. Wir ermitteln einen empirischen z-Wert, der größer ist als der für das α = 5%-Niveau bei zweiseitigem Test erwartete z-Wert ($z = \pm 1{,}96$). Die H_0 wird deshalb verworfen. Das den Ehepartnern zur Verfügung stehende Einkommen wird nicht gleichanteilig ausgegeben.

▷ 5.3 Verfahren für Nominaldaten

Nominaldatenverfahren sind indiziert, wenn *Häufigkeitsunterschiede* im Auftreten bestimmter Merkmale bzw. Merkmalskombinationen analysiert werden sollen. Da in fast allen Verfahren dieses Kapitels Prüfstatistiken ermittelt werden, die (approximativ) χ^2-verteilt sind, werden die Verfahren zur Analyse von Häufigkeiten gelegentlich vereinfachend als χ^2-*Methoden* bezeichnet.

> χ^2-Methoden dienen der Analyse von Häufigkeiten.

Die Anwendung der χ^2-Methoden ist nicht nur auf nominale Variablen begrenzt. Sie können auch eingesetzt werden, wenn für die Kategorien eines intervallskalierten Merkmals (oder eines ordinalen Merkmals mit vielen Rangbindungen) Häufigkeiten vorliegen, für deren Analyse kein skalenspezifisches Verfahren zur Verfügung steht. Die Merkmale werden dann wie nominalskalierte Merkmale behandelt, wobei allerdings die Intervall-(bzw. Ordinal-)skaleninformation verlorengeht.

In Tabelle 5.7 sind die im Folgenden zu besprechenden χ^2-Verfahren tabellarisch zusammengestellt. Ferner ist gekennzeichnet, wo die einzelnen Verfahren behandelt werden.

Um das Herausfinden des richtigen Verfahrens zu erleichtern, sei im Folgenden für jedes Verfahren (ausgenommen Verfahren h, dessen Indikati-

5.3 Verfahren für Nominaldaten

Tabelle 5.6. Beispiel für einen Wilcoxon-Test (n > 25)

Ehepaar Nr.	♂	♀	Differenz	Rang	Ränge von negativen Differenzen
1	680	680	0	–	
2	820	850	–30	2	2
3	660	630	30	2	
4	650	620	30	2	
5	700	740	–40	4,5	4,5
6	890	850	40	4,5	
7	500	550	–50	7	7
8	770	720	50	7	
9	600	650	–50	7	7
10	800	740	60	9	
11	820	750	70	11,5	
12	870	940	–70	11,5	11,5
13	880	810	70	11,5	
14	720	650	70	11,5	
15	520	600	–80	14	14
16	850	750	100	15	
17	780	900	–120	16	16
18	820	950	–130	17	17
19	800	650	150	18	
20	540	700	–160	19,5	19,5
21	850	690	160	19,5	
22	830	650	180	21,5	
23	780	960	–180	21,5	21,5
24	1040	850	190	23	
25	980	780	200	24	
26	1200	980	220	25,5	
27	940	720	220	25,5	
28	810	560	250	27	
29	870	580	290	28	
30	1150	840	310	29	

$n_{red} = 29$ $\qquad\qquad\qquad\qquad\qquad\qquad\qquad\qquad$ $T = 120$

$$\mu_T = \frac{n \cdot (n+1)}{4} = \frac{29 \cdot 30}{4} = 217{,}5$$

$$\sum_{i=1}^{k} \frac{t_i^3 - t_i}{2} = \frac{1}{2} \cdot [(3^3 - 3) + (2^3 - 2) + (3^3 - 3) + (4^3 - 4) + 3 \cdot (2^3 - 2)] = 66$$

$$\sigma_T = \sqrt{\frac{n \cdot (n+1) \cdot (2 \cdot n + 1) - \sum_{i=1}^{k} \frac{t_i^3 - t_i}{2}}{24}} = \sqrt{\frac{29 \cdot 30 \cdot 59 - 66}{24}} = 46{,}22$$

$$z = \frac{T - \mu_T}{\sigma_T} = \frac{120 - 217{,}5}{46{,}22} = \frac{-97{,}5}{46{,}22} = -2{,}11$$

Bei zweiseitigem Test ($\alpha = 5\%$) ist die H_0 im Bereich $-1{,}96 < z < 1{,}96$ beizubehalten.

on jedoch aus g ersichtlich wird) ein Beispiel genannt. Die den Beispielen zugeordneten Verfahren sind in Tabelle 5.7 zusammengefasst.

a) Sind in den Sozialwissenschaften mehr weibliche oder mehr männliche Studenten immatrikuliert?
b) Ist die Anzahl der Nichtraucher nach einer Aufklärungskampagne gestiegen?
c) Hat sich die Anzahl einnässender Kinder nach mehrfachem Konditionierungstraining geändert?
d) Wird eines von vier Waschmitteln überzufällig häufig gekauft?

Tabelle 5.7. Übersicht der χ^2-Verfahren

	1 Merkmal	2 Merkmale	m Merkmale
2fach gestuft	(a) einmalige Untersuchung: eindimensionales χ^2 (S. 156 ff.) (b) zweimalige Untersuchung: McNemar-χ^2-Test (S. 159 ff.) (c) mehrmalige Untersuchung: Cochran-Q-Test (S. 161 f.)	(e) 4-Felder-χ^2-Test (S. 168 ff.)	(g) Konfigurationsfrequenzanalyse für alternative Merkmale (S. 175 f.)
mehrfach gestuft	(d) eindimensionales χ^2: Vgl. einer empirischen Verteilung mit einer theoretischen Verteilung (S. 162 ff.)	(f) $k \cdot l \chi^2$-Test (S. 172 ff.)	(h) Konfigurationsfrequenzanalyse für mehrfach gestufte Merkmale (S. 176)

e) Gibt es mehr männliche oder mehr weibliche Brillenträger?
f) Ist die Art der Rorschachdeutungen bei verschieden altrigen Kindern unterschiedlich?
g) Sind weibliche Personen in der Stadt besonders häufig berufstätig?

▷ **5.3.1 Vergleich der Häufigkeiten eines zweifach gestuften Merkmals**

Einmalige Untersuchung

An einer Technischen Universität seien in einem Semester im Fachbereich Sozialwissenschaften 869 männliche und 576 weibliche Studenten immatrikuliert. Kann man davon ausgehen, dass dieser Unterschied zufällig zustande gekommen ist?

Die Antwort auf diese Frage ist davon abhängig, wie wir die Nullhypothese formulieren. Man kann einmal überprüfen, ob dieses Zahlenverhältnis mit der H_0 vereinbar ist, dass die Anzahl männlicher und weiblicher Studenten mit dem allgemeinen Geschlechterverhältnis 50 : 50 übereinstimmt. Eine andere H_0 könnte behaupten, dass das Verhältnis männlich zu weiblich im Fachbereich Sozialwissenschaften dem Verhältnis männlich zu weiblich an der gesamten Technischen Universität entspricht.

H_0: Gleichverteilte Merkmalsalternativen. Sollte die erste Nullhypothese zutreffen, erwarten wir genauso viele männliche Studenten wie weibliche Studenten. Die gemäß H_0 erwarteten Häufigkeiten (f_e) lauten deshalb für jede Merkmalsalternative:

$$f_{e(1)} = f_{e(2)} = \frac{f_{b(1)} + f_{b(2)}}{2} \qquad (5.53)$$

(wobei $f_{b(1)}$ und $f_{b(2)}$ = beobachtete Häufigkeiten in den Merkmalsalternativen 1 und 2). Für unser Beispiel resultiert:

$$f_{e(1)} = f_{e(2)} = \frac{869 + 576}{2} = \frac{1445}{2} = 722{,}5\,.$$

Abweichungen der beobachteten Häufigkeiten von den erwarteten Häufigkeiten sprechen gegen die H_0. Da die Summe dieser Abweichungen jedoch Null ergibt und somit informationslos ist, betrachten wir die *Summe der quadrierten Abweichungen*. Die Quadrierung hat zur Konsequenz, dass größere (d. h. bei Gültigkeit der H_0 unwahrscheinlichere) Abweichungen stärker gewichtet werden:

$$\sum_{j=1}^{2} (f_{b(j)} - f_{e(j)})^2\,.$$

Dieser Ausdruck kann nur Null werden, wenn die beobachteten Häufigkeiten und die erwarteten Häufigkeiten identisch sind. Summieren wir die an den erwarteten Häufigkeiten relativierten Abweichungsquadrate über beide Kategorien, erhalten wir folgenden Ausdruck:

$$\chi^2 = \sum_{j=1}^{2} \frac{(f_{b(j)} - f_{e(j)})^2}{f_{e(j)}}\,. \qquad (5.54)$$

Die in Gl. (5.54) definierte Prüfgröße ist bei genügend großen Stichproben χ^2-verteilt (vgl. hierzu die Voraussetzungen auf S. 159).

5.3.1 Vergleich der Häufigkeiten eines zweifach gestuften Merkmals

> An Gl. (5.54) erkennt man die Grundstruktur aller χ^2-Methoden: Alle χ^2-Methoden laufen auf einen Vergleich von beobachteten und erwarteten Häufigkeiten hinaus, wobei die erwarteten Häufigkeiten die jeweils geprüfte Nullhypothese repräsentieren.

Für unser Beispiel ermitteln wir ein χ^2 von

$$\chi^2 = \frac{(869 - 722{,}5)^2}{722{,}5} + \frac{(576 - 722{,}5)^2}{722{,}5} = 59{,}41 \, .$$

Freiheitsgrade. Aus Kap. 2.5.2 wissen wir, dass χ^2-Verteilungen unterschiedliche Freiheitsgrade (df) aufweisen. Ähnlich wie bei der Varianz (vgl. S. 138) müssen wir auch hier überprüfen, wieviele Summanden in Gl. (5.54) unabhängig voneinander frei variieren können. Dies ist offensichtlich nur ein Summand, denn der zweite Summand ist – wie man sich leicht überzeugen kann – wegen $f_{e(2)} = f_{e(1)}$; $f_{b(2)} = n - f_{b(1)}$ und $f_{e(1)} + f_{e(2)} = n$ eindeutig festgelegt. Im Beispiel: $f_{e(2)} = 722{,}5$; $f_{b(2)} = 1445 - 869 = 576$; $1445 = 722{,}5 + 722{,}5$. Der χ^2-Wert hat also einen Freiheitsgrad (df = 1).

Allgemein ergeben sich die Freiheitsgrade nach folgender Regel:

> Die Freiheitsgrade eines χ^2-Wertes entsprechen der Anzahl der Summanden gemäß Gl. (5.54) abzüglich der Bestimmungsstücke für die Berechnung der erwarteten Häufigkeiten, die aus den beobachteten Häufigkeiten abgeleitet wurden.

In unserem Beispiel (Vergleich der Häufigkeiten eines zweifach gestuften Merkmals) gibt es nur ein gemeinsames Bestimmungsstück. Dies ist der Stichprobenumfang n: Die Summe der beobachteten und die Summe der erwarteten Häufigkeiten ergibt jeweils n. Damit hat der errechnete χ^2-Wert bei zwei Summanden und einem gemeinsamen Bestimmungsstück $2 - 1 = 1$ Freiheitsgrad.

Anhand Tabelle C im Anhang überprüfen wir die Irrtumswahrscheinlichkeit dieses χ^2-Wertes mit einem Freiheitsgrad. Die dort aufgeführten, kritischen χ^2-Werte gelten für **ungerichtete** Alternativhypothesen (im Beispiel: Der Anteil männlicher Studenten unterscheidet sich vom Anteil weiblicher Studenten). Durch das Quadrieren der Differenzen $f_b - f_e$ tragen Häufigkeiten, die größer oder kleiner sind als nach der H_0 erwartet, zur Vergrößerung des χ^2-Wertes bei. Für $\alpha = 0{,}05$ und df = 1 entnehmen wir Tabelle C den Wert $\chi^2_{(1;95\%)} = 3{,}84$. (Dieser Wert schneidet von der χ^2_1-Verteilung an der rechten Seite 5% ab.) Da der empirische χ^2-Wert erheblich größer ist, verwerfen wir die H_0 und akzeptieren die H_1: Die Häufigkeiten für männliche und weibliche Studierende sind im Fachbereich Sozialwissenschaften nicht gleichverteilt.

(Man beachte, dass dieser und alle noch zu behandelnden χ^2-Tests einseitig durchgeführt werden, denn man betrachtet nur die rechte Seite der χ^2-Verteilung. Dies gilt für gerichtete und ungerichtete Hypothesen.)

Gerichtete Hypothesen. Bei einer gerichteten Hypothese (z.B.: Der Anteil männlicher Studenten ist größer als der Anteil weiblicher Studenten) lesen wir in Tabelle C denjenigen χ^2-Wert ab, der für das verdoppelte α-Niveau austabelliert ist. Die Begründung lautet: Beim einseitigen Test über die Standardnormalverteilung benötigen wir diejenigen z-Werte, die links *oder* rechts von der Standardnormalverteilung α% abschneiden. Überführen wir durch Quadrieren die Standardnormalverteilung in eine χ^2_1-Verteilung, fallen die (negativen) α% der linken Seite mit den positiven α% der rechten Seite zusammen, d.h., sie schneiden gemeinsam 2 α% der rechten Seite der χ^2_1-Verteilung ab (vgl. hierzu auch Fleiss, 1973, S. 20 ff.).

Soll die oben genannte gerichtete Hypothese z.B. auf dem $\alpha = 5\%$-Niveau überprüft werden, wählen wir denjenigen χ^2_1-Wert, der 10% von der χ^2_1-Verteilung abschneidet. Dieser Wert lautet $\chi^2_{(1;90\%)} = 2{,}71$. Man beachte, dass dieser Wert kleiner ist als der für $\alpha = 0{,}05$ tabellierte χ^2-Wert ($\chi^2_{(1;95\%)} = 3{,}84$), d.h., ein empirischer χ^2-Wert wird bei einseitiger Fragestellung eher signifikant als bei zweiseitiger Fragestellung (vgl. hierzu auch 4.5). Der einseitige Test hat – bei hypothesenkonformer Richtung der Häufigkeitsunterschiede – eine höhere Teststärke als der zweiseitige Test.

Der einseitige Test kann auch direkt über die Standardnormalverteilung durchgeführt werden. Hierzu transformieren wir unter Verwendung von Gl. (2.50) den empirischen χ^2-Wert in einen z-Wert ($z = \sqrt{\chi^2} = \sqrt{59{,}41} = 7{,}71$), der mit dem kritischen z-Wert ($z_{95\%} = 1{,}65$) zu vergleichen ist. Der kritische z-Wert der Standardnormalverteilung entspricht der Wurzel des kritischen $\chi^2_{(1)}$-Wertes ($\sqrt{2{,}71} = 1{,}65$).

Man beachte, dass dieser einseitige Test nur durchführbar ist, wenn der geprüfte χ^2-Wert einen Freiheitsgrad aufweist.

> Die Überprüfung einer gerichteten Hypothese im Kontext von χ^2-Verfahren ist nur möglich, wenn der resultierende χ^2-Wert einen Freiheitsgrad hat.

H$_0$: Nicht gleichverteilte Merkmalsalternativen. Für die Überprüfung der zweiten Nullhypothese (das Verhältnis männlich zu weiblich im Fachbereich Sozialwissenschaften entspricht dem üblichen Verhältnis männlich zu weiblich an der gesamten Technischen Universität) gehen wir folgendermaßen vor:

Den statistischen Unterlagen der TU entnehmen wir, dass sich die Studentenschaft in der Vergangenheit durchschnittlich aus 87% männlichen und 13% weiblichen Studenten zusammensetzte, d. h., wir schätzen die gem. H$_0$ erwarteten Wahrscheinlichkeiten mit p($\male$) = 0,87 und mit p($\female$) = 0,13. Die H$_0$ lautet: „Das Geschlechterverhältnis männlich zu weiblich im Fachbereich Sozialwissenschaften entspricht im untersuchten Semester dem an der gesamten TU üblichen Geschlechterverhältnis". Für die gem. H$_0$ erwarteten Häufigkeiten errechnet man:

$$f_{e(j)} = n \cdot p_j, \quad (5.55)$$

wobei n = Gesamtzahl der beobachteten Fälle. p_j ist ein Schätzwert für π_j, die Wahrscheinlichkeit der Kategorie j bei Gültigkeit von H$_0$.

Bezogen auf unser Beispiel (n = 1445 = Gesamtzahl aller Studenten im Fachbereich Sozialwissenschaften) resultieren die folgenden erwarteten Häufigkeiten:

$$f_{e(\male)} = 0{,}87 \cdot 1445 = 1257{,}15,$$
$$f_{e(\female)} = 0{,}13 \cdot 1445 = 187{,}85.$$

Auch hier ist die Summe der beobachteten Häufigkeiten mit der Summe der erwarteten Häufigkeiten identisch. Der Stichprobenumfang n ist also erneut das gemeinsame Bestimmungsstück der beobachteten und der erwarteten Häufigkeiten, d. h., auch dieser χ^2-Test hat einen Freiheitsgrad.

Setzen wir die beobachteten Häufigkeiten und die erwarteten Häufigkeiten in Gl. (5.54) ein, erhalten wir:

$$\chi^2 = \frac{(869 - 1257{,}15)^2}{1257{,}15} + \frac{(576 - 187{,}85)^2}{187{,}85}$$
$$= 921{,}87.$$

Dieser Wert ist sowohl bei zweiseitigem als auch einseitigem Test (z. B.: Der Anteil weiblicher Studenten ist im Fachbereich Sozialwissenschaften höher als an der gesamten Technischen Universität) sehr signifikant. Ausgehend von der Nullhypothese, dass männliche und weibliche Personen gleichhäufig studieren, sind im Fachbereich Sozialwissenschaften weitaus weniger weibliche Studenten vorhanden, als zu erwarten wäre. Beziehen wir den Vergleich jedoch auf die Nullhypothese, dass das Verhältnis männlich zu weiblich im Fachbereich Sozialwissenschaften dem Verhältnis männlich zu weiblich an der gesamten Technischen Universität entspricht, stellen wir fest, dass der Prozentsatz weiblicher Studenten weit überproportional ist.

Häufigkeitsvergleich über die Binomialverteilung. Das Ergebnis eines χ^2-Tests erhalten wir auch, wenn die Häufigkeit der Alternative weiblich (oder männlich) über die *Binomialverteilung* geprüft wird, die im vorliegenden Fall hinreichend gut durch die *Normalverteilung* approximiert werden kann (vgl. 2.4.1 und 2.5.1). Ersetzen wir $\bar{x}$ in Gl. (1.27) durch den Mittelwert der Binomialverteilung $n \cdot \pi$, x_i durch die angetroffene Häufigkeit in einer der beiden Merkmalsalternativen (z. B. $f_{b(1)}$ für männlich) und s durch die Streuung der Binomialverteilung $\sqrt{n \cdot \pi \cdot (1-\pi)}$, kann der folgende z-Wert berechnet werden:

$$z = \frac{f_{b(1)} - n \cdot \pi}{\sqrt{n \cdot \pi \cdot (1-\pi)}}. \quad (5.56)$$

π gibt die Wahrscheinlichkeit für die Alternative 1 bei gegebener Nullhypothese wieder (in unserem Beispiel: $\pi = 0{,}5$ für die 1. Version der H$_0$ und $\pi = 0{,}87$ für die 2. Version der H$_0$). Für unser Beispiel (2. Version der H$_0$) ermitteln wir somit einen z-Wert von

$$z = \frac{869 - 1445 \cdot 0{,}87}{\sqrt{1445 \cdot 0{,}13 \cdot 0{,}87}} = -30{,}36.$$

Die Wahrscheinlichkeit dieses z-Wertes ist bei Gültigkeit der H$_0$ ebenfalls verschwindend klein. Daß der ermittelte z-Wert von –30,36 dem χ^2_1 von

5.3.1 Vergleich der Häufigkeiten eines zweifach gestuften Merkmals

921,87 entspricht, zeigt sich, wenn wir die beiden Werte in Gl. (2.50) einsetzen: $921{,}87 = -30{,}36^2$.

Die Identität des Quadrats von Gl. (5.56) mit dem nach Gl. (5.54) ermittelten χ_1^2-Wert wird durch den folgenden allgemeinen Gedankengang belegt:

Da $n \cdot \pi = f_{e(1)}$, schreiben wir für die 1. Merkmalsalternative gemäß Gl. (5.56):

$$z = \frac{f_{b(1)} - f_{e(1)}}{\sqrt{f_{e(1)} \cdot (1 - \pi)}} \,. \tag{5.57}$$

Da ferner $n \cdot (1 - \pi) = n - f_{e(1)}$ (die erwartete Häufigkeit für die 2. Alternative ist gleich der Gesamthäufigkeit abzüglich der erwarteten Häufigkeit für die erste Alternative), ist $1 - \pi = (n - f_{e(1)})/n$, d.h., wir erhalten für Gl. (5.57)

$$z = \frac{f_{b(1)} - f_{e(1)}}{\sqrt{f_{e(1)} \cdot (n - f_{e(1)})/n}} \,. \tag{5.58}$$

Quadrieren wir beide Seiten und multiplizieren Zähler und Nenner mit n, ergibt sich

$$z^2 = \frac{n \cdot (f_{b(1)} - f_{e(1)})^2}{f_{e(1)} \cdot (n - f_{e(1)})} \,. \tag{5.59}$$

Mit $n = (n - f_{e(1)}) + f_{e(1)}$ resultiert

$$z^2 = \frac{[(n - f_{e(1)}) + f_{e(1)}] \cdot (f_{b(1)} - f_{e(1)})^2}{f_{e(1)} \cdot (n - f_{e(1)})}$$

$$= \frac{(n - f_{e(1)}) \cdot (f_{b(1)} - f_{e(1)})^2}{f_{e(1)} \cdot (n - f_{e(1)})}$$

$$+ \frac{f_{e(1)} \cdot (f_{b(1)} - f_{e(1)})^2}{f_{e(1)} \cdot (n - f_{e(1)})}$$

bzw.

$$z^2 = \frac{(f_{b(1)} - f_{e(1)})^2}{f_{e(1)}} + \frac{(f_{b(1)} - f_{e(1)})^2}{n - f_{e(1)}} \,. \tag{5.60}$$

Da $(f_{b(1)} - f_{e(1)}) = -(f_{b(2)} - f_{e(2)})$, und da $n = f_{e(1)} + f_{e(2)}$ ergibt sich für Gl. (5.60)

$$z^2 = \frac{(f_{b(1)} - f_{e(1)})^2}{f_{e(1)}} + \frac{(f_{b(2)} - f_{e(2)})^2}{f_{e(2)}} \,. \tag{5.61}$$

Wegen $\chi^2 = z^2$ gemäß Gl. (2.50) sind Gl. (5.61) und Gl. (5.54) also identisch.

Voraussetzungen. Für die Durchführung eines χ^2-Tests über die Häufigkeitsverteilung eines Alternativmerkmals müssen die folgenden Voraussetzungen erfüllt sein:

- Jedes untersuchte Objekt muss eindeutig einer der beiden Merkmalsalternativen zugeordnet werden können.
- Die erwarteten Häufigkeiten sollten nicht kleiner als 10 sein. Für erwartete Häufigkeiten unter 10 ist die Irrtumswahrscheinlichkeit über die Binomialverteilung zu ermitteln (s. oben oder 2.4.1). Eine zusammenfassende Diskussion der Voraussetzungen der χ^2-Techniken findet man in 5.3.6.

Kontinuitätskorrektur. Eine bessere Schätzung des χ^2-Wertes erhalten wir, wenn die Absolutdifferenzen $|f_b - f_e|$ um den Betrag 0,5 vermindert werden:

$$\chi^2 = \frac{(|f_{b(1)} - f_{e(1)}| - 0{,}5)^2}{f_{e(1)}}$$

$$+ \frac{(|f_{b(2)} - f_{e(2)}| - 0{,}5)^2}{f_{e(2)}} \,. \tag{5.62}$$

In dieser als Yates-Korrektur (*Kontinuitätskorrektur*) bezeichneten Modifikation des χ^2 für ein alternatives Merkmal wird berücksichtigt, dass Häufigkeiten diskret, χ^2-Werte hingegen stetig (kontinuierlich) verteilt sind. In unserem Beispiel (2. Nullhypothese) führt diese Korrektur zu $\chi^2 = 919{,}49$, d.h., die Kontinuitätskorrektur wirkt der Tendenz nach konservativ.

Zweimalige Untersuchung

Wird dieselbe Stichprobe zweimal auf ein alternatives Merkmal hin untersucht, ergeben sich Häufigkeiten, die nach einem Verfahren von *McNemar* verglichen werden können. Es wird beispielsweise gefragt, ob eine Zeitungskampagne gegen das Zigarettenrauchen erfolgreich war. Vor der Kampagne wurden 237 zufällig herausgegriffene Personen befragt, ob sie rauchen oder nicht. Nach Abschluss der Kampagne wurde eine erneute Befragung derselben 237 Personen durchgeführt. Die Ergebnisse sind in Tabelle 5.8 zusammengefasst.

80 Personen rauchten sowohl vor der Kampagne als auch danach (Zelle a). 25 Personen gaben nach der Kampagne das Rauchen auf (Zelle b). 12 Personen haben nach der 1. Befragung mit dem Rauchen begonnen (Zelle c), und 120 Per-

sonen rauchten weder vor noch nach der Kampagne (Zelle d).

Das McNemar-χ^2 berücksichtigt nur diejenigen Fälle, bei denen eine Veränderung eingetreten ist. (Deshalb wird das *McNemar-χ^2* gelegentlich auch „test for significance of change" genannt.) Es überprüft die H_0, dass die eine Hälfte der „Wechsler" (in unserem Beispiel 37) von + nach − (Zelle b) und die andere von − nach + (Zelle c) wechselt. (Dass die „Nicht-Wechsler" in den Zellen a und d bei diesem Test indirekt auch von Bedeutung sind, wird bei Bortz und Lienert, 2003, S. 120 f. begründet).

Der Erwartungswert für die Zellen b und c lautet deshalb:

$$f_{e(b)} = f_{e(c)} = \frac{b+c}{2}.$$

Eingesetzt in Gl. (5.54) resultiert

$$\chi^2 = \frac{\left(b - \frac{b+c}{2}\right)^2 + \left(c - \frac{b+c}{2}\right)^2}{\frac{b+c}{2}}.$$

Durch Ausmultiplizieren und Zusammenfassen erhalten wir:

$$\chi^2 = \frac{\frac{b^2}{2} - bc + \frac{c^2}{2}}{\frac{b+c}{2}}.$$

Werden Zähler und Nenner mit 2 multipliziert, ergibt sich

$$\chi^2 = \frac{b^2 - 2bc + c^2}{b+c}$$

bzw.

$$\chi^2 = \frac{(b-c)^2}{b+c} \quad (df = 1). \tag{5.63}$$

Für unser Beispiel ermitteln wir:

$$\chi^2 = \frac{(25-12)^2}{37} = 4{,}57.$$

Dieser χ^2-Wert hat bei zwei Summanden und einem gemeinsamen Bestimmungsstück $(b+c)$ einen Freiheitsgrad.

Nach Tabelle C resultiert für $\alpha = 0{,}05$ ein kritischer Wert von $\chi^2_{1;95\%} = 3{,}84$. Dieser Wert gilt für zweiseitige Alternativhypothesen, da durch das

Tabelle 5.8. Beispiel für ein McNemar-χ^2

		2. Untersuchung	
		+	−
1. Untersuchung	+	80 a	25 b
	−	c 12	d 120

Quadrieren in Gl. (5.63) sowohl positive als auch negative Differenzen von b und c zu einer Vergrößerung des χ^2 beitragen. Soll die Hypothese wie in unserem Beispiel einseitig getestet werden (die Kampagne reduziert den Anteil der Raucher), ist das α-Niveau zu verdoppeln, d. h., ein empirischer χ^2-Wert wäre auf dem 5%-Niveau bereits signifikant, wenn er größer als $\chi^2_{(1;90\%)} = 2{,}71$ ist (vgl. S. 157). Da die Häufigkeitsunterschiede in Tabelle 5.8 der Richtung nach der H_1 entsprechen und der empirische χ^2-Wert zudem größer ist als der Tabellenwert, akzeptieren wir die H_1: Die Kampagne gegen das Rauchen hat einen auf dem 5%-Signifikanzniveau abgesicherten Effekt.

Ist $20 < (b+c) < 30$, sollte man berücksichtigen, dass Frequenzen diskret, χ^2-Werte hingegen stetig verteilt sind. Die entsprechende *Kontinuitätskorrektur* nach Yates lautet:

$$\chi^2 = \frac{(|b-c| - 0{,}5)^2}{b+c}. \tag{5.64}$$

Nach Gl. (5.64) ermitteln wir ein $\chi^2 = 4{,}22$, das ebenfalls auf dem 5%-Niveau signifikant ist.

Voraussetzungen. Jedes Individuum muss aufgrund der zweimaligen Untersuchung eindeutig einem der 4 Felder der McNemar-Tafel zugeordnet werden können. Dies gilt auch für den Fall, dass Individuenpaare (abhängige Stichproben, vgl. S. 143) untersucht werden. Beispiel: Es wird geprüft, ob das Raucherverhalten von Partnern in Paarbeziehungen konkordant (++ oder −−) bzw. diskordand ist (+− oder −+). Ein gerichtete H_1 könnte hier z. B. lauten, dass bei diskordanten Paaren der Typ +− (Mann ist Raucher, Frau ist Nichtraucherin) häufiger vorkommt als der Typ −+ (Mann ist Nichtraucher, Frau ist Raucherin).

5.3.1 Vergleich der Häufigkeiten eines zweifach gestuften Merkmals

Im Übrigen setzen wir – bei abhängigen Stichproben oder Messwiederholung – voraus, dass die erwarteten Häufigkeiten für die Felder b und c größer als 5 sind: $f_{e(b)} = f_{e(c)} > 5$. Ist diese Voraussetzung nicht erfüllt, wird ersatzweise ein Binomialtest mit den Parametern $\pi = 1/2$, $N = b + c$ und $X = \min(b, c)$ durchgeführt. Ein Beispiel hierfür findet man bei Bortz u. Lienert (2003, Beispiel 2.11).

Prozentwertunterschiede in abhängigen Stichproben. Der hier beschriebene McNemar-Test ist auch zu verwenden, wenn die Differenz zweier Prozentwerte aus abhängigen Stichproben auf Signifikanz getestet werden soll. Im oben angeführten Beispiel stellen wir fest, dass zum Zeitpunkt der ersten Untersuchung

$$P_1 = \frac{a+b}{n} \cdot 100 = \frac{105}{237} \cdot 100 = 44{,}3\%$$

aller befragten Personen rauchen. Zum zweiten Zeitpunkt sind es

$$P_2 = \frac{a+c}{n} \cdot 100 = \frac{92}{237} \cdot 100 = 38{,}8\%.$$

Für die Differenz $P_1 - P_2$ resultiert damit

$$P_1 - P_2 = \frac{a+b}{n} \cdot 100 - \frac{a+c}{n} \cdot 100$$
$$= \frac{b-c}{n} \cdot 100 = \frac{25-12}{237} \cdot 100$$
$$= 5{,}5\%.$$

Den Standardfehler der Differenz zweier Prozentwerte aus abhängigen Stichproben schätzen wir nach folgender Gleichung (vgl. McNemar, 1947):

$$\hat{\sigma}_{(P_1 - P_2)} = \frac{\sqrt{b+c}}{n} \cdot 100.$$

Die an diesem Standardfehler relativierte Prozentwertedifferenz ist bei hinreichend großen Stichproben normalverteilt bzw. ihr Quadrat χ^2-verteilt mit $df = 1$:

$$\chi^2 = \frac{(P_1 - P_2)^2}{\hat{\sigma}^2_{(P_1 - P_2)}} = \frac{(b-c)^2}{b+c}. \quad (5.65)$$

Hinweise: Der McNemar-Test bzw. der Vergleich zweier Prozentwerte aus abhängigen Stichproben setzt in der hier beschriebenen Form voraus, dass dieselbe Stichprobe zweimal untersucht werden kann bzw. dass vom ersten zum zweiten Untersuchungszeitpunkt keine Vpn „verloren gehen". Wie dieser Test zu modifizieren ist, wenn die beiden abhängigen Stichproben ungleich groß sind (weil z. B. nicht alle Vpn an beiden Untersuchungen teilnahmen), wird bei Ekbohm (1982) beschrieben. Ein Beispiel sowie weitere Hinweise zu diesem Thema findet man bei Marascuilo et al. (1988).

Erhebt man bei einer wiederholt untersuchten Stichprobe kein zweifach gestuftes, sondern ein *drei- oder mehrfach gestuftes Merkmal* (z. B. schwacher, mittlerer oder starker Alkoholkonsum vor und nach einer Behandlung), kann die Frage nach signifikanten Veränderungen mit dem Bowker-Test geprüft werden (vgl. z. B. Bortz et al., 2000, Kap. 5.5.2 oder Bortz u. Lienert, 2003, Kap. 2.5.3).

Mehrmalige Untersuchung

Mit Hilfe des McNemar-Tests überprüfen wir, ob sich die in einer Stichprobe angetroffene Häufigkeitsverteilung eines alternativen Merkmals bei einer 2. Untersuchung signifikant geändert hat. Die Erweiterung dieses Verfahrens von *Cochran* sieht nicht nur zwei Untersuchungen, sondern allgemein m Wiederholungsuntersuchungen vor. Es wird die H_0 überprüft, dass sich die Verteilung der Merkmalsalternativen in der Population, aus der die Stichprobe entnommen wurde, während mehrerer, zeitlich aufeinander folgender Untersuchungen nicht verändert.

Die Prüfgröße des Cochran-Tests lautet:

$$Q = \frac{(m-1) \cdot \left[m \cdot \sum_{j=1}^{m} T_j^2 - \left(\sum_{j=1}^{m} T_j \right)^2 \right]}{m \cdot \sum_{i=1}^{n} L_i - \sum_{i=1}^{n} L_i^2}, \quad (5.66)$$

wobei m = Anzahl der Untersuchungen,
n = Anzahl der Vpn,
T_j = Häufigkeit der + - Alternative in Untersuchung j und
L_i = Häufigkeit der + - Alternative für Vp i.

Q ist mit $df = m - 1$ angenähert χ^2-verteilt. Die Ermittlung der Freiheitsgrade weicht bei diesem Test von der üblichen Regel für χ^2-Verfahren (vgl. S. 157) ab. Unter Bezugnahme auf Gl. (1.21) kann man erkennen, dass in Gl. (5.66) „implizit" die quadrierten Abweichungen der m T-Werte vom durchschnittlichen T-Wert berechnet werden. Da – wie bei der Varianz – die Summe der Abweichungen Null ergeben muss, ist eine Abweichung festgelegt, sodass df = m − 1 resultiert.

BEISPIEL

In einem Kinderhospital werden 15 bettnässende Kinder behandelt. In einem Abstand von jeweils 5 Tagen wird registriert, welches Kind eingenässt hat (+) und welches nicht (−). Tabelle 5.9 zeigt, wie sich die Behandlung bei den einzelnen Kindern ausgewirkt hat.

Die einzelnen T-Werte in Tabelle 5.9 geben an, wie viele Kinder an den 4 Stichtagen eingenässt haben, und die L-Werte kennzeichnen die Häufigkeit des Einnässens pro Kind. Ausgehend von diesen T- und L-Summen kann der folgende Q-Wert berechnet werden:

$$Q = \frac{(4-1) \cdot [4 \cdot (13^2 + 9^2 + 6^2 + 3^2) - 31^2]}{4 \cdot 31 - 81}$$
$$= 15{,}28\,.$$

Bei 4 − 1 = 3 df erwarten wir auf dem $\alpha = 5\%$-Niveau einen kritischen Wert $\chi^2_{(3;95\%)} = 7{,}81$. Da der empirisch ermittelte χ^2-Wert größer ist, verwerfen wir die H_0. Die Häufigkeit des Einnässens unterscheidet sich an den 4 untersuchten Tagen. Will man zusätzlich überprüfen, ob die Häufigkeit am ersten Untersuchungstag größer ist als (z. B.) am vierten Untersuchungstag, kann ein einseitiger McNemar-Test durchgeführt werden. Im Beispiel ermitteln wir b = 10 und c = 0 und damit $\chi^2 = (10-0)^2/(10+0) = 10$. Dieser Wert ist für $\alpha = 0{,}01$ signifikant (für wiederholte „Paarvergleiche" dieser Art beachte man allerdings die Ausführungen auf S. 271 ff.).

Für den Spezialfall zweier Behandlungen (m = 2) geht der Q-Test in den McNemar-Test über. Es ergibt sich dann

$$T_1 = c + d\,, \quad T_2 = b + d\,,$$

$$\sum_{i=1}^{n} L_i = b + c + 2d \quad \text{und} \quad \sum_{i=1}^{n} L_i^2 = b + c + 4d\,,$$

sodass nach Gl. (5.66) $Q = (b-c)^2/(b+c)$ resultiert.

Hinweise: Der Cochran-Test sollte nur angewendet werden, wenn $n \cdot m > 30$ ist. Über weitere Einzelheiten zur Herleitung der Prüfstatistik Q informieren Bortz et al. (2000, Kap. 5.5.3). Eine Erweiterung des Cochran-Tests auf mehrere Stichproben (z. B. Vergleich der Behandlungserfolge bei Jungen und Mädchen) findet man bei Tidemann (1979) bzw. Guthri (1981). Weitere Verfahren zu dieser Thematik (Messwiederholungspläne mit dichotomen oder polytomen Merkmalen und mit einer oder mehreren Stichproben) werden bei Davis (2002, Kap. 7.3) behandelt.

Tabelle 5.9. Beispiel für einen Cochran-Test

	1. Unters.	2. Unters.	3. Unters.	4. Unters.	L_i	L_i^2
Kind 1	+	+	+	−	3	9
2	+	−	−	−	1	1
3	+	+	+	+	4	16
4	+	+	−	−	2	4
5	+	+	−	−	2	4
6	−	+	+	−	2	4
7	+	−	−	−	1	1
8	+	+	+	+	4	16
9	+	−	+	−	2	4
10	+	−	−	−	1	1
11	−	−	−	−	0	0
12	+	+	−	−	2	4
13	+	−	+	+	3	9
14	+	+	−	−	2	4
15	+	+	−	−	2	4
	$T_1 = 13$	$T_2 = 9$	$T_3 = 6$	$T_4 = 3$	31	81

▷ **5.3.2 Vergleich der Häufigkeiten eines k-fach gestuften Merkmals**

Ist ein Merkmal nicht 2fach, sondern allgemein k-fach gestuft, können Unterschiede zwischen den Häufigkeiten der einzelnen Merkmalsabstufungen mit dem allgemeinen *eindimensionalen* χ^2-Test überprüft werden. In Abhängigkeit von der Nullhypothese unterscheiden wir im folgenden Verfahren zur Überprüfung

- beliebiger Verteilungsformen eines nominalskalierten Merkmals und
- einer Normalverteilung sowie einer Poisson-Verteilung bei intervallskaliertem Merkmal.

H_0: Beliebige Verteilungsformen bei nominalskalierten Merkmalen

In einem Warenhaus soll ermittelt werden, ob sich die Verkaufszahlen von 4 Produkten signifikant ($\alpha = 1\%$) unterscheiden. Die folgenden an einer Zufallsauswahl von Verkaufstagen registrierten Häufigkeiten liegen vor:

5.3.2 Vergleich der Häufigkeiten eines k-fach gestuften Merkmals

Produkt A 70
Produkt B 120
Produkt C 110
Produkt D 100
400.

Test auf Gleichverteilung. Ausgehend von der H_0, dass in der Grundgesamtheit die 4 Produkte gleichhäufig verkauft werden (Gleichverteilung), dass also die im untersuchten Warenhaus angetroffenen Häufigkeitsunterschiede zufällig aufgetreten sind, erwarten wir nach Gl. (5.55) die folgenden Verkaufszahlen:

$f_{e(A)} = 1/4 \cdot 400 = 100$,
$f_{e(B)} = 1/4 \cdot 400 = 100$,
$f_{e(C)} = 1/4 \cdot 400 = 100$,
$f_{e(D)} = 1/4 \cdot 400 = 100$.

Erweitern wir Gl. (5.54) von 2 auf allgemein k Kategorien, erhält man

$$\chi^2 = \sum_{j=1}^{k} \frac{(f_{b(j)} - f_{e(j)})^2}{f_{e(j)}}. \quad (5.67)$$

Setzen wir die beobachteten und erwarteten Häufigkeiten in Gl. (5.67) ein, ergibt sich das folgende χ^2:

$$\chi^2 = \frac{(70-100)^2}{100} + \frac{(120-100)^2}{100}$$
$$+ \frac{(110-100)^2}{100} + \frac{(100-100)^2}{100}$$
$$= 14.$$

Da die Summe der erwarteten Häufigkeiten der Summe der beobachteten Häufigkeiten (400) entsprechen muss, ist ein Summand in Gl. (5.67) festgelegt, d. h., das χ^2 hat $4-1$ (*allgemein* $k-1$) df. Tabelle C entnehmen wir, dass der Wert $\chi^2_{(3;99\%)} = 11{,}35$ 1% von der rechten Seite der $\chi^2_{(3)}$-Verteilung abschneidet. Da der beobachtete χ^2-Wert größer ist, verwerfen wir die H_0 der Gleichverteilung und akzeptieren die H_1. Die Unterschiede in den Verkaufszahlen sind sehr signifikant.

Im Anschluss an diese Gesamtsignifikanz könnte die Frage auftauchen, ob sich das Produkt A von den übrigen Produkten bedeutsam unterscheidet. Hierzu vergleichen wir die durchschnittliche Verkaufszahl der Produkte B, C und D mit der Verkaufszahl von Produkt A. Es ergeben sich folgende Häufigkeiten:

	beobachtete Häufigkeit	erwartete Häufigkeit
Produkt A	70	90
Durchschnitt der Produkte B, C und D	110	90

Setzen wir diese Werte in Gl. (5.67) ein, erhalten wir ein χ^2 von 8,89, das bei df = 1 ebenfalls auf dem 1%-Niveau signifikant ist. (Für mehrere ergänzende Vergleiche dieser Art sind die Ausführungen auf S. 261 ff. zu beachten.)

Test auf andere Verteilungsformen. In einem weiteren Ansatz könnte man überprüfen, ob sich die Verkaufszahlen für die 4 Produkte auf dem 5%-Niveau signifikant von anderen Verteilungen, wie beispielsweise die Verkaufszahlen in einem anderen Warenhaus, unterscheiden. In diesem Fall erwarten wir gemäß der H_0 keine Gleichverteilung, sondern die Verteilung der Verkaufszahlen des anderen Warenhauses. Die mit der H_0 verknüpfte Verteilung möge lauten:

Produkt A: 560,
Produkt B: 680,
Produkt C: 640,
Produkt D: 700.

Ausgehend von diesen Häufigkeiten lassen sich die folgenden, gemäß H_0 erwarteten Wahrscheinlichkeiten für den Verkauf der Produkte schätzen:

$p(A) = 0{,}22$, $\quad p(B) = 0{,}26$,
$p(C) = 0{,}25$, $\quad p(D) = 0{,}27$.

Beispiel: Insgesamt wurden 2580 Produkte verkauft. Davon entfallen 560 auf Produkt A. Dies entspricht einem Anteil von $p(A) = 560/2580 = 0{,}22$.

Nach Gl. (5.55) resultieren die folgenden erwarteten Häufigkeiten:

$f_{e(A)} = 0{,}22 \cdot 400 = 88$,
$f_{e(B)} = 0{,}26 \cdot 400 = 104$,
$f_{e(C)} = 0{,}25 \cdot 400 = 100$,
$f_{e(D)} = 0{,}27 \cdot 400 = 108$.

(Kontrolle: Summe der beobachteten Häufigkeiten = Summe der erwarteten Häufigkeiten = 400.)

Setzen wir die beobachteten und die erwarteten Häufigkeiten in Gl. (5.67) ein, erhalten wir als χ^2:

$$\chi^2 = \frac{(70-88)^2}{88} + \frac{(120-104)^2}{104} + \frac{(110-100)^2}{100} + \frac{(100-108)^2}{108} = 7{,}74.$$

Der für das 5%-Niveau kritische Wert in der $\chi^2_{(3)}$-Verteilung lautet $\chi^2_{(3;95\%)} = 7{,}81$. Der beobachtete Wert liegt unter diesem Wert, d.h., die Verkaufszahlen im untersuchten Warenhaus unterscheiden sich nicht signifikant von den Verkaufszahlen des anderen Warenhauses.

Wie das letzte Beispiel zeigte, wird das eindimensionale χ^2 nicht nur zur Überprüfung einer empirischen Verteilung auf Gleichverteilung eingesetzt; als Verteilung, die wir gemäß der H$_0$ erwarten, kann jede beliebige, dem inhaltlichen Problem angemessene Verteilung verwendet werden. Da mit diesem Verfahren die Anpassung einer empirischen Verteilung an eine andere (empirische oder theoretische) Verteilung geprüft wird, bezeichnet man das eindimensionale χ^2 gelegentlich auch als „goodness of fit test".

Voraussetzungen. Die Anwendung dieses eindimensionalen χ^2-Tests setzt voraus, dass
1. jedes untersuchte Objekt eindeutig einer Kategorie zugeordnet werden kann,
2. die erwarteten Häufigkeiten in jeder Kategorie größer als 5 sind.

Ist Voraussetzung 2 nicht erfüllt, kann die exakte Wahrscheinlichkeit für eine ermittelte Häufigkeitsverteilung unter Verwendung der in Gl. (5.55) benötigten Wahrscheinlichkeitswerte nach der *Multinomialverteilung* berechnet werden (vgl. Gl. 2.43). Die Anwendung dieses „Multinomialtests" wird bei Bortz u. Lienert (2003, Kap. 2.2.1) demonstriert. Ein Computerprogramm für diesen Test haben Mielke u. Berry (1993) sowie Berry u. Mielke (1995) entwickelt.

H$_0$: Normalverteilung

Im Folgenden behandeln wir eine „Goodness-of-fit"-Variante, die die Anpassung einer empirischen Verteilung an eine Normalverteilung überprüft. Diese Anwendung setzt voraus, dass das untersuchte Merkmal intervallskaliert ist.

Bezugnehmend auf die Ausführungen von S. 77 (Tabelle 2.3) vergleicht Tabelle 5.10 die gemäß der H$_0$ erwarteten, normalverteilten Häufigkeiten (Spalte 3) mit den empirischen Häufigkeiten (Spalte 2). Ausgehend von den beobachteten Häufigkeiten und erwarteten Häufigkeiten kann nach Gl. (5.67) ein χ^2-Wert ermittelt werden.

Zuvor müssen wir jedoch überprüfen, ob alle *erwarteten* Häufigkeiten größer als 5 sind. Dies ist in der Kategorie 60 – 69,9 nicht der Fall. Wir fassen deshalb diese Kategorie mit der Nachbarkategorie zusammen, sodass sich die Zahl der Kategorien von 9 auf 8 reduziert. In die χ^2-Berechnung nach Gl. (5.67) gehen somit 8 Summanden ein (Spalte 4), die zu einem Gesamt-χ^2 von $\chi^2 = 2{,}77$ führen.

Freiheitsgrade. Als nächstes stellt sich die Frage nach der Anzahl der Freiheitsgrade für dieses χ^2. Die erste Restriktion, die den erwarteten Häufigkeiten zugrunde liegt, besteht darin, dass ihre Summe mit der Summe der beobachteten Häufigkeiten identisch sein muss. Ferner wurden die erwarteten Häufigkeiten für eine Normalverteilung bestimmt, die hinsichtlich des Mittelwertes und der Streuung mit der beobachteten Verteilung identisch ist (Mittelwert und Streuung der beobachteten Verteilung wurden bei der z-Standardisierung der Kategoriengrenzen – vgl. S. 75 – „be-

Tabelle 5.10. Vergleich einer empirischen Verteilung mit einer Normalverteilung (χ^2-Test)

(1) Intervall	(2) Beobachtete Häufigkeit	(3) Erwartete Häufigkeit	(4) $\frac{(f_b - f_e)^2}{f_e}$
60,0–69,9	5 } 13	3,96 } 9,54	1,25
70,0–79,9	8	5,58	
80,0–89,9	7	9,99	0,89
90,0–99,9	12	14,13	0,32
100,0–109,9	17	16,29	0,03
110,0–119,9	15	15,57	0,02
120,0–129,9	13	11,52	0,19
130,0–139,9	7	7,20	0,01
140,0–149,9	6	5,49	0,05
			$\chi^2 = 2{,}77$

nutzt"). Die beobachtete und erwartete Häufigkeitsverteilung sind somit hinsichtlich der Größen n, $\bar{x}$ und s identisch, d.h., die Anzahl der Freiheitsgrade ergibt sich bei der χ^2-Technik zur Überprüfung einer Verteilung auf Normalität zu k (Anzahl der Kategorien mit Erwartungshäufigkeiten $> 5)-3$. Das χ^2 unseres Beispiels hat somit $8-3=5$ df. Tabelle C entnehmen wir, dass $\chi^2_{(5;95\%)} = 11{,}07$ die oberen 5% der $\chi^2_{(5)}$-Verteilung abschneidet. Da der von uns ermittelte χ^2-Wert kleiner ist, kann die H_0, dass die untersuchten Personen zu einer Grundgesamtheit gehören, in der die Bearbeitungszeiten normalverteilt sind, nicht verworfen werden.

Die H_0 als „Wunschhypothese". Der „Goodness-of-fit"-Test wird gelegentlich eingesetzt, um die an bestimmte Verfahren geknüpfte *Voraussetzung einer normalverteilten Grundgesamtheit* zu überprüfen. Betrachten wir unser Beispiel in diesem Kontext, würde ein χ^2-Wert, der auf dem 5%-Niveau signifikant ist, besagen: Die Wahrscheinlichkeit, dass die Stichprobe zu einer normalverteilten Grundgesamtheit gehört, ist kleiner als 5%. Ist der empirische χ^2-Wert jedoch auf dem 5%-Niveau *nicht signifikant*, kann hieraus lediglich die Konsequenz gezogen werden, dass die empirische Verteilung mit einer Wahrscheinlichkeit von mehr als 5% zu einer normalverteilten Grundgesamtheit gehört. Ist eine derartige Absicherung bereits ausreichend, um die H_0, die besagt, dass die Stichprobe aus einer normalverteilten Grundgesamtheit stammt, aufrechterhalten zu können?

Wir haben es hier mit einer Fragestellung zu tun, bei der nicht die Wahrscheinlichkeit des α-Fehlers, sondern die Wahrscheinlichkeit des β-Fehlers möglichst klein sein sollte. Unser Interesse ist in diesem Fall darauf gerichtet, die H_0 beizubehalten, und nicht – wie in den bisher behandelten Entscheidungen – darauf, die H_0 zu verwerfen. Die H_0 ist gewissermaßen unsere „Wunschhypothese". Gemäß 4.3 kennzeichnet der β-Fehler die Wahrscheinlichkeit, die H_0 zu akzeptieren, obwohl sie eigentlich falsch ist. Wenn wir uns also bei der Überprüfung auf Normalität statt gegen den α-Fehler gegen den β-Fehler absichern müssen, dann bedeutet dies, dass die Wahrscheinlichkeit dafür, dass wir fälschlicherweise behaupten, die Stichprobe stamme aus einer normalverteilten Grundgesamtheit (H_0), möglichst klein sein

sollte. Der β-Fehler kann jedoch nur bestimmt werden, wenn eine spezifische Alternativhypothese vorliegt (vgl. 4.7). Da dies bei Überprüfungen auf Normalität praktisch niemals der Fall ist, sind wir darauf angewiesen, den β-Fehler indirekt klein zu halten, indem wir (aufgrund der in Abb. 4.4 dargestellten gegenläufigen Beziehung) den α-Fehler vergrößern. Entscheiden wir uns bei einem $\alpha=25\%$-*Niveau* für die H_0, wird diese Entscheidung mit einem kleineren β-Fehler versehen sein, als wenn wir bei $\alpha = 5\%$ die H_0 beibehalten.

Tabelle C entnehmen wir für $\alpha = 25\%$ einen kritischen Wert von $\chi^2_{(5;75\%)} = 6{,}62$. Da das beobachtete $\chi^2 = 2{,}77$ auch kleiner als dieser χ^2-Wert ist, brauchen wir die H_0 nicht zu verwerfen. Wir nehmen an, dass für $\alpha = 25\%$ die β-Fehler-Wahrscheinlichkeit hinreichend klein ist, um die H_0, nach der die Stichprobe aus einer normalverteilten Grundgesamtheit stammt, aufrechterhalten zu können.

Diese Vorgehensweise ist allerdings nur ein Notbehelf. Korrekterweise müsste man die Entscheidung, dass die H_0 als bestätigt gelten kann, über einen sog. *Äquivalenztest* treffen, der sich allerdings gerade in Bezug auf die hier anstehende Problematik (Normalverteilung als H_0) als besonders schwierig erweist (vgl. hierzu Klemmert, 2004, S. 139).

Im Übrigen ist zu beachten, dass das Ergebnis dieses χ^2-Tests – wie die Ergebnisse aller Signifikanztests – vom Stichprobenumfang abhängt. Die H_0-„Wunschhypothese" (Normalverteilung) beizubehalten, wird also mit wachsendem Stichprobenumfang unwahrscheinlicher.

Hinweise: Alternative Verfahren zur Überprüfung der Normalität einer Verteilung sind der *Kolmogoroff-Smirnov-Test* (bei bekanntem μ und σ) und der *Lillifors-Test* (bei geschätztem μ und σ), die z.B. bei Bortz et al. (2000, Kap. 7.3) oder Bortz u. Lienert (2003, Kap. 4.2.1 f.) beschrieben werden. Ein weiteres Verfahren – der Shapiro-Wilk-Test (Shapiro et al. 1968) – wird bei D'Agostino (1982) erläutert.

Abweichungen von der Normalität einer Verteilung sind häufig darauf zurückzuführen, dass die Stichprobe nicht aus einer homogenen Population, sondern aus mehreren heterogenen Populationen stammt. Mit Tests, die geeignet sind, den Typus einer solchen „*Mischverteilung*" zu identifizieren, befasst sich eine Arbeit von Bajgier u. Aggarwal

(1991). Ausführliche Informationen zum Thema „Mischverteilungen" findet man bei Sixtl, 1993, Teil D).

Schließlich sei darauf hingewiesen, dass nicht normale Verteilungen von einem bestimmten Verteilungstyp (linksschief, breitgipflig etc.) durch geeignete Transformationen normalisiert werden können. Abbildung 5.1 zeigt hierfür die wichtigsten Beispiele. Man beachte allerdings, dass sich auch Testergebnisse (z. B. für einen t-Test) durch eine Datentransformation verändern können. Deshalb ist es in jedem Falle erforderlich, bei der Analyse transformierter Daten den Transformationstyp zu nennen.

H_0: Poisson-Verteilung

In Kap. 2.4.3 haben wir die Wahrscheinlichkeitsfunktion der Poisson-Verteilung kennengelernt. Mit Hilfe dieser Verteilung kann eine Binomialverteilung approximiert werden, wenn $n > 10$ und $p < 0{,}05$ ist.

Als Beispiel haben wir untersucht, wie groß die Wahrscheinlichkeit ist, dass sich in einem Karnevalsverein mit $n = 100$ Mitgliedern mindestens ein Mitglied befindet, das am 1. April Geburtstag hat. Hierfür wurde der Wert $f(X \geq 1 | \mu = 0{,}2740) = 0{,}2396$ errechnet. Außerdem haben wir im Einzelnen die Wahrscheinlichkeiten für 0, 1, 2, 3 und 4 Mitglieder mit Geburtstag am 1. April bestimmt.

Nun habe man eine Stichprobe von 200 Karnevalsvereinen und mit jeweils 100 Mitgliedern untersucht und ausgezählt, wie häufig kein Mitglied, ein Mitglied, zwei Mitglieder etc. am 1. April Geburtstag haben. Das Ergebnis zeigt Tabelle 5.11, Spalte f_b. Wir wollen überprüfen, ob diese Verteilung einer Poisson-Verteilung entspricht ($\alpha = 0{,}05$).

Die gem. der Poisson-Verteilung erwarteten Häufigkeiten errechnen wir über Gl. (5.55) unter Verwendung der auf S. 72 genannten Wahrscheinlichkeiten. Beispiel für die Kategorie 1, „Kein Mitglied": $f_{e(1)} = 200 \cdot 0{,}7604 = 152{,}1$. Dieser und die folgenden Werte sind in der Spalte „f_e" aufgeführt. Um erwartete Häufigkeiten über 5 zu erzielen, werden die 3 letzten Kategorien zusammengefasst, d. h., wir operieren mit $k = 3$ Kategorien.

Setzen wir die beobachteten und die erwarteten Häufigkeiten in Gl. (5.67) ein (man beachte, dass entsprechend den erwarteten Häufigkeiten auch die beobachteten Häufigkeiten zusammengefasst

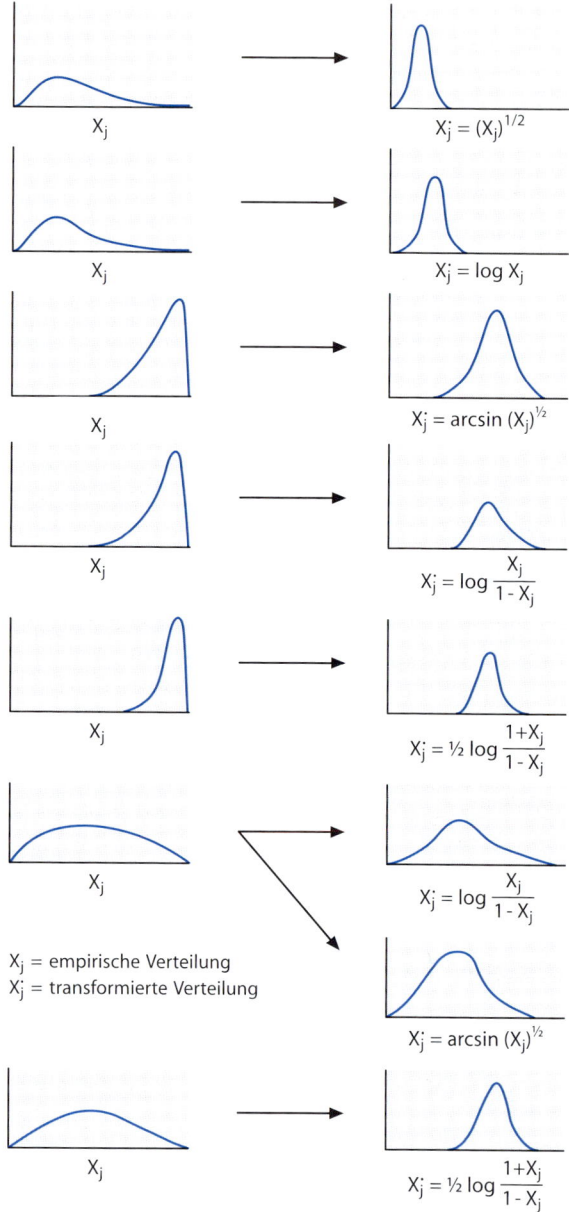

X_j = empirische Verteilung
X'_j = transformierte Verteilung

Abb. 5.1. Normalisierende Datentransformationen. (Rummel, 1970, zit. nach Stevens, 2002, S. 265)

werden müssen), ergibt sich ein $\chi^2 = 0{,}29$. Da für die Ermittlung der erwarteten Häufigkeiten die Konstante μ berechnet werden musste (vgl. S. 72), die durch n und p determiniert ist, sind die erwarteten Häufigkeiten für eine Poisson-Verteilung zwei Restriktionen unterworfen. Für die Freiheitsgrade erhalten wir $df = k - 2$.

5.3.2 Vergleich der Häufigkeiten eines k-fach gestuften Merkmals

Tabelle 5.11. Vergleich einer empirischen Häufigkeitsverteilung mit einer Poisson-Verteilung

Kategorien	f_b	f_e
Kein Mitglied	149	152,1
Ein Mitglied	44	41,7
Zwei Mitglieder	6 ⎫	5,7 ⎫
Drei Mitglieder	0 ⎬ 7	0,5 ⎬ 6,2
Vier Mitglieder	1 ⎭	0,0 ⎭

Tabelle 5.12. „Optimale" Stichprobenumfänge für einen eindimensionalen χ^2-Test

Freiheits-grade	Schwacher Effekt ($\varepsilon = 0{,}10$)	Mittlerer Effekt ($\varepsilon = 0{,}30$)	Starker Effekt ($\varepsilon = 0{,}50$)
1	785	87	31
2	964	107	39
3	1090	121	44
4	1194	133	48
5	1283	143	51
6	1362	151	54
7	1435	159	57
8	1502	167	60
9	1565	174	63
10	1624	180	65
12	1734	193	69
16	1927	214	77
20	2096	233	84
24	2249	250	90

In unserem Beispiel ermitteln wir für df $= 3 - 2 = 1$ ein $\chi^2_{(1;95\%)} = 3{,}84$. Der beobachtete Wert ist sehr viel kleiner als der kritische Wert, was uns dazu veranlasst, die H_0 nicht zu verwerfen. Es spricht nichts gegen die Annahme, dass die beobachteten Frequenzen für das Ereignis „Geburtstag am 1. April" Poisson verteilt sind. (Bei einem signifikanten Ergebnis müsste man interpretieren, dass der 1. April als Geburtstagsdatum in Karnevalsvereinen überzufällig selten – oder zu häufig – gefeiert wird).

Wie das Beispiel zeigt, setzt auch dieser χ^2-Anpassungstest als approximativer Test Stichprobenumfänge voraus, die für alle Kategorien erwartete Häufigkeiten über 5 gewährleisten. Man beachte, dass auch bei diesem Test große Stichproben die Annahme der H_1 (keine Poisson-Verteilung) begünstigen.

„Optimale" Stichprobenumfänge

Für die Überprüfung der H_0, dass die Häufigkeiten eines k-fach gestuften Merkmals einer Gleichverteilung folgen, lassen sich „optimale" Stichprobenumfänge angeben, die auf folgenden Überlegungen basieren (zur Theorie der „optimalen" Stichprobenumfänge vgl. 4.8):

Ausgehend von der H_0 „Gleichverteilung" erhält man für jede Kategorie j (j $= 1, \ldots, k$) eine Wahrscheinlichkeit $\pi_{e(j)} = 1/k$. Mit $\pi_{b(j)}$ sind nun Wahrscheinlichkeiten für das Auftreten der Kategorien unter der Alternativhypothese festzulegen, sodass die folgende Effektgröße bestimmt werden kann:

$$\varepsilon = \sqrt{\sum_{j=1}^{k} \frac{(\pi_{b(j)} - \pi_{e(j)})^2}{\pi_{e(j)}}}. \quad (5.68)$$

In Abhängigkeit von dieser Effektgröße und der Anzahl der Freiheitsgrade werden die in Tabelle 5.12 genannten „optimalen" Stichprobenumfänge empfohlen ($\alpha = 0{,}05$ und $1 - \beta = 0{,}80$; zweiseitiger Test; weitere Werte findet man bei Cohen, 1988 oder Bortz u. Döring, 2002, Kap. 9.2.2).

Angenommen, im „Verkaufszahlen"-Beispiel (S. 162 f.) hätte man eine Abweichung von $\pm 0{,}15$ von den gemäß H_0 erwarteten Wahrscheinlichkeiten ($\pi_{e(j)} = 0{,}25$) für praktisch bedeutsam gehalten. Hieraus würde eine Effektgröße von $\varepsilon = \sqrt{4 \cdot 0{,}15^2 / 0{,}25} = 0{,}6 > 0{,}5$ (= starker Effekt) resultieren, sodass gemäß Tabelle 5.12 für df $= 3$ weniger als 44 Verkäufe hätten untersucht werden müssen. Die Tatsache, dass im Beispiel mit n $= 400$ ein Ergebnis gefunden wurde, dessen Irrtumswahrscheinlichkeit nur wenig unter 1% liegt, spricht – ex post betrachtet – eher für einen mittleren bis schwachen Effekt.

Den genauen Wert können wir ermitteln, wenn wir die relativen Verkaufshäufigkeiten als Schätzwerte für die $\pi_{b(j)}$-Werte verwenden (z.B. $\pi_{b(1)} = 70/400 = 0{,}175$). Man erhält dann über Gl. (5.68) folgende, aus den Daten geschätzte Effektgröße $\widehat{\varepsilon}$:

$$\widehat{\varepsilon} = \sqrt{\frac{(0{,}175 - 0{,}25)^2}{0{,}25} + \frac{(0{,}300 - 0{,}25)^2}{0{,}25} + \frac{(0{,}275 - 0{,}25)^2}{0{,}25} + \frac{(0{,}25 - 0{,}25)^2}{0{,}25}} = 0{,}19.$$

Der Effekt ist also als schwach bis mittel zu klassifizieren.

Theoretisch lässt sich Gl. (5.68) auch zur Bestimmung einer Effektgröße bei der Überprüfung auf Normalverteilung bzw. Poisson-Verteilung einsetzen. Hierfür wäre es jedoch erforderlich, mit einer spezifischen Alternativhypothese $\pi_{b(j)}$-Werte festzulegen, was die praktische Anwendung erheblich erschwert.

Ex-post-Analysen sind natürlich möglich, wenn man für $\pi_{e(j)}$ die für das jeweilige Verteilungsmodell gültigen erwarteten Wahrscheinlichkeiten einsetzt (Normalverteilung: Spalte 4 von Tabelle 2.3; Poisson-Verteilung: die auf S. 72 genannten Wahrscheinlichkeiten). Die $\pi_{b(j)}$-Werte entsprechen wieder den relativen Häufigkeiten in den jeweiligen Kategorien.

▷ ### 5.3.3 Vergleich der Häufigkeiten – von zwei alternativen Merkmalen

Werden n voneinander unabhängige Beobachtungen nicht nur einer, sondern zwei Merkmalsalternativen zugeordnet, erhalten wir eine **4-Felder-Kontingenztafel** bzw. eine **bivariate Häufigkeitsverteilung**. Ein Beispiel hierfür ist die Verteilung von 100 Personen auf die Merkmalsalternativen ♂ vs. ♀ und Brillenträger vs. Nichtbrillenträger (vgl. Tabelle 5.13).

Bei einem 4-Felder-χ^2 ist darauf zu achten, dass jede Beobachtung eindeutig einer der 4 Zellen zugeordnet werden kann.

H_0: Geschätzte Wahrscheinlichkeiten – Der 4-Felder-χ^2-Test

Haben wir n Objekte nach den zwei Kategorien eines Merkmals A und nach den zwei Kategorien eines Merkmals B klassifiziert, resultiert eine 4-Felder-Tafel nach Art der Tabelle 5.13. Beim 4-Felder-χ^2-Test schätzen wir aus den Daten die Wahrscheinlichkeiten für die Kategorien. Im Beispiel erhalten wir:

p (mit Brille) = (a+b)/n = (25+10)/100 = 0,35,
p (ohne Brille) = (c+d)/n = (25+40)/100 = 0,65,
p (♂) = (a+c)/n = (25+25)/100 = 0,50,
p (♀) = (b+d)/n = (10+40)/100 = 0,50.

Nehmen wir als H_0 an, dass die Ereignisse „mit Brille vs. ohne Brille" und „♂ vs. ♀" voneinander stochastisch unabhängig sind, dass also das Auftreten der einen Merkmalsalternative (z. B. männlich) das Auftreten einer anderen Merkmalsalternative (z. B. mit Brille) nicht beeinflusst, können die Wahrscheinlichkeiten für das Auftreten der Merkmalskombinationen gemäß dem *Multiplikationstheorem für voneinander unabhängige Ereignisse* (vgl. Gl. 2.14) berechnet werden. Die Wahrscheinlichkeit für das Ereignis „männlich und mit Brille" ergibt sich beispielsweise zu p (männlich und mit Brille) = 0,50 · 0,35 = 0,175. Allgemein erhalten wir für die Merkmalskombination der i-ten Zeile und der j-ten Spalte folgende Wahrscheinlichkeit bei Gültigkeit von H_0:

$$p(i \text{ und } j) = p(i\text{-te Zeile}) \cdot p(j\text{-te Spalte}). \quad (5.69)$$

Da die Wahrscheinlichkeiten für die Merkmalsalternativen aus den Randsummen der 4-Felder-Tafel geschätzt werden, können wir für Gl. (5.69) auch schreiben:

$$p(i \text{ und } j) = \frac{\text{Zeilensumme i}}{n} \cdot \frac{\text{Spaltensumme j}}{n}. \quad (5.70)$$

Multiplizieren wir gemäß Gl. (5.55) die Wahrscheinlichkeiten für das Auftreten einer Merkmalskombination p (i und j) mit der Anzahl aller Beobachtungen n, erhalten wir folgende allgemeine Berechnungsvorschrift für die erwarteten Häufigkeiten einer 4-Felder-Tafel (und auch einer k·ℓ-Tafel, vgl. 5.3.4):

$$f_{e(i,j)} = \frac{\text{Zeilensumme i} \cdot \text{Spaltensumme j}}{n}. \quad (5.71)$$

Tabelle 5.13. Beispiel für ein 4-Felder-χ^2

	♂	♀	
mit Brille	25 a	10 b	35
ohne Brille	25 c	40 d	65
	50	50	100

5.3.3 Vergleich der Häufigkeiten von zwei alternativen Merkmalen

> Wird mit einem 4-Felder-χ^2-Test die Nullhypothese geprüft, dass die beiden untersuchten Merkmale voneinander unabhängig sind, ergeben sich die erwarteten Häufigkeiten nach der Regel:
> Zeilensumme · Spaltensumme / Gesamtsumme.

Für die Häufigkeiten einer 4-Felder-Tafel a, b, c und d (vgl. Tabelle 5.13) resultieren also die folgenden erwarteten Häufigkeiten:

$$f_{e(a)} = \frac{(a+b) \cdot (a+c)}{n},$$

$$f_{e(b)} = \frac{(a+b) \cdot (b+d)}{n},$$

$$f_{e(c)} = \frac{(c+d) \cdot (a+c)}{n},$$

$$f_{e(d)} = \frac{(c+d) \cdot (b+d)}{n}.$$

Erneut läuft der χ^2-Test auf einen Vergleich beobachteter und gem. H_0 erwarteter Häufigkeiten hinaus. Wir modifizieren Gl. (5.67) für ein 4-Felder-Schema und erhalten (mit i = 1,2 für die Kategorien des 1. Merkmals und j = 1,2 für die Kategorien des 2. Merkmals):

$$\chi^2 = \sum_{i=1}^{2} \sum_{j=1}^{2} \frac{(f_{b(i,j)} - f_{e(i,j)})^2}{f_{e(i,j)}}. \quad (5.72)$$

(Zur Handhabung des doppelten Summenzeichens vgl. Anhang A, Gl. A.13).

Setzen wir die Berechnungsvorschriften für die erwarteten Häufigkeiten zusammen mit den entsprechenden beobachteten Häufigkeiten a, b, c und d in Gl. (5.72) ein, erhalten wir eine Gleichung, die sich zur folgenden, vereinfachten Berechnungsformel für ein 4-Felder-χ^2 zusammenfassen lässt:

$$\chi^2 = \frac{n \cdot (ad - bc)^2}{(a+b) \cdot (c+d) \cdot (a+c) \cdot (b+d)}. \quad (5.73)$$

Für unser Beispiel ermitteln wir nach Gl. (5.73) ein χ^2 von

$$\chi^2 = \frac{100 \cdot (25 \cdot 40 - 10 \cdot 25)^2}{(25+10) \cdot (25+40) \cdot (25+25) \cdot (10+40)}$$
$$= 9{,}89.$$

Freiheitsgrade. Da die Randsummen zur Berechnung der Randwahrscheinlichkeiten herangezogen wurden, müssen die Randsummen der 4-Felder-Tafel der erwarteten Häufigkeiten mit den Randsummen der 4-Felder-Tafel der beobachteten Häufigkeiten übereinstimmen. Dies hat zur Konsequenz, dass alle erwarteten Häufigkeiten durch die vorgegebenen Randsummen festgelegt sind. Frei variierbar ist eine beobachtete Häufigkeit. (Hätte man im Beispiel der Tabelle 5.13 im Feld a statt 25 nur 20 Individuen beobachtet, wären wegen der festgelegten Randsummen auch die übrigen Felder festgelegt: b = 35−20 = 15; c = 50−20 = 30; d = 50−15 = 65−30 = 35). Der 4-Felder-χ^2-Test hat also 1 Freiheitsgrad.

> Werden bei einer 4-Felder-Tafel die Wahrscheinlichkeiten für die Merkmalskombinationen aus den Randsummen geschätzt, resultiert ein 4-Felder-χ^2 mit df = 1.

In Tabelle C lesen wir für df = 1 und α = 0,01 für den zweiseitigen Test einen kritischen Schrankenwert von $\chi^2_{(1;99\%)} = 6{,}63$ ab. Der beobachtete Wert ist größer, d.h., das gefundene Ergebnis ist sehr signifikant. Die H_0, nach der die Merkmale „♂ vs. ♀" und „mit Brille vs. ohne Brille" stochastisch voneinander unabhängig sind, wird verworfen (zur Durchführung des einseitigen Tests zur Prüfung einer gerichteten Hypothese vgl. S. 157 f.).

Kontinuitätskorrektur. Wie in Gl. (5.62) kann auch bei einem 4-Felder-χ^2 eine Kontinuitätskorrektur nach Yates durchgeführt werden, wenngleich diese Korrektur nicht grundsätzlich zu einer besseren Approximation der theoretischen χ^2-Verteilung führt (vgl. Adler, 1951).

Das korrigierte χ^2 lautet:

$$\chi^2 = \frac{n \cdot (|ad - bc| - n/2)^2}{(a+b) \cdot (c+d) \cdot (a+c) \cdot (b+d)}. \quad (5.74)$$

Diese Korrektur wird nur für n ≤ 60 empfohlen.

Voraussetzungen. In der Regel sollten die erwarteten Häufigkeiten pro Zelle eines 4-Felder-χ^2 größer als 5 sein. Camilli u. Hopkins (1979) konnten allerdings zeigen, dass das 4-Felder-χ^2 auch dann noch einsetzbar ist, wenn der Umfang der untersuchten Stichprobe größer als 7 ist (vgl. hierzu auch Overall, 1980). Wir empfehlen, auf den 4-Felder-χ^2-Test zu verzichten, wenn die erwarteten Häufigkeiten nicht über 5 liegen. In diesem Falle ist der exakte 4-Felder-Test (Fisher-Yates-Test; vgl. z.B. Bortz u. Lienert, 2003, Kap. 2.3.1) einzusetzen. Eine rechentechnisch vereinfachte Version dieses Tests findet man bei Phillips (1982). Für extrem asymmetrische Randverteilungen sollte dieser Test nach einem von Johnson (1972) vorgeschlagenen Verfahren korrigiert werden.

Hinweise: Eine interessante Diskussion von „Philosophie" und Mathematik des hier beschriebenen sog. asymptotischen 4-Felder-χ^2-Tests und des exakten 4-Felder-Tests findet man bei Camilli (1990) und Haber (1990). Alternativen mit etwas höherer Teststärke als der exakte Fisher-Yates-Test werden bei Overall et al. (1987) diskutiert. Weitere Möglichkeiten zur Auswertung von 4-Felder-Tafeln behandeln Lautsch u. Lienert (1993, Kap. 4).

Zur *Effektgrößenbestimmung* beim 4-Felder-χ^2-Test wird auf Gl. (5.80) verwiesen.

Prozentwertunterschiede in zwei unabhängigen Stichproben. Die Überprüfung der H_0 „Zwei alternative Merkmale sind voneinander unabhängig" mit dem 4-Felder-χ^2-Test ist formal gleichwertig mit der Überprüfung der Differenz zweier Prozentwerte aus unabhängigen Stichproben (vgl. Fleiss, 1973, Kap. 2.1). Bezogen auf das eingangs erwähnte Beispiel hätte die H_0 auch lauten können: Der Anteil männlicher Brillenträger unterscheidet sich nicht vom Anteil weiblicher Brillenträger. Auch diese H_0 wird mit dem oben beschriebenen 4-Felder-χ^2-Test überprüft.

Nachtrag: War die Therapie erfolgreich? Auf S. 55f. wurde anhang einer 4-Felder-Tafel mit den Merkmalen Therapie/keine Therapie und gesund/nicht gesund das Konzept der bedingten Wahrscheinlichkeit eingeführt. In diesem Zusammenhang stellten wir die Frage, ob 60 gesunde Patienten für die Wirksamkeit der Therapie sprechen oder ob dieser Wert auch bei Unabhängigkeit der Merkmale „Therapie" und „Gesundheitszustand" rein zufällig hätte zustande kommen können. (Inzwischen wissen wir, dass „Unabhängigkeit der Merkmale" der Nullhypothese entspricht.) Zur Klärung dieser Frage wenden wir den 4-Felder-χ^2-Test an ($\alpha = 0,01$; gerichtete Hypothese bzw. einseitiger Test). Setzen wird die Häufigkeiten der Tabelle 2.1 in Gl. (5.73) ein, resultiert

$$\chi^2 = \frac{200 \cdot (60 \cdot 80 - 40 \cdot 20)^2}{100 \cdot 100 \cdot 80 \cdot 120} = 33,33 \ .$$

Da wir eine gerichtete Hypothese testen, ist nach den Ausführungen auf S. 157 f. das α-Niveau zu verdoppeln, d.h. wir benötigen einen kritischen χ^2-Wert für $\alpha = 0,02$ und df = 1. Da der Flächenanteil von $1 - 2\alpha = 0,98$ in Tabelle C des Anhangs nicht enthalten ist, wählen wir den anderen, auf S. 157 vorgeschlagenen Weg und transformieren den χ^2-Wert in einen z-Wert der Standardnormalverteilung: $z = \sqrt{33,33} = 5,77$. Dieser Wert ist deutlich größer als der z-Wert, der einseitig 1% der Standardnormalverteilung abschneidet (5,77 > 2,33), d.h., die H_0 ist zu verwerfen: Wir interpretieren, dass Therapie und Gesundheitszustand nicht unabhängig voneinander sind bzw. dass der Therapieerfolg sehr signifikant ist.

Im Bereich der Therapieerfolgsforschung wurde eine Reihe weiterer, auf der 4-Felder-Tafel basierender Erfolgsindikatoren entwickelt. Hierzu zählen das „relative Risiko", die „Misserfolgsreduktion" oder der „Odds Ratio" (Kreuzproduktquotient), über die z.B. bei Bortz u. Lienert (2003, S. 242 ff.) berichtet wird.

H_0: Vorgegebene Wahrscheinlichkeiten – Der 4-Felder-Anpassungstest

Beim 4-Felder-χ^2-Test wurden die Randwahrscheinlichkeiten über die Randhäufigkeiten geschätzt. Sind die Randwahrscheinlichkeiten vorgegeben (z. B. durch amtliche Statistiken, biologische Gesetzmäßigkeiten oder vergleichbare Untersuchungen), kommt der 4-Felder-Anpassungstest zum Einsatz. Bei diesem Test wird geprüft, ob

- die Zeilenhäufigkeiten den Zeilenwahrscheinlichkeiten entsprechen,
- die Spaltenhäufigkeiten den Spaltenwahrscheinlichkeiten entsprechen und
- die Häufigkeiten der 4 Felder zeilenweise den Spaltenwahrscheinlichkeiten und spaltenweise den Zeilenwahrscheinlichkeiten entsprechen (Kontingenz).

Zusätzlich wird ein χ^2-Wert für die Globalanpassung der Tafel berechnet. Kennzeichnen wir die Zeilenwahrscheinlichkeiten mit $\pi_{1.}$ und $\pi_{2.}$ und die Spaltenwahrscheinlichkeiten mit $\pi_{.1}$ und $\pi_{.2}$, ergibt sich unter Verwendung der bereits einge-

5.3.3 Vergleich der Häufigkeiten von zwei alternativen Merkmalen

führten Symbole a, b, c und d für die 4 Felder folgende Prüfgröße χ_G^2 für die Globalanpassung:

$$\chi_G^2 = \frac{(a - n \cdot \pi_{1.} \cdot \pi_{.1})^2}{n \cdot \pi_{1.} \cdot \pi_{.1}} + \frac{(b - n \cdot \pi_{1.} \cdot \pi_{.2})^2}{n \cdot \pi_{1.} \cdot \pi_{.2}}$$
$$+ \frac{(c - n \cdot \pi_{2.} \cdot \pi_{.1})^2}{n \cdot \pi_{2.} \cdot \pi_{.1}} + \frac{(d - n \cdot \pi_{2.} \cdot \pi_{.2})^2}{n \cdot \pi_{2.} \cdot \pi_{.2}} .$$
(5.75)

Dieses χ^2 hat $2 \cdot 2 - 1 = 3$ Freiheitsgrade, da nur die Gesamtsumme (aber nicht die Zeilen- und Spaltensummen) der erwarteten Häufigkeiten mit der Summe der beobachteten Häufigkeiten übereinstimmen muss.

Auf *Marginalanpassung* prüft man mittels der folgenden beiden χ^2-Komponenten für Zeilen- und Spaltensummen:

$$\chi_Z^2 = \frac{(a+b-n \cdot \pi_{1.})^2}{n \cdot \pi_{1.}} + \frac{(c+d-n \cdot \pi_{2.})^2}{n \cdot \pi_{2.}} , \quad (5.76)$$

$$\chi_S^2 = \frac{(a+c-n \cdot \pi_{.1})^2}{n \cdot \pi_{.1}} + \frac{(b+d-n \cdot \pi_{.2})^2}{n \cdot \pi_{.2}} . \quad (5.77)$$

Beide Komponenten haben je einen Freiheitsgrad. Das gleiche gilt für die Restkomponente zu Lasten der *Kontingenz* zwischen den Merkmalen.

$$\chi_K^2 = \chi_G^2 - \chi_Z^2 - \chi_S^2 . \quad (5.78)$$

Sie kann, wie im folgenden Beispiel (aus Rao, 1965, S. 338), die Hauptkomponente ausmachen.

Auf Grund dominanter Vererbung erwartet man (nach Mendel) für eine Kreuzung zweier Bohnensorten je ein Verhältnis von 3 zu 1 für die Merkmale Pollenform (Zeilenmerkmal) und Blütenfarbe (Spaltenmerkmal). Es sind damit folgende Wahrscheinlichkeiten vorgegeben:

$$\pi_{1.} = \pi_{.1} = 0{,}75 ; \; \pi_{2.} = \pi_{.2} = 0{,}25 .$$

Der Kreuzungsversuch lieferte die in Tabelle 5.14 dargestellten Frequenzen.

Man errechnet nach Gl. (5.75):

Tabelle 5.14. Beispiel für einen 4-Felder-Anpassungstest

		Blütenfarbe		
		Lila	Rot	$\sum$
Pollenform	lang	296	27	323
	rund	19	85	104
	$\sum$	315	112	N = 427

$$\chi_G^2 = \frac{(296 - 427 \cdot 0{,}75 \cdot 0{,}75)^2}{427 \cdot 0{,}75 \cdot 0{,}75}$$
$$+ \frac{(27 - 427 \cdot 0{,}75 \cdot 0{,}25)^2}{427 \cdot 0{,}75 \cdot 0{,}25}$$
$$+ \frac{(19 - 427 \cdot 0{,}25 \cdot 0{,}75)^2}{427 \cdot 0{,}25 \cdot 0{,}75}$$
$$+ \frac{(85 - 427 \cdot 0{,}25 \cdot 0{,}25)^2}{427 \cdot 0{,}25 \cdot 0{,}25}$$
$$= 12{,}97 + 35{,}17 + 46{,}57 + 127{,}41$$
$$= 222{,}12 ;$$

nach Gl. (5.76):

$$\chi_Z^2 = \frac{(296 + 27 - 427 \cdot 0{,}75)^2}{427 \cdot 0{,}75}$$
$$+ \frac{(19 + 85 - 427 \cdot 0{,}25)^2}{427 \cdot 0{,}25}$$
$$= 0{,}02 + 0{,}07 = 0{,}09 ,$$

nach Gl. (5.77):

$$\chi_S^2 = \frac{(296 + 19 - 427 \cdot 0{,}75)^2}{427 \cdot 0{,}75}$$
$$+ \frac{(27 + 85 - 427 \cdot 0{,}25)^2}{427 \cdot 0{,}25}$$
$$= 0{,}09 + 0{,}26 = 0{,}35$$

und schließlich nach Gl. (5.78):

$$\chi_K^2 = 222{,}12 - 0{,}09 - 0{,}35 = 221{,}68 .$$

Die Zeilenkomponente und die Spaltenkomponente sind nicht signifikant, d. h., die Bohnen können sowohl hinsichtlich des Merkmals Pollenform als auch hinsichtlich der Blütenfarbe als populationsrepräsentativ angesehen werden. Dies gilt jedoch nicht für die 4 Merkmalskombinationen. Die für df = 1 hoch signifikante Kontingenz besagt, dass die beobachtete Felderverteilung von der unter H_0

erwarteten Felderverteilung im Verhältnis von a:b:c:d = 9:3:3:1 erheblich abweicht. Lilafarbene Blüten mit langen Pollen und rote Blüten mit runden Pollen treten häufiger auf, als nach Mendel zu erwarten war und lila Blüten mit runden Pollen sowie rote Blüten mit langen Pollen zu selten.

Voraussetzungen. Wie alle χ^2-Tests setzt auch der 4-Felder-Anpassungstest voraus, dass jede Beobachtung eindeutig nur einer Merkmalskombination zugeordnet ist und dass die erwarteten Häufigkeiten nicht zu klein sind ($n \cdot \pi_{i.} \cdot \pi_{.j} > 5$).

▷ **5.3.4 Vergleich der Häufigkeiten von zwei mehrfach gestuften Merkmalen**

Das zuletzt besprochene Verfahren geht davon aus, dass die beiden eine bivariate Häufigkeitsverteilung konstituierenden Merkmale jeweils zweifach gestuft sind. Verallgemeinernd nehmen wir nun an, das eine Merkmal A sei k-fach und das andere Merkmal B ℓ-fach abgestuft. Wir fragen, ob sich k voneinander unabhängige Stichproben gleichförmig (H_0) oder unterschiedlich (H_1) auf die ℓ Ausprägungen eines Merkmals B verteilen.

Ein Beispiel soll das $k \cdot \ell - \chi^2$ verdeutlichen. Überprüft wird, ob sich Jugendliche verschiedenen Alters (Merkmal A) in der Art ihrer Rorschachdeutungen (Merkmal B) unterscheiden. Tabelle 5.15 zeigt, wie sich 500 Rorschachdeutungen (pro Person eine Deutung) auf 4 verschiedene Alterskategorien und 3 verschiedene Deutungsarten (Mensch, Tier, Pflanze) verteilen. Wie bei allen χ^2-Techniken werden die beobachteten Häufigkeiten mit den entsprechenden erwarteten Häufigkeiten nach der Beziehung $(f_b - f_e)^2/f_e$ verglichen.

Bezeichnen wir die Stufen des Merkmals A allgemein mit i (i = 1, 2, ..., k) und die Stufen des Merkmals B allgemein mit j (j = 1, 2, ..., ℓ), ergibt sich das $k \cdot \ell - \chi^2$ nach folgender Beziehung:

$$\chi^2 = \sum_{i=1}^{k} \sum_{j=1}^{\ell} \frac{(f_{b(i,j)} - f_{e(i,j)})^2}{f_{e(i,j)}} \ . \tag{5.79}$$

H_0: Geschätzte Wahrscheinlichkeiten – Der $k \cdot \ell - \chi^2$-Test

In den meisten Anwendungsfällen werden die erwarteten Häufigkeiten für einen $k \cdot \ell - \chi^2$-Test über die empirisch angetroffenen Randsummenverteilungen nach Gl. (5.71) bestimmt. Diesen erwarteten Häufigkeiten liegt wie beim 4-Felder-χ^2 die H_0 zu Grunde, dass die beiden miteinander verglichenen Merkmale stochastisch voneinander unabhängig sind. Ausgehend von dieser H_0, die, auf unser Beispiel bezogen, besagt, dass die Art der Rorschachdeutungen vom Alter der Vpn unabhängig ist ($\alpha = 1\%$), ermitteln wir für Tabelle 5.15 die folgenden erwarteten Häufigkeiten:

$$f_{e(1,1)} = \frac{122 \cdot 107}{500} = 26{,}11 ,$$
$$f_{e(2,1)} = \frac{140 \cdot 107}{500} = 29{,}96 ,$$
$$f_{e(1,2)} = \frac{122 \cdot 255}{500} = 62{,}22 ,$$
$$f_{e(2,2)} = \frac{140 \cdot 255}{500} = 71{,}40 ,$$
$$f_{e(3,1)} = \frac{115 \cdot 107}{500} = 24{,}61 ,$$
$$f_{e(3,2)} = \frac{115 \cdot 255}{500} = 58{,}65 .$$

Tabelle 5.15. Beispiel für ein $k \cdot \ell - \chi^2$

Altersklassen (A)	Deutungsart (B)			
	(1) Mensch	(2) Tier	(3) Pflanze	
(1) 10–12 Jahre	12 (26,11)	80 (62,22)	30 (33,67)	122
(2) 13–15 Jahre	20 (29,96)	70 (71,40)	50 (38,64)	140
(3) 16–18 Jahre	35 (24,61)	50 (58,65)	30 (31,74)	115
(4) 19–21 Jahre	40 (26,32)	55 (62,73)	28 (33,95)	123
	107	255	138	500

5.3.4 Vergleich der Häufigkeiten von zwei mehrfach gestuften Merkmalen

Obwohl die $k \cdot \ell$-Tafel $4 \cdot 3 = 12$ beobachtete Häufigkeiten enthält, wurden nur 6 erwartete Häufigkeiten bestimmt. Die erwarteten Häufigkeiten für die Merkmalskombinationen, in denen die Stufen A_4 (19–21 Jahre) und B_3 (Pflanze) auftreten, wurden noch nicht berechnet. Die Bestimmung dieser erwarteten Häufigkeiten nach Gl. (5.71) erübrigt sich, da die Zeilensummen, Spaltensummen und Gesamtsumme in der Verteilung der erwarteten Häufigkeit mit den entsprechenden Summen in der Verteilung der beobachteten Häufigkeiten übereinstimmen müssen. Die noch fehlenden Werte können somit einfach *subtraktiv* auf die folgende Weise ermittelt werden:

$$f_{e(1,3)} = 122 - 26{,}11 - 62{,}22 = 33{,}67 \,,$$
$$f_{e(2,3)} = 140 - 29{,}96 - 71{,}40 = 38{,}64 \,,$$
$$f_{e(3,3)} = 115 - 24{,}61 - 58{,}65 = 31{,}74 \,,$$
$$f_{e(4,1)} = 107 - 26{,}11 - 29{,}96 - 24{,}61 = 26{,}32 \,,$$
$$f_{e(4,2)} = 255 - 62{,}22 - 71{,}40 - 58{,}65 = 62{,}73 \,,$$
$$f_{e(4,3)} = 123 - 26{,}32 - 62{,}73$$
$$= 138 - 33{,}67 - 38{,}64 - 31{,}74 = 33{,}95 \,.$$

Die in Tabelle 5.15 eingeklammerten Werte entsprechen den erwarteten Häufigkeiten. Wie man sich leicht überzeugen kann, sind die subtraktiv bestimmten erwarteten Häufigkeiten mit denjenigen identisch, die wir nach Gl. (5.71) erhalten würden. Setzen wir die beobachteten und erwarteten Häufigkeiten in Gl. (5.79) ein, erhalten wir (indem wir $k \cdot \ell = 12$-mal den Ausdruck $(f_b - f_e)^2/f_e$ addieren) den Wert $\chi^2 = 34{,}65$.

Freiheitsgrade. Die Freiheitsgrade dieses χ^2-Wertes bestimmen wir folgendermaßen: Da die Summe der Zeilensummen und die Summe der Spaltensummen jeweils n ergeben muss, sind $k - 1$ Zeilensummen und $\ell - 1$ Spaltensummen frei variierbar. Damit sind – wie auch die Berechnung der erwarteten Häufigkeiten für unser Beispiel zeigte – $(k - 1) \cdot (\ell - 1)$ Zellenhäufigkeiten nicht festgelegt, d.h., der χ^2-Wert hat $(k - 1) \cdot (\ell - 1)$ Freiheitsgrade.

Für unser Beispiel ermitteln wir $(4 - 1) \cdot (3 - 1) = 6\,\text{df}$. In Tabelle C lesen wir für das $\alpha = 1\%$-Niveau einen kritischen Schwellenwert von $\chi^2_{(6;99\%)} = 16{,}81$ ab, d.h., der empirisch gefundene χ^2-Wert ist auf dem 1%-Niveau signifikant. Die H_0, nach der die Merkmale Alter der Jugendlichen und Art der Rorschachdeutung stochastisch voneinander unabhängig sind, kann nicht aufrechterhalten werden. Wegen $df > 1$ überprüft dieser χ^2-Test eine ungerichtete Hypothese (vgl. S. 158).

Eine *inhaltliche Interpretation* des Ergebnisses ist durch Vergleiche der einzelnen beobachteten Häufigkeiten mit den erwarteten Häufigkeiten möglich. Hierbei können die Residuen $f_b - f_e$ „explorativ" über $\chi^2 = (f_{b(i,j)} - f_{e(i,j)})^2/f_{e(i,j)}$ mit $df = 1$ getestet werden (vgl. S. 175 f.). Genauere Verfahren zur Residualanalyse findet man z.B. bei Lautsch u. Lienert (1993, Kap. 5.2.2).

Voraussetzungen. Der $k \cdot \ell$-χ^2-Test ist an die Voraussetzung geknüpft, dass die erwarteten Häufigkeiten größer als 5 sind (vgl. hierzu jedoch auch 5.3.6).

Hinweise: Zur Absicherung der Interpretation können ergänzend zum Gesamt-χ^2 einzelne Häufigkeiten der $k \cdot \ell$-Tafel miteinander verglichen und auf signifikante Unterschiede hin geprüft werden. Für derartige Vergleiche (die den *Einzelvergleichen* im Anschluss an eine Varianzanalyse entsprechen, vgl. 7.3) haben Bresnahan u. Shapiro (1966) ein Verfahren vorgeschlagen. Weitere spezielle Alternativhypothesen, die über die Konstatierung der Abhängigkeit zweier Merkmale hinausgehen (z.B. die Rangfolge der Häufigkeiten für Tier-, Mensch- und Pflanzendeutungen im Rorschach ist bei 13- bis 15-jährigen und 16- bis 18-jährigen verschieden) werden mit Verfahren überprüft, über die Agresti u. Wackerly (1977) berichten. In dieser Arbeit findet man auch einen exakten Test zur Überprüfung der Unabhängigkeitsannahme, der verwendet werden sollte, wenn Erwartungswerte einer $k \times \ell$-Tafel unter 5 liegen. Über besondere Auswertungsmöglichkeiten, die große $k \times \ell$-Tafeln mit großen Zellhäufigkeiten bieten, informieren Zahn u. Fein (1979) (vgl. hierzu auch Berry und Mielke, 1986; Büssing und Jansen, 1988 oder Aiken, 1988). Weitere Hinweise zur Auswertung von $k \cdot \ell$-Tafeln findet man bei Bortz et al. (2000, Kap. 5.4 und 8.1.3).

Prozentwertunterschiede in k unabhängigen Stichproben. Prozentuiert man die beobachteten Häufigkeiten in Tabelle 5.15 (z.B. an den jeweiligen Zeilensummen), lässt sich ein signifikanter

$k \cdot \ell$-χ^2-Wert auch in der Weise interpretieren, dass sich die prozentualen Verteilungen für Mensch-, Tier- und Pflanzendeutungen in den 4 Altersgruppen unterscheiden. Weitere Hinweise zur Überprüfung von Prozentwertunterschieden in k unabhängigen Stichproben und zu der Hypothese, dass die Stichproben hinsichtlich der Größe der Prozentwerte eine bestimmte Ordnung aufweisen, findet man bei Fleiss (1973, Kap. 9).

Für den paarweisen Vergleich von Anteilswerten aus unabhängigen Stichproben (durchgeführt als A-posteriori-Einzelvergleiche mit impliziter α-Fehler-Korrektur; vgl. 7.3.3 ff.) hat Levy (1977) ein Verfahren beschrieben. Ein SAS-Programm für dieses Verfahren wurde von Williams u. LeBlanc (1995) entwickelt.

H_0: Vorgegebene Wahrscheinlichkeiten – Der $k \cdot \ell$-Felder-Anpassungstest

Wie beim 4-Felder-Anpassungstest können auch bei einer $k \cdot \ell$-Kontingenztafel die Randwahrscheinlichkeiten vorgegeben sein. Man überprüft dann auf Globalanpassung und auf Marginalanpassung der Zeilen- und Spaltensummen unter Verwendung der jeweilig erwarteten Zeilen- und Spaltensummen. Hierzu sind die Gl. (5.75–5.77) sinngemäß zu verallgemeinern. Die Kontingenzkomponente, über die wir die Unabhängigkeit der beiden Merkmale prüfen, wird auch hier nach Gl. (5.78) bestimmt.

Der χ^2_G-Wert hat $k \cdot \ell - 1$ Freiheitsgrade, der χ^2_Z-Wert $k-1$, der χ^2_S-Wert $\ell-1$ und der χ^2_K-Wert schließlich hat $(k-1) \cdot (\ell-1)$ Freiheitsgrade. Im Übrigen gelten für diesen Test die gleichen Voraussetzungen wie für den $k \cdot \ell$-χ^2-Test.

„Optimale" Stichprobenumfänge

Auch für die Analyse von $k \cdot \ell$-Kontingenztafeln (bzw. 4-Felder-Tafeln) empfiehlt es sich, den zu untersuchenden Stichprobenumfang nach den in 4.8 behandelten Kriterien festzulegen. Die hierfür erforderliche Effektgröße wird in Analogie zu Gl. (5.68) wie folgt definiert:

$$\varepsilon = \sqrt{\sum_{i=1}^{k} \sum_{j=1}^{\ell} \frac{(\pi_{b(i,j)} - \pi_{e(i,j)})^2}{\pi_{e(i,j)}}} \quad (5.80)$$

mit $\pi_{b(i,j)}$ = Wahrscheinlichkeit für die Zelle i, j gemäß H_1 und
$\pi_{e(i,j)}$ = Wahrscheinlichkeit für die Zelle i, j gemäß H_0.

Die für schwache, mittlere und starke Effekte erforderlichen Stichprobenumfänge sind in Abhängigkeit von der Anzahl der Freiheitsgrade in der Tabelle 5.12 wiedergegeben. Wir entnehmen dieser Tabelle, dass für die Absicherung eines mittleren Effektes ($\varepsilon = 0,3$, $\alpha = 0,05$ und $1 - \beta = 0,8$ bei zweiseitigem Test) für unser „Rorschach"-Beispiel mit df = 6 ein Stichprobenumfang von $n_{opt} = 151$ ausgereicht hätte. Untersucht wurden n = 500 Vpn, womit auch ein kleinerer Effekt ($\varepsilon < 0,3$) mit einer Teststärke von $1 - \beta = 0,8$ hätte nachgewiesen werden können.

Welche Abweichungen $\pi_b - \pi_e$ mit einer bestimmten Effektgröße verbunden sind, lässt sich leider erst im Nachhinein feststellen, wenn die $\pi_{e(i,j)}$-Werte festliegen. Sie werden nach dem Multiplikationstheorem (vgl. S. 55 f.) aus den Randwahrscheinlichkeiten $\pi_{e(i)}$ und $\pi_{e(j)}$ über $\pi_{e(i,j)} = \pi_{e(i)} \cdot \pi_{e(j)}$ geschätzt, wobei die Randwahrscheinlichkeiten ihrerseits über die relativen Häufigkeiten der Randsummen geschätzt werden oder sie sind – beim Anpassungstest – vorgegeben. Im Beispiel der Tabelle 5.15 errechnet man ex post eine Effektgröße von $\hat{\varepsilon} = 0,26$. Dieser Effekt liegt knapp unter einem mittleren Effekt.

Die Bestimmung einer Effektgröße vor Durchführung der Untersuchung ist nur möglich, wenn die gemäß H_0 erwarteten Wahrscheinlichkeiten $\pi_{e(i,j)}$ vorgegeben sind (vgl. S. 167). Eine Effektgrößenbestimmung setzt in diesem Fall voraus, dass man in der Lage ist, für jede Zelle praktisch bedeutsame Differenzen $\pi_{b(i,j)} - \pi_{e(i,j)}$ zu benennen. Andernfalls lässt sich Tabelle 5.12 auch dann als Planungshilfe einsetzen, wenn man mit einer Untersuchung einen schwachen, mittleren oder starken Effekt absichern möchte, ohne näher zu präzisieren, auf welche der $k \cdot \ell$ Zellen der mit einer spezifischen H_1 verbundene Effekt bezogen ist.

Wie wir unter 6.3.4 erfahren werden, lässt sich der χ^2-Wert einer Vierfeldertafel über Gl. (6.107) in einen sog. Phi(Φ-)Koeffizienten überführen, wobei Φ der Korrelation von zwei dichotomen Variablen entspricht (vgl. hierzu unter 14.2.10). Da nun auch $\Phi = \varepsilon$ gilt, kann es für Planungszwecke hilfreich sein, die abzusichernde Effektgröße in Korrelationsform vorzugeben ($\Phi = 0,1$: kleiner Effekt; $\Phi = 0,3$: mittlerer Effekt; $\Phi = 0,5$: großer Effekt; vgl. S. 218).

χ^2-Werte einer k × 2-Tafel lassen sich nach den Ausführungen unter 14.2.11 in sog. multiple Korrelationen überführen, d.h., auch für den k·2-χ^2-Test können optimale Stichprobenumfänge über Korrelationseffekte festgelegt werden (vgl. S. 463 f.).

5.3.5 Vergleich der Häufigkeiten von m alternativ oder mehrfach gestuften Merkmalen (Konfigurationsfrequenzanalyse)

Verallgemeinern wir das 4-Felder-χ^2 auf m alternative Merkmale, erhalten wir eine *mehrdimensionale Kontingenztafel*, die nach der von Krauth u. Lienert (1973) entwickelten *Konfigurationsfrequenzanalyse* (abgekürzt KFA) analysiert werden kann (vgl. hierzu auch Krauth, 1993; Lautsch u. v. Weber 1995 oder v. Eye, 1990). Ein Beispiel für m = 3 soll die KFA verdeutlichen. Es wird überprüft, ob weibliche Personen, die in der Stadt wohnen, überzufällig häufig berufstätig sind ($\alpha = 0,01$). Wir haben es in diesem Beispiel mit den alternativen Merkmalen A: Stadt (+) vs. Land (−), B: männlich (+) vs. weiblich (−) und C: berufstätig (+) vs. nicht berufstätig (−) zu tun. Die Befragung von n = 640 Personen ergab die in Tabelle 5.16 genannten Häufigkeiten für die einzelnen Merkmalskombinationen.

Tabelle 5.16 entnehmen wir, dass sich in unserer Stichprobe 70 in der Stadt wohnende, weibliche Personen befinden, die einen Beruf ausüben (Kombination + − +).

Für die Ermittlung der erwarteten Häufigkeiten formulieren wir üblicherweise die H$_0$, dass die 3 Merkmale stochastisch voneinander unabhängig sind. Wie bei den übrigen χ^2-Techniken können jedoch auch hier Nullhypothesen und damit erwartete Häufigkeiten aus anderen, sinnvoll erscheinenden, theoretischen Erwägungen abgeleitet werden (z.B. Gleichverteilung). Der hierbei resultierende χ^2_G-Wert hätte $2^3 − 1 = 7$ df.

H$_0$: Geschätzte Wahrscheinlichkeiten

Werden die erwarteten Häufigkeiten gemäß der H$_0$, nach der die 3 Merkmale wechselseitig sto-

Tabelle 5.16. Beispiel für eine 2 × 2 × 2-KFA

Merkmal			Häufigkeiten		
A	B	C	f_b	f_e	$(f_b − f_e)^2/f_e$
+	+	+	120	86,79	12,71
+	+	−	15	63,33	36,88
+	−	+	70	95,32	6,73
+	−	−	110	69,56	23,51
−	+	+	160	89,54	55,45
−	+	−	10	65,34	46,87
−	−	+	20	98,35	62,42
−	−	−	135	71,77	55,71
			$n_b = 640$	$n_e = 640$	$\chi^2 = 300,28$

chastisch unabhängig sind, aus den beobachteten Häufigkeiten geschätzt, ergibt sich in Analogie zu Gl. (5.71) folgende Gleichung für die erwarteten Häufigkeiten:

$$f_{e(i,j,k)} = \frac{\text{Summe } A_i \cdot \text{Summe } B_j \cdot \text{Summe } C_k}{n^2}, \quad (5.81)$$

wobei z.B. Summe A_i = Anzahl aller Beobachtungen, die in die i-te Kategorie des Merkmals A fallen.

In unserem Beispiel lauten die Summen A_i, B_j und C_k:

$A(+) = 315 \quad B(+) = 305 \quad C(+) = 370$,
$A(−) = 325 \quad B(−) = 335 \quad C(−) = 270$.

Es wurden somit insgesamt z.B. 325 auf dem Land wohnende Personen (Kategorie A(−)) befragt. Unter Verwendung von Gl. (5.81) ermitteln wir die in Tabelle 5.16 aufgeführten erwarteten Häufigkeiten (z.B. $f_{e(+++)} = 315 \cdot 305 \cdot 370/640^2 = 86,79$).

χ^2-Komponenten. Unsere Eingangsfragestellung lautete, ob weibliche Personen in der Stadt überzufällig häufig berufstätig sind. Eine grobe Abschätzung, ob die beobachtete Häufigkeit $f_{b(+−+)} = 70$ von der erwarteten Häufigkeit $f_{e(+−+)} = 95,32$ signifikant abweicht, liefert die χ^2-Komponente für diese Merkmalskombination. Da diese Komponente (wie alle übrigen) 1 df hat, vergleichen wir das beobachtete (Teil-)$\chi^2 = (70 − 95,32)^2/95,32 = 6,73$ mit dem für $\alpha = 0,01$ kritischen Wert: $\chi^2_{\text{crit}} = z^2_{(99\%)} = 2,33^2 = 5,43$ (einseitiger Test; vgl. S. 157 f.). Der empirische χ^2-Wert ist größer, d.h., die beobachtete Häufigkeit weicht signifikant von der erwarteten ab. Allerdings ist die Richtung der Abweichung genau umgekehrt: Ausgehend von der H$_0$, dass die 3 untersuchten Alternativmerkmale wechselseitig stochastisch unabhängig sind, erwarten wir mehr weibliche Personen in der Stadt, die berufstätig sind, als wir beobachteten. Die H$_0$ ist damit beizubehalten.

Dass die statistische Bewertung einer Einzelkomponente des χ^2 nur approximativ sein kann, geht daraus hervor, dass – wie in 2.5.2 berichtet – die Summe einzelner χ^2-Werte mit jeweils 1 df wiederum χ^2-verteilt ist. Die Freiheitsgrade für das Gesamt-χ^2 müssten sich aus der Summe der Freiheitsgrade der einzelnen χ^2-Komponenten ergeben. Dies hätte zur Konsequenz, dass das χ^2 einer $2 \times 2 \times 2$-KFA mit 8 df (= Anzahl aller Summanden) versehen ist, was natürlich nicht zutrifft, da wir die Erwartungshäufigkeiten aus den beobachteten Häufigkeiten geschätzt haben. Über Möglichkeiten, die Irrtumswahrscheinlichkeiten für eine χ^2-Komponente in einer KFA genauer zu bestimmen, informieren Krauth u. Lienert (1973, Kap. 2), Krauth (1993) bzw. Kieser u. Victor (1991).

Freiheitsgrade. Werden die erwarteten Häufigkeiten aus den beobachteten Häufigkeiten geschätzt, resultiert ein Gesamt-χ^2 mit $2^m - m - 1$ df. Das χ^2 einer $2 \times 2 \times 2$-KFA hat somit $2^3 - 3 - 1 = 4$ df. Da der für das 1%-Niveau bei df = 4 kritische χ^2-Wert ($\chi^2_{(4;99\%)} = 13{,}28$) erheblich kleiner ist als der beobachtete Wert ($\chi^2 = 300{,}28$), verwerfen wir die H$_0$. Es besteht ein Zusammenhang zwischen den 3 Merkmalen, dessen Interpretation den Differenzen f$_b$ – f$_e$ entnommen werden kann.

Verallgemeinerungen

Die Generalisierung des Verfahrens für $m > 3$ ist relativ einfach vorzunehmen. Da mit wachsender Anzahl von Merkmalen die Anzahl der Merkmalskombinationen jedoch exponentiell ansteigt, muss darauf geachtet werden, dass die Anzahl der Beobachtungen hinreichend groß ist, um erwartete Häufigkeiten größer als 5 zu gewährleisten. Sind die Merkmale nicht alternativ, sondern *mehrfach abgestuft*, kann Gl. (5.81) wie bei einer $2 \times 2 \times 2$-KFA für die Bestimmung der erwarteten Häufigkeiten der einzelnen Merkmalskombinationen herangezogen werden. Werden beispielsweise 3 dreifach gestufte Merkmale auf stochastische Unabhängigkeit geprüft, ergeben sich $3^3 = 27$ Merkmalskombinationen, für die jeweils eine erwartete Häufigkeit bestimmt werden muss. Sind die Merkmale 1, 2 und 3 k_1-fach, k_2-fach und k_3-fach gestuft, resultiert ein χ^2 mit $k_1 \cdot k_2 \cdot k_3 - k_1 - k_2 - k_3 + 2$ df. Wie die df in einer beliebigen KFA berechnet werden, zeigen Krauth u. Lienert (1973, S. 139). Anwendungen der KFA wurden von Lienert (1988) zusammengestellt. Ausführlichere Informationen zur Theorie der KFA findet man bei Krauth (1993).

Hinweise: Für die Analyse mehrdimensionaler Kontingenztafeln gibt es eine Reihe weiterer Verfahren, auf die hier nur hingewiesen werden kann. Diese Auswertungstechniken sind in der Fachliteratur unter den Bezeichnungen „log-lineare"-Modelle, „logit"-Modelle und „probit"-Modelle bekannt und werden z. B. bei Andres et al. (1997), Arminger (1983), Langeheine (1980 a, b), Bishop et al. (1978), Agresti (1990), Anderson (1990), Gilbert (1993), Hagenaars (1990), Santner u. Duffy (1989) oder Wickens (1989) beschrieben. Wie man eine log-lineare Analyse mit dem Programmpaket SPSS durchführt, wird bei Stevens (2002, S. 564 ff.) erklärt.

Vergleichende Analysen von KFA und log-linearen Modellen findet man bei Krauth (1980) oder v. Eye (1988). Vorhersagemodelle mit kategorialen Variablen werden bei v. Eye (1991) beschrieben. Auf die *logistische Regression* als einem Modell zur Vorhersage kategorialer Variablen gehen wir auf S. 463 ein.

Die Analyse mehrdimensionaler Kontingenztafeln unter dem Blickwinkel des allgemeinen linearen Modells (vgl. Kap. 14) beschreiben Bortz et al. (1990, Kap. 8.1) oder Bortz u. Muchowski (1988). Mit der informationstheoretischen Analyse sog. „paradoxer" Tafeln befassen sich Preuss u. Vorkauf (1997).

5.3.6 Allgemeine Bemerkungen zu den χ^2-Techniken

χ^2-Techniken gehören von der Durchführung her zu den einfachsten Verfahren der Elementarstatistik, wenngleich der mathematische Hintergrund dieser

Verfahren komplex ist. Mit Hilfe der χ^2-Verfahren werden die Wahrscheinlichkeiten *multinomialverteilter Ereignisse* geschätzt, wobei die Schätzungen erst bei sehr großen Stichproben mit den exakten Wahrscheinlichkeiten der Multinomialverteilung übereinstimmen. Man sollte deshalb beachten, dass für die Durchführung eines χ^2-Tests die folgenden Voraussetzungen erfüllt sind:

- Die einzelnen Beobachtungen müssen voneinander unabhängig sein (Ausnahme: McNemar-Test und Cochran-Test).
- Die Merkmalskategorien müssen so geartet sein, dass jedes beobachtete Objekt eindeutig einer Merkmalskategorie oder einer Kombination von Merkmalskategorien zugeordnet werden kann.
- Bezüglich der Größe der erwarteten Häufigkeiten erweisen sich die χ^2-Techniken als relativ robust (vgl. Bradley, 1968; Bradley et al., 1979; Camilli u. Hopkins, 1979; Overall, 1980). Dessen ungeachtet ist – zumal bei asymmetrischen Randverteilungen – darauf zu achten, dass der Anteil der erwarteten Häufigkeiten, die kleiner als 5 sind, 20% nicht überschreitet.

Eine ausführliche Diskussion der Probleme, die sich mit der Anwendung von χ^2-Techniken verbinden, findet der interessierte Leser z. B. bei Steger (1971, Kap. 2) oder Fleiss (1973).

ÜBUNGSAUFGABEN

1. 12 Kinder reicher Eltern und 12 Kinder armer Eltern werden aufgefordert, den Durchmesser eines 1-€-Stückes zu schätzen. Die folgenden (normalverteilten) Schätzungen wurden abgegeben:

reich	arm
20 mm	24 mm
23 mm	23 mm
23 mm	26 mm
21 mm	28 mm
22 mm	27 mm
25 mm	27 mm
19 mm	25 mm
24 mm	18 mm
20 mm	21 mm
26 mm	26 mm
24 mm	25 mm
25 mm	29 mm

Überprüfen Sie, ob die durchschnittlichen Schätzwerte der armen Kinder signifikant größer sind als die der reichen Kinder!

2. Begründen Sie, warum eine Varianz $n-1$ df hat!

3. Nach einer Untersuchung von Miller u. Bugelski (1948) ist zu erwarten, dass Personen in ihren Einstellungen gegenüber neutralen Personen negativer werden, wenn sie zwischenzeitlich frustriert wurden (Sündenbockfunktion). Für 9 Jungen mögen sich vor und nach einer Frustration folgende Einstellungswerte ergeben haben:

Vpn	vorher	nachher
1	38	33
2	32	28
3	33	34
4	28	26
5	29	27
6	37	31
7	35	32
8	35	36
9	34	30

Sind die registrierten Einstellungsänderungen statistisch signifikant, wenn man davon ausgeht, dass die Einstellungen normalverteilt sind?

4. Was sind parallelisierte Stichproben?

5. Es soll die Hypothese überprüft werden, dass Kinder mit schlechten Schulnoten entweder ein zu hohes oder zu niedriges Anspruchsniveau haben, während Kinder mit guten Schulnoten ihr Leistungsvermögen angemessen einschätzen können. 15 Schüler mit guten und 15 Schüler mit schlechten Noten werden aufgefordert, eine Mathematikaufgabe zu lösen. Zuvor jedoch sollen die Schüler schätzen, wie viel Zeit sie vermutlich zur Lösung

der Aufgabe benötigt werden. Folgende Zeitschätzungen werden abgegeben:

gute Schüler	schlechte Schüler
23 min	16 min
18 min	24 min
19 min	25 min
22 min	35 min
25 min	20 min
24 min	20 min
26 min	25 min
19 min	30 min
20 min	32 min
20 min	18 min
19 min	15 min
24 min	15 min
25 min	33 min
25 min	19 min
20 min	23 min

Überprüfen Sie, ob sich die Varianzen der (normalverteilten) Zeitschätzungen signifikant unterscheiden!

6. Es soll ferner getestet werden, ob sich die Zeitschätzungen in Aufgabe 5 hinsichtlich ihrer zentralen Tendenz unterscheiden. Da wir gemäß der in Aufgabe 5 genannten Hypothese nicht davon ausgehen können, dass die Varianzen homogen sind, soll a) eine Welch-Korrektur durchgeführt werden und b) ein verteilungsfreies Verfahren eingesetzt werden.

7. Ein Gesprächspsychotherapeut stuft die Bereitschaft von 10 Klienten, emotionale Erlebnisinhalte zu verbalisieren, vor und nach einer gesprächstherapeutischen Behandlung auf einer 10-Punkte-Skala in folgender Weise ein:

Klient	vorher	nachher
1	4	7
2	5	6
3	8	6
4	8	9
5	3	7
6	4	9
7	5	4
8	7	8
9	6	8
10	4	7

Überprüfen Sie, ob aufgrund der Einschätzungen durch den Therapeuten nach der Therapie mehr emotionale Erlebnisinhalte verbalisiert werden als zuvor. Da am Intervallskalencharakter der Einstufungen gezweifelt wird, soll nur die ordinale Information der Daten berücksichtigt werden.

8. Begründen Sie, warum bei einem $k \cdot \ell$-χ^2 die erwarteten Häufigkeiten nach der Beziehung

$$\frac{\text{Zeilensumme} \cdot \text{Spaltensumme}}{\text{Gesamtsumme}}$$

berechnet werden!

9. Gleiss et al. (1973) berichten über eine Auszählung, nach der eine Stichprobe von 450 neurotischen Patienten mit folgenden (geringfügig modifizierten) Häufigkeiten in folgenden Therapiearten behandelt wurden:

Klassische Analyse und analytische Psychotherapie: 82

Direkte Psychotherapie: 276

Gruppenpsychotherapie: 15

Somatische Behandlung: 48

Custodial care: 29

Überprüfen Sie die Nullhypothese, dass sich die 450 Patienten auf die 5 Therapieformen gleich verteilen!

10. Teilen Sie die 20 Messwerte in Aufgabe 7 am Median (Mediandichotomisierung) und überprüfen Sie mit Hilfe des McNemar-χ^2-Tests, ob die Änderungen signifikant sind! Diskutieren Sie das Ergebnis!

11. Zwölf chronisch kranke Patienten erhalten an 6 aufeinander folgenden Tagen ein neues Schmerzmittel. Der behandelnde Arzt registriert in folgender Tabelle, bei welchen Patienten an den einzelnen Tagen Schmerzen (+) bzw. keine Schmerzen (−) auftreten:

Patient	1. Tag	2. Tag	3. Tag	4. Tag	5. Tag	6. Tag
1	+	+	−	−	+	−
2	−	−	+	−	−	+
3	+	+	+	−	−	−
4	+	+	−	+	+	−
5	+	−	−	−	−	−
6	+	−	+	+	−	−
7	−	−	+	−	−	+
8	+	+	−	−	+	−
9	+	−	−	−	+	+
10	+	+	−	−	−	−
11	+	−	−	+	−	−
12	−	+	−	−	−	−

Überprüfen Sie, ob sich die Schmerzhäufigkeiten signifikant geändert haben!

12. Zwei Stichproben mit jeweils 50 Vpn wurden gebeten, eine Reihe von Aufgaben zu lösen, wobei die Lösungszeit pro Aufgabe auf eine Minute begrenzt war. Nach Ablauf einer Minute musste auch dann, wenn die entsprechende Aufgabe noch nicht gelöst war, unverzüglich die nächste Aufgabe in Angriff genommen werden. Der einen Vpn-Stichprobe wurde gesagt, dass mit dem Test ihre Rechenfähigkeiten geprüft werden soll-

Übungsaufgaben

ten, und der anderen Stichprobe wurde mitgeteilt, dass die Untersuchung lediglich zur Standardisierung des Tests diene und dass es auf die individuellen Leistungen nicht ankäme. Am darauf folgenden Tag hatten die Vpn anzugeben, an welche Aufgabe sie sich noch erinnerten. Auf Grund dieser Angaben wurden die Vpn danach eingeteilt, ob sie entweder mehr vollendete Aufgaben oder mehr unvollendete Aufgaben im Gedächtnis behalten hatten. Die folgende 4-Felder-Tafel zeigt die entsprechenden Häufigkeiten:

		erinnert vollendete Aufgaben	erinnert unvollendete Aufgaben
Instruktion	Teststandardisierung	32	18
	Leistungsmessung	13	37

Können diese Daten den sog. Zeigarnik-Effekt bestätigen, nach dem persönliches Engagement (bei Leistungsmessungen) das Erinnern unvollständiger Aufgaben begünstigt, während sachliches Interesse (an der Teststandardisierung) vor allem das Erinnern vollendeter Aufgaben erleichtert?

13. Gleiss et al. (1973) berichten über eine Untersuchung, in der 300 Patienten nach 5 Symptomkategorien und 2 sozialen Schichten klassifiziert werden. Die folgende Tabelle zeigt die Häufigkeiten:

	Hohe soz. Schicht	Niedrige soz. Schicht
Psychische Störungen des höheren Lebensalters	44	53
Abnorme Reaktionen	29	48
Alkoholismus	23	45
Schizophrenie	15	23
Man.-depressives Leiden	14	6

Überprüfen Sie die Nullhypothese, dass soziale Schicht und Art der Diagnose stochastisch voneinander unabhängig sind!

14. Welche der beiden folgenden 3 × 4-Häufigkeitstabellen ist Ihrer Ansicht nach für eine χ^2-Analyse nicht geeignet?

	1	2	3	4	Σ
a)					
1	20	30	0	25	75
2	20	0	30	25	75
3	0	30	20	0	50
Σ	40	60	50	50	200
b)					
1	40	25	4	41	110
2	10	15	2	3	30
3	10	10	4	36	60
Σ	60	50	10	80	200

Kapitel 6 Verfahren zur Überprüfung von Zusammenhangshypothesen

> **ÜBERSICHT**
>
> Lineare Regression – Kriterium der kleinsten Quadrate – Kovarianz – bivariate Normalverteilung – Standardschätzfehler – Konfidenzintervalle für Regressionsvorhersagen – nonlineare Regression – linearisierende Transformationen – Produkt-Moment-Korrelationen – Regressionsresiduen – Determinationskoeffizient – Interpretationshilfen für Korrelationen – Selektionsfehler – Signifikanztests – „optimale" Stichprobengrößen – Fishers Z-Transformation – Zusammenfassung von Korrelationen – Vergleich von Korrelationen aus unabhängigen und abhängigen Stichproben – punkt-biseriale Korrelation – biseriale Korrelation – Phi-Koeffizient – tetrachorische Korrelation – biseriale Rangkorrelation – Spearmans rho – Kontingenzkoeffizient – Korrelation und Kausalität

Wohl kein statistisches Verfahren hat der human- und sozialwissenschaftlichen Forschung so viele Impulse verliehen wie die Verfahren zur Analyse von Zusammenhängen. Erst wenn wir wissen, dass zwei Merkmale miteinander zusammenhängen, kann das eine Merkmal zur Vorhersage des anderen eingesetzt werden. Besteht beispielsweise zwischen dem Alter, in dem ein Kind die ersten Sätze spricht, und der späteren schulischen Leistung ein gesicherter Zusammenhang, könnte der Schulerfolg aufgrund des Alters, in dem die Sprachentwicklung einsetzt, vorhergesagt werden. Vorhersagen wären – um weitere Beispiele zu nennen – ebenfalls möglich, wenn zwischen der Abiturnote und dem späteren Studienerfolg, der Tüchtigkeit von Menschen und ihrer Beliebtheit, der Selbsteinschätzung von Personen und ihrer Beeinflussbarkeit, den politischen Einstellungen der Eltern und den politischen Einstellungen der Kinder, dem Geschlecht und Kunstpräferenzen von Personen usw. Zusammenhänge bestehen.

Zusammenhänge sind aus der Mathematik und den Naturwissenschaften hinlänglich bekannt. Wir wissen beispielsweise, dass sich der Umfang eines Kreises proportional zu seinem Radius verändert, dass sich eine Federwaage proportional zu dem sie belastenden Gewicht auslenkt oder dass die kinetische Energie einer sich bewegenden Masse mit dem Quadrat ihrer Geschwindigkeit wächst. Diese Beispiele sind dadurch gekennzeichnet, dass die jeweiligen Merkmale exakt durch eine Funktionsgleichung miteinander verbunden sind, die – im Rahmen der Messgenauigkeit – genaue Vorhersagen der Ausprägung des einen Merkmals bei ausschließlicher Bekanntheit der Ausprägung des anderen Merkmals gestattet.

Dies ist jedoch bei human- und sozialwissenschaftlichen Zusammenhängen praktisch niemals der Fall. Ist beispielsweise die Intelligenz eines eineiigen Zwillingspartners bekannt, wird man nicht mit Sicherheit die Intelligenz des anderen Zwillings vorhersagen können, obwohl zwischen den Intelligenzwerten eineiiger Zwillinge ein Zusammenhang besteht. Die Vorhersage wird umso genauer sein, je höher der Zusammenhang ist, denn die Wahrscheinlichkeit, eine richtige Vorhersage zu treffen, nimmt zu, je deutlicher die jeweiligen Merkmale zusammenhängen. Im Unterschied zu *funktionalen Zusammenhängen*, die mittels einer Funktionsgleichung exakte Vorhersagen ermöglichen, sprechen wir hier von *stochastischen (zufallsabhängigen) Zusammenhängen*, die je nach Höhe des Zusammenhangs unterschiedlich präzise Vorhersagen zulassen.

Die Gleichung, die wir bei stochastischen Zusammenhängen zur Merkmalsvorhersage benötigen, wird *Regressionsgleichung* genannt. Die Enge des Zusammenhangs zwischen zwei Merkmalen charakterisiert der *Korrelationskoeffizient*, der Werte zwischen $+1$ und -1 annehmen kann. Erreicht ein Korrelationskoeffizient Werte von $+1$ bzw. -1, geht der stochastische Zusammenhang in einen funktionalen, deterministischen Zusammenhang über, wobei eine Korrelation von $+1$ einen linearen gleichsinnigen Zusammenhang und eine Korrelation von −1 einen linearen, gegenläufigen Zusammenhang anzeigt.

Unabhängig von ihrer Höhe dürfen Korrelationen nicht im Sinn von *Kausalbeziehungen* interpretiert werden. Registrieren wir beispielsweise zwischen verschiedenen Körperbautypen und einzelnen Persönlichkeitsmerkmalen einen korrelativen Zusammenhang, so kann hieraus sicherlich nicht geschlossen werden, dass verschiedene Körperbauformen die Ursache für verschiedene Ausprägungen der Persönlichkeitsmerkmale sind oder umgekehrt.

Probleme der Interpretation von Korrelationen werden wir im Anschluss an die Darstellung verschiedener Korrelationstechniken erörtern (6.4). Zuvor jedoch soll die Frage behandelt werden, wie Merkmalsvorhersagen bei stochastischen Zusammenhängen möglich sind bzw. wie die einem stochastischen Zusammenhang zugrunde liegende Regressionsgleichung bestimmt wird (6.1). Die Quantifizierung von Merkmalszusammenhängen durch Korrelationstechniken ist Gegenstand von 6.2 und 6.3.

▷ 6.1 Merkmalsvorhersagen

Sind zwei stochastisch abhängige Variablen x und y durch eine Regressionsgleichung miteinander verknüpft, kann die eine Variable zur Vorhersage der anderen eingesetzt werden. Ist beispielsweise bekannt, durch welche Regressionsgleichung logisches Denken und technisches Verständnis miteinander verknüpft sind, so kann diese Gleichung zur Vorhersage des technischen Verständnisses auf Grund des logischen Denkvermögens verwandt werden.

In vielen praktischen Anwendungssituationen werden Regressionsgleichungen bestimmt, um eine nur schwer zu erfassende Variable mit einer einfacher messbaren Variablen vorherzusagen. Hierbei wird üblicherweise zwischen **Prädiktorvariablen**, die zur Vorhersage eingesetzt werden, und **Kriteriumsvariablen**, die vorhergesagt werden sollen, unterschieden.

Diese Einteilung entspricht etwa der Kennzeichnung von Variablen als *abhängige Variablen* und als *unabhängige Variablen*, wenngleich durch diese Bezeichnung eine engere, gerichtete Kausalbeziehung zum Ausdruck gebracht wird. Verändert sich z. B. in einem sorgfältig kontrollierten Experiment die Schlafdauer (abhängige Variable) auf Grund unterschiedlicher Dosen eines Schlafmittels (unabhängige Variable), so lässt dies auf eine engere Kausalbeziehung schließen als beispielsweise eine Untersuchung, in der zwischen einem Schulreifetest (Prädiktor) und der sich im Unterricht zeigenden schulischen Reife (Kriterium) ein Zusammenhang besteht. Die Prädiktorvariable „Leistung im Schulreifetest" beeinflusst die tatsächliche Schulreife nicht im kausalen Sinn, sondern kann lediglich als *Indikator* oder Prädiktor für das Kriterium Schulreife verwendet werden.

In der Statistik-Literatur wird gelegentlich zwischen deterministischen und stochastischen Prädiktorvariablen (Regressoren) unterschieden. Deterministisch sind Prädiktoren, die nur in bestimmten Ausprägungen vorkommen (z. B. unterschiedliche Dosierungen eines Medikamentes, systematisch variierte Bedingungen in psychologischen Lernexperimenten etc.). Wir werden auf diese Art von Prädiktorvariablen im Kap. 14 (Das Allgemeine Lineare Modell) ausführlich eingehen.

Stochastische Prädiktoren sind – wie die o. g. Leistungen im Schulreifetest – Variablen, die zusammen mit der Kriteriumsvariablen an einer Zufallsstichprobe von Individuen erhoben werden, sodass jedem Individuum ein Messwertpaar als Realisierungen der gemessenen Zufallsvariablen zugeordnet werden kann. Dieser Variablentyp wird im Folgenden vorrangig behandelt

Prädiktorvariablen sind i. Allg. einfacher und billiger messbar und können – im Kontext von Vorhersagen im eigentlichen Wortsinn – zu einem früheren Zeitpunkt als die eigentlich interessierenden Kriteriumsvariablen erfasst werden. Typische Prädiktorvariablen sind psychologische oder medizinische Tests, mit denen Interessen, Leistungen, Begabungen, Krankheiten usw. vorhergesagt bzw. erkannt werden sollen (vgl. z. B. Horst, 1971). Ist ein Test in diesem Sinn ein brauchbarer Prädiktor, so wird er als „valide" bezeichnet. Damit ein Test im Einzelfall sinnvoll als Prädiktor eingesetzt werden kann, ist es jedoch notwendig, dass die Regressionsgleichung zuvor an einer repräsentativen Stichprobe ermittelt wurde. Nur dann kann man davon ausgehen, dass die in der „Eichstichprobe" ermittelte Beziehung zwischen der Prädiktorvariablen und der Kriteriumsvariablen auch auf einen konkret untersuchten Einzelfall, der nicht zur Eichstichprobe, aber zur Grundgesamtheit gehört, anwendbar ist.

▷ 6.1.1 Lineare Regression

Der Zugang wird erleichtert, wenn elementare Kenntnisse der analytischen Geometrie vorhanden sind. Welche Bestandteile der analytischen Geometrie wir für die Regressionsrechnung benötigen, sei im Folgenden kurz verdeutlicht. Die einfachste Beziehung zwischen 2 intervallskalierten Variablen ist die *lineare Beziehung*, die durch folgende allgemeine Gleichung beschrieben wird:

$$y = b \cdot x + a . \tag{6.1}$$

Die graphische Darstellung einer linearen Beziehung ergibt eine Gerade. Abbildung 6.1 zeigt einige lineare Beziehungen.

In der allgemeinen, linearen Funktionsgleichung kennzeichnet x die unabhängige Veränderliche, y die abhängige Veränderliche, b die Steigung der Geraden (= Tangens des Winkels zwischen der x-Achse und der Geraden) und a die Höhenlage (= Schnittpunkt der Geraden mit der y-Achse). Die Steigung b einer Geraden kann positiv oder negativ sein. Ist die Steigung positiv, werden die y-Werte mit steigenden x-Werten ebenfalls größer. Eine negative Steigung besagt, dass die y-Werte bei größer werdenden x-Werten kleiner werden.

Deterministische und stochastische Beziehungen

Angenommen, Leistungen von Versuchspersonen (Vpn) in 2 äquivalenten Tests x und y seien durch die Beziehung $y = 0{,}5 \cdot x + 10$ miteinander verbunden. Aufgrund dieser Gleichung können wir vorhersagen, dass eine Person mit einer Leistung von $x = 100$ im Test y den Wert $y = 0{,}5 \cdot 100 + 10 = 60$ erhält. Der Steigungsfaktor 0,5 besagt, dass alle x-Werte für eine Transformation in y-Werte zunächst mit 0,5 multipliziert werden müssen, was bedeutet, dass die y-Werte eine geringere Streuung aufweisen als die x-Werte.

Die additive Konstante von 10 schreibt vor, dass bei der Umrechnung von x-Werten in y-Werte zusätzlich zu jedem Wert 10 Testpunkte addiert werden müssen, egal welche Leistung eine Vp im Test x erzielt hat. Die positive additive Konstante könnte bedeuten, dass Test y im Vergleich zu Test x leichter ist, weil Personen, die im Test x eine Leistung von Null erreicht haben, im Test y immerhin noch einen Wert von 10 erzielen.

Eine Gerade ist durch 2 Bestimmungsstücke, wie z. B. die Steigung und die Höhenlage oder auch 2 Punkte der Geraden, eindeutig festgelegt. Sind 2 Bestimmungsstücke einer Geraden bekannt, kennen wir die Koordinaten aller Punkte der Geraden. Ausgehend von der funktionalen Beziehung im oben genannten Beispiel kann im Rahmen des Gültigkeitsbereichs der Gleichung für jede x-Leistung eine y-Leistung, aber auch umgekehrt für jede y-Leistung eine x-Leistung eindeutig bestimmt werden. Dies wäre eine deterministische Beziehung.

In der Forschungspraxis sind wir in der Regel darauf angewiesen, die Beziehung zwischen 2 Variablen auf Grund von Beobachtungen zu ermitteln. So könnten wir in unserem Beispiel die lineare Funktion dadurch herausfinden, dass wir bei 2 Vpn die x- und y-Leistungen registrieren. Tragen wir diese beiden „Messpunkte" aufgrund ihrer x- und y-Koordinaten in ein Koordinatensystem ein und verbinden die beiden Punkte, er-

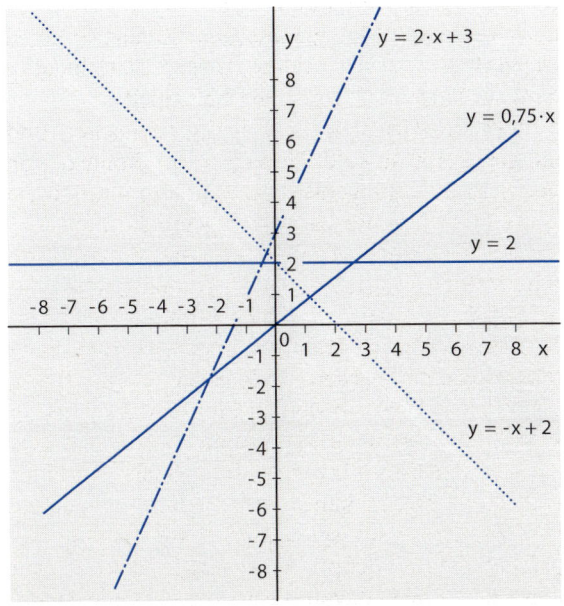

Abb. 6.1. Lineare Beziehungen

halten wir eine Gerade, deren Funktionsgleichung mit der oben genannten identisch ist. Registrieren wir x- und y-Leistungen nicht nur bei 2, sondern bei mehr Vpn, erhalten wir mehrere Messpunkte, die bei einer deterministischen Beziehung sämtlich auf der gefundenen Geraden liegen müssten.

Dies ist bei einer stochastischen Beziehung anders. Durch Schwankungen in der Motivation, unterschiedliche Testbedingungen, Ermüdungseffekte und vor allem wegen der Tatsache, dass die beiden Tests nicht völlig identisch sind, werden wir Vpn mit x- und y-Werten registrieren, die mehr oder weniger von der Geraden, die durch 2 Vpn aufgemacht wird, abweichen (vgl. Abb. 6.2).

Das Ergebnis von n paarweisen Beobachtungen (pro Vp werden jeweils die x-Leistung und die y-Leistung registriert) ist ein Punkteschwarm, der in diesem Fall die Tendenz einer positiven linearen Beziehung erkennen lässt. Mit der Regressionsrechnung wird diejenige Gerade ermittelt, die den Gesamttrend aller Punkte am besten wiedergibt. (Eine genauere Definition der Regressionsgeraden werden wir später kennenlernen.)

Bevor wir uns der Frage zuwenden, wie diese Gerade ermittelt wird, sei kurz der Ausdruck „Regression" erläutert. Der Ausdruck geht auf Francis Galton (1886) zurück, der die Beziehung der Körpergrößen von Vätern und Söhnen untersuchte. Er fand, dass Söhne von großen Vätern im Durchschnitt weniger von der durchschnittlichen Größe aller männlichen Personen abweichen als die Väter selbst. Dieses Phänomen nannte er „Regression zum Mittelwert" (ausführlicher hierzu vgl. Bortz u. Döring, 2002, Kap. 8.2.5). Die Bezeichnung Regression wurde im Laufe der Zeit mit der Bestimmung von Funktionsgleichungen zwischen zwei Variablen, die nicht perfekt, sondern nur stochastisch zusammenhängen, allgemein verknüpft.

Die Regressionsgerade. Die Gerade, die die stochastische Beziehung zwischen zwei Merkmalen kennzeichnet, wird *Regressionsgerade* und die Konstanten a und b der Regressionsgeraden werden *Regressionskoeffizienten* genannt. Sind die Regressionskoeffizienten a und b bekannt, können wir die Funktionsgleichung für die Regressionsgerade aufstellen. Gesucht werden diejenigen Koeffizienten a und b, die zu einer Regressionsgeraden führen, die den Punkteschwarm am besten repräsentiert.

Nehmen wir einmal an, wir hätten bei 5 Vpn die in Tabelle 6.1 genannten Leistungen registriert. Wie die graphische Darstellung (vgl. Abb. 6.3) zeigt, gibt es keine gemeinsame Gerade für alle 5 Punkte.

Wie gut repräsentiert nun die eingezeichnete Gerade den Trend der 5 Vpn-Punkte? Würden wir

Tabelle 6.1. Daten für eine Regressionsgleichung

Vpn-Nr.	Test x	Test y
1	31	15
2	128	95
3	67	35
4	46	40
5	180	80

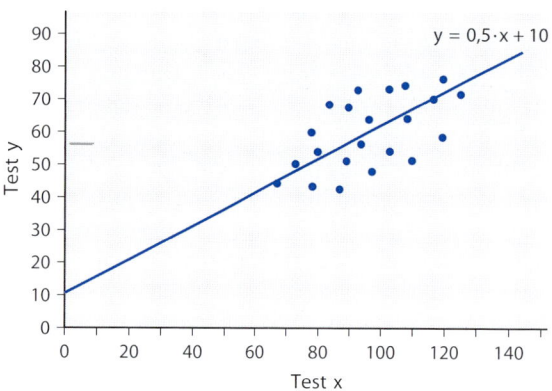

Abb. 6.2. Beispiel für eine unpräzise lineare Beziehung

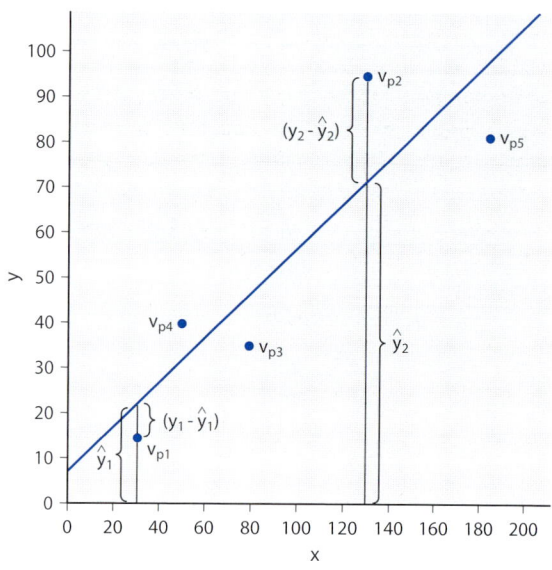

Abb. 6.3. Bewertung einer Geraden nach der Methode der kleinsten Quadrate

6.1.1 Lineare Regression

auf Grund dieser Geraden beispielsweise die y-Leistung der Vp 1 bestimmen, erhielten wir einen Wert, der in Abb. 6.3 durch $\hat{y}_1$ gekennzeichnet ist. Zwischen dem tatsächlichen y_1-Wert und dem auf Grund der angenommenen Regressionsgeraden vorhergesagten $\hat{y}_1$-Wert besteht somit eine negative Diskrepanz von $(y_1 - \hat{y}_1)$, d.h., der tatsächliche y-Wert ist kleiner als der auf Grund der Regressionsgeraden vorhergesagte ŷ-Wert. Für Vp 2 resultiert, wie die Abbildung zeigt, eine positive Diskrepanz $(y_2 - \hat{y}_2)$.

Der allgemeine Ausdruck $(y_i - \hat{y}_i)$ gibt somit bei jeder Vp i an, wie groß der Vorhersagefehler ist, wenn wir eine bestimmte Gerade als Regressionsgerade annehmen. Es ist leicht vorstellbar, dass sich diese Vorhersagefehler ändern, wenn eine andere Gerade als Regressionsgerade gewählt wird. Wir müssen also überlegen, nach welchem Kriterium wir entscheiden wollen, welche Gerade die Vpn-Punkte am besten repräsentiert.

Das Kriterium der kleinsten Quadrate. Spontan könnte man meinen, die gesuchte Regressionsgerade sei so zu legen, dass die Summe der Vorhersagefehler $(y_i - \hat{y}_i)$ möglichst klein wird. Da jedoch positive und negative Abweichungen auftreten können, ist nicht auszuschließen, dass mehrere Geraden existieren, für die die Summe der Abweichungen $(y_i - \hat{y}_i)$ Null ergibt, d.h., die beste Regressionsgerade wäre nach diesem Kriterium nicht eindeutig bestimmt. Als Kriterium wählen wir deshalb nicht die Summe der Abweichungen, sondern die Summe der quadrierten Abweichungen $(y_i - \hat{y}_i)^2$. Gesucht wird somit diejenige Gerade, für die die Summe der quadrierten Abweichungen der vorhergesagten ŷ-Werte von den beobachteten y-Werten minimal wird (Kriterium der kleinsten Quadrate):

$$\sum_{i=1}^{n}(y_i - \hat{y}_i)^2 = \min. \qquad (6.2)$$

Man beachte, dass das Kriterium der kleinsten Quadrate nicht auf die Abstände der Punkte von der gesuchten Geraden (Lote von den Punkten auf die Gerade) bezogen ist, sondern auf die Abweichungen der Punkte von der Geraden in y-Richtung. Dadurch ist gewährleistet, dass die Regressionsgleichung ihre Aufgabe, y-Werte möglichst präzise vorherzusagen, optimal erfüllt.

> **Die Regressionsgerade ist diejenige Gerade, die die Summe der quadrierten Vorhersagefehler minimiert.**

Durch die Quadrierung der Abweichungen wird – wie bei der Varianz – erreicht, dass größere, inhaltlich bedeutsamere Abweichungen stärker berücksichtigt bzw. gewichtet werden als kleinere Abweichungen, die möglicherweise nur auf zufällige Messungenauigkeiten zurückzuführen sind.

Nach diesem Kriterium könnten wir für die in Abb. 6.2 nach Augenschein eingezeichnete Gerade Abweichungsquadrate berechnen, in der Hoffnung, dass sie möglichst klein ausfallen. Es wäre jedoch denkbar, dass eine andere Gerade die Punkte noch besser nach dem Kriterium der kleinsten Quadrate repräsentiert, was uns dazu veranlassen müsste, durch systematisches Verändern diejenige Gerade herauszufinden, für die die Abweichungsquadratsumme tatsächlich minimal ist. Diese recht mühsame Sucharbeit können wir uns – wie in 3.4 bereits erwähnt – vereinfachen, indem wir die gesuchte Gerade bzw. ihre Regressionskoeffizienten a (Höhenlage) und b (Steigung) mittels der *Differenzialrechnung* bestimmen.

Herleitung der Regressionsgleichung. ŷ-Werte werden nach Gleichung

$$\hat{y}_i = b \cdot x_i + a \qquad (6.3)$$

ermittelt. Setzen wir Gl. (6.3) in Gl. (6.2) ein, ergibt sich

$$\sum_{i=1}^{n}(y_i - \hat{y}_i)^2 = \sum_{i=1}^{n}[y_i - (b \cdot x_i + a)]^2 = \min. \qquad (6.4)$$

Diese Funktion f(a, b) soll in Abhängigkeit von den Regressionskoeffizienten a und b minimiert werden. Die Bestimmungsgleichungen für a und b finden wir, indem f(a, b) partiell nach a und nach b differenziert und die beiden ersten Ableitungen Null gesetzt werden.

Für Gl. (6.4) schreiben wir:

$$\begin{aligned} f(a,b) &= \sum_{i=1}^{n}[y_i - (b \cdot x_i + a)]^2 \\ &= \sum_{i=1}^{n}(y_i^2 - 2 \cdot a \cdot y_i - 2 \cdot b \cdot x_i y_i \\ &\quad + b^2 \cdot x_i^2 + 2 \cdot a \cdot b \cdot x_i + a^2) \end{aligned} \qquad (6.5)$$

bzw.

$$\begin{aligned} f(a,b) &= \sum_{i=1}^{n} y_i^2 - 2 \cdot a \sum_{i=1}^{n} y_i - 2 \cdot b \sum_{i=1}^{n} x_i \cdot y_i \\ &\quad + b^2 \sum_{i=1}^{n} x_i^2 + 2 \cdot a \cdot b \sum_{i=1}^{n} x_i + n \cdot a^2. \end{aligned} \qquad (6.6)$$

Wir leiten $f(a,b)$ nach a ab und setzen die 1. Ableitung gleich Null:

$$\frac{df(a,b)}{da} = -2\sum_{i=1}^{n} y_i + 2 \cdot b \sum_{i=1}^{n} x_i + 2 \cdot n \cdot a = 0. \quad (6.7)$$

Die 1. Ableitung nach b wird ebenfalls Null gesetzt:

$$\frac{df(a,b)}{db} = -2\sum_{i=1}^{n} x_i \cdot y_i + 2 \cdot b \sum_{i=1}^{n} x_i^2 + 2 \cdot a \sum_{i=1}^{n} x_i = 0. \quad (6.8)$$

Lösen wir Gl. (6.7) nach a auf, ergibt sich:

$$a = \frac{\sum_{i=1}^{n} y_i}{n} - \frac{b \cdot \sum_{i=1}^{n} x_i}{n} = \bar{y} - b \cdot \bar{x}. \quad (6.9)$$

Um b zu ermitteln, setzen wir für a in Gl. (6.8) die rechte Seite von Gl. (6.9) ein und erhalten:

$$-2\sum_{i=1}^{n} x_i \cdot y_i + 2 \cdot b \sum_{i=1}^{n} x_i^2$$
$$+ 2 \cdot \left(\frac{\sum_{i=1}^{n} y_i}{n} - \frac{b \cdot \sum_{i=1}^{n} x_i}{n} \right) \cdot \sum_{i=1}^{n} x_i = 0. \quad (6.10)$$

Durch einfaches Umstellen, Ausklammern und Multiplizieren mit 1/2 ergibt sich:

$$2 \cdot b \sum_{i=1}^{n} x_i^2 - 2 \cdot b \sum_{i=1}^{n} x_i \cdot \frac{\sum_{i=1}^{n} x_i}{n}$$
$$= 2 \sum_{i=1}^{n} x_i \cdot y_i - 2 \sum_{i=1}^{n} x_i \cdot \frac{\sum_{i=1}^{n} y_i}{n}. \quad (6.11)$$

Für b erhalten wir also

$$b = \frac{\sum_{i=1}^{n} x_i \cdot y_i - \frac{\sum_{i=1}^{n} x_i \cdot \sum_{i=1}^{n} y_i}{n}}{\sum_{i=1}^{n} x_i^2 - \frac{\left(\sum_{i=1}^{n} x_i\right)^2}{n}}$$
$$= \frac{n \cdot \sum_{i=1}^{n} x_i \cdot y_i - \sum_{i=1}^{n} x_i \cdot \sum_{i=1}^{n} y_i}{n \sum_{i=1}^{n} x_i^2 - \left(\sum_{i=1}^{n} x_i\right)^2}. \quad (6.12)$$

Da die 2. Ableitungen nach a und nach b von Gl. (6.6) jeweils positiv sind, wird $f(a,b)$ minimiert und nicht maximiert.

Wir fassen zusammen: Die Regressionskoeffizienten a und b werden nach folgenden Gleichungen bestimmt:

$$a = \bar{y} - b \cdot \bar{x}, \quad (6.9)$$

$$b = \frac{n \cdot \sum_{i=1}^{n} x_i \cdot y_i - \sum_{i=1}^{n} x_i \cdot \sum_{i=1}^{n} y_i}{n \cdot \sum_{i=1}^{n} x_i^2 - \left(\sum_{i=1}^{n} x_i\right)^2}. \quad (6.12)$$

Werden a und b nach Gl. (6.9) bzw. Gl. (6.12) berechnet, resultiert eine Regressionsgerade, für die die Summe der quadrierten Abweichungen der beobachteten y-Werte von den vorhergesagten $\hat{y}$-Werten minimal ist.

Berechnung der Regressionsgleichung. Die Berechnung einer Regressionsgleichung sei anhand des Beispiels in Tabelle 6.1 demonstriert (vgl. Tabelle 6.2).

Die Leistungen in beiden Tests sind aufgrund der Werte von 5 Vpn durch die Gleichung

$$\hat{y}_i = 0{,}47 \cdot x_i + 10{,}66$$

verbunden. Die letzte Spalte in Tabelle 6.2 enthält die $\hat{y}$-Werte, d. h. die bei Bekanntheit der x-Werte *vorhergesagten* Leistungen im Test y.

Wüssten wir beispielsweise, dass eine weitere Vp im Test x eine Leistung von $x = 240$ erzielt hat, würden wir für diese Vp eine Leistung von $\hat{y} = 0{,}47 \cdot 240 + 10{,}66 = 123{,}46$ vorhersagen bzw. schätzen. Da die Regressionsgleichung jedoch nur für 5 Vpn ermittelt wurde, können wir dieser „Punktschätzung" (vgl. S. 100) nur wenig trauen, was auch durch Vergleiche der y- und $\hat{y}$-Werte in Tabelle 6.2 nahegelegt wird. Wir werden deshalb unter 6.1.2 erörtern, wovon die Genauigkeit einer Regressionsvorhersage abhängt und wie die Präzision einer Regressionsvorhersage bestimmbar ist bzw. verbessert werden kann.

Vorhersage von x_i-Werten. Zuvor wollen wir uns fragen, wie die Regressionsgleichung lauten würde, wenn Leistungen im Test x auf Grund von Leistungen im Test y vorhergesagt werden sollen, wenngleich die Regressionsgleichung üblicherweise nur für *eine* Vorhersagerichtung bestimmt wird. Um jedoch die Symmetrie des Regressionsansatzes für beide Vorhersagerichtungen aufzuzeigen, ermitteln wir auch die 2. Regressionsgerade zur Vorhersage von $\hat{x}$-Werten:

$$\hat{x}_i = b_{xy} \cdot y_i + a_{xy}. \quad (6.13)$$

Ausgehend von unseren Vorkenntnissen über lineare Beziehungen könnte man meinen, dass

6.1.1 Lineare Regression

Tabelle 6.2. Berechnung einer Regressionsgleichung

Vpn-Nr.	Test x	Test y	x^2	$x \cdot y$	$\hat{y}$
1	31	15	961	465	25,23
2	128	95	16384	12160	70,82
3	67	35	4489	2345	42,15
4	46	40	2116	1840	32,28
5	180	80	32400	14400	95,26
$\sum_{i=1}^{5} x_i = 452$	$\sum_{i=1}^{5} y_i = 265$	$\sum_{i=1}^{5} x_i^2 = 56350$	$\sum_{i=1}^{5} x_i \cdot y_i = 31210$	$\left(\sum_{i=1}^{5} x_i\right)^2 = 204304$	

$\bar{x} = 90,4$
$\bar{y} = 53,0$
$n = 5$

$$b = \frac{n \cdot \sum_{i=1}^{n} x_i \cdot y_i - \sum_{i=1}^{n} x_i \cdot \sum_{i=1}^{n} y_i}{n \cdot \sum_{i=1}^{n} x_i^2 - \left(\sum_{i=1}^{n} x_i\right)^2} = \frac{5 \cdot 31210 - 452 \cdot 265}{5 \cdot 56350 - 204304} = 0,47$$

$a = \bar{y} - b \cdot \bar{x} = 53,0 - 0,47 \cdot 90,4 = 10,66$
$\hat{y}_i = b \cdot x_i + a = 0,47 \cdot x_i + 10,66$

hierfür die bereits ermittelte, nach x aufgelöste Regressionsgleichung eingesetzt werden kann. Vorhersagen von $\hat{x}$-Werten auf Grund dieser Gleichung wären jedoch nicht sehr präzise, da diese Gleichung so bestimmt wurde, dass die Summe der quadrierten Abweichungen *in y-Richtung* ein Minimum ergibt. Die beste Gerade für die Vorhersage von $\hat{x}$-Werten ist jedoch diejenige, von der die Punkte *in x-Richtung* möglichst wenig abweichen. Abbildung 6.4 verdeutlicht bei den Vpn 4 und 5 die Abweichungen der Vpn-Punkte von der Regressionsgeraden in x-Richtung.

Die Gerade, die die quadrierten Abweichungen $(x_i - \hat{x}_i)$ minimiert, stimmt – bis auf eine Ausnahme, die wir noch kennenlernen werden – nicht mit der Regressionsgleichung für die Vorhersage von $\hat{y}$-Werten überein. (Hätten wir die Methode der kleinsten Quadrate nicht auf die Abweichungen in y-Richtung, sondern auf die geometrischen Abstände bzw. Lote angewandt, würde nur eine „Regressionsgerade" resultieren, die für beide Vorhersagerichtungen gleichermaßen gut oder schlecht geeignet ist.) Deshalb sind in Gl. (6.13) die Regressionskoeffizienten mit den Indizes xy versehen, um zu kennzeichnen, dass diese Regressionskoeffizienten für eine optimale Vorhersage von $\hat{x}$-Werten auf Grund von y-Werten gelten. Um möglichen Verwechslungen vorzubeugen, schreiben wir für Gl. (6.3)

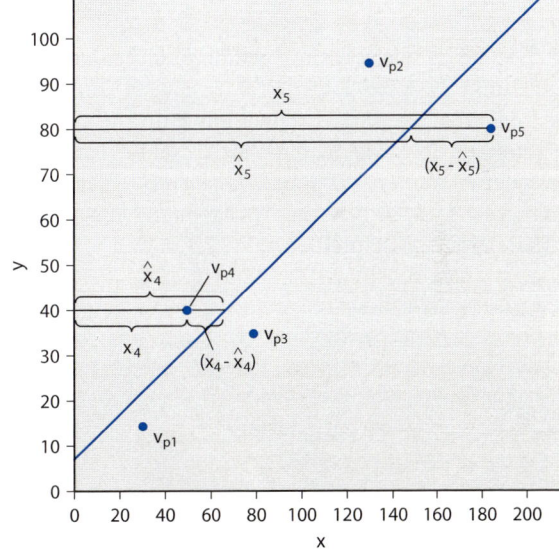

Abb. 6.4. Bestimmung einer Regressionsgeraden zur Vorhersage von x-Werten

$$\hat{y}_i = b_{yx} \cdot x_i + a_{yx}, \quad (6.14)$$

wobei b_{yx} und a_{yx} mit Gl. (6.12) bzw. Gl. (6.9) identisch sind.

(Merkregel: Der 1. Index kennzeichnet die links vom Gleichheitszeichen bzw. in der Gleichung „vorne" stehende Variable.)

Die Regressionskoeffizienten a_{xy} und b_{xy} werden nach dem gleichen Verfahren bestimmt wie die Koeffizienten a_{yx} und b_{yx}, deren Herleitung ausführlich behandelt wurde. Sie lauten:

$$a_{xy} = \bar{x} - b_{xy} \cdot \bar{y}, \qquad (6.15)$$

$$b_{xy} = \frac{n \cdot \sum_{i=1}^{n} x_i \cdot y_i - \sum_{i=1}^{n} x_i \cdot \sum_{i=1}^{n} y_i}{n \cdot \sum_{i=1}^{n} y_i^2 - \left(\sum_{i=1}^{n} y_i\right)^2}. \qquad (6.16)$$

Ausgehend von den Werten in Tabelle 6.2 ermitteln wir:

$a_{xy} = 3{,}61$
$b_{xy} = 1{,}64$.

Die Regressionsgleichung für die Vorhersage von x-Werten heißt somit:

$\hat{x}_i = 1{,}64 \cdot y_i + 3{,}61$.

Abbildung 6.5 zeigt die Regressionsgeraden $\hat{y}_i = b_{yx} \cdot x_i + a_{yx}$ sowie $\hat{x}_i = b_{xy} \cdot y_i + a_{xy}$.

Die beiden Regressionsgeraden schneiden sich im Punkt P $(x = 90{,}4 / y = 53{,}0)$. Diese Koordinaten entsprechen den Mittelwerten $\bar{x}$ und $\bar{y}$.

Hieraus folgt auch, dass sich die Regressionsgeraden zweier z-standardisierter Variablen ($\bar{x} = \bar{y} = 0$; $s_x = s_y = 1$) im Ursprung des Koordinatensystems schneiden.

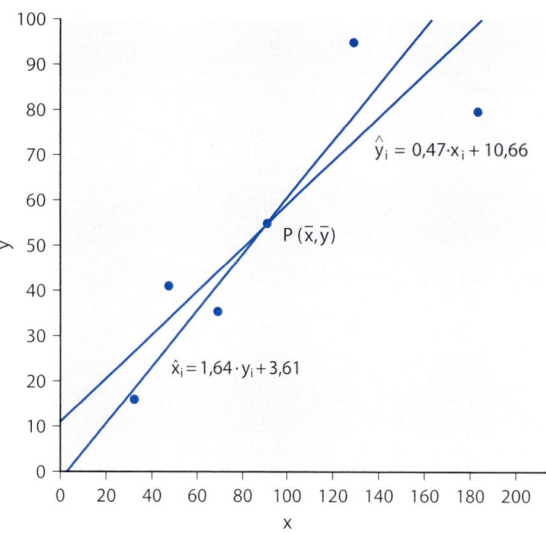

Abb. 6.5. Graphische Darstellung der Regressionsgleichungen $\hat{y} = b_{yx} \cdot x + a_{yx}$ und $\hat{x} = b_{xy} \cdot y + a_{xy}$

Schnittpunkt der Regressionsgeraden. Dass der Schnittpunkt der beiden Regressionsgeraden mit den Mittelwertskoordinaten übereinstimmt, zeigt der folgende Gedankengang:

Lösen wir Gl. (6.13) nach y_i auf, ergibt sich:

$$y_i = \frac{x_i - a_{xy}}{b_{xy}}. \qquad (6.17)$$

Da die y-Koordinaten beider Regressionsgeraden im Schnittpunkt identisch sind, setzen wir Gl. (6.14) und Gl. (6.17) gleich:

$$\frac{x_i - a_{xy}}{b_{xy}} = b_{yx} \cdot x_i + a_{yx}. \qquad (6.18)$$

Lösen wir nach x_i auf, resultiert

$$x_i = \frac{a_{yx} \cdot b_{xy} + a_{xy}}{1 - b_{yx} \cdot b_{xy}}. \qquad (6.19)$$

Nach Gl. (6.9) ist $a_{yx} = \bar{y} - b_{yx} \cdot \bar{x}$ und nach Gl. (6.15) $a_{xy} = \bar{x} - b_{xy} \cdot \bar{y}$, sodass wir für Gl. (6.19) schreiben können:

$$\begin{aligned} x_i &= \frac{(\bar{y} - b_{yx} \cdot \bar{x}) \cdot b_{xy} + \bar{x} - b_{xy} \cdot \bar{y}}{1 - b_{yx} \cdot b_{xy}} \\ &= \frac{b_{xy} \cdot \bar{y} - b_{yx} \cdot b_{xy} \cdot \bar{x} + \bar{x} - b_{xy} \cdot \bar{y}}{1 - b_{yx} \cdot b_{xy}} \\ &= \frac{\bar{x} \cdot (1 - b_{xy} \cdot b_{yx})}{1 - b_{yx} \cdot b_{xy}} \\ &= \bar{x}. \end{aligned} \qquad (6.20)$$

Setzen wir für x_i in Gl. (6.14) $\bar{x}$ ein, ergibt sich

$$\begin{aligned} y_i &= b_{yx} \cdot \bar{x} + a_{yx} \\ &= b_{yx} \cdot \bar{x} + \bar{y} - b_{yx} \cdot \bar{x} \\ &= \bar{y}. \end{aligned} \qquad (6.21)$$

Die Schnittpunktkoordinaten lauten somit $\bar{x}$ und $\bar{y}$.

Kovarianz und Regression

Um die Bedeutung des Regressionskoeffizienten b besser erkennen zu können, dividieren wir in Gl. (6.12) Zähler und Nenner zweimal durch n. Im Nenner erhalten wir dann die Varianz der x-Werte (s. Gl. 1.21).

Der resultierende Zählerausdruck wird als **Kovarianz** der Variablen x und y ($cov(x, y)$) bezeichnet:

$$cov(x, y) = \frac{\sum_{i=1}^{n} x_i \cdot y_i - \frac{\sum_{i=1}^{n} x_i \cdot \sum_{i=1}^{n} y_i}{n}}{n}. \qquad (6.22)$$

6.1.1 Lineare Regression

Was unter der Kovarianz zweier Variablen zu verstehen ist, wird deutlich, wenn wir für Gl. (6.22) die folgende Schreibweise wählen:

$$\text{cov}(x,y) = \frac{\sum_{i=1}^{n}(x_i - \bar{x}) \cdot (y_i - \bar{y})}{n} \ . \qquad (6.22\,\text{a})$$

Die Gleichwertigkeit von Gl. (6.22) und Gl. (6.22 a) wird nachvollziehbar, wenn man die Beziehung zwischen den Varianzformeln (1.16) und (1.21) auf S. 43 betrachtet.

> **Die Kovarianz ist durch den Mittelwert der Produkte korrespondierender Abweichungen gekennzeichnet.**

Jede Untersuchungseinheit i liefert uns ein Messwertpaar, bestehend aus den Werten x_i und y_i, wobei x_i und y_i mehr oder weniger weit über oder unter ihrem jeweiligen Durchschnitt liegen können. Sind beide Werte weit über- bzw. weit unterdurchschnittlich, so ergibt sich ein hohes positives Abweichungsprodukt. Bei nur mäßigen Abweichungen wird das Abweichungsprodukt kleiner ausfallen. Die Summe der Abweichungsprodukte über alle Untersuchungseinheiten (bzw. ihr Mittelwert) ist daher ein Maß für den Grad des miteinander Variierens oder Kovariierens der Messwertreihen x und y.

- Eine hohe *positive Kovarianz* erhalten wir, wenn häufig ein überdurchschnittlicher Wert der Variablen x einem überdurchschnittlichen Wert in y und einem unterdurchschnittlichen Wert in x ein unterdurchschnittlicher Wert in y entspricht. Tragen wir die Messwertpaare mit einer positiven Kovarianz in ein Koordinatensystem ein, erhalten wir einen Punkteschwarm, der in etwa Abb. 6.6 a entspricht.
- Eine hohe *negative Kovarianz* ergibt sich, wenn häufig ein überdurchschnittlicher Wert der Variablen x einem unterdurchschnittlichen Wert in y und einem unterdurchschnittlichen Wert in x ein überdurchschnittlicher Wert in y entspricht. Ein Beispiel für eine negative Kovarianz zeigt Abb. 6.6 b.
- Besteht *keine Kovarianz* zwischen den beiden Variablen, so werden bei überdurchschnittlichen Abweichungen in x sowohl überdurchschnittliche Abweichungen in y als auch unterdurch-

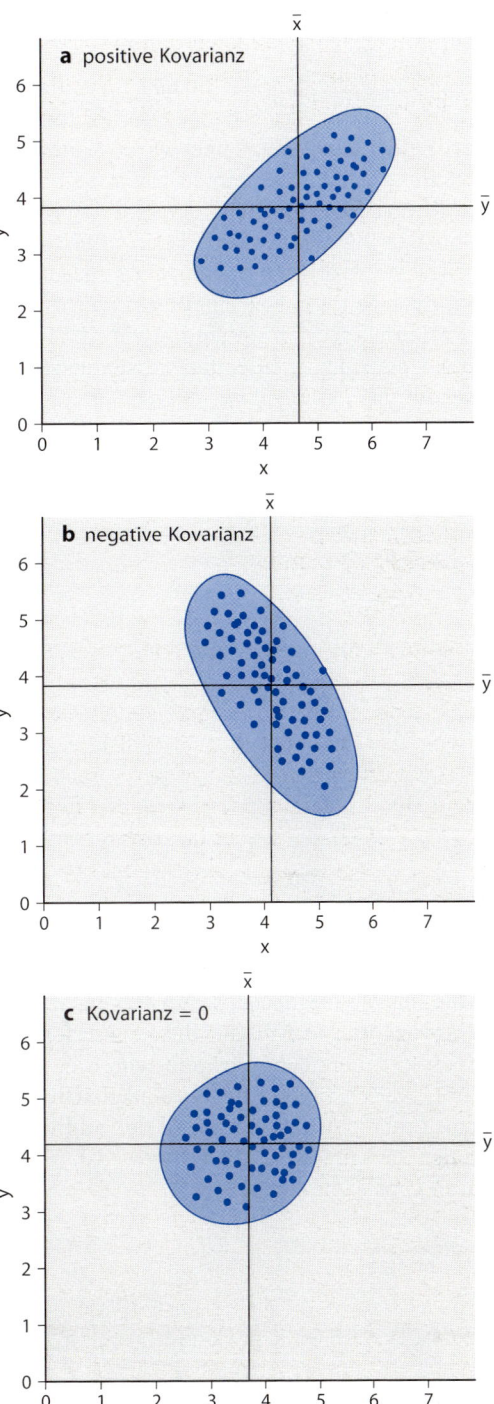

Abb. 6.6 a–c. Graphische Veranschaulichung von Kovarianzen

schnittliche Abweichungen in y anzutreffen sein und umgekehrt (Abb. 6.6 c, mit $s_x \approx s_y$).

Bei normalverteilten Merkmalen folgt die „Umhüllende" des Punkteschwarmes einer Ellipse, die mit wachsender Kovarianz enger wird. Nähert sich die Verteilung der Punkte einem Kreis, so besteht keine Kovarianz zwischen den beiden Variablen. Kann der Punkteschwarm durch eine Gerade mit positiver (negativer) Steigung repräsentiert werden, sprechen wir von einer positiven (negativen) Kovarianz. Kovarianzen sind – wie in 6.2.1 gezeigt wird – die entscheidenden Ausgangsgrößen für *Korrelationskoeffizienten*.

Ausgehend von den Varianzen und den Kovarianzen der Variablen ergeben sich die Steigungskoeffizienten und die Regressionsgeraden zu

$$b_{yx} = \frac{\text{cov}(x,y)}{s_x^2}, \quad (6.23)$$

$$b_{xy} = \frac{\text{cov}(x,y)}{s_y^2}, \quad (6.24)$$

$$\hat{y}_i = \frac{\text{cov}(x,y)}{s_x^2} \cdot x_i + a_{yx}, \quad (6.25)$$

$$\hat{x}_i = \frac{\text{cov}(x,y)}{s_y^2} \cdot y_i + a_{xy}. \quad (6.26)$$

Zwei Extremfälle: Keine Kovarianz und maximale Kovarianz. Wir wollen uns nun fragen, wie sich eine *Kovarianz von Null* auf die Regressionsgeraden auswirkt. Hierzu betrachten wir die folgenden Schreibweisen für die Regressionsgleichungen, die sich durch einfaches Einsetzen der additiven Konstanten a gemäß Gl. (6.9) bzw. Gl. (6.15) und durch Umstellen ergeben:

$$\hat{y}_i = b_{yx} \cdot (x_i - \bar{x}) + \bar{y}, \quad (6.27)$$

$$\hat{x}_i = b_{xy} \cdot (y_i - \bar{y}) + \bar{x}. \quad (6.28)$$

Setzen wir die Kovarianz in Gl. (6.23) und Gl. (6.24) Null, ergeben sich für Gl. (6.27) und Gl. (6.28) Steigungskoeffizienten von Null. In diesem Fall erhalten wir als Regressionsgeraden

$$\hat{y} = \bar{y}, \quad (6.29)$$

$$\hat{x} = \bar{x}. \quad (6.30)$$

Dies sind 2 Geraden, die parallel zur x-Achse (Gl. 6.29) bzw. y-Achse (Gl. 6.30) verlaufen und die deshalb *senkrecht* aufeinanderstehen. Soll bei einer Kovarianz von 0, d. h. bei stochastisch linear voneinander unabhängigen Variablen, ein y-Wert vorhergesagt werden, ergibt sich für jede beliebige Ausprägung von x als Vorhersagewert $\bar{y}$ (Entsprechendes gilt umgekehrt für die Vorhersage von x-Werten). Hierin drückt sich die Tatsache aus, dass das arithmetische Mittel einer Verteilung derjenige Wert ist, der die Verteilung am besten (im Sinn des Kriteriums der kleinsten Quadrate) repräsentiert (vgl. S. 98). Sind 2 Variablen voneinander unabhängig, sodass die Ausprägung der einen Variablen bei einer Untersuchungseinheit nichts über die Ausprägung der anderen Variablen aussagt, ist der quadrierte Vorhersagefehler bei einer Vorhersage am geringsten, wenn der vorhergesagte Wert mit dem arithmetischen Mittel desjenigen Merkmals, das vorhergesagt werden soll, identisch ist.

Die maximale Kovarianz ist wie folgt definiert (vgl. S. 206 f.):

$$\text{cov}(x,y)_{\max} = s_x \cdot s_y. \quad (6.31)$$

Für die b-Koeffizienten erhält man bei maximaler Kovarianz über die Gleichungen (6.23) und (6.24)

$$b_{yx} = \frac{s_y}{s_x} \quad \text{und} \quad b_{xy} = \frac{s_x}{s_y},$$

d. h. es gilt

$$b_{yx} = \frac{1}{b_{xy}} = \frac{s_y}{s_x}. \quad (6.32)$$

Da die Steigung b_{yx} auf die x-Achse und die Steigung b_{xy} auf die y-Achse bezogen ist, besagt Gl. (6.32), dass beide Regressionsgeraden bei maximaler Kovarianz zusammenfallen.

Der Schnittwinkel der Regressionsgeraden kann somit zwischen 0° und 90° liegen. Allgemein gilt, dass mit kleiner werdendem Winkel zwischen den Regressionsgeraden die Kovarianz zwischen den Variablen zunimmt.

6.1.2 Statistische Absicherung

Regressionsgleichungen werden auf der Grundlage einer repräsentativen Stichprobe bestimmt, um sie auch auf Untersuchungseinheiten, die nicht zur Stichprobe, aber zur Population gehören, anwenden zu können. Damit eine Kriteriumsvariable sinnvoll durch eine Prädiktorvariable vorhergesagt werden kann, muss die für eine Stichprobe gefundene Regressionsgleichung auf die zu Grunde liegende Grundgesamtheit generalisierbar sein. Wie die bisher behandelten Stichprobenkennwerte variieren auch die Regressionskoeffizienten a und b von Zufallsstichprobe zu Zufallsstichprobe, sodass wir eine Stichprobenkennwerteverteilung der Regressionskoeffizienten a und b erhalten.

Je größer die Streuungen (die Standardfehler) dieser Verteilungen sind, desto weniger ist die für eine Stichprobe ermittelte Regressionsgleichung für die Vorhersage einer Kriteriumsvariablen tauglich. Die nach der Methode der kleinsten Quadrate ermittelte Stichprobenregressionsgleichung stellt somit nur eine Schätzung der folgenden, in der Population gültigen, Regressionsgeraden dar:

$$\hat{y}_j^* = \beta_{yx} \cdot x_j + \alpha_{yx}. \tag{6.33}$$

$\hat{y}_j^*$ kennzeichnet hierbei einen $\hat{y}$-Wert, der auf Grund der Populations-Regressionsgleichung vorhergesagt wurde (in Abhebung von $\hat{y}_i$ als Vorhersagewert auf Grund einer Stichprobenregressionsgleichung).

Annahmen

Man kann zeigen, dass a und b erwartungstreue Schätzungen für α und β sind. Die nach Gl. (6.27) bzw. Gl. (6.28) ermittelten Regressionsgleichungen gewährleisten Merkmalsvorhersagen, die bei beliebig verteilten Merkmalen das Kriterium der kleinsten Quadrate erfüllen.

Will man jedoch erfahren, wie genau diese Merkmalsvorhersagen sind bzw. wie groß das mit Merkmalsvorhersagen verbundene Konfidenzintervall ist, müssen wir annehmen, dass sich die beiden untersuchten Merkmale in der Grundgesamtheit bivariat normalverteilen. (Dies ist gleichzeitig die Voraussetzung, die erfüllt sein muss, um nach der Maximum-likelihood-Methode die gleichen Regressionskoeffizienten zu erhalten wie nach der Methode der kleinsten Quadrate.) Was unter einer *bivariaten Normalverteilung* zu verstehen ist, veranschaulicht Abb. 6.7 a, b.

Eine bivariate Normalverteilung ist durch die Parameter $\mu_x, \mu_y, \sigma_x, \sigma_y$ und $cov(x, y)$ gekennzeichnet (zur *Dichtefunktion* der bivariaten Normalverteilung vgl. Hays, 1994, Kap. 14.20). Abbildung 6.7 a zeigt eine bivariate Normalverteilungsdichte ohne Kovarianz und Abb. 6.7 b mit positiver Kovarianz. In der zweidimensionalen Darstellungsweise erhalten wir einen Punkteschwarm, dessen Umhüllende eine elliptische Form hat (vgl. Abb. 6.6). Im Extremfall kann diese Ellipse in einen Kreis ($cov(x, y) = 0$) bzw. in eine Gerade ($cov(x, y) = s_x \cdot s_y$) übergehen. Je enger die Ellipse, um so höher ist die Kovarianz.

Neben dieser optischen Überprüfung der Normalverteilungsvoraussetzung sind die folgenden Kriterien zu beachten:

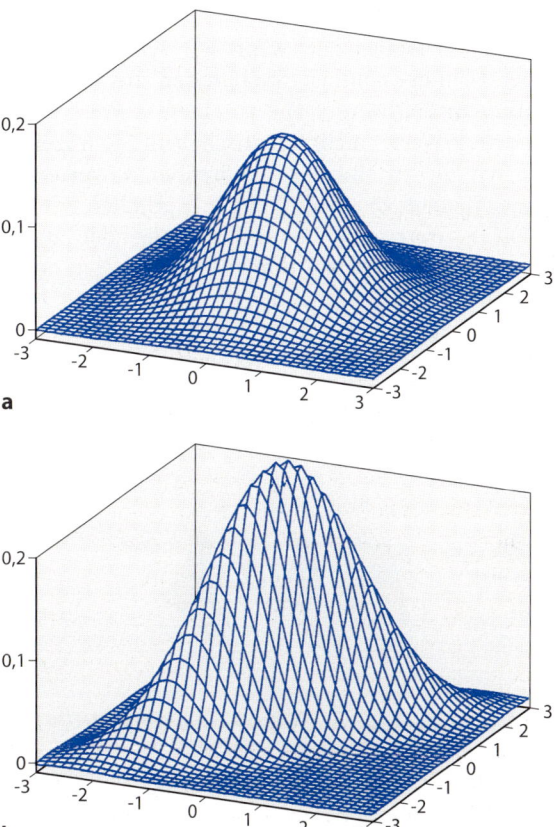

Abb. 6.7 a, b. Bivariate Normalverteilung. **a** Ohne Kovarianz, **b** mit positiver Kovarianz (nach Fahrmeir et al., 2001, S. 354 f.)

- Die Verteilung der x-Werte muss für sich genommen normal sein.
- Die Verteilung der y-Werte muss für sich genommen normal sein.
- Die zu einem x-Wert gehörenden y-Werte (*Arrayverteilung*) müssen normalverteilt sein.
- Die Mittelwerte der Arrayverteilungen müssen auf einer Geraden liegen (vgl. Abb. 6.8).
- Die Streuungen der Array-Verteilungen müssen homogen sein. Diese Voraussetzung wird *Homoskedastizität* genannt.

Zu den hier erwähnten Array-Verteilungen ist Folgendes anzumerken: Ziehen wir aus einer bivariaten Grundgesamtheit eine bivariate Stichprobe, müssen wir bei nicht perfektem Zusammenhang zwischen den Variablen damit rechnen, dass mehrere Untersuchungsobjekte die gleiche Ausprägung des x-Merkmals, aber verschiedene Ausprägungen des y-Merkmals aufweisen (dies ist die Array-Verteilung von y-Werten, die zu einem x-Wert gehört).

Entsprechendes gilt, wenn wir wiederholt aus einer Grundgesamtheit Stichproben ziehen. Auch in diesem Fall werden die zu einem x-Wert gehörenden y-Werte nicht identisch sein. Kennzeichnen wir die zu einem x_j gehörenden y-Werte mit $y_{(i|x_j)}$ (y_i unter der Bedingung x_j), erhalten wir für jeden x_j-Wert eine Array-Verteilung der $y_{(i|x_j)}$-Werte, deren Streuung um so kleiner ist, je enger die Variablen zusammenhängen.

Auf eine genaue Überprüfung der mit der bivariaten Normalverteilung verknüpften Voraussetzungen wird in der Forschungspraxis meistens verzichtet. In der Regel begnügt man sich mit einer „optischen" Überprüfung der Verteilungsformen der beiden Merkmale, der einzelnen Array-Verteilungen sowie der Form der „Punktewolke" (Scattergram), deren Umhüllende elliptisch sein sollte. Geringfügige Verletzungen der Voraussetzungen führen zu tolerierbaren Verzerrungen in der inferenzstatistischen Absicherung der Regressionsgleichung (vgl. hierzu S. 213 f.).

Ansätze zu einer genaueren statistischen Überprüfung der bivariaten Normalverteilungsannahme findet man bei Stelzl (1980) oder Mardia (1970, 1974, 1985). Ein Computerprogramm für einen „graphischen Test" hat Thompson (1990b) entwickelt (vgl. hierzu auch S. 450).

Genauigkeit von Regressionsvorhersagen: Der Standardschätzfehler

Im Folgenden nehmen wir an, die Regressionsgleichung für die bivariate Grundgesamtheit sei bekannt (Gl. 6.33). Wir können somit für jeden x_j-Wert einen „wahren" $\hat{y}_j^*$-Wert vorhersagen. Die Abweichungen der tatsächlichen $y_{(i|x_j)}$-Werte (d.h. der y_i-Werte, die für ein gegebenes x_j beobachtet werden) von $\hat{y}_j^*$ enthalten zwei Anteile:

- Die in einer Stichprobe des Umfangs n_j (=Anzahl der Messungen x_j) registrierten Abweichungen der Messungen $y_{(i|x_j)}$ von den über die Stichprobenregressionsgleichung vorhergesagten $\hat{y}_j$-Werten.
- Die stichprobenbedingten Schwankungen der $\hat{y}_j$-Werte um $\hat{y}_j^*$. (Für verschiedene Stichproben ergeben sich verschiedene Regressionsgleichungen und damit auch verschiedene $\hat{y}_j$-Werte.)

Da der Erwartungswert aller Ausprägungen für $y_{(i|x_j)}$ mit $\hat{y}_j^*$ identisch ist, berechnen wir die Streuung der $y_{(i|x_j)}$-Werte aufgrund einer Stichprobe des Umfangs n_j nach folgender Gleichung:

$$\sigma_{(y_i|x_j)} = \sqrt{\frac{\sum_{i=1}^{n_j}(y_{(i|x_j)} - \hat{y}_j^*)^2}{n_j}} \, . \quad (6.34)$$

Unter der Voraussetzung der Varianzhomogenität fassen wir diese Einzelstreuungen zu einem Gesamtwert zusammen.

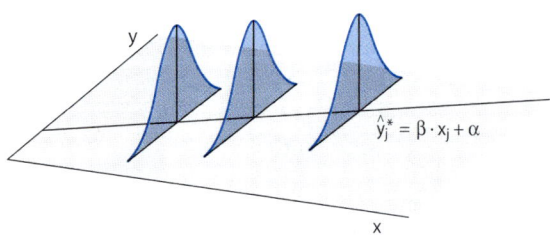

Abb. 6.8. Array-Verteilungen (Dichten) (aus Fahrmeir et al., 2001, S. 462)

6.1.2 Statistische Absicherung

$$\sigma_{(y|x)} = \sqrt{\frac{\sum_{j=1}^{k} \sigma^2_{(y_i|x_j)} \cdot n_j}{\sum_{j=1}^{k} n_j}}$$

$$= \sqrt{\frac{\sum_{j=1}^{k} \sum_{i=1}^{n_j} (y_{(i|x_j)} - \hat{y}_j^*)^2}{n}} \quad (6.35\,a)$$

(mit k = Anzahl der Ausprägungen von x und $n = \sum_{j=1}^{k} n_j$) bzw. vereinfacht

$$\sigma_{(y|x)} = \sqrt{\frac{\sum_{i=1}^{n} (y_{(i|j)} - \hat{y}_j^*)^2}{n}}. \quad (6.35\,b)$$

Herleitung des Standardschätzfehlers. Der (quadrierte) Ausdruck in Gl. (6.35 b) lässt sich in folgender Weise umformen: Wir ersetzen zunächst $\hat{y}^*$ durch die rechte Seite von Gl. (6.33). (Hierbei geben wir die doppelte Indizierung auf und summieren über $i = 1 \ldots n$.)

$$\sigma^2_{(y|x)} = \frac{\sum_{i=1}^{n} [y_i - (\beta_{yx} \cdot x_i + a_{yx})]^2}{n}. \quad (6.36)$$

Nach Ausquadrieren der Klammer und Zusammenfassen entsprechender Ausdrücke ergibt sich

$$\sigma^2_{(y|x)} = \frac{1}{n} \cdot \left(\sum_{i=1}^{n} (y_i^2 - 2 \cdot \beta_{yx} \cdot x_i \cdot y_i - 2 \cdot a_{yx} \cdot y_i \right.$$
$$\left. + 2 \cdot a_{yx} \cdot \beta_{yx} \cdot x_i + \beta_{yx}^2 \cdot x_i^2 + a_{yx}^2) \right). \quad (6.37)$$

Für a_{yx} setzen wir in Analogie zu Gl. (6.9) $(\bar{y} - \beta_{yx} \cdot \bar{x})$ ein. Werden die Klammerausdrücke ausmultipliziert und wird das Summenzeichen auf jeden Ausdruck innerhalb der Klammer angewandt, erhalten wir unter Berücksichtigung von $\sum_{i=1}^{n} x_i = n \cdot \bar{x}$ (bzw. $\sum_{i=1}^{n} y_i = n \cdot \bar{y}$):

$$\sigma^2_{(y|x)} = \frac{1}{n} \cdot \left(\sum_{i=1}^{n} y_i^2 - 2 \cdot \beta_{yx} \sum_{i=1}^{n} x_i \cdot y_i - n \cdot \bar{y}^2 \right.$$
$$\left. + 2 \cdot \beta_{yx} \cdot n \cdot \bar{x} \cdot \bar{y} - \beta_{yx}^2 \cdot n \cdot \bar{x}^2 + \beta_{yx}^2 \sum_{i=1}^{n} x_i^2 \right).$$
$$(6.38)$$

Die einzelnen Bestandteile dieser Gleichung fassen wir in folgender Weise zusammen:

$$\frac{\sum_{i=1}^{n} y_i^2 - n \cdot \bar{y}^2}{n} = \frac{\sum_{i=1}^{n} y_i^2 - n \cdot \frac{\left(\sum_{i=1}^{n} y_i\right)^2}{n^2}}{n}$$
$$= \sigma_y^2 \quad \text{(vgl. Gl. 1.21)}$$

Entsprechendes gilt für

$$\frac{\beta_{yx}^2 \cdot \sum_{i=1}^{n} x_i^2 - \beta_{yx}^2 \cdot n \cdot \bar{x}^2}{n} = \beta^2 \cdot \sigma_x^2.$$

Für die beiden noch fehlenden Ausdrücke erhalten wir:

$$\frac{2 \cdot \beta_{yx} \cdot n \cdot \bar{y} \cdot \bar{x} - 2 \cdot \beta_{yx} \sum_{i=1}^{n} x_i \cdot y_i}{n}$$
$$= \frac{-2 \cdot \beta_{yx} \cdot \left(\sum_{i=1}^{n} x_i \cdot y_i - \frac{\sum_{i=1}^{n} x_i \cdot \sum_{i=1}^{n} y_i}{n} \right)}{n}$$
$$= -2 \cdot \beta_{yx} \cdot \text{cov}(x, y) \quad \text{(vgl. Gl. 6.22)}$$
$$= -2 \cdot \beta_{yx}^2 \cdot \sigma_x^2 \quad \text{(vgl. Gl. 6.23)}$$

Gleichung (6.38) fassen wir somit folgendermaßen zusammen:

$$\sigma^2_{(y|x)} = \sigma_y^2 - 2 \cdot \beta_{yx}^2 \cdot \sigma_x^2 + \beta_{yx}^2 \cdot \sigma_x^2$$
$$= \sigma_y^2 - \beta_{yx}^2 \sigma_x^2. \quad (6.39)$$

Ziehen wir aus Gl. (6.39) die Wurzel, erhalten wir die Streuung der y-Werte um die Populations-Regressionsgerade:

$$\sigma_{(y|x)} = \sqrt{\sigma_y^2 - \beta_{yx}^2 \cdot \sigma_x^2}. \quad (6.40)$$

In der Regel werden wir darauf angewiesen sein, die Populations-Regressionsgerade aus den Daten einer bivariaten Stichprobe zu *schätzen*. Für die Streuung der y-Werte um die Regressionsgerade ermitteln wir dann:

$$s_{(y|x)} = \sqrt{s_y^2 - b_{yx}^2 \cdot s_x^2}. \quad (6.41)$$

Diese Streuung stellt allerdings keine erwartungstreue Schätzung (vgl. S. 96 f.) dar. Eine *erwartungstreue Schätzung* erhalten wir, wenn Gl. (6.41) mit dem Faktor $\sqrt{n/(n-2)}$ multipliziert wird:

$$\hat{\sigma}_{(y|x)} = \sqrt{\frac{n \cdot s_y^2 - n \cdot b_{yx}^2 \cdot s_x^2}{n-2}}. \quad (6.42)$$

$\hat{\sigma}_{(y|x)}$ stellt die aus den Stichprobendaten geschätzte Streuung der y-Werte um die Regressionsgerade dar. Diese Streuung heißt **Standardschätzfehler**.

> Der Standardschätzfehler kennzeichnet die Streuung der y-Werte um die Regressionsgerade und ist damit ein Gütemaßstab für die Genauigkeit der Regressionsvorhersagen. Die Genauigkeit einer Regressionsvorhersage wächst mit kleiner werdendem Standardschätzfehler.

sagen von $\hat{y}$-Werten auf Grund von x-Werten nicht sinnvoll, da in diesem Fall $\bar{y}$ als bester Vorhersagewert für alle x_i-Werte gilt (vgl. S. 190).

> Ein Regressionskoeffizient ist signifikant, wenn der Wert Null außerhalb des Konfidenzintervalls liegt.

Konfidenzintervall für β_{yx}. Der Standardschätzfehler wird im Weiteren dazu verwendet, die Stabilität des aus einer Stichprobe geschätzten Regressionskoeffizienten b_{yx} (und damit über Gl. 6.9 auch a_{yx}) zu bestimmen. Wie bei allen aus Stichproben ermittelten Kennwerten ergibt sich auch für den Regressionskoeffizienten b_{yx} eine Kennwerteverteilung, die zur Ermittlung von Konfidenzintervallen herangezogen werden kann (vgl. S. 102 ff.).

Sind die Voraussetzungen der Normalität und Varianzhomogenität (Homoskedastizität) erfüllt, kann das Konfidenzintervall für einen β_{yx}-Koeffizienten nach folgender Beziehung bestimmt werden:

$$\Delta_{\text{crit}(\beta_{yx})} = b_{yx} \pm t_{(1-a/2)} \cdot \sigma_{b_{yx}}$$
$$= b_{yx} \pm t_{(1-a/2)} \cdot \frac{\hat{\sigma}_{(y|x)}}{s_x \cdot \sqrt{n}} . \quad (6.43)$$

$\Delta_{\text{crit}(\beta_{yx})}$ kennzeichnet das mit einem Konfidenzkoeffizienten von $1 - a$ abgesicherte Konfidenzintervall. Der benötigte t-Wert, der von beiden Seiten der t-Verteilung mit $n - 2$ Freiheitsgraden $a/2\%$ abschneidet, wird in Tabelle D abgelesen. (Warum hier die t-Verteilung als Prüfverteilung herangezogen wird, erläutert Kreyszig, 1973, S. 279 ff.) Ist $n > 30$, kann der t-Wert in Gl. (6.43) durch einen entsprechenden z-Wert der Standardnormalverteilung (Tabelle B) ersetzt werden. Tabelle 6.3 (S. 197) erläutert diese Konfidenzintervallbestimmung anhand eines Beispiels.

Mit der Bestimmung des Konfidenzintervalls nach Gl. (6.43) lässt sich die Frage, ob ein Regressionskoeffizient b_{yx} signifikant von Null abweicht, einfach beantworten: Ein Regressionskoeffizient ist nicht signifikant, wenn sein Konfidenzintervall den Wert Null umschließt. Gehört $\beta_{yx} = 0$ nicht zu den Parametern, die den ermittelten b_{yx}-Koeffizienten mit einer Wahrscheinlichkeit von $1 - a$ „erzeugt" haben können, ist der Regressionskoeffizient auf dem vorgegebenen a-Niveau signifikant. Sollte die Steigung der Regressionsgeraden nicht signifikant von Null abweichen, sind Vorher-

Determinanten der Vorhersagegenauigkeit

Die Präzision einer einzelnen Regressionsvorhersage wird durch ein Konfidenzintervall gekennzeichnet, in dessen Grenzen sich der wahre $\hat{y}^*$-Wert (Erwartungswert von $\hat{y}$) befindet (genau formuliert: in dessen Grenzen sich alle $\hat{y}^*$-Werte befinden, die auf bivariaten Populationsverhältnissen beruhen, die mit einer Wahrscheinlichkeit von $1 - a$ die empirisch ermittelte Regressionsgleichung „erzeugt" haben können). Dieses Konfidenzintervall lautet:

$$\Delta_{\text{crit}_{\hat{y}^*}} = \hat{y}_j \pm t_{(a/2)} \cdot \hat{\sigma}_{(y|x)} \cdot \sqrt{\frac{1}{n} + \frac{(x_j - \bar{x})^2}{n \cdot s_x^2}} . \quad (6.45)$$

(Zum mathematischen Hintergrund dieser Gleichung vgl. Hays, 1973, Kap. 15.22 bzw. Kendall u. Stuart, 1973, S. 378.) Der in dieser Gleichung benötigte t-Wert kann der t-Tabelle (Tabelle D) für $n - 2$ Freiheitsgrade entnommen werden. Ist $n > 30$, entspricht diesem t-Wert ein z-Wert der Tabelle B.

Bevor wir uns einem erläuternden Beispiel zuwenden, wollen wir überprüfen, wodurch die Größe eines Konfidenzintervalls im Einzelnen bestimmt wird. Ausgehend von Gl. (6.45) ergeben sich die folgenden Bestimmungsstücke:

- Konfidenzkoeffizient $(1 - a)$
  Wie üblich ist das Konfidenzintervall kleiner, je kleiner der Konfidenzkoeffizient (95% oder 99%) ist.
- Standardschätzfehler $(\hat{\sigma}_{(y|x)})$
  Je größer der Standardschätzfehler, um so größer ist das Konfidenzintervall. Bei einem Standardschätzfehler von Null (was einem perfekten linearen Zusammenhang entspricht) wird auch das Konfidenzintervall Null, d.h., es sind präzise Vorhersagen möglich. Im Vorgriff auf 6.2.1 können wir sagen, dass der Standard-

6.1.2 Statistische Absicherung

schätzfehler mit zunehmender *Korrelation* abnimmt, d.h., je höher die Korrelation zwischen zwei Merkmalen, desto präziser sind die Vorhersagen.

- Stichprobenumfang (n)
  Das Konfidenzintervall wird – wie üblich – kleiner, je größer der Stichprobenumfang ist.
- Varianz der x-Werte (s_x^2)
  Mit zunehmender Varianz der x-Werte verkleinert sich das Konfidenzintervall.
- Varianz der y-Werte (s_y^2)
  Die Varianz der y-Werte wirkt sich indirekt über den Standardschätzfehler auf das Konfidenzintervall aus (vgl. Gl. 6.42). Die Vorhersagegenauigkeit nimmt mit steigender Varianz der y-Werte ab.
- Abweichung des x-Wertes von $\bar{x}$ ($x_j - \bar{x}$)
  Gleichung (6.45) besagt, dass Vorhersagen von y-Werten in Abhängigkeit von $(x_j - \bar{x})^2$ bzw. – wenn man s_x^2 im Nenner mit berücksichtigt – von der Größe des z-standardisierten x_j-Wertes unterschiedlich präzise sind. Das kleinste Konfidenzintervall ergibt sich, wenn $x_j = \bar{x}$ ist. Für diesen Fall resultiert mit $\hat{\sigma}_{(y|x)}/\sqrt{n}$ der geschätzte Standardfehler des Mittelwertes (s. Gl. 3.3). Die Ungenauigkeit nimmt mit dem Quadrat von $(x_j - \bar{x})$ zu (hyperbolische Konfidenzgrenzen).

> Je stärker ein zur Vorhersage verwendeter x_j-Wert vom Mittelwert aller in der Stichprobe enthaltenen x-Werte abweicht, um so unsicherer wird die Vorhersage von $\hat{y}$-Werten.

Dieser Sachverhalt wird plausibel, wenn man bedenkt, dass die ermittelte lineare Regressionsbeziehung genau genommen nur für den in der Stichprobe realisierten Wertebereich gilt. Innerhalb dieses Bereichs sind Vorhersagen in demjenigen Teilbereich am sichersten, in dem sich die meisten Beobachtungen befinden. Sind die Variablen normalverteilt, ist der mittlere Wertebereich durch die meisten Beobachtungen abgesichert.

Vorhersagen aufgrund von x-Werten außerhalb des realisierten Wertebereichs setzen voraus, dass sich die in der Stichprobe gefundene lineare Beziehung auch in den nicht geprüften Extrembereichen der Merkmale fortsetzt. Diese Annahme ist keineswegs immer aufrecht zu erhalten; y-Werte, die auf Grund von x-Werten außerhalb des realisierten Wertebereichs vorhergesagt werden, sind zudem wegen des großen Konfidenzintervalls praktisch unbrauchbar. Abbildung 6.9 veranschaulicht diesen Sachverhalt anhand der Daten aus Tabelle 6.3. Je weiter der x-Wert von $\bar{x}$ entfernt ist, desto größer wird das Konfidenzintervall.

Auf S. 216 werden wir das Thema „Extremwerte" (*Outliers*) im Kontext der Analyse sog. Regressionsresiduen genauer untersuchen.

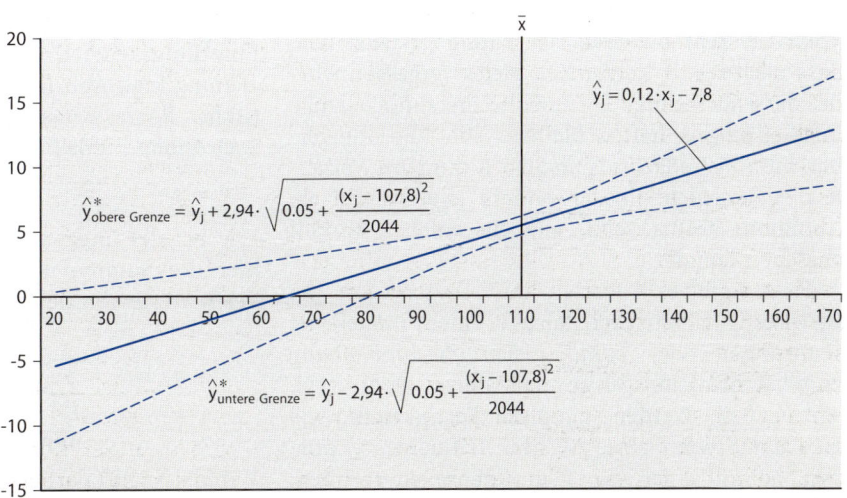

Abb. 6.9. Hyperbolische Konfidenzgrenzen bei der Vorhersage von ŷ-Werten ($a = 5\%$) für Beispiel 6.3

> **BEISPIEL**
>
> Die inferenzstatistische Absicherung der Regressionsrechnung sei an einem Beispiel verdeutlicht. Mit einem Test wird überprüft, wie gut 20 Personen für eine berufliche Tätigkeit im Bereich der Sozialfürsorge geeignet sind (Prädiktorvariable = x). Nach Ablauf von 3 Jahren werden die Vorgesetzten befragt, wie sich die getesteten Personen im Beruf bewährt haben.
>
> Das Ausmaß der Bewährung wird auf einer 10-Punkte-Skala (1 = schlechte Bewährung; 10 = gute Bewährung) eingestuft (Kriteriumsvariable = y). Tabelle 6.3 zeigt die Daten und die Rechengang. Das Ergebnis dieser Untersuchung besagt, dass Personen, die im Test z.B. einen Wert von 103 erzielen, *im Durchschnitt* eine berufliche Bewährung von 4,6 Punkten erreichen werden. Dieser Durchschnittswert (Erwartungswert) hat bei einem 95%-Konfidenzkoeffizienten ein Konfidenzintervall von $4{,}6 \pm 0{,}73$ Punkten.

6.1.3 Nonlineare Regression

Mit Hilfe der linearen Regressionsrechnung finden wir diejenige Regressionsgerade, die bei ausschließlicher Berücksichtigung linearer Zusammenhänge eine best mögliche (im Sinn des Kriteriums der kleinsten Quadrate) Vorhersage der Kriteriumsvariablen auf Grund einer Prädiktorvariablen gewährleistet. Gelegentlich erwarten wir jedoch, dass eine andere, *nichtlineare Beziehung* eine bessere Vorhersage gestattet als eine lineare Beziehung.

Beispiele für nichtlineare Zusammenhänge

Will man einen komplizierten Text oder erlernte Vokabeln reproduzieren, ist häufig festzustellen, dass nach relativ kurzer Zeit vieles vergessen wurde, dass aber einige Lerninhalte erstaunlich lange im Gedächtnis haften bleiben. Die Reproduzierbarkeit von Gedächtnisinhalten nimmt im Verlaufe der Zeit nicht linear, sondern *exponentiell* ab. Abbildung 6.10 a zeigt, wie ein solcher Verlauf aussehen könnte.

Ferner gibt es Theorien, die besagen, dass die Bewertung ästhetischer Reize in einem umgekehrt U-förmigen oder *parabolischen Zusammenhang* zum Informationsgehalt der Reize steht (vgl. Abb. 6.10 b). Werden komplexe Fertigkeiten, wie z.B. das Spielen eines Musikinstrumentes erworben, ist mit einer sog. Plateauphase zu rechnen, in der kaum Lernfortschritte zu verzeichnen sind.

Abbildung 6.10 c zeigt einen Ausschnitt der Beziehung zwischen der Anzahl der Übungsstunden und dem Beherrschen des Musikinstrumentes *(umgekehrt S-förmiger oder kubischer Zusammenhang)*. Fordern wir eine Vp auf, sich so viele Namen wie möglich einfallen zu lassen (Entleerung eines Assoziationsreservoirs), ergibt sich über die Zeit eine kumulierte Häufigkeitsverteilung, die in etwa eine logarithmische Form hat (vgl. Abb. 6.10 d). Diese Beispiele mögen genügen, um zu verdeutlichen, dass es gelegentlich erforderlich ist, nonlineare Beziehungen anzunehmen.

Zeigt sich in einer Stichprobe eine bivariate Merkmalsverteilung, die offensichtlich nicht durch eine lineare Regressionsgerade angepasst werden kann, sollte zunächst überprüft werden, ob es eine Theorie gibt, die den nichtlinearen Trend erklärt. Ausgehend von theoretischen Überlegungen spezifizieren wir ein mathematisches Modell bzw. einen Funktionstyp für den Kurvenverlauf und überprüfen, wie gut sich die Daten an das Modell anpassen. Auch dafür wird häufig die Methode der kleinsten Quadrate eingesetzt.

Lassen sich auf Grund theoretischer Überlegungen 2 oder mehrere alternative Modelle angeben, werden die Modellparameter aufgrund der Daten für die konkurrierenden Modelle bestimmt. Es ist dann demjenigen Modell der Vorzug zu geben, das sich den Daten nach dem Kriterium der kleinsten Quadrate besser anpasst oder kurz: das die Daten besser „fittet".

Umgekehrt U-förmige Beziehungen

Eine umgekehrt U-förmige bzw. parabolische Beziehung (vgl. Abb. 6.10 b) wird durch eine quadratische Regressionsgleichung oder ein Polynom 2. Ordnung modelliert:

$$\hat{y} = a + b_1 \cdot x + b_2 \cdot x^2 \,. \tag{6.47}$$

Wie bei der linearen Regression müssen wir auch hier die Summe der quadrierten Abweichungen der y-Werte von den ŷ-Werten minimieren:

$$f(a, b_1, b_2) = \sum_{i=1}^{n}[y_i - (a + b_1 \cdot x_i + b_2 \cdot x_i^2)]^2$$
$$= \min. \tag{6.48}$$

Wird Gl. (6.48) partiell nach a, b_1 und b_2 abgeleitet, und werden die Ableitungen Null gesetzt, erhalten

6.1.3 Nonlineare Regression

Tabelle 6.3. Beispiel für eine Regressionsrechnung mit anschließender inferenzstatistischer Absicherung

Vp	x	y	x^2	y^2	$x \cdot y$
1	110	4	12 100	16	440
2	112	5	12 544	25	560
3	100	7	10 000	49	700
4	91	2	8 281	4	182
5	125	9	15 625	81	1 125
6	99	3	9 801	9	297
7	107	5	11 449	25	535
8	112	3	12 544	9	336
9	103	6	10 609	36	618
10	117	8	13 689	64	936
11	114	4	12 996	16	456
12	106	4	11 236	16	424
13	129	7	16 641	49	903
14	88	3	7 744	9	264
15	94	4	8 836	16	376
16	107	5	11 449	25	535
17	108	4	11 664	16	432
18	114	7	12 996	49	789
19	115	6	13 225	36	690
20	104	5	10 816	25	520
Summen:	2155	101	234 245	575	11 127

$$\bar{x} = \frac{\sum_{i=1}^{n} x_i}{n} = \frac{2155}{20} = 107{,}8$$

$$\bar{y} = \frac{\sum_{i=1}^{n} y_i}{n} = \frac{101}{20} = 5{,}1$$

$$s_x = \sqrt{\frac{\sum_{i=1}^{n} x_i^2 - \frac{\left(\sum_{i=1}^{n} x_i\right)^2}{n}}{n}} = \sqrt{\frac{234\,245 - \frac{2155^2}{20}}{20}} = 10{,}1$$

$$s_y = \sqrt{\frac{\sum_{i=1}^{n} y_i^2 - \frac{\left(\sum_{i=1}^{n} y_i\right)^2}{n}}{n}} = \sqrt{\frac{575 - \frac{101^2}{20}}{20}} = 1{,}8$$

$$\text{cov}(x,y) = \frac{\sum_{i=1}^{n} x_i \cdot y_i - \frac{\sum_{i=1}^{n} x_i \cdot \sum_{i=1}^{n} y_i}{n}}{n} = \frac{11\,127 - \frac{2155 \cdot 101}{20}}{20} = 12{,}2$$

$$b_{yx} = \frac{\text{cov}(x,y)}{s_x^2} = \frac{12{,}2}{102{,}2} = 0{,}12$$

$$a_{yx} = \bar{y} - b_{yx} \cdot \bar{x} = 5{,}1 - 0{,}12 \cdot 107{,}8 = 5{,}1 - 12{,}9 = -7{,}8$$

Die Regressionsgleichung heißt also:

$$\hat{y}_j = b_{yx} \cdot x_j + a_{yx} = 0{,}12 \cdot x_j - 7{,}8\,.$$

Den Standardschätzfehler ermitteln wir zu:

$$\hat{\sigma}_{(y|x)} = \sqrt{\frac{n \cdot s_y^2 - n \cdot b_{yx}^2 \cdot s_x^2}{n-2}} = \sqrt{\frac{20 \cdot 3{,}2 - 20 \cdot 0{,}014 \cdot 102{,}2}{18}} = 1{,}4\,.$$

Tabelle 6.3 (Fortsetzung)

Für $\alpha = 5\%$, df $= 18$ und $t_{(1-\alpha/2)} = +2{,}10$ lautet das Konfidenzintervall für β_{yx}:
$$\Delta_{\text{crit}\beta_{yx}} = b_{yx} \pm t_{(1-\alpha/2)} \cdot \frac{\hat{\sigma}_{(y|x)}}{s_x \cdot \sqrt{n}} = 0{,}12 \pm 2{,}10 \cdot \frac{1{,}4}{10{,}1 \cdot \sqrt{20}} = 0{,}12 \pm 0{,}07\,.$$

Da das Konfidenzintervall den Wert Null nicht umschließt, ist b_{yx} signifikant.

Das Konfidenzintervall für $\hat{y}$-Werte (Gl. 6.45) ermitteln wir zu:
$$\Delta_{\text{crit}(\hat{y}_j^*)} = \hat{y}_j \pm t_{(1-\alpha/2)} \cdot \hat{\sigma}_{(y|x)} \cdot \sqrt{\frac{1}{n} + \frac{(x_j - \bar{x})^2}{n \cdot s_x^2}} = \hat{y}_j \pm 2{,}10 \cdot 1{,}4 \cdot \sqrt{0{,}05 + \frac{(x_j - 107{,}8)^2}{20 \cdot 102{,}2}} = \hat{y}_j \pm 2{,}94 \cdot \sqrt{0{,}05 + \frac{(x_j - 107{,}8)^2}{2044}}$$

Setzen wir beispielsweise $x_j = 103$, resultiert:
$$\hat{y}_j = 0{,}12 \cdot x_j - 7{,}8 = 12{,}4 - 7{,}8 = 4{,}6$$
$$\Delta_{\text{crit}(\hat{y}_j^*)} = \hat{y}_j \pm 2{,}94 \cdot \sqrt{0{,}05 + \frac{(x_j - 107{,}8)^2}{2044}} = 4{,}6 \pm 2{,}94 \cdot \sqrt{0{,}05 + \frac{(103 - 107{,}8)^2}{2044}} = 4{,}6 \pm 0{,}73\,.$$

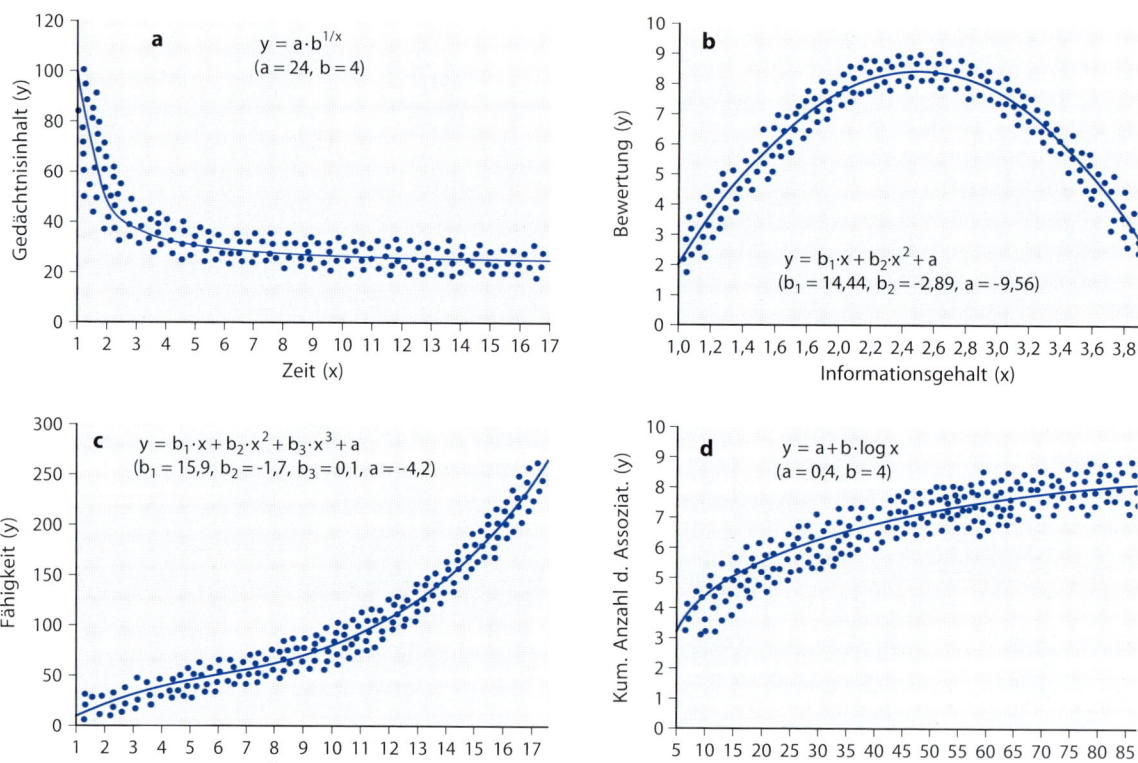

Abb. 6.10 a–d. Nichtlineare Zusammenhänge. **a** Beispiel für einen exponentiellen Zusammenhang, **b** Beispiel für einen parabolischen Zusammenhang, **c** Beispiel für einen funktionalen Zusammenhang 3. Grades (kubischer Zusammenhang), **d** Beispiel für einen logarithmischen Zusammenhang

6.1.3 Nichtlineare Regression

wir das folgende Gleichungssystem für die Berechnung der unbekannten Regressionskoeffizienten:

$$\sum_{i=1}^{n} y_i = a \cdot n \quad + b_1 \sum_{i=1}^{n} x_i + b_2 \sum_{i=1}^{n} x_i^2,$$

$$\sum_{i=1}^{n} x_i \cdot y_i = a \sum_{i=1}^{n} x_i + b_1 \sum_{i=1}^{n} x_i^2 + b_2 \sum_{i=1}^{n} x_i^3,$$

$$\sum_{i=1}^{n} x_i^2 \cdot y_i = a \sum_{i=1}^{n} x_i^2 + b_1 \sum_{i=1}^{n} x_i^3 + b_2 \sum_{i=1}^{n} x_i^4.$$

(6.49)

Die Auflösung derartiger Gleichungssysteme nach den unbekannten Parametern a, b_1 und b_2 ist nach dem Substitutionsverfahren oder vergleichbaren Verfahren relativ einfach möglich. Im Anhang, Teil C IV, wird unter dem Stichwort „Lösung linearer Gleichungssysteme" ein matrixalgebraischer Lösungsweg beschrieben, der mühelos auf Polynome beliebiger Ordnung (s. unten) übertragbar ist.

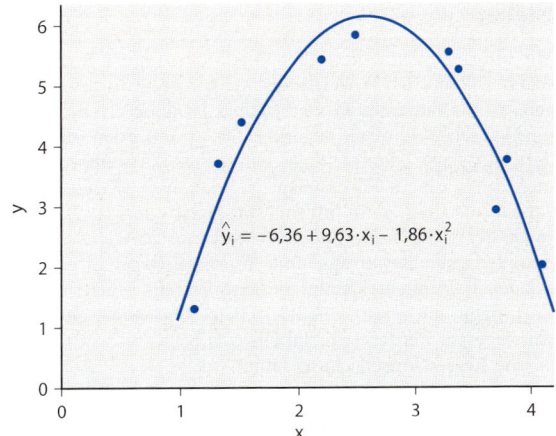

Abb. 6.11. Graphische Darstellung der quadratischen Regressionsgleichung

Tabelle 6.4. Beispiel für eine nichtlineare Regression

Objekt-Nr.	x	y	x·y	x^2	x^3	x^4	$x^2 \cdot y$
1	1,1	1,3	1,43	1,21	1,33	1,46	1,57
2	1,3	3,7	4,81	1,69	2,20	2,86	6,25
3	1,5	4,4	6,60	2,25	3,38	5,06	9,90
4	2,2	5,4	11,88	4,84	10,65	23,43	26,14
5	2,5	5,8	14,50	6,25	15,63	39,06	36,25
6	3,3	5,5	18,15	10,89	35,94	118,59	59,90
7	3,4	5,2	17,68	11,56	39,30	133,63	60,11
8	3,7	2,9	10,73	13,69	50,65	187,42	39,70
9	3,8	3,7	14,06	14,44	54,87	208,51	53,43
10	4,1	2,0	8,20	16,81	68,92	282,58	33,62
Summen:	26,9	39,9	108,04	83,63	282,87	1002,60	326,87

Für die 3 Gleichungen gemäß Gl. (6.49) ergibt sich:
$39,9 = 10 \cdot a + 26,9 \cdot b_1 + 83,63 \cdot b_2,$
$108,04 = 26,9 \cdot a + 83,63 \cdot b_1 + 282,87 \cdot b_2,$
$326,87 = 83,63 \cdot a + 282,87 \cdot b_1 + 1002,60 \cdot b_2.$

Diese 3 Gleichungen lösen wir nach den Unbekannten a, b_1 und b_2 auf und erhalten:
$a_0 = -6,36,$
$b_1 = -9,63,$
$b_2 = -1,86,$

sodass $\hat{y}_i = -6,36 + 9,63 \cdot x_i - 1,86 \cdot x_i^2$.

BEISPIEL

Mit informationstheoretischen Methoden (vgl. z. B. Mittenecker u. Raab, 1973) wurde der syntaktische Informationsgehalt (= Prädikator x) von 10 neu komponierten, kurzen musikalischen Phrasen ermittelt. 50 Vpn wurden aufgefordert, auf einer 7-Punkte-Skala anzugeben, in welchem Ausmaß ihnen die 10 Musikbeispiele gefallen (= Kriterium y). Tabelle 6.4 zeigt den Informationsgehalt der 10 Beispiele sowie deren durchschnittliche Bewertung. Da wir vermuten, dass zwischen Bewertung und Informationsgehalt ein umgekehrt U-förmiger Zusammenhang besteht, sollen die Bewertungen mit einer quadratischen Regressionsgleichung vorhergesagt werden (vgl. Tabelle 6.4).

Die Regressionsgleichung lautet

$$\hat{y}_i = -6{,}36 + 9{,}63 \cdot x_i - 1{,}86 \cdot x_i^2 \,.$$

Abbildung 6.11 zeigt, wie sich diese Parabel an die empirischen Daten anpasst.

Polynome höherer Ordnung

Wird ein (umgekehrt) S-förmiger Zusammenhang vermutet (vgl. Abb. 6.10 c), lässt sich dieser Trend durch eine kubische Regressionsgleichung bzw. ein Polynom 3. Ordnung anpassen:

$$\hat{y} = a + b_1 \cdot x + b_2 \cdot x^2 + b_3 \cdot x^3 \,. \quad (6.50)$$

Wie bei der quadratischen Regressionsgleichung erhält man auch hier durch partielle Ableitungen ein lineares Gleichungssystem, das einfachheitshalber matrixalgebraisch (vgl. Anhang C IV) nach den unbekannten Regressionskoeffizienten a, b_1, b_2 und b_3 aufgelöst wird.

Nichtlineare Zusammenhänge, die über ein Polynom 3. Ordnung hinausgehen, können nur sehr selten theoretisch begründet werden. Eine Modellierung beliebiger nichtlinearer Zusammenhänge durch ein Polynom p-ter Ordnung kann deshalb bestenfalls ex post, d. h. ohne theoretische Vorannahmen, sinnvoll sein. Die entsprechende allgemeine Regressionsgleichung lautet:

$$\hat{y} = a + b_1 \cdot x + b_2 \cdot x^2 + \cdots + b_{p-1} \cdot x^{p-1}$$
$$+ b_p \cdot x^p \,. \quad (6.51)$$

Linearisierende Transformationen

Wenngleich jeder beliebige Zusammenhang durch eine polynomiale Regression beliebig genau angepasst werden kann, ist es nicht immer sinnvoll, eine Regressionsgleichung auf diese Weise zu bestimmen. Die Abb. 6.10 a bis d verdeutlicht z. B. Zusammenhänge, bei denen ein Funktionstyp explizit durch eine Theorie vorgegeben ist, der dementsprechend auch regressionsanalytisch nachgewiesen werden sollte. In diesem Fall kann die Regressionsgleichung durch vorgeschaltete, *linearisierende Transformationen* zumindest approximativ ermittelt werden.

Betrachten wir beispielsweise ein Modell, nach dem zwischen zwei Variablen ein *exponentieller Zusammenhang* vermutet wird. Der Gleichungstyp lautet in diesem Fall

$$\hat{y} = a \cdot x^b \,. \quad (6.52)$$

Diese Gleichung wird linearisiert, indem wir sie logarithmieren.

$$\lg \hat{y} = \lg a + b \cdot \lg x \,, \quad (6.53)$$

wobei lg = Logarithmus zur Basis 10.

Wir ersetzen:

$\hat{y}' = \lg \hat{y}$
$x' = \lg x$
$a' = \lg a$
$b' = b \,.$

Für Gl. (6.52) erhalten wir somit die folgende lineare Funktion:

$$\hat{y}' = a' + b' \cdot x' \,. \quad (6.54)$$

Das Verfahren zur Ermittlung der Regressionskoeffizienten dieser Regressionsgleichung ist bereits bekannt. Wir logarithmieren die erhobenen x- und y-Werte und bestimmen anschließend nach Gl. (6.9) und Gl. (6.12) die Parameter a' und b', wobei b' dem gesuchten Parameter b entspricht; a erhalten wir, indem die Logarithmierung rückgängig gemacht wird: $a = 10^{a'}$.

Weitere linearisierende Transformationen lauten:

$\hat{y} = a + b \cdot \lg x$
$\hat{y}' = a + b \cdot x' \,, \quad (6.55)$

wobei $x' = \lg x$;

$\hat{y} = a \cdot b^x$
$\hat{y}' = a' + b' \cdot x \,, \quad (6.56)$

wobei $a' = \lg a$, $b' = \lg b$.

Der hier skizzierte Ansatz der vorgeschalteten, linearisierenden Transformationen lässt sich relativ einfach auch auf komplexere funktionale Zusammenhänge anwenden. Zunächst werden die Regressionskoeffizienten der linearisierten Regressionsgleichung ermittelt, die anschließend in die Regressionskoeffizienten der ursprünglichen Funktion rücktransformiert werden. Die so ermittelten Regressionskoeffizienten sind allerdings nicht exakt mit denjenigen Regressionskoeffizienten identisch, die wir bei direkter Anwendung der Methode der kleinsten Quadrate erhalten würden.

Bei direkter Anwendung der Methode der kleinsten Quadrate werden die gesuchten Regressionskoeffizienten so geschätzt, dass die Summe der quadrierten Abweichungen aller Punkte von der nichtlinearisierten Funktion (z.B. Parabel, Hyperbel, Exponentialfunktion) minimal wird. Diese Minimierung ist jedoch nicht mit derjenigen identisch, bei der eine lineare Regressionsgleichung gesucht wird, für die die Abweichungsquadratsumme der zuvor transformierten Werte minimal sein soll (vgl. etwa Rützel, 1976). Wie Parameterschätzungen nach vorgeschalteten linearisierenden Transformationen optimiert werden können, zeigen Draper u. Smith (1998, Kap. 24.2) bzw. Hartley (1961).

BEISPIEL

Auf Grund eines Lernexperiments soll überprüft werden, wie sich die Anzahl der richtig reproduzierten, sinnlosen Silben (= x) in Abhängigkeit von der Zeit (= y) ändert. 30 Vpn wurden aufgefordert, eine Liste von 25 sinnlosen Silben auswendig zu lernen. Anschließend wurden sie an 10 aufeinanderfolgenden Tagen gebeten, die behaltenen sinnlosen Silben zu nennen. Aufgrund analoger Gedächtnisexperimente erwarten wir eine Exponentialfunktion vom Typus $\hat{y} = a \cdot b^x$.

Tabelle 6.5 zeigt die durchschnittliche Anzahl der an den einzelnen Tagen reproduzierten Silben sowie den Rechengang, der zur Ermittlung der gesuchten Regressionsgleichung führt. Abbildung 6.12 veranschaulicht die gefundene Funktion.

Wie die Abbildung zeigt, passt sich der Kurvenverlauf bei höheren x-Werten besser an die Messwerte an als bei niedrigen x-Werten. Dies ist darauf zurückzuführen, dass die y-Werte bei kleineren x-Werten stärker differenzieren als bei größeren x-Werten. Um die am Anfang stärker abfallenden Reproduktionsleistungen genauer abbilden zu können, hätte die Reproduktion zu Beginn in kürzeren Zeitabständen erfasst werden müssen.

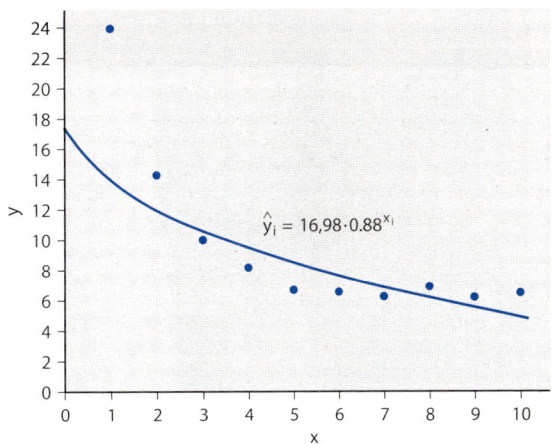

Abb. 6.12. Graphische Veranschaulichung des in Tabelle 6.5 ermittelten exponentiellen Zusammenhangs

Hinweis: Wie bei der linearen Regressionsrechnung müssen wir uns natürlich auch bei der nichtlinearen Regression fragen, wie sicher ŷ-Werte vorhergesagt werden können, wenn die zu Grunde liegende Regressionsgleichung aus dem bivariaten Datenmaterial einer Stichprobe geschätzt wurde. Die hiermit angesprochene inferenzstatistische Absicherung der Regressionskoeffizienten in der nichtlinearen Regression ist jedoch mathematisch sehr komplex und soll in diesem Zusammenhang nicht behandelt werden. Ausführliches hierzu findet man bei Draper u. Smith (1998, Kap. 24) oder bei Seber u. Wild (1989).

▷ 6.2 Merkmalszusammenhänge

Die Regressionsrechnung gestattet es, für jede beliebige, bivariate Merkmalsverteilung eine lineare oder nichtlineare Regressionsgleichung zu ermitteln, die Vorhersagen des Merkmals y aufgrund des Merkmals x (und umgekehrt) ermöglicht. Im ungünstigsten Fall ermitteln wir eine Regressionsgleichung, nach der für jeden x-Wert immer der Mittelwert aller y-Werte vorhergesagt wird. Die Varianz der vorhergesagten ŷ-Werte ist somit Null. Im günstigsten Fall können ŷ-Werte vorhergesagt werden, die den tatsächlichen y-Werten entsprechen und deren Varianz somit der Varianz der y-Werte entspricht. Die in den y-Werten ent-

Tabelle 6.5. Beispiel für eine nicht-lineare Regression mit vorgeschalteter linearisierender Transformation (x: Zeit in Tagen, y: Reproduktionsrate)

x	y	$y' = \lg(y)$	x^2	y'^2	$x \cdot y'$
1	23,8	1,38	1	1,90	1,38
2	14,2	1,15	4	1,32	2,30
3	10,0	1,00	9	1,00	3,00
4	8,1	0,91	16	0,83	3,64
5	6,7	0,83	25	0,69	4,15
6	6,5	0,81	36	0,66	4,86
7	6,2	0,79	49	0,62	5,53
8	6,8	0,83	64	0,69	6,64
9	6,1	0,78	81	0,61	7,02
10	6,4	0,81	100	0,66	8,10
Summen: 55	94,8	9,29	385	8,98	46,62

$\hat{y} = a \cdot b^x \quad \hat{y}' = a' + b' \cdot x \quad$ wobei:

$\hat{y}' = \lg \hat{y} \quad a' = \lg a \quad b' = \lg b$

$b'_{yx} = \dfrac{\text{cov}(x, y')}{s_x^2}$ (vgl. Gl. 6.23) $\quad a'_{yx} = \bar{y}' - \bar{x} \cdot b'_{yx}$ (vgl. Gl. 6.9)

$s_x = \sqrt{\dfrac{\sum_{i=1}^{n} x_i^2 - \dfrac{\left(\sum_{i=1}^{n} x_i\right)^2}{n}}{n}} = \sqrt{\dfrac{385 - \dfrac{55^2}{10}}{10}} = 2,87$

$s_{y'} = \sqrt{\dfrac{\sum_{i=1}^{n} y_i'^2 - \dfrac{\left(\sum_{i=1}^{n} y_i'\right)^2}{n}}{n}} = \sqrt{\dfrac{8,98 - \dfrac{9,29^2}{10}}{10}} = 0,19$

$\text{cov}(x, y') = \dfrac{\sum_{i=1}^{n} x_i \cdot y_i' - \dfrac{\sum_{i=1}^{n} x_i \cdot \sum_{i=1}^{n} y_i'}{n}}{n} = \dfrac{46,62 - \dfrac{55 \cdot 9,29}{10}}{10} = -0,448$

$b'_{yx} = \dfrac{\text{cov}(x, y')}{s_x^2} = \dfrac{-0,448}{8,25} = -0,054$

$a'_{yx} = \bar{y}' - \bar{x} \cdot b'_{yx}$

$\bar{y}' = \dfrac{\sum_{i=1}^{n} y_i'}{n} = \dfrac{9,29}{10} = 0,93$

$\bar{x} = \dfrac{\sum_{i=1}^{n} x_i}{n} = \dfrac{55}{10} = 5,5$

$a'_{yx} = 0,93 - 5,5 \cdot (-0,054) = 1,23$

sodass: $\hat{y}'_i = 1,23 - 0,054 \cdot x_i$

$a = 10^{a'} = 10^{1,23} = 16,98$

$b = 10^{b'} = 10^{-0,054} = 0,88$

Die Regressionsgleichung lautet: $\hat{y}_i = 16,98 \cdot 0,88^{x_i}$

haltene Information ist somit in mehr oder weniger starkem Ausmaß bei Vorliegen der x-Werte bekannt bzw. *redundant*. Je enger zwei Merkmale zusammenhängen, desto mehr informiert die Ausprägung des Merkmals x bei einem Untersuchungsobjekt über die Ausprägung des Merkmals y.

Es soll deshalb im Folgenden überprüft werden, wie die Enge des Zusammenhangs zweier Merkmale bestimmt werden kann, wobei wir uns zunächst mit intervallskalierten Merkmalen befassen. Zusammenhangsmaße für nominal- oder ordinalskalierte Merkmale werden unter 6.3 behandelt.

▷ 6.2.1 Kovarianz und Korrelation

In 6.1.1 haben wir bereits ein Maß kennengelernt, das über die Enge des Zusammenhangs zweier Merkmale informiert – die „Kovarianz". Der Kovarianz zweier Merkmale entnehmen wir, in welchem Ausmaß die Unterschiedlichkeit der Untersuchungsobjekte, bezogen auf das Merkmal x, der Unterschiedlichkeit der Untersuchungsobjekte im Merkmal y entspricht. Eine hohe positive Kovarianz liegt vor, wenn diejenigen Untersuchungsobjekte, die in Bezug auf das Merkmal x eine überdurchschnittliche (unterdurchschnittliche) Merkmalsausprägung aufweisen, weitgehend auch in Bezug auf das Merkmal y überdurchschnittlich (unterdurchschnittlich) sind. Entsprechend kennzeichnet eine negative Kovarianz überdurchschnittliche Merkmalsausprägungen in x bei gleichzeitig unterdurchschnittlicher Merkmalsausprägung in y und umgekehrt. Die Kovarianz ist Null, wenn die Untersuchungsobjekte über- bzw. unterdurchschnittlich in Bezug auf x ausgeprägt sind, unabhängig von ihren Merkmalsausprägungen in Bezug auf y. Formal wird dieser Sachverhalt durch Gl. (6.22 a) erfasst:

$$\text{cov}(x,y) = \frac{\sum_{i=1}^{n}(x_i - \bar{x}) \cdot (y_i - \bar{y})}{n} \ .$$

Die Varianz eines Merkmals x erfasst die durchschnittliche, quadrierte Abweichung aller Messwerte vom Mittelwert. Die Kovarianz erfasst das durchschnittliche Produkt korrespondierender Abweichungen der Messwerte von den Mittelwerten der Merkmale x und y. Tabelle 6.6 enthält je ein Beispiel für eine hohe positive Kovarianz, eine hohe negative Kovarianz und eine unbedeutende Kovarianz.

In Tabelle 6.6 a sehen wir, dass durchgehend positiven Abweichungen in x auch positive Abweichungen in y und negativen Abweichungen in x negative Abweichungen in y entsprechen. Dies führt zu der positiven Kovarianz $\text{cov}(x,y) = 4{,}8$. In Tabelle 6.6 b sind die Verhältnisse genau umgekehrt. Hier unterscheiden sich die korrespondierenden Abweichungen überwiegend (bis auf eine Ausnahme) im Vorzeichen. Die Kovarianz lautet $\text{cov}(x,y) = -4{,}2$. Im Beispiel 6.6 c haben die korrespondierenden Abweichungen zum Teil ein gleiches und zum Teil ein ungleiches Vorzeichen, was zu der unbedeutenden Kovarianz von $\text{cov}(x,y) = -0{,}2$ führt. Wie die Beispiele zeigen, wird die Höhe der Kovarianz nicht nur durch die Anzahl der gleich gerichteten bzw. ungleich gerichteten Abweichungen, sondern auch durch deren Größe bestimmt. So könnte eine Kovarianz von Null beispielsweise dadurch zustande kommen, dass ein hohes negatives Abweichungsprodukt durch mehrere kleine positive Abweichungsprodukte ausgeglichen wird.

Sind zwei Merkmale *stochastisch voneinander unabhängig*, ist die Kovarianz zwischen den Merkmalen Null. Je höher die Kovarianz (positiv oder negativ), desto enger ist der (lineare) Zusammenhang zwischen den Variablen bzw. desto höher ist die (positive oder negative) Abhängigkeit.

Die Kovarianz hat allerdings einen entscheidenden Nachteil. Sie ist abhängig vom Maßstab der zu Grunde liegenden Variablen bzw. von deren Varianz. Verdoppeln wir in unseren Beispielen den Maßstab der x-Werte, indem wir alle x-Werte mit 2 multiplizieren (wodurch sich die Varianz der x-Werte vervierfacht, vgl. Gl. 1.23), so hat dies zur Folge, dass sich auch die Abweichungen $(x_i - \bar{x})$ verdoppeln. Entsprechendes gilt für Veränderungen des Maßstabes der y-Werte. Werden die x-Werte mit einem Faktor k und die y-Werte mit dem Faktor ℓ multipliziert, verändert sich die Kovarianz um den Faktor $k \cdot \ell$.

Da nun gerade im human- und sozialwissenschaftlichen Bereich die Festlegung des Maßstabes einer intervallskalierten Variablen recht willkürlich geschieht, ist die Kovarianz zur Kennzeichnung der Enge des Zusammenhangs zweier Merkmale wenig geeignet. Sie ist nur sinnvoll,

Tabelle 6.6. Numerische Veranschaulichung von Kovarianzen

a) Hohe positive Kovarianz

x	y	$x - \bar{x}$	$y - \bar{y}$	$(x - \bar{x}) \cdot (y - \bar{y})$
2	1	−2	−2	4
1	2	−3	−1	3
9	6	5	3	15
5	4	1	1	1
3	2	−1	−1	1
Summen: 20	15	0	0	24

$\bar{x} = 4; \quad \bar{y} = 3; \quad \text{cov}(xy) = \dfrac{\sum_{i=1}^{n}(x_i - \bar{x}) \cdot (y_i - \bar{y})}{n} = \dfrac{24}{5} = 4{,}8$

b) Hohe negative Kovarianz

x	y	$x - \bar{x}$	$y - \bar{y}$	$(x - \bar{x}) \cdot (y - \bar{y})$
2	4	−2	1	−2
1	6	−3	3	−9
9	1	5	−2	−10
5	2	1	−1	−1
3	2	−1	−1	+1
Summen: 20	15	0	0	−21

$\bar{x} = 4; \quad \bar{y} = 3; \quad \text{cov}(xy) = \dfrac{\sum_{i=1}^{n}(x_i - \bar{x}) \cdot (y_i - \bar{y})}{n} = \dfrac{-21}{5} = -4{,}2$

c) Unbedeutende Kovarianz

x	y	$x - \bar{x}$	$y - \bar{y}$	$(x - \bar{x}) \cdot (y - \bar{y})$
2	2	−2	−1	2
1	4	−3	1	−3
9	2	5	−1	−5
5	6	1	3	3
3	1	−1	−2	2
Summen: 20	15	0	0	−1

$\bar{x} = 4; \quad \bar{y} = 3; \quad \text{cov}(xy) = \dfrac{\sum_{i=1}^{n}(x_i - \bar{x}) \cdot (y_i - \bar{y})}{n} = \dfrac{-1}{5} = -0{,}2$

wenn ein verbindlicher Maßstab, wie z. B. Maßeinheiten der Gewichts-, Längen- und Zeitmessung, vorgegeben ist. Werden jedoch beispielsweise in zwei Untersuchungen die Merkmale Intelligenz und Neurotizismus jeweils unterschiedlich quantifiziert, so erhalten wir in beiden Untersuchungen Kovarianzen zwischen diesen Merkmalen, die nicht miteinander vergleichbar sind.

Die Produkt-Moment-Korrelation

Die Kovarianz ist ein ungeeignetes Maß, wenn man davon ausgeht, dass zwischen zwei Merkmalen ein „wahrer" Zusammenhang unabhängig von der Quantifizierung der Merkmale existiert. Es wurde deshalb ein weiteres Maß zur Kennzeichnung von Zusammenhängen entwickelt, das ge-

6.2.1 Kovarianz und Korrelation

genüber Maßstabsveränderungen der untersuchten Merkmale invariant ist: *der Korrelationskoeffizient r*. Die Abkürzung r ist auf das Wort Regression zurückzuführen, womit zum Ausdruck gebracht wird, dass die Korrelations- und Regressionsrechnung eng miteinander verknüpft sind. Die ersten Anwendungen des Korrelationskoeffizienten stammen von Francis Galton und Karl Pearson, die mit diesem Zusammenhangsmaß die Beziehung von Körperbaumaßen zwischen Eltern- und Kindergenerationen untersuchten. Wenngleich Pearson entscheidend an der Weiterentwicklung des Korrelationskoeffizienten beteiligt war, nahm die Korrelationsrechnung mit einem Artikel von Bravais (1846) ihren Anfang. Der klassische Korrelationskoeffizient wird deshalb gelegentlich „*Bravais-Pearson-Korrelation*" genannt. Eine weitere übliche Bezeichnung für dieses Zusammenhangsmaß ist „*Produkt-Moment-Korrelation*" (wobei mit „Produkt-Moment" das erste Produktmoment zweier Zufallsvariablen gemeint ist, vgl. Hoel, 1971, S. 149).

Den Korrelationskoeffizienten r erhalten wir, indem die Kovarianz zweier Variablen durch das Produkt der Standardabweichungen der Variablen $(s_x \cdot s_y)$ dividiert wird:

$$r = \frac{\text{cov}(x, y)}{s_x \cdot s_y} \ . \qquad (6.57)$$

Die Division der Kovarianz durch das Produkt der Standardabweichungen hat zur Folge, dass Maßstabs- bzw. Streuungsunterschiede zwischen den Variablen kompensiert werden.

An dieser Stelle könnte man zu Recht fragen, warum die Vereinheitlichung der Maßstäbe nicht durch die bereits bekannte *z-Transformation* (vgl. Gl. 1.27) vorgenommen wird. Dass diese Transformation bereits in der Berechnungsvorschrift für den Korrelationskoeffizienten enthalten ist, zeigt der folgende Gedankengang: Ersetzen wir cov(x, y) in Gl. (6.57) durch Gl. (6.22a), erhalten wir:

$$r = \frac{\sum\limits_{i=1}^{n}(x_i - \bar{x}) \cdot (y_i - \bar{y})}{n \cdot s_x \cdot s_y}$$

$$= \frac{1}{n} \cdot \sum_{i=1}^{n} \left(\frac{x_i - \bar{x}}{s_x} \cdot \frac{y_i - \bar{y}}{s_y} \right) . \qquad (6.58)$$

Nach Gl. (1.27) ergibt sich somit die Korrelation zu

$$r = \frac{1}{n} \cdot \sum_{i=1}^{n} z_{xi} \cdot z_{yi} \ . \qquad (6.59)$$

Da der Mittelwert einer z-transformierten Variablen Null ist, können z-Werte als Abweichungswerte vom Mittelwert der z-Werte interpretiert werden. Damit ist Gl. (6.59) auch als Kovarianz zweier z-transformierter Variablen interpretierbar.

> Die Korrelation zweier Variablen entspricht der Kovarianz der z-transformierten Variablen bzw. dem durchschnittlichen Produkt korrespondierender z-Werte.

Die in der Korrelationsberechnung enthaltene z-Standardisierung macht den Korrelationskoeffizienten gegenüber *linearen Transformationen* vom Typus $x' = c \cdot x + d$ invariant (c > 0). Werden die x-Werte und/oder y-Werte in dieser Weise linear transformiert, erhalten wir eine Korrelation zwischen den neuen x'- und y'-Werten, die mit der Korrelation zwischen den ursprünglichen x- und y-Werten identisch ist. Für c < 0 gilt $|r_{xy}| = |r_{x'y'}|$.

In den Beispielen der Tabelle 6.6 ermitteln wir (in allen 3 Fällen) als Streuungen die Werte $s_x = 2{,}83$ und $s_y = 1{,}79$. Die Korrelation zwischen den Variablen x und y lautet somit in den 3 Beispielen:

a) $r = \dfrac{4{,}8}{2{,}83 \cdot 1{,}79} = 0{,}95,$

b) $r = \dfrac{-4{,}2}{2{,}83 \cdot 1{,}79} = -0{,}83,$

c) $r = \dfrac{-0{,}2}{2{,}83 \cdot 1{,}79} = -0{,}04.$

Man sollte sich davon überzeugen, dass die gleichen Korrelationskoeffizienten resultieren, wenn die zuvor z-transformierten x- und y-Werte in Gl. (6.59) eingesetzt werden.

Berechnung einer Korrelation. Rechnerisch einfacher und weniger anfällig für Rundungsfehler ist die folgende Formel, die wir erhalten, wenn cov(x, y) nach Gl. (6.22) und s_x sowie s_y nach Gl. (1.21) eingesetzt werden (um Doppelbrüche zu vermeiden, werden die Zähler beider Gleichungen zuvor mit n erweitert).

Tabelle 6.7. Berechnung einer Korrelation

x	y	x^2	y^2	$x \cdot y$
2	1	4	1	2
1	2	1	4	2
9	6	81	36	54
5	4	25	16	20
3	2	9	4	6
Summen: 20	15	120	61	84

$\sum_{i=1}^{n} x_i = 20; \quad \sum_{i=1}^{n} y_i = 15; \quad n = 5$

$\left(\sum_{i=1}^{n} x_i\right)^2 = 400; \quad \left(\sum_{i=1}^{n} y_i\right)^2 = 225$

$\sum_{i=1}^{n} x_i^2 = 120; \quad \sum_{i=1}^{n} y_i^2 = 61; \quad \sum_{i=1}^{n} x_i \cdot y_i = 84$

$$r = \frac{n \sum_{i=1}^{n} x_i \cdot y_i - \left(\sum_{i=1}^{n} x_i\right) \cdot \left(\sum_{i=1}^{n} y_i\right)}{\sqrt{\left[n \sum_{i=1}^{n} x_i^2 - \left(\sum_{i=1}^{n} x_i\right)^2\right] \cdot \left[n \sum_{i=1}^{n} y_i^2 - \left(\sum_{i=1}^{n} y_i\right)^2\right]}}$$

$$= \frac{5 \cdot 84 - 20 \cdot 15}{\sqrt{(5 \cdot 120 - 400) \cdot (5 \cdot 61 - 225)}}$$

$$= 0{,}95$$

$$r = \frac{n \sum_{i=1}^{n} x_i \cdot y_i - \left(\sum_{i=1}^{n} x_i\right) \cdot \left(\sum_{i=1}^{n} y_i\right)}{\sqrt{\left[n \sum_{i=1}^{n} x_i^2 - \left(\sum_{i=1}^{n} x_i\right)^2\right] \cdot \left[n \sum_{i=1}^{n} y_i^2 - \left(\sum_{i=1}^{n} y_i\right)^2\right]}} \quad (6.60)$$

Diese Gleichung soll an den Daten in Tabelle 6.6 a verdeutlicht werden (vgl. Tabelle 6.7). Für die Werte in Tabelle 6.3 ermitteln wir eine Korrelation von $r = 0{,}67$.

Wertebereich der Korrelation

Um zu ermitteln, welche *Variationsbreite* („range") Korrelationskoeffizienten aufweisen, lösen wir Gl. (6.23) nach $\text{cov}(x, y)$ auf und setzen in Gl. (6.57) ein. Das Resultat lautet:

$$r = \frac{s_x^2 \cdot b_{yx}}{s_x \cdot s_y} . \quad (6.61)$$

Für b_{yx} schreiben wir nach Umformen von Gl. (6.41):

$$b_{yx} = \frac{\sqrt{s_y^2 - s_{(y|x)}^2}}{s_x} . \quad (6.62)$$

Eingesetzt in Gl. (6.61) erhalten wir für r:

$$r = \frac{s_x^2 \cdot \sqrt{s_y^2 - s_{(y|x)}^2}}{s_x \cdot s_x \cdot s_y}$$

$$= \frac{\sqrt{s_y^2 - s_{(y|x)}^2}}{s_y} , \quad (6.63)$$

bzw. für r^2

$$r^2 = \frac{s_y^2 - s_{(y|x)}^2}{s_y^2} . \quad (6.64)$$

Um diesen Ausdruck interpretieren zu können, erinnern wir uns an die Bedeutung von $s_{(y|x)}^2$. Die Wurzel aus $s_{(y|x)}^2$ haben wir *Standardschätzfehler* genannt. $s_{(y|x)}^2$ kennzeichnet die Varianz der y-Werte um die Regressionsgerade. Vorhersagen von y-Werten aufgrund von x-Werten sind um so präziser, je kleiner diese Varianz ist. Bei perfektem Zusammenhang liegen – im Fall einer linearen Regression – sämtliche y-Werte auf der Regressionsgeraden, d.h., die Varianz der y-Werte um die Regressionsgerade ($s_{(y|x)}^2$) ist Null. Im Fall einer perfekten linearen Beziehung ermitteln wir somit nach Gl. (6.64) ein r^2 von 1 bzw. ein r von ± 1.

Die ungünstigste Vorhersagesituation ist gegeben, wenn der bivariate Punkteschwarm kreisförmig ist. In diesem Fall wird als y-Wert für alle x-Werte der Mittelwert aller y-Werte vorhergesagt. Die Regressionsgerade entspricht einer Parallelen zur x-Achse, die durch $\bar{y}$ geht. Die Varianz der y-Werte um die Regressionsgerade ($s_{(y|x)}^2$) ist somit gleich der Varianz der y-Werte (s_y^2). In diesem Fall ermitteln wir nach Gl. (6.64) für r^2 und damit auch für r den Wert Null.

Da $s_{(y|x)}^2$ nur Werte zwischen Null und s_y^2 annehmen kann, besagt Gl. (6.64), dass r^2 im Bereich $0 \leq r^2 \leq 1$ liegen muss. Berücksichtigen wir das doppelte Vorzeichen der Wurzel aus r^2, ist der Wertebereich des Korrelationskoeffizienten durch die Grenzen -1 und $+1$ markiert (bei identischen Verteilungen der Merkmale; vgl. Carroll, 1961).

> Der Korrelationskoeffizient beschreibt die Enge des linearen Zusammenhangs zweier Merkmale durch eine Zahl r, die zwischen $+1$ und -1 liegt. Bei $r = +1$ sprechen wir von einem perfekt positiven und bei $r = -1$ von einem perfekt negativen Zusammenhang. Ist $r = 0$, besteht kein linearer Zusammenhang.

6.2.1 Kovarianz und Korrelation

Ausgehend von diesen Grenzwerten für Korrelationskoeffizienten ergibt sich nach Gl. (6.57), dass *Kovarianzen* nur Werte zwischen $-s_x \cdot s_y$ und $+s_x \cdot s_y$ annehmen können. Ist der lineare Zusammenhang zwischen zwei Variablen perfekt, sodass eine Korrelation von $r = \pm 1$ resultiert, erhalten wir eine positive oder negative Kovarianz, die dem Produkt der beiden Streuungen s_x und s_y entspricht. Allgemein ergibt sich die Kovarianz zu $\text{cov}(xy) = r \cdot s_x \cdot s_y$.

Korrelation und Regression

Auf S. 205 wurde darauf hingewiesen, dass der Absolutbetrag des Korrelationskoeffizienten gegenüber beliebigen Lineartransformationen der Merkmale x und y invariant ist. Da die $\hat{y}$-Werte durch Lineartransformation aus den x-Werten hervorgehen ($\hat{y} = b \cdot x + a$), und die Korrelation $r_{\hat{y}y}$ immer positiv ist, muss also gelten: $|r_{xy}| = r_{\hat{y}y}$.

> Der Absolutbetrag der Korrelation zwischen x und y entspricht der Korrelation zwischen den empirischen y-Werten und den vorhergesagten $\hat{y}$-Werten: $|r_{xy}| = r_{\hat{y}y}$.

Dividieren wir in Gl. (6.61) Zähler und Nenner durch s_x, resultiert für r:

$$r = \frac{s_x}{s_y} \cdot b_{yx} \,. \tag{6.65}$$

Aus Gl. (6.65) ersehen wir, dass negative Korrelationskoeffizienten bei einer Regressionsgeraden mit negativer Steigung und positive Korrelationskoeffizienten bei Regressionsgeraden mit positiver Steigung auftreten.

Auf S. 190 wurde darauf hingewiesen, dass die Regressionsgeraden zur Vorhersage von x-Werten und zur Vorhersage von y-Werten bei maximaler Kovarianz zusammenfallen. Da bei maximaler Kovarianz die Korrelation perfekt ist ($r = \pm 1$), sind die beiden Regressionsgeraden für $r = \pm 1$ identisch.

Sind die Variablen z-standardisiert ($\bar{x} = \bar{y} = 0$; $s_x = s_y = 1$), resultiert für $r = \pm 1$ eine Regressionsgerade mit einer Steigung von 1 bzw. −1, die durch den Ursprung des Koordinatensystems verläuft. Dies wird auch aus Gl. (6.61) ersichtlich, wonach sich im Fall z-standardisierter Variablen die Beziehung $r = b_{yx}$ ergibt. Die auf die x-Achse bezogene Steigung der 1. Regressionsgeraden (von x auf y) entspricht der Korrelation. Entsprechendes gilt für die auf die y-Achse bezogene Steigung der 2. Regressionsgeraden (von y auf x), die ebenfalls mit der Korrelation identisch ist. Beziehen wir beide Steigungen auf die x-Achse, ergibt sich für die 1. Regressionsgerade $b_{yx} = r$ und für die 2. Regressionsgerade $b_{xy} = 1/r$.

Regressionsresiduen

Als Nächstes wollen wir die Differenz $s_y^2 - s_{(y|x)}^2$ in Gl. (6.64) näher untersuchen. s_y^2 enthält die Abweichungsquadrate $(y_i - \bar{y})^2$ und $s_{(y|x)}^2$ die Abweichungsquadrate $(y_i - \hat{y}_i)^2$. Gehen wir auf unquadrierte Abweichungen zurück, erhalten wir die beiden Abweichungen $(y_i - \bar{y})$ und $(y_i - \hat{y}_i)$, für die offensichtlich folgende Gleichung gilt:

$$(y_i - \bar{y}) - (y_i - \hat{y}_i) = (\hat{y}_i - \bar{y}) \,. \tag{6.66}$$

Diese für die Korrelations- und Regressionsrechnung wichtige Beziehung sei an einem kleinen Beispiel verdeutlicht. Es soll die Rechtschreibfähigkeit eines Schülers i vorhergesagt werden. Haben wir keinerlei Informationen über den Schüler, stellt die durchschnittliche Rechtschreibfähigkeit aller Schüler die beste Schätzung dar. Diese möge $\bar{y} = 40$ betragen. Hat nun Schüler i eine tatsächliche Rechtschreibfähigkeit von $y_i = 60$, ist die Vorhersage anhand des Mittelwertes mit folgendem Fehler behaftet:

$$(y_i - \bar{y}) = 60 - 40 = 20 \,.$$

Nehmen wir weiter an, die allgemeine Intelligenz des Schülers i und die Beziehung der allgemeinen Intelligenz zur Rechtschreibfähigkeit seien bekannt. Aufgrund der Regressionsgleichung wird für Schüler i eine Rechtschreibleistung von $\hat{y}_i = 52$ vorhergesagt. Der Vorhersagefehler lautet in diesem Fall:

$$(y_i - \hat{y}_i) = 60 - 52 = 8 \,.$$

Den Ausdruck $y - \hat{y}$ bezeichnet man auch als Regressionsresiduum.

> Das Regressionsresiduum kennzeichnet die Abweichung eines empirischen y-Wertes vom vorhergesagten $\hat{y}$-Wert.

In unserem Beispiel wird der Vorhersagefehler von 20 auf 8, das Regressionsresiduum, reduziert. Die Größe eines Regressionsresiduums (bzw. eines

Vorhersagefehlers) hängt natürlich von der Höhe der Korrelation ab: Je höher die Korrelation (positiv oder negativ), desto kleiner ist das Regressionsresiduum.

Da Regressionsresiduen in mehreren Verfahren der folgenden Kapitel eine wesentliche Rolle spielen, ist es angebracht, einige Eigenschaften von Regressionsresiduen genauer zu untersuchen.

Inhaltliche Bedeutung. Regressionsresiduen enthalten Anteile der Kriteriumsvariablen y, die durch die Prädiktorvariable x nicht erfasst werden. In diesen Anteilen sind Messfehler enthalten, aber vor allem auch Bestandteile des Kriteriums, die durch andere, mit der Prädiktorvariablen nicht zusammenhängende Merkmale erklärt werden können.

In unserem Beispiel ist es unmittelbar einleuchtend, dass die Rechtschreibfähigkeit eines Schülers nicht nur von dessen allgemeiner Intelligenz, sondern von weiteren Merkmalen, wie z. B. Sprachverständnis, Merkfähigkeit, Lesehäufigkeit, Anzahl der Schreibübungen etc., abhängt. Eine genaue Untersuchung der Residuen kann deshalb äußerst aufschlussreich dafür sein, durch welche Merkmale die geprüfte Kriteriumsvariable zusätzlich determiniert ist.

Mittelwert. Der Mittelwert der Regressionsresiduen ist Null. Um dies zu zeigen, prüfen wir zunächst, welche Beziehung zwischen dem Mittelwert (bzw. der Summe) der vorhergesagten ŷ-Werte und der empirischen y-Werte besteht. Unsere Behauptung lautet:

$$\sum_{i=1}^{n} y_i = \sum_{i=1}^{n} \hat{y}_i. \qquad (6.67)$$

Ersetzen wir ŷ durch die rechte Seite der Gl. (6.3), erhalten wir:

$$\sum_{i=1}^{n} y_i = \sum_{i=1}^{n} (b_{yx} \cdot x_i + a_{yx})$$
$$= b_{yx} \cdot \sum_{i=1}^{n} x_i + n \cdot a_{yx} \qquad (6.68)$$

bzw. nach Einsetzen von a_{yx} gemäß Gl. (6.9):

$$\sum_{i=1}^{n} y_i = b_{yx} \cdot \sum_{i=1}^{n} x_i + n \cdot (\bar{y} - b_{yx} \cdot \bar{x})$$
$$= b_{yx} \cdot \sum_{i=1}^{n} x_i + n \cdot \bar{y} - b_{yx} \cdot n \cdot \bar{x}. \qquad (6.69)$$

Da $n \cdot \bar{x} = \sum_{i=1}^{n} x_i$ und $n \cdot \bar{y} = \sum_{i=1}^{n} y_i$, ergibt sich:

$$\sum_{i=1}^{n} y_i = b_{yx} \cdot \sum_{i=1}^{n} x_i + \sum_{i=1}^{n} y_i - b_{yx} \cdot \sum_{i=1}^{n} x_i$$
$$= \sum_{i=1}^{n} y_i. \qquad (6.70)$$

Die mit Gl. (6.67) aufgestellte Behauptung ist also richtig. Hieraus folgt

$$\sum_{i=1}^{n} y_i - \sum_{i=1}^{n} \hat{y}_i = \sum_{i=1}^{n} (y_i - \hat{y}_i) = 0. \qquad (6.71)$$

Damit ist gezeigt, dass die Summe der Regressionsresiduen bzw. deren Mittelwert 0 ist.

Zerlegung der Kriteriumsvarianz. Mit wachsender Korrelation verkleinern sich die Regressionsresiduen. Dies hat zur Folge, dass auch die Streuung bzw. die Varianz der Regressionsresiduen mit größer werdender Korrelation sinkt. Hierauf wurde bereits bei der Erläuterung des Standardschätzfehlers $s_{(y|x)}$ auf S. 194 f. hingewiesen, der mit der Streuung der Regressionsresiduen identisch ist.

Lösen wir Gl. (6.64) nach $s_{(y|x)}^2$ auf, resultiert:

$$s_{(y|x)}^2 = s_y^2 \cdot (1 - r^2). \qquad (6.72)$$

Die Varianz der Regressionsresiduen ist bei perfekter Korrelation Null ($s_{(y|x)}^2 = 0$) und für $r = 0$ identisch mit der Varianz der y-Werte ($s_{y|x}^2 = s_y^2$). Hierzu gegenläufig verändert sich die Varianz der vorhergesagten y-Werte. Sie entspricht der Varianz der y-Werte, wenn $r = 1$ ist ($s_{\hat{y}}^2 = s_y^2$), und sie ist Null, wenn kein Zusammenhang besteht ($s_{\hat{y}}^2 = 0$). Man erhält also

$$\left.\begin{array}{l} s_{(y|x)}^2 = 0 \\ s_{\hat{y}}^2 = s_y^2 \end{array}\right\} \text{ für } r = 1 \text{ und}$$

$$\left.\begin{array}{l} s_{(y|x)}^2 = s_y^2 \\ s_{\hat{y}}^2 = 0 \end{array}\right\} \text{ für } r = 0.$$

6.2.1 Kovarianz und Korrelation

Die Varianz der y-Werte lässt sich additiv in die Varianz der Regressionsresiduen ($s^2_{(y|x)}$) und die Varianz der vorhergesagten y-Werte ($s^2_{\hat{y}}$) zerlegen:

$$s^2_y = s^2_{(y|x)} + s^2_{\hat{y}} \, . \tag{6.73}$$

> Die Varianz der y-Werte setzt sich additiv aus der Varianz der Regressionsresiduen und der Varianz der vorhergesagten ŷ-Werte zusammen.

Die Herleitung von Gl. (6.73) ist relativ einfach. Mit dem deskriptiven Standardschätzfehler erhalten wir nach Gl. (6.41)

$$s^2_{(y|x)} = s^2_y - b^2_{yx} \cdot s^2_x \, . \tag{6.74}$$

Da ŷ aus einer Lineartransformation der x-Werte hervorgeht ($\hat{y} = b_{yx} \cdot x + a$), resultiert für deren Varianz nach Gl. (1.23)

$$s^2_{\hat{y}} = b^2_{yx} \cdot s^2_x \, . \tag{6.75}$$

Die Summe aus Gl. (6.74) und Gl. (6.75) ergibt s^2_y.

Korrelationen. Da die ŷ-Werte sämtlich auf einer Geraden (der Regressionsgeraden) liegen, korrelieren die ŷ-Werte natürlich mit den x-Werten zu 1: $r_{x\hat{y}} = 1$. Zu fragen ist jedoch, wie die Regressionsresiduen $(y - \hat{y})$ mit den x-Werten korrelieren. Hierfür betrachten wir zunächst die entsprechende Kovarianz. Wir erhalten nach Gl. (6.22) unter Verwendung von $\hat{y}_i = b_{yx} \cdot x_i + a$:

$$\mathrm{cov}(x, y - \hat{y}) = \frac{1}{n} \cdot \left(\sum_{i=1}^{n} x_i \cdot (y_i - b_{yx} \cdot x_i - a) \right.$$
$$\left. - \sum_{i=1}^{n} x_i \cdot \sum_{i=1}^{n} (y_i - b_{yx} \cdot x_i - a)/n \right). \tag{6.76}$$

Wird dieser Ausdruck ausmultipliziert, lassen sich die folgenden Vereinfachungen nutzen:

$$\frac{\sum_{i=1}^{n} x_i \cdot y_i - \sum_{i=1}^{n} x_i \cdot \sum_{i=1}^{n} y_i/n}{n} = \mathrm{cov}(x,y)$$

$$\frac{\sum_{i=1}^{n} x^2_i - \sum_{i=1}^{n} x^2_i/n}{n} = s^2_x \, .$$

Man erhält dann

$$\mathrm{cov}(x, y - \hat{y}) = \mathrm{cov}(x, y) - b_{yx} \cdot s^2_x \tag{6.77 a}$$

bzw. wegen $b_{yx} = \dfrac{\mathrm{cov}(x,y)}{s^2_x}$ gemäß Gl. (6.23)

$$\mathrm{cov}(x, y - \hat{y}) = \mathrm{cov}(x, y) - \frac{\mathrm{cov}(x,y)}{s^2_x} \cdot s^2_x$$
$$= 0 \, . \tag{6.77 b}$$

Damit ist auch die Korrelation zwischen den Regressionsresiduen und den x-Werten Null:

$$r_{x, y-\hat{y}} = 0 \, . \tag{6.78}$$

> Die Regressionsresiduen $(y-\hat{y})$ und die Prädiktorvariable (x) sind unkorreliert.

Residualanalyse. Die Regressionsresiduen sind ein wichtiges Hilfsmittel zur Überprüfung der Frage, ob die Voraussetzungen für inferenzstatistische Absicherungen im Rahmen einer Korrelations-/Regressionsanalyse erfüllt sind (vgl. S. 191 f. bzw. S. 213). Die Analyse der Verteilung der Regressionsresiduen heißt Residualanalyse. Sie dient der Überprüfung der

- Normalverteilungsannahme,
- der Homoskedastizitätsannahme und der
- Linearitätsannahme (bei linearer Regression).

Wir werden dieses Thema auf S. 216 erneut aufgreifen.

Determinationskoeffizient

Die Varianz der ŷ-Werte wird ausschließlich über die Regressionsgerade durch die x-Werte bestimmt. Dividieren wir diese Varianz durch die Varianz der y-Werte und multiplizieren den Quotienten mit 100, erhalten wir den prozentualen Anteil der Varianz der y-Werte, der auf Grund der x-Werte erklärbar bzw. redundant ist. Die Redundanz der y-Werte bei Bekanntheit der x-Werte $\mathrm{Red}_{(yx)}$ lautet somit:

$$\mathrm{Red}_{(yx)} = \frac{s^2_{\hat{y}}}{s^2_y} \cdot 100 \, . \tag{6.79}$$

Da $s^2_{\hat{y}} = s^2_y - s^2_{(y|x)}$, ergibt sich die Redundanz unter Berücksichtigung von Gl. (6.64) auch nach folgender Beziehung:

$$\mathrm{Red}_{(yx)} = r^2 \cdot 100 \, . \tag{6.80}$$

Aus Gl. (6.79) und (6.80) folgt:

$$r^2 = \frac{s_{\hat{y}}^2}{s_y^2} \, . \qquad (6.81)$$

r^2 wird als Determinationskoeffizient bezeichnet. Er gibt den auf 1 bezogenen und $\text{Red}_{(yx)}$ den auf 100 bezogenen Anteil der gemeinsamen Varianz zweier Merkmale wieder. Der gemeinsamen Varianz zweier Merkmale entspricht die auf 1 bzw. 100 bezogene Kovarianz der Merkmale.

Im Rahmen der Regressionsrechnung haben wir gelernt, dass die Regressionsgleichung zur Vorhersage von $\hat{y}$-Werten anders lautet als die Regressionsgleichung zur Vorhersage von $\hat{x}$-Werten. Im Unterschied hierzu erhalten wir jedoch nur einen Korrelationskoeffizienten zwischen zwei Merkmalen. Dies wird leicht einsichtig, wenn wir Gl. (6.22 a) und Gl. (6.57) betrachten: s_x und s_y sind konstante Werte, und die Kovarianz ist von der Vorhersagerichtung unabhängig. Deshalb resultiert nur ein Korrelationskoeffizient und damit auch nur ein Redundanzwert bzw. Determinationskoeffizient. Bei gegebener Korrelation sind die y-Werte bei Bekanntheit der x-Werte genauso redundant wie die x-Werte bei Bekanntheit der y-Werte. (Dass dies nicht bei allen Korrelationsarten der Fall ist, werden wir in Kap. 19 im Rahmen der *kanonischen Korrelationsanalyse* zeigen.)

Interpretationshilfen für r

Angenommen, ein Schulpsychologe ermittelt zwischen der Gesamtabiturnote (y) und dem Intelligenzquotienten (x = IQ) von 200 Abiturienten eine Korrelation von r = 0,60. Was – so die häufig gestellte Frage – bedeutet diese Zahl?

Um die Höhe dieses Zusammenhangs zu veranschaulichen, dichotomisieren wir beide Variablen am Median und erhalten so eine 4-Felder-Tafel mit den Zeilen $>/< \text{Md}_x$ und den Spalten $>/< \text{Md}_y$. Wir nehmen an, beide Merkmale seien symmetrisch (z. B. normal) verteilt.

Die Aufgabe des Schulpsychologen möge lauten, die Abiturnoten der 200 Schüler (oberhalb oder unterhalb des Medians?) auf Grund des IQ (ebenfalls oberhalb oder unterhalb des Medians) vorherzusagen. Bestünde zwischen den beiden Merkmalen kein Zusammenhang (r = 0), müsste der Schulpsychologe raten, d. h., man würde die in Tabelle 6.8 dargestellte 4-Felder-Tafel erwarten.

Die Höhe des IQ ist für die Abiturnote informationslos, da Schüler mit einem IQ $< \text{Md}_x$ zu gleichen Anteilen in die Kategorien Note $< \text{Md}_y$ bzw. Note $> \text{Md}_y$ fallen (Entsprechendes gilt für die Schüler mit IQ $> \text{Md}_x$). Bei einer Korrelation von 0 ergibt sich also eine Fehlerquote von 50% bzw. ein Fehleranteil von 0,5. (Die Bezeichnung „Fehler" geht hierbei von einem perfekt positiven Zusammenhang aus, bei dem sich alle Fälle in den Feldern a und d der 4-Felder-Tafel befinden. Ist r < 1, informieren die Häufigkeiten in den Feldern b und c über die Anzahl der Fälle, die – bezogen auf einen perfekt positiven Zusammenhang – fehlklassifiziert wurden. Bei negativer Korrelation sind die Felder a und d indikativ für die Fehlklassifikationen.)

Tabelle 6.8 ist nun mit derjenigen Tafel zu vergleichen, die sich aus den tatsächlichen IQ- und Notenwerten ergibt (vgl. Tabelle 6.9).

Hier sind nur 40 Fälle bzw. 20% fehlklassifiziert, d. h., der zufällige Fehleranteil von 0,5 wurde um 0,3 auf 0,2 reduziert. Relativieren wir diese Reduktion am zufälligen Fehleranteil, resultiert als relative Fehlerreduktion (rF) der Wert 0,3/0,5 =

Tabelle 6.8. 4-Felder-Tafel für r = 0

		Note (y)		
		$< \text{Md}_y$	$> \text{Md}_y$	
IQ(x)	$< \text{Md}_x$	50 a	50 b	100
	$> \text{Md}_x$	50 c	50 d	100
		100	100	200

Tabelle 6.9. 4-Felder-Tafel für r = 0,6

		Note (y)		
		$< \text{Md}_y$	$> \text{Md}_y$	
IQ(x)	$< \text{Md}_x$	80 a	20 b	100
	$> \text{Md}_x$	20 c	80 d	100
		100	100	200

6.2.1 Kovarianz und Korrelation

0,6 (bzw. 60%). Dieser Wert ist mit der oben genannten Korrelation identisch.

> Werden zwei symmetrisch verteilte Merkmale mediandichotomisiert, gibt die mit 100% multiplizierte Korrelation r an, um wie viel Prozent die Fehlerquote der empirischen 4-Felder-Klassifikation gegenüber einer zufälligen Klassifikation reduziert wird.

Da die zufällige Fehlerquote wegen der doppelten Mediandichotomisierung 0,5 beträgt, erhält man unter Verwendung der Symbole einer 4-Felder-Tafel (vgl. Tabelle 6.8) für die relative Fehlerreduktion (rF)

$$rF = \frac{0,5 - \frac{b+c}{n}}{0,5}$$

$$= \frac{0,5 - \frac{20+20}{200}}{0,5} = 0,6. \quad (6.82)$$

Errechnet man das 4-Felder-χ^2 der empirischen Tafel nach Gl. (5.73), resultiert

$$\chi^2 = \frac{200 \cdot (80 \cdot 80 - 20 \cdot 20)^2}{100 \cdot 100 \cdot 100 \cdot 100} = 72,0.$$

Wie auf Seite 227 f. beschrieben wird, lässt sich dieser χ^2-Wert in einen Φ-Koeffizienten (Φ: lies phi!) transformieren, der mit der Produkt-Moment-Korrelation zweier dichotom kodierter Variablen identisch ist. Man errechnet nach Gl. (6.107)

$$\Phi = \sqrt{\frac{\chi^2}{n}} = \sqrt{\frac{72}{200}} = 0,6.$$

Man erhält also für rF und Φ ($= r$) identische Werte.

Äquivalenz von Φ- und rF. Die formale Äquivalenz von Φ und rF lässt sich zeigen, wenn man, wegen $a+b = c+d = a+c = b+d = n/2$, für $a = n/2 - b$ und für $d = n/2 - c$ setzt. Man erhält dann für Gl. (5.73)

$$\chi^2 = \frac{n \cdot [(n/2 - b) \cdot (n/2 - c) - b \cdot c]^2}{(n/2)^4}$$

bzw. zusammengefasst

$$\chi^2 = \frac{(0,5 - \frac{b+c}{n})^2}{1/(4 \cdot n)}.$$

Wegen $\Phi = \sqrt{\chi^2/n}$ ergibt sich also

$$\Phi = rF = \frac{0,5 - \frac{b+c}{n}}{0,5}.$$

Es lässt sich ferner zeigen, dass rF bzw. Φ mit dem Kappa-Maß von Cohen (1960) übereinstimmt (vgl. Feingold, 1992).

k-fach gestufte Merkmale. Zur hier beschriebenen relativen Fehlerreduktion ließe sich kritisch anmerken, dass durch die Mediandichotomisierungen erhebliche Informationen verloren gehen, die für eine genaue Kennzeichnung des Zusammenhangs erforderlich sind. Um im Beispiel zu bleiben, könnte es sich bei einer Fehlklassifikation um einen Abiturienten handeln, dessen IQ nur geringfügig über Md_x und dessen Note deutlich unter Md_y liegt oder um einen Abiturienten, dessen IQ ebenfalls nur wenig über Md_x liegt, aber dessen Note Md_y kaum unterschreitet. Kurz: Verschiedene Fehlklassifikationen können unterschiedlich gravierend sein (entsprechendes gilt natürlich auch für richtige Klassifikationen).

Um derartige Unterschiede berücksichtigen zu können, wäre es erforderlich, beide Merkmale feiner abzustufen. Tabelle 6.10 zeigt ein Beispiel, bei dem beide Merkmale vierfach gestuft sind.

Man erhält diese Tabelle, indem man beide Merkmale in Quartile (vgl. S. 40) einteilt, sodass jeder Schüler nach seiner Quartilzugehörigkeit in x und y einem der 16 Felder zugeordnet werden kann. Die Quartile werden jeweils von 1 bis 4 durchnummeriert.

In der Diagonale befinden sich die – wiederum gemessen an einem perfekt positiven Zusammenhang – richtig klassifizierten Fälle. Fehlklassifikatio-

Tabelle 6.10. Bivariate Häufigkeitsverteilung mit vierfach gestuften Merkmalen

		Note (y)				
		1	2	3	4	
IQ(x)	1	30(0)	11(1)	6(4)	3(9)	50
	2	9(1)	25(0)	11(1)	5(4)	50
	3	8(4)	9(1)	25(0)	8(1)	50
	4	3(9)	5(4)	8(1)	34(0)	50
		50	50	50	50	200

nen können hier danach unterschieden werden, wie weit sie von der Diagonale entfernt sind. Die 3 Fälle im Feld x = 1 und y = 4 sind z. B. deutlicher fehlklassifiziert als die 11 Fälle im Feld x = 1 und y = 2.

Um diesen Sachverhalt zu berücksichtigen, werden – einem Vorschlag Cohens (1968) folgend – größere Abweichungen von der Diagonale stärker „bestraft" als kleinere. Dies geschieht, indem man die Häufigkeiten mit den in der Tafel eingeklammerten Gewichten multipliziert, wobei die Gewichte die quadrierten Abweichungen von der Diagonale darstellen: Die richtig klassifizierten Fälle in der Diagonale erhalten ein Gewicht von 0, Abweichungen um eine Kategorie werden mit $1^2 = 1$, Abweichungen um 2 Kategorien mit $2^2 = 4$ und Abweichungen um 3 Kategorien mit $3^2 = 9$ gewichtet. Die Summe aller so gewichteten Fehlklassifikationen ergibt einen Wert von 206.

Dieser Wert ist mit der Summe der gewichteten Fehlklassifikationen zu vergleichen, die sich bei zufälliger Klassifikation (r = 0) ergeben würde. In diesem Fall sind die Häufigkeiten über die 16 Zellen gleichverteilt, d.h., der erwartete Wert für jede der 16 Zellen ergibt sich zu 12,5. Unter Verwendung der gleichen Gewichte resultiert bei zufälliger Klassifikation für die Summe der gewichteten Fehlklassifikationen der Wert 500.

Damit werden die zufällig entstandenen, gewichteten Fehlklassifikationen von 500 um 294 auf 206 reduziert. Setzen wir – wie bei der relativen Fehlerreduktion für median dichotomisierte Merkmale – die zufälligen Fehlklassifikationen auf 100%, ergibt sich eine Reduktion der gewichteten Fehlklassifikation um $(500 - 206)/500 = 0{,}588$ bzw. 58,8%. Dieser Wert entspricht dem von Cohen (1968) vorgeschlagenen *gewichteten Kappa* (κ_w):

$$\kappa_w = 1 - \frac{\sum_{i=1}^{k} \sum_{j=1}^{k} v_{ij} \cdot f_{ij}}{\sum_{i=1}^{k} \sum_{j=1}^{k} v_{ij} \cdot e_{ij}}$$

$$= 1 - \frac{206}{500} = 0{,}588 \quad (6.83)$$

mit v_{ij} = quadratische Gewichte,
f_{ij} = beobachtete Häufigkeiten,
e_{ij} = gemäß H_0 erwartete Häufigkeiten (s. Gl. 5.72),
k = Anzahl der Kategorien.

Im Weiteren macht Cohen (1968) darauf aufmerksam, dass κ_w mit der hier verwendeten quadratischen Gewichtungsstruktur und den Ziffern 1 bis k für die Merkmalskategorien in x und y mit der Produkt-Moment-Korrelation r der Merkmale x und y übereinstimmt. Verwendet man in unserem Beispiel als Ausprägungen der Merkmale x und y die Ziffern 1 bis 4, resultiert nach Gl. (6.60)

$$r = \frac{200 \cdot 1397 - 500^2}{200 \cdot 1500 - 500^2} = 0{,}588 \, .$$

(Eine Beweisskizze für die Identität von κ_w und r unter den hier angegebenen Bedingungen findet man bei Cohen, 1968, S. 218.)

In Erweiterung der für dichotomisierte Merkmale genannten Interpretationshilfe können wir also formulieren:

> Dem Wert r · 100% ist zu entnehmen, um wieviel Prozent zufällige Fehlklassifikationen durch einen empirischen Zusammenhang der Größe r reduziert werden, wenn man die Schwere der Fehlklassifikation durch eine quadratische Gewichtung berücksichtigt.

Unsere bisherigen Überlegungen gingen von einer Aufteilung der Merkmale in 4 Quartile (oder allgemein in k Perzentile mit jeweils n/k Fällen) aus mit einer äquidistanten Abstufung der Merkmalskategorien. Diese an der Mediandichotomisierung orientierte Bedingung lässt sich jedoch liberalisieren, denn es wird lediglich gefordert, dass $f_{i \cdot} = f_{\cdot j}$ ist, dass also die Randverteilungen identisch sind. Damit gilt die Übereinstimmung von κ_w und r nicht nur für gleich verteilte Merkmale, sondern für beliebige symmetrisch (z. B. normal-) verteilte Merkmale. Cohen (1968, S. 219) macht zudem darauf aufmerksam, dass Abweichungen von der Identität der Randverteilungen die Übereinstimmung von κ_w und r nur geringfügig beeinträchtigen, wobei in diesem Fall $\kappa_w < r$ ist.

Weitere Interpretationshilfen für Korrelationen findet man bei Bliesener (1992) sowie Rosenthal u. Rubin (1979, 1982).

Korrelation für nichtlineare Zusammenhänge. Der bisher besprochene Korrelationskoeffizient erfasst ausschließlich die Enge des linearen Zusammenhangs. Darüber hinaus gibt es jedoch auch Zusammenhänge, bei denen ein nichtlineares Vorhersagemodell mehr leistet als ein lineares. Dieser

Ansatz wurde in 6.1.3 als nichtlineare Regression bezeichnet. Die mit einem nichtlinearen Zusammenhang verbundene Korrelation lässt sich einfach ermitteln, wenn man gemäß Gl. (6.81) die Varianz der über eine nichtlineare Regressionsgleichung vorhergesagten ŷ-Werte ($s_{\hat{y}}^2$) durch die Varianz von y(s_y^2) dividiert: Der resultierende Wert entspricht dem nichtlinearen r^2.

▷ 6.2.2 Überprüfung von Korrelationshypothesen

Wird aus einer bivariaten, intervallskalierten Grundgesamtheit eine Stichprobe gezogen, kann ungeachtet der Verteilungseigenschaften ein Produkt-Moment-Korrelationskoeffizient berechnet werden. Er kennzeichnet als deskriptives Maß die Enge des in der Stichprobe angetroffenen, linearen Zusammenhangs zwischen zwei Merkmalen bzw. als Determinationskoeffizient r^2 den Anteil gemeinsamer Varianz, der auf die lineare Beziehung zurückgeht. Soll auf Grund des Stichprobenergebnisses auf die Grundgesamtheit geschlossen werden bzw. soll das Stichprobenergebnis als Schätzwert der in der Grundgesamtheit gültigen Korrelation ϱ (rho) eingesetzt werden, müssen einige Voraussetzungen erfüllt sein, die im Folgenden behandelt werden.

Voraussetzungen

Die inferenzstatistische Absicherung von Korrelationskoeffizienten (in Form von Signifikanztests) setzt – wie die inferenzstatistische Absicherung von Regressionskoeffizienten – voraus, dass die Grundgesamtheit, aus der die Stichprobe entnommen wurde, *bivariat normalverteilt* ist. Diese Voraussetzung gilt als erfüllt, wenn einerseits die Merkmale x und y für sich genommen normalverteilt sind (normale Randverteilungen) und wenn andererseits die Verteilung der zu einem x-Wert gehörenden y-Werte normal ist (normale Arrayverteilungen). Zusätzlich müssen die Varianzen der Array-Verteilungen homogen sein *(Homoskedastizität)*.

In der Praxis stößt die Überprüfung dieser Voraussetzungen auf erhebliche Schwierigkeiten. Der nahe liegende Weg, die in den einzelnen Merkmalsstufenkombinationen beobachteten erwarteten Häufigkeiten mit dem χ^2-Verfahren auf Normalität zu prüfen (vgl. unter 5.3.2), ist aus zwei Gründen problematisch:

1. Die Ermittlung der erwarteten Häufigkeiten setzt – wie aus den Parametern der Dichtefunktion der bivariaten Normalverteilung (vgl. S. 191) hervorgeht – voraus, dass u. a. die Korrelation bzw. Kovarianz der Merkmale in der Grundgesamtheit bekannt ist. Diese kann jedoch normalerweise nur aus den Stichprobendaten geschätzt werden, wobei diese Schätzung nur dann die Kriterien einer guten Parameterschätzung erfüllt, wenn die Grundgesamtheit, aus der die Stichprobendaten stammen, bivariat normalverteilt ist. Die Überprüfung der Voraussetzung setzt somit voraus, dass die Voraussetzung bereits erfüllt ist.

2. Ist die Korrelation in der Grundgesamtheit bekannt (oder wird sie als bekannt vorausgesetzt) und von Null verschieden, sind die Häufigkeiten in den einzelnen Merkmalsstufenkombinationen nicht mehr voneinander unabhängig. Diese Unabhängigkeitsforderung muss jedoch erfüllt sein, damit der ermittelte χ^2-Wert sinnvoll interpretiert werden kann (vgl. S. 175 f.).

Bei der Überprüfung der Voraussetzung, dass die Grundgesamtheit bivariat normalverteilt ist, beschränkt man sich deshalb darauf, die Normalität der beiden einzelnen Merkmale nachzuweisen. Normalverteilte Einzelmerkmale sind jedoch noch keine Garantie dafür, dass die beiden Merkmale auch bivariat normalverteilt sind. Ist der Stichprobenumfang hinreichend groß und liegen die Daten in Bezug auf ein Merkmal gruppiert vor, sollten deshalb zusätzlich die Array-Verteilungen auf Normalität und Homoskedastizität überprüft werden. Entsteht bei kleineren Stichproben der Verdacht, die Verteilung könnte nicht bivariat normalverteilt sein, sollte zumindest überprüft werden, ob der bivariate Punkteschwarm angenähert eine elliptische Form hat. (Literaturhinweise zur genaueren Überprüfung der bivariaten Normalverteilung findet man auf S. 192 und S. 450.) Hilfreich für die Überprüfung der Normalitäts- und Homoskedastizitätsannahme ist ferner die Residualanalyse (s. S. 216).

Verletzungen der Voraussetzungen können dazu führen, dass Entscheidungen über die geprüfte Zusammenhangshypothese entweder mit einem erhöhten α-Fehler oder β-Fehler behaftet sind. Die

Frage, wie sich verschiedenartige Verletzungen der Voraussetzungen auf α- und β-Fehler auswirken, wird bei Norris u. Hjelm (1961), McNemar (1969, Kap. 10) sowie bei Carroll (1961) behandelt. Wie man vorgeht, wenn die Array-Verteilungen nicht homoskedastisch sind, wird bei Carroll u. Ruppert (1988) beschrieben (gewichtete Regression oder Variablen- und/oder Modelltransformationen). Wie Havlicek u. Peterson (1977) zeigen, erweist sich der unten aufgeführte Signifikanztest für Korrelationskoeffizienten als äußerst robust sowohl gegenüber Verletzungen der Verteilungsannahme als auch gegenüber Verletzungen des vorausgesetzten Intervallskalenniveaus. (Überlegungen zur Entwicklung eines Zusammenhangskoeffizienten für Intervallskalen, der keine bivariat normalverteilten Merkmale voraussetzt, wurden von Wainer u. Thissen, 1976 angestellt.)

Kann die Voraussetzung der bivariat normalverteilten Grundgesamtheit als erfüllt gelten, stellt die Produkt-Moment-Korrelation einer Stichprobe eine *erschöpfende und konsistente Schätzung des Populationsparameters* ϱ dar, die jedoch *nicht erwartungstreu ist*. Die Stichprobenkorrelation verschätzt die Populationskorrelation um den Betrag $1/n$, der mit größer werdendem Stichprobenumfang vernachlässigt werden kann (vgl. Hays u. Winkler, 1970, Bd. 2, S. 13).

Selektionsfehler

Für die Verallgemeinerung einer Korrelation auf eine Grundgesamtheit ist zu fordern, dass die untersuchte Stichprobe tatsächlich zufällig gezogen wurde und keine irgendwie geartete systematische Selektion darstellt. Im Folgenden sei darauf aufmerksam gemacht, zu welchen Korrelationsverzerrungen es kommen kann, wenn systematische Selektionsfehler vorliegen.

Zunächst wollen wir verdeutlichen, wie der Korrelationskoeffizient beeinflusst wird, wenn in der Stichprobe nicht die *gesamte Variationsbreite* der Merkmale realisiert ist. In Abb. 6.13 ist ein Punkteschwarm dargestellt, der in der Grundgesamtheit deutlich elliptischen Charakter hat. Werden aus dieser Grundgesamtheit Objekte gezogen, deren Variationsbreite stark eingeschränkt ist, resultiert in der Stichprobe eine angenähert kreisförmige Punkteverteilung. Die Stichprobenkorrela-

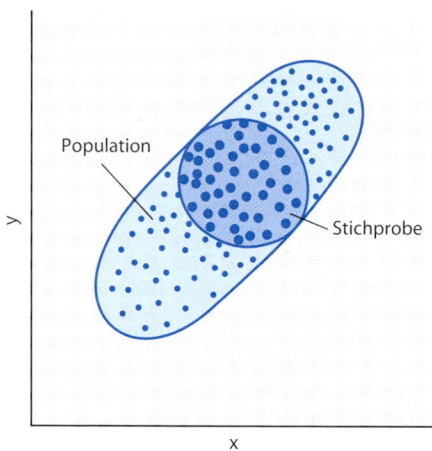

Abb. 6.13. Stichprobe mit zu kleiner Streubreite

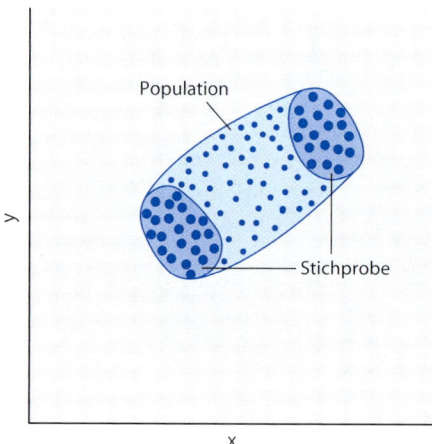

Abb. 6.14. Eine aus Extremgruppen zusammengesetzte Stichprobe

tion unterschätzt somit die Populationskorrelation erheblich.

Hinweis: Ist die Populationsstreuung bekannt, kann die zu kleine Korrelation korrigiert werden (vgl. hierzu z. B. Elshout u. Roe, 1973; Forsyth, 1971; Gullikson u. Hopkins, 1976; Gross u. Kagan, 1983; Levin, 1972; Lowerre, 1973). Über Korrelationskorrekturen bei unbekannter Populationsstreuung bzw. Streuungen, die aus der Stichprobe geschätzt werden müssen, berichten Hanges et al. (1991). Weitere Hinweise zur Berechnung von Korrelationen bei „gestutzten" Verteilungen findet man bei Holmes (1990) und Duan u. Dunlap (1997).

6.2.2 Überprüfung von Korrelationshypothesen

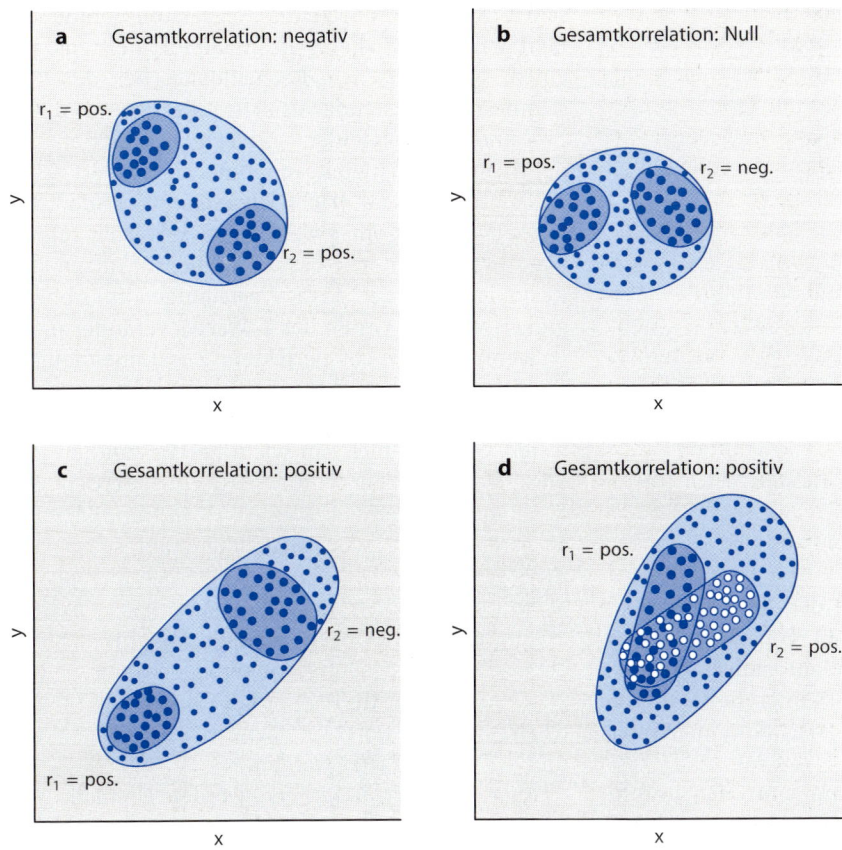

Abb. 6.15 a–d. Vereinigung heterogener Untergruppen zu einer Stichprobe

Weitere Stichprobenfehler. Abbildung 6.14 zeigt das Gegenstück zu Abb. 6.13. Hier wurden in die Stichprobe vor allem solche Untersuchungsobjekte aufgenommen, die *extreme Merkmalsausprägungen* aufweisen (*Extremgruppenbildung*). In der Grundgesamtheit befinden sich jedoch auch Untersuchungseinheiten mit mittlerer Merkmalsausprägung. Die Korrelation ist somit in der Grundgesamtheit niedriger als in der Stichprobe.

Ferner ist darauf zu achten, dass sich in der Stichprobe keine Untergruppen befinden, die sich in Bezug auf den untersuchten Merkmalszusammenhang unterscheiden. Hiermit wäre zu rechnen, wenn die Wirksamkeit von *Moderatorvariablen* nicht auszuschließen ist (vgl. S. 222). Die Abb. 6.15 a–d zeigen, wie sich die Vereinigung derartiger Untergruppen zu einer Stichprobe auf die Gesamtkorrelation auswirkt.

Eine weitere Fehlerquelle sind *einzelne Extremwerte* (Ausreißer oder „Outliers"), die einen korrelativen Zusammenhang beträchtlich verfälschen können. So ergeben beispielsweise die Punkte in Abb. 6.16 eine Korrelation von $r = 0{,}05$. Wird der durch einen Kreis markierte Extremwert mitberücksichtigt, erhöht sich die Korrelation auf $r = 0{,}48$! Das Ausmaß, in dem eine Korrelation durch Extremwerte beeinflusst wird, nimmt ab, je größer die untersuchte Stichprobe ist. Über weitere Einzelheiten bezüglich der Auswirkungen von Selektionsfehlern auf die Korrelation berichten McCall (1970, S. 127 ff.) und Wendt (1976). Eine Modifikation der Produkt-Moment-Korrelation, die weniger empfindlich auf Ausreißerwerte („Outliers") und Selektionsfehler reagiert, hat Wilcox (1994) vorgeschlagen.

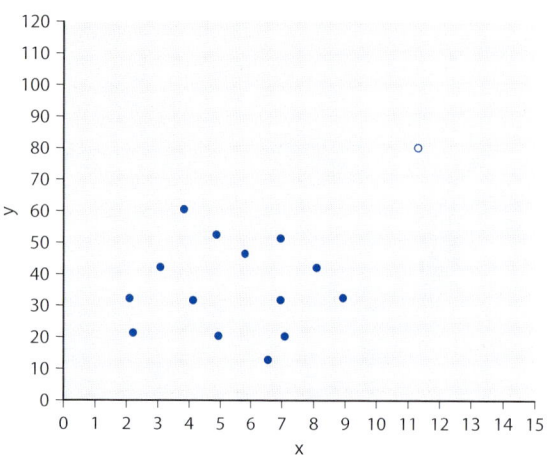

Abb. 6.16. Beeinflussung einer Korrelation durch Extremwerte

Residualanalyse. Die Analyse der Regressionsresiduen ist zentraler Bestandteil von Korrelations- oder Regressionsstudien. Sie informiert darüber, ob die Voraussetzungen für inferenzstatistische Auswertungen (Signifikanztests, Konfidenzintervalle) erfüllt sind.

Die Residualanalyse beginnt mit der graphischen Darstellung der Residuen (Residualplot). Auf der Abszisse wird die Prädiktorvariable X (oder auch die vorhergesagte Kriteriumsvariable $\hat{Y}$) abgetragen und auf der Ordinate die Residuen. Zu Vergleichszwecken empfiehlt es sich, z-standardisierte Residuen (e_i) zu verwenden. Da der Mittelwert der Residuen Null ist (s. Gl. 6.71), müssen die Residuen ($y_i - \hat{y}_i$) lediglich durch deren Streuung (Standardschätzfehler, s. Gl. 6.42) dividiert werden.

Abbildung 6.17a zeigt, wie ein Residualplot idealerweise aussehen sollte. Die Residuen schwanken unsystematisch um die Nulllinie. Sie sind im mittleren x-Bereich dichter verteilt als in den Randbereichen, was auf einen normalverteilten Prädiktor hinweist.

Abbildung 6.17b verdeutlicht eine nichtlineare Abhängigkeit zwischen X und Y, der dem linearen Trend der Regressionsgeraden überlagert ist. Zeigen die Residuen einen positiven Trend wie in Abb. 6.17c, bedeutet dies, dass die Regressionsresiduen bei unterdurchschnittlichem x-Wert eher negativ und bei überdurchschnittlichem x-Wert eher positiv sind. Da die lineare Beziehung zwischen X und Y durch die Regressionsgerade erfasst wird, weist dieser Residualplot meistens auf einen systematischen Rechenfehler bei der Bestimmung der (standardisierten) Residuen hin.

Keinen Rechenfehler, sondern eine Verletzung der Homoskedastizitätsannahme signalisiert Abb. 6.17d. Bei diesem trichterförmigen Gebilde (das sich auch mit kleiner werdenden x-Werten öffnen kann) wird deutlich, dass sich die Varianzen der Residuen bzw. der Array-Verteilungen in Abhängigkeit von der Größe des x-Wertes verändern.

Wenn – bei nicht perfektem Zusammenhang – x und y bivariat normal verteilt sind, müssen auch die Residuen normal verteilt sein. Dies zu testen, ist also auch ein wichtiger Bestandteil der Voraussetzungsüberprüfung. Hierfür werden die Residuen kategorisiert (vgl. S. 27 ff.) und die resultierende Häufigkeitsverteilung graphisch – ggf. als Stem-and-Leaf-Plot (vgl. S. 33 ff.) – dargestellt. Es sollte sich eine eingipfelige symmetrische Verteilung ergeben. Für eine statistische Überprüfung der Normalverteilungsannahme können der „χ^2-Goodness-of-fit-Test" (vgl. S. 164) oder der KSA-Test (vgl. Bortz u. Lienert, 2003, Kap. 4.2.1 und 4.2.2) eingesetzt werden.

Ausreißerwerte (*Outliers*) werden ebenfalls zuverlässig im Residualplot identifiziert. Individuen mit Ausreißerwerten sollten gesondert untersucht werden, um mögliche Ursachen für die extremen Merkmalsausprägungen aufzudecken. Ausreißerresiduen können auf Grund extremer x-Werte, extremer y-Werte oder beider Werte zustande kommen. Häufig sind sie jedoch lediglich auf Codier- oder Rechenfehler zurückzuführen, die natürlich im Nachhinein korrigiert werden können oder müssen. Techniken zur Identifizierung von „Outliers" behandelt Bacon (1995). Im Übrigen gibt es viele Arbeiten zum Thema „Residualanalyse", über die z. B. bei Draper u. Smith (1998) oder auch bei v. Eye u. Schuster (1998, Kap. 6) berichtet wird. Zur Überprüfung der Normalverteilungsannahme wird auch der Shapiro-und-Wilk-Test empfohlen, der bei Royston (1995) beschrieben wird. Zahlreiche „Diagnostic Tools" im Rahmen der Residualanalyse, die über die optische Prüfung von Residualplots hinausgehen, findet man u. a. bei Toutenburg (2002, Kap. 3.10).

6.2.2 Überprüfung von Korrelationshypothesen

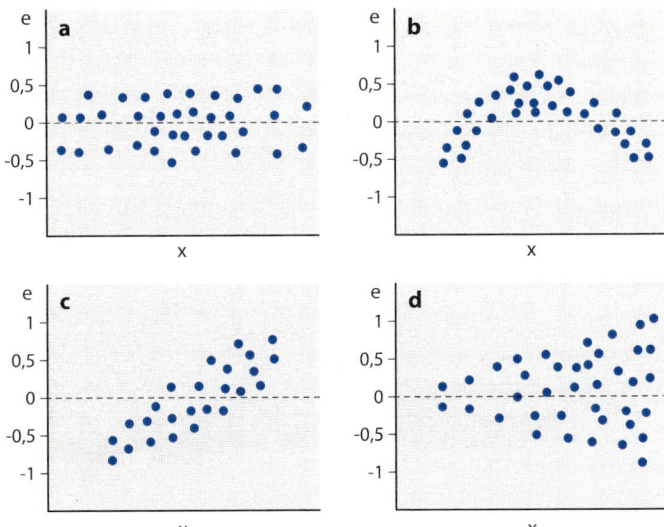

Abb. 6.17 a–d. Residualplots mit der Prädiktorvariablen als Abszisse und den standardisierten Residuen $e = (y - \hat{y})/\hat{\sigma}_{(y|x)}$ als Ordinate. **a** Idealplot; **b** nichtlinearer Zusammenhang zwischen x und y; **c** vermutlicher Rechenfehler; **d** heteroskedastische Array-Verteilungen

Signifikanztest

Ziehen wir aus einer Grundgesamtheit, in der zwischen zwei Merkmalen die Korrelation $\varrho = 0$ besteht, (theoretisch unendlich) viele Stichproben des Umfangs n, können wir pro Stichprobe eine Korrelation berechnen. Diese Korrelationen konstituieren – wie alle Stichprobenkennwerte – eine Zufallsvariable, die bei hinreichend großem n angenähert normal ist. Daß sich Korrelationen auch bei sehr großem n nicht perfekt normalverteilen können, geht aus der anschaulichen Tatsache hervor, dass Korrelationen einen begrenzten Wertebereich haben, während die Normalverteilung nach beiden Seiten hin unbegrenzt ist.

Ob eine empirisch ermittelte Korrelation r mit der H_0: $\varrho = 0$ zu vereinbaren ist, lässt sich mit folgendem Signifikanztest überprüfen:

$$t = \frac{r \cdot \sqrt{n-2}}{\sqrt{1-r^2}} . \quad (6.84)$$

Für Stichproben des Umfangs $n > 3$ kann man zeigen, dass der Ausdruck mit $n - 2$ Freiheitsgraden t-verteilt ist (vgl. Kreyszig, 1973, S. 279 ff.). Anhand Gl. (6.84) kann somit überprüft werden, ob die Hypothese, die Stichprobe stamme aus einer Population mit einem Merkmalszusammenhang $\varrho = 0$, verworfen werden kann.

Wenn sich beispielsweise in einer Untersuchung von $n = 18$ Vpn zwischen den Merkmalen „Umfang des Wortschatzes" und „Rechtschreibung" eine Korrelation von $r = 0{,}62$ ergeben hat, ermitteln wir nach Gl. (6.84) den folgenden t-Wert:

$$t = \frac{0{,}62 \cdot \sqrt{18-2}}{\sqrt{1-0{,}62^2}} = 3{,}16 .$$

Tabelle D entnehmen wir für einseitigen Test (H_1: $\varrho > 0$) und 16 Freiheitsgrade für das 1%-Niveau einen kritischen Schrankenwert von $t_{(16;99\%)} = 2{,}58$. Die Nullhypothese, $r = 0{,}62$ stamme bei $n = 18$ aus einer Grundgesamtheit mit $\varrho = 0$, kann somit auf dem $\alpha = 1\%$-Niveau verworfen werden. Die Korrelation weicht signifikant von Null ab. Vereinfachend sagen wir: *Die Korrelation ist auf dem 1%-Niveau signifikant.*

Lösen wir Gl. (6.84) nach r auf, können diejenigen *kritischen Korrelationen* ermittelt werden, die für das 1%- bzw. 5%-Niveau bei gegebener Anzahl von Freiheitsgraden die Signifikanzgrenzen markieren. Diese die Durchführung des Signifikanztests erleichternden Werte sind in Tabelle D (in den beiden letzten Spalten) aufgeführt. Überschreitet (bei zweiseitigem Test) ein empirisch ermittelter Korrelationskoeffizient den für bestimmte Freiheitsgrade auf einem bestimmten α-Niveau vorgegebenen Korrelationswert, ist die Korrelation auf dem 1%- oder 5%-Niveau signifikant.

Aus Gl. (6.65) folgt, dass die Korrelation den Wert Null annimmt, wenn die Steigung der Regressionsgeraden b_{yx} ebenfalls Null ist. Umgekehrt können wir hieraus folgern, dass die Überprüfung der H$_0$: $\varrho = 0$ mit der Überprüfung der H$_0$: $\beta_{yx} = 0$ formal gleichwertig ist. Erweist sich eine Korrelation als nicht signifikant von Null verschieden, weicht auch der entsprechende Regressionskoeffizient nicht signifikant von Null ab.

„Optimale" Stichprobenumfänge

Wie für die wichtigsten Verfahren der vorangegangenen Kapitel sollen auch für die Produkt-Moment-Korrelation „optimale" Stichprobenumfänge angegeben werden, mit denen vorgegebene Effektgrößen mit einem möglichst geringen Untersuchungsaufwand statistisch abgesichert werden können. (Zur Theorie der „optimalen" Stichprobenumfänge vgl. S. 126 f.) Die im Folgenden genannten Stichprobenumfänge gelten für $\alpha = 0{,}05$, $1 - \beta = 0{,}80$ und einseitigen Test. Über diese Angaben hinausgehende Planungshilfen findet man bei Cohen (1988) oder Bortz u. Döring (2002, Kap. 9.2.2). Die Stichprobenumfänge gelten auch für die in 6.3 behandelten Korrelationen, soweit sich diese als Spezialfälle der Produkt-Moment-Korrelation darstellen lassen.

Die Effektgröße ist für die vorliegende Problemstellung einfachheitshalber durch r bzw. den Populationsparameter ϱ definiert, dem im jeweiligen Untersuchungskontext eine praktische Bedeutung beigemessen wird. Die Angaben beziehen sich auf positive Korrelationen und sind auf negative Korrelationen analog anwendbar.

$\varrho = 0{,}10$ (schwacher Effekt)	$n_{opt} = 618$
$\varrho = 0{,}15$	$n_{opt} = 271$
$\varrho = 0{,}20$	$n_{opt} = 153$
$\varrho = 0{,}30$ (mittlerer Effekt)	$n_{opt} = 68$
$\varrho = 0{,}40$	$n_{opt} = 37$
$\varrho = 0{,}50$ (starker Effekt)	$n_{opt} = 22$

In unserem Beispiel (Zusammenhang zwischen Wortschatz und Rechtschreibung) wurde eine Korrelation von $r = 0{,}62$ ermittelt, die als sehr starker Effekt zu klassifizieren ist. Erwartet man in einer Korrelationsstudie einen mittleren Effekt ($\varrho = 0{,}30$), wäre ein Stichprobenumfang von $n = 68$ erforderlich, um diesen Effekt mit $1 - \beta = 0{,}8$ und $\alpha = 0{,}05$ abzusichern (einseitiger Test).

Will man für beliebige Korrelationseffekte, variable Teststärken und Signifikanzniveaus optimale Stichprobenumfänge bestimmen, ist folgende von Darlington (1990) bzw. Gorman et al. (1995) vorgeschlagene Näherungsformel hilfreich:

$$n_{opt} = \frac{(z_{1-\beta} + z_\alpha)^2 + Z^2}{Z^2} + 2 \qquad (6.85)$$

mit $z_{1-\beta}$ = z-Wert der Standardnormalverteilung für $1 - \beta$

z_α = z-Wert für das Signifikanzniveau (bei ein- oder zweiseitigem Test)

Z = Fishers Z-Wert für den Korrelationskoeffizienten (s. u.).

Für eine Teststärke von 80% ($z_{0{,}8} = 0{,}84$), ein Signifikanzniveau von 5% ($z_{0{,}95} = 1{,}65$; einseitiger Test) und einen Korrelationsparameter von $\varrho = 0{,}3$ ($Z = 0{,}31$ gem. Tabelle H; s. u.) ergäbe sich also:

$$n_{opt} = \frac{(0{,}84 + 1{,}65)^2 + 0{,}31^2}{0{,}31^2} + 2 = 68$$

Dieser Wert stimmt mit dem oben genannten optimalen Stichprobenumfang ($n_{opt} = 68$) überein.

Ein anderes Beispiel: Korrelationen aus einer Population mit $\varrho = 0{,}45$ ($Z = 0{,}485$) werden mit einer Wahrscheinlichkeit von 90% ($z_{0{,}9} = 1{,}28$) auf dem 1%-Niveau ($z_{0{,}995} = 2{,}58$; zweiseitiger Test) signifikant, wenn $n_{opt} = 66$ Individuen untersucht werden.

Gl. (6.85) kann auch dann eingesetzt werden, wenn optimale Stichprobenumfänge für Effektgrößen anderer Teststatistiken (t, F, χ^2, z) zu ermitteln sind. Hierfür ist es allerdings erforderlich, dass die entsprechende Teststatistik zuvor in ein Korrelationsäquivalent transformiert wird. Derartige Transformationsregeln, die z. B. im Kontext von Metaanalysen von Bedeutung sind, findet man z. B. bei Friedman (1982), Kraemer u. Thiemann (1987), Fricke u. Treinies (1985) oder Bortz u. Döring (2002, Kap. 9.4.3).

Fishers Z-Transformation

Besteht in der Grundgesamtheit zwischen zwei Merkmalen ein Zusammenhang $\varrho \neq 0$, erhalten wir für (theoretisch unendlich) viele Stichproben eine rechtssteile (bei $\varrho > 0$) bzw. linkssteile (bei $\varrho < 0$) Korrelationsverteilung. Eine Nullhypothese,

6.2.2 Überprüfung von Korrelationshypothesen

nach der $\varrho = c$ ($c \neq 0$) ist, kann somit nicht über Gl. (6.84) überprüft werden.

Wie R. A. Fisher (1918) zeigt, lassen sich Korrelationskoeffizienten so transformieren, dass die Verteilung der transformierten Werte auch für $\varrho \neq 0$ zumindest angenähert normal ist. Diese Transformation, die als Fishers Z-Transformation bezeichnet wird (und die nicht mit der z-Transformation gemäß Gl. 1.27 verwechselt werden darf!), lautet:

$$Z = \frac{1}{2} \cdot \ln\left(\frac{1+r}{1-r}\right). \quad (6.86\,\text{a})$$

wobei ln = Logarithmus zur Basis e ($\approx 2{,}718$).

Nach r aufgelöst, resultiert aus Gl. (6.86 a) (vgl. Charter u. Larsen, 1983):

$$r = \frac{e^{2Z} - 1}{e^{2Z} + 1}. \quad (6.86\,\text{b})$$

Zur Z-Transformation von Korrelationen bei gestutzten Verteilungen (restriction of range) findet man Informationen bei Mendoza (1993). Die Verteilungsform von Fishers Z-Werten nähert sich um so mehr der Normalverteilung, je größer n und je weiter ϱ von ± 1 entfernt ist (vgl. Alexander et al., 1985 b).

Tabelle H des Anhangs enthält die Z-Werte, die gemäß Gl. (6.86 a) den Korrelationen entsprechen. Da Fishers Z-Werte symmetrisch um Null verteilt sind, ist nur die positive Seite der Verteilung wiedergegeben.

Zusammenfassung von Korrelationen

Neben der Normalverteilung haben Fishers Z-Werte im Unterschied zu Korrelationswerten die Eigenschaft, dass sie Maßzahlen einer Kardinalskala darstellen (vgl. Guilford u. Fruchter, 1978). Wenn beispielsweise in einer Untersuchung eine Korrelation von $r = 0{,}40$ und in einer anderen Untersuchung eine Korrelation von $r = 0{,}80$ ermittelt wurde, kann man nicht davon ausgehen, dass die zweite Korrelation einen doppelt so hohen Zusammenhang anzeigt wie die erste. Transformieren wir anhand Tabelle H die Werte in Fishers Z-Werte, ergeben sich für $r = 0{,}40$ ein $Z = 0{,}42$ und für $r = 0{,}80$ ein $Z = 1{,}10$. Wie der Vergleich der beiden Z-Werte zeigt, weist die Korrelation von $r = 0{,}80$ auf einen beinahe dreimal so hohen Zusammenhang hin wie die Korrelation von $r = 0{,}40$. Auch ist eine Zuwachsrate von beispielsweise 0,05 Korrelationseinheiten im oberen Korrelationsbereich bedeutsamer als im unteren. Die Verbesserung einer Korrelation von $r = 0{,}30$ um 0,05 Einheiten auf $r = 0{,}35$ ist weniger bedeutend als die Verbesserung einer Korrelation von 0,90 auf 0,95.

Da Korrelationswerte in diesem Sinn keine Maßzahlen auf einer Kardinalskala darstellen, sind auch Mittelwerte und Varianzen von mehreren Korrelationen nicht interpretierbar. Soll beispielsweise die durchschnittliche Korrelation aus den drei Korrelationskoeffizienten $r_1 = 0{,}20$, $r_2 = -0{,}50$, $r_3 = 0{,}90$ ermittelt werden (wobei das n der 3 Korrelationen gleich sein sollte), müssen wir zunächst die einzelnen Korrelationen in Fishers Z-Werte transformieren, das arithmetische Mittel der Z-Werte berechnen und das arithmetische Mittel der Z-Werte wieder in eine Korrelation zurücktransformieren (zur Begründung dieser Vorgehensweise vgl. Silver u. Dunlap, 1987). Für unser Beispiel entnehmen wir Tabelle H: $Z_1 = 0{,}20$, $Z_2 = -0{,}55$, $Z_3 = 1{,}47$, woraus sich ein Mittelwert von $Z = 0{,}37$ ergibt.

Diesem durchschnittlichen Z-Wert entspricht gemäß Tabelle H (bzw. nach Gl. 6.86 b) eine durchschnittliche Korrelation von $r = 0{,}35$. Bei direkter Mittelung der drei Korrelationen hätten wir einen Wert von 0,20 erhalten. Die Fishers Z-Transformation bewirkt, dass höhere Korrelationen bei der Mittelwertberechnung stärker gewichtet werden als kleine Korrelationen.

Bei Korrelationen, die auf ungleich großen Stichprobenumfängen basieren, verwendet man folgende Transformation:

$$\bar{Z} = \sum_{j=1}^{k}(n_j - 3) \cdot Z_j \Big/ \sum_{j=1}^{k}(n_j - 3). \quad (6.87)$$

Hierbei sind Z_j die Fishers Z-Werte der zu mittelnden Korrelationen und n_j die entsprechenden Stichprobenumfänge. Der $\bar{Z}$-Wert ist gemäß Tabelle H in einen durchschnittlichen Korrelationswert zu transformieren.

Weitere Informationen zur Frage der Mittelung von Korrelationskoeffizienten können einem Aufsatz von Jäger (1974) entnommen werden. Ein Basic-Programm zur Bestimmung durchschnittlicher Korrelationen wurde von Barker (1990) entwickelt.

Nullhypothese: $\varrho = \varrho_0$ ($\varrho_0 \neq 0$)

Die Verteilung von Fishers Z-Werten hat für eine Populationskorrelation von ϱ einen Erwartungswert von

$$\mu_Z = \frac{1}{2} \cdot \ln\left(\frac{1+\varrho}{1-\varrho}\right) = Z(\varrho) \qquad (6.88)$$

und eine Standardabweichung von

$$\sigma_Z = \sqrt{\frac{1}{n-3}}. \qquad (6.89)$$

Zur Überprüfung der Nullhypothese, dass eine Stichprobe mit einer Korrelation vom Betrag r zu einer Grundgesamtheit mit einer Korrelation von ϱ_0 gehört, kann somit unter der Voraussetzung normalverteilter Z-Werte der folgende z-Wert (z als Einheit der Standardnormalverteilung!) berechnet werden:

$$z = \frac{Z - \mu_Z}{\sigma_Z}. \qquad (6.90)$$

BEISPIEL

In einer repräsentativen Erhebung möge sich zwischen der Musikalität von Eltern und ihrer Kinder eine Korrelation von $r = \varrho_0 = 0{,}80$ ergeben haben. Die entsprechende Korrelation beträgt bei Kindern, die in einem Heim aufgewachsen sind (n = 50), $r = 0{,}65$. Es soll überprüft werden, ob die Heimkinder in Bezug auf den untersuchten Merkmalszusammenhang zur Grundgesamtheit der im Elternhaus aufgewachsenen Kinder zählen können. Der Test soll zweiseitig mit $\alpha = 5\%$ durchgeführt werden.

Tabelle H entnehmen wir für

$r = 0{,}65: \quad Z = 0{,}8$,

$\varrho_0 = 0{,}80: \quad \mu_Z = 1{,}10$.

Nach Gl. (6.89) ermitteln wir für

$$\sigma_Z = \sqrt{\frac{1}{n-3}} = \sqrt{\frac{1}{47}} = 0{,}15.$$

Der z-Wert lautet also:

$$z = \frac{Z - \mu_Z}{\sigma_Z} = \frac{0{,}78 - 1{,}10}{0{,}15} = -2{,}13.$$

Da wir auf dem 5%-Niveau gemäß der H_0 einen z-Wert erwarten, der innerhalb der Grenzen $\pm 1{,}96$ liegt, muss die H_0: $\varrho_0 = 0{,}80$ zurückgewiesen werden. Die Stichprobe stammt nicht aus einer Grundgesamtheit, in der eine Korrelation von $\varrho_0 = 0{,}80$ besteht.

Alternativ zu Gl. (6.90) wurde von Kristof (1981) folgender Test vorgeschlagen:

$$t_{(n-2)} = \frac{r - \varrho_0}{\sqrt{(1-r^2)\cdot(1-\varrho_0^2)}} \cdot \sqrt{n-2}. \qquad (6.90a)$$

Für das oben stehende Beispiel errechnen wir:

$$t_{48} = \frac{0{,}65 - 0{,}80}{\sqrt{(1-0{,}65^2)\cdot(1-0{,}80^2)}} \cdot \sqrt{48},$$

$$= -2{,}28.$$

Auch dieser Wert ist für $t_{\text{crit}} \approx \pm 2{,}01$ auf dem $\alpha = 0{,}05$-Niveau signifikant.

Konfidenzintervall. Da die Stichprobenkennwerteverteilung des Korrelationskoeffizienten bekannt ist, bereitet die Bestimmung von Konfidenzintervallen keine Schwierigkeiten. In Analogie zu Gl. (3.22) ergibt sich das Konfidenzintervall eines durch r geschätzten Korrelationskoeffizienten ϱ zu:

$$\Delta_{\text{crit}(Z)} = Z \pm z_{(\alpha/2)} \cdot \sigma_Z. \qquad (6.91)$$

Dabei ist Z der anhand Tabelle H transformierte Korrelationskoeffizient. Die r-Äquivalente der ermittelten Z-Wert-Grenzen entnimmt man ebenfalls Tabelle H.

Nullhypothese: $\varrho_1 = \varrho_2$ (zwei unabhängige Stichproben)

Gelegentlich ist man daran interessiert zu erfahren, ob sich zwei Korrelationen, die für zwei voneinander unabhängige Stichproben mit den Umfängen n_1 und n_2 ermittelt wurden, signifikant unterscheiden (bzw. ob gemäß der H_0 beide Stichproben aus derselben Grundgesamtheit stammen). In diesem Fall kann der folgende z-Wert berechnet werden:

$$z = \frac{Z_1 - Z_2}{\sigma_{(Z_1 - Z_2)}}, \qquad (6.92)$$

wobei

$$\sigma_{(Z_1 - Z_2)} = \sqrt{\frac{1}{n_1 - 3} + \frac{1}{n_2 - 3}}. \qquad (6.93)$$

BEISPIEL

In einer Untersuchung von n = 60 Unterschichtkindern möge sich ergeben haben, dass die Merkmale Intelligenz und verbale Ausdrucksfähigkeit zu $r_1 = 0{,}38$ korrelieren. Eine vergleichbare Untersuchung von n = 40 Kindern der Oberschicht führte zu einer Korrelation von $r_2 = 0{,}65$. Kann auf Grund dieser Ergebnisse die Hypothese aufrecht-

6.2.2 Überprüfung von Korrelationshypothesen

erhalten werden, dass beide Stichproben in Bezug auf den angesprochenen Merkmalszusammenhang aus der gleichen Grundgesamtheit stammen? Die Nullhypothese soll einseitig ($H_0: \varrho_1 \leq \varrho_2$) auf dem 5%-Niveau getestet werden. Wir ermitteln:

$r_1 = 0{,}38: Z_1 = 0{,}40,$

$r_2 = 0{,}65: Z_2 = 0{,}78,$

$\sigma_{(Z_1-Z_2)} = \sqrt{\dfrac{1}{60-3} + \dfrac{1}{40-3}} = 0{,}21,$

$z = \dfrac{0{,}40 - 0{,}78}{0{,}21} = -1{,}81.$

Der kritische Wert lautet $z_{5\%} = -1{,}65$. Da der gefundene Wert größer ist als der kritische Wert, muss die H_0 verworfen werden. Die Behauptung, Intelligenz und verbale Ausdrucksfähigkeit korrelieren in beiden Populationen gleich, wird auf Grund der Daten abgelehnt.

Für den Vergleich vieler Korrelationen aus zwei unabhängigen Stichproben stellen die von Millsap et al. (1990) entwickelten Tabellen eine Hilfe dar, denen die für Korrelationsvergleiche mit variablem n_1 und n_2 kritischen Differenzen entnommen werden können. Die Tabellen gelten allerdings nur für zweiseitige Tests.

„Optimale" Stichprobenumfänge. Sind zwei Korrelationen r_1 und r_2 aus zwei unabhängigen Stichproben zu vergleichen, empfiehlt es sich, die Stichprobenumfänge n_1 und n_2 so festzulegen, dass nur praktisch bedeutsame Unterschiede zwischen den Populationskorrelationen statistisch abgesichert werden und keine unbedeutenden Unterschiede. Dieser praktisch bedeutende Unterschied wird in eine Effektgröße ε übertragen, die wie folgt definiert ist:

$$\varepsilon = Z_1 - Z_2 \quad (Z_1 > Z_2). \tag{6.94}$$

Z_1 und Z_2 sind die Fishers Z-Werte für die Populationskorrelationen ϱ_1 und ϱ_2, die über Tabelle H zu ermitteln sind. Die „optimalen" Stichprobenumfänge (zur Theorie vgl. S. 126f.) ergeben sich für $\alpha = 0{,}05$, $1 - \beta = 0{,}80$ und einseitigem Test zu:

$\varepsilon = 0{,}10$ (schwacher Effekt)	$n_{opt} =$	1240
$\varepsilon = 0{,}15$	$n_{opt} =$	553
$\varepsilon = 0{,}20$	$n_{opt} =$	312
$\varepsilon = 0{,}30$ (mittlerer Effekt)	$n_{opt} =$	140
$\varepsilon = 0{,}40$	$n_{opt} =$	80
$\varepsilon = 0{,}50$ (starker Effekt)	$n_{opt} =$	52.

Im Beispiel (mit $\hat{\varepsilon} = 0{,}38$) ist von einem mittleren bis starken Effekt auszugehen. Für eine Effektgröße von $\varepsilon = 0{,}5$ wären für n_1 und n_2 jeweils 52 Untersuchungseinheiten „optimal" gewesen. Diese Effektgröße ergibt sich gemäß Tabelle H für Korrelationspaare wie $\varrho_1 = 0{,}20$ und $\varrho_2 = 0{,}60$, $\varrho_1 = 0{,}30$ und $\varrho_2 = 0{,}67$, $\varrho_1 = 0{,}40$ und $\varrho_2 = 0{,}73$ etc. (Man beachte, dass äquivalente Korrelationsdifferenzen mit wachsendem Zusammenhang kleiner werden, vgl. S. 219.) Bei ungleich großen Stichproben sollte der durchschnittliche Stichprobenumfang dem „optimalen" Stichprobenumfang entsprechen (genauer hierzu vgl. Bortz u. Döring, 2002, S. 614).

Nullhypothese: $\varrho_1 = \varrho_2 = \cdots = \varrho_k$ (k unabhängige Stichproben)

Wird der Zusammenhang zwischen zwei Merkmalen nicht nur für 2, sondern allgemein für k voneinander unabhängige Stichproben ermittelt, kann die folgende, χ^2-verteilte Prüfgröße V ($df = k - 1$) zur Überprüfung der Nullhypothese, dass die k Stichproben aus derselben Grundgesamtheit stammen, herangezogen werden:

$$V = \sum_{j=1}^{k} (n_j - 3) \cdot (Z_j - U)^2, \tag{6.95}$$

wobei:

$$U = \dfrac{\sum_{j=1}^{k} (n_j - 3) \cdot Z_j}{\sum_{j=1}^{k} (n_j - 3)}. \tag{6.96}$$

BEISPIEL

Es soll der Zusammenhang zwischen den Leistungen in einem Intelligenztest und einem Kreativitätstest überprüft werden. Die Vpn werden zuvor nach ihren Interessen in 3 Gruppen eingeteilt:

Gruppe 1
mit Interessenschwerpunkt im technischen Bereich ($n_1 = 48$),

Gruppe 2
mit Interessenschwerpunkt im sozialen Bereich ($n_2 = 62$),

Gruppe 3
mit Interessenschwerpunkt im künstlerischen Bereich ($n_3 = 55$).

Für diese 3 Untergruppen mögen sich die folgenden Korrelationen zwischen Intelligenz und Kreativität ergeben haben:

Gruppe 1: $r_1 = 0{,}16$,
Gruppe 2: $r_2 = 0{,}38$,
Gruppe 3: $r_3 = 0{,}67$.

Es soll die H_0 überprüft werden, nach der die 3 Gruppen hinsichtlich des geprüften Zusammenhangs aus der gleichen Grundgesamtheit stammen ($\alpha = 5\%$).

Zunächst werden die Korrelationen in Fishers Z-Werte transformiert:

$r_1 = 0{,}16: \quad Z_1 = 0{,}16$,
$r_2 = 0{,}38: \quad Z_2 = 0{,}40$,
$r_3 = 0{,}67: \quad Z_3 = 0{,}81$.

Nach Gl. (6.96) ermitteln wir den folgenden U-Wert:

$$U = \frac{\sum_{j=1}^{k}(n_j - 3) \cdot Z_j}{\sum_{j=1}^{k}(n_j - 3)}$$

$$= \frac{45 \cdot 0{,}16 + 59 \cdot 0{,}40 + 52 \cdot 0{,}81}{45 + 59 + 52} = 0{,}47.$$

Für V ergibt sich somit nach Gl. (6.95):

$$V = \sum_{j=1}^{k}(n_j - 3) \cdot (Z_j - U)^2$$

$$= 45 \cdot (0{,}16 - 0{,}47)^2 + 59 \cdot (0{,}40 - 0{,}47)^2$$
$$+ 52 \cdot (0{,}81 - 0{,}47)^2$$
$$= 4{,}32 + 0{,}29 + 6{,}01 = 10{,}62.$$

Der χ^2-Tabelle (Tabelle C) entnehmen wir als kritischen Wert für $df = 3 - 1 = 2$: $\chi^2_{(2;95\%)} = 5{,}99$ (zweiseitiger Test, vgl. Erläuterungen S. 157 f.). Da der empirische χ^2-Wert größer ist als der kritische, verwerfen wir die H_0. Die 3 Korrelationen unterscheiden sich statistisch signifikant. Der Zusammenhang zwischen Intelligenz und Kreativität ist für Personen mit unterschiedlichen Interessen verschieden. Die Interessenvariable „moderiert" gewissermaßen den untersuchten Zusammenhang. Derartige Variablen werden in Anlehnung an Saunders (1956) als *Moderatorvariablen* bezeichnet.

Hinweise: Zur Überprüfung der Frage, welche Korrelationen sich signifikant voneinander unterscheiden, findet man bei Levy (1976) ein adäquates Verfahren. Dieses Verfahren ist Gl. (6.92) vorzuziehen, wenn ein ganzer Satz von Korrelationsvergleichen simultan geprüft wird (vgl. hierzu auch die Einzelvergleichsverfahren im Kontext der Varianzanalyse, z. B. unter 7.3). Weitere Einzelheiten zur simultanen Überprüfung mehrerer Korrelationsdifferenzen können den Arbeiten von Kraemer (1979), Kristof (1980), Levy (1976) und Marascuilo (1966) entnommen werden.

Gl. (6.95) wird häufig auch in sog. *Metaanalysen* eingesetzt, mit denen die Ergebnisse verschiedener Untersuchungen zur gleichen Thematik aggregiert werden (vgl. Cooper u. Hedges, 1994; Hedges u. Olkin, 1985; Fricke u. Treinies, 1985 oder Beelmann u. Bliesener, 1994). Mit Gl. (6.95) lässt sich also überprüfen, ob die in verschiedenen Untersuchungen ermittelten Zusammenhänge zweier Variablen (oder anderer Maßzahlen, die sich in Korrelationsäquivalente transformieren lassen) homogen sind oder nicht (genauer hierzu vgl. z. B. Bortz u. Döring, 2002, Kap. 9.4). Eine vergleichende Analyse dieses Ansatzes mit einem Vorgehen, das auf die Fishers Z-Transformation verzichtet, findet man bei Alexander et al. (1989) und einen Vergleich mit anderen Homogenitätstests bei Cornwell (1993).

Nullhypothese: $\varrho_{ab} = \varrho_{ac}$ (eine Stichprobe)

Nicht selten ist es erforderlich, zwei Korrelationen zu vergleichen, die an einer Stichprobe ermittelt wurden und deshalb voneinander abhängen. Der erste hier zu behandelnde Fall betrifft den Vergleich zweier Korrelationen, bei dem zwei Merkmale jeweils mit einem dritten Merkmal in Beziehung gesetzt werden, wie z. B. bei der Frage, ob die Deutschnote (b) oder die Mathematiknote (c) der bessere Prädiktor für die Examensleistung im Fach Psychologie (a) sei (H_0: $\varrho_{ab} = \varrho_{ac}$).

Für diese Problematik haben Olkin u. Siotani (1964) bzw. Olkin (1967) ein Verfahren vorgeschlagen, das allerdings von Steiger (1980) bezüglich seiner Testeigenschaften vor allem bei kleineren Stichproben kritisiert wird. Sein Verfahren führt zu der folgenden Standard normalverteilten Prüfgröße z:

$$z = \frac{\sqrt{(n-3)} \cdot (Z_{ab} - Z_{ac})}{\sqrt{(2 - 2 \cdot CV_1)}} \quad (6.97)$$

mit

n = Stichprobenumfang, Z_{ab}, Z_{ac} = Fishers Z-Werte für die Korrelationen r_{ab} und r_{ac}.

CV_1 kennzeichnet die Kovarianz der Korrelationsverteilungen von r_{ab} und r_{ac}, die wie folgt ge-

6.2.2 Überprüfung von Korrelationshypothesen

schätzt wird (zur Theorie vgl. Pearson u. Filon, 1898):

$$CV_1 = \frac{1}{(1-r_{a.}^2)^2} \cdot \Big(r_{bc} \cdot (1 - 2 \cdot r_{a.}^2) - 0{,}5 \cdot r_{a.}^2 \cdot (1 - 2 \cdot r_{a.}^2 - r_{bc}^2) \Big)$$

mit $r_{a.} = (r_{ab} + r_{ac})/2$.

BEISPIEL

Bezogen auf das obige Beispiel habe man die folgenden Werte ermittelt: $r_{ab} = 0{,}41$; $r_{ac} = 0{,}52$; $r_{bc} = 0{,}48$ und $n = 100$. Für CV_1 resultiert also (mit $r_{a.} = (0{,}41 + 0{,}52)/2 = 0{,}465$):

$$CV_1 = \frac{1}{(1 - 0{,}465^2)^2} \cdot \Big(0{,}48 \cdot (1 - 2 \cdot 0{,}465^2) - 0{,}5 \cdot 0{,}465^2 \cdot (1 - 2 \cdot 0{,}465^2 - 0{,}48^2) \Big)$$
$$= 0{,}3841\,.$$

Nach Gl. (6.97) ermitteln wir (mit $Z_{ab} = 0{,}436$ und $Z_{ac} = 0{,}576$ gemäß Tabelle H):

$$z = \frac{\sqrt{100 - 3} \cdot (0{,}436 - 0{,}576)}{\sqrt{2 - 2 \cdot 0{,}3841}} = -1{,}24\,.$$

Auf dem $\alpha = 5\%$-Niveau haben wir bei zweiseitigem Test kritische Werte von $z_{crit} = \pm 1{,}96$, d.h., die H_0 kann nicht verworfen werden. Deutschnote und Mathematiknote unterscheiden sich nicht signifikant als Prädiktoren für die Examensleistung in Psychologie.

Der in Gl. (6.97) wiedergegebene Test ist nach Angaben des Autors für $n \geq 20$ gültig.

Werden für eine Stichprobe die Korrelationen r_{ab}, r_{ac} und r_{bc} berechnet, lässt sich zeigen, dass bei festgelegtem r_{ac} und r_{bc} die Korrelation r_{ab} nicht mehr beliebig variieren kann. Über die Restriktionen, denen r_{ab} in diesem Fall unterliegt, berichteten Glass u. Collins (1970) (vgl. hierzu auch S. 449).

Sind mehrere abhängige Korrelationen zwischen k Prädiktoren und einer Kriteriumsvariablen zu vergleichen, kann auf ein Verfahren von Meng et al. (1992) zurückgegriffen werden. Hier wird auch beschrieben, wie man überprüfen kann, ob das Vorhersagepotenzial einer Teilgruppe der k Prädiktoren dem Vorhersagepotenzial der restlichen Prädiktoren überlegen ist.

Nullhypothese: $\varrho_{ab} = \varrho_{cd}$ (eine Stichprobe)

Ein weiterer von Steiger (1980) angegebener Test prüft die H_0: $\varrho_{ab} = \varrho_{cd}$, wobei auch hier von nur einer Stichprobe ausgegangen wird. Ein typisches Anwendungsbeispiel sind *„cross-lagged-panel"-Korrelationen*, bei denen zwei Merkmale zu zwei verschiedenen Zeitpunkten an der gleichen Stichprobe korreliert werden. Hier interessiert die Frage, ob sich der Zusammenhang der beiden Merkmale im Verlauf der Zeit signifikant verändert hat (vgl. hierzu auch Kenny, 1973).

Der für $n \geq 20$ gültige Test lautet:

$$z = \frac{\sqrt{(n-3)} \cdot (Z_{ab} - Z_{cd})}{\sqrt{(2 - 2 \cdot CV_2)}} \quad (6.98)$$

mit

n = Stichprobenumfang,

Z_{ab}, Z_{cd} = Fishers Z-Werte der Korrelationen r_{ab}, r_{cd},

$$CV_2 = \frac{Z\ddot{a}}{(1 - r_{ab,cd}^2)^2}\,,$$

$$\begin{aligned}Z\ddot{a} = 0{,}5 \cdot \big[&(r_{ac} - r_{ab} \cdot r_{bc}) \cdot (r_{bd} - r_{bc} \cdot r_{cd}) \\ +\, &(r_{ad} - r_{ac} \cdot r_{cd}) \cdot (r_{bc} - r_{ab} \cdot r_{ac}) \\ +\, &(r_{ac} - r_{ad} \cdot r_{cd}) \cdot (r_{bd} - r_{ab} \cdot r_{ad}) \\ +\, &(r_{ad} - r_{ab} \cdot r_{bd}) \cdot (r_{bc} - r_{bd} \cdot r_{cd})\big]\,,\end{aligned}$$

$r_{ab,cd} = (r_{ab} + r_{cd})/2\,.$

BEISPIEL

Es soll überprüft werden, ob der Zusammenhang zwischen Introversion und erlebter Einsamkeit Zeit unabhängig ist ($\alpha = 0{,}05$, zweiseitiger Test). Mit geeigneten Instrumenten werden beide Variablen zu zwei verschiedenen Zeitpunkten t_1 und t_2 an einer Stichprobe mit $n = 103$ erhoben:

t_1: Introversion (a) und Einsamkeit (b),

t_2: Introversion (c) und Einsamkeit (d).

Es resultieren die folgenden Korrelationen:

$r_{ab} = 0{,}5$; $\quad r_{ac} = 0{,}8$; $\quad r_{ad} = 0{,}5$;

$\quad\quad\quad r_{bc} = 0{,}5$; $\quad r_{bd} = 0{,}7$;

$\quad\quad\quad\quad\quad\quad r_{cd} = 0{,}6\,.$

Man errechnet:

$$\begin{aligned}
Z\ddot{a} = 0{,}5 \cdot [&(0{,}8 - 0{,}5 \cdot 0{,}5) \cdot (0{,}7 - 0{,}5 \cdot 0{,}6) \\
&+ (0{,}5 - 0{,}8 \cdot 0{,}6) \cdot (0{,}5 - 0{,}5 \cdot 0{,}8) \\
&+ (0{,}8 - 0{,}5 \cdot 0{,}6) \cdot (0{,}7 - 0{,}5 \cdot 0{,}5) \\
&+ (0{,}5 - 0{,}5 \cdot 0{,}7) \cdot (0{,}5 - 0{,}7 \cdot 0{,}6)] \\
= 0{,}2295
\end{aligned}$$

$$r_{ab,cd} = (0{,}5 + 0{,}6)/2 = 0{,}55$$

$$CV_2 = \frac{0{,}2295}{(1 - 0{,}55^2)^2} = 0{,}4717$$

$$z = \frac{\sqrt{100} \cdot (0{,}549 - 0{,}693)}{\sqrt{2 - 2 \cdot 0{,}4717}}$$

$$= -1{,}40 \,.$$

Dieser Wert ist nach Tabelle B nicht signifikant ($-1{,}96 \leq z \leq 1{,}96$), d. h., H_0 ist beizubehalten. Eine Zeitabhängigkeit des Zusammenhanges von Introversion und Einsamkeit kann nicht belegt werden.

Hinweise: Ein vereinfachtes Alternativverfahren zu Gl. (6.98) wird bei Raghunathan et al. (1996) beschrieben. Steiger (1980) nennt weitere Verfahren, mit denen eine vollständige Korrelationsmatrix gegen eine hypothetisch vorgegebene Korrelationsstruktur getestet werden kann. Auf Verfahren, die Abweichungen einer empirischen Korrelationsmatrix von einer Einheitsmatrix prüfen, bei der alle bivariaten Korrelationen Null sind, wird auf S. 546 eingegangen. Weitere Hinweise zur Prüfung der Unterschiede zwischen abhängigen Korrelationen findet man bei Olkin u. Finn (1990), Dunn u. Clark (1969), Larzelere u. Mulaik (1977), Staving u. Acock (1976) sowie Yu u. Dunn (1982).

▷ **6.3 Spezielle Korrelationstechniken**

Im letzten Abschnitt haben wir uns mit der Produkt-Moment-Korrelation befasst, die den linearen Zusammenhang zweier Intervall skalierter Merkmale angibt. Wenn Merkmal x und/oder Merkmal y nur zwei Ausprägungen aufweisen (dichotomes Merkmal), können spezielle Korrelationskoeffizienten berechnet werden, die im Folgenden behandelt werden. Zusätzlich werden Verfahren für ordinalskalierte Merkmale behandelt.

Tabelle 6.11. Übersicht der bivariaten Korrelationsarten

Merkmal y	Merkmal x		
	Intervallskala	dichotomes Merkmal	Ordinalskala
Intervallskala	1) Produkt-Moment-Korrelation	2) Punktbiseriale Korrelation	3) Rangkorrelation
dichotomes Merkmal	–	4) Φ-Koeffizient	5) Biseriale Rangkorrelation
Ordinalskala	–	–	6) Rangkorrelation

Tabelle 6.11 zeigt in einer Übersicht mögliche Skalenkombinationen und die dazugehörenden Korrelationskoeffizienten (ausführlicher hierzu s. Kubinger, 1990).

Die entsprechenden Verfahren werden im Folgenden unter 6.3.1 bis 6.3.6 beschrieben. Unter 6.3.7 behandeln wir einen weiteren Koeffizienten, der den Zusammenhang zweier nominalskalierter Merkmale bestimmt: den *Kontingenzkoeffizienten*. Da dieser Koeffizient kein Korrelationsmaß im engeren Sinn darstellt, wurde er nicht mit in Tabelle 6.11 aufgenommen.

6.3.1 Korrelation zweier Intervallskalen

Sind beide Merkmale intervallskaliert, wird der Produkt-Moment-Korrelationskoeffizient berechnet, der bereits dargestellt wurde.

6.3.2 Korrelation einer Intervallskala mit einem dichotomen Merkmal

Punktbiseriale Korrelation

Der Zusammenhang zwischen einem dichotomen Merkmal (z. B. männlich-weiblich) und einem intervallskalierten Merkmal (z. B. Körpergewicht) wird durch die punktbiseriale Korrelation (r_{pb}) oder auch produkt-moment-biseriale Korrelation erfasst. Eine punktbiseriale Korrelation erhält man, wenn in die Gleichung für die Produkt-Moment-Korrelation (Gl. 6.60) für das dichotome Merkmal die Werte 0 und 1 eingesetzt werden.

6.3.2 Korrelation einer Intervallskala mit einem dichotomen Merkmal

(Beispiel: Alle männlichen Vpn erhalten auf der dichotomen Variablen den Wert 0 und alle weiblichen den Wert 1.) Dadurch vereinfacht sich die Korrelationsformel zu folgender Gleichung (zur Herleitung von r_{pb} aus r vgl. Downie u. Heath, 1970, S. 106 ff.):

$$r_{pb} = \frac{\bar{y}_1 - \bar{y}_0}{s_y} \cdot \sqrt{\frac{n_0 \cdot n_1}{n^2}}, \quad (6.99)$$

wobei

- $n_0, n_1 =$ Anzahl der Untersuchungsobjekte in den Merkmalskategorien x_0 und x_1,
- $\bar{y}_0, \bar{y}_1 =$ durchschnittliche Ausprägung des kontinuierlichen Merkmals y bei den Untersuchungsobjekten in den Kategorien x_0 und x_1,
- $n = n_0 + n_1 =$ Gesamtstichprobenumfang,
- $s_y =$ Streuung der kontinuierlichen y-Variablen.

Die Signifikanzüberprüfung ($H_0: \varrho = 0$) erfolgt wie bei der Produkt-Moment-Korrelation durch folgenden Test:

$$t = \frac{r_{pb}}{\sqrt{(1 - r_{pb}^2)/(n-2)}}. \quad (6.100)$$

Der so ermittelte t-Wert ist mit $n - 2$ Freiheitsgraden versehen und wird mit dem gemäß Tabelle D für ein bestimmtes α-Niveau kritischen t-Wert verglichen. (Eine Tabelle, der man direkt die Signifikanzgrenzen für die punktbiseriale Korrelation entnehmen kann, findet man bei Terrell, 1982 a.)

BEISPIEL

Das dichotome Merkmal verheiratet (x_0) vs. nicht verheiratet (x_1) wird mit der anhand eines Fragebogens ermittelten Kontaktbereitschaft korreliert. Es wird erwartet, dass verheiratete Personen weniger kontaktbereit sind als nicht verheiratete. Tabelle 6.12 zeigt den Rechengang für $n_0 = 12$ verheiratete und $n_1 = 15$ nicht verheiratete Personen ($\alpha = 0{,}01$, einseitiger Test).

Das Vorzeichen der Korrelation $r_{pb} = 0{,}47$ hängt davon ab, welche Kategorien wir als x_0 und x_1 bezeichnen. Den gleichen Wert würden wir ermitteln, wenn in die Produkt-Moment-Korrelationsformel 27 Messwertpaare, jeweils bestehend aus einem Testwert und der Ziffer 0 oder 1, eingesetzt werden. Da in unserem Beispiel das Merkmal „verheiratet" mit 0 kodiert wurde, bedeutet eine positive Korrelation, dass verheiratete Personen weniger kontaktbereit sind als nicht verheiratete Personen. Diese Interpretation ist

Tabelle 6.12. Beispiel für eine punktbiseriale Korrelation

verheiratet (x = 0)	nicht verheiratet (x = 1)
18	17
12	12
16	16
15	19
12	20
14	16
13	11
9	18
12	12
17	17
13	19
11	20
	19
	13
	18

$\sum_{i=1}^{n_0} y_i = 162 \qquad \sum_{i=1}^{n_1} y_i = 247$

$\bar{y}_0 = 13{,}5 \qquad \bar{y}_1 = 16{,}47$

$n_0 = 12 \qquad n_1 = 15 \quad n = 27$

$$s_y = \sqrt{\frac{\sum_{i=1}^{n} y_i^2 - \frac{\left(\sum_{i=1}^{n} y_i\right)^2}{n}}{n}} = \sqrt{\frac{6461 - \frac{409^2}{27}}{27}} = 3{,}13$$

$$r_{pb} = \frac{16{,}47 - 13{,}50}{3{,}13} \cdot \sqrt{\frac{12 \cdot 15}{27^2}} = 0{,}47$$

auch den Mittelwerten zu entnehmen ($\bar{y}_0 = 13{,}5$, $\bar{y}_1 = 16{,}47$).

Für den Signifikanztest ergibt sich:

$$t = \frac{0{,}47}{\sqrt{(1 - 0{,}47^2)/(27 - 2)}} = 2{,}66.$$

Der kritische t-Wert lautet bei $\alpha = 1\%$ (einseitiger Test) und df = 25: $t_{(25;99\%)} = 2{,}48$. Da der empirische Wert diesen Wert überschreitet, ist die Korrelation auf dem 1%-Niveau signifikant.

Punktbiseriale Korrelation und t-Test. Die punktbiseriale Korrelation entspricht als Verfahren zur Überprüfung einer Zusammenhangshypothese dem t-Test für unabhängige Stichproben als Verfahren zur Überprüfung einer Unterschiedshypothese (vgl. 5.1.2). Im Beispiel hätte statt der Zusammenhangshypothese: „Zwischen dem Merkmal verheiratet vs. nicht verheiratet und dem Merkmal Kontaktbereitschaft besteht ein Zusammenhang" auch die Unterschiedshypothese: „Verheiratete und nicht verheiratete Personen unterscheiden sich in ihrer Kontaktbereitschaft" mit einem t-Test für unabhängige Stichproben überprüft werden können. Der t-Wert des t-Tests (Gl. 5.15) und der nach Gl. (6.100) ermittelte t-Wert sind identisch.

> **Die punktbiseriale Korrelation entspricht dem t-Test für unabhängige Stichproben.**

Biseriale Korrelation

Gelegentlich wird ein eigentlich Intervall skaliertes Merkmal aus untersuchungstechnischen oder ökonomischen Gründen in zwei Kategorien eingeteilt (Beispiel: Personen, die älter als c Jahre sind, werden als alt und Personen, die nicht älter als c Jahre sind, als jung klassifiziert). Interessiert der Zusammenhang zwischen einem solchen **künstlich dichotomisierten Merkmal** und einem Intervall skalierten Merkmal, berechnet man unter der Voraussetzung, dass beide Merkmale (also auch das dichotomisierte Merkmal) normalverteilt sind, statt der punktbiserialen Korrelation eine biseriale Korrelation (r_{bis}). Die biseriale Korrelation gilt dann als Schätzwert für die „wahre" Produkt-Moment-Korrelation der beiden intervallskalierten Merkmale.

Für die biseriale Korrelation ergibt sich (vgl. Walker u. Lev, 1953, S. 267 ff.):

$$r_{bis} = \frac{\bar{y}_1 - \bar{y}_0}{s_y} \cdot \frac{n_0 \cdot n_1}{\vartheta \cdot n^2} . \quad (6.101)$$

ϑ (theta) ist hierbei die Ordinate (Dichte) desjenigen z-Wertes der Standardnormalverteilung, der die Grenze zwischen den Teilflächen n_0/n und n_1/n markiert. Die übrigen Symbole wurden im Zusammenhang mit Gl. (6.99) erläutert.

Eine Alternative für Gl. (6.101) stellt die folgende Formel dar:

$$r_{bis} = \frac{\bar{y}_1 - \bar{y}}{s_y} \cdot \frac{n_1}{n \cdot \vartheta} , \quad (6.102)$$

$\bar{y}$ = Gesamtmittelwert des kontinuierlichen Merkmals y.

(Eine Diskussion weiterer Schätzformeln findet man bei Kraemer, 1981 bzw. Bedrick, 1992.)

Für die Signifikanzprüfung kann bei kleinen Stichproben behelfsmäßig der Unterschied der Mittelwerte für die Kategorien x_0 und x_1 mit dem t-Test überprüft werden.

Ist die biseriale Korrelation in der Grundgesamtheit Null, verteilen sich nach McNamara u. Dunlap (1934) r_{bis}-Werte aus hinreichend großen Stichproben normal um Null mit einer Streuung (Standardfehler) von

$$\sigma_{r_{bis}} = \frac{\sqrt{n_0 \cdot n_1}}{\vartheta \cdot n \cdot \sqrt{n}} . \quad (6.103)$$

Die Signifikanzüberprüfung kann somit anhand der Normalverteilungstabelle durchgeführt werden, indem der folgende z-Wert mit dem für ein bestimmtes α-Niveau kritischen z-Wert verglichen wird:

$$z = \frac{r_{bis}}{\sigma_{r_{bis}}} . \quad (6.104)$$

Nach Baker (1965) ist der Signifikanztest nach Gl. (6.104) für Stichproben bis zu einem minimalen n von 15 zulässig. Weitere Informationen zur biserialen Korrelation und deren Prüfung findet man bei Bedrick (1990).

Tabelle 6.13. Beispiel für eine biseriale Korrelation

	durchgefallen (x = 0)	nicht durchgefallen (x = 1)
Anzahl der Fahrstd. (y)	8	9
	13	14
	11	15
	12	13
		11
		16
Summen:	44	78
	$\bar{y}_0 = 11$	$\bar{y}_1 = 13$
	$n_0 = 4$	$n_1 = 6 \quad n = 10$

$$s_y = \sqrt{\frac{\sum_{i=1}^{n} y_i^2 - \frac{\left(\sum_{i=1}^{n} y_i\right)^2}{n}}{n}} = \sqrt{\frac{1546 - \frac{122^2}{10}}{10}} = 2{,}4$$

$\vartheta = 0{,}386 =$ Ordinate desjenigen z-Wertes (z = −0,25), der die Standardnormalverteilung in die Teile 4/10 und 6/10 teilt (vgl. Tabelle B)

$$r_{bis} = \frac{13 - 11}{2{,}4} \cdot \frac{4 \cdot 6}{0{,}386 \cdot 100} = 0{,}52$$

6.3.4 Korrelation für zwei dichotome Variablen

BEISPIEL

Gesucht wird die Korrelation zwischen der Anzahl der absolvierten Fahrstunden (y) und der Leistung in der Führerscheinprüfung (x). Wir gehen davon aus, dass die tatsächlichen Leistungen zum Zeitpunkt der Fahrprüfung normalverteilt sind, sodass die Alternativen durchgefallen (x_0) vs. nicht durchgefallen (x_1) eine künstliche Dichotomie dieser Variablen darstellen. Tabelle 6.13 zeigt den Rechengang für n = 10 Absolventen.

Wir ermitteln eine biseriale Korrelation von $r_{bis} = 0{,}52$. Das positive Vorzeichen ist darauf zurückzuführen, dass wir „durchgefallen" mit x_0 und „nichtdurchgefallen" mit x_1 gekennzeichnet haben. Eine umgekehrte Zuordnung hätte zu einer negativen Korrelation geführt.

Verwenden wir die Formel (6.102), ergibt sich der gleiche Wert

$$r_{bis} = \frac{13 - 12{,}2}{2{,}4} \cdot \frac{6}{10 \cdot 0{,}386} = 0{,}52 \, .$$

Für den behelfsmäßigen Signifikanztest (t-Test) ermittelt man mit t = 1,26 einen nicht signifikanten Wert. Führen wir zu Demonstrationszwecken den Signifikanztest nach Gl. (6.104) durch, resultieren

$$\sigma_{r_{bis}} = \frac{\sqrt{4 \cdot 6}}{0{,}386 \cdot 10 \cdot \sqrt{10}} = 0{,}40$$

bzw.

$$z = \frac{0{,}52}{0{,}40} = 1{,}30 \, .$$

Auch dieser Wert ist nicht signifikant. Der Zusammenhang zwischen der Anzahl der Fahrstunden und der Fahrleistung ist also statistisch unbedeutend.

Hinweis: Biseriale Korrelationen können Werte annehmen, die außerhalb des Bereichs $-1 \leq r_{bis} \leq 1$ liegen. Sollte dieser Fall eintreten, ist dies ein Anzeichen dafür, dass – insbesondere bei kleineren Stichproben – das intervallskalierte Merkmal nicht normal, sondern flachgipflig verteilt ist. Umgekehrt können, bei zu schmaler Verteilung der intervallskalierten Variablen, die theoretischen Grenzen von r_{bis} enger sein als bei der Produkt-Moment-Korrelation. (Ausführlichere Informationen hierzu bei Stanley, 1968.)

Vergleich r_{pb} und r_{bis}. Gelegentlich wird man in der Praxis vor der Frage stehen, welche der beiden Korrelationen, die punktbiseriale oder die biseriale, anzuwenden sei. Da die biseriale Korrelation mehr voraussetzt (normalverteilte Merkmale), sollte im Zweifelsfall immer die punktbiseriale Korrelation vorgezogen werden, wenngleich der Zusammenhang zweier normalverteilter Merkmale durch die punktbiseriale Korrelation unterschätzt wird (vgl. hierzu Bowers, 1972). Punktbiseriale und biseriale Korrelationen sind durch folgende Beziehung miteinander verknüpft:

$$r_{bis} = \frac{\sqrt{n_0 \cdot n_1} \cdot r_{pb}}{\vartheta \cdot n} \, . \qquad (6.105)$$

Eine Tabelle zur Transformation von r_{bis} in r_{pb} findet man bei Terrell (1982b).

Polyseriale Korrelation. In Ergänzung zur biserialen Korrelation wurden triseriale bzw. polyseriale Korrelationen entwickelt, in denen das Merkmal x nicht 2fach, sondern 3- bzw. mehrfach gestuft ist. Diese Generalisierung der biserialen Korrelationen wurde von Jaspen (1946) vorgenommen. Über die Arbeit von Jaspen berichten z. B. Wert et al. (1954). Weitere Entwicklungen zu diesem Thema behandeln Olsson et al. (1982) u. Bedrick u. Breslin (1996).

6.3.3 Korrelation einer Intervallskala mit einer Ordinalskala

Erste Ansätze zur Entwicklung eines für Intervall- und Ordinalskalen geeigneten Korrelationsmaßes wurden von Janson u. Vegelius (1982) vorgeschlagen (vgl. hierzu auch Vegelius, 1978). Für die Praxis empfehlen wir, die intervallskalierten Messungen in eine Rangreihe zu bringen, um über die dann vorliegenden zwei Rangreihen eine Rangkorrelation zu berechnen, die wir unter 6.3.6 behandeln.

6.3.4 Korrelation für zwei dichotome Variablen

Phi-Koeffizient (Φ)

Handelt es sich bei den Merkmalen x und y jeweils um dichotome Merkmale, kann ihr Zusammenhang durch den Φ-Koeffizienten ermittelt werden. Wenn wir die beiden Merkmalsausprägungen der Variablen jeweils mit 0 und 1 kodieren, erhalten wir zwei Messwertreihen, die nur aus 0- und 1-Werten bestehen. Die Produkt-Moment-Korrelation über diese Messwertreihen entspricht exakt dem Φ-Koeffizienten.

Da für diesen Fall nur 0- und 1-Werte in die Produkt-Moment-Korrelationsformel eingehen, resultiert für $\sum_{i=1}^{n} x_i$ (und für $\sum_{i=1}^{n} x_i^2$) die Häufigkeit der Merkmalsalternative 1 des Merkmals x. Diese Äquivalenz trifft auch auf die dichotomen y-Werte zu, sodass sich die Produkt-Moment-Korrelation für Alternativdaten zu folgender Berechnungsvorschrift vereinfacht:

$$\Phi = \frac{a \cdot d - b \cdot c}{\sqrt{(a+c) \cdot (b+d) \cdot (a+b) \cdot (c+d)}}. \quad (6.106)$$

(Zur Ableitung dieser Formel vgl. z. B. Bortz et al., 2000, Kap. 8.1.1.1.) Die Buchstaben a, b, c und d kennzeichnen die Häufigkeiten eines 4-Felder-Schemas, das sich für die Kombinationen der beiden Merkmalsalternativen ergibt (vgl. Tabelle 6.14). Ein Vergleich von Gl. (6.106) mit Gl. (5.73) zeigt uns ferner, dass zwischen einem 4-Felder-χ^2 und dem Φ-Koeffizienten die folgende Beziehung besteht:

$$\Phi = \sqrt{\frac{\chi^2}{n}}. \quad (6.107)$$

Die Signifikanzprüfung von Φ erfolgt über den 4-Felder-χ^2-Test.

$$\chi^2 = n \cdot \Phi^2 \quad (df = 1). \quad (6.108)$$

BEISPIEL

Es soll überprüft werden, ob die Bereitschaft von Eltern, ihre Kinder in die Vorschule zu schicken, davon abhängt, ob das Kind männlichen oder weiblichen Geschlechts ist. Für eine Stichprobe von n = 100 Kindern im Vorschulalter resultiert die in Tabelle 6.14 wiedergegebene Häufigkeitsverteilung.

Das Vorzeichen des Φ-Koeffizienten hängt von der Anordnung der Merkmalsalternativen im 4-Felder-Schema ab. Eine inhaltliche Interpretation kann deshalb nur auf Grund der angetroffenen Häufigkeiten erfolgen. In unserem Beispiel besuchen 40% aller befragten Jungen, aber nur 20% aller befragten Mädchen die Vorschule. Der sich hiermit andeutende Zusammenhang ist gemäß Gl. (6.108) statistisch *signifikant*.

$$\chi^2 = 100 \cdot (0{,}22)^2 = 4{,}84.$$

Der kritische Wert für das $\alpha = 5\%$-Niveau und df = 1 lautet: $\chi^2_{(1;95\%)} = 3{,}84$ (zweiseitige Fragestellung, vgl. Erläuterungen S. 157 f.). Da der empirische χ^2-Wert größer ist, besteht zwischen den untersuchten Merkmalen ein auf dem $\alpha = 5\%$-Niveau abgesicherter Zusammenhang.

Tabelle 6.14. Beispiel für einen Phi-Koeffizienten

		y männlich	y weiblich	
x	Vorschule	20 (a)	10 (b)	30
x	keine Vorschule	30 (c)	40 (d)	70
		50	50	100

$$\Phi = \frac{20 \cdot 40 - 10 \cdot 30}{\sqrt{(20+30) \cdot (10+40) \cdot (20+10) \cdot (30+40)}} = 0{,}22$$

Wertebereich von Φ. Bei der Interpretation ist zu berücksichtigen, dass Φ-Koeffizienten nur dann innerhalb des üblichen Wertebereichs einer Korrelation von −1 bis +1 liegen, wenn die Aufteilung der Stichprobe in die Alternative von x der Aufteilung in die Alternative von y entspricht. Zur Verdeutlichung dieses Sachverhalts betrachten wir Tabelle 6.15.

Für die obere 4-Felder-Tafel, die sich empirisch ergeben haben möge, resultiert ein $\Phi = 0{,}10$. Wie müssten die Häufigkeiten bei konstanten Randsummen angeordnet sein, damit der Zusammenhang maximal wird? Diese Anordnung zeigt Tafel b, in der ein Feld (im Beispiel Feld c) eine Häufigkeit von Null hat. Damit die Randsummen konstant bleiben, müssen 5 Untersuchungsobjekte von c nach a und von b nach d wechseln.

Gehört nun eines der Untersuchungsobjekte zur Kategorie 1 des Merkmals x, wissen wir mit Sicherheit, dass es gleichzeitig zur Kategorie 1 des Merkmals y zählt. Wissen wir hingegen, dass ein Untersuchungsobjekt zur Alternative 1 beim Merkmal y gehört, so ist die Zugehörigkeit zu einer der beiden Alternativen von x uneindeutig. Die 40 zu y_1 gehörenden Untersuchungsobjekte verteilen sich über die beiden Alternativen von x im Verhältnis 1:3.

Um eine x-Alternative aufgrund einer y-Alternative richtig vorhersagen zu können, müssten alle in y_1 befindlichen Untersuchungsobjekte gleichzeitig in x_1 sein. Erst dann wäre eine eindeutige Vorhersage in beiden Richtungen möglich. Eine solche Veränderung hätte allerdings identische Randsummen für x und y zur Folge. Verändern wir die Randsummen nicht, ergibt sich für Tafel b

6.3.4 Korrelation für zwei dichotome Variablen

Tabelle 6.15. Maximales Phi bei festliegenden Randverteilungen

a)

		y		
		0	1	
x	0	5 (a)	15 (b)	20
	1	5 (c)	25 (d)	30
		10	40	50

b)

		y		
		0	1	
x	0	10 (a)	10 (b)	20
	1	0 (c)	30 (d)	30
		10	40	50

nach Gl. (6.106) ein Φ-Wert von $\Phi_{max} = 0{,}61$, der bei gegebener Randverteilung maximal ist.

Allgemein sind bei der Bestimmung von Φ_{max} 2 Fälle zu unterscheiden:

1. Das Vorzeichen von Φ_{max} soll mit dem Vorzeichen des empirischen Φ-Wertes übereinstimmen.
2. Das Vorzeichen von Φ_{max} ist beliebig.

Für Fall 1 finden wir in Anlehnung an Zysno (1997) das „Nullfeld" nach folgender Regel: Man bestimmt zunächst das kleinere Diagonalprodukt $\min(a \cdot d; b \cdot c)$ und setzt das Feld mit der kleineren Häufigkeit Null. Die restlichen Felder ergeben sich dann aus den festgelegten Randsummen (im Beispiel Tabelle 6.15a: $5 \cdot 25 > 5 \cdot 15$, d.h., das kleinere Diagonalprodukt resultiert für $b \cdot c$. Da $c = 5 < b = 15$, wird – wie in Tabelle 6.15b geschehen – Feld c Null gesetzt). Bei gleich großen Werten ist die Wahl beliebig.

Will man Φ_{max} nur aufgrund der Randsummen bestimmen, lauten die Berechnungsvorschriften bei positivem Φ-Wert:

$$\Phi_{max(+)} = \min\left(\sqrt{\frac{P_x \cdot Q_y}{P_y \cdot Q_x}}; \sqrt{\frac{P_y \cdot Q_x}{P_x \cdot Q_y}}\right) \quad (6.109\,a)$$

und bei negativem Φ-Wert:

$$\Phi_{max(-)} = \max\left(-\sqrt{\frac{P_x \cdot P_y}{Q_x \cdot Q_y}}; -\sqrt{\frac{Q_x \cdot Q_y}{P_x \cdot P_y}}\right) \quad (6.109\,b)$$

mit $P_x = a + b$
$Q_x = c + d$
$P_y = a + c$
$Q_y = b + d$

Durch die min-/max-Vorschrift ist sichergestellt, dass $\Phi_{max(+)} \leq +1$ und $\Phi_{max(-)} \geq -1$ ist.

Für das Beispiel mit einem positiven φ-Wert ergibt sich nach Gl. (6.109a)

$$\Phi_{max(+)} = \min\left(\sqrt{\frac{20 \cdot 40}{10 \cdot 30}}; \sqrt{\frac{10 \cdot 30}{20 \cdot 40}}\right)$$
$$= \min(1{,}63;\ 0{,}61) = 0{,}61$$

Diesen Wert haben wir bereits mit Gl. (6.106) für Tafel 6.15b errechnet.

Für Fall 2 (beliebiges Vorzeichen von φ_{max}) suchen wir das maximale Diagonalprodukt $\max(a \cdot d; b \cdot c)$ und setzen das Feld mit der kleineren Häufigkeit Null. Im Beispiel mit $5 \cdot 25 > 5 \cdot 15$ und $5 < 25$ wäre also a das Nullfeld. Für die hieraus ableitbare 4-Felder-Tafel resultiert nach Gl. (6.106) $\Phi_{max} = -0{,}41$, dessen Betrag geringer ist als $\Phi_{max(+)}$.

Auf der Basis der Randhäufigkeiten bestimmen wir Φ_{max} nach Gl. (6.109a) oder (6.109b). Da $\Phi_{max(+)} = 0{,}61$ bereits bekannt ist, muss nur noch $\Phi_{max(-)}$ geprüft werden:

$$\varphi_{max(-)} = \max\left(-\sqrt{\frac{20 \cdot 10}{30 \cdot 40}}; -\sqrt{\frac{30 \cdot 40}{20 \cdot 10}}\right)$$
$$= \max(-0{,}41;\ -2{,}45) = -0{,}41$$

Dies ist der Wert mit a als Nullfeld. In diesem Fall ist also $\Phi_{max} = \Phi_{max(+)}$.

Ein anderes Beispiel: Die Tafel

20	30	50
40	50	90
60	80	

führt zu $\Phi = -0{,}04$. Für das „vorzeichengerechte" Φ_{max} (Fall 1) ergibt sich nach Gl. (6.109b) $\Phi_{max(-)} = -0{,}65$. Für Fall 2 ist dieser Wert mit

$\Phi_{\max(+)}$ zu vergleichen, für den sich nach Gl. (6.109a) $\Phi_{\max(+)} = 0{,}86$ ergibt. Auch hier ist $\Phi_{\max} = \Phi_{\max(+)}$, obwohl der empirische φ-Wert negativ ist.

Für das oben erwähnte Beispiel (Tabelle 6.14) ergibt sich ein maximales Φ von

$$\Phi_{\max} = \sqrt{\frac{30 \cdot 50}{70 \cdot 50}} = 0{,}65$$

mit $\Phi_{\max(+)} = 0{,}65$ und $\Phi_{\max(-)} = -0{,}65$.

Manche Autoren empfehlen, einen empirisch ermittelten Φ-Koeffizienten durch Relativierung am maximal erreichbaren Φ-Wert aufzuwerten (vgl. Cureton, 1959). Damit soll der Φ-Koeffizient hinsichtlich seines Wertebereichs mit der Produkt-Moment-Korrelation vergleichbar gemacht werden. Man beachte allerdings, dass auch die Produkt-Moment-Korrelation nur bei identischen Randverteilungen einen Wertebereich von $-1 \leq r \leq 1$ aufweist (vgl. Carroll, 1961, bzw. S. 206), sodass diese „Aufwertung" von Φ nicht unproblematisch ist.

Hinweise: Gelegentlich wird man daran interessiert sein zu erfahren, wie viel Prozent der Untersuchungsobjekte den Merkmalsalternativen des einen Merkmals zugeordnet werden können, wenn die Verteilung hinsichtlich der anderen Merkmalsalternative bekannt ist. Dieser „regressionsanalytische" Ansatz wird bei Berry et al. (1974), Eberhard (1968) und Steingrüber (1970) diskutiert.

Weitere, aus 4-Felder-Tafeln abgeleitete Maße, die vor allem für die klinische Forschung von Bedeutung sind (z. B. Spezifität und Sensitivität einer Behandlung; vgl. S. 58), findet man z. B. bei Bortz und Lienert (2003, S. 237 ff.).

Tetrachorische Korrelation

Stellen beide Variablen *künstliche Dichotomien* normalverteilter Variablen dar, kommt der tetrachorische Korrelationskoeffizient (r_{tet}) zur Anwendung. Der tetrachorische Korrelationskoeffizient schätzt die „wahre" Korrelation zwischen den beiden künstlich dichotomisierten Intervallskalen. Die Entwicklung der tetrachorischen Korrelation geht ebenfalls auf Pearson (1907) zurück. Die von ihm vorgeschlagene Formel ist allerdings sehr kompliziert, sodass wir hier nur die folgende Näherungsformel vorstellen wollen (nach Glass u. Stanley, 1970, S. 166):

$$r_{tet} = \cos \frac{180°}{1 + \sqrt{a \cdot d / (b \cdot c)}} . \quad (6.110)$$

Vor der Berechnung einer tetrachorischen Korrelation wird eine 4-Felder-Tafel angefertigt, die die Häufigkeiten des Auftretens der 4 Kombinationen der beiden Merkmalsalternativen enthält. Diese 4 Häufigkeiten werden wie in Tabelle 6.14 mit den Buchstaben a, b, c und d gekennzeichnet. Die tetrachorische Korrelation erhalten wir als Kosinus des Winkelwertes des Quotienten in Gl. (6.110). (Einige Statistiklehrbücher, wie z. B. Glass u. Stanley, 1970, enthalten vorgefertigte Tabellen für r_{tet}; vgl. hierzu auch Lienert u. Raatz, 1998, Tafel 7).

Die tetrachorische Korrelation kommt häufig in der *Testkonstruktion* zur Anwendung, wenn zwei ja-nein- (oder ähnlich) kodierte Fragen (Items) miteinander korreliert werden sollen. Man geht hierbei von der Annahme aus, dass das durch eine Frage (Item) angesprochene Merkmal tatsächlich normalverteilt ist.

Ist $n > 20$, kann die $H_0: \varrho_{tet} = 0$ durch folgenden *Signifikanztest* überprüft werden:

$$z = \frac{r_{tet}}{\sigma_{r_{tet}}} , \quad (6.111)$$

wobei

$$\sigma_{r_{tet}} = \sqrt{\frac{p_x \cdot p_y \cdot q_x \cdot q_y}{n}} \cdot \frac{1}{\vartheta_x \cdot \vartheta_y} . \quad (6.112)$$

Hierin bedeuten:

$p_x(p_y)$ = Anteil derjenigen Untersuchungseinheiten, die beim Merkmal x (y) zu der einen Alternative gehören,

$q_x(q_y) = 1 - p_x(1 - p_y)$ = Anteil derjenigen Untersuchungseinheiten, die beim Merkmal x (y) zur anderen Alternative gehören,

$\vartheta_x(\vartheta_y)$ = Ordinate desjenigen z-Wertes der Standardnormalverteilung, der die Verteilung in die Anteile p_x und q_x (p_y und q_y) trennt (vgl. Tabelle B).

BEISPIEL

Tabelle 6.16 zeigt die Auswertung einer 4-Felder-Tafel, die sich auf Grund der Beantwortung von zwei Fragen x und y durch n = 270 Personen ergeben hat.

Das Vorzeichen der Korrelation ist davon abhängig, wie die Kategorien in der 4-Felder-Tafel angeordnet werden. Ei-

Tabelle 6.16. Beispiel für eine tetrachorische Korrelation

		Frage y		
		ja	nein	
Frage x	ja	80 (a)	65 (b)	145
	nein	50 (c)	75 (d)	125
		130	140	270

$$r_{tet} = \cos\frac{180°}{1+\sqrt{80 \cdot 75/(65 \cdot 50)}} = \cos 76{,}31° = 0{,}24$$

ne inhaltliche Interpretation der Korrelation muss deshalb jeweils der Anordnung der 4 Häufigkeiten entnommen werden. In unserem Beispiel ermitteln wir für den Signifikanztest:

$$p_x = 145/270 = 0{,}54\,,$$
$$q_x = 125/270 = 0{,}46\,,$$
$$p_y = 130/270 = 0{,}48\,,$$
$$q_y = 140/270 = 0{,}52\,,$$
$$\vartheta_x = 0{,}397\,,$$
$$\vartheta_y = 0{,}398\,,$$
$$\sigma_{r_{tet}} = \sqrt{\frac{0{,}54 \cdot 0{,}46 \cdot 0{,}48 \cdot 0{,}52}{270}} \cdot \frac{1}{0{,}397 \cdot 0{,}398}$$
$$= 0{,}096\,,$$
$$z = \frac{0{,}24}{0{,}096} = 2{,}50\,.$$

Die Korrelation ist somit bei zweiseitigem Test auf dem $\alpha = 5\%$-Niveau signifikant ($z_{crit} = \pm 1{,}96$).

Hinweise: Nach Brown u. Benedetti (1977) überschätzt die nach Gl. (6.110) bestimmte tetrachorische Korrelation den wahren Merkmalszusammenhang, wenn die Randverteilungen der 4-Felder-Tafel stark asymmetrisch sind oder wenn die kleinste Zellhäufigkeit unter 5 liegt. Genauere Schätzformeln findet man bei Divgi (1979) bzw. Kirk (1973) und einen Vergleich verschiedener Näherungsformeln bei Castellan (1966). Tabellen, denen auch bei extrem asymmetrischen Randverteilungen Signifikanzgrenzen der tetrachorischen Korrelation zu entnehmen sind, haben Jenkins (1955) bzw. – genauer – Zalinski et al. (1979) aufgestellt.

Analog zur polyserialen Korrelation als Verallgemeinerung der biserialen Korrelation wurde auch die tetrachorische Korrelation für zwei mehrfach gestufte Variablen weiterentwickelt. Ausführungen hierzu findet man bei Lancaster u. Hamdan (1964) bzw. Ollson (1979). Weitere Zusammenhangsmaße für 4-Felder-Tafeln sind einer vergleichenden Übersicht von Alexander et al. (1985a) bzw. Kubinger (1993) zu entnehmen.

6.3.5 Korrelation eines dichotomen Merkmals mit einer Ordinalskala (biseriale Rangkorrelation)

Die biseriale Rangkorrelation (r_{bisR}) wird berechnet, wenn ein Merkmal (x) in künstlicher oder natürlicher Dichotomie vorliegt und das andere Merkmal y Rang skaliert ist. Wir wollen diesen Koeffizienten, der von Cureton (1956) bzw. Glass (1966) entwickelt wurde, an folgendem Beispiel erläutern:

BEISPIEL

Ein Lehrer einer Abiturklasse wird aufgefordert, seine Schüler (n = 15) hinsichtlich ihrer Beliebtheit in eine Rangreihe zu bringen (Merkmal y). Es soll überprüft werden, ob die Sympathien des Lehrers mit dem Geschlecht der Schüler (Merkmal x) korreliert sind ($\alpha = 0{,}05$; zweiseitiger Test). Es möge sich die in Tabelle 6.17 dargestellte Rangreihe ergeben haben (Rangplatz 1 = höchste Sympathie).
Ein perfekter Zusammenhang läge vor, wenn beispielsweise alle weiblichen Schüler die unteren und alle männlichen Schüler die oberen Rangplätze erhalten hätten. Es

Tabelle 6.17. Beispiel für eine biseriale Rangkorrelation

Schüler	Geschlecht	Rangplatz
1	♂	9
2	♂	2
3	♀	3
4	♂	10
5	♀	8
6	♀	11
7	♀	1
8	♂	12
9	♀	7
10	♂	6
11	♂	13
12	♂	14
13	♂	15
14	♀	4
15	♀	5

wird nun überprüft, wie weit die empirische Rangverteilung von dieser extremen Rangverteilung abweicht, indem für jeden Rangplatz in der einen Gruppe ausgezählt wird, wie viel höhere Rangplätze (= U) bzw. wie viel niedrigere Rangplätze (U') sich in der anderen Gruppe befinden.

Dies ist genau die Vorgehensweise, die wir bereits beim U-Test kennengelernt haben (vgl. S. 150 ff.). Das Auszählen der Rangplatzüberschreitungen und Rangplatzunterschreitungen kann man umgehen, wenn man über Gl. (5.45) unter Zuhilfenahme der Rangsummen T_1 und T_2 die Werte U und U' (U < U') ermittelt.

Im Beispiel resultiert für die Summe der Rangplätze aller weiblichen Schüler ($n_1 = 7$) $T_1 = 39$ und für die männlichen Schüler ($n_2 = 8$) $T_2 = 81$. Man errechnet also

$$U' = 7 \cdot 8 + \frac{7 \cdot 8}{2} - 39 = 45 \quad \text{und}$$

$$U = 7 \cdot 8 - 45 = 11.$$

Unter Verwendung von $U_{max} = n_1 \cdot n_2 = 56$ ergibt sich:

$$r_{bisR} = \frac{U - U'}{U_{max}}$$

$$= \frac{U - U'}{n_1 \cdot n_2} = \frac{11 - 45}{7 \cdot 8} = \frac{-34}{56} = -0{,}61, \quad (6.113)$$

wobei

n_1 = Häufigkeit des Auftretens der Merkmalsalternative x_1,
n_2 = Häufigkeit des Auftretens der Merkmalsalternative x_2.

Wie Glass (1966) gezeigt hat, ist r_{bisR} mit der biserialen Korrelation für ordinalskalierte Variablen identisch. Hieraus leitet sich die folgende, vereinfachte Berechnungsvorschrift für r_{bisR} ab:

$$r_{bisR} = \frac{2}{n} \cdot (\bar{y}_1 - \bar{y}_2), \quad (6.114)$$

wobei

$\bar{y}_1$ = durchschnittlicher Rangplatz der zu x_1 gehörenden Untersuchungseinheiten,
$\bar{y}_2$ = durchschnittlicher Rangplatz der zu x_2 gehörenden Untersuchungseinheiten,
n = Umfang der Stichprobe.

Nach dieser Formel erhalten wir den gleichen Wert:

$$r_{bisR} = \frac{2}{15} \cdot (5{,}57 - 10{,}13) = -0{,}61.$$

Die Überprüfung der H_0: $\varrho_{bisR} = 0$ erfolgt bei hinreichend großem n über den approximativen U-Test (vgl. Gl. 5.48). In unserem Beispiel ermitteln wir:

$$U = 11$$

$$\mu_U = n_1 \cdot n_2 / 2 = 7 \cdot 8 / 2 = 28,$$

$$\sigma_U = \sqrt{\frac{n_1 \cdot n_2 \cdot (n+1)}{12}} = \sqrt{\frac{7 \cdot 8 \cdot 16}{12}} = 8{,}64,$$

$$z = \frac{11 - 28}{8{,}64} = \frac{-17}{8{,}64} = -1{,}97.$$

Dieser Wert wäre auf dem 5%-Niveau signifikant. Da jedoch der Stichprobenumfang nicht groß genug ist (n_1 oder $n_2 > 10$), sollte der Signifikanztest nicht über die Normalverteilungsapproximation durchgeführt werden, sondern über die Ermittlung der exakten Wahrscheinlichkeit des U-Wertes (unter der Annahme einer gültigen H_0). Tabelle F entnehmen wir für U = 11, $n_1 = 7$ und $n_2 = 8$ einen Wahrscheinlichkeitswert von 0,027. Wegen des zweiseitigen Tests ist dieser Wert zu verdoppeln, sodass der Zusammenhang wegen $2 \cdot 0{,}027 = 0{,}054 > 0{,}05$ nicht signifikant ist.

Hinweise: Die Anwendung von Gl. (6.114) wird problematisch, wenn *verbundene Rangplätze* (= gleiche Rangplätze bei mehreren Untersuchungseinheiten, vgl. S. 152 f.) auftreten. Dieser Fall wird bei Cureton (1968c) diskutiert. Weitere Informationen zum Umgang mit verbundenen Rangplätzen bei der biserialen Rangkorrelation findet man bei Wilson (1976) oder Bortz et al. (2000, Kap. 8.2.1.2 oder 8.2.2.2).

6.3.6 Korrelation zweier Ordinalskalen

Der Zusammenhang zweier ordinalskalierter Merkmale wird durch die **Rangkorrelation** nach Spearman (r_s oder ϱ) erfasst. r_s ist mit der Produkt-Moment-Korrelation identisch, wenn beide Merkmale jeweils die Werte 1 bis n annehmen, was bei Rangreihen der Fall ist. Eine Rangkorrelation könnte somit berechnet werden, indem in die Produkt-Moment-Korrelationsformel statt der intervallskalierten Messwerte die Rangdaten eingesetzt werden. Daß Spearmans r_s dennoch eine für Ordinalskalen zulässige Statistik ist, zeigt Marx (1982).

Für die Bestimmung von r_s machen wir von der Tatsache Gebrauch, dass sich der Mittelwert der Zahlen 1, 2 ... n zu

$$\bar{x} = (n+1)/2$$

6.3.6 Korrelation zweier Ordinalskalen

ergibt und die Varianz zu

$$s^2 = \frac{n^2 - 1}{12}.$$

Unter Berücksichtigung dieser Vereinfachung erhalten wir aus der Formel der Produkt-Moment-Korrelation für die Rangkorrelation folgende Berechnungsvorschrift:

$$r_s = 1 - \frac{6 \cdot \sum\limits_{i=1}^{n} d_i^2}{n \cdot (n^2 - 1)}, \quad (6.115)$$

wobei d_i = Differenz der Rangplätze, die ein Untersuchungsobjekt i bezüglich der Merkmale x und y erhalten hat.

Eine Ableitung dieser Gleichung aus der Produkt-Moment-Korrelation findet man z. B. bei Bortz et al. (2000, Kap. 8.2.1).

Die $H_0: \varrho_s = 0$ kann für $n \geq 30$ approximativ durch folgenden t-Test überprüft werden:

$$t = \frac{r_s}{\sqrt{(1 - r_s^2)/(n-2)}}, \quad (6.116)$$

wobei $df = n - 2$.

BEISPIEL

Zwei Kunstkritiker bringen 12 Gemälde nach ihrem Wert in eine Rangreihe. Die in Tabelle 6.18 dargestellten Rangreihen korrelieren zu $r_s = 0{,}83$.

Für den Signifikanztest ermitteln wir nach Gl. (6.116):

$$t = \frac{0{,}83}{\sqrt{(1 - 0{,}83^2)/(12 - 2)}} = 4{,}71.$$

Tabelle 6.18. Beispiel für eine Rangkorrelation

Gemälde	Kritiker 1	Kritiker 2	d	d²
1	8	6	2	4
2	7	9	−2	4
3	3	1	2	4
4	11	12	−1	1
5	4	5	−1	1
6	1	4	−3	9
7	5	8	−3	9
8	6	3	3	9
9	10	11	−1	1
10	2	2	0	0
11	12	10	2	4
12	9	7	2	4
			$\sum\limits_{i=1}^{n} d_i^2 =$	50

$$r_s = 1 - \frac{6 \cdot 50}{12 \cdot (12^2 - 1)} = 1 - 0{,}17 = 0{,}83$$

Um die H_0 auf dem 1%-Niveau beibehalten zu können, müsste der empirische t-Wert bei zweiseitigem Test und $df = 10$ im Bereich $-3{,}17 < t < +3{,}17$ liegen. Der gefundene Wert liegt außerhalb dieses Bereichs, d.h. die H_0 wird zu Gunsten der H_1 verworfen: Zwischen den beiden Rangreihen besteht ein sehr signifikanter Zusammenhang. Man beachte allerdings, dass $n < 30$ ist.

Hinweise: Für $n \leq 30$ existieren Tafelwerke, die der Literatur über verteilungsfreie Verfahren entnommen werden können (z. B. Bortz u. Lienert, 2003 Tafel O). Will man im Bereich $30 \leq n \leq 100$ genauer als über Gl. (6.116) testen, ist die Arbeit von Zar (1972) hilfreich. Weitere Informationen zum Signifikanztest von r_s findet man bei Hájek (1969) und Nijsse (1988). Für $n < 10$ hat Kendall (1962) eine Tabelle der *exakten Wahrscheinlichkeiten* für r_s-Werte bei Gültigkeit der H_0 angefertigt, die in der Literatur über verteilungsfreie Verfahren (z. B. Lienert, 1973; Siegel, 1956) wiedergegeben ist. Wie man eine Rangkorrelation r_s in eine Produkt-Moment-Korrelation r überführen kann, wird bei Rupinski u. Dunlap (1996) beschrieben.

Verbundene Ränge. Liegen in einer (oder beiden) Rangreihen verbundene Rangplätze vor, kann Gl. (6.115) nur eingesetzt werden, wenn die Gesamtzahl aller verbundenen Ränge maximal 20% aller Rangplätze ausmacht. Andernfalls muss r_s nach folgender Gleichung berechnet werden (vgl. hierzu Horn, 1942):

$$r_s = \frac{2 \cdot \left(\frac{n^3 - n}{12}\right) - T - U - \sum\limits_{i=1}^{n} d_i^2}{2 \cdot \sqrt{\left(\frac{n^3 - n}{12} - T\right) \cdot \left(\frac{n^3 - n}{12} - U\right)}}, \quad (6.117)$$

wobei

$$T = \sum_{j=1}^{k(x)} (t_j^3 - t_j)/12,$$

$$U = \sum_{j=1}^{k(y)} (u_j^3 - u_j)/12,$$

t_j = Anzahl der in t_j zusammengefassten Ränge in der Variablen x,

u_j = Anzahl der in u_j zusammengefassten Ränge in der Variablen y,
$k(x); k(y)$ = Anzahl der verbundenen Ränge (Ranggruppen) in der Variablen x (y).

BEISPIEL

Zu berechnen ist die Korrelation der Deutschnoten bei 10 Bruder-Schwester-Paaren. Tabelle 6.19 zeigt die Daten und den Rechengang (zur Vergabe von verbundenen Rängen, vgl. S. 152 f.).

Der ermittelte r_s-Wert kann ebenfalls – allerdings nur approximativ – über Gl. (6.116) auf statistische Signifikanz getestet werden. Der t-Wert lautet im vorliegenden Fall:

$$t = \frac{0{,}65}{\sqrt{(1 - 0{,}65^2)/(10 - 2)}} = 2{,}42$$

Dieser Wert ist bei zweiseitigem Test auf dem 5%-Niveau signifikant ($t_{(8;97,5\%)} = 2{,}31$). Ein genauerer Test wurde von Hájek (1969) entwickelt; er wird bei Bortz et al. (2000), Kap. 8.2.1.1) behandelt.

Hinweis: Ein weiteres Korrelationsmaß ist Kendalls τ (Kendall, 1962). Ausführliche Informationen hierzu findet man z. B. bei Bortz u. Lienert (2003, Kap. 5.2.5).

6.3.7 „Korrelation" zweier Nominalskalen (Kontingenzkoeffizient)

Das bekannteste Maß zur Charakterisierung des Zusammenhangs zweier nominalskalierter Merkmale ist der Kontingenzkoeffizient C. Seine Berechnung und Interpretation sind eng mit dem $k \times \ell - \chi^2$-Test (vgl. S. 172 ff.) verknüpft. Mit dem $k \times \ell - \chi^2$-Test überprüfen wir die Nullhypothese, dass zwei nominalskalierte Merkmale stochastisch voneinander unabhängig sind. Ist dieser χ^2-Test signifikant, gibt der Kontingenzkoeffizient den

Tabelle 6.19. Beispiel für eine Rangkorrelation mit verbundenen Rängen

Geschwisterpaar	x Note (Bruder)	y Note (Schwester)	x Rang (1. G.)	y Rang (2. G.)	d^2
1	2	3	3	6	9
2	4	5	9,5	10	0,25
3	2	3	3	6	9
4	3	3	6,5	6	0,25
5	3	1	6,5	1	30,25
6	2	2	3	2,5	0,25
7	1	2	1	2,5	2,25
8	3	3	6,5	6	0,25
9	4	4	9,5	9	0,25
10	3	3	6,5	6	0,25

$$\sum_{i=1}^{n} d_i^2 = 52$$

verbundene Ränge in x
3 × Rangplatz 3 ($t_1 = 3$)
4 × Rangplatz 6,5 ($t_2 = 4$)
2 × Rangplatz 9,5 ($t_3 = 2$)

$k(x) = 3$

verbundene Ränge in y
2 × Rangplatz 2,5 ($u_1 = 2$)
5 × Rangplatz 6 ($u_2 = 5$)

$k(y) = 2$

$$T = \sum_{j=1}^{k(x)} (t_j^3 - t_j)/12 = [(3^3 - 3) + (4^3 - 4) + (2^3 - 2)]/12 = 7{,}5$$

$$U = \sum_{j=1}^{k(y)} (u_j^3 - u_j)/12 = [(2^3 - 2) + (5^3 - 5)]/12 = 10{,}5$$

$$r_s = \frac{2 \cdot \left(\frac{10^3 - 10}{12}\right) - 7{,}5 - 10{,}5 - 52}{2 \cdot \sqrt{\left(\frac{10^3 - 10}{12} - 7{,}5\right) \cdot \left(\frac{10^3 - 10}{12} - 10{,}5\right)}} = \frac{95}{146{,}97} = 0{,}65$$

Grad der Abhängigkeit beider Merkmale wieder. Er wird nach folgender Gleichung berechnet:

$$C = \sqrt{\frac{\chi^2}{\chi^2 + n}}, \quad (6.118)$$

wobei $\chi^2 = \chi^2$-Wert des $k \times \ell - \chi^2$-Test und n = Stichprobenumfang.

Dieses Maß ist jedoch nur bedingt mit einer Produkt-Moment-Korrelation vergleichbar. Zum einen ist C nur positiv definiert. Seine Größe hat nur theoretisch die Grenzen 0 und $+1{,}00$. Bei maximaler Abhängigkeit strebt C nur gegen $1{,}00$, wenn die Anzahl der Felder der $k \times \ell$-Tafel gegen unendlich geht. Zum anderen ist das Quadrat von C nicht als Determinationskoeffizient (vgl. S. 209 f.) zu interpretieren, da Varianzen (bzw. gemeinsame Varianzanteile) bei nominalskalierten Merkmalen nicht definiert sind.

Der maximale Kontingenzkoeffizient ergibt sich für eine gegebene $k \times \ell$-Tafel nach folgender Beziehung (vgl. Pawlik, 1959):

$$C_{max} = \sqrt{\frac{R-1}{R}} \quad (6.119)$$

mit $R = \min(k, \ell)$.

Für einen Vergleich mit anderen Korrelationsmaßen empfiehlt sich der folgende Koeffizient CI *(Cramers Index)*:

$$CI = \sqrt{\frac{\chi^2}{n \cdot (R-1)}}, \quad (6.120)$$

wobei $R = \min(k, \ell)$. Wie man leicht erkennt, geht dieser Koeffizient für 4-Felder-Tafeln (mit R = 2) in den Φ-Koeffizienten (vgl. Gl. 6.107) über.

BEISPIEL

Zur Demonstration der hier aufgeführten Zusammenhangsmaße wählen wir erneut das $k \times \ell - \chi^2$-Beispiel auf S. 172, bei dem es um den Zusammenhang zwischen der Art von Rorschach-Deutungen und dem Alter der Testperson ging. (Man beachte, dass in diesem Beispiel eine Nominalskala mit einer in Intervalle eingeteilten Verhältnisskala in Beziehung gesetzt ist. Die Verhältnisskala wird hier also – unter Informationsverlust – wie eine Nominalskala behandelt. Einen allgemeinen Ansatz, der die Besonderheiten der jeweils in Beziehung gesetzten Skalen berücksichtigt, haben Janson u. Vegelius, 1982 entwickelt.)

Für die 4×3-Tafel im Beispiel resultierte ein χ^2-Wert von 34,65 (n = 500). Wir ermitteln nach Gl. (6.118) folgenden Kontingenzkoeffizienten:

$$C = \sqrt{\frac{34{,}65}{34{,}65 + 500}} = 0{,}25.$$

Der maximale Zusammenhang für diese Kontingenztafel lautet:

$$C_{max} = \sqrt{\frac{3-1}{3}} = 0{,}82.$$

Für CI ergibt sich

$$CI = \sqrt{\frac{34{,}65}{500 \cdot (3-1)}} = 0{,}19.$$

Hinweis: Weitere Anregungen zur Auswertung von Kontingenztafeln findet man bei Hays (1994, Kap. 18.12) bzw. Bortz et al. (2000, Kap. 8.1.3). C und CI werden bei Bortz u. Lienert (2003, S. 251) vergleichend analysiert.

▷ 6.4 Korrelation und Kausalität

Zum Abschluss dieses Kapitels wollen wir uns noch einige Gedanken zur Interpretation von Korrelationskoeffizienten machen. Hat man zwischen zwei Variablen x und y eine statistisch abgesicherte, d. h. signifikante Korrelation gefunden, kann diese Korrelation im kausalen Sinn folgendermaßen interpretiert werden:

1. x beeinflusst y kausal,
2. y beeinflusst x kausal,
3. x und y werden von einer dritten oder weiteren Variablen kausal beeinflusst,
4. x und y beeinflussen sich wechselseitig kausal.

Der Korrelationskoeffizient liefert keine Informationen darüber, welche der 4 Interpretationen richtig ist.

Die meisten korrelativen Zusammenhänge dürften vom Typus 3 sein, d. h., der Zusammenhang der beiden Variablen ist ursächlich auf andere Variablen zurückzuführen, die auf beide Variablen Einfluss nehmen. So möge beispielsweise zwischen den Merkmalen „Ehrlichkeit" und „Häufigkeit des Kirchgangs" ein positiver Zusammenhang bestehen. Kann hieraus der Schluss gezogen werden, dass die in der Kirche vermittelten Werte und Einstellungen das Merkmal Ehrlichkeit in positiver Weise beeinflussen, oder ist es so, dass Personen, die ohnehin ehrlich sind, sich mehr durch religiöse Inhalte angesprochen fühlen und deshalb den Gottesdienst öfter besuchen? Plausibler erscheint dieser Zusammenhang, wenn man davon ausgeht, dass die allgemeine familiäre und außerfamiliäre Sozialisation sowohl das eine als auch andere Merkmal beeinflussen und damit für den angetroffenen korrelativen Zusammenhang ursächlich verantwortlich ist.

Eine Korrelation zwischen zwei Variablen ist eine notwendige, aber keine hinreichende Voraussetzung für kausale Abhängigkeiten. Dies gilt sowohl für lineare als auch nonlineare Zusammenhänge. Korrelationen können deshalb nur als **Koinzidenzen** interpretiert werden. Sie liefern bestenfalls Hinweise, zwischen welchen Merkmalen kausale Beziehungen bestehen könnten. Diesen Hinweisen kann in weiteren, kontrollierten Experimenten nachgegangen werden, um die Vermutung einer kausalen Beziehung zu erhärten. Wenn sich beispielsweise zwischen Testangst während der Durchführung eines Intelligenztests und der Intelligenzleistung eine Korrelation von $r = -0{,}60$ ergibt, ließe sich dieser Zusammenhang dadurch erklären, dass die hohe Testangst eine hohe Intelligenzleistung verhindert hat oder dass intelligente Versuchspersonen von vornherein weniger Angst (z. B. vor Misserfolgen) haben. Mehr Klarheit würde ein Experiment verschaffen, in dem zwei gleich intelligente, randomisierte Gruppen hinsichtlich ihrer Testleistung verglichen werden, nachdem das Angstniveau der einen Gruppe zuvor durch eine entsprechende Instruktion nachweislich erhöht wurde.

> **Korrrelationen dürfen ohne Zusatzinformationen nicht kausal interpretiert werden.**

Der Kausalitätsbegriff selbst ist sehr umstritten, und es gibt Vertreter, die der Ansicht sind, dass Kausalität empirisch überhaupt nicht nachweisbar sei. (Zu dieser Problematik vgl. z. B. Blalock, 1968; Bunge, 1987; Eberhard, 1973; Kraak, 1966 und Sarris, 1967.) Wenn überhaupt, seien es nur Mittel der Logik, mit denen ein Kausalnachweis geführt werden könne. Wenn beispielsweise ein Stein in eine ruhige Wasserfläche fällt, gibt es keinen Zweifel daran, dass die sich ausbreitenden Wellen vom Stein verursacht wurden. Eine umgekehrte Kausalrichtung wäre mit der Logik unserer physikalischen Kenntnisse nicht zu vereinbaren. In ähnlicher Weise akzeptieren wir in der Regel, dass zeitlich früher eingetretene Ereignisse (z. B. die Vorbereitung auf eine Prüfung) ein nachfolgendes Ereignis (z. B. die tatsächliche Note in der Prüfung) beeinflussen kann und nicht umgekehrt. Dies sind Kausalaussagen, die logisch bzw. mit dem „gesunden Menschenverstand" begründet werden und nicht empirisch.

Die Kausalitätskontroverse betrifft auch ein regressionsanalytisches Verfahren zur Aufschlüsselung von Bedingungsketten, das in den Sozialwissenschaften unter dem Namen **„Pfadanalyse"** bekannt wurde und das in den Grundzügen bereits 1921 vom Biometriker Wright entwickelt wurde (vgl. z. B. Blalock, 1971; Brandstätter u. Bernitzke, 1976; Boudon, 1965; Boyle, 1970; Heise, 1969; Land, 1969; LeRoy, 1967; Weede, 1970). Auf diesen Ansatz sowie auf die unter dem Namen „LISREL" bekannt gewordene Methode werden wir unter 13.3 kurz eingehen.

Über formale Randbedingungen, die ein Regressionsmodell erfüllen muss, um kausal interpretiert werden zu können, berichtet Steyer (1992).

ÜBUNGSAUFGABEN

1. Stellen Sie die folgenden Funktionsgleichungen graphisch dar:
   a) $y = 0{,}3 \cdot x + 6$,
   b) $y = -\frac{1}{2} \cdot x - 1$,
   c) $y = 0{,}5 \cdot (5 + x)$.

2. Nach welchem Kriterium wird die Regressionsgerade zur Vorhersage von ŷ-Werten festgelegt?

3. Was hat die Differenzialrechnung mit der Regressionsrechnung zu tun?

4. Welche Besonderheiten ergeben sich für die beiden Regressionsgeraden, wenn die Variablen zuvor z-standardisiert wurden?

5. Erläutern Sie den Begriff „Kovarianz".

6. Sherif et al. (1961) untersuchten Zusammenhänge zwischen Leistungen und Rangpositionen von Mitgliedern in künstlich zusammengestellten Gruppen. Die Aufgabe der Vpn bestand darin, mit einem Ball auf eine Zielscheibe zu werfen, deren konzentrische Kreise allerdings durch ein Tuch verdeckt waren. Während die Vpn somit nicht wussten, wie gut ihre Trefferleistungen waren, konnte der Vl durch eine Einrichtung, die den Aufprallort des Balles elektrisch registrierte, die Wurfleistung sehr genau kontrollieren. Ferner wurde die Wurfleistung einer jeden Vp durch die übrigen Gruppenmitglieder geschätzt. Auf grund soziometrischer Tests war außerdem die soziale Rangposition der einzelnen Gruppenmitglieder bekannt.

Übungsaufgaben

In einer dem sherifschen Experiment nachempfundenen Untersuchung mögen sich für 12 Vpn folgende Werte ergeben haben:

Vp	tatsächliche Leistung	durchschnittliche geschätzte Leistung	soziale Rangposition
1	6	5,2	7
2	3	6,5	1
3	3	4,8	10
4	9	5,9	4
5	8	6,0	6
6	5	4,3	12
7	6	4,0	11
8	6	6,2	3
9	7	6,1	2
10	4	5,7	9
11	5	5,8	5
12	6	4,9	8

a) Wie lautet die Regressionsgleichung zur Vorhersage der tatsächlichen Leistungen auf Grund der durchschnittlich geschätzten Leistungen?
b) Wie hoch ist die Korrelation zwischen der tatsächlichen Leistung und der durchschnittlichen geschätzten Leistung?
c) Ist die Korrelation signifikant, wenn wir davon ausgehen, dass die tatsächlichen Leistungen und die durchschnittlichen geschätzten Leistungen in der Population bivariat normalverteilt sind?
d) Mit welchem Korrelationsverfahren kann der Zusammenhang zwischen der sozialen Rangposition und
1. der durchschnittlichen geschätzten Leistung und
2. der tatsächlichen Leistung ermittelt werden?
e) Wie hoch sind die unter d) erfragten Korrelationskoeffizienten?
f) Überprüfen Sie beide Korrelationen auf Signifikanz.

7. Ein Schulpsychologe hat an 500 Vorschulkindern die folgenden Kennwerte eines Schuleignungstests ermittelt: $\bar{x} = 40$, $s_x = 5$. Nach Ablauf des 1. Schuljahres werden mit einem geeigneten Verfahren die tatsächlichen Leistungen dieser Stichprobe gemessen, die folgende Kennwerte aufweisen: $\bar{y} = 30$, $s_y = 4$. Die Kovarianz zwischen dem Schuleignungstest und dem Schulleistungstest möge $\text{cov}(x, y) = 10$ betragen.

a) Ermitteln Sie die Korrelation zwischen den beiden Tests.
b) Wie lautet die Regressionsgleichung zur Vorhersage der schulischen Leistungen aufgrund des Schuleignungstests?
c) Mit welcher schulischen Leistung ist bei einem Schüler zu rechnen, der im Eignungstest einen Wert von $x = 45$ erzielt hat?
d) Wie lautet das Konfidenzintervall, in dem sich die durchschnittliche Schulleistung aller Schüler mit einem Eignungstestwert von $x = 45$ mit 99%iger Wahrscheinlichkeit befindet? Diskutieren Sie Möglichkeiten, das Konfidenzintervall zu verkleinern.

8. Wie verändern sich b_{yx}, wenn bei gleich bleibender Korrelation
a) s_x
b) s_y
größer wird?

9. Besteht zwischen zwei Variablen eine Korrelation von $+1$ oder -1, wissen wir, dass beide Variablen durch eine eindeutige funktionale Beziehung verknüpft sind. Müssen wir deshalb für den Fall, dass die Korrelation von $+1$ oder -1 abweicht, eine perfekte funktionale Beziehung ausschließen?

10. Welche Voraussetzungen müssen erfüllt sein, um
a) eine Korrelation als deskriptives Maß zu berechnen,
b) eine Korrelation statistisch abzusichern?

11. Wie groß ist der gemeinsame Varianzanteil der beiden Tests in Aufgabe 7?

12. Erläutern und begründen Sie, unter welchen Umständen die Regressionsgerade zur Vorhersage von y-Werten mit der Regressionsgeraden zur Vorhersage von x-Werten identisch ist.

13. Welche Möglichkeiten kennen Sie, Regressionsgleichungen für nichtlineare Zusammenhänge zu bestimmen?

14. Birch (1945) untersuchte den Einfluss der Motivstärke auf das Problemlöseverhalten bei Schimpansen. Die Stärke des Hungermotivs wurde variiert, indem den Tieren vor dem Experiment unterschiedlich lange nichts zu fressen gegeben wurde. Die Aufgabe der Schimpansen bestand darin, eine außerhalb des Käfigs liegende Banane zu erreichen, was jedoch nur mit Hilfe eines Stockes, der in erreichbarer Distanz ebenfalls außerhalb des Käfigs lag, möglich war. Bei jedem Tier wurde die Zeit, die zum Erreichen der Banane benötigt wurde, registriert. Es mögen sich folgende Motivstärken (operationalisiert durch die Dauer der Hungerperiode in Stunden) und Problemlösezeiten ergeben haben:

Tier	Motivstärke	Problemlösezeit
1	1	120
2	3	110
3	5	70
4	7	90
5	9	50
6	11	60
7	13	60
8	15	80
9	17	90
10	19	90

Zwischen beiden Variablen wird ein umgekehrt U-förmiger Zusammenhang erwartet (optimales Problemlöseverhalten bei mittlerer Motivstärke). Wie lautet die quadratische Regressionsgleichung? Stellen Sie die Funktion zusammen mit den 10 Messpunkten graphisch dar.

15. Erläutern Sie, warum korrelative Zusammenhänge nicht als kausale Zusammenhänge interpretiert werden können.
16. Nennen Sie Beispiele für negative Korrelationen.
17. Was ist der Unterschied zwischen einer Korrelation und einer Kovarianz?
18. Ist der Determinationskoeffizient mit der Kovarianz identisch?
19. In welche Anteile wird die Varianz der y-Werte bei der Regressionsvorhersage zerlegt?
20. Was versteht man unter Homoskedastizität?
21. In drei verschiedenen Untersuchungen wurden folgende Zusammenhänge zwischen den Merkmalen Extraversion und Stimulationsbedürfnis ermittelt: $r_1 = 0{,}75$; $r_2 = 0{,}49$; $r_3 = 0{,}62$. Wie lautet die durchschnittliche Korrelation, wenn wir davon ausgehen können, dass die untersuchten Stichproben gleich groß waren?
22. Mit einem Interessentest wird ermittelt, wie ähnlich die Interessen von jung verheirateten Ehepartnern sind. Die Korrelation möge bei einer Stichprobe von $n = 50$ Ehepaaren $r = 0{,}30$ betragen. Für $n = 60$ Ehepaare, die bereits 20 Jahre verheiratet sind, lautet der entsprechende Wert $r = 0{,}55$. Ist der Unterschied zwischen den Korrelationen bei zweiseitigem Test signifikant?
23. Thalberg (1967, zit. nach Glass u. Stanley, 1970) korrelierte für eine Stichprobe von $n = 80$ Studenten die Merkmale Intelligenz (x), Lesegeschwindigkeit (y) und Leseverständnis (z). Die folgenden Korrelationen wurden ermittelt:

$r_{xy} = -0{,}034$; $r_{xz} = 0{,}422$; $r_{yz} = -0{,}385$.

Überprüfen Sie die H_0, dass Lesegeschwindigkeit und Leseverständnis gleich hoch mit Intelligenz korreliert sind.
24. Wie können sich Stichprobenselektionsfehler auf die Korrelation auswirken?
25. Die folgenden Eigenschaften werden in folgender Weise gemessen:
    1. Geschlecht: 0 = männlich, 1 = weiblich,
    2. Neurotizismus: intervallskalierte Werte,
    3. sozialer Status in der Gruppe: ordinalskalierte Werte,
    4. mit Abitur – ohne Abitur: mit Abitur = 1, ohne Abitur = 0.

    Mit welchen Verfahren können die Zusammenhänge zwischen folgenden Merkmalen quantifiziert werden?
    a) Geschlecht – Neurotizismus,
    b) Geschlecht – mit/ohne Abitur,
    c) Neurotizismus – sozialer Status,
    d) mit/ohne Abitur – Neurotizismus,
    e) Geschlecht – sozialer Status,
    f) mit/ohne Abitur – sozialer Status.

26. 20 Patienten einer psychiatrischen Klinik werden von einem Verhaltenstherapeuten und einem Gesprächspsychotherapeuten hinsichtlich des Ausmaßes ihrer emotionalen Gestörtheit jeweils in eine Rangreihe gebracht.

Patient Nr.	Verhaltenstherapeut	Gesprächspsychotherapeut
1	7	8
2	13	4
3	6	16
4	8	7
5	1	3
6	12	14
7	5	15
8	3	2
9	15	13
10	14	11
11	2	17
12	18	18
13	11	9
14	19	20
15	4	1
16	16	6
17	9	10
18	20	19
19	17	12
20	10	5

Ermitteln Sie die Korrelation zwischen den beiden Rangreihen und überprüfen Sie, ob die Korrelation statistisch signifikant ist, wenn bei gerichteter Fragestellung ein positiver Zusammenhang erwartet wird.

27. Ein Lehrer stuft die Aufsätze seiner 15 Schüler danach ein, ob das Thema eher kreativ (1) oder wenig kreativ (0) behandelt wurde. Ferner bringt er die Schüler nach ihren allgemeinen Leistungen im Deutschunterricht in eine Rangreihe. Berechnen Sie für die folgenden Werte den Zusammenhang zwischen der Kreativität des Aufsatzes und den allgemeinen Deutschleistungen.

Schüler Nr.	Kreativität d. Aufsatzes	allgemeine Deutschleistung
1	0	5
2	1	6
3	1	1
4	1	11
5	0	15
6	0	2
7	1	3
8	0	9
9	1	10
10	1	4
11	0	12
12	0	13
13	0	14
14	1	7
15	1	8

Übungsaufgaben

28. Von 100 Großstädtern mögen 40% und von 100 Dorfbewohnern 20% konfessionslos sein. Überprüfen Sie, ob die Merkmale Großstadt vs. Dorf und konfessionell gebunden vs. nichtgebunden stochastisch unabhängig sind. Bestimmen und überprüfen Sie die Korrelation zwischen den beiden Merkmalen.

29. Ein Lehrer einer 4. Grundschulklasse will überprüfen, ob die Anzahl der Rechtschreibfehler im Diktat mit dem Merkmal Rechtshändigkeit vs. Linkshändigkeit zusammenhängt. Er untersucht 9 Linkshänder und 13 Rechtshänder, die folgende Rechtschreibleistungen (Fehler im Diktat) aufweisen:

Linkshänder	Rechtshänder
3	4
8	5
0	2
12	2
14	0
7	8
6	11
2	9
1	7
	7
	0
	2
	2

Berechnen und überprüfen Sie die Korrelation zwischen den Merkmalen Rechtschreibleistung und Links- vs. Rechtshändigkeit.

30. Wie lautet der maximale Φ-Koeffizient zu Aufgabe 28?

Teil II Varianzanalytische Methoden

▷ Einleitung

Kapitel 5 behandelte u.a. Verfahren, mit denen wir über 2 Stichproben ermitteln können, ob ein Merkmal in 2 verschiedenen Populationen unterschiedlich ausgeprägt ist. Hat dieses Merkmal beispielsweise Intervallskalencharakter, überprüft – so haben wir gelernt – der t-Test, ob sich die Mittelwerte zweier abhängiger oder unabhängiger Stichproben signifikant voneinander unterscheiden.

Viele human- bzw. sozialwissenschaftliche Fragestellungen lassen sich jedoch erst dann einigermaßen zufrieden stellend beantworten, wenn das Zusammenwirken und die Möglichkeit der wechselseitigen Beeinflussung mehrerer Variablen berücksichtigt bzw. wenn Stichproben aus Populationen, die sich systematisch in Bezug auf mehrere Merkmale oder Merkmalskombinationen unterscheiden, miteinander verglichen werden. Komplexere Probleme dieser Art können mit dem t-Test, der „nur" die Unterschiedlichkeit eines Merkmals in 2 Populationen analysiert, nicht mehr gelöst werden.

Zur Verdeutlichung stellen wir uns vor, jemand sei an der psychologischen Therapieforschung interessiert und beherrsche als einzige statistische Analysetechnik nur den t-Test. Welche empirischen Untersuchungsmöglichkeiten eröffnen sich, mit dem t-Test abgesicherte Informationen über die Wirkungsweise verschiedener Therapieformen bei verschiedenen Klienten zu gewinnen? Man könnte beispielsweise 2 Zufallsstichproben von depressiven Patienten ziehen, die eine Stichprobe psychoanalytisch, die andere verhaltenstherapeutisch behandeln lassen, beide Stichproben nach identischer Therapiezeit mit einem Depressionsfragebogen testen und mit dem t-Test für unabhängige Stichproben überprüfen, ob sich die verschieden behandelten Patienten hinsichtlich ihrer Depressivität unterscheiden. Der Untersuchungsansatz würde somit den gesamten Komplex der Therapiewirkung nur in einem sehr kleinen, wenngleich nicht unwichtigen Ausschnitt erfassen und viele Variablen, die potenziell für den Therapieerfolg relevant sein können, außer Acht lassen.

Betrachten wir zunächst die untersuchten Patienten. Für den Therapieerfolg ist es sicher nicht ohne Belang, wie die Merkmale Stärke und Art der Depressivität, Dauer der Erkrankung, soziales und familiäres Milieu, Intelligenz, Alter usw. ausgeprägt sind. Ferner benötigen wir Informationen über Therapeutenmerkmale: Praxis- und Ausbildungserfahrung, Alter und Geschlecht, emotionale Aufgeschlossenheit, eigene psychische Probleme, äußeres Erscheinungsbild usw., um einige Merkmale zu nennen, die ebenfalls als unabhängige Variablen auf den therapeutischen Prozess Einfluss nehmen können.

Schließlich müssen wir berücksichtigen, dass sich diese unabhängigen Variablen in ihrer Bedeutung für den Therapieerfolg wechselseitig beeinflussen können, dass beispielsweise die Frage, ob die behandelnde Person jung oder alt ist, für einen Patienten belanglos, für einen anderen jedoch von erheblicher Bedeutung sein kann, dass also – allgemein gesprochen – bestimmte Kombinationen von Patienten- und Therapeutenvariablen (und nicht die einzelnen Variablen isoliert betrachtet) für den Therapieerfolg relevant sein können.

Fragestellungen, die – wie in diesem Beispiel – die gleichzeitige Berücksichtigung mehrerer unabhängiger Variablen erfordern, können mit den im Teil I besprochenen statistischen Auswertungstechniken nur unbefriedigend bearbeitet werden. Im Teil II behandeln wir deshalb eine Verfahrensgruppe, die die simultane Kontrolle mehrerer unabhängiger Variablen ermöglicht und die für die statistische Bearbeitung komplexerer Fragestellungen eher geeignet ist als einfache Mittelwertvergleiche – die Varianzanalyse. (Verfahren, mit denen gleichzeitig mehrere abhängige Variablen geprüft werden können, behandeln wir in Teil III.)

> Das Gemeinsame aller varianzanalytischen Versuchspläne ist darin zu sehen, dass sie die Unterschiedlichkeit von Versuchspersonen in Bezug auf ein Merkmal (abhängige Variable) auf eine oder mehrere unabhängige Variablen zurückführen.

Vereinfacht gesprochen, werden im Teil II die Verfahren zur Überprüfung von *Unterschiedshypothesen* und im Teil III die Verfahren zur Überprüfung von *Zusammenhangshypothesen* ausgebaut. Hierzu haben wir im Teil I einführend den t-Test (Kap. 5) und die Korrelationsrechnung (Kap. 6) kennengelernt.

Dass die Ermittlung der Bedeutung verschiedener „Varianzquellen" für eine abhängige Variable nicht nur für Human- und Sozialwissenschaftler interessant ist, zeigt ein kurzer Blick auf die historische Entwicklung der Varianzanalyse. Der Begriff „Varianzanalyse" wurde erstmals 1918 von R. A. Fisher in einer Arbeit über Fragen der Populationsgenetik erwähnt. Erste ausführliche Beschreibungen varianzanalytischer Techniken finden sich ebenfalls bei Fisher in seinem grundlegenden Werk „Statistical Methods of Research Workers" (1. Aufl. 1925, 17. Aufl. 1972).

Biologie, Landwirtschaft und Astronomie waren die ersten Disziplinen, in denen die Varianzanalyse praktisch angewandt wurde. In der Folgezeit erschien eine Reihe weiterer varianzanalytischer Lehrbücher, wie z. B. von Tippet (1931), Snedecor (1937) und Goulden (1939), in denen vor allem die mathematischen Grundlagen der Varianzanalyse weiterentwickelt wurden. Wishart veröffentlichte 1934 eine rund 150 Titel umfassende Bibliographie von Arbeiten aus den Jahren 1931–1933, in denen die Varianzanalyse zur Anwendung kam.

Im deutschsprachigen Raum war die Varianzanalyse vor dem 2. Weltkrieg praktisch unbekannt. Erst durch Erscheinen der Lehrbücher von Linder „Statistische Methoden" (1. Aufl. 1945), der sich vorwiegend an Naturwissenschaftler, Mediziner und Ingenieure wendet, und Weber „Grundriss der biologischen Statistik" (1. Aufl. 1947) wurde das Verfahren auch hier breiteren Kreisen zugänglich gemacht. Mit ersten, sich speziell an Psychologen wendenden Einführungen machten Mittenecker (1948) sowie Hofstätter u. Wendt (1966) die Varianzanalyse auch in den Humanwissenschaften bekannt. Über die historische Bedeutung der Varianzanalyse für die Psychologie berichten Rucci u. Tweney (1980). Die mathematischen Grundlagen der Varianzanalyse werden ausführlich bei Scheffé (1963) „The Analysis of Variance" dargestellt. Weitere Einzelheiten über die historische Entwicklung der Varianzanalyse können einem Aufsatz von Weiling (1973) entnommen werden.

Die Bezeichnung „Varianzanalyse" für die im Teil II zu behandelnden Verfahren ist in soweit irreführend, als praktisch alle statistischen Verfahren die bezüglich eines untersuchten Merkmals angetroffene Unterschiedlichkeit der Vpn bzw. deren Varianz analysieren (vgl. hierzu auch S. 39 f.). Dies wurde erstmals explizit deutlich, als wir im Kontext der Korrelations- und Regressionsrechnung die Varianz einer Kriteriumsvariablen in die Varianz der vorhergesagten ŷ-Werte und die Varianz der Regressionsresiduen zerlegten (vgl. S. 207 ff.). Auch der t-Test lässt sich in diesem Sinn „varianzanalytisch" interpretieren, denn hier wird letztlich überprüft, welcher Varianzanteil einer abhängigen Variablen durch ein zweifach gestuftes, unabhängiges Merkmal erklärbar ist. Wenn man so will, zählen auch die χ^2-Techniken unter 5.3 zur „Varianzanalyse", wenngleich bekanntermaßen die unter 1.4.2 eingeführte Varianz kardinalskalierte Merkmale voraussetzt. Aber auch hier geht es letztlich darum, die Unterschiedlichkeit von Vpn hinsichtlich eines nominalen Merkmals zu analysieren.

Wenn wir dennoch die in Teil II zu behandelnden Verfahren mit der Bezeichnung „Varianzanalyse" überschreiben, wird hiermit ein historisch gewachsener Begriff übernommen, der in der internationalen Statistikliteratur nahezu durchgängig gebräuchlich ist. Dessen ungeachtet sei darauf hingewiesen, dass sich hinter der Mathematik der Varianzanalyse ein allgemeiner Ansatz (das sog. *„allgemeine lineare Modell")* verbirgt, für den die varianzanalytischen Techniken im engeren Sinn wie auch die meisten anderen statistischen Verfahren nur Spezialfälle darstellen. Auf diese Zusammenhänge gehen wir jedoch erst in Teil III (Kap. 14 und 19.3) ein, nachdem die varianzanalytischen Methoden mit den Vorkenntnissen aus Teil I erarbeitet wurden.

Der anspruchsvollere Weg, aus der Theorie des allgemeinen linearen Modells die konkreten statistischen Verfahren, wie z.B. die Varianzanalyse, deduktiv abzuleiten, sei denjenigen empfohlen, die über das hierfür erforderliche mathematische Rüstzeug (z.B. Matrixalgebra) verfügen. Die hier gewählte Sequenz der zu behandelnden Verfahren ist mit der didaktischen Erfahrung begründet, dass es den meisten Studierenden der Human- und Sozialwissenschaften leichter fällt, sich anhand konkreter, ohne besondere Vorkenntnisse nachvollziehbarer Zahlenbeispiele in wichtige Gedankengänge einzuarbeiten, die später in einen allgemeinen, integrierenden Ansatz münden, der die Beziehungen der Verfahren untereinander erkennen lässt.

Teil II beschäftigt sich mit folgenden varianzanalytischen Methoden:

- Kap. 7: Einfaktorielle Pläne. Hier wird die Bedeutsamkeit einer unabhängigen Variablen für eine abhängige Variable untersucht.
- Kap. 8: Mehrfaktorielle Pläne. Statt einer werden hier simultan 2 oder mehr unabhängige Variablen in ihrer Bedeutung für eine abhängige Variable geprüft.
- Kap. 9: Versuchspläne mit Messwiederholungen. Untersucht man eine Stichprobe mehrfach (z.B. vor, während und nach einer Behandlung), resultieren abhängige (Daten-) Stichproben. Die Analyse von abhängigen Stichproben ist Gegenstand von Kap. 9.
- Kap. 10: Kovarianzanalyse. Auf S. 7 haben wir den Begriff „Störvariable" eingeführt. Wie man die Wirksamkeit von Störvariablen im Rahmen ein- oder mehrfaktorieller Pläne varianzanalytisch „neutralisieren" kann, wird in Kap. 10 gezeigt.
- Kap. 11: Unvollständige mehrfaktorielle Pläne. Hierzu zählen Pläne, bei denen die Stufen der unabhängigen Variablen nicht vollständig miteinander kombiniert werden. Behandelt werden hierarchische und quadratische Pläne.
- Kap. 12: Theoretische Grundlagen. Die Darstellung der Verfahren in den Kap. 7 bis 11 ist Praxis orientiert. Wer sich mehr für die theoretischen Grundlagen der Varianzanalyse interessiert, dem sei Kap. 12 empfohlen.

Abschließend sei noch auf Anhang E (SPSS-Beispiele) hingewiesen, in dem EDV-Läufe für die wichtigsten Verfahren dieses Buches dokumentiert sind.

Kapitel 7   Einfaktorielle Versuchspläne

ÜBERSICHT

Quadratsummenzerlegung – Freiheitsgrade – Varianzaufklärung – Signifikanztest – „optimale Stichprobenumfänge" – ungleiche Stichprobengrößen – Varianzanalyse ohne Einzelmessungen – t-Test und Varianzanalyse – A-priori-Einzelvergleiche – orthogonale Einzelvergleiche – Scheffé-Test – α-Fehler-Adjustierung – polynomiale Trendtests – monotone Trendtests – Voraussetzungen

Bevor wir uns mit dem Grundprinzip der einfachsten Form einer Varianzanalyse, der einfaktoriellen Varianzanalyse, befassen, sollen einige Begriffe erläutert werden, die zum besseren Verständnis varianzanalytischer Verfahren beitragen. Es sind dies die Begriffe abhängige Variable, unabhängige Variable, Faktor und Treatment. Mit der *abhängigen Variablen* bezeichnen wir dasjenige Merkmal, dessen Varianz mittels einer Varianzanalyse untersucht wird. Wir registrieren beispielsweise, dass Vpn auf einer Skala zur Erfassung der Einstellungen zum marktwirtschaftlichen System Unterschiede aufweisen und fragen uns, wie diese Varianz zustande kommt. Variablen, die am Zustandekommen der Einstellungsunterschiede beteiligt sein können, werden *unabhängige Variablen* genannt. Bezogen auf das Einstellungsbeispiel sind die soziale Schicht der Vpn, ihre Parteizugehörigkeit, berufliche Position, die Ausbildung, die Einstellung der Eltern usw. unabhängige Variablen, die potenziell Varianz auf der abhängigen Variablen erzeugen können.

Varianzanalysen werden u. a. danach klassifiziert, *wie viele* unabhängige Variablen in ihrer Bedeutung für eine abhängige Variable simultan untersucht werden. Diejenigen unabhängigen Variablen, die für eine varianzanalytische Untersuchung aus der Menge aller möglichen unabhängigen Variablen herausgegriffen werden, bestimmen den Typus der Varianzanalyse. Eine Varianzanalyse, die den Einfluss einer unabhängigen Variablen auf die abhängige Variable überprüft, bezeichnen wir als eine *einfaktorielle* Varianzanalyse. Im Unterschied zur abhängigen Variablen, die immer kardinalskaliert sein muss (d. h. Mittelwerte und Varianzen müssen interpretierbar sein), können die unabhängigen Variablen ein beliebiges Skalenniveau aufweisen. Allerdings müssen die Variablen kategorial gestuft sein. Es muss dann lediglich gewährleistet sein, dass jede Vp eindeutig einer Kategorie der unabhängigen Variablen bzw. des *Faktors* (bzw. bei mehrfaktoriellen Varianzanalysen einer Faktorstufenkombination) zugeordnet werden kann. (Ausnahmen von dieser Regel werden wir in Kap. 9 kennen lernen.)

Bezogen auf das Beispiel ließe sich mit einer einfaktoriellen Varianzanalyse sowohl die Parteipräferenz der Vpn (nominales Niveau) als auch das in Kategorien eingeteilte Einkommen der Vpn (Kardinalniveau) als unabhängige Variable bzw. varianzgenerierende Quelle untersuchen. Berücksichtigen wir bei den Parteipräferenzen 3 Parteien, sprechen wir von einer 3fach gestuften, unabhängigen Variablen bzw. einem 3fach gestuften Faktor. Teilen wir das Einkommen in 6 Kategorien ein, hat der Faktor bzw. die unabhängige Variable „Einkommen" 6 Stufen. Allgemein bezeichnen wir die Anzahl der untersuchten Stufen einer unabhängigen Variablen mit p.

> Die einfaktorielle Varianzanalyse überprüft die Auswirkung einer p-fach gestuften, unabhängigen Variablen auf eine abhängige Variable.

Werden zwei unabhängige Variablen *simultan* in ihrer Bedeutung für eine abhängige Variable kontrolliert, sprechen wir von einer *zweifaktoriellen* Varianzanalyse (z. B. mit den Faktoren „Parteipräferenz" und „Einkommen"). Dementsprechend überprüfen wir in *mehrfaktoriellen* Varianzanalysen die Bedeutung mehrerer unabhängiger Variablen für eine abhängige Variable.

Wir wollen einmal annehmen, dass eine einfaktorielle Varianzanalyse mit dem Faktor „Parteipräferenz" und der abhängigen Variablen „Einstellung zum marktwirtschaftlichen System" zu einem signifikanten Ergebnis geführt hat, was – wie wir noch sehen werden – bedeutet, dass sich Vpn mit unterschiedlichen Parteipräferenzen hinsichtlich ihrer Einstellung zum marktwirtschaftlichen System unterscheiden. Kann man deshalb behaupten, dass die Einstellungen durch die Parteipräferenzen im kausalen Sinn beeinflusst werden? Sicherlich nicht, denn wie ein signifikanter Determinationskoeffizient in der Korrelationsrechnung (vgl. S. 209f.) besagt dieses Ergebnis lediglich, dass ein statistisch signifikanter Varianzanteil der abhängigen Variablen durch die unabhängige Variable „gebunden" wird. In Termini der Korrelationsrechnung können wir auch sagen, dass die unabhängige und die abhängige Variable überzufällig bzw. signifikant kovariieren, ohne damit einen kausalen Zusammenhang zu postulieren.

Eher im Sinn einer kausalen Beeinflussung sind dagegen Untersuchungen interpretierbar, in denen mehrere randomisierte Stichproben unterschiedlich „behandelt" werden und in denen sich die Stichproben nach der „Behandlung" hinsichtlich einer abhängigen Variablen signifikant voneinander unterscheiden. Wenn ein Arzt beispielsweise 3 zufällig zusammengestellte Stichproben mit unterschiedlichen Beruhigungsmitteln behandelt, wäre man eher bereit, signifikante Unterschiede zwischen den Stichproben hinsichtlich der abhängigen Variablen auf die Wirkungsweise der Medikamente zurückzuführen, wenngleich auch hier gilt, dass der zweifelsfreie Nachweis einer eindeutigen kausalen Beziehung empirisch nicht zu erbringen ist (vgl. 6.4).

Werden randomisierte Stichproben unterschiedlich behandelt, bezeichnen wir die unabhängige Variable „Behandlungsarten" als einen *Treatmentfaktor* oder kurz als *Treatment*. Über diese enge Definition eines Treatments hinausgehend ist es jedoch üblich, auch dann von einem Treatmentfaktor zu sprechen, wenn sich die Vpn-Stichproben durch andere Merkmale, wie z. B. das Geschlecht, das Alter, die soziale Schicht usw. unterscheiden. Die Bezeichnung „Treatmentfaktor" oder einfach „Treatment" wird in der Statistikliteratur häufig synonym für die untersuchte, unabhängige Variable eingesetzt. Auch hier sollen die Begriffe unabhängige Variable (u. V.). Faktor und Treatment konzeptionell nicht unterschieden werden.

Untersuchungen, die Behandlungen vergleichen, denen Vpn zufällig zugewiesen werden (randomisierte Stichproben), bezeichneten wir auf S. 8f. als *experimentelle Untersuchungen*. Werden Stichproben aus verschiedenen „natürlichen" Populationen verglichen (z. B. verschiedene Alterspopulationen, Populationen mit unterschiedlicher Ausbildung etc.), spricht man von einer *quasiexperimentellen Untersuchung*. Eine Diskussion dieser beiden Untersuchungsvarianten hinsichtlich der Kriterien „interne Validität" (dieses Kriterium erfasst, inwieweit die Ergebnisse einer Untersuchung logisch eindeutig interpretierbar sind) und „externe Validität" (dieses Kriterium erfasst, inwieweit die Ergebnisse einer Untersuchung generalisierbar sind) findet man z. B. bei Bortz u. Döring (2002, Kap. 2.3.3).

Nach diesen Vorbemerkungen wollen wir uns der Durchführung einer einfaktoriellen Varianzanalyse zuwenden. Der theoretische Hintergrund dieses Verfahrens wird zusammen mit anderen varianzanalytischen Versuchsplänen im Kap. 12 behandelt.

▷ 7.1 Grundprinzip der einfaktoriellen Varianzanalyse

Es soll überprüft werden, ob sich 4 Lehrmethoden für den Englischunterricht (= unabhängige Variable) in ihrer Effizienz unterscheiden. Der Lernerfolg (= abhängige Variable) wird durch die Punktezahl in einem Englischtest gemessen. Aus einer Grundgesamtheit von Schülern werden jeder Methode $n = 5$ Schüler zufällig zugeordnet und nach den entsprechenden Methoden unterrichtet. An der Untersuchung nehmen somit $4 \cdot 5 = 20$ Schüler teil.

Die Ergebnisse des abschließenden Englischtests sind in der folgenden Datenmatrix zusammengefasst:

7.1 Grundprinzip der einfaktoriellen Varianzanalyse

	Unterrichtsmethoden			
	1	2	3	4
	2	3	6	5
	1	4	8	5
	3	3	7	5
	3	5	6	3
	1	0	8	2
Summen (A_i):	10	15	35	20
Mittelwerte ($\overline{A}_i$):	2	3	7	4

Die 5 Werte in der 1. Spalte entsprechen den Testwerten, die diejenigen 5 Vpn erzielt haben, die nach Methode 1 unterrichtet wurden. Unter den Spalten sind die Summen der Testwerte (A_i) bzw. deren Mittelwerte ($\overline{A}_i$) notiert. Danach wurde mit der 3. Methode der beste ($\overline{A}_3 = 7$) und mit der 1. Methode der schlechteste durchschnittliche Lernerfolg ($\overline{A}_1 = 2$) erzielt.

Terminologie

Allgemein wollen wir die in Tabelle 7.1 dargestellte Terminologie zur Kennzeichnung eines Datenschemas vereinbaren.

Als unabhängige Variable soll ein Faktor A untersucht werden, der in p Stufen eingeteilt ist. Zur Kennzeichnung einer beliebigen Faktorstufe wählen wir den Index i, wobei i = 1, 2, ..., p (d.h. i kann die Werte 1, 2 usw. bis p annehmen).

Die einzelnen, unter den Faktorstufen erhobenen Messwerte sind doppelt indiziert, wobei der 1. Index (allgemein m, wobei m = 1, 2, ..., n mit n = Anzahl der Personen pro Faktorstufe) die Person und der 2. Index die Faktorstufe kennzeichnet. x_{12} repräsentiert somit den Messwert der 1. Person, die zur Faktorstufe 2 gehört (in unserem Beispiel $x_{12} = 3$).

Die Summe aller unter einer Faktorstufe i beobachteten Werte nennen wir A_i, wobei $A_i = \sum_{m=1}^{n} x_{mi}$. Da die Summenschreibweise im Rahmen varianzanalytischer Methoden sehr häufig benutzt wird, schreiben wir für $\sum_{m=1}^{n}$ vereinfacht $\sum_{m}$. Entsprechendes gilt für andere Summen, wenn durch den Kontext hinreichend deutlich wird, welche Werte der jeweilige Laufindex des Summenzeichens annehmen kann (vgl. Anhang A).

Den Mittelwert aller Werte unter einer Faktorstufe i kennzeichnen wir durch $\overline{A}_i$, wobei $\overline{A}_i = A_i/n$. Für die Gesamtsumme aller Messwerte (= Messwerte unter allen p Faktorstufen) führen wir das Symbol G ein, wobei sich G aus der Doppelsumme $\sum_m \sum_i x_{mi}$ ergibt. Da im Datenschema $p \cdot n$ Messwerte enthalten sind, errechnet sich das arithmetische Mittel aller Messwerte nach $\overline{G} = G/(p \cdot n)$.

Hypothesen

Mit der einfaktoriellen Varianzanalyse überprüfen wir in unserem Beispiel die Nullhypothese, dass sich Schüler, die nach vier verschiedenen Methoden unterrichtet wurden, in ihren Englischkenntnissen nicht unterscheiden bzw. dass die Mittelwertparameter μ_i der entsprechenden Schülerpopulation identisch sind ($H_0: \mu_1 = \mu_2 = \mu_3 = \mu_4$).

Allgemein schreiben wir $H_0: \mu_1 = \mu_2 = \cdots = \mu_p$. Die entsprechende Alternativhypothese lautet nicht $H_1: \mu_1 \neq \mu_2 \neq \cdots \neq \mu_p$, sondern $H_1: \mu_i \neq \mu_{i'}$. Die Alternativhypothese besagt also nicht, dass *alle* μ-Parameter voneinander verschieden sind, sondern lediglich, dass sich mindestens 2 beliebige Parameter μ_i und $\mu_{i'}$ voneinander unterscheiden. Im Beispiel wäre die H_1 also bestätigt, wenn sich mindestens 2 Unterrichtsmethoden bzgl. ihrer Testwertdurchschnitte signifikant unterscheiden.

Tabelle 7.1. Allgemeines Datenschema für eine einfaktorielle Varianzanalyse

Faktor A					
1	2	...	i	...	p
x_{11}	x_{12}	...	x_{1i}	...	x_{1p}
x_{21}	x_{22}	...	x_{2i}	...	x_{2p}
⋮	⋮		⋮		⋮
x_{m1}	x_{m2}	...	x_{mi}	...	x_{mp}
⋮	⋮		⋮		⋮
x_{n1}	x_{n2}	...	x_{ni}	...	x_{np}

$A_i = \sum_{m=1}^{n} x_{mi} = \sum_{m} x_{mi}$

$\overline{A}_i = A_i/n$

$G = \sum_{m=1}^{n} \sum_{i=1}^{p} x_{mi} = \sum_{m} \sum_{i} x_{mi} = \sum_{i=1}^{p} A_i = \sum_{i} A_i$

$\overline{G} = G/(n \cdot p)$

Mehrere t-Tests statt einer Varianzanalyse?

Aufgrund der in Kap. 5 besprochenen Verfahren zur Überprüfung von Unterschiedshypothesen ist es naheliegend, die H_0 der Varianzanalyse durch mehrere t-Tests für unabhängige Stichproben zu überprüfen, bei denen die einzelnen Stichproben jeweils paarweise miteinander verglichen werden. In unserem Beispiel müssten $\binom{4}{2} = 6$ (vgl. 2. Kombinationsregel S. 60 f.) t-Tests durchgeführt werden. Diese Vorgehensweise hätte gegenüber einer einfaktoriellen Varianzanalyse einen entscheidenden Nachteil (weitere Vorteile der einfaktoriellen Varianzanalyse werden deutlich, wenn wir Verfahren besprechen, die im Anschluss an eine einfaktorielle Varianzanalyse durchgeführt werden können; vgl. 7.3 und 7.4):

Werden viele t-Tests durchgeführt, müssen wir damit rechnen, dass einige dieser t-Tests zufällig „signifikant" werden. Wir erwarten z. B., dass bei 100 (voneinander unabhängigen) t-Tests ca. 5 per Zufall auf dem 5%-Niveau zu „signifikanten" Resultaten führen. Dies ergibt sich aus der Definition der Irrtumswahrscheinlichkeit, nach der die Alternativhypothese bei $\alpha = 0.05$ mit einer Wahrscheinlichkeit von 5% fälschlicherweise angenommen wird. Werden nun 100 Signifikanztests mit $\alpha = 0,05$ durchgeführt, ist damit zu rechnen, dass ca. 5 Tests die H_0 fälschlicherweise verwerfen (dass es „ca." und nicht „genau" 5 Tests sind, hängt damit zusammen, dass α einen Wahrscheinlichkeitswert kennzeichnet und keine relative Häufigkeit; vgl. S. 52). Die Irrtumswahrscheinlichkeit, mit der wir normalerweise eine H_0 verwerfen (5% oder 1%), müsste somit modifiziert werden, wenn mehrere Tests (in unserem Beispiel 6 t-Tests) durchgeführt werden. Wir haben diese Thematik (α-Fehler-Kumulierung) bereits auf S. 129 f. angesprochen und werden sie auf S. 271 f. erneut aufgreifen.

Das Problem der α-Fehler-Kumulierung stellt sich natürlich nicht, wenn nur zwei Stichproben zu vergleichen sind. Auf S. 262 f. werden wir zeigen, dass für diesen Spezialfall t-Test und Varianzanalyse übereinstimmen.

> Sind nur 2 Stichproben miteinander zu vergleichen, führen die einfaktorielle Varianzanalyse und der t-Test für unabhängige Stichproben zu identischen Ergebnissen.

Quadratsummenzerlegung

Die einfaktorielle Varianzanalyse geht von folgendem Ansatz aus: Wir registrieren eine durch die Gesamtvarianz aller Messwerte quantifizierte Unterschiedlichkeit in den Leistungen der Schüler. Es wird gefragt, in welchem Ausmaß die Gesamtunterschiedlichkeit auf die verschiedenen Lehrmethoden zurückgeführt werden kann. Ist dieser Anteil genügend groß, wird die H_0 verworfen, und wir behaupten, die 4 Lehrmethoden führen zu signifikant unterschiedlichen Lernerfolgen.

Totale Quadratsumme. Der *1. Schritt* besteht somit darin, die Gesamtvarianz aller Messwerte zu ermitteln. Da die Varianz in diesem Zusammenhang nicht als deskriptives Maß, sondern als Schätzwert für die Populationsvarianz σ^2 herangezogen wird (vgl. Anhang B), verwenden wir Gl. (3.2):

$$\hat{\sigma}^2 = \frac{\sum_m (x_m - \bar{x})^2}{n-1}.$$

Die Varianz ergibt sich aus der Summe der quadrierten Abweichungen aller Messwerte vom Mittelwert, dividiert durch die Freiheitsgrade der Varianz $(n-1)$. Den Ausdruck $\sum_m (x_m - \bar{x})^2$ haben wir auf S. 42 vereinfachend als Quadratsumme (QS) bezeichnet. (In der englischsprachigen Literatur wird die Quadratsumme durch „SS" = „sum of squares" gekennzeichnet.) Da wir es im Rahmen varianzanalytischer Methoden mit verschiedenen Quadratsummen zu tun haben, kennzeichnen wir die für die Varianz aller Messwerte benötigte Quadratsumme als totale Quadratsumme (QS_{tot}).

Wenden wir Gl. (3.2) analog auf unser Datenbeispiel an, ist zunächst das arithmetische Mittel aller Messwerte zu bestimmen. In unserem Beispiel resultiert:

$$\bar{G} = \frac{10 + 15 + 35 + 20}{20} = 4.$$

$\bar{G}$ entspricht dem $\bar{x}$ in Gl. (3.2). Für die Berechnung der QS_{tot} benötigen wir ferner die quadrierten Abweichungen aller Messwerte von $\bar{G}$. Diese sind in der folgenden Aufstellung enthalten:

7.1 Grundprinzip der einfaktoriellen Varianzanalyse

	1	2	3	4
	4	1	4	1
	9	0	16	1
	1	1	9	1
	1	1	4	1
	9	16	16	4
$\sum_m (x_{mi} - \overline{G})^2$:	24	19	49	8

Eine Spaltensumme kennzeichnet die Summe der quadrierten Abweichungen aller Werte einer Faktorstufe i von $\overline{G}$: $\sum_m (x_{mi} - \overline{G})^2$. Summieren wir diese Summen über die Faktorstufen, erhalten wir die totale Quadratsumme QS_{tot}:

$$QS_{tot} = \sum_i \sum_m (x_{mi} - \overline{G})^2 . \quad (7.1)$$

In unserem Beispiel ergibt sich für die QS_{tot}:

$$QS_{tot} = 24 + 19 + 49 + 8 = 100 .$$

Die Varianz $\hat{\sigma}^2_{tot}$ ermitteln wir, indem die QS_{tot} durch die Anzahl der Freiheitsgrade dividiert wird. Da insgesamt $n \cdot p$ Werte in die QS_{tot}-Berechnung eingingen, erhalten wir $n \cdot p - 1$ Freiheitsgrade:

$$df_{tot} = n \cdot p - 1 . \quad (7.2)$$

(Zur Bedeutung der Freiheitsgrade einer Varianz vgl. S. 138.)

Die Gesamtvarianz aller Daten $\hat{\sigma}^2_{tot}$ (bzw. genauer die geschätzte Populationsvarianz) lautet somit:

$$\hat{\sigma}^2_{tot} = QS_{tot}/df_{tot} = \frac{\sum_i \sum_m (x_{mi} - \overline{G})^2}{n \cdot p - 1} . \quad (7.3)$$

Die Werte unseres Beispiels haben also eine Gesamtvarianz von:

$$\hat{\sigma}^2_{tot} = 100/19 = 5{,}26 .$$

Die Varianzberechnung nach Gl. (7.3) ist völlig identisch mit der Varianzberechnung nach Gl. (3.2). In Gl. (7.3) wird lediglich berücksichtigt, dass die Messwerte doppelt indiziert sind, während in Gl. (3.2) nur ein Index vorkommt. (In der varianzanalytischen Literatur wird die Varianzschätzung $\hat{\sigma}^2$ häufig auch als „MS" = „mean square" bezeichnet.)

Treatmentquadratsumme. Im *2. Schritt* wird derjenige Anteil der Unterschiedlichkeit aller Messwerte bestimmt, *der auf die 4 verschiedenen Lehrmethoden zurückzuführen ist.* Hierzu fragen wir uns, wie die einzelnen Messwerte aussehen müssten, wenn sie ausschließlich von den 4 verschiedenen Lehrmethoden bestimmt wären bzw. wenn die 4 Lehrmethoden die einzige „varianzgenerierende Quelle" darstellten. In diesem Fall dürften sich Messwerte von Personen, die nach derselben Lehrmethode unterrichtet wurden, nicht unterscheiden. Als beste Schätzung für die Wirkungsweise einer Lehrmethode wählen wir die durchschnittliche Leistung aller Personen, die nach derselben Methode unterrichtet wurden. Wenn die Testwerte der Vpn ausschließlich von den Lehrmethoden abhängen, müssten alle Vpn, die nach derselben Methode unterrichtet wurden, identische Testwerte erzielen. Der beste Schätzwert hierfür ist das arithmetische Mittel der Leitungen dieser Vpn. Diese theoretische Überlegung führt zu folgender Datenmatrix:

1	2	3	4
2	3	7	4
2	3	7	4
2	3	7	4
2	3	7	4
2	3	7	4

In dieser Matrix wurde jeder individuelle Messwert x_{mi} durch das jeweilige Gruppenmittel $\overline{A}_i$ ersetzt. Die Unterschiedlichkeit dieser Werte wird ausschließlich durch die 4 Lehrmethoden bestimmt. Um diese Unterschiedlichkeit zu quantifizieren, berechnen wir die Quadratsumme dieser Werte, indem wieder die quadrierten Abweichungen aller Werte vom Gesamtmittelwert $\overline{G}$ summiert werden. Da sich die Mittelwerte $\overline{A}_i$ durch die oben vorgenommene Modifikation der Messwerte nicht verändern, bleibt auch der Gesamtmittelwert $\overline{G}$ erhalten. Zur Ermittlung der Quadratsumme, die auf die 4 Lehrmethoden zurückzuführen ist (allgemein: QS_{treat}), benötigen wir somit die quadrierten Abweichungen von $\overline{G} = 4$, die in der folgenden Aufstellung enthalten sind:

	1	2	3	4
	4	1	9	0
	4	1	9	0
	4	1	9	0
	4	1	9	0
	4	1	9	0
$n \cdot (\overline{A}_i - \overline{G})^2$:	20	5	45	0

Eine Spaltensumme kennzeichnet die Summe der quadrierten Abweichungen aller Werte (die ausschließlich durch die entsprechende Lehrmethode bestimmt sind) vom Gesamtmittel. Da alle zu einer Lehrmethode i gehörenden Messwerte durch den Mittelwert der Lehrmethode $\overline{A}_i$ ersetzt wurden, erhalten wir für eine Spaltensumme die n-fache quadrierte Abweichung $n \cdot (\overline{A}_i - \overline{G})^2$. Werden diese 4 Einzelsummen addiert, ergibt sich die Treatmentquadratsumme (QS_{treat}), die auf die 4 Lehrmethoden zurückzuführen ist:

$$QS_{treat} = 20 + 5 + 45 + 0 = 70.$$

Allgemein lautet die Gleichung für die Ermittlung der QS_{treat}:

$$QS_{treat} = \sum_i n \cdot (\overline{A}_i - \overline{G})^2$$
$$= n \cdot \sum_i (\overline{A}_i - \overline{G})^2. \quad (7.4)$$

Um die Anzahl der Freiheitsgrade für die QS_{treat} zu ermitteln, überprüfen wir, wie viele Werte bei der Berechnung der QS_{treat} frei variieren können. Die Werte innerhalb einer Treatmentstufe sind durch den Mittelwert der Treatmentstufe eindeutig festgelegt und können deshalb nicht frei variieren. Von den p Treatmentstufenmittelwerten können bei festgelegtem $\overline{G}$ p − 1 Werte frei variieren. Hieraus folgt, dass von den Werten, die zur Ermittlung der QS_{treat} führen, insgesamt nur p − 1 Werte frei variieren können:

$$df_{treat} = p - 1. \quad (7.5)$$

Die Varianz, die auf die 4 Treatmentstufen zurückzuführen ist, lautet somit:

$$\hat{\sigma}^2_{treat} = QS_{treat}/(p-1),$$
$$= \frac{n \cdot \sum_i (\overline{A}_i - \overline{G})^2}{p-1}. \quad (7.6)$$

In unserem Beispiel erhalten wir:
$$\hat{\sigma}^2_{treat} = 70/(4-1) = 23{,}33.$$

Fehlerquadratsumme. Dem Varianzanteil, der auf den Treatmentstufen beruht, steht ein restlicher Varianzanteil gegenüber, der vom Treatment unabhängig ist und der auf andere, die Messwerte beeinflussende Variablen, wie z. B. unterschiedliche Motivation, unterschiedliche Sprachbegabung, Messungenauigkeiten usw. zurückzuführen ist. Diesen restlichen Varianzanteil bezeichnen wir zusammenfassend als Fehlervarianzanteil. Der Fehlervarianzanteil enthält diejenigen Messwertunterschiede, die nicht auf das Treatment zurückzuführen sind. Diejenigen Variablen, die die Größe des Fehlervarianzanteils bestimmen, bezeichnen wir zusammenfassend als „Störvariablen".

Um die „Stärke" des Treatments abschätzen zu können, müssen wir überprüfen, in welchem Ausmaß die Treatmenteffekte durch Störvariablen überlagert sind bzw. ob sich die Treatmenteffekte hinreichend deutlich von den Störeffekten abheben. Im *3. Schritt* ist also ein quantitatives Maß zu bestimmen, das uns darüber informiert, wie groß der auf Störvariablen zurückzuführende Fehlervarianzanteil ist.

Wären die Testwerte unseres Beispiels von Störeffekten unbeeinflusst, müssten alle nach *einer* Methode unterrichteten Personen die gleichen Werte erhalten. Dies war der Ausgangspunkt für die Bestimmung der Treatmentquadratsumme. Unterscheiden sich hingegen Personen, die nach derselben Lehrmethode unterrichtet wurden, in ihren Testwerten, so kann dies nur auf Störvariablen, d.h. Variablen, die nicht mit dem Treatment identisch sind, zurückgeführt werden. Das Ausmaß der Unterschiedlichkeit der Messwerte innerhalb der Gruppen charakterisiert somit die Wirkungsweise von Störvariablen.

Um die entsprechende Quadratsumme zu berechnen, müssen wir diejenigen Effekte, die auf die 4 Lehrmethoden zurückzuführen sind, aus den ursprünglichen Testwerten eliminieren. Da die Gruppenmittelwerte die Wirkungsweise der 4 Lehrmethoden am besten kennzeichnen, ziehen wir von den individuellen Messwerten den jeweiligen Gruppenmittelwert ab. Dies ist in der folgenden Aufstellung geschehen:

7.1 Grundprinzip der einfaktoriellen Varianzanalyse

	1	2	3	4
	0	0	−1	1
	−1	1	1	1
	1	0	0	1
	1	2	−1	−1
	−1	−3	1	−2
$\sum_m (x_{mi} - \bar{A}_i)$:	0	0	0	0

Die Werte innerhalb dieser Aufstellung erhalten wir nach der Beziehung $(x_{mi} - \bar{A}_i)$, d.h., von jedem Messwert x_{mi} wird das entsprechende Gruppenmittel $\bar{A}_i$ abgezogen. Die Summe dieser Abweichungen muss pro Gruppe den Wert Null ergeben (vgl. S. 37).

Die Abweichungen $(x_{mi} - \bar{A}_i)$ entsprechen den auf S. 207 ff. behandelten Regressionsresiduen, wenn man als Prädiktorvariable die 4 verschiedenen Unterrichtsmethoden und als Kriteriumsvariable die Testwerte betrachtet (auf die formale Äquivalenz des Regressionsansatzes und des varianzanalytischen Ansatzes gehen wir auf S. 490 f. ein). Wie bei den Regressionsresiduen ist auch bei den hier betrachteten Abweichungswerten davon auszugehen, dass ihre Größe nicht nur von zufälligen Effekten, sondern auch von weiteren, die abhängige Variable beeinflussenden Variablen abhängen (im Beispiel also Variablen, die die Testleistungen zusätzlich zu den Unterrichtsmethoden beeinflussen). Dieser Sachverhalt wird bereits in Kap. 8 (zweifaktorielle Varianzanalyse) eine Rolle spielen.

Zuvor jedoch wollen wir die auf „Störvariablen" zurückgehende Fehlerquadratsumme bestimmen, die sich ergibt, wenn die Abweichungen der Werte vom jeweiligen Mittelwert quadriert und pro Gruppe summiert werden. Das Resultat zeigt die folgende Aufstellung:

	1	2	3	4
	0	0	1	1
	1	1	1	1
	1	0	0	1
	1	4	1	1
	1	9	1	4
$\sum_m (x_{mi} - \bar{A}_i)^2$:	4	14	4	8

Die Summe dieser quadrierten Abweichungen ergibt pro Gruppe die Fehlerquadratsumme $QS_{Fehler(i)}$. Sie lauten in diesem Beispiel:

$QS_{Fehler(1)} = 4,$

$QS_{Fehler(2)} = 14,$

$QS_{Fehler(3)} = 4,$

$QS_{Fehler(4)} = 8.$

Für die Berechnung der Varianzschätzungen benötigen wir wiederum die *Freiheitsgrade*. Da die Summe der Abweichungswerte innerhalb jeder Gruppe Null ergeben muss, sind von den 5 Summanden jeweils 4 (bzw. allgemein n − 1) frei variierbar. Wir dividieren also die einzelnen Quadratsummen durch 4 und registrieren in den 4 Gruppen die folgenden Fehlervarianzen:

$\hat{\sigma}^2_{Fehler(1)} = 1,$

$\hat{\sigma}^2_{Fehler(2)} = 3,5,$

$\hat{\sigma}^2_{Fehler(3)} = 1,$

$\hat{\sigma}^2_{Fehler(4)} = 2.$

Wenn wir davon ausgehen, dass Störvariablen bei allen 4 Lehrmethoden annähernd gleich wirksam sind, müssten die 4 Fehlervarianzen gleich bzw. *homogen* sein, d.h., sie dürften sich statistisch nicht signifikant unterscheiden (vgl. 7.5, Voraussetzung 2). Ausgehend von dieser Annahme stellen die 4 einzelnen Fehlervarianzen Schätzungen dar, die wir zu einer gemeinsamen Schätzung der Populationsfehlervarianz zusammenfassen.

Die *durchschnittliche Varianz* mehrerer Varianzen erhält man, indem die Summe der Quadratsummen durch die Summe der Freiheitsgrade dividiert wird (vgl. Gl. 5.11). In unserem Beispiel erhalten wir somit als durchschnittliche Fehlervarianzschätzung ($\hat{\sigma}^2_{Fehler}$):

$$\hat{\sigma}^2_{(Fehler)} = \frac{4 + 14 + 4 + 8}{4 + 4 + 4 + 4} = \frac{30}{16} = 1,88.$$

In allgemeiner Schreibweise wird die Fehlervarianz folgendermaßen berechnet:

$$\hat{\sigma}^2_{Fehler} = \frac{\sum_i QS_{Fehler(i)}}{\sum_i df_{Fehler(i)}}. \quad (7.7)$$

Da

$$QS_{Fehler(i)} = \sum_m (x_{mi} - \overline{A}_i)^2,$$

erhalten wir als Summe der Fehlerquadratsummen:

$$QS_{Fehler} = \sum_i QS_{Fehler(i)}$$
$$= \sum_i \sum_m (x_{mi} - \overline{A}_i)^2. \quad (7.8)$$

Addieren wir die Freiheitsgrade der einzelnen $QS_{Fehler(i)}$ über die p Gruppen, ergibt sich:

$$df_{Fehler} = \sum_i df_{Fehler(i)}$$
$$= \sum_i (n-1) = p \cdot (n-1). \quad (7.9)$$

Die Gesamtfehlervarianz(-Schätzung) hat somit $p \cdot (n-1)$ Freiheitsgrade. Setzen wir Gl. (7.8) und Gl. (7.9) in Gl. (7.7) ein, erhalten wir als Fehlervarianz:

$$\hat{\sigma}^2_{Fehler} = \frac{QS_{Fehler}}{df_{Fehler}}$$
$$= \frac{\sum_i \sum_m (x_{mi} - \overline{A}_i)^2}{p \cdot (n-1)}. \quad (7.10)$$

Grundgleichungen der einfaktoriellen Varianzanalyse. Die folgende Übersicht zeigt die bisher ermittelten Werte:

$$QS_{treat} = 70 \quad df_{treat} = 3 \quad \hat{\sigma}^2_{treat} = 23{,}33,$$
$$QS_{Fehler} = 30 \quad df_{Fehler} = 16 \quad \hat{\sigma}^2_{Fehler} = 1{,}88,$$
$$QS_{tot} = 100 \quad df_{tot} = 19 \quad \hat{\sigma}^2_{tot} = 5{,}26.$$

Nach diesen Werten gelten folgende Beziehungen:

$$QS_{treat} + QS_{Fehler} = QS_{tot}, \quad (7.11)$$
$$df_{treat} + df_{Fehler} = df_{tot}. \quad (7.12)$$

> Die totale Quadratsumme setzt sich additiv aus der Treatmentquadratsumme und der Fehlerquadratsumme zusammen. Die Freiheitsgrade der Gesamtvarianz ergeben sich additiv aus den Freiheitsgraden der Treatmentvarianz und den Freiheitsgraden der Fehlervarianz.

Nicht additiv verhalten sich hingegen die Varianzen.

Herleitung der Grundgleichungen. Dass diese Beziehungen allgemein richtig sind, zeigt der folgende Gedankengang. Es soll gelten:

$$QS_{tot} = QS_{treat} + QS_{Fehler}$$

bzw. nach Gl. (7.1), (7.4) und (7.8):

$$\sum_i \sum_m (x_{mi} - \overline{G})^2$$
$$= n \cdot \sum_i (\overline{A}_i - \overline{G})^2 + \sum_i \sum_m (x_{mi} - \overline{A}_i)^2. \quad (7.13)$$

Für die Abweichung eines Mittelwertes $\overline{A}_i$ von $\overline{G}$ schreiben wir vereinfacht:

$$(\overline{A}_i - \overline{G}) = u_i \quad (7.14)$$

und für die Abweichung einer Messung x_{mi} vom Gruppenmittel $\overline{A}_i$:

$$(x_{mi} - \overline{A}_i) = v_{mi}. \quad (7.15)$$

Für $u_i + v_{mi}$ erhalten wir somit:

$$u_i + v_{mi} = (\overline{A}_i - \overline{G}) + (x_{mi} - \overline{A}_i)$$
$$= (x_{mi} - \overline{G}). \quad (7.16)$$

Für die linke Seite von (7.13) ergibt sich:

$$\sum_i \sum_m (x_{mi} - \overline{G})^2 = \sum_i \sum_m (u_i + v_{mi})^2$$
$$= \sum_i \sum_m (u_i^2 + v_{mi}^2 + 2u_i \cdot v_{mi})$$
$$= \sum_i \sum_m u_i^2 + \sum_i \sum_m v_{mi}^2$$
$$+ 2 \sum_i \sum_m u_i \cdot v_{mi}. \quad (7.17)$$

Hierin sind $\sum_i \sum_m u_i^2 = n \sum_i u_i^2$ und $2 \sum_i \sum_m u_i \cdot v_{mi} = 2 \sum_i (u_i \cdot \sum_m v_{mi})$ (vgl. Anhang A). $\sum_m v_{mi}$ stellt die Summe der Abweichungen der x_{mi}-Werte vom jeweiligen $\overline{A}_i$ dar, die jeweils Null ergibt. Gl. (7.17) reduziert sich somit zu:

$$\sum_i \sum_m (x_{mi} - \overline{G})^2 = n \cdot \sum_i u_i^2 + \sum_i \sum_m v_{mi}^2. \quad (7.18)$$

Ersetzen wir u_i und v_{mi} durch Gl. (7.14) und Gl. (7.15), erhalten wir Gl. (7.13).

Für

$$df_{tot} = df_{treat} + df_{Fehler} \quad (7.12)$$

schreiben wir gemäß Gl. (7.2), (7.5) und (7.9):

7.1 Grundprinzip der einfaktoriellen Varianzanalyse

$$\begin{aligned} n \cdot p - 1 &= p - 1 + p \cdot (n - 1) \\ &= p - 1 + p \cdot n - p \\ &= p \cdot n - 1. \end{aligned} \quad (7.19)$$

Ausgehend von Gl. (7.11) hätten wir somit z.B. die QS_{Fehler} auch subtraktiv nach der Beziehung

$$QS_{Fehler} = QS_{tot} - QS_{treat} \quad (7.20)$$

bestimmen können. Zur Kontrolle der Rechnung empfehlen wir jedoch, die QS_{Fehler} nach Gl. (7.8) zu bestimmen.

Varianzaufklärung. Der auf die 4 Lehrmethoden zurückgehenden Quadratsumme von $QS_{treat} = 70$ steht somit eine auf Störvariablen zurückzuführende $QS_{Fehler} = 30$ gegenüber. Die Gesamtunterschiedlichkeit aller Messwerte ist zu $100\% \cdot 70/100 = 70{,}0\%$ auf die verschiedenen Lehrmethoden zurückzuführen. Diesen Prozentwert ermitteln wir allgemein nach folgender Gleichung:

$$\text{Varianzaufklärung} = \frac{QS_{treat}}{QS_{tot}} \cdot 100\%. \quad (7.21)$$

Der in Gl. (7.21) enthaltene Quotient QS_{treat}/QS_{tot} wird als η^2 (eta-Quadrat) bezeichnet (vgl. Kerlinger, 1964, S. 200 ff.). Auf die Bedeutung dieses Koeffizienten werden wir auf S. 280 ausführlich eingehen. Hier sei vorab angemerkt, dass mit Gl. (7.21) ein deskriptives Maß der Varianzaufklärung definiert ist, das die wahre, für Populationsverhältnisse gültige Varianzaufklärung überschätzt.

Signifikanztest

Zu fragen bleibt, ob die 70,0%ige Varianzaufklärung zufällig aufgrund der getroffenen Stichprobenauswahl zustande gekommen ist oder ob sie tatsächliche Unterschiede zwischen den Lehrmethoden widerspiegelt. Anders formuliert: Wir müssen prüfen, wie groß die Wahrscheinlichkeit ist, dass die angetroffenen Mittelwertunterschiede zufällig hätten zustande kommen können, wenn die H_0 gilt, nach der sich die 4 Lehrmethoden nicht unterscheiden. Ist diese Wahrscheinlichkeit kleiner als eine zuvor festgelegte Irrtumswahrscheinlichkeit ($\alpha = 1\%, 5\%$), verwerfen wir die H_0 zugunsten der H_1 und sagen, von den gefundenen Mittelwerten unterscheiden sich mindestens zwei signifikant voneinander. Andernfalls muss die H_0 beibehalten werden, und wir betrachten die Mittelwertunterschiede als zufällig. Im 4. Schritt wird deshalb überprüft, ob die Mittelwertunterschiede statistisch bedeutsam sind.

Die H_0 lautet: $\mu_1 = \mu_2 = \cdots = \mu_p$. Als Schätzung für die Parameter verwenden wir die gefundenen Mittelwerte $\overline{A}_1, \overline{A}_2, \ldots, \overline{A}_p$.

Falls die H_0 richtig ist, müssen zwar die μ_i-Parameter, aber nicht die $\overline{A}_i$-Werte identisch sein. Diese streuen Stichproben bedingt zufällig um $\overline{G}$ mit einer Varianz von

$$\hat{\sigma}_{\overline{A}}^2 = \sum_i (\overline{A}_i - \overline{G})^2 / (p - 1).$$

Da nun angenommen wird, dass die H_0 gilt, ist davon auszugehen, dass die den Stichproben zu Grunde liegenden Grundgesamtheiten identisch sind, d.h., die p Stichproben gehören einer gemeinsamen Grundgesamtheit an. Damit sind die Überlegungen zum *Standardfehler des Mittelwertes* auf die vorliegende Problematik übertragbar.

Unter 3.2.2 haben wir erfahren, dass Mittelwerte aus Stichproben des Umfangs n, die alle derselben Grundgesamtheit entnommen wurden, eine Varianz von $\hat{\sigma}_{\overline{x}}^2 = \hat{\sigma}^2/n$ aufweisen. Diese Varianz ist mit der Varianz der Mittelwerte einer Varianzanalyse identisch, falls H_0 gilt:

$$\hat{\sigma}_{\overline{A}}^2 = \hat{\sigma}^2/n.$$

Multiplizieren wir beide Seiten mit n, erhalten wir nach Gl. (7.6) auf der linken Seite die Treatmentvarianz:

$$\hat{\sigma}_{treat}^2 = n \cdot \hat{\sigma}_{\overline{A}}^2 = \hat{\sigma}^2.$$

Die Treatmentvarianz ist bei Gültigkeit von H_0 mit $\hat{\sigma}^2$ identisch. $\hat{\sigma}^2$ entspricht der Varianz des Merkmals in der Population, die im Kontext der Varianzanalyse durch die Varianz innerhalb der Stichproben bzw. durch die Fehlervarianz geschätzt wird. Sind die stichprobenspezifischen Fehlervarianzen homogen, stellt $\hat{\sigma}_{Fehler}^2$ eine erwartungstreue Schätzung von $\hat{\sigma}^2$ dar. Man erhält also bei Gültigkeit von H_0:

$$\hat{\sigma}_{treat}^2 = \hat{\sigma}_{Fehler}^2.$$

> Bei Gültigkeit von H_0 stellt die Treatmentvarianz eine erwartungstreue Schätzung der Fehlervarianz dar.

(Genauer hierzu vgl. 12.1). Die H_0: $\mu_1 = \mu_2 = \cdots = \mu_p$ ist damit äquivalent zur H_0: $\sigma_{treat}^2 = \sigma_{Fehler}^2$.

Sollte nicht die H_0, sondern die H_1 richtig sein, müßte $\hat{\sigma}^2_{\text{treat}}$ größer sein als $\hat{\sigma}^2_{\text{Fehler}}$.

Die H_0, dass zwei voneinander unabhängige Varianzschätzungen identisch sind, prüfen wir nach Gl. (5.39) über den F-Test. Der Signifikanztest der einfaktoriellen Varianzanalyse heißt somit:

$$F = \hat{\sigma}^2_{\text{treat}}/\hat{\sigma}^2_{\text{Fehler}}. \tag{7.22}$$

In unserem Beispiel ermitteln wir als F-Wert:

$$F = 23{,}33/1{,}88 = 12{,}41\,.$$

Dieser F-Wert wird mit demjenigen F-Wert verglichen, den wir bei $p - 1$ Zählerfreiheitsgraden und $p \cdot (n - 1)$ Nennerfreiheitsgraden auf dem $\alpha = 1\%$ (5%)-Niveau erwarten. Tabelle E entnehmen wir als kritischen F-Wert: $F_{(3,16;99\%)} = 5{,}29$. Der empirische F-Wert ist größer als der kritische F-Wert, sodass wir die Nullhypothese auf dem $\alpha = 1\%$-Niveau verwerfen: Mindestens 2 der 4 Lehrmethoden unterscheiden sich hinsichtlich des Lernerfolges auf dem 1%-Niveau signifikant. (Genauer hierzu s. Kap. 7.3.)

Die Durchführung eines F-Tests erübrigt sich, wenn $\hat{\sigma}^2_{\text{Fehler}}$ größer als $\hat{\sigma}^2_{\text{treat}}$ ist, weil in diesem Fall die Treatmentstufenunterschiede, verglichen mit den Fehlereffekten, unbedeutend sind. In Tabelle E sind deshalb nur die Werte $F > 1$ wiedergegeben, die mit einer Irrtumswahrscheinlichkeit von höchstens 25, 10, 5 oder 1% auftreten. (In der Tabelle sind diejenigen F_{crit}-Werte wiedergegeben, die von der rechten Seite der F-Verteilung 25, 10, 5 und 1% abschneiden.) Der Varianzunterschied wird somit einseitig geprüft. Dieser einseitigen Varianzüberprüfung entspricht jedoch die Überprüfung einer *ungerichteten* Mittelwerthypothese. Ausgehend von der $H_0: \mu_1 = \mu_2 = \cdots = \mu_p$ formulieren wir als Alternativhypothese H_1: $\mu_i \neq \mu_{i'}$. (Mindestens 2 Mittelwerte μ_i und $\mu_{i'}$ sind ungleich.) Welche Mittelwerte sich in welcher Weise voneinander unterscheiden, wird durch diese Alternativhypothese nicht festgelegt. Da konstante, aber verschieden gerichtete Mittelwertsunterschiede durch die Quadrierung zur gleichen Treatmentvarianz führen, überprüft der einseitige F-Test eine ungerichtete Alternativhypothese bezüglich der Mittelwerte.

Rechnerische Durchführung

Die Durchführung einer einfaktoriellen Varianzanalyse gliedert sich zusammenfassend in die folgenden 4 Schritte:
- Bestimmung von QS_{tot} und $\hat{\sigma}^2_{\text{tot}}$,
- Bestimmung von QS_{treat} und $\hat{\sigma}^2_{\text{treat}}$,
- Bestimmung von QS_{Fehler} und $\hat{\sigma}^2_{\text{Fehler}}$ (Kontrolle: $QS_{\text{tot}} = QS_{\text{treat}} + QS_{\text{Fehler}}$),
- Durchführung des Signifikanztests $F = \hat{\sigma}^2_{\text{treat}}/\hat{\sigma}^2_{\text{Fehler}}$.

Die Berechnung der Quadratsummen und Varianzen kann natürlich so erfolgen, wie es auf den letzten Seiten beschrieben wurde. Für die Durchführung einer Varianzanalyse „per Hand" oder mit einem Taschenrechner empfiehlt es sich jedoch, von rechnerisch einfacheren (und weniger fehleranfälligen) Formeln auszugehen, die der Umformung einer Varianz nach Gl. (1.21) entsprechen. Analog zu dieser Transformation gelten die folgenden Äquivalenzen:

$$QS_{\text{tot}} = \sum_i \sum_m (x_{mi} - \overline{G})^2$$
$$= \sum_i \sum_m x_{mi}^2 - \frac{G^2}{n \cdot p}\,, \tag{7.23}$$

$$QS_{\text{treat}} = n \cdot \sum_i (\overline{A}_i - \overline{G})^2$$
$$= \frac{\sum_i A_i^2}{n} - \frac{G^2}{n \cdot p}\,, \tag{7.24}$$

$$QS_{\text{Fehler}} = \sum_i \sum_m (x_{mi} - \overline{A}_i)^2$$
$$= \sum_i \sum_m x_{mi}^2 - \frac{\sum_i A_i^2}{n}\,. \tag{7.25}$$

Hier und in den folgenden Kapiteln definieren wir nach Winer et al. (1991) Kennziffern, die eine übersichtlichere Quadratsummenberechnung gestatten. Für die einfaktorielle Varianzanalyse lauten diese Ziffern:

$$(1) = \frac{G^2}{p \cdot n};\quad (2) = \sum_i \sum_m x_{mi}^2;\quad (3) = \frac{\sum_i A_i^2}{n}.$$

Setzen wir diese Ziffern in Gl. (7.23), (7.24) und (7.25) ein, ergeben sich folgende Rechenregeln für die einzelnen Quadratsummen:

7.1 Grundprinzip der einfaktoriellen Varianzanalyse

$$QS_{tot} = (2) - (1),$$
$$QS_{treat} = (3) - (1),$$
$$QS_{Fehler} = (2) - (3).$$

Auch nach diesen Berechnungsvorschriften gilt natürlich die Beziehung $QS_{tot} = QS_{treat} + QS_{Fehler}$.

Datenrückgriff. In unserem Beispiel ermitteln wir für die Kennziffern

$$(1) = \frac{G^2}{p \cdot n} = \frac{80^2}{4 \cdot 5} = 320,$$

$$(2) = \sum_i \sum_m x_{mi}^2$$
$$= 2^2 + 1^2 + 3^2 + \cdots + 5^2 + 3^2 + 2^2 = 420,$$

$$(3) = \frac{\sum_i A_i^2}{n}$$
$$= \frac{10^2 + 15^2 + 35^2 + 20^2}{5} = \frac{1950}{5} = 390.$$

Die Varianzanalyse kann somit, ausgehend von diesen Ziffern, mit folgenden 4 Rechenschritten durchgeführt werden:

- Ermittlung von QS_{tot} und $\hat{\sigma}^2_{tot}$:

$$QS_{tot} = (2) - (1) = 420 - 320 = 100,$$
$$\hat{\sigma}^2_{tot} = QS_{tot}/df_{tot} = 100/19 = 5{,}26.$$

- Ermittlung von QS_{treat} und $\hat{\sigma}^2_{treat}$:

$$QS_{treat} = (3) - (1) = 390 - 320 = 70,$$
$$\hat{\sigma}^2_{treat} = QS_{treat}/df_{treat} = 70/3 = 23{,}33.$$

- Ermittlung von QS_{Fehler} und $\hat{\sigma}^2_{Fehler}$:

$$QS_{Fehler} = (2) - (3) = 420 - 390 = 30$$
$$(\text{Kontrolle: } 100 = 70 + 30),$$
$$\hat{\sigma}^2_{Fehler} = QS_{Fehler}/df_{Fehler} = 30/16 = 1{,}88.$$

- Durchführung des Signifikanztests:

$$F = \frac{\hat{\sigma}^2_{treat}}{\hat{\sigma}^2_{Fehler}} = \frac{23{,}33}{1{,}88} = 12{,}41.$$

Ergebnisdarstellung

Für die Darstellung der Ergebnisse einer Varianzanalyse verwendet man das in Tabelle 7.2 wiedergegebene Schema.

In unserem konkreten Beispiel lautet die Ergebnistabelle:

Q.d.V.	QS	df	$\hat{\sigma}^2$	F
Lehrmethoden (A)	70	3	23,33	12,41**
Fehler	30	16	1,88	
Total	100	19	5,26	

Die beiden ** deuten an, dass der empirische F-Wert größer als der für das 1%-Niveau kritische F-Wert und damit sehr signifikant ist. (Eine 5%-Niveau-Signifikanz kennzeichnen wir durch *.) Zusätzlich sollte angegeben werden, wie viel Prozent der Gesamtvariation (QS_{tot}) durch das Treatment aufgeklärt wird (vgl. Gl. 7.21). Für das Beispiel resultiert $\eta^2 = 0{,}7$.

Tabelle 7.2. Ergebnistabelle einer einfaktoriellen Varianzanalyse

Quelle der Variation (Q.d.V.)	Quadratsumme (QS)	Freiheitsgrade (df)	Varianz ($\hat{\sigma}^2$)	F-Wert (F)
Treatment	(3) − (1)	$p - 1$	$\dfrac{QS_{treat}}{df_{treat}}$	$\dfrac{\hat{\sigma}^2_{treat}}{\hat{\sigma}^2_{Fehler}}$
Fehler	(2) − (3)	$p \cdot (n - 1)$	$\dfrac{QS_{Fehler}}{df_{Fehler}}$	
Total	(2) − (1)	$p \cdot n - 1$	$\dfrac{QS_{tot}}{df_{tot}}$	

„Optimale" Stichprobenumfänge

Auch für eine Untersuchung, die mit einer einfaktoriellen Varianzanalyse ausgewertet werden soll, empfiehlt es sich, aus untersuchungsökonomischen Gründen „optimale" Stichprobengrößen einzusetzen (zur Theorie vgl. 4.8). Man bestimmt nach Kriterien der praktischen Bedeutsamkeit eine Effektgröße ε und wählt die Stichprobenumfänge so, dass die mit der Effektgröße ε festgelegte H_1 mit einer Irrtumswahrscheinlichkeit von α und einer Teststärke von $1-\beta$ angenommen werden kann, wenn die H_1 gilt.

Wie beim t-Test für unabhängige Stichproben hängt die Effektgröße ε auch in der Varianzanalyse
- von den unter H_1 erwarteten Populationsparametern und
- von der Streuung σ innerhalb der zu vergleichenden Populationen ab.

Die Effektgröße ist wie folgt definiert (vgl. Cohen, 1988, S. 281):

$$\varepsilon = \frac{\sigma_\mu}{\sigma}. \tag{7.26}$$

σ_μ ist die Streuung der Populationsparameter μ_i.

Da es in der Regel schwer fällt, alle p μ_i-Parameter für die H_1 zu spezifizieren, kann man sich damit begnügen, eine Mindestdifferenz zwischen dem größten und kleinsten μ_i-Wert vorzugeben ($\mu_{max} - \mu_{min}$). Die hierauf basierende Effektgröße bezeichnen wir mit ε'.

Wenn man keine Vorkenntnisse über die Größe von σ hat, helfen Abschätzungen des vermuteten Streubereiches („range") der untersuchten abhängigen Variablen innerhalb der Populationen weiter. Dividiert man die Streubreite durch 6, resultiert für normalverteilte Merkmale eine akzeptable Vorabschätzung für σ (vgl. Schwarz, 1975, oder auch Bortz u. Döring, 2002, Kap. 7.1.5). Damit lässt sich

$$d = \frac{\mu_{max} - \mu_{min}}{\sigma} \tag{7.27}$$

berechnen. Für die Bestimmung von ε' sind zudem Überlegungen darüber erforderlich, wie sich die übrigen μ_i-Parameter zwischen μ_{max} und μ_{min} verteilen. Geht man einfachheitshalber von äquidistanten Abständen aus, ergibt sich die Effektgröße ε' wie folgt:

$$\varepsilon' = \frac{d}{2}\sqrt{\frac{p+1}{3 \cdot (p-1)}}. \tag{7.26 a}$$

(Hinweise zur Theorie und zu weiteren Verteilungsmustern für die μ_i-Werte findet man bei Cohen, 1988, S. 274 ff.)

Für $\alpha = 0{,}05$ und $1-\beta = 0{,}80$ ergeben sich in Abhängigkeit von ε und der Anzahl der Zählerfreiheitsgrade die in Tabelle 7.3 dargestellten „optimalen" Stichprobenumfänge für jede Stufe der unabhängigen Variablen. Die für $df_z = 1$ genannten Werte sind – anders als die auf S. 143 genannten optimalen Stichprobenumfänge für den t-Test mit unabhängigen Stichproben – für den *zweiseitigen Test* vorgesehen.

Die in Tabelle 7.3 genannten Stichprobenumfänge gelten für jede Treatmentstufe und implizieren damit ein konstantes n. Falls ungleich große Stichproben untersucht werden (vgl. 7.2), sollte die durchschnittliche Stichprobengröße dem optimalen Stichprobenumfang entsprechen.

Datenrückgriff. Für den genannten Vergleich der 4 Unterrichtsmethoden hätte die Planung der Stichprobenumfänge wie folgt aussehen können: Auf Grund pädagogischer Erfahrungen geht man davon aus, dass ein praktisch bedeutsamer Unterrichtseffekt vorliegt, wenn sich die durchschnittliche Anzahl der Testpunkte, die nach der besten und schlechtesten Methode erzielt werden, um mindestens 3 Testpunkte unterscheiden ($\mu_{max} - \mu_{min} = 3$). Ferner sei der Test so angelegt, dass im ungünstigsten Fall von einem Schüler 0 Punkte und vom besten Schüler 8 Punkte erreicht werden können. Akzeptiert man diesen Wertebereich für jede Unterrichtsmethode, wird – normalverteilte Punkte vorausgesetzt – die Streuung der Punktzahlen in den 4 Populationen auf $\sigma = \frac{8}{6} = 1{,}33$ geschätzt.

Damit resultieren

$$d = \frac{3}{1{,}33} = 2{,}25$$

und

$$\varepsilon' = \frac{2{,}25}{2} \cdot \sqrt{\frac{4+1}{3 \cdot (4-1)}} = 0{,}84.$$

Dieser Wert liegt deutlich über dem ε-Wert für einen starken Effekt ($\varepsilon = 0{,}40$). Nach Tabelle 7.3 sollte wegen $df_z = 3$ pro Unterrichtsmethode ein Stich-

Tabelle 7.3. „Optimale" Stichprobenumfänge für die einfaktorielle Varianzanalyse

Freiheitsgrade (df_z)	Effektgröße ε											
	0,05	0,10[a]	0,15	0,20	0,25[b]	0,30	0,35	0,40[c]	0,50	0,60	0,70	0,80
1	1571	393	175	99	64	45	33	26	17	12	9	7
2	1286	322	144	81	52	36	27	21	14	10	8	6
3	1096	274	123	69	45	31	23	18	12	9	7	5
4	956	240	107	61	39	27	20	16	10	8	6	5
5	856	215	96	54	35	25	18	14	9	7	5	4
6	780	195	87	50	32	22	17	13	9	6	5	4
8	669	168	75	42	27	19	14	11	8	6	4	4
10	591	148	66	38	24	17	13	10	7	5	4	3
12	534	134	60	34	22	16	12	9	6	5	4	3
15	471	118	53	30	20	14	10	8	6	4	3	3
24	363	91	41	23	15	11	8	6	4	3	3	2

[a] Schwacher Effekt ($\eta^2 \approx 1\%$)
[b] Mittlerer Effekt ($\eta^2 \approx 6\%$)
[c] Starker Effekt ($\eta^2 \approx 14\%$)

probenumfang von $n \approx 5$ untersucht werden (genauere Angaben findet man bei Cohen, 1988).

Im Beispiel wurden deshalb $n = 5$ Schüler pro Methode untersucht.

Die Ex-post-Analyse des Beispiels führt zu folgendem Resultat:

Wir errechnen für d nach Gl. (7.27) (mit σ geschätzt durch $\sqrt{\hat{\sigma}^2_{\text{Fehler}}}$):

$$d = \frac{7-2}{\sqrt{1,88}} = \frac{5}{1,37} = 3,65 \ .$$

Die in der Planungsphase mit $8/6 = 1,33$ geschätzte Streuung entspricht der empirisch ermittelten Streuung ($\sigma = 1,37$) also recht gut. Weiter ergibt sich nach Gl. (7.26a)

$$\hat{\varepsilon}' = \frac{3,65}{2} \cdot \sqrt{\frac{4+1}{3 \cdot 3}} = 1,36 \ .$$

Man erhält diesen Wert auch über Gl. (7.26) mit $\overline{A}_i$ als Schätzwerte für μ_i.

Im Beispiel ergibt sich ein äußerst großer Effekt, für dessen Absicherung (mit $1-\beta = 0,8$ und $\alpha = 0,05$) auch kleinere Stichprobenumfänge ausgereicht hätten. Man beachte, dass derart große Effekte in der Forschungspraxis höchst selten vorkommen; sie sind immer der „Manipulation" verdächtig und sollten deshalb besonders kritisch geprüft werden. (Die Beispielzahlen sind fiktiv; sie wurden unter dem Gesichtspunkt eines leicht nachvollziehbaren Rechenganges ausgewählt.)

Effektgröße und Varianzaufklärung. Die Effektgröße ε lässt sich über folgende Gleichung auch als Anteil erklärter Varianz (η^2) ausdrücken:

$$\eta^2 = \frac{\varepsilon^2}{1 + \varepsilon^2} \ . \tag{7.28}$$

Man beachte, dass η^2 hier über den Populationsparameter ε definiert ist (s. Gl. 7.26). Verwenden wir den über Gl. (7.26a) errechneten Schätzwert $\hat{\varepsilon}'$, ergibt sich

$$\hat{\eta}^2 = \frac{1,36^2}{1 + 1,36^2} = 0,65 \ .$$

Hier wird nochmals deutlich, dass das auf S. 255 errechnete deskriptive $\eta^2 = 0,70$ zu optimistisch ist.

Eine andere Möglichkeit, die wahre Varianzaufklärung zu schätzen, findet man bei Hays (1994, S. 409). Dort wird der entsprechende Schätzwert $\hat{\omega}^2$ genannt:

$$\hat{\omega}^2 = \frac{QS_{\text{treat}} - (p-1) \cdot \hat{\sigma}^2_{\text{Fehler}}}{QS_{\text{tot}} + \hat{\sigma}^2_{\text{Fehler}}} \ . \tag{7.28a}$$

Wir errechnen für das Beispiel

$$\hat{\omega}^2 = \frac{70 - 3 \cdot 1,88}{100 + 1,88} = 0,63 \ .$$

Beide Schätzwerte – $\hat{\eta}^2 = 0,65$ und $\hat{\omega}^2 = 0,63$ – stimmen recht gut überein.

Mit Gl. (7.28) können Effektgrößen in Varianzaufklärungen umgerechnet werden. Ein starker Effekt ($\varepsilon = 0{,}4$) würde einer Varianzaufklärung von ca. 14% entsprechen. Dieser Wert und die Varianzaufklärung für einen schwachen bzw. mittleren Effekt sind ebenfalls in Tabelle 7.3 genannt. Hat man eine Vorstellung darüber, welche minimale Varianzaufklärung praktisch bedeutsam ist, erhält man die Effektgröße ε auch über Gl. (7.29):

$$\varepsilon = \sqrt{\frac{\eta^2}{1-\eta^2}}. \tag{7.29}$$

Einer Varianzaufklärung von 20% entspräche also ein sehr starker Effekt von $\varepsilon = 0{,}5$.

7.2 Ungleiche Stichprobengrößen

Die bisher behandelte einfaktorielle Varianzanalyse sieht vor, dass jeder Faktorstufe eine Zufallsstichprobe des Umfangs n zugewiesen wird. Gelegentlich kann es jedoch vorkommen, dass die unter den einzelnen Treatmentstufen beobachteten Stichproben nicht gleich groß sind. Dies wird vor allem dann der Fall sein, wenn die Vpn nicht für einzelne Behandlungen im Sinn eines echten Treatments zufällig zusammengestellt werden, sondern „natürlich" gruppiert sind (quasiexperimenteller Ansatz, vgl. S. 8 f.). Für ungleich große Stichproben gelten die folgenden, modifizierten Berechnungsvorschriften einer einfaktoriellen Varianzanalyse:

Unter den einzelnen Treatmentstufen i werden jeweils n_i Untersuchungseinheiten beobachtet. Als Gesamtzahl aller Untersuchungseinheiten erhalten wir:

$$N = \sum_i n_i. \tag{7.30}$$

Gleichung (7.4) lautet für ungleiche Stichproben:

$$QS_{treat} = \sum_i n_i \cdot (\overline{A}_i - \overline{G})^2. \tag{7.31}$$

Bei der Berechnung der Treatmentquadratsumme werden somit die einzelnen quadrierten Abweichungen der $\overline{A}_i$-Werte von $\overline{G}$ mit dem jeweiligen Stichprobenumfang n_i *gewichtet*. Ein $\overline{A}_i$-Wert, der auf einer großen Stichprobe beruht, geht mit stärkerem Gewicht in die Treatmentquadratsumme ein als ein $\overline{A}_i$-Wert, dem eine kleinere Stichprobe zu Grunde liegt.

Als Kennziffern für die Berechnung der Quadratsummen verwendet man im Fall ungleich großer Stichproben:

$$(1) = G^2/N;$$

$$(2) = \sum_{i=1}^{p} \sum_{m=1}^{n_i} x_{mi}^2;$$

$$(3) = \sum_i \left(\frac{A_i^2}{n_i} \right).$$

(Die etwas ungewöhnlich aussehende Schreibweise für Ziffer (2) beinhaltet nichts anderes als die Summe aller quadrierten Messwerte. Der 2. Summenindex m läuft für verschiedene Stufen von i bis n_i, dem jeweiligen Stichprobenumfang.)

Ausgehend von diesen Kennziffern ist die Ermittlung der Quadratsummen mit den in Tabelle 7.2 angegebenen Berechnungsvorschriften identisch. Für die *Freiheitsgrade* ermitteln wir bei ungleich großen Stichproben:

$$df_{treat} = p - 1,$$
$$df_{Fehler} = N - p,$$
$$df_{tot} = N - 1.$$

Diese hier vorgenommenen Verallgemeinerungen treffen natürlich auch auf den Spezialfall gleichgroßer Stichproben zu. Ist $n_1 = n_2 = \cdots = n_p = n$, erhalten wir für Ziffer (3):

$$(3) = \sum_i \left(\frac{A_i^2}{n_i} \right) = \frac{\sum_i A_i^2}{n}.$$

Da ferner $p \cdot n = N$, gilt für df_{Fehler} die folgende Beziehung:

$$df_{Fehler} = N - p = n \cdot p - p = p \cdot (n-1)$$

bzw. für die Freiheitsgrade der totalen Quadratsumme:

$$df_{tot} = N - 1 = n \cdot p - 1.$$

BEISPIEL

Es wird überprüft, wie sich Schlafentzug auf die Konzentrationsfähigkeit auswirkt. 35 Vpn nehmen an der Untersuchung teil. Diese 35 Vpn werden per Zufall in 5 Gruppen eingeteilt, die jeweils unterschiedlich lang wach bleiben müssen:

7.2 Ungleiche Stichprobengrößen

1. Gruppe 12 Stunden ohne Schlaf,
2. Gruppe 18 Stunden ohne Schlaf,
3. Gruppe 24 Stunden ohne Schlaf,
4. Gruppe 30 Stunden ohne Schlaf,
5. Gruppe 36 Stunden ohne Schlaf.

Nach den Wachzeiten wird mit den Vpn ein Konzentrationstest durchgeführt. Wir wollen annehmen, dass einige Vpn die Untersuchungsbedingungen nicht eingehalten haben und deshalb ausgeschlossen werden müssen. Die verbleibenden Gruppengrößen mögen lauten: $n_1 = 5$, $n_2 = 6$, $n_3 = 4$, $n_4 = 7$, $n_5 = 4$. Tabelle 7.4 zeigt die erzielten Konzentrationsleistungen (hoher Wert = hohe Konzentrationsleistung) sowie den Rechengang der Varianzanalyse.

Der empirisch ermittelte F-Wert ist sehr viel größer als der kritische F-Wert für das 1%-Niveau. Wir verwerfen deshalb die Nullhypothese und behaupten, dass sich unterschiedlich lange Schlafentzugszeiten entscheidend auf die Konzentrationsfähigkeit auswirken.

Varianzanalyse ohne Einzelmessungen

In den bisher besprochenen varianzanalytischen Ansätzen gingen wir davon aus, dass die einzelnen Messwerte x_{mi} bekannt seien. Gelegentlich ist man jedoch darauf angewiesen, Stichproben varianzanalytisch miteinander zu vergleichen, von denen man lediglich die Mittelwerte, Varianzen und Umfänge kennt. (Ein solcher Fall läge beispielsweise vor, wenn man z. B. im Kontext von *Metaanalysen* – vgl. S. 222 – Untersuchungen zusammenfassen bzw. vergleichen will, in denen über die untersuchten Stichproben nur summarisch berichtet wird.)

Nach Gordon (1973, korrigiert nach Rossi, 1987 u. Finstuen et al., 1994) ermitteln wir in diesem Fall die Kennziffern (1) bis (3) folgendermaßen:

Tabelle 7.4. Beispiel für eine einfaktorielle Varianzanalyse mit ungleichen Stichprobengrößen

	Schlafentzugsgruppen				
	1. Gruppe	2. Gruppe	3. Gruppe	4. Gruppe	5. Gruppe
	18	18	16	11	8
	15	16	13	12	7
	19	17	14	16	10
	19	17	14	11	9
	17	19		12	
		16		11	
				13	
A_i:	88	103	57	86	34
$\overline{A}_i$:	17,60	17,17	14,25	12,29	8,50

$G = 368 \quad \overline{G} = 14{,}15$

$N = \sum_i n_i = 5 + 6 + 4 + 7 + 4 = 26$

$(1) = \dfrac{G^2}{N} = \dfrac{368^2}{26} = 5208{,}62$

$(2) = \sum_{i=1}^{p} \sum_{m=1}^{n_i} x_{mi}^2 = 18^2 + 15^2 + \cdots + 10^2 + 9^2 = 5522$

$(3) = \sum_i \dfrac{A_i^2}{n_i} = \dfrac{88^2}{5} + \dfrac{103^2}{6} + \dfrac{57^2}{4} + \dfrac{86^2}{7} + \dfrac{34^2}{4} = 5474{,}79$

Quelle der Variation	QS	df	$\hat{\sigma}^2$	F
Schlafentzugsgruppen	$(3) - (1) = 266{,}17$	$p - 1 = 4$	66,54	29,57**
Fehler	$(2) - (3) = 47{,}21$	$N - p = 21$	2,25	
Total	$(2) - (1) = 313{,}38$	$N - 1 = 25$		$F_{(4,21;99\%)} = 4{,}40$

$$(1) = G^2/N = \frac{(n_1 \cdot \overline{A}_1 + n_2 \cdot \overline{A}_2 + \cdots + n_p \cdot \overline{A}_p)^2}{n_1 + n_2 + \cdots + n_p}$$

$$= \frac{\left(\sum_i n_i \cdot \overline{A}_i\right)^2}{\sum_i n_i},$$

$$(2) = \sum_i \sum_{m=1}^{n_i} x_{mi}^2 = (n_1 \cdot s_1^2 + n_2 \cdot s_2^2 + \cdots + n_p \cdot s_p^2)$$
$$+ (n_1 \cdot \overline{A}_1^2 + n_2 \cdot \overline{A}_2^2 + \cdots + n_p \cdot \overline{A}_p^2)$$
$$= \sum_i (n_i \cdot s_i^2) + \sum_i (n_i \cdot \overline{A}_i^2),$$

$$(3) = \sum_i \frac{A_i^2}{n_i}$$
$$= n_1 \cdot \overline{A}_1^2 + n_2 \cdot \overline{A}_2^2 + \cdots + n_p \cdot \overline{A}_p^2$$
$$= \sum_i (n_i \cdot \overline{A}_i^2).$$

(Man beachte, dass für Ziffer (2) die Stichprobenvarianz s^2 und nicht der Schätzwert $\hat{\sigma}^2$ benötigt wird.)

Ausgehend von diesen Kennzifferdefinitionen kann die Varianzanalyse wie eine Varianzanalyse mit ungleichen Stichprobengrößen, bei denen die Kennziffern durch die einzelnen Messwerte x_{mi} bestimmt sind, durchgeführt werden.

BEISPIEL

Aus unterschiedlichen Arbeiten über die verbale Intelligenz von Schülern entnimmt man folgende Werte für Schüler der Unterschicht (a_1), der Mittelschicht (a_2) und der Oberschicht (a_3):

$\overline{A}_1 = 85; \quad s_1^2 = 65; \quad n_1 = 50,$
$\overline{A}_2 = 98; \quad s_2^2 = 110; \quad n_2 = 60,$
$\overline{A}_3 = 105; \quad s_3^2 = 95; \quad n_3 = 40.$

Die einzelnen Kennziffern lauten somit:

$$(1) = \frac{(50 \cdot 85 + 60 \cdot 98 + 40 \cdot 105)^2}{50 + 60 + 40} = 1368992{,}67,$$

$$(2) = (50 \cdot 65 + 60 \cdot 110 + 40 \cdot 95)$$
$$+ (50 \cdot 85^2 + 60 \cdot 98^2 + 40 \cdot 105^2)$$
$$= 13650 + 1378490 = 1392140,$$

$$(3) = 50 \cdot 85^2 + 60 \cdot 98^2 + 40 \cdot 105^2 = 1378490.$$

Die Ergebnisse fassen wir in folgender Tabelle zusammen:

Q.d.V.	QS	df	$\hat{\sigma}^2$	F
Schichten	$(3) - (1)$ $= 9497{,}33$	$p - 1$ $= 2$	4748,67	51,14**
Fehler	$(2) - (3)$ $= 13650$	$N - p$ $= 147$	92,86	
Total	$(2) - (1)$ $= 23147{,}33$	$N - 1$ $= 149$		

Der bei 2 Zählerfreiheitsgraden und 147 Nennerfreiheitsgraden für das 1%-Niveau kritische F-Wert lautet: $F_{(2,147;99\%)} = 4{,}77$. Da der empirische Wert erheblich größer ist, unterscheiden sich die 3 verglichenen Stichproben sehr signifikant in ihrer verbalen Intelligenz.

t-Test und Varianzanalyse

Ausgehend von den Rechenregeln für die Durchführung einer Varianzanalyse mit Mittelwerten und Varianzen lässt sich die Identität des t-Tests für unabhängige Stichproben und der einfaktoriellen Varianzanalyse für $p = 2$ (Vergleich zweier Stichproben) relativ einfach zeigen. Nach Gl. (5.13) und (5.15) ermitteln wir den folgenden t-Wert:

$$t = \frac{\overline{x}_1 - \overline{x}_2}{\sqrt{\frac{(n_1 - 1) \cdot \hat{\sigma}_1^2 + (n_2 - 1) \cdot \hat{\sigma}_2^2}{(n_1 - 1) + (n_2 - 1)} \cdot \left(\frac{1}{n_1} + \frac{1}{n_2}\right)}}.$$

Für den F-Bruch der Varianzanalyse benötigen wir $\hat{\sigma}_{\text{treat}}^2$:

$$\hat{\sigma}_{\text{treat}}^2 = \frac{(3) - (1)}{df_{\text{treat}}}$$

$$= \frac{(n_1 \overline{A}_1^2 + n_2 \overline{A}_2^2) - \frac{(n_1 \overline{A}_1 + n_2 \overline{A}_2)^2}{n_1 + n_2}}{p - 1} \quad (7.32)$$

und $\hat{\sigma}_{\text{Fehler}}^2$:

$$\hat{\sigma}_{\text{Fehler}}^2 = \frac{(2) - (3)}{df_{\text{Fehler}}}$$

$$= \frac{(n_1 \cdot s_1^2 + n_2 \cdot s_2^2)}{N - p}$$

$$+ \frac{(n_1 \overline{A}_1^2 + n_2 \overline{A}_2^2)}{N - p}$$

$$- \frac{(n_1 \overline{A}_1^2 + n_2 \overline{A}_2^2)}{N - p}. \quad (7.33)$$

7.3.1 Konstruktionsprinzipien

Da $p = 2$ ist, erhalten wir $df_{treat} = 1$ und für $df_{Fehler} = n_1 + n_2 - 2$. Es ergibt sich somit der folgende F-Bruch:

$$F = \frac{\hat{\sigma}^2_{treat}}{\hat{\sigma}^2_{Fehler}}$$

$$= \frac{(n_1\overline{A}_1^2 + n_2\overline{A}_2^2) - \frac{(n_1\overline{A}_1 + n_2\overline{A}_2)^2}{n_1 + n_2}}{\frac{(n_1 s_1^2 + n_2 s_2^2) + (n_1\overline{A}_1^2 + n_2\overline{A}_2^2) - (n_1\overline{A}_1^2 + n_2\overline{A}_2^2)}{n_1 + n_2 - 2}}$$

Multiplizieren wir Zähler und Nenner mit $(n_1 + n_2)$ und fassen den Nenner zusammen, resultiert:

$$F = \frac{(n_1 + n_2) \cdot (n_1\overline{A}_1^2 + n_2\overline{A}_2^2) - (n_1\overline{A}_1 + n_2\overline{A}_2)^2}{\frac{n_1 \cdot s_1^2 + n_2 \cdot s_2^2}{n_1 + n_2 - 2} \cdot (n_1 + n_2)}$$

(7.34)

Durch Ausmultiplizieren und Zusammenfassen erhalten wir:

$$F = \frac{n_1^2\overline{A}_1^2 + n_1 n_2 \overline{A}_2^2 + n_1 n_2 \overline{A}_1^2}{\frac{n_1 \cdot s_1^2 + n_2 \cdot s_2^2}{n_1 + n_2 - 2} \cdot (n_1 + n_2)}$$

$$+ \frac{n_2^2 \overline{A}_2^2 - n_1^2 \overline{A}_1^2 - 2n_1 n_2 \overline{A}_1 \overline{A}_2 - n_2^2 \overline{A}_2^2}{\frac{n_1 \cdot s_1^2 + n_2 \cdot s_2^2}{n_1 + n_2 - 2} \cdot (n_1 + n_2)}$$

$$= \frac{n_1 n_2 \overline{A}_2^2 + n_1 n_2 \overline{A}_1^2 - 2n_1 n_2 \overline{A}_1 \overline{A}_2}{\frac{n_1 \cdot s_1^2 + n_2 \cdot s_2^2}{n_1 + n_2 - 2} \cdot (n_1 + n_2)}$$

$$= \frac{n_1 \cdot n_2 \cdot (\overline{A}_1 - \overline{A}_2)^2}{\frac{n_1 \cdot s_1^2 + n_2 \cdot s_2^2}{n_1 + n_2 - 2} \cdot (n_1 + n_2)}$$

$$= \frac{(\overline{A}_1 - \overline{A}_2)^2}{\frac{n_1 \cdot s_1^2 + n_2 \cdot s_2^2}{n_1 + n_2 - 2} \cdot \left(\frac{1}{n_1} + \frac{1}{n_2}\right)}.$$

Da $s_1^2 = \hat{\sigma}_1^2 \cdot (n_1 - 1)/n_1$ und $s_2^2 = \hat{\sigma}_2^2 \cdot (n_2 - 1)/n_2$ ergibt sich für F:

$$F = \frac{(\overline{A}_1 - \overline{A}_2)^2}{\frac{(n_1 - 1) \cdot \hat{\sigma}_1^2 + (n_2 - 1) \cdot \hat{\sigma}_2^2}{n_1 + n_2 - 2} \cdot \left(\frac{1}{n_1} + \frac{1}{n_2}\right)}.$$

(7.35)

Nach Gl. (2.60) besteht zwischen einem t-Wert und einem F-Wert die folgende Beziehung:

$$t_n^2 = F_{(1,n)} \cdot$$

Quadrieren wir Gl. (5.15), zeigt ein Vergleich mit Gl. (7.35) (wobei wir die Mittelwerte $\overline{A}$ durch $\overline{x}$ ersetzen), dass Gl. (2.60) erfüllt ist.

> Die einfaktorielle Varianzanalyse für $p = 2$ ist mit dem t-Test für unabhängige Stichproben identisch.

7.3 Einzelvergleiche

Führt eine einfaktorielle Varianzanalyse zu einem signifikanten F-Wert, können wir hieraus schließen, dass sich die p Mittelwerte in irgendeiner Weise signifikant unterscheiden („*Overall*"-Signifikanz gemäß der H_1, vgl. S. 249). Eine differenziertere Interpretation der Gesamtsignifikanz wird – ausgenommen beim Fall $p = 2$ – erst möglich, wenn wir wissen, welche Mittelwerte sich von welchen anderen Mittelwerten signifikant unterscheiden. So wäre es beispielsweise denkbar, dass sich unter den p Mittelwerten ein „Ausreißer" befindet, der zu einem signifikanten F-Wert geführt hat, und dass sich die übrigen $p - 1$ Mittelwerte nicht signifikant voneinander unterscheiden.

> Durch Einzelvergleiche (oder auch Kontraste) finden wir heraus, zwischen welchen einzelnen Treatmentstufen signifikante Unterschiede bestehen.

7.3.1 Konstruktionsprinzipien

Nehmen wir einmal an, es sollen in einer einfaktoriellen Varianzanalyse 4 Treatmentstufen ($p = 4$) miteinander verglichen werden (z.B. drei verschiedene Behandlungsmethoden mit einer Kontrollbedingung), und die Stichproben seien gleichgroß. Neben der Frage nach der Overall-Signifikanz soll hier zunächst ein Vergleich der ersten Behandlungsmethode (a_1) mit der zweiten Behandlungsmethode (a_2) interessieren. Für diesen Vergleich käme üblicherweise der unter 5.1.2 beschriebene t-Test für unabhängige Stichproben in Betracht, der allerdings – wie noch zu zeigen sein wird – eine geringere Teststärke aufweist als der im folgenden beschriebene Einzelvergleichstest.

Einzelvergleichstest für 2 Mittelwerte

Aus 3.2.2 wissen wir, dass die Varianz der Kennwerteverteilung („sampling distribution") des Mittelwertes durch $\hat{\sigma}^2/n$ geschätzt wird. Betrachten wir nun die Differenz (D) für p = 2 Mittelwerte (z. B. $\overline{A}_1 - \overline{A}_2$), so lässt sich diese als *Linearkombination* bzw. gewichtete Summe zweier Mittelwerte auffassen, wenn wir $\overline{A}_1$ mit $c_1 = +1$ und $\overline{A}_2$ mit $c_2 = -1$ gewichten:

$$D = +1 \cdot \overline{A}_1 + (-1) \cdot \overline{A}_2 = \overline{A}_1 - \overline{A}_2.$$

Wir fragen nun nach der Varianz der Kennwerteverteilung für $D = \overline{A}_1 - \overline{A}_2$, die sich nach Gl. B 37 (s. Anhang B) bzw. S. 140 wie folgt schätzen lässt:

$$\hat{\sigma}^2_{\overline{A}_1 - \overline{A}_2} = c_1^2 \cdot \hat{\sigma}^2_{\overline{A}_1} + c_2^2 \cdot \hat{\sigma}^2_{\overline{A}_2}. \quad (7.36)$$

$\hat{\sigma}^2_{\overline{A}_1}$ und $\hat{\sigma}^2_{\overline{A}_2}$ sind die quadrierten Standardfehler der Mittelwerte $\overline{A}_1$ und $\overline{A}_2$, die wir mit $\hat{\sigma}^2/n$ schätzen.

$\hat{\sigma}^2$ kennzeichnet die Varianz der abhängigen Variablen. Für diese Schätzung verwenden wir jedoch – anders als im t-Test – nicht nur die Messungen unter a_1 und a_2, sondern eine genauere Schätzung unter Verwendung aller Messungen unter den p = 4 Treatmentstufen. Für diese Varianz haben wir mit $\hat{\sigma}^2_{\text{Fehler}}$ bereits einen geeigneten Schätzwert kennengelernt. Wir erhalten also

$$\hat{\sigma}^2_{\overline{A}_1 - \overline{A}_2} = \frac{c_1^2 + c_2^2}{n} \cdot \hat{\sigma}^2_{\text{Fehler}} \quad (7.37)$$

bzw., wenn wir für $c_1 = 1$ und $c_2 = -1$ einsetzen,

$$\hat{\sigma}^2_{\overline{A}_1 - \overline{A}_2} = \frac{1}{n} \cdot 2 \cdot \hat{\sigma}^2_{\text{Fehler}}. \quad (7.38)$$

Dividieren wir wie im t-Test die Differenz D durch den Standardfehler $\hat{\sigma}_{\overline{A}_1 - \overline{A}_2}$, resultiert bei normalverteilter abhängiger Variable eine t-verteilte Variable (bzw. bei größeren Stichprobenumfängen eine Standard normalverteilte Variable):

$$t = \frac{D}{\hat{\sigma}_{\overline{A}_1 - \overline{A}_2}}. \quad (7.39)$$

Dieser t-Wert hat $N - p = p \cdot (n - 1)$ Freiheitsgrade. Der Freiheitsgradgewinn gegenüber dem t-Test für zwei unabhängige Stichproben (mit $2 \cdot (n - 1)$ Freiheitsgraden) begründet die höhere Teststärke des Einzelvergleichstests im Vergleich zum t-Test.

Da nach Gl. (2.60) $t_n^2 = F_{(1,n)}$ ist, können wir den Einzelvergleich auch über die F-Verteilung testen:

$$F = \frac{D^2}{\hat{\sigma}^2_{\overline{A}_1 - \overline{A}_2}} \quad (7.40)$$

mit einem Zählerfreiheitsgrad ($df_Z = 1$) und $N - p$ Nennerfreiheitsgraden ($df_N = df_{\text{Fehler}} = N - p$).

Einzelvergleichstest für p Mittelwerte

Bislang gingen wir davon aus, dass ein Einzelvergleich nur aus der Differenz zweier Treatmentmittelwerte besteht. Die Verallgemeinerung dieses Ansatzes lässt jedoch auch den Vergleich von Kombinationen aus Mittelwerten zu. So wäre es in unserem Beispiel interessant zu erfahren, ob sich die drei behandelten Gruppen signifikant von der Kontrollgruppe (a_4) unterscheiden, bzw. ob die Differenz

$$D = (\overline{A}_1 + \overline{A}_2 + \overline{A}_3)/3 - \overline{A}_4$$

statistisch bedeutsam ist. Auch dies wäre eine Linearkombination der Treatmentmittelwerte, wobei die Gewichtungskoeffizienten in diesem Fall wie folgt lauten:

$$c_1 = 1/3; \quad c_2 = 1/3; \quad c_3 = 1/3; \quad c_4 = -1.$$

Statt dieser Gewichte könnte man auch andere wie z. B.

$$c_1 = 1; \quad c_2 = 1; \quad c_3 = 1; \quad c_4 = -3$$

verwenden, was auf einen Vergleich des dreifach gewichteten Kontrollgruppenergebnisses mit der Summe der drei Experimentalgruppenergebnisse hinausliefe bzw. auf eine Multiplikation der ursprünglichen Gewichte mit der Konstanten K = 3.

Die zu prüfende Differenz oder ein Einzelvergleich ergibt sich allgemein nach folgender Beziehung:

$$D = c_1 \cdot \overline{A}_1 + c_2 \cdot \overline{A}_2 + \cdots + c_p \cdot \overline{A}_p$$
$$= \sum_i c_i \cdot \overline{A}_i, \quad (7.41)$$

wobei für die Gewichtungskoeffizienten c_i die „Kontrastbedingung" gelten muss:

$$\sum_i c_i = 0 \quad (7.42)$$

7.3.1 Konstruktionsprinzipien

(zur Begründung dieser Kontrastbedingung vgl. S. 266).

Für die Varianzschätzung $\widehat{\mathrm{Var}}(D)$ der Stichprobenkennwerteverteilung von D ergibt sich in Analogie zu Gl. (7.37):

$$\widehat{\mathrm{Var}}(D) = \frac{1}{n} \cdot \left(\sum_i c_i^2 \right) \cdot \hat{\sigma}_{\mathrm{Fehler}}^2 . \tag{7.43}$$

Für die Prüfung einer Einzelvergleichshypothese über die F-Verteilung erhält man also:

$$F = \frac{D^2}{\widehat{\mathrm{Var}}(D)} = \frac{n \cdot D^2}{\left(\sum_i c_i^2 \right) \cdot \hat{\sigma}_{\mathrm{Fehler}}^2} \tag{7.44}$$

mit $df_{\mathrm{Zähler}} = 1$ und $df_{\mathrm{Nenner}} = N - p = df_{\mathrm{Fehler}}$. Dieser F-Test ist gegenüber Multiplikationen der Gewichte c_i mit einer Konstanten K invariant (s. u.).

Gerichtete Einzelvergleichshypothesen prüfen wir nach folgender Gleichung:

$$t = \frac{D}{\sqrt{\widehat{\mathrm{Var}}(D)}} \tag{7.45}$$

mit $df = N - p$.

BEISPIEL

Eine Varianzanalyse mit drei Behandlungsmethoden und einer Kontrollbedingung (p = 4; n = 20; abhängige Variable = Behandlungserfolg) möge zu $\hat{\sigma}_{\mathrm{Fehler}}^2 = 5$ geführt haben. Es soll geprüft werden, ob sich die drei Behandlungsmethoden (mit $\overline{A}_1 = 16$; $\overline{A}_2 = 14$; $\overline{A}_3 = 18$) signifikant von der Kontrollbedingung ($\overline{A}_4 = 15$) unterscheiden ($\alpha = 0{,}05$, zweiseitig). Unter Verwendung der Gewichte $c_1 = 1/3$, $c_2 = 1/3$, $c_3 = 1/3$ und $c_4 = -1$ erhält man nach Gl. (7.41):

$$D = 1/3 \cdot (16 + 14 + 18) - 15 = 1$$

und nach Gl. (7.44)

$$F = \frac{20 \cdot 1^2}{[1/3^2 + 1/3^2 + 1/3^2 + (-1)^2] \cdot 5} = \frac{20}{6{,}67} = 3{,}00 .$$

Dieser F-Wert ist bei $df_{\mathrm{Zähler}} = 1$ und $df_{\mathrm{Nenner}} = 4 \cdot 19 = 76$ nicht signifikant, d.h., eine Besonderheit der drei Behandlungsmethoden insgesamt gegenüber der Kontrollbedingung kann nicht nachgewiesen werden. Wir kommen zum gleichen Ergebnis, wenn wir die Gewichte (z. B.) mit 3 multiplizieren: $c_1 = 1$; $c_2 = 1$; $c_3 = 1$; $c_4 = -3$:

$$D = (16 + 14 + 18) - 3 \cdot 15 = 3 ,$$

$$F = \frac{20 \cdot 3^2}{[1^2 + 1^2 + 1^2 + (-3)^2] \cdot 5} = \frac{180}{60} = 3{,}00 .$$

Orthogonale Einzelvergleiche

Nehmen wir einmal an, bei einer Untersuchung mit konstantem n und p = 3 Faktorstufen sollen alle Mittelwerte paarweise verglichen werden:

$$\overline{A}_1 - \overline{A}_2; \quad \overline{A}_1 - \overline{A}_3 \quad \text{und} \quad \overline{A}_2 - \overline{A}_3 .$$

Von diesen drei Einzelvergleichen ist einer informationslos, weil er sich aus den beiden anderen ergibt. Man erhält z. B.

$$(\overline{A}_1 - \overline{A}_3) - (\overline{A}_1 - \overline{A}_2) = \overline{A}_2 - \overline{A}_3 .$$

Der Wert des dritten Einzelvergleichs liegt also fest, wenn die beiden ersten bekannt sind.

Eine „Redundanz" ergibt sich auch für die beiden folgenden, für p = 4 Stufen konstruierten Einzelvergleiche:

$$D_1 = (\overline{A}_1 + \overline{A}_2 + \overline{A}_3)/3 - \overline{A}_4; \quad D_2 = \overline{A}_1 - \overline{A}_4 .$$

Auch wenn sich D_1 und D_2 wechselseitig nicht vollständig determinieren, kann man erkennen, dass sich D_1 in Abhängigkeit von D_2 ändert und umgekehrt. Unabhängig sind hingegen die beiden folgenden Einzelvergleiche:

$$D_3 = (\overline{A}_1 - \overline{A}_2); \quad D_4 = (\overline{A}_3 - \overline{A}_4)$$

oder auch

$$D_5 = (\overline{A}_1 + \overline{A}_2)/2 - (\overline{A}_3 + \overline{A}_4)/2;$$
$$D_6 = (\overline{A}_1 + \overline{A}_3)/2 - (\overline{A}_2 + \overline{A}_4)/2 .$$

Offenbar unterscheiden sich jeweils zwei Einzelvergleiche darin, ob sie gemeinsame Informationen enthalten, also in ihrer Größe voneinander abhängen, oder ob sie jeweils spezifische Informationen erfassen und damit voneinander unabhängig sind.

Formal wird dieser Unterschied ersichtlich, wenn wir die entsprechenden Gewichtskoeffizienten betrachten. Sie lauten für die o. g. 6 Einzelvergleiche mit p = 4:

D_1	1/3;	1/3;	1/3;	−1
D_2	1;	0;	0;	−1
D_3	1;	−1;	0;	0
D_4	0;	0;	1;	−1
D_5	1/2;	1/2;	−1/2;	−1/2
D_6	1/2;	−1/2;	1/2;	−1/2

Zunächst stellen wir fest, dass alle Einzelvergleiche der Kontrastbedingung gemäß Gl. (7.42) genügen. Ferner betrachten wir die Summe aller Produkte korrespondierender Gewichtungskoeffizienten (kurz: Produktsumme) für zwei Einzelvergleiche. Sie lautet für die zwei „redundanten" oder abhängigen Einzelvergleiche D_1 und D_2:

$$D_1 \text{ vs. } D_2: \frac{1}{3} \cdot 1 + \frac{1}{3} \cdot 0 + \frac{1}{3} \cdot 0 + (-1) \cdot (-1) = 1\frac{1}{3}.$$

Für die beiden Einzelvergleiche D_3 und D_4 mit jeweils spezifischen Informationen erhalten wir

$$D_3 \text{ vs. } D_4: 1 \cdot 0 + (-1) \cdot 0 + 0 \cdot 1 + 0 \cdot (-1) = 0$$

und für D_5 im Vergleich zu D_6:

$$D_5 \text{ vs. } D_6: \frac{1}{2} \cdot \frac{1}{2} + \frac{1}{2} \cdot \left(-\frac{1}{2}\right)$$
$$+ \left(-\frac{1}{2}\right) \cdot \frac{1}{2} + \left(-\frac{1}{2}\right) \cdot \left(-\frac{1}{2}\right) = 0.$$

Schließlich stellen wir noch D_2 und D_5 gegenüber mit der Besonderheit, dass D_2 zumindest teilweise in D_5 enthalten ist. Wir erhalten

$$D_2 \text{ vs. } D_5: 1 \cdot \frac{1}{2} + 0 \cdot \frac{1}{2} + 0 \cdot \left(-\frac{1}{2}\right)$$
$$+ (-1) \cdot \left(-\frac{1}{2}\right) = 1.$$

Die sich hier abzeichnende Systematik ist nicht zu übersehen: Erfassen zwei Einzelvergleiche gemeinsame Informationen, resultiert für die Produktsumme ein Wert ungleich Null. Sind die Informationen zweier Einzelvergleiche hingegen überschneidungsfrei, hat die Produktsumme den Wert Null. Derartige Einzelvergleiche bezeichnen wir als orthogonal.

> **Zwei Einzelvergleiche sind orthogonal, wenn die Produktsumme ihrer Gewichtungskoeffizienten Null ergibt.**

Allgemein lautet die Orthogonalitätsbedingung für zwei Einzelvergleiche j und k:

$$c_{1j} \cdot c_{1k} + c_{2j} \cdot c_{2k} + \cdots + c_{pj} \cdot c_{pk}$$
$$= \sum_i c_{ij} \cdot c_{ik} = 0. \quad (7.46)$$

Begründung der Kontrastbedingung. Einzelvergleiche, die die in Gl. (7.42) genannte Kontrastbedingung erfüllen, sind – wie im Folgenden gezeigt wird – orthogonal zum Mittelwert $\overline{G}$. Bei gleichgroßen Stichproben ergibt sich:

$$\overline{G} = \frac{1}{p} \cdot \overline{A}_1 + \frac{1}{p} \cdot \overline{A}_2 + \cdots + \frac{1}{p} \cdot \overline{A}_p = \frac{1}{p} \cdot \sum_i \overline{A}_i.$$

$\overline{G}$ entspricht also einer Linearkombination aller $\overline{A}_i$ unter Verwendung des konstanten Gewichtes $c_i = 1/p$. Wir prüfen die Produktsumme der Linearkombination für $\overline{G}$ und eines beliebigen nach Gl. (7.41) definierten Einzelvergleichs D_j:

$$D_j \text{ vs. } \overline{G}: c_1 \cdot \frac{1}{p} + c_2 \cdot \frac{1}{p} + \cdots + c_p \cdot \frac{1}{p} = \frac{1}{p} \cdot \sum_i c_i.$$

Man erkennt, dass diese Produktsumme nur Null werden kann, wenn $\sum_i c_i = 0$ ist. Alle Einzelvergleiche mit $\sum_i c_i = 0$ sind damit orthogonal zum Mittelwert $\overline{G}$ (vgl. Hays, 1973, Kap. 14.9).

Vollständige Sätze orthogonaler Einzelvergleiche

Im letzten Abschnitt haben wir festgestellt, dass z. B. die beiden Einzelvergleiche D_3 und D_4 orthogonal sind. Wir wollen nun prüfen, ob es weitere Einzelvergleiche gibt, die sowohl zu D_3 als auch D_4 orthogonal sind. Für D_5 resultiert diese Überprüfung in folgender Produktsumme:

$$D_5 \text{ vs. } D_3: 1 \cdot \frac{1}{2} + (-1) \cdot \frac{1}{2} + 0 \cdot \left(-\frac{1}{2}\right)$$
$$+ 0 \cdot \left(-\frac{1}{2}\right) = 0;$$
$$D_5 \text{ vs. } D_4: 0 \cdot \frac{1}{2} + 0 \cdot \frac{1}{2} + 1 \cdot \left(-\frac{1}{2}\right)$$
$$+ (-1) \cdot \left(-\frac{1}{2}\right) = 0.$$

D_5 ist also sowohl zu D_3 als auch zu D_4 orthogonal. Die Prüfung bezüglich D_6 führt zu folgendem Resultat:

$$D_6 \text{ vs. } D_3: 1 \cdot \frac{1}{2} + (-1) \cdot \left(-\frac{1}{2}\right) + 0 \cdot \frac{1}{2}$$
$$+ 0 \cdot \left(-\frac{1}{2}\right) = 1;$$
$$D_6 \text{ vs. } D_4: 0 \cdot \frac{1}{2} + 0 \cdot \left(-\frac{1}{2}\right) + 1 \cdot \frac{1}{2}$$
$$+ (-1) \cdot \left(-\frac{1}{2}\right) = 1.$$

Obwohl orthogonal zu D_5, ist D_6 nicht orthogonal zu D_3 und D_4. Das gleiche gilt für D_1 und D_2, die zwar wechselseitig, aber nicht gegenüber D_3 und D_4 orthogonal sind. Man mag sich davon überzeugen, dass es zu den drei wechselseitig orthogonalen Einzelvergleichen D_3, D_4 und D_5 keinen weiteren Einzelvergleich gibt, der sowohl zu D_3, D_4 als auch D_5 orthogonal ist. Die Einzelvergleiche D_3, D_4 und D_5 bilden einen vollständigen Satz orthogonaler Einzelvergleiche.

> **Ein vollständiger Satz orthogonaler Einzelvergleiche besteht aus $p-1$ wechselseitig orthogonalen Einzelvergleichen.**

Neben D_3, D_4 und D_5 existieren weitere vollständige Sätze orthogonaler Einzelvergleiche. So könnte man beispielsweise zu D_5 und D_6 einen weiteren Einzelvergleich D_7 konstruieren, bei dem a_1 und a_4 mit a_2 und a_3 kontrastiert werden. Dieser Vergleich D_7 hätte also die Gewichte

$$D_7: \quad 1/2; \quad -1/2; \quad -1/2; \quad 1/2$$

und wäre damit orthogonal sowohl zu D_5 als auch zu D_6. Die Vergleiche D_5, D_6 und D_7 bilden einen weiteren vollständigen Satz orthogonaler Einzelvergleiche für $p=4$.

Helmert-Kontraste. Einen vollständigen Satz orthogonaler Einzelvergleiche erzeugt man auch nach den Regeln für sog. Helmert-Kontraste:

$$
\begin{aligned}
D_1 &= \overline{A}_1 - \frac{1}{p-1} \cdot (\overline{A}_2 + \overline{A}_3 + \cdots + \overline{A}_p), \\
D_2 &= \overline{A}_2 - \frac{1}{p-2} \cdot (\overline{A}_3 + \overline{A}_4 + \cdots + \overline{A}_p), \\
&\vdots \qquad\qquad\qquad\qquad\qquad\qquad\qquad (7.47)\\
D_{p-2} &= \overline{A}_{p-2} - \frac{1}{2} \cdot (\overline{A}_{p-1} + \overline{A}_p), \\
D_{p-1} &= \overline{A}_{p-1} - \overline{A}_p,
\end{aligned}
$$

oder für umgekehrte Helmert-Kontraste:

$$
\begin{aligned}
D_1 &= \overline{A}_2 - \overline{A}_1, \\
D_2 &= \overline{A}_3 - \frac{1}{2} \cdot (\overline{A}_1 + \overline{A}_2), \\
D_3 &= \overline{A}_4 - \frac{1}{3} \cdot (\overline{A}_1 + \overline{A}_2 + \overline{A}_3), \\
&\vdots \qquad\qquad\qquad\qquad\qquad\qquad (7.48)\\
D_{p-2} &= \overline{A}_{p-1} - \frac{1}{p-2} \cdot (\overline{A}_1 + \overline{A}_2 + \cdots + \overline{A}_{p-2}), \\
D_{p-1} &= \overline{A}_p - \frac{1}{p-1} \cdot (\overline{A}_1 + \overline{A}_2 + \cdots + \overline{A}_{p-1}).
\end{aligned}
$$

7.3.2 Zerlegung der Treatmentquadratsumme

Die mit einem Einzelvergleich erfasste Quadratsumme ist definiert durch:

$$QS_D = \frac{n \cdot (c_1 \cdot \overline{A}_1 + c_2 \cdot \overline{A}_2 + \cdots + c_p \cdot \overline{A}_p)^2}{c_1^2 + c_2^2 + \cdots + c_p^2}$$

$$= \frac{n \cdot \left(\sum_i c_i \cdot \overline{A}_i\right)^2}{\sum_i c_i^2} = \frac{n \cdot D^2}{\sum_i c_i^2}. \quad (7.49)$$

Diese Quadratsumme hat einen Freiheitsgrad, sodass gilt:

$$\hat{\sigma}_D^2 = \frac{QS_D}{1} = \frac{n \cdot D^2}{\sum_i c_i^2}. \quad (7.50)$$

(Man beachte, dass $\widehat{\text{Var}}(D)$ gemäß Gl. 7.43 und $\hat{\sigma}_D^2$ nicht identisch sind). Für Gl. (7.44) können wir also auch schreiben:

$$F = \frac{\hat{\sigma}_D^2}{\hat{\sigma}_{\text{Fehler}}^2}. \quad (7.51)$$

Im Folgenden betrachten wir zwei orthogonale Einzelvergleiche D_1 und D_2 für eine Varianzanalyse mit $p=3$ Stufen. Diese Einzelvergleiche mögen lauten:

$$
\begin{aligned}
D_1 &= \overline{A}_1 - \overline{A}_2, \\
D_2 &= \frac{\overline{A}_1 + \overline{A}_2}{2} - \overline{A}_3.
\end{aligned}
$$

Die auf diese Einzelvergleiche entfallenden Quadratsummen ergeben sich gemäß Gl. (7.49) zu:

$$QS_{D_1} = \frac{n \cdot (\overline{A}_1 - \overline{A}_2)^2}{2},$$

$$QS_{D_2} = \frac{n \cdot [(\overline{A}_1 + \overline{A}_2)/2 - \overline{A}_3]^2}{1{,}5}.$$

Wir addieren QS_{D_1} und QS_{D_2} und erhalten nach einigen Umformungen:

$$QS_{D_1} + QS_{D_2} = \left(2 \cdot \frac{n}{3}\right) \cdot (\overline{A}_1^2 + \overline{A}_2^2 + \overline{A}_3^2 \\ - \overline{A}_1\overline{A}_2 - \overline{A}_1\overline{A}_3 - \overline{A}_2\overline{A}_3).$$

Das Resultat ist mit der QS_{treat} identisch, was man erkennt, wenn in der Gleichung

$$QS_{treat} = n \cdot \sum_{i=1}^{3}(\overline{A}_i - \overline{G})^2 \\ = n \cdot [\overline{A}_1^2 + \overline{A}_2^2 + \overline{A}_3^2 \\ - 2\overline{G} \cdot (\overline{A}_1 + \overline{A}_2 + \overline{A}_3) + 3 \cdot \overline{G}^2]$$

$\overline{G}$ durch $1/3 \cdot (\overline{A}_1 + \overline{A}_2 + \overline{A}_3)$ ersetzt wird.

Generell gilt, dass sich die QS_{treat} additiv aus den Quadratsummen von $p-1$ orthogonalen Einzelvergleichen zusammensetzt:

$$QS_{treat} = QS_{D_1} + QS_{D_2} + \cdots + QS_{D_{p-1}}. \quad (7.52)$$

> **Die Quadratsummen eines vollständigen Satzes orthogonaler Einzelvergleiche addieren sich zur Treatmentquadratsumme.**

Da die QS_{treat} $p-1$ Freiheitsgrade und die QS_D einen Freiheitsgrad hat, können wir auch sagen, dass jeder Freiheitsgrad der QS_{treat} mit einem Einzelvergleich aus einem vollständigen Satz orthogonaler Einzelvergleiche assoziiert ist.

Eine weitere Zerlegung der QS_{treat} bezieht sich auf Einzelvergleiche, die sich aus allen $p \cdot (p-1)/2$ Paaren von Mittelwerten ergeben. Man kann zeigen, dass die Unterschiede zwischen den Gruppenmittelwerten auf folgende Weise mit der QS_{treat} verbunden sind:

$$QS_{treat} = \frac{n}{p} \cdot \sum_{i<j}(\overline{A}_i - \overline{A}_j)^2. \quad (7.53)$$

BEISPIEL

Für das Beispiel auf S. 265 mit $p = 4$, $n = 20$, $\overline{A}_1 = 16$, $\overline{A}_2 = 14$, $\overline{A}_3 = 18$, $\overline{A}_4 = 15$ und $\hat{\sigma}^2_{Fehler} = 5$ errechnen wir $QS_{treat} = 175$. Geprüft werden soll der folgende vollständige Satz orthogonaler Einzelvergleiche:

$$D_1 = \overline{A}_1 - \overline{A}_2,$$
$$D_2 = (\overline{A}_1 + \overline{A}_2)/2 - \overline{A}_3,$$
$$D_3 = (\overline{A}_1 + \overline{A}_2 + \overline{A}_3)/3 - \overline{A}_4.$$

Für die entsprechenden Quadratsummen errechnet man nach Gl. (7.49):

$$QS_{D_1} = \frac{20 \cdot (16-14)^2}{2} = 40{,}00,$$

$$QS_{D_2} = \frac{20 \cdot (15-18)^2}{1{,}5} = 120{,}00,$$

$$QS_{D_3} = \frac{20 \cdot (16-15)^2}{1{,}33} = 15{,}00.$$

Gl. (7.52) wird also bestätigt: $QS_{treat} = QS_{D_1} + QS_{D_2} + QS_{D_3}$.

Unter Verweis auf S. 271 ff. verzichten wir vorerst auf eine Überprüfung dieser Einzelvergleiche.

Nach Gl. (7.53) erhalten wir

$$QS_{treat} = \frac{20}{4} \cdot [(16-14)^2 + (16-18)^2 + (16-15)^2 \\ + (14-18)^2 + (14-15)^2 + (18-15)^2] \\ = 175.$$

Ungleichgroße Stichproben

Sind bei ungleichgroßen Stichprobenumfängen Einzelvergleiche zu prüfen, an denen Zusammenfassungen von Mittelwerten beteiligt sind (z. B. mehrere Experimentalgruppen vs. eine Kontrollgruppe), muss zwischen zwei verschiedenen Vorgehensweisen unterschieden werden:

1. Variante: Durchschnittsbildung ohne Gewichtung,
2. Variante: Durchschnittsbildung mit Gewichtung.

Die erste Variante geht vom arithmetischen Mittel der zusammenzufassenden Mittelwerte aus, d. h., die jeweiligen Stichprobenumfänge bleiben unberücksichtigt. Diese Variante ist vor allem in experimentellen Untersuchungen zu verwenden, bei denen die Untersuchungsteilnehmer den Treatmentstufen nach Zufall zugeordnet werden, sodass eventuelle Unterschiede in den Stichprobenumfängen zufallsbedingt sind. Typische Beispiele für Einzelvergleiche mit ungewichteten Durchschnitten sind Untersuchungen, in denen Effekte (Behandlungserfolge, Lerneffekte, Medikamentwir-

7.3.2 Zerlegung der Treatmentquadratsumme

kungen etc.) zu prüfen sind, also Untersuchungen, bei denen Stichproben aus Populationen entnommen werden, die theoretisch unendlich groß oder zumindest gleichgroß sind.

Die zweite Variante verwendet als Durchschnitt das gewichtete Mittel der zusammenzufassenden Mittelwerte gemäß Gl. (1.13), also eine Zusammenfassung, bei der die unterschiedlichen Stichprobenumfänge berücksichtigt werden. Dieser Variante ist der Vorrang zu geben, wenn die Stichprobenumfänge unterschiedlich große Populationen abbilden, also idealerweise proportional zu den Populationsgrößen sind, was häufig bei quasi-experimentellen Untersuchungen mit vorgefundenen natürlichen Gruppen der Fall ist.

Diese Unterscheidung ist irrelevant, wenn einzelne Mittelwerte nur paarweise zu vergleichen sind. In diesem Fall kommen beide Berechnungsvorschriften – die für gewichtete und die für ungewichtete Durchschnitte – zu identischen Resultaten. Sie sind natürlich auch identisch, wenn die Stichprobenumfänge gleichgroß sind.

Ungewichtete Durchschnittsbildung. Wie bei gleichgroßen Stichprobenumfängen (s. Gl. 7.41) wird ein Einzelvergleich nach folgender Gleichung gebildet:

$$D = \sum_i c_i \cdot \overline{A}_i \quad \text{mit} \quad \sum_i c_i = 0.$$

Die Quadratsumme errechnet sich zu

$$QS_D = \frac{D^2}{\sum_i c_i^2 / n_i}. \tag{7.54}$$

Wegen $df = 1$ entspricht diese Quadratsumme der Einzelvergleichsvarianz, die gemäß Gl. (7.51) an der Fehlervarianz auf Signifikanz geprüft wird.

Zwei Einzelvergleiche j und k sind orthogonal, wenn folgende Bedingung erfüllt ist:

$$\sum_i \frac{c_{ij} \cdot c_{ik}}{n_i} = 0. \tag{7.55}$$

Wie noch gezeigt wird, führt die Konstruktion orthogonaler Einzelvergleiche nach dieser Regel häufig zu Ergebnissen, die inhaltlich nur schwer interpretierbar sind.

Gewichtete Durchschnittsbildung. Ein Einzelvergleich hat hier folgende formale Struktur:

$$D = \sum_i n_i \cdot c_i \cdot \overline{A}_i \tag{7.56}$$

mit

$$\sum_i n_i \cdot c_i = 0. \tag{7.57}$$

Für die Quadratsumme errechnet man

$$QS_D = \frac{\left(\sum_i n_i \cdot c_i \cdot \overline{A}_i\right)^2}{\sum_i n_i \cdot c_i^2} = \frac{D^2}{\sum_i n_i \cdot c_i^2}. \tag{7.58}$$

Die Überprüfung eines Einzelvergleichs erfolgt hier ebenfalls nach Gl. (7.51) mit $df_Z = 1$ und $df_N = N - p$.

Zwei Einzelvergleiche D_j und D_k sind orthogonal, wenn gilt

$$\sum_i n_i \cdot c_{ij} \cdot c_{ik} = 0. \tag{7.59}$$

Um die Bedingungen der Gl. (7.57) und (7.59) zu erfüllen, geht man einfachheitshalber wie folgt vor: Jeder Einzelvergleich besteht aus einem Minuenden, der alle links vom Minuszeichen stehenden Gruppen zusammenfasst, und einem Subtrahenden, der alle rechts vom Minuszeichen stehenden Gruppen zusammenfasst. Die mit einem negativen Vorzeichen versehene Summe der Stichprobenumfänge aller Gruppen des Minuenden bildet das Gewicht der Gruppen des Subtrahenden, und die mit einem positiven Vorzeichen versehene Summe der Stichprobenumfänge aller Gruppen des Subtrahenden ist das Gewicht der Gruppen des Minuenden. Die an einem Einzelvergleich nicht beteiligten Gruppen erhalten wie üblich das Gewicht Null. Eine Anwendung dieser Regel findet man im folgenden Beispiel.

> **BEISPIEL**
>
> In einer Studie über erlebte Einsamkeit (abhängige Variable) werden die folgenden vier Gruppen untersucht:
>
> a_1: Deutsche in Deutschland ($n_1 = 300$)
> a_2: Ausländer in Deutschland ($n_2 = 50$)
> a_3: Franzosen in Frankreich ($n_3 = 270$)
> a_4: Ausländer in Frankreich ($n_4 = 40$)
>
> Es interessieren die Alternativhypothesen, dass
>
> – man in Deutschland einsamer ist als in Frankreich (H_0: $\mu_1 + \mu_2 = \mu_3 + \mu_4$) und dass
> – Ausländer in Deutschland einsamer sind als Deutsche in Deutschland (H_0: $\mu_1 - \mu_2$). Wir setzen $\alpha = 0{,}05$.

Die varianzanalytischen Ergebnisse der Untersuchung mögen lauten:
$\hat{\sigma}^2_{Fehler} = 30$; $\overline{A}_1 = 8$; $\overline{A}_2 = 10$; $\overline{A}_3 = 9$; $\overline{A}_4 = 9$ und damit nach Gl. (7.31) $QS_{treat} = 255{,}3030$ (mit $\overline{G} = 8{,}6212$ gemäß Gl. 1.13).

Gewichtete Durchschnittsbildung. Wir überprüfen die Einzelvergleichshypothesen zunächst nach der hier angemessenen Variante 2 mit gewichteten Durchschnitten, weil die Stichprobenunterschiede populations- und nicht zufallsbedingt sind.

Wir erhalten
$$c_{11} = c_{21} = n_3 + n_4 = 310$$
und
$$c_{31} = c_{41} = -(n_1 + n_2) = -350 \, .$$

Für D_1 resultiert also nach Gl. (7.56):
$$D_1 = 300 \cdot 310 \cdot 8 + 50 \cdot 310 \cdot 10$$
$$+ 270 \cdot (-350) \cdot 9 + 40 \cdot (-350) \cdot 9$$
$$= -77500 \, .$$

Die Quadratsumme errechnen wir nach Gl. (7.58)
$$QS_{D_1}$$
$$= \frac{(-77500)^2}{300 \cdot 310^2 + 50 \cdot 310^2 + 270 \cdot (-350)^2 + 40 \cdot (-350)^2}$$
$$= 83{,}8745 \, .$$

Für den F-Bruch erhält man nach Gl. (7.51):
$$F = \frac{83{,}8745}{30} = 2{,}80$$

mit $df_Z = 1$ und $df_N = 660 - 4 = 656$.

Die Überprüfung des zweiten Einzelvergleichs setzt sich aus folgenden Schritten zusammen:
$$c_{12} = 50; \quad c_{22} = -300; \quad c_{32} = 0; \quad c_{42} = 0,$$
$$D_2 = 300 \cdot 50 \cdot 8 + 50 \cdot (-300) \cdot 10 = -30000,$$
$$QS_{D_2} = \frac{-30000^2}{300 \cdot 50^2 + 50 \cdot (-300)^2} = 171{,}4286,$$
$$F = \frac{171{,}4286}{30} = 5{,}71 \, .$$

Wir prüfen die Kontrastbedingung nach Gl. (7.57)
$$D_1: 300 \cdot 310 + 50 \cdot 310 + 270 \cdot (-350) + 40 \cdot (-350)$$
$$= 0$$
$$D_2: 300 \cdot 50 + 50 \cdot (-300) + 270 \cdot 0 + 40 \cdot 0$$
$$= 0$$

und die Orthogonalitätsbedingung nach Gl. (7.59)
$$300 \cdot 310 \cdot 50 + 50 \cdot 310 \cdot (-300) + 270 \cdot (-350) \cdot 0$$
$$+ 40 \cdot (-350) \cdot 0 = 0 \, .$$

Auf eine Interpretation der Testergebnisse wollen wir unter Verweis auf S. 271 ff. vorerst verzichten.

Für einen vollständigen Satz orthogonaler Einzelvergleiche wäre ein dritter Einzelvergleich erforderlich, der a_3 und a_4 kontrastiert. Wir erhalten:
$$D_3 = 270 \cdot 40 \cdot 9 + 40 \cdot (-270) \cdot 9 = 0 \, .$$

Damit ist auch $QS_{D_3} = 0$, und es gilt:
$$QS_{treat} = QS_{D_1} + QS_{D_2} + QS_{D_3}$$
$$= 83{,}8745 + 171{,}4286 + 0 = 255{,}3030 \, .$$

Ungewichtete Durchschnittsbildung. Würde man fälschlicherweise die Einzelvergleichstests nach den Richtlinien für ungewichtete Durchschnitte vornehmen, ergäbe sich nach Gl. (7.41)
$$D_1 = (8 + 10)/2 - (9 + 9)/2 = 0$$

und damit auch $QS_{D_1} = 0$. Nach diesem Ergebnis müsste man also interpretieren, dass sich Deutschland und Frankreich insgesamt in ihrem Einsamkeitsniveau nicht unterscheiden, was angesichts der Tatsache, dass die mehrheitlich befragten Inländer in Deutschland weniger einsam sind als die Inländer in Frankreich, wenig plausibel ist. Das Ergebnis ist nur darauf zurückzuführen, dass Inländer und Ausländer trotz unterschiedlich großer Populationen in beiden Ländern gleichgewichtet wurden.

Der zweite Vergleich impliziert keine Zusammenfassung von Mittelwerten und kann deshalb mit beiden Varianten geprüft werden. Wir errechnen nach Gl. (7.41)
$$D_2 = 1 \cdot 8 + (-1) \cdot 10 + 0 \cdot 9 + 0 \cdot 9 = -2$$

bzw. nach Gl. (7.54)
$$QS_{D_2} = \frac{-2^2}{\frac{1}{300} + \frac{(-1)^2}{50}} = 171{,}4286 \, .$$

Dieses Ergebnis stimmt mit dem bereits nach Gl. (7.58) ermittelten Ergebnis überein.

Allerdings ist der Vergleich D_2 – wie man über Gl. (7.55) prüfen kann – für die Version mit ungewichteten Mittelwerten nicht orthogonal zu D_1:
$$\frac{\frac{1}{2} \cdot 1}{300} + \frac{\frac{1}{2} \cdot (-1)}{50} + \frac{\left(-\frac{1}{2}\right) \cdot 0}{270} + \frac{\left(-\frac{1}{2}\right) \cdot 0}{40} = -0{,}0083 \, .$$

Errechnet man unter Verwendung der Kontrastbedingung und der Orthogonalitätsbedingung c-Koeffizienten für einen Vergleich D_2, der orthogonal zu D_1 ist, erhält man z. B.
$$c_{12} = 1; \quad c_{22} = -1; \quad c_{32} = 0{,}78; \quad c_{42} = -0{,}78 \, .$$

Dieser Vergleich macht inhaltlich wenig Sinn, da er – neben der Kontrastierung von $\overline{A}_1$ und $\overline{A}_2$ – Anteile von $\overline{A}_3$ und $\overline{A}_4$ enthält, deren Gewichte nur von der Unterschiedlichkeit der Stichprobenumfänge bestimmt sind. Die Konstruktion eines vollständigen Satzes orthogonaler Einzelvergleiche mit ungewichteter Durchschnittsbildung ist deshalb zwar möglich, aber inhaltlich wenig sinnvoll.

7.3.3 α-Fehler-Korrektur

Wird in einer einfaktoriellen Varianzanalyse die H_0: $\mu_1 = \mu_2 = \cdots = \mu_i = \cdots = \mu_p$ zugunsten der H_1: $\mu_i \neq \mu_{i'}$ mit $\alpha = 0{,}05$ verworfen, beträgt die Wahrscheinlichkeit einer irrtümlichen Entscheidung 5%. Nachdem wir in den vergangenen Abschnitten Einzelvergleichstests kennengelernt haben, könnte man auf die Idee kommen, die H_0 der einfaktoriellen Varianzanalyse über $p-1$ orthogonale Einzelvergleiche mit $\alpha = 0{,}05$ zu prüfen. Im Folgenden soll gezeigt werden, dass diese Vorgehensweise nicht korrekt ist.

α-Fehler-Kumulierung. Wir wollen zunächst annehmen, dass nur ein Einzelvergleichstest durchgeführt wird, für den natürlich auch gilt, dass bei $\alpha = 0{,}05$ die Wahrscheinlichkeit für die fälschliche Annahme von H_1 5% beträgt. Die Wahrscheinlichkeit, dass die H_0 korrekterweise beibehalten wird, beträgt also bei Gültigkeit von H_0 $1 - \alpha = 0{,}95$.

Werden zwei (orthogonale) Einzelvergleiche durchgeführt, erhält man für das Ereignis, dass in beiden Tests die H_0 korrekterweise beibehalten wird, die Wahrscheinlichkeit $0{,}95 \cdot 0{,}95 = 0{,}95^2$ (vgl. hierzu das Multiplikationstheorem für voneinander unabhängige Ereignisse auf S. 55 f.). Allgemein ergibt sich diese Wahrscheinlichkeit bei $p-1$ durchzuführenden Einzelvergleichen zu:

$$\pi = (1-\alpha)^{p-1}.$$

Nun fragen wir nach der Wahrscheinlichkeit, dass in *mindestens* einem der $p-1$ Tests die H_0 fälschlicherweise verworfen wird. Dies ist offensichtlich die Komplementärwahrscheinlichkeit dazu, dass in allen Fällen die H_0 korrekterweise beibehalten wird, d.h., wir erhalten

$$\pi(k \geq 1) = 1 - (1-\alpha)^{p-1} \qquad (7.60)$$

mit k = Anzahl der Tests, in denen H_0 verworfen wird.

Da nun die globale H_0 der Varianzanalyse bereits mit einem einzigen signifikanten Einzelvergleichstest zu verwerfen ist, wird sie nicht mit einer Wahrscheinlichkeit von α, sondern mit der nach Gl. (7.60) errechneten Wahrscheinlichkeit fälschlicherweise verworfen. Setzen wir $\alpha = 0{,}05$ und $p-1 = 4$, ist dies immerhin eine Irrtumswahrscheinlichkeit von

$$1 - (1-0{,}05)^4 = 0{,}185.$$

Das Risiko, die varianzanalytische H_0 über einen Einzelvergleichstest fälschlicherweise zu verwerfen, ist also gegenüber dem nominellen, ursprünglich ins Auge gefassten α-Niveau um nahezu das Vierfache erhöht. Dies ist – vereinfacht gesprochen – gewissermaßen das „Entgelt" dafür, dass wir viermal die Gelegenheit hatten, ein und dieselbe H_0 zu verwerfen.

Überprüfung einer Hypothese durch mehrere Tests. Wie auf S. 129 f. bereits angesprochen, treten α-Fehler-Kumulierungen dieser Art treten generell auf, wenn eine „globale" Hypothese anhand mehrerer Signifikanztests überprüft wird. Sie sind z.B. auch zu berücksichtigen, wenn die globale Zusammenhangshypothese geprüft werden soll, dass zwischen dem Erziehungsstil der Eltern und dem Sozialverhalten der Kinder ein Zusammenhang besteht, wobei der Erziehungsstil z.B. durch 8 und das Sozialverhalten z.B. durch 5 Variablen operationalisiert wird, sodass letztlich $8 \cdot 5 = 40$ Korrelationen als Einzelhypothesen zu prüfen wären (korrekterweise setzt man für diese Fragestellung die in Kap. 19 behandelte kanonische Korrelationsanalyse ein).

Wann immer mit m „simultanen Tests" dieser Art operiert wird, ist die Wahrscheinlichkeit dafür, dass die globale H_0 durch mindestens einen der m simultanen Tests fälschlicherweise verworfen wird, nach folgender Beziehung zu ermitteln:

$$\pi(k \geq 1) = 1 - (1-\alpha)^m. \qquad (7.61)$$

Soll eine globale Nullhypothese über m verschiedene Einzeltests auf einem zuvor spezifizierten α-Niveau verworfen werden, muss mindestens ein Einzeltest die folgende Irrtumswahrscheinlichkeit α' erreichen oder unterschreiten:

$$\alpha' = 1 - (1-\alpha)^{1/m}. \qquad (7.62)$$

Für $m = p - 1 = 4$ orthogonale Einzelvergleiche und $\alpha = 0{,}05$ ergibt sich also

$$\alpha' = 1 - (1-0{,}05)^{1/4} = 0{,}0127.$$

Erreicht (oder unterschreitet) mindestens ein Test diese Irrtumswahrscheinlichkeit, kann die globale H_0 mit $\alpha = 0{,}05$ verworfen werden. Dies wird deutlich, wenn wir den α'-Wert für α in Gl. (7.61) einsetzen:

$$\pi(k \geq 1) = 1 - (1 - 0{,}0127)^4 = 0{,}05\,.$$

Die Wahrscheinlichkeit, dass mindestens eine Nullhypothese (und damit die globale H_0) fälschlicherweise verworfen wird, beträgt also unter Verwendung von $a' = 0{,}0127$ genau 5%.

Die nach Gl. (7.61) errechnete Wahrscheinlichkeit $\pi(k \geq 1)$ bezeichnet man auch als die „experiment wise" oder „family wise error rate" im Unterschied zu der auf einen Einzelvergleichstest bezogenen „test wise error rate", die bei m simultanen Tests den Wert a' unterschreiten muss. Für die obigen 40 Korrelationen würde bei einer „test wise error rate" von $a = 0{,}05$ eine „experiment wise error rate" von 0,8715 resultieren! Um die „experiment wise error rate" auf 0,05 zu reduzieren, müsste man gemäß Gl. (7.62) für jeden Einzeltest einen „test wise error rate" von $a' = 0{,}00128$ ansetzen.

Bonferoni-Korrektur. Der nach Gl. (7.62) ermittelte a'-Wert lässt sich mit wachsendem m durch eine sehr viel einfachere Gleichung approximieren, die in der Literatur als Bonferoni-Korrektur bekannt ist (vgl. hierzu auch S. 129):

$$a' = a/m\,. \tag{7.63}$$

Nach dieser Gleichung erhält man für m = 40 den Wert $a' = 0{,}00125$, der mit dem nach Gl. (7.62) errechneten Wert recht gut übereinstimmt. Für m = 4 orthogonale Einzelvergleiche ergibt sich mit $a' = 0{,}0125$ ein Wert, der etwas kleiner ist als der nach Gl. (7.62) errechnete Wert von 0,0127.

Man sollte allerdings beachten, dass die a-Fehlerkorrektur nach Gl. (7.62) oder auch nach Bonferoni der Tendenz nach eher konservativ ausfällt. In diesem Sinn verbesserte Bonferoni-Korrekturen findet man bei Holland u. Copenhaver (1988), Hsu (1996), Krauth (1993, Kap. 1.7), Rasmussen (1993), Shaffer (1986) oder Wright (1993).

Eine sequentielle „Bonferoni-Korrektur" schlägt Holm (1979) vor: Der größte Kennwert (Einzelvergleich, Korrelation o.ä.) wird über Gl. (7.63) bewertet. Ist er signifikant, wird der nächst größte Kennwert auf einem Signifikanzniveau von $a/(m-1)$ getestet. Führt auch dieser Test zu einem signifikanten Resultat, wählt man $a/(m-2)$ als Signifikanzniveau für den drittgrößten Kennwert usw. Die Prozedur endet, wenn nach k signifikanten Kennwerten der Kennwert auf dem Rangplatz k + 1 auf einem Signifikanzniveau von $a/(m-k)$ nicht mehr signifikant ist (vgl. auch hierzu S. 129).

Abhängige Tests. Zu beachten ist ferner, dass die hier behandelte a-Fehler-Adjustierung davon ausgeht, dass die m Tests voneinander unabhängig sind. Diese Voraussetzung ist jedoch verletzt, wenn die Orthogonalitätsbedingung für mehrere Einzelvergleiche nicht erfüllt ist oder wenn die obigen Erziehungsstilvariablen untereinander korreliert sind.

Wie sich die Abhängigkeit der Tests (bzw. der Testergebnisse) auf die a-Fehler-Adjustierung auswirkt, lässt sich leicht am Extrem einer perfekten Abhängigkeit verdeutlichen: In diesem Fall genügt ein einziger Test zur Entscheidung über die globale H_0, weil alle übrigen Tests zum gleichen Ergebnis führen würden. Eine a-Fehler-Korrektur wäre also nicht erforderlich.

Hieraus ist zu folgern, dass mit wachsender Abhängigkeit der Tests die a-Fehler-Korrektur konservativer ausfällt. Man ist also immer auf der „sicheren Seite", wenn man auch bei abhängigen Tests die hier vorgeschlagene a-Fehler-Adjustierung für unabhängige Tests einsetzt (vgl. hierzu auch Cross u. Chaffin, 1982, oder Thompson, 1990 a).

Hinweise: Die nach Gl. (7.62) resultierenden a'-Werte wurden von Jacobs (1976) für unterschiedliches m und a tabelliert. Über die Notwendigkeit einer β-Fehler-Adjustierung bei der Überprüfung spezifischer Hypothesen mit vorgegebener Effektgröße berichten Hager u. Westermann (1983 a) bzw. Keselman et al. (1980 a). Weitere Methoden und Hinweise zur a-Fehler-Adjustierung findet man bei Bortz et al. (2000, Kap. 2.2.11).

7.3.4 Einzelvergleiche a priori oder a posteriori?

Man kann wiederholt beobachten, dass es Politikern nach einer Wahl keine Mühe bereitet, die erzielten Wahlergebnisse im Nachhinein wortreich zu erklären. Derartige Ex-post-Erklärungen klingen meistens sehr plausibel und geraten deshalb leicht in die Gefahr, mit einer gelungenen Hypothesenprüfung verwechselt zu werden. Sie haben jedoch nur den Status einer Hypothese und soll-

7.3.4 Einzelvergleiche a priori oder a posteriori?

ten nicht mit einer wissenschaftlichen Hypothesenprüfung gleichgesetzt werden, die voraussetzt, dass die Hypothese vor dem Bekanntwerden der Ergebnisse aufgestellt wurde.

Für Verwechslungen dieser Art gibt es nicht nur im politischen oder alltäglichen Leben, sondern auch in der empirischen Forschung zahlreiche Belege. Bezogen auf die hier anstehende Einzelvergleichsproblematik sind es zwei völlig verschiedene Dinge, ob man vor der Durchführung einer Untersuchung begründet behauptet, von p Mittelwerten würden sich genau die beiden ersten bedeutsam unterscheiden, oder ob man nach Abschluss der Untersuchung feststellt, dass unter allen möglichen Paaren von Mittelwerten gerade zwischen den beiden ersten Mittelwerten ein bedeutsamer Unterschied besteht, den man zudem auch noch ex post erklären kann.

Der Erkenntnisgewinn, der mit der Bestätigung einer a priori, d.h. vor der Untersuchungsdurchführung aufgestellten Hypothese erzielt wird, ist ungleich höher einzuschätzen als der Informationswert eines Ergebnisses, das sich ohne vorherige Erwartungen a posteriori oder im Nachhinein plausibel machen lässt. Geradezu verwerflich bzw. dem wissenschaftlichen Fortschritt wenig dienlich wäre es, wenn man ein a posteriori gefundenes Ergebnis nachträglich zu einer scheinbar a priori formulierten Hypothese machen würde, denn die Bestätigung solcher Hypothesen würde dann letztlich zur Trivialität.

> Die Begründung und Überprüfung einer Hypothese mit ein und demselben Datensatz ist wissenschaftlich nicht haltbar.

Wie ist nun nach diesen Vorbemerkungen mit Einzelvergleichen im Kontext einer Varianzanalyse bzw. mit deren α-Fehler-Korrektur umzugehen? Hier wird die Auffassung vertreten, dass a priori formulierte Einzelvergleichshypothesen, die theoretisch gut begründet sind, oder die aufgrund von Vorversuchen aufgestellt werden konnten, keine α-Fehler-Korrektur erforderlich machen (vgl. hierzu auch Saville, 1990). In der Regel sind es nur eine oder zwei Einzelvergleichshypothesen, die man im Rahmen einer einfaktoriellen varianzanalytischen Untersuchung den Status einer „echten" A-priori-Hypothese zubilligen kann, und die deshalb – jede für sich – mit dem unkorrigierten, nominellen α-Niveau getestet werden können.

Typischerweise sind A-priori-Hypothesen gerichtet, sodass statt des F-Tests nach Gl. (7.44) oder (7.51) ein einseitiger t-Test nach Gl. (7.45) gerechtfertigt ist. Der t-Wert lässt sich einfach als Wurzel des F-Wertes ermitteln (s. Gl. 2.60).

A-posteriori-Einzelvergleiche hingegen können jederzeit durchgeführt werden, wenn man nach einer „Overall"-Signifikanz feststellen möchte, welche Einzelvergleiche maßgeblich dafür verantwortlich sind, dass die globale H_0 der Varianzanalyse zu verwerfen ist. In diesem Fall muss der α-Fehler gemäß Gl. (7.62) oder Gl. (7.63) korrigiert werden.

Wenn ein Einzelvergleich mit dem korrigierten α'-Niveau signifikant wird, so ist dies zwar ein wichtiger Hinweis für die Interpretation der Overall-Signifikanz, aber noch keine Bestätigung der entsprechenden Einzelvergleichshypothese. Diese kann nur in einer neuen Untersuchung erbracht werden, der diese Einzelvergleichshypothese als A-priori-Hypothese vorangestellt wird.

Die hier vorgeschlagene Vorgehensweise für A-posteriori-Vergleiche ist einer gewissen Willkür ausgesetzt, die darin bestehen könnte, dass man nur eine bestimmte Teilmenge aller möglichen Vergleiche – z.B. nur Paarvergleiche von Mittelwerten – ex post betrachtet, was zur Folge hätte, dass über m, die Anzahl der „betrachteten" Einzelvergleiche, α' „manipulierbar" wäre. Es wird deshalb empfohlen, A-posteriori-Einzelvergleiche mit dem im Folgenden behandelten Scheffé-Test durchzuführen, der ex post alle möglichen Einzelvergleichshypothesen „family wise" auf einem vorgegebenen α-Niveau prüft.

Zuvor jedoch soll noch über die beiden auf S. 269f. durchgeführten Einzelvergleichstests entschieden werden. Wenn wir davon ausgehen, dass beide Hypothesen a priori formuliert wurden, wäre für beide Tests das unkorrigierte α-Niveau von 0,05 einzusetzen. Da beide Hypothesen gerichtet formuliert wurden, transformieren wir die für einseitige Tests ungeeigneten F-Werte gemäß Gl. (2.60) in t-Werte und erhalten

für D_1: $t = \sqrt{2{,}80} = 1{,}67$ und
für D_2: $t = \sqrt{5{,}71} = 2{,}39$.

Da das Vorzeichen der Einzelvergleiche nur für D_2 hypothesenkonform ist, kann wegen $t_{(656;0{,}95)} = 1{,}645$ nur die H_0 des zweiten Einzelvergleichs verworfen werden: Ausländer in Deutschland sind einsamer als Deutsche in Deutschland.

Als A-posteriori-Einzelvergleiche wäre eine Entscheidung vom Resultat des im Folgenden behandelten Scheffé-Tests abhängig zu machen.

7.3.5 Scheffé-Test

Für die Durchführung von A-posteriori-Vergleichen wurden mehrere Verfahren entwickelt (z.B. Verfahren von Newman-Keuls, Tukey, Duncan und Scheffé). Vergleiche dieser Verfahren findet man bei Hopkins u. Chadbourn (1967), Hsu (1996), Keselman u. Rogan (1977), Keselman et al. (1979), Ramsey (1981, 2002) sowie Ryan (1980). Wir behandeln im Folgenden den Scheffé-Test, der sich gegenüber Verletzungen von Voraussetzungen als relativ robust erwiesen hat und der zudem tendenziell eher konservativ (d.h. zu Gunsten der H_0) entscheidet. Eine kurze Beschreibung des theoretischen Hintergrundes des Verfahrens findet man bei Boik (1979 a) bzw. ausführlicher bei Scheffé (1953, 1963, S. 68 ff.).

Theoretischer Hintergrund. Der Scheffé-Test garantiert, dass die Wahrscheinlichkeit eines α-Fehlers für jeden beliebigen, a posteriori durchgeführten Einzelvergleichstest nicht größer ist als das Signifikanzniveau α für den Overall-Test der Varianzanalyse. Ein Einzelvergleich ist auf dem für die Varianzanalyse spezifizierten α-Niveau signifikant, wenn der empirische F-Wert des Einzelvergleichs gemäß Gl. (7.51) mindestens so groß ist wie der nach folgender Gleichung ermittelte kritische Wert S:

$$S = (p-1) \cdot F_{(p-1; N-p; 1-\alpha)} . \quad (7.64)$$

Hierbei ist $F_{(p-1; N-p; 1-\alpha)}$ der kritische F-Wert für den F-Test der Varianzanalyse.

Die Bedeutung dieser Gleichung sei an einem Beispiel veranschaulicht. Angenommen, eine Varianzanalyse mit $p = 4$ und $n = 20$ hat zu folgenden Ergebnissen geführt: $\overline{A}_1 = 9$, $\overline{A}_2 = 9$, $\overline{A}_3 = 9$, $\overline{A}_4 = 13$, $\overline{G} = 10$ und damit $QS_{treat} = 20 \cdot (1^2 + 1^2 + 1^2 + 3^2) = 240$. Zu vergleichen sei der Durchschnitt der ersten drei Mittelwerte mit dem vierten Mittelwert, d.h., wir erhalten

$$D = (-1) \cdot 9 + (-1) \cdot 9 + (-1) \cdot 9 + 3 \cdot 13 = 12 .$$

Als Quadratsumme des Einzelvergleichs ermittelt man nach Gl. (7.49):

$$QS_D = \frac{20 \cdot 12^2}{(-1)^2 + (-1)^2 + (-1)^2 + 3^2} = 240 .$$

Wir stellen fest, dass die Quadratsumme des Einzelvergleichs (QS_D) mit der Treatment-Quadratsumme (QS_{treat}) übereinstimmt. Da sich die QS_{treat} additiv aus $p - 1$ orthogonalen Einzelvergleichsquadratsummen zusammensetzt, stellt die gefundene QS_D die größt mögliche Einzelvergleichsquadratsumme dar.

Allgemein ergibt sich die maximale Einzelvergleichsquadratsumme ($QS_{D\,max}$) für einen Einzelvergleich, der wie folgt definiert ist:

$$D_{max} = \hat{\tau}_1 \cdot \overline{A}_1 + \hat{\tau}_2 \cdot \overline{A}_2 + \cdots + \hat{\tau}_p \cdot \overline{A}_p \quad (7.65)$$

mit

$$\hat{\tau}_i = \overline{A}_i - \overline{G} \quad \text{und} \quad \sum_i \hat{\tau}_i = 0 .$$

Die c-Koeffizienten werden hier also durch die geschätzten Effektparameter τ_i ersetzt (lies: tau), die sich als Differenzen zwischen den einzelnen Mittelwerten und $\overline{G}$ ergeben (vgl. 12.1). Dementsprechend wurde das Beispiel konstruiert:

$$c_1 = \hat{\tau}_1 = 9 - 10 = -1$$
$$c_2 = \hat{\tau}_2 = 9 - 10 = -1$$
$$c_3 = \hat{\tau}_3 = 9 - 10 = -1$$
$$c_4 = \hat{\tau}_4 = 13 - 10 = 3 .$$

Damit verbindet sich nun ein Problem: Da jede Einzelvergleichsquadratsumme – und damit auch $QS_{D\,max}$ – nur einen Freiheitsgrad, die QS_{treat} jedoch $p - 1$ Freiheitsgrade hat, ist der F-Test für $\hat{\sigma}^2_{D\,max}$ gemäß Gl. (7.51) genau um den Faktor $p - 1$ größer als der F-Test für $\hat{\sigma}^2_{treat}$ gemäß Gl. (7.22). Damit beide Tests zum gleichen Ergebnis kommen (was wegen $QS_{D\,max} = QS_{treat}$ erforderlich ist), muss der empirische F-Wert für $\hat{\sigma}^2_{D\,max}$ mit dem nach Gl. (7.64) kritischen Schrankenwert $S = (p - 1) \cdot F_{(p-1; N-p; 1-\alpha)}$ verglichen werden, denn nur unter dieser Voraussetzung kommen der Overall-F-Test der Varianzanalyse und der Einzelvergleichstest für D_{max} zu identischen Resultaten: Wenn die H_0 im Overall-Test mit einer Irrtumswahrscheinlichkeit von α verworfen wird, ist auch die Nullhypothese des Einzelvergleichs D_{max} mit α zu verwerfen.

Da nun keine Einzelvergleichsquadratsumme größer sein kann als $QS_{D\,max}$, ist sichergestellt,

7.3.5 Scheffé-Test

dass kein Einzelvergleich mit einer Irrtumswahrscheinlichkeit signifikant werden kann, die größer als a ist.

> Mit dem Scheffé-Test wird der gesamte, mit allen möglichen Einzelvergleichen verbundene Hypothesenkomplex auf dem a-Niveau der Varianzanalyse abgesichert.

Paarvergleiche von Mittelwerten. Häufig begnügt man sich bei der Interpretation einer Overall-Signifikanz mit der Überprüfung der Differenzen für alle Mittelwertpaare, die man einfachheitshalber wie folgt vornimmt. Wir lösen Gl. (7.44) nach D auf und erhalten:

$$D = \sqrt{\frac{\left(\sum_i c_i^2\right) \cdot \hat{\sigma}_{\text{Fehler}}^2 \cdot F}{n}}. \quad (7.66)$$

Für den Vergleich von $\overline{A}_i$ mit $\overline{A}_j$ lauten die Gewichte $c_i = 1$ und $c_j = -1$; die restlichen c-Koeffizienten werden Null gesetzt. Ersetzt man ferner F durch S gemäß Gl. (7.64), also den kritischen Wert, der für die Ablehnung von H_0 vom F-Wert des Einzelvergleichs überschritten werden muss, resultiert mit $\sum_i c_i^2 = 2$:

$$\text{Diff}_{\text{crit}} = \sqrt{\frac{2 \cdot (p-1) \cdot \hat{\sigma}_{\text{Fehler}}^2 \cdot F_{(p-1;N-p;1-a)}}{n}}. \quad (7.67)$$

$F_{(p-1;N-p;1-a)}$ ist wiederum der kritische F-Wert, den wir Tabelle E entnehmen. Empirische Differenzen $\overline{A}_i - \overline{A}_j$ mit einem Absolutbetrag, der größer ist als die kritische Differenz $\text{Diff}_{\text{crit}}$, sind auf dem a%-Niveau signifikant.

BEISPIEL

Wir wollen diesen Test am Beispiel der 4 Lehrmethoden verdeutlichen, das zu Beginn des Kap. 7 (S. 248 ff.) behandelt wurde.

Die Mittelwerte dieses Beispiels lauten:

$\overline{A}_1 = 2; \quad \overline{A}_2 = 3; \quad \overline{A}_3 = 7; \quad \overline{A}_4 = 4$.

Für diese Mittelwerte ergeben sich die in Tabelle 7.5 genannten Differenzen.

In der 1. Zeile der Tabelle sind die Werte $\overline{A}_1 - \overline{A}_2$, $\overline{A}_1 - \overline{A}_3$ und $\overline{A}_1 - \overline{A}_4$ wiedergegeben. Die übrigen Werte resultieren analog.

In diesem Beispiel setzen wir $n = 5$, $p = 4$ und $\hat{\sigma}_{\text{Fehler}}^2 = 1{,}88$. Tabelle E entnehmen wir für das 1%-Niveau bei 3 Zählerfreiheitsgraden und 16 Nennerfreiheitsgraden

Tabelle 7.5. Mittelwertdifferenzen

	$\overline{A}_1$	$\overline{A}_2$	$\overline{A}_3$	$\overline{A}_4$
$\overline{A}_1$	–	−1	−5**	−2
$\overline{A}_2$		–	−4**	−1
$\overline{A}_3$			–	3*
$\overline{A}_4$				–

den Wert $F_{(3,16;0,99)} = 5{,}29$. Nach Gl. (7.67) ergibt sich die folgende kritische Differenz:

$$\text{Diff}_{\text{crit}} = \sqrt{\frac{2 \cdot (4-1) \cdot 1{,}88 \cdot 5{,}29}{5}} = 3{,}45.$$

Vergleichen wir diese kritische Differenz mit den Absolutbeträgen der empirischen Differenzen in Tabelle 7.5, stellen wir fest, dass sich Methode 3 auf dem 1%-Niveau signifikant von den Methoden 1 und 2 unterscheidet. Erhöhen wir die Irrtumswahrscheinlichkeit auf 5% $F_{(3,16;0,95)} = 3{,}24)$, resultiert folgende kritische Differenz:

$$\text{Diff}_{\text{crit}} = \sqrt{\frac{2 \cdot (4-1) \cdot 1{,}88 \cdot 3{,}24}{5}} = 2{,}70.$$

Auf dem $a = 5$%-Niveau unterscheiden sich somit zusätzlich Methode 3 und Methode 4 signifikant. Die übrigen Mittelwertunterschiede sind statistisch nicht bedeutsam.

Ungleich große Stichproben. Sollen 2 Mittelwerte $\overline{A}_i$ und $\overline{A}_j$ miteinander verglichen werden und sind die Stichprobenumfänge nicht gleich, erhalten wir für diesen Vergleich die folgende kritische Differenz:

$$\text{Diff}_{\text{crit}} = \sqrt{\left(\frac{1}{n_i} + \frac{1}{n_j}\right) \cdot (p-1)} \\ \times \sqrt{\hat{\sigma}_{\text{Fehler}}^2 \cdot F_{(p-1,N-p;1-a)}}. \quad (7.68)$$

Der hier einzusetzende F-Wert hat wieder $(p-1)$ Zählerfreiheitsgrade ($= df_{\text{treat}}$) und $N - p$ Nennerfreiheitsgrade, die den Freiheitsgraden der Fehlervarianz im Fall ungleich großer Stichproben entsprechen. Ist $n_i = n_j$, vereinfacht sich Gl. (7.68) zu Gl. (7.67).

Hinweis: Es kann vorkommen, dass trotz einer Gesamtsignifikanz in der einfaktoriellen Varianzanalyse kein Paarvergleich nach dem Scheffé-Test signifikant wird. Der Grund hierfür ist darin zu sehen, dass das mathematische Rationale, das dem Scheffé-Test zugrunde liegt, nicht nur von allen möglichen Paarvergleichen, sondern von *allen Einzelvergleichen überhaupt* (also auch von Vergleichen, die sich auf Kombinationen von Mittelwerten beziehen) ausgeht. Liegt eine Gesamtsignifikanz vor, muss mindestens einer der möglichen Einzelvergleiche, der jedoch kein Paarvergleich zu sein braucht, signifikant sein (vgl. hierzu auch Swaminathan u. De Friesse, 1979). Im Zweifelsfall ist dies der nach Gl. (7.65) definierte D_{max}-Einzelvergleich.

Vergleich beliebiger Mittelwertkombinationen. Nach Gl. (7.41) können alle Einzelvergleiche konstruiert werden, die auf Grund der jeweiligen Fragestellung interessant erscheinen. Es ist darauf zu achten, dass die Bedingung der Gl. (7.42) für Einzelvergleiche erfüllt ist. (Diese Einzelvergleiche müssen keineswegs orthogonal sein.) Man beachte ferner, dass der Scheffé-Test bei der Zusammenfassung von Mittelwerten aus ungleich großen Stichproben vom ungewichteten Mittel gemäß Gl. (7.41) ausgeht. Unter Verwendung der jeweiligen c-Koeffizienten wird für jeden Einzelvergleich die folgende kritische Differenz berechnet:

$$\text{Diff}_{crit} = \sqrt{\sum_i \left(\frac{c_i^2}{n_i} \right) \cdot (p-1)} \\ \times \sqrt{\hat{\sigma}^2_{Fehler} \cdot F_{(p-1, N-p; 1-\alpha)}}. \quad (7.69)$$

Ist der Absolutwert des nach Gl. (7.41) ermittelten D-Wertes größer als Diff$_{crit}$, dann ist der entsprechende Einzelvergleich signifikant.

BEISPIEL

Es soll die Wirkung eines neuen Präparates zur Behandlung von Depressionen geprüft werden ($\alpha = 0{,}01$). 7 Patienten erhalten ein Plazebo (= chemisch wirkungslose Substanz), 6 Patienten eine einfache Dosis und 9 Patienten eine doppelte Dosis des Medikaments. Die 22 Patienten wurden aufgrund von Vortests als annähernd gleich depressiv eingestuft. Abhängige Variable sind die Ergebnisse einer Fragebogenerhebung, die 6 Wochen nach der Behandlung der Patienten durchgeführt wurde.

Tabelle 7.6 zeigt die Daten, die Ergebnisse der Varianzanalyse und den Scheffé-Test, der zu Demonstrationszwecken über alle möglichen Einzelvergleiche durchgeführt wird.

In Tabelle 7.6 kennzeichnet Spalte 1 alle möglichen Einzelvergleiche. Gemäß Gl. (7.42) muss die Summe der c-Koeffizienten in den Spalten 2, 3 und 4 zeilenweise (für jeden Vergleich) Null ergeben. Setzen wir die Mittelwerte und die c-Koeffizienten in Gl. (7.41) ein, ergeben sich die Werte der Spalte 5. Spalte 6 enthält den für Gl. (7.69) benötigten Ausdruck $\sum_i c_i^2 / n_i$. Diff$_{crit}$ erhalten wir, indem die Werte in Spalte 6 mit $(p-1) \cdot \hat{\sigma}^2_{Fehler} \cdot F_{(p-1, N-p; 1-\alpha)}$ multipliziert werden und aus dem Produkt die Wurzel gezogen wird.

In unserem Beispiel sind: $(p-1) = 2$, $\hat{\sigma}^2_{Fehler} = 3{,}28$ und $F_{(2, 19; 0{,}99)} = 5{,}93$. Der für Spalte 7 benötigte Faktor lautet somit: $2 \cdot 3{,}28 \cdot 5{,}93 = 38{,}90$. Wir multiplizieren die Werte in Spalte 6 mit 38,90, ziehen die Wurzel und erhalten die Werte in Spalte 7. Diejenigen D-Werte (Spalte 5), deren Absolutbetrag größer als Diff$_{crit}$ (Spalte 7) ist, sind auf dem 1%-Niveau signifikant.

7.4 Trendtests

Eine spezielle Form von Einzelvergleichen stellen Trendtests dar.

> Durch Trendtests wird die Treatmentquadratsumme in Anteile zerlegt, die auf verschiedene Trends (linear, quadratisch, kubisch usw.) in den Mittelwerten der abhängigen Variablen zurückzuführen sind. Die Durchführung von Trendtests setzt voraus, dass nicht nur die abhängige Variable, sondern auch die unabhängige Variable kardinalskaliert ist.

Bei dem zunächst zu besprechenden trendanalytischen Ansatz müssen zusätzlich die einzelnen Treatmentstufen auf einer Kardinalskala *äquidistant* gestuft und die zu vergleichenden Stichproben gleichgroß sein. Anschließend werden wir einen Ansatz darstellen, der die einschränkenden Bedingungen äquidistanter Abstände und gleichgroßer Stichproben nicht erfüllen muss. Das letzte hier behandelte Verfahren betrifft die Überprüfung eines monotonen Trends.

7.4.1 Äquidistante Stufen

Die Trendanalyse sei an einem Beispiel erläutert. Es soll überprüft werden, wie sich verschiedene Lärmstärken auf die Arbeitsleistung auswirken. Jeweils 5 Personen arbeiten unter 6 verschiedenen Lärmbedingungen, von denen wir annehmen wollen, dass sie auf der subjektiven Lautheitsskala äquidistant gestuft sind. Wir können deshalb vereinfachend die 6 Lärmstufen mit den Ziffern 1 bis 6 bezeichnen. Die Varianzanalyse über die Arbeitsleistungen möge zu den in Tabelle 7.7 dargestellten Ergebnissen geführt haben.

7.4.1 Äquidistante Stufen

Tabelle 7.6. Beispiel für einen vollständigen Scheffé-Test

Daten:	Behandlungsart			Varianzanalyse Q.d.V	QS	df	$\hat{\sigma}^2$	F
	Plazebo	Einfache Dosis	Doppelte Dosis	Behandlungsart	204,00	2	102,00	31,10**
				Fehler	62,36	19	3,28	
	18	19	16	Total	266,36	21		
	22	16	13					
	25	16	12					
	19	15	12					
	22	17	14					
	19	16	16					
	21		13					
			13					
			14					
A_i:	146	99	123	$G = 368$				
$\overline{A}_i$:	20,86	16,50	13,67	$\overline{G} = 16,73$				
n_i:	7	6	9	$N = 22$				

Scheffé-Test						
(1) Vergleich	(2) c_1	(3) c_2	(4) c_3	(5) D	(6) $\sum_i c_i^2/n_i$	(7) Diff$_{crit}$
1 vs. 2	1	−1	0	4,36**	0,31	3,47
1 vs. 3	1	0	−1	7,19**	0,25	3,12
2 vs. 3	0	1	−1	2,83	0,28	3,30
1 vs. 2 + 3	2	−1	−1	11,55**	0,85	5,75
2 vs. 1 + 3	−1	2	−1	−1,53	0,92	5,98
3 vs. 1 + 2	−1	−1	2	−10,02**	0,75	5,40

Tabelle 7.7. Ergebnis der Varianzanalyse, an die Trendtests angeschlossen werden sollen

Q.d.V.	QS	df	$\hat{\sigma}^2$	F
Lärmstärken	27,5	5	5,5	4,23**
Fehler	31,2	24	1,3	
Total	58,7	29		

Auf die Wiedergabe der ursprünglichen Messwerte können wir in diesem Beispiel verzichten. Die 6 Mittelwerte lauten:

$\overline{A}_1 = 3,6;\quad \overline{A}_2 = 3,8;\quad \overline{A}_3 = 5,8;$
$\overline{A}_4 = 4,0;\quad \overline{A}_5 = 3,6;\quad \overline{A}_6 = 2,6.$

Für $\overline{G}$ ergibt sich der Wert 3,9.

Wie die Varianzanalyse zeigt, unterscheiden sich die Mittelwerte auf dem 1%-Signifikanzniveau. Es wird vermutet, dass sich die Arbeitsleistungen nicht proportional (linear) zur Lärmstärke verändern, sondern dass sich ein mittlerer Lärmpegel am günstigsten auf die Arbeitsleistungen auswirkt. Wir werden im Folgenden anhand dieses Beispiels zeigen, wie eine QS$_{treat}$ in einzelne Trendkomponenten aufgeteilt wird.

Lineare Komponente. Um denjenigen Anteil der QS$_{treat}$ zu ermitteln, der auf einen linearen Trend der Mittelwerte zurückzuführen ist, benötigen wir gemäß Gl. (7.49) für einen Einzelvergleich bzw. eine Trendkomponente c-Koeffizienten, die bei p = 6 einen linearen Trend kennzeichnen. Diese Werte sind in Tabelle I des Anhangs enthalten. (Auf die Berechnungsvorschriften für die Koeffizienten, die als *orthogonale Polynome* bezeichnet werden, wollen wir nicht weiter eingehen. Näheres hierzu findet sich bei Anderson u. Houseman, 1942, Fisher u.

Yates, 1957, Mintz, 1970 bzw. Bortz et al., 2000, S. 606 ff. Ein Computer-Programm zur Berechnung orthogonaler Polynome auch für ungleich große Stichproben und/oder nicht äquidistante Treatmentstufen wurde von Berry, 1993 entwickelt.)

Für eine lineare Komponente und p = 6 lauten diese Koeffizienten:

$$-5 \quad -3 \quad -1 \quad 1 \quad 3 \quad 5 .$$

Da die Bedingung $\sum_i c_i = 0$ erfüllt ist, definieren diese Koeffizienten gemäß Gl. (7.42) einen Einzelvergleich, der nach Gl. (7.51) auf Signifikanz getestet werden kann.

Wir ermitteln:

$$\begin{aligned}QS_{lin} = \hat{\sigma}^2_{lin} &= \frac{n \cdot \left(\sum_i c_i \cdot \overline{A}_i\right)^2}{\sum_i c_i^2} \\ &= \frac{5 \cdot [(-5) \cdot 3{,}6 + (-3) \cdot 3{,}8 + (-1) \cdot 5{,}8}{(-5)^2 + (-3)^2 + (-1)^2 + 1^2 + 3^2 + 5^2} \\ &\quad + \frac{1 \cdot 4{,}0 + 3 \cdot 3{,}6 + 5 \cdot 2{,}6]^2}{(-5)^2 + (-3)^2 + (-1)^2 + 1^2 + 3^2 + 5^2} \\ &= \frac{273{,}80}{70} = 3{,}91 .\end{aligned}$$

Der Signifikanztest dieser Trendkomponente führt nach Gl. (7.51) zu

$$F = \frac{3{,}91}{1{,}3} = 3{,}01 .$$

Der kritische F-Wert lautet: $F_{(1,24;95\%)} = 4{,}26$, d.h., die lineare Komponente ist nicht signifikant. Die Nullhypothese, nach der die Mittelwerte keinem linearen Trend folgen, kann deshalb nicht verworfen werden.

Weil die unabhängige Variable Intervallskalenqualität hat, kann nach Gl. (6.60) zwischen den Merkmalen Lärmstärke und Arbeitsleistung eine **Produkt-Moment-Korrelation** berechnet werden. Die hierfür benötigten Wertepaare ergeben sich, wenn wir bei jeder Person für y die Arbeitsleistung (die hier nicht im einzelnen wiedergegeben ist) und für x den Lärmpegel (d.h. je nach Gruppenzugehörigkeit die Werte 1 bis 6) einsetzen. Nach dieser Vorgehensweise ermitteln wir eine Korrelation von r = −0,26.

Ausgehend von den varianzanalytischen Ergebnissen kann diese Korrelation einfacher nach folgender Beziehung berechnet werden:

$$r_{lin} = \sqrt{\frac{QS_{lin}}{QS_{tot}}} . \qquad (7.70)$$

In unserem Beispiel erhalten wir auch nach dieser Gleichung

$$r = \sqrt{\frac{3{,}91}{58{,}7}} = -0{,}26 .$$

Das Vorzeichen der Korrelation entnehmen wir der Steigung der Regressionsgeraden, die in diesem Fall negativ ist (vgl. Abb. 7.1 S. 282).

Diese Korrelation bestätigt gemäß Tabelle D des Anhangs den nicht signifikanten F-Wert. Wir überprüfen deshalb im nächsten Schritt, ob die verbleibende, auf nichtlineare Zusammenhänge zurückgehende Quadratsumme signifikant ist. Es resultiert allgemein

$$QS_{nonlin} = QS_{treat} - QS_{lin} \qquad (7.71)$$

bzw. im Beispiel:

$$QS_{nonlin} = 27{,}5 - 3{,}91 = 23{,}59 .$$

Die lineare Komponente ist mit einem Freiheitsgrad versehen, sodass die QS_{nonlin} ($df_{treat} - df_{lin}$) = 5 − 1 = 4 Freiheitsgrade hat. Für $\hat{\sigma}^2_{nonlin}$ ermitteln wir somit:

$$\hat{\sigma}^2_{nonlin} = \frac{23{,}59}{4} = 5{,}90 .$$

Die Varianz überprüfen wir wieder an der Fehlervarianz auf Signifikanz. Wir erhalten:

$$F = \frac{5{,}90}{1{,}3} = 4{,}54 .$$

Der kritische Wert lautet $F_{(4,24;99\%)} = 4{,}22$, d.h., der auf nonlineare Trends zurückzuführende Varianzanteil ist auf dem 1%-Niveau signifikant. Es lohnt sich also, den Varianzanteil, der auf nichtlineare Trendkomponenten zurückzuführen ist, genauer zu untersuchen.

Quadratische Komponente. Wir überprüfen als nächstes den Varianzanteil, der auf der quadratischen Komponente beruht.

Tabelle I entnehmen wir die c-Koeffizienten für die quadratische Komponente und p = 6. Sie lauten:

$$5 \quad -1 \quad -4 \quad -4 \quad -1 \quad 5 .$$

7.4.1 Äquidistante Stufen

Auch diese Koeffizienten erfüllen die Bedingung von Gl. (7.42), nach der gefordert wird, dass ihre Summe Null ergeben muss. Vergleichen wir die Koeffizienten für den linearen Trend mit denen des quadratischen Trends, zeigt sich ferner, dass die lineare Komponente und die quadratische Komponente orthogonal sind. Die Summe der Produkte korrespondierender Koeffizienten ergibt nach Gl. (7.46) ebenfalls Null:

$$-5 \cdot 5 + (-3) \cdot (-1) + (-1) \cdot (-4) + 1 \cdot (-4) + 3 \cdot (-1) + 5 \cdot 5 = 0.$$

Setzen wir die quadratischen Trendkoeffizienten zusammen mit den Mittelwerten in Gl. (7.49) ein, erhalten wir als quadratische Komponente:

$$QS_{(quad)} = \frac{5 \cdot [5 \cdot 3{,}6 + (-1) \cdot 3{,}8 + (-4) \cdot 5{,}8}{5^2 + (-1)^2 + (-4)^2 + (-4)^2 + (-1)^2 + 5^2}$$
$$+ \frac{(-4) \cdot 4{,}0 + (-1) \cdot 3{,}6 + 5 \cdot 2{,}6]^2}{5^2 + (-1)^2 + (-4)^2 + (-4)^2 + (-1)^2 + 5^2}$$
$$= \frac{1216{,}8}{84} = 14{,}49.$$

Auch diese Komponente hat einen Freiheitsgrad, sodass $QS_{quad} = \hat{\sigma}^2_{quad}$. Die Überprüfung der Komponente nach Gl. (7.51) ergibt:

$$F = \frac{14{,}49}{1{,}3} = 11{,}15.$$

Dieser Wert ist sehr signifikant ($F_{(1,24;99\%)} = 7{,}82$), d.h., die Mittelwerte folgen in überzufälliger Weise einem quadratischen Trend. Eine Veranschaulichung dieses quadratischen Trends zeigt Abb. 7.1 (S. 282). Die Hypothese, dass sich ein mittlerer Lärmpegel am günstigsten auf die Arbeitsleistungen auswirkt, wird durch einen signifikanten quadratischen Trend bestätigt. Wieder können wir überprüfen, wie groß die Korrelation zwischen den Lärmstärken und der Arbeitsleistung ist, wenn der quadratische Zusammenhang berücksichtigt wird. Sie lautet:

$$r_{quad} = \sqrt{\frac{QS_{lin} + QS_{quad}}{QS_{tot}}}. \quad (7.72)$$

(Der Grund, warum hier die QS_{lin} mit eingeht, ist darin zu sehen, dass in der quadratischen Regressionsgleichung auch eine lineare Komponente enthalten ist: $\hat{y}_m = a + b_1 x_m + b_2 x_m^2$.)

Für die quadratische Korrelation ergibt sich:

$$r_{quad} = \sqrt{\frac{3{,}91 + 14{,}49}{58{,}7}} = 0{,}56.$$

Den verbleibenden Varianzanteil der QS_{treat} ermitteln wir, indem von der QS_{treat} die QS_{lin} und die QS_{quad} abgezogen werden. Diese Vorgehensweise ist möglich, da – wie wir gesehen haben – die Trendkomponenten wechselseitig voneinander unabhängig bzw. orthogonal sind. Als Restquadratsumme erhalten wir

$$QS_{treat} - QS_{lin} - QS_{quad} = 27{,}5 - 3{,}91 - 14{,}49$$
$$= 9{,}10.$$

Da jede Trendkomponente mit einem Freiheitsgrad versehen ist, hat die verbleibende Quadratsumme $df_{treat} - df_{lin} - df_{quad} = 5 - 1 - 1 = 3$ df. Die entsprechende Restvarianz lautet somit:

$$\hat{\sigma}^2_{Rest} = \frac{9{,}10}{3} = 3{,}03.$$

Relativieren wir diese Varianz an der Fehlervarianz, erhalten wir einen F-Wert, der nicht mehr signifikant ist:

$$F = \frac{3{,}03}{1{,}3} = 2{,}33.$$

Kubische Komponente. Der Vollständigkeit halber soll auch noch die kubische Trendkomponente überprüft werden. Tabelle I entnehmen wir die hierfür benötigten, kubischen Trendkoeffizienten für $p = 6$:

$$-5 \quad 7 \quad 4 \quad -4 \quad -7 \quad 5.$$

Auch diese Koeffizienten addieren sich zu Null. Ferner sehen wir, dass die Summe der Produkte korrespondierender Koeffizienten sowohl im Vergleich zu den linearen Trendkoeffizienten als auch zu den quadratischen Trendkoeffizienten Null ergibt. Die kubische Trendkomponente ist somit sowohl zu der linearen als auch zu der quadratischen Trendkomponente orthogonal.

Wir setzen die kubischen Trendkoeffizienten zusammen mit den Mittelwerten in Gl. (7.49) ein und erhalten die kubische Trendkomponente

$$QS_{cub}$$
$$= \frac{5 \cdot [(-5) \cdot 3{,}6 + 7 \cdot 3{,}8 + 4 \cdot 5{,}8}{(-5)^2 + 7^2 + 4^2 + (-4)^2 + (-7)^2 + 5^2}$$
$$+ \frac{(-4) \cdot 4{,}0 + (-7) \cdot 3{,}6 + 5 \cdot 2{,}6]^2}{(-5)^2 + 7^2 + 4^2 + (-4)^2 + (-7)^2 + 5^2}$$
$$= \frac{5 \cdot 3{,}6^2}{180} = 0{,}36\,.$$

Da auch diese Komponente nur einen Freiheitsgrad hat, ist $QS_{cub} = \hat{\sigma}^2_{cub}$. Die auf den kubischen Trend zurückgehende Varianz ist kleiner als die Fehlervarianz und damit statistisch nicht bedeutsam. Die Korrelation, die auf den kubischen Trend zurückzuführen ist, ermitteln wir nach

$$r_{cub} = \sqrt{\frac{QS_{lin} + QS_{quad} + QS_{cub}}{QS_{tot}}} \quad (7.73)$$

zu

$$r_{cub} = \sqrt{\frac{3{,}91 + 14{,}49 + 0{,}36}{58{,}7}} = 0{,}57\,.$$

Trends höherer Ordnung. Da eine Treatment-Quadratsumme $p - 1$ df hat, können maximal $p - 1$ orthogonale Trendkomponenten bestimmt werden. Ist $p = 2$, existiert nur ein linearer Trend (2 Punkte legen eine Gerade fest). Für $p = 3$ ist ein quadratischer (oder parabolischer) und $p = 4$ ein kubischer Trend festgelegt. Allgemein sind bei p Treatmentstufen die Positionen aller p Punkte (Treatmentstufenmittelwerte) durch ein Polynom $(p - 1)$-ter Ordnung exakt erfasst. Ist p beispielsweise 3, können nur der lineare und quadratische Trend berechnet werden. Es empfiehlt sich allerdings, Trendanalysen nur dann durchzuführen, wenn die Anzahl der Treatmentstufen genügend groß ist. (Der Nachweis eines linearen Trends bei $p = 2$ ist trivial!)

Zu überprüfen wären in unserem Beispiel noch der quartische und quintische Trend. Da jedoch in der Forschungspraxis selten Theorien überprüft werden, aus denen sich quartische oder noch höhere Trends ableiten lassen, wollen wir auf die Angabe der Berechnungsvorschriften höherer Trendkomponenten verzichten. Sollte dennoch in einem konkreten Fall Interesse an der Ermittlung höherer Trendkomponenten bestehen, lässt sich der hier skizzierte Ansatz problemlos generalisieren: Tabelle I werden die für eine bestimmte Anzahl von Faktorstufen p und für den gewünschten Trend benötigten c-Koeffizienten entnommen und zusammen mit den Treatmentmittelwerten in Gl. (7.49) eingesetzt. Die statistische Überprüfung einer Trendkomponente, die jeweils mit einem Freiheitsgrad versehen ist, erfolgt nach Gl. (7.51).

Varianzaufklärung. Addieren wir die $p - 1$ Quadratsummen, die auf die $p - 1$ verschiedenen Trends zurückzuführen sind, muss die QS_{treat} resultieren (vgl. S. 267 f.).

> Die Treatmentquadratsumme lässt sich in $p - 1$ orthogonale Trendkomponenten zerlegen.

In Analogie zur Korrelationsberechnung nach Gl. (7.70), (7.72) und (7.73) können wir einen Korrelationskoeffizienten ermitteln, der alle, auf die verschiedenen Trends zurückgehenden, Zusammenhänge enthält. Dieser Koeffizient wird mit η (eta) bezeichnet:

$$\eta = \sqrt{\frac{QS_{lin} + QS_{quad} + \cdots + QS_{trend\,(p-1)}}{QS_{tot}}}$$
$$= \sqrt{\frac{QS_{treat}}{QS_{tot}}}\,. \quad (7.74)$$

In unserem Beispiel ermitteln wir η zu

$$\eta = \sqrt{\frac{27{,}5}{58{,}7}} = 0{,}68\,.$$

An dieser Stelle sehen wir, dass die Überprüfung einer *Unterschiedshypothese* auch durch die Ermittlung eines *Zusammenhangskoeffizienten* erfolgen kann. Je deutlicher sich die Treatmentmittelwerte unterscheiden, um so größer ist der irgendwie geartete Zusammenhang zwischen der kardinalskalierten unabhängigen Variablen und der abhängigen Variablen. Quadrieren wir η und multiplizieren η^2 mit 100, erhalten wir denjenigen Varianzanteil der abhängigen Variablen, der auf die unabhängige Variable zurückzuführen ist (vgl. Gl. 7.21). In unserem Beispiel sind dies 47%.

η ist allerdings lediglich ein deskriptives Maß, das den in einer Stichprobe angetroffenen, unspezifischen Zusammenhang zwischen unabhängiger und abhängiger Variable charakterisiert. Soll auf Grund der Stichprobendaten die gemeinsame Varianz zwischen abhängiger und unabhängiger Variable in der Population, aus der die Stichprobe entnommen wurde, geschätzt werden, empfiehlt sich die Berechnung von $\hat{\omega}^2$ (omega) nach folgender Beziehung:

$$\hat{\omega}^2 = \frac{QS_{treat} - (p-1) \cdot \hat{\sigma}^2_{Fehler}}{QS_{tot} + \hat{\sigma}^2_{Fehler}}. \quad (7.75)$$

(Zur Herleitung dieser Beziehung vgl. Hays u. Winkler, 1970, Vol. II, Kap. 11.18.) Wir haben diese Gleichung bereits auf S. 259 als Gl. (7.28a) kennengelernt.

In unserem Beispiel ermitteln wir

$$\hat{\omega}^2 = \frac{27{,}5 - (6-1) \cdot 1{,}3}{58{,}7 + 1{,}3} = 0{,}35.$$

Ausgehend von den erhobenen Daten schätzen wir somit, dass in der Population 35% der Varianz der abhängigen Variablen auf die unabhängige Variable zurückzuführen sind. Dieses Maß gilt auch, wenn die Stichprobenumfänge ungleich groß oder proportional zu den Umfängen der Populationen sind, denen die Stichproben entnommen wurden (vgl. hierzu und zum Fall disproportionaler Stichprobenumfänge Wang, 1982).

7.4.2 Beliebige Abstufungen

Die bisher beschriebene Trendanalyse basiert auf der Annahme äquidistanter Treatmentstufen und gleichgroßer Stichproben. Sind die Treatmentstufen nicht äquidistant gestuft und/oder die Stichprobenumfänge ungleich, kann auf eine von Cohen (1980) vorgeschlagene Methode zurückgegriffen werden. (Der Ansatz Cohens gilt natürlich auch für den Fall äquidistanter Stufen und/oder gleichgroßer Stichproben. Der Grund, warum wir diesen allgemeinen Ansatz nicht von vornherein eingeführt haben, ist darin zu sehen, dass diese Variante der Trendanalyse auf multiplen Korrelationen basiert, die erst in Kap. 13 behandelt werden! Die Berechnung einer multiplen Korrelation setzt sinnvollerweise den Einsatz einer EDV-Anlage voraus, was bei der bisher behandelten Variante von Trendtests auch für Trendkomponenten höherer Ordnung nicht unbedingt erforderlich ist.) Alternativ zu dem im Folgenden beschriebenen Ansatz kann man auch mit orthogonalen Polynomen für ungleich große Stichproben und/oder nicht äquidistante Treatmentstufen operieren, für deren Berechnung das bereits erwähnte Computer-Programm von Berry (1993) empfohlen wird.

Eine unabhängige Variable x sei kardinalskaliert und p-fach in beliebigen Abständen gestuft. Jeder Stufe i wird eine Stichprobe des Umfanges n_i zugeordnet. (Beispiel: Man vergleicht 4 unterschiedlich große Stichproben mit $n_1 = 6$, $n_2 = 8$, $n_3 = 7$ und $n_4 = 10$, die bei einer Lernaufgabe $x_1 = 1-$mal, $x_2 = 2-$mal, $x_3 = 4-$mal und $x_4 = 6-$mal verstärkt werden. Abhängige Variable y sind die Lernleistungen.) Jeder individuelle Messwert wird durch den jeweiligen Stichprobenmittelwert $\bar{y}_i$ ersetzt. Diese Werte korreliert man mit den Ausprägungen der unabhängigen Variablen, also im Beispiel mit der Häufigkeit der Verstärkung. Im Beispiel gehen damit folgende Wertepaare in die Korrelation ein: 6-mal $\bar{y}_1$ und 1; 8-mal $\bar{y}_2$ und 2; 7-mal $\bar{y}_3$ und 4 sowie 10-mal $\bar{y}_4$ und 6. Die Korrelation $r_{\bar{y}_i,x} = r_{lin}$ basiert also auf 31 Messwertpaaren. Die QS_{lin} ergibt sich dann einfach nach folgender Beziehung:

$$QS_{lin} = r_{lin}^2 \cdot QS_{treat}. \quad (7.76)$$

Für die Berechnung einer quadratischen Komponente werden die Werte der unabhängigen Variablen x (Verstärkungshäufigkeiten) zunächst quadriert. (Im Beispiel: $x_1^2 = 1$, $x_2^2 = 4$, $x_3^2 = 16$ und $x_4^2 = 36$.) Zwischen der unabhängigen Variablen x sowie der quadrierten unabhängigen Variablen x^2 einerseits und der abhängigen Variablen $\bar{y}_i$ andererseits berechnet man eine multiple Korrelation $R_{\bar{y},xx^2}$. (In die multiple Korrelation gehen also 31 Wertetripel ein. Wiederum wird pro Vp der individuelle Wert durch den jeweiligen Stichprobenmittelwert ersetzt.) Für die quadratische Komponente resultiert dann

$$QS_{quad} = (R_{\bar{y},xx^2}^2 - r_{\bar{y},x}^2) \cdot QS_{treat}$$
$$= r_{\bar{y}(x^2 \cdot x)}^2 \cdot QS_{treat}. \quad (7.77)$$

$r_{\bar{y}(x^2 \cdot x)}^2$ stellt hierbei eine *quadrierte Semipartialkorrelation* (oder Partkorrelation, vgl. S. 455f.) zwischen $\bar{y}$ und x^2 dar, wobei der lineare Varianzanteil von x aus x^2 herauspartialisiert ist. Die Semipartialkorrelation bestimmt somit den Zusammenhang zwischen $\bar{y}$ und der um x bereinigten Variablen x^2.

Für die kubische Komponente benötigen wir eine Semipartialkorrelation zwischen $\bar{y}$ und x^3, wobei aus x^3 sowohl x als auch x^2 herauspartialisiert sind. Wir berechnen zunächst das Quadrat der multiplen Korrelation zwischen x, x^2 und x^3 einerseits und $\bar{y}$ andererseits ($R^2_{\bar{y}.xx^2x^3}$) und ziehen hiervon $R^2_{\bar{y}.xx^2}$ ab. Das Produkt dieser Differenz mit QS_{treat} ergibt denjenigen Varianzanteil der QS_{treat}, der ausschließlich auf den kubischen Trend zurückgeht:

$$QS_{cub} = (R^2_{\bar{y}.xx^2x^3} - R^2_{\bar{y}.xx^2}) \cdot QS_{treat}$$
$$= r^2_{\bar{y}(x^3 \cdot xx^2)} \cdot QS_{treat}. \qquad (7.78)$$

Das weitere Vorgehen für Trendkomponenten höherer Ordnung liegt damit auf der Hand.

Graphische Darstellung. EDV-Routinen zur Berechnung multipler Korrelationen bestimmen üblicherweise auch multiple Regressionsgleichungen (s. unter 13.2). Mit Hilfe dieser Regressionsgleichungen lässt sich die Anpassung eines linearen oder nichtlinearen Trends an die Treatmentmittelwerte auch optisch veranschaulichen. Bezogen auf das auf S. 276 ff. (Tabelle 7.7) entwickelte Beispiel resultieren die unten genannten Regressionsgleichungen. (Da in diesem Beispiel die Stichprobenumfänge mit n = 5 gleich groß sind, benötigen wir für die Korrelations- bzw. Regressionsberechnung nur p = 6 verschiedene Messwertepaare und nicht – wie oben beschrieben – 6-mal 5 identische Messwertepaare.) Man möge zur Erprobung dieses Ansatzes die im Beispiel berichteten Trendkomponenten sowie die folgenden Regressionsgleichungen überprüfen:

$$\text{linear: } \hat{y}_m = 4{,}64 - 0{,}21 \cdot x_m,$$
$$\text{quadratisch: } \hat{y}_m = 2{,}04 + 1{,}74 \cdot x_m - 0{,}28 \cdot x_m^2,$$
$$\text{kubisch: } \hat{y}_m = 1{,}20 + 2{,}79 \cdot x_m - 0{,}63 \cdot x_m^2$$
$$+ 0{,}03 \cdot x_m^3.$$

Abbildung 7.1 zeigt, wie sich diese Regressionsgleichungen den 6 Treatmentmittelwerten anpassen. (Bei der Darstellung von Regressionen für nicht äquidistante Treatmentstufen achte man darauf, dass die x-Achse entsprechend abgestuft wird.)

Hinweis: Weitere Informationen zur Trendanalyse über Treatmentstufen mit ungleichen Abständen bzw. ungleichen Stichprobengrößen findet man bei Gaito (1977), Grandage (1958), Peng (1967),

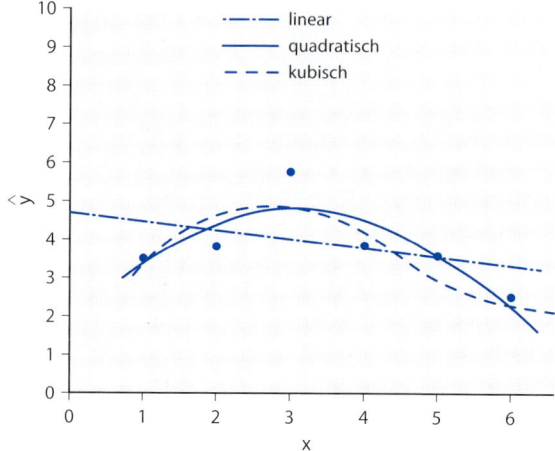

Abb. 7.1. Graphische Darstellung der Regressionsgleichungen 1., 2. und 3. Ordnung

Robson (1959) sowie Wishart u. Metakides (1953).

7.4.3 Monotone Trends

Trendtests in der bisher behandelten Form setzen voraus, dass die unabhängige Variable kardinalskaliert ist. Aber auch bei nicht kardinalskalierten unabhängigen Variablen ist man häufig in der Lage, die H_1 der einfaktoriellen Varianzanalyse (mindestens für 2 Treatmentstufen gilt $\mu_i \neq \mu_{i'}$) genauer zu formulieren. Ein linearer Trend (oder ein anderer polynomialer Trend) ist für die Treatmentmittelwerte einer unabhängigen Variablen, deren Skalenniveau unter dem einer Intervallskala liegt, nicht bestimmbar. Dennoch lässt sich gelegentlich auch für Mittelwerte der Faktorstufen einer ordinalen unabhängigen Variablen eine Systematik hypothetisch vorhersagen, die über die Konstatierung, nicht alle Mittelwerte seien gleich, hinausgeht. Eine solche Systematik könnte beispielsweise besagen, dass die Mittelwerte der Faktorstufen eine bestimmte Rangfolge aufweisen. Die entsprechende Alternativhypothese wäre also als $H_1: \mu_1 \leq \mu_2 \leq \mu_3 \leq \ldots \leq \mu_p$ zu formulieren (mit mindestens einer Kleiner-Relation). Hypothesen dieser Art bezeichnet man als monotone Trendhypothesen. Die Treatmentstufen werden gemäß ihrer erwarteten Mittelwerte in eine hypothetische Rangfolge gebracht.

7.4.3 Monotone Trends

> Durch eine monotone Trendhypothese wird eine Rangfolge der Treatment-Mittelwerte vorgegeben.

Tests zur Überprüfung einer monotonen Trendhypothese wurden von mehreren Autoren vorgeschlagen. In einer vergleichenden Studie von Berenson (1982) erwies sich jedoch der T^*-Test (Johnson u. Mehrotra, 1971; Berenson, 1976) am robustesten. Er soll deshalb im Folgenden ausführlicher dargestellt werden.

Der Test beginnt mit einer Rangtransformation aller $n \cdot p$ Messungen x_{im} einer abhängigen Variablen, die in einer Untersuchung mit p zu vergleichenden Stichproben des Umfangs n (gleichgroße Stichproben) erhoben wurden. Alle $n \cdot p$ Werte werden in eine gemeinsame Rangreihe gebracht, wobei Rangplatz 1 dem kleinsten Wert zugewiesen wird.

Die Ränge R_{im} ihrerseits werden einer *Normalrangtransformation* ξ_{im} (xi; expected normal order scores) unterzogen. Eine Tabelle für die Transformation von Rängen in Normalrangwerte ξ findet man im Anhang, Tabelle L. (Auf den mathematischen Hintergrund dieser Normalrangtransformation wollen wir hier nicht näher eingehen. Ausführlichere Hinweise hierzu und einen Algorithmus zur Berechnung dieser Werte findet man bei Pearson u. Hartley, 1972, S. 27 ff.)

Die Prüfgröße T^* wird in folgender Weise berechnet:

$$T^* = \sum_i M_i \cdot \overline{\xi}_i, \quad (7.79)$$

wobei $\overline{\xi}_i$ = Mittelwert der Normalrangwerte in Stichprobe i.

M_i sind „optimale" Kontrastkoeffizienten, die nach folgender Gleichung bestimmt werden (vgl. Abelson u. Tukey, 1963):

$$M_i = \sqrt{(i-1) \cdot \left(1 - \frac{i-1}{p}\right)} - \sqrt{i \cdot \left(1 - \frac{i}{p}\right)}. \quad (7.80)$$

Aus T^* ermitteln wir nach folgender Gleichung einen z-Wert der Standardnormalverteilung:

$$z = \frac{T^*}{\sqrt{\dfrac{\sum_i \sum_m \xi_{im}^2}{n \cdot (N-1)} \cdot \sum_i M_i^2}}. \quad (7.81)$$

BEISPIEL

Zur Verdeutlichung des T^*-Tests greifen wir erneut das auf S. 248 ff. erwähnte Beispiel auf. Überprüft werden soll die Hypothese, dass die 4. Methode am besten, die 3. am zweitbesten, die 2. am drittbesten und die 1. Methode am schlechtesten abschneidet. ($H_1: \mu_1 \leq \mu_2 \leq \mu_3 \leq \mu_4$.) Die folgende Tabelle gibt noch einmal die Ausgangswerte dieser Untersuchung wieder:

Unterrichtsmethoden			
1	2	3	4
2	3	6	5
1	4	8	5
3	3	7	5
3	5	6	3
1	0	8	2

Unter Berücksichtigung von Verbundrängen (vgl. S. 152 f.) ersetzen wir diese Werte durch ihre Rangplätze in der gemeinsamen Rangreihe.

1	2	3	4
4,5	8	16,5	13,5
2,5	11	19,5	13,5
8	8	18	13,5
8	13,5	16,5	8
2,5	1	19,5	4,5

Diese Rangplätze werden anhand Tabelle L in ξ_{im}-Werte transformiert. Diese Tabelle ist folgendermaßen zu handhaben: Für unser Beispiel suchen wir die Spalte für N = 20 auf. Die dort aufgeführten Werte erhalten für die ersten 10 Rangplätze negative Vorzeichen (d.h. z.B., dass Rangplatz 1 den Wert $-1,87$ erhält). Da die Normalrangwerte symmetrisch um Null verteilt sind, gelten die hier aufgeführten Werte mit positiven Vorzeichen und umgekehrter Reihenfolge für die Rangplätze 11 bis 20 (Rangplatz 11 erhält z.B. den Wert 0,06).

Bei Verbundrängen ist nach einem Vorschlag von Fisher u. Yates (1963, S. 94) folgendermaßen zu verfahren: Man transformiert die in einem Verbundrangplatz vereinigten Rangplätze einzeln in ξ-Werte und verwendet deren Mittelwert als ξ-Wert der verbundenen Rangplätze. (Im Beispiel erzielten die 2. Vp in Stichprobe 1 und die 5. Vp in Stichprobe 1 jeweils einen Testwert von 1. Der verbundene Rangplatz, basierend auf den Rangplätzen 2 und 3, lautet 2,5. Für die Rangplätze 2 und 3 entnehmen wir Tabelle L $\xi_2 = -1,41$ und $\xi_3 = -1,13$ mit einem Mittelwert von

−1,270, d.h., der Verbundrangplatz von 2,5 wird für beide Vpn durch $\xi = -1{,}270$ ersetzt.

Auf diese Weise erhält man die folgende Tabelle der Normalrangwerte:

1	2	3	4
−0,835	−0,320	0,835	0,385
−1,270	0,060	1,640	0,385
−0,320	−0,320	1,130	0,385
−0,320	0,385	0,835	−0,320
−1,270	−1,870	1,640	−0,835
−4,015	−2,065	6,080	0,000

Die Summe der ξ-Werte muss den Wert 0 ergeben.

Als Stichprobenmittelwerte berechnen wir

$\overline{\xi}_1 = -0{,}803, \quad \overline{\xi}_2 = -0{,}413,$
$\overline{\xi}_3 = 1{,}216, \quad \overline{\xi}_4 = 0{,}000.$

Für die Kontrastkoeffizienten ergibt sich nach Gl. (7.80)

$$M_1 = \sqrt{(1-1)\cdot\left(1-\frac{0}{4}\right)} - \sqrt{1\cdot\left(1-\frac{1}{4}\right)}$$
$$= -\sqrt{\frac{3}{4}} = -0{,}866,$$

$$M_2 = \sqrt{(2-1)\cdot\left(1-\frac{1}{4}\right)} - \sqrt{2\cdot\left(1-\frac{2}{4}\right)}$$
$$= \frac{1}{2}\cdot\sqrt{3} - 1 = -0{,}134,$$

$$M_3 = \sqrt{(3-1)\cdot\left(1-\frac{2}{4}\right)} - \sqrt{3\cdot\left(1-\frac{3}{4}\right)}$$
$$= 1 - \frac{1}{2}\cdot\sqrt{3} = 0{,}134,$$

$$M_4 = \sqrt{(4-1)\cdot\left(1-\frac{3}{4}\right)} - \sqrt{4\cdot\left(1-\frac{4}{4}\right)}$$
$$= \sqrt{\frac{3}{4}} = 0{,}866.$$

bzw. für T^* nach Gl. (7.79)

$T^* = -0{,}866 \cdot -0{,}803 + (-0{,}134) \cdot -0{,}413$
$\quad + (0{,}134) \cdot 1{,}216 + 0{,}866 \cdot 0{,}000$
$\quad = 0{,}914.$

Für den Nenner in Gl. (7.81) errechnen wir

$$\sqrt{\frac{17{,}276}{5\cdot 19}}\cdot 1{,}536 = 0{,}53,$$

d.h., wir erhalten

$$z = \frac{0{,}914}{0{,}53} = 1{,}72.$$

Dieser z-Wert schneidet gemäß Tabelle B weniger als 5% von der rechten Seite der Standardnormalverteilungsfläche ab, d.h., der T^*-Wert ist bei einseitigem Test auf dem $\alpha = 5\%$-Niveau signifikant. Die H_0 wird zu Gunsten der $H_1(\mu_1 \leq \mu_2 \leq \mu_3 \leq \mu_4)$ verworfen. (Man beachte, dass das Ergebnis für die H_1 spricht, obwohl $\overline{A}_3 > \overline{A}_4$ ist.)

Hinweis: Eine andere, verteilungsfreie Testvariante für monotone Trends, der Jonckhere-Test, wird bei Bortz und Lienert (2003, S. 162) beschrieben. Dieser Test ist auch für ungleich große Stichproben geeignet. Weitere Informationen zur Überprüfung monotoner Trendhypothesen findet man bei Braver u. Sheets (1993).

▷ 7.5 Voraussetzungen der einfaktoriellen Varianzanalyse

Die Zerlegung der totalen Quadratsumme in die Treatmentquadratsumme und die Fehlerquadratsumme sowie die Zerlegung der Treatmentquadratsumme in einzelne Komponenten (Einzelvergleiche) ist an keinerlei Voraussetzungen geknüpft.

Sollen die Mittelwertunterschiede jedoch mit dem F-Test auf *Signifikanz* geprüft werden, müssen die folgenden Bedingungen erfüllt sein (vgl. auch Kap. 12).

- Die Fehlerkomponenten müssen in den Grundgesamtheiten, denen die untersuchten Stichproben entnommen wurden, normalverteilt sein.
- Die Varianzen der Fehlerkomponenten müssen in den Grundgesamtheiten, denen die Stichproben entnommen wurden, gleich sein.
- Die Fehlerkomponenten müssen (innerhalb einer und zwischen mehreren Stichproben) voneinander unabhängig sein, d.h., die Treatmenteffekte und die Fehlereffekte müssen additiv sein.

Normalverteilte Fehlerkomponenten. Bezogen auf Stichprobendaten kennzeichnen wir eine *Fehlerkomponente* als die Abweichung eines Messwertes vom jeweiligen Stichprobenmittel. (Die Fehlerkomponenten entsprechen den Regressionsresiduen im Rahmen der Regressionsrechnung, vgl.

7.5 Voraussetzungen der einfaktoriellen Varianzanalyse

S. 207 ff.). Die Verteilungsform dieser Abweichungen darf sich pro Treatmentstufe nicht signifikant von einer Normalverteilung unterscheiden. Da die ursprünglichen Messwerte nur durch eine additive Konstante (nämlich den Gruppenmittelwert) mit den Abweichungswerten verbunden sind, gilt die Normalverteilungsvoraussetzung gleichermaßen für die Messwerte innerhalb der Stichproben (vgl. hierzu auch Wottawa, 1982).

Werden unter einer Treatmentstufe genügend Untersuchungseinheiten beobachtet, kann die Normalverteilungsvoraussetzung mit dem auf S. 164 ff. beschriebenen χ^2-Verfahren überprüft werden. In der Praxis wird diese Voraussetzung allerdings selten überprüft (s. u.).

Homogene Fehlervarianzen. Die Fehlervarianzschätzung wird – wie auf S. 252 ff. beschrieben – additiv aus den unter den einzelnen Treatmentstufen beobachteten Varianzen zusammengesetzt. Diese Vorgehensweise geht von der Annahme aus, dass die Stichproben aus Grundgesamtheiten stammen, in denen die Messwerte die gleiche Varianz aufweisen. Die Varianzen innerhalb der Stichproben dürfen sich deshalb nicht signifikant unterscheiden.

Diese Voraussetzung kann z.B. mit dem Bartlett-Test überprüft werden. Wie Bartlett (1954) zeigt, ist der folgende Ausdruck mit $p - 1$ Freiheitsgraden approximativ χ^2-verteilt:

$$\chi^2 = \frac{2{,}303}{C} \cdot \left(\sum_i n_i - p \right) \cdot \lg(\hat{\sigma}^2_{\text{Fehler}}) \\ - \sum_i (n_i - 1) \cdot \lg \hat{\sigma}^2_{\text{Fehler}(i)}, \qquad (7.82)$$

wobei

$$C = 1 + \frac{1}{3 \cdot (p-1)} \cdot \left[\sum_i \frac{1}{n_i - 1} - \frac{1}{\sum_i n_i - p} \right],$$

$\hat{\sigma}^2_{\text{Fehler}(i)} = $ Varianz innerhalb der Stichprobe i,
$\lg = $ Logarithmus zur Basis 10.

BEISPIEL

Die Durchführung des Bartlett-Tests sei anhand der Daten in Tabelle 7.6 erläutert. Zweckmäßigerweise fertigen wir hierfür das in Tabelle 7.8 dargestellte Rechenschema an (zur Berechnung von $\hat{\sigma}^2_{\text{Fehler}(i)}$ vgl. S. 253):
Der χ^2-Wert lautet: $\chi^2 = 2{,}37$. Als kritischen Wert erhalten wir für $df = 3 - 1 = 2$ und das 5%-Niveau einen χ^2-Wert von 5,99.

Da wir uns bei der Überprüfung dieser Voraussetzung dagegen absichern müssen, fälschlicherweise die H_0 zu akzeptieren (β-Fehler), sollte der empirische χ^2-Wert mit dem auf dem $\alpha = 25\%$-Niveau erwarteten χ^2-Wert verglichen werden. Dieser Wert ($\chi^2_{(2;75\%)} = 2{,}77$) ist ebenfalls größer als der empirische χ^2-Wert, d.h., wir können die H_0 beibehalten. Die einzelnen Fehlervarianzen sind *homogen*.

Wie das Beispiel zeigt, ist der Bartlett-Test auch dann anwendbar, wenn die Stichproben ungleich groß sind. Allerdings führt der Bartlett-Test nur dann zu richtigen Entscheidungen, wenn die Populationsverteilungen normal sind. Da der Bartlett-Test sogar sensibler auf Verletzungen dieser Voraussetzung reagiert als der F-Test selbst, kann es durchaus vorkommen, dass die Durchführung einer Varianzanalyse auf Grund eines signifikanten Bartlett-Tests kontraindiziert erscheint, obwohl der F-Test als robustes Verfahren (s. u.) durchaus noch zu richtigen Entscheidungen führen würde. Die Entscheidung, eine Varianzanalyse

Tabelle 7.8. Beispiel für einen Bartlett-Test

Stichprobe	$n_i - 1$	$1/(n_i - 1)$	$\hat{\sigma}^2_{\text{Fehler}(i)}$	$\lg \hat{\sigma}^2_{\text{Fehler}(i)}$	$(n_i - 1) \cdot \lg \hat{\sigma}^2_{\text{Fehler}(i)}$
1	6	0,167	5,81	0,76	4,56
2	5	0,200	1,90	0,28	1,40
3	8	0,125	2,25	0,35	2,82
Summen:	19	0,492			8,78

$$\chi^2 = \frac{2{,}303}{C} \cdot [(22 - 3) \cdot \lg 3{,}28 - 8{,}78]$$
$$C = 1 + \frac{1}{3 \cdot (3-1)} \cdot \left(0{,}492 - \frac{1}{19} \right) = 1{,}07$$
$$\chi^2 = \frac{2{,}303}{1{,}07} \cdot (19 \cdot 0{,}52 - 8{,}78) = 2{,}37$$

nicht durchzuführen, sollte deshalb nicht vom Ausgang des Bartlett-Tests allein abhängig gemacht werden. (Ein Varianzhomogenitätstest, der gegenüber Verletzungen der Normalverteilungsvoraussetzungen relativ unempfindlich ist – der *Levene-Test* –, wird bei Dayton, 1970, S. 34 f. beschrieben.)

F_{max}-Test. Im Fall *gleich großer Stichproben* kann die Varianzhomogenitätsvoraussetzung einfacher über den F_{max}-Test überprüft werden. Hierfür wird lediglich der Quotient aus dem größten und kleinsten der $\hat{\sigma}^2_{Fehler(i)}$-Werte benötigt:

$$F_{max} = \frac{\hat{\sigma}^2_{Fehler(max)}}{\hat{\sigma}^2_{Fehler(min)}}. \qquad (7.83)$$

Der so ermittelte F_{max}-Wert kann anhand einer speziell für diesen Test entwickelten Tabelle auf statistische Bedeutsamkeit überprüft werden (vgl. Pearson u. Hartley, 1966). Diese Tabelle ist im Anhang (Tabelle K) wiedergegeben. Für das unter 7.1 erwähnte Lehrmethodenbeispiel mit den Fehlervarianzen 1; 3,5; 1 und 2 resultiert für F_{max}:

$$F_{max} = \frac{3,5}{1} = 3,5.$$

Die Verteilung von F_{max} hängt von der Anzahl der Treatmentstufen (p) und der Anzahl der Freiheitsgrade einer einzelnen Fehlervarianz (n − 1) ab. Für p = 4 und n − 1 = 4 entnehmen wir Tabelle K den für das $\alpha = 5\%$-Niveau kritischen F_{max}-Wert von 20,6. Da der empirische F_{max}-Wert erheblich kleiner ist, unterscheiden sich die 4 Fehlervarianzen statistisch nicht bedeutsam.

Hinweise: Im Fall heterogener Varianzen kann insbesondere bei kleineren Stichproben die sog. *Welch-James-Prozedur* die einfaktorielle Varianzanalyse ersetzen. Eine Beschreibung dieses Verfahrens findet man bei Algina u. Olejnik (1984). (Weitere Hinweise hierzu s. unter 8.6.)

Varianzheterogenität wird in der varianzanalytischen Literatur üblicherweise bezüglich ihrer Effekte auf den F-Test der Varianzanalyse untersucht, ohne besondere Beachtung ihrer Ursachen. Bryk u. Raudenbush (1988) machen jedoch darauf aufmerksam, dass Varianzheterogenität häufig nicht „zufällig" entsteht, sondern als Folge von Treatmentwirkungen, die sich nicht nur in unterschiedlichen Mittelwerten, sondern auch in unterschiedlichen Varianzen niederschlagen können. Sie resultieren aus spezifischen Reaktionsweisen der Vpn auf die Treatmentstufen, mit denen insbesondere bei quasiexperimentellen Untersuchungen mit natürlichen Gruppen (also ohne Randomisierung) zu rechnen ist. Die Autoren entwickeln einen Ansatz, in dem die Varianzheterogenität in diesem Sinn „konstruktiv" genutzt wird.

Unabhängige Fehlerkomponenten. Gemäß der 3. Voraussetzung wird gefordert, dass die Beeinflussung eines Messwertes durch Störvariablen (Fehlereffekte) davon unabhängig sein muss, wie die übrigen Messwerte durch Störvariablen beeinflusst werden (unabhängige Fehlerkomponenten). Wir können davon ausgehen, dass diese Voraussetzung erfüllt ist, wenn die Untersuchungseinheiten den Treatmentstufen tatsächlich *zufällig* zugeordnet und unter den Treatmentstufen verschiedene Stichproben untersucht werden.

Die Unabhängigkeit der Fehlerkomponenten *zwischen* den Stichproben wäre beispielsweise verletzt, wenn dieselben Untersuchungseinheiten (Vpn) unter mehreren Treatmentstufen beobachtet werden. Dieser in der Praxis nicht selten anzutreffende Fall wird in Kap. 9 (Varianzanalyse mit Messwiederholungen) behandelt. Für die hier beschriebene einfaktorielle Varianzanalyse ist zu fordern, dass den einzelnen Treatmentstufen verschiedene Stichproben zugeordnet werden. Nur unter dieser Voraussetzung ist das *additive Modell der Varianzanalyse* (vgl. Kap. 12), nach dem sich ein Messwert additiv aus einem Treatmentanteil und einem Fehleranteil zusammensetzt, aufrechtzuerhalten.

Bewertung der Voraussetzungen. Zur Frage, wie die Varianzanalyse reagiert, wenn eine oder mehrere ihrer Voraussetzungen verletzt sind, wurden zahlreiche Untersuchungen durchgeführt (vgl. hierzu den Literaturüberblick von Glass et al., 1972 oder auch Boehnke, 1983; Box, 1953, 1954 a; Boneau, 1971; Feir-Walsh u. Toothaker, 1974). Generell gilt, dass die Voraussetzungen der Varianzanalyse mit wachsendem Umfang der untersuchten Stichproben an Bedeutung verlieren. Im Einzelnen kommen Glass et al. (1972) zu folgenden Schlüssen (vgl. hierzu auch Winer et al., 1991, Tabelle 3.8):

- Abhängige Fehlerkomponenten können den F-Test sowohl hinsichtlich α als auch β entscheidend beeinflussen.
- Abweichungen von der Normalität sind zu vernachlässigen, wenn die Populationsverteilungen schief sind. Bei extrem schmalgipfligen Verteilungen neigt der F-Test zu konservativen Entscheidungen. Bei breitgipfligen Verteilungen ist das tatsächliche α-Risiko etwas höher als das nominelle. Die Teststärke wird durch schmalgipflige Verteilungen vergrößert und durch breitgipflige Verteilungen verkleinert. Dies gilt vor allem für kleine Stichproben.
- Heterogene Varianzen beeinflussen den F-Test nur unerheblich, wenn die untersuchten Stichproben gleichgroß sind.
- Bei ungleichgroßen Stichproben und heterogenen Varianzen ist die Gültigkeit des F-Tests vor allem bei kleineren Stichprobenumfängen erheblich gefährdet.

Zusammenfassend ist festzustellen, dass die Varianzanalyse bei gleich großen Stichproben gegenüber Verletzungen ihrer Voraussetzungen relativ robust ist. Besteht bei kleinen ($n_i < 10$) und ungleichgroßen Stichproben der Verdacht, dass eine oder mehrere Voraussetzungen verletzt sein können, sollte statt der Varianzanalyse ein verteilungsfreies Verfahren wie z. B. der Kruskal-Wallis-Test (vgl. z. B. Bortz u. Lienert, 2003, Kap. 3.2.2) eingesetzt werden.

Das, was hier für die einfaktorielle Varianzanalyse gesagt wurde, gilt weitgehend auch für die Durchführung von Einzelvergleichen nach dem *Scheffé-Test* bzw. für *Trendanalysen*. Wie Keselman u. Toothaker (1974) zeigen, führt der Scheffé-Test nur dann zu einem vergrößerten α-Fehlerrisiko, wenn kleinere Stichproben mit unterschiedlichen Umfängen und unterschiedlichen Varianzen verglichen werden sollen und die Varianzen negativ mit den Stichprobenumfängen korrelieren. Weitere Informationen über Einzelvergleichsverfahren bei ungleichgroßen Stichproben findet man bei Games et al. (1981).

ÜBUNGSAUFGABEN

1. Welche H_0 wird mit der einfaktoriellen Varianzanalyse überprüft?
2. Was versteht man unter einer Fehlervarianz?
3. Begründen Sie, warum eine Treatmentvarianz $p - 1$ Freiheitsgrade hat.
4. In welche Anteile wird die totale Quadratsumme in einer einfaktoriellen Varianzanalyse zerlegt?
5. Worin unterscheiden sich paarweise durchgeführte A-posteriori-Einzelvergleiche von t-Tests?
6. Was sind orthogonale Einzelvergleiche? Nennen Sie Beispiele.
7. In wie viele orthogonale Varianzkomponenten lässt sich eine Treatmentquadratsumme mit 6 df zerlegen?
8. Wozu dient der Scheffé-Test?
9. Welche speziellen Voraussetzungen erfordern im Anschluss an eine Varianzanalyse durchgeführte polynomiale Trendtests?
10. Wie lauten die Trendkoeffizienten für den linearen und quadratischen Trend bei k = 8 Treatmentstufen? Zeigen Sie, dass die lineare und quadratische Trendkomponente orthogonal sind.
11. Was besagt der η-Koeffizient?
12. Welche Voraussetzungen müssen für die Durchführung eines F-Tests im Anschluss an eine Varianzanalyse erfüllt sein?
13. Von verschiedenen Stichproben sind lediglich die Mittelwerte, Streuungen und Umfänge bekannt. Skizzieren Sie, wie die Stichproben auf Grund dieser Angaben varianzanalytisch miteinander verglichen werden können.
14. 4 Stichproben à 20 Vpn werden varianzanalytisch untersucht. Wie müssten die Daten der Vpn aussehen, damit folgende F-Werte resultieren?
    a) $F = 0$
    b) $F \to \infty$
    c) Wie groß muss der empirische F-Wert mindestens sein, damit die H_0 auf dem 5%-Niveau verworfen werden kann?
15. Es soll überprüft werden, ob die sensomotorische Koordinationsfähigkeit durch Training verbessert werden kann. 7 Stichproben à 6 Vpn nehmen an der Untersuchung teil. Die 2. Stichprobe erhält Gelegenheit, an einem Reaktionsgerät 1 h zu üben, die 3. Stichprobe 2 h, die 4. Stichprobe 3 h usw. bis hin zur 7. Stichprobe, die 6 h trainiert. Die 1. Stichprobe führt kein Training durch. In einem abschließenden Test wurden folgende Fehlerzahlen registriert:

0 h	1 h	2 h	3 h	4 h	5 h	6 h
8	11	8	5	6	4	3
10	9	6	6	3	2	3
10	8	4	6	3	3	2
11	9	6	6	4	3	3
9	7	7	4	2	2	4
12	8	7	5	5	5	1

a) Überprüfen Sie mit dem F_{max}-Test, ob die Fehlervarianzen homogen sind.
b) Überprüfen Sie mit einer einfaktoriellen Varianzanalyse, ob sich die Stichproben hinsichtlich der Fehlerzahlen signifikant unterscheiden.
c) Ist der Unterschied zwischen der Stichprobe, die nicht trainieren durfte, und der Stichprobe mit einer Stunde Training signifikant?
d) Welcher Prozentsatz der Gesamtvarianz ist auf unterschiedliche Trainingsbedingungen zurückzuführen?
e) Überprüfen Sie, ob die Leistungsverbesserungen einem linearen Trend folgen.
f) Wie lautet die lineare Korrelation zwischen der Trainingszeit und der Fehleranzahl?
g) Ermitteln Sie die lineare Regressionsgleichung und stellen Sie sie zusammen mit den Stichprobenmittelwerten graphisch dar.
h) Welche Fehlerzahl erwarten Sie für eine Vp, die 2,5 h trainiert?
i) Wie groß ist der Prozentanteil der QS_{treat}, der auf nichtlineare Zusammenhänge zwischen der abhängigen und unabhängigen Variablen zurückzuführen ist?

Kapitel 8   Mehrfaktorielle Versuchspläne

ÜBERSICHT

Fehlervarianzreduktion – zweifaktorielle Varianzanalyse – Interaktionsdiagramme – Klassifikation von Interaktionen – feste und zufällige Effekte – optimale Stichprobenumfänge – Trendtests – Einzelvergleiche – drei- und mehrfaktorielle Varianzanalyse – Quasi-F-Brüche – „Pooling"-Prozeduren – Interaktion 2. Ordnung – Missing-data-Technik bei ungleichgroßen Stichproben – Varianzanalyse für proportional geschichtete Stichproben – Varianzanalyse mit dem harmonischen Mittel („unweighted means solution") – Additivitätstest für n = 1 – Voraussetzungen

Führt eine einfaktorielle Varianzanalyse zu keinem signifikanten Ergebnis, so kann dies auf folgende Ursachen zurückgeführt werden:
- Das Treatment übt tatsächlich keinen Einfluss auf die abhängige Variable aus (zu kleine $\hat{\sigma}^2_{treat}$),
- die Fehlervarianz ist im Vergleich zur Treatmentwirkung zu groß (zu große $\hat{\sigma}^2_{Fehler}$).

Die „wahre" Bedeutsamkeit eines Treatments für eine Variable ist untersuchungstechnisch nicht zu beeinflussen, d. h., σ^2_{treat} (nicht $\hat{\sigma}^2_{treat}$) ist bei gegebener Problemstellung konstant. Die relative Bedeutung der Treatmentvarianz kann deshalb nur durch Reduktion der Fehlervarianz erhöht werden, die ihrerseits durch unsystematische Effekte nichtkontrollierter Störvariablen generiert wird. Wollen wir die Präzision einer Untersuchung verbessern, müssen wir dafür Sorge tragen, dass der Einfluss dieser Variablen möglichst klein gehalten wird. Hierfür bieten sich folgende Maßnahmen an:

Variablen konstant halten. Werden in einer Untersuchung möglichst viele Variablen, die potenziell einen Einfluss auf die abhängige Variable ausüben, konstant gehalten, können diese Variablen die Fehlervarianz nicht beeinflussen (z. B. Alter, Geschlecht, soziale Herkunft usw.). Wenn beispielsweise in einer einfaktoriellen Varianzanalyse das Geschlecht konstant gehalten wird, weil nur männliche Personen untersucht werden, kann die Variable Geschlecht nicht zur Unterschiedlichkeit der Messwerte innerhalb der Treatmentstufen und damit zur Fehlervarianz beitragen. Werden hingegen männliche und weibliche Personen unter einer Treatmentstufe untersucht und übt das Geschlecht auf die abhängige Variable einen differenziellen Einfluss aus, trägt das Merkmal Geschlecht zur Erhöhung der Fehlervarianz bei.

Der Nachteil dieser Fehlervarianz reduzierenden Technik ist darin zu sehen, dass die Ergebnisse nur im Rahmen der konstant gehaltenen Variablen generalisiert werden können. (Untersucht man nur männliche Vpn, können Aussagen über die Wirksamkeit des Treatments selbstverständlich nur für männliche Personen gelten.)

Variablen kontrollieren. Eine andere Möglichkeit, die Fehlervarianz zu reduzieren, besteht darin, andere unabhängige Variablen, die neben dem Treatment die abhängige Variable auch beeinflussen können, vorsorglich mitzuerheben. Die Bedeutsamkeit dieser kontrollierten Variablen für die Fehlervarianz kann dann im Nachhinein ermittelt werden. Die hierfür einschlägige Technik (Kovarianzanalyse) wird in Kap. 10 besprochen.

Variablen systematisch variieren. Der Einfluss bestimmter Störvariablen kann ferner aus der Fehlervarianz eliminiert werden, indem diese Störvariablen systematisch variiert werden. Dies geschieht in *mehrfaktoriellen Varianzanalysen*. Wir gruppieren die Vpn nicht nur nach den Stufen der uns eigentlich interessierenden unabhängigen Variablen, sondern zusätzlich nach Variablen, von denen wir annehmen, dass sie neben dem Treatment ebenfalls einen Einfluss auf die abhängige Variable ausüben (*randomized block design*). Der

Effekt dieser Variablen wird auf diese Weise nicht nur aus der Fehlervarianz herausgezogen, sondern kann zusätzlich auf seine statistische Bedeutsamkeit überprüft werden.

Der Grund, anstatt einer einfaktoriellen Varianzanalyse mehrfaktorielle Varianzanalysen zu rechnen, ist deshalb nicht nur in dem Anliegen zu sehen, die Fehlervarianz zu reduzieren. Vielmehr werden wir häufig daran interessiert sein, die Wirkungsweise mehrerer unabhängiger Variablen, die auf Grund inhaltlich-theoretischer Erwägungen die abhängige Variable beeinflussen können, direkt zu erfassen. Darüber hinaus bietet – wie wir noch sehen werden – die mehrfaktorielle Varianzanalyse im Gegensatz zur einfaktoriellen Varianzanalyse die Möglichkeit, Effekte zu prüfen, die sich aus der Kombination mehrerer unabhängiger Variablen ergeben (Interaktion).

Der Nachteil dieser Fehlervarianz reduzierenden Technik liegt darin, dass mit steigender Anzahl systematisch variierter Variablen, d.h. mit der Erhöhung der Anzahl der überprüften, unabhängigen Variablen (= Faktoren), die Anzahl der zu untersuchenden Vpn rapide anwächst. So müssten beispielsweise bei 4 dreifach gestuften Faktoren $3 \cdot 3 \cdot 3 \cdot 3 = 3^4 = 81$ Gruppen untersucht werden. Bei einer Gruppengröße von $n = 10$ benötigen wir somit eine Gesamtstichprobe von 810 Vpn.

Die Wahrscheinlichkeit für ein signifikantes Ergebnis lässt sich natürlich auch durch Vergrößerung der Stichprobenumfänge erhöhen. Hierbei riskiert man jedoch, dass auch minimale, praktisch unbedeutende Effekte signifikant werden. Es empfiehlt sich deshalb, Varianzanalysen mit „optimalen" Stichprobenumfängen durchzuführen, über die wir auf S. 303 f. berichten.

Planungshilfen

Man sollte sich darum bemühen, bereits in der Planungsphase die für eine Untersuchung optimale Kombination der hier aufgeführten Möglichkeiten zu finden. Dabei ist es nützlich, sich vor der Festlegung des endgültigen Versuchsplanes folgende Fragen zu stellen:
- Wie lautet die abhängige Variable, und wie soll sie gemessen (operationalisiert) werden?
- Welche unabhängigen Variablen können die abhängige Variable potenziell beeinflussen?
- In welchem Ausmaß ist die abhängige Variable störanfällig (*Reliabilität* der abhängigen Variablen bzw. Standardfehler der Kennwerte; vgl. 3.2)?
- Welche Faktoren soll der Untersuchungsplan überprüfen, und wie sollen die Faktoren gestuft sein? (Frage nach den systematisch variierten Variablen.)
- Inwieweit kann auf eine Generalisierung der Ergebnisse verzichtet werden? (Frage nach den konstant gehaltenen Variablen.)
- Welche weiteren, die abhängige Variable vermutlich beeinflussenden Variablen sollen miterhoben werden? (Frage nach den kontrollierten Variablen.)
- Was ist die Größenordnung der zu erwartenden varianzanalytischen Effekte? (Frage nach den optimalen Stichprobenumfängen.)

Wie diese Fragen beantwortet werden, hängt wesentlich davon ab, wie ausführlich das zu bearbeitende Problem zuvor theoretisch und inhaltlich vorstrukturiert wurde. Gründliche Kenntnisse in den Auswertungstechniken allein garantieren noch keine inhaltlich sinnvollen Untersuchungen!

Im Folgenden wollen wir uns zunächst der zweifaktoriellen Varianzanalyse (8.1), den darauf bezogenen Einzelvergleichstechniken (8.2) und der drei- bzw. mehrfaktoriellen Varianzanalyse (8.3) zuwenden. Daran anschließend werden einige Modifikationen mehrfaktorieller Varianzanalysen behandelt, die für die Analyse ungleichgroßer Stichproben erforderlich sind (8.4). Steht pro Faktorstufenkombination nur eine Untersuchungseinheit zur Verfügung, erfolgt die Analyse nach einem unter 8.5 zu besprechenden Verfahren. Zum Abschluss dieses Kapitels diskutieren wir die Voraussetzungen mehrfaktorieller Varianzanalysen (8.6).

▷ 8.1 Zweifaktorielle Varianzanalyse

Terminologie

Mit der zweifaktoriellen Varianzanalyse überprüfen wir, wie eine abhängige Variable von 2 unabhängigen Variablen (= Faktoren) beeinflusst wird. Den 1. Faktor bezeichnen wir mit A und den 2. Faktor mit B. Der Faktor A habe p Stufen, der Faktor B q Stufen.

8.1 Zweifaktorielle Varianzanalyse

Tabelle 8.1. Allgemeines Datenschema für eine zweifaktorielle Varianzanalyse

		\multicolumn{5}{c}{Faktor A}
		1	2	... i	...	p
Faktor B	1	x_{111} x_{112} ⋮ x_{11m} ⋮ x_{11n}	x_{211} x_{212} ⋮ x_{21m} ⋮ x_{21n}	x_{i11} x_{i12} ⋮ x_{i1m} ⋮ x_{i1n}		x_{p11} x_{p12} ⋮ x_{p1m} ⋮ x_{p1n}
	2	x_{121} x_{122} ⋮ x_{12m} ⋮ x_{12n}	x_{221} x_{222} ⋮ x_{22m} ⋮ x_{22n}	x_{i21} x_{i22} ⋮ x_{i2m} ⋮ x_{i2n}		x_{p21} x_{p22} ⋮ x_{p2m} ⋮ x_{p2n}
	j	x_{1j1} x_{1j2} ⋮ x_{1jm} ⋮ x_{1jn}	x_{2j1} x_{2j2} ⋮ x_{2jm} ⋮ x_{2jn}	x_{ij1} x_{ij2} ⋮ x_{ijm} ⋮ x_{ijn}		x_{pj1} x_{pj2} ⋮ x_{pjm} ⋮ x_{pjn}
	q	x_{1q1} x_{1q2} ⋮ x_{1qm} ⋮ x_{1qn}	x_{2q1} x_{2q2} ⋮ x_{2qm} ⋮ x_{2qn}	x_{iq1} x_{iq2} ⋮ x_{iqm} ⋮ x_{iqn}		x_{pq1} x_{pq2} ⋮ x_{pqm} ⋮ x_{pqn}

Für die Stufen des Faktors A vereinbaren wir den Laufindex i und für die Stufen des Faktors B den Index j. Die Stufen der einzelnen Faktoren kennzeichnen wir mit Kleinbuchstaben (a_i, b_j). Insgesamt ergeben sich $p \cdot q$ Faktorstufenkombinationen. Jeder dieser $p \cdot q$ Faktorstufenkombinationen wird eine Zufallsstichprobe des Umfangs n zugewiesen, sodass die Gesamtstichprobe aus $N = p \cdot q \cdot n$ Untersuchungsobjekten (z. B. Vpn) besteht. Für jedes Untersuchungsobjekt wird die abhängige Variable x erhoben. Die Messwerte werden nach dem in Tabelle 8.1 verdeutlichten allgemeinen Datenschema angeordnet.

Die Messwerte sind hier 3fach indiziert (allgemein x_{ijm}). Der erste Index (i) kennzeichnet die Zugehörigkeit zu einer der Stufen des Faktors A, der zweite Index (j) kennzeichnet die Stufe des Faktors B und der dritte Index (m) die Nummer der unter der Faktorstufenkombination ij beobachteten Untersuchungseinheit. (Der Messwert x_{214} stellt somit die Ausprägung der abhängigen Variablen bei der 4. Vpn dar, die unter den Faktorstufen a_2 und b_1 beobachtet wurde.)

Ausgehend von den Einzelmessungen x_{ijm} kann für jede Stichprobe (Faktorstufenkombination oder Zelle) die Summe $AB_{ij} = \sum_m x_{ijm}$ berechnet werden. Aus den Summen für die einzelnen Stichproben ergeben sich folgende Summen für die einzelnen Faktorstufen:

$$A_i = \sum_j AB_{ij}, \quad B_j = \sum_i AB_{ij}$$

und als Gesamtsumme:

$$G = \sum_i A_i = \sum_j B_j = \sum_i \sum_j AB_{ij}$$
$$= \sum_i \sum_j \sum_m x_{ijm}.$$

Man beachte: Kleine Buchstaben kennzeichnen Faktorstufen und große Buchstaben Summen. Aus den Summen werden Mittelwerte, wenn die Großbuchstaben einen Querstrich tragen ($\bar{A}_i$, $\bar{B}_j$, $\overline{AB}_{ij}$, $\bar{G}$).

Wir wollen uns das Prinzip der zweifaktoriellen Varianzanalyse in Abgrenzung zur einfaktoriellen Varianzanalyse zunächst an einem einfachen Beispiel erarbeiten und auf die zu prüfenden Hypothesen erst später eingehen. Die Theorie der zweifaktoriellen Varianzanalyse ist Gegenstand von 12.2.

Von der einfaktoriellen zur zweifaktoriellen Varianzanalyse

Anknüpfend an Tabelle 7.6 soll zunächst mit einer einfaktoriellen Varianzanalyse überprüft werden, wie sich 3 Behandlungsformen (Plazebo, einfache Dosis, doppelte Dosis eines Medikaments) auf die Depressivität von jeweils $n = 10$ Patienten (gleichgroße Stichproben!) auswirken. Tabelle 8.2 zeigt die Daten und das Ergebnis der einfaktoriellen Varianzanalyse.

Tabelle 8.2. Beispiel für eine einfaktorielle Varianzanalyse

Behandlungsart

	Plazebo	einfache Dosis	doppelte Dosis	
	18	19	16	
	22	16	13	
	25	16	12	
	19	15	12	
	22	17	14	
	19	16	16	
	21	20	13	
	17	15	13	
	21	16	14	
	22	16	12	
A_i:	206	166	135	$G = 507$
$\overline{A}_i$:	20,6	16,6	13,5	$\overline{G} = 16,9$

Ergebnis der Varianzanalyse:

Q.d.V.	QS	df	$\hat{\sigma}^2$	F
Behandlungsart	253,4	2	126,70	35,89**
Fehler	95,3	27	3,53	
Total	348,7	29		

Wir wollen nun annehmen, dass sich die 10 unter den einzelnen Treatmentstufen beobachteten Vpn zu gleichen Teilen aus männlichen und weiblichen Patienten zusammensetzen. Tabelle 8.3 zeigt die gleichen, aber zusätzlich nach dem Geschlecht der Patienten gruppierten Daten der Tabelle 8.2.

Zunächst fassen wir die Datenmatrix zu Mittelwerten zusammen. Wir berechnen für jede Faktorstufenkombination die einzelnen Mittelwerte nach der allgemeinen Beziehung $\overline{AB}_{ij} = \sum_m x_{ijm}/n$. Die Ergebnisse sind in der folgenden Aufstellung enthalten:

	a_1	a_2	a_3
b_1 (♂)	22,4	15,6	12,4
b_2 (♀)	18,8	17,6	14,6

Der Mittelwert $\overline{AB}_{31} = 12,4$ als Beispiel ergibt sich aus den Werten $(13+12+12+13+12)/5 = 12,4$. Ferner benötigen wir die Mittelwerte der Stufen des Faktors A, die bereits in Tabelle 8.2 berechnet wurden. Sie lauten:

Tabelle 8.3. Beispiel für eine zweifaktorielle Varianzanalyse

	Faktor A		
Faktor B	Plazebo (1)	einfache Dosis (2)	doppelte Dosis (3)
männlich (1)	22	16	13
	25	16	12
	22	16	12
	21	15	13
	22	15	12
weiblich (2)	18	19	16
	19	20	14
	17	17	16
	21	16	13
	19	16	14

$\overline{A}_1 = 20,6$

$\overline{A}_2 = 16,6$

$\overline{A}_3 = 13,5$.

Die 15 unter Stufe 1 des Faktors B und die 15 unter Stufe 2 des Faktors B beobachteten Werte haben die folgenden Mittelwerte:

$\overline{B}_1 = 252/15 = 16,18$

$\overline{B}_2 = 255/15 = 17,0$.

Das Gesamtmittel aller Werte lautet: $\overline{G} = 16,90$.

In der einfaktoriellen Varianzanalyse wirkt das Geschlecht als unkontrollierte Störvariable möglicherweise Fehlervarianz vergrößernd. Wir wollen nun durch eine zweifaktorielle Varianzanalyse überprüfen, ob die Fehlervarianz verringert werden kann, wenn die Geschlechtsvariable in der Auswertung berücksichtigt wird. Zusätzlich wollen wir wissen, ob männliche und weibliche Patienten signifikant unterschiedlich auf die Behandlungen reagieren.

Quadratsummenzerlegung

Totale Quadratsumme. Wie bei der einfaktoriellen Varianzanalyse benötigen wir zunächst die totale Quadratsumme (QS_{tot}), die die Unterschiedlichkeit aller Messwerte kennzeichnet. Da die 30 Daten gegenüber Tabelle 8.2 nicht verändert wurden, können wir den Wert für die QS_{tot} übernehmen. Sie lautet:

$$QS_{tot} = 348{,}70,$$

oder allgemein:

$$QS_{tot} = \sum_i \sum_j \sum_m (x_{ijm} - \overline{G})^2. \quad (8.1)$$

Quadratsumme der Zellen. Als nächstes überprüfen wir, wie die Werte beschaffen sein müssten, wenn sie nur von den beiden Faktoren abhängen würden. Wir fragen beispielsweise, wie groß die Testwerte der männlichen Personen sein müssten, wenn sie ausschließlich durch das Geschlecht und die Plazebo-Wirkung bestimmt wären (Gruppe ab_{11}). Da alle unter dieser Faktorstufenkombination beobachteten Vpn bezüglich der Merkmale Geschlecht und Behandlung vergleichbar sind, müssten sie auch die gleichen Testwerte aufweisen. Als Schätzung der Messwerte, die alle zur selben Faktorstufenkombination bzw. Zelle gehören, verwenden wir wie in der einfaktoriellen Varianzanalyse deren Mittelwert. Bei ausschließlicher Wirksamkeit der beiden untersuchten Faktoren erhalten wir somit eine modifizierte Datenmatrix, in der die 5 jeweils zu einer Zelle gehörenden Messwerte durch den jeweiligen Zellenmittelwert ersetzt sind. Summieren wir die quadrierten Abweichungen dieser Werte von $\overline{G}$, resultiert die Quadratsumme, die auf die beiden Faktoren zurückzuführen ist. Für diese Quadratsumme, die wir mit QS_{Zellen} bezeichnen wollen, ergibt sich:

$$QS_{Zellen} = n \cdot \sum_i \sum_j (\overline{AB}_{ij} - \overline{G})^2 \quad (8.2)$$

$$= 5 \cdot (22{,}4 - 16{,}9)^2$$
$$+ 5 \cdot (18{,}8 - 16{,}9)^2$$
$$+ 5 \cdot (15{,}6 - 16{,}9)^2$$
$$+ 5 \cdot (17{,}6 - 16{,}9)^2$$
$$+ 5 \cdot (12{,}4 - 16{,}9)^2$$
$$+ 5 \cdot (14{,}6 - 16{,}9)^2$$
$$= 307{,}90.$$

Fehlerquadratsumme. Die Fehlerquadratsumme entspricht der Quadratsumme innerhalb der 6 Zellen, die wir erhalten, indem pro Zelle die Summe der quadrierten Abweichungen der Einzelwerte vom Zellenmittelwert berechnet und über die 6 Zellen summiert wird. Es resultiert:

$$QS_{Fehler} = \sum_i \sum_j \sum_m (x_{ijm} - \overline{AB}_{ij})^2 \quad (8.3)$$
$$= (22 - 22{,}4)^2 + (25 - 22{,}4)^2$$
$$+ \ldots + (13 - 14{,}6)^2 + (14 - 14{,}6)^2$$
$$= 40{,}80.$$

Wir stellen somit fest, dass die QS_{Fehler} gegenüber der einfaktoriellen Varianzanalyse in Tabelle 8.2 kleiner geworden ist, und zwar genau um den Betrag, um den die QS_{Zellen} gegenüber der QS_{treat} größer geworden ist. Die Summe $QS_{Zellen} + QS_{Fehler}$ ergibt wieder QS_{tot}. Durch die Aufteilung der Vpn nach ihrem Geschlecht wurde die Fehlerquadratsumme um den Betrag 54,5 zu Gunsten der QS_{Zellen} verkleinert. Hätte das Geschlecht keinen Einfluss auf die abhängige Variable ausgeübt, würde die Einteilung der Vpn nach ihrem Geschlecht zu keiner Reduktion der QS_{Fehler} führen. Die QS_{Fehler} einer zweifaktoriellen Varianzanalyse ist somit kleiner oder höchstens genauso groß wie die QS_{Fehler} einer einfaktoriellen Varianzanalyse, gerechnet über dieselben, aber nur nach einem Faktor gruppierten Daten.

Bis hierher wird man feststellen, dass sich die bisher besprochenen Rechenschritte durch nichts von einer normalen einfaktoriellen Varianzanalyse unterscheiden. Statt – wie in Tabelle 8.2 – 3 Gruppen à 10 Vpn wurden lediglich 6 Gruppen à 5 Vpn varianzanalytisch miteinander verglichen. In der Tat könnten wir wie bei einer einfaktoriellen Varianzanalyse fortfahren, indem wir die Quadratsummen durch die entsprechenden Freiheitsgrade teilen und den F-Bruch nach Gl. (7.22) bilden. Am Ende dieser Analyse stünde eine Aussage darüber, ob sich die aus 3 Behandlungsarten und 2 Geschlechtern gebildeten 6 Gruppen statistisch signifikant unterscheiden.

Quadratsummen der Haupteffekte. Um das Besondere einer zweifaktoriellen Varianzanalyse kennenzulernen, wollen wir die QS_{Zellen} genauer untersuchen. Es ist leicht einzusehen, dass die QS_{Zellen} vergrößert wird, wenn sich die 3 Behandlungsarten stärker unterscheiden. In diesem Fall werden die Unterschiede zwischen den 2 nach derselben Methode behandelten Geschlechtsgruppen zwar nicht vergrößert; die Unterschiedlichkeit zwischen jeweils 2 nach verschiedenen Methoden behandelten Gruppen nimmt jedoch zu. Desgleichen ist mit einer Vergrößerung der QS$_{Zellen}$ zu rechnen, wenn die Geschlechtsunterschiede deutlicher werden. Hiervon bleiben zwar die 3 jeweils geschlechtshomogenen Gruppen unberührt; es wäre dafür jedoch mit einer Zunahme des Unterschieds zwischen Gruppen verschiedenen Geschlechts zu rechnen. Man könnte also meinen, dass sich die QS$_{Zellen}$ einerseits aus der von den 3 Behandlungsmethoden herrührenden Unterschiedlichkeit und andererseits aus der geschlechtsspezifischen Unterschiedlichkeit zusammensetzt. Wir wollen deshalb prüfen, ob sich die QS$_{Zellen}$ additiv aus der Quadratsumme für den Faktor A (QS$_A$) und der Quadratsumme für den Faktor B (QS$_B$) ergibt, die wir als Quadratsummen der *Haupteffekte* A und B bezeichnen.

Die QS$_A$ entspricht der in Tabelle 8.2 ermittelten QS$_{treat}$. Sie lautet:

$$QS_A = 253{,}40\,,$$

oder allgemein:

$$QS_A = n \cdot q \cdot \sum_i (\overline{A}_i - \overline{G})^2\,. \qquad (8.4)$$

Um die QS$_B$ zu ermitteln, ersetzen wir die 30 unter den beiden B-Stufen beobachteten Messwerte durch den Mittelwert der jeweiligen B-Stufe und berechnen die Summe der quadrierten Abweichungen von $\overline{G}$. Sie lautet:

$$QS_B = 15 \cdot (16{,}8 - 16{,}9)^2 + 15 \cdot (17{,}0 - 16{,}9)^2$$
$$= 0{,}30\,,$$

oder allgemein:

$$QS_B = n \cdot p \cdot \sum_j (\overline{B}_j - \overline{G})^2 \qquad (8.5)$$

Für QS$_A$ + QS$_B$ erhalten wir somit:

$$QS_A + QS_B = 253{,}40 + 0{,}30 = 253{,}70\,.$$

Vergleichen wir diesen Wert mit der QS$_{Zellen}$ = 307,90, stellen wir fest, dass die QS$_{Zellen}$ nicht mit der Summe QS$_A$ + QS$_B$ identisch ist. Die QS$_{Zellen}$ ist um einen Differenzbetrag von 54,20 größer als die beiden Haupteffektquadratsummen. Offenbar ist in der QS$_{Zellen}$ eine Teilvariation enthalten, die weder auf die 3 Behandlungsmethoden (Haupteffekt A) noch auf Geschlechtsunterschiede (Haupteffekt B) zurückzuführen ist.

Quadratsumme der Interaktion. Die Interpretation dieser Teilvariation wird erleichtert, wenn wir uns überlegen, unter welchen Umständen die Zellenmittelwerte so geartet sind, dass die QS$_{Zellen}$ nur Unterschiede zwischen den Behandlungsmethoden bzw. zwischen den Geschlechtern reflektiert. Dies wäre der Fall, wenn die Geschlechtsunterschiede unter allen 3 Behandlungsmethoden in konstanter Weise deutlich werden bzw. wenn die 3 Behandlungen die Depressivität der männlichen und weiblichen Patienten in gleicher Weise beeinflussen. Dies trifft auf unsere Daten jedoch nicht zu. Insgesamt unterscheiden sich die Geschlechter um den Betrag 16,8 − 17,0 = −0,20. Für die 1. Behandlungsmethode registrieren wir hingegen eine Geschlechtsdifferenz von 22,4 − 18,8 = 3,6, für die 2. Behandlungsmethode 15,6 − 17,6 = −2,00 und für die 3. Behandlungsmethode 12,4 − 14,6 = −2,2.

Wären die Zellenmittelwerte nur von der Art der Behandlung und dem Geschlecht der behandelten Personen abhängig, müssten sie folgender Gleichung genügen:

$$\overline{AB}'_{ij} = \overline{A}_i + \overline{B}_j - \overline{G}_i\,. \qquad (8.6)$$

Für die mit einem Plazebo behandelte männliche Stichprobe ($\overline{AB}_{11}$) resultiert demnach

$$\overline{AB}'_{11} = 20{,}6 + 16{,}8 - 16{,}9 = 20{,}5\,.$$

Tatsächlich hat die Zelle ab$_{11}$ jedoch den Mittelwert $\overline{AB}_{11} = 22{,}4$.

Tabelle 8.4 zeigt, welche Zellenmittelwerte $\overline{AB}'_{ij}$ wir bei ausschließlicher Wirksamkeit der Faktoren A und B zu erwarten hätten.

In dieser Tabelle sind die Unterschiede zwischen den Geschlechtern bei allen 3 Behandlungsmethoden konstant (spaltenweiser Vergleich), und konstant sind auch die Unterschiede zwischen den 3 Behandlungsarten bei beiden Geschlechtern (zeilenweiser Vergleich).

Tabelle 8.4. Mittelwerte $\overline{AB}'_{ij}$ bei additiver Wirkung der Faktoren A und B

	a$_1$	a$_2$	a$_3$	
b$_1$ (♂)	20,5	16,5	13,4	16,8
b$_2$ (♀)	20,7	16,7	13,6	17,0
	20,6	16,6	13,5	

8.1 Zweifaktorielle Varianzanalyse

Mit diesen Mittelwerten entspricht die QS$_{\text{Zellen}}$ der Summe aus QS$_A$ und QS$_B$. Zur Kontrolle ersetzen wir die individuellen Werte durch diese Mittelwerte und berechnen nach den bereits bekannten Regeln die QS$'_{\text{Zellen}}$:

$$QS'_{\text{Zellen}} = n \cdot \sum_i \sum_j (\overline{AB}'_{ij} - \overline{G})^2 \qquad (8.7)$$

$$= 5 \cdot (20{,}5 - 16{,}9)^2$$
$$+ 5 \cdot (16{,}5 - 16{,}9)^2$$
$$+ 5 \cdot (13{,}4 - 16{,}9)^2$$
$$+ 5 \cdot (20{,}7 - 16{,}9)^2$$
$$+ 5 \cdot (16{,}7 - 16{,}9)^2$$
$$+ 5 \cdot (13{,}6 - 16{,}9)^2$$
$$= 253{,}70 \,.$$

Die Summe aus QS$_A$ und QS$_B$ lautet:

$$QS_A + QS_B = 253{,}40 + 0{,}30 = 253{,}70 \,.$$

Repräsentieren die Zellenmittelwerte die Unterschiede zwischen den Zeilenmittelwerten und die Unterschiede zwischen den Spaltenmittelwerten, ergibt sich eine QS$_{\text{Zellen}}$, die der Summe aus QS$_A$ und QS$_B$ entspricht.

Für die QS$_{\text{Zellen}}$, die von den empirisch gefundenen Zellenmittelwerten ausgeht, haben wir den Wert QS$_{\text{Zellen}} = 307{,}90$ ermittelt. Die Differenz von 54,20 muss deshalb darauf zurückgeführt werden, dass die empirischen Zellenmittelwerte nicht mit denjenigen Zellenmittelwerten übereinstimmen, die wir erwarten, wenn sich Geschlechtsunterschiede bei allen Behandlungen und Behandlungsunterschiede bei beiden Geschlechtern gleichermaßen auswirken (kurz: erwartete Mittelwerte).

Dieser Restbetrag der QS$_{\text{Zellen}}$ von 54,20 resultiert, wenn wir die individuellen Messwerte durch die empirisch gefundenen Zellenmittelwerte $\overline{AB}_{ij}$ ersetzen und diese Werte mit den erwarteten Mittelwerten $\overline{AB}'_{ij}$ vergleichen. Die Quadratsumme, die sich aus diesem Vergleich ergibt, bezeichnen wir in Abgrenzung von den Quadratsummen der Haupteffekte als Quadratsumme der *Interaktion*, die mit QS$_{A \times B}$ symbolisiert wird:

$$QS_{A \times B} = n \cdot \sum_i \sum_j (\overline{AB}'_{ij} - \overline{AB}_{ij})^2 \qquad (8.8)$$

$$= 5 \cdot (20{,}5 - 22{,}4)^2$$
$$+ 5 \cdot (16{,}5 - 15{,}6)^2$$
$$+ 5 \cdot (13{,}4 - 12{,}4)^2$$
$$+ 5 \cdot (20{,}7 - 18{,}8)^2$$
$$+ 5 \cdot (16{,}7 - 17{,}6)^2$$
$$+ 5 \cdot (13{,}6 - 14{,}6)^2$$
$$= 54{,}20 \,.$$

> Die Interaktion oder Wechselwirkung kennzeichnet einen über die Haupteffekte hinausgehenden Effekt, der nur dadurch zu erklären ist, dass mit der Kombination einzelner Faktorstufen eine eigenständige Wirkung oder ein eigenständiger Effekt verbunden ist.

Die in unserem Beispiel gefundene Interaktion besagt inhaltlich, dass die 3 Behandlungsarten geschlechtsspezifisch wirksam sind. Das Plazebo ist bei weiblichen Patienten wirksamer als bei männlichen und das Medikament ist (in einfacher oder doppelter Dosis) bei männlichen Patienten wirksamer als bei weiblichen Patienten (vgl. auch Abb. 8.1, S. 300).

Eine Interaktion kann besagen, dass man die über eine einfaktorielle Varianzanalyse ermittelte Bedeutung eines Faktors A nicht beliebig generalisieren kann. Häufig wird man feststellen, dass die Wirkung dieses Faktors für verschiedene Stufen eines weiteren Faktors B unterschiedlich ist. Zwei- (bzw. mehr-)faktorielle Varianzanalysen sind also einfaktoriellen Varianzanalysen nicht nur deshalb vorzuziehen, weil sie eine Reduktion der Fehlervarianz bewirken können, sondern zusätzlich wegen der Möglichkeit des Aufdeckens von Interaktionen.

Zusammenfassung der Quadratsummen. Die zweifaktorielle Varianzanalyse führt in unserem Beispiel zusammenfassend zu folgenden Quadratsummen:

$$QS_A = 253{,}40$$
$$QS_B = 0{,}30$$
$$QS_{A \times B} = 54{,}20$$
$$QS_{\text{Zellen}} = 307{,}90$$
$$QS_{\text{Fehler}} = 40{,}80$$
$$QS_{\text{tot}} = 348{,}70 \,.$$

In der zweifaktoriellen Varianzanalyse gelten die folgenden additiven Beziehungen:

$$QS_{tot} = QS_{Zellen} + QS_{Fehler} \,. \tag{8.9}$$

Im Beispiel:

$$348{,}70 = 307{,}90 + 40{,}80 \,.$$

$$QS_{Zellen} = QS_A + QS_B + QS_{A \times B} \,. \tag{8.10}$$

Im Beispiel:

$$307{,}90 = 253{,}40 + 0{,}30 + 54{,}20 \,.$$

Aus Gl. (8.9) und (8.10) resultiert die Beziehung:

$$QS_{tot} = QS_A + QS_B + QS_{A \times B} + QS_{Fehler} \,. \tag{8.11}$$

> **Die totale Quadratsumme wird in der zweifaktoriellen Varianzanalyse in die Quadratsumme des Faktors A, die Quadratsumme des Faktors B, die Wechselwirkungsquadratsumme und die Fehlerquadratsumme zerlegt.**

(Auf eine allgemeine Herleitung dieser grundlegenden Gleichung der zweifaktoriellen Varianzanalyse wollen wir verzichten. Sie wird analog durchgeführt wie die Herleitung der Grundgleichung in der einfaktoriellen Varianzanalyse, vgl. S. 254.) Die Messungen in einer zweifaktoriellen Varianzanalyse werden damit von 4 varianzgenerierenden Quellen beeinflusst: Faktor A, Faktor B, Interaktion A × B und Fehlereffekte. Diese Effekte sind wechselseitig unabhängig.

Freiheitsgrade

Offen blieb bisher die Frage, ob die gefundenen Haupteffekte und die Interaktion auch statistisch bedeutsam sind. Wie in der einfaktoriellen Varianzanalyse müssen wir zur Überprüfung dieser Frage die Quadratsummen zunächst in Varianzen überführen. Hierfür benötigen wir die entsprechenden Freiheitsgrade.

Für die Haupteffekte A und B erhalten wir die Freiheitsgrade analog zur einfaktoriellen Varianzanalyse als die um 1 verminderte Anzahl der Faktorstufen:

$$df_A = p - 1 \,, \tag{8.12}$$

$$df_B = q - 1 \,. \tag{8.13}$$

In die Berechnung der $QS_{A \times B}$ gehen jeweils p × q empirische und erwartete Mittelwerte ein. Diese Mittelwerte müssen jedoch im Zeilendurchschnitt die Zeilenmittelwerte bzw. im Spaltendurchschnitt die Spaltenmittelwerte ergeben. Pro Zeile sind somit nicht p, sondern p − 1 Mittelwerte und pro Spalte nicht q, sondern q − 1 Mittelwerte frei variierbar, d.h., es sind eine Zeile und eine Spalte bzw. p + q − 1-Werte festgelegt. (Der Wert 1 muss abgezogen werden, weil bei der Addition der Anzahl der Werte in einer Zeile und der Anzahl der Werte in einer Spalte ein Wert doppelt gezählt wird.) Die $df_{A \times B}$ lauten somit:

$$\begin{aligned} df_{A \times B} &= p \cdot q - (p + q - 1) \\ &= p \cdot q - p - q + 1 \\ &= (p-1) \cdot (q-1) \,. \end{aligned} \tag{8.14}$$

Im Beispiel basiert die Berechnung der $QS_{A \times B}$ auf 6 Summanden (vgl. S. 295). Wie man sich leicht überzeugen kann, sind von diesen Summanden bei Vorgabe der Zeilen- und Spaltenmittelwerte nur (3 − 1) · (2 − 1) = 2 frei variierbar.

Die Bestimmung der QS_{Zellen} geht von den Abweichungen der $\overline{AB}_{ij}$-Werte von $\overline{G}$ aus. Da sich diese Abweichungen zu Null addieren müssen, sind p · q − 1 Abweichungen frei variierbar, d.h.,

$$df_{Zellen} = p \cdot q - 1 \,. \tag{8.15}$$

Wie für die Quadratsummen (Gl. 8.10) gilt für die Freiheitsgrade folgende Beziehung:

$$\begin{aligned} df_{Zellen} &= df_A + df_B + df_{A \times B} \\ &= p - 1 + q - 1 + (p-1) \cdot (q-1) \\ &= p \cdot q - 1 \,. \end{aligned} \tag{8.16}$$

Bei der Ermittlung der QS_{Fehler} wird die Summe der quadrierten Abweichungen der einzelnen Messungen von ihrem jeweiligen Zellenmittelwert berechnet. Da die Summe der Abweichungen Null ergeben muss, sind pro Zelle n − 1 bzw. bei p · q Zellen p · q · (n − 1) Werte frei variierbar:

$$df_{Fehler} = p \cdot q \cdot (n - 1) \,. \tag{8.17}$$

Für die df_{tot} erhalten wir in Analogie zur einfaktoriellen Varianzanalyse

$$df_{tot} = p \cdot q \cdot n - 1 \,. \tag{8.18}$$

In unserem Beispiel ermitteln wir:

$$\begin{aligned} df_A &= (3 - 1) = 2 \\ df_B &= (2 - 1) = 1 \\ df_{A \times B} &= (3 - 1) \cdot (2 - 1) = 2 \\ df_{Fehler} &= 3 \cdot 2 \cdot (5 - 1) = 24 \\ df_{tot} &= 3 \cdot 2 \cdot 5 - 1 = 29 \,. \end{aligned}$$

8.1 Zweifaktorielle Varianzanalyse

Die Fehlervarianz der zweifaktoriellen Varianzanalyse hat somit im Beispiel 3 Freiheitsgrade weniger als die entsprechende Fehlervarianz in der einfaktoriellen Varianzanalyse. Durch die Einführung des Faktors B wurden der Fehlervarianz 3 Freiheitsgrade entzogen, die wir in der zweifaktoriellen Varianzanalyse als df_B und $df_{A\times B}$ wiederfinden. Die Reduktion der Fehlerquadratsumme wird somit durch die Abgabe von 3 Freiheitsgraden „erkauft". Es bleibt abzuwarten, ob sich dieser „Kauf" gelohnt hat.

Wie man sich leicht überzeugen kann, gilt Gl. (8.11) analog für die Freiheitsgrade:

$$df_{tot} = df_A + df_B + df_{A\times B} + df_{Fehler}. \quad (8.19)$$

> Die Anzahl aller Freiheitsgrade (df_{tot}) setzt sich in der zweifaktoriellen Varianzanalyse additiv aus den Freiheitsgraden der Haupteffekte (df_A und df_B), den Freiheitsgraden der Interaktion ($df_{A\times B}$) und den Fehlerfreiheitsgraden (df_{Fehler}) zusammen.

Varianzschätzungen

Dividieren wir die Quadratsummen durch die entsprechenden Freiheitsgrade, resultieren in unserem Beispiel die folgenden Varianzschätzungen:

$$\hat{\sigma}^2_A = 253{,}40/2 = 126{,}70$$
$$\hat{\sigma}^2_B = 0{,}30/1 = 0{,}30$$
$$\hat{\sigma}^2_{A\times B} = 54{,}20/2 = 27{,}10$$
$$\hat{\sigma}^2_{Fehler} = 40{,}80/24 = 1{,}70.$$

(Die $\hat{\sigma}^2_{Zellen}$ wird für die weitere Auswertung in der Regel nicht benötigt.)

Die $\hat{\sigma}^2_A$ entspricht, wie zu erwarten, der $\hat{\sigma}^2_{treat}$ aus der einfaktoriellen Varianzanalyse. Ferner stellen wir fest, dass die $\hat{\sigma}^2_{Fehler}$ in der zweifaktoriellen Varianzanalyse gegenüber der einfaktoriellen Varianzanalyse kleiner geworden ist. In der einfaktoriellen Varianzanalyse enthält die Fehlervarianz ($\hat{\sigma}^2_{Fehler} = 3{,}53$) Anteile, die auf das Geschlecht der Patienten bzw. vor allem auf die Interaktion des Geschlechts mit den Behandlungsmethoden zurückzuführen sind. Die zweifaktorielle Varianzanalyse ermöglicht somit nicht nur eine quantitative Bestimmung der spezifischen Reaktionsweise männlicher bzw. weiblicher Patienten auf die verschiedenen Behandlungsmethoden, sondern führt zusätzlich (in diesem Fall) zu einer verkleinerten Fehlervarianz, die – wie wir noch sehen werden – eine sehr viel klarere Entscheidung hinsichtlich der Unterschiedlichkeit der 3 Behandlungsmethoden gestattet.

Die Tatsache, dass die QS_{Fehler} einer einfaktoriellen Varianzanalyse niemals kleiner sein kann als die QS_{Fehler} einer entsprechenden zweifaktoriellen Varianzanalyse, bedeutet keineswegs, dass auch die Fehlervarianz einer einfaktoriellen Varianzanalyse niemals kleiner sein kann als die Fehlervarianz einer zweifaktoriellen Varianzanalyse. Die Einführung eines neuen Faktors reduziert bei gleichbleibender Vpn-Zahl die Freiheitsgrade der Fehlerquadratsumme, d. h., die Fehlervarianz wird bei unveränderter Fehlerquadratsumme größer. Wäre in unserem Beispiel die Interaktion Geschlecht × Behandlungsmethoden genauso unbedeutend wie der Geschlechtsfaktor selbst, hätte dies in der zweifaktoriellen Varianzanalyse zu einer Fehlervarianz geführt, die größer ist als die Fehlervarianz der einfaktoriellen Varianzanalyse.

Hypothesen

Die zweifaktorielle Varianzanalyse überprüft 3 verschiedene, voneinander unabhängige Nullhypothesen, die sich auf die beiden Haupteffekte und die Interaktion beziehen. Sie lauten:

- Die unter den Stufen des Faktors A beobachteten Untersuchungsobjekte gehören Grundgesamtheiten mit gleichen Mittelwerten an ($H_0: \mu_1 = \mu_2 = \cdots = \mu_p$).
- Die unter den Stufen des Faktors B beobachteten Untersuchungsobjekte gehören Grundgesamtheiten mit gleichen Mittelwerten an ($H_0: \mu_1 = \mu_2 = \cdots = \mu_q$).
- Die Zellenmittelwerte der Faktorstufenkombinationen μ_{ij} setzen sich additiv aus den Haupteffekten zusammen ($H_0: \mu_{ij} = \mu_i + \mu_j - \mu$) oder kurz: zwischen den beiden Faktoren besteht keine Interaktion.

Signifikanztests

Die Nullhypothesen werden geprüft, indem wir die 3 entsprechenden Varianzen durch die Fehlervarianz dividieren und die so ermittelten F-Werte mit den für ein bestimmtes Signifikanzniveau kritischen F-Werten, die wir Tabelle E entnehmen, vergleichen (zur theoretischen Herleitung vgl. unter 12.2).

In unserem Beispiel resultieren die folgenden empirischen F-Werte:

$$F_A = \frac{126{,}70}{1{,}70} = 74{,}53$$

$$F_B = \frac{0{,}30}{1{,}70} = 0{,}18$$

$$F_{A \times B} = \frac{27{,}10}{1{,}70} = 15{,}94 \ .$$

Der für das 1%-Niveau kritische F-Wert lautet für den Faktor A und die Interaktion:

$$F_{(2,24;99\%)} = 5{,}61 \ .$$

Die H_0 bezüglich der 3 Behandlungsmethoden kann also auf Grund der zweifaktoriellen Varianzanalyse deutlicher verworfen werden als in der einfaktoriellen Varianzanalyse, obwohl der kritische Wert mit 5,61 in der zweifaktoriellen Varianzanalyse wegen der reduzierten df_{Fehler} größer ist als in der einfaktoriellen ($F_{(2,27;99\%)} = 5{,}50$). Ferner zeigt die zweifaktorielle Varianzanalyse, dass die Interaktion Behandlungsart × Geschlecht, die in Abb. 8.1 (S. 300) graphisch dargestellt wird, ebenfalls hochsignifikant ist. F_B ist kleiner als 1 und damit nicht signifikant. Gemessen an der *durchschnittlichen Wirkung* aller 3 Behandlungsmethoden reagieren männliche und weibliche Patienten nicht unterschiedlich.

Rechnerische Durchführung

Die rechnerische Durchführung einer zweifaktoriellen Varianzanalyse kann erleichtert werden, wenn wir folgende Kennziffern einsetzen:

$$(1) = \frac{G^2}{p \cdot q \cdot n}, \quad (2) = \sum_i \sum_j \sum_m x_{ijm}^2,$$

$$(3) = \frac{\sum_i A_i^2}{q \cdot n}, \quad (4) = \frac{\sum_j B_j^2}{p \cdot n},$$

$$(5) = \frac{\sum_i \sum_j AB_{ij}^2}{n} \ .$$

In diesen Ziffern werden lediglich Summen benötigt, was gegenüber der Vorgehensweise im einführenden Beispiel zu erhöhter Rechengenauigkeit führt. (Die Gleichungen 8.1 bis 8.8 operieren mit Mittelwerten, die in der Regel gerundet sind.) Tabelle 8.5 zeigt, wie die einzelnen Quadratsummen auf Grund der Kennziffern bestimmt werden. Man erhält $QS_A + QS_B + QS_{A \times B} + QS_{Fehler} = QS_{tot}$:

$$[(3) - (1)] + [(4) - (1)] + [(5) - (3) - (4) + (1)]$$
$$+ [(2) - (5)] = (2) - (1) \ .$$

In unserem Beispiel (Tabelle 8.3) ermitteln wir folgende Kennziffern:

Tabelle 8.5. Allgemeine Ergebnistabelle einer zweifaktoriellen Varianzanalyse

Quelle der Variation (Q.d.V.)	Quadratsumme (QS)	Freiheitsgrade (df)	Varianz ($\hat{\sigma}^2$)	F-Wert (F)
A	$(3) - (1)$	$p - 1$	$\frac{QS_A}{df_A}$	$\frac{\hat{\sigma}_A^2}{\hat{\sigma}_{Fehler}^2}$
B	$(4) - (1)$	$q - 1$	$\frac{QS_B}{df_B}$	$\frac{\hat{\sigma}_B^2}{\hat{\sigma}_{Fehler}^2}$
A×B	$(5) - (3) - (4) + (1)$	$(q-1) \cdot (q-1)$	$\frac{QS_{A \times B}}{df_{A \times B}}$	$\frac{\hat{\sigma}_{A \times B}^2}{\hat{\sigma}_{Fehler}^2}$
Fehler	$(2) - (5)$	$p \cdot q \cdot (n-1)$	$\frac{QS_{Fehler}}{df_{Fehler}}$	
Total	$(2) - (1)$	$p \cdot q \cdot n - 1$	$\frac{QS_{tot}}{df_{tot}}$	

8.1 Zweifaktorielle Varianzanalyse

$$(1) = G^2/p \cdot q \cdot n = 507^2/3 \cdot 2 \cdot 5 = 8568{,}30\,,$$

$$(2) = \sum_i \sum_j \sum_m x_{ijm}^2$$
$$= 22^2 + 25^2 + \cdots + 13^2 + 14^2 = 8917\,,$$

$$(3) = \sum_i A_i^2/q \cdot n$$
$$= (206^2 + 166^2 + 135^2)/(2 \cdot 5) = 8821{,}70\,,$$

$$(4) = \sum_j B_j^2/p \cdot n$$
$$= (252^2 + 255^2)/(3 \cdot 5) = 8568{,}60\,,$$

$$(5) = \sum_i \sum_j AB_{ij}^2/n$$
$$= (112^2 + 78^2 + 62^2 + 94^2 + 88^2 + 73^2)/5$$
$$= 8876{,}20\,.$$

Für das Beispiel ergibt sich die unten aufgeführte Ergebnistabelle.

Hinweis: Auf S. 261 f. haben wir erfahren, wie eine einfaktorielle Varianzanalyse durchgeführt wird, wenn nur die Mittelwerte, Varianzen und Stichprobenumfänge bekannt sind. Eine Erweiterung dieses Ansatzes für zweifaktorielle Varianzanalysen findet man bei Huck u. Malgady (1978).

Varianzaufklärung

Auch in der zweifaktoriellen Varianzanalyse können wir ermitteln, welcher prozentuale Anteil der Variation in der abhängigen Variablen auf die beiden Haupteffekte und die Interaktion zurückgeführt werden kann. Ein *deskriptives* Maß ($\eta^2 \cdot 100$) resultiert, wenn wir die entsprechenden Quadratsummen durch die QS_{tot} dividieren und die Ergebnisse mit 100% multiplizieren (vgl. Kennedy, 1970; Haase, 1983). In unserem Beispiel ermitteln wir folgende Werte:

$$\text{Faktor A:} \quad \frac{253{,}40}{348{,}70} \cdot 100\% = 72{,}67\%\,,$$

$$\text{Faktor B:} \quad \frac{0{,}30}{348{,}70} \cdot 100\% = 0{,}09\%\,,$$

$$\text{Interaktion A} \times \text{B:} \quad \frac{54{,}20}{348{,}70} \cdot 100\% = 15{,}54\%\,.$$

Hinweis: Andere Ansätze zur Schätzung der Varianzaufklärung durch Haupteffekte bzw. Interaktionen (partielles η^2 und ω^2) diskutieren Cohen (1973) sowie Keren u. Lewis (1979). Das partielle η^2 als varianzanalytische Effektgröße wird auf S. 303 dargestellt. Ein Verfahren, mit dem Unterschiede in der Varianzaufklärung durch verschiedene Effekte auf Signifikanz getestet werden können, wird von Ronis (1981) vorgestellt. Dieses Verfahren ist jedoch nur auf 2×2 Pläne (bzw. allgemein 2^k-Pläne) anwendbar. Eine Berechnungsvorschrift für die Varianzaufklärung η^2, die nur auf F-Werten und Freiheitsgraden basiert, findet man bei Haase (1983). Diese Berechnungsvorschrift ist hilfreich, wenn man z. B. im Rahmen von *Metaanalysen* Varianzaufklärungen auf Grund varianzanalytischer Ergebnistabellen berechnen will, in denen die einzelnen Quadratsummen – was leider häufig vorkommt – nicht aufgeführt sind.

Interaktionsdiagramme

Die Interpretation einer signifikanten Interaktion wird durch eine graphische Darstellung erleichtert. Hierfür fertigen wir ein Interaktionsdiagramm an, auf dessen Abszisse der Faktor mit der größeren Stufenzahl abgetragen wird. Die Or-

Ergebnistabelle für das Beispiel

Q.d.V.	QS	df	$\hat{\sigma}^2$	F
A	(3)−(1) = 253,40	3−1 = 2	126,70	74,53**
B	(4)−(1) = 0,30	2−1 = 1	0,30	0,18
A × B	(5)−(3)−(4)+(1) = 54,20	(3−1)·(2−1) = 2	27,10	15,94**
Fehler	(2)−(5) = 40,80	3·2·(5−1) = 24	1,70	
Total	(2)−(1) = 348,70	3·2·5−1 = 29		

dinate bezeichnet die *abhängige* Variable (Mittelwerte der Faktorstufenkombinationen). Für jede Stufe des anderen Faktors ergibt sich ein Linienzug, der die Größe der Mittelwerte der entsprechenden Faktorstufenkombinationen veranschaulicht. Abbildung 8.1 zeigt das Interaktionsdiagramm des zuletzt behandelten Beispiels.

Verlaufen die Linienzüge wie in unserem Beispiel nicht parallel, besteht zwischen den Faktoren eine Interaktion.

Erweist sich in einer zwei- (oder mehr-)-faktoriellen Varianzanalyse eine Interaktion als signifikant, ist die Interpretation der entsprechenden Haupteffekte an der Interaktion zu relativieren. Zwar ist es richtig, wenn man im Beispiel auf Grund des nichtsignifikanten Geschlechtsfaktors behauptet, dass sich männliche und weibliche Patienten insgesamt nach der Behandlung nicht unterscheiden. Die signifikante Interaktion fordert jedoch eine weitergehende Interpretation, die besagt, dass die Plazebo-Behandlung bei weiblichen Patienten stärker depressionsreduzierend wirkt als bei männlichen Patienten, während umgekehrt die Behandlung mit einer einfachen oder doppelten Dosis bei männlichen Patienten stärker wirkt als bei weiblichen. Dem signifikanten Haupteffekt A (verschiedene Behandlungsarten) entnehmen wir, dass die doppelte Dosis generell stärker wirkt als die einfache und diese wiederum stärker als das Plazebo. Diese Rangfolge gilt für weibliche und männliche Patienten.

Rosnow u. Rosenthal (1989) machen darauf aufmerksam, dass die Interpretation von Interaktions-

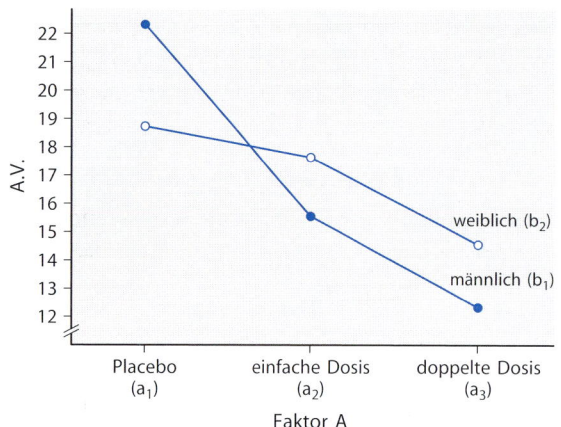

Abb. 8.1. Interaktionsdiagramm für die Daten in Tabelle 8.3

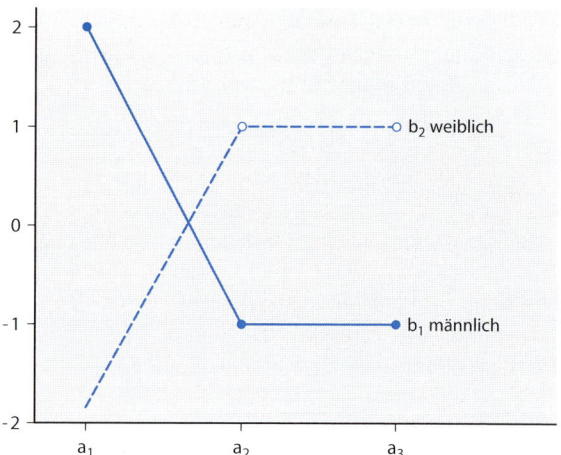

Abb. 8.2. Interaktionsdiagramm auf der Basis der Residual-Mittelwerte

Tabelle 8.6. Residual-Mittelwerte $\overline{AB}_{ij} - \overline{AB}'_{ij}$

	a_1	a_2	a_3
b_1	1,9	−0,9	−1,0
b_2	−1,9	0,9	1,0

effekten häufig durch die gleichzeitige Berücksichtigung von Haupteffekten verfälscht wird. Sie schlagen deshalb vor, die Interpretation einer Interaktion an den residualen Mittelwerten vorzunehmen, die man erhält, wenn die gemäß Gl. (8.6) erwarteten Mittelwerte $\overline{AB}'_{ij}$ von den empirischen Mittelwerten abgezogen werden. Bezogen auf unser Beispiel ergeben sich die in Tabelle 8.6 wiedergegebenen Residual-Mittelwerte.

Das Interaktionsdiagramm auf der Basis dieser Residual-Mittelwerte zeigt Abb. 8.2.

Dieses Interaktionsdiagramm kennzeichnet die inhaltliche Aussage der Interaktion eindeutiger als Abb. 8.1. Weniger geübte Varianzanalytiker sollten deshalb die in Abb. 8.2 gewählte Darstellungsform präferieren.

Klassifikation von Interaktionen

Die Beantwortung der Frage, welche Haupteffekte eindeutig interpretierbar sind, wird durch die Klassifikation der (signifikanten) Interaktionen erleichtert. Leight u. Kinnear (1980) schlagen hierfür 3 Kategorien von Interaktionen vor: ordinale, hybride und disordinale Interaktion.

Für die Klassifikation einer Interaktion fertigt man einfachheitshalber 2 Interaktionsdiagramme an. Im ersten Diagramm werden die Stufen des Faktors A und im zweiten Diagramm die Stufen des Faktors B auf der Abszisse abgetragen. Abbildung 8.3 a–c verdeutlicht die 3 Interaktionsmuster für Pläne mit zweifach gestuftem Faktor A und zweifach gestuftem Faktor B (2 × 2 Pläne).

Ordinale Interaktion. Abbildung 8.3 a zeigt, dass die Linienzüge sowohl im linken als auch im rechten Diagramm den gleichen Trend aufweisen (links: steigend; rechts: fallend). Die Rangfolge der A-Stufen ist für b_1 und b_2 identisch, und die Rangfolge der B-Stufen ist für a_1 und a_2 identisch. Beide Haupteffekte sind damit eindeutig interpretierbar. Die Rangfolge der Mittelwerte des Haupteffektes A ($\overline{A}_1 < \overline{A}_2$) gilt für beide Stufen des Faktors B ($\overline{AB}_{11} < \overline{AB}_{21}$ und $\overline{AB}_{12} < \overline{AB}_{22}$), und die Rangfolge der Mittelwerte des Haupteffektes B gilt für beide Stufen des Faktors A.

Hybride Interaktion. Das linke Diagramm in Abb. 8.3 b zeigt zwei Linienzüge mit gegenläufigem Trend, was zwangsläufig dazu führt, dass sich die Linienzüge im rechten Diagramm überschneiden. Dennoch sind die Trends im rechten Diagramm gleichsinnig. Die Rangfolge der Mittelwerte des Haupteffektes B ($\overline{B}_1 > \overline{B}_2$) gilt für beide Stufen des Faktors A, d.h., der Haupteffekt B ist eindeutig interpretierbar. Haupteffekt A hingegen sollte nicht interpretiert werden. Die Aussage $\overline{A}_1 < \overline{A}_2$ gilt nur für die Stufe b_1. Für b_2 ist der Trend genau umgekehrt.

Disordinale Interaktion. Abbildung 8.3 c verdeutlicht divergierende Linienzüge sowohl im linken als auch im rechten Diagramm, d.h., beide Haupteffekte sind für sich genommen inhaltlich bedeutungslos. Unterschiede zwischen a_1 und a_2 sind nur in Verbindung mit den Stufen des Faktors B und Unterschiede zwischen b_1 und b_2 nur in Verbindung mit den Stufen des Faktors A sinnvoll interpretierbar.

Datenrückgriff. Nach diesen Ausführungen können wir auch die Interaktion im Beispiel klassifizieren. Die Linienzüge für b_1 und b_2 in Abb. 8.1 weisen den gleichen Trend auf, d.h., Faktor A ist eindeutig interpretierbar. Fertigt man ein entsprechen-

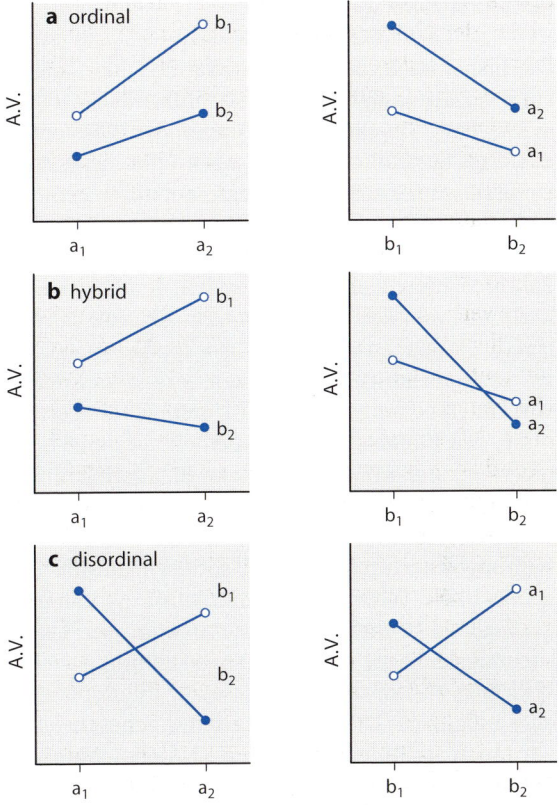

Abb. 8.3 a–c. Klassifikation von Interaktionen: **a** ordinale Interaktion, **b** hybride Interaktion, **c** disordinale Interaktion

des Diagramm mit den Stufen des Faktors B als Abszisse an, wird deutlich, dass die Linienzüge für a_2 und a_3 monoton steigen und der Linienzug für a_1 monoton fällt. Faktor B wäre – auch wenn er signifikant sein sollte – nicht interpretierbar. (Die gleichen Informationen lassen sich natürlich auch der Mittelwerttabelle auf S. 292 direkt entnehmen. In der ersten Spalte (a_1) zeigt sich ein fallender und in der zweiten und dritten Spalte (a_2 und a_3) ein ansteigender Trend. Die Mittelwerte der beiden Zeilen sind monoton fallend.) Die im Beispiel gefundene Interaktion ist damit als hybrid zu klassifizieren.

Hinweis: Eine Diskussion der Bedeutung ordinaler und disordinaler Interaktionen am Beispiel der Unterrichtsforschung findet man bei Bracht u. Glass (1975). Prüfmöglichkeiten für diese drei Interaktionsformen werden bei Shaffer (1991) diskutiert.

Feste und zufällige Effekte

Die bisher behandelte inferenzstatistische Absicherung varianzanalytischer Effekte durch F-Tests (vgl. S. 298 bzw. Tabelle 8.5) geht von der Vorstellung aus, dass tatsächlich nur Aussagen über die in einer Untersuchung realisierten Treatmentstufen gemacht werden. Gelegentlich kommt es jedoch vor, dass man unabhängige Variablen als varianzanalytische Faktoren untersuchen möchte, bei denen die konkrete Auswahl der Faktorstufen im Grunde beliebig ist. In diesem Zusammenhang wäre beispielsweise an Untersuchungen zu denken, die den Einfluss von Untersuchungsleitern auf Untersuchungsergebnisse, den Einfluss von Therapeuten auf den Therapieerfolg, die Abhängigkeit der Schülerleistungen von Lehrern u. Ä. überprüfen. Hier geht es nicht darum, Unterschiede zwischen *bestimmten* Untersuchungsleitern festzustellen, sondern um die Frage, ob Untersuchungsleiter überhaupt die abhängige Variable beeinflussen. Die Auswahl der Untersuchungsleiter ist für diese Fragestellung beliebig. Will man zudem die Ergebnisse auf die Population aller möglichen Untersuchungsleiter generalisieren, wird man als Stufen des Faktors „Untersuchungsleiter" eine Stichprobe zufällig ausgewählter Untersuchungsleiter einsetzen, wobei das Ausmaß der Generalisierbarkeit natürlich von der Repräsentativität und Größe dieser Stichprobe abhängt. Analog könnte man in Bezug auf die Auswahl von Therapeuten, Lehrern etc. argumentieren.

Faktoren, deren Stufen aus der Population möglicher Faktorstufen zufällig ausgewählt werden, bezeichnet man als Faktoren mit zufälligen Effekten („random factors"). Wählt man jedoch systematisch nur diejenigen Faktorstufen aus, über die man letztlich Aussagen formulieren will, sprechen wir von einem Faktor mit festen Effekten („fixed factors"). Dies gilt auch für Faktoren, die alle möglichen Abstufungen einer unabhängigen Variablen umfassen (z. B. männlich–weiblich, Unterschicht–Mittelschicht–Oberschicht, jung–alt).

Für die rechnerische Durchführung einer *einfaktoriellen* Varianzanalyse ist es unerheblich, ob der untersuchte Faktor zufällig oder fest ist. Unterschiede ergeben sich lediglich in der Interpretation. Die einfaktorielle Varianzanalyse über einen festen Faktor überprüft die H_0: $\mu_1 = \mu_2 = \ldots = \mu_p$, d. h., bei einem signifikanten F-Test können wir behaupten, dass sich mindestens 2 der tatsächlich untersuchten Faktorstufen unterscheiden. Stellen die in einer Untersuchung realisierten Faktorstufen eine Zufallsauswahl aller möglichen Faktorstufen dar, besagt ein signifikanter F-Test, dass die Wirkungen aller möglichen Faktorstufen nicht gleich sind.

Die Interpretation eines signifikanten zufälligen Faktors ist damit weitergehender als die Interpretation eines signifikanten festen Faktors. Dieser interpretative Vorteil wird allerdings durch eine *zusätzliche Voraussetzung* „erkauft": Die Varianzanalyse über zufällige Faktoren setzt voraus, dass die mit allen möglichen Faktorstufen verbundenen Treatmenteffekte normalverteilt sind.

Die Indizes zur Varianzaufklärung (vgl. S. 280 f. bzw. S. 299) sind auf Faktoren mit zufälligen Effekten nicht übertragbar. Die hierfür einzusetzende „Intraklassenkorrelation" wird bei Hays (1994, Kap. 13.5) beschrieben.

Wie in Kap. 12 gezeigt wird, ergeben sich für Pläne mit zwei festen Faktoren (Modell I), mit einem festen und einem zufälligen Faktor (Modell II) und mit zwei zufälligen Faktoren (Modell III) für die einzelnen Varianzen unterschiedliche Prüfvarianzen, die in Tabelle 8.7 wiedergegeben sind. Die Tabelle zeigt, dass z. B. der feste Faktor im Modell II nicht an der Fehlervarianz, sondern an der Interaktionsvarianz getestet wird. Ein signifikanter F-Test für den festen Faktor A besagt in diesem Plan, dass die Unterschiede zwischen den Stufen des Faktors A nicht nur für die konkret untersuchten Stufen des zufälligen Faktors B gelten, sondern für alle möglichen Stufen, es sei denn, die Interaktion A × B ist ebenfalls signifikant. In diesem Fall wäre eine Generalisierung nicht möglich.

Tabelle 8.7. Prüfvarianzen in der zweifaktoriellen Varianzanalyse

zu prüfende Varianz	Prüfvarianzen		
	I A fest B fest	II A fest B zufällig	III A zufällig B zufällig
$\hat{\sigma}^2_A$	$\hat{\sigma}^2_{Fehler}$	$\hat{\sigma}^2_{A \times B}$	$\hat{\sigma}^2_{A \times B}$
$\hat{\sigma}^2_B$	$\hat{\sigma}^2_{Fehler}$	$\hat{\sigma}^2_{Fehler}$	$\hat{\sigma}^2_{A \times B}$
$\hat{\sigma}^2_{A \times B}$	$\hat{\sigma}^2_{Fehler}$	$\hat{\sigma}^2_{Fehler}$	$\hat{\sigma}^2_{Fehler}$

BEISPIEL

Nehmen wir an, es wird überprüft, ob die Testergebnisse von Abiturienten von 3 verschiedenen Testinstruktionen (Faktor A: feste Effekte) und 8 verschiedenen Testleitern (Faktor B: zufällige Effekte) abhängen. Jeder Testleiter untersucht unter jeder Instruktion eine Zufallsstichprobe von n Abiturienten. Ein signifikanter Haupteffekt B besagt zunächst, dass die Testergebnisse nicht nur von den 8 eingesetzten Testleitern, sondern von Testleitern generell (bzw. von der Art von Testleitern, die die eingesetzten 8 Testleiter repräsentieren) abhängen. Ein signifikanter Haupteffekt A würde bei einer nicht signifikanten Interaktion A × B bedeuten, dass die gefundenen Instruktionsunterschiede nicht an die untersuchten Testleiter gebunden sind, sondern auch bei anderen Testleitern der gleichen Population auftreten können. Ist jedoch die Interaktion A × B signifikant, hängen die Instruktionseffekte davon ab, welcher Testleiter den Test durchführt.

Hinweis: Bei Plänen dieser Art kann es durchaus vorkommen, dass Faktor A signifikant wird, wenn man Faktor B wie einen zufälligen Faktor behandelt (in diesem Fall wäre die $\hat{\sigma}^2_{A \times B}$ die Prüfvarianz für Faktor A), bzw. dass Faktor A nicht signifikant wird, wenn die gleichen Stufen des Faktors B als systematische Auswahl (fester Faktor) betrachtet werden (mit $\hat{\sigma}^2_{\text{Fehler}}$ als Prüfvarianz für Faktor A). Bezogen auf das oben erwähnte Beispiel müsste man dann also behaupten, dass sich die 3 untersuchten Testinstruktionen nicht unterscheiden, wenn man bestimmte, nicht zufällig ausgewählte Testleiter einsetzt, dass aber mit bedeutsamen Instruktionsunterschieden sehr wohl zu rechnen ist, wenn man zufällig andere Testleiter „von der Art" der ausgewählten Testleiter eingesetzt hätte. Diese offenkundig widersinnige Schlussfolgerung veranlasste Hopkins (1983), für diese und ähnliche Pläne zu fordern, F-Tests mit Interaktionen als Prüfvarianzen nur dann durchzuführen, wenn sich der zu testende Effekt in einem F-Test mit „normaler" Fehlervarianz als signifikant erwiesen hat. Hinter dieser Forderung verbirgt sich der plausible Gedanke, dass generalisierende Aussagen über Unterschiede, die in einer Population gültig sein sollen, erst dann zu rechtfertigen seien, wenn die in einer Stichprobe angetroffenen Unterschiede statistisch bedeutsam sind.

Gelegentlich kann es sinnvoll sein, nicht nur zwischen Faktoren mit fester oder zufälliger Stufenauswahl zu unterscheiden, sondern auch zwischen Faktoren, die eine *Randomisierung der Stichproben* gestatten (z. B. verschiedene Behandlungsformen), und solchen, bei denen eine Randomisierung nicht möglich ist (organismische Variablen wie z. B. Geschlecht, Alter o. Ä.). Schlussfolgerungen, die man aus dem Vergleich mehrerer randomisierter Stichproben zieht, haben – wie bereits auf S. 248 erwähnt – eine höhere interne Validität als Untersuchungsergebnisse, die an nicht randomisierten Stichproben gewonnen wurden (vgl. hierzu auch Bortz u. Döring, 2002, unter den Stichworten experimentelle bzw. quasiexperimentelle Untersuchung). Organismische Variablen sind in der Regel mit vielen anderen Variablen konfundiert, sodass man bei einem Vergleich von Stichproben aus verschiedenen „natürlichen" Populationen oftmals nicht entscheiden kann, welche Variablen tatsächlich für mögliche Unterschiede verantwortlich sind.

Plant man eine Untersuchung, die sowohl „randomisierbare" als auch „nicht randomisierbare" Variablen als varianzanalytische Faktoren kontrolliert (z. B. 3 verschiedene Behandlungsarten als randomisierbare Variable und das Geschlecht als nicht randomisierbare Variable), kann es aufschlussreich sein, dies in der Auswertung zu berücksichtigen. Über einen Ansatz, der eine Separierung der Effekte organismischer Variablen und der Effekte randomisierter Treatmentvariablen gestattet, berichtet Lienert (1984).

„Optimale" Stichprobenumfänge

Die Bestimmung „optimaler" Stichprobenumfänge für zweifaktorielle Pläne knüpft unmittelbar an die entsprechenden Überlegungen für einfaktorielle Pläne an (vgl. S. 258 ff.).

Haupteffekte: Für die Haupteffekte schätzen wir die Streuung des Merkmals (der abhängigen Variablen) innerhalb der Populationen für die Faktorstufenkombinationen und ermitteln eine Effektgröße ε nach Gl. (7.26 oder 7.26 a). Soll die Effektgröße über die Varianzaufklärung η^2 bestimmt werden (Gl. 7.29), ist hierfür ein *partielles* η^2_p zu verwenden:

$$\eta^2_p = \frac{QS_{\text{Effekt}}}{QS_{\text{Effekt}} + QS_{\text{Prüf}}} \qquad (8.20)$$

mit

QS_{Effekt} = Quadratsumme desjenigen Effektes, für den „optimale" Stichprobenumfänge errechnet werden sollen, und

$QS_{\text{Prüf}}$ = Quadratsumme, aus der die Prüfvarianz des Effektes berechnet wird.

Hierzu äquivalente Bestimmungsgleichungen findet man bei Cohen (1973).

In Gl. (8.20) wird die Quadratsumme des fraglichen Effektes (z. B. QS_A) nicht an der totalen Quadratsumme relativiert (vgl. S. 299), sondern an der Summe aus QS_{Effekt} und der Quadratsumme der Prüfvarianz (z. B. QS_{Fehler} bei festen Effekten). η_p^2 ist also mit dem (deskriptiven) η^2 der einfaktoriellen Varianzanalyse vergleichbar, da hier $QS_{tot} = QS_{treat} + QS_{Fehler}$ gilt.

Die Ermittlung von Effektgrößen oder Teststärken in bereits durchgeführten Untersuchungen – beispielsweise für *Metaanalysen* einer bestimmten Thematik – bereitet Probleme, wenn die für Gl. (8.20) erforderlichen Quadratsummen nicht mitgeteilt werden. In diesem Fall sind die von Seifert (1991) vorgeschlagenen Alternativen zu Gl. (8.20) hilfreich. (Zur Frage der Vergleichbarkeit von Effektgrößen in mehrfaktoriellen varianzanalytischen Plänen im Kontext von Metaanalysen s. auch Morris u. De Shon, 1997).

Für die Bestimmung optimaler Stichprobenumfänge geht man wie folgt vor: Tabelle 7.3 entnehmen wir für $\alpha = 0{,}05$, $1 - \beta = 0{,}80$ und eine vorgegebene Effektgröße ε einen Stichprobenumfang n′, der in einen für alle Faktorstufenkombinationen erforderlichen Stichprobenumfang n umzurechnen ist:

$$n = \frac{(n' - 1) \cdot (df + 1)}{\text{Anzahl der Faktorstufenkombinationen}} + 1. \quad (8.21)$$

Für df setzen wir die Anzahl der Freiheitsgrade desjenigen Effektes ein, der für die Bestimmung der optimalen Stichprobenumfänge ausschlaggebend sein soll.

Wenn für beide Haupteffekte Effektgrößen vorgegeben werden können und $p \neq q$ ist, resultiert für die Absicherung des einen Haupteffektes ein anderer Stichprobenumfang als für die Absicherung des anderen Haupteffektes. In diesem Fall sollte der größere Stichprobenumfang gewählt werden, denn er gewährleistet auch für den Haupteffekt, für den eine kleinere Stichprobe ausreichend wäre, (mindestens) die gewünschte statistische Teststärke.

Wenn wir in der Planungsphase des Beispiels davon ausgehen, dass das eingesetzte Antidepressivum auf Grund vorliegender Erfahrungen sehr wirksam ist, wäre es gerechtfertigt, für den Faktor A einen starken Effekt anzunehmen ($\varepsilon = 0{,}4$ bzw. $\eta^2 \approx 0{,}14$ gemäß Tabelle 7.3) Hierfür entnehmen wir Tabelle 7.3 für $df_A = 2$ den Wert $n' = 21$. Man erhält also nach Gl. (8.21) pro Faktorstufenkombination

$$n = \frac{(21 - 1) \cdot (2 + 1)}{6} + 1 = 11.$$

Man müsste also für die Untersuchung insgesamt $6 \cdot 11 = 66$ Patienten einplanen.

Ex post ermitteln wir nach Gl. (8.20) ein partielles η^2 von

$$\hat{\eta}_p^2 = \frac{QS_A}{QS_A + QS_{Fehler}} = \frac{253{,}40}{253{,}40 + 40{,}80} = 0{,}86$$

bzw. über Gl. (7.29)

$$\hat{\varepsilon} = \sqrt{\frac{0{,}86^2}{1 - 0{,}86^2}} = 1{,}68.$$

Auch dieser extrem große Wert wäre – wie der auf S. 259 ermittelte Wert – der Manipulation verdächtig, wenn man ihn als Ergebnis einer konkreten empirischen Untersuchung ermittelt hätte.

Interaktionen. Das Auffinden eines optimalen Stichprobenumfangs für die statistische Absicherung einer praktisch bedeutsamen Interaktion bereitet keine Probleme, wenn man sich mit der Vorgabe einer globalen Effektgröße (schwach, mittel, stark) begnügt. Man entnimmt Tabelle 7.3 einen n′-Wert und transformiert diesen nach Gl. (8.21) in den für jede Faktorstufenkombination geforderten Stichprobenumfang n. Bezogen auf unser Beispiel (Tabelle 8.3) resultiert für $\alpha = 0{,}05$, $1 - \beta = 0{,}80$ und $\varepsilon = 0{,}25$ (mittlere Effektgröße) wegen $df_{A \times B} = 2$ der Wert $n' = 52$ bzw. $n = 27$.

Mit dieser Planungsgrundlage wären also insgesamt $6 \times 27 = 162$ Patienten für die Untersuchung vorzusehen. Wenn es in der Untersuchung primär darauf ankommt zu zeigen, dass die Patienten auf die 3 Behandlungsformen geschlechtsspezifisch reagieren (Interaktion) und weniger darauf, dass sich die 3 Behandlungen im Durchschnitt unterscheiden (Haupteffekt A), sollten nicht 66, sondern insgesamt 162 Patienten untersucht werden. Erwartet man allerdings nicht nur einen starken Haupteffekt A, sondern auch einen starken Interaktionseffekt, reichen (wegen $df_{A \times B} = df_A = 2$) 66 Patienten aus (für $1 - \beta = 0{,}8$ und $\alpha = 0{,}05$).

Soll eine Effektgröße durch ein gemäß H_1 erwartetes Interaktionspattern konkretisiert werden, ist wie folgt zu verfahren: In Analogie zu Gl. (8.6) bestimmt man zunächst diejenigen Zellenmittelwerte μ'_{ij}, die nach der H_0 (keine Interaktion) zu erwarten wären:

$$\mu'_{ij} = \mu_i + \mu_j - \mu. \qquad (8.22)$$

Dieser Schritt setzt also voraus, dass man schon in der Planungsphase Vorstellungen über die Größe der Haupteffekte hat. Ferner wird über die μ_{ij}-Werte das Pattern der gemäß H_1 erwarteten Interaktion festgelegt, sodass die folgende Effektgröße berechnet werden kann (vgl. Cohen, 1988; Gl. 8.3.7):

$$\varepsilon = \frac{1}{\sigma} \cdot \sqrt{\frac{\sum_i \sum_j (\mu_{ij} - \mu'_{ij})^2}{p \cdot q}}. \qquad (8.23)$$

Nehmen wir einmal an, die für Tabelle 8.3 gefundenen Mittelwerte $\overline{AB}_{ij}$ entsprächen dem a priori gemäß H_1 festgelegten Interaktionspattern μ_{ij} und die $\overline{A}_i$- bzw. $\overline{B}_j$-Werte den theoretisch erwarteten Populationsparametern μ_i bzw. μ_j. In diesem Fall könnten die in Tabelle 8.4 genannten $\overline{AB}'_{ij}$-Werte als Schätzungen der μ'_{ij}-Werte interpretiert werden, die man bei Gültigkeit von H_0 ($\sigma_{A \times B} = 0$) erwarten würde. Unter Verwendung von $\sqrt{\hat{\sigma}^2_{Fehler}} = 1{,}30$ als Schätzung von σ schätzen wir $\hat{\varepsilon}$ über Gl. (8.23) wie folgt:

$$\hat{\varepsilon} = \frac{1}{1{,}30} \cdot \{[(20{,}5 - 22{,}4)^2 + (16{,}5 - 15{,}6)^2$$
$$+ \ldots + (13{,}6 - 14{,}6)^2]/[3 \cdot 2]\}^{1/2}$$
$$= \frac{1}{1{,}30} \cdot \sqrt{\frac{10{,}84}{6}} = 1{,}03.$$

Der Interaktionseffekt wäre also im Nachhinein ebenfalls als äußerst stark zu klassifizieren. Die mit ihm verbundene Varianzaufklärung errechnet man über Gl. (7.28) zu $\eta^2 = 0{,}51$. Dieser Wert ist etwas kleiner als der eher „optimistische" η^2_p-Wert nach Gl. (8.20).

$$\eta^2_p = 54{,}2/(54{,}2 + 40{,}8) = 0{,}57.$$

Zufällige Effekte: Die bisherigen Ausführungen galten für mehrfaktorielle Pläne, deren Faktoren feste Stufenauswahlen aufweisen (fixed factors). Enthält ein mehrfaktorieller Plan einen oder mehrere Faktoren mit zufälligen Stufenauswahlen („random factors"), ändern sich dadurch die Prüfvarianzen (vgl. Tabelle 8.7). Dies ist bei der Festlegung von Effektgrößen zu beachten. Statt der Streuung innerhalb der Populationen in den Gl. (8.23) und (7.27) verwenden wir allgemein eine Schätzung derjenigen Streuung, die der Wurzel aus der jeweiligen Prüfvarianz entspricht.

8.2 Einzelvergleiche

Wie bei der einfaktoriellen Varianzanalyse können auch im Rahmen zweifaktorieller Varianzanalysen a priori formulierte Einzelvergleichshypothesen oder Trendhypothesen geprüft bzw. Unterschiede zwischen Mittelwerten a posteriori durch Scheffé-Tests genauer analysiert werden.

Einfache Einzelvergleiche und Trendtests

Eine *Komponente* bzw. einen Einzelvergleich des Faktors A definieren wir folgendermaßen:

$$QS_{D(A)} = \hat{\sigma}^2_{D(A)} = \frac{n \cdot q \cdot \left(\sum_i c_i \cdot \overline{A}_i\right)^2}{\sum_i c_i^2} \qquad (8.24)$$

Für Faktor B ergibt sich eine Komponente zu:

$$QS_{D(B)} = \hat{\sigma}^2_{D(B)} = \frac{n \cdot p \cdot \left(\sum_j c_j \cdot \overline{B}_j\right)^2}{\sum_j c_j^2} \qquad (8.25)$$

Als c-Koeffizienten können in Gl. (8.24) bzw. (8.25) entweder die für einen geplanten A-priori-Vergleich benötigten Werte bzw. die für eine bestimmte Trendkomponente erforderlichen Werte eingesetzt werden (vgl. 7.3 und 7.4).

Die Prüfvarianz für eine Komponente ist auch hier von der Art der untersuchten Faktoren abhängig. *Eine Komponente wird genauso getestet wie die Varianz, aus der sie entnommen wurde.* Tabelle 8.7 informiert also auch über die richtigen Prüfvarianzen für einzelne Varianzkomponenten.

Der *Scheffé-Test* lautet für den paarweisen Vergleich der Stufen des Faktors A:

$$\text{Diff}_{\text{crit}} = \sqrt{\frac{2 \cdot (p-1) \cdot \hat{\sigma}_t^2 \cdot F_{(p-1, df_t; 1-\alpha)}}{n \cdot q}}, \quad (8.26)$$

wobei $\hat{\sigma}_t^2 = \hat{\sigma}_{\text{Fehler}}^2$, wenn B fest ist oder $\hat{\sigma}_{A \times B}^2$, wenn B zufällig ist; $df_t = df_{\text{Fehler}}$, wenn B fest ist oder $df_t = df_{A \times B}$, wenn B zufällig ist.

Für Faktor B:

$$\text{Diff}_{\text{crit}} = \sqrt{\frac{2 \cdot (q-1) \cdot \hat{\sigma}_t^2 \cdot F_{(q-1, df_t; 1-\alpha)}}{n \cdot p}}, \quad (8.27)$$

wobei $\hat{\sigma}_t^2 = \hat{\sigma}_{\text{Fehler}}^2$, wenn A fest oder $\hat{\sigma}_{A \times B}^2$, wenn A zufällig ist; $df_t = df_{\text{Fehler}}$, wenn A fest ist oder $df_t = df_{A \times B}$, wenn A zufällig ist.

Für den paarweisen Vergleich von Zellenmittelwerten:

$$\text{Diff}_{\text{crit}} = \sqrt{\frac{2 \cdot (p \cdot q - 1) \cdot \hat{\sigma}_{\text{Fehler}}^2}{n}}$$
$$\times \sqrt{F_{(p \cdot q - 1; p \cdot q \cdot (n-1); 1-\alpha)}}. \quad (8.28)$$

Beim paarweisen Vergleich der Mittelwerte aller Faktorstufenkombinationen nach Gl. (8.28) ist zu beachten, dass die Ergebnisse sowohl von der Größe der Haupteffekte als auch von der Interaktion abhängen. Ein vollständiger Satz orthogonaler Einzelvergleiche addiert sich hier zur QS_{Zellen}. Will man einen signifikanten Interaktionseffekt genauer explorieren bzw. prüfen, bieten sich verschiedene Techniken an, die im Folgenden dargestellt werden:

Bedingte Haupteffekte

Bedingte Haupteffekte (oder auch „simple main effects") beziehen sich auf die Unterschiedlichkeit der Stufen des Faktors A unter den einzelnen Stufen des Faktors B (oder auch die Unterschiedlichkeit der Stufen des Faktors B unter den einzelnen Stufen des Faktors A). Die auf die Zellenmittelwerte unter b_j bezogene Quadratsumme ergibt sich zu

$$QS_{A|b_j} = n \cdot \sum_i (\overline{AB}_{ij} - \overline{B}_j)^2 \quad (8.29)$$

mit $df_{A|b_j} = p - 1$.

Für den bedingten Haupteffekt $B|a_i$ errechnet man

$$QS_{B|a_i} = n \cdot \sum_j (\overline{AB}_{ij} - \overline{A}_i)^2 \quad (8.30)$$

mit $df_{B|a_i} = q - 1$.

Falls mehrere bedingte Haupteffekte a posteriori an der Fehlervarianz getestet werden, sollte der Satz bedingter Haupteffekthypothesen analog zum Scheffé-Test „family wise" auf einem nominellen α-Niveau abgesichert werden. Da sich der Scheffé-Test nur auf Einzelvergleiche mit einem Freiheitsgrad bezieht, wählen wir für die Tests der bedingten Haupteffekte mit jeweils $p - 1$ (bzw. $q - 1$) Freiheitsgraden eine auf Gabriel (1964, 1969) zurückgehende Verallgemeinerung des Scheffé-Tests (vgl. hierzu auch Boik, 1979 b).

F-Tests für bedingte Haupteffekte, die einem Overall-F-Test mit df_1 Zählerfreiheitsgraden und df_2 Nennerfreiheitsgraden angehören, sind demnach signifikant, wenn der empirische F-Wert eines bedingten Haupteffektes den folgenden kritischen Wert erreicht oder überschreitet:

$$S = df_1 \cdot F_{(df_1; df_2; 1-\alpha)} / df_3 \quad (8.31)$$

mit df_3 = Anzahl der Freiheitsgrade des bedingten Haupteffektes. (Diese Gleichung gilt generell für bedingte Effekte, s. u.)

Es lässt sich zeigen, dass die Summe der Quadratsummen für die „simple main effects" eines Haupteffektes der Summe aus der Haupteffektquadratsumme und der Interaktionsquadratsumme entspricht:

$$\sum_j QS_{A|b_j} = QS_A + QS_{A \times B} \quad (8.32)$$

oder auch

$$\sum_i QS_{B|a_i} = QS_B + QS_{A \times B}.$$

Dementsprechend sind auch die Freiheitsgrade additiv.

Der zu einem bedingten Haupteffekt (z. B. für Faktor A) gehörende Overall-F-Test lautet also

$$F = \frac{(QS_A + QS_{A \times B})/(df_A + df_{A \times B})}{\hat{\sigma}_{\text{Fehler}}^2} \quad (8.33)$$

mit $df_A + df_{A \times B}$ Zählerfreiheitsgraden und $p \cdot q \cdot (n - 1)$ Nennerfreiheitsgraden (entsprechendes gilt für den Overall-Test des bedingten Haupteffektes des Faktors B).

Übertragen auf Gl. (8.31) resultiert damit für die bedingten Haupteffekte des Faktors A:

8.2 Einzelvergleiche

$$S_{(A|b_j)} = [(p-1) + (p-1) \cdot (q-1)]$$
$$\times F_{(df_A + df_{A \times B}; df_{Fehler}; 1-\alpha)}/(p-1)$$
$$= q \cdot F_{(df_A + df_{A \times B}; df_{Fehler}; 1-\alpha)} \quad (8.34)$$

und für die bedingten Haupteffekte des Faktors B:

$$S_{(B|a_i)} = [(q-1) + (p-1) \cdot (q-1)]$$
$$\times F_{(df_B + df_{A \times B}; df_{Fehler}; 1-\alpha)}/(q-1)$$
$$= p \cdot F_{(df_B + df_{A \times B}; df_{Fehler}; 1-\alpha)} . \quad (8.35)$$

Bedingte Einzelvergleiche

Ein Einzelvergleich, der nicht auf den gesamten Haupteffekt A, sondern auf einen bedingten Haupteffekt $A|b_j$ bezogen ist, wird folgendermaßen bestimmt:

$$D_s(A|b_j) = c_{1s} \cdot \overline{AB}_{1j} + c_{2s} \cdot \overline{AB}_{2j}$$
$$+ \ldots + c_{ps} \cdot \overline{AB}_{pj}$$
$$= \sum_i c_{is} \cdot \overline{AB}_{ij} \quad (8.36)$$

mit $s = 1, 2, \ldots, t$ und $t =$ Anzahl der bedingten Einzelvergleiche für A.

Für die Quadratsumme resultiert:

$$QS_{D_s(A|b_j)} = \frac{n \cdot \left(\sum_i c_{is} \cdot \overline{AB}_{ij}\right)^2}{\sum_i c_{is}^2} \quad (8.37)$$

mit $df = 1$.

Analog hierzu erhält man für bedingte Einzelvergleiche des Haupteffektes B:

$$D_u(B|a_i) = c_{1u} \cdot \overline{AB}_{i1} + c_{2u} \cdot \overline{AB}_{i2}$$
$$+ \ldots + c_{qu} \cdot \overline{AB}_{iq}$$
$$= \sum_j c_{ju} \cdot \overline{AB}_{ij} \quad (8.38)$$

mit $u = 1, 2, \ldots, v$ und $v =$ Anzahl der bedingten Einzelvergleiche für B. Als Quadratsumme erhält man:

$$QS_{D_u(B|a_i)} = \frac{n \cdot \left(\sum_j c_{ju} \cdot \overline{AB}_{ij}\right)^2}{\sum_j c_{ju}^2} \quad (8.39)$$

mit $df = 1$.

Werden diese Vergleiche a posteriori durchgeführt, sind die empirischen F-Werte mit einem kritischen S-Wert zu vergleichen, den man durch folgende Überlegung erhält: Die bedingten Einzelvergleiche gehören, wie die bedingten Haupteffekte, zu einem Overall-Effekt, der den jeweiligen Haupteffekt mit dem Interaktionseffekt zusammenfasst. Da der bedingte Einzelvergleich jedoch nur einen Freiheitsgrad aufweist, erhält man nach Gl. (8.31) für bedingte Einzelvergleiche des Faktors A:

$$S_{D(A|b_j)} = [(p-1) + (p-1) \cdot (q-1)]$$
$$\times F_{(df_A + df_{A \times B}; df_{Fehler}; 1-\alpha)} . \quad (8.40)$$

Für B resultiert:

$$S_{D(B|a_i)} = [(q-1) + (p-1) \cdot (q-1)]$$
$$\times F_{(df_B + df_{A \times B}; df_{Fehler}; 1-\alpha)} . \quad (8.41)$$

Ein nach Gl. (8.36) oder (8.38) definierter bedingter Einzelvergleich ist auf dem α-Niveau signifikant, wenn sein Absolutbetrag den kritischen S_D-Wert gemäß Gl. (8.40) oder (8.41) erreicht oder überschreitet.

Homogenität bedingter Einzelvergleiche

Will man erfahren, ob ein bestimmter Einzelvergleich (z. B. a_1 vs. a_2) unter allen Stufen von B gleich ausfällt, ist folgende Quadratsumme zu bestimmen:

$$QS_{D_s(A|b.)}$$
$$= \frac{n \cdot \left[\sum_j D_s(A|b_j)^2 - \left(\sum_j D_s(A|b_j)\right)^2/q\right]}{\sum_i c_{is}^2} \quad (8.42)$$

mit $df = q - 1$.
Die Varianz

$$\hat{\sigma}^2_{D_s(A|b.)} = QS_{D_s(A|b.)}/(q-1) \quad (8.43)$$

wird an der Fehlervarianz getestet. Die bedingten Einzelvergleiche unterscheiden sich signifikant, wenn der empirische F-Wert den folgenden kritischen S-Wert erreicht oder überschreitet:

$$S_{D(A|b.)} = (p-1) \cdot (q-1)$$
$$\times F_{(df_{A \times B}; df_{Fehler}; 1-\alpha)}/(q-1)$$
$$= (p-1) \cdot F_{(df_{A \times B}; df_{Fehler}; 1-\alpha)} . \quad (8.44)$$

Man erhält diesen S-Wert nach Gl. (8.31), wenn man berücksichtigt, dass die $QS_{D_s(A|b.)}$ ein Bestandteil der $QS_{A \times B}$ ist. Die Einzelvergleiche sind homogen, wenn die an der Fehlervarianz getestete Einzelvergleichsvarianz wegen F < S nicht signifikant ist (was nicht bedeuten muss, dass die Interaktion insgesamt unbedeutend ist, denn diese könnte auf anderen, nicht geprüften bedingten Einzelvergleichen beruhen).

Zur Überprüfung der Homogenität bedingter Einzelvergleiche vom Typus $D_u(B|a_i)$ berechnet man analog

$$QS_{D_u(B|a.)} = \frac{n \cdot \left[\sum_i D_u(B|a_i)^2 - \left(\sum_i D_u(B|a_i) \right)^2 / p \right]}{\sum_j c_{ju}^2} \quad (8.45)$$

mit df = p − 1.

Der kritische S-Wert lautet:

$$S_{D(B|a.)} = (q - 1) \cdot F_{(df_{A \times B}; df_{Fehler}; 1-\alpha)} . \quad (8.46)$$

Interaktions-Einzelvergleiche

Interaktions-Einzelvergleiche erhält man durch die Kontrastierung bedingter Einzelvergleiche für A und B (z. B. a_1 vs. a_2 für die Stufe b_1 verglichen mit a_1 vs. a_2 für die Stufe b_2). Ein Interaktions-Einzelvergleich wird wie folgt definiert (vgl. Boik, 1979 b):

$$D_w(D(A) \times D(B)) = \sum_j c_{ju} \cdot D_s(A|b_j) \quad (8.47)$$

mit w = 1, 2, ..., z und z = Anzahl der Interaktions-Einzelvergleiche. Die Quadratsumme lautet

$$QS_{D_w(D(A) \times D(B))} = \frac{n \cdot D_w(D(A) \times D(B))^2}{\left(\sum_i c_{is}^2 \right) \cdot \left(\sum_j c_{ju}^2 \right)} \quad (8.48)$$

mit df = 1.

Der empirische F-Wert ist signifikant, wenn er den folgenden, nach Gl. (8.31) ermittelten kritischen S-Wert erreicht oder überschreitet:

$$S_{D(D(A) \times D(B))} = (p - 1) \cdot (q - 1) \\ \times F_{(df_{A \times B}; df_{Fehler}; 1-\alpha)} . \quad (8.49)$$

Weitere Informationen zu Interaktions-Einzelvergleichen findet man bei Abelson u. Prentice (1997).

BEISPIEL

Das folgende Beispiel (in Anlehnung an Boik, 1979 b) soll die verschiedenen Varianten für Einzelvergleiche im Kontext einer zweifaktoriellen Varianzanalyse verdeutlichen. 72 Medizinstudenten mit extremer Hämophobie (Angst vor Blut) werden zufällig in Gruppen zu jeweils n = 6 Studenten den 12 Faktorstufenkombinationen zugeordnet, die sich aus einem 3-stufigen Treatment A (a_1 = Kontrollgruppe; a_2 = Verhaltenstherapie; a_3 = Gesprächspsychotherapie) und einem 4-stufigen Treatment B (b_1 = Plazebo, b_2 = schwache, b_3 = mittlere und b_4 = starke Dosis eines Angst reduzierenden Medikaments) ergeben. Beide Faktoren haben feste Stufen. Abhängige Variable ist ein der psychogalvanischen Hautreaktion (PGR) entnommener Indikator. (Je höher der Wert, desto größer ist die Angst.) Es sollen die folgenden, a priori formulierten Einzelvergleichshypothesen geprüft werden:

Faktor A: Studenten der Kontrollgruppe haben höhere PGR-Werte als Studenten der beiden psychologisch therapierten Gruppen: a_1 vs. a_2 und a_3 ($\alpha = 0{,}01$).

Faktor B: Studenten der Plazebogruppe haben höhere PGR-Werte als Studenten der 3 medikamentös behandelten Gruppen: b_1 vs. b_2 bis b_4 ($\alpha = 0{,}01$).

Interaktion A × B: Es wird erwartet, dass die beiden Faktoren miteinander interagieren ($\alpha = 0{,}01$).

Falls die Interaktionshypothese zutreffen sollte, ist vorgesehen, den Interaktionseffekt durch weitere A-posteriori-Einzelvergleiche zu explorieren.

Tabelle 8.8 zeigt die resultierenden Mittelwerte und die Ergebnisse der zweifaktoriellen Varianzanalyse. (Auf die Wiedergabe der Individualdaten wird verzichtet.)

A-priori-Einzelvergleich für A. Für den auf Faktor A bezogenen A-priori-Einzelvergleich errechnen wir nach Gl. (8.24):

$$QS_{D(A)} = \hat{\sigma}_{D(A)}^2$$
$$= \frac{6 \cdot 4 \cdot (47{,}9 - 0{,}5 \cdot 33{,}9 - 0{,}5 \cdot 38{,}5)^2}{1^2 + (-0{,}5)^2 + (-0{,}5)^2}$$
$$= \frac{24 \cdot 11{,}7^2}{1{,}5} = 2190{,}24 .$$

Es ergibt sich also:

$$F = \frac{2190{,}24}{19{,}15} = 114{,}37 .$$

Da die Hypothese gerichtet formuliert wurde, transformieren wir den F-Wert nach Gl. (2.60) in einen t-Wert:

$$t = \sqrt{114{,}37} = 10{,}69 .$$

Der für einseitige Tests kritische Wert lautet gemäß Tabelle D: $t_{(60; 0{,}01)} = 2{,}39$. Wegen $10{,}69 > 2{,}39$, und wegen des Hypothesen konformen Vorzeichens des Einzelvergleiches wird die auf Faktor A bezogene Einzelvergleichshypothese bestätigt.

8.2 Einzelvergleiche

A-priori-Einzelvergleich für B. Für den Einzelvergleich des Faktors B ergibt sich nach Gl. (8.25):

$$QS_{D(B)} = \hat{\sigma}^2_{D(B)}$$
$$= \frac{6 \cdot 3 \cdot (3 \cdot 48{,}6 - 41{,}6 - 37{,}0 - 33{,}2)^2}{3^2 + (-1)^2 + (-1)^2 + (-1)^2}$$
$$= \frac{18 \cdot 34^2}{12} = 1734{,}00 \,.$$

Der F-Bruch lautet

$$F = \frac{1734{,}00}{19{,}15} = 90{,}55 \,.$$

Für den einseitigen Test benötigen wir $t = \sqrt{90{,}55} = 9{,}52$. Dieser Wert ist deutlich größer als der kritische Wert, d. h., auch diese Einzelvergleichshypothese wird bestätigt.

Scheffé-Test für Zellenmittelwerte. Ferner stellen wir fest, dass die Interaktion signifikant ist, dass also die Wirkung des Medikaments von der Art der psychologischen Behandlung abhängt. Abbildung 8.4 veranschaulicht diese Interaktion graphisch.

Die Interaktion ist disordinal. Man erkennt, dass die zunehmende Dosierung des Medikaments bei einer verhaltenstherapeutischen Behandlung (a_2) deutlich effektiver ist als bei der gesprächspsychotherapeutischen Behandlung (a_3) und dass die Kontrollgruppe (a_1) von der unterschiedlich starken Dosierung des Medikaments praktisch überhaupt nicht profitiert.

Zur genaueren Exploration dieser Interaktion vergleichen wir zunächst alle Faktorstufenmittelwerte paarweise nach dem Scheffé-Test gemäß Gl. (8.28). Unter Verwendung

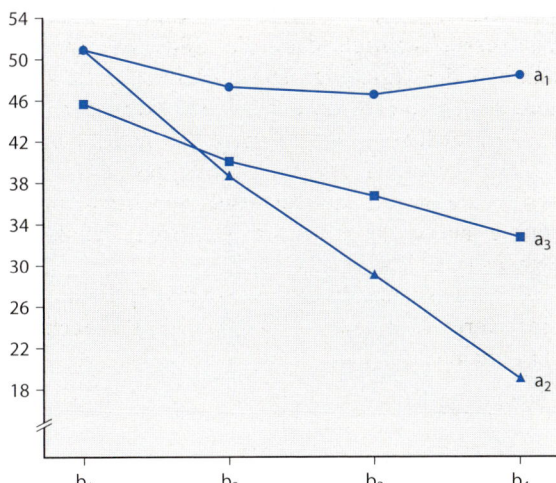

Abb. 8.4. Graphische Darstellung der Interaktion in Tabelle 8.8

von $F_{(11;60;0{,}99)} = 2{,}56$ gemäß Tabelle E errechnen wir eine kritische Differenz von

$$\text{Diff}_{\text{crit}} = \sqrt{\frac{2 \cdot (12-1) \cdot 19{,}15 \cdot 2{,}56}{6}} = 13{,}41 \,.$$

Tabelle 8.9 zeigt die empirischen Mittelwertdifferenzen für alle Faktorstufenkombinationen.

Alle Differenzen, deren Absolutbetrag größer ist als die kritische Differenz, sind signifikant. Es wird deutlich, dass sich die meisten signifikanten Unterschiede auf Vergleiche der Kontrollgruppe (a_1) mit den behandelten Gruppen bzw. auf Vergleiche der Plazebogruppe (b_1) mit den behandelten Gruppen beziehen – ein Ergebnis, das im Wesentlichen auf die Haupteffekte zurückgeht und das aus den beiden bereits bestätigten A-priori-Einzelvergleichen der Tendenz nach schon bekannt ist.

Bedingte Haupteffekttests. Den Mittelwerten des Haupteffektes A (vgl. Tabelle 8.8) ist zu entnehmen, dass die Verhaltenstherapie am wirksamsten ist, gefolgt von der Gesprächspsychotherapie und der Kontrollgruppe. Für den Haupteffekt B zeigt sich eine zunehmende Angstreduktion mit wachsender Dosierung des Medikaments. Da sich jedoch eine disordinale Interaktion andeutet, stehen diese Haupteffektinterpretationen unter Vorbehalt. Um zu überprüfen, auf welche Faktorstufen diese Interpretationen zutreffen, berechnen wir die bedingten Haupteffekte („simple main effects").

Sie lauten für den Faktor A und Stufe b_1 gemäß Gl. (8.29):

$$QS_{A|b_1} = 6 \cdot [(50{,}2 - 48{,}6)^2 + (49{,}9 - 48{,}6)^2$$
$$+ (45{,}7 - 48{,}6)^2] = 75{,}96$$
$$\hat{\sigma}^2_{A|b_1} = 75{,}96/2 = 37{,}98$$
$$F = \frac{37{,}98}{19{,}15} = 1{,}98 \,,$$

Tabelle 8.8 Beispiel für Einzelvergleiche

Faktor B	Faktor A a_1	a_2	a_3	$\overline{B}_j$
b_1	50,2	49,9	45,7	48,6
b_2	47,5	38,2	39,1	41,6
b_3	46,0	28,5	36,5	37,0
b_4	47,9	19,0	32,7	33,2
$\overline{A}_i$	47,9	33,9	38,5	$\overline{G} = 40{,}1$

Q.d.V.	QS	df	$\hat{\sigma}^2$	F
A	2444,16	2	1222,08	63,82**
B	2370,96	3	790,32	41,27**
A × B	1376,40	6	229,50	11,98**
Fehler	1149,00	60	19,15	
Total	7340,52	71		

Tabelle 8.9. Differenzentabelle für die Mittelwerte aus Tabelle 8.8

	$\overline{AB}_{11}$	$\overline{AB}_{12}$	$\overline{AB}_{13}$	$\overline{AB}_{14}$	$\overline{AB}_{21}$	$\overline{AB}_{22}$	$\overline{AB}_{23}$	$\overline{AB}_{24}$	$\overline{AB}_{31}$	$\overline{AB}_{32}$	$\overline{AB}_{33}$	$\overline{AB}_{34}$
$\overline{AB}_{11}$	–	2,7	4,2	2,3	0,3	12,0	21,7**	31,2**	4,5	11,1	13,7**	17,5**
$\overline{AB}_{12}$		–	1,5	-0,4	-2,4	9,3	19,0**	28,5**	1,8	8,4	11,0	14,8**
$\overline{AB}_{13}$			–	-1,9	-3,9	7,8	17,5**	27,0**	0,3	6,9	9,5	13,3
$\overline{AB}_{14}$				–	-2,0	9,7	19,4**	28,9**	2,2	8,8	11,4	15,2**
$\overline{AB}_{21}$					–	11,7	21,4**	30,9**	4,2	10,8	13,4	17,2**
$\overline{AB}_{22}$						–	9,7	19,2**	-7,5	-0,9	1,7	5,5
$\overline{AB}_{23}$							–	9,5	-17,2**	-10,6	-8,0	-4,2
$\overline{AB}_{24}$								–	-26,7**	-20,1**	-17,5**	-13,7**
$\overline{AB}_{31}$									–	6,6	9,2	13,0
$\overline{AB}_{32}$										–	2,6	6,4
$\overline{AB}_{33}$											–	3,8
$\overline{AB}_{34}$												–

für die Stufe b_2:

$$QS_{A|b_2} = 6 \cdot [(47,5 - 41,6)^2 + (38,2 - 41,6)^2$$
$$+ (39,1 - 41,6)^2] = 315,72$$
$$\hat{\sigma}^2_{A|b_2} = 315,72/2 = 157,86$$
$$F = \frac{157,86}{19,15} = 8,24,$$

für Stufe b_3:

$$QS_{A|b_3} = 6 \cdot [(46,0 - 37,0)^2 + (28,5 - 37,0)^2$$
$$+ (36,5 - 37,0)^2] = 921,00$$
$$\hat{\sigma}^2_{A|b_3} = 921/2 = 460,5$$
$$F = \frac{460,5}{19,15} = 24,05$$

und für Stufe b_4:

$$QS_{Ab_4} = 6 \cdot [(47,9 - 33,2)^2 + (19,0 - 33,2)^2$$
$$+ (32,7 - 33,2)^2] = 2507,88$$
$$\hat{\sigma}^2_{Ab_4} = 2507,88/2 = 1253,94$$
$$F = \frac{1253,94}{19,15} = 65,48.$$

Wir stellen zunächst fest, dass Gl. (8.32) bestätigt ist:

$$75,96 + 315,72 + 921,00 + 2507,88$$
$$= 2444,16 + 1376,40.$$

Unter Verwendung von $F_{(8;60;0,99)} = 2,82$ lautet der kritische S-Wert gemäß Gl. (8.34):

$$S_A = 4 \cdot 2,82 = 11,28.$$

Damit sind nur die bedingten Haupteffekte $A|b_3$ und $A|b_4$ signifikant, d.h., die unterschiedliche Wirkung der drei psychologischen Behandlungsformen kommt nur bei mittlerer (b_3) bzw. starker Dosierung (b_4) zum Tragen.

Der Vollständigkeit halber prüfen wir auch die bedingten Haupteffekte für den Faktor B. Sie lauten:

$$QS_{B|a_1} = 54,36; \quad \hat{\sigma}^2_{B|a_1} = 18,12; \quad F = 0,95$$
$$QS_{B|a_2} = 3153,96; \quad \hat{\sigma}^2_{B|a_2} = 1051,32 \quad F = 54,90$$
$$QS_{B|a_3} = 539,04; \quad \hat{\sigma}^2_{B|a_3} = 179,68; \quad F = 9,38.$$

Gl. (8.32) ist erfüllt. Für den kritischen S-Wert errechnet man nach Gl. (8.35):

$$S_B = 3 \cdot 2,72 = 8,16.$$

Es sind also nur die bedingten Haupteffekte $B|a_2$ und $B|a_3$ signifikant. Mit zunehmender Dosierung der Medikamente kommt es nur bei der verhaltenstherapeutischen und gesprächspsychotherapeutischen Behandlung zu einer Angstreduktion, aber nicht in der Kontrollgruppe.

Tests für bedingte Einzelvergleiche. Ferner wollen wir überprüfen, unter welchen medikamentösen Bedingungen (Faktor B) der Unterschied zwischen den psychologischen Behandlungen (a_2 und a_3) und der Kontrollgruppe (a_1) signifikant ist. Hierfür werden nach Gl. (8.36) und Gl. (8.37) die folgenden bedingten Einzelvergleiche berechnet:

$$D_1(A|b_1) = 2 \cdot 50,2 + (-1) \cdot 49,9 + (-1) \cdot 45,7$$
$$= 4,8,$$
$$\hat{\sigma}^2_{D_1(A|b_1)} = QS_{D_1(A|b_1)} = \frac{6 \cdot 4,8^2}{6} = 23,04,$$
$$F = \frac{23,04}{19,15} = 1,20;$$

$$D_1(A|b_2) = 2 \cdot 47,5 + (-1) \cdot 38,2 + (-1) \cdot 39,1$$
$$= 17,7,$$
$$\hat{\sigma}^2_{D_1(A|b_2)} = QS_{D_1(A|b_2)} = \frac{6 \cdot 17,7^2}{6} = 313,29,$$
$$F = \frac{313,29}{19,15} = 16,36;$$

8.2 Einzelvergleiche

$D_1(A|b_3) = 2 \cdot 46,0 + (-1) \cdot 28,5 + (-1) \cdot 36,5$
$= 27,0$,

$\hat{\sigma}^2_{D_1(A|b_3)} = QS_{D_1(A|b_3)} = \frac{6 \cdot 27,0^2}{6} = 729,00$,

$F = \frac{729,00}{19,15} = 38,07$;

$D_1(A|b_4) = 2 \cdot 47,9 + (-1) \cdot 19,0 + (-1) \cdot 32,7$
$= 44,1$,

$\hat{\sigma}^2_{D_1(A|b_4)} = QS_{D_1(A|b_4)} = \frac{6 \cdot 44,1^2}{6} = 1944,81$,

$F = \frac{1944,81}{19,15} = 101,56$.

Der kritische S-Wert errechnet sich nach Gl. (8.40) zu:

$S_{D(A|b_j)} = (2 + 2 \cdot 3) \cdot 2,82 = 22,56$.

Die oben geprüften bedingten Haupteffekte sind damit genauer interpretierbar. Die signifikanten Effekte $(A|b_3)$ und $(A|b_4)$ sind hauptsächlich darauf zurückzuführen, dass sich die Kontrollgruppe von den beiden psychologischen Behandlungsgruppen bei mittlerer und starker Dosierung unterscheidet. Bei Plazebobehandlung oder auch schwacher Dosierung machen die Behandlungen gegenüber der Kontrollgruppe keinen Effekt.

Zu Kontrollzwecken überprüfen wir noch einen weiteren bedingten Einzelvergleich, der zum ersten orthogonal ist. Dieser zweite Einzelvergleich kontrastiert die verhaltenstherapeutische Behandlung mit der gesprächspsychotherapeutischen Behandlung (a_2 vs. a_3) unter den einzelnen Stufen von B. Wir ermitteln:

$D_2(A|b_1) = 4,2$; $\hat{\sigma}^2_{D_2(A|b_1)} = 52,92$; $F = 2,76$

$D_2(A|b_2) = -0,9$; $\hat{\sigma}^2_{D_2(A|b_2)} = 2,43$; $F = 0,13$

$D_2(A|b_3) = -8,0$; $\hat{\sigma}^2_{D_2(A|b_3)} = 192,0$; $F = 10,03$

$D_2(A|b_4) = -13,7$; $\hat{\sigma}^2_{D_2(A|b_4)} = 563,07$; $F = 29,40$

Verglichen mit dem kritischen S-Wert (22,56) wird deutlich, dass eine Überlegenheit der verhaltenstherapeutischen Behandlung gegenüber der gesprächspsychotherapeutischen Behandlung nur unter starker Medikamentendosis nachgewiesen werden kann.

Im Übrigen ist festzustellen, dass sich die Quadratsummen der bedingten Einzelvergleiche jeweils zur Quadratsumme des bedingten Haupteffektes addieren, was immer der Fall ist, wenn jeder bedingte Haupteffekt in einen vollständigen Satz orthogonaler Einzelvergleiche zerlegt wird.

Auf eine Untersuchung bedingter Einzelvergleiche für den Faktor B wollen wir verzichten. Sie folgt gemäß Gl. (8.38) und (8.39) dem gleichen Prinzip und würde z. B. die Frage überprüfen, unter welchen psychologischen Behandlungsformen (Faktor B) sich die Plazebogruppe (b_1) von den drei medikamentös behandelten Gruppen (b_2 bis b_4) unterscheidet.

Homogenität der bedingten Einzelvergleiche. Stattdessen prüfen wir die Homogenität der bedingten Einzelvergleiche zum Faktor A. Wir ermitteln für den ersten Einzelvergleich für Gl. (8.42) zunächst:

$\sum_j D_1(A|b_j) = 4,8 + 17,7 + 27,0 + 44,1 = 93,6$ und

$\sum_j D_1(A|b_j)^2 = 4,8^2 + 17,7^2 + 27,0^2 + 44,1^2$
$= 3010,14$.

Damit erhält man

$QS_{D_1(A|b.)} = \frac{6 \cdot (3010,14 - 93,6^2/4)}{2^2 + (-1)^2 + (-1)^2} = 819,90$,

$\hat{\sigma}^2_{D_1(A|b.)} = 819,90/3 = 273,3$

und $F = \frac{273,3}{19,15} = 14,27$.

Gemäß Gl. (8.44) errechnen wir für den kritischen S-Wert:

$S = 2 \cdot 3,12 = 6,24$.

Erwartungsgemäß sind die 4 bedingten Einzelvergleiche für Faktor A nicht homogen (14,27 > 6,24).

Für den zweiten Einzelvergleich führt die Homogenitätsprüfung zu folgendem Resultat:

$QS_{D_2(A|b.)} = \frac{6 \cdot [270,14 - (-18,4)^2/4]}{1^2 + (-1)^2} = 556,50$,

$\hat{\sigma}^2_{D_2(A|b.)} = 556,5/3 = 185,5$,

$F = \frac{185,5}{19,5} = 9,69$.

Auch der zweite Einzelvergleich ist über die Stufen des Faktors B hinweg heterogen (9,69 > 6,24). Da die beiden Einzelvergleiche orthogonal sind, addieren sich die Quadratsummen der beiden Homogenitätstests zur Interaktionsquadratsumme: 819,90 + 556,50 = 1376,40.

Die dosierungsspezifischen Unterschiede zwischen der Kontrollgruppe und den beiden psychologisch behandelten Gruppen (also der Vergleich $D_{1(A|b.)}$) trägt mit einem Quadratsummenanteil von 819,90/1376,40 = 0,60 jedoch mehr zur $QS_{A \times B}$ bei als die dosierungsspezifischen Unterschiede zwischen der verhaltenstherapeutisch und gesprächspsychotherapeutisch behandelten Gruppe ($D_{2(A|b.)}$ mit einem Anteil von 556,50/1376,40 = 0,40).

Tests für Interaktionseinzelvergleiche. Die soeben durchgeführten Homogenitätstests bezogen sich auf Einzelvergleiche von A, die über *alle* Stufen von B gerechnet wurden. Sollen auch auf dem Faktor B nur bestimmte Stufen kontrastiert werden, sind Interaktionseinzelvergleiche durchzuführen, die wir im Folgenden veranschaulichen wollen:

Wir beginnen mit dem ersten bedingten Einzelvergleich für Faktor A (a_1 vs. a_2 und a_3), von dem wir bereits wissen, dass er über alle Stufen von B heterogen ist. Es soll nun geprüft werden, ob dieser Einzelvergleich auch signifikant wird, wenn wir auf dem Faktor B b_1 mit b_2 bis b_4 kontrastieren. Wir fragen also, ob der Unterschied zwischen der Kontrollgruppe (a_1) und den beiden psychologisch behandelten Gruppen (a_2 und a_3) in der Plazebogruppe (b_1) genauso groß ist wie in den drei zusammengefassten, medikamentös behandelten Gruppen (b_2, b_3, b_4). Der erste Interaktionseinzelvergleich kombiniert damit die Einzelvergleiche a_1 vs. a_2 und a_3 mit b_1 vs. b_2 bis b_4.

Nach Gl. (8.47) errechnet man unter Verwendung der Einzelvergleiche $D_1(A|b_j)$

$$D_1(D(A) \times D(B)) = 3 \cdot 4{,}8 + (-1) \cdot (17{,}7)$$
$$+ (-1) \cdot 27{,}0 + (-1) \cdot 44{,}1$$
$$= -74{,}4\,.$$

Für die Quadratsumme ergibt sich nach Gl. (8.48)

$$QS_{D_1(D(A)\times D(B))} = \frac{1}{(2^2 + (-1)^2 + (-1)^2)}$$
$$\times \frac{6 \cdot (-74{,}4)^2}{(3^2 + (-1)^2 + (-1)^2 + (-1^2))}$$
$$= 461{,}280\,.$$

Wegen df = 1 entspricht diese Quadratsumme der Varianzschätzung, d.h., wir erhalten

$$F = \frac{461{,}28}{19{,}15} = 24{,}09\,.$$

Dieser F-Wert ist mit folgendem, nach Gl. (8.49) kritischen S-Wert zu vergleichen:

$$S_{D(D(A)\times D(B))} = 2 \cdot 3 \cdot 3{,}12 = 18{,}72\,.$$

Der F-Wert ist also signifikant. Die Kontrollgruppe und die beiden psychologisch behandelten Gruppen unterscheiden sich ohne medikamentöse Behandlung erheblich weniger als mit medikamentöser Behandlung.

Zusätzlich könnte interessieren, ob der Unterschied a_1 vs. (a_2 und a_3) in der Gruppe mit schwacher Dosierung (b_2) genauso groß ist wie in den Gruppen mit mittlerer bzw. starker Dosierung (b_3 und b_4). Wir prüfen deshalb

$$D_2(D(A) \times D(B)) \quad \text{mit} \quad D_1(A) = 2 \cdot \overline{A}_1 - \overline{A}_2 - \overline{A}_3$$
$$\text{und} \quad D_2(B) = 2 \cdot \overline{B}_2 - \overline{B}_3 - \overline{B}_4$$

und errechnen hierfür:

$$D_2(D(A) \times D(B)) = -35{,}7\,;$$
$$\hat{\sigma}^2_{D_2(D(A)\times D(B))} = \frac{6 \cdot (-35{,}7)^2}{6 \cdot 6} = 212{,}415\,;$$
$$F = \frac{212{,}415}{19{,}15} = 11{,}09\,.$$

Der F-Wert ist nicht signifikant (11,09 < 18,72).

Schließlich vergleichen wir den Unterschied zwischen a_1 vs. a_2 und a_3 in den Gruppen b_3 und b_4:

$$D_3(D(A) \times D(B)) \quad \text{mit} \quad D_1(A) = 2 \cdot \overline{A}_1 - \overline{A}_2 - \overline{A}_3$$
$$\text{und} \quad D_3(B) = \overline{B}_3 - \overline{B}_4\,.$$

Man erhält:

$$D_3(D(A) \times D(B)) = -17{,}1\,;$$
$$\hat{\sigma}^2_{D_3(D(A)\times D(B))} = \frac{6 \cdot (-17{,}1)^2}{6 \cdot 2} = 146{,}205\,;$$
$$F = \frac{146{,}205}{19{,}15} = 7{,}63\,.$$

Auch dieser F-Wert ist nicht signifikant.

Der Vollständigkeit halber kombinieren wir auch den Vergleich $D_2(A)$ (a_2 vs. a_3) mit den drei obigen B-Vergleichen:

$$D_4(D(A) \times D(B)) \quad \text{mit} \quad D_2(A) = \overline{A}_2 - \overline{A}_3$$
$$\text{und} \quad D_1(B) = 3 \cdot \overline{B}_1 - \overline{B}_2 - \overline{B}_3 - \overline{B}_4\,.$$

$$D_4(D(A) \times D(B)) = 35{,}2\,;$$
$$\hat{\sigma}^2_{D_4(D(A)\times D(B))} = \frac{6 \cdot 35{,}2^2}{2 \cdot 12} = 309{,}760\,;$$
$$F = \frac{309{,}760}{19{,}15} = 16{,}18\,.$$

$$D_5(D(A) \times D(B)) \quad \text{mit} \quad D_2(A) = \overline{A}_2 - \overline{A}_3$$
$$\text{und} \quad D_2(B) = 2 \cdot \overline{B}_2 - \overline{B}_3 - \overline{B}_4\,.$$

$$D_5(D(A) \times D(B)) = 19{,}9\,;$$
$$\hat{\sigma}^2_{D_5(D(A)\times D(B))} = \frac{6 \cdot 19{,}9^2}{2 \cdot 6} = 198{,}005\,;$$
$$F = \frac{198{,}005}{19{,}15} = 10{,}34\,.$$

$$D_6(D(A) \times D(B)) \quad \text{mit} \quad D_2(A) = \overline{A}_2 - \overline{A}_3$$
$$\text{und} \quad D_3(B) = \overline{B}_3 - \overline{B}_4\,.$$

$$D_6(D(A) \times D(B)) = 5{,}7\,;$$
$$\hat{\sigma}^2_{D_6(D(A)\times D(B))} = \frac{6 \cdot 5{,}7^2}{2 \cdot 2} = 48{,}735\,;$$
$$F = \frac{48{,}735}{19{,}15} = 2{,}54\,.$$

Alle F-Werte sind kleiner als S = 18,72, d.h., es ist kein weiterer Interaktionseinzelvergleich signifikant.

Man beachte, dass sich die Quadratsummen der 6 Interaktionseinzelvergleiche zur Interaktionsquadratsumme addieren (461,280 + 212,415 + 146,205 + 309,760 + 198,005 + 48,735 = 1376,40). Dies ist immer der Fall, wenn die Interaktionseinzelvergleiche aus allen Kombinationen von p − 1 orthogonalen Einzelvergleichen für Faktor A und q − 1 orthogonalen Einzelvergleichen für den Faktor B bestehen.

8.3 Drei- und mehrfaktorielle Varianzanalysen

Die Frage, wie eine abhängige Variable durch 3 unabhängige Variablen beeinflusst wird, können wir mit der dreifaktoriellen Varianzanalyse untersuchen. Diese Analyse zerlegt die totale Quadratsumme in die folgenden, voneinander unabhängigen Anteile:

- Drei Haupteffekte A, B und C.
- Drei Interaktionseffekte A × B, A × C und B × C.

8.3 Drei- und mehrfaktorielle Varianzanalysen

- Interaktion 2. Ordnung *(Tripelinteraktion)* A × B × C. Diese varianzgenerierende Quelle taucht erstmalig in der dreifaktoriellen Varianzanalyse auf. Sie beinhaltet denjenigen Varianzanteil, der auf spezifische Effekte der Kombinationen aller 3 Faktoren zurückzuführen ist und der weder aus den Haupteffekten noch aus den Interaktionen 1. Ordnung erklärt werden kann.
- Fehlereffekte. Wie in allen bisher besprochenen Varianzanalysen gehen Fehlereffekte auf Störvariablen zurück, die dazu führen, dass die Messwerte von Untersuchungseinheiten, die unter einer Faktorstufenkombination beobachtet werden, nicht identisch sind.

Terminologie

Für die rechnerische Durchführung einer dreifaktoriellen Varianzanalyse vereinbaren wir folgende Terminologie:

Faktor A hat p Stufen. Der Laufindex heißt i.
Faktor B hat q Stufen. Der Laufindex heißt j.
Faktor C hat r Stufen. Der Laufindex heißt k.

Eine dreifaktorielle Varianzanalyse benötigt $p \cdot q \cdot r$ Zufallsstichproben der Größe n. Der Laufindex für die Personen innerhalb einer Stichprobe heißt m. Insgesamt werden bei der dreifaktoriellen Varianzanalyse somit $p \cdot q \cdot r \cdot n$ Vpn untersucht. Jeder Vp ist ein Messwert x_{ijkm} der abhängigen Variablen zugeordnet. (Der Messwert der 2. Person, die zur 1. Stufe des Faktors A, zur 3. Stufe des Faktors B und zur 1. Stufe des Faktors C gehört, lautet somit x_{1312}.)

Wie bei der zweifaktoriellen Varianzanalyse beginnen wir auch hier mit der Berechnung der Summen der Messwerte pro Stichprobe (pro Faktorstufenkombination):

$$ABC_{ijk} = \sum_m x_{ijkm}.$$

Hieraus werden die Summen für alle Zweierkombinationen von Faktorstufen berechnet:

$$AB_{ij} = \sum_k ABC_{ijk},$$

$$AC_{ik} = \sum_j ABC_{ijk},$$

$$BC_{jk} = \sum_i ABC_{ijk}.$$

Aus diesen Summen lassen sich folgende Summen für die Faktorstufen der 3 Faktoren ermitteln:

$$A_i = \sum_j AB_{ij} = \sum_k AC_{ik},$$

$$B_j = \sum_i AB_{ij} = \sum_k BC_{jk},$$

$$C_k = \sum_i AC_{ik} = \sum_j BC_{jk}.$$

Die Gesamtsumme G ergibt sich zu:

$$G = \sum_i A_i = \sum_j B_j = \sum_k C_k.$$

Hypothesen

Entsprechend der Quadratsummenzerlegung in 3 Haupteffekte, 3 Interaktionen 1. Ordnung und einer Interaktion 2. Ordnung überprüft die drei-

Tabelle 8.10. Allgemeine Ergebnistabelle einer dreifaktoriellen Varianzanalyse

Q.d.V.	QS	df
A	(3)−(1)	p−1
B	(4)−(1)	q−1
C	(5)−(1)	r−1
A × B	(6)−(3)−(4)+(1)	(p−1)·(q−1)
A × C	(7)−(3)−(5)+(1)	(p−1)·(r−1)
B × C	(8)−(4)−(5)+(1)	(q−1)·(r−1)
A × B × C	(9)−(6)−(7)−(8)+(3)+(4)+(5)−(1)	(p−1)·(q−1)·(r−1)
Fehler	(2)−(9)	p·q·r·(n−1)
Total	(2)−(1)	p·q·r·n−1

faktorielle Varianzanalyse folgende Nullhypothesen:

Faktor A: $\mu_1 = \mu_2 = \ldots = \mu_p$
Faktor B: $\mu_1 = \mu_2 = \ldots = \mu_q$
Faktor C: $\mu_1 = \mu_2 = \ldots = \mu_r$
Interaktion A × B: $\mu_{ij} = \mu_i + \mu_j - \mu$
Interaktion A × C: $\mu_{ik} = \mu_i + \mu_k - \mu$
Interaktion B × C: $\mu_{jk} = \mu_j + \mu_k - \mu$
Interaktion A × B × C: $\mu_{ijk} = \mu_{ij} + \mu_{ik} + \mu_{jk} - \mu_i - \mu_j - \mu_k + \mu$.

Rechnerische Durchführung

Für die Berechnung der Quadratsummen werden folgende Hilfsgrößen benötigt:

$$(1) = \frac{G^2}{n \cdot p \cdot q \cdot r}, \quad (2) = \sum_i \sum_j \sum_k \sum_m x_{ijkm}^2,$$

$$(3) = \frac{\sum_i A_i^2}{n \cdot q \cdot r}, \quad (4) = \frac{\sum_j B_j^2}{n \cdot p \cdot r},$$

$$(5) = \frac{\sum_k C_k^2}{n \cdot p \cdot q}, \quad (6) = \frac{\sum_i \sum_j AB_{ij}^2}{n \cdot r},$$

$$(7) = \frac{\sum_i \sum_k AC_{ik}^2}{n \cdot q}, \quad (8) = \frac{\sum_j \sum_k BC_{jk}^2}{n \cdot p},$$

$$(9) = \frac{\sum_i \sum_j \sum_k ABC_{ijk}^2}{n}.$$

Tabelle 8.10 zeigt, wie aus diesen Hilfsgrößen die Quadratsummen und wie die Freiheitsgrade berechnet werden.

Auf die Herleitung der Berechnungsvorschriften für die Quadratsummen und Freiheitsgrade, die völlig analog zur ein- bzw. zweifaktoriellen Varianzanalyse verläuft, wollen wir verzichten. Die Summe der Quadratsummen für die Haupteffekte, die Interaktionen 1. Ordnung und die Interaktion 2. Ordnung ergibt zusammen mit der Fehlerquadratsumme die totale Quadratsumme

$$QS_{tot} = QS_A + QS_B + QS_C + QS_{A \times B} + QS_{A \times C} + QS_{B \times C} + QS_{A \times B \times C} + QS_{Fehler}. \quad (8.50)$$

Entsprechendes gilt für die Freiheitsgrade:

$$df_{tot} = df_A + df_B + df_C + df_{A \times B} + df_{A \times C} + df_{B \times C} + df_{A \times B \times C} + df_{Fehler}. \quad (8.51)$$

Wie üblich ermitteln wir die Varianzen, indem die Quadratsummen durch die entsprechenden Freiheitsgrade dividiert werden. Die Überprüfung der 7 Nullhypothesen erfolgt wiederum durch F-Tests. Haben alle Faktoren feste Effekte, ist die $\hat{\sigma}_{Fehler}^2$ für alle Haupteffekte und Interaktionen die adäquate Prüfvarianz. Im Übrigen richtet sich die Prüfvarianz für die einzelnen zu testenden Effekte danach, welche Faktoren *feste* und welche *zufällige* Effekte aufweisen. Tabelle 8.11 zeigt die Prüfvarianzen, die im Einzelnen zu wählen sind. (Auf die theoretische Herleitung der Prüfvarianzen werden wir in Kap. 12 eingehen.)

Wir unterscheiden 4 verschiedene Modelle, die sich aus den Kombinationen der Faktorarten ergeben. In Tabelle 8.11 wird beispielsweise der Fall A = fest, B = zufällig, C = fest nicht gesondert behandelt, da er durch einfache Umbenennung der Faktoren dem unter II erwähnten Modell entspricht. Aus Tabelle 8.11 wird ersichtlich, dass beim Modell III (mit einem festen und 2 zufälligen Faktoren) der feste Faktor und beim Modell IV (3 zufällige Faktoren) die 3 Haupteffekte nicht direkt überprüfbar sind.

Quasi-F-Brüche. Falls ein Effekt nicht direkt prüfbar ist, besteht die Möglichkeit, durch die Bildung von sog. „Quasi-F-Brüchen" die entsprechenden Effekte zumindest approximativ zu testen. Die Konstruktion der Quasi-F-Brüche basiert auf dem *theore-*

Tabelle 8.11. Prüfvarianzen in der dreifaktoriellen Varianzanalyse

zu prüfende Varianz	Prüfvarianzen			
	I A fest B fest C fest	II A fest B fest C zufällig	III A fest B zufällig C zufällig	IV A zufällig B zufällig C zufällig
$\hat{\sigma}_A^2$	$\hat{\sigma}_{Fehler}^2$	$\hat{\sigma}_{A \times C}^2$	–	–
$\hat{\sigma}_B^2$	$\hat{\sigma}_{Fehler}^2$	$\hat{\sigma}_{B \times C}^2$	$\hat{\sigma}_{B \times C}^2$	–
$\hat{\sigma}_C^2$	$\hat{\sigma}_{Fehler}^2$	$\hat{\sigma}_{Fehler}^2$	$\hat{\sigma}_{B \times C}^2$	–
$\hat{\sigma}_{A \times B}^2$	$\hat{\sigma}_{Fehler}^2$	$\hat{\sigma}_{A \times B \times C}^2$	$\hat{\sigma}_{A \times B \times C}^2$	$\hat{\sigma}_{A \times B \times C}^2$
$\hat{\sigma}_{A \times C}^2$	$\hat{\sigma}_{Fehler}^2$	$\hat{\sigma}_{Fehler}^2$	$\hat{\sigma}_{A \times B \times C}^2$	$\hat{\sigma}_{A \times B \times C}^2$
$\hat{\sigma}_{B \times C}^2$	$\hat{\sigma}_{Fehler}^2$	$\hat{\sigma}_{Fehler}^2$	$\hat{\sigma}_{Fehler}^2$	$\hat{\sigma}_{A \times B \times C}^2$
$\hat{\sigma}_{A \times B \times C}^2$	$\hat{\sigma}_{Fehler}^2$	$\hat{\sigma}_{Fehler}^2$	$\hat{\sigma}_{Fehler}^2$	$\hat{\sigma}_{Fehler}^2$

8.3 Drei- und mehrfaktorielle Varianzanalysen

tischen *Erwartungswertmodell* der einzelnen Varianzen, auf das wir in Kap. 12 eingehen. Danach lassen sich die in Tabelle 8.11 nicht direkt testbaren Effekte durch die in Tab. 8.12 genannten Quasi-F-Brüche (F') überprüfen, die angenähert F-verteilt sind. (Man beachte, dass hier ausnahmsweise Varianzen und nicht Quadratsummen addiert werden.)

Zusätzlich bedarf es bei der Konstruktion von Quasi-F-Brüchen einer *Korrektur der Freiheitsgrade*. Diese Freiheitsgradkorrektur hat folgende allgemeine Form (vgl. Satterthwaite, 1946):

$$df_{\text{Zähler}} = \frac{(u+v)^2}{(u^2/f_u)+(v^2/f_v)}, \quad (8.52)$$

wobei u und v = die entsprechenden Varianzen im Zähler des F'-Bruches; f_u und f_v = die entsprechenden Freiheitsgrade der Varianzen im Zähler des F'-Bruches.

$$df_{\text{Nenner}} = \frac{(w+x)^2}{(w^2/f_w)+(x^2/f_x)}, \quad (8.53)$$

wobei w und x = die entsprechenden Varianzen im Nenner des F'-Bruches; f_w und f_x = die entsprechenden Freiheitsgrade der Varianzen im Nenner des F'-Bruches.

Die so ermittelten Zähler- und Nennerfreiheitsgrade werden ganzzahlig abgerundet. Tabelle E entnehmen wir, welcher F-Wert für ein bestimmtes α-Niveau bei den korrigierten Werten für die Zähler- und Nennerfreiheitsgrade erwartet wird. Ist dieser F-Wert größer als der Quasi-F-Wert, muss die H_0 bezüglich des getesteten Faktors beibehalten werden. Auf S. 319 f. wird die Konstruktion von Quasi-F-Brüchen an einem Beispiel demonstriert.

Eine Untersuchung über die testtheoretischen Eigenschaften von Quasi-F-Brüchen findet man bei Santa et al. (1979). Nach dieser Studie kann man davon ausgehen, dass auch Quasi-F-Brüche relativ robust sind gegenüber Verletzungen der Voraussetzungen der Varianzanalyse (vgl. unter 8.6).

„Pooling"-Prozeduren. Eine Alternative zu den Quasi-F-Brüchen für nicht direkt testbare Effekte besteht darin, unbedeutende Interaktionen, an denen Faktoren mit zufälligen Effekten beteiligt sind, mit anderen Interaktionen oder der Fehlervarianz zusammenzufassen (zum theoretischen Hintergrund vgl. S. 423). Wenn sich beispielsweise im Modell III der Tabelle 8.11 herausstellen sollte, dass alle 4 Interaktionen (A × B, A × C, B × C, A × B × C) unbedeutend sind, könnten diese mit der Fehlervarianz zusammengefasst werden. Die so gebildete neue Varianz (man erhält sie, indem die Summe aller Quadratsummen durch die Summe der entsprechenden Freiheitsgrade dividiert wird) wäre dann als Prüfvarianz für Faktor A einzusetzen.

Die hier skizzierte Vorgehensweise ist allerdings nicht unproblematisch. Paull (1950) empfiehlt eine Zusammenlegung von Interaktionsvarianz und Fehlervarianz nur, wenn 1. sowohl die jeweilige Interaktionsvarianz als auch die Fehlervarianz mehr als 6 Freiheitsgrade haben und 2. der F-Wert für die Interaktion kleiner als 2 ist. Eine sequenzielle Strategie für den kombinierten Einsatz von Quasi-F-Brüchen und „pooling procedures", die auch die auf S. 303 ff. problematisierte Durchführung von F-Tests mit Interaktionen als Prüfvarianz berücksichtigt, findet man bei Hopkins (1983).

„Optimale" Stichprobenumfänge

Für dreifaktorielle Varianzanalysen gelten die Ausführungen auf S. 303 ff. (zweifaktorielle Varianzanalysen) nahezu analog. Falls sich der „optimale" Stichprobenumfang an einer praktisch bedeutsamen Interaktion zweiter Ordnung orientieren soll (was in der Praxis selten vorkommt), ist die Effektgröße wie folgt zu ermitteln (bzw. ex post zu schätzen):

$$\varepsilon = \frac{1}{\sigma} \cdot \sqrt{\frac{\sum_i \sum_j \sum_k (\mu'_{ijk} - \mu_{ijk})^2}{p \cdot q \cdot r}} \quad (8.54)$$

Tabelle 8.12. Quasi-F-Brüche in der dreifaktoriellen Varianzanalyse mit festen und zufälligen Effekten

Modell III, Faktor A:	$F' = \dfrac{\hat\sigma^2_A + \hat\sigma^2_{A\times B\times C}}{\hat\sigma^2_{A\times B} + \hat\sigma^2_{A\times C}}$
Modell IV, Faktor A:	$F' = \dfrac{\hat\sigma^2_A + \hat\sigma^2_{A\times B\times C}}{\hat\sigma^2_{A\times B} + \hat\sigma^2_{A\times C}}$
Modell IV, Faktor B:	$F' = \dfrac{\hat\sigma^2_B + \hat\sigma^2_{A\times B\times C}}{\hat\sigma^2_{A\times B} + \hat\sigma^2_{B\times C}}$
Modell IV, Faktor C:	$F' = \dfrac{\hat\sigma^2_C + \hat\sigma^2_{A\times B\times C}}{\hat\sigma^2_{A\times C} + \hat\sigma^2_{B\times C}}$

mit $\mu'_{ijk} = \mu_{ij} + \mu_{ik} + \mu_{jk} - \mu_i - \mu_j - \mu_k + \mu$.

Für σ ist als Schätzung die Wurzel der Prüfvarianz für die Interaktion 2. Ordnung einzusetzen, also üblicherweise die Fehlervarianz bzw. die Varianz innerhalb der Populationen der Faktorstufenkombinationen.

Einzelvergleiche und Trendtests

Wie in der ein- und zweifaktoriellen Varianzanalyse können auch im Rahmen der dreifaktoriellen Varianzanalyse A-priori-Einzelvergleiche, Trend- und Scheffé-Tests durchgeführt werden. Die hierfür benötigten Gleichungen lassen sich direkt aus den entsprechenden Formeln für die zweifaktorielle Varianzanalyse ableiten.

Eine Komponente des Faktors A erhalten wir, indem der Zähler in Gl. (8.24) um den Faktor r erweitert wird. Entsprechendes gilt für den Haupteffekt B. Eine Komponente des Faktors C, die wie alle Komponenten einen Freiheitsgrad hat, lautet:

$$QS_{D(C)} = \hat{\sigma}^2_{D(C)} = \frac{n \cdot p \cdot q \left(\sum_k c_k \cdot \overline{C}_k \right)^2}{\sum_k c_k^2}. \quad (8.55)$$

Für die kritischen Paardifferenzen nach dem Scheffé-Test ergeben sich – analog zu Gl. (8.26) bis (8.28) – im dreifaktoriellen Fall folgende Gleichungen:

Für Faktor A:

$$\text{Diff}_{\text{crit}} = \sqrt{\frac{2 \cdot (p-1) \cdot \hat{\sigma}^2_t \cdot F_{(d,e;1-a)}}{n \cdot q \cdot r}}. \quad (8.56)$$

Für Faktor B:

$$\text{Diff}_{\text{crit}} = \sqrt{\frac{2 \cdot (q-1) \cdot \hat{\sigma}^2_t \cdot F_{(d,e;1-a)}}{n \cdot p \cdot r}}. \quad (8.57)$$

Für Faktor C:

$$\text{Diff}_{\text{crit}} = \sqrt{\frac{2 \cdot (r-1) \cdot \hat{\sigma}^2_t \cdot F_{(d,e;1-a)}}{n \cdot p \cdot q}}. \quad (8.58)$$

Für die A × B-Kombinationen:

$$\text{Diff}_{\text{crit}} = \sqrt{\frac{2 \cdot (p \cdot q - 1) \cdot \hat{\sigma}^2_t \cdot F_{(d,e;1-a)}}{n \cdot r}}. \quad (8.59)$$

Für die A × C-Kombinationen:

$$\text{Diff}_{\text{crit}} = \sqrt{\frac{2 \cdot (p \cdot r - 1) \cdot \hat{\sigma}^2_t \cdot F_{(d,e;1-a)}}{n \cdot q}}. \quad (8.60)$$

Für die B × C-Kombinationen:

$$\text{Diff}_{\text{crit}} = \sqrt{\frac{2 \cdot (q \cdot r - 1) \cdot \hat{\sigma}^2_t \cdot F_{(d,e;1-a)}}{n \cdot p}}. \quad (8.61)$$

Für die A × B × C-Kombinationen:

$$\text{Diff}_{\text{crit}} = \sqrt{\frac{2 \cdot (p \cdot q \cdot r - 1) \cdot \hat{\sigma}^2_t \cdot F_{(d,e;1-a)}}{n}}. \quad (8.62)$$

wobei

$\hat{\sigma}^2_t =$ Prüfvarianz des Effektes, für den die kritische Differenz berechnet wird. Die Prüfvarianzen sind Tabelle 8.11 zu entnehmen. (Für Effekte, die nicht direkt testbar sind, können keine Einzelvergleiche durchgeführt werden.)

$F_{(d,e;1-a)} =$ der bei d Zählerfreiheitsgraden und e Nennerfreiheitsgraden für das a-Niveau kritische F-Wert.

$d =$ Freiheitsgrade des Effektes, für den die kritische Differenz berechnet wird.

$e =$ Freiheitsgrade von $\hat{\sigma}^2_t$.

Die Ausführungen unter 8.2 über bedingte Haupteffekte, bedingte Einzelvergleiche und Interaktionseinzelvergleiche gelten analog für dreifaktorielle Varianzanalysen.

BEISPIEL

In einer (fiktiven) sozialpsychologischen Untersuchung soll die Einstellung zur Politik der Regierung untersucht werden (abhängige Variable = Einstellung zur Politik). Die Einstellung wird durch die Beantwortung folgender Frage gemessen: „Wie beurteilen Sie die Politik Ihrer Regierung?" Als Antwortalternativen stehen den Vpn zur Verfügung:

negativ (= 0) ,
neutral (= 1) ,
positiv (= 2).

Die abhängige Variable kann somit nur die Werte 0, 1 und 2 annehmen. (Dieses Beispiel wurde gewählt, um den Rechengang der dreifaktoriellen Varianzanalyse nachvollziehbar zu gestalten. Ausgehend von einem Einstellungskontinuum, das durch 3 Messpunkte, von denen wir Äquidistanz annehmen, erfasst wird, sind Mittelwertunterschiede und damit auch varianzanalytische Ergebnisse interpretierbar.)

8.3 Drei- und mehrfaktorielle Varianzanalysen

Als unabhängige Variablen sollen überprüft werden:

- Geschlecht (Faktor A, p = 2)
  a_1 = männlich,
  a_2 = weiblich.
- Alter (Faktor B, q = 3)
  b_1 = jung (20-34 Jahre),
  b_2 = mittel (35-49 Jahre),
  b_3 = alt (50-64 Jahre).
- Soziale Schicht (Faktor C, r = 3)
  c_1 = Oberschicht (OS),
  c_2 = Mittelschicht (MS),
  c_3 = Unterschicht (US).

Alle 3 Faktoren haben feste Effekte. Die varianzanalytischen Hypothesen sollen mit $\alpha = 0{,}01$ geprüft werden. Um den Rechenaufwand des Beispiels in Grenzen zu halten, wird jeder Faktorstufenkombination eine Zufallsstichprobe der Größe n = 3 aus den entsprechenden Populationen zugewiesen. Es werden somit insgesamt $2 \times 3 \times 3 \times 3 = 54$ Vpn benötigt. Die Daten der Untersuchung zeigt Tabelle 8.13.

Die Summen

$$ABC_{ijk} = \sum_m x_{ijkm}$$

für die einzelnen Stichproben lauten:

$ABC_{111} = 4 \quad ABC_{131} = 1 \quad ABC_{221} = 5$
$ABC_{112} = 5 \quad ABC_{132} = 0 \quad ABC_{222} = 5$
$ABC_{113} = 3 \quad ABC_{133} = 2 \quad ABC_{223} = 6$
$ABC_{121} = 3 \quad ABC_{211} = 5 \quad ABC_{231} = 2$
$ABC_{122} = 4 \quad ABC_{212} = 6 \quad ABC_{232} = 1$
$ABC_{123} = 5 \quad ABC_{213} = 2 \quad ABC_{233} = 3$.

Für die Stufenkombinationen der Faktoren A und B ergeben sich folgende Summen:

$$AB_{11} = \sum_k ABC_{11k} = 4 + 5 + 3 = 12$$

$$AB_{12} = \sum_k ABC_{12k} = 3 + 4 + 5 = 12$$

$$AB_{13} = \sum_k ABC_{13k} = 1 + 0 + 2 = 3$$

$$AB_{21} = \sum_k ABC_{21k} = 5 + 6 + 2 = 13$$

$$AB_{22} = \sum_k ABC_{22k} = 5 + 5 + 6 = 16$$

$$AB_{23} = \sum_k ABC_{23k} = 2 + 1 + 3 = 6.$$

Für die Stufenkombinationen der Faktoren A und C:

$$AC_{11} = \sum_j ABC_{1j1} = 4 + 3 + 1 = 8$$

$$AC_{12} = \sum_j ABC_{1j2} = 5 + 4 + 0 = 9$$

$$AC_{13} = \sum_j ABC_{1j3} = 3 + 5 + 2 = 10$$

$$AC_{21} = \sum_j ABC_{2j1} = 5 + 5 + 2 = 12$$

$$AC_{22} = \sum_j ABC_{2j2} = 6 + 5 + 1 = 12$$

$$AC_{23} = \sum_j ABC_{2j3} = 2 + 6 + 3 = 11.$$

Tabelle 8.13. Beispiel für eine dreifaktorielle Varianzanalyse

Faktor C ↓	männlich (1)			weiblich (2)			← Faktor A
	20-34 (1)	35-49 (2)	50-64 (3)	20-34 (1)	35-49 (2)	50-64 (3)	← Faktor B
OS (1)	1	1	1	1	2	1	
	1	1	0	2	2	1	
	2	1	0	2	1	0	
MS (2)	1	2	0	2	2	1	
	2	1	0	2	2	0	
	2	1	0	2	1	0	
US (3)	2	2	1	2	2	1	
	1	2	1	0	2	1	
	0	1	0	0	2	1	

Für die Stufenkombinationen der Faktoren B und C:

$BC_{11} = \sum_i ABC_{i11} = 4 + 5 = 9$

$BC_{12} = \sum_i ABC_{i12} = 5 + 6 = 11$

$BC_{13} = \sum_i ABC_{i13} = 3 + 2 = 5$

$BC_{21} = \sum_i ABC_{i21} = 3 + 5 = 8$

$BC_{22} = \sum_i ABC_{i22} = 4 + 5 = 9$

$BC_{23} = \sum_i ABC_{i23} = 5 + 6 = 11$

$BC_{31} = \sum_i ABC_{i31} = 1 + 2 = 3$

$BC_{32} = \sum_i ABC_{i32} = 0 + 1 = 1$

$BC_{33} = \sum_i ABC_{i33} = 2 + 3 = 5$.

Hieraus lassen sich folgende Summen für die einzelnen Faktorstufen ermitteln:

Faktor A:

$A_1 = \sum_j AB_{1j} = 12 + 12 + 3 = 27$

$A_2 = \sum_j AB_{2j} = 13 + 16 + 6 = 35$,

Faktor B:

$B_1 = \sum_i AB_{i1} = 12 + 13 = 25$

$B_2 = \sum_i AB_{i2} = 12 + 16 = 28$

$B_3 = \sum_i AB_{i3} = 3 + 6 = 9$,

Faktor C:

$C_1 = \sum_i AC_{i1} = 8 + 12 = 20$

$C_2 = \sum_i AC_{i2} = 9 + 12 = 21$

$C_3 = \sum_i AC_{i3} = 10 + 11 = 21$.

Die Gesamtsumme G ergibt sich zu:

$G = \sum_i A_i = \sum_j B_j = \sum_k C_k = 62$.

Ausgehend von den Einzelsummen resultieren die folgenden Kennziffern:

$(1) = \dfrac{G^2}{p \cdot q \cdot r \cdot n} = \dfrac{62^2}{2 \cdot 3 \cdot 3 \cdot 3} = 71{,}19$,

$(2) = \sum_i \sum_j \sum_k \sum_m x_{ijkm}^2$

$= 1^2 + 1^2 + 2^2 + \ldots + 1^2 + 1^2 + 1^2$

$= 12 \cdot 0^2 + 22 \cdot 1^2 + 20 \cdot 2^2 = 102$,

$(3) = \dfrac{\sum_i A_i^2}{q \cdot r \cdot n} = \dfrac{27^2 + 35^2}{3 \cdot 3 \cdot 3} = 72{,}73$,

$(4) = \dfrac{\sum_j B_j^2}{p \cdot r \cdot n} = \dfrac{25^2 + 28^2 + 9^2}{2 \cdot 3 \cdot 3} = 82{,}78$,

$(5) = \dfrac{\sum_k C_k^2}{p \cdot q \cdot n} = \dfrac{20^2 + 21^2 + 21^2}{2 \cdot 3 \cdot 3} = 71{,}22$,

$(6) = \dfrac{\sum_i \sum_j AB_{ij}^2}{r \cdot n}$

$= \dfrac{12^2 + 12^2 + 3^2 + 13^2 + 16^2 + 6^2}{3 \cdot 3} = 84{,}22$,

$(7) = \dfrac{\sum_i \sum_k AC_{ik}^2}{q \cdot n}$

$= \dfrac{8^2 + 9^2 + 10^2 + 12^2 + 12^2 + 11^2}{3 \cdot 3} = 72{,}67$,

$(8) = \dfrac{\sum_j \sum_k BC_{jk}^2}{p \cdot n}$

$= \dfrac{9^2 + 11^2 + 5^2 + 8^2 + 9^2 + 11^2 + 3^2 + 1^2 + 5^2}{2 \cdot 3}$

$= 88{,}00$,

$(9) = \dfrac{\sum_i \sum_j \sum_k ABC_{ijk}^2}{n}$

$= \dfrac{4^2 + 5^2 + 3^2 + \ldots + 2^2 + 1^2 + 3^2}{3} = 90$.

Unter Verwendung dieser Kennziffern erhalten wir die in Tabelle 8.14 genannten Ergebnisse.

(Rechenkontrolle: Die einzelnen Quadratsummen müssen aufaddiert die totale Quadratsumme ergeben. Das Gleiche gilt für die Freiheitsgrade. Es ist darauf zu achten, dass die Hilfsgrößen (1)–(9) möglichst genau berechnet werden. Negative Quadratsummen sind immer ein Anzeichen dafür, dass Rechenfehler vorliegen!)

Die *prozentuale Varianzaufklärung* ($\eta^2 \cdot 100\%$) der abhängigen Variablen durch die Faktoren und Interaktionen ermitteln wir, indem die entsprechenden Quadratsummen an der QS_{tot} relativiert und mit 100 multipliziert werden. Diese Vorgehensweise ist in unserem Beispiel zulässig, da alle Faktoren feste Effekte aufweisen (vgl. jedoch auch S. 299).

Alle Haupteffekte und Interaktionen werden an der Fehlervarianz getestet. Sowohl der B-Effekt (Alter) als auch die B × C-Interaktion (Alter × Schicht) sind somit sehr signifi-

Tabelle 8.14. Ergebnistabelle der dreifaktoriellen Varianzanalyse

Q.d.V.	QS	df	$\hat{\sigma}^2$	F
A	1,19	1	1,19	3,60
B	11,60	2	5,80	17,58**
C	0,04	2	0,02	
A × B	0,26	2	0,13	
A × C	0,26	2	0,13	
B × C	5,19	4	1,30	3,94**
A × B × C	0,29	4	0,07	
Fehler	12,00	36	0,33	
Total	30,82	53		

Tabelle 8.15. Mittelwerte der B × C-Interaktion für Tabelle 8.13

	jung	mittel	alt
OS	1,50	1,33	0,50
MS	1,83	1,50	0,16
US	0,83	1,83	0,83

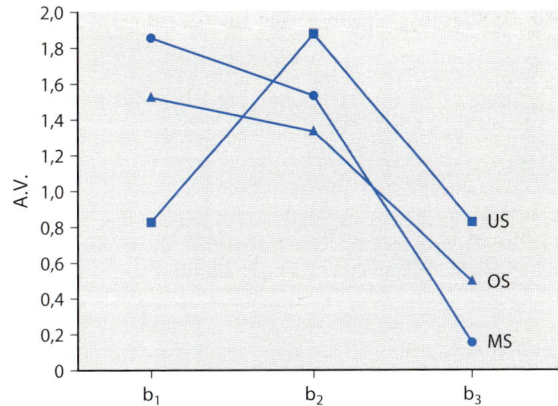

Abb. 8.5. Graphische Darstellung der B × C-Interaktion in Tabelle 8.15

kant ($F_{2,36;99\%} = 5,26$; $F_{4,36;99\%} = 3,90$). Die Einstellung zur Politik ist altersabhängig. Alte Personen haben gegenüber jüngeren Personen eine negativere Einstellung ($\overline{B}_1 = 1,39$, $\overline{B}_2 = 1,56$, $\overline{B}_3 = 0,5$). Diese Interpretation ist wegen der signifikanten, disordinalen B × C-Interaktion jedoch zu relativieren (s. u.). Die Einstellung zur Politik ist unabhängig vom Geschlecht und vom Schichtfaktor (keine Signifikanz auf Faktor A und C).

Interaktion. Die B × C-Interaktion basiert auf den in Tabelle 8.15 genannten Mittelwerten. Da die Mittelwerte weder zeilenweise noch spaltenweise einheitlich einem monotonen Trend folgen, handelt es sich um eine disordinale Interaktion (vgl. S. 301). Abbildung 8.5 zeigt die graphische Darstellung dieser Interaktion.

Aus der Abbildung geht hervor, dass bei der Oberschicht und noch deutlicher bei der Mittelschicht mit zunehmendem Alter die Einstellung negativer wird. Dies trifft jedoch nicht auf die Unterschicht zu. Hier sind junge und alte Personen im Vergleich zu Personen mittleren Alters am meisten negativ eingestellt.

Um zu überprüfen, welche Schicht × Alter-Kombinationen sich paarweise signifikant voneinander unterscheiden, ermitteln wir nach Gl. (8.54) folgende kritische Differenz:

$$\text{Diff}_\text{crit} = \sqrt{\frac{2 \cdot (3 \cdot 3 - 1) \cdot 0{,}33 \cdot 3{,}10}{3 \cdot 2}} = 1{,}65.$$

Mittelwertdifferenzen der B × C-Kombinationen, deren Absolutbeträge größer als 1,65 sind, bezeichnen wir als auf dem 1%-Niveau signifikant.

Quasi-F-Brüche. Um die Bildung von Quasi-F-Brüchen zu verdeutlichen, nehmen wir einfachheitshalber an, dass das in Tabelle 8.13 enthaltene Datenmaterial aus einer Untersuchung stammt, in der der *Faktor A fest* und *die Faktoren B und C zufällig* sind. An den Berechnungen der in Tabelle 8.14 enthaltenen Varianzen ändert sich hierdurch nichts. Die Überprüfung der Varianzen erfolgt jedoch nicht durchgängig an der Fehlervarianz, sondern an den in Tabelle 8.11 unter III angegebenen Varianzen.

Nach diesem Prüfschema ermitteln wir die folgenden F-Werte:

$$F_A = \text{(nicht testbar)} \qquad F_{A \times B} = \frac{0{,}13}{0{,}07} = 1{,}86$$

$$F_B = \frac{5{,}80}{1{,}30} = 4{,}46 \qquad F_{A \times C} = \frac{0{,}13}{0{,}07} = 1{,}86$$

$$F_C = \frac{0{,}02}{1{,}30} = 0{,}01 \qquad F_{B \times C} = \frac{1{,}30}{0{,}33} = 3{,}94$$

$$F_{A \times B \times C} = \frac{0{,}07}{0{,}33} = 0{,}21.$$

Die F-Werte für den Haupteffekt C und die Tripelinteraktion A × B × C sind kleiner als 1 und damit nicht signifikant. Für Faktor B erwarten wir auf dem $\alpha = 5\%$-Niveau bei 2 Zählerfreiheitsgraden und 4 Nennerfreiheitsgraden ($= df_{B \times C}$) den kritischen F-Wert von $F_{(2,4;95\%)} = 6{,}94$. Der Haupteffekt B ist somit für den Fall, dass B und C zufällige Faktoren sind, nicht mehr signifikant. Ebenfalls keine Signifikanz ergibt sich für die Interaktionen A × B und A × C ($F_{(2,4;95\%)} = 6{,}94$). Da sich die Prüfvarianz für die B × C-Interaktion nicht geändert hat, ist sie auch in diesem Fall auf dem 1%-Niveau signifikant.

Als Nächstes berechnen wir für den Faktor A einen *Quasi-F-Bruch*, der gemäß Tabelle 8.12 lautet:

$$F' = \frac{\hat{\sigma}_A^2 + \hat{\sigma}_{A \times B \times C}^2}{\hat{\sigma}_{A \times B}^2 + \hat{\sigma}_{A \times C}^2} = \frac{1{,}19 + 0{,}07}{0{,}13 + 0{,}13} = 4{,}85.$$

Die Freiheitsgrade ermitteln wir nach Gl. (8.52) und (8.53) zu:

$$df_{Zähler} = \frac{(1{,}19 + 0{.}07)^2}{(1{,}19^2/1) + (0{,}07^2/4)} = 1{,}12 \approx 1 \,,$$

$$df_{Nenner} = \frac{(0{,}13 + 0{,}13)^2}{(0{,}13^2/2) + (0{,}13^2/2)} = 4{,}00 \,.$$

Für diese Freiheitsgrade und $\alpha = 5\%$ lautet der kritische F-Wert: $F_{(1,4;95\%)} = 7{,}71$. Der Haupteffekt A ist somit auch unter der Modellannahme III nicht signifikant.

Interaktionen 2. Ordnung

Aufwändig ist die Interpretation einer signifikanten Interaktion 2. Ordnung (Tripelinteraktion). Da die Interaktion 2. Ordnung in unserem Beispiel nicht signifikant war, wählen wir dazu ein anderes.

Es soll überprüft werden, ob sich ein Faktor A = Jahreszeiten (p = 4), ein Faktor B = Wohngegend (q = 2, Norden vs. Süden) und ein Faktor C = Geschlecht (r = 2) auf das Ausmaß der Verstimmtheit von Personen (= abhängige Variable) auswirken. Den $4 \times 2 \times 2 = 16$ Faktorstufen werden jeweils n = 30 Vpn aus den entsprechenden Populationen per Zufall zugeordnet. Die Erhebung der abhängigen Variablen erfolgt mit einem Stimmungsfragebogen. (Je höher der Wert, um so stärker die Verstimmung.) Tabelle 8.16 enthält die in den 16 Gruppen erzielten Durchschnittswerte.

Die graphische Darstellung dieser Interaktion zeigt Abb. 8.6. Hier wurde für jede Stufe des Faktors A ein Diagramm für die bedingten B × C-Interaktionen (d. h. die B × C-Interaktion unter der Bedingung einer bestimmten A-Stufe) angefertigt.

Wäre die Tripelinteraktion nicht bedeutsam, ergäben sich in der graphischen Darstellung für alle

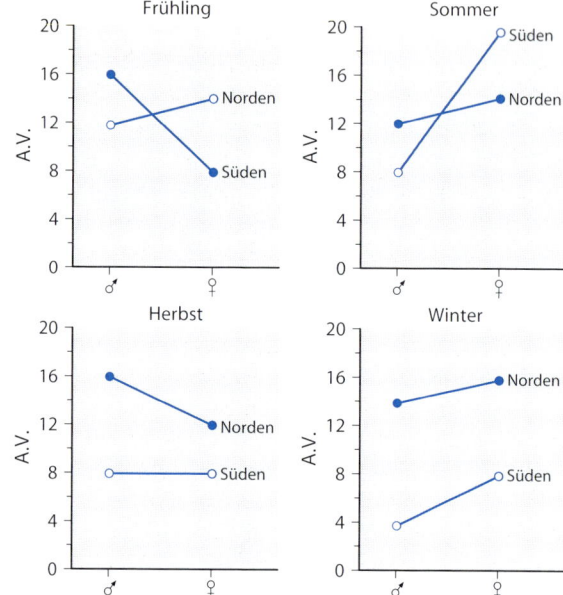

Abb. 8.6. Graphische Darstellung der Interaktion 2. Ordnung in Tabelle 8.16

4 Jahreszeiten ähnliche Verlaufsmuster, was inhaltlich besagen würde, dass die Stimmungsunterschiede zwischen weiblichen und männlichen Personen im Süden und Norden zu allen 4 Jahreszeiten in etwa gleich sind. Die Interpretation der unbedingten B × C-Interaktion wäre also für alle Stufen von A gültig.

Bei den von uns angenommenen Werten ist dies jedoch nicht der Fall. Hier müssen die bedingten B × C-Interaktionen für jede Stufe von A getrennt interpretiert werden, wobei dafür die gleichen Regeln gelten wie für die Interpretation der Interaktion einer zweifaktoriellen Varianzanalyse.

Tabelle 8.16. Beispiel für eine Interaktion 2. Ordnung

	Norden		Süden		← Faktor B
Faktor A ↓	männlich	weiblich	männlich	weiblich	← Faktor C
Frühling	12	14	16	8	
Sommer	12	14	8	20	
Herbst	16	12	8	8	
Winter	14	16	4	8	

Mehr als 3 Faktoren

Die Rechenregeln für die Durchführung einer Varianzanalyse mit mehr als 3 Faktoren lassen sich problemlos aus der dreifaktoriellen Varianzanalyse ableiten. Im vierfaktoriellen Fall benötigen wir 17 Kennziffern, wovon sich die ersten 2 – analog zur dreifaktoriellen Varianzanalyse – auf die Gesamtsumme bzw. die Summe aller quadrierten Messwerte beziehen. Die nächsten 4 Kennwerte gehen von den Summen für die 4 Haupteffekte aus. Es folgen $\binom{4}{2} = 6$ Ziffern für die Summen der Faktorstufenkombinationen von jeweils 2 Faktoren und $\binom{4}{3} = 4$ Ziffern für die Summen der Faktorstufenkombinationen von jeweils 3 Faktoren. Die 17. Kennziffer bezieht sich auf die Zellensummen. Die Berechnung der Quadratsummen geschieht in der Weise, dass analog zur dreifaktoriellen Varianzanalyse von der Kennziffer (1) diejenigen Kennziffern, in denen der jeweilige Effekt enthalten ist, subtrahiert bzw. addiert werden. Das Berechnungsprinzip für die Freiheitsgrade kann ebenfalls verallgemeinernd der dreifaktoriellen Varianzanalyse entnommen werden. Alle Varianzen werden bei Faktoren mit ausschließlich festen Effekten an der Fehlervarianz getestet. Allgemeine Regeln für die Konstruktion adäquater F-Brüche für Faktoren mit zufälligen Effekten werden wir in Kap. 12 kennenlernen.

8.4 Ungleiche Stichprobengrößen

Die bisher besprochenen, mehrfaktoriellen varianzanalytischen Versuchspläne sehen vor, dass jeder Faktorstufenkombination eine Zufallsstichprobe gleichen Umfangs zugewiesen wird. Dies ist in der Praxis jedoch nicht immer zu gewährleisten. Auf Grund von Fehlern in der Untersuchungsdurchführung, Schwierigkeiten beim Auffinden der benötigten Vpn usw. kann es vorkommen, dass die untersuchten Stichproben nicht gleich groß sind.

In diesem Fall versagen die unter 8.1 bis 8.3 genannten Rechenregeln, die von einer einheitlichen Stichprobengröße n für alle Faktorstufenkombinationen ausgehen. Für mehrfaktorielle Varianzanalysen mit ungleichgroßen Stichproben werden wir ferner in Kap. 14 feststellen, dass eine wichtige Eigenschaft der Varianzanalyse, die Unabhängigkeit bzw. Orthogonalität von Haupteffekten und Interaktionseffekten, nicht mehr realisiert ist. Wir bezeichnen deshalb Varianzanalysen mit ungleichgroßen Stichproben auch als *nichtorthogonale Varianzanalysen*.

Für die Durchführung einer Varianzanalyse mit ungleichgroßen Stichproben stehen zumindest theoretisch 4 Alternativen zur Verfügung:

- Varianzanalyse mit Schätzung der fehlenden Daten („Missing-data"-Techniken),
- Varianzanalyse mit proportional geschichteten Stichproben,
- Varianzanalyse mit dem harmonischen Mittel der Stichprobenumfänge,
- Varianzanalyse nach dem allgemeinen linearen Modell.

In diesem Kapitel behandeln wir nur die ersten drei Methoden ausführlicher. Auf Methode 4 gehen wir in Kap. 14, S. 494 ff. ein.

„Missing-data"-Techniken

Diese Technik sollte für Untersuchungen reserviert bleiben, die ursprünglich gleich große Stichproben vorsahen, und bei denen ein zu vernachlässigender Prozentsatz der Daten unbrauchbar ist, verloren ging oder nicht erhoben werden konnte. Man ersetzt fehlende Daten durch den jeweiligen Stichprobenmittelwert bzw. den Mittelwert der jeweiligen Faktorstufenkombination.

Dass mit diesem Notbehelf äußerst sparsam umgegangen werden sollte, wird deutlich, wenn man die Auswirkung dieser Technik auf die Gültigkeit des F-Tests überprüft: Das Ersetzen fehlender Werte durch den jeweiligen Mittelwert hat zur Folge, dass die Fehlervarianz reduziert wird, sodass der F-Test eher progressiv entscheidet. Weitere „Missing data"-Techniken werden bei Frane (1976) Little u. Rubin (1987), Schafer u. Graham (2002), West (2001) bzw. Lösel u. Wüstendörfer (1974) beschrieben.

Proportional geschichtete Stichproben

Dieses Verfahren ist nur dann anwendbar, wenn die Stichprobengrößen zeilen- und spaltenweise zueinander proportional sind. Dies wäre beispielsweise der Fall, wenn Klausurergebnisse (abhängige Variable) von Studierenden 4 verschiedener Fächer (Faktor A) an 3 verschiedenen Universitäten (Faktor B) zu vergleichen sind und die Stichprobenumfänge zu den Umfängen der entsprechenden Studierendenpopulationen proportional sind. Nehmen wir an, die Anzahl aller Studierenden in den zu vergleichenden Fächern stehen im Verhältnis 1 : 4 : 2 : 3 zueinander, und für die Größen der zu vergleichenden Universitäten gilt das Verhältnis 1 : 3 : 2. Tabelle 8.17 zeigt eine Anordnung von Stichprobengrößen, die diese Proportionalitätsbedingungen erfüllt. In allen 4 Zeilen unterscheiden sich die Stichproben im Verhältnis 1 : 3 : 2 und in den 3 Spalten im Verhältnis 1 : 4 : 2 : 3.

Sind die Stichprobengrößen in einer zweifaktoriellen Varianzanalyse in diesem Sinn proportional, ergeben sich für die rechnerische Durchführung der Varianzanalyse gegenüber einer Varianzanalyse mit gleichen Stichprobenumfängen nur geringfügige Modifikationen. Die Varianzanalyse geht in diesem Fall von folgenden Kennziffern aus:

$$(1) = \frac{G^2}{N}, \quad \text{wobei} \quad N = \sum_i \sum_j n_{ij}$$

$$(2) = \sum_i \sum_j \sum_m^{n_{ij}} x_{ijm}^2,$$

$$(3) = \sum_i \left(\frac{A_i^2}{n_{i\cdot}} \right), \quad \text{wobei} \quad n_{i\cdot} = \sum_j n_{ij},$$

$$(4) = \sum_j \left(\frac{B_j^2}{n_{\cdot j}} \right), \quad \text{wobei} \quad n_{\cdot j} = \sum_i n_{ij},$$

$$(5) = \sum_i \sum_j \left(\frac{AB_{ij}^2}{n_{ij}} \right).$$

Unter Verwendung dieser Kennziffern können die Quadratsummen nach den Vorschriften in Tabelle 8.5 berechnet werden. Die Freiheitsgrade ermitteln wir zu:

$$df_A = p - 1 \qquad df_{Fehler} = N - p \cdot q$$
$$df_B = q - 1 \qquad df_{tot} = N - 1$$
$$df_{A \times B} = (p - 1) \cdot (q - 1).$$

Man beachte, dass bei dieser Varianzanalyse Gl. (8.11) erfüllt ist, d.h., die Varianzanalyse mit proportional geschichteten Stichproben gehört zu den orthogonalen Varianzanalysen.

Tabelle 8.17. Proportional geschichtete Stichprobenumfänge für eine zweifaktorielle Varianzanalyse

		Faktor B		
		1	2	3
Faktor A	1	$n_{11} = 5$	$n_{12} = 15$	$n_{13} = 10$
	2	$n_{21} = 20$	$n_{22} = 60$	$n_{23} = 40$
	3	$n_{31} = 10$	$n_{32} = 30$	$n_{33} = 20$
	4	$n_{41} = 15$	$n_{42} = 45$	$n_{43} = 30$

Die Verallgemeinerung dieses Ansatzes auf mehrfaktorielle Versuchspläne zeigen Huck u. Layne (1974). Wie zu verfahren ist, wenn die Stichprobenumfänge geringfügig von der geplanten Proportionalität abweichen, beschreibt Bonett (1982a).

Ausgleich durch das harmonische Mittel

Sind die Stichprobengrößen ungleich und nicht proportional geschichtet, besteht die Möglichkeit, die einzelnen Stichprobenumfänge durch das harmonische Mittel aller Stichprobenumfänge zu ersetzen („unweighted means solution"). Der hier beschriebene Ansatz führt zu akzeptablen Näherungslösungen, wenn das Verhältnis vom größten zum kleinsten Stichprobenumfang kleiner als 5 ist (vgl. Elliot, 1989). Das Verfahren setzt voraus, dass ursprünglich gleich große Stichprobenumfänge geplant waren und dass die Ausfälle von Untersuchungseinheiten von den Faktorstufenkombinationen unabhängig sind.

Nach Gl. (1.12) ergibt sich das harmonische Mittel aller Stichprobengrößen eines zweifaktoriellen Planes zu:

$$\text{HM} = \bar{n}_h = \frac{p \cdot q}{\dfrac{1}{n_{11}} + \dfrac{1}{n_{12}} + \ldots + \dfrac{1}{n_{pq}}}$$

$$= \frac{p \cdot q}{\sum_i \sum_j \dfrac{1}{n_{ij}}}. \qquad (8.63)$$

Wir verwenden in diesem Zusammenhang statt des arithmetischen Mittels das harmonische Mittel, weil der Standardfehler des Mittelwertes proportional zu $1/\sqrt{n}$ und nicht zu $\sqrt{n}$ ist (vgl. 3.2.2). Je größer der Stichprobenumfang, desto

8.4 Ungleiche Stichprobengrößen

kleiner wird der Standardfehler. Entsprechend tragen im harmonischen Mittel größere Stichproben weniger zur Vergrößerung von $\bar{n}_h$ bei als kleinere Stichproben. (Das arithmetische Mittel der Werte 5 und 10 beträgt 7,5, das harmonische Mittel 6,67.) Kleinere Stichprobenumfänge werden sozusagen beim harmonischen Mittel stärker gewichtet als beim arithmetischen Mittel.

Für die Durchführung einer Varianzanalyse mit dem harmonischen Mittel aller Stichprobenumfänge berechnen wir zunächst die arithmetischen Mittelwerte der Messwerte für alle Faktorstufenkombinationen. Diese lauten im zweifaktoriellen Fall:

$$\overline{AB}_{ij} = \sum_{m=1}^{n_{ij}} x_{ijm}/n_{ij} \,.$$

Ausgehend von diesen Mittelwerten werden die folgenden *Mittelwertsummen* bestimmt:

$$A_i = \sum_j \overline{AB}_{ij} \,;$$

$$B_j = \sum_i \overline{AB}_{ij} \,;$$

$$G = \sum_i A_i = \sum_j B_j \,.$$

Die für die Quadratsummenberechnung benötigten Kennziffern lauten:

$$(1) = \frac{G^2}{p \cdot q} \,; \qquad (3) = \frac{\sum_i A_i^2}{q} \,;$$

$$(4) = \frac{\sum_j B_j^2}{p} \,; \qquad (5) = \sum_i \sum_j \overline{AB}_{ij}^2 \,.$$

Die Kennziffer 2, die wir üblicherweise zur Bestimmung der Fehlerquadratsumme benötigen, wurde hier ausgelassen. Bei nicht gleichgroßen Stichprobenumfängen müssen wir die Fehlerquadratsumme direkt aus den Quadratsummen innerhalb der einzelnen Zellen in folgender Weise ermitteln:

Die Quadratsumme für eine Zelle ij lautet:

$$QS_{\text{Fehler}(i,j)} = \sum_{m=1}^{n_{ij}} x_{ijm}^2 - \frac{\left(\sum_{m=1}^{n_{ij}} x_{ijm}\right)^2}{n_{ij}} \,. \quad (8.64)$$

Summieren wir (unter der Annahme der Varianzhomogenität) diese Quadratsummen über alle Zellen, resultiert:

$$QS_{\text{Fehler}} = \sum_i \sum_j QS_{\text{Fehler}(i,j)} \,. \quad (8.65)$$

Die Freiheitsgrade für die QS_{Fehler} erhalten wir nach:

$$df_{\text{Fehler}} = \sum_i \sum_j n_{ij} - p \cdot q$$
$$= N - p \cdot q \,. \quad (8.66)$$

Die Bestimmung der Quadratsummen und Freiheitsgrade zeigt Tabelle 8.18.

Man möge sich davon überzeugen, dass diese Art der Quadratsummenberechnung, in der die Kennzifferdifferenzen mit dem harmonischen Mittel multipliziert werden, im Fall gleichgroßer Stichprobenumfänge mit der Quadratsummenberechnung nach Tabelle 8.5 identisch ist. Hier gilt allerdings nicht, dass sich die QS_{tot} additiv aus den übrigen Quadratsummen zusammensetzt. Je stärker die QS_{tot} von der Summe der übrigen Quadratsummen abweicht, desto mehr ist die Angemessenheit des hier beschriebenen Verfahrens anzuzweifeln. Treten starke Diskrepanzen auf, sollte die Varianzanalyse nach dem in Kap. 14, S. 497, Modell I, beschriebenen Ansatz durchgeführt werden.

BEISPIEL

Tabelle 8.19 zeigt eine Varianzanalyse mit ungleichen Stichprobengrößen unter Verwendung des harmonischen Mittels.

Die Diskrepanz zwischen der additiv ermittelten QS_{tot} ($QS_A + QS_B + QS_{A \times B} + QS_{\text{Fehler}} = 132{,}78$) und der auf Grund der Individualwerte bestimmten $QS_{\text{tot}} = 131{,}88$ kann vernachlässigt werden, d. h., der Ausgleich der ungleichgroßen Stichproben über das harmonische Mittel ist angemessen.

Tabelle 8.18. Allgemeine Ergebnistabelle einer zweifaktoriellen Varianzanalyse mit ungleichen Stichprobengrößen unter Verwendung des harmonischen Mittels

Q.d.V.	QS	df
A	$\bar{n}_h \cdot ((3) - (1))$	$p - 1$
B	$\bar{n}_h \cdot ((4) - (1))$	$q - 1$
A × B	$\bar{n}_h \cdot ((5) - (3) - (4) + (1))$	$(p-1) \cdot (q-1)$
Fehler	s. Gl. (8.65)	$N - p \cdot q$

Tabelle 8.19. Beispiel für eine zweifaktorielle Varianzanalyse mit ungleichen Stichprobengrößen unter Verwendung des harmonischen Mittels

Faktor A mit p = 3 Stufen
Faktor B mit q = 4 Stufen

Faktor B	Faktor A		
	1	2	3
1	5 6	6 5	7 8
	6 5	6 5	7 6
	5 7	7 7	8 6
	4 6	5 6	7
	6	6 5	6
2	4 5	6 5	6 8
	5 6	6 7	6 7
	5 5	7 5	8 7
	4	7 6	7 6
	6	6	8
3	4 7	6 4	7 8
	5 6	5 4	6 8
	6 5	5 5	8 7
	6 7	7	7 7
	7	5	6
4	5 6	5 6	6 7
	6 5	6 5	7 8
	6 6	5 5	8 5
	7 5	6 4	7 8
	6 7	7	8 8

Mittelwerttabelle

Faktor B	Faktor A			
	1	2	3	
1	5,56	5,80	6,88	$B_1 = 18,24$
2	5,00	6,11	7,00	$B_2 = 18,11$
3	5,89	5,13	7,11	$B_3 = 18,13$
4	5,90	5,44	7,20	$B_4 = 18,54$
	$A_1 = 22,35$	$A_2 = 22,48$	$A_3 = 28,19$	$G = 73,02$

$(1) = \dfrac{G^2}{p \cdot q} = \dfrac{73,02^2}{12} = 444,33 \qquad (3) = \dfrac{\sum_i A_i^2}{q} = \dfrac{1799,55}{4} = 449,88$

$(4) = \dfrac{\sum_j B_j^2}{p} = \dfrac{1333,10}{3} = 444,37 \qquad (5) = \sum_i \sum_j \overline{AB}_{ij}^2 = 451,02 \qquad \bar{n}_h = \dfrac{p \cdot q}{\sum_i \sum_j \dfrac{1}{n_{ij}}} = \dfrac{12}{1,34} = 8,94$

$QS_A = \bar{n}_h \cdot [(3) - (1)] = 8,94 \cdot (449,88 - 444,33) = 49,62$
$QS_B = \bar{n}_h \cdot [(4) - (1)] = 8,94 \cdot (444,37 - 444,33) = 0,36$
$QS_{A \times B} = \bar{n}_h \cdot [(5) - (3) - (4) + (1)] = 8,94 \cdot (451,02 - 449,88 - 444,37 + 444,33) = 9,83$
$QS_{Fehler} = \sum_i \sum_j QS_{Fehler(ij)} = 6,22 + 5,60 + \ldots + 6,22 + 9,60 = 72,97$

$df_A = p - 1 = 2 \quad df_B = q - 1 = 3 \quad df_{A \times B} = (p-1) \cdot (q-1) = 6 \quad df_{Fehler} = \sum_i \sum_j n_{ij} - p \cdot q = 108 - 12 = 96$

Q.d.V.	QS	df	$\hat{\sigma}^2$	F	
					$F_{(2,96;99\%)} = 4,85$
					$F_{(6,96;99\%)} = 2,20$
A	49,62	2	24,81	32,64**	
B	0,36	3	0,12	0,16	($QS_{tot} = 131,88$;
A × B	9,83	6	1,64	2,16	$QS_A + QS_B + QS_{AB} + QS_{Fehler} = 132,78$)
Fehler	72,97	96	0,76		

8.5 Varianzanalyse mit einer Untersuchungseinheit pro Faktorstufenkombination (n = 1)

Analog hierzu wird eine dreifaktorielle Varianzanalyse mit ungleichen Stichprobengrößen durchgeführt.

8.5 Varianzanalyse mit einem Untersuchungsobjekt pro Faktorstufenkombination (n = 1)

Ein weiterer varianzanalytischer Spezialfall ist dadurch gekennzeichnet, dass pro Faktorstufenkombination nur ein Untersuchungsobjekt vorliegt. Diese Situation könnte beispielsweise eintreten, wenn in einer ersten Erkundungsuntersuchung die chemische Wirkung mehrerer neuer Substanzen (= Faktor A) an verschiedenen Tieren (= Faktor B) untersucht werden soll und wenn die Behandlung mehrerer Tiere einer Art mit jeder Substanz (was einem zweifaktoriellen Versuchsplan mit mehreren Untersuchungsobjekten pro Faktorstufenkombination entspräche) zu kostspielig bzw. riskant wäre.

Die Besonderheit dieses varianzanalytischen Untersuchungsplanes liegt darin, dass wir die Fehlervarianz nicht in üblicher Weise bestimmen können. Für die Fehlervarianzermittlung ist es im Normalfall erforderlich, dass pro Faktorstufenkombination mehrere Untersuchungsobjekte beobachtet werden, deren Unterschiedlichkeit indikativ für die Fehlervarianz ist. Da im Fall n = 1 ein Untersuchungsobjekt pro Faktorstufenkombination keine Varianz erzeugt, müssen wir uns bei diesem Versuchsplan nach einer anderen Art der Prüfvarianzbestimmung umsehen.

Subtrahieren wir in der zweifaktoriellen, orthogonalen Varianzanalyse von der QS_{tot} die QS_A und die QS_B, erhalten wir eine Restquadratsumme, die sich aus der $QS_{A \times B}$ und QS_{Fehler} zusammensetzt. Liegen mehrere Beobachtungen pro Faktorstufenkombination vor, können die Quadratsumme innerhalb der $p \cdot q$ Zellen (= QS_{Fehler}) und der Interaktionsanteil in der Restquadratsumme getrennt voneinander bestimmt werden. Diese Möglichkeit ist im Fall n = 1 nicht gegeben. Wir sagen: Fehlervarianz und Interaktionsvarianz sind im Fall n = 1 *konfundiert* und nicht einzeln bestimmbar. Ziehen wir bei einer zweifaktoriellen Varianzanalyse mit nur einem Untersuchungsobjekt pro Faktorstufenkombination von der QS_{tot} die QS_A und QS_B ab, erhalten wir eine Restquadratsumme, die sowohl Fehleranteile als auch Interaktionsanteile enthält.

Mit Hilfe eines auf Tukey (1949) zurückgehenden Verfahrens sind wir allerdings in der Lage zu überprüfen, ob überhaupt mit einer Interaktion zwischen den beiden Haupteffekten zu rechnen ist. Auf S. 294 haben wir erfahren, wie die Zellenmittelwerte beschaffen sein müssten, wenn keine Interaktion zwischen den beiden Haupteffekten besteht (wenn sich also die QS_{Zellen} additiv aus der QS_A und QS_B zusammensetzt). Von vergleichbaren Überlegungen ausgehend entwickelte Tukey einen *Additivitätstest*, der die Nullhypothese überprüft, dass sich die QS_{Zellen} additiv nur aus der QS_A und QS_B zusammensetzt. Kann diese Annahme im Fall n = 1 aufrechterhalten werden, muss die Restvariation der QS_{tot}, die sich nach Abzug der QS_A und QS_B ergibt, eine Fehlervariation darstellen, die als Prüfgröße für die Haupteffekte herangezogen werden kann. Die Durchführung dieses Verfahrens veranschaulicht das folgende Beispiel:

BEISPIEL

Es soll geprüft werden, ob vergleichbaren Fachbereichen an verschiedenen Universitäten die gleichen finanziellen Mittel zur Verfügung gestellt werden. In die Untersuchung mögen 5 Fachbereiche (= Faktor A) aus 6 Universitäten (= Faktor B) eingehen. Wählen wir nur ein Rechnungsjahr zufällig aus, steht pro Fachbereich an jeder Universität nur ein Messwert zur Verfügung. Aus den Unterlagen mögen sich die in Tabelle 8.20 dargestellten (fiktiven) Werte (in 100 000,- €) ergeben haben.

Tabelle 8.20 enthält neben den Daten die Zeilen- und Spaltensummen sowie die Mittelwerte $\bar{A}_i$ und $\bar{B}_j$. Der Gesamtmittelwert lautet $\bar{G} = 10$. (Auf die Bedeutung der c_i- und c_j-Werte gehen wir später ein.)

Wir bestimmen wie in einer normalen zweifaktoriellen Varianzanalyse die Kennziffern (1) bis (5), wobei wir n = 1 setzen.

$$(1) = G^2 / p \cdot q = \frac{300^2}{5 \cdot 6} = 3000,$$

$$(2) = \sum_i \sum_j x_{ij}^2 = 3568,$$

$$(3) = \frac{\sum_i A_i^2}{q} = \frac{66^2 + 63^2 + 87^2 + 35^2 + 49^2}{6} = 3253,33,$$

$$(4) = \frac{\sum_j B_j^2}{p}$$
$$= \frac{42^2 + 54^2 + 58^2 + 39^2 + 77^2 + 30^2}{5} = 3278,80,$$

$$(5) = \sum_i \sum_j AB_{ij}^2 = \sum_i \sum_j x_{ij}^2 = 3568.$$

Tabelle 8.20. Beispiel für eine zweifaktorielle Varianzanalyse mit n = 1

Fachbe-reiche (A)	Universitäten (B)						A_i	$\overline{A}_i$	c_i
	1	2	3	4	5	6			
1	8	12	12	9	18	7	66	11,0	1,0
2	9	11	13	8	16	6	63	10,5	0,5
3	13	15	16	11	23	9	87	14,5	4,5
4	5	7	7	4	9	3	35	5,83	−4,17
5	7	9	10	7	11	5	49	8,17	−1,83
B_j	42	54	58	39	77	30	G = 300	$\overline{G}$ = 10	
$\overline{B}_j$	8,4	10,8	11,6	7,8	15,4	6,0			
c_j	−1,6	0,8	1,6	−2,2	5,4	−4,0			

Tabelle 8.21. Ergebnistabelle der zweifaktoriellen Varianzanalyse mit n = 1

Q.d.V.	QS	df	$\hat{\sigma}^2$
Faktor A	(3)−(1) = 253,33	p−1 = 4	63,33
Faktor B	(4)−(1) = 278,80	q−1 = 5	55,76
Residual	(5)−(3)−(4)+(1) = 35,87	(p−1)·(q−1) = 20	1,79
Nonadd	24,56	1	24,56
Balance	11,31	(p−1)·(q−1)−1 = 19	0,60
Total	(2)−(1) = 568,00		

Da n = 1 ist, ergibt sich (2) = (5) bzw. $\sum_i \sum_j AB_{ij}^2 = \sum_i \sum_j x_{ij}^2$. Gemäß Tabelle 8.5 ermitteln wir für die QS_A, QS_B und QS_{tot} die in Tabelle 8.21 wiedergegebenen Werte. Die $QS_{A \times B}$ enthält für n = 1 sowohl mögliche Interaktionseffekte als auch Fehlereffekte. Wir kennzeichnen sie deshalb in Absetzung von der reinen Interaktion als Residualquadratsumme (QS_{Res}). Sie wird genauso bestimmt wie $QS_{A \times B}$ im Fall mehrerer Untersuchungsobjekte pro Faktorstufenkombination ($QS_{Res} = (5)−(3)−(4)+(1)$). Ihre Freiheitsgrade werden ebenfalls wie in einer zweifaktoriellen Varianzanalyse mit mehreren Untersuchungsobjekten pro Faktorstufenkombination ermittelt.

Additivitätstest. Mit dem Additivitätstest überprüfen wir, ob die in der QS_{Res} enthaltenen Interaktionsanteile zu vernachlässigen sind. Ist dies der Fall, kann die QS_{Res}, dividiert durch die Freiheitsgrade $df_{Res} = (p−1)·(q−1)$, als Prüfvarianz für die Haupteffekte eingesetzt werden. Tabelle 8.20 enthält eine Spalte c_i und eine Zeile c_j, die folgendermaßen bestimmt wurden:

$c_i = \overline{A}_i − \overline{G}$,
$c_j = \overline{B}_j − \overline{G}$.

Der 1. Wert in Spalte c_i ergibt sich somit zu 11,0 − 10,0 = 1 bzw. der 4. Wert in der Zeile c_j zu 7,8 − 10,0 = −2,2 $\left(\text{Kontrolle: } \sum_i c_i = \sum_j c_j = 0\right)$.

Ausgehend von den c-Werten definieren wir eine neue Matrix D, deren Elemente nach der Beziehung

$d_{ij} = c_i \cdot c_j$

berechnet werden. Das Ergebnis zeigt Tabelle 8.22: Der Wert d_{11} ergibt sich in dieser Tabelle zu $d_{11} = 1,0 \cdot (−1,6) = −1,6$ bzw. der Wert d_{34} zu $d_{34} = 4,5 \cdot (−2,2) = −9,9$. Tabelle 8.22 muss – bis auf Rundungsungenauigkeiten – zeilen- und spaltenweise Summen von Null aufweisen $\left(\sum_i c_i \cdot c_j = \sum_j c_i \cdot c_j = \sum_i \sum_j c_i \cdot c_j = 0\right)$.

Ausgehend von der D-Matrix und der Matrix der ursprünglichen Werte bilden wir nach folgender Gleichung eine Komponente QS_{nonadd} der QS_{Res}:

$$QS_{nonadd} = \frac{\left(\sum_i \sum_j d_{ij} \cdot AB_{ij}\right)^2}{\sum_i \sum_j d_{ij}^2}. \quad (8.67)$$

8.5 Varianzanalyse mit einer Untersuchungseinheit pro Faktorstufenkombination (n = 1)

Tabelle 8.22. D-Matrix der zweifaktoriellen Varianzanalyse mit n = 1

Faktor A	Faktor B						
	1	2	3	4	5	6	$\sum_j d_{ij}$
1	−1,60	0,80	1,60	−2,20	5,40	−4,00	0,00
2	−0,80	0,40	0,80	−1,10	2,70	−2,00	0,00
3	−7,20	3,60	7,20	−9,90	24,30	−18,00	0,00
4	6,67	−3,34	−6,67	9,17	−22,52	16,68	(−0,01)
5	2,93	−1,46	−2,93	4,03	−9,88	7,32	(0,01)
$\sum_i d_{ij}$	0,00	0,00	0,00	0,00	0,00	0,00	0,00

In unserem Fall ermitteln wir als Komponente QS_{nonadd}:

$$QS_{nonadd} = \frac{((-1,60) \cdot 8 + 0,80 \cdot 12 + \cdots + (-9,88) \cdot 11 + 7,32 \cdot 5)^2}{(-1,60)^2 + 0,80^2 + \cdots + (-9,88)^2 + 7,32^2}$$

$$= \frac{240,52^2}{2355,17} = 24,56.$$

(Kontrolle: $\sum_i \sum_j d_{ij}^2 = \sum_i c_i^2 \cdot \sum_j c_j^2$. Im Beispiel: 2355,17 = 42,24 · 55,76.)

Diese Komponente hat, wie alle Komponenten, einen Freiheitsgrad. Sie beinhaltet denjenigen Quadratsummenanteil der QS_{Res}, der auf Interaktionseffekte zwischen den beiden Faktoren zurückzuführen ist. Subtrahieren wir die QS_{nonadd} von der QS_{Res}, erhalten wir eine Restquadratsumme, die *Balance* (QS_{Bal}) genannt wird (vgl. Winer, 1971, Kap. 6.8):

$$QS_{Bal} = QS_{Res} - QS_{nonadd}. \quad (8.68)$$

Wir ermitteln:

$$QS_{Bal} = 35,87 - 24,56 = 11,31.$$

Die QS_{Bal} hat $(p-1) \cdot (q-1) - 1 = 20 - 1 = 19$ df. Dividieren wir diese Quadratsummen durch ihre Freiheitsgrade, erhalten wir die entsprechenden Varianzen. Die Nullhypothese, nach der wir keine Interaktion erwarten, wird durch folgenden F-Bruch überprüft:

$$F = \frac{\hat{\sigma}^2_{nonadd}}{\hat{\sigma}^2_{Bal}} \quad (8.69)$$

In unserem Beispiel resultiert ein F-Wert von:

$$F = \frac{24,56}{0,60} = 40,93^{**}.$$

Da wir uns bei der Entscheidung über die H_0 gegen einen möglichen *β-Fehler* absichern müssen (die H_0 sollte nicht fälschlicherweise akzeptiert werden), wählen wir das $\alpha = 25\%$-Niveau (vgl. 4.7 und auch S. 165). Der kritische F-Wert lautet: $F_{(1,19;75\%)} = 1,41$, d.h. der empirische F-Wert ist erheblich größer. Die H_0 wird deshalb verworfen: Die QS_{Res} enthält bedeutsame Interaktionsanteile und kann nicht als Prüfvarianz für die Haupteffekte A und B herangezogen werden.

Benutzen wir dennoch $\hat{\sigma}^2_{Res}$ als Prüfvarianz, führt dies allerdings zu *konservativen Entscheidungen*, weil die Prüfvarianz um den Betrag, der auf Interaktionen zurückgeht, zu groß ist. Verwenden wir $\hat{\sigma}^2_{Res}$ als Prüfvarianz, resultieren zu kleine empirische F-Werte, d.h., tatsächlich vorhandene Signifikanzen könnten übersehen werden. In unserem Fall sind die Haupteffekte allerdings so deutlich ausgeprägt, dass sie, auch gemessen an der zu großen Prüfvarianz, signifikant werden. Wir ermitteln für den Haupteffekt A:

$$F = \frac{63,33}{1,79} = 35,38^{**} \quad (F_{(4,20;99\%)} = 4,43)$$

und für den Haupteffekt B:

$$F = \frac{55,76}{1,79} = 31,15^{**} \quad (F_{(5,20;99\%)} = 4,10).$$

Auf Grund dieser Ergebnisse können wir die beiden Nullhypothesen bezüglich der Faktoren A und B verwerfen, obwohl keine adäquate Prüfvarianz existiert.

Hinweis: Tukey's Additivitätstest reagiert nur auf *eine* Interaktionskomponente sensibel. Diese Interaktionskomponente basiert auf dem Produkt der linearen Haupteffekte („linear by linear": $d_{ij} = c_i \cdot c_j = (\overline{A}_i - \overline{G}) \cdot (\overline{B}_j - \overline{G})$). Interaktionen können jedoch auch durch Verknüpfung nichtlinearer Haupteffekte wie z.B. $c_i^2 \cdot c_j$, $c_i^3 \cdot \log c_j$ etc. entstehen, die im Test von Tukey nicht berücksichtigt werden (vgl. hierzu Winer et al., 1991, S. 353). Falls derartige Interaktionskomponenten vorhanden sind, reagiert der Test jedoch konservativ.

Dreifaktorielle Pläne. In einer dreifaktoriellen Varianzanalyse mit n = 1 erhalten wir c-Koeffizienten nach den Beziehungen $c_i = \overline{A}_i - \overline{G}$, $c_j = \overline{B}_j - \overline{G}$ und $c_k = \overline{C}_k - \overline{G}$. Ein Element der

D-Matrix lautet in diesem Fall: $d_{ijk} = c_i \cdot c_j \cdot c_k$. Der übrige Rechengang folgt den hier beschriebenen Regeln. Es wird überprüft, ob die QS_{Res} neben Fehleranteilen auch bedeutsame Interaktionsanteile 2. Ordnung enthält, indem sie, analog zu den Gl. (8.60) bzw. (8.61), in einen Nonadditivitätsanteil und einen Balanceanteil zerlegt wird. Ist $\hat{\sigma}^2_{nonadd}$ – getestet an $\hat{\sigma}^2_{Bal}$ – auf dem $\alpha = 25\%$-Niveau nicht signifikant, stellt die $\hat{\sigma}^2_{Res}$ eine adäquate Prüfvarianz für die 3 Haupteffekte und die Interaktionen 1. Ordnung dar.

Hinweise: Zur mathematischen Ableitung dieses Verfahrens vgl. Scheffé (1963, Kap. 4.8) oder auch Neter et al. (1985, Kap. 23.2). Ein anderes Verfahren für eine Varianzanalyse mit n = 1 wurde von Johnson u. Graybill (1972) entwickelt. Einen Vergleich dieses Verfahrens mit dem hier beschriebenen Tukey-Test findet man bei Hegemann u. Johnson (1976).

8.6 Voraussetzungen mehrfaktorieller Versuchspläne

Die bereits unter 7.5 erwähnten Voraussetzungen für die einfaktorielle Varianzanalyse gelten ohne Einschränkung auch für mehrfaktorielle Versuchspläne, wobei sich die normalverteilten und varianzhomogenen Fehlerkomponenten im Fall mehrfaktorieller Varianzanalysen auf die Abweichungswerte innerhalb der einzelnen Zellen beziehen. Verletzungen der Voraussetzungen führen im Fall hinreichend großer und gleicher Stichprobenumfänge zu keinen gravierenden Entscheidungsfehlern (vgl. Box, 1954 b).

Dessen ungeachtet soll im Folgenden ein Varianzhomogenitätstest vorgestellt werden, der sich – anders als der Bartlett-Test (vgl. S. 285) – als äußerst robust gegenüber Verletzungen der Normalitätsannahme erwiesen hat. Das Verfahren, das von O'Brien (1981) entwickelt wurde, weist gegenüber anderen Varianzhomogenitätstests relativ gute Testeigenschaften auf. (Vergleiche verschiedener Varianzhomogenitätstests findet man z. B. bei Games et al., 1979; Olejnik u. Algina, 1988 oder O'Brien, 1978.)

Die Durchführung des Varianzhomogenitätstests (verdeutlicht für eine zweifaktorielle Varianzanalyse) gliedert sich in 4 Schritte:

- Berechne für jede Stichprobe (Faktorstufenkombination) den Mittelwert $\overline{AB}_{ij}$ und die Varianz $\hat{\sigma}^2_{ij}$.
- Jeder Rohwert x_{ijm} wird nach folgender Gleichung in einen r_{ijm}-Wert transformiert:

$$r_{ijm} = \frac{(n_{ij} - 1{,}5) \cdot n_{ij} \cdot (x_{ijm} - \overline{AB}_{ij})^2}{(n_{ij} - 1) \cdot (n_{ij} - 2)}$$
$$- \frac{0{,}5 \cdot \hat{\sigma}^2_{ij} \cdot (n_{ij} - 1)}{(n_{ij} - 1) \cdot (n_{ij} - 2)}. \qquad (8.70)$$

- Überprüfe, ob der Mittelwert $\bar{r}_{ij}$ der r_{ijm}-Werte einer Stichprobe mit $\hat{\sigma}^2_{ij}$ übereinstimmt:

$$\bar{r}_{ij} = \hat{\sigma}^2_{ij}.$$

- Über die r_{ijm}-Werte wird eine normale zweifaktorielle Varianzanalyse gerechnet. Tritt kein signifikanter Effekt auf, kann die H_0: „Die Varianzen sind homogen" beibehalten werden. Signifikante F-Brüche weisen darauf hin, bzgl. welcher Haupteffekte oder Faktorstufenkombinationen Varianzunterschiede bestehen. (Bei nicht gleich großen Stichproben wird die Varianzanalyse über die r_{ijm}-Werte nach den unter 14.2.4 beschriebenen Regeln durchgeführt.)

Die Durchführung eines Varianzhomogenitätstests für drei- oder mehrfaktorielle Pläne ist hieraus ableitbar.

Wie bereits im Zusammenhang mit einfaktoriellen Plänen erwähnt, kann bei heterogenen Varianzen und kleinen Stichprobenumfängen ersatzweise die bei Algina u. Olejnik (1984) beschriebene Welch-James-Prozedur eingesetzt werden (vgl. hierzu auch Hsiung, et al. 1994a). Ein Computerprogramm für dieses Verfahren haben Hsiung et al. (1994b) entwickelt.

Weitere Informationen zu obiger Thematik findet man bei Lix u. Keselman (1995).

ÜBUNGSAUFGABEN

1. In einem vierfaktoriellen Versuchsplan sei Faktor A 3fach, Faktor B 2fach, Faktor C 4fach und Faktor D 2fach gestuft. Jeder Faktorstufenkombination sollen 15 Vpn zufällig zugeordnet werden. Wieviele Vpn werden insgesamt für die Untersuchung benötigt?

2. In einer zweifaktoriellen Varianzanalyse ($p = 3$, $q = 2$, $n = 10$) wurden folgende Quadratsummen bestimmt:

   $QS_{tot} = 200$,
   $QS_A = 20$,
   $QS_{A \times B} = 30$,
   $QS_B = 15$.

   Ist der Haupteffekt B signifikant? (Beide Faktoren mit fester Stufenauswahl.)

3. Welche voneinander unabhängigen Nullhypothesen werden in einer vierfaktoriellen Varianzanalyse überprüft?

4. In einer Untersuchung geht es um die Frage, wann in einem Lehrbuch Fragen zum Text gestellt werden sollen: bevor der jeweilige Stoff behandelt wurde (um eine Erwartungshaltung zu erzeugen und damit ein zielgerichtetes Lesen zu ermöglichen) oder nachdem der jeweilige Text behandelt wurde (um zu überprüfen, ob der gelesene Text auch verstanden wurde). Zusätzlich wird vermutet, dass die Bedeutung der Position der Fragen auch davon abhängen kann, ob es sich um Wissensfragen oder Verständnisfragen handelt. 4 Zufallsstichproben à 6 Versuchspersonen werden den 4 Untersuchungsbedingungen, die sich aus den Kombinationen der beiden Faktoren (Faktor A mit den Stufen „Fragen vorher" vs. „Fragen nachher" und Faktor B mit den Stufen „Wissensfragen" vs. „Verständnisfragen") ergeben, zugewiesen. Nachdem die Studenten 10 Stunden unter den jeweiligen Bedingungen gelernt haben, werden sie anhand eines Fragebogens mit 50 Fragen über den gelesenen Stoff geprüft. Hierbei wurden die folgenden Testwerte erzielt (nach Glass u. Stanley, 1970):

	vorher		nachher	
Wissensfragen	19	23	31	28
	29	26	26	27
	30	17	35	32
Verständnisfragen	27	21	36	29
	20	26	39	31
	15	24	41	35

Überprüfen Sie mit einer zweifaktoriellen Varianzanalyse, ob die Haupteffekte bzw. die Interaktion signifikant sind.

5. Nennen Sie Beispiele für Faktoren mit fester und zufälliger Stufenauswahl.

6. Es soll der Einfluss des Trainers im gruppendynamischen Training auf die Gruppenatmosphäre untersucht werden. Hierfür werden 6 Trainer zufällig ausgewählt, die jeweils mit einer Gruppe, deren Mitglieder der Oberschicht angehören, und einer Gruppe, deren Mitglieder der Unterschicht angehören, ein gruppendynamisches Training durchführen. Nach Abschluss des Trainings werden die 12 Gruppen mit einem Fragebogen über die Gruppenatmosphäre befragt. Es ergaben sich folgende Werte (Hinweis: die unterschiedlichen Gruppengrößen sind zufallsbedingt):

		Trainer (A)					
		1	2	3	4	5	6
B	Oberschicht	7, 8, 7 6, 8	7, 9, 9 6, 5, 6	5, 3, 2 2, 4, 4	5, 6, 6 4, 2, 3, 2	7, 9, 9 8, 9	5, 5, 5 4, 5, 4
	Unterschicht	4, 3, 3 2, 3, 4	3, 2, 2, 3 4, 3, 3	5, 4, 6 5, 6, 4	7, 9, 5 4, 8, 7	6, 3, 5 5, 4, 5, 4	3, 4, 3 2, 3

a) Überprüfen Sie mit einer zweifaktoriellen Varianzanalyse die Haupteffekte und die Interaktion (Hinweis: Faktor A hat zufällige Stufen.).
b) Stellen Sie die Interaktion graphisch dar.

7. Was versteht man unter einem Quasi-F-Bruch?
8. Welche Besonderheiten sind bei einer Varianzanalyse mit nur einem Messwert pro Faktorstufenkombination zu beachten?
9. Um das Fremdwörterverständnis von Abiturienten testen zu können, werden aus dem Fremdwörterduden 4 × 100 Fremdwörter zufällig ausgewählt. Jeweils 100 Fremdwörter stellen einen „Fremdwörtertest" (T) dar. Getestet werden 60 männliche und 60 weibliche Abiturienten, die aus 5 Gymnasien zufällig ausgewählt wurden. In diesem dreifaktoriellen Versuchsplan (Faktor A = 4 Tests, Faktor B = 5 Schulen, Faktor C = männlich vs. weiblich) werden pro Faktorstufenkombination 3 Schüler untersucht. Die abhängige Variable ist die Anzahl der richtig erklärten Fremdwörter. Die Untersuchung möge zu folgenden Ergebnissen geführt haben (um die Berechnungen zu erleichtern, wurden die Werte durch 10 dividiert und ganzzahlig abgerundet):

		Test			
		1	2	3	4
Schule 1	♂	4, 5, 5	5, 7, 4	6, 7, 7	4, 3, 2
	♀	5, 5, 6	6, 4, 6	8, 6, 7	3, 3, 3
Schule 2	♂	6, 5, 6	6, 5, 5	6, 7, 7	5, 3, 2
	♀	4, 6, 6	5, 5, 5	7, 6, 5	4, 2, 2
Schule 3	♂	6, 6, 5	6, 7, 7	9, 8, 8	6, 5, 6
	♀	7, 6, 6	8, 6, 7	7, 6, 7	7, 6, 6
Schule 4	♂	5, 4, 5	2, 5, 5	6, 6, 6	4, 4, 3
	♀	3, 5, 5	3, 4, 3	6, 7, 6	5, 4, 3
Schule 5	♂	6, 5, 5	7, 4, 5	7, 6, 7	3, 4, 4
	♀	7, 5, 5	4, 6, 6	8, 7, 7	4, 3, 6

a) Überprüfen Sie die Haupteffekte und Interaktionen. (Hinweis: Faktor A und Faktor B sind Faktoren mit zufälliger Stufenauswahl).
b) Stellen Sie die signifikante(n) Interaktion(en) graphisch dar.
c) Wie lautet die kritische Differenz ($\alpha = 5\%$) für die A × B-Kombinationen?

Kapitel 9 Versuchspläne mit Messwiederholungen

ÜBERSICHT

Einfaktorielle Pläne – Einzelvergleiche – Trendtests – Varianzanalyse mit ipsativen Werten – zweifaktorielle Pläne – Kontrolle von Sequenzeffekten – ungleichgroße Stichproben – Varianten für dreifaktorielle Pläne – komplette Messwiederholung – „optimale" Stichprobenumfänge – Voraussetzungen – Freiheitsgradkorrektur – konservative F-Tests

Eine sehr vielseitig einsetzbare Versuchsanordnung sieht vor, dass von jedem Untersuchungsobjekt (z. B. Vp) – anders als in den bisher besprochenen Untersuchungsplänen – nicht nur eine, sondern mehrere, z. B. p Messungen, erhoben werden. Wiederholte Messungen an den Vpn werden z. B. in der Therapieforschung benötigt, um die Auswirkungen einer Behandlung durch Untersuchungen vor, während und nach der Therapie zu ermitteln, in der Gedächtnisforschung, um den Erinnerungsverlauf erworbener Lerninhalte zu überprüfen, in der Einstellungsforschung, um die Veränderung von Einstellungen durch Medieneinwirkung zu erkunden, oder in der Wahrnehmungspsychologie, um mögliche Veränderungen in der Bewertung von Kunstprodukten nach mehrmaligem Betrachten herauszufinden. Wie die genannten Beispiele verdeutlichen, sind Messwiederholungsanalysen vor allem dann indiziert, wenn es um die Erfassung von Veränderungen über die Zeit geht. (Das allgemeine Problem der Erfassung von Veränderung wird ausführlich bei Gottmann, 1995 bzw. Bortz u. Döring, 2002, Kap. 8.2.5 behandelt.)

Eine weitere Indikation der Varianzanalyse mit Messwiederholungen liegt vor, wenn die unter den p Faktorstufen beobachteten Stichproben zuvor *parallelisiert* wurden (matched samples, vgl. S. 143 f.). Nach einem (oder mehreren) relevanten Kontrollmerkmal(en) werden – je nach Anzahl der Faktorstufen – homogene Tripel, Quadrupel oder bei allgemein p Treatmentstufen p-Tupel gebildet, deren Vpn jeweils per Zufall den Faktorstufen zuzuweisen sind.

Diese Verfahrensindikation haben wir in eingeschränkter Form bzw. für $p = 2$ bereits für den t-Test mit abhängigen Stichproben kennengelernt. Die Beziehung dieses t-Tests zur Varianzanalyse ist also wie folgt zu beschreiben:

> So, wie die einfaktorielle Varianzanalyse ohne Messwiederholung eine Erweiterung des t-Tests für unabhängige Stichproben darstellt, ist die einfaktorielle Varianzanalyse mit Messwiederholungen als Erweiterung des t-Tests für abhängige Stichproben anzusehen.

Einfaktorielle Messwiederholungsanalysen werden wir unter 9.1 und mehrfaktorielle Messwiederholungsanalysen unter 9.2 behandeln. Zum Abschluss dieses Kapitels werden die Voraussetzungen, die bei Messwiederholungsanalysen erfüllt sein müssen, dargestellt und diskutiert. Ferner werden Alternativen erörtert, die – bei verletzten Voraussetzungen – die Varianzanalyse mit Messwiederholungen ersetzten können (9.3).

▷ 9.1 Einfaktorielle Varianzanalyse mit Messwiederholungen

Terminologie

Werden n Vpn unter p Faktorstufen wiederholt beobachtet, ergibt sich das in Tabelle 9.1 dargestellte Datenschema. Das gleiche Datenschema erhält man, wenn p abhängige Stichproben untersucht werden. Hier und im Folgenden soll der in diesem Kapitel behandelte Varianzanalyse-Typ jedoch am Beispiel der mehrfachen Untersuchung einer Stichprobe (Messwiederholung) verdeutlicht werden, weil uns diese Anwendungsvariante für die prakti-

Tabelle 9.1. Allgemeines Datenschema einer einfaktoriellen Varianzanalyse mit Messwiederholungen

		Faktorstufen						Summen
		1	2	...	i	...	p	
Vpn	1	x_{11}	x_{12}	...	x_{1i}	...	x_{1p}	P_1
	2	x_{21}	x_{22}	...	x_{2i}	...	x_{2p}	P_2
	⋮	⋮	⋮		⋮		⋮	⋮
	m	x_{m1}	x_{m2}	...	x_{mi}	...	x_{mp}	P_m
	⋮	⋮	⋮		⋮		⋮	⋮
	n	x_{n1}	x_{n2}	...	x_{ni}	...	x_{np}	P_n
Summen:		A_1	A_2	...	A_i	...	A_p	G

In dieser Tabelle bedeuten:

x_{mi} = i-ter Messwert der Vp m
p = Anzahl der Faktorstufen
A_i = Summe aller Messwerte unter Faktorstufe i
P_m = Summe aller Messwerte der Vp m
G = Gesamtsumme aller Messwerte

sche Forschung bedeutsamer erscheint als die Analyse von p abhängigen Stichproben.

Um welche Daten es sich bei dem in Tabelle 9.1 dargestellten Datenschema handeln könnte, erläutert das folgende Beispiel:

> **BEISPIEL**
>
> In der Pauli-Arbeitsprobe wird ausgezählt, wie viele fehlerfreie Additionen von jeweils 2 einstelligen Zahlen eine Vp pro Minute schafft. Lässt man eine Vp viele Minuten (z. B. p = 30 min) hintereinander Zahlen addieren, erhält man pro Minute einen bzw. insgesamt p Werte. Diese p Werte einer Vp bilden eine Zeile im Datenschema der Tabelle 9.1. Werden mehrere Vpn untersucht, ergibt sich das vollständige Datenschema.

Hypothesen

Die einfaktorielle Varianzanalyse mit Messwiederholungen überprüft die $H_0: \mu_1 = \mu_2 = \cdots = \mu_p$. Wie in der einfaktoriellen Varianzanalyse ohne Messwiederholungen behauptet die H_1, dass mindestens 2 Mittelwerte verschieden sind ($H_1: \mu_i \neq \mu_{i'}$). Bezogen auf das obige Beispiel würde die H_0 also besagen, dass sich die Rechengenauigkeit der Vpn während der einförmigen Dauerbelastungsaufgabe nicht verändert.

Quadratsummenzerlegung

Die totale Quadratsumme wird bei dieser Analyse in einen Anteil zerlegt, der die Unterschiedlichkeit zwischen den Vpn ($QS_{zw\ Vpn}$) charakterisiert, und einen weiteren Anteil, der Veränderungen innerhalb der Werte der einzelnen Vpn beschreibt ($QS_{in\ Vpn}$):

$$QS_{tot} = QS_{zw\ Vpn} + QS_{in\ Vpn}. \quad (9.1)$$

Die $QS_{in\ Vpn}$ lässt sich weiter zerlegen in einen Anteil, der auf Treatmenteffekte zurückgeht (QS_{treat}), und einen Anteil, der Interaktionseffekte (Vpn × Treatment) sowie Fehlereffekte enthält. Diese beiden Effekte werden zu einer Residualquadratsumme zusammengefasst (QS_{res}):

$$QS_{in\ Vpn} = QS_{treat} + QS_{res}. \quad (9.2)$$

Abbildung 9.1 veranschaulicht diese Quadratsummenzerlegung graphisch.

Zur Verdeutlichung dieser Variationsquellen greifen wir erneut das oben erwähnte Beispiel auf. Die totale Quadratsumme aller Messwerte wird in einen Teil zerlegt, der die Leistungsschwankungen

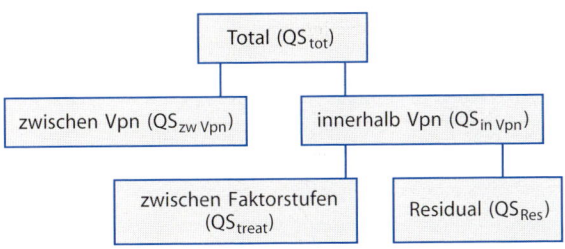

Abb. 9.1. Quadratsummenzerlegung bei einer einfaktoriellen Varianzanalyse mit Messwiederholungen

der einzelnen Vpn charakterisiert ($QS_{in\ Vpn}$) und einen weiteren Teil, der die Leistungsunterschiede zwischen den Vpn erfasst ($QS_{zw\ Vpn}$). Die Unterschiede *zwischen* den Vpn sind für diese Analyse – im Gegensatz zur einfaktoriellen Varianzanalyse ohne Messwiederholungen, in der sie die Fehlervarianz konstituieren – ohne Bedeutung. Sie reflektieren A-priori-Unterschiede, also Leistungsunterschiede, die unabhängig von der Untersuchung bestehen, und die bei allen Messungen der Vpn mehr oder weniger deutlich werden (vgl. hierzu auch unter 9.3).

Entscheidend ist bei dieser Analyse die Frage, wie die Schwankungen innerhalb der Leistungen der einzelnen Vpn zustande kommen. Hierbei interessieren uns vor allem die Treatmenteffekte, d.h. die bei allen Vpn von Minute zu Minute feststellbaren Leistungsveränderungen. Darüber hinaus können die Vpn jedoch auch in spezifischer Weise auf die Dauerbelastungssituation reagieren: Manche Vpn beginnen auf einem hohen Leistungsniveau, ermüden aber schnell, andere Vpn beginnen langsam und enden mit einem rasanten „Endspurt" etc. Dies sind die oben angesprochenen Interaktionseffekte zwischen den Treatmentstufen und den Vpn. Weitere Anteile der intraindividuellen Leistungsschwankungen sind auf mögliche Fehlerquellen, wie z.B. unsystematisch variierende Arbeitsbedingungen, zurückzuführen.

In der einfaktoriellen Varianzanalyse mit Messwiederholungen erhalten wir für jede Faktorstufe × Vp-Kombination nur einen Messwert, sodass die Interaktionseffekte nicht isoliert werden können (vgl. 8.5). Eliminieren wir aus der $QS_{in\ Vpn}$ die auf die Faktorstufen zurückgehende Variation (QS_{treat}), erhalten wir eine Residualvariation (QS_{Res}), in der Fehlereffekte mit Interaktionseffekten *konfundiert* sind.

Die Quadratsummen werden folgendermaßen bestimmt:

$$QS_{tot} = \sum_i \sum_m (x_{mi} - \overline{G})^2, \quad (9.3)$$

$$QS_{zw\ Vpn} = p \cdot \sum_m (\overline{P}_m - \overline{G})^2, \quad (9.4)$$

$$QS_{in\ Vpn} = \sum_i \sum_m (x_{mi} - \overline{P}_m)^2, \quad (9.5)$$

$$QS_{treat} = n \cdot \sum_i (\overline{A}_i - \overline{G})^2, \quad (9.6)$$

$$QS_{res} = \sum_i \sum_m (x_{mi} - \overline{A}_i - \overline{P}_m + \overline{G})^2. \quad (9.7)$$

$\overline{P}_m$ ist der Mittelwert aller Messwerte der Vp m.

Diese Quadratsummen sind voneinander unabhängig. Wie man leicht zeigen kann, führen sie zu der in Gl. (9.1) bzw. Gl. (9.2) genannten additiven Beziehung.

Einfacher (und rechnerisch auch genauer) erhält man die Quadratsummen unter Verwendung folgender Kennziffern:

$$(1) = \frac{G^2}{p \cdot n}; \qquad (2) = \sum_m \sum_i x_{mi}^2;$$

$$(3) = \frac{\sum_i A_i^2}{n}; \qquad (4) = \frac{\sum_m P_m^2}{p}.$$

Hier ist P_m die Summe der Messwerte der Vp m.

Tabelle 9.2 zeigt, wie die Quadratsummen aus diesen Kennziffern errechnet werden.

Freiheitsgrade

Die Zerlegung der Freiheitsgrade erfolgt ebenfalls nach dem in Abb. 9.1 dargestellten Schema. Insgesamt stehen $p \cdot n - 1$ Freiheitsgrade zur Verfügung, die entsprechend der Quadratsummenzerlegung in $(n-1)$ Freiheitsgrade für die $QS_{zw\ Vpn}$ und $n \cdot (p-1)$ Freiheitsgrade für die $QS_{in\ Vpn}$ aufgeteilt werden. Kontrolle: $p \cdot n - 1 = (n-1) + n \cdot (p-1)$.

Die $n \cdot (p-1)$ Freiheitsgrade der $QS_{in\ Vpn}$ setzen sich aus $p-1$ Freiheitsgraden für die QS_{treat} und $(n-1) \cdot (p-1)$ Freiheitsgraden für die QS_{Res} zusammen. Kontrolle: $n \cdot (p-1) = (p-1) + (n-1) \cdot (p-1)$.

Tabelle 9.2 fasst die Berechnung der Quadratsummen und ihrer Freiheitsgrade zusammen.

Tabelle 9.2. Quadratsummen und Freiheitsgrade einer einfaktoriellen Varianzanalyse mit Messwiederholungen

Q.d.V.	QS	df
zwischen Vpn	$QS_{zw\,Vpn} = (4) - (1)$	$n - 1$
innerhalb Vpn	$QS_{in\,Vpn} = (2) - (4)$	$n \cdot (p - 1)$
Treatment	$QS_{treat} = (3) - (1)$	$p - 1$
Residual	$QS_{Res} = (2) - (3)$ $-(4) + (1)$	$(n - 1) \cdot (p - 1)$
Total	$QS_{tot} = (2) - (1)$	$p \cdot n - 1$

Signifikanztest

Die Varianzschätzungen erhalten wir – wie üblich –, indem die Quadratsummen durch ihre Freiheitsgrade dividiert werden. Unter der Voraussetzung, dass die Stufen des Treatmentfaktors fest und die Vpn zufällig ausgewählt sind, kann die Nullhypothese durch folgenden F-Bruch überprüft werden:

$$F = \frac{\hat{\sigma}^2_{treat}}{\hat{\sigma}^2_{Res}} \cdot \qquad (9.8)$$

Man beachte, dass die Validität dieses F-Tests an spezielle Voraussetzungen geknüpft ist, auf die wir unter 9.3 eingehen. (Zum theoretischen Hintergrund dieses F-Bruches vgl. Kap. 12.) Tabellen 9.3. und 9.4 erläutern den Rechengang an einem Beispiel.

Im Allgemeinen wird man bei Versuchsplänen mit Messwiederholungen nur daran interessiert sein, den Treatmenteffekt bzw. den Effekt der Faktorstufen zu überprüfen. Soll darüber hinaus auch die *Unterschiedlichkeit der Vpn* überprüft werden, kann die $\hat{\sigma}^2_{zw\,Vpn}$ ebenfalls an der $\hat{\sigma}^2_{Res}$ getestet werden. In Abhängigkeit von der Höhe der zwischen den Faktorstufen und den Vpn bestehenden, aber nicht prüfbaren Interaktion wird dieser Test konservativ ausfallen. Mit größer werdender Interaktion zwischen Faktorstufen und Vpn verliert dieser F-Test an Teststärke.

Trendtest und Einzelvergleiche

Wie in der einfaktoriellen Varianzanalyse ohne Messwiederholungen können auch bei dieser Analyse Trends oder a priori formulierte Einzelvergleiche geprüft werden. Als Prüfvarianz ist hier jedoch statt der $\hat{\sigma}^2_{Fehler}$ die $\hat{\sigma}^2_{Res}$ einzusetzen. Entsprechendes gilt für Einzelpaarvergleiche nach dem *Scheffé-Test*:

Tabelle 9.3. Numerisches Beispiel für eine einfaktorielle Varianzanalyse mit Messwiederholungen

Vpn	morgens	mittags	abends	P_m	$\bar{P}_m$
1	7	7	6	20	6,67
2	5	6	8	19	6,33
3	8	9	5	22	7,33
4	6	8	6	20	6,67
5	7	7	5	19	6,33
6	7	9	7	23	7,67
7	5	10	6	21	7,00
8	6	7	4	17	5,67
9	7	8	6	21	7,00
10	5	7	5	17	5,67
A_i	63	78	58	$G = 199$	$\bar{G} = 6,63$

Tabelle 9.4. Ergebnistabelle der Daten aus Tabelle 9.3

Q.d.V.	QS	df	$\hat{\sigma}^2$	F
zwischen Vpn	$(4) - (1) = 11,64$	9	1,29	
innerhalb Vpn	$(2) - (4) = 45,33$	20	2,27	
Tageszeiten	$(3) - (1) = 21,67$	2	10,84	8,27**
Residual	$(2) - (3) - (4) + (1)$ $= 23,66$	18	1,31	
Total	$(2) - (1) = 56,97$	29		

$$\text{Diff}_{crit} = \sqrt{\frac{2 \cdot (p-1) \cdot \hat{\sigma}^2_{Res}}{n}}$$
$$\times \sqrt{F_{(p-1),(n-1)\cdot(p-1);1-a}} \cdot \qquad (9.9)$$

Wie der F-Test nach Gl. (9.8) setzen auch Einzelvergleichstests voraus, dass die unter 9.3 beschriebenen Voraussetzungen erfüllt sind. Sind die Voraussetzungen nicht erfüllt, können Einzelvergleichstests deutlich progressiv oder konservativ ausfallen (vgl. Boik, 1981). In diesem Fall sollten Prüfvarianzen eingesetzt werden, die nur auf den Daten der jeweils verglichenen Stichproben basieren (vgl. hierzu auch O'Brien u. Kaiser, 1985). Literatur zu voraussetzungsärmeren Einzelvergleichsverfahren wird auf S. 358 genannt.

BEISPIEL

Es wird überprüft, ob der Hautwiderstand Tagesschwankungen unterliegt ($a = 1\%$). Hierzu wird bei 10 Vpn morgens, mittags und abends der Hautwiderstand gemessen. Das „Treatment" besteht in dieser Untersuchung also in drei Tageszeiten. Tabelle 9.3 enthält die Messwerte, denen aus rechentechnischen Gründen ein einfacher Maßstab zu Grunde gelegt wurde.

Die für die Berechnung der Quadratsummen benötigten Hilfsgrößen lauten:

$$(1) = \frac{G^2}{p \cdot n} = \frac{199^2}{3 \cdot 10} = 1320{,}03,$$

$$(2) = \sum_i \sum_m x_{mi}^2 = 7^2 + 5^2 + 8^2 + \cdots$$
$$+ 7^2 + 6^2 + 9^2 + \cdots + 4^2 + 6^2 + 5^2$$
$$= 407 + 622 + 348 = 1377,$$

$$(3) = \frac{\sum_i A_i^2}{n} = \frac{63^2 + 78^2 + 58^2}{10} = \frac{13417}{10}$$
$$= 1341{,}70,$$

$$(4) = \frac{\sum_m P_m^2}{p} = \frac{20^2 + 19^2 + \cdots + 21^2 + 17^2}{3}$$
$$= \frac{3995}{3} = 1331{,}67.$$

Mit diesen Hilfsgrößen resultieren die in Tabelle 9.4 dargestellten Ergebnisse der Varianzanalyse.

Zur Kontrolle der Rechnung überprüfen wir die in Abb. 9.1 angegebenen Beziehungen:

$$QS_{tot} = QS_{zw\,Vpn} + QS_{in\,Vpn} : 56{,}97$$
$$= 11{,}64 + 45{,}33,$$
$$QS_{in\,Vpn} = QS_{treat} + QS_{Res} : 45{,}33$$
$$= 21{,}67 + 23{,}66.$$

Wie üblich werden die Varianzen ($\hat{\sigma}^2$) ermittelt, indem die Quadratsummen (QS) durch die entsprechenden Freiheitsgrade (df) dividiert werden. Die Überprüfung der H$_0$: $\mu_1 = \mu_2 = \mu_3$ erfolgt über den F-Bruch:

$$F = \frac{\hat{\sigma}_{treat}^2}{\hat{\sigma}_{Res}^2} = \frac{10{,}84}{1{,}31} = 8{,}27.$$

Der kritische F-Wert lautet: $F_{(2,18;99\%)} = 6{,}01$. Die gefundenen Mittelwertunterschiede wären somit sehr signifikant, wenn wir davon ausgehen, dass die Voraussetzungen für die Durchführung dieses F-Tests erfüllt sind. Da hierüber noch keine Informationen vorliegen, stellen wir die endgültige Entscheidung über die Nullhypothese in unserem Beispiel zunächst zurück. Wir werden das Beispiel unter 9.3 erneut aufgreifen.

Für den Scheffé-Test ermitteln wir als kritische Paarvergleichsdifferenz:

$$\text{Diff}_{crit} = \sqrt{\frac{2 \cdot (3-1) \cdot 1{,}31 \cdot 6{,}01}{10}} = 1{,}77.$$

Falls die Voraussetzung für diesen Test erfüllt ist, erweist sich also nur die Differenz zwischen mittags und abends ($\overline{A}_2 - \overline{A}_3 = 7{,}8 - 5{,}8 = 2{,}0$) als statistisch signifikant ($\alpha = 0{,}01$).

Ipsative Daten

Eine einfaktorielle Varianzanalyse mit Messwiederholungen lässt sich auch als einfaktorielle Varianzanalyse ohne Messwiederholungen darstellen, wenn man die ursprünglichen Messungen der Vpn „ipsativiert" (vgl. hierzu auch Greer u. Dunlap, 1997). Hierfür wird von jedem individuellen Messwert der Personen bezogene Durchschnittswert $\overline{P}_m$ abgezogen, sodass ipsative Daten entstehen, bei denen die Unterschiedlichkeit zwischen den Personen eliminiert ist. Tabelle 9.5 zeigt die Ergebnisse.

Führen wir mit diesen Daten gemäß 7.1 eine einfaktorielle Varianzanalyse durch, ergeben sich zunächst die folgenden Kennziffern:

Tabelle 9.5. Ipsative Daten für Tabelle 9.3

Vpn	morgens	mittags	abends	$\overline{P}_m$
1	0,33	0,33	−0,67	0,00
2	−1,33	−0,33	1,67	0,00
3	0,67	1,67	−2,33	0,00
4	−0,67	1,33	−0,67	0,00
5	0,67	0,67	−1,33	0,00
6	−0,67	1,33	−0,67	0,00
7	−2,00	3,00	−1,00	0,00
8	0,33	1,33	−1,67	0,00
9	0,00	1,00	−1,00	0,00
10	−0,67	1,33	−0,67	0,00
A_i	−3,33	11,66	−8,33	G = 0

Tabelle 9.6. Ergebnis der Varianzanalyse mit ipsativen Daten

Q.d.V.	QS	df	$\hat{\sigma}^2$	F
Tageszeiten	(3) − (1) = 21,66	(p − 1) = 2	10,83	8,27**
Fehler	(2) − (3) = 23,65	(p − 1) · (n − 1) = 18	1,31	

$$(1) = \frac{G^2}{p \cdot n} = 0;$$

$$(2) = \sum_i \sum_m x_{im}^2 = 45{,}33;$$

$$(3) = \frac{\sum_i A_i^2}{n} = 21{,}66.$$

Das Ergebnis der Varianzanalyse zeigt Tabelle 9.6.

Wie ein Vergleich mit Tabelle 9.4 zeigt, sind beide Ergebnisse – bis auf Rundungsungenauigkeiten – identisch. Bei der Durchführung der einfaktoriellen Varianzanalyse über ipsative Daten ist lediglich zu beachten, dass – bedingt durch die Tatsache, dass die Summe der Werte einer Vp Null ergeben muss – jede Vp einen Freiheitsgrad verliert. Die Gesamtzahl der für die QS_{Fehler} zur Verfügung stehenden Freiheitsgrade beträgt somit nicht – wie im Normalfall – $p \cdot (n-1) = 27$ df, sondern $(p-1) \cdot (n-1) = 18$ df. Dies jedoch sind die Freiheitgrade der Residualvarianz, d.h., die F-Tests nach Gl. (9.8) und nach Gl. (7.22) sind identisch.

Fehlende Werte. Die Durchführungsbestimmungen einer einfaktoriellen Varianzanalyse mit Messwiederholungen setzen voraus, dass von *jeder* untersuchten Vp p Messwerte vorliegen. Gelegentlich, vor allem bei Messwiederholungen über längere Zeiträume, kommt es jedoch vor, dass die individuellen Messwertreihen wegen „Drop Outs" nicht vollständig sind bzw. dass einzelne Messwerte fehlen. In diesem Falle rechnet man einfachheitshalber über die ipsativen Daten eine einfaktorielle Varianzanalyse ohne Messwiederholungen mit ungleich großen Stichproben (vgl. Kap. 7.2).

Wenn im Beispiel der Tabelle 9.3 die Mittagsmessung der 1. Vp ausgefallen wäre, ergäben sich $\overline{P} = (7+6)/2 = 6{,}5$ und für morgens und abends ipsative Werte von $7-6{,}5 = 0{,}5$ bzw. $6-6{,}5 = -0{,}5$. Diese Werte wären in Tabelle 9.5 einzutragen, und der Mittagswert wäre zu streichen, d.h. man hätte eine einfaktorielle Varianzanalyse ohne Messwiederholungen mit $n_1 = 10$, $n_2 = 9$ und $n_3 = 10$ zu rechnen.

9.2 Mehrfaktorielle Varianzanalysen mit Messwiederholungen

Terminologie

In der einfaktoriellen Varianzanalyse mit Messwiederholungen wird eine Stichprobe von Vpn unter mehreren Treatmentstufen beobachtet. Unterteilen wir die Stichprobe nach den Stufen eines weiteren Faktors in mehrere Gruppen bzw. – korrekter formuliert – weisen wir den Stufen eines weiteren Faktors je eine Zufallsstichprobe zu, resultiert ein Datenschema, das wir mit einer zweifaktoriellen Varianzanalyse mit Messwiederholungen auswerten. Bezogen auf das Beispiel für die einfaktorielle Varianzanalyse mit Messwiederholungen könnten die Vpn nach ihrem Geschlecht in 2 Gruppen eingeteilt werden und, wie bisher, morgens, mittags und abends untersucht werden.

Allgemein erhalten wir in der zweifaktoriellen Varianzanalyse mit Messwiederholungen das in Tabelle 9.7 dargestellte Datenschema.

In Tabelle 9.7 wurde gegenüber dem allgemeinen Datenschema der einfaktoriellen Varianzanalyse mit Messwiederholungen (vgl. Tabelle 9.1) eine vereinfachte Darstellungsart gewählt. Aus dem Schema geht hervor, dass den p Stufen des Faktors A („Gruppierungsfaktor") jeweils eine Stichprobe S_i zugeordnet wird, die unter jeder Stufe j ($j = 1, \ldots, q$) des Faktors B („Messwiederholungsfaktor") beobachtet wird. Das ausführliche Datenschema würden wir erhalten, wenn das allgemeine Datenschema für eine einfaktorielle Varianzanalyse mit Messwiederholung für p verschiedene

Tabelle 9.7. Allgemeines Datenschema einer zweifaktoriellen Varianzanalyse mit Messwiederholungen

	b_1	b_2	$\cdots$	b_j	$\cdots$	b_q	
a_1	S_1	S_1	$\cdots$	S_1	$\cdots$	S_1	A_1
a_2	S_2	S_2	$\cdots$	S_2	$\cdots$	S_2	A_2
$\vdots$	$\vdots$	$\vdots$		$\vdots$		$\vdots$	$\vdots$
a_i	S_i	S_i	$\cdots$	S_i	$\cdots$	S_i	A_i
$\vdots$	$\vdots$	$\vdots$		$\vdots$		$\vdots$	$\vdots$
a_p	S_p	S_p	$\cdots$	S_p	$\cdots$	S_p	A_p
	B_1	B_2	$\cdots$	B_j	$\cdots$	B_q	G

9.2 Mehrfaktorielle Varianzanalysen mit Messwiederholungen

Stichproben des Umfanges n p-mal untereinander geschrieben wird. Von jeder zu einer Stichprobe i gehörenden Person m werden q Messwerte erhoben, die wir allgemein mit x_{ijm} kennzeichnen. Die Summe aller $n \times q$ Messwerte einer Stichprobe i nennen wir A_i:

$$A_i = \sum_j \sum_m x_{ijm}.$$

Die Summe aller unter der Stufe j des Faktors B beobachteten Messwerte kennzeichnen wir mit B_j:

$$B_j = \sum_i \sum_m x_{ijm}.$$

Ferner benötigen wir die Summe der Messwerte für jede einzelne Vp, die wir durch P_{im} kennzeichnen wollen:

$$P_{im} = \sum_j x_{ijm}.$$

Die Summe der Werte einer Stichprobe i unter der j-ten Stufe des Faktors B nennen wir wie in der zweifaktoriellen Varianzanalyse ohne Messwiederholung AB_{ij}:

$$AB_{ij} = \sum_m x_{ijm}.$$

G ist wieder die Gesamtsumme aller Messwerte. Auch in dieser Analyse können statt einer Stichprobe i, die q mal untersucht wird, q parallelisierter Stichproben (matched samples) eingesetzt werden, die den q Stufen des Faktors B zufällig zuzuordnen sind. In dieser Anwendungsvariante werden somit $p \cdot q$ Stichproben benötigt, wobei die q Stichproben unter jeder Faktorstufe i parallelisiert sind. Die Auswertung dieses Plans entspricht der hier beschriebenen Vorgehensweise.

Eine andere Variante der zweifaktoriellen Varianzanalyse mit Messwiederholungen, bei der nur *eine* Stichprobe unter allen $p \times q$ Faktorstufenkombinationen beobachtet wird (komplette Messwiederholung), wird auf S. 347 beschrieben.

Quadratsummenzerlegung

Die totale Quadratsumme wird – wie in der einfaktoriellen Varianzanalyse mit Messwiederholungen – in eine Quadratsumme zerlegt, die auf Unterschiede zwischen den Vpn zurückgeht ($QS_{zw\,Vpn}$), und eine weitere Quadratsumme, die auf Unterschieden innerhalb der Vpn beruht ($QS_{in\,Vpn}$):

$$QS_{tot} = QS_{zw\,Vpn} + QS_{in\,Vpn}. \quad (9.10)$$

Die $QS_{zw\,Vpn}$ setzt sich einerseits aus Unterschieden zwischen den Stichproben bzw. Stufen des Faktors A (QS_A) und andererseits aus Unterschieden zwischen den Vpn innerhalb der einzelnen Stichproben ($QS_{in\,S}$) zusammen:

$$QS_{zw\,Vpn} = QS_A + QS_{in\,S}. \quad (9.11)$$

Die Unterschiedlichkeit der Messwerte einer einzelnen Vp beruht auf der Wirkungsweise des Faktors B (QS_B), der Interaktionswirkung der Kombinationen von A und B ($QS_{A\times B}$) sowie der spezifischen Reaktionsweise der Vp auf die Stufen von B ($QS_{B\times Vpn}$):

$$QS_{in\,Vpn} = QS_B + QS_{A\times B} + QS_{B\times Vpn}. \quad (9.12)$$

(Die $QS_{B\times Vpn}$ entspricht der QS_{Res} in der einfaktoriellen Varianzanalyse mit Messwiederholungen, d.h., auch hier ist die Interaktionsquadratsumme mit Fehleranteilen konfundiert. Da in den noch zu besprechenden Plänen mehrere Residualquadratsummen von der Art der QS_{Res} vorkommen, kennzeichnen wir hier und im Folgenden die jeweiligen Residualquadratsummen durch die in ihr enthaltene Interaktionsquadratsumme).

Für die Ermittlung der Quadratsummen verwenden wir die folgenden Kennziffern:

$$(1) = \frac{G^2}{p\cdot q\cdot n}, \quad (2) = \sum_i \sum_j \sum_m x_{ijm}^2,$$

$$(3) = \frac{\sum_i A_i^2}{n\cdot q}, \quad (4) = \frac{\sum_j B_j^2}{n\cdot p},$$

$$(5) = \frac{\sum_i \sum_j AB_{ij}^2}{n}, \quad (6) = \frac{\sum_i \sum_m P_{im}^2}{q}.$$

Tabelle 9.8 zeigt, wie die einzelnen Quadratsummen und Freiheitsgrade berechnet werden.

Man erkennt, dass sich die Quadratsummen gemäß Gl. (9.10), (9.11) und (9.12) additiv zusammensetzen. Die Zerlegung der Freiheitsgrade erfolgt in gleicher Weise.

Tabelle 9.8. Quadratsummen und Freiheitsgrade einer zweifaktoriellen Varianzanalyse mit Messwiederholungen

Q.d.V.	QS	df
A	(3) − (1)	p − 1
in S	(6) − (3)	p · (n − 1)
zwischen Vpn	(6) − (1)	p · n − 1
B	(4) − (1)	q − 1
A × B	(5) − (3) − (4) + (1)	(p − 1) · (q − 1)
B × Vpn	(2) − (5) − (6) + (3)	p · (q − 1) · (n − 1)
innerhalb Vpn	(2) − (6)	p · n · (q − 1)
Total	(2) − (1)	n · p · q − 1

Signifikanztests

Die Varianzschätzungen ermitteln wir, indem die Quadratsummen durch ihre Freiheitsgrade dividiert werden. Unter der Annahme, dass die Faktoren A und B feste Effekte aufweisen, werden die $\hat{\sigma}_A^2$ an der $\hat{\sigma}_{\text{in S}}^2$ und die $\hat{\sigma}_B^2$ sowie die $\hat{\sigma}_{A \times B}^2$ an der $\hat{\sigma}_{B \times \text{Vpn}}^2$ getestet (zur Herleitung dieser F-Tests und zur Überprüfung von Faktoren mit zufälligen Effekten vgl. 12.3).

BEISPIEL

Es soll überprüft werden, wie sich 3 verschiedene Arten des Kreativitätstrainings (Faktor A) auf die Kreativität von Vpn auswirken ($\alpha = 1\%$). 3 Zufallsstichproben (S_1, S_2 und S_3) à 5 Vpn werden vor Beginn des Trainings (b_1), während des Trainings (b_2) und nach Abschluss des Trainings (b_3) hinsichtlich ihrer Kreativität getestet, wobei jede Stichprobe ein anderes Kreativitätstraining erhält. Tabelle 9.9 zeigt die Testwerte und die rechnerische Durchführung der Varianzanalyse.

Die Kreativität der Vpn ändert sich somit durch das Training, wobei sich die 3 verschiedenen Trainingsarten statistisch nicht bedeutsam unterscheiden. (Zur Überprüfung der Voraussetzungen dieser Analyse vgl. 9.3.)

Trendtests und Einzelvergleiche

Zur Überprüfung von A-priori-Einzelvergleichen, Trends oder A-posteriori-Einzelvergleichen (Scheffé-Test) wird auf die entsprechenden Ausführungen zur zweifaktoriellen Varianzanalyse (vgl. S. 305 ff.) bzw. einfaktoriellen Varianzanalyse mit Messwiederholungen (vgl. S. 334) verwiesen. Man beachte, dass in der zweifaktoriellen Varianzanalyse mit Messwiederholungen Effekte, die auf den Faktor A bezogen sind, an der $\hat{\sigma}_{\text{in S}}^2$, und Effekte, die auf den Faktor B bzw. die Interaktion A × B bezogen sind, an der $\hat{\sigma}_{B \times \text{Vpn}}^2$ geprüft werden. Beim Vergleich von Mittelwerten für Faktorstufenkombinationen ($\overline{AB}_{ij}$) gelten die folgenden Prüfvarianzen (vgl. Winer et al., 1991, S. 526 ff.):

- zwei verschiedene Gruppen zu einem Messzeitpunkt ($\overline{AB}_{ij} - \overline{AB}_{i'j}$):

$$\hat{\sigma}_{\text{in Zellen}}^2 = \frac{QS_{\text{in S}} + QS_{B \times \text{Vpn}}}{p \cdot (n-1) + p \cdot (q-1) \cdot (n-1)}$$

Die $\hat{\sigma}_{\text{in Zellen}}^2$ ist die Varianz der Messwerte innerhalb der p · q Zellen. Sie entspricht der Fehlervarianz in einer zweifaktoriellen Varianzanalyse ohne Messwiederholungen.

- Eine Gruppe zu zwei verschiedenen Messzeitpunkten ($\overline{AB}_{ij} - \overline{AB}_{ij'}$):

$\hat{\sigma}_{B \times \text{Vpn}}^2$;

- zwei verschiedene Gruppen zu zwei verschiedenen Messzeitpunkten ($\overline{AB}_{ij} - \overline{AB}_{i'j'}$):

$\hat{\sigma}_{\text{in Zellen}}^2$.

Wie Einzelvergleichshypothesen bei verletzten Voraussetzungen (vgl. S. 352 ff.) zu prüfen sind, wird bei Kowalchuk u. Keselman (2001) erörtert.

Hinweis: Auf S. 282 ff. haben wir ein Verfahren kennen gelernt, mit dem überprüft wird, ob die Treatmentmittelwerte einer in der Alternativhypothese festgelegten Rangordnung folgen (*monotone Trendhypothese*). Ein ähnliches Verfahren wurde für Messwiederholungspläne von Huynh (1981) entwickelt. Dieses Verfahren überprüft die Nullhypothese, dass sich die Mittelwerte von 2 (oder mehreren) Populationen während des Untersuchungszeitraums gleichsinnig verändern.

Sequenzeffekte

Bei der wiederholten Untersuchung von Vpn unter verschiedenen Treatmentstufen kann es zu Sequenzeffekten kommen, die abfolgespezifisch die Treatmenteffekte überlagern. Zu denken wäre beispielsweise an drei verschiedene Behandlungen b_1, b_2 und b_3, die als „therapeutisches Paket" eingesetzt werden sollen. Hier könnte sich die Frage stellen, ob bezüglich der Behandlungswirkungen die Reihenfolge der Behandlungen beliebig ist

9.2 Mehrfaktorielle Varianzanalysen mit Messwiederholungen

Tabelle 9.9. Numerisches Beispiel für eine zweifaktorielle Varianzanalyse mit Messwiederholungen

Faktor A	Faktor B			
	b_1	b_2	b_3	
a_1	56	52	48	$A_1 = 782$
	57	54	46	
	55	51	51	
	58	51	50	
	54	53	46	
a_2	54	50	49	$A_2 = 765$
	53	49	48	
	56	48	52	
	52	52	50	
	55	51	46	
a_3	57	49	50	$A_3 = 776$
	55	51	47	
	56	48	51	
	58	50	48	
	58	46	52	
	$B_1 = 834$	$B_2 = 755$	$B_3 = 734$	$G = 2323$

$$(1) = \frac{G^2}{p \cdot q \cdot n} = \frac{2323^2}{3 \cdot 3 \cdot 5} = 119918{,}4$$

$$(2) = \sum_i \sum_j \sum_m x_{ijm}^2 = 56^2 + 57^2 + \cdots + 48^2 + 52^2 = 120461{,}0$$

$$(3) = \frac{\sum_i A_i^2}{q \cdot n} = \frac{(782^2 + 765^2 + 776^2)}{15} = 119928{,}3$$

$$(4) = \frac{\sum_j B_j^2}{p \cdot n} = \frac{(834^2 + 755^2 + 734^2)}{15} = 120289{,}1$$

$$(5) = \frac{\sum_i \sum_j AB_{ij}^2}{n} = \frac{280^2 + 270^2 + \cdots + 245^2 + 248^2}{5} = 120344{,}6$$

$$(6) = \frac{\sum_i \sum_m P_{im}^2}{q} = \frac{156^2 + 157^2 + \cdots + 156^2 + 156^2}{3} = 119943{,}7$$

Q.d.V.	QS	df	$\hat{\sigma}^2$	F
A	$(3) - (1) = 9{,}9$	$p - 1 = 2$	4,95	3,87
in S	$(6) - (3) = 15{,}4$	$p \cdot (n-1) = 12$	1,28	
zwischen Vpn	$(6) - (1) = 25{,}3$	$p \cdot n - 1 = 14$		
B	$(4) - (1) = 370{,}7$	$q - 1 = 2$	185,35	44,03**
A × B	$(5) - (3) - (4) + (1) = 45{,}6$	$(p-1) \cdot (q-1) = 4$	11,40	2,71
B × Vpn	$(2) - (5) - (6) + (3) = 101{,}0$	$p \cdot (q-1) \cdot (n-1) = 24$	4,21	
innerhalb Vpn	$(2) - (6) = 517{,}3$	$p \cdot n \cdot (q-1) = 30$		
Total	$(2) - (1) = 542{,}6$	$n \cdot p \cdot q - 1 = 44$		

$F_{(2,12;0,99)} = 6{,}93$ $\quad F_{(2,24;0,99)} = 5{,}61$ $\quad F_{(4,24;0,99)} = 4{,}22$

(H_0) oder ob mit abfolgespezifischen Sequenzeffekten zu rechnen ist (H_1).

Zur Überprüfung derartiger Sequenzeffekte wird eine spezielle Anwendungsvariante der zweifaktoriellen Varianzanalyse mit Messwiederholungen eingesetzt, die in Tabelle 9.10 veranschaulicht ist. Die 3 Treatmentstufen des Faktors B werden hier in den 6 möglichen Abfolgen dargeboten. (Resultieren wegen einer größeren Anzahl von Treatmentstufen sehr viele Abfolgen, wählt man eine Zufallsstichprobe von Abfolgen und behandelt den Abfolgefaktor wie einen Faktor mit zufälligen Effekten. Das entsprechende Prüfmodell ist aus Tabelle 12.9, S. 425, ableitbar.) Wir ordnen jeder Abfolge eine Stichprobe des Umfangs n zu und führen die Varianzanalyse in der oben beschriebenen Weise durch. Mögliche Signifikanzen können folgendermaßen interpretiert werden:

1. Ist der Faktor B signifikant, unterscheiden sich die 3 Treatmentstufen unabhängig von den Abfolgen.
2. Ein signifikanter Faktor A besagt, dass es von Bedeutung ist, in welcher Abfolge die Treatmentstufen vorgegeben werden.
3. Eine signifikante Interaktion A × B deutet auf Kontext- bzw. Positionseffekte hin. Die spezielle Wirkung eines Treatments ist davon abhängig, welche Treatments zuvor und welche danach eingesetzt werden.

Bei der Anlage des Datenschemas ist darauf zu achten, dass z.B. unter der Stufe 1 des Faktors B alle unter b_1 erhobenen Messungen zusammengefasst werden, unabhängig von der Position innerhalb der durch Faktor A festgelegten Abfolge.

Tabelle 9.10. Zweifaktorielle Varianzanalyse mit Messwiederholungen zur Überprüfung von Sequenzeffekten

Abfolge der Treatments (A)	Treatment (B)		
	1	2	3
123	S_1	S_1	S_1
132	S_2	S_2	S_2
213	S_3	S_3	S_3
231	S_4	S_4	S_4
312	S_5	S_5	S_5
321	S_6	S_6	S_6

Unterschiedliche Stichprobenumfänge

Sind die untersuchten Stichproben, die den Stufen des Faktors A zugewiesen werden, ungleich groß, ergeben sich für die Kennziffern folgende Modifikationen:

$$(1) = \frac{G^2}{N \cdot q}, \qquad (3) = \frac{\sum_i A_i^2/n_i}{q},$$

$$(4) = \frac{\sum_j B_j^2}{N}, \qquad (5) = \sum_i \sum_j \frac{AB_{ij}^2}{n_i},$$

$$(6) = \frac{\sum_{m=1}^{N} P_m^2}{q},$$

(wobei $N = \sum_i n_i$ = Gesamtzahl aller Vpn, aber nicht die Anzahl aller Messwerte).

Kennziffer (2) bleibt unverändert. Die Ermittlung der Quadratsummen erfolgt wiederum nach Tabelle 9.8. Für die Freiheitsgrade gelten die folgenden Beziehungen:

$$p \cdot (n - 1) = N - p$$
$$p \cdot n - 1 = N - 1$$
$$p \cdot (q - 1) \cdot (n - 1) = (N - p) \cdot (q - 1)$$
$$p \cdot n \cdot (q - 1) = N \cdot (q - 1)$$
$$n \cdot p \cdot q - 1 = N \cdot q - 1.$$

Diese Modifikationen gelten nur, wenn die einzelnen Stichproben S_i über die Messwiederholungen hinweg gleich groß bleiben, d.h. wenn im Verlauf der Messwiederholungen keine Vpn ausfallen.

Für den Fall, dass pro Vp unterschiedlich viele Messungen vorliegen, hat Weiss (1985) eine spezielle varianzanalytische Auswertung vorgeschlagen. Wir verzichten auf die Wiedergabe dieses Verfahrens, da von der sehr restriktiven Annahme ausgegangen wird, dass in jeder Stichprobe die gleiche Anzahl von Vpn mit q_1 Messungen, mit q_2 Messungen ... vorkommen muss (bezogen auf Tabelle 9.9 also in S_1, S_2 und S_3 z.B. jeweils 2 Personen mit 3 Messungen und 3 Personen mit 2 Messungen). Zudem ist mit diesem Verfahren nur der Gruppierungsfaktor A zu prüfen und nicht der Messwiederholungsfaktor B bzw. die Interaktion A × B.

Stattdessen schlagen wir vor, die auf S. 336 beschriebene Analyse ipsativer Messwerte bei feh-

9.2 Mehrfaktorielle Varianzanalysen mit Messwiederholungen

lenden Daten auf zweifaktorielle Pläne zu erweitern. Nehmen wir an, die ersten beiden Versuchspersonen im Beispiel der Tabelle 9.9 seien nicht zur Abschlussmessung (b_3) erschienen, d. h., die Werte 48 und 46 fehlen. Die Ipsativierung kann sich deshalb bei diesen beiden Vpn nur auf die unter b_1 und b_2 erhobenen Messungen beziehen. Es resultiert also ein zweifaktorieller Plan, in dem die Stichprobe $n_{13} = 3$ ipsative Werte und die übrigen Stichproben fünf ipsative Messwerte umfassen. Zur weiteren Analyse dieser Daten wird auf Kap. 8.4 verwiesen (mehrfaktorielle Pläne ohne Messwiederholungen mit ungleich großen Stichprobenumfängen).

Dreifaktorielle Varianzanalysen

Bei dreifaktoriellen Varianzanalysen mit Messwiederholungen müssen wir unterscheiden, ob die *Messwiederholungen auf einem Faktor oder auf 2 Faktoren* erfolgen. Tabelle 9.11 und Tabelle 9.12 verdeutlichen diese beiden Versuchspläne.

In Tabelle 9.11 sind die Vpn nach 2 Faktoren gruppiert, und jede Stichprobe wird unter den r Stufen des Faktors C beobachtet. Beispiel: Der Gesundheitszustand (= abhängige Variable) von Patienten, die nach Art der Krankheit (= Faktor A) und Art der Behandlung (= Faktor B) gruppiert sind, wird an mehreren Behandlungstagen (= Faktor C) beobachtet. Die Messwiederholungen erfolgen hier über die Stufen des Faktors C.

In Tabelle 9.12 hingegen sind die Vpn nur nach einem Kriterium (Faktor A) gruppiert, und die Messwiederholungen erfolgen über die Kombinationen der Faktoren B und C. Beispiel: Die Ablenkbarkeit (= abhängige Variable) von Vpn, die nach dem Alter (= Faktor A) gruppiert sind, wird unter den Kombinationen aus 3 Lärmbedingungen (= Faktor B) und zwei Temperaturbedingungen (= Faktor C) überprüft.

Die rechnerische Durchführung richtet sich danach, welche dieser beiden Versuchsanordnungen jeweils vorliegt. Wir beginnen mit dem in Tabelle 9.11 dargestellten Fall, bei dem die Messwiederholungen auf einem Faktor erfolgen.

Fall 1: Zwei Gruppierungsfaktoren und ein Messwiederholungsfaktor.
Die QS_{tot} beinhaltet wiederum die $QS_{zw\,Vpn}$ und $QS_{in\,Vpn}$, wobei sich

Tabelle 9.11. Fall 1: Dreifaktorielle Varianzanalyse mit Messwiederholungen auf einem Faktor

		c_1	c_2	c_k	c_r
a_1	b_1	S_{11}	S_{11}	S_{11}	S_{11}
	b_2	S_{12}	S_{12}	S_{12}	S_{12}
	b_j	S_{1j}	S_{1j}	S_{1j}	S_{1j}
	b_q	S_{1q}	S_{1q}	S_{1q}	S_{1q}
a_2	b_1	S_{21}	S_{21}	S_{21}	S_{21}
	b_2	S_{22}	S_{22}	S_{22}	S_{22}
	b_j	S_{2j}	S_{2j}	S_{2j}	S_{2j}
	b_q	S_{2q}	S_{2q}	S_{2q}	S_{2q}
a_i	b_1	S_{i1}	S_{i1}	S_{i1}	S_{i1}
	b_2	S_{i2}	S_{i2}	S_{i2}	S_{i2}
	b_j	S_{ij}	S_{ij}	S_{ij}	S_{ij}
	b_q	S_{iq}	S_{iq}	S_{iq}	S_{iq}
a_p	b_1	S_{p1}	S_{p1}	S_{p1}	S_{p1}
	b_2	S_{p2}	S_{p2}	S_{p2}	S_{p2}
	b_j	S_{pj}	S_{pj}	S_{pj}	S_{pj}
	b_q	S_{pq}	S_{pq}	S_{pq}	S_{pq}

Tabelle 9.12. Fall 2: Dreifaktorielle Varianzanalyse mit Messwiederholungen auf zwei Faktoren

	b_1	b_2	b_j	b_q
	$c_1 c_2 c_k c_r$	$c_1 c_2 c_k c_r$	$c_1 c_2 c_k c_r$	$c_1 c_2 c_k c_r$
a_1	$S_1 S_1 S_1 S_1$	$S_1 S_1 S_1 S_1$	$S_1 S_1 S_1 S_1$	$S_1 S_1 S_1 S_1$
a_2	$S_2 S_2 S_2 S_2$	$S_2 S_2 S_2 S_2$	$S_2 S_2 S_2 S_2$	$S_2 S_2 S_2 S_2$
a_i	$S_i S_i S_i S_i$	$S_i S_i S_i S_i$	$S_i S_i S_i S_i$	$S_i S_i S_i S_i$
a_p	$S_p S_p S_p S_p$	$S_p S_p S_p S_p$	$S_p S_p S_p S_p$	$S_p S_p S_p S_p$

$QS_{zw\,Vpn}$ und $QS_{in\,Vpn}$ in folgender Weise zusammensetzen:

$$QS_{zw\,Vpn} = QS_A + QS_B + QS_{A \times B} + QS_{in\,S}, \qquad (9.13)$$

$$QS_{in\,Vpn} = QS_C + QS_{A \times C} + QS_{B \times C} + QS_{A \times B \times C} + QS_{C \times Vpn}. \qquad (9.14)$$

Die Messwerte werden wie in einer dreifaktoriellen Varianzanalyse ohne Messwiederholungen (vgl. 8.3) in Summen zusammengefasst. Ferner bestimmen wir die Summe der Messwerte pro Vp (P_{ijm}).

Die Bestimmungsgleichungen für die Kennziffern lauten:

Tabelle 9.13. Quadratsummen und Freiheitsgrade einer dreifaktoriellen Varianzanalyse mit Messwiederholungen auf einem Faktor (Fall 1)

Q.d.V.	QS	df
A	(3) − (1)	$p - 1$
B	(4) − (1)	$q - 1$
A × B	(6) − (3) − (4) + (1)	$(p-1) \cdot (q-1)$
in S	(10) − (6)	$p \cdot q \cdot (n-1)$
zwischen Vpn	(10) − (1)	$n \cdot p \cdot q - 1$
C	(5) − (1)	$r - 1$
A × C	(7) − (3) − (5) + (1)	$(p-1) \cdot (r-1)$
B × C	(8) − (4) − (5) + (1)	$(q-1) \cdot (r-1)$
A × B × C	(9) − (6) − (7) − (8) + (3) + (4) + (5) − (1)	$(p-1) \cdot (q-1) \cdot (r-1)$
C × Vpn	(2) − (9) − (10) + (6)	$p \cdot q \cdot (n-1) \cdot (r-1)$
innerhalb Vpn	(2) − (10)	$n \cdot p \cdot q \cdot (r-1)$
Total	(2) − (1)	$n \cdot p \cdot q \cdot r - 1$

$$(1) = \frac{G^2}{p \cdot q \cdot r \cdot n},$$

$$(2) = \sum_i \sum_j \sum_k \sum_m x_{ijkm}^2,$$

$$(3) = \frac{\sum_i A_i^2}{q \cdot r \cdot n}, \quad (4) = \frac{\sum_j B_j^2}{p \cdot r \cdot n},$$

$$(5) = \frac{\sum_k C_k^2}{p \cdot q \cdot n}, \quad (6) = \frac{\sum_i \sum_j AB_{ij}^2}{r \cdot n},$$

$$(7) = \frac{\sum_i \sum_k AC_{ik}^2}{q \cdot n}, \quad (8) = \frac{\sum_j \sum_k BC_{jk}^2}{p \cdot n},$$

$$(9) = \frac{\sum_i \sum_j \sum_k ABC_{ijk}^2}{n}, \quad (10) = \frac{\sum_i \sum_j \sum_m P_{ijm}^2}{r}.$$

Tabelle 9.13 zeigt, wie die Quadratsummen und Freiheitsgrade berechnet werden.

Unterschiedliche Stichprobenumfänge. Sind die den Faktorstufenkombinationen A × B zugewiesenen Stichproben S_{ij} nicht gleich groß, kann im Fall geringfügiger Abweichungen eine *Varianzanalyse mit dem harmonischen Mittel* (vgl. 8.4) durchgeführt werden. Wir berechnen zunächst für jede der $p \cdot q \cdot r$ Zellen den Mittelwert $\overline{ABC}_{ijk}$:

$$\overline{ABC}_{ijk} = \sum_{m=1}^{n_{ij}} x_{ijkm} / n_{ij}.$$

Die Mittelwerttabelle wird nach den Haupteffekten und Interaktionen (vgl. Tabelle 8.19) summiert. Die Summen der Mittelwerte kennzeichnen wir im Gegensatz zu den Summen der ursprünglichen Werte mit einem Strich. AB'_{ij} z. B. enthält somit die über die r Stufen des Faktors C zusammengefassten Mittelwerte:

$$AB'_{ij} = \sum_k \overline{ABC}_{ijk}$$

$\overline{G}'$ ergibt sich zu $G' = \sum_i \sum_j \sum_k \overline{ABC}_{ijk}$.

Die Kennziffernberechnung bezieht sich teilweise auf die Mittelwerttabelle und teilweise auf die Tabelle der ursprünglichen Werte. Diejenigen Kennziffern, die von Mittelwerten ausgehen, kennzeichnen wir im Folgenden mit einem Strich:

$$(1)' = \frac{G'^2}{p \cdot q \cdot r}, \quad (3)' = \frac{\sum_i A_i'^2}{q \cdot r},$$

$$(4)' = \frac{\sum_j B_j'^2}{p \cdot r}, \quad (5)' = \frac{\sum_k C_k'^2}{p \cdot q},$$

$$(6)' = \frac{\sum_i \sum_j AB_{ij}'^2}{r}, \quad (7)' = \frac{\sum_i \sum_k AC_{ik}'^2}{q},$$

$$(8)' = \frac{\sum_j \sum_k BC_{jk}'^2}{p}, \quad (9)' = \sum_i \sum_j \sum_k \overline{ABC}_{ijk}^2;$$

9.2 Mehrfaktorielle Varianzanalysen mit Messwiederholungen

$$(2) = \sum_i \sum_j \sum_k \sum_{m=1}^{n_{ij}} x_{ijkm}^2, \quad (6) = \sum_i \sum_j \frac{AB_{ij}^2}{n_{ij} \cdot r},$$

$$(9) = \sum_i \sum_j \sum_k \frac{ABC_{ijk}^2}{n_{ij}}, \quad (10) = \frac{\sum_i \sum_j \sum_m P_{ijm}^2}{r}.$$

Das harmonische Mittel der Stichprobenumfänge lautet:

$$\bar{n}_h = \frac{p \cdot q}{\sum_i \sum_j 1/n_{ij}}. \quad (9.15)$$

Tabelle 9.14 zeigt, wie die Quadratsummen und Freiheitsgrade ermittelt werden.

Haben alle Faktoren feste Effekte, werden die Varianzen ($\hat{\sigma}^2 = QS/df$) sowohl bei gleichgroßen als auch ungleichgroßen Stichproben in folgender Weise getestet (für Varianzanalysen mit zufälligen Effekten vgl. Tabelle 12.10):

$$\hat{\sigma}_A^2, \hat{\sigma}_B^2, \hat{\sigma}_{A\times B}^2 \text{ an der } \hat{\sigma}_{\text{in S}}^2,$$

$$\hat{\sigma}_C^2, \hat{\sigma}_{A\times C}^2, \hat{\sigma}_{B\times C}^2, \hat{\sigma}_{A\times B\times C}^2 \text{ an der } \hat{\sigma}_{C\times \text{Vpn}}^2.$$

BEISPIEL

Es soll überprüft werden, ob Nachhilfeunterricht die Schulnoten signifikant verbessert ($\alpha = 0{,}01$). 5 Schüler, die Nachhilfeunterricht erhalten, werden 6 vergleichbaren Schülern ohne Nachhilfeunterricht (Kontrollgruppe) gegenübergestellt (Faktor A, p = 2). In der Nachhilfegruppe befinden sich 3 Jungen und 2 Mädchen und in der Kontrollgruppe 3 Jungen und 3 Mädchen (Faktor B = Geschlecht; q = 2). Als abhängige Variable werden die Noten der Schüler vor Beginn (= 1. Note) und nach Abschluss des Nachhilfeunterrichts (= 2. Note) untersucht. Für die Kontrollgruppe gelten entsprechende Zeitpunkte. Um mögliche längerfristige Wirkungen des Nachhilfeunterrichts zu erfassen, werden zusätzlich die Noten nach Ablauf eines halben Jahres mitanalysiert (= 3. Note) (Faktor C, r = 3).

Tabelle 9.15 zeigt die Daten und den Rechengang dieser Varianzanalyse.

(Bezüglich des Rechengangs ist anzumerken, dass die Mittelwertstabelle $\overline{ABC}_{ijk}$ natürlich nicht benötigt wird, wenn die Stichproben gleichgroß sind. In diesem Fall werden die Quadratsummen und Freiheitsgrade nach Tabelle 9.13 berechnet.)

Wie das Ergebnis der Varianzanalyse zeigt, ist lediglich der Faktor C auf dem 1%-Niveau signifikant. Die Noten haben sich insgesamt (summiert über die Faktoren A und B) verbessert. Da die A × C-Interaktion nicht signifikant ist, haben sich die Noten der Schüler mit Nachhilfeunterricht nicht überzufällig anders verändert als die Noten der Schüler ohne Nachhilfeunterricht.

Eine Alternative zu der hier beschriebenen Auswertung nennen Woodward u. Overall (1976a).

Fall 2: Ein Gruppierungsfaktor und zwei Messwiederholungsfaktoren. Bei der Varianzanalyse mit Messwiederholungen über die Kombinationen zweier Faktoren (vgl. Tabelle 9.12) wird die QS_{tot} folgendermaßen zerlegt:

$$QS_{tot} = QS_{\text{zw Vpn}} + QS_{\text{in Vpn}}, \quad (9.16)$$

wobei

$$QS_{\text{zw Vpn}} = QS_A + QS_{\text{in S}} \quad (9.17)$$

und

$$\begin{aligned}QS_{\text{in Vpn}} = {} & QS_B + QS_{A\times B} + QS_{B\times \text{Vpn}} \\ & + QS_C + QS_{A\times C} + QS_{C\times \text{Vpn}} \\ & + QS_{B\times C} + QS_{A\times B\times C} \\ & + QS_{B\times C\times \text{Vpn}}. \end{aligned} \quad (9.18)$$

Tabelle 9.14. Quadratsummen und Freiheitsgrade einer dreifaktoriellen Varianzanalyse mit Messwiederholungen auf einem Faktor (ungleiche Stichprobengrößen)

Q.d.V.	QS	df
A	$\bar{n}_h \cdot ((3)' - (1)')$	$p - 1$
B	$\bar{n}_h \cdot ((4)' - (1)')$	$q - 1$
A × B	$\bar{n}_h \cdot ((6)' - (3)' - (4)' + (1)')$	$(p-1) \cdot (q-1)$
in S	$(10) - (6)$	$N - p \cdot q$
C	$\bar{n}_h \cdot ((5)' - (1)')$	$r - 1$
A × C	$\bar{n}_h \cdot ((7)' - (3)' - (5)' + (1)')$	$(p-1) \cdot (r-1)$
B × C	$\bar{n}_h \cdot ((8)' - (4)' - (5)' + (1)')$	$(q-1) \cdot (r-1)$
A × B × C	$\bar{n}_h \cdot ((9)' - (6)' - (7)' - (8)' + (3)' + (4)' + (5)' - (1)')$	$(p-1) \cdot (q-1) \cdot (r-1)$
C × Vpn	$(2) - (9) - (10) + (6)$	$(N - p \cdot q) \cdot (r-1)$
		wobei $N = \sum_i \sum_j n_{ij}$

Tabelle 9.15. Beispiel für eine dreifaktorielle Varianzanalyse mit Messwiederholungen auf einem Faktor (ungleiche Stichprobengrößen)

			1. Note (c_1)	2. Note (c_2)	3. Note (c_3)	P_{ijm}
mit Nachhilfeunterricht (a_1)	(b_1)		5	4	4	13
			4	2	3	9
			5	3	4	12
	(b_2)		4	4	4	12
			5	3	3	11
ohne Nachhilfeunterricht (a_2)	(b_1)		4	3	3	10
			4	4	4	12
			5	5	5	15
	(b_2)		5	4	4	13
			4	5	4	13
			5	4	4	13

ABC Summen

		c_1	c_2	c_3
a_1	b_1	14	9	11
	b_2	9	7	7
a_2	b_1	13	12	12
	b_2	14	13	12

$\overline{ABC}$

		c_1	c_2	c_3
a_1	b_1	4,67	3,00	3,67
	b_2	4,50	3,50	3,50
a_2	b_1	4,33	4,00	4,00
	b_2	4,67	4,33	4,00

AB-Summen

a_1	b_1	34
	b_2	23
a_2	b_1	37
	b_2	39

AC-Summen

	c_1	c_2	c_3
a_1	23	16	18
a_2	27	25	24

BC-Summen

	c_1	c_2	c_3
b_1	27	21	23
b_2	23	20	19

AB'-Summen

a_1	b_1	11,34
	b_2	11,50
a_2	b_1	12,33
	b_2	13,00

AC'-Summen

	c_1	c_2	c_3
a_1	9,17	6,50	7,17
a_2	9,00	8,33	8,00

BC'-Summen

	c_1	c_2	c_3
b_1	9,00	7,00	7,67
b_2	9,17	7,83	7,50

$A'_1 = 22{,}84;$ $\quad A'_2 = 25{,}33;$
$B'_1 = 23{,}67;$ $\quad B'_2 = 24{,}50;$
$C'_1 = 18{,}17;$ $\quad C'_2 = 14{,}83;$ $\quad C'_3 = 15{,}17$
$G' = 48{,}17;$ $\quad N = 11;$
$\quad\quad\quad\quad \bar{n}_h = \dfrac{2 \cdot 2}{1/3 + 1/2 + 1/3 + 1/3} = 2{,}67;$

9.2 Mehrfaktorielle Varianzanalysen mit Messwiederholungen

Tabelle 9.15 (Fortsetzung)

$(1)' = \dfrac{48,17^2}{2 \cdot 2 \cdot 3} = 193,36$

$(3)' = \dfrac{22,84^2 + 25,33^2}{2 \cdot 3} = 193,88$

$(4)' = \dfrac{23,67^2 + 24,50^2}{2 \cdot 3} = 193,42$

$(5)' = \dfrac{18,17^2 + 14,83^2 + 15,17^2}{2 \cdot 2} = 195,05$

$(6)' = \dfrac{11,34^2 + 11,50^2 + 12,33^2 + 13,00^2}{3} = 193,96$

$(7)' = \dfrac{9,17^2 + 6,50^2 + 7,17^2 + 9,00^2 + 8,33^2 + 8,00^2}{2} = 196,07$

$(8)' = \dfrac{9,00^2 + 7,00^2 + 7,67^2 + 9,17^2 + 7,83^2 + 7,50^2}{2} = 195,24$

$(9)' = 4,67^2 + 3,00^2 + \cdots + 4,33^2 + 4,00^2 = 196,33$

$(2) = 5^2 + 4^2 + \cdots + 4^2 + 4^2 = 555,00$

$(6) = \dfrac{34^2}{3 \cdot 3} + \dfrac{23^2}{2 \cdot 3} + \dfrac{37^2}{3 \cdot 3} + \dfrac{39^2}{3 \cdot 3} = 537,72$

$(9) = \dfrac{14^2}{3} + \dfrac{9^2}{3} + \cdots + \dfrac{9^2}{2} + \cdots + \dfrac{12^2}{3} = 544,17$

$(10) = \dfrac{13^2 + 9^2 + \cdots + 13^2 + 13^2}{3} = 545,00$

Q.d.V.	QS	df	$\hat{\sigma}^2$	F
A	1,39	1	1,39	1,34
B	0,16	1	0,16	0,15
A × B	0,05	1	0,05	0,05
in S	7,28	7	1,04	
C	4,51	2	2,26	9,04**
A × C	1,33	2	0,67	2,68
B × C	0,35	2	0,18	0,72
A × B × C	0,13	2	0,07	0,28
C × Vpn	3,55	14	0,25	

$F_{(1,7;0,99)} = 12,2$
$F_{(2,14;0,99)} = 6,51$

Wie üblich werden die Messwerte zu verschiedenen Summen für die Haupteffekte, Interaktionen und Personen zusammengefasst. Gegenüber der dreifaktoriellen Varianzanalyse mit Messwiederholungen auf einem Faktor (Fall 1) werden hier zwei weitere Summen benötigt, die sich aus den Kombinationen der Vpn mit den Messwiederholungsfaktoren B und C ergeben:

Tabelle 9.16. Quadratsummen und Freiheitsgrade einer dreifaktoriellen Varianzanalyse mit Messwiederholungen auf 2 Faktoren (Fall 2)

Q.d.V.	QS	df
A	(3) − (1)	$p - 1$
in S	(10) − (3)	$p \cdot (n - 1)$
zwischen Vpn	(10) − (1)	$n \cdot p - 1$
B	(4) − (1)	$q - 1$
A × B	(6) − (3) − (4) + (1)	$(p - 1) \cdot (q - 1)$
B × Vpn	(11) − (6) − (10) + (3)	$p \cdot (n - 1) \cdot (q - 1)$
C	(5) − (1)	$r - 1$
A × C	(7) − (3) − (5) + (1)	$(p - 1) \cdot (r - 1)$
C × Vpn	(12) − (7) − (10) + (3)	$p \cdot (n - 1) \cdot (r - 1)$
B × C	(8) − (4) − (5) + (1)	$(q - 1) \cdot (r - 1)$
A × B × C	(9) − (6) − (7) − (8) + (3) + (4) + (5) − (1)	$(p - 1) \cdot (q - 1) \cdot (r - 1)$
B × C × Vpn	(2) − (9) − (11) − (12) + (6) + (7) + (10) − (3)	$p \cdot (n - 1) \cdot (q - 1) \cdot (r - 1)$
innerhalb Vpn	(2) − (10)	$n \cdot p \cdot (q \cdot r - 1)$
Total	(2) − (1)	$n \cdot p \cdot q \cdot r - 1$

$$\text{ABP}_{ijm} = \sum_k x_{ijkm}, \quad \text{ACP}_{ikm} = \sum_j x_{ijkm}.$$

Für die Quadratsummenbestimmung setzen wir folgende Kennziffern ein:

$$(1) = \frac{G^2}{p \cdot q \cdot r \cdot n},$$

$$(2) = \sum_i \sum_j \sum_k \sum_m x_{ijkm}^2,$$

$$(3) = \frac{\sum_i A_i^2}{q \cdot r \cdot n}, \quad (4) = \frac{\sum_j B_j^2}{p \cdot r \cdot n},$$

$$(5) = \frac{\sum_k C_k^2}{p \cdot q \cdot n},$$

$$(6) = \frac{\sum_i \sum_j AB_{ij}^2}{r \cdot n},$$

$$(7) = \frac{\sum_i \sum_k AC_{ik}^2}{q \cdot n},$$

$$(8) = \frac{\sum_j \sum_k BC_{jk}^2}{p \cdot n},$$

$$(9) = \frac{\sum_i \sum_j \sum_k ABC_{ijk}^2}{n},$$

$$(10) = \frac{\sum_i \sum_m P_{im}^2}{q \cdot r},$$

$$(11) = \frac{\sum_i \sum_j \sum_m ABP_{ijm}}{r},$$

$$(12) = \frac{\sum_i \sum_k \sum_m ACP_{ikm}}{q}.$$

Tabelle 9.16 zeigt, wie die Quadratsummen und Freiheitsgrade berechnet werden.

Haben alle Faktoren feste Effekte, werden die einzelnen Varianzen ($\hat{\sigma}^2 = QS/df$) in folgender Weise getestet (für Varianzanalysen mit zufälligen Effekten vgl. Tabelle 12.11):

9.2 Mehrfaktorielle Varianzanalysen mit Messwiederholungen

$\hat{\sigma}^2_A$ an der $\hat{\sigma}^2_{\text{in S}}$,

$\hat{\sigma}^2_B$ an der $\hat{\sigma}^2_{B \times \text{Vpn}}$,

$\hat{\sigma}^2_{A \times B}$ an der $\hat{\sigma}^2_{B \times \text{Vpn}}$,

$\hat{\sigma}^2_C$ an der $\hat{\sigma}^2_{C \times \text{Vpn}}$,

$\hat{\sigma}^2_{A \times C}$ an der $\hat{\sigma}^2_{C \times \text{Vpn}}$,

$\hat{\sigma}^2_{B \times C}$ an der $\hat{\sigma}^2_{B \times C \times \text{Vpn}}$,

$\hat{\sigma}^2_{A \times B \times C}$ an der $\hat{\sigma}^2_{B \times C \times \text{Vpn}}$.

BEISPIEL

Untersucht wird die Frage, ob sich Testangst (hohe vs. niedrige Testangst: Faktor A, $p = 2$) auf die verbale und praktische Intelligenz (Faktor C, $r = 2$) unterschiedlich auswirkt. Zusätzlich wird gefragt, ob Testangst die Leistungen in einem Gruppentest oder in einer Einzeltestsituation (Faktor B, $q = 2$) mehr beeinflusst ($\alpha = 0{,}05$). Abhängige Variable sind die Testleistungen, die die Vpn ($n = 6$) in 2 Parallelformen eines verbalen Intelligenztests und eines Tests zur Erfassung der praktischen Intelligenz erzielen. Die Tests sind so standardisiert, dass sie in der Eichstichprobe gleiche Mittelwerte und gleiche Streuungen aufweisen. Tabelle 9.17 zeigt die Daten und den Rechengang.

Es erweisen sich somit die $A \times C$- und $A \times B$-Interaktion als signifikant. Die Leistungen der Vpn mit hoher bzw. niedriger Testangst hängen in unterschiedlicher Weise von der Art der Aufgaben (verbale vs. praktische Aufgaben) und von der Testsituation (Gruppe vs. einzeln) ab. Differenziertere Interpretationen können den jeweiligen Summentabellen bzw. Interaktionsdiagrammen entnommen werden.

Unterschiedliche Stichprobenumfänge. Ungleich große Stichproben führen bei diesem Versuchsplan nur zu geringfügigen Änderungen. Da die ungleichgroßen Stichproben unter allen Stufen der Faktoren B und C beobachtet werden, sind die Stichprobenumfänge zeilen- und spaltenweise proportional zueinander, sodass der unter 8.4 erwähnte Ansatz für proportional geschichtete Stichproben übertragen werden kann. In den Kennziffern und Freiheitsgraden werden deshalb $n \cdot p$ durch $N = \sum_i n_i$ und n durch n_i ersetzt. An der übrigen Quadratsummen- und Freiheitsgradbestimmung ändert sich nichts.

Komplette Messwiederholung

Die beiden bisher besprochenen dreifaktoriellen Varianzanalysen mit Messwiederholungen sehen vor, dass entweder jeder Stufe des Faktors A (Tabelle 9.12) oder jeder Kombination der $A \times B$-Faktorstufen (Tabelle 9.11) eine Zufallsstichprobe zugewiesen wird. Gelegentlich kann es eine Untersuchung jedoch erforderlich machen, dass nur eine Stichprobe unter allen Faktorstufen untersucht wird (komplette Messwiederholung). Tabelle 9.18 veranschaulicht einen entsprechenden zweifaktoriellen Versuchsplan.

Während in der zweifaktoriellen Varianzanalyse ohne Messwiederholungen jeder Faktorstufenkombination eine eigene Zufallsstichprobe zugewiesen werden muss, wird in diesem Fall unter allen Faktorstufenkombinationen dieselbe Stichprobe untersucht. Ein typisches Beispiel für diesen Versuchsplan wäre gegeben, wenn eine Stichprobe Reize beurteilt, die systematisch in Bezug auf 2 (oder mehr) Faktoren variieren. Da hierbei die Messwerte zwischen den Faktorstufenkombinationen nicht mehr voneinander unabhängig sind, kann eine Varianzanalyse ohne Messwiederholungen zu fehlerhaften Resultaten führen. Wir erweitern deshalb die einfaktorielle Varianzanalyse mit Messwiederholungen in der Weise, dass jede Vp nicht nur unter allen Stufen eines Faktors A, sondern unter allen Kombinationen mehrerer Faktoren beobachtet wird. Tabelle 9.19 zeigt das Datenschema für einen zweifaktoriellen Plan mit kompletter Messwiederholung.

Die totale Quadratsumme wird hier wie folgt zerlegt:

$$\text{QS}_{\text{tot}} = \text{QS}_{\text{zw Vpn}} + \text{QS}_{\text{in Vpn}} \qquad (9.19)$$

und

$$\text{QS}_{\text{in Vpn}} = \text{QS}_A + \text{QS}_B + \text{QS}_{A \times B} + \text{QS}_{A \times \text{Vpn}}$$
$$+ \text{QS}_{B \times \text{Vpn}} + \text{QS}_{A \times B \times \text{Vpn}}. \qquad (9.20)$$

Zur Berechnung der Quadratsummen verwenden wir:

$(1) = \dfrac{G^2}{p \cdot q \cdot n}$, $\qquad (2) = \sum_i \sum_j \sum_m x_{ijm}^2$,

$(3) = \dfrac{\sum_i A_i^2}{q \cdot n}$, $\qquad (4) = \dfrac{\sum_j B_j^2}{p \cdot n}$,

$(5) = \dfrac{\sum_i \sum_j AB_{ij}^2}{n}$, $\qquad (6) = \dfrac{\sum_m P_m^2}{p \cdot q}$,

$(7) = \dfrac{\sum_i \sum_m AP_{im}^2}{q}$, $\qquad (8) = \dfrac{\sum_j \sum_m BP_{jm}^2}{p}$.

Tabelle 9.17. Beispiel für eine dreifaktorielle Varianzanalyse mit Messwiederholungen auf 2 Faktoren

		C	Verbale Intelligenz		Praktische Intelligenz		
		B	Einzelvers.	Gruppenvers.	Einzelvers.	Gruppenvers.	P_{im}
A	hohe Testangst		99	104	102	106	411
			102	103	101	104	410
			97	101	103	104	405
			104	106	107	112	429
			103	106	104	109	422
			97	99	104	103	403
	niedrige Testangst		107	103	104	98	412
			109	104	104	106	423
			104	105	106	102	417
			110	105	104	103	422
			102	99	102	96	399
			105	102	102	99	408

$A \times B \times C$-Summen

	c_1		c_2	
	b_1	b_2	b_1	b_2
a_1	602	619	621	638
a_2	637	618	622	604

$A \times B$-Summen

	b_1	b_2
a_1	1233	1257
a_2	1259	1222

$B \times C$-Summen

	c_1	c_2
b_1	1239	1243
b_2	1237	1242

$A \times C$-Summen

	c_1	c_2
a_1	1221	1259
a_2	1255	1226

$A \times B \times P$-Summen

		b_1	b_2
a_1	P_1	201	210
	P_2	203	207
	P_3	200	205
	P_4	211	218
	P_5	207	215
	P_6	201	202
a_2	P_1	211	201
	P_2	213	210
	P_3	210	207
	P_4	214	208
	P_5	204	195
	P_6	207	201

$A \times C \times P$-Summen

		c_1	c_2
a_1	P_1	203	208
	P_2	205	205
	P_3	198	207
	P_4	210	219
	P_5	209	213
	P_6	196	207
a_2	P_1	210	202
	P_2	213	210
	P_3	209	208
	P_4	215	207
	P_5	201	198
	P_6	207	201

9.2 Mehrfaktorielle Varianzanalysen mit Messwiederholungen

Tabelle 9.17 (Fortsetzung)

$A_1 = 2480 \quad A_2 = 2481$
$B_1 = 2482 \quad B_2 = 2479$
$C_1 = 2476 \quad C_2 = 2485$
$G = 4961$

$(1) = 4961^2/48 = 512740{,}0$
$(2) = 99^2 + 102^2 + \cdots + 99^2 = 513261$
$(3) = (2480^2 + 2481^2)/24 = 512740{,}0$
$(4) = (2482^2 + 2479^2)/24 = 512740{,}2$
$(5) = (2476^2 + 2485^2)/24 = 512741{,}7$
$(6) = (1223^2 + 1259^2 + 1257^2 + 1222^2)/12 = 512845{,}3$
$(7) = (1221^2 + 1255^2 + 1259^2 + 1226^2)/12 = 512835{,}3$
$(8) = (1239^2 + 1237^2 + 1243^2 + 1242^2)/12 = 512741{,}9$
$(9) = (602^2 + 637^2 + 619^2 + \cdots + 604^2)/6 = 512940{,}5$
$(10) = (411^2 + 410^2 + 405^2 + \cdots + 408^2)/4 = 512972{,}8$
$(11) = (201^2 + 203^2 + 200^2 + \cdots + 201^2)/2 = 513099{,}5$
$(12) = (203^2 + 205^2 + 198^2 + \cdots + 201^2)/2 = 513099{,}5$

Q.d.V.	QS	df	$\hat{\sigma}^2$	F
A	$(3) - (1) = 0{,}0$	$p - 1 = 1$	0,0	0,00
in S	$(10) - (3) = 232{,}8$	$p \cdot (n-1) = 10$	23,3	
zwischen Vpn	$(10) - (1) = 232{,}8$	$n \cdot p - 1 = 11$		
B	$(4) - (1) = 0{,}2$	$q - 1 = 1$	0,2	0,09
A × B	$(6) - (3) - (4) + (1) = 105{,}1$	$(p-1) \cdot (q-1) = 1$	105,1	50,04**
B × Vpn	$(11) - (6) - (10) + (3) = 21{,}4$	$p \cdot (n-1) \cdot (q-1) = 10$	2,1	
C	$(5) - (1) = 1{,}7$	$r - 1 = 1$	1,7	0,53
A × C	$(7) - (3) - (5) + (1) = 93{,}6$	$(p-1) \cdot (r-1) = 1$	93,6	30,19**
C × Vpn	$(12) - (7) - (10) + (3) = 31{,}4$	$p \cdot (n-1) \cdot (r-1) = 10$	3,1	
B × C	$(8) - (4) - (5) + (1) = 0{,}1$	$(q-1) \cdot (r-1) = 1$	0,1	0,03
A × B × C	$(9) - (6) - (7) - (8) + (3)$ $+ (4) + (5) - (1) = 0{,}1$	$(p-1) \cdot (q-1) \cdot (r-1) = 1$	0,1	0,03
B × C × Vpn	$(2) - (9) - (11) - (12) + (6)$ $+ (7) + (10) - (3) = 34{,}9$	$p \cdot (n-1) \cdot (q-1) \cdot (r-1) = 10$	3,5	
innerhalb Vpn	$(2) - (10) = 288{,}2$	$n \cdot p \cdot (q \cdot r - 1) = 36$		
Total	$(2) - (1) = 521{,}0$	$n \cdot p \cdot q \cdot r = 47$		

$F_{(1,10;0{,}95)} = 4{,}96$
$F_{(1,10;0{,}99)} = 10{,}04$

Tabelle 9.18. Zweifaktorielle Varianzanalyse mit kompletter Messwiederholung

	b_1	b_2	b_j	b_q
a_1	S_1	S_1	S_1	S_1
a_2	S_1	S_1	S_1	S_1
a_i	S_1	S_1	S_1	S_1
a_p	S_1	S_1	S_1	S_1

Tabelle 9.19. Datenschema einer zweifaktoriellen Varianzanalyse mit kompletter Messwiederholung

	a_1				a_2				...
Vp	b_1	b_2	b_j	b_q	b_1	b_2	b_j	b_q	...
1	x_{111}	x_{121}	x_{1j1}	x_{1q1}	x_{211}	x_{221}	x_{2j1}	x_{2q1}	...
2	x_{112}	x_{122}	x_{1j2}	x_{1q2}	x_{212}	x_{222}	x_{2j2}	x_{2q2}	...
⋮	⋮	⋮	⋮	⋮	⋮	⋮	⋮	⋮	⋮
m	x_{11m}	x_{12m}	x_{1jm}	x_{1qm}	x_{21m}	x_{22m}	x_{2jm}	x_{2qm}	...
⋮	⋮	⋮	⋮	⋮	⋮	⋮	⋮	⋮	⋮
n	x_{11n}	x_{12n}	x_{1jn}	x_{1qn}	x_{21n}	x_{22n}	x_{2jn}	x_{2qn}	...

Tabelle 9.20. Quadratsummen und Freiheitsgrade einer zweifaktoriellen Varianzanalyse mit kompletter Messwiederholung

Q.d.V.	QS	df
A	(3) − (1)	$p - 1$
B	(4) − (1)	$q - 1$
A × B	(5) − (4) − (3) + (1)	$(p-1) \cdot (q-1)$
A × Vpn	(7) − (3) − (6) + (1)	$(p-1) \cdot (n-1)$
B × Vpn	(8) − (4) − (6) + (1)	$(q-1) \cdot (n-1)$
A × B × Vpn	(2) − (5) − (7) − (8) + (3) + (4) + (6) − (1)	$(p-1) \cdot (q-1) \cdot (n-1)$
in Vpn	(2) − (6)	$n \cdot (p \cdot q - 1)$
zw Vpn	(6) − (1)	$n - 1$
Total	(2) − (1)	$p \cdot q \cdot n - 1$

Tabelle 9.20 zeigt, wie die Quadratsummen und deren Freiheitsgrade ermittelt werden.

Sind A und B Faktoren mit festen Effekten, werden die beiden Haupteffekte und die Interaktion in folgender Weise getestet (zur Herleitung der Prüfvarianzen vgl. Übungsaufgabe 3 zu Kap. 12):

$\hat{\sigma}_A^2$ an der $\hat{\sigma}_{A \times Vpn}^2$,

$\hat{\sigma}_B^2$ an der $\hat{\sigma}_{B \times Vpn}^2$,

$\hat{\sigma}_{A \times B}^2$ an der $\hat{\sigma}_{A \times B \times Vpn}^2$.

BEISPIEL

Es soll überprüft werden, wie sich die Einstellung (= abhängige Variable) gegenüber 3 Politikern (Faktor B, q = 3) anlässlich eines wichtigen politischen Ereignisses verändert ($\alpha = 0{,}01$). 5 Personen geben vor und nach diesem Ereignis (Faktor A, p = 2) ihr Urteil über die 3 Politiker auf einer 6-Punkte-Ratingskala ab (hoher Wert = positive Einstellung). Tabelle 9.21 zeigt die Daten und den Rechengang.

Damit ist lediglich die Interaktion A × B signifikant: Vor dem Ereignis positiv beurteilte Politiker werden nach dem Ereignis negativ beurteilt und umgekehrt.

Die Verallgemeinerung dieses Ansatzes für den Fall, dass eine Stichprobe unter den Stufenkombinationen von mehr als zwei Faktoren untersucht wird, lässt sich relativ einfach vornehmen.

„Optimale" Stichprobenumfänge

Optimale Stichprobenumfänge für Varianzanalysen mit Messwiederholungen hängen von der Höhe der Korrelationen zwischen den einzelnen Messwertreihen ab. Gegenüber einer Varianzanalyse ohne Messwiederholungen verringert sich der optimale Stichprobenumfang mit größer werdenen Korrelationen, oder anders formuliert: Ein gegebener Stichprobenumfang reicht bei der Varianzanalyse mit Messwiederholungen zur Absicherung eines kleineren Effektes ε' aus als bei der Varianzanalyse ohne Messwiederholungen, wobei das Ausmaß der Verkleinerung wiederum korrelationsabhängig ist. Im Einzelnen gilt:

$$\varepsilon' = \frac{\varepsilon}{\sqrt{1 - \bar{r}}} \; . \quad (9.21)$$

Mit ε = varianzanalytische Effektgröße (Gl. 7.26) oder Gl. (7.29) und

$\bar{r}$ = durchschnittliche Korrelation der Korrelationen zwischen allen Paaren von Messwertreihen.

Für die einfaktorielle Varianzanalyse mit Messwiederholungen nennt Tabelle 9.22 optimale Stichprobenumfänge für $\bar{r} = 0{,}30$; 0,50 und 0,80 mit $\alpha = 0{,}01$ (0,05) und $1 - \beta = 0{,}8$. Die Effektgrößen entsprechen dem schwachen, mittleren bzw. starken Effekt gemäß Tabelle 7.3 nach Transformation über Gl. (9.21) (z. B. $0{,}14 = 0{,}10/\sqrt{1-0{,}5}$).

Will man in einer Untersuchung mit 5 Messungen (p = 5) einen mittleren Effekt ($\varepsilon = 0{,}25$ bzw. $\varepsilon' = 0{,}56$) mit einer Teststärke von $1-\beta = 0{,}8$ und $\alpha = 0{,}05$ nachweisen, würde man 13 Vpn benötigen, wenn man eine Durchschnittskorrelation von $\bar{r} = 0{,}80$ annimmt.

Ex post ergibt sich für das Beispiel der Tabelle 9.3 $r_{12} = 0{,}22$, $r_{13} = -0{,}22$ und $r_{23} = -0{,}03$ bzw. $\bar{r} = -0{,}01 \approx 0{,}00$ (gemittelt über Fishers Z-Werte, vgl. S. 218). Für die Effektgröße errechnen wir zunächst $d = 1{,}76$ (über Gl. 7.27 mit $\sqrt{\hat{\sigma}_{\text{zwischen Vpn}}^2}$ als Schätzung für σ) und schätzen ε' über

9.2 Mehrfaktorielle Varianzanalysen mit Messwiederholungen

Tabelle 9.21. Beispiel für eine zweifaktorielle Varianzanalyse mit kompletter Messwiederholung

	a_1			a_2			
	b_1	b_2	b_3	b_1	b_2	b_3	P_m
Vp 1	5	3	1	3	3	4	19
2	5	3	2	4	2	3	19
3	4	2	2	2	3	6	19
4	6	3	1	2	2	6	20
5	4	4	2	1	2	5	18
	24	15	8	12	12	24	95

A × P-Summen

	a_1	a_2
P_1	9	10
P_2	10	9
P_3	8	11
P_4	10	10
P_5	10	8

B × P-Summen

	b_1	b_2	b_3
P_1	8	6	5
P_2	9	5	5
P_3	6	5	8
P_4	8	5	7
P_5	5	6	7

A × B-Summen

	b_1	b_2	b_3
a_1	24	15	8
a_2	12	12	24

$A_1 = 47$ $A_2 = 48$
$B_1 = 36$ $B_2 = 27$ $B_3 = 32$
$G = 95$

(1) $= 95^2 / 2 \cdot 3 \cdot 5 = 300{,}83$
(2) $= 5^2 + 5^2 + 4^2 + \cdots + 5^2 = 365$
(3) $= (47^2 + 48^2)/3 \cdot 5 = 300{,}87$
(4) $= (36^2 + 27^2 + 32^2)/2 \cdot 5 = 304{,}90$
(5) $= (24^2 + 15^2 + \cdots + 24^2)/5 = 345{,}80$
(6) $= (19^2 + 19^2 + \cdots + 18^2)/2 \cdot 3 = 301{,}17$
(7) $= (9^2 + 10^2 + \cdots + 8^2)/3 = 303{,}67$
(8) $= (8^2 + 9^2 + \cdots + 7^2)/2 = 314{,}50$

Q.d.V.	QS	df	$\hat{\sigma}^2$	F
A	(3) − (1) = 0,03	p − 1 = 1	0,03	0,05
B	(4) − (1) = 4,07	q − 1 = 2	2,03	1,75
A × B	(5) − (4) − (3) + (1) = 40,87	(p − 1) · (q − 1) = 2	20,43	23,00**
A × Vpn	(7) − (3) − (6) + (1) = 2,47	(p − 1) · (n − 1) = 4	0,62	
B × Vpn	(8) − (4) − (6) + (1) = 9,27	(q − 1) · (n − 1) = 8	1,16	
A × B × Vpn	(2) − (5) − (7) − (8) + (3) + (4) + (6) − (1) = 7,13	(p − 1) · (q − 1) · (n − 1) = 8	0,89	
in Vpn	(2) − (6) = 63,83	n · (p · q − 1) = 25		
zw Vpn	(6) − (1) = 0,33	n − 1 = 4		
Total	(2) − (1) = 64,17	p · q · n − 1 = 29		

$F_{(1,4;0,99)} = 21{,}2$
$F_{(2,8;0,99)} = 8{,}65$

Gl. (7.26 a): $\hat{\varepsilon}' = 0{,}72$. Dieser Effekt kann wegen $\bar{r} = 0$ nicht von der Messwiederholung „profitieren"; er wäre demnach nach Tabelle 7.3 als sehr großer Effekt zu klassifizieren.

Bezüglich der Kalkulation optimaler Stichproben bei mehrfaktoriellen Varianzanalysen mit Messwiederholungen sind derzeit keine einschlägigen Arbeiten bekannt (vgl. Davis, 2002, Kap. 1.5).

Tabelle 9.22. Optimale Stichprobenumfänge für die einfaktorielle Varianzanalyse mit Messwiederholungen. (Nach Stevens 2002, Tabelle 13.5)

Durchschn. Korrelation	Effektgröße	Anzahl der Messungen					
		2	3	4	5	6	7
				$\alpha = 0,01$			
0,30	0,12	404	324	273	238	214	195
	0,30	68	56	49	44	41	39
	0,49	28	24	22	21	21	21
0,50	0,14	298	239	202	177	159	146
	0,35	51	43	38	35	33	31
	0,57	22	19	18	18	18	18
0,80	0,22	123	100	86	76	69	65
	0,56	22	20	19	18	18	18
	0,89	11	11	11	12	12	13
				$\alpha = 0,05$			
0,30	0,12	268	223	192	170	154	141
	0,30	45	39	35	32	30	29
	0,49	19	17	16	16	16	16
0,50	0,14	199	165	142	126	114	106
	0,35	34	30	27	25	24	23
	0,57	14	14	13	13	13	14
0,80	0,22	82	69	60	54	50	47
	0,56	15	14	13	13	14	14
	0,89	8	8	8	9	10	10

Hinweise: Messwiederholungsdaten können auch dann einer Varianzanalyse unterzogen werden, wenn sie nach 4 oder mehr Faktoren gruppiert sind. Das Auswertungsschema für beliebig-faktorielle Messwiederholungspläne wird bei Winer (1971, Kap. 7.5) beschrieben. Eine Variante der Messwiederholungsanalyse für *dichotome* abhängige Variablen wurde von Guthrie (1981) vorgestellt.

9.3 Voraussetzungen der Varianzanalyse mit Messwiederholungen

Die Voraussetzungen der Varianzanalyse ohne Messwiederholungen wurden auf den S. 284 ff. und 328 dargestellt und diskutiert. Eine dieser Voraussetzungen besagt, dass die Messungen zwischen verschiedenen Treatmentstufen unabhängig sein müssen. Diese Voraussetzung ist bei Messwiederholungsanalysen – wie im folgenden Text gezeigt wird – in der Regel verletzt. Dennoch führen die in diesem Kapitel behandelten F-Tests zu richtigen Entscheidungen, wenn eine zusätzliche Voraussetzung, die die Korrelationen zwischen den Messzeitpunkten betrifft, erfüllt ist. Verletzungen dieser Voraussetzung haben gravierendere Konsequenzen als Verletzungen der übrigen varianzanalytischen Voraussetzungen. Sie führen zu progressiven Entscheidungen, d.h. zu Entscheidungen, die die H_1 häufiger begünstigen, als nach dem nominellen α-Niveau zu erwarten wäre (vgl. hierzu Box, 1954 b; Collier et al., 1967; Gaito, 1973; Geisser u. Greenhouse, 1958; Huynh, 1978; Huynh u. Feldt, 1970; Huynh u. Mandeville, 1979; Keselman et al., 1980 b; Kogan, 1948; Rogan et al., 1979; Stoloff, 1970). Wir werden diese Voraussetzung im Folgenden am Beispiel der einfaktoriellen Varianzanalyse mit Messwiederholungen ausführlich erläutern.

Korrelationen zwischen wiederholten Messungen: Ein Beispiel

Es geht um die Frage, wie sich 3 verschiedene Beleuchtungsstärken (Faktor A) auf die Arbeitsleistungen von 5 verschiedenen Vpn auswirken. Wir wollen einmal annehmen, dass die unter verschiedenen Beleuchtungsbedingungen erbrachten Leistungen aller Vpn im Durchschnitt 8 Arbeitseinheiten betragen mögen:

$\overline{G} = 8$.

Ferner gehen wir davon aus, dass die durchschnittlichen Arbeitsleistungen der 5 Vpn in folgender Weise vom Gesamtdurchschnitt $\overline{G} = 8$ abweichen:

Vp 1: $\overline{G} + 3 = 11$,
Vp 2: $\overline{G} + 1 = 9$,
Vp 3: $\overline{G} \pm 0 = 8$,
Vp 4: $\overline{G} - 2 = 6$,
Vp 5: $\overline{G} - 2 = 6$.

Üben die 3 Beleuchtungsstärken keinen Einfluss auf die Arbeitsleistungen aus, erwarten wir folgende Messwerte für die 5 Vpn:

	a_1	a_2	a_3	Personeneffekt
Vp 1	11	11	11	3
2	9	9	9	1
3	8	8	8	0
4	6	6	6	−2
5	6	6	6	−2
				$\overline{G} = 8$

Die einzelnen Vpn erzielen unter den 3 Beleuchtungsstärken jeweils die gleichen Werte. Die A-priori-Unterschiede zwischen den Vpn (= Personeneffekte) werden unter jeder Beleuchtungsart repliziert.

Als Nächstes nehmen wir an, dass sich die 3 Beleuchtungsstärken im Durchschnitt folgendermaßen auf die Arbeitsleistungen auswirken:

a_1: $\overline{G} - 3 = 5$,
a_2: $\overline{G} + 1 = 9$,
a_3: $\overline{G} + 2 = 10$.

Wenn wir davon ausgehen, dass sich jede von einer Vp unter einer bestimmten Beleuchtungsbedingung erbrachte Leistung additiv aus dem allgemeinen Gesamtdurchschnitt, der individuellen Durchschnittsleistung und dem Beleuchtungseffekt zusammensetzt, erhalten wir die in Tabelle 9.23 zusammengestellten Einzelleistungen. Die

Tabelle 9.23. Numerisches Beispiel für maximale Abhängigkeit der Daten unter den Faktorstufen

	Beleuchtung			
Vpn	a_1	a_2	a_3	Personeneffekt
1	8	12	13	3
2	6	10	11	1
3	5	9	10	0
4	3	7	8	−2
5	3	7	8	−2
Beleuchtungseffekt −3		1	2	$\overline{G} = 8$

Leistung der 4. Vp unter der Beleuchtung a_2 z. B. ergibt sich zu: $x_{42} = 8 + (-2) + 1 = 7$.

In diesem theoretischen Beispiel wirken sich die A-priori-Unterschiede zwischen den Vpn in gleicher Weise auf alle erhobenen Messungen aus, d. h., die unter jeder Beleuchtungsstärke erhobenen Daten geben die A-priori-Unterschiede zwischen den Vpn exakt wieder. Dies hat zur Konsequenz, dass die unter den 3 Beleuchtungsbedingungen erhobenen Messwerte jeweils paarweise zu 1 miteinander korrelieren, d. h.

$r_{12} = r_{13} = r_{23} = 1$.

In empirischen Untersuchungen beinhalten die individuellen Leistungen jedoch zusätzlich *zufällige Fehlerkomponenten* und eventuell *Interaktionskomponenten* (in unserem Beispiel wären dies Effekte, die auf die spezielle Reaktionsweise einer Vp auf eine bestimmte Beleuchtung zurückzuführen sind), die die Messwerte spaltenweise unsystematisch verändern und damit zu einer Verringerung der korrelativen Abhängigkeiten zwischen den Messwertreihen führen.

Eine der 3 unter 7.5 erwähnten Voraussetzungen der Varianzanalyse besagt, dass die unter den einzelnen Faktorstufen (Faktorstufenkombinationen) beobachteten Fehlervarianzen homogen sein müssen. Übertragen wir diese Voraussetzung auf die Residualvarianz der Varianzanalyse mit Messwiederholung, so leitet sich hieraus die Forderung ab, dass die Messwerte unter jeder Faktorstufe in gleichem Ausmaß Fehler- und Interaktionseffekte (= Residualeffekte) enthalten. Im Beispiel müssten also die bestehenden A-priori-Unterschiede zwischen den Vpn bei jeder Beleuchtungsart im gleichen Ausmaß durch Residualeffekte überlagert sein.

Die Überlagerung der A-priori-Vpn-Unterschiede durch Residualeffekte bedeutet ferner, dass die Korrelationen zwischen den Messungen der Treatmentstufen nicht mehr perfekt sind. Soll der F-Test im Rahmen einer Messwiederholungsanalyse zu richtigen Entscheidungen führen, ist zu fordern, dass die perfekten Korrelationen in Tabelle 9.23 einheitlich um einen konstanten Betrag reduziert werden bzw. dass alle Stichprobenkorrelationen zwischen den Treatmentstufen Schätzungen einer gemeinsamen Populationskorrelation sind.

> In Varianzanalysen mit Messwiederholungen müssen die Varianzen unter den einzelnen Faktorstufen und die Korrelationen zwischen den Faktorstufen homogen sein. Eine Verletzung dieser Voraussetzung führt zu progressiven Entscheidungen.

Man beachte, dass die Forderung nach homogenen Korrelationen bedeutungslos ist, wenn nur 2 Messzeitpunkte untersucht werden.

Die Korrelationen können im Extremfall sämtlich Null werden, was bedeutet, dass zwischen den Messwertreihen unter den Treatmentstufen keine Abhängigkeiten bestehen bzw. dass die A-priori-Unterschiede zwischen den Vpn die Leistungen unter den verschiedenen Beleuchtungsbedingungen wegen zu starker Residualeffekte überhaupt nicht beeinflussen. Man kann zeigen, dass in diesem Fall die Varianzanalyse mit Messwiederholungen mit einer Varianzanalyse ohne Messwiederholungen identisch ist.

In Tabelle 9.24 sind die in Tabelle 9.23 enthaltenen Messwerte so modifiziert (durch Residualeffekte überlagert), dass sich im Fall a) homogene und im Fall b) heterogene Korrelationen ergeben.

Wie man sich leicht überzeugen kann, repräsentieren die Leistungen unter allen drei Beleuchtungsstärken die A-priori-Unterschiede im Fall a) besser als im Fall b).

Korrektur der Freiheitsgrade

Im Folgenden werden wir ein Korrekturverfahren vorstellen, das eventuelle Verletzungen dieser Voraussetzung kompensiert. Das Rationale dieses Verfahrens basiert jedoch nicht auf der strengen

Tabelle 9.24. Beispiel für unterschiedlich korrelierte Residualvarianzen

a) Homogene Korrelationen

Vpn	a_1	a_2	a_3	P_m	
1	10	11	12	33	
2	6	10	11	27	
3	3	10	11	24	
4	4	8	6	18	
5	2	6	10	18	$r_{12} = 0{,}75$
A_i	25	45	50	G = 120	$r_{13} = 0{,}44$ $r_{23} = 0{,}53$

b) Heterogene Korrelationen

Vpn	a_1	a_2	a_3	P_m	
1	9	5	19	33	
2	3	10	14	27	
3	2	11	11	24	
4	4	11	3	18	
5	7	8	3	18	$r_{12} = -0{,}94$
A_i	25	45	50	G = 120	$r_{13} = 0{,}22$ $r_{23} = -0{,}52$

Annahme homogener Korrelationen, sondern auf einer liberaleren Voraussetzung, nach der die Varianzen der Differenzen der Messungen von jeweils 2 Treatmentstufen homogen sein müssen ($\sigma^2_{a_i - a_{i'}} = $ const. für $i \neq i'$). Genauer sind die Bedingungen für einen validen F-Test in der sog. *Zirkularitätsannahme* zusammengefasst (vgl. hierzu etwa Keselman et al., 1981). Ein Spezialfall dieser Voraussetzung ist die oben erwähnte Homogenität der Korrelationen. Das im folgenden behandelte Korrekturverfahren ist nach Wallenstein u. Fleiss (1979) auch dann zu verwenden, wenn – was für Varianzanalysen mit Messwiederholungen typisch ist – die Korrelationen zwischen 2 Messzeitpunkten mit wachsendem zeitlichen Abstand abnehmen.

Verletzungen der Zirkularitätsannahme liegen vor, wenn heterogene Korrelationen zwischen den Messzeitpunkten unsystematisch variieren. Sie lassen sich nach Box (1954b) dadurch kompensieren, dass man für den kritischen F-Wert des F-Tests in der Messwiederholungsanalyse modifizierte Freiheitsgrade verwendet.

Der F-Test der einfaktoriellen Varianzanalyse mit Messwiederholungen hat normalerweise $p - 1$ Zählerfreiheitsgrade und $(p - 1) \cdot (n - 1)$ Nenner-

9.3 Voraussetzungen der Varianzanalyse mit Messwiederholungen

freiheitsgrade (vgl. S. 333). Dieser F-Test ist nur gültig, wenn die oben erwähnte Voraussetzung erfüllt ist. Bei Verletzung dieser Voraussetzung folgt der empirische F-Wert einer theoretischen F-Verteilung mit reduzierten Zähler- und Nennerfreiheitsgraden. Diese reduzierten Freiheitsgrade erhält man, indem die „normalen" Freiheitsgrade mit einem Faktor $\varepsilon(\varepsilon < 1)$ gewichtet werden. Je stärker die Zirkularitätsannahme verletzt ist, desto kleiner wird ε, d. h., man erhält bei einer deutlichen Verletzung der Voraussetzung weniger Zähler- und Nennerfreiheitsgrade für den kritischen F-Wert. Der so modifizierte F-Test vergleicht damit den empirischen F-Wert mit einem größeren kritischen F-Wert als der „normale" F-Test, d. h., die Wahrscheinlichkeit einer progressiven Entscheidung zu Gunsten von H_1 wird verringert. Wie Geisser u. Greenhouse (1958) zeigen, ergibt sich bei einer *maximalen* Heterogenität der Korrelationen bzw. Kovarianzen für ε der Wert $1/(p-1)$, d. h.

$$\frac{1}{p-1} \leq \varepsilon \leq 1 .$$

Der Faktor ε lässt sich auf Grund der Daten einer Untersuchung durch folgende Gleichung schätzen (vgl. Huynh u. Feldt, 1976):

$$\hat{\varepsilon} = \frac{1}{p-1}$$
$$\times \frac{p^2 \cdot (\bar{\hat{\sigma}}_{ii}^2 - \hat{\sigma}_{..}^2)^2}{\sum_i \sum_j (\hat{\sigma}_{ij}^2)^2 - 2 \cdot p \cdot \sum_i (\hat{\sigma}_{i.}^2)^2 + p^2 \cdot (\hat{\sigma}_{..}^2)^2} , \quad (9.22)$$

wobei

p = Anzahl der Treatmentstufen (Messzeitpunkte),
$\bar{\hat{\sigma}}_{ii}^2$ = Mittelwert der unter den p Treatmentstufen beobachteten Varianzen $\hat{\sigma}_{ii}^2$,
$\hat{\sigma}_{ij}^2$ = Kovarianz zwischen der i-ten und j-ten Treatmentstufe,
$\hat{\sigma}_{i.}^2$ = Mittelwert aus der Varianz der i-ten Treatmentstufe und den Kovarianzen aller übrigen Treatmentstufen mit Treatmentstufe i,
$\hat{\sigma}_{..}^2$ = Gesamtmittel aller Varianzen und Kovarianzen.

Resultiert nach Gl. (9.21) ein $\hat{\varepsilon}$-Wert im Bereich $\hat{\varepsilon} < 0{,}75$, sind die Freiheitsgrade in folgender Weise zu korrigieren:

$$df_{\text{Zähler}} = \hat{\varepsilon} \cdot (p-1) , \quad (9.23)$$
$$df_{\text{Nenner}} = \hat{\varepsilon} \cdot (p-1) \cdot (n-1) . \quad (9.24)$$

Für $\hat{\varepsilon} > 0{,}75$ empfehlen Huynh u. Feldt (1976) statt $\hat{\varepsilon}$ folgenden Korrekturfaktor $\tilde{\varepsilon}$:

$$\tilde{\varepsilon} = \frac{n \cdot (p-1) \cdot \hat{\varepsilon} - 2}{(p-1) \cdot [n-1-(p-1) \cdot \hat{\varepsilon}]} . \quad (9.25)$$

Da $\tilde{\varepsilon}$ (wie auch $\hat{\varepsilon}$) eine Schätzung von ε darstellt, kann es vorkommen, dass $\tilde{\varepsilon}$ größer als 1 ist. In diesem Fall setzt man $\tilde{\varepsilon} = 1$.

Für zweifaktorielle Pläne errechnet man $\tilde{\varepsilon}$ wie folgt:

$$\tilde{\varepsilon} = \frac{p \cdot n \cdot (q-1) \cdot \hat{\varepsilon} - 2}{(q-1) \cdot [p \cdot n - p - (q-1) \cdot \hat{\varepsilon}]} \quad (9.26)$$

Man beachte, dass p und q hierbei nach Tabelle 9.7 definiert sind, d. h., p kennzeichnet die Anzahl der Gruppen und q die Anzahl der Messungen.

Weitere Hinweise zur ε-Korrektur und alternative Ansätze findet man bei Algina (1994). Über die Verwendung der sog. *Welch-James-Prozedur* bei heterogenen Kovarianzen berichten Keselman et al. (1993).

Beispiel für einen einfaktoriellen Plan

Das eingangs dieses Kapitels erwähnte Beispiel (Vergleich von Hautwiderstandsmessungen zu verschiedenen Tageszeiten) resultiert in einem signifikanten F-Wert (vgl. Tabelle 9.4). Die Interpretation dieses Befundes stellten wir vorerst zurück, da die Frage, ob die Voraussetzungen für die Durchführung des F-Tests erfüllt sind, offen geblieben war. Wir wollen nun überprüfen, ob eine Verletzung der Zirkularitätsannahme vorliegt, was eine Korrektur der Freiheitsgrade erforderlich machen würde.

Hierfür bestimmen wir zunächst alle Varianzen und Kovarianzen, die in einer Varianz-Kovarianz-Matrix **S** zusammengefasst werden. Wir ermitteln für **S**:

$$\mathbf{S} = \begin{bmatrix} 1{,}12 & 0{,}29 & -0{,}27 \\ 0{,}29 & 1{,}51 & -0{,}04 \\ -0{,}27 & -0{,}04 & 1{,}29 \end{bmatrix} .$$

(Zur Berechnung einer Varianzschätzung $\hat{\sigma}^2$ bzw. einer Kovarianzschätzung vgl. S. 92 und S. 189. Bei der Berechnung der Kovarianzschätzungen ist darauf zu achten, dass die Kreuzproduktsumme im Zähler nicht durch n, sondern durch n − 1 dividiert wird.) Nach der Terminologie von Gl. (9.22) haben die 10 Werte unter der Bedingung „morgens" eine Varianz von $\hat{\sigma}_{11}^2 = 1{,}12$, und die Kovarianz zwischen den Bedingungen „morgens" und „mittags" hat den Wert $\hat{\sigma}_{12}^2 = 0{,}29$. Durch Berechnung des Mittelwertes einer Zeile (oder einer Spalte) von **S** resultieren:

$\hat{\sigma}_{1.}^2 = 0{,}38$,
$\hat{\sigma}_{2.}^2 = 0{,}59$,
$\hat{\sigma}_{3.}^2 = 0{,}33$.

Der Mittelwert der 3 Varianzen (Diagonalelemente von **S**) heißt

$\overline{\hat{\sigma}_{ii}^2} = 1{,}31$,

und der Gesamtmittelwert aller Elemente von **S** lautet

$\hat{\sigma}_{..}^2 = 0{,}43$.

Wir setzen in Gl. (9.22) ein und erhalten

$p^2 \cdot (\overline{\hat{\sigma}_{ii}^2} - \hat{\sigma}_{..}^2)^2 = 3^2 \cdot (1{,}31 - 0{,}43)^2 = 6{,}97$,

$\sum_i \sum_j (\hat{\sigma}_{ij}^2)^2 = 1{,}12^2 + 0{,}29^2 + \cdots + 1{,}29^2 = 5{,}52$,

$2 \cdot p \cdot \sum_i (\hat{\sigma}_{i.}^2)^2 = 2 \cdot 3 \cdot (0{,}38^2 + 0{,}59^2 + 0{,}33^2) = 3{,}61$,

$p^2 \cdot (\hat{\sigma}_{..}^2)^2 = 3^2 \cdot 0{,}43^2 = 1{,}66$.

Damit erhält man:

$$\hat{\varepsilon} = \frac{6{,}97}{2 \cdot (5{,}52 - 3{,}61 + 1{,}66)} = \frac{6{,}97}{7{,}14} = 0{,}98.$$

Es resultiert $\hat{\varepsilon} > 0{,}75$. Wir errechnen deshalb den Korrekturfaktor $\tilde{\varepsilon}$ nach Gl. (9.25):

$$\tilde{\varepsilon} = \frac{10 \cdot (3-1) \cdot 0{,}98 - 2}{(3-1) \cdot [10 - 1 - (3-1) \cdot 0{,}98]}$$
$$= \frac{17{,}60}{14{,}08} = 1{,}25.$$

Der Wert ist größer als 1, d.h., wir setzen $\tilde{\varepsilon} = 1$. Die mit diesem Faktor durchgeführte Freiheitsgradkorrektur nach Gl. (9.23) und (9.24) verändert die Freiheitsgrade nicht. Die Voraussetzung für den F-Bruch in Tabelle 9.4 (und für den nach Gl. 9.9 durchgeführten Scheffé-Test) kann als erfüllt angesehen werden.

Ist wegen $\tilde{\varepsilon}$ (bzw. $\hat{\varepsilon}$) < 1 eine Korrektur der Freiheitsgrade erforderlich, werden die korrigierten Freiheitsgrade ganzzahlig abgerundet. Die Ungenauigkeit, die hierdurch besonders für kleinere Anzahlen von Freiheitsgraden entsteht, kann nach einer Tabelle von Imhoff (1962) korrigiert werden (vgl. hierzu auch Huynh u. Feldt, 1976, S. 80).

Konservative F-Tests. Die Berechnung eines Korrekturfaktors ε kann man sich ersparen, wenn der F-Test der einfaktoriellen Varianzanalyse mit Messwiederholungen bereits für einen Zählerfreiheitsgrad und n − 1 Nennerfreiheitsgrade signifikant ist. Diese Freiheitsgrade resultieren für einen minimalen ε-Wert ($\varepsilon = 1/(p-1)$), dem eine maximale Verletzung der Zirkularitätsvoraussetzung entspricht (s. o.), d.h., dieser F-Test führt immer dann zu konservativen Entscheidungen, wenn – was auf die meisten Untersuchungen zutreffen dürfte – die Homogenitätsvoraussetzung nicht extrem verletzt ist.

Beispiel für einen zweifaktoriellen Plan

Die oben beschriebene Annahme zur Struktur der Varianz-Kovarianz-Matrix (Zirkularitätsannahme) gilt auch für mehrfaktorielle Varianzanalysen mit Messwiederholungen, d.h., auch für diese Verfahren ist gegebenenfalls eine Korrektur der Freiheitsgrade geboten. Diese Korrektur ist jedoch nur für Messwiederholungsfaktoren bzw. Interaktionen mit diesen Faktoren erforderlich. Wir wollen die Verallgemeinerung dieses Ansatzes anhand der Daten einer zweifaktoriellen Varianzanalyse mit Messwiederholungen verdeutlichen und greifen hierfür erneut das Beispiel in Tabelle 9.9 auf.

Das Beispiel vergleicht über 3 Messzeitpunkte 3 Stichproben, deren Kreativität jeweils nach einem anderen Verfahren trainiert wurde. Wir berechnen zunächst für jede Stichprobe (d.h. für jede Stufe des Faktors A) eine Varianz-Kovarianz-Matrix:

$$\mathbf{S}_1 = \begin{bmatrix} 2{,}50 & -0{,}25 & 0{,}75 \\ -0{,}25 & 1{,}70 & -2{,}80 \\ 0{,}75 & -2{,}80 & 5{,}20 \end{bmatrix},$$

9.3 Voraussetzungen der Varianzanalyse mit Messwiederholungen

$$S_2 = \begin{bmatrix} 2{,}50 & -1{,}50 & 0{,}50 \\ -1{,}50 & 2{,}50 & -1{,}50 \\ 0{,}50 & -1{,}50 & 5{,}00 \end{bmatrix},$$

$$S_3 = \begin{bmatrix} 1{,}70 & -1{,}30 & 1{,}15 \\ -1{,}30 & 3{,}70 & -3{,}85 \\ 1{,}15 & -3{,}85 & 4{,}30 \end{bmatrix}.$$

Die 3 Matrizen werden zu einer Durchschnittsmatrix S_0 zusammengefasst, indem man jeweils die korrespondierenden Elemente der Matrizen mittelt. (Bei ungleich großen Stichproben müssen die Quadratsummen und Freiheitsgrade getrennt summiert und aus den Summen der Quotient berechnet werden.) Im Beispiel errechnen wir für S_0

$$S_0 = \begin{bmatrix} 2{,}23 & -1{,}02 & 0{,}80 \\ -1{,}02 & 2{,}63 & -2{,}72 \\ 0{,}80 & -2{,}72 & 4{,}83 \end{bmatrix}.$$

Eine Überprüfung der Homogenität der 3 (bzw. allgemein p) Varianz-Kovarianz-Matrizen erübrigt sich nach Keselman et al. (1980 b), da der hierfür üblicherweise eingesetzte Box-Test (vgl. S. 619 f. bzw. Winer, 1971, Kap. 7.7) seinerseits äußerst progressiv auf Voraussetzungsverletzungen reagiert. Für das praktische Vorgehen empfiehlt es sich deshalb, ausgehend von S_0, einen ε-korrigierten bzw. sogar konservativen F-Test einzusetzen (vgl. hierzu auch Rogan et al., 1979).

Für die zusammengefasste Varianz-Kovarianz-Matrix ermitteln wir nach Gl. (9.22) folgenden Korrekturfaktor $\hat{\varepsilon}$ (in Gl. 9.22 ist nach der Terminologie zweifaktorieller Pläne p durch q = Anzahl der Messzeitpunkte zu ersetzen).

$$\hat{\varepsilon} = \frac{3^2 \cdot (3{,}23 - 0{,}42)^2}{(3-1) \cdot (53{,}38 - 2 \cdot 3 \cdot 1{,}53 + 3^2 \cdot 0{,}42^2)}$$
$$= \frac{71{,}06}{91{,}57} = 0{,}78.$$

Da $\hat{\varepsilon} > 0{,}75$ ist, errechnen wir $\tilde{\varepsilon}$ nach Gl. (9.26)

$$\tilde{\varepsilon} = \frac{3 \cdot 5 \cdot (3-1) \cdot 0{,}78 - 2}{(3-1) \cdot [3 \cdot 5 - 3 - (3-1) \cdot 0{,}78]}$$
$$= \frac{21{,}4}{20{,}9} = 1{,}02.$$

(Bei ungleich großen Stichproben wird $p \cdot n$ durch $N = \sum n_i$ ersetzt.)
Da $\tilde{\varepsilon} = 1{,}02 > 1{,}00$ ist, erübrigt sich eine Freiheitsgradkorrektur, d.h., die in Tabelle 9.9 durchgeführten F-Tests sind valide.

Für ε ($\hat{\varepsilon}$ oder $\tilde{\varepsilon}$) < 1 werden die Freiheitsgrade wie folgt korrigiert:

Faktor B:

$$df_{\text{Zähler}} = \varepsilon \cdot (q-1),$$
$$df_{\text{Nenner}} = \varepsilon \cdot p \cdot (q-1) \cdot (n-1).$$

Interaktion A × B:

$$df_{\text{Zähler}} = \varepsilon \cdot (p-1) \cdot (q-1),$$
$$df_{\text{Nenner}} = \varepsilon \cdot p \cdot (q-1) \cdot (n-1).$$

(Man beachte, dass der Gruppierungsfaktor A von der Freiheitsgradkorrektur nicht betroffen ist.)

Konservative F-Tests. Wie bereits in der einfaktoriellen Varianzanalyse mit Messwiederholungen gilt auch hier, dass sich eine ε-Korrektur der Freiheitsgrade erübrigt, wenn bereits der extrem konservative F-Test zu einem signifikanten Resultat führt. Tabelle 9.25 enthält die Freiheitsgrade der kritischen F-Werte, die für diese konservativen F-Tests im Rahmen einer zweifaktoriellen bzw. für die beiden Varianten einer dreifaktoriellen Varianzanalyse mit Messwiederholungen benötigt werden. (Zur ε-Korrektur der Freiheitsgrade in dreifaktoriellen Plänen vgl. Huynh, 1978.)

Hinweise: Gelegentlich wird bei Messwiederholungsdaten die varianzanalytische Hypothesenprüfung durch ein multivariates Verfahren (Hotellings T^2-Test, vgl. S. 590 ff.) eingesetzt, wobei die wiederholten Messungen einer Vp wie Messungen auf verschiedenen abhängigen Variablen behandelt werden. Dass dieses Verfahren der Varianzanalyse mit Messwiederholungen keinesfalls immer überlegen ist, zeigen Romanuik et al. (1977). Es wird empfohlen, dieses Verfahren nur einzusetzen, wenn n > 20 und $\varepsilon < 0{,}75$ (vgl. auch Algina u. Keselman, 1997; Huynh u. Feldt, 1976 oder Rogan et al., 1979).

Zur Frage, wie die Messwiederholungsanalyse, Hotellings T^2-Test sowie ein verteilungsfreies Verfahren (Hollander u. Sethuraman, 1978) auf Voraussetzungsverletzungen reagieren, haben Rassmussen et al. (1989) eine Studie durchgeführt. Den Ergebnissen ist summarisch zu entnehmen, dass das verteilungsfreie Verfahren bei deutlichen Verletzungen der Normalverteilungsannahme und der Varianz-Kovarianz-Homogenität den beiden

Tabelle 9.25. Freiheitsgradkorrekturen für konservative F-Tests in mehrfaktoriellen Varianzanalysen mit Messwiederholungen

		Normaler F-Test		Konservativer F-Test	
	zu prüfender Effekt	$df_{Zähler}$	df_{Nenner}	$df_{Zähler}$	df_{Nenner}
zweifaktorielle Varianzanalyse Messwiederholungen über B (vgl. Tabelle 9.7)	B	$q-1$	$p \cdot (q-1) \cdot (n-1)$	1	$p \cdot (n-1)$
	$A \times B$	$(p-1) \cdot (q-1)$	$p \cdot (q-1) \cdot (n-1)$	$p-1$	$p \cdot (n-1)$
dreifaktorielle Varianzanalyse: Messwiederholungen über C (vgl. Tabelle 9.11)	C	$r-1$	$p \cdot q \cdot (r-1) \cdot (n-1)$	1	$p \cdot q \cdot (n-1)$
	$A \times C$	$(p-1) \cdot (r-1)$	$p \cdot q \cdot (r-1) \cdot (n-1)$	$p-1$	$p \cdot q \cdot (n-1)$
	$B \times C$	$(q-1) \cdot (r-1)$	$p \cdot q \cdot (r-1) \cdot (n-1)$	$q-1$	$p \cdot q \cdot (n-1)$
	$A \times B \times C$	$(p-1) \cdot (q-1) \cdot (r-1)$	$p \cdot q \cdot (r-1) \cdot (n-1)$	$(p-1) \cdot (q-1)$	$p \cdot q \cdot (n-1)$
dreifaktorielle Varianzanalyse: Messwiederholungen über $B \times C$ (vgl. Tabelle 9.12)	B	$q-1$	$p \cdot (q-1) \cdot (n-1)$	1	$p \cdot (n-1)$
	$A \times B$	$(p-1) \cdot (q-1)$	$p \cdot (q-1) \cdot (n-1)$	$p-1$	$p \cdot (n-1)$
	C	$r-1$	$p \cdot (r-1) \cdot (n-1)$	1	$p \cdot (n-1)$
	$A \times C$	$(p-1) \cdot (r-1)$	$p \cdot (r-1) \cdot (n-1)$	$p-1$	$p \cdot (n-1)$
	$B \times C$	$(q-1) \cdot (r-1)$	$p \cdot (q-1) \cdot (r-1) \cdot (n-1)$	1	$p \cdot (n-1)$
	$A \times B \times C$	$(p-1) \cdot (q-1) \cdot (r-1)$	$p \cdot (q-1) \cdot (r-1) \cdot (n-1)$	$p-1$	$p \cdot (n-1)$

anderen Verfahren überlegen ist. Eine Anwendung der Bootstrap-Methode (vgl. S. 132 f.) auf Messwiederholungspläne findet man bei Lunneborg u. Tousignant (1985).

Ein Einzelvergleichsverfahren, das auf Verletzungen der Voraussetzungen der Messwiederholungsanalyse robust reagiert, wird bei Keselman (1982) bzw. Keselman et al. (1981) beschrieben. Weitere Alternativen findet man bei Kirk (1982, Kap. 6). Die Überprüfung von „Pattern-Hypothesen" beschreiben Furr u. Rosenthal (2003).

Auswertungsalternativen

Die Varianzanalyse mit Messwiederholungen kann in vielen Fällen durch Auswertungsalternativen ersetzt werden, die weniger restriktive Annahmen machen. In der Terminologie von Davis (2002) handelt es sich um einfache, zusammenfassende Statistiken, zu denen auch die Steigung der pro Vp wiederholt erhobenen Messungen zählt. Ein Beispiel (nach Davis, 2002, Kap. 2.2) soll die Vorgehensweise verdeutlichen.

Es geht um die Abhängigkeit des Atemvolumens (y) von der Temperatur der geatmeten Luft (x). 8 Vpn haben die in Tabelle 9.26 dargestellten Werte produziert.

Es handelt sich also um ein typisches Datenschema für eine Varianzanalyse mit Messwiederholungen. Hier jedoch soll die spezielle Hypothese geprüft werden, dass das Atemvolumen mit steigender Temperatur linear abnimmt.

Die Spalte „Steigung" enthält pro Vp den Regressionskoeffizienten b_{yx} zwischen Atemvolumen und Lufttemperatur, der nach Gl. (6.12) berechnet wurde. Die durchschnittliche Steigung beträgt $\bar{x}_b = -0{,}04475$ und die Streuung $\hat{\sigma}_b = 0{,}04586$. Über Gl. (5.2; t-Test zum Vergleich eines Stichprobenmittelwertes mit einem Populationsparameter) überprüfen wir unter der Annahme normalverteilter Steigungskoeffizienten, ob $\bar{x}_b = -0{,}04475$ signifikant von $\mu_b = 0$ abweicht.

$$t = \frac{-0{,}04475 - 0}{0{,}04586/\sqrt{8}} = -2{,}76 \ .$$

Dieser t-Wert ist für df = 7 und einseitigem Test auf dem $\alpha = 0{,}05$-Niveau nach Tabelle D des Anhangs signifikant ($t_{7;\ 5\%} = -1{,}94 > -2{,}76$), d. h., insgesamt ist davon auszugehen, dass das Atemvolumen mit steigender Temperatur linear abnimmt.

9.3 Voraussetzungen der Varianzanalyse mit Messwiederholungen

Tabelle 9.26. Atemvolumen in Abhängigkeit von der Lufttemperatur

V_p	Temperatur (°C)						Steigung
	−10	25	37	50	65	80	
1	74,5	81,5	83,6	68,6	73,1	79,4	−0,00916
2	75,5	84,6	70,6	87,3	73,0	75,0	−0,02009
3	68,9	71,6	55,9	61,9	60,5	61,8	−0,10439
4	57,0	61,3	54,1	59,2	56,6	58,8	0,00443
5	78,3	84,9	64,0	62,2	60,1	78,7	−0,12029
6	54,0	62,8	63,0	58,0	56,0	51,5	−0,03838
7	72,5	68,3	67,8	71,5	65,0	67,7	−0,05672
8	80,8	89,9	83,2	83,0	85,7	79,6	−0,01336

Statt auf Linearität hätte man auch auf einen monoton fallenden Trend prüfen können. Hierfür wären die Steigungskoeffizienten (z. B.) durch Spearmans Rang-Korrelations-Koeffizienten (s. Gl. 6.115) zu ersetzen. Für nichtlineare Trends wären die in Kap. 6.1.3 beschriebenen Techniken einschlägig.

Anders als in der einfaktoriellen Varianzanalyse mit Messwiederholungen bereiten fehlende Werte (*missing data*) bei den hier beschriebenen Auswertungsvarianten keine besonderen Probleme. Im Beispiel wurden pro Vp p = 6 Messwerte erhoben, d. h., für die Regressionskoeffizienten stehen jeweils 6 Messwertpaare zur Verfügung. Sollten bei einer oder mehreren Vpn Messungen ausfallen, können die entsprechenden Steigungskoeffizienten aus einer reduzierten Anzahl von Messwertpaaren berechnet werden (vgl. hierzu jedoch Delucchi u. Bostrom, 1999).

Hat man zwei Stichproben zu vergleichen (im Atemvolumen-Beispiel etwa eine Stichprobe weiblicher Vpn und eine Stichprobe männlicher Vpn), könnte der Stichprobenvergleich parametrisch über einen t-Test für unabhängige Stichproben bzw. nonparametrisch über den U-Test erfolgen (s. Kap. 5.2.1). Für mehr als zwei Stichproben kämen die einfaktorielle Varianzanalyse bzw. – nonparametrisch – der H-Test als Auswertungsalternativen in Frage (vgl. z. B. Bortz u. Lienert, 2003, Kap. 3.2.2).

Davis (2002) nennt weitere aus Messwiederholungsdaten abgeleitete „einfache Statistiken", die man zur abhängigen Variablen machen kann. Je nach Fragestellung kämen hierfür die Differenz zwischen der ersten und den letzten Messungen (oder auch nur der letzten Messung) in Betracht, der Durchschnitt der letzten Messungen oder die Differenz der Durchschnitte der ersten Messungen und der letzten Messungen, die individuellen Flächen unter der Kurve der wiederholt erhobenen Messungen etc. Falls die Fragestellung mehrere einfache Statistiken sinnvoll erscheinen lässt, sollten multivariate Verfahren wie z. B. Hotellings T^2-Test oder multivariate Varianzanalysen (MANOVA) eingesetzt werden (vgl. Kap. 17).

ÜBUNGSAUFGABEN

1. Worin unterscheiden sich Varianzanalysen mit Messwiederholungen von Varianzanalysen ohne Messwiederholungen?
2. Erläutern Sie, was man unter der Homogenität einer Varianz-Kovarianz-Matrix versteht.
3. In welcher Weise kann ein Messwiederholungsplan zur Kontrolle von Sequenzeffekten eingesetzt werden?
4. Erläutern Sie, warum die einfaktorielle Messwiederholungsanalyse als eine Erweiterung des t-Tests für abhängige Stichproben interpretiert werden kann.
5. Es soll die Hypothese überprüft werden, dass bei neurologisch geschädigten Kindern der Verbal-IQ auf der Wechsler-Intelligenz-Skala für Kinder höher ausfällt als der Handlungs-IQ. Hopinks (1964, zit. nach Glass u. Stanley, 1970) verglich in einer Gruppe von 30 Kindern im Alter von 6 bis 12 Jahren, die als neurologisch geschädigt diagnostiziert wurden, den Verbal-IQ mit dem Handlungs-IQ und erhielt folgende Werte:

Kind	Verbal-IQ	Handlungs-IQ
1	87	83
2	80	89
3	95	100
4	116	117
5	77	86
6	81	97
7	106	114
8	97	90
9	103	89
10	109	80
11	79	106
12	103	96
13	126	121
14	101	93
15	113	82
16	83	85
17	83	77
18	92	84
19	95	85
20	100	95
21	85	99
22	89	90
23	86	93
24	86	100
25	103	94
26	80	100
27	99	107
28	101	82
29	72	106
30	96	108

a) Überprüfen Sie mit einem t-Test für abhängige Stichproben, ob sich der durchschnittliche Verbal-IQ der Kinder signifikant vom durchschnittlichen Handlungs-IQ unterscheidet.

b) Überprüfen Sie mit einer einfaktoriellen Varianzanalyse mit Messwiederholungen, ob sich der durchschnittliche Verbal-IQ der Kinder vom durchschnittlichen Handlungs-IQ der Kinder unterscheidet.

c) Zeigen Sie die Äquivalenz beider Ergebnisse (Hinweis: unter Zuhilfenahme von 2.5.5).

6. In einer gedächtnispsychologischen Untersuchung erhalten die Vpn die Aufgabe, 3 Paar-Assoziationslisten (Faktor B) zu lernen. (In Paar-Assoziationsexperimenten müssen die Vpn einem vorgegebenen Wort ein anderes zuordnen. Dies geschieht, indem die Vpn zunächst die vollständigen Wortpaare, wie z. B. Lampe–Licht, Himmel–Wolke usw., dargeboten bekommen. Danach erhalten die Vpn jeweils nur ein Wort und sollen das fehlende Wort ergänzen, wie z. B. Lampe–? oder Himmel–?).

Die 3 untersuchten Paar-Assoziationslisten unterscheiden sich in der Sinnfälligkeit der zu erlernenden Wortpaare: Die 1. Liste enthält Wortpaare mit sinnvollen Assoziationen (wie z. B. hoch-tief, warm-kalt usw.), die 3. Liste sinnlose Wortpaare (wie z. B. arm-grün, schnell-artig) und die 2. Liste nimmt hinsichtlich der Sinnfälligkeit der Wortpaare eine mittlere Position ein. Untersucht werden 10 Vpn, die in 2 Gruppen à 5 Vpn aufgeteilt werden. Die eine Gruppe wird in der Lernphase durch das nachträgliche Projizieren des richtigen Wortes auf eventuelle Fehler aufmerksam gemacht (Instruktion I), die andere Gruppe dadurch, dass der Vl entweder „falsch" oder „richtig" sagt (Instruktion II). Abhängige Variable ist die Anzahl der in einer Testphase richtig assoziierten Wörter. Es mögen sich die folgenden Werte ergeben haben:

	Liste 1	Liste 2	Liste 3
Instruktion I	35	30	18
	41	29	23
	42	33	17
	40	31	19
	38	26	4
Instruktion II	40	27	17
	36	26	12
	32	29	11
	41	25	14
	39	26	15

Überprüfen Sie mit einer zweifaktoriellen Varianzanalyse mit Messwiederholungen unter Verwendung von Tabelle 9.25, ob die Haupteffekte und die Interaktion signifikant sind, wenn wir davon ausgehen, dass beide Faktoren eine feste Stufenauswahl aufweisen.

7. Nennen Sie Beispiele für

a) eine dreifaktorielle Varianzanalyse mit Messwiederholungen auf einem Faktor,

b) eine dreifaktorielle Varianzanalyse mit Messwiederholungen über die Kombinationen zweier Faktoren.

8. Was versteht man unter einer konservativen Entscheidung?

9. In einer einfaktoriellen Varianzanalyse mit Messwiederholungen wurden folgende Werte ermittelt:

$\hat{\sigma}_A^2 = 17{,}48$, $\quad \mathrm{df}_A = 3$,

$\hat{\sigma}_{\mathrm{Res}}^2 = 1{,}92$, $\quad \mathrm{df}_{\mathrm{Res}} = 57$.

Entscheiden Sie, ob die H_1 auf dem 1%-Niveau akzeptiert werden kann.

Kapitel 10   Kovarianzanalyse

> **ÜBERSICHT**
>
> Einfaktorielle Pläne – Quadratsummenzerlegung – ungleichgroße Stichproben – Einzelvergleiche – „optimale" Stichprobenumfänge – Voraussetzungen – zweifaktorielle Pläne – Einzelvergleiche – kovarianzanalytische Pläne mit Messwiederholungen

In Kap. 8 haben wir im Rahmen mehrfaktorieller Versuchspläne die Möglichkeit erörtert, durch die Einführung mehrerer Faktoren die Fehlervarianz zu reduzieren. Dieser Ansatz führt jedoch mit steigender Faktoren- und Faktorstufenzahl rasch zu sehr großen Vpn-Zahlen. Wir benötigen weniger Vpn, wenn – wie wir im letzten Kapitel gesehen haben – die einzelnen Stichproben unter mehreren Faktorstufen beobachtet werden (Messwiederholungen). Nachteilig kann sich bei Messwiederholungsplänen die Möglichkeit auswirken, dass die Vpn durch wiederholte Untersuchungen zu sehr beansprucht werden, was zu Motivations- und Aufmerksamkeitsabnahme bzw. allgemein zu Sequenzeffekten führen kann, wodurch die Interpretation einer Untersuchung erschwert wird.

Im vorliegenden Kapitel soll eine fehlervarianzreduzierende Technik behandelt werden, mit der die Bedeutung weiterer, die abhängige Variable potenziell beeinflussender Variablen ermittelt werden kann, ohne die Gesamtzahl der Vpn, wie in mehrfaktoriellen Varianzanalysen, erhöhen zu müssen. Eine Mehrbelastung der Vpn ergibt sich nur dadurch, dass die zusätzlich interessierenden Variablen in der Untersuchung miterhoben werden müssen. Derartige Variablen wurden in Kap. 8 als *Kontrollvariablen* bezeichnet, die für eine Kovarianzanalyse kardinalskaliert sein müssen (vgl. jedoch auch S. 499).

> Mit der Kovarianzanalyse überprüfen wir, wie bedeutsam eine kardinalskalierte Kontrollvariable für die Untersuchung ist.

Kovarianzanalysen können beispielsweise eingesetzt werden, wenn die vor einer Untersuchung angetroffenen A-priori-Unterschiede zwischen den Vpn in Bezug auf eine abhängige Variable das Untersuchungsergebnis nicht beeinflussen sollen. Die vor der Untersuchung bestehenden Vpn-Unterschiede werden kovarianzanalytisch aus den Messungen „herauspartialisiert".

Die gleiche Fragestellung haben wir im letzten Kapitel im Zusammenhang mit Messwiederholungsanalysen kennengelernt: Von mehreren Vpn liegen mehrere Messungen vor, sodass die Daten auch gemäß einer Varianzanalyse mit Messwiederholungen analysiert werden können. In der Tat führen beide Verfahren in diesem Fall zu weitgehend vergleichbaren Ergebnissen. Nach Werts u. Linn (1971) sollte eine Kovarianzanalyse dann durchgeführt werden, wenn die Veränderungsraten differenziell durch die A-priori-Unterschiede im Sinn einer Wirkungsfortpflanzung beeinflusst sind, während die Messwiederholungsanalyse vor allem dann indiziert ist, wenn die Veränderungsraten von den „Startbedingungen" weitgehend unbeeinflusst sind.

Darüber hinaus kann mit der Kovarianzanalyse jedoch nicht nur die Bedeutung von A-priori-Unterschieden zwischen den Vpn in Bezug auf die abhängige Variable, sondern die Bedeutung jeder beliebigen anderen Variablen ermittelt werden. Wenn beispielsweise die Zufriedenheit von Vpn mit verschiedenen Arbeitsplatzbeleuchtungen untersucht werden soll, könnte die Vermutung, dass die in der Untersuchung geäußerte Zufriedenheit auch von der jeweiligen Intensität des Tageslichtes (Kontrollvariable) mitbestimmt wird, durch eine Kovarianzanalyse überprüft werden. Ebenfalls einsetzbar wäre die Kovarianzanalyse beispielsweise, wenn bei einem Schulnotenvergleich zwischen verschiedenen Schülergruppen die Intelligenz der Schüler kontrolliert werden soll.

> Mit Hilfe der Kovarianzanalyse wird der Einfluss einer Kontrollvariablen auf die abhängige Variable „neutralisiert".

(Die „Neutralisierung" mehrerer Kontrollvariablen für eine oder mehrere abhängige Variablen werden wir unter 14.2.5 und auf S. 642 kennenlernen.)

Als Auswertungsalternative für die hier genannte Problemstellung käme auch eine zweifaktorielle Varianzanalyse in Betracht, bei der die Vpn nicht nur nach den Stufen des eigentlich interessierenden Faktors, sondern zusätzlich nach der Ausprägung des Kontrollmerkmals gruppiert werden (post-hoc blocking). Einen Vergleich dieser Auswertungsvariante mit der Kovarianzanalyse findet man bei Bonett (1982 b).

In der Kovarianzanalyse werden varianzanalytische Techniken mit *regressionsanalytischen Techniken* kombiniert. Mit Hilfe der Regressionsrechnung bestimmen wir – vereinfacht gesprochen – eine Regressionsgleichung zwischen der abhängigen Variablen und der Kontrollvariablen, die eingesetzt wird, um die abhängige Variable auf Grund der Kontrollvariablen vorherzusagen. Die vorhergesagten Werte der abhängigen Variablen sind dann vollständig durch die Kontrollvariable determiniert. Berechnen wir die Differenzen zwischen den tatsächlichen Werten der abhängigen Variablen und den vorhergesagten Werten, resultieren Regressionsresiduen, die von der Kontrollvariablen unbeeinflusst sind.

> Eine Kovarianzanalyse ist eine Varianzanalyse über Regressionsresiduen.

Wenn beispielsweise untersucht wird, ob sich 3 verschiedene Lehrmethoden (E-learning mit Computer, Unterricht mit programmiertem Lehrbuch und Unterricht mit konventionellem Lehrbuch) in ihrer Wirksamkeit unterscheiden, müssen wir damit rechnen, dass die individuellen Leistungen der nach den verschiedenen Methoden unterrichteten Vpn auch durch ihre Intelligenz (= Kontrollvariable) beeinflusst werden. Dieser Einfluss der Intelligenz, der möglicherweise die Fehlervarianz vergrößert, soll aus der abhängigen Variablen entfernt werden. Bestimmen wir nun zwischen der Intelligenz und den Leistungswerten der Vpn eine Regressionsgleichung, können Leistungswerte vorhergesagt werden, die ausschließlich von der Intelligenz abhängen. Diese Werte ziehen wir von den tatsächlichen Leistungswerten ab und erhalten so Residualwerte, deren Unterschiedlichkeit von der Intelligenz unbeeinflusst ist.

Dieses *„Herauspartialisieren"* einer Kontrollvariablen aus der abhängigen Variablen kann zur Folge haben, dass die Fehlervarianz verkleinert wird und/oder die Treatmentvarianz vergrößert bzw. verkleinert wird. Unter welchen Umständen mit welchen Veränderungen zu rechnen ist, werden wir unter 10.1 (S. 366) erörtern. Unter 10.2 beschäftigen wir uns mit einigen Rahmenbedingungen, die erfüllt sein sollten, wenn die Kovarianzanalyse zur Anwendung kommt. Die Verallgemeinerung der einfaktoriellen Kovarianzanalyse auf mehrfaktorielle Versuchspläne wird unter 10.3 behandelt. Zum Abschluss dieses Kapitels gehen wir auf ein- und mehrfaktorielle Kovarianzanalysen mit Messwiederholungen ein (10.4).

▷ 10.1 Einfaktorielle Kovarianzanalyse

Das Grundprinzip einer Kovarianzanalyse sei an einem Beispiel demonstriert. Es soll überprüft werden, wie sich eine psychotherapeutische Behandlung auf verschiedene Verhaltensstörungen auswirkt. Die unabhängige Variable (Faktor A) besteht aus 3 verschiedenen Formen der Verhaltensstörung (a_1 = Konzentrationsstörung, a_2 = Schlafstörung, a_3 = hysterische Verhaltensstörung). Die abhängige Variable y(!) sei der anhand einer Checkliste von einem Expertengremium eingestufte Therapieerfolg. Je höher der Gesamtscore y_{mi} eines Patienten, desto größer ist der Therapieerfolg. Da vermutet wird, dass der Therapieerfolg auch von der Verbalisationsfähigkeit der Klienten mitbestimmt wird, soll als Kontrollvariable x(!) ein Test zur Erfassung der verbalen Ausdrucksfähigkeit miterhoben werden (Kontrollvariable = verbale Intelligenz). Für jede Art der Verhaltensstörung werden n = 5 Klienten untersucht.

Die in Tabelle 10.1 aufgelisteten (fiktiven) Werte mögen sich ergeben haben.

10.1 Einfaktorielle Kovarianzanalyse

Tabelle 10.1. Daten für eine Kovarianzanalyse

	a_1		a_2		a_3			
	x	y	x	y	x	y		
	7	5	11	5	12	2		
	9	6	12	4	10	1		
	8	6	8	2	9	1		
	5	4	7	1	10	1		
	5	5	9	3	13	2		
Summen:	34	26	47	15	54	7	$G_x = 135$;	$G_y = 48$
Mittelwerte:	6,8	5,2	9,4	3	10,8	1,4	$\overline{G}_x = 9,0$;	$\overline{G}_y = 3,2$

Terminologie

Für die Kovarianzanalyse vereinbaren wir folgende Terminologie: Die Summe der x-Werte unter einer Faktorstufe i kennzeichnen wir mit $A_{x(i)}$ und die Summe der y-Werte unter einer Faktorstufe i mit $A_{y(i)}$. Entsprechend sind G_x die Summe aller x-Werte und G_y die Summe aller y-Werte.

Vortest: Varianzanalyse. Über die Werte der abhängigen Variablen (y) rechnen wir zunächst eine einfaktorielle Varianzanalyse, ohne die Kontrollvariable x zu berücksichtigen. Die Kennziffern lauten:

$$(1) = \frac{G_y^2}{p \cdot n} = \frac{48^2}{3 \cdot 5} = 153{,}60 \,,$$

$$(2) = \sum_i \sum_m y_{mi}^2 = 5^2 + 6^2 + \cdots + 1^2 + 2^2 = 204 \,,$$

$$(3) = \sum_i A_{y(i)}^2 / n = (26^2 + 15^2 + 7^2)/5 = 190 \,.$$

Wir erhalten das in Tabelle 10.2 erfasste varianzanalytische Ergebnis.

Tabelle 10.2. Einfaktorielle Varianzanalyse über die abhängige Variable in Tabelle 10.1

Q.d.V.	QS	df	$\hat{\sigma}^2$	F
A	$(3)-(1) = 36{,}40$	$p-1 = 2$	18,20	15,56**
Fehler	$(2)-(3) = 14$	$p \cdot (n-1) = 12$	1,17	
Total	$(2)-(1) = 50{,}40$	$p \cdot n - 1 = 14$		
$F_{(2,12;0,99)} = 6{,}93$				

Die drei behandelten Gruppen unterscheiden sich somit signifikant, obwohl damit zu rechnen ist, dass die verbale Intelligenz zur Vergrößerung der Fehlervarianz beiträgt. Nach Gl. (7.21) gehen 72,2% der Gesamtunterschiedlichkeit in den Therapieerfolgen auf die 3 verschiedenen Verhaltensstörungen zurück. Offenbar führte die Therapie bei Konzentrationsstörungen zum größten Erfolg, während der Behandlungserfolg bei Klienten mit hysterischen Verhaltensstörungen als sehr gering eingeschätzt wird.

Quadratsummenzerlegung

Mit der Kovarianzanalyse überprüfen wir nun, wie sich das Ergebnis der Varianzanalyse ändert, wenn das Merkmal verbale Intelligenz kontrolliert bzw. aus den Daten herauspartialisiert wird.

Totale Quadratsumme. Wir fragen zunächst, in welchem Ausmaß die totale Unterschiedlichkeit aller 15 y-Werte ($QS_{y(tot)}$) durch die x-Werte beeinflusst wird. Hierfür bestimmen wir folgende Regressionsgleichung über alle 15 Messwertpaare (d.h. ohne Berücksichtigung der Gruppenzugehörigkeit):

$$\hat{y}_{mi} = b_{tot} \cdot (x_{mi} - \overline{G}_x) + \overline{G}_y \quad \text{(vgl. Gl. 6.27)}. \tag{10.1}$$

Für jede Vp ermitteln wir die Differenz bzw. das Regressionsresiduum

$$y_{mi}^* = y_{mi} - \hat{y}_{mi} \,. \tag{10.2}$$

Die resultierenden y*-Werte bilden diejenigen Therapieerfolge ab, die von der Verbalintelligenz der Klienten unbeeinflusst sind. Die Quadratsum-

Tabelle 10.3. Matrix der y*-Werte auf Grund der totalen Regression

a_1	a_2	a_3
1,36	2,24	−0,54
2,80	1,46	−1,98
2,58	−1,42	−2,20
−0,08	−2,64	−1,98
0,92	−0,20	−0,32

me der y*-Werte (QS^*_{tot}) kennzeichnet somit diejenige Unterschiedlichkeit in den Therapieerfolgen, die sich ergeben würde, wenn die Verbalintelligenz den Therapieerfolg nicht beeinflusst.

Die Regressionsgleichung lautet in unserem Beispiel:

$$\hat{y}_{mi} = -0{,}219 \cdot (x_{mi} - 9{,}00) + 3{,}2 \,.$$

Nach dieser Gleichung wird für jeden x_{mi}-Wert ein $\hat{y}_{mi}$-Wert vorhergesagt und die Differenz $y^*_{mi} = y_{mi} - \hat{y}_{mi}$ ermittelt. Diese Differenzen sind in Tabelle 10.3 eingetragen.

Den Wert $y^*_{11} = 1{,}36$ z. B. erhalten wir in folgender Weise: In die Regressionsgleichung setzen wir für x_{mi} den Wert $x_{11} = 7$ ein und erhalten $\hat{y}_{11} = -0{,}219 \cdot (7 - 9{,}00) + 3{,}2 = 3{,}64$. Die Differenz lautet somit $5 - 3{,}64 = 1{,}36$. Gemäß Gl. (6.67) muss die Summe der vorhergesagten $\hat{y}$-Werte mit der Summe der y-Werte übereinstimmen, sodass $\sum_m \sum_i y^*_{mi} = \sum_m \sum_i (y_{mi} - \hat{y}_{mi}) = 0$ ergeben muss. Damit ist auch $\overline{y}^* = 0$, d. h., die Summe der quadrierten y*-Werte stellt direkt die Abweichungsquadratsumme QS^*_{tot} dar. Im Beispiel ermitteln wir:

$$\begin{aligned}QS^*_{tot} &= \sum_m \sum_i y^{2*}_{mi} \\ &= 1{,}36^2 + 2{,}80^2 + \cdots \\ &\quad + (-1{,}98)^2 + (-0{,}32)^2 = 46{,}45 \,.\end{aligned}$$

Im Vergleich zu Tabelle 10.2 sehen wir, dass die QS_{tot} nach Herauspartialisieren der Kontrollvariablen um den Betrag $50{,}40 - 46{,}45 = 3{,}95$ kleiner geworden ist. In Prozenten ausgedrückt bedeutet dies, dass die Gesamtunterschiedlichkeit aller Werte zu $(3{,}95 : 50{,}40) \cdot 100\% = 7{,}8\%$ auf verbale Intelligenzunterschiede zurückzuführen ist.

Fehlerquadratsumme. Als Nächstes wollen wir uns fragen, um welchen Betrag sich die Fehlervarianz ändert, wenn die verbale Intelligenz herauspartialisiert wird. Hierfür verwenden wir jedoch nicht die Regressionsgleichung über alle Messwertpaare, sondern die Regressionsgleichungen, die sich innerhalb der 3 Gruppen ergeben. Aus den 3 Regressionsgleichungen schätzen wir einen gemeinsamen Steigungskoeffizienten b_{in} (= zusammengefasster Steigungskoeffizient der Innerhalb-Regressionen) und verwenden ihn zur Vorhersage von $\hat{y}$-Werten nach folgender Regressionsgleichung:

$$\hat{y}_{mi} = b_{in} \cdot (x_{mi} - \overline{A}_{x(i)}) + \overline{A}_{y(i)} \,. \qquad (10.3)$$

In dieser Gleichung wird zwar ein gemeinsamer Steigungskoeffizient, aber die jeweils gruppenspezifische Höhenlage der Regressionsgleichungen eingesetzt. Diese Vorgehensweise kann folgendermaßen begründet werden: Die Durchführung einer Varianzanalyse setzt u. a. voraus, dass die einzelnen Fehlervarianzen (= Varianzen innerhalb der Treatmentstufen) homogen sind. Wird zu den Messwerten unter einer Treatmentstufe eine bestimmte Konstante addiert, ändert dies nichts an der Homogenität der Varianzen, auch wenn für jede Treatmentstufe eine andere Konstante gewählt wird (vgl. Gl. 1.23). Die Verwendung gruppenspezifischer Höhenlagen in Gl. (10.3) ändert somit die ursprüngliche Varianzhomogenität der y-Werte nicht, sondern überträgt lediglich die Mittelwertsunterschiede, die in den ursprünglichen y-Werten vorhanden sind, auf die vorhergesagten $\hat{y}$-Werte.

Anders wäre es, wenn in Gl. (10.3) für die Gruppen die jeweiligen – möglicherweise stark unterschiedlichen – Steigungskoeffizienten eingesetzt werden. Die Multiplikation von Messwertreihen gleicher Varianz mit unterschiedlichen Konstanten resultiert in neuen Messwertreihen, deren Varianzen unterschiedlich sind (vgl. Gl. 1.23). Die Verwendung eines gemeinsamen Regressionskoeffizienten lässt hingegen die Varianzen unter den Treatmentstufen homogen. Diese Vorgehensweise setzt allerdings voraus, dass die Steigungskoeffizienten der Regressionsgleichungen innerhalb der Treatmentstufen gleich bzw. homogen sind. Eine Möglichkeit, diese Voraussetzung zu überprüfen, werden wir in 10.2 kennenlernen.

Zunächst interessiert uns die Frage, wie aus den einzelnen Steigungskoeffizienten ein gemeinsamer Steigungskoeffizient ermittelt werden kann. Nach Gl. (6.12) berechnen wir einen Steigungskoeffizienten wie folgt:

10.1 Einfaktorielle Kovarianzanalyse

$$b = \frac{\sum_m x_m \cdot y_m - \dfrac{\sum_m x_m \cdot \sum_m y_m}{n}}{\sum_m x_m^2 - \dfrac{\left(\sum_m x_m\right)^2}{n}}.$$

Bezeichnen wir den Zähler mit QS_{xy} und den Nenner mit QS_x, können wir auch schreiben:

$$b = \frac{QS_{xy}}{QS_x}. \quad (10.4)$$

Nach dieser Beziehung bestimmen wir für die Wertepaare einer jeden Treatmentstufe i den Innerhalb-Regressionskoeffizienten $b_{in(i)}$:

$$b_{in(i)} = \frac{QS_{xy(i)}}{QS_{x(i)}}. \quad (10.5)$$

Den gemeinsamen Regressionskoeffizienten erhalten wir, indem wir die $QS_{xy(i)}$ im Zähler und die $QS_{x(i)}$ im Nenner getrennt addieren und aus den Summen den Quotienten bilden:

$$b_{in} = \frac{\sum_i QS_{xy(i)}}{\sum_i QS_{x(i)}}. \quad (10.5\,a)$$

In unserem Beispiel ermitteln wir den gemeinsamen Steigungskoeffizienten zu:

$$b_{in} = \frac{5{,}20 + 12{,}00 + 3{,}40}{12{,}80 + 17{,}20 + 10{,}80}$$
$$= \frac{20{,}60}{40{,}80} = 0{,}505.$$

($QS_{xy(1)}$ z. B. errechnen wir in folgender Weise: $182 - 34 \cdot 26/5 = 5{,}20$.)

Setzen wir b_{in} zusammen mit den entsprechenden Mittelwerten in Gl. (10.3) ein und ermitteln nach Gl. (10.2) die y^*_{mi}-Werte, resultiert die Matrix gemäß Tabelle 10.4.

In dieser Tabelle müssen sich die Werte spaltenweise zu Null addieren. Die Summe der quadrierten Werte gibt somit direkt die Fehlerquadratsumme wieder, die frei von verbalen Intelligenzeffekten ist. Sie lautet in unserem Beispiel:

$$QS^*_{Fehler} = (-0{,}30)^2 + (-0{,}31)^2 + \cdots$$
$$+ 0{,}00^2 + (-0{,}51)^2 = 3{,}60.$$

Vergleichen wir diese Fehlerquadratsumme mit der ursprünglichen Fehlerquadratsumme in Tabelle 10.2, stellen wir eine Reduktion um den Betrag 10,40 bzw. um 74,3% fest. Das Herauspartialisieren der Kontrollvariablen „verbale Intelligenz", die in der ursprünglichen Varianzanalyse als unkontrollierte Störvariable mit in der Fehlervarianz enthalten ist, hat somit zu einer erheblichen Fehlerquadratsummenreduktion geführt.

Treatmentquadratsumme. Die Ermittlung der Quadratsumme, die auf die Treatmentstufen zurückzuführen ist, kann nur indirekt erfolgen, indem wir von der QS^*_{tot} die QS^*_{Fehler} abziehen:

$$QS^*_{treat} = QS^*_{tot} - QS^*_{Fehler}. \quad (10.6)$$

In unserem Beispiel ermitteln wir:

$$QS^*_{treat} = 46{,}45 - 3{,}60 = 42{,}85.$$

Dieser Wert ist im Vergleich zur QS_{treat} in Tabelle 10.2 sehr viel größer – ein Befund, der in dieser Deutlichkeit selten auftritt (s. unten).

Freiheitsgrade

Die totale Quadratsumme hat in der Kovarianzanalyse nicht – wie in der Varianzanalyse – $p \cdot n - 1$, sondern $p \cdot n - 2$ Freiheitsgrade. (Die y^*-Werte müssen sich nicht nur zu G^*_y aufaddie-

Tabelle 10.4. Matrix der y^*-Werte auf Grund der gemeinsamen Steigung der Innerhalb-Regressionen

a_1	a_2	a_3
−0,30	1,19	−0,01
−0,31	−0,31	0,00
0,19	−0,29	0,51
−0,29	−0,79	0,00
0,71	0,20	−0,51
0,00	0,00	0,00

Tabelle 10.5. Ergebnis der Kovarianzanalyse

Q.d.V.	QS*	df*	$\hat{\sigma}^{*2}$	F
Faktor A	42,85	2	21,425	65,52**
Fehler	3,60	11	0,327	
Total	46,45	13		

$F_{(2,11;0{,}99)} = 7{,}21$

ren; ein weiterer Freiheitsgrad geht verloren, weil b_{tot} aus den Daten geschätzt wird.)

$$df_{tot}^* = p \cdot n - 2 \,. \tag{10.7}$$

Die QS_{Fehler}^* verliert (wegen der Schätzung von b_{in}) ebenfalls gegenüber der QS_{Fehler} einen Freiheitsgrad:

$$df_{Fehler}^* = p \cdot (n-1) - 1 \,. \tag{10.8}$$

Die Freiheitsgrade für die QS_{treat}^* bleiben unverändert:

$$df_{treat}^* = df_{treat} = p - 1 \,. \tag{10.9}$$

Ergebnisse und Interpretation

Die Kovarianzanalyse führt somit zusammenfassend zu dem in Tabelle 10.5 dargestellten Ergebnis.

Die Irrtumswahrscheinlichkeit der angetroffenen Mittelwertunterschiede ist somit durch das Herauspartialisieren der verbalen Intelligenz erheblich kleiner geworden. Das Ergebnis ist hochsignifikant (zur Begründung des F-Tests vgl. 12.4).

Ein Vergleich des varianzanalytischen Ergebnisses (Tabelle 10.2) mit dem kovarianzanalytischen Ergebnis (Tabelle 10.5) zeigt, dass erwartungsgemäß die Fehlervarianz reduziert, aber gleichzeitig die Treatmentvarianz vergrößert wurde. Diese (konstruierte) Besonderheit ist auf folgende Umstände zurückzuführen: Innerhalb der 3 Gruppen korreliert der Therapieerfolg positiv mit der verbalen Intelligenz. (Die Werte lauten: $r_1 = 0{,}87$, $r_2 = 0{,}91$, $r_3 = 0{,}94$.) Betrachten wir hingegen die durchschnittlichen Therapieerfolge (5,2; 3,0; 1,4) und die durchschnittlichen Verbalintelligenzen (6,8; 9,4; 10,8), stellen wir einen gegenläufigen Trend fest. Die Korrelation der Durchschnittswerte beträgt: $r_{zw} = -0{,}997$. Diejenige Gruppe, die im Durchschnitt die höchste verbale Intelligenz aufweist (hysterische Verhaltensstörungen), hat den geringsten Therapieerfolg zu verzeichnen, wenngleich auch innerhalb dieser Gruppe diejenigen am besten therapierbar sind, deren verbale Intelligenz am höchsten ist.

Diese Gegenläufigkeit der Korrelationen ist untypisch. Normalerweise wird die Kontrollvariable sowohl mit der abhängigen Variablen innerhalb der Faktorstufen als auch über die Mittelwerte der Faktorstufen gleichsinnig korrelieren. In diesem Fall wird die Fehlerquadratsumme verkleinert, und die Treatmentquadratsumme bleibt in etwa erhalten. Korreliert die Kontrollvariable hingegen innerhalb der Gruppen positiv mit der abhängigen Variablen und auf der Basis der Mittelwerte negativ, führt dies zu einer Reduktion der Fehlervarianz bei gleichzeitiger Vergrößerung der Treatmentvarianz (weitere Einzelheiten hierzu S. 369 f.).

Rechnerische Durchführung

Wie bei allen bisher besprochenen varianzanalytischen Methoden wollen wir auch bei der Kovarianzanalyse die zwar anschaulichere, aber rechnerisch aufwendigere Vorgehensweise durch einzelne, leichter durchzuführende Rechenschritte ersetzen. Die formale Äquivalenz beider Ansätze werden wir durch das bisher besprochene Beispiel belegen.

Wir berechnen zunächst die folgenden Hilfsgrößen:

$$(1x) = \frac{G_x^2}{p \cdot n}$$

$$(1xy) = \frac{G_x \cdot G_y}{p \cdot n}$$

$$(1y) = \frac{G_y^2}{p \cdot n} \,,$$

$$(2x) = \sum_i \sum_m x_{mi}^2$$

$$(2xy) = \sum_i \sum_m x_{mi} \cdot y_{mi}$$

$$(2y) = \sum_i \sum_m y_{mi}^2 \,,$$

$$(3x) = \frac{\sum_i A_{x(i)}^2}{n}$$

$$(3xy) = \frac{\sum_i A_{x(i)} \cdot A_{y(i)}}{n}$$

$$(3y) = \frac{\sum_i A_{y(i)}^2}{n} \,.$$

Hieraus lassen sich folgende Quadratsummen berechnen:

$$QS_{x(tot)} = (2x) - (1x) \,,$$
$$QS_{xy(tot)} = (2xy) - (1xy) \,,$$
$$QS_{y(tot)} = (2y) - (1y) \,,$$

10.1 Einfaktorielle Kovarianzanalyse

$$QS_{x(treat)} = (3x) - (1x),$$
$$QS_{xy(treat)} = (3xy) - (1xy),$$
$$QS_{y(treat)} = (3y) - (1y),$$

$$QS_{x(Fehler)} = (2x) - (3x),$$
$$QS_{xy(Fehler)} = (2xy) - (3xy),$$
$$QS_{y(Fehler)} = (2y) - (3y).$$

Ausgehend von den Quadratsummen mit dem Index y kann eine normale einfaktorielle Varianzanalyse über die abhängige Variable y durchgeführt werden (vgl. Tabelle 7.2). Die Quadratsummen mit dem Index x sind – falls gewünscht – die Grundlage für eine einfaktorielle Varianzanalyse über die Kontrollvariable. Für die Kovarianzanalyse müssen die Quadratsummen der abhängigen Variablen folgendermaßen korrigiert werden:

$$QS^*_{tot} = QS_{y(tot)} - \frac{QS^2_{xy(tot)}}{QS_{x(tot)}}, \qquad (10.10\,a)$$

$$QS^*_{Fehler} = QS_{y(Fehler)} - \frac{QS^2_{xy(Fehler)}}{QS_{x(Fehler)}}, \qquad (10.10\,b)$$

$$QS^*_{treat} = QS^*_{tot} - QS^*_{Fehler}. \qquad (10.10\,c)$$

Die entsprechenden Freiheitsgrade ergeben sich gemäß Gl. (10.7) bis (10.9). Aus QS^* und df^* lassen sich wie üblich durch Division die Varianzschätzungen $\hat{\sigma}^{*2}$ berechnen. Die Überprüfung der korrigierten Treatmenteffekte erfolgt durch folgenden F-Test (vgl. 12.4):

$$F = \frac{\hat{\sigma}^{*2}_{y(treat)}}{\hat{\sigma}^{*2}_{y(Fehler)}}. \qquad (10.11)$$

Zur Erläuterung dieser Rechenschritte greifen wir das anfangs erwähnte Beispiel erneut auf. Wir ermitteln zunächst die folgenden Kennziffern:

$$(1x) = \frac{G^2_x}{p \cdot n} = \frac{135^2}{3 \cdot 5} = 1215{,}00,$$

$$(2x) = \sum_i \sum_m x^2_{mi} = 7^2 + 9^2 + \cdots + 10^2 + 13^2$$
$$= 244 + 459 + 594 = 1297,$$

$$(3x) = \frac{\sum_i A^2_{x(i)}}{n} = \frac{34^2 + 47^2 + 54^2}{5}$$
$$= 1256{,}20,$$

$$(1xy) = \frac{G_x \cdot G_y}{p \cdot n} = \frac{135 \cdot 48}{3 \cdot 5} = 432{,}00,$$

$$(2xy) = \sum_i \sum_m x_{mi} y_{mi}$$
$$= 7 \cdot 5 + 9 \cdot 6 + \cdots + 10 \cdot 1 + 13 \cdot 2$$
$$= 182 + 153 + 79 = 414,$$

$$(3xy) = \frac{\sum_i A_{x(i)} \cdot A_{y(i)}}{n}$$
$$= \frac{34 \cdot 26 + 47 \cdot 15 + 54 \cdot 7}{5} = 393{,}40,$$

$$(1y) = \frac{G^2_y}{p \cdot n} = \frac{48^2}{3 \cdot 5} = 153{,}60,$$

$$(2y) = \sum_i \sum_m y^2_{mi} = 5^2 + 6^2 + \cdots + 1^2 + 2^2 = 204,$$

$$(3y) = \frac{\sum_i A^2_{y(i)}}{n} = \frac{26^2 + 15^2 + 7^2}{5} = 190.$$

Es ergeben sich folgende Quadratsummen:

$$QS_{x(tot)} = (2x) - (1x) = 1297 - 1215{,}00$$
$$= 82{,}00,$$
$$QS_{xy(tot)} = (2xy) - (1xy) = 414 - 432{,}00$$
$$= -18{,}00,$$
$$QS_{y(tot)} = (2y) - (1y) = 204 - 153{,}60$$
$$= 50{,}40;$$
$$QS_{x(Fehler)} = (2x) - (3x) = 1297 - 1256{,}20$$
$$= 40{,}80,$$
$$QS_{xy(Fehler)} = (2xy) - (3xy) = 414 - 393{,}40$$
$$= 20{,}60,$$
$$QS_{y(Fehler)} = (2y) - (3y) = 204 - 190$$
$$= 14;$$
$$QS_{x(treat)} = (3x) - (1x) = 1256{,}20 - 1215{,}00$$
$$= 41{,}20,$$
$$QS_{xy(treat)} = (3xy) - (1xy) = 393{,}40 - 432{,}00$$
$$= -38{,}60,$$
$$QS_{y(treat)} = (3y) - (1y) = 190 - 153{,}60$$
$$= 36{,}40.$$

Die mit xy indizierten Quadratsummen stellen nach Division durch die Freiheitsgrade Kovarianzen dar und können somit auch ein negatives Vorzeichen haben. Nach Gl. (10.10 a–c) ermitteln wir die korrigierten Quadratsummen für die Kovarianzanalyse:

$$QS^*_{tot} = QS_{y(tot)} - \frac{QS^2_{xy(tot)}}{QS_{x(tot)}}$$

$$= 50{,}40 - \frac{(-18{,}00)^2}{82{,}00} = 46{,}45\,,$$

$$QS^*_{Fehler} = QS_{y(Fehler)} - \frac{QS^2_{xy(Fehler)}}{QS_{x(Fehler)}}$$

$$= 14 - \frac{20{,}60^2}{40{,}80} = 3{,}60\,,$$

$$QS^*_{treat} = QS^*_{tot} - QS^*_{Fehler}$$

$$= 46{,}45 - 3{,}60 = 42{,}85\,.$$

Diese Werte stimmen mit den in Tabelle 10.5 genannten Werten überein.

Unterschiedliche Stichprobenumfänge. Sind die unter den einzelnen Treatmentstufen beobachteten Stichproben nicht gleich groß, ergeben sich für die rechnerische Durchführung folgende Modifikationen:

$$(3x) = \sum_i \frac{A^2_{x(i)}}{n_i}\,;$$

$$(3xy) = \sum_i \frac{A_{x(i)} \cdot A_{y(i)}}{n_i}\,;$$

$$(3y) = \sum_i \frac{A^2_{y(i)}}{n_i}\,.$$

Im Übrigen ersetzen wir $p \cdot n$ durch $N = \sum_i n_i$.

Einzelvergleiche

Einzelvergleichsverfahren im Kontext der Kovarianzanalyse basieren auf der bereinigten abhängigen Variablen. Wir berechnen deshalb die Mittelwerte, die vom Einfluss der Kontrollvariablen frei sind:

$$\overline{A}^*_{y(i)} = \overline{A}_{y(i)} - b_{in} \cdot (\overline{A}_{x(i)} - \overline{G}_x)\,. \qquad (10.12)$$

A posteriori durchgeführte Einzelvergleiche (Scheffé-Tests) über Paare von korrigierten Mittelwerten $\overline{A}^*_{y(i)}$ und $\overline{A}^*_{y(j)}$ können mit folgendem F-Test auf Signifikanz geprüft werden:

$$F = \frac{(\overline{A}^*_{y(i)} - \overline{A}^*_{y(j)})^2}{\hat{\sigma}^{*2}_{y(Fehler)} \cdot \left[\frac{2}{n} + \frac{(\overline{A}_{x(i)} - \overline{A}_{x(j)})^2}{QS_{x(Fehler)}}\right]}\,. \qquad (10.13)$$

Der F-Wert ist signifikant, wenn $F > (p-1) \cdot F_{(p-1;\,p\cdot(n-1)-1;\,1-\alpha)}$ ist (vgl. Winer et al., 1991, S. 764).

Im Beispiel ermitteln wir:

$$\overline{A}^*_{y(1)} = 5{,}2 - 0{,}505 \cdot (6{,}8 - 9{,}00) = 6{,}31\,,$$

$$\overline{A}^*_{y(2)} = 3{,}0 - 0{,}505 \cdot (9{,}4 - 9{,}00) = 2{,}80\,,$$

$$\overline{A}^*_{y(3)} = 1{,}4 - 0{,}505 \cdot (10{,}8 - 9{,}00) = 0{,}49\,.$$

Die Therapieerfolge unterscheiden sich somit auch nach dem Herauspartialisieren der Verbalintelligenz noch deutlicher als zuvor. Nach Gl. (10.13) überprüfen wir, ob die kleinste Paardifferenz $(\overline{A}^*_{y(2)} - \overline{A}^*_{y(3)})$ signifikant ist:

$$F = \frac{(2{,}80 - 0{,}49)^2}{0{,}33 \cdot \left[\frac{2}{5} + \frac{(9{,}4 - 10{,}8)^2}{40{,}80}\right]} = \frac{5{,}34}{0{,}15}$$

$$= 35{,}60^{**}\,.$$

Mit $F_{(2,11;0,99)} = 7{,}21$ erhalten wir $2 \cdot 7{,}21 = 14{,}42 < 35{,}60$, d.h., $\overline{A}^*_{y(2)}$ und $\overline{A}^*_{y(3)}$ unterscheiden sich sehr signifikant. Die beiden übrigen Paarvergleiche sind ebenfalls sehr signifikant. Weitere Informationen über Paarvergleichsverfahren im Rahmen der Kovarianzanalyse findet man bei Bryant u. Paulson (1976, zit. nach Stevens, 2002, Kap. 9.12).

„Optimale" Stichprobenumfänge

Nachdem in den vergangenen Abschnitten verdeutlicht wurde, dass die Kovarianzanalyse letztlich eine Varianzanalyse über Regressionsresiduen ist, sind alle Regeln zur Bestimmung „optimaler" Stichprobenumfänge im Kontext einer Varianzanalyse auch für Kovarianzanalysen gültig. Zu beachten ist lediglich, dass die Angaben zur Bestimmung einer Effektgröße (z.B. Gl. 7.26 oder 7.29) von der bereinigten abhängigen Variablen bzw. den Regressionsresiduen ausgehen.

Da bei einer Kovarianzanalyse die Fehlervarianz durch das Herauspartialisieren einer Kontrollvariablen in der Regel reduziert ist, sind die Stichprobenumfänge, die für eine kovarianzanalytische Absicherung einer vorgegebenen Effektgröße benötigt werden, kleiner als in der Varianzanalyse. Die in Gl. (7.26) einzusetzende Streuung innerhalb der Population (σ) wird um so kleiner, je größer die Korrelation r_{xy} zwischen der Kontrollvariablen und der abhängigen Variablen innerhalb der Population ist. Sie lautet für die Regressionsresiduen:

$$\sigma_{y^*} = \sigma_y \cdot \sqrt{1 - r_{xy}^2} . \qquad (10.14)$$

Um den Stichprobenvorteil einer Kovarianzanalyse planerisch ausnutzen zu können, ist es also erforderlich, vor Durchführung der Untersuchung eine Vorstellung von der Größenordnung für r_{xy} zu haben.

Die für die Effektgrößenbestimmung angenommene Differenz $\mu_{max} - \mu_{min}$ bezieht sich in der Kovarianzanalyse auf die korrigierten Mittelwerte (siehe Gl. 10.12). Hat man nicht nur eine Vorstellung über die Größe von σ_y, sondern auch über die Größe der Streuung der Kontrollvariablen (σ_x), kann man in Gl. (10.12) b_{in} gemäß Gl. (6.65) durch $r_{xy} \cdot \sigma_y / \sigma_x$ ersetzen und damit eine Schätzung der korrigierten Populationsparameter μ_i^* ermitteln.

Zu beachten ist schließlich, dass die Fehlervarianz in der Kovarianzanalyse gegenüber der Varianzanalyse einen Freiheitsgrad verliert. Der hiermit verbundene Teststärkeverlust ist jedoch für praktische Zwecke zu vernachlässigen, d.h., die in Tabelle 7.3 genannten Stichprobenumfänge können auch im Kontext einer Kovarianzanalyse für $1 - \beta = 0{,}80$ als akzeptabel angesehen werden.

Insgesamt dürften die Vorinformationen, die man für eine verlässliche Schätzung des optimalen Stichprobenumfangs im Rahmen einer Kovarianzanalyse benötigt, nur in Ausnahmefällen bekannt sein. Im Zweifelsfall orientiert man sich an den Werten der Tabelle 7.3 und ist damit auf der „sicheren Seite".

Ex post schätzen wir den kovarianzanalytischen Effekt des Beispiels (Tabelle 10.1) wie folgt: μ_{max} und μ_{min} schätzen wir mit 6,31 bzw. 0,49 und σ durch $\sqrt{\hat{\sigma}^{*2}_{(\text{Fehler})}} = \sqrt{0{,}33}$. Damit erhält man nach Gl. (7.27) $d = (6{,}31 - 0{,}49)/\sqrt{0{,}33} = 10{,}13$ und nach Gl. (7.26a) $\hat{\varepsilon}' = 4{,}14$. Dies wäre ein sehr großer Effekt, der für empirisch erhobene Daten völlig unrealistisch ist.

10.2 Voraussetzungen der Kovarianzanalyse

Neben den üblichen Voraussetzungen der Varianzanalyse, die auch für die Kovarianzanalyse gelten (Verletzungen dieser Voraussetzungen sind nach Glass et al., 1972, für die Kovarianzanalyse ähnlich zu bewerten wie für die Varianzanalyse; vgl. S. 286 f.), basiert das mathematische Modell der Kovarianzanalyse auf der Annahme homogener Steigungen der Regressionen innerhalb der Stichproben (vgl. Hollingsworth, 1980). Mehrere Arbeiten belegen jedoch, dass Verletzungen dieser Voraussetzung zumindest bei gleichgroßen Stichproben weder das α-Fehlerrisiko noch die Teststärke entscheidend beeinflussen (vgl. Dretzke et al., 1982; Hamilton, 1977 oder Rogosa, 1980). Eine Kovarianzanalyse ist nach Levy (1980) nur dann kontraindiziert, wenn die Innerhalb-Regressionen heterogen, die Stichproben ungleich groß und die Residuen (y^*-Werte) nicht normalverteilt sind. Im Übrigen handelt es sich bei der Kovarianzanalyse um ein ausgesprochen robustes Verfahren. Wu (1984) kommt in einer Monte-Carlo-Simulation zu dem Ergebnis, dass Unterschiede zwischen den standardisierten Regressionssteigungen unter 0,4 nur zu unbedeutenden Testverzerrungen führen.

Eine „effektive" Reduktion der Fehlervarianz durch die Berücksichtigung einer Kontrollvariablen setzt voraus, dass die abhängige Variable und die Kontrollvariable signifikant miteinander korrelieren. Will man sicher sein, dass die Fehlervarianzreduktion kein Zufallsergebnis darstellt, empfiehlt es sich zu überprüfen, ob diese Korrelation statistisch signifikant ist.

Hiermit verbunden ist die Frage nach der *Reliabilität der Kontrollvariablen*. Kontrollvariablen mit geringer Reliabilität reduzieren die Teststärke der Kovarianzanalyse und können in nicht randomisierten Untersuchungen zu erheblichen Verzerrungen der korrigierten Treatmenteffekte führen (vgl. hierzu Stevens, 2002, Kap. 9.5).

In der Literatur wird gelegentlich darauf hingewiesen, dass die Gruppenmittelwerte von abhängigen Variablen und Kontrollvariablen unkorreliert sein müssen, bzw. dass die Regression zwischen den Gruppenmittelwerten der Kontrollvariablen und der abhängigen Variablen („between group regression") und die Regression innerhalb der Stichproben („within group regression") gleich sein müssen (vgl. z. B. Evans u. Anastasio, 1968).

Auch diese Forderung ist nach Untersuchungen von Overall u. Woodward (1977a u. b) nicht aufrechtzuerhalten. Man beachte jedoch, dass ein substantieller Zusammenhang zwischen den Gruppenmittelwerten der abhängigen Variablen und der Kontrollvariablen die in einer Varianzanalyse ohne Kontrollvariablen festgestellten Treatmenteffekte reduziert.

Mit diesem „Abbau" der Treatmenteffekte wäre beispielsweise zu rechnen, wenn die Ausgaben für die Erziehung der Kinder (abhängige Variable) in Abhängigkeit von der sozialen Schicht der Eltern (unabhängige Variable) untersucht werden und das Merkmal „Einkommen der Eltern" als Kontrollvariable herauspartialisiert wird. Da das Einkommen ein wesentliches, schichtkonstituierendes Merkmal darstellt, korrelieren die Gruppenmittelwerte der abhängigen Variablen und der Kontrollvariablen hoch miteinander. Zusätzlich ist mit einer positiven Innerhalb-Korrelation zwischen der abhängigen und der Kontrollvariablen zu rechnen. Wird mit der Kovarianzanalyse die Bedeutung des Einkommens aus der abhängigen Variablen eliminiert, werden Schichtunterschiede in Bezug auf die abhängige Variable reduziert, weil die Schichten u. a. durch das Einkommen definiert sind.

Probleme dieser Art sind typisch für Untersuchungen mit nicht randomisierten Gruppen (quasiexperimentelle Untersuchungen). Hier kann die Kovarianzanalyse kontraindiziert sein; Pläne dieser Art sollten besser durch eine „normale" Varianzanalyse ohne Berücksichtigung der Kontrollvariablen ausgewertet werden (vgl. z. B. Frigon u. Laurencelle, 1993 oder Stevens, 2002, Kap. 9.6).

Homogene Regressionen

Um die Voraussetzung der Homogenität der Innerhalb-Regressionen zu überprüfen, zerlegen wir die QS_{Fehler}^* in die folgenden 2 Komponenten:

$$S_1 = QS_{y(Fehler)} - \sum_i \frac{QS_{xy(i)}^2}{QS_{x(i)}}, \quad (10.15)$$

$$S_2 = \sum_i \frac{QS_{xy(i)}^2}{QS_{x(i)}} - \frac{QS_{xy(Fehler)}^2}{QS_{x(Fehler)}}, \quad (10.16)$$

$$QS_{x(i)} = \sum_m x_{mi}^2 - \frac{A_{x(i)}^2}{n},$$

$$QS_{xy(i)} = \sum_m x_{mi} \cdot y_{mi} - \frac{A_{x(i)} \cdot A_{y(i)}}{n}.$$

(Kontrolle: $S_1 + S_2 = QS_{Fehler}^*$.)

S_1 kennzeichnet die Variation der Messwerte um die Regressionsgeraden innerhalb der einzelnen Faktorstufen. Diese Residualbeträge müssen um Null normalverteilt sein und innerhalb der einzelnen Faktorstufen die gleiche Varianz aufweisen. Die Teilkomponente S_1 hat $p \cdot (n-2)$ Freiheitsgrade.

S_2 hat $p-1$ Freiheitsgrade und kennzeichnet die Variation der Steigungskoeffizienten der einzelnen Innerhalb-Regressionen um die durchschnittliche Innerhalb-Regression. Je größer dieser Anteil der $QS_{y(Fehler)}^*$ ist, um so heterogener sind die einzelnen Innerhalb-Regressionskoeffizienten. Die H_0: $\beta_{in(1)} = \beta_{in(2)} = \ldots = \beta_{in(p)}$ wird approximativ durch folgenden F-Test überprüft:

$$F = \frac{S_2/(p-1)}{S_1/p \cdot (n-2)}. \quad (10.17)$$

Dieser F-Wert hat $p-1$ Zählerfreiheitsgrade und $p \cdot (n-2)$ Nennerfreiheitsgrade. Um das β-Fehlerrisiko gering zu halten, sollte der Test auf einem hohen α-Fehler-Niveau durchgeführt werden (vgl. S. 165). Können wir davon ausgehen, dass die Steigungen homogen sind, stellt der folgende Ausdruck eine Schätzung der in der Population gültigen Steigung dar:

$$b_{in} = \frac{QS_{xy(Fehler)}}{QS_{x(Fehler)}}. \quad (10.18)$$

Hinweise: Alexander u. De Shon (1994) weisen darauf hin, dass der F-Test gemäß Gl. (10.17) gegenüber Verletzungen der Varianzhomogenitätsannahme wenig robust ist. Erweisen sich die Innerhalb-Regressionen nach Gl. (10.17) als deutlich heterogen, und treffen zudem die beiden weiteren von Levy (1980) genannten ungünstigen Randbedingungen für eine Kovarianzanalyse zu (ungleich große Stichproben und nicht normalverteilte Residuen; s. o.), sollte das Datenmaterial mit einem verteilungsfreien Verfahren ausgewertet werden. Die Beschreibung einer verteilungsfreien Kovarianzanalyse findet man beispielsweise bei Burnett u. Barr (1977). Ein Homogenitätstest, der nicht an die Normalverteilung der Regressionsresiduen gebunden ist, wird bei Penfield u. Koffler (1986) beschrieben.

10.2 Voraussetzungen der Kovarianzanalyse

Ist die Voraussetzung der Homogenität der Innerhalb-Regressionen deutlich verletzt, empfehlen wir, zu Kontrollzwecken neben der Kovarianzanalyse eine mehrfaktorielle Varianzanalyse mit einem Faktor, der die Vpn nach dem Kontrollmerkmal gruppiert („post hoc blocking"), zu rechnen. Alternativ hierzu schlägt Huitema (1980) die sog. Johnson-Neyman-Technik vor, die auf eine Analyse der Interaktion zwischen der unabhängigen Variablen und der Kontrollvariablen hinausläuft (vgl. hierzu auch Frigon u. Laurencelle, 1993). Ein anderes, auf dem Maximum-likelihood-Prinzip basierendes kovarianzanalytisches Modell findet man bei Sörbom (1978).

Korrelationen mit der Kontrollvariablen

Die Korrelation zwischen der Kontrollvariablen und der abhängigen Variablen lässt sich durch folgende Gleichung einfach bestimmen:

$$r_{in} = \sqrt{\frac{QS^2_{xy(Fehler)}}{QS_{x(Fehler)} \cdot QS_{y(Fehler)}}}. \quad (10.19)$$

Je höher diese Korrelation ausfällt, desto stärker reduziert die Kontrollvariable die Fehlervarianz. Ist diese Korrelation nicht signifikant, muss ihr Zustandekommen auf stichprobenbedingte Zufälligkeiten zurückgeführt werden, sodass die Reduktion der Fehlervarianz ebenfalls zufällig ist. Eine systematische, d. h. tatsächlich auf den Einfluss der Kontrollvariablen zurückgehende Fehlervarianzreduktion wird nur erzielt, wenn r_{in} signifikant ist. Es empfiehlt sich deshalb, die $H_0: \varrho_{in} = 0$ zu überprüfen.

Da eine Regressionsgerade mit einer Steigung von Null eine Korrelation von Null impliziert (vgl. S. 217), ist die Überprüfung dieser H_0 mit der Überprüfung der $H_0: \beta_{in} = 0$ formal gleichwertig. Der entsprechende Signifikanztest lautet:

$$F = \frac{QS^2_{xy(Fehler)}}{QS_{x(Fehler)} \cdot QS_{y(Fehler)} - QS^2_{xy(Fehler)}} \\ \times \frac{p \cdot (n-2)}{1}. \quad (10.20)$$

Dieser F-Wert hat einen Zählerfreiheitsgrad und $p \cdot (n-2)$ Nennerfreiheitsgrade. Ein signifikanter F-Wert besagt, dass die zusammengefasste Steigung (b_{in}) bedeutsam von Null abweicht. Da nonlineare Zusammenhänge im Allgemeinen zu unbedeutenden linearen Regressionen führen, überprüft dieser Test auch indirekt die *Linearität des Zusammenhangs* zwischen der abhängigen Variablen und der Kontrollvariablen.

Führt Gl. (10.17) zu einem nicht signifikanten und Gl. (10.20) zu einem signifikanten F-Wert, wissen wir, dass die Steigungskoeffizienten der einzelnen Regressionsgeraden in den Faktorstufen homogen sind und signifikant von Null abweichen. Sind zusätzlich auch die Höhenlagen der Innerhalb-Regressionen praktisch identisch, fallen die Innerhalb-Regressionsgeraden bis auf zufällige Abweichungen zusammen, und wir erhalten eine gemeinsame Regressionsgerade. Diese Gerade verläuft für den Fall, dass die Korrelation zwischen der abhängigen Variablen und der Kontrollvariablen gleich der Korrelation zwischen den Mittelwerten der abhängigen Variablen (Treatment) und der Kontrollvariablen ist, durch die Mittelwertkoordinaten $\overline{A}_{x(i)}$ und $\overline{A}_{y(i)}$. Dieses Ergebnis tritt ein, wenn die Treatmentwirkung ausschließlich von der Kontrollvariablen bestimmt wird. Eine Kovarianzanalyse wird in diesem Fall dazu führen, dass mögliche Mittelwertunterschiede zwischen den Faktorstufen in Bezug auf die abhängige Variable durch das Herauspartialisieren der Kontrollvariablen verschwinden.

Die Korrelation zwischen den Mittelwerten der Kontrollvariablen und der abhängigen Variablen (r_{zw}) ergibt sich nach der Beziehung:

$$r_{zw} = \sqrt{\frac{QS^2_{xy(treat)}}{QS_{x(treat)} \cdot QS_{y(treat)}}}. \quad (10.21)$$

Die Regressionsgerade hat die folgende Steigung:

$$b_{zw} = \frac{QS_{xy(treat)}}{QS_{x(treat)}}. \quad (10.22)$$

Sie verläuft durch den Punkt mit den Koordinaten $\overline{G}_x$ und $\overline{G}_y$.

Datenrückgriff

Die theoretischen Ausführungen zu den Voraussetzungen der Kovarianzanalyse seien am Beispiel aus 10.1 demonstriert. Die Steigungskoeffizienten innerhalb der 3 Treatmentstufen lauten nach Gl. (10.5):

$$b_{in(1)} = \frac{QS_{xy(1)}}{QS_{x(1)}} = \frac{5{,}20}{12{,}80} = 0{,}41,$$

$$b_{in(2)} = \frac{QS_{xy(2)}}{QS_{x(2)}} = \frac{12{,}00}{17{,}20} = 0{,}70,$$

$$b_{in(3)} = \frac{QS_{xy(3)}}{QS_{x(3)}} = \frac{3{,}40}{10{,}80} = 0{,}31.$$

Bei der Berechnung der einzelnen Steigungskoeffizienten können wir die Zwischengrößen benutzen, die bereits im Zusammenhang mit der Kennzifferbestimmung ausgerechnet wurden (z.B. $QS_{xy(1)} = 182 - 34 \cdot 26/5 = 5{,}20$). Die zusammengefasste Steigung ermitteln wir nach Gl. (10.5 a) zu

$$b_{in} = \frac{5{,}20 + 12{,}00 + 3{,}40}{12{,}80 + 17{,}20 + 10{,}80} = 0{,}505$$

oder nach Gl. (10.18) zu

$$b_{in} = \frac{20{,}60}{40{,}80} = 0{,}505.$$

Abbildung 10.1 zeigt die 3 Regressionsgeraden für die Stufen a_1, a_2 und a_3 im Vergleich zu den Regressionsgeraden mit gemeinsamer Steigung. (Als Bestimmungsstücke der einzelnen Geraden wurden die Steigungen und Mittelwerte $\overline{A}_{x(i)}$ und $\overline{A}_{y(i)}$ herangezogen.)

Um zu überprüfen, ob die Abweichungen von der gemeinsamen Steigung statistisch bedeutsam sind, berechnen wir zunächst S_1 nach Gl. (10.15):

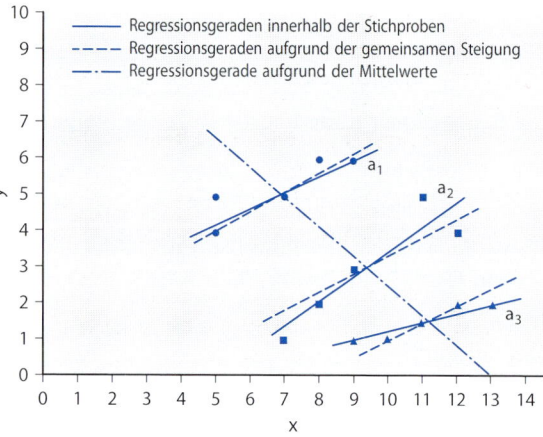

Abb. 10.1. Veranschaulichung der Regressionsgeraden in einer Kovarianzanalyse

$$S_1 = QS_{y(Fehler)} - \sum_i \frac{QS_{xy(i)}^2}{QS_{x(i)}}$$

$$= 14 - \left(\frac{5{,}20^2}{12{,}80} + \frac{12{,}00^2}{17{,}20} + \frac{3{,}40^2}{10{,}80}\right)$$

$$= 14 - 11{,}55 = 2{,}45.$$

Für S_2 ermitteln wir:

$$S_2 = \sum_i \frac{QS_{xy(i)}^2}{QS_{x(i)}} - \frac{QS_{xy(Fehler)}^2}{QS_{x(Fehler)}}$$

$$= 11{,}55 - \frac{20{,}60^2}{40{,}80} = 1{,}15.$$

(Kontrolle: $QS_{Fehler}^* = S_1 + S_2 : 3{,}60 = 2{,}45 + 1{,}15$.)
Der F-Wert lautet somit nach Gl. (10.17):

$$F = \frac{S_2/(p-1)}{S_1/p \cdot (n-2)} = \frac{1{,}15/2}{2{,}45/9} = 2{,}11.$$

Dieser Wert ist bei einer kritischen Grenze von $F_{(2,9;0{,}90)} = 3{,}01$ nicht signifikant, d.h., die Regressionskoeffizienten sind homogen. (Wir wählen $\alpha = 10\%$, um das β-Fehler-Risiko zu verringern.)

Nach Gl. (10.20) testen wir, ob die *durchschnittliche Steigung* b_{in} signifikant von Null abweicht. Wir ermitteln:

$$F = \frac{QS_{xy(Fehler)}^2}{QS_{x(Fehler)} \cdot QS_{y(Fehler)} - QS_{xy(Fehler)}^2}$$

$$\times \frac{p \cdot (n-2)}{1}$$

$$= \frac{20{,}60^2}{40{,}80 \cdot 14 - 20{,}60^2} \cdot \frac{3 \cdot 3}{1}$$

$$= 2{,}89 \cdot 9 = 26{,}01^{**}.$$

Mit $F_{(1,9;0{,}99)} = 10{,}6$ als kritischen Wert, ist der empirische F-Wert sehr signifikant. Die durchschnittliche Steigung weicht bedeutsam von Null ab. Die Reduktion der Fehlervarianz durch das Herauspartialisieren der verbalen Intelligenz ist nicht auf Zufall zurückzuführen.

Ferner interessiert uns, wie die Kontrollvariable mit der abhängigen Variablen korreliert. Für r_{in} ermitteln wir nach (10.19)

$$r_{in} = \sqrt{\frac{20{,}60^2}{40{,}80 \cdot 14}} = 0{,}86.$$

Da $QS_{xy(Fehler)}$ positiv ist, hat auch die Korrelation ein positives Vorzeichen (vgl. auch die gemeinsame Steigung der Regressionsgeraden in Abb. 10.1).

Die Korrelation zwischen den Gruppenmittelwerten der abhängigen Variablen („Treatment") und der Kontrollvariablen lautet nach Gl. (10.21):

$$r_{zw} = \sqrt{\frac{-38{,}60^2}{41{,}20 \cdot 36{,}40}} = -0{,}997\,.$$

Das Vorzeichen dieser Korrelation entnehmen wir dem Vorzeichen der $QS_{xy(treat)}$. Die beiden Korrelationen haben somit ein verschiedenes Vorzeichen, was darauf hinweist, dass nicht nur die Fehlervarianz verkleinert, sondern zusätzlich die Treatmentvarianz vergrößert wird. Dieses Ergebnis wurde unter 10.1 bereits ausführlich diskutiert. Die Regressionsgerade, die durch den Punkt $\overline{G}_x$ und $\overline{G}_y$ verläuft, hat gemäß Gl. (10.22) die Steigung

$$b_{zw} = \frac{-38{,}60}{41{,}20} = -0{,}94\,.$$

Auch diese Regressionsgerade ist in Abb. 10.1 eingezeichnet.

10.3 Mehrfaktorielle Kovarianzanalyse

Das Prinzip der Kovarianzanalyse ist auf alle in Teil II angesprochenen Versuchspläne anwendbar. Wir wollen zunächst den kovarianzanalytischen Ansatz auf den zweifaktoriellen varianzanalytischen Versuchsplan erweitern. Die hierbei deutlich werdenden Rechenregeln können ohne besondere Schwierigkeiten für den drei- oder mehrfaktoriellen Fall verallgemeinert werden.

Quadratsummenzerlegung

Mit der einfaktoriellen Kovarianzanalyse wollen wir erreichen, dass die QS_{Fehler} und QS_{treat} bezüglich einer Kontrollvariablen korrigiert werden. Die QS^*_{treat} wird hierbei indirekt bestimmt, indem von der QS^*_{tot} die QS^*_{Fehler} subtrahiert wird.

Für zweifaktorielle Pläne müssen jedoch die QS_A, QS_B, $QS_{A \times B}$ und QS_{Fehler} korrigiert werden, sodass wir die korrigierten Quadratsummen für die Haupteffekte und die Interaktion nicht mehr einzeln subtraktiv aus der korrigierten QS^*_{tot} und der korrigierten QS^*_{Fehler} bestimmen können. Dennoch bleibt das Grundprinzip auch im mehrfaktoriellen Fall erhalten: Zur Berechnung der korrigierten Haupteffekte bzw. Interaktionen subtrahieren wir die korrigierte Fehlerquadratsumme von einer Quadratsumme, die nur Fehleranteile und Anteile des jeweils interessierenden Haupteffektes (Interaktion) enthält.

In einem zweifaktoriellen kovarianzanalytischen Versuchsplan untersuchen wir $p \cdot q$ Zufallsstichproben des Umfangs n, die den einzelnen Faktorstufenkombinationen zugewiesen werden. Von jeder Vp erheben wir eine Messung für die abhängige Variable (y_{ijm}) und eine weitere Messung für die Kontrollvariable (x_{ijm}). Wir ermitteln für jede Zelle den Steigungskoeffizienten $b_{in(i,j)}$ und fassen die einzelnen $b_{in(i,j)}$-Werte über alle Zellen zu einem gemeinsamen Steigungskoeffizienten b_{in} zusammen. Diese Zusammenfassung setzt wieder voraus, dass die einzelnen Steigungskoeffizienten homogen sind. (Man beachte die Diskussion dieser Voraussetzung auf S. 369 ff., die hier analog gilt.)

Die korrigierte Fehlerquadratsumme QS^*_{Fehler} erhalten wir ebenfalls nach den bereits unter 10.1 genannten Rechenregeln. Auf Grund der gemeinsamen Steigung der Innerhalb-Regressionen werden pro Zelle $\hat{y}_{ijm}$-Werte vorhergesagt, wobei in Gl. (10.3) statt der Treatmentstufenmittelwerte die Zellenmittelwerte eingesetzt werden. Wir berechnen die Differenzen $y^*_{ijm} = y_{ijm} - \hat{y}_{ijm}$ und bestimmen die Quadratsummen der y^*_{ijm}-Werte innerhalb der einzelnen Zellen. Die Summe dieser einzelnen Quadratsummen ist die korrigierte Fehlerquadratsumme QS^*_{Fehler}.

Die korrigierten Quadratsummen für die Haupteffekte und die Interaktion erhalten wir auf indirektem Wege, indem zunächst die unkorrigierte Quadratsumme für einen bestimmten Haupteffekt (Interaktion) mit der unkorrigierten Fehlerquadratsumme zusammengefasst wird. Diese zusammengefasste Quadratsumme wird bezüglich des Kontrollmerkmals korrigiert. Von der korrigierten, zusammengefassten Quadratsumme subtrahieren wir die korrigierte Fehlerquadratsumme und erhalten als Rest die korrigierte Quadratsumme für den jeweiligen Haupteffekt (Interaktion). Die Freiheitsgrade der Haupteffekte und der Interaktion sind gegenüber der zweifaktoriellen Varianzanalyse nicht verändert.

Rechnerische Durchführung

Bei der rechnerischen Durchführung gehen wir von folgenden Kennziffern aus (die Symbole stellen Kombinationen aus den Notationen in Kap. 8 und 10.1 dar):

$$(1x) = \frac{G_x^2}{n \cdot p \cdot q} \qquad (1y) = \frac{G_y^2}{n \cdot p \cdot q}$$

$$(2x) = \sum_i \sum_j \sum_m x_{ijm}^2 \qquad (2y) = \sum_i \sum_j \sum_m y_{ijm}^2$$

$$(3x) = \frac{\sum_i A_{x(i)}^2}{q \cdot n} \qquad (3y) = \frac{\sum_i A_{y(i)}^2}{q \cdot n}$$

$$(4x) = \frac{\sum_j B_{x(j)}^2}{p \cdot n} \qquad (4y) = \frac{\sum_j B_{y(j)}^2}{p \cdot n}$$

$$(5x) = \frac{\sum_i \sum_j AB_{x(i,j)}^2}{n} \qquad (5y) = \frac{\sum_i \sum_j AB_{y(i,j)}^2}{n}.$$

$$(1xy) = \frac{G_x \cdot G_y}{n \cdot p \cdot q}$$

$$(2xy) = \sum_i \sum_j \sum_m x_{ijm} \cdot y_{ijm}$$

$$(3xy) = \frac{\sum_i A_{x(i)} \cdot A_{y(i)}}{q \cdot n}$$

$$(4xy) = \frac{\sum_j B_{x(j)} \cdot B_{y(j)}}{p \cdot n}$$

$$(5xy) = \frac{\sum_i \sum_j AB_{x(i,j)} \cdot AB_{y(i,j)}}{n}.$$

Unter Zuhilfenahme dieser Kennziffern berechnen wir die folgenden Quadratsummen:

$$QS_{x(A)} = (3x) - (1x),$$
$$QS_{x(B)} = (4x) - (1x),$$
$$QS_{x(A \times B)} = (5x) - (3x) - (4x) + (1x),$$
$$QS_{x(Fehler)} = (2x) - (5x);$$

$$QS_{xy(A)} = (3xy) - (1xy),$$
$$QS_{xy(B)} = (4xy) - (1xy),$$
$$QS_{xy(A \times B)} = (5xy) - (3xy) - (4xy) + (1xy),$$
$$QS_{xy(Fehler)} = (2xy) - (5xy);$$

$$QS_{y(A)} = (3y) - (1y),$$
$$QS_{y(B)} = (4y) - (1y),$$
$$QS_{y(A \times B)} = (5y) - (3y) - (4y) + (1y),$$
$$QS_{y(Fehler)} = (2y) - (5y).$$

Die korrigierte Fehlerquadratsumme der abhängigen Variablen ergibt sich nach

$$QS_{Fehler}^* = QS_{y(Fehler)} - \frac{QS_{xy(Fehler)}^2}{QS_{x(Fehler)}} \qquad (10.23)$$

mit $df_{Fehler}^* = p \cdot q \cdot (n-1) - 1$.

Zur Überprüfung der Homogenität der Steigungen der Innerhalb-Regressionen wird diese Quadratsumme in die folgenden Komponenten zerlegt:

$$S_1 = QS_{y(Fehler)} - \sum_i \sum_j \left(\frac{QS_{xy(i,j)}^2}{QS_{x(i,j)}} \right). \qquad (10.24)$$

$$S_2 = \sum_i \sum_j \left(\frac{QS_{xy(i,j)}^2}{QS_{x(i,j)}} \right) - \frac{QS_{xy(Fehler)}^2}{QS_{x(Fehler)}}. \qquad (10.25)$$

(Kontrolle: $S_1 + S_2 = QS_{Fehler}^*$.)

Der folgende F-Test hat $p \cdot q - 1$ Zählerfreiheitsgrade und $p \cdot q \cdot (n-2)$ Nennerfreiheitsgrade:

$$F = \frac{S_2/(p \cdot q - 1)}{S_1/(p \cdot q \cdot (n-2))}. \qquad (10.26)$$

Ist dieser F-Wert auf dem $\alpha = 10\%$-(25%)-Niveau signifikant, muss die H_0: $\beta_{11} = \beta_{12} = \ldots = \beta_{pq}$ verworfen werden. Ist der F-Wert nicht signifikant, wird die zusammengefasste Steigung nach Gl. (10.18) bestimmt.

Die korrigierten Quadratsummen für die beiden Haupteffekte und die Interaktion lauten:

$$QS_A^* = QS_{y(A)} + QS_{y(Fehler)}$$
$$- \frac{(QS_{xy(A)} + QS_{xy(Fehler)})^2}{QS_{x(A)} + QS_{x(Fehler)}}$$
$$- QS_{Fehler}^*, \qquad (10.27\,a)$$

10.3 Mehrfaktorielle Kovarianzanalyse

$$QS_B^* = QS_{y(B)} + QS_{y(Fehler)}$$
$$- \frac{(QS_{xy(B)} + QS_{xy(Fehler)})^2}{QS_{x(B)} + QS_{x(Fehler)}}$$
$$- QS_{Fehler}^*, \qquad (10.27\,b)$$

$$QS_{A\times B}^* = QS_{y(A\times B)} + QS_{y(Fehler)}$$
$$- \frac{(QS_{xy(A\times B)} + QS_{xy(Fehler)})^2}{QS_{x(A\times B)} + QS_{x(Fehler)}}$$
$$- QS_{Fehler}^* \qquad (10.27\,c)$$

$$(df_A^* = p-1,\, df_B^* = q-1,\, df_{A\times B}^* = (p-1)\cdot(q-1)).$$

Die korrigierten Varianzen $\hat{\sigma}^{*2}$ ermitteln wir, indem die korrigierten Quadratsummen durch die entsprechenden Freiheitsgrade dividiert werden. Haben alle Faktoren feste Effekte, können die $\hat{\sigma}_A^{*2}$, $\hat{\sigma}_B^{*2}$ und $\hat{\sigma}_{A\times B}^{*2}$ an der $\hat{\sigma}_{Fehler}^{*2}$ getestet werden (vgl. 12.4).

Einzelvergleiche. Die korrigierten Mittelwerte, die sich nach dem Herauspartialisieren der Kontrollvariablen ergeben, werden nach folgenden Gleichungen bestimmt:

$$\overline{A}_{y(i)}^* = \overline{A}_{y(i)} - b_{in}\cdot(\overline{A}_{x(i)} - \overline{G}_x), \qquad (10.28\,a)$$

$$\overline{B}_{y(j)}^* = \overline{B}_{y(j)} - b_{in}\cdot(\overline{B}_{x(j)} - \overline{G}_x), \qquad (10.28\,b)$$

$$\overline{AB}_{y(i,j)}^* = \overline{AB}_{y(i,j)} - b_{in}\cdot(\overline{AB}_{x(i,j)} - \overline{G}_x). \qquad (10.28\,c)$$

A-posteriori-Einzelvergleichshypothesen über Paarvergleiche sind wie folgt zu testen (vgl. Winer et al., 1991, S. 808):

Für 2 Stufen i und i' des Faktors A:

$$F = \frac{1}{\dfrac{2\cdot\hat{\sigma}_{Fehler}^{*2}}{n\cdot q}}$$
$$\times \frac{(\overline{A}_{y(i)}^* - \overline{A}_{y(i')}^*)^2}{1 + \dfrac{QS_{x(A)}}{(p-1)\cdot QS_{x(Fehler)}}}. \qquad (10.29\,a)$$

Für 2 Stufen j und j' des Faktors B:

$$F = \frac{1}{\dfrac{2\cdot\hat{\sigma}_{Fehler}^{*2}}{n\cdot p}}$$
$$\times \frac{(\overline{B}_{y(j)}^* - \overline{B}_{y(j')}^*)^2}{1 + \dfrac{QS_{x(B)}}{(q-1)\cdot QS_{x(Fehler)}}}. \qquad (10.29\,b)$$

Für 2 Faktorstufenkombinationen (Zellen) ij und i'j':

$$F = \frac{1}{\dfrac{2\cdot\hat{\sigma}_{Fehler}^{*2}}{n}}$$
$$\times \frac{(\overline{AB}_{y(i,j)}^* - \overline{AB}_{y(i',j')}^*)^2}{1 + \dfrac{QS_{x(A\times B)}}{(p-1)\cdot(q-1)\cdot QS_{x(Fehler)}}}. \qquad (10.29\,c)$$

Die F-Tests haben einen Zählerfreiheitsgrad und $p\cdot q\cdot(n-1) - 1\ (= df_{Fehler}^*)$ Nennerfreiheitsgrade.

Das folgende Beispiel erläutert die Berechnungen:

BEISPIEL

Im Rahmen der Forschung zum programmierten Unterricht werden 3 verschiedene Programme für einen Lehrgegenstand (Faktor A) getestet. Ferner wird überprüft, wie sich die Leistungsmotivation auf den Lernerfolg auswirkt. Die Motivationsunterschiede sollen mit 2 verschiedenen Instruktionen (Faktor B) herbeigeführt werden. Den $3\cdot 2 = 6$ Faktorstufenkombinationen werden Zufallsstichproben des Umfangs $n = 6$ zugewiesen. Abhängige Variable (y) ist die Testleistung, und kontrolliert werden soll das Merkmal Intelligenz (x). Tabelle 10.6 zeigt die Daten und die Durchführung der Kovarianzanalyse.

Das Herauspartialisieren der Intelligenz hat zur Folge, dass sich sowohl die 3 Programme, die gemäß der Varianzanalyse keinen bedeutsamen Einfluss auf den Lernerfolg ausüben, als auch die beiden Instruktionen sehr signifikant unterscheiden. Zusätzlich ist die (ordinale) Interaktion in der Kovarianzanalyse signifikant geworden.

Unterschiedliche Stichprobenumfänge. Sind die Stichproben in den einzelnen Zellen nicht gleich groß, und sind die Abweichungen gering, ersetzen wir wie unter 8.4 die einzelnen Stichprobenumfänge durch das *harmonische Mittel* ($\overline{n}_h$) aller Stichprobenumfänge. Wir berechnen die folgenden Kennziffern:

$$(1x) = \overline{n}_h \cdot G_x^2 / p\cdot q \qquad (1y) = \overline{n}_h \cdot G_y^2 / p\cdot q$$

$$(2x) = \sum_i \sum_j \sum_m x_{ijm}^2 \qquad (2y) = \sum_i \sum_j \sum_m y_{ijm}^2$$

$$(3x) = \overline{n}_h \cdot \sum_i (A_{x(i)}^2)/q \qquad (3y) = \overline{n}_h \cdot \sum_i (A_{y(i)}^2)/q$$

$$(4x) = \overline{n}_h \cdot \sum_j (B_{x(j)}^2)/p \qquad (4y) = \overline{n}_h \cdot \sum_j (B_{y(j)}^2)/p$$

$$(5x) = \bar{n}_h \cdot \sum_i \sum_j \overline{AB}^2_{x(i,j)} \quad (5y) = \bar{n}_h \cdot \sum_i \sum_j \overline{AB}^2_{y(i,j)}$$

$$(5'x) = \sum_i \sum_j (AB^2_{x(i,j)}/n_{ij}) \quad (5'y) = \sum_i \sum_j (AB^2_{y(i,j)}/n_{ij})$$

$$(1xy) = \bar{n}_h \cdot G_x \cdot G_y / p \cdot q$$

$$(2xy) = \sum_i \sum_j \sum_m x_{ijm} \cdot y_{ijm}$$

$$(3xy) = \bar{n}_h \cdot \sum_i (A_{x(i)} \cdot A_{y(i)})/q$$

$$(4xy) = \bar{n}_h \cdot \sum_j (B_{x(j)} \cdot B_{y(j)})/p$$

$$(5xy) = \bar{n}_h \cdot \sum_i \sum_j \overline{AB}_{x(i,j)} \cdot \overline{AB}_{y(i,j)}$$

$$(5'xy) = \sum_i \sum_j (AB_{x(i,j)} \cdot AB_{y(i,j)})/n_{ij}$$

Ausgehend von diesen Kennziffern erfolgt die Quadratsummenberechnung in der oben beschriebenen Weise mit folgenden Ausnahmen:

$$QS_{x(Fehler)} = (2x) - (5'x)$$
$$QS_{y(Fehler)} = (2y) - (5'y)$$
$$QS_{xy(Fehler)} = (2xy) - (5'xy)$$

Bei den Freiheitsgraden wird $p \cdot q \cdot n$ durch N ersetzt.

Ein Beispiel für eine zweifaktorielle Kovarianzanalyse mit ungleich großen Stichproben findet man bei Winer et al. (1991, S. 818 ff.).

10.4 Kovarianzanalyse mit Messwiederholungen

Einfaktorieller Plan

Wird eine Stichprobe des Umfangs n unter p Stufen eines Faktors A beobachtet, können die Daten nach einer einfaktoriellen Varianzanalyse mit Messwiederholungen untersucht werden (vgl. 9.1). Wird zusätzlich zu der abhängigen Variablen eine Kontrollvariable erhoben, erhalten wir einen einfaktoriellen kovarianzanalytischen Versuchsplan mit Messwiederholungen. In dieser Analyse wird aus den wiederholten Messungen der abhängigen Variablen der Einfluss einer *wiederholt gemessenen Kontrollvariablen* herauspartialisiert. Wie wir noch sehen werden (vgl. S. 382), beeinflusst eine einmalig erhobene Kontrollvariable (z.B. zur Beschreibung der „Startbedingungen" der Vpn) das Ergebnis der Messwiederholungsanalyse nicht.

> Bei einer einfaktoriellen Kovarianzanalyse mit Messwiederholungen über p Erhebungszeitpunkte müssen die abhängige Variable und die Kontrollvariable jeweils p-mal erhoben werden. Das einmalige Erheben der Kontrollvariablen ist für das varianzanalytische Ergebnis bedeutungslos.

Rechnerische Durchführung. Die rechnerische Durchführung geht von folgenden Kennziffern aus (die Symbole stellen Kombinationen aus den Notationen der Kap. 9.1 und 10.1 dar).

$$(1x) = G_x^2/p \cdot n \quad (1y) = G_y^2/p \cdot n$$

$$(2x) = \sum_i \sum_m x_{im}^2 \quad (2y) = \sum_i \sum_m y_{im}^2$$

$$(3x) = \sum_i A_{x(i)}^2/n \quad (3y) = \sum_i A_{y(i)}^2/n$$

$$(4x) = \sum_m P_{x(m)}^2/p \quad (4y) = \sum_m P_{y(m)}^2/p$$

$$(1xy) = G_x \cdot G_y/p \cdot n$$

$$(2xy) = \sum_i \sum_m x_{im} \cdot y_{im}$$

$$(3xy) = \sum_i A_{x(i)} \cdot A_{y(i)}/n$$

$$(4xy) = \sum_m P_{x(m)} \cdot P_{y(m)}/p.$$

Hieraus lassen sich die Treatmentquadratsumme QS_A und die QS_{Res} in folgender Weise bestimmen:

$$QS_{x(A)} = (3x) - (1x)$$
$$QS_{x(Res)} = (2x) - (3x) - (4x) + (1x);$$
$$QS_{y(A)} = (3y) - (1y)$$
$$QS_{y(Res)} = (2y) - (3y) - (4y) + (1y);$$
$$QS_{xy(A)} = (3xy) - (1xy)$$
$$QS_{xy(Res)} = (2xy) - (3xy) - (4xy) + (1xy).$$

Die korrigierte $QS^*_{y(Res)}$ ermitteln wir nach der Beziehung:

10.4 Kovarianzanalyse mit Messwiederholungen

Tabelle 10.6. Beispiel für eine zweifaktorielle Kovarianzanalyse

Faktor A	Faktor B			
	b_1		b_2	
	x	y	x	y
a_1	5	13	7	20
	6	17	6	16
	6	18	4	14
	4	10	4	12
	3	9	6	19
	5	12	5	15
a_2	5	10	6	17
	7	14	8	22
	7	17	7	19
	9	19	5	13
	6	11	5	12
	6	14	8	20
a_3	8	21	5	14
	7	19	6	25
	5	13	5	22
	4	13	5	19
	7	16	4	15
	6	15	5	18

Summen:	b_1		b_2		Total	
	x	y	x	y	x	y
a_1	29	79	32	96	61	175
a_2	40	85	39	103	79	188
a_3	37	97	30	113	67	210
Total	106	261	101	312	207	573

$$(1x) = \frac{207^2}{6 \cdot 3 \cdot 2} = 1190{,}25$$

$$(2x) = 5^2 + 6^2 + 6^2 + \ldots + 5^2 = 1255$$

$$(3x) = \frac{61^2 + 79^2 + 67^2}{6 \cdot 2} = 1204{,}25$$

$$(4x) = \frac{106^2 + 101^2}{6 \cdot 3} = 1190{,}94$$

$$(5x) = \frac{29^2 + 32^2 + 40^2 + 39^2 + 37^2 + 30^2}{6} = 1209{,}17$$

$$(1xy) = \frac{207 \cdot 573}{6 \cdot 3 \cdot 2} = 3294{,}75$$

$$(2xy) = 5 \cdot 13 + 6 \cdot 17 + 6 \cdot 18 + \ldots + 5 \cdot 18 = 3410$$

$$(3xy) = \frac{61 \cdot 175 + 79 \cdot 188 + 67 \cdot 210}{6 \cdot 2} = 3299{,}75$$

$$(4xy) = \frac{106 \cdot 261 + 101 \cdot 312}{6 \cdot 3} = 3287{,}67$$

$$(5xy) = \frac{29 \cdot 79 + 32 \cdot 96 + 40 \cdot 85 + 39 \cdot 103 + 37 \cdot 97 + 30 \cdot 113}{6} = 3293{,}17$$

Tabelle 10.6 (Fortsetzung)

$$(1y) = \frac{573^2}{6 \cdot 3 \cdot 2} = 9120,25$$

$$(2y) = 13^2 + 17^2 + 18^2 + \ldots + 18^2 = 9635$$

$$(3y) = \frac{175^2 + 188^2 + 210^2}{6 \cdot 2} = 9172,42$$

$$(4y) = \frac{261^2 + 312^2}{6 \cdot 3} = 9192,50$$

$$(5y) = \frac{79^2 + 96^2 + 85^2 + 103^2 + 97^2 + 113^2}{6} = 9244,83$$

$$QS_{x(A)} = 1204,25 - 1190,25 = 14,00$$
$$QS_{x(B)} = 1190,94 - 1190,25 = 0,69$$
$$QS_{x(A \times B)} = 1209,17 - 1204,25 - 1190,94 + 1190,25 = 4,23$$
$$QS_{x(Fehler)} = 1255 - 1209,17 = 45,83$$

$$QS_{xy(A)} = 3299,75 - 3294,75 = 5,00$$
$$QS_{xy(B)} = 3287,67 - 3294,75 = -7,08$$
$$QS_{xy(A \times B)} = 3293,17 - 3299,75 - 3287,67 + 3294,75 = 0,50$$
$$QS_{xy(Fehler)} = 3410 - 3293,17 = 116,83$$

$$QS_{y(A)} = 9172,42 - 9120,25 = 52,17$$
$$QS_{y(B)} = 9192,50 - 9120,25 = 72,25$$
$$QS_{y(A \times B)} = 9244,83 - 9172,42 - 9192,50 + 9120,25 = 0,16$$
$$QS_{y(Fehler)} = 9635 - 9244,83 = 390,17$$

$$QS^*_{Fehler} = 390,17 - \frac{116,83^2}{45,83} = 92,35$$

$$QS^*_A = 52,17 + 390,17 - \frac{(5,00 + 116,83)^2}{14,00 + 45,83} - 92,35 = 101,90$$

$$QS^*_B = 72,25 + 390,17 - \frac{(-7,08 + 116,83)^2}{0,69 + 45,83} - 92,35 = 111,15$$

$$QS^*_{A \times B} = 0,16 + 390,17 - \frac{(0,50 + 116,83)^2}{4,23 + 45,83} - 92,35 = 22,99$$

	Varianzanalyse				Kovarianzanalyse			
QdV	QS	df	$\hat{\sigma}^2$	F	QS*	df*	$\hat{\sigma}^{*2}$	F
A	52,17	$p - 1 = 2$	26,09	2,01	101,90	$p - 1 = 2$	50,95	16,02**
B	72,25	$q - 1 = 1$	72,25	5,56*	111,15	$q - 1 = 1$	111,15	34,95**
A × B	0,16	$(p-1) \cdot (q-1) = 2$	0,08	0,01	22,99	$(p-1) \cdot (q-1) = 2$	11,50	3,61*
Fehler	390,17	$p \cdot q \cdot (n-1) = 30$	13,00		92,35	$p \cdot q \cdot (n-1) - 1 = 29$	3,18	

$$F_{(1,30;0,95)} = 4,17 \qquad\qquad F_{(1,29;0,99)} = 7,60$$
$$F_{(2,30;0,95)} = 3,32 \qquad\qquad F_{(2,29;0,99)} = 5,42 \qquad F_{(2,29;0,95)} = 3,33$$

10.4 Kovarianzanalyse mit Messwiederholungen

Tabelle 10.6 (Fortsetzung)

Mittelwertkorrekturen: $b_{in} = \dfrac{116{,}83}{45{,}83} = 2{,}55 \quad \overline{G}_x = \dfrac{207}{36} = 5{,}75$

Mittelwerte:	b_1			b_2			Total		
	$\overline{AB}_x$	$\overline{AB}_y$	$\overline{AB}_y^*$	$\overline{AB}_x$	$\overline{AB}_y$	$\overline{AB}_y^*$	$\overline{A}_x$	$\overline{A}_y$	$\overline{A}_y^*$
a_1	4,83	13,17	15,52	5,33	16,00	17,07	5,08	14,58	16,29
a_2	6,67	14,17	11,82	6,50	17,17	15,26	6,58	15,67	13,55
a_3	6,17	16,17	15,10	5,00	18,83	20,74	5,58	17,50	17,93
	$\overline{B}_x$	$\overline{B}_y$	$\overline{B}_y^*$	$\overline{B}_x$	$\overline{B}_y$	$\overline{B}_y^*$			
Total	5,88	14,50	14,17	5,61	17,33	17,69			

Einzelvergleiche:

$\overline{A}_{y(1)}^*$ vs. $\overline{A}_{y(3)}^*$ $\qquad\qquad$ $\overline{B}_{y(1)}^*$ vs. $\overline{B}_{y(2)}^*$

$$F = \dfrac{(16{,}29 - 17{,}93)^2}{\dfrac{2\cdot 3{,}18}{6\cdot 2}\cdot\left[1 + \dfrac{14{,}00}{2\cdot 45{,}83}\right]} = 4{,}40 \qquad F = \dfrac{(14{,}17 - 17{,}69)^2}{\dfrac{2\cdot 3{,}18}{6\cdot 3}\cdot\left[1 + \dfrac{0{,}69}{1\cdot 45{,}83}\right]} = 34{,}55^{**}$$

$F_{(1,29;99\%)} = 7{,}60$

Homogenität der Steigungen:

$$\sum_i \sum_j \dfrac{QS_{xy(i,j)}^2}{QS_{x(i,j)}} = \dfrac{(402 - 381{,}83)^2}{147 - 140{,}17} + \dfrac{(529 - 512{,}00)^2}{178 - 170{,}67} + \cdots + \dfrac{(575 - 565{,}00)^2}{152 - 150{,}00} = 315{,}68$$

$S_1 = 390{,}17 - 315{,}68 = 74{,}49 \qquad S_2 = 315{,}68 - \dfrac{116{,}83^2}{45{,}83} = 17{,}86$

Kontrolle: $74{,}49 + 17{,}86 = 92{,}35 \qquad F = \dfrac{\dfrac{17{,}86}{3\cdot 2 - 1}}{\dfrac{74{,}49}{3\cdot 2\cdot 4}} = 1{,}15 \qquad F_{(5,24;0{,}75)} = 1{,}43$

$$QS_{Res}^* = QS_{y(Res)} - \dfrac{QS_{xy(Res)}^2}{QS_{x(Res)}}. \qquad (10.30)$$

Die QS_{Res}^* hat $(p-1)\cdot(n-1)-1$ Freiheitsgrade. Die korrigierte Treatmentquadratsumme lautet:

$$QS_A^* = QS_{y(A)} + QS_{y(Res)}$$
$$- \dfrac{(QS_{xy(A)} + QS_{xy(Res)})^2}{QS_{x(A)} + QS_{x(Res)}}$$
$$- QS_{Res}^* \qquad (10.31)$$

mit $df = p - 1$.

Wir dividieren die QS*-Werte durch die entsprechenden Freiheitsgrade und bilden den F-Bruch $\hat{\sigma}_A^{*2}/\hat{\sigma}_{Res}^{*2}$.

BEISPIEL

Es soll überprüft werden, ob sich 3 verschiedene Rorschachtafeln in ihrem Assoziationswert unterscheiden. Der Assoziationswert der Tafeln wird durch die Anzahl der Deutungen, die die Vpn in einer vorgegebenen Zeit produzieren (abhängige Variable: y), gemessen. Man vermutet, dass die Anzahl der Deutungen von der Reaktionszeit der Vpn, d.h. der Zeit bis zur Nennung der ersten Deutung, mitbeeinflusst wird und erhebt deshalb die Reaktionszeiten der 5 Vpn bei den 3 Tafeln als Kontrollvariable (x). Tabelle 10.7 zeigt die Daten und den Rechengang der Analyse.

Wenngleich der F-Wert durch das Herauspartialisieren der Reaktionszeit größer geworden ist, unterscheiden sich die 3 Rorschachtafeln nicht signifikant hinsichtlich ihres Assoziationswertes.

Tabelle 10.7. Beispiel für eine einfaktorielle Kovarianzanalyse mit Messwiederholungen

Vp	a_1		a_2		a_3		P_x	P_y
	x	y	x	y	x	y		
1	1	4	2	3	9	4	12	11
2	3	6	2	2	11	5	16	13
3	5	4	1	5	7	5	13	14
4	1	7	0	5	8	4	9	16
5	4	4	1	4	7	6	12	14
Summen	14	25	6	19	42	24	$G_x = 62$;	$G_y = 68$
Mittelwerte	2,8	5	1,2	3,8	8,4	4,8		

$(1x) = 62^2 / 3 \cdot 5 = 256{,}27$
$(2x) = 1^2 + 3^2 + \cdots + 8^2 + 7^2 = 426$
$(3x) = (14^2 + 6^2 + 42^2)/5 = 399{,}20$
$(4x) = (12^2 + 16^2 + 13^2 + 9^2 + 12^2)/3 = 264{,}67$

$(1xy) = 62 \cdot 68 / 3 \cdot 5 = 281{,}07$
$(2xy) = 1 \cdot 4 + 3 \cdot 6 + \cdots + 8 \cdot 4 + 7 \cdot 6 = 284$
$(3xy) = (14 \cdot 25 + 6 \cdot 19 + 42 \cdot 24)/5 = 294{,}40$
$(4xy) = (12 \cdot 11 + 16 \cdot 13 + 13 \cdot 14 + 9 \cdot 16 + 12 \cdot 14)/3 = 278{,}00$

$(1y) = 68^2 / 3 \cdot 5 = 308{,}27$
$(2y) = 4^2 + 6^2 + \cdots + 4^2 + 6^2 = 330$
$(3y) = (25^2 + 19^2 + 24^2)/5 = 312{,}40$
$(4y) = (11^2 + 13^2 + 14^2 + 16^2 + 14^2)/3 = 312{,}67$

$QS_{x(A)} = 399{,}20 - 256{,}27 = 142{,}93$
$QS_{x(Res)} = 426 - 399{,}20 - 264{,}67 + 256{,}27 = 18{,}40$

$QS_{xy(A)} = 294{,}40 - 281{,}07 = 13{,}33$
$QS_{xy(Res)} = 284 - 294{,}40 - 278{,}00 + 281{,}07 = -7{,}33$

$QS_{y(A)} = 312{,}40 - 308{,}27 = 4{,}13$
$QS_{y(Res)} = 330 - 312{,}40 - 312{,}67 + 308{,}27 = 13{,}20$

$QS^*_{Res} = 13{,}20 - \dfrac{(-7{,}33)^2}{18{,}40} = 10{,}28$

$QS^*_A = 4{,}13 + 13{,}20 - \dfrac{(13{,}33 + (-7{,}33))^2}{142{,}93 + 18{,}40} - 10{,}28 = 6{,}83$

Q.d.V.	Varianzanalyse				Kovarianzanalyse			
	QS	df	$\hat{\sigma}^2$	F	QS*	df*	$\hat{\sigma}^{*2}$	F
A	4,13	2	2,07	1,25	6,83	2	3,42	2,33
Residual	13,20	8	1,65		10,28	7	1,47	
	$F_{(2,8;0,95)} = 4{,}46$				$F_{(2,7;0,95)} = 4{,}74$			

10.4 Kovarianzanalyse mit Messwiederholungen

Mehrfaktorielle Pläne

Einen mehrfaktoriellen Versuchsplan mit Messwiederholungen erhalten wir, wenn mehrere Stichproben, die sich in Bezug auf einen oder mehrere Faktoren unterscheiden, mehrfach untersucht werden. Wird zusätzlich eine Kontrollvariable aus der abhängigen Variablen herauspartialisiert, sprechen wir von einer mehrfaktoriellen Kovarianzanalyse mit Messwiederholungen. Wir wollen zum Abschluss dieses Kapitels die zweifaktorielle Kovarianzanalyse mit Messwiederholungen behandeln.

Die Tabellen 10.8 a und b zeigen, dass hierbei 2 Fälle unterschieden werden müssen: In beiden Tabellen wird angedeutet, dass p Stichproben des Umfangs n, die sich in Bezug auf die Stufen eines Faktors A unterscheiden, q-mal untersucht werden.

Tabelle 10.8 a verdeutlicht zudem, dass hier lediglich *eine* Kontrollmessung (x) erhoben wird. Dies ist üblicherweise eine Messung, die vor der Untersuchung der Stichproben unter den Stufen des Faktors B durchgeführt wurde. Mit der Kovarianzanalyse wird überprüft, wie sich diese einmalig gemessene Kontrollvariable auf die Unterschiede zwischen den Stichproben (Stufen des Faktors A) auswirkt. Wie wir noch sehen werden, übt diese einmalig gemessene Kontrollvariable keinen Einfluss auf den Messwiederholungsfaktor B bzw. die Interaktion A × B aus.

Tabelle 10.8 b veranschaulicht, dass hier nicht nur die abhängige Variable, sondern auch die Kontrollvariable unter den Stufen des Faktors B wiederholt gemessen wird. Die Messwiederholungen beziehen sich somit nicht nur auf die abhängige Variable, sondern auch auf die Kontrollvariable. In diesem Fall werden durch das Herauspartialisieren der Kontrollvariablen sowohl der Haupteffekt A als auch der Haupteffekt B und die Interaktion A × B korrigiert. Sind die unter den einzelnen Stufen des Faktors B beobachteten x-Werte von Stufe zu Stufe identisch, entspricht der in Tabelle 10.8 b dargestellte Versuchsplan dem Plan in Tabelle 10.8 a. Wir werden deshalb die Rechenregeln für den in Tabelle 10.8 b verdeutlichten Fall mit mehreren Kontrollmessungen erläutern, die ohne weitere Modifikationen auf einen Versuchsplan mit einer Kontrollmessung (Tabelle 10.8 a) angewandt werden können.

Tabelle 10.8 a. Zweifaktorielle Kovarianzanalyse mit Messwiederholungen und einer Kontrollmessung

		x	b_1	b_2	...	b_q
a_1	Vp 1	x_{11}	y_{111}	y_{121}	...	y_{1q1}
	2	x_{12}	y_{112}	y_{122}	...	y_{1q2}
	⋮	⋮	⋮	⋮	...	⋮

Tabelle 10.8 b. Zweifaktorielle Kovarianzanalyse mit Messwiederholungen und mehreren Kontrollmessungen

		b_1		b_2		...	b_q	
		x	y	x	y	...	x	y
a_1	Vp 1	x_{111}	y_{111}	x_{121}	y_{121}	...	x_{1q1}	y_{1q1}
	2	x_{112}	y_{112}	x_{122}	y_{122}	...	x_{1q2}	y_{1q2}
	⋮	⋮	⋮	⋮	⋮	...	⋮	⋮

Rechnerische Durchführung. Unter Verwendung von Symbolen, die Kombinationen der Notationen unter 9.2 und 10.3 darstellen, berechnen wir die folgenden Kennziffern:

$$(1x) = \frac{G_x^2}{p \cdot q \cdot n} \qquad (1y) = \frac{G_y^2}{p \cdot q \cdot n}$$

$$(2x) = \sum_i \sum_j \sum_m x_{ijm}^2 \qquad (2y) = \sum_i \sum_j \sum_m y_{ijm}^2$$

$$(3x) = \frac{\sum_i A_{x(i)}^2}{q \cdot n} \qquad (3y) = \frac{\sum_i A_{y(i)}^2}{q \cdot n}$$

$$(4x) = \frac{\sum_j B_{x(j)}^2}{p \cdot n} \qquad (4y) = \frac{\sum_j B_{y(j)}^2}{p \cdot n}$$

$$(5x) = \frac{\sum_i \sum_j AB_{x(i,j)}^2}{n} \qquad (5y) = \frac{\sum_i \sum_j AB_{y(i,j)}^2}{n}$$

$$(6x) = \frac{\sum_i \sum_m P_{x(i,m)}^2}{q} \qquad (6y) = \frac{\sum_i \sum_m P_{y(i,m)}^2}{q}$$

$$(1xy) = \frac{G_x \cdot G_y}{p \cdot q \cdot n}$$

$$(2xy) = \sum_i \sum_j x_{ijm} \cdot y_{ijm}$$

$$(3xy) = \frac{\sum_i A_{x(i)} \cdot A_{y(i)}}{q \cdot n}$$

$$(4xy) = \frac{\sum_j B_{x(j)} \cdot B_{y(j)}}{p \cdot n}$$

$$(5xy) = \frac{\sum_i \sum_j AB_{x(i,j)} \cdot AB_{y(i,j)}}{n}$$

$$(6xy) = \frac{\sum_i \sum_m P_{x(i,m)} \cdot P_{y(i,m)}}{q} .$$

Aus diesen Kennziffern werden die folgenden Quadratsummen ermittelt (vgl. auch Tabelle 9.8).

$$QS_{x(A)} = (3x) - (1x)$$
$$QS_{x(inS)} = (6x) - (3x)$$
$$QS_{x(B)} = (4x) - (1x)$$
$$QS_{x(A \times B)} = (5x) - (3x) - (4x) + (1x)$$
$$QS_{x(B \times Vpn)} = (2x) - (5x) - (6x) + (3x)$$

$$QS_{y(A)} = (3y) - (1y)$$
$$QS_{y(inS)} = (6y) - (3y)$$
$$QS_{y(B)} = (4y) - (1y)$$
$$QS_{y(A \times B)} = (5y) - (3y) - (4y) + (1y)$$
$$QS_{y(B \times Vpn)} = (2y) - (5y) - (6y) + (3y)$$

$$QS_{xy(A)} = (3xy) - (1xy)$$
$$QS_{xy(inS)} = (6xy) - (3xy)$$
$$QS_{xy(B)} = (4xy) - (1xy)$$
$$QS_{xy(A \times B)} = (5xy) - (3xy) - (4xy) + (1xy)$$
$$QS_{xy(B \times Vpn)} = (2xy) - (5xy) - (6xy) + (3xy) .$$

Bei einer einmaligen Kontrollmessung (Tabelle 10.8 a) werden die folgenden Quadratsummen Null: $QS_{x(B)}$, $QS_{x(A \times B)}$, $QS_{x(B \times Vpn)}$, $QS_{xy(B)}$, $QS_{xy(A \times B)}$ und $QS_{xy(B \times Vpn)}$. ($QS_{x(B)}$ stellt beispielsweise diejenige Quadratsumme dar, die auf die Unterschiedlichkeit der Kontrollvariablen zwischen den Stufen des Faktors B zurückgeht. Wird nur eine Kontrollvariablenmessung durchgeführt, erscheinen unter allen Faktorstufen die gleichen Messwerte, d.h. die $QS_{x(B)}$ wird Null.) Die korrigierten Quadratsummen lauten:

$$QS^*_{inS} = QS_{y(inS)} - \frac{QS^2_{xy(inS)}}{QS_{x(inS)}} , \qquad (10.32)$$

$$QS^*_A = QS_{y(A)} + QS_{y(inS)}$$
$$- \frac{(QS_{xy(A)} + QS_{xy(inS)})^2}{QS_{x(A)} + QS_{x(inS)}}$$
$$- QS^*_{inS}, \qquad (10.33)$$

$$QS^*_{B \times Vpn} = QS_{y(B \times Vpn)}$$
$$- \frac{QS^2_{xy(B \times Vpn)}}{QS_{x(B \times Vpn)}} , \qquad (10.34)$$

$$QS^*_B = QS_{y(B)} + QS_{y(B \times Vpn)}$$
$$- \frac{(QS_{xy(B)} + QS_{xy(B \times Vpn)})^2}{QS_{x(B)} + QS_{x(B \times Vpn)}}$$
$$- QS^*_{B \times Vpn} \qquad (10.35)$$

$$QS^*_{A \times B} = QS_{y(A \times B)} + QS_{y(B \times Vpn)}$$
$$- \frac{(QS_{xy(A \times B)} + QS_{xy(B \times Vpn)})^2}{QS_{x(A \times B)} + QS_{x(B \times Vpn)}}$$
$$- QS^*_{B \times Vpn}. \qquad (10.36)$$

Wie man sich leicht überzeugen kann, hat das Herauspartialisieren der einmalig erhobenen Kontrollvariablen (Tabelle 10.8 a) keinen Einfluss auf die $QS_{y(B \times Vpn)}$, $QS_{y(B)}$ und $QS_{y(A \times B)}$. Die in Gl. (10.34) bis (10.36) benötigten Quadratsummen mit den Indizes xy und x werden Null. Da die Messwiederholungen über die Stufen des Faktors B erfolgen, der durch das Herauspartialisieren der einmalig erhobenen Kontrollvariablen nicht beeinflusst wird, *ist das einmalige Erheben einer Kontrollvariablen in der einfaktoriellen Kovarianzanalyse mit Messwiederholungen sinnlos*. In der einfaktoriellen Varianzanalyse mit Messwiederholungen werden A-priori-Unterschiede zwischen den Vpn, die zum Teil auch durch die einmalig gemessene Kontrollvariable quantifiziert werden, ohnehin aus der Prüfvarianz eliminiert. Zudem wird die Unterschiedlichkeit zwischen den Treatmentstufenmittelwerten in der einfaktoriellen Varianzanalyse mit Messwiederholungen durch die

10.4 Kovarianzanalyse mit Messwiederholungen

Tabelle 10.9. Beispiel für eine zweifaktorielle Kovarianzanalyse mit Messwiederholungen und einer Kontrollmessung

Faktor A	Faktor B					
	b_1		b_2		Total	
	x	y	x	y	x	y
a_1	14	5	14	4	28	9
	19	7	19	7	38	14
	18	8	18	6	36	14
	13	4	13	4	26	8
	16	7	16	5	32	12
	15	6	15	3	30	9
a_2	14	5	14	6	28	11
	16	4	16	7	32	11
	16	7	16	7	32	14
	15	6	15	5	30	11
	18	9	18	10	36	19
	13	5	13	5	26	10
Summen:	b_1		b_2		Total	
	x	y	x	y	x	y
a_1	95	37	95	29	190	66
a_2	92	36	92	40	184	76
Total	187	73	187	69	374	142
Mittelwerte:	b_1		b_2		Total	
	x	y	x	y	x	y
a_1	15,83	6,16	15,83	4,83	15,83	5,5
a_2	15,33	6,00	15,33	6,67	15,33	6,33
Total	15,58	6,08	15,58	5,75	15,58	5,92

$$(1x) = \frac{374^2}{6 \cdot 2 \cdot 2} = 5828{,}17 \qquad (2x) = 14^2 + 19^2 + 18^2 + \cdots + 13^2 = 5914$$

$$(3x) = \frac{190^2 + 184^2}{6 \cdot 2} = 5829{,}67 \qquad (4x) = \frac{187^2 + 187^2}{6 \cdot 2} = 5828{,}17$$

$$(5x) = \frac{95^2 + 95^2 + 92^2 + 92^2}{6} = 5829{,}67 \qquad (6x) = \frac{28^2 + 38^2 + 36^2 + \cdots + 26^2}{2} = 5914{,}00$$

$$(1xy) = \frac{374 \cdot 142}{6 \cdot 2 \cdot 2} = 2212{,}83 \qquad (2xy) = 14 \cdot 5 + 19 \cdot 7 + 18 \cdot 8 + \cdots + 13 \cdot 5 = 2266$$

$$(3xy) = \frac{190 \cdot 66 + 184 \cdot 76}{6 \cdot 2} = 2210{,}33 \qquad (4xy) = \frac{187 \cdot 73 + 187 \cdot 69}{6 \cdot 2} = 2212{,}83$$

$$(5xy) = \frac{95 \cdot 37 + 95 \cdot 29 + 92 \cdot 36 + 92 \cdot 40}{6} = 2210{,}33 \qquad (6xy) = \frac{28 \cdot 9 + 38 \cdot 14 + 36 \cdot 14 + \cdots + 26 \cdot 10}{2}$$
$$= 2266{,}00$$

$$(1y) = \frac{142^2}{6 \cdot 2 \cdot 2} = 840{,}17 \qquad (2y) = 5^2 + 7^2 + 8^2 + \cdots + 5^2 = 906$$

$$(3y) = \frac{66^2 + 76^2}{6 \cdot 2} = 844{,}33 \qquad (4y) = \frac{73^2 + 69^2}{6 \cdot 2} = 840{,}83$$

$$(5y) = \frac{37^2 + 29^2 + 36^2 + 40^2}{6} = 851{,}00 \qquad (6y) = \frac{9^2 + 14^2 + 14^2 + \cdots + 10^2}{2} = 891{,}00$$

Tabelle 10.9 (Fortsetzung)

$$QS_{x(inS)} = 5914{,}00 - 5829{,}67 = 84{,}33$$

$$QS_{x(A)} = 5829{,}67 - 5828{,}17 = 1{,}50$$

$$QS_{x(B \times Vpn)} = 5914 - 5829{,}67 - 5914{,}00 + 5829{,}67 = 0{,}00$$

$$QS_{x(B)} = 5828{,}17 - 5828{,}17 = 0{,}00$$

$$QS_{x(A \times B)} = 5829{,}67 - 5829{,}67 - 5828{,}17 + 5828{,}17 = 0{,}00$$

$$QS_{xy(inS)} = 2266{,}00 - 2210{,}33 = 55{,}67$$

$$QS_{xy(A)} = 2210{,}33 - 2212{,}83 = -2{,}50$$

$$QS_{xy(B \times Vpn)} = 2266 - 2210{,}33 - 2266{,}00 + 2210{,}33 = 0{,}00$$

$$QS_{xy(B)} = 2212{,}83 - 2212{,}83 = 0{,}00$$

$$QS_{xy(A \times B)} = 2210{,}33 - 2210{,}33 - 2212{,}83 + 2212{,}83 = 0{,}00$$

$$QS_{y(inS)} = 891{,}00 - 844{,}33 = 46{,}67$$

$$QS_{y(A)} = 844{,}33 - 840{,}17 = 4{,}16$$

$$QS_{y(B \times Vpn)} = 906 - 851{,}00 - 891{,}00 + 844{,}33 = 8{,}33$$

$$QS_{y(B)} = 840{,}83 - 840{,}17 = 0{,}66$$

$$QS_{y(A \times B)} = 851{,}00 - 844{,}33 - 840{,}83 + 840{,}17 = 6{,}01$$

$$QS^*_{inS} = 46{,}67 - \frac{55{,}67^2}{84{,}33} = 9{,}92$$

$$QS^*_A = 4{,}16 + 46{,}67 - \frac{(-2{,}50 + 55{,}67)^2}{1{,}50 + 84{,}33} - 9{,}92 = 7{,}97$$

$$QS^*_{B \times Vpn} = 8{,}33 - \frac{0{,}00^2}{0{,}00} = 8{,}33$$

$$QS^*_B = 0{,}66 + 8{,}33 - \frac{(0{,}00 + 0{,}00)^2}{0{,}00 + 0{,}00} - 8{,}33 = 0{,}66$$

$$QS^*_{A \times B} = 6{,}01 + 8{,}33 - \frac{(0{,}00 + 0{,}00)^2}{0{,}00 + 0{,}00} - 8{,}33 = 6{,}01$$

Q.d.V.	Varianzanalyse				Kovarianzanalyse			
	QS	df	$\hat{\sigma}^2$	F	QS*	df*	$\hat{\sigma}^{*2}$	F
A	4,16	$p - 1 = 1$	4,16	0,89	7,97	$p - 1 = 1$	7,97	7,25*
inS	46,67	$p(n - 1) = 10$	4,67		9,92	$p(n - 1) - 1 = 9$	1,10	
B	0,66	$q - 1 = 1$	0,66	0,80	0,66	$q - 1 = 1$	0,66	0,80
A × B	6,01	$(p - 1)(q - 1) = 1$	6,01	7,24*	6,01	$(p - 1)(q - 1) = 1$	6,01	7,24*
B × Vpn	8,33	$p(q - 1)(n - 1) = 10$	0,83		8,33	$p(q - 1)(n - 1) = 10$	0,83	
	$F_{(1,10;0,95)} = 4{,}96$				$F_{(1,9;0,95)} = 5{,}12$			

einmalig erhobene Kontrollvariable nicht beeinflusst.

> In der zweifaktoriellen Kovarianzanalyse mit Messwiederholungen wirkt sich das Herauspartialisieren einer einmalig erhobenen Kontrollvariablen nur auf den Gruppierungsfaktor (in unserem Fall Faktor A) bzw. dessen Prüfvarianz aus. Wird die Kontrollvariable wiederholt gemessen, führt das Herauspartialisieren der Kontrollvariablen zur Modifizierung aller Varianzen.

Die Varianzschätzungen ermitteln wir, indem die Quadratsummen durch die entsprechenden Freiheitsgrade dividiert werden. Die Prüfvarianz für den Faktor A ($\hat{\sigma}_{inS}^{*2}$) hat $p \cdot (n-1) - 1$ Freiheitsgrade, und die Prüfvarianz für den Faktor B bzw. die Interaktion $A \times B$ ($\hat{\sigma}_{B \times Vpn}^{*2}$) hat für den Fall, dass die Kontrollvariable wiederholt gemessen wurde, $p \cdot (q-1) \cdot (n-1) - 1$ Freiheitsgrade. (Dies sind die Prüfvarianzen für Faktoren mit festen Effekten.) Die übrigen Freiheitsgrade sind gegenüber der zweifaktoriellen Varianzanalyse mit Messwiederholungen (vgl. Tabelle 9.8) unverändert.

Über Einzelvergleiche berichten Winer et al. (1991, S. 825 f.).

BEISPIEL

Eine Firma ist daran interessiert, in einer Voruntersuchung die Werbewirksamkeit von 2 Plakaten (Faktor B) zu überprüfen. 6 Käufer und 6 Nichtkäufer des Produktes (Gruppierungsfaktor A) werden gebeten, die vermutete Werbewirksamkeit beider Plakate auf einer 10-Punkte-Skala (je höher der Wert, desto größer die vermutete Werbewirksamkeit) einzustufen (abhängige Variable). Jede Person muss also 2 Plakate beurteilen (Messwiederholungsfaktor B). Als Kontrollvariable wird mit einem Fragebogen die allgemeine Einstellung zur Werbung erhoben. Wir haben es also mit einer zweifaktoriellen Kovarianzanalyse (2 × 2) mit Messwiederholungen und einer einmalig erhobenen Kontrollvariablen zu tun. Tabelle 10.9 zeigt die Daten und den Rechengang. Um die Analogie zwischen den in Tabelle 10.8 a und b dargestellten Plänen zu verdeutlichen, ist die einmalig erhobene Kontrollvariable unter beiden Stufen des Faktors B eingetragen.

Die QS_B, $QS_{A \times B}$ und $QS_{B \times Vpn}$ ändern sich durch das Herauspartialisieren der Kontrollvariablen nicht. Die signifikante Interaktion $A \times B$ besagt, dass sich Käufer und Nichtkäufer hinsichtlich des 1. Plakates praktisch nicht unterscheiden und dass dem 2. Plakat von den Nichtkäufern eine höhere Werbewirksamkeit zugesprochen wird als von den Käufern.

Die Werbewirksamkeit beider Plakate wird von Käufern und Nichtkäufern erst nach Herauspartialisieren der allgemeinen Einstellung zur Werbung unterschiedlich eingeschätzt (Haupteffekt A).

ÜBUNGSAUFGABEN

1. Wozu dient eine Kovarianzanalyse?
2. In welcher Weise wird die Regressionsrechnung in der Kovarianzanalyse eingesetzt?
3. Welche zusätzliche Voraussetzung sollte bei einer Kovarianzanalyse erfüllt sein?
4. Unter welchen Umständen ist die Fehlervarianz einer Kovarianzanalyse genauso groß wie die Fehlervarianz der entsprechenden Varianzanalyse?
5. Die folgende experimentelle Anordnung wird gelegentlich eingesetzt, um das Entscheidungsverhalten von Vpn in Abhängigkeit von verschiedenen „pay-offs" zu untersuchen: Eine Vp sitzt vor 2 Lämpchen, die in zufälliger Abfolge einzeln aufleuchten. Den Lämpchen sind 2 Knöpfe zugeordnet, und die Vp muss durch Druck auf den entsprechenden Knopf vorhersagen, welches Lämpchen als nächstes aufleuchten wird. Mit dieser Versuchsanordnung soll das folgende Experiment durchgeführt werden: 8 zufällig ausgewählte Vpn erhalten für richtige Reaktionen kein „reinforcement" (a_1). 7 Vpn werden für richtige Reaktionen mit einem Geldbetrag belohnt (a_2), und weitere 6 Vpn werden ebenfalls für richtige Reaktionen belohnt, müssen aber für falsche Reaktionen einen kleinen Geldbetrag bezahlen (a_3). In einer Versuchsserie leuchten die Lämpchen insgesamt 100-mal in zufälliger Abfolge auf, das eine Lämpchen jedoch nur 35-mal und das andere 65-mal. Es soll die Trefferzahl (abhängige Variable: y) in Abhängigkeit von den 3 Pay-off-Bedingungen (unabhängige Variable) untersucht werden. Da der Vl vermutet, dass die „Leistungen" der Vpn auch von ihrer Motivation bzw. Bereitschaft, an der Untersuchung teilzunehmen, abhängen können, bittet er die Vpn, ihre Einstellung zu Glücksspielen auf einer 7-Punkte-Skala (1 = negative Einstellung, 7 = positive Einstellung) einzustufen (Kontrollvariable x). Es wurden die folgenden Werte registriert:

a_1		a_2		a_3	
x	y	x	y	x	y
4	65	5	71	3	62
2	52	4	64	1	52
4	55	4	68	6	73
6	68	4	59	5	64
6	58	7	75	5	68
5	63	4	67	4	59
3	51	2	58		
4	59				

a) Rechnen Sie über die abhängige Variable y eine Varianzanalyse.
b) Überprüfen Sie, ob die Steigungen der Regressionsgeraden innerhalb der Faktorstufen homogen sind.
c) Überprüfen Sie, ob die Steigungskoeffizienten signifikant von Null abweichen.

d) Rechnen Sie über die abhängige Variable y eine Kovarianzanalyse.
e) Wie lauten die korrigierten Mittelwerte?
f) Unterscheidet sich der korrigierte Mittelwert der Stufe a_2 signifikant vom korrigierten Mittelwert der Stufe a_3?

6. Nennen Sie Beispiele für zweifaktorielle Kovarianzanalysen.

7. Zeigen Sie, dass sich eine einmalig gemessene Kontrollvariable in einer zweifaktoriellen Kovarianzanalyse mit Messwiederholungen nicht auf den Messwiederholungsfaktor auswirkt.

Kapitel 11   Unvollständige, mehrfaktorielle Versuchspläne

ÜBERSICHT

Zweifaktorielle hierarchische Pläne – geschachtelte Faktoren – teilhierarchische Pläne – dreifaktorielle hierarchische Pläne – lateinische Quadrate – Konstruktionsregeln für lateinische Quadrate – Ausbalancierung – griechisch-lateinische Quadrate – hyperquadratische Anordnungen – quadratische Anordnungen mit Messwiederholungen – Sequenzeffekte

Die bisher behandelten, mehrfaktoriellen Versuchspläne (Kap. 8) sind dadurch charakterisierbar, dass allen möglichen Faktorstufenkombinationen eine Zufallsstichprobe zugewiesen wird. Derartige Versuchspläne bezeichnen wir als vollständige Versuchspläne.

In einem zweifaktoriellen Versuchsplan mit p-Stufen für Faktor A und q-Stufen für Faktor B ergeben sich p · q Faktorstufenkombinationen, deren spezifische Auswirkung auf die abhängige Variable jeweils an einer gesonderten Stichprobe ermittelt wird. In einem dreifaktoriellen Versuchsplan resultieren bei vollständiger Kombination aller Faktorstufen p · q · r Dreierkombinationen. Diese Dreierkombinationen können auch so interpretiert werden, dass alle Zweierkombinationen der Faktoren A und B mit allen Stufen des Faktors C, alle Zweierkombinationen der Faktoren A und C mit allen Stufen des Faktors B und alle Zweierkombinationen der Faktoren B und C mit allen Stufen des Faktors A kombiniert sind.

Diese Anordnung eines vollständigen varianzanalytischen Versuchsplans ermöglicht die Überprüfung der Haupteffekte und aller Interaktionen. Gelegentlich hat man es jedoch mit Fragestellungen zu tun, bei denen die Interaktionen zwischen den untersuchten Faktoren nicht interessieren bzw. bei denen auf Grund bereits vorliegender Untersuchungen keine Interaktionen erwartet werden. Eine vollständige Kombination aller Faktorstufen führt in diesem Fall zu varianzanalytischen Ergebnissen, die z. T. überflüssige bzw. uninteressante Informationen enthalten, wobei diese zusätzlichen Informationen durch einen unnötig großen Vpn-Aufwand „erkauft" werden müssen. Es sollen deshalb in diesem Kapitel einige Versuchspläne besprochen werden, mit denen jeweils nur eine Auswahl der in vollständigen Plänen prüfbaren Effekte getestet werden kann.

In diesen Versuchsplänen werden nicht alle Faktorstufenkombinationen schematisch miteinander kombiniert, sondern es gehen nur diejenigen Kombinationen in die Analyse ein, die benötigt werden, um Informationen über Haupteffekte und gezielt ausgewählte Interaktionen zu erhalten.

> Versuchspläne, bei denen nicht alle möglichen Faktorstufenkombinationen untersucht werden, bezeichnet man als unvollständige Versuchspläne.

Manchmal sind es auch untersuchungstechnische Gründe, die uns dazu zwingen, auf bestimmte Faktorstufenkombinationen zu verzichten. Wenn beispielsweise verschiedene psychotherapeutische Behandlungsmethoden (Faktor A) miteinander verglichen werden sollen und man zusätzlich überprüfen will, ob sich einzelne Therapeuten (Faktor B) in ihren Therapieerfolgen unterscheiden, wäre eine vollständige Kombination aller Stufen des Faktors A (verschiedene Therapien) und aller Stufen des Faktors B (verschiedene Therapeuten) von vornherein undenkbar. Von einem Therapeuten, der sich auf einige Behandlungsmethoden spezialisiert hat, kann nicht erwartet werden, dass er andere Therapiemethoden in gleicher Weise beherrscht. Eine vollständige Kombination aller Stufen des Therapiefaktors mit allen Stufen des Therapeutenfaktors wäre deshalb wenig sinnvoll.

Die varianzanalytische Auswertung derartiger Fragestellungen werden wir unter 11.1 im Rahmen hierarchischer und teilhierarchischer Versuchspläne kennenlernen. Eine Möglichkeit, mit minimalem Vpn-Aufwand drei Haupteffekte testen zu können, stellen die sog. lateinischen Quadrate dar (11.2). Sollen möglichst ökonomisch mehr als drei Haupteffekte überprüft werden, können griechisch-lateinische Quadrate bzw. hyperquadratische Anordnungen eingesetzt werden (11.3). Durch die Verbindung quadratischer Anordnungen mit Messwiederholungsanalysen resultieren Versuchspläne, mit denen u. a. Sequenzeffekte kontrolliert werden können (11.4).

11.1 Hierarchische und teilhierarchische Versuchspläne

Zweifaktorielle hierarchische Pläne

In einem Konditionierungsexperiment mit Hunden sollen 3 Konditionierungsarten (Faktor A) miteinander verglichen werden: simultane Konditionierung (der konditionierte Reiz wird gleichzeitig mit dem unkonditionierten Reiz dargeboten $= a_1$), verzögerte Konditionierung (der konditionierte Reiz wird vor dem unkonditionierten dargeboten $= a_2$) und rückwärtige Konditionierung (der konditionierte Reiz wird nach dem unkonditionierten Reiz dargeboten $= a_3$). Der konditionierte Reiz (Faktor B) wird in 6 Stufen variiert: Glockenton (b_1), Pfeifton (b_2), mehrere, schnell aufeinander folgende Lichtblitze (b_3), Dauerlicht (b_4), Pfeifton mit Dauerlicht kombiniert (b_5) und Glockenton mit Lichtblitzen kombiniert (b_6). Da man erwartet, dass zwischen den Konditionierungsarten und den konditionierten Reizen keine Interaktion besteht, entscheidet man sich für den Untersuchungsplan gemäß Tabelle 11.1 a.

Die simultane Konditionierung wird mit dem Glockenton und dem Pfeifton durchgeführt, die verzögerte Konditionierung mit den Lichtblitzen und dem Dauerlicht und die rückwärtige Konditionierung mit den beiden kombinierten Reizen. Diesen 6 Faktorstufenkombinationen werden jeweils Zufallsstichproben von Versuchstieren zugewiesen.

Geschachtelte Faktoren. Diese Untersuchung kombiniert zwei Faktoren derart, dass jede Faktorstufe des einen Faktors nur mit bestimmten Faktorstu-

Tabelle 11.1. Vergleich eines zweifaktoriellen hierarchischen Versuchsplans mit einem zweifaktoriellen vollständigen Versuchsplan

a) Hierarchischer Versuchsplan

a_1		a_2		a_3	
b_1	b_2	b_3	b_4	b_5	b_6
$S_{11(1)}$	$S_{12(1)}$	$S_{21(2)}$	$S_{22(2)}$	$S_{31(3)}$	$S_{32(3)}$

b) Vollständiger Versuchsplan

	a_1	a_2	a_3
b_1	$\underline{S_{11}}$	S_{21}	S_{31}
b_2	$\underline{S_{12}}$	S_{22}	S_{32}
b_3	S_{13}	$\underline{S_{23}}$	S_{33}
b_4	S_{14}	$\underline{S_{24}}$	S_{34}
b_5	S_{15}	S_{25}	$\underline{S_{35}}$
b_6	S_{16}	S_{26}	$\underline{S_{36}}$

fen des anderen Faktors auftritt. Die Stufen des Faktors B sind gewissermaßen in die Stufen des Faktors A *hineingeschachtelt („nested")*. Die Art der Schachtelung wird in Tabelle 11.1 a verdeutlicht.

> Versuchspläne, bei denen durch die Schachtelung des einen Faktors unter den anderen Faktor eine Hierarchie der Faktoren entsteht, bezeichnen wir als zweifaktorielle, hierarchische Versuchspläne.

Tabelle 11.1b stellt den analogen vollständigen zweifaktoriellen Versuchsplan dar, bei dem jede der 3 Stufen des Faktors A mit jeder der 6 Stufen des Faktors B kombiniert ist. Der vollständige zweifaktorielle Versuchsplan benötigt $3 \times 6 = 18$ Stichproben, während der hierarchische Plan mit $3 \times 2 = 6$ Stichproben auskommt. (Die 6 Stichproben des hierarchischen Versuchsplans sind im vollständigen Plan unterstrichen.) Dieser erheblichen Vpn-Ersparnis steht jedoch der Nachteil gegenüber, dass die Interaktion zwischen den Faktoren A und B im hierarchischen Plan nicht überprüfbar ist.

Im vorliegenden zweifaktoriellen hierarchischen Plan sind somit nur die Haupteffekte prüfbar. Signifikante Haupteffekte sind zudem nur dann als reine Haupteffekte interpretierbar, wenn die Interaktion zwischen den Faktoren zu vernachlässigen ist.

11.1 Hierarchische und teilhierarchische Versuchspläne

Dies ist zweifellos eine Schwachstelle hierarchischer Pläne. Da Interaktionen direkt nicht prüfbar sind, ist man darauf angewiesen, theoretisch zu rechtfertigen, dass mit Interaktionen nicht zu rechnen ist. Andernfalls sollte man auf vergleichbare Untersuchungen mit vollständigen Plänen zurückgreifen können, in denen die entsprechenden Interaktionen in Relation zur Bedeutung der Haupteffekte zu vernachlässigen waren.

Zu denken wäre beispielsweise an eine Untersuchung, in der drei Medikamente (Faktor A in Tabelle 11.1) in sechs Krankenhäusern (Faktor B) vergleichend evaluiert werden, wobei jeweils zwei zufällig ausgewählte Krankenhäuser gemeinsam ein Medikament prüfen. Hier wäre eine Interaktion zwischen Medikamenten und Krankenhäusern äußerst unwahrscheinlich, sodass sich ein hierarchischer Plan gemäß Tabelle 11.1 rechtfertigen ließe.

> In hierarchischen Versuchsplänen können die Interaktionen zwischen den ineinandergeschachtelten Faktoren nicht getestet werden. Ferner muss man rechtfertigen können, dass mit Interaktionen nicht zu rechnen ist.

Terminologie. Bei hierarchischen Versuchsplänen (z. B. B in A geschachtelt) ist es erforderlich, dass jede Stufe des Faktors A mit der gleichen Anzahl von B-Stufen kombiniert wird. Die Anzahl der mit einer A-Stufe kombinierten B-Stufen nennen wir q. Dieser Wert gibt also nicht die Anzahl aller B-Stufen, sondern die Anzahl der mit einer A-Stufe kombinierten B-Stufen an. (In unserem Beispiel in Tabelle 11.1 a ist jede Stufe von A mit jeweils 2 verschiedenen Stufen von B kombiniert, d. h. q = 2.) Die Stichproben werden mit den Indizes ij(i) gekennzeichnet. $S_{ij(i)}$ ist diejenige Stichprobe, die der Stufe i des Faktors A und der j-ten Stufe des Faktors B unter der Stufe a_i zugewiesen wird. Mit $S_{31(3)}$ ist somit diejenige Stichprobe gemeint, die der Kombination aus der 3. Stufe des Faktors A und der 1. Stufe der unter a_3 geschachtelten B-Stufen (b_5) zugeordnet wird. Diese etwas umständlich erscheinende Indizierung wird sich bei der rechnerischen Durchführung der Analyse als vorteilhaft erweisen. Ausgehend von dieser Schreibweise hat Faktor A wie üblich p-Stufen, und Faktor B hat unter jeder A-Stufe q-Stufen bzw. insgesamt p · q Stufen. Der unter A geschachtelte Faktor B wird durch B(A) beschrieben.

Quadratsummen und Freiheitsgrade. Die Quadratsummenbestimmung geht von folgendem Grundgedanken aus: Insgesamt gibt es p · q Mittelwerte für B(A), deren Unterschiedlichkeit wir als QS_{Zellen} bezeichnen. Die QS_{Zellen} wird durch Unterschiede, die auf Faktor A zurückgehen, und durch Unterschiede zwischen den B-Stufen innerhalb der einzelnen Stufen von A bestimmt:

$$QS_{Zellen} = QS_A + QS_{B(A)}. \quad (11.1)$$

Die QS_A ermitteln wir in üblicher Weise, indem die einzelnen Messwerte durch die Mittelwerte $\bar{A}_i$ ersetzt werden und die Summe der quadrierten Abweichungen von $\bar{G}$ bestimmt wird. Subtrahieren wir von der QS_{Zellen} die QS_A, erhalten wir die $QS_{B(A)}$. Die $QS_{B(A)}$ können wir jedoch auch direkt bestimmen, indem die einzelnen Messwerte durch die jeweiligen Gruppenmittel $\bar{B}_{j(i)}$ ersetzt werden. Deren Abweichungsquadratsumme von den Mittelwerten $\bar{A}_i$ ergibt die $QS_{B(A)}$:

$$QS_{B(A)} = n \cdot \sum_i \sum_j (\bar{B}_{j(i)} - \bar{A}_i)^2. \quad (11.2)$$

Die Fehlerquadratsumme ergibt sich wie üblich als Summe der quadrierten Abweichungen aller Messungen von ihrem jeweiligen Gruppenmittelwert.

Die Summe der Messwerte, die unter den q B-Stufen einer Stufe a_i beobachtet werden, ist mit der Summe aller Messwerte unter der Stufe a_i identisch:

$$\sum_j B_{j(i)} = A_i.$$

Von den q-Summen unter einer Stufe a_i sind somit nur q − 1 frei variierbar. Die Gesamtzahl aller Freiheitsgrade für den Faktor B ergibt sich deshalb zu p · (q − 1). Für Faktor A erhält man p − 1 und für die Fehlerquadratsumme p · q · (n − 1) Freiheitsgrade.

Rechnerische Durchführung. Die Kennziffern werden wie in der vollständigen, zweifaktoriellen Varianzanalyse (vgl. S. 298) bestimmt. Eine Ausnahme stellt die Kennziffer (4) dar, die in der zweifaktoriellen hierarchischen Varianzanalyse nicht errechnet werden kann. In der vollständi-

Tabelle 11.2. Quadratsummen und Freiheitsgrade einer zweifaktoriellen hierarchischen Varianzanalyse

Q.d.V.	QS	df
A	(3) − (1)	$p - 1$
B(A)	(5) − (3)	$p \cdot (q - 1)$
Fehler	(2) − (5)	$p \cdot q \cdot (n - 1)$

gen, zweifaktoriellen Varianzanalyse wird die Ziffer (4) folgendermaßen berechnet:

$$(4) = \sum_j B_j^2 / p \cdot n,$$

wobei

$$B_j = \sum_i \sum_m x_{ijm}.$$

Da die Stufe b_j im hierarchischen Fall jedoch nur mit einer A-Stufe kombiniert ist, entspricht die Summe $B_{j(i)}$ in der hierarchischen Analyse der Summe AB_{ij} in der vollständigen zweifaktoriellen Analyse.

Die Quadratsummen und Freiheitsgrade werden gemäß Tabelle 11.2 berechnet. Die Varianzschätzungen erhalten wir, indem die Quadratsummen durch die entsprechenden Freiheitsgrade dividiert werden.

Prüfvarianzen. Je nachdem, ob die Faktoren A und B feste oder zufällige Stufen aufweisen, ergeben sich die aus Tabelle 11.3 ersichtlichen Prüfvarianzen für die Haupteffekte A und B (vgl. 12.5).

Zucker (1990) weist allerdings zu Recht darauf hin, dass alle Pläne mit festen B-Effekten zu äußerst progressiven Entscheidungen für den A-Effekt führen können. Der Grund hierfür ist darin zu sehen, dass der Test für Faktor A bei einem festen B-Faktor die Unterschiedlichkeit der B-Stufen überhaupt nicht berücksichtigt, obwohl jede A-Stufe mit einer Teilmenge der B-Stufen perfekt konfundiert ist. Es kann also vorkommen, dass die A-Effekte völlig bedeutungslos sind, dass aber dennoch der Haupteffekt A signifikant wird, weil sich die Durchschnitte der jeweils geschachtelten B-Stufen signifikant unterscheiden.

Er empfiehlt deshalb, Faktor B grundsätzlich als zufälligen Faktor aufzufassen, sodass $\hat{\sigma}_A^2$ nicht an der Fehlervarianz, sondern an der $\hat{\sigma}_{B(A)}^2$ zu testen ist. Auch wenn in praktischen Anwendungsfäl-

Tabelle 11.3. Prüfvarianzen in einer zweifaktoriellen hierarchischen Varianzanalyse

Zu prüfende Varianz	Prüfvarianz			
	A-fest B-fest	A-fest B-zufällig	A-zufällig B-fest	A-zufällig B-zufällig
$\hat{\sigma}_A^2$	$\hat{\sigma}_{Fehler}^2$	$\hat{\sigma}_{B(A)}^2$	$\hat{\sigma}_{Fehler}^2$	$\hat{\sigma}_{B(A)}^2$
$\hat{\sigma}_{B(A)}^2$	$\hat{\sigma}_{Fehler}^2$	$\hat{\sigma}_{Fehler}^2$	$\hat{\sigma}_{Fehler}^2$	$\hat{\sigma}_{Fehler}^2$

Tabelle 11.4. Numerisches Beispiel für eine zweifaktorielle hierarchische Varianzanalyse

a_1			a_2			a_3			a_4			Faktor A
b_1	b_2	b_3	b_4	b_5	b_6	b_7	b_8	b_9	b_{10}	b_{11}	b_{12}	Faktor B
7	6	9	5	10	15	9	13	9	12	17	13	
9	5	6	8	8	11	10	15	10	16	19	15	
12	8	5	9	12	9	13	18	7	15	19	10	
7	6	8	7	12	12	12	16	13	17	15	13	
B_j 35	25	28	29	42	47	44	62	39	60	70	51	
A_i	88			118			145			181		
Total						532						

$$(1) = \frac{532^2}{4 \cdot 3 \cdot 4} = 5896{,}33$$

$$(2) = 7^2 + 9^2 + 12^2 + \cdots + 13^2$$
$$= 6612$$

$$(3) = \frac{88^2 + 118^2 + 145^2 + 181^2}{3 \cdot 4}$$
$$= 6287{,}83$$

$$(5) = \frac{35^2 + 25^2 + 28^2 + \cdots + 51^2}{4}$$
$$= 6462{,}50$$

Q.d.V.	QS	df	$\hat{\sigma}^2$	F
A	(3) − (1) = 391,50	$p - 1 = 3$	130,50	5,98*
B(A)	(5) − (3) = 174,67	$p \cdot (q - 1) = 8$	21,83	5,26**
Fehler	(2) − (5) = 149,50	$p \cdot q \cdot (n - 1) = 36$	4,15	

$F_{(3,8;0,95)} = 4{,}07 \qquad F_{(8,36;0,99)} = 3{,}06$

len eine Zufallsauswahl von B-Stufen nicht realisierbar ist, sollte darauf geachtet werden, dass zumindest die Zuordnung der B-Stufen zu den A-Stufen zufällig erfolgt. In diesem Fall besagt ein signifikanter F-Wert für Faktor A, dass bestehende Unterschiede zwischen den A-Stufen nicht systematisch durch die geschachtelten B-Stufen bedingt sind. Hierbei muss allerdings – anders als bei einer „echten" Zufallsauswahl – offenbleiben, ob der gleiche A-Effekt auch auftritt, wenn andere B-Stufen realisiert oder zugeordnet werden.

BEISPIEL

Es soll die Attraktivität von 4 Computerspielen geprüft werden (Faktor A mit p = 4 festen Stufen). Dies geschieht in 12 Kaufhäusern (Faktor B, zufällige Stufen), wobei jeweils 3 zufällig ausgewählte Kaufhäuser den „Testmarkt" für ein Spielzeug darstellen (q = 3). In jedem Kaufhaus lässt man n = 4 Jugendliche mit dem jeweiligen Spiel spielen, die anschließend das Spiel anhand einer 20-Punkte-Skala bewerten (abhängige Variable). Tabelle 11.4 zeigt die Daten, die rechnerische Durchführung und das Ergebnis der Varianzanalyse.

Die Spiele unterscheiden sich auf dem 5%-Niveau und die Kaufhäuser auf dem 1%-Niveau signifikant.

Die Kalkulation *„optimaler" Stichprobenumfänge* erfolgt nach den gleichen Regeln wie auf S. 258 ff. bzw. S. 303 f. beschrieben.

Teilhierarchische Pläne (Version 1)

Bei unvollständigen dreifaktoriellen Versuchsplänen unterscheiden wir zwischen teilhierarchischen und hierarchischen Plänen. Tabelle 11.5 veranschaulicht beispielhaft, wie die Faktorstufen miteinander kombiniert werden, wenn nur Faktor B unter Faktor A geschachtelt ist (teilhierarchischer Plan, Version 1).

In diesem Plan können die Haupteffekte A, B und C getestet werden. Da ferner alle Stufen des Faktors A mit allen Stufen des Faktors C sowie alle Stufen des Faktors B mit allen Stufen des Faktors C kombiniert sind, ergeben sich weitere Prüfmöglichkeiten für die Interaktionen A × C und B × C. Die Interaktionen A × B und A × B × C sind hingegen nicht testbar.

Dieser teilhierarchische Plan untersucht 12 Stichproben der Größe n, während im entsprechenden vollständigen, dreifaktoriellen Plan $2 \cdot 6 \cdot 2 = 24$ Stichproben erforderlich sind. Bei der Festlegung der für die Quadratsummenbestimmung benötigten Kennziffern ist zu beachten, dass Faktor B nicht mit allen Stufen von Faktor A kombiniert ist. Wir ersetzen deshalb Ziffer 4 (B-Summen im vollständigen, dreifaktoriellen Plan, vgl. S. 314) in der teilhierarchischen Anordnung durch Ziffer 6 (A × B-Summen im vollständigen Plan).

Die Summen für die B × C-Kombinationen werden durch die A × B × C-Summen in der vollständigen Analyse ersetzt. Kennziffer 8 wird somit auch nicht berechnet.

Ausgehend von den verbleibenden Kennziffern ermitteln wir die Quadratsummen nach Tabelle 11.6.

Da q wieder die Anzahl der Stufen unter einer Stufe a_i angibt, hat die Quadratsumme für den Faktor B $p \cdot (q-1)$ Freiheitsgrade und die Quadratsumme für die Interaktion B(A) × C $p \cdot (q-1) \cdot (r-1)$ Freiheitsgrade. Die Berechnungsvorschriften für die $QS_{B(A)}$ und $QS_{B(A) \times C}$ ergeben sich auf Grund analoger Überlegungen wie die Berechnungsvorschriften für die $QS_{B(A)}$ in der zweifaktoriellen hierarchischen Analyse.

Die Varianzschätzungen erhalten wir, indem die Quadratsummen durch ihre entsprechenden Freiheitsgrade dividiert werden. In Abhängigkeit davon, welche Faktoren feste und welche zufällige Stufen aufweisen, resultieren gem. 12.5 für einige ausgewählte Kombinationen die in Tabelle 11.7

Tabelle 11.5. Datenschema einer teilhierarchischen dreifaktoriellen Varianzanalyse (Version 1)

	a_1			a_2		
	b_1	b_2	b_3	b_4	b_5	b_6
c_1	$s_{11(1)1}$	$s_{12(1)1}$	$s_{13(1)1}$	$s_{21(2)1}$	$s_{22(2)1}$	$s_{23(2)1}$
c_2	$s_{11(1)2}$	$s_{12(1)2}$	$s_{13(1)2}$	$s_{21(2)2}$	$s_{22(2)2}$	$s_{23(2)2}$

Tabelle 11.6. Quadratsummen und Freiheitsgrade einer dreifaktoriellen teilhierarchischen Varianzanalyse (Version 1)

Q.d.V.	QS	df
A	(3) − (1)	$p - 1$
B(A)	(6) − (3)	$p \cdot (q - 1)$
C	(5) − (1)	$r - 1$
A × C	(7) − (3) − (5) + (1)	$(p - 1) \cdot (r - 1)$
B(A) × C	(9) − (6) − (7) + (3)	$p \cdot (q - 1) \cdot (r - 1)$
Fehler	(2) − (9)	$p \cdot q \cdot r \cdot (n - 1)$

Tabelle 11.7. Prüfvarianzen in einer dreifaktoriellen teilhierarchischen Varianzanalyse (Version 1)

zu prüfende Varianz	Prüfvarianz					
	A-fest B-fest C-fest	A-fest B-fest C-zufällig	A-fest B-zufällig C-zufällig	A-zufällig B-zufällig C-zufällig	A-zufällig B-fest C-zufällig	A-fest B-zufällig C-fest
$\hat{\sigma}^2_A$	$\hat{\sigma}^2_{Fehler}$	$\hat{\sigma}^2_{A\times C}$	–	–	$\hat{\sigma}^2_{A\times C}$	$\hat{\sigma}^2_{B(A)}$
$\hat{\sigma}^2_{B(A)}$	$\hat{\sigma}^2_{Fehler}$	$\hat{\sigma}^2_{B(A)\times C}$	$\hat{\sigma}^2_{B(A)\times C}$	$\hat{\sigma}^2_{B(A)\times C}$	$\hat{\sigma}^2_{B(A)\times C}$	$\hat{\sigma}^2_{Fehler}$
$\hat{\sigma}^2_C$	$\hat{\sigma}^2_{Fehler}$	$\hat{\sigma}^2_{Fehler}$	$\hat{\sigma}^2_{B(A)\times C}$	$\hat{\sigma}^2_{A\times C}$	$\hat{\sigma}^2_{A\times C}$	$\hat{\sigma}^2_{B(A)\times C}$
$\hat{\sigma}^2_{A\times C}$	$\hat{\sigma}^2_{Fehler}$	$\hat{\sigma}^2_{Fehler}$	$\hat{\sigma}^2_{B(A)\times C}$	$\hat{\sigma}^2_{B(A)\times C}$	$\hat{\sigma}^2_{Fehler}$	$\hat{\sigma}^2_{B(A)\times C}$
$\hat{\sigma}^2_{B(A)\times C}$	$\hat{\sigma}^2_{Fehler}$	$\hat{\sigma}^2_{Fehler}$	$\hat{\sigma}^2_{Fehler}$	$\hat{\sigma}^2_{Fehler}$	$\hat{\sigma}^2_{Fehler}$	$\hat{\sigma}^2_{Fehler}$

wiedergegebenen Prüfvarianzen. (Man beachte allerdings die einschränkenden Bemerkungen zu Tabelle 11.3, die auch hier gültig sind.)

Die Tabelle zeigt, dass bei einigen Kombinationen der Haupteffekt A nicht testbar ist. Grundsätzlich besteht auch hier die Möglichkeit, *Quasi-F-Brüche* zu bilden bzw. nichtsignifikante Interaktionen mit zufälligen Faktoren mit der Fehlervarianz zusammenzufassen (vgl. S. 314 f.). Die Regeln hierfür werden wir in Kap. 12 kennenlernen.

BEISPIEL

Es soll überprüft werden, ob das Interesse von Schülern (abhängige Variable) an 2 verschiedenen Unterrichtsfächern (Faktor C) vom Lehrer (Faktor B) und/oder der Art der Schule (Faktor A) abhängt. Untersucht werden ein humanistisches Gymnasium (a_1) und ein naturwissenschaftliches Gymnasium (a_2) sowie die Schulfächer Biologie (c_1) und Deutsch (c_2). Aus jeder Schule werden 3 Lehrer ausgewählt, die beide Fächer unterrichten. Der Lehrerfaktor (B) ist somit unter dem Schulfaktor (A) geschachtelt. Die Faktoren A und C haben feste Stufen, und Faktor B hat zufällige Stufen. Aus den von den einzelnen Lehrern unterrichteten Klassen werden pro Klasse n = 6 Schüler mit annähernd gleichem Alter per Zufall ausgewählt. Tabelle 11.8 zeigt die Daten und die Auswertung ($\alpha = 1\%$).

Das Ergebnis zeigt, dass das allgemeine Interesse der Schüler lehrerabhängig ist (Haupteffekt B(A)) und dass das Interesse an den Unterrichtsfächern davon abhängt, welcher Lehrer diese Fächer unterrichtet (Interaktion B(A) × C).

Teilhierarchische Pläne (Version 2)

Wenn im letzten Beispiel (Tabelle 11.8) die Lehrer nicht beide Fächer, sondern nur ein Fach unterrichten, ergibt sich der in Tabelle 11.9 dargestellte Untersuchungsplan. (Die Stichproben müssten korrekterweise mit $S_{ijk(i,j)}$ gekennzeichnet werden. Auf die Klammer (i, j), die besagt, dass k jeweils unter i und j geschachtelt ist, wurde in Tabelle 11.9 verzichtet.)

In diesem Plan ist Faktor C (die Lehrer!) unter Faktor B (die Fächer) und Faktor A (die Schulen) geschachtelt, während die Faktoren A und B vollständig kombiniert sind. Im Gegensatz zur 1. Version, bei der 2 Interaktionen prüfbar waren, kann hier neben den 3 Haupteffekten nur die Interaktion A × B getestet werden. Tabelle 11.10 zeigt, wie man in diesem Fall Quadratsummen und die Freiheitsgrade berechnet (zur Berechnung der Kennziffern vgl. S. 314).

In diesem Plan sollten Faktor C zufällige und die beiden anderen Faktoren feste Stufen haben, sodass die Haupteffekte A und B sowie die Interaktion A × B am C-Effekt getestet werden können (vgl. die Ausführungen zu den Tabellen 11.3 und 11.7). Der C-Effekt wäre in diesem Fall an der Fehlervarianz zu testen.

Dreifaktorielle, hierarchische Pläne

Einen Plan, bei dem nicht nur Faktor C unter Faktor A und B, sondern zusätzlich Faktor B unter Faktor A geschachtelt ist, bezeichnen wir als einen dreifaktoriellen hierarchischen Versuchsplan. Dieser Plan resultiert, wenn wir in unserem Beispiel in jeder Schule (Faktor A) andere Fächer (Faktor B) und pro Fach 2 verschiedene Lehrer (Faktor C) untersuchen. Tabelle 11.11 verdeutlicht einen dreifaktoriellen hierarchischen Versuchsplan

11.1 Hierarchische und teilhierarchische Versuchspläne

Tabelle 11.8. Numerisches Beispiel für eine dreifaktorielle teilhierarchische Varianzanalyse (Version 1)

Faktor A→	humanistisch			naturwissenschaftlich		
Faktor B→	Lehrer 1	Lehrer 2	Lehrer 3	Lehrer 4	Lehrer 5	Lehrer 6
Faktor C	8	11	7	9	14	8
↓ Biologie	11	10	9	12	17	11
	10	8	6	14	13	10
	8	7	10	11	11	13
	6	12	8	13	15	9
	5	8	5	12	12	9
Deutsch	5	12	13	6	8	11
	8	9	15	7	13	8
	7	14	12	4	11	10
	10	10	10	4	15	6
	9	11	14	9	14	9
	6	13	15	6	14	7

A-Summen

a_1	a_2
342	375

C-Summen

c_1	c_2
362	355

AB-Summen

	a_1			a_2		
	b_1	b_2	b_3	b_4	b_5	b_6
	93	125	124	107	157	111

AC-Summen

	a_1	a_2
c_1	149	213
c_2	193	162

ABC-Summen

	a_1			a_2		
	b_1	b_2	b_3	b_4	b_5	b_6
c_1	48	56	45	71	82	60
c_2	45	69	79	36	75	51

$G = 717$

$$(1) = \frac{717^2}{6 \cdot 2 \cdot 3 \cdot 2} = 7140{,}13$$

$$(2) = 8^2 + 11^2 + 10^2 + \cdots + 7^2 = 7803$$

$$(3) = \frac{342^2 + 375^2}{6 \cdot 3 \cdot 2} = 7155{,}25$$

$$(5) = \frac{362^2 + 355^2}{6 \cdot 2 \cdot 3} = 7140{,}81$$

$$(6) = \frac{93^2 + 125^2 + 124^2 + 107^2 + 157^2 + 111^2}{6 \cdot 2} = 7339{,}08$$

$$(7) = \frac{149^2 + 213^2 + 193^2 + 162^2}{6 \cdot 3} = 7281{,}28$$

$$(9) = \frac{48^2 + 56^2 + 45^2 + \cdots + 51^2}{6} = 7563{,}17$$

Q.d.V.	QS	df	$\hat{\sigma}^2$	F
A	$(3) - (1) = 15{,}12$	$p - 1 = 1$	15,12	0,33
B(A)	$(6) - (3) = 183{,}83$	$p \cdot (q-1) = 4$	45,96	11,49**
C	$(5) - (1) = 0{,}68$	$r - 1 = 1$	0,68	0,03
A × C	$(7) - (3) - (5) + (1) = 125{,}35$	$(p-1) \cdot (r-1) = 1$	125,35	5,11
B(A) × C	$(9) - (6) - (7) + (3) = 98{,}06$	$p \cdot (q-1) \cdot (r-1) = 4$	24,52	6,13**
Fehler	$(2) - (9) = 239{,}83$	$p \cdot q \cdot r \cdot (n-1) = 60$	4,00	

Tabelle 11.9. Datenschema für eine dreifaktorielle teilhierarchische Varianzanalyse (Version 2)

	a_1						a_2				
	b_1			b_2			b_1			b_2		
c_1	c_2	c_3	c_4	c_5	c_6	c_7	c_8	c_9	c_{10}	c_{11}	c_{12}
S_{111}	S_{112}	S_{113}	S_{121}	S_{122}	S_{123}	S_{211}	S_{212}	S_{213}	S_{221}	S_{222}	S_{223}

A) Schulen
B) Fächer
C) Lehrer

Tabelle 11.10. Quadratsummen und Freiheitsgrade einer dreifaktoriellen teilhierarchischen Varianzanalyse (Version 2)

Q.d.V.	QS	df
A	(3) − (1)	p − 1
B	(4) − (1)	q − 1
C(A, B)	(9) − (6)	$p \cdot q \cdot (r - 1)$
A × B	(6) − (3) − (4) + (1)	$(p - 1) \cdot (q - 1)$
Fehler	(2) − (9)	$p \cdot q \cdot r \cdot (n - 1)$

Tabelle 11.11. Datenschema einer dreifaktoriellen hierarchischen Varianzanalyse

	a_1						a_2					
b_1		b_2		b_3		b_4		b_5		b_6		
c_1	c_2	c_3	c_4	c_5	c_6	c_7	c_8	c_9	c_{10}	c_{11}	c_{12}
S_{111}	S_{112}	S_{121}	S_{122}	S_{131}	S_{132}	S_{211}	S_{212}	S_{221}	S_{222}	S_{231}	S_{232}

Tabelle 11.12. Quadratsummen und Freiheitsgrade einer dreifaktoriellen hierarchischen Varianzanalyse

Q.d.V.	QS	df
A	(3) − (1)	p − 1
B(A)	(6) − (3)	$p \cdot (q - 1)$
C(B(A))	(9) − (6)	$p \cdot q \cdot (r - 1)$
Fehler	(2) − (9)	$p \cdot q \cdot r \cdot (n - 1)$

mit p = 2, q = 3 und r = 2. (Ausführlich müssten die Stichproben in diesem Fall mit $S_{ij(i)k(j(i))}$ indiziert werden. Auf die Klammerausdrücke wurde in Tabelle 11.11 verzichtet.)

Tabelle 11.13. Prüfvarianzen in einer dreifaktoriellen hierarchischen Varianzanalyse

Zu prüfende Varianz	Prüfvarianz				
	A-fest B-fest C-fest	A-fest B-fest C-zufällig	A-fest B-zufällig C-zufällig	A-zufällig B-zufällig C-zufällig	A-zufällig B-zufällig C-fest
$\hat{\sigma}^2_A$	$\hat{\sigma}^2_{Fehler}$	$\hat{\sigma}^2_{C(B(A))}$	$\hat{\sigma}^2_{B(A)}$	$\hat{\sigma}^2_{B(A)}$	$\hat{\sigma}^2_{Fehler}$
$\hat{\sigma}^2_{B(A)}$	$\hat{\sigma}^2_{Fehler}$	$\hat{\sigma}^2_{C(B(A))}$	$\hat{\sigma}^2_{C(B(A))}$	$\hat{\sigma}^2_{C(B(A))}$	$\hat{\sigma}^2_{Fehler}$
$\hat{\sigma}^2_{C(B(A))}$	$\hat{\sigma}^2_{Fehler}$	$\hat{\sigma}^2_{Fehler}$	$\hat{\sigma}^2_{Fehler}$	$\hat{\sigma}^2_{Fehler}$	$\hat{\sigma}^2_{Fehler}$

In diesem Plan werden statt der $2 \cdot 6 \cdot 12 = 144$ Stichproben des vollständigen dreifaktoriellen Planes nur 12 Stichproben benötigt. *Dafür können hier keine Interaktionen getestet werden.*

Die Berechnung der Quadratsummen und Freiheitsgrade ist in Tabelle 11.12 dargestellt (zur Kennzifferberechnung vgl. S. 314).

Die Varianzschätzungen ergeben sich, indem die Quadratsummen durch die entsprechenden Freiheitsgrade dividiert werden. Die Prüfvarianzen sind Tabelle 11.13 zu entnehmen. Für die Faktoren B und C wären nach den Ausführungen zu Tabelle 11.3 zufällige Stufen zu fordern, sodass Haupteffekt A am Haupteffekt B, Haupteffekt B am Haupteffekt C und Haupteffekt C an der Fehlervarianz zu testen wären.

BEISPIEL

Es soll überprüft werden, ob sich 3 Kliniken (Faktor A) in ihren Behandlungserfolgen bei einer bestimmten Krankheit (abhängige Variable) unterscheiden. Jede Klinik verfügt über 2 „hauseigene" Spezialtherapien (Faktor B: 6 verschiedene Therapien, q = 2). Behandelt werden n = 7 Patienten von jeweils 2 Therapeuten bzw. Ärzten, die die gleiche Therapie ausüben (Faktor C: 12 Therapeuten, r = 2). Die Therapeuten sind somit unter den Therapien und die Therapien unter den Kliniken geschachtelt. Wir wollen davon ausgehen, dass alle 3 Faktoren zufällige Effekte aufweisen. Tabelle 11.14 zeigt die Daten und ihre Auswertung.

Die Behandlungserfolge der Therapeuten unterscheiden sich auf dem 1%-Niveau und die der Therapieformen auf dem 5%-Niveau.

Hinweis: Ausgehend von den Rechenregeln, die im Rahmen der hier besprochenen Versuchspläne deutlich wurden, lassen sich ohne besondere Schwierigkeiten weitere teilhierarchische und hierarchische Varianzanalysen durchführen. *Einzel-*

11.1 Hierarchische und teilhierarchische Versuchspläne

Tabelle 11.14. Numerisches Beispiel für eine dreifaktorielle hierarchische Varianzanalyse

A: Kliniken
B: Therapien
C: Therapeuten

	a_1				a_2				a_3			
	b_1		b_2		b_3		b_4		b_5		b_6	
	c_1	c_2	c_3	c_4	c_5	c_6	c_7	c_8	c_9	c_{10}	c_{11}	c_{12}
	20	18	20	24	24	25	16	14	21	22	23	16
	23	19	23	23	25	27	17	13	22	20	19	18
	19	16	25	22	20	24	19	15	19	21	21	19
	22	14	24	19	24	22	18	17	23	19	18	21
	21	15	21	24	21	23	18	18	24	17	22	17
	19	15	23	24	24	26	21	15	20	18	20	16
	18	17	25	23	25	23	17	13	18	17	21	16
ABC-Summen	142	114	161	159	163	170	126	105	147	134	144	123
AB-Summen	256		320		333		231		281		267	
A-Summen	576				564				548			
Total	1688											

$(1) = \dfrac{1688^2}{7 \cdot 3 \cdot 2 \cdot 2} = 33920{,}76$

$(2) = 20^2 + 23^2 + 19^2 + \ldots + 16^2 = 34846$

$(3) = \dfrac{576^2 + 564^2 + 548^2}{7 \cdot 2 \cdot 2} = 33934{,}86$

$(6) = \dfrac{256^2 + 320^2 + 333^2 + 231^2 + 281^2 + 267^2}{7 \cdot 2} = 34459{,}71$

$(9) = \dfrac{142^2 + 114^2 + 161^2 + \ldots + 123^2}{7} = 34594{,}57$

Q.d.V.	QS	df	$\hat{\sigma}^2$	F
A	(3) − (1) = 14,10	$p - 1 = 2$	7,05	0,04
B(A)	(6) − (3) = 524,85	$p \cdot (q - 1) = 3$	174,95	7,78*
C(B(A))	(9) − (6) = 134,86	$p \cdot q \cdot (r - 1) = 6$	22,48	6,44**
Fehler	(2) − (9) = 251,43	$p \cdot q \cdot r \cdot (n - 1) = 72$	3,49	

$F_{(2,3;0{,}95)} = 9{,}55 \quad F_{(3,6;0{,}95)} = 4{,}76 \quad F_{(6,72;0{,}99)} = 3{,}09$

vergleiche können nach den in Kap. 8 genannten Regeln auch im Rahmen hierarchischer und teilhierarchischer Pläne gerechnet werden. Sind die untersuchten *Stichproben nicht gleich groß* und die Abweichungen geringfügig, kann die (teil-)hierarchische Varianzanalyse mit dem *harmonischen Mittel* aller Stichprobenumfänge eingesetzt werden. (Näheres hierzu vgl. unter 8.4 bzw., bezogen auf die hier besprochenen Versuchspläne, Dayton, 1970, S. 232 ff.)

11.2 Lateinische Quadrate

Lateinische Quadrate stellen eine besondere Variante unvollständiger Versuchspläne dar. Wie bei hierarchischen Versuchsplänen sind auch hier Interaktionen nicht prüfbar, und es werden weniger Vpn benötigt als in vergleichbaren vollständigen Versuchsplänen. Die Anwendung lateinisch-quadratischer Anordnungen ist dadurch stark eingeschränkt, dass im Fall nicht zu vernachlässigender Interaktionen die Haupteffekte nicht eindeutig interpretierbar sind. Lateinische Quadrate können deshalb nur dann zum Einsatz kommen, wenn man theoretische rechtfertigen kann oder auf Grund von Voruntersuchungen weiß, dass Interaktionen unwahrscheinlich sind.

> Wenn Interaktionen zu vernachlässigen sind, können im lateinischen Quadrat 3 Haupteffekte überprüft werden.

Mit dem Wort „Quadrat" wird zum Ausdruck gebracht, dass die 3 Faktoren die gleiche Anzahl von Faktorstufen aufweisen müssen. (Eine Begründung für die Bezeichnung „lateinisch" findet man auf S. 400.) Für alle quadratischen Anordnungen gilt, dass Faktoren mit zufälligen Effekten nicht zulässig sind (zur Begründung s. S. 430). Die Anzahl der Faktorstufen bezeichnen wir für alle Faktoren mit p. Tabelle 11.15 veranschaulicht ein allgemeines Datenschema für ein lateinisches Quadrat mit $p = 3$.

Die Darstellungsart in Tabelle 11.15 ist folgendermaßen zu verstehen: Die Faktorstufenkombination $a_1 b_1$ wird mit c_1 kombiniert, $a_2 b_1$ mit c_2, $a_3 b_1$ mit c_3, $a_1 b_2$ mit c_2 usw. Jeder der 9 Faktorstufenkombinationen wird eine Zufallsstichprobe des Umfangs n zugewiesen.

Tabelle 11.15. Datenschema für ein lateinisches Quadrat ($p = 3$)

	a_1	a_2	a_3
b_1	c_1	c_2	c_3
b_2	c_2	c_3	c_1
b_3	c_3	c_1	c_2

Konstruktionsregeln

Die Anordnung der c-Stufen in Tabelle 11.15 wird so vorgenommen, dass in jeder Zeile und jeder Spalte jede c-Stufe genau einmal erscheint.

Diese Eigenschaft lateinischer Quadrate erfüllen auch die Anordnungen in Tabelle 11.16: In beiden lateinischen Quadraten taucht jede c-Stufe genau einmal in jeder Zeile und jeder Spalte auf. Für $p = 3$ lassen sich insgesamt 12 verschiedene Anordnungen finden, bei denen diese Bedingung erfüllt ist. Unter diesen lateinischen Quadraten befindet sich jedoch nur eine Anordnung, in der die c-Stufen in der 1. Zeile und der 1. Spalte in *natürlicher Abfolge* (c_1, c_2, c_3) angeordnet sind. Diese Anordnung (Standardform) ist in Tabelle 11.15 wiedergegeben.

> Lateinische Quadrate, bei denen die Stufen des Faktors C in der 1. Zeile und der 1. Spalte in natürlicher Abfolge auftreten, bezeichnet man als Standardform eines lateinischen Quadrates.

Setzen wir $p = 4$, existieren bereits 4 Standardformen (vgl. Tab. 11.17).

Tabelle 11.16. Weitere lateinische Quadrate mit $p = 3$

	a_1	a_2	a_3		a_1	a_2	a_3
b_1	c_3	c_1	c_2	b_1	c_2	c_1	c_3
b_2	c_2	c_3	c_1	b_2	c_1	c_3	c_2
b_3	c_1	c_2	c_3	b_3	c_3	c_2	c_1

Tabelle 11.17. 4 Standardformen des lateinischen Quadrates für $p = 4$

a)

	a_1	a_2	a_3	a_4
b_1	c_1	c_2	c_3	c_4
b_2	c_2	c_1	c_4	c_3
b_3	c_3	c_4	c_2	c_1
b_4	c_4	c_3	c_1	c_2

b)

	a_1	a_2	a_3	a_4
b_1	c_1	c_2	c_3	c_4
b_2	c_2	c_4	c_1	c_3
b_3	c_3	c_1	c_4	c_2
b_4	c_4	c_3	c_2	c_1

c)

	a_1	a_2	a_3	a_4
b_1	c_1	c_2	c_3	c_4
b_2	c_2	c_1	c_4	c_3
b_3	c_3	c_4	c_1	c_2
b_4	c_4	c_3	c_2	c_1

d)

	a_1	a_2	a_3	a_4
b_1	c_1	c_2	c_3	c_4
b_2	c_2	c_3	c_4	c_1
b_3	c_3	c_4	c_1	c_2
b_4	c_4	c_1	c_2	c_3

11.2 Lateinische Quadrate

Tabelle 11.18. Standardform des lateinischen Quadrates für $p = 5$

	a_1	a_2	a_3	a_4	a_5
b_1	c_1	c_2	c_3	c_4	c_5
b_2	c_2	c_3	c_4	c_5	c_1
b_3	c_3	c_4	c_5	c_1	c_2
b_4	c_4	c_5	c_1	c_2	c_3
b_5	c_5	c_1	c_2	c_3	c_4

Die letzte der 4 Standardformen (d) ist deshalb von besonderer Bedeutung, weil sie von einem einfachen schematischen Konstruktionsprinzip *(zyklische Permutation)* ausgeht. Wir schreiben zunächst die 1. Zeile des lateinischen Quadrates auf, die die 4 c-Stufen in natürlicher Abfolge enthält. Die 2. Zeile bilden wir, indem zu den Indizes der 1. Zeile der Wert 1 addiert und von dem Index, der durch die Addition von 1 den Wert $p + 1$ erhält, p abgezogen wird. Entsprechend verfahren wir mit den übrigen Zeilen.

Für $p = 5$ ermitteln wir nach diesem Verfahren die in Tabelle 11.18 dargestellte Standardform. Für $p = 5$ lassen sich 56 Standardformen und insgesamt 161 280 verschiedene lateinische Quadrate konstruieren (vgl. hierzu Winer et al. 1991, S. 677).

Ausbalancierung

Die Beziehung zwischen einem lateinischen Quadrat (Standardform für $p = 3$) und einem vollständigen Versuchsplan wird in Tabelle 11.19 verdeutlicht.

Die Pfeile in dieser Tabelle sind auf diejenigen Faktorstufenkombinationen gerichtet, die im lateinischen Quadrat (Tabelle 11.15) realisiert sind. Von den insgesamt 27 Faktorstufenkombinationen des vollständigen Versuchsplans enthält das lateinische Quadrat 9. Das lateinische Quadrat stellt bei $p = 3$ somit 1/3 des vollständigen Versuchsplans dar und benötigt mithin auch nur 1/3 der im vollständigen Plan erforderlichen Vpn. Allgemein unterscheidet sich der Versuchspersonenaufwand eines lateinischen Quadrates von dem eines vollständigen Plans um den Faktor 1/p.

Die Anordnung der c-Stufen im lateinischen Quadrat ($p = 3$) hat zur Konsequenz, dass die 3 c-Stufen mit folgenden Stufen der Faktoren A und B kombiniert sind. (Die Zahlen in Klammern geben die jeweilige Pfeilnummer in Tabelle 11.19 an.)

c_1: $a_1(1)$; $a_2(6)$; $a_3(8)$
$b_1(1)$; $b_2(8)$; $b_3(6)$,
c_2: $a_1(2)$; $a_2(4)$; $a_3(9)$
$b_1(4)$; $b_2(2)$; $b_3(9)$,
c_3: $a_1(3)$; $a_2(5)$; $a_3(7)$
$b_1(7)$; $b_2(5)$; $b_3(3)$.

Jede Stufe des Faktors C ist mit jeder Stufe des Faktors A und mit jeder Stufe des Faktors B genau einmal kombiniert. Wir sagen: Das lateinische Quadrat ist in Bezug auf die Haupteffekte vollständig ausbalanciert.

Als Nächstes überprüfen wir, mit welchen A × B-Kombinationen die 3 c-Stufen kombiniert sind.

c_1: $a_1 b_1 (1)$; $a_2 b_3 (6)$; $a_3 b_2 (8)$
c_2: $a_1 b_2 (2)$; $a_2 b_1 (4)$; $a_3 b_3 (9)$
c_3: $a_1 b_3 (3)$; $a_2 b_2 (5)$; $a_3 b_1 (7)$.

Jede Stufe des Faktors C ist somit nur mit 3 A × B-Kombinationen kombiniert, obwohl insgesamt $3 \cdot 3 = 9$ A × B-Kombinationen vorliegen. Da jede c-Stufe mit anderen A × B-Kombinationen zusammen auftritt, sagen wir:

> Das lateinische Quadrat ist in Bezug auf die Haupteffekte vollständig und in Bezug auf die Interaktion 1. Ordnung nur teilweise ausbalanciert.

Tabelle 11.19. Beziehung zwischen einem vollständigen Versuchsplan und einem lateinischen Quadrat ($p = 3$)

a_1									
b_1			b_2			b_3			
c_1	c_2	c_3	c_1	c_2	c_3	c_1	c_2	c_3	
↑ 1				↑ 2				↑ 3	

a_2									
b_1			b_2			b_3			
c_1	c_2	c_3	c_1	c_2	c_3	c_1	c_2	c_3	
	↑ 4				↑ 5	↑ 6			

a_3									
b_1			b_2			b_3			
c_1	c_2	c_3	c_1	c_2	c_3	c_1	c_2	c_3	
		↑ 7		↑ 8			↑ 9		

Tabelle 11.20. Balancierte lateinische Quadrate (zusammen mit Tabelle 11.15)

a)	a_1	a_2	a_3	b)	a_1	a_2	a_3
b_1	c_2	c_3	c_1	b_1	c_3	c_1	c_2
b_2	c_3	c_1	c_2	b_2	c_1	c_2	c_3
b_3	c_1	c_2	c_3	b_3	c_2	c_3	c_1

Rücken wir die Pfeile in Tabelle 11.19 alle um eine Position nach rechts bzw. richten einen Pfeil, falls er bereits auf c_3 zeigt, auf c_1, resultieren die folgenden Faktorstufenkombinationen:

$a_1b_1c_2$, $a_1b_2c_3$, $a_1b_3c_1$, $a_2b_1c_3$, $a_2b_2c_1$,

$a_2b_3c_2$, $a_3b_1c_1$, $a_3b_2c_2$, $a_3b_3c_3$.

Diese Faktorstufen konstituieren wieder ein lateinisches Quadrat (vgl. Tabelle 11.20 a). Durch eine weitere Verschiebung um eine Position erhalten wir folgende Kombinationen:

$a_1b_1c_3$, $a_1b_2c_1$, $a_1b_3c_2$, $a_2b_1c_1$, $a_2b_2c_2$,

$a_2b_3c_3$, $a_3b_1c_2$, $a_3b_2c_3$, $a_3b_3c_1$.

Auch diese Faktorstufen bilden wieder ein lateinisches Quadrat (Tabelle 11.20 b). Wir sehen also, dass ein vollständiger 3 × 3 × 3-Plan in 3 lateinische Quadrate zerlegt werden kann.

Vergleichen wir die beiden lateinischen Quadrate in Tabelle 11.20 mit dem lateinischen Quadrat in Tabelle 11.15, stellen wir fest, dass an jeder a_ib_j-Position jede c-Stufe einmal auftaucht. Lateinische Quadrate, die diese Bedingung erfüllen, bezeichnen wir als einen *balancierten Satz lateinischer Quadrate*. Ein vollständiger p × p × p-Plan kann in p balancierte lateinische Quadrate zerlegt werden.

Freiheitsgrade und Quadratsummen

In einem lateinischen Quadrat werden den p^2 Faktorstufenkombinationen Zufallsstichproben des Umfangs n zugewiesen. Unterschiede zwischen den n einer Faktorstufenkombination zugewiesenen Vpn müssen auf Störvariablen zurückgeführt werden und bedingen somit die Fehlervarianz. Die Fehlervarianz hat also $p^2 \cdot (n-1)$ Freiheitsgrade.

Die Quadratsumme der p^2-Zellmittelwerte hat $p^2 - 1$ Freiheitsgrade. Da jeder Faktor p-Stufen aufweist, resultieren für die 3 Faktoren insgesamt $3 \cdot (p-1)$ Freiheitsgrade. Von den Freiheitsgraden der Zellquadratsumme verbleiben damit: $(p^2 - 1) - 3 \cdot (p-1) = p^2 - 3 \cdot p + 2 = (p-1) \cdot (p-2)$. Für p = 3 ergeben sich 9 − 1 Freiheitsgrade für die Unterschiedlichkeit zwischen den Zellen. $3 \cdot (3-1) = 6$ Freiheitsgrade beziehen sich auf die 3 Haupteffekte. Es bleiben somit 2 Freiheitsgrade übrig. Dies sind die Freiheitsgrade für eine *Residualvariation*, die verschiedene Interaktionsanteile enthält. Wie diese Residualvariation zustande kommt, soll an einem kleinen Zahlenbeispiel verdeutlicht werden.

BEISPIEL

Im Rahmen einer Krankenhausplanung soll erkundet werden, wie sich 3 verschiedene Arten der Krankenzimmerbeleuchtung (Faktor A) auf 3 Patientenkategorien (Faktor B) auswirken. Um den normalen Krankenhausbetrieb durch die Untersuchung nicht allzusehr zu stören, entschließt man sich, die mit der Untersuchung notwendigerweise verbundenen Belastungen auf 3 Krankenhäuser (Faktor C) zu verteilen. Legen wir der Untersuchung das in Tabelle 11.15 dargestellte lateinische Quadrat zu Grunde, würde die folgende Experimentalanordnung resultieren: n Patienten der Kategorie b_1 aus dem Krankenhaus c_1 erhalten Beleuchtungsart a_1; n Patienten der Kategorie b_1 aus Krankenhaus c_2 erhalten Beleuchtungsart a_2 ... und n Patienten der Kategorie b_3 in Krankenhaus c_2 erhalten Beleuchtungsart a_3. Für n = 5 Patienten pro Faktorstufenkombination mögen sich die in Tabelle 11.21 dargestellten Mittelwerte (z.B. für die Zufriedenheit der Patienten als abhängige Variable) ergeben haben. (Auf die Wiedergabe der Einzelwerte können wir in diesem Zusammenhang verzichten.) Für $\overline{G}$ ermitteln wir den Wert 99/9 = 11.

Für die QS$_{Zellen}$ ergibt sich:

$$\begin{aligned} QS_{Zellen} &= n \cdot \sum (\overline{ABC}_{ijk} - \overline{G})^2 \\ &= 5 \cdot [(12-11)^2 + (10-11)^2 + \ldots \\ &\quad + (15-11)^2 + (9-11)^2] \\ &= 5 \cdot 50 = 250 \,. \end{aligned}$$

(Da die Summation nicht über alle ijk-Kombinationen verläuft, verwenden wir in diesem Zusammenhang ein Sum-

Tabelle 11.21. Beispiel zur Veranschaulichung der Residualvariation

	a_1	a_2	a_3	B_j
b_1	12	8	14	34
b_2	10	11	15	36
b_3	12	8	9	29
A_i	34	27	38	99

menzeichen ohne Index, womit angedeutet werden soll, dass nur über die 9 vorhandenen, quadrierten Mittelwertdifferenzen summiert wird.)

Die Mittelwerte der Stufen des Faktors A lauten:

$$\overline{A}_1 = 11{,}3\,;\quad \overline{A}_2 = 9\,;\quad \overline{A}_3 = 12{,}7\,.$$

Wir erhalten somit als QS_A:

$$\begin{aligned} QS_A &= n \cdot p \cdot \sum_i (\overline{A}_i - \overline{G})^2 \\ &= 5 \cdot 3 \cdot [(11{,}3 - 11)^2 + (9 - 11)^2 + (12{,}7 - 11)^2] \\ &= 15 \cdot 6{,}98 = 104{,}70\,. \end{aligned}$$

Faktor B hat die folgenden Mittelwerte:

$$\overline{B}_1 = 11{,}3\,;\quad \overline{B}_2 = 12\,;\quad \overline{B}_3 = 9{,}7\,.$$

Für die QS_B errechnen wir:

$$\begin{aligned} QS_B &= n \cdot p \cdot \sum_j (\overline{B}_j - \overline{G})^2 \\ &= 5 \cdot 3 \cdot [(11{,}3 - 11)^2 + (12 - 11)^2 + (9{,}7 - 11)^2] \\ &= 15 \cdot 2{,}78 = 41{,}70\,. \end{aligned}$$

Ausgehend von der Verteilung der c-Stufen in Tabelle 11.15 ergeben sich folgende Mittelwerte für die Stufen des Faktors C:

$$\begin{aligned} \overline{C}_1 &= (12 + 15 + 8)/3 = 11{,}7 \\ \overline{C}_2 &= (8 + 10 + 9)/3 = 9 \\ \overline{C}_3 &= (14 + 11 + 12)/3 = 12{,}3\,. \end{aligned}$$

Die QS_C lautet somit:

$$\begin{aligned} QS_C &= n \cdot p \cdot \sum_k (\overline{C}_k - \overline{G})^2 \\ &= 5 \cdot 3 \cdot [(11{,}7 - 11)^2 + (9 - 11)^2 + (12{,}3 - 11)^2] \\ &= 15 \cdot 6{,}18 = 92{,}70\,. \end{aligned}$$

Subtrahieren wir die 3 Haupteffekt-Quadratsummen von der QS_{Zellen}, erhalten wir:

$$250 - 104{,}70 - 41{,}70 - 92{,}70 = 10{,}90\,.$$

Es verbleibt somit eine Residualquadratsumme von $QS_{Res} = 10{,}90$, die mit 2 Freiheitsgraden versehen ist. Was diese restliche Quadratsumme inhaltlich bedeutet, zeigen die folgenden Überlegungen: Von der QS_{Zellen} wird u.a. die QS_A abgezogen, für die wir die Spaltenmittelwerte der Tabelle 11.21 benötigen. Die 3 in einer Spalte befindlichen Werte werden außer von Stufe a_1 auch von den Stufen des Faktors B und C beeinflusst. Das gleiche gilt jedoch auch für die Werte unter a_2 und a_3. Haben die Faktoren B und C somit eine Wirkung, ist diese für alle Stufen des Faktors A konstant, d.h., Unterschiede zwischen den Stufen des Faktors A können weder auf die Wirkung des Faktors B noch auf die Wirkung des Faktors C zurückgeführt werden. Befänden sich unter allen Stufen von A zusätzlich die gleichen B × C-Kombinationen, wäre die Unterschiedlichkeit zwischen den Stufen des Faktors A ausschließlich durch die Wirkung des Faktors A bestimmt.

Dies ist jedoch nicht der Fall. Unter a_1 befinden sich andere B × C-Kombinationen als unter a_2. Der Mittelwert von a_1 wird zusätzlich zur Haupteffektwirkung von den Interaktionskomponenten b_1c_1, b_2c_2 und b_3c_3 beeinflusst und der Mittelwert von a_2 zusätzlich durch b_1c_2, b_2c_3 und b_3c_1. Haupteffekt A ist somit nur dann eindeutig interpretierbar, wenn die entsprechenden B × C-Interaktionskomponenten vernachlässigt werden können. Das Gleiche gilt für die übrigen Haupteffekte. Haupteffekt B ist nur ohne eine A × C-Interaktion und Haupteffekt C ohne eine A × B-Interaktion eindeutig im Sinn eines Haupteffektes interpretierbar.

Damit wird ersichtlich, was die QS_{Res} enthält. Durch den Abzug der QS_A von der QS_{Zellen} wird die QS_{Zellen} um den reinen Haupteffekt A und zusätzlich um diejenige Unterschiedlichkeit vermindert, die sich zwischen den Durchschnitten aus $(b_1c_1 + b_2c_2 + b_3c_3)$, $(b_1c_2 + b_2c_3 + b_3c_1)$ und $(b_1c_3 + b_2c_1 + b_3c_2)$ ergibt. Unterschiede zwischen den Kombinationen *innerhalb* der Klammern werden durch die QS_A nicht erfasst und sind damit Bestandteil der QS_{Res}. Entsprechendes gilt für die übrigen Faktoren. Die QS_{Res} enthält somit ein Gemisch aus denjenigen Interaktionskomponenten, die die Haupteffekte nicht erfassen.

Damit Haupteffekte eindeutig interpretiert werden können, muss bekannt sein, welche Interaktionen zu vernachlässigen sind. Die Varianzanalyse über das lateinische Quadrat liefert hierüber jedoch keine direkten Informationen. Lediglich die QS_{Res} bietet einen Anhaltspunkt dafür, ob überhaupt mit Interaktionen zu rechnen ist. Je größer die QS_{Res}, um so wahrscheinlicher ist es, dass Interaktionen existieren, was bedeutet, dass die Haupteffekte nicht interpretierbar sind. Je kleiner die QS_{Res}, um so unwahrscheinlicher ist es, dass Interaktionen bestehen. Da die QS_{Res} jedoch gerade diejenigen Kombinationsvergleiche enthält, die die Haupteffekte nicht beeinflussen, bietet auch eine QS_{Res} von Null noch keine hinreichende Gewähr dafür, dass die Haupteffekte von Interaktionseffekten frei sind. Eindeutig können die Haupteffekte erst interpretiert werden, wenn durch Voruntersuchungen oder theoretische Überlegungen plausibel gemacht werden kann, dass zwischen den geprüften Faktoren keine Interaktionen bestehen.

Rechnerische Durchführung

Die Kennziffern für die vereinfachte rechnerische Durchführung einer Varianzanalyse über ein lateinisches Quadrat lauten:

$$(1) = \frac{G^2}{n \cdot p^2}, \quad (2) = \sum x^2,$$

$$(3) = \frac{\sum_i A_i^2}{n \cdot p}, \quad (4) = \frac{\sum_j B_j^2}{n \cdot p},$$

$$(5) = \frac{\sum_k C_k^2}{n \cdot p}, \quad (6) = \frac{\sum ABC^2}{n}.$$

Tabelle 11.22 zeigt, wie die Quadratsummen und Freiheitsgrade ermittelt werden.

Die Varianzschätzungen berechnen wir, indem die Quadratsummen durch die entsprechenden Freiheitsgrade dividiert werden. Haben alle Stichproben den Umfang n und weisen alle Faktoren – wie auf S. 396 gefordert – feste Stufen auf, können die drei Haupteffekte an der $\hat{\sigma}^2_{\text{Fehler}}$ getestet werden. Zuvor überprüfen wir, ob mit Interaktionen gerechnet werden muss. Dies geschieht durch die Bildung des folgenden F-Bruchs:

$$F = \frac{\hat{\sigma}^2_{\text{Res}}}{\hat{\sigma}^2_{\text{Fehler}}}. \tag{11.3}$$

Ist dieser F-Wert auf dem $\alpha = 10\%$-Niveau nicht signifikant, können statistisch bedeutsame Haupteffekte in üblicher Weise interpretiert werden. Über a posteriori durchzuführende Einzelvergleiche im Rahmen lateinischer Quadrate berichtet Dayton (1970, S. 147 ff.). Konservative *Einzelvergleiche* werden mit dem analog angewandten Scheffé-Test (vgl. 8.2) durchgeführt. Zur Kalkulation „optimaler" *Stichprobenumfänge* wird auf S. 258 ff. bzw. S. 303 f. verwiesen.

Tabelle 11.22. Quadratsummen und Freiheitsgrade eines lateinischen Quadrates

Q.d.V.	QS	df
A	(3) − (1)	p − 1
B	(4) − (1)	p − 1
C	(5) − (1)	p − 1
Fehler	(2) − (6)	$p^2 \cdot (n-1)$
Residual	(6) − (3) − (4) − (5) + 2 · (1)	(p − 1) · (p − 2)

BEISPIEL

Es soll überprüft werden, ob sich Farbkodierungen oder Formkodierungen besser einprägen. In einer Trainingsphase lernen 64 Vpn 16 konstruierte Figuren richtig zu bezeichnen (Zuordnung von Namen zu den Figuren). Die 16 Figuren unterscheiden sich in Bezug auf 4 verschiedene Formen (Faktor A) und 4 verschiedene Farben (Faktor B). (4 Formen und 4 Farben werden vollständig zu 16 Figuren kombiniert.) Untersucht werden 4 Berufsgruppen (Faktor C), aus denen jeweils 4 Zufallsstichproben à 4 Vpn gezogen wurden. Abhängige Variable ist die Zeit, die eine Vp benötigt, um einer Figur den richtigen Begriff zuzuordnen. In der Testphase werden die Figuren in zufälliger Reihenfolge vorgegeben, sodass die Position der personenspezifischen „Zielfigur" pro Vp zufällig variiert. Tabelle 11.23 zeigt die Daten und den Rechengang.

Da die Residualvarianz auf dem 10%-Niveau nicht signifikant ist, existieren offenbar keine Interaktionen zwischen den 3 Faktoren. Die Zuordnungsleistungen werden in statistisch bedeutsamer Weise nur von den Farben der Figuren beeinflusst.

11.3 Griechisch-lateinische Quadrate

In lateinischen Quadraten können – vorausgesetzt, es existieren keine Interaktionen – 3 Faktoren kontrolliert werden. Die Überprüfung von 4 Faktoren ist mit einer Versuchsanordnung möglich, die im Vergleich zu einem vollständigen vierfaktoriellen Plan mit einer beträchtlich reduzierten Vpn-Zahl auskommt. Diese Versuchsanordnung hat die Bezeichnung „griechisch-lateinisches Quadrat". (Der Name griechisch-lateinisches Quadrat ist vermutlich darauf zurückzuführen, dass die Stufen des 3. Faktors ursprünglich mit lateinischen Buchstaben und die des 4. Faktors mit griechischen Buchstaben gekennzeichnet wurden.) Im griechisch-lateinischen Quadrat sind die Haupteffekte nicht nur mit den Interaktionen 1. Ordnung, sondern auch mit den Interaktionen 2. Ordnung konfundiert. Die Anwendung eines griechisch-lateinischen Quadrates ist deshalb auf solche Fälle begrenzt, in denen die entsprechenden Interaktionen zu vernachlässigen sind.

> **Wenn Interaktionen zu vernachlässigen sind, können im griechisch-lateinischen Quadrat 4 Haupteffekte überprüft werden.**

11.3 Griechisch-lateinische Quadrate

Tabelle 11.23. Numerisches Beispiel für eine Varianzanalyse über ein lateinisches Quadrat

	a_1	a_2	a_3	a_4
	c_1	c_2	c_3	c_4
b_1	13	14	16	12
	17	18	14	15
	14	16	12	15
	14	16	13	16

	c_2	c_3	c_4	c_1
b_2	10	19	17	18
	15	15	16	17
	15	17	15	15
	14	17	13	16

	c_3	c_4	c_1	c_2
b_3	17	17	18	13
	18	19	18	20
	19	12	16	19
	14	18	19	20

	c_4	c_1	c_2	c_3
b_4	15	18	19	19
	14	18	17	17
	13	14	17	15
	17	16	15	16

Zellen-Summen

	a_1	a_2	a_3	a_4
b_1	58	64	55	58
b_2	54	68	61	66
b_3	68	66	71	72
b_4	59	66	68	67

A-Summen

a_1	a_2	a_3	a_4
239	264	255	263

B-Summen

b_1	b_2	b_3	b_4
235	249	277	260

C-Summen $\qquad$ $G = 1021$

c_1	c_2	c_3	c_4
261	258	258	244

$$(1) = \frac{1021^2}{4 \cdot 4^2} = 16288,14$$

$$(2) = 13^2 + 17^2 + 14^2 + \ldots + 16^2 = 16597$$

$$(3) = \frac{239^2 + 264^2 + 255^2 + 263^2}{4 \cdot 4} = 16313,19$$

$$(4) = \frac{235^2 + 249^2 + 277^2 + 260^2}{4 \cdot 4} = 16347,19$$

$$(5) = \frac{261^2 + 258^2 + 258^2 + 244^2}{4 \cdot 4} = 16299,06$$

$$(6) = \frac{58^2 + 64^2 + 55^2 + \ldots + 67^2}{4} = 16405,25$$

Q.d.V.	QS	df	$\hat{\sigma}^2$	F
A	$(3) - (1) = 25,05$	$p - 1 = 3$	8,35	2,09
B	$(4) - (1) = 59,05$	$p - 1 = 3$	19,68	4,93**
C	$(5) - (1) = 10,92$	$p - 1 = 3$	3,64	0,91
Fehler	$(2) - (6) = 191,75$	$p^2 \cdot (n - 1) = 48$	3,99	
Residual	$(6) - (3) - (4) - (5) + 2 \cdot (1) = 22,09$	$(p - 1) \cdot (p - 2) = 6$	3,68	

$F_{(3,48;0,95)} = 2,81 \qquad F_{(3,48;0,99)} = 4,24 \qquad$ Überprüfung der H_0: $\sigma^2_{Res} = 0$: $\quad F = \dfrac{3,68}{3,99} = 0,92 \qquad F_{(6,48;0,90)} = 1,92$

Konstruktionsregeln

Die Konstruktion eines griechisch-lateinischen Quadrates erfolgt auf der Basis *zweier orthogonaler lateinischer Quadrate*. Zwei lateinische Quadrate sind orthogonal, wenn in der Kombination der lateinischen Quadrate jedes Faktorstufenpaar genau einmal vorkommt (Tabelle 11.24).

Die Vereinigung der Quadrate a und b, bei der die Elemente aus a) mit den korrespondierenden, d. h. an gleicher Stelle stehenden Elementen aus b) kombiniert werden, führt zu einer Anordnung d), in der die Kombinationen a_1b_2, a_2b_3 und a_3b_1 jeweils dreimal vorkommen; a) und b) sind somit nicht wechselseitig orthogonal. In der Kombination der Tabelle 11.24 b und 11.24 c taucht hingegen jedes b_jc_k-Paar nur einmal auf, d. h., diese beiden lateinischen Quadrate sind orthogonal. Die Vereinigung der beiden lateinischen Quadrate b) und c) führt zu einem griechisch-lateinischen Quadrat. Unter Verwendung der Anordnung in Tabelle 11.24 e erhalten wir das in Tabelle 11.25 dargestellte Datenschema für eine Varianzanalyse über ein griechisch-lateinisches Quadrat (p = 3).

Griechisch-lateinische Quadrate können nur konstruiert werden, wenn zwei orthogonale lateinische Quadrate existieren, was keineswegs immer der Fall ist. Notwendige (aber nicht hinreichende) Bedingung für die Existenz zweier orthogonaler lateinischer Quadrate ist die Darstellbarkeit der Faktorstufenzahl als ganzzahlige Potenz einer Primzahl (z. B. $p = 3 = 3^1$, $p = 4 = 2^2$, $p = 5 = 5^1$, $p = 8 = 2^3$). Für $p = 6$ und $p = 10$ beispielsweise existieren keine orthogonalen lateinischen Quadrate, d. h., es können für diese Faktorstufenanzahlen auch keine griechisch-lateinischen Quadrate konstruiert werden. Vorgefertigte Anordnungen findet man z. B. bei Cochran u. Cox (1966, S. 146 ff.) für $p = 3, 4, 5, 7, 8, 9, 11$ und 12 oder bei Peng (1967).

Ausbalancierung. Im griechisch-lateinischen Quadrat kommen unter jeder Stufe eines Faktors alle Stufen der übrigen Faktoren genau einmal vor, d. h., der Plan ist in Bezug auf die 4 Haupteffekte ausbalanciert. Zusätzlich sind in einem griechisch-lateinischen Quadrat sämtliche C × D-Kombinationen enthalten, die jedoch nicht mit allen A × B-Kombinationen zusammen auftreten. In Bezug auf die Interaktionen ist das griechisch-lateinische Quadrat somit nur partiell ausbalanciert.

Rechnerische Durchführung

Das griechisch-lateinische Quadrat benötigt p^2 Stichproben des Umfangs n, während im vergleichbaren vierfaktoriellen vollständigen Versuchsplan p^4 Stichproben untersucht werden müssen. Die Stichprobe, die der Faktorstufenkombination a_1b_1 zugewiesen wird, beobachten wir nach Tabelle 11.25 gleichzeitig unter der Kombination c_2d_1. Die 2. Stichprobe wird der Faktorstufenkombination $a_2b_1c_3d_2$, die 3. der Kombination $a_3b_1c_1d_3$ zugeordnet usw.

Bei der Ermittlung der Quadratsummen gehen wir von folgenden Kennziffern aus:

$$(1) = \frac{G^2}{n \cdot p^2},$$

$$(2) = \sum x^2,$$

$$(3) = \frac{\sum_i A_i^2}{n \cdot p},$$

$$(4) = \frac{\sum_j B_j^2}{n \cdot p},$$

$$(5) = \frac{\sum_k C_k^2}{n \cdot p},$$

$$(6) = \frac{\sum_l D_l^2}{n \cdot p},$$

$$(7) = \frac{\sum ABCD^2}{n}.$$

Die für die Kennziffern (5) und (6) benötigten Summen erhalten wir, indem die Werte mit glei-

Tabelle 11.24. Orthogonale und nicht-orthogonale lateinische Quadrate

a)			b)			c)		
a_1	a_2	a_3	b_2	b_3	b_1	c_1	c_2	c_3
a_2	a_3	a_1	b_3	b_1	b_2	c_3	c_1	c_2
a_3	a_1	a_2	b_1	b_2	b_3	c_2	c_3	c_1

	a_1b_2	a_2b_3	a_3b_1	b_2c_1	b_3c_2	b_1c_3
d)	a_2b_3	a_3b_1	a_1b_2	e) b_3c_3	b_1c_1	b_2c_2
	a_3b_1	a_1b_2	a_2b_3	b_1c_2	b_2c_3	b_3c_1

Tabelle 11.25. Datenschema eines griechisch-lateinischen Quadrates (p = 3)

	a_1	a_2	a_3
b_1	$c_2 d_1$	$c_3 d_2$	$c_1 d_3$
b_2	$c_3 d_3$	$c_1 d_1$	$c_2 d_2$
b_3	$c_1 d_2$	$c_2 d_3$	$c_3 d_1$

Tabelle 11.26. Quadratsummen und Freiheitsgrade eines griechisch-lateinischen Quadrates

Q.d.V.	QS	df
A	(3) − (1)	p − 1
B	(4) − (1)	p − 1
C	(5) − (1)	p − 1
D	(6) − (1)	p − 1
Residual	(7) − (3) − (4) − (5) − (6) + 3 · (1)	(p−1)·(p−3)
Fehler	(2) − (7)	$p^2 \cdot (n-1)$

chem c-Index (bzw. d-Index) gemäß Tabelle 11.25 zusammengefasst werden. Die Quadratsummen und Freiheitsgrade ermitteln wir nach Tabelle 11.26.

Die Varianzschätzungen resultieren aus den Quadratsummen, dividiert durch ihre Freiheitsgrade. Alle Faktoren müssen feste Stufen haben (vgl. S. 430) und werden dementsprechend an der Fehlervarianz getestet. Die Überprüfung der Voraussetzung, dass keine Interaktionen existieren, erfolgt durch die Bildung des F-Bruchs nach Gl. (11.3).

> **BEISPIEL**
>
> Es soll der Einfluss von 4 Umweltvariablen auf die Arbeitsleistung (abhängige Variable) untersucht werden:
>
> Faktor A: 4 Lärmbedingungen (a_1, a_2, a_3, a_4),
> Faktor B: 4 Temperaturbedingungen (b_1, b_2, b_3, b_4),
> Faktor C: 4 Beleuchtungsbedingungen (c_1, c_2, c_3, c_4),
> Faktor D: 4 Luftfeuchtigkeitsbedingungen (d_1, d_2, d_3, d_4).
>
> Diese 4 × 4-Stufen werden gemäß Tabelle 11.27 zu einem griechisch-lateinischen Quadrat kombiniert. Jeder der 16 Faktorstufenkombinationen wird eine Stichprobe des Umfangs n = 4 zugewiesen. Tabelle 11.28 zeigt die Daten und ihre Auswertung.
> Die signifikante Residualvariation weist auf bedeutsame Interaktionen hin, d.h. die Haupteffekte können nur unter Vorbehalt interpretiert werden.

Tabelle 11.27. Datenschema eines griechisch-lateinischen Quadrates (p = 4)

	a_1	a_2	a_3	a_4
b_1	$c_1 d_1$	$c_2 d_3$	$c_3 d_4$	$c_4 d_2$
b_2	$c_2 d_2$	$c_1 d_4$	$c_4 d_3$	$c_3 d_1$
b_3	$c_3 d_3$	$c_4 d_1$	$c_1 d_2$	$c_2 d_4$
b_4	$c_4 d_4$	$c_3 d_2$	$c_2 d_1$	$c_1 d_3$

Hyperquadratische Anordnungen. Die Kombination von mehr als 2 wechselseitig orthogonalen lateinischen Quadraten führt zu hyperquadratischen Anordnungen, in denen mehr als 4 Faktoren kontrolliert werden können. Die hierfür benötigten Rechenregeln lassen sich ohne besondere Schwierigkeiten aus den oben erwähnten ableiten. Ein Beispiel für ein 4 × 4-Hyperquadrat, mit dem 5 Faktoren kontrolliert werden können, nennt Dayton (1970, S. 150).

11.4 Quadratische Anordnungen mit Messwiederholungen

Messwiederholungsanalysen wurden bereits in Kap. 9 ausführlich behandelt. Die bisher besprochenen quadratischen Anordnungen machen es erforderlich, dass jeder Faktorstufenkombination eine Zufallsstichprobe zugewiesen wird. Beide Ansätze lassen sich miteinander zu quadratischen Anordnungen mit Messwiederholungen kombinieren, in denen die Stichproben nicht nur unter einer, sondern unter mehreren Faktorstufenkombinationen beobachtet werden.

Sequenzeffekte

Lateinische Quadrate setzen voraus, dass die Messwerte unter den einzelnen Faktorstufenkombinationen voneinander unabhängig sind, dass also die unter einer Faktorstufenkombination gemachten Beobachtungen nicht von den Beobachtungen unter anderen Faktorstufenkombinationen abhängen. Ist diese Voraussetzung deshalb nicht erfüllt, weil die zu einem früheren Zeitpunkt erhobenen Messungen die zu einem späteren Zeitpunkt erhobenen Messungen beeinflussen, spre-

Tabelle 11.28. Numerisches Beispiel einer Varianzanalyse über ein griechisch-lateinisches Quadrat

	a_1	a_2	a_3	a_4		a_1	a_2	a_3	a_4
	c_1d_1	c_2d_3	c_3d_4	c_4d_2		c_3d_3	c_4d_1	c_1d_2	c_2d_4
b_1	12	10	10	8	b_3	8	11	5	11
	9	14	13	8		11	12	9	8
	10	11	13	9		9	11	8	10
	9	13	10	11		8	11	6	11
	c_2d_2	c_1d_4	c_4d_3	c_3d_1		c_4d_4	c_3d_2	c_2d_1	c_1d_3
b_2	15	8	11	11	b_4	12	8	12	10
	12	13	11	12		9	11	9	7
	14	12	14	9		9	12	10	7
	15	13	13	9		10	12	9	8

Zellen-Summen

	a_1	a_2	a_3	a_4
b_1	40	48	46	36
b_2	56	46	49	41
b_3	36	45	28	40
b_4	40	43	40	32

A-Summen

a_1	a_2	a_3	a_4
172	182	163	149

B-Summen

b_1	b_2	b_3	b_4
170	192	149	155

C-Summen

c_1	c_2	c_3	c_4
146	184	166	170

D-Summen

d_1	d_2	d_3	d_4
166	163	165	172

$G = 666$

$$(1) = \frac{666^2}{4 \cdot 4^2} = 6930{,}56 \qquad (2) = 12^2 + 9^2 + 10^2 + \cdots + 8^2 = 7226$$

$$(3) = \frac{172^2 + 182^2 + 163^2 + 149^2}{4 \cdot 4} = 6967{,}38 \qquad (4) = \frac{170^2 + 192^2 + 149^2 + 155^2}{4 \cdot 4} = 6999{,}38$$

$$(5) = \frac{146^2 + 184^2 + 166^2 + 170^2}{4 \cdot 4} = 6976{,}75 \qquad (6) = \frac{166^2 + 163^2 + 165^2 + 172^2}{4 \cdot 4} = 6933{,}38$$

$$(7) = \frac{40^2 + 48^2 + 46^2 + \cdots + 32^2}{4} = 7107{,}00$$

Q.d.V.	QS	df	$\hat{\sigma}^2$	F
A	$(3) - (1) = 36{,}82$	$p - 1 = 3$	12,27	4,95**
B	$(4) - (1) = 68{,}82$	$p - 1 = 3$	22,94	9,25**
C	$(5) - (1) = 46{,}19$	$p - 1 = 3$	15,40	6,21**
D	$(6) - (1) = 2{,}82$	$p - 1 = 3$	0,94	0,38
Residual	$(7) - (3) - (4) - (5) - (6) + 3 \cdot (1) = 21{,}79$	$(p-1) \cdot (p-3) = 3$	7,26	2,93*
Fehler	$(2) - (7) = 119$	$p^2 \cdot (n-1) = 48$	2,48	

$F_{(3,48;0,95)} = 2{,}81 \qquad F_{(3,48;0,99)} = 4{,}24$

11.4 Quadratische Anordnungen mit Messwiederholungen

chen wir von *sequentiellen Übertragungseffekten (carry-over effects)*.

Sequenz- oder Übertragungseffekte treten vor allem auf, wenn dieselben Vpn unter mehreren Stufen eines Treatments beobachtet werden, wobei die Wahrscheinlichkeit für Sequenzeffekte um so kleiner wird, je größer die zeitlichen Abstände zwischen den einzelnen Messungen sind. Die häufigsten Ursachen für Sequenz- oder Übertragungseffekte sind zunehmende Ermüdung, systematisch schwankende Motivation, abnehmende (oder zunehmende) Testangst, Lernfortschritte u.ä.. Spielen derartige Variablen bei der mehrfachen Untersuchung einer Stichprobe eine Rolle, können quadratische Anordnungen mit Messwiederholungen eingesetzt werden.

Konstruktionsregeln

Eine Möglichkeit zur Überprüfung von Sequenzeffekten haben wir bereits unter 9.2 kennengelernt. Eine weitere Sequenzeffekte kontrollierende Technik geht auf Williams (1949) zurück. Hier werden lateinische Quadrate in der Weise angeordnet, dass jede Treatmentstufe einmal Nachfolger der übrigen Treatmentstufen ist.

Für $p = 2$ Treatmentstufen (Faktor A) resultiert dann ein 2×2-Quadrat mit Messwiederholungen, wobei die erste Stichprobe das Treatment a_1 zum Zeitpunkt b_1 und das Treatment a_2 zum Zeitpunkt b_2 erhält. Für die zweite Stichprobe ist die Reihenfolge der Treatments umgekehrt. Ausführliche Hinweise zu diesem in der Literatur als „two period cross over design" oder „change over design" genannten Versuchsplans findet man bei Cotton (1989).

Ist die Anzahl der Treatmentstufen, für die Sequenzeffekte zu erwarten sind, *geradzahlig*, hat die 1. Zeile des lateinischen Quadrates allgemein die folgende Form:

$1, 2, p, 3, p-1, 4, p-2, 5, p-3, 6, p-4, \ldots$

In dieser Sequenz werden alternierend ein Element der Abfolge $1, p, p-1, p-2, p-3 \ldots$ und ein Element der Abfolge $2, 3, 4, 5 \ldots$ aneinandergereiht. Für $p = 4$ lautet die 1. Zeile des lateinischen Quadrates beispielsweise:

1 2 4 3.

Die 2. und darauffolgenden Zeilen erhalten wir, indem der Wert 1 zur vorausgehenden Zeile addiert bzw., falls die Zahl $p+1$ entsteht, zusätzlich p subtrahiert wird. Das vollständige, *sequentiell ausbalancierte lateinische Quadrat* für $p = 4$ verwendet daher folgende Anordnung:

1 2 4 3
2 3 1 4
3 4 2 1
4 1 3 2.

In dieser Anordnung folgt die 1 einmal auf die 2, auf die 3 und auf die 4. Die 2 steht einmal unmittelbar hinter der 1, hinter der 3 und hinter der 4. Entsprechendes gilt für die übrigen Ziffern. (Man beachte, dass dieses Prinzip des Ausbalancierens nur einen Teil der Sequenzen realisiert, die durch vollständige Permutation – vgl. S. 60 – entstehen.)

Bestehen die Treatmentstufen beispielsweise aus verschiedenen Medikamenten, so ist jedes Medikament einmal der unmittelbare Nachfolger aller übrigen Medikamente. *Unterschiede* zwischen den Medikamenten können somit nicht auf Nachwirkungen des zuvor verabreichten Medikaments zurückgeführt werden, es sei denn, das vorangegangene Medikament verändert die Wirkung der nachfolgenden Medikamente nicht in gleicher Weise (Interaktionseffekte). Muss mit dem Auftreten solcher Interaktionseffekte gerechnet werden, können die Haupteffekte – wie üblich in lateinischen Quadraten – nicht eindeutig interpretiert werden.

Für $p = 6$ erhalten wir das folgende, sequentiell ausbalancierte lateinische Quadrat:

1 2 6 3 5 4
2 3 1 4 6 5
3 4 2 5 1 6
4 5 3 6 2 1
5 6 4 1 3 2
6 1 5 2 4 3

Ist die *Anzahl der Faktorstufen ungerade*, werden 2 lateinische Quadrate benötigt, die zusammengenommen so angeordnet sind, dass jede Treatmentstufe zweimal hinter jeder anderen Treatmentstufe erscheint. Das 1. lateinische Quadrat bestimmen wir nach dem oben genannten Bildungsprinzip. Das 2. erhalten wir, indem die erste Zeile des 1. lateinischen Quadrates in umgekehrter Reihenfolge aufgeschrieben wird und für die folgende Zeile wieder jeweils 1 addiert (bzw. p zusätzlich abgezogen) wird.

Tabelle 11.29. Datenschema für ein sequenziell ausbalanciertes lateinisches Quadrat mit Messwiederholungen

	a_1	a_2	a_3	a_4
$S_1 c_1$	b_1	b_2	b_4	b_3
$S_2 c_2$	b_2	b_3	b_1	b_4
$S_3 c_3$	b_3	b_4	b_2	b_1
$S_4 c_4$	b_4	b_1	b_3	b_2

Dies ist in den beiden folgenden Anordnungen für $p = 5$ geschehen:

```
1 2 5 3 4       4 3 5 2 1
2 3 1 4 5       5 4 1 3 2
3 4 2 5 1       1 5 2 4 3
4 5 3 1 2       2 1 3 5 4
5 1 4 2 3       3 2 4 1 5
```

Eine sequenziell ausbalancierte quadratische Anordnung mit $p = 4$ kann beispielsweise in einen Versuchsplan zur Kontrolle von 3 Faktoren wie in Tabelle 11.29 eingebaut werden.

Vier Stichproben (S_1–S_4) unterscheiden sich in Bezug auf einen Faktor C. Die zu c_1 gehörende Stichprobe S_1 erhält die 4 Treatmentstufen (Faktor B) in der Reihenfolge b_1, b_2, b_4, b_3, wobei b_1 mit a_1, b_2 mit a_2, b_4 mit a_3 und b_3 mit a_4 kombiniert werden (Faktor A: Messzeitpunkte). Das Datenerhebungsschema für die übrigen Stichproben ist der Tabelle 11.29 in entsprechender Weise zu entnehmen.

Der analoge vollständige varianzanalytische Versuchsplan mit Messwiederholungen sieht vor, dass jede Stichprobe unter allen $A \times B$-Kombinationen, d.h. p^2-mal beobachtet wird (vgl. Tabelle 9.12). Unter Verwendung des lateinischen Quadrates hingegen untersuchen wir jede Vp nicht p^2-mal, sondern lediglich p-mal. Dies hat jedoch zur Folge, dass *Interaktionen* zwischen den Faktoren nicht getestet werden können. Wiederum ist der Einsatz des lateinischen Quadrates nicht zu empfehlen, wenn mit Interaktionen gerechnet werden muss bzw. wenn Interaktionen von speziellem Interesse sind. In diesem Fall muss auf den für die Vpn aufwendigeren, vollständigen Versuchsplan mit Messwiederholungen (vgl. Tabelle 9.12) zurückgegriffen werden.

Quadratsummen und Freiheitsgrade

Wie in allen Messwiederholungsanalysen wird auch hier die totale Quadratsumme in einen Anteil zerlegt, der auf Unterschiede zwischen den Vpn zurückgeht, und einen weiteren Anteil, der Unterschiede innerhalb der einzelnen Vpn enthält:

$$QS_{tot} = QS_{zw\,Vpn} + QS_{in\,Vpn}. \quad (11.4)$$

$QS_{in\,Vpn}$ und $QS_{zw\,Vpn}$ enthalten die folgenden Teilkomponenten:

$$QS_{zw\,Vpn} = QS_C + QS_{Fehler(zw)}, \quad (11.5)$$

$$QS_{in\,Vpn} = QS_A + QS_B + QS_{Res} \quad (11.6)$$
$$+ QS_{Fehler(in)}.$$

Die drei Haupteffekte haben jeweils $p - 1$ Freiheitsgrade. Die auf Unterschiede der Vpn in den Stichproben zurückgehende Fehlerquadratsumme $QS_{Fehler(zw)}$ hat $p \cdot (n - 1)$ Freiheitsgrade (vgl. Tabelle 9.8) und die Residualquadratsumme $(p - 1) \cdot (p - 2)$ Freiheitsgrade (vgl. S. 398). $QS_{Fehler(in)}$ basiert auf spezifischen Interaktionseffekten der Vpn mit Faktor A und den jeweils realisierten $A \times B$-Kombinationen. Sie hat deshalb $p \cdot (n - 1) \cdot (p - 1)$ Freiheitsgrade. Wie die Quadratsummen gemäß Gl. (11.4) bis (11.6) sind auch die Freiheitsgrade additiv.

Rechnerische Durchführung

Für die Quadratsummenberechnung ermitteln wir die folgenden Kennziffern:

$$(1) = \frac{G^2}{n \cdot p^2}, \qquad (2) = \sum x_{ijkm}^2,$$

$$(3) = \frac{\sum_i A_i^2}{n \cdot p}, \qquad (4) = \frac{\sum_j B_j^2}{n \cdot p},$$

$$(5) = \frac{\sum_k C_k^2}{n \cdot p}, \qquad (6) = \frac{\sum_i \sum_k AC_{ik}^2}{n},$$

$$(7) = \frac{\sum_k \sum_m P_{km}^2}{p}.$$

Das nicht indizierte Summenzeichen (Ziffer 2) läuft über diejenigen Messwerte, die in der Untersuchung realisiert sind. Tabelle 11.30 zeigt, wie die Quadratsummen und Freiheitsgrade in diesem Fall bestimmt werden.

11.4 Quadratische Anordnungen mit Messwiederholungen

Tabelle 11.30. Quadratsummen und Freiheitsgrade für ein sequentiell ausbalanciertes lateinisches Quadrat mit Messwiederholungen

Q.d.V.	QS	df
C	$(5) - (1)$	$p - 1$
Fehler$_{zw}$	$(7) - (5)$	$p \cdot (n - 1)$
A	$(3) - (1)$	$p - 1$
B	$(4) - (1)$	$p - 1$
Residual	$(6) - (3) - (4) - (5) + 2 \cdot (1)$	$(p - 1) \cdot (p - 2)$
Fehler$_{in}$	$(2) - (6) - (7) + (5)$	$p \cdot (n - 1) \cdot (p - 1)$

Die Varianzschätzungen ermitteln wir, indem die Quadratsummen durch die entsprechenden Freiheitsgrade dividiert werden. Haben alle Faktoren feste Stufen, werden die $\hat{\sigma}_C^2$ an der $\hat{\sigma}_{Fehler(zw)}^2$ und die $\hat{\sigma}_A^2$ sowie $\hat{\sigma}_B^2$ an der $\hat{\sigma}_{Fehler(in)}^2$ getestet. Diese Tests setzen voraus, dass die $\hat{\sigma}_{Res}^2$, getestet an der $\hat{\sigma}_{Fehler(in)}^2$, auf dem $\alpha = 10\%$ nicht signifikant ist. (Zu den speziellen Voraussetzungen von Messwiederholungsanalysen vgl. 9.3.)

Ist p eine *ungerade Zahl*, sodass 2 sequentiell balancierte lateinische Quadrate eingesetzt werden müssen, teilen wir die den Stufen des Faktors C zugewiesenen Stichproben in 2 Hälften und bestimmen nach der Untersuchung die für die einzelnen Kennziffern benötigten Summen auf Grund beider Datenmatrizen.

BEISPIEL

Vier Patientengruppen (Faktor C) des Umfangs n = 3 erhalten über den Tag verteilt (Faktor A: 4 Zeitpunkte) 4 Medikamente (Faktor B). Die Medikamente werden nach den in Tabelle 11.29 festgelegten Reihenfolgen verabreicht. Eine Stunde nach Einnahme der Medikamente wird die Temperatur (abhängige Variable) gemessen. Tabelle 11.31 zeigt die Messwerte sowie die Durchführung dieser Varianzanalyse.

Die Residualeffekte sind signifikant, d.h., es bestehen Interaktionen zwischen den Faktoren. Die beiden signifikanten Haupteffekte (Zeitpunkte und Medikamente) können nur mit Vorbehalt interpretiert werden.

Werden die Patienten nach dem Plan gemäß Tabelle 11.29 an mehreren Tagen untersucht, fassen wir die Messwerte der einzelnen Tage zusammen und rechnen eine Varianzanalyse über die durchschnittlichen Messwerte. Wenn Veränderungen der abhängigen Variablen über die Tage hinweg interessieren, erweitern wir die Varianzanalyse zu einem vierfaktoriellen unvollständigen Plan (Faktor D = Untersuchungstage). Eine ähnliche Versuchsanordnung wird bei Winer et al. (1991, S. 731 ff.) unter Plan 12 beschrieben.

Tabelle 11.31. Numerisches Beispiel für ein sequentiell ausbalanciertes lateinisches Quadrat mit Messwiederholungen

	a_1	a_2	a_3	a_4	P_m
	b_1	b_2	b_4	b_3	
c_1	38,2	39,6	38,4	38,7	154,9
	38,9	39,4	38,0	39,4	155,7
	38,4	39,3	38,7	38,9	155,3
	b_2	b_3	b_1	b_4	
c_2	38,4	38,6	38,7	38,5	154,2
	39,0	39,1	39,3	38,7	156,1
	38,7	39,3	39,0	39,5	156,5
	b_3	b_4	b_2	b_1	
c_3	38,4	37,5	38,4	39,2	153,5
	38,7	37,8	39,0	39,5	155,0
	38,2	38,0	38,7	39,0	153,9
	b_4	b_1	b_3	b_2	
c_4	38,0	38,1	38,9	38,6	153,6
	38,7	37,9	39,4	38,2	154,2
	38,5	38,4	39,2	38,4	154,5

Tabelle 11.31 (Fortsetzung)

AC-Summen	a_1	a_2	a_3	a_4
c_1	115,5	118,3	115,1	117,0
c_2	116,1	117,0	117,0	116,7
c_3	115,3	113,3	116,1	117,7
c_4	115,2	114,4	117,5	115,2

B-Summen			
b_1	b_2	b_3	b_4
464,6	465,7	466,8	460,3

A-Summen			
a_1	a_2	a_3	a_4
462,1	463,0	465,7	466,6

C-Summen			
c_1	c_2	c_3	c_4
465,9	466,8	462,4	462,3

$G = 1857,4$

$$(1) = \frac{1857,4^2}{3 \cdot 4^2} = 71873,641$$

$$(2) = 38,2^2 + 38,9^2 + 38,4^2 + \cdots + 38,4^2 = 71885,62$$

$$(3) = \frac{462,1^2 + 463,0^2 + 465,7^2 + 466,6^2}{3 \cdot 4} = 71874,788$$

$$(4) = \frac{464,6^2 + 465,7^2 + 466,8^2 + 460,3^2}{3 \cdot 4} = 71875,665$$

$$(5) = \frac{465,9^2 + 466,8^2 + 462,4^2 + 462,3^2}{3 \cdot 4} = 71875,008$$

$$(6) = \frac{115,5^2 + 118,3^2 + 115,1^2 + \ldots + 115,2^2}{3} = 71882,473$$

$$(7) = \frac{154,9^2 + 155,7^2 + 155,3^2 + \ldots + 154,5^2}{4} = 71876,250$$

Q.d.V.	QS	df	$\hat{\sigma}^2$	F
C	$(5) - (1) = 1,367$	$p - 1 = 3$	0,456	2,94
Fehler$_{zw}$	$(7) - (5) = 1,242$	$p \cdot (n - 1) = 8$	0,155	
A	$(3) - (1) = 1,147$	$p - 1 = 3$	0,382	4,84**
B	$(4) - (1) = 2,024$	$p - 1 = 3$	0,675	8,54**
Residual	$(6) - (3) - (4) - (5) + 2 \cdot (1) = 4,294$	$(p - 1) \cdot (p - 2) = 6$	0,716	9,06**
Fehler$_{in}$	$(2) - (6) - (7) + (5) = 1,905$	$p \cdot (n - 1) \cdot (p - 1) = 24$	0,079	

$F_{(3,8;0,95)} = 4,47 \quad F_{(3,24;0,99)} = 4,72 \quad F_{(6,24;0,99)} = 3,67$

ÜBUNGSAUFGABEN

1. Was versteht man unter geschachtelten Faktoren („nested factors")?
2. Erörtern Sie die Vor- und Nachteile (teil-)hierarchischer Versuchspläne im Vergleich zu vollständigen Versuchsplänen.
3. Die zu Beginn des Kap. 11.1 erwähnte Untersuchung möge gezeigt haben, dass die Versuchstiere nach den jeweiligen Konditionierungsphasen mit folgenden Häufigkeiten auf den konditionierten Reiz reagiert haben, ohne dass der unkonditionierte Reiz dargeboten wurde.

a_1		a_2		a_3	
$b_{1(1)}$	$b_{2(1)}$	$b_{1(2)}$	$b_{2(2)}$	$b_{1(3)}$	$b_{2(3)}$
18	19	16	17	9	9
16	17	18	15	11	9
16	17	15	16	10	7
22	16	17	15	10	11
19	11	17	14	8	8

Überprüfen Sie, ob sich die 3 Konditionierungsarten (Faktor A: feste Stufenauswahl) bzw. die 6 konditio-

Übungsaufgaben

nierten Reize (Faktor B: zufällige Stufenauswahl) signifikant voneinander unterscheiden.

4. Welche Nullhypothesen werden mit einer dreifaktoriellen, teilhierarchischen Varianzanalyse überprüft, in der Faktor C unter Faktor B, aber nicht unter Faktor A geschachtelt ist?

5. In einem dreifaktoriellen, hierarchischen Plan haben alle 3 Faktoren eine zufällige Stufenauswahl. Wie lauten die Prüfvarianzen für die 3 Faktoren?

6. Was versteht man unter einem
    a) lateinischen Quadrat,
    b) griechisch-lateinischen Quadrat?

7. Erstellen Sie mit Hilfe zyklischer Permutationen eine Standardform eines lateinischen Quadrates für $p = 6$.

8. Erläutern Sie, warum lateinische Quadrate in Bezug auf die Haupteffekte vollständig ausbalanciert sind.

9. Die folgenden 3 Faktoren sollen in ihrer Bedeutung für das Stimulationsbedürfnis von Personen untersucht werden: Faktor A Beruf (Handwerker, Beamte, Künstler), Faktor B Wohngegend (ländlich, kleinstädtisch, großstädtisch) und Faktor C Körperbau (pyknisch, leptosom, athletisch). Die Faktoren werden gemäß der Standardform des lateinischen Quadrates für $p = 3$ miteinander kombiniert, und jeder Faktorstufenkombination werden 8 Vpn zugewiesen. Zur Messung der abhängigen Variablen dient ein Test zur Erfassung von Stimulationsbedürfnis. Die folgende Tabelle zeigt die Testergebnisse:

	a_1		a_2		a_3	
b_1	8	11	7	6	10	11
	12	11	9	10	13	11
	9	7	7	9	10	10
	12	12	6	9	12	14
b_2	9	13	8	6	12	12
	9	8	8	7	13	14
	13	7	9	9	10	13
	11	8	9	6	12	15
b_3	10	7	11	9	12	15
	7	9	10	7	13	12
	10	13	6	6	12	15
	9	12	6	7	13	11

Überprüfen Sie, von welchen Faktoren das Stimulationsbedürfnis der Personen abhängt.

10. Als 4. Faktor soll im oben genannten Problem das Alter der Vpn (Faktor D: 21 bis 30 Jahre, 31 bis 40 Jahre, 41 bis 50 Jahre) mitberücksichtigt werden. In welchen Kombinationen taucht die Stufe d_1 (21 bis 30 Jahre) auf, wenn das lateinische Quadrat in Aufgabe 9 zu einem griechisch-lateinischen Quadrat erweitert wird?

11. Was versteht man unter einem sequentiell ausbalancierten lateinischen Quadrat?

Kapitel 12 Theoretische Grundlagen der Varianzanalyse

ÜBERSICHT

Einfaktorielle Varianzanalyse mit festen und zufälligen Effekten – zweifaktorielle Varianzanalysen (Modell I, II und III) – dreifaktorielle Varianzanalyse – Konstruktion von Quasi-F-Brüchen – „Pooling"-Prozeduren – einfaktorielle Varianzanalyse mit Messwiederholungen – Homogenität der Kovarianzen – mehrfaktorielle Analysen mit Messwiederholungen – Kovarianzanalysen – Analyse quadratischer Anordnungen – allgemeine Regeln für die Bestimmung von Erwartungswerten für Varianzen in beliebigen Varianzanalysen

In den bisher behandelten Kapiteln des Teils II war die Darstellung vorwiegend darauf gerichtet, den Rechengang der einzelnen varianzanalytischen Verfahren möglichst nachvollziehbar zu beschreiben. Auf Begründungen und theoretische Herleitungen, die vor allem die Art der Hypothesenüberprüfung mit dem F-Test betreffen, wurde weitgehend verzichtet. Dieser theoretische Hintergrund soll in diesem Kapitel aufgearbeitet werden. (Diejenigen, die weniger an der Theorie der Varianzanalyse und mehr an Anwendungsmöglichkeiten interessiert sind, mögen dieses Kapitel überschlagen.)

Die in Kap. 7–11 behandelten Verfahren und deren Kombinationsmöglichkeiten erfassen einen großen Teil der in der Forschungspraxis anfallenden varianzanalytischen Versuchspläne. Die gesamte Anwendungsbreite varianzanalytischer Methoden kann jedoch erst voll genutzt werden, wenn zusätzlich zu den Rechenregeln die Grundprinzipien der varianzanalytischen Hypothesenprüfung bekannt sind, deren Verständnis allerdings einige theoretische Überlegungen voraussetzt.

Den theoretischen Hintergrund der varianzanalytischen Methoden werden wir in der Reihenfolge der Kapitel von Teil II behandeln, d.h. unter 12.1 kommt zunächst noch einmal die einfaktorielle Varianzanalyse zur Sprache. Unter 12.2 werden wir die in Kap. 8 genannten Prüfvorschriften bei mehrfaktoriellen varianzanalytischen Plänen mit zufälligen und festen Faktoren sowie die Vorgehensweise bei der Konstruktion von Quasi-F-*Brüchen* und bei der Zusammenfassung von Interaktionsvarianzen mit der Fehlervarianz (pooling-procedures) begründen. Die Theorie der Messwiederholungspläne, Kovarianzanalysen, (teil-)hierarchischen Pläne und lateinischen Quadrate werden Gegenstand der folgenden Abschnitte sein. Wir beenden dieses Kapitel und damit den Teil II mit einem allgemeinen Ansatz, der das Auffinden adäquater Prüfvarianzen bei beliebigen varianzanalytischen Versuchsplänen erleichtert.

12.1 Einfaktorielle Varianzanalyse

In einer einfaktoriellen Varianzanalyse wird den p-Stufen eines Faktors jeweils eine Zufallsstichprobe aus einer Grundgesamtheit zugewiesen. Wiederholen wir die Untersuchung mit anderen Zufallsstichproben, werden nicht nur die einzelnen Messwerte x_{im}, sondern auch die Mittelwerte $\overline{A}_i$ und $\overline{G}$ anders ausfallen. $\overline{A}_i$ und $\overline{G}$ sind Realisierungen von Zufallsvariablen, die mit wachsendem Stichprobenumfang gemäß dem zentralen Grenzwerttheorem normalverteilt sind (vgl. hierzu die Ausführungen auf S. 93 f.).

Führen wir die Untersuchung (theoretisch) mit Populationen durch, liefert uns die Varianzanalyse Populationsparameter. Das resultierende Gesamtmittel aller Messwerte kennzeichnen wir mit μ, und die Mittelwerte der unter den einzelnen Faktorstufen i beobachteten Messwerte nennen wir μ_i. Mit Hilfe der Methode der kleinsten Quadrate (bzw. mit der Maximum-likelihood-Methode, wenn ein Faktor zufällige Stufen hat) kann man zeigen, dass $\overline{G}$ eine erwartungstreue Schätzung von μ und $\overline{A}_i$ eine erwartungstreue Schätzung von μ_i sind (vgl. 3.4 und zum Rechnen mit Erwartungswerten Anhang B):

$$E(\overline{G}) = \mu, \quad (12.1)$$

$$E(\overline{A}_i) = \mu_i. \quad (12.2)$$

Feste und zufällige Effekte

Die Anzahl aller möglichen Faktorstufen bzw. die Anzahl der Faktorstufen, auf die die Aussagen einer Untersuchung begrenzt sein sollen, sei P. Ist p = P, sprechen wir von einem Faktor mit festen Effekten. Hier gilt die Beziehung

$$\mu = \sum_{i=1}^{P} \mu_i / P. \quad (12.3)$$

Wählen wir hingegen eine Zufallsstichprobe aus P, sodass p sehr viel kleiner als P ist (p ≪ P), sprechen wir von einem Faktor mit zufälligen Effekten. Hier ist μ_i eine Zufallsvariable mit dem Erwartungswert

$$E(\mu_i) = \mu. \quad (12.4)$$

In diesem Fall gilt Gl. (12.3) nicht. Im Unterschied zum Modell mit festen Effekten werden in wiederholten Untersuchungen je nach Zufall andere Faktorstufen untersucht. Bei genügend großen Stichproben sind alle theoretischen μ_i-Werte um μ herum *normalverteilt*.

Strukturkomponenten

Die Wirkung einer Treatmentstufe i kennzeichnen wir durch folgenden Parameter:

$$\tau_i = \mu_i - \mu. \quad (12.5)$$

τ_i gibt somit an, in welchem Ausmaß eine Treatmentstufe in ihrer Wirkung **vom** Durchschnitt aller Treatmentstufen abweicht. Hat ein Faktor eine feste Stufenauswahl, ist $\sum_i \tau_i = 0$. Bei zufälliger Stufenauswahl ist τ_i eine Zufallsvariable und $\sum_i \tau_i$ im Allgemeinen ungleich Null. Zeigen alle Treatmentstufen keine Wirkung, ist τ_i bzw. $\sum_i \tau_i = 0$.

Eine Messung x_{im} setzt sich aus folgenden Strukturkomponenten zusammen:

$$x_{im} = \mu + \tau_i + \varepsilon_{im}. \quad (12.6)$$

μ ist für alle Beobachtungen x_{im} konstant und kennzeichnet das untersuchungsspezifische allgemeine Messniveau. τ_i beinhaltet die spezifische Wirkung der Treatmentstufe i und ist für alle Beobachtungen unter dieser Stufe konstant. ε_{im} ist die Realisierung einer Zufallsvariablen, die auf eine Vielzahl von Variationsquellen, die eine individuelle Messung x_{im} beeinflussen, zurückgeht. Wir bezeichnen ε_{im} als Fehlerkomponente einer Einzelmessung, die auf der Wirksamkeit von Störvariablen beruht. Im Modell der Varianzanalyse wird vorausgesetzt, dass ε_{im} von τ_i *unabhängig* ist, woraus sich die untersuchungstechnische Forderung ableitet, dass die einzelnen Untersuchungseinheiten den Treatmentstufen zufällig zugewiesen werden müssen.

Da μ und τ_i für alle Beobachtungen unter einer Treatmentstufe konstant sind, muss die Unterschiedlichkeit der Messwerte unter einer Treatmentstufe auf Fehlerkomponenten ε_{im} zurückgeführt werden. Die Varianz innerhalb einer Treatmentstufe i entspricht deshalb der Fehlervarianz:

$$\sigma_i^2 = \sigma_{\varepsilon(i)}^2. \quad (12.7)$$

Ausgehend von (12.6) ergibt sich für ε_{im}:

$$\varepsilon_{im} = x_{im} - \mu - \tau_i, \quad (12.8)$$

d.h. ε_{im} kann positiv oder negativ werden. Der Erwartungswert aller Fehlerkomponenten, die mit den unter einer Treatmentstufe beobachteten Messungen verbunden sind, ist Null:

$$E(\varepsilon_{im}) = 0. \quad (12.9)$$

Da sich ε_{im} aus einer Vielzahl voneinander unabhängig wirkender Variablen zusammensetzt, wird angenommen, dass ε_{im} *um Null normalverteilt ist* (vgl. S. 78f.). Werden die Untersuchungseinheiten den Treatmentstufen zufällig zugeordnet, ist damit zu rechnen, dass Art und Ausmaß der Wirkungsweise von Fehlerkomponenten unter allen Treatmentstufen gleich sind. Hieraus resultiert die folgende Varianzhomogenitätsannahme:

$$\sigma_{\varepsilon(1)}^2 = \sigma_{\varepsilon(2)}^2 = \cdots = \sigma_{\varepsilon(i)}^2 = \cdots = \sigma_{\varepsilon(P)}^2$$
$$= \sigma_\varepsilon^2 \quad (12.10)$$

σ_ε^2 kennzeichnet somit die unter allen Treatmentstufen beobachtete Fehlervarianz.

12.1 Einfaktorielle Varianzanalyse

Über die unterschiedlichen Wirkungen der einzelnen Treatmentstufen informiert der folgende Ausdruck:

$$\sigma_\tau^2 = \frac{\sum_i \tau_i^2}{p-1}$$

$$= \frac{\sum_i (\mu_i - \mu)^2}{p-1}. \qquad (12.11)$$

Gemäß der Nullhypothese erwarten wir, dass $\sigma_\tau^2 = 0$ bzw. dass $\tau_1 = \tau_2 = \cdots = \tau_p = 0$ oder $\mu_1 = \mu_2 = \cdots = \mu_p$ ist.

Für die „wahre" Fehlervarianz (Gl. 12.10) und die „wahre" Treatmentvarianz (Gl. 12.11) errechnen wir im Kontext einer einfaktoriellen Varianzanalyse nach den im Kap. 7 genannten Regeln Schätzungen, von denen im Folgenden gezeigt wird, dass es sich hierbei um zwei voneinander unabhängige, erwartungstreue Schätzungen für σ_ε^2 handelt, sofern die H_0 gilt. Wir behandeln zunächst die einfaktorielle Varianzanalyse mit festen Effekten und anschließend die einfaktorielle Varianzanalyse mit zufälligen Effekten, wobei wir vorerst davon ausgehen, dass die Stichprobenumfänge gleichgroß sind.

Feste Effekte

1. Schätzung für σ_ε^2. Die Varianz der in einer Untersuchung unter der Faktorstufe i beobachteten Messwerte lautet:

$$\hat{\sigma}_i^2 = \hat{\sigma}_{\text{Fehler}(i)}^2 = \frac{\sum_m (x_{im} - \overline{A}_i)^2}{n-1}. \qquad (12.12)$$

Dies ist nach Gl. (B 27, Anhang B) eine erwartungstreue Schätzung der Populationsvarianz auf der Basis von n-Messwerten. $\hat{\sigma}_{\text{Fehler}(i)}^2$ ist somit eine erwartungstreue Schätzung von $\sigma_{\varepsilon(i)}^2 = \sigma_\varepsilon^2$. Eine bessere Schätzung erhalten wir jedoch, wenn wir die Varianzschätzungen unter den einzelnen Treatmentstufen unter der *Voraussetzung der Varianzhomogenität* zu einer gemeinsamen Varianz zusammenfassen. Bei dieser Zusammenfassung werden die Quadratsummen und Freiheitsgrade getrennt summiert. Für den Erwartungswert der Varianz unter einer Treatmentstufe gilt zunächst:

$$E(\hat{\sigma}_{\text{Fehler}(i)}^2) = \frac{E(QS_{\text{Fehler}(i)})}{n-1} = \sigma_\varepsilon^2. \qquad (12.13)$$

Der Erwartungswert der Quadratsumme unter der Faktorstufe i lautet somit:

$$E(QS_{\text{Fehler}(i)}) = (n-1) \cdot \sigma_\varepsilon^2. \qquad (12.14)$$

Summieren wir die Erwartungswerte der Quadratsummen aller Treatmentstufen, resultiert:

$$E(QS_{\text{Fehler}}) = \sum_i [E(QS_{\text{Fehler}(i)})]$$

$$= \sum_i (n-1) \cdot \sigma_\varepsilon^2$$

$$= p \cdot (n-1) \cdot \sigma_\varepsilon^2. \qquad (12.15)$$

Wir entnehmen 7.1 die Definition für $\hat{\sigma}_{\text{Fehler}}^2$:

$$\hat{\sigma}_{\text{Fehler}}^2 = \frac{QS_{\text{Fehler}}}{p \cdot (n-1)} \qquad (12.16)$$

und erhalten

$$E(\hat{\sigma}_{\text{Fehler}}^2) = \frac{E(QS_{\text{Fehler}})}{p \cdot (n-1)}$$

$$= \frac{p \cdot (n-1) \cdot \sigma_\varepsilon^2}{p \cdot (n-1)} = \sigma_\varepsilon^2. \qquad (12.17)$$

Unter der Voraussetzung, dass die einzelnen Varianzen unter den Treatmentstufen homogen sind, stellt $\hat{\sigma}_{\text{Fehler}}^2$ somit eine erwartungstreue Schätzung von σ_ε^2 dar.

Bei dieser Ableitung wurde lediglich vorausgesetzt, dass die Stichproben aus Populationen mit gleichen Varianzen stammen. Über die Beschaffenheit der Mittelwerte der Populationen wurden keinerlei Annahmen gemacht.

2. Schätzung für σ_ε^2. Die auf die Treatments zurückgehende Unterschiedlichkeit der Messungen wurde in Kap. 7 durch die $\hat{\sigma}_{\text{treat}}^2$ erfasst:

$$\hat{\sigma}_{\text{treat}}^2 = \frac{n \cdot \sum_i (\overline{A}_i - \overline{G})^2}{p-1}.$$

Wir wollen im Folgenden überprüfen, welchen Erwartungswert diese Varianzschätzung bei Gültigkeit der H_0 aufweist. Hierzu betrachten wir zunächst die Abweichungen $(\overline{A}_i - \overline{G})$. Für $\overline{A}_i$ erhalten wir nach Gl. (12.6)

$$\overline{A}_i = \frac{\sum_m x_{im}}{n} = \frac{1}{n} \cdot \sum_m (\mu + \tau_i + \varepsilon_{im})$$
$$= \mu + \tau_i + \overline{\varepsilon}_i.$$

Für $\overline{G}$ ermitteln wir

$$\overline{G} = \frac{\sum_i \sum_m x_{im}}{p \cdot n} = \frac{1}{p \cdot n} \cdot \sum_i \sum_m (\mu + \tau_i + \varepsilon_{im})$$
$$= \mu + \frac{1}{p} \cdot \sum_i \tau_i + \overline{\varepsilon}$$

bzw., da $\sum_i \tau_i$ für Faktoren mit *festen Effekten* Null ist,

$$\overline{G} = \mu + \overline{\varepsilon}.$$

Zusammengenommen erhalten wir für eine Abweichung $(\overline{A}_i - \overline{G})$:

$$(\overline{A}_i - \overline{G}) = \tau_i + \overline{\varepsilon}_i - \overline{\varepsilon}$$
$$= \tau_i + (\overline{\varepsilon}_i - \overline{\varepsilon}) \quad (12.18)$$

bzw. für die Treatmentquadratsumme

$$QS_{treat} = n \cdot \sum_i [\tau_i + (\overline{\varepsilon}_i - \overline{\varepsilon})]^2$$
$$= n \sum_i \tau_i^2 + 2 \cdot n \sum_i \tau_i \cdot (\overline{\varepsilon}_i - \overline{\varepsilon})$$
$$+ n \cdot \sum_i (\overline{\varepsilon}_i - \overline{\varepsilon})^2. \quad (12.19)$$

Der Erwartungswert der Treatmentquadratsumme heißt somit wegen $E(\overline{\varepsilon}_i - \overline{\varepsilon}) = 0$:

$$E(QS_{treat}) = E\left[n \sum_i \tau_i^2 + n \sum_i (\overline{\varepsilon}_i - \overline{\varepsilon})^2\right] \quad (12.20)$$
$$= n \sum_i \tau_i^2 + n \cdot E\left[\sum_i (\overline{\varepsilon}_i - \overline{\varepsilon})^2\right].$$

Der rechte Ausdruck lässt sich in folgender Weise umformen:

$$n \cdot E\left[\sum_i (\overline{\varepsilon}_i - \overline{\varepsilon})^2\right] = E\left(n \cdot \sum_i \overline{\varepsilon}_i^2 \right.$$
$$\left. - 2 \cdot n \cdot \overline{\varepsilon} \sum_i \overline{\varepsilon}_i + n \cdot p \cdot \overline{\varepsilon}^2\right)$$
$$= E\left(n \cdot \sum_i \overline{\varepsilon}_i^2 - n \cdot p \cdot \overline{\varepsilon}^2\right)$$
$$= n \sum_i [E(\overline{\varepsilon}_i^2)] - n \cdot p \cdot E(\overline{\varepsilon}^2)$$

(wegen $\sum_i \overline{\varepsilon}_i = p \cdot \overline{\varepsilon}$).

Nach Gl. (B 21) (vgl. Anhang B, S. 709) ersetzen wir $E(\overline{\varepsilon}_i^2)$ durch $\sigma_{\overline{\varepsilon}_i}^2 + \mu_\varepsilon^2$ bzw., da $\mu_\varepsilon = 0$, durch $\sigma_{\overline{\varepsilon}_i}^2$. Für $E(\overline{\varepsilon}^2)$ schreiben wir entsprechend $\sigma_{\overline{\varepsilon}}^2$. Wir erhalten damit für Gl. (12.20):

$$E(QS_{treat}) = n \sum_i \tau_i^2 + n \sum_i \sigma_{\overline{\varepsilon}_i}^2 - n \cdot p \cdot \sigma_{\overline{\varepsilon}}^2$$
$$= n \sum_i \tau_i^2 + n \cdot p \cdot \sigma_{\overline{\varepsilon}_i}^2 - n \cdot p \cdot \sigma_{\overline{\varepsilon}}^2. \quad (12.21)$$

$\sigma_{\overline{\varepsilon}_i}^2$ und $\sigma_{\overline{\varepsilon}}^2$ sind quadrierte Standardfehler des durchschnittlichen Fehlers in Stichproben des Umfangs n bzw. $p \cdot n$. Wir ersetzen sie nach Gl. (B 23)

$$E(QS_{treat}) = n \sum_i \tau_i^2 + p \cdot \sigma_\varepsilon^2 - \sigma_\varepsilon^2$$
$$= n \sum_i \tau_i^2 + (p-1) \cdot \sigma_\varepsilon^2. \quad (12.22)$$

Wird Gl. (12.22) durch $p - 1$ dividiert, resultiert

$$E(\hat{\sigma}_{treat}^2) = \frac{n \cdot \sum_i \tau_i^2}{p-1} + \sigma_\varepsilon^2$$

bzw., da $\tau_i = \mu_i - \mu$,

$$E(\hat{\sigma}_{treat}^2) = n \cdot \sigma_\tau^2 + \sigma_\varepsilon^2. \quad (12.23)$$

Trifft die H_0: $\sigma_\tau^2 = 0$ zu, stellt die $\hat{\sigma}_{treat}^2$ ebenfalls eine erwartungstreue Schätzung der Fehlervarianz dar. Ist die H_0 falsch, vergrößert sich $\hat{\sigma}_{treat}^2$ um denjenigen Varianzbetrag, der auf die verschiedenen Treatmentstufen zurückzuführen ist.

> Bei Gültigkeit von H_0 sind $\hat{\sigma}_{Fehler}^2$ und $\hat{\sigma}_{treat}^2$ zwei unabhängige und erwartungstreue Schätzungen für σ_ε^2.

12.1 Einfaktorielle Varianzanalyse

Wir können σ_ε^2 somit auf Grund der Daten auf zweierlei Weise schätzen. Die beiden voneinander unabhängigen Schätzungen sind bei Gültigkeit der H_0 bis auf zufällige Abweichungen identisch. Nach 5.1.5 wissen wir, dass der Quotient zweier voneinander unabhängiger Varianzschätzungen F-verteilt ist. Mit dem F-Test ermitteln wir somit die Wahrscheinlichkeit, dass $\hat\sigma_{\text{treat}}^2$ bei Gültigkeit der H_0 um einen bestimmten Betrag zufällig größer als die $\hat\sigma_{\text{Fehler}}^2$ ist. Resultiert hierfür ein Wert, der kleiner als ein festgelegtes α-Niveau ist, verwerfen wir die H_0: die $\hat\sigma_{\text{treat}}^2$ stellt keine erwartungstreue Schätzung der σ_ε^2 dar, sondern enthält zusätzlich Treatmenteffekte.

Zufällige Effekte

Im Folgenden wenden wir uns den Erwartungswerten von $\hat\sigma_{\text{Fehler}}^2$ und $\hat\sigma_{\text{treat}}^2$ unter der Annahme zufälliger Effekte zu.

1. Schätzung für σ_ε^2. Da bei der Herleitung von $E(\hat\sigma_{\text{Fehler}}^2)$ die für feste Faktorstufen geltende Beziehung $\sum_i \tau_i = 0$ nicht zum Tragen kam, ist die $\hat\sigma_{\text{Fehler}}^2$ auch dann eine erwartungstreue Schätzung von σ_ε^2, wenn die Faktorstufen zufällig ausgewählt sind.

2. Schätzung für σ_ε^2. Auch für Faktoren mit zufälligen Effekten gehen wir von der bereits bekannten Berechnungsvorschrift für die $\hat\sigma_{\text{treat}}^2$ aus und betrachten zunächst eine Abweichung $(\overline{A}_i - \overline{G})$. Für $\overline{A}_i$ resultiert nach Gl. (12.6):

$$\overline{A}_i = \mu + \tau_i + \overline{\varepsilon}_i. \quad (12.24)$$

Da für zufällige Effekte $\sum \tau_i \neq 0$, erhalten wir für $\overline{G}$

$$\overline{G} = \mu + \frac{\sum_i \tau_i}{p} + \overline{\varepsilon} \quad (12.25)$$
$$= \mu + \overline{\tau} + \overline{\varepsilon}$$

bzw.

$$(\overline{A}_i - \overline{G}) = (\tau_i - \overline{\tau}) + (\overline{\varepsilon}_i - \overline{\varepsilon}). \quad (12.26)$$

Der Erwartungswert der Treatmentquadratsumme errechnet sich damit zu

$$E(QS_{\text{treat}}) = E\left[n \cdot \sum_i ((\tau_i - \overline{\tau}) + (\overline{\varepsilon}_i - \overline{\varepsilon}))^2\right]$$
$$= n \cdot E\left(\sum_i (\tau_i - \overline{\tau})^2\right)$$
$$+ 2 \cdot n \cdot E\left(\sum_i (\tau_i - \overline{\tau}) \cdot (\overline{\varepsilon}_i - \overline{\varepsilon})\right)$$
$$+ n \cdot E\left(\sum_i (\overline{\varepsilon}_i - \overline{\varepsilon})^2\right). \quad (12.27)$$

Wegen der Unabhängigkeit von Treatment- und Fehlereffekten entfällt der zweite Ausdruck.

Die τ_i-Werte im ersten Ausdruck konstituieren eine Zufallsstichprobe von Treatmenteffekten. Dividieren wir beide Seiten von Gl. (12.27) durch $p - 1$, resultiert für den ersten Ausdruck

$$\frac{n \cdot E\left(\sum_i (\tau_i - \overline{\tau})^2\right)}{p - 1} = n \cdot \sigma_\tau^2 \quad (12.28)$$

mit σ_τ^2 als Varianz der τ-Effekte.

Für den dritten Ausdruck erhalten wir nach Division durch $p - 1$

$$\frac{n \cdot E\left(\sum_i (\overline{\varepsilon}_i - \overline{\varepsilon})^2\right)}{p - 1} = n \cdot \sigma_{\overline{\varepsilon}_i}^2. \quad (12.29)$$

$\sigma_{\overline{\varepsilon}_i}^2$ ist der Standardfehler der durchschnittlichen Fehlerkomponente von n-Messungen unter Treatment i. Für ihn schreiben wir nach Gl. (B 23)

$$\sigma_{\overline{\varepsilon}_i}^2 = \frac{\sigma_\varepsilon^2}{n} \quad (12.30)$$

bzw.

$$n \cdot \sigma_{\overline{\varepsilon}_i}^2 = \sigma_\varepsilon^2. \quad (12.31)$$

Für die linke Seite von Gl. (12.27) erhalten wir

$$\frac{E(QS_{\text{treat}})}{p - 1} = E(\hat\sigma_{\text{treat}}^2), \quad (12.32)$$

d.h., es resultiert zusammenfassend

$$E(\hat\sigma_{\text{treat}}^2) = n \cdot \sigma_\tau^2 + \sigma_\varepsilon^2. \quad (12.33)$$

Auch bei Faktoren mit zufälligen Effekten schätzt die $\hat\sigma_{\text{treat}}^2$ bei Gültigkeit der H_0: $\sigma_\tau^2 = 0$ die Fehlervarianz. Die statistische Überprüfung der Nullhypothese erfolgt auch hier wie im Fall fester Faktorstufen durch den F-Test: $F = \hat\sigma_{\text{treat}}^2 / \hat\sigma_{\text{Fehler}}^2$.

Tabelle 12.1. Erwartungswerte für die Varianzen in der einfaktoriellen Varianzanalyse

Q.d.V.	Erwartungswert der Varianzen
Treatment	$\sigma_\varepsilon^2 + n \cdot \sigma_\tau^2$
Fehler	σ_ε^2

> Die Fehlervarianz ist für Faktoren mit festen und zufälligen Effekten die adäquate Prüfvarianz für $\hat{\sigma}_{\text{treat}}^2$.

Ungleich große Stichproben. Die Ableitungen bezogen sich bisher auf den Fall, dass allen Faktorstufen gleich große Stichproben zugewiesen wurden. Sind die Stichprobenumfänge ungleich groß, ergeben sich – zumindest für Faktoren mit festen Effekten – nur geringfügige Modifikationen. Bei der Herleitung von $E(\hat{\sigma}_{\text{Fehler}}^2)$ und $E(\hat{\sigma}_{\text{treat}}^2)$ wird jeweils n durch n_i und $n \cdot p$ durch N ersetzt. Es resultieren auch für ungleich große Stichproben bei Faktoren mit festen oder zufälligen Effekten die in Tabelle 12.1 zusammengefassten Erwartungswerte der Varianzen.

12.2 Zwei- und mehrfaktorielle Varianzanalysen

In der zweifaktoriellen Varianzanalyse werden zwei Haupteffekthypothesen und eine Interaktionshypothese geprüft. Ziel der folgenden Ausführungen ist es, die in der Tabelle 8.7 genannten Prüfvarianzen für diese Hypothesen zu begründen. Hierbei ist zwischen Modell I (beide Faktoren mit festen Effekten), Modell II (ein Faktor mit festen und ein Faktor mit zufälligen Effekten) sowie Modell III (beide Faktoren mit zufälligen Effekten) zu unterscheiden.

Strukturkomponenten

Für die Populationsparameter einer zweifaktoriellen Varianzanalyse vereinbaren wir folgende Terminologie:

μ_{ij} = Durchschnittswert der Faktorstufenkombination ab_{ij} (geschätzt durch $\overline{AB}_{ij}$)

μ_i = Durchschnittswert der Faktorstufe a_i (geschätzt durch $\overline{A}_i$)

μ_j = Durchschnittswert der Faktorstufe b_j (geschätzt durch $\overline{B}_j$)

μ = Gesamtdurchschnittswert (geschätzt durch $\overline{G}$).

Die Wirkungsweise einer Faktorstufe a_i kennzeichnen wir wie in der einfaktoriellen Varianzanalyse durch die Abweichung des μ_i-Wertes von μ:

$$\alpha_i = \mu_i - \mu. \quad (12.34)$$

α_i ist der spezifische Effekt der Stufe a_i. Mit der Varianzanalyse überprüfen wir die H_0:

$$\alpha_1 = \alpha_2 = \cdots = \alpha_i = \cdots = \alpha_p = 0$$

bzw.

$$\mu_1 = \mu_2 = \cdots = \mu_i = \cdots = \mu_p.$$

Die vereinfachte Schreibweise der H_0 lautet:

$$\sigma_\alpha^2 = 0.$$

β_j stellt den spezifischen Effekt der Stufe b_j dar:

$$\beta_j = \mu_j - \mu. \quad (12.35)$$

Die H_0 bezüglich des Faktors B lautet:

$$\beta_1 = \beta_2 = \cdots = \beta_j = \cdots = \beta_q = 0$$

bzw.

$$\mu_1 = \mu_2 = \ldots = \mu_j = \ldots = \mu_q.$$

Diese Schreibweisen sind äquivalent mit der H_0:

$$\sigma_\beta^2 = 0.$$

Die Interaktionswirkung der Kombination ab_{ij} erhalten wir, indem von $\mu_{ij} - \mu$ die Effekte der Stufen a_i und b_j (α_i und β_j) abgezogen werden:

$$\begin{aligned} \alpha\beta_{ij} &= (\mu_{ij} - \mu) - (\alpha_i + \beta_j) \\ &= (\mu_{ij} - \mu) - (\mu_i - \mu + \mu_j - \mu) \\ &= \mu_{ij} - \mu_i - \mu_j + \mu. \end{aligned} \quad (12.36)$$

Für alle Messwerte, die unter einer Faktorstufenkombination beobachtet werden, sind die Komponenten μ, α_i, β_j und $\alpha\beta_{ij}$ konstant. Unterschiede zwischen den Messwerten innerhalb einer Zelle werden auf Fehlereffekte zurückgeführt. Die Fehlereffekte, die eine Messung x_{ijm} beeinflussen, werden im Ausdruck ε_{ijm} zusammengefasst. Wir setzen voraus, dass die Fehlerkomponenten in allen Zellen gleichermaßen wirksam sind *(Homogenität der Fehlervarianz)*, sodass die Beziehung

12.2 Zwei- und mehrfaktorielle Varianzanalysen

$$\sigma^2_{\varepsilon(i,j)} = \sigma^2_{\varepsilon(i)} = \sigma^2_{\varepsilon(j)} = \sigma^2_{\varepsilon}$$

erfüllt ist. Es wird wieder unterstellt, dass sich die Fehlereffekte aus der Wirkungsweise vieler, voneinander unabhängiger Störvariablen zusammensetzen, sodass sich die *Fehlerkomponenten in jeder Zelle um Null normalverteilen.* Sind die Fehlerkomponenten von den Haupteffekten und der Interaktion unabhängig, was durch die randomisierte Zuweisung der Vpn gewährleistet wird, setzt sich ein Messwert x_{ijm} aus folgenden Strukturkomponenten zusammen:

$$x_{ijm} = \mu + a_i + \beta_j + a\beta_{ij} + \varepsilon_{ijm}. \quad (12.37)$$

Modell I

Für die Varianzanalyse mit zwei festen Faktoren ist zu zeigen, dass $\hat{\sigma}^2_A$, $\hat{\sigma}^2_B$ und $\hat{\sigma}^2_{A\times B}$ bei Gültigkeit der jeweiligen H_0 erwartungstreue Schätzungen der Fehlervarianz σ^2_ε darstellen. Zunächst jedoch soll überprüft werden, ob die $\hat{\sigma}^2_{\text{Fehler}}$ eine erwartungstreue Schätzung von σ^2_ε darstellt.

$\hat{\sigma}^2_{\text{Fehler}}$ **als Schätzung für** σ^2_ε**.** Die Fehlervarianzschätzung $\hat{\sigma}^2_{\text{Fehler}}$ geht von den quadrierten Abweichungen der Messwerte innerhalb einer Zelle ij aus. Für die Fehlervarianzschätzung innerhalb einer Zelle schreiben wir

$$\text{VAR}_{ij}(x_{ijm}) = \frac{\sum_m (x_{ijm} - \overline{AB}_{ij})^2}{n - 1}. \quad (12.38)$$

Der Erwartungswert der Varianz der Messwerte einer Zelle ij ist nach Gl. (B 34) gleich der Summe der Varianzen derjenigen voneinander unabhängigen Komponenten, aus denen sich ein Messwert x_{ijm} zusammensetzt. Da jedoch nach Gl. (12.37) μ, a_i, β_j und $a\beta_{ij}$ für alle Messwerte einer Zelle konstant sind, erhalten wir den folgenden Erwartungswert für die Varianz der Messwerte in einer Zelle ij:

$$E[\text{VAR}_{ij}(x_{ijm})] = \sigma^2_{\varepsilon(ij)}. \quad (12.39)$$

$\sigma^2_{\varepsilon(ij)}$ ist laut Homogenitätsvoraussetzung für alle Zellen gleich. Der Durchschnitt der Fehlervarianzschätzungen aller Zellen, den wir in der zweifaktoriellen Varianzanalyse als beste Schätzung von σ^2_ε heranziehen, lautet somit:

$$E(\hat{\sigma}^2_{\text{Fehler}}) = \frac{\sum_i \sum_j E[\text{VAR}_{ij}(x_{ijm})]}{(p \cdot q)} \quad (12.40)$$
$$= \sigma^2_{\bar{\varepsilon}(ij)} = \sigma^2_\varepsilon.$$

$\hat{\sigma}^2_{\text{Fehler}}$ ist eine erwartungstreue Schätzung von σ^2_ε.

$\hat{\sigma}^2_A$ **als Schätzung für** σ^2_ε**.** Bei dieser Schätzung benutzen wir nur diejenigen Informationen, die in den Mittelwerten des Faktors A enthalten sind. Für den Stichprobenmittelwert $\bar{A}_i$ erhalten wir nach Gl. (12.37):

$$\bar{A}_i = \sum_j \sum_m x_{ijm}/(q \cdot n)$$
$$= \frac{1}{q \cdot n} \cdot \sum_j \sum_m x_{ijm}$$
$$= \frac{1}{q \cdot n} \cdot \sum_j \sum_m (\mu + a_i + \beta_j + a\beta_{ij} + \varepsilon_{ijm})$$
$$= \mu + a_i + \frac{\sum_j \beta_j}{q} + \frac{\sum_j a\beta_{ij}}{q} + \bar{\varepsilon}_i. \quad (12.41)$$

Haben die Faktoren A und B feste Stufen (Modell I in Tabelle 8.7), ist $\mu = \sum_j \mu_j/q$. Da $\beta_j = \mu_j - \mu$, ergibt die Summe aller β_j-Effekte Null:

$$\sum_j \beta_j = \sum_j (\mu_j - \mu) = \sum_j \mu_j - q \cdot \mu = 0.$$

Entsprechendes gilt, ausgehend von Gl. (12.36), für die Interaktionskomponenten $a\beta_{ij}$ unter einer Stufe a_i:

$$\sum_j a\beta_{ij} = \sum_j (\mu_{ij} - \mu_i - \mu_j + \mu)$$
$$= \sum_j \mu_{ij} - q \cdot \mu_i - \sum_j \mu_j + q \cdot \mu$$
$$= q \cdot \mu_i - q \cdot \mu_i - q \cdot \mu + q \cdot \mu$$
$$= 0.$$

Unter der Modellannahme I reduziert sich Gl. (12.41) zu:

$$\bar{A}_i = \mu + a_i + \bar{\varepsilon}_i. \quad (12.42)$$

Da μ für alle $\bar{A}_i$ konstant ist, und a_i und $\bar{\varepsilon}_i$ wechselseitig unabhängig sind, ergibt sich der Erwartungswert der Varianz der $\bar{A}_i$-Werte additiv aus den Varianzen der a_i-Komponenten und der $\bar{\varepsilon}_i$-Komponenten (vgl. Gl. B 33):

$$E[\text{VAR}(\overline{A}_i)] = \sigma_a^2 + \sigma_{\bar{\varepsilon}(i)}^2. \qquad (12.43)$$

$\sigma_{\bar{\varepsilon}(i)}^2$ kennzeichnet den Standardfehler (bzw. dessen Quadrat) der durchschnittlichen Fehlerkomponenten, der jeweils auf $n \cdot q$ Messwerten (den Messwerten unter einer Stufe des Faktors A) basiert. Nach Gl. (B 23) schreiben wir für $\sigma_{\bar{\varepsilon}(i)}^2$:

$$\sigma_{\bar{\varepsilon}(i)}^2 = \frac{\sigma_\varepsilon^2}{q \cdot n}. \qquad (12.44)$$

Für die Varianz der Mittelwerte $\overline{A}_i$ erhalten wir deshalb

$$E[\text{VAR}(\overline{A}_i)] = \sigma_a^2 + \frac{\sigma_\varepsilon^2}{q \cdot n}. \qquad (12.45)$$

Zwischen $\text{VAR}(\overline{A})$ und $\hat{\sigma}_A^2$ besteht folgende Beziehung:

$$\hat{\sigma}_A^2 = \frac{q \cdot n \sum_i (\overline{A}_i - \overline{G})^2}{p - 1} = q \cdot n \cdot \text{VAR}(\overline{A}_i).$$

Der Erwartungswert für $\hat{\sigma}_A^2$ lautet deshalb:

$$E(\hat{\sigma}_A^2) = n \cdot q \cdot \sigma_a^2 + \sigma_\varepsilon^2. \qquad (12.46)$$

Trifft die H_0: $\sigma_a^2 = 0$ zu, erhält man mit Gl. (12.46) eine weitere Schätzung der Fehlervarianz.

$\hat{\sigma}_B^2$ als Schätzung für σ_ε^2. Für diese Schätzung gehen wir von den Mittelwertsunterschieden der Stufen des Faktors B aus. Die Herleitung des Erwartungswertes $E(\hat{\sigma}_B^2)$ entspricht der für $\hat{\sigma}_A^2$.

Unter der Modellannahme I schreiben wir für einen Mittelwert $\overline{B}_j$:

$$\overline{B}_j = \mu + \beta_j + \bar{\varepsilon}_j. \qquad (12.47)$$

Der Erwartungswert für die Varianz der $\overline{B}_j$-Werte heißt:

$$E[\text{VAR}(\overline{B}_j)] = \sigma_\beta^2 + \frac{\sigma_\varepsilon^2}{p \cdot n}. \qquad (12.48)$$

Überführen wir $\text{VAR}(\overline{B}_j)$ in $\hat{\sigma}_B^2$, resultiert:

$$E(\hat{\sigma}_B^2) = n \cdot p \cdot \sigma_\beta^2 + \sigma_\varepsilon^2. \qquad (12.49)$$

$\hat{\sigma}_B^2$ stellt also bei Gültigkeit der H_0: $\sigma_\beta^2 = 0$ eine weitere Fehlervarianzschätzung dar.

$\hat{\sigma}_{A \times B}^2$ als Schätzung für σ_ε^2. Für die Herleitung des Erwartungswertes für $\hat{\sigma}_{A \times B}^2$ beginnen wir mit den Zellenmittelwerten $\overline{AB}_{ij}$. Es gilt:

$$\begin{aligned}\overline{AB}_{ij} &= \sum_m x_{ijm}/n \\ &= \frac{1}{n} \cdot \sum_m (\mu + a_i + \beta_j + a\beta_{ij} + \varepsilon_{ijm}) \\ &= \mu + a_i + \beta_j + a\beta_{ij} + \bar{\varepsilon}_{ij}. \end{aligned} \qquad (12.50)$$

Werden aus den Zellenmittelwerten die a_i- und β_j-Komponenten abgezogen, erhalten wir

$$\begin{aligned}\overline{AB}_{ij}^* &= \overline{AB}_{ij} - a_i - \beta_j \\ &= \mu + a\beta_{ij} + \bar{\varepsilon}_{ij}. \end{aligned} \qquad (12.51)$$

(Man beachte, dass $\overline{AB}_{ij}^*$ nicht mit $\overline{AB}_{ij}'$ in Gl. 8.6 identisch ist.)

Der Erwartungswert der Varianz der $\overline{AB}_{ij}^*$-Werte lautet also nach Gl. (B 34) und (B 24):

$$\begin{aligned}E[\text{VAR}(\overline{AB}_{ij}^*)] &= \sigma_{a\beta}^2 + \sigma_{\bar{\varepsilon}(ij)}^2 \\ &= \sigma_{a\beta}^2 + \frac{\sigma_\varepsilon^2}{n}. \end{aligned} \qquad (12.52)$$

Zwischen $\text{VAR}(\overline{AB}_{ij}^*)$ und $\hat{\sigma}_{A \times B}^2$ besteht die Beziehung:

$$\begin{aligned}\hat{\sigma}_{A \times B}^2 &= \frac{n \cdot \sum_i \sum_j (\overline{AB}_{ij} - \overline{A}_i - \overline{B}_j + \overline{G})^2}{(p-1) \cdot (q-1)} \\ &= \frac{n \cdot \sum_i \sum_j (\overline{AB}_{ij}^* - \overline{G})^2}{(p-1) \cdot (q-1)} \\ &= n \cdot \text{VAR}(\overline{AB}_{ij}^*). \end{aligned}$$

Der Erwartungswert von $\hat{\sigma}_{A \times B}^2$ heißt somit:

$$\begin{aligned}E(\hat{\sigma}_{A \times B}^2) &= n \cdot E[\text{VAR}(\overline{AB}_{ij}^*)] \\ &= n \cdot \sigma_{a\beta}^2 + \sigma_\varepsilon^2. \end{aligned} \qquad (12.53)$$

$\hat{\sigma}_{A \times B}^2$ schätzt bei Gültigkeit der H_0: $\sigma_{A \times B}^2 = 0$ die Fehlervarianz.

Zusammenfassend errechnen wir somit in der zweifaktoriellen Varianzanalyse eine unbedingte (direkte) und drei bedingte Fehlervarianzschätzungen. Die drei bedingten Fehlervarianzschätzungen ($\hat{\sigma}_A^2$, $\hat{\sigma}_B^2$ und $\hat{\sigma}_{A \times B}^2$) sind erwartungstreue Schätzungen von σ_ε^2, wenn die entsprechenden Nullhypothesen zutreffen. Sind die Nullhypothesen falsch, werden die bedingten Fehlervarianzschätzungen um denjenigen Betrag größer als σ_ε^2

12.2 Zwei- und mehrfaktorielle Varianzanalysen

Tabelle 12.2. Erwartungswerte für die Varianzen in der zweifaktoriellen Varianzanalyse (Modell I)

Q.d.V.	Erwartungswert der Varianzen
Faktor A	$\sigma_\varepsilon^2 + n \cdot q \cdot \sigma_\alpha^2$
Faktor B	$\sigma_\varepsilon^2 + n \cdot p \cdot \sigma_\beta^2$
Interaktion A × B	$\sigma_\varepsilon^2 + n \cdot \sigma_{\alpha\beta}^2$
Fehler	σ_ε^2

sein, der auf den jeweiligen Haupteffekt oder die Interaktion zurückzuführen ist. Alle drei Nullhypothesen können also über den F-Test mit $\hat{\sigma}_{\text{Fehler}}^2$ als Prüfvarianz getestet werden.

> Haben in einer zweifaktoriellen Varianzanalyse beide Faktoren feste Effekte, werden beide Faktoren und ihre Interaktion an der Fehlervarianz getestet.

Die Erwartungswerte der Varianzen in der zweifaktoriellen Varianzanalyse fassen wir in Tabelle 12.2 zusammen.

Modell III

Aus didaktischen Gründen behandeln wir als nächstes Modell III (nur zufällige Effekte) und anschließend Modell II. In Modell III sind $p \ll P$ und $q \ll Q$ (vgl. S. 412).

$\hat{\sigma}_{\text{Fehler}}^2$ **als Schätzung für** σ_ε^2. Die Ableitung des Erwartungswertes für $\hat{\sigma}_{\text{Fehler}}^2$ war unabhängig davon, ob die Faktoren fest oder zufällig sind. $\hat{\sigma}_{\text{Fehler}}^2$ ist somit auch unter der Modellannahme III eine erwartungstreue Schätzung für σ_ε^2.

$\hat{\sigma}_A^2$ **als Schätzung für** $\sigma_\varepsilon^2 + n \cdot \sigma_{\alpha\beta}^2$. Beim Erwartungswert für $\hat{\sigma}_A^2$ unter Modell I gingen wir davon aus, dass $\sum_j \beta_j/q$ und $\sum_j \alpha\beta_{ij}/q$ jeweils Null ergeben (vgl. Gl. 12.41). Dies ist jedoch bei Faktoren mit zufälligen Effekten nicht der Fall. Dieses Modell basiert auf der Annahme, dass alle β_j und alle $\alpha\beta_{ij}$ um Null normalverteilte Zufallsvariablen sind. Aus der Population aller Faktorstufen des Faktors B, deren Einzeleffekte β_j sich über alle Q Stufen zu Null addieren, wird eine Zufallsstichprobe $q \ll Q$ gezogen, die eine Teilmenge aller β_j-Effekte repräsentiert und die summiert keineswegs Null

ergeben müssen. Wir definieren deshalb $\sum_j \beta_j/q = \overline{\beta}$ als durchschnittliche Wirkung der im Experiment realisierten Faktorstufen.

Das Gleiche gilt für den Ausdruck $\sum_j \alpha\beta_{ij}/q$. Auch dieser Wert muss sich über die einzelnen Stufen des Faktors B nicht zu Null addieren. Zusätzlich ist die durchschnittliche Interaktionswirkung der Stufen von B mit einer Stufe $a_{i'}$ nicht gleich der durchschnittlichen Interaktionswirkung der Stufen von B mit einer anderen Stufe a_i, d.h., $\sum_j \alpha\beta_{ij} \neq \sum_j \alpha\beta_{i'j}$. Wir definieren deshalb mit $\overline{\alpha\beta_{i\cdot}}$ die durchschnittliche Interaktionswirkung der Stufen des Faktors B mit der Stufe a_i.

Nach (Gl. 12.41) schreiben wir also für $\overline{A}_i$:

$$\overline{A}_i = \mu + a_i + \overline{\beta} + \overline{\alpha\beta}_{i\cdot} + \overline{\varepsilon}_i. \quad (12.54)$$

Der Erwartungswert der Varianz der $\overline{A}_i$-Werte setzt sich additiv aus denjenigen Komponenten zusammen, die unabhängig voneinander für verschiedene i variieren (kurz: denjenigen Komponenten, die mit dem Index i versehen sind):

$$E[\text{VAR}(\overline{A}_i)] = \sigma_\alpha^2 + \sigma_{\overline{\alpha\beta}(i\cdot)}^2 + \sigma_{\overline{\varepsilon}(i)}^2. \quad (12.55)$$

Diese Gleichung enthält das Quadrat von 2 Standardfehlern. $\sigma_{\overline{\alpha\beta}(i\cdot)}^2$ ist die Varianz der durchschnittlichen Interaktionswirkungen von q unter der Stufe a_i befindlichen Interaktionskomponenten. Unter Verwendung von (B 23) schreiben wir deshalb:

$$\sigma_{\overline{\alpha\beta}(i\cdot)}^2 = \frac{\sigma_{\alpha\beta}^2}{q}. \quad (12.56)$$

$\sigma_{\alpha\beta}^2$ ist die Interaktionsvarianz in der Population aller Faktorstufen, aus der „Stichproben" des Umfangs q gezogen werden. Für $\sigma_{\overline{\varepsilon}(i)}^2$ schreiben wir gemäß Gl. (12.44) wieder $\sigma_\varepsilon^2/(q \cdot n)$. Für Gl. (12.55) erhalten wir somit:

$$E[\text{VAR}(\overline{A}_i)] = \sigma_\alpha^2 + \frac{\sigma_{\alpha\beta}^2}{q} + \frac{\sigma_\varepsilon^2}{n \cdot q}. \quad (12.57)$$

Mit den Überlegungen, die zu Gl. (12.46) führten, ergibt sich für $E(\hat{\sigma}_A^2)$:

$$\begin{aligned} E(\hat{\sigma}_A^2) &= n \cdot q \cdot E[\text{VAR}(\overline{A}_i)] \\ &= n \cdot q \cdot \sigma_\alpha^2 + n \cdot \sigma_{\alpha\beta}^2 + \sigma_\varepsilon^2. \end{aligned} \quad (12.58)$$

Bei Gültigkeit der H_0: $\sigma_A^2 = 0$ wird mit $\hat{\sigma}_A^2$ die Varianzsumme $\sigma_\varepsilon^2 + n \cdot \sigma_{\alpha\beta}^2$ geschätzt.

$\hat{\sigma}_B^2$ **als Schätzung für** $\sigma_\varepsilon^2 + n \cdot \sigma_{\alpha\beta}^2$. Die Herleitung des Erwartungswertes von $\hat{\sigma}_A^2$ lässt sich analog auf $\hat{\sigma}_B^2$ übertragen. Das Ergebnis lautet:

$$E(\hat{\sigma}_B^2) = n \cdot p \cdot E[VAR(\overline{B}_j)]$$
$$= n \cdot p \cdot \sigma_\beta^2 + n \cdot \sigma_{\alpha\beta}^2 + \sigma_\varepsilon^2. \quad (12.59)$$

Unter Modell III schätzt die Varianz $\hat{\sigma}_B^2$ bei Gültigkeit der $H_0: \sigma_B^2 = 0$ die Varianzsumme $\sigma_\varepsilon^2 + n \cdot \sigma_{\alpha\beta}^2$.

$\hat{\sigma}_{A\times B}^2$ **als Schätzung für** σ_ε^2. In die Herleitung der $E(\hat{\sigma}_{A\times B}^2)$ unter Modell I gingen keinerlei Annahmen über die Art der Faktorstufen von A und B ein. Auch im Modell III stellt die $\hat{\sigma}_{A\times B}^2$ somit bei Gültigkeit der $H_0: \sigma_{\alpha\beta}^2 = 0$ eine erwartungstreue Schätzung von σ_ε^2 dar:

$$E(\hat{\sigma}_{A\times B}^2) = n \cdot E[VAR(\overline{AB}_{ij}^*)]$$
$$= n \cdot \sigma_{\alpha\beta}^2 + \sigma_\varepsilon^2. \quad (12.60)$$

Die Erwartungswerte sind in Tabelle 12.3 zusammengefasst. Der Tabelle entnehmen wir, dass die beiden Haupteffekte an der Interaktionsvarianz und die Interaktion an der Fehlervarianz getestet werden. Diese Prüfregeln sind eine Folge der Erwartungswerte der Varianzen im Modell III. Wenn z. B. die $H_0: \sigma_A^2 = 0$ nicht zutrifft, wird die Zählervarianz des F-Bruchs genau um den Betrag größer sein als die Nennervarianz, der auf die Wirksamkeit des Faktors A zurückgeht.

Die allgemeine Regel für die Konstruktion eines F-Testes lautet:

> Der F-Bruch muss so geartet sein, dass sich die Varianzkomponenten des Zählers nur um den zu prüfenden Effekt von denen des Nenners unterscheiden.

Modell II

Unter der Modellannahme II hat ein Faktor feste Effekte (z. B. Faktor A) und der andere Faktor zufällige Effekte (Faktor B). Unter Verweis auf die Modelle I und III können wir uns bei diesem Modell mit einer kurzen Herleitung der Erwartungswerte für die Varianzen begnügen.

$\hat{\sigma}_{Fehler}^2$ **als Schätzung für** σ_ε^2. Wie in den Modellen I und III ist $\hat{\sigma}_{Fehler}^2$ auch im Modell II eine erwartungstreue Schätzung von σ_ε^2.

$\hat{\sigma}_A^2$ **als Schätzung für** $\sigma_\varepsilon^2 + n \cdot \sigma_{\alpha\beta}^2$. Da jede Stufe des Faktors A mit $q \ll Q$ zufällig ausgesuchten Stufen des Faktors B kombiniert ist, gilt Gl. (12.54) und damit auch Gl. (12.58). $\hat{\sigma}_A^2$ ist unter der Modellannahme II eine erwartungstreue Schätzung für $\sigma_\varepsilon^2 + n \cdot \sigma_{\alpha\beta}^2$, wenn die $H_0: \sigma_a^2 = 0$ zutrifft.

$\hat{\sigma}_B^2$ **als Schätzung für** σ_ε^2. Auf Faktor B trifft die in den Gl. (12.47) bis (12.49) dargestellte Ableitung zu. Jede Stufe des Faktors B ist mit allen möglichen $p = P$ Stufen von A kombiniert, sodass sowohl $\sum_i a_i = 0$ als auch $\sum_i \alpha\beta_{ij} = 0$ sind. $\hat{\sigma}_B^2$ ist unter der Annahme $H_0: \sigma_\beta^2 = 0$ eine erwartungstreue Schätzung von σ_ε^2.

$\hat{\sigma}_{A\times B}^2$ **als Schätzung für** σ_ε^2. Wie in den Modellen I und III ist $\hat{\sigma}_{A\times B}^2$ eine erwartungstreue Schätzung für σ_ε^2, wenn die $H_0: \sigma_{\alpha\beta}^2 = 0$ gilt.

Die Varianzkomponenten für Modell II sind in Tabelle 12.4 zusammengefasst. Wenden wir die genannte Regel für die Konstruktion von F-Brüchen auf dieses Ergebnis an, erkennt man, dass – wie in Tabelle 8.7 vorgegeben – $\hat{\sigma}_A^2$ an der Interaktionsvarianz und $\hat{\sigma}_B^2$ sowie $\hat{\sigma}_{A\times B}^2$ an der Fehlervarianz getestet werden.

Tabelle 12.3. Erwartungswerte für die Varianzen in der zweifaktoriellen Varianzanalyse (Modell III: alle Faktoren zufällig)

Q.d.V.	Erwartungswert der Varianzen
Faktor A	$\sigma_\varepsilon^2 + n \cdot \sigma_{\alpha\beta}^2 + n \cdot q \cdot \sigma_\alpha^2$
Faktor B	$\sigma_\varepsilon^2 + n \cdot \sigma_{\alpha\beta}^2 + n \cdot p \cdot \sigma_\beta^2$
Interaktion $A \times B$	$\sigma_\varepsilon^2 + n \cdot \sigma_{\alpha\beta}^2$
Fehler	σ_ε^2

Tabelle 12.4. Erwartungswerte für die Varianzen in der zweifaktoriellen Varianzanalyse (Modell II: A fest, B zufällig)

Q.d.V.	Erwartungswert der Varianzen
Faktor A	$\sigma_\varepsilon^2 + n \cdot \sigma_{\alpha\beta}^2 + n \cdot q \cdot \sigma_\alpha^2$
Faktor B	$\sigma_\varepsilon^2 + n \cdot p \cdot \sigma_\beta^2$
Interaktion $A \times B$	$\sigma_\varepsilon^2 + n \cdot \sigma_{\alpha\beta}^2$
Fehler	σ_ε^2

12.2 Zwei- und mehrfaktorielle Varianzanalysen

Verallgemeinerungen

Ein Vergleich der Tabellen 12.2–12.4 zeigt, dass sich die Varianzkomponenten der Haupteffekte in Abhängigkeit davon, welche Faktoren fest und welche zufällig sind, unterscheiden. Die Varianzkomponenten für die Interaktionsvarianz und die Fehlervarianz sind unter allen 3 Modellannahmen identisch. Die Interaktion $\sigma^2_{\alpha\beta}$ ist im Haupteffekt A enthalten, wenn B zufällige Stufen hat, unabhängig davon, ob A fest oder zufällig ist. Ebenso ist die $\sigma^2_{\alpha\beta}$ im Haupteffekt B enthalten, wenn A zufällige Stufen hat, wobei die Beschaffenheit des Faktors B für seine Varianzkomponenten ebenfalls keine Rolle spielt.

Um die Tabellen 12.2 – 12.4 zusammenzufassen, definieren wir für Faktor A einen *Auswahlsatz* $f_P = p/P$ und für Faktor B $f_q = q/Q$. Für Faktoren mit festen Effekten ist $p = P$ (bzw. $q = Q$) und damit $f_p = 1$ ($f_q = 1$). Für Faktoren mit zufälligen Effekten nehmen wir an, die Zahl der ausgewählten Faktorstufen sei im Verhältnis zur Größe der Population aller Faktorstufen sehr klein, sodass wir $f_p = 0$ (bzw. $f_q = 0$) setzen können. Hiervon ausgehend, definieren wir $D_p = 1 - f_p$ (bzw. $D_q = 1 - f_q$). Es gilt dann

$D_p = 0$ für Faktor A mit festen Effekten,
$D_p = 1$ für Faktor A mit zufälligen Effekten,
$D_q = 0$ für Faktor B mit festen Effekten,
$D_q = 1$ für Faktor B mit zufälligen Effekten.

Unter Verwendung dieser D-Gewichte fasst Tabelle 12.5 die Tabellen 12.2–12.4 zusammen. Dieser Tabelle sind die Erwartungswerte der Varianzen für beliebige Kombinationen von Faktoren mit festen bzw. zufälligen Effekten zu entnehmen.

Mehrfaktorielle Pläne. Die Herleitung der Erwartungswerte der Varianzen in mehrfaktoriellen Versuchsplänen erfolgt ebenso wie in der zweifaktoriellen Varianzanalyse. Wir wollen deshalb auf ausführliche Ableitungen verzichten und uns nur mit dem Ergebnis befassen. (Bei der Ableitung des Erwartungswertes der Varianz für die Interaktion 2. Ordnung ist darauf zu achten, dass von der Zellenvarianz sowohl die 3 Haupteffekte als auch die 3 Interaktionen 1. Ordnung subtrahiert werden. Im vierfaktoriellen Fall werden von der Zellenvarianz die Haupteffekte, die Interaktionen 1. und die Interaktionen 2. Ordnung abgezogen.)

Tabelle 12.6 enthält die Erwartungswerte für die Varianzen einer dreifaktoriellen Varianzanalyse. Hat Faktor C zufällige Stufen, setzen wir $D_r = 1$. Für feste Stufen ist $D_r = 0$. Haben alle Faktoren feste Stufen ($D_p = D_q = D_r = 0$), bestehen die Erwartungswerte der Haupteffekte, der Interaktionen 1. Ordnung und der Tripel-Interaktion aus dem zu testenden Effekt und der Fehlervarianz. Wie in Tabelle 8.11 bereits erwähnt,

Tabelle 12.5. Erwartungswerte für die Varianzen in der zweifaktoriellen Varianzanalyse (allgemeiner Fall)

Q.d.V.	Erwartungswert der Varianzen
Faktor A	$\sigma^2_\varepsilon + D_q \cdot n \cdot \sigma^2_{\alpha\beta} + n \cdot q \cdot \sigma^2_\alpha$
Faktor B	$\sigma^2_\varepsilon + D_p \cdot n \cdot \sigma^2_{\alpha\beta} + n \cdot p \cdot \sigma^2_\beta$
Interaktion A × B	$\sigma^2_\varepsilon + n \cdot \sigma^2_{\alpha\beta}$
Fehler	σ^2_ε

Tabelle 12.6. Erwartungswerte für die Varianzen in der dreifaktoriellen Varianzanalyse

Q.d.V.	Erwartungswert der Varianzen
Faktor A	$\sigma^2_\varepsilon + D_q D_r n \sigma^2_{\alpha\beta\gamma} + D_q r n \sigma^2_{\alpha\beta} + D_r q n \sigma^2_{\alpha\gamma} + q r n \sigma^2_\alpha$
Faktor B	$\sigma^2_\varepsilon + D_p D_r n \sigma^2_{\alpha\beta\gamma} + D_p r n \sigma^2_{\alpha\beta} + D_r p n \sigma^2_{\beta\gamma} + p r n \sigma^2_\beta$
Faktor C	$\sigma^2_\varepsilon + D_p D_q n \sigma^2_{\alpha\beta\gamma} + D_p q n \sigma^2_{\alpha\gamma} + D_q p n \sigma^2_{\beta\gamma} + p q n \sigma^2_\gamma$
Interaktion A × B	$\sigma^2_\varepsilon + D_r n \sigma^2_{\alpha\beta\gamma} + r n \sigma^2_{\alpha\beta}$
Interaktion A × C	$\sigma^2_\varepsilon + D_q n \sigma^2_{\alpha\beta\gamma} + q n \sigma^2_{\alpha\gamma}$
Interaktion B × C	$\sigma^2_\varepsilon + D_p n \sigma^2_{\alpha\beta\gamma} + p n \sigma^2_{\beta\gamma}$
Interaktion A × B × C	$\sigma^2_\varepsilon + n \sigma^2_{\alpha\beta\gamma}$
Fehler	σ^2_ε

werden deshalb in diesem Fall sämtliche Effekte an der Fehlervarianz getestet.

BEISPIEL

Tabelle 12.7 zeigt die Erwartungswerte für den Fall, dass die Faktoren A und B zufällig ($D_p = 1$, $D_q = 1$) und die Stufen des Faktors C fest sind ($D_r = 0$).

Beim Auffinden der adäquaten Prüfvarianzen wenden wir die bereits bekannte Regel an, dass die Varianzkomponenten des Zählers nur um den zu testenden Effekt von denen des Nenners verschieden sein dürfen. Für den Faktor A suchen wir somit eine Varianz, die die Komponenten $\sigma_\varepsilon^2 + rn\sigma_{\alpha\beta}^2$ enthält. Dies sind die Komponenten der A × B-Interaktion. $\hat{\sigma}_{A \times B}^2$ ist somit die adäquate Prüfvarianz für den Faktor A. Das Gleiche gilt für den Faktor B.

Für Faktor C benötigen wir eine Prüfvarianz mit den Komponenten $\sigma_\varepsilon^2 + n\sigma_{\alpha\beta\gamma}^2 + qn\sigma_{\alpha\gamma}^2 + pn\sigma_{\beta\gamma}^2$. Eine Varianz, deren Erwartungswert nur diese Komponenten enthält, wird jedoch in der Varianzanalyse nicht ermittelt. Der feste Faktor C ist somit nicht direkt testbar. Wie man in diesem Fall mit dem Faktor C umgeht, wird weiter unten erläutert (Quasi-F-Brüche bzw. „pooling procedures").

Die Prüfvarianzen für die Interaktionen sind leicht zu ermitteln. Wir testen

$$\hat{\sigma}_{A \times B}^2 \quad \text{an} \quad \hat{\sigma}_{\text{Fehler}}^2,$$
$$\hat{\sigma}_{A \times C}^2 \quad \text{an} \quad \hat{\sigma}_{A \times B \times C}^2,$$
$$\hat{\sigma}_{B \times C}^2 \quad \text{an} \quad \hat{\sigma}_{A \times B \times C}^2$$
$$\text{und} \quad \hat{\sigma}_{A \times B \times C}^2 \quad \text{an} \quad \hat{\sigma}_{\text{Fehler}}^2.$$

Quasi-F-Brüche

Falls ein Effekt nicht direkt testbar ist, sollte geprüft werden, ob ein Quasi-F-Bruch konstruierbar ist. Dabei werden Varianzen zähler- und nennerweise so zusammengefasst, dass die Varianzkomponenten des Zählers nur um den zu testenden Effekt von denen des Nenners verschieden sind. Ausgehend von dieser Regel wollen wir überprüfen, ob für Faktor C in Tabelle 12.7 ein Quasi-F-Bruch konstruiert werden kann.

Dazu fassen wir $E(\hat{\sigma}_C^2)$ und $E(\hat{\sigma}_{A \times B \times C}^2)$ zusammen. Das Resultat lautet:

$$\begin{aligned}
E(\hat{\sigma}_C^2) + E(\hat{\sigma}_{A \times B \times C}^2) &= \sigma_\varepsilon^2 + n\sigma_{\alpha\beta\gamma}^2 + qn\sigma_{\alpha\gamma}^2 \\
&\quad + pn\sigma_{\beta\gamma}^2 + pqn\sigma_\gamma^2 \\
&\quad + \sigma_\varepsilon^2 + n\sigma_{\alpha\beta\gamma}^2 \\
&= 2\sigma_\varepsilon^2 + 2n\sigma_{\alpha\beta\gamma}^2 + qn\sigma_{\alpha\gamma}^2 \\
&\quad + pn\sigma_{\beta\gamma}^2 + pqn\sigma_\gamma^2.
\end{aligned}$$

Es wird nun eine Prüfvarianz konstruiert, deren Varianzkomponenten mit $E(\hat{\sigma}_C^2) + E(\hat{\sigma}_{A \times B \times C}^2)$ identisch sind bis auf σ_γ^2. Wir erhalten diese Varianzkomponenten, wenn wir $E(\hat{\sigma}_{A \times C}^2)$ und $E(\hat{\sigma}_{B \times C}^2)$ zusammenfassen:

$$\begin{aligned}
E(\hat{\sigma}_{A \times C}^2) + E(\hat{\sigma}_{B \times C}^2) &= \sigma_\varepsilon^2 + n\sigma_{\alpha\beta\gamma}^2 \\
&\quad + qn\sigma_{\alpha\gamma}^2 + \sigma_\varepsilon^2 \\
&\quad + n\sigma_{\alpha\beta\gamma}^2 + pn\sigma_{\beta\gamma}^2 \\
&= 2\sigma_\varepsilon^2 + 2n\sigma_{\alpha\beta\gamma}^2 \\
&\quad + qn\sigma_{\alpha\gamma}^2 + pn\sigma_{\beta\gamma}^2.
\end{aligned}$$

Tabelle 12.7. Erwartungswerte für die Varianzen in der dreifaktoriellen Varianzanalyse (A und B zufällig, C fest)

Q.d.V.	Erwartungswert der Varianzen
Faktor A	$\sigma_\varepsilon^2 + rn\sigma_{\alpha\beta}^2 + qrn\sigma_\alpha^2$
Faktor B	$\sigma_\varepsilon^2 + rn\sigma_{\alpha\beta}^2 + prn\sigma_\beta^2$
Faktor C	$\sigma_\varepsilon^2 + n\sigma_{\alpha\beta\gamma}^2 + qn\sigma_{\alpha\gamma}^2 + pn\sigma_{\beta\gamma}^2 + pqn\sigma_\gamma^2$
Interaktion A×B	$\sigma_\varepsilon^2 + rn\sigma_{\alpha\beta}^2$
Interaktion A×C	$\sigma_\varepsilon^2 + n\sigma_{\alpha\beta\gamma}^2 + qn\sigma_{\alpha\gamma}^2$
Interaktion B×C	$\sigma_\varepsilon^2 + n\sigma_{\alpha\beta\gamma}^2 + pn\sigma_{\beta\gamma}^2$
Interaktion A×B×C	$\sigma_\varepsilon^2 + n\sigma_{\alpha\beta\gamma}^2$
Fehler	σ_ε^2

Vergleichen wir diese Summen, stellen wir fest, dass sich die Zählerkomponenten und Nennerkomponenten nur um den zu prüfenden Effekt σ_γ^2 unterscheiden. Wir testen somit den Faktor C durch folgenden Quasi-F-Bruch:

$$F' = \frac{\hat{\sigma}_C^2 + \hat{\sigma}_{A \times B \times C}^2}{\hat{\sigma}_{A \times C}^2 + \hat{\sigma}_{B \times C}^2}.$$

Dieser F'-Wert wird mit dem für die *korrigierten Freiheitsgrade* kritischen F-Wert verglichen (s. Gl. 8.52 und 8.53).

Nach diesem relativ einfachen Schema lassen sich – falls notwendig – Quasi-F-Brüche auch in komplexeren mehrfaktoriellen Varianzanalysen mit festen und zufälligen Effekten konstruieren.

„Pooling"-Prozeduren

Im obigen Beispiel stellten wir fest, dass der Faktor C nicht direkt testbar ist. Eine Alternative zur Konstruktion eines Quasi-F-Bruchs ist das Zusammenfassen („Pooling") unbedeutender Interaktionsvarianzen mit der Fehlervarianz oder anderen Prüfvarianzen, wenn an der fraglichen Interaktion Faktoren mit zufälligen Effekten beteiligt sind. Faktor C wäre an der $\hat{\sigma}_{A \times C}^2$ zu testen, falls sich zeigen ließe, dass die „störende" Varianzkomponente $\sigma_{\beta\gamma}^2$ zu vernachlässigen ist. Wir testen deshalb $\hat{\sigma}_{B \times C}^2$ an $\hat{\sigma}_{A \times B \times C}^2$ mit $\alpha = 0{,}25$. Sollte sich $\hat{\sigma}_{B \times C}^2$ in diesem Test als statistisch unbedeutend erweisen, könnte sie mit der $\hat{\sigma}_{A \times C}^2$ zusammengefasst werden, indem der Quotient aus der Summe der Quadratsummen und der Summe der Freiheitsgrade gebildet wird. Die so errechnete Varianz hat $(p-1) \cdot (r-1) + (q-1) \cdot (r-1)$ Freiheitsgrade und kann als Prüfvarianz für $\hat{\sigma}_C^2$ eingesetzt werden.

Das allgemeine Prinzip läuft darauf hinaus, die Angemessenheit des jeweiligen Erwartungswertmodells einer Varianz empirisch zu prüfen, um ggf. unbedeutende Varianzkomponenten aus dem Modell zu entfernen. Nach dieser Reduktion findet sich möglicherweise eine adäquate Prüfvarianz, deren Freiheitsgrade durch „pooling" um die Freiheitsgrade des unbedeutenden Effektes erhöht werden (für das praktische Vorgehen beachte man allerdings die Hinweise auf S. 315).

12.3 Varianzanalysen mit Messwiederholungen

Einfaktorielle Analysen

In der einfaktoriellen Varianzanalyse mit Messwiederholungen wird eine Zufallsstichprobe von n Vpn unter p Faktorstufen wiederholt beobachtet. Ein Messwert setzt sich in diesem Fall aus folgenden Strukturkomponenten zusammen:

$$x_{im} = \mu + a_i + \pi_m + a\pi_{im} + \varepsilon_{im}, \qquad (12.61)$$

wobei:

μ = Gesamtmittel.

a_i = spezifische Wirkung der Treatmentstufe i. a_i ist für alle Messwerte unter der Treatmentstufe i konstant. Hat der Faktor eine feste Stufenauswahl ($p = P$), ist $\sum_i a_i = 0$; andernfalls ist $\sum_i a_i \neq 0$.

π_m = spezifische Reaktionsweise der Person m. π_m ist über alle Stufen des Faktors A konstant. Unterschiede der π_m-Werte kennzeichnen A-priori-Unterschiede zwischen den Vpn. Es wird angenommen, dass π_m über alle Personen um Null normalverteilt ist und dass die Personen zufällig ausgewählt wurden.

$a\pi_{im}$ = spezifische Reaktionsweise der Person m auf die Faktorstufe i. Es wird angenommen, dass die $a\pi_{im}$-Werte in der Population pro Stufe des Faktors i um Null normalverteilt sind.

ε_{im} = Fehlereffekte, die die Messung x_{im} beeinflussen. Es wird angenommen, dass die ε_{im}-Beträge um Null normalverteilt sind.

Auf Grund der Daten einer Varianzanalyse schätzen wir μ durch $\overline{G}$, a_i durch $\overline{A}_i - \overline{G}$ und π_m durch $\overline{P}_m - \overline{G}$. Für $a\pi_{im}$ und ε_{im} existieren keine getrennten Schätzwerte. Wir fassen diese Komponenten deshalb zu einer Residualkomponente Res$_{im}$ zusammen und erhalten das folgende reduzierte Strukturmodell:

$$x_{im} = \mu + a_i + \pi_m + \text{Res}_{im}. \qquad (12.62)$$

Es wird angenommen, dass Res$_{im}$ um Null normalverteilt und von a_i und π_m unabhängig ist.

In der einfaktoriellen Varianzanalyse mit Messwiederholungen gilt:

$$QS_{\text{in Vpn}} = QS_{\text{treat}} + QS_{\text{Res}}. \qquad (12.63)$$

Wir beginnen mit der Bestimmung des Erwartungswertes für $\hat{\sigma}^2_{\text{in Vpn}}$ unter der Annahme fester Treatmentstufen.

$\hat{\sigma}^2_{\text{in Vpn}}$ **als Schätzung für** $\sigma^2_a + \sigma^2_{\text{Res}}$. Die Bestimmungsgleichung für $QS_{\text{in Vpn}}$ lautet:

$$QS_{\text{in Vpn}} = \sum_i \sum_m (x_{im} - \overline{P}_m)^2. \quad (12.64)$$

Wir ersetzen x_{im} nach Gl. (12.62) und erhalten für $\overline{P}_m$:

$$\overline{P}_m = \sum_i x_{im}/p = \mu + 0 + \pi_m + \overline{\text{Res}}_m.$$

Für Gl. (12.64) können wir also schreiben:

$$QS_{\text{in Vpn}} = \sum_i \sum_m (a_i + \text{Res}_{im} - \overline{\text{Res}}_m)^2. \quad (12.65)$$

Da a_i von Res_{im} und $\overline{\text{Res}}_m$ unabhängig ist, erhalten wir:

$$QS_{\text{in Vpn}} = n \cdot \sum_i a_i^2 + \sum_i \sum_m (\text{Res}_{im} - \overline{\text{Res}}_m)^2. \quad (12.66)$$

Für die Varianzschätzung ergibt sich

$$\hat{\sigma}^2_{\text{in Vpn}} = \frac{\sum_i \sum_m (x_{im} - \overline{P}_m)^2}{n \cdot (p-1)}$$

$$= \frac{\sum_i a_i^2}{p-1} + \frac{\sum_i \sum_m (\text{Res}_{im} - \overline{\text{Res}}_m)^2}{n \cdot (p-1)} \quad (12.67)$$

bzw.

$$E(\hat{\sigma}^2_{\text{in Vpn}}) = \sigma^2_a + \sigma^2_{\text{Res}}. \quad (12.68)$$

$\hat{\sigma}^2_{\text{treat}}$ **als Schätzung für** σ^2_{Res}. Die Bestimmungsgleichung für die QS_{treat} lautet:

$$QS_{\text{treat}} = n \cdot \sum_i (A_i - \overline{G})^2.$$

Über Gl. (12.62) erhält man für $\overline{A}_i$:

$$\overline{A}_i = \sum_m x_{im}/n = \mu + a_i + \overline{\pi} + \overline{\text{Res}}_i \quad (12.69)$$

Nach Gl. (B 33) und Gl. (B 23) folgt hieraus für den Erwartungswert der Varianz der $\overline{A}_i$-Werte:

$$E[\text{VAR}(\overline{A}_i)] = \sigma^2_a + \overline{\sigma^2_{\text{Res}}} = \sigma^2_a + \sigma^2_{\text{Res}}/n. \quad (12.70)$$

Für den Erwartungswert der Treatmentvarianz erhält man also:

$$E(\hat{\sigma}^2_{\text{treat}}) = n \cdot E[\text{VAR}(\overline{A}_i)] = n \cdot \sigma^2_a + \sigma^2_{\text{Res}}. \quad (12.71)$$

$\hat{\sigma}^2_{\text{Res}}$ **als Schätzung für** σ^2_{Res}. Für $E(QS_{\text{in Vpn}})$ ergibt sich nach Gl. (12.68):

$$E(QS_{\text{in Vpn}}) = n \cdot (p-1) \cdot \sigma^2_a + n \cdot (p-1) \cdot \sigma^2_{\text{Res}}$$

und für $E(QS_{\text{treat}})$ nach Gl. (12.71):

$$E(QS_{\text{treat}}) = n \cdot (p-1) \cdot \sigma^2_a + (p-1) \cdot \sigma^2_{\text{Res}}.$$

Lösen wir Gl. (12.63) nach QS_{Res} auf und setzen die Erwartungswerte ein, resultiert:

$$E(QS_{\text{Res}}) = n \cdot (p-1) \cdot \sigma^2_a + n \cdot (p-1) \cdot \sigma^2_{\text{Res}}$$
$$\quad - n \cdot (p-1) \cdot \sigma^2_a - (p-1) \cdot \sigma^2_{\text{Res}}$$
$$= (p-1) \cdot (n-1) \cdot \sigma^2_{\text{Res}}. \quad (12.72)$$

Wegen $E(\hat{\sigma}^2_{\text{Res}}) = E(QS_{\text{Res}})/(p-1) \cdot (n-1)$ erhält man also

$$E(\hat{\sigma}^2_{\text{Res}}) = \sigma^2_{\text{Res}}. \quad (12.73)$$

Nach der auf S. 420 genannten Prüfregel ist also $\hat{\sigma}^2_{\text{Res}}$ die Prüfvarianz für $\hat{\sigma}^2_A$. Dies gilt auch für den Fall, dass Faktor A zufällige Effekte hat.

Voraussetzung: Homogene Kovarianzen. In der einfaktoriellen Varianzanalyse ohne Messwiederholungen ist der Erwartungswert der Kovarianz zwischen zwei Treatmentstufen i und j voraussetzungsgemäß Null. Im Folgenden soll geprüft werden, wie der Erwartungswert dieser Kovarianz in einer einfaktoriellen Varianzanalyse mit Messwiederholungen lautet.

Die Kovarianz zwischen den Messwertreihen von zwei Treatmentstufen i und j schätzen wir nach folgender Gleichung:

$$\widehat{\text{cov}}_{ij} = \frac{1}{n-1} \left(\sum_m x_{mi} \cdot x_{mj} - \left(\sum_m x_{mi} \right) \cdot \left(\sum_m x_{mj} \right) \Big/ n \right). \quad (12.74)$$

Wir ersetzen x_{mi} und x_{mj} durch Gl. (12.62) und erhalten zusammengefasst:

12.3 Varianzanalysen mit Messwiederholungen

$$\widehat{\mathrm{cov}}_{ij} = \frac{1}{n-1} \cdot \left[\sum_m \pi_m^2 - \left(\sum_m \pi_m \right)^2 \bigg/ n \right.$$

$$+ \sum_m \pi_m \mathrm{Res}_{im} - \left(\sum_m \pi_m \right) \cdot \left(\sum_m \mathrm{Res}_{im} \right) \bigg/ n$$

$$+ \sum_m \pi_m \mathrm{Res}_{jm} - \left(\sum_m \pi_m \right) \cdot \left(\sum_m \mathrm{Res}_{jm} \right) \bigg/ n$$

$$\left. + \sum_m \mathrm{Res}_{im} \cdot \mathrm{Res}_{jm} - \left(\sum_m \mathrm{Res}_{im} \right) \left(\sum_m \mathrm{Res}_{jm} \right) \bigg/ n \right]$$

(12.75)

Damit ergibt sich für die Kovarianz der folgende Erwartungswert:

$$E(\widehat{\mathrm{cov}}_{ij}) = \sigma_\pi^2 + \mathrm{cov}(\pi, \mathrm{Res}_i) + \mathrm{cov}(\pi, \mathrm{Res}_j) + \mathrm{cov}(\mathrm{Res}_i, \mathrm{Res}_j).$$

(12.76)

Da die drei Kovarianzen auf der rechten Seite der Gleichung gemäß Voraussetzung Null sind, resultiert also

$$E(\widehat{\mathrm{cov}}_{ij}) = \sigma_\pi^2.$$

(12.77)

Die Kovarianz zwischen zwei Treatmentstufen i und j entspricht der Varianz der Personeneffekte. Da diese konstant ist, müssen die Schätzungen der Kovarianzen zwischen beliebigen Treatmentstufen homogen sein.

Tabelle 12.8 zeigt die Erwartungswerte der Varianzen in der einfaktoriellen Varianzanalyse mit Messwiederholungen in zusammengefasster Form. (Auf eine Herleitung von $\hat\sigma^2_{zw\,Vpn}$ wird hier verzichtet.)

Zweifaktorielle Analysen

In der zweifaktoriellen Varianzanalyse mit Messwiederholungen über die Stufen des Faktors B setzt sich ein Messwert aus folgenden Strukturkomponenten zusammen:

$$x_{ijm} = \mu + a_i + \beta_j + \pi_{m(i)} + a\beta_{ij} + \beta\pi_{jm(i)} + \varepsilon_{ijm}.$$

(12.78)

a_i, β_j und $a\beta_{ij}$ entsprechen in üblicher Weise den spezifischen Effekten, die mit den einzelnen Faktorstufen bzw. Faktorstufenkombinationen verbunden sind. $\pi_{m(i)}$ kennzeichnet die spezielle Reaktionsweise der Person m, die sich unter der i-ten Stufe des Faktors A befindet. Die Personen sind unter den Stufen des Faktors A geschachtelt, was wir hier in Analogie zu 11.1 durch das eingeklammerte i zum Ausdruck bringen.

Auf eine ausführliche Herleitung der Erwartungswerte für die Varianzen, die sich im Grundprinzip von den bisher dargestellten Ableitungen nicht unterscheidet, wollen wir in diesem und den folgenden Versuchsplänen verzichten. (Auf Besonderheiten, die sich durch die Schachtelung ergeben, gehen wir ausführlicher unter 12.5 ein.)

Tabelle 12.9 zeigt die Erwartungswerte der Varianzen.

Die adäquaten Prüfvarianzen finden wir wieder nach der Regel, dass die Varianzkomponenten des Zählers nur um den zu testenden Effekt von denen des Nenners verschieden sein dürfen. Sind A und B feste Faktoren, wird die $\hat\sigma^2_A$ an der $\hat\sigma^2_{Vpn\,in\,S}$ getestet. Für den Haupteffekt B und die Interaktion A × B lautet die Prüfvarianz $\hat\sigma^2_{B \times Vpn}$. Ist Faktor A (und/oder Faktor B) zufällig, sind einige Effekte nicht direkt testbar. In diesem Fall ist zu überprüfen, ob Quasi-F-Brüche gebildet werden können.

Haben z. B. Faktor A und Faktor B zufällige Effekte, berechnen wir zur Überprüfung von Faktor A folgenden Quasi-F-Bruch:

Tabelle 12.8. Erwartungswerte für die Varianzen in der einfaktoriellen Varianzanalyse mit Messwiederholungen

Q.d.V.	Erwartungswert der Varianzen
Faktor A	$\sigma^2_{Res} + n \cdot \sigma^2_a$
zw Vpn	$\sigma^2_\varepsilon + D_p \cdot \sigma^2_{a\pi} + p \cdot \sigma^2_\pi$
Residual	σ^2_{Res}

Tabelle 12.9. Erwartungswerte für die Varianzen in der zweifaktoriellen Varianzanalyse mit Messwiederholungen

Q.d.V.	Erwartungswert der Varianzen
Faktor A	$\sigma^2_\varepsilon + D_q \sigma^2_{\beta\pi} + D_p n \sigma^2_{a\beta} + q \sigma^2_\pi + nq\sigma^2_a$
Vpn in S	$\sigma^2_\varepsilon + D_q \sigma^2_{\beta\pi} + q \sigma^2_\pi$
Faktor B	$\sigma^2_\varepsilon + \sigma^2_{\beta\pi} + D_p n \sigma^2_{a\beta} + np\sigma^2_\beta$
Interaktion A × B	$\sigma^2_\varepsilon + \sigma^2_{\beta\pi} + n\sigma^2_{a\beta}$
Interaktion B × Vpn	$\sigma^2_\varepsilon + \sigma^2_{\beta\pi}$

(Zur Erklärung der D-Gewichte vgl. S. 421)

$$F' = \frac{\hat{\sigma}_A^2 + \hat{\sigma}_{B \times Vpn}^2}{\hat{\sigma}_{Vpn\,in\,S}^2 + \hat{\sigma}_{A \times B}^2}$$

(Zur Freiheitskorrektur vgl. S. 315.)

$\hat{\sigma}_B^2$ wird an der $\hat{\sigma}_{A \times B}^2$ und $\hat{\sigma}_{A \times B}^2$ an der $\hat{\sigma}_{B \times Vpn}^2$ getestet.

Dreifaktorielle Analysen

Fall 1. Tabelle 12.10 zeigt die Erwartungswerte der Varianzen in einer dreifaktoriellen Varianzanalyse mit Messwiederholungen, wobei die Messwiederholungen über die Stufen des Faktors C erfolgen (vgl. Tabelle 9.11).

Auch hier kennzeichnet D wieder, ob die entsprechenden Faktorstufen zufällig (D = 1) oder fest (D = 0) sind. Haben alle Faktoren feste Effekte, ist die $\hat{\sigma}_{Vpn\,in\,S}^2$ die adäquate Prüfvarianz für $\hat{\sigma}_A^2$, $\hat{\sigma}_B^2$ und $\hat{\sigma}_{A \times B}^2$. Die $\hat{\sigma}_C^2$, $\hat{\sigma}_{A \times C}^2$, $\hat{\sigma}_{B \times C}^2$ und $\hat{\sigma}_{A \times B \times C}^2$ werden an der $\hat{\sigma}_{C \times Vpn}^2$ getestet. Hat nur Faktor B zufällige Effekte (d.h. $D_p = 0, D_q = 1, D_r = 0$), ergeben sich folgende Prüfvarianzen:

$\hat{\sigma}_A^2$ an der $\hat{\sigma}_{A \times B}^2$

$\hat{\sigma}_B^2$ an der $\hat{\sigma}_{A \times B}^2$

$\hat{\sigma}_{A \times B}^2$ an der $\hat{\sigma}_{Vpn\,in\,S}^2$

$\hat{\sigma}_C^2$ an der $\hat{\sigma}_{B \times C}^2$

$\hat{\sigma}_{A \times C}^2$ an der $\hat{\sigma}_{A \times B \times C}^2$

$\hat{\sigma}_{B \times C}^2$ an der $\hat{\sigma}_{C \times Vpn}^2$

$\hat{\sigma}_{A \times B \times C}^2$ an der $\hat{\sigma}_{C \times Vpn}^2$.

Fall 2. Erfolgen die Messwiederholungen über die Kombinationen der Faktoren B und C (vgl. Tabelle 9.12), erhalten wir Erwartungswerte für die Varianzen, die in Tabelle 12.11 wiedergegeben sind.

Für Faktoren mit festen Effekten ($D_p = D_q = D_r = 0$) gelten folgende Prüfvarianzen:

$\hat{\sigma}_A^2$ an der $\hat{\sigma}_{Vpn\,in\,S}^2$,

$\hat{\sigma}_B^2, \hat{\sigma}_{A \times B}^2$ an der $\hat{\sigma}_{B \times Vpn}^2$,

$\hat{\sigma}_C^2, \hat{\sigma}_{A \times C}^2$ an der $\hat{\sigma}_{C \times Vpn}^2$,

$\hat{\sigma}_{B \times C}^2, \hat{\sigma}_{A \times B \times C}^2$ an der $\hat{\sigma}_{B \times C \times Vpn}^2$.

Im gemischten Modell mit festen und zufälligen Faktoren werden die D-Werte der Faktoren je nach Art der Faktoren 0 oder 1 gesetzt und die entsprechenden Prüfvarianzen nach der bereits bekannten Regel herausgesucht. Wir wollen dies an einem Beispiel verdeutlichen, bei dem die Faktoren A und C zufällig und Faktor B fest sind ($D_p = 1, D_q = 0, D_r = 1$):

$\hat{\sigma}_A^2$: Quasi-F-Bruch: $\quad F' = \dfrac{\hat{\sigma}_A^2 + \hat{\sigma}_{C \times Vpn}^2}{\hat{\sigma}_{Vpn\,in\,S}^2 + \hat{\sigma}_{A \times C}^2}$,

$\hat{\sigma}_B^2$: Quasi-F-Bruch: $\quad F' = \dfrac{\hat{\sigma}_B^2 + \hat{\sigma}_{A \times B \times C}^2}{\hat{\sigma}_{A \times B}^2 + \hat{\sigma}_{B \times C}^2}$,

$\hat{\sigma}_{A \times B}^2$: Quasi-F-Bruch: $\quad F' = \dfrac{\hat{\sigma}_{A \times B}^2 + \hat{\sigma}_{B \times C \times Vpn}^2}{\hat{\sigma}_{B \times Vpn}^2 + \hat{\sigma}_{A \times B \times C}^2}$,

Tabelle 12.10. Erwartungswerte für die Varianzen in der dreifaktoriellen Varianzanalyse mit Messwiederholungen über die Stufen von C

Q.d.V.	Erwartungswert der Varianzen
Faktor A	$\sigma_\varepsilon^2 + D_r\sigma_{\gamma\pi}^2 + D_qD_rn\sigma_{\alpha\beta\gamma}^2 + D_rnq\sigma_{\alpha\gamma}^2 + r\sigma_\pi^2 + D_qnr\sigma_{\alpha\beta}^2 + nqr\sigma_\alpha^2$
Faktor B	$\sigma_\varepsilon^2 + D_r\sigma_{\gamma\pi}^2 + D_pD_rn\sigma_{\alpha\beta\gamma}^2 + D_rnp\sigma_{\beta\gamma}^2 + r\sigma_\pi^2 + D_qnr\sigma_{\alpha\beta}^2 + npr\sigma_\beta^2$
Interaktion $A \times B$	$\sigma_\varepsilon^2 + D_r\sigma_{\gamma\pi}^2 + D_rn\sigma_{\alpha\beta\gamma}^2 + r\sigma_\pi^2 + nr\sigma_{\alpha\beta}^2$
Vpn in S	$\sigma_\varepsilon^2 + D_r\sigma_{\gamma\pi}^2 + r\sigma_\pi^2$
Faktor C	$\sigma_\varepsilon^2 + \sigma_{\gamma\pi}^2 + D_pD_qn\sigma_{\alpha\beta\gamma}^2 + D_qnp\sigma_{\beta\gamma}^2 + D_pnq\sigma_{\alpha\gamma}^2 + npq\sigma_\gamma^2$
Interaktion $A \times C$	$\sigma_\varepsilon^2 + \sigma_{\gamma\pi}^2 + D_qn\sigma_{\alpha\beta\gamma}^2 + nq\sigma_{\alpha\gamma}^2$
Interaktion $B \times C$	$\sigma_\varepsilon^2 + \sigma_{\gamma\pi}^2 + D_pn\sigma_{\alpha\beta\gamma}^2 + np\sigma_{\beta\gamma}^2$
Interaktion $A \times B \times C$	$\sigma_\varepsilon^2 + \sigma_{\gamma\pi}^2 + n\sigma_{\alpha\beta\gamma}^2$
Interaktion $C \times Vpn$	$\sigma_\varepsilon^2 + \sigma_{\gamma\pi}^2$

12.4 Kovarianzanalyse

Tabelle 12.11. Erwartungswerte für die Varianzen in der dreifaktoriellen Varianzanalyse mit Messwiederholungen über die Kombinationen B × C

Q.d.V.	Erwartungswert der Varianzen
Faktor A	$\sigma_\varepsilon^2 + D_q D_r \sigma_{\beta\gamma\pi}^2 + D_q D_r n \sigma_{\alpha\beta\gamma}^2 + D_r q \sigma_{\gamma\pi}^2 + D_r n q \sigma_{\alpha\gamma}^2 + D_q r \sigma_{\beta\pi}^2 + D_q n r \sigma_{\alpha\beta}^2 + q r \sigma_\pi^2 + n q r \sigma_\alpha^2$
Vpn in S	$\sigma_\varepsilon^2 + D_q D_r \sigma_{\beta\gamma\pi}^2 + D_r q \sigma_{\gamma\pi}^2 + D_q r \sigma_{\beta\pi}^2$
Faktor B	$\sigma_\varepsilon^2 + D_r \sigma_{\beta\gamma\pi}^2 + D_p D_r n \sigma_{\alpha\beta\gamma}^2 + D_r n p \sigma_{\beta\gamma}^2 + r \sigma_{\beta\pi}^2 + D_p n r \sigma_{\alpha\beta}^2 + n p r \sigma_\beta^2$
Interaktion A × B	$\sigma_\varepsilon^2 + D_r \sigma_{\beta\gamma\pi}^2 + D_r n \sigma_{\alpha\beta\gamma}^2 + r \sigma_{\beta\pi}^2 + n r \sigma_{\alpha\beta}^2$
Interaktion B × Vpn	$\sigma_\varepsilon^2 + D_r \sigma_{\beta\gamma\pi}^2 + r \sigma_{\beta\pi}^2$
Faktor C	$\sigma_\varepsilon^2 + D_q \sigma_{\beta\gamma\pi}^2 + D_p D_q n \sigma_{\alpha\beta\gamma}^2 + q \sigma_{\gamma\pi}^2 + D_q n p \sigma_{\beta\gamma}^2 + D_p n q \sigma_{\alpha\gamma}^2 + n p q \sigma_\gamma^2$
Interaktion A × C	$\sigma_\varepsilon^2 + D_q \sigma_{\beta\gamma\pi}^2 + D_q n \sigma_{\alpha\beta\gamma}^2 + q \sigma_{\gamma\pi}^2 + n q \sigma_{\alpha\gamma}^2$
Interaktion C × Vpn	$\sigma_\varepsilon^2 + D_q \sigma_{\beta\gamma\pi}^2 + q \sigma_{\gamma\pi}^2$
Interaktion B × C	$\sigma_\varepsilon^2 + \sigma_{\beta\gamma\pi}^2 + D_p n \sigma_{\alpha\beta\gamma}^2 + n p \sigma_{\beta\gamma}^2$
Interaktion A × B × C	$\sigma_\varepsilon^2 + \sigma_{\beta\gamma\pi}^2 + n \sigma_{\alpha\beta\gamma}^2$
Interaktion B × C × Vpn	$\sigma_\varepsilon^2 + \sigma_{\beta\gamma\pi}^2$

$\hat{\sigma}_C^2$ an der $\hat{\sigma}_{A \times C}^2$,

$\hat{\sigma}_{A \times C}^2$ an der $\hat{\sigma}_{C \times Vpn}^2$,

$\hat{\sigma}_{B \times C}^2$ an der $\hat{\sigma}_{A \times B \times C}^2$,

$\hat{\sigma}_{A \times B \times C}^2$ an der $\hat{\sigma}_{A \times C \times Vpn}^2$.

12.4 Kovarianzanalyse

In der Kovarianzanalyse wird aus der abhängigen Variablen (y) eine Kontrollvariable (x) herauspartialisiert. Weisen wir in der einfaktoriellen Kovarianzanalyse den Faktorstufen Populationen zu, erhalten wir pro Treatmentstufe einen Parameter $\mu_{y(i)}$, der die durchschnittliche Ausprägung der abhängigen Variablen unter der Stufe i kennzeichnet, und einen Parameter $\mu_{x(i)}$ für die durchschnittliche Ausprägung der Kontrollvariablen. μ_x und μ_y kennzeichnen die Gesamtdurchschnitte. Eine Messung setzt sich in der einfaktoriellen Varianzanalyse aus den Komponenten $\mu + a_i + \varepsilon_{im}$ zusammen. In der Kovarianzanalyse berücksichtigen wir zusätzlich eine Komponente, die auf die Abhängigkeit zwischen der abhängigen Variablen und der Kontrollvariablen zurückzuführen ist:

$$y_{im} = \mu_y + a_i + \beta \cdot (x_{im} - \mu_x) + \varepsilon_{im}. \quad (12.79)$$

Der aufgrund der Kontrollvariablen vorhergesagte $\hat{y}_{im}$-Wert lautet

$$\hat{y}_{im} = \beta \cdot (x_{im} - \mu_x). \quad (12.80)$$

$\hat{\sigma}_{Fehler}^{*2}$ **als Schätzung für** σ_ε^{*2}. Lassen wir bei der Schätzung des Regressionskoeffizienten β die Unterschiede zwischen den Treatmentmittelwerten $\overline{A}_{y(i)}$ außer Acht, stellen die folgenden residualisierten y^*-Werte die Basis für die Fehlervarianzschätzung dar:

$$\begin{aligned} y_{im}^* &= y_{im} - \hat{y}_{im} \\ &= \mu_y + a_i + \beta \cdot (x_{im} - \mu_x) \\ &\quad + \varepsilon_{im} - \beta \cdot (x_{im} - \mu_x) \\ &= \mu_y + a_i + \varepsilon_{im}. \end{aligned} \quad (12.81)$$

Da μ_y und a_i für alle Messungen unter einer Treatmentstufe konstant sind, resultiert – wie in der einfaktoriellen Varianzanalyse (vgl. S. 413) – $\hat{\sigma}_{Fehler}^{*2}$ als erste erwartungstreue Schätzung von σ_ε^{*2}.

$\hat{\sigma}_{treat}^{*2}$ **als Schätzung für** σ_ε^{*2}. Die 2. Fehlervarianzschätzung geht von den korrigierten Treatmentstufenmittelwerten $\overline{A}_{y(i)}^*$ aus. Wir erhalten

$$\begin{aligned} \overline{A}_{y(i)} &= \frac{\sum_m y_{im}}{n} \\ &= \frac{1}{n} \cdot \sum_m (\mu_y + a_i + \beta \cdot (x_{im} - \mu_x) + \varepsilon_{im}) \\ &= \mu_y + a_i + \beta \cdot (\overline{A}_{x(i)} - \mu_x) + \overline{\varepsilon}_i \end{aligned} \quad (12.82)$$

und

$$\hat{\overline{A}}_{y(i)} = \beta \cdot (\overline{A}_{x(i)} - \mu_x),\quad (12.83)$$

sodass

$$\overline{A}^*_{y(i)} = \overline{A}_{y(i)} - \hat{\overline{A}}_{y(i)} \quad (12.84)$$
$$= \mu_y + a_i + \bar{\varepsilon}_i.$$

β ist hier der Regressionskoeffizient für die Regression auf der Basis der Stichprobenmittelwerte (between-class regression). Es wird angenommen, dass die aufgrund der Daten ermittelten Steigungskoeffizienten Schätzungen eines gemeinsamen Steigungskoeffizienten β sind (zur Diskussion dieser Voraussetzung s. S. 369 f.).

Das Strukturmodell entspricht dem Strukturmodell eines Treatmentmittelwertes der normalen einfaktoriellen Varianzanalyse. Man beachte allerdings, dass a_i in Gl. (12.84) einen Treatmenteffekt bezeichnet, der von der Kontrollvariablen unabhängig ist, d. h., a_i stellt den vom Einfluss der Kontrollvariablen bereinigten Treatmenteffekt dar. Wir erhalten – wie in der einfaktoriellen Varianzanalyse – bei Gültigkeit der $H_0: \sigma_a^2 = 0$ die $\hat{\sigma}_{\text{treat}}^{*2}$ als zweite erwartungstreue Schätzung der σ_ε^{*2}, d. h., auch in der Kovarianzanalyse wird die $H_0: \sigma_a^2 = 0$ über den F-Test

$$F = \frac{\hat{\sigma}_{\text{treat}}^{*2}}{\hat{\sigma}_{\text{Fehler}}^{*2}} \quad (12.85)$$

geprüft.

> Generell gilt, dass die kovarianzanalytisch bereinigten Haupteffekte (und Interaktionen) genauso getestet werden wie die entsprechenden Effekte ohne Berücksichtigung der Kontrollvariablen.

Die unter 12.1–12.3 genannten Regeln bzw. im nächsten Kapitel zu nennenden Regeln für die Konstruktion adäquater F-Brüche können somit analog angewandt werden.

12.5 Unvollständige, mehrfaktorielle Varianzanalysen

In Kap. 11 zählten wir zu den unvollständigen, mehrfaktoriellen Varianzanalysen die (teil-)hierarchischen und quadratischen Anordnungen. Diese Versuchspläne unterscheiden sich von vollständigen Versuchsplänen darin, dass nicht jede Faktorstufenkombination realisiert ist.

Hierarchische und teilhierarchische Pläne

Zweifaktorielle Analysen. Der einfachste unvollständige Plan ist die zweifaktorielle, hierarchische Varianzanalyse, in der beispielsweise Faktor B unter Faktor A geschachtelt ist. In diesem Fall ist die Interaktion zwischen beiden Faktoren nicht prüfbar. Ein einzelner Messwert setzt sich aus folgenden Komponenten zusammen:

$$x_{ijm} = \mu + a_i + \beta_{j(i)} + \varepsilon_{ijm}. \quad (12.86)$$

Mit der Schreibweise $\beta_{j(i)}$ wird der Effekt der Stufe b_j unter der Stufe a_i gekennzeichnet. In diesem Strukturmodell wurde der Interaktionsausdruck $a\beta_{ij(i)}$ weggelassen, obwohl nicht auszuschließen ist, dass die in einer Untersuchung realisierten A × B-Kombinationen spezifische Effekte aufweisen. Die Größe eines a_i-Effektes hängt – anders als in vollständigen Plänen – davon ab, welche Stufen b_j unter den Stufen von a_i untersucht werden. Umgekehrt sind auch Unterschiede zwischen den b_j-Stufen von den Stufen des Faktors A, mit denen sie kombiniert werden, abhängig (entsprechendes gilt für komplexere hierarchische Pläne). Mit diesen Einschränkungen können a_i und $\beta_{j(i)}$ nur dann als reine Haupteffekte interpretiert werden, wenn Interaktionen zu vernachlässigen sind.

In Tabelle 12.12 sind die Erwartungswerte der Varianzen in einer zweifaktoriellen hierarchischen Varianzanalyse zusammengefasst.

Hat B zufällige Stufen, ist die $\hat{\sigma}_{B(A)}^2$ die adäquate Prüfvarianz für die $\hat{\sigma}_A^2$. Der Haupteffekt B wird, unabhängig davon, ob A fest oder zufällig ist, an der Fehlervarianz getestet.

Tabelle 12.12. Erwartungswerte für die Varianzen in der zweifaktoriellen hierarchischen Varianzanalyse

Q.d.V.	Erwartungswert der Varianzen
Faktor A	$\sigma_\varepsilon^2 + D_q n \sigma_\beta^2 + nq\sigma_a^2$
Faktor B(A)	$\sigma_\varepsilon^2 + n\sigma_\beta^2$
Fehler	σ_ε^2

12.5 Unvollständige, mehrfaktorielle Varianzanalysen

Dreifaktorielle Analysen (Version 1). Tabelle 11.5 zeigt das Datenschema für die Version 1 einer dreifaktoriellen teilhierarchischen Varianzanalyse. Ein Messwert setzt sich hier aus folgenden Strukturkomponenten zusammen:

$$x_{ijkm} = \mu + a_i + \beta_{j(i)} + \gamma_k + a\gamma_{ik} \\ + \beta\gamma_{j(i)k} + \varepsilon_{ijkm} . \quad (12.87)$$

Die Effekte a_i und $\beta_{j(i)}$ können wiederum nur unter der Voraussetzung, dass die A × B-Interaktion zu vernachlässigen ist, als Haupteffekte interpretiert werden. Entsprechendes gilt für den $\beta\gamma_{j(i)k}$-Effekt, der nur dann als Interaktion 1. Ordnung gedeutet werden kann, wenn keine Tripel-Interaktion A × B × C existiert.

Tabelle 12.13 zeigt die Erwartungswerte für die Varianzen. Haben die Faktoren A und C feste ($D_p = 0$, $D_r = 0$) und der Faktor B zufällige Stufen ($D_q = 1$), sind die Effekte wie folgt zu testen:

$$\hat\sigma^2_A \quad \text{an der} \quad \hat\sigma^2_B ,$$
$$\hat\sigma^2_B \quad \text{an der} \quad \hat\sigma^2_{\text{Fehler}} ,$$
$$\hat\sigma^2_C \quad \text{an der} \quad \hat\sigma^2_{B(A) \times C} ,$$
$$\hat\sigma^2_{A \times C} \quad \text{an der} \quad \hat\sigma^2_{B(A) \times C} ,$$
$$\hat\sigma^2_{B(A) \times C} \quad \text{an der} \quad \hat\sigma^2_{\text{Fehler}} .$$

Für andere Faktorkonstellationen ist ggf. die Konstruktion von Quasi-F-Brüchen erforderlich.

Dreifaktorielle Analysen (Version 2). In Version 2 des teilhierarchischen Plans (vgl. Tabelle 11.9) ist Faktor C sowohl unter Faktor A als auch unter Faktor B, aber Faktor B nicht unter Faktor A ge-

Tabelle 12.13. Erwartungswerte für die Varianzen in der dreifaktoriellen teilhierarchischen Varianzanalyse (Version 1)

Q.d.V.	Erwartungswert der Varianzen
Faktor A	$\sigma^2_\varepsilon + D_q D_r n \sigma^2_{\beta\gamma} + D_r nq\sigma^2_{a\gamma}$ $+ D_q nr \sigma^2_\beta + nqr\sigma^2_a$
Faktor B(A)	$\sigma^2_\varepsilon + D_r n\sigma^2_{\beta\gamma} + nr\sigma^2_\beta$
Faktor C	$\sigma^2_\varepsilon + D_q n\sigma^2_{\beta\gamma} + D_p nq\sigma^2_{a\gamma} + npq\sigma^2_\gamma$
Interaktion A × C	$\sigma^2_\varepsilon + D_q n\sigma^2_{\beta\gamma} + nq\sigma^2_{a\gamma}$
Interaktion B(A) × C	$\sigma^2_\varepsilon + n\sigma^2_{\beta\gamma}$
Fehler	σ^2_ε

Tabelle 12.14. Erwartungswerte für die Varianzen in der dreifaktoriellen teilhierarchischen Varianzanalyse (Version 2)

Q.d.V.	Erwartungswert der Varianzen
Faktor A	$\sigma^2_\varepsilon + D_q rn\sigma^2_{a\beta} + D_r n\sigma^2_\gamma + qrn\sigma^2_a$
Faktor B	$\sigma^2_\varepsilon + D_p rn\sigma^2_{a\beta} + D_r n\sigma^2_\gamma + prn\sigma^2_\beta$
Faktor C(A, B)	$\sigma^2_\varepsilon + n\sigma^2_\gamma$
Interaktion A × B	$\sigma^2_\varepsilon + rn\sigma^2_{a\beta} + D_r n\sigma^2_\gamma$
Fehler	σ^2_ε

schachtelt. Die Strukturkomponenten eines Messwertes heißen:

$$x_{ijkm} = \mu + a_i + \beta_j + \gamma_{k(i,j)} \\ + a\beta_{ij} + \varepsilon_{ijkm} . \quad (12.88)$$

In diesem Plan sind die drei Haupteffekte nur dann interpretierbar, wenn man die entsprechenden Interaktionen mit dem Faktor C vernachlässigen kann. Tabelle 12.14 informiert über die Erwartungswerte der Varianzen.

Ist Faktor C zufällig, werden die $\hat\sigma^2_A$, $\hat\sigma^2_B$ und $\hat\sigma^2_{A \times B}$ an der $\hat\sigma^2_{C(A,B)}$ und die $\hat\sigma^2_{C(A,B)}$ an der $\hat\sigma^2_{\text{Fehler}}$ getestet.

Dreifaktorielle hierarchische Analyse. Im dreifaktoriellen, vollständig hierarchischen Plan sind Faktor C unter Faktor B und Faktor B unter Faktor A geschachtelt. Dies wird in folgender Weise im Strukturmodell eines Messwertes berücksichtigt:

$$x_{ijkm} = \mu + a_i + \beta_{j(i)} + \gamma_{k(j(i))} + \varepsilon_{ijkm} . \quad (12.89)$$

In dieser Analyse sind keine Interaktionen prüfbar, und die Haupteffekte sind nur ohne Interaktionen eindeutig zu interpretieren. Bei der Bestimmung der adäquaten Prüfvarianzen hilft Tabelle 12.15, in der die Erwartungswerte der Varianzen zusammengefasst sind.

Haben Faktor A feste und die Faktoren B und C zufällige Effekte, ist wie folgt zu prüfen:

$$\hat\sigma^2_A \quad \text{an der} \quad \hat\sigma^2_{B(A)} ,$$
$$\hat\sigma^2_{B(A)} \quad \text{an der} \quad \hat\sigma^2_{C(B(A))} ,$$
$$\hat\sigma^2_{C(B(A))} \quad \text{an der} \quad \hat\sigma^2_{\text{Fehler}} .$$

Tabelle 12.15. Erwartungswerte für die Varianzen in der dreifaktoriellen hierarchischen Varianzanalyse

Q.d.V.	Erwartungswert der Varianzen
Faktor A	$\sigma_\varepsilon^2 + D_r n \sigma_\gamma^2 + D_q nr\sigma_\beta^2 + nqr\sigma_a^2$
Faktor B(A)	$\sigma_\varepsilon^2 + D_r n \sigma_\gamma^2 + nr\sigma_\beta^2$
Faktor C(B(A))	$\sigma_\varepsilon^2 + n\sigma_\gamma^2$
Fehler	σ_ε^2

Analyse quadratischer Anordnungen

Ebenfalls zu den unvollständigen Versuchsplänen des Kap. 11 gehören die quadratischen Anordnungen, die zwar in Bezug auf die Haupteffekte vollständig ausbalanciert sind, nicht aber in Bezug auf die Interaktionen. Die Haupteffekte können nur unter der Annahme zu vernachlässigender Interaktionen interpretiert werden.

Wir wollen diesen Sachverhalt im Folgenden begründen und wählen als Beispiel die *Standardform eines lateinischen Quadrates* mit p = 3 (vgl. Tabelle 11.15). Ein Messwert, der unter der Kombination $a_1 b_1 c_1$ erhoben wurde, setzt sich – wie in der vollständigen dreifaktoriellen Varianzanalyse – aus folgenden Komponenten zusammen:

$$x_{111m} = \mu + a_1 + \beta_1 + \gamma_1 + a\beta_{11} + a\gamma_{11} \\ + \beta\gamma_{11} + a\beta\gamma_{111} + \varepsilon_{111m}. \quad (12.90)$$

Der Mittelwert der Messwerte unter der Kombination $a_1 b_1 c_1$ basiert auf den gleichen Komponenten bis auf den Unterschied, dass der personenspezifische Fehler ε_{111m} durch den durchschnittlichen Fehler in der Stichprobe ($\bar{\varepsilon}_{111}$) ersetzt wird. Der Mittelwert $\overline{A}_1$ ergibt sich aufgrund der Anordnung in Tabelle 11.15 als Durchschnitt der Mittelwerte $\overline{ABC}_{111}$, $\overline{ABC}_{122}$ und $\overline{ABC}_{133}$. $\overline{A}_1$ enthält damit folgende Komponenten:

$$\overline{ABC}_{111} = \mu + a_1 + \beta_1 + \gamma_1 + a\beta_{11} + a\gamma_{11} \\ + \beta\gamma_{11} + a\beta\gamma_{111} + \bar{\varepsilon}_{111},$$

$$\overline{ABC}_{122} = \mu + a_1 + \beta_2 + \gamma_2 + a\beta_{12} + a\gamma_{12} \\ + \beta\gamma_{22} + a\beta\gamma_{122} + \bar{\varepsilon}_{122},$$

$$\overline{ABC}_{133} = \mu + a_1 + \beta_3 + \gamma_3 + a\beta_{13} + a\gamma_{13} \\ + \beta\gamma_{33} + a\beta\gamma_{133} + \bar{\varepsilon}_{133}.$$

Für $\overline{A}_1$ erhalten wir also:

$$\overline{A}_1 = \mu + a_1 + \frac{\sum_j \beta_j}{3} + \frac{\sum_k \gamma_k}{3} + \frac{\sum_j a\beta_{1j}}{3} \\ + \frac{\sum_k a\gamma_{1k}}{3} + \frac{\sum \beta\gamma}{3} + \frac{\sum a\beta\gamma}{3} + \bar{\varepsilon}_1. \quad (12.91)$$

Haben alle 3 Faktoren feste Effekte, sind $\sum_j \beta_j = \sum_k \gamma_k = \sum_j a\beta_{1j} = \sum_k a\gamma_{1k} = 0$.

Nicht Null werden hingegen die Ausdrücke $\sum \beta\gamma$ und $\sum a\beta\gamma$ (durch das Weglassen der Indizes soll verdeutlicht werden, dass nicht alle, sondern nur bestimmte Kombinationen summiert werden), sodass der Mittelwert der Stufe a_1 zusätzlich von Teilen der B × C-Interaktion und A × B × C-Interaktion beeinflusst wird. Die Varianz der $\overline{A}_i$-Werte enthält somit für den Fall, dass die B × C-Interaktion und A × B × C-Interaktion nicht zu vernachlässigen sind, neben dem reinen Haupteffekt Interaktionsanteile. $E(\hat{\sigma}_A^2)$ ist nur bei Gültigkeit der H_0: $\sigma_a^2 = 0$, $\sigma_{\beta\gamma}^2 = 0$ und $\sigma_{a\beta\gamma}^2 = 0$ eine erwartungstreue Schätzung der σ_ε^2. Ein signifikanter Wert für $F = \hat{\sigma}_A^2 / \hat{\sigma}_{Fehler}^2$ kann eindeutig im Sinn eines signifikanten Haupteffektes interpretiert werden, wenn B × C und die A × B × C-Interaktion unbedeutend sind. Entsprechendes gilt für die übrigen Haupteffekte.

Sind die Stufen des Faktor B (und/oder C) zufällig, enthält die Varianz der $\overline{A}_i$-Werte zusätzlich A × B- und/oder A × C-Interaktionen. ($\sum_j \beta_j$ und $\sum_k \gamma_k$ sind für alle $\overline{A}_i$-Stufen von A konstant, aber nicht $\sum_j a\beta_{ij}$ und $\sum_k a\gamma_{ik}$.) Die adäquate Prüfvarianz wäre eine Interaktionsvarianz, die jedoch aufgrund der Daten eines lateinischen Quadrates nicht vollständig geschätzt werden kann.

> Im lateinischen Quadrat müssen wir voraussetzen, dass alle Faktoren feste Stufen aufweisen.

Entsprechendes gilt für quadratische Anordnungen höherer Ordnung.

12.6 Allgemeine Regeln für die Bestimmung der Erwartungswerte von Varianzen

Mit den bisher in diesem Kapitel aufgeführten Tabellen sind wir in der Lage, die Erwartungswerte der Varianzen für beliebige Kombinationen fester

12.6 Allgemeine Regeln für die Bestimmung der Erwartungswerte von Varianzen

und zufälliger Faktoren in einem der behandelten Varianzanalysetypen zu bestimmen. Unter Zuhilfenahme dieser Tabellen lassen sich nach der allgemeinen Regel, dass die Varianzkomponenten des Zählers nur um den zu testenden Effekt von denen des Nenners verschieden sein dürfen, für jeden Effekt – ggf. über Quasi-F-Brüche oder das Zusammenlegen nichtsignifikanter Interaktionsvarianzen mit der Fehlervarianz (Pooling) – adäquate Prüfvarianzen bestimmen.

Die Flexibilität der Varianzanalyse als Untersuchungsinstrument wird jedoch um ein Weiteres erhöht, wenn die in den Kapiteln des Teiles II behandelten Verfahren so miteinander kombiniert werden, dass auch kompliziertere Untersuchungspläne varianzanalytisch ausgewertet werden können. Die Überprüfung einer Fragestellung könnte beispielsweise aufgrund inhaltlicher Kriterien einen Versuchsplan nahelegen, in dem 4 Faktoren kontrolliert werden müssen, wobei über die Kombinationen von 2 ineinander geschachtelten Faktoren Messwiederholungen erfolgen und die beiden übrigen Faktoren ebenfalls ineinandergeschachtelt sind. Zusätzlich soll eine Kontrollvariable herauspartialisiert werden. Für einen solchen Versuchsplan reichen die in diesem Kapitel bisher erwähnten Tabellen der Erwartungswerte der Varianzen nicht aus. Wenngleich sich die numerischen Berechnungsvorschriften relativ einfach aus den Rechenregeln der entsprechenden Kapitel zusammenstellen lassen, wissen wir nicht, wie die interessierenden Effekte getestet werden.

Es soll deshalb im Folgenden ein allgemeiner Ansatz dargestellt werden, der es gestattet, die Erwartungswerte und damit die Prüfvarianzen in beliebigen Versuchsplänen zu bestimmen. Die hierbei deutlich werdenden Regeln gehen auf Cornfield u. Tukey (1956, zit. nach Winer et al. 1991, Kap. 5.16) zurück. Die 12 Grundregeln dieses Verfahrens sollen am Beispiel der dreifaktoriellen Varianzanalyse, in der Faktor B unter Faktor A geschachtelt ist, verdeutlicht werden. Wir wollen hierbei die Bestimmung der in Tabelle 12.13 genannten Erwartungswerte nachvollziehen. Danach werden die Erwartungswerte in dem oben erwähnten, komplizierteren Versuchsplan ermittelt.

1. Regel. Wir notieren die Strukturkomponenten für einen Messwert. Das Strukturmodell enthält

- das allgemeine Messniveau (μ);
- sämtliche Haupteffekte (α_i, β_j, γ_k, ...);
- die Interaktionen zwischen Faktoren, die vollständig miteinander kombiniert sind (Interaktionen zwischen ineinandergeschachtelten Faktoren werden nicht aufgeführt);
- in Messwiederholungsanalysen den Personeneffekt (π_m);
- in Messwiederholungsanalysen sämtliche Interaktionen zwischen Personen und denjenigen Faktoren, unter deren Stufen (Stufenkombinationen) die einzelnen Versuchspersonen durchgängig beobachtet werden;
- den mit einer Messung verbundenen Fehler ε.

Es ist darauf zu achten, dass die einzelnen Effekte richtig indiziert werden. Ist ein Haupteffekt (Interaktion) unter einem anderen *geschachtelt*, wird zusätzlich der Index desjenigen Effektes, unter dem die Schachtelung erfolgt, in Klammern aufgeführt (in unserem Beispiel $\beta_{j(i)}$). In mehrfaktoriellen Plänen mit Messwiederholungen sind die Vpn im Allgemeinen ebenfalls unter einem Faktor (Faktorstufenkombinationen) geschachtelt, was auch hier durch einen zusätzlichen eingeklammerten Index gekennzeichnet wird (z. B. sind in der zweifaktoriellen Varianzanalyse mit Messwiederholungen über die Stufen des Faktors B – vgl. Tabelle 9.7 – die Vpn unter den Stufen von A geschachtelt. Wir schreiben deshalb: $\pi_{m(i)}$). Da eine Einzelmessung immer nur unter einer bestimmten Faktorstufenkombination auftritt, werden bei der Fehlergröße die Indizes der Faktorstufenkombination, zu der der Messwert gehört, ebenfalls in Klammern aufgeführt (z. B. in der zweifaktoriellen Varianzanalyse: statt ε_{ijm} wie bisher $\varepsilon_{m(ij)}$).

In unserem Beispiel erhalten wir somit das folgende Strukturmodell:

$$x_{ijkm} = \mu + \alpha_i + \beta_{j(i)} + \gamma_k + \alpha\gamma_{ik} + \beta\gamma_{j(i)k} + \varepsilon_{m(ijk)}.$$

2. Regel. Wir fertigen eine Tabelle an, in der die einzelnen im Strukturmodell des Messwertes enthaltenen, indizierten Strukturkomponenten (d. h. mit Ausnahme von μ) die Zeilen und die im Modell erscheinenden Laufindizes die Spalten bezeichnen. Die Anzahl der Zeilen ist also gleich der Anzahl der Komponenten des Modells, die mindestens einen Index haben, und die Anzahl der Spalten entspricht der Anzahl der verschiedenen Indizes.

Im Beispiel:

	i	j	k	m
α_i				
$\beta_{j(i)}$				
γ_k				
$\alpha\gamma_{ik}$				
$\beta\gamma_{j(i)k}$				
$\varepsilon_{m(ijk)}$				

3. Regel. Die Werte in der Spalte i erhalten wir in folgender Weise:
- Hat eine Komponente den Index i (wobei i nicht eingeklammert sein darf), tragen wir D_p ein.
- Hat eine Komponente einen eingeklammerten Index i, wird eine 1 eingetragen.
- Hat eine Komponente keinen Index i, wird p eingetragen.

Im Beispiel:

	i	j	k	m
α_i	D_p			
$\beta_{j(i)}$	1			
γ_k	p			
$\alpha\gamma_{ik}$	D_p			
$\beta\gamma_{j(i)k}$	1			
$\varepsilon_{m(ijk)}$	1			

4. Regel. Die Werte in Spalte j erhalten wir folgendermaßen:
- Hat eine Komponente den Index j (wobei j nicht eingeklammert sein darf), tragen wir D_q ein.
- Hat eine Komponente einen eingeklammerten Index j, wird eine 1 eingetragen.
- Hat eine Komponente keinen Index j, wird q eingetragen.

Im Beispiel:

	i	j	k	m
α_i	D_p	q		
$\beta_{j(i)}$	1	D_q		
γ_k	p	q		
$\alpha\gamma_{ik}$	D_p	q		
$\beta\gamma_{j(i)k}$	1	D_q		
$\varepsilon_{m(ijk)}$	1	1		

5. Regel. Die Werte in den übrigen Spalten erhalten wir ebenfalls nach den unter 3. und 4. beschriebenen Regeln. Für Spalte k lauten die möglichen Werte: D_r, 1 und r und für Spalte m: D_n und n (1 ist hier nicht möglich, da m niemals eingeklammert auftreten kann).

Im Beispiel:

	i	j	k	m
α_i	D_p	q	r	n
$\beta_{j(i)}$	1	D_q	r	n
γ_k	p	q	D_r	n
$\alpha\gamma_{ik}$	D_p	q	D_r	n
$\beta\gamma_{j(i)k}$	1	D_q	D_r	n
$\varepsilon_{m(ijk)}$	1	1	1	D_n

6. Regel. Der Erwartungswert für die Varianz eines nicht geschachtelten Haupteffektes ist die gewichtete Summe der Varianzen derjenigen Strukturkomponenten, die den Laufindex des entsprechenden Haupteffektes aufweisen, unabhängig davon, ob dieser Index in Klammern steht oder nicht. Das Gewicht der Varianz einer einzelnen Strukturkomponente mit dem Index des Haupteffektes entspricht dem Produkt der Werte, die sich in der Zeile der entsprechenden Strukturkomponente befinden, wobei der Wert aus der Spalte mit dem Index des Haupteffektes ausgelassen wird. In Analogie zu den bereits erwähnten Erwartungswerttabellen beginnen wir mit der zuunterst stehenden Strukturkomponente $\varepsilon_{m(\cdots)}$.

12.6 Allgemeine Regeln für die Bestimmung der Erwartungswerte von Varianzen

Im Beispiel:

	i	j	k	m	Erwartungswert der Varianz
a_i	D_p	q	r	n	$D_n\sigma_\varepsilon^2 + D_qD_rn\sigma_{\beta\gamma}^2$ $+ qD_rn\sigma_{a\gamma}^2$ $+ D_qrn\sigma_\beta^2 + qrn\sigma_a^2$
$\beta_{j(i)}$	1	D_q	r	n	
γ_k	p	q	D_r	n	$D_n\sigma_\varepsilon^2 + D_qn\sigma_{\beta\gamma}^2$ $+ D_pqn\sigma_{a\gamma}^2$ $+ pqn\sigma_\gamma^2$
$a\gamma_{ik}$	D_p	q	D_r	n	
$\beta\gamma_{j(i)k}$	1	D_q	D_r	n	
$\varepsilon_{m(ijk)}$	1	1	1	D_n	

Diese Regel bedarf zusätzlicher Erläuterungen. Den Erwartungswert von $\hat\sigma_A^2$ ermitteln wir folgendermaßen: Da der Haupteffekt a_i den Index i hat, suchen wir alle Strukturkomponenten heraus, die mit einem i versehen sind, egal, ob i eingeklammert ist oder nicht. Dies sind die Komponenten a_i, $\beta_{j(i)}$, $a\gamma_{ik}$, $\beta\gamma_{i(j)k}$ und $\varepsilon_{m(ijk)}$. Die zu addierenden Varianzen lauten somit:

$$\sigma_a^2, \quad \sigma_\beta^2, \quad \sigma_{a\gamma}^2, \quad \sigma_{\beta\gamma}^2, \quad \sigma_\varepsilon^2.$$

Als Nächstes bestimmen wir die Gewichte für die einzelnen Varianzen. Wir beginnen von unten, d.h. mit σ_ε^2. In der Zeile $\varepsilon_{m(ijk)}$ befinden sich die Werte 1, 1, 1, D_n, wobei wir die 1 in der Spalte i auslassen. σ_ε^2 wird also mit D_n gewichtet ($D_n\sigma_\varepsilon^2$). Für $\beta\gamma_{j(i)k}$ lauten die Gewichte 1, D_q, D_r und n, wobei die 1 in Spalte i ausgelassen wird. Wir erhalten somit $D_qD_rn\sigma_{\beta\gamma}^2$. Das Gewicht für $\sigma_{a\gamma}^2$ erhalten wir aus den Werten D_p, q, D_r und n, wobei D_p als Wert in der Spalte i ausgelassen wird ($qD_rn\sigma_{a\gamma}^2$). Die Gewichte für σ_β^2 und σ_a^2 bestimmen wir auf die gleiche Weise, wobei darauf zu achten ist, dass der Wert, der in der Spalte mit dem Index des Haupteffektes steht, ausgelassen wird. Bei der Ermittlung der Gewichte für die Varianzen, die im Erwartungswert des Haupteffektes C enthalten sind, bleibt somit Spalte k unberücksichtigt.

7. Regel. Der Erwartungswert für die Varianz einer Interaktion 1. Ordnung, an der kein geschachtelter Faktor beteiligt ist, entspricht der gewichteten Summe der Varianzen derjenigen Strukturkomponenten, die beide Indizes der entsprechenden Interaktion aufweisen, unabhängig davon, ob ein Index oder beide Indizes in Klammern stehen oder nicht. Das Gewicht der Varianz einer einzelnen Strukturkomponente mit den Indizes der Interaktion entspricht dem Produkt der Werte, die sich in der Zeile der entsprechenden Strukturkomponente befinden, wobei die Werte aus den Spalten mit den Indizes der Interaktion ausgelassen werden.

Im Beispiel:

	i	j	k	m	Erwartungswert der Varianz
a_i	D_p	q	r	n	$D_n\sigma_\varepsilon^2 + D_qD_rn\sigma_{\beta\gamma}^2$ $+ qD_rn\sigma_{a\gamma}^2$ $+ D_qrn\sigma_\beta^2 + qrn\sigma_a^2$
$\beta_{j(i)}$	1	D_q	r	n	
γ_k	p	q	D_r	n	$D_n\sigma_\varepsilon^2 + D_qn\sigma_{\beta\gamma}^2$ $+ D_pqn\sigma_{a\gamma}^2 + pqn\sigma_\gamma^2$
$a\gamma_{ik}$	D_p	q	D_r	n	$D_n\sigma_\varepsilon^2 + D_qn\sigma_{\beta\gamma}^2$ $+ qn\sigma_{a\gamma}^2$
$\beta\gamma_{j(i)k}$	1	D_q	D_r	n	
$\varepsilon_{m(ijk)}$	1	1	1	D_n	

Nur die Interaktion $a\gamma$ enthält keinen geschachtelten Faktor. Die Indizes i und k tauchen bei $\varepsilon_{m(ijk)}$, $\beta\gamma_{j(i)k}$ und $a\gamma_{ik}$ auf. Die einzelnen Gewichte finden wir in den entsprechenden Zeilen, wobei die Spalten i und k ausgelassen werden.

8. Regel. Der Erwartungswert der Varianz einer Interaktion höherer Ordnung $u \cdot v \cdot w_{xyz}$, an der keine geschachtelten Faktoren beteiligt sind, entspricht der gewichteten Summe der Varianzen derjenigen Strukturkomponenten, die alle Indizes xyz der entsprechenden Interaktion aufweisen, unabhängig davon, ob ein Index oder mehrere in Klammern stehen oder nicht. Das Gewicht der Varianz einer einzelnen Strukturkomponente mit den Indizes der Interaktion entspricht dem Produkt der Werte, die sich in der Zeile der jeweiligen Strukturkomponente befinden, wobei die Werte aus den Spalten mit den Indizes der Interaktion ausgelassen werden.

9. Regel. Der Erwartungswert für die Varianz eines geschachtelten Haupteffektes ist die gewichtete

Summe der Varianzen derjenigen Strukturkomponenten, die sowohl den eingeklammerten als auch den nicht eingeklammerten Index des entsprechenden Haupteffektes aufweisen, unabhängig davon, ob diese Indizes bei den Strukturkomponenten in Klammern stehen oder nicht. Das Gewicht der Varianz einer einzelnen Strukturkomponente mit den Indizes des geschachtelten Haupteffektes entspricht dem Produkt der Werte, die sich in der Zeile der jeweiligen Strukturkomponente befinden, wobei die Werte aus den Spalten des eingeklammerten und des nicht eingeklammerten Indexes ausgelassen werden.

Im Beispiel:

	i	j	k	m	Erwartungswert der Varianz
α_i	D_p	q	r	n	$D_n\sigma_\varepsilon^2 + D_q D_r n\sigma_{\beta\gamma}^2$ $+ qD_r n\sigma_{\alpha\gamma}^2$ $+ D_q r n\sigma_\beta^2 + qrn\sigma_\alpha^2$
$\beta_{j(i)}$	1	D_q	r	n	$D_n\sigma_\varepsilon^2 + D_r n\sigma_{\beta\gamma}^2$ $+ rn\sigma_\beta^2$
γ_k	p	q	D_r	n	$D_n\sigma_\varepsilon^2 + D_q n\sigma_{\beta\gamma}^2$ $+ D_p qn\sigma_{\alpha\gamma}^2 + pqn\sigma_\gamma^2$
$\alpha\gamma_{ik}$	D_p	q	D_r	n	$D_n\sigma_\varepsilon^2 + D_q n\sigma_{\beta\gamma}^2$ $+ qn\sigma_{\alpha\gamma}^2$
$\beta\gamma_{j(i)k}$	1	D_q	D_r	n	
$\varepsilon_{m(ijk)}$	1	1	1	D_n	

10. Regel. Der Erwartungswert für die Varianz einer Interaktion, an der geschachtelte Faktoren beteiligt sind, entspricht der gewichteten Summe der Varianzen derjenigen Strukturkomponenten, die sowohl den (die) eingeklammerten als auch den (die) nicht eingeklammerten Index (Indizes) aufweisen, unabhängig davon, ob Indizes in Klammern stehen oder nicht. Das Gewicht der Varianz einer einzelnen Strukturkomponente mit den Indizes der Interaktion entspricht dem Produkt der Werte, die sich in der Zeile der jeweiligen Strukturkomponente befinden, wobei die Werte mit dem (den) eingeklammerten und dem (den) nicht eingeklammerten Index (Indizes) weggelassen werden.

Im Beispiel:

	i	j	k	m	Erwartungswert der Varianz
α_i	D_p	q	r	n	$D_n\sigma_\varepsilon^2 + D_q D_r n\sigma_{\beta\gamma}^2$ $+ qD_r n\sigma_{\alpha\gamma}^2$ $+ D_q r n\sigma_\beta^2 + qrn\sigma_\alpha^2$
$\beta_{j(i)}$	1	D_q	r	n	$D_n\sigma_\varepsilon^2 + D_r n\sigma_{\beta\gamma}^2$ $+ rn\sigma_\beta^2$
γ_k	p	q	D_r	n	$D_n\sigma_\varepsilon^2 + D_q n\sigma_{\beta\gamma}^2$ $+ D_p qn\sigma_{\alpha\gamma}^2 + pqn\sigma_\gamma^2$
$\alpha\gamma_{ik}$	D_p	q	D_r	n	$D_n\sigma_\varepsilon^2 + D_q n\sigma_{\beta\gamma}^2$ $+ qn\sigma_{\alpha\gamma}^2$
$\beta\gamma_{j(i)k}$	1	D_q	D_r	n	$D_n\sigma_\varepsilon^2 + n\sigma_{\beta\gamma}^2$
$\varepsilon_{m(ijk)}$	1	1	1	D_n	

11. Regel. Der Erwartungswert der Fehlervarianz ist $D_n\sigma_\varepsilon^2$.

12. Regel. In Abhängigkeit davon, welche Faktoren feste und welche zufällige Stufen aufweisen, werden die D-Werte 0 (bei festen Faktorstufen) und 1 (bei zufälligen Faktorstufen) gesetzt. *Da n immer eine Zufallsauswahl von Untersuchungseinheiten darstellt, ist* D_n *grundsätzlich* 1. Varianzkomponenten, die ein Gewicht von D = 0 enthalten, werden aus dem Erwartungsmodell der Varianz eliminiert. Die verbleibenden Varianzkomponenten sind die Grundlage für das Auffinden adäquater Prüfvarianzen: *Die Varianzkomponenten des Zählers dürfen sich nur um den zu testenden Effekt von denen des Nenners unterscheiden.*

BEISPIEL

Im Folgenden sollen die 12 Regeln auf den eingangs erwähnten Versuchsplan übertragen werden, dessen Datenschema in Tabelle 12.16 aufgeführt ist.

Faktor D hat allgemein s Stufen. Der Laufindex des Faktors D wird mit ℓ bezeichnet. In diesem Falle wurden p = q = r = s = 2 gesetzt. Der Versuchsplan könnte beispielsweise eingesetzt werden, wenn 2 Lehrmeister (Faktor A: zufällige Stufen) Lehrlingsgruppen aus 4 (vgl. S. 389) verschiedenen Berufen (Faktor B: feste Stufen) mit 2 verschiedenen Unterrichtsmethoden (Faktor C: feste Stufen) in die Bedienung von 4 Maschinen (Faktor D: zufällige Stufen) einweisen. Abhängige Variable ist der Lernerfolg. Faktor B ist unter Faktor A und Faktor D unter Faktor C geschachtelt. Die den Kombinationen aus A und B zugewiesenen Stichproben werden unter den Kombinationen von C und D beobachtet.

12.6 Allgemeine Regeln für die Bestimmung der Erwartungswerte von Varianzen

Tabelle 12.16. Datenschema einer vierfaktoriellen teilhierarchischen Varianzanalyse mit Messwiederholungen

		c_1		c_2	
		d_1	d_2	d_3	d_4
a_1	b_1	S_1	S_1	S_1	S_1
	b_2	S_2	S_2	S_2	S_2
a_2	b_3	S_3	S_3	S_3	S_3
	b_4	S_4	S_4	S_4	S_4

Dieser Versuchsplan enthält:

4 Haupteffekte: a_i, $\beta_{j(i)}$, γ_k, $\delta_{\ell(k)}$.

4 Interaktionen 1. Ordnung: $\alpha\gamma_{ik}$, $\alpha\delta_{i\ell(k)}$, $\beta\gamma_{j(i)k}$, $\beta\delta_{j(i)\ell(k)}$.

Die übrigen Interaktionen entfallen wegen der beiden geschachtelten Faktorenpaare.

1 Personeneffekt: $\pi_{m(j(i))}$.

Die Personen sind unter Faktor B geschachtelt, der seinerseits unter A geschachtelt ist.

2 Personen × Faktor Interaktionen 1. Ordnung: $\gamma\pi_{km(j(i))}$, $\delta\pi_{\ell(k)m(j(i))}$.

Fehlereffekte: $\varepsilon_{m(ijk\ell)}$.

Das Strukturmodell eines Messwertes lautet somit:

$$x_{ijk\ell m} = \mu + a_i + \beta_{j(i)} + \gamma_k + \delta_{\ell(k)} + a\gamma_{ik} + a\delta_{i\ell(k)}$$
$$+ \beta\gamma_{j(i)k} + \beta\delta_{j(i)\ell(k)} + \pi_{m(j(i))} + \gamma\pi_{km(j(i))}$$
$$+ \delta\pi_{\ell(k)m(j(i))} + \varepsilon_{m(ijk\ell)}.$$

Tabelle 12.17 zeigt die Erwartungswerte der Varianzen. Da $D_p = 1$, $D_q = 0$, $D_r = 0$ und $D_s = 1$, reduziert sich Tabelle 12.17 zu Tabelle 12.18.

Es ergeben sich somit die folgenden Prüfvarianzen:

$\hat{\sigma}^2_{D(C)}$ an der $\hat{\sigma}^2_{A \times D(C)}$,

$\hat{\sigma}^2_{A \times D(C)}$ an der $\hat{\sigma}^2_{D(C) \times Vpn}$,

$\hat{\sigma}^2_{B(A) \times D(C)}$ an der $\hat{\sigma}^2_{D(C) \times Vpn}$.

Können keine Interaktionsausdrücke mit der Fehlervarianz zusammengefasst werden (Pooling, vgl. S. 423), lassen sich die übrigen Effekte durch folgende Quasi-F-Brüche testen (zur Freiheitsgradkorrektur vgl. S. 315):

$$\hat{\sigma}^2_A: F' = \frac{\hat{\sigma}^2_A + \hat{\sigma}^2_{D(C) \times Vpn}}{\hat{\sigma}^2_{A \times D(C)} + \hat{\sigma}^2_{Vpn\,in\,S}},$$

$$\hat{\sigma}^2_{B(A)}: F' = \frac{\hat{\sigma}^2_{B(A)} + \hat{\sigma}^2_{D(C) \times Vpn}}{\hat{\sigma}^2_{B(A) \times D(C)} + \hat{\sigma}^2_{Vpn\,in\,S}},$$

$$\hat{\sigma}^2_C: F' = \frac{\hat{\sigma}^2_C + \hat{\sigma}^2_{A \times D(C)}}{\hat{\sigma}^2_{D(C)} + \hat{\sigma}^2_{A \times C}},$$

$$\hat{\sigma}^2_{A \times C}: F' = \frac{\hat{\sigma}^2_{A \times C} + \hat{\sigma}^2_{D(C) \times Vpn}}{\hat{\sigma}^2_{A \times D(C)} + \hat{\sigma}^2_{C \times Vpn}},$$

$$\hat{\sigma}^2_{B(A) \times C}: F' = \frac{\hat{\sigma}^2_{B(A) \times C} + \hat{\sigma}^2_{D(C) \times Vpn}}{\hat{\sigma}^2_{B(A) \times D(C)} + \hat{\sigma}^2_{C \times Vpn}}.$$

Tabelle 12.17. Erwartungswerte der Varianzen für den Versuchsplan in Tabelle 12.16

	i	j	k	ℓ	m	Erwartungswert der Varianzen
a_i	D_p	q	r	s	n	$\sigma^2_\varepsilon + D_s\sigma^2_{\delta\pi} + D_r s\sigma^2_{\gamma\pi} + rs\sigma^2_\pi + D_q D_s n\sigma^2_{\beta\delta} + D_q D_r sn\sigma^2_{\beta\gamma} + qD_s n\sigma^2_{\alpha\delta}$ $+ qD_r sn\sigma^2_{\alpha\gamma} + D_q rsn\sigma^2_\beta + qrsn\sigma^2_\alpha$
$\beta_{j(i)}$	1	D_q	r	s	n	$\sigma^2_\varepsilon + D_s\sigma^2_{\delta\pi} + D_r s\sigma^2_{\gamma\pi} + rs\sigma^2_\pi + D_s n\sigma^2_{\beta\delta} + D_r sn\sigma^2_{\beta\gamma} + rsn\sigma^2_\beta$
γ_k	p	q	D_r	s	n	$\sigma^2_\varepsilon + D_s\sigma^2_{\delta\pi} + s\sigma^2_{\gamma\pi} + D_q D_s n\sigma^2_{\beta\delta} + D_q sn\sigma^2_{\beta\gamma} + D_p D_s n\sigma^2_{\alpha\delta} + D_p qsn\sigma^2_{\alpha\gamma}$ $+ pqD_s n\sigma^2_\delta + pqsn\sigma^2_\gamma$
$\delta_{\ell(k)}$	p	q	1	D_s	n	$\sigma^2_\varepsilon + \sigma^2_{\delta\pi} + D_q n\sigma^2_{\beta\delta} + D_p qn\sigma^2_{\alpha\delta} + pqn\sigma^2_\delta$
$a\gamma_{ik}$	D_p	q	D_r	s	n	$\sigma^2_\varepsilon + D_s\sigma^2_{\delta\pi} + s\sigma^2_{\gamma\pi} + D_q D_s n\sigma^2_{\beta\delta} + D_q sn\sigma^2_{\beta\gamma} + qD_s n\sigma^2_{\alpha\delta} + qsn\sigma^2_{\alpha\gamma}$
$a\delta_{i\ell(k)}$	D_p	q	1	D_s	n	$\sigma^2_\varepsilon + \sigma^2_{\delta\pi} + D_q n\sigma^2_{\beta\delta} + qn\sigma^2_{\alpha\delta}$
$\beta\gamma_{j(i)k}$	1	D_q	D_r	s	n	$\sigma^2_\varepsilon + D_s\sigma^2_{\delta\pi} + s\sigma^2_{\gamma\pi} + D_s n\sigma^2_{\beta\delta} + sn\sigma^2_{\beta\gamma}$
$\beta\delta_{j(i)\ell(k)}$	1	D_q	1	D_s	n	$\sigma^2_\varepsilon + \sigma^2_{\delta\pi} + n\sigma^2_{\beta\delta}$
$\pi_{m(j(i))}$	1	1	r	s	D_n	$\sigma^2_\varepsilon + D_s\sigma^2_{\delta\pi} + D_r s\sigma^2_{\gamma\pi} + rs\sigma^2_\pi$
$\gamma\pi_{km(j(i))}$	1	1	D_r	s	D_n	$\sigma^2_\varepsilon + D_s\sigma^2_{\delta\pi} + s\sigma^2_{\gamma\pi}$
$\delta\pi_{\ell(k)m(j(i))}$	1	1	1	D_s	D_n	$\sigma^2_\varepsilon + D_s\sigma^2_{\delta\pi}$
$\varepsilon_{m(ijk\ell)}$	1	1	1	1	D_n	σ^2_ε

Tabelle 12.18. Erwartungswerte der Varianzen für den Versuchsplan in Tabelle 12.16 (A und D zufällig, B und C fest)

Q.d.V.	Erwartungswert der Varianzen
Faktor A	$\sigma_\varepsilon^2 + \sigma_{\delta\pi}^2 + rs\sigma_\pi^2 + qn\sigma_{\alpha\delta}^2 + qrsn\sigma_\alpha^2$
Faktor B(A)	$\sigma_\varepsilon^2 + \sigma_{\delta\pi}^2 + rs\sigma_\pi^2 + n\sigma_{\beta\delta}^2 + rsn\sigma_\beta^2$
Faktor C	$\sigma_\varepsilon^2 + \sigma_{\delta\pi}^2 + s\sigma_{\gamma\pi}^2 + qn\sigma_{\alpha\delta}^2 + qsn\sigma_{\alpha\gamma}^2 + pqn\sigma_\delta^2 + pqsn\sigma_\gamma^2$
Faktor D(C)	$\sigma_\varepsilon^2 + \sigma_{\delta\pi}^2 + qn\sigma_{\alpha\delta}^2 + pqn\sigma_\delta^2$
Interaktion A × C	$\sigma_\varepsilon^2 + \sigma_{\delta\pi}^2 + s\sigma_{\gamma\pi}^2 + qn\sigma_{\alpha\delta}^2 + qsn\sigma_{\alpha\gamma}^2$
Interaktion A × D(C)	$\sigma_\varepsilon^2 + \sigma_{\delta\pi}^2 + qn\sigma_{\alpha\delta}^2$
Interaktion B(A) × C	$\sigma_\varepsilon^2 + \sigma_{\delta\pi}^2 + s\sigma_{\gamma\pi}^2 + n\sigma_{\beta\delta}^2 + sn\sigma_{\beta\gamma}^2$
Interaktion B(A) × D(C)	$\sigma_\varepsilon^2 + \sigma_{\delta\pi}^2 + n\sigma_{\beta\delta}^2$
Vpn in S	$\sigma_\varepsilon^2 + \sigma_{\delta\pi}^2 + rs\sigma_\pi^2$
Interaktion C × Vpn	$\sigma_\varepsilon^2 + \sigma_{\delta\pi}^2 + s\sigma_{\gamma\pi}^2$
Interaktion D(C) × Vpn	$\sigma_\varepsilon^2 + \sigma_{\delta\pi}^2$
Fehler	σ_ε^2

Da pro Vpn × Faktorstufenkombinationen nur ein Messwert zur Verfügung steht, sind $\hat\sigma_{\text{Fehler}}^2$ und $\hat\sigma_{D(C)\times \text{Vpn}}^2$ nicht isoliert bestimmbar und werden deshalb zu einer gemeinsamen Residualvarianzschätzung zusammengefasst. Bei der rechnerischen Durchführung sind die in Kap. 8, 9 und 11 genannten Rechenregeln miteinander zu kombinieren. Das Herauspartialisieren einer Kontrollvariablen hat – wie wir in 12.4 gesehen haben – keinen Einfluss darauf, an welchen Varianzen die einzelnen Effekte getestet werden.

ÜBUNGSAUFGABEN

1. Aus welchen Strukturkomponenten setzt sich der Messwert in einer dreifaktoriellen, hierarchischen Varianzanalyse zusammen?

2. Wie lautet die allgemeine Regel für die Konstruktion von F-Brüchen im Rahmen der Varianzanalyse?

3. Zeigen Sie, dass die auf S. 350 genannten Prüfvarianzen für eine zweifaktorielle Varianzanalyse mit kompletter Messwiederholung korrekt sind.

Teil III   Multivariate Methoden

Einleitung

Die Beeinflussung einer abhängigen Variablen durch eine oder mehrere unabhängige Variablen kann auf vielfältige Weise mit den in Teil II besprochenen varianzanalytischen Methoden untersucht werden. Wir befassen uns jedoch gelegentlich mit abhängigen Variablen, die nur schwer oder unzureichend mittels eines einzelnen Indikators operationalisiert bzw. gemessen werden können. Dazu zählen beispielsweise komplexe Merkmale wie sozialer Status, berufliche Zufriedenheit, Therapieerfolg, Einstellungen, Begabungen, Interessen, Erziehungsstil, Krankheitssymptomatik usw. Die Erfassung dieser und ähnlich komplexer Merkmale durch nur eine Variable (univariater Ansatz) ist häufig unbefriedigend. Univariate Analysen führen nicht selten zu widersprüchlichen Ergebnissen, weil in thematisch vergleichbaren Untersuchungen jeweils andere Teilaspekte des komplexen Merkmals herausgegriffen werden. Untersucht man komplexe Merkmale hingegen bezüglich vieler Teilindikatoren, führt dies zu stabileren und informationsreicheren Ergebnissen.

> **Mit multivariaten Methoden werden Hypothesen geprüft, die sich auf das Zusammenwirken vieler abhängiger und unabhängiger Variablen beziehen.**

Die in Teil III unter dieser summarischen Beschreibung behandelten Verfahren seien im Folgenden anhand einiger Fragestellungen vorgestellt:

Nach wie vor problematisch ist die Zuordnung von psychiatrischen Patienten zu einzelnen psychiatrischen Krankheitskategorien. Es soll deshalb überprüft werden, in welcher Weise sich Patienten, die als depressiv, schizophren, paranoid oder dement klassifiziert wurden, hinsichtlich ihrer Krankheitssymptomatik unterscheiden.

Geschulte Psychiater werden gebeten, Patienten der 4 genannten Kategorien auf Ratingskalen danach einzustufen, wie stark die folgenden Merkmale ausgeprägt sind:

1. Angstgefühle
2. Denkstörungen
3. Feindseligkeit
4. Misstrauen
5. hypochondrische Tendenzen
6. emotionale Labilität
7. motorische Verlangsamung
8. innere Erregung
9. Gedächtnisschwäche
10. Schuldgefühle
11. depressive Stimmungen
12. Desorientierung
13. ungewöhnliche Denkinhalte
14. halluzinatorisches Verhalten
15. affektive Stumpfheit
16. Manieriertheit

Um vorurteilsfreie Ratings zu erhalten, werden die Psychiater über die erste Diagnose für die Patienten, nach der die Zuordnung zu den 4 o. g. Kategorien erfolgte, nicht informiert.

Formal geht es in diesem Beispiel um die Beeinflussung mehrerer abhängiger Variablen durch eine unabhängige Variable. Für nur eine abhängige Variable (z. B. Angstgefühle) wäre die in Kap. 7 beschriebene einfaktorielle Varianzanalyse anzuwenden. Mit diesem Verfahren ließe sich überprüfen, ob und in welcher Weise sich depressive, schizophrene, paranoide und demente Patienten z. B. hinsichtlich der abhängigen Variablen „Angstgefühle" unterscheiden. Das komplexe Merkmal „Krankheitssymptomatik" wird jedoch nicht nur durch ein, sondern durch 16 Merkmale erfasst, d. h., wir müssten 16 einfaktorielle Varianzanalysen durchführen, um die 4 Patientengruppen hinsichtlich der gesamten Krankheitssymptomatik differenzieren zu können.

Diese Vorgehensweise ist jedoch aus zweierlei Gründen nicht empfehlenswert. Erstens ist damit zu rechnen, dass aufgrund der einzelnen Varianzanalysen Entscheidungen getroffen werden, deren α- bzw. β-Fehler nur schwer kalkulierbar sind (vgl. hierzu S. 271 ff.). Zweitens können sich die einzelnen Krankheitssymptome bei der Differenzierung der Krankheitsbilder gegenseitig ergänzen bzw. in kombinierter Form zu einer deutlicheren und besser interpretierbaren Unterscheidung der Patientengruppen führen als die 16 univariaten Analysen. Den 16 univariaten einfaktoriellen Varianzanalysen wäre deshalb ein multivariater Mittelwertvergleich bzw. eine *multivariate Varianzanalyse* vorzuziehen. Soll die Bedeutung der erhobenen Merkmale für die Unterscheidung der 4 verschiedenen Gruppen genauer untersucht werden, wählen wir als Auswertungsverfahren eine *Diskriminanzanalyse* (vgl. Kap. 18).

Multivariate Mittelwertvergleiche werden wir in Kap. 17 behandeln. Sie unterscheiden sich von univariaten Mittelwertvergleichen (t-Test, univariate Varianzanalyse) darin, dass statt *einer* abhängigen Variablen *mehrere* abhängige Variablen simultan untersucht werden. Darüber hinaus besteht wie in der univariaten Varianzanalyse die Möglichkeit, die zu vergleichenden Vpn hinsichtlich mehrerer unabhängiger Variablen zu gruppieren. In diesem Fall sprechen wir von einer *mehrfaktoriellen, multivariaten Varianzanalyse*.

Kapitel 6 behandelt Methoden, mit denen der Zusammenhang zwischen zwei Merkmalen bestimmt bzw. eine Gleichung zur Vorhersage des einen Merkmals aufgrund des anderen erstellt werden kann (Korrelations- und Regressionsrechnung). Auch diese Verfahren werden im Teil III wieder aufgegriffen und zu einem allgemeinen, multivariaten Ansatz ausgebaut. Das folgende Beispiel verdeutlicht, was wir unter multivariaten Korrelationsmethoden verstehen wollen.

Ein Teilbereich der Psychologie, die physiologische Psychologie, untersucht u. a. die Frage, mit welchen physiologischen Variablen subjektiv empfundene Gefühle zusammenhängen. Mit den in Kap. 6 behandelten Verfahren könnten bivariate Korrelationen zwischen *einer* subjektiven Gefühlsvariablen (z. B. die vor einer Examens- oder Testsituation empfundene Angst) und *einer* physiologischen Variablen (wie z. B. die psychogalvanische Hautreaktion) ermittelt bzw. eine Regressionsgleichung zur Vorhersage von Angstgefühlen aufgrund der psychogalvanischen Hautreaktion (oder umgekehrt) aufgestellt werden. Es ist jedoch bekannt, dass nicht nur die psychogalvanische Hautreaktion, sondern eine Reihe weiterer physiologischer Variablen, wie z. B. Pulsfrequenz, Blutdruck, Pupillenöffnung, Flimmer-Verschmelzungsfrequenz, pH-Wert des Speichels, Blutzuckerspiegel usw. für Gefühlszustände bedeutsam sein können. Wollen wir das physiologische Korrelat eines spezifischen Gefühlszustands erfassen, reicht es sicherlich nicht aus, hierfür einzelne physiologische Indikatoren isoliert zu untersuchen; erfolgversprechender wäre eine Methode, die es gestattet, Gefühlszustände aufgrund des Zusammenwirkens möglichst vieler physiologischer Variablen zu beschreiben.

Sollen, wie im vorliegenden Beispiel, mehrere Prädiktorvariablen gleichzeitig mit einer Kriteriumsvariablen in Beziehung gesetzt werden, berechnen wir eine *multiple Korrelation*. Mit der *multiplen Regressionsrechnung* bestimmen wir eine Gleichung zur Vorhersage einer Kriteriumsvariablen bei gleichzeitiger Berücksichtigung mehrerer Prädiktorvariablen (Kap. 13).

Die Verallgemeinerung des multiplen Korrelations- und Regressionsansatzes lässt es zu, auch nominal-skalierte Variablen als Prädiktorvariablen einzusetzen. Wir werden hierauf im Kap. 14 unter dem Stichwort „Das allgemeine lineare Modell" eingehen. In diesem Kapitel wird gezeigt, dass die in Teil II behandelten varianzanalytischen Methoden Spezialfälle der multiplen Korrelations- und Regressionsrechnung sind.

Eine andere Problemsituation liegt vor, wenn die Bedeutung mehrerer Prädiktorvariablen für *mehrere* Kriteriumsvariablen von Interesse ist. In der oben erwähnten psychophysiologischen Untersuchung wäre beispielsweise zu prüfen, ob es sinnvoll ist, das subjektiv erlebte Angstgefühl nur durch eine einzelne Variable zu erfassen. Dem Problem angemessener wäre ein aus mehreren Items bestehender Fragebogen, der neben der subjektiv erlebten Angst weitere Erlebnisinhalte, wie z. B. subjektive Leistungserwartung, Konzentrationsstörungen und Vitalität erfasst. Soll die Bedeutung mehrerer Prädiktorvariablen für ein in diesem Sinne komplexes Kriterium ermittelt werden, führen wir eine *kanonische Korrelationsanalyse* durch (Kap. 19).

Einleitung

Die kanonische Korrelation stellt eine Verallgemeinerung der multiplen Korrelation dar, die ihrerseits eine Verallgemeinerung der bivariaten Korrelation ist. Da Varianzanalysen im allgemeinen linearen Modell als Spezialfälle der multiplen Korrelations- und Regressionsanalyse aufgefasst werden, sind sie natürlich auch Spezialfälle der kanonischen Korrelation. Unter 19.3 (Die kanonische Korrelation: Ein allgemeiner Lösungsansatz) werden wir zeigen, dass auch die multivariaten Mittelwertvergleiche bzw. die Diskriminanzanalyse als kanonische Korrelationsanalyse darstellbar ist. Die Behauptung, die kanonische Korrelationsanalyse sei ein allgemeiner Lösungsansatz, ist schließlich dadurch zu rechtfertigen, dass wir auch die t-Tests (Kap. 5.1) sowie die Chi-Quadrat-Techniken (Kap. 5.3) als Sonderfälle der kanonischen Korrelation interpretieren können.

Die Zielvorstellung, ein komplexes Merkmal möglichst breit und differenziert erfassen zu wollen, resultiert häufig in sehr umfangreichen Erhebungsinstrumenten, deren Einsatz mit erheblichem Zeit- und Arbeitsaufwand verbunden ist. Dieses Problem führt zu der Frage, wie die Anzahl der zu erhebenden Variablen minimiert werden kann, ohne auf relevante Informationen zu verzichten. Ein unsystematisches Vorgehen bei der Variablenauswahl kann dazu führen, dass der Untersuchungsaufwand durch Variablen vergrößert wird, die redundante Informationen, d.h. Informationen, die bereits mit anderen Variablen erfasst werden, liefern. Mit in diesem Sinn überflüssigen Informationen muss vor allem dann gerechnet werden, wenn die Variablen hoch miteinander korrelieren. So wissen wir beispielsweise, dass physiologische Indikatoren von Gefühlszuständen, von denen oben einige erwähnt wurden, wechselseitig korreliert sind. Es empfiehlt sich deshalb, eine Auswahl von physiologischen Variablen zu treffen, die wechselseitig möglichst wenig korreliert und damit nur wenig redundant sind.

Mit steigender Variablenanzahl kann die Variablenauswahl aufgrund der Interkorrelationen jedoch sehr bald nicht mehr zufriedenstellend vorgenommen werden, weil die Anzahl der simultan zu berücksichtigenden Korrelationen zu groß wird. (Bei 10 Variablen müssen bereits 45 Korrelationen und bei 20 Variablen 190 Korrelationen gleichzeitig betrachtet werden.) Wir werden deshalb in Kap. 15 ein Verfahren kennenlernen, das die Zusammenhänge vieler Variablen analysiert und das damit entscheidend zur optimalen Variablenauswahl beitragen kann. Dieses Verfahren wird in seiner allgemeinen Form *Faktorenanalyse* genannt. Im Rahmen der multivariaten Verfahren nimmt dieses Verfahren eine Sonderstellung ein, da es nicht zwischen abhängigen und unabhängigen Variablen unterscheidet.

Kapitel 16 behandelt als ein weiteres multivariates Verfahren die *Clusteranalyse*, die verwendet wird, um viele, multivariat beschriebene Untersuchungsobjekte in homogene Gruppen oder Cluster einzuteilen.

Multivariate Methoden gestatten die simultane Berücksichtigung sehr vieler Variablen, was zwangsläufig dazu führt, dass der mit diesen Verfahren verbundene rechnerische Aufwand weitaus größer ist als der Aufwand der bisher behandelten Verfahren. Der Einsatz multivariater Verfahren ist deshalb ohne EDV-Hilfen praktisch undenkbar. Zudem setzen multivariate Verfahren mehr mathematische Vorkenntnisse voraus als die bisher behandelten Verfahren, sodass mathematisch weniger geschulte Leserinnen und Leser eventuell die erforderlichen Rechenschritte nicht ohne weiteres nachvollziehen können.

Es fragt sich allerdings, ob ein vollständiges Verständnis dieser zum Teil recht komplizierten Techniken überhaupt notwendig ist, denn die rechnerische Durchführung lässt sich mühelos mit einem statistischen Programmpaket erledigen. Wie in den vorangegangenen Kapiteln werden deshalb die SPSS-Ergebnisprotokolle der wichtigsten Verfahren im Anhang E dokumentiert und kurz interpretiert.

Nicht zu den Servicefunktionen der Anbieter von Statistik-Software zählt jedoch im Allgemeinen die Vermittlung des Verständnisses eines Verfahrens, das notwendig ist, wenn ein Datenmaterial problemadäquat ausgewertet und die Ergebnisse richtig interpretiert werden sollen. Wir werden deshalb neben der ausführlichen, mit Beispielen versehenen Darstellung der Indikation und der Interpretation auch auf den Rechengang der Verfahren eingehen und damit dem Leser eine Möglichkeit anbieten, sich auch mit der Mathematik der Verfahren ein wenig vertraut zu machen.

Die Darstellung der Rechenregeln der multivariaten Verfahren wird durch den Einsatz der *Matrixalgebra* erleichtert. Wir empfehlen, sich vor dem Lesen derjenigen Teile, die sich mit dem mathematischen Hintergrund der Verfahren bzw. ihrer rechnerischen Durchführung befassen, mit den Grundregeln der Matrixalgebra vertraut zu machen (vgl. hierzu Anhang C).

Kapitel 13 Partialkorrelation und multiple Korrelation

ÜBERSICHT

Partialkorrelation – Semipartialkorrelation – multiple Regression – β-Gewichte – Strukturkoeffizienten – multiple Korrelation – Schrumpfungskorrektur – Multikollinearität – Suppressionseffekte – schrittweise Regression – „optimale" Stichprobenumfänge – mathematischer Hintergrund der multiplen Korrelations- und Regressionsrechnung – Pfadanalyse – lineare Strukturgleichungsmodelle

In Kap. 6 haben wir uns mit Fragen des Zusammenhangs zweier Merkmale (Korrelationsrechnung) bzw. der Vorhersagbarkeit eines Merkmals aufgrund eines anderen (Regressionsrechnung) befasst. Die multiple Korrelation und Regression stellen eine Erweiterung dieses bivariaten Ansatzes dar. Hier werden statt einer mehrere Prädiktorvariablen in ihrer Bedeutung für eine Kriteriumsvariable untersucht.

In diesem und in den folgenden Kapiteln wollen wir die Indikation, die rechnerische Durchführung und die Interpretation des jeweiligen Verfahrens losgelöst von seinem mathematischen Hintergrund behandeln. 13.2.1 befasst sich deshalb zunächst nur mit dem Grundprinzip der multiplen Korrelation und soll dazu befähigen, Problemsituationen zu erkennen, die sich mit einer multiplen Korrelations- oder Regressionsanalyse lösen lassen. Anhand von Beispielen wird ferner gezeigt, wie die Ergebnisse einer solchen Analyse interpretiert werden können. 13.2.2 befasst sich mit speziellen Interpretationsproblemen, die sich mit den Stichworten „Multikollinearität" und „Suppressionseffekte" beschreiben lassen. Daran anschließend behandeln wir unter 13.2.3 den mathematischen Hintergrund des Verfahrens.

Bezüglich der Interpretation der multiplen Korrelation gelten die Ausführungen auf S. 235 f. zur bivariaten Korrelation analog: Aus einer multiplen Korrelation kann nicht geschlossen werden, dass eine Kriteriumsvariable durch die Prädiktorvariablen kausal bestimmt ist. Wie man dennoch zumindest ansatzweise korrelationsanalytisch kausale Modelle über das Zusammenwirken mehrerer Variablen überprüfen kann, zeigen wir unter 13.3 (lineare Strukturgleichungsmodelle oder kurz: LISREL).

Zuvor jedoch wollen wir uns einer Technik zuwenden, mit der die Bedeutung einer oder mehrerer Variablen für den Zusammenhang zwischen zwei anderen Variablen ermittelt werden kann (*Partialkorrelation*). Mit diesem Verfahren lässt sich überprüfen, ob die Beziehung zwischen zwei Merkmalen auf einer „Scheinkorrelation" beruht, also einer Korrelation, die nur durch die Wirksamkeit einer dritten oder weiterer Variablen zustande gekommen ist.

▷ 13.1 Partialkorrelation

„Scheinkorrelationen"

Eine Studie soll den Zusammenhang zwischen der Anzahl krimineller Delikte und der Anzahl von Polizisten ermitteln. Man erhebt diese beiden Variablen in Kommunen über 30 000 Einwohner und errechnet eine hohe positive Korrelation. Je mehr Polizisten, desto mehr kriminelle Delikte!? Dieses Ergebnis überrascht die Autoren, denn man hatte mit einer negativen Korrelation gerechnet – je mehr Polizisten, desto weniger kriminelle Delikte, weil mehr Polizisten mehr kriminelle Delikte verhindern können als wenige.

Dieses Beispiel verdeutlicht einen Fehler, der häufig bei der Interpretation von Korrelationen anzutreffen ist. Wie bereits berichtet (vgl. S. 235 f.), führt die kausale Interpretation von Korrelationen meistens in die Irre. Was im o.g. Beispiel errechnet wurde, ist eine typische „Scheinkorrelation", die man immer dann erhält, wenn zwei zu korrelierende Variablen x und y gemeinsam mit einem Drittmerkmal z zusammenhängen. Hier ist z die Größe der Kommunen. Sowohl die Anzahl der kriminellen Delikte (x) als auch die Anzahl der Polizisten (y) nehmen mit wachsender Einwohnerzahl der Kommunen (z) zu, sodass eine positive Korrelation von x und y zu erwarten war. Der eigentlich plausible Zusammenhang – eine negative Korrelation – hätte sich möglicherweise gezeigt, wenn man die Einwohnerzahl konstant gehalten hätte. (Weitere Beispiele und Informationen zum Thema „Korrelation und Kausalität" findet man bei Krämer, 1995, Kap. 14).

Wie man mit „Scheinkorrelationen" technisch umgeht, erläutert folgendes Beispiel:

Im Rahmen der Entwicklungspsychologie wird untersucht, wie die Merkmale Abstraktionsfähigkeit (x) und sensomotorische Koordination (y) miteinander korrelieren. Zusätzlich wird das Alter der Kinder (z) erhoben. Tabelle 13.1 zeigt die an n = 15 Kindern gewonnenen Testergebnisse sowie das Alter.

Nach den in Kap. 6 angegebenen Rechenregeln ermitteln wir zwischen x und y folgende Korrelation:

Tabelle 13.1. Zahlenbeispiel für eine Partialkorrelation

Kind	Abstraktions-fähigkeit (x)	sensomotor. Koord. (y)	Alter (z)
1	9	8	6
2	11	12	8
3	13	14	9
4	13	13	9
5	14	14	10
6	9	8	7
7	10	9	8
8	11	12	9
9	10	8	8
10	8	9	7
11	13	14	10
12	7	7	6
13	9	10	10
14	13	12	10
15	14	12	9

$\sum_m x_m = 164 \quad \sum_m y_m = 162 \quad \sum_m z_m = 126$

$\sum_m x_m^2 = 1866 \quad \sum_m y_m^2 = 1836 \quad \sum_m z_m^2 = 1086$

$\sum_m x_m \cdot y_m = 1842 \quad \sum_m y_m \cdot z_m = 1400$

$\sum_m x_m \cdot z_m = 1412$

$$s_x = \sqrt{\frac{\sum_m x_m^2 - \frac{\left(\sum_m x_m\right)^2}{n}}{n}} = \sqrt{\frac{1866 - 164^2/15}{15}}$$
$$= 2{,}21,$$

$$s_y = \sqrt{\frac{\sum_m y_m^2 - \frac{\left(\sum_m y_m\right)^2}{n}}{n}} = \sqrt{\frac{1836 - 162^2/15}{15}}$$
$$= 2{,}40,$$

$$\text{cov}_{xy} = \frac{\sum_m x_m \cdot y_m - \frac{\left(\sum_m x_m\right) \cdot \left(\sum_m y_m\right)}{n}}{n}$$
$$= \frac{1842 - 164 \cdot 162/15}{15} = 4{,}72,$$

$$r_{xy} = \frac{\text{cov}_{xy}}{s_x \cdot s_y} = \frac{4{,}72}{2{,}21 \cdot 2{,}40} = 0{,}89.$$

Der gefundene Zusammenhang zwischen der Abstraktionsfähigkeit und dem sensomotorischen Koordinationsvermögen ist mit r = 0,89 recht hoch. Es ist jedoch zu vermuten, dass dieser Zusammenhang auf eine 3. Variable, nämlich das Alter, das sowohl das Merkmal x als auch das Merkmal y beeinflusst, zumindest teilweise zurückgeführt werden kann. Die Korrelation r = 0,89 könnte also eine „Scheinkorrelation" darstellen. (Wir setzen diesen Begriff in Anführungszeichen, weil natürlich auch eine „Scheinkorrelation" eine richtige Korrelation im statistischen Sinn ist. Mit der Bezeichnung „Scheinkorrelation" soll explizit darauf hingewiesen werden, dass der gefundene Zusammenhang nicht als kausale Abhängigkeit interpretiert werden kann.)

Die Bedeutung des Alters könnten wir indirekt abschätzen, indem die gleiche Korrelation für eine altershomogene Stichprobe berechnet wird. Je kleiner die Korrelation in diesem Fall wird, um so bedeutsamer ist das Alter für das Zustandekommen der oben genannten Korrelation. Eine solche Korrelation wäre allerdings nur für die untersuchte Altersstufe gültig.

13.1 Partialkorrelation

Bereinigung von Variablen

Einen anderen Weg, eine vom Alter unbeeinflusste Korrelation zwischen der Abstraktionsfähigkeit und der sensomotorischen Koordinationsfähigkeit zu erhalten, eröffnet die *Partialkorrelation*. Der Grundgedanke dieses Verfahrens ist folgender: Wenn die Korrelation zwischen 2 Variablen x und y von einer dritten Variablen z beeinflusst wird, kann dies nur in der Weise geschehen, dass die Variable z sowohl Variable x als auch Variable y beeinflusst bzw. dass Variable z mit x und zusätzlich mit y korreliert. Suchen wir eine Korrelation zwischen x und y, die von der Variablen z nicht beeinflusst ist, müssen wir die Variablen x und y vom Einfluss der dritten Variablen z befreien. Anders formuliert: Die Variablen x und y müssen bzgl. des Einflusses einer Variablen z bereinigt werden.

Dies geschieht mit Hilfe der *Regressionsrechnung*. Wir bestimmen zunächst eine Regressionsgleichung, mit der $\hat{x}$-Werte aufgrund der Variablen z vorhergesagt werden können. Die Varianz dieser vorhergesagten Werte wird ausschließlich durch die Variable z bestimmt. Subtrahieren wir die vorhergesagten $\hat{x}$-Werte von den tatsächlichen x-Werten, resultieren Residualwerte bzw. Regressionsresiduen, deren Varianz von der Variablen z unbeeinflusst ist (vgl. S. 209 f.). Diesen Vorgang der regressionsanalytischen Bereinigung bezeichneten wir auf S. 361 f. kurz als „Herauspartialisieren" einer Variablen z aus einer Variablen x.

Genauso verfahren wir mit der Variablen y, aus der ebenfalls regressionsanalytisch der Einfluss der Variablen z herauspartialisiert wird. Korrelieren wir die bezüglich der Variablen z „bereinigten" Variablen x und y, ergibt sich eine Partialkorrelation zwischen den Variablen x und y, die von der 3. Variablen z unbeeinflusst ist.

> Eine Partialkorrelation stellt eine bivariate Korrelation zwischen Regressionsresiduen dar.

Bezogen auf das Beispiel ermitteln wir zunächst die Regressionsgleichung zur Vorhersage der Abstraktionsfähigkeit (x) aufgrund des Alters (z) der Kinder.

Nach Gl. (6.12) ergibt sich für b_{xz}:

$$b_{xz} = \frac{1412 - \dfrac{164 \cdot 126}{15}}{1086 - \dfrac{126^2}{15}} = \frac{34{,}4}{27{,}6} = 1{,}246.$$

Für a_{xz} erhalten wir nach Gl. (6.9):

$$a_{xz} = \frac{164}{15} - 1{,}246 \cdot \frac{126}{15} = 0{,}464.$$

Die Regressionsgleichung zur Vorhersage der x-Werte lautet somit:

$$\hat{x}_m = 1{,}246 \cdot z_m + 0{,}464.$$

Die Regressionskoeffizienten für die Vorhersage der sensomotorischen Koordinationsfähigkeit (y) aufgrund des Alters (z) heißen:

$$b_{yz} = \frac{1400 - \dfrac{162 \cdot 126}{15}}{1086 - \dfrac{126^2}{15}} = \frac{39{,}20}{27{,}6} = 1{,}420,$$

$$a_{yz} = \frac{162}{15} - 1{,}420 \cdot \frac{126}{15} = -1{,}13.$$

Als Regressionsgleichung ergibt sich also:

$$\hat{y}_m = 1{,}420 \cdot z_m - 1{,}13.$$

Wie in der Kovarianzanalyse (vgl. 10.1) berechnen wir als nächstes für jede Vp die Regressionsresiduen $x_m^* = x_m - \hat{x}_m$ und $y_m^* = y_m - \hat{y}_m$. Diese Abweichungswerte, aus denen der Alterseinfluss herauspartialisiert ist, sind in Tabelle 13.2 aufgeführt.

Zur Kontrolle überprüfen wir, ob sich die Summen der x^*- bzw. y^*-Werte jeweils zu Null addieren. Dies trifft bis auf geringfügige Abweichungen, die auf Rundungsungenauigkeiten zurückzuführen sind, zu. Die Korrelation zwischen den x^*- und y^*-Werten ist die Partialkorrelation zwischen x und y, aus der das Merkmal z herauspartialisiert wurde. Sie lautet im Beispiel nach Gl. (6.60):

$$r_{xy \cdot z} = \frac{15 \cdot 21{,}92 - 0{,}00}{\sqrt{(15 \cdot 30{,}00 - 0{,}00) \cdot (15 \cdot 30{,}72 - 0{,}00)}}$$

$$= 0{,}72.$$

Mit der Schreibweise $r_{xy \cdot z}$ wird zum Ausdruck gebracht, dass das Merkmal z aus der Korrelation r_{xy} herauspartialisiert ist.

Die gemeinsame Varianz zwischen der Abstraktionsfähigkeit der Kinder und ihren sensomotorischen Koordinationsleistungen ist somit von

Tabelle 13.2. Regressionsresiduen für die Partialkorrelation

x^*	y^*
1,06	0,61
0,57	1,77
1,32	2,35
1,32	1,35
1,07	0,93
−0,19	−0,81
−0,43	−1,23
−0,68	0,35
−0,43	−2,23
−1,19	0,19
0,07	0,93
−0,94	−0,39
−3,92	−3,07
0,07	−1,07
2,32	0,35

$\sum_m x_m^* = 0{,}02$ $\qquad$ $\sum_m y_m^* = 0{,}03$

$\sum_m x_m^{*2} = 30{,}00$ $\qquad$ $\sum_m y_m^{*2} = 30{,}72$

$\sum_m x_m^* \cdot y_m^* = 21{,}92$

$100\% \cdot 0{,}89^2 = 79{,}2\%$ auf $100\% \cdot 0{,}72^2 = 51{,}8\%$ gesunken. Der Differenzbetrag von 27,4% ist auf das Alter zurückzuführen.

Rechnerische Durchführung

Zu einer vereinfachten Berechnung der Partialkorrelation führt der folgende Gedankengang: Nach Gl. (6.73) setzt sich die Varianz der x-Werte additiv aus der Varianz der x̂-Werte und der Varianz der Regressionsresiduen x^* zusammen. (Die Varianz der Regressionsresiduen bezeichneten wir auf S. 208 mit $s^2_{(y|x)}$.) Die Varianz der x^*-Werte lautet nach Gl. (6.72):

$$s^2_{x^*} = s^2_x \cdot (1 - r^2_{xz}) \,. \tag{13.1}$$

Die Varianz der y^*-Werte heißt entsprechend:

$$s^2_{y^*} = s^2_y \cdot (1 - r^2_{yz}) \,. \tag{13.2}$$

Für die Korrelation zwischen den x^*-Werten und den y^*-Werten, die der Partialkorrelation $r_{xy \cdot z}$ entspricht, schreiben wir gemäß Gl. (6.57):

$$r_{x^* y^*} = r_{xy \cdot z} = \frac{\mathrm{cov}_{x^* y^*}}{s_{x^*} \cdot s_{y^*}} \,. \tag{13.3}$$

Der Zähler in Gl. (13.3) enthält die Kovarianz von $x - (b_{xz} \cdot z + a_{xz})$ und $y - (b_{yz} \cdot z + a_{yz})$. Rechnen wir den Zähler in Gl. (13.3) aufgrund dieser Beziehungen aus, erhalten wir einen Ausdruck, der sich aus $\mathrm{cov}_{xy}, b_{xz}, b_{yz}, s^2_z$, der Kovarianz zwischen den z-Werten und den x^*-Werten, sowie der Kovarianz zwischen den z-Werten und den y^*-Werten zusammensetzt. Da die beiden letztgenannten Kovarianzen definitionsgemäß Null sind (die Kovarianz einer hinsichtlich z residualisierten Variablen mit der Variablen z ist Null; vgl. S. 209 f.), ergibt sich unter Berücksichtigung von Gl. (13.1) und (13.2) zusammengefasst:

$$r_{xy \cdot z} = \frac{\mathrm{cov}_{xy} - b_{xz} \cdot b_{yz} \cdot s^2_z}{s_x \cdot \sqrt{1 - r^2_{xz}} \cdot s_y \cdot \sqrt{1 - r^2_{yz}}} \,. \tag{13.4}$$

Ersetzen wir cov_{xy} gemäß Gl. (6.57) und b_{xz} sowie b_{yz} gemäß Gl. (6.65), resultiert als Partialkorrelation:

$$r_{xy \cdot z} = \frac{r_{xy} \cdot s_x \cdot s_y - \dfrac{r_{xz} \cdot s_x}{s_z} \cdot \dfrac{r_{yz} \cdot s_y}{s_z} \cdot s^2_z}{s_x \cdot \sqrt{1 - r^2_{xz}} \cdot s_y \cdot \sqrt{1 - r^2_{yz}}}$$

$$= \frac{r_{xy} - r_{xz} \cdot r_{yz}}{\sqrt{1 - r^2_{xz}} \cdot \sqrt{1 - r^2_{yz}}} \,. \tag{13.5}$$

Zur Berechnung einer Partialkorrelation benötigen wir somit nur die 3 Produkt-Moment-Korrelationen zwischen den 3 beteiligten Variablen.

> Die Partialkorrelation gibt den linearen Zusammenhang zweier Variablen an, aus dem der lineare Einfluss einer dritten Variablen eliminiert wurde.

(Auf eine andere Art der Berechnung der Partialkorrelation gehen wir auf S. 456 f. ein.)

Die Einzelkorrelationen haben in unserem Beispiel die Werte $r_{xy} = 0{,}89$, $r_{xz} = 0{,}77$ und $r_{yz} = 0{,}80$. Setzen wir diese Werte in Gl. (13.5) ein, erhalten wir als Partialkorrelation:

$$r_{xy \cdot z} = \frac{0{,}89 - 0{,}77 \cdot 0{,}80}{\sqrt{1 - 0{,}77^2} \cdot \sqrt{1 - 0{,}80^2}} = 0{,}72 \,.$$

Dieser Wert stimmt mit dem oben ermittelten überein.

Semipartialkorrelationen.
Wird eine Drittvariable z nicht aus beiden, sondern nur aus einer Variablen

13.1 Partialkorrelation

(z. B. x) herauspartialisiert, sprechen wir von einer semipartialen Korrelation ($r_{y(x \cdot z)}$) (engl.: Part-Correlation). Sie berechnet sich nach folgender Gleichung (vgl. Bush et al., 1980):

$$r_{y(x \cdot z)} = \frac{r_{xy} - r_{xz} \cdot r_{yz}}{\sqrt{1 - r_{xz}^2}}. \qquad (13.6)$$

Partialkorrelationen höherer Ordnung. Eine Partialkorrelation höherer Ordnung erhält man, wenn aus dem Zusammenhang zweier Variablen nicht nur eine, sondern mehrere Variablen herauspartialisiert werden.

Die Partialkorrelation für die Variablen 1 und 2, aus der der Einfluss der Variablen 3 und 4 herauspartialisiert ist, lautet:

$$r_{12 \cdot 34} = \frac{r_{12 \cdot 3} - r_{14 \cdot 3} \cdot r_{24 \cdot 3}}{\sqrt{1 - r_{14 \cdot 3}^2} \cdot \sqrt{1 - r_{24 \cdot 3}^2}}. \qquad (13.7a)$$

In diese Partialkorrelation zweiter Ordnung gehen nur Partialkorrelationen 1. Ordnung ein, die nach Gl. (13.5) bestimmt werden. Allgemein schreiben wir für eine Partialkorrelation höherer Ordnung, bei der der Einfluss der Variablen 3, 4 ... k aus dem Zusammenhang zweier Variablen 1 und 2 herauspartialisiert ist:

$$r_{12 \cdot 34 \ldots k}$$
$$= \frac{r_{12 \cdot 34 \ldots (k-1)} - r_{1k \cdot 34 \ldots (k-1)} \cdot r_{2k \cdot 34 \ldots (k-1)}}{\sqrt{(1 - r_{1k \cdot 34 \ldots (k-1)}^2) \cdot (1 - r_{2k \cdot 34 \ldots (k-1)}^2)}}.$$
$$(13.7b)$$

Für eine Partialkorrelation höherer Ordnung müssen zuvor sämtliche Partialkorrelationen niedriger Ordnung bestimmt werden, was bei großen Werten für k sehr schnell zu einem erheblichen Rechenaufwand führt. Einen allgemeinen Ansatz zur Lösung dieses Problems lernen wir auf S. 454f. kennen (zur Berechnung von Semipartialkorrelationen höherer Ordnung vgl. S. 455; weitere Hinweise hierzu findet man bei Algina u. Seaman 1984).

Signifikanztests

Um die Hypothese zu überprüfen, ob eine Partialkorrelation signifikant von einem Korrelationsparameter ρ_0 abweicht, transformieren wir zunächst die Partialkorrelation und ρ_0 nach Tabelle H in Fischers Z-Werte Z und Z_0. Sind die beteiligten Variablen paarweise bivariat normalverteilt, kann der folgende z-Wert der Standardnormalverteilung ermittelt werden (vgl. Finn, 1974, Kap. 6.2):

$$z = (Z - Z_0) \cdot \sqrt{n - 3 - (k - 2)}, \qquad (13.8)$$

wobei n = Anzahl der Vpn, k = Anzahl aller beteiligten Variablen.

Für eine Partialkorrelation 1. Ordnung (k = 3) reduziert sich Gl. (13.8) zu:

$$z = (Z - Z_0) \cdot \sqrt{n - 4}. \qquad (13.9)$$

Die Partialkorrelation weicht – bei zweiseitigem Test – statistisch bedeutsam von ρ_0 ab, wenn z außerhalb der Bereiche $-1{,}96 \leq z \leq 1{,}96$ ($\alpha = 5\%$) bzw. $-2{,}58 \leq z \leq 2{,}58$ ($\alpha = 1\%$) liegt. In unserem Beispiel ermitteln wir für $r_{xy \cdot z} = 0{,}72$ und $\rho_0 = 0$:

$$Z = 0{,}908, \quad Z_0 = 0,$$
$$z = (0{,}908 - 0) \cdot \sqrt{15 - 4} = 3{,}01.$$

Die Partialkorrelation weicht somit auf dem 1%-Niveau signifikant von Null ab oder kurz: Sie ist auf dem 1%-Niveau signifikant.

Schätzen wir ρ_0 durch die unbereinigte Korrelation r_{xy}, können wir die Gl. (13.8) oder (13.9) auch verwenden, um den Unterschied zwischen r_{xy} und der Partialkorrelation auf Signifikanz zu testen (die Stichprobenkorrelation ist allerdings keine erwartungstreue Schätzung der Populationskorrelation. Der „Bias" ist jedoch – wie Gl. 13.21 für k = 1 zeigt – bei großen Stichproben zu vernachlässigen). Für unser Beispiel mit $r_{xy} = \hat{\rho}_0 = 0{,}89$ ergibt sich folgendes Resultat:

$$Z = 0{,}908; \quad Z_0 = 1{,}422$$
$$z = (0{,}908 - 1{,}422) \cdot \sqrt{15 - 4} = -1{,}70.$$

Durch die Berücksichtigung des Alters wird die ursprüngliche Korrelation (bei einseitigem Test) also signifikant reduziert ($-1{,}70 < -1{,}65$).

Hinweise: Zur Überprüfung der Frage, ob sich eine Partialkorrelation $r_{xy \cdot z}$ signifikant von der unbereinigten Korrelation r_{xy} unterscheidet, wird auch auf Olkin u. Finn (1995) verwiesen. Die Autoren beschreiben zudem einen Test zur Überprüfung des Unterschiedes zweier Partialkorrelationen $r_{xy \cdot z}$ und $r_{xy \cdot w}$.

Einen Signifikanztest zur Prüfung des Unterschiedes zwischen einer unbereinigten Korrelation

(r_{xy}) und einer *Semipartialkorrelation* ($r_{x(y \cdot z)}$) findet man bei Malgady (1987). Diese Arbeit enthält auch Signifikanztests für folgende Vergleiche von Semipartialkorrelationen:

$r_{x(y \cdot z)}$ vs. $r_{x(z \cdot y)}$,

$r_{x(y \cdot z)}$ vs. $r_{x(y \cdot w)}$

und

$r_{x(y \cdot z)}$ vs. $r_{x(w \cdot z)}$.

Wie man überprüfen kann, ob sich mehrere, unabhängige Partialkorrelationen signifikant unterscheiden, wird bei Silver et al. (1995) beschrieben. Über Signifikanztests, die die Reliabilität der Kontrollvariablen berücksichtigen, berichtet Strauss (1981).

13.2 Multiple Korrelation und Regression

Die multiple Korrelations- und Regressionstechnik gehört neben der bivariaten Korrelation und der Varianzanalyse zu den am häufigsten eingesetzten statistischen Verfahren (vgl. Willson, 1980). Mit Hilfe der multiplen Korrelationsstatistik ist es möglich, Beziehungen zwischen zwei oder mehreren Prädiktorvariablen und einer einzelnen Kriteriumsvariablen zu analysieren. Das Ergebnis dieser Analyse besteht in einer Gleichung zur Vorhersage von Kriteriumswerten (multiple Regressionsgleichung) und im multiplen Korrelationskoeffizienten R.

> Mit der multiplen Korrelation wird der Zusammenhang zwischen mehreren Prädiktorvariablen und einer Kriteriumsvariablen bestimmt. Die multiple Regressionsgleichung dient der Vorhersage einer Kriteriumsvariablen aufgrund mehrerer Prädiktorvariablen.

▷ ### 13.2.1 Grundprinzip und Interpretation

Für die Berechnung einer multiplen Korrelation werden von n Vpn Messungen auf einer Kriteriumsvariablen (x_c) und k Prädiktorvariablen (x_i, $i = 1, \ldots, k$) benötigt, wobei $n > k$ ist. Die Prädiktorvariablen können dichotome Nominalskalen oder Intervallskalen sein, und die Kriteriumsvariable ist in der Regel eine Intervallskala. (Zur Verwendung von mehrfach gestuften Nominalskalen als Prädiktorvariablen vgl. Kap. 14. Auf nominalskalierte Kriteriumsvariablen gehen wir auf S. 463 f. und S. 644 ein.)

Multiple Regressionsgleichungen

Regressionsgleichungen haben für bivariate Fragestellungen folgende allgemeine Form:

$$\hat{x}_{cm} = b \cdot x_{1m} + a .$$

Handelt es sich bei den Variablen um *standardisierte Variablen* (z-Werte), ergibt sich wegen $\text{cov}_{(1,c)} = r_{1c}$, $s_1 = s_c = 1$ und $a = 0$ gem. Gl. (6.25) folgende vereinfachte Schreibweise:

$$\hat{z}_{cm} = r_{1c} \cdot z_{1m} . \tag{13.10}$$

Hierin bedeuten:
$\hat{z}_{cm}$ = mittels der Regressionsgleichung vorhergesagter z-Wert der Person m auf der Kriteriumsvariablen x_c,
r_{1c} = Korrelation zwischen der Variablen 1 und der Kriteriumsvariablen,
z_{1m} = z-Wert der m-ten Person auf der Variablen 1.

Für k Prädiktorvariablen resultiert folgende Gleichung für die Vorhersage eines z-Wertes der Kriteriumsvariablen x_c:

$$\hat{z}_{cm} = b_1 \cdot z_{1m} + b_2 \cdot z_{2m} + \cdots + b_k \cdot z_{km} . \tag{13.11}$$

Anstelle der Korrelation r_{1c} in Gl. (13.10) tauchen hier als Gewichte die Koeffizienten b_1 bis b_k auf. Die Aufgabe der multiplen Regressionsrechnung besteht darin, diese b-Koeffizienten zu ermitteln. Sie werden auch als *Standardpartialregressionskoeffizienten* oder kurz als **Beta-Gewichte** bezeichnet, für die wir anstelle von $\hat{\beta}_i$ als Schätzwerte der wahren Gewichtsparameter β_i vereinfachend b_i schreiben. Die Beta-Gewichte werden so bestimmt, dass die Regressionsgleichung die Kriteriumsvariable möglichst genau vorhersagt. Wie in der bivariaten Regression wird auch in der multiplen Regression die Regressionsgleichung nach dem *Kriterium der kleinsten Quadrate* festgelegt (vgl. 13.2.3 bzw. Gl. 13.58).

Statt standardisierter Werte können *Rohwerte* mit folgender Gleichung vorhergesagt werden:

13.2.1 Grundprinzip und Interpretation

$$\hat{x}_{cm} = b'_1 \cdot x_{1m} + b'_2 \cdot x_{2m} + \cdots + b'_k \cdot x_{km} + a, \quad (13.12)$$

wobei

$$b'_i = b_i \cdot \frac{s_c}{s_i}.$$

Das Symbol a kennzeichnet – wie in der bivariaten Regressionsrechnung – die Höhenlage. Für 2 Prädiktorvariablen repräsentiert die Regressionsgleichung eine Ebene im dreidimensionalen Raum, die zur Achse x_1 die Steigung b'_1 und zur Achse x_2 die Steigung b'_2 aufweist; a kennzeichnet den Schnittpunkt der Ebene mit der Kriteriumsachse x_c. Wir berechnen a nach folgender Gleichung:

$$a = \bar{x}_c - (b'_1 \cdot \bar{x}_1 + b'_2 \cdot \bar{x}_2 + \cdots + b'_k \cdot \bar{x}_k). \quad (13.13)$$

Multiple Korrelation

Der multiple Korrelationskoeffizient R (im Unterschied zu r als bivariate Produkt-Moment-Korrelation) erfasst den Zusammenhang zwischen k Prädiktorvariablen und einer Kriteriumsvariablen. R hat definitionsgemäß einen Wertebereich von 0 bis 1. Berechnet man zwischen den vorhergesagten $\hat{y}_{im}$-Werten und den erhobenen y_{im}-Werten eine bivariate Produkt-Moment-Korrelation, erhält man als Resultat eine multiple Korrelation ($R = r_{\hat{y}y}$).

> Der multiple Korrelationskoeffizient entspricht der bivariaten Korrelation zwischen der vorhergesagten und der tatsächlichen Kriteriumsvariablen.

Wird eine Kriteriumsvariable aufgrund von *2 Prädikatorvariablen* vorhergesagt, berechnen wir die multiple Korrelation einfach nach der Beziehung:

$$R_{c,12} = \sqrt{b_1 \cdot r_{1c} + b_2 \cdot r_{2c}}. \quad (13.14)$$

Mit der Schreibweise $R_{c,12}$ bringen wir zum Ausdruck, dass eine Kriteriumsvariable c mit den Prädiktorvariablen 1 und 2 (allgemein: den nach dem Komma genannten Variablen) in Beziehung gesetzt wird. Die multiple Korrelation ist durch die positive Wurzel in Gl. (13.14) definiert. Die Beta-Gewichte b_1 und b_2 ermitteln wir nach folgenden Gleichungen:

$$b_1 = \frac{r_{1c} - r_{2c} \cdot r_{12}}{1 - r_{12}^2}, \quad (13.15a)$$

$$b_2 = \frac{r_{2c} - r_{1c} \cdot r_{12}}{1 - r_{12}^2}. \quad (13.15b)$$

Setzen wir diese Gleichungen in Gl. (13.14) ein, erhalten wir:

$$R_{c,12} = \sqrt{\frac{r_{1c}^2 + r_{2c}^2 - 2 \cdot r_{12} \cdot r_{1c} \cdot r_{2c}}{1 - r_{12}^2}}. \quad (13.14a)$$

Sind *mehr als 2 Prädiktorvariablen* beteiligt, errechnet sich die multiple Korrelation nach folgender Gleichung:

$$R_{c,12\ldots k} = R = \sqrt{\sum_{i=1}^{k} b_i \cdot r_{ic}}. \quad (13.16)$$

Für $k \geq 2$ bestimmen wir die b-Gewichte nach der Beziehung:

$$\mathbf{b} = \mathbf{R}_x^{-1} \cdot \mathbf{r}_{xc}. \quad (13.17)$$

Auf die Bedeutung und Herleitung dieser Gleichung in Matrixschreibweise gehen wir unter 13.2.3 näher ein.

Der Koeffizient R^2 gibt, wie bei der Produkt-Moment-Korrelation, den Anteil der gemeinsamen Varianz zwischen der Kriteriumsvariablen und den Prädiktorvariablen an (Determinationskoeffizient). $R^2 \cdot 100$ schätzt somit den prozentualen Teil der Varianz der Kriteriumsvariablen, der von den Prädiktoren vorhergesagt werden kann.

Die Existenz einer multiplen Korrelation setzt voraus, dass der Ausdruck unter der Wurzel von Gl. (13.14a) nicht negativ wird. Dies ist gewährleistet, wenn für $k = 2$ Prädiktorvariablen die folgende Ungleichung gilt (vgl. Stanley u. Wang, 1969 oder Glass u. Collins, 1970):

$$r_{1c} \cdot r_{2c} - \sqrt{(1 - r_{1c}^2) \cdot (1 - r_{2c}^2)}$$
$$\leq r_{12}$$
$$\leq r_{1c} \cdot r_{2c} + \sqrt{(1 - r_{1c}^2) \cdot (1 - r_{2c}^2)}. \quad (13.18)$$

Die Ungleichung zeigt, dass r_{12} nicht beliebig variieren kann, wenn r_{1c} und r_{2c} festgelegt sind. Eine Überprüfung dieser Beziehung erübrigt sich, wenn die Korrelationen aus empirisch erhobenen Daten errechnet werden. (Man beachte, dass R für $r_{12} = 1$ nicht definiert ist). Die Verallgemeinerung dieser Ungleichung auf mehr als zwei Prädiktorvariablen findet man bei Olkin (1981).

Hinweis: Eine Antwort auf die Frage, wie man mit fehlenden Daten (*missing data*) bei der Bestimmung einer multiplen Regressionsgleichung (mit 2 Prädiktoren) umgehen sollte, findet man bei Kromrey u. v. Hines (1994).

Voraussetzungen und Signifikanztests

Die inferenzstatistische Absicherung der multiplen Korrelation setzt voraus, dass alle beteiligten, kontinuierlichen Variablen multivariat normalverteilt sind, es sei denn, der Stichprobenumfang ist im Verhältnis zur Anzahl der Variablen genügend groß ($n > 40$ bei $k < 10$).

Zur Überprüfung der multivariaten Normalverteilungsannahme existiert derzeit kein ausgereifter Test. Behelfslösungen wurden von Stelzl (1980) und Thompson (1990b) vorgeschlagen. Tests zur Überprüfung von Schiefe und Exzess einer multivariaten Verteilung hat Mardia (1970, 1974, 1985) entwickelt. Looney (1995) schlägt eine sequentielle Teststrategie unter Verwendung mehrerer Normalverteilungs-Tests vor. Diese Vorgehensweise wird damit begründet, dass keiner der bekannten Tests auf alle möglichen Abweichungen von einer multivariaten Normalverteilung gleich gut anspricht. In diesem Zusammenhang wird zudem deutlich, dass die Annahme einer multivariaten Normalverteilung auch dann verletzt sein kann, wenn alle beteiligten Variablen für sich univariat normalverteilt sind.

Ein SAS-Programm zur Überprüfung der multivariaten Normalverteilungsannahme wurde von Fan (1996) entwickelt. Dieses Programm verbindet den graphischen Ansatz von Johnson (1990b) mit den Schiefe- und Exzesstests von Mardia (1970). Weitere Verfahrensvorschläge und EDV-Hinweise, auch zur Ausreißer(*Outliers*-)Problematik bei multivariaten Daten, findet man bei Timm (2002, Kap. 3.7).

Liegen Prädiktorvariablen in dichotomisierter Form vor, muss die Kriteriumsvariable für alle Kombinationen der dichotomisierten Prädiktorvariablen normalverteilt und varianzhomogen sein. (Zur Verwendung dichotomer Kriteriumsvariablen s. unter 14.2.10 u. 14.2.11 sowie S. 463.)

Können diese Voraussetzungen als erfüllt gelten, überprüfen wir $H_0: \varrho = 0$ mit folgendem F-Test:

$$F = \frac{R^2 \cdot (n - k - 1)}{(1 - R^2) \cdot k} . \quad (13.19)$$

Der resultierende F-Wert wird anhand der F-Tabelle (Tabelle E des Anhangs) mit dem für k Zählerfreiheitsgrade und $n - k - 1$ Nennerfreiheitsgrade auf einem bestimmten Signifikanzniveau kritischen F-Wert verglichen.

Die Frage, welche Prädiktorvariable im Kontext der übrigen einen signifikanten Beitrag zur Vorhersage der Kriteriumsvariablen leistet (*Signifikanz der Beta-Gewichte*), wird mit folgendem Test überprüft (vgl. Overall u. Klett, 1972, S. 422 f.):

$$t = \frac{b_i}{\sqrt{\dfrac{r^{ii} \cdot (1 - R^2)}{n - k - 1}}} . \quad (13.20)$$

Dieser approximativ t-verteilte Wert hat $n - k - 1$ Freiheitsgrade. r^{ii} ist das Element ii in der *invertierten Korrelationsmatrix*, auf die wir unter 13.2.3 näher eingehen.

Zur Überprüfung der Frage, ob eine Prädiktorvariable 1 in Kombination mit einer Prädiktorvariablen 2 oder in Kombination mit einer Prädiktorvariablen 3 besser geeignet ist, eine Kriteriumsvariable c vorherzusagen ($R_{c.12}$ vs. $R_{c.13}$), haben Olkin u. Finn (1995) einen Test vorgeschlagen. Hier findet man auch ein Verfahren, mit dem man überprüfen kann, ob ein Satz von Prädiktoren in einer Stichprobe A besser geeignet ist, ein Kriterium c vorherzusagen, als in einer Stichprobe B. (Zur Kritik dieses Verfahrens vgl. Algina u. Keselman, 1999.)

Schrumpfungskorrektur

Eine nach Gl. (13.14) bzw. (13.16) ermittelte multiple Korrelation ist – zumal bei vielen Prädiktorvariablen und kleinem Stichprobenumfang – nur bedingt geeignet, den wahren, in der Population gültigen Korrelationskoeffizienten zu schätzen. Die anhand einer Stichprobe ermittelte multiple Korrelation überschätzt den wahren multiplen Zusammenhang, sodass eine „Schrumpfungskorrektur" („correction for shrinkage") erforderlich ist. Nach Morrison (1976, S. 110; zit. nach Huberty u.

13.2.1 Grundprinzip und Interpretation

Mourad, 1980) erwarten wir bei Gültigkeit der $H_0: \varrho = 0$ eine quadrierte multiple Korrelation von

$$E(R^2) = \frac{k}{n-1} . \qquad (13.21)$$

Dieser Wert ergibt sich, wenn wir gemäß H_0 in Gl. (13.19) F = 1 setzen und nach R^2 auflösen.

Dass der Erwartungswert von R^2 bei Gültigkeit von H_0 nicht Null ist, hat mehrere Autoren veranlasst, Formeln zu entwickeln, die die Überschätzung des wahren multiplen Zusammenhangs durch eine Stichprobenkorrelation kompensieren. Eine Reihe dieser Formeln zur „Schrumpfungskorrektur" multipler Korrelationen wurden von Carter (1979) verglichen. Nach dieser Studie führt die von Olkin u. Pratt (1958) vorgeschlagene Korrektur zu den genauesten Schätzungen. Sie lautet

$$\hat{R}^2 = 1 - \left(\frac{n-3}{n-k-1}\right) \times \left[(1 - R^2) + \left(\frac{2}{n-k+1}\right) \cdot (1 - R^2)^2\right]. \qquad (13.22)$$

Wenn die Schrumpfungskorrektur zu einem negativen Wert für $\hat{R}^2$ führt, ist davon auszugehen, dass in der Population zwischen den Prädiktorvariablen und der Kriteriumsvariablen kein Zusammenhang besteht. (Sowohl R als auch R^2 können nur positive Werte annehmen.)

BEISPIEL

Es soll die Intelligenz (x_c) von 10 Schülern aufgrund ihrer Gedächtnisleistung (x_1) und ihrer Deutschnote (x_2) vorhergesagt werden. Die Gedächtnisleistungen werden durch die Anzahl der Fehler in einem Gedächtnistest quantifiziert. (Je höher der Wert, desto geringer die Gedächtnisleistung.) Tabelle 13.3 zeigt die ursprünglichen und die z-transformierten Werte.

Die Korrelationen zwischen den 3 Variablen lauten:

$r_{12} = 0{,}16; \quad r_{1c} = -0{,}47; \quad r_{2c} = -0{,}87 .$

Nach Gl. (13.15 a, b) errechnen wir folgende b-Gewichte:

$b_1 = \dfrac{-0{,}47 - (-0{,}87) \cdot 0{,}16}{1 - 0{,}16^2} = -0{,}339 ,$

$b_2 = \dfrac{-0{,}87 - (-0{,}47) \cdot 0{,}16}{1 - 0{,}16^2} = -0{,}816 .$

Die multiple Korrelation ergibt sich nach Gl. (13.14) zu:

$R = \sqrt{(-0{,}339) \cdot (-0{,}47) + (-0{,}816) \cdot (-0{,}87)} = 0{,}93 .$

Zu diesem Resultat führt auch Gl. (13.14a):

$R = \sqrt{\dfrac{(-0{,}47)^2 + (-0{,}87)^2 - 2 \cdot 0{,}16 \cdot (-0{,}47) \cdot (-0{,}87)}{1 - 0{,}16^2}}$

$= 0{,}93 .$

Wir erhalten nach Gl. (13.11) folgende multiple Regressionsgleichung:

$\hat{z}_{cm} = -0{,}339 \cdot z_{1m} + (-0{,}816) \cdot z_{2m} .$

Die Regressionsgleichung für die Rohwerte heißt nach Gl. (13.12) und (13.13):

$\hat{x}_{cm} = -1{,}768 \cdot x_{1m} + (-6{,}670) \cdot x_{2m} + 144{,}44 .$

Nach diesen Gleichungen ermitteln wir die $\hat{z}_{cm}$-Werte bzw. $\hat{x}_{cm}$-Werte in Tabelle 13.3. Die Korrelation der vorhergesagten Kriteriumswerte ($\hat{x}_{cm}$ bzw. $\hat{z}_{cm}$) mit den tatsächlichen Kriteriumswerten (x_{cm} bzw. z_{cm}) entspricht der oben ermittelten multiplen Korrelation.

Der Signifikanztest führt nach Gl. (13.19) zu einem F-Wert von:

$F = \dfrac{0{,}93^2 \cdot (10 - 2 - 1)}{(1 - 0{,}93^2) \cdot 2} = 22{,}41 .$

(Ohne Rundung der Zwischenergebnisse ermittelt man F = 24,24.)

Dieser F-Wert ist bei 2 Zählerfreiheitsgraden und 7 Nennerfreiheitsgraden hoch signifikant. Ist die gezogene Stichprobe repräsentativ, kann die Regressionsgleichung zur Vorhersage von Intelligenzwerten aufgrund der Gedächtnisleistungen und Deutschnoten auch bei weiteren Untersuchungseinheiten der Population eingesetzt werden. (Die Überprüfung der Signifikanz eines b-Gewichts wird auf S. 467 f. demonstriert.)

Einen besseren Schätzwert des „wahren" multiplen Zusammenhangs liefert die Schrumpfungskorrektur nach Gl. (13.22). Wir erhalten

$\hat{R}^2 = 1 - \left(\dfrac{10-3}{10-2-1}\right) \cdot \left[(1 - 0{,}93^2)\right.$
$\left. + \left(\dfrac{2}{10-2+1}\right) \cdot (1 - 0{,}93^2)^2\right]$
$= 1 - 1{,}0 \cdot (0{,}135 + 0{,}004)$
$= 0{,}861$

bzw.

$\hat{R} = 0{,}928 .$

Aufgrund der b-Gewichte interpretieren wir die multiple Korrelation folgendermaßen: Zunächst haben beide b-Gewichte ein negatives Vorzeichen, d. h., je größer die Ausprägung der Prädiktorvariablen, desto kleiner ist der vorhergesagte Wert auf der Kriteriumsvariablen. Dieses Ergebnis war aufgrund der negativen Einzelkorrelationen zwischen den Prädiktorvariablen und der Kriteriumsvariablen zu erwarten. (Es gibt jedoch auch Fälle, bei denen das Vorzeichen eines b-Gewichts nicht mit dem Vorzeichen der Einzelkorrelation übereinstimmt, s. S. 452 ff.).

Tabelle 13.3. Beispiel für eine multiple Korrelation und Regression (k = 2)

Schüler-Nr.	Gedächtnis		Deutschnote		Intelligenz			
	x_1	z_1	x_2	z_2	x_c	z_c	$\hat{x}_c$	$\hat{z}_c$
1	12	−0,13	2	−0,82	107	0,35	109,87	0,71
2	12	−0,13	3	0,20	105	0,10	103,22	−0,12
3	13	0,52	3	0,20	101	−0,40	101,45	−0,34
4	10	−1,43	4	1,22	102	−0,27	100,08	−0,51
5	11	−0,78	2	−0,82	114	1,22	111,65	0,93
6	13	0,52	4	1,22	97	−0,90	94,78	−1,17
7	12	−0,13	4	1,22	92	−1,52	96,55	−0,95
8	10	−1,43	1	−1,84	118	1,72	120,09	1,99
9	14	1,17	2	−0,82	111	0,85	106,35	0,27
10	15	1,82	3	0,20	95	−1,15	97,91	−0,78

$$\sum_m x_{1m} = 122 \qquad \sum_m x_{2m} = 28 \qquad \sum_m x_{cm} = 1042$$

$$\sum_m x_{1m}^2 = 1512 \qquad \sum_m x_{2m}^2 = 88 \qquad \sum_m x_{cm}^2 = 109\,218$$

$$\sum_m x_{1m} \cdot x_{2m} = 344 \qquad \sum_m x_{2m} \cdot x_{cm} = 2849$$

$$\sum_m x_{1m} \cdot x_{cm} = 12\,655$$

$\bar{x}_1 = 12{,}20 \qquad s_1 = 1{,}536$
$\bar{x}_2 = 2{,}80 \qquad s_2 = 0{,}980$
$\bar{x}_c = 104{,}20 \qquad s_c = 8{,}010$

Allgemein besagt ein positives b-Gewicht, dass eine Zunahme der entsprechenden Prädiktorvariablen zu einer Vergrößerung des vorhergesagten Kriteriumswertes beiträgt, und ein negatives b-Gewicht, dass eine Zunahme der entsprechenden Prädiktorvariablen zu einer Verkleinerung des Wertes der Kriteriumsvariablen führt. Vergleichen wir die beiden b-Gewichte untereinander, stellen wir fest, dass die Deutschnote (x_2) erheblich stärker an der Vorhersage der Kriteriumsvariablen beteiligt ist als die Gedächtnisleistung (x_1). Allgemein formulieren wir: Je höher das b-Gewicht einer Prädiktorvariablen (unabhängig vom Vorzeichen), desto bedeutsamer ist die Prädiktorvariable für die Vorhersage der Kriteriumsvariablen.

13.2.2 Multikollinearität und Suppressionseffekte

Das Beispiel könnte den Eindruck erwecken, dass die b-Gewichte in etwa die Verhältnisse der bivariaten Korrelationen zwischen Prädiktor- und Kriteriumsvariablen wiedergeben. Dass das b-Gewicht einer Prädiktorvariablen jedoch nicht nur von der Korrelation der Prädiktorvariablen mit der Kriteriumsvariablen bestimmt ist, kann man im Fall zweier Prädiktorvariablen leicht anhand der Gl. (13.15 a, b) nachvollziehen. Das b-Gewicht wird durch die Korrelation der beiden Prädiktorvariablen mit der Kriteriumsvariablen und zusätzlich durch die Interkorrelation der beiden Prädiktorvariablen bestimmt.

Die Größe eines b-Gewichts hängt von den linearen Zusammenhängen bzw. der Höhe aller bivariaten Korrelationen der untersuchten Variablen ab. Stichprobenbedingte Zufälligkeiten in den einzelnen bivariaten Korrelationen beeinflussen deshalb auch die Größe eines b-Gewichts. Dies ist bei der Interpretation der b-Gewichte zu beachten. (Ein Verfahren zur Überprüfung von Unterschieden zwischen den bivariaten Korrelationen wird bei Olkin u. Finn, 1990, beschrieben; vgl. auch S. 222 f.). Die b-Gewichte einzelner Variablen können – zumal bei kleineren Stichproben – von Untersuchung zu Untersuchung stark schwanken. Zudem dürfte es aufgrund der Berechnungsvorschriften einleuchtend sein, dass die Größe des b-Gewichts einer Variablen davon abhängt, welche weiteren Prädiktorvariablen untersucht werden. Allein der Austausch bzw. das Weglassen einer einzigen Prädiktorvariablen in einem Satz von Prädiktorvariablen kann das gesamte Gefüge der b-Gewichte deutlich verändern.

13.2.2 Multikollinearität und Suppressionseffekte

Multikollinearität

Die Instabilität der b-Gewichte ist eine Folge der Multikollinearität bzw. der wechselseitigen Abhängigkeit der Prädiktorvariablen.

> Unter Multikollinearität versteht man die wechselseitige, lineare Abhängigkeit von Variablen im Kontext multivariater Verfahren.

Multikollinearität beeinträchtigt den Einsatz der multiplen Korrelation auf dreifache Weise:
- Bei extremer Multikollinearität ist die rechnerische Genauigkeit der b-Gewicht-Schätzungen gefährdet (Belsley et al., 1980, S. 114 f.).
- Multikollinearität kann zu Verzerrungen der Teststatistiken (Gl. 13.19 und Gl. 13.20) führen (Pedhazur, 1982, S. 235).
- Multikollinearität erschwert die Interpretation der b-Gewichte.

Strukturkoeffizienten. Angesichts dieser Schwierigkeiten erscheint es sinnvoll, nach Kennziffern Ausschau zu halten, die in Ergänzung der b-Gewichte die Interpretation einer multiplen Regressionsgleichung erleichtern. Dies sind die sog. Strukturkoeffizienten (c_i), die den Zusammenhang zwischen den Prädiktorvariablen und der *vorhergesagten* Kriteriumsvariablen beschreiben und die sich rechnerisch ergeben, wenn man die Einzelkorrelationen durch die multiple Korrelation dividiert:

$$c_i = \frac{r_{ic}}{R} \quad (13.23)$$

(zur Herleitung der Strukturkoeffizienten vgl. S. 470). Für unser Beispiel resultieren damit:

$$c_1 = \frac{-0{,}47}{0{,}93} = -0{,}51; \quad c_2 = \frac{-0{,}87}{0{,}93} = -0{,}94.$$

Die *vorhergesagte* Intelligenz korreliert also bedeutend höher mit der Deutschnote als mit dem Gedächtnis.

In diesem Beispiel führen die Einzelkorrelationen, b-Gewichte und Strukturkoeffizienten im Prinzip zur gleichen Interpretation (die Deutschnote ist für die Intelligenz wichtiger als das Gedächtnis). Dies ist jedoch nicht immer so, denn es sind Merkmalskonstellationen denkbar, bei denen eine Einzelkorrelation (und damit auch der entsprechende Strukturkoeffizient) ein anderes Vorzeichen aufweist als das b-Gewicht. Wie Gl. (13.15 a) zeigt, ist dies bei zwei Prädiktoren immer der Fall, wenn $|r_{1c}| < |r_{2c} \cdot r_{12}|$ ist (entsprechendes gilt für r_{2c}).

Damit stehen zur Interpretation einer multiplen Regressionsgleichung zwei verschiedene Indizes mit jeweils spezifischer Bedeutung zur Verfügung:
- das b-Gewicht, dem zu entnehmen ist, welchen Beitrag eine einzelne Prädiktorvariable im Kontext aller übrigen Prädiktorvariablen zur Klärung der *tatsächlichen* Kriteriumsvarianz leistet;
- der Strukturkoeffizient, der angibt, welchen Anteil eine Prädiktorvariable an der *vorhergesagten* Kriteriumsvarianz hat ohne Berücksichtigung der übrigen Prädiktorvariablen (vgl. auch Thorndike, 1978, S. 171 f. oder Thompson u. Borello, 1985).

Die von Budescu (1993) vorgeschlagene „Dominanzanalyse" stellt eine weitere Möglichkeit dar, die relative Bedeutung der Prädiktorvariablen zu bestimmen. Die Technik basiert auf der Nützlichkeit der Prädiktoren, die auf S. 456 f. behandelt wird. Hierbei werden R^2-Werte verglichen, die man für alle möglichen Teilmengen (Subsets) berechnet, die aus einem Satz von Prädiktorvariablen gebildet werden können. Weiterführende Entwicklungen dieser Technik werden bei Azen u. Budescu (2003) beschrieben.

Weitere Hinweise zur Interpretation von β-Gewichten findet man bei Bring (1995).

Merkmalsvorhersagen. Weniger Auswirkungen hat die Multikollinearität auf reine Vorhersageaufgaben, bei denen die Interpretation der b-Gewichte von nachrangiger Bedeutung ist. Auch wenn eine geringfügige Veränderung der Multikollinearität zu drastischen Veränderungen der b-Gewichtsstruktur führen sollte, verändern sich dadurch die prognostizierten Kriteriumswerte nur unerheblich. Fügt man beispielsweise zu einem Prädiktorvariablensatz eine weitere, mit anderen Prädiktorvariablen hoch korrelierte Prädiktorvariable hinzu, können sich die b-Gewichte zwar deutlich verändern; die vorhergesagten Werte verändern sich jedoch kaum, wenn sich die multiple Korrelation durch das Hinzufügen dieser zusätzlichen Prädiktorvariablen nur unwesentlich erhöht.

Kreuzvalidierung. Wie stabil die Regressionsvorhersagen sind, kann mit einer sog. Kreuzvalidierung geprüft werden. Hierbei bestimmt man zwei Regressionsgleichungen aufgrund von zwei Teilstichproben A und B und verwendet die Regressionsgleichung von A zur Vorhersage der Kriteriumsvariablen in B und umgekehrt die Regressionsgleichung von B zur Vorhersage der Kriteriumswerte in A. Die Korrelation der so vorhergesagten Kriteriumsvariablen mit den tatsächlichen Ausprägungen der Kriteriumsvariablen in der „Eichstichprobe" informiert über die Stabilität der Merkmalsvorhersagen (weitere Einzelheiten hierzu findet man bei Wainer, 1978, Stone, 1974 und Geisser, 1975; über die „multicross-validation"-Technik berichtet Ayabe, 1985). Verfahren, die ohne ein Splitting der untersuchten Stichprobe auskommen, behandeln Browne u. Cudeck (1989), Darlington (1968) sowie Browne (1975a, b).

Das Problem der Multikollinearität stellt sich nicht, wenn man statt korrelierter Variablen unkorrelierte Faktoren als Prädiktoren einsetzt. (Zur Bedeutung und Ermittlung von Faktoren vgl. Kap. 15.). Hierüber wird ausführlich bei Jolliffe (2002, Kap. 8.1–8.3) berichtet.

Partial-, Semipartial- und multiple Korrelation

Partialkorrelation höherer Ordnung. Auf S. 445 ff. wurde erläutert, dass eine Partialkorrelation $r_{12 \cdot 3}$ der Produkt-Moment-Korrelation zwischen den bezüglich einer Variablen 3 residualisierten Variablen 1 und 2 entspricht. Will man mit einer Partialkorrelation höherer Ordnung ($r_{12 \cdot 34 \ldots}$) mehrere Variablen gleichzeitig kontrollieren, können hierfür statt des in Gl. (13.7) beschriebenen Ansatzes Residualwerte über multiple Regressionsgleichungen bestimmt werden. Man benötigt hierfür eine multiple Regressionsgleichung zur Vorhersage der Variablen 1 aufgrund der Variablen 3, 4 ... und eine multiple Regressionsgleichung zur Vorhersage der Variablen 2 aufgrund der Variablen 3, 4 .... Die Korrelation der Regressionsresiduen stellt – wie auf S. 445 für bivariate Regressionen beschrieben – eine Partialkorrelation höherer Ordnung dar.

Bezeichnen wir allgemein die zu korrelierenden Variablen mit x und y und kennzeichnen einen Satz von p zu kontrollierenden Variablen mit B, ergibt sich die folgende vereinfachte Berechnungsvorschrift für eine Partialkorrelation p-ter Ordnung (vgl. z. B. Cohen, 1988, S. 411 f.):

$$r_{xy \cdot B}^2 = \frac{R_{y \cdot (xB)}^2 - R_{y \cdot B}^2}{1 - R_{y \cdot B}^2} \quad (13.24)$$

mit

$R_{y \cdot (xB)}$ = multiple Korrelation zwischen y und den p + 1 Variablen x und B.
$R_{y \cdot B}$ = multiple Korrelation zwischen y und den p Kontrollvariablen B.

Der Zähler von Gl. (13.24) enthält die gemeinsame Varianz zwischen y und x, die über die gemeinsame Varianz zwischen y und B hinausgeht. Dies ist die gemeinsame Varianz zwischen y und der bezüglich B bereinigten Variablen x, d. h., der Zähler definiert eine Semipartialkorrelation p-ter Ordnung. Er erfasst den Varianzanteil von y, der durch x · B (lies: x residualisiert bezüglich B) erklärt wird.

Das Quadrat der Partialkorrelation $r_{xy \cdot B}^2$ kennzeichnet den Varianzanteil von y · B, der auf x · B zurückgeht. Die Varianz von y · B entspricht jedoch dem Nenner von Gl. (13.24) ($1 - R_{y \cdot B}^2$ ist der Varianzanteil von y der *nicht* durch B erklärt wird), d. h., in Gl. (13.24) wird die bez. x · B bereinigte Varianz von y an der bez. B bereinigten Varianz von y relativiert. Dies bedeutet, dass Gl. (13.24) eine Partialkorrelation p-ter Ordnung definiert, bei der die Variablen x und y bzgl. der p Variablen B bereinigt sind.

Da dieser Gedankengang möglicherweise nicht unmittelbar nachvollziehbar ist, wollen wir über einen 2., eher formalen Weg zeigen, dass Gl. (13.24) tatsächlich eine Partialkorrelation darstellt.

Nach Gl. (6.81) ist das „normale" bivariate Korrelationsquadrat durch $s_{\hat{y}}^2/s_y^2$ definiert. Demnach muss der Quotient $s_{\hat{y}^*}^2/s_{y^*}^2$ eine quadrierte Partialkorrelation sein, wobei $s_{y^*}^2$ die Varianz der bezüglich z residualisierten Variablen y beinhaltet (y · z) und $s_{\hat{y}^*}^2$ die Varianz der aufgrund von x*, d. h. x · z vorhergesagten $\hat{y}^*$-Werte.

Um zu zeigen, dass $s_{\hat{y}^*}^2/s_{y^*}^2$ mit Gl. (13.24) äquivalent ist, multiplizieren wir zunächst Zähler und Nenner von Gl. (13.24) mit s_y^2. Nehmen wir vereinfachend an, dass B aus nur einer Kontrollvariablen z besteht (B = z), erhalten wir im Nenner

13.2.2 Multikollinearität und Suppressionseffekte

$s_y^2 \cdot (1 - r_{yz}^2)$. Dies ist nach Gl. (6.72) die Varianz der y-Residuen, also $s_{y^*}^2$.

Nun ist zu zeigen, dass der um s_y^2 erweiterte Zähler von Gl. (13.24), also $s_y^2 \cdot (R_{y,(xz)}^2 - R_{y,z}^2)$ die Varianz der aufgrund von x^* vorhergesagten $\hat{y}^*$-Werte, also $s_{\hat{y}^*}^2$ darstellt. Es sollte also gelten:

$$s_{\hat{y}^*}^2 = s_y^2 \cdot (R_{y,(xz)}^2 - r_{yz}^2)$$

Um $\hat{y}^*$-Werte aufgrund von x^*-Werten vorherzusagen, benötigen wir die entsprechende Regressionsgleichung. Sie lautet mit der hier verwendeten Notation:

$$\hat{y}_m^* = b_{y^*x^*} \cdot x_m^* + a_{y^*x^*}$$

Gemäß Gl. (6.9) entfällt $a_{y^*x^*}$, da die durchschnittlichen Residuen für x^* und y^* jeweils Null sind. Für $b_{y^*x^*}$ ergibt sich aus Gl. (6.65)

$$b_{y^*x^*} = r_{xy \cdot z} \cdot s_{y^*}/s_{x^*}$$

Werden die x^*-Werte mit diesem Faktor multipliziert, resultieren die gesuchten $\hat{y}^*$-Werte. Deren Varianz erhält man nach Gl. (1.23) über die Beziehung $s_{\hat{y}^*}^2 = b_{y^*x^*}^2 \cdot s_{x^*}^2$ bzw. über

$$s_{\hat{y}^*}^2 = \frac{r_{xy \cdot z}^2 \cdot s_{y^*}^2 \cdot s_{x^*}^2}{s_{x^*}^2} = r_{xy \cdot z}^2 \cdot s_{y^*}^2$$

Machen wir von der Beziehung $s_{y^*}^2 = s_y^2 \cdot (1 - r_{yz}^2)$ Gebrauch (s.o.), muss also gelten:

$$s_y^2 \cdot (R_{y,(xz)}^2 - r_{yz}^2) = s_y^2 \cdot (1 - r_{yz}^2) \cdot r_{xy \cdot z}^2$$

bzw.

$$R_{y,(xz)}^2 - r_{yz}^2 = (1 - r_{yz}^2) \cdot r_{xy \cdot z}^2.$$

Beide Seiten dieser Gleichung definieren die quadrierte Semipartialkorrelation nach Gl. (13.6). Dies wird deutlich, wenn wir $R_{y(xz)}^2$ nach Gl. (13.14a) (mit y = c und 1, 2 = x, z) und $r_{xy \cdot z}^2$ nach Gl. (13.5) substituieren. Zusammengefasst kommen wir also zu dem Ergebnis, dass Gl. (13.24) dem Ausdruck $s_{\hat{y}^*}^2/s_{y^*}^2$ bzw. der quadrierten Partialkorrelation entspricht.

Bezüglich des Signifikanztests für eine Partialkorrelation höherer Ordnung wird auf Gl. (13.8) verwiesen.

Semipartialkorrelation höherer Ordnung. Für eine Semipartialkorrelation höherer Ordnung werden die p Kontrollvariablen B nur aus der Variablen x oder y herauspartialisiert. Sie wird berechnet als Zähler von Gl. (13.24), wenn x zu bereinigen ist:

$$r_{y(x \cdot B)}^2 = R_{y,(xB)}^2 - R_{y,B}^2. \qquad (13.25)$$

Man berechnet also eine multiple Korrelation zwischen der Kriteriumsvariablen y und allen übrigen Variablen (xB) sowie eine multiple Korrelation zwischen der (Kriteriums-)Variablen y und allen Kontrollvariablen B. Die Differenz der beiden Korrelationsquadrate ist das Quadrat der Semipartialkorrelation zwischen den Variablen x und y, bei der die p Kontrollvariablen B aus der Variablen x herauspartialisiert sind.

Multiple Partial- und Semipartialkorrelation. Bei einer Partialkorrelation höherer Ordnung werden x und y und bei einer Semipartialkorrelation wird nur eine Variable (z.B. x) bezüglich mehrerer Kontrollvariablen, die wir zusammenfassend mit B bezeichnen, bereinigt. Diese auf bivariate Korrelationen anwendbaren Ansätze können auf multiple Korrelationen erweitert werden. Wir sprechen von einer multiplen Partialkorrelation höherer Ordnung, wenn sowohl die Kriteriumsvariable y als auch k Prädiktorvariablen, die wir zusammenfassend mit A bezeichnen, bezüglich eines Satzes B von p Kontrollvariablen bereinigt werden. Ausgehend von Gl. (13.24) erhält man hierfür mit y als Kriteriumsvariable:

$$R_{yA \cdot B}^2 = \frac{R_{y,(AB)}^2 - R_{y,B}^2}{1 - R_{y,B}^2}. \qquad (13.26)$$

Eine multiple Semipartialkorrelation höherer Ordnung resultiert in Analogie zu Gl. (13.25) wie folgt:

$$R_{y(A \cdot B)}^2 = R_{y,(AB)}^2 - R_{y,B}^2. \qquad (13.27)$$

Die multiple Partialkorrelation und Semipartialkorrelation höherer Ordnung werden nach folgender Gleichung auf Signifikanz getestet (vgl. Cohen u. Cohen, 1975, S. 441):

$$F = \frac{(R_{y,(AB)}^2 - R_{y,B}^2)/k}{(1 - R_{y,(AB)}^2)/(n - k - p - 1)} \qquad (13.28)$$

mit $df_Z = k$ und $df_N = n - k - p - 1$.

Zerlegung einer multiplen Korrelation in Semipartialkorrelationen. Für 3 Variablen x, y und z erhält man nach Gl. (13.25):

$$r_{y(x \cdot z)}^2 = R_{y,xz}^2 - r_{yz}^2. \tag{13.29}$$

Ersetzt man $R_{y,xz}^2$ nach Gl. (13.14a), resultiert die bereits bekannte Bestimmungsgleichung (13.6) für eine Semipartialkorrelation.

An Gl. (13.29) oder auch Gl. (13.25) wird eine interessante Eigenschaft der multiplen Korrelation deutlich: $R_{y,xz}^2$ ist der gemeinsame Varianzanteil zwischen y und den Variablen x und z. Wird hiervon der gemeinsame Varianzanteil zwischen y und z abgezogen, müsste – so könnte man meinen – der gemeinsame Varianzanteil zwischen x und y übrig bleiben. Das Resultat ist aber nicht r_{yx}^2, sondern $r_{y(x \cdot z)}^2$, also die quadrierte Semipartialkorrelation.

Stellen wir Gl. (13.29) um, wird ersichtlich, was bei der Berechnung einer multiplen Korrelation „passiert":

$$R_{y,xz}^2 = r_{yz}^2 + r_{y(x \cdot z)}^2. \tag{13.30}$$

Die gemeinsame Varianz zwischen der Kriteriumsvariablen y und den beiden Prädiktoren x und z setzt sich zusammen aus der gemeinsamen Varianz zwischen y und z sowie der gemeinsamen Varianz zwischen y und der bezüglich z residualisierten Variablen x. Für Gl. (13.30) können wir auch schreiben

$$R_{y,xz}^2 = r_{yx}^2 + r_{y(z \cdot x)}^2. \tag{13.31}$$

Hier wird x als unbereinigte und z als bezüglich x bereinigte Variable berücksichtigt. Verwenden wir eine beliebige Anzahl k von Prädiktorvariablen, so lässt sich die multiple Korrelation wie folgt „zerlegen":

$$R_{1,2345\ldots k}^2 = r_{12}^2 + r_{1(3 \cdot 2)}^2 + r_{1(4 \cdot 23)}^2 + \ldots + r_{1(k \cdot 234 \ldots k-1)}^2 \tag{13.32}$$

Bei einer sequentiellen Sichtweise besagt Gl. (13.32), dass der jeweils neu hinzukommende Prädiktor bezüglich der bereits im Modell enthaltenen Prädiktoren bereinigt wird. Jeder Prädiktor leistet damit einen Vorhersagebeitrag, der über den Vorhersagebeitrag der im Vorhersagemodell bereits enthaltenen Prädiktoren hinausgeht.

> Eine multiple Korrelation ist darstellbar als eine Sequenz von Semipartialkorrelationen, wobei jede neu hinzukommende Prädiktorvariable bezüglich der bereits berücksichtigten Prädiktorvariablen residualisiert wird.

Die Reihenfolge, in der die k Prädiktoren in Gl. (13.32) berücksichtigt werden, ist für das Endergebnis, also die Höhe der multiplen Korrelation und die Höhe der b-Gewichte, unerheblich. Wir werden diesen Gedanken erneut im Kontext der „stepwise-regression"-Prozedur (vgl. S. 461 f.) aufgreifen.

Gleichung (13.32) und Gl. (13.16) führen zum gleichen Ergebnis. Man beachte jedoch, dass sich die Summanden beider Gleichungen nicht entsprechen: Die Höhe einer Semipartialkorrelation ist abhängig von ihrer Position innerhalb einer beliebig festzulegenden Sequenz von Semipartialkorrelationen, während das Produkt $b_i \cdot r_{ic}$ sequenzunabhängig und damit konstant ist.

Nützlichkeit von Prädiktoren. Wenn in einer multiplen Regressionsgleichung ein Satz A mit k Prädiktoren um eine Prädiktorvariable zu einem Satz A + 1 mit k + 1 Prädiktoren erweitert wird, erhöht sich die gemeinsame Varianz bzw. das Vorhersagepotential um das Quadrat der Semipartialkorrelation $r_{y(A+1 \cdot A)}$:

$$r_{y(A+1 \cdot A)}^2 = R_{y,(A+1)}^2 - R_{y,A}^2. \tag{13.33}$$

Die Semipartialkorrelation zeigt also an, welcher Zugewinn an Vorhersagepotential durch die Aufnahme des Prädiktors k + 1 erzielt wird. Nach Darlington (1968) bezeichnet man das Quadrat dieser Semipartialkorrelation auch als „Nützlichkeit" U (von „usefulness") einer Prädiktorvariablen im Kontext einer multiplen Regressionsgleichung:

$$U_{k+1} = r_{y(A+1 \cdot A)}^2. \tag{13.34}$$

> Die Nützlichkeit U_{k+1} einer Prädiktorvariablen k + 1 gibt an, um welchen Betrag die quadrierte multiple Korrelation erhöht wird, wenn eine Regressionsgleichung mit k Prädiktoren um den Prädiktor k + 1 erweitert wird.

Beta-Gewichte und Partialkorrelationen. Die Verknüpfung einer Partialkorrelation $r_{12 \cdot 3}$ mit den b-Gewichten der multiplen Korrelation zeigt folgende Gleichung für k = 2 Prädiktorvariablen:

$$r_{12 \cdot 3} = \sqrt{b_{2(1,23)} \cdot b_{1(2,13)}}, \tag{13.35}$$

wobei

13.2.2 Multikollinearität und Suppressionseffekte

$b_{2(1,23)}$ = Beta-Gewicht der Variablen 2 in der multiplen Regressionsgleichung zur Vorhersage der Variablen 1 aufgrund der Variablen 2 und 3,

$b_{1(2,13)}$ = Beta-Gewicht der Variablen 1 in der multiplen Regressionsgleichung zur Vorhersage der Variablen 2 aufgrund der Variablen 1 und 3.

Zur Verdeutlichung der Gl. (13.35) greifen wir das Beispiel unter 13.1 noch einmal auf. Die Einzelkorrelationen lauten: $r_{12} = 0{,}89$, $r_{13} = 0{,}77$ und $r_{23} = 0{,}80$. Stellen wir Gl. (13.15 a u. b) zur Vorhersage der Variablen 2 bzw. der Variablen 1 um, erhalten wir folgende b-Gewichte:

$$b_{2(1,23)} = \frac{r_{12} - r_{13} \cdot r_{23}}{1 - r_{23}^2}$$

$$= \frac{0{,}89 - 0{,}77 \cdot 0{,}80}{1 - 0{,}80^2} = 0{,}761,$$

$$b_{1(2,13)} = \frac{r_{12} - r_{23} \cdot r_{13}}{1 - r_{13}^2}$$

$$= \frac{0{,}89 - 0{,}80 \cdot 0{,}77}{1 - 0{,}77^2} = 0{,}673.$$

Ausgehend von diesen b-Gewichten ermitteln wir die folgende Partialkorrelation:

$$r_{12 \cdot 3} = \sqrt{0{,}761 \cdot 0{,}673} = 0{,}72.$$

Dieser Wert stimmt mit dem nach Gl. (13.3) bzw. (13.5) ermittelten Wert überein.

Suppressionseffekte

Das Zusammenwirken der Einzelkorrelationen beim Zustandekommen einer multiplen Korrelation zeigt Tabelle 13.4. Hier sind, in 3 Blöcke zusammengefasst, verschiedene Konstellationen von Einzelkorrelationen sowie die resultierenden b-Gewichte der Prädiktorvariablen x_1 und x_2 und die multiple Korrelation R der beiden Prädiktorvariablen mit der Kriteriumsvariablen x_c zusammengestellt. Zur Vereinfachung der Terminologie bezeichnen wir im Folgenden die Korrelation einer Prädiktorvariablen mit der Kriteriumsvariablen als Validität.

> Die Validität einer Prädiktorvariablen i kennzeichnet deren Korrelation mit der Kriteriumsvariablen (r_{ic}).

Im *Block A* ist in allen 3 Fällen $r_{12} = 0$, d.h., x_1 und x_2 sind 2 voneinander unabhängige Prädiktoren. Hier stimmen die Validitäten mit den jeweiligen b-Gewichten überein. Die multiple Korrelation R ist in allen 3 Fällen größer als die größte der beiden Validitäten r_{1c} und r_{2c}. Allgemein gilt:

> Die multiple Korrelation ist immer größer oder zumindest genauso groß wie die größte Validität.

Voneinander unabhängige Prädiktorvariablen, die jeweils hoch mit der Kriteriumsvariablen korrelieren, sind am besten zur Vorhersage einer Kriteriumsvariablen geeignet.

Tabelle 13.4. Klassifikationskriterien für Prädiktorvariablen

	r_{12}	r_{1c}	r_{2c}	b_1	b_2	R
A	0,00	0,60	0,50	0,60	0,50	0,78
	0,00	0,30	0,50	0,30	0,50	0,58
	0,00	−0,60	0,50	−0,60	0,50	0,78
B	0,20	0,95	0,30	0,93	0,11	0,96
	0,70	0,60	0,50	0,49	0,16	0,61
	0,30	0,90	0,40	0,86	0,14	0,91
C	0,70	0,60	0,00	1,18	−0,82	0,84
	0,85	0,70	0,30	1,60	−1,06	0,90
	0,70	0,50	−0,20	1,25	−1,08	0,92

A	x_2	Unabhängiger Prädiktor:	$r_{12} = 0$
B	x_2	Redundanter Prädiktor:	$|b_1| < |r_{1c}|$
C	x_2	Suppressorvariable allgemein:	$|b_1| > |r_{1c}|$

Im *Block B* sind Beispiele von Korrelationskonstellationen enthalten, die für die Vorhersage einer Kriteriumsvariablen eher ungünstig sind. Die Erhöhung der Korrelation durch die Aufnahme der Prädiktorvariablen x_2 ist nur minimal. Offenbar haben die Prädiktorvariablen gemeinsame Informationen (vgl. r_{12}), sodass eine Vorhersage des Kriteriums aufgrund beider Prädiktorvariablen nicht viel besser ist als die Vorhersage aufgrund einer Prädiktorvariablen allein. Prädiktorvariable 2 ist deshalb in allen 3 Beispielen eine redundante Prädiktorvariable. Da sich mit zunehmender Anzahl von Prädiktorvariablen die Signifikanzgrenze für die multiple Korrelation nach oben verschiebt (vgl. die Freiheitsgrade des Signifikanztests nach Gl. 13.19), empfiehlt es sich, redundante Prädiktorvariablen nicht mit in die Vorhersage einzubeziehen. Formal erkennen wir redundante Prädiktorvariablen daran, dass die Beziehungen $|b_1| < |r_{1c}|$ bzw. $|b_2| < |r_{2c}|$ erfüllt sind.

Zwischen den Blöcken A und B gibt es fließende Übergänge. Ist die Korrelation r_{12} nicht perfekt Null, kann die Beziehung $|b_i| < |r_{ic}|$ erfüllt sein, obwohl keine der beiden Variablen redundant ist. Dies ist immer dann der Fall, wenn die multiple Korrelation deutlich größer ist als die größte der beiden Validitäten. Dieses Ergebnis weist darauf hin, dass beide Prädiktorvariablen neben gemeinsamer Varianz auch spezifische Informationen enthalten, die zur Vergrößerung der multiplen Korrelation beitragen.

Während das Zustandekommen der multiplen Korrelationen in den Blöcken A und B noch einigermaßen einleuchtend ist, treffen wir in *Block C* auf einige überraschende Phänomene. Im 1. unter C genannten Beispiel ist $r_{1c} = 0{,}60$ und $r_{2c} = 0{,}00$, d.h., nur die 1., aber nicht die 2. Prädiktorvariable ist mit der Kriteriumsvariablen korreliert. Da die 2. Prädiktorvariable nicht mit dem Kriterium zusammenhängt, könnte man meinen, dass sie für die multiple Korrelation unbedeutend ist. Wir sehen aber, dass dies bei einer multiplen Korrelation von $R = 0{,}84$ keineswegs der Fall ist. Die multiple Korrelation ist beträchtlich höher als die Korrelation der 1. Prädiktorvariablen mit dem Kriterium, obwohl die 2. Prädiktorvariable nicht mit dem Kriterium korreliert.

Betrachten wir den 2. unter C genannten Fall. Hier lauten die beiden Validitäten $r_{1c} = 0{,}70$ und $r_{2c} = 0{,}30$. Wären die beiden Prädiktorvariablen voneinander unabhängig ($r_{12} = 0$), würde nach Gl. (13.14a) $R = \sqrt{0{,}70^2 + 0{,}30^2} = 0{,}76$ resultieren. Die beiden Prädiktorvariablen sind jedoch nicht voneinander unabhängig, sondern korrelieren mit $r_{12} = 0{,}85$ beträchtlich. Man könnte deshalb vermuten, dass wegen der hohen Prädiktorvariableninterkorrelation eine der beiden Prädiktorvariablen redundant ist, sodass eine Korrelation unter $R = 0{,}76$ resultieren müsste. Genau das Umgekehrte ist jedoch der Fall. Die multiple Korrelation ist mit $R = 0{,}90$ erheblich höher, als wir es erwarten würden, wenn die beiden Prädiktorvariablen voneinander unabhängig wären.

Noch überraschender ist das 3. unter C genannte Beispiel. Hier korrelieren die beiden Prädiktoren lediglich zu $r_{1c} = 0{,}50$ und $r_{2c} = -0{,}20$ mit dem Kriterium. Wären die Prädiktorvariablen voneinander unabhängig, würden wir $R = \sqrt{0{,}50^2 + (-0{,}20)^2} = 0{,}54$ erwarten. Tatsächlich beträgt die multiple Korrelation jedoch $R = 0{,}92$. Offensichtlich ist trotz der hohen Prädiktorvariableninterkorrelation von $r_{12} = 0{,}70$ keiner der beiden Prädiktoren redundant.

Verantwortlich für das Zustandekommen der unerwartet hohen multiplen Korrelationen sind sog. *Suppressionseffekte* bzw. die Wirksamkeit von *Suppressorvariablen*. Wie man sich die Suppressionswirkung einer Variablen vorstellen kann, soll das in Abb. 13.1 gezeigte Beispiel verdeutlichen.

Eine Prädiktorvariable x_1 möge zu 70% das Merkmal a und zu 30% das Merkmal b erfassen. Beinhaltet die Kriteriumsvariable x_c nun überwiegend das Merkmal b, so kommt es zu einer nur mäßigen Korrelation zwischen der Variablen x_1 und dem Kriterium. Die Dominanz des Merkmals a in der Prädiktorvariablen x_1 hat sozusagen eine

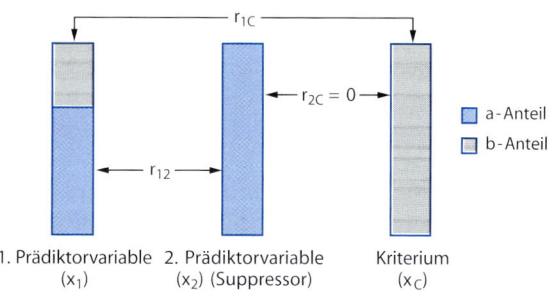

Abb. 13.1. Veranschaulichung der Wirksamkeit einer Suppressorvariablen

13.2.2 Multikollinearität und Suppressionseffekte

höhere Korrelation verhindert. Enthielte die Prädiktorvariable x_1 überwiegend das Merkmal b, wäre eine erheblich bessere Vorhersage des Kriteriums möglich.

Eine Prädiktorvariable x_2 möge nur das Merkmal a erfassen. Die Korrelation zwischen der Variablen x_2 und dem Kriterium ist somit Null, während die Korrelation zwischen x_1 und x_2 beträchtlich ist. Wird nun Variable x_2 so gewichtet, dass in der Kombination der Variablen x_1 und x_2 die auf der Variablen x_1 durch das Merkmal a generierte Varianz unterdrückt wird, so kommt es zu einer hohen multiplen Korrelation, an der die Variable x_2 trotz ihrer unbedeutenden Korrelation mit dem Kriterium indirekt stark beteiligt ist. Die Prädiktorvariable x_2 „absorbiert" den störenden Merkmalsanteil a in der Prädiktorvariablen x_1 und erhält deshalb ein entsprechend hohes b-Gewicht. Gleichzeitig erhöht sie das b-Gewicht der bereinigten Variablen.

Anders formuliert: Residualisieren wir die 1. Prädiktorvariable hinsichtlich der 2. Prädiktorvariablen, verbleibt für die 1. Prädiktorvariable eine Residualvarianz, die neben Fehlereffekten ausschließlich vom Merkmal b bestimmt ist. Folglich korreliert die um die Prädiktorvariable 2 bereinigte Prädiktorvariable 1 hoch mit der Kriteriumsvariablen.

> Eine Suppressorvariable ist eine Variable, die den Vorhersagebeitrag einer (oder mehrerer) anderer Variablen erhöht, indem sie irrelevante Varianzen in der (den) anderen Prädiktorvariablen unterdrückt.

Ein kleines Beispiel soll diesen Sachverhalt veranschaulichen. Nehmen wir einmal an, die Variable x_1 sei die Examensnote, deren Varianz vom Fachwissen (a-Anteil), aber auch von Prüfungsangst (b-Anteil) bestimmt ist. Ferner nehmen wir an, die Kriteriumsvariable x_c sei der spätere berufliche Erfolg, der vor allem vom Fachwissen, aber nicht von der Prüfungsangst abhängt. Dementsprechend dürfte die Korrelation r_{1c}, also die Korrelation zwischen der Examensleistung und dem späteren beruflichen Erfolg, nicht besonders hoch sein, weil das für den beruflichen Erfolg relevante Fachwissen in der Prüfungssituation durch die für den beruflichen Erfolg irrelevante Prüfungsangst „überlagert" ist.

Wenn wir nun mit der Variable x_2 Prüfungsangst erfassen, müsste r_{12}, also die Korrelation zwischen der Examensnote und der Prüfungsangst, relativ hoch ausfallen, während die Korrelation r_{2c} zwischen Prüfungsangst und beruflichem Erfolg eher unbedeutend sein dürfte. Der Prädiktor „Examensnote" korreliert also nur mäßig und der Prädiktor „Prüfungsangst" praktisch gar nicht mit dem Kriterium „beruflicher Erfolg".

Bei diesen Ausgangsbedingungen wäre also eigentlich zu erwarten, dass auch die multiple Korrelation beider Prädiktoren mit dem Kriterium nicht besonders hoch ausfällt. Dies ist jedoch nicht der Fall. In der multiplen Korrelation werden die beiden Variablen so kombiniert (gewichtet), dass der für den beruflichen Erfolg irrelevante, auf Prüfungsangst beruhende Varianzanteil in der Variablen „Examensnote" unterdrückt wird. Die Variable „Prüfungsangst" bereinigt gewissermaßen die Variable „Examensnote" um den „störenden" Varianzanteil, der eine höhere Korrelation der Examensleistung mit dem beruflichen Erfolg verhindert hat. Kurz: Die Variable „Prüfungsangst" ist in Kombination mit der Variablen „Examensleistung" und dem Kriterium „beruflicher Erfolg" eine Suppressorvariable.

Das „Bereinigen" von Prädiktorvariablen geschieht als Folge des Kriteriums, nach dem die multiple Korrelation bestimmt wird (s. Gl. 13.32 oder unter 13.2.3), gewissermaßen automatisch, sodass unsere Aufgabe lediglich darin besteht, nach Vorliegen der Ergebnisse anhand der b-Gewichte und Validitäten zu prüfen, ob Suppressionseffekte wirksam waren. Hierbei ist vor allem darauf zu achten, ob das b-Gewicht einer Variablen gegenüber ihrer Validität deutlich erhöht ist.

Identifikation von Suppressorvariablen. Eine genauere Definition eines Suppressionseffektes gibt Velicer (1978): Die Bedeutsamkeit einer Prädiktorvariablen i wird durch Suppressionseffekte beeinflusst, wenn die Nützlichkeit der Variablen größer ist als die quadrierte Korrelation zwischen der Prädiktorvariablen und der Kriteriumsvariablen (Validität):

$$U_i > r_{ic}^2. \qquad (13.36)$$

In diesem Fall existiert (mindestens) eine Variable j, die auf Variable i einen Suppressionseffekt ausübt. Diese Variable heißt Suppressorvariable. Auch die Suppressorvariable hat eine gegenüber ihrer Validität erhöhte Nützlichkeit.

> Eine Prädiktorvariable i ist eine Suppressorvariable, wenn ihre Nützlichkeit größer ist als ihre quadrierte Validität. Der Effekt einer Suppressorvariablen besteht darin, dass sie die Nützlichkeit anderer Prädiktorvariablen erhöht.

Ob Suppressionseffekte vorliegen, erkennt man für k = 2 auch an folgender Ungleichung:

$$|b_1| > |r_{1c}| \,. \qquad (13.37\,a)$$

Unter Verwendung der Partialkorrelation $r_{1c.2}$ liegt nach Tzelgov u. Henik (1991) ein Suppressionseffekt vor, wenn folgende Ungleichung gilt:

$$r_{1c.2} > r_{1c} \cdot \sqrt{\frac{1-r_{12}^2}{1-r_{2c}^2}} \qquad (13.37\,b)$$

Ein Suppressionseffekt setzt also voraus, dass der Wert der Wurzel deutlich unter 1 liegt bzw. dass die Interkorrelation der beiden Prädiktorvariablen größer ist als die Validität des 2. Prädiktors ($r_{12} > r_{2c}$).

Eine weitere auf der Semipartialkorrelation basierende Strategie zur Identifizierung von Suppressorvariablen geht auf Smith et al. (1992) zurück. Für nur zwei Prädiktorvariablen muss für r_{2c} gelten:

$$r_{2c} < \frac{r_{1c} \cdot (1 - \sqrt{1-r_{12}^2})}{r_{12}} \qquad (13.38a)$$

oder

$$r_{2c} > \frac{r_{1c} \cdot (1 + \sqrt{1-r_{12}^2})}{r_{12}} \,. \qquad (13.38b)$$

Der Prädiktor x_2 ist eine Suppressorvariable, wenn Gl. (13.38a) oder (13.38b) erfüllt ist.

Will man überprüfen, ob mit x_1 Suppressionseffekte verbunden sind, werden r_{1c} und r_{2c} in Gl. (13.38) ausgetauscht.

Für die Verallgemeinerung auf mehr als zwei Prädiktorvariablen bezeichnen wir mit A einen Satz von k Prädiktorvariablen und nennen x_{k+1} diejenige Prädiktorvariable, für die ein Suppressionseffekt überprüft werden soll. Die Bedingungen für Suppression lauten in diesem Fall

$$r_{k+1,c} < \frac{r_{\hat{x}_{k+1} x_c} \cdot \left(1 - \sqrt{1-R_{(k+1),A}^2}\right)}{R_{(k+1),A}} \,, \qquad (13.39\,a)$$

$$r_{k+1,c} > \frac{r_{\hat{x}_{k+1} x_c} \cdot \left(1 + \sqrt{1-R_{(k+1),A}^2}\right)}{R_{(k+1),A}} \,. \qquad (13.39\,b)$$

Der Einsatz von Gl. (13.39 a und b) setzt voraus, dass die Prädiktorvariable x_{k+1} aufgrund der anderen Prädiktoren über eine multiple Regression vorhergesagt wird. Die vorhergesagten $\hat{x}_{k+1}$-Werte sind mit x_c zu korrelieren, sodass man $r_{\hat{x}_{k+1} x_c}$ erhält. $R_{(k+1),A}$ ist die multiple Korrelation zwischen der Prädiktorvariablen k + 1 und den übrigen k Prädiktoren.

Bei der Identifizierung von Suppressorvariablen ist zu beachten, dass die o.g. Ungleichungen stichprobenbedingt oder zufällig erfüllt sein können. Ein Signifikanztest für Suppressionseffekte existiert u. W. bislang nicht. Die Resultate aus Gl. (13.36) bis (13.39) sind deshalb nur für deskriptive Zwecke zu verwenden.

Suppressionsarten. In der Literatur werden gelegentlich drei Arten von Suppression unterschieden, die alle den in Gl. (13.36) bzw. (13.37) genannten Bedingungen genügen. Die spezifischen Bedingungen für diese drei Suppressionsarten seien im Folgenden für k = 2 Prädiktorvariablen genannt:

- *Traditionelle Suppression:* Bei dieser, erstmals von Horst (1941) erwähnten Suppressionsform ist die Suppressorvariable (z. B. x_2) mit der Kriteriumsvariablen (nahezu) unkorreliert ($r_{2c} = 0$). Zwischen den Variablen x_1 und x_2 hingegen besteht ein deutlicher Zusammenhang (vgl. hierzu Abb. 13.1). Bei der traditionellen oder auch „klassischen" Suppression „unterdrückt" x_2 die für das Kriterium irrelevante Varianz in x_1.
- *Negative Suppression:* Der Prädiktor x_2 wäre ein negativer Suppressor, wenn b_2 ein negatives Vorzeichen hätte, obwohl r_{1c} und r_{2c} positiv sind (das Gleiche gilt für umgekehrte Vorzeichenverhältnisse). Wie Gl. (13.15 b) zu entnehmen ist, sind die Bedingungen für eine negative Suppression erfüllt, wenn $r_{2c} - r_{1c} \cdot r_{12} < 0$ ist (ausführlicher hierzu siehe Conger, 1974 bzw. Cohen u. Cohen, 1975, die diese Suppressionsform „net suppression" nennen).
- *Reziproke Suppression:* Sind r_{1c} und r_{2c} positiv und r_{12} negativ, haben sowohl x_1 als auch x_2 b-Gewichte, die größer sind als ihre Validitäten

13.2.2 Multikollinearität und Suppressionseffekte

($b_1 > r_{1c}$ und $b_2 > r_{2c}$). In diesem Fall sind sowohl x_1 als auch x_2 Suppressorvariablen, denn sie unterdrücken wechselseitig jeweils irrelevante Varianzanteile (vgl. Conger, 1974 bzw. Cohen u. Cohen, 1975, die diese Suppressionsform „cooperative suppression" nennen).

Hinweis: Weitere Informationen über Suppressorvariablen findet man bei Lutz (1983), Conger u. Jackson (1972), Glasnapp (1984), Tzelgov u. Henik (1981, 1985), Holling (1983), Jäger (1976) sowie Tzelgov u. Stern (1978). Einen Vergleich der verschiedenen in der Literatur diskutierten Suppressionskonzepte haben Smith et al. (1992) erarbeitet.

Schrittweise Regression

Beim praktischen Arbeiten mit der multiplen Korrelations- und Regressionsrechnung wird man häufig feststellen, dass sich in einem Satz A von k Prädiktorvariablen eine Teilmenge von q Prädiktorvariablen befindet, deren Vorhersagepotential kaum über das Vorhersagepotential der verbleibenden k − q Prädiktorvariablen hinausgeht und die damit redundant sind. Diese Begleiterscheinung der Multikollinearität hat eine Reihe von Verfahren entstehen lassen, die in EDV-Programmpaketen unter der Bezeichnung „schrittweise Regression" (stepwise regression) zu finden sind. Hierbei sind zwei verschiedene Techniken zu unterscheiden:

- Bei der ersten Variante werden die Prädiktoren sukzessiv in das Regressionsmodell aufgenommen, wobei sich die Abfolge der Variablen nach ihrer Nützlichkeit (U) richtet. Das Verfahren nimmt zunächst die Variable mit der höchsten Validität (r_{ic}) auf und prüft dann Schritt für Schritt, durch welche weitere Variable das Vorhersagepotential (R^2) der bereits im Modell enthaltenen Variablen maximal erhöht werden kann. Das Verfahren wird so lange fortgesetzt, bis die Nützlichkeit einer Variablen einen Minimalwert erreicht, der gerade noch für akzeptabel gehalten wird. Variablen, die diesen Minimalwert nicht überschreiten, werden als redundante Variablen nicht in die Regressionsgleichung aufgenommen. Wir wollen diese Technik vereinfachend als „Vorwärts-Technik" bezeichnen.
- Die zweite Technik beginnt mit einer vollständigen Regressionsgleichung, in der alle Variablen enthalten sind. Es wird dann überprüft, welche Prädiktorvariable gegenüber den restlichen k − 1 Prädiktorvariablen die geringste Nützlichkeit (U) aufweist. Diese Variable wird – falls ihre Nützlichkeit einen vorgegebenen Minimalwert unterschreitet – aus dem Modell herausgenommen. In gleicher Weise werden sukzessiv weitere Variablen eliminiert, bis schließlich eine Restmenge von p = k − q Variablen mit hinreichender Nützlichkeit übrigbleibt. Wir bezeichnen diese Technik vereinfachend als „Rückwärts-Technik".

Die „Vorwärts"- und „Rückwärts"-Technik können auch miteinander kombiniert werden. So lässt sich beispielsweise überprüfen, ob durch die Aufnahme einer neuen Variablen im Kontext der „Vorwärts"-Technik eine bereits im Modell enthaltene Variable redundant geworden ist, die gemäß der „Rückwärts"-Technik dann aus dem Modell zu entfernen wäre.

Zur Überprüfung der Frage, ob eine multiple Korrelation mit einem Satz A von k Prädiktorvariablen durch die Aufnahme eines Satzes B mit p weiteren Prädiktorvariablen signifikant erhöht wird, verwenden wir für n > 30 folgenden Signifikanztest (vgl. z. B. Kerlinger u. Pedhazur, 1973, S. 70 ff.):

$$F = \frac{(R^2_{c,(AB)} - R^2_{c,A})/p}{(1 - R^2_{c,(AB)})/(n - k - p - 1)} \quad (13.40)$$

mit $df_Z = p$ und $df_N = n - k - p - 1$.

Man erkennt, dass dies gleichzeitig der Signifikanztest für die Semipartialkorrelation $R^2_{c,(B \cdot A)}$ ist (s. Gl. 13.28).

Eine Tabelle, der zu entnehmen ist, um welchen Betrag sich eine multiple Korrelation durch die Aufnahme einer weiteren Prädiktorvariablen mindestens erhöhen muss, um von einem signifikanten Zuwachs sprechen zu können, findet man bei Dutoit u. Penfield (1979). Mit einem von Silver u. Finger (1993) entwickelten Computerprogramm können diese signifikanten Zuwächse für beliebige Stichprobenumfänge und eine beliebige Anzahl von Prädiktorvariablen ermittelt werden. Weitere Hinweise zu Signifikanztests bei schrittweise durchgeführten Regressionsanalysen geben Tisak (1994) und Wilkinson (1979).

Zur schrittweisen Regressionstechnik ist anzumerken, dass die Entscheidung darüber, welche Teilmenge von Prädiktorvariablen als die „beste" anzusehen ist, häufig vom Zufall bestimmt wird. Die Bedeutung einer Prädiktorvariablen bzw. ihre Nützlichkeit ist bei hoher Multikollinearität in starkem Maße davon abhängig, welche Prädiktoren schon (bei der „Vorwärts"-Technik) oder noch (bei der „Rückwärts"-Technik) im Regressionsmodell enthalten sind. Da hierfür oftmals nur geringfügige Nützlichkeitsunterschiede verantwortlich sind, die keinerlei statistische Bedeutung haben, gehört diese Technik eher in den Bereich der Hypothesenerkundung als zu den hypothesenprüfenden Verfahren. Um die Kontextabhängigkeit der Nützlichkeit einer Prädiktorvariablen vollständig einschätzen zu können, wäre es erforderlich, alle k! möglichen Abfolgen der k Prädiktorvariablen sequentiell zu testen.

Zu dieser Problematik hat Thompson (1995a) ein eindrucksvolles Beispiel entwickelt. Zu bestimmen waren die besten 2 von 4 Prädiktorvariablen. Thompson prüfte alle $\binom{4}{2} = 6$ möglichen Prädiktorvariablenpaare und stellte fest, dass das so ermittelte, tatsächlich beste Variablenpaar in keiner einzigen Variablen mit dem „besten", über „stepwise" ermittelten Variablenpaar übereinstimmte!

Thompson macht zudem darauf aufmerksam, dass die meisten statistischen Programmpakete in der stepwise-Prozedur mit falschen Freiheitsgraden operieren. Wenn beispielsweise aus 50 Prädiktorvariablen die besten 5 ausgewählt werden, muss in Gl. (13.19) nicht k = 5, sondern k = 50 eingesetzt werden, denn die Auswahl der besten 5 setzt die Prüfung aller 50 Prädiktorvariablen voraus. k = 5 wäre nur bei zufälliger Auswahl von 5 Prädiktorvariablen zu rechtfertigen. Der nicht korrekte Umgang mit den Freiheitsgraden führt zu einer deutlichen Vergrößerung des empirischen F-Wertes, mit der Folge, dass man mit „stepwise" praktisch immer ein „signifikantes Subset" von Prädiktorvariablen findet.

Statt dem Computer die Auswahl der „besten" Prädiktorvariablen zu überlassen, plädieren wir dafür, den Einsatz der schrittweisen Regressionstechnik theoretisch vorzustrukturieren. Hilfreich hierfür ist eine inhaltlich begründete Vorabgruppierung der Prädiktoren in unabhängige, ggf. redundante und suppressive Variablen, die in dieser Reihenfolge mit der Vorwärtstechnik zu verarbeiten wären. Die unabhängigen Prädiktoren sind Bestandteil der Regressionsgleichung, sofern ihre Nützlichkeit genügend groß ist. Die Annahme, eine Prädiktorvariable sei redundant, ist sodann über deren Nützlichkeit zu überprüfen. Schließlich ist über Gl. (13.34) zu zeigen, ob die vermeintlichen Suppressorvariablen tatsächlich geeignet sind, das Vorhersagepotential der bereits im Modell befindlichen Variablen zu erhöhen.

BEISPIEL

Es soll überprüft werden, durch welche Variablen die Rollenübernahmefähigkeit von Kindern beeinflusst wird (in Anlehnung an Silbereisen, 1977). Rollenübernahme wird hierbei als eine Fähigkeit verstanden, sich in die Position eines anderen Menschen zu versetzen, um dessen Sichtweise zu erkennen. Die Kriteriumsvariable „Rollenübernahme" wurde bei n = 50 Kindern mit einem speziell für die Untersuchung entwickelten Test erfasst und über eine multiple Korrelationsanalyse mit folgenden Prädiktorvariablen in Beziehung gesetzt:

1. Sinnbezüge herstellen (als Teilaspekt der kindlichen Intelligenz)
2. Trost bei Fehlleistungen (als Teilaspekt der mütterlichen Fürsorge)
3. Unterstützung von Eigeninitiativen (als Teilaspekt der väterlichen Fürsorge)
4. Verständnis für Misserfolge (als Teilaspekt der mütterlichen Fürsorge)
5. Lob für gute Leistungen (als Teilaspekt der väterlichen Fürsorge)
6. Instruktionsverständnis.

Aufgrund theoretischer Erwägungen werden die Prädiktorvariablen 1–3 vorab als unabhängige Prädiktorvariablen klassifiziert. Bezüglich der Variablen 4 und 5 wird vermutet, dass sie im Hinblick auf die Variablen 2 und 3 redundant sein könnten. Die sechste Variable wird als mögliche Suppressorvariable aufgenommen, denn mangelndes Instruktionsverständnis der Kinder könnte das Vorhersagepotential der Variablen 1 bis 5 herabsetzen.

Die Variablen 1–6 werden schrittweise in dieser Reihenfolge in die multiple Regressionsgleichung aufgenommen. Die Ergebnisse sind in Tabelle 13.5 zusammengefasst.

Die b-Gewichte in der letzten Spalte sind das Resultat nach Aufnahme der sechsten Variablen. Die Spalte R^2 zeigt das Quadrat der multiplen Korrelation nach der sukzessiven Einbeziehung der Prädiktorvariablen, und die Spalte U informiert über die pro Schritt erzielten Veränderungen für R^2 (Nützlichkeit gemäß Gl. 13.34 bzw. Gl. 13.33).

Die F-Tests nach Gl. (13.40) signalisieren, dass die ersten drei Prädiktoren jeweils eigenständige Vorhersagebeiträge leisten. Die Nützlichkeiten der Variablen 4 und 5 liegen deutlich unter den entsprechenden Validitäten (Spalte r_{ic}^2), d.h., diese Variablen sind – wie vorhergesagt – redundant, zumal auch die F-Tests keine statistische Bedeutung signalisieren. Für Variable 6 gilt $U_6 > r_{6c}^2$, was nach Gl. (13.36) als Bestätigung des für diese Variablen vermuteten Suppressionseffektes angesehen werden kann. Da diese Suppressorvariable das Vorhersagepotential der Variablen 4 und 5

13.2.2 Multikollinearität und Suppressionseffekte

Tabelle 13.5. Beispiel für eine multiple Korrelationsanalyse (schrittweise Regression)

	Prädiktorvariablen	R^2	U	F	r_{ic}^2	b
1)	Sinnbezüge herstellen	0,20	0,20	12,0**	0,20	0,45
2)	Trost bei Fehlleistungen	0,36	0,16	11,8**	0,18	0,38
3)	Unterstützung von Eigeninitiativen	0,43	0,07	5,6*	0,11	0,21
4)	Verständnis für Misserfolge	0,44	0,01	0,8	0,17	0,02
5)	Lob für gute Leistungen	0,46	0,02	1,6	0,16	0,05
6)	Instruktionsverständnis	0,51	0,05	4,4**	0,02	0,35

nicht entscheidend verbessern konnte, können diese Variablen im Sinne der „Rückwärts"-Technik aus dem Modell eliminiert werden.

Hinweise: Informationen zur schrittweisen Regression findet man z. B. bei Draper u. Smith (1998, Kap. 15), Efroymson (1967) bzw. Hemmerle (1967) und eine vergleichende Analyse verschiedener Techniken bei Rock et al. (1970). Ein iteratives Verfahren (Lösung nach der Gradientenmethode) wird bei McCornack (1970) beschrieben.

Moderierte multiple Regression. Gelegentlich findet man in der Literatur den Begriff „moderierte multiple Regression" („moderated multiple regression analysis"). Mit diesem Ansatz will man *Moderatorvariablen* (Saunders, 1956) identifizieren, die einen Einfluss auf den Zusammenhang zweier Merkmale (oder auch multipler Zusammenhänge) ausüben. Dies wäre beispielsweise der Fall, wenn der Zusammenhang zwischen verbaler Intelligenz (x) und Gedächtnisleistung (y) vom Alter (z) der untersuchten Personen abhinge, bzw. wenn x und z in Bezug auf y interagieren würden. Zum Nachweis dieses Moderator- bzw. Interaktionseffektes verwendet man zur Vorhersage von y neben den Prädiktoren x und z einen weiteren, aus dem Produkt x · z gebildeten Prädiktor (*Interaktionsprädiktor*) und entscheidet anhand der Größe und der Vorzeichen der b-Gewichte für diese Prädiktoren über die moderierende Bedeutung von z. Einzelheiten hierzu findet man bei Aiken u. West (1991), Mossholder et al. (1990), MacCallum u. Mar (1995), Overton (2001), Stone-Romero u. Anderson (1994) sowie Nye u. Witt (1995).

Logistische Regression. Die logistische Regression kommt zum Einsatz, wenn die Kriteriumsvariable nominalskaliert ist. Die Prädiktorvariablen können kardinalskaliert oder auch nominalskaliert sein, wobei nominalskalierte Prädiktoren über Indikatorvariablen kodiert werden (vgl. Kap. 14.1).

Auf eine Darstellung der logistischen Regression wird hier verzichtet. Ausführliche Hinweise hierzu, eine Anleitung zum Rechnen einer logistischen Regression mit dem Programmpaket SPSS sowie weitere Literatur findet man bei Rese (2000).

Ein alternativer Lösungsweg zur logistischen Regression bietet sich, wenn man die nominalskalierte Kriteriumsvariable als unabhängige Variable auffasst und über die durch die Kategorien des nominalen Merkmals gebildeten Stichproben eine MANOVA (vgl. Kap. 17) bzw. eine Diskriminanzanalyse (Kap. 18) rechnet. Die Prädiktorvariablen der logistischen Regression wären dann die abhängigen Variablen.

Beispiel (nach Ruf, 2003): In einer Rehaklinik für Alkoholabhängige soll überprüft werden, wie persönliche Ressourcen (Stärken und Fähigkeiten, Stressbewältigung, Unterstützung im Alltag, soziales Umfeld etc.) den Therapieerfolg (abstinent – abstinent nach Rückfall – rückfällig) beeinflussen. Für diese Fragestellung wäre eine logistische Regression einschlägig (die Kriteriumsvariable ist dreifach gestuft und nominal) oder aber – alternativ – eine Diskriminanzanalyse mit den drei Gruppen „abstinent", „abstinent nach Rückfall" und „rückfällig" als Ausprägungen der unabhängigen Variablen und den Variablen zur Operationalisierung der persönlichen Ressourcen als abhängige Variablen.

„Optimale" Stichprobenumfänge

Für die Kalkulation optimaler Stichprobenumfänge können wir an die Überlegungen zur bivariaten Korrelation (vgl. S. 217f.) anknüpfen. Für die multiple Korrelation ist die gemeinsame Varianz R^2

Tabelle 13.6. L-Werte zur Bestimmung optimaler Stichprobenumfänge

k:	1	2	3	4	5	6	7	8	9	10	11	12	13	14	15
L:	7,8	9,7	11,1	12,3	13,3	14,3	15,1	15,9	16,7	17,4	18,1	18,8	19,5	20,1	20,7
k:	18	20	24	30	40	48	60	120							
L:	22,5	23,7	25,9	29,0	33,8	37,5	42,9	68,1							

die für die Festlegung einer Effektgröße ε^2 entscheidende Größe. Die Effektgröße ε^2 ist wie folgt definiert:

$$\varepsilon^2 = \frac{R^2}{1 - R^2}. \quad (13.41)$$

Diese Effektgröße wird nach Cohen (1988) wie folgt klassifiziert:

- schwacher Effekt: $\varepsilon^2 = 0{,}02$ bzw. $R^2 = 0{,}0196$
- mittlerer Effekt: $\varepsilon^2 = 0{,}15$ bzw. $R^2 = 0{,}1304$
- starker Effekt: $\varepsilon^2 = 0{,}35$ bzw. $R^2 = 0{,}2593$

Die Beziehung zwischen R^2 und ε^2 zeigt Gl. (13.42):

$$R^2 = \frac{\varepsilon^2}{1 + \varepsilon^2}. \quad (13.42)$$

Die Größenordnung des Stichprobenumfangs, der erforderlich ist, um eine gemäß H_1 vorgegebene multiple Korrelation von R mit einer Teststärke von $1 - \beta = 0{,}8$ als signifikant ($\alpha = 0{,}05$) nachweisen zu können, wird wie folgt kalkuliert:

$$n = \frac{L \cdot (1 - R^2)}{R^2}. \quad (13.43)$$

Der nach Gl. (13.43) resultierende Wert ist für praktische Zwecke hinreichend genau. Hinweise zu einer verbesserten Schätzung des „optimalen" Stichprobenumfangs findet man bei Cohen (1988, Kap. 9.4).

Die L-Werte (Nonzentralitätsparameter der nicht-zentralen F-Verteilungen) sind für variable k-Werte Tabelle 13.6 zu entnehmen.

Die multiple Korrelation in Gl. (13.43) stellt einen Populationsparameter dar. Man beachte deshalb, dass eine Vorgabe für die H_1, die einer empirischen Untersuchung entnommen ist, nach Gl. (13.22) zu korrigieren ist.

Für einen starken Effekt ($R^2 = 0{,}2593$) wäre in unserem Beispiel mit k = 6 folgender Stichprobenumfang zu kalkulieren:

$$n = \frac{14{,}3 \cdot (1 - 0{,}2593)}{0{,}2593} = 41.$$

Im Nachhinein ist also festzustellen, dass der im Beispiel gewählte Stichprobenumfang (n = 50) etwa dem „optimalen" Stichprobenumfang für einen starken Effekt, $\alpha = 0{,}05$ und $1 - \beta = 0{,}8$, entspricht.

Tabellen, denen man für $\alpha = 0{,}05$ und variabler Effektgröße den optimalen Stichprobenumfang bzw. die Teststärke des Signifikanztests entnehmen kann, sind bei Gatsonis u. Sampson (1989) zu finden (weitere Überlegungen hierzu s. Maxwell, 2000).

Partial- und Semipartialkorrelation. Für die Kalkulation eines „optimalen" Stichprobenumfangs für eine Partialkorrelation mit p Kontrollvariablen ist Gl. (13.43) wie folgt zu modifizieren:

$$n = \frac{L \cdot (1 - R^2_{yA \cdot B})}{R^2_{yA \cdot B}} + p. \quad (13.44)$$

Die Berechnungsvorschrift für $R^2_{yA \cdot B}$ findet man in Gl. (13.26). Bezogen auf eine Semipartialkorrelation berechnet sich der Stichprobenumfang wie folgt:

$$n = \frac{L \cdot (1 - R^2_{y,(AB)})}{R^2_{y,(AB)} - R^2_{y,B}} + p. \quad (13.45)$$

Dies ist der Stichprobenumfang für die Semipartialkorrelation $R^2_{y(A \cdot B)} = R^2_{y,(AB)} - R^2_{y,B}$, die den Zusammenhang zwischen y und den bezüglich B bereinigten Prädiktorvariablen A erfasst.

In Analogie hierzu lässt sich auch ermitteln, wie groß der Stichprobenumfang n mindestens sein sollte, damit der Zuwachs der Varianzaufklärung durch die Erweiterung eines Prädiktorvariablensatzes A mit k Prädiktorvariablen um p Variablen eines Satzes B mit einer Teststärke von $1 - \beta = 0{,}80$ und $\alpha = 0{,}05$ signifikant wird. Bezeichnen wir als Effektgröße für diesen Zuwachs den Ausdruck $R^2_{y,(AB)} - R^2_{y,A}$, erhält man für n:

13.2.3 Mathematischer Hintergrund

$$n = \frac{L \cdot (1 - R^2_{y,(AB)})}{R^2_{y,(AB)} - R^2_{y,A}} + k. \quad (13.46)$$

13.2.3 Mathematischer Hintergrund

Linearkombinationen

Ein verbindendes Element aller multivariaten Verfahren sind Linearkombinationen, wobei für jedes Verfahren ein spezifisches Kriterium definiert ist, nach dem Linearkombinationen zu bestimmen sind. Dieser wichtige Begriff sei im Folgenden kurz erläutert.

Eine Person möge auf 2 Variablen die Werte 7 und 11 erhalten haben. *Die Summe der gewichteten Einzelwerte stellt eine Linearkombination der Messwerte dar.* Unter Verwendung des Gewichtes 1 für beide Werte erhalten wir die Linearkombination:

$$(1) \cdot 7 + (1) \cdot 11 = 18.$$

Wird die erste Variable dreifach und die zweite zweifach gewichtet, ergibt sich die Linearkombination

$$(3) \cdot 7 + (2) \cdot 11 = 43.$$

Auch das arithmetische Mittel aus p Messungen einer Person lässt sich als Linearkombination der einzelnen Messungen darstellen:

$$\bar{x}_m = \left(\frac{1}{p}\right) \cdot x_{1m} + \left(\frac{1}{p}\right) \cdot x_{2m} + \cdots + \left(\frac{1}{p}\right) \cdot x_{pm}$$
$$= \frac{1}{p} \sum_i x_{im}.$$

In diesen Beispielen wurden die Gewichte willkürlich bzw. nach der Berechnungsvorschrift für das arithmetische Mittel festgesetzt. Im Folgenden wollen wir überprüfen, wie die Gewichte der Variablen für eine multiple Regression bestimmt werden.

Bestimmung der b-Gewichte

Standardisierte Gewichte. Gleichung (13.11) stellt eine Linearkombination von z-Werten einer Vp m dar. Die z-Werte der Prädiktorvariablen in der Linearkombination sind bekannt und die b-Werte unbekannt.

Die Gewichte $b_1, b_2, \ldots, b_k$ gelten für alle Vpn, d.h., die Variablen werden für alle Vpn gleich gewichtet. Die standardisierten, d.h. von z-transformierten Variablen ausgehenden Gewichte erfüllen folgende Bedingung:

$$\sum_m (z_{cm} - \hat{z}_{cm})^2 = \min. \quad (13.47)$$

> Die unbekannten Gewichte der einzelnen Variablen werden in der multiplen Regression so bestimmt, dass die Summe der quadrierten Differenzen zwischen den tatsächlichen Kriteriumswerten (z_{cm}) und den vorhergesagten Kriteriumswerten ($\hat{z}_{cm}$) minimal wird (Kriterium der kleinsten Quadrate).

Ersetzen wir $\hat{z}_{cm}$ durch Gl. (13.11), ergibt sich:

$$\sum_m [z_{cm} - (b_1 z_{1m} + b_2 z_{2m} + \cdots + b_k z_{km})]^2 = \min. \quad (13.48)$$

Die Lösung für die b-Werte erhalten wir, wenn Gl. (13.48) partiell nach den unbekannten b_i-Werten abgeleitet (differenziert) wird und die ersten Ableitungen Null gesetzt werden. Im Fall zweier Prädiktorvariablen (k = 2) erhalten wir mit **b** als Vektor der b-Gewichte (vgl. Anhang C, I):

$$F(\mathbf{b}) = F(b_1; b_2)$$
$$= \sum_m (z_{cm} - b_1 z_{1m} - b_2 z_{2m})^2 = \min. \quad (13.49)$$

Durch Ausquadrieren des zu summierenden Ausdrucks und nach Zusammenfassung ergibt sich:

$$F(\mathbf{b}) = F(b_1; b_2)$$
$$= \sum_m (z^2_{cm} + b_1^2 z^2_{1m} + b_2^2 z^2_{2m} - 2b_1 z_{cm} z_{1m}$$
$$- 2b_2 z_{cm} z_{2m} + 2b_1 b_2 z_{1m} z_{2m}). \quad (13.50)$$

Die ersten Ableitungen dieser Funktion nach b_1 und b_2 lauten:

$$\frac{dF(\mathbf{b})}{db_1} = \sum_m (2b_1 z^2_{1m} - 2z_{cm} z_{1m} + 2b_2 z_{1m} z_{2m}), \quad (13.51a)$$

$$\frac{dF(\mathbf{b})}{db_2} = \sum_m (2b_2 z^2_{2m} - 2z_{cm} z_{2m} + 2b_1 z_{1m} z_{2m}). \quad (13.51b)$$

Die Ableitungen werden Null gesetzt sowie durch 2 und n dividiert. Ziehen wir das Summenzeichen in die Klammer, ergibt sich nach Umstellen:

$$b_1 \frac{\sum_m z_{1m}^2}{n} + b_2 \frac{\sum_m z_{1m} z_{2m}}{n} = \frac{\sum_m z_{cm} z_{1m}}{n}, \quad (13.52a)$$

$$b_2 \frac{\sum_m z_{2m}^2}{n} + b_1 \frac{\sum_m z_{1m} z_{2m}}{n} = \frac{\sum_m z_{cm} z_{2m}}{n}. \quad (13.52b)$$

Nach Gl. (6.59) sind

$$\frac{1}{n} \cdot \sum_m z_{1m} \cdot z_{2m} = r_{12},$$

$$\frac{1}{n} \cdot \sum_m z_{cm} \cdot z_{1m} = r_{1c},$$

$$\frac{1}{n} \cdot \sum_m z_{cm} \cdot z_{2m} = r_{2c}$$

und

$$\frac{1}{n} \cdot \sum_m z_{1m}^2 = \frac{1}{n} \sum_m z_{2m}^2 = 1.$$

(Der letzte Ausdruck stellt die Korrelation einer Variablen mit sich selbst dar.) Für Gl. (13.52) können wir somit schreiben:

$$b_1 + b_2 r_{12} = r_{1c}, \quad (13.54a)$$
$$b_1 r_{12} + b_2 = r_{2c}. \quad (13.54b)$$

Für mehr als zwei Prädiktoren ergibt sich das folgende allgemeine Gleichungssystem:

$$\begin{aligned}
b_1 \phantom{r_{21}} + b_2 r_{12} + b_3 r_{13} + \cdots + b_k r_{1k} &= r_{1c} \\
b_1 r_{21} + b_2 \phantom{r_{12}} + b_3 r_{23} + \cdots + b_k r_{2k} &= r_{2c} \\
b_1 r_{31} + b_2 r_{32} + b_3 \phantom{r_{23}} + \cdots + b_k r_{3k} &= r_{3c} \\
\vdots \phantom{r_{31}} \vdots \phantom{r_{32}} \vdots \phantom{r_{23}} \vdots \vdots \phantom{r_{3k}} & \\
b_1 r_{k1} + b_2 r_{k2} + b_3 r_{k3} + \cdots + b_k \phantom{r_{3k}} &= r_{kc}.
\end{aligned} \quad (13.55)$$

Das Gleichungssystem enthält k Gleichungen mit k unbekannten b-Gewichten. Die Interkorrelationen zwischen den Prädiktorvariablen (links vom Gleichheitszeichen) und die Korrelationen zwischen den Prädiktorvariablen und dem Kriterium (rechts vom Gleichheitszeichen) sind bekannt; das Gleichungssystem ist damit lösbar. Da die zweiten Ableitungen positiv sind, legt das Gleichungssystem (13.55) b-Gewichte fest, die – wie in Gl. (13.47) gefordert – die Summe der quadrierten Differenzen zwischen z_{cm} und $\hat{z}_{cm}$ minimieren.

Die Lösung eines solchen *Systems linearer Gleichungen* ist – zumal bei größer werdendem k – sehr aufwändig. Mit Hilfe der Matrixalgebra (und mit Hilfe der elektronischen Datenverarbeitung) wird das Problem jedoch sehr viel handlicher (vgl. Anhang C, IV).

Das System der k Gleichungen in Gl. (13.55) lässt sich durch das folgende Matrixprodukt darstellen:

$$\mathbf{R}_x \mathbf{b} = \mathbf{r}_{xc}. \quad (13.56)$$

Hierin ist $\mathbf{R}_x$ die Matrix der Prädiktorvariableninterkorrelationen, $\mathbf{b}$ der Spaltenvektor der unbekannten b-Gewichte und $\mathbf{r}_{xc}$ der Spaltenvektor der k Korrelationen zwischen den Prädiktorvariablen und der Kriteriumsvariablen. Für k = 2 ergibt sich:

$$\mathbf{R}_x = \begin{pmatrix} 1 & r_{12} \\ r_{21} & 1 \end{pmatrix}; \quad \mathbf{b} = \begin{pmatrix} b_1 \\ b_2 \end{pmatrix}; \quad \mathbf{r}_{xc} = \begin{pmatrix} r_{1c} \\ r_{2c} \end{pmatrix}.$$

Gleichung (13.56) muss nach dem unbekannten Vektor $\mathbf{b}$ aufgelöst werden. Hierzu multiplizieren wir links beide Seiten von Gl. (13.56) mit der *invertierten Korrelationsmatrix* (vgl. Anhang C, IV) bzw. „dividieren" durch $\mathbf{R}_x$:

$$\mathbf{R}_x^{-1} \cdot \mathbf{R}_x \cdot \mathbf{b} = \mathbf{R}_x^{-1} \cdot \mathbf{r}_{xc}. \quad (13.57)$$

Da das Produkt einer Matrix mit ihrer Inversen die Einheitsmatrix $\mathbf{I}$ ergibt (vgl. Gl. C 19), resultiert folgende Bestimmungsgleichung für den gesuchten Vektor $\mathbf{b}$:

$$\mathbf{I} \cdot \mathbf{b} = \mathbf{b} = \mathbf{R}_x^{-1} \mathbf{r}_{xc}. \quad (13.58)$$

(Die Multiplikation einer Matrix bzw. eines Vektors mit $\mathbf{I}$ entspricht der Multiplikation einer Zahl mit 1, d.h., die Matrix bzw. der Vektor werden durch die Multiplikation nicht verändert; vgl. Gl. C 14.)

Der folgende Gedankengang zeigt die Äquivalenz von Gl. (13.15) und der b-Gewichtsbestimmung nach Gl. (13.58) für k = 2. Die Determinante von $\mathbf{R}_x$ lautet wegen $r_{12} = r_{21}$ gemäß Gl. (C 15):

$$|\mathbf{R}_x| = 1 - r_{12}^2.$$

Unter Verwendung von Gl. (C 21) erhalten wir für Gl. (13.58):

13.2.3 Mathematischer Hintergrund

$$b = \frac{1}{1-r_{12}^2} \cdot \begin{pmatrix} 1 & -r_{12} \\ -r_{12} & 1 \end{pmatrix} \cdot \begin{pmatrix} r_{1c} \\ r_{2c} \end{pmatrix}.$$

Nach den Regeln der Matrizenmultiplikation (vgl. Gl. C 8) ergibt sich:

$$b_1 = \frac{1}{1-r_{12}^2} \cdot (r_{1c} - r_{12} \cdot r_{2c}) = \frac{r_{1c} - r_{12} \cdot r_{2c}}{1-r_{12}^2},$$

$$b_2 = \frac{1}{1-r_{12}^2} \cdot (-r_{12}r_{1c} + r_{2c}) = \frac{r_{2c} - r_{12} \cdot r_{1c}}{1-r_{12}^2}.$$

Für $k = 2$ impliziert Gl. (13.58) somit eine relativ einfache Bestimmung der b-Gewichte. Ist k jedoch größer als 2, wird die algebraische Darstellung sehr komplex, sodass wir die matrix-algebraische Darstellungsweise vorziehen. Wie b-Gewichte, Standardfehler und multiple Korrelationskoeffizienten bei 3 Prädiktorvariablen ohne matrix-algebraische Gleichungen ermittelt werden können, beschreibt Aiken (1974).

Es ist darauf zu achten, dass die Bestimmung der b-Gewichte (und der multiplen Korrelation) voraussetzt, dass die *Matrix der Prädiktorinterkorrelationen nicht singulär* ist, da in diesem Fall die für Gl. (13.58) benötigte Inverse nicht existiert (vgl. Anhang C, IV). Sollte die Matrix singulär sein (was bei empirischen Daten äußerst selten vorkommt), kann nach einem bei Tucker et al. (1972) oder Raju (1983) beschriebenen Verfahren (generalisierte Inverse) vorgegangen werden. Kritische Alternativen hierzu nennen Draper u. Smith (1998, S. 444).

Datenrückgriff. Gleichung (13.58) sei an dem auf S. 451 f. genannten Beispiel verdeutlicht. Wir erhalten für R_x:

$$R_x = \begin{pmatrix} 1{,}00 & 0{,}16 \\ 0{,}16 & 1{,}00 \end{pmatrix}$$

und für r_{xc}

$$r_{xc} = \begin{pmatrix} -0{,}47 \\ -0{,}87 \end{pmatrix}.$$

Es muss somit das folgende lineare Gleichungssystem gelöst werden:

$$b_1 + 0{,}16 \cdot b_2 = -0{,}47$$
$$0{,}16 \cdot b_1 + b_2 = -0{,}87.$$

In Matrixschreibweise erhalten wir:

$$\begin{matrix} R_x & \cdot & b & = & r_{xc} \end{matrix}$$

$$\begin{pmatrix} 1{,}00 & 0{,}16 \\ 0{,}16 & 1{,}00 \end{pmatrix} \times \begin{pmatrix} b_1 \\ b_2 \end{pmatrix} = \begin{pmatrix} -0{,}47 \\ -0{,}87 \end{pmatrix}.$$

Zur Lösung dieser Gleichung benötigen wir die Inverse von R_x. Nach Gl. (C 21) resultiert für R_x^{-1}:

$$R_x^{-1} = \frac{1}{1{,}00 - 0{,}16^2} \cdot \begin{pmatrix} 1{,}00 & -0{,}16 \\ -0{,}16 & 1{,}00 \end{pmatrix}$$

$$= \begin{pmatrix} 1{,}026 & -0{,}164 \\ -0{,}164 & 1{,}026 \end{pmatrix}.$$

Wir setzen R_x^{-1} in Gl. (13.58) ein und ermitteln für **b**:

$$\begin{matrix} b & = & R_x^{-1} & \cdot & r_{xc} \end{matrix}$$

$$\begin{pmatrix} b_1 \\ b_2 \end{pmatrix} = \begin{pmatrix} 1{,}026 & -0{,}164 \\ -0{,}164 & 1{,}026 \end{pmatrix} \times \begin{pmatrix} -0{,}47 \\ -0{,}87 \end{pmatrix}$$

bzw.

$$b_1 = 1{,}026 \cdot (-0{,}47) + (-0{,}164) \cdot (-0{,}87)$$
$$= -0{,}339$$
$$b_2 = (-0{,}164) \cdot (-0{,}47) + 1{,}026 \cdot (-0{,}87)$$
$$= -0{,}816.$$

Diese Werte stimmen mit den nach Gl. (13.15 a, b) bestimmten b-Gewichten überein. Wir erhalten somit nach Gl. (13.14) wiederum die multiple Korrelation von:

$$R = \sqrt{(-0{,}339) \cdot (-0{,}47) + (-0{,}816) \cdot (-0{,}87)}$$
$$= 0{,}93.$$

Nachdem die Inverse R_x^{-1} in unserem Beispiel bekannt ist, können wir nach Gl. (13.20) den *Signifikanztest* für die b-Gewichte durchführen. Wir erhalten:

$$r^{11} = r^{22} = 1{,}026$$

und

$$t_1 = \frac{-0{,}339}{\sqrt{\frac{1{,}026 \cdot (1 - 0{,}93^2)}{10 - 3}}} = -2{,}41,$$

$$t_2 = \frac{-0{,}816}{\sqrt{\frac{1{,}026 \cdot (1 - 0{,}93^2)}{10 - 3}}} = -5{,}79.$$

(Die genauen Werte bei Rundung nach 6 Nachkommastellen lauten $t_1 = -2{,}468$ und $t_2 = -6{,}034$).

Bei 7 Freiheitsgraden trägt somit nur die Prädiktorvariable 2 signifikant ($\alpha = 1\%$) zur Vorhersage des Kriteriums bei.

Rohwertgewichte. Die Schätzgleichung zur Vorhersage eines $\hat{y}_m$-Wertes auf der Basis der nicht-standardisierten Variablen (Rohwerte) heißt:

$$\hat{y}_m = b_1 x_{1m} + b_2 x_{2m} + \cdots + b_k x_{km} + a.$$

(Aus darstellungstechnischen Gründen kennzeichnen wir hier – abweichend von Gl. 13.12 – auch die Rohwertgewichte mit b und die Kriteriumsvariable mit y.) Wir ergänzen die k Prädiktorvariablen durch eine weitere Prädiktorvariable k + 1, auf der alle n Vpn den Wert 1 erhalten. Das Gewicht der Variablen k + 1 entspricht der Konstanten a. Die Regressionsgleichung heißt dann:

$$\hat{y}_m = b_1 x_{1m} + b_2 x_{2m} + \cdots + b_k x_{km} + b_{k+1} x_{k+1,m} \tag{13.59}$$

bzw. in Matrixschreibweise (vgl. Anhang C):

$$\hat{y} = \mathbf{Xb}. \tag{13.60}$$

Die b-Gewichte werden auch hier so bestimmt, dass die Regressionsresiduen $\varepsilon_m = y_m - \hat{y}_m$ dem Kriterium der kleinsten Quadrate genügen:

$$\sum_m \varepsilon_m^2 = \min$$

oder

$$\varepsilon'\varepsilon = \min$$

bzw., da $\varepsilon_m = y_m - \hat{y}_m$

$$\begin{aligned}\varepsilon'\varepsilon &= (\mathbf{y} - \hat{\mathbf{y}})'(\mathbf{y} - \hat{\mathbf{y}}) \\ &= (\mathbf{y} - \mathbf{Xb})'(\mathbf{y} - \mathbf{Xb}) \\ &= \mathbf{y}'\mathbf{y} + \mathbf{b}'\mathbf{X}'\mathbf{Xb} - 2\mathbf{b}'\mathbf{X}'\mathbf{y} = \min. \end{aligned} \tag{13.61}$$

Wir leiten Gl. (13.61) nach dem unbekannten Vektor **b** ab und setzen die 1. Ableitung Null:

$$\frac{d(\varepsilon'\varepsilon)}{d\mathbf{b}} = 2\mathbf{X}'\mathbf{Xb} - 2\mathbf{X}'\mathbf{y}$$

$$2\mathbf{X}'\mathbf{Xb} - 2\mathbf{X}'\mathbf{y} = \mathbf{0}.$$

Hieraus folgt:

$$\begin{aligned}\mathbf{X}'\mathbf{Xb} &= \mathbf{X}'\mathbf{y} \\ (\mathbf{X}'\mathbf{X})^{-1}(\mathbf{X}'\mathbf{X})\mathbf{b} &= (\mathbf{X}'\mathbf{X})^{-1}\mathbf{X}'\mathbf{y} \\ \mathbf{b} &= (\mathbf{X}'\mathbf{X})^{-1}\mathbf{X}'\mathbf{y}. \end{aligned} \tag{13.62}$$

Dies ist die Berechnungsvorschrift des unbekannten Vektors **b** der Rohgewichte.

Datenrückgriff. Für die Bestimmung der Rohwertgewichte wählen wir erneut das auf S. 451 f. genannte Beispiel, das durch eine weitere Prädiktorvariable x_3 ergänzt wird, auf der alle Vpn den Wert 1 erhalten. Die Datenmatrix $\mathbf{X}'$ heißt also:

$$\mathbf{X}' = \begin{pmatrix} 12 & 12 & 13 & 10 & 11 & 13 & 12 & 10 & 14 & 15 \\ 2 & 3 & 3 & 4 & 2 & 4 & 4 & 1 & 2 & 3 \\ 1 & 1 & 1 & 1 & 1 & 1 & 1 & 1 & 1 & 1 \end{pmatrix}$$

Für $\mathbf{X}'\mathbf{X}$ ergibt sich

$$\mathbf{X}'\mathbf{X} = \begin{pmatrix} 1512 & 344 & 122 \\ 344 & 88 & 28 \\ 122 & 28 & 10 \end{pmatrix}$$

Die Inverse dieser Matrix errechnet man zu

$$(\mathbf{X}'\mathbf{X})^{-1} = \begin{pmatrix} 0{,}0435 & -0{,}0109 & -0{,}5000 \\ -0{,}0109 & 0{,}1069 & -0{,}1667 \\ -0{,}5000 & -0{,}1667 & 6{,}6667 \end{pmatrix}$$

Des Weiteren ergeben sich

$$\mathbf{X}'\mathbf{y} = \begin{pmatrix} 12\,655 \\ 2\,849 \\ 1\,042 \end{pmatrix}$$

und

$$\mathbf{b} = (\mathbf{X}'\mathbf{X})^{-1}\mathbf{X}'\mathbf{y} = \begin{pmatrix} -1{,}75 \\ -6{,}71 \\ 144{,}33 \end{pmatrix}$$

Diese Werte stimmen bis auf Rundungsungenauigkeiten mit den auf S. 451 genannten Rohwertgewichten überein. Man beachte, dass das dritte Element des Vektors **b** (b_3) der Regressionskonstanten a entspricht.

Bestimmung von R

Auf S. 449 wurde behauptet, dass R^2 denjenigen Varianzanteil der Kriteriumsvariablen schätzt, der durch die Prädiktorvariablen erklärt wird. Wir wollen diese Behauptung erneut aufgreifen und für k = 2 zeigen, dass sich die Berechnungsvorschrift einer multiplen Korrelation (vgl. Gl. 13.14 a) aus R^2 als dem gemeinsamen Varianzanteil der Kriteriums- und Prädiktorvariablen ab-

13.2.3 Mathematischer Hintergrund

leiten lässt. Diese Herleitung verwendet zunächst z-standardisierte Variablen.

Standardisierte Variablen. Der Anteil der Kriteriumsvarianz, der auf die Prädiktorvariablen zurückgeht, ist durch folgenden Quotienten definiert:

$$R^2 = \frac{s_{\hat{z}_c}^2}{s_{z_c}^2}. \tag{13.63}$$

Die Varianz der z-normierten Kriteriumsvariablen ist 1, d.h., wir müssen lediglich die Varianz der vorhergesagten Kriteriumswerte ($s_{\hat{z}_c}^2$) untersuchen. Wir schreiben

$$s_{\hat{z}_c}^2 = \frac{\sum_m (\hat{z}_{cm} - \bar{\hat{z}}_c)^2}{n}, \tag{13.64}$$

bzw., da der Mittelwert der vorhergesagten $\hat{z}_{cm}$-Werte Null ist ($\bar{\hat{z}}_c = 0$; vgl. hierzu die Ausführungen auf S. 208, die hier analog gelten),

$$s_{\hat{z}_c}^2 = \frac{\sum_m \hat{z}_{cm}^2}{n}. \tag{13.65}$$

$\hat{z}_{cm}$ ersetzen wir nach Gl. (13.11) durch $b_1 z_{1m} + b_2 z_{2m}$ und erhalten

$$s_{\hat{z}_c}^2 = \frac{\sum_m (b_1 z_{1m} + b_2 z_{2m})^2}{n}$$
$$= b_1^2 \cdot \frac{\sum_m z_{1m}^2}{n} + b_2^2 \frac{\sum_m z_{2m}^2}{n}$$
$$+ 2 b_1 b_2 \frac{\sum_m z_{1m} \cdot z_{2m}}{n}. \tag{13.66}$$

Da $\frac{\sum_m z_{1m}^2}{n} = 1$, $\frac{\sum_m z_{2m}^2}{n} = 1$ und $\frac{\sum_m z_{1m} z_{2m}}{n} = r_{12}$,

vereinfacht sich Gl. (13.66) zu

$$s_{\hat{z}_c}^2 = b_1^2 + b_2^2 + 2 b_1 b_2 r_{12}. \tag{13.67}$$

Wir ersetzen b_1 und b_2 nach Gl. (13.15 a,b)

$$s_{\hat{z}_c}^2 = \frac{(r_{1c} - r_{12} \cdot r_{2c})^2 + (r_{2c} - r_{12} \cdot r_{1c})^2}{(1 - r_{12}^2)^2}$$
$$+ \frac{2 \cdot r_{12} \cdot (r_{1c} - r_{12} \cdot r_{2c}) \cdot (r_{2c} - r_{12} \cdot r_{1c})}{(1 - r_{12}^2)^2}.$$

Nach Ausmultiplizieren und Zusammenfassen entsprechender Ausdrücke resultiert

$$s_{\hat{z}_c}^2 = \frac{r_{1c}^2 + r_{2c}^2 - 2 r_{2c} r_{12} r_{1c}}{(1 - r_{12}^2)^2}$$
$$- \frac{r_{12}^2 \cdot r_{1c}^2 - r_{12}^2 r_{2c}^2 + 2 r_{12}^3 r_{1c} r_{2c}}{(1 - r_{12}^2)^2}$$

bzw. nach Ausklammern von $(1 - r_{12}^2)$

$$s_{\hat{z}_c}^2 = \frac{(1 - r_{12}^2) \cdot (r_{1c}^2 + r_{2c}^2 - 2 r_{2c} r_{12} r_{1c})}{(1 - r_{12}^2)^2}$$
$$= \frac{r_{1c}^2 + r_{2c}^2 - 2 r_{12} r_{1c} r_{2c}}{(1 - r_{12}^2)}. \tag{13.68}$$

Ziehen wir aus Gl. (13.68) die Wurzel, erhalten wir die unter Gl. (13.14 a) aufgeführte Bestimmungsgleichung der multiplen Korrelation.

Nicht-standardisierte Variablen. Unter Verwendung der Rohwertgewichte nach Gl. (13.62) berechnet sich die multiple Korrelation wie folgt: Das Quadrat einer multiplen Korrelation definieren wir als denjenigen Anteil der Varianz der Kriteriumsvariablen, der durch die Prädiktorvariablen erklärt wird. Da sich die Quadratsummen nur durch einen konstanten Faktor von den Varianzen unterscheiden, ist das Quadrat einer multiplen Korrelation natürlich auch durch den Quotienten $QS_{\hat{y}}/QS_y$ definiert. Wir erhalten als Quadratsumme der Kriteriumsvariablen y:

$$QS_y = \sum_m (y_m - \bar{y})^2$$
$$= \mathbf{y}'\mathbf{y} - (\mathbf{1}'\mathbf{y})^2/n. \tag{13.69}$$

$\mathbf{1}'$ ist hierbei ein aus Einsen bestehender Zeilenvektor.

Die Quadratsumme der vorhergesagten $\hat{y}_m$-Werte ($QS_{\hat{y}}$) errechnen wir wegen $\bar{y} = \bar{\hat{y}}$ (vgl. S. 208) zu

$$QS_{\hat{y}} = \sum_m (\hat{y}_m - \bar{y})^2$$
$$= \hat{\mathbf{y}}'\hat{\mathbf{y}} - (\mathbf{1}'\mathbf{y})^2/n. \tag{13.70}$$

Für $\hat{\mathbf{y}}'\hat{\mathbf{y}}$ schreiben wir unter Verwendung von Gl. (13.60)

$$\hat{\mathbf{y}}'\hat{\mathbf{y}} = \mathbf{b}'\mathbf{X}'\mathbf{X}\mathbf{b}$$

bzw., da

$$\mathbf{b} = (\mathbf{X}'\mathbf{X})^{-1}\mathbf{X}'\mathbf{y},$$
$$\hat{\mathbf{y}}'\hat{\mathbf{y}} = \mathbf{b}'\mathbf{X}'\mathbf{X}(\mathbf{X}'\mathbf{X})^{-1}\mathbf{X}'\mathbf{y}$$
$$= \mathbf{b}'\mathbf{X}'\mathbf{y}.$$

Für die $QS_{\hat{y}}$ resultiert damit

$$QS_{\hat{y}} = \mathbf{b}'\mathbf{X}'\mathbf{y} - (\mathbf{1}'\mathbf{y})^2/n. \tag{13.71}$$

Für das Quadrat der multiplen Korrelation zwischen den Prädiktorvariablen x_j und der Kriteriumsvariablen y erhalten wir damit

$$R^2 = \frac{\mathbf{b}'\mathbf{X}'\mathbf{y} - (\mathbf{1}'\mathbf{y})^2/n}{\mathbf{y}'\mathbf{y} - (\mathbf{1}'\mathbf{y})^2/n}. \tag{13.72}$$

Für das Beispiel auf S. 451 f. ermittelt man

$$QS_y = 109\,218 - 1042^2/10 = 641{,}60\,,$$
$$QS_{\hat{y}} = 109\,137{,}04 - 1042^2/10 = 560{,}64$$

und damit

$$R^2 = 641{,}60/560{,}64 = 0{,}8738$$

bzw.

$$R = 0{,}9348\,.$$

Das Ergebnis stimmt mit dem auf S. 451 genannten Wert überein. Die Forderung, dass die Korrelationsmatrix der Prädiktorvariablen für die Bestimmung von R nicht singulär sein darf (vgl. S. 467), bedeutet hier, dass $\mathbf{XX}'$ nicht singulär sein darf, also eine Inverse haben muss.

Strukturkoeffizienten

Zu einer einfachen Berechnungsvorschrift für die auf S. 453 erwähnten Strukturkoeffizienten führt der folgende Gedankengang: Mit der multiplen Regressionsgleichung (13.11) sagen wir $\hat{z}_{cm}$-Werte vorher, die einen Mittelwert von Null aufweisen (in Analogie zu Gl. 6.67 ff.). Die Varianz der $\hat{z}_{cm}$-Werte entspricht der gemeinsamen Varianz zwischen der Kriteriumsvariablen und der Linearkombination aller Prädiktorvariablen. Die gemeinsame Varianz hat also den Wert R^2 (s. Gl. 13.68). Dividieren wir die $\hat{z}_{cm}$-Werte durch R, erhalten wir $\hat{z}'$-Werte, die um Null mit einer Varianz von 1 verteilt sind. Die Korrelation der $\hat{z}'$-Werte mit den z-Werten der einzelnen Prädiktorvariablen (die gleich der Korrelation der $\hat{z}$-Werte mit den z-Werten der Prädiktorvariablen ist) ergibt somit nach Gl. (6.59):

$$r_{\hat{z}'_c z_i} = c_i = \frac{1}{n \cdot R} \cdot \sum_m \hat{z}_{cm} \cdot z_{im}\,. \tag{13.73}$$

Einen $\hat{z}_{cm}$-Wert erhalten wir nach Gl. (13.11) bzw. den Vektor der vorhergesagten $\hat{z}$-Werte nach:

$$\hat{\mathbf{z}}' = \mathbf{b}'\mathbf{Z}'\,. \tag{13.74}$$

Unter Verwendung von Gl. (13.73) und (13.74) ergibt sich für den Vektor der Strukturkoeffizienten:

$$\begin{aligned}\mathbf{c}' &= \frac{1}{n} \cdot \mathbf{b}' \cdot \mathbf{Z}' \cdot \mathbf{Z} \cdot \frac{1}{R} \\ &= \mathbf{b}' \cdot \frac{1}{n} \cdot \mathbf{Z}' \cdot \mathbf{Z} \cdot \frac{1}{R} \\ &= \mathbf{b}' \cdot \mathbf{R}_x \cdot \frac{1}{R}\,. \end{aligned} \tag{13.75}$$

Ferner ist jedoch nach Gl. (13.58) $\mathbf{b} = \mathbf{R}_x^{-1} \cdot \mathbf{r}_{xc}$, d. h.,

$$\begin{aligned}\mathbf{c}' &= \mathbf{r}'_{xc} \cdot \mathbf{R}_x^{-1} \cdot \mathbf{R}_x \cdot \frac{1}{R} \\ &= \mathbf{r}'_{xc} \cdot \frac{1}{R}\,. \end{aligned}$$

Die Strukturkoeffizienten erhalten wir, indem die Korrelationen der einzelnen Prädiktorvariablen mit dem Kriterium (Validitäten) durch die multiple Korrelation dividiert werden.

Tabelle 13.7. Beispiel für eine multiple Korrelation und Regression (k > 2)

	x_1	x_2	x_3	x_4	x_5	Kriterium (x_c)
x_1	1,00	0,64	0,49	−0,15	0,62	0,60
x_2		1,00	0,52	−0,10	0,38	0,67
x_3			1,00	−0,02	0,40	0,33
x_4				1,00	0,04	−0,04
x_5					1,00	0,44
Prädiktor-Nr.		b		t(b)		c
1		0,25		1,13		0,84
2		0,52		2,66**		0,93
3		−0,12		−0,67		0,46
4		0,05		0,31		−0,05
5		0,13		0,71		0,61

R = 0,72
F = 5,12**
Rohwertgewichte: Höhenlage: a = −0,839
$b'_1 = 0{,}02$
$b'_2 = 0{,}54$
$b'_3 = -0{,}17$
$b'_4 = 0{,}05$
$b'_5 = 0{,}06$

BEISPIEL

Gesucht werden die multiple Korrelation und die multiple Regressionsgleichung für Kreativität als Kriteriumsvariable und folgende Prädiktorvariablen:

x_1 = allgemeines Wissen
x_2 = mechanisches Verständnis
x_3 = Abstraktionsvermögen
x_4 = Soziabilität
x_5 = naturwissenschaftliches Interesse

Tabelle 13.7 zeigt die Ergebnisse der Analyse. Für n = 30 Vpn resultiert eine multiple Korrelation von R = 0,72, die auf dem 1%-Niveau signifikant ist. (Die Daten wurden dem „Talent-Projekt" von Cooley u. Lohnes, 1971, entnommen.) Aufgrund der b-Gewichte und der Strukturkoeffizienten erweist sich der Test zur Erfassung des mechanischen Verständnisses als der beste Prädiktor für Kreativität.

13.3 Lineare Strukturgleichungsmodelle

Mit linearen Strukturgleichungs- oder auch sog. „Kausalmodellen" werden anhand empirischer Daten a priori formulierte Kausalhypothesen zur Erklärung von Merkmalszusammenhängen geprüft. Diese aus erkenntnistheoretischer Sicht höchst attraktive Perspektive hat in den vergangenen 30 Jahren zu einer starken Verbreitung dieser Methode in den Sozialwissenschaften, der Ökonometrie und der Medizin geführt. Wegen ihrer heutigen Bedeutung sollen im Folgenden zumindest einige Grundprinzipien dieses Ansatzes vorgestellt und kritisch durchleuchtet werden.

Lineare Strukturgleichungsmodelle integrieren regressionsanalytische Überlegungen, Aspekte der Faktorenanalyse (die hier so verkürzt dargestellt werden können, dass eine Bearbeitung von Kap. 15 – Faktorenanalyse – vorab nicht erforderlich ist) und die Pfadanalyse, die als eine Methode zur Überprüfung kausaler Hypothesen bereits in den 30er Jahren in ihren Grundzügen entwickelt wurde (Wright, 1921). Pfad-, Regressions- und (konfirmatorische) Faktorenanalyse können somit als Teilmodelle der linearen Strukturgleichungsmodelle verstanden werden. Während mit der Pfadanalyse kausale Beziehungen zwischen direkt beobachtbaren Variablen geprüft werden sollen, ermöglichen lineare Strukturgleichungsmodelle zusätzlich die Berücksichtigung latenter Variablen, die – wie z. B. Einstellungen, Motivation oder Erziehungsstil – nicht direkt, sondern nur indirekt über verschiedene Indikatoren erfassbar sind. Zudem werden explizit Messfehler der beobachteten Variablen als Bestandteil der Kausalmodelle aufgenommen.

Das Arbeiten mit linearen Strukturgleichungsmodellen zwingt den Anwender, sich vor der Datenauswertung darüber Gedanken zu machen, welche (latenten oder beobachteten) Variablen durch welche anderen Variablen kausal beeinflusst sein könnten. Diese Kausalhypothesen werden in einer Graphik – dem sog. Pfaddiagramm – zusammengefasst, aus dem die zur Beschreibung des Kausalmodells erforderlichen Modellgleichungen abgeleitet werden. Ein weiterer Schritt überprüft, ob sich das Modell durch die erhobenen Daten bestätigen lässt. Falls dies der Fall ist, wird üblicherweise interpretiert, dass die Kausalannahmen durch die Daten bestätigt seien (zur Kritik dieser Interpretation vgl. S. 480 f.).

Für das konkrete Arbeiten mit linearen Strukturgleichungsmodellen stehen einige Computerprogramme zur Verfügung, von denen LISREL (linear structural relationships) von Jöreskog u. Sörbom (1993) das bekannteste ist. Andere bekannte Programme sind z. B. EQS von Bentler (1989), LISCOMP von Muthen (1986) oder LVPLS von Lohmöller (1981). Wichtige Hinweise zur Handhabung des EQS-Programms findet man bei Byrne (1994) und LISREL-Beispiele bei Stevens (2002, Kap. 11). Die folgenden Ausführungen beziehen sich in der Hauptsache auf LISREL.

Die Verwendung dieses Programms „verführt" gelegentlich dazu, ein ursprünglich ins Auge gefasstes, aber wenig taugliches Kausalmodell so lange zu modifizieren, bis es mit den Daten gut übereinstimmt. Dieses „Ausprobieren" von Kausalmodellen kann für explorative Zwecke hilfreich sein; es ist jedoch mit Nachdruck davor zu warnen, das so gefundene Modell als bestätigt oder allgemein gültig anzusehen, denn wie bei allen hypothesenprüfenden Untersuchungen muss natürlich auch hier die zu prüfende Hypothese vor Kenntnis der Daten aufgestellt werden. Ein Modifizieren der Kausalhypothese angesichts eines erhobenen Datensatzes und das Überprüfen der modifizierten Hypothese mit dem gleichen Datensatz kann zu einem besseren, aber letztlich trivialen Ergebnis führen (vgl. hierzu auch McCallum et al. 1992).

Bevor wir uns der Modellierung von Kausalhypothesen für eine LISREL-Auswertung zuwenden, sollen zunächst einige grundsätzliche Fragen zum Verhältnis von Kausalität und Korrelation erörtert werden.

Kausalität und Korrelation

Besteht zwischen zwei Merkmalen x_1 und x_2 eine (signifikante) Korrelation, kann dies bedeuten, dass:
- x_1 die Ursache für x_2 ist,
- x_2 die Ursache für x_1 ist,
- x_1 und x_2 sich wechselseitig kausal beeinflussen oder dass
- x_1 und x_2 von einem dritten oder weiteren Merkmalen beeinflusst werden.

Anhand der Korrelation selbst kann nicht entschieden werden, welches dieser vier Kausalmodelle zutrifft (vgl. hierzu auch Stelzl, 1982). Für die Bestätigung einer Kausalhypothese ist die Korrelation eine notwendige, aber keine hinreichende Voraussetzung. (Hierbei steht der Begriff „Korrelation" allgemein für Zusammenhänge, zu denen auch nichtlineare Zusammenhänge gehören. Beschränkt man den Korrelationsbegriff auf lineare Zusammenhänge, wäre diese Korrelation nicht einmal eine notwendige Voraussetzung; zur Pfadanalyse auf der Basis kategorialer Daten vgl. Ritschard et al. 1996.)

Im Folgenden betrachten wir drei Merkmale x_1, x_2 und x_3, die mit $r_{12} = 0{,}3$, $r_{13} = 0{,}5$ und $r_{23} = 0{,}6$ wechselseitig korrelieren. Auch hier sind mehrere hypothetische Kausalmodelle denkbar, die sich folgendermaßen darstellen lassen:

a)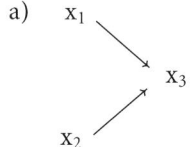

x_1 und x_2 beeinflussen x_3 kausal; zwischen x_1 und x_2 wird keine Kausalbeziehung postuliert (r_{12} könnte mit der kausalen Wirksamkeit einer Variablen x_4 erklärt werden).

b)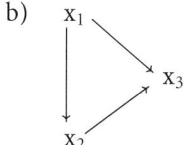

Zusätzlich zu a) wirkt hier x_1 auch kausal auf x_2.

c) $x_1 \longleftarrow x_2 \longleftarrow x_3$

x_1 wird durch x_2 und x_2 durch x_3 beeinflusst. Eine direkte Wirkung von x_3 auf x_1 wird nicht behauptet.

Nach diesem graphischen Prinzip lassen sich mühelos, z. B. durch Umkehrung der Pfeilrichtungen und Aufnahme neuer Pfeile bzw. Weglassen bereits gesetzter Pfeile weitere Kausalmodelle konstruieren, die alle mit den genannten Korrelationen kompatibel wären.

Partial- und Semipartialkorrelationen. Für die Überprüfung von Kausalmodellen können wir die in den letzten Abschnitten behandelte Partial- bzw. Semipartialkorrelation verwenden. Betrachten wir zunächst das folgende Kausalmodell:

d)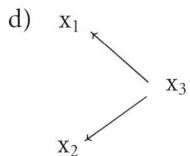

Es wird also behauptet, dass x_1 und x_2 kausal durch x_3 beeinflusst werden. Träfe diese Behauptung zu, müsste die Partialkorrelation $r_{12 \cdot 3}$ Null werden. Setzt man die o. g. Korrelationen in Gl. (13.5) ein, resultiert für den Zähler $r_{12} - r_{13} \cdot r_{23} = 0$ und damit $r_{12 \cdot 3} = 0$. Die empirischen Korrelationen bestätigen damit das theoretische Kausalmodell. Man beachte jedoch, dass die gleichen Korrelationen auch das unter a) genannte Beispiel für ein Kausalmodell bestätigen.

Beide Kausalmodelle wären mit $r_{12 \cdot 3} > 0$ bzw. im Extremfall mit $r_{12} = r_{12 \cdot 3}$ falsifiziert.

Ein anderes Modell könnte wie folgt aussehen:

e) $x_1 \longrightarrow x_2 \longrightarrow x_3$

Offenbar wird nicht erwartet, dass x_1 die Variable x_3 kausal beeinflusst (die obige Korrelation $r_{13} = 0{,}5$ könnte durch die Wirksamkeit einer Variablen x_4 auf x_1 und x_3 erklärbar sein). Dessen ungeachtet wäre beim Modell e) zu fragen, ob x_1 über x_2 einen indirekten Einfluss auf x_3 ausübt. Diese Vermutung lässt sich mit einer Semipartialkorrelation überprüfen. Falls x_2 die Variable x_3 nur deshalb beeinflusst, weil sie ihrerseits durch x_1 beeinflusst wird (was für einen starken indirekten Effekt von x_1 auf x_3 sprechen würde), müsste die Semipartialkorrelation $r_{3(2 \cdot 1)}$ Null sein. Setzt

13.3 Lineare Strukturgleichungsmodelle

man die o. g. Korrelationen in Gl. (13.6) ein, resultiert

$$r_{3(2\cdot1)} = \frac{0{,}6 - 0{,}5 \cdot 0{,}3}{\sqrt{1 - 0{,}3^2}} = 0{,}47 \,.$$

In diesem Beispiel widerspricht die „Realität" also deutlich dem Kausalmodell. Von den 36% gemeinsamer Varianz zwischen x_2 und x_3 ($r_{23} = 0{,}6$) sind 22% ($0{,}47^2$) als eigenständiger Beitrag von x_2 zu erklären, d. h., nur 14% sind als indirekter Effekt auf x_1 zurückzuführen.

Man könnte nun – nur zu Explorationszwecken – ausprobieren, welches Modell (mit indirekten Effekten) mit der Realität besser in Einklang zu bringen ist. Dies ist offenbar Modell c), denn hierfür erhält man $r_{1(2\cdot3)} = 0$. Die Variable x_2 beeinflusst x_1 deshalb, weil x_2 von x_3 beeinflusst wird. Die gegebenen Korrelationsverhältnisse bestätigen also für Modell c), dass x_3 vermittelt über x_2 eine indirekte Wirkung auf x_1 ausübt und dass x_2 für x_1 ohne Wirkung von x_3 bedeutungslos wäre.

Im Modell b) könnte x_1 sowohl einen direkten als auch einen indirekten (über x_2 vermittelten) Einfluss auf x_3 ausüben. x_3 wird sowohl von x_1 als auch von x_2 beeinflusst. Die Korrelation $r_{13} = 0{,}5$ als direkten Effekt von x_1 auf x_3 anzusehen, wäre falsch, denn x_1 korreliert mit x_2 zu $r_{12} = 0{,}3$, d. h., Teile der Information von x_1 sind auch in x_2 enthalten. Den ausschließlich auf x_1 zurückgehenden Effekt bzw. den direkten Effekt von x_1 auf x_3 erhalten wir über das b-Gewicht der Variablen x_1 in der multiplen Regression $\hat{x}_3 = b_1 x_1 + b_2 x_2$. Nach Gl. (13.15a) ermittelt man

$$b_1 = \frac{0{,}5 - 0{,}3 \cdot 0{,}6}{1 - 0{,}3^2} = 0{,}3516 \,.$$

Von der Korrelation $r_{13} = 0{,}5$ bleibt damit ein Rest von $0{,}5 - 0{,}3516 = 0{,}1484$. Dieser Rest wird in kausalanalytischen Modellen als indirekter Effekt von x_1 auf x_3 interpretiert. Man erhält diesen indirekten Effekt auch, wenn man die Korrelation r_{12} mit b_2 in der Regressionsgleichung $\hat{x}_3 = b_1 \cdot x_1 + b_2 \cdot x_2$ multipliziert. Für b_2 resultiert nach Gl. (13.15b):

$$b_2 = \frac{0{,}6 - 0{,}5 \cdot 0{,}3}{1 - 0{,}3^2} = 0{,}4945 \,,$$

d. h., man erhält als indirekten Effekt

$$r_{13} - b_1 = r_{12} \cdot b_2 = 0{,}3 \cdot 0{,}4945 = 0{,}1484 \,.$$

Wir werden diesen Ansatz zur Bestimmung eines indirekten Kausaleffektes später verallgemeinern. Vorerst bleibt festzustellen:

> In kausalanalytischen Modellen kann die Korrelation zwischen einer Prädiktorvariablen und einer Kriteriumsvariablen additiv in einen direkten und indirekten Kausaleffekt zerlegt werden.

(In dieser Formulierung ist der Kausalbegriff eher technisch zu verstehen, denn die „wahre" Ursache für die Merkmalsausprägungen auf x_3 könnte ein im Modell nicht berücksichtigtes oder übersehenes Merkmal x_4 sein, das sowohl auf x_1 als auch auf x_2 kausal einwirkt.)

Der indirekte Effekt von x_1 auf x_3 lässt sich auch über die Partialkorrelation herleiten. Unter Bezugnahme auf Gl. (13.35) erhält man mit der dort verwendeten Terminologie:

$$b_1 = b_{1(3,12)} = \frac{r_{13\cdot2}^2}{b_{3(1,23)}} \,,$$

d. h., für den indirekten Effekt von x_1 auf x_3 ergibt sich

$$r_{12} \cdot b_2 = r_{12} \cdot b_{2(3,12)} = r_{13} - \frac{r_{13\cdot2}^2}{b_{3(1,23)}}$$

$$= 0{,}5 - \frac{0{,}4193^2}{0{,}5} = 0{,}1484 \,.$$

Uneindeutige Ergebnisse. Die hier genannten Beispiele verdeutlichen, dass sich Kausalhypothesen für beobachtete Merkmale durch einen flexiblen Einsatz von multipler, partieller und semipartieller Korrelationstechnik überprüfen lassen. Die Resultate dieser Überprüfungen sind jedoch meistens nicht eindeutig. So konnte z. B. gezeigt werden, dass Modell a, das durch Umkehrung der Pfeile aus a hervorgehende Modell d sowie Modell c mit den genannten Korrelationen zu vereinbaren sind. Diese Uneindeutigkeit ist eine generelle Schwäche des LISREL-Ansatzes: Es lassen sich in der Regel mehrere Kausalmodelle finden, die mit einer gegebenen Kovarianz- bzw. Korrelationsstruktur im Einklang stehen. Diese Uneindeutigkeit macht die Forderung, nur a priori formulierte Kausalmodelle zu prüfen, um so dringlicher. Aber auch die Bestätigung eines a priori aufgestellten Kausalmodells schließt nicht aus, dass andere Modelle bei den gleichen Korrelationen genauso wahrscheinlich sind (vgl. hierzu auch die abschließenden Literaturhinweise).

Nicht unproblematisch ist ferner die Entscheidung darüber, wann ein Kausalmodell als falsifiziert und wann es als bestätigt gelten kann (vgl. hierzu S. 479f.). Im Kontext von LISREL wird hierfür ein Modelltest durchgeführt, der darüber informiert, wie wahrscheinlich ein vorgegebenes Modell angesichts der erhobenen Daten ist (Maximum-Likelihood-Schätzung, vgl. S. 99f.). Ist diese Wahrscheinlichkeit nicht „genügend" groß, gilt das Modell als falsifiziert.

Pfaddiagramme als Gleichungen

Im Folgenden wird gezeigt, wie man von einer graphischen Veranschaulichung eines Modells im sog. Pfaddiagramm zu linearen Strukturgleichungen kommt. Wird behauptet, dass eine Variable x_1 eine Variable x_2 kausal beeinflusst, wäre diese Beziehung durch das folgende Pfaddiagramm zu veranschaulichen:

$$x_1 \longrightarrow x_2 .$$

Die „Modellgleichung" für dieses Pfaddiagramm entnehmen wir der bivariaten Regressionsrechnung:

$$\hat{x}_{2m} = b \cdot x_{1m} + a .$$

Sind x_1 und x_2 z-standardisiert, erhält man hierfür nach Gl. (13.10)

$$\hat{z}_{2m} = r_{12} \cdot z_{1m} .$$

Den Regressionskoeffizienten r_{12} ersetzen wir in der pfadanalytischen Terminologie durch einen *Pfadkoeffizienten* p_{21}, wobei der erste Index diejenige Variable nennt, auf die der Pfeil gerichtet ist. Berücksichtigt man ferner Messfehleranteile e2 in x_2 bzw. z_2 (Regressionsresiduen, die auf Messfehler oder Effekte nicht erfasster Drittvariablen zurückzuführen sind), resultiert folgendes Pfadmodell:

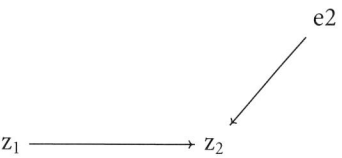

Die Gleichung hierzu lautet:

$$z_{2m} = p_{21} \cdot z_{1m} + e2_m . \qquad (13.76)$$

Für die Modellierung des folgenden Pfaddiagramms werden zwei Gleichungen benötigt:

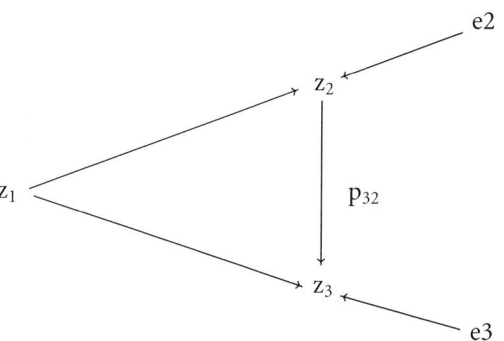

$$(1) \quad z_{2m} = p_{21} \cdot z_{1m} + e2 ,$$
$$(2) \quad z_{3m} = p_{31} \cdot z_{1m} + p_{32} \cdot z_{2m} + e3 . \qquad (13.77)$$

Die erste Gleichung „erklärt" die Variable z_2 und die zweite Gleichung die Variable z_3. Allgemein entspricht die Anzahl der Gleichungen der Anzahl der zu erklärenden Variablen (also derjenigen Variablen, auf die mindestens ein Pfeil gerichtet ist), wobei rechts vom Gleichheitszeichen alle Variablen stehen, die einen *direkten* Einfluss auf die zu erklärende Variable ausüben.

Zur Bestimmung der Pfadkoeffizienten wendet man die sog. Multiplikationsmethode an: Jede Gleichung wird der Reihe nach mit jeder determinierenden Variablen multipliziert, die in der Gleichung vorkommt. (Im Beispiel wird also Gleichung 1 mit z_1 und Gleichung 2 einmal mit z_1 und ein weiteres Mal mit z_2 multipliziert.) Die Residualanteile zählen nicht zu den determinierenden Variablen.

Für unser Beispiel resultiert also:

$$(1) \quad z_{1m} \cdot z_{2m} = p_{21} \cdot z_{1m} \cdot z_{1m} + e2 \cdot z_{1m}$$
$$(2) \quad z_{1m} \cdot z_{3m} = p_{31} \cdot z_{1m} \cdot z_{1m}$$
$$\qquad \qquad \qquad + p_{32} \cdot z_{1m} \cdot z_{2m} + e3 \cdot z_{1m}$$
$$(3) \quad z_{2m} \cdot z_{3m} = p_{31} \cdot z_{2m} \cdot z_{1m}$$
$$\qquad \qquad \qquad + p_{32} \cdot z_{2m} \cdot z_{2m} + e3 \cdot z_{2m} .$$
$$\qquad \qquad \qquad \qquad \qquad \qquad (13.78)$$

13.3 Lineare Strukturgleichungsmodelle

Werden diese Gleichungen über alle n Vpn summiert und anschließend durch n dividiert, erhält man wegen $r_{ij} = (1/n) \cdot \sum_m z_{im} \cdot z_{jm}$ (s. Gl. 6.59)

(1a) $\quad r_{12} = p_{21} + r_{1(e2)}$

(2a) $\quad r_{13} = p_{31} + p_{32} \cdot r_{12} + r_{1(e3)}$

(3a) $\quad r_{23} = p_{31} \cdot r_{12} + p_{32} + r_{2(e3)}$. $\qquad$ (13.79)

Nimmt man ferner an, dass die Residuen mit den determinierenden Variablen zu Null korrelieren ($r_{1(e2)} = r_{1(e3)} = r_{2(e3)} = 0$), erhält man die 3 folgenden Gleichungen mit 3 unbekannten Pfadkoeffizienten:

(1b) $\quad r_{12} = p_{21}$

(2b) $\quad r_{13} = p_{31} + p_{32} \cdot r_{12}$

(3b) $\quad r_{23} = p_{31} \cdot r_{12} + p_{32}$. $\qquad$ (13.80)

Werden diese 3 Gleichungen nach den Pfadkoeffizienten aufgelöst, resultieren:

$$p_{21} = r_{12},$$
$$p_{31} = \frac{r_{13} - r_{23} \cdot r_{12}}{1 - r_{12}^2},$$
$$p_{32} = \frac{r_{23} - r_{13} \cdot r_{12}}{1 - r_{12}^2} . \qquad (13.81)$$

Unter Verweis auf Gl. (13.15) erkennt man, dass die Pfadkoeffizienten p_{31} und p_{32} den standardisierten b-Gewichten einer Regressionsgleichung mit 2 Prädiktorvariablen entsprechen. Bei nur einer Prädiktorvariablen ist dies die bivariate Korrelation. Wird eine Variable durch k Variablen direkt determiniert, erhält man als Pfadkoeffizienten die entsprechenden b-Gewichte der k Variablen.

In unserem Beispiel kann z_3 durch z_1 sowohl direkt als auch indirekt (über z_2 vermittelt) beeinflusst werden. Der direkte Einfluss ergibt sich zu $p_{31} = r_{13}$. Den indirekten Einfluss erhalten wir, wenn die Pfadkoeffizienten des indirekten Pfades miteinander multipliziert werden ($p_{21} \cdot p_{32}$). Addieren wir den direkten und indirekten Einfluss von z_1 auf z_3, resultiert die Korrelation r_{13}:

$$\begin{aligned} r_{13} &= p_{31} + p_{21} \cdot p_{32} \\ &= \frac{r_{13} - r_{23} \cdot r_{12}}{1 - r_{12}^2} + r_{12} \cdot \frac{r_{23} - r_{13} \cdot r_{12}}{1 - r_{12}^2} \\ &= r_{13} . \end{aligned} \qquad (13.82)$$

> Eine Korrelation lässt sich kausalanalytisch additiv in einen direkten und indirekten Effekt zerlegen, wobei der direkte Effekt dem Pfadkoeffizienten des direkten Pfades und der indirekte Effekt dem Produkt der Pfadkoeffizienten des indirekten Pfades entspricht.

Rekursive Systeme. Indirekte Effekte sind ein Bestandteil sog. rekursiver Systeme, in denen nur einseitig gerichtete kausale Wirkungen angenommen werden und in denen die Variablen bezüglich ihrer kausalen Priorität hierarchisch angeordnet werden können. Abbildung 13.2 gibt ein Beispiel.

Die Modellgleichungen für dieses Pfaddiagramm lauten:

$$\begin{aligned} z_2 &= p_{21} \cdot z_1 + e_2, \\ z_3 &= p_{31} \cdot z_1 + p_{32} \cdot z_2 + e_3, \\ z_4 &= p_{41} \cdot z_1 + p_{42} \cdot z_2 + p_{43} \cdot z_3 + e_4 . \end{aligned} \qquad (13.83)$$

Die Variable z_4 ist hier also eindeutig die zu erklärende Variable, von der keine kausale Wirkung ausgeht. z_1 hingegen ist die Variable mit der höchstens kausalen Priorität, weil sämtliche Variablen durch diese Variable beeinflusst werden. Neben einem direkten Pfad führen 3 indirekte Pfade von z_1 nach z_4: $z_1 \longrightarrow z_2 \longrightarrow z_4$; $z_1 \longrightarrow z_3 \longrightarrow z_4$ und $z_1 \longrightarrow z_2 \longrightarrow z_3 \longrightarrow z_4$. Jede indirekte Wirkung ergibt sich als Produkt der Pfadkoeffizienten aus dem jeweiligen indirekten Pfad. Als Summe der indirekten Effekte und des direkten Effektes erhält man r_{14}.

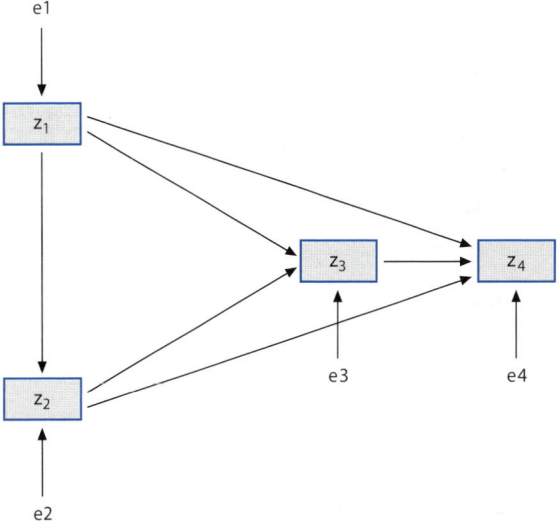

Abb. 13.2. Beispiel für ein rekursives System

Latente Variablen

Unsere bisherigen Überlegungen gingen davon aus, dass alle in einem Kausalmodell erfassten Variablen direkt beobachtbar seien. Eine Besonderheit des LISREL-Ansatzes besteht nun darin, dass neben den direkt beobachtbaren Variablen auch latente Variablen geprüft werden, die nur über indirekte Indikatoren zu erfassen sind (z.B. Fragebogenitems als Indikatoren für die latente Variable „politische Orientierung"). Eine beobachtbare Variable x ist dann in zwei Anteile dekomponierbar: ein Anteil, der durch das Konstrukt determiniert wird, das dieser Variablen zugrunde liegt, und ein weiterer Anteil, der auf Messfehler oder andere Konstrukte zurückzuführen ist.

Bezogen auf die latenten Variablen werden endogene Variablen (η, lies: eta) und exogene Variablen (ξ, lies: ksi) unterschieden. Die endogenen Variablen sollen im Modell erklärt werden und entsprechen damit den Kriteriumsvariablen. Die exogenen oder Prädiktorvariablen dienen zur Erklärung der endogenen Variablen.

Die Zuordnung der beobachtbaren x-Variablen zu der ihnen zugrunde liegenden exogenen latenten Variablen ξ erfolgt im sog. *Messmodell* der exogenen Variablen (vgl. Abb. 13.3; latente Variablen befinden sich in einem Kreis).

In diesem Beispiel liegt die exogene Variable ξ_1 (z.B. politische Orientierung) den zwei direkt beobachtbaren Indikatorvariablen x_1 und x_2 zugrunde (z.B. zwei Fragebogenitems). Die latente Variable beeinflusst die beobachtbaren Variablen, wobei die Stärke der Beeinflussung durch die Pfadkoeffizienten λ_{11} und λ_{21} (lies: lambda) symbolisiert ist. Die Messfehleranteile (Residualvariablen) von x_1 und x_2 heißen hier δ_1 und δ_2 (lies: delta). In Gleichungsform erhält man für das Messmodell in Abb. 13.3:

$$x_1 = \lambda_{11} \cdot \xi_1 + \delta_1,$$
$$x_2 = \lambda_{21} \cdot \xi_1 + \delta_2. \quad (13.84)$$

Die Pfeilrichtungen in Abb. 13.3 deuten an, dass die beiden beobachtbaren Variablen durch die latente Variable bestimmt sind, d.h., eine Korrelation zwischen x_1 und x_2 wäre auf ξ_1 zurückzuführen. Die Pfadkoeffizienten λ_{11} und λ_{21} sind auch hier als Korrelationen zu interpretieren ($\lambda_{11} = r_{\xi_1 x_1}$, $\lambda_{21} = r_{\xi_1 x_2}$). Im Kap. 15 (Faktorenanalyse) werden wir zeigen, dass diese Korrelationen wie sog. Faktorladungen zu interpretieren sind, wobei die latenten Merkmale Faktoren im Sinn der Faktorenanalyse sind. Vorerst gehen wir davon aus, dass diese Korrelationen unbekannt sind.

In komplexeren Modellen können auch mehrere exogene Variablen (ξ_i) vorkommen, die jeweils eigenen Indikatorvariablen zugrundeliegen. Diese exogenen Variablen können voneinander unabhängig oder auch korreliert sein.

Abbildung 13.4 zeigt das Messmodell für zwei latente endogene Variablen.

Es wird angenommen, dass die erste latente endogene Variable η_1 (z.B. Erziehungsstil) auf drei beobachtbare Variablen y_1, y_2 und y_3 Einfluss nimmt (z.B. Fragebogenitems zur Häufigkeit des Tadelns, zur gewährten Freizeit und zur Betreuungszeit für Hausaufgaben) und die zweite latente endogene Variable η_2 (z.B. Umweltbewusstsein) auf zwei beobachtbare Merkmale (z.B. Fragebogenitems zur Nutzung von Glascontainern und zum Erwerb von Bioprodukten). Die Bedeutung der latenten endogenen Variablen η_i für die beobachteten Variablen wird wiederum durch λ_{ij}-Koeffizienten beschrieben, die auch hier den Faktorladungen entsprechen (Korrelationen zwischen y_j und η_i). Diese Faktorladungen sind als Ergebnisse einer konfirmativen Faktorenanalyse zu verstehen (vgl. S. 560 f.).

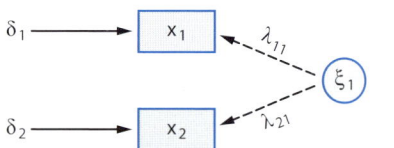

Abb. 13.3. Messmodell einer latenten exogenen Variablen

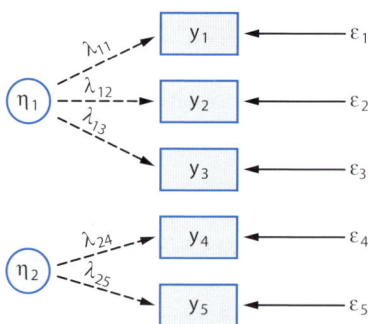

Abb. 13.4. Messmodell für zwei latente endogene Variablen

13.3 Lineare Strukturgleichungsmodelle

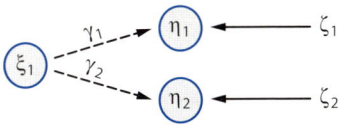

Abb. 13.5. Strukturmodell für eine exogene und zwei endogene Variablen

Die Strukturgleichungen seien hier exemplarisch nur für Variable y_1 verdeutlicht:

$$y_1 = \lambda_{11} \cdot \eta_1 + \varepsilon_1 . \tag{13.85}$$

Im Messmodell für latente *endogene* Variablen werden die Messfehleranteile der beobachteten Variablen y_i mit ε_i gekennzeichnet.

Die Verknüpfung der latenten Merkmale erfolgt in einem sog. *Strukturmodell* (vgl. Abb. 13.5). Hier wird also angenommen, dass die latente exogene Variable „politische Orientierung" (ξ_1) sowohl die latente endogene Variable „Erziehungsstil" (η_1) als auch die latente endogene Variable „Umweltbewusstsein" (η_2) kausal beeinflusst, wobei γ_1 und γ_2 (lies: gamma) die Stärke der Beeinflussung symbolisieren. Zudem werden zwei Residualvariablen ζ_1 und ζ_2 (lies: zeta) definiert, die ebenfalls auf η_1 und η_2 einwirken.

Werden die beiden Messmodelle mit dem Strukturmodell verknüpft, resultiert ein Pfaddiagramm für ein vollständiges LISREL-Modell. Welche Schritte zur Überprüfung eines LISREL-Modells erforderlich sind, sei im Folgenden an einem einfachen Beispiel (in Anlehnung an Backhaus et al. 1987) verdeutlicht.

BEISPIEL

Anlässlich einer Erdbebenkatastrophe wird die Bevölkerung zu aktiver Hilfe für die Not leidenden Menschen in Form von Spenden aufgerufen. Es soll überprüft werden, ob die latente exogene Variable „Einstellung gegenüber Notleidenden" die latente endogene Variable „Hilfeverhalten" kausal beeinflusst. Die exogene Variable wird durch zwei Items (Ratingskalen vom „trifft zu ..., trifft nicht zu"-Typ) operationalisiert:
- Unverschuldet in Not geratenen Menschen sollte man helfen.
- Wahre Nächstenliebe zeigt sich erst, wenn man bereit ist, mit anderen zu teilen.

Die endogene Variable wird durch den tatsächlich gespendeten Betrag gemessen.

Hypothesen. Die folgenden a priori formulierten Hypothesen sind zu überprüfen:
- Die Einstellung gegenüber Notleidenden bestimmt das Hilfeverhalten der Menschen: Je positiver die Einstellung, desto ausgeprägter das Hilfeverhalten.
- Eine positive Einstellung gegenüber Notleidenden bedingt hohe Zustimmungswerte für die beiden Items.
- Das Hilfeverhalten wird durch die gespendeten Beträge eindeutig und messfehlerfrei erfasst.

Pfaddiagramm. Abbildung 13.6 fasst diese Hypothesen in einem Pfaddiagramm zusammen.

Die in Klammern genannten Vorzeichen kennzeichnen, welche Vorzeichen für die Pfadkoeffizienten hypothetisch erwartet werden. Entsprechend der Annahme, dass Hilfeverhalten die Höhe der Spenden eindeutig determiniert, wurde $\lambda_3 = 1$ gesetzt.

Allgemein unterscheidet man bei einem LISREL-Modell drei Arten von Parametern:
- *Feste Parameter:* Hier wird der Wert eines Parameters a priori numerisch festgelegt (im Beispiel ist dies $\lambda_3 = 1$). Falls zwischen zwei Variablen keine kausale Beziehung erwartet wird, setzt man den entsprechenden Parameter Null. Die Festlegung eines anderen Wertes als Null oder Eins ist zwar möglich, setzt allerdings sehr präzise Vorstellungen über die Stärke des erwarteten Kausalzusammenhangs voraus. Feste Parameter werden nicht geschätzt, sondern gehen mit ihrem jeweiligen Wert in die Bestimmung der nicht fixierten Parameter ein.
- *Restringierte Parameter:* Ein Parameter, dessen Wert dem Wert eines anderen Parameters entsprechen soll, heißt restringiert. Man verwendet restringierte Parameter, wenn davon auszugehen ist, dass sich zwei oder mehr Variablen nicht in ihrer Kausalwirkung unterscheiden oder dass die Messfehleranteile gleich groß sind. Da von den gemeinsam restringierten Parametern nur einer zu schätzen ist, kann durch restringierte Parameter die Anzahl der zu schätzenden Parameter verringert werden.

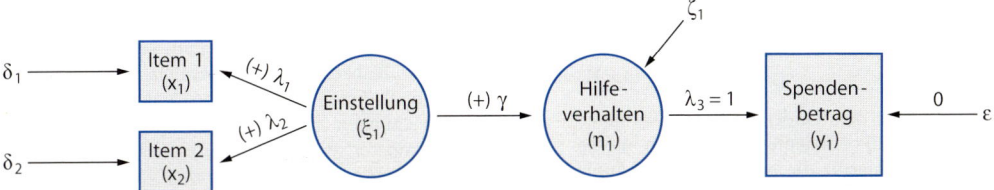

Abb. 13.6. Pfaddiagramm des Beispiels

- *Freie Parameter:* Parameter, die aus den empirisch ermittelten Korrelationen (Kovarianzen) zu schätzen sind, heißen freie Parameter. Das Ergebnis dieser Schätzungen entscheidet über die Richtigkeit der im Modell angenommenen spezifischen Kausalhypothesen. (Im Beispiel zählen λ_1, λ_2 und γ zu den freien Parametern.)

Spezifizierung der Modellgleichungen. Aus Abb. 13.6 ergeben sich die folgenden Modellgleichungen:

Strukturmodell:

$$(1) \quad \eta_{1m} = \gamma \cdot \xi_{1m} + \zeta_{1m} \tag{13.86}$$

Messmodell der latenten exogenen Variablen:

$$(2) \quad x_{1m} = \lambda_1 \cdot \xi_{1m} + \delta_{1m}$$
$$(3) \quad x_{2m} = \lambda_2 \cdot \xi_{1m} + \delta_{2m} \tag{13.87}$$

Messmodell der latenten endogenen Variablen:

$$(4) \quad y_{1m} = \lambda_3 \cdot \eta_{1m} + \varepsilon_{1m} \tag{13.88}$$

Lösbarkeit der Modellgleichungen. Mit diesem Schritt ist die Frage zu prüfen, ob die empirischen Informationen ausreichen, um die unbekannten Parameter der o.g. Modellgleichungen schätzen zu können. Die empirischen Informationen sind die Varianzen bzw. Kovarianzen der beobachteten Variablen x_1, x_2 und y_1, die wir hier vereinfachend als Korrelationen nutzen.

Gehen wir davon aus, dass alle Variablen z-standardisiert sind, erhält man die Korrelation $r_{x_1 x_2}$ gemäß Modellgleichung (2) und (3):

$$r_{x_1 x_2} = \frac{1}{n} \cdot \sum_m z_{1m} \cdot z_{2m}$$
$$= \frac{1}{n} \cdot \sum_m (\lambda_1 \cdot \xi_{1m} + \delta_{1m}) \cdot (\lambda_2 \cdot \xi_{1m} + \delta_{2m})$$
$$= \frac{\sum_m \lambda_1 \cdot \lambda_2 \cdot \xi_{1m}^2}{n} + \frac{\sum_m \lambda_1 \cdot \xi_{1m} \cdot \delta_{2m}}{n}$$
$$+ \frac{\sum_m \delta_{1m} \cdot \lambda_2 \cdot \xi_{1m}}{n} + \frac{\sum_m \delta_{1m} \cdot \delta_{2m}}{n}. \tag{13.89}$$

Jedem der vier Quotienten entspricht eine Korrelation. Nehmen wir an, dass die Residualvariablen δ_1 und δ_2 wechselseitig und mit ξ_1 unkorreliert sind, erhält man für die letzten drei Quotienten den Wert Null. Im ersten Quotient ist die Korrelation von ξ_1 mit sich selbst enthalten, die wir 1 setzen. Es resultiert also

$$r_{x_1 x_2} = \lambda_1 \cdot \lambda_2 \cdot 1 + 0 + 0 + 0,$$
$$= \lambda_1 \cdot \lambda_2. \tag{13.90}$$

Nach dem gleichen Verfahren erhält man

$$r_{x_1 y_1} = \lambda_1 \cdot \lambda_3 \cdot r_{\eta_1 \xi_1},$$
$$r_{x_2 y_1} = \lambda_2 \cdot \lambda_3 \cdot r_{\eta_1 \xi_1}. \tag{13.91}$$

Die Korrelation zwischen den beiden latenten Variablen ($r_{\eta_1 \xi_1}$) entspricht dem Pfadkoeffizienten γ zwischen diesen Variablen. Man erweitert hierfür die erste Modellgleichung durch den Faktor ξ_{1m} und erhält $\frac{1}{n}\sum_m \eta_{1m} \cdot \xi_{1m} = r_{\eta_1 \xi_1} = \gamma$,

wenn man $\frac{1}{n}\sum_m \xi_{1m}^2 = 1$ und $\frac{1}{n}\sum_m \xi_{1m} \cdot \zeta_{1m} = 0$ setzt.

Damit ergibt sich

$$r_{x_1 y_1} = \lambda_1 \cdot \lambda_3 \cdot \gamma, \tag{13.92}$$
$$r_{x_2 y_1} = \lambda_2 \cdot \lambda_3 \cdot \gamma. \tag{13.93}$$

Für die Korrelationen der beobachteten Variablen mit sich selbst erhält man über die Modellgleichungen (2) bis (4)

$$r_{x_1 x_1} = \frac{1}{n}\sum_m x_{1m}^2 = \lambda_1^2 + \delta_1^2, \tag{13.94}$$
$$r_{x_2 x_2} = \frac{1}{n}\sum_m x_{2m}^2 = \lambda_2^2 + \delta_2^2, \tag{13.95}$$
$$r_{y_1 y_1} = \frac{1}{n}\sum_m y_{1m}^2 = \lambda_3^2 + \varepsilon_1^2. \tag{13.96}$$

Zusammenfassend resultieren also 6 Bestimmungsgleichungen für die Schätzung der unbekannten Parameter:

$$r_{x_1 x_2} = \lambda_1 \cdot \lambda_2,$$
$$r_{x_1 y_1} = \lambda_1 \cdot \lambda_3 \cdot \gamma,$$
$$r_{x_2 y_1} = \lambda_2 \cdot \lambda_3 \cdot \gamma,$$
$$r_{x_1 x_1} = \lambda_1^2 + \delta_1^2,$$
$$r_{x_2 x_2} = \lambda_2^2 + \delta_2^2,$$
$$r_{y_1 y_1} = \lambda_3^2 + \varepsilon_1^2. \tag{13.97}$$

Die empirische Kovarianz- bzw. in diesem Beispiel Korrelationsmatrix

	x_1	x_2	y_1
x_1	1,0	$r_{x_1 x_2}$	$r_{x_1 y_1}$
x_2		1,0	$r_{x_2 y_1}$
y_1			1,0

soll nun durch die im Modell implizierte Parametermatrix

	x_1	x_2	y_1
x_1	$\lambda_1^2 + \delta_1^2$	$\lambda_1 \cdot \lambda_2$	$\lambda_1 \cdot \lambda_3 \cdot \gamma$
x_2		$\lambda_2^2 + \delta_2^2$	$\lambda_2 \cdot \lambda_3 \cdot \gamma$
y_1			$\lambda_3^2 + \varepsilon_1^2$

rekonstruiert werden. Dies bedeutet, dass die jeweiligen Parameter so geschätzt werden, dass die empirische Ausgangsmatrix möglichst gut reproduziert wird.

Das Gleichungssystem (13.97) mit 6 Gleichungen enthält 7 Unbekannte ($\lambda_1, \lambda_2, \lambda_3, \gamma, \delta_1, \delta_2, \varepsilon_1$) und ist damit nicht lösbar. Da wir jedoch angenommen hatten, dass die Spendenbeträge (y_1) fehlerfrei erfassbar sind, setzen wir $\varepsilon_1 = 0$ und erhalten ein lösbares Gleichungssystem mit 6 Gleichungen und 6 Unbekannten. Die Überprüfung der Lösbarkeit der Modellgleichungen kommt also zu dem Ergebnis, dass alle Modellparameter mit Hilfe der empirischen Korrelationen eindeutig bestimmt werden können. Wir sagen: Das Modell ist genau identifiziert.

13.3 Lineare Strukturgleichungsmodelle

Überidentifizierte Modelle. In unserem Beispiel wurden nur 3 Indikatorvariablen (x_1, x_2, y_1) erhoben mit der Folge, dass genau 6 empirische Korrelationen zur Schätzung von 6 unbekannten Parametern zur Verfügung stehen. Im Regelfall wird man erheblich mehr Indikatorvariablen erheben, sodass die Anzahl der bekannten Korrelationen [sie ergibt sich bei k Indikatorvariablen zu $k \cdot (k+1)/2$] deutlich größer ist als die Anzahl der zu schätzenden Parameter, zumal wenn einige Parameter zuvor fixiert oder restringiert wurden. In diesem Fall wäre das LISREL-Modell überidentifiziert. (Dass die Anzahl der zu schätzenden Parameter höchstens so groß ist wie die Anzahl der Elemente oder „Datenpunkte" der empirischen Ausgangsmatrix, stellt für die Identifizierbarkeit der Parameter nur eine notwendige, aber keine hinreichende Bedingung dar. Eine ausführliche Behandlung der Verfahren zur Ermittlung der Identifizierbarkeit der einzelnen Parameter würde jedoch den Rahmen dieser Darstellung sprengen.)

Bei „überidentifizierten" Modellen beginnt die LISREL-Routine mit der Festsetzung von ersten Näherungswerten für die unbekannten Parameter, die iterativ so lange verändert werden, bis die aus den geschätzten Parametern rückgerechneten Korrelationen (bzw. Varianzen und Kovarianzen) den empirisch ermittelten Korrelationen (Varianzen und Kovarianzen) möglichst gut entsprechen (Maximum-likelihood-Schätzung). Die Güte der Übereinstimmung („goodness of fit") wird mit einem Modelltest geprüft (s. unten). Bei einem genau identifizierten Modell erübrigt sich dieser Modelltest, da die aus den geschätzten Parametern rückgerechneten Korrelationen natürlich den empirischen Korrelationen exakt entsprechen.

Die Durchführung eines Modelltests setzt also voraus, dass die Anzahl der bekannten „Datenpunkte" (s) größer ist als die Anzahl der zu schätzenden Modellparameter (t). Die Differenz $s - t$ ergibt die Anzahl der Freiheitsgrade (df) des Modelltests.

Parameterschätzung. Nachdem sichergestellt ist, dass alle Parameter geschätzt werden können, kann die Datenerhebung beginnen. In unserem Beispiel werden die 3 Variablen x_1, x_2 und y_1 an einer Stichprobe von n Personen erhoben.

Die Korrelationen zwischen den Variablen mögen sich wie folgt ergeben haben: $r_{x_1 x_2} = 0{,}54$, $r_{x_1 y_1} = 0{,}72$ und $r_{x_2 y_1} = 0{,}48$. Es ist damit das folgende Gleichungssystem zu lösen:

$$\lambda_1 \cdot \lambda_2 = 0{,}54;$$
$$\lambda_1 \cdot \lambda_3 \cdot \gamma = 0{,}72;$$
$$\lambda_2 \cdot \lambda_3 \cdot \gamma = 0{,}48;$$
$$\lambda_1^2 + \delta_1^2 = 1;$$
$$\lambda_2^2 + \delta_2^2 = 1;$$
$$\lambda_3^2 = 1. \qquad (13.98)$$

Als Lösungen erhält man:

$$\lambda_1 = 0{,}9; \quad \lambda_2 = 0{,}6;$$
$$\lambda_3 = 1; \quad \gamma = 0{,}8;$$
$$\delta_1^2 = 0{,}19; \quad \delta_2^2 = 0{,}64.$$

Modelltest. Globale, d. h. auf das gesamte Modell bezogene Tests laufen im Prinzip auf einen Vergleich der empirischen Korrelationen (Datenpunkte) mit den aus den Parameterschätzungen reproduzierten Korrelationen hinaus (vgl. hierzu die unten aufgeführte Literatur). Der hierbei häufig eingesetzte χ^2-Test ist ein approximativer Anpassungstest, der die Güte der Übereinstimmung der beobachteten und reproduzierten Datenpunkte überprüft. Ist – wie im vorliegenden Beispiel – das Modell genau identifiziert, resultiert ein χ^2-Wert von Null, der das triviale Ergebnis einer perfekten Übereinstimmung signalisiert.

Bei überidentifizierten Modellen überprüft dieser χ^2-Test die H_0: Die empirischen Korrelationen entsprechen den aus den Modellparametern reproduzierten Korrelationen. Die H_0 ist hier also gewissermaßen die „Wunschhypothese", d. h., die Beibehaltung der H_0 wäre mit einer möglichst kleinen β-Fehlerwahrscheinlichkeit abzusichern. Diese kann jedoch nicht berechnet werden, da die Alternativhypothese (die eine Struktur der reproduzierten Korrelationen vorzugeben hätte) unspezifisch ist. Der Test kann deshalb nur darauf hinauslaufen, die H_0 bei einem „genügend" kleinen χ^2-Wert (und einer entsprechend hohen „Irrtumswahrscheinlichkeit") als bestätigt anzusehen (was jedoch keineswegs ausschließen würde, dass andere Modelle die Datenpunkte genauso gut oder gar besser reproduzieren). Behelfsweise könnte man – wie auf S. 165 beschrieben – mit $\alpha = 0{,}25$ testen und das geprüfte Modell akzeptieren, wenn die

H_0 bei diesem α-Fehlerniveau nicht verworfen werden kann. Natürlich ist auch bei diesem Test das Ergebnis von der Größe der Stichprobe abhängig. Mit wachsendem Stichprobenumfang erhöht sich die Wahrscheinlichkeit, dass die H_0 verworfen wird, d.h., die Chancen, ein Kausalmodell zu bestätigen, sind bei kleinen Stichproben größer als bei großen Stichproben!

Weitere Überlegungen zu dieser Problematik findet man z.B. bei LaDu u. Tanaka (1995). Hier werden auch „Fit Indices" vorgestellt (und via Monte-Carlo-Studien miteinander verglichen), die von nicht-zentralen χ^2-Verteilungen ausgehen. Einen Überblick zum Thema „Prüfung der Modellgüte" findet man z.B. bei Loehlin (1992). Nach Timm (2002, S. 544) werden in der Literatur mehr als 30 verschiedene Fit-Indices vorgeschlagen. Weitere Informationen findet man bei Browne und Arminger (1995).

Interpretation. Die Vorzeichen der Pfadkoeffizienten λ_1, λ_2 und γ bestätigen unsere eingangs formulierten Hypothesen: Eine positive Einstellung gegenüber Notleidenden bewirkt eine Zustimmung zu den Items x_1 und x_2. Außerdem verstärkt eine positive Einstellung das Hilfeverhalten.

Die Einstellung hat auf das Hilfeverhalten einen direkten Effekt von 0,8. Da nicht davon ausgegangen wurde, dass die Einstellung (ξ_1) und das Hilfeverhalten (η_1) durch weitere Variablen beeinflusst sind, entspricht der Pfadkoeffizient γ der Korrelation $r_{\xi_1 \eta_1}$, d.h. 64% des latenten Merkmals „Hilfeverhalten" sind durch die Einstellung erklärbar. Die restlichen 36% bilden die Varianz des Hilfeverhaltens, die nicht kausal erklärt werden kann (ζ_1). Da der Parameter λ_3 mit $\lambda_3 = 1$ fixiert wurde, entspricht der indirekte Effekt der Einstellung auf die Höhe der Spendenbeträge dem direkten Effekt der Einstellung auf das Hilfeverhalten ($\gamma \cdot \lambda_3 = 0,8$).

Im Messmodell der latenten exogenen Variablen finden wir einen hervorragenden Indikator (x_1 mit $\lambda_1 = 0,9$) und einen mittelmäßigen Indikator (x_2 mit $\lambda_2 = 0,6$). Die Beantwortung von Item 1 wird also zu 81% und die Beantwortung von Item 2 nur zu 36% durch die Einstellung beeinflusst. Dementsprechend sind 64% der Varianz von x_2 kausal nicht erklärt ($\delta_2^2 = 0,64$).

Die Korrelation $r_{x_1 x_2} = 0,54$ wird kausal nicht interpretiert, da nur die exogene Variable „Einstellung" als verursachende Variable für x_1 und x_2 vermutet wurde. Dass diese Annahme richtig war, zeigt die Partialkorrelation $r_{x_1 x_2 \cdot \xi_1}$, für die sich der Wert Null ergibt. (Man erhält für den Zähler von Gl. 13.5 $r_{xy} - \lambda_1 \cdot \lambda_2 = 0,54 - 0,9 \cdot 0,6 = 0$.)

Die Interpretation eines LISREL-Ergebnisses wird erschwert, wenn insgesamt ein Modell mit gutem „fit" gefunden wurde, die Schätzung der freien Parameter jedoch zu einem nicht signifikanten Resultat führte oder sogar zu einem Resultat, das wegen falscher Vorzeichen der Parameter den eingangs aufgestellten Hypothesen widerspricht. In diesem Fall sollte das ursprüngliche Kausalmodell verworfen werden. Ein anderes, mit den Daten übereinstimmendes Modell wäre dann als Hypothese in einer weiteren LISREL-Studie (mit neuen Daten!) zu bestätigen.

Zusammenfassende Bemerkungen

Das Arbeiten mit dem LISREL-Ansatz macht es erforderlich, sich vor Untersuchungsbeginn sehr genau zu überlegen, zwischen welchen Variablen kausale Beziehungen oder kausale Wirkungsketten bestehen könnten. Dies ist ein deutlicher Vorteil gegenüber der multiplen Regressionsrechnung, deren Einsatz derartige Überlegungen nicht erfordert. Zudem ist diese Methode sehr hilfreich, wenn es „nur" darum geht, durch Ausprobieren verschiedene kausale Wirkungsgefüge zu explorieren.

Der LISREL-Ansatz gestattet es jedoch nicht, Kausalität nachzuweisen oder gar zu „beweisen". Dies geht zum einen daraus hervor, dass sich – wie bei der Pfadanalyse – immer mehrere, häufig sehr unterschiedliche Kausalmodelle finden lassen, die mit ein und demselben Satz empirischer Korrelationen im Einklang stehen (vgl. hierzu z.B. MacCallum, 1995 oder MacCallum et al., 1993). Zum anderen sind die Modelltests so geartet, dass lediglich gezeigt werden kann, dass ein geprüftes Modell nicht mit der Realität übereinstimmt, dass es also falsifiziert werden muss. In diesem Sinne sind auch die Pfadkoeffizienten zu interpretieren: Sie geben die relative Stärke von Kausaleffekten an, *wenn das Kausalmodell zutrifft*. Über das Zutreffen der in einem Kausalmodell zusammengefassten Annahmen kann jedoch letztlich nur mit Mitteln der Logik entschieden werden. In diesem Sinn sind längsschnittliche Untersuchungen, in denen die zeitliche Abfolge von Ereignissen die Richtung möglicher Kausalwirkungen vorgibt, besonders prädestiniert für LISREL-Auswertungen.

Hinweise. Weiterführende Hinweise zu diesem Verfahren, dessen aufwendige Mathematik hier nur angedeutet werden konnte, findet man z. B. bei Bollen u. Long (1993), Byrne (1994), Duncan (1975), Hayduck (1989), Pfeifer u. Schmidt (1987), Rietz et al. (1996), Long (1983 a, b), James et al. (1982), Kelloway (1998) sowie Jöreskog (1982). Zur Vertiefung dieser Thematik seien die Arbeiten von Kaplan (2000), Pearl (2000), Marcoulides u. Schumacker (1996), Möbus u. Schneider (1986), Andres (1990) und Rudinger et al. (1990) genannt. Einen kritischen Überblick zur Literatur über Strukturgleichungsmodelle (SEM) findet man bei Steiger (2001).

Regeln, mit denen man alternative Kausalmodelle aufstellen kann, die sämtlich durch eine empirisch ermittelte Korrelations- bzw. Kovarianzstruktur bestätigt werden, findet man bei Stelzl (1986). Weitere Hinweise zur korrekten Anwendung und Interpretation von LISREL nennt Breckler (1990). Erwähnt sei ferner eine kritische Arbeit von Sobel (1990).

ÜBUNGSAUFGABEN

1. Erläutern Sie anhand von Beispielen die Unterschiede zwischen einer bivariaten Produktmomentkorrelation, einer Partialkorrelation und einer multiplen Korrelation.

2. In welcher Weise lässt sich eine Partialkorrelation als eine bivariate Produktmomentkorrelation darstellen? (Welche Werte müssen korreliert werden?)

3. In welcher Weise lässt sich eine multiple Korrelation als eine bivariate Produktmomentkorrelation darstellen? (Welche Werte müssen korreliert werden?)

4. In einer Untersuchung möge sich bei n = 40 Schülern zwischen den Leistungen im Fach Deutsch (x) und den Leistungen im Fach Mathematik (y) eine Korrelation von $r_{xy} = 0{,}71$ ergeben haben. Wie lautet die Korrelation, wenn der Einfluss der Intelligenz (z) aus beiden Schulleistungen herauspartialisiert wird ($r_{xz} = 0{,}88$, $r_{yz} = 0{,}73$)? Überprüfen Sie die Partialkorrelation auf Signifikanz.

5. Welche Voraussetzungen müssen für die Signifikanzüberprüfung einer multiplen Korrelation erfüllt sein?

6. Für 10 verschiedene Produkte soll überprüft werden, wie sich der Werbeaufwand und die Preisgestaltung auf die Verkaufszahlen für die Produkte auswirken. Die folgenden Werte wurden registriert:

Werbeaufwand (in 10 000,– €)	Preis (in €)	Verkaufszahlen (in 1000 Stück)
8	7	24
9	3	28
4	4	19
6	8	17
0	7	11
2	5	21
7	9	18
6	2	27
3	5	21
1	2	22

a) Bestimmen Sie die Korrelation zwischen Werbeaufwand und Verkaufszahlen.
b) Bestimmen Sie die Korrelation zwischen Preis und Verkaufszahlen.
c) Bestimmen Sie die multiple Korrelation zwischen Werbeaufwand und Preis einerseits und Verkaufszahlen andererseits.
d) Wie lautet die multiple Regressionsgleichung zur Vorhersage standardisierter Verkaufszahlen?
e) Wie lautet die multiple Regressionsgleichung zur Vorhersage der Verkaufszahlen in Rohwerteform?
f) Welche Verkaufszahl wird aufgrund der unter e) berechneten Regressionsgleichung erwartet, wenn der Werbeaufwand durch 4,6 und der Preis durch 5,2 gekennzeichnet sind?
g) Ist die multiple Korrelation unter der Annahme, dass die Voraussetzungen für eine Signifikanzüberprüfung erfüllt sind, signifikant?

7. Woran kann man eine Suppressorvariable erkennen?

8. Was versteht man unter einer Linearkombination?

9. Nach welchem Kriterium werden in der multiplen Regressionsrechnung Linearkombinationen erstellt?

10. Was versteht man unter Multikollinearität?

11. Wie ist die Nützlichkeit einer Prädiktorvariablen definiert?

Kapitel 14   Das allgemeine lineare Modell (ALM)

ÜBERSICHT

Indikatorvariablen – Dummycodierung – Effektcodierung – Kontrastcodierung – t-Test für unabhängige Stichproben – einfaktorielle Varianzanalyse – zwei- und mehrfaktorielle Varianzanalysen mit gleichen und ungleich großen Stichprobenumfängen – Kovarianzanalyse – hierarchische Varianzanalyse – lateinisches Quadrat – t-Test für abhängige Stichproben – ein- und mehrfaktorielle Varianzanalysen mit Messwiederholungen – Vierfelder-χ^2-Test – k × 2-χ^2-Test – Mehrebenenanalyse

Für die wichtigsten in Teil I und Teil II dieses Buches behandelten elementarstatistischen bzw. varianzanalytischen Verfahren soll im Folgenden ein integrierender Lösungsansatz dargestellt werden, der üblicherweise als das „allgemeine lineare Modell" (ALM) bezeichnet wird. Das Kernstück dieses von Cohen (1968) bzw. Overall u. Spiegel (1969) eingeführten Modells ist die multiple Korrelation bzw. die lineare multiple Regression, die wir in den letzten Abschnitten kennengelernt haben. Im ALM wird der Anwendungsbereich der multiplen Korrelationsrechnung in der Weise erweitert, dass in einer Analyse nicht nur intervallskalierte, sondern auch nominalskalierte Merkmale (bzw. beide Merkmalsarten gleichzeitig) berücksichtigt werden können. Hierfür ist es allerdings erforderlich, dass die nominalskalierten Merkmale zuvor in einer für multiple Korrelationsanalysen geeigneten Form verschlüsselt werden.

> Das allgemeine lineare Modell integriert die wichtigsten Verfahren der Elementarstatistik, varianzanalytische Verfahren sowie die multiple Korrelations- und Regressionsrechnung.

Mit der Verschlüsselung nominaler Merkmale befassen wir uns unter 14.1. Die sich anschließende Behandlung verschiedener statistischer Verfahren nach dem ALM (14.2) erfordert – abgesehen von Grundkenntnissen in Elementarstatistik und Varianzanalyse – lediglich, dass man in der Lage ist, multiple Korrelationen zu berechnen, was allerdings den Einsatz einer EDV-Anlage unumgänglich macht (vgl. hierzu auch Anhang E, SPSS-Beispiele). Im Übrigen wird die Notation der vergangenen Kapitel (weitgehend) übernommen.

14.1 Codierung nominaler Variablen

Indikatorvariablen

Nehmen wir einmal an, wir interessieren uns für den Zusammenhang zwischen dem Geschlecht von Personen (x) und ihrer psychischen Belastbarkeit (y). Für die Überprüfung dieser Zusammenhangshypothese haben wir – wenn wir die psychische Belastbarkeit auf einer Intervallskala erfassen – auf S. 224 f. die punktbiseriale Korrelation kennen gelernt. Diese Korrelation entspricht exakt einer Produkt-Moment-Korrelation, wenn das Merkmal Geschlecht in der Weise codiert wird, dass allen männlichen Personen eine bestimmte Zahl und allen weiblichen Personen einheitlich eine andere Zahl zugeordnet wird. Aus rechentechnischen Gründen wählen wir hierfür einfachheitshalber die Zahlen 0 und 1: Allen männlichen Personen wird z. B. die Zahl 0 und allen weiblichen Personen die Zahl 1 zugeordnet. Man erhält also für jede Person der Stichprobe ein Messwertpaar, bestehend aus der Zahl 0 oder 1 für das Merkmal Geschlecht und einem y-Wert für die psychische Belastbarkeit. Die auf diese Weise künstlich erzeugte Variable x bezeichnet man als *Indikatorvariable*.

> Eine Indikatorvariable enthält alle Informationen eines nominalskalierten Merkmals in codierter Form.

Die zur Erzeugung von Indikatorvariablen am häufigsten eingesetzten Codierungsvarianten sind die Dummycodierung, die Effektcodierung und die Kontrastcodierung.

Dummycodierung. Die Dummycodierung eines k-stufigen nominalen Merkmals wollen wir am Beispiel verschiedener Parteipräferenzen verdeutlichen, die beispielsweise mit der Einstellung zu Asylanten (intervallskaliertes Merkmal y) in Beziehung zu setzen sind. Hierbei verwenden wir das in Tabelle 14.1a wiedergegebene kleine Zahlenbeispiel.

Mit der Indikatorvariablen x_1 wird entschieden, ob eine Person die Partei a_1 präferiert oder nicht. Die 4 Personen, deren Einstellungswerte in Tabelle 14.1a unter a_1 aufgeführt sind, erhalten für x_1 eine 1 und die übrigen Personen eine 0. Auf x_2 erhalten diejenigen Personen, die Partei a_2 präferieren, eine 1 und die übrigen eine 0. Der Indikatorvariablen x_3 wird für Personen, die die Partei a_3 präferieren, eine 1 zugewiesen und den restlichen Personen eine 0 (vgl. Tabelle 14.1 b).

Es wäre nun naheliegend, auch für die Stufe a_4 in ähnlicher Weise eine Indikatorvariable einzurichten. Wie man leicht erkennt, erübrigt sich diese Indikatorvariable jedoch, denn alle Personen mit unterschiedlichen Parteipräferenzen haben bereits nach 3 Indikatorvariablen ein spezifisches Codierungsmuster:

Partei a_1:	1	0	0
Partei a_2:	0	1	0
Partei a_3:	0	0	1
Partei a_4:	0	0	0

Aus der Tatsache, dass jemand weder a_1 noch a_2 noch a_3 präferiert, folgt zwingend, dass a_4 präferiert wird. (Hierbei gehen wir davon aus, dass Personen ohne Parteipräferenzen, mit einer Präferenz für eine nicht aufgeführte Partei bzw. mit mehreren Parteipräferenzen in unserem Beispiel nicht untersucht werden.) Drei Indikatorvariablen informieren in unserem Beispiel also vollständig über die Parteipräferenzen der untersuchten Personen.

Die letzte Spalte in Tabelle 14.1b enthält die Messungen der abhängigen Variablen y.

Effektcodierung. Die zweite hier behandelte Codierungsart heißt nach Kerlinger u. Pedhazur (1973) Effektcodierung. Hierbei wird denjenigen Personen, die auf allen Indikatorvariablen in der Dummycodierung durchgängig eine 0 erhalten (üblicherweise sind dies die Personen der letzten Merkmalskategorie) eine −1 zugewiesen. Bezogen auf das oben erwähnte Beispiel resultiert also die in Tabelle 14.2 wiedergegebene Codierung. Auch hier geben die 3 effektcodierten Indikatorvaria-

Tabelle 14.1. Beispiel für eine Dummycodierung

		Präferierte Partei								
		a_1	a_2	a_3	a_4		x_1	x_2	x_3	y
a) Ursprüngliche Datenmatrix		8	4	7	3	b) Codierte Datenmatrix	1	0	0	8
		6	2	6	5		1	0	0	6
		6	1	6	5		1	0	0	6
		7	1	4	6		1	0	0	7
							0	1	0	4
							0	1	0	2
							0	1	0	1
							0	1	0	1
							0	0	1	7
							0	0	1	6
							0	0	1	6
							0	0	1	4
							0	0	0	3
							0	0	0	5
							0	0	0	5
							0	0	0	6

14.1 Codierung nominaler Variablen

Tabelle 14.2. Beispiel für eine Effektcodierung

x_1	x_2	x_3	y
1	0	0	8
1	0	0	6
1	0	0	6
1	0	0	7
0	1	0	4
0	1	0	2
0	1	0	1
0	1	0	1
0	0	1	7
0	0	1	6
0	0	1	6
0	0	1	4
−1	−1	−1	3
−1	−1	−1	5
−1	−1	−1	5
−1	−1	−1	6

Tabelle 14.3. Beispiel für eine Kontrastcodierung

x_1	x_2	x_3	y
1	0	1/2	8
1	0	1/2	6
1	0	1/2	6
1	0	1/2	7
−1	0	1/2	4
−1	0	1/2	2
−1	0	1/2	1
−1	0	1/2	1
0	1	−1/2	7
0	1	−1/2	6
0	1	−1/2	6
0	1	−1/2	4
0	−1	−1/2	3
0	−1	−1/2	5
0	−1	−1/2	5
0	−1	−1/2	6

blen die Informationen des vierstufigen nominalen Merkmals vollständig wieder.

Kontrastcodierung. Eine dritte Codierungsart bezeichnen wir als Kontrastcodierung. Für diese Codierung werden Regeln benötigt, die wir im Zusammenhang mit der Überprüfung a priori geplanter Einzelvergleiche kennengelernt haben (vgl. 7.3). Ein Einzelvergleich D wurde definiert als die gewichtete Summe der Treatmentmittelwerte, wobei die Gewichte c_i der Bedingung $\sum_i c_i = 0$ genügen müssen.

Wählen wir für das Beispiel die Gewichte $c_1 = 1$, $c_2 = -1$, $c_3 = 0$ und $c_4 = 0$, kontrastiert diese Indikatorvariable x_1 Personen mit den Parteipräferenzen a_1 und a_2.

Sollen mit x_2 Personen aus a_3 und Personen aus a_4 kontrastiert werden, wären a_1 und a_2 jeweils mit 0, a_3 mit 1 und a_4 mit −1 zu codieren. Eine dritte Indikatorvariable x_3 könnte a_1 und a_2 mit a_3 und a_4 kontrastieren; hierfür wären alle Personen aus a_1 und a_2 mit 1/2 und alle Personen aus a_3 und a_4 mit −1/2 zu codieren.

Die c-Gewichte, die wir für die Konstruktion eines Einzelvergleichs verwenden, konstituieren jeweils eine kontrastcodierende Indikatorvariable. Für die 3 erwähnten Einzelvergleiche erhalten wir so die in Tabelle 14.3 zusammengefasste Codierungsmatrix.

Bei der Kontrastcodierung unterscheiden wir unabhängige (orthogonale) und abhängige Einzelvergleiche. Für 2 orthogonale Einzelvergleiche j und j' muss neben der Bedingung $\sum_i c_i = 0$ für jeden Einzelvergleich auch die Bedingungen $\sum_i c_{ij} \cdot c_{ij'} = 0$ erfüllt sein (vgl. Gl. 7.46). Nach dieser Regel sind die von uns gewählten Einzelvergleiche paarweise orthogonal zueinander.

Über eine vierte Codierungsform – die *Trendcodierung* – berichten wir auf S. 491 ausführlicher.

Indikatorvariablen und multiple Regression

Nachdem die Informationen eines k-fach gestuften, nominalen Merkmals durch k − 1 Indikatorvariablen verschlüsselt wurden, können die Indikatorvariablen als Prädiktoren in eine multiple Regressionsgleichung zur Vorhersage der abhängigen Variablen (y) eingesetzt werden. Wie noch zu zeigen sein wird (vgl. S. 490), entspricht das Quadrat der multiplen Korrelation zwischen den Indikatorvariablen und der abhängigen Variablen dem Varianzanteil der abhängigen Variablen, der durch die Kategorien des nominalen Merkmals erklärt wird.

Zuvor jedoch wollen wir überprüfen, warum diese Codierungsvarianten sinnvoll sind bzw. welche Bedeutung den b-Gewichten (wir bezeichnen hier mit b die unter 13.2 durch b' gekennzeichneten Rohwertgewichte) im Kontext einer multiplen Regression mit Indikatorvariablen zukommt.

Dummycodierung. Bezogen auf unser Beispiel lautet die (Rohwerte-)Regressionsgleichung:

$$\hat{y}_m = b_1 \cdot x_{1m} + b_2 \cdot x_{2m} + b_3 \cdot x_{3m} + a. \quad (14.1)$$

Betrachten wir zunächst eine Person mit der Parteipräferenz a_4, die in der codierten Datenmatrix (Tabelle 14.1b) die Codierung $x_{1m} = 0$, $x_{2m} = 0$ und $x_{3m} = 0$ erhalten hat. Setzen wir diese Werte in die Regressionsgleichung ein, erhält man $\hat{y}_m = a$, d.h., die Konstante a entspricht dem vorhergesagten Wert einer Person aus der Gruppe a_4. Die beste Vorhersage für eine Person aus a_4 ist jedoch der durchschnittliche, unter a_4 erzielte Wert $\bar{y}_4$ (man beachte hierbei die Ausführungen zum Kriterium der kleinsten Quadrate in Bezug auf das arithmetische Mittel auf S. 98). Wir erhalten also:

$$a = \bar{y}_4.$$

Dieser Überlegung folgend müsste für eine Person aus der Gruppe a_1 der Wert $\bar{y}_1$ vorhergesagt werden. Da für eine Person m aus a_1 $x_{1m} = 1$, $x_{2m} = 0$ und $x_{3m} = 0$ zu setzen sind, resultiert hier

$$\hat{y}_m = \bar{y}_1 = b_1 + a$$
$$= b_1 + \bar{y}_4.$$

Man erhält also für b_1:

$$b_1 = \bar{y}_1 - \bar{y}_4.$$

Analog hierzu ergeben sich

$$b_2 = \bar{y}_2 - \bar{y}_4$$

und

$$b_3 = \bar{y}_3 - \bar{y}_4.$$

> In einer Regressionsgleichung mit dummycodierten Indikatorvariablen entspricht die Regressionskonstante a der durchschnittlichen Merkmalsausprägung in der durchgängig mit Nullen codierten Gruppe (Referenzgruppe). Ein b_i-Gewicht errechnet sich als Differenz der Mittelwerte für die Gruppe i und der Referenzgruppe.

Unter Verwendung der Mittelwerte $\bar{y}_1 = 6{,}75$; $\bar{y}_2 = 2{,}00$; $\bar{y}_3 = 5{,}75$ und $\bar{y}_4 = 4{,}75$ aus Tabelle 14.1a resultiert für unser Beispiel also folgende Regressionsgleichung:

$$\hat{y}_m = 2{,}00 \cdot x_{1m} - 2{,}75 \cdot x_{2m} + 1{,}00 \cdot x_{3m} + 4{,}75.$$

Effektcodierung. Zu den b-Gewichten von Indikatorvariablen mit Effektcodierung führen folgende Überlegungen: Für die Gruppe a_4 muss der vorhergesagte $\hat{y}_4$-Wert wiederum $\bar{y}_4$ sein, d.h., wir erhalten mit $x_{1m} = x_{2m} = x_{3m} = -1$ gemäß Tabelle 14.2 nach Gl. (14.1)

$$\bar{y}_4 = -b_1 - b_2 - b_3 + a.$$

Auch für die übrigen Gruppen entspricht die beste Vorhersage dem jeweiligen Gruppenmittelwert. Setzt man die gruppenspezifischen Codierungen in die Regressionsgleichung ein, resultiert also nach Gl. (14.1)

$$\bar{y}_1 = b_1 + a,$$
$$\bar{y}_2 = b_2 + a,$$
$$\bar{y}_3 = b_3 + a.$$

Wir lösen diese Gleichungen jeweils nach b_i auf und setzen dementsprechend in die Gleichung für $\bar{y}_4$ ein. Aufgelöst nach a ergibt sich dann:

$$a = \bar{y}_4 + (\bar{y}_1 - a) + (\bar{y}_2 - a) + (\bar{y}_3 - a)$$

bzw.

$$a = (\bar{y}_1 + \bar{y}_2 + \bar{y}_3 + \bar{y}_4)/4 = \overline{G}.$$

Die Regressionskonstante a ist also mit dem Gesamtmittelwert für die abhängige Variable, für den wir aus der varianzanalytischen Terminologie die Bezeichnung $\overline{G}$ übernehmen, identisch. Damit erhält man für die b-Gewichte:

$$b_1 = \bar{y}_1 - \overline{G},$$
$$b_2 = \bar{y}_2 - \overline{G},$$
$$b_3 = \bar{y}_3 - \overline{G}.$$

> In einer Regressionsgleichung mit effektcodierten Indikatorvariablen entspricht die Regressionskonstante a dem Gesamtmittelwert der abhängigen Variablen. Ein b_i-Gewicht errechnet sich als Differenz des Mittelwertes der Gruppe i und dem Gesamtmittelwert.

Für das Beispiel (mit $\overline{G} = 4{,}8125$) heißt die Regressionsgleichung also:

$$\hat{y}_m = 1{,}9375 \cdot x_{1m} - 2{,}8125 \cdot x_{2m}$$
$$+ 0{,}9375 \cdot x_{3m} + 4{,}8125.$$

Bei ungleichgroßen Stichproben wird $a = \overline{G}$ als ungewichteter Mittelwert der einzelnen Mittelwerte berechnet.

14.1 Codierung nominaler Variablen

Kontrastcodierung. Die beste Schätzung für einen vorhergesagten Wert $\hat{y}_m$ einer Person aus Gruppe a_i ist auch hier wieder der Mittelwert $\bar{y}_i$. Hierbei unterstellen wir, dass auch die kontrastcodierenden Indikatorvariablen die Informationen des nominalen Merkmals vollständig abbilden. Dies ist – wie in unserem Beispiel – immer der Fall, wenn bei einem k-stufigen Merkmal $k-1$ Indikatorvariablen eingesetzt werden, die zusammengenommen einen vollständigen Satz orthogonaler Einzelvergleiche codieren (vgl. S. 266 f.).

Unter Verwendung der Codierungen für die vier Gruppen in Tabelle 14.3 erhält man als Regressionsgleichungen über Gl. (14.1):

$$\bar{y}_1 = b_1 + b_3/2 + a,$$
$$\bar{y}_2 = -b_1 + b_3/2 + a,$$
$$\bar{y}_3 = b_2 - b_3/2 + a,$$
$$\bar{y}_4 = -b_2 - b_3/2 + a.$$

Dies sind 4 Gleichungen mit 4 Unbekannten. Als Lösungen für die 4 unbekannten Regressionskoeffizienten b_1, b_2, b_3 und a resultieren:

$$b_1 = (\bar{y}_1 - \bar{y}_2)/2,$$
$$b_2 = (\bar{y}_3 - \bar{y}_4)/2,$$
$$b_3 = (\bar{y}_1 + \bar{y}_2)/2 - (\bar{y}_3 + \bar{y}_4)/2,$$
$$a = \bar{G}.$$

Für das Beispiel ermittelt man also folgende Regressionsgleichung:

$$\hat{y}_m = 2{,}375 \cdot x_{1m} + 0{,}5 \cdot x_{2m} - 0{,}875 \cdot x_{3m} + 4{,}8125.$$

Zur Verallgemeinerung dieses Ansatzes verwenden wir die allgemeine Bestimmungsgleichung für einen Einzelvergleich bzw. einen Kontrast D_i gem. (Gl. 7.41):

$$D_i = c_{1i} \cdot \bar{A}_1 + c_{2i} \cdot \bar{A}_2 + \cdots + c_{ki} \cdot \bar{A}_k.$$

Die 3 in Tabelle 14.3 codierten Einzelvergleiche lauten:

$$D_1 = \bar{y}_1 - \bar{y}_2,$$
$$D_2 = \bar{y}_3 - \bar{y}_4,$$
$$D_3 = (\bar{y}_1 + \bar{y}_2)/2 - (\bar{y}_3 + \bar{y}_4)/2.$$

Danach ergibt sich:

$$b_1 = D_1/2; \quad b_2 = D_2/2; \quad b_3 = D_3$$

bzw. allgemein

$$b_i = D_i \cdot u \cdot v/(u+v). \tag{14.2}$$

Hierbei bezeichnet u die Anzahl der Gruppen in einer Teilmenge U, die mit den v Gruppen in einer Teilmenge V kontrastiert werden. Die in U zusammengefassten Gruppen werden mit $1/u$, die in V zusammengefassten Gruppen mit $-1/v$ und die übrigen Gruppen mit Null codiert.

Im Beispiel (3. Indikatorvariable) gehören zu U die Gruppen a_1 und a_2 und zu V die Gruppen a_3 und a_4. Damit sind $u = v = 2$, d. h. a_1 und a_2 werden – wie in Tabelle 14.3 geschehen – mit $1/2$ und a_3 und a_4 mit $-1/2$ codiert.

Das b-Gewicht einer kontrastcodierenden Indikatorvariablen lässt sich unter Verwendung der c-Koeffizienten nach folgender Gleichung bestimmen:

$$b_i = \frac{\sum_{j=1}^{k} c_{ij} \cdot (\bar{y}_j - \bar{G})}{\sum_{j=1}^{n} c_{ij}^2}. \tag{14.3}$$

Angewandt auf unser Beispiel ergeben sich die bereits bekannten Resultate:

$$b_1 = \frac{1 \cdot (6{,}75 - 4{,}8125)}{2} + \frac{(-1) \cdot (2{,}00 - 4{,}8125)}{2}$$
$$= 2{,}375,$$

$$b_2 = \frac{1 \cdot (5{,}75 - 4{,}8125)}{2} + \frac{(-1) \cdot (4{,}75 - 4{,}8125)}{2}$$
$$= 0{,}5,$$

$$b_3 = \frac{1/2 \cdot (6{,}75 - 4{,}8125)}{1} + \frac{1/2 \cdot (2{,}00 - 4{,}8125)}{1}$$
$$- \frac{1/2 \cdot (5{,}75 - 4{,}8125)}{1} - \frac{1/2 \cdot (4{,}75 - 4{,}8125)}{1}$$
$$= -0{,}875.$$

> In einer Regressionsgleichung mit kontrastcodierenden Indikatorvariablen entspricht die Regressionskonstante a dem Gesamtmittelwert der abhängigen Variablen. Das b-Gewicht einer Indikatorvariablen lässt sich als eine Funktion der Kontrastkoeffizienten darstellen, die den jeweiligen Kontrast codieren.

Man beachte, dass bei ungleichgroßen Stichproben eine ggf. erforderliche Zusammenfassung von Mittelwerten ungewichtet vorgenommen wird (vgl. hierzu jedoch S. 268 ff.). Dies gilt in gleicher Weise für $a = \overline{G}$.

Vergleich der Codierungsarten

Die Ausführungen zu den drei Codierungsarten sollten deutlich gemacht haben, dass sich die b-Gewichte für eine multiple Regressionsgleichung mit Indikatorvariablen relativ einfach aus den Mittelwerten der untersuchten Gruppen bestimmen lassen. Natürlich erhält man die gleichen b-Gewichte, wenn man die multiple Regression nach den unter 13.2.1 bzw. 13.2.3 genannten Regeln (Gl. 13.62) ermittelt. Ist man also am Vergleich von Mittelwerten eines k-fach gestuften nominalen Merkmals interessiert, entnimmt man hierfür den b-Gewichten einer multiplen Regression die folgenden Informationen:

- Sind die Prädiktorvariablen dummycodierte Indikatorvariablen, entsprechen die b-Gewichte den Abweichungen der Gruppenmittelwerte vom Mittelwert einer durchgängig mit Nullen codierten Referenzgruppe. Diese Codierungsart ist deshalb z. B. für den Vergleich mehrerer Experimentalgruppen mit einer Kontrollgruppe besonders geeignet.
- Sind die Indikatorvariablen effektcodiert, informieren die b-Gewichte über die Abweichungen der Gruppenmittelwerte vom Gesamtmittel. Die b-Gewichte sind damit als Schätzungen der unter 12.1 definierten Treatmenteffekte ($\tau_i = \mu - \mu_i$) zu interpretieren. Die Effektcodierung ist deshalb die am häufigsten eingesetzte Codierungsvariante für varianzanalytische Auswertungen nach dem ALM.
- Indikatorvariablen mit Kontrastcodierungen werden verwendet, wenn man die unter 7.3 beschriebenen Einzelvergleichsverfahren über die multiple Regressionsrechnung realisieren will. Hier lässt sich aus den b-Gewichten relativ einfach die Größe des Unterschiedes zwischen den auf einer Indikatorvariablen kontrastierten Gruppen rekonstruieren.

Unabhängig von der Art der Codierung führen alle Regressionsgleichungen, in die sämtliche Informationen des nominalen Merkmals eingehen (sog. *vollständige* Modelle), zu vorhergesagten $\hat{y}_m$-Werten, die dem Mittelwert der abhängigen Variablen derjenigen Stichprobe entsprechen, zu der die Person m gehört. Der Mittelwert stellt die beste Schätzung nach dem Kriterium der kleinsten Quadrate dar.

Die Höhe der multiplen Korrelation ist von der Codierungsart unabhängig.

14.2 Spezialfälle des ALM

In diesem Abschnitt soll gezeigt werden, wie die wichtigsten elementarstatistischen und varianzanalytischen Verfahren mit Hilfe des ALM durchgeführt werden können. Die praktische Umsetzung dieser Verfahren nach den Rechenregeln des ALM ist denkbar einfach, denn sie ist nur an zwei Bedingungen geknüpft:

- Man muss in der Lage sein, für beliebige Variablensätze multiple Korrelationen und Regressionen zu berechnen, was angesichts der Verfügbarkeit von EDV-Statistikprogrammpaketen unproblematisch sein sollte.
- Man muss in der Lage sein, nominale Merkmale durch Indikatorvariablen abzubilden. Auch hierfür ist die Software der meisten Programmpakete hilfreich. (Bezogen auf das Programmpaket SPSS vgl. hierzu Anhang E, S. 727 ff.)

Mit der Umsetzung eines nominalen Merkmals in mehrere Indikatorvariablen wird eine sog. *Design-Matrix* erstellt, die mit einer angemessenen Codierung die inhaltlichen Hypothesen abbildet. Die Konstruktion von Design-Matrizen ist ein wesentlicher Bestandteil der nachfolgenden Behandlung der einzelnen statistischen Verfahren. Auf die mathematischen Voraussetzungen der Verfahren sowie auf die Herleitung der jeweiligen Prüfstatistiken wird im Folgenden nicht mehr eingegangen, da hierüber bereits in den vorangegangenen Kapiteln berichtet wurde.

Das gleiche gilt für die bereits erwähnten Angaben zur Konstruktion „optimaler" Stichprobenumfänge, die hier nicht wiederholt werden. Ergänzend sei allerdings auf eine Arbeit von Rothstein et al. (1990) hingewiesen, die die Prüfung einer nach dem ALM auszuwertenden Untersuchung in Bezug auf Teststärke und „optimale" Stichprobenumfänge durch die Bereitstellung eines dialogfähigen Computerprogramms erleichtert. Ähnliche Hilfen bieten neuere Auflagen der meisten Statistik-Programmpakete.

Da Auswertungen nach dem ALM auf der multiplen Korrelations- und Regressionsrechnung basieren, erübrigt sich unter Verweis auf 13.2.3 ein eigenständiger Beitrag zur Mathematik des ALM. Für diejenigen, die das ALM von seiner mathematischen Seite her genauer kennenlernen möchten, seien z. B. die Arbeiten von Andres (1996), Bock (1975), Cohen u. Cohen (1975), Finn (1974), Gaensslen u. Schubö (1973), Horton (1978), Jennings (1967), Kerlinger u. Pedhazur (1973), Moosbrugger (1978), Moosbrugger u. Zistler (1994), Neter et al. (1985), Overall u. Klett (1972), Rochel (1983), Timm (2002) sowie Werner (1997) empfohlen.

Wir beginnen zunächst mit der Behandlung von Verfahren, bei denen die Bedeutung einer (oder mehrerer) nominaler Variablen als unabhängige Variable für eine intervallskalierte abhängige Variable untersucht wird. Hierzu zählen der t-Test sowie die verschiedenen Varianten der Varianzanalyse, wobei zunächst die Verfahren ohne Messwiederholungen, danach die Verfahren mit Messwiederholungen behandelt werden. Daran anschließend wird gezeigt, dass unter das ALM auch Verfahren zu subsumieren sind, bei denen die unabhängige *und* abhängige Variable nominalskaliert sind. Hierbei handelt es sich um die unter 5.3 behandelten χ^2-Techniken (insbesondere Vierfelder-χ^2-Quadrattest und k × 2-χ^2-Test).

14.2.1 t-Test für unabhängige Stichproben

Der t-Test für unabhängige Stichproben prüft die $H_0: \mu_1 = \mu_2$, wobei μ_1 und μ_2 Mittelwertparameter der abhängigen Variable y für zwei voneinander unabhängige Populationen a_1 und a_2 sind. Codieren wir die Zugehörigkeit einer Vp zu a_1 mit $x = 1$ und die Zugehörigkeit zu a_2 mit $x = -1$ (Effekt- bzw. Kontrastcodierung), sind die o. g. Unterschiedshypothese und die Hypothese, zwischen x und y bestehe kein Zusammenhang, formal gleichwertig (zum Beweis vgl. Tatsuoka, 1988, Kap. 9.6).

BEISPIEL

Tabelle 14.4a zeigt einen kleinen Datensatz für einen t-Test und Tabelle 14.4b dessen Umsetzung in eine Designmatrix mit einer effektcodierenden (bzw. wegen k = 2 auch kontrastcodierenden) Indikatorvariablen.

Den Mittelwertunterschied der beiden Stichproben in Tabelle 14.4a überprüfen wir zu Vergleichszwecken zunächst mit dem t-Test nach Gl. (5.15). Es resultiert

$t = 2{,}953$ mit $df = 10$.

Die Produktmomentkorrelation zwischen den Variablen x und y in Tabelle 14.4b beträgt r = 0,6825. Diese Korrelation ist mit der punktbiserialen Korrelation (vgl. S. 224 f.) identisch. Für den Signifikanztest dieser Korrelation ermitteln wir nach Gl. (6.84) folgenden t-Wert:

$t = 2{,}953$ mit $df = 10$.

Die beiden t-Werte und die Freiheitsgrade sind identisch. Die Regressionsgleichung hat gemäß den Ausführungen auf S. 486 bzw. nach Gl. (14.2) die Koeffizienten $b = 1{,}25$ ($= \bar{A}_1 - \bar{G}$) und $a = 4{,}25$ ($= \bar{G}$). Mit einer Dummycodierung für die Indikatorvariable x würde man $b = 2{,}5$ ($= \bar{A}_1 - \bar{A}_2$) und $a = 3{,}0$ ($= \bar{A}_2$) erhalten.

Tabelle 14.4. Codierung eines t-Tests für unabhängige Stichproben

a)	a_1	a_2	b)	x	y
	5	2		1	5
	4	4		1	4
	8	3		1	8
	7	3		1	7
	6	2		1	6
	3	4		1	3
				−1	2
				−1	4
				−1	3
				−1	3
				−1	2
				−1	4

14.2.2 Einfaktorielle Varianzanalyse

In der einfaktoriellen Varianzanalyse wird ein p-fach gestuftes Merkmal als unabhängige Variable mit einer kardinalskalierten abhängigen Variablen in Beziehung gesetzt. Die unabhängige Variable kann nominalskaliert sein oder aus Kategorien eines ordinal- bzw. kardinalskalierten Merkmals bestehen. Die unabhängige Variable wird in $p-1$ Indikatorvariablen umgesetzt, wobei wir für die Überprüfung der globalen $H_0: \mu_1 = \mu_2 = \cdots = \mu_p$ eine Effektcodierung bevorzugen. Die Anzahl der Indikatorvariablen entspricht der Anzahl der Freiheitsgrade der Treatmentvarianz.

Das Quadrat der multiplen Korrelation zwischen den $p-1$ Indikatorvariablen und der abhängigen Variablen entspricht dem Varianzanteil der abhängigen Variablen, der durch die unabhängigen Variablen (d.h. die $p-1$ Indikatorvariablen) erklärt wird. Der nicht erklärte Varianzanteil $(1-R^2_{y,12\ldots p-1})$ entspricht dem Fehlervarianzanteil.

Der F-Test der einfaktoriellen Varianzanalyse lautet nach Gl. (7.22):

$$F = \frac{\hat{\sigma}^2_{treat}}{\hat{\sigma}^2_{Fehler}} = \frac{QS_{treat}/(p-1)}{QS_{Fehler}/(N-p)}. \quad (14.4)$$

In der einfaktoriellen Varianzanalyse wird die totale Quadratsumme additiv in die QS_{treat} und QS_{Fehler} zerlegt. Der Quotient QS_{treat}/QS_{tot} wurde auf S. 280 als η^2 bezeichnet; er kennzeichnet wie $R^2_{y,12\ldots p-1}$ den gemeinsamen Varianzanteil zwischen der unabhängigen und der abhängigen Variablen. Es gilt also

$$R^2_{y,12\ldots p-1} = \frac{QS_{treat}}{QS_{tot}}$$

bzw.

$$QS_{treat} = R^2_{y,12\ldots p-1} \cdot QS_{tot}.$$

Analog hierzu ist

$$QS_{Fehler} = (1 - R^2_{y,12\ldots p-1}) \cdot QS_{tot}.$$

Setzen wir QS_{treat} und QS_{Fehler} in Gl. (14.4) ein, erhält man

$$F = \frac{R^2_{y,12\ldots p-1} \cdot QS_{tot}/(p-1)}{(1-R^2_{y,12\ldots p-1}) \cdot QS_{tot}/(N-p)}$$

$$= \frac{R^2_{y,12\ldots p-1} \cdot (N-p)}{(1-R^2_{y,12\ldots p-1}) \cdot (p-1)}. \quad (14.5)$$

Dies ist der im ALM eingesetzte F-Test der einfaktoriellen Varianzanalyse. Man erkennt, dass dieser F-Test mit dem auf S. 450 genannten F-Test für eine multiple Korrelation (Gl. 13.19) übereinstimmt (mit $k = p-1$).

Die b-Gewichte für die Indikatorvariablen errechnet man über Gl. (13.62), wobei die $p-1$ Indikatorvariablen für die Bestimmung der Regressionskonstanten a durch eine durchgängig mit 1 codierte Indikatorvariable (im Folgenden vereinfacht: *Einservariable*) zu ergänzen sind. Bei Indikatorvariablen mit Effektcodierung erhält man $b_i = \overline{A}_i - \overline{G}$ und $a = \overline{G}$ (als ungewichteten Mittelwert der p Mittelwerte).

Datenrückgriff

Tabelle 14.5 zeigt die Effektcodierung des auf S. 249 ff. genannten Zahlenbeispiels (Vergleich von 4 Unterrichtsmethoden). Auf die Wiedergabe der für die Bestimmung der Regressionskonstanten a erforderlichen Einservariablen wurde verzichtet.

Wir errechnen $R^2_{y,123} = 0{,}70$ und nach Gl. (14.5)

$$F = \frac{0{,}70 \cdot 16}{(1-0{,}70) \cdot 3} = 12{,}44.$$

Tabelle 14.5. Codierung einer einfaktoriellen Varianzanalyse (Beispiel s. S. 249)

x_1	x_2	x_3	y
1	0	0	2
1	0	0	1
1	0	0	3
1	0	0	3
1	0	0	1
0	1	0	3
0	1	0	4
0	1	0	3
0	1	0	5
0	1	0	0
0	0	1	6
0	0	1	8
0	0	1	7
0	0	1	6
0	0	1	8
−1	−1	−1	5
−1	−1	−1	5
−1	−1	−1	5
−1	−1	−1	3
−1	−1	−1	2

Dieser Wert stimmt bis auf Rundungsungenauigkeiten mit dem auf S. 256 berichteten F-Wert überein.

Als Regressionsgewichte (Rohwertgewichte) für Gl. (14.1) ergeben sich

$b_1 = \overline{A}_1 - \overline{G} = -2$,
$b_2 = \overline{A}_2 - \overline{G} = -1$,
$b_3 = \overline{A}_3 - \overline{G} = 3$,
$a = \overline{G} = 4$.

Einzelvergleiche und Trendtests

Für die Überprüfung a priori formulierter Hypothesen über Einzelvergleiche wählt man Codierungsvariablen, für die Tabelle 14.3 einige Beispiele gibt.

Über Gl. (13.20) (Signifikanztest der b-Gewichte) ist zu prüfen, welche der in der Designmatrix enthaltenen Einzelvergleiche signifikant sind. Hat man orthogonale Einzelvergleiche bzw. einen vollständigen Satz orthogonaler Einzelvergleiche codiert (dies ist die hier empfohlene Vorgehensweise, vgl. S. 487), kann der Signifikanztest auch über die bivariaten Korrelationen zwischen jeweils einer kontrastcodierenden Indikatorvariablen und der abhängigen Variablen erfolgen.

Handelt es sich bei der unabhängigen Variablen um eine äquidistant gestufte Intervallskala, können unter Verwendung einer trendcodierenden Designmatrix auch Trendhypothesen getestet werden. Für das Beispiel auf S. 267 ff. (Einfluss von 6 äquidistant gestuften Lärmbedingungen auf die Arbeitsleistung) würde man mit einer Indikatorvariablen x_1 einen linearen Trend überprüfen, wenn die Vpn unter der Stufe a_1 mit -5, unter a_2 mit -3, ... und unter a_6 mit 5 codiert werden. Diese Trendkoeffizienten sind Tabelle I (S. 831) zu entnehmen. Entsprechend ist für quadratische, kubische etc. Trends zu verfahren.

Werden mit $p - 1$ Indikatorvariablen alle möglichen $p - 1$ Trends codiert (vollständiges Trendmodell), erhält man eine Regressionsgleichung, mit der wiederum gruppenspezifische Mittelwerte vorhergesagt werden. Das Quadrat der multiplen Korrelation entspricht dem auf S. 280 definierten η^2.

Ist die unabhängige Variable nicht äquidistant gestuft, verwendet man den auf S. 281 f. beschriebenen Ansatz.

14.2.3 Zwei- und mehrfaktorielle Varianzanalyse (gleiche Stichprobenumfänge)

In der zweifaktoriellen Varianzanalyse führen wir die Varianz der abhängigen Variablen auf die beiden Haupteffekte, die Interaktion und einen Fehleranteil zurück. Im ALM müssen die beiden Haupteffekte (Haupteffekt A mit p Stufen; Haupteffekt B mit q Stufen) und die Interaktion codiert werden. Die beiden Haupteffekte verschlüsseln wir genauso wie den Haupteffekt in der einfaktoriellen Varianzanalyse, d. h., wir benötigen $p - 1$ Indikatorvariablen für den Faktor A und $q - 1$ Indikatorvariablen für den Faktor B. Für die Interaktion setzen wir $(p - 1) \cdot (q - 1)$ Indikatorvariablen ein, die sich aus den *Produkten* der $p - 1$ Indikatorvariablen für den Faktor A und der $q - 1$ Indikatorvariablen für den Faktor B ergeben. Warum diese Bestimmung von Indikatorvariablen für die Interaktion sinnvoll ist, sei im Folgenden an einem kleinen Beispiel mit Effektcodierung verdeutlicht (zu anderen Codierungsvarianten in mehrfaktoriellen Plänen vgl. O'Grady u. Medoff, 1988).

Indikatorvariablen für Interaktionen

Tabelle 14.6 zeigt ein kleines Zahlenbeispiel für einen 3×2-Plan. In der Designmatrix codieren x_1 und x_2 Faktor A, x_3 Faktor B und x_4 ($= x_1 \cdot x_3$) sowie x_5 ($= x_2 \cdot x_3$) die Interaktion A $\times$ B.

Die Regressionsgleichung hat in diesem Beispiel also 5 Indikatorvariablen [allgemein: $(p - 1) + (q - 1) + (p - 1) \cdot (q - 1)$ Indikatorvariablen ohne Einservariable]. Soll mit dieser Regressionsgleichung ein $\hat{y}_m$-Wert vorhergesagt werden, entspricht der vorhergesagte Wert in diesem Falle nach dem Kriterium der kleinsten Quadrate dem Mittelwert derjenigen Faktorstufenkombination, zu der die Person gehört ($\overline{AB}_{ij}$). Die vorhergesagten Werte sind damit auch bei einem zweifaktoriellen Plan bekannt.

Die allgemeine Regressionsgleichung lautet:

$$\hat{y}_m = b_1 x_{1m} + b_2 x_{2m} + b_3 x_{3m} + b_4 x_{4m} + b_5 x_{5m} + a. \quad (14.6)$$

Ersetzt man $\hat{y}_m$ durch den jeweiligen Mittelwert einer Faktorstufenkombination (Zelle) und die x_{im}-Werte durch die Codierung der Personen, die

Tabelle 14.6. Effektcodierung einer zweifaktoriellen Varianzanalyse

a)

	a_1	a_2	a_3	
b_1	0	2	0	7
	2	2	1	
b_2	2	1	0	5
	0	0	2	
	4	5	3	12

b)

A		B	A×B		
x_1	x_2	x_3	x_4	x_5	y
1	0	1	1	0	0
1	0	1	1	0	2
1	0	-1	-1	0	2
1	0	-1	-1	0	0
0	1	1	0	1	2
0	1	1	0	1	2
0	1	-1	0	-1	1
0	1	-1	0	-1	0
-1	-1	1	-1	-1	0
-1	-1	1	-1	-1	1
-1	-1	-1	1	1	0
-1	-1	-1	1	1	2

zu einer Zelle ab_{ij} gehören, ergeben sich die folgenden verkürzten Regressionsgleichungen:

$$\overline{AB}_{11} = b_1 + b_3 + b_4 + a,$$
$$\overline{AB}_{12} = b_1 - b_3 - b_4 + a,$$
$$\overline{AB}_{21} = b_2 + b_3 + b_5 + a,$$
$$\overline{AB}_{22} = b_2 - b_3 - b_5 + a,$$
$$\overline{AB}_{31} = -b_1 - b_2 + b_3 - b_4 - b_5 + a,$$
$$\overline{AB}_{32} = -b_1 - b_2 - b_3 + b_4 + b_5 + a. \quad (14.7)$$

Dies sind 6 Gleichungen mit 6 Unbekannten. Es ergeben sich die folgenden Lösungen (man beachte, dass z. B. $\overline{AB}_{11} + \overline{AB}_{21} + \overline{AB}_{31} = 3 \cdot \overline{B}_1$ ist):

$$b_1 = \overline{A}_1 - \overline{G},$$
$$b_2 = \overline{A}_2 - \overline{G},$$
$$b_3 = \overline{B}_1 - \overline{G},$$
$$b_4 = \overline{AB}_{11} - \overline{A}_1 - \overline{B}_1 + \overline{G},$$
$$b_5 = \overline{AB}_{21} - \overline{A}_2 - \overline{B}_1 + \overline{G},$$
$$a = \overline{G}. \quad (14.8)$$

Die Gewichte b_4 und b_5 entsprechen damit den auf S. 294 definierten Interaktionseffekten für die Zellen ab_{11} und ab_{21}. Weitere b-Gewichte werden nicht benötigt, da sich die übrigen Interaktionseffekte aus den codierten Interaktionseffekten ableiten lassen. Wir erhalten z. B. für den Interaktionseffekt der Zelle ab_{12}

$$\overline{AB}_{12} - \overline{A}_1 - \overline{B}_2 + \overline{G}$$
$$= (2 \cdot \overline{A}_1 - \overline{AB}_{11}) - \overline{A}_1 - (2 \cdot \overline{G} - \overline{B}_1) + \overline{G}$$
$$= -\overline{AB}_{11} + \overline{A}_1 + \overline{B}_1 - \overline{G}$$
$$= -b_4.$$

Die mit einer Faktorstufe verbundenen Interaktionseffekte addieren sich zu Null.

Ausgehend von dieser Regel erhält man mit b_4 als Interaktionseffekt für die Zelle ab_{11} und mit b_5 als Interaktionseffekt für die Zelle ab_{21} folgende Interaktionseffekte:

Zelle ab_{11}: b_4,
Zelle ab_{21}: b_5,
Zelle ab_{31}: $-b_4 - b_5$,
Zelle ab_{12}: $-b_4$,
Zelle ab_{22}: $-b_5$,
Zelle ab_{32}: $b_4 + b_5$.

Unter Verwendung der Regressionskoeffizienten b_1 bis b_5 und a werden für jede Zelle ab_{ij} über Gl. (14.6) die zellenspezifischen Mittelwerte vorhergesagt, wenn man für die Indikatorvariablen x_1 bis x_5 die entsprechenden Zellencodierungen einsetzt. Die b-Gewichte und die Regressionskonstante $a = \overline{G}$ erhält man auch über Gl. (13.62), wenn die Designmatrix um eine Einservariable ergänzt wird (vgl. S. 468).

14.2.3 Zwei- und mehrfaktorielle Varianzanalyse (gleiche Stichprobenumfänge)

F-Brüche

Zur Vereinfachung der Terminologie bezeichnen wir mit x_A die Indikatorvariablen, die Haupteffekt A codieren (im Beispiel x_1 und x_2), mit x_B die Indikatorvariablen für B (im Beispiel x_3) und mit $x_{A\times B}$ die Indikatorvariablen der Interaktion (im Beispiel x_4 und x_5). $R_{y,x_A x_B x_{A\times B}}$ ist damit die multiple Korrelation zwischen y und allen Indikatorvariablen.

Quadrieren wir diese Korrelation, erhält man den Varianzanteil der abhängigen Variablen, der durch alle Indikatorvariablen bzw. die beiden Haupteffekte und die Interaktion erklärt wird. Entsprechend den Ausführungen zur einfaktoriellen Varianzanalyse gilt damit:

$$QS_{regr} = R^2_{y,x_A x_B x_{A\times B}} \cdot QS_{tot}. \tag{14.9}$$

QS_{regr} ist identisch mit der QS_{Zellen} auf S. 293. Des Weiteren erhalten wir:

$$QS_A = R^2_{y,x_A} \cdot QS_{tot},$$
$$QS_B = R^2_{y,x_B} \cdot QS_{tot},$$
$$QS_{A\times B} = R^2_{y,x_{A\times B}} \cdot QS_{tot}$$

und

$$QS_{Fehler} = (1 - R^2_{y,x_A x_B x_{A\times B}}) \cdot QS_{tot},$$

wobei

$$QS_{regr} = QS_A + QS_B + QS_{A\times B}.$$

Hiervon ausgehend ergeben sich unter Berücksichtigung der in Tabelle 8.5 genannten Freiheitsgrade die folgenden F-Brüche der zweifaktoriellen Varianzanalyse:

$$F_A = \frac{R^2_{y,x_A} \cdot p \cdot q \cdot (n-1)}{(1 - R^2_{y,x_A x_B x_{A\times B}}) \cdot (p-1)}, \tag{14.10}$$

$$F_B = \frac{R^2_{y,x_B} \cdot p \cdot q \cdot (n-1)}{(1 - R^2_{y,x_A x_B x_{A\times B}}) \cdot (q-1)}, \tag{14.11}$$

$$F_{A\times B} = \frac{R^2_{y,x_{A\times B}} \cdot p \cdot q \cdot (n-1)}{(1 - R^2_{y,x_A x_B x_{A\times B}}) \cdot (p-1) \cdot (q-1)}. \tag{14.12}$$

Will man zusätzlich erfahren, ob die Effekte insgesamt eine signifikante Varianzaufklärung leisten, bildet man folgenden F-Bruch:

$$F_{regr} = F_{Zellen}$$
$$= \frac{R^2_{y,x_A x_B x_{A\times B}} \cdot p \cdot q \cdot (n-1)}{(1 - R^2_{y,x_A x_B x_{A\times B}}) \cdot (p \cdot q - 1)}.$$

Die Theorie dieser F-Brüche ist den Ausführungen zur zweifaktoriellen Varianzanalyse zu entnehmen (vgl. 12.2).

BEISPIEL

Für das in Tabelle 14.6 genannte Beispiel (p = 3, q = 2, n = 2) errechnet man nach Gl. (13.72):

$$R^2_{y,x_A x_B x_{A\times B}} = 0{,}300,$$
$$R^2_{y,x_A} = 0{,}050,$$
$$R^2_{y,x_B} = 0{,}033$$

und

$$R^2_{y,x_{A\times B}} = 0{,}217.$$

Wie die Quadratsummen sind auch die quadrierten multiplen Korrelationen additiv:

$$R^2_{y,x_A x_B x_{A\times B}} = R^2_{y,x_A} + R^2_{y,x_B} + R^2_{y,x_{A\times B}}. \tag{14.14}$$

Für die F-Brüche erhält man:

$$F_A = \frac{0{,}050 \cdot 3 \cdot 2 \cdot 1}{(1 - 0{,}3) \cdot 2} = 0{,}21,$$

$$F_B = \frac{0{,}033 \cdot 3 \cdot 2 \cdot 1}{(1 - 0{,}3) \cdot 1} = 0{,}28,$$

$$F_{A\times B} = \frac{0{,}217 \cdot 3 \cdot 2 \cdot 1}{(1 - 0{,}3) \cdot 2} = 0{,}93,$$

$$F_{Zellen} = \frac{0{,}3 \cdot 3 \cdot 2 \cdot 1}{(1 - 0{,}3) \cdot (3 \cdot 2 - 1)} = 0{,}51.$$

Als Regressionsgleichung ermittelt man nach Gl. (14.8) bzw. Gl. (13.62)

$$\hat{y}_m = 0 \cdot x_{1m} + 0{,}25 \cdot x_{2m} + 1{,}167 \cdot x_{3m} - 0{,}167 \cdot x_{4m}$$
$$+ 0{,}583 \cdot x_{5m} + 1.$$

Faktoren mit zufälligen Effekten

Haben Faktoren zufällige Effekte (vgl. S. 302 f.), ändern sich die Prüfvarianzen und damit auch die F-Brüche. Wenn für einen Haupteffekt die Interaktion als Prüfvarianz adäquat ist ($\hat{\sigma}^2_{A\times B}$), ersetzen wir den Nenner $(1 - R^2_{y,x_A x_B x_{A\times B}} =$ Fehlervarianzanteil) durch $R^2_{y,x_{A\times B}}$. Dementsprechend müssen die Fehlerfreiheitsgrade durch die Freiheitsgrade der Interaktion ersetzt werden.

Mehrfaktorielle Pläne

Für dreifaktorielle Pläne benötigen wir Indikatorvariablen, die neben den Haupteffekten und den Interaktionen 1. Ordnung auch die Interaktion 2. Ordnung codieren. Diese Indikatorvariablen erhalten wir – ähnlich wie die Indikatorvariablen für die Interaktion 1. Ordnung in einer zweifaktoriellen Varianzanalyse – durch Multiplikation der Indikatorvariablen der an der Interaktion 2. Ordnung beteiligten Haupteffekte.

BEISPIEL

In einem $2 \times 2 \times 3$-Plan codieren wir mit

x_1 Haupteffekt A
x_2 Haupteffekt B
$\left.\begin{array}{l} x_3 \\ x_4 \end{array}\right\}$ Haupteffekt C
$x_5 = x_1 \cdot x_2$ Interaktion $A \times B$
$\left.\begin{array}{l} x_6 = x_1 \cdot x_3 \\ x_7 = x_1 \cdot x_4 \end{array}\right\}$ Interaktion $A \times C$
$\left.\begin{array}{l} x_8 = x_2 \cdot x_3 \\ x_9 = x_2 \cdot x_4 \end{array}\right\}$ Interaktion $B \times C$
$\left.\begin{array}{l} x_{10} = x_1 \cdot x_2 \cdot x_3 \\ x_{11} = x_1 \cdot x_2 \cdot x_4 \end{array}\right\}$ Interaktion $A \times B \times C$

Der F-Bruch für die $A \times B \times C$-Interaktion lautet (mit x_{10} und x_{11} für $x_{A \times B \times C}$):

$$F = \frac{R^2_{y \cdot x_{A \times B \times C}}}{1 - R^2_{y \cdot x_A x_B x_C x_{A \times B} x_{A \times C} x_{B \times C} x_{A \times B \times C}}} \times \frac{p \cdot q \cdot r \cdot (n-1)}{(p-1) \cdot (q-1) \cdot (r-1)}.$$

Bei Plänen mit mehr als 3 Faktoren verfahren wir entsprechend.

Unvollständige Modelle

Bisher gingen wir davon aus, dass in der Designmatrix für einen mehrfaktoriellen Plan alle Haupteffekte und alle Interaktionen codiert werden (*vollständiges Modell*). Dies ist nicht erforderlich, wenn z.B. Interaktionen höherer Ordnung nicht interessieren. Unter Verzicht auf eine Codierung nicht interessierender Effekte erhält man eine reduzierte Designmatrix bzw. ein unvollständiges Modell. Für Pläne mit gleichgroßen Stichproben ist es für die Größe eines Effektes unerheblich, welche weiteren Effekte im Modell berücksichtigt sind.

Über die Verwendung der schrittweisen Regressionstechnik (vgl. S. 461 f.) für die sukzessive Einbeziehung von Indikatorvariablen berichtet Gocka (1973).

Man beachte jedoch, dass die Regressionsvorhersagen bei einem unvollständigen Modell um so stärker vom jeweiligen Zellenmittelwert abweichen, je größer die nicht berücksichtigten (Interaktions-)Effekte sind. Es empfiehlt sich deshalb, Regressionsgleichungen aus unvollständigen Modellen nur dann zur Merkmalsvorhersage zu verwenden, wenn man zuvor sichergestellt hat, dass die nicht berücksichtigten Effekte ohne Bedeutung sind.

14.2.4 Zwei- und mehrfaktorielle Varianzanalyse (ungleiche Stichprobenumfänge)

Korrelierte und unkorrelierte Effekte

Tabelle 14.7 a zeigt die effektcodierende Designmatrix eines 2×3-Versuchsplans mit n = 2 (gleiche Stichprobenumfänge); x_1 codiert die beiden Stufen von Faktor A, x_2 und x_3 die 3 Stufen von Faktor B, x_4 und x_5 die $2 \cdot 3$ Faktorstufenkombinationen. Die in der Korrelationsmatrix aufgeführten Korrelationen zwischen x_1 und x_2 sowie zwischen x_1 und x_3 repräsentieren somit den Zusammenhang zwischen den beiden Haupteffekten. Beide Korrelationen sind Null, d.h., die beiden Haupteffekte sind im Fall gleich großer Stichproben voneinander unabhängig. Entsprechendes gilt für die Korrelationen zwischen den beiden Haupteffekten und der Interaktion. Auch diese Effekte sind wechselseitig unabhängig.

Die Korrelationen zwischen x_2 und x_3 bzw. zwischen x_4 und x_5 von jeweils 0,50 sind darauf zurückzuführen, dass durch x_2 und x_3 auch die dritte Stufe von Faktor B (durch −1) bzw. durch x_4 und x_5 auch die Kombinationen ab_{21}, ab_{22}, ab_{23} und ab_{13} verschlüsselt werden. Sie sind für die Unabhängigkeit der Haupteffekte und der Interaktion belanglos. Hätte man statt der Effektcodierung eine orthogonale Kontrastcodierung gewählt (vgl. S. 485), wären auch diese Korrelationen Null.

Tabelle 14.7 b gibt die Designmatrix eines 2×3-Plans mit ungleich großen Stichproben wieder. Hier bestehen zwischen den Indikatorvariablen, die jeweils die Haupteffekte bzw. die Interaktion codieren, Zusammenhänge (z.B. $r_{x_1 x_2} =$

14.2.4 Zwei- und mehrfaktorielle Varianzanalyse (ungleiche Stichprobenumfänge)

Tabelle 14.7. Beispiel für unabhängige und abhängige Effekte

a)

	A	B		A × B	
	x_1	x_2	x_3	x_4	x_5
ab_{11}	1	1	0	1	0
	1	1	0	1	0
ab_{12}	1	0	1	0	1
	1	0	1	0	1
ab_{13}	1	−1	−1	−1	−1
	1	−1	−1	−1	−1
ab_{21}	−1	1	0	−1	0
	−1	1	0	−1	0
ab_{22}	−1	0	1	0	−1
	−1	0	1	0	−1
ab_{23}	−1	−1	−1	1	1
	−1	−1	−1	1	1

Korrelationsmatrix

	x_1	x_2	x_3	x_4	x_5
x_1	1,00	0,00	0,00	0,00	0,00
x_2		1,00	0,50	0,00	0,00
x_3			1,00	0,00	0,00
x_4				1,00	0,50
x_5					1,00

b)

	A	B		A × B	
	x_1	x_2	x_3	x_4	x_5
ab_{11}	1	1	0	1	0
	1	1	0	1	0
ab_{12}	1	0	1	0	1
	1	0	1	0	1
ab_{13}	1	−1	−1	−1	−1
	1	−1	−1	−1	−1
ab_{21}	−1	1	0	−1	0
	−1	1	0	−1	0
	−1	1	0	−1	0
ab_{22}	−1	0	1	0	−1
	−1	0	1	0	−1
	−1	0	1	0	−1
	−1	0	1	0	−1
ab_{23}	−1	−1	−1	1	1
	−1	−1	−1	1	1

Korrelationsmatrix

	x_1	x_2	x_3	x_4	x_5
x_1	1,00	−0,07	−0,14	0,07	0,14
x_2		1,00	0,41	−0,10	0,01
x_3			1,00	0,01	−0,18
x_4				1,00	0,41
x_5					1,00

$-0,07$; $r_{x_1 x_3} = -0,14$ für die beiden Haupteffekte). In diesem Falle kann nicht mehr zweifelsfrei entschieden werden, wie stark die korrelierten, varianzanalytischen Effekte die abhängige Variable beeinflussen, denn durch die Abhängigkeit der Effekte ist der Varianzanteil eines Effektes durch Varianzanteile der korrelierten Effekte überlagert, sodass Gl. (14.14) nicht mehr gilt. Wir haben es also mit korrelierenden Prädiktoren zu tun, für die die Ausführungen über Multikollinearität und Suppressionseffekte (vgl. 13.2.2) analog gelten.

> In Abgrenzung von Varianzanalysen mit gleichgroßen Stichproben und damit unkorrelierten (orthogonalen) Effekten bezeichnet man zwei- oder mehrfaktorielle Varianzanalysen mit ungleichgroßen Stichproben als nichtorthogonale Varianzanalysen.

Lösungsvarianten

Zur Frage, wie die Effektparameter in nicht-orthogonalen Varianzanalysen zu schätzen seien, wurden verschiedene Lösungsansätze vorgeschlagen, die leider zu unterschiedlichen Ergebnissen führen (vgl. z. B. Herr u. Gaebelein, 1978, Rengers, 2004, Tabelle 7.3-2, oder Rock et al., 1976. Die Abhängigkeit der Lösungsansätze von der Art der Codierung diskutieren Blair u. Higgins, 1978, sowie Keren u. Lewis, 1977. Auf die Wirkungsweise korrelierter Indikatorvariablen als Suppressorvariablen geht Holling, 1983 ein.)

Die Existenz mehrerer Lösungsansätze verführt natürlich dazu, ohne inhaltliche Begründung denjenigen Lösungsansatz zu wählen, der sich am besten eignet, die „Wunschhypothesen" zu bestätigen. Howell u. McConaughy (1982) fordern deshalb nachdrücklich, die inhaltlichen Hypothesen genau zu präzisieren und die Wahl des Lösungsansatzes von der Art der inhaltlichen Hypothesen abhängig zu machen. Nach einer Analyse verschiedener Lösungsansätze kommen die Autoren zu dem Schluss, dass eigentlich nur zwei Verfahren inhaltlich sinnvolle Hypothesen prüfen. Wir wollen im Folgenden zunächst darlegen, um welche Hypothesen es sich hierbei handelt, und werden anschließend die Verfahren zur Überprüfung dieser Hypothesen beschreiben. Hierfür verwenden wir das von Howell u. McConaughy (1982) vorgestellte fiktive Zahlenbeispiel.

BEISPIEL

Eine Untersuchung der Verweildauer (abhängige Variable) von Patienten der Entbindungsstation (a_1) und der geriatrischen Station (a_2) möge in 2 Krankenhäusern (b_1 und b_2) zu den in Tabelle 14.8 genannten Tagesangaben geführt haben.

Nehmen wir einmal an, dieses Datenmaterial wurde erhoben, um die Qualität der Krankenfürsorge in beiden Krankenhäusern zu vergleichen. Die Anzahl der Krankenhaustage sei hierfür ein einfacher operationaler Index. Ein Vergleich der Zellenmittelwerte zeigt, dass Patienten der Entbindungsstation im Krankenhaus b_1 ungefähr genauso lange behandelt werden wie Patienten der gleichen Station im Krankenhaus b_2 (ca. 3 Tage). Das gleiche gilt für geriatrische Patienten, für die sich in beiden Krankenhäusern

Tabelle 14.8. Beispiel für einen nicht-orthogonalen 2×2-Plan

	Krankenhaus b_1			Krankenhaus b_2			
Entbindungs-station (a_1)	2 3 4 2 3 4	2 3 4 3	$n_{11} = 10$ $\overline{AB}_{11} = 3,0$	2 2 4 2 3		$n_{12} = 5$ $\overline{AB}_{12} = 2,6$	$n_{a_1} = 15$
geriatrische Station (a_2)	20 21 20 21		$n_{21} = 4$ $\overline{AB}_{21} = 20,5$	19 20 22 20 21	22 23 20 21 22 21	$n_{22} = 12$ $\overline{AB}_{22} = 21,0$	$n_{a_2} = 16$
			$n_{b_1} = 14$			$n_{b_2} = 17$	$N = 31$

14.2.4 Zwei- und mehrfaktorielle Varianzanalyse (ungleiche Stichprobenumfänge)

eine Aufenthaltsdauer von ca. 20 Tagen ergibt. Der Unterschied in der Krankenfürsorge beider Krankenhäuser ist offensichtlich nur gering.

Dieser Sachverhalt wird durch die *ungewichteten* Mittelwerte für die beiden Krankenhäuser b_1 und b_2 wiedergegeben. Wir erhalten für b_1 $(3{,}0 + 20{,}5)/2 = 11{,}75$ und b_2 $(2{,}6 + 21{,}0)/2 = 11{,}80$.

Das gleiche Zahlenmaterial sei einem Verleiher von Fernsehgeräten bekannt, der herausfinden möchte, in welchem Krankenhaus das Angebot, Fernsehapparate zu verleihen, lohnender ist. Für dessen Fragestellung sind nicht die ungewichteten, sondern die *gewichteten* Mittelwerte von Interesse. Wenn wir davon ausgehen, dass Patienten mit einer längeren Verweildauer unabhängig von der Krankenstation eher bereit sind, einen Fernsehapparat zu leihen, als Patienten mit einer kürzeren Verweildauer, wäre Krankenhaus b_2 zweifellos der bessere „Markt". Für dieses Krankenhaus errechnen wir nach Gl. (1.13) ein gewichtetes Mittel von $(5 \cdot 2{,}6 + 12 \cdot 21{,}0)/17 = 15{,}59$, und für Krankenhaus b_1 ergibt sich $(10 \cdot 3{,}0 + 4 \cdot 20{,}5)/14 = 8$.

Dieser Unterschied zwischen den Krankenhäusern verdeutlicht lediglich das Faktum, dass im Krankenhaus b_1 Patienten mit einer kurzen Verweildauer (Entbindungsstation) und im Krankenhaus b_2 Patienten mit einer langen Verweildauer (geriatrische Station) überwiegen. Der Unterschied in der Verweildauer auf beiden Stationen (Haupteffekt A) „überträgt" sich also auf den Unterschied zwischen den Krankenhäusern (Haupteffekt B), d.h., die beiden Haupteffekte sind wechselseitig voneinander abhängig. Dies ist der Sachverhalt, der mit der Bezeichnung „nicht-orthogonale Varianzanalyse" zum Ausdruck gebracht wird.

Hypothesen. Die Entscheidung, nach welchem Verfahren eine nicht-orthogonale Varianzanalyse auszuwerten sei, ist davon abhängig, wie die zu überprüfenden Nullhypothesen lauten. Mit ungewichteten Mittelwerten (Modell I) überprüfen wir für $p = q = 2$ die folgenden Nullhypothesen:

$$H_{0(A)}: \frac{\mu_{11} + \mu_{12}}{2} = \frac{\mu_{21} + \mu_{22}}{2},$$

$$H_{0(B)}: \frac{\mu_{11} + \mu_{21}}{2} = \frac{\mu_{12} + \mu_{22}}{2},$$

$$H_{0(A \times B)}: \mu_{11} - \mu_{21} = \mu_{12} - \mu_{22}.$$

(Die Verallgemeinerung dieser Hypothesen für Pläne mit mehr Faktorstufen ist hieraus einfach ableitbar.)

Modell II vergleicht gewichtete Mittelwerte. Die entsprechenden Nullhypothesen lauten:

$$H_{0(A)}^*: \frac{n_{11} \cdot \mu_{11} + n_{12} \cdot \mu_{12}}{n_{a_1}} = \frac{n_{21} \cdot \mu_{21} + n_{22} \cdot \mu_{22}}{n_{a_2}},$$

$$H_{0(B)}^*: \frac{n_{11} \cdot \mu_{11} + n_{21} \cdot \mu_{21}}{n_{b_1}} = \frac{n_{12} \cdot \mu_{12} + n_{22} \cdot \mu_{22}}{n_{b_2}},$$

$$H_{0(A \times B)}^*: \mu_{11} - \mu_{21} = \mu_{12} - \mu_{22}$$

mit

$$n_{a_1} = n_{11} + n_{12},$$
$$n_{a_2} = n_{21} + n_{22},$$
$$n_{b_1} = n_{11} + n_{21},$$
$$n_{b_2} = n_{12} + n_{22}.$$

F-Brüche. Die Überprüfung dieser Nullhypothesen in Modell I und Modell II beginnt mit der Effektcodierung. Die Nullhypothesen im Modell I (ungewichtete Mittelwerte) werden durch die folgenden F-Tests geprüft:

$$F_A = \frac{(R^2_{y,x_A x_B x_{A \times B}} - R^2_{y,x_B x_{A \times B}}) \cdot (N - p \cdot q)}{(1 - R^2_{y,x_A x_B x_{A \times B}}) \cdot (p - 1)},$$

(14.15 a)

$$F_B = \frac{(R^2_{y,x_A x_B x_{A \times B}} - R^2_{y,x_A x_{A \times B}}) \cdot (N - p \cdot q)}{(1 - R^2_{y,x_A x_B x_{A \times B}}) \cdot (q - 1)},$$

(14.15 b)

$$F_{A \times B} = \frac{(R^2_{y,x_A x_B x_{A \times B}} - R^2_{y,x_A x_B}) \cdot (N - p \cdot q)}{(1 - R^2_{y,x_A x_B x_{A \times B}}) \cdot (q - 1) \cdot (p - 1)}$$

(14.15 c)

mit

$x_A =$ Indikatorvariablen für Haupteffekt A,
$x_B =$ Indikatorvariablen für Haupteffekt B,
$x_{A \times B} =$ Indikatorvariablen für die Interaktion $A \times B$.

Für das Modell II (gewichtete Mittelwerte) ergeben sich die folgenden F-Brüche:

$$F_A^* = \frac{R^2_{y,x_A} \cdot (N - p \cdot q)}{(1 - R^2_{y,x_A x_B x_{A \times B}}) \cdot (p - 1)},$$

(14.16 a)

$$F_B^* = \frac{R^2_{y,x_B} \cdot (N - p \cdot q)}{(1 - R^2_{y,x_A x_B x_{A \times B}}) \cdot (q - 1)},$$

(14.16 b)

$$F_{A \times B}^* = \frac{(R^2_{y,x_A x_B x_{A \times B}} - R^2_{y,x_A x_B}) \cdot (N - p \cdot q)}{(1 - R^2_{y,x_A x_B x_{A \times B}}) \cdot (p - 1) \cdot (q - 1)}.$$

(14.16 c)

Im Beispiel errechnen wir für Modell I:

$F_A = 2270{,}53; \quad F_B = 0{,}02; \quad F_{A\times B} = 1{,}43$

und für Modell II:

$F_A^* = 2802{,}13; \quad F_B^* = 493{,}39; \quad F_{A\times B}^* = 1{,}43$.

Damit ergibt sich – wie zu erwarten – zwischen den Krankenhäusern unter Modell I kein statistisch bedeutsamer Unterschied und unter Modell II ein sehr bedeutsamer, statistisch signifikanter Unterschied.

Entscheidungshilfen. Wie das Beispiel zeigt, können die Haupteffekttests über Gl. (14.15) zu völlig anderen Resultaten führen als die Haupteffekttest nach Gl. (14.16). Die Wahl eines der beiden Modelle bedarf deshalb einer sorgfältigen Begründung. Wann ist Modell I und wann Modell II angemessen?

Im Modell I (ungewichtete Mittelwerte) spielt die Größe der Stichproben n_{ij} keine Rolle, d.h., die Resultate der Hypothesenprüfung sind (bei konstantem N) von der Anzahl der Untersuchungsobjekte pro Faktorstufenkombination unabhängig. Dies genau kennzeichnet die erste Fragestellung des o.g. Beispiels: Die Qualität der Krankenhäuser hängt nicht davon ab, wie sich die Patienten auf die einzelnen Stationen verteilen.

Dies ist bei der zweiten Fragestellung (TV-Verleih) anders. Für den Fernsehverleiher ist die „Attraktivität" der Krankenhäuser sehr wohl davon abhängig, wie sich die Patienten auf die einzelnen Stationen verteilen. Das Ergebnis der Hypothesenprüfung ist also auch theoretisch nicht invariant gegenüber variierenden Umfängen der Teilstichproben. Dies rechtfertigt bzw. erfordert die Anwendung von Modell II (gewichtete Mittelwerte).

Hinweise: Für gleich große Stichprobenumfänge resultieren nach Gl. (14.15) und (14.16) identische F-Brüche. Horst u. Edwards (1982) weisen darauf hin, dass Modell I für 2^k-Pläne der Varianzanalyse mit dem harmonischen Mittel der Stichprobenumfänge (vgl. S. 322 ff.) entspricht.

Für Pläne mit mehr als zwei Faktoren gilt unter der Modellannahme I, dass sämtliche Effekte bez. aller übrigen Effekte bereinigt werden müssen. (Für den Haupteffekt C in einer dreifaktoriellen Varianzanalyse als Beispiel würde resultieren:

$$R^2_{y, x_A x_B x_C x_{A\times B} x_{A\times C} x_{B\times C} x_{A\times B\times C}}$$
$$- R^2_{y, x_A x_B x_{A\times B} x_{A\times C} x_{B\times C} x_{A\times B\times C}}.$$

Im Modell II sind die Haupteffekte nicht, die Interaktion 1. Ordnung bez. aller Haupteffekte und die Interaktion 2. Ordnung bez. aller Haupteffekte und Interaktionen 1. Ordnung zu bereinigen.)

Wie man mit leeren Zellen („Empty Cells") in nicht-orthogonalen Varianzanalysen umgeht, wird bei Timm (2002, Kap. 4.10) beschrieben.

Voraussetzungen

Milligan et al. (1987) kommen zu dem Ergebnis, dass die nicht-orthogonale Varianzanalyse im Unterschied zur orthogonalen Varianzanalyse auf Verletzungen der Voraussetzungen (Varianzhomogenität und normalverteilte Residuen) keineswegs robust reagiert. Zudem konnte keine Systematik festgestellt werden, unter welchen Umständen der F-Test – im Modell I oder Modell II – konservativ bzw. progressiv reagiert. Da die von den Autoren diskutierten Alternativen zur nicht-orthogonalen Varianzanalyse ebenfalls nicht unumstritten sind, kommt der Voraussetzungsüberprüfung bei nicht-orthogonalen Varianzanalysen also – insbesondere bei kleineren Stichproben – eine besondere Bedeutung zu.

Sind die Voraussetzungen verletzt, empfiehlt es sich, statt der nicht-orthogonalen Varianzanalyse ein auf der Welch-James-Statistik basierendes Verfahren einzusetzen, das von Keselman et al. (1995) entwickelt wurde (vgl. hierzu auch Keselman et al., 1998). Dieses Verfahren ist allerdings mathematisch und rechnerisch aufwändig; es hat jedoch den Vorteil, dass es bei erfüllten oder auch nicht-erfüllten Voraussetzungen eingesetzt werden kann, sodass sich eine Überprüfung der Voraussetzungen erübrigt.

14.2.5 Kovarianzanalyse

Einfaktorielle kovarianzanalytische Versuchspläne werden nach dem ALM in folgender Weise ausgewertet: Zunächst muss die Zugehörigkeit der Vpn zu den p-Stufen eines Faktors in üblicher Weise durch Indikatorvariablen verschlüsselt werden. Als weiterer Prädiktor der abhängigen Vari-

14.2.5 Kovarianzanalyse

ablen setzen wir die Kontrollvariable (z) ein. Das Quadrat der multiplen Korrelation zwischen allen Indikatorvariablen und der Kontrollvariablen einerseits und der abhängigen Variablen andererseits ist der Varianzanteil der abhängigen Variablen, der auf den untersuchten Faktor und die Kontrollvariable zurückgeht. Um den Varianzanteil zu erhalten, der auf den Faktor zurückgeht und der nicht durch die Kontrollvariable erklärbar ist, subtrahieren wir vom Quadrat der multiplen Korrelation aller Prädiktorvariablen das Quadrat der Korrelation der Kontrollvariablen mit der abhängigen Variablen. Die Bereinigung der abhängigen Variablen bezüglich der Kontrollvariablen erfolgt also über eine Semipartialkorrelation (vgl. S. 446 f. bzw. 455). Der auf den Regressionsresiduen basierende Fehlervarianzanteil ergibt sich zu $1 - R^2_{y,x_A z}$.

Im einfaktoriellen Fall kann der Treatmentfaktor folgendermaßen getestet werden:

$$F = \frac{(R^2_{y,x_A z} - r^2_{y,z}) \cdot (N - p - 1)}{(1 - R^2_{y,x_A z}) \cdot (p - 1)} \quad (14.17)$$

mit

x_A = Indikatorvariablen des Faktors A
z = Kontrollvariable.

Dieser F-Wert hat $p - 1$ Zählerfreiheitsgrade und $N - p - 1$ Nennerfreiheitsgrade. Die Generalisierung dieses Ansatzes auf k Kontrollvariablen liegt auf der Hand. Statt der einfachen Produkt-Moment-Korrelation zwischen der Kriteriums- und Kontrollvariablen subtrahieren wir im Zähler von Gl. (14.17) $R^2_{y,z_1 z_1 \ldots z_k}$ von $R^2_{y,x_A z_1 z_2 \ldots z_k}$ (s. auch Gl. 13.25). Der Nenner wird entsprechend korrigiert:

$$F = \frac{(R^2_{y,x_A z_1 z_2 \ldots z_k} - R^2_{y,z_1 z_2 \ldots z_k}) \cdot (N - p - k)}{(1 - R^2_{y,x_A z_1 z_2 \ldots z_k}) \cdot (p - 1)} . \quad (14.18)$$

Dieser F-Wert hat $N - p - k$ Nennerfreiheitsgrade mit k = Anzahl der Kontrollvariablen. Man beachte, dass als Kontrollvariablen auch Indikatorvariablen eines nominalen Merkmals eingesetzt werden können.

Huitema (1980, S. 161; zit. nach Stevens, 2002, S. 346) empfiehlt, die Anzahl der Kontrollvariablen (k) so festzulegen, dass folgende Ungleichung erfüllt ist:

$$\frac{k + (p - 1)}{N} < 0{,}10 .$$

Bei drei Gruppen (p = 3) und N = 60 sollte k < 4 sein. Bei einer größeren Anzahl von Kontrollvariablen besteht die Gefahr instabiler kovarianzanalytischer Ergebnisse, die einer Kreuzvalidierung nicht standhalten.

Verallgemeinerungen auf mehrfaktorielle kovarianzanalytische Pläne sind leicht mit Hilfe der auf S. 491 ff. angegebenen Regeln vorzunehmen.

Um die *Homogenität der Steigungen der Innerhalb-Regressionen* zu überprüfen (vgl. 10.2), bilden wir weitere Indikatorvariablen, die sich aus den Produkten der Indikatorvariablen des Faktors A und der (den) Kontrollvariablen ergeben ($x_A \times z$). Ausgehend von diesen zusätzlichen Indikatorvariablen testet der folgende F-Bruch die Homogenitätsvoraussetzung im Rahmen einer einfaktoriellen Kovarianzanalyse:

$$F = \frac{(R^2_{y,x_A z(x_A \times z)} - R^2_{y,x_A z}) \cdot (N - 2 \cdot p)}{(1 - R^2_{y,x_A z(x_A \times z)}) \cdot (p - 1)} . \quad (14.19)$$

Der F-Wert hat $p - 1$ Zählerfreiheitsgrade und $N - 2 \cdot p$ Nennerfreiheitsgrade.

Datenrückgriff

Zur Veranschaulichung wählen wir das Beispiel in Tabelle 10.1. Für diese Daten ergibt sich die in Tabelle 14.9 wiedergegebene, verkürzte Designmatrix. (In Tabelle 14.9 sind nur die jeweils ersten beiden Vpn der 3 Gruppen codiert. In der kompletten Designmatrix erhält jede Vp die Codierung ihrer Gruppe. x_1 und x_2 codieren Faktor A und z ist die Kontrollvariable. Die Einservariable ist nicht aufgeführt.)

Wir ermitteln:

$$R^2_{y,x_A z} = 0{,}929 ,$$
$$r^2_{y,z} = 0{,}078 ,$$

und nach Gl. (14.17)

$$F = \frac{(0{,}929 - 0{,}078) \cdot 11}{(1 - 0{,}929) \cdot 2} = 65{,}92 .$$

Für den F-Test nach Gl. (14.19), der die Homogenität der Steigungen überprüft, errechnen wir:

Tabelle 14.9. Verkürzte Designmatrix für eine einfaktorielle Kovarianzanalyse (Daten der Tabelle 10.1)

x_1	x_2	z	$x_1 z$	$x_2 z$	y
1	0	7	7	0	5
1	0	9	9	0	6
0	1	11	0	11	5
0	1	12	0	12	4
−1	−1	12	−12	−12	2
−1	−1	10	−10	−10	1

$$R^2_{y.x_A z(x_A \times z)} = 0{,}951,$$

sodass

$$F = \frac{(0{,}951 - 0{,}929) \cdot 9}{(1 - 0{,}951) \cdot 2} = 2{,}02.$$

Die Werte stimmen bis auf Rundungsungenauigkeiten mit den in Tabelle 10.5 bzw. auf S. 372 genannten Werten überein.

Nicht-lineare Zusammenhänge

Im ALM ist es möglich, auch nicht-lineare Zusammenhänge zwischen einer oder mehreren Kontrollvariablen und der abhängigen Variablen aus der abhängigen Variablen herauszupartialisieren. Hierzu wird die gewünschte nichtlineare Funktion der Kontrollvariablen berechnet [z. B. $f(x) = x^2$; $f(x) = e^x$], die als weitere Prädiktorvariable in das Regressionsmodell eingeht (vgl. hierzu auch Bartussek, 1970).

14.2.6 Hierarchische Varianzanalyse

Die Auswertung einer hierarchischen Varianzanalyse nach den Regeln des ALM sei anhand der Daten des in Tabelle 11.4 wiedergegebenen Beispiels veranschaulicht. Tabelle 14.10 zeigt die verkürzte Designmatrix ohne Einservariable (pro Gruppe die erste Vp).

x_1 bis x_3 ($= x_A$) codieren Faktor A. Da die Stufen von B unter A geschachtelt sind, werden für jeweils 3 b-Stufen 2 Indikatorvariablen benötigt (z. B. x_4 und x_5 als $x_{B(A_1)}$) bzw. insgesamt 8 Indikatorvariablen [allgemein $p \cdot (q-1)$ Indikatorvariablen für $B(A)$].

Wenn beide Faktoren eine feste Stufenauswahl beinhalten, überprüfen wir sie durch die folgenden F-Brüche:

$$F_A = \frac{R^2_{y,x_A} \cdot p \cdot q \cdot (n-1)}{(1 - R^2_{y,x_A x_{B(A)}}) \cdot (p-1)} \quad (14.20)$$

$df_{\text{Zähler}} = p - 1$
$df_{\text{Nenner}} = p \cdot q \cdot (n-1)$

$$F_{B(A)} = \frac{(R^2_{y,x_A x_{B(A)}} - R^2_{y,x_A}) \cdot p \cdot q \cdot (n-1)}{(1 - R^2_{y,x_A x_{B(A)}}) \cdot p \cdot (q-1)} \quad (14.21)$$

$df_{\text{Zähler}} = p \cdot (q-1)$
$df_{\text{Nenner}} = p \cdot q \cdot (n-1)$

In unserem Beispiel ermitteln wir:

Tabelle 14.10. Codierung einer zweifaktoriellen hierarchischen Varianzanalyse (Daten aus Tabelle 11.4)

x_1	x_2	x_3	x_4	x_5	x_6	x_7	x_8	x_9	x_{10}	x_{11}	y
1	0	0	1	0	0	0	0	0	0	0	7
1	0	0	0	1	0	0	0	0	0	0	6
1	0	0	−1	−1	0	0	0	0	0	0	9
0	1	0	0	0	1	0	0	0	0	0	5
0	1	0	0	0	0	1	0	0	0	0	10
0	1	0	0	0	−1	−1	0	0	0	0	15
0	0	1	0	0	0	0	1	0	0	0	9
0	0	1	0	0	0	0	0	1	0	0	13
0	0	1	0	0	0	0	−1	−1	0	0	9
−1	−1	−1	0	0	0	0	0	0	1	0	12
−1	−1	−1	0	0	0	0	0	0	0	1	17
−1	−1	−1	0	0	0	0	0	0	−1	−1	13

(pro Zeile eine Faktorstufenkombination)

14.2.7 Lateinisches Quadrat

$$F_A = \frac{0{,}547 \cdot 36}{(1 - 0{,}791) \cdot 3} = 31{,}41,$$

$$F_{B(A)} = \frac{(0{,}791 - 0{,}547) \cdot 36}{(1 - 0{,}791) \cdot 8} = 5{,}25.$$

Testen wir wie in Tabelle 11.4 Faktor A an Faktor B(A) (weil Faktor B *zufällige Stufen* hat), resultiert als F-Wert:

$$F = \frac{R^2_{y,x_A} \cdot (q - 1) \cdot p}{R^2_{y,x_A x_{B(A)}} - R^2_{y,x_A} \cdot (p - 1)}$$

$$= \frac{0{,}547 \cdot 8}{(0{,}791 - 0{,}547) \cdot 3} = 5{,}98.$$

Auch diese Werte stimmen mit den in Tabelle 11.4 genannten überein.

14.2.7 Lateinisches Quadrat

Die Effektcodierung des in Tabelle 11.23 wiedergegebenen lateinischen Quadrates zeigt Tabelle 14.11.

In dieser Tabelle ist zeilenweise der erste Wert aus jeder Stichprobe codiert (z. B. 1. Zeile abc_{111}, 6. Zeile abc_{223} oder 10. Zeile abc_{234}). In der vollständigen Designmatrix werden die übrigen Werte in den einzelnen Stichproben entsprechend verschlüsselt. Bei der Codierung des Faktors C achte man auf die Abfolge der c-Stufen. Wir berechnen 4 multiple Korrelationen:

$$R^2_{y,x_A x_B x_C} = 0{,}308,$$

$$R^2_{y,x_A} = 0{,}081,$$

$$R^2_{y,x_B} = 0{,}191,$$

$$R^2_{y,x_C} = 0{,}035.$$

Die F-Tests für die Haupteffekte, die auch bei ungleichgroßen Stichproben eingesetzt werden können, lauten:

Für den Haupteffekt A:

$$F = \frac{R^2_{y,x_A x_B x_C} - R^2_{y,x_B x_C}}{(1 - R^2_{y,x_A x_B x_C}) \cdot (p - 1)}$$
$$\cdot ((N - p^2) + (p - 1) \cdot (p - 2)). \quad (14.22)$$

Für den Haupteffekt B:

$$F = \frac{R^2_{y,x_A x_B x_C} - R^2_{y,x_A x_C}}{(1 - R^2_{y,x_A x_B x_C}) \cdot (p - 1)}$$
$$\cdot ((N - p^2) + (p - 1) \cdot (p - 2)). \quad (14.23)$$

Für den Haupteffekt C:

$$F = \frac{R^2_{y,x_A x_B x_C} - R^2_{y,x_A x_B}}{(1 - R^2_{y,x_A x_B x_C}) \cdot (p - 1)}$$
$$\cdot ((N - p^2) + (p - 1) \cdot (p - 2)). \quad (14.24)$$

Tabelle 14.11. Codierung eines lateinischen Quadrates (Daten aus Tabelle 11.23)

A			B			C			
x_1	x_2	x_3	x_4	x_5	x_6	x_7	x_8	x_9	y
1	0	0	1	0	0	1	0	0	13
0	1	0	1	0	0	0	1	0	14
0	0	1	1	0	0	0	0	1	16
−1	−1	−1	1	0	0	−1	−1	−1	12
1	0	0	0	1	0	0	1	0	10
0	1	0	0	1	0	0	0	1	19
0	0	1	0	1	0	−1	−1	−1	17
−1	−1	−1	0	1	0	1	0	0	18
1	0	0	0	0	1	0	0	1	17
0	1	0	0	0	1	−1	−1	−1	17
0	0	1	0	0	1	1	0	0	18
−1	−1	−1	0	0	1	0	1	0	13
1	0	0	−1	−1	−1	−1	−1	−1	15
0	1	0	−1	−1	−1	1	0	0	18
0	0	1	−1	−1	−1	0	1	0	19
−1	−1	−1	−1	−1	−1	0	0	1	19

Die Prüfvarianz bestimmen wir für alle 3 Haupteffekte, indem wir von der totalen Varianz (die hier – wie im ALM üblich – auf 1 gesetzt wird) den Anteil, der auf die 3 Haupteffekte zurückgeht, abziehen. Der verbleibende Varianzanteil enthält somit Fehler- und Residualeffekte, wobei letztere bei zu vernachlässigenden Interaktionen unbedeutend sind. Die F-Tests nach Gl. (14.22) bis (14.24) führen deshalb nur dann zu den gleichen Entscheidungen wie die F-Tests in Tabelle 11.23 (die mit der reinen Fehlervarianz als Prüfvarianz operieren), wenn keine Interaktionen existieren und die Residualvarianz damit Null ist. Die Freiheitsgrade für die Prüfvarianz in den oben genannten Gleichungen ergeben sich aus den Freiheitsgraden für die Fehlervarianz und den Freiheitsgraden der Residualvarianz: $p^2 \cdot (n-1) + (p-1) \cdot (p-2)$. (Man beachte den Freiheitsgradgewinn für die zusammengefasste Varianz, der dazu führen kann, dass die zusammengefasste Varianz kleiner ist als die reine Fehlervarianz.)

Eine reine Fehlervarianzschätzung würden wir erhalten, wenn von der totalen Varianz nicht nur der auf die Haupteffekte, sondern auch der auf die im lateinischen Quadrat realisierten Interaktionen (Residualvarianz) zurückgehende Varianzanteil abgezogen wird. Die Codierung der im lateinischen Quadrat realisierten Interaktionen durch Indikatorvariablen wird bei Thompson (1988) beschrieben.

Alle F-Werte haben allgemein $(N - p^2) + (p-1) \cdot (p-2)$ Nennerfreiheitsgrade und $p-1$ Zählerfreiheitsgrade. In unserem Beispiel ermitteln wir:

$$F_A = \frac{0{,}082 \cdot 54}{0{,}692 \cdot 3} = 2{,}13,$$

$$F_B = \frac{0{,}192 \cdot 54}{0{,}692 \cdot 3} = 4{,}99,$$

$$F_C = \frac{0{,}036 \cdot 54}{0{,}692 \cdot 3} = 0{,}94.$$

14.2.8 t-Test für abhängige Stichproben

Der t-Test für abhängige Stichproben entspricht dem t-Test für unabhängige Stichproben, wenn die Messungen zu zwei Zeitpunkten t_1 und t_2 bez. der Unterschiede zwischen den Vpn bereinigt werden (ipsative Messwerte, vgl. S. 335 f.). Entsprechendes gilt für parallelisierte Stichproben. Diesen Sachverhalt machen wir uns bei der Behandlung des t-Tests für abhängige Stichproben als Spezialfall des ALM in folgender Weise zunutze:

Zunächst konstruieren wir eine Indikatorvariable, mit der die beiden Messzeitpunkte effektcodiert werden. Für alle Messungen zum Zeitpunkt t_1 setzen wir $x_1 = 1$ und für die Messungen zum Zeitpunkt t_2 $x_1 = -1$. Das Quadrat der Korrelation dieser Indikatorvariablen mit der abhängigen Variablen $y(r_{y,1}^2)$ gibt den Varianzanteil an, der auf die Unterschiedlichkeit der Messungen zum Zeitpunkt t_1 und t_2 zurückgeht. Der verbleibende Varianzanteil $(1 - r_{y,1}^2)$ enthält Residualanteile und die Unterschiedlichkeit zwischen den Vpn.

Wir benötigen eine Prüfvarianz, aus der nicht nur die Unterschiede zwischen den Messzeitpunkten, sondern auch die Unterschiedlichkeit zwischen den Vpn eliminiert ist. Hierfür machen wir eine zweite Indikatorvariable x_2 auf, die die Mittelwerte (bzw. die Summen) der 2 Messungen einer jeden Vp enthält. $R_{y,12}^2$ gibt dann denjenigen Varianzanteil der abhängigen Variablen wieder, der auf die beiden Messzeitpunkte und die Unterschiede zwischen den Vpn zurückgeht, bzw. $1 - R_{y,12}^2$ den gesuchten Prüfvarianzanteil (vgl. Pedhazur, 1977). Wir berechnen die Prüfgröße

$$F = \frac{r_{y,1}^2 \cdot (n-1)}{(1 - R_{y,12}^2)}, \qquad (14.25)$$

die nach Gl. (2.60) ($t_n = \sqrt{F_{1,n}}$) dem nach Gl. (5.23) berechneten t-Wert entspricht.

Datenrückgriff

Zur Verdeutlichung dieser ALM-Variante wählen wir Tabelle 5.2 als Zahlenbeispiel (vgl. Tabelle 14.12).

Man beachte, dass sich die Mittelwerte der Vpn auf x_2 einmal wiederholen. (Der erste Wert der Vp 1 lautet 40 und der zweite 48. Der Durchschnittswert 44 wird einmal für die Codierung $x_1 = 1$ und ein zweites Mal für die Codierung $x_1 = -1$ eingesetzt.)

Wir errechnen $r_{y,1}^2 = 0{,}0505$ und $R_{y,12}^2 = 0{,}9290$ und erhalten nach Gl. (14.25)

14.2.9 Varianzanalyse mit Messwiederholungen

Tabelle 14.12. Codierung eines t-Tests für abhängige Stichproben (Daten aus Tabelle 5.2)

x_1	x_2	y
1	44	40
1	57,5	60
1	37	30
⋮	⋮	⋮
1	14,5	10
1	46,5	40
1	57,5	55
−1	44	48
−1	57,5	55
−1	37	44
⋮	⋮	⋮
−1	14,5	19
−1	46,5	53
−1	57,5	60

Tabelle 14.13. Codierung einer einfaktoriellen Varianzanalyse mit Messwiederholungen (Daten aus Tabelle 9.3)

x_1	x_2	x_3	y
1	0	20	7
1	0	19	5
1	0	22	8
1	0	20	6
1	0	19	7
1	0	23	7
1	0	21	5
1	0	17	6
1	0	21	7
1	0	17	5
0	1	20	7
0	1	19	6
0	1	22	9
0	1	20	8
0	1	19	7
0	1	23	9
0	1	21	10
0	1	17	7
0	1	21	8
0	1	17	7
−1	−1	20	6
−1	−1	19	8
−1	−1	22	5
−1	−1	20	6
−1	−1	19	5
−1	−1	23	7
−1	−1	21	6
−1	−1	17	4
−1	−1	21	6
−1	−1	17	5

$$F = \frac{0{,}0505 \cdot 14}{(1 - 0{,}9290)} = 9{,}958.$$

Dieser Wert entspricht – bis auf Rundungsungenauigkeiten – dem in Tabelle 5.2 ermittelten t-Wert: $t = \sqrt{9{,}958} = -3{,}16$.

14.2.9 Varianzanalyse mit Messwiederholungen

Einfaktorielle Pläne

Für die Durchführung einer einfaktoriellen Varianzanalyse mit Messwiederholungen nach den Richtlinien des ALM greifen wir auf das bereits im letzten Abschnitt (t-Test für abhängige Stichproben) behandelte Codierungsprinzip zurück. Die p-Messzeitpunkte werden – wie in der einfaktoriellen Varianzanalyse – durch p − 1 Indikatorvariablen codiert. Wir erweitern das Modell um eine weitere Prädiktorvariable mit den Personensummen bzw. Personenmittelwerten. Diese Indikatorvariable erfasst die Varianz zwischen den Personen, die wir benötigen, um die Residualvarianz als Prüfvarianz zu bestimmen (vgl. Pedhazur, 1977, oder auch Gibbons u. Sherwood, 1985, zum Stichwort „criterion scaling"). Für das in Tabelle 9.3 genannte Zahlenbeispiel resultiert die in Tabelle 14.13 dargestellte Designmatrix.

Die Variable x_3 enthält – in dreifacher Wiederholung (vgl. S. 502) – die Summen der Vpn (P_m in Tabelle 9.3). Den Varianzanteil, der auf die drei Messzeitpunkte zurückgeht, ermitteln wir mit $R^2_{y,12}$. Wir erhalten

$$R^2_{y,12} = 0{,}3803.$$

Für den Varianzanteil, der auf die drei Messzeitpunkte *und* die Unterschiedlichkeit der Vpn zurückgeht, errechnen wir

$$R^2_{y,123} = 0{,}5846$$

bzw. für den residualen Varianzanteil

$$(1 - R^2_{y,123}) = 0{,}4154.$$

Der F-Test der H_0: $\mu_1 = \mu_2 = \mu_3$ ergibt

$$F = \frac{R^2_{y,12} \cdot (p-1) \cdot (n-1)}{(1 - R^2_{y,123}) \cdot (p-1)} = 8{,}24. \qquad (14.26)$$

Dieser Wert stimmt mit dem in Tabelle 9.4 genannten F-Wert bis auf Rundungsungenauigkeiten überein.

Bei dieser Art der Codierung hat die Regressionskonstante a einen Wert von 0. Die b-Gewichte der Indikatorvariablen x_1 und x_2, die die Messzeitpunkte codieren, entsprechen – wie üblicherweise bei der Effektcodierung (vgl. S. 486) – den Abweichungen $\overline{A}_i - \overline{G}$. Das Gewicht für x_3 (Vektor der Vpn-Summen) ergibt sich als Reziprokwert für die Anzahl der Messzeitpunkte (im Beispiel 1/3).

Zweifaktorielle Pläne

Bei einer zweifaktoriellen Varianzanalyse mit Messwiederholungen (vgl. Tabelle 9.7 mit *gleichgroßen* Stichproben) verfahren wir folgendermaßen: $p - 1$ Indikatorvariablen codieren den Haupteffekt A. Wir nennen diese Indikatorvariablen zusammenfassend x_A. Mit $q - 1$ Indikatorvariablen (x_B) wird Haupteffekt B und mit weiteren $(p-1) \cdot (q-1)$ Indikatorvariablen ($x_{A \times B}$) die Interaktion $A \times B$ codiert (vgl. S. 491 f.). Eine weitere Prädiktorvariable x_p enthält (in q-facher Wiederholung) die Summen (Mittelwerte) der Vpn. Der F-Test für den Haupteffekt A (Gruppierungsfaktor gem. S. 336) lautet dann:

$$F_A = \frac{R^2_{y,x_A} \cdot p \cdot (n-1)}{(R^2_{y,x_A x_p} - R^2_{y,x_A}) \cdot (p-1)}. \quad (14.27)$$

Für den Haupteffekt B und die Interaktion $A \times B$ bilden wir die folgenden F-Brüche:

$$F_B = \frac{R^2_{y,x_B} \cdot p \cdot (q-1) \cdot (n-1)}{(1 - R^2_{y,x_A x_B x_{A \times B} x_p}) \cdot (q-1)}, \quad (14.28)$$

$$F_{A \times B} = \frac{R^2_{y,x_{A \times B}} \cdot p \cdot (q-1) \cdot (n-1)}{(1 - R^2_{y,x_A x_B x_{A \times B} x_p}) \cdot (p-1) \cdot (q-1)}. \quad (14.29)$$

Im Nenner von Gl. (14.28) und (14.29) kann $R^2_{y,x_A x_B x_{A \times B} x_p}$ durch $R^2_{y,x_B x_{A \times B} x_p}$ ersetzt werden. Da der Varianzanteil R^2_{y,x_A} in R^2_{y,x_p} bereits enthalten ist, erhält man identische Resultate.

Ungleich große Stichproben. Bei ungleich großen Stichproben sind die Zähler von Gl. (14.27) bis (14.29) wie folgt zu ersetzen (vgl. Silverstein, 1985):

Haupteffekt A:

$$R^2_{y,x_A} \cdot (N - p)$$

Haupteffekt B:

$$(R^2_{y,x_A x_B x_p} - R^2_{y,x_A x_p}) \cdot (q - 1) \cdot (N - p)$$

Interaktion $A \times B$:

$$(R^2_{y,x_A x_B x_{A \times B} x_p} - R^2_{y,x_A x_B x_p}) \cdot (q - 1) \cdot (N - p),$$

>wobei $N = \sum_i n_i$ ist. Die Nenner bleiben unverändert.

Dreifaktorielle Pläne

Die Erweiterung des zweifaktoriellen Messwiederholungsplans auf einen dreifaktoriellen Messwiederholungsplan mit einem Messwiederholungsfaktor und zwei Gruppierungsfaktoren (vgl. Tabelle 9.11) ergibt sich durch Aufnahme weiterer Indikatorvariablen für den 2. Gruppierungsfaktor und die entsprechenden Interaktionen. Der Prüfvarianzanteil für die Faktoren A und B sowie die Interaktion $A \times B$ (Vpn innerhalb der Stichproben) ergibt sich zu

$$(R^2_{y,x_A x_B x_{A \times B} x_p} - R^2_{y,x_A x_B x_{A \times B}})$$

und die Prüfvarianz für C, $A \times C$, $B \times C$ und $A \times B \times C$ zu

$$(1 - R^2_{y,x_A x_B x_C x_{A \times B} x_{A \times C} x_{B \times C} x_{A \times B \times C} x_p}).$$

Die Freiheitsgrade der F-Brüche findet man in Tabelle 9.13.

Die Codierung einer dreifaktoriellen Varianzanalyse mit Messwiederholungen auf zwei Faktoren (vgl. Tabelle 9.12) verdeutlicht das Zahlenbeispiel in Tabelle 14.14 (nach Pedhazur, 1977). x_1 bis x_7 codieren sämtliche Haupteffekte und Interaktionen. Unter x_8 sind wieder die Vpn-Summen (in 4facher bzw. allgemein $q \times r$-facher Wiederholung) aufgeführt. x_9 enthält die entsprechenden B-Summen der Vpn (in 2facher bzw. allgemein in q-facher Wiederholung) und x_{10} die entsprechenden C-Summen (in 2facher bzw. allgemein in r-facher Wiederholung).

Beispiele: Der 1. Wert in Spalte x_9 ergibt sich durch Zusammenfassen der Werte bc_{11} und bc_{12} der Vp 1 unter der Stufe a_1 ($3 + 2 = 5$). Dieser Wert taucht in Zeile 5 für die 1. Vp mit der Kombination abc_{112} zum zweiten Mal auf. Der 5. Wert in Spalte x_{10} ergibt sich durch Zusammenfassen der Werte bc_{12} und bc_{22} der Vp 1 unter der Stufe a_1. Dieser Wert taucht in der Zeile 13 für die 1.

14.2.10 4-Felder-χ^2-Test

Tabelle 14.14. Codierung einer dreifaktoriellen Varianzanalyse mit Meßwiederholungen auf 2 Faktoren

a)

	Vpn	b_1		b_2	
		c_1	c_2	c_1	c_2
a_1	1	3	2	5	4
	2	3	4	5	6
a_2	1	5	5	7	6
	2	8	6	5	6

b)

x_1	x_2	x_3	x_4	x_5	x_6	x_7	x_8	x_9	x_{10}	y
1	1	1	1	1	1	1	14	5	8	3
1	1	1	1	1	1	1	18	7	8	3
−1	1	1	−1	−1	1	−1	23	10	12	5
−1	1	1	−1	−1	1	−1	25	14	13	8
1	1	−1	1	−1	−1	−1	14	5	6	2
1	1	−1	1	−1	−1	−1	18	7	10	4
−1	1	−1	−1	1	−1	1	23	10	11	5
−1	1	−1	−1	1	−1	1	25	14	12	6
1	−1	1	−1	1	−1	−1	14	9	8	5
1	−1	1	−1	1	−1	−1	18	11	8	5
−1	−1	1	1	−1	−1	1	23	13	12	7
−1	−1	1	1	−1	−1	1	25	11	13	5
1	−1	−1	−1	−1	1	1	14	9	6	4
1	−1	−1	−1	−1	1	1	18	11	10	6
−1	−1	−1	1	1	1	−1	23	13	11	6
−1	−1	−1	1	1	1	−1	25	11	12	6

Vp mit der Kombination abc$_{122}$ zum zweiten Mal auf.

Bezugnehmend auf Tabelle 14.14 ergeben sich die folgenden Prüfvarianzanteile ($R^2_{y,18}$ ist die quadrierte multiple Korrelation der Variablen 1 und 8 mit der abhängigen Variablen y. Entsprechend sind die übrigen quadrierten Korrelationen zu lesen.):

Für A: $R^2_{y,18} - R^2_{y,1}$.

Für B und A×B: $R^2_{y,12489} - R^2_{y,1248}$.

Für C und A×C: $R^2_{y,12345678910} - R^2_{y,12345689}$.

Für B×C und A×B×C: $1 - R^2_{y,12\ldots10}$.

Die Freiheitsgrade für die F-Brüche findet man in Tabelle 9.16. Im Beispiel resultieren folgende F-Werte:

$F_A = 12{,}80$; $\quad F_B = 1{,}78$;

$F_{A \times B} = 1{,}78$; $\quad F_C = 0{,}25$;

$F_{A \times C} = 0{,}25$; $\quad F_{B \times C} = 0{,}25$;

$F_{A \times B \times C} = 0{,}25$.

14.2.10 4-Felder-χ^2-Test

Im Folgenden soll gezeigt werden, dass auch die unter 5.3 behandelten χ^2-Techniken im Kontext des ALM darstellbar sind. (Wir behandeln hier nur den Vierfeldertest und den k × 2-Test. Bezüglich des k × ℓ-Tests wird auf S. 643 f. verwiesen.) Hierbei wird die nominalskalierte abhängige Variable ebenso codiert wie die nominalskalierte unabhängige Variable, d.h., jede Vp erhält auf den Indikatorvariablen für die unabhängige Variable und auf den Indikatorvariablen für die abhängige Variable Werte, die gemäß den auf S. 483 ff. beschriebenen Codierungsregeln die Gruppenzugehörigkeiten der Vpn bezüglich beider Variablen kennzeichnen. Zumindest für den Vierfeldertest ist die Frage, welche Variable als abhängige und welche als unabhängige aufzufassen ist, ohne Belang.

Das konkrete Vorgehen sei im Folgenden an einem Beispiel demonstriert:

Datenrückgriff

Abschnitt 5.3.3 erläutert den 4-Felder-χ^2-Test an einem Beispiel, in dem 2 dichotome Merkmale x und y (männlich/weiblich und mit Brille/ohne Brille) auf stochastische Unabhängigkeit geprüft werden. Für die Überprüfung dieser Hypothese nach dem ALM codieren wir beide dichotomen Merkmale mit den Zahlen $+1/-1$ (Effektcodierung): $x = 1$ für männliche Personen; $x = -1$ für weibliche Personen; $y = 1$ für Personen mit Brille; $y = -1$ für Personen ohne Brille. Unter Verwendung der Häufigkeiten in Tabelle 5.13 resultieren die in Tabelle 14.15 dargestellten Indikatorvariablen.

Die Codierungsmuster $1/1$, $1/-1$, $-1/1$, und $-1/-1$ erscheinen in dieser Designmatrix gemäß den in Tabelle 5.13 genannten Häufigkeiten.

Zwischen den beiden Merkmalen x und y berechnen wir eine normale Produkt-Moment-Korrelation. Diese Korrelation entspricht dem Φ-Koeffizienten (vgl. S. 227 f.). Es resultiert

$$r_{xy} = \Phi = 0{,}314$$

bzw. nach Umstellen von Gl. (6.107)

$$\chi^2 = n \cdot r^2$$
$$= 100 \cdot 0{,}314^2$$
$$= 9{,}86 \,. \qquad (14.30)$$

Dieser Wert stimmt bis auf Rundungsungenauigkeiten mit dem auf S. 169 genannten χ^2-Wert überein.

Produkt-Moment-Korrelationen testen wir nach Gl. (6.84) auf statistische Signifikanz.

$$t = \frac{r \cdot \sqrt{n-2}}{\sqrt{1-r^2}} \,.$$

Dieser t-Wert hat $n - 2$ Freiheitsgrade. Für t ergibt sich

$$t = \frac{0{,}314 \cdot \sqrt{98}}{\sqrt{1-0{,}314^2}} = 3{,}27 \,, \text{ mit } df = 98 \,.$$

χ^2-Test und t-Test

Der genannte t-Wert resultiert auch, wenn man mit Hilfe eines t-Tests für unabhängige Stichproben (Gl. 5.15) die H_0 überprüft, nach der der Anteil der Brillenträger für Männer und Frauen gleich groß ist. Die Daten für den t-Test (zum Datenschema vgl. Tabelle 5.1) bestehen für die Gruppe der Männer und die Gruppe der Frauen nur aus Nullen (für „keine Brille") und Einsen (für „mit Brille"). Die zu vergleichenden Mittelwerte sind hier also Anteilswerte.

Es stellt sich nun die Frage, ob die Irrtumswahrscheinlichkeit des t-Wertes der Irrtumswahrscheinlichkeit des χ^2-Wertes entspricht, denn schließlich sind die Voraussetzungen des t-Tests (vgl. S. 141) bei einer abhängigen Variablen, die nur aus Nullen und Einsen besteht, massiv verletzt. Um diese Frage zu überprüfen, überführen wir den ermittelten t-Wert gem. Gl. (2.60) in einen F-Wert:

$$F_{(1,98)} = 3{,}27^2 = 10{,}69 \,.$$

Nach Gl. (2.62) gilt ferner $F_{(1,\infty)} = \chi^2_{(1)}$, d.h., eine Identität von F und χ^2 gilt nur, wenn die Anzahl der Nennerfreiheitsgrade des F-Wertes (df_N) gegen ∞ geht. Für unser Beispiel resultiert (wegen $df_N = 98$) $F > \chi^2 (10{,}96 > 9{,}86)$, sodass auch die

Tabelle 14.15. Codierung einer 4-Felder-Tafel (Daten aus Tabelle 5.13)

x	y	
1	1	
1	1	} 25-mal
⋮	⋮	
1	−1	
1	−1	} 25-mal
⋮	⋮	
−1	1	
−1	1	} 10-mal
⋮	⋮	
−1	−1	
−1	−1	} 40-mal
⋮	⋮	

14.2.11 k×2-χ^2-Test

Irrtumswahrscheinlichkeiten für F (bzw. t) und χ^2 geringfügig verschieden sind. Sie liegen jedoch beide deutlich unter $\alpha = 0{,}01$.

Will man nur erfahren, ob zwischen den Merkmalen einer Vierfeldertafel ein signifikanter Zusammenhang besteht, kommt man – wie in unserem Beispiel – über den F-Test und den χ^2-Test zum gleichen Resultat, sofern die Voraussetzungen für den χ^2-Test ($f_e > 10$) erfüllt sind. Offensichtlich reicht ein Stichprobenumfang, der mit $f_e > 10$ verbunden ist, aus, um über die Wirksamkeit des zentralen Grenzwerttheorems auch die Validität des t-Tests (bzw. des F-Tests) sicherzustellen (ausführlicher hierzu vgl. Bortz u. Muchowski, 1988, oder Bortz et al., 1990, Kap. 8.1.1).

14.2.11 k×2-χ^2-Test

Bei einer k × 2-Tafel sollte das zweifach gestufte Merkmal die abhängige Variable und das k-fach gestufte Merkmal die unabhängige Variable darstellen. Die Zugehörigkeit der Vpn zu den k-Stufen des unabhängigen Merkmals wird über $k-1$ Indikatorvariablen als Prädiktoren und die Zugehörigkeit zu den zwei Stufen der abhängigen Variablen über eine Indikatorvariable als Kriterium gekennzeichnet. Zwischen den $k-1$ Prädiktoren und der dichotomen Kriteriumsvariablen wird eine multiple Korrelation bestimmt, die – in Analogie zu Gl. (14.30) – durch folgende Beziehung mit dem χ^2-Wert der k × 2-Tafel verknüpft ist (zum Beweis vgl. Küchler, 1980):

$$\chi^2 = n \cdot R^2. \quad (14.31)$$

BEISPIEL

Gegeben sei die in Tabelle 14.16 dargestellte 3 × 2-Tafel.
Nach den unter 5.3.4 genannten Rechenregeln ermitteln wir $\chi^2 = 0{,}99$. Wir codieren mit x_1 und x_2 die Zugehörigkeit der Vpn zu den drei Stufen des Merkmals A und mit y die Zugehörigkeit zu den zwei Stufen des Merkmals B. Tabelle 14.16b zeigt das in einer verkürzten Designmatrix dargestellte Ergebnis (unter Verwendung der Dummycodierung; vgl. S. 484). Die erste der 10 Vpn aus der Gruppe ab_{11} erhält auf x_1 eine 1 (weil sie zu a_1 gehört), auf x_2 eine Null (weil sie nicht zu a_2 gehört) und auf y eine 1 (weil sie zu b_1 gehört). Die 35 Vpn der Gruppe ab_{32} erhalten auf allen drei Variablen eine Null, weil sie weder zu a_1, a_2 noch b_1 gehören.

Für das Quadrat der multiplen Korrelation zwischen den beiden Indikatorvariablen x_1 und x_2 sowie der Variablen y errechnen wir $R^2_{y,12} = 0{,}00735$ bzw. nach Gl. (14.31):

Tabelle 14.16. Codierung einer 3 × 2-Tafel

a)	a_1	a_2	a_3		b)	x_1	x_2	y	
b_1	10	15	25	50		1	0	1	} 10-mal
b_2	20	30	35	85		1	0	1	
						⋮	⋮	⋮	
	30	45	60	135		0	1	1	} 15-mal
						0	1	1	
						⋮	⋮	⋮	
						0	0	1	} 25-mal
						0	0	1	
						⋮	⋮	⋮	
						1	0	0	} 20-mal
						1	0	0	
						⋮	⋮	⋮	
						0	1	0	} 30-mal
						0	1	0	
						⋮	⋮	⋮	
						0	0	0	} 35-mal
						0	0	0	
						⋮	⋮	⋮	

$$\chi^2_{(2)} = 135 \cdot 0{,}00735 = 0{,}99\,.$$

Dieser Wert ist mit dem oben errechneten χ^2-Wert identisch.

χ^2–Test und F-Test

Eine multiple Korrelation wird über den F-Test gem. Gl. (13.19) auf Signifikanz getestet. Auch hier stellt sich die Frage, ob der F-Test und χ^2-Test zu gleichen statistischen Entscheidungen führen. Dies ist – wie bei Bortz u. Muchowski (1988) bzw. Bortz et al. (1990, Kap. 8.1.2) gezeigt wird – der Fall, wenn die Voraussetzungen für einen validen χ^2-Test erfüllt sind.

Den F-Wert des Signifikanztests nach Gl. (13.19) erhalten wir auch, wenn über die Daten der Tabelle 14.16 a eine einfaktorielle Varianzanalyse mit dem Merkmal A als unabhängige Variable und dem dichotomen Merkmal B als abhängige Variable gerechnet wird. (Die Daten unter a_1 bestehen dann aus 10 Einsen und 20 Nullen.) Statt eines k × 2-Tests könnte man also auch eine einfaktorielle Varianzanalyse mit einer dichotomen abhängigen Variablen durchführen. Obwohl die Voraussetzungen der einfaktoriellen Varianzanalyse (vgl. S. 284 ff.) bei einer dichotomen abhängigen Variablen deutlich verletzt sind, kommen beide Verfahren zu den gleichen statistischen Entscheidungen, wenn die Stichprobenumfänge genügend groß sind (vgl. auch Lunney, 1970, oder d'Agostino, 1972).

14.2.12 Mehrebenenanalyse

Vor allem in der erziehungswissenschaftlichen Forschung hat man es gelegentlich mit Fragestellungen zu tun, bei denen mehrere Analyseebenen simultan zu berücksichtigen sind. Als Beispiel könnte die Frage dienen, ob sich verschiedene Schulen (1. Analyseebene) bezüglich des Zusammenhangs zwischen Schulnote und sozialer Herkunft der Schüler (2. Analyseebene) unterscheiden.

Die für Fragestellungen dieser Art entwickelte Mehrebenenanalyse (bzw. des *hierarchisch linearen Modells*) geht auf Bryk u. Raudenbusch (1992) zurück. Eine deutschsprachige Einführung (sowie weitere Literatur zu diesem Thema) hat Ditton (1998) vorgelegt.

Eine Darstellung des Verfahrens würde den Rahmen dieses Buches sprengen. Stattdessen soll hier der Versuch unternommen werden, typische erziehungswissenschaftliche Fragestellungen der Mehrebenenanalyse mit den in den vergangenen Kapiteln behandelten Analysetechniken zu bearbeiten. Hierfür bietet sich Kap. 14 insofern an, als in diesem Kapitel die meisten statistischen Verfahren unter dem Blickwinkel des ALM zusammengefasst wurden, von denen einige auch für Aufgaben der Mehrebenenanalyse geeignet sind.

- Wie einleitend erwähnt, sind zwei Schulen bezüglich des Zusammenhangs von Note und sozialer Herkunft ihrer Schüler zu vergleichen. Die Nullhypothese: „Die Schulen unterscheiden sich nicht", kann mit Gl. (6.92) überprüft werden. Hat man es allgemein mit k Schulen zu tun, wäre Gl. (6.95) zur Prüfung der o.g. Nullhypothese einschlägig. Allgemein geht es hierbei um die Bedeutung einer Moderatorvariablen (hier Schulen) für den Zusammenhang zweier Variablen. Weitere Einzelheiten zu dieser Thematik findet man unter „Hinweise" auf S. 222.
- Es sind mehrere Kategorien von Schulen (z. B. ländlich/städtisch, katholisch/evangelisch, Grundschule/Realschule/Gymnasium etc.) zu vergleichen; pro Schulkategorie werden mehrere Schulen in die Untersuchung einbezogen. Wenn auch bei diesem Vergleich der Zusammenhang von Note und sozialer Herkunft (oder ein anderer Zusammenhang) interessiert, könnte man die Nullhypothese: „Kein Unterschied zwischen den Schultypen", mit dem t-Test für unabhängige Stichproben (2 Kategorien) bzw. der einfaktoriellen Varianzanalyse überprüfen. Abhängige Variable wäre pro Schule erneut die Korrelation von Note und sozialer Herkunft.
Falls innerhalb der Schulen jeweils verschiedene Klassen untersucht werden, käme ein zweifaktorieller hierarchischer Plan nach Art von Tabelle 11.4 (S. 390) in Betracht mit Faktor A: Schultypen und Faktor B: unter A geschachtelte Schulklassen. Abhängige Variablen wäre die pro Schulklasse ermittelte Korrelation von Note und sozialer Herkunft.
- Es wird gefragt, ob sich die Leistungen von Schülerinnen und Schülern (Faktor A) im Verlaufe von mehreren Jahren (Faktor B) unter-

schiedlich verändern und welche Bedeutung hierbei die Abschlussnote des Vaters hat (Kontrollvariable). Zur Bearbeitung dieser Messwiederholungsproblematik kann man auf die von Davis (2002) vorgeschlagenen „Summary Statistics" zurückgreifen, die auf S. 358 f. dargestellt wurden. Man charakterisiert die Veränderungen über die Zeit pro Vp z. B. durch eine Regressionsgerade und verwendet die Steigungskoeffizienten als abhängige Variable in einem t-Test für unabhängige Stichproben zum Vergleich von Schülerinnen und Schülern. Die Bedeutung der Abschlussnote des Vaters könnte im Rahmen einer einfaktoriellen Kovarianzanalyse (unabhängige Variable: Geschlecht, abhängige Variable: Steigungskoeffizienten, Kontrollvariable: Note des Vaters) ermittelt werden.

Diese Beispiele mögen genügen, um zu verdeutlichen, wie man auch mit „herkömmlichen" Methoden einige Probleme der Mehrebenenanalyse lösen kann. Häufig besteht der „Trick" darin, auf der untersten Analyseebene (Schüler oder andere Untersuchungsobjekte) einfache statistische Kennwerte zu berechnen (je nach Fragestellung Mittelwertedifferenzen, bivarate oder multiple Korrelationen, Regressionskoeffizienten etc.), die als abhängige Variablen in einfachen oder komplexeren Plänen (ein- oder mehrfaktoriell, mit oder ohne Messwiederholung, hierarchisch oder teilhierarchisch) varianzanalytisch oder kovarianzanalytisch ausgewertet werden. Bei diesen Analysen sollten – falls erforderlich – die flexiblen Möglichkeiten des ALM genutzt werden. Bei gefährdeten Voraussetzungen (insbesondere in Bezug auf die Verteilungsform der statistischen Kennwerte) ist der Einsatz verteilungsfreier Verfahren (z. B. Bortz u. Lienert, 2003) in Erwägung zu ziehen.

ÜBUNGSAUFGABEN

1. Nach Gekeler (1974) lassen sich aggressive Reaktionen folgenden Kategorien zuordnen:

    a_1: reziprok-aggressives Verhalten (auf ein aggressives Verhalten wird in gleicher Weise reagiert),

    a_2: eskalierend-aggressives Verhalten (auf ein aggressives Verhalten wird mit einer stärkeren Aggression reagiert),

    a_3: deeskalierend-aggressives Verhalten (auf ein aggressives Verhalten wird mit einer schwächeren Aggression reagiert).

Von 18 Personen mögen sich 5 reziprok-aggressiv, 6 eskalierend-aggressiv und 7 deeskalierend-aggressiv verhalten. Es soll überprüft werden, ob sich die 3 Vpn-Gruppen hinsichtlich der Bewertung aggressiven Verhaltens unterscheiden. Mit einem Fragebogen, der die Einstellungen gegenüber aggressivem Verhalten misst, mögen sich folgende Werte ergeben haben (je höher der Wert, desto positiver wird Aggressivität bewertet):

a_1	a_2	a_3
16	18	12
18	14	17
15	14	11
11	17	9
17	12	13
	14	13
		12

Erstellen Sie für diese Daten eine Designmatrix (Effektcodierung) und überprüfen Sie nach dem ALM, ob sich die 3 Gruppen hinsichtlich der Bewertung aggressiven Verhaltens unterscheiden. Kontrollieren Sie die Ergebnisse, indem Sie die Daten über eine einfaktorielle Varianzanalyse auswerten.

2. Ermitteln Sie, wie viele Indikatorvariablen zur Codierung der Vpn-Zugehörigkeit in folgenden Versuchsplänen benötigt werden:

    a) dreifaktorieller Plan mit $p = 2$, $q = 3$ und $r = 3$,

    b) einfaktorieller Plan mit Messwiederholungen ($n = 8$, $p = 4$),

    c) dreifaktorieller hierarchischer Plan mit $p = 2$, $q = 3$ und $r = 2$,

    d) griechisch-lateinisches Quadrat mit $p = 3$.

3. Aus den in Aufgabe 2 genannten Versuchsplänen sollen folgende Effekte getestet werden:

    zu 2 a) Interaktion $B \times C$,
    zu 2 b) Haupteffekt A,
    zu 2 c) Faktor C,
    zu 2 d) Faktor D.

Konstruieren Sie unter Zuhilfenahme multipler Korrelationen die entsprechenden F-Brüche. (Hinweis: Alle Faktoren haben eine feste Stufenauswahl; die Stichprobenumfänge für a), c) und d) sind gleich.)

Kapitel 15 Faktorenanalyse

ÜBERSICHT

Allgemeine Beschreibung der Faktorenanalyse – historische Entwicklung – Grundprinzip der PCA (Hauptkomponentenanalyse) – Faktorwert – Faktorladung – Kommunalität – Eigenwert – Rahmenbedingungen für die Durchführung einer PCA – substantielle Ladungen – Mathematik der PCA – Herleitung der „charakteristischen Gleichung" – Bestimmung von Eigenwerten und Eigenvektoren – Kaiser-Guttman-Kriterium – Scree-Test – Parallelanalyse – Signifikanztest für Faktoren – orthogonale und oblique Faktoren – Einfachstrukturkriterium – graphische Rotation – Varimax-Rotation – Kriteriumsrotation – Faktorstrukturvergleich – Modell mehrerer gemeinsamer Faktoren – Image-Analyse – Alpha-Faktorenanalyse – kanonische Faktorenanalyse – konfirmative Faktorenanalyse – Cattell's Kovariationsschema (O, P, Q, R, S, T-Technik) – dreimodale Faktorenanalyse – longitudinale Faktorenanalyse

Mit der Faktorenanalyse ist ein Verfahren zu behandeln, dessen herausragender Stellenwert für viele Fachdisziplinen, insbesondere aber für die psychologische Forschung unstrittig ist. Zum Anwendungsfeld der Faktorenanalyse gehören vor allem explorative Studien, in denen für die wechselseitigen Beziehungen vieler Variablen ein einfaches Erklärungsmodell gesucht wird. Insoweit unterscheidet sich die Faktorenanalyse von den bisher behandelten Verfahren, die in Hypothesen prüfenden Untersuchungen einzusetzen sind. Die für Hypothesen prüfende Untersuchungen typische Unterteilung von Merkmalen in unabhängige und abhängige Variablen entfällt bei der Faktorenanalyse, deren primäres Ziel darin zu sehen ist, einem größeren Variablensatz eine ordnende Struktur zu unterlegen.

Kap. 15.1 befasst sich zunächst mit dem Anliegen und den Eigenschaften der Faktorenanalyse. „Faktorenanalyse" ist ein Sammelbegriff für eine Reihe von Verfahren, von denen nur einige ausführlicher behandelt werden. Hierzu zählt die Hauptkomponentenanalyse als die wohl wichtigste Technik zur Bestimmung sog. „Faktoren", deren Grundprinzip und Interpretation wir unter 15.2 behandeln. Die Mathematik der Hauptkomponentenanalyse ist Gegenstand von 15.3 (ein Durcharbeiten dieses Abschnittes ist für faktorenanalytische Anwendungen nicht erforderlich). Unter 15.4 befassen wir uns mit der Frage, wieviele Faktoren benötigt werden, um die Struktur eines Variablensatzes angemessen abbilden zu können. Hilfreich für die Interpretation der Faktoren sind sog. Rotationstechniken, auf die wir unter 15.5 eingehen. In 15.6 schließlich werden weitere faktorenanalytische Ansätze summarisch behandelt.

▷ 15.1 Faktorenanalyse im Überblick

Erheben wir an einer Stichprobe 2 Variablen, können wir über die Korrelationsrechnung (vgl. Kap. 6) bestimmen, ob bzw. in welchem Ausmaß die beiden Variablen etwas Gemeinsames messen. Handelt es sich hierbei z. B. um 2 Leistungstests, ließe sich das Zustandekommen der Korrelation beispielsweise dadurch erklären, dass beide Tests neben gemeinsamen Leistungsaspekten auch Motivationsunterschiede der Vpn erfassen oder dass die Leistungsmessungen stark von der Intelligenz der Vpn beeinflusst sind. Neben diesen Hypothesen über das Gemeinsame der beiden Tests sind je nach Art der gemessenen Leistungen weitere Hypothesen möglich, über deren Richtigkeit die Korrelation allein keine Anhaltspunkte liefert. Die für die praktische Anwendung der Tests äußerst relevante Frage, was mit den Tests eigentlich gemessen wird, kann auf Grund der Korrelation zwischen den beiden Tests nicht befriedigend beantwortet werden.

Ein klareres Bild erhalten wir erst, wenn die beiden Tests zusätzlich mit anderen Variablen korreliert werden, von denen wir wissen oder zumindest annehmen, dass sie entweder reine Motivationsunterschiede oder reine Intelligenzunterschiede erfassen. Korrelieren die Motivationsvariablen hoch mit den Tests, können wir davon ausgehen, dass die Tests vornehmlich Motivationsunterschiede messen; sind die Intelligenzvariablen hoch korreliert, sind die Leistungen der Vpn stark von ihrer Intelligenz beeinflusst.

In der Praxis werden wir allerdings nur selten Korrelationskonstellationen antreffen, aus denen sich eindeutige Entscheidungen darüber ableiten lassen, ob die Tests entweder das eine oder das andere messen. Ziehen wir zur Klärung des gefundenen Zusammenhangs weitere Variablen heran, können auch diese mehr oder weniger hoch mit den Tests und miteinander korrelieren, sodass unsere Suche nach dem, was beide Tests gemeinsam messen, schließlich in einem Gewirr von Korrelationen endet. Die Anzahl der Korrelationen, die wir simultan berücksichtigen müssen, um die Korrelation zwischen den Tests richtig interpretieren zu können, nimmt schnell zu (bei 10 Variablen müssen wir 45 und bei 20 Variablen bereits 190 Korrelationen analysieren) und übersteigt rasch die menschliche Informationsverarbeitungskapazität.

Hilfreich wäre in dieser Situation ein Verfahren, das die Variablen gemäß ihrer korrelativen Beziehungen in wenige, voneinander unabhängige Variablengruppen ordnet. Mit Hilfe eines solchen Ordnungsschemas ließe sich relativ einfach entscheiden, welche Variablen gemeinsame und welche unterschiedliche Informationen erfassen. Ein Verfahren, das dieses leistet, ist die *Faktorenanalyse*.

> Mit der Faktorenanalyse können Variablen gemäß ihrer korrelativen Beziehungen in voneinander unabhängige Gruppen klassifiziert werden.

Die Faktorenanalyse liefert Indexzahlen (sog. Ladungen), die darüber informieren, wie gut eine Variable zu einer Variablengruppe passt. Diese Indexzahlen stellen die Basis für interpretative Hypothesen über das Gemeinsame der Variablen einer Variablengruppe dar.

Bedeutung eines Faktors

Umgangssprachlich verstehen wir unter einem „Faktor" eine Vervielfältigungszahl oder auch eine einen Sachverhalt mitbestimmende Einflussgröße. Mit der letztgenannten Wortbedeutung haben wir varianzanalytische Faktoren kennengelernt. Faktoren im faktorenanalytischen Sinne hingegen sind hypothetische Größen, die wir zur Erklärung von Merkmalszusammenhängen heranziehen. Eine genauere Wortbedeutung vermittelt der folgende Gedankengang:

Besteht zwischen 2 Variablen x und y eine hohe Korrelation, können wir mit der in 13.1 behandelten *Partialkorrelation* bestimmen, ob diese Korrelation dadurch erklärt werden kann, dass eine dritte Variable z sowohl Variable x als auch Variable y beeinflusst. Dies ist immer dann der Fall, wenn die Korrelation r_{xy} nach Herauspartialisieren der Variablen z praktisch unbedeutend wird.

Wenn wir annehmen, dass neben den Variablen x und y weitere Variablen von der Variablen z beeinflusst werden, so hat dies zur Folge, dass alle Variablen hoch miteinander korrelieren. Partialisieren wir die Variable z aus den übrigen Variablen heraus, resultieren unbedeutende Partialkorrelationen, weil Variable z die mit den übrigen Variablen erfasste Information hinreichend gut repräsentiert. Je höher die Variablen miteinander korrelieren, desto ähnlicher sind die Informationen, die durch sie erfasst werden, d.h., die Messung einer Variablen erübrigt bei hohen Variableninterkorrelationen weitgehend die Messung der anderen Variablen.

Damit ist die Zielsetzung der Faktorenanalyse leicht zu verdeutlichen. Ausgehend von den Korrelationen zwischen den gemessenen Variablen wird eine „synthetische" Variable konstruiert, die mit allen Variablen so hoch wie möglich korreliert. *Diese „synthetische" Variable bezeichnen wir als einen Faktor.* Ein Faktor stellt somit eine gedachte, theoretische Variable bzw. ein Konstrukt dar, das allen wechselseitig hoch korrelierten Variablen zu Grunde liegt. Wird der Faktor aus den Variablen herauspartialisiert, ergeben sich Partialkorrelationen, die diejenigen Variablenzusammenhänge erfassen, die nicht durch den Faktor erklärt werden können.

Zur Klärung dieser Restkorrelationen wird deshalb ein weiterer Faktor bestimmt, der vom ersten Faktor unabhängig ist und der die verbleibenden korrelativen Zusammenhänge möglichst gut erklärt (auf das Problem korrelierter Faktoren gehen wir unter 15.5 ein). Dieser Faktor wird aus

15.1 Faktorenanalyse im Überblick

den Restkorrelationen herauspartialisiert, was zu einer erneuten Reduktion der Zusammenhänge zwischen den Variablen führt. Durch Herauspartialisieren weiterer wechselseitig unabhängiger Faktoren werden schließlich auch diese Restkorrelationen bis auf einen Messfehler bedingten Rest zum Verschwinden gebracht.

> Das Ergebnis der Faktorenanalyse sind wechselseitig voneinander unabhängige Faktoren, die die Zusammenhänge zwischen den Variablen erklären.

BEISPIEL

Ein kleines Beispiel soll den Grundgedanken der Faktorenanalyse verdeutlichen. In einem Fragebogen werden Personen aufgefordert, u. a. die Richtigkeit der folgenden Behauptungen auf einer Skala einzustufen:
1. Ich erröte leicht.
2. Ich werde häufig verlegen.
3. Ich setze mich gern ans Meer und höre dem Rauschen der Wellen zu.
4. Ich gehe gern im Wald spazieren.

Auf Grund der Beantwortungen werden zwischen den Fragen folgende Korrelationen ermittelt:

$r_{12} = 0{,}80;\quad r_{13} = 0{,}10;\quad r_{14} = -0{,}05;$
$r_{23} = 0{,}15;\quad r_{24} = 0{,}05;$
$r_{34} = 0{,}70.$

Es besteht somit zwischen den Behauptungen 1 und 2 sowie zwischen den Behauptungen 3 und 4 ein recht hoher Zusammenhang, während die Behauptungen 1 und 2 mit den Behauptungen 3 und 4 nur unbedeutend korrelieren. Mit der Faktorenanalyse würden wir deshalb einen Faktor ermitteln, der die beiden ersten Behauptungen repräsentiert, und einen zweiten Faktor, der mit dem ersten Faktor zu Null korreliert und das Gemeinsame der beiden letzten Behauptungen erfasst. Partialisieren wir den 1. Faktor aus den 4 Behauptungen heraus, wird die Korrelation r_{12} beträchtlich reduziert, und die übrigen Korrelationen bleiben weitgehend erhalten. Wird auch der 2. Faktor aus den Restkorrelationen herauspartialisiert, dürften sämtliche Korrelationen nahezu vom Betrag Null sein. Dieses Ergebnis besagt, dass auf Grund der Interkorrelationen die Gemeinsamkeiten der 4 Behauptungen durch 2 Faktoren beschrieben werden können. Wegen der korrelativen Beziehungen lassen sich die beiden ersten Behauptungen durch Faktor 1 und die beiden letzten Behauptungen durch Faktor 2 ersetzen.

Das Beispiel verdeutlicht die erste wichtige Eigenschaft der Faktorenanalyse. Sie ermöglicht es, ohne entscheidenden Informationsverlust viele wechselseitig mehr oder weniger hoch korrelierende Variablen durch wenige voneinander unabhängige Faktoren zu ersetzen. In diesem Sinne führt die Faktorenanalyse zu einer „Datenreduktion".

> Die Faktorenanalyse ist ein „Daten reduzierendes" Verfahren.

Zu fragen bleibt, was die beiden in unserem Beispiel angenommenen synthetischen Variablen bzw. Faktoren *inhaltlich* bedeuten. Den ersten Faktor ermitteln wir auf Grund der gemeinsamen Varianz zwischen den Fragen 1 und 2. Der Faktor „misst" somit das, was die Fragen „Ich erröte leicht" und „Ich werde häufig verlegen" gemeinsam haben. Die Faktorenanalyse liefert jedoch keinerlei Anhaltspunkte dafür, was das Gemeinsame dieser Fragen ist, sondern lediglich, dass die untersuchte Stichprobe diese Fragen sehr ähnlich beantwortet hat. Sie gibt uns allerdings auf Grund der *Faktorladungen*, die wir noch ausführlich behandeln werden, darüber Auskunft, wie hoch die beiden Fragen mit dem Faktor korrelieren. Auf Grund dieser Korrelationen formulieren wir Hypothesen darüber, wie der Faktor inhaltlich zu deuten ist. Bezogen auf die Fragen 1 und 2 können wir vermuten, dass der Faktor so etwas wie „neurotische Tendenzen", „vegetative Labilität", „innere Unruhe" oder ähnliches erfasst, und bezogen auf die Fragen 3 und 4 könnte man spekulieren, dass eventuell „Ruhebedürfnis", „Liebe zur Natur" oder „romantische Neigungen" das Gemeinsame der beiden Fragen kennzeichnen.

Faktorenanalysen werden im Allgemeinen nicht eingesetzt, wenn – wie im oben erwähnten Beispiel – nur wenige Variablen zu strukturieren sind, deren korrelative Zusammenhänge auch ohne das rechnerisch aufwendige Verfahren interpretiert werden können. Die Vorzüge dieser Analyse kommen erst zum Tragen, wenn die Anzahl der Variablen vergleichsweise groß ist, sodass eine Analyse der Merkmalszusammenhänge „per Augenschein" praktisch nicht mehr möglich ist. Durch die Faktorenanalyse wird dem Variablengeflecht eine Ordnung unterlegt, aus der sich die angetroffene Konstellation der Variableninterkorrelationen erklären lässt.

Wie wir noch sehen werden, existiert jedoch nicht nur ein Ordnungsprinzip, das die Merkmalszusammenhänge erklärt, sondern theoretisch unendlich viele. Eine wichtige Aufgabe beim Einsatz einer Faktorenanalyse besteht darin, dasjenige Ordnungssystem herauszufinden, das mit den theoretischen Kontexten der untersuchten Variablen am besten zu vereinbaren ist. Ausgehend von den faktorenanalytischen Ergebnissen formulieren wir Hypothesen über Strukturen, von denen wir vermuten, dass sie den untersuchten Merkmalen zu Grunde liegen. Dies führt zu einer zweiten Eigenschaft der Faktorenanalyse:

> **Die Faktorenanalyse ist ein heuristisches, Hypothesen generierendes Verfahren.**

Eine dritte Eigenschaft leitet sich aus der Analyse komplexer Merkmale ab. Theoriegeleitet definieren wir, durch welche einzelnen Indikatoren komplexe Merkmale, wie z. B. sozialer Status, Erziehungsstil usw. zu operationalisieren sind. Mit der Faktorenanalyse, die über die einzelnen Indikatorvariablen gerechnet wird, finden wir heraus, ob das komplexe Merkmal ein- oder mehrdimensional ist. Diese Information benötigen wir, wenn ein Test oder ein Fragebogen zur Erfassung des komplexen Merkmals konstruiert werden soll. Im „eindimensionalen" Test können die Teilergebnisse zu einem Gesamtergebnis zusammengefasst werden; in Tests zur Erfassung mehrdimensionaler Merkmale hingegen benötigen wir Untertests, die getrennt ausgewertet werden und die zusammengenommen ein Testprofil ergeben.

> **Die Faktorenanalyse ist ein Verfahren zur Überprüfung der Dimensionalität komplexer Merkmale.**

Historischer Steckbrief der Faktorenanalyse

Die Entwicklung der Faktorenanalyse begann etwa um die Jahrhundertwende. (Über die historischen „Vorläufer" berichtet Mulaik, 1987.) Sie wurde insbesondere von der psychologischen Intelligenzforschung vorangetrieben, die sich darum bemühte herauszufinden, was Intelligenz eigentlich sei. Spearman (1904) ging in seinem *Generalfaktormodell* davon aus, dass alle intellektuellen Leistungen maßgeblich von einem allgemeinen Intelligenzfaktor abhängen, und dass zusätzlich bei der Lösung einzelner Aufgaben aufgabenspezifische Intelligenzfaktoren wirksam seien. Diese Theorie, nach der die Varianz jeder Testaufgabe in zwei unabhängige Varianzkomponenten zerlegbar ist, von denen die eine die allgemeine Intelligenz und die andere die aufgabenspezifische Intelligenz beinhaltet, regte dazu an, Methoden zu ihrer Überprüfung zu entwickeln. Spearman sah seine Theorie durch die von ihm entwickelte *Tetradenmethode*, die als erster Vorläufer der Faktorenanalyse gilt, bestätigt. (Eine Darstellung dieses historisch bedeutsamen Ansatzes findet der interessierte Leser z. B. bei Pawlik, 1976)

Die Spearmansche Theorie wurde erstmalig von Burt (1909, 1914) widerlegt, der in seinem *Gruppenfaktormodell* zeigte, dass Korrelationen zwischen intellektuellen Leistungen besser durch mehrere gemeinsame Faktoren, die jeweils durch eine Gruppe intellektueller Leistungsvariablen gekennzeichnet sind, erklärt werden können. An der methodischen Weiterentwicklung der Faktorenanalyse war vor allem Thurstone (1931, 1947) beteiligt, der mit seinem *Modell mehrerer gemeinsamer Faktoren* der Entwicklung mehrdimensionaler Verhaltensmodelle entscheidend zum Durchbruch verhalf. Die heute noch am meisten verbreitete *Hauptkomponentenanalyse*, die wir ausführlich in 15.2 bzw. 15.3 darstellen werden, geht auf Hotelling (1933) und Kelley (1935) zurück. Weitere methodische Verbesserungen und Ergänzungen führten dazu, dass die Bezeichnung Faktorenanalyse heute ein Sammelbegriff für viele, zum Teil sehr unterschiedliche Techniken ist, von denen wir einige in 15.6 kurz ansprechen werden.

Die Entwicklung der Faktorenanalyse wäre zweifellos nicht so stürmisch verlaufen, wenn nicht gleichzeitig insbesondere von Psychologen die herausragende Bedeutung dieses Verfahrens für human- und sozialwissenschaftliche Fragestellungen erkannt und immer wieder nach differenzierteren und mathematisch besser abgesicherten Analysemöglichkeiten verlangt worden wäre. In diesem Zusammenhang sind vor allem Cattell, Eysenck und Guilford zu nennen, die in einer Fülle von Arbeiten die Bedeutung der Faktorenanalyse für die Persönlichkeitsforschung eindrucksvoll belegen. (Ausführlichere Hinweise über die historische Entwicklung der Faktorenanalyse sind bei Burt, 1966, Royce, 1958, und Vincent, 1953, zu finden.)

Nicht unwichtig für die sich rasch ausbreitende Faktorenanalyse war letztlich die Entwicklung leistungsstarker elektronischer Datenverarbeitungsanlagen, mit denen auch rechnerisch sehr aufwendige Faktorenanalysen über größere Variablensätze mühelos gerechnet werden können.

Die Möglichkeit, Faktorenanalysen auf einer EDV-Anlage oder einem PC ohne besondere Probleme durchführen zu können, hat allerdings dazu geführt, dass dieses Verfahren gelegentlich unreflektiert eingesetzt wird. Wenn wir von einigen Neuentwicklungen wie z. B. der konfirmativen Faktorenanalyse (vgl. 15.6) einmal absehen, führt die Faktorenanalyse zu interpretativ mehrdeutigen Ergebnissen, die zwar die Hypothesenbildung erleichtern, die jedoch keine Überprüfung inhaltlicher Hypothesen über Variablenstrukturen gestatten. Das Problem der richtigen Bewertung faktorenanalytischer Forschung wird in einer Reihe von Arbeiten, wie z. B. Fischer (1967), Kallina (1967), Kalveram (1970 a u. b), Kempf (1972), Orlik (1967 a), Pawlik (1973), Royce (1973), Sixtl (1967) und Vukovich (1967) diskutiert.

Die Anzahl der Lehrbücher und Aufsätze zum Thema Faktorenanalyse wächst ständig und ist bereits heute kaum noch zu übersehen. Eine erschöpfende Darstellung dieses Themas ist deshalb in diesem Rahmen nicht möglich. Wir werden uns auf die ausführliche Darstellung der heute am häufigsten eingesetzten Hauptkomponentenanalyse (vgl. Velicer, 1977) beschränken, die in der englischsprachigen Literatur „Principal Component Analysis" oder kurz: PCA genannt wird.

Jolliffe (2002, S. 9) berichtet, dass im *„Web of Science"* für die Jahre 1999–2000 über 2000 Publikationen mit dem Begriff „Principle Component(s) Analysis" dokumentiert sind. Anwendungen dieser Technik finden sich nicht nur in der Psychologie, sondern in vielen anderen Fachdisziplinen wie z. B. Agrarwissenschaft, Biologie, Chemie, Geographie, Ökonomie, Meteorologie oder Ozeanographie.

Auf weitere faktorenanalytische Ansätze werden wir unter 15.6 kurz eingehen.

Für eine Vertiefung der faktorenanalytischen Methoden nennen wir im Folgenden einige inzwischen „klassische" Lehrbücher, die sich ausschließlich mit dem Thema Faktorenanalyse befassen. Die einzelnen Werke werden – natürlich nur subjektiv – kurz kommentiert:

Arminger (1979): Faktorenanalyse (kompakter, ausführlicher Überblick; auch konfirmative Faktorenanalyse; setzt Grundwissen voraus; SPSS und LISREL-Beispiele)

Cattell (1952): Factor Analysis (mittlere Schwierigkeit, starke Betonung des Einfachstrukturrotationskriteriums; Kombination von Faktorenanalyse mit experimentellen Versuchsplänen)

Comrey (1973): A first course in Factor Analysis (auch mit wenig mathematischen Vorkenntnissen leicht zu lesen, viele Zahlenbeispiele, verzichtet auf Ableitungen, computerorientiert)

Fruchter (1954): Introduction to Factor Analysis (grundlegende, einfache Einführung; zeitgenössische Entwicklungen sind nicht berücksichtigt)

Guertin u. Bailey (1970): Introduction to modern Factor Analysis (inhaltlich orientierte Darstellung mit wenig Mathematik; auf Einsatz von Computern im Rahmen der Faktorenanalyse ausgerichtet; verzichtet auf Vermittlung des mathematischen Hintergrundes der Verfahren)

Harman (1968): Modern Factor Analysis (grundlegendes Standardwerk für viele faktorenanalytische Techniken; ohne mathematische Vorkenntnisse nicht leicht zu lesen; sehr viele Literaturangaben)

Holm (1976): Die Befragung; 3. Die Faktorenanalyse (auch mit wenigen mathematischen Vorkenntnissen verständlich; behandelt zusätzlich Spezialfälle der Faktorenanalyse)

Horst (1965): Factor Analysis of data matrices (sehr stark matrixalgebraisch orientiert, mit mathematischen Beweisen, übersichtliche Darstellung der Rechenregeln, Beispiele, viele Rechenprogramme)

Jolliffe (2002): Principle Component Analysis. (In der 2. Aufl. derzeit wohl umfangreichstes Werk über die Hauptkomponentenanalyse. Nicht speziell für die Psychologie, sondern – was die Anwendungsbeispiele anbelangt – einschlägig für viele Fachdisziplinen; setzt Kenntnisse in Matrixalgebra voraus)

Lawley u. Maxwell (1971): Factor Analysis as a statistical method (im Wesentlichen auf die Darstellung der Maximum-likelihood Methode von Lawley konzentriert; ohne erhebliche mathematische Vorkenntnisse kaum verständlich)

Mulaik (1972): The Foundations of Factor Analysis (behandelt die mathematischen Grundlagen der Faktorenanalyse, ohne Vorkenntnisse kaum verständlich)

Pawlik (1976): Dimensionen des Verhaltens (sehr ausführliche Darstellung mehrerer faktorenanalytischer Modelle mit gleichzeitiger Behandlung des mathematischen Hintergrundes; viele Beispiele, grundlegende Einführung in Matrixalgebra und analytische Geometrie, im 2. Teil Anwendungen der Faktorenanalyse in der psychologischen Forschung)

Revenstorf (1976): Lehrbuch der Faktorenanalyse (Darstellung verschiedener faktorenanalytischer Ansätze und Rotationstechniken unter Berücksichtigung neuerer Entwicklungen, mathematischer Hintergrund vorwiegend matrixalgebraisch, zahlreiche graphische Veranschaulichungen, diskutiert die Faktorenanalyse im wissenschaftstheoretischen Kontext)

Revenstorf (1980): Faktorenanalyse (Kurzfassung der wichtigsten faktorenanalytischen Methoden; setzt matrixalgebraische Kenntnisse voraus; behandelt die traditionelle explorative Faktorenanalyse sowie die konfirmative Faktorenanalyse)

Thurstone (1947): Multiple Factor Analysis (vor allem von historischer Bedeutung; u.a. ausführliche Darstellung der Zentroidmethode und des Einfachstrukturkriteriums)

Überla (1971): Faktorenanalyse (Darstellung mehrerer faktorenanalytischer Methoden, mathematischer Hintergrund relativ kurz, Beispiele EDV-orientiert, Programm für eine Rotationstechnik, Einführung in die Matrixalgebra).

Zusätzlich wird die Faktorenanalyse einführend bei Geider et al. (1982) behandelt und in einigen Lehrbüchern über multivariate Verfahren, wie z. B. bei Backhaus et al. (1987), Cooley u. Lohnes (1971), Gaensslen u. Schubö (1973), van de Geer (1971), Hope (1968), Morrison (1990), Overall u. Klett (1972), Press (1972) sowie Timm (2002). Über Möglichkeiten und Grenzen des Einsatzes der Faktorenanalyse in der Persönlichkeitsforschung berichtet Pawlik (1973) in einem von Royce (1973) herausgegebenen Buch über multivariate Analysen und psychologische Theorienbildung. Einen kritischen Vergleich verschiedener faktorenanalytischer Methoden findet man bei Revenstorf (1978).

▷ 15.2 Grundprinzip und Interpretation der Hauptkomponentenanalyse

Das Prinzip einer PCA (wir übernehmen diese Abkürzung für principal components analysis) sei an einem einleitenden Beispiel verdeutlicht. Eine Person wird aufgefordert, die 5 folgenden Aufgaben zu lösen:
- ein Bilderrätsel (Rebus),
- eine Mathematikaufgabe,
- ein Puzzle,
- eine Reproduktions-(Gedächtnis-)Aufgabe,
- ein Kreuzworträtsel.

Für jede Aufgabe i wird die Punktzahl x_i zur Kennzeichnung der Qualität der Aufgabenlösung registriert.

Lassen wir die Aufgaben von mehreren Personen lösen, können zwischen den Aufgaben Korrelationen berechnet werden. Es ist zu erwarten, dass die 5 Aufgaben mehr oder weniger deutlich miteinander korrelieren, dass also die Punktzahlen nicht unabhängig voneinander sind. Sie könnten z. B. von der allgemeinen Intelligenz in der Weise abhängen, dass Personen mit höherer allgemeiner Intelligenz die Aufgaben besser lösen können als Personen mit geringerer Intelligenz. Die allgemeine Intelligenz einer Person m wollen wir mit f_m bezeichnen.

Zusätzlich ist die Annahme plausibel, dass das Ausmaß an allgemeiner Intelligenz, das zur Lösung der Aufgaben erforderlich ist, von Aufgabe zu Aufgabe unterschiedlich ist. Die Lösung eines Kreuzworträtsels beispielsweise setzt weniger allgemeine Intelligenz voraus und ist vor allem eine Sache der Routine, während die Lösung einer Mathematikaufgabe neben allgemeiner Intelligenz auch ein spezielles, logisch-analytisches Denkvermögen erfordert. Das Ausmaß, in dem allgemeine Intelligenz zur Lösung einer Aufgabe i erforderlich ist, wollen wir mit a_i bezeichnen. Die Werte a_1 bis a_5 geben somit an, in welchem Ausmaß die 5 Aufgaben Intelligenz erfordernde Eigenschaften aufweisen.

Ungeachtet irgendwelcher Maßstabsprobleme nehmen wir an, dass sich die Leistungen x_{mi} einer Person m folgendermaßen zusammensetzen:

$$\left. \begin{array}{l} x_{m1} = f_m \cdot a_1 \\ x_{m2} = f_m \cdot a_2 \\ x_{m3} = f_m \cdot a_3 \\ x_{m4} = f_m \cdot a_4 \\ x_{m5} = f_m \cdot a_5 \end{array} \right\} + \text{Rest.} \qquad (15.1)$$

Nach diesem Gleichungssystem haben wir uns das Zustandekommen eines Wertes x_{mi} folgendermaßen vorzustellen: Die Punktzahl für eine Aufgabe i ergibt sich aus dem Produkt der allgemeinen Intelligenz der Person m (f_m) und dem Ausmaß an Intelligenz, das bei der Lösung dieser Aufgabe erforderlich ist (a_i). Erfordert die Aufgabe viel allgemeine Intelligenz, wird sie um so besser gelöst, je mehr allgemeine Intelligenz die Person aufweist. Ist die Aufgabe so geartet, dass allgemeine Intelligenz zu ihrer Lösung nicht benötigt wird, führen Intelligenzunterschiede zwischen den Personen nicht zu verschiedenen Punktzahlen.

Sicherlich sind mit der allgemeinen Intelligenz die Punktzahlen für die Aufgaben nicht eindeutig bestimmt. Es bleibt ein Rest, in dem spezifische Fähigkeiten der Person enthalten sind, die ebenfalls zur Lösung der Aufgaben beitragen. Zusätzlich wird die Punktzahl von Zufälligkeiten (Fehlereffekten) beeinflusst sein.

15.2 Grundprinzip und Interpretation der Hauptkomponentenanalyse

Man kann z.B. vermuten, dass einige Aufgaben eher theoretische Intelligenzaspekte erfordern, während andere Aufgaben mehr praktische Intelligenz voraussetzen. Bezeichnen wir die Ausprägung der praktischen Intelligenz bei einer Person m mit f_{m1} und die Ausprägung der theoretischen Intelligenz mit f_{m2} und nennen das Ausmaß, in dem die 5 Aufgaben praktische Intelligenz erfordern, a_{11} bis a_{51}, und das Ausmaß, in dem die Aufgaben theoretische Intelligenz erfordern, a_{12} bis a_{52}, erhalten wir folgende Gleichungen für die Punktzahlen einer Person m:

$$\left.\begin{array}{l} x_{m1} = f_{m1} \cdot a_{11} + f_{m2} \cdot a_{12} \\ x_{m2} = f_{m1} \cdot a_{21} + f_{m2} \cdot a_{22} \\ x_{m3} = f_{m1} \cdot a_{31} + f_{m2} \cdot a_{32} \\ x_{m4} = f_{m1} \cdot a_{41} + f_{m2} \cdot a_{42} \\ x_{m5} = f_{m1} \cdot a_{51} + f_{m2} \cdot a_{52} \end{array}\right\} + \text{Rest}. \quad (15.2)$$

Die Fähigkeit, eine Aufgabe zu lösen, stellt sich nun als die Summe zweier gewichteter Intelligenzkomponenten dar. Die Intelligenzkomponenten einer Person werden jeweils damit gewichtet, in welchem Ausmaß die Lösung der jeweiligen Aufgaben diese Intelligenzkomponenten erfordert. Die Intelligenzkomponenten bezeichnen wir als (Intelligenz-)Faktoren, von denen angenommen wird, dass sie die Testleistungen der Personen erklären.

Es ist jedoch davon auszugehen, dass die Messungen x_{m1} bis x_{m5} mit diesen beiden Komponenten nicht restfrei erklärt werden können, d.h., es könnte erforderlich sein, weitere Intelligenzfaktoren (oder besser: Testleistungsfaktoren) zu postulieren.

Allgemein formuliert nehmen wir an, dass sich die Leistung einer Person m bezüglich einer Aufgabe i nach folgender Bestimmungsgleichung ergibt:

$$x_{mi} = f_{m1} \cdot a_{i1} + f_{m2} \cdot a_{i2} + \cdots + f_{mq} \cdot a_{iq}$$
$$= \sum_{j=1}^{q} f_{mj} \cdot a_{ij}. \quad (15.3\,\text{a})$$

In dieser Gleichung bedeuten:
x_{mi} = Leistung der Person m bei der i-ten Aufgabe,
a_{ij} = Bedeutung des j-ten Faktors für die Lösung der Aufgabe i,
f_{mj} = Ausstattung der Person m mit dem Faktor j,
q = Anzahl der Faktoren,
i = Laufindex der p Aufgaben,
j = Laufindex der q Faktoren,
m = Laufindex der n Personen.

In Matrixschreibweise (vgl. Anhang C) schreiben wir für Gl. (15.3 a):

$$\mathbf{X} = \mathbf{F} \cdot \mathbf{A}'. \quad (15.3\,\text{b})$$

Die f_{mj}- und a_{ij}-Werte werden in der PCA so bestimmt, dass nach Gl. (15.3) Messwerte vorhergesagt werden können, die möglichst wenig von den tatsächlichen x_{mi}-Werten abweichen. Die PCA geht somit ähnlich wie die multiple Regressionsrechnung vor: Den (unbekannten) b-Gewichten in der multiplen Regression entsprechen die (unbekannten) a_{ij}-Werte in der PCA, und den (bekannten) Werten der Prädiktorvariablen in der multiplen Regression entsprechen die (unbekannten) f_{mj}-Werte.

Bestimmung der PCA-Faktoren

Für Gl. (15.3) lassen sich theoretisch unendlich viele Lösungen finden. Eine dieser Lösungen führt zu den Faktoren der PCA, die durch folgende Eigenschaften gekennzeichnet sind (ausführlicher hierzu vgl. 15.3):

1. Sie sind wechselseitig voneinander unabhängig.
2. Sie erklären sukzessiv maximale Varianz.

Abbildung 15.1 veranschaulicht an einem einfachen Zweivariablenbeispiel, wie die Faktoren in der PCA bestimmt werden.

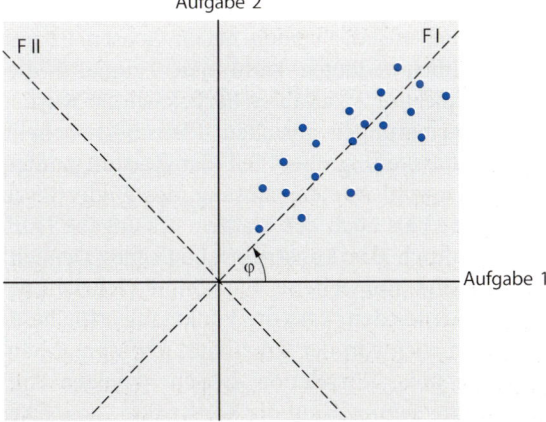

Abb. 15.1. Veranschaulichung einer varianzmaximierenden orthogonalen Rotationstransformation

Die Abbildung zeigt die Leistungen der Vpn in den ersten beiden Aufgaben des oben genannten Beispiels, wobei die Aufgaben 1 und 2 die Achsen des Koordinatensystems bilden. Die Punkte im Koordinatensystem stellen die Vpn dar, deren Koordinaten den bezüglich der Aufgaben 1 und 2 erbrachten Leistungen entsprechen, d. h., die Projektionen der Punkte auf die Achsen „Aufgabe 1" und „Aufgabe 2" geben die Leistungen der Vpn bezüglich dieser Aufgaben wieder. Die Leistungen der Vpn haben in diesem Beispiel auf beiden Achsen annähernd gleichgroße Streuungen. Die Art des Punkteschwarms weist zudem darauf hin, dass zwischen den beiden Aufgaben eine hohe positive Kovarianz bzw. Korrelation besteht. Das Koordinatensystem wird nun in der PCA so gedreht (rotiert), dass

1. die Korrelation zwischen den beiden neuen Achsen Null wird und
2. die Punkte auf der 1. neuen Achse (F I) maximale Varianz haben.

In Abb. 15.1 werden die beiden ursprünglichen Achsen um den Winkel φ entgegen dem Uhrzeigersinn zu den neuen Achsen F I und F II rotiert. Ausgehend von den Projektionen der Vpn auf die neuen Achsen, unterscheiden sich die Vpn auf der Achse F I erheblich mehr als auf der alten Achse „Aufgabe 1", während die Unterschiede auf der neuen Achse F II gegenüber den Unterschieden auf der alten Achse „Aufgabe 2" kleiner geworden sind. Eine Vorhersage der Ausprägungen auf der Achse F II auf Grund der Ausprägungen auf der Achse F I ist nicht möglich, denn die beiden neuen Achsen korrelieren zu Null miteinander.

Darüber, was die beiden neuen Achsen F I und F II inhaltlich bedeuten, kann man – zumal in diesem Beispiel nur 2 Variablen berücksichtigt wurden – nur Vermutungen anstellen. Plausibel erscheint jedoch, dass ein großer Teil der Leistungsunterschiede sowohl bei der Lösung des Bilderrätsels (Aufgabe 1) als auch der Mathematikaufgabe (Aufgabe 2) durch das Konstrukt „Logisches Denken" bedingt sind. Ein weiterer Teil könnte vielleicht damit erklärt werden, dass die Punktzahlen für beide Aufgaben auch von der Kreativität der Vpn abhängen. Die hohe Korrelation zwischen beiden Aufgaben wäre demnach auf die Konstrukte „Logisches Denken" (F I) und „Kreativität" (F II) zurückzuführen, denn beide Konstrukte – so unsere Vermutung – bestimmen die Lösungszeiten für das „Bilderrätsel" und die „Mathematikaufgabe".

Eine Rotation, bei der die Rechtwinkligkeit der Achsen erhalten bleibt, bezeichnet man als *orthogonale Rotationstransformation*. Orthogonale Rotationstransformationen sind nicht nur für 2, sondern allgemein für p Variablen durchführbar. (Im oben erwähnten Beispiel ist p = 5.) Die p Variablen machen ein geometrisch nicht mehr zu veranschaulichendes, *p-dimensionales Koordinatensystem* auf. Dieses Koordinatensystem wird so gedreht, dass die Projektionen der Vpn auf einer der p neuen Achsen maximal streuen. Diese neue Achse klärt dann von der Gesamtvarianz der Leistungen der Vpn einen maximalen Anteil auf. Die verbleibenden p − 1 Achsen werden wiederum so gedreht, dass von der Restvarianz, die durch die erste neue Achse nicht aufgeklärt wird (in Abb. 15.1 ist dies die Varianz der Projektionen der Punkte auf die Achse F II), eine weitere Achse einen maximalen Anteil aufklärt. Nach Festlegung der ersten beiden Achsen werden die verbleibenden p − 2 Achsen so gedreht, dass eine dritte neue Achse von der restlichen Varianz, die durch die beiden ersten Achsen nicht erfasst wird, einen maximalen Anteil aufklärt usw. Die p-te Achse ist nach Festlegung von p − 1 Achsen nicht mehr frei rotierbar. Sie klärt zwangsläufig einen minimalen Varianzanteil auf. Dieses Vorgehen bezeichnet man als eine sukzessiv varianzmaximierende, orthogonale Rotationstransformation.

Für p = 3 stellen wir uns vor, dass der Punkteschwarm in Abb. 15.1 nicht 2-, sondern 3-dimensional ist („Punktewolke") und dass die 3. Dimension senkrecht auf der Ebene F I–F II steht. (Die 3. Dimension kann beispielsweise durch einen Bleistift, der senkrecht im Ursprung des Koordinatensystems auf die Buchseite gesetzt wird, verdeutlicht werden.) Diese 3. Achse möge bereits maximale Varianz aufklären, sodass die Punkte in Abb. 15.1 die Restvarianz veranschaulichen. Diese Restvarianz basiert auf den Projektionen der Vpn auf die Ebene F I–F II. Nach Festlegung der „Raumachse" (die dem senkrecht stehenden Bleistift entsprechen möge) können die beiden übrigen Achsen beliebig in der zur „Raumachse" senkrecht stehenden Ebene rotiert werden. Dies geschieht in der Weise, dass eine der beiden verbleibenden Achsen von der Restvarianz einen maximalen Varianzanteil aufklärt. Man erhält so die

Position der Achse F I. Nachdem die „Raumachse" und die Achse F I festgelegt sind, ist die Position von F II ebenfalls bestimmt, da sie sowohl zu F I als auch zur „Raumachse" senkrecht stehen muss.

Die Projektionen der Vpn-Punkte auf die neuen Achsen lassen sich mathematisch als gewichtete Summen (Linearkombinationen) der Projektionen auf die alten Achsen darstellen (vgl. 15.3). Die Projektionen auf die alten Achsen sind jedoch nichts anderes als die Messwerte der Vpn auf den p-Variablen, sodass die Projektionen auf die neuen Achsen *Linearkombinationen der ursprünglichen Messwerte* darstellen. Für diese Linearkombinationen werden in der PCA Gewichte errechnet, die einerseits orthogonale Rotationstransformationen bewirken (d. h. Drehungen des Achsensystems unter Beibehaltung der Rechtwinkligkeit der Achsen) und die andererseits dazu führen, dass die neuen Achsen sukzessiv maximale Varianz aufklären. Die so ermittelten neuen Achsen stellen die PCA-Faktoren dar. Durch diese Technik der Ermittlung der PCA-Faktoren (in der faktorenanalytischen Terminologie sprechen wir von der „Extraktionstechnik" der Faktoren) ist sichergestellt, dass der erste „extrahierte" Faktor für die Erklärung der Vpn-Unterschiede auf den p Variablen am wichtigsten ist, gefolgt vom zweiten Faktor, dem dritten etc. . . . .

> PCA-Faktoren sind wechselseitig unabhängig und erklären sukzessiv maximale Varianz.

Mit der PCA transformieren wir somit p Variablenachsen in p neue Achsen, wobei die Größe der Varianzen auf den neuen Achsen durch die Höhe der Variableninterkorrelationen bestimmt ist. Korrelieren im Extremfall alle Variablen wechselseitig zu 1, kann die gesamte Varianz aller Vpn auf allen Variablen mit einer einzigen neuen Achse erfasst werden (wie wir aus der bivariaten Regressionsrechnung wissen, liegen in diesem Fall sämtliche Punkte auf einer Geraden, die mit der neuen Achse identisch ist). Sind die Korrelationen hingegen sämtlich vom Betrag Null, benötigen wir zur Aufklärung der Gesamtvarianz ebensoviele Faktoren, wie Variablen vorhanden sind. In diesem Fall entsprechen die Faktoren den Variablen, d. h., jeder Faktor klärt genau die Varianz einer Variablen auf.

> Je höher die Variablen (absolut) miteinander korrelieren, desto weniger Faktoren benötigen wir zur Aufklärung der Gesamtvarianz.

Die Vpn-Messwerte auf p Variablen werden durch „Messwerte" auf q neuen Achsen ersetzt, wobei wir für empirische Daten den Fall völlig unkorrelierter Variablen ausschließen können, d. h., q wird immer kleiner als p sein. Hiermit ist der datenreduzierende Aspekt der PCA verdeutlicht. Eine Antwort auf die Frage, wieviele Faktoren einem Variablensatz zu Grunde liegen, geben wir in 15.4.

Kennwerte der Faktorenanalyse

Für die Interpretation einer PCA bzw. allgemein einer Faktorenanalyse werden einige Kennwerte berechnet, die im Folgenden erläutert werden.

Faktorwerte. Wir wollen einmal annehmen, dass die Positionen der neuen Achsen bekannt seien. Werden die Projektionen der Vpn auf die neuen Achsen pro Achse z-standardisiert, erhalten wir neue Werte, die als Faktorwerte der Vpn bezeichnet werden. Die z-standardisierten Achsen selbst sind die Faktoren.

> Der Faktorwert f_{mj} einer Vp m kennzeichnet die Position dieser Vp auf dem Faktor j. Er gibt darüber Auskunft, wie stark die in einem Faktor zusammengefassten Merkmale bei dieser Vp ausgeprägt sind.

Faktorladung. Jede Vp ist durch q Faktorwerte und p Messungen auf den ursprünglichen Variablen beschreibbar. Korrelieren wir die Faktorwerte der Vpn auf einem Faktor j mit den Messungen auf einer Variablen i, erhalten wir einen Wert, der als Ladung der Variablen i auf dem Faktor j bezeichnet wird. Diese Ladung wird durch das Symbol a_{ij} bezeichnet.

> Eine Faktorladung a_{ij} entspricht der Korrelation zwischen einer Variablen i und einem Faktor j.

Kommunalität. Aus der Elementarstatistik wissen wir, dass das Quadrat einer Korrelation den Anteil gemeinsamer Varianz zwischen den korrelierten Messwertreihen angibt. Das Quadrat der Ladung (a_{ij}^2) einer Variablen i auf einem Faktor j kennzeichnet somit den gemeinsamen Varianzanteil zwischen der Variablen i und dem Faktor j. Summieren wir die quadrierten Ladungen einer Variablen i über alle Faktoren, erhalten wir einen Wert h^2, der angibt, welcher Anteil der Varianz einer Variablen durch die Faktoren aufgeklärt wird. In der PCA gehen wir üblicherweise von Korrelationen, d.h. von Kovarianzen z-standardisierter Variablen aus, d.h., die Varianz der Variablen ist jeweils vom Betrag 1. Es gilt somit folgende Beziehung:

$$0 \leq h_i^2 = \sum_{j=1}^{q} a_{ij}^2 \leq 1 \,. \tag{15.4}$$

Die Summe der quadrierten Ladungen einer Variablen kann nicht größer als 1 werden. Üblicherweise wird diese Summe Kommunalität (abgekürzt: h^2) genannt.

> Die Kommunalität einer Variablen i gibt an, in welchem Ausmaß die Varianz dieser Variablen durch die Faktoren aufgeklärt bzw. erfasst wird.

Theoretisch lässt sich die Anzahl der Faktoren soweit erhöhen, bis die Varianzen aller Variablen vollständig erklärt sind. Im Allgemeinen werden wir jedoch die Faktorenextraktion vorher abbrechen, weil die einzelnen Variablen bereits durch wenige Faktoren bis auf unbedeutende Varianzanteile erfasst sind, von denen wir vermuten können, dass sie auf fehlerhafte, unsystematische Effekte zurückgehen (vgl. 15.4). In der Regel wird die Kommunalität h^2 deshalb kleiner als eins sein.

Eigenwert. Summieren wir die quadrierten Ladungen der Variablen auf einem Faktor j, ergibt sich mit λ_j (griech.: lambda) die Varianz, die durch diesen Faktor j aufgeklärt wird. Die Gesamtvarianz aller p Variablen hat den Wert p, wenn die Variablen – wie üblich – durch Korrelationsberechnungen z-standardisiert sind.

$$\lambda_j = \text{Varianzaufklärung durch Faktor j}$$
$$= \sum_{i=1}^{p} a_{ij}^2 \leq p \,. \tag{15.5}$$

Der Wert λ_j, der die durch einen Faktor j erfasste Varianz kennzeichnet, heißt Eigenwert des Faktors j.

> Der Eigenwert λ_j eines Faktors j gibt an, wie viel von der Gesamtvarianz aller Variablen durch diesen Faktor erfasst wird.

Dividieren wir λ_j durch p, resultiert der Varianzanteil des Faktors j an der Gesamtvarianz bzw. – multipliziert mit 100% – der prozentuale Varianzanteil.

Der Eigenwert desjenigen Faktors, der am meisten Varianz erklärt, ist um so größer, je höher die Variablen miteinander korrelieren. (Eine genauere Analyse der Beziehung zwischen der durchschnittlichen Variableninterkorrelation $\bar{r}$ und dem größten Eigenwert λ_{max} findet man bei Friedman u. Weisberg, 1981.)

Ist die Varianz eines Faktors kleiner als 1 (d.h. kleiner als die Varianz einer einzelnen Variablen), wird dieser Faktor im Allgemeinen für unbedeutend gehalten. Er kann wegen der geringen Varianzaufklärung nicht mehr zur Datenreduktion beitragen. (Weitere Kriterien zur Bestimmung der Anzahl der bedeutsamen Faktoren werden wir unter 15.4 kennenlernen.)

BEISPIEL

Im Folgenden soll die PCA an einem auf Thurstone (1947, S. 117 ff.) zurückgehenden Beispiel verdeutlicht werden, das zwar inhaltlich bedeutungslos ist, das aber die Grundintention der PCA klar herausstellt. (Ein weiteres Beispiel wird in 15.5 behandelt.) Untersuchungsmaterial sind 3×9 Zylinder, deren Durchmesser und Längen in Tabelle 15.1 zusammengestellt sind. (Warum in der Zylinderstichprobe jeder Zylinder 3-mal vorkommt, wird in der Originalarbeit nicht begründet.)

Tabelle 15.1. Durchmesser (d) und Längen (ℓ) von 27 Zylindern

Zylinder Nr.	d	ℓ	Zylinder Nr.	d	ℓ	Zylinder Nr.	d	ℓ
1	1	2	10	1	2	19	1	2
2	2	2	11	2	2	20	2	2
3	3	2	12	3	2	21	3	2
4	1	3	13	1	3	22	1	3
5	2	3	14	2	3	23	2	3
6	3	3	15	3	3	24	3	3
7	1	4	16	1	4	25	1	4
8	2	4	17	2	4	26	2	4
9	3	4	18	3	4	27	3	4

15.2 Grundprinzip und Interpretation der Hauptkomponentenanalyse

Tabelle 15.2. Korrelationsmatrix der 6 Zylindermerkmale

	d	ℓ	a	c	v	t
d	1,00	0,00	0,99	0,81	0,90	0,56
ℓ		1,00	0,00	0,54	0,35	0,82
a			1,00	0,80	0,91	0,56
c				1,00	0,97	0,87
v					1,00	0,77
t						1,00

Tabelle 15.3. Faktorladungen und Kommunalitäten (h^2) der 6 Zylindermerkmale

	FI	FII	h^2
d	0,88	−0,46	0,99
ℓ	0,46	0,89	1,00
a	0,88	−0,46	0,99
c	0,98	0,10	0,98
v	0,98	−0,11	0,97
t	0,86	0,48	0,97
	$\lambda_1 = 4{,}43$	$\lambda_2 = 1{,}46$	

Tabelle 15.4. Faktorwerte der Zylinder

Zylinder	FI	FII
1	−1,45	−0,59
2	−0,63	−1,01
3	0,43	−1,58
4	−1,01	0,52
5	−0,10	0,04
6	1,10	−0,59
7	−0,57	1,65
8	0,45	1,13
9	1,79	0,44

Durch den Durchmesser und die Länge ist die Form eines Zylinders eindeutig festgelegt. Zusätzlich zu diesen beiden Bestimmungsstücken werden pro Zylinder 4 weitere Maße bzw. Variablen errechnet:

1. Durchmesser (d),
2. Länge (ℓ),
3. Grundfläche (a = $\pi \cdot d^2/4$),
4. Mantelfläche (c = $\pi \cdot d \cdot \ell$),
5. Volumen (v = $\pi \cdot d^2 \cdot \ell/4$),
6. Diagonale (t = $\sqrt{d^2 + \ell^2}$).

Jeder Zylinder ist somit durch 6 Messwerte gekennzeichnet. Tabelle 15.2 zeigt die Korrelationen zwischen den 6 Variablen.

Wie die Tabelle zeigt, wurden die Durchmesser und die Längen als voneinander unabhängige Größen so gewählt, dass sie zu Null miteinander korrelieren. Die Grundfläche, die nur vom Durchmesser abhängig ist, korreliert ebenfalls zu Null mit der Länge des Zylinders.

Die 6 Zylindermessungen spannen einen 6-dimensionalen Raum auf, in dem sich die 27 Zylinder gemäß ihrer Merkmalsausprägungen befinden. In der PCA wird das Koordinatensystem so gedreht, dass die einzelnen Achsen einerseits wechselseitig voneinander unabhängig sind und andererseits sukzessiv maximale Varianz aufklären. Die Korrelationen zwischen den ursprünglichen Merkmalsachsen und den neuen Achsen sind die Ladungen der Merkmale auf den neuen Achsen (Faktoren). Diese sind in Tabelle 15.3 wiedergegeben.

Tabelle 15.4 enthält die Faktorwerte, die die Positionen der Zylinder auf den neuen Achsen kennzeichnen. (Es sind nur die Faktorwerte der 9 verschiedenen Zylinder aufgeführt.)

Ausgangsmaterial für eine PCA ist üblicherweise die *Matrix der Interkorrelationen* der Variablen (gelegentlich werden auch Kovarianzen faktorisiert). Jede Variable hat – bedingt durch die z-Standardisierung, die implizit mit der Korrelationsberechnung durchgeführt wird, s. Gl. (6.59) – eine Varianz von 1, sodass sich für p = 6 Variablen eine Gesamtvarianz von 6 ergibt. Die Varianz, die der 1. Faktor aufklärt, erhalten wir, wenn gemäß Gl. (15.5) die Ladungen der p Variablen auf dem ersten Faktor quadriert und aufsummiert werden. In unserem Beispiel resultiert $\lambda_1 = 4{,}43$, d.h., der 1. Faktor klärt 73,8% (4,43 von 6) der Gesamtvarianz auf. Für den 2. Faktor ermitteln wir $\lambda_2 = 1{,}46$, d.h., auf den 2. Faktor entfallen 24,3% der Gesamtvarianz. Beide Faktoren klären somit zusammen 98,1% der Gesamtvarianz auf. Die zwei Faktoren beschreiben damit die Zylinder praktisch genauso gut wie die 6 ursprünglichen Merkmale.

Mit einer 2-faktoriellen Lösung war auf Grund der Konstruktion der 6 Merkmale zu rechnen. Unterschiede zwischen den Zylinderformen lassen sich nach den oben beschriebenen Beziehungen eindeutig auf die Merkmale Länge und Durchmesser zurückführen. Man könnte deshalb meinen, dass mit 2 Faktoren die Gesamtvarianz vollständig und nicht nur zu 98,1% hätte aufgeklärt werden müssen. Dass dies nicht der Fall ist, liegt daran, dass die Merkmale zum Teil nicht linear voneinander abhängen. *Mit der PCA erfassen wir jedoch nur diejenigen Merkmalsvarianzen, die sich auf Grund linearer Beziehungen aus den Faktoren vorhersagen lassen.* Aus dem gleichen Grund sind die Kommunalitäten, die wir nach Gl. (15.4) berechnen, nicht durchgehend vom Betrag 1.

Graphische Darstellung. Die Interpretation der Faktoren wird erleichtert, wenn die Merkmale gemäß ihrer Ladungen in ein Koordinatensystem, dessen Achsen die Faktoren darstellen, eingetragen werden. (Führt die PCA zu mehr als 2 Faktoren, benötigen wir für jedes Faktorenpaar eine eigene Darstellung.) Abbildung 15.2 zeigt die graphische Veranschaulichung der PCA-Lösung.

Alle Variablen haben auf dem 1. Faktor (F I) positive Ladungen, d.h., sie korrelieren positiv mit dem 1. Faktor. Eine Interpretation dieser Faktorenlösung, die sich an den Variablen mit den höchsten Ladungen (Markiervariablen) orientieren sollte, fällt schwer. Da die am höchsten ladenden Variablen Mantelfläche (c) und Volumen (v) jedoch stark den optischen Eindruck von der Größe eines Zylinders bestimmen, ließe sich der 1. Faktor als Größenfaktor interpretieren. Der 2. Faktor (F II) wird im positiven Bereich vor allem durch die Länge (ℓ) und im negativen Bereich durch den Durchmesser (d) und die Grundfläche (a), die nur vom Durchmesser abhängt, bestimmt. Man könnte daran denken, diesen Faktor als Formfaktor (Länge vs. Durchmesser) zu bezeichnen, auf dem kurze, dicke und lange, schlanke Zylinder unterschieden werden.

Faktor I wurde durch die PCA so bestimmt, dass mit ihm ein maximaler Varianzanteil aufgeklärt wird. Von der verbleibenden Varianz klärt Faktor II wieder einen maximalen Varianzanteil auf. Die Restvarianz nach Extraktion von 2 Faktoren (1,9%) ist zu klein, um noch einen dritten, sinnvoll interpretierbaren Faktor extrahieren zu können.

Die gefundenen Faktoren erfüllen zwar das Kriterium der PCA, nach dem sie sukzessiv maximale Varianz aufklären sollen; sie sind jedoch nicht mit denjenigen Variablen identisch, die tatsächlich die gesamte Merkmalsvarianz generieren, nämlich dem Durchmesser und der Länge. Kombinationen dieser beiden Merkmale, wie beispielsweise die Mantelfläche (c) oder das Volumen (v), können die Größenunterschiede der Zylinder offenbar besser erfassen als eines der beiden systematisch variierten Merkmale.

In diesem Zusammenhang könnte man zu Recht einwenden, dass eine PCA-Lösung, die die beiden tatsächlich varianzgenerierenden Merkmale als Faktoren ausweist, sinnvoller wäre als eine Lösung, nach der die Faktoren zwar sukzessiv maximale Varianz aufklären, die aber inhaltlich nur schwer zu interpretieren ist.

Hier zeigt sich die *Uneindeutigkeit faktorenanalytischer Ergebnisse*. Die PCA-Lösung stellt nur eine – wenngleich mathematisch am einfachsten zu ermittelnde – Lösung von unendlich vielen Lösungen dar. Die übrigen Lösungen erhalten wir, wenn das Koordinatensystem der Faktoren in Abb. 15.2 um einen beliebigen Winkel rotiert wird. Dadurch resultieren neue Ladungen der Merkmale auf den rotierten Achsen, die die Variableninterkorrelationen in gleicher Weise erklären wie die ursprüngliche PCA-Lösung. Es existiert kein objektives Kriterium dafür, welche dieser unendlich vielen Lösungen die „richtige" ist. Man entscheidet sich letztlich für diejenige Lösung, die nach dem jeweiligen Stand der Theorienbildung über die untersuchten Variablen am plausibelsten ist.

In unserem Beispiel ist es naheliegend, das Faktorensystem so zu rotieren, dass F I durch das Merkmal „Durchmesser" und F II durch das Merkmal „Länge" optimal repräsentiert werden. Dies ist in Abb. 15.2 geschehen, in der F I' und F II' die rotierten Faktoren bezeichnen. Die Unabhängigkeit der Merkmale Durchmesser und Länge wird in der rotierten Lösung dadurch ersichtlich, dass das Merkmal d auf F II' und das Merkmal ℓ auf F I' keine Ladungen haben.

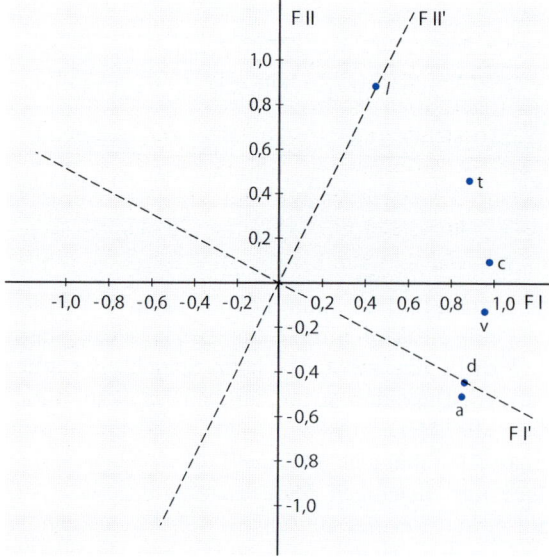

Abb. 15.2. Veranschaulichung der PCA-Lösung über das Zylinderbeispiel

15.2 Grundprinzip und Interpretation der Hauptkomponentenanalyse

Im Normalfall wird die PCA zur Aufklärung einer Korrelationsmatrix von Variablen eingesetzt, deren faktorielle Struktur im Gegensatz zum Zylinderbeispiel nicht bekannt ist. Die PCA liefert eine Lösung mit bestimmten mathematischen Eigenschaften, die jedoch sehr selten auch inhaltlich gut zu interpretieren ist. PCA-Lösungen sind deshalb vor allem dazu geeignet festzustellen, *wie viele Faktoren (und nicht welche Faktoren)* den Merkmalskorrelationen zu Grunde liegen. Über die statistische Absicherung dieser Faktorenanzahl werden wir unter 15.4 berichten. Bessere Interpretationsmöglichkeiten bieten im Allgemeinen Faktorenstrukturen, die nach analytischen Kriterien rotiert wurden, über die unter 15.5 berichtet wird. (Dass man die „richtige" Lösung im Zylinderbeispiel auch mit einer analytischen Rotationstechnik findet, zeigen wir auf S. 550 f.)

Bemerkungen zur Anwendung

Bevor wir uns der rechnerischen Durchführung einer PCA zuwenden, seien noch einige allgemeine Hinweise zum Einsatz der PCA erwähnt. Die PCA ist als ein Daten reduzierendes und Hypothesen generierendes Verfahren nicht dazu geeignet, inhaltliche Hypothesen über die Art einer Faktorenstruktur zu überprüfen. Die Uneindeutigkeit des Verfahrens, die auf der formalen Gleichwertigkeit verschiedener Rotationslösungen beruht (s. unter 15.5), lässt es nicht zu, eine Lösung als richtig und eine andere als falsch zu bezeichnen.

Ausgehend von diesem gemäßigten Anspruch, den wir mit der PCA verbinden, sind einige Forderungen an das zu faktorisierende Material, die von einigen Autoren (z. B. Guilford, 1967, oder Comrey, 1973, Kap. 8) erhoben werden, nur von zweitrangiger Bedeutung.

Nicht-lineare Zusammenhänge. Nehmen wir in eine PCA Variablen auf, die nicht linear zusammenhängen, sind andere faktorenanalytische Ergebnisse zu erwarten, als wenn dieselben Variablen linear miteinander korrelieren würden. Entscheidend ist die Interpretation, die – bezogen auf die hier behandelte PCA – davon auszugehen hat, dass nur die durch die Korrelationsmatrix beschriebenen linearen Zusammenhänge berücksichtigt werden. Ist bekannt, dass eine Variable mit den übrigen in bestimmter, nichtlinearer Weise zusammenhängt, sollte diese Variable zuvor einer *linearisierenden Transformation* unterzogen werden (vgl. 6.1.3). Woodward u. Overall (1976b) empfehlen bei nicht-linearen Zusammenhängen eine PCA über rangtransformierte Variablen. (Weitere Hinweise zur Behandlung nichtlinearer Zusammenhänge in der PCA findet man bei Jolliffe, 2002, Kap. 14, Gnanadesikan, 1977, oder bei Hicks, 1981. Eine nonmetrische Variante der Faktorenanalyse wurde von Kruskal u. Shepard, 1974, entwickelt.)

Stichprobengröße und substantielle Ladungen. Um zu möglichst stabilen, vom Zufall weitgehend unbeeinflussten Faktorenstrukturen zu gelangen, sollte die untersuchte Stichprobe möglichst groß und repräsentativ sein. Es ist zu beachten, dass die Anzahl der Faktoren theoretisch nicht größer sein kann als die Anzahl der Untersuchungseinheiten (vgl. hierzu auch Aleamoni, 1976, oder Witte, 1978).

Für eine generalisierende Interpretation einer Faktorenstruktur sollten nach Guadagnoli u. Velicer (1988) die folgenden Bedingungen erfüllt sein:
- Wenn in der Planungsphase dafür gesorgt wurde, dass auf jeden zu erwartenden Faktor 10 oder mehr Variablen entfallen, ist ein Stichprobenumfang von n ≈ 150 ausreichend.
- Wenn auf jedem bedeutsamen Faktor (vgl. hierzu 15.4) mindestens 4 Variablen Ladungen über 0,60 aufweisen, kann die Faktorenstruktur ungeachtet der Stichprobengröße generalisierend interpretiert werden.
- Das gleiche gilt für Faktorstrukturen mit Faktoren, auf denen jeweils 10 bis 12 Variablen Ladungen um 0,40 oder darüber aufweisen.
- Faktorstrukturen mit Faktoren, auf denen nur wenige Variablen geringfügig laden, sollten nur interpretiert werden, wenn n ≥ 300 ist. Für n < 300 ist die Interpretation der Faktorstruktur von den Ergebnissen einer Replikation abhängig zu machen.

Die Autoren entwickeln ferner eine Gleichung, mit der sich die Stabilität (FS) einer Faktorenstruktur abschätzen lässt. Sie lautet mit einer geringfügigen Modifikation

$$\text{FS} = 1 - (1{,}10 \cdot x_1 - 0{,}12 \cdot x_2 + 0{,}066), \quad (15.6)$$

wobei
$x_1 = 1/\sqrt{n}$,
$x_2 =$ minimaler Ladungswert, der bei der Interpretation der Faktoren berücksichtigt wird.

Werden in einer Faktorenstruktur z. B. nur Ladungen über 0,60 zur Interpretation herangezogen ($x_2 = 0{,}6$), errechnet man für n = 100 (bzw. $x_1 = 1/\sqrt{100} = 0{,}1$)

$$FS = 1 - (1{,}10 \cdot 0{,}1 - 0{,}12 \cdot 0{,}6 + 0{,}066)$$
$$= 0{,}896 \,.$$

Für n = 400 ergibt sich FS = 0,951.

Dies ist natürlich vorerst nur ein deskriptives Maß zum Vergleich der Güte verschiedener Faktorlösungen, über dessen praktische Brauchbarkeit bislang wenig bekannt ist. Den Ausführungen der Autoren lässt sich entnehmen, dass Faktorenstrukturen mit FS < 0,8 nicht interpretiert werden sollten. Eine gute Übereinstimmung zwischen „wahrer" und stichprobenbedingter Faktorenstruktur liegt vor, wenn FS ≥ 0,9 ist.

Eine weitere Gleichung zur Beschreibung der Stabilität von PCA-Faktoren wurde von Sinha u. Buchanan (1995) entwickelt. In dieser Gleichung ist die Faktorenstabilität eine Funktion von n und q (Anzahl der bedeutsamen Faktoren, vgl. 15.4). Außerdem wird gezeigt, dass die Stabilität eines Faktors j auch davon abhängt, wie stark der Eigenwert λ_j dieses Faktors vom vorangehenden und nachfolgenden Eigenwert abweicht ($\lambda_{j-1} - \lambda_j$; $\lambda_j - \lambda_{j+1}$). Hohe Differenzwerte wirken sich günstig auf die Faktorstabilität aus.

Ausführlichere Informationen zum Thema „Stichprobengröße" findet man bei MacCallum et al. (1999).

Skalenniveau der Variablen. Wichtig ist ferner die Frage, welches Skalenniveau die zu faktorisierenden Merkmale aufweisen müssen, was gleichbedeutend mit der Frage ist, welche Korrelationsarten für eine PCA geeignet sind. Wir empfehlen, nur solche Variablen zu faktorisieren, zwischen denen die Enge des linearen Zusammenhangs bestimmt werden kann. Rangkorrelationen und Kontingenzkoeffizienten, die den Zusammenhang zwischen ordinalen bzw. nominalen Merkmalen quantifizieren, sind somit für die Faktorenanalyse weniger geeignet (vgl. hierzu jedoch die Arbeiten zur „multiplen Korrespondenzanalyse" – MCA – wie z. B. Gordon u. Primavera, 1993, Tenenhaus u. Young, 1985, de Leeuw u. Rijckevorstel, 1980, oder Kiers, 1991a). Idealerweise setzt sich eine Korrelationsmatrix nur aus Produktmomentkorrelationen zwischen Merkmalen mit Intervallskalencharakter zusammen.

Bezüglich der Anzahl der Intervalle auf den Intervallskalen gilt nach Martin et al. (1974), dass mit geringeren Faktorladungen und Kommunalitäten zu rechnen ist, je weniger Intervalle die Skalen aufweisen. Die gesamte Struktur wird jedoch auch dann nicht erheblich verändert, wenn *dichotomisierte Merkmale* faktorisiert werden, deren Zusammenhänge über Φ-Koeffizienten (s. Gl. 6.106) ermittelt wurden (bzw. über punktbiseriale Korrelationen, wenn sowohl dichotomisierte als auch kardinalskalierte Merkmale vorkommen). Sind die Merkmalsalternativen jedoch stark asymmetrisch besetzt, sodass Φ_{max} nicht 1 werden kann (vgl. S. 228 ff.), ist mit mehr Faktoren zu rechnen als im Fall symmetrisch, unimodal verteilter Merkmale. Wie in diesem Fall vorzugehen ist, wird bei Hammond u. Lienert (1995) beschrieben. Weitere Hinweise zur Faktorenanalyse von Φ-Koeffizienten findet man bei Collins et al. (1986).

Im Folgenden wenden wir uns der rechnerischen Durchführung einer PCA zu. Wer nur an Anwendungsfragen interessiert ist, mag diesen Abschnitt übergehen und mit den Kriterien für die Anzahl der Faktoren fortfahren, die in 15.4 behandet werden.

15.3 Rechnerische Durchführung der Hauptkomponentenanalyse

In der PCA wird das Koordinatensystem mit den zu faktorisierenden Merkmalen als Achsen so gedreht, dass neue Achsen entstehen, die sukzessiv maximale Varianz aufklären. Wir gliedern in Anlehnung an Tatsuoka (1971) den Gedankengang, der zu den neuen Achsen führt, in folgende Schritte:

- Wie sind Rotationen des Koordinatensystems mathematisch darstellbar?
- Wie wirken sich Rotationen des Koordinatensystems auf Mittelwerte, Varianzen und Korrelationen der Merkmale aus?
- Wie muss das Koordinatensystem rotiert werden, damit die neuen Achsen sukzessiv maximale Varianz aufklären?
- Wie können Faktorladungen und Faktorwerte rechnerisch bestimmt werden?

Abschließend werden wir die einzelnen Rechenschritte an einem kleinen Beispiel verdeutlichen.

Rotationstransformation

Zunächst wird gezeigt, dass sich die Koordinaten der Vpn auf den neuen Achsen als Linearkombinationen der ursprünglichen Koordinaten darstellen lassen (zum Begriff der Linearkombination vgl. S. 465). Liegen von einer Vp p Messungen $x_1, x_2 \ldots x_p$ vor, so ergibt sich unter Verwendung der Gewichtungskoeffizienten $v_1, v_2 \ldots v_p$ eine Linearkombination nach der Beziehung:

$$y = v_1 x_1 + v_2 x_2 + \ldots + v_p x_p . \tag{15.7}$$

Eine Vp möge auf 2 Variablen die Werte 7 und 11 erhalten haben. Diese Vp ist in Abb. 15.3 in ein Koordinatensystem eingetragen (Punkt P), dessen Achsen X_1 und X_2 aus den Variablen x_1 und x_2 bestehen.

Rotieren wir das Achsenkreuz um einen Winkel von beispielsweise $\varphi = 30°$ entgegen dem Uhrzeigersinn, so erhalten wir für den Punkt P veränderte Koordinaten auf den neuen Achsen Y_1 und Y_2. Derartige Veränderungen von Koordinaten, die durch Drehung des Koordinatensystems entstehen, bezeichnet man als *Rotationstransformationen*. Die Koordinaten y_1 und y_2 auf den neuen Achsen Y_1 und Y_2 ermitteln wir in folgender Weise:

Für y_2 schreiben wir:

$$y_2 = PD \cdot \cos \varphi , \tag{15.8}$$

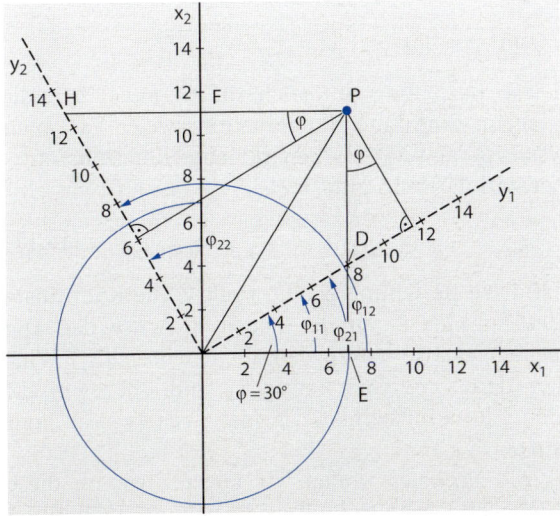

Abb. 15.3. Veranschaulichung einer Rotationstransformation

wobei PD = Strecke zwischen den Punkten P und D. Ferner gilt

$$PD = x_2 - DE \quad \text{und} \quad DE = x_1 \cdot \text{tg}\, \varphi .$$

Eingesetzt in Gl. (15.8) erhalten wir somit für y_2:

$$\begin{aligned} y_2 &= (x_2 - x_1 \cdot \text{tg}\, \varphi) \cdot \cos \varphi , \\ &= \cos \varphi \cdot x_2 - \cos \varphi \cdot \text{tg}\, \varphi \cdot x_1 , \\ &= \cos \varphi \cdot x_2 - \sin \varphi \cdot x_1 . \end{aligned} \tag{15.9}$$

Für y_1 ergibt sich:

$$y_1 = HP \cdot \cos \varphi , \tag{15.10}$$

wobei $HP = HF + x_1$ und $HF = x_2 \cdot \text{tg}\, \varphi$.

Für y_1 resultiert deshalb:

$$\begin{aligned} y_1 &= (x_2 \cdot \text{tg}\, \varphi + x_1) \cdot \cos \varphi , \\ &= \cos \varphi \cdot \text{tg}\, \varphi \cdot x_2 + \cos \varphi \cdot x_1 , \\ &= \sin \varphi \cdot x_2 + \cos \varphi \cdot x_1 . \end{aligned} \tag{15.11}$$

Die neuen Koordinaten heißen somit zusammengefasst:

$$y_1 = (\cos \varphi) \cdot x_1 + (\sin \varphi) \cdot x_2 , \tag{15.12 a}$$

$$y_2 = (-\sin \varphi) \cdot x_1 + (\cos \varphi) \cdot x_2 . \tag{15.12 b}$$

Setzen wir die entsprechenden Winkelfunktionen für $\varphi = 30°$ ein ($\cos 30° = 0{,}866$ und $\sin 30° = 0{,}500$), erhalten wir als neue Koordinaten:

$$y_1 = 0{,}866 \cdot 7 + 0{,}500 \cdot 11 = 11{,}56 ,$$
$$y_2 = -0{,}500 \cdot 7 + 0{,}866 \cdot 11 = 6{,}03 .$$

In Abb. 15.3 sind die Winkel, die sich nach der Rotation zwischen den neuen Y-Achsen und den alten X-Achsen ergeben, eingezeichnet. Die Indizes der Winkel geben an, zwischen welcher alten Achse (1. Index) und welcher neuen Achse (2. Index) der jeweilige Winkel besteht. Der Winkel φ_{21} ist somit z. B. der Winkel zwischen der alten X_2-Achse und der neuen Y_1-Achse. Alle Winkel werden entgegen dem Uhrzeigersinn gemessen.

In Abhängigkeit vom Rotationswinkel φ ergeben sich die einzelnen, zwischen den Achsen bestehenden Winkel zu:

$$\varphi_{11} = \varphi ,$$
$$\varphi_{21} = 270° + \varphi ,$$
$$\varphi_{12} = 90° + \varphi ,$$
$$\varphi_{22} = \varphi .$$

Unter Verwendung der trigonometrischen Beziehung

$$\cos(90° \pm \varphi) = \mp \sin \varphi$$

und wegen

$$\cos(270° + \varphi) = \cos(90° - \varphi)$$

erhalten wir für die Winkelfunktionen in Gl. (15.12 a u. b)

$$\cos \varphi = \cos \varphi_{11},$$
$$\sin \varphi = \cos(90° - \varphi) = \cos \varphi_{21},$$
$$-\sin \varphi = \cos(90° + \varphi) = \cos \varphi_{12},$$
$$\cos \varphi = \cos \varphi_{22}.$$

Für Gl. (15.12 a u. b) können wir deshalb auch schreiben:

$$y_1 = (\cos \varphi_{11}) \cdot x_1 + (\cos \varphi_{21}) \cdot x_2, \quad (15.12\,c)$$
$$y_2 = (\cos \varphi_{12}) \cdot x_1 + (\cos \varphi_{22}) \cdot x_2, \quad (15.12\,d)$$

bzw. in der Terminologie einer Linearkombination gem. Gl. (15.7):

$$y_1 = v_{11}x_1 + v_{21}x_2, \quad (15.13\,a)$$
$$y_2 = v_{12}x_1 + v_{22}x_2. \quad (15.13\,b)$$

> Entsprechen die Gewichtungskoeffizienten v_{ij} in Gl. (15.13) den cos der Winkel zwischen der i-ten X-Achse und der j-ten Y-Achse, stellt die Linearkombination eine Rotationstransformation dar.

Liegen Daten einer Vp auf p Variablen vor, lässt sich die Vp als Vektor in einem p-dimensionalen Koordinatensystem darstellen, wobei wiederum die p Variablen die Achsen des Koordinatensystems bilden. Rotieren wir das Koordinatensystem in allen $p \cdot (p-1)/2$ Ebenen des Koordinatensystems, erhalten wir die neuen Koordinaten $y_1, y_2 \ldots y_p$ über folgende Linearkombinationen:

$$y_1 = v_{11}x_1 + v_{21}x_2 + \ldots + v_{p1}x_p,$$
$$y_2 = v_{12}x_1 + v_{22}x_2 + \ldots + v_{p2}x_p,$$
$$\vdots$$
$$y_j = v_{1j}x_1 + v_{2j}x_2 + \ldots + v_{pj}x_p,$$
$$\vdots$$
$$y_p = v_{1p}x_1 + v_{2p}x_2 + \ldots + v_{pp}x_p.$$

Auch im p-dimensionalen Fall stellen die Gewichtungskoeffizienten v_{ij} bei einer Rotationstransformation die cos der Winkel zwischen der i-ten alten Achse (X_i) und der j-ten neuen Achse (Y_j) dar. Dieses System von Linearkombinationen lässt sich gemäß Gl. (C 8) in Matrixschreibweise folgendermaßen vereinfacht darstellen:

$$\mathbf{y}' = \mathbf{x}' \cdot \mathbf{V} \quad (15.14)$$

$$(y_1, y_2 \ldots y_p) = (x_1, x_2 \ldots x_p) \cdot \begin{pmatrix} v_{11} & v_{12} \ldots v_{1p} \\ v_{21} & v_{22} \ldots v_{2p} \\ \vdots & \vdots \quad \vdots \\ v_{p1} & v_{p2} \ldots v_{pp} \end{pmatrix}.$$

Hierin sind:
$\mathbf{y}'$ = Zeilenvektor der p neuen Vp-Koordinaten,
$\mathbf{x}'$ = Zeilenvektor der p alten Vp-Koordinaten,
$\mathbf{V}$ = Matrix der Gewichtungskoeffizienten, die wegen der oben erwähnten Eigenschaften auch als *Matrix der Richtungs-cos* bezeichnet wird.

Rotationstransformationen sind somit als Linearkombinationen darstellbar. Als Nächstes wollen wir überprüfen, welche Besonderheiten Linearkombinationen, die Rotationstransformationen bewirken, gegenüber allgemeinen Linearkombinationen aufweisen.

Hierzu betrachten wir Gl. (15.12 a), die eine Rotation der alten X_1-Achse um den Winkel φ bewirkt. In dieser Gleichung treten der sin und cos des Rotationswinkels φ als Gewichtungskoeffizienten der ursprünglichen Koordinaten x_1 und x_2 auf. Zwischen diesen Winkelfunktionen besteht folgende einfache Beziehung:

$$\sin^2 \varphi + \cos^2 \varphi = 1.$$

Diese Beziehung gilt auch für Gl. (15.12 b). Allgemein: Eine Linearkombination zweier Variablen $y_j = v_{1j} \cdot x_1 + v_{2j} \cdot x_2$ bewirkt eine Rotationstransformation, wenn gilt:

$$v_{1j}^2 + v_{2j}^2 = 1. \quad (15.15)$$

Ist diese Beziehung erfüllt, stellt y_j die Koordinate des Punktes P auf der neuen Y_j-Achse dar. Die neue Y_j-Achse hat zu den alten Achsen (X_i) Winkel, deren cos vom Betrag v_{ij} sind. (Bezogen auf den Rotationswinkel φ ist $\cos \varphi = v_{1j}$ und $\sin \varphi = v_{2j}$.)

Als Nächstes wollen wir überprüfen, ob diese für zwei Variablen gültige Beziehung auch für 3 Variablen gilt. Abbildung 15.4 veranschaulicht ein

15.3 Rechnerische Durchführung der Hauptkomponentenanalyse

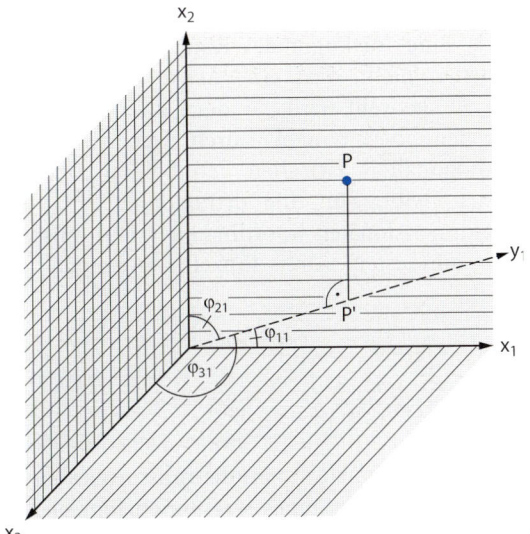

Abb. 15.4. Rotationstransformation im dreidimensionalen Raum

dreidimensionales Koordinatensystem, dessen Achsen durch die Variablen X_1, X_2 und X_3 bestimmt sind.

Y_1 stellt die neue Achse nach der Rotation der X_1-Achse in den drei Ebenen (X_1, X_2), (X_1, X_3) und (X_2, X_3) dar. φ_{11}, φ_{21} und φ_{31} sind die Winkel zwischen den drei alten X-Achsen und der neuen Y_1-Achse.

Eine Vp möge auf den drei Variablen die Werte x_1, x_2 und x_3 erhalten haben (Punkt P in Abb. 15.4). Punkt P′ kennzeichnet die y_1-Koordinate der Vp auf der neuen Y_1-Achse. Die (unbekannten) Koordinaten des Punktes P′ im unrotierten Koordinatensystem wollen wir mit x_1', x_2' und x_3' bezeichnen. Für die Winkel ergeben sich dann folgende Beziehungen:

$$\cos \varphi_{11} = \frac{x_1'}{y_1} \, ;$$

$$\cos \varphi_{21} = \frac{x_2'}{y_1} \, ;$$

$$\cos \varphi_{31} = \frac{x_3'}{y_1} \, . \tag{15.16}$$

Da y_1 den Abstand des Punktes P′ vom Ursprung darstellt, können wir auch schreiben:

$$y_1 = \sqrt{x_1'^2 + x_2'^2 + x_3'^2} \, .$$

Bilden wir die Summe der quadrierten cos und setzen die Länge des Vektors y_1 in Gl. (15.16) ein, erhalten wir:

$$\cos^2 \varphi_{11} + \cos^2 \varphi_{21} + \cos^2 \varphi_{31} = \frac{x_1'^2 + x_2'^2 + x_3'^2}{x_1'^2 + x_2'^2 + x_3'^2}$$
$$= 1 \, .$$

Auch im dreidimensionalen Fall muss somit bei einer Rotationstransformation die Summe der quadrierten Richtungs-cos bzw. die Summe der quadrierten Gewichtungskoeffizienten 1 ergeben. Da sich der gleiche Gedankengang auf den allgemeinen Fall mit p Variablen übertragen lässt (der allerdings geometrisch nicht mehr darstellbar ist), können wir formulieren:

$$\sum_{i=1}^{p} v_{ij}^2 = 1 \, .$$

> Eine Linearkombination $(y_j = v_{1j}x_1 + v_{2j}x_2 + \ldots + v_{pj}x_p)$ stellt immer dann eine Rotationstransformation dar, wenn die Summe der quadrierten Gewichtungskoeffizienten 1 ergibt.

Orthogonale Rotationstransformation. Wenn nicht nur eine, sondern mehrere X-Achsen rotiert werden, können die neuen Y-Achsen rechtwinklig (orthogonal) oder schiefwinklig („oblique") aufeinanderstehen. Da wir uns im Rahmen der PCA nur für orthogonale Koordinatenachsen interessieren, muss überprüft werden, unter welcher Bedingung die neuen Achsen nach der Rotation wieder senkrecht aufeinanderstehen. In unserem Zwei-Variablen-Beispiel wurden beide X-Achsen um den gleichen Winkel gedreht, sodass die neuen Y-Achsen natürlich auch wieder senkrecht aufeinanderstehen. Die Koordinaten des Punktes P auf den beiden neuen Y-Achsen ergeben sich hierbei als Linearkombinationen der Koordinaten des Punktes P auf den alten X-Achsen nach den Gl. (15.12 a und b):

$$y_1 = (\cos \varphi) \cdot x_1 + (\sin \varphi) \cdot x_2 \, ,$$
$$y_2 = (-\sin \varphi) \cdot x_1 + (\cos \varphi) \cdot x_2 \, .$$

In diesen Gleichungen ergibt das Produkt der Gewichtungskoeffizienten für x_1 (korrespondierende Gewichtungskoeffizienten) zusammen mit dem Produkt der Gewichtungskoeffizienten für x_2:

$$\cos\varphi \cdot (-\sin\varphi) + \sin\varphi \cdot \cos\varphi = 0\,.$$

Verwenden wir statt der Winkelfunktionen die allgemeinen Gewichtungskoeffizienten v_{ij} gemäß Gl. (15.13), resultiert:

$$v_{11} \cdot v_{12} + v_{21} \cdot v_{22} = 0$$

bzw. im allgemeinen Fall:

$$v_{11} \cdot v_{12} + v_{21} \cdot v_{22} + \ldots + v_{p1} \cdot v_{p2} = 0\,. \quad (15.17)$$

> Zwei neue Y-Achsen stehen dann orthogonal aufeinander, wenn die Summe der Produkte der korrespondierenden Gewichtskoeffizienten 0 ergibt.

Fassen wir zusammen:

1. Wird in einem p-dimensionalen Raum, dessen orthogonale Achsen durch p Variablen gebildet werden, eine Achse X_i in allen (oder einigen) der $p \cdot (p-1)/2$ Ebenen des Koordinatensystems zur neuen Achse Y_j rotiert, dann stellt die Linearkombination $y_j = v_{1j} \cdot x_1 + v_{2j} \cdot x_2 + \ldots + v_{pj} \cdot x_p$ die Koordinate eines Punktes P auf der Y_j-Achse dar, wenn die Bedingung

$$\sum_{i=1}^{p} v_{ij}^2 = 1 \quad (15.18)$$

erfüllt ist. Hierbei hat der Punkt P im ursprünglichen Koordinatensystem die Koordinaten $x_1, x_2 \ldots x_p$, und $v_{1j}, v_{2j} \ldots v_{pj}$ sind die cos der Winkel zwischen den alten $X_1, X_2 \ldots X_p$-Achsen und der neuen Y_j-Achse.

2. Werden in einem p-dimensionalen Raum, dessen orthogonale Achsen durch die p Variablen gebildet werden, die Achsen X_i und $X_{i'}$ rotiert, dann stehen die rotierten Achsen Y_j und $Y_{j'}$ senkrecht aufeinander, wenn die Summe der Produkte der korrespondierenden Gewichtungskoeffizienten in den beiden, die Rotationstransformationen bewirkenden Linearkombinationen ($y_j = v_{1j}x_1 + v_{2j}x_2 + \ldots + v_{pj}x_p$ und $y_{j'} = v_{1j'}x_1 + v_{2j'}x_2 + \ldots + v_{pj'}x_p$) Null ergibt:

$$\sum_{i=1}^{p} v_{ij} \cdot v_{ij'} = 0\,. \quad (15.19)$$

Sind bei zwei Linearkombinationen sowohl Gl. (15.18) als auch (15.19) erfüllt, sprechen wir von einer orthogonalen Rotationstransformation. [Wie wir noch sehen werden, sind Gl. (15.18) und (15.19) allerdings nur die notwendigen Bedingungen für eine orthogonale Rotationstransformation.] Eine orthogonale Rotationstransformation bedeutet nicht, dass eine Achse orthogonal, d.h. um 90° gedreht wird, sondern dass beide Achsen um denselben Winkel gedreht werden, wobei die Orthogonalität zwischen den beiden Achsen gewahrt bleibt. Für eine orthogonale Rotation im zweidimensionalen Koordinatensystem müssen somit mindestens drei Einzelbedingungen erfüllt sein:

1. $v_{11}^2 + v_{21}^2 = 1$,
2. $v_{12}^2 + v_{22}^2 = 1$,
3. $v_{11} \cdot v_{12} + v_{21} \cdot v_{22} = 0$.

Sollen orthogonale Rotationstransformationen mit den drei Achsen eines dreidimensionalen Koordinatensystems durchgeführt werden, müssen bereits die folgenden sechs Einzelbedingungen erfüllt sein:

1. $v_{11}^2 + v_{21}^2 + v_{31}^2 = 1$,
2. $v_{12}^2 + v_{22}^2 + v_{32}^2 = 1$,
3. $v_{13}^2 + v_{23}^2 + v_{33}^2 = 1$,
4. $v_{11} \cdot v_{12} + v_{21} \cdot v_{22} + v_{31} \cdot v_{32} = 0$,
5. $v_{11} \cdot v_{13} + v_{21} \cdot v_{23} + v_{31} \cdot v_{33} = 0$,
6. $v_{12} \cdot v_{13} + v_{22} \cdot v_{23} + v_{32} \cdot v_{33} = 0$.

(1) bis (3) gewährleisten, dass die drei Achsen rotiert werden und (4), (5) und (6) bewirken, dass die Achsen 1 und 2, 1 und 3 sowie 2 und 3 wechselseitig senkrecht aufeinanderstehen.

Da die Anzahl der bei orthogonalen Rotationstransformationen zu erfüllenden Einzelbedingungen in höher dimensionierten Räumen schnell anwächst, empfiehlt es sich, die Bedingungen für orthogonale Rotationstransformationen in Matrixschreibweise auszudrücken. Die Bedingung für eine einfache Rotationstransformation lautet zunächst nach Gl. (15.18):

$$\sum_{i=1}^{p} v_{ij}^2 = 1\,.$$

Hierfür schreiben wir:

$$\mathbf{v}_j' \cdot \mathbf{v}_j = 1\,. \quad (15.20)$$

Die Ausführung dieses Produktes zeigt, dass Gl. (15.18) und (15.20) identisch sind.

15.3 Rechnerische Durchführung der Hauptkomponentenanalyse

$$(v_{1j}, v_{2j}, \ldots, v_{pj}) \cdot \begin{pmatrix} v_{1j} \\ v_{2j} \\ \vdots \\ v_{pj} \end{pmatrix}$$

$$= v_{1j}^2 + v_{2j}^2 + \ldots + v_{pj}^2 = \sum_{i=1}^{p} v_{ij}^2.$$

Die für orthogonale Rotationstransformationen geltenden notwendigen Voraussetzungen lassen sich summarisch in folgendem Matrizenprodukt zusammenfassen:

$$\mathbf{V}' \cdot \mathbf{V} = \mathbf{I}. \tag{15.21}$$

Hierin ist $\mathbf{I}$ die Identitätsmatrix (vgl. Anhang C, I).

Unter Verwendung der Regeln für Matrizenmultiplikationen (vgl. Anhang C, II) erhalten wir im dreidimensionalen Fall:

$$\begin{array}{ccc} \mathbf{V}' & \cdot & \mathbf{V} \\ \begin{pmatrix} v_{11} & v_{21} & v_{31} \\ v_{12} & v_{22} & v_{32} \\ v_{13} & v_{23} & v_{33} \end{pmatrix} & \cdot & \begin{pmatrix} v_{11} & v_{12} & v_{13} \\ v_{21} & v_{22} & v_{23} \\ v_{31} & v_{32} & v_{33} \end{pmatrix} \end{array}$$

$$= \mathbf{I}$$

$$= \begin{pmatrix} 1 & 0 & 0 \\ 0 & 1 & 0 \\ 0 & 0 & 1 \end{pmatrix}.$$

Für die Diagonalelemente von $\mathbf{I}$ ergeben sich:

$$I_{11} = v_{11}^2 + v_{21}^2 + v_{31}^2 = 1,$$
$$I_{22} = v_{12}^2 + v_{22}^2 + v_{32}^2 = 1,$$
$$I_{33} = v_{13}^2 + v_{23}^2 + v_{33}^2 = 1.$$

Für die Elemente außerhalb der Diagonalen errechnen wir:

$$I_{12} = I_{21} = v_{11} \cdot v_{12} + v_{21} \cdot v_{22} + v_{31} \cdot v_{32} = 0,$$
$$I_{13} = I_{31} = v_{11} \cdot v_{13} + v_{21} \cdot v_{23} + v_{31} \cdot v_{33} = 0,$$
$$I_{23} = I_{32} = v_{12} \cdot v_{13} + v_{22} \cdot v_{23} + v_{32} \cdot v_{33} = 0.$$

Die Bedingung $\mathbf{V}' \cdot \mathbf{V} = \mathbf{I}$ enthält damit sowohl die unter Gl. (15.20) als auch unter Gl. (15.19) genannten Voraussetzungen.

Reflexion. Dass $\mathbf{V}' \cdot \mathbf{V} = \mathbf{I}$ noch keine eindeutige orthogonale Rotationstransformation bewirkt, zeigt der folgende Gedankengang:

In unserem eingangs erwähnten Beispiel (Abb. 15.3) wurde eine orthogonale Rotationstransformation mit der Matrix

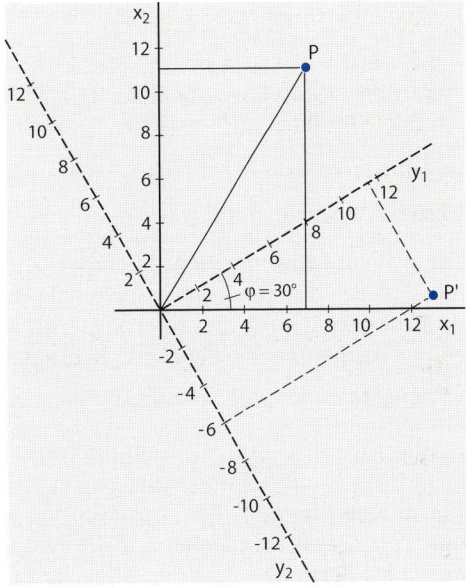

Abb. 15.5. Rotationstransformation mit Reflexion

$$\mathbf{V} = \begin{pmatrix} \cos 30° & -\sin 30° \\ \sin 30° & \cos 30° \end{pmatrix}$$

durchgeführt. Die Bedingung $\mathbf{V}' \cdot \mathbf{V} = \mathbf{I}$ ist hierbei erfüllt. Betrachten wir hingegen die Matrix

$$\mathbf{W} = \begin{pmatrix} \cos 30° & \sin 30° \\ \sin 30° & -\cos 30° \end{pmatrix},$$

müssen wir feststellen, dass auch hier die Bedingung $\mathbf{W}' \cdot \mathbf{W} = \mathbf{I}$ erfüllt ist. Wie Abb. 15.5 zeigt, stellen Linearkombinationen unter Verwendung der Transformationsmatrix $\mathbf{W}$ jedoch keine reine orthogonale Rotationstransformation dar.

Die neuen Koordinaten für P lauten:

$$y_1^* = 0{,}866 \cdot 7 + 0{,}500 \cdot 11 = 11{,}56,$$
$$y_2^* = 0{,}500 \cdot 7 + (-0{,}866) \cdot 11 = -6{,}03.$$

Auf der Y_2-Achse hat der Punkt P somit nicht, wie bei einer orthogonalen Rotationstransformation um 30° zu erwarten, die Koordinate $y_2 = 6{,}03$, sondern die Koordinate $y_2 = -6{,}03$. Es wurde somit nicht nur das Koordinatensystem rotiert, sondern zusätzlich die Achse Y_2 an der Y_1-Achse gespiegelt oder reflektiert. Die Verwendung von $\mathbf{W}$ als Transformationsmatrix bewirkt somit keine reine orthogonale Rotationsformation, sondern eine orthogonale Rotationstransformation mit zusätzlicher Reflexion. Der Unterschied beider Matrizen wird deutlich, wenn wir ihre *Determinanten* betrachten. Für $|\mathbf{V}|$ erhalten wir nach Gl. (C 15):

$$|\mathbf{V}| = \cos^2\varphi - (-\sin^2\varphi) = 1$$

und für $|\mathbf{W}|$:

$$|\mathbf{W}| = -\cos^2\varphi - \sin^2\varphi = -1.$$

Die beiden Determinanten unterscheiden sich somit im Vorzeichen. Eine orthogonale Rotationstransformation wird nur bewirkt, wenn zusätzlich zu der Bedingung $\mathbf{V}' \cdot \mathbf{V} = \mathbf{I}$ die Bedingung

$$|\mathbf{V}| = 1 \qquad (15.22)$$

erfüllt ist. Ist $|\mathbf{V}| = -1$, multiplizieren wir eine Spalte von $\mathbf{V}$ mit -1 und erhalten $|\mathbf{V}| = 1$.

Hat eine Matrix $\mathbf{V}$ die Eigenschaften $\mathbf{V}' \cdot \mathbf{V} = \mathbf{I}$ und $|\mathbf{V}| = 1$, so bezeichnen wir die Matrix als *orthogonale Matrix*.

> Eine orthogonale Matrix hat die Eigenschaften $\mathbf{V}' \cdot \mathbf{V} = \mathbf{I}$ und $|\mathbf{V}| = 1$.

Mittelwerte, Varianzen und Korrelationen von Linearkombinationen

Bisher sind wir davon ausgegangen, dass lediglich von einer Vp Messungen $x_1, x_2, \ldots, x_p$ auf p Variablen vorliegen. Untersuchen wir n Vpn, erhalten wir eine Datenmatrix $\mathbf{X}$, die p Messwerte von n Vpn enthält. Unter Verwendung der Transformationsmatrix $\mathbf{V}$ können wir nach der folgenden allgemeinen Beziehung für jede Vp Linearkombinationen ihrer Messwerte ermitteln:

$$\begin{matrix} \mathbf{Y} \\ \begin{pmatrix} y_{11} & y_{12} & \cdots & y_{1p} \\ y_{21} & y_{22} & \cdots & y_{2p} \\ \vdots & \vdots & & \vdots \\ y_{n1} & y_{n2} & \cdots & y_{np} \end{pmatrix} \end{matrix} = \qquad (15.23)$$

$$\begin{matrix} \mathbf{X} & \cdot & \mathbf{V} \\ \begin{pmatrix} x_{11} & x_{12} & \cdots & x_{1p} \\ x_{21} & x_{22} & \cdots & x_{2p} \\ \vdots & \vdots & & \vdots \\ x_{n1} & x_{n2} & \cdots & x_{np} \end{pmatrix} & \cdot & \begin{pmatrix} v_{11} & v_{12} & \cdots & v_{1p} \\ v_{21} & v_{22} & \cdots & v_{2p} \\ \vdots & \vdots & & \vdots \\ v_{p1} & v_{p2} & \cdots & v_{pp} \end{pmatrix} \end{matrix}$$

Die j-te Linearkombination einer Person m (y_{mj}) errechnet sich nach:

$$y_{mj} = v_{1j} \cdot x_{m1} + v_{2j} \cdot x_{m2} + \cdots + v_{pj} \cdot x_{mp}$$
$$= \sum_{i=1}^{p} v_{ij} \cdot x_{mi}. \qquad (15.24)$$

Mittelwerte. Im Folgenden wollen wir überprüfen, welche Beziehungen zwischen den Mittelwerten der ursprünglichen x-Variablen (Spalten von $\mathbf{X}$) und den Mittelwerten der aus den x-Werten durch Linearkombinationen gewonnenen y-Werten (Spalten von $\mathbf{Y}$) bestehen. Zur terminologischen Vereinfachung bezeichnen wir Linearkombinationen verschiedener Vpn, die unter Verwendung gleicher Gewichte ermittelt wurden, als *homologe Linearkombinationen*. Demnach sind die in einer Spalte von Y befindlichen Linearkombinationen homolog.

Der Mittelwert der homologen Linearkombinationen (z. B. 1. Spalte von Y) ergibt sich zu:

$$\bar{y}_1 = \frac{1}{n} \cdot \sum_{m=1}^{n} y_{m1}.$$

Ersetzen wir y_{m1} durch die rechte Seite von Gl. (15.24) und setzen $j = 1$, erhalten wir:

$$\bar{y}_1 = \frac{1}{n} \cdot \sum_{m=1}^{n} (v_{11} \cdot x_{m1} + v_{21} \cdot x_{m2} + \cdots + v_{p1} \cdot x_{mp}).$$

Ziehen wir das Summenzeichen in die Klammer, ergibt sich:

$$\bar{y}_1 = \frac{1}{n} \cdot \left(v_{11} \cdot \sum_{m=1}^{n} x_{m1} + v_{21} \cdot \sum_{m=1}^{n} x_{m2} + \cdots + v_{p1} \cdot \sum_{m=1}^{n} x_{mp} \right).$$

Nach Auflösung der Klammer resultiert:

$$\bar{y}_1 = v_{11} \cdot \frac{1}{n} \cdot \sum_{m=1}^{n} x_{m1} + v_{21} \cdot \frac{1}{n} \cdot \sum_{m=1}^{n} x_{m2} + \cdots$$
$$+ v_{p1} \cdot \frac{1}{n} \cdot \sum_{m=1}^{n} x_{mp}$$
$$= v_{11} \cdot \bar{x}_1 + v_{21} \cdot \bar{x}_2 + \ldots + v_{p1} \cdot \bar{x}_p.$$

Entsprechendes gilt für alle übrigen homologen Linearkombinationen (Spalten von Y), sodass wir schreiben können:

15.3 Rechnerische Durchführung der Hauptkomponentenanalyse

$$\bar{\mathbf{y}} = \mathbf{V}' \cdot \bar{\mathbf{x}} \quad (15.25)$$

$$\begin{pmatrix} \bar{y}_1 \\ \bar{y}_2 \\ \vdots \\ \bar{y}_p \end{pmatrix} = \begin{pmatrix} v_{11} & v_{21} & \ldots & v_{p1} \\ v_{12} & v_{22} & \ldots & v_{p2} \\ \vdots & & & \\ v_{1p} & v_{2p} & \ldots & v_{pp} \end{pmatrix} \cdot \begin{pmatrix} \bar{x}_1 \\ \bar{x}_2 \\ \vdots \\ \bar{x}_p \end{pmatrix}$$

bzw. in Analogie zu Gl. (15.14):

$$\bar{\mathbf{y}}' = \bar{\mathbf{x}}' \cdot \mathbf{V}.$$

> **Das arithmetische Mittel homologer Linearkombinationen entspricht der Linearkombination der Mittelwerte der ursprünglichen Variablen.**

Ist $\mathbf{V}$ eine orthogonale Matrix (d.h., $\mathbf{V}' \cdot \mathbf{V} = \mathbf{I}$ und $|\mathbf{V}| = 1$), beinhaltet $\bar{\mathbf{y}}$ die durchschnittlichen Koordinaten der n Vpn auf den neuen Achsen nach orthogonaler Rotationstransformation des ursprünglichen Koordinatensystems.

Varianzen und Korrelationen. Als Nächstes betrachten wir die Varianzen der ursprünglichen x-Variablen (Spalten von $\mathbf{X}$) und die Korrelationen zwischen den Variablen (zwischen je 2 Spalten von $\mathbf{X}$). Wir wollen überprüfen, welche Beziehungen zwischen den Varianzen (Korrelationen) der $\mathbf{X}$-Matrix der ursprünglichen Werte und den Varianzen (Korrelationen) der Linearkombinationen in der $\mathbf{Y}$-Matrix bestehen.

Die Varianz einer Variablen i ergibt sich gemäß Gl. (1.16) zu:

$$s_{x_i}^2 = \frac{\sum_{m=1}^{n} (x_{mi} - \bar{x}_i)^2}{n}.$$

Für die Korrelation zwischen zwei Variablen i und j erhalten wir nach Gl. (6.58):

$$r_{x_i x_j} = \frac{\sum_{m=1}^{n} (x_{mi} - \bar{x}_i) \cdot (x_{mj} - \bar{x}_j)}{n \cdot s_{x_i} \cdot s_{x_j}}.$$

Da n, s_{x_i} und s_{x_j} konstant sind, genügt es, wenn wir in unsere Betrachtungen nur die Ausdrücke

a) $\sum_{m=1}^{n} (x_{mi} - \bar{x}_i)^2$,

b) $\sum_{m=1}^{n} (x_{mi} - \bar{x}_i) \cdot (x_{mj} - \bar{x}_j)$

einbeziehen, wobei a) und b) für i = j identisch sind. Wir definieren eine Matrix $\mathbf{D}$, in deren Diagonale sich die Quadratsummen (d.h. die Summen der quadrierten Abweichungen der individuellen Werte vom Mittelwert) befinden (a). Außerhalb der Diagonale stehen die Summen der Produkte der korrespondierenden Abweichungen der individuellen Werte auf zwei Variablen vom jeweiligen Variablenmittelwert, die wir kurz als *Kreuzproduktsummen* bezeichnen wollen (b). Matrixalgebraisch lässt sich die $\mathbf{D}$-Matrix folgendermaßen darstellen:

$$\mathbf{D} = \mathbf{X}' \cdot \mathbf{X} - \bar{\mathbf{X}}' \cdot \bar{\mathbf{X}}. \quad (15.26)$$

Hier ist $\bar{\mathbf{X}}$ die Matrix der Mittelwerte, in der die individuellen Werte der einzelnen Vpn auf einer Variablen durch den jeweiligen Variablenmittelwert ersetzt sind.

Dividieren wir die $\mathbf{D}$-Matrix durch n, resultiert die *Varianz-Kovarianz-Matrix* der Variablen (vgl. S. 189), in deren Diagonale sich die Varianzen der Variablen befinden:

$$\mathbf{COV} = \mathbf{D} \cdot \frac{1}{n}. \quad (15.27)$$

Werden die Elemente von $\mathbf{COV}$ durch die jeweiligen Produkte $s_i \cdot s_j$ dividiert, resultiert die *Korrelationsmatrix* $\mathbf{R}$ der Variablen:

$$\mathbf{R} = \mathbf{S}^{-1} \cdot \mathbf{COV} \cdot \mathbf{S}^{-1} \quad (15.28)$$

mit $\mathbf{S}^{-1}$ = Diagonalmatrix mit den Elementen $1/s_j$.

Bezeichnen wir nun die $\mathbf{D}$-Matrix der ursprünglichen x-Variablen mit $\mathbf{D}(x)$ und die der linearkombinierten y-Variablen mit $\mathbf{D}(y)$, erhalten wir gemäß Gl. (15.26):

$$\mathbf{D}(x) = \mathbf{X}' \cdot \mathbf{X} - \bar{\mathbf{X}}' \cdot \bar{\mathbf{X}} \quad (15.29)$$

und

$$\mathbf{D}(y) = \mathbf{Y}' \cdot \mathbf{Y} - \bar{\mathbf{Y}}' \cdot \bar{\mathbf{Y}}. \quad (15.30)$$

Setzen wir in Gl. (15.30) für $\mathbf{Y}$ die rechte Seite von Gl. (15.23) ein, ergibt sich:

$$\mathbf{D}(y) = (\mathbf{X} \cdot \mathbf{V})' \cdot (\mathbf{X} \cdot \mathbf{V}) - \bar{\mathbf{Y}}' \cdot \bar{\mathbf{Y}}. \quad (15.31)$$

Nach Gl. (15.23) und (15.25) ermitteln wir für $\bar{\mathbf{Y}}$:

$$\bar{\mathbf{Y}} = \bar{\mathbf{X}} \cdot \mathbf{V}. \quad (15.32)$$

Durch diese Gleichung wird die $\bar{\mathbf{X}}$-Matrix, in der die ursprünglichen Variablenwerte der Vpn durch die jeweiligen Variablenmittelwerte ersetzt sind, in die $\bar{\mathbf{Y}}$-Matrix transformiert, in der die homologen Linearkombinationen durch ihren jeweiligen Mittelwert ersetzt sind. Substituieren wir $\overline{Y}$ in Gl. (15.31) durch die rechte Seite von Gl. (15.32), resultiert:

$$\begin{aligned} \mathbf{D}(y) &= (\mathbf{X} \cdot \mathbf{V})' \cdot (\mathbf{X} \cdot \mathbf{V}) - (\overline{\mathbf{X}} \cdot \mathbf{V})' \cdot (\overline{\mathbf{X}} \cdot \mathbf{V}) \\ &= (\mathbf{V}' \cdot \mathbf{X}') \cdot (\mathbf{X} \cdot \mathbf{V}) - (\mathbf{V}' \cdot \overline{\mathbf{X}}') \cdot (\overline{\mathbf{X}} \cdot \mathbf{V}) \end{aligned}$$

(gemäß Gl. C 11)

$$= \mathbf{V}' \cdot (\mathbf{X}' \cdot \mathbf{X}) \cdot \mathbf{V} - \mathbf{V}' \cdot (\overline{\mathbf{X}}' \cdot \overline{\mathbf{X}}) \cdot \mathbf{V}$$

(gemäß Gl. C 10).

Durch Ausklammern von $\mathbf{V}'$ und $\mathbf{V}$ erhalten wir:

$$\mathbf{D}(y) = \mathbf{V}' \cdot (\mathbf{X}' \cdot \mathbf{X} - \overline{\mathbf{X}}' \cdot \overline{\mathbf{X}}) \cdot \mathbf{V}.$$

Da nun gemäß Gl. (15.29) $(\mathbf{X}' \cdot \mathbf{X} - \overline{\mathbf{X}}' \cdot \overline{\mathbf{X}}) = \mathbf{D}(x)$, ergibt sich:

$$\mathbf{D}(y) = \mathbf{V}' \cdot \mathbf{D}(x) \cdot \mathbf{V}. \tag{15.33}$$

BEISPIEL

Wir wollen diese wichtige Beziehung zwischen der $\mathbf{D}(x)$-Matrix der ursprünglichen x-Werte und der $\mathbf{D}(y)$-Matrix der linearkombinierten y-Werte an einem kleinen Beispiel demonstrieren.

Vier Vpn haben auf zwei Variablen die folgenden Werte erhalten:

	1	2
1	2	3
2	3	2
3	1	3
4	1	4

Es soll eine orthogonale Rotationstransformation um 30° (gegen Uhrzeiger) durchgeführt werden. Wie lautet die $\mathbf{D}(y)$-Matrix der transformierten Werte?

Für $\mathbf{D}(x)$ ermitteln wir:

$$\mathbf{D}(x) = \begin{pmatrix} 2{,}75 & -2{,}00 \\ -2{,}00 & 2{,}00 \end{pmatrix}.$$

Bei einem Rotationswinkel von $\varphi = 30°$ ergibt sich $\mathbf{V}$ zu:

$$\mathbf{V} = \begin{pmatrix} 0{,}866 & -0{,}500 \\ 0{,}500 & 0{,}866 \end{pmatrix}.$$

Nach Gl. (15.33) folgt für $\mathbf{D}(y)$:

$$\begin{aligned} \mathbf{D}(y) &= \mathbf{V}' \cdot \mathbf{D}(x) \cdot \mathbf{V} \\ \mathbf{D}(y) &= \begin{pmatrix} 0{,}866 & 0{,}500 \\ -0{,}500 & 0{,}866 \end{pmatrix} \cdot \begin{pmatrix} 2{,}75 & -2{,}00 \\ -2{,}00 & 2{,}00 \end{pmatrix} \\ &\times \begin{pmatrix} 0{,}866 & -0{,}500 \\ 0{,}500 & 0{,}866 \end{pmatrix} \\ &= \begin{pmatrix} 1{,}382 & -0{,}732 \\ -3{,}107 & 2{,}732 \end{pmatrix} \cdot \begin{pmatrix} 0{,}866 & -0{,}500 \\ 0{,}500 & 0{,}866 \end{pmatrix} \\ &= \begin{pmatrix} 0{,}831 & -1{,}325 \\ -1{,}325 & 3{,}919 \end{pmatrix}. \end{aligned}$$

Zum gleichen Ergebnis kommen wir, wenn die einzelnen Vpn-Punkte auf Grund der Rotation des Achsenkreuzes um 30° erst transformiert werden und dann die $\mathbf{D}(y)$-Matrix für die einzelnen transformierten Werte berechnet wird.

Nach Gl. (15.23) erhalten wir die folgenden transformierten y-Werte:

$$\begin{aligned} \mathbf{X} &\cdot \mathbf{V} &= \mathbf{Y} \\ \begin{pmatrix} 2 & 3 \\ 3 & 2 \\ 1 & 3 \\ 1 & 4 \end{pmatrix} &\cdot \begin{pmatrix} 0{,}866 & -0{,}500 \\ 0{,}500 & 0{,}866 \end{pmatrix} = \begin{pmatrix} 3{,}232 & 1{,}598 \\ 3{,}598 & 0{,}232 \\ 2{,}366 & 2{,}098 \\ 2{,}866 & 2{,}964 \end{pmatrix}. \end{aligned}$$

Die Matrix $\mathbf{D}(y)$ kann – ausgehend von $\mathbf{Y}$ – auch nach Gl. (15.30) bestimmt werden:

$$\begin{aligned} \mathbf{D}(y) &= \mathbf{Y}' \cdot \mathbf{Y} - \overline{\mathbf{Y}}' \cdot \overline{\mathbf{Y}} \\ \mathbf{D}(y) &= \begin{pmatrix} 3{,}232 & 3{,}598 & 2{,}366 & 2{,}866 \\ 1{,}598 & 0{,}232 & 2{,}098 & 2{,}964 \end{pmatrix} \\ &\times \begin{pmatrix} 3{,}232 & 1{,}598 \\ 3{,}598 & 0{,}232 \\ 2{,}366 & 2{,}098 \\ 2{,}866 & 2{,}964 \end{pmatrix} \\ &- \begin{pmatrix} 3{,}016 & 3{,}016 & 3{,}016 & 3{,}016 \\ 1{,}723 & 1{,}723 & 1{,}723 & 1{,}723 \end{pmatrix} \\ &\times \begin{pmatrix} 3{,}016 & 1{,}723 \\ 3{,}016 & 1{,}723 \\ 3{,}016 & 1{,}723 \\ 3{,}016 & 1{,}723 \end{pmatrix} \\ &= \begin{pmatrix} 37{,}203 & 19{,}458 \\ 19{,}458 & 15{,}794 \end{pmatrix} - \begin{pmatrix} 36{,}373 & 20{,}783 \\ 20{,}783 & 11{,}875 \end{pmatrix} \\ &= \begin{pmatrix} 0{,}830 & -1{,}325 \\ -1{,}325 & 3{,}919 \end{pmatrix}. \end{aligned}$$

Wie ein Vergleich zeigt, ist die nach Gl. (15.33) ermittelte $\mathbf{D}(y)$-Matrix bis auf Rundungsungenauigkeiten mit der nach Gl. (15.23) und (15.30) ermittelten $\mathbf{D}(y)$-Matrix identisch. Im Folgenden, insbesondere bei der Behandlung varianzmaximierender Rotationen, werden wir jedoch die mathematisch einfacher zu handhabende Gl. (15.33) benutzen.

Ausgehend von der $\mathbf{D}(x)$-Matrix können wir die *Varianzen* der ursprünglichen Variablen und die Korrelationen zwischen den ursprünglichen Variablen leicht ermitteln. Nach Gl. (15.27) erhalten wir:

$$\begin{aligned} \mathbf{COV}(x) &= \begin{pmatrix} 2{,}75 & -2{,}00 \\ -2{,}00 & 2{,}00 \end{pmatrix} \cdot \frac{1}{4} \\ &= \begin{pmatrix} 0{,}69 & -0{,}50 \\ -0{,}50 & 0{,}50 \end{pmatrix}. \end{aligned}$$

Die Varianzen der Variablen lauten somit: $s_{x_1}^2 = 0{,}69$; $s_{x_2}^2 = 0{,}50$. Für die Korrelationsmatrix ergibt sich nach (15.28):

15.3 Rechnerische Durchführung der Hauptkomponentenanalyse

$$\mathbf{R}(x) = \begin{pmatrix} \dfrac{0{,}69}{\sqrt{0{,}69}\cdot\sqrt{0{,}69}} & \dfrac{-0{,}50}{\sqrt{0{,}69}\cdot\sqrt{0{,}50}} \\ \dfrac{-0{,}50}{\sqrt{0{,}50}\cdot\sqrt{0{,}69}} & \dfrac{0{,}50}{\sqrt{0{,}50}\cdot\sqrt{0{,}50}} \end{pmatrix}$$

$$= \begin{pmatrix} 1{,}00 & -0{,}85 \\ -0{,}85 & 1{,}00 \end{pmatrix}.$$

Zur Ermittlung der **R**-Matrix wird jedes Element $\mathrm{cov}(x)_{ij}$ der **COV**(x)-Matrix durch das Produkt der entsprechenden Streuungen s_{x_i} und s_{x_j} dividiert.

Für die lineartransformierten y-Werte erhalten wir:

$$\mathbf{COV}(y) = \begin{pmatrix} 0{,}83 & -1{,}33 \\ -1{,}33 & 3{,}92 \end{pmatrix} \cdot \dfrac{1}{4}$$

$$= \begin{pmatrix} 0{,}21 & -0{,}33 \\ -0{,}33 & 0{,}98 \end{pmatrix} \quad \text{und}$$

$$\mathbf{R}(y) = \begin{pmatrix} 1{,}00 & -0{,}73 \\ -0{,}73 & 1{,}00 \end{pmatrix}.$$

Der Vergleich zwischen **COV**(x) und **COV**(y) zeigt einen bemerkenswerten Tatbestand: Die Summe der Diagonalelemente, d.h. die Summe der Varianzen, ist in beiden Matrizen identisch. Dies bedeutet, dass die Gesamtvarianz beider Variablen nicht verändert wird. Die Rotationstransformation bewirkt lediglich eine andere Verteilung der Gesamtvarianz. Während die Varianzen der beiden ursprünglichen x-Variablen annähernd gleich sind ($s^2_{x_1} = 0{,}69$; $s^2_{x_2} = 0{,}50$), haben sich durch die orthogonale Rotationstransformation wesentliche Varianzanteile auf die Y_2-Achse verlagert ($s^2_{y_1} = 0{,}21$; $s^2_{y_2} = 0{,}98$).

> Bei einer Rotationstransformation bleibt die Gesamtvarianz der p Variablen erhalten; die Transformation führt jedoch zu einer anderen Verteilung der Varianz auf den neuen Achsen.

Orthogonale Rotationstransformation und PCA. Das Ziel der PCA besteht darin, orthogonale Rotationstransformationen zu finden, die bewirken, dass $s^2_{y_1}$ maximal (und damit im Zwei-Variablen-Beispiel $s^2_{y_2}$ minimal) wird. Anders formuliert: Gesucht wird eine neue Achse Y_1, die von der Gesamtvarianz aller Variablen maximale Varianz erfasst, und eine Achse Y_2, die die verbleibende Restvarianz aufklärt. Im Fall mehrerer Variablen soll $s^2_{y_1}$ maximale Varianz aufklären, und die weiteren Achsen Y_j werden so rotiert, dass sie von der jeweils verbleibenden Restvarianz wiederum jeweils maximale Varianz aufklären. Kurz: Die ursprünglichen Variablenachsen X_1, X_2 ... X_P sollen so rotiert werden, dass die neuen Achsen Y_1, Y_2 ... Y_P sukzessiv maximale Varianz aufklären.

Ein absolutes Maximum würde für $s^2_{y_1}$ im Zwei-Variablen-Beispiel dann resultieren, wenn die beiden ursprünglichen Variablen zu 1 miteinander korrelieren. Es liegen dann sämtliche Punkte auf der Regressionsgeraden, die mit der rotierten Y_1-Achse identisch ist. In diesem Fall ist $s^2_{y_1} = s^2_{x_1} + s^2_{x_2}$ und $s^2_{y_2} = 0$. Sind hingegen die beiden Variablen unkorreliert, so erhalten wir (bei bivariat normalverteilten Variablen) einen kreisförmigen Punkteschwarm, und jede beliebige Rotation führt dazu, dass die Varianz jeder Y-Achse mit der Varianz der X-Achsen identisch ist. Entsprechendes gilt für den allgemeinen Fall mit p Variablen: Je höher die ursprünglichen Variablen miteinander korrelieren, desto größer wird die maximale Varianz $s^2_{y_1}$ sein.

Das Zahlenbeispiel zeigt ferner, dass die Korrelation zwischen den Variablen durch die Rotation kleiner geworden ist ($r_{x_{12}} = -0{,}85$; $r_{y_{12}} = -0{,}73$). In der PCA werden orthogonale Rotationstransformationen gesucht, die zu neuen Achsen Y_1, Y_2 ... Y_p führen, die sukzessiv maximale Varianz aufklären und wechselseitig unkorreliert sind.

Varianzmaximierende Rotationstransformationen

Nachdem geklärt ist, unter welchen Bedingungen Linearkombinationen orthogonale Rotationstransformationen bewirken, wenden wir uns dem schwierigsten Teil der PCA zu. Gesucht wird eine Transformationsmatrix, die folgende Eigenschaften aufweist:
1. Sie muss orthogonale Rotationstransformationen bewirken ($\mathbf{V}' \cdot \mathbf{V} = \mathbf{I}$; $|\mathbf{V}| = 1$).
2. Sie muss so geartet sein, dass die Koordinaten (Projektionen) der Vpn-Punkte auf den neuen Achsen Y_1, Y_2 ... Y_p sukzessiv maximale Varianz aufklären.

Um diese Aufgabe etwas zu vereinfachen, gehen wir zunächst davon aus, dass *nur eine* der ursprünglichen **X**-Achsen rotiert werden soll. Gesucht wird derjenige Transformationsvektor, der die Varianz der Koordinaten der Vpn auf der neuen rotierten Y_1-Achse maximal werden lässt. Es soll somit vorerst nur ein Element der $\mathbf{D}(y)$-Matrix maximiert werden, und zwar das Element $d(y)_{11}$, das die Quadratsumme der Vpn-Koordinaten auf der neuen Y_1-Achse darstellt. Da sich $d(y)_{11}$ und $s_{y_1}^2$ nur um den Faktor $1/n$ unterscheiden, bedeutet die Maximierung von $d(y)_{11}$ gleichzeitig die Maximierung von $s_{y_1}^2$.

In Analogie zu Gl. (15.33) erhalten wir $d(y)_{11}$ aus der $\mathbf{D}(x)$-Matrix der ursprünglichen Werte nach folgender Beziehung:

$$d(y)_{11} = \mathbf{v}' \cdot \mathbf{D}(x) \cdot \mathbf{v}. \qquad (15.34)$$

Für das Zahlenbeispiel auf S. 532 haben wir $d(y)_{11} = 0{,}831$ errechnet. Der Transformationsvektor lautet hier:

$$\mathbf{v} = \begin{pmatrix} 0{,}866 \\ 0{,}500 \end{pmatrix}.$$

Gesucht wird nun derjenige Transformationsvektor $\mathbf{v}$, der $d(y)_{11}$ maximiert.

Verdoppeln wir die Elemente des $\mathbf{v}$-Vektors, wird der $d(y)_{11}$-Wert vervierfacht. Nehmen wir noch größere Werte für den Vektor $\mathbf{v}$ an, wird der $d(y)_{11}$-Wert ebenfalls größer. Hieraus folgt, dass das Element $d(y)_{11}$ maximiert werden kann, wenn für die Elemente des Vektors $\mathbf{v}$ beliebig große Werte angenommen werden. Das Maximierungsproblem ist jedoch nur sinnvoll, wenn die *Länge des Vektors* $\mathbf{v}$, die durch $\mathbf{v}'\mathbf{v}$ definiert ist, begrenzt ist, wenn also nicht beliebig große Werte eingesetzt werden können. Dies ist bereits durch die Rotationsbedingung $\mathbf{v}' \cdot \mathbf{v} = 1$ geschehen, die nur Vektoren mit der Länge 1 zulässt. Die Forderung $\mathbf{v}' \cdot \mathbf{v} = 1$ ist somit doppelt begründbar.

Herleitung der „charakteristischen Gleichung". Die Aufgabe, die wir zu lösen haben, wird in der Mathematik als *Maximierung mit Nebenbedingungen* bezeichnet. Wir suchen einen Vektor $\mathbf{v}$, der nach der Beziehung

$$d(y)_{11} = \mathbf{v}' \cdot \mathbf{D}(x) \cdot \mathbf{v}$$

$d(y)_{11}$ maximal werden lässt, wobei jedoch die Bedingung $\mathbf{v}' \cdot \mathbf{v} = 1$ erfüllt werden muss. Derartige Aufgaben lassen sich am einfachsten mit Hilfe der sog. *„Lagrange-Multiplikatoren"* (vgl. Anhang D) lösen. In unserem Fall erhalten wir die folgende zu maximierende Funktion:

$$\begin{aligned} d(y)_{11} &= \mathbf{F}(\mathbf{v}) \\ &= \mathbf{v}' \cdot \mathbf{D}(x) \cdot \mathbf{v} - \lambda \cdot (\mathbf{v}' \cdot \mathbf{v} - 1). \end{aligned} \qquad (15.35)$$

Hierin ist λ der zu bestimmende Lagrange-Multiplikator (Lambda). Wird diese Funktion nach den gesuchten Elementen des Vektors $\mathbf{v}$ partiell abgeleitet, ergibt sich der folgende Ausdruck:

$$\frac{\delta \mathbf{F}(\mathbf{v})}{\delta(\mathbf{v})} = 2 \cdot \mathbf{D}(x) \cdot \mathbf{v} - 2 \cdot \lambda \cdot \mathbf{v}. \qquad (15.36)$$

Wir wollen diese Ableitung am Beispiel zweier Variablen ausführlicher demonstrieren:

$$\begin{aligned} \mathbf{F}(\mathbf{v}) &= \mathbf{F}(v_1, v_2) \\ &= \mathbf{v}' \cdot \mathbf{D}(x) \cdot \mathbf{v} - \lambda \cdot (\mathbf{v}' \cdot \mathbf{v} - 1) \\ &= (v_1 v_2) \cdot \begin{pmatrix} d(x)_{11} & d(x)_{12} \\ d(x)_{21} & d(x)_{22} \end{pmatrix} \cdot \begin{pmatrix} v_1 \\ v_2 \end{pmatrix} \\ &\quad - \lambda \cdot \left((v_1 v_2) \cdot \begin{pmatrix} v_1 \\ v_2 \end{pmatrix} - 1 \right) \\ &= (v_1 d(x)_{11} + v_2 d(x)_{21};\ v_1 d(x)_{12} \\ &\quad + v_2 d(x)_{22}) \cdot \begin{pmatrix} v_1 \\ v_2 \end{pmatrix} - \lambda \cdot (v_1^2 + v_2^2 - 1) \\ &= v_1^2 d(x)_{11} + v_1 v_2 d(x)_{21} + v_1 v_2 d(x)_{12} \\ &\quad + v_2^2 d(x)_{22} - \lambda \cdot (v_1^2 + v_2^2 - 1) \\ &= v_1^2 d(x)_{11} + v_1 v_2 \cdot (d(x)_{21} + d(x)_{12}) \\ &\quad + v_2^2 d(x)_{22} - \lambda v_1^2 - \lambda v_2^2 + \lambda. \end{aligned}$$

Leiten wir diesen Ausdruck partiell nach v_1 und v_2 ab, resultiert:

$$\frac{\delta \mathbf{F}(v_1, v_2)}{\delta v_1} = 2 v_1 d(x)_{11} + v_2 \cdot (d(x)_{21} + d(x)_{12}) - 2 \lambda v_1,$$

$$\frac{\delta \mathbf{F}(v_1, v_2)}{\delta v_2} = v_1 (d(x)_{21} + d(x)_{12}) + 2 v_2 d(x)_{22} - 2 \lambda v_2.$$

Fassen wir die beiden Ableitungen in Matrixschreibweise zusammen, erhalten wir den folgenden zweidimensionalen Vektor:

$$\frac{\delta \mathbf{F}(\mathbf{v})}{\delta(\mathbf{v})} = \begin{pmatrix} 2 v_1 d(x)_{11} + v_2 (d(x)_{21} + d(x)_{12}) - 2 \lambda v_1 \\ v_1 (d(x)_{21} + d(x)_{12}) + 2 v_2 d(x)_{22} - 2 \lambda v_2 \end{pmatrix}.$$

Dieser Spaltenvektor lässt sich als das Ergebnis des folgenden Matrizenproduktes darstellen:

$$\frac{\delta \mathbf{F}(\mathbf{v})}{\delta \mathbf{v}}$$
$$= \begin{pmatrix} 2d(x)_{11}; & d(x)_{21} + d(x)_{12} \\ d(x)_{21} + d(x)_{12}; & 2d(x)_{22} \end{pmatrix}$$
$$\times \begin{pmatrix} v_1 \\ v_2 \end{pmatrix} - 2\lambda \cdot \begin{pmatrix} v_1 \\ v_2 \end{pmatrix}$$
$$= \left[\begin{pmatrix} d(x)_{11} & d(x)_{12} \\ d(x)_{21} & d(x)_{22} \end{pmatrix} + \begin{pmatrix} d(x)_{11} & d(x)_{21} \\ d(x)_{12} & d(x)_{22} \end{pmatrix} \right]$$
$$\times \begin{pmatrix} v_1 \\ v_2 \end{pmatrix} - 2\lambda \begin{pmatrix} v_1 \\ v_2 \end{pmatrix}$$
$$= (\mathbf{D}(x) + \mathbf{D}'(x)) \cdot \mathbf{v} - 2\lambda \cdot \mathbf{v}.$$

Da $\mathbf{D}(x)$ quadratisch und symmetrisch ist $[\mathbf{D}(x) = \mathbf{D}'(x)]$, erhalten wir:

$$\frac{\delta \mathbf{F}(\mathbf{v})}{\delta \mathbf{v}} = 2 \cdot \mathbf{D}(x) \cdot \mathbf{v} - 2\lambda \cdot \mathbf{v}. \quad (15.36)$$

Zum Auffinden des Maximums setzen wir die erste Ableitung Null:

$$2 \cdot \mathbf{D}(x) \cdot \mathbf{v} - 2 \cdot \lambda \cdot \mathbf{v} = \mathbf{0}.$$

Hierin ist **0** ein p-dimensionaler Spaltenvektor mit p Nullen.

Dividieren wir beide Seiten durch 2 und klammern **v** aus, ergibt sich:

$$(\mathbf{D}(x) - \lambda \cdot \mathbf{I}) \cdot \mathbf{v} = \mathbf{0}, \quad (15.37)$$

wobei $\lambda \cdot \mathbf{I}$ eine Diagonalmatrix mit λ als Diagonalwerten und Nullen außerhalb der Diagonale ist. *Gleichung (15.37) ist die Bestimmungsgleichung des gesuchten, varianzmaximierenden Vektors* **v**. Ausführlich beinhaltet diese Gleichung:

$$(\mathbf{D}(x)) - \lambda \cdot \mathbf{I}$$
$$\begin{pmatrix} d(x)_{11} - \lambda & d(x)_{12} & \cdots & d(x)_{1p} \\ d(x)_{21} & d(x)_{22} - \lambda & \cdots & d(x)_{2p} \\ \vdots & \vdots & & \vdots \\ d(x)_{p1} & d(x)_{p2} & \cdots & d(x)_{pp} - \lambda \end{pmatrix}$$
$$\times \mathbf{v} = \mathbf{0}$$
$$\times \begin{pmatrix} v_1 \\ v_2 \\ \vdots \\ v_p \end{pmatrix} = \begin{pmatrix} 0 \\ 0 \\ \vdots \\ 0 \end{pmatrix}$$

Nach Auflösung des Matrizenproduktes resultiert das in Tabelle 15.5 wiedergegebene Gleichungssystem.

In diesem *System homogener Gleichungen* sind die v-Werte und der λ-Wert unbekannt. Die v-Werte müssen zusätzlich die Bedingung $\mathbf{v}'\mathbf{v} = 1$ erfüllen. Die einfachste Lösung dieses Gleichungssystems ergibt sich zunächst durch Nullsetzen des Vektors **v**. Diese Lösung ist jedoch trivial; sie führt zum Ergebnis $\mathbf{0} = \mathbf{0}$.

Wir wollen uns deshalb fragen, unter welchen Bedingungen das Gleichungssystem zu einer nicht-trivialen Lösung führt. Dazu nehmen wir zunächst einmal an, der λ-Wert sei bekannt, womit die gesamte Matrix $(\mathbf{D}(x) - \lambda \cdot \mathbf{I})$ bekannt ist. Ferner gehen wir davon aus, dass die Matrix $(\mathbf{D}(x) - \lambda \cdot \mathbf{I})$ nicht singulär sei, was bedeutet, dass sie eine Inverse besitzt (vgl. Anhang C, IV). Für diesen Fall ergibt sich durch Vormultiplizieren der Gl. (15.37) mit $(\mathbf{D}(x) - \lambda \cdot \mathbf{I})^{-1}$:

$$(\mathbf{D}(x) - \lambda \cdot \mathbf{I})^{-1} \cdot (\mathbf{D}(x) - \lambda \cdot \mathbf{I}) \cdot \mathbf{v}$$
$$= (\mathbf{D}(x) - \lambda \cdot \mathbf{I})^{-1} \cdot \mathbf{0}.$$

Da das Produkt einer Matrix mit ihrer Inversen die Identitätsmatrix ergibt und die Multiplikation

Tabelle 15.5. Ausführliche Schreibweise von Gl. (15.37)

$$(d(x)_{11} - \lambda) \cdot v_1 + d(x)_{12} \cdot v_2 + \ldots + d(x)_{1p} \cdot v_p = 0$$
$$d(x)_{21} \cdot v_1 + (d(x)_{22} - \lambda) \cdot v_2 + \ldots + d(x)_{2p} \cdot v_p = 0$$
$$\vdots \qquad \vdots \qquad \vdots$$
$$d(x)_{p1} \cdot v_1 + d(x)_{p2} \cdot v_2 + \ldots + (d(x)_{pp} - \lambda) \cdot v_p = 0.$$

eines Vektors mit der Identitätsmatrix diesen Vektor nicht verändert, reduziert sich die Gleichung zu:

$$\mathbf{v} = (\mathbf{D}(x) - \lambda \cdot \mathbf{I})^{-1} \cdot \mathbf{0} = \mathbf{0}$$
$$\mathbf{v} = \mathbf{0}.$$

Diese Operation führt also wiederum zur trivialen Lösung des Gleichungssystems. Um zu einer nicht-trivialen Lösung zu gelangen, darf die Matrix $(\mathbf{D}(x) - \lambda \cdot \mathbf{I})$ keine Inverse besitzen, d.h., sie muss singulär sein. Singuläre Matrizen haben nach Satz a des Anhangs C, IV eine Determinante von Null. Wir suchen deshalb einen (oder mehrere) λ-Wert(e), für den (die) gilt:

$$|(\mathbf{D}(x) - \lambda \cdot \mathbf{I})| = 0. \quad (15.38)$$

Dies ist die sog. „*charakteristische Gleichung*" der Matrix $\mathbf{D}(x)$. Die Entwicklung der Determinante (vgl. Anhang C, III) führt zu einem Polynom p-ter Ordnung, von dem alle Lösungen (Nullstellen des Polynoms) mögliche λ-Werte darstellen. Diese λ-Werte bezeichnen wir als „charakteristische Wurzeln" oder auch als „*Eigenwerte*" einer quadratischen Matrix, und die Anzahl der Eigenwerte, die größer als Null sind, kennzeichnen den *Rang* dieser Matrix. Die Summe der Eigenwerte ergibt die *Spur* der Matrix; sie entspricht der Summe der Diagonalelemente der Matrix. Hat eine Matrix nur positive Eigenwerte (also keine negativen Eigenwerte und keine Eigenwerte vom Betrag Null), nennen wir die Matrix *positiv-definit*. Sind alle Eigenwerte nicht negativ, heißt die Matrix *positiv-semidefinit*.

Datenrückgriff. Wir wollen die Ermittlung der Eigenwerte an dem oben erwähnten Zwei-Variablen-Beispiel (S. 532) verdeutlichen. Gesucht werden die Eigenwerte der folgenden **D**-Matrix:

$$\mathbf{D}(x) = \begin{pmatrix} 2{,}75 & -2{,}00 \\ -2{,}00 & 2{,}00 \end{pmatrix}.$$

Die Eigenwerte erhalten wir, indem die folgende Determinante Null gesetzt wird:

$$|(\mathbf{D}(x) - \lambda \cdot \mathbf{I})| = 0$$
$$\begin{vmatrix} 2{,}75 - \lambda & -2{,}00 \\ -2{,}00 & 2{,}00 - \lambda \end{vmatrix} = 0.$$

Die Entwicklung dieser Determinante führt nach Gl. (C 15) des Anhanges zu:

$$(2{,}75 - \lambda) \cdot (2{,}00 - \lambda) - (-2{,}00 \cdot -2{,}00)$$
$$= \lambda^2 - 2{,}75\lambda - 2{,}00\lambda + 5{,}50 - 4{,}00$$
$$= \lambda^2 - 4{,}75\lambda + 1{,}50 = 0.$$

Für diese quadratische Gleichung (Polynom zweiter Ordnung) erhalten wir als Lösungen:

$$\lambda_{1,2} = \frac{4{,}75}{2} \pm \sqrt{\frac{(-4{,}75)^2}{4} - 1{,}50},$$
$$\lambda_1 = 4{,}41,$$
$$\lambda_2 = 0{,}34.$$

Diese beiden Eigenwerte erfüllen die Bedingung, dass die Determinante der Matrix $|\mathbf{D}(x) - \lambda \cdot \mathbf{I}|$ Null wird.

Eigenwerte. Bei drei Variablen führt die Determinantenentwicklung zu einem Polynom dritter Ordnung, d.h., wir erhalten drei Eigenwerte. Die Ermittlung der Eigenwerte in Polynomen dritter Ordnung oder allgemein p-ter Ordnung ist rechnerisch sehr aufwändig und soll hier nicht näher demonstriert werden. Das Problem ist formal mit der Nullstellenbestimmung in Polynomen p-ten Grades identisch. Man kann sich hierüber in einschlägigen Mathematikbüchern informieren. Für die PCA hat sich vor allem eine auf Jacobi (1846) zurückgehende Methode (vgl. z.B. Ralston u. Wilf, 1967, S. 152 ff.) zur Eigenwertebestimmung bewährt. Ein Rechenprogramm wird z.B. bei Cooley u. Lohnes (1971) oder bei Adams u. Woodward (1984) wiedergegeben. Außerdem verfügen alle neueren Versionen der meisten Programmpakete für Statistik und Mathematik über entsprechende Subroutinen.

Bevor wir uns der Bestimmung des varianzmaximierenden Transformationsvektors zuwenden, betrachten wir noch einmal das Ergebnis unserer Eigenwertebestimmung. Ein Vergleich der beiden Eigenwerte mit der Diagonalen von $\mathbf{D}(x)$ zeigt, dass die Summe der Eigenwerte mit der Summe der Diagonalelemente, die wir als *Spur einer Matrix* bezeichneten, identisch ist: $4{,}41 + 0{,}34 = 2{,}75 + 2{,}00$. Da die Diagonalelemente von $\mathbf{D}(x)$ die Quadratsummen der Variablen darstellen, ist die Summe der Eigenwerte von $\mathbf{D}(x)$ mit der totalen Quadratsumme aller Variablen identisch. Entsprechendes gilt für jede beliebige quadratische Matrix **A**:

15.3 Rechnerische Durchführung der Hauptkomponentenanalyse

Spur von $\mathbf{A}$ = Summe der λ-Werte von $\mathbf{A}$. (15.39)

Somit ist auch die Summe der Eigenwerte einer Varianz-Kovarianz-Matrix mit der Summe der Varianzen der einzelnen Variablen (= Summe der Diagonalelemente) identisch. Für Korrelationsmatrizen (mit Einsen in der Diagonale) gilt, dass die Summe der Eigenwerte die Anzahl der Variablen p ergibt.

> Die Summe der Eigenwerte einer Korrelationsmatrix entspricht der Anzahl der Variablen p.

Ferner kann man zeigen, dass die Produktkette der Eigenwerte einer Matrix $\mathbf{A}$ mit der Determinante $|\mathbf{A}|$ identisch ist:

$$|\mathbf{A}| = \prod_{j=1}^{p} \lambda_j. \quad (15.40)$$

Hierin ist $\prod_{j=1}^{p} \lambda_j = \lambda_1 \cdot \lambda_2 \cdot \ldots \cdot \lambda_j \cdot \ldots \cdot \lambda_p$.

Aus Gl. (15.40) folgt, dass die Determinante von $\mathbf{A}$ Null wird, wenn mindestens einer der λ_j-Werte Null ist, d.h., *singuläre Matrizen haben mindestens einen Eigenwert von Null*.

Im Folgenden wollen wir überprüfen, wie ein einzelner, ursprünglich als Lagrange-Multiplikator eingeführter λ-Wert (Eigenwert) zu interpretieren ist. Hierzu betrachten wir erneut Gl. (15.34):

$$d(y)_{11} = \mathbf{v}' \cdot \mathbf{D}(x) \cdot \mathbf{v}.$$

Durch Ausmultiplizieren und Umstellen von Gl. (15.37) erhalten wir:

$$\mathbf{D}(x) \cdot \mathbf{v} = \lambda \cdot \mathbf{v}. \quad (15.41)$$

Setzen wir die rechte Seite von Gl. (15.41) für das Teilprodukt $\mathbf{D}(x) \cdot \mathbf{v}$ in Gl. (15.34) ein, resultiert:

$$d(y)_{11} = \mathbf{v}' \cdot \lambda \cdot \mathbf{v}, \quad (15.42)$$
$$= \mathbf{v}' \cdot \mathbf{v} \cdot \lambda \quad \text{(weil } \lambda \text{ ein Skalar)},$$
$$= \lambda \quad \text{(weil } \mathbf{v}'\mathbf{v} = 1 \text{ lt. Voraussetzung)}.$$

Da die $\mathbf{D}(x)$-Matrix für p Variablen p Eigenwerte hat und wir die Quadratsumme $d(y)_{11}$ maximieren wollen, entspricht $d(y)_{11}$ dem größten der p Eigenwerte von $\mathbf{D}(x)$. Dividieren wir Gl. (15.42) durch n, erhalten wir statt der Quadratsumme die Varianz auf der neuen Y-Achse, die dem größten Eigenwert der Varianz-Kovarianz-Matrix entspricht.

> Die neuen Achsen, die sukzessiv maximale Varianz aufklären, haben Varianzen, die den nach ihrer Größe geordneten Eigenwerten entsprechen.

Eigenvektoren. Die Bestimmungsgleichung für den Vektor $\mathbf{v}_1$, der zu homologen Linearkombinationen mit maximaler Varianz führt, lautet somit gemäß Gl. (15.37):

$$(\mathbf{D}(x) - \lambda \cdot \mathbf{I}) \cdot \mathbf{v}_1 = \mathbf{0}.$$

Für die p Eigenwerte (von denen einer oder mehrere Null sein können) lassen sich p Transformationsvektoren bestimmen. Einen mit einem bestimmten Eigenwert verbundenen Transformationsvektor bezeichnen wir als Eigenvektor. Für die Bestimmung eines Eigenvektors $\mathbf{v}_j$ errechnen wir die adjunkte Matrix von $(\mathbf{D}(x) - \lambda_j \cdot \mathbf{I})$ (vgl. S. 720 f.), deren Spalten wechselseitig proportional sind. Wir *normieren* einen Spaltenvektor dieser Matrix auf die Länge 1, indem wir jedes Vektorelement durch die Länge des Vektors (Wurzel aus der Summe der quadrierten Vektorelemente) dividieren. Als Resultat erhalten wir den gesuchten Vektor $\mathbf{v}_j$, der die Bedingung $\mathbf{v}'_j \cdot \mathbf{v}_j = 1$ erfüllt.

Datenrückgriff. In Fortführung unseres Beispiels errechnen wir zunächst für die Bestimmung von $\mathbf{v}_1$ die Matrix $(\mathbf{D}(x) - \lambda_1 \cdot \mathbf{I})$:

$$\begin{pmatrix} 2{,}75 - 4{,}41 & -2{,}00 \\ -2{,}00 & 2{,}00 - 4{,}41 \end{pmatrix}$$
$$= \begin{pmatrix} -1{,}66 & -2{,}00 \\ -2{,}00 & -2{,}41 \end{pmatrix}.$$

Nach Gl. (C 22) erhalten wir

$$\text{adj}(\mathbf{D}(x) - \lambda_1 \cdot \mathbf{I}) = \begin{pmatrix} -2{,}41 & 2{,}00 \\ 2{,}00 & -1{,}66 \end{pmatrix}.$$

Die Spalten dieser Matrix sind proportional $(-2{,}41/2{,}00 = 2{,}00/-1{,}66)$. Wir normieren den 1. Spaltenvektor auf die Länge 1, indem wir dessen Elemente durch $\sqrt{-2{,}41^2 + 2{,}00^2} = 3{,}1318$ dividieren, und erhalten somit $\mathbf{v}_1$:

$$\mathbf{v}_1 = \begin{pmatrix} -0{,}77 \\ 0{,}64 \end{pmatrix}.$$

Auf die gleiche Weise ermitteln wir $\mathbf{v}_2$:

$$(\mathbf{D}(\mathrm{x}) - \lambda_2 \cdot \mathbf{I}) = \begin{pmatrix} 2{,}41 & -2{,}00 \\ -2{,}00 & 1{,}66 \end{pmatrix},$$

$$\mathrm{adj}(\mathbf{D}(\mathrm{x}) - \lambda_2 \cdot \mathbf{I}) = \begin{pmatrix} 1{,}66 & 2{,}00 \\ 2{,}00 & 2{,}41 \end{pmatrix}.$$

Wir dividieren durch $\sqrt{1{,}66^2 + 2{,}00^2} = 2{,}60$ und erhalten

$$\mathbf{v}_2 = \begin{pmatrix} 0{,}64 \\ 0{,}77 \end{pmatrix}.$$

Prüfung.

$$\begin{matrix} \mathbf{V}' & & \mathbf{V} & = & \mathbf{I} \\ \begin{pmatrix} -0{,}77 & 0{,}64 \\ 0{,}64 & 0{,}77 \end{pmatrix} & \cdot & \begin{pmatrix} -0{,}77 & 0{,}64 \\ 0{,}64 & 0{,}77 \end{pmatrix} & = & \begin{pmatrix} 1 & 0 \\ 0 & 1 \end{pmatrix} \end{matrix}$$

Als Determinante von $\mathbf{V}$ errechnen wir:

$$|\mathbf{V}| = \begin{vmatrix} -0{,}77 & 0{,}64 \\ 0{,}64 & 0{,}77 \end{vmatrix}$$
$$= -0{,}77 \cdot 0{,}77 - 0{,}64 \cdot 0{,}64 = -1{,}00.$$

Damit ist die in Gl. (15.22) genannte Bedingung ($|\mathbf{V}| = 1$) nicht erfüllt; wir multiplizieren deshalb nach den Ausführungen auf S. 530 den ersten Eigenvektor mit -1 und erhalten damit die endgültige Transformationsmatrix $\mathbf{V}$:

$$\mathbf{V} = \begin{pmatrix} 0{,}77 & 0{,}64 \\ -0{,}64 & 0{,}77 \end{pmatrix}.$$

Mit Hilfe dieser beiden Eigenvektoren können wir somit Rotationstransformationen durchführen, die zu neuen Achsen mit den Quadratsummen $d(y)_{11} = 4{,}41$ und $d(y)_{22} = 0{,}34$ bzw. den Varianzen $s_{y1}^2 = 4{,}41/4 = 1{,}10$ und $s_{y2}^2 = 0{,}34/4 = 0{,}085$ führen. Da s_{y1}^2 die größere der beiden Varianzen ist, kennzeichnet $\mathbf{v}_1$ den gesuchten varianzmaximierenden Transformationsvektor. Rotieren wir die X_1-Achse um $39{,}6°$ entgegen dem Uhrzeigersinn ($\cos 39{,}6° = 0{,}77 = v_{11}$), erhalten wir eine neue Y_1-Achse, auf der die Quadratsumme der Vpn-Koordinaten maximal und vom Wert $\lambda_1 = 4{,}41$ ist. Rotieren wir die X_2-Achse um den gleichen Winkel ($\cos 39{,}6° = 0{,}77 = v_{22}$), erhalten wir eine neue Y_2-Achse, auf der die Quadratsumme der Vpn-Koordinaten minimal und vom Werte $\lambda_2 = 0{,}34$ ist.

Entsprechendes gilt für die p-dimensionale Verallgemeinerung.

> Ordnen wir die einzelnen λ_j-Werte der Größe nach, dann bewirken die mit den λ_j-Werten assoziierten Eigenvektoren $\mathbf{v}_j$ Rotationstransformationen, die zu neuen Achsen führen, die sukzessiv maximale Varianz aufklären. Die Varianzen sind mit den jeweiligen Eigenwerten identisch.

Die Ermittlung der Eigenvektoren ist im p-dimensionalen Fall ebenfalls analog vorzunehmen.

Orthogonalität der Eigenvektoren. Dass die so ermittelten Eigenvektoren orthogonal sind, zeigt folgende Überlegung. Für die Eigenvektoren $\mathbf{v}_i$ und $\mathbf{v}_j$ zweier ungleichgroßer Eigenwerte λ_i und λ_j einer symmetrischen Matrix $\mathbf{B}$ gilt gemäß Gl. (15.41):

$$\mathbf{B} \cdot \mathbf{v}_i = \lambda_i \cdot \mathbf{v}_i, \qquad (15.45\,\mathrm{a})$$
$$\mathbf{B} \cdot \mathbf{v}_j = \lambda_j \cdot \mathbf{v}_j \quad (\text{wobei } \lambda_i \neq \lambda_j). \qquad (15.45\,\mathrm{b})$$

Transponieren wir beide Seiten von Gl. (15.45 a), erhalten wir:

$$\mathbf{v}_i' \cdot \mathbf{B} = \lambda_i \cdot \mathbf{v}_i' \quad (\text{wegen } \mathbf{B}' = \mathbf{B}). \qquad (15.46)$$

Werden beide Seiten von Gl. (15.45 b) mit $\mathbf{v}_i'$ vormultipliziert, resultiert:

$$\mathbf{v}_i' \cdot \mathbf{B} \cdot \mathbf{v}_j = \mathbf{v}_i' \cdot \lambda_j \cdot \mathbf{v}_j$$
$$= \lambda_j \cdot \mathbf{v}_i' \cdot \mathbf{v}_j. \qquad (15.47)$$

Setzen wir die rechte Seite von Gl. (15.46) links in Gl. (15.47) ein, ergibt sich:

$$\lambda_i \cdot \mathbf{v}_i' \cdot \mathbf{v}_j = \lambda_j \cdot \mathbf{v}_i' \cdot \mathbf{v}_j \qquad (15.48)$$

bzw.

$$(\lambda_i - \lambda_j) \cdot (\mathbf{v}_i' \cdot \mathbf{v}_j) = 0.$$

Da laut Voraussetzung $\lambda_i \neq \lambda_j$ ist, muss $\mathbf{v}_i' \cdot \mathbf{v}_j = 0$ sein, womit die Orthogonalität der Eigenvektoren bewiesen ist. Wegen $\mathbf{v}_i' \cdot \mathbf{v}_j = 0$ muss für Gl. (15.47) auch $\mathbf{v}_i' \cdot \mathbf{B} \cdot \mathbf{v}_j = 0$ gelten. Unter Berücksichtigung von Gl. (15.42) erhält man also

$$\mathbf{V}' \cdot \mathbf{B} \cdot \mathbf{V} = \Lambda \qquad (15.49)$$

$\mathbf{V}$ = Matrix der Eigenvektoren von $\mathbf{B}$ und
Λ = Diagonalmatrix der Eigenwerte von $\mathbf{B}$.

Nach der Beziehung $\mathbf{Y} = \mathbf{X} \cdot \mathbf{V}$ ermitteln wir im Beispiel die folgenden Koordinaten auf den beiden neuen Achsen Y_1 und Y_2:

$$\mathbf{Y} = \begin{pmatrix} -0{,}38 & 3{,}59 \\ 1{,}03 & 3{,}46 \\ -1{,}15 & 2{,}95 \\ -1{,}79 & 3{,}72 \end{pmatrix}.$$

Wie man sich leicht überzeugen kann, entsprechen die Quadratsummen auf den beiden neuen Achsen den Eigenwerten der $\mathbf{D}(x)$-Matrix. Ferner ist die Korrelation zwischen den beiden Achsen Null.

Faktorwerte und Faktorladungen

Wie in 15.2 erläutert, stellen die Faktorwerte und Faktorladungen das interpretative Gerüst einer PCA dar. Sie lassen sich, nachdem die Eigenwerte und Eigenvektoren bekannt sind, vergleichsweise einfach berechnen.

In den meisten faktorenanalytischen Arbeiten stellen nicht die ursprünglichen Variablen, sondern z-standardisierte Variablen die Ausgangsdaten dar, d.h., es wird die Matrix der Variableninterkorrelationen faktorisiert. Durch die z-Standardisierung erhalten alle Variablen den Mittelwert 0 und die Streuung 1, wodurch die zu faktorisierenden Variablen bzgl. ihrer Metrik vergleichbar gemacht werden. Wir wollen deshalb die Ermittlung der Faktorwerte und Faktorladungen auf den Fall z-standardisierter Variablen beschränken. Die faktorenanalytische Verarbeitung von Rohwerten wird bei Horst (1965) diskutiert. Eyferth u. Baltes (1969) untersuchen faktorenanalytische Ergebnisse in Abhängigkeit von der Art der Datenstandardisierung (einfache Kreuzproduktsummen, z-Standardisierung pro Variable und z-Standardisierung pro Vp) und kommen zu dem Ergebnis, dass es gelegentlich sinnvoll sein kann, nicht von z-standardisierten Variablen auszugehen. (Genauer hierzu bzw. zum Vergleich von Faktorenanalysen über Korrelations- oder Kovarianzmatrizen vgl. Fung u. Kwan, 1995.)

Berechnung der Faktorwerte. Wir beginnen mit der Ermittlung der Varianz-Kovarianz-Matrix der z-standardisierten Variablen, deren Eigenwerte und Eigenvektoren zunächst berechnet werden. Da die Varianz z-standardisierter Variablen vom Betrag 1 ist und die Kovarianz zweier z-standardisierter Variablen der Korrelation entspricht, ist die Varianz-Kovarianz-Matrix der z-standardisierten Variablen mit der *Korrelationsmatrix* $\mathbf{R}$ der ursprünglichen Variablen identisch. Unter Verwendung der Matrix der Eigenvektoren $\mathbf{V}$ der Korrelationsmatrix erhalten wir nach der Beziehung

$$\mathbf{Y} = \mathbf{Z} \cdot \mathbf{V} \qquad (15.50)$$

die Koordinaten der Vpn auf den neuen Y_j-Achsen, die sukzessiv maximale Varianz vom Betrag λ_j aufklären. Die Matrix der Faktorwerte $\mathbf{F}$ ergibt sich, wenn die Koordinaten der Vpn auf den einzelnen Y-Achsen z-standardisiert werden.

Die z-Standardisierung der neuen Achsen ist für den hier diskutierten Fall, dass die ursprünglichen Variablen ebenfalls z-standardisiert sind, einfach durchzuführen. Nach Gl. (15.25) entspricht das arithmetische Mittel homologer Linearkombinationen der Linearkombination der ursprünglichen Mittelwerte. Da die Mittelwerte der ursprünglichen Variablen durch die z-Standardisierung Null sind, muss auch der Mittelwert homologer Linearkombinationen Null sein. Die Vpn-Koordinaten werden deshalb lediglich durch ihre Streuung s_{y_j} dividiert, die nach Gl. (15.42) vom Betrag $\sqrt{\lambda_j}$ ist (λ_j = Eigenwerte von $\mathbf{R}$). Matrixalgebraisch erhalten wir für $\mathbf{F}$:

$$\mathbf{F} = \mathbf{Y} \cdot \mathbf{\Lambda}^{-1/2}, \qquad (15.51)$$

wobei $\mathbf{\Lambda}^{-1/2}$ eine Diagonalmatrix darstellt, in deren Diagonale sich die Reziprokwerte aus den Wurzeln der Eigenwerte $\left(\dfrac{1}{\sqrt{\lambda_j}} = \dfrac{1}{s_{y_j}}\right)$ befinden (zur Berechnung der Faktorwerte über die Faktorladungen vgl. S. 541).

> Die z-standardisierten Y-Achsen bezeichnen wir als Faktoren und die Koordinaten der Vpn auf den standardisierten Achsen als Faktorwerte.

Die Faktorwerte eines Faktors haben somit einen Mittelwert von 0 und eine Streuung von 1. Faktoren korrelieren über die Faktorwerte wechselseitig zu 0 miteinander. Es gilt die Beziehung

$$\mathbf{F}' \cdot \mathbf{F} \cdot \frac{1}{n} = \mathbf{I}. \qquad (15.52)$$

Beweis: Wir ersetzen $\mathbf{Y}$ in Gl. (15.51) durch Gl. (15.50) und erhalten

$$\mathbf{F} = \mathbf{Z} \cdot \mathbf{V} \cdot \mathbf{\Lambda}^{-1/2} \text{ bzw.}$$

$$\mathbf{F}' \cdot \mathbf{F} = (\mathbf{Z} \cdot \mathbf{V} \cdot \mathbf{\Lambda}^{-1/2})' \cdot (\mathbf{Z} \cdot \mathbf{V} \cdot \mathbf{\Lambda}^{-1/2})$$
$$= \mathbf{\Lambda}^{-1/2} \cdot \mathbf{V}' \cdot \mathbf{Z}' \cdot \mathbf{Z} \cdot \mathbf{V} \cdot \mathbf{\Lambda}^{-1/2}$$

Division beider Seiten durch n führt wegen

$$\frac{1}{n} \cdot \mathbf{Z}' \cdot \mathbf{Z} = \mathbf{R} \quad \text{zu}$$

$$\frac{1}{n} \cdot \mathbf{F}' \cdot \mathbf{F} = \mathbf{\Lambda}^{-1/2} \cdot \mathbf{V}' \cdot \mathbf{R} \cdot \mathbf{V} \cdot \mathbf{\Lambda}^{-1/2}$$

bzw. nach Gl. (15.49) zu

$$\frac{1}{n} \cdot \mathbf{F}' \cdot \mathbf{F} = \mathbf{\Lambda}^{-1/2} \cdot \mathbf{\Lambda} \cdot \mathbf{\Lambda}^{-1/2} = \mathbf{I} .$$

Die z-Standardisierung der Faktoren hat zur Konsequenz, dass alle neuen Y_j-Achsen die gleiche Länge aufweisen, d.h., diejenigen Achsen, die eine Streuung $\sqrt{\lambda_j} < 1$ haben, werden gestreckt, und Achsen mit einer Streuung $\sqrt{\lambda_j} > 1$ werden gestaucht. Dadurch verändert sich der ursprüngliche, elliptische Punkteschwarm der Vpn (Hyperellipsoid im mehrdimensionalen Fall) zu einem kreisförmigen Punkteschwarm (Hyperkugel im mehrdimensionalen Fall). In dem so geschaffenen Faktorraum stehen die Variablen nicht mehr senkrecht aufeinander, sondern bilden Winkel, deren cos den jeweiligen Variableninterkorrelationen entsprechen. Wir werden diesen Zusammenhang weiter unten an einem numerischen Beispiel demonstrieren.

Berechnung der Faktorladungen. Die Vpn sind sowohl durch die ursprünglichen Variablen als auch die Faktoren gekennzeichnet. Um zu ermitteln, welcher Zusammenhang zwischen den ursprünglichen Variablen z_i und den neuen Faktoren F_j besteht, können die Korrelationen zwischen den ursprünglichen Variablen und den Faktoren berechnet werden. In beiden Fällen handelt es sich um z-standardisierte Werte, sodass wir die Korrelation zwischen einer Variablen z_i und einem Faktor F_j nach folgender Beziehung ermitteln können:

$$r_{ij} = \frac{1}{n} \cdot \sum_{m=1}^{n} f_{mj} \cdot z_{mi} . \quad (15.53)$$

Für die Matrix aller Interkorrelationen ergibt sich:

$$\mathbf{R}_{zF} = \frac{1}{n} \cdot \mathbf{F}' \cdot \mathbf{Z} . \quad (15.54)$$

Ausgehend von der für z-Werte modifizierten Grundgleichung der PCA (s. Gl. 15.3 b)

$$\mathbf{Z} = \mathbf{F} \cdot \mathbf{A}' \quad (15.55)$$

können wir für Gl. (15.54) auch schreiben:

$$\mathbf{R}_{zF} = \frac{1}{n} \cdot \mathbf{F}' \cdot \mathbf{F} \cdot \mathbf{A}' .$$

Da nach Gl. (15.52) $1/n \cdot \mathbf{F}' \cdot \mathbf{F} = \mathbf{I}$, ergibt sich

$$\mathbf{R}_{zF} = \mathbf{A}' . \quad (15.56)$$

> Die Korrelation r_{ij} zwischen einer ursprünglichen Variablen i und einem Faktor j ist mit der Ladung a_{ij} der Variablen i auf dem Faktor j identisch.

Die hier beschriebene Art der Ermittlung der Faktorladungen setzt voraus, dass die Faktorwerte bekannt sind. Häufig ist man jedoch lediglich an den Faktorladungen interessiert und will auf die – zumal bei vielen Vpn aufwendige – Faktorwertebestimmung verzichten. Der folgende Gedankengang führt zu einer Möglichkeit, Faktorladungen zu errechnen, ohne zuvor die Faktorwerte ermittelt zu haben:

Die Gleichung für die Bestimmung der Faktorwerte lautet (s. Gl. 15.51):

$$\mathbf{F} = \mathbf{Y} \cdot \mathbf{\Lambda}^{-1/2} .$$

Multiplizieren wir beide Seiten mit $\mathbf{\Lambda}^{1/2}$, erhalten wir wegen $\mathbf{\Lambda}^{-1/2} \cdot \mathbf{\Lambda}^{1/2} = \mathbf{I}$:

$$\mathbf{F} \cdot \mathbf{\Lambda}^{1/2} = \mathbf{Y} .$$

Ersetzen wir $\mathbf{Y}$ durch die rechte Seite von Gl. (15.50), ergibt sich:

$$\mathbf{F} \cdot \mathbf{\Lambda}^{1/2} = \mathbf{Z} \cdot \mathbf{V} .$$

Werden beide Seiten mit $\mathbf{V}^{-1}$ nachmultipliziert, resultiert wegen $\mathbf{V} \cdot \mathbf{V}^{-1} = \mathbf{I}$:

$$\mathbf{F} \cdot \mathbf{\Lambda}^{1/2} \cdot \mathbf{V}^{-1} = \mathbf{Z} .$$

Da jedoch nach Gl. (15.55) für $\mathbf{Z}$ auch $\mathbf{Z} = \mathbf{F} \cdot \mathbf{A}'$ gilt, können die folgenden Ausdrücke gleichgesetzt werden:

$$\mathbf{F} \cdot \mathbf{A}' = \mathbf{F} \cdot \mathbf{\Lambda}^{1/2} \cdot \mathbf{V}^{-1} .$$

Wir erhalten also:

$$\mathbf{A}' = \mathbf{\Lambda}^{1/2} \cdot \mathbf{V}^{-1} .$$

Einfacher lässt sich die Ladungsmatrix $\mathbf{A}$ ermitteln, wenn wir $\mathbf{V}^{-1}$ durch $\mathbf{V}'$ ersetzen. Für $\mathbf{V}$ gilt:

$$\mathbf{V}' \cdot \mathbf{V} = \mathbf{I} .$$

15.3 Rechnerische Durchführung der Hauptkomponentenanalyse

Werden beide Seiten rechts mit $\mathbf{V}^{-1}$ multipliziert, ergibt sich:

$$\mathbf{V}' \cdot \mathbf{V} \cdot \mathbf{V}^{-1} = \mathbf{V}^{-1}$$

oder, da $\mathbf{V} \cdot \mathbf{V}^{-1} = \mathbf{I}$,

$$\mathbf{V}' = \mathbf{V}^{-1}.$$

Für die Ladungsmatrix erhalten wir somit folgende Bestimmungsgleichung:

$$\mathbf{A}' = \mathbf{\Lambda}^{1/2} \cdot \mathbf{V}' \qquad (15.57)$$

bzw.

$$\mathbf{A} = \mathbf{V} \cdot \mathbf{\Lambda}^{1/2}.$$

Aus Gl. (15.57) folgt $\mathbf{A}'\mathbf{A} = \mathbf{\Lambda}$.

Sind die Ladungen bekannt, ergibt sich folgende Bestimmung der Faktorwerte: Wir erhielten

$$\mathbf{F} \cdot \mathbf{\Lambda}^{1/2} \cdot \mathbf{V}^{-1} = \mathbf{Z}.$$

Aufgelöst nach $\mathbf{F}$ resultiert

$$\mathbf{F} = \mathbf{Z} \cdot \mathbf{V} \cdot \mathbf{\Lambda}^{-1/2}.$$

Wegen $\mathbf{A} = \mathbf{V} \cdot \mathbf{\Lambda}^{1/2}$ gemäß Gl. (15.57) erhält man

$$\mathbf{A} \cdot \mathbf{\Lambda}^{-1} = \mathbf{V} \cdot \mathbf{\Lambda}^{-1/2}$$

und damit

$$\mathbf{F} = \mathbf{Z} \cdot \mathbf{A} \cdot \mathbf{\Lambda}^{-1}. \qquad (15.58)$$

Datenrückgriff. Wir wollen die Ermittlung der Faktorwerte und Faktorladungen anhand des auf S. 532 erwähnten numerischen Beispiels erläutern.

Vier Vpn haben auf zwei Variablen folgende Werte erhalten:

$$\mathbf{X} = \begin{pmatrix} 2 & 3 \\ 3 & 2 \\ 1 & 3 \\ 1 & 4 \end{pmatrix}.$$

Standardisieren wir die beiden Variablen, ergeben sich nach Gl. (1.27) folgende z-Werte:

$$\mathbf{Z} = \begin{pmatrix} 0{,}302 & 0{,}000 \\ 1{,}508 & -1{,}414 \\ -0{,}905 & 0{,}000 \\ -0{,}905 & 1{,}414 \end{pmatrix}.$$

Hieraus ermitteln wir die Varianz-Kovarianz-Matrix, die mit der Korrelationsmatrix der ursprünglichen Variablen identisch ist.

$$\mathbf{COV}(z) = \mathbf{R} = \begin{pmatrix} 1{,}00 & -0{,}85 \\ -0{,}85 & 1{,}00 \end{pmatrix}.$$

Zur Berechnung der Eigenwerte von $\mathbf{R}$ entwickeln wir die Determinante der folgenden Matrix:

$$(\mathbf{R} - \lambda \cdot \mathbf{I}) = \begin{pmatrix} 1{,}00 - \lambda & -0{,}85 \\ -0{,}85 & 1{,}00 - \lambda \end{pmatrix},$$

$$\begin{aligned}|(\mathbf{R} - \lambda \cdot \mathbf{I})| &= (1{,}00 - \lambda) \cdot (1{,}00 - \lambda) \\ &\quad - (-0{,}85) \cdot (-0{,}85) \\ &= \lambda^2 - 2\lambda + 0{,}28 = 0.\end{aligned}$$

Mit dem Wert Null für diese Determinante (Gl. 15.38) führt die Auflösung der quadratischen Gleichung zu den Eigenwerten $\lambda_1 = 1{,}85$ und $\lambda_2 = 0{,}15$, deren Summe den Wert 2 ergibt. Die Summe der Eigenwerte entspricht also der Summe der Varianzen der ursprünglichen Variablen, die wegen der z-Transformation jeweils vom Betrag 1 sind.

Für den Eigenvektor $\mathbf{v}_1$ erhalten wir nach Gl. (15.37) als Bestimmungsgleichungen:

$$-0{,}85 v_{11} - 0{,}85 v_{21} = 0,$$
$$-0{,}85 v_{11} - 0{,}85 v_{21} = 0.$$

Wir ermitteln, wie auf S. 537 beschrieben,

$$\mathrm{adj}(\mathbf{R} - \lambda_1 \cdot \mathbf{I}) = \begin{pmatrix} -0{,}85 & 0{,}85 \\ 0{,}85 & -0{,}85 \end{pmatrix}$$

und normieren den 1. Spaltenvektor auf Länge 1, indem wir dessen Elemente durch $\sqrt{-0{,}85^2 + 0{,}85^2} = 1{,}2021$ dividieren. Das Resultat lautet

$$\mathbf{v}_1 = \begin{pmatrix} -0{,}707 \\ 0{,}707 \end{pmatrix}.$$

Nach dem gleichen Verfahren erhalten wir für $\mathbf{v}_2$:

$$\mathbf{v}_2 = \begin{pmatrix} 0{,}707 \\ 0{,}707 \end{pmatrix}.$$

Da die Determinante der aus $\mathbf{v}_1$ und $\mathbf{v}_2$ zu bildenden Matrix $\mathbf{V}$ den Wert -1 hat, multiplizieren wir $\mathbf{v}_1$ mit -1. Die Transformationsmatrix lautet somit:

$$\mathbf{V} = \begin{pmatrix} 0{,}707 & 0{,}707 \\ -0{,}707 & 0{,}707 \end{pmatrix}.$$

Wie man sich leicht überzeugen kann, sind jetzt die Bedingungen $\mathbf{V}' \cdot \mathbf{V} = \mathbf{I}$ und $|\mathbf{V}| = 1$ erfüllt. Da $\cos 315° = 0{,}707$ und $\sin 315° = -0{,}707$, bewirkt diese Transformationsmatrix eine orthogonale Rotation um 315° entgegen dem Uhrzeigersinn bzw. 45° im Uhrzeigersinn. (Dies ist eine Besonderheit aller Zwei-Variablen-Beispiele mit negativer Korrelation, bei denen durch die z-Standardisierung die Hauptachse des elliptischen Punkteschwarms mit der zweiten Winkelhalbierenden des Koordinatensystems identisch ist.)

Nach Gl. (15.50) ermitteln wir die Matrix der transformierten Vpn-Koordinaten $\mathbf{Y}$:

$$\begin{array}{cc} \mathbf{Z} & \mathbf{V} \\ \begin{pmatrix} 0{,}302 & 0{,}000 \\ 1{,}508 & -1{,}414 \\ -0{,}905 & 0{,}000 \\ -0{,}905 & 1{,}414 \end{pmatrix} \cdot \begin{pmatrix} 0{,}707 & 0{,}707 \\ -0{,}707 & 0{,}707 \end{pmatrix} \end{array}$$

$$= \mathbf{Y}$$

$$= \begin{pmatrix} 0{,}214 & 0{,}214 \\ 2{,}066 & 0{,}066 \\ -0{,}640 & -0{,}640 \\ -1{,}640 & 0{,}360 \end{pmatrix}.$$

Die nach Gl. (1.16) berechneten Varianzen auf den transformierten Y-Achsen (Spalten von $\mathbf{Y}$) entsprechen den beiden gefundenen Eigenwerten. Die Korrelation zwischen den beiden neuen Achsen ist 0.

Z-standardisieren wir die Y-Achsen, erhalten wir die gesuchten Faktoren mit den Faktorwerten der Vpn:

$$\begin{array}{cc} \mathbf{Y} & \mathbf{\Lambda}^{-1/2} \\ \begin{pmatrix} 0{,}214 & 0{,}214 \\ 2{,}066 & 0{,}066 \\ -0{,}640 & -0{,}640 \\ -1{,}640 & 0{,}360 \end{pmatrix} \cdot \begin{pmatrix} \dfrac{1}{\sqrt{1{,}85}} & 0 \\ 0 & \dfrac{1}{\sqrt{0{,}15}} \end{pmatrix} \end{array}$$

$$= \mathbf{F}$$

$$= \begin{pmatrix} 0{,}157 & 0{,}552 \\ 1{,}518 & 0{,}170 \\ -0{,}470 & -1{,}652 \\ -1{,}204 & 0{,}930 \end{pmatrix}.$$

Die gleichen Werte ergeben sich auch nach Gl. (15.58). Werden die Faktorwerte gemäß Gl. (15.54) mit den z-Werten korreliert, resultiert die Ladungsmatrix $\mathbf{A}$:

$$\mathbf{R}_{\mathrm{zF}} = \begin{pmatrix} 0{,}96 & -0{,}96 \\ 0{,}27 & 0{,}27 \end{pmatrix}$$

bzw.

$$\mathbf{R}'_{\mathrm{zF}} = \mathbf{A} = \begin{pmatrix} 0{,}96 & 0{,}27 \\ -0{,}96 & 0{,}27 \end{pmatrix}.$$

Das gleiche Ergebnis erhalten wir einfacher, wenn statt Gl. (15.54) die Gl. (15.57) eingesetzt wird:

$$\begin{array}{cc} \mathbf{V} & \mathbf{\Lambda}^{1/2} \\ \begin{pmatrix} 0{,}707 & 0{,}707 \\ -0{,}707 & 0{,}707 \end{pmatrix} \cdot \begin{pmatrix} \sqrt{1{,}85} & 0 \\ 0 & \sqrt{0{,}15} \end{pmatrix} \end{array}$$

$$= \mathbf{A}$$

$$= \begin{pmatrix} 0{,}96 & 0{,}27 \\ -0{,}96 & 0{,}27 \end{pmatrix}.$$

In $\mathbf{A}$ gibt die erste Spalte die Ladungen der beiden Variablen auf dem ersten Faktor wieder. Durch die relativ hohe Korrelation zwischen den beiden Variablen ($r_{12} = -0{,}85$) wird ein hoher Prozentsatz ($0{,}96^2 \cdot 100\% = 92{,}16\%$) einer jeden Variablen durch den ersten Faktor aufgeklärt. Summieren wir die quadrierten Ladungen des ersten Faktors, ergibt sich der durch den ersten Faktor aufgeklärte Varianzanteil: $0{,}96^2 + (-0{,}96)^2 = 1{,}84$ ($= 92\%$ der Gesamtvarianz von 2). Dieser Wert ist – abgesehen von Rundungsungenauigkeiten – mit dem ersten Eigenwert identisch. Entsprechendes gilt für den zweiten Faktor.

Werden die Ladungsquadrate pro Variable summiert, resultiert die durch die Faktoren aufgeklärte Varianz einer Variablen. Da im vorliegenden Fall die gesamte Varianz der Variablen durch die Faktoren aufgeklärt wird und da z-standardisierte Variablen eine Varianz von 1 haben, ergibt die Summe der Ladungsquadrate jeweils den Wert 1. Werden nicht alle Faktoren zur Interpretation herangezogen (vgl. 15.4), erhalten wir für die Summe der Ladungsquadrate einen Wert zwischen 0 und 1. Dieser Wert wird – wie bereits unter 15.2 erwähnt – als die *Kommunalität* einer Variablen bezeichnet.

Reproduktion der Korrelationsmatrix. Ein weiteres interessantes Ergebnis zeigt sich, wenn wir die Summe der Produkte der faktorspezifischen Ladungen für 2 Variablen ermitteln: $0{,}96 \cdot (-0{,}96) + 0{,}27 \cdot 0{,}27 = -0{,}85$. Dieser Wert ist mit der Korrelation der ursprünglichen Variablen ($r_{12} = -0{,}85$) identisch. Im Fall einer reduzierten Faktorlösung, bei der nicht alle Faktoren interpretiert werden, gibt dieser Wert an, wie gut der Zusammenhang zweier Variablen durch die Faktoren aufgeklärt wird.

Dass dieser Wert bei einer vollständigen Faktorlösung mit der Korrelation identisch sein muss, zeigt der folgende Gedankengang:

Nach Gl. (15.55) gilt die Beziehung:

$$\mathbf{Z} = \mathbf{F} \cdot \mathbf{A}'.$$

Werden beide Seiten links mit der jeweiligen Transponierten vormultipliziert, erhalten wir:

$$\mathbf{Z}' \cdot \mathbf{Z} = (\mathbf{F} \cdot \mathbf{A}')' \cdot (\mathbf{F} \cdot \mathbf{A}')$$

oder

$$\mathbf{Z}' \cdot \mathbf{Z} = \mathbf{A} \cdot \mathbf{F}' \cdot \mathbf{F} \cdot \mathbf{A}'.$$

Da nach Gl. (15.52) $\mathbf{F}' \cdot \mathbf{F} = \mathbf{I} \cdot n$, können wir auch schreiben:

$$\mathbf{Z}' \cdot \mathbf{Z} = \mathbf{A} \cdot \mathbf{A}' \cdot n.$$

Dividieren wir beide Seiten durch n, ergibt sich:

$$\frac{1}{n} \mathbf{Z}' \cdot \mathbf{Z} = \mathbf{A} \cdot \mathbf{A}'.$$

Wegen $\frac{1}{n} \cdot \mathbf{Z}' \cdot \mathbf{Z} = \mathbf{R}$, gilt für $\mathbf{R}$:

$$\mathbf{R} = \mathbf{A} \cdot \mathbf{A}' \quad (15.59)$$

oder, bezogen auf eine einzelne Korrelation zwischen zwei Variablen i und i':

$$r_{ii'} = \sum_{j=1}^{p} a_{ij} \cdot a_{i'j}.$$

Graphische Darstellung. Abbildung 15.6 zeigt das Ergebnis der PCA.

In das Koordinatensystem, dessen Achsen durch die Faktoren gebildet werden, sind die 4 Vpn gemäß ihrer Faktorwerte eingetragen. (Die Faktorwerte sind bei Vp 3 verdeutlicht.) Ferner können wir in den Faktorenraum die Variablenvektoren, deren Endpunkte durch die Faktorladungen bestimmt sind, einzeichnen (verdeutlicht für Variable 2). Diese Variablenvektoren, die ursprünglich senkrecht aufeinander standen, bilden durch die Standardisierungen, die zu den Faktoren geführt haben, einen Winkel von 149°, dessen cos der Korrelation der beiden Variablen ent-

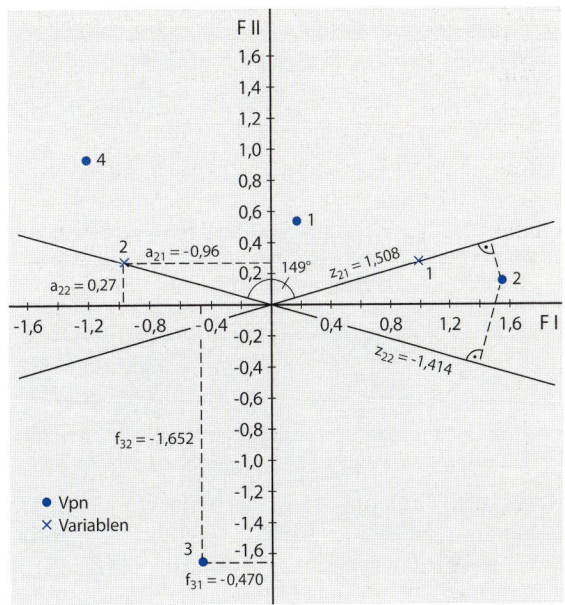

Abb. 15.6. Graphische Darstellung der PCA-Lösung

spricht ($\cos 149° = -0{,}85$). Die Projektionen der Vpn-Punkte auf die schiefwinkligen Variablen-Achsen entsprechen den ursprünglichen z-standardisierten Ausprägungen der Variablen bei den Vpn (verdeutlicht bei Vp 2). Hierbei ist zu beachten, dass der positive Teil der Variablenachse 2 im oberen linken Quadranten liegt.

15.4 Kriterien für die Anzahl der Faktoren

Bei der Darstellung des mathematischen Hintergrunds der PCA gingen wir davon aus, dass alle ursprünglichen p Variablenachsen zu p wechselseitig unabhängigen Faktoren rotiert werden, die sukzessiv maximale Varianz aufklären. Dieser Ansatz führt dazu, dass die gesamte Varianz aller p Variablen durch p Faktoren aufgeklärt werden kann. Bei diesem Ansatz werden also p Variablen durch p Faktoren ersetzt, sodass die mit der Faktorenanalyse üblicherweise verbundene Datenreduktion nicht realisiert wird.

Für die meisten empirischen Untersuchungen gilt jedoch, dass die Gesamtvarianz aller Variablen durch eine Faktorenanzahl „hinreichend gut" erfasst werden kann, die erheblich kleiner ist als die Anzahl der Variablen. Bezeichnen wir die Anzahl der Faktoren, die die Gesamtvarianz „hinreichend gut" aufklärt, mit q, verbleiben p − q Faktoren, deren Eigenwerte nahezu vom Betrag Null und damit unbedeutend sind. Im Folgenden wollen wir uns mit der Frage befassen, wie die Anzahl q der „bedeutsamen" Faktoren bestimmt werden kann.

Kaiser-Guttman-Kriterium

Die Daten reduzierende Funktion der PCA ist gewährleistet, wenn nur Faktoren interpretiert werden, deren Varianz größer als 1 ist, denn nur in diesem Fall binden die Faktoren mehr Varianz als die ursprünglichen, z-standardisierten Variablen. Faktoren, deren Eigenwerte kleiner oder gleich 1 sind, bleiben deshalb unberücksichtigt (Guttman, 1954; Kaiser u. Dickmann, 1959). Nach diesem Kriterium (das häufig kurz „Kaiser-Guttman Kriterium" oder „KG"-Kriterium genannt wird) entspricht die Anzahl q der bedeutsamen Faktoren der Anzahl der Faktoren mit Eigenwerten über 1 (vgl. hierzu auch die Ausführungen zu Gl. 15.82 auf S. 559). Dieses Kriterium führt allerdings dazu, dass vor allem bei großen Variablenzahlen zu viele Faktoren extrahiert werden, die selten durchgängig sinnvoll interpretierbar sind (vgl. hierzu auch Lee u. Comrey, 1979, oder Zwick u. Velicer, 1986). Die Voreinstellung in vielen Statistik-Programmpaketen, alle Faktoren mit $\lambda > 1$ zu akzeptieren bzw. für eine Rotation vorzusehen (vgl. 15.5), ist deshalb nur in Ausnahmefällen zu rechtfertigen.

Zu beachten ist ferner, dass die an einer Stichprobe gewonnenen Eigenwerte Parameterschätzungen der wahren Eigenwerte darstellen, sodass korrekterweise für jeden Eigenwert ein Konfidenzintervall zu bestimmen ist, anhand dessen über das Kriterium $\lambda > 1$ (und alle anderen, Eigenwert abhängigen Kriterien) zu befinden wäre. Lambert et al. (1990) demonstrieren diesen Sachverhalt an einem Beispiel unter Verwendung der Bootstrap-Technik. Als untere Grenze dieses Konfidenzintervalls wird von Jolliffe (2002, S. 115) der Wert 0,7 vorgeschlagen. Demnach würden auch Faktoren mit Eigenwerten $\lambda \geq 0{,}7$ in den meisten Anwendungsfällen (dem „Parameter orientierten" KG-Kriterium) genügen.

> In einer Faktorenanalyse sollten nur Faktoren interpretiert werden, deren Eigenwerte größer als 1 sind. Man beachte jedoch, dass die Anzahl der bedeutsamen Faktoren nach dieser Regel meistens überschätzt wird.

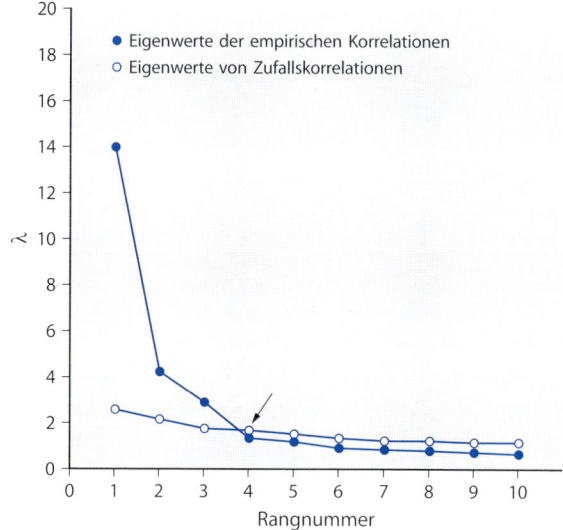

Abb. 15.7. Eigenwertediagramm mit dem Scree-Test und dem Testverfahren nach Horn

„Scree-Test"

Weitere Informationen über die Anzahl der bedeutsamen Faktoren liefert das *Eigenwertediagramm*, das die Größe der in Rangreihe gebrachten Eigenwerte als Funktion ihrer Rangnummern darstellt (Abb. 15.7; zur Erläuterung der Eigenwerte von Zufallskorrelationen s. unten).

Die Abbildung zeigt die 10 größten Eigenwerte einer Korrelationsmatrix für p = 45 Variablen und n = 150. Der Eigenwert mit der Rangnummer 1 weist einen Betrag von $\lambda_1 = 14{,}06$ auf, der zweitgrößte Eigenwert beträgt $\lambda_2 = 4{,}16$ usw. Beginnend mit dem 10. größten Eigenwert (oder mit dem kleinsten der 10 Eigenwerte) stellen wir bis zum 4. Eigenwert eine annähernde Konstanz in der Größe fest. Der 3. Eigenwert fällt aus dieser Kontinuität heraus, was in der Abbildung zu einem durch einen Pfeil markierten Knick im Eigenwerteverlauf führt.

Nach dem „Scree-Test" von Cattell (1966a) betrachten wir diejenigen Faktoren, deren Eigenwerte vor dem Knick liegen, als bedeutsam. In unserem Beispiel wäre q somit 3. Weitere Informationen über die Eigenschaften des Scree-Tests findet man bei Cattell u. Vogelmann (1977). Ansätze zur „Objektivierung" des Scree-Tests werden bei Bentler u. Yuan (1998) Zoski u. Jurs (1996) erörtert.

Parallelanalyse

Horn (1965) schlägt vor, den Eigenwerteverlauf der empirisch ermittelten Korrelationsmatrix mit dem Eigenwerteverlauf der Korrelationen zwischen normalverteilten Zufallsvariablen zu vergleichen (Parallelanalyse). Die graphische Darstellung weist diejenigen Eigenwerte als bedeutsam (d. h. nicht zufällig) aus, die sich vor dem Schnittpunkt der beiden Eigenwerteverläufe befinden.

Der mit einer Parallelanalyse verbundene rechnerische Aufwand ist nicht unerheblich. Für den Anwender dieser Technik stellen regressionsanalytische Ansätze eine deutliche Erleichterung dar, bei denen die unbekannten „Zufallseigenwerte" ohne eine auf Zufallszahlen basierende Korrelationsmatrix über einfache Gleichungen vorhergesagt werden können.

Für die hier interessierende Hauptkomponentenanalyse haben Allen u. Hubbart (1986) ein Gleichungssystem entwickelt, das von Lautenschlager et al. (1989) sowie Longman et al. (1989) verbessert wurde. Die gemeinsame Idee dieser Arbeiten besteht darin, die aus vielen Monte-Carlo-Studien gewonnenen „Zufallseigenwerte" mit multiplen Regressionsgleichungen vorherzusagen.

Die Prädiktoren sind Parameter, die aus dem Stichprobenumfang (n), der Anzahl der Variablen (p), dem Verhältnis von n zu p sowie dem jeweils vorangehenden Eigenwert gewonnen werden. Die Gewichtung dieser Parameter (b-Gewichte) wird gewissermaßen „empirisch" ermittelt, indem die Eigenwerte vieler Matrizen von Zufallskorrelationen mit variablem n und p regressionsanalytisch vorhergesagt werden.

Die hierbei resultierenden multiplen Korrelationen liegen – zumindest in der hier referierten Arbeit von Lautenschlager et al. (1989), deren Gleichung genauere Vorhersagen ermöglicht als die Gleichung von Longman et al. (1989) – bis auf eine Ausnahme alle bei R = 0,999 oder sogar darüber und dokumentieren damit die hohe Zuverlässigkeit dieses Ansatzes.

Die Regressionsgleichung zur Vorhersage eines „Zufallseigenwertes" λ_j lautet:

$$\ln \lambda_j = b_{1j} \cdot \ln(n-1)$$
$$+ b_{2j} \cdot \ln[(p-j-1) \cdot (p-j+2)/2]$$
$$+ b_{3j} \cdot \ln \lambda_{j-1}$$
$$+ b_{4j} \cdot p/n + a_j, \qquad (15.60)$$

wobei j = laufende Nummer der Eigenwerte (für j = 1 wird $\lambda_{j-1} = \lambda_0 = 1$ gesetzt) und ln = Logarithmus naturalis.

Tabelle 15.6 gibt für die ersten 10 Faktoren die bei Lautenschlager et al. (1989) genannten b_{ij}-Werte wieder (die Originalarbeit enthält b-Gewichte für die ersten 48 Eigenwerte).

Bezogen auf das o. g. Beispiel (p = 45, n = 150) errechnet man für den 1. „Zufallseigenwert":

$$\ln \lambda_1 = -0,101 \cdot \ln 149 + 0,072 \cdot \ln 989 + 0,0 \cdot 1$$
$$+ 0,810 \cdot 0,3 + 0,547 = 0,781$$

bzw.

$$\lambda_1 = e^{0,781} = 2,184.$$

Man errechnet ferner $\lambda_2 = 2,032$, $\lambda_3 = 1,919$, $\lambda_4 = 1,825$ etc. Wie aus Abb. 15.7 ersichtlich, befindet sich der Schnittpunkt der Eigenwertverläufe für die empirischen Korrelationen und die Zufallskorrelationen zwischen dem 3. und 4. Eigenwert, d. h., auch nach der Parallelanalyse wären 3 Faktoren zu interpretieren.

Eine weitere Erleichterung für die Durchführung einer Parallelanalyse stellen die Tabellen von Lautenschlager (1989) dar, in denen Zufallseigenwerte aus Korrelationsmatrizen für $5 \leq p \leq 80$ und $50 \leq n \leq 2000$ gelistet sind. Mit Hilfe geeigneter Interpolationstechniken lässt sich mit diesen Tabellen für praktisch alle faktoranalytischen Anwendungen die Anzahl der bedeutsamen Faktoren bestimmen. (Eine etwas „konservativere" Schätzung der Faktorenzahl ermöglichen die von Cota et al., 1993 entwickelten Tabellen; vgl. hierzu auch Glorfeld, 1995.)

Tabelle 15.6. Regressionskoeffizienten für Gl. (15.60)

Nr. des Eigenwertes (j)	b_{1j}	b_{2j}	b_{3j}	b_{4j}	a_j
1	−0,101	0,072	0,000	0,810	0,547
2	0,056	−0,007	1,217	−0,143	−0,431
3	0,041	−0,005	1,166	−0,103	−0,315
4	0,038	−0,011	1,217	−0,146	−0,264
5	0,032	−0,010	1,192	−0,132	−0,219
6	0,027	−0,009	1,189	−0,126	−0,190
7	0,022	−0,005	1,140	−0,098	−0,168
8	0,021	−0,004	1,149	−0,097	−0,160
9	0,018	−0,007	1,138	−0,093	−0,122
10	0,017	−0,006	1,138	−0,086	−0,116

Eine „nonparametrische" Version der Parallelanalyse wurde von Buja u. Eyuboglu (1992) entwickelt. Weitere Hinweise und Literatur zur Parallelanalyse findet man bei Franklin et al. (1995).

Signifikanztest

Die Frage nach der statistischen Bedeutsamkeit von PCA-Faktoren wurde von mehreren Autoren bearbeitet. Mit diesen Verfahren wird überprüft, ob eine empirisch ermittelte Korrelationsmatrix signifikant von der Identitäts- bzw. Einheitsmatrix abweicht. Ist dies nicht der Fall, müssen wir davon ausgehen, dass die Variablen in der Population unkorreliert sind, sodass mit der PCA nur Faktoren extrahiert werden können, die auf zufällige Gemeinsamkeiten der Variablen zurückzuführen sind.

Silver u. Dunlop (1989) vergleichen in einer Monte-Carlo-Studie die diesbezüglichen Ansätze von Bartlett (1950), Kullback (1967), Steiger (1980) sowie Brien et al. (1984) und kommen zu dem Resultat, dass das Verfahren von Brien et al. (1984) den anderen in Bezug auf Teststärke und Testgenauigkeit überlegen ist. Ähnlich gut schneidet das Verfahren von Steiger ab, dessen Überlegenheit gegenüber dem Bartlett-Test bereits von Wilson u. Martin (1983) belegt wurde.

Nun haben Fouladi und Steiger (1993) jedoch darauf aufmerksam gemacht, dass der Test von O'Brien überprüft, ob die *durchschnittliche Korrelation* einer Korrelationsmatrix signifikant von Null abweicht, was keineswegs mit der eigentlich interessierenden Frage gleichzusetzen ist, ob die *gesamte Korrelationsmatrix* signifikant von einer Identitätsmatrix abweicht. Man sollte deshalb auf das Verfahren von O'Brien verzichten und stattdessen auf den Ansatz von Steiger (1980) zurückgreifen.

Nach dem Verfahren von Steiger wird die folgende, bei multivariat normalverteilten Variablen mit $df = p \cdot (p-1)/2$ approximativ χ^2-verteilte Prüfgröße errechnet:

$$\chi^2 = (n-3) \cdot \sum_{i=1}^{p} \sum_{j=i+1}^{p} Z_{ij}^2, \quad (15.61)$$

wobei Z_{ij} = Fishers Z-Werte für die Korrelationen der Korrelationsmatrix (s. Gl. 6.85 oder Tabelle H).

Ist der χ^2-Wert nicht signifikant, sollte die Korrelationsmatrix nicht faktorisiert werden, da die Variablen bereits als voneinander unabhängig angesehen werden müssen.

Ist der χ^2-Wert nach Gl. (15.61) signifikant, kann der 1. Faktor extrahiert werden. Über Gl. (15.59) ermitteln wir auf der Basis der Ladungen des 1. Faktors, um welchen Betrag die einzelnen Variableninterkorrelationen durch den 1. Faktor aufgeklärt bzw. reduziert werden. Die *Matrix der Restkorrelationen*, die nach Extraktion des 1. Faktors bestehen bleibt, gibt uns darüber Auskunft, ob mit einem 2. statistisch bedeutsamen Faktor gerechnet werden kann. Dies wäre der Fall, wenn auch die Matrix der Restkorrelationen gemäß Gl. (15.61) signifikant von der Einheitsmatrix abwiche. Die statistische Bedeutsamkeit weiterer Faktoren wird analog überprüft. Es ist allerdings davon auszugehen, dass man nach diesem Verfahren deutlich mehr bedeutsame Faktoren erhält als nach dem Scree-Test oder der Parallelanalyse (vgl. hierzu auch Gorsuch, 1973).

Weitere Informationen über Signifkanztests für PCA-Faktoren hat Timm (2002, Kap. 8.4) zusammengestellt.

Hinweise: Vergleichende Studien über die hier genannten Regeln zur Bestimmung der „richtigen" Faktorenanzahl findet man bei Hakstian et al. (1982), Horn u. Engstrom (1979) sowie Zwick u. Velicer (1982, 1986). Ein Fortran-Programm zur Ermittlung von Bootstrap-Schätzern der Faktorenstruktur wurde von B. Thompson (1988) entwickelt (eine Kurzbeschreibung der Bootstrap-Methode findet man auf 132 f.). Über die Absicherung der „richtigen" Faktorenanzahl mit Hilfe der Kreuzvalidierungsmethode berichten Krzanowski u. Kline (1995).

Im Kontext der Test- oder Fragebogenkonstruktion interessiert häufig die Frage, ob die Items eines Untersuchungsinstrumentes ein eindimensionales oder mehrdimensionales Konstrukt repräsentieren. Über Kennziffern der Eindimensionalität, die über den größten Eigenwert der PCA hinausgehen, informiert Hattie (1984).

Die in diesem Abschnitt behandelten Verfahren werden eingesetzt, um die „richtige" Anzahl der bedeutsamen Faktoren herauszufinden. Gelegentlich will man jedoch nicht nur die Anzahl $q \leq p$ der bedeutsamen Faktoren ermitteln, sondern eine Auswahl von $m < p$ *Variablen* finden, die als beste Repräsentanten der Gesamtheit aller Variablen angesehen werden können. Verfahren hierfür werden bei Jolliffe (2002, Kap. 6.3) vorgestellt.

15.5 Rotationskriterien

Die Ermittlung der Faktoren in der PCA erfolgt nach einem mathematischen Kriterium, das nur selten gewährleistet, dass die resultierenden Faktoren auch inhaltlich sinnvoll interpretiert werden können. Durch die sukzessive Aufklärung maximaler Varianzen ist damit zu rechnen, dass auf dem 1. Faktor viele Variablen hoch laden, was die Interpretation sehr erschwert. Entsprechendes gilt für die übrigen Faktoren, die durch viele mittlere bzw. niedrige Ladungen gekennzeichnet sind.

Durch die Standardisierung der Faktoren wird die hyperellipsoide Form des Punkteschwarms in eine Hyperkugel überführt, in der die q bedeutsamen Faktoren beliebig rotiert werden können. Die Rotation der Faktoren bewirkt, dass die Varianz der ersten q PCA-Faktoren auf die rotierten Faktoren umverteilt wird, was zu einer besseren Interpretierbarkeit der Faktoren führen kann.

Die Anzahl der bedeutsamen PCA-Faktoren, die mit dem Ziel einer besseren Interpretierbarkeit rotiert werden sollen, entnimmt man am besten dem Scree-Test oder der Parallelanalyse. Bei einem uneindeutigen Eigenwertediagramm wird empfohlen, mehrere Rotationsdurchgänge mit unterschiedlichen Faktorzahlen vorzusehen. Die Festlegung der endgültigen Anzahl der bedeutsamen Faktoren ist dann davon abhängig zu machen, welche Lösung inhaltlich am besten interpretierbar ist (zum Problem der Interpretation von Faktorenanalysen vgl. Holz-Ebeling, 1995).

Bei den Rotationstechniken unterscheiden wir
- graphische Rotationen,
- analytische Rotationen und
- Kriteriumsrotationen.

Bevor wir diese verschiedenen Rotationsvarianten behandeln, soll der Unterschied zwischen sog. schiefwinkligen (obliquen) und rechtwinkligen (orthogonalen) Rotationen erläutert werden.

Orthogonale und oblique Rotation

Bei einer orthogonalen Rotationstechnik bleibt die Unabhängigkeit der Faktoren erhalten. Dies ist bei einer obliquen Rotation nicht der Fall, denn das Ergebnis sind hier korrelierte Faktoren. Dadurch wird zwar im Allgemeinen eine gute Interpretierbarkeit der Faktorenstrukturen erreicht; die Faktoren beinhalten aber wegen ihrer Interkorrelationen zum Teil redundante Informationen, womit eine entscheidende Funktion der Faktorenanalyse, die Datenreduktion, wieder aufgegeben wird. Mit dieser Begründung behandeln wir vorzugsweise orthogonale Rotationstechniken.

Zur obliquen Rotation ist noch anzumerken, dass man korrelierte bzw. schiefwinklige Faktoren als *Faktoren erster Ordnung* (Primärfaktoren) bezeichnet. Wird über die Korrelationsmatrix der Faktoren eine weitere Faktorenanalyse gerechnet, resultieren *Faktoren zweiter Ordnung* (Sekundärfaktoren), die üblicherweise wechselseitig unkorreliert sind. (Zur Bestimmung von Sekundärfaktoren mit Hilfe des Programmpakets SAS vgl. Johnson u. Johnson, 1995.)

Graphische Rotation

Von besonderer Bedeutung für die Rotationsmethoden ist das von Thurstone (1947) definierte *Kriterium der Einfachstruktur* („simple structure"). Ein Aspekt dieses Kriteriums besagt, dass auf jedem Faktor einige Variablen möglichst hoch und andere möglichst niedrig und auf verschiedenen Faktoren verschiedene Variablen möglichst hoch laden sollen. Dadurch korrelieren die einzelnen Faktoren nur mit einer begrenzten Anzahl von Variablen, was im Allgemeinen eine bessere Interpretierbarkeit der Faktoren gewährleistet.

Ist die Anzahl der bedeutsamen Faktoren nicht sehr groß ($q \leq 3$), kann man versuchen, eine Einfachstruktur „per Hand" durch graphische Rotation zu erreichen. Die graphische Rotation beginnt – wie in Abb. 15.2 demonstriert – mit der Darstellung der PCA-Struktur in einem Koordinatensystem, wobei jeweils eine durch zwei Faktoren aufgespannte Ebene herausgegriffen wird. In das Koordinatensystem zweier Faktoren werden die Variablen als Punkte eingetragen, deren Koordinaten den Ladungen der Variablen auf den jeweiligen Faktoren entsprechen.

Ausgehend von dieser graphischen Darstellung einer PCA-Struktur versucht man, das Achsenkreuz so zu drehen, dass möglichst viele Punkte (d. h. Variablen) durch die Achsen repräsentiert

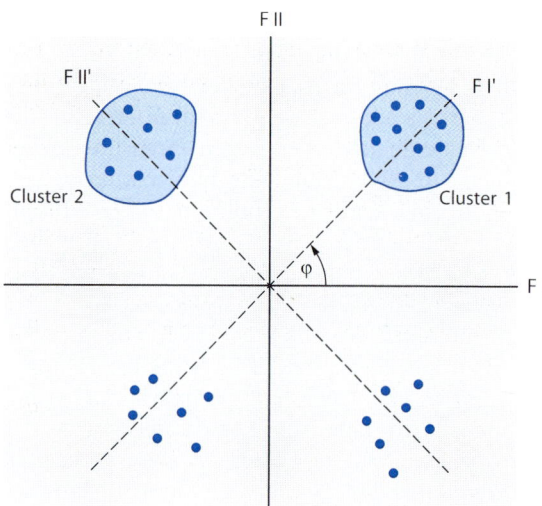

Abb. 15.8. Einfachstruktur durch graphische Rotation

werden. Dies wird in Abb. 15.8 an einem fiktiven, idealisierten Beispiel verdeutlicht.

Die Abbildung zeigt, dass die beiden eingekreisten Merkmalscluster vor der Rotation auf beiden PCA-Faktoren mittelmäßige Ladungen aufweisen. Nach der Rotation wird das eine Cluster vorwiegend durch Faktor I′ und das andere durch Faktor II′ repräsentiert.

Durch die Rotation soll also erreicht werden, dass Variablen, die auf zwei (oder mehreren) PCA-Faktoren mittelmäßig laden, eindeutig einem der Faktoren zugeordnet werden können. Nach abgeschlossener Rotation in einer Ebene wird in der nächsten Ebene rotiert. Hierbei muss man berücksichtigen, dass durch diese Rotation die Ladungen auf dem Faktor, der bereits einmal rotiert wurde, wieder verändert werden. (Wurde als erstes in der Ebene I–II rotiert, so werden durch eine Rotation in der Ebene I–III die Ladungen auf dem ersten Faktor erneut verändert.) Die neuen Faktorladungen können entweder durch einfaches Ablesen oder auf rechnerischem Weg bestimmt werden (Gl. 15.12 a u. b).

Analytische Rotation (Varimax)

Die graphische Rotation ist bei größeren Faktoren- und Variablenzahlen sehr mühsam und sollte durch ein analytisches Rotationsverfahren ersetzt werden. Eine vollständige Behandlung aller bisher entwickelten Rotationstechniken ist in diesem Rahmen nicht möglich. Einige dieser Verfahren lauten:

Binormamin	(Dickmann, 1960)
Biquartimin	(Carroll, 1957)
Covarimin	(Carroll, 1960)
Equimax	(Landahl, 1938; Saunders, 1962)
Maxplane	(Cattell u. Muerle, 1960; Eber, 1966)
Oblimax	(Pinzka u. Saunders, 1954)
Oblimin	(Jennrich u. Sampson, 1966)
Parsimax	(Crawford, 1967)
Promax	(Hendrickson u. White, 1964)
Quartimax	(Neuhaus u. Wrigley, 1954)
Quartimin	(Carroll, 1953)
Tandem	(Comrey, 1973)
Varimax	(Kaiser, 1958, 1959)
Varisim	(Schönemann, 1966a).

Die meisten dieser Kriterien bewirken schiefwinklige (oblique) Faktorenstrukturen, in denen die Faktoren korreliert sind.

Wir wollen uns auf eine *orthogonale Rotationstechnik* (die *Varimax-Technik*), durch die die Rechtwinkligkeit der Achsen erhalten bleibt, beschränken, zumal Gorsuch (1970) in einer Vergleichsstudie berichtet, dass diese Technik zu ähnlich interpretierbaren Faktoren führt wie die am häufigsten eingesetzten, obliquen Rotationstechniken. (Zum Vergleich verschiedener Rotationstechniken s. auch Schiller, 1988.)

Das Varimax-Kriterium. Eine Rotation nach dem Varimax-Kriterium (Kaiser, 1958, 1959) hat zum Ziel, auf analytischem Weg eine möglichst gute Einfachstruktur (vgl. S. 547) für die q bedeutsamen Faktoren herzustellen. Das Einfachstrukturkriterium verlangt, dass pro Faktor einige Variablen möglichst hoch und andere möglichst niedrig laden, was mit der Forderung gleichzusetzen ist, dass die Varianz der Faktorladungen pro Faktor möglichst groß sein soll. Zuvor werden die Faktorladungen quadriert, sodass sowohl hohe positive als auch hohe negative Ladungen zusammen mit Null-Ladungen zu einer Varianzerhöhung beitragen. Die Achsen werden nach diesem Kriterium so rotiert, dass Ladungen mittlerer Größe entweder unbedeutender oder extremer werden.

> Nach dem Varimax-Kriterium werden die Faktoren so rotiert, dass die Varianz der quadrierten Ladungen pro Faktor maximiert wird.

15.5 Rotationskriterien

Rechnerische Durchführung. Die Varianz der quadrierten Ladungen eines Faktors j ermitteln wir nach der Beziehung:

$$s_j^2 = \frac{1}{p}\sum_{i=1}^{p}(a_{ij}^2)^2 - \frac{1}{p^2}\cdot\left(\sum_{i=1}^{p}a_{ij}^2\right)^2. \quad (15.62)$$

Diese Gleichung stellt in modifizierter Form die Varianzbestimmung nach Gl. (1.21) dar. Die Varianz der quadrierten Ladungen soll auf allen Faktoren möglichst groß werden. Wir suchen deshalb eine orthogonale Rotationslösung, durch die der folgende Ausdruck maximiert wird:

$$Q = \sum_{j=1}^{q}s_j^2 = \max. \quad (15.63)$$

Um Q zu finden, rotieren wir nacheinander alle Paare von Faktoren j und j' so, dass jeweils die Summe $s_j^2 + s_{j'}^2$ maximal wird. Für jede Rotation berechnen wir eine Transformationsmatrix $\mathbf{V}_j$, durch die s_j^2 und $s_{j'}^2$ maximiert werden. Wir erhalten somit insgesamt $q\cdot(q-1)/2$ Transformationsmatrizen. Um zu einer einzigen Transformationsmatrix zu gelangen, die gleichzeitig die Ladungsvarianzen aller Faktoren maximiert, berechnen wir das folgende Produkt (vgl. Harman, 1968, S. 300):

$$\mathbf{V}^* = \mathbf{V}_1 \cdot \mathbf{V}_2 \cdot \ldots \cdot \mathbf{V}_j \cdot \ldots \cdot \mathbf{V}_r \quad (15.64)$$
$$(r = q\cdot(q-1)/2).$$

In Gl. (15.64) behandeln wir die $\mathbf{V}_j$-Matrizen als $q \times q$-Matrizen, in denen jeweils nur diejenigen Elemente besetzt sind, die den mit einer $\mathbf{V}_j$-Matrix rotierten Faktoren entsprechen. Die übrigen Elemente in der Hauptdiagonale werden 1 und die nicht-diagonalen Elemente 0 gesetzt. (Wenn mit $\mathbf{V}_j$ z. B. die Faktoren 2 und 4 rotiert werden und $q = 4$ ist, sind die Elemente v_{22}, v_{24}, v_{42} und v_{44} zu berechnen. Für v_{11} und v_{33} setzen wir 1 und für die übrigen Werte 0.) Wurden alle Faktoren paarweise rotiert, berechnen wir $\mathbf{V}^*$ nach Gl. (15.64). Die neue Ladungsmatrix $\mathbf{B}$, in der für alle Faktoren die Varianz der quadrierten Ladungen maximal ist, bestimmen wir nach der Gleichung

$$\mathbf{B} = \mathbf{A} \cdot \mathbf{V}^*, \quad (15.65)$$

(wobei $\mathbf{A}$ die ursprüngliche und $\mathbf{B}$ die neue Ladungsmatrix darstellt).

Für $\mathbf{B}$ errechnen wir Q nach Gl. (15.63) und beginnen mit $\mathbf{B}$ als Ausgangsmatrix einen neuen Rotationszyklus. Die Rotationszyklen werden so lange wiederholt, bis sich Q einem maximalen Wert angenähert hat, der durch weitere Zyklen nicht mehr vergrößert werden kann.

Das zentrale Problem der Varimax-Rotation besteht darin, für jedes Faktorenpaar eine Transformationsmatrix $\mathbf{V}_j$ zu finden, die die Varianzen s_j und $s_{j'}$ maximiert. Ist $\mathbf{V}_j$ bekannt, ermitteln wir die neuen Ladungen für 2 Faktoren nach der Beziehung:

$$\mathbf{A}_{jj'} \cdot \mathbf{V}_j \quad (15.66)$$

$$\begin{pmatrix} a_{1j} & a_{1j'} \\ a_{2j} & a_{2j'} \\ \vdots & \vdots \\ a_{pj} & a_{pj'} \end{pmatrix} \cdot \begin{pmatrix} \cos\varphi & -\sin\varphi \\ \sin\varphi & \cos\varphi \end{pmatrix}$$

$$= \mathbf{B}_{jj'}$$

$$= \begin{pmatrix} b_{1j} & b_{1j'} \\ b_{2j} & b_{2j'} \\ \vdots & \vdots \\ b_{pj} & b_{pj'} \end{pmatrix}.$$

$\mathbf{B}_{jj'}$ ist hierbei die neue Teilladungsmatrix für die Faktoren j und j' mit den Elementen b_{ij} und $b_{ij'}$, in der die Varianzen der quadrierten Ladungen auf beiden rotierten Faktoren maximal sind. Ausgehend vom Rotationswinkel φ erhalten wir die Ladungen b_{ij} und $b_{ij'}$ nach den Gleichungen

$$b_{ij} = a_{ij}\cdot\cos\varphi + a_{ij'}\cdot\sin\varphi, \quad (15.67\,a)$$
$$b_{ij'} = -a_{ij}\cdot\sin\varphi + a_{ij'}\cdot\cos\varphi. \quad (15.67\,b)$$

Die Summe der Varianzen, die pro Faktorpaar zu maximieren ist, lautet:

$$s_j^2 + s_{j'}^2 = \left[\frac{1}{p}\sum_i(b_{ij}^2)^2 - \frac{1}{p^2}\cdot\left(\sum_i b_{ij}^2\right)^2\right]$$
$$+ \left[\frac{1}{p}\sum_i(b_{ij'}^2)^2 - \frac{1}{p^2}\cdot\left(\sum_i b_{ij'}^2\right)^2\right]. \quad (15.68)$$

Der folgende Gedankengang führt zur Ermittlung des varianzmaximierenden Rotationswinkels φ. (Hierbei ersetzen wir – um möglichen Verwechslungen vorzubeugen – $a_{ij'}$ als Ladungen auf dem zweiten Faktor durch A_{ij}.) Wir substituieren zunächst die unbekannten neuen Ladungen in Gl. (15.68) durch Gl. (15.67 a u. b) und erhalten so eine Gleichung, in der sich nur der unbekannte Winkel φ befindet. Wir leiten diese Gleichung nach φ ab, setzen die erste Ableitung 0 und erhalten folgende Bestimmungsgleichung für den gesuchten Winkel (vgl. Comrey, 1973, Kap. 7.4):

$$C = 2 \cdot \left(p \cdot \sum_i (a_{ij}^2 - A_{ij}^2) \cdot (2 \cdot a_{ij} \cdot A_{ij}) \right.$$

$$- \sum_i (a_{ij}^2 - A_{ij}^2) \cdot \sum_i (2 \cdot a_{ij} \cdot A_{ij}) \right)$$

$$\times \left(p \cdot \left(\sum_i ((a_{ij}^2 - A_{ij}^2)^2 - (2 \cdot a_{ij} \cdot A_{ij})^2) \right) \right.$$

$$- \left. \left(\left(\sum_i (a_{ij}^2 - A_{ij}^2) \right)^2 - \left(\sum_i (2 \cdot a_{ij} \cdot A_{ij}) \right)^2 \right) \right)^{-1}$$

(15.69)

Aus C ermitteln wir:

$$\text{tg}(4 \cdot \varphi) = |C|. \tag{15.70}$$

Der Absolutwert von C entspricht dem tg des 4fachen Rotationswinkels φ. Wir erhalten φ somit, indem wir denjenigen Winkel ermitteln, dessen tg vom Betrag |C| ist; dieser Winkel wird durch 4 dividiert.

Als Nächstes legen wir fest, wie der Winkel φ abgetragen werden muss. Wir unterscheiden die folgenden 4 Fälle:

a) Sind Zähler und Nenner von Gl. (15.69) positiv (der Nenner ist hier durch den Exponenten -1 gekennzeichnet), rotieren wir das Achsenkreuz um den Winkel φ entgegen dem Uhrzeigersinn. Die Transformationsmatrix lautet in diesem Fall:

$$\mathbf{V} = \begin{pmatrix} \cos\varphi & -\sin\varphi \\ \sin\varphi & \cos\varphi \end{pmatrix}. \tag{15.71 a}$$

b) Ist der Zähler von Gl. (15.69) positiv und der Nenner negativ, rotieren wir das Achsenkreuz um den Winkel $(45° - \varphi)$ entgegen dem Uhrzeigersinn. Die Transformationsmatrix lautet:

$$\mathbf{V} = \begin{pmatrix} \cos(45° - \varphi) & -\sin(45° - \varphi) \\ \sin(45° - \varphi) & \cos(45° - \varphi) \end{pmatrix}. \tag{15.71 b}$$

c) Bei negativem Zähler und positivem Nenner in Gl. (15.69) rotieren wir das Achsenkreuz um den Winkel φ *im Uhrzeigersinn*. Die Transformationsmatrix lautet:

$$\mathbf{V} = \begin{pmatrix} \cos\varphi & \sin\varphi \\ -\sin\varphi & \cos\varphi \end{pmatrix}. \tag{15.71 c}$$

d) Sind Zähler und Nenner in Gl. (15.69) negativ, lautet der Rotationswinkel $(45° - \varphi)$. Er wird *im Uhrzeigersinn* abgetragen. Für $\mathbf{V}$ erhalten wir:

$$\mathbf{V} = \begin{pmatrix} \cos(45° - \varphi) & \sin(45° - \varphi) \\ -\sin(45° - \varphi) & \cos(45° - \varphi) \end{pmatrix}.$$

(15.71 d)

> **BEISPIEL**
>
> Tabelle 15.7 zeigt in den ersten beiden Spalten die Ladungen von 4 Variablen auf 2 PCA-Faktoren. Mit diesen beiden Faktoren werden 52% der Gesamtvarianz aufgeklärt, wobei 33,25% auf Faktor 1 und 18,75% auf Faktor 2 entfallen. Die Varianz der quadrierten Ladungen lautet für Faktor 1: $s_1^2 = 0{,}059$ und für Faktor 2: $s_2^2 = 0{,}005$.
>
> Tabelle 15.7 enthält die für die Gl. (15.69) benötigten Zwischenergebnisse. Wir ermitteln $\text{tg}(4\varphi) = |-1{,}5538|$ und $4 \cdot \varphi = 57{,}2°$ bzw. $\varphi = 14{,}3°$. Ferner ist der Zähler von Gl. (15.69) positiv und der Nenner negativ, sodass wir das Achsenkreuz gemäß Gl. (15.71b) um $(45° - \varphi)$ entgegen dem Uhrzeigersinn rotieren. Die Elemente der Rotationsmatrix $\mathbf{V}$ ergeben sich nach Gl. (15.71 b) zu $\cos(45° - 14{,}3°) = \cos 30{,}7° = 0{,}8599$ und $\sin(45° - 14{,}3°) = \sin 30{,}7° = 0{,}5105$. Die Bedingungen $\mathbf{V}' \cdot \mathbf{V} = \mathbf{I}$ und $|\mathbf{V}| = 1$ sind erfüllt, d.h., $\mathbf{V}$ bewirkt eine orthogonale Rotationstransformation. Die neuen Ladungen der 4 Variablen sind in der Matrix $\mathbf{B}$ wiedergegeben.
>
> Die Varianzen der quadrierten Ladungen wurden erheblich vergrößert: $s_1^2 = 0{,}129$ und $s_2^2 = 0{,}025$. Die Varimax-Rotation hat zu einer angenäherten Einfachstruktur in dem Sinn geführt, dass nach der Rotation Faktor 1 deutlicher durch die Merkmale 1 und 2 und Faktor 2 durch die Merkmale 3 und 4 beschreibbar sind. Faktor I klärt nach der Rotation 36,4% und Faktor II 15,7% auf, d.h., die Summe ergibt – bis auf Rundungsungenauigkeiten – wieder 52% (zur Bestimmung des Varianzanteils eines Faktors vgl. S. 520.).

> Die gesamte aufgeklärte Varianz wird durch die Rotation nicht verändert, sondern lediglich ihre Verteilung auf die Faktoren.

Nach diesen Ausführungen wollen wir das Zylinderbeispiel von S. 520 f. erneut aufgreifen. Wir hatten herausgefunden, dass die beiden ersten PCA-Faktoren nicht den erwarteten Faktoren (mit Durchmesser und Länge als Markiervariablen) entsprechen, dass sich diese jedoch durch eine

15.5 Rotationskriterien

Tabelle 15.7. Beispiel für eine Varimax-Rotation

a_{i1}	A_{i2}	$a_{i1}^2 - A_{i2}^2$	$2 \cdot a_{i1} \cdot A_{i2}$	$(a_{i1}^2 - A_{i2}^2)^2$	$(2 \cdot a_{i1} \cdot A_{i2})^2$	$(a_{i1}^2 - A_{i2}^2)$ $\cdot (2 \cdot a_{i1} \cdot A_{i2})$	$(a_{i1}^2 - A_{i2}^2)^2$ $-(2 \cdot a_{i1} \cdot A_{i2})^2$
0,80	0,30	0,55	0,48	0,3025	0,2304	0,2640	0,0721
0,70	0,50	0,24	0,70	0,0576	0,4900	0,1680	−0,4324
0,40	−0,50	−0,09	−0,40	0,0081	0,1600	0,0360	−0,1519
0,20	−0,40	−0,12	−0,16	0,0144	0,0256	0,0192	−0,0112
Summen:		0,58	0,62			0,4872	−0,5234

$$C = \frac{2 \cdot (4 \cdot 0,4872 - 0,58 \cdot 0,62)}{4 \cdot (-0,5234) - (0,58^2 - 0,62^2)}$$

$$\text{tg}(4 \cdot \varphi) = \left|\frac{3,1784}{-2,0456}\right| = |-1,5538|$$

$4 \cdot \varphi = 57,2°$

$\varphi = 57,2°/4 = 14,3°$

$\cos(45° - 14,3°) = 0,8599$
$\sin(45° - 14,3°) = 0,5105$

$$\begin{array}{ccccc} A & \cdot & V & = & B \\ \begin{pmatrix} 0,80 & 0,30 \\ 0,70 & 0,50 \\ 0,40 & -0,50 \\ 0,20 & -0,40 \end{pmatrix} & \times & \begin{pmatrix} 0,8599 & -0,5105 \\ 0,5105 & 0,8599 \end{pmatrix} & = & \begin{pmatrix} 0,84 & -0,15 \\ 0,86 & 0,07 \\ 0,09 & -0,63 \\ -0,03 & -0,45 \end{pmatrix} \end{array}$$

einfache graphische Rotation auffinden lassen. Wie wollen nun überprüfen, zu welchem Ergebnis eine Varimax-Rotation der Ladungsmatrix aus Tabelle 15.3 führt. Tabelle 15.8 zeigt das Ergebnis.

Man erkennt, dass die varimax-rotierten Faktoren unsere „Zylindertheorie" perfekt bestätigen. Die beiden unabhängigen Merkmale „Durchmesser" und „Länge" markieren jeweils einen Faktor.

Bedeutsame Faktorladungen. Da die Faktorenanalyse hier als ein exploratives Verfahren verstanden wird, sollten mögliche Kriterien, nach denen eine Faktorladung als bedeutsam und damit als interpretationswürdig anzusehen ist, nicht allzu rigide gehandhabt werden. Dennoch empfehlen wir, sich auch bei der Interpretation einer varimax-rotierten Faktorenstruktur an die auf S. 523 f.. bereits genannten Empfehlungen von Guadagnoli u. Velicer (1988) zu halten, die hier (verkürzt) erneut wiedergegeben werden:

- Ein Faktor kann interpretiert werden, wenn mindestens 4 Variablen eine Ladung über 0,60 aufweisen. Die am höchsten ladenden Variablen sind die „Markiervariablen" für die Interpretation.
- Ein Faktor kann interpretiert werden, wenn mindestens 10 Variablen Ladungen über 0,40 haben. Dies ist nach Stevens (2002, S. 394) generell der untere Grenzwert für Faktorladungen, die bei der Interpretation eines Faktors berücksichtigt werden können.
- Haben weniger als 10 Variablen eine Ladung über 0,40, sollte nur interpretiert werden, wenn die Stichprobe mindestens aus 300 Vpn besteht ($n \geq 300$).
- Haben weniger als 10 Variablen eine Ladung über 0,40, und ist der Stichprobenumfang kleiner als 300, muss mit zufälligen Ladungsstruk-

Tabelle 15.8. Varimax-Lösung des Zylinderbeispiels (Tabelle 15.3)

	F1	F2
Durchmesser	0,992	0,005
Länge	−0,005	0,999
Grundfläche	0,992	0,005
Mantelfläche	0,797	0,583
Volumen	0,903	0,395
Diagonale	0,505	0,849

turen gerechnet werden. Eine Ergebnisinterpretation wäre hier nur aussagekräftig, wenn sie sich in einer weiteren Untersuchung replizieren ließe.

Im Übrigen wird auf Gl. (15.6) verwiesen, mit der sich auch bei Varimax-Lösungen die Stabilität der Faktorenstruktur abschätzen lässt.

Unter inferenzstatistischem Blickwinkel ist es sinnvoll, die Standardfehler der Ladungen zu berücksichtigen, indem *Signifikanztests für Ladungen* durchgeführt bzw. Konfidenzintervalle festgelegt werden. Über die mathematisch schwierige, inferenzstatistische Absicherung von Ladungen der PCA-Faktoren berichten Girshick (1939), Rippe (1953) und Pennell (1972). Die Bestimmung der Standardfehler rotierter Ladungen wird bei Archer u. Jennrich (1973) sowie Cudeck u. O'Dell (1994) behandelt. Cliff u. Hamburger (1967) untersuchen die Verteilung von Faktorladungen in Monte-Carlo-Studien. Sie kommen zu dem Schluss, dass der Standardfehler einer Faktorladung in etwa dem einer Produktmomentkorrelation (mit gleichem n) entspricht. Für unrotierte Faktorladungen kann als grobe Schätzung für den Standardfehler $1/\sqrt{n}$ angenommen werden. Der Standardfehler nimmt bei größer werdender Ladung ab und ist bei rotierten Ladungen geringfügig größer als bei unrotierten Ladungen.

Hat eine Variable auch nach einer Varimax-Rotation mittlere Ladungen auf mehreren Faktoren, stellt sich die Frage, welchem Faktor diese Variable zugeordnet werden soll. Fürntratt (1969) hat hierfür eine einfache Regel vorgeschlagen. Er fordert, dass eine Variable i nur dann einem Faktor j zugeordnet werden sollte, wenn der Quotient aus quadrierter Ladung und Kommunalität den Wert 0,5 nicht unterschreitet ($a_{ij}^2/h_i^2 \geq 0,5$), d.h. wenn mindestens 50% der aufgeklärten Varianz einer Variablen i auf den Faktor j entfallen.

BEISPIEL

Ein abschließendes Beispiel verdeutlicht den Einsatz der Varimax-Rotation im Anschluss an eine PCA. Es geht um die Frage, welche Faktoren beim Beurteilen des Klangs von Sprechstimmen relevant sind (Bortz, 1971). Eine Stichprobe von Urteilern wurde aufgefordert, 39 Sprechproben von verschiedenen männlichen Sprechern (jeder Sprecher sprach die gleichen Texte) auf 18 bipolaren Adjektivskalen (Polaritäten) einzustufen. Ausgehend von den Durchschnittsurteilen pro Sprechstimme und Polarität wurden die Polaritäten

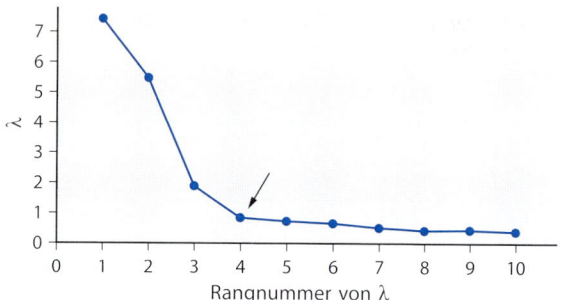

Abb. 15.9. Eigenwertediagramm des PCA-Beispiels

über die 39 Sprechproben interkorreliert und die Korrelationen (18 × 18-Matrix) mit einer PCA faktorisiert.

Abbildung 15.9 zeigt das Eigenwertediagramm der Korrelationsmatrix.

Drei Eigenwerte weisen einen Betrag größer als 1 auf. Da sich die Eigenwerte nach dem 3. Eigenwert asymptotisch der X-Achse nähern, entscheiden wir uns auch nach dem Scree-Test (vgl. 15.4) für q = 3. Die ersten 4 Zufallseigenwerte lauten nach Gl. (15.60): $\lambda_1 = 2,5$; $\lambda_2 = 2,2$; $\lambda_3 = 2,0$ und $\lambda_4 = 1,8$. Die empirischen Eigenwerte sind ab dem 4. Eigenwert deutlich kleiner als die Zufallseigenwerte, was ebenfalls für q = 3 bedeutsame Faktoren spricht. Mit 3 Faktoren werden 83,3% der gesamten durchschnittlichen Urteilsvarianz aufgeklärt.

Tabelle 15.9 zeigt die Ladungen der 18 Polaritäten auf den ersten 3 PCA-Faktoren sowie die Varimaxlösung für diese 3 Faktoren.

Der erste Faktor klärt in der PCA-Lösung 41,6% und in der Varimax-Lösung 37,0% der Varianz auf. (Man ermittelt den Varianzanteil eines Faktors, indem man die Summe seiner quadrierten Ladungen durch p dividiert; vgl. S. 520.) Gehen wir davon aus, dass nur Polaritäten mit Ladungen über 0.60 für einen Faktor bedeutsam sind, wird der erste PCA-Faktor durch 12 und der erste Varimax-Faktor durch 8 Polaritäten gekennzeichnet. Zudem ist die Anzahl der Ladungen, die nahezu Null sind, in der Varimax-Rotation größer als in der PCA-Lösung, d.h., die Varimax-Lösung ähnelt mehr einer Einfachstruktur als die PCA-Lösung.

Der zweite Varimax-Faktor erklärt einen Varianzanteil von 30,4%, was ungefähr dem Varianzanteil des zweiten PCA-Faktors entspricht (31,1%). Auf ihm laden – wie auch auf dem zweiten PCA-Faktor – 7 Variablen bedeutsam, sodass auch der zweite Faktor interpretiert werden kann (vgl. S. 551). Der dritte Faktor erklärt mit 15,9% zwar mehr Varianz als in der PCA-Lösung (10,6%); er hat jedoch nur drei bedeutsame Ladungen und sollte deshalb nur mit Vorsicht interpretiert werden.

Die Varimax-Faktoren können wir folgendermaßen interpretieren: Der erste Faktor wird auf der positiven Seite (man beachte die Vorzeichen der Ladungen!) durch die Merkmale laut (1), schnell (5), aktiv (8), kräftig (9), selbstsicher (11), lebendig (13), drängend (14) und temperamentvoll (16) und auf der negativen Seite entsprechend durch leise (1), langsam (5), passiv (8), schwach (9), schüchtern (11), ruhig (13), zögernd (14) und müde (16) beschrieben.

15.5 Rotationskriterien

Tabelle 15.9. Beispiel für eine PCA mit anschließender Varimax-Rotation

	PCA-Faktoren			Varimax-Faktoren			
	F I	F II	F III	F I	F II	F III	h^2
1. laut – leise	**0,73**	–0,44	0,04	**0,84**	–0,08	–0,17	0,73
2. wohlklingend – misstönend	0,19	**0,85**	0,01	–0,26	**0,80**	–0,22	0,75
3. klar – verschwommen	**0,69**	–0,02	–0,65	0,42	0,03	–**0,86**	0,91
4. fließend – stockend	**0,70**	0,20	0,00	0,48	0,45	–0,30	0,52
5. langsam – schnell	–**0,63**	**0,65**	–0,06	–**0,86**	0,29	0,07	0,82
6. artikuliert – verwaschen	**0,67**	0,23	–0,64	0,28	0,24	–**0,88**	0,91
7. angenehm – unangenehm	0,16	**0,93**	0,02	–0,31	**0,86**	–0,21	0,88
8. aktiv – passiv	**0,90**	–0,37	0,06	**0,95**	0,06	–0,23	0,95
9. kräftig – schwach	**0,88**	0,27	0,24	**0,67**	**0,66**	–0,17	0,91
10. tief – hoch	**0,61**	0,46	0,48	0,41	**0,80**	0,12	0,81
11. selbstsicher – schüchtern	**0,89**	0,14	0,08	**0,69**	0,50	–0,30	0,81
12. verkrampft – gelöst	–0,39	–**0,81**	–0,03	0,06	–**0,85**	0,27	0,80
13. ruhig – lebendig	–**0,67**	**0,64**	–0,12	–**0,90**	–0,25	0,03	0,87
14. zögernd – drängend	–**0,79**	0,50	–0,15	–**0,94**	0,06	0,08	0,90
15. korrekt – nachlässig	0,43	0,35	–**0,72**	0,01	0,22	–**0,88**	0,82
16. temperamentvoll – müde	**0,84**	–0,38	0,16	**0,93**	0,07	–0,11	0,88
17. groß – klein	0,36	**0,76**	0,43	0,04	**0,94**	0,11	0,89
18. hässlich – schön	–0,29	–**0,85**	0,01	0,17	–**0,84**	0,28	0,80
	41,6%	31,1%	10,6%	37,0%	30,4%	15,9%	83,3%

Mit diesem Faktor wird offensichtlich der Dynamikaspekt von Sprechstimmen erfasst. Den zweiten Faktor kennzeichnen auf der positiven Seite die Adjektive wohlklingend (2), angenehm (7), kräftig (9), tief (10), gelöst (12), groß (17) und schön (18) und auf der negativen Seite misstönend (2), unangenehm (7), schwach (9), hoch (10), verkrampft (12), klein (17) und hässlich (18). Mit diesem Faktor wird also die gefühlsmäßige Bewertung von Sprechstimmen erfasst. Wir wollen ihn als Valenzfaktor bezeichnen. Dem 3. Faktor sind die folgenden Polaritäten zugeordnet: Auf der positiven Seite verschwommen (3), verwaschen (6) und nachlässig (15) und auf der negativen Seite klar (3), artikuliert (6) und korrekt (15). Wenngleich dieser Faktor nur durch wenige Urteilsskalen gekennzeichnet ist, wird ein weiterer Teilaspekt der Wirkungsweise von Sprechstimmen deutlich, den wir als Prägnanzfaktor bezeichnen wollen.

Zusammenfassend lässt sich somit auf Grund dieser Untersuchung vermuten, dass die Faktoren Dynamik, Valenz und Prägnanz für die Charakterisierung von Sprechstimmen relevant sind. Generell ist zu beachten, dass sich die faktorielle Struktur natürlich nur auf diejenigen Eigenschaften oder Merkmale beziehen kann, die in der Untersuchung angesprochen werden.

Wie die Kommunalitäten zeigen, werden die Polaritäten mit den 3 Faktoren bis auf eine Ausnahme recht gut erfasst. Die Ausnahme ist die Polarität fließend – stockend (4), deren Varianz nur zu 52% ($h^2 = 0,52$) durch die 3 Faktoren aufgeklärt wird. Sie lässt sich nach dem Fürntratt-Kriterium ($a_{ij}^2/h_i^2 \geq 0,5$) keinem der 3 Faktoren eindeutig zuordnen und erfasst vermutlich einen spezifischen Aspekt der Wirkungsweise von Sprechstimmen. Knapp verfehlt wird das *Fürntratt-Kriterium* auch für die Polarität 9 (kräftig – schwach). Es lautet für Faktor I $0,67^2/0,91 = 0,49 < 0,5$ und für Faktor II $0,66^2/0,91 = 0,48 < 0,5$. Da diese Polarität jedoch sowohl für die Dynamik als auch die Valenz von (Männer-)Stimmen charakteristisch ist, kann sie – wie geschehen – ohne weiteres beiden Faktoren zugeordnet werden.

Hinweis: Einen allgemeinen Ansatz für orthogonale Rotationskriterien (Varimax, Quartimax, Equimax) findet der interessierte Leser bei Jennrich (1970) und Crawford u. Ferguson (1970). Hakstian u. Boyd (1972) unterziehen dieses sog. „Orthomax"-Kriterium einer empirischen Überprüfung.

Das Problem der Eindeutigkeit analytischer Rotationslösungen wird z. B. von Rozeboom (1992) untersucht.

Kriteriumsrotation

In der Forschungspraxis ist man gelegentlich daran interessiert, zwei (oder mehrere) Faktorstrukturen miteinander zu vergleichen (z. B. Vergleich der Intelligenzstruktur weiblicher und männlicher Vpn oder Vergleich der Einstellungsstruktur von Soldaten zum Militär vor und nach einem Einsatz).

Für Vergleiche dieser Art wäre es falsch, hierfür die jeweiligen Varimax-Lösungen heranzuziehen, denn diese erfüllen – jeweils für sich – das mathematische Varimax-Kriterium und können deshalb größere Strukturunterschiede vortäuschen als tatsächlich vorhanden sind (vgl. hierzu z. B. Kiers, 1997). Aufgabe der Kriteriumsrotation ist es, unter den unendlich vielen äquivalenten Lösungen für jeden der zu vergleichenden Datensätze diejenigen Faktorlösungen ausfindig zu machen, die einander maximal ähneln.

Hierbei geht man üblicherweise so vor, dass eine möglichst gut interpretierbare (in der Regel varimax-rotierte) Lösung als *Zielstruktur* vorgegeben und die zu vergleichende Lösung (*Vergleichsstruktur*) so rotiert wird, dass sie zur Zielstruktur eine maximale Ähnlichkeit aufweist. Die Zielstruktur kann empirisch ermittelt sein (z. B. die varimax-rotierte Intelligenzstruktur weiblicher Vpn) oder auf Grund theoretischer Überlegungen vorgegeben werden. (Genauer hierzu vgl. S. 560 f. zum Stichwort „konfirmative Faktorenanalyse".) Bei Vergleichen dieser Art wird vorausgesetzt, dass die zueinander in Beziehung gesetzten Strukturen auf den gleichen Variablen basieren. Zusätzlich sollte die Anzahl der Faktoren in der Vergleichsstruktur mit der Anzahl der Faktoren in der Zielstruktur übereinstimmen.

Das Problem des Vergleichs zweier Faktorstrukturen wurde erstmals von Mosier (1939) aufgegriffen, der allerdings nur eine approximative Lösung vorschlug. Bessere Lösungen entwickelten Eyferth u. Sixtl (1965), Green (1952), Fischer u. Roppert (1964), Cliff (1966), Schönemann (1966 b) und Gebhard (1967). Das Grundprinzip der auf Faktorstrukturvergleiche zugeschnittenen Kriteriumsrotation lässt sich nach Cliff (1966) folgendermaßen darstellen:

Faktorstrukturvergleich. Gegeben sind die Faktorladungsmatrizen **A** und **B** (z. B. Intelligenzstrukturen männlicher und weiblicher Vpn); gesucht wird eine Transformationsmatrix **T**, durch die eine Vergleichsstruktur **B** so rotiert wird, dass ihre Ähnlichkeit mit der vorgegebenen Zielstruktur **A** maximal wird. Zur Kennzeichnung der Ähnlichkeit zweier Faktoren j und k wird üblicherweise der folgende Kongruenzkoeffizient nach Tucker (1951) eingesetzt (vgl. hierzu auch Broadbooks u. Elmore, 1987):

$$C_{jk} = \frac{\sum_{i=1}^{p} a_{ij} \cdot b_{ik}}{\sqrt{\left(\sum_{i=1}^{p} a_{ij}^2\right) \cdot \left(\sum_{i=1}^{p} b_{ik}^2\right)}} \qquad (15.72\,\text{a})$$

mit a_{ij} = Ladung der i-ten Variablen auf dem j-ten Faktor in der Struktur **A** und b_{ik} = Ladung der i-ten Variablen auf dem k-ten Faktor in der Struktur **B**.

Dieses Maß hat – wie eine Korrelation – einen Wertebereich von -1 bis $+1$ (auf die besonderen Probleme dieses Koeffizienten bei Faktorstrukturen mit nur positiven Ladungen – „positive manifold" – geht Davenport, 1990, ein).

Will man die Faktorstrukturen nicht faktorweise, sondern als Ganze vergleichen, errechnet man (vgl. z. B. Gebhardt, 1967 a)

$$FC = \frac{\text{tr}(\mathbf{A}' \cdot \mathbf{B})}{\sqrt{\text{tr}(\mathbf{A}' \cdot \mathbf{A}) \cdot \text{tr}(\mathbf{B}' \cdot \mathbf{B})}}, \qquad (15.72\,\text{b})$$

wobei tr für die Spur der jeweiligen Matrix steht (vgl. S. 536 f.).

Gesucht wird eine Transformationsmatrix **T**, die den Zähler von Gl. (15.72 b) maximiert. Diese Transformationsmatrix erhält man nach folgenden Rechenschritten:

Man berechnet zunächst eine Matrix **M**:

$$\mathbf{M} = \mathbf{B}' \cdot \mathbf{A} \cdot \mathbf{A}' \cdot \mathbf{B}. \qquad (15.73\,\text{a})$$

Für diese Matrix sind die Eigenwerte (Λ) und die Eigenvektoren (**V**) zu bestimmen. Mit

$$\mathbf{U} = \mathbf{A}' \cdot \mathbf{B} \cdot \mathbf{V} \cdot \Lambda^{-1/2} \qquad (15.73\,\text{b})$$

resultiert die Transformationsmatrix **T** nach folgender Gleichung:

$$\mathbf{T} = \mathbf{V} \cdot \mathbf{U}'. \qquad (15.74)$$

($\Lambda^{-1/2}$ ist eine Diagonalmatrix mit den Reziprokwerten der Wurzeln aus den Eigenwerten; zur Theorie vgl. Green u. Carroll, 1976, Kap. 5.7 in Ergänzung zu Revenstorf, 1976, S. 248 ff.).

Man berechnet ferner

$$\mathbf{B}^* = \mathbf{B} \cdot \mathbf{T} \qquad (15.75)$$

und erhält mit $\mathbf{B}^*$ die rotierte Matrix **B**, die zur Matrix **A** eine maximale Ähnlichkeit aufweist.

15.5 Rotationskriterien

BEISPIEL

Zu vergleichen seien die folgenden Faktorstrukturen **A** (Zielstruktur) und **B** (Vergleichsstruktur) mit jeweils 4 Variablen und 2 Faktoren:

A		B	
FI	FII	FI	FII
0,80	0,00	0,80	0,40
0,80	0,00	0,80	0,40
0,00	0,68	0,80	−0,20
0,00	1,00	0,80	−0,60

Man errechnet

$$\mathbf{M} = \begin{pmatrix} 3{,}445 & -0{,}170 \\ -0{,}170 & 0{,}951 \end{pmatrix}$$

Als Eigenvektoren erhält man

$$\mathbf{V} = \begin{pmatrix} 0{,}998 & 0{,}068 \\ -0{,}068 & 0{,}998 \end{pmatrix}$$

mit den Eigenwerten $\lambda_1 = 3{,}46$ und $\lambda_2 = 0{,}94$. Für **U** ergibt sich:

$$\mathbf{U} = \begin{pmatrix} 0{,}664 & 0{,}748 \\ 0{,}748 & -0{,}664 \end{pmatrix}$$

und damit

$$\mathbf{T} = \begin{pmatrix} 0{,}713 & 0{,}701 \\ 0{,}701 & -0{,}713 \end{pmatrix}$$

Nach Gl. (15.75) ergibt sich die folgende rotierte Matrix $\mathbf{B}^*$:

$\mathbf{B}^*$	
F′I	F′II
0,851	0,276
0,851	0,276
0,430	0,704
0,149	0,989

Die Kongruenz der beiden ersten Faktoren aus A und B beträgt nach Gl. (15.72 a) $C_{I,I} = 0{,}71$ und die der beiden zweiten Faktoren $C_{II,II} = -0{,}72$. Nach der Rotation von **B** zu $\mathbf{B}^*$ resultieren $C_{I,I^*} = 0{,}93$ und $C_{II,II^*} = 0{,}95$, d.h., die Ähnlichkeit der Faktoren wurde deutlich erhöht. Für die Ähnlichkeit der gesamten Ladungsstruktur lautet der Wert gem. Gl. (15.72 b) vor der Rotation $FC = 0{,}18$ und nach der Rotation $FC = 0{,}94$.

Bewertung der Ähnlichkeit von Faktorstrukturen.
Das Kongruenzmaß für die Ähnlichkeit von Faktorstrukturen ist nur ein deskriptives Maß; die exakte Verteilung dieser Koeffizienten ist unbekannt, d.h., Signifikanztests können nicht durchgeführt werden. (Einen approximativen, empirischen Ansatz zur Konfidenzintervallbestimmung demonstrieren Schneewind u. Cattell, 1970; genaueres bei Korth u. Tucker, 1975, 1979.)

Die Verteilung der Faktorstrukturähnlichkeitskoeffizienten wurde allerdings mehrfach mit Monte-Carlo-Studien untersucht. Die Resultate dieser Studien lassen sich folgendermaßen zusammenfassen:

Bei Stichproben aus „verwandten" Populationen sprechen Ähnlichkeitskoeffizienten über 0,90 für eine hohe Faktorstrukturübereinstimmung (vgl. Gebhard, 1967; Kerlinger, 1967). Nesselroade u. Baltes (1970) untersuchten den Einfluss der Stichprobengröße, der Variablenzahl und der Faktorenzahl auf die Ähnlichkeitskoeffizienten. Hierbei zeigte sich, dass der Ähnlichkeitskoeffizient für Zufallsstrukturen mit zunehmender Anzahl der Faktoren größer wird und mit steigender Variablenzahl abnimmt, während sich die Stichprobengröße nur unbedeutend auf die Ähnlichkeitskoeffizienten auswirkt. Nach Korth (1978) ergeben sich für 4 Faktoren die folgenden „Signifikanzgrenzen" ($\alpha = 0{,}05$):

10 Variablen	0,93,
30 Variablen	0,46,
50 Variablen	0,34,
70 Variablen	0,32.

Hilfreich für die Bewertung der Ähnlichkeit von Faktorstrukturen ist ferner eine Arbeit von Skakun et al. (1976, 1977), die zeigt, dass die Wurzel aus der durchschnittlichen Spur einer Matrix $\mathbf{E}'\mathbf{E}$

$$w = [\operatorname{tr}(\mathbf{E}'\mathbf{E}/p \cdot q)]^{1/2} \qquad (15.76)$$

($\mathbf{E} = \mathbf{A} - \mathbf{B}^*$, p = Anzahl der Variablen; q = Anzahl der Faktoren) bei Gültigkeit der H_0 approximativ normalverteilt ist. Für den Erwartungswert und die Streuung dieser Verteilung stellen die folgenden Ausdrücke brauchbare Schätzungen dar:

$$\mu_w = \frac{1}{4}\sqrt{\left(\frac{q}{n}\right)} \qquad (15.77)$$

(n = Stichprobenumfang).

$$\sigma_w = \frac{1}{\sqrt{12 \cdot n \cdot q}} \ . \tag{15.78}$$

Unter Verwendung der z-Transformation (vgl. S. 44f.) lässt sich ein empirischer w-Wert anhand der Standardnormalverteilung zufallskritisch bewerten. Signifikante w-Werte sind größer als der folgende, kritische w-Wert:

$$w_{crit} = \mu_w + z \cdot \sigma_w \tag{15.79}$$

(mit $z = 1,645$ für $\alpha = 5\%$ und $z = 2,326$ für $\alpha = 1\%$). w_{crit} ist zu korrigieren, wenn – was in der Regel der Fall sein dürfte – mit den zu vergleichenden Faktorstrukturen nicht die gesamte Varianz aufgeklärt wird:

$$w_{crit(korr)} = w_{crit} \times \sqrt{\frac{100 - \text{aufgeklärte Varianz in \%}}{q+1}} + 1 \ . \tag{15.80}$$

Klären die zu vergleichenden Faktorstrukturen unterschiedliche Varianzanteile auf, berechnet man für jede Faktorstruktur den Korrekturfaktor und setzt in Gl. (15.80) den Mittelwert beider Korrekturfaktoren ein.

Häufig basieren die zu vergleichenden Faktorstrukturen auf unterschiedlich großen Stichprobenumfängen. In diesem Fall empfehlen Skakun et al. (1976), in Gl. (15.77) und (15.78) für n das harmonische Mittel (vgl. S. 39) der Stichprobenumfänge einzusetzen.

Datenrückgriff. Bezogen auf das oben erwähnte Zahlenbeispiel (S. 555) errechnet man

$$\mathbf{E} = \mathbf{A} - \mathbf{B}^* = \begin{pmatrix} -0,051 & -0,276 \\ -0,051 & -0,276 \\ -0,430 & -0,024 \\ -0,149 & 0,011 \end{pmatrix}$$

und $\text{tr}(\mathbf{EE}') = 0,3654$.

Damit ergibt sich nach Gl. (15.76)

$$w = \sqrt{\frac{0,3654}{4 \cdot 2}} = 0,2137 \ .$$

Setzen wir $n = 100$, resultieren ferner

$$\mu_w = \frac{1}{4} \cdot \sqrt{\frac{2}{100}} = 0,0345 \quad \text{und}$$

$$\sigma_w = \frac{1}{\sqrt{12 \cdot 100 \cdot 2}} = 0,0204 \ .$$

Der kritische w-Wert ergibt sich damit zu

$$w_{crit} = 0,0354 + 1,645 \cdot 0,0204 = 0,069 \ .$$

Dieser Wert ist nach Gl. (15.80) wie folgt zu korrigieren:

Korrekturfaktor für **A**:

$$\sqrt{\frac{100 - 68,50}{3}} + 1 = 4,2404 \ ,$$

Korrekturfaktor für **B***:

$$\sqrt{\frac{100 - 82,00}{3}} + 1 = 3,4495 \ .$$

Mit einem durchschnittlichen Korrekturfaktor von $(4,2404 + 3,4495)/2 = 3,845$ heißt der korrigierte kritische w-Wert

$$w_{crit(korr)} = 0,069 \cdot 3,845 = 0,2653 \ .$$

Da $0,2137 < 0,2653$ ist, unterscheiden sich die Strukturen **A** und **B*** nicht signifikant.

Hinweise: Weitere Informationen zur Durchführung und Interpretation von Faktorstrukturvergleichen findet man bei ten Berge (1986a,b), Paunonen (1997), Kiers (1997), Kiers u. Groenen (1996) bzw. Revenstorf (1976, Kap. 7). Zur inferenzstatistischen Absicherung von Faktorstrukturvergleichen hat Rietz (1996) einen Vorschlag unterbreitet (vgl. hierzu auch Chan et al., 1999). Wie man eine für mehrere Populationen gültige PCA-Lösung ermittelt, wird bei Millsap u. Meredith (1988) bzw. Kiers u. ten Berge (1989) beschrieben.

15.6 Weitere faktorenanalytische Ansätze

Zum Begriff „Faktorenanalyse" zählen wir Faktorextraktionsverfahren, Faktorrotationsverfahren und faktoranalytische Modelle. Zu den *Extraktionsmethoden* gehören die Diagonalmethode oder Quadratwurzelmethode, die von Dwyer (1944) auf Korrelations- und Regressionsprobleme angewandt wurde, die Zentroidmethode, die auf Thurstone (1947) zurückgeht, und die Hauptachsenmethode (Hotelling, 1933). Vor allem die EDV-Entwicklung hat dazu geführt, dass heute praktisch nur noch die rechnerisch zwar aufwändige, aber dafür mathematisch exakte Hauptachsenmethode eingesetzt wird. Wir haben dieses Verfahren ausführlich unter 15.2 bzw. 15.3 beschrieben und wollen auf die Darstellung der beiden anderen Extraktionsmethoden, die heute nur noch von historischer Bedeutung sind, verzichten.

Über *Rotationstechniken* wurde unter 15.5 berichtet.

Modifikationen der Faktorenanalyse leiten sich vor allem aus *Modellannahmen* ab, die bezüglich möglicher Eigenschaften der Daten formuliert werden. So sind wir in der PCA davon ausgegangen, dass die Variablen mit sich selbst zu 1 korrelieren (die Diagonalelemente in der Korrelationsmatrix **R** wurden gleich 1 gesetzt), was zweifellos eine richtige Annahme ist, wenn die PCA nur im deskriptiven Sinn eingesetzt wird, um die für eine Stichprobe gefundenen Merkmalszusammenhänge übersichtlicher aufzubereiten. Will man hingegen faktorenanalytische Ergebnisse inferenzstatistisch interpretieren, ist zu beachten, dass die auf Grund einer Stichprobe ermittelten Merkmalszusammenhänge nur Schätzungen der in der Population gültigen Merkmalszusammenhänge sind und damit mehr oder weniger fehlerhaft sein können.

Wie im Teil II über varianzanalytische Methoden dargelegt wurde, setzt sich die Varianz einer Variablen aus tatsächlichen, „wahren" Unterschieden in den Merkmalsausprägungen der Vpn und aus Unterschieden, die auf Fehlereinflüsse zurückzuführen sind, zusammen. Es ist deshalb damit zu rechnen, dass wiederholte Messungen derselben Variablen an derselben Stichprobe keineswegs zu 1 korrelieren. Man geht davon aus, dass sich die wahren Merkmalsunterschiede sowohl in der 1. als auch 2. Messung zeigen und dass die wahre Unterschiedlichkeit der Vpn von unsystematischen Fehlereffekten überlagert ist. Die Korrelation zwischen der 1. und 2. Messung, die in der psychologischen Testtheorie als *Retest-Reliabilität* bezeichnet wird, reflektiert somit die wahren Varianzanteile und wird im Allgemeinen kleiner als 1 sein.

Die Frage, wie Faktoren ermittelt werden können, die nur wahre bzw. reliable Varianzen aufklären, ist Gegenstand einiger faktorenanalytischer Ansätze, von denen die folgenden kurz behandelt werden:

- Analyse nach dem Modell mehrerer gemeinsamer Faktoren,
- Image-Analyse,
- Alpha-Faktorenanalyse,
- kanonische Faktorenanalyse,
- konfirmative Faktorenanalyse.

Wir werden uns mit einer kurzen Darstellung des jeweiligen Modellansatzes begnügen, denn letztlich sind die Unterschiede zwischen den Ergebnissen, die man mit den verschiedenen Verfahren erhält, für praktische Zwecke zu vernachlässigen (vgl. hierzu die Arbeiten von Fava u. Velicer, 1992; Harris u. Harris, 1971; Kallina u. Hartmann, 1976; Velicer, 1974; Velicer et al., 1982). Abschließend wird über verschiedene Anwendungsmodalitäten der Faktorenanalyse berichtet.

Modell mehrerer gemeinsamer Faktoren

Die Faktorenanalyse nach dem Modell mehrerer gemeinsamer Faktoren geht auf Thurstone (1947) zurück. Dieses Verfahren wird in der Literatur gelegentlich kurz „Faktorenanalyse" (oder „Explorative Faktorenanalyse" bzw. EFA) genannt. Anders als in diesem Kapitel, in dem wir die Bezeichnung „Faktorenanalyse" als Sammelbegriff für unterschiedliche faktorenanalytische Techniken verwenden, steht die EFA im engeren Sinne in einem „Konkurrenzverhältnis" zur PCA. (Eine Gegenüberstellung von PCA und der Analyse gemeinsamer Faktoren bzw. Faktorenanalyse findet man bei Fabrigar et al., 1999; Schneeweiss u. Mathes, 1995 oder Snook u. Gorsuch, 1989.)

Es wird angenommen, dass sich die Varianz einer Variablen aus einem Anteil zusammensetzt, den sie mit anderen Variablen gemeinsam hat (*gemeinsame Varianz*), einem weiteren Anteil, der die Besonderheiten der Variablen erfasst (*spezifische Varianz*), und einem *Fehlervarianzanteil*. (Überlegungen zur Unterscheidung der 3 genannten Varianzanteile einer Variablen findet man bei Bortz, 1972a.) Die Faktorenanalyse nach dem Modell mehrerer gemeinsamer Faktoren bestimmt, welche gemeinsamen (d.h. durch mehrere Variablen gekennzeichneten) Faktoren die gemeinsamen Varianzen erklären.

In der PCA wird die gesamte Varianz einer Variablen, die durch die Standardisierung vom Betrag 1 ist, analysiert, d.h., es wird nicht zwischen gemeinsamer Varianz, spezifischer Varianz und Fehlervarianz der Variablen unterschieden. Die Faktorenextraktion ist im Allgemeinen beendet, wenn die verbleibende Restkorrelationsmatrix nach Extraktion von q Faktoren (q < p) nur noch unbedeutend ist bzw. nicht mehr interpretiert werden kann. In der Faktorenanalyse nach dem Modell mehrerer gemeinsamer Faktoren hingegen soll der gemeinsame Varianzanteil einer Variablen aufgeklärt werden, wobei spezifische und fehlerhafte Anteile unberücksichtigt bleiben. Das zentrale Problem besteht darin, wie die gemeinsamen Varianzanteile der einzelnen Variablen geschätzt werden können.

Eine brauchbare Schätzung der gemeinsamen Varianz einer Variablen mit den übrigen zu faktorisierenden Variablen ist nach Humphreys u. Taber (1973) das *Quadrat der multiplen Korrelation* dieser Variablen mit den übrigen p − 1 Variablen. Man ersetzt die Einsen in der Hauptdiagonale der Korrelationsmatrix durch das Quadrat der multiplen Korrelation, um eine Faktorenstruktur zu finden, die diese gemeinsamen Varianzen aufklärt. Die Bestimmung (Extraktion) der Faktoren wird üblicherweise nach der Hauptachsenmethode vorgenommen. Die Summe der Eigenwerte (d.h. die Summe der durch die Faktoren aufgeklärten Varianzen) kann in diesem Fall die Summe der quadrierten multiplen Korrelationen nicht überschreiten. Stellen die quadrierten multiplen Korrelationen richtige Schätzungen der gemeinsamen Varianzen dar, müssen die Faktoren die gemeinsamen Varianzen der Variablen restfrei aufklären.

Die hieraus folgende Regel, alle Faktoren mit $\lambda > 0$ zu interpretieren, führt allerdings in den meisten praktischen Anwendungsfällen zu einer deutlichen Überschätzung der Faktorenzahl. Coovert u. McNelis (1988) empfehlen deshalb, für die Bestimmung der Faktorenanzahl die von Humphreys u. Ilgen (1969) vorgeschlagene „parallel analysis" einzusetzen, die im Prinzip genauso funktioniert wie die Parallelanalyse für PCA-Faktoren (vgl. S. 545f.). Für die Parallelanalyse im Kontext des Modells mehrerer gemeinsamer Faktoren haben Montanelli u. Humphreys (1976) eine sehr genaue Regressionsgleichung entwickelt.

Die mit der Bestimmung der Faktorenanzahl verbundene Problematik lässt sich allgemein wie folgt skizzieren:
  Die Varianzaufklärung einer Variablen durch die Faktoren ermitteln wir nach Gl. (15.4) als die Summe der quadrierten Faktorladungen der Variablen. Diesen, durch das Faktorensystem aufgeklärten Varianzanteil bezeichneten wir unter 15.2 als *Kommunalität*. Die Kommunalität einer Variablen ist somit im Modell mehrerer gemeinsamer Faktoren eine weitere Schätzung der gemeinsamen Varianz einer Variablen. (Das Quadrat der multiplen Korrelation gilt als untere Grenze der Kommunalität; vgl. Harris, 1978.) Kennen wir die Anzahl der gemeinsamen Faktoren, können wir über die Kommunalitäten der Variablen die gemeinsamen Varianzen schätzen. Kennen wir umgekehrt die „wahren" gemeinsamen Varianzanteile, lässt sich auch die Anzahl der gemeinsamen Faktoren bestimmen. Normalerweise sind jedoch weder die gemeinsamen Varianzen noch die Anzahl der gemeinsamen Faktoren bekannt. Dieses Dilemma wird als das *Kommunalitätenproblem* bezeichnet.

Die Literatur berichtet über einige Verfahren, mit denen entweder die Kommunalitäten ohne Kenntnis der Faktorenzahl oder die Faktorenzahl ohne Kenntnis der Kommunalitäten geschätzt werden können. Über diese Ansätze informieren zusammenfassend z.B. Harman (1968, Kap. 5), Pawlik (1976) und Mulaik (1972, Kap. 7), und Timm (2002, Kap. 8.9). Das spezielle Problem der Kommunalitätenschätzung bei kleinen Korrelationsmatrizen wird bei Cureton (1971) behandelt.

Einer der Lösungsansätze (iterative Kommunalitätenschätzung) für das Kommunalitätenproblem sei hier kurz veranschaulicht. Man beginnt wie in der PCA mit einer Korrelationsmatrix, in deren Diagonale Einsen stehen. Für diese Matrix wird die Anzahl q der bedeutsamen Faktoren (z.B. nach dem Scree-Test) bestimmt. Ausgehend von den Ladungen der Merkmale auf den bedeutsamen Faktoren errechnen wir nach Gl. (15.4) für jede Variable die Kommunalität. In einem zweiten Faktorenextraktionszyklus setzen wir in die Diagonale der ursprünglichen Korrelationsmatrix diese ersten Kommunalitätenschätzungen ein und bestimmen wieder nach der Hauptachsenmethode die ersten q Faktoren, die die Grundlage für eine erneute Kommunalitätenschätzung darstellen. Im Weiteren werden die Kommunalitätenschätzungen der zuletzt ermittelten Faktorenstruktur in die Diagonale der Korrelationsmatrix eingesetzt, um wieder neue Kommunalitätenschätzungen zu erhalten. Wurde die Anzahl der gemeinsamen Faktoren q anfänglich richtig geschätzt, konvergieren die Kommunalitätenschätzungen auf stabile Werte.

Stabilisieren sich die Kommunalitäten nicht, beginnt man das gleiche Verfahren mit einer anderen Schätzung für q.

Image-Analyse

Einen anderen Ansatz zur Lösung des Kommunalitätenproblems wählte Guttman (1953) mit der Image-Analyse. Guttman geht von einer Population von Vpn sowie einer Population von Variablen aus und definiert die gemeinsame Varianz einer Variablen als denjenigen Varianzanteil, der potenziell durch multiple Regression von allen anderen Variablen der Variablenpopulation vorhergesagt werden kann. Dieser gemeinsame Varianzanteil einer Variablen wird als das *„Image" der Variablen* (im Sinn einer Abbildung der Variablen durch die anderen Variablen) bezeichnet. Derjenige Varianzanteil, der durch die anderen Variablen nicht vorhergesagt werden kann, wird „Anti-Image" genannt.

Für die konkrete Durchführung einer Image-Analyse stehen natürlich nur eine begrenzte Variablen- und Vpn-Zahl zur Verfügung, sodass das Image und das Anti-Image einer Variablen nur aufgrund der Stichprobendaten geschätzt werden können. Die Schätzung des Images einer Variablen aufgrund einer Stichprobe wird als *Partial-Image* der Variablen bezeichnet. Hierfür werden die ursprünglichen Messwerte einer Variablen i durch *vorhergesagte* $\hat{x}$- (bzw. $\hat{z}$-)Werte ersetzt, die man auf Grund der multiplen Regressionsgleichung zwischen der Variablen i und den übrigen $p - 1$ Variablen bestimmt. Aus der Korrelationsmatrix dieser vorhergesagten Messwerte (mit Einsen in der Diagonalen) werden nach der Hauptachsenmethode Faktoren extrahiert. Da die Korrelationen zwischen je 2 Variablen nur auf Grund gemeinsamer Varianzen mit allen Variablen zustandekommen, ist gewährleistet, dass die resultierenden Faktoren nur gemeinsame Varianz aufklären. (Ausführliche Informationen zur Image-Analyse findet der interessierte Leser z.B. bei Mulaik, 1972, Kap. 7.2, und Horst, 1965, Kap. 16; über Möglichkeiten der Faktorwertebestimmung im Rahmen einer Image-Analyse informiert Hakstian, 1973.)

Alpha-Faktorenanalyse

Einen anderen Weg, zu allgemein gültigen Faktoren zu gelangen, haben Kaiser u. Caffrey (1965) mit ihrer Alpha-Faktorenanalyse beschritten. Die Bezeichnung Alpha-Faktorenanalyse geht auf den *α-Koeffizienten* von Cronbach (Cronbach, 1951; Cronbach et al. 1963) zurück, der eine Verallgemeinerung der Kuder-Richardson-Formel Nr. 20 zur Reliabilitäts-(Interne-Konsistenz-)Bestimmung eines Tests darstellt. Mit dem α-Koeffizienten wird die Reliabilität der aus allen Testitems gebildeten Summenscores geschätzt. Hierbei werden alle Testitems als eigenständige „Tests" für ein- und dasselbe Merkmal angesehen; die Reliabilität des Summenscores (α) ergibt sich als durchschnittliche Paralleltestreliabilität für alle möglichen Paare von Testitems.

Zur Veranschaulichung des α-Koeffizienten stelle man sich vor, das komplexe Merkmal Intelligenz soll mit 10 Variablen erfasst werden, die einer Population von Variablen entnommen wurden, die potenziell geeignet ist, das Merkmal Intelligenz zu messen. Der α-Koeffizient fragt nach der Reliabilität (bzw. der „Generalisierbarkeit") des aus den 10 Variablen gebildeten Summenscores bzw. einer Linearkombination der 10 Variablen, die alle Variablen mit 1 gewichtet.

Der α-Koeffizient lautet in seiner allgemeinen Form (vgl. Lord, 1958):

$$\alpha = \frac{p}{p-1} \cdot \left(1 - \frac{\sum_i s_i^2}{s_{tot}^2}\right). \quad (15.81)$$

Hierin sind:
p = Anzahl der Variablen,
s_i^2 = Varianz der Variablen i und
s_{tot}^2 = Varianz der Linearkombination (Summe).

Reliabilität von Faktoren. Nach Kaiser u. Caffrey (1965) bzw. Kaiser u. Norman (1991) besteht zwischen α und dem 1. PCA-Faktor der p Variablen folgende Beziehung:

$$\alpha = \frac{p}{p-1} \cdot \left(1 - \frac{1}{\lambda}\right), \quad (15.82)$$

wobei λ der mit dem 1. PCA-Faktor verbundene Eigenwert (Varianz) ist. (Die Autoren bezeichnen den Eigenwert mit λ^2, womit jedoch nicht – wie man vermuten könnte – der quadrierte Eigenwert gemeint ist.)

Mit dieser Gleichung wird häufig das KG-Kriterium (vgl. S. 544) begründet, nach dem die interpretierbaren Eigenwerte einer PCA größer als Eins sein sollten (vgl. Kaiser, 1960), weil sonst negative α-Werte und damit negative Reliabilitäten resultieren würden. Diese Auffasung ist nach Cliff (1988) falsch, denn sie bezieht sich auf Populationskorrelationen und nicht auf die Eigenwerte stichprobenbedingter Korrelationen, die in der empirischen Forschung üblicherweise faktorisiert werden. Für die Bestimmung der Reliabilität eines Faktors j (r_j) bzw. dessen Faktorwerte nennt Cliff (1988) folgende Gleichung:

$$r_j = \frac{\lambda_j - \sum_{i=1}^{p} v_{ij}^2 \cdot (1 - r_i)}{\lambda_j}, \quad (15.83)$$

wobei
λ_j = Eigenwert des j-ten Faktors
v_{ij} = Elemente des j-ten Eigenvektors bei $i = 1, \ldots, p$ Variablen und
r_i = Reliabilität der i-ten Variablen.

Hier wird also deutlich, dass die Reliabilität eines Faktors nicht nur von der Größe des Eigenwertes, sondern auch von den gewichteten Reliabilitäten (bzw. Fehlervarianzen) der ursprünglichen Variablen abhängt, die beim α-Koeffizienten unberücksichtigt bleiben. Sind die Reliabilitäten nicht bekannt, kann man für die r_i-Werte die durchschnittliche Variableninterkorrelation $\bar{r}_{ii'}$ als untere Grenze der Reliabilitäten einsetzen (zur Berechnung durchschnittlicher Korrelationen vgl. S. 219 f.). Wegen der Normierung $v' \cdot v = 1$ resultiert dann

$$r_j = \frac{\lambda_j - (1 - \bar{r}_{ii'})}{\lambda_j}. \quad (15.84)$$

Man erkennt, dass der Faktor j bei perfekter Reliabilität der Variablen unabhängig von λ_j ebenfalls perfekt reliabel ist ($r_j = 1$). Bestehen alle Variablen hingegen nur aus Fehlervarianz (womit $\bar{r}_{ii'}$ einen Erwartungswert von 0 hätte), resultiert $\lambda_j = 1$ und damit $r_j = 0$. Ferner ist Gl. (15.84) zu entnehmen, dass die Reliabilität eines Faktors mit wachsendem λ_j zunimmt (vgl. hierzu auch Lord, 1958).

Das Anliegen der von Kaiser u. Caffrey (1965) entwickelten α-Faktorenanalyse ist es nun, Faktoren mit möglichst hoher Generalisierbarkeit (Reliabilität) zu bestimmen. Eine Kurzform dieses Ansatzes wird bei Mulaik (1972, S. 211 ff.) dargestellt.

Hinweise: Wittman (1978) diskutiert das Konzept der α-Generalisierbarkeit im Hinblick auf verschiedene faktorenanalytische Modelle. Ein Programm zur Bestimmung der faktoriellen Reliabilität wurde von Bardeleben (1987) entwickelt.

Kanonische Faktorenanalyse

In der von Rao (1955) entwickelten kanonischen Faktorenanalyse kommt die *kanonische Korrelation* zur Anwendung, mit der die Korrelation zwischen einem Prädiktorvariablensatz und einem Satz von Kriteriumsvariablen ermittelt werden kann (vgl. Kap. 19). In der kanonischen Faktorenanalyse werden die Faktoren (als Prädiktorvariablen) so bestimmt, dass sie maximal mit den ursprünglichen Variablen korrelieren. Das Prinzip ist somit nicht – wie in der PCA – die sukzessive Varianzmaximierung der Faktoren, sondern die Maximierung der kanonischen Korrelation zwischen allen Faktoren und Variablen. Das Verfahren wird ausführlich von Harris (1967, Kap. 8), Van de Geer (1971, Kap. 15.2) und Mulaik (1972, Kap. 8.4) behandelt.

Konfirmative Faktorenanalyse

Das Grundprinzip dieses Verfahrens beruht auf der Faktorenanalyse nach der Maximum-likelihood-Methode (Lawley, 1940, 1942, 1949; Jöreskog, 1967; Jöreskog u. Lawley, 1968; Lawley u. Maxwell, 1971), das sich folgendermaßen zusammenfassen lässt: Wir nehmen an, die Variablen seien in der Grundgesamtheit multivariat normalverteilt. Unbekannt sind die Parameter der Verteilung (Mittelwerte, Varianzen und Kovarianzen der Variablen). Im Maximum-likelihood-Ansatz der Faktorenanalyse (zur Maximum-likelihood-Methode vgl. S. 99 f.) werden in der Population gültige, gemeinsame Varianzparameter und spezifische Varianzparameter der Variablen gesucht, die die Wahrscheinlichkeit des Zustandekommens der empirisch gefundenen Korrelationsmatrix maximieren. Wesentlich für die Entwicklung des Maximum-likelihood-Ansatzes in der Faktorenanalyse ist u.a. eine Arbeit von Howe (1955), die zeigt, dass die strenge Annahme der multivariaten Normalverteilung für die Schätzung einer Faktorenstruktur nach der Maximum-likelihood-Methode nicht unbedingt erforderlich ist (vgl. hierzu Morrison, 1990).

Die Maximum-likelihood-Faktorenanalyse ist von Jöreskog (1973) zu einem vielseitig anwendbaren Analysemodell entwickelt worden. Eine besondere Anwendungsvariante ist die konfirmative Faktorenanalyse, mit der Hypothesen über die Faktorenstruktur eines Datensatzes getestet werden können. Die *faktorenanalytischen Hypothesen* beziehen sich hierbei auf die Anzahl der (orthogonalen oder obliquen) Faktoren bzw. auch auf das Ladungsmuster der Variablen. Das hypothetisch vorgegebene Ladungsmuster kann einer empirisch ermittelten Ladungsmatrix entnommen sein (vgl. hierzu auch die Ausführungen über den Faktorstrukturvergleich auf S. 554 f.) oder mehr oder weniger genaue, theoretisch begründete Angaben über die mutmaßliche Größe der Ladungen der Variablen enthalten. Mit Anpassungstests (einen Überblick geben z. B. Marsh et al., 1988; zur Kritik dieser Tests vgl. Bryant u. Jarnold 2000, S. 111 ff.) wird überprüft, ob die Abweichung der empirisch ermittelten Ladungsmatrix von der hypothetisch angenommenen Ladungsmatrix zufällig oder statistisch bedeutsam ist. (Weitere Einzelheiten und EDV-Hinweise findet man z. B. Bryant u. Yarnold, 2000 oder bei Revenstorf 1980, Kap. 6.)

Anwendungsmodalitäten

Zum Abschluss seien einige faktorenanalytische Varianten erwähnt, deren Besonderheiten sich aus der Anwendungsperspektive für die Faktorenanalyse ergeben.

Cattells Kovariationsschema. Die Anwendungsvielfalt der Faktorenanalyse erfährt durch das Kovariationsschema von Cattell (1966b, Kap. 3) eine erhebliche Erweiterung. Cattell unterscheidet Faktorenanalysen nach der O, P, Q, R, S und T-Technik (die Buchstabenzuordnung erfolgte willkürlich), wobei jeder Technik unterschiedliche Korrelationsmatrizen zu Grunde liegen. (Zur Entstehungsgeschichte dieser faktorenanalytischen Anwendungsvarianten vgl. Cronbach, 1984.)

Das Kovariationsschema hat drei Dimensionen, die durch unterschiedliche Vpn, Variablen und Zeitpunkte gekennzeichnet sind. Die zu faktorisierenden Daten beziehen sich immer auf zwei dieser Dimensionen, wobei die jeweils dritte Dimension konstant gehalten wird.

Nach der cattellschen Terminologie wurde in diesem Kapitel ausschließlich die *R-Technik* behandelt, in der bei konstantem Zeitpunkt p Merkmale (Variablen oder Tests) über n Vpn korreliert werden. Handelt es sich um Korrelationen zwischen n Vpn über p Variablen (z. B. Korrelationen zwischen Schülern auf Grund ihrer Leistungen), sprechen wir von der *Q-Technik*. Die Faktorenanalyse über die p × p-Korrelationsmatrix einer R-Analyse führt zu Merkmalsfaktoren und die Faktorenanalyse über die n × n-Korrelationsmatrix einer Q-Analyse zu Personen(Typen)-Faktoren. (Auf mögliche Artefakte bei der Durchführung von Q-Analysen hat Orlik, 1967 b, hingewiesen.)

Werden Messungen von p Variablen an *einer* Person (oder unter Verwendung von Durchschnittswerten an einer Gruppe) zu t verschiedenen Zeitpunkten erhoben und über die Zeitpunkte korreliert, erhalten wir eine Korrelationsmatrix der Variablen, die Ausgangsbasis für eine *P-Analyse* ist. Die Faktorenanalyse über die p × p-Matrix in einer P-Analyse resultiert in Faktoren, die Merkmale mit ähnlichen zeitlichen Entwicklungsverläufen bei einer Vp (Gruppe) kennzeichnen. Die P-Technik ist damit eine Anwendung der Faktorenanalyse auf den Einzelfall. Tabelle 15.10 zeigt summarisch, wie die Korrelationsmatrizen für die 6 Techniken nach Cattell zu bestimmen sind. Es ist darauf zu achten, dass die Korrelationen jeweils zwischen den Spalten (über die Zeilen) errechnet werden.

Dreimodale Faktorenanalyse. Die *gleichzeitige* Berücksichtigung von 3 Variationsquellen (z. B. Vpn, Variablen und Zeitpunkte wie im cattellschen Ansatz oder Urteiler, Urteilsskalen und Urteilsgegenstände) ist mit der dreimodalen Faktorenanalyse von Tucker (1966, 1967) möglich. Die dreidimensionale Datenmatrix wird in diesem Verfahren in 3 zweidimensionale Matrizen zerlegt, die jeweils die gesamte dreidimensionale Matrix repräsentieren. Werden beispielsweise n Urteile, p Urteilsskalen und t Urteilsgegenstände untersucht, ergibt sich eine n × (p × t)-Datenmatrix (n Zeilen und p × t-Spalten), eine p × (n × t)-Datenmatrix und eine

Tabelle 15.10. Ermittlung der Korrelationen für die sechs faktorenanalytischen Techniken nach Cattell (Kovariationsschema)

a) R-Technik über p × p-Korrelationsmatrix (Zeitpunkt konstant)

b) Q-Technik über n × n-Korrelationsmatrix (Zeitpunkt konstant)

c) P-Technik über p × p-Korrelationsmatrix (Vp konstant)

d) O-Technik über t × t-Korrelationsmatrix (Vp konstant)

e) S-Technik über n × n-Korrelationsmatrix (Merkmal konstant)

f) T-Technik über t × t-Korrelationsmatrix (Merkmal konstant)

t × (n × p)-Datenmatrix. Aus diesen 3 Datenmatrizen werden Korrelationsmatrizen bestimmt, über die jeweils eine Faktorenanalyse gerechnet wird. Zusätzlich benötigt man eine dreidimensionale sog. Kernmatrix, der entnommen werden kann, wie z. B. Urteilsskalen × Urteilsgegenstand-Kombinationen gewichtet werden müssen, um die Daten der Urteiler optimal reproduzieren zu können. Ausführliche Informationen zur Interpretation der für die dreimodale Faktorenanalyse wichtigen Kernmatrix können einem Aufsatz von Bartussek (1973) bzw. dem Summax-Modell von Orlik (1980) entnommen werden. Weitere Informationen findet man bei Lohmöller (1979), Kiers (1991b) bzw. Kiers u. van Meckelen (2001) und EDV-Hinweise bei Snyder u. Law (1979).

Longitudinale Faktorenanalyse. Einen Spezialfall des dreimodalen Ansatzes von Tucker stellt die longitudinale Faktorenanalyse von Corballis u. Traub (1970) dar. Das Verfahren ist anwendbar, wenn an einer Stichprobe zu 2 Zeitpunkten Messungen auf p Variablen erhoben werden. Es überprüft, wie sich die Faktorladungen der Variablen über die Zeit verändern. Auch diese Analyse ist allerdings – ähnlich wie die dreimodale Faktorenanalyse von Tucker – schwer zu interpretieren. Nesselroade (1972) macht darauf aufmerksam, dass die longitudinale Faktorenanalyse von Corballis u. Traub vor allem dann weniger geeignet ist, wenn Veränderungen der Faktorwerte der Vpn über die Zeit von Interesse sind. Als einen Alternativansatz schlägt er die Kanonische Korrelationsanalyse (vgl. Kap. 19) vor, in der die Messungen zum Zeitpunkt t_1 als Prädiktoren für die Messungen zum Zeitpunkt t_2 eingesetzt werden. Vergleiche von Faktorstrukturen, die für eine Stichprobe zu 2 Messzeitpunkten ermittelt wurden, können natürlich auch mit den unter dem Stichwort „Kriteriumsrotation" (S. 553 ff.) beschriebenen Verfahren durchgeführt werden. Eine andere Variante der longitudinalen Faktorenanalyse haben Olsson u. Bergmann (1977) entwickelt.

ÜBUNGSAUFGABEN

1. Was ist eine Faktorladung?
2. Was ist ein Faktorwert?
3. Wie wird die Kommunalität einer Variablen berechnet?
4. Welche Ursachen kann es haben, wenn eine Variable nur eine geringfügige Kommunalität aufweist?
5. Nach welchen Kriterien werden die Faktoren einer PCA festgelegt?
6. Die Faktorisierung einer Korrelationsmatrix für 5 Variablen möge zu folgendem Ergebnis geführt haben:

	F I	F II
Variable 1	0,70	0,50
2	0,80	0,40
3	0,80	0,60
4	0,50	0,90
5	0,10	0,90

Für welche Variable wurden fehlerhafte Ladungen ermittelt? (Begründung)

7. Erläutern Sie (ohne mathematische Ableitungen), warum die Summe der Eigenwerte einer p × p-Korrelationsmatrix den Wert p ergeben muss!
8. Gegeben sei die folgende Korrelationsmatrix:

$$\mathbf{R} = \begin{pmatrix} 1,00 & 0,50 & 0,30 \\ 0,50 & 1,00 & 0,20 \\ 0,30 & 0,20 & 1,00 \end{pmatrix}.$$

Wie lautet der dritte Eigenwert, wenn für die beiden ersten $\lambda_1 = 1,68$ und $\lambda_2 = 0,83$ ermittelt wurden?

9. Warum sollten nur Faktoren, deren Eigenwerte größer als eins sind, interpretiert werden?
10. Was ist ein Eigenwertediagramm?
11. Wie kann man zeigen, dass die PCA-Faktoren wechselseitig voneinander unabhängig sind?
12. Was versteht man unter dem Kriterium der Einfachstruktur?
13. In welcher Weise wird durch eine Varimax-Rotation die Faktorenstruktur verändert?
14. Was ist das Grundprinzip eines Faktorenstrukturvergleichs?
15. Was versteht man unter dem Kommunalitätenproblem?
16. Was leistet die konfirmative Faktorenanalyse?
17. Nennen Sie je ein Beispiel für eine R-, Q- und P-Analyse.
18. Was versteht man unter einer Parallelanalyse?
19. Wie kann man nach einer Varimax-Rotation feststellen, wie viel Prozent der Gesamtvarianz ein Faktor erfasst?

Kapitel 16 Clusteranalyse

> **ÜBERSICHT**
>
> Ähnlichkeits- und Distanzmaße – S-Koeffizient – „Simple-matching"-Koeffizienten – euklidische Distanz – Mahalanobis-Distanz – City-Block- und Dominanzmetrik – hierarchische Verfahren – Dendrogramm – „single linkage" – „complete linkage" – „average linkage" – Medianverfahren – Ward-Methode – nicht-hierarchische Verfahren – Optimierungskriterien – Beispiel für Ward-Methode und k-means-Methode – Evaluation clusteranalytischer Lösungen – Zuordnungsregeln – „Nearest-centroid"-Regel – Minimum-χ^2-Regel – „Nearest-neighbor"-Regel – Clusterübereinstimmung – Kappa-Maß – Rand-Index

Die Clusteranalyse ist – ähnlich wie die Faktorenanalyse – ein heuristisches Verfahren. Sie wird eingesetzt zur systematischen Klassifizierung der Objekte einer gegebenen Objektmenge. Die durch einen festen Satz von Merkmalen beschriebenen Objekte (Personen oder andere Untersuchungsobjekte) werden nach Maßgabe ihrer Ähnlichkeit in Gruppen (Cluster) eingeteilt, wobei die Cluster intern möglichst homogen und extern möglichst gut voneinander separierbar sein sollen.

Entscheidend für das Ergebnis einer Clusteranalyse ist die Definition der Ähnlichkeit von Objekten bzw. Clustern und die Art des Optimierungskriteriums, mit dem man eine möglichst gute Separation der Cluster erzielen will.

> Mit der Clusteranalyse werden die untersuchten Objekte so gruppiert, dass die Unterschiede zwischen den Objekten einer Gruppe bzw. eines „Clusters" möglichst gering und die Unterschiede zwischen den Clustern möglichst groß sind.

Der Name „Clusteranalyse" ist – wie auch die Bezeichnung „Faktorenanalyse" – ein Sammelbegriff, hinter dem sich eine Vielzahl verschiedenartiger Techniken verbirgt. (Genau genommen stellt auch die Faktorenanalyse eine spezielle Variante der Clusteranalyse dar. Man kann sie verwenden, um Objekte – entweder über die Faktorladungen einer Q-Analyse oder die Faktorwerte einer R-Analyse (vgl. S. 561) – nach Maßgabe ihrer Faktorzugehörigkeit zu gruppieren. Einen ausführlichen Vergleich von Faktorenanalyse und Clusteranalyse findet man bei Schlosser, 1976, Kap. 6.6. Ein clusteranalytisches Verfahren, bei dem Objekte und Merkmale simultan gruppiert werden, beschreibt Eckes, 1991.)

Milligan (1981) stellt in einer Literaturübersicht zum Thema „Clusteranalyse" fest, dass bereits im Jahr 1976 in monatlichen Abständen ein neuer Cluster-Algorithmus bzw. eine gravierende Veränderung eines bereits bekannten Cluster-Algorithmus publiziert wurde. Dennoch basiert keine der heute verfügbaren Clustermethoden auf einer Theorie, die es gewährleistet, dass die beste Struktur der Objekte entdeckt wird. An diesem Faktum hat sich seit den Anfängen der Clusteranalyse nichts geändert, die mit einer Bewertung Tryons (1939), die Clusteranalyse sei „die Faktorenanalyse der armen Leute", insoweit treffend beschrieben sind.

Dessen ungeachtet erfreut sich die Clusteranalyse bei vielen human- und sozialwissenschaftlichen Anwendern (und Fachvertretern vieler anderer Disziplinen, wie z. B. der Biologie, Anthropologie, Wirtschaftswissenschaften, Archäologie, Ethnologie etc.) zunehmender Beliebtheit. Nach Blashfield u. Aldendorfer (1978) verdoppelt sich die Anzahl clusteranalytischer Publikationen ca. alle drei Jahre, während für andere sozialwissenschaftliche Publikationen hierfür ein Zeitraum von 12 bis 15 Jahren typisch ist.

Erstmalig erwähnt wird der Begriff „Clusteranalyse" in einer Arbeit von Driver u. Kroeber (1932). Die heute aktuellen Cluster-Algorithmen gehen größtenteils auf die Autoren Tryon (1939), Ward (1963) und Johnson (1967) zurück (weitere Literaturangaben über die Arbeiten dieser Autoren findet man bei Blashfield, 1980). Diese drei Autoren gelten als die geistigen Väter von drei relativ unabhängigen, clusteranalytischen Schulen, deren Gedankengut durch die varianzanalytische Orientierung Wards, die faktoranalytische Orientierung Tryons und durch Johnsons Beschäftigung mit der multidimensionalen Skalierung geprägt sind (vgl. Blashfield, 1980). Entscheidende Impulse erhielt die clusteranalytische Forschung auch durch das Werk von Sokol u. Sneath (1963), das die Brauchbarkeit verschiedener clusteranalytischer Techniken für die Entwicklung biologischer Taxonomien diskutiert. Nicht unerwähnt bleiben soll die Tatsache, dass letztlich erst leistungsstarke EDV-Anlagen die mit enormem Rechenaufwand verbundenen Clusteranalyse-Algorithmen praktikabel machten.

Die Fülle des Materials zum Thema „Clusteranalyse" lässt sich in diesem Rahmen nur andeuten. Diejenigen, die sich mehr als einen Überblick verschaffen wollen, mögen sich anhand der umfangreichen Spezialliteratur informieren (neben den bereits genannten Arbeiten etwa Anderberg, 1973; Arabie et al., 1996; Bailey, 1974; Ball, 1970; Bijman, 1973; Book, 1974; Clifford u. Stephenson, 1975; Cole, 1969; Duran u. Odell, 1974; Eckes u. Rossbach, 1980; Everitt, 1974; Gordon, 1981; Hartigan, 1975; Jajuga et al., 2003; Jardine u. Sibson, 1971; Meiser u. Humburg, 1996; Mirkin, 1998; Schlosser, 1976; Späth, 1977; Steinhausen u. Langer, 1977; Tryon u. Bailey, 1970). Über die Anwendung clusteranalytischer Methoden in der Persönlichkeitsforschung berichten Moosbrugger u. Frank (1992).

Wir gehen im Folgenden zunächst auf einige Maße zur Quantifizierung der Ähnlichkeit von Objekten ein (16.1) und geben unter 16.2 einen Überblick der wichtigsten clusteranalytischen Verfahren. Danach werden zwei clusteranalytische Algorithmen, die auf Grund der Literatur besonders bewährt erscheinen, genauer dargestellt (16.3). Abschnitt 16.4 behandelt Techniken zur Evaluation clusteranalytischer Lösungen.

16.1 Ähnlichkeits- und Distanzmaße

Die Ähnlichkeit von Objekten ist direkt nur auf der Basis von Merkmalen definierbar, die an allen zu gruppierenden Objekten erhoben wurden. Die Auswahl der Merkmale entscheidet über das Ergebnis der Clusteranalyse und sollte durch sorgfältige, inhaltliche Überlegungen begründet sein. Bei zu vielen Merkmalen sind bestimmte Objekteigenschaften überrepräsentiert, was zur Folge hat, dass für die Bildung der Cluster die Ähnlichkeit der Objekte bezüglich dieser Eigenschaften dominiert (vgl. hierzu 16.1.3). Zu wenig Merkmale führen zu nur wenigen Clustern, die sich bei Berücksichtigung zusätzlicher, nicht redundanter Merkmale weiter ausdifferenzieren ließen. Irrelevante Merkmale können die Clusterbildung verzerren bzw. erheblich erschweren (vgl. hierzu und zur Identifikation irrelevanter Merkmale z. B. Donoghue, 1995 a).

Das Niveau der Skalen, die die Objekteigenschaften messen, sollte so hoch wie möglich und – falls die inhaltliche Fragestellung dies zulässt – einheitlich sein. Dadurch werden von vornherein Schwierigkeiten aus dem Weg geräumt, die entstehen, wenn man die Ähnlichkeit von Objekten aufgrund heterogener Merkmalsskalierungen bestimmen muss.

Wir behandeln im Folgenden die gebräuchlichsten Methoden zur Bestimmung von Objektähnlichkeiten, wenn die Objektmerkmale einheitlich nominal-, ordinal- oder kardinalskaliert sind (16.1.1 bis 16.1.3). Auf die Frage, wie man Objektähnlichkeiten bei Merkmalen mit gemischtem Skalenniveau bestimmt, gehen wir unter 16.1.4 ein.

Die folgende Aufstellung erhebt in keiner Weise den Anspruch, vollständig zu sein. Da für die Wahl eines Ähnlichkeitsmaßes letztlich die inhaltliche Fragestellung entscheidend ist, sollte man die hier vorgeschlagenen Ähnlichkeitsmaße ggf. durch andere Maße ersetzen, die die wichtig erscheinenden Ähnlichkeitsaspekte formal besser abbilden. Anregungen hierzu und weiterführende Literatur findet man z. B. bei Eckes u. Rossbach (1980, Kap. 3; hier werden auch die allgemeinen Voraussetzungen für die Messung von Ähnlichkeit diskutiert), bei Timm (2002, Kap. 9.2) und auf S. 617 f.

Ähnlichkeit und Unähnlichkeit (bzw. Distanz) sind zwei Begriffe, die für clusteranalytische Verfahren austauschbar sind. Jedes Ähnlichkeitsmaß lässt sich durch eine einfache Transformation in ein Distanzmaß überführen und umgekehrt. Wir werden auf diese Transformation im Zusammenhang mit den jeweils behandelten Verfahren eingehen.

16.1.1 Nominalskalierte Merkmale

Bei der Ähnlichkeitsbestimmung von zwei Objekten auf der Basis nominaler Merkmale unterscheiden wir zweifach gestufte (dichotome) und mehrfach gestufte Merkmale. Zunächst wenden wir uns der Quantifizierung der Ähnlichkeit zweier Objekte e_i und e_j $(i, j = 1 \ldots n)$ zu, die bezüglich p dichotomer (binärer) Merkmale beschrieben sind.

Dichotome Merkmale

Codieren wir die dichotomen Merkmale mit 0 und 1, resultiert für jedes Objekt ein Vektor mit p Messungen, wobei jede Messung entweder aus einer 0 oder 1 besteht. In einer 4-Felder-Tafel werden für die zwei zu vergleichenden Objekte die Häufigkeiten der Übereinstimmungen bzw. Nichtübereinstimmungen in den beiden Objektvektoren zusammengestellt.

BEISPIEL

Nehmen wir an, es soll die Ähnlichkeit von zwei Personen A und B auf der Basis von 15 binären Merkmalen bestimmt werden: Die Personenvektoren lauten:

A: 0 0 1 0 1 1 1 0 1 0 0 1 1 0 1
B: 0 1 1 0 1 0 0 1 0 0 1 1 0 1 0

Wir definieren:
- a = Anzahl der Merkmale, die bei beiden Personen mit 1 ausgeprägt sind (1; 1)
- b = Anzahl der Merkmale, die bei Person A mit 0 und Person B mit 1 ausgeprägt sind (0; 1)
- c = Anzahl der Merkmale, die bei Person A mit 1 und Person B mit 0 ausgeprägt sind (1; 0)
- d = Anzahl der Merkmale, die bei beiden Personen mit 0 ausgeprägt sind (0; 0)

Im Beispiel resultiert damit die in Tabelle 16.1 dargestellte 4-Felder-Tafel.

S-Koeffizient. Für derartige 4-Felder-Tafeln haben Jaccard (1908) bzw. Rogers u. Tanimoto (1960) den folgenden Ähnlichkeitskoeffizienten S vorgeschlagen (man beachte, dass dem Feld a die Kombination 1; 1 zugewiesen ist):

$$S_{ij} = \frac{a}{a+b+c}. \quad (16.1\,\text{a})$$

Das entsprechende Distanzmaß lautet

Tabelle 16.1. 4-Felder-Tafel zur Bestimmung von Ähnlichkeitsmaßen

		Person B	
		1	0
Person A	1	a = 3	c = 5
	0	b = 4	d = 3

$$d_{ij} = 1 - S_{ij} = \frac{b+c}{a+b+c}. \quad (16.1\,\text{b})$$

Dieses Maß relativiert den Anteil gemeinsam vorhandener Eigenschaften (mit 1 ausgeprägte Merkmale) an der Anzahl aller Merkmale, die bei *mindestens* einem Objekt mit 1 ausgeprägt sind. Der Koeffizient hat einen Wertebereich von $0 \leq S_{ij} \leq 1$.

Im Beispiel errechnen wir:

$$S_{AB} = \frac{3}{12} = 0{,}25 \quad \text{bzw.} \quad d_{AB} = 1 - 0{,}25 = 0{,}75.$$

SMC-Koeffizient. Will man auch die Übereinstimmung in Bezug auf das Nichtvorhandensein eines Merkmals (Feld d in Tabelle 16.1) mitberücksichtigen, wählt man den von Sokal u. Michener (1958) vorgeschlagenen „Simple-matching"-Koeffizient (SMC):

$$SMC_{ij} = \frac{a+d}{a+b+c+d}. \quad (16.2)$$

Auch dieser Koeffizient hat einen Wertebereich von $0 \leq SMC_{ij} \leq 1$. Das entsprechende Distanzmaß lautet $1 - SMC_{ij}$. Im Beispiel ermitteln wir

$$SMC_{AB} = \frac{6}{15} = 0{,}40.$$

Phi-Koeffizient. Ein weiteres Ähnlichkeitsmaß, das alle Felder gleichermaßen berücksichtigt, ist der Phi-Koeffizient (vgl. S. 227 f.). Das entsprechende Distanzmaß erhält man durch $1 - \Phi$. Es ist allerdings darauf zu achten, dass die Größe von Φ von der Art der Randverteilungen abhängt (vgl. S. 228 ff.).

k-fach gestufte Merkmale

Hat ein nominales Merkmal nicht nur 2, sondern allgemein k Kategorien, transformieren wir das nominale Merkmal mit Hilfe der Dummycodierung in k − 1 binäre Indikatorvariablen (vgl. Tabelle 14.1). Über die so – ggf. für mehrere nominale Merkmale mit k Kategorien – erzeugten Indikatorvariablen errechnet man nach den oben genannten Regeln einen Ähnlichkeitskoeffizienten.

Bei mehreren nominalen Merkmalen hat diese Vorgehensweise allerdings den gravierenden Nachteil, dass durch die Anzahl der erforderlichen Indikatorvariablen das nominale Merkmal mit den meisten Kategorien übermäßig stark gewichtet wird. Will man beispielsweise nur die Merkmale Beruf (z. B. 11 Kategorien) und Geschlecht (2 Kategorien) verwenden, benötigen wir 11 Indikatorvariablen (10 für das Merkmal Beruf und 1 für das Merkmal Geschlecht). Zwei Personen mit verschiedenen Berufen und verschiedenem Geschlecht hätten demnach Übereinstimmungen auf 8 Merkmalen (den Indikatorvariablen, die diejenigen Berufe mit 1 kodieren, denen beide Personen nicht angehören), was – zumindest nach Gl. (16.2) bzw. dem Φ-Koeffizienten – zu einem überhöhten Ähnlichkeitsindex führt.

Man vermeidet diese Übergewichtung, indem man – wie das folgende Beispiel zeigt – die k − 1 Indikatorvariablen eines nominalen Merkmals mit $1/(k-1)$ gewichtet.

BEISPIEL

Bezogen auf zwei Personen A und B mit unterschiedlichem Beruf (11 Stufen) und unterschiedlichem Geschlecht (2 Stufen) könnten die folgenden Dummykodierungen resultieren:

Beruf	Geschlecht
A: 1 0 0 0 0 0 0 0 0	1
B: 0 1 0 0 0 0 0 0 0	0

Ohne Gewichtung erhält man nach Gl. (16.2):

$$\text{SMC}_{AB} = \frac{0+8}{11} = 0{,}72\,.$$

Mit Gewichtung resultiert (für $a = 0$, $b = \frac{1}{10} \cdot 1$, $c = \frac{1}{10} \cdot 1$ $+ 1 \cdot 1$, $d = \frac{1}{10} \cdot 8$):

$$\text{SMC}_{AB} = \frac{0 + \frac{1}{10} \cdot 8}{2} = 0{,}4\,.$$

Treffender wird die Ähnlichkeit durch Gl. (16.1) abgebildet, die im Zähler nur gemeinsam vorhandene Merkmale berücksichtigt. Es resultiert (wegen $a = 0$) $S_{AB} = 0$.

16.1.2 Ordinalskalierte Merkmale

Für ordinalskalierte Merkmale wurden einige Ähnlichkeitsmaße vorgeschlagen, die allerdings nicht unproblematisch sind, weil sie Rangplätze wie Maßzahlen einer Intervallskala behandeln (vgl. hierzu z. B. Steinhausen u. Langer, 1977, Kap. 3.2.2). Es wird deshalb empfohlen, ordinalskalierte Merkmale künstlich zu dichotomisieren (*Mediandichotomisierung*; alle Rangplätze oberhalb des Medians erhalten eine 1 und die Rangplätze unterhalb des Medians eine 0; zu Problemen der Mediandichotomisierung bei kardinalskalierten Merkmalen vgl. Mac Callum et al., 2002 oder Krauth, 2003). Alternativ kann man die Rangvariable in mehrere Indikatorvariablen aufzulösen, um damit die unter 16.1.1 genannten Verfahren einsetzen zu können.

Hat man beispielsweise in einem Fragebogen die Reaktionskategorien schwach/mittel/stark als Wahlantworten vorgegeben, lässt sich dieses ordinale Merkmal durch 2 binäre Merkmale X_1 und X_2 abbilden. Als Kodierungsmuster resultieren dann für schwach: 1; 0, für mittel: 0; 1 und für stark: 0; 0. Für Merkmale mit vielen ordinalen Abstufungen sind die Ausführungen über gewichtete Indikatorvariablen unter 16.1.1 zu beachten.

Eine weitere Möglichkeit, Objektähnlichkeiten zu bestimmen, ist durch die Rangkorrelation von Kendall (Kendalls τ) gegeben, die z. B. bei Bortz et al. (2000) bzw. Bortz u. Lienert (2003, Kap. 5.2.5) beschrieben wird.

16.1.3 Kardinalskalierte Merkmale

Bei kardinalskalierten Merkmalen wird die Distanz zweier Objekte üblicherweise durch das euklidische Abstandsmaß beschrieben. Alternativ hierzu können Distanzen nach der sog. „City-Block"-Metrik bzw. der „Supremum-Metrik" verwendet werden. Unter bestimmten Bedingungen ist auch die Produkt-Moment-Korrelation als Ähnlichkeitsmaß für je zwei Objekte geeignet.

Euklidische Metrik

Für die Distanz zweier Objekte e_i und $e_{i'}$, die durch Messungen auf p Intervall skalierten Merkmalen beschrieben sind, wird üblicherweise das euklidische Abstandsmaß verwendet:

16.1.3 Kardialskalierte Merkmale

$$d_{ii'} = \left[\sum_{j=1}^{p}(x_{ij} - x_{i'j})^2\right]^{1/2} \quad (16.3)$$

mit $x_{ij}(x_{i'j})$ = Merkmalsausprägung des Objekts e_i ($e_{i'}$) auf dem Merkmal j.

Für p = 2 entspricht $d_{ii'}$ dem Abstand zweier Punkte mit den Koordinaten x_{ij} und $x_{i'j}$ in der Ebene. Die Merkmalsausprägungen x_{ij} und/oder $x_{i'j}$ können auch dichotom (binär) sein.

Die euklidische Metrik führt zu verzerrten Distanzen, wenn für die p Merkmale unterschiedliche Maßstäbe gelten, es sei denn, Maßstabsunterschiede sollen im Distanzmaß berücksichtigt werden. Üblicherweise geht man von vereinheitlichten Maßstäben aus, indem die einzelnen Merkmale über die Objekte z. B. z-transformiert (vgl. S. 44 f.) werden.

BEISPIEL

Zwei Personen A und B haben auf 10 Merkmalen die folgenden Werte erhalten (wir gehen davon aus, dass beide Merkmale denselben Maßstab haben, sodass sich eine z-Transformation erübrigt):

A: 11 9 8 7 12 14 8 14 6 9
B: 7 9 11 8 10 13 8 15 7 10.

Es resultiert:

$$d_{AB} = \sqrt{(11-7)^2 + (9-9)^2 + \cdots + (9-10)^2}$$
$$= 5{,}83.$$

In der Regel korrelieren die Merkmale über die untersuchten Objekte mehr oder weniger hoch, was zur Folge hat, dass Eigenschaften, die durch mehrere, wechselseitig korrelierte Merkmale erfasst werden, die Distanz stärker beeinflussen als Eigenschaften, die durch einzelne, voneinander unabhängige Merkmale erfasst werden. (Über den Einfluss von Merkmalsinterkorrelationen auf die Clusterbildung in Abhängigkeit von der clusteranalytischen Methode berichtet Donoghue, 1995b). Man kann diese Übergewichtung bestehen lassen, wenn inhaltliche Gründe dafür sprechen, dass die durch mehrere Merkmale erfasste Eigenschaft für die Abbildung der Ähnlichkeit von besonderer Bedeutung ist. Ist diese ungleiche Gewichtung verschiedener Eigenschaften inhaltlich jedoch nicht zu rechtfertigen, ist dafür Sorge zu tragen, dass die Distanzbestimmung nur auf unkorrelierten Merkmalen basiert. Hierfür bieten sich die folgenden Techniken an:

- *Faktorenanalyse*. Die Merkmale werden mit einer PCA faktorisiert und die Faktoren anschließend nach dem Varimaxkriterium rotiert (vgl. 15.5). In die Distanzberechnung gehen dann die Faktorwerte der Objekte auf denjenigen Faktoren ein, die inhaltlich sinnvoll interpretierbar sind (vgl. hierzu 15.4 über Kriterien für die Anzahl bedeutsamer Faktoren). Dieses Verfahren ist problemlos, wenn man davon ausgehen kann, dass die auf Grund der gesamten Stichprobe ermittelte Faktorstruktur im Prinzip auch für die durch die Clusteranalyse gebildeten Untergruppen gilt.

- *Residualisierte Variablen*. Es werden residualisierte Variablen erzeugt, indem man die gemeinsamen Varianzen zwischen den Variablen herauspartialisiert (vgl. 13.1). Die Reihenfolge der Variablen kann hierbei nach inhaltlichen Gesichtspunkten festgelegt werden. Die Variable, die inhaltlich am bedeutsamsten erscheint, geht standardisiert, aber im übrigen unbehandelt, in die Distanzformel ein. Diese Variable wird aus einer zweiten Variablen herauspartialisiert, und in die Distanzformel gehen statt der ursprünglichen Werte die standardisierten Residuen ein. Aus der dritten Variablen werden die Variablen 1 und 2 herauspartialisiert, aus der vierten die Variablen 1 bis 3 usw.

  Im Unterschied zur Faktorisierungsmethode, bei der inhaltlich und statistisch unbedeutsame Faktoren unberücksichtigt bleiben, geht bei diesem Ansatz keine Merkmalsvarianz verloren. Allerdings ist zu bedenken, dass vor allem die letzten Variablen, aus denen alle vorangegangenen Variablen herauspartialisiert sind, häufig nur noch Fehlervarianzanteile erfassen. Diese Variablen gehen mit gleichem Gewicht in die Distanzbestimmung ein wie die „substantiellen" Variablen, es sei denn, man kann Kriterien festlegen, nach denen diese Variablen heruntergewichtet werden.

- *Mahalanobis-Distanz*. Mit der Mahalanobis-Distanz (Mahalanobis, 1936) erhält man ein euklidisches Distanzmaß, das bzgl. der korrelativen Beziehungen zwischen den Merkmalen bereinigt ist:

$$d_{ii'} = \left(\sum_{j=1}^{p} \sum_{k=1}^{p} c^{jk} \cdot (x_{ij} - x_{i'j}) \cdot (x_{ik} - x_{i'k}) \right)^{1/2} \tag{16.4}$$

mit c^{jk} = Element jk aus der Inversen der Varianz-Kovarianz-Matrix der p Variablen (vgl. C IV).

Dieses Distanzmaß entspricht der euklidischen Distanz, berechnet über Faktorwerte *aller* Faktoren einer PCA.

City-Block- und Dominanzmetrik

Eine Verallgemeinerung des mit Gl. (16.3) beschriebenen Distanzmaßes erhält man, wenn statt des Exponenten 2 (bzw. 1/2) der Exponent r (bzw. 1/r) eingesetzt wird:

$$d_{ii'} = \left[\sum_{j=1}^{p} (x_{ij} - x_{i'j})^r \right]^{1/r}. \tag{16.5}$$

Mit Gl. (16.5) sind Distanzen für verschiedene *Minkowski-r-Metriken* definiert. Für r = 1 resultiert die sog. City-Block-Metrik, nach der sich die Distanz zweier Punkte als Summe der (absolut gesetzten) Merkmalsdifferenzen ergibt. (Die Bezeichnung „City-Block"-Distanz geht auf Attneave, 1950 zurück und charakterisiert – im Unterschied zur „Luftlinien-Distanz" der euklidischen Metrik – die Entfernung, die z. B. ein Taxifahrer zurücklegen muss, wenn er in einer Stadt mit rechtwinklig zueinander verlaufenden Straßen von A nach B gelangen will.) Im o. g. Beispiel errechnen wir für r = 1

$$d_{ii'} = |11-7| + |9-9| + \cdots + |6-7| + |9-10| = 14.$$

Verschiedene Metrikkoeffizienten gewichten große und kleine Merkmalsdifferenzen in unterschiedlicher Weise. Mit r = 1 werden alle Merkmalsdifferenzen unabhängig von ihrer Größe gleichgewichtet. Für r = 2 erhalten größere Differenzen ein stärkeres Gewicht als kleinere Differenzen. (Die euklidische Distanz wird durch größere Merkmalsdifferenzen stärker bestimmt als durch kleinere.) Lassen wir r → ∞ gehen, wird die größte Merkmalsdifferenz mit 1 gewichtet, und alle übrigen erhalten ein Gewicht von 0. Im Beispiel ergibt sich für r → ∞: $d_{ii'} = 11 - 7 = 4$.

Die Metrik für r → ∞ heißt Dominanz- oder Supremumsmetrik. Distanzen nach dieser Metrik dürften für die meisten clusteranalytischen Fragestellungen ohne Bedeutung sein. Die Wahl der City-Block-Metrik (r = 1) ist jedoch sinnvoll, wenn man mit zufällig überhöhten Merkmalsdifferenzen (Ausreißerwerten) rechnet, die für r = 1 stärker vernachlässigt werden als in der euklidischen Distanz mit r = 2.

Produkt-Moment-Korrelation

Interessiert weniger der Abstand der Objektprofile, sondern deren Ähnlichkeit auf Grund der Profilverläufe, können die Objektähnlichkeiten auch über Produkt-Moment-Korrelationen bestimmt werden. Hierbei sollten die Merkmale allerdings gleiche Mittelwerte und Streuungen aufweisen (vgl. Schlosser, 1976 zur Kritik der Korrelation als Ähnlichkeitsmaß im Kontext von Clusteranalysen).

16.1.4 Gemischtskalierte Merkmale

Gelegentlich kommt es vor, dass die Objekte durch Merkmale mit unterschiedlichem Skalenniveau beschrieben sind. Für diese Situation bieten sich drei Lösungswege an:

1. Man führt für die Merkmalsgruppen mit einheitlichem Skalenniveau getrennte Clusteranalysen durch und vergleicht anschließend die für die einzelnen Merkmalsgruppen ermittelten Lösungen. Für die Überprüfung der Güte der Clusterübereinstimmung können das Kappa-Maß bzw. der Rand-Index eingesetzt werden (vgl. S. 581 f.).

2. Merkmale mit einem höheren Skalenniveau werden in Merkmale mit niedrigerem Skalenniveau umgewandelt. Kardinalskalierte Merkmale können beispielsweise durch Mediandichotomisierung (oder eine andere Aufteilungsart, vgl. hierzu Anderberg, 1973, Kap. 3) in binäre Nominalskalen transformiert werden. Dieser Weg ist allerdings immer mit einem Informationsverlust verbunden.

3. Man berechnet für die nominalskalierten, die ordinalskalierten und kardinalskalierten Merkmale je ein Distanzmaß und bestimmt hieraus die gemeinsame Distanz. Bezeichnen wir mit $d_{ii'}^N$ die Distanz zweier Objekte e_i und $e_{i'}$ auf

der Basis der nominalskalierten Merkmale, mit $d_{ii'}^0$ die Distanz für ordinalskalierte Merkmale und mit $d_{ii'}^I$ die Distanz für kardinalskalierte Merkmale, resultiert folgende Gesamtdistanz:

$$d_{ii'} = g^N \cdot d_{ii'}^N + g^0 \cdot d_{ii'}^0 + g^K \cdot d_{ii'}^K \quad (16.6)$$

mit g = relativer Anteil der Anzahl der Merkmale einer Skalierungsart an der Gesamtzahl der Merkmale.

▷ 16.2 Übersicht clusteranalytischer Verfahren

Auf der Basis von Ähnlichkeiten (oder Distanzen) gruppieren clusteranalytische Verfahren die Objekte so, dass die Unterschiede der Objekte eines Clusters möglichst klein und die Unterschiede zwischen den Clustern möglichst groß sind. Dies ist – so könnte man meinen – ein relativ einfaches Problem: Man sortiert die Objekte so lange in verschiedene Cluster, bis man die beste Lösung im Sinn des o. g. Kriteriums gefunden hat.

Hiermit ist jedoch – wie die folgenden Aufstellungen für nur 5 Objekte zeigen – ein enormer Arbeitsaufwand verbunden. Wir fragen zunächst, in welche Gruppengrößen sich 5 Objekte einteilen lassen. Denkbar wären:

1 Gruppe mit der Objektzahl 5,
2 Gruppen mit den Objektzahlen 2 und 3,
2 Gruppen mit den Objektzahlen 1 und 4,
3 Gruppen mit den Objektzahlen, 1,1 und 3,
3 Gruppen mit den Objektzahlen 1, 2 und 2,
4 Gruppen mit den Objektzahlen 1, 1, 1 und 2,
5 Gruppen mit den Objektzahlen 1, 1, 1, 1 und 1.

Für die Verteilung der 5 Objekte auf die 7 verschiedenen Gruppierungsvarianten gibt es folgende Möglichkeiten:

1 Gruppe mit 5 Objekten:	1 Mögl.
2 Gruppen mit 2 und 3 Objekten:	10 Mögl.
2 Gruppen mit 1 und 4 Objekten:	5 Mögl.
3 Gruppen mit 1, 1 und 3 Objekten:	10 Mögl.
3 Gruppen mit 1, 2 und 2 Objekten:	15 Mögl.
4 Gruppen mit 1, 1, 1 und 2 Objekten:	10 Mögl.
5 Gruppen mit 1, 1, 1, 1 und 1 Objekten:	1 Mögl.

Insgesamt gibt es also 52 verschiedene Varianten für die Einteilung von p = 5 Objekten in Gruppen. Die Anzahl möglicher Aufteilungen wächst mit p exponentiell. Bei p = 10 Objekten resultieren bereits 115 975 und bei p = 50 Objekten $23,9 \cdot 10^{21}$ verschiedene Aufteilungen. (Die Häufigkeiten für die verschiedenen Aufteilungen nennt man Bellsche Zahlen: Näheres zur Berechnung dieser Zahlen findet man z. B. bei Steinhausen u. Langer, 1977, S. 16 ff.) Schon bei Stichproben mittlerer Größe benötigt auch der schnellste Computer Rechenzeiten von mehreren Jahrhunderten, um unter allen möglichen Aufteilungen die beste herauszufinden.

Dies ist der Grund, warum keiner der heute existierenden Clusteralgorithmen in der Lage ist, die beste unter allen möglichen Clusterlösungen in einer vernünftigen Zeit zu bestimmen. Man ist darauf angewiesen, die Anzahl aller zu vergleichenden Clusterlösungen erheblich einzuschränken, was natürlich bedeutet, dass hierbei die beste Lösung übersehen werden kann.

Aber auch für eine begrenzte Anzahl von Clusterlösungen resultieren bei größeren Objektmengen vergleichsweise lange Rechenzeiten. Dies ist beim Einsatz der in den meisten Statistiksoftwarepaketen enthaltenen Clusterroutinen zu beachten. Speziell für Clusteranalysen wurde von Wishart (1987) das PC-taugliche Programmpaket „CLUSTAN" entwickelt. Zur Implementierung clusteranalytischer Verfahren in S-Plus wird auf Handl (2002, Kap. 13) verwiesen.

Methodisch unterscheidet man zwei Hauptgruppen von Clusteranalysen: hierarchische Clusteranalysen und nichthierarchische Clusteranalysen. Für beide Varianten geben wir im Folgenden einen Überblick.

16.2.1 Hierarchische Verfahren

Die wichtigsten hierarchischen Verfahren beginnen mit der feinsten Objektaufteilung bzw. Partitionierung, bei der jedes Objekt ein eigenes Cluster bildet. Man berechnet die paarweisen Distanzen zwischen allen Objekten und fusioniert diejenigen zwei Objekte zu einem Cluster, die die kleinste Distanz (bzw. die größte Ähnlichkeit) aufweisen. Dadurch reduziert sich die Anzahl der Cluster um 1. Die Clusterdistanzen der p − 1 verbleibenden Cluster werden erneut verglichen, um wieder diejenigen zwei Cluster, die eine minimale Distanz aufweisen, zusammenzufassen. Mit jedem Schritt reduziert sich die Anzahl der Cluster um 1, bis schließlich im letzten Schritt alle Objekte in einem Cluster zusammengefasst sind. Gelegentlich gibt man einen maximalen Distanzwert vor, der für zwei zu fusionierende Cluster nicht überschritten werden darf. Hierbei kann es natürlich vorkommen, dass der Clusterprozess vorzeitig abgebrochen wird, weil alle Clusterdistanzen dieses Kriterium überschreiten.

In einem *Dendrogramm* wird zusammenfassend verdeutlicht, in welcher Abfolge die Objekte schrittweise zusammengefasst werden. Zusätzlich ist dem Dendrogramm die Distanz zwischen den jeweils zusammengefassten Clustern zu entnehmen. Damit stellt das Dendrogramm eines der wichtigsten Hilfsmittel dar, eine geeignet erscheinende Clusterzahl festzulegen. (Auf die Konstruktion eines Dendrogramms gehen wir ausführlicher unter 16.3.1 ein.)

Eine hierarchische Clusteranalyse, die mit der feinsten Partitionierung beginnt und die Anzahl der Cluster schrittweise verringert, bezeichnet man als eine *agglomerative* Clusteranalyse. (Auf divisive Clusteranalysen, die mit einem Gesamtcluster beginnen, welches sukzessive in Teilcluster aufgeteilt wird, gehen wir hier nicht ein. Hinweise zu diesem in der Praxis selten eingesetzten Ansatz findet man z. B. bei Eckes u. Rossbach, 1980.) Ein Nachteil hierarchisch-agglomerativer Verfahren ist darin zu sehen, dass die Zuordnung eines Objekts zu einem Cluster im Verlauf des Clusterprozesses nicht mehr revidierbar ist, was die praktische Anwendbarkeit hierarchischer Verfahren u. U. erheblich einschränkt. Es wird deshalb empfohlen, eine mit einer hierarchischen Methode gefundene Partitionierung mit einem nichthierarchischen Verfahren zu bestätigen oder ggf. zu verbessern (vgl. 16.2.2).

Fusionskriterien

Für die Fusionierung zweier Cluster wurden verschiedene Kriterien entwickelt, von denen die wichtigsten im Folgenden kurz dargestellt werden (eine formale Gegenüberstellung verschiedener hierarchisch-agglomerativer Techniken findet man bei Scheibler und Schneider, 1985):

- „*Single linkage*" (auch Minimummethode genannt): Bei diesem Kriterium richtet sich die Ähnlichkeit zweier Cluster nach den paarweisen Ähnlichkeiten der Objekte des einen Clusters zu den Objekten des anderen Clusters. Es werden diejenigen zwei Cluster vereint, welche die zueinander am nächsten liegenden Nachbarobjekte („nearest neighbour") besitzen. Die Verbindung zweier Cluster wird hier also „brückenförmig" durch je ein Objekt der beiden Cluster („single link") hergestellt. „Single linkage" ist für alle Distanzmaße geeignet.

  Dadurch, dass jeweils nur zwei nahe beieinanderliegende Einzelobjekte über die Fusionierung zweier Cluster entscheiden, kann es zu Verkettungen bzw. kettenförmigen Clustergebilden kommen (*Chaining-Effekt*), in denen sich Objekte befinden, die zueinander eine geringere Ähnlichkeit aufweisen als zu Objekten anderer Cluster.

- „*Complete linkage*" (auch Maximummethode genannt): Dieses Cluster-Kriterium bestimmt auf jeder Fusionsstufe für alle Paare von Clustern die jeweils am weitesten entfernten Objekte („furthest neighbour"). Es werden diejenigen Cluster fusioniert, für die diese Maximaldistanz minimal ist. Auch hier können alle Distanzmaße verwendet werden. Da das Kriterium auf diese Weise alle Einzelbeziehungen berücksichtigt, ist – anders als bei „single linkage" – gewährleistet, dass alle paarweisen Objektähnlichkeiten innerhalb eines Clusters kleiner sind als der Durchschnitt der paarweisen Ähnlichkeiten zwischen verschiedenen Clustern. In diesem Sinn resultiert „complete linkage" in homogenen Clustern und ist damit für viele Fragestellungen geeignet.

- „*Average linkage*" (auch „group average" genannt): Man berechnet für je zwei Cluster den Durchschnitt aller Objektdistanzen und fusioniert die Cluster mit der kleinsten Durchschnittsdistanz. Als Distanzmaße kommen alle unter 16.1 genannten Maße bzw. alle Maße, für die eine Durchschnittsbildung sinnvoll ist, in Betracht. Nach Scheibler u. Schneider (1985) schneidet diese Technik mit Korrelationen als Distanz- bzw. Ähnlichkeitsmaßen ähnlich gut ab wie die Ward-Methode (vgl. 16.3.1) mit euklidischen Distanzen.

  Vom Clustereffekt her ist diese Strategie zwischen „single linkage" und „complete linkage"

anzusiedeln. Eine Erweiterung von „average linkage" sieht vor, dass man die durchschnittlichen Distanzen mit der Anzahl der Objekte, die sich in dem jeweiligen Clusterpaar befinden, gewichtet (weighted average linkage).
- *Medianverfahren*: Dieses Verfahren ist nur für (quadrierte) euklidische Distanzen gemäß Gl. (16.3) sinnvoll. Es werden diejenigen Cluster fusioniert, deren quadrierter, euklidischer Zentroidabstand minimal ist. (Ein Clusterzentroid entspricht den durchschnittlichen Merkmalsausprägungen aller Objekte eines Clusters.) Das Verfahren lässt mögliche Unterschiede in den Objekthäufigkeiten der zu fusionierenden Cluster unberücksichtigt, wodurch der Zentroid des neu gebildeten Clusters dem Mittelpunkt (Median) der Linie, die die Zentroide der zu fusionierenden Cluster verbindet, entspricht. Sollen unterschiedliche Objekthäufigkeiten berücksichtigt werden (was bedeutet, dass der Zentroid des Fusionsclusters näher an das größere Cluster heranrückt), wählt man *das gewichtete Medianverfahren*, das auch *Zentroid-Verfahren* genannt wird.
- *Ward-Verfahren*: Dieses Verfahren wird unter 16.3.1 ausführlicher behandelt.

Vergleich hierarchischer Verfahren

Wie der letzte Abschnitt zeigte, stehen für die Lösung clusteranalytischer Probleme mehrere hierarchische Ansätze zur Verfügung, die zu sehr unterschiedlichen Resultaten führen können. Die Wahl eines Clusteralgorithmus sollte vom inhaltlichen Problem abhängen, das möglicherweise eine spezielle Art der Clusterbildung besonders nahelegt. Timm (2002, S. 534 ff.) und Handl (2002, Kap. 13.2.3) verdeutlichen die Unterschiede zwischen den Fusionskriterien anhand von Zahlenbeispielen.

Für weniger erfahrene Anwender sind Monte-Carlo-Studien aufschlussreich, die verschiedene Clusteralgorithmen mit Computer-Simulationstechniken vergleichen. Diese Monte-Carlo-Studien überprüfen, wie genau vorgegebene Gruppierungen durch die verschiedenen Clusteralgorithmen wieder entdeckt werden. Milligan (1981) kommt zu dem Schluss, dass die Ward-Methode zumindest für Ähnlichkeitsmaße, die sich als euklidische Distanzen interpretieren lassen (hierzu zählt auch der auf S. 567 erwähnte SMC-Koeffizient), die besten Resultate erzielt (vgl. hierzu auch Breckenridge, 1989; Blashfield, 1984; Scheibler u. Schneider, 1985 sowie Dreger et al., 1988). Wir werden diese Methode unter 16.3.1 darstellen.

Hinweise: Die hier genannten hierarchisch-agglomerativen Verfahren sind als Spezialfälle sog. *beta-flexibler Clustertechniken* aufzufassen (vgl. Scheibler u. Schneider, 1985). Diese beta-flexiblen Verfahren gehen auf eine Rekursionsformel von Lance u. Williams (1966, 1967) zurück, mit der sich die meisten herkömmlichen hierarchischen Verfahren, aber darüber hinaus durch kontinuierliche Variation des in der Rekursionsformel enthaltenen β-Parameters auch andere Fusionsstrategien, entwickeln lassen. Eine Monte-Carlo-Studie über optimale β-Parameter bei unterschiedlichen Datenkonstellationen findet man bei Milligan (1989). Eine erweiterte Rekursionsformel hat Podani (1988) entwickelt. Einen Überblick über hierarchische Clustermethoden haben Gordon (1987) und Klemm (1995) vorgelegt. Die letztgenannte Arbeit widmet sich ausführlich dem Problem der Distanzbindungen in der hierarchischen Clusteranalyse.

16.2.2 Nichthierarchische Verfahren

Bei nichthierarchischen (oder auch *partitionierenden*) Clusteranalysen gibt man eine Startgruppierung (d.h. die anfängliche Zugehörigkeit der Objekte zu einem der k Cluster) vor und versucht, die Startgruppierung durch schrittweises Verschieben einzelner Objekte von einem Cluster zu einem anderen nach einem festgelegten Kriterium zu verbessern. Der Prozess ist beendet, wenn sich eine Gruppierung durch weiteres Verschieben von Objekten nicht mehr verbessern lässt.

Diese Clusterstrategie wäre damit im Prinzip geeignet, für eine vorgegebene Anzahl von k Clustern die tatsächlich beste Aufteilung der Objekte zu finden. Allerdings führt auch dieser Ansatz bereits bei mittleren Objektzahlen zu unrealistischen Rechenzeichen (vgl. S. 571). Man ist deshalb darauf angewiesen, den Suchprozess auf eine begrenzte Anzahl geeignet erscheinender Partitionen zu begrenzen, was bedeuten kann, dass hierbei die tatsächlich beste Lösung übersehen wird.

Für nichthierarchische Verfahren ist es wichtig, von vornherein eine inhaltlich plausible Anfangspartition vorzugeben. Hierfür wählt man häufig eine mit einem hierarchischen Verfahren (z. B. Ward-Verfahren) gefundene Lösung, die man durch Einsatz eines nichthierarchischen Verfahrens zu optimieren sucht. Die Möglichkeit, nur eine suboptimale Lösung zu finden, ist jedoch auch mit dieser Strategie nicht ausgeschlossen. Es wird deshalb empfohlen, eine gefundene, praktisch brauchbare Clusterlösung durch verschiedene, plausibel erscheinende Anfangspartitionen (ggf. auch zufällige Anfangspartitionen) zu bestätigen. (In der Literatur findet man hierzu weitere Hinweise unter dem Stichwort „Vermeidung lokaler Optima".) Zudem kann es sinnvoll sein, die Anzahl der vorgegebenen Cluster zu variieren.

Der allgemeine *Algorithmus* („hill climbing algorithm", Rubin, 1967) besteht aus folgenden Schritten:
- Es werden die Zentroide der k vorgegebenen Cluster berechnet.
- Es wird für jedes Objekt überprüft, ob sich durch Verschieben aus seinem jeweiligen Cluster in ein anderes Cluster eine verbesserte Aufteilung im Sinn des gewählten Optimierungskriteriums (s. u.) ergibt.
- Nach der Neuzuordnung werden die Zentroide der Cluster erneut berechnet.
- Dieser Vorgang wird so lange wiederholt, bis sich die Aufteilung nicht mehr verbessern lässt.

Ein besonders bewährtes Verfahren ist die „k-means"-Methode, bei der jedes Objekt demjenigen Cluster zugeordnet wird, zu dessen Zentroid die Objektdistanz minimal ist. Diese von MacQueen (1967) entwickelte und von Milligan (1981) empfohlene Methode wird unter 16.3.2 ausführlich dargestellt.

Optimierungskriterien

Für die Beschreibung der Güte einer Clusterlösung sind einige Kriterien gebräuchlich, die im Folgenden kurz dargestellt und kommentiert werden:
- *Varianzkriterium* (auch Spur $\mathbf{W}$-Kriterium oder Abstandsquadratsummenkriterium genannt): Man berechnet für jedes Cluster die quadrierten Abweichungen der Objekte eines Clusters vom Clusterzentroid und summiert diese quadrierten Abweichungen über alle Cluster. Es resultiert die Spur einer Matrix $\mathbf{W}$, in deren Diagonale sich die Quadratsummen der Variablen und in deren nichtdiagonalen Elementen sich die Kreuzproduktsummen befinden. (Zur Berechnung einer $\mathbf{W}$-Matrix vgl. S. 531 bzw. S. 593. Hier wird die $\mathbf{W}$-Matrix $\mathbf{D}_{\text{Fehler}}$-Matrix genannt.) Formal ergibt sich für ein Cluster i

$$\text{Spur } \mathbf{W}_i = \sum_{j=1}^{p} \sum_{m=1}^{n} (x_{ijm} - \bar{x}_{ij})^2 \quad (16.7)$$

mit

j = 1 ... p (= Anzahl der Variablen)
m = 1 ... n (= Anzahl der Objekte des Clusters i).

Zusammengefasst über die k Cluster resultiert

$$\text{Spur } \mathbf{W} = \sum_{i=1}^{k} \text{Spur } \mathbf{W}_i . \quad (16.8)$$

Es wird diejenige Partitionierung gesucht, für die die Spur von $\mathbf{W}$ minimal ist.

Dieses einfach zu berechnende Kriterium ist vom Maßstab der Merkmale abhängig. Es sollte bei korrelierten Merkmalen nicht eingesetzt werden. Zudem führt es zu verzerrten Clusterbildungen, wenn die Merkmalsvarianzen in den verschiedenen Clustern heterogen sind und/oder die Anzahl der Objekte pro Cluster stark schwankt.
- *Determinantenkriterium*: Es wird diejenige Gruppierung gesucht, für die die Determinante von $\mathbf{W}$ (Det $\mathbf{W}$) ein Minimum ergibt. (Zur Berechnung einer Determinante vgl. Anhang C III.) Det ($\mathbf{W}$) ist um so größer, je heterogener die gebildeten Cluster sind. Dieses Kriterium ist unabhängig vom Maßstab der Merkmale und berücksichtigt zudem die Korrelationen zwischen den Merkmalen.
- *Spur-Kriterium* (auch Spur $\mathbf{W}^{-1}\mathbf{B}$-Kriterium): Dieses Kriterium maximiert die Spur einer Matrix $\mathbf{W}^{-1}\mathbf{B}$, wobei $\mathbf{B}$ die Unterschiede zwischen den Clustern abbildet. (Zur Berechnung von $\mathbf{B}$ vgl. S. 593; die Matrix $\mathbf{B}$ hat hier die Bezeichnung $\mathbf{D}_{\text{treat}}$.) Dieses Kriterium ist – wie auch das Determinanten-Kriterium – unabhängig vom Maßstab der Merkmale und berücksichtigt Korrelationen zwischen den Variablen. Errechnet man für $\mathbf{W}^{-1}\mathbf{B}$ die Eigenwerte λ_i, erhält man mit $\prod_i (1 + \lambda_i)$ das sog. Wilks Lambda-

16.3 Durchführung einer Clusteranalyse

Kriterium, das mit dem Kriterium $\text{Det}(\mathbf{B}+\mathbf{W})/\text{Det}(\mathbf{W})$ übereinstimmt; vgl. auch S. 593, 598 u. 609.

Für Clusteranalysen mit vorgeschalteter Orthogonalisierung der Merkmale (vgl. S. 569) führen alle drei Kriterien zu vergleichbaren Ergebnissen. Für korrelierende Merkmale erweist sich das Determinanten-Kriterium als günstig (vgl. Blashfield, 1977, zit. nach Milligan, 1981).

Hinweis: Die hier behandelten Verfahren gehen davon aus, dass jedes Objekt nur einem Cluster zugeordnet wird („disjoint clusters"). Auf Verfahren, bei denen ein Objekt mehreren Clustern zugeordnet werden kann („overlapping clusters"; vgl. z.B. die MAPCLUS-Technik von Arabie u. Carroll, 1980, oder die nonhierarchische BINCLUS-Technik für binäre Daten von Cliff et al., 1986) wird hier nicht eingegangen.

16.3 Durchführung einer Clusteranalyse

Die Durchführung einer Clusteranalyse setzt voraus, dass man Zugang zu einer leistungsstarken EDV-Anlage mit entsprechender Software hat. Neben den in den gängigen Statistikprogrammpaketen (SPSS, SAS, BMDP, STATISTICA etc.) enthaltenen Clusteranalysen sei auf das von Wishart (1978, 1982, 1987) entwickelte Programmsystem CLUSTAN verwiesen, das viele clusteranalytische Varianten bereithält. Handl (2002) erläutert die Durchführung von Clusteranalysen mit S-Plus. (Einen Vergleich verschiedener Clusteralgorithmen findet man bei Dreger et al., 1988.)

Diese Vielfalt an clusteranalytischen Algorithmen erschwert es, für ein gegebenes Problem einen geeigneten Clusteranalysealgorithmus auszuwählen. Es werden deshalb im Folgenden zwei Methoden vorgestellt, die sich – auch in kombinierter Form – in der Praxis gut bewährt haben: die Ward-Methode und die k-means-Methode. Wenn keine Gründe für die Wahl eines anderen Verfahrens sprechen, wird empfohlen, mit der Ward-Methode eine Anfangspartition zu erzeugen und diese mit der k-means-Methode ggf. zu optimieren (vgl. Milligan u. Sokal, 1980).

16.3.1 Die Ward-Methode

Die Ward-Methode ist in der Literatur auch unter den Bezeichnungen Minimum-Varianz-Methode, Fehlerquadratsummen-Methode oder HGROUP-100-Methode bekannt. Ausgangsmaterial ist eine Datenmatrix, die für jedes Objekt Messungen auf p Merkmalen enthält. Die Messwerte sollten so geartet sein, dass euklidische Abstände zwischen den Objekten berechnet werden können (d.h. kardinalskaliert oder binärskaliert). Bei heterogenen Maßstäben der Merkmale wird die Datenmatrix pro Merkmal z-transformiert.

Die Ward-Methode fusioniert als hierarchisches Verfahren sukzessive diejenigen Elemente (Cluster), mit deren Fusion die geringste Erhöhung der gesamten Fehlerquadratsumme einhergeht. Die Fehlerquadratsumme pro Variable ist genauso definiert wie die Fehlerquadratsumme in der einfaktoriellen Varianzanalyse (vgl. Kap. 7), wobei die Anzahl der Cluster der Anzahl der Treatmentstufen entspricht.

BEISPIEL

Ein kleines Zahlenbeispiel (vgl. Tabelle 16.2) mit p = 2 Merkmalen und n = 6 Objekten bzw. Elementen soll die Vorgehensweise verdeutlichen. (Hierbei gehen wir davon aus, dass beiden Merkmalen der gleiche Maßstab zu Grunde liegt, sodass sich z-Transformationen erübrigen.)

Jedes Element e_i bildet anfänglich sein eigenes Cluster, d.h., die Fehlerquadratsumme ist für jede Variable zunächst 0 (n = 1 pro Cluster). Auf der ersten Fusionsstufe wird nun überprüft, wie sich die Fehlerquadratsummen für die einzelnen Variablen erhöhen, wenn zwei Elemente e_i und $e_{i'}$ zu einem Cluster zusammengefasst werden. Man fusioniert diejenigen beiden Elemente, für die der kleinste Zuwachs der über alle Variablen summierten Fehlerquadratsummen ($\Delta QS_{\text{Fehler}}$) resultiert. Tabelle 16.3a zeigt die für alle denkbaren Fusionierungen zu erwartenden Fehlerquadratsummen-Zuwächse.

Würde man e_1 und e_2 fusionieren, hätte das neue Cluster einen Zentroid mit den Merkmalskoordinaten $\bar{x}_1 = (2+0)/2 = 1$ und $\bar{x}_2 = (4+1)/2 = 2{,}5$. Für die QS_{Fehler} dieses Clusters errechnen wir (Summe der quadrierten Abweichungen der Elemente 1 und 2 vom Clusterzentroid): $[(2-1)^2 + (0-1)^2] + [(4-2{,}5)^2 + (1-2{,}5)^2] = 6{,}5$. Dies ist der erste in Tabelle 16.3a wiedergegebene Wert.

Man erhält – insbesondere bei größeren Clustern mit unterschiedlich vielen Objekten – diesen und die folgenden Werte einfacher nach der Beziehung (16.9):

$$\Delta QS_{\text{Fehler}} = \frac{n_i \cdot n_{i'}}{n_i + n_{i'}} \cdot \sum_{j=1}^{p}(\bar{x}_{ij} - \bar{x}_{i'j})^2, \qquad (16.9)$$

Tabelle 16.2. Datenmatrix für eine Clusteranalyse nach dem Ward-Verfahren

	x_1	x_2
e_1	2	4
e_2	0	1
e_3	1	1
e_4	3	2
e_5	4	0
e_6	2	2

Tabelle 16.3. 1. Fusionsstufe

a) QS_{Fehler}-Zuwächse (ΔQS_{Fehler})

	e_1	e_2	e_3	e_4	e_5	e_6
e_1	–	6,5	5,0	2,5	10,0	2,0
e_2		–	**0,5**	5,0	8,5	2,5
e_3			–	2,5	5,0	1,0
e_4				–	2,5	0,5
e_5					–	4,0
e_6						–

b) Datenmatrix nach der 1. Fusion

	x_1	x_2
e_1	2	4
$e_{(2,3)}$	0,5	1
e_4	3	2
e_5	4	0
e_6	2	2

Tabelle 16.4. 2. Fusionsstufe

a) QS_{Fehler}-Zuwächse (ΔQS_{Fehler})

	e_1	$e_{(2,3)}$	e_4	e_5	e_6
e_1	–	7,5	2,5	10,0	2,0
$e_{(2,3)}$		–	4,8	8,8	2,2
e_4			–	2,5	**0,5**
e_5				–	4,0
e_6					–

b) Datenmatrix nach der 2. Fusion

	x_1	x_2
e_1	2	4
$e_{(2,3)}$	0,5	1
$e_{(4,6)}$	2,5	2
e_5	4	0

Tabelle 16.5. 3. Fusionsstufe

a) QS_{Fehler}-Zuwächse (ΔQS_{Fehler})

	e_1	$e_{(2,3)}$	$e_{(4,6)}$	e_5
e_1	–	7,5	**2,8**	10,0
$e_{(2,3)}$		–	5,0	8,8
$e_{(4,6)}$			–	4,2
e_5				–

b) Datenmatrix nach der 3. Fusion

	x_1	x_2
$e_{(1,4,6)}$	2,33	2,67
$e_{(2,3)}$	0,50	1,00
e_5	4,00	0,00

wobei n_i ($n_{i'}$) = Anzahl der Elemente im Cluster i (i') und $\bar{x}_{ij}$ ($\bar{x}_{i'j}$) = durchschnittliche Ausprägung des Merkmals j bei n_i ($n_{i'}$) Objekten des Clusters i(i').

Nach Gl. (16.9) ermitteln wir für die Fusionierung von e_1 und e_2 den bereits bekannten Wert von $\Delta QS_{Fehler} = 6,5$:

$$\Delta QS_{Fehler} = \frac{1 \cdot 1}{1+1} \cdot [(2-0)^2 + (4-1)^2] = \frac{1}{2} \cdot 13 = 6,5 \,.$$

(Man beachte, dass für die Fusionierung *einzelner* Objekte die Objektkoordinaten mit den Zentroid-Koordinaten übereinstimmen.)

Tabelle 16.3 a zeigt, dass sowohl aus der Fusionierung von e_2 und e_3 als auch aus der Fusionierung von e_4 und e_6 der kleinste Betrag für ΔQS_{Fehler} von 0,5 folgt. Wir entscheiden per Zufall, auf der 1. Fusionsstufe e_2 und e_3 zusammenzulegen (fettgedruckter Wert), und erhalten die in Tabelle 16.3 b wiedergegebene modifizierte Datenmatrix, in der e_2 und e_3 zusammengefasst sind. (Die hier praktizierte Vorgehensweise, bei identischen ΔQS_{Fehler}-Werten per Zufall zu fusionieren, ist nicht unproblematisch; vgl. hierzu Klemm, 1995.)

Ausgehend von diesen Daten errechnen wir nach Gl. (16.9) die ΔQS_{Fehler}-Werte der 2. Fusionsstufe (Tabelle 16.4 a).

(Beispiel: Für die Zusammenlegung von e_1 und $e_{(2,3)}$ resultiert: $\Delta QS_{Fehler} = \frac{1 \cdot 2}{1+2} \cdot [(2-0,5)^2 + (4-1)^2] = 7,5$).

Wir legen e_4 und e_6 als Objekte mit dem kleinsten ΔQS_{Fehler}-Wert zusammen und erhalten die in Tabelle 16.4 b wiedergegebene Datenmatrix nach der 2. Fusion. In gleicher Weise verfahren wir bis hin zur letzten, der 5. Fusionsstufe, die alle Objekte in einem Cluster vereint (vgl. Tabellen 16.5 bis 16.7). Die Berechnung der neuen Datenmatrizen erfolgt unter Berücksichtigung der Anzahl der Objekte in den fusionierten Clustern.

Dendrogramm. Abbildung 16.1 veranschaulicht graphisch anhand eines Dendrogramms die auf den einzelnen Fusionsstufen vorgenommenen Cluster-

16.3 Durchführung einer Clusteranalyse

Tabelle 16.6. 4. Fusionsstufe

a) QS_{Fehler}-Zuwächse (ΔQS_{Fehler})

	$e_{(1,4,6)}$	$e_{(2,3)}$	e_5
$e_{(1,4,6)}$	–	**7,37**	7,70
$e_{(2,3)}$		–	8,8
e_5			–

b) Datenmatrix nach der 4. Fusion

	x_1	x_2
$e_{(1,2,3,4,6)}$	1,6	2,0
e_5	4,0	0,0

Tabelle 16.7. 5. Fusionsstufe

a) QS_{Fehler}-Zuwächse (ΔQS_{Fehler})

	$e_{(1,2,3,4,6)}$	e_5
$e_{(1,2,3,4,6)}$	–	8,13
e_5		–

b) Datenmatrix nach der 5. Fusion

	x_1	x_2
$e_{(1,2,3,4,5,6)}$	2,0	1,67

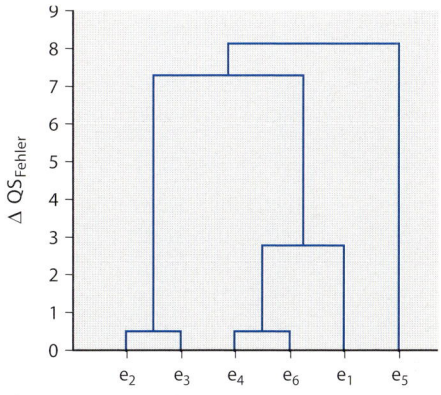

Abb. 16.1. Dendrogramm des Beispiels (Tabellen 16.3 bis 16.7)

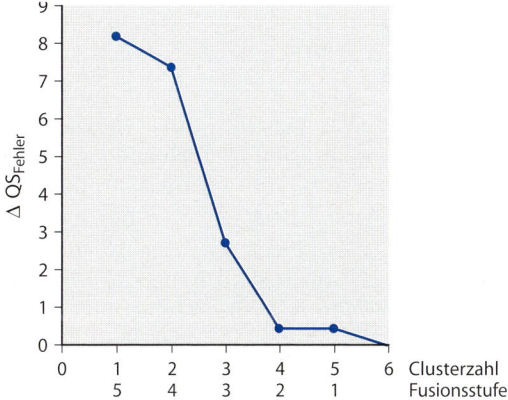

Abb. 16.2. Struktogramm des Beispiels (Tabellen 16.3 bis 16.7)

bildungen. Auf der Ordinate sind die ΔQS_{Fehler}-Werte abgetragen, sodass man leicht erkennen kann, mit welchem Fehlerquadratsummen-Zuwachs die einzelnen Clusterneubildungen „erkauft" wurden.

Struktogramm. Anhaltspunkte für die Bestimmung der Anzahl der Cluster, in die sich eine Objektmenge sinnvoll einteilen lässt, liefert zudem das sog. Struktogramm (vgl. Abb. 16.2), das ähnlich auszuwerten ist wie ein Scree-Test im Rahmen einer Faktorenanalyse (vgl. S. 544). Von rechts kommend zeigt das Struktogramm, welcher Fehlerquadratsummen-Zuwachs mit jeder Fusionsstufe verbunden ist. In unserem Beispiel wird nach der zweiten bzw. dritten Fusionsstufe ein deutlicher Sprung in den ΔQS_{Fehler}-Werten erkennbar, d.h., man würde sich für eine Lösung mit 4 oder 3 Clustern entscheiden (zur Reliabilität und Validität dieser Methode vgl. Lathrop u. Williams, 1987, 1989, 1990).

„Stopping rules". Um die Bestimmung der „wahren" Clusteranzahl zu objektivieren, wurden – ähnlich wie zum Scree-Test der Faktorenanalyse – zahlreiche analytische Abbruchkriterien (sog. Stopping rules) entwickelt, die bei Milligan u. Cooper (1985) beschrieben und in einer Monte-Carlo-Studie verglichen werden. Am besten bewährt haben sich in dieser Studie das Abbruchkriterium von Calinski u. Harabasz (1974), der Je(2)/Je(1)-Quotient von Duda u. Hart (1973), der C-Index (Hubert u. Levin, 1976) sowie die Gamma-Statistik (Baker u. Hubert, 1975).

Ein graphentheoretisches Kriterium für die Bestimmung bedeutsamer Cluster wurde von Krolak-Schwerdt u. Eckes (1992) vorgeschlagen.

Eigenschaften des Ward-Algorithmus

Nach Gl. (16.9) wird entschieden, welche Cluster zu fusionieren sind. Diese Gleichung zeigt einige wichtige Eigenschaften des Ward-Algorithmus. Zunächst erkennt man, dass Gl. (16.9), nach der die Fehlerquadratsummen-Zuwächse berechnet werden, (gewichtete) quadrierte, euklidische Distanzen zwischen Clusterschwerpunkten bestimmt. (Dieser Sachverhalt wurde im Beispiel numerisch verdeutlicht.) Die Minimierung der Fehlerquadratsummen-Zuwächse ist gleichbedeutend mit der Minimierung der quadrierten, euklidischen Distanz der zu fusionierenden Cluster.

Nehmen wir ferner an, zwei Cluster A und B hätten zueinander die gleiche quadrierte, euklidische Distanz wie zwei Cluster C und D. In diesem Fall entscheiden nur die Besetzungszahlen der Cluster über die Art der Fusionierung. Wenn $n_A + n_B = n_C + n_D$, werden diejenigen Cluster fusioniert, deren Besetzungszahlen die größeren Unterschiede aufweisen, denn mit zunehmender Differenz $n_A - n_B$ (bzw. $n_C - n_D$) wird das Produkt $n_A \cdot n_B$ ($n_C \cdot n_D$) kleiner. (Beispiel: $n_A + n_B = n_C + n_D = 10$; $n_A = 2$, $n_B = 8$ mit $n_A \cdot n_B = 16$ und $n_C = 5$, $n_D = 5$ mit $n_C \cdot n_D = 25$, d.h. $n_A \cdot n_B < n_C \cdot n_D$.)

Ist das *Verhältnis* der Besetzungszahlen konstant ($n_A/n_B = n_C/n_D = \text{const.}$), werden diejenigen Cluster fusioniert, deren Gesamtumfang ($n_A + n_B$ oder $n_C + n_D$) kleiner ist. Beispiel: $n_A/n_B = n_C/n_D = 0{,}5$; $n_A = 1$, $n_B = 2$ und $n_C = 5$ und $n_D = 10$; es folgt für den Gewichtungsfaktor in Gl. (16.9)

$$\frac{1 \cdot 2}{1 + 2} < \frac{5 \cdot 10}{5 + 10},$$

d.h., es werden die Cluster A und B und nicht die Cluster C und D fusioniert.

Die Eigenschaften des Ward-Algorithmus lassen sich damit folgendermaßen zusammenfassen: Mit den ersten Fusionsschritten werden bevorzugt kleine Cluster in Regionen mit hoher Objektdichte gebildet. Mit fortschreitender Fusionierung tendiert der Algorithmus dazu, Unterschiede in den Besetzungszahlen verschiedener Cluster auszugleichen, d.h., es werden Cluster mit annähernd gleich großen Besetzungszahlen gebildet. Diese Eigenschaft wirkt sich nachteilig aus, wenn die beste Gruppierung aus Clustern unterschiedlicher Größe besteht. Für diese Konstellation sind die Zentroid-Methode bzw. Average-linkage-Methode dem Ward-Algorithmus überlegen (vgl. hierzu auch Kuiper u. Fisher, 1975). Bei binären Merkmalen führt die Ward-Methode zu guten Ergebnissen, wenn die Merkmalsanteile annähernd symmetrisch verteilt sind (vgl. Hands u. Everitt, 1987).

16.3.2 Die k-means-Methode

Als eines der bewährtesten, nichthierarchischen Verfahren wird im Folgenden die k-means-Methode von MacQueen (1967) behandelt. Sie wird häufig zur Verbesserung einer Gruppierung eingesetzt, die mit einer hierarchischen Methode (z.B. Ward-Methode, vgl. 16.3.1) gefunden wurde.

Der Algorithmus besteht aus folgenden, wiederholt durchzuführenden Schritten:

- Man erzeugt eine Anfangspartition mit k Clustern.
- Beginnend mit dem 1. Objekt im 1. Cluster werden für alle Objekte die euklidischen Distanzen zu allen Clusterschwerpunkten gemäß Gl. (16.3) bestimmt.
- Trifft man auf ein Objekt, das zu dem Schwerpunkt des eigenen Clusters eine größere Distanz aufweist als zum Schwerpunkt eines anderen Clusters, wird dieses Objekt in dieses Cluster verschoben.
- Die Schwerpunkte der beiden durch diese Verschiebung veränderten Cluster werden neu berechnet.
- Man wiederholt Schritt 2 bis Schritt 4, bis sich jedes Objekt in einem Cluster befindet, zu dessen Schwerpunkt es im Vergleich zu den übrigen Clustern die geringste Distanz aufweist.

Die k Cluster werden in diesem Verfahren also durch ihre Schwerpunkte (Mittelpunkte) repräsentiert, was dem Verfahren seinen Namen gab: k-means-Methode. Anders als bei hierarchischen Verfahren ist in diesem nichthierarchischen Verfahren eine einmal vorgenommene Zuordnung eines Objekts zu einem Cluster nicht endgültig; sie kann theoretisch beliebig häufig revidiert werden.

BEISPIEL

Gegeben sei eine Anfangspartition mit 3 Clustern und jeweils 3 Objekten, für die Messungen auf 2 Merkmalen vorliegen (vgl. Tabelle 16.8). Erneut nehmen wir an, beide Merkmale hätten den gleichen Maßstab, sodass sich eine z-Transformation erübrigt.

16.3.2 Die k-means-Methode

Tabelle 16.8. Zahlenbeispiel für eine Cluster-Analyse nach dem k-means-Verfahren

	Cluster A	
	x_1	x_2
	1	2
	2	1
	0	3
Schwerpunkt:	1	2
	Cluster B	
	x_1	x_2
	4	3
	3	0
	2	0
Schwerpunkt:	3	1
	Cluster C	
	x_1	x_2
	3	3
	2	0
	1	0
Schwerpunkt:	2	1

Ohne weitere Berechnungen erkennt man, dass das 1. Objekt im Cluster A richtig und das 2. Objekt in Cluster A falsch platziert ist. Das 2. Objekt mit den Messungen (2;1) gehört offensichtlich in das Cluster C mit genau diesen Schwerpunktkoordinaten (2;1). Wird dieses Element nach C verschoben, resultieren die folgenden Cluster:

Cluster A		Cluster B		Cluster C	
x_1	x_2	x_1	x_2	x_1	x_2
1	2	4	3	3	3
0	3	3	0	2	0
		2	0	1	0
0,5	2,5			2	1
		3	1		
				2	1

Die Schwerpunktkoordinaten $\bar{x}_{j(neu)}$ eines Clusters, aus dem ein Objekt e_m entfernt wurde, berechnet man allgemein ohne Rückgriff auf die verbleibenden Einzelelemente nach folgender Beziehung:

$$\bar{x}_{j(neu)} = \frac{n_{alt} \cdot \bar{x}_{j(alt)} - x_{mj}}{n_{alt} - 1}. \quad (16.10)$$

Im Beispiel ermitteln wir für das verkleinerte Cluster A:

$$\bar{x}_{1(neu)} = \frac{3 \cdot 1 - 2}{3 - 1} = 0,5,$$

$$\bar{x}_{2(neu)} = \frac{3 \cdot 2 - 1}{3 - 1} = 2,5.$$

Für das um ein Objekt e_m erweiterte Cluster ergeben sich die folgenden Schwerpunkt-Koordinaten:

$$\bar{x}_{j(neu)} = \frac{n_{alt} \cdot \bar{x}_{j(alt)} + x_{mj}}{n_{alt} + 1}. \quad (16.11)$$

Im Beispiel errechnen wir für Cluster C:

$$\bar{x}_{1(neu)} = \frac{3 \cdot 2 + 2}{3 + 1} = 2,$$

$$\bar{x}_{2(neu)} = \frac{3 \cdot 1 + 1}{3 + 1} = 1.$$

Nach dieser Verschiebung stellten wir über Gl. (16.3) fest, dass die beiden Elemente von A richtig platziert sind. Beide Elemente haben zum Schwerpunkt von A eine kleinere Distanz als zu den Schwerpunkten von B und C. Das erste falsch platzierte Element, das wir antreffen, ist das 3. Element in Cluster B(2;0), das zum Schwerpunkt des Clusters C(2;1) eine geringere Distanz aufweist als zum Schwerpunkt des eigenen Clusters (3;1). Wir verschieben deshalb dieses Element in Cluster C und erhalten folgende Gruppierung:

Cluster A		Cluster B		Cluster C	
x_1	x_2	x_1	x_2	x_1	x_2
1	2	4	3	3	3
0	3	3	0	2	0
				1	0
0,5	2,5	3,5	1,5	2	1
				2	0
				2,0	0,8

Die dritte Verschiebung, die jetzt erforderlich wird, betrifft das 2. Objekt in B, dessen Distanz zu Cluster C am geringsten ist.

Cluster A		Cluster B		Cluster C	
x_1	x_2	x_1	x_2	x_1	x_2
1	2	4	3	3	3
0	3			2	0
		4	3	1	0
0,5	2,5			2	1
				2	0
				3	0
				2,17	0,67

Nach dieser Verschiebung ist das 1. Element in Cluster C fehlplatziert. Es liegt näher am Schwerpunkt von B als am Schwerpunkt von C und wird deshalb nach B verschoben.

Cluster A		Cluster B		Cluster C	
x_1	x_2	x_1	x_2	x_1	x_2
1	2	4	3	2	0
0	3	3	3	1	0
				2	1
0,5	2,5	3,5	3,0	2	0
				3	0
				2,0	0,20

Wie die nach Gl. (16.3) errechnete Distanzmatrix in Tabelle 16.9 zeigt, ist dies die endgültige Clusterlösung. Jedes Objekt hat zum Schwerpunkt des eigenen Clusters eine geringere Distanz als zu den Schwerpunkten der anderen Cluster.

Tabelle 16.9. Distanzmatrix für die endgültige Clusterlösung

Objekte	Clusterschwerpunkte		
	A(0,5; 2,5)	B(3,5; 3,0)	C(2,0; 0,2)
$A_1(1;2)$	**0,71**	2,69	2,06
$A_2(0;3)$	**0,71**	3,50	3,44
$B_1(4;3)$	3,54	**0,50**	3,44
$B_2(3;3)$	2,54	**0,50**	2,97
$C_1(2;0)$	2,92	3,35	**0,20**
$C_2(1;0)$	2,55	3,91	**1,02**
$C_3(2;1)$	2,12	2,50	**0,80**
$C_4(2;0)$	2,92	3,35	**0,20**
$C_5(3;0)$	3,54	3,04	**1,02**

Hinweis: Ein Nachteil der k-means-Methode ist darin zu sehen, dass das Clusterergebnis von der *Reihenfolge der Objekte* abhängen kann. Es empfiehlt sich deshalb, verschiedene Startpartitionen zu verwenden, welche die Reihenfolge der Cluster und der Objekte innerhalb der Cluster variieren. Man akzeptiert diejenige Lösung, die durch verschiedene Startpartitionen am häufigsten bestätigt wird (zum Problem lokaler Optima vgl. auch Steinley, 2003).

16.4 Evaluation clusteranalytischer Lösungen

Unter 16.2 wurde die Vielfalt clusteranalytischer Verfahren verdeutlicht, die dem Anwender zur Partitionierung einer multivariat beschriebenen Objektmenge zur Verfügung stehen und die in der Regel nicht zu identischen Resultaten führen. Auch wenn der hierarchischen Ward-Methode und der nichthierarchischen k-means-Methode in vielen Grundlagenstudien besonders gute Eigenschaften bescheinigt werden, bleibt zu fragen, ob ein anderer Algorithmus zu einer besseren Lösung führt. Diese Frage lässt sich letztlich nur dadurch beantworten, dass man den empirischen Datensatz mit mehreren Clusteralgorithmen analysiert und vergleichend interpretiert.

Prüfung der Generalisierbarkeit

Ein weiteres, hier vorrangig behandeltes Problem betrifft die Generalisierbarkeit einer clusteranalytischen Lösung. Wie alle statistischen Ergebnisse sind auch Clusterlösungen stichprobenabhängig, was sich durch wiederholte Clusteranalysen einer Objektmenge mit gleicher Referenzpopulation verdeutlichen ließe. Für die Stabilitätsprüfung der Clusterlösung eines einmalig erhobenen Datensatzes wird in der Literatur (z.B. Morey et al., 1983) eine Strategie empfohlen, deren Leitlinie im Folgenden beschrieben wird. Diese Evaluationsstrategie gliedert sich in vier Schritte:

1. Man unterteilt die Objektmenge zufällig in zwei gleichgroße Teilmengen A und B.
2. Für A und B wird jeweils eine Clusteranalyse gerechnet.
3. Die Objekte aus A werden den Clustern aus B zugeordnet, sodass neue Cluster A* entstehen. Das Gleiche geschieht mit den Objekten aus B, die zur Bildung von B*-Clustern den Clustern von A zugeordnet werden (Doppelkreuzvalidierung).
4. Man überprüft die Übereinstimmung der Clusterlösungen A und A* bzw. B und B*.

Zu diskutieren sind in diesem Abschnitt die Schritte 3 und 4, für die in der Literatur verschiedene Lösungen vorgeschlagen werden:

Zuordnungsregeln

Breckenridge (1989) vergleicht in einer Monte-Carlo-Studie 3 Zuordnungsregeln im Kontext einer Stabilitätsprüfung von Ward-Lösungen.

„Nearest-centroid"- oder „NC"-Regel. Man berechnet zunächst für jedes Cluster i (i = 1, ..., k) aus A den Schwerpunkt bzw. Vektor $\mathbf{x}_i$ der durch-

16.4 Evaluation clusteranalytischer Lösungen

schnittlichen Merkmalsausprägungen. Für jedes Objekt m (m = 1, ..., n_B) aus B wird die euklidische Distanz des Vektors $\mathbf{x}_m$ der individuellen Merkmalsausprägungen zu den Schwerpunkten aus A berechnet:

$$d_{NC(m,i)} = \left[\sum_{j=1}^{p}(x_{mj} - \bar{x}_{ji})^2\right]^{1/2} \quad (16.12)$$

mit p = Anzahl der Merkmale.

Ein Objekt aus B wird demjenigen Cluster aus A zugeordnet, zu dem der d_{NC}-Wert minimal ist. Diese Partition der Objekte aus B konstituiert die B*-Lösung. Entsprechend verfährt man zur Konstruktion der A*-Lösung.

Minimum-χ^2-Regel oder „MC-Regel". Diese Zuordnungsregel setzt voraus, dass die p Merkmale multivariat normalverteilt sind. Der Abstand eines individuellen Merkmalsprofils zum durchschnittlichen Merkmalsprofil eines Clusters i ergibt sich hierbei zu:

$$d_{MC(m,i)} = \mathbf{d}'_{im} \cdot \mathbf{cov}_i^{-1} \cdot \mathbf{d}_{im} + \ln|\mathbf{cov}_i| - 2 \cdot \ln p_i. \quad (16.13)$$

Diese Gleichung wird auf S. 621 ff. anhand eines konkreten Zahlenbeispiels erläutert. Auch hier wird jedes Objekt aus B dem Cluster aus A mit dem kleinsten Abstandswert zugeordnet (und umgekehrt).

„Nearest-neighbor" oder „NN-Regel". Wie bei der Single-linkage-Strategie (vgl. S. 572) wird für jedes Objekt m aus B die euklidische Distanz zu allen Objekten m' aus A berechnet:

$$d_{NN(m,m')} = \left[\sum_{j=1}^{p}(x_{mj} - x_{m'j})^2\right]^{1/2}. \quad (16.14)$$

Jedes Objekt aus B wird demjenigen Cluster zugeordnet, in dem sich das Objekt m' aus A mit dem kleinsten Abstand befindet. Diese Clusterlösungen konstituieren die Partitionierung B*.

Vergleich der Zuordnungsregeln. Die Studie von Breckenridge (1989) belegt die deutliche Überlegenheit der NN-Zuordnungsregel. Zumindest bei Clusteranalysen nach dem Ward-Algorithmus führt diese Regel zu höheren Übereinstimmungen von A und A* (bzw. B und B*) als die beiden übrigen Regeln. Die MC-Regel versagte vor allem bei nicht multivariat-normalverteilten Merkmalen. Die NC-Regel wird empfohlen, wenn die Objektähnlichkeiten in stärkerem Maß von Profilverläufen bzw. der Profilform bestimmt werden (wie z. B. bei der Korrelation) und weniger durch die Abstände der individuellen Profile voneinander, die in die Berechnung der euklidischen Distanzen (und damit auch in den Ward-Algorithmus) eingehen.

Die Überlegenheit der NN-Regel kann damit also nur im Zusammenhang mit dem Ward-Algorithmus als nachgewiesen gelten. Sie müsste allerdings auch auf die k-means-Methode übertragbar sein, da diese Technik ebenfalls mit der euklidischen Metrik operiert.

Cluster-Übereinstimmung

Nach der Bildung neuer Cluster A* (bzw. B*) mit Hilfe der o. g. Zuordnungsregeln ist im vierten Schritt zu prüfen, wie gut die ursprünglichen und rekonstruierten Cluster übereinstimmen. Hierfür werden in der Literatur verschiedene Übereinstimmungsmaße genannt (vgl. z. B. Milligan u. Schilling, 1985, oder Milligan u. Cooper, 1986).

Kappa-Maß. Für den Fall, dass für A und A* die gleiche Anzahl k von Clustern resultiert, hat sich das von Cohen (1960) entwickelte Übereinstimmungsmaß Kappa (κ) bewährt (vgl. z. B. Blashfield, 1976, oder Breckenridge, 1989; zur Kritik von Kappa vgl. Klauer, 1996b). Man berechnet κ nach folgender Gleichung:

$$\kappa = \frac{P_0 - P_e}{1 - P_e}. \quad (16.15)$$

Zur Berechnung von κ fertigt man eine quadratische k × k-Kontingenztafel an, in die jedes Objekt nach Maßgabe seiner Clusterzugehörigkeit in A und A* eingetragen wird. Die Abfolgen der A- und A*-Cluster sollten so abgestimmt sein, dass die Summe der Objekte in der Diagonale der k × k-Tafel maximal ist. Mit

$$P_0 = \frac{\sum_{i=1}^{k} f_{ii}}{n} \quad (16.16)$$

bestimmt man den Anteil aller Objekte in der Diagonale bzw. den Anteil aller Objekte, die korrespondierenden Clustern in A und A* zugeordnet sind. (Hier und im Folgenden bezeichnen wir mit n die Anzahl aller Objekte in A bzw. A*.)

Der Ausdruck P_e errechnet sich nach

$$P_e = \frac{\sum_{i=1}^{k} f_{i.} \cdot f_{.i}}{n^2} ; \quad (16.17)$$

er gibt den Anteil aller zufällig korrekt klassifizierten Objekte wieder.

BEISPIEL

Die „natürliche" Abfolge der Cluster A und A* möge zu folgender Kontingenztafel geführt haben:

	A_1	A_2	A_3
A_1^*	3	30	2
A_2^*	2	2	40
A_3^*	20	1	0

Wir arrangieren die Abfolge der A*-Cluster so, dass die Diagonale maximal besetzt ist:

	A_1	A_2	A_3	
A_3^*	20	1	0	21
A_1^*	3	30	2	35
A_2^*	2	2	40	44
	25	33	42	n = 100

Man errechnet

$$P_0 = \frac{20 + 30 + 40}{100} = 0{,}9$$

und

$$P_e = \frac{21 \cdot 25 + 35 \cdot 33 + 44 \cdot 42}{100^2} = 0{,}3528 .$$

Es resultiert also nach Gl. (16.15)

$$\kappa = \frac{0{,}9 - 0{,}3528}{1 - 0{,}3528} = 0{,}8455 .$$

Entsprechend ist für den Vergleich von B und B* zu verfahren. Der durchschnittliche κ-Wert aus beiden Vergleichen beschreibt das Ergebnis der Doppelkreuzvalidierung. Einen Signifikanztest und weitere Einzelheiten zum κ-Maß findet man z. B. bei Bortz et al. (2000, Kap. 9.2) bzw. Bortz u. Lienert (2003, Kap. 6.11).

Rand-Index. Stimmt die Anzahl der Cluster in A und A* (bzw. B) nicht überein, empfehlen Milligan u. Cooper (1986) ein Übereinstimmungsmaß, das auf eine von Hubert u. Arabie (1985) vorgeschlagene Korrektur des Rand-Indexes (Rand, 1971) zurückgeht. (Eine Verallgemeinerung des Rand-Indexes auf nichtdisjunkte Cluster oder „overlapping clusters" findet man bei Collins u. Dent, 1988.)

Beim Rand-Index wird für jedes der $n_A \cdot (n_A - 1)/2$ Objektpaare geprüft, ob sich die Paarlinge in A und A* in einem oder in verschiedenen Clustern befinden, sodass sich die in Tabelle 16.10 dargestellte Vierfeldertafel für die Häufigkeiten von Objektpaaren anfertigen lässt:

Die mit a gekennzeichnete Häufigkeit gibt an, wie viele Paarlinge sich sowohl in A als auch A* im selben Cluster befinden, und die Häufigkeit d besagt, wie viele Paarlinge sich in A und A* in verschiedenen Clustern befinden. Die Häufigkeiten a und d markieren damit „äquivalente" Paare in A und A* und die Häufigkeiten b und c „diskrepante" Paare.

Für den Rand-Index (RI) berechnet man:

$$RI = (a + d)/(a + b + c + d) \quad (16.18)$$

mit $a + b + c + d = n_A \cdot (n_A - 1)/2$.

Der korrigierte Index ergibt sich zu

$$RI_c = (a+d-n_c)/(a+b+c+d-n_c) \quad (16.19)$$

mit

$$n_c = \frac{n \cdot (n^2 + 1) - (n+1) \cdot \sum_{i=1}^{k} f_{i.}^2 - (n+1) \cdot \sum_{j=1}^{k} f_{.j}^2}{2 \cdot (n-1)} + \frac{2 \cdot \sum_i \sum_j f_{i.}^2 \cdot f_{.j}^2 / n}{2 \cdot (n-1)} .$$

Die Korrekturgröße n_c beseitigt einen positiven Bias, der in einem Korrekturvorschlag von Morey u. Agresti (1984) enthalten ist; sie sorgt zudem für einen Erwartungswert von 0 bei Zufallsübereinstimmung.

BEISPIEL

Zehn Objekte wurden in A (2 Cluster) und A* (3 Cluster) wie in Tabelle 16.11 klassifiziert. Die Objekte 1 und 2 befinden sich in A im selben und in A* in verschiedenen Clustern, d. h., dieses Objektpaar zählt zu c. Das Objektpaar 1 und 3 gehört zur Häufigkeit a, das Objektpaar 4 und 10

16.4 Evaluation clusteranalytischer Lösungen

Tabelle 16.10. Häufigkeiten von Objektpaaren für den Rand-Index

		A	
		Paarlinge im selben Cluster	Paarlinge in verschiedenen Clustern
A*	Paarlinge im selben Cluster	a	b
	Paarlinge in verschiedenen Clustern	c	d

Tabelle 16.11. Datenbeispiel für den korrigierten Rand-Index

Objekt-Nr.	Cluster-Nr. in A	Cluster-Nr. in A*
1	1	2
2	1	3
3	1	2
4	2	1
5	1	2
6	2	1
7	2	1
8	1	3
9	2	2
10	1	1

gehört zu b und das Objektpaar 3 und 4 zu d. Auf diese Weise erhält man

$a = 7$
$b = 6$
$c = 14$
$d = 18$.

Zur Errechnung von $f_{i\cdot}$ und $f_{\cdot j}$ verwenden wir die folgende Kontingenztafel:

	Cluster-Nr. in A		
Cluster-Nr. in A*	1	2	
1	1	3	4
2	3	1	4
3	2	0	2
	6	4	n=10

(Beispiel: Ein Objekt – das 10. Objekt – befindet sich sowohl in A als auch A* im Cluster 1.)

Damit ergibt sich

$$n_c = \frac{10 \cdot 101 - 11 \cdot (6^2 + 4^2) - 11 \cdot (4^2 + 4^2 + 2^2)}{2 \cdot 9}$$
$$+ \frac{2 \cdot (6^2 \cdot 4^2 + 6^2 \cdot 4^2 + \cdots + 4^2 \cdot 2^2)/10}{2 \cdot 9}$$
$$= \frac{1010 - 572 - 396 + 374{,}4}{18}$$
$$= 23{,}13$$

und

$$RI_c = (7 + 18 - 23{,}13)/(45 - 23{,}13)$$
$$= 0{,}0855.$$

Obwohl ein Signifikanztest für RI_c u.W. noch nicht entwickelt wurde, ist davon auszugehen, dass die hier gefundene Übereinstimmung der Clusterlösungen im Zufallsbereich liegt. Nach Milligan u. Cooper (1986) sprechen RI_c-Werte über 0,10 für überzufällige Übereinstimmungen.

Nach dem gleichen Verfahren wäre die Übereinstimmung zwischen B und B* zu prüfen.

Weitere Prüfmöglichkeiten

Um diejenigen Variablen zu identifizieren, die maßgeblich am Zustandekommen der Clusterlösung beteiligt sind, kann über die Clustergruppen eine Diskriminanzanalyse gerechnet werden (vgl. Kap. 18). Die diskriminanzanalytische Zuordnungsrate der Objekte zu den Clustern (vgl. S. 617 ff.) ist ein weiterer Indikator für die Güte der Clusterlösung.

Zudem ist es gelegentlich sinnvoll oder erforderlich, die Cluster an externen Variablen zu validieren, die nicht in die Clusteranalyse einbezogen wurden. Auch hier wäre mit der Diskriminanzanalyse (bzw. – bei nur einem externen Merkmal – mit der einfaktoriellen Varianzanalyse) zu prüfen, wie gut oder bzgl. welcher externen Variablen sich die Cluster unterscheiden (weitere Einzelheiten hierzu findet man bei Breckenridge, 1989).

Die Art der Clusterbildung ist manchmal von einem einzigen Objekt abhängig. Wie man feststellen kann, welchen Einfluss die einzelnen untersuchten Objekte auf die Clusterbildung ausüben, wird bei Cheng u. Milligan (1995) für hierarchische und bei Cheng u. Milligan (1996) für nichthierarchische Clusteranalysen (k-means-Methode) beschrieben.

ÜBUNGSAUFGABEN

1. Wann sollte die Ähnlichkeit von Objekten, die durch nominalskalierte Merkmale beschrieben sind, mit einem S-Koeffizienten und wann mit einem SMC-Koeffizienten erfasst werden?
2. Wie wirken sich korrelierte Merkmale auf die Clusterbildung aus?
3. Was versteht man unter einem hierarchisch-agglomerativen Algorithmus?
4. Welche Nachteile hat das Single-linkage-Verfahren?
5. Anhand welcher Kriterien wird bei nichthierarchischen Verfahren die Clusterbildung optimiert?
6. Beschreiben Sie die Vorgehensweise der Ward-Methode!
7. Beschreiben Sie die Vorgehensweise der k-means-Methode!
8. Welche Möglichkeiten zur Evaluation von Clusterlösungen sind Ihnen bekannt?

Kapitel 17 Multivariate Mittelwertvergleiche

ÜBERSICHT

Multivariate und univariate Analysen im Vergleich – Vergleich einer Stichprobe mit einer Population (Hotellings T_1^2-Test) – Vergleich von zwei abhängigen Stichproben (Hotellings T_2^2-Test) – Vergleich von zwei unabhängigen Stichproben (Hotellings T_3^2-Test) – einfaktorielle Varianzanalyse mit Messwiederholungen (Hotellings T_4^2-Test) – einfaktorielle multivariate Varianzanalyse – Wilks Lambda-Statistik (Λ) – Pillais Spurkriterium – Voraussetzungen – Einzelvergleiche – weitere multivariate Teststatistiken – mehrfaktorielle multivariate Varianzanalyse – Verallgemeinerungen

In Kap. 5 wurden Verfahren behandelt, die Unterschiedshypothesen für zwei abhängige oder unabhängige Stichproben überprüfen (t-Test). Die Verallgemeinerung dieses Ansatzes auf den Vergleich mehrerer Stichproben führte zur Varianzanalyse, mit der in vielfältiger Weise Mittelwertunterschiede zwischen Stichproben, die sich in Bezug auf die Stufen einer oder mehrerer unabhängiger Variablen unterscheiden, überprüft werden können. Charakteristisch für diese Verfahren ist der *univariate Ansatz*, d.h. die Analyse der Varianz von nur einer abhängigen Variablen.

In diesem Kapitel geht es um Verfahren, die zwei oder mehrere Stichproben bzgl. mehrerer abhängiger Variablen vergleichen (*multivariater Ansatz*). Fragen wir beispielsweise nach der Wirkungsweise verschiedener Unterrichtsmethoden, so sollte diese sinnvollerweise nicht nur durch eine, sondern durch mehrere Messungen, wie z. B. das Lerntempo, den Lernerfolg, die Zufriedenheit der Schüler und des Lehrers mit dem Unterricht usw., erfasst werden. Sollen, wie in diesem Beispiel, Gruppenunterschiede gleichzeitig in Bezug auf mehrere abhängige Variablen untersucht werden, muss die statistische Analyse der Daten nach einem der in diesem Kapitel zu besprechenden Verfahren erfolgen.

> Unterschiedshypothesen, die sich auf mehrere abhängige Variablen beziehen, sind mit einem multivariaten Mittelwertvergleich zu prüfen.

Zu dieser Forderung könnte man kritisch anmerken, dass mehrere, auf die einzelnen abhängigen Variablen bezogene Tests zumindest genauso aussagekräftig seien wie ein multivariater Test. Warum das Gegenteil der Fall ist, wird unter 17.1 begründet. Ausführlich werden danach die multivariaten Erweiterungen des Vergleichs einer Stichprobe mit einer Population (17.2), des t-Tests für abhängige und unabhängige Stichproben (17.3), der einfaktoriellen Varianzanalyse mit Messwiederholungen (17.4) und ohne Messwiederholungen (17.5) sowie der mehrfaktoriellen Varianzanalyse (17.6) behandelt. Ein weiteres wichtiges Verfahren für multivariate Mittelwertvergleiche – die Diskriminanzanalyse – ist Gegenstand von Kap. 18.

▷ 17.1 Mehrfache univariate Analysen oder eine multivariate Analyse?

Es ist bekannt, dass für die Bestimmung des Zusammenhangs zwischen mehreren Prädiktorvariablen und einer Kriteriumsvariablen statt mehrerer bivariater Einzelkorrelationen die in Kap. 13 beschriebene multiple Korrelation zu berechnen ist. Dieser für Zusammenhangsanalysen inzwischen selbstverständliche multivariate Ansatz scheint sich in Bezug auf die Unterschiedsanalyse von Stichproben, die durch mehrere abhängige Variablen beschrieben sind, bislang weniger durchgesetzt zu haben. Dies geht zumindest aus einer Arbeit von Huberty u. Morris (1989) hervor, die anhand von 222 einschlägigen Publikationen in psychologischen Zeitschriften belegt, dass die Tendenz zur univariaten Analyse (t-Test oder univariate Varianzanalysen) bei Hypothesen, die eigentlich eine multivariate Überprüfung erfordern (Hotellings T^2, multivariate Varianzanalyse oder Diskriminanzanalyse, s. u.) eindeutig überwiegt. Deshalb soll vor der Behandlung der multivariaten Mittelwertvergleiche geklärt werden, wann univariat getestet werden darf und wann multivariat getestet werden muss.

Huberty u. Morris (1989; vgl. auch Huberty, 1994a) betonen ausdrücklich, dass sich mit dem univariaten und dem multivariaten Ansatz verschiedene statistische Hypothesen verbinden. Der univariate Ansatz, also die Überprüfung von Unterschieden für jede einzelne abhängige Variable, ist nur unter den folgenden Randbedingungen zu rechtfertigen:

- Die abhängigen Variablen sind zumindest theoretisch als wechselseitig unabhängig vorstellbar.
- Die Untersuchung dient nicht der Überprüfung von Hypothesen, sondern der Erkundung der wechselseitigen Beziehungen der abhängigen Variablen untereinander und ihrer Bedeutung für Gruppenunterschiede.
- Man beabsichtigt, die Ergebnisse der Untersuchung mit bereits durchgeführten univariaten Analysen zu vergleichen.
- Man ist an Parallelstichproben interessiert und möchte die Äquivalenz der untersuchten Stichproben bezüglich möglichst vieler Variablen nachweisen.

Wann immer die Frage Vorrang hat, ob sich die Stichproben insgesamt, also in Bezug auf alle berücksichtigten abhängigen Variablen unterscheiden, ist ein multivariater Mittelwertvergleich durchzuführen. Typischerweise gilt dies für Untersuchungen, in denen ein komplexes Merkmal (Erziehungsstil, berufliche Zufriedenheit, politische Einstellungen, kognitive Fähigkeiten etc.) durch mehrere, in der Regel korrelierte Indikatoren operationalisiert wird. Eine multivariate Analyse bzw. Diskriminanzanalyse (Kap. 18) ist immer erforderlich, wenn

- eine Teilmenge von Variablen identifiziert werden soll, die am meisten zur Unterscheidung der Stichproben beitragen,
- die relative Bedeutung der Variablen für die Unterscheidung der Stichproben ermittelt werden soll und
- ein den am besten trennenden Variablen gemeinsam zu Grunde liegendes Konstrukt zu bestimmen ist.

Man beachte, dass keine dieser Informationen aus einzelnen univariaten Analysen ableitbar ist. Wie bereits im Zusammenhang mit der multiplen Korrelation ausgeführt, kann die Bedeutung einer Variablen immer nur im Kontext der übrigen berücksichtigten Variablen interpretiert werden, d. h., das Hinzufügen oder die Entnahme einzelner Variablen kann die Bedeutung einer speziell interessierenden Variablen deutlich verändern. Dies wird spätestens nachvollziehbar, wenn wir im Anschluss an die multivariaten Mittelwertvergleiche im Kap. 18 die Diskriminanzanalyse behandeln.

Eine weitere Problematik, die mit der mehrfachen Durchführung univariater Analysen verbunden ist, betrifft die Kumulation von α- und β-Fehlern, auf die bereits auf S. 129 f. bzw. S. 440 hingewiesen wurde.

17.2 Vergleich einer Stichprobe mit einer Population

Ziehen wir aus einer p-variat normalverteilten Grundgesamtheit (theoretisch unendlich) viele Stichproben des Umfangs n, erhalten wir eine Verteilung der Mittelwerte der p Variablen, die ihrerseits p-variat normalverteilt ist. In völliger Analogie zu univariaten Prüfverfahren bestimmen wir bei multivariaten Mittelwertvergleichen die Wahrscheinlichkeit, mit der die in einer Stichprobe angetroffenen Mittelwerte für p Variablen (abgekürzt: der Mittelwertsvektor $\bar{x}$) zu einer Population gehört, in der die Variablen die Mittelwerte $\mu_1, \mu_2 \ldots \mu_p$ (abgekürzt: den Mittelwertsvektor $\boldsymbol{\mu}_0$) aufweisen.

Hotellings T_1^2-Test

Kennzeichnen wir den Vektor der Mittelwerte in der Population, der die Stichprobe entnommen wurde, mit $\boldsymbol{\mu}_1$, lautet die zu prüfende H_0: $\boldsymbol{\mu}_0 = \boldsymbol{\mu}_1$. Ausgehend von dieser H_0 fragen wir also nach der Wahrscheinlichkeit, mit der ein empirisch ermittelter Vektor $\bar{x}$ (einschließlich aller extremer von $\boldsymbol{\mu}_0$ abweichenden Vektoren $\bar{x}$) auftritt, wenn

17.2 Vergleich einer Stichprobe mit einer Population

die H_0 gilt. Ist diese Wahrscheinlichkeit kleiner als ein zuvor festgelegtes α-Niveau, wird die H_0 verworfen, d.h., $\bar{x}$ weicht signifikant von μ_0 ab. Dieser Test (Hotellings T_1^2-Test) ist als zweiseitiger Test konzipiert, d.h., er prüft die ungerichtete $H_1: \boldsymbol{\mu}_0 \neq \boldsymbol{\mu}_1$.

Die Frage, ob eine Stichprobe zu einer bestimmten Grundgesamtheit gehört, überprüfen wir im *univariaten* Fall nach Gl. (5.2):

$$t = \frac{\bar{x} - \mu_0}{\hat{\sigma}_{\bar{x}}} = \frac{\bar{x} - \mu_0}{\hat{\sigma}/\sqrt{n}}.$$

Ist dieser t-Wert größer als der für $n - 1$ Freiheitsgrade auf einem bestimmten α-Niveau kritische t-Wert, nehmen wir an, dass die Stichprobe mit dem Mittelwert $\bar{x}$ nicht zur Population mit dem Mittelwert μ_0 gehört.

Für das Quadrat des t-Wertes erhalten wir:

$$t^2 = \frac{(\bar{x} - \mu_0)^2}{\hat{\sigma}^2/n} = n \cdot (\bar{x} - \mu_0) \cdot (\hat{\sigma}^2)^{-1} \cdot (\bar{x} - \mu_0). \quad (17.1)$$

Wird eine Stichprobe nicht nur durch eine, sondern durch p Variablen beschrieben, überprüfen wir die multivariate $H_0: \boldsymbol{\mu}_0 = \boldsymbol{\mu}_1$, indem wir in Gl. (17.1) für die Abweichung $\bar{x} - \mu_0$ den Abweichungsvektor $\bar{\mathbf{x}} - \boldsymbol{\mu}_0$ und für $\hat{\sigma}^2$ die Varianz-Kovarianz-Matrix der Variablen ($\boldsymbol{\Sigma}$) einsetzen. Die multivariate Version von (17.1) lautet:

$$Q = n \cdot (\bar{\mathbf{x}} - \boldsymbol{\mu}_0)' \cdot \boldsymbol{\Sigma}^{-1} \cdot (\bar{\mathbf{x}} - \boldsymbol{\mu}_0). \quad (17.2)$$

Dieser Q-Wert ist mit p Freiheitsgraden asymptotisch χ^2-verteilt (vgl. z.B. Tatsuoka, 1971, 4.1).

In Gl. (17.2) wird vorausgesetzt, dass die Varianz-Kovarianz-Matrix ($\boldsymbol{\Sigma}$) in der Population bekannt sei, was auf die meisten Fragestellungen nicht zutrifft. Im Normalfall sind wir darauf angewiesen, $\boldsymbol{\Sigma}$ auf Grund der Stichprobendaten zu schätzen. Bei nur einer abhängigen Variablen stellt $\hat{\sigma}^2 = \sum_m (x_m - \bar{x})^2/(n - 1)$ eine erwartungstreue Schätzung der Populationsvarianz σ^2 dar. In multivariaten Problemen ersetzen wir $\sum_m (x_m - \bar{x})^2$ durch eine Matrix $\mathbf{D}$, die in der Diagonale die Summen der quadrierten Abweichungen der Messwerte vom jeweiligen Variablenmittelwert (kurz: Quadratsummen) enthält und außerhalb der Diagonale die Summen korrespondierender Abweichungsprodukte (kurz: Summen der Kreuzprodukte; zur Berechnung einer $\mathbf{D}$-Matrix vgl. S. 531). In Analogie zur univariaten Analyse stellt für multivariate Probleme $\mathbf{D}/(n - 1)$ eine erwartungstreue Schätzung von $\boldsymbol{\Sigma}$ dar. Ersetzen wir $\boldsymbol{\Sigma}$ in Gl. (17.2) durch die erwartungstreue Schätzung $\mathbf{D}/(n - 1)$ [bzw. $\boldsymbol{\Sigma}^{-1}$ durch $(n - 1) \cdot \mathbf{D}^{-1}$], resultiert:

$$T_1^2 = n \cdot (n - 1) \cdot (\bar{\mathbf{x}} - \boldsymbol{\mu}_0)' \cdot \mathbf{D}^{-1} \cdot (\bar{\mathbf{x}} - \boldsymbol{\mu}_0) \quad (17.3)$$

Die Prüfgröße T_1^2 wurde erstmalig von Hotelling (1931) untersucht und heißt deshalb kurz Hotellings T_1^2. (Da wir im Folgenden noch andere Versionen des Hotellings T^2-Tests kennen lernen werden, indizieren wir den hier besprochenen T^2-Wert mit einer 1.) Ein T_1^2-Wert kann unter der Voraussetzung, dass die Variablen in der Population *multivariat normalverteilt* sind, nach folgender Beziehung anhand der F-Verteilung auf Signifikanz geprüft werden:

$$F = \frac{n - p}{(n - 1) \cdot p} \cdot T_1^2. \quad (17.4)$$

(Eine ausführlichere Herleitung dieser Prüfstatistik findet man z.B. bei Anderson, 1958; Morrison, 1990; Press, 1972, Kap. 3 u. 6.1; Tatsuoka, 1971, Kap. 4.)

Ermitteln wir nach Gl. (17.4) einen F-Wert, der größer ist als der auf einem bestimmten α-Niveau für p Zählerfreiheitsgrade und $n - p$ Nennerfreiheitsgrade kritische F-Wert, unterscheiden sich die Stichprobenmittelwerte insgesamt signifikant von den Populationsmittelwerten. Ist im univariaten Fall $p = 1$, reduziert sich Gl. (17.4) zu der bereits bekannten Gl. (2.60): $t^2_{(n-1)} = F_{(1, n-1)}$.

BEISPIEL

In einer Untersuchung wird geprüft, ob durch die Einnahme eines bestimmten Medikaments spezifische kognitive Funktionen verbessert werden können. Bei $n = 100$ Vpn wird nach Verabreichung des Medikaments mit geeigneten Tests das mechanische Verständnis (x_1) und die Abstraktionsfähigkeit (x_2) überprüft. Auf Grund von Voruntersuchungen sei bekannt, dass in der Grundgesamtheit ohne medikamentöse Beeinflussung im Durchschnitt Testleistungen von $\mu_1 = 40$ und $\mu_2 = 50$ erzielt werden. Gefragt wird, ob die durchschnittlichen Leistungen nach der Einnahme des Medikaments signifikant von diesen Populationswerten abweichen ($\alpha = 0.01$). Ausgehend von den 100 Messwerten pro Test wurden die folgenden Durchschnittsleistungen errechnet:

$$\bar{x}_1 = 43; \quad \bar{x}_2 = 52.$$

Ferner ermitteln wir die folgende $\mathbf{D}$-Matrix. (Auf die ausführliche Berechnung, die die vollständige Wiedergabe aller individuellen Daten erforderlich macht, wollen wir verzichten. Ein Zahlenbeispiel für eine D-Matrix findet man auf S. 532.)

$$\mathbf{D} = \begin{pmatrix} 350 & 100 \\ 100 & 420 \end{pmatrix}.$$

Setzen wir diese Werte in Gl. (17.3) ein, ergibt sich die folgende Bestimmungsgleichung für T_1^2:

$$T_1^2 = 100 \cdot (100-1) \cdot (43-40; 52-50)$$
$$\times \begin{pmatrix} 350 & 100 \\ 100 & 420 \end{pmatrix}^{-1} \cdot \begin{pmatrix} 43-40 \\ 52-50 \end{pmatrix}.$$

Wir berechnen zunächst die Inverse $\mathbf{D}^{-1}$ nach Gl. (C 21):

$$\mathbf{D}^{-1} = \frac{1}{350 \cdot 420 - 100 \cdot 100} \cdot \begin{pmatrix} 420 & -100 \\ -100 & 350 \end{pmatrix}$$
$$= \begin{pmatrix} 3066 & -730 \\ -730 & 2555 \end{pmatrix} \cdot 10^{-6}.$$

(Kontrolle: $\mathbf{D}^{-1} \cdot \mathbf{D} = \mathbf{I}$).
Für T_1^2 erhalten wir:

$$T_1^2 = 9900 \cdot (3; 2) \cdot \begin{pmatrix} 3066 & -730 \\ -730 & 2555 \end{pmatrix} \cdot \begin{pmatrix} 3 \\ 2 \end{pmatrix} \cdot 10^{-6}$$
$$= 9900 \cdot (7738; 2920) \cdot \begin{pmatrix} 3 \\ 2 \end{pmatrix} \cdot 10^{-6}$$
$$= 9900 \cdot 29\,054 \cdot 10^{-6}$$
$$= 287{,}63.$$

Nach Gl. (17.4) resultiert der folgende F-Wert:

$$F = \frac{100-2}{(100-1) \cdot 2} \cdot 287{,}63 = 142{,}36.$$

Dieser F-Wert ist bei 2 Zählerfreiheitsgraden und 98 Nennerfreiheitsgraden hoch signifikant, d.h., die Mittelwerte $\bar{x}_1$ und $\bar{x}_2$ weichen insgesamt statistisch bedeutsam von μ_1 und μ_2 ab. Das Medikament trägt in signifikanter Weise zur Verbesserung des mechanischen Verständnisses und der Abstraktionsfähigkeit bei.

Hinweis: Im Anschluss an einen signifikanten T_1^2-Wert taucht gelegentlich die Frage auf, in welchem Ausmaß die *einzelnen abhängigen Variablen* am Zustandekommen der Signifikanz beteiligt sind. Über eine Möglichkeit, diesbezügliche Gewichtungskoeffizienten der Variablen zu bestimmen, berichten Lutz (1974) und Hollingsworth (1981). Zu beachten ist, dass derartige Gewichtungskoeffizienten – ähnlich wie die Beta-Gewichte in der multiplen Korrelationsrechnung – nicht nur von den Einzeldifferenzen $\bar{x}_i - \mu_i$ abhängen, sondern auch von den Korrelationen zwischen den abhängigen Variablen. Wir werden dieses Thema unter 18.1 (Diskriminanzanalyse) aufgreifen.

17.3 Vergleich zweier Stichproben

Wie im univariaten Fall unterscheiden wir auch bei der gleichzeitigen Berücksichtigung mehrerer Variablen zwischen Mittelwertvergleichen für abhängige und unabhängige Stichproben. Der multivariate T^2-Test für 2 abhängige Stichproben wird vor allem dann eingesetzt, wenn an einer Stichprobe zu 2 verschiedenen Zeitpunkten (z. B. vor und nach einer Behandlung) p Variablen gemessen werden. Das gleiche Verfahren ist – in Analogie zur univariaten Fragestellung – jedoch auch indiziert, wenn 2 *parallelisierte Stichproben* (matched samples) miteinander bezüglich mehrerer Variablen verglichen werden sollen.

Abhängige Stichproben: Hotellings T_2^2-Test

Wird eine Stichprobe zu 2 Zeitpunkten bezüglich p Variablen untersucht, erhalten wir für jede Vp m (m = 1, ..., n) einen Messwertvektor $\mathbf{x}_{m1}$ mit den Messungen x_{im1} zum Zeitpunkt t_1 und einen zweiten Messwertvektor $\mathbf{x}_{m2}$, der die Messungen x_{im2} zum Zeitpunkt t_2 enthält. Wir bestimmen für jede Vp m einen Differenzvektor $\mathbf{d}_m$, der die Differenzen der Messungen zwischen den beiden Zeitpunkten bezüglich aller Variablen enthält:

$$\mathbf{d}_m = \mathbf{x}_{m1} - \mathbf{x}_{m2} \quad (17.5)$$

$$\begin{pmatrix} d_{1m} \\ d_{2m} \\ \vdots \\ d_{pm} \end{pmatrix} = \begin{pmatrix} x_{1m1} \\ x_{2m1} \\ \vdots \\ x_{pm1} \end{pmatrix} - \begin{pmatrix} x_{1m2} \\ x_{2m2} \\ \vdots \\ x_{pm2} \end{pmatrix}.$$

Hierin ist z. B. x_{i21} der Messwert der 2. Person auf der i-ten Variablen zum 1. Zeitpunkt und d_{2m} die Differenz zwischen der 1. und 2. Messung der Vp m auf der Variablen 2. Aus den n Differenzvektoren ermitteln wir den durchschnittlichen Differenzvektor $\bar{\mathbf{d}}$:

$$\bar{\mathbf{d}} = \sum_m \mathbf{d}_m / n. \quad (17.6)$$

Ein Element $\bar{d}_i$ des Vektors $\bar{\mathbf{d}}$ entspricht somit dem $\bar{x}_d$-Wert in Gl. (5.19) bzw. der durchschnittlichen Differenz auf der Variablen i. Die $H_0: \boldsymbol{\mu}_1 = \boldsymbol{\mu}_2$ überprüfen wir mit folgendem T_2^2-Wert:

$$T_2^2 = n \cdot (n-1) \cdot \bar{\mathbf{d}}' \cdot \mathbf{D}_d^{-1} \cdot \bar{\mathbf{d}}. \quad (17.7)$$

17.3 Vergleich zweier Stichproben

D_d stellt in dieser Gleichung die Matrix der Quadratsummen und Kreuzproduktsummen für die Differenzvektoren d_m dar.

Der resultierende T_2^2-Wert wird ebenfalls nach Gl. (17.4) in einen F-Wert transformiert, der mit p Zählerfreiheitsgraden und n − p Nennerfreiheitsgraden auf Signifikanz überprüft wird.

BEISPIEL

8 Personen werden aufgefordert, 1. ihre soziale Ängstlichkeit und 2. ihr Dominanzstreben in Gruppensituationen auf einer 7-Punkte-Skala (7 = extrem starke Merkmalsausprägung) einzustufen. Im Anschluss daran führen diese 8 Personen ein gruppendynamisches Training durch und werden dann erneut gebeten, auf den beiden Skalen ihr Sozialverhalten einzustufen. Tabelle 17.1 zeigt die Daten und die Durchführung des T_2^2-Tests.

Unter der Annahme, dass die Merkmalsdifferenzen in der Population bivariat normalverteilt sind, ist der ermittelte F-Wert für 2 Zählerfreiheitsgrade und 6 Nennerfreiheitsgrade auf dem $\alpha = 1\%$-Niveau signifikant, d.h., die gefundenen Veränderungen in den Selbsteinschätzungen des Sozialverhaltens sind statistisch bedeutsam.

Unabhängige Stichproben: Hotellings T_3^2-Test

Werden 2 voneinander unabhängige Stichproben untersucht, überprüfen wir die Nullhypothese der Identität der Mittelwertparameter im univariaten Fall (vgl. 5.1.2) nach der Beziehung:

$$t = \frac{\bar{x}_1 - \bar{x}_2}{\hat{\sigma} \cdot \sqrt{\left(\frac{1}{n_1} + \frac{1}{n_2}\right)}},$$

wobei

$$\hat{\sigma} = \sqrt{\frac{\sum_m (x_{m1} - \bar{x}_1)^2 + \sum_m (x_{m2} - \bar{x}_2)^2}{n_1 + n_2 - 2}}.$$

Quadrieren wir diesen t-Wert, resultiert

Tabelle 17.1. Beispiel für einen Hotellings T_2^2-Test für 2 abhängige Stichproben

Vp-Nr.	vor dem Training		nach dem Training	
	soz. Angst	Dominanz	soz. Angst	Dominanz
1	5	3	3	3
2	4	3	3	4
3	6	2	2	3
4	6	3	4	4
5	7	2	5	4
6	5	4	3	3
7	4	4	2	4
8	3	3	2	5

$$d_1 = \begin{pmatrix} 2 \\ 0 \end{pmatrix}; \quad d_2 = \begin{pmatrix} 1 \\ -1 \end{pmatrix}; \quad d_3 = \begin{pmatrix} 4 \\ -1 \end{pmatrix}; \quad d_4 = \begin{pmatrix} 2 \\ -1 \end{pmatrix}$$

$$d_5 = \begin{pmatrix} 2 \\ -2 \end{pmatrix}; \quad d_6 = \begin{pmatrix} 2 \\ 1 \end{pmatrix}; \quad d_7 = \begin{pmatrix} 2 \\ 0 \end{pmatrix}; \quad d_8 = \begin{pmatrix} 1 \\ -2 \end{pmatrix}$$

$$\bar{d} = \begin{pmatrix} 2+1+4+2+2+2+2+1 \\ 0+(-1)+(-1)+(-1)+(-2)+1+0+(-2) \end{pmatrix} = \begin{pmatrix} 16 \\ -6 \end{pmatrix} : 8 = \begin{pmatrix} 2 \\ -0{,}75 \end{pmatrix}$$

$$D_d = \begin{pmatrix} 6{,}00 & 1{,}00 \\ 1{,}00 & 7{,}50 \end{pmatrix} \quad \left(\text{z.B. } d_{d(11)} = (2^2 + 1^2 + \cdots + 2^2 + 1^2) - \frac{16^2}{8} = 6\right)$$

$$D_d^{-1} = \frac{1}{6{,}00 \cdot 7{,}50 - 1{,}00} \cdot \begin{pmatrix} 7{,}50 & -1{,}00 \\ -1{,}00 & 6{,}00 \end{pmatrix} = \begin{pmatrix} 0{,}17 & -0{,}02 \\ -0{,}02 & 0{,}14 \end{pmatrix}$$

$$T_2^2 = 8 \cdot 7 \cdot (2; -0{,}75) \cdot \begin{pmatrix} 0{,}17 & -0{,}02 \\ -0{,}02 & 0{,}14 \end{pmatrix} \cdot \begin{pmatrix} 2 \\ -0{,}75 \end{pmatrix} = 56 \cdot (0{,}36; -0{,}15) \cdot \begin{pmatrix} 2 \\ -0{,}75 \end{pmatrix} = 56 \cdot 0{,}83 = 46{,}48$$

$$F = \frac{8-2}{(8-1) \cdot 2} \cdot 46{,}48 = 19{,}92^{**}$$

$$t^2 = \frac{(\bar{x}_1 - \bar{x}_2)^2}{\hat{\sigma}^2 \cdot \left(\dfrac{1}{n_1} + \dfrac{1}{n_2}\right)}$$

$$= (\bar{x}_1 - \bar{x}_2) \cdot \left(\frac{n_1 + n_2}{n_1 \cdot n_2} \cdot \hat{\sigma}^2\right)^{-1} \cdot (\bar{x}_1 - \bar{x}_2).$$

In der multivariaten Mittelwertanalyse ersetzen wir die Differenz der Mittelwerte $(\bar{x}_1 - \bar{x}_2)$ durch die Differenz der Mittelwertvektoren $(\bar{\mathbf{x}}_1 - \bar{\mathbf{x}}_2)$. $\hat{\sigma}^2$ stellt im univariaten Fall eine Schätzung der Populationsvarianz auf Grund beider Stichproben dar. Im multivariaten Fall benötigen wir die in der Population gültige **D**-Matrix der p Variablen, die auf Grund der Messwerte der p Variablen, die in beiden Stichproben erhoben wurden, geschätzt wird. Für diese Schätzung fassen wir die **D**-Matrizen der Messwerte, die wir für die beiden Stichproben erhalten, zu einer **W**-Matrix zusammen:

$$\mathbf{W} = \mathbf{D}_1 + \mathbf{D}_2. \tag{17.8}$$

Die $H_0: \boldsymbol{\mu}_1 = \boldsymbol{\mu}_2$ wird durch folgenden T_3^2-Test überprüft:

$$T_3^2 = \frac{n_1 \cdot n_2 \cdot (n_1 + n_2 - 2)}{n_1 + n_2}$$
$$\times (\bar{\mathbf{x}}_1 - \bar{\mathbf{x}}_2)' \cdot \mathbf{W}^{-1} \cdot (\bar{\mathbf{x}}_1 - \bar{\mathbf{x}}_2). \tag{17.9}$$

T_3^2 wird ebenfalls in einen F-Wert transformiert:

$$F = \frac{n_1 + n_2 - p - 1}{(n_1 + n_2 - 2) \cdot p} \cdot T_3^2. \tag{17.10}$$

Dieser F-Wert hat p Zählerfreiheitsgrade und $n_1 + n_2 - p - 1$ Nennerfreiheitsgrade.

BEISPIEL

Eine Stichprobe von n = 10 Schülern wird nach einer Unterrichtsmethode A und eine andere Stichprobe von n = 8 Schülern nach einer Methode B unterrichtet. Abhängige Variablen sind 1. die Leistungen der Schüler und 2. die Zufriedenheit der Schüler mit dem Unterricht. Es soll überprüft werden, ob sich die beiden Stichproben bezüglich der beiden abhängigen Variablen unterscheiden. Tabelle 17.2 zeigt die Daten und den Rechengang.
Der ermittelte F-Wert ist bei 2 Zählerfreiheitsgraden und 15 Nennerfreiheitsgraden nicht signifikant, d. h., Lernleistungen und Zufriedenheit unterscheiden sich nicht bedeutsam zwischen den beiden nach verschiedenen Methoden unterrichteten Schülergruppen.

Zur Kalkulation von Teststärke und optimalen Stichproben beim T_3^2-Test findet man Informationen bei Stevens (2002, Kap. 4.12).

Voraussetzung. Die Zusammenfassung der Matrizen $\mathbf{D}_1$ und $\mathbf{D}_2$ zu einer gemeinsamen Matrix **W** setzt voraus, dass die **D**-Matrizen (bzw. die entsprechenden Varianz-Kovarianz-Matrizen) homogen sind. Wie Hakstian et al. (1979) jedoch zeigen konnten, erweist sich der T_3^2-Test bei gleich großen Stichproben als relativ robust gegenüber Verletzungen dieser Voraussetzung. Bei ungleich großen Stichproben können heterogene Varianz-Kovarianz-Matrizen den T_3^2-Test jedoch verfälschen. Für $|\mathbf{D}_1| > |\mathbf{D}_2|$ und $n_1 > n_2$ (bzw. $|\mathbf{D}_1| < |\mathbf{D}_2|$ und $n_1 < n_2$) führt der T_3^2-Test zu konservativen und für $|\mathbf{D}_1| > |\mathbf{D}_2|$ und $n_1 < n_2$ (bzw. $|\mathbf{D}_1| < |\mathbf{D}_2|$ und $n_1 > n_2$) zu progressiven Entscheidungen (ausführlicher hierzu vgl. Hakstian et al., 1979, bzw. Algina u. Oshima, 1990). Bei deutlichen Voraussetzungsverletzungen werden die Verfahren von Yao (1965) und Zwick (1985b) empfohlen.

17.4 Einfaktorielle Varianzanalyse mit Messwiederholungen

Im Folgenden wollen wir einen varianzanalytischen Ansatz nachtragen, auf den bereits in Kap. 9 (S. 357) unter der Bezeichnung Hotellings T^2-Test hingewiesen wurde. Eine *univariate*, einfaktorielle Messwiederholungsanalyse kann auch multivariat über den folgenden T_4^2-Test durchgeführt werden: Wir bestimmen einen Vektor $\mathbf{y}_1$, der die Differenzen zwischen der 1. und 2. Messung $(x_{1m} - x_{2m})$ enthält (der Vektor besteht somit aus n Differenzen), einen Vektor $\mathbf{y}_2$ mit den Differenzen $x_{2m} - x_{3m}$, einen Vektor $\mathbf{y}_3$ mit $x_{3m} - x_{4m}$ usw. bis $\mathbf{y}_{k-1}$, der die Differenzen zwischen der vorletzten und letzten Messung enthält. Aus diesen k − 1 Vektoren wird ein Vektor $\bar{\mathbf{y}}$ gebildet, dessen Elemente die arithmetischen Mittelwerte der Elemente der einzelnen **y**-Vektoren wiedergeben. (Das 1. Element in $\bar{\mathbf{y}}$ kennzeichnet die über alle Vpn gemittelte Veränderung von der 1. zur 2. Messung.) Ferner ermitteln wir die Varianz-Kovarianz-Matrix der **y**-Vektoren $\widehat{\mathbf{COV}}_y = \mathbf{D}_y/(n-1)$ zur Schätzung der in der Population gültigen Varianz-Kovarianz-Matrix. Hieraus bestimmen wir folgenden T_4^2-Wert:

17.4 Einfaktorielle Varianzanalyse mit Messwiederholungen

Tabelle 17.2. Beispiel für Hotellings T_3^2-Test für 2 unabhängige Stichproben

	Methode A			Methode B	
	x_1	x_2		x_1	x_2
	11	5		10	4
	9	3		8	4
	10	4		9	4
	10	4		9	7
	11	3		10	5
	14	4		13	3
	10	5		8	3
	12	7		12	6
	13	3	$\sum_m x_{im(B)}$:	79	36
	8	6			
$\sum_m x_{im(A)}$:	108	44	$\sum_m x_{im(B)}^2$:	803	176
$\sum_m x_{im(A)}^2$:	1196	210			

$\sum_m x_{1m(A)} \cdot x_{2m(A)} = 472$ $\qquad$ $\sum_m x_{1m(B)} \cdot x_{2m(B)} = 356$

$\bar{x}_{1(A)} = 10{,}800$ $\qquad\qquad\qquad\qquad$ $\bar{x}_{1(B)} = 9{,}875$

$\bar{x}_{2(A)} = 4{,}400$ $\qquad\qquad\qquad\qquad$ $\bar{x}_{2(B)} = 4{,}500$

$$D_A = \begin{pmatrix} 29{,}60 & -3{,}20 \\ -3{,}20 & 16{,}40 \end{pmatrix} \qquad D_B = \begin{pmatrix} 22{,}875 & 0{,}500 \\ 0{,}500 & 14{,}000 \end{pmatrix}$$

Z.B. $d_{A(11)} = 1196 - 108^2/10 = 29{,}60$

$\quad\;\; d_{B(12)} = 356 - 79 \cdot 36/8 = 0{,}50$

$$W = D_A + D_B = \begin{pmatrix} 52{,}475 & -2{,}700 \\ -2{,}700 & 30{,}400 \end{pmatrix}$$

$$W^{-1} = \frac{1}{52{,}475 \cdot 30{,}400 - (-2{,}700)^2} \cdot \begin{pmatrix} 30{,}400 & 2{,}700 \\ 2{,}700 & 52{,}475 \end{pmatrix} = \begin{pmatrix} 191{,}43 & 17{,}00 \\ 17{,}00 & 330{,}46 \end{pmatrix} \cdot 10^{-4}$$

$$\bar{x}_A - \bar{x}_B = \begin{pmatrix} 0{,}925 \\ -0{,}100 \end{pmatrix}$$

$$T_3^2 = \frac{10 \cdot 8 \cdot 16}{10 + 8} \cdot (0{,}925;\, -0{,}100) \cdot \begin{pmatrix} 191{,}43 & 17{,}00 \\ 17{,}00 & 330{,}46 \end{pmatrix} \cdot \begin{pmatrix} 0{,}925 \\ -0{,}100 \end{pmatrix} \cdot 10^{-4}$$

$$= \frac{1280}{18} \cdot (175{,}37;\, -17{,}32) \cdot \begin{pmatrix} 0{,}925 \\ -0{,}100 \end{pmatrix} \cdot 10^{-4}$$

$$= 71{,}11 \cdot 163{,}95 \cdot 10^{-4} = 1{,}17$$

$$F = \frac{10 + 8 - 2 - 1}{(10 + 8 - 2) \cdot 2} \cdot 1{,}17 = 0{,}55$$

$$T_4^2 = n \cdot \bar{y}' \cdot \widehat{COV}_y^{-1} \cdot \bar{y}. \qquad (17.11)$$

Den T_4^2-Wert transformieren wir in einen F-Wert:

$$F = \frac{n - k + 1}{(n - 1) \cdot (k - 1)} \cdot T_4^2, \qquad (17.12)$$

wobei n = Anzahl der Vpn,
$\quad\;\;\,$ k = Anzahl der Messungen.

Dieser F-Wert hat $k - 1$ Zählerfreiheitsgrade und $n - k + 1$ Nennerfreiheitsgrade.

Datenrückgriff. Tabelle 17.3 erläutert den Rechengang des T_4^2-Tests anhand der Daten in Tabelle 9.3.

Der hier ermittelte F-Wert stimmt bis auf unwesentliche Abweichungen mit dem in Tabelle 9.4 genannten Wert überein, was immer der Fall ist, wenn – wie in unserem Beispiel – die Varianz-Kovarianz-Matrix homogen ist.

Hinweis: Die Bestimmung der Differenzvektoren y_i muss nicht notwendigerweise zwischen zwei jeweils aufeinander folgenden Messwertreihen erfolgen. Wir erhalten das gleiche Ergebnis, wenn beispielsweise die ersten $k-1$ Messungen von der k-ten Messung abgezogen werden, oder wenn von der ersten (oder einer anderen) die übrigen Messungen abgezogen werden (Näheres hierzu s. Morrison, 1990).

In Kap. 9.3 wurden die Voraussetzungen der univariaten Varianzanalyse mit Messwiederholungen behandelt. Die wichtigste Voraussetzung besagt, dass die Varianz der Differenzen der Messungen von jeweils zwei Treatmentstufen homogen sein muss (Zirkularitätsannahme). Diese Voraussetzung ist deshalb besonders wichtig, weil eine Verletzung diese Voraussetzung zu progressiven Entscheidungen führt. Heterogenität kann – wie berichtet wurde – durch eine Korrektur der Freiheitsgrade („ε-Korrektur") kompensiert werden.

Wird ein Versuchsplan mit Messwiederholungen nicht varianzanalytisch, sondern multivariat über den T_4^2-Test ausgewertet, erübrigt sich eine Überprüfung der Zirkularitätsannahme, weil der T_4^2-Test durch Verletzung dieser Voraussetzung nicht invalidiert wird (Stevens, 2002, S. 551). Allerdings sollte der T_4^2-Test wegen zu geringer Teststärke vermieden werden, wenn $n < k + 10$ ist.

17.5 Einfaktorielle, multivariate Varianzanalyse

In der univariaten einfaktoriellen Varianzanalyse (ANOVA; vgl. Kap. 7) wird die totale Quadratsumme (QS_{tot}) in eine Fehlerquadratsumme (QS_{Fehler}) und eine Quadratsumme, die auf die Wirkungen der p Treatmentstufen zurückgeht (QS_{treat}), zerlegt. Es gilt die Beziehung $QS_{tot} = QS_{treat} + QS_{Fehler}$, wobei wir unter Verwendung des Kenn-

Tabelle 17.3. Beispiel für Hotellings T_4^2-Test (einfaktorielle Varianzanalyse mit Messwiederholungen)

Vp-Nr.	$y_1 = x_1 - x_2$	$y_2 = x_2 - x_3$
1	0	1
2	−1	−2
3	−1	4
4	−2	2
5	0	2
6	−2	2
7	−5	4
8	−1	3
9	−1	2
10	−2	2
	−15	20

$$\bar{y} = \begin{pmatrix} -1{,}5 \\ 2{,}0 \end{pmatrix}; \quad \widehat{COV}_y = \begin{pmatrix} 2{,}056 & -1 \\ -1 & 2{,}889 \end{pmatrix}$$

$$\widehat{COV}_y^{-1} = \frac{1}{2{,}056 \cdot 2{,}889 - (-1)^2} \cdot \begin{pmatrix} 2{,}889 & 1 \\ 1 & 2{,}056 \end{pmatrix} = \begin{pmatrix} 0{,}585 & 0{,}202 \\ 0{,}202 & 0{,}416 \end{pmatrix}$$

$$T_4^2 = 10 \cdot (-1{,}5; 2{,}0) \cdot \begin{pmatrix} 0{,}585 & 0{,}202 \\ 0{,}202 & 0{,}416 \end{pmatrix} \cdot \begin{pmatrix} -1{,}5 \\ 2{,}0 \end{pmatrix} = 10 \cdot (-0{,}473; 0{,}529) \cdot \begin{pmatrix} -1{,}5 \\ 2{,}0 \end{pmatrix} = 10 \cdot 1{,}768 = 17{,}68$$

$$F = \frac{8}{18} \cdot 17{,}68 = 7{,}86$$

17.5 Einfaktorielle, multivariate Varianzanalyse

ziffersystems die einzelnen Quadratsummen in folgender Weise bestimmen (vgl. S. 256 f.):

$$QS_{treat} = (3) - (1), \quad QS_{Fehler} = (2) - (3),$$
$$QS_{tot} = (2) - (1).$$

In der multivariaten Varianzanalyse (MANOVA) weisen wir den k Stufen eines Faktors jeweils eine Zufallsstichprobe zu, die allerdings nicht nur bezüglich einer abhängigen Variablen, sondern bezüglich p abhängiger Variablen beschrieben wird. Für jede dieser p abhängigen Variablen können wir nach den oben genannten Regeln die Quadratsummen QS_{treat}, QS_{Fehler} und QS_{tot} bestimmen, die die Basis für p univariate einfaktorielle Varianzanalysen darstellen.

Der multivariate Ansatz berücksichtigt zusätzlich die $p \cdot (p-1)/2$ Kovarianzen zwischen den p Variablen. Statt der 3 Quadratsummen im univariaten Fall berechnen wir deshalb im multivariaten Fall 3 D-Matrizen, $\mathbf{D}_{treat}$, $\mathbf{D}_{Fehler}$ und $\mathbf{D}_{tot}$, deren Diagonale jeweils die Quadratsummen QS_{treat}, QS_{Fehler} und QS_{tot} der p Variablen enthält. Außerhalb der Diagonale stehen die entsprechenden Summen der korrespondierenden Abweichungsprodukte (Summen der Kreuzprodukte).

Im Einzelnen gehen wir folgendermaßen vor: Zur Bestimmung der $\mathbf{D}_{treat}$-Matrix errechnen wir zunächst die QS_{treat}-Werte für alle p Variablen:

$$d_{treat(i,i)} = QS_{treat(i)} = (3x_i) - (1x_i)$$
$$= \sum_{j=1}^{k} (A_{ij}^2/n_j) - G_i^2/N. \qquad (17.13)$$

Hierbei sind i der Index der p abhängigen Variablen, j der Index der k Faktorstufen, $N = \sum_j n_j$ und A_{ij} die Summe der Messwerte auf der Variablen i unter der Stufe j; $d_{treat(i,i)}$ kennzeichnet somit das i-te Diagonalelement der $\mathbf{D}_{treat}$-Matrix, das der QS_{treat} der i-ten Variablen entspricht.

Ein Element außerhalb der Diagonale $d_{treat(i,i')} (i \neq i')$ erhalten wir als die Summe korrespondierender Abweichungsprodukte:

$$d_{treat(i,i')} = (3x_i x_{i'}) - (1x_i x_{i'})$$
$$= \sum_{j=1}^{k} (A_{ij} \cdot A_{i'j}/n_j) - G_i \cdot G_{i'}/N. \qquad (17.14)$$

Die Elemente der $\mathbf{D}_{Fehler}$-Matrix bestimmen wir ebenfalls in völliger Analogie zur einfaktoriellen, univariaten Varianzanalyse. Für die Diagonalelemente, die den einzelnen QS_{Fehler} der p Variablen entsprechen, erhalten wir:

$$d_{Fehler(i,i)} = QS_{Fehler(i)} = (2x_i) - (3x_i)$$
$$= \sum_j \sum_m x_{ijm}^2 - \sum_j (A_{ij}^2/n_j) \qquad (17.15)$$

und für die Elemente außerhalb der Diagonale:

$$d_{Fehler(i,i')} = (2x_i x_{i'}) - (3x_i x_{i'})$$
$$= \sum_j \sum_m x_{ijm} \cdot x_{i'jm}$$
$$- \sum_j (A_{ij} \cdot A_{i'j}/n_j). \qquad (17.16)$$

Zur Kontrolle ermitteln wir zusätzlich die Matrix $\mathbf{D}_{tot}$ mit den Elementen:

$$d_{tot(i,i)} = QS_{tot(i)} = (2x_i) - (1x_i)$$
$$= \sum_j \sum_m x_{ijm}^2 - G_i^2/N, \qquad (17.17)$$

$$d_{tot(i,i')} = (2x_i x_{i'}) - (1x_i x_{i'})$$
$$= \sum_j \sum_m x_{ijm} \cdot x_{i'jm} - G_i \cdot G_{i'}/N. \qquad (17.18)$$

Der Additivität der Quadratsummen entspricht im multivariaten Fall die Additivität der D-Matrizen:

$$\mathbf{D}_{treat} + \mathbf{D}_{Fehler} = \mathbf{D}_{tot}. \qquad (17.19)$$

Aus $\mathbf{D}_{treat}$ und $\mathbf{D}_{Fehler}$ errechnen wir nach folgender Gleichung eine Prüfgröße Λ (großes griechisches Lambda):

$$\Lambda = \frac{|\mathbf{D}_{Fehler}|}{|\mathbf{D}_{Fehler} + \mathbf{D}_{treat}|} = \frac{|\mathbf{D}_{Fehler}|}{|\mathbf{D}_{tot}|}. \qquad (17.20\,\text{a})$$

Diese als Wilks Λ bezeichnete Prüfgröße lässt sich auch nach folgender Beziehung berechnen (vgl. Wilks, 1932 oder Bock, 1975, S. 152):

$$\Lambda = \prod_{i=1}^{r} 1/(1+\lambda_i), \qquad (17.20\,\text{b})$$

wobei λ_i = Eigenwerte der Matrix $\mathbf{D}_{treat} \cdot \mathbf{D}_{Fehler}^{-1}$ und $\prod_{i=1}^{r}$ = Produktkette von $1/(1+\lambda_i)$ für $i = 1, \ldots, r$ mit r = Anzahl der Eigenwerte.

Der Λ-Wert ist die Grundlage einiger weitgehend äquivalenter Tests der Nullhypothese, dass die Mittelwertvektoren $\bar{x}_j$ der einzelnen Stichproben einheitlich aus einer multivariat-normalverteilten Grundgesamtheit stammen, deren Mittelwerte durch den Vektor μ beschrieben sind. Wie Bartlett (1947) zeigt, ist der folgende Ausdruck approximativ χ^2-verteilt:

$$V = c \cdot (-\ln \Lambda), \qquad (17.21)$$

wobei

$c = N - 1 - (k + p)/2$ und
$N = \sum_j n_j$,
k = Anzahl der Stichproben,
p = Anzahl der abhängigen Variablen,
$\ln$ = Logarithmus zur Basis e.

V hat $p \cdot (k - 1)$ Freiheitsgrade. Die χ^2-Approximation der Verteilung von V wird besser, je größer N im Vergleich zu $(p + k)$ ist.

Bei kleineren Stichproben ($df_{Fehler} < 10 \cdot p \cdot df_{treat}$) empfiehlt Olson (1976, 1979), die von Pillai (1955) vorgeschlagene Teststatistik (PS; vgl. Tabelle 17.5) zu verwenden. Der folgende F-Test führt bei kleineren Stichproben eher zu konservativen Entscheidungen:

$$F = \frac{(df_{Fehler} - p + s) \cdot PS}{b \cdot (s - PS)}, \qquad (17.22)$$

wobei

$s = \min(p, df_{treat})$
$b = \max(p, df_{treat})$
$PS = \sum_{i=1}^{r} \frac{\lambda_i}{1 + \lambda_i}$
$df_{treat} = k - 1$
$df_{Fehler} = N - k$
λ_i = Eigenwerte der Matrix
$\mathbf{D}_{treat} \cdot \mathbf{D}_{Fehler}^{-1}$.

Dieser F-Wert hat $s \cdot b$ Zählerfreiheitsgrade und $s \cdot (df_{Fehler} - p + s)$ Nennerfreiheitsgrade.

Eine weitere F-verteilte Prüfgröße wurde von Rao (1952, zit. nach Bock, 1975, S. 135) vorgeschlagen. Auf diese Prüfgröße gehen wir unter 19.3 ausführlich ein.

BEISPIEL

Anhand der Aufsätze von 6 Unterschichtkindern, 4 Mittelschichtkindern und 5 Oberschichtkindern (k = 3 Stufen des Faktors A, N = 15) wird ein Index für die Satzlängen (x_1), ein Index für die Vielfalt der Wortwahl (x_2) und ein Index für die Komplexität der Satzkonstruktionen (x_3) ermittelt (p = 3). Es soll überprüft werden, ob sich die 3 sozialen Schichten bezüglich dieser linguistischen Variablen unterscheiden. Tabelle 17.4 zeigt die ermittelten Daten und den Rechengang.

Den resultierenden Λ-Wert erhalten wir auch über Gl. (17.20 b). Mit $\lambda_1 = 2{,}3005$ und $\lambda_2 = 0{,}0209$ als Eigenwerte der Matrix $\mathbf{D}_{treat} \cdot \mathbf{D}_{Fehler}^{-1}$ resultiert (zur Berechnung dieser Eigenwerte vgl. S. 614 f.):

$$\Lambda = \left(\frac{1}{1 + 2{,}3005}\right) \cdot \left(\frac{1}{1 + 0{,}0209}\right) = 0{,}297.$$

Der Signifikanztest nach Gl. (17.21) führt über

$$c = 15 - 1 - (3 + 3)/2 = 11{,}0$$

zu

$$V = 11{,}0 \cdot (-\ln 0{,}297) = 13{,}36.$$

Dieser Wert wäre gemäß Tabelle C für $3 \cdot (3 - 1) = 6$ Freiheitsgrade signifikant. Da jedoch die Stichprobenumfänge vergleichsweise klein sind, präferieren wir Gl. (17.22) als Signifikanztest. Man errechnet

$$PS = \frac{2{,}3005}{1 + 2{,}3005} + \frac{0{,}0209}{1 + 0{,}0209} = 0{,}717$$
$$s = \min(3; 2) = 2$$
$$b = \max(3; 2) = 3$$
$$df_{treat} = 2$$
$$df_{Fehler} = 12$$

und damit

$$F = \frac{(12 - 3 + 2) \cdot 0{,}717}{3 \cdot (2 - 0{,}717)} = 2{,}05.$$

Dieser F-Wert hat $2 \cdot 3 = 6$ Zählerfreiheitsgrade und $2 \cdot (12 - 3 + 2) = 22$ Nennerfreiheitsgrade. Er ist gemäß Tabelle E nicht signifikant, was – im Vergleich zum V-Wert nach Gl. (17.21) – den konservativen Charakter des Tests nach Gl. (17.22) belegt. Die H_0 wäre also in diesem Fall beizubehalten, d.h., Schüler der drei sozialen Schichten unterscheiden sich nicht hinsichtlich ihres durch drei linguistische Variablen operationalisierten Sprachverhaltens.

Für eine differenziertere Interpretation dieses Ergebnisses könnten univariate Varianzanalysen über die drei abhängigen Variablen gerechnet werden. Man beachte jedoch, dass die univariaten Tests voneinander abhängig sind, wenn – wie üblich – die abhängigen Variablen miteinander korrelieren (vgl. z. B. Morrison, 1967, Kap. 5, oder Bock u. Haggert, 1968). Angemessen wäre für diesen Zweck eine Diskriminanzanalyse, die wir im Kap. 18 behandeln.

„Optimale" Stichprobenumfänge. Auf S. 126 ff. wurde der theoretische Hintergrund „optimaler" Stichprobenumfänge behandelt. Analoge Überlegungen gelten für die MANOVA, wobei der optimale Stichprobenumfang bei diesem Verfahren

17.5 Einfaktorielle, multivariate Varianzanalyse

Tabelle 17.4. Beispiel für eine einfaktorielle multivariate Varianzanalyse

	Unterschicht			Mittelschicht			Oberschicht		
	x_1	x_2	x_3	x_1	x_2	x_3	x_1	x_2	x_3
	3	3	4	3	4	4	4	5	7
	4	4	3	2	5	5	4	6	4
	4	4	6	4	3	6	3	6	6
	2	5	5	5	5	6	4	7	6
	2	4	5				6	5	6
	3	4	6						
$\sum x_m$:	18	24	29	14	17	21	21	29	29
$\sum x_m^2$:	58	98	147	54	75	113	93	171	173

$G_1 = 18 + 14 + 21 = 53$
$G_2 = 24 + 17 + 29 = 70$
$G_3 = 29 + 21 + 29 = 79$

$(1x_1) = 53^2/15 = 187{,}2667$
$(2x_1) = 3^2 + 4^2 + \cdots + 4^2 + 6^2 = 205$
$(3x_1) = 18^2/6 + 14^2/4 + 21^2/5 = 191{,}2000$
$(1x_2) = 70^2/15 = 326{,}6667$
$(2x_2) = 3^2 + 4^2 + \cdots + 7^2 + 5^2 = 344$
$(3x_2) = 24^2/6 + 17^2/4 + 29^2/5 = 336{,}4500$
$(1x_3) = 79^2/15 = 416{,}0667$
$(2x_3) = 4^2 + 3^2 + 6^2 + \cdots + 6^2 + 6^2 = 433$
$(3x_3) = 29^2/6 + 21^2/4 + 29^2/5 = 418{,}6167$
$(1x_1x_2) = 53 \cdot 70/15 = 247{,}3333$
$(2x_1x_2) = 3 \cdot 3 + 4 \cdot 4 + 4 \cdot 4 + \cdots + 4 \cdot 7 + 6 \cdot 5 = 250$
$(3x_1x_2) = 18 \cdot 24/6 + 14 \cdot 17/4 + 21 \cdot 29/5 = 253{,}3000$
$(1x_1x_3) = 53 \cdot 79/15 = 279{,}1333$
$(2x_1x_3) = 3 \cdot 4 + 4 \cdot 3 + 4 \cdot 6 + \cdots + 4 \cdot 6 + 6 \cdot 6 = 284$
$(3x_1x_3) = 18 \cdot 29/6 + 14 \cdot 21/4 + 21 \cdot 29/5 = 282{,}3000$
$(1x_2x_3) = 70 \cdot 79/15 = 368{,}6667$
$(2x_2x_3) = 3 \cdot 4 + 4 \cdot 3 + 4 \cdot 6 + \cdots + 7 \cdot 6 + 5 \cdot 6 = 373$
$(3x_2x_3) = 24 \cdot 29/6 + 17 \cdot 21/4 + 29 \cdot 29/5 = 373{,}4500$

$$\mathbf{D}_{\text{treat}} = \begin{pmatrix} 3{,}9333 & 5{,}9667 & 3{,}1667 \\ 5{,}9667 & 9{,}7833 & 4{,}7833 \\ 3{,}1667 & 4{,}7833 & 2{,}5500 \end{pmatrix} \quad \text{z.B. } d_{\text{treat}(1,3)} = (3x_1x_3) - (1x_1x_3) = 3{,}1667$$

$$\mathbf{D}_{\text{Fehler}} = \begin{pmatrix} 13{,}8000 & -3{,}3000 & 1{,}7000 \\ -3{,}3000 & 7{,}5500 & -0{,}4500 \\ 1{,}7000 & -0{,}4500 & 14{,}3833 \end{pmatrix} \quad \text{z.B. } d_{\text{Fehler}(2,2)} = (2x_2) - (3x_2) = 7{,}5500$$

$$\mathbf{D}_{\text{tot}} = \begin{pmatrix} 17{,}7333 & 2{,}6667 & 4{,}8667 \\ 2{,}6667 & 17{,}3333 & 4{,}3333 \\ 4{,}8667 & 4{,}3333 & 16{,}9333 \end{pmatrix} \quad \text{z.B. } d_{\text{tot}(2,3)} = (2x_2x_3) - (1x_2x_3) = 4{,}3333$$

Tabelle 17.4 (Fortsetzung)

Kontrolle:

$$\mathbf{D}_{\text{treat}} + \mathbf{D}_{\text{Fehler}} = \mathbf{D}_{\text{tot}}$$

$$\begin{pmatrix} 3{,}9333 & 5{,}9667 & 3{,}1667 \\ 5{,}9667 & 9{,}7833 & 4{,}7833 \\ 3{,}1667 & 4{,}7833 & 2{,}5500 \end{pmatrix} + \begin{pmatrix} 13{,}8000 & -3{,}3000 & 1{,}7000 \\ -3{,}3000 & 7{,}5500 & -0{,}4500 \\ 1{,}7000 & -0{,}4500 & 14{,}3833 \end{pmatrix} = \begin{pmatrix} 17{,}7333 & 2{,}6667 & 4{,}8667 \\ 2{,}6667 & 17{,}3333 & 4{,}3333 \\ 4{,}8667 & 4{,}3333 & 16{,}9333 \end{pmatrix}$$

Die Determinanten lauten nach Gl. (C 16):

$$\begin{aligned}
|\mathbf{D}_{\text{Fehler}}| &= 13{,}8000 \cdot 7{,}5500 \cdot 14{,}3833 + (-3{,}3000) \cdot (-0{,}4500) \cdot 1{,}7000 + 1{,}7000 \cdot (-3{,}3000) \cdot (-0{,}4500) \\
&\quad - 1{,}7000 \cdot 7{,}5500 \cdot 1{,}7000 - (-3{,}3000) \cdot (-3{,}3000) \cdot 14{,}3833 - 13{,}8000 \cdot (-0{,}4500) \cdot (0{,}4500) \\
&= 1498{,}5960 + 2{,}5245 + 2{,}5245 - 21{,}8195 - 156{,}6341 - 2{,}7945 \\
&= 1322{,}3969
\end{aligned}$$

$$\begin{aligned}
|\mathbf{D}_{\text{tot}}| &= 17{,}7333 \cdot 17{,}3333 \cdot 16{,}9333 + 2{,}6667 \cdot 4{,}3333 \cdot 4{,}8667 + 4{,}8667 \cdot 2{,}6667 \cdot 4{,}3333 \\
&\quad - 4{,}8667 \cdot 17{,}3333 \cdot 4{,}8667 - 2{,}6667 \cdot 2{,}6667 \cdot 16{,}9333 - 17{,}7333 \cdot 4{,}3333 \cdot 4{,}3333 \\
&= 5204{,}9003 + 56{,}2377 + 56{,}2377 - 410{,}5352 - 120{,}4176 - 332{,}9868 \\
&= 4453{,}4361
\end{aligned}$$

$$\Lambda = \frac{|\mathbf{D}_{\text{Fehler}}|}{|\mathbf{D}_{\text{tot}}|} = \frac{1322{,}3969}{4453{,}4361} = 0{,}2967$$

Tabelle 17.5. Optimale Stichprobenumfänge für die MANOVA ($\alpha = 0{,}05$, $1 - \beta = 0{,}8$)

Effektgröße	Anzahl der Stichproben			
	3	4	5	6
Sehr groß	13–18	14–21	15–22	16–24
Groß	26–38	29–44	32–48	34–52
Mittel	44–66	50–74	56–82	60–90
Klein	98–145	115–165	125–185	135–200

nicht nur vom α-Fehlerniveau, der Teststärke und der Effektgröße abhängt, sondern auch von der Anzahl der untersuchten Stichproben und der Anzahl der abhängigen Variablen.

In Analogie zu Gl. (5.17) ist die Effektgröße wie folgt definiert (vgl. Stevens, 2002, S. 246):

$$d = \frac{|\mu_{ij} - \mu_{ij'}|}{\sigma_i} \quad (17.23)$$

Die Effektgröße basiert auf derjenigen abhängigen Variablen i, für die der d-Wert gemäß Gl. (17.23) am größten ist. μ_{ij} und $\mu_{ij'}$ sind die Mittelwerteparameter zweier Treatmentstufen j und j' mit maximaler Unterschiedlichkeit.

Stevens (2002, Tabelle E) verwendet folgende Klassifikation der Effektgröße d:
- sehr großer Effekt: d = 1,5,
- großer Effekt: d = 1,0,
- mittlerer Effekt: d = 0,75,
- kleiner Effekt: d = 0,5.

Die optimalen Stichprobenumfänge für diese Effektgrößen sind Tabelle 17.5 zu entnehmen. Sie gelten für k = 3 bis 6 Stichproben (Treatmentstufen), $\alpha = 0{,}05$, $1-\beta = 0{,}8$ und p = 2–6 abhängige Variablen.

Mit diesen Eingangsparametern und p = 2 abhängigen Variablen wären zur Absicherung eines sehr großen Effektes z. B. 3 Stichproben à 13 Vpn erforderlich. Die kleinere der beiden Zahlen bezieht sich jeweils auf 2 abhängige Variablen und die größere auf 6 abhängige Variablen. Stichprobengrößen für eine Variablenzahl zwischen 2 und 6 sind durch einfache lineare Interpolation zu ermitteln. Beispiel: Zur Absicherung eines großen Effektes wären für p = 4 abhängige Variablen und k = 5 Stichproben pro Treatmentstufe 40 Vpn erforderlich.

Weitere Werte für $\alpha = 0{,}01$, Teststärken im Bereich 0,7–0,9 und für maximal 15 Variablen berichtet Lauter (1978, zit. nach Stevens, 2002, Tabelle E).

17.5 Einfaktorielle, multivariate Varianzanalyse

Die Ex-post-Analyse des Beispiels in Tabelle 17.4 führt zu folgenden Resultaten: Als Mittelwerte errechnet man

$\overline{A}_{11} = 3{,}00 \quad \overline{A}_{21} = 4{,}00 \quad \overline{A}_{31} = 4{,}83$

$\overline{A}_{12} = 3{,}50 \quad \overline{A}_{22} = 4{,}25 \quad \overline{A}_{32} = 5{,}25$

$\overline{A}_{13} = 4{,}20 \quad \overline{A}_{23} = 5{,}80 \quad \overline{A}_{33} = 5{,}80$.

Für die Streuungen ergeben sich ($s_i = d_{Fehler(i,i)}/n_i$):

$s_1 = 1{,}52 \quad s_2 = 1{,}37 \quad s_3 = 1{,}70$.

Man ermittelt als größten d-Wert für x_2: $d = |4{,}0-5{,}8|/1{,}37 = 1{,}31$, der als großer bis sehr großer Effekt zu klassifizieren wäre.

Voraussetzungen. Neben der Additivität der Fehlerkomponenten und der Unabhängigkeit der Fehlerkomponenten von den Treatment-Effekten setzen Signifikanztests im Rahmen multivariater Varianzanalysen voraus, dass die abhängigen Variablen in der Population *multivariat normalverteilt* sind. Literatur zur Überprüfung dieser Annahme wurde auf S. 450 genannt. Ferner sollten die für die p abhängigen Variablen unter den einzelnen Faktorstufen (Faktorstufenkombinationen bei mehrfaktoriellen Plänen; vgl. 17.6) beobachteten *Varianz-Kovarianz-Matrizen homogen* sein. Nach Ito (1969), Ito u. Schull (1964) und Stevens (1979) sind Verletzungen dieser Voraussetzungen bei großen Stichproben praktisch zu vernachlässigen, wenn die verglichenen Stichproben gleich groß sind.

Die Bedeutung der Voraussetzungen der multivariaten Varianzanalyse für die *Teststärke* wurde von Stevens (1980) untersucht. Die Abhängigkeit der Teststärke von der Höhe der Interkorrelationen der abhängigen Variablen ist Gegenstand einer Arbeit von Cole et al. (1994). Generell kann man davon ausgehen, dass sowohl die ANOVA als auch die MANOVA bei größeren Stichproben (als Orientierung hierzu kann Tabelle 17.5 dienen) robuste und teststarke Verfahren sind (Stevens, 2002, Kap. 6.6). Weitere Hinweise zu den Voraussetzungen der multivariaten Varianzanalyse findet man bei Press (1972, Kap. 8.10).

Sind – insbesondere bei kleineren Stichproben – die Voraussetzungen der multivariaten Varianzanalyse deutlich verletzt, kann ersatzweise ein verteilungsfreier multivariater Mittelwertvergleich durchgeführt werden (vgl. Zwick, 1985 a). In einer Monte-Carlo-Studie (Zwick, 1985 b) wird dieses Verfahren mit Hotellings T^2-Test verglichen. Die *multivariate Kovarianzanalyse* (MANCOVA) wird z.B. bei Timm (2002, Kap. 4.4) beschrieben. In Kap. 4.6 findet man auch Hinweise zur MANOVA/MANCOVA bei heterogenen Varianz-Kovarianz-Matrizen oder nicht normalverteilten Daten.

Einzelvergleiche. Über multivariate Einzelvergleiche im Anschluss an einen signifikanten V-Wert berichten Morrison (1967, Kap. 5.4) und Press (1972, Kap. 8.9.2). Wie man multivariate Einzelvergleiche mit SPSS durchführt, wird von Stevens (2002, Kap. 5.9) demonstriert. Berechnungsvorschriften zur Bestimmung desjenigen Varianzanteils aller abhängigen Variablen, der auf den untersuchten Faktor (Treatment) zurückgeht, werden bei Shaffer u. Gillo (1974) genannt.

Weitere multivariate Teststatistiken. In der Literatur findet man neben dem in Gl. (17.20 a, b) genannten Testkriterium weitere zusammenfassende Statistiken, die ebenfalls aus den Matrizen $\mathbf{D}_{treat}$ und $\mathbf{D}_{Fehler}$ abgeleitet sind.

Tabelle 17.6 (nach Olson, 1976) fasst die wichtigsten multivariaten Prüfstatistiken zusammen (vgl. hierzu auch Wolf, 1988). Die Prüfstatistiken einer Zeile sind äquivalent. Da diese Prüfstatistiken generell, d.h. auch für mehrfaktorielle multivariate Varianzanalysen gelten, ersetzen wir hier die Matrix $\mathbf{D}_{treat}$ durch eine Matrix $\mathbf{H}$ (Hypothesenmatrix oder D-Matrix des zu testenden Effekts) und die Matrix $\mathbf{D}_{Fehler}$ durch die Matrix $\mathbf{E}$ (Fehlermatrix, an der der zu prüfende Effekt getestet wird).

Aus diesen Teststatistiken wurden von zahlreichen Autoren approximativ χ^2-verteilte oder approximativ F-verteilte Prüfgrößen abgeleitet. Hierüber berichten z.B. Bock (1975), Davis (2002, Kap. 4.2.4), Kshirsagar (1972), Heck (1960), Jones (1966), Morrison (1990) und Ito (1962). Vergleichsstudien von Olson (1976) zeigen, dass alle in diesen Arbeiten genannten Prüfgrößen für praktische Zwecke zu den gleichen Resultaten führen, wenn df_E nicht kleiner als $10 \cdot p \cdot df_H$ ist. df_H und df_E sind mit den Freiheitsgraden der entsprechenden Effekte der univariaten Varianzanalyse identisch. Für die einfaktorielle, multivariate Varianzanalyse sind $df_H = df_{treat} = k - 1$ und $df_E = df_{Fehler} = N - k$.

Über weitere Teststatistiken berichten Coombs und Algina (1996). Einen Vergleich der wichtigs-

Tabelle 17.6. Multivariate Teststatistiken

Teststatistik	$\mathbf{HE}^{-1}$	$\mathbf{H(H+E)}^{-1}$	$\mathbf{E(H+E)}^{-1}$
Roys größter Eigenwert	$\dfrac{c_1}{1+c_1}$	ℓ_1	$1-r_1$
Hotellings Spurkriterium T	$\sum\limits_{i=1}^{s} c_i$	$\sum\limits_{i=1}^{s} \dfrac{\ell_i}{1-\ell_i}$	$\sum\limits_{i=1}^{s} \dfrac{1-r_i}{r_i}$
Wilks Likelihood-Quotient Λ	$\prod\limits_{i=1}^{s} \dfrac{c_i}{1+c_i}$	$\prod\limits_{i=1}^{s}(1-\ell_i)$	$\prod\limits_{i=1}^{s} r_i$
Pillais Spurkriterium PS	$\sum\limits_{i=1}^{s} \dfrac{c_i}{1+c_i}$	$\sum\limits_{i=1}^{s} \ell_i$	$\sum\limits_{i=1}^{s}(1-r_i)$

Hierbei sind

c_i = Eigenwerte der Matrix $\mathbf{HE}^{-1}$
ℓ_i = Eigenwerte der Matrix $\mathbf{H(H+E)}^{-1}$
r_i = Eigenwerte der Matrix $\mathbf{E(H+E)}^{-1}$

---

ten multivariaten Prüfkriterien bei heterogenen Varianz-Kovarianz-Matrizen findet man bei Tang u. Algina (1993).

17.6 Mehrfaktorielle, multivariate Varianzanalyse

In der mehrfaktoriellen, multivariaten Varianzanalyse werden die gleichgroßen Stichproben, die den einzelnen Faktorstufenkombinationen zugewiesen werden, nicht nur bezüglich einer, sondern bezüglich p Variablen gemessen (für ungleichgroße Stichproben s. S. 601). Wie in der einfaktoriellen, multivariaten Varianzanalyse ersetzen wir die Quadratsummen der univariaten Analyse durch **D**-Matrizen, wobei für den *zweifaktoriellen Fall* folgende Äquivalenzen gelten:

$\mathbf{D}_A$ ersetzt QS_A,
$\mathbf{D}_B$ ersetzt QS_B,
$\mathbf{D}_{A\times B}$ ersetzt $QS_{A\times B}$,
$\mathbf{D}_{Fehler}$ ersetzt QS_{Fehler},
$\mathbf{D}_{tot}$ ersetzt QS_{tot}.

Die Ermittlung der **D**-Matrizen erfolgt einfachheitshalber wieder über das Kennziffernsystem, das wir, wie in der multivariaten, einfaktoriellen Varianzanalyse, nicht nur auf die Quadratsummenberechnung (Diagonalelemente der **D**-Matrizen), sondern auch auf die Berechnung der Summen der Kreuzprodukte anwenden. In allgemeiner Schreibweise benötigen wir folgende Kennziffern:

$(1 x_i x_{i'}) = G_i \cdot G_{i'} / (k \cdot r \cdot n)$,

$(2 x_i x_{i'}) = \sum\limits_{j}\sum\limits_{s}\sum\limits_{m} x_{ijsm} \cdot x_{i'jsm}$,

$(3 x_i x_{i'}) = \sum\limits_{j} A_{ij} \cdot A_{i'j} / (r \cdot n)$,

$(4 x_i x_{i'}) = \sum\limits_{s} B_{is} \cdot B_{i's} / (k \cdot n)$,

$(5 x_i x_{i'}) = \sum\limits_{j}\sum\limits_{s} AB_{ijs} \cdot AB_{i'js} / n$.

Hierin sind:

$j = 1, 2 \ldots k$ (Stufen des Faktors A),
$s = 1, 2 \cdots r$ (Stufen des Faktors B),
$i = 1, 2 \ldots p$ (abhängige Variablen),
$m = 1, 2 \ldots n$ (Vpn);
A_{ij} = Summe der Messwerte der Variablen i unter der Stufe a_j,
B_{is} = Summe der Messwerte der Variablen i unter der Stufe b_s,
AB_{ijs} = Summe der Messwerte der Variablen i unter der Faktorstufenkombination ab_{js}.

Aus den Kennziffern ermitteln wir folgende Quadratsummen bzw. Kreuzproduktsummen, die die Elemente der einzelnen **D**-Matrizen darstellen:

17.6 Mehrfaktorielle, multivariate Varianzanalyse

$$d_{A(i,i')} = (3x_ix_{i'}) - (1x_ix_{i'}),$$
$$d_{B(i,i')} = (4x_ix_{i'}) - (1x_ix_{i'}),$$
$$d_{A\times B(i,i')} = (5x_ix_{i'}) - (3x_ix_{i'})$$
$$\qquad\qquad - (4x_ix_{i'}) + (1x_ix_{i'}),$$
$$d_{Fehler(i,i')} = (2x_ix_{i'}) - (5x_ix_{i'}),$$
$$d_{tot(i,i')} = (2x_ix_{i'}) - (1x_ix_{i'}).$$

Ist $i = i'$, resultieren als Diagonalelemente der jeweiligen **D**-Matrix die entsprechenden Quadratsummen der Variablen i. (Für eine bestimmte Variable i reduziert sich somit das Kennziffernsystem auf das in Kap. 8 im Rahmen der Berechnungsvorschriften einer zweifaktoriellen, univariaten Varianzanalyse genannte Kennziffernsystem.) Unter der Bedingung $i \neq i'$ erhalten wir die Elemente außerhalb der Diagonale, die den Summen der Kreuzprodukte entsprechen. In der multivariaten, zweifaktoriellen Varianzanalyse mit gleich großen Stichprobenumfängen gilt die Beziehung:

$$\mathbf{D}_{tot} = \mathbf{D}_A + \mathbf{D}_B + \mathbf{D}_{A\times B} + \mathbf{D}_{Fehler}. \qquad (17.24)$$

Ausgehend von den **D**-Matrizen fertigen wir die in Tabelle 17.7 genannte Ergebnistabelle an.

Die resultierenden V-Werte sind mit $df(V)$ Freiheitsgraden approximativ χ^2-verteilt. Statt der Prüfgröße V von Bartlett sollte vor allem bei kleineren Stichproben die Teststatistik PS von Pillai mit deren Prüfgröße F verwendet werden. In Anlehnung an Gl. (17.22) werden hierfür die Eigenwerte der Matrizen $\mathbf{D}_A \cdot \mathbf{D}_{Fehler}^{-1}$ (für PS$_A$), $\mathbf{D}_B \cdot \mathbf{D}_{Fehler}^{-1}$ (für PS$_B$) und $\mathbf{D}_{A\times B} \cdot \mathbf{D}_{Fehler}^{-1}$ benötigt (für PS$_{A\times B}$). Mit diesen Werten bestimmt man über Gl. (17.22) für jeden Effekt einen F-Wert, wobei df_{treat} entsprechend durch df_A, df_B oder $df_{A\times B}$ zu ersetzen ist.

Die in Tabelle 17.7 wiedergegebenen Signifikanztests sind nur gültig, wenn die bereits erwähnten Voraussetzungen der multivariaten Varianzanalyse (vgl. S. 597) erfüllt sind und beide Faktoren *feste Stufen* haben.

BEISPIEL

Es wird überprüft, wie sich ein Medikament (a_1) und ein Plazebo (a_2) (Faktor A: k = 2 feste Stufen) auf die sensomotorische Koordinationsfähigkeit (x_1) und die Gedächtnisleistungen (x_2) von männlichen und weiblichen Vpn (Faktor B: r = 2 feste Stufen) auswirken. Jeder Faktorstufenkombination wird eine Zufallsstichprobe von n = 4 Vpn zugewiesen. Tabelle 17.8 zeigt die Daten und den Rechengang.

Auf dem $a = 5\%$-Niveau lautet der kritische χ^2-Wert für df = 2 χ^2_{crit} = 5,99. Die Interaktion zwischen den Medikamenten und dem Geschlecht ist somit bezogen auf beide abhängigen Variablen signifikant.

Will man die Effekte über die F-verteilte Teststatistik PS von Pillai überprüfen, benötigt man für Gl. (17.22) die Eigenwerte der folgenden Matrizen:

$$\mathbf{D}_A \cdot \mathbf{D}_{Fehler}^{-1} = \begin{pmatrix} 0{,}418 & -0{,}021 \\ 0{,}000 & 0{,}000 \end{pmatrix}$$
$$\lambda_1 = 0{,}418 : \lambda_2 = 0{,}000,$$

$$\mathbf{D}_B \cdot \mathbf{D}_{Fehler}^{-1} = \begin{pmatrix} 0{,}161 & -0{,}158 \\ -0{,}214 & 0{,}211 \end{pmatrix}$$
$$\lambda_1 = 0{,}371 : \lambda_2 = 0{,}000,$$

$$\mathbf{D}_{A\times B} \cdot \mathbf{D}_{Fehler}^{-1} = \begin{pmatrix} 0{,}130 & 0{,}293 \\ 0{,}348 & 0{,}783 \end{pmatrix}$$
$$\lambda_1 = 0{,}913 : \lambda_2 = 0{,}000.$$

Zur Kontrolle überprüfen wir zunächst, ob wir auch über Gl. (17.20 b) die nach Gl. (17.20 a) bzw. Tabelle 17.6 ermittelten Λ-Werte erhalten:

$$\Lambda_A = \frac{1}{1+0{,}418} \cdot \frac{1}{1+0} = 0{,}70,$$
$$\Lambda_B = \frac{1}{1+0{,}371} \cdot \frac{1}{1+0} = 0{,}73,$$
$$\Lambda_{A\times B} = \frac{1}{1+0{,}913} \cdot \frac{1}{1+0} = 0{,}52.$$

Tabelle 17.7. Allgemeine Ergebnistabelle einer zweifaktoriellen, multivariaten Varianzanalyse

Q.d.V.	Λ	df(Q.d.V.)	V	df(V)
A	$\|\mathbf{D}_{Fehler}\| / \|\mathbf{D}_A + \mathbf{D}_{Fehler}\|$	$k-1$	$-[df_{Fehler} + df_A - (p + df_A + 1)/2] \cdot \ln \Lambda_A$	$p \cdot (k-1)$
B	$\|\mathbf{D}_{Fehler}\| / \|\mathbf{D}_B + \mathbf{D}_{Fehler}\|$	$r-1$	$-[df_{Fehler} + df_B - (p + df_B + 1)/2] \cdot \ln \Lambda_B$	$p \cdot (r-1)$
A × B	$\|\mathbf{D}_{Fehler}\| / \|\mathbf{D}_{A\times B} + \mathbf{D}_{Fehler}\|$	$(k-1) \cdot (r-1)$	$-[df_{Fehler} + df_{A\times B} - (p + df_{A\times B} + 1)/2] \cdot \ln \Lambda_{A\times B}$	$p \cdot (k-1) \cdot (r-1)$
Fehler		$k \cdot r \cdot (n-1)$		

Tabelle 17.8. Beispiel für eine zweifaktorielle, multivariate Varianzanalyse

	Medikament (a_1)		Plazebo (a_2)		
	x_1	x_2	x_1	x_2	
männlich	2	4	1	3	
(b_1)	3	5	2	4	
	2	5	1	3	$B_{11} = 16$
	3	3	2	3	$B_{21} = 30$
Summen:	10	17	6	13	
weiblich	1	4	2	5	
(b_2)	2	3	2	5	
	2	4	1	4	$B_{12} = 13$
	2	4	1	5	$B_{22} = 34$
Summen:	7	15	6	19	
	$A_{11} = 17$	$A_{21} = 32$	$A_{12} = 12$	$A_{22} = 32$	$G_1 = 29$
					$G_2 = 64$

$(1x_1) = 29^2/16 = 52,56$ $(1x_2) = 64^2/16 = 256$
$(2x_1) = 2^2 + 3^2 + \cdots + 1^2 + 1^2 = 59$ $(2x_2) = 4^2 + 5^2 + \cdots + 4^2 + 5^2 = 266$
$(3x_1) = (17^2 + 12^2)/8 = 54,13$ $(3x_2) = (32^2 + 32^2)/8 = 256$
$(4x_1) = (16^2 + 13^2)/8 = 53,13$ $(4x_2) = (30^2 + 34^2)/8 = 257$
$(5x_1) = (10^2 + 7^2 + 6^2 + 6^2)/4 = 55,25$ $(5x_2) = (17^2 + 15^2 + 13^2 + 19^2)/4 = 261$

$(1x_1x_2) = 29 \cdot 64/16 = 116,00$ $(2x_1x_2) = 2 \cdot 4 + 3 \cdot 5 + \cdots + 1 \cdot 4 + 1 \cdot 5 = 117,00$
$(3x_1x_2) = (17 \cdot 32 + 12 \cdot 32)/8 = 116,00$ $(4x_1x_2) = (16 \cdot 30 + 13 \cdot 34)/8 = 115,25$
$(5x_1x_2) = (10 \cdot 17 + 7 \cdot 15 + 6 \cdot 13 + 6 \cdot 19)/4 = 116,75$

$\mathbf{D}_A = \begin{pmatrix} 1,57 & 0,00 \\ 0,00 & 0,00 \end{pmatrix}$ z.B. $d_{A(1,1)} = (3x_1) - (1x_1) = 1,57$

$\mathbf{D}_B = \begin{pmatrix} 0,57 & -0,75 \\ -0,75 & 1,00 \end{pmatrix}$ z.B. $d_{B(1,2)} = (4x_1x_2) - (1x_1x_2) = -0,75$

$\mathbf{D}_{A \times B} = \begin{pmatrix} 0,55 & 1,50 \\ 1,50 & 4,00 \end{pmatrix}$ z.B. $d_{A \times B(2,2)} = (5x_2) - (3x_2) - (4x_2) + (1x_2) = 4,00$

$\mathbf{D}_{\text{Fehler}} = \begin{pmatrix} 3,75 & 0,25 \\ 0,25 & 5,00 \end{pmatrix}$ z.B. $d_{\text{Fehler}(1,1)} = (2x_1) - (5x_1) = 3,75$

$\mathbf{D}_{\text{tot}} = \begin{pmatrix} 6,44 & 1,00 \\ 1,00 & 10,00 \end{pmatrix}$ z.B. $d_{\text{tot}(1,2)} = (2x_1x_2) - (1x_1x_2) = 1,00$

Kontrolle:
$$\mathbf{D}_A + \mathbf{D}_B + \mathbf{D}_{A \times B} + \mathbf{D}_{\text{Fehler}} = \mathbf{D}_{\text{tot}}$$
$$\begin{pmatrix} 1,57 & 0,00 \\ 0,00 & 0,00 \end{pmatrix} + \begin{pmatrix} 0,57 & -0,75 \\ -0,75 & 1,00 \end{pmatrix} + \begin{pmatrix} 0,55 & 1,50 \\ 1,50 & 4,00 \end{pmatrix} + \begin{pmatrix} 3,75 & 0,25 \\ 0,25 & 5,00 \end{pmatrix} = \begin{pmatrix} 6,44 & 1,00 \\ 1,00 & 10,00 \end{pmatrix}$$

$\mathbf{D}_A + \mathbf{D}_{\text{Fehler}} = \begin{pmatrix} 5,32 & 0,25 \\ 0,25 & 5,00 \end{pmatrix};$ $|\mathbf{D}_A + \mathbf{D}_{\text{Fehler}}| = 5,32 \cdot 5,00 - 0,25^2 = 26,54$

$\mathbf{D}_B + \mathbf{D}_{\text{Fehler}} = \begin{pmatrix} 4,32 & -0,50 \\ -0,50 & 6,00 \end{pmatrix};$ $|\mathbf{D}_B + \mathbf{D}_{\text{Fehler}}| = 4,32 \cdot 6,00 - (-0,50^2) = 25,67$

$\mathbf{D}_{A \times B} + \mathbf{D}_{\text{Fehler}} = \begin{pmatrix} 4,30 & 1,75 \\ 1,75 & 9,00 \end{pmatrix};$ $|\mathbf{D}_{A \times B} + \mathbf{D}_{\text{Fehler}}| = 4,30 \cdot 9,00 - 1,75^2 = 35,64$

$|\mathbf{D}_{\text{Fehler}}| = 3,75 \cdot 5,00 - 0,25^2 = 18,69$

17.6 Mehrfaktorielle, multivariate Varianzanalyse

Tabelle 17.8 (Fortsetzung)

Q.d.V.	Λ	df(Q.d.V.)	V	df(V)
A	$18{,}69/26{,}54 = 0{,}70$	1	$-11 \cdot \ln 0{,}70 = 3{,}92$	2
B	$18{,}69/25{,}67 = 0{,}73$	1	$-11 \cdot \ln 0{,}73 = 3{,}46$	2
A × B	$18{,}69/35{,}64 = 0{,}52$	1	$-11 \cdot \ln 0{,}52 = 7{,}19^*$	2
Fehler		12		

Diese Werte stimmen mit den in Tabelle 17.8 genannten Λ-Werten überein. Mit den o. g. Eigenwerten berechnen wir nun die Teststatistik PS (s. Gl. 17.22 bzw. Tabelle 17.6) für A, B und A × B:

$$PS_A = \frac{0{,}418}{1 + 0{,}418} + \frac{0}{1 + 0} = 0{,}295,$$

$$PS_B = \frac{0{,}317}{1 + 0{,}317} + \frac{0}{1 + 0} = 0{,}241,$$

$$PS_{A \times B} = \frac{0{,}913}{1 + 0{,}913} + \frac{0}{1 + 0} = 0{,}477.$$

Als F-Werte resultieren dann:
Haupteffekt A ($df_A = 1$, $df_{Fehler} = 12$, $s = 1$, $b = 2$):

$$F_A = \frac{(12 - 2 + 1) \cdot 0{,}295}{2 \cdot (1 - 0{,}295)} = 2{,}30.$$

Haupteffekt B ($df_B = 1$; $df_{Fehler} = 12$, $s = 1$, $b = 2$):

$$F_B = \frac{(12 - 2 + 1) \cdot 0{,}241}{2 \cdot (1 - 0{,}241)} = 1{,}75.$$

Interaktion A × B ($df_{A \times B} = 1$, $df_{Fehler} = 12$, $s = 1$, $b = 2$):

$$F_{A \times B} = \frac{(12 - 2 + 1) \cdot 0{,}477}{2 \cdot (1 - 0{,}477)} = 5{,}02.$$

Für alle F-Brüche gilt: $df_{Zähler} = 1 \cdot 2 = 2$ und $df_{Nenner} = 1 \cdot (12 - 2 + 1) = 11$. Damit ist auch hier nur die Interaktion A × B signifikant ($F_{2;11;0{,}95} = 3{,}98$), d. h. die Ergebnisse in Tabelle 17.8 werden bestätigt.

Nichtorthogonale MANOVA. Über Möglichkeiten der Analyse mehrfaktorieller, multivariater Varianzanalysen mit ungleich großen Stichproben (nichtorthogonale MANOVA) berichtet Timm (2002, Kap. 4.10). Wie im Kap. 14.2.4 wird unterschieden zwischen Analysen mit gewichteten und ungewichteten Mittelwerten. Ferner wird hier das Problem „leerer Zellen" (*empty cells*) behandelt.

Einen alternativen Lösungsweg für die nichtorthogonale MANOVA findet man auf S. 642 (Gl. 19.46).

Verallgemeinerungen

Feste und zufällige Effekte. Sind unter der Modellannahme III (vgl. S. 302 f.) die Stufen beider Faktoren zufällig bzw. unter der Modellannahme II die Stufen des einen Faktors fest und die des anderen zufällig, ersetzen wir in Tabelle 17.7 die Matrix $\mathbf{D}_{Fehler}$ durch diejenige D-Matrix, die der adäquaten Prüfvarianz entspricht (vgl. Tabelle 8.7) und die Freiheitsgrade df_{Fehler} durch die Freiheitsgrade der jeweiligen Prüfvarianz. Sind beispielsweise beide Faktoren zufällig, ist im univariaten Fall $\hat{\sigma}^2_{A \times B}$ die adäquate Prüfvarianz für beide Haupteffekte. Im multivariaten Fall ersetzen wir somit $\mathbf{D}_{Fehler}$ durch $\mathbf{D}_{A \times B}$, sodass z. B. der Λ-Wert für den Haupteffekt A nach der Beziehung $\Lambda_A = |\mathbf{D}_{A \times B}|/|\mathbf{D}_A + \mathbf{D}_{A \times B}|$ ermittelt wird. Für die Berechnung des V-Wertes ersetzen wir df_{Fehler} durch $df_{A \times B}$. Will man über Pillais F testen, werden für die Bestimmung von PS die Eigenwerte der Matrizen $\mathbf{D}_A \cdot \mathbf{D}^{-1}_{A \times B}$, $\mathbf{D}_B \cdot \mathbf{D}^{-1}_{A \times B}$ und $\mathbf{D}_{A \times B} \cdot \mathbf{D}^{-1}_{Fehler}$ benötigt (Modell III).

Wilks Λ in komplexen Plänen. Die Erweiterung des multivariaten Ansatzes auf komplexere varianzanalytische Pläne liegt damit auf der Hand. Es werden zunächst die für die univariate Analyse benötigten Quadratsummen durch D-Matrizen ersetzt. Die Überprüfung der Haupteffekte und ggf. der Interaktionen erfolgt in der Weise, dass die Determinante der D-Matrix der Prüfgröße durch die Determinante der Summen-Matrix dividiert wird, die sich aus der D-Matrix des zu prüfenden Effekts und der D-Matrix der Prüfgröße ergibt:

$$\Lambda_H = \frac{|\mathbf{E}|}{|\mathbf{H} + \mathbf{E}|}, \quad (17.25)$$

wobei $\mathbf{H}$ = D-Matrix desjenigen Effekts, der überprüft werden soll, $\mathbf{E}$ = D-Matrix der Prüfgröße, an der der jeweilige Effekt getestet wird.

Die adäquate Prüfgröße kann je nach Art der Varianzanalyse den entsprechenden Tabellen des Teils II entnommen bzw. nach dem in Kap. 12.6 beschriebenen *Cornfield-Tukey-Verfahren* bestimmt werden.

Der Quotient in Gl. (17.25) führt zu einem Λ-Wert, der nach folgender Beziehung in einen approximativ χ^2-verteilten V-Wert transformiert wird (vgl. Bock, 1975, S. 153):

$$V_H = -[df_E + df_H - (p + df_H + 1)/2] \cdot \ln \Lambda_H, \quad (17.26)$$

wobei df_H = Freiheitsgrade des zu prüfenden Effekts,

df_E = Freiheitsgrade der zur Prüfung des Effekts eingesetzten Prüfgröße.

Wie man erkennt, ist Gl. (17.21) eine Spezialform von Gl. (17.26).

Die Freiheitsgrade der einzelnen Effekte in der multivariaten Varianzanalyse sind mit den Freiheitsgraden der entsprechenden Effekte in der univariaten Varianzanalyse identisch. Ein V_H-Wert wird anhand der χ^2-Verteilung für $p \cdot df_H$ Freiheitsgrade auf Signifikanz getestet. Rechenprogramme, mit denen multivariate Varianzanalysen für vollständige Pläne mit gleich oder ungleich großen Stichproben, für Messwiederholungspläne, hierarchische und teilhierarchische Pläne durchgeführt werden können, haben Bock (1965) sowie Clyde et al. (1966) entwickelt. Für die Auswertung dieser Pläne mit SAS (Proc GLM) wird auf Timm (2002) und mit SPSS auf Stevens (2002) bzw. Diehl u. Staufenbiel (2002) verwiesen.

Pillais PS in komplexen Plänen. Will man für die Überprüfung der Nullhypothese einer beliebigen multivariaten Varianzanalyse die von Olson (1976) empfohlene Prüfstatistik PS verwenden, sind die Eigenwerte der jeweiligen Matrix HE^{-1} (oder einer anderen Referenzmatrix; vgl. Tabelle 17.6) zu berechnen. Das so ermittelte PS lässt sich nach Gl. (17.22) auf Signifikanz testen, wobei df_{treat} durch df_H und df_{Fehler} durch df_E ersetzt werden. (Zur Berechnung der Eigenwerte vgl. S. 613 f.)

ÜBUNGSAUFGABEN

1. Einer Untersuchung von Doppelt u. Wallace (1955, zit. nach Morrison, 1990) zufolge ergaben sich für 101 ältere Personen im Alter zwischen 60 und 64 Jahren im Verbalteil des Wechsler-Intelligenztests ein Durchschnittswert von $\bar{x}_V = 55{,}24$ und im Handlungsteil ein Durchschnittswert von $\bar{x}_H = 34{,}97$. Für die Population aller erwachsenen Personen lauten die Werte: $\mu_V = 60$ und $\mu_H = 50$. Überprüfen Sie, ob sich die älteren Personen in ihren Intelligenzleistungen signifikant von der „Normalpopulation" unterscheiden, wenn für die Population die folgende Varianz-Kovarianz-Matrix geschätzt wird:

$$\widehat{\text{cov}} = \begin{pmatrix} 210{,}54 & 126{,}99 \\ 126{,}99 & 119{,}68 \end{pmatrix}.$$

2. Für n = 10 Vpn soll überprüft werden, ob die Reaktionsleistungen verbessert werden können, wenn vor dem eigentlichen Reiz, auf den die Vpn zu reagieren haben, ein „Vorwarnsignal" gegeben wird. Der Versuch wird einmal unter der Bedingung „mit Vorwarnsignal" und einmal „ohne Vorwarnsignal" durchgeführt. Bei jeder Vp wird auf Grund mehrerer Untersuchungsdurchgänge die durchschnittliche Reaktionszeit (x_1) und die durchschnittliche Anzahl von Fehlreaktionen (x_2) registriert. Die folgende Tabelle zeigt die Ergebnisse:

	mit Vorwarnsignal		ohne Vorwarnsignal	
	x_1	x_2	x_1	x_2
Vp 1	18	3	17	2
2	14	2	21	4
3	14	2	22	4
4	15	4	18	4
5	17	2	20	5
6	12	3	21	3
7	16	5	17	5
8	16	2	23	4
9	14	3	22	6
10	15	3	22	4

Überprüfen Sie, ob sich die Reaktionen der Vpn unter den beiden Untersuchungsbedingungen signifikant unterscheiden, wenn die beiden Variablen in der Population bivariat normalverteilt sind.

3. In einer Untersuchung werden $n_1 = 7$ Kinder, die einen schizophrenen Vater haben, mit $n_2 = 9$ Kindern, deren Väter nicht schizophren sind, hinsichtlich ihrer Ängstlichkeit (x_1) und Depressivität (x_2) miteinander verglichen. Es mögen sich die folgenden Testwerte ergeben haben:

Vater schizophren		Vater nicht schizophren	
x_1	x_2	x_1	x_2
12	18	8	19
12	21	10	22
14	20	10	20
11	20	11	20
11	20	10	22
12	19	9	23
19	22	12	20
		11	21
		10	20

Unterscheiden sich die beiden Stichproben signifikant voneinander, wenn beide Variablen in der Population bivariat normalverteilt sind?

4. Acht starke Raucher wollen sich in einem verhaltenstherapeutischen Training das Rauchen abgewöhnen. Der durchschnittliche Tageskonsum an Zigaretten wird vor dem Training, unmittelbar danach und ein Jahr später ermittelt.

	vorher	nachher	1 Jahr später
Vpn 1	45	10	22
2	50	0	0
3	40	0	20
4	35	20	40
5	60	0	30
6	50	0	15
7	40	5	10
8	30	8	20

Überprüfen Sie mit der Hotellings T_4^2-Statistik, ob sich das Raucherverhalten signifikant geändert hat.

5. 20 Vpn werden mit dem Rosenzweig-PF-Test hinsichtlich ihrer Aggressivität untersucht. Auf Grund der Testprotokolle reagieren 7 Vpn extrapunitiv (die Aggressivität ist gegen die Umwelt gerichtet), 5 Vpn intropunitiv (die Aggressivität ist gegen das eigene Ich gerichtet) und 8 Vpn impunitiv (die Aggressivität wird überhaupt umgangen). Die Vpn werden ferner aufgefordert, einen Test abzuschreiben, wobei der beim Schreiben gezeigte Schreibdruck (x_1) registriert und die durchschnittliche Unterlänge der Buchstaben (x_2) pro Vpn ermittelt wird. Die folgenden Werte mögen sich ergeben haben:

extrapunitiv		intropunitiv		impunitiv	
x_1	x_2	x_1	x_2	x_1	x_2
12	4	14	5	11	7
14	6	14	8	15	6
13	7	16	8	15	6
13	7	15	4	12	5
12	5	12	5	16	8
15	5			12	4
14	6			12	6
				14	7

Überprüfen Sie, ob sich die 3 Vpn-Gruppen hinsichtlich der beiden graphologischen Merkmale unterscheiden.

6. Es soll die toxische Wirkung von 3 Medikamenten a_1, a_2 und a_3 bei Ratten überprüft werden. Registriert wird die Gewichtsabnahme der Tiere in der ersten (x_1) und zweiten Woche (x_2) nach Injektion des jeweiligen Medikaments. Da man vermutet, dass die Wirkung der Medikamente vom Geschlecht der Tiere abhängt, wird jedes Medikament bei 4 männlichen und 4 weiblichen Ratten untersucht. Die folgende Tabelle zeigt die ermittelten Gewichtsabnahmen (nach Morrison, 1990):

	a_1		a_2		a_3	
	x_1	x_2	x_1	x_2	x_1	x_2
männl. (b_1)	5	6	7	6	21	15
	5	4	7	7	14	11
	9	9	9	12	17	12
	7	6	6	8	12	10
weibl. (b_2)	7	10	10	13	16	12
	6	6	8	7	14	9
	9	7	7	6	14	8
	8	10	6	9	10	5

Überprüfen Sie mit einer zweifaktoriellen, multivariaten Varianzanalyse, ob die Medikamente zu unterschiedlichen Gewichtsabnahmen führen, ob sich die Geschlechter unterscheiden und ob zwischen der Medikamentenwirkung und den Geschlechtern eine Interaktion besteht, wenn beide Faktoren eine feste Stufenauswahl aufweisen.

Kapitel 18 Diskriminanzanalyse

ÜBERSICHT

Diskriminanzkriterium – Diskriminanzfaktor(-funktion) – Ladungen und Faktorwerte – Diskriminanzraum – Signifikanztests – mathematischer Hintergrund – mehrfaktorielle Diskriminanzanalyse – Klassifikation – Ähnlichkeitsmaße – QCF-Regel – LCF-Regel – Box-Test – Priorwahrscheinlichkeiten – Zuordnungswahrscheinlichkeiten – nicht klassifizierbare Personen – Klassifikationsfunktionen – Bewertung von Klassifikationen

Die im letzten Kapitel behandelten multivariaten Mittelwertvergleiche ermöglichen eine Überprüfung der Unterschiedlichkeit von Stichproben in Bezug auf mehrere abhängige Variablen. Fragen wir beispielsweise, ob sich das Erziehungsverhalten von Eltern verschiedener sozialer Schichten unterscheidet, wenden wir für den Fall, dass das Erziehungsverhalten durch mehrere Variablen erfasst wird (und nur so lässt sich dieses komplexe Merkmal sinnvoll operationalisieren), eine einfaktorielle, multivariate Varianzanalyse an. Bei signifikantem Ergebnis behaupten wir, dass das Erziehungsverhalten, das – um einige Beispiele zu nennen – in den Teilaspekten Strafverhalten, Belohnungsverhalten, Aufgeschlossenheit gegenüber kindlicher Emotionalität, Fürsorgeverhalten und Kontakthäufigkeit erfasst werden könnte, schichtspezifisch sei. Wie aber kann ein solches Ergebnis insbesondere hinsichtlich der Bedeutung der einzelnen Teilaspekte des Erziehungsverhaltens interpretiert werden?

Eine genauere Interpretation wird erst möglich, wenn wir wissen, in welchem Ausmaß die einzelnen Teilaspekte bzw. – um in der varianzanalytischen Terminologie zu bleiben – die einzelnen abhängigen Variablen am Zustandekommen des Gesamtunterschieds beteiligt sind. Ein Verfahren, das hierüber Auskunft gibt, ist die Diskriminanzanalyse.

> Mit der Diskriminanzanalyse finden wir heraus, welche Bedeutung die untersuchten abhängigen Variablen für die Unterscheidung der verglichenen Stichproben haben.

Um den Informationsgewinn zu verdeutlichen, den wir durch die Diskriminanzanalyse gegenüber einer multivariaten Varianzanalyse erzielen, erinnern wir uns an die multiple Korrelationsrechnung. Resultiert in einer multiplen Korrelationsanalyse ein signifikanter Wert für R, wissen wir, dass alle Prädiktorvariablen zusammen überzufällig mit der Kriteriumsvariablen korrelieren. Dem signifikanten R^2 entspricht in der multivariaten Varianzanalyse ein signifikanter Λ-Wert oder auch ein signifikanter PS-Wert. Eine Interpretation der multiplen Korrelation wird jedoch erst ermöglicht, wenn wir zusätzlich die β-Gewichte (bzw. die Strukturkoeffizienten) der einzelnen Variablen kennen, die darüber informieren, in welchem Ausmaß die einzelnen Prädiktorvariablen am Zustandekommen des Gesamtzusammenhangs beteiligt sind. In Analogie hierzu bestimmen wir mit der Diskriminanzanalyse Gewichtskoeffizienten, die angeben, in welchem Ausmaß die abhängigen Variablen am Zustandekommen des Gesamtunterschieds beteiligt sind. Diese Gewichtskoeffizienten besagen, wie die einzelnen abhängigen Variablen zu gewichten sind, um eine *maximale Trennung bzw. Diskriminierung der verglichenen Stichproben* zu erreichen.

In diesem Zusammenhang könnte man fragen, warum die Bedeutsamkeit der abhängigen Variablen nicht über einzelne univariate Varianzanalysen, gerechnet über jede abhängige Variable, ermittelt werden kann. Eine erste Antwort auf diese Frage wurde bereits unter 17.1 gegeben. Zur weiteren Klärung greifen wir erneut die Analogie zur multiplen Korrelation auf. Auch hier hatten wir die Vermutung geäußert, dass die Bedeutsamkeit der Prädiktorvariablen möglicherweise über die bivariaten Korrelationen zwischen den einzelnen Prädiktorvariablen und der Kriteriumsvariablen erfasst werden könnte. Erst durch die Analyse von Tabelle 13.4 wurde deutlich, dass der Beitrag einer Prädiktorvariablen zur multiplen Korrelation nicht nur von der bivariaten Kriteriumskorrelation abhängt, sondern zusätzlich entscheidend durch die wechselseitigen Beziehungen zwischen den Prädiktorvariablen beeinflusst wird *(Multikollinearität)*. In einigen Fällen machten *Suppressionseffekte* eine Einschätzung der Bedeutsamkeit einer Prädiktorvariablen auf Grund ihrer Korrelation mit der Kriteriumsvariablen praktisch unmöglich.

Mit ähnlichen Effekten müssen wir auch in der multivariaten Varianzanalyse rechnen. Da üblicherweise die abhängigen Variablen einer multivariaten Varianzanalyse wechselseitig korreliert sind, können die univariaten Varianzanalysen zu völlig falschen Schlüssen hinsichtlich der Bedeutsamkeit einzelner abhängiger Variablen für die Trennung der Gruppen führen. Erst in der Diskriminanzanalyse werden diese Zusammenhänge berücksichtigt.

> Mit der Diskriminanzanalyse ermitteln wir diejenigen Gewichte für die abhängigen Variablen, die angesichts der wechselseitigen Beziehungen zwischen den abhängigen Variablen (Multikollinearität) zu einer maximalen Trennung der untersuchten Gruppen führen.

Die Ursprünge der Diskriminanzanalyse gehen auf Fisher (1936) zurück. Weitere Informationen zur historischen Entwicklung der Diskriminanzanalyse findet man bei Das Gupta (1973). Für eine ausführliche Auseinandersetzung mit dem Thema „Diskriminanzanalyse" sei Huberty (1994b) empfohlen.

Wie alle multivariaten Verfahren ist auch die Diskriminanzanalyse mathematisch relativ aufwändig. Wir werden deshalb – wie bereits in den vorangegangenen Kapiteln – die rechnerische Durchführung (18.2) sowie das Grundprinzip und die Interpretation einer Diskriminanzanalyse (18.1) getrennt behandeln. Die Erweiterung der Diskriminanzanalyse auf mehrfaktorielle Untersuchungspläne ist Gegenstand von Abschnitt 18.3. Unter 18.4 schließlich gehen wir auf Klassifikationsverfahren ein, die häufig im Anschluss an eine Diskriminanzanalyse eingesetzt werden.

▷ 18.1 Grundprinzip und Interpretation der Diskriminanzanalyse

Allgemeine Zielsetzung

Wir wollen einmal annehmen, dass für eine Stichprobe von 5 männlichen und 5 weiblichen Personen Messungen bezüglich zweier Variablen x_1 und x_2 vorliegen. Die Messwerte dieser 10 Vpn sind in Abb. 18.1 a bis f graphisch dargestellt (○ = weiblich und ● = männlich). Ferner enthalten die Abbildungen den Mittelwert (Zentroid) der 5 männlichen Personen (gekennzeichnet durch ⊙) und den Mittelwert (Zentroid) der 5 weiblichen Personen (◎). Gesucht wird eine neue Achse Y_1, auf der sich die Projektionen der Punkte der männlichen Vpn möglichst deutlich von denen der weiblichen Vpn unterscheiden. Diese neue Achse bezeichnen wir in Analogie zur Faktorenanalyse als *Diskriminanzfaktor* (bzw. Diskriminanzfunktion).

Als einen Indikator für das Ausmaß der Unterschiedlichkeit der beiden Gruppen betrachten wir zunächst die Differenz der Mittelwerte der Gruppen auf der neuen Y_1-Achse. Wählen wir für Y_1 eine Position, wie sie in Abb. 18.1 a eingetragen ist, resultiert – verdeutlicht durch den fett gezeichneten Achsenabschnitt – eine relative geringe Mittelwertdifferenz. Eine maximale Mittelwertdifferenz erhalten wir, wenn die Achse Y_1 so gelegt wird, dass sie parallel zur Verbindungslinie der beiden Mittelpunkte verläuft. Dies ist in Abb. 18.1 c der Fall. Sind wir daran interessiert, eine neue Achse Y_1 zu finden, auf der sich die beiden Gruppenmittel maximal unterscheiden, so wäre dies die gesuchte Achse.

Ein weiterer Indikator für die Güte der Trennung der beiden Gruppen ist das Ausmaß, in dem sich die Verteilungen der Messwerte überschneiden. Es ist einsichtig, dass 2 Gruppen um so deutlicher verschieden sind, je kleiner ihr Überschneidungsbereich ist. Wäre dies das entscheidende Kriterium für die Unterschiedlichkeit der Gruppen, müsste für Y_1 eine Position gewählt werden, wie sie etwa in Abb. 18.1 d gewählt wurde (der Überschneidungsbereich ist durch den fett gedruckten Achsenabschnitt gekennzeichnet). Ausgesprochen ungünstig ist nach diesem Kriterium die Position von Y_1 in Abb. 18.1 f.

Betrachten wir beide Kriterien für die Unterschiedlichkeit der Gruppen – die Differenz der

18.1 Grundprinzip und Interpretation der Diskriminanzanalyse

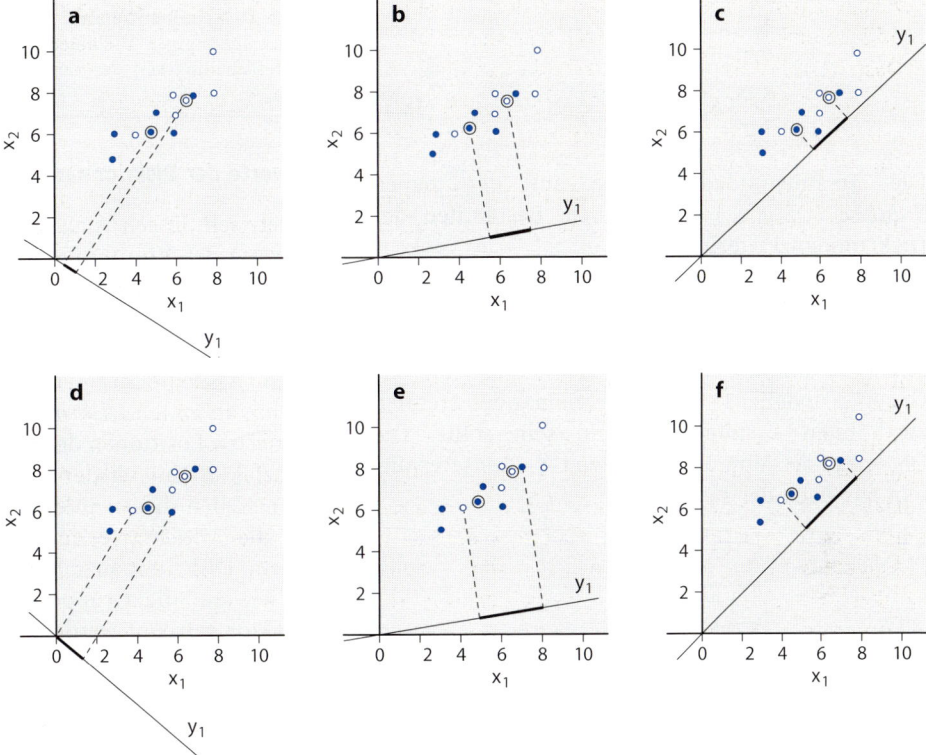

Abb. 18.1 Veranschaulichung des Einflusses von Rotationstransformationen auf Mittelwertdifferenzen und Überschneidungsbereiche

Mittelwerte und den Überschneidungsbereich – zusammen, müssen wir feststellen, dass sich durch die Veränderung der Achsenposition die Unterschiedlichkeit beider Gruppen in Bezug auf das eine Kriterium (z. B. Differenz der Mittelwerte) vergrößert und in Bezug auf das andere Kriterium (Überschneidungsbereich) verkleinert. Dies veranschaulichen die Abb. 18.1a und d sowie c und f, in denen jeweils paarweise die gleichen Positionen für die Y_1-Achse gewählt wurden. Die Position von Y_1 in Abb. 18.1a und d ist ungünstig für das Kriterium der Mittelwertdifferenz und günstig für das Kriterium des Überschneidungsbereichs, während umgekehrt in c und f eine ideale Position in Bezug auf das Differenzkriterium gewählt wurde, die jedoch gleichzeitig zu einem großen Überschneidungsbereich führt. Sollen beide Kriterien gleichzeitig berücksichtigt werden, wäre eine Position für Y_1, wie sie z. B. in Abb. 18.1b und e wiedergegeben ist, den übrigen Positionen vorzuziehen.

Damit ist die Zielsetzung der Diskriminanzanalyse grob skizziert: Gesucht wird eine neue Achse Y_1, auf der sich einerseits die Mittelwerte der verglichenen Gruppen möglichst deutlich unterscheiden und auf der sich andererseits ein möglichst kleiner Überschneidungsbereich ergibt.

Das Diskriminanzkriterium

Anwendungen der Diskriminanzanalyse beziehen sich im Allgemeinen nicht nur auf den Vergleich von 2, sondern von allgemein k Stichproben, wobei die Anzahl der Vpn in der kleinsten Stichprobe größer als die Anzahl der Variablen sein sollte. Für k Stichproben stellen die einfachen Differenzen zwischen den Mittelwerten bzw. einzelne Überschneidungsbereiche keine sinnvollen Differenzierungskriterien dar. Wir ersetzen deshalb die einfachen Mittelwertdifferenzen von Stichproben durch die Quadratsumme zwischen den Stichproben, die – aus der Varianzanalyse als QS_{treat} bekannt (vgl. S. 251 f.) – die Unterschiedlichkeit der Gruppenmittelwerte kennzeichnet:

$$QS_{y(treat)} = \sum_{j=1}^{k} n_j \cdot (\overline{A}_{y(j)} - \overline{G}_y)^2$$
$$= \sum_j (A_{y(j)}^2/n_j) - G_y^2/N. \quad (18.1)$$

Die Treatmentquadratsumme auf der neuen Y-Achse ($QS_{y(treat)}$) ist der erste Bestandteil des Diskriminanzkriteriums.

Den Überschneidungsbereich ersetzen wir durch die Quadratsumme der Messwerte innerhalb der Gruppen (QS_{Fehler} in der varianzanalytischen Terminologie; vgl. S. 252 ff.), die – um die Gruppen möglichst deutlich voneinander trennen zu können – möglichst klein sein sollte. Die $QS_{y(Fehler)}$ der Vpn auf der neuen Y_1-Achse ermitteln wir nach der Beziehung:

$$QS_{y(Fehler)} = \sum_{j=1}^{k} \sum_{m=1}^{n_j} (y_{jm} - \overline{A}_{y(j)})^2$$
$$= \sum_j \sum_m y_{jm}^2 - \sum_j (A_{y(j)}^2/n_j). \quad (18.2)$$

Damit ist das mathematische Problem, das wir unter 18.2 zu lösen haben werden, gestellt: Das Achsenkreuz der ursprünglichen Variablen muss so gedreht werden, dass eine neue Achse Y_1 entsteht, auf der $QS_{y(treat)}$ möglichst groß und $QS_{y(Fehler)}$ möglichst klein werden. Zusammengenommen ist also für Y_1 eine Position zu finden, die den folgenden Ausdruck maximiert:

$$\lambda = \frac{QS_{y(treat)}}{QS_{y(Fehler)}} = \max. \quad (18.3)$$

Gleichung (18.3) definiert das Diskriminanzkriterium der Diskriminanzanalyse.

Zu klären bleibt, was die neue Achse Y_1 bzw. die Rotation des Koordinatensystems der ursprünglichen Variablen zu dieser neuen Achse Y_1 inhaltlich bedeuten. Wie unter 15.3 ausführlich gezeigt wurde, lassen sich Rotationstransformationen der Messwerte als Linearkombinationen der Messwerte darstellen, d.h., das Auffinden der optimalen Position für die neue Achse Y_1 ist gleichbedeutend mit der Festlegung von Gewichtungskoeffizienten für die Variablen, die so geartet sind, dass die Summen der gewichteten Messwerte der Vpn (Linearkombinationen) eine maximale Trennung der untersuchten Stichproben gewährleisten.

> In der Diskriminanzanalyse werden Linearkombinationen der abhängigen Variablen gesucht, die eine maximale Unterscheidbarkeit der verglichenen Gruppen gewährleisten.

Kennwerte der Diskriminanzanalyse

Geometrisch lassen sich die linearkombinierten Messwerte der Vpn (= die Summen der gewichteten Originalmesswerte), wie in Abb. 18.1 an einem Zwei-Variablen-Beispiel verdeutlicht, als Projektionen der Vpn-Punkte auf die neue Y_1-Achse darstellen. In Analogie zur PCA bezeichnen wir die Y_1-Achse als ersten *Diskriminanzfaktor*. Die z-standardisierten Positionen der Vpn auf diesem Diskriminanzfaktor sind wieder als **Faktorwerte** interpretierbar. Neben diesen interessieren uns jedoch vor allem die Mittelwerte der verglichenen Gruppen auf dem Diskriminanzfaktor, denen wir entnehmen, wie gut die Gruppen durch den Diskriminanzfaktor getrennt werden.

Die Interpretation eines Diskriminanzfaktors erfolgt – ebenfalls wie in der PCA – über die **Ladungen** der einzelnen Variablen auf dem Diskriminanzfaktor, die den Korrelationen der ursprünglichen Variablen mit dem Diskriminanzfaktor (korreliert über die Vpn-Messwerte und Vpn-Faktorwerte) entsprechen. Lädt eine Variable hoch positiv oder hoch negativ, besagt dies, dass diese Variable besonders charakteristisch für den Diskriminanzfaktor ist. Dem Vorzeichen der Ladung entnehmen wir, ob Vergrößerungen der Variablenmesswerte mit Vergrößerungen der Faktorwerte einhergehen (positive Ladung) bzw. ob größer werdende Variablenmesswerte mit abnehmenden Faktorwerten verbunden sind (negative Ladung).

Zur Interpretation des diskriminanzanalytischen Ergebnisses kann man außerdem die (standardisierten) Gewichte heranziehen, mit denen die Variablen in die Linearkombination eingehen (standardisierte Diskriminanzkoeffizienten, s. Gl. 18.25). Diese Koeffizienten informieren darüber, welche Variablen im Kontext aller untersuchten Variablen eher redundant sind (niedrige Diskriminanzkoeffizienten) und welche eher nicht (hohe Diskriminanzkoeffizienten). Zur Bestimmung der inhaltlichen Bedeutung eines Diskriminanzfaktors werden üblicherweise die Ladungen, d.h. die Korrelationen der Variablen mit den Diskriminanzfaktoren, herangezogen (vgl. Stevens, 2002, Kap. 7.4).

Der Diskriminanzraum

Rechnet man eine Diskriminanzanalyse über mehr als zwei Gruppen, die durch mehrere Variablen beschrieben sind, wird durch den ersten Diskriminanzfaktor nur ein Teil des Diskriminanzpotenzials der Variablen erklärt. (Eine vollständige Erfassung des Diskriminanzpotenzials durch einen Diskriminanzfaktor wäre theoretisch nur möglich, wenn alle Variablen zu 1 miteinander korrelierten.) Ähnlich wie in der PCA bestimmen wir deshalb einen zweiten Diskriminanzfaktor, für den der Ausdruck $QS_{y2(treat)}/QS_{y2(Fehler)}$ maximal wird. Hierfür suchen wir einen zweiten Satz von Gewichtungskoeffizienten für die Variablen, der zu Linearkombinationen führt, die mit den Linearkombinationen auf Grund der ersten Transformation unkorreliert sind. Der zweite Diskriminanzfaktor erfasst somit eine Merkmalsvarianz, die durch den ersten Diskriminanzfaktor nicht aufgeklärt wurde. In gleicher Weise werden weitere Diskriminanzfaktoren festgelegt, die paarweise voneinander unabhängig sind und die die noch nicht aufgeklärte Varianz so zusammenfassen, dass die Gruppen jeweils maximal getrennt werden. Die einzelnen Achsen werden somit nach dem Kriterium der sukzessiv maximalen Trennung der Gruppen festgelegt.

Wie Tatsuoka (1971, S. 161 f.) zeigt, gibt es in einer Diskriminanzanalyse über k Gruppen und p Variablen für den Fall, dass mehr Variablen als Gruppen untersucht werden, k − 1 Diskriminanzfaktoren. Ist die Anzahl der Variablen kleiner als die Anzahl der Gruppen, ergeben sich p Diskriminanzfaktoren. [Allgemein: Anzahl der Diskriminanzfaktoren = r = min (p, k − 1).] Die Gesamtheit aller Diskriminanzfaktoren bezeichnen wir als Diskriminanzraum.

> Der Diskriminanzraum besteht aus p oder k − 1 Diskriminanzfaktoren, deren Reihenfolge so festgelegt wird, dass die verglichenen Stichproben sukzessiv maximal getrennt werden.

Zur besseren Interpretierbarkeit können die statistisch bedeutsamen Diskriminanzfaktoren des Diskriminanzraumes (s. unten) nach dem Varimax-Kriterium (oder auch einem anderem Kriterium, vgl. S. 548 ff.) rotiert werden. Wie man hierbei im Rahmen einer SPSS-Auswertung vorgeht, erläutert Stevens (2002, Kap. 7.6). Weitere Hinweise zur Interpretation von Diskriminanzfaktoren findet man bei Thomas (1992).

Statistische Bedeutsamkeit der Diskriminanzfaktoren

Ähnlich wie in der PCA ist damit zu rechnen, dass die Anzahl der Diskriminanzfaktoren, die das gesamte Diskriminanzpotenzial bis auf einen unbedeutenden Rest aufklären, erheblich kleiner ist als die Anzahl der ursprünglichen Variablen. Das relative Diskriminanzpotenzial eines Diskriminanzfaktors s ermitteln wir unter Verwendung von Gl. (18.3) nach der Beziehung:

Diskriminanzanteil des Diskriminanzfaktors s

$$= 100\% \cdot \frac{\lambda_s}{\lambda_1 + \lambda_2 + \cdots + \lambda_s + \cdots + \lambda_r} \,. \quad (18.4)$$

Die Summe der Diskriminanzanteile aller r Diskriminanzfaktoren entspricht dem Diskriminanzpotenzial der p Variablen.

> Das Diskriminanzpotenzial aller Diskriminanzfaktoren (des Diskriminanzraums) ist identisch mit dem Diskriminanzpotenzial der ursprünglichen Variablen. Durch die Diskriminanzanalyse wird das gesamte Diskriminanzpotenzial durch die einzelnen Faktoren zusammengefasst bzw. auf die Faktoren umverteilt.

Diese Umverteilung geschieht so, dass der erste Diskriminanzfaktor die untersuchten Stichproben nach dem Diskriminanzkriterium am besten trennt, der zweite Diskriminanzfaktor am zweitbesten etc. Hierbei ist das Diskriminanzpotenzial des ersten Diskriminanzfaktors um so größer, je höher die abhängigen Variablen miteinander korrelieren.

Ein signifikanter V-Test in der multivariaten Varianzanalyse (s. Gl. 17.21), der dem F-Test im univariaten Fall entspricht, bedeutet somit gleichzeitig, dass die Stichproben auf Grund *aller* Diskriminanzfaktoren signifikant voneinander getrennt werden können. Um entscheiden zu können, welche der r Diskriminanzfaktoren signifikant sind, wählen wir für das Λ-Kriterium von Wilks folgende zu Gl. (17.20 b) äquivalente Darstellung:

$$\frac{1}{\Lambda} = (1 + \lambda_1) \cdot (1 + \lambda_2) \cdot \ldots \cdot (1 + \lambda_r) \quad (18.5)$$

und

$$\ln \frac{1}{\Lambda} = -\ln \Lambda \,. \quad (18.6)$$

Wegen $\ln \prod_{s=1}^{r}(1+\lambda_s) = \sum_{s=1}^{r} \ln(1+\lambda_s)$ können wir für Gl. (17.21) auch schreiben:

$$V = [N - 1 - (p+k)/2] \sum_{s=1}^{r} \ln(1+\lambda_s), \quad (18.7)$$

wobei
$N = \sum_{j} n_j$ = Gesamtstichprobenumfang,
p = Anzahl der Variablen,
k = Anzahl der Gruppen,
λ_s = Diskriminanzkriterium für den s-ten Diskriminanzfaktor (= der mit dem Diskriminanzfaktor s assoziierte Eigenwert; vgl. 18.2).

Auch dieser approximativ χ^2-verteilte V-Wert hat wie V in Gl. (17.21) $p \cdot (k-1)$ Freiheitsgrade. Alternativ kann der Signifikanztest über PS durchgeführt werden (Gl. 17.22).

Ist das gesamte Diskriminanzpotenzial nach Gl. (18.7) signifikant, können wir überprüfen, ob die nach Extraktion des ersten Diskriminanzfaktors verbleibenden Diskriminanzfaktoren die Gruppen noch signifikant differenzieren. Hierfür berechnen wir folgenden V_1-Wert:

$$V_1 = [N - 1 - (p+k)/2] \cdot \sum_{s=2}^{r} \ln(1+\lambda_s) \quad (18.8\,a)$$

Dieser V-Wert ist mit $(p-1) \cdot (k-2)$ Freiheitsgraden approximativ χ^2-verteilt. Wurden bereits t Diskriminanzfaktoren extrahiert, ermitteln wir die Signifikanz des Diskriminanzpotenzials der verbleibenden $r - t$ Diskriminanzfaktoren wie folgt:

$$V_t = [N - 1 - (p+k)/2] \cdot \sum_{s=t+1}^{r} \ln(1+\lambda_s). \quad (18.8\,b)$$

Die Berechnungsvorschrift für die Freiheitsgrade dieses ebenfalls approximativ χ^2-verteilten V_t-Wertes lautet $(p-t) \cdot (k-t-1)$. Der erste nicht signifikante V_t-Wert besagt, dass t Diskriminanzfaktoren signifikant und die restlichen $r - t$ Diskriminanzfaktoren nicht signifikant sind.

Voraussetzungen. Die Voraussetzungen der Diskriminanzanalyse entsprechen den Voraussetzungen der multivariaten Varianzanalyse (vgl. S. 597), d.h., die Überprüfung der statistischen Bedeutsamkeit der Diskriminanzfaktoren setzt voraus, dass die Variablen in der Population *multivariat normalverteilt sind* und dass die Varianz-Kovarianz-Matrizen für die einzelnen Variablen über die verglichenen Gruppen hinweg homogen sind (zur Einschätzung dieser Voraussetzungen vgl. Melton, 1963 und S. 597; zur Diskriminanzanalyse bei nicht normalverteilten Variablen wird auf Huberty, 1975, verwiesen).

Auch für die Diskriminanzanalyse gilt, dass Verletzungen der Voraussetzungen in Bezug auf α-Fehler und Teststärke mit wachsendem Stichprobenumfang weniger folgenreich sind. Unter dem Gesichtspunkt der Stabilität der Kennwerte der Diskriminanzanalyse (insbesondere der Faktorladungen) fordert Stevens (2002, Kap. 7.4), dass N mindestens 20-mal so groß sein sollte wie p (Beispiel: Bei 10 abhängigen Variablen sollte der gesamte Stichprobenumfang $N \geq 200$ sein).

Schätzung des Diskriminanzpotenzials. In der univariaten Varianzanalyse schätzen wir durch $\hat{\omega}^2$ denjenigen Varianzanteil der abhängigen Variablen, der in der Population durch das untersuchte Treatment aufgeklärt wird (s. Gl. 7.75). In Analogie hierzu schätzen wir ein multivariates ω^2 nach der Beziehung

$$\hat{\omega}^2 = 1 - N \cdot [(N-k) \cdot (1+\lambda_1) \cdot (1+\lambda_2) \cdot \ldots$$
$$\times (1+\lambda_k) + 1]^{-1} \quad (18.9)$$

(vgl. hierzu Tatsuoka, 1970, S. 38).

Multiplizieren wir $\hat{\omega}^2$ mit 100%, erhalten wir einen prozentualen Schätzwert, der angibt, in welchem Ausmaß die Gesamtvariabilität auf allen Diskriminanzfaktoren durch Gruppenunterschiede bedingt ist. Dieser Ausdruck schätzt somit das „wahre" Diskriminanzpotenzial der Diskriminanzfaktoren bzw. der ursprünglichen Variablen. Ein Beispiel soll den Einsatz einer Diskriminanzanalyse verdeutlichen:

BEISPIEL

Jones (1961) ging der Frage nach, ob die Art der Beurteilung von Menschen durch autoritäre Einstellungen der Beurteiler beeinflusst wird. Er untersuchte 60 Studenten, die nach dem Grad ihres Autoritarismus (gemessen mit der California-F-Skala) in 3 Gruppen à 20 Studenten mit hohem, mittlerem und niedrigem Autoritarismus eingeteilt wurden. Die Studenten beurteilten Tonfilmaufzeichnungen von therapeutischen Gesprächen mit der Instruktion, den im jewei-

18.1 Grundprinzip und Interpretation der Diskriminanzanalyse

Tabelle 18.1. Beispiel für eine Diskriminanzanalyse (nach Jones, 1966)

Nr. d. Diskriminanzfaktors	Eigenwert (λ)	V	df(V)
1	0,675	30,25**	12
2	0,040	2,18	5

Diskriminanzkoeffizienten der Variablen für den 1. Diskriminanzfaktor

gut – schlecht	0,35
freundlich – feindlich	0,20
kooperativ – obstruktiv	0,04
stark – schwach	0,18
aktiv – passiv	0,17
aufrichtig – hinterlistig	–0,88

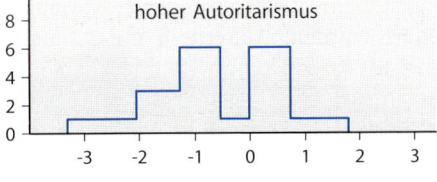
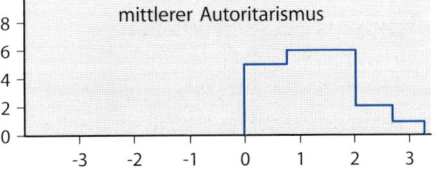
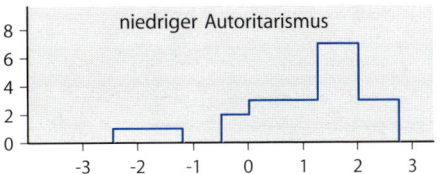

Abb. 18.2. Verteilung der Diskriminanzfaktorwerte unterschiedlich autoritärer Studenten (nach Jones, 1966)

ligen Film gezeigten Klienten anhand von 6 bipolaren Ratingskalen (vgl. Tabelle 18.1) einzuschätzen.

Mit dieser Untersuchung sollte überprüft werden, ob sich die 3 Studentengruppen in ihrem Urteilsverhalten unterscheiden und welche Urteilsskalen zur Trennung der Gruppen besonders beitragen. Das Material wurde deshalb mit einer Diskriminanzanalyse, deren Ergebnis in Tabelle 18.1 wiedergegeben ist, ausgewertet. (Die Daten sind einem Bericht von Jones, 1966, entnommen und nach den unter 18.2 behandelten Regeln verrechnet. In der Originalarbeit von Jones wurden auch die Unterschiede zwischen den Filmen analysiert, worauf wir hier jedoch verzichten.)

Da weniger Gruppen als abhängige Variablen untersucht wurden, resultieren im Beispiel $3 - 1 = 2$ verschiedene Diskriminanzfaktoren. Beide Faktoren zusammen trennen die 3 Gruppen auf dem 1%-Niveau signifikant, d.h., auch eine multivariate Varianzanalyse hätte zu signifikanten Gruppenunterschieden (und zum gleichen V-Wert) geführt. Lassen wir den ersten Diskriminanzfaktor außer Acht, verbleibt ein Diskriminanzpotenzial, das die 3 Gruppen nicht mehr signifikant voneinander trennt, d.h., vor allem der erste Diskriminanzfaktor ist für das Zustandekommen der Signifikanz verantwortlich. Der erste Diskriminanzfaktor erfasst nach Gl. (18.4) 94,4% des gesamten Diskriminanzpotenzials. Für das „wahre" Diskriminanzpotenzial schätzt man nach Gl. (18.9) $\hat{\omega}^2 = 0,402$ (40,2%), was nach Cohen (1988) einem mittleren bis starken Effekt entspricht.

Für die Interpretation betrachten wir die Diskriminanzkoeffizienten der abhängigen Variablen, die ebenfalls in Tabelle 18.1 wiedergegeben sind. (Der Gewichtungsvektor wurde auf die Länge 1 normiert.) Demnach kann das Urteilsverhalten der 3 Gruppen vor allem mit der Skala 6 (aufrichtig – hinterlistig) differenziert werden. Diese Skala ist also für die Beschreibung des Urteilsverhaltens unterschiedlich autoritärer Studenten besonders wichtig.

Die Frage, in welcher Weise der erste Diskriminanzfaktor die 3 Gruppen trennt, beantworten die Faktorwerte der Vpn auf dem Diskriminanzfaktor bzw. die Mittelwerte der 3 Gruppen. Abbildung 18.2 zeigt, wie sich die Faktorwerte verteilen.

Sehr autoritäre Personen erhalten somit überwiegend negative und weniger autoritäre Personen eher positive Diskriminanzfaktorwerte. Bei negativer Gewichtung der Skala „aufrichtig – hinterlistig" besagt dieses Ergebnis, dass die in den Filmen gezeigten Klienten von den autoritären Studenten eher als hinterlistig und von den wenig autoritären Studenten eher als aufrichtig beurteilt wurden. Studenten, deren Autoritarismus mittelmäßig ausgeprägt ist, neigen ebenfalls eher dazu, die Klienten als aufrichtig einzustufen.

Die (hier nicht wiedergegebenen) Mittelwerte der bipolaren Ratingskalen zeigen zudem, dass Studenten mit hohen Autoritarismuswerten die Klienten als feindlicher, obstruktiver und schwächer einschätzen als weniger oder mittelmäßig autoritäre Studenten. Jones kommt deshalb zusammenfassend zu dem Schluss, dass autoritäre Studenten dazu tendieren, psychisch kranke Personen abzulehnen, was möglicherweise auf eine generelle Intoleranz gegenüber Personen, die Schwierigkeiten mit der Bewältigung ihrer Lebensprobleme haben, zurückzuführen ist.

Multikollinearität

In den meisten Programmpaketen werden für die Diskriminanzanalyse „Stepwise"-Prozeduren angeboten, mit denen versucht wird, aus den abhängigen Variablen eine Teilmenge herauszufinden, die sich am besten zur Trennung der Gruppen eignet. Die Identifikation dieser „besten" Variablen ist insoweit problematisch, als bei korrelierenden Variablen (Multikollinearität) die Bedeutung einer Variablen davon abhängt, welche anderen Variablen bereits selegiert wurden. Außerdem muss man – wie bei Stepwise-Prozeduren im Rahmen der multiplen Regression – bedenken, dass vor allem bei kleineren oder mittleren Stichprobenumfängen die Auswahl der „am besten" diskriminierenden Variablen stark vom Zufall bestimmt sein kann; sie lässt sich selten replizieren.

Für die Bestimmung einer optimalen Teilmenge von Variablen ist es genau genommen erforderlich, alle möglichen Teilmengen von Variablen bez. ihres Diskriminanzpotenzials zu vergleichen. Fortran-Programme, die diese Forderung berücksichtigen, wurden von McCabe (1975) für einfaktorielle, von McHenri (1978) für mehrfaktorielle Pläne und für Diskriminanzanalysen über 2 Gruppen von Morris u. Meshbane (1995) entwickelt.

Will man auf diese aufwendige Vorgehensweise verzichten, ist die „F-to-remove"-Strategie zu empfehlen, bei der geprüft wird, wie das Diskriminanzpotenzial aller Variablen durch das Entfernen einer Variablen reduziert wird. Die Variable mit der größten Reduktion ist für die Trennung der Gruppen am bedeutsamsten. Nach diesem Vorgehen lassen sich alle Variablen in eine Rangfolge ihrer Bedeutung bringen. (Man beachte allerdings, dass die so ermittelte Bedeutung einer Variablen eine andere sein kann, wenn man Variablen paarweise, in Dreiergruppen, in Vierergruppen etc. entfernt. Weitere Hinweise hierzu findet man bei Huberty, 1994b, Kap. VIII, Gondek, 1981, Mc Lachlan 1992, Kap. 12 oder Thompson, 1995.)

Stevens (2002, Kap. 10) empfiehlt, die sog. Step-down-Analyse, bei der die abhängigen Variablen auf Grund inhaltlicher Überlegungen vorab nach Maßgabe ihres vermuteten Diskriminanzpotenzials in eine Rangfolge gebracht werden. Danach wird geprüft, ob sich diese theoretische Rangfolge empirisch bestätigen lässt. Dies wäre – wie auch die auf S. 462 empfohlene Vorgehensweise bei der Reihung von Prädiktorvariablen bei der multiplen Regression – eine Hypothesen prüfende Vorgehensweise, im Unterschied zu Stepwise-Prozeduren, die nur zur Hypothesenerkundung eingesetzt werden sollten.

Hinweis: Varianten zur Durchführung einer Diskriminanzanalyse bei nominalskalierten abhängigen Variablen diskutieren Huberty et al. (1986).

18.2 Mathematischer Hintergrund

Eine Linearkombination der Messwerte einer Vp m auf p Variablen erhalten wir nach der Beziehung:

$$y_m = v_1 x_{m1} + v_2 x_{m2} + \cdots + v_p x_{mp}. \quad (18.10)$$

Gesucht werden homologe Linearkombinationen aller Vpn (d. h. Linearkombinationen unter Verwendung desselben Gewichtungsvektors $\mathbf{v}$; vgl. S. 530), für die gilt:

$$\lambda = \frac{QS_{y1(treat)}}{QS_{y1(Fehler)}} = \max. \quad (18.11)$$

$QS_{y1(treat)}$ ist hierbei die Quadratsumme zwischen den Gruppen auf der neuen Y_1-Achse und $QS_{y1(Fehler)}$ die Quadratsumme innerhalb der Gruppen auf der neuen Y_1-Achse.

Diskriminanzkriterium λ

In 15.3 wurde gezeigt, wie die Gesamtvarianz der y_{m1}-Werte, die sich nach einer Rotationstransformation ergibt, aus den ursprünglichen Messwerten auf den p Variablen bestimmt werden kann. Vernachlässigen wir die für einen Datensatz konstante Zahl der Freiheitsgrade und betrachten nur die Quadratsummen, lautet diese Beziehung:

$$QS_{y1(tot)} = \mathbf{v}_1' \cdot \mathbf{D}_{x(tot)} \cdot \mathbf{v}_1. \quad (18.12)$$

Hierin ist $\mathbf{D}_{x(tot)}$ eine $p \times p$-Matrix, in deren Diagonale die Quadratsummen der p Variablen stehen und die außerhalb der Diagonale die Kreuzproduktsummen enthält. $QS_{y1(tot)}$ zerlegen wir – wie in der einfaktoriellen Varianzanalyse – in die Anteile:

$$QS_{y1(tot)} = QS_{y1(treat)} + QS_{y1(Fehler)}. \quad (18.13)$$

Gesucht wird derjenige Vektor $\mathbf{v}_1$, der das Achsensystem der p Variablen so rotiert, dass der in Gl. (18.11) definierte λ-Wert maximal wird. Um diesen Vektor zu finden, müssen wir zuvor wissen, wie sich Rotationen auf die $QS_{y1(treat)}$ und $QS_{y1(Fehler)}$ auswirken. In völliger Analogie zu Gl. (18.12) kann man zeigen, dass folgende Beziehungen gelten:

$$QS_{y1(treat)} = \mathbf{v}_1' \cdot \mathbf{D}_{x(treat)} \cdot \mathbf{v}_1, \quad (18.14)$$

$$QS_{y1(Fehler)} = \mathbf{v}_1' \cdot \mathbf{D}_{x(Fehler)} \cdot \mathbf{v}_1. \quad (18.15)$$

$\mathbf{D}_{x(treat)}$ und $\mathbf{D}_{x(Fehler)}$ sind die Quadratsummen- und Kreuzproduktmatrizen, deren Berechnungsvorschrift in 17.5 behandelt wurde. Wie in der

18.2 Mathematischer Hintergrund

PCA (vgl. 15.3) ist $\mathbf{v}_1$ ein Transformationsvektor, dessen Elemente $v_{11}, v_{21} \ldots v_{i1} \ldots v_{p1}$ die cos der Winkel zwischen der i-ten alten und der ersten neuen Achse wiedergeben. Setzen wir Gl. (18.14) und (18.15) in Gl. (18.11) ein, erhalten wir folgenden Ausdruck für das zu maximierende Diskriminanzkriterium λ:

$$\lambda = \frac{\mathbf{v}_1' \cdot \mathbf{D}_{x(treat)} \cdot \mathbf{v}_1}{\mathbf{v}_1' \cdot \mathbf{D}_{x(Fehler)} \cdot \mathbf{v}_1} = \max. \quad (18.16)$$

Herleitung der charakteristischen Gleichung

Für 2 abhängige Variablen resultiert nach Gl. (18.16):

$$\lambda = F(\mathbf{v}_1) = F(v_{11}, v_{21}) = \frac{\mathbf{v}_1' \cdot \mathbf{D}_{x(treat)} \cdot \mathbf{v}_1}{\mathbf{v}_1' \cdot \mathbf{D}_{x(Fehler)} \cdot \mathbf{v}_1}$$

$$= \frac{t_{11} v_{11}^2 + t_{22} v_{21}^2 + 2 t_{12} v_{11} v_{22}}{f_{11} v_{11}^2 + f_{22} v_{21}^2 + 2 f_{12} v_{11} v_{21}}. \quad (18.16\,\text{a})$$

(Um die Indizierung nicht zu unübersichtlich werden zu lassen, wurden die Elemente von $\mathbf{D}_{x(treat)}$ mit $t_{ii'}$ und die von $\mathbf{D}_{x(Fehler)}$ mit $f_{ii'}$ gekennzeichnet.)

Für die Maximierung von λ leiten wir Gl. (18.16a) partiell nach den Elementen von $\mathbf{v}$ ab und setzen die ersten Ableitungen gleich 0. Diese Ableitungen lauten für $p=2$:

$$\frac{dF(\mathbf{v}_1)}{dv_{11}}$$
$$= [(2 t_{11} v_{11} + 2 t_{12} v_{21})$$
$$\quad \times (f_{11} v_{11}^2 + f_{22} v_{21}^2 + 2 f_{12} v_{11} v_{21})$$
$$\quad - (t_{11} v_{11}^2 + t_{22} v_{21}^2 + 2 t_{12} v_{11} v_{21})$$
$$\quad \times (2 f_{11} v_{11} + 2 f_{12} v_{21})]$$
$$\quad \times 1/(f_{11} v_{11}^2 + f_{22} v_{21}^2 + 2 f_{12} v_{11} v_{21})^2$$
$$= \frac{2[(t_{11} v_{11} + t_{12} v_{21}) - \lambda \cdot (f_{11} \cdot v_{11} + f_{12} \cdot v_{21})]}{(f_{11} v_{11}^2 + f_{22} v_{21}^2 + 2 f_{12} v_{11} v_{21})}.$$

Dieser Ausdruck kann nur 0 werden, wenn der Zähler 0 wird. Wir erhalten deshalb:

$$2 \cdot [(t_{11} v_{11} + t_{12} v_{21}) - \lambda \cdot (f_{11} \cdot v_{11} + f_{12} \cdot v_{21})] = 0$$

bzw.

$$t_{11} v_{11} + t_{12} v_{21} = \lambda \cdot (f_{11} \cdot v_{11} + f_{12} \cdot v_{21}).$$

In Matrixschreibweise lautet diese Gleichung:

$$(t_{11}, t_{12}) \cdot \mathbf{v}_1 = \lambda \cdot (f_{11}, f_{12}) \cdot \mathbf{v}_1. \quad (18.17\,\text{a})$$

Die Ableitung von Gl. (18.16a) nach v_2 führt zu der Beziehung:

$$(t_{21}, t_{22}) \cdot \mathbf{v}_1 = \lambda \cdot (f_{21}, f_{22}) \cdot \mathbf{v}_1. \quad (18.17\,\text{b})$$

Gleichungen (18.17a) und (18.17b) fassen wir in folgender Weise zusammen:

$$\begin{pmatrix} t_{11} & t_{12} \\ t_{21} & t_{22} \end{pmatrix} \cdot \mathbf{v}_1 = \lambda \cdot \begin{pmatrix} f_{11} & f_{12} \\ f_{21} & f_{22} \end{pmatrix} \cdot \mathbf{v}_1$$

bzw.

$$\mathbf{D}_{x(treat)} \cdot \mathbf{v}_1 = \lambda \cdot \mathbf{D}_{x(Fehler)} \cdot \mathbf{v}_1. \quad (18.18)$$

Durch Umstellen und Ausklammern von $\mathbf{v}_1$ resultiert:

$$(\mathbf{D}_{x(treat)} - \lambda \cdot \mathbf{D}_{x(Fehler)}) \cdot \mathbf{v}_1 = 0. \quad (18.19)$$

Das gleiche Resultat erhalten wir für $p \geq 2$ (vgl. hierzu Tatsuoka, 1971, Anhang C).

Ist die Matrix $\mathbf{D}_{x(Fehler)}$ nicht singulär (d.h. $|\mathbf{D}_{x(Fehler)}| \neq 0$), sodass sie eine Inverse besitzt, können wir durch Vormultiplikation mit $\mathbf{D}_{x(Fehler)}^{-1}$ Gl. (18.19) in folgender Weise umformen:

$$(\mathbf{D}_{x(Fehler)}^{-1} \cdot \mathbf{D}_{x(treat)} - \lambda \cdot \mathbf{I}) \cdot \mathbf{v}_1 = \mathbf{0}. \quad (18.20)$$

Dies ist die Bestimmungsgleichung des gesuchten Vektors $\mathbf{v}_1$. Wie wir unter 15.3 gesehen haben, sind derartige Gleichungen nur lösbar, wenn die Matrix $(\mathbf{D}_{x(Fehler)}^{-1} \cdot \mathbf{D}_{x(treat)} - \lambda \cdot \mathbf{I})$ singulär ist bzw. eine Determinante von 0 hat:

$$|\mathbf{D}_{x(Fehler)}^{-1} \cdot \mathbf{D}_{x(treat)} - \lambda \cdot \mathbf{I}| = 0. \quad (18.21)$$

Gleichung (18.21) bezeichnen wir als die charakteristische Gleichung der Matrix $\mathbf{D}_{x(Fehler)}^{-1} \cdot \mathbf{D}_{x(treat)}$.

Eigenwerte und Eigenvektoren

Die Entwicklung der Determinante in Gl. (18.21) nach λ führt zu einem Polynom r-ter Ordnung, wobei $r = \min(p, k-1)$. Das Polynom hat r λ-Werte, die wir als Eigenwerte der Matrix $\mathbf{D}_{x(Fehler)}^{-1} \cdot \mathbf{D}_{x(treat)}$ bezeichnen. (Ein Rechenprogramm zur Bestimmung der Eigenwerte und Eigenvektoren der nicht symmetrischen Matrix $\mathbf{D}_{x(Fehler)}^{-1} \cdot \mathbf{D}_{x(treat)}$ wird z.B. bei Cooley u. Lohnes, 1971, Kap. 6.4 beschrieben. Außerdem ist dieses Verfahren z.B. im Programmpaket S-PLUS implementiert.)

Ausgehend vom größten Eigenwert λ_1 berechnen wir nach der auf S. 537 f. beschriebenen Vorgehensweise den gesuchten Eigenvektor $\mathbf{v}_1$.

Mit den weiteren Eigenwerten erhalten wir diejenigen Transformationsvektoren, die – eingesetzt als Gewichtungsvektoren der Linearkombinationen – zu neuen Achsen $Y_1, Y_2, Y_3 \ldots Y_r$ führen, die die Gruppen sukzessiv maximal trennen und wechselseitig unkorreliert sind. Allerdings sind die neuen Achsen nicht orthogonal, d.h., die neuen Achsen sind – anders als in der PCA – nicht das Ergebnis einer orthogonalen Rotationstransformation, sondern einer obliquen Rotation (vgl. Tatsuoka, 1988, S. 217).

Wir setzen die Eigenvektoren $v_1, v_2 \ldots v_s \ldots v_r$ in die allgemeine Gleichung für Linearkombinationen ein:

$$y_{ms} = v_{1s} \cdot x_{m1} + v_{2s} \cdot x_{m2} + \cdots + v_{ps} \cdot x_{mp}, \quad (18.22)$$

und erhalten die Koordinaten der Vpn auf der neuen Y_s-Achse. Nach Gl. (15.25) hat eine Gruppe j auf der Achse Y_s den Mittelwert:

$$\overline{y}_{js} = v_{1s} \cdot \overline{x}_{j1} + v_{2s} \cdot \overline{x}_{j2} + \cdots + v_{ps} \cdot \overline{x}_{jp}. \quad (18.23)$$

Gelegentlich wird folgende Normierung verwendet (zur Begründung vgl. z. B. van de Geer, 1971, S. 251):

$$\mathbf{V}'^* \cdot \mathbf{D}_{\text{Fehler}} \cdot \mathbf{V}^* = \mathbf{I}. \quad (18.24)$$

Die Eigenvektoren mit dieser Eigenschaft seien im Folgenden $\mathbf{v}^*$ genannt. Man erhält $\mathbf{v}^*$ wie folgt: Aus der Matrix der Eigenvektoren ($\mathbf{V}$) und $\mathbf{D}_{x(\text{Fehler})}$ wird $\mathbf{D} = \mathbf{V}' \cdot \mathbf{D}_{x(\text{Fehler})} \cdot \mathbf{V}$ berechnet. $\mathbf{V}^*$ ergibt sich, wenn man die i-te Spalte von $\mathbf{V}$ durch die Wurzel des i-ten Diagonalelements von $\mathbf{D}$ dividiert.

$$\mathbf{v}_i^* = \frac{1}{\sqrt{\mathbf{D}(i,i)}} \cdot \mathbf{v}_i. \quad (18.24\,a)$$

Diskriminanzkoeffizienten

Zur Interpretation einer Diskriminanzanalyse werden häufig standardisierte Diskriminanzkoeffizienten (**E**) herangezogen, denen die Bedeutung der abhängigen Variablen für die Diskriminanzfaktoren entnommen werden kann. (Zur Kritik dieser Koeffizienten vgl. Huberty, 1984):

$$\mathbf{E} = \mathbf{W}_{\text{diag}} \cdot \mathbf{V}^*. \quad (18.25)$$

$\mathbf{W}_{\text{diag}}$ ist eine Diagonalmatrix, in deren Diagonale die Wurzeln der Diagonalelemente aus $\mathbf{D}_{\text{Fehler}}$ stehen ($\sqrt{d_{\text{Fehler}(i,i)}}$).

Nichtstandardisierte Diskriminanzkoeffizienten (**B**) ermittelt man über folgende Gleichung:

$$\mathbf{B} = \sqrt{N-k} \cdot \mathbf{V}^*. \quad (18.26)$$

Faktorwerte und Faktorladungen

Die Positionen der Vpn auf einem Diskriminanzfaktor s erhält man nach folgender Gleichung:

$$F_{smj} = c_s + \sum_{i=1}^{p} b_{si} \cdot x_{imj}. \quad (18.27\,a)$$

Analog hierzu ermittelt man die Gruppenmittelwerte auf den Diskriminanzfaktoren nach folgender Gleichung:

$$\overline{F}_{sj} = c_s + \sum_{i=1}^{p} b_{si} \cdot \overline{x}_{ij}. \quad (18.27\,b)$$

Die Konstante c_s ist wie folgt definiert:

$$c_s = -\sum_{i=1}^{p} b_{si} \cdot \overline{x}_i, \quad (18.28)$$

wobei $\overline{x}_i$ die auf allen Vpn basierenden Mittelwerte darstellen und b_{si} die Elemente der Matrix **B**. Man beachte, dass die Streuungen der so ermittelten Faktorwerte – anders als in der PCA – ungleich 1 sind.

Die Ladungen der abhängigen Variablen auf den Diskriminanzfaktoren ergeben sich zu

$$\mathbf{A} = \mathbf{D}_{\text{diag}}^{-1} \cdot \mathbf{D}_{\text{Fehler}} \cdot \mathbf{V}^*. \quad (18.29)$$

Ein Element von A stellt die über die Gruppen zusammengefassten Korrelationen zwischen den Variablen und Diskriminanzfaktoren dar. Bei der Ermittlung dieser Korrelation über die individuellen Messwerte und Faktorwerte sind die Gruppen spezifischen Kovarianzen zwischen F_{smj} und x_{imj} und die Gruppen spezifischen Varianzen für F_{smj} und x_{imj} getrennt zusammenzufassen (vgl. hierzu S. 365).

Datenrückgriff

Ein Beispiel soll die einzelnen Rechenschritte der Diskriminanzanalyse numerisch erläutern. Wir verwenden hierfür erneut die in Tabelle 17.4 genannten Daten. Dieser Tabelle entnehmen wir auch die für Gl. (18.21) benötigten Matrizen $\mathbf{D}_{x(\text{Fehler})}$ und $\mathbf{D}_{x(\text{treat})}$. Sie lauten:

18.2 Mathematischer Hintergrund

$$\mathbf{D}_{x(\text{Fehler})} = \begin{pmatrix} 13{,}8000 & -3{,}3000 & 1{,}7000 \\ -3{,}3000 & 7{,}5500 & -0{,}4500 \\ 1{,}7000 & -0{,}4500 & 14{,}3833 \end{pmatrix},$$

$$\mathbf{D}_{x(\text{treat})} = \begin{pmatrix} 3{,}9333 & 5{,}9667 & 3{,}1667 \\ 5{,}9667 & 9{,}7833 & 4{,}7833 \\ 3{,}1667 & 4{,}7833 & 2{,}5500 \end{pmatrix}.$$

Berechnung der Eigenwerte. Für die Inverse $\mathbf{D}_{x(\text{Fehler})}^{-1}$ ermitteln wir:

$$\mathbf{D}_{x(\text{Fehler})}^{-1} = \begin{pmatrix} 0{,}08197 & 0{,}03532 & -0{,}00858 \\ 0{,}03532 & 0{,}14791 & 0{,}00045 \\ -0{,}00858 & 0{,}00045 & 0{,}07055 \end{pmatrix}.$$

Das Produkt $\mathbf{D}_{x(\text{Fehler})}^{-1} \cdot \mathbf{D}_{x(\text{treat})}$ ergibt sich zu:

$$(\mathbf{D}_{x(\text{Fehler})}^{-1} \cdot \mathbf{D}_{x(\text{treat})}) = \begin{pmatrix} 0{,}50593 & 0{,}79350 & 0{,}40639 \\ 1{,}02289 & 1{,}65996 & 0{,}82051 \\ 0{,}19237 & 0{,}29071 & 0{,}15659 \end{pmatrix}.$$

Gemäß Gl. (18.21) muss somit folgende Determinante 0 werden:

$$|(\mathbf{D}_{x(\text{Fehler})}^{-1} \cdot \mathbf{D}_{x(\text{treat})} - \lambda \cdot \mathbf{I})|$$

$$= \begin{vmatrix} 0{,}50593 - \lambda & 0{,}79350 & 0{,}40639 \\ 1{,}02289 & 1{,}65996 - \lambda & 0{,}82051 \\ 0{,}19237 & 0{,}29071 & 0{,}15659 - \lambda \end{vmatrix}$$

$$= 0.$$

Die Entwicklung dieser Determinante führt nach Gl. (C 16) zu folgendem Polynom 3. Ordnung:

$$\begin{aligned}
& (0{,}50593 - \lambda) \cdot (1{,}65996 - \lambda) \cdot (0{,}15659 - \lambda) \\
& + 0{,}79350 \quad \cdot \quad 0{,}82051 \quad \cdot 0{,}19237 \\
& + 0{,}40639 \quad \cdot \quad 1{,}02289 \quad \cdot 0{,}29071 \\
& - 0{,}40639 \quad \cdot (1{,}65996 - \lambda) \cdot 0{,}19237 \\
& - (0{,}50593 - \lambda) \cdot \quad 0{,}82051 \quad \cdot 0{,}29071 \\
& - 0{,}79350 \quad \cdot \quad 1{,}02289 \quad \cdot (0{,}15659 - \lambda) \\
& = -\lambda^3 + 2{,}32248\lambda^2 - 0{,}05061\lambda + 0{,}00005 = 0
\end{aligned}$$

Da wir wissen, dass die Anzahl der Diskriminanzfaktoren dem kleineren Wert von $k-1$ und p entspricht, erwarten wir 2 Diskriminanzfaktoren und damit auch nur 2 positive Eigenwerte. Der 3. Eigenwert ist 0. (Die additive Konstante ist bis auf Rundungsungenauigkeiten nach der 4. Dezimalstelle 0.) Die beiden übrigen Eigenwerte erhalten wir aufgrund der quadratischen Gleichung:

$$\lambda^2 - 2{,}32248\lambda + 0{,}05061 = 0.$$

Sie lauten:

$$\lambda_1 = 2{,}30048,$$
$$\lambda_2 = 0{,}02091.$$

Signifikanztests. Setzen wir die Eigenwerte in Gl. (18.5) ein, resultiert

$$\frac{1}{\Lambda} = (1 + 2{,}30048) \cdot (1 + 0{,}02091)$$
$$= 3{,}3695$$

bzw.

$$\Lambda = 0{,}2968.$$

Dieser Wert stimmt mit dem in Tabelle 17.4 genannten Wert überein. Wir erhalten somit auch über Gl. (18.7) den signifikanten Wert $V = 13{,}36$. Die beiden Diskriminanzfunktionen haben insgesamt das gleiche Diskriminanzpotenzial wie die ursprünglichen Variablen.

Als Nächstes überprüfen wir nach Gl. (18.8 a), ob das verbleibende Diskriminanzpotenzial nach Extraktion des ersten Diskriminanzfaktors noch signifikant ist. Hierzu ermitteln wir folgenden V_1-Wert:

$$V_1 = [15 - 1 - (3 + 3)/2] \cdot \ln(1 + 0{,}021)$$
$$= 0{,}23.$$

Dieser Wert ist bei $(3 - 1) \cdot (3 - 1 - 1) = 2$ Freiheitsgraden nicht signifikant. Der Beitrag des 2. Diskriminanzfaktors zur Trennung der Gruppen ist unbedeutend, sodass wir nur den 1. Diskriminanzfaktor zu interpretieren brauchen.

Bestimmung der Faktorwerte und Faktorladungen. Als Eigenvektoren der Matrix $\mathbf{D}_{x(\text{Fehler})}^{-1} \cdot \mathbf{D}_{x(\text{treat})}$ erhält man:

$$\mathbf{V} = \begin{pmatrix} 0{,}4347 & -0{,}5428 & -0{,}6741 \\ 0{,}9005 & 0{,}6110 & 0{,}0222 \\ 0{,}1610 & -0{,}5442 & 0{,}7954 \end{pmatrix}.$$

Als nächstes wird $\mathbf{D} = \mathbf{V}' \cdot \mathbf{D}_{x(\text{Fehler})} \cdot \mathbf{V}$ berechnet.

$$\mathbf{D} = \begin{pmatrix} 6{,}6271 & 0{,}0000 & 0{,}0000 \\ 0{,}0000 & 14{,}6350 & 0{,}0000 \\ 0{,}0000 & 0{,}0000 & 13{,}6347 \end{pmatrix}.$$

$\mathbf{V}^*$ errechnen wir über Gl. (18.24a).

$$\mathbf{V}^* = \begin{pmatrix} 0{,}1689 & 0{,}1419 & -0{,}1825 \\ 0{,}3498 & -0{,}1597 & 0{,}0060 \\ 0{,}0625 & 0{,}1422 & 0{,}2154 \end{pmatrix}.$$

Diese Eigenvektoren erfüllen die in Gl. (18.24) genannte Bedingung. Mit

$$\mathbf{W}_{\text{diag}} = \begin{pmatrix} 3{,}7148 & 0{,}0000 & 0{,}0000 \\ 0{,}0000 & 2{,}7477 & 0{,}0000 \\ 0{,}0000 & 0{,}0000 & 3{,}7925 \end{pmatrix}$$

erhält man über Gl. (18.25) die standardisierten Diskriminanzkoeffizienten:

$$\mathbf{E} = \begin{pmatrix} 0{,}6273 & 0{,}5271 \\ 0{,}9612 & -0{,}4388 \\ 0{,}2372 & 0{,}5394 \end{pmatrix}.$$

Die für die Bestimmung der Faktorwerte benötigten, nichtstandardisierten Diskriminanzkoeffizienten ergeben sich nach Gl. (18.26) zu:

$$\mathbf{B} = \begin{pmatrix} 0{,}5849 & 0{,}4916 \\ 1{,}2118 & -0{,}5532 \\ 0{,}2166 & 0{,}4927 \end{pmatrix}.$$

Unter Verwendung der Konstanten $c_1 = -8{,}8628$ und $c_2 = -1{,}7498$ resultieren nach Gl. (18.27a) die in Tabelle 18.2 genannten Faktorwerte.

Für die Gruppenmittelwerte auf den Diskriminanzfaktoren erhält man über Gl. (18.27b) bzw. über die in Tabelle 18.2 genannten Einzelwerte:

$$\overline{\mathbf{F}} = \begin{pmatrix} -1{,}2137 & -0{,}1068 \\ -0{,}5280 & 0{,}2059 \\ 1{,}8789 & -0{,}0365 \end{pmatrix}.$$

Tabelle 18.2. Faktorwerte der Vpn auf 2 Diskriminanzfaktoren

Unterschicht		Mittelschicht		Oberschicht	
F I	F II	F I	F II	F I	F II
−2,61	0,04	−1,39	−0,52	1,05	0,90
−1,03	−0,52	−0,55	−1,07	1,61	−1,13
−0,38	0,96	−1,59	1,51	1,46	−0,64
−0,55	−1,07	1,42	0,90	3,26	−0,70
−1,76	−0,52			2,01	1,39
−0,96	0,47				

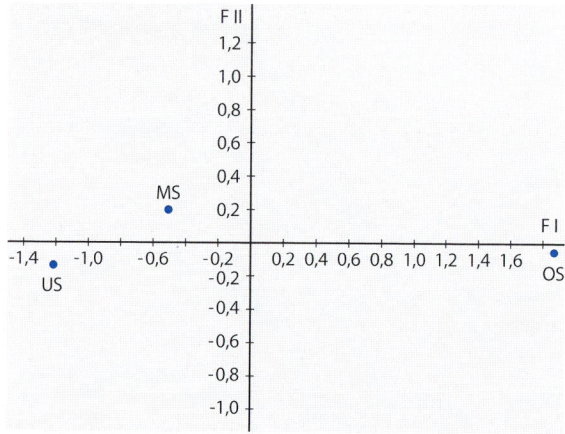

Abb. 18.3. Positionen der Gruppenmittelwerte im Diskriminanzraum

Abbildung 18.3 zeigt die Positionen der Gruppenmittelwerte im (hier orthogonal dargestellten) Diskriminanzraum.

Der Abbildung ist zu entnehmen, dass der erste Diskriminanzfaktor vor allem die Oberschichtgruppe von den beiden übrigen Gruppen trennt. Der zweite Diskriminanzfaktor ist – wie bereits bekannt – nicht signifikant.

Über Gl. (18.29) errechnet man folgende Ladungsmatrix:

$$\mathbf{A} = \begin{pmatrix} 0{,}3451 & 0{,}7341 \\ 0{,}7482 & -0{,}6325 \\ 0{,}2714 & 0{,}6219 \end{pmatrix}.$$

Interpretation. Inhaltlich führt die Diskriminanzanalyse somit zu folgendem Ergebnis: Der 1. Diskriminanzfaktor, der vor allem die Oberschicht von der Mittelschicht und Unterschicht trennt, wird hauptsächlich durch die 2. linguistische Variable (Satzlängen) beschrieben. Die beiden übrigen Variablen tragen weniger zur Trennung der Gruppen bei. Für den 2. Diskriminanzfaktor, der die Gruppen allerdings nicht signifikant trennt, ist die 1. Variable (Vielfalt der Wortwahl) am bedeutsamsten. Diese Interpretation wird der Tendenz nach auch durch die standardisierten Diskriminanz-Koeffizienten bestätigt.

18.3 Mehrfaktorielle Diskriminanzanalyse

Die Überprüfung der Unterschiede zwischen Stichproben, die in Bezug auf die Stufen mehrerer unabhängiger Variablen gruppiert sind, erfolgt im Fall mehrerer abhängiger Variablen über die mehrfaktorielle, multivariate Varianzanalyse (vgl. 17.6). Wenn man zusätzlich erfahren will, welche Diskriminanzfaktoren den einzelnen Haupteffekten und Interaktionen zu Grunde liegen und wie die abhängigen Variablen jeweils gewichtet sind, wird eine mehrfaktorielle Diskriminanzanalyse erforderlich.

> Über eine mehrfaktorielle Diskriminanzanalyse erfährt man, wie bedeutsam die einzelnen abhängigen Variablen für die Haupteffekte und Interaktionen sind.

Im Rahmen der mehrfaktoriellen, multivariaten Varianzanalyse unterscheiden wir zwischen einer D-Matrix **H**, der im univariaten Ansatz die zu testende Varianz entspricht, und einer D-Matrix **E** als multivariates Gegenstück zur univariaten Prüfvarianz (vgl. 17.6). In Abhängigkeit davon, ob die untersuchten Faktoren feste oder zufällige Stufen aufweisen, bestimmen wir **E** nach den in Teil II aufgeführten Tabellen bzw. nach dem unter 12.6 beschriebenen Cornfield-Tukey-Verfahren.

Die Bestimmungsgleichung für die Transformationsvektoren (Eigenvektoren), die zu neuen Achsen (Diskriminanzfaktoren) führen, die die Gruppen sukzessiv maximal trennen, lautet in Analogie zu Gl. (18.20):

$$(\mathbf{H} \cdot \mathbf{E}^{-1} - \lambda \cdot \mathbf{I}) \cdot \mathbf{v} = \mathbf{0} . \tag{18.30}$$

Der übrige Rechengang, der sich im Wesentlichen auf die Bestimmung der Eigenwerte und Eigenvektoren richtet, entspricht der unter 18.2 dargestellten Vorgehensweise. Ist die Matrix **E** singulär, sodass keine Inverse existiert, ermitteln wir die Eigenwerte und Eigenvektoren aufgrund der Gleichung

$$(\mathbf{H} - \lambda \cdot \mathbf{E}) \cdot \mathbf{v} = \mathbf{0} . \tag{18.31}$$

Ein Rechenprogramm zur Lösung dieser Gleichung wird bei Cooley u. Lohnes (1971, Kap. 6.4) beschrieben. Eine entsprechende Subroutine findet man z. B. auch im Programmpaket S-PLUS.

In der mehrfaktoriellen Diskriminanzanalyse mit p abhängigen Variablen bestimmen wir für jeden Haupteffekt und jede Interaktion min (p, df_H) Diskriminanzfaktoren, deren Signifikanz wir nach Gl. (18.7) bzw. mit Pillais PS (vgl. S. 594) überprüfen. Die Freiheitsgrade df_H sind mit den Freiheitsgraden des entsprechenden Effekts der univariaten Varianzanalyse identisch. Die Interpretation der Diskriminanzfaktoren erfolgt in gleicher Weise wie im Rahmen einer einfaktoriellen Diskriminanzanalyse.

18.4 Klassifikation

Häufig stellt sich im Anschluss an eine Diskriminanzanalyse die Frage, wie gut die untersuchten Personen oder Objekte auf Grund der ermittelten Diskriminanzfaktoren den ursprünglichen Gruppen zugeordnet werden können. Diese Frage wird häufig im Kontext der Diskriminanzanalyse erörtert, obwohl sie eigentlich eine sehr viel allgemeinere, multivariate Technik betrifft.

Klassifikationsprobleme tauchen z. B. auf, wenn für Personen im Rahmen der Berufsberatung aufgrund ihrer Interessen- bzw. Begabungsprofile ein geeigneter Beruf ausfindig gemacht werden soll, wenn Patienten nach ihrer Symptomatik diagnostiziert werden, wenn die „eigentliche" Parteizugehörigkeit von Politikern auf Grund ihres politischen Verhaltens bestimmt werden soll, wenn für neue Mitarbeiter mit bestimmten Ausbildungsprofilen der optimale Arbeitsplatz gesucht wird – wenn also die typischen Merkmalsprofile von Populationen bekannt sind und einzelne Personen derjenigen Population oder Referenzgruppe zugeordnet werden sollen, zu der sie eine maximale Ähnlichkeit aufweisen.

> Mit Klassifikationsverfahren kann man überprüfen, zu welcher von k Gruppen ein Individuum auf Grund seines individuellen Merkmalsprofils am besten passt.

Klassifikationsverfahren unterscheiden sich vor allem in der Art, wie die Ähnlichkeit zweier Merkmalsprofile gemessen wird. Nach Schlosser (1976) unterscheiden wir:

- Ähnlichkeitsmaße auf der Basis von Produkten, wie z. B. die Produktmomentkorrelation.
- Ähnlichkeitsmaße auf der Basis von Differenzen, wie z. B. das Distanzmaß von Osgood u. Suci (1952), der G-Index von Holley u. Guilford (1964), der Psi-Index von Viernstein (1990) oder

die Profil-Ähnlichkeitsmaße von Cattell (1949), Du Mas (1946) und Cronbach u. Gleser (1953).
- Ähnlichkeitsmaße auf der Basis von Häufigkeits- und Wahrscheinlichkeitsinformationen wie z. B. der Kontingenzkoeffizient, der Ähnlichkeitsindex von Goodall (1966), informationstheoretische Maße (Attneave, 1950, 1969; Orloci, 1969) bzw. Ähnlichkeitsmessungen nach Lingoes (1968).

Klassifikation und Diskriminanzanalyse

Im Kontext der Diskriminanzanalyse will man mit Klassifikationsverfahren herausfinden, wie gut die untersuchten Personen oder Objekte zu den diskriminanzanalytisch verglichenen Gruppen passen. Hierfür wird ermittelt, in welchem Ausmaß ein individuelles Merkmalsprofil (d. h. die individuellen Merkmalsausprägungen auf den abhängigen Variablen) mit den durchschnittlichen Merkmalsprofilen der k Gruppen übereinstimmt. Diese Vorgehensweise ähnelt damit einer nichthierarchischen Clusteranalyse, bei der sich die Clusterzugehörigkeit einer Vp ebenfalls danach richtet, wie gut die individuellen Merkmalsausprägungen mit den clusterspezifischen Durchschnittswerten (den Clusterzentroiden) übereinstimmen. Zu beachten ist jedoch, dass die Gruppen in der Clusteranalyse neu gebildet werden, während sie bei der hier zu behandelnden Klassifikation vorgegeben sind.

An dieser Stelle ließe sich kritisch anmerken, dass für die so beschriebene Zielsetzung einer Klassifikationsprozedur eine Diskriminanzanalyse nicht erforderlich sei. Dieser Einwand ist berechtigt, denn die Feststellung, wie gut die Personen oder Objekte zu den Gruppen passen, ist auch ohne Diskriminanzanalyse möglich. Man kann jedoch die abhängigen Variablen durch die ermittelten Diskriminanzfaktoren ersetzen und die gleiche Klassifikationsprozedur auf die individuellen Faktorwerte und durchschnittlichen Faktorwerte der Gruppen anwenden. Man fragt dann also nach der Übereinstimmung eines individuellen Faktorwertprofils mit den durchschnittlichen Faktorwertprofilen der Gruppen. Im Resultat unterscheiden sich diese beiden Vorgehensweisen nicht, denn die gesamte Information der abhängigen Variablen ist – wie auf S. 609 bereits erwähnt – durch die Diskriminanzfaktoren vollständig repräsentiert.

Anders wäre es, wenn man für die Klassifikation nicht alle, sondern nur die statistisch bzw. inhaltlich bedeutsamen Diskriminanzfaktoren verwenden will. In diesem Fall können die Klassifikationsergebnisse anders ausfallen als bei Verwendung aller abhängigen Variablen bzw. Diskriminanzfaktoren.

Im Kontext einer Diskriminanzanalyse können zusätzlich zu den Diskriminanzfaktoren sog. Klassifikationsfunktionen ermittelt werden (die nicht mit den Diskriminanzfaktoren verwechselt werden dürfen, vgl. z. B. Gondek, 1981). Mittels dieser Klassifikationsfunktionen, die wir auf S. 623 f. behandeln, kommt man zu den gleichen Zuordnungen wie über die zunächst dargestellten Klassifikationsprozeduren.

Klassifikationsprozeduren

Wir wollen im Folgenden ein Klassifikationsverfahren aufgreifen, bei dem die Profilähnlichkeit durch den Abstand (Differenz) zwischen dem Vektor der Mittelwerte der Variablen in einer Zielpopulation bzw. Referenzgruppe und dem Vektor der Merkmalsausprägungen der zu klassifizierenden Person quantifiziert wird. In Verbindung mit der Diskriminanzanalyse werden die Merkmalsausprägungen durch Faktorwerte auf den Diskriminanzfaktoren ersetzt.

In diesem Verfahren werden die Personen derjenigen Referenzgruppe zugeordnet, zu der sie den kleinsten Abstand aufweisen. Diese Methode, deren mathematischer Hintergrund bei Tatsuoka (1971, Kap. 4) dargestellt wird, sei im Folgenden für $i = 1, \ldots, p$ Variablen, die an $j = 1, \ldots, k$ Stichproben erhoben wurden, dargestellt.

QCF-Regel. Gegeben sei der folgende Differenzenvektor:

$$\begin{pmatrix} d_{1jm} \\ d_{2jm} \\ \vdots \\ d_{ijm} \\ \vdots \\ d_{pjm} \end{pmatrix} = \begin{pmatrix} \bar{x}_{1j} \\ \bar{x}_{2j} \\ \vdots \\ \bar{x}_{ij} \\ \vdots \\ \bar{x}_{pj} \end{pmatrix} - \begin{pmatrix} x_{1m} \\ x_{2m} \\ \vdots \\ x_{im} \\ \vdots \\ x_{pm} \end{pmatrix}. \quad (18.32)$$

18.4 Klassifikation

Ein Element d_{ijm} des Vektors $\mathbf{d}_{jm}$ gibt somit die Differenz zwischen der durchschnittlichen Ausprägung des Merkmals i in der Population j und der Ausprägung des Merkmals i bei der Person m wieder. Ferner benötigen wir die Varianz-Kovarianz-Matrix $\mathbf{COV}_j$ der p Variablen in der Population j, die üblicherweise – wie auch die Mittelwerte der Merkmale in der Population – über eine Stichprobe j geschätzt wird. Sind die p Variablen in der Population multivariat normalverteilt, kennzeichnet der folgende χ^2-Wert den Abstand des individuellen Merkmalsprofils einer Person m vom Durchschnittsprofil einer Population j:

$$\chi^2_{jm} = \mathbf{d}'_{jm} \cdot \widehat{\mathbf{COV}}_j^{-1} \cdot \mathbf{d}_{jm} + \ln|\widehat{\mathbf{COV}}_j|. \quad (18.33)$$

Diese Zuordnungsregel wird in der diskriminanzanalytischen Literatur (vgl. etwa Huberty, 1994b, Kap. 4) mit dem Kürzel „QCF" („quadratic classification function") gekennzeichnet.

LCF-Regel. Eine bessere Schätzung für χ^2_{jm} erhalten wir, wenn die Varianz-Kovarianz-Matrizen der k Gruppen *homogen* sind bzw. Schätzungen einer für alle k Gruppen gültigen Varianz-Kovarianz-Matrix darstellen, sodass die Varianz-Kovarianz-Matrizen der einzelnen Gruppen zu einer gemeinsamen Schätzung zusammengefasst werden können. Ob dies möglich ist, lässt sich mit dem Box-Test (Box, 1949, s. u.) überprüfen. Ausgehend von der zusammengefassten Varianz-Kovarianz-Matrix $\widehat{\mathbf{COV}}_0$ errechnet man:

$$\chi^2_{jm} = \mathbf{d}'_{jm} \cdot \widehat{\mathbf{COV}}_0^{-1} \cdot \mathbf{d}_{jm}. \quad (18.34)$$

Diese Zuordnungsregel wird in Abgrenzung von Gl. (18.33) „LCF" genannt („linear classification function"). Für den univariaten Fall reduziert sich Gl. (18.34) zu

$$(x_{jm} - \bar{x}_j)^2 / s_j^2 = z^2 = \chi^2_{(1)} \quad \text{(gem. Gl. 1.27)}.$$

$\widehat{\mathbf{COV}}_0$ bestimmen wir in Analogie zur Zusammenfassung von Varianzen (vgl. S. 140), indem die geschätzten **D**-Matrizen der Populationen (Quadratsummen in der Diagonale, Summen der Kreuzprodukte außerhalb der Diagonale) addiert und durch die Summe der Freiheitsgrade dividiert werden:

$$\widehat{\mathbf{COV}}_0 = (\mathbf{D}_1 + \mathbf{D}_2 + \cdots + \mathbf{D}_k)/(N - k), \quad (18.35)$$

wobei $N = n_1 + n_2 + \cdots + n_k$.

Man berechnet für jedes Individuum entweder nach der QCF- oder LCF-Regel einen χ^2-Wert und ordnet es derjenigen Referenzgruppe zu, für die sich der kleinste χ^2-Wert ergibt. Hierbei kann es – insbesondere bei heterogenen Gruppen – durchaus vorkommen, dass ein Individuum zu einer anderen Gruppe besser passt als zu der eigenen Gruppe.

Ob die QCF- oder die LCF-Regel angewendet werden soll, hängt davon ab, ob die Varianz-Kovarianz-Matrizen homogen sind. Huberty (1984, S. 165) präferiert die LCF-Regel, weil deren Ergebnisse auch bei kleineren Stichproben und fraglicher Normalität der Merkmalsverteilungen stabiler sind.

Box-Test. Um die LCF-Regel anwenden zu können, ist zuvor über den Box-Test die Homogenität der Varianz-Kovarianz-Matrizen sicherzustellen. Der Box-Test bestimmt die folgende, approximativ χ^2-verteilte Prüfgröße B:

$$B = (1 - C) \cdot M \quad (18.36)$$

mit

$$M = N \cdot \ln|\widehat{\mathbf{COV}}_0| - \sum_{j=1}^{k} n_j \cdot \ln|\widehat{\mathbf{COV}}_j|$$

und

$$C = \left[\frac{2 \cdot p^2 + 3 \cdot p - 1}{6 \cdot (p + 1) \cdot (k - 1)}\right] \cdot \left[\left(\sum_{j=1}^{k} \frac{1}{n_j}\right) - \frac{1}{N}\right].$$

B hat $p \cdot (p + 1) \cdot (k - 1)/2$ Freiheitsgrade. Dieser Test gilt für höchstens 5 abhängige Variablen und höchstens 5 Gruppen, wobei $n_j \geq 20$ sein sollte. In allen anderen Fällen ist einer approximativ F-verteilten Prüfgröße (Box, 1949) der Vorzug zu geben, die z. B. bei Cooley und Lohnes (1971, S. 228 f.) oder Harris (1985, S. 130 f.) beschrieben wird. Für diesen F-Test sollten $n_j \geq 10$ sein (Genaueres hierzu vgl. Foerster u. Stemmler, 1990).

Man beachte, dass der Box-Test multivariat normalverteilte Merkmale voraussetzt und auf Verletzungen dieser Voraussetzungen progressiv reagiert, d. h., er entscheidet eher zu Gunsten heterogener Varianz-Kovarianz-Matrizen, wenn die Normalverteilungsvoraussetzung verletzt ist (vgl. Olson, 1974). Ein robusteres Verfahren wurde – zumindest für den Vergleich von zwei Gruppen – von Tiku u. Balakrishnan (1985) entwickelt.

BEISPIEL

Für 3 Klienten soll entschieden werden, welche von k = 3 zur Wahl stehenden Therapien am Erfolg versprechendsten ist. Von $n_1=50$ Klienten, die bereits erfolgreich mit der ersten Therapie, $n_2=30$ Klienten, die bereits erfolgreich mit der zweiten Therapie und $n_3=80$ Klienten, die bereits erfolgreich mit der dritten Therapie behandelt wurden, seien die Ausprägungen von p = 2 Therapie relevanten Merkmalen bekannt, sodass die Durchschnittsprofile der Variablen für die bereits erfolgreich behandelten Populationen geschätzt werden können. Es mögen sich die folgenden Mittelwertvektoren ergeben haben:

$$\bar{x}_1 = \begin{pmatrix} 8 \\ 4 \end{pmatrix} \quad \bar{x}_2 = \begin{pmatrix} 5 \\ 6 \end{pmatrix} \quad \bar{x}_3 = \begin{pmatrix} 4 \\ 7 \end{pmatrix}.$$

Ausgehend von den Einzelwerten der Klientengruppen, auf deren Wiedergabe wir verzichten, resultieren folgende Varianz-Kovarianz-Matrizen:

$$\widehat{COV}_1 = \begin{pmatrix} 4{,}00 & 1{,}50 \\ 1{,}50 & 3{,}00 \end{pmatrix};$$

$$\widehat{COV}_2 = \begin{pmatrix} 3{,}00 & -2{,}00 \\ -2{,}00 & 3{,}50 \end{pmatrix};$$

$$\widehat{COV}_3 = \begin{pmatrix} 3{,}00 & 0{,}50 \\ 0{,}50 & 4{,}00 \end{pmatrix}.$$

Die drei Klienten, für die die optimale Therapie herausgefunden werden soll, haben auf den beiden Variablen folgende Messwerte erhalten:

$$x_1 = \begin{pmatrix} 3 \\ 4 \end{pmatrix} \quad x_2 = \begin{pmatrix} 7 \\ 7 \end{pmatrix} \quad x_3 = \begin{pmatrix} 7 \\ 5 \end{pmatrix}.$$

Zunächst überprüfen wir mit dem Box-Test, ob die 3 Varianz-Kovarianz-Matrizen homogen sind. Hiervon machen wir es abhängig, ob wir die χ^2-Werte für die Gruppenzugehörigkeiten nach der QCF-Regel (heterogene Varianz-Kovarianz-Matrizen) oder nach der LCF-Regel (homogene Varianz-Kovarianz-Matrizen) ermitteln.

Die D-Matrizen für die 3 Gruppen, die wir für die Zusammenfassung der Varianz-Kovarianz-Matrizen nach Gl. (18.35) benötigen, erhalten wir, indem die $\widehat{COV}_j$-Matrizen mit den entsprechenden Freiheitsgraden multipliziert werden:

$$D_1 = 49 \cdot \begin{pmatrix} 4{,}00 & 1{,}50 \\ 1{,}50 & 3{,}00 \end{pmatrix} = \begin{pmatrix} 196{,}00 & 73{,}50 \\ 73{,}50 & 147{,}00 \end{pmatrix},$$

$$D_2 = 29 \cdot \begin{pmatrix} 3{,}00 & -2{,}00 \\ -2{,}00 & 3{,}50 \end{pmatrix} = \begin{pmatrix} 87 & -58 \\ -58 & 101{,}5 \end{pmatrix},$$

$$D_3 = 79 \cdot \begin{pmatrix} 3{,}00 & 0{,}50 \\ 0{,}50 & 4{,}00 \end{pmatrix} = \begin{pmatrix} 237 & 39{,}5 \\ 39{,}5 & 316 \end{pmatrix}.$$

Die durchschnittliche Varianz-Kovarianz-Matrix ergibt sich nach Gl. (18.35) zu:

$$\widehat{COV}_0 = (D_1 + D_2 + D_3)/(N - k)$$

$$\widehat{COV}_0 = \left[\begin{pmatrix} 196{,}00 & 73{,}50 \\ 73{,}50 & 147{,}00 \end{pmatrix} + \begin{pmatrix} 87 & -58 \\ -58 & 101{,}5 \end{pmatrix} \right.$$
$$\left. + \begin{pmatrix} 237 & 39{,}5 \\ 39{,}5 & 316 \end{pmatrix} \right] \Big/ 157$$

$$= \begin{pmatrix} 3{,}31 & 0{,}35 \\ 0{,}35 & 3{,}60 \end{pmatrix}.$$

Die für Gl. (18.36) benötigten Determinanten lauten:

$|\widehat{COV}_1| = 4{,}00 \cdot 3{,}00 - 1{,}50^2 = 9{,}75,$

$|\widehat{COV}_2| = 3{,}00 \cdot 3{,}50 - (-2{,}00)^2 = 6{,}50,$

$|\widehat{COV}_3| = 3{,}00 \cdot 4{,}00 - 0{,}50^2 = 11{,}75,$

$|\widehat{COV}_0| = 3{,}31 \cdot 3{,}60 - 0{,}35^2 = 11{,}79.$

Wir errechnen für M:

$M = 160 \cdot \ln 11{,}79$
$\quad - (50 \cdot \ln 9{,}75 + 30 \cdot \ln 6{,}50 + 80 \cdot \ln 11{,}75)$
$= 394{,}76 - 367{,}13$
$= 27{,}63$

und für C

$C = \left(\dfrac{2 \cdot 2^2 + 3 \cdot 2 - 1}{6 \cdot (2 + 1) \cdot (3 - 1)} \right) \cdot \left[\left(\dfrac{1}{50} + \dfrac{1}{30} + \dfrac{1}{80} \right) - \dfrac{1}{160} \right]$

$= 0{,}36 \cdot 0{,}0596$
$= 0{,}021.$

Für B resultiert somit nach Gl. (18.36):

$B = (1 - 0{,}021) \cdot 27{,}63 = 27{,}05.$

Dieser B-Wert ist mit $p \cdot (p + 1) \cdot (k - 1)/2 = 6$ Freiheitsgraden approximativ χ^2-verteilt. Der Wert ist signifikant, d. h., die Varianz-Kovarianz-Matrizen sind nicht homogen. Wir berechnen die χ^2-Werte für die Gruppenzugehörigkeiten somit nach Gl. (18.33).

Diese Berechnung sei am Wert χ^2_{11}, der die Nähe des Klienten 1 zur Gruppe 1 charakterisiert, verdeutlicht. Nach Gl. (18.32) errechnen wir folgenden Differenzvektor:

$$\begin{array}{ccc} \bar{x}_1 & - \quad x_1 = & d_{11} \\ \begin{pmatrix} 8 \\ 4 \end{pmatrix} & - \begin{pmatrix} 3 \\ 4 \end{pmatrix} = & \begin{pmatrix} 5 \\ 0 \end{pmatrix}. \end{array}$$

Die Inverse der $\widehat{COV}_1$-Matrix lautet:

$$\widehat{COV}_1^{-1} = \begin{pmatrix} 0{,}31 & -0{,}15 \\ -0{,}15 & 0{,}41 \end{pmatrix}.$$

18.4 Klassifikation

Der χ^2_{11}-Wert ergibt sich damit zu:

$$\begin{aligned}\chi^2_{11} &= (5;0) \cdot \begin{pmatrix} 0{,}31 & -0{,}15 \\ -0{,}15 & 0{,}41 \end{pmatrix} \cdot \begin{pmatrix} 5 \\ 0 \end{pmatrix} + \ln 9{,}75 \\ &= (1{,}55; -0{,}75) \cdot \begin{pmatrix} 5 \\ 0 \end{pmatrix} + \ln 9{,}75 \\ &= 7{,}75 + 2{,}28 \\ &= 10{,}03\,.\end{aligned}$$

In der gleichen Weise bestimmen wir die in Tabelle 18.3 zusammengestellten Werte.

Für die Klienten 1 und 2 ergibt sich bei der Gruppe 3 und für den Klienten 3 bei der Gruppe 2 das kleinste χ^2, d.h., die Variablenprofile der Klienten 1 und 2 unterscheiden sich vom Durchschnittsprofil der Gruppe 3 und das Variablenprofil des Klienten 3 vom Durchschnittsprofil der Gruppe 2 am wenigsten. Ausgehend von diesen Werten verspricht die 3. Therapie bei den Klienten 1 und 2 und die 2. Therapie beim Klienten 3 den größten Erfolg.

Diese Klassifikationen hätten möglicherweise wegen der geringen Variablenzahl auch ohne Berechnung „per Augenschein" erfolgen können. Dies ist jedoch bei größeren Variablenzahlen nicht mehr möglich, da neben den Profildifferenzen auch die Kovarianzen zwischen den Variablen in den jeweiligen Zielgruppen mit berücksichtigt werden müssen.

Die Berechnung von Klassifikations-χ^2-Werten muss nicht in jedem Fall zu einer eindeutigen Entscheidung über die Populationszugehörigkeit führen. Es wäre beispielsweise denkbar, dass die χ^2-Werte für mehrere Populationen vergleichbar niedrig ausfallen, sodass eine Person mit gleicher Berechtigung mehreren Populationen zugeordnet werden kann. Ferner ist nicht auszuschließen, dass für eine Person sämtliche χ^2-Werte sehr groß sind, sodass eigentlich überhaupt keine Zuordnung zu einer der untersuchten Zielpopulationen sinnvoll ist. Je nach Fragestellung wird man in einem solchen Fall auf eine Zuordnung gänzlich verzichten oder diejenige Population wählen, für die sich das kleinste χ^2 ergeben hat.

Priorwahrscheinlichkeiten. Eine Erweiterung des Klassifikationsverfahrens nach dem Kriterium des kleinsten χ^2-Wertes sieht vor, dass neben den Variablenprofilen auch die A-priori-Wahrscheinlichkeiten für die Populationszugehörigkeiten (Priorwahrscheinlichkeiten) mit berücksichtigt werden. Bezogen auf das oben angeführte Beispiel könnten dies diejenigen Wahrscheinlichkeiten sein, mit denen die Therapien überhaupt angewendet werden. Wenn Therapie A beispielsweise in 80% aller

Tabelle 18.3. Beispiel für eine Klassifikation nach der QCF-Regel

Klient	χ^2_{1m}	χ^2_{2m}	χ^2_{3m}	Gruppenzugehörigkeit
1	10,03	8,33	**4,85**	Gruppe 3
2	7,18	5,72	**5,53**	Gruppe 3
3	3,30	**3,26**	7,01	Gruppe 2

Krankheitsfälle zur Anwendung kommt und Therapie B nur in 20% aller Fälle, wird ein zufällig herausgegriffener Klient mit einer Wahrscheinlichkeit von $p = 0{,}80$ mit der Methode A behandelt werden, wenn keine weiteren Informationen über den Klienten bekannt sind. Diese A-priori-Wahrscheinlichkeiten können auf Grund der bisherigen Erfahrungen mit den relativen Größen der Zielgruppen geschätzt, auf Grund theoretischer Überlegungen postuliert bzw. durch Extrapolation für die Zukunft prognostiziert werden.

Nehmen wir einmal an, die Wahrscheinlichkeit, eine beliebig herausgegriffene Person gehöre zu einer Population j, wird mit p_j geschätzt. Hierfür erweitern wir die QCF-Regel in Gl. (18.33) wie folgt:

$$\chi^2_{jm} = \mathbf{d}'_{jm} \cdot \widehat{\mathbf{COV}}_j^{-1} \cdot \mathbf{d}_{jm} + \ln |\widehat{\mathbf{COV}}_j| - 2 \cdot \ln p_j\,. \tag{18.37}$$

Aus dieser Gleichung wird ersichtlich, dass χ^2_{jm} durch den Ausdruck $(-2 \ln p_j)$ um so weniger vergrößert wird, je größer die Priorwahrscheinlichkeit für die Population j ist (der ln von p-Werten ist negativ und nimmt mit größer werdendem p-Wert ab). Zunehmende A-priori-Wahrscheinlichkeiten für eine Population j erhöhen somit ungeachtet der Ähnlichkeit der Merkmalsprofile die Wahrscheinlichkeit, dass eine beliebige Person dieser Population zugeordnet wird. Geht man davon aus, dass die A-priori-Wahrscheinlichkeiten für alle Populationen gleich sind, vergrößern sich die χ^2-Werte für die einzelnen Populationen jeweils um einen konstanten Wert, sodass sich gegenüber den Zuordnungen nach der Beziehung in Gl. (18.33) keine Veränderungen ergeben.

Für homogene Varianz-Kovarianz-Matrizen ist der LCF-Regel in Gl. (18.34) ebenfalls der Ausdruck $-2 \ln p_j$ hinzuzufügen.

$$\chi^2_{jm} = \mathbf{d}'_{jm} \cdot \widehat{\mathbf{COV}}_0^{-1} \cdot \mathbf{d}_{jm} - 2 \ln p_j \tag{18.38}$$

Tabelle 18.4. Beispiel für eine Klassifikation nach der QCF-Regel unter Berücksichtigung von Priorwahrscheinlichkeiten

$p_1 = 50/160 = 0{,}31;\quad p_2 = 30/160 = 0{,}19;\quad p_3 = 80/160 = 0{,}50$
$2 \cdot \ln 0{,}31 = -2{,}34;\quad 2 \cdot \ln 0{,}19 = -3{,}32;\quad 2 \cdot \ln 0{,}50 = -1{,}39$

Klient	χ^2_{1m}	χ^2_{2m}	χ^2_{3m}	Gruppenzugehörigkeit
1	12,37	11,65	**6,24**	Gruppe 3
2	9,52	9,04	**6,92**	Gruppe 3
3	**5,64**	6,58	8,40	Gruppe 1

Datenrückgriff. Repräsentieren die relativen Häufigkeiten in unserem Beispiel die Priorwahrscheinlichkeiten für die 3 Gruppen, resultieren die in Tabelle 18.4 genannten Zuordnungen auf Grund der nach Gl. (18.37) berechneten χ^2-Werte.

Die Berücksichtigung der A-priori-Wahrscheinlichkeiten hat somit dazu geführt, dass der dritte Klient nicht mehr – wie in Tabelle 18.3 – der 2., sondern der 1. Gruppe zuzuordnen ist.

Zuordnungswahrscheinlichkeiten

Ausgehend von Gl. (18.37) lässt sich relativ einfach die Wahrscheinlichkeit ermitteln, dass eine bestimmte Person mit dem Merkmalsprofil x_m zur Grundgesamtheit j mit dem Profil $\bar{x}_j$ gehört. Diese Wahrscheinlichkeit bestimmen wir nach folgender Beziehung:

$$p(G_j|x_m) = \frac{e^{-(\chi^2_{jm}/2)}}{\sum_j e^{-(\chi^2_{jm}/2)}}, \quad (18.39)$$

wobei $e = 2{,}71828$.

Der Ausdruck $p(G_j|x_m)$ kennzeichnet die Wahrscheinlichkeit, dass eine Person mit dem Profil x_m zur Grundgesamtheit j gehört. Gleichung (18.39) stimmt mit anderen Notationen für die Berechnung von Zuordnungswahrscheinlichkeiten nach der QCF-Regel überein (vgl. z. B. Huberty u. Curry, 1978, Gl. 2). Sollen Zuordnungswahrscheinlichkeiten nach der LCF-Regel bestimmt werden, verwendet man in Gl. (18.39) die χ^2_{jm}-Werte nach Gl. (18.38). In unserem Beispiel erhalten wir für Gl. (18.39):

$e^{-12{,}37/2} = 0{,}0021 \qquad e^{-9{,}52/2} = 0{,}0086$
$e^{-11{,}65/2} = 0{,}0029 \qquad e^{-9{,}04/2} = 0{,}0108$
$e^{-6{,}24/2} = 0{,}0442 \qquad e^{-6{,}92/2} = 0{,}0314$
$\sum_j e^{(-\chi^2_{j1}/2)} = 0{,}0492 \qquad \sum_j e^{(-\chi^2_{j2}/2)} = 0{,}0508$

$e^{-5{,}64/2} = 0{,}0596$
$e^{-6{,}58/2} = 0{,}0372$
$e^{-8{,}40/2} = 0{,}0150$
$\sum_j e^{(-\chi^2_{j3}/2)} = 0{,}1118$.

Dividieren wir $e^{-(\chi^2_{jm}/2)}$ durch $\sum_j e^{-(\chi^2_{jm}/2)}$, erhalten wir die in Tabelle 18.5 genannten Zuordnungswahrscheinlichkeiten.

Auch auf Grund dieser Wahrscheinlichkeitswerte werden – wie in Tabelle 18.4 – die Klienten 1 und 2 der Gruppe 3 und der Klient 3 der Gruppe 1 zugeordnet. Die sicherste Entscheidung können wir bezüglich des Klienten 1 treffen, der mit einer Wahrscheinlichkeit von $p(G_3|x_1) = 0{,}898$ zur Gruppe 3 gehört.

Der Vollständigkeit halber soll die Klassifikationsprozedur am gleichen Material auch für den Fall homogener Varianz-Kovarianz-Matrizen demonstriert werden, also gemäß Gl. (18.34) bzw. (18.38). Wir entnehmen dem Box-Test

$$\widehat{COV}_0 = \begin{pmatrix} 3{,}31 & 0{,}35 \\ 0{,}35 & 3{,}60 \end{pmatrix}$$

Tabelle 18.5. Zuordnungswahrscheinlichkeiten nach der QCF-Regel

Klient	$p(G_1|x_m)$	$p(G_2|x_m)$	$p(G_3|x_m)$
1	0,043	0,059	**0,898**
2	0,169	0,213	**0,622**
3	**0,533**	0,333	0,134

18.4 Klassifikation

Tabelle 18.6. χ^2_{jm}-Werte nach der LCF-Regel

Klient	χ^2_{1m}	χ^2_{2m}	χ^2_{3m}
1	7,63	2,11	2,65
2	3,01	1,38	2,75
3	0,65	1,62	4,23

Tabelle 18.7. χ^2_{jm}-Werte nach der LCF-Regel mit Priorwahrscheinlichkeiten

Klient	χ^2_{1m}	χ^2_{2m}	χ^2_{3m}
1	9,96	5,46	**4,04**
2	5,46	4,73	**4,13**
3	**2,97**	4,97	5,61

Tabelle 18.8. Zuordnungswahrscheinlichkeiten nach der LCF-Regel

Klient	$p(G_1 \mid x_m)$	$p(G_2 \mid x_m)$	$p(G_3 \mid x_m)$
1	0,034	0,318	**0,648**
2	0,239	0,324	**0,437**
3	**0,611**	0,225	0,163

und bestimmen

$$\widehat{COV}_0^{-1} = \begin{pmatrix} 0,3053 & -0,0297 \\ -0,0297 & 0,2807 \end{pmatrix}.$$

Tabelle 18.6 zeigt die nach Gl. (18.34) errechneten χ^2_{jm}-Werte.

Unter Berücksichtigung der in Tabelle 18.4 genannten A-priori-Wahrscheinlichkeiten erhält man durch Subtraktion von $2 \cdot \ln p_j$ die in Tabelle 18.7 genannten Werte.

Es ergeben sich also die gleichen Zuordnungen wie in Tabelle 18.4 mit heterogenen Varianz-Kovarianz-Matrizen. Diese Klassifikation wird durch die nach Gl. (18.39) berechneten Zuordnungswahrscheinlichkeiten bestätigt (Tabelle 18.8).

Klassifikationsfunktionen

Die Zuordnung von Individuen zu den untersuchten Gruppen wird durch sog. Klassifikationsfunktionen erleichtert, die nach folgender Gleichung zu berechnen sind (vgl. z.B. Tabachnik u. Fidell, 1983, Kap. 9.4.2; zur Herleitung und Beziehung dieser Klassifikationsfunktionen zu den Diskriminanzfaktoren der Diskriminanzanalyse vgl. Green, 1979):

$$C_{jm} = c_{j0} + c_{j1} \cdot x_{1m} + c_{j2} \cdot x_{2m} + \cdots + c_{jp} \cdot x_{pm}$$
$$= c_{j0} + \sum_{i=1}^{p} c_{ji} \cdot x_{im}, \qquad (18.40)$$

wobei

$$\mathbf{c}_j = \widehat{COV}_0^{-1} \cdot \bar{\mathbf{x}}_j$$

und

$$c_0 = -0,5 \cdot \mathbf{c}_j' \cdot \bar{\mathbf{x}}_j.$$

Die Klassifikationskoeffizienten für die erste Gruppe (j = 1) lauten im Beispiel:

$$\begin{array}{ccc} \widehat{COV}_0^{-1} & \cdot \;\; \bar{x}_1 \;\; = & c_1 \\ \begin{pmatrix} 0,3053 & -0,0297 \\ -0,0297 & 0,2807 \end{pmatrix} \cdot \begin{pmatrix} 8 \\ 4 \end{pmatrix} = \begin{pmatrix} 2,3233 \\ 0,8852 \end{pmatrix}. \end{array}$$

Für c_{10} ergibt sich

$$c_{10} = -0,5 \cdot (2,3233; 0,8852) \cdot \begin{pmatrix} 8 \\ 4 \end{pmatrix} = -11,0637.$$

Damit erhält man für die erste Person nach Gl. (18.40) den folgenden Klassifikationswert für die erste Gruppe:

$$C_{11} = -11,0637 + 2,3233 \cdot 3 + 0,8852 \cdot 4$$
$$= -0,5529.$$

Mit

$$\mathbf{c}_1 = \begin{pmatrix} 2,3233 \\ 0,8852 \end{pmatrix}; \quad \mathbf{c}_2 = \begin{pmatrix} 1,3482 \\ 1,5356 \end{pmatrix};$$
$$\mathbf{c}_3 = \begin{pmatrix} 1,0133 \\ 1,8459 \end{pmatrix}$$

und

$$c_{10} = -11,0637; \quad c_{20} = -7,9773;$$
$$c_{30} = -8,4873$$

ergeben sich die in Tabelle 18.9 wiedergegebenen Klassifikationswerte aller Personen für die 3 Gruppen.

Unter Berücksichtigung der aus den Stichprobenumfängen geschätzten Priorwahrscheinlichkeiten sind diese Klassifikationswerte wie folgt zu modifizieren.

$$C'_{jm} = c_{j0} + \sum_{i=1}^{p} c_{ji} \cdot x_{im} + \ln p_j. \qquad (18.41)$$

Tabelle 18.9. Klassifikationswerte (ohne Priorwahrscheinlichkeiten)

Klient	C_{1m}	C_{2m}	C_{3m}
1	−0,5529	2,2097	1,9362
2	11,3961	12,2093	11,5271
3	9,6256	9,1381	7,8352

Tabelle 18.10. Klassifikationswerte (mit Priorwahrscheinlichkeiten)

Klient	C'_{1m}	C'_{2m}	C'_{3m}
1	−1,7160	0,5357	1,2431
2	10,2329	10,5353	10,8340
3	8,4624	7,4641	7,1421

Tabelle 18.11. Zuordnungswahrscheinlichkeiten auf Grund der Klassifikationswerte in Tabelle 18.10

Klient	$p(G_1 \mid \mathbf{x}_m)$	$p(G_2 \mid \mathbf{x}_m)$	$p(G_3 \mid \mathbf{x}_m)$
1	0,034	0,319	**0,647**
2	0,239	0,324	**0,437**
3	**0,611**	0,225	0,163

Nach dieser Gleichung ergeben sich die in Tabelle 18.10 genannten Klassifikationswerte.

Aus diesen Werten können nach folgender Gleichung die eigentlich interessierenden Zuordnungswahrscheinlichkeiten bestimmt werden:

$$p(G_j \mid \mathbf{x}_m) = \frac{e^{c'_{jm}}}{\sum_j e^{c'_{jm}}} \,. \qquad (18.42)$$

Man errechnet

$$\sum_j e^{c'_{j1}} = 5,3548; \quad \sum_j e^{c'_{j2}} = 116\,139,523;$$

$$\sum_j e^{c'_{j3}} = 7\,741,770$$

und damit die in Tabelle 18.11 wiedergegebenen Zuordnungswahrscheinlichkeiten. Diese Werte stimmen mit den in Tabelle 18.8 genannten Wahrscheinlichkeiten überein.

Die Gl. (18.40) und (18.41) verwenden als Input die Werte von Vpn auf den abhängigen Variablen, wobei die Vpn bereits existierenden Gruppen zugeordnet werden (*externe* Analyse wie im Beispiel) oder einer der Gruppen angehören können (*interne* Analyse). Die Klassifikationswerte können im Fall einer „internen Analyse" auch unter Verwendung der Diskriminanzfaktoren bzw. der Faktorwerte der Vpn auf den Diskriminanzfaktoren ermittelt werden. Setzt man hierbei alle Diskriminanzfaktoren ein, kommen beide Vorgehensweisen zu identischen Ergebnissen (vgl. Kshirsagar u. Aserven, 1975).

Nicht klassifizierbare Personen

Da die Möglichkeit, dass eine Person eventuell zu keiner der untersuchten Gruppen gehört, in der Wahrscheinlichkeitsberechnung nicht berücksichtigt wird, addieren sich die Einzelwahrscheinlichkeiten einer Person zu 1. Die Wahrscheinlichkeitswerte sind somit nur im Kontext der verglichenen Gruppen zu interpretieren und implizieren keine Absolutaussagen über die Gruppenzugehörigkeit.

Um eine Kategorie „nicht klassifizierbar" zu objektivieren, könnte man einen Schwellenwert – z. B. $p(G_j \mid \mathbf{x}_m) > 0,5$ – festlegen, der von einer individuellen Zuordnungswahrscheinlichkeit überschritten werden muss, um eine Gruppenzuordnung rechtfertigen zu können. Liegen alle Wahrscheinlichkeiten einer Person unter diesem Schwellenwert, wäre die Person der Kategorie „nicht klassifizierbar" zuzuordnen. Hierbei ist natürlich zu beachten, dass die Wahl eines Schwellenwertes von der Anzahl der Gruppen abhängig sein sollte.

Weitere Klassifikationshilfen findet man bei McKay u. Campbell (1982).

Bewertung von Klassifikationen

Ist die Gruppenzugehörigkeit der klassifizierten Personen oder Objekte, wie z. B. in der Diskriminanzanalyse, bekannt („interne Analyse"), kann man anhand einer Kontingenztafel prüfen, wie viele Personen richtig und wie viele falsch klassifiziert wurden. Tabelle 18.12 gibt hierfür ein kleines Beispiel.

Die richtig klassifizierten Personen („hits") befinden sich in der Diagonale und die falsch klassifizierten außerhalb der Diagonale. In diesem Beispiel resultiert eine Hitrate von $(140 + 40 + 35)/300 = 0,717$ bzw. 71,7%.

18.4 Klassifikation

Tabelle 18.12. Zusammenfassung einer Klassifikationsanalyse (interne Analyse)

		vorhergesagte Gruppe			
		1	2	3	
wahre Gruppe	1	140	20	40	200
	2	5	40	5	50
	3	2	13	35	50
		147	73	80	300

Stichprobenbedingte Hitraten überschätzen in der Regel die wahren, für die Population gültigen Hitraten und sollten deshalb einer Kreuzvalidierung (auch „externe Analyse") unterzogen werden (vgl. z.B. Michaelis, 1973, oder Huberty et al., 1987). Hierfür klassifiziert man eine weitere Stichprobe von Vpn, deren Gruppenzugehörigkeit bekannt ist, die aber nicht in die Berechnung der Klassifikationsvorschriften eingingen.

Für den Fall, dass keine externe Stichprobe zur Verfügung steht, können ersatzweise die beiden folgenden Prozeduren angewendet werden (vgl. Huberty et al., 1987).

- *„Hold-out-sample"-Methode*: Hierbei bleiben die zu klassifizierenden Personen bei der Berechnung der Klassifikationsstatistiken unberücksichtigt, d.h., man splittet die Gesamtstichprobe in eine „Konstruktionsstichprobe" und eine „Klassifikationsstichprobe". Diese Methode ist nur für große Stichproben geeignet.
- *„Leave-one-out"-Methode*: Bei dieser auf Lachenbruch (1967) zurückgehenden Methode besteht die Konstruktionsstichprobe aus $N-1$ Personen, wobei die nicht berücksichtigte Person zu klassifizieren ist. Diese Prozedur wird N-mal durchgeführt, sodass jede Person (d.h. die jeweils ausgelassene Person) auf der Basis einer Konstruktionsstichprobe von $N-1$ Personen klassifiziert werden kann.

Mit einer Monte-Carlo-Studie belegen Huberty u. Curry (1978; vgl. auch Huberty, 1984), dass die LCF-Regel in Verbindung mit der „Leave-one-out"-Methode der QCF-Regel geringfügig überlegen ist, vor allem bei kleineren Stichproben und zweifelhafter Normalverteilung. Bezogen auf eine „interne Analyse", bei der die Konstruktionsstichprobe und Klassifikationsstichprobe identisch sind, votieren die Autoren eindeutig für die Anwendung der QCF-Regel.

Zufällige Hitraten. Bei der Interpretation der Ergebnisse einer (internen oder externen) Klassifikationsanalyse ist die zufällige Hitrate bzw. die Anzahl e der zufällig richtig klassifizierten Personen zu beachten. Diese ergibt sich für jede Gruppe zu $e_{jj} = p_j \cdot n_j$ bzw. – falls die Priorwahrscheinlichkeiten p_j durch n_j/N geschätzt werden – zu $e_{jj} = n_j^2/N$. Für alle k Gruppen erhält man also

$$e = \sum_j e_{jj} = \sum_j p_j \cdot n_j = \frac{1}{N} \cdot \sum_j n_j^2. \quad (18.43)$$

Der Anzahl der richtig klassifizierten Personen (o) in Tabelle 18.12 (o = 215 oder 71,7%) stehen also $e = (200^2 + 50^2 + 50^2)/300 = 150$ (50%) zufällige Hits gegenüber.

Sind alle p_j-Werte identisch, vereinfacht sich Gl. (18.43) zu

$$e = \frac{1}{N} \cdot k \cdot n^2 = n \quad (18.44)$$

mit $n_1 = n_2 = \cdots = n_k = n$ und $\sum_j n_j = N$.

Die Frage, ob die beobachtete Hitrate überzufällig ist, lässt sich über die Binomialverteilung überprüfen, wenn man von einer zufällig erwarteten Hitrate von $p_e = e/N$ ausgeht (Gl. 2.36 mit k = o, n = N und p = e/N). Ist die Anzahl N aller klassifizierten Personen groß, kann die Binomialverteilung durch eine Normalverteilung approximiert werden (vgl. S. 77 f.), sodass sich die folgende Standard normalverteilte Prüfgröße ergibt:

$$z = \frac{(o-e) \cdot \sqrt{N}}{\sqrt{e \cdot (N-e)}}. \quad (18.45)$$

(Hinter Gl. 18.45 verbirgt sich die bekannte z-Transformation: $z = (x-\mu)/\sigma$ mit x = o, μ = e und $\sigma = \sqrt{p \cdot q \cdot N}$, wobei p = e/N und q = 1 − p = (N − e)/N ist).

Für das Beispiel in Tabelle 18.12 errechnet man

$$z = \frac{(215-150) \cdot \sqrt{300}}{\sqrt{150 \cdot (300-150)}} = 7,51.$$

Die beobachtete Hitrate ist damit weit überzufällig.

Alternativ zu dem in Gl. (18.45) genannten Signifikanztest kann die statistische Bedeutung der Hitrate auch über Cohens κ (s. Gl. 16.15) geprüft werden (vgl. Wiedemann u. Fenster, 1978). Mit $p_e = 150/300 = 0{,}5$ und $p_o = 215/300 = 0{,}717$ errechnet man nach Cohen (1960):

$$\kappa = \frac{0{,}717 - 0{,}5}{1 - 0{,}5} = 0{,}434 \;.$$

Auch dieser Wert ist nach dem einseitigen Signifikanztest von Fleiss et al. (1969; vgl. hierzu auch Bortz et al., 2000 oder Bortz u. Lienert, 2003, Kap. 6.1.1) hochsignifikant. Man beachte, dass P_e hier nicht über Gl. (16.17) bestimmt wird. Die Anzahl zufällig richtig klassifizierter Personen hängt ausschließlich von der Prior-Wahrscheinlichkeit p_j der Gruppe j und der Gruppengröße n_j ab (s. Gl. 18.43).

Will man die Hitraten für einzelne Gruppen testen, ist in Gl. (18.45) o durch o_{jj} (die beobachtete Anzahl richtig klassifizierter Personen in Gruppe j), e durch $e_{jj} = n_j^2/N$ (die Anzahl zufällig richtig klassifizierter Personen in Gruppe j) und N durch n_j zu ersetzen. Bezogen auf Tabelle 18.12 errechnet man für die erste Gruppe

$$z = \frac{(140 - 133{,}33) \cdot \sqrt{200}}{\sqrt{133{,}33 \cdot 66{,}67}} = 1{,}00 \;.$$

Dieser Wert ist nicht signifikant. Die z-Werte für die beiden übrigen Gruppen lauten 12,00 und 10,11.

ÜBUNGSAUFGABEN

1. Nach welchem Kriterium werden in der Diskriminanzanalyse aus abhängigen Variablen Linearkombinationen erstellt?

2. Was versteht man unter einem Diskriminanzraum?

3. Ist es möglich, dass sich k Gruppen bezüglich mehrerer abhängiger Variablen auf Grund einer einfaktoriellen, multivariaten Varianzanalyse nicht signifikant unterscheiden, dass aber eine Diskriminanzanalyse über dasselbe Untersuchungsmaterial zu einer signifikanten Trennung der Gruppen führt?

4. Auf Grund welcher Kennwerte lassen sich Diskriminanzfaktoren inhaltlich interpretieren?

5. Mit einer zweifaktoriellen Diskriminanzanalyse soll überprüft werden, ob die Ausbildung im Fach Psychologie in 6 europäischen Ländern gleichwertig ist. 50 zufällig ausgewählte männliche und 50 weibliche Examenskandidaten aus jedem der 6 Länder erhalten hierfür einen Fragebogen, mit dem der Wissensstand in 7 Teilbereichen der Psychologie erfasst wird. Es handelt sich somit um einen 6 × 2-Versuchsplan mit 7 abhängigen Variablen. Wieviele Diskriminanzfaktoren können

    a) für Faktor A (6 Stufen)
    b) für Faktor B (2 Stufen)
    c) für die Interaktion A × B

    ermittelt werden?

6. Nach Amthauer (1970) erreichen Ärzte, Juristen und Pädagogen in den Untertests Analogien (AN), Figurenauswahl (FA) und Würfelaufgaben (WÜ) des Intelligenz-Struktur-Tests (IST) folgende Durchschnittswerte:

	Ärzte	Juristen	Pädagogen
AN	114	111	105
FA	111	103	101
WÜ	110	100	98

    Ein Abiturient hat in den gleichen Untertests folgende Leistungen erzielt:

    AN = 108, FA = 112, WÜ = 101.

    Welcher Berufsgruppe wäre der Abiturient aufgrund dieser Informationen zuzuordnen, wenn wir für alle 3 Gruppen gleiche A-priori-Wahrscheinlichkeiten annehmen?

    Die durchschnittliche Varianz-Kovarianz-Matrix lautet:

    $$\widehat{\mathrm{cov}}_0 = \begin{pmatrix} 100 & 30 & 32 \\ 30 & 100 & 44 \\ 32 & 44 & 100 \end{pmatrix} \;.$$

    Als Inverse wurde ermittelt:

    $$\widehat{\mathrm{cov}}_0^{-1} = \begin{pmatrix} 0{,}0115 & -0{,}0023 & -0{,}0027 \\ -0{,}0023 & 0{,}0129 & -0{,}0049 \\ -0{,}0027 & -0{,}0049 & 0{,}0130 \end{pmatrix} \;.$$

7. Mit welchen Verfahren kann man diskriminanzanalytische Klassifikationen bewerten?

Kapitel 19 Kanonische Korrelationsanalyse

ÜBERSICHT

Grundprinzip der kanonischen Korrelationsanalyse – Anzahl der kanonischen Korrelationen – Voraussetzungen – Redundanzmaße – kanonische Faktorladungen – Strukturkoeffizienten – „set"-Korrelation – mathematischer Hintergrund der kanonischen Korrelation – die kanonische Korrelation als allgemeiner Lösungsansatz: multiple Korrelation – Produkt-Moment-Korrelation – Diskriminanzanalyse – univariate Varianzanalyse – t-Test für unabhängige Stichproben – $k \times \ell$-χ^2-Test – $k \times 2$-χ^2-Test – Vierfelder-χ^2-Test – Schlussbemerkung

Während die multiple Korrelation den Zusammenhang zwischen mehreren (Prädiktor-)Variablen und einer (Kriteriums-)Variablen überprüft, wird durch die kanonische Korrelationsanalyse die Beziehung zwischen mehreren (Prädiktor-) Variablen und mehreren (Kriteriums-)Variablen ermittelt. Die kanonische Korrelationsanalyse, die von Hotelling (1935, 1936) entwickelt wurde, ist somit anwendbar, wenn es um die Bestimmung des Zusammenhangs zwischen zwei Variablenkomplexen geht.

Die kanonische Korrelation erfasst den Zusammenhang zwischen mehreren Prädiktorvariablen und mehreren Kriteriumsvariablen.

Diesem Verfahren kommt in den empirischen Human- und Sozialwissenschaften insoweit eine besondere Bedeutung zu, als hier viele Merkmale sinnvollerweise nur durch mehrere Variablen operationalisiert werden können (z. B. sozialer Status, Intelligenz, Berufserfolg, Eignung, Therapieerfolg, psychopathologische Symptomatik, Erziehungsstil, Aggressivität usw.). Geht es beispielsweise um den Zusammenhang zwischen der Persönlichkeitsstruktur von Vätern und deren Erziehungsstil, wäre es angesichts der Komplexität beider Merkmale sinnvoll, sowohl die Persönlichkeitsstruktur als auch das Erziehungsverhalten durch gezielte Tests, Fragebögen und Beobachtungen in möglichst vielen Teilaspekten zu erfassen. Die kanonische Korrelation untersucht, wie das multivariat erfasste Erziehungsverhalten mit der multivariat erhobenen Persönlichkeitsstruktur zusammenhängt.

Die Möglichkeit, das angedeutete Problem durch die Berechnung vieler bivariater bzw. multipler Korrelationen zu lösen, scheidet aus, weil diese Vorgehensweise zu „Scheinsignifikanzen" führen kann (vgl. S. 271). Liegen beispielsweise 10 Prädiktorvariablen und 10 Kriteriumsvariablen vor, ergeben sich insgesamt 100 bivariate Korrelationen und 10 multiple Korrelationen, über deren Signifikanz nur nach einer angemessenen α-Fehleradjustierung entschieden werden kann. Dieser Ansatz wäre zudem sehr umständlich und führt zu Ergebnissen, die den Gesamtzusammenhang im Allgemeinen unterschätzen.

So wie eine multiple Korrelation immer größer oder zumindest genau so groß ist wie die größte Einzelkorrelation, ist die kanonische Korrelation immer größer oder zumindest genau so groß wie die größte der einzelnen multiplen Korrelationen.

Mit Hilfe der kanonischen Korrelationsanalyse sind wir in der Lage, die systemartigen Zusammenhänge zwischen den beiden Variablensätzen durch wenige Koeffizienten vollständig zu beschreiben. Geht es nicht um die Analyse von Zusammenhängen, sondern um die *Vorhersage* mehrerer Kriteriumsvariablen durch mehrere Prädiktorvariablen, sollte statt mehrerer multipler Regressionen die *multivariate Regression* eingesetzt werden. Einzelheiten hierzu findet man z. B. bei Timm (2002, Kap. 4).

19.1 Grundprinzip und Interpretation

Soll der kanonische Zusammenhang zwischen p Prädiktorvariablen und q Kriteriumsvariablen berechnet werden, ermitteln wir zunächst folgende *Supermatrix* von bivariaten Korrelationen:

$$\mathbf{R} = \left(\begin{array}{c|c} \mathbf{R}_x & \mathbf{R}_{xy} \\ \hline \mathbf{R}_{yx} & \mathbf{R}_y \end{array} \right) \quad (19.1)$$

In dieser Gleichung bedeuten:
$\mathbf{R}_x$ = Korrelationsmatrix der Prädiktorvariablen,
$\mathbf{R}_y$ = Korrelationsmatrix der Kriteriumsvariablen,
$\mathbf{R}_{xy} = \mathbf{R}'_{yx}$ = pxq-Matrix der Korrelationen zwischen den einzelnen Prädiktor- und Kriteriumsvariablen.

Die weitere Vorgehensweise hat – wie auch die Diskriminanzanalyse – viele Gemeinsamkeiten mit der PCA (vgl. hierzu auch Witte u. Horstmann, 1976). In der PCA werden aus p Variablen diejenigen Linearkombinationen oder Faktoren bestimmt, die sukzessiv maximale Varianz aufklären, wobei die einzelnen Faktoren orthogonal sein sollen. Das kanonische Modell impliziert im Prinzip zwei getrennt durchzuführende PCAs, wobei eine PCA über die Prädiktorvariablen und die andere über die Kriteriumsvariablen gerechnet wird. Während jedoch die erste Hauptachse in der PCA nach dem Kriterium der maximalen Varianzaufklärung festgelegt wird, werden in der kanonischen Korrelationsanalyse die ersten Achsen in den beiden Variablensätzen so bestimmt, dass zwischen ihnen eine maximale Korrelation, die als kanonische Korrelation bezeichnet wird, besteht.

> In einer kanonischen Korrelationsanalyse werden die Prädiktorvariablen und Kriteriumsvariablen getrennt faktorisiert. Der erste Faktor der Prädiktorvariablen und erste Faktor der Kriteriumsvariablen werden so rotiert, dass deren Korrelation – die kanonische Korrelation – maximal wird.

Formal lässt sich das Problem folgendermaßen veranschaulichen: Aus dem Satz der Prädiktorvariablen werden Linearkombinationen $\hat{x}_m$ bestimmt, die maximal mit den aus den Kriteriumsvariablen linear kombinierten $\hat{y}_m$-Werten korrelieren:

$$\begin{aligned}
\hat{x}_1 &= v_1 \cdot x_{11} + v_2 \cdot x_{12} + \cdots + v_p \cdot x_{1p} \\
\hat{x}_2 &= v_1 \cdot x_{21} + v_2 \cdot x_{22} + \cdots + v_p \cdot x_{2p} \\
&\vdots \\
\hat{x}_n &= v_1 \cdot x_{n1} + v_2 \cdot x_{n2} + \cdots + v_p \cdot x_{np} \\
& \quad (19.2) \\
\hat{y}_1 &= w_1 \cdot y_{11} + w_2 \cdot y_{12} + \cdots + w_q \cdot y_{1q} \\
\hat{y}_2 &= w_1 \cdot y_{21} + w_2 \cdot y_{22} + \cdots + w_q \cdot y_{2q} \\
&\vdots \\
\hat{y}_n &= w_1 \cdot y_{n1} + w_2 \cdot y_{n2} + \cdots + w_q \cdot y_{nq}
\end{aligned}$$

Das obere Gleichungssystem bezieht sich auf die p Prädiktoren (x-Variablen) und das untere Gleichungssystem auf die q Kriterien (y-Variablen). Die Gleichungssysteme (19.2) fassen wir in Matrixschreibweise folgendermaßen zusammen:

$$\hat{\mathbf{x}} = \mathbf{X} \cdot \mathbf{v}, \quad (19.3\,\mathrm{a})$$
$$\hat{\mathbf{y}} = \mathbf{Y} \cdot \mathbf{w}. \quad (19.3\,\mathrm{b})$$

> Die Aufgabe der kanonischen Korrelationsanalyse besteht darin, die beiden Gewichtungsvektoren v und w so zu bestimmen, dass die resultierenden $\hat{x}$- und $\hat{y}$-Werte maximal miteinander korrelieren.

Die kanonische Korrelation (CR) ist dann nichts anderes als die Produkt-Moment-Korrelation zwischen den $\hat{x}$-Werten und $\hat{y}$-Werten:

$$CR = r_{\hat{x}\hat{y}}. \quad (19.4)$$

Die Lösung dieses Problems läuft auf die Ermittlung der Eigenwerte der folgenden, nicht symmetrischen quadratischen Matrix hinaus:

$$(\mathbf{R}_x^{-1} \cdot \mathbf{R}_{xy} \cdot \mathbf{R}_y^{-1} \cdot \mathbf{R}_{yx} - \lambda^2 \cdot \mathbf{I}) \cdot \mathbf{v} = \mathbf{0}. \quad (19.5)$$

Die Wurzel aus dem größten Eigenwert λ^2 dieser Matrix stellt die maximale kanonische Korrelation dar. Ausgehend von den Eigenwerten dieser Matrix können der v-Vektor der Gewichte der Prädiktorvariablen und der w-Vektor der Gewichte der Kriteriumsvariablen bestimmt werden (genauer hierzu s. 19.2).

Anzahl der kanonischen Korrelationen

Im Zusammenhang mit der PCA haben wir gelernt, dass durch einen Faktor praktisch niemals die Gesamtvarianz der Vpn auf den einzelnen Variablen aufgeklärt wird. Im Allgemeinen ergibt sich eine beachtliche Restvarianz, die ausreicht, um mindestens einen zweiten, vom ersten unabhängigen Faktor zu bestimmen.

Entsprechendes gilt auch für die kanonische Korrelationsanalyse. Nachdem aus dem Satz der Prädiktorvariablen und dem Satz der Kriteriumsvariablen jeweils ein Faktor extrahiert wurde, die maximal miteinander korrelieren, verbleibt für beide Variablensätze im Allgemeinen eine Restvarianz. Sowohl aus der Restvarianz der Prädiktorvariablen als auch der Restvarianz der Kriteriumsvariablen wird ein weiterer Faktor extrahiert, wobei der zweite Prädiktorfaktor unabhängig vom ersten Prädiktorfaktor und der zweite Kriteriumsfaktor unabhängig vom ersten Kriteriumsfaktor sein muss. Die Extraktion der beiden zweiten Faktoren unterliegt wiederum der Bedingung, dass sie maximal miteinander korrelieren. Die Korrelation dieser beiden Faktoren stellt die zweite kanonische Korrelation dar. Nach diesem Prinzip der *sukzessiv maximalen Kovarianz-Aufklärung* werden weitere kanonische Korrelationen ermittelt, bis die Gesamtvarianz in einem der beiden Variablensätze erschöpft ist. Aus der Faktorenanalyse wissen wir, dass p wechselseitig korrelierte Variablen maximal in p wechselseitig unabhängige Faktoren überführt werden können, d. h. die Varianz von p Variablen ist erschöpft, nachdem p Faktoren ermittelt wurden. Insgesamt können in einer kanonischen Korrelationsanalyse also p (wenn $p \leq q$) bzw. q (wenn $q \leq p$) kanonische Korrelationen ermittelt werden.

> Die Anzahl der kanonischen Korrelationen entspricht der Anzahl der Variablen im kleineren Variablensatz.

Allgemein bezeichnen wir die Anzahl der kanonischen Korrelationen mit $r = \min(p, q)$. Mit diesen r kanonischen Korrelationen wird die Varianz des kleineren Variablensatzes vollständig erschöpft. Im größeren Variablensatz bleibt eine Restvarianz übrig, die mit dem kleineren Variablensatz keine gemeinsame Kovarianz hat.

Signifikanztests

Die Frage, ob der durch alle r kanonischen Korrelationen erfasste Gesamtzusammenhang der beiden Variablensätze statistisch bedeutsam ist, überprüfen wir mit folgendem Test (vgl. z. B. Tatsuoka, 1971, S. 188):

$$V = -[N - 3/2 - (p+q)/2] \cdot \sum_{s=1}^{r} \ln(1 - \lambda_s^2). \tag{19.6}$$

Der V-Wert ist mit $p \cdot q$ Freiheitsgraden approximativ χ^2-verteilt. Wurden bereits t kanonische Korrelationen bestimmt, überprüfen wir mit Gl. (19.7), ob die verbleibende Kovarianz noch signifikant ist:

$$V_t = -[N - 3/2 - (p+q)/2] \cdot \sum_{s=t+1}^{r} \ln(1 - \lambda_s^2). \tag{19.7}$$

Dieser V_t-Wert hat $(p-t) \cdot (q-t)$ Freiheitsgrade. Ist V_t nicht signifikant, sind nur die ersten t kanonischen Korrelationen statistisch bedeutsam, und die übrigen $r - t$ kanonischen Korrelationen müssen auf Stichproben bedingte Zufälligkeiten zurückgeführt werden. (Einen Vergleich dieser Teststatistik mit anderen Teststatistiken findet man bei Mendoza et al., 1978.)

Voraussetzungen. Die Signifikanzüberprüfung kanonischer Korrelationen setzt bei kardinalskalierten Prädiktorvariablen und Kriteriumsvariablen voraus, dass sowohl die Prädiktoren als auch die Kriterien in der Population multivariat normalverteilt sind. Haben die Prädiktoren dichotomen Charakter (Indikatorvariablen, vgl. 14.1), müssen die Kriteriumsvariablen in allen durch die dichotomen Prädiktorvariablen spezifizierten Populationen multivariat normalverteilt sein. (Zur Verwendung dummykodierter Kriteriumsvariablen vgl. S. 643.) Über einen Signifikanztest, der keine multivariate Normalverteilung voraussetzt, berichtet Wilcox (1995).

Kennwerte

Für die *Interpretation* von Korrelationen wird häufig das Quadrat des Korrelationskoeffizienten (Determinationskoeffizient) als Anteil gemeinsamer Varianz zwischen zwei Messwertreihen herangezogen. Dieser Anteil der gemeinsamen Varianz dient dazu, die Vorhersagbarkeit der einen

Variablen durch die andere Variable einzuschätzen – eine Interpretation, die bei der kanonischen Korrelation in dieser Weise nicht möglich ist. Stattdessen verwenden wir hier sog. Redundanzmaße (Steward u. Love, 1968).

Redundanzmaße. Ein Variablensatz möge aus allen Untertests eines Intelligenztests bestehen und ein weiterer nur aus zwei Untertests eines anderen Intelligenztests (z. B. rechnerisches Denken und räumliches Vorstellungsvermögen). Welcher Variablensatz als Prädiktorsatz oder Kriteriumssatz bezeichnet wird, ist formal ohne Bedeutung. Der eine Variablensatz erfasst somit das gesamte Spektrum der allgemeinen Intelligenz und der andere Variablensatz nur zwei spezielle Intelligenzaspekte. Es ist leicht einzusehen, dass in diesem Beispiel die Präzision von Vorhersagen in beide Richtungen nicht identisch sein kann. Wollen wir die spezielle Intelligenz auf Grund der allgemeinen Intelligenz vorhersagen, wird dies eher möglich sein als die Vorhersage der allgemeinen Intelligenz aufgrund der speziellen Intelligenz.

Die kanonische Korrelationsanalyse liefert Redundanzmaße, mit deren Hilfe man abschätzen kann, wie redundant der eine Variablensatz ist, wenn die Messwerte der Vpn auf den anderen Variablen bekannt sind. Wie diese Redundanzmaße zustande kommen, erläutert das folgende Zahlenbeispiel.

BEISPIEL

Aus einem Satz von Kriteriumsvariablen wird der für die Berechnung der ersten kanonischen Korrelation benötigte erste Kriteriumsfaktor extrahiert. Dieser Faktor möge von der gesamten Varianz der Kriteriumsvariablen 80% aufklären. Wenn nun die erste kanonische Korrelation $CR = 0{,}707$ beträgt, existiert zwischen dem ersten Kriteriumsfaktor und dem ersten Prädiktorfaktor eine gemeinsame Varianz von 50%, die dem Quadrat der kanonischen Korrelation entspricht ($0{,}707^2 \approx 0{,}50$). Da der erste Kriteriumsfaktor 80% der Kriteriumsvarianz aufklärt und die gemeinsame Varianz 50% beträgt, werden 40% der Kriteriumsvarianz durch den ersten Prädiktorfaktor vorhergesagt (50% von 80% = 40%). Die erste kanonische Korrelation besagt somit, dass 40% der Kriteriumsvarianz auf Grund der Prädiktorvariablen redundant sind.

Auf der Prädiktorseite möge der erste Faktor 60% aufklären, was bedeutet, dass (wegen der gemeinsamen Varianz von 50%) 30% der Prädiktorvariablenvarianz auf Grund der Kriteriumsvariablen redundant sind.

Man erkennt also, dass wegen der unterschiedlichen „Beteiligung" der Prädiktor- und Kriteriumsvariablen an der kanonischen Korrelation von $CR = 0{,}707$ (die Prädiktorvariablen sind an dieser Korrelation mit 60% und die Kriteriumsvariablen mit 80% beteiligt) die Kriteriumsvariablen angesichts der Prädiktorvariablen eine höhere Redundanz aufweisen als umgekehrt. Man spricht deshalb auch von *asymmetrischen Redundanzmaßen*. (Die Redundanzen wären symmetrisch, wenn der erste Prädiktorfaktor genauso viel Varianz erklärt wie der erste Kriteriumsfaktor.)

Die Redundanzmaße werden für alle einzelnen kanonischen Korrelationen ermittelt und über die kanonischen Korrelationen summiert. Es ergibt sich somit ein Gesamtredundanzmaß für die Prädiktorvariablen, das die Redundanz der Prädiktorvariablen bei Bekanntheit der Kriteriumsvariablen charakterisiert, und ein Gesamtredundanzmaß für die Kriteriumsvariablen, das die Redundanz der Kriteriumsvariablen bei Bekanntheit der Prädiktorvariablen wiedergibt (vgl. hierzu auch S. 636 f.).

Für die inhaltliche Interpretation einer kanonischen Korrelationsanalyse stehen zusätzlich die folgenden Indikatoren zur Verfügung:

Gewichte. In Gl. (19.2) wurden Gewichte v und w eingeführt. Diese entsprechen den b-Gewichten der multiplen Regression, von denen bekannt ist, dass sie wegen möglicher *Suppressionseffekte* bzw. *Multikollinearität* schwer interpretierbar sind. Dies gilt in verstärktem Maß für die Gewichte der kanonischen Korrelationsanalyse, wenn die Prädiktor- und Kriteriumsvariablen sowohl untereinander als auch wechselseitig hoch korreliert sind. Die Gewichtsvektoren **v** und **w** werden deshalb nur in Ausnahmefällen (wenn die Prädiktor- und Kriteriumsvariablen jeweils unkorreliert sind) zur Interpretation herangezogen. (Ein anderer, in eine Glosse gekleideter Standpunkt hierzu wird von Harris, 1989, vertreten.)

Faktorladungen. Auf die enge Verwandtschaft der kanonischen Korrelationsanalyse und der Faktorenanalyse wurde bereits hingewiesen. Es liegt damit nahe, ähnlich wie in der Faktorenanalyse auch in der kanonischen Korrelationsanalyse die Faktorladungen zur Interpretation heranzuziehen, wobei allerdings in der kanonischen Korrelationsanalyse von zwei Ladungssätzen – den Ladungen der Prädiktorvariablen auf den Prädiktorfaktoren und den Ladungen der Kriteriumsvariablen auf den Kriteriumsfaktoren – auszugehen ist. Die Ladungen entsprechen auch hier jeweils den Korrelationen zwischen den Merkmalsausprägungen und Faktorwerten (vgl. S. 519). Den Ladungen ist deshalb zu entnehmen, wie stark die Merkmale auf der Prädiktorseite und die Merkmale auf der Kriteriumsseite an einer kanonischen Korrelation beteiligt sind, d.h., aus den Ladungen wird abgeleitet, welche inhaltlichen Aspekte der Prädiktor- und Kriteriumsvariablen die kanonischen Korrelationen konstituieren (vgl. hierzu auch Meredith, 1964, und Steward u. Love, 1968).

Strukturkoeffizienten. Eine weitere wichtige Interpretationshilfe sind die sog. Strukturkoeffizienten c, die – wie auch die Strukturkoeffizienten in der multiplen Korrelation (vgl. S. 453) – als Korrelationen zwischen den Prädiktorvariablen (x) und den *vorhergesagten* Kriteriumsvariablen (ŷ) definiert sind (bzw. umgekehrt als Korrelation zwischen y und x̂, vgl. S. 636). Eine Prädiktorvariable mit einem hohen Strukturkoeffizienten ist damit eine Variable, die an der Vorhersage dessen, was mit einem kanonischen Kriteriumsfaktor erfasst wird (worüber die Ladungen der Kriteriumsvariablen informieren), in hohem Maß beteiligt ist.

„Set"-Korrelation

Ein Maß zur Charakterisierung des Gesamtzusammenhangs zweier Variablensätze wurde von Cohen (1982) vorgeschlagen. Dieses als „set-correlation" bezeichnete Maß R_{xy}^2 erfasst die verallgemeinerte, gemeinsame Varianz zweier Variablensätze:

$$R_{xy}^2 = 1 - (1 - CR_1^2) \cdot (1 - CR_2^2) \cdot \ldots \cdot (1 - CR_r^2).$$

(19.8)

Schrumpfungskorrektur

Ähnlich wie die multiple Korrelation überschätzt auch die „set-correlation" den wahren Zusammenhang zweier Variablensätze. Es wurden deshalb – in Analogie zu Gl. (13.22) für die multiple Korrelation – „Schrumpfungskorrekturen" entwickelt, mit denen sich in Abhängigkeit von n, p und q das Ausmaß der Überschätzung errechnen lässt (vgl. Cohen u. Nee, 1984).

Für die kanonische Korrelation kommt Thompson (1990a) zu dem Ergebnis, dass die Zusammenhänge nur mäßig überhöht sind, solange $n > 3 \cdot p \cdot q$ ist. Für kleinere Stichproben wird eine bei Thompson (1990a) genannte Schrumpfungskorrektur empfohlen.

Die stichprobenbedingte Verzerrung der kanonischen Korrelation als Schätzwert des wahren Zusammenhangsparameters überträgt sich natürlich auch auf alle anderen im Kontext der kanonischen Korrelationsanalyse berechneten Indizes. Das Ausmaß der in einem konkreten Beispiel zu erwartenden Verzerrung lässt sich mit Hilfe der Bootstrap-Technik abschätzen (vgl. S. 132 f.). Eine Anwendung dieser Technik auf die Redundanzmaße der kanonischen Korrelationsanalyse findet man bei Lambert et al. (1989, 1991).

Kanonische Korrelation mit Prädiktor- und Kriteriumsfaktoren

Die Interpretation von kanonischen Korrelationen (wie auch multipler Korrelationen, vgl. S. 452 f.) wird bei hoher Multikollinearität erheblich erschwert. Insbesondere die v- und w-Gewichte sind bei kleineren Stichproben mit korrelierten Prädiktor- und Kriteriumsvariablen sehr instabil. Dieses Problem ließe sich ausräumen, wenn es im Satz der Prädiktorvariablen und im Satz der Kriteriumsvariablen keine wechselseitigen Abhängigkeiten gäbe.

Eine Möglichkeit, korrelierte Variablen in unkorrelierte Faktoren zu transformieren, bietet die PCA (vgl. Kap. 15). Es wird deshalb empfohlen, beide Variablensätze getrennt zu faktorisieren und die Prädiktorvariablen durch Prädiktorfaktoren sowie die Kriteriumsvariablen durch Kriteriumsfaktoren zu ersetzen (vgl. hierzu auch Jolliffe, 2002, Kap. 8.1 und 9.3; zur Verwendung von Faktoren in der multiplen Korrelation vgl. Kukuk u. Baty, 1979, sowie Fleming, 1981).

Die kanonische Korrelationsanalyse über Prädiktor- und Kriteriumsfaktoren führt zu deutlich stabileren Ergebnissen. Allerdings ist hierbei zu beachten, dass die Ergebnisse der kanonischen Korrelationsanalyse nur dann gut interpretierbar sind, wenn die Faktoren ihrerseits eindeutig interpretiert werden können. Es ist deshalb ratsam, die kanonische Korrelationsanalyse über (Varimax-) rotierte Faktoren durchzuführen.

Bezüglich der Anzahl der zu berücksichtigenden Faktoren ist anzumerken, dass die in Kap.

15.5 behandelten Kriterien ungeeignet sein können. Dort wurde argumentiert, dass Faktoren mit Eigenwerten kleiner 1 ($\lambda < 1$; KG-Kriterium) nicht berücksichtigt werden sollten, weil sie weniger Varianz erklären als die z-standardisierten Variablen. Im Rahmen der kanonischen Korrelationsanalyse sind derartige Prädiktorfaktoren jedoch durchaus wertvoll, wenn sie spezifische Varianzanteile erfassen, die mit den Kriteriumsfaktoren hoch kovariieren. Es empfiehlt sich also, auch varianzschwache Prädiktorfaktoren bezüglich ihres Vorhersagepotenzials zu prüfen.

Wenn es möglich ist, viele Prädiktorvariablen durch wenige Prädiktorfaktoren und/oder viele Kriteriumsvariablen durch wenige Kriteriumsfaktoren zu ersetzen, ist hiermit eine erhebliche Freiheitsgradreduktion verbunden. Die in Gl. (19.6) definierte Prüfgröße V hat $p \times q$ Freiheitsgrade. Für $p = q = 10$ hätte man also 100 Freiheitsgrade und einen kritischen χ^2-Wert von $\chi^2_{\text{krit}} = 124{,}34$ ($\alpha = 0{,}05$). Wenn es gelingt, die Variablensätze auf jeweils drei Faktoren zu reduzieren ($df = 3 \times 3 = 9$), wäre der empirische V-Wert mit $\chi^2_{\text{krit}} = 16{,}92$ zu vergleichen. Entspricht das Vorhersagepotenzial der drei Prädiktorfaktoren in etwa dem der 10 Prädiktorvariablen, hätte man mit den Prädiktor- und Kriteriumsfaktoren erheblich bessere Chancen auf signifikante kanonische Zusammenhänge als mit Prädiktor- und Kriteriumsvariablen. Hinzu kommt, dass auch der V-Wert bei einem günstigerem Verhältnis von N zu (p + q) größer wird (s. Gl. 19.6 oder 19.7).

Das folgende Beispiel soll das Vorgehen verdeutlichen.

BEISPIEL

In einer Untersuchung über Anwendungen psychologischer Methoden auf städtebauliche Fragen geht es darum, den Zusammenhang zwischen der Wirkungsweise von Häuserfassaden auf den Betrachter einerseits und strukturellen bzw. baulichen Merkmalen der Häuserfassaden andererseits zu bestimmen (vgl. Bortz, 1972b). Eine Vpn-Stichprobe stufte hierfür 26 Häuserfassaden auf 25 bipolaren Adjektivskalen (Polaritäten wie z. B. heiter – düster, eintönig – vielfältig, usw.) ein. Die Polaritäten wurden anhand der durchschnittlichen Beurteilungen über die Fassaden interkorreliert; eine PCA über die Korrelationsmatrix führte zu 3 Faktoren, die sich nach einer Varimaxrotation als

1. erlebte Valenz (51,7%),
2. erlebte strukturelle Ordnung (20,8%) und
3. erlebte Stimulation (17,7%)

interpretieren lassen. (Die Zahlen in Klammern nennen die Varianzanteile der Faktoren.) Mit einer kanonischen Korrelationsanalyse sollte herausgefunden werden, durch welche architektonischen Strukturelemente diese 3 Erlebnisfaktoren (Kriteriumsfaktoren) vorhersagbar sind.

Die architektonischen Strukturen der Fassaden wurden durch Flächenvermessungen erfasst, aus denen 24 Variablen, wie z. B. Anteil der Wandfläche an der Gesamtfassade, Übergangswahrscheinlichkeiten zwischen architektonischen Elementen und informationstheoretische Maße, abgeleitet wurden. Der Satz der 24 Prädiktorvariablen konnte faktorenanalytisch auf 6 Prädiktorfaktoren reduziert werden, die sich auf Grund einer Varimaxrotation folgendermaßen interpretieren lassen:

1. Wand vs. Fensterfläche (23,8%),
2. Balkonfläche (15,4%),
3. Dachfläche (13,0%),
4. Stereotypie (9,4%),
5. Entropie (8,7%),
6. Grünfläche (14,6%).

Der ursprüngliche Untersuchungsplan sah somit 24 Prädiktorvariablen (objektive Beschreibungsmerkmale der Häuserfassaden) und 25 Kriteriumsvariablen (Skalen zur Erfassung der Wirkungsweise der Häuserfassaden) vor. Da jedoch anzunehmen war, dass sowohl die Prädiktorvariablen untereinander als auch die Kriteriumsvariablen untereinander mehr oder weniger hoch korreliert sind, wurden beide Variablensätze zuvor faktorenanalytisch reduziert. Durch diese, vor der eigentlich interessierenden kanonischen Korrelationsberechnung durchgeführten Analysen, wird zweierlei erreicht:

Erstens wird die Wahrscheinlichkeit des α-Fehlers bei der Entscheidung über die statistische Bedeutsamkeit der kanonischen Korrelation verringert. Durch die Faktorenanalysen werden sowohl die Prädiktorvariablen als auch die Kriteriumsvariablen ohne erheblichen Informationsverlust zu wenigen Prädiktorfaktoren und Kriteriumsfaktoren zusammengefasst, d.h., die Freiheitsgrade für V werden erheblich verringert, wobei das gesamte Vorhersagepotenzial der Prädiktorvariablen weitgehend erhalten bleibt. Durch diese Maßnahme verändert sich die Höhe der kanonischen Korrelation praktisch nicht, wenn – wie im Beispiel – die Varianz der Prädiktor- und Kriteriumsvariablen nahezu vollständig durch die Prädiktor- und Kriteriumsfaktoren erfasst wird. Was sich allerdings erheblich ändert, ist die Irrtumswahrscheinlichkeit der kanonischen Korrelation: Sie wird sehr viel kleiner, wenn statt der ursprünglichen Variablen die entsprechenden Faktoren eingesetzt werden.

Der zweite Vorteil, der sich mit einer faktorenanalytischen Reduktion der Prädiktor- und Kriteriumsvariablen verbindet, liegt auf der Interpretationsebene. Die Verwendung von Prädiktor*faktoren* und Kriteriums*faktoren* (anstelle von Prädiktor- und Kriteriums*variablen*) hat zur Folge, dass die Prädiktoren (und auch die Kriterien) untereinander nicht korrelieren, d.h., es treten keine Multikollinearitätseffekte auf. Die in der kanonischen Korrelationsanalyse ermittelten Gewichtungskoeffizienten sind deshalb problemlos interpretierbar, wenn – wie im Beispiel – die ermittelten Prädiktor- und Kriteriumsfaktoren inhaltlich einwandfrei interpretiert werden können.

19.1 Grundprinzip und Interpretation

Tabelle 19.1 zeigt das Ergebnis der kanonischen Korrelationsanalyse zwischen den 3 Kriteriumsfaktoren und den 6 Prädiktorfaktoren. Um einer möglichen terminologischen Verwirrung vorzubeugen, bezeichnen wir in der folgenden Interpretation die Kriteriums- und Prädiktorfaktoren als (unkorrelierte) Kriteriums- und Prädiktorvariablen.

Es resultieren 2 signifikante kanonische Korrelationen vom Betrag $CR_1 = 0.88$ und $CR_2 = 0.68$. Der erste kanonische Kriteriumsfaktor erklärt 22,7% und der zweite 45,8% der gesamten Kriteriumsvarianz. (Man erhält diese Werte über die hier nicht wiedergegebenen quadrierten Ladungen der Kriteriumsvariablen auf den kanonischen Kriteriumsfaktoren; vgl. S. 638.) Die verbleibende Kovarianz zwischen den beiden Variablengruppen nach Extraktion der ersten beiden kanonischen Faktorpaare ist nach Gl. (19.7) statistisch nicht mehr bedeutsam, d.h. die 3. kanonische Korrelation $[r = \min(p, q) = 3]$ ist nicht signifikant.

Die o.g. Zahlen verdeutlichen, dass die Höhe einer kanonischen Korrelation nichts damit zu tun hat, wie viel Varianz durch die kanonischen Faktoren prädiktor- und kriteriumsseitig gebunden wird. Im Beispiel resultiert $CR_1 = 0.88$ bei 22,7% Kriteriumsvarianz und $CR_2 = 0.68$ bei 45,8% Kriteriumsvarianz. Die kanonischen Faktoren erklären sukzessiv maximale *Kovarianz* und nicht – wie in der PCA – sukzessiv maximale Varianz.

Zur Interpretation der kanonischen Korrelation ziehen wir in dieser Analyse die normierten Gewichte der Prädiktor- und Kriteriumsvariablen (d.h. die auf die Länge 1 transformierten Gewichtungsvektoren **v** und **w**) heran. Da die Prädiktor- und Kriteriumsvariablen jeweils wechselseitig unabhängig sind, können die Gewichte bedenkenlos auf Grund ihrer numerischen Größe interpretiert werden. (Auf die Wiedergabe der kanonischen Faktorladungen der Variablen wurde – wie bereits erwähnt – verzichtet, weil diese im Fall unkorrelierter Prädiktor- und Kriteriumsvariablen keine neuen Informationen gegenüber den Gewichten enthalten.)

Die 1. kanonische Korrelation zwischen den beiden Variablensätzen wird auf der Prädiktorseite vorrangig durch die Stereotypie (regelhafte Wiederholungen) und Entropie (Informationsgehalt) der Fassaden getragen und auf der Kriteriumsseite durch die erlebte strukturelle Ordnung. Je regelmäßiger sich einzelne Bauelemente wiederholen und je weniger Informationsgehalt (Verschiedenartigkeit der Bauelemente) eine Fassade besitzt, desto strukturierter wird die Fassade erlebt. Die erste kanonische Korrelation erklärt von der Varianz des ersten kanonischen Kriteriumsfaktors $0{,}88^2 \times 100\% = 77{,}4\%$. Da der erste kanonische Kriteriumsfaktor 22,7% der *gesamten* Kriteriumsvarianz erfasst, sind auf Grund der ersten kanonischen Korrelation 17,6% (77,4% von 22,7%) redundant. (Die Redundanz der Prädiktorvariablen auf Grund der Kriteriumsvariablen ist in diesem Fall inhaltlich wenig ergiebig und wird deshalb nicht gesondert aufgeführt.)

Die mit der 2. kanonischen Korrelation aufgeklärte Kovarianz, die von der 1. kanonischen Korrelation unabhängig ist, besagt, dass die erlebte Valenz (Bewertung) der Fassaden vor allem mit der Größe der Balkonflächen und der Grünfläche (bepflanzte Flächen) zusammenhängt. Zunehmend positivere Bewertungen erfahren Fassaden mit stark durchgrünter Struktur und ausgedehnten Balkonflächen. Von der Varianz des 2. kanonischen Kriteriumsfaktors sind $0{,}68^2 \cdot 100\% = 46{,}2\%$ redundant. Da der 2. kanonische Kriteriumsfaktor 45,8% der gesamten Kriteriumsvarianz erfasst, sind hier 46,2% von 45,8% bzw. 21,2% redundant, sodass sich zusammengenommen für beide kanonischen Korrelationen ein Redundanzwert von 38,8% für die durchschnittliche Beurteilung der Häuserfassaden ergibt.

Die erlebte Stimulation ist nicht überzufällig durch die (hier gemessene) architektonische Gestaltung der Fassaden vorhersagbar.

Hinweise. Um das Ergebnis einer kanonischen Korrelationsanalyse besser interpretieren zu können, werden die kanonischen Prädiktor-/Kriteriumsfaktoren gelegentlich orthogonal rotiert. Hierbei ist allerdings zu beachten, dass diese Rotationen die Höhe der einzelnen kanonischen Korrelationen verändern. Nicht verändert wird jedoch der Gesamtzusammenhang aller Prädiktorvariablen und Kriteriumsvariablen, d.h., die Summe der quadrierten, kanonischen Korrelationen (bzw. die „set-correlation"; s. Gl. 19.8) ist gegenüber orthogonalen Rotationen der beiden Faktorsätze invariant. (Weitere Einzelheiten hierzu findet man

Tabelle 19.1. Beispiel für eine kanonische Korrelationsanalyse

		$CR_1 = 0{,}88^{**}$	$CR_2 = 0{,}68^{*}$
Prädiktoren	Wand- vs. Fensterfläche	0,24	−0,40
	Balkonfläche	−0,29	0,58
	Dachfläche	0,44	−0,13
	Stereotypie	−0,53	−0,12
	Entropie	0,59	0,25
	Grünfläche	−0,17	0,64
Kriterien	Valenz	−0,26	0,91
	strukturelle Ordnung	−0,96	−0,25
	Stimulation	0,01	−0,31

bei Cliff u. Krus, 1976, Fornell, 1979, oder Reynolds u. Jackosfsky, 1981.)

Die kanonische Korrelationsanalyse wurde von Horst (1961a) erweitert, um die Zusammenhänge zwischen mehr als zwei Variablensätzen bestimmen zu können. In einer anwendungsorientierten Arbeit (Horst, 1961b) werden beispielsweise verbale Fähigkeiten, rechnerische Fähigkeiten und Variablen des räumlichen Vorstellungsvermögens miteinander in Beziehung gesetzt.

Über Möglichkeiten, die Stabilität der Ergebnisse einer kanonischen Korrelationsanalyse zu überprüfen, berichten Thorndike u. Weiss (1973) bzw. Wood u. Erskine (1976). Thompson (1995b) schlägt hierfür die Bootstrap-Technik (vgl. 4.10) vor. Ein Algorithmus, der statt der kanonischen Korrelationen die Redundanzmaße maximiert, wird bei Fornell et al. (1988) beschrieben.

19.2 Mathematischer Hintergrund

Für eine kanonische Korrelationsanalyse benötigen wir von n Vpn Daten auf p Prädiktorvariablen und auf q Kriteriumsvariablen. Bezeichnen wir die Messwerte einer Person m auf einer Prädiktorvariablen i mit x_{mi} und einen Messwert derselben Person auf einer Kriteriumsvariablen j mit y_{mj}, werden für die Linearkombinationen

$$\hat{x}_m = v_1 x_{m1} + v_2 x_{m2} + \cdots + v_p x_{mp} \quad (19.9)$$

und

$$\hat{y}_m = w_1 y_{m1} + w_2 y_{m2} + \cdots + w_q y_{mq} \quad (19.10)$$

diejenigen v- und w-Gewichte gesucht, die zu einer maximalen Korrelation – berechnet über alle Vpn – zwischen den $\hat{x}_m$- und $\hat{y}_m$-Werten führen.

Herleitung der charakteristischen Gleichung

Für die zu maximierende Korrelation zwischen den linearkombinierten $\hat{x}_m$- und $\hat{y}_m$-Werten erhalten wir (indem Zähler und Nenner in Gl. 6.57 mit n multipliziert werden)

$$r_{\hat{x}\hat{y}} = \frac{QS_{\hat{x}\hat{y}}}{\sqrt{QS_{\hat{x}} \cdot QS_{\hat{y}}}} . \quad (19.11)$$

Wie unter 15.3 gezeigt wurde, ergeben sich die Quadratsummen der linearkombinierten Werte nach den Beziehungen:

$$QS_{\hat{x}} = \mathbf{v}' \cdot \mathbf{D}_x \cdot \mathbf{v} , \quad (19.12)$$

$$QS_{\hat{y}} = \mathbf{w}' \cdot \mathbf{D}_y \cdot \mathbf{w} . \quad (19.13)$$

Hierin sind $\mathbf{D}_x$ und $\mathbf{D}_y$ die Matrizen der Quadratsummen und Kreuzproduktsummen der Prädiktorvariablen ($\mathbf{D}_x$) und Kriteriumsvariablen ($\mathbf{D}_y$). Für die Kreuzproduktsummen der Linearkombinationen ($QS_{\hat{x}\hat{y}}$) kann man zeigen, dass folgende Beziehung gilt:

$$QS_{\hat{x}\hat{y}} = \mathbf{v}' \cdot \mathbf{D}_{xy} \cdot \mathbf{w} . \quad (19.14)$$

Ein Element von $\mathbf{D}_{xy}$ berechnen wir nach der Gleichung:

$$d_{xy(i,j)} = \sum_m (x_{mi} - \bar{x}_i) \cdot (y_{mj} - \bar{y}_j) .$$

Setzen wir Gl. (19.12), (19.13) und (19.14) in Gl. (19.11) ein, ergibt sich:

$$r_{\hat{x}\hat{y}} = \frac{\mathbf{v}' \cdot \mathbf{D}_{xy} \cdot \mathbf{w}}{\sqrt{(\mathbf{v}' \cdot \mathbf{D}_x \cdot \mathbf{v}) \cdot (\mathbf{w}' \cdot \mathbf{D}_y \cdot \mathbf{w})}} . \quad (19.15)$$

Die Transformationsvektoren $\mathbf{v}$ und $\mathbf{w}$, die zu einer maximalen Kovarianz zwischen $\hat{x}_m$ und $\hat{y}_m$ führen, sind nicht eindeutig bestimmt. Die Lösung des Eigenwerteproblems liefert lediglich Proportionalitätskonstanten zwischen den Eigenvektoren, die im Allgemeinen auf die Länge 1 normiert werden ($\mathbf{v}' \cdot \mathbf{v} = 1$ und $\mathbf{w}' \cdot \mathbf{w} = 1$). Für die Bestimmung der Eigenwerte im Rahmen der kanonischen Korrelationsanalyse erweist sich jedoch folgende Annahme als günstig:

$$\mathbf{v}' \cdot \mathbf{D}_x \cdot \mathbf{v} = \mathbf{w}' \cdot \mathbf{D}_y \cdot \mathbf{w} = 1 . \quad (19.16)$$

Gleichung (19.15) reduziert sich somit zu:

$$r_{\hat{x}\hat{y}} = \mathbf{v}' \cdot \mathbf{D}_{xy} \cdot \mathbf{w} . \quad (19.17)$$

Gehen wir von den in Gl. (19.1) genannten Korrelationsmatrizen aus, erhalten wir

$$r_{\hat{x}\hat{y}} = \mathbf{v}' \cdot \mathbf{R}_{xy} \cdot \mathbf{w} \quad (19.18)$$

mit den Nebenbedingungen

$$\mathbf{v}' \cdot \mathbf{R}_x \cdot \mathbf{v} = \mathbf{w}' \cdot \mathbf{R}_y \cdot \mathbf{w} = 1 . \quad (19.19)$$

Wir definieren eine Funktion $F(\mathbf{v}, \mathbf{w}) = \mathbf{v}' \cdot \mathbf{R}_{xy} \cdot \mathbf{w}$, die durch die mit den Lagrange-Multiplikatoren $\lambda/2$ und $\mu/2$ multiplizierten Nebenbedingungen ergänzt wird (vgl. Anhang D):

19.2 Mathematischer Hintergrund

$$\begin{aligned}
r_{\hat{x}\hat{y}} &= F(\mathbf{v}, \mathbf{w}) \\
&= \mathbf{v}' \cdot \mathbf{R}_{xy} \cdot \mathbf{w} \\
&\quad - (\lambda/2) \cdot (\mathbf{v}' \cdot \mathbf{R}_x \cdot \mathbf{v} - 1) \\
&\quad - (\mu/2) \cdot (\mathbf{w}' \cdot \mathbf{R}_y \cdot \mathbf{w} - 1).
\end{aligned} \quad (19.20)$$

Die ersten Ableitungen von Gl. (19.20) nach $\mathbf{v}$ und $\mathbf{w}$ führen zu folgenden Gleichungen (vgl. Tatsuoka, 1971, Anhang C und Kap. 6.8), die wir zum Auffinden des Maximums gleich Null setzen:

$$\frac{dF(\mathbf{v},\mathbf{w})}{d\mathbf{v}} = \mathbf{R}_{xy} \cdot \mathbf{w} - \lambda \cdot \mathbf{R}_x \cdot \mathbf{v} = \mathbf{0}, \quad (19.21)$$

$$\frac{dF(\mathbf{v},\mathbf{w})}{d\mathbf{w}} = \mathbf{v}' \mathbf{R}_{xy} - \mu \cdot \mathbf{w}' \cdot \mathbf{R}_y = \mathbf{0}'. \quad (19.22)$$

Wir multiplizieren Gl. (19.21) links mit $\mathbf{v}'$

$$\mathbf{v}' \mathbf{R}_{xy} \mathbf{w} - \lambda \cdot (\mathbf{v}' \mathbf{R}_x \mathbf{v}) = \mathbf{0} \quad (19.23)$$

und Gl. (19.22) rechts mit $\mathbf{w}$

$$\mathbf{v}' \mathbf{R}_{xy} \mathbf{w} - \mu \cdot (\mathbf{w}' \mathbf{R}_y \mathbf{w}) = \mathbf{0}'. \quad (19.24)$$

Da gemäß Gl. (19.19) $\mathbf{v}' \cdot \mathbf{R}_x \cdot \mathbf{v} = 1$ und $\mathbf{w}' \cdot \mathbf{R}_y \cdot \mathbf{w} = 1$, folgt aus Gl. (19.23) und (19.24): $\mu = \lambda$.

$$\mu = \lambda = \mathbf{v}' \cdot \mathbf{R}_{xy} \cdot \mathbf{w}. \quad (19.25)$$

Aus Gl. (19.11) bis (19.18) resultiert ferner, dass sowohl λ als auch μ die maximale Korrelation zwischen den $\hat{x}_m$- und $\hat{y}_m$-Werten darstellen.

Für Gl. (19.21) und (19.22) schreiben wir:

$$\mathbf{R}_{xy} \cdot \mathbf{w} = \lambda \cdot \mathbf{R}_x \cdot \mathbf{v}, \quad (19.26)$$

$$\mathbf{v}' \cdot \mathbf{R}_{xy} = \mu \cdot \mathbf{w}' \cdot \mathbf{R}_y. \quad (19.27)$$

Transponieren wir beide Seiten von Gl. (19.27) und schreiben für $\mu = \lambda$ und für $\mathbf{R}'_{xy} = \mathbf{R}_{yx}$, ergibt sich wegen $\mathbf{R}_y = \mathbf{R}'_y$:

$$\mathbf{R}_{yx} \cdot \mathbf{v} = \lambda \cdot \mathbf{R}_y \cdot \mathbf{w}. \quad (19.28)$$

Wir haben somit zwei Gleichungen, (19.26) und (19.28), mit den unbekannten Vektoren $\mathbf{v}$ und $\mathbf{w}$. Für deren Bestimmung lösen wir zunächst Gl. (19.27) nach $\mathbf{w}$ auf. Unter der Voraussetzung, dass $\mathbf{R}_y$ nicht singulär ist und somit eine Inverse besitzt, erhalten wir (mit $\mu = \lambda$)

$$\mathbf{w} = 1/\lambda \cdot \mathbf{R}_y^{-1} \cdot \mathbf{R}_{yx} \cdot \mathbf{v}. \quad (19.29)$$

Setzen wir $\mathbf{w}$ gemäß Gl. (19.29) in Gl. (19.26) ein, resultiert:

$$\mathbf{R}_{xy} \cdot (1/\lambda \cdot \mathbf{R}_y^{-1} \cdot \mathbf{R}_{yx} \cdot \mathbf{v}) = \lambda \cdot \mathbf{R}_x \cdot \mathbf{v}. \quad (19.30)$$

Wir subtrahieren $\lambda \cdot \mathbf{R}_x \cdot \mathbf{v}$ und fassen in folgender Weise zusammen:

$$\mathbf{R}_{xy} \cdot (1/\lambda \cdot \mathbf{R}_y^{-1} \cdot \mathbf{R}_{yx} \cdot \mathbf{v}) - \lambda \cdot \mathbf{R}_x \cdot \mathbf{v} = \mathbf{0},$$

$$\mathbf{R}_x^{-1} \cdot \mathbf{R}_{xy} \cdot \mathbf{R}_y^{-1} \cdot \mathbf{R}_{yx} \cdot \mathbf{v} - \lambda^2 \cdot \mathbf{I} \cdot \mathbf{v} = \mathbf{0},$$

$$(\mathbf{R}_x^{-1} \cdot \mathbf{R}_{xy} \cdot \mathbf{R}_y^{-1} \cdot \mathbf{R}_{yx} - \lambda^2 \cdot \mathbf{I}) \cdot \mathbf{v} = \mathbf{0}. \quad (19.31)$$

Hierbei wurden unter der Voraussetzung, dass $\mathbf{R}_x^{-1}$ existiert, beide Seiten mit $\lambda \cdot \mathbf{R}_x^{-1}$ vormultipliziert und $\mathbf{v}$ ausgeklammert. Die Produktmatrix

$$\mathbf{R}_x^{-1} \cdot \mathbf{R}_{xy} \cdot \mathbf{R}_y^{-1} \cdot \mathbf{R}_{yx}$$

ist eine quadratische, nicht symmetrische Matrix, deren größter Eigenwert λ_1^2 das Quadrat der maximalen kanonischen Korrelation zwischen den beiden Variablensätzen darstellt. Die übrigen Eigenwerte sind die Quadrate der kanonischen Korrelationen, die sukzessiv maximale Kovarianz aufklären.

Eigenwerte. Die Eigenwerte erhalten wir wie üblich (vgl. S. 536 f. oder S. 613 f.), indem wir die Determinante der Matrix $|(\mathbf{R}_x^{-1} \cdot \mathbf{R}_{xy} \cdot \mathbf{R}_y^{-1} \cdot \mathbf{R}_{yx} - \lambda^2 \cdot \mathbf{I})|$ Null setzen. Die Entwicklung der Determinante führt zu einem Polynom $\max(p,q)$-ter Ordnung, das $\min(q,p)$ nicht negative Lösungen hat. Die $\min(p,q)$ Eigenwerte sind die Quadrate der kanonischen Korrelationen.

Eigenvektoren. Sind die Eigenwerte bekannt, können wir über Gl. (19.31) die zu den Eigenwerten gehörenden Eigenvektoren $\mathbf{v}_s$ bestimmen, wobei $s = 1, 2, \ldots, \min(p,q) = r$. Zur Bestimmung der vorläufigen, auf die Länge 1 normierten Eigenvektoren wird auf S. 537 f. verwiesen. Diese Eigenvektoren müssen hier jedoch so normiert werden, dass die neuen Vektoren $\mathbf{v}_s^*$ die Bedingung $\mathbf{v}_s^{*'} \cdot \mathbf{R}_x \cdot \mathbf{v}_s^* = 1$ (bzw. $\mathbf{V}_s^{*'} \cdot \mathbf{R} \cdot \mathbf{V}_s^* = \mathbf{I}$) erfüllen. Hierfür berechnen wir zunächst

$$\mathbf{v}_s' \cdot \mathbf{R}_x \cdot \mathbf{v}_s = k_s. \quad (19.32)$$

Werden beide Seiten durch k_s dividiert, resultiert

$$k_s^{-1/2} \cdot \mathbf{v}_s' \cdot \mathbf{R}_x \cdot \mathbf{v}_s \cdot k_s^{-1/2} = 1,$$

d.h., die gesuchten Vektoren $\mathbf{v}_s^*$ ergeben sich zu

$$\mathbf{v}_s^* = k_s^{-1/2} \cdot \mathbf{v}_s. \quad (19.33)$$

Unter Verwendung von $\mathbf{v}_s^*$ und λ_s ergeben sich nach Gl. (19.29) die Gewichtungsvektoren $\mathbf{w}_s^*$ für die Kriteriumsvariablen. Die Vektoren $\mathbf{v}_s^*$ und $\mathbf{w}_s^*$

erfüllen Gl. (19.19) und führen über Gl. (19.18) zu den kanonischen Korrelationen $r_{\hat{x}\hat{y}} = \lambda$. Über die Gleichungen (19.9) und (19.10) (mit z-transformierten Variablen) erhält man die Positionen der Vpn auf den kanonischen Prädiktor- bzw. Kriteriumsfaktoren, die mit $\bar{x} = 0$ und $s = 1$ Faktorwerte darstellen:

$$F_x = \hat{X} = V^{*\prime} \cdot X, \quad (19.34\,a)$$

$$F_y = \hat{Y} = W^{*\prime} \cdot Y. \quad (19.34\,b)$$

Faktorladungen. Zur Interpretation der kanonischen Faktoren wurden auf S. 630 f. die Faktorladungen genannt, die als Korrelationen zwischen Faktorwerten und Merkmalsausprägungen definiert sind. Verwendet man z-standardisierte Prädiktorvariablen (d. h. Prädiktorvariablen mit $\bar{x} = 0$ und $s_x = 1$, die hier mit X bezeichnet werden), ergibt sich für die Ladungen auf den Prädiktorfaktoren ($r_{x\hat{x}} = a_{is}$):

$$\begin{aligned}
A_x &= n^{-1} \cdot X \cdot \hat{X}' \\
&= n^{-1} \cdot X \cdot (V^{*\prime} \cdot X)' \\
&= n^{-1} \cdot X \cdot X' \cdot V^* \\
&= R_x \cdot V^*. \quad (19.35\,a)
\end{aligned}$$

Analog hierzu gilt für die Ladungen der Kriteriumsvariablen auf den kanonischen Kriteriumsfaktoren ($r_{y\hat{y}} = a_{js}$):

$$A_y = R_y \cdot W^*. \quad (19.35\,b)$$

Strukturkoeffizienten. Als weitere Interpretationshilfe wurden auf S. 631. Strukturkoeffizienten (c) als Korrelationen zwischen den Prädiktorvariablen und Kriteriumsfaktoren (vice versa) definiert ($c_x = r_{x\hat{y}}$ bzw. $c_y = r_{\hat{x}y}$). Sie ergeben sich zu

$$\begin{aligned}
C_x &= n^{-1} \cdot X \cdot \hat{Y}' \\
&= n^{-1} \cdot X \cdot (W^{*\prime} \cdot Y)' \\
&= n^{-1} \cdot X \cdot Y' \cdot W^* \\
&= R_{xy} \cdot W^* \quad (19.36)
\end{aligned}$$

bzw. für die Kriteriumsvariablen

$$C_y = R'_{xy} \cdot V^*. \quad (19.37)$$

Die Berechnung der Strukturkoeffizienten lässt sich unter Verwendung von Gl. (19.29) noch weiter vereinfachen: Wir erhalten

$$w^*_s = CR_s^{-1} \cdot R_y^{-1} \cdot R'_{xy} \cdot v^*_s$$

bzw.

$$R'_{xy} \cdot v^*_s = R_y \cdot w^*_s \cdot CR_s,$$

und damit wegen $A_{y(s)} = R_y \cdot w^*_s$ gemäß Gl. (19.35 b)

$$c_{y(s)} = R'_{xy} \cdot v^*_s = A_{y(s)} \cdot CR_s. \quad (19.38)$$

Entsprechend gilt

$$c_{x(s)} = A_{x(s)} \cdot CR_s. \quad (19.39)$$

Man erhält die Strukturkoeffizienten, indem man die Ladungen eines s-ten Prädiktor- oder Kriteriumsfaktors mit der s-ten kanonischen Korrelation multipliziert.

Redundanzmaße. Das Quadrat einer Ladung gibt an, welcher Anteil der Varianz einer Variablen durch den entsprechenden Faktor aufgeklärt wird. Die Summe der quadrierten Ladungen eines Faktors kennzeichnet somit die Gesamtvarianz dieses Faktors. Durch die Korrelationsberechnung werden die Variablen z-standardisiert, sodass jede Variable eine Varianz von 1 bzw. der gesamte Prädiktorsatz eine Varianz von p und der Kriteriumssatz eine Varianz von q aufweisen. Relativieren wir die Varianz eines Faktors an p (bzw. q), erhalten wir also den Varianzanteil dieses Faktors. Da das Quadrat der kanonischen Korrelation die gemeinsame Varianz zwischen einem Prädiktorfaktor und dem korrespondierenden Kriteriumsfaktor ergibt, berechnen wir die Redundanz eines Kriteriumsfaktors (d. h. die Vorhersagbarkeit der durch einen Kriteriumsfaktor erfassten Varianz bei Bekanntheit des entsprechenden Prädiktorfaktors) nach folgender Beziehung:

$$\begin{aligned}
\text{Red}_{y(s)} &= \frac{1}{q} \cdot CR_s^2 \cdot \sum_{j=1}^{q} a_{js}^2 \\
&= q^{-1} \cdot c'_{y(s)} \cdot c_{y(s)}. \quad (19.40)
\end{aligned}$$

Multipliziert mit 100% ergibt sich die prozentuale Redundanz des Kriteriumsfaktors s. Will man die Gesamtredundanz aller $r = \min(p,q)$ Kriteriumsfaktoren errechnen, sind die Einzelredundanzen zu summieren:

$$\text{Red}_y = \sum_{s=1}^{r} \text{Red}_{y(s)}. \quad (19.41)$$

19.2 Mathematischer Hintergrund

Entsprechend ermittelt man – falls gewünscht – die Redundanz der Prädiktorvariablen angesichts der Kriteriumsvariablen:

$$\text{Red}_{x(s)} = \frac{1}{p} \cdot \text{CR}_s^2 \cdot \sum_{i=1}^{p} a_{is}^2$$
$$= p^{-1} \cdot \mathbf{c}'_{x(s)} \cdot \mathbf{c}_{x(s)} \quad (19.42)$$

bzw.

$$\text{Red}_x = \sum_{s=1}^{r} \text{Red}_{x(s)}. \quad (19.43)$$

Hinweise: Red_y und Red_x sind Schätzungen der wahren Redundanzwerte aufgrund einer Stichprobe, die insbesondere bei kleineren Stichproben verzerrt sein können. Korrekturformeln, die diese Verzerrung kompensieren, findet man bei Dawson-Saunders (1982). Lambert et al. (1991) demonstrieren das Ausmaß der Verschätzung in einem konkreten Beispiel mit Hilfe der Bootstrap-Technik.

In der Praxis kommt es häufig vor, dass die Redundanzwerte trotz hoher kanonischer Korrelationen gering ausfallen. Dies ist zumindest teilweise darauf zurückzuführen, dass der in diesem Abschnitt beschriebene Algorithmus die kanonischen Korrelationen, aber nicht die Redundanzmaße maximiert. Steht eine Maximierung der Redundanzmaße im Vordergrund, sind modifizierte Techniken zu verwenden, die bei Fornell et al. (1988) beschrieben werden.

BEISPIEL

Das folgende Miniaturbeispiel erläutert den Rechengang einer kanonischen Korrelationsanalyse. In einer ausdruckspsychologischen Untersuchung wird erkundet, welcher Zusammenhang zwischen physiognomischen Merkmalen (1. Prädiktor = Stirnhöhe, 2. Prädiktor = Augenabstand, 3. Prädiktor = Mundbreite) einerseits und Persönlichkeitsmerkmalen (1. Kriterium = Intelligenz, 2. Kriterium = Aufrichtigkeit) besteht. Tabelle 19.2 zeigt die Daten von 10 Personen.

Aus Gründen der Rechenökonomie empfiehlt es sich, den größeren Variablensatz mit y und den kleineren mit x zu bezeichnen, sodass $p \leq q$ ist. Deshalb bezeichnen wir in unserem Beispiel die Kriteriumsvariablen mit x und die Prädiktorvariablen mit y.

Kanonische Korrelationen. Wir errechnen für Gl. (19.31) $\mathbf{R}_x$, $\mathbf{R}_y$ und $\mathbf{R}_{xy}$:

Tabelle 19.2. Rechenbeispiel für eine kanonische Korrelationsanalyse

Vpn	Prädiktoren			Kriterien	
1	14	2	5	108	18
2	15	2	3	98	17
3	12	2	3	101	22
4	10	3	4	111	23
5	12	2	6	113	19
6	11	3	3	95	19
7	16	3	4	96	15
8	13	4	4	105	21
9	13	2	5	92	17
10	15	3	4	118	19

$$\mathbf{R}_x = \begin{pmatrix} 1{,}0000 & 0{,}4449 \\ 0{,}4449 & 1{,}0000 \end{pmatrix},$$

$$\mathbf{R}_y = \begin{pmatrix} 1{,}0000 & -0{,}0499 & -0{,}0058 \\ -0{,}0499 & 1{,}0000 & -0{,}2557 \\ -0{,}0058 & -0{,}2557 & 1{,}0000 \end{pmatrix},$$

$$\mathbf{R}_{xy} = \begin{pmatrix} -0{,}0852 & 0{,}1430 & 0{,}3648 \\ -0{,}7592 & 0{,}2595 & -0{,}1825 \end{pmatrix}.$$

Unter Verwendung von

$$\mathbf{R}_x^{-1} = \begin{pmatrix} 1{,}2467 & -0{,}5546 \\ -0{,}5546 & 1{,}2467 \end{pmatrix}$$

und

$$\mathbf{R}_y^{-1} = \begin{pmatrix} 1{,}0029 & 0{,}0551 & 0{,}0200 \\ 0{,}0551 & 1{,}0730 & 0{,}2747 \\ 0{,}0200 & 0{,}2747 & 1{,}0703 \end{pmatrix}$$

erhält man

$$\mathbf{R}_x^{-1} \cdot \mathbf{R}_{xy} \cdot \mathbf{R}_y^{-1} \cdot \mathbf{R}'_{xy} = \begin{pmatrix} 0{,}2244 & -0{,}3074 \\ -0{,}0600 & 0{,}7805 \end{pmatrix}.$$

λ^2 ist so zu bestimmen, dass die folgende Determinante Null wird:

$$\begin{vmatrix} 0{,}2244 - \lambda^2 & -0{,}3074 \\ -0{,}0600 & 0{,}7805 - \lambda^2 \end{vmatrix} = 0.$$

Die Entwicklung dieser Determinante führt zu folgendem Polynom 2. Ordnung:

$$\lambda^4 + 1{,}0045\lambda^2 + 0{,}1564 = 0.$$

Die Lösungen lauten

$$\lambda_1^2 = 0{,}8119,$$
$$\lambda_2^2 = 0{,}1930.$$

Die Wurzeln aus diesen Werten ergeben die beiden kanonischen Korrelationen:

$$\text{CR}_1 = 0{,}901,$$
$$\text{CR}_2 = 0{,}439.$$

Nach Gl. (19.8) resultiert eine „set-correlation" von

$$R_{xy}^2 = 1 - (1 - 0.812) \cdot (1 - 0.193) = 0.848\,.$$

Die Signifikanzprüfung nach Gl. (19.6) resultiert in folgendem V-Wert:

$$\begin{aligned} V &= -[10 - 1.5 - (2+3)/2] \cdot [\ln(1 - 0.8119) \\ &\quad + \ln(1 - 0.1930)] \\ &= -6 \cdot [(-1.671) + (-0.214)] \\ &= 11.31\,. \end{aligned}$$

Für $3 \cdot 2 = 6$ Freiheitsgrade lesen wir in Tabelle C des Anhangs für das 5%-Niveau einen kritischen χ^2-Wert von 12,59 ab, d. h., der Gesamtzusammenhang zwischen den beiden Variablensätzen ist nicht signifikant. Dennoch wollen wir zur Verdeutlichung des weiteren Rechengangs die Transformationsvektoren bestimmen.

Eigenvektoren. Über Gl. (19.31) errechnen wir die folgenden, auf Länge 1 normierten Eigenvektoren v_s (zur Berechnung vgl. S. 537 f.):

$$v_1 = \begin{pmatrix} 0.4637 \\ -0.8860 \end{pmatrix};\quad v_2 = \begin{pmatrix} 0.9948 \\ 0.1016 \end{pmatrix}.$$

Nach Gl. (19.32) ergeben sich

$$\begin{aligned} k_1 &= v_1' \cdot R_x \cdot v_1 = 0.6345\,, \\ k_2 &= v_2' \cdot R_x \cdot v_2 = 1.0899\,, \end{aligned}$$

sodass man nach Gl. (19.33) Vektoren v_s^* erhält, die der Bedingung $v^{*\prime} \cdot R_x \cdot v^* = 1$ genügen:

$$v_1^* = \begin{pmatrix} 0.4637 \\ -0.8860 \end{pmatrix} \cdot 0.6345^{-1/2} = \begin{pmatrix} 0.5822 \\ -1.1123 \end{pmatrix},$$

$$v_2^* = \begin{pmatrix} 0.9948 \\ 0.1016 \end{pmatrix} \cdot 1.0899^{-1/2} = \begin{pmatrix} 0.9529 \\ 0.0973 \end{pmatrix}.$$

Die Vektoren w^* ergeben sich nach Gl. (19.29) zu

$$w_1^* = R_y^{-1} \cdot R_{xy}' \cdot v_1^* \cdot \lambda_1^{-1} = \begin{pmatrix} 0.8813 \\ -0.0693 \\ 0.4484 \end{pmatrix}$$

und

$$w_2^* = R_y^{-1} \cdot R_{xy}' \cdot v_2^* \cdot \lambda_2^{-1} = \begin{pmatrix} -0.3187 \\ 0.5812 \\ 0.8975 \end{pmatrix}.$$

Auch diese Vektoren erfüllen die Bedingung $w^{*\prime} \cdot R_y \cdot w^* = 1$.

Faktorwerte. Gewichtet man die z-transformierten Kriteriumsvariablen mit V^* und die z-transformierten Prädiktorvariablen mit W^* (man beachte, dass in diesem Beispiel wegen $p \leq q$ die Prädiktorvariablen mit y und die Kriteriumsvariablen mit x bezeichnet werden; vgl. S. 637), resultieren gemäß Gl. (19.34) die Positionen (Faktorwerte F_x und F_y) der Vpn auf den Prädiktor- und Kriteriumsfaktoren als z-Werte. Diese Werte sind in Tabelle 19.3 zusammengefasst.

Man errechnet

$$F_x' \cdot F_x \cdot n^{-1} = \begin{pmatrix} 1.0 & 0.0 \\ 0.0 & 1.0 \end{pmatrix},$$

$$F_y' \cdot F_y \cdot n^{-1} = \begin{pmatrix} 1.0 & 0.0 \\ 0.0 & 1.0 \end{pmatrix},$$

$$F_x' \cdot F_y \cdot n^{-1} = \begin{pmatrix} 0.901 & 0.0 \\ 0.0 & 0.439 \end{pmatrix},$$

d. h., die Faktoren eines jeden Variablensatzes korrelieren zu Null, und die Korrelationen zwischen den jeweils ersten und zweiten Faktoren der Variablensätze entsprechen den kanonischen Korrelationen.

Faktorladungen. Nach Gl. (19.35) ergibt sich

$$A_x = R_x \cdot V^* = \begin{pmatrix} 0.087 & 0.996 \\ -0.853 & 0.521 \end{pmatrix},$$

$$A_y = R_y \cdot W^* = \begin{pmatrix} 0.882 & -0.353 \\ -0.228 & 0.368 \\ 0.461 & 0.751 \end{pmatrix}.$$

Diese Werte erhält man auch durch Korrelation der Faktorwerte (Tabelle 19.3) mit den entsprechenden Ausgangsvariablen in Tabelle 19.2 (F_x mit X und F_y mit Y).

Will man das fiktive Beispiel interpretieren, wäre der 1. Prädiktorfaktor als „Stirnhöhenfaktor" mit einer Ladung von 0,882 für „Stirnhöhe" zu interpretieren und der 1. Kri-

Tabelle 19.3. Positionen der Vpn auf den kanonischen Faktoren

Vpn	1. Prädiktorfaktor	2. Prädiktorfaktor	1. Kriteriumsfaktor	2. Kriteriumsfaktor
1	0,928	0,171	0,783	0,456
2	0,463	−1,909	0,554	−0,745
3	−0,995	−1,378	−1,627	−0,185
4	−1,596	0,804	−1,398	1,014
5	0,431	1,476	0,658	1,077
6	−1,585	−0,324	−0,616	−1,007
7	1,320	−0,257	1,370	−1,061
8	−0,243	1,151	−0,865	0,235
9	0,442	0,347	0,129	−1,439
10	0,834	0,080	1,012	1,656

teriumsfaktor als Intelligenzfaktor mit einer Ladung von $-0{,}853$ für Intelligenz. Für den 2. Prädiktorfaktor ist das Merkmal „Mundbreite" charakteristisch (0,751) und für den 2. Kriteriumsfaktor das Merkmal „Aufrichtigkeit" (0,996).

Strukturkoeffizienten. Multipliziert man die Faktorladungen mit den kanonischen Korrelationen, resultieren nach Gl. (19.38) und (19.39) die Strukturkoeffizienten:

$$\mathbf{c}_{x(1)} = \begin{pmatrix} 0{,}087 \\ -0{,}853 \end{pmatrix} \cdot 0{,}901 = \begin{pmatrix} 0{,}078 \\ -0{,}769 \end{pmatrix},$$

$$\mathbf{c}_{x(2)} = \begin{pmatrix} 0{,}996 \\ 0{,}521 \end{pmatrix} \cdot 0{,}439 = \begin{pmatrix} 0{,}437 \\ 0{,}229 \end{pmatrix}.$$

Diese Werte erhält man auch, wenn man die Kriteriumsvariablen (hier x genannt) mit den Prädiktorfaktoren korreliert.

Die Strukturkoeffizienten für die Prädiktorvariablen (hier y genannt) lauten:

$$\mathbf{c}_{y(1)} = \begin{pmatrix} 0{,}882 \\ -0{,}228 \\ 0{,}461 \end{pmatrix} \cdot 0{,}901 = \begin{pmatrix} 0{,}795 \\ -0{,}205 \\ 0{,}415 \end{pmatrix},$$

$$\mathbf{c}_{y(2)} = \begin{pmatrix} -0{,}353 \\ 0{,}368 \\ 0{,}751 \end{pmatrix} \cdot 0{,}439 = \begin{pmatrix} -0{,}155 \\ 0{,}162 \\ 0{,}330 \end{pmatrix}.$$

Diese Werte resultieren auch durch Korrelation von $\mathbf{F}_y$ mit $\mathbf{X}$. Die erste kanonische Korrelation basiert vor allem auf dem Zusammenhang von Stirnhöhe mit dem ersten Kriteriumsfaktor (0,795) und die zweite Korrelation auf dem Zusammenhang von Mundbreite und dem zweiten Kriteriumsfaktor (0,330).

Redundanzmaße. Die Redundanz errechnen wir nach Gl. (19.40) wie folgt:

$$\begin{aligned} \mathrm{Red}_{y(1)} &= \mathbf{c}'_{y(1)} \cdot \mathbf{c}_{y(1)} \cdot q^{-1} = 0{,}282 \\ \mathrm{Red}_{y(2)} &= \mathbf{c}'_{y(2)} \cdot \mathbf{c}_{y(2)} \cdot q^{-1} = \underline{0{,}053} \\ & \hspace{5.5em} 0{,}335 \end{aligned}$$

Der erste Prädiktorfaktor erklärt 34,7% der Varianz aller Prädiktorvariablen: $(0{,}882^2 + (-0{,}228)^2 + 0{,}461^2)/3 = 0{,}347$ (vgl. S. 520). Davon sind $0{,}901^2 \cdot 100\% = 81{,}2\%$ von 34,7%, also 28,18% redundant. Für den zweiten Prädiktorfaktor ergibt sich nach der gleichen Überlegung eine Redundanz von 5,3%, sodass insgesamt 33,5% der Varianz der y-Variablen angesichts der x-Variablen redundant sind.

Für die Kriteriumsvariablen resultieren

$$\begin{aligned} \mathrm{Red}_{x(1)} &= \mathbf{c}'_{x(1)} \cdot \mathbf{c}_{x(1)} \cdot p^{-1} = 0{,}299\,, \\ \mathrm{Red}_{x(2)} &= \mathbf{c}'_{x(2)} \cdot \mathbf{c}_{x(2)} \cdot p^{-1} = \underline{0{,}122}\,, \\ & \hspace{5.5em} 0{,}421 \end{aligned}$$

d.h., 42,1% der Varianz der x-Variablen sind angesichts der y-Variablen redundant.

19.3 Die kanonische Korrelation: Ein allgemeiner Lösungsansatz

In Ergänzung zum Kap. 14 über das allgemeine lineare Modell (ALM) wird im Folgenden gezeigt, dass die meisten der in diesem Buch behandelten Verfahren als Spezialfälle der kanonischen Korrelation darstellbar sind. Die Ausführungen orientieren sich an einer Arbeit von Cohen (1982), in der der Autor die „set-correlation" (vgl. S. 631) als eine allgemeine multivariate Analysetechnik vorstellt. Ein dialogfähiges Computerprogramm dieses Ansatzes findet man bei Eber (1988).

Im Mittelpunkt unserer Überlegungen steht der folgende, auf Rao (1952, zit. nach Knapp, 1978) zurückgehende Signifikanztest einer kanonischen Korrelation. Dieser Test führt – zumindest bei großen Stichproben – zu den gleichen Entscheidungen wie der in Gl. (19.6) genannte Signifikanztest. Er ist jedoch für die folgenden Ableitungen besser geeignet als Gl. (19.6):

$$F = \frac{(1 - \Lambda^{1/s}) \cdot (m \cdot s - p \cdot q/2 + 1)}{p \cdot q \cdot \Lambda^{1/s}} \quad (19.44)$$

mit

$\Lambda = \prod_{i=1}^{r}(1 - \lambda_i^2),$

$\lambda_i^2 =$ Eigenwert i der Matrix $\mathbf{R}_x^{-1}\mathbf{R}_{xy}\mathbf{R}_y^{-1}\mathbf{R}_{yx}$ $(i = 1 \ldots r),$

$r = \min(p, q),$

$p =$ Anzahl der Prädiktorvariablen,

$q =$ Anzahl der Kriteriumsvariablen,

$m = n - 3/2 - (p + q)/2,$

$s = \sqrt{\dfrac{p^2 \cdot q^2 - 4}{p^2 + q^2 - 5}}$

(für $p^2 \cdot q^2 = 4$ setzen wir $s = 1$),

$n =$ Stichprobenumfang.

Dieser F-Wert hat $p \cdot q$ Zählerfreiheitsgrade und $m \cdot s - p \cdot q/2 + 1$ Nennerfreiheitsgrade.

Die Matrix $\mathbf{R}_x^{-1}\mathbf{R}_{xy}\mathbf{R}_y^{-1}\mathbf{R}_{yx}$ entspricht der Matrix $\mathbf{H}(\mathbf{H} + \mathbf{E})^{-1}$ in Tabelle 17.5, wenn man für $\mathbf{H} = \mathbf{R}_{yx}\mathbf{R}_x^{-1}\mathbf{R}_{xy}$ und $\mathbf{E} = \mathbf{R}_y - \mathbf{R}_{yx}\mathbf{R}_x^{-1}\mathbf{R}_{xy}$ einsetzt. Die Hypothesenmatrix $\mathbf{H} = \mathbf{R}_{yx}\mathbf{R}_x^{-1}\mathbf{R}_{xy}$ repräsentiert die Varianz-Kovarianz-Matrix der Kriteriumsvariablen, die durch die Prädiktorvariablen erklärt wird, und $\mathbf{E}$ als Fehlermatrix die restliche Varianz-Kovarianz-Matrix (vgl. Cohen, 1982).

Datenrückgriff. Wenden wir diesen Signifikanztest auf das in Tabelle 19.2 genannte Beispiel an, resultiert:

$$\Lambda = (1 - 0{,}8119) \cdot (1 - 0{,}1930) = 0{,}1518,$$
$$p = 3,$$
$$q = 2,$$
$$n = 10,$$
$$m = 10 - 1{,}5 - 2{,}5 = 6,$$
$$s = \sqrt{\frac{3^2 \cdot 2^2 - 4}{3^2 + 2^2 - 5}} = 2$$

und

$$F = \frac{(1 - 0{,}1518^{1/2}) \cdot (6 \cdot 2 - 3 + 1)}{6 \cdot 0{,}1518^{1/2}} = 2{,}611.$$

Bei 6 Zählerfreiheitsgraden und 10 Nennerfreiheitsgraden hat dieser F-Wert ungefähr die gleiche Irrtumswahrscheinlichkeit wie der auf S. 638 berichtete V-Wert, d.h., auch nach diesem Test ist der Gesamtzusammenhang der beiden Variablensätze nicht signifikant.

Spezialfälle der kanonischen Korrelation

Im Folgenden soll gezeigt werden, dass die meisten statistischen Verfahren als Spezialfälle der kanonischen Korrelation darstellbar sind. Nachdem im Kap. 14 erörtert wurde, dass viele elementarstatistische Verfahren im Kontext des ALM als Spezialfälle der multiplen Korrelation aufzufassen sind, dürfte dies nicht überraschen, denn die multiple Korrelation ist ihrerseits ein Spezialfall der kanonischen Korrelation.

Wir gehen deshalb zunächst auf die Äquivalenz des Signifikanztests einer multiplen Korrelation (Gl. 13.19) und des Signifikanztests einer kanonischen Korrelation nach Gl. (19.44) ein. Die weiteren Verfahren, die hier unter dem Blickwinkel der kanonischen Korrelation behandelt werden, sind:

- die Produkt-Moment-Korrelation,
- die Diskriminanzanalyse bzw. multivariate (Ko-)Varianzanalyse,
- die univariate Varianzanalyse,
- der t-Test für unabhängige Stichproben,
- der $k \times \ell$-χ^2-Test,
- $k \times 2$-χ^2-Test,
- der Vierfelder-χ^2-Test.

Multiple Korrelation

Die multiple Korrelation bestimmt den Zusammenhang zwischen p Prädiktorvariablen und einer Kriteriumsvariablen, d.h., wir setzen in Gl. (19.44) q = 1. Wir erhalten dann

$$m = n - 3/2 - (p + 1)/2$$
$$= n - p/2 - 2,$$
$$s = \sqrt{\frac{p^2 \cdot 1^2 - 4}{p^2 + 1^2 - 5}} = 1$$

und

$$m \cdot s - p \cdot q/2 + 1 = n - p/2 - 2 - p/2 + 1 = n - p - 1.$$

Die Matrix $\mathbf{R}_x^{-1}\mathbf{R}_{xy}\mathbf{R}_y^{-1}\mathbf{R}_{yx}$ hat für q = 1 nur einen Eigenwert λ^2, der mit der quadrierten multiplen Korrelation R^2 identisch ist (vgl. Knapp, 1978). Wir erhalten damit

$$\Lambda = (1 - R^2)$$

und

$$(1 - \Lambda^{1/s}) = 1 - (1 - R^2) = R^2.$$

Gleichung (19.44) vereinfacht sich demnach zu

$$F = \frac{R^2 \cdot (n - p - 1)}{(1 - R^2) \cdot p}.$$

Dieser F-Test ist mit dem auf S. 450 genannten F-Test zur Überprüfung der Signifikanz einer multiplen Korrelation identisch.

Produkt-Moment-Korrelation

Setzen wir p = 1 und q = 1, testet Gl. (19.44) eine einfache, bivariate Produkt-Moment-Korrelation. Es ergeben sich die folgenden Vereinfachungen:

$$m = n - 3/2 - 1 = n - 2{,}5,$$
$$s = \sqrt{\frac{1 \cdot 1 - 4}{1 + 1 - 5}} = \sqrt{\frac{-3}{-3}} = 1,$$
$$m \cdot s - p \cdot q/2 + 1 = n - 2{,}5 - 0{,}5 + 1$$
$$= n - 2.$$

λ^2 ist für p = 1 und q = 1 mit r^2 identisch, d.h., wir erhalten entsprechend den Ausführungen zur multiplen Korrelation für F:

$$F = \frac{r^2 \cdot (n - 2)}{1 - r^2}.$$

19.3 Die kanonische Korrelation: Ein allgemeiner Lösungsansatz

Nach Gl. (2.60) ist $t_n^2 = F_{(1,n)}$, sodass wir schreiben können

$$t_{(n-2)} = \sqrt{F_{(1,n-2)}} = \frac{r \cdot \sqrt{n-2}}{\sqrt{1-r^2}} .$$

Dies ist der auf S. 217 genannte Signifikanztest einer Produkt-Moment-Korrelation.

Diskriminanzanalyse

Die Diskriminanzanalyse (oder multivariate Varianzanalyse) überprüft, ob sich Stichproben, die den Stufen einer oder mehrerer unabhängiger Variablen zugeordnet sind, bezüglich mehrerer abhängiger Variablen unterscheiden. Diese Fragestellung lässt sich auch über eine kanonische Korrelationsanalyse beantworten, wenn man als Prädiktorvariablen Indikatorvariablen einsetzt, die die Stichprobenzugehörigkeit der einzelnen Vpn kodieren. Hierbei ist es unerheblich, welche der unter 14.1 genannten Kodierungsarten verwendet wird. Die abhängigen Variablen werden als Kriteriumsvariablen eingesetzt.

Datenrückgriff. Wir wollen diesen Ansatz anhand der Daten in Tabelle 17.4 nachvollziehen, die in Tabelle 19.4 für eine kanonische Korrelationsanalyse aufbereitet sind. Für die Indikatorvariablen wird hier die Effektcodierung gewählt.

Als Eigenwerte der Matrix $\mathbf{R}_x^{-1}\mathbf{R}_{xy}\mathbf{R}_y^{-1}\mathbf{R}_{yx}$ errechnen wir $\lambda_1^2 = 0{,}697$ und $\lambda_2^2 = 0{,}020$.

Mit $\Lambda = (1 - 0{,}697) \cdot (1 - 0{,}020) = 0{,}297$, $n = 15$, $p = 2$, $q = 3$, $m = 11$ und $s = 2$ erhalten wir nach Gl. (19.44)

$$F = \frac{(1 - 0{,}297^{1/2}) \cdot 20}{6 \cdot 0{,}297^{1/2}} = 2{,}784 .$$

Dieser F-Wert hat bei 6 Zählerfreiheitsgraden und 20 Nennerfreiheitsgraden ungefähr die gleiche Irrtumswahrscheinlichkeit wie der auf S. 594 bzw. S. 615 genannte V-Wert. Die Übereinstimmung dieser beiden Irrtumswahrscheinlichkeiten nimmt mit wachsendem n zu.

Sind die Eigenwerte $\lambda_{i(D)}$ der Diskriminanzanalyse bekannt (vgl. S. 615), erhält man die Eigenwerte $\lambda_{i(K)}^2$ für die kanonische Korrelationsanalyse nach folgender Beziehung (vgl. Tatsuoka, 1953):

$$\lambda_{i(K)}^2 = \frac{\lambda_{i(D)}}{1 + \lambda_{i(D)}} . \tag{19.45}$$

Im Beispiel:

$$\frac{2{,}30048}{1 + 2{,}30048} = 0{,}697 \text{ und}$$

$$\frac{0{,}02091}{1 + 0{,}02091} = 0{,}020 .$$

Über weitere Äquivalenzen zwischen der kanonischen Korrelation, der Diskriminanzanalyse und der sog. multivariaten multiplen Regression berichten Lutz u. Eckert (1994).

Mehrfaktorielle Diskriminanzanalyse. Für mehrfaktorielle Diskriminanzanalysen (bzw. mehrfaktorielle multivariate Varianzanalysen) werden die Prädiktoren durch weitere Indikatorvariablen ergänzt, die die zusätzlichen Haupteffekte und Interaktionen kodieren (vgl. hierzu z. B. Tabelle 14.6). Man führt zunächst eine kanonische Korrelationsanalyse mit allen Indikatorvariablen als Prädiktorvariablen (und den abhängigen Variablen als Kriteriumsvariablen) durch und berechnet einen Λ_v-Wert (vollständiges Modell). Man ermittelt ferner einen Λ_r-Wert (reduziertes Modell), bei dem als Prädiktorvariablen alle Indikatorvariablen außer denjenigen Indikatorvariablen, die den zu testenden Effekt kodieren, eingesetzt werden. Aus Λ_v und Λ_r berechnet man den folgenden Λ-Wert (vgl. Zinkgraf, 1983):

Tabelle 19.4. Codierung einer Diskriminanzanalyse (Daten aus Tabelle 17.4)

Prädiktoren		Kriterien		
x_1	x_2	y_1	y_2	y_3
1	0	3	3	4
1	0	4	4	3
1	0	4	4	6
1	0	2	5	5
1	0	2	4	5
1	0	3	4	6
0	1	3	4	4
0	1	2	5	5
0	1	4	3	6
0	1	5	5	6
−1	−1	4	5	7
−1	−1	4	6	4
−1	−1	3	6	6
−1	−1	4	7	6
−1	−1	6	5	6

$$\Lambda = \frac{\Lambda_v}{\Lambda_r}. \qquad (19.46)$$

Dieser Ansatz ist auch für *ungleich große Stichprobenumfänge* geeignet (nichtorthogonale multivariate Varianzanalyse). Er entspricht dem auf S. 497 beschriebenen Modell I (ungewichtete Mittelwerte). Die Prüfung dieses Λ-Wertes beschreibt der nächste Abschnitt.

Multivariate Kovarianzanalyse. In multivariaten Kovarianzanalysen werden eine oder mehrere Kontrollvariablen aus den abhängigen Variablen herauspartialisiert. Auch in diesem Fall berechnen wir Λ nach Gl. (19.46), wobei für die Bestimmung von Λ_v alle effektkodierenden Indikatorvariablen und die Kontrollvariable(n) eingesetzt werden und für Λ_r die gleichen Variablen außer den Indikatorvariablen, die den zu testenden Effekt kodieren.

Für die Überprüfung eines nach Gl. (19.46) berechneten Λ-Wertes verwenden wir ebenfalls Gl. (19.44), wobei der Faktor m allerdings in folgender Weise zu korrigieren ist:

$$m = n - 3/2 - (p+q)/2 - k_A - k_g, \qquad (19.47)$$

wobei
k_A = Anzahl der Kontrollvariablen,
k_g = Anzahl der effektcodierenden Indikatorvariablen abzüglich der Anzahl der Indikatorvariablen des zu testenden Effekts.

Im so modifizierten F-Test ist für p die Anzahl der Indikatorvariablen des zu testenden Effekts einzusetzen. Die Freiheitsgrade dieses F-Tests lauten: $df_{Zähler} = p \cdot q$ und $df_{Nenner} = m \cdot s - p \cdot q/2 + 1$. (Ein allgemeiner F-Test, der auch zusätzliche Kontrollvariablen für die Prädiktorvariablen berücksichtigt, wird bei Cohen, 1982, beschrieben.)

Univariate Varianzanalyse

Ein- oder mehrfaktorielle univariate Varianzanalysen werden nach dem kanonischen Korrelationsmodell ähnlich durchgeführt wie multivariate Varianzanalysen (Diskriminanzanalysen), mit dem Unterschied, dass q = 1 gesetzt wird. Damit sind die Ausführungen zur multiplen Korrelation anwendbar. In der einfaktoriellen Varianzanalyse ersetzen wir $1 - \Lambda$ durch $R^2_{y.x_A}$ (bzw. Λ durch $1 - R^2_{y.x_A}$), sodass sich Gl. (19.44) folgendermaßen zusammenfassen lässt:

$$F = \frac{R^2_{y.x_A} \cdot (n - p - 1)}{(1 - R^2_{y.x_A}) \cdot p}. \qquad (19.48)$$

Diese Gleichung ist mit Gl. (14.5) identisch. Man beachte, dass n in Gl. (19.48) dem N in Gl. (14.5) entspricht. Ferner bezeichnet p in Gl. (14.5) die Anzahl der Faktorstufen.

Für mehrfaktorielle (orthogonale oder nichtorthogonale) Varianzanalysen errechnen wir Λ nach Gl. (19.46). Wir verdeutlichen die Bestimmung von Λ am Beispiel des Haupteffekts A einer zweifaktoriellen Varianzanalyse. Es gelten dann die folgenden Äquivalenzen:

$$\Lambda_v = 1 - R^2_{y.x_A x_B x_{A \times B}},$$
$$\Lambda_r = 1 - R^2_{y.x_B x_{A \times B}},$$

und

$$\Lambda = \frac{\Lambda_v}{\Lambda_r} = \frac{1 - R^2_{y.x_A x_B x_{A \times B}}}{1 - R^2_{y.x_B x_{A \times B}}}.$$

Wir erhalten ferner

$$1 - \Lambda = 1 - \frac{1 - R^2_{y.x_A x_B x_{A \times B}}}{1 - R^2_{y.x_B x_{A \times B}}}$$
$$= \frac{R^2_{y.x_A x_B x_{A \times B}} - R^2_{y.x_B x_{A \times B}}}{1 - R^2_{y.x_B x_{A \times B}}}.$$

Für den Ausdruck $\frac{1-\Lambda}{\Lambda}$ in Gl. (19.44) ergibt sich also

$$\frac{1 - \Lambda}{\Lambda} = \frac{R^2_{y.x_A x_B x_{A \times B}} - R^2_{y.x_B x_{A \times B}}}{1 - R^2_{y.x_A x_B x_{A \times B}}}.$$

Für die Freiheitsgrade errechnen wir

$$df_{Zähler} = p \cdot q = p,$$
$$df_{Nenner} = m \cdot s - p \cdot q/2 + 1$$
$$= n - \frac{3}{2} - \frac{p+1}{2} - df_B - df_{A \times B} - \frac{p}{2} + 1$$
$$= n - p - df_B - df_{A \times B} - 1$$
$$= n - df_A - df_B - df_{A \times B} - 1.$$

(m wird nach Gl. 19.47 bestimmt; s = 1; k_A = 0; $k_g = df_B + df_{A \times B}$; p = Anzahl der Indikatorvariablen des Effekts A = df_A.)

Setzen wir die entsprechenden Ausdrücke in Gl. (19.44) ein, resultiert die bereits bekannte Gl. (14.15a) (Modell I, ungewichtete Mittelwerte). Man beachte, dass in Gl. (14.15a) N = Gesamtstichprobenumfang, p = Anzahl der Faktorstufen von A und q = Anzahl der Faktorstufen von B.

In gleicher Weise gehen wir vor, wenn aus Gl. (19.44) die univariaten F-Brüche für Faktor B, die Interaktion A × B bzw. ein F-Bruch für kovarianzanalytische Pläne abzuleiten sind.

t-Test für unabhängige Stichproben

Für die Durchführung eines t-Tests nach dem kanonischen Korrelationsmodell verwenden wir eine dichotome Prädiktorvariable, die die Gruppenzugehörigkeit kodiert (p = 1) und eine Kriteriumsvariable (abhängige Variable, q = 1). Es gelten damit die Vereinfachungen, die bereits im Zusammenhang mit der Produkt-Moment-Korrelation dargestellt wurden. Wir erhalten erneut den auf S. 217 beschriebenen t-Test zur Überprüfung der Signifikanz einer Produkt-Moment-Korrelation (in diesem Fall punktbiserialen Korrelation; vgl. S. 224 ff.). Die Äquivalenz von Gl. (6.84) und (5.15) (der t-Test-Formel) wurde (zumindest numerisch) bereits auf S. 489 gezeigt.

k × l - χ^2 -Test

Für den k × l-χ^2-Test (und die folgenden χ^2-Tests) verwenden wir nicht Gl. (19.44), sondern eine andere, auf Pillai (1955) zurückgehende multivariate Teststatistik, die für die Analyse von Kontingenztafeln besser geeignet ist (vgl. hierzu die Kritik von Isaac u. Milligan, 1983, an den Arbeiten von Knapp, 1978, und Holland et al., 1980). Diese Teststatistik lautet

$$PS = \sum_{i=1}^{r} \lambda_i^2 \qquad (19.49)$$

mit λ_i^2 = Eigenwert i (i = 1 ... r) der Matrix $\mathbf{R}_x^{-1}\mathbf{R}_{xy}\mathbf{R}_y^{-1}\mathbf{R}_{yx}$ (zur Äquivalenz dieser Matrix mit der Matrix $\mathbf{H} \cdot (\mathbf{H}+\mathbf{E})^{-1}$ in Tabelle 17.5, vgl. S. 639; man beachte, dass PS auf S. 594 für die Eigenwerte der Matrix $\mathbf{H} \cdot \mathbf{E}^{-1}$ bestimmt wurde).

Wie Kshirsagar (1972, Kap. 9.6) zeigt, besteht zwischen dem χ^2 einer k × l-Kontingenztafel und dem in Gl. (19.49) definierten PS-Wert die folgende einfache Beziehung:

$$\chi^2 = n \cdot PS. \qquad (19.50)$$

Die in Gl. (19.50) berechnete Prüfgröße ist mit p · q Freiheitsgraden χ^2-verteilt, wenn die üblichen Voraussetzungen für einen χ^2-Test erfüllt sind (vgl. S. 176 f.). Hierbei sind p = k − 1 (Anzahl der Indikatorvariablen, die das erste nominale Merkmal codieren) und q = l − 1 (Anzahl der Indikatorvariablen, die das zweite nominale Merkmal codieren).

Datenrückgriff. Wir wollen diese Beziehung im Folgenden anhand des auf S. 172 (Tabelle 5.15) erwähnten Beispiels verdeutlichen. Aus dieser 4 × 3-Tafel wurde für eine Stichprobe von n = 500 ein χ^2-Wert von 34,65 errechnet. Diesen χ^2-Wert erhalten wir auch nach Gl. (19.50).

Wir kodieren das vierstufige Merkmal A durch p = 3 Indikatorvariablen (Prädiktorvariablen) und das dreistufige Merkmal B durch q = 2 Indikatorvariablen (Kriteriumsvariablen). Tabelle 19.5 zeigt das Ergebnis für dummykodierte Kategorien. (Man beachte, dass für die Berechnung einer kanonischen Korrelation jeder Kodierungsvektor entsprechend den angegebenen Frequenzen eingesetzt werden muss. Die erste Zeile besagt beispielsweise, dass sich 12 Personen in Kategorie a_1 und Kategorie b_1 befinden.)

Damit ist eine kanonische Korrelationsanalyse mit p = 3 Prädiktorvariablen, q = 2 Kriteriumsvariablen und n = 500 durchzuführen. (Man beachte, dass die Kriteriumsvariablen nicht kardinalskaliert, sondern dichotom sind, d.h., die For-

Tabelle 19.5. Kodierung einer k × l-Tafel (Daten aus Tabelle 5.14)

x_1	x_2	x_3	y_1	y_2	Frequenz der Zelle
1	0	0	1	0	12
0	1	0	1	0	20
0	0	1	1	0	35
0	0	0	1	0	40
1	0	0	0	1	80
0	1	0	0	1	70
0	0	1	0	1	50
0	0	0	0	1	55
1	0	0	0	0	30
0	1	0	0	0	50
0	0	1	0	0	30
0	0	0	0	0	28
					500

derung nach kardinalskalierten Kriteriumsvariablen – vgl. S. 629 – wird hinfällig.) Wir errechnen

$$\lambda_1^2 = 0{,}0578 \, ,$$
$$\lambda_2^2 = 0{,}0115 \, ,$$
$$\mathrm{PS} = 0{,}0578 + 0{,}0115 = 0{,}0693$$

und

$$\chi^2 = 500 \cdot 0{,}0693 = 34{,}65 \, .$$

Der χ^2-Wert ist mit dem auf S. 173 berechneten χ^2-Wert identisch.

Mit diesem Ansatz lässt sich in gleicher Weise auch der Zusammenhang zwischen mehreren nominalskalierten Prädiktorvariablen (die jeweils durch Indikatorvariablen zu kodieren sind) und mehreren nominalskalierten Kriteriumsvariablen (die ebenfalls durch Indikatorvariablen zu kodieren sind) bestimmen. Zusätzlich können kardinalskalierte Prädiktor- und/oder Kriteriumsvariablen aufgenommen bzw. weitere Variablen oder Variablensätze (kodiert und/oder Intervall skaliert) als Kontrollvariablen für die Prädiktorvariablen und/oder die Kriteriumsvariablen berücksichtigt werden (ausführlicher hierzu vgl. Cohen, 1982; man beachte allerdings, dass Cohen eine andere Prüfstatistik verwendet, die – abweichend von Pillais PS – nur approximative Schätzungen der χ^2-Werte liefert.)

k × 2-χ^2-Test

Eine k × 2-Kontingenztafel lässt sich durch p = k − 1 Indikatorvariablen als Prädiktorvariablen und eine Indikatorvariable als Kriteriumsvariable (q = 1) darstellen (vgl. Tabelle 14.16). Es sind damit die Ausführungen über die multiple Korrelation anwendbar, d.h., wir erhalten $\lambda^2 = R^2$ (vgl. S. 640) bzw. nach Gl. (19.49) PS = R^2. Das χ^2 einer k × 2-Tafel lässt sich – wie in 14.2.11 bereits erwähnt – nach Gl. (19.50) einfach mit der Beziehung $\chi^2 = n \cdot R^2$ errechnen.

4-Felder-χ^2-Test

Die Kodierung einer 4-Felder-Tafel erfolgt durch eine Prädiktorindikatorvariable und Kriteriumsindikatorvariable (vgl. Tabelle 14.15). Damit sind die Ausführungen über die Produkt-Moment-Korrelation anwendbar. Wir erhalten $\lambda^2 = r^2$ bzw. PS = r^2. Für χ^2 ergibt sich entsprechend den Ausführungen in 14.2.10 nach Gl. (19.50) die Beziehung $\chi^2 = n \cdot r^2$. Mit r erhält man in diesem Fall die Korrelation zweier dichotomer Merkmale, für die wir auf S. 227 f. den Phi-Koeffizienten eingeführt haben, der sich in Übereinstimmung mit Gl. (6.107) zu $\Phi = r = \sqrt{\chi^2/n}$ ergibt.

19.4 Schlussbemerkung

Nach Durcharbeiten dieses Kapitels wird sich manchem Leser vermutlich die Frage aufdrängen, warum es erforderlich ist, auf mehreren 100 Seiten statistische Verfahren zu entwickeln, die letztlich zum größten Teil Spezialfälle eines einzigen Verfahrens sind. Wäre es nicht sinnvoller, von vornherein die kanonische Korrelationsanalyse als ein allgemeines Analysemodell zu erarbeiten, aus dem sich die meisten hier behandelten Verfahren deduktiv ableiten lassen?

Eine Antwort auf diese Frage hat zwei Aspekte zu berücksichtigen. Angesichts der Tatsache, dass heute ohnehin ein Großteil der statistischen Datenverarbeitung mit leistungsstarken EDV-Anlagen absolviert wird, ist es sicherlich sinnvoll, ein allgemeines, auf der kanonischen Korrelationsanalyse aufbauendes Analysenprogramm zu erstellen, das die wichtigsten statistischen Aufgaben löst.

Neben diesem rechentechnischen Argument sind jedoch auch didaktische Erwägungen zu berücksichtigen. Hier zeigt die Erfahrung, dass die meisten Studierenden der Human- und Sozialwissenschaften überfordert sind, wenn sie bereits zu Beginn ihrer Statistikausbildung die Mathematik erarbeiten müssen, die für ein genaues Verständnis der kanonischen Korrelation erforderlich ist. Während z. B. der Aufbau eines t-Tests oder eine einfache Varianzanalyse ohne übermäßige Anstrengungen nachvollziehbar sind, muss man befürchten, dass die Anschaulichkeit dieser Verfahren (und auch die Studienmotivation) verloren ginge, wenn man sie als Spezialfälle der kanonischen Korrelation einführen würde.

Dies ist das entscheidende Argument, warum dieses Lehrbuch mit der Vermittlung einfacher Verfahren beginnt, diese schrittweise zu komplizierteren Ansätzen ausbaut und schließlich mit einem allgemeinen Analysemodell endet, das die meisten der behandelten Verfahren auf „eine gemeinsame Formel" bringt.

ÜBUNGSAUFGABEN

1. Was wird mit einer kanonischen Korrelationsanalyse untersucht?
2. Worin unterscheiden sich die multiple Korrelation, die PCA, die Diskriminanzanalyse und die kanonische Korrelationsanalyse hinsichtlich der Kriterien, nach denen im jeweiligen Verfahren Linearkombinationen erstellt werden?
3. Wie viele kanonische Korrelationen können im Rahmen einer kanonischen Korrelationsanalyse berechnet werden?
4. Unter welchen Umständen sind die im Anschluss an eine kanonische Korrelationsanalyse zu berechnenden Redundanzmaße für die Kriteriumsvariablen und Prädiktorvariablen identisch?
5. Wie müssen die Prädiktor- und Kriteriumsvariablen für eine kanonische Korrelationsanalyse beschaffen sein, damit keine Suppressionseffekte auftreten können?
6. Welche Kennwerte dienen der Interpretation kanonischer Korrelationen?
7. Wie müssen die Daten in Aufgabe 6, Kap. 17, für eine kanonische Korrelationsanalyse aufbereitet werden? (Bitte verwenden Sie die Effektkodierung.)
8. Wie lautet die Dummykodierung für folgende 4×4-Tafel?

	b_1	b_2	b_3	b_4
a_1	18	16	23	17
a_2	8	14	15	18
a_3	6	12	9	11
a_4	19	23	24	23

Anhang

Lösungen der Übungsaufgaben

Die Lösung der Übungsaufgaben setzt Bekanntheit des in den jeweiligen Kapiteln behandelten Stoffs voraus. Als Hilfestellung sind bei den meisten Aufgaben die Lösungswege angedeutet. Größtenteils wird auf die zur Lösung führenden Gleichungen und deren Erläuterung im Text verwiesen. Bei Aufgaben, deren Beantwortung sich unmittelbar aus dem Text ergibt, sind lediglich die entsprechenden Seitenzahlen angegeben.

Kapitel 1

1. Gemäß Gl. (1.2) werden die Präferenzhäufigkeiten der Größe nach sortiert.

   Rangplatz: 1   2   3   4   5   6   7   8   9   10
   Nr. der Zielvorstellung: 2   5   10 7   1   6   8   4   9   3

2. a) Zum Zeichnen eines Histogramms vgl. S. 34

   b) Für eine kumulierte Häufigkeitstabelle werden jeweils die Werte aller Kategorien bis zur aktuellen zusammengezählt:
      0–9:   11
      10–19: 11+28=39
      20–29: 11+28+42=81   usw.   vgl. S. 31

   c) Für eine Prozentwerttabelle berechnet man nach Gl. (1.5) für jede Kategorie ihren Prozentanteil an der Gesamtgröße des Kollektivs:

      0–9: $\frac{11}{200} \hat{=} 5{,}5\%$

      10–19: $\frac{28}{200} \hat{=} 14{,}0\%$ usw.   vgl. S. 29

   d) Für eine kumulierte Prozentwerttabelle addiert man die %-Werte aus c) jeweils bis zur aktuellen Kategorie auf:
      0–9:   5,5%
      10–19: 5,5%+14,0%=19,5%   usw.   vgl. S. 29

      bzw. man berechnet den Prozentanteil der kumulierten Werte aus b) an der Gesamtgröße des Kollektivs (Gl. 1.6):

      0–9: $\frac{11}{200} \hat{=} 5{,}5\%$

      10–19: $\frac{39}{200} \hat{=} 19{,}5\%$ usw.

Insgesamt resultiert folgende Tabelle:

Fehleranzahl (k)	$f_{kum}(k)$	%(k)	$%_{kum}(k)$
0–9	11	5,5	5,5
10–19	39	14,0	19,5
20–29	81	21,0	40,5
30–39	127	23,0	63,5
40–49	151	12,0	75,5
50–59	168	8,5	84,0
60–69	177	4,5	88,5
70–79	180	1,5	90,0
80–89	188	4,0	94,0
90–99	200	6,0	100,0

3. Zum Zeichnen von Polygonen vgl. S. 30
   Berechnung dreigliedrig ausgeglichener Häufigkeiten nach Gl. (1.7), S. 31
   0–9,9:   kein Wert, da $f_{(k-1)}$ nicht existiert
   10–19,9: $f_{(k-1)} = 0$; $f_{(k)} = 0$; $f_{(k+1)} = 3$
   $$\frac{0 + 0 + 3}{3} = 1$$
   20–29,9: $f_{(k-1)} = 0$; $f_{(k)} = 3$; $f_{(k+1)} = 18$
   $$\frac{0 + 3 + 18}{3} = 7$$

Lernzeiten	dreigliedrig ausgeglichene Häufigkeit
10–19,9	1,0
20–29,9	7,0
30–39,9	23,3
40–49,9	41,7
50–59,9	58,7
60–69,9	63,0
70–79,9	52,3
80–89,9	34,3
90–99,9	13,7
100–109,9	5,0

4. Sowohl bei Aufgabe 2 als auch Aufgabe 3 handelt es sich um gruppierte Daten.
   a) Nach Gl. (1.10) berechnet man das arithmetische Mittel:
   $$\frac{4{,}5 \cdot 11 + 14{,}5 \cdot 28 + 24{,}5 \cdot 42 + 34{,}5 \cdot 46 \cdots}{200} = \frac{7680}{200} = 38{,}4$$
   Die Werte 4,5; 14,5; 24,5 etc. ergeben sich als Kategorienmitten:
   Mitte zwischen 0 und 9 = 4,5; Mitte zwischen 10 und 19 = 14,5 usw.
   Median (s. S. 36):
   Da n = 200, liegt der Median beim 100. Wert der Tabelle. Der 100. Wert liegt in der Kategorie 30–39. Die Kategorie 30–39 beginnt mit dem 82. Wert (Kategorien 0–29: 11+28+42=81). Der 100. Wert des Gesamtkollektivs ist daher der 19. Wert der Kategorie 30–39.

Entsprechend S. 37 ergibt sich

$$Md = \left(\frac{19}{46} \cdot 10\right) + 30 = 0{,}41 \cdot 10 + 30 = 34{,}1$$

(Man beachte, dass das Merkmal „Fehleranzahl" diskret ist, sodass die untere Grenze der kritischen Kategorie den Wert „30 Fehler" und nicht „29,5 Fehler" hat.)
Der Modalwert einer Verteilung mit gruppierten Daten ist die Kategorienmitte der am häufigsten besetzten Kategorie, hier also die Mitte der Kategorie 30–39. Mo = 34,5
b) Berechnung wie a)

$$\bar{x} = \frac{18870}{300} = 62{,}9$$

$$Md = \left(\frac{22}{69} \cdot 10\right) + 60 = 0{,}32 \cdot 10 + 60 = 63{,}2$$

Mo = 65,0

5. Da arithmetische Mittel unterschiedlich großer Kollektive vorliegen, erfolgt die Berechnung eines gewichteten arithmetischen Mittels (GAM) gemäß Gl. (1.13):

$$\frac{18{,}6 \cdot 36 + 22{,}0 \cdot 45 + 19{,}7 \cdot 42 + 17{,}1 \cdot 60}{36 + 45 + 42 + 60} =$$

$$= \frac{669{,}6 + 990{,}0 + 827{,}4 + 1026{,}0}{183} = \frac{3513{,}0}{183} = 19{,}2$$

6. Die Varianz gruppierter Daten berechnet man nach Gl. (1.24). Als x-Werte müssen – wie zuvor – die Kategorienmitten herangezogen werden. Die Berechnung erfolgt am sinnvollsten mittels einer Tabelle:
a)

Spaltenmitte (x_k)	Anzahl Diktate (f_k)	$x_k - \bar{x}$	$(x_k - \bar{x})^2$	$f_k(x_k - \bar{x})^2$
4,5	11	−33,9	1 149,21	12 641,31
14,5	28	−23,9	571,21	15 993,88
24,5	42	−13,9	193,21	8 114,82
34,5	46	−3,9	15,21	699,66
44,5	24	6,1	37,21	893,04
54,5	17	16,1	259,21	4 406,57
64,5	9	26,1	681,21	6 130,89
74,5	3	36,1	1 303,21	3 909,63
84,5	8	46,1	2 125,21	17 001,68
94,5	12	56,1	3 147,21	37 766,52

$$\sum_{k=1}^{10} f_k(x_k - \bar{x})^2 = 107558{,}0$$

$$s^2 = \frac{\sum_{k=1}^{10} f_k(x_k - \bar{x})^2}{n} = \frac{107558{,}0}{200} = 537{,}79$$

$$s = \sqrt{s^2} = \sqrt{537{,}79} = 23{,}19$$

b) Berechnung entsprechend a)
$$s^2 = \frac{75 \cdot 177}{300} = 250{,}59;\ s = 15{,}83$$

7. a) $s = 900;\ 1800 = 2 \cdot s$
$$p(|x_i - 2500| > 2 \cdot 900) < \frac{4}{9 \cdot 2^2} \Rightarrow p < 0{,}\bar{1},\ \text{vgl. Gl. (1.19)},$$

b) $p(|x_i - 2500| > 2 \cdot 900) < \dfrac{1}{2^2} \Rightarrow p < 0{,}25,$ vgl. Gl. (1.20).

8. Zum Vergleich der Testergebnisse führen wir zunächst eine z-Transformation nach Gl. (1.27) durch. Die z-transformierten Werte lauten:
$$z_1 = \frac{60 - 42}{12} = 1{,}5;\quad z_2 = \frac{30 - 40}{5} = -2;\quad z_3 = \frac{110 - 80}{15} = 2.$$

Die beste Testleistung wurde somit in Test 3 erreicht.

Kapitel 2

1. Es wird nach der Wahrscheinlichkeit für einen Kleingewinn (A) oder einen Hauptgewinn (B) gefragt. Die Einzelwahrscheinlichkeiten lauten p(A) = 0,30 und p(B) = 0,10. Nach dem Additionstheorem für disjunkte Ereignissse (Gl. 2.9) errechnet man für die gesuchte Wahrscheinlichkeit (p(A ∪ B) = p(A) + p(B) = 0,30 + 0,10) = 0,40.

2. $P(A) = \dfrac{5}{26}$ (Vokale)

   $P(A \cap B) = \dfrac{3}{26}$ (Vokal *und* unter den ersten 10 Buchstaben)

   $P(B) = \dfrac{10}{26}$ (erste zehn Buchstaben des Alphabets)

   $P(A \cup B) = P(A) + P(B) - P(A \cap B) = \dfrac{5}{26} + \dfrac{10}{26} - \dfrac{3}{26} = \dfrac{12}{26} = 0{,}462$

   Mit der Zufallsauswahl der Buchstaben a, e oder i treten Ereignisse A und B gemeinsam auf und müssen somit einmal subtrahiert werden (s. Additionstheorem, Gl. 2.8, S. 54)

3. Wir berechnen nach dem Multiplikationstheorem (vgl. S. 55): $4/10 \cdot 3/9 \cdot 2/8 \cdot 1/7 = 0{,}0048$. Da eingenommene Tabletten nicht zurückgelegt werden können, ändert sich mit jeder Einnahme (Ereignis) die Ergebnismenge und somit das Verhältnis der günstigen Fälle (Anzahl der noch vorhandenen Plazebos) zu den möglichen Fällen (Plazebos + Nicht-Plazebos) für das folgende Ereignis.
   Eine weitere Möglichkeit der Berechnung ergibt sich aus der 2. Kombinationsregel (vgl. S. 60):
   $$\frac{1}{\binom{10}{4}} = 0{,}0048\,.$$

4. Davon ausgehend, dass die Lebensdauer von Herrn M. von der Lebensdauer von Frau M. unabhängig ist, ergibt sich:
   P(A) = 0,6 (Herr M. lebt **in 20 Jahren** noch)
   P(B) = 0,7 (Frau M. lebt **in 20 Jahren** noch)
   $P(A \cap B) = P(A) \cdot P(B) = 0{,}6 \cdot 0{,}7 = 0{,}42$ (s. Multiplikationstheorem, S. 55)

5. Jeder Wurf ist vom vorhergehenden unabhängig. In jedem Wurf soll eine bestimmte Zahl fallen. Je Wurf beträgt die Wahrscheinlichkeit für die gewünschte Zahl also $\dfrac{1}{6}$.
   Insgesamt ergibt sich $p = \dfrac{1}{6} \cdot \dfrac{1}{6} \cdot \dfrac{1}{6} \cdot \dfrac{1}{6} \cdot \dfrac{1}{6} \cdot \dfrac{1}{6} = \left(\dfrac{1}{6}\right)^6 = 2{,}14 \cdot 10^{-5}$ (s. Multiplikationstheorem, S. 55 und 1. Variationsregel, S. 59).

Lösungen der Übungsaufgaben

6. Die zufällige Ratewahrscheinlichkeit beträgt für die Vorspeise $\frac{1}{4}$, für das Hauptgericht $\frac{1}{6}$ und für die Nachspeise $\frac{1}{3}$. Die Speisen können unabhängig voneinander ausgewählt werden; somit ergibt sich
$$p = \frac{1}{4} \cdot \frac{1}{6} \cdot \frac{1}{3} = \frac{3}{72} = 0{,}014 \text{ (s. Multiplikationstheorem, S. 55)}$$

7. Das erste Bild muss aus sechs Bildern gewählt werden, das zweite nur noch aus fünf usw. Mit jedem Ereignis (Bildwahl) ändert sich die Ergebnismenge des nächsten Ereignisses. Somit ergibt sich
$$p = \frac{1}{6} \cdot \frac{1}{5} \cdot \frac{1}{4} \cdot \frac{1}{3} \cdot \frac{1}{2} \cdot \frac{1}{1} = \frac{1}{6!} = 0{,}0014 \text{ (s. Multiplikationstheorem, S. 55 und Permutationsregel, S. 60)}$$

8. Für das 1. Familienmitglied stehen 20 Tiere zur Verfügung, für das 2. nur noch 19 usw. Somit ergeben sich $20 \cdot 19 \cdot 18 \cdot 17 = \frac{20!}{16!} = 116\,280$ Zuweisungskombinationen (s. 1. Kombinationsregel, S. 60)

9. In Aufgabe 8 konnten vier ausgewählte Tiere unterschiedlich auf die Familienmitglieder verteilt werden. Im Gegensatz dazu ergeben fünf ausgewählte Mitarbeiter immer dasselbe Team. Die Reihenfolge, in der die Mitarbeiter ausgewählt werden, spielt keine Rolle. Man rechnet $\binom{8}{5} = \frac{8!}{5! \cdot 3!} = \frac{40\,320}{120 \cdot 6} = 56$ (s. 2. Kombinationsregel, S. 60)

10. Aus der Klasse müssen fünf Gruppen gebildet werden: die der Stürmer, der Mittelfeldspieler, der Verteidiger, des Torwarts und derer, die nicht mitspielen sollen. Wie zuvor ist es jeweils nicht von Belang, ob z. B. ein Schüler als erster, zweiter oder dritter in die Stürmergruppe eingeteilt wurde. Man rechnet: $\frac{15!}{3! \cdot 4! \cdot 3! \cdot 1! \cdot 4!} = 63\,063\,000$ Mannschaftsaufstellungen (s. 3. Kombinationsregel, S. 61).

11. Die Lösung dieser Aufgabe erfordert das Verständnis des Beispiels auf S. 68.
   Wir berechnen zunächst nach Gl. (2.37) die Wahrscheinlichkeit für höchstens 2 Zufallstreffer:
$$\sum_{j=0}^{2} p(j|10) = \binom{10}{0} \cdot 0{,}25^0 \cdot 0{,}75^{10} + \binom{10}{1} \cdot 0{,}25^1 \cdot 0{,}75^9 + \binom{10}{2} \cdot 0{,}25^2 \cdot 0{,}75^8$$
$$= 0{,}0563 + 0{,}1877 + 0{,}2816 = 0{,}5256.$$

   Für mindestens 3 Zufallstreffer resultiert somit $p = 1 - 0{,}5256 = 0{,}4744$.

12. Da sich in der Lostrommel nur eine endliche Anzahl von Losen befindet und einmal gezogene Lose nicht zurückgelegt werden, dürfen wir den folgenden Berechnungen keine Binominalverteilung zugrunde legen, sondern müssen eine hypergeometrische Verteilung verwenden (vgl. S. 70). Nach Gl. (2.40) ermitteln wir die Wahrscheinlichkeit für 1 Gewinn, 2 Gewinne, ... 5 Gewinne:

$$p(1|100, 10, 5) = \frac{\binom{10}{1} \cdot \binom{90}{4}}{\binom{100}{5}} = 0{,}3394, \qquad p(2|100, 10, 5) = \frac{\binom{10}{2} \cdot \binom{90}{3}}{\binom{100}{5}} = 0{,}0702,$$

$$p(3|100, 10, 5) = \frac{\binom{10}{3} \cdot \binom{90}{2}}{\binom{100}{5}} = 0{,}0064, \qquad p(4|100, 10, 5) = \frac{\binom{10}{4} \cdot \binom{90}{1}}{\binom{100}{5}} = 0{,}0003,$$

$$p(5|100, 10, 5) = \frac{\binom{10}{5} \cdot \binom{90}{0}}{\binom{100}{5}} = 3{,}35 \cdot 10^{-6}.$$

Die Wahrscheinlichkeit für mindestens einen Gewinn ergibt sich als die Summe der Einzelwahrscheinlichkeiten zu p = 0,4162.

13. a) Zunächst müssen die Testwerte von P z-transformiert werden (s. S. 44). Gemäß Gl. (1.27) ergibt sich beim mechanischen Verständnistest $z_1 = \frac{78-60}{8} = 2,25$ und beim Kreativitätstest $z_2 = \frac{35-40}{5} = -1$.

    Das Integral der Fläche unter der Standardnormalverteilung in den Grenzen $-\infty$ und 2,25 entspricht der Wahrscheinlichkeit, dass die Ergebnisse der Lehrlinge im mechanischen Verständnistest (Zufallsvariable) kleiner und somit schlechter sind als das Ergebnis von Lehrling P (s. Gl. 2.47). Man ermittelt $p(z_1 < a)$ für $a = 2,25$ durch Nachschauen in Tabelle B (s. S. 815; in der Spalte „z" den Wert 2,25 suchen); in der Spalte „Fläche" ist die zugehörige Wahrscheinlichkeit 0,9878 abzulesen. Die Gesamtheit der Fläche unter der Standardnormalverteilung hat den Wert 1, d.h., 100% der Messwerte liegen in den Grenzen $-\infty$ und $+\infty$. Der Prozentsatz der Lehrlinge, die schlechter als P abschneiden, errechnet sich aus $p(z_1 < 2,25) \cdot 100\% = 98,78\%$.

    b) Man schlägt zunächst $p(z_2 < a)$ für $a = -1$ in Tabelle B (S. 812) nach. $p(z_2 < -1) = 0,1587$. Dieser Wert drückt aber aus, welcher Prozentsatz der Lehrlinge *schlechter* als P abschneidet. Um zu erfahren, welcher Prozentsatz *besser* abschneidet, ermittelt man die Gegenwahrscheinlichkeit zu $p(z_2 < -1)$:

    $$p(z_2 > -1) = 1 - p(z_2 < -1) = 0,8413.$$

    Der Prozentsatz beträgt demnach $0,8413 \cdot 100\% = 84,13\%$.

    c) Zunächst müssen wir den Wert des Testergebnisses von Lehrling F z-transformieren: $z = 0,6$. Den Prozentsatz der Lehrlinge, die besser als Lehrling P und schlechter als Lehrling F abschneiden, ermitteln wir aus: $[p(z < 0,6) - p(z < -1)] \cdot 100\% = [0,7257 - 0,1587] \cdot 100\% = 56,70\%$ (vgl. S. 75).

14. $\chi^2_{(9;95\%)}$ wird in Tabelle C nachgeschlagen (S. 817)
    In der linken Spalte der Tabelle wählt man die Freiheitsgrade (hier: 9) aus. Da die oberen 5% abgeschnitten werden sollen, die Tabelle aber die Werte unterhalb eines Prozentwertes angibt, muss in der ausgewählten Zeile der Wert der Spalte 95% (0,950) nachgesehen werden. Wir finden $\chi^2_{9;95\%} = 16,919$.

15. $t_{(12;0,5\%)}$ schneidet den unteren Teil der t-Verteilung ab; man schlägt in Tabelle D (S. 819) nach: In der linken Spalte stehen die Freiheitsgrade. Da die t-Verteilung symmetrisch ist, sind nur Werte für >50% aufgeführt. Werte <50% erhält man, indem man den gesuchten %-Wert von 100% abzieht und diesen%-Wert nachsieht; in diesem Fall 100%–0,5%=99,5%. In der Spalte 0,995 findet sich 3,055. Diesen Wert muss man nun negativ setzen; $t_{(12;0,5\%)} = -3,055$.

    $t_{(12;99,5\%)}$ schneidet den oberen Teil der t-Verteilung ab. Dieser Wert lässt sich direkt in Tabelle D nachsehen: $t_{(12;99,5\%)} = 3,055$.

16. $F_{(4;20;95\%)}$ wird in Tabelle E nachgeschlagen (S. 320). Die Zähler-df sind in den Spalten, die Nenner-df in den Zeilen abgetragen. Für jede df-Kombination sind vier %-Werte angegeben. In diesem Beispiel benötigen wir 95% und lesen daher den Wert der Zeile „0,95" ab: $F_{(4;20;95\%)} = 2,87$.

Kapitel 3

1. a) Eine Zufallsstichprobe liegt vor, wenn aus einer Grundgesamtheit eine zufällige Auswahl von Untersuchungseinheiten entnommen wird, wobei jede Untersuchungseinheit die gleiche Auswahlwahrscheinlichkeit hat (vgl. S. 86).
    b) Bei einer Klumpenstichprobe bestehen bereits vorgruppierte Teilmengen, aus denen einige zufällig ausgewählt und vollständig untersucht werden (vgl. S. 87).

c) Eine Stichprobe wird als (proportional) geschichtet bezeichnet, wenn die prozentuale Verteilung der Schichtungsmerkmale mit der Verteilung in der Population übereinstimmt.
2. Stichprobenkennwerteverteilungen sind Verteilungen statistischer Kennwerte (Maße der zentralen Tendenz, Dispersionsmaße, Exzess, Schiefe) von vielen Stichproben, die aus derselben Grundgesamtheit gezogen wurden (bei endlichen Populationen: mit Zurücklegen) (vgl. S. 89).
3. Das zentrale Grenzwerttheorem besagt, dass die Verteilung von Mittelwerten aus Stichproben gleichen Umfangs (n), die aus derselben Population stammen (bei endlichen Populationen: mit Zurücklegen), bei wachsendem Stichprobenumfang (n) in eine Normalverteilung übergeht. Es gilt unter der Voraussetzung endlicher Varianz der Grundgesamtheit und ist unabhängig von der Verteilungsform der Messwerte in der Grundgesamtheit (vgl. Kap. 3.2.3).
4. Jede Normalverteilung kann mittels z-Transformation in eine Standardnormalverteilung überführt werden (vgl. S. 75).
5. a) falsch; die Stichprobenvarianz ergibt sich durch Division der Quadratsumme durch n, während die geschätzte Populationsvarianz sich aus Division derselben Quadratsumme durch n − 1 berechnet. Somit gilt: Stichprobenvarianz < geschätzte Populationsvarianz. Dies drückt sich auch aus in der Gl. (3.2): $\hat{\sigma}^2 = s^2 \cdot \dfrac{n}{n-1}$ (vgl. S. 92).
b) richtig; der Standardfehler des Mittelwerts ist so definiert (vgl. Kap. 3.2.2, S. 92).
c) falsch; das Quadrat eines Standardfehlers bezeichnet immer die Varianz einer Kennwerteverteilung; die Populationsvarianz hingegen entspricht der Varianz eines Merkmals in der Grundgesamtheit.
d) falsch; vielmehr ergibt sich der Standardfehler des Mittelwerts aus der Wurzel der Division der Populationsvarianz (nicht der Stichprobenvarianz) durch n (vgl. S. 90 und Gl. 3.1).
e) richtig (vgl. S. 94).
f) richtig (vgl. S. 90 und Gl. 3.1).
6. Der Standardfehler beträgt gemäß Gl. (3.3) $\hat{\sigma}_{\bar{x}} = \sqrt{\dfrac{\hat{\sigma}^2}{n}} = \sqrt{\dfrac{10^2}{200}} = \sqrt{\dfrac{1}{2}}$. Die Konfidenzintervalle ergeben sich damit nach Gl. (3.20) und Gl. (3.21) als
 a) $100 \pm 1{,}96 \cdot \sqrt{1/2} = 100 \pm 1{,}39; \;[98{,}61;\; 101{,}39]$
 b) $100 \pm 2{,}58 \cdot \sqrt{1/2} = 100 \pm 1{,}82; \;[98{,}18;\; 101{,}82]$
7. a) Wegen Gl. (3.22): $\Delta_{\text{crit}} = \bar{x} \pm z_{(\alpha/2)} \cdot \hat{\sigma}_{\bar{x}}$ vergrößert sich das Intervall mit steigendem Konfidenzkoeffizienten (vgl. auch Ergebnisse von Aufg. 6!) (vgl. S. 102).
b) Mit steigendem n verringert sich der Standardfehler (vgl. Gl. 3.3) und mit ihm das Intervall (vgl. Gl. 3.22).
c) Mit steigender Populationsstreuung vergrößert sich auch die Stichprobenstreuung und somit auch der Standardfehler. Das Intervall wird größer.
8. Es muss ein Konfidenzintervall für Prozentwerte berechnet werden. Der für Gl. (3.24) benötigte Prozentwert P errechnet sich durch $\dfrac{160}{200} = 80\%$, weil die Hunde in 160 von 200 Fällen so reagieren, wie gewünscht wird. Q ergibt sich als $100\% - P = 20\%$.

$$\hat{\sigma}_\% = \sqrt{\dfrac{P \cdot Q}{n}} = \sqrt{\dfrac{80\% \cdot 20\%}{200}} = \sqrt{8\%} \quad \text{(Gl. 3.6)}$$

$\Delta_{\text{crit}} = 80\% \pm 1{,}96 \cdot \sqrt{8\%} = 80\% \pm 5{,}54\%;\;[74{,}46\%\,;\,85{,}54\%]$

9. Die Mindestgröße des Stichprobenumfangs berechnet man nach Gl. (3.27) für $z_{(0{,}95)} = 1{,}65$; $\hat{\sigma} = 10$ und KIB = 6:

$$n = \dfrac{4 \cdot z^2_{(\alpha/2)} \cdot \hat{\sigma}^2}{\text{KIB}^2} = \dfrac{4 \cdot 1{,}65^2 \cdot 10^2}{6^2} = \dfrac{4 \cdot 2{,}72 \cdot 100}{36} = 30{,}25$$

Der Stichprobenumfang sollte daher mindestens 31 betragen.

10. Vgl. Gl. (3.27):
    a) Bei kleinerer Streuung in der Population kann der Stichprobenumfang verringert werden $(n \sim \hat{\sigma}^2)$
    b) Eine Verkleinerung der Intervallgröße muss durch eine größere Stichprobe kompensiert werden $\left(n \sim \dfrac{1}{\text{KIB}^2}\right)$
    c) Durch eine Vergrößerung des Konfidenzkoeffizienten erhöht sich der z-Wert, der in die Gleichung eingeht; n muss entsprechend vergrößert werden $(n \sim z^2)$.

Kapitel 4

1. a) Können aus einer neuen, noch nicht hinreichend abgesicherten Theorie Aussagen (Hypothesen) abgeleitet werden, die über den bisherigen Wissensstand hinausgehen und/oder mit bisherigen Theorien in Widerspruch stehen, so werden diese als Alternativhypothesen bezeichnet. Eine Nullhypothese behauptet die Falschheit einer entsprechenden Alternativhypothese; d.h., sie behauptet, dass diejenige Aussage, die zur Alternativhypothese komplementär ist, richtig sei (vgl. Kap. 4.1 und 4.2).
   b) Gerichtete Alternativhypothesen geben die Richtung des behaupteten Zusammenhangs oder Unterschieds vor, ungerichtete Alternativhypothesen nicht. Eine gerichtete Hypothese wird mit einem einseitigen, eine ungerichtete mit einem zweiseitigen Test überprüft (vgl. Kap. 4.5).
   c) Spezifische (Alternativ-)Hypothesen geben den genauen Wert (*nicht:* Werte*bereich*!) einer Differenz der von ihnen betroffenen statistischen Kennwerte (bei Unterschiedshypothesen) bzw. einen genauen Wert (*nicht:* Werte*bereich*) des Zusammenhangs (bei Zusammenhangshypothesen) an; unspezifische (Alternativ-)Hypothesen geben nur Werte*bereiche* an.
2. Ein Beispiel:

    Nullhypothese: Die Intelligenz von verwahrlosten Jugendlichen (μ_1) ist genauso hoch wie die Intelligenz von nicht verwahrlosten Jugendlichen (μ_0) (H_0: $\mu_1 = \mu_0$).

    Alternativhypothese: Die Intelligenz von nicht verwahrlosten Jugendlichen ist höher als die von verwahrlosten (H_1: $\mu_1 < \mu_0$).
3. Vgl. S. 111.
4. Der α-Fehler ist nur mit Entscheidungen zugunsten der H_1 verbunden.
5. Bei einem β-Fehler wird die H_0 angenommen, obwohl eigentlich die H_1 richtig ist. Um die Wahrscheinlichkeit eines β-Fehlers zu bestimmen, muss die Verteilung der Population, auf die sich die H_1 bezieht, bekannt sein (es muss also ein μ_1 bekannt sein). Eine unspezifische Hypothese macht aber nur die generelle Aussage, es bestehe ein Unterschied zwischen μ_0 und μ_1. Die Verteilung der H_1-Population – insbesondere ihr μ_1 – wird nicht spezifiziert. So kann der β-Fehler nicht berechnet werden.
6. Die untersuchten Gruppen sind zum einen alle männlichen Erwerbstätigen (ihr mittlerer Karriereindex erhält die Bezeichnung μ_0), zum anderen jene männlichen Erwerbstätigen mit den Anfangsbuchstaben Q – Z (ihr mittlerer Karriereindex wird entsprechend mit μ_1 bezeichnet). Die zu testende Hypothese besagt, dass letztere Gruppe einen geringeren mittleren Index aufweist als erstere. Umgesetzt in eine statistische Alternativhypothese schreibt man: H_1: $\mu_0 > \mu_1$. Die dazugehörige (gegenteilige) Nullhypothese lautet folglich: H_0: $\mu_0 \leq \mu_1$. Obwohl die H_0 unspezifisch ist, ist es zulässig, ihre α-Fehler-Wahrscheinlichkeit über die spezifische Nullhypothese H_0: $\mu_0 = \mu_1$ zu bestimmen (vgl. S. 115 f.).
Um die Irrtumswahrscheinlichkeit bei Annahme der H_1 zu ermitteln, muss der erhobene Mittelwert z-transformiert werden (Gl. 1.27). Da es sich um Mittelwerte handelt, muss zur Transformation der Standardfehler $\hat{\sigma}_{\bar{x}}$ herangezogen werden (nicht $\hat{\sigma}$!).

Lösungen der Übungsaufgaben

Nach Gl. (3.3) ergibt sich $\hat{\sigma}_{\bar{x}} = \sqrt{\dfrac{\hat{\sigma}^2}{n}} = \sqrt{\dfrac{12^2}{64}} = 1,5$. Die z-Transformation von $\bar{x} = 38$ ergibt danach $z = \dfrac{38-40}{1,5} = -1,33$. Dieser Wert wird in Tabelle B (Spalte „z", S. 813) nachgeschlagen und ergibt eine α-Fehler-Wahrscheinlichkeit von 0,0918 bzw. 9,18%.

7. Für einen zweiseitigen Signifikanztest wird α auf zwei Bereiche – weit unter und weit über μ_0 – aufgeteilt. Bei einem Signifikanztest mit $\alpha = 5\%$ wird ein Stichprobenmittelwert $\bar{x}_1$, der größer ist als μ_0, daher praktisch auf 2,5%igem Niveau getestet, d.h., Signifikanz wird nur erlangt, wenn die Wahrscheinlichkeit, einen solch hohen oder höheren Mittelwert bei Gültigkeit von H_0 zu erheben, maximal 2,5% beträgt. Erfüllt ein Wert dieses Kriterium, erfüllt er automatisch auch das Kriterium eines einseitigen Tests, bei dem α *nicht* aufgeteilt und somit einseitige Signifikanz auf 5% (statt 2,5%) getestet wird. Die Antwort heißt also: ja (vgl. S. 116 und Abb. 4.3).

8. a) H_0: $\mu_1 = \mu_0 = 100$.
   b) H_1: $\mu_1 \geq \mu_0 + 10$ bzw. $\mu_1 \geq 110$.
   c) Das Vorgehen entspricht dem in Aufgabe 6:
   $\hat{\sigma}_{\bar{x}} = \sqrt{\dfrac{\hat{\sigma}^2}{n}} = \sqrt{\dfrac{18^2}{36}} = 3$ (Gl. 3.3)
   für $\bar{x} = 106$ ergibt sich $z = \dfrac{106 - 100}{3} = 2$ (Gl. 1.27).
   Tabelle B (Spalte „z", S. 815) zeigt für $z = 2$ eine Wahrscheinlichkeit von 0,9772. Die α-Fehler-Wahrscheinlichkeit ergibt sich als $1 - 0,9772 = 0,0228$ bzw. 2,28%.
   d) Das Vorgehen entspricht wiederum dem in Aufgabe 6; der β-Fehler tritt aber auf, wenn H_0 angenommen wird, obwohl H_1 richtig ist. Der erhobene Mittelwert $\bar{x} = 106$ muss daher im Vergleich zu $\mu_1 = 110$, nicht zu $\mu_0 = 100$ (wie in c) geprüft werden.
   Für $\bar{x} = 106$ ergibt sich $z = \dfrac{106 - 110}{3} = \dfrac{-4}{3} = -1,33$ (Gl. 4.5)
   Tabelle B (Spalte „z", S. 813) weist für $z = -1,33$ eine Wahrscheinlichkeit von 0,0918 bzw. 9,18% aus.
   e) Es wird von einer Leistungssteigerung von 10% ($\mu_1 = \mu_0 + 10 = 110$) ausgegangen. Als Effektgröße ergibt sich laut Gl. (4.4)
   $\varepsilon = \dfrac{\mu_1 - \mu_0}{\sigma} = \dfrac{110 - 100}{18} = 0,56$.
   f) Teststärke $= 1 - \beta = 0,99$ (vgl. S. 123 f.) für $\beta = 0,01$. Der z-Wert, der 1% von der Standardnormalverteilung abschneidet, beträgt $-2,33$ (Tabelle B, Spalte „Fläche", S. 812). Für den z-Wert von $1 - \alpha$ ergibt sich entsprechend $z = 2,33$.
   Die benötigte Stichprobengröße errechnet sich nach Gl. (4.13) als
   $n = \dfrac{(z_{1-\alpha} - z_\beta)^2}{\varepsilon^2} = \dfrac{(2,33 - (-2,33))^2}{0,56^2} = \dfrac{4,66^2}{0,56^2} = 70,35$
   Es sollten also 70 oder 71 Personen in den Vorversuch einbezogen werden.

9. z-Werte im Bereich $2,33 \leq z \leq 2,58$ (bzw. $-2,33 \geq z \geq -2,58$) sind bei einseitigem Test auf dem 1%-Niveau signifikant und bei zweiseitigem Test auf dem 1%-Niveau nicht signifikant.

10. Die Teststärke wächst mit zunehmender Differenz $\mu_1 - \mu_0$. Eine Teststärkefunktion errechnet die Teststärke $(1 - \beta)$ für unterschiedliche Differenzen $\mu_1 - \mu_0$ (vgl. S. 125).

11. Unter einer Effektgröße versteht man einen Unterschied bezüglich eines Merkmals, der zwischen zwei Populationen mindestens bestehen muss, um von einem praktisch bedeutsamen Unterschied sprechen zu können. Die Signifikanz eines Unterschieds reicht für die Beurteilung der praktischen Relevanz nicht aus, weil bei großen Stichproben bereits sehr kleine, praktisch unbedeutende Unterschiede signifikant werden (vgl. S. 120 f.).

12. Wie aus Gl. (4.13) ersichtlich, bestimmt man den optimalen Stichprobenumfang einer hypothesenüberprüfenden Untersuchung durch die gewünschten Fehlerwahrscheinlichkeiten für α und β (bzw. die Teststärke $1 - \beta$) sowie die Größe des abzusichernden Effekts.

Kapitel 5

1. $\bar{x}_1 = 22{,}67$; $\bar{x}_2 = 24{,}92$; $\hat{\sigma}_1 = 2{,}27$; $\hat{\sigma}_2 = 3{,}09$
   Zur schrittweisen Berechnung der Varianz vgl. Lösung zu Aufgabe 6 des Kap. 1; $\hat{\sigma}$ ergibt sich aus s durch
   $$\hat{\sigma}^2 = s^2 \cdot \frac{n}{n-1} \text{ bzw. } \hat{\sigma} = \sqrt{s^2 \cdot \frac{n}{n-1}} \text{ (Gl. 3.2).}$$
   Es handelt sich um einen Mittelwertvergleich kardinalskalierter Daten zweier unabhängiger Gruppen. Dieser wird mit dem t-Test für unabhängige Stichproben durchgeführt (vgl. S. 140).
   H_0: $\mu_2 \leq \mu_1$
   H_1: $\mu_2 > \mu_1$ (einseitiger Test)
   Die Zahl der Freiheitsgrade ergibt sich zu
   $df = n_1 + n_2 - 2 = 12 + 12 - 2 = 22$
   $$\hat{\sigma}_{\bar{x}_2 - \bar{x}_1} = \sqrt{\frac{(n_1 - 1) \cdot \hat{\sigma}_1^2 + (n_2 - 1) \cdot \hat{\sigma}_2^2}{(n_1 - 1) + (n_2 - 1)}} \cdot \sqrt{\frac{1}{n_1} + \frac{1}{n_2}}$$
   $$= \sqrt{\frac{11 \cdot 2{,}27^2 + 11 \cdot 3{,}09^2}{22}} \cdot \sqrt{\frac{1}{12} + \frac{1}{12}} = 1{,}107 \text{ (Gl. 5.13)}$$
   Für t errechnet man somit
   $$t = \frac{22{,}67 - 24{,}92}{1{,}107} = -2{,}03 \text{ (Gl. 5.15)}$$
   Tabelle D weist für $t_{(22; 0{,}95)}$ einen Wert von 1,717 aus (Zeile „22", Spalte „0,95", S. 819). Da der t-Wert negativ ist, verwenden wir $t_{(22; 0{,}05)} = -1{,}717$. Die H_0 wird verworfen, da $t = -2{,}03 < -1{,}717$. Arme Kinder schätzen 1-€-Stücke signifikant größer ein als reiche.

2. Vgl. S. 138.

3. Es handelt sich um einen Mittelwertvergleich kardinalskalierter Daten für abhängige Stichproben (jeder Junge wurde zweimal gemessen).
   μ_1: Einstellung vorher,
   μ_2: Einstellung nachher.
   H_0: $\mu_1 \leq \mu_2$ bzw. $\mu_1 = \mu_2$
   H_1: $\mu_1 > \mu_2$
   $\bar{x}_d = 2{,}67$; $\hat{\sigma}_d = 2{,}45$; $\hat{\sigma}_{\bar{x}_d} = \frac{\hat{\sigma}_d}{\sqrt{9}} = 0{,}82$; $t = \frac{\bar{x}_d}{\hat{\sigma}_{\bar{x}_d}} = \frac{2{,}67}{0{,}82} = 3{,}26$; $df = 9 - 1 = 8$ (Gl. 5.23).
   Aus Tabelle D (Zeile „8", Spalte „0,99") ergibt sich für $t_{(8; 0{,}99)} = 2{,}896$.
   Da das empirisch ermittelte t größer ist als der Tabellenwert, wird die H_0 verworfen. Die Sündenbockfunktion wird als bestätigt angesehen.

4. Parallelisierte Stichproben sind Stichproben, die so ausgewählt werden, dass die Untersuchungsobjekte in beiden Stichproben nach einem sinnvollen Kriterium paarweise einander zugeordnet sind (vgl. S. 143).

5. Mit dem F-Test überprüfen wir die Nullhypothese, dass sich die Varianzen zweier Populationen nicht unterscheiden. Zunächst ermitteln wir nach Gl. (3.2): $\hat{\sigma}_1^2 = 7{,}64$ und $\hat{\sigma}_2^2 = 44{,}10$. Nach Gl. (5.39) erhalten wir: $F = \frac{44{,}10}{7{,}64} = 5{,}77$, wobei diejenige Varianz im Zähler steht, die gemäß der gerichteten H_1 größer sein sollte. Tabelle E entnehmen wir für $df_Z = 14$ und $df_N = 14$ ein $F \approx 2{,}46$ auf dem 5%-Niveau und $F \approx 3{,}66$ auf dem 1%-Niveau. Die Varianzen unterscheiden sich also sehr signifikant.

6. a) t-Test mit Welch-Korrektur:

Lösungen der Übungsaufgaben

$\hat{\sigma}_1^2 = 7{,}64$; $\hat{\sigma}_2^2 = 44{,}10$

$\hat{\sigma}_{(\bar{x}_1 - \bar{x}_2)} = \sqrt{\dfrac{7{,}64}{15} + \dfrac{44{,}10}{15}} = 1{,}86$

$\bar{x}_1 = 21{,}93$; $\bar{x}_2 = 23{,}33$

$t = \dfrac{21{,}93 - 23{,}33}{1{,}86} = -0{,}75$

$\hat{\sigma}_{\bar{x}_1}^2 = \dfrac{7{,}64}{15} = 0{,}51$

$\hat{\sigma}_{\bar{x}_2}^2 = \dfrac{44{,}10}{15} = 2{,}94$

$c = \dfrac{0{,}51}{0{,}51 + 2{,}94} = 0{,}15$

$df_{corr} = \dfrac{1}{\dfrac{0{,}15^2}{14} + \dfrac{(1 - 0{,}15)^2}{14}}$

$= 18{,}8 \approx 19$

$t_{(19; 2{,}5\%)} = -2{,}09 < -0{,}75$ (n. s.)

(zweiseitiger Test)

b) Da die Stichproben voneinander unabhängig sind, kommt der Mann-Whitney-U-Test zur Anwendung.

Gute Schüler		Schlechte Schüler		Mehrfach kommen vor
Zeit	Rang	Zeit	Rang	
23	16,5	16	3	15: 2x → 1,5 (1, 2)
18	4,5	24	19	18: 2x → 4,5 (4, 5)
19	7,5	25	23	19: 4x → 7,5 (6, 7, 8, 9)
22	15	35	30	20: 5x → 12 (10, 11, 12, 13, 14)
25	23	20	12	23: 2x → 16,5 (16, 17)
24	19	20	12	24: 3x → 19 (18, 19, 20)
26	26	25	23	25: 5x → 23 (21, 22, 23, 24, 25)
19	7,5	30	27	
20	12	32	28	
20	12	18	4,5	
19	7,5	15	1,5	
24	19	15	1,5	
25	23	33	29	
25	23	19	7,5	
20	12	23	16,5	
$T_1 = 227{,}5$		$T_2 = 237{,}5$		

Nach Gl. (5.45) ergibt sich die Prüfgröße U:

$U = n_1 \cdot n_2 + \dfrac{n_1(n_1 + 1)}{2} - T = 15 \cdot 15 + \dfrac{15 \cdot 16}{2} - 227{,}5 = 117{,}5$

Nach Gl. (5.44) ist $U' = n_1 \cdot n_2 - U = 15^2 - 117{,}5 = 107{,}5$

μ_u ergibt sich aus Gl. (5.46) als $\mu_u = \dfrac{n_1 \cdot n_2}{2} = \dfrac{15^2}{2} = 112{,}5$

Da verbundene Ränge vorliegen, muss nicht σ_u, sondern $\sigma_{u\,corr}$ berechnet werden:

$$\sigma_{u\,corr} = \sqrt{\frac{n_1 \cdot n_2}{n \cdot (n-1)}} \times \sqrt{\frac{n^3 - n}{12} - \sum_{i=1}^{k} \frac{t_i^3 - t_i}{12}}$$

$$= \sqrt{\frac{15 \cdot 15}{30 \cdot 29}} \times \sqrt{\frac{30^3 - 30}{12} - \frac{3 \cdot (2^3 - 2) + (3^3 - 3) + 4^3 - 4 + 2 \cdot (5^3 - 5)}{12}}$$

$$= 0{,}509 \times \sqrt{2247{,}5 - \frac{3 \cdot 6 + 24 + 60 + 2 \cdot 120}{12}}$$

$$= 0{,}509 \times 47{,}106 = 23{,}98$$

U wird nun z-transformiert (vgl. Gl. 5.48): $z = \dfrac{117{,}5 - 112{,}5}{23{,}98} = 0{,}21$.

Wird zweiseitig auf dem 5%-Niveau getestet, muss $|z| > 1{,}96$ sein, damit bezüglich der zentralen Tendenz beider Gruppen ein signifikanter Unterschied besteht. Dies ist nicht der Fall.

7. Da die Messungen voneinander abhängig sind (Vorher-nachher-Messung), kommt der Wilcoxon-Test (Kap. 5.2.2) zur Anwendung.

Klient	d_i	Rang von $|d_i|$	Mehrfach kommen vor
1	−3	7,5	1: 4x → 2,5
2	−1	2,5	2: 2x → 5,5
3	2	5,5 (+)	3: 2x → 7,5
4	−1	2,5	
5	−4	9	
6	−5	10	
7	1	2,5 (+)	
8	−1	2,5	
9	−2	5,5	
10	−3	7,5	

Die Rangsumme T wird für alle Werte berechnet, deren Vorzeichen seltener (hier: +) vorkommt: $T = 8$; $T' = 47$; $\mu_T = \dfrac{n \cdot (n+1)}{4} = 27{,}5$.

Da $n < 25$, muss die Signifikanz des Unterschieds zwischen T und T' anhand Tabelle G überprüft werden. Für die einseitige Fragestellung („wurden *mehr* Inhalte verbalisiert"?) muss bei einem Signifikanzniveau von 1% $T < 5$ sein (Spalte „0,01", Zeile „10", S. 829). H_0 wird beibehalten, die Patienten verbalisieren nicht mehr Inhalte als vor der Therapie.

8. Der $k \cdot \ell \cdot \chi^2$-Test prüft die H_0, ob zwei Merkmale voneinander unabhängig sind. Nach dem Multiplikationstheorem (vgl. Gl. 2.14, S. 56) ist die gemeinsame Auftretenswahrscheinlichkeit zweier unabhängiger Ereignisse gleich dem Produkt der Einzelwahrscheinlichkeiten beider Ereignisse. Die Einzelwahrscheinlichkeiten schätzen wir aus den Randhäufigkeiten:

p (Zeile i) = Zeilensumme i/Gesamtsumme

p (Spalte j) = Spaltensumme j/Gesamtsumme.

Die Wahrscheinlichkeit, dass ein Untersuchungsobjekt bei Gültigkeit von H_0 genau in die i-te Zeile und die j-te Spalte fällt, ergibt sich also zu p (Zeile i) · p (Spalte j). Nun benötigen wir aber nicht

Lösungen der Übungsaufgaben

die gemäß H_0 erwartete Wahrscheinlichkeit, sondern die erwartete Häufigkeit, d. h., wir müssen die erwartete Wahrscheinlichkeit mit der Gesamtsumme multiplizieren.

$$f_{e(i,j)} = p\,(\text{Zeile i}) \cdot p\,(\text{Spalte j}) \cdot \text{Gesamtsumme}$$

$$= \frac{\text{Zeilensumme i}}{\text{Gesamtsumme}} \cdot \frac{\text{Spaltensumme j}}{\text{Gesamtsumme}} \cdot \text{Gesamtsumme}$$

$$= \frac{\text{Zeilensumme i} \cdot \text{Spaltensumme j}}{\text{Gesamtsumme}}$$

(vgl. S. 168 und S. 172).

9. Ob ein empirisch erhobenes Merkmal gleichverteilt ist, kann mit dem 1-dimensionalen χ^2-Test geprüft werden.
Die erwartete Häufigkeit für jede Therapieform ergibt sich als $f_e = \dfrac{n}{k} = \dfrac{450}{5} = 90$.
Die Prüfgröße χ^2 errechnet man dann über Gl. (5.67):

$$\chi^2 = \frac{\sum_{j=1}^{k}(f_{b(i)} - f_e)^2}{f_e} = \frac{(82-90)^2}{90} + \frac{(276-90)^2}{90} + \frac{(15-90)^2}{90}$$
$$+ \frac{(48-90)^2}{90} + \frac{(29-90)^2}{90} = \frac{45\,770}{90} = 508{,}56$$

Die Zahl der Freiheitsgrade beträgt $k - 1 = 4$.
Aus Tabelle C (Spalte „0,990", Zeile „4", S. 818) kann als χ^2-Wert 13,28 entnommen werden. Die errechnete Prüfgröße ist viel größer; H_0 wird abgelehnt: Die Therapieformen sind nicht gleichverteilt.

10. Für die Ermittlung des Medians sind die 20 Werte der Größe nach zu ordnen; es ergibt sich die Reihe 3; 4; 4; 4; 4; 5; 5; 6; 6; 7; 7; 7; 7; 8; 8; 8; 8; 9; 9. Der Median teilt diese Reihe in der Mitte; bei 20 Werten liegt er zwischen dem 10. und 11. Wert und errechnet sich als $\text{Md} = \dfrac{6+7}{2} = 6{,}5$ (vgl. S. 36f.).
Für den McNemar-Test muss nun jeder Klient danach eingeordnet werden, ob er vor bzw. nach der Therapie einen Wert über oder unter dem Median aufwies:

		nachher	
		< Md	> Md
vorher	< Md	2 a	5 b
	> Md	1 c	2 d

Die Prüfgröße für den Test berechnet man nach Gl. (5.63):

$$\chi^2 = \frac{(b-c)^2}{b+c} = \frac{(5-1)^2}{5+1} = \frac{4^2}{6} = \frac{16}{6} = 2{,}67$$

Sie ist mit 1 Freiheitsgrad versehen.

Sowohl bei zweiseitigem Test ($\chi^2_{1;\,0{,}95} = 3{,}84$) als auch bei einseitigem Test ($\chi^2_{1;\,0{,}9} = 2{,}71$) ist das Ergebnis nicht signifikant. Die H_0 kann, wie schon in Aufgabe 7, nicht verworfen werden. Zu beachten ist allerdings, dass die erwarteten Häufigkeiten in den Zellen b und c sehr klein sind: $(5+1)/2=3$; dies vermindert die Genauigkeit des Tests.

11. Es geht um die Untersuchung eines dichotomen Merkmals mit mehr als zwei Messzeitpunkten, für deren Auswertung der Cochran-Test einschlägig ist.

Hierzu muss für jeden Patient sein L-Wert (d.h. die Anzahl der Tage, an denen Schmerzen auftraten) sowie sein L^2-Wert ermittelt werden. Daneben muss die Anzahl der Patienten, die an den einzelnen Untersuchungstagen Schmerzen hatten, ebenfalls berechnet werden ($T_1 - T_6$):

Patient	L	L^2		
1	3	9	$T_1 =$	9
2	2	4		
3	3	9	$T_2 =$	6
4	4	16		
5	1	1	$T_3 =$	4
6	3	9		
7	2	4	$T_4 =$	3
8	3	9		
9	3	9	$T_5 =$	4
10	2	4		
11	2	4	$T_6 =$	3
12	1	1		
Summen	29	79	$\sum_{j=1}^{m} T_j = 29$	$\left(\sum_{j=1}^{m} T_j\right)^2 = 29^2 = 841$

Die Prüfgröße Q wird nach Gl. (5.66) berechnet:

$$Q = \frac{(m-1)\left[m \cdot \sum_{j=1}^{m} T_j^2 - \left(\sum_{j=1}^{m} T_j\right)^2\right]}{m \cdot \sum_{i=1}^{n} L_i - \sum_{i=1}^{n} L_i^2} = \frac{(6-1)[6 \cdot (9^2 + 6^2 + 4^2 + 3^2 + 4^2 + 3^2) - 841]}{6 \cdot 29 - 79}$$

$$= \frac{5 \cdot (1002 - 841)}{174 - 79} = \frac{805}{95} = 8{,}47$$

Die ermittelte Prüfgröße ist mit einem χ^2-Wert mit $m - 1 = 5$ Freiheitsgraden zu vergleichen: $\chi^2_{5;0,99} = 15{,}09$; Q ist kleiner als dieser Wert; die H_0 wird beibehalten: Die Schmerzhäufigkeiten haben sich nicht signifikant geändert.

12. Es soll geprüft werden, ob die beiden Variablen „Instruktion" (Teststandardisierung, Leistungsmessung) und Art der erinnerten Aufgaben (vollendet, unvollendet) voneinander unabhängig sind oder nicht. Dazu wird der χ^2-Test für Vier-Felder-Tafeln angewendet.
Nach Gl. (5.73) berechnet man die Prüfgröße χ^2:

$$\chi^2 = \frac{n \cdot (ad - bc)^2}{(a+b) \cdot (c+d) \cdot (a+c) \cdot (b+d)} = \frac{100 \cdot (32 \cdot 37 - 18 \cdot 13)^2}{(32+18)(13+37)(32+13)(18+37)}$$

$$= \frac{100 \cdot (1184 - 234)^2}{50 \cdot 50 \cdot 45 \cdot 55} = \frac{90\,250\,000}{6\,187\,500} = 14{,}59$$

Zu vergleichen ist die Prüfgröße mit einer χ^2-Verteilung mit 1 Freiheitsgrad: $\chi^2_{1;0,99} = 6{,}63$; die errechnete Prüfgröße ist viel größer, d.h., der Test ist sehr signifikant. Die Art der Instruktion beeinflusst die Art der erinnerten Aufgaben.

13. Die Unabhängigkeit der beiden Merkmale Schicht und Art der Störung wird mit einem $k \cdot \ell - \chi^2$-Test überprüft (vgl. S. 172 f.).
Für jede Merkmalskombination wird die erwartete Häufigkeit aus den Randhäufigkeiten ermittelt. Anschließend werden die empirischen mit den erwarteten Häufigkeiten verglichen:

Lösungen der Übungsaufgaben

Störung	soz. Schicht		
	hohe	niedrige	
(a)	44	53	97
(b)	29	48	77
(c)	23	45	68
(d)	15	23	38
(e)	14	6	20
	125	175	300

Die erwartete Häufigkeit ergibt sich bspw. für die 1. Zelle zu:
$$f_{(1,1)} = \frac{97 \cdot 125}{300} = 40{,}4; \text{ vgl. Gl. (5.72)}$$
für die 2. Zelle zu:
$$f_{(1,2)} = \frac{97 \cdot 175}{300} = 56{,}6$$

Erwartete Häufigkeiten:

Störung	soz. Schicht		
	hohe	niedrige	
(a)	40,4	56,6	97
(b)	32,1	44,9	77
(c)	28,3	39,7	68
(d)	15,8	22,2	38
(e)	8,3	11,7	20
	≈ 125	≈ 175	

(Rundungsdifferenzen)

Die Prüfgröße χ^2 mit $(k-1)(\ell-1) = 1 \cdot 4 = 4$ Freiheitsgraden berechnet man nach Gl. (5.75):

$$\chi^2 = \frac{(44-40{,}4)^2}{40{,}4} + \frac{(53-56{,}6)^2}{56{,}6} + \frac{(29-32{,}1)^2}{32{,}1} + \frac{(48-44{,}9)^2}{44{,}9} + \frac{(23-28{,}3)^2}{28{,}3}$$
$$+ \frac{(45-39{,}7)^2}{39{,}7} + \frac{(15-15{,}8)^2}{15{,}8} + \frac{(23-22{,}2)^2}{22{,}2} + \frac{(14-8{,}3)^2}{8{,}3} + \frac{(6-11{,}7)^2}{11{,}7}$$
$$= 0{,}32 + 0{,}23 + 0{,}30 + 0{,}21 + 0{,}99 + 0{,}71 + 0{,}04 + 0{,}03 + 3{,}91 + 2{,}78 = 9{,}52$$

Der kritische χ^2-Wert $\chi_{4;0{,}95} = 9{,}49$ liegt knapp unter der Prüfgröße. Die H_0 wird bei zweiseitigem Test verworfen.

14. Tabelle b) wegen zu kleiner erwarteter Häufigkeiten.

Kapitel 6

1. Vgl. S. 183 (Graphik).
2. Nach dem Kriterium der kleinsten Quadrate: Die Gerade wird so bestimmt, dass die Summe der quadrierten Abweichungen aller y-Werte von der Geraden minimal wird. Entscheidend ist hierbei nicht der Abstand der Punkte von der Geraden („Lot"), sondern ihre Abweichung in y-Richtung.
3. Mit Hilfe der Differentialrechnung findet man eine allgemeine Berechnungsvorschrift für Regressionsgleichungen, die dem Kriterium der kleinsten Quadrate genügen (vgl. S. 185).
4. Regressionsgeraden z-standardisierter Variablen verlaufen durch den Ursprung (0/0) des Koordinatensystems.
Die Steigung der Geraden entspricht der Korrelation der Merkmale ($b_{yx} = r$), wenn von x auf y geschlossen werden soll; im umgekehrten Fall entspricht die Steigung dem Kehrwert der Korrelation

($b_{xy} = 1/r$), d.h., die beiden Regressionsgeraden liegen symmetrisch zur Winkelhalbierenden des Koordinatensystems.

5. Die Kovarianz ist ein Maß für den Grad des miteinander Variierens der Messwertreihen zweier Variablen; sie entspricht dem Mittelwert aller Produkte korrespondierender Abweichungen (vgl. S. 203).

6. a) Zur Ermittlung des Koeffizienten b der Regressionsgleichung werden folgende Werte benötigt:

Vp	x_i	y_i	$x_i \cdot y_i$	x_i^2
1	5,2	6	31,2	27,04
2	6,5	3	19,5	42,25
3	4,8	3	14,4	23,04
4	5,9	9	53,1	34,81
5	6,0	8	48,0	36,0
6	4,3	5	21,5	18,49
7	4,0	6	24,0	16,0
8	6,2	6	37,2	38,44
9	6,1	7	42,7	37,21
10	5,7	4	22,8	32,49
11	5,8	5	29,0	33,64
12	4,9	6	29,4	24,01
Summen:	65,4	68	372,8	363,42

b errechnet man nach (Gl. 6.12):

$$b_{yx} = \frac{n \cdot \sum_{i=1}^{n} x_i y_i - \sum_{i=1}^{n} x_i \cdot \sum_{i=1}^{n} y_i}{n \cdot \sum_{i=1}^{n} x_i^2 - \left(\sum_{i=1}^{n} x_i\right)^2}$$

$$= \frac{12 \cdot 372,8 - 65,4 \cdot 68}{12 \cdot 363,42 - (65,4)^2}$$

$$= \frac{26,4}{83,88} = 0,315$$

Für die Berechnung des Regressionskoeffizienten a werden $\bar{x} = 5,45$ und $\bar{y} = 5,67$ benötigt. Nach Gl. (6.9) ergibt sich $a = \bar{y} - b\bar{x} = 5,67 - 0,315 \cdot 5,45 = 3,95$.

Die Regressionsgerade lautet damit $\hat{y}_i = 3,95 + 0,315 x_i$. Sie sagt die tatsächliche Leistung auf Grund der Schätzungen der Gruppenmitglieder vorher.

b) Die Korrelation wird nach Gl. (6.57) über die Kovarianz und die Standardabweichungen der beiden Verteilungen berechnet:

$$\text{cov}(x,y) = \frac{\sum_{i=1}^{n} x_i y_i - \dfrac{\sum_{i=1}^{n} x_i \cdot \sum_{i=1}^{n} y_i}{n}}{n} = \frac{372,8 - \dfrac{65,4 \cdot 68}{12}}{12} = 0,183$$

(vgl. Gl. (6.22); die Summen werden der Tabelle aus a) entnommen!).

Für s_x und s_y ergeben sich nach Gl. (1.17) $s_x = 1,748$ und $s_y = 0,763$. Die Korrelation beträgt demnach (vgl. Gl. 6.57):

$$r = \frac{\text{cov}(x,y)}{s_x s_y} = \frac{0,183}{1,748 \cdot 0,763} = 0,137.$$

c) Die Signifikanz einer Korrelation wird mittels eines t-Wertes geprüft. Nach Gl. (6.84) ergibt sich als Prüfgröße

$$t = \frac{r \cdot \sqrt{n-2}}{\sqrt{1-r^2}} = \frac{0,137 \cdot \sqrt{12-2}}{\sqrt{1-0,137^2}} = 0,44.$$

Sie wird an der t-Verteilung mit $n - 2 = 10$ Freiheitsgraden getestet: $t_{10;0,95} = 1,81$ (Tabelle D, Spalte „0,95", Zeile „10", S. 819). Die Prüfgröße ist kleiner als dieser Wert; die $H_0(\varrho = 0)$ kann nicht verworfen werden.

d) Rangkorrelation (vgl. S. 232 f.).

e) Zur Berechnung der für die Rangkorrelation notwendigen Differenzen der Rangpositionen (d_i) müssen die Schätzungen und tatsächlichen Leistungen des Experiments zunächst in eine Rangreihe gebracht werden.

Vp	Ränge Leistungen	Ränge Schätzungen	soz. Ränge	Leistungen soz. Ränge		Schätzungen soz. Ränge	
				d_i	d_i^2	d_i	d_i^2
1	5,5	8	7	−1,5	2,25	1	1
2	11,5	1	1	10,5	110,25	0	0
3	11,5	10	10	1,5	2,25	0	0
4	1	5	4	−3	9	1	1
5	2	4	6	−4	16	−2	4
6	8,5	11	12	−3,5	12,25	−1	1
7	5,5	12	11	−5,5	30,25	1	1
8	5,5	2	3	2,5	6,25	−1	1
9	3	3	2	1	1	1	1
10	10	7	9	1	1	−2	4
11	8,5	6	5	3,5	12,25	1	1
12	5,5	9	8	−2,5	6,25	1	1
					$\sum$ 209		$\sum$ 16

Bei den Leistungen ergeben sich wegen mehrfach belegter Ränge verbundene Ränge:
4: 4x → 5,5 (4, 5, 6, 7)
8: 2x → 8,5 (8, 9)
11: 2x → 11,5 (11, 12)

Da weder bei den sozialen Rängen noch den Schätzungen der Gruppenmitglieder verbundene Ränge vorkommen, berechnet man die Rangkorrelation nach Gl. (6.115):

$$r_s = 1 - \frac{6 \cdot \sum_{i=1}^{n} d_i^2}{n \cdot (n^2 - 1)} = 1 - \frac{6 \cdot 16}{12 \cdot (12^2 - 1)} = 1 - 0{,}056 = 0{,}94.$$

Da bei den tatsächlichen Leistungen verbundene Ränge vorliegen, muss nach Gl. (6.117) vorgegangen werden. Die Korrekturgröße T ergibt sich als:

$$T = \sum_{j=1}^{k(x)} (t_j^3 - t_j)/12 = \frac{(4^3 - 4) + 2 \cdot (2^3 - 2)}{12} = \frac{72}{12} = 6$$

Da keine verbundenen Ränge bei den soz. Rängen vorliegen, fällt die Größe U weg. r_s ergibt sich zu:

$$r_s = \frac{2 \cdot \left(\frac{n^3 - n}{12}\right) - T - \sum_{i=1}^{n} d_i^2}{2 \cdot \sqrt{\left(\frac{n^3 - n}{12} - T\right)\left(\frac{n^3 - n}{12}\right)}} = \frac{2 \cdot 143 - 6 - 209}{2 \cdot \sqrt{(143 - 6) \cdot 143}} = \frac{71}{279{,}94} = 0{,}25$$

f) Die Signifikanz von Rangkorrelationen wird mittels eines t-Werts geprüft. Er ergibt sich lt. Gl. (6.116) für die Korrelation zwischen sozialen Rängen und Schätzungen der Gruppenmitglieder als:

$$t = \frac{r_s}{\sqrt{(1 - r_s^2)/(n - 2)}} = \frac{0{,}94}{\sqrt{(1 - 0{,}94^2)/10}} = 8{,}71$$

Er wird an der t-Verteilung mit n − 2 = 10 Freiheitsgraden getestet: $t_{10;0,99} = 2{,}76$; die Korrelation ist somit sehr signifikant.

Entsprechend ergibt sich für die Korrelation zwischen sozialen Rängen und tatsächlichen Leistungen ein t = 0,82; diese Korrelation ist nicht signifikant, $H_0(\varrho = 0)$ kann nicht verworfen werden.

7. a) Nach Gl. (6.57) berechnet man die Korrelation durch

$$r = \frac{\text{cov}(x,y)}{s_x s_y} = \frac{10}{5 \cdot 4} = 0{,}5.$$

b) Die Steigung b_{yx} der Regressionsgeraden ergibt sich nach Gl. (6.23):

$$b_{yx} = \frac{\text{cov}(x,y)}{s_x^2} = \frac{10}{5^2} = 0{,}40;$$

a ergibt sich aus Gl. (6.9) als $a = \bar{y} - b_{yx}\bar{x} = 30 - 0{,}4 \cdot 40 = 14$; die Regressionsgerade lautet folglich $\hat{y}_i = 14 + 0{,}4 x_i$.

c) Der Wert wird in die unter b) ermittelte Regressionsgleichung eingesetzt: $\hat{y} = 14 + 0{,}4 \cdot 45 = 32$.

d) Das Konfidenzintervall errechnet man über einen t-Wert mit n − 2 = 500 − 2 = 498 Freiheitsgraden (vgl. Gl. 6.43):

$$t_{498;0,995} = 2{,}58; \quad \hat{\sigma}_{(y|x)} = \sqrt{\frac{n \cdot s_y^2 - n \cdot b_{yx}^2 s_x^2}{n-2}} = \sqrt{\frac{500 \cdot 4^2 - 500 \cdot 0{,}4^2 \cdot 5^2}{498}} = 3{,}47$$

Das Intervall lautet nach Gl. (6.45):

$$\Delta_{\text{crit}\,\hat{y}^*} = \hat{y}_i \pm t \cdot \hat{\sigma}_{(y|x)} \cdot \sqrt{\frac{1}{n} + \frac{(x_i - \bar{x})^2}{n \cdot s_x^2}} = 32 \pm 2{,}58 \cdot 3{,}47 \cdot \sqrt{\frac{1}{500} + \frac{(45-40)^2}{500 \cdot 5^2}}$$
$$= 32 \pm 8{,}95 \cdot \sqrt{0{,}004}$$
$$= 32 \pm 0{,}57.$$

Möglichkeiten zur Verkleinerung des Konfidenzintervalls:
– Verkleinerung des Konfidenzkoeffizienten auf 95%
– Vergrößerung des Stichprobenumfangs
– Die sonstigen Einflüsse auf das Intervall (Varianzen von x,y, Standardschätzfehler) sind vom Versuchsleiter nicht zu beeinflussen (vgl. S. 194 f.).

8. Wegen Gl. (6.65): $r = (s_x/s_y) \cdot b_{yx}$ wird
   a) b_{yx} bei größer werdendem s_x kleiner
   b) b_{yx} bei größer werdendem s_y ebenfalls größer.
9. Nein, es könnte eine perfekte, nichtlineare Beziehung vorhanden sein.
10. Vgl. S. 213
    a) Die Merkmale müssen kardinalskaliert sein.
    b) Die Grundgesamtheit, aus der die Stichprobe stammt, muss bivariat normalverteilt sein.
11. Da die Korrelation bereits bekannt ist, ermitteln wir den gemeinsamen Varianzanteil zu $r^2 \cdot 100\% = 25\%$ (vgl. S. 209 f.).
12. Die beiden Geraden sind identisch für perfekte lineare Zusammenhänge (r = 1 bzw. r = −1). Zur Begründung vgl. S. 207.
13. 1) Direkte Anwendung der Methode der kleinsten Quadrate (vgl. S. 196).
    2) Anwendung der Methode der kleinsten Quadrate mit vorgeschalteten linearisierenden Transformationen (vgl. S. 200).

Lösungen der Übungsaufgaben

14. Die Lösung der Aufgabe erfolgt nach Gl. (6.49) analog dem unter Tabelle 6.4 aufgeführten Beispiel. Für Gl. (6.49) werden zunächst die Summen aller Produkte xy, x^2, x^3, x^4 und x^2y benötigt. Sie werden in Gl. (6.49) eingesetzt, um die Koeffizienten der quadratischen Gleichung zu ermitteln.

Tier	x_i	y_i	$x_i y_i$	x_i^2	x_i^3	x_i^4	$x_i^2 y_i$
1	1	120	120	1	1	1	120
2	3	110	330	9	27	81	990
3	5	70	350	25	125	625	1750
4	7	90	630	49	343	2401	4410
5	9	50	450	81	729	6561	4050
6	11	60	660	121	1331	14641	7260
7	13	60	780	169	2197	28561	10140
8	15	80	1200	225	3375	50625	18000
9	17	90	1530	289	4913	83521	26010
10	19	90	1710	361	6859	130321	32490
Summen	100	820	7760	1330	19900	317338	105220

Das Gleichungssystem (6.49) lässt sich jetzt aufstellen:
$\quad 820 = 10a + 100b_1 + 1330b_2 \quad$ (1)
$\quad 7760 = 100a + 1330b_1 + 19900b_2 \quad$ (2)
$\quad 105220 = 1330a + 19900b_1 + 317338b_2 \quad$ (3)
Zur Auflösung des Gleichungssystems multipliziert man (1) mit –10 und addiert das Ergebnis zu (2). Man erhält
$-440 = 330b_1 + 6600b_2 \quad$ (4)
Ebenso multipliziert man (1) mit –133 und addiert das Ergebnis zu (3):
$-3840 = 6600b_1 + 140448b_2 \quad$ (5)
Nun multipliziert man (4) mit –20 und addiert das Ergebnis zu (5):
$4960 = 8448b_2$
Damit ergibt sich b_2 als
$b_2 = \dfrac{4960}{8448} \approx 0{,}587$.
Diesen Wert setzt man in (4) ein und erhält
$b_1 = -\dfrac{4315}{330} \approx -13{,}076$.
Zuletzt ermittelt man a durch Einsetzen von b_1 und b_2 in (1):
$a = \dfrac{1346{,}7045}{10} \approx 134{,}671$.
Nach Gl. (6.47) erhält man damit die quadratische Regressionsgleichung:
$\hat{y}_i = 0{,}587 x_i^2 - 13{,}076 x_i + 134{,}671$.

15. Eine Korrelation besagt nur, dass ein statistisch-mathematischer Zusammenhang zwischen zwei Variablen besteht. Welche Variable aber welche beeinflusst, lässt sich nur in einem Experiment klären, bei dem eine der beiden Variablen systematisch verändert wird. Oft sind Kausalaussagen nur durch „Logik" oder „gesunden Menschenverstand" möglich (vgl. S. 235 f.).

16. Z.B.: Je hungriger eine Ratte in einem Laborexperiment ist, desto kürzer braucht sie, um zum Futterplatz in einem Labyrinth zu laufen. Mit steigendem Hunger sinkt also die Laufzeit (vgl. S. 203 f.).

17. Die Kovarianz als Zusammenhangsmaß hängt in ihrer Höhe von der Skalierung bzw. vom Maßstab der beiden betrachteten Merkmale ab. Die Korrelation transformiert die Kovarianz durch Relation an den Standardabweichungen der Merkmale (vgl. Gl. 6.57). Dies impliziert eine z-Transformation

der Variablen; daher sind bei z-standardisierten Variablen Kovarianz und Korrelation identisch (vgl. S. 205).
18. Nein. Der Determinationskoeffizient entspricht dem Quadrat des Korrelationskoeffizienten (r^2) (vgl. Gl. 6.81 u. S. 209 f.).
19. Varianz der vorhergesagten ŷ-Werte und Varianz der y-Werte um die Regressionsgerade (Regressionsresiduen; vgl. S. 208 f.).
20. Homoskedastizität liegt vor, wenn bei einer bivariaten Verteilung zweier Variablen x und y die zu jedem beliebigen Wert x_i gehörenden y-Werte gleich streuen (vgl. S. 192).
21. Da Korrelationen nicht kardinalskaliert sind, müssen sie vor der Durchschnittsbildung in Fishers-Z-Werte überführt werden. Man schlägt die Z-Werte in Tabelle H (S. 830) nach:

    $r_1 = 0{,}75 \rightarrow Z_1 = 0{,}973$
    $r_2 = 0{,}49 \rightarrow Z_2 = 0{,}536$
    $r_3 = 0{,}62 \rightarrow Z_3 = 0{,}725$

    $$\overline{Z} = \frac{0{,}973 + 0{,}536 + 0{,}725}{3} = 0{,}745$$

    Der zugehörige r-Wert liegt zwischen 0,630 und 0,635 (vgl. S. 219).
22. Zum Vergleich der Korrelationen müssen sie in Fishers-Z-Werte transformiert werden. Außerdem benötigen wir die Streuung $\sigma_{(z_1-z_2)}$:

    $r_1 = 0{,}30 \rightarrow Z_1 = 0{,}310$
    $r_2 = 0{,}55 \rightarrow Z_2 = 0{,}618$

    $$\sigma_{(z_1-z_2)} = \sqrt{\frac{1}{n_1 - 3} + \frac{1}{n_2 - 3}} = \sqrt{\frac{1}{50 - 3} + \frac{1}{60 - 3}} = 0{,}197 \text{ (Gl. 6.93)}$$

    Als Prüfgröße errechnet man nach Gl. (6.92):

    $$z = \frac{Z_1 - Z_2}{\sigma_{(z_1-z_2)}} = \frac{0{,}310 - 0{,}618}{0{,}197} = -1{,}56.$$

    Für den zweiseitigen Test lautet $z_{0{,}025} = -1{,}96$. Die H_0 wird nicht verworfen: Die Korrelationen unterscheiden sich nicht signifikant.
23. Es soll verglichen werden, ob r_{xy} und r_{xz} gleich groß sind. Da beide Korrelationen sich auf dieselbe Stichprobe beziehen, kommt Gl. (6.97) zur Anwendung. Hierzu muss zunächst CV_1 ermittelt werden:

    $$CV_1 = \frac{1}{(1 - r_{a.}^2)^2} \cdot (r_{bc} \cdot (1 - 2r_{a.}^2) - 0{,}5 r_{a.}^2 (1 - 2r_{a.}^2 - r_{bc}^2))$$

    $$r_{a.} = \frac{r_{ab} + r_{ac}}{2} = \frac{r_{xy} + r_{xz}}{2} = \frac{-0{,}034 + 0{,}422}{2} = 0{,}194$$

    $$CV_1 = \frac{1}{(1 - 0{,}194^2)^2} \cdot ((-0{,}385) \cdot (1 - 2 \cdot 0{,}194^2) - 0{,}5 \cdot 0{,}194^2 (1 - 2 \cdot 0{,}194^2 - (-0{,}385)^2))$$
    $$= -0{,}40$$

    Weiterhin werden die Z-Werte der beiden Korrelationen benötigt:

    $r_{xy} = -0{,}034 \rightarrow Z_{xy} = -0{,}034$
    $r_{xz} = 0{,}422 \rightarrow Z_{xz} \approx 0{,}450$

    $$z = \frac{\sqrt{n - 3} \cdot (Z_{xy} - Z_{xz})}{\sqrt{(2 - 2CV_1)}} = \frac{\sqrt{80 - 3}((-0{,}034) - 0{,}450)}{\sqrt{2 + 2 \cdot 0{,}40}} = \frac{-4{,}247}{\sqrt{2{,}8}} = -2{,}53$$

    Wird zweiseitig getestet, ist der ermittelte z-Wert zu vergleichen mit $z_{0{,}005} = -2{,}58$ (1%-Niveau) bzw. $z_{0{,}025} = -1{,}96$ (5%-Niveau). Die Korrelationen unterscheiden sich auf dem 5%-Niveau; auf dem 1%-Niveau hingegen wäre die H_0 beizubehalten.

Lösungen der Übungsaufgaben

24. Durch Selektionsfehler werden Teile der Population nicht beachtet. Dadurch können Zusammenhänge errechnet werden, die in der Population gar nicht bestehen; es ist aber auch möglich, dass kein Zusammenhang errechnet wird, obwohl in der Population ein solcher vorliegt (vgl. S. 214 ff.).
25. a) Punktbiseriale Korrelation, vgl. S. 224 f.
    b) Phi-Koeffizient, vgl. S. 227 f.
    c) Rangkorrelation, vgl. S. 232 f.
    d) Biseriale Korrelation, vgl. S. 226 f.
    e) Biseriale Rangkorrelation, vgl. S. 231 f.
    f) Biseriale Rangkorrelation, vgl. S. 231 f.
26. Da es sich um zwei Rangreihen handelt, muss die Rangkorrelation nach Spearman berechnet werden.

d_i	d_i^2
-1	1
9	81
-10	100
1	1
-2	4
-2	4
-10	100
1	1
2	4
3	9
-15	225
0	0
2	4
-1	1
3	9
10	100
-1	1
1	1
5	25
5	25
$\sum_{i=1}^{n} d_i^2 = 696$	

Nach Gl. (6.115) ergibt sich

$$r_s = 1 - \frac{6 \sum_{i=1}^{n} d_i^2}{n(n^2 - 1)} = 1 - \frac{6 \cdot 696}{20(400 - 1)} = 0{,}48$$

Zur Signifikanzprüfung wird ein t-Wert nach Gl. (6.116) berechnet:

$$t = \frac{r_s}{\sqrt{(1 - r_s^2)/(n - 2)}} = \frac{0{,}48}{\sqrt{(1 - 0{,}48^2)/(20 - 2)}} = 2{,}32.$$

Die Prüfgröße wird an der t-Verteilung mit $n - 2 = 18$ Freiheitsgraden getestet: $t_{18; 0{,}95} = 1{,}73$ (Tabelle D, S. 819). Die Korrelation ist auf dem 5%-Niveau signifikant.

27. Gesucht ist die Korrelation eines künstlich dichotomen und eines rangskalierten Merkmals. Hierzu wird eine biseriale Rangkorrelation berechnet. Die Gruppe der Schüler wird hierzu in zwei Gruppen geteilt:
Gruppe 1: Schüler, die einen kreativen Aufsatz geschrieben haben
Gruppe 2: Schüler, die einen weniger kreativen Aufsatz geschrieben haben.
Zur Berechnung der Korrelation wird lediglich der durchschnittliche Rangplatz beider Gruppen ($\bar{y}_1, \bar{y}_2$) benötigt:

$$\bar{y}_1 = \frac{6 + 1 + 11 + 3 + 10 + 4 + 7 + 8}{8} = 6{,}25$$

$$\bar{y}_2 = \frac{5 + 15 + 2 + 9 + 12 + 13 + 14}{7} = 10$$

Somit ergibt sich $r_{bis\,R}$ aus Gl. (6.114):

$$r_{bis\,R} = \frac{2}{15}(6{,}25 - 10) = -0{,}5$$

Da die Gruppe 1 (kreative Aufsätze) den geringeren Rangdurchschnitt hat, weist die Korrelation auf einen negativen Zusammenhang zwischen Kreativität des Aufsatzes und Deutschnote hin.

28. Es handelt sich um zwei dichotome Variablen. Der Zusammenhang wird mittels des Phi-Koeffizienten festgestellt. Eine Tabelle erleichtert das Einsetzen in die Gl. (6.106):

	Konfession		
	ja	nein	
Stadt	60 (a)	40 (b)	100
Land	80 (c)	20 (d)	100
	140	60	200

Wohnort

Es ergibt sich

$$\Phi = \frac{a \cdot d - b \cdot c}{\sqrt{(a+c)(b+d)(a+b)(c+d)}}$$

$$= \frac{60 \cdot 20 - 40 \cdot 80}{\sqrt{140 \cdot 60 \cdot 100 \cdot 100}}$$

$$= \frac{-2000}{\sqrt{84\,000\,000}} = -0{,}218$$

Zur Signifikanzprüfung wird nach Gl. (6.108) χ^2 berechnet:
$\chi^2 = n \cdot \Phi^2 = 200 \cdot (-0{,}218)^2 = 9{,}50$.

Die Prüfung erfolgt an der χ^2-Verteilung mit einem Freiheitsgrad: $\chi^2_{1;0,99} = 6{,}63$; die berechnete Korrelation ist sehr signifikant.

29. Es soll ein dichotomes mit einem kardinalskalierten Merkmal korreliert werden. Die punktbiseriale Korrelation wird angewendet. Hierzu wird die Streuung aller Werte (Rechts- und Linkshänder gemeinsam) sowie für jede Gruppe der Mittelwert benötigt:

$s_y = 4{,}01$
$\bar{y}_1 = 5{,}89$ (Linkshänder)
$\bar{y}_2 = 4{,}54$ (Rechtshänder)

Für die Korrelation ergibt sich lt. Gl. (6.99):

$$r_{pb} = \frac{\bar{y}_1 - \bar{y}_2}{s_y} \cdot \sqrt{\frac{n_1 \cdot n_2}{n^2}} = \frac{5{,}89 - 4{,}54}{4{,}01} \cdot \sqrt{\frac{9 \cdot 13}{22^2}} = 0{,}166$$

Die Signifikanz wird an einer t-Verteilung mit $n - 2 = 20$ Freiheitsgraden getestet (Gl. 6.100):

$$t = \frac{r_{pb}}{\sqrt{(1 - r_{pb}^2)/(n-2)}} = \frac{0{,}166}{\sqrt{(1 - 0{,}166^2)/(22 - 2)}} = 0{,}76$$

$t_{20;0,975} = 2{,}09$; der zweiseitige Test ergibt keinen signifikanten Unterschied für Links- und Rechtshänder.

30. Das Vorzeichen von Phi_{max} ist für dieses Beispiel mit 2 natürlich dichotomen Merkmalen beliebig. Wir erhalten nach Gl. (6.109a) und (6.109b) $Phi_{max} = 0{,}65$:

$$\phi_{max} = \sqrt{\frac{100 \cdot 60}{140 \cdot 100}} = 0{,}65.$$

Dieser Wert gilt für eine Extremtafel mit Feld b als Nullzelle ($b \cdot c = 40 \cdot 80 > a \cdot d = 60 \cdot 20$; $b = 40 < c = 80$):

Lösungen der Übungsaufgaben

		Konfession		
		ja	nein	
Wohnort	Stadt	100 a	0 b	100
	Land	c 40	d 60	100
		140	60	

Für diese Tafel errechnet man auch über Gl. (6.106) $Phi_{max} = 0{,}65$.

Kapitel 7

1. $H_0: \mu_1 = \mu_2 = \cdots = \mu_p$ (vgl. S. 249).
2. Die Fehlervarianz ist der nicht auf das Treatment zurückführbare Anteil der totalen Varianz. Sie wird durch den Quotienten aus der Summe der quadrierten Abweichungen der Messwerte von ihrem jeweiligen Gruppenmittel (QS_{Fehler}) und den dazugehörenden Freiheitsgraden (df_{Fehler}) bestimmt (vgl. S. 252 f.).
3. Die Treatmentvarianz errechnet sich als Quotient aus Treatmentquadratsumme (QS_{treat}) und den entsprechenden Freiheitsgraden. Die $QS_{treat} = n \sum_i (\overline{A}_i - \overline{G})^2$ basiert auf den Abweichungen der Gruppenmittelwerte $\overline{A}_i$ von $\overline{G}$. Die p Differenzen $(\overline{A}_i - \overline{G})$ addieren sich zu Null.

$$\sum_i (\overline{A}_i - \overline{G}) = \sum_i \overline{A}_i - p \cdot \overline{G} = \sum_i \overline{A}_i - p \cdot \left(\sum_i \overline{A}_i / p \right) = \sum_i \overline{A}_i - \sum_i \overline{A}_i = 0$$

Von den p Summanden zur Bestimmung der QS_{treat} sind also nur p − 1 frei variierbar, denn ein Summand muss so geartet sein, dass die Gesamtsumme Null ergibt. Wir sagen deshalb, die QS_{treat} (und damit auch die $\hat{\sigma}^2_{treat}$) hat p − 1 Freiheitsgrade.

4. $QS_{tot} = QS_{treat} + QS_{Fehler}$
Bei einer einfaktoriellen Varianzanalyse geht eine Veränderung der gesamten Quadratsumme (QS_{tot}) entweder auf das Treatment zurück (QS_{treat}) oder auf Fehlerkomponenten (QS_{Fehler}).

5. Während A-posteriori-Einzelvergleiche auf einem α-Fehler-Niveau abgetestet werden können, das unabhängig von der Anzahl der Vergleiche ist, ändert sich das α-Fehler-Risiko von t-Tests mit deren Anzahl. Man muss berücksichtigen, dass bei 100 t-Tests und einem α-Fehler-Niveau von 0,05 mit ca. 5 zufällig signifikanten t-Tests zu rechnen ist (vgl. S. 250).

6. Orthogonale Einzelvergleiche sind voneinander unabhängig: Wenn z. B. 3 Werte $\overline{A}_1, \overline{A}_2,$ und $\overline{A}_3$ paarweise verglichen werden sollen, erkennt man, dass sich jeweils ein Vergleich aus den beiden anderen ergibt:

$$(\overline{A}_1 - \overline{A}_2) - (\overline{A}_2 - \overline{A}_3) = \overline{A}_1 - \overline{A}_3$$

Das heißt, es existieren in diesem Fall nur zwei unabhängige Vergleiche, der dritte ist immer von den anderen beiden abhängig. Die Orthogonalitätsbedingung (Gl. 7.46) muss erfüllt sein (vgl. S. 266).

7. Bei einer QS_{treat} mit df = 6 gibt es p = 7 Treatmentstufen. Es lassen sich stets p − 1 = 6 orthogonale (voneinander unabhängige) Einzelvergleiche durchführen.

Nach den Regeln für Helmert-Kontraste ergibt sich z. B. der folgende Satz von 6 orthogonalen Einzelvergleichen:

$D_1 = \overline{A}_1 - (\overline{A}_2 + \overline{A}_3 + \overline{A}_4 + \overline{A}_5 + \overline{A}_6 + \overline{A}_7)/6$
$D_2 = \overline{A}_2 - (\overline{A}_3 + \overline{A}_4 + \overline{A}_5 + \overline{A}_6 + \overline{A}_7)/5$
$D_3 = \overline{A}_3 - (\overline{A}_4 + \overline{A}_5 + \overline{A}_6 + \overline{A}_7)/4$
$D_4 = \overline{A}_4 - (\overline{A}_5 + \overline{A}_6 + \overline{A}_7)/3$
$D_5 = \overline{A}_5 - (\overline{A}_6 + \overline{A}_7)/2$
$D_6 = \overline{A}_6 - \overline{A}_7$

(vgl. S. 267).

8. Der Scheffé-Test ist ein robustes, eher konservatives Verfahren, das a posteriori auch komplexe Einzelvergleichshypothesen prüfen kann. Dabei werden alle Einzelvergleiche auf dem α-Fehler-Niveau der Varianzanalyse abgesichert (vgl. S. 274 ff.).
9. Die unabhängige Variable muss kardinalskaliert sein.
10. Aus Tabelle I kann man die linearen und quadratischen Trendkoeffizienten für einen 8-stufigen Faktor (1. Spalte) entnehmen:

linear: −7   −5   −3   −1   1   3   5   7
quadratisch: 7   1   −3   −5   −5   −3   1   7

Nach der Orthogonalitätsbedingung (Gl. 7.46) gilt:
$(-7) \cdot 7 + (-5) \cdot 1 + (-3) \cdot (-3) + (-1) \cdot (-5) + 1 \cdot (-5) + 3 \cdot (-3) + 5 \cdot 1 + 7 \cdot 7 = 0.$

11. Der η-Koeffizient ist ein Korrelationskoeffizient, der alle auf die verschiedenen Trends zurückgehenden Zusammenhänge enthält (vgl. S. 280).

$$\eta = \sqrt{\frac{QS_{treat}}{QS_{tot}}}$$

12. Vgl. S. 284 ff.:
   1) Normalverteilung der Messwerte innerhalb einer Faktorstufe (Normalverteilung der Fehlerkomponenten).
   2) Homogenität der Fehlervarianzen; homogene Varianzen in allen Stichproben.
   3) Die Treatment- und Fehlerkomponenten müssen additiv sein. Die Fehlerkomponenten dürfen nicht mit den Treatmentkomponenten zusammenhängen.
13. Aus Mittelwerten, Varianzen und Stichprobenumfängen können nach den auf S. 261 f. genannten Regeln Kennziffern ermittelt werden, die die Grundlage für eine Varianzanalyse gemäß Tabelle 7.2 sind.
14. a) $F = \frac{\hat{\sigma}^2_{treat}}{\hat{\sigma}^2_{Fehler}}$; wenn $F = 0$ folgt: $\hat{\sigma}^2_{treat} = 0$

   Wenn die Treatmentvarianz Null ist, gibt es keine Varianz zwischen den Treatmentstufen. Das bedeutet, dass die Gruppenmittel gleich sind. $\overline{A}_1 = \overline{A}_2 = \ldots = \overline{A}_4 \to QS_{treat} = 0$.

   b) $F = \frac{\hat{\sigma}^2_{treat}}{\hat{\sigma}^2_{Fehler}}$; wenn $F \to \infty$ folgt: $\hat{\sigma}^2_{Fehler} \to 0$ und $\hat{\sigma}^2_{treat} > 0$

   Die Varianz innerhalb einer Treatmentgruppe geht gegen Null. Das bedeutet, dass die Messwerte gleich dem Gruppenmittel sind. Gleichzeitig müssen sich aber mindestens zwei Gruppenmittel voneinander unterscheiden.

   c) Der kritische F-Wert für $\alpha = 0,05$ und die Freiheitsgrade $df_Z = p - 1 = 3$ (Zählerfreiheitsgrade) und $df_N = N - p = 76$ (Nennerfreiheitsgrade) nach Tabelle E lautet: $F_{(3,76;95\%)} \approx 2,73$.

15. a) 1) Berechnung der Fehlervarianzen aller Treatmentstufen nach den Ausführungen auf S. 252 f.
   2) Die größte und kleinste Fehlervarianz (Gruppe 4 und 5) werden in den F_{max}-Test eingesetzt.
   3) Nach Gl. (7.83) gilt:

Lösungen der Übungsaufgaben

$$F_{max} = \frac{\hat{\sigma}^2_{Fehler\,(5)}}{\hat{\sigma}^2_{Fehler\,(4)}} = \frac{2{,}17}{0{,}68} = 3{,}24.$$

4) Tabelle K gibt auf einem α-Niveau von 5% für 7 Varianzen und df = 5 für $\hat{\sigma}^2_i$ einen kritischen F_{max}-Wert von 20,8 an. Da $F_{max} < F_{crit}$, ist der F-Wert nicht signifikant, d.h., die Voraussetzung der Varianzhomogenität ist erfüllt.

b) Berechnung der Kennziffern (1)–(3) für die einfaktorielle Varianzanalyse mit gleichen Stichprobenumfängen (vgl. S. 256)

$$(1) = \frac{G^2}{p \cdot n} = \frac{240^2}{7 \cdot 6} = 1371{,}43$$

$$(2) = \sum_i \sum_m x^2_{mi} = 1708$$

$$(3) = \frac{\sum_i A^2_i}{n} = \frac{9918}{6} = 1653$$

$$QS_{tot} = (2) - (1) = 1708 - 1371{,}43 = 336{,}57$$
$$QS_{treat} = (3) - (1) = 1653 - 1371{,}43 = 281{,}57$$
$$QS_{Fehler} = (2) - (3) = 1708 - 1653 = 55{,}00$$

Q.d.V.	QS	df	$\hat{\sigma}^2$	F_{emp}
Trainingseffekt	281,57	p − 1 = 6	46,93	29,89**
Fehler	55,00	N − p = 35	1,57	
Total	336,57	N − 1 = 41	8,21	

Nach Tabelle E ergibt sich für den kritischen F-Wert auf einem α-Niveau von 1% ein Wert von $F_{crit\,(6,35;\,99\%)} = 3{,}38$.

Da $F_{emp} > F_{crit}$ ist, hat die Trainingsdauer einen sehr signifikanten Einfluss auf die Fehlerzahlen ausgeübt.

c) A-posteriori-Vergleich nach Scheffé:
Nach Gl. (7.67) gilt:

$$Diff_{crit} = \sqrt{\frac{2(p-1)\hat{\sigma}^2_{Fehler} \cdot F_{(p-1;\,N-p;\,1-\alpha)}}{n}}$$

$$Diff_{crit\,(99\%)} = \sqrt{\frac{2 \cdot 6 \cdot 1{,}57}{6}} \cdot \sqrt{F_{(6,35;99\%)}} = 1{,}77 \cdot \sqrt{2{,}42} = 3{,}30$$

$$Diff_{crit\,(95\%)} = \sqrt{\frac{2 \cdot 6 \cdot 1{,}57}{6}} \cdot \sqrt{F_{(6,35;95\%)}} = 1{,}77 \cdot \sqrt{3{,}47} = 2{,}75$$

Gruppen 1 und 2: $\bar{x}_1 = 10$; $\bar{x}_2 = 8{,}67$; $D = 10 - 8{,}67 = 1{,}33$.
Da $Diff_{crit} > Diff_{emp}$, ist der Unterschied zwischen Gruppe 1 und 2 nicht signifikant.

d) Nach Gl. (7.21) gilt: $\frac{QS_{treat}}{QS_{tot}} \cdot 100\% = \frac{281{,}57}{336{,}57} \cdot 100\% = 83{,}7\%$.

e) Nach Tabelle I lauten die linearen c-Koeffizienten für Trendtests bei 7 Faktorstufen:
−3   −2   −1   0   1   2   3
Die Gruppenmittel sind: $\bar{A}_1 = 10$; $\bar{A}_2 = 8{,}67$; $\bar{A}_3 = 6{,}33$; $\bar{A}_4 = 5{,}33$; $\bar{A}_5 = 3{,}84$; $\bar{A}_6 = 3{,}17$; $\bar{A}_7 = 2{,}67$

Nach Gl. (7.49) gilt: $QS_{lin} = \hat{\sigma}^2_{lin} = \dfrac{n \cdot \left(\sum\limits_i c_i \bar{A}_i\right)^2}{\sum\limits_i c_i^2} = \dfrac{6 \cdot (-35{,}49)^2}{28} = 269{,}90$

Nach Gl. (7.51) gilt: $F = \dfrac{\hat{\sigma}^2_{lin}}{\hat{\sigma}^2_{Fehler}} = \dfrac{269{,}90}{1{,}57} = 171{,}92$

Nach Tabelle E ist $F_{crit(1,35;99\%)} = 7{,}56$
Da $F_{emp} > F_{crit}$, ist der lineare Trend in den Treatmentstufen signifikant.

f) Nach Gl. (7.70) gilt: $r_{lin} = \sqrt{\dfrac{QS_{lin}}{QS_{tot}}}$ (QS_{lin} siehe 15 e)
$\Rightarrow r_{lin} = \sqrt{\dfrac{269{,}90}{336{,}57}} \Rightarrow r_{lin} = 0{,}90$ bzw. $r_{lin} = -0{,}90$.

An der Abnahme der Gruppenmittel erkennt man, dass die Korrelation negativ ist.

g) Die Grundgleichung für die Regression lautet:
$\hat{y}_i = b_{yx} \cdot x_i + a_{yx}$
Die Trainingsdauer stellt den Prädiktor, die Fehlerzahl das Kriterium dar.
Nach Tab. 6.3 gilt:

$b_{yx} = \dfrac{cov_{(x,y)}}{s_x^2}$, mit

$cov_{(x,y)} = \dfrac{\sum\limits_{i=1}^{n} x_i y_i - \dfrac{\sum\limits_{i=1}^{n} x_i \cdot \sum\limits_{i=1}^{n} y_i}{n}}{n} = \dfrac{0 \cdot \bar{A}_1 + 1 \cdot \bar{A}_2 + \ldots + 6 \cdot \bar{A}_7 - \left(\dfrac{(\bar{A}_1 + \ldots + \bar{A}_7) \cdot (0 + 1 \ldots + 6)}{7}\right)}{7}$

$= -5{,}07$, und

$s_x^2 = \dfrac{\sum\limits_{i=1}^{n} x_i^2 - \dfrac{\left(\sum\limits_{i=1}^{n} x_i\right)^2}{n}}{n} = \dfrac{91 - \dfrac{441}{7}}{7} = 4$

$\Rightarrow b_{yx} = \dfrac{-5{,}07}{4} = -1{,}268$

Nach Tab. 6.3 gilt:
$a_{yx} = \bar{y} - b_{yx} \cdot \bar{x}$; mit $\bar{x} = 3$ und $\bar{y} = 5{,}72$ folgt:
$a_{yx} = 5{,}72 - (-1{,}268) \cdot 3 = 9{,}52$
$\Rightarrow \hat{y}_i = -1{,}268 \cdot x_i + 9{,}52$

h) Durch Einsetzen in die Regressionsgleichung erhält man $\hat{y}_{(2,5)} = -1{,}268 \cdot 2{,}5 + 9{,}52 = 6{,}35$.
Wir erwarten für eine Versuchsperson, die 2,5 Stunden trainiert hat, eine Fehlerzahl von 6,35.

i) Es gilt: $\dfrac{QS_{nonlin}}{QS_{tot}} \cdot 100\% = \dfrac{(QS_{treat} - QS_{lin})}{QS_{tot}} \cdot 100\% = 3{,}47\%$.

Kapitel 8

1. Man benötigt bei $3 \cdot 2 \cdot 4 \cdot 2 = 48$ Versuchsgruppen à 15 Personen, d.h. insgesmat $48 \cdot 15 = 720$ Versuchspersonen.

2. $F_{B\,emp} = \dfrac{\hat{\sigma}^2_B}{\hat{\sigma}^2_{Fehler}}$

   $\hat{\sigma}^2_B = \dfrac{QS_B}{df_B} = \dfrac{15}{q-1} = 15$ (mit $df_B = q - 1 = 2 - 1 = 1$)

   $\hat{\sigma}^2_{Fehler} = \dfrac{QS_{Fehler}}{df_{Fehler}}$

   $QS_{Fehler} = QS_{tot} - (QS_A + QS_{A\times B} + QS_B) = 200 - (20 + 30 + 15) = 135$

   $df_{Fehler} = p \cdot q \cdot (n - 1) = 3 \cdot 2 \cdot 9 = 54$

   $\Rightarrow \hat{\sigma}^2_{Fehler} = \dfrac{135}{54} = 2{,}50$

   $\Rightarrow F_{B\,emp} = \dfrac{15}{2{,}50} = 6{,}00$

   Der kritische F-Wert beträgt nach Tabelle E:
   $F_{(1,54;\,95\%)} = 4{,}03$
   Da $F_{B\,emp} > F_{krit}$ folgt: Der Haupteffekt des Faktors B ist signifikant.

3. a) Die Hypothesen zu den Haupteffekten $= 4$
   b) Die Hypothesen zu den Interaktionen 1. Ordnung $= 6$
   c) Die Hypothesen zu den Interaktionen 2. Ordnung $= 4$
   d) Die Hypothese zu der Interaktion 3. Ordnung $= 1$
   Insgesamt: $\sum 15$

4. a) Berechnung der Kennziffern

   $(1) = \dfrac{G^2}{p \cdot q \cdot n} = \dfrac{667^2}{2 \cdot 2 \cdot 6} = 18\,537{,}04$

   $(2) = \sum_i \sum_j \sum_m x^2_{ijm} = 19\,567$

   $(3) = \dfrac{\sum_i A_i^2}{q \cdot n} = \dfrac{277^2 + 390^2}{2 \cdot 6} = 19\,069{,}08$

   $(4) = \dfrac{\sum_j B_j^2}{p \cdot n} = \dfrac{323^2 + 344^2}{2 \cdot 6} = 18\,555{,}42$

   $(5) = \dfrac{\sum_i \sum_j AB_{ij}^2}{n} = \dfrac{144^2 + 179^2 + 133^2 + 211^2}{6} = 19\,164{,}50$

   b) Erstellen der Ergebnistabelle:

Q.d.V.	QS		df		$\hat{\sigma}^2 = \dfrac{QS}{df}$	F	$F_{crit\,(1;\,20;\,99\%)}$
A	$(3) - (1)$	$= 532{,}04$	$p - 1$	$= 1$	532,04	26,43**	$> 8{,}10$
B	$(4) - (1)$	$= 18{,}38$	$q - 1$	$= 1$	18,38	0,91	$< 8{,}10$
A × B	$(5) - (3) - (4) + (1)$	$= 77{,}04$	$(p-1)(q-1)$	$= 1$	77,04	3,83	$< 8{,}10$
Fehler	$(2) - (5)$	$= 402{,}50$	$p \cdot q(n-1)$	$= 20$	20,13		
Total		$= 1029{,}96$					

c) Ergebnis: Der Haupteffekt des ersten Faktors ist signifikant: Die Versuchspersonen, die die Fragen nach der Bearbeitung des Lehrtextes erhalten hatten, erzielten im Abschlusstest bessere Ergebnisse.
5. Vgl. S. 302 f.
   a) Zufällige Effekte:
   Zur Untersuchung des Einflusses von Lehrpersonen auf den Lernerfolg werden aus einem Lehrerkollegium 3 Lehrkräfte zufällig ausgewählt, die in 3 Versuchsklassen ein bestimmtes Thema behandeln sollen.
   b) Feste Effekte:
   Zur Untersuchung des Einflusses der Variable Alter auf die Fahrtüchtigkeit einer Person werden drei Altersgruppen festgelegt, z. B. 18–30 J., 31–60 J. und älter als 60 J.
6. Da die Unterschiede in den Stichprobenumfängen zufällig sind und das Verhältnis von größter und kleinster Stichprobe $\frac{7}{5} < 5$ ist, kann als Näherungslösung die Varianzanalyse mit dem harmonischen Mittel durchgeführt werden.

$$\bar{n}_h = \frac{p \cdot q}{\sum_i \sum_j \frac{1}{n_{ij}}} = \frac{12}{3 \cdot \frac{1}{5} + 6 \cdot \frac{1}{6} + 3 \cdot \frac{1}{7}} = 5{,}92$$

Die Berechnung der Kennziffern erfolgt über die Gruppenmittel, nicht über die Einzelwerte!

$$\overline{AB_{ij}} = \sum_{m=1}^{n_{ij}} x_{ijm} / n_{ij}$$

$$(1) = \frac{G^2}{p \cdot q} = \frac{59{,}87^2}{12} = 298{,}70$$

$$(3) = \frac{\sum_i A_i^2}{q} = \frac{615{,}04}{2} = 307{,}52$$

$$(4) = \frac{\sum_j B_j^2}{p} = \frac{1835{,}73}{6} = 305{,}96$$

$$(5) = \sum_i \sum_j \overline{AB}_{ij}^2 = 337{,}90$$

Nach Gl. (8.58) gilt:

$$QS_{Fehler} = \sum_i \sum_j QS_{Fehler(ij)}, \text{ mit Gl. (8.57) } QS_{Fehler(ij)} = \sum_{m=1}^{n_{ij}} x_{ijm}^2 - \frac{\left(\sum_{m=1}^{n_{ij}} x_{ijm}\right)^2}{n_{ij}}$$

$$\Rightarrow QS_{Fehler} = 2{,}80 + 14{,}0 + 7{,}33 + 18{,}0 + 3{,}20 + 1{,}33 + 2{,}83$$
$$+ 2{,}86 + 4{,}0 + 17{,}33 + 5{,}71 + 2{,}0$$
$$= 81{,}39$$

Lösungen der Übungsaufgaben

Q.d.V.	QS		df		$\hat{\sigma}^2 = \dfrac{QS}{df}$	F	F_{crit}
A	$\bar{n}_h((3)-(1))$	$= 52{,}21$	$p-1$	$= 5$	10,44	7,68**	$> 3{,}12$
B	$\bar{n}_h((4)-(1))$	$= 42{,}98$	$q-1$	$= 1$	42,98	1,57	$< 7{,}08$
A × B	$\bar{n}_h((5)-(3)-(4)+(1))$	$= 136{,}87$	$(p-1)(q-1)$	$= 5$	27,37	20,13**	$> 3{,}12$
Fehler		81,39	$N - p \cdot q$	$= 60$	1,36		

Der Haupteffekt A und der Interaktionseffekt A × B sind signifikant.

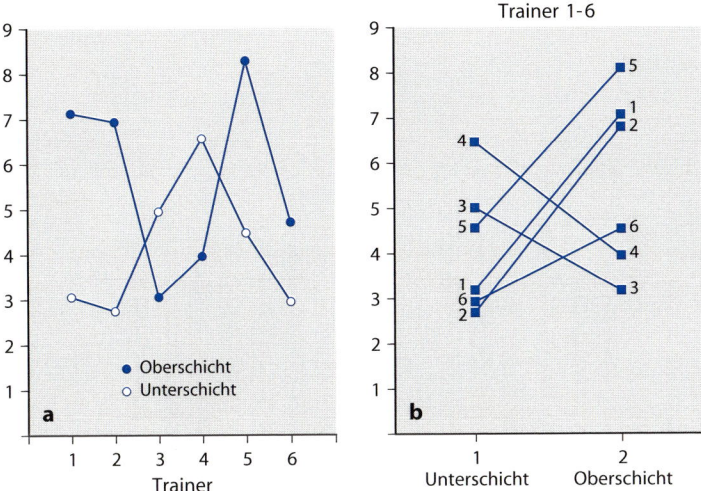

Es handelt sich um eine disordinale Interaktion (vgl. S. 301).

7. Mit „Quasi-F-Brüchen" können bei drei- oder mehrfaktoriellen Versuchsplänen Effekte annäherungsweise getestet werden, die nicht an Fehler- oder Interaktionsvarianzen getestet werden können (vgl. S. 314 f.).

8. Im Fall $n = 1$ kann die Fehlervarianz nicht auf herkömmliche Weise bestimmt werden. Fehlervarianz und Interaktionsvarianz sind konfundiert. Mit Hilfe des Additivitätstests nach Tukey kann überprüft werden, ob eine Interaktion der Haupteffekte zu erwarten ist. Ist dies nicht der Fall, kann die Restvarianz ($QS_{tot} - QS_A - QS_B$) als Prüfvarianz verwendet werden (vgl. S. 325 ff.).

9. Es handelt sich um einen 3-faktoriellen $4 \times 5 \times 2$-Plan. Die Faktoren A und B haben zufällige Faktorstufen.

a) Zur Berechnung einer 3-faktoriellen Varianzanalyse vgl. S. 312 ff.

$$(1) = \frac{G^2}{npqr} = \frac{639^2}{3 \cdot 4 \cdot 5 \cdot 2} = 3402{,}675$$

$$(2) = \sum_i \sum_j \sum_k \sum_m x_{ijkm}^2 = 3677{,}000$$

$$(3) = \frac{\sum_i A_i^2}{nqr} = \frac{159^2 + 158^2 + 203^2 + 119^2}{30} = 3520{,}500$$

$$(4) = \frac{\sum_j B_j^2}{npr} = \frac{121^2 + 120^2 + 158^2 + 109^2 + 131^2}{24} = 3460{,}292$$

$$(5) = \frac{\sum_k C_k^2}{npq} = \frac{319^2 + 320^2}{60} = 3402{,}683$$

$$(6) = \frac{\sum_i \sum_j AB_{ij}^2}{nr} = \frac{21\,609}{6} = 3601{,}500$$

$$(7) = \frac{\sum_i \sum_k AC_{ik}^2}{nq} = \frac{52\,823}{15} = 3521{,}533$$

$$(8) = \frac{\sum_j \sum_k BC_{jk}^2}{np} = \frac{41\,559}{12} = 3463{,}250$$

$$(9) = \frac{\sum_i \sum_j \sum_k ABC_{ijk}^2}{n} = \frac{10\,837}{3} = 3612{,}333$$

Zur Bestimmung der Quadratsummen vgl. Tabelle 8.10, zur Bestimmung der Prüfvarianz vgl. Tabelle 8.11, Modell III: 2 Faktoren zufällig, 1 Faktor fest.

Q.d.V.	QS		df	
A	(3) − (1)	= 117,83	p − 1	= 3
B	(4) − (1)	= 57,62	q − 1	= 4
C	(5) − (1)	= 0,01	r − 1	= 1
A × B	(6) − (3) − (4) + (1)	= 23,38	(p − 1)(q − 1)	= 12
A × C	(7) − (3) − (5) + (1)	= 1,03	(p − 1)(r − 1)	= 3
B × C	(8) − (4) − (5) + (1)	= 2,95	(q − 1)(r − 1)	= 4
A × B × C	9 − (6) − (7) − (8) + (3) + (4) + (5) − (1)	= 6,85	(p − 1)(q − 1)(r − 1)	= 12
Fehler	(2) − (9)	= 64,67	pqr(n − 1)	= 80
Total	(2) − (1)	= 274,33	pqrn − 1	= 119

Q.d.V	$\hat{\sigma}^2 = \dfrac{QS}{df}$	Prüfvarianz	$F = \dfrac{\hat{\sigma}^2_{\text{treat}}}{\hat{\sigma}^2_{\text{Prüf}}}$	F_{crit}
A	39,28	$\hat{\sigma}^2_{A \times B}$	20,14**	> $F_{(3;12;99\%)}$ = 5,95
B	14,40	$\hat{\sigma}^2_{A \times B}$	7,38*	> $F_{(4,12;99\%)}$ = 5,41
C	0,01			
A × B	1,95	$\hat{\sigma}^2_{\text{Fehler}}$	2,41*	> $F_{(12;80;95\%)}$ = 1,95
A × C	0,34	$\hat{\sigma}^2_{A \times B \times C}$	< 1,00	
B × C	0,74	$\hat{\sigma}^2_{A \times B \times C}$	1,30	< $F_{(4,12;95\%)}$ = 3,26
A × B × C	0,57	$\hat{\sigma}^2_{\text{Fehler}}$	< 1,00	
Fehler	0,81			
Total				

Zur Prüfung des Haupteffekts C siehe Tabelle 8.12, Modell III. Die Gleichung lautet für den Quasi-F-Bruch dementsprechend für den festen Faktor C:

$$F = \frac{\hat{\sigma}_c^2 + \hat{\sigma}_{A \times B \times C}^2}{\hat{\sigma}_{A \times C}^2 + \hat{\sigma}_{B \times C}^2} = \frac{0{,}01 + 0{,}57}{0{,}34 + 0{,}74} = 0{,}54 \qquad \begin{array}{l} df_{\text{Zähler}} \approx 12 \\ df_{\text{Nenner}} \approx 7 \end{array} \qquad \text{(Gl. 8.45 und 8.46)}$$

Aus Tabelle E ergibt sich, dass der F-Wert nicht signifikant ist.

b)

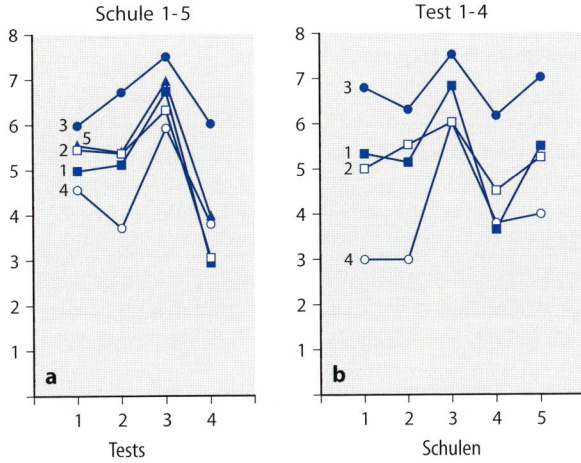

Die Interaktion ist disordinal (vgl. S. 301).

c) Vgl. S. 316

Nach Formel 8.52 gilt:

$$\text{Diff}_{\text{crit}} = \sqrt{2(pq-1) \cdot \hat{\sigma}_t^2} \cdot \sqrt{\frac{F_{(d,e;1-\alpha)}}{n \cdot r}},$$

mit $\hat{\sigma}_t^2 = \hat{\sigma}_{\text{Fehler}}^2$, $d = 12$ und $e = 80$ folgt:

$$\text{Diff}_{\text{crit}} = \sqrt{2 \cdot (4 \cdot 5 - 1) \cdot 0{,}81} \cdot \sqrt{\frac{1{,}920}{3 \cdot 2}} = 3{,}12$$

Kapitel 9

1. Während es sich bei der Varianzanalyse ohne Messwiederholung um die Erweiterung des t-Tests für unabhängige Stichproben handelt, stellt die Varianzanalyse mit Messwiederholung eine Erweiterung des t-Tests für abhängige Stichproben dar (vgl. S. 331).
2. Eine Varianz-Kovarianz-Matrix ist dann homogen, wenn die zu den Faktorstufen gehörenden Varianzen und die Kovarianzen zwischen den Faktorstufen homogen, d.h. nicht signifikant verschieden sind. Ein Maß für die Homogenität stellt $\hat{\varepsilon}$ dar. Wenn $\hat{\varepsilon} = 1$, ist die Matrix homogen (vgl. S. 254 f.).
3. Unter Sequenzeffekten versteht man den Effekt der Darbietungsreihenfolge der Treatmentstufen, der den Treatmenteffekten möglicherweise überlagert ist. Um Sequenzeffekte zu kontrollieren, wird die Abfolge der Treatmentstufen als zusätzlicher Faktor in die Varianzanalyse einbezogen. Wird der Haupt- oder Interaktionseffekt dieses Faktors signifikant, hat die Reihenfolge der Darbietung einen eigenständigen Einfluss auf die abhängige Variable oder auf die Auswirkung eines bestimmten Treatments (vgl. S. 338 ff.).
4. Beim t-Test für abhängige Stichproben werden n Messwertpaare gebildet, bei der einfaktoriellen Varianzanalyse mit Messwiederholung und $p = 2$ Faktorstufen geschieht dasselbe. Bei mehr als 2, all-

gemein p Faktorstufen, werden n p-Tupel von Messwerten gebildet, die entweder von derselben Vp stammen oder bei parallelisierten Stichproben von Personen mit der gleichen Ausprägung in dem parallelisierten Merkmal (vgl. S. 331).

5. a) t-Test für abhängige Stichproben (vgl. S. 143 f.)

1) Bildung der Differenzwerte:
$$d_i = x_{i1} - x_{i2} \quad (5.18)$$

2) Berechnung des arithmetischen Mittels der d_i-Werte:
$$\bar{x}_d = \frac{\sum_{i=1}^{n} d_i}{n} = \frac{-25}{30} = -0{,}833, \quad n = \text{Anzahl der Messwertpaare!}$$

3) Standardfehler des Mittels $\bar{x}_d$
$$\hat{\sigma}_{\bar{x}_d} = \frac{\hat{\sigma}_d}{\sqrt{n}}, \text{ mit } \hat{\sigma}_d = \sqrt{\frac{\sum_{i=1}^{n} d_i^2 - \frac{\left(\sum_{i=1}^{n} d_i\right)^2}{n}}{n-1}} \quad (5.20; 5.21)$$

$$\Rightarrow \hat{\sigma}_d = \sqrt{\frac{6315 - 20{,}833}{29}} = \sqrt{217{,}04} = 14{,}73$$

$$\Rightarrow \hat{\sigma}_{\bar{x}_d} = \frac{14{,}73}{\sqrt{30}} = 2{,}69$$

4) Prüfgröße t:
$$t = \frac{\bar{x}_d}{\hat{\sigma}_{\bar{x}_d}} \quad (5.23) \quad \Rightarrow \quad t = \frac{-0{,}833}{2{,}69} = -0{,}310$$

$t_{crit} = 1{,}699$, df $= 29$ (Tabelle D)

Da $t_{emp} < t_{crit}$, ist der Test nicht signifikant.

b) Einfaktorielle Varianzanalyse mit Messwiederholung

1) Berechnung der Kennziffern:

$$(1) = \frac{G^2}{p \cdot n} = \frac{5671^2}{2 \cdot 30} = 536\,004{,}017$$

$$(2) = \sum_m \sum_i x_{mi}^2 = 544\,493$$

$$(3) = \frac{\sum_i A_i^2}{n} = \frac{2823^2 + 2848^2}{30} = 536\,014{,}433$$

$$(4) = \frac{\sum_m P_m^2}{p} = \frac{1\,082\,671}{2} = 541\,335{,}500$$

2) Ergebnistabelle

Q.d.V.	QS		df		$\hat{\sigma}^2 = \frac{QS}{df}$	$F = \frac{QS_{treat}}{QS_{Res}}$
zw. Vpn	$QS_{zw.\,Vpn} = (4) - (1)$	$= 5331{,}48$	$n - 1$	$= 29$		
inn. Vpn	$QS_{inn.\,Vpn} = (2) - (4)$	$= 3157{,}50$	$n(p-1)$	$= 30$		
Faktor A	$QS_{treat} = (3) - (1)$	$= 10{,}42$	$p - 1$	$= 1$	$10{,}42$	$0{,}096$
Residual	$QS_{Res} = (2) - (3) - (4) + (1)$	$= 3147{,}08$	$(n-1)(p-1)$	$= 29$	$108{,}52$	
Total	$QS_{tot} = (2) - (1)$	$= 8488{,}98$	$n \cdot p - 1$	$= 59$		

Lösungen der Übungsaufgaben

3) Signifikanzprüfung
$F_{crit\,(1,29;\,95\%)} = 4{,}20 > F_{emp}$
$\Rightarrow$ Der Treatmentfaktor ist nicht signifikant

c) Nach Formel (2.60) gilt:
$t_n^2 = F_{(1,n)} \Rightarrow t_{29}^2 = F_{1,29} \Rightarrow (-0{,}310)^2 = 0{,}096$

6. Zweifaktorielle Varianzanalyse mit Messwiederholung

1) Berechnung der Kennziffern:

$(1) = \dfrac{G^2}{p \cdot q \cdot n} = \dfrac{826^2}{2 \cdot 3 \cdot 5} = 22\,742{,}53$

$(2) = \sum_i \sum_j \sum_m x_{ijm}^2 = 25\,524$

$(3) = \dfrac{\sum_i A_i^2}{n \cdot q} = \dfrac{436^2 + 390^2}{15} = 22\,813{,}07$

$(4) = \dfrac{\sum_j B_j^2}{n \cdot p} = \dfrac{384^2 + 282^2 + 160^2}{10} = 25\,258$

$(5) = \dfrac{\sum_i \sum_j AB_{ij}^2}{n} = \dfrac{196^2 + 149^2 + 91^2 + 188^2 + 133^2 + 69^2}{5} = 25\,338{,}40$

$(6) = \dfrac{\sum_i \sum_m P_{im}^2}{q} = \dfrac{83^2 + 93^2 + 92^2 + 90^2 + 78^2 + 84^2 + 74^2 + 72^2 + 80^2 + 80^2}{3} = 22\,900{,}67$

2) Ergebnistabelle

Q.d.V.	QS	df	$\hat{\sigma}^2 = \dfrac{QS}{df}$	F
A	$(3)-(1) = 70{,}54$	$p-1 = 1$	70,54	$F = \dfrac{\hat{\sigma}_A^2}{\hat{\sigma}_{Vpn\,in\,S}^2} = 6{,}44$
Vpn in S	$(6)-(3) = 87{,}60$	$p(n-1) = 8$	10,95	
zw. Vpn	$(6)-(1) = 158{,}14$	$p \cdot n - 1 = 9$		
B	$(4)-(1) = 2515{,}47$	$q-1 = 2$	1257,74	$F = \dfrac{\hat{\sigma}_B^2}{\hat{\sigma}_{B \times Vpn}^2} = 205{,}18$
A × B	$(5)-(3)-(4)+(1) = 9{,}86$	$(p-1)(q-1) = 2$	4,93	$F < 1$
B × Vpn	$(2)-(5)-(6)+(3) = 98{,}00$	$p(q-1)(n-1) = 16$	6,13	
inn. Vpn	$(2)-(6) = 2623{,}33$	$p \cdot n(q-1) = 20$	131,17	
Total	$(2)-(1) = 2781{,}47$	$n \cdot p \cdot q - 1 = 29$		

3) Signifikanzprüfung
Faktor A: normaler F-Test; $F_{emp} = 6{,}44 > F_{crit(1,8;\,95\%)} = 5{,}32$ (signifikant)
Faktor B: konservativer F-Test (Tab. 9.24!); $F_{emp} = 205{,}18 > F_{crit(1,p(n-1)(1,8;\,99\%)} = 11{,}3$ (signifikant)
Da der konservative F-Test für den Faktor B zu einem signifikanten Ergebnis geführt hat, erübrigt sich die ε-Korrektur der Freiheitsgrade.

7. Vgl. S. 341
8. Unter einer konservativen Entscheidung versteht man eine Entscheidung mit einem verringerten α-Fehler-Risiko. Das bedeutet, dass eher zugunsten der Nullhypothese (H_0) entschieden wird.
9. $F = \dfrac{\hat{\sigma}_A^2}{\hat{\sigma}_{Res}^2} = 9{,}10$

   $F_{crit\,(1,19;\,99\%)} = 8{,}18$ (konservativ).

   Da $F_{emp} > F_{crit}$, kann die H_1 auf Grund des konservativen F-Tests (ohne ε-Korrektur der Freiheitsgrade) akzeptiert werden (vgl. S. 356).

Kapitel 10

1. Die Kovarianzanalyse dient zur Überprüfung der Bedeutsamkeit einer kardinalskalierten Kontrollvariable für eine Untersuchung. Der potentielle Einfluss auf die abhängige Variable wird durch die Kovarianzanalyse rechnerisch neutralisiert (vgl. S. 361 f.).
2. Mit der Regressionsrechnung wird die abhängige Variable bezüglich einer Kontrollvariablen bereinigt (insgesamt und pro Treatmentstufe). Die Varianzanalyse wird im Prinzip über Regressionsresiduen durchgeführt (vgl. S. 362).
3. Homogenität der Innerhalb-Regressionen: Es wird überprüft, ob sich die Steigungskoeffizienten der Regressionen innerhalb der einzelnen Faktorstufen signifikant voneinander unterscheiden (vgl. S. 370 f.).
4. Kontroll- und abhängige Variable müssen unkorreliert sein. Die Fehlervarianz in der Kovarianzanalyse hat gegenüber der Fehlervarianz in der Varianzanalyse einen Freiheitsgrad weniger, sodass die Fehlervarianz in der Kovarianzanalyse geringfügig größer ausfällt (vgl. S. 369 f.).
5. a) Einfaktorielle Varianzanalyse über die AV (ungleiche Stichprobenumfänge, vgl. S. 368)

   1) Berechnung der Kennziffern

   $(1y) = \dfrac{G_y^2}{N} = \dfrac{1311^2}{21} = 81\,843{,}86$

   $(2y) = \sum_i \sum_m y_{im}^2 = 82\,791$

   $(3y) = \sum_i \dfrac{A_{y(i)}^2}{n_i} = \dfrac{471^2}{8} + \dfrac{462^2}{7} + \dfrac{378^2}{6} = 82\,036{,}13$

   2) Ergebnistabelle

Q.d.V.	QS	df	$\hat{\sigma}^2$	F	$F_{crit\,(2,18;\,95\%)}$
A	$(3) - (1) = 192{,}27$	$p - 1 = 2$	96,14	2,29 <	3,55
Fehler	$(2) - (3) = 754{,}87$	$N - p = 18$	41,94		
Total	$(2) - (1) = 947{,}14$	$N - 1 = 20$			

   Der Treatmenteffekt ist nicht signifikant.
   b) Homogenität des Regressionskoeffizienten der Faktorstufen (vgl. S. 370).
   1) Quadratsummen

Lösungen der Übungsaufgaben

$$QS_{x(1)} = \sum_m x_{m1}^2 - \frac{A_{x(1)}^2}{n} = 158 - \frac{34^2}{8} = 13{,}50$$

$$QS_{x(2)} = 142 - \frac{30^2}{7} = 13{,}43$$

$$QS_{x(3)} = 112 - \frac{24^2}{6} = 16{,}00$$

$$QS_{xy(1)} = \sum_m x_{m1} \cdot y_{m1} - \frac{A_{x(1)} \cdot A_{y(1)}}{n} = 2044 - \frac{34 \cdot 471}{8} = 42{,}25$$

$$QS_{xy(2)} = 2028 - \frac{30 \cdot 462}{7} = 48{,}00$$

$$QS_{xy(3)} = 1572 - \frac{24 \cdot 378}{6} = 60{,}00$$

Benötigte Kennziffern:

$$(2x) = \sum_i \sum_m x_{mi}^2 = 412 \qquad (3x) = \sum_i \frac{A_{x(i)}^2}{n_i} = \frac{34^2}{8} + \frac{30^2}{7} + \frac{24^2}{6} = 369{,}07$$

$$(2xy) = \sum_i \sum_m x_{mi} \cdot y_{mi} = 5644 \qquad (3xy) = \sum_i \frac{A_{x(i)} \cdot A_{y(i)}}{n_i} = \frac{34 \cdot 471}{8} + \frac{30 \cdot 462}{7} + \frac{24 \cdot 378}{6}$$

$$= 5493{,}75$$

$(2y) = 82\,791$ (vgl. a) $\qquad (3y) = 82\,036{,}13$ (vgl. a)

$$QS_{x(Fehler)} = (2x) - (3x) = 412 - 369{,}07 = 42{,}93$$
$$QS_{xy(Fehler)} = (2xy) - (3xy) = 5644 - 5493{,}75 = 150{,}25$$
$$QS_{y(Fehler)} = 754{,}87 \text{ (vgl. a)}$$

2) Komponenten der QS_{Fehler}^*:

$$S_1 = QS_{y(Fehler)} - \sum_i \frac{QS_{xy(i)}^2}{QS_{x(i)}} = 754{,}87 - \left(\frac{42{,}25^2}{13{,}50} + \frac{48{,}00^2}{13{,}43} + \frac{60{,}00^2}{16{,}00}\right) = 226{,}09$$

$$S_2 = \sum_i \frac{QS_{xy(i)}^2}{QS_{x(i)}} - \frac{QS_{xy(Fehler)}^2}{QS_{x(Fehler)}} = 528{,}78 - \frac{150{,}25^2}{42{,}93} = 2{,}92 \qquad (10.16)$$

3) Signifikanztest:

$$F = \frac{S_2/(p-1)}{S_1/p \cdot (n-2)} = \frac{2{,}92 \cdot 15}{226{,}09 \cdot 2} = 0{,}10; \text{ nach Gl. (10.17), mit } p(n-2) = N - 2p$$

Da $F < 1$, ist der Test nicht signifikant, d.h., die Innerhalb-Regressionskoeffizienten sind homogen.

c) Vgl. Gl. (10.20)

$$F = \frac{QS_{xy(Fehler)}^2}{QS_{x(Fehler)} \cdot QS_{y(Fehler)} - QS_{xy(Fehler)}^2} \times \frac{N - 2p}{1}$$

$$= \frac{150{,}25^2}{42{,}93 \cdot 754{,}87 - 150{,}25^2} \times 15 = 34{,}44$$

$F_{crit(1,15;99\%)} = 8{,}68$; $F_{emp} > F_{crit} \Rightarrow$ signifikant. Der Test fällt signifikant aus, d.h., die Steigungskoeffizienten weichen bedeutsam von 0 ab.

d) Kovarianzanalyse (vgl. S. 366 ff.)

1) Kennziffern

$$(1x) = \frac{G_x^2}{N} = \frac{88^2}{21} = 368{,}76, \quad (1xy) = \frac{G_x \cdot G_y}{N} = \frac{1311 \cdot 88}{21} = 5493{,}71, \quad (1y) = 81\,843{,}86 \text{ (siehe a)}$$

$(2x) = 412$, $(2xy) = 5644$, $(2y) = 82\,791$

$(3x) = 369{,}07$, $(3xy) = 5493{,}75$, $(3y) = 82\,036{,}15$ (vgl. a u. b)

2) Quadratsummen:

$$QS_{x(tot)} = (2x) - (1x) = 412 - 368{,}76 = 43{,}24$$
$$QS_{xy(tot)} = (2xy) - (1xy) = 150{,}29$$
$$QS_{y(tot)} = 947{,}14 \text{ (siehe a)}$$
$$QS_{x(Fehler)} = 42{,}93 \text{ (siehe b)}$$
$$QS_{xy(Fehler)} = 150{,}25 \text{ (siehe b)}$$
$$QS_{y(Fehler)} = 754{,}87 \text{ (siehe a)}$$

3) Korrigierte Quadratsummen:

$$QS^*_{tot} = QS_{y(tot)} - \frac{QS^2_{xy(tot)}}{QS_{x(tot)}} = 947{,}14 - \frac{150{,}29^2}{43{,}24} = 424{,}77 \tag{10.10a}$$

$$QS^*_{Fehler} = QS_{y(Fehler)} - \frac{QS^2_{xy(Fehler)}}{QS_{x(Fehler)}} = 754{,}87 - \frac{150{,}25^2}{42{,}93} = 229{,}01 \tag{10.10b}$$

$$QS^*_{treat} = QS^*_{tot} - QS^*_{Fehler} = 424{,}77 - 229{,}01 = 195{,}76 \tag{10.10c}$$

Q.d.V.	QS*	df*	$\hat{\sigma}^{2*}$	F	$F_{crit(2,17;99\%)}$
A	195,76	$p - 1 = 2$	97,88	7,27** >	6,11
Fehler	229,01	$N - p - 1 = 17$	13,47		
Total	424,77	$N - 2 = 19$			

Das Ergebnis der Kovarianzanalyse ist signifikant.

e) Korrigierte Mittelwerte

Nach Gl. (10.5 a) gilt:

$$b_{in} = \frac{\sum_i QS_{xy(i)}}{\sum_i QS_{x(i)}} = \frac{42{,}25 + 48{,}00 + 60{,}00}{13{,}50 + 13{,}43 + 16{,}00} = 3{,}50$$

(Quadratsummen siehe b)

Nach Gl. (10.12) gilt:

$$\overline{A}^*_{y(i)} = \overline{A}_{y(i)} - b_{in}(\overline{A}_{x(i)} - \overline{G}_x)$$

Daraus ergibt sich:

Lösungen der Übungsaufgaben

$\overline{A}^*_{y(1)} = 58{,}88 - 3{,}50\,(4{,}25 - 4{,}19) = 58{,}67$

$\overline{A}^*_{y(2)} = 66{,}00 - 3{,}50\,(4{,}29 - 4{,}19) = 65{,}65$

$\overline{A}^*_{y(3)} = 63{,}00 - 3{,}50\,(4{,}00 - 4{,}19) = 63{,}67$

f) A-priori-Einzelvergleich nach Gl. (10.13):

$$F = \frac{(\overline{A}^*_{y(i)} - \overline{A}^*_{y(j)})^2}{\hat{\sigma}^{*2}_{y(\text{Fehler})} \cdot \left[\dfrac{2}{n} + \dfrac{(\overline{A}_{x(i)} - \overline{A}_{x(j)})^2}{QS_{x(\text{Fehler})}}\right]} = \frac{(65{,}65 - 63{,}67)^2}{13{,}47\left[\dfrac{2}{\dfrac{6+7}{2}} + \dfrac{(4{,}29 - 4)^2}{42{,}93}\right]} = 0{,}94 < 1$$

Der Mittelwertunterschied ist nicht signifikant.

6. Vgl. S. 373.
7. Da bei einer einmaligen Erhebung der Kontrollvariablen die x-Werte über den Messwiederholungsfaktor konstant bleiben, werden folgende Quadratsummen null: $QS_{x(B)}$, $QS_{x(A \times B)}$, $QS_{x(B \times Vpn)}$, $QS_{xy(B)}$, $QS_{xy(A \times B)}$, $QS_{xy(B \times Vpn)}$.
Daraus ergibt sich für die korrigierten Quadratsummen:

$$QS^*_{B \times Vpn} = QS_{y(B \times Vpn)} - 0 \tag{10.34}$$

$$QS^*_B = QS_{y(B)} + QS_{y(B \times Vpn)} - 0 - QS_{y(B \times Vpn)} = QS_{y(B)} \tag{10.35}$$

$$QS^*_{A \times B} = QS_{y(A \times B)} + QS_{y(B \times Vpn)} - 0 - QS_{y(B \times Vpn)} = QS_{y(A \times B)} \tag{10.36}$$

Die korrigierten Quadratsummen entsprechen den unkorrigierten Quadratsummen (vgl. S. 381 ff.).

Kapitel 11

1. Geschachtelte Faktoren sind Faktoren, deren Stufen jeweils nicht mit allen, sondern nur mit bestimmten Stufen anderer Faktoren kombiniert werden (vgl. S. 388).
2. Vorteile: Versuchspersonenersparnis.
   Nachteile: Es können nicht alle Interaktionen geprüft werden (vgl. S. 388).
3. Varianzanalyse:
   a) Berechnung der Kennziffern
   (siehe zweifaktorielle Varianzanalyse, vollständiger Plan, außer (4)!)
   q = Faktorstufenzahl des Faktors B unter einer Faktorstufe des Faktors A!

$$(1) = \frac{G^2}{p \cdot q \cdot n} = \frac{423^2}{3 \cdot 2 \cdot 5} = 5964{,}30$$

$$(2) = \sum_i \sum_j \sum_m x^2_{ijm} = 6433$$

$$(3) = \frac{\sum_i A_i^2}{q \cdot n} = \frac{171^2 + 160^2 + 92^2}{2 \cdot 5} = 6330{,}50$$

$$(5) = \frac{\sum_i \sum_j AB_{ij}^2}{n} = \frac{91^2 + 80^2 + 83^2 + 77^2 + 48^2 + 44^2}{5} = 6347{,}80$$

b) Ergebnistabelle:
(Prüfvarianzen siehe Tabelle 11.3)

Q.d.V.	QS	df	$\hat{\sigma}^2 = \dfrac{QS}{df}$	$F = \dfrac{\hat{\sigma}^2_{Eff}}{\hat{\sigma}^2_{Prüf}}$	F_{crit}
A(fest)	(3) − (1) = 366,20	p − 1 = 2	183,10	$F = \dfrac{181,1}{5,77} = 31,73$	> 30,8
B(A) (zufällig)	(5) − (3) = 17,30	p(q − 1) = 3	5,77	$F = \dfrac{5,77}{3,55} = 1,63$	< 3,01
Fehler	(2) − (5) = 85,20	p · q(n − 1) = 24	3,55		
Total	(2) − (1) = 468,70	p · q · n − 1 = 29			

Der Haupteffekt A ist signifikant.

4. Die Nullhypothesen bezüglich
   Faktor A,
   Faktor B,
   Faktor C,
   Interaktion A × B,
   Interaktion A × C.
   Die Interaktion B × C kann nicht getestet werden.

5. Faktor A wird an der $\hat{\sigma}^2_{B(A)}$ getestet,
   Faktor B wird an der $\hat{\sigma}^2_{C(B(A))}$ getestet,
   Faktor C wird an der $\hat{\sigma}^2_{Fehler}$ getestet (vgl. Tabelle 11.13).

6. a) Ein lateinisches Quadrat stellt eine besondere Variante eines unvollständigen varianzanalytischen Versuchsplans dar. Es können die Haupteffekte von 3 Faktoren überprüft werden, die die gleiche Faktorstufenzahl aufweisen und feste Effekte haben müssen (Beispiel für allg. Datenschema, Tab. 11.15, vgl. S. 396).
   b) Ein griechisch-lateinisches Quadrat stellt eine Erweiterung des lateinischen Quadrates dar. Es können die Haupteffekte von 4 Faktoren überprüft werden (Tabelle 11.25, vgl. S. 403).

7.

	a_1	a_2	a_3	a_4	a_5	a_6
b_1	c_1	c_2	c_3	c_4	c_5	c_6
b_2	c_2	c_3	c_4	c_5	c_6	c_1
b_3	c_3	c_4	c_5	c_6	c_1	c_2
b_4	c_4	c_5	c_6	c_1	c_2	c_3
b_5	c_5	c_6	c_1	c_2	c_3	c_4
b_6	c_6	c_1	c_2	c_3	c_4	c_5

8. Die lateinischen Quadrate sind in Bezug auf die Haupteffekte vollständig ausbalanciert, weil jede Faktorstufe eines Faktors einmal mit jeder Faktorstufe der anderen Faktoren auftritt.

9. Varianzanalyse
   a) Berechnung der Kennziffern (siehe S. 400)

$$(1) = \frac{G^2}{n \cdot p^2} = \frac{719^2}{8 \cdot 3^2} = 7180,01$$

$$(2) = \sum x^2 = 7635$$

Lösungen der Übungsaufgaben

$$(3) = \frac{\sum_i A_i^2}{n \cdot p} = \frac{237^2 + 187^2 + 295^2}{8 \cdot 3} = 7423{,}46$$

$$(4) = \frac{\sum_j B_j^2}{n \cdot p} = \frac{236^2 + 241^2 + 242^2}{8 \cdot 3} = 7180{,}88$$

$$(5) = \frac{\sum_k C_k^2}{n \cdot p} = \frac{245^2 + 244^2 + 230^2}{8 \cdot 3} = 7185{,}88$$

$$(6) = \frac{\sum ABC^2}{n} = \frac{82^2 + 63^2 + 91^2 + 78^2 + 62^2 + 101^2 + 77^2 + 62^2 + 103^2}{8} = 7435{,}63$$

b) Ergebnistabelle

Q.d.V.	QS	df	$\hat{\sigma}^2 = \frac{QS}{df}$	$F = \frac{\hat{\sigma}^2_{Eff}}{\hat{\sigma}^2_{Fehler}}$	F_{crit}
A	$(3) - (1) = 243{,}45$	$p - 1 = 2$	121,73	38,52**	>7,08
B	$(4) - (1) = 0{,}87$	$p - 1 = 2$	0,44	<1	
C	$(5) - (1) = 5{,}87$	$p - 1 = 2$	2,94	<1	
Fehler	$(2) - (6) = 199{,}37$	$p^2(n - 1) = 63$	3,16		
Residual	$(6) - (3) - (4) - (5) + 2 \cdot (1) = 5{,}43$	$(p - 1)(p - 2) = 2$	2,72	<1	
Total	454,99	$p^2 \cdot n - 1 = 71$			

Da die Residualvarianz nicht signifikant ist, kann die Interaktion vernachlässigt werden. Der Haupteffekt A ist signifikant.

10. (Vgl. Tabelle 11.24.)
    $a_1 b_1 c_2 d_1$,
    $a_2 b_2 c_1 d_1$,
    $a_3 b_3 c_3 d_1$.

11. Unter einem sequenziell ausbalancierten lateinischen Quadrat versteht man ein lateinisches Quadrat für einen Versuchsplan mit Messwiederholung, bei dem jede Stufe des Messwiederholungsfaktors einmal auf jede andere Stufe des Messwiederholungsfaktors folgt. Um Sequenzeffekte vollständig auszubalancieren, werden bei einer geraden Anzahl von Faktorstufen ein und bei einer ungeraden Anzahl von Faktorstufen zwei lateinische Quadrate benötigt (vgl. S. 403 ff.).

Kapitel 12

1. $x_{ijkm} = \mu + \alpha_i + \beta_{j(i)} + \gamma_{k(j(i))} + \varepsilon_{ijkm}$ (vgl. S. 428, Gl. 12.86)!
2. Die Varianzkomponenten des Zählers dürfen nur um den zu testenden Effekt von denen des Nenners unterschieden sein (vgl. S. 420).
3. Ein Messwert besteht aus folgenden Strukturkomponenten:

$$x_{ijm} = \mu + \alpha_i + \beta_j + \alpha\beta_{ij} + \pi_m + \alpha\pi_{im} + \beta\pi_{jm} + \alpha\beta\pi_{ijm} + \varepsilon_{m(ij)}$$

Nach den auf S. 430 ff. genannten Regeln errechnet man die Erwartungswerte der Varianzen wie folgt:

	i	j	m	Erwartungswert der Varianzen
α_i	D_p	q	n	$D_n\sigma_\varepsilon^2 + D_qD_n\sigma_{\alpha\beta\pi}^2 \qquad\qquad + D_nq\sigma_{\alpha\pi}^2 \qquad + D_qn\sigma_{\alpha\beta}^2 + qn\sigma_\alpha^2$
β_j	p	D_q	n	$D_n\sigma_\varepsilon^2 + D_pD_n\sigma_{\alpha\beta\pi}^2 + D_np\sigma_{\beta\pi}^2 \qquad\qquad + D_pn\sigma_{\alpha\beta}^2 + pn\sigma_\beta^2$
$\alpha\beta_{ij}$	D_p	D_q	n	$D_n\sigma_\varepsilon^2 + D_n\sigma_{\alpha\beta\pi}^2 \qquad\qquad\qquad\qquad\qquad + n\sigma_{\alpha\beta}^2$
π_m	p	q	D_n	$\sigma_\varepsilon^2 \quad + D_pD_q\sigma_{\alpha\beta\pi}^2 + D_qp\sigma_{\beta\pi}^2 + D_pq\sigma_{\alpha\pi}^2 + pq\sigma_\pi^2$
$\alpha\pi_{im}$	D_p	q	D_n	$\sigma_\varepsilon^2 \quad + D_q\sigma_{\alpha\beta\pi}^2 \qquad\qquad + q\sigma_\alpha\pi^2$
$\beta\pi_{jm}$	p	D_q	D_n	$\sigma_\varepsilon^2 \quad + D_p\sigma_{\alpha\beta\pi}^2 \quad + p\sigma_{\beta\pi}^2$
$\alpha\beta\pi_{ijm}$	D_p	D_q	D_n	$\sigma_\varepsilon^2 \quad + \sigma_{\alpha\beta\pi}^2$
$\varepsilon_{m(ij)}$	1	1	D_n	$\sigma_\varepsilon^2 \quad + \sigma_{\alpha\beta\pi}^2$

Sind A und B Faktoren mit festen Effekten, setzen wir $D_p = D_q = 0$. Ferner ist $D_n = 1$. Wir erhalten also:

Q.d.V.	Erwartungswert der Varianzen
A	$\sigma_\varepsilon^2 + q\sigma_{\alpha\pi}^2 + qn\sigma_\alpha^2$
B	$\sigma_\varepsilon^2 + p\sigma_{\beta\pi}^2 + pn\sigma_\beta^2$
A × B	$\sigma_\varepsilon^2 + \sigma_{\alpha\beta\pi}^2 + n\sigma_{\alpha\beta}^2$
zw. Vpn	$\sigma_\varepsilon^2 + pq\sigma_\pi^2$
A × Vpn	$\sigma_\varepsilon^2 + q\sigma_{\alpha\pi}^2$
B × Vpn	$\sigma_\varepsilon^2 + p\sigma_{\beta\pi}^2$
A × B × Vpn	$\sigma_\varepsilon^2 + \sigma_{\alpha\beta\pi}^2$

$\sigma_{A\times B\times Vpn}^2$ und σ_ε^2 sind in diesem Plan konfundiert. Nach der Regel, dass sich die Varianzkomponenten des Zählers nur um den zu prüfenden Effekt von den Varianzkomponenten des Nenners unterscheiden dürfen, prüfen wir $\hat\sigma_A^2$ an der $\hat\sigma_{A\times Vpn}^2$, $\hat\sigma_B^2$ an der $\hat\sigma_{B\times Vpn}^2$ und $\hat\sigma_{A\times B}^2$ an der $\hat\sigma_{A\times B\times Vpn}^2$.

Kapitel 13

1. Vgl. S. 443 ff.
   a) Die bivariate Produktmomentkorrelation stellt den linearen Zusammenhang zwischen zwei Merkmalen dar.
   b) Die Partialkorrelation entspricht einer bivariaten Produktmomentkorrelation zwischen den Regressionsresiduen zweier Variablen nach der Bereinigung des Einflusses einer Kontrollvariablen.
   c) Die multiple Korrelation gibt den Zusammenhang zwischen mehreren Prädiktorvariablen und einer Kriteriumsvariablen wieder.
2. Die Regressionsresiduen (vgl. S. 445).
3. Die durch die Prädiktoren mit Hilfe der multiplen Regression bestimmten Vorhersagewerte mit den Kriteriumswerten. (Man beachte aber die unterschiedlichen Wertebereiche der Produktmomentkorrelation und der multiplen Korrelation: $0 \leq R \leq 1$ und $-1 \leq r \leq 1$!).

Lösungen der Übungsaufgaben

4. 1) Berechnung der Partialkorrelation
   Nach Gl. (13.5) gilt:

   $$r_{xy \cdot z} = \frac{r_{xy} - r_{xz} \cdot r_{yz}}{\sqrt{(1 - r_{xz}^2)(1 - r_{yz}^2)}} = \frac{0{,}71 - 0{,}88 \cdot 0{,}73}{\sqrt{(1 - 0{,}88^2) \cdot (1 - 0{,}73^2)}} = 0{,}208$$

   2) Signifikanztest:
   Nach Gl. (13.9) gilt:

   $$z = Z\sqrt{(n - 4)} = 0{,}211 \cdot \sqrt{36} = 1{,}27$$
   $$\Rightarrow -1{,}96 < z < 1{,}96,$$

   die Korrelation ist nicht signifikant! (Z siehe Tabelle H: r → Z!)

5. Vgl. S. 450
   1) Kontinuierliche Variablen, die multivariat normalverteilt sind.
   2) Bei Verletzung von 1): Ein im Verhältnis zur Anzahl der Prädiktorvariablen ausreichend großer Stichprobenumfang (z. B. $n > 40$ bei $k < 10$)

6. a) Nach Gl. (6.60) gilt:

   $$r_{xy} = \frac{n \cdot \sum_{i=1}^{n} x_i y_i - \left(\sum_{i=1}^{n} x_i\right)\left(\sum_{i=1}^{n} y_i\right)}{\sqrt{\left[n \cdot \sum_{i=1}^{n} x_i^2 - \left(\sum_{i=1}^{n} x_i\right)^2\right] \cdot \left[n \cdot \sum_{i=1}^{n} y_i^2 - \left(\sum_{i=1}^{n} y_i\right)^2\right]}}$$

   $$\Rightarrow r_{13} = \frac{10 \cdot 1037 - 46 \cdot 208}{\sqrt{(10 \cdot 296 - 46^2)(10 \cdot 4550 - 208^2)}} = 0{,}58$$

   b) Nach Gl. (6.60) gilt:

   $$r_{23} = \frac{10 \cdot 1011 - 52 \cdot 208}{\sqrt{(10 \cdot 326 - 52^2)(10 \cdot 4550 - 208^2)}} = -0{,}63$$

   c) Nach Gl. (13.14a) gilt:

   $$R_{3,12} = \sqrt{\frac{r_{13}^2 + r_{23}^2 - 2r_{12}r_{13}r_{23}}{1 - r_{12}^2}},$$

   mit $r_{12} \dfrac{10 \cdot 249 - 46 \cdot 52}{\sqrt{(10 \cdot 296 - 46^2)(10 \cdot 326 - 52^2)}} = 0{,}14$ folgt:

   $$R_{3,12} = \sqrt{\frac{0{,}58^2 + (-0{,}63^2) - 2 \cdot 0{,}14 \cdot 0{,}58 \cdot (-0{,}63)}{1 - 0{,}14^2}} = 0{,}92$$

   d) 1) Berechnung der Beta-Gewichte:
   Gl. (13.15a)
   $$b_1 = \frac{r_{13} - r_{23} \cdot r_{12}}{1 - r_{12}^2} = 0{,}68$$

   Gl. (13.15b)
   $$b_2 = \frac{r_{23} - r_{13} \cdot r_{12}}{1 - r_{12}^2} = -0{,}73$$

2) Einsetzen in die Vorhersagegleichung (13.11)

$$\hat{z}_{3m} = 0{,}68 \cdot z_{1m} - 0{,}73 \cdot z_{2m}$$

e) Nach Gl. (13.12) gilt:

$$\hat{x}_{3m} = b'_1 x_{1m} + b'_2 x_{2m} + a,$$

wobei $b'_i = b_i \cdot \dfrac{s_3}{s_i}$

1) Berechnung der Standardabweichungen s_1 bis s_3:
   Nach Gl. (1.17) gilt:

$$s = \sqrt{s^2} = \sqrt{\dfrac{\sum_{i=1}^{n}(x_i - \bar{x})^2}{n}}$$

Daraus ergibt sich:

$s_1 = 2{,}91$; $s_2 = 2{,}36$; $s_3 = 4{,}73$

2) Berechnung der nicht standardisierten Beta-Gewichte

$$b'_1 = 0{,}68 \cdot \dfrac{4{,}73}{2{,}91} = 1{,}105$$

$$b'_2 = -0{,}73 \cdot \dfrac{4{,}73}{2{,}36} = -1{,}463$$

3) Berechnung des y-Achsenabschnitts a
   Nach Gl. (13.13) gilt:

$$a = \bar{x}_3 - (b'_1 \bar{x}_1 + b'_2 \bar{x}_2)$$

Daraus ergibt sich:

$a = 20{,}8 - (1{,}11 \cdot 4{,}6 + (-1{,}46) \cdot 5{,}2) = 23{,}286$

4) Einsetzen in Gl. (13.12):

$$\hat{x}_{3m} = 1{,}11 \cdot x_{1m} - 1{,}46 \cdot x_{2m} + 23{,}286$$

f) Da es sich um die Prädiktormittelwerte handelt, wird durch die Vorhersagegleichung ebenfalls das Kriteriumsmittel (20,8) vorhergesagt.

g) R = 0,92 (siehe c!)
   Signifikanzprüfung:
   Nach Gl. (13.19) gilt:

$$F = \dfrac{R^2(n - k - 1)}{(1 - R^2) \cdot k}, \text{ mit k: Anzahl der Prädiktorvariablen und } df_Z = k; \ df_N = n - k - 1$$

Daraus ergibt sich:

$$F = \dfrac{0{,}92^2 \cdot (10 - 2 - 1)}{(1 - 0{,}92^2) \cdot 2} = 19{,}29; \quad df_N = 2; \quad df_Z = 7.$$

Aus Tabelle E ergibt sich

$F_{crit\,(2,7;\,99\%)} = 9{,}55$

Da $F_{emp} > F_{crit}$, ist die multiple Korrelation signifikant.

Lösungen der Übungsaufgaben

7. Für 2 Prädiktorvariablen:
   Übt die 1. Prädiktorvariable Suppressionseffekte aus, gilt: $|b_2| > |r_{23}|$,
   übt die 2. Prädiktorvariable Suppressionseffekte aus, gilt: $|b_1| > |r_{13}|$.
8. Die Summe der gewichteten Messwerte einer Vp.
9. Die Gewichte der Variablen werden so bestimmt, dass die Summe der quadrierten Differenzen zwischen den tatsächlichen Kriteriumswerten und den vorhergesagten Kriteriumswerten minimal wird (vgl. Gl. 13.48).
10. Die wechselseitige Abhängigkeit der Prädiktorvariablen (vgl. S. 452 ff.).
11. Die Nützlichkeit einer Prädiktorvariablen k+1 erkennt man daran, um welchen Betrag das Vorhersagepotential (die quadrierte multiple Korrelation) erhöht wird, wenn man einen Satz von k Prädiktorvariablen um die Variable k+1 erweitert. Sie ist definiert als die quadrierte Semipartialkorrelation $R^2_{y(A+1)\cdot A}$, wobei A einen Satz von k Prädiktorvariablen kennzeichnet (vgl. S. 456).

Kapitel 14

1. Die Design-Matrix lautet:

x_1	x_2	x_3	y
1	0	1	16
1	0	1	18
1	0	1	15
1	0	1	11
1	0	1	17
0	1	1	18
0	1	1	14
0	1	1	14
0	1	1	17
0	1	1	12
0	1	1	14
−1	−1	1	12
−1	−1	1	17
−1	−1	1	11
−1	−1	1	9
−1	−1	1	13
−1	−1	1	13
−1	−1	1	12

Mit der Indikatorvariablen x_3 („Einservariable") wird über Gl. (13.62) auch die Regressionskonstante a errechnet (vgl. S. 468 und S. 490). Im Übrigen resultiert:

$r_{x_1y} = 0{,}4799$; $r_{x_2y} = 0{,}4058$; $r_{x_1x_2} = 0{,}5579$ [nach Gl. (6.57), wobei s_x, s_y nach Gl. (1.21) und

$b_1 = 1{,}1794$ [nach Gl. (13.12 oder 13.62)], $\text{cov}_{x,y}$ nach Gl. (6.22)]

$b_2 = 0{,}6127$ [nach Gl. (13.12 oder 13.62)],

$a = 14{,}2206$ [nach Gl. (13.13 oder 13.62)],

$R^2 = 0{,}2580$ [nach Gl. (13.14 oder 13.72)],

$F = \dfrac{0{,}2580 \cdot (18-3)}{(1-0{,}2580) \cdot (3-1)} = 2{,}61$ [nach Gl. (14.5)].

Das Ergebnis der Varianzanalyse lautet:

Q.d.V.	QS	df	$\hat{\sigma}^2$	F
Faktor A	31,20	2	15,60	2,61
Fehler	89,75	15	5,98	

Kontrolle (vgl. S. 486): $b_1 = \overline{A}_1 - \overline{G} = 15{,}4 - 14{,}2206 = 1{,}1794$,

$b_2 = \overline{A}_2 - \overline{G} = 14{,}8333 - 14{,}2206 = 0{,}6127$,

$a = \overline{G} = (15{,}4 + 14{,}8333 + 12{,}4286)/3 = 14{,}2206$ (ungewichtetes Mittel!)

2. a) 17 (5 für die 3 Haupteffekte, 8 für die 3 Interaktionen und 4 für die Tripelinteraktion), vgl. S. 491f.
   b) 3 für den Messwiederholungsfaktor und eine weitere Variable für die Vpn-Summen, vgl. S. 503
   c) 11 (1 für Faktor A, 4 für Faktor B, 6 für Faktor C), vgl. S. 500
   d) 8 (2 für jeden der 4 Faktoren), vgl. S. 501

3. a) $F = \dfrac{R^2_{y,x_B \times C} \cdot p \cdot q \cdot r \cdot (n-1)}{(1 - R^2_{y,x_A x_B x_C x_{A \times B} x_{A \times C} x_{B \times C} x_{A \times B \times C}}) \cdot (q-1) \cdot (r-1)}$,   abgeleitet von Gl. (14.12)

   b) $F = \dfrac{R^2_{y,x_A} \cdot (p-1) \cdot (n-1)}{(1 - R^2_{y,x_A x_P}) \cdot (p-1)}$,   abgeleitet von Gl. (14.26)

   c) $F = \dfrac{(R^2_{y,x_{C(B(A))}} - R^2_{y,x_{B(A)}}) \cdot p \cdot q \cdot r \cdot (n-1)}{(1 - R^2_{y,x_{C(B(A))}}) \cdot (r-1) \cdot p \cdot q}$,   abgeleitet von Gl. (14.21)

   d) $F = \dfrac{(R^2_{y,x_A x_B x_C x_D} - R^2_{y,x_A x_B x_C}) \cdot (N - p^2) + (p-1) \cdot (p-3)}{(1 - R^2_{y,x_A x_B x_C x_D}) \cdot (p-1)}$,   abgeleitet aus den Gl. (14.22–14.24).

Kapitel 15

1. Die Korrelation einer Variablen mit einem Faktor.
2. Die Ausprägung (z-standardisiert) eines Faktors bei einer Vp.
3. Die Kommunalität einer Variablen entspricht der Summe der quadrierten Ladungen der Variablen auf den bedeutsamen Faktoren.
4. Die Variable erfasst entweder einen spezifischen, nicht von den relevanten Faktoren erfassten Varianzanteil oder Fehlervarianz.
5. Die Faktoren klären sukzessiv maximale Varianzanteile auf und sind wechselseitig orthogonal zueinander.
6. Wir berechnen die Kommunalitäten der Variablen nach Gl. (15.4).
   Die Ladungen der Variablen 4 sind fehlerhaft. Die Kommunalität lautet: $h_4^2 = 1{,}06$ und ist damit größer als 1, was nicht zulässig ist.

Lösungen der Übungsaufgaben

7. Die Summe der Eigenwerte gibt die Summe der durch die Faktoren aufgeklärten Varianzen wieder. Da durch die z-Standardisierung in der Korrelationsberechnung jede Variable eine Varianz von 1 erhält, ist die Gesamtvarianz von p Variablen vom Betrage p. Diese Gesamtvarianz ergibt sich summativ aus den Eigenwerten.
8. $\lambda_3 = 3 - 1{,}68 - 0{,}83 = 0{,}49$. (Bei p = 3 Variablen muss die Summe der Eigenwerte 3 ergeben.)
9. Weil nur dann gewährleistet ist, dass ein Faktor mehr Varianz aufklärt als eine Variable (Datenreduktion! vgl. S. 544).
10. Vgl. S. 544. Auf der Abszisse sind die Rangnummern der Faktoren, auf der Ordinate deren Eigenwerte abgetragen.
11. Indem man die Korrelationen zwischen den Faktorwerten verschiedener Faktoren berechnet. Sie sind jeweils Null.
12. Vereinfacht gesprochen handelt es sich um eine Faktorenstruktur, bei der auf jedem Faktor einige Variablen hoch, die anderen Variablen niedrig laden (vgl. S. 547).
13. Die Varianz der quadrierten Ladungen wird pro Faktor maximiert.
14. Hierbei wird eine Vergleichsstruktur so rotiert, dass sie zu einer vorgegebenen Zielstruktur eine maximale Ähnlichkeit aufweist (vgl. S. 554).
15. Das Kommunalitätenproblem taucht im Modell mehrerer gemeinsamer Faktoren auf. Hier geht es um die Schätzung der „wahren" gemeinsamen Varianz der Variablen. Eine Schätzung desjenigen Varianzanteils, den eine Variable mit den anderen Variablen teilt, ist die Kommunalität dieser Variablen. Diese hängt aber von der Anzahl der gemeinsamen Faktoren ab. Kennen wir die Anzahl der gemeinsamen Faktoren, könnten über die Kommunalitäten die gemeinsamen Varianzanteile geschätzt werden. Kennen wir umgekehrt die Kommunalitäten, könnte damit die Anzahl der gemeinsamen Faktoren geschätzt werden. Es sind jedoch weder die Anzahl der gemeinsamen Faktoren noch die Kommunalitäten der Variablen bekannt – das Kommunalitätenproblem. Zur Lösung dieses Dilemmas vgl. S. 558.
16. Sie testet Hypothesen über die Faktorenstruktur (Anzahl der orthogonalen oder obliquen Faktoren und Ladungsmuster der Variablen) eines Datensatzes.
17. Vgl. S. 561.
18. Es handelt sich hierbei um ein Verfahren, mit dem man über eine multiple Regressionsgleichung die Anzahl der bedeutsamen Faktoren bestimmen kann (vgl. S. 529 f.).
19. Man summiert die quadrierten Ladungen des Varimaxfaktors, dividiert die Summe durch p und multipliziert das Ergebnis mit 100 %.

Kapitel 16

1. Wenn die Ähnlichkeit der Objekte lediglich aus dem Vorhandensein bestimmter Merkmale bestimmt werden soll, berechnet man einen S-Koeffizienten. Soll zusätzlich das gemeinsame Nichtauftreten von Merkmalen ins Gewicht fallen, empfiehlt sich die Berechnung des SMC-Koeffizienten (vgl. S. 567).
2. Der Sachverhalt, der durch die korrelierten Merkmale gemeinsam erfasst wird, bestimmt die Ähnlichkeit aller Objekte stärker als nichtkorrelierte Merkmale.
3. Man versteht darunter einen Algorithmus der Clusteranalyse, der bei der schrittweisen Fusionierung der Elemente (Objekte oder Cluster) zu größeren Clustern mit der feinsten Partitionierung beginnt (vgl. S. 571 f.).
4. Da die Single-linkage-Methode die Verbindung zweier Cluster über 2 „benachbarte" Objekte der beiden Cluster herstellt, kann es zu „Chaining-Effekten" kommen, bei denen Cluster resultieren, in denen Objekte zu anderen Objekten innerhalb des Clusters geringere Ähnlichkeit haben als zu Objekten anderer Cluster (vgl. S. 572).
5. Z. B. Varianzkriterium, Determinantenkriterium, Spur-Kriterium, k-means-Methode (vgl. S. 574).

6. Die Ward-Methode stellt ein hierarchisches Verfahren dar, das sukzessiv diejenigen Elemente zusammenfasst, deren Fusion die geringste Erhöhung der gesamten Fehlerquadratsumme mit sich bringt. In den ersten Fusionsschritten werden bevorzugt kleine Cluster mit hoher Objektdichte zusammengefasst. In weiteren Fusionsschritten werden vom Verfahren dagegen Unterschiede in den Besetzungszahlen (n) ausgeglichen, was unter Umständen einen Nachteil des Verfahrens darstellt (vgl. S. 575 ff.).
7. Die k-Means-Methode stellt ein nicht-hierarchisches Verfahren dar. Es wird von einer im Grunde beliebigen Startpartition ausgegangen. Ein Cluster wird durch seinen Schwerpunkt repräsentiert. Ein Objekt wird immer dann in ein anderes Cluster verschoben, wenn es zum Schwerpunkt des anderen Clusters eine geringere euklidische Distanz aufweist als zum Ursprungscluster (vgl. S. 578 ff.).
8. Doppelkreuzvalidierung unter Verwendung geeigneter Zuordnungsregeln; anschließend Überprüfung der Clusterübereinstimmung mit dem Kappa-Maß oder dem Rand-Index.

Kapitel 17

1. a) Ermittlung des Abweichungsvektors

   $(\bar{\mathbf{x}} - \boldsymbol{\mu}_0)' = (55{,}24 - 60;\ 34{,}97 - 50) = (-4{,}76;\ -15{,}03)$

   b) Berechnung der **D**-Matrix (vgl. Gl. 15.27) und ihrer Inversen

   $$\mathbf{D} = \widehat{\mathbf{COV}} \cdot (n-1) = 100 \cdot \begin{pmatrix} 210{,}54 & 126{,}99 \\ 126{,}99 & 119{,}68 \end{pmatrix} = \begin{pmatrix} 21\,054 & 12\,699 \\ 12\,699 & 11\,968 \end{pmatrix}$$

   Inverse Matrix (vgl. C21)

   $$\mathbf{D}^{-1} = \frac{1}{21\,054 \cdot 11\,968 - 12\,699^2} \cdot \begin{pmatrix} 11\,968 & -12\,699 \\ -12\,699 & 21\,054 \end{pmatrix} = \begin{pmatrix} 1{,}32 & -1{,}40 \\ -1{,}40 & 2{,}32 \end{pmatrix} \cdot 10^{-4}$$

   c) Berechnung von Hotelling's T_1^2:
   vgl. Gl. (17.3) und C 11

   $$T_1^2 = 101 \cdot (101 - 1) \cdot 10^{-4} \cdot (-4{,}76;\ -15{,}03) \cdot \begin{pmatrix} 1{,}32 & -1{,}40 \\ -1{,}40 & 2{,}32 \end{pmatrix} \cdot \begin{pmatrix} -4{,}76 \\ -15{,}03 \end{pmatrix}$$

   $$= 1{,}01 \cdot (14{,}76;\ -28{,}21) \begin{pmatrix} -4{,}76 \\ -15{,}03 \end{pmatrix}$$

   $$= 1{,}01 \cdot 353{,}74 = 357{,}28$$

   d) Berechnung der Prüfgröße F (17.4):

   $$F = \frac{n-p}{(n-1) \cdot p} \cdot T_1^2 = \frac{101 - 2}{(101 - 1) \cdot 2} \cdot 357{,}28 = 176{,}85^{**}$$

   $df_Z = 2;\ df_N = 99 \ \rightarrow\ F_{\text{crit},99\%} = 4{,}98 \ \Rightarrow\ $ Test ist signifikant

2. a) Ermittlung der Differenzvektoren nach Gl. (17.5)

$\mathbf{d}_1' = (1;1)$	$\mathbf{d}_5' = (-3;-3)$	$\mathbf{d}_9' = (-8;-3)$
$\mathbf{d}_2' = (-7;-2)$	$\mathbf{d}_6' = (-9;0)$	$\mathbf{d}_{10}' = (-7;-1)$
$\mathbf{d}_3' = (-8;-2)$	$\mathbf{d}_7' = (-1;0)$	
$\mathbf{d}_4' = (-3;0)$	$\mathbf{d}_8' = (-7;-2)$	

   b) Ermittlung des durchschnittlichen Differenzvektors

Lösungen der Übungsaufgaben

$\bar{d}' = (-5{,}2;\ -1{,}2)$,

c) Berechnung der $\mathbf{D}_d$-Matrix (Quadratsummen und Kreuzproduktsummen der Differenzwerte) und ihrer Inversen:

$$\mathbf{D}_d = \begin{pmatrix} 105{,}60 & 22{,}60 \\ 22{,}60 & 17{,}60 \end{pmatrix}$$

$$\mathbf{D}_d^{-1} = \frac{1}{105{,}6 \cdot 17{,}6 - 22{,}6^2} \cdot \begin{pmatrix} 17{,}60 & -22{,}60 \\ -22{,}60 & 105{,}60 \end{pmatrix} = \begin{pmatrix} 0{,}013 & -0{,}017 \\ -0{,}017 & 0{,}078 \end{pmatrix}$$

d) Berechnung von Hotelling's T_2^2 nach Gl. (17.7):

$$T_2^2 = 10(10-1) \cdot (-5{,}2;\ -1{,}2) \begin{pmatrix} 0{,}013 & -0{,}017 \\ -0{,}017 & 0{,}078 \end{pmatrix} \cdot \begin{pmatrix} -5{,}2 \\ -1{,}2 \end{pmatrix}$$

$$= 90 \cdot (-0{,}047;\ -0{,}005) \cdot \begin{pmatrix} -5{,}2 \\ -1{,}2 \end{pmatrix}$$

$$= 90 \cdot 0{,}25$$

$$= 22{,}5$$

e) Ermittlung der Prüfgröße F (nach Gl. 17.4):

$$F = \frac{n-p}{(n-1)p} \cdot T_2^2 = \frac{10-2}{(10-1)\cdot 2} \cdot 22{,}5 = 10{,}00^{**}$$

$df_Z = 2$; $df_N = 8 \rightarrow F_{crit,99\%} = 8{,}65 \Rightarrow$ Test ist signifikant

3. Vgl. S. 589 f.

a) Ermittlung der Mittelwertvektoren und des Differenzvektors der Stichproben 1 und 2:

$\bar{x}_1' = (13{,}00;\ 20{,}00)$; $\quad \bar{x}_2' = (10{,}11;\ 20{,}78)$

$\Rightarrow \bar{x}_1' - \bar{x}_2' = (2{,}89;\ -0{,}78)$

b) Berechnung der D-Matrizen

$$\mathbf{D}_1 = \begin{pmatrix} 48{,}00 & 14{,}00 \\ 14{,}00 & 10{,}00 \end{pmatrix};\quad \mathbf{D}_2 = \begin{pmatrix} 10{,}89 & -0{,}78 \\ -0{,}78 & 13{,}56 \end{pmatrix}$$

c) Zusammengefasste Matrix W (Gl. 17.8) und ihre Inverse:

$$\mathbf{W} = \mathbf{D}_1 + \mathbf{D}_2 = \begin{pmatrix} 58{,}89 & 13{,}22 \\ 13{,}22 & 23{,}56 \end{pmatrix}$$

$$\mathbf{W}^{-1} = \frac{1}{58{,}89 \cdot 23{,}56 - 13{,}22^2} \cdot \begin{pmatrix} 23{,}56 & -13{,}22 \\ -13{,}22 & 58{,}89 \end{pmatrix}$$

$$= \begin{pmatrix} 1{,}94 & -1{,}09 \\ -1{,}09 & 4{,}86 \end{pmatrix} \cdot 10^{-2}$$

d) Berechnung von Hotelling's T_3^2 nach Gl. (17.9):

$$T_3^2 = \frac{n_1 \cdot n_2(n_1 + n_2 - 2)}{n_1 + n_2} \cdot (\bar{x}_1 - \bar{x}_2)' \cdot W^{-1} \cdot (\bar{x}_1 - \bar{x}_2)$$

$$\Rightarrow T_3^2 = \frac{7 \cdot 9 \cdot (7 + 9 - 2)}{7 + 9} \cdot (2{,}89;\ -0{,}78) \cdot \begin{pmatrix} 1{,}94 & -1{,}09 \\ -1{,}09 & 4{,}86 \end{pmatrix} \cdot 10^{-2} \cdot \begin{pmatrix} 2{,}89 \\ -0{,}78 \end{pmatrix}$$

$$= 55{,}13 \cdot 10^{-2} \cdot (6{,}46;\ -6{,}94) \cdot \begin{pmatrix} 2{,}89 \\ -0{,}78 \end{pmatrix}$$

$$= 55{,}13 \cdot 10^{-2} \cdot 24{,}08$$

$$= 13{,}28$$

e) Prüfgröße F (Gl. 17.10):

$$F = \frac{n_1 + n_2 - p - 1}{(n_1 + n_2 - 2) \cdot p} \cdot T_3^2 = \frac{7 + 9 - 2 - 1}{(7 + 9 - 2) \cdot 2} \cdot 13{,}28 = 6{,}17^*$$

$df_Z = 2$; $df_N = 13 \rightarrow F_{crit,95\%} = 3{,}81 \Rightarrow$ der Test ist signifikant

4. Vgl. S. 590 ff.

   a) Bestimmung der Differenzvektoren y_1 und y_2 und deren Durchschnittsvektor:

$$\mathbf{y}_1 = \mathbf{x}_1 - \mathbf{x}_2 = \begin{pmatrix} 35 \\ 50 \\ 40 \\ 15 \\ 60 \\ 50 \\ 35 \\ 22 \end{pmatrix}; \quad \mathbf{y}_2 = \mathbf{x}_2 - \mathbf{x}_3 = \begin{pmatrix} -12 \\ 0 \\ -20 \\ -20 \\ -30 \\ -15 \\ -5 \\ -12 \end{pmatrix} \Rightarrow \bar{\mathbf{y}} = \begin{pmatrix} 38{,}38 \\ -14{,}25 \end{pmatrix}$$

   b) Berechnung der Varianz/Kovarianz-Matrix und ihrer Inversen:

$$\widehat{COV}_y = \begin{pmatrix} 225{,}41 & -19{,}18 \\ -19{,}18 & 87{,}64 \end{pmatrix}$$

$$\widehat{COV}_y^{-1} = \frac{1}{225{,}41 \cdot 87{,}64 - (-19{,}18^2)} \cdot \begin{pmatrix} 87{,}64 & 19{,}18 \\ 19{,}18 & 225{,}41 \end{pmatrix}$$

$$= \begin{pmatrix} 4{,}52 & 0{,}99 \\ 0{,}99 & 11{,}63 \end{pmatrix} \cdot 10^{-3}$$

   c) Berechnung von Hotelling's T_4^2 (nach Gl. 17.11):

$$T_4^2 = n \cdot \bar{\mathbf{y}}' \cdot \widehat{COV}_y^{-1} \cdot \bar{\mathbf{y}}$$

$$\Rightarrow T_4^2 = 8 \cdot (38{,}38;\ -14{,}25) \cdot \begin{pmatrix} 4{,}52 & 0{,}99 \\ 0{,}99 & 11{,}63 \end{pmatrix} \cdot 10^{-3} \cdot \begin{pmatrix} 38{,}38 \\ -14{,}25 \end{pmatrix}$$

$$= 8 \cdot 10^{-3} \cdot (159{,}37;\ -127{,}73) \cdot \begin{pmatrix} 38{,}38 \\ -14{,}25 \end{pmatrix}$$

$$= 63{,}49$$

   d) Ermittlung der Prüfgröße F (nach Gl. 17.12)

Lösungen der Übungsaufgaben

$$F = \frac{n-k+1}{(n-1)(k-1)} T_4^2 = \frac{8-3+1}{(8-1)\cdot(3-1)} \cdot 63{,}49$$
$$= 27{,}21**$$

$df_Z = 2$; $df_N = 6 \to F_{crit,99\%} = 10{,}9 \Rightarrow$ Der Test ist signifikant.

5. Wir berechnen eine einfaktorielle, multivariate Varianzanalyse (vgl. S. 592 ff.)! Die zwei abhängigen Variablen tauchen als x_1 und x_2 unter den drei Stufen des Treatmentfaktors (Art der Aggressivität) auf.
   $G_1 = 93 + 71 + 107 = 271$,
   $G_2 = 40 + 30 + 49 = 119$,
   $(1x_1) = 271^2/20 = 3672{,}05$,
   $(2x_1) = 12^2 + 14^2 + \ldots + 12^2 + 14^2 = 3715$,
   $(3x_1) = 93^2/7 + 71^2/5 + 107^2/8 = 3674{,}90$,
   $(1x_2) = 119^2/20 = 708{,}05$,
   $(2x_2) = 4^2 + 6^2 + \ldots + 6^2 + 7^2 = 741$,
   $(3x_2) = 40^2/7 + 30^2/5 + 49^2/8 = 708{,}70$,
   $(1x_1x_2) = 271 \cdot 119/20 = 1612{,}45$,
   $(2x_1x_2) = 12 \cdot 4 + 14 \cdot 6 + \ldots + 12 \cdot 6 + 14 \cdot 7 = 1626$,
   $(3x_1x_2) = 93 \cdot 40/7 + 71 \cdot 30/5 + 107 \cdot 49/8 = 1612{,}80$,
   $\mathbf{D}_{treat} = \begin{pmatrix} 2{,}85 & 0{,}35 \\ 0{,}35 & 0{,}65 \end{pmatrix}$, $\mathbf{D}_{Fehler} = \begin{pmatrix} 40{,}10 & 13{,}20 \\ 13{,}20 & 32{,}30 \end{pmatrix}$, $\mathbf{D}_{tot} = \begin{pmatrix} 42{,}95 & 13{,}55 \\ 13{,}55 & 32{,}95 \end{pmatrix}$,
   $|\mathbf{D}_{Fehler}| = 40{,}10 \cdot 32{,}30 - (13{,}20)^2 = 1120{,}99$ [gemäß Gl. C 15],
   $|\mathbf{D}_{tot}| = 42{,}95 \cdot 32{,}95 - (13{,}55)^2 = 1231{,}60$ [gemäß Gl. C 15],
   $\Lambda = \frac{1120{,}99}{1231{,}60} = 0{,}91$,
   $\ln \Lambda = -0{,}09$,
   $V = 16{,}5 \cdot 0{,}09 = 1{,}49$ (nicht signifikant),
   $df = 4$ [gemäß Gl. 17.21].

6. Nach Kap. 17.6 berechnen wir:
   $G_1 = 26 + 29 + 64 + 30 + 31 + 54 = 234$,
   $G_2 = 25 + 33 + 48 + 33 + 35 + 34 = 208$.
   $A_{11} = 26 + 30 = 56$,
   $A_{12} = 29 + 31 = 60$,
   $A_{13} = 64 + 54 = 118$,
   $A_{21} = 25 + 33 = 58$,
   $A_{22} = 33 + 35 = 68$,
   $A_{23} = 48 + 34 = 82$,
   $B_{11} = 26 + 29 + 64 = 119$,
   $B_{12} = 30 + 31 + 54 = 115$,
   $B_{21} = 25 + 33 + 48 = 106$,
   $B_{22} = 33 + 35 + 34 = 102$.
   $(1x_1) = 234^2/24 = 2281{,}50$,
   $(2x_1) = 5^2 + 5^2 + \ldots + 14^2 + 10^2 = 2692$,
   $(3x_1) = (56^2 + 60^2 + 118^2)/8 = 2582{,}50$,
   $(4x_1) = (119^2 + 115^2)/12 = 2282{,}17$,
   $(5x_1) = (26^2 + 29^2 + 64^2 + 30^2 + 31^2 + 54^2)/4 = 2597{,}50$.
   $(1x_2) = 208^2/24 = 1802{,}67$,
   $(2x_2) = 6^2 + 4^2 + \ldots + 8^2 + 5^2 = 1986$,
   $(3x_2) = (58^2 + 68^2 + 82^2)/8 = 1839{,}00$,
   $(4x_2) = (106^2 + 102^2)/12 = 1803{,}33$,

$(5x_2) = (25^2 + 33^2 + 48^2 + 33^2 + 35^2 + 34^2)/4 = 1872,00.$
$(1x_1x_2) = 234 \cdot 208/24 = 2028,00,$
$(2x_1x_2) = 5 \cdot 6 + 5 \cdot 4 + \ldots + 11 \cdot 8 + 10 \cdot 5 = 2224,$
$(3x_1x_2) = (56 \cdot 58 + 60 \cdot 68 + 118 \cdot 82)/8 = 2125,50,$
$(4x_1x_2) = (119 \cdot 106 + 115 \cdot 102)/12 = 2028,67,$
$(5x_1x_2) = (26 \cdot 25 + 29 \cdot 33 + 64 \cdot 48 + 30 \cdot 33 + 31 \cdot 35 + 54 \cdot 34)/4 = 2147,50.$

$$\mathbf{D}_A = \begin{pmatrix} 301,00 & 97,50 \\ 97,50 & 36,33 \end{pmatrix}, \quad \mathbf{D}_B = \begin{pmatrix} 0,67 & 0,67 \\ 0,67 & 0,66 \end{pmatrix}, \quad \mathbf{D}_{A \times B} = \begin{pmatrix} 14,33 & 21,33 \\ 21,33 & 32,34 \end{pmatrix},$$

$$\mathbf{D}_{\text{Fehler}} = \begin{pmatrix} 94,50 & 76,50 \\ 76,50 & 114,00 \end{pmatrix},$$

$$\mathbf{D}_{\text{tot}} = \begin{pmatrix} 410,50 & 196,00 \\ 196,00 & 183,33 \end{pmatrix}.$$

$|\mathbf{D}_{\text{Fehler}}| = 4920,75,$
$|\mathbf{D}_A + \mathbf{D}_{\text{Fehler}}| = 29179,52,$
$|\mathbf{D}_B + \mathbf{D}_{\text{Fehler}}| = 4956,98,$
$|\mathbf{D}_{A \times B} + \mathbf{D}_{\text{Fehler}}| = 6355,47.$

Gemäß Tabelle 17.6 erhalten wir die folgende Ergebnistabelle:

Q.d.V.	Λ	df(Q.d.V.)	V	df(V)
A	0,169	2	31,11**	4
B	0,993	1	0,12	2
A × B	0,774	2	4,48	4
Fehler		18		

Kapitel 18

1. Die linear-kombinierten Werte der Vpn müssen so geartet sein, dass die Unterschiede zwischen den Vpn-Gruppen maximal und die Vpn-Unterschiede innerhalb der Gruppen minimal werden:

$$\lambda = \frac{QS_{(y)\,(\text{treat})}}{QS_{(y)\,(\text{Fehler})}} = \max \quad (\text{vgl. S. 607f.}).$$

2. Der durch sämtliche Diskriminanzfaktoren aufgespannte Raum (bei r Faktoren resultiert ein r-dimensionaler Raum) (vgl. S. 609).
3. Nein (vgl. S. 609f. u. Gl. 17.21 bzw. Gl. 18.7), weil die Prüfgrößen identisch sind.
4. Die Ladungen der abhängigen Variablen auf den Diskriminanzfaktoren, die standardisierten Diskriminanzkoeffizienten und die Mittelwerte der Vpn-Gruppen auf den Diskriminanzfaktoren (vgl. S. 608).
5. Da $r = \min(p, k-1)$ ist (d.h. bei gegebenem p und gegebenem $k-1$ entspricht r dem kleineren der beiden Werte), ergeben sich bei $p = 7$ abhängigen Variablen und $k_A = 6$, $k_B = 2$ und $k_{A \times B} = 12$ Gruppen folgende Werte (vgl. S. 609):
    a) 5, b) 1, c) 7.

Lösungen der Übungsaufgaben

6. Zuerst bestimmen wir die Differenzvektoren nach Gl. (18.32):

$$\mathbf{d}_{11} = \begin{pmatrix} 6 \\ -1 \\ 9 \end{pmatrix} \quad \mathbf{d}_{21} = \begin{pmatrix} 3 \\ -9 \\ -1 \end{pmatrix} \quad \mathbf{d}_{31} = \begin{pmatrix} -3 \\ -11 \\ -3 \end{pmatrix}$$

$\chi^2_{j1} = \mathbf{d}'_{j1} \cdot \widehat{\mathbf{COV}}^{-1} \cdot \mathbf{d}_{j1}$ (vgl. Gl. 18.34),

$\chi^2_{11} = 1{,}304$,
$\chi^2_{21} = 1{,}214$,
$\chi^2_{31} = 1{,}258$.

Da sich für Gruppe 2 (Juristen) der kleinste χ^2-Wert ergibt, ist die Vp dieser Gruppe zuzuordnen.

7. Vgl. S. 624f.
    a) Prüfen, ob überzufällig viele Personen richtig eingestuft wurden (Vergleich der beobachteten Hitrate mit der zu erwartenden Zufallshitrate)
    b) Aufteilung der Stichprobe in eine Konstruktions- und Klassifikationsstichprobe (z.B.: „Hold-out-sample"- oder „Leave-one-out"-Methode).

Kapitel 19

1. Der Zusammenhang zwischen mehreren Prädiktorvariablen und mehreren Kriteriumsvariablen.
2. Multiple Korrelation: Die Summe der quadrierten Abweichungen der vorhergesagten Kriteriumswerte (Linearkombinationen der Prädiktorvariablen) von den tatsächlichen Kriteriumswerten muss minimal werden (bzw. maximale Korrelation zwischen den vorhergesagten und den tatsächlichen Kriteriumswerten).
PCA: Die Linearkombinationen (Faktoren) der Variablen müssen sukzessiv maximale Varianz aufklären und wechselseitig voneinander unabhängig sein.
Diskriminanzanalyse: Die Linearkombinationen (Diskriminanzfaktoren) der abhängigen Variablen müssen sukzessiv zu maximaler Trennung der Gruppen führen.
Kanonische Korrelation: Die Linearkombinationen (kanonische Faktoren) der Prädiktor- und Kriteriumsvariablen müssen sukzessiv maximale Kovarianzen zwischen den Prädiktorvariablen und Kriteriumsvariablen aufklären.
3. $r = \min(p, q)$. Die Anzahl der kanonischen Korrelationen entspricht der Variablenzahl des kleineren Variablensatzes (vgl. S. 629).
4. Die beiden Redundanzmaße für eine kanonische Korrelation sind nur identisch, wenn der Prädiktorvariablenfaktor den gleichen Varianzanteil der Prädiktorvariablen aufklärt, wie der korrespondierende Kriteriumsfaktor von den Kriteriumsvariablen (vgl. S. 630).
5. Die Prädiktorvariablen und Kriteriumsvariablen müssen jeweils untereinander unkorreliert sein (vgl. S. 630).
6. Die Ladungen der Prädiktorvariablen bzw. Kriteriumsvariablen auf den Prädiktorfaktoren bzw. Kriteriumsfaktoren sowie die kanonischen Strukturkoeffizienten (vgl. S. 629ff.).
7. Wir codieren die Haupteffekte A und B sowie die Interaktionen durch Indikatorvariablen (mit Effektcodierung) und erhalten:

Prädiktorvariablen					Kriteriums-variablen	
x_1	x_2	x_3	x_4	x_5	y_1	y_2
1	0	1	1	0	5	6
1	0	1	1	0	5	4
1	0	1	1	0	9	9
1	0	1	1	0	7	6
1	0	−1	−1	0	7	10
1	0	−1	−1	0	6	6
1	0	−1	−1	0	9	7
1	0	−1	−1	0	8	10
0	1	1	0	1	7	6
0	1	1	0	1	7	7
0	1	1	0	1	9	12
0	1	1	0	1	6	8
0	1	−1	0	−1	10	13
0	1	−1	0	−1	8	7
0	1	−1	0	−1	7	6
0	1	−1	0	−1	6	9
−1	−1	1	−1	−1	21	15
−1	−1	1	−1	−1	14	11
−1	−1	1	−1	−1	17	12
−1	−1	1	−1	−1	12	10
−1	−1	−1	1	1	16	12
−1	−1	−1	1	1	14	9
−1	−1	−1	1	1	14	8
−1	−1	−1	1	1	10	5

Haupteffekt A wird durch x_1 und x_2 codiert,
Haupteffekt B wird durch x_3 codiert,
Interaktion A × B wird durch x_4 und x_5 codiert.

Lösungen der Übungsaufgaben

8. Die kanonische Korrelationsanalyse wird zwischen 3 Prädiktorvariablen und 3 Kriteriumsvariablen berechnet.

Prädiktoren (A)			Kriterien (B)			Frequenz
x_1	x_2	x_3	y_1	y_2	y_3	
1	0	0	1	0	0	18
0	1	0	1	0	0	8
0	0	1	1	0	0	6
0	0	0	1	0	0	19
1	0	0	0	1	0	16
0	1	0	0	1	0	14
0	0	1	0	1	0	12
0	0	0	0	1	0	23
1	0	0	0	0	1	23
0	1	0	0	0	1	15
0	0	1	0	0	1	9
0	0	0	0	0	1	24
1	0	0	0	0	0	17
0	1	0	0	0	0	18
0	0	1	0	0	0	11
0	0	0	0	0	0	23

A. Das Rechnen mit dem Summenzeichen

Ein in der Statistik sehr häufig benötigtes Operationszeichen ist das Summenzeichen, das durch ein großes, griechisches Sigma ($\sum$) gekennzeichnet wird. Unter Verwendung des Summenzeichens schreiben wir z. B.:

$$x_1 + x_2 + x_3 + x_4 + x_5 = \sum_{i=1}^{5} x_i \, .$$

$\sum_{i=1}^{5}$ liest man als „Summe aller x_i-Werte für $i = 1$ bis 5". Der Laufindex i kann durch beliebige andere Buchstaben ersetzt werden. Unterhalb des Summenzeichens wird der Laufindex mit der unteren Grenze aller Werte ($=$ 1. Wert) gleichgesetzt, und oberhalb des Summenzeichens steht die obere Grenze (letzter Wert).

Die folgenden Beispiele verdeutlichen einige Operationen mit dem Summenzeichen:

$$B_3 + B_4 + B_5 + B_6 = \sum_{j=3}^{6} B_j \, , \tag{A1}$$

$$x_2 \cdot y_2 + x_3 \cdot y_3 + x_4 \cdot y_4 + x_5 \cdot y_5 + x_6 \cdot y_6 = \sum_{l=2}^{6} x_l \cdot y_l \, , \tag{A2}$$

$$(w_1 - d) + (w_2 - d) + (w_3 - d) + \cdots + (w_k - d) = \sum_{j=1}^{k} (w_j - d) = \left(\sum_{j=1}^{k} w_j \right) - k \cdot d \, , \tag{A3}$$

$$c \cdot z_1 + c \cdot z_2 + c \cdot z_3 + \cdots + c \cdot z_n = \sum_{i=1}^{n} c \cdot z_i = c \cdot \sum_{i=1}^{n} z_i \, , \tag{A4}$$

$$(y_1 - a)^2 + (y_2 - a)^2 + (y_3 - a)^2 + \cdots + (y_q - a)^2$$
$$= \sum_{i=1}^{q} (y_i - a)^2 = \sum_{i=1}^{q} (y_i^2 - 2 \cdot a \cdot y_i + a^2) = \sum_{i=1}^{q} y_i^2 - 2 \cdot a \sum_{i=1}^{q} y_i + q \cdot a^2 \, , \tag{A5}$$

$$x_1^2 + x_2^2 + x_3^2 + x_4^2 + \cdots + x_p^2 = \sum_{j=1}^{p} x_j^2 \, , \tag{A6}$$

$$(x_1 + x_2 + x_3 + \cdots + x_p)^2 = \left(\sum_{j=1}^{p} x_j \right)^2 . \tag{A7}$$

Wie man sich leicht überzeugen kann, ist die Summe der quadrierten Werte in (A6) natürlich nicht mit dem Quadrat der Summe der Werte in (A7) identisch.

Wenn aus dem Kontext die Grenzen der zu summierenden Werte klar hervorgehen, kann die ausführliche Schreibweise für eine Summation durch folgende einfachere Schreibweise ersetzt werden:

$$\sum_{i=1}^{n} x_i = \sum_{i} x_i. \tag{A8}$$

Häufig sind Daten nicht nur nach einem, sondern nach mehreren Kriterien gruppiert, sodass eine eindeutige Kennzeichnung nur über mehrere Indizes möglich ist. Wenn beispielsweise p Variablen bei n Personen gemessen werden, kennzeichnen wir die 3. Messung der 2. Personen durch x_{23} oder allgemein die i-te Messung der m-ten Person durch x_{mi}. Will man die Summe aller Messwerte der 2. Person bestimmen, verwenden wir folgende Rechenvorschrift:

$$\sum_{i=1}^{p} x_{2i} = x_{21} + x_{22} + x_{23} + \cdots + x_{2p}. \tag{A9}$$

Die Summe aller Messwerte für die Variable 5 hingegen lautet:

$$\sum_{m=1}^{n} x_{m5} = x_{15} + x_{25} + x_{35} + \cdots + x_{n5}. \tag{A10}$$

Die Summe der Werte einer nicht spezifizierten Vp m ermitteln wir nach der Beziehung:

$$\sum_{i=1}^{p} x_{mi} = x_{m1} + x_{m2} + \cdots + x_{mp} \tag{A11}$$

bzw. die Summe aller Werte auf einer nicht spezifizierten Variablen i:

$$\sum_{m=1}^{n} x_{mi} = x_{1i} + x_{2i} + \cdots + x_{ni}. \tag{A12}$$

Sollen die Messwerte über alle Personen und alle Variablen summiert werden, kennzeichnen wir dies durch ein doppeltes Summenzeichen:

$$\sum_{i=1}^{p}\sum_{m=1}^{n} x_{mi} = \sum_{i=1}^{p}\left(\sum_{m=1}^{n} x_{mi}\right) = \sum_{m=1}^{n} x_{m1} + \sum_{m=1}^{n} x_{m2} + \cdots + \sum_{m=1}^{n} x_{mp}$$

$$= \sum_{m=1}^{n}\left(\sum_{i=1}^{p} x_{mi}\right) = \sum_{i=1}^{p} x_{1i} + \sum_{i=1}^{p} x_{2i} + \cdots + \sum_{i=1}^{p} x_{ni}. \tag{A13}$$

Entsprechendes gilt für Messwerte, die mehr als zweifach indiziert sind.

B. Das Rechnen mit Erwartungswerten

In einem Gasthaus stehen 2 Spielautomaten. Aus den Gewinnplänen entnehmen wir, dass Automat A 0,00 €, 0,20 €, 0,40 €, 0,60 € und 1,00 € auszahlt. Die Wahrscheinlichkeiten für diese Ereignisse lauten 50%, 30%, 10%, 7% und 3%. Beim Automaten B kommen 0,00 € mit 60%, 0,20 € mit 25%, 0,40 € mit 10%, 0,80 € mit 3% und 2,00 € mit 2% Wahrscheinlichkeit zur Auszahlung. Bei beiden Automaten beträgt der Einsatz 0,20 €. Mit welchem der beiden Automaten empfiehlt es sich zu spielen, wenn sich die Präferenz nur nach der Größe der Gewinnchancen richtet?

Zweifellos wird diese Entscheidung davon abhängen, bei welchem der beiden Automaten im *Durchschnitt* der größere Gewinn zu erwarten ist. Diese Gewinnerwartungen lassen sich veranschaulichen, wenn man davon ausgeht, dass an jedem Automaten z. B. 100-mal gespielt wird. Aufgrund der Wahrscheinlichkeiten kann man im Durchschnitt damit rechnen, dass die Automaten folgende Beträge auswerfen:

Automat A:				Automat B:			
	50 × 0,00 € =	0,00 €			60 × 0,00 € =	0,00 €	
	+30 × 0,20 € =	6,00 €			25 × 0,20 € =	5,00 €	
	+10 × 0,40 € =	4,00 €			10 × 0,40 € =	4,00 €	
	+ 7 × 0,60 € =	4,20 €			3 × 0,80 € =	2,40 €	
	+ 3 × 1,00 € =	3,00 €			2 × 2,00 € =	4,00 €	
		17,20 €				15,40 €	

Die oben gestellte Frage ist damit eindeutig zu beantworten: Da in beide Automaten für 100 Spiele 20,- € eingezahlt wurden, liegt die mittlere Auszahlung in jedem Falle unter dem Einsatz, sodass sich das Spiel an keinem der beiden Automaten empfiehlt. Ist man jedoch bereit, den zu erwartenden Verlust als Preis für die Freude am Spiel anzusehen, wäre Automat A mit dem geringeren durchschnittlichen Verlust vorzuziehen.

Erwartungswert einer Zufallsvariablen

Bezeichnen wir (z. B.) die k möglichen Auszahlungen eines Automaten als eine *diskrete Zufallsvariable* X mit den Ereignissen x_i und die Wahrscheinlichkeit des Auftretens eines Ereignisses als $p(x_i)$, erhalten wir allgemein für den *Erwartungswert* E(X) einer diskreten Zufallsvariablen:

$$E(X) = \sum_{i=1}^{k} p(x_i) \cdot x_i \,. \tag{B1}$$

Analog hierzu ist der Erwartungswert stetiger Zufallsvariablen definiert durch

$$E(X) = \int_{-\infty}^{+\infty} X \cdot f(X) d(X) \,. \tag{B2}$$

Hierbei ist f(X) die Dichtefunktion der Verteilung der Zufallsvariablen X (vgl. Kap. 2.3). Für den Erwartungswert einer Zufallsvariablen verwendet man üblicherweise das Symbol μ. Mit μ bzw. E(X) wird die zentrale Tendenz bzw. der Mittelwert einer Verteilung beschrieben:

$$E(X) = \mu. \tag{B1a}$$

Der Erwartungswert einer Funktion einer stetigen Zufallsvariablen X [z. B. $g(X) = X^2$; $g(X) = (a - X)^2$; $g(X) = e^x$] lautet:

$$E[g(X)] = \int_{-\infty}^{+\infty} g(X) \cdot f(X) dX. \tag{B2a}$$

Rechenregeln

Im Folgenden wollen wir einige Rechenregeln für das Operieren mit Erwartungswerten verdeutlichen. Ist die Funktion einer Zufallsvariablen über alle Ausprägungen x_i konstant [z. B. $g(X) = a$], erhalten wir als Erwartungswert:

$$E[g(X)] = E[a] = a. \tag{B3}$$

Der Erwartungswert einer Konstanten ist mit der Konstanten selbst identisch. Dies kann man sich bei einer diskreten Zufallsvariablen folgendermaßen veranschaulichen: Wenn in (B1) $x_i = a$ gesetzt wird, erhalten wir:

$$E(X) = \sum_{i=1}^{k} a \cdot p(x_i) = a \cdot \sum_{i=1}^{k} p(x_i) = a \quad \left(da \sum_{i=1}^{k} p(x_i) = 1 \right).$$

Ist X eine Zufallsvariable mit dem Erwartungswert E(X) und ist a eine Konstante, so gilt:

$$E(a \cdot X) = a \cdot E(X). \tag{B4}$$

Auch diese Beziehung lässt sich für eine diskrete Variable leicht ableiten. Schreiben wir in Gl. (B1) für x_i den Ausdruck $a \cdot x_i$, erhalten wir:

$$E(a \cdot X) = \sum_{i=1}^{k} p(x_i) \cdot a \cdot x_i = a \cdot \sum_{i=1}^{k} p(x_i) \cdot x_i = a \cdot E(X).$$

Werden eine Zufallsvariable X und eine Konstante a additiv verknüpft, ergibt sich als Erwartungswert für die Summe:

$$E(X + a) = E(X) + a. \tag{B5}$$

Die Herleitung dieser Beziehung bei diskreten Variablen lautet:

$$E(X + a) = \sum_{i=1}^{k} (x_i + a) \cdot p(x_i) = \sum_{i=1}^{k} x_i \cdot p(x_i) + a \cdot \sum_{i=1}^{k} p(x_i) = E(X) + a.$$

Werden 2 Zufallsvariablen X und Y additiv verknüpft, erhalten wir als Erwartungswert für die Summe der beiden Zufallsvariablen:

$$E(X + Y) = E(X) + E(Y). \tag{B6}$$

Entsprechendes gilt für n additiv verknüpfte Zufallsvariablen:

$$E(X_1 + X_2 + \cdots + X_n) = E(X_1) + E(X_2) + \cdots + E(X_n). \tag{B7}$$

Für Linearkombinationen bzw. die gewichtete Summe von n Zufallsvariablen gilt:

B. Das Rechnen mit Erwartungswerten

$$E(c_1 \cdot X_1 + c_2 \cdot X_2 + \cdots + c_n \cdot X_n) = c_1 \cdot E(X_1) + c_2 \cdot E(X_2) + \cdots + c_n \cdot E(X_n). \tag{B8}$$

Werden 2 *voneinander unabhängige* Zufallsvariablen X und Y multiplikativ verknüpft, resultiert als Erwartungswert des Produktes:

$$E(X \cdot Y) = E(X) \cdot E(Y). \tag{B9}$$

Wird das Produkt aus n wechselseitig voneinander unabhängigen Zufallsvariablen gebildet, ergibt sich:

$$E(X_1 \cdot X_2 \cdot \ldots \cdot X_n) = E(X_1) \cdot E(X_2) \cdot \ldots \cdot E(X_n). \tag{B10}$$

Diese Rechenregeln für Erwartungswerte seien im Folgenden an einigen, für die Statistik wichtigen Beispielen demonstriert.

Erwartungswert von $\overline{X}$

Ziehen wir aus einer Population wiederholt Stichproben, erhalten wir eine Verteilung der Stichprobenmittelwerte, die in Kap. 3.2 behandelt wurde. Ein Stichprobenmittelwert stellt somit eine Realisation der Zufallsvariablen „Stichprobenmittelwerte" dar, deren Erwartungswert wir im Folgenden berechnen wollen:
Nach Gl. (1.8) erhalten wir für das arithmetische Mittel einer Stichprobe:

$$\overline{x} = \frac{\sum_{i=1}^{n} x_i}{n}.$$

Der Erwartungswert $E(\overline{X})$ ergibt sich zu:

$$E(\overline{X}) = E\left[\frac{\sum_{i=1}^{n} X_i}{n}\right]$$

$$= \frac{1}{n} \cdot \left(E \sum_{i=1}^{n} X_i\right) \quad \text{(vgl. B4)}$$

$$= \frac{1}{n} \cdot \sum_{i=1}^{n} E(X_i) \quad \text{(vgl. B7)}$$

$$= \frac{1}{n} \sum_{i=1}^{n} \mu_x \quad \text{(vgl. B1a)}$$

$$= \frac{1}{n} \cdot n \cdot \mu_x.$$

$$E(\overline{X}) = \mu_x. \tag{B11}$$

Der Erwartungswert des Mittelwertes $\overline{X}$ ist also mit dem Populationsparameter μ identisch. Wir sagen:

> $\overline{X}$ ist eine erwartungstreue Schätzung von μ.

Das gleiche Ergebnis erhält man auch nach Gl. (B8), wenn wir $c_i = 1/n$ und $E(X_i) = \mu$ setzen.

Erwartungswert von S²

Für die Varianz einer Stichprobe ermitteln wir nach Gl. (1.16):

$$s^2 = \frac{\sum\limits_{i=1}^{n}(x_i - \overline{x})^2}{n}$$

bzw. nach Gl. (1.21):

$$s^2 = \frac{\sum\limits_{i=1}^{n} x_i^2 - \frac{\left(\sum\limits_{i=1}^{n} x_i\right)^2}{n}}{n}.$$

Durch einfaches Umformen erhalten wir:

$$s^2 = \frac{\sum\limits_{i=1}^{n} x_i^2}{n} - \left(\frac{\sum\limits_{i=1}^{n} x_i}{n}\right)^2 = \frac{\sum\limits_{i=1}^{n} x_i^2}{n} - \overline{x}^2.$$

$\sum\limits_{i=1}^{n} X_i^2$ und $\overline{X}^2$ sind Zufallsvariablen, deren Verteilung wir erhalten, wenn aus einer Population (theoretisch unendlich) viele Stichproben des Umfangs n gezogen werden.

Im Folgenden wollen wir überprüfen, wie der Erwartungswert der Varianz $E(S^2)$ mit der Populationsvarianz σ^2 verknüpft ist. Der Erwartungswert der Zufallsvariablen S^2 lautet:

$$E(S^2) = E\left[\frac{\sum\limits_{i=1}^{n} X_i^2}{n} - \overline{X}^2\right]$$

$$= E\left(\frac{\sum\limits_{i=1}^{n} X_i^2}{n}\right) - E(\overline{X}^2) \quad \text{(vgl. B6)}$$

$$= \frac{\sum\limits_{i=1}^{n} E(X_i^2)}{n} - E(\overline{X}^2) = \frac{n \cdot E(X_i^2)}{n} - E(\overline{X}^2) = E(X_i^2) - E(\overline{X}^2). \tag{B12}$$

Zu prüfen sind damit die Ausdrücke $E(X_i^2)$ und $E(\overline{X}^2)$. Als Populationsvarianz definieren wir (s. auch Gl. 2.29):

$$\sigma^2 = E(X_i - \mu)^2, \tag{B13}$$

d.h., die Populationsvarianz entspricht dem erwarteten (durchschnittlichen) Abweichungsquadrat der Zufallsvariablen X von μ.

Aus (B13) folgt:

$$\sigma^2 = E(X_i - \mu)^2 = E(X_i^2 - 2X_i\mu + \mu^2) \tag{B14}$$

$$= E(X_i^2) - E(2X_i\mu) + E(\mu^2) \quad \text{(vgl. B7)}.$$

Da μ^2 konstant ist, können wir gemäß Gl. (B3) und (B4) hierfür auch schreiben:

$$\sigma^2 = E(X_i^2) - 2\mu E(X_i) + \mu^2. \tag{B15}$$

Nach Gl. (B1 a) ist $\mu = E(X)$, d.h.:

$$\sigma^2 = E(X_i^2) - 2\mu^2 + \mu^2 = E(X_i^2) - \mu^2. \tag{B16}$$

B. Das Rechnen mit Erwartungswerten

Lösen wir nach $E(X_i^2)$ auf, resultiert:

$$E(X_i^2) = \sigma^2 + \mu^2 \,. \tag{B17}$$

> Der Erwartungswert einer quadrierten Zufallsvariablen ist gleich der Summe aus der Populationsvarianz σ^2 und dem quadrierten Mittelwert μ^2.

Ersetzen wir den Ausdruck $E(X_i^2)$ in Gl. (B12) durch Gl. (B17), können wir schreiben:

$$E(S^2) = \sigma^2 + \mu^2 - E(\overline{X}^2) \,. \tag{B18}$$

Als Nächstes ist der Ausdruck $E(\overline{X}^2)$ zu prüfen. Hierzu definieren wir in Analogie zu Gl. (B13) die *Varianz von Stichprobenmittelwerten* als:

$$\sigma_{\overline{x}}^2 = E(\overline{X} - \mu)^2 \,. \tag{B19}$$

Die Wurzel aus der Varianz der Mittelwerteverteilung wird in Abgrenzung von der Standardabweichung der ursprünglichen Werte als **Standardfehler** bezeichnet. Der Standardfehler entspricht somit der Standardabweichung der Mittelwerteverteilung. Wird Gl. (B19) entsprechend den Gl. (B14) bis (B16) umgeformt (wobei statt X_i jeweils $\overline{X}$ eingesetzt wird), erhalten wir:

$$\sigma_{\overline{x}}^2 = E(\overline{X}^2) - \mu^2 \tag{B20}$$

und damit analog zu Gl. (B17):

$$E(\overline{X}^2) = \sigma_{\overline{x}}^2 + \mu^2 \,. \tag{B21}$$

Setzen wir Gl. (B21) in Gl. (B18) ein, ergibt sich:

$$E(S^2) = \sigma^2 + \mu^2 - (\sigma_{\overline{x}}^2 + \mu^2) = \sigma^2 - \sigma_{\overline{x}}^2 \,. \tag{B22}$$

> Der Erwartungswert einer Stichprobenvarianz entspricht der Populationsvarianz abzüglich der Varianz der Mittelwerte.

Im Unterschied zum arithmetischen Mittel, das sich als erwartungstreue Schätzung des Populationsparameters μ erweist, ist der Erwartungswert der Varianz somit nicht mit dem Populationsparameter σ^2 identisch. Die Stichprobenvarianz unterschätzt die Populationsvarianz um den Betrag des quadrierten Standardfehlers des Mittelwertes.

Standardfehler des Mittelwertes. Im Folgenden wollen wir uns dem Erwartungswert der *Varianz der Mittelwerteverteilung* ($=$ Quadrat des Standardfehlers) zuwenden:

$$\sigma_{\overline{x}}^2 = E(\overline{X}^2) - \mu^2 \,.$$

Es gilt

$$\overline{X}^2 = \frac{(X_1 + X_2 + \cdots + X_n)^2}{n^2} = \frac{1}{n^2} \cdot \left(X_1^2 + X_2^2 + \cdots + X_n^2 + 2 \sum_{i=1}^{n-1} \sum_{j=i+1}^{n} X_i \cdot X_j \right) \,.$$

Sind die Zufallsvariablen voneinander unabhängig, erhalten wir nach Gl. (B10) für den rechten Teil des letzten Ausdrucks:

$$E\left(2 \cdot \sum_{i=1}^{n-1} \sum_{j=i+1}^{n} X_i \cdot X_j \right) = n \cdot (n-1) \cdot E(X_i) \cdot E(X_j) = n \cdot (n-1) \cdot \mu^2 \,.$$

Zusammenfassend ergibt sich also für $E(\overline{X}^2)$:

$$E(\overline{X}^2) = \frac{1}{n^2} \cdot [E(X_1^2) + E(X_2^2) + \cdots + E(X_n^2) + n \cdot (n-1) \cdot \mu^2].$$

Da nach Gl. (B17) $E(X_i^2) = \sigma^2 + \mu^2$ ist, schreiben wir

$$E(\overline{X}^2) = \frac{1}{n^2} \cdot [n \cdot \sigma^2 + n \cdot \mu^2 + n \cdot (n-1) \cdot \mu^2] = \frac{\sigma^2}{n} + \frac{n \cdot \mu^2 + n^2 \cdot \mu^2 - n \cdot \mu^2}{n^2} = \frac{\sigma^2}{n} + \mu^2.$$

Wir setzen dieses Ergebnis in Gl. (B20) ein und erhalten

$$\sigma_{\overline{x}}^2 = \frac{\sigma^2}{n} + \mu^2 - \mu^2 = \frac{\sigma^2}{n}. \tag{B23}$$

> Die Varianz der Mittelwerteverteilung ist gleich der Populationsvarianz σ^2, dividiert durch den Stichprobenumfang n, auf dem die Mittelwerte beruhen.

Die Wurzel aus Gl. (B23) kennzeichnet den *Standardfehler des Mittelwertes*:

$$\sigma_{\overline{x}} = \sqrt{\frac{\sigma^2}{n}}. \tag{B24}$$

$\hat{\sigma}^2$ als erwartungstreue Schätzung von σ^2. Setzen wir Gl. (B23) in Gl. (B22) ein, resultiert:

$$E(S^2) = \sigma^2 - \frac{\sigma^2}{n} = \frac{n \cdot \sigma^2 - \sigma^2}{n} = \sigma^2 \cdot \frac{n-1}{n}. \tag{B25}$$

> Der Erwartungswert der Stichprobenvarianz s^2 unterscheidet sich von der Populationsvarianz σ^2 durch den Faktor $(n-1)/n$.

Multiplizieren wir den Erwartungswert der Stichprobenvarianz mit dem Faktor $n/(n-1)$, wird der „bias" korrigiert, und wir erhalten eine *erwartungstreue Schätzung* $\hat{\sigma}^2$ der *Populationsvarianz* σ^2:

$$E(\hat{\sigma}^2) = \frac{n}{n-1} \cdot E(S^2) = \frac{n}{n-1} \cdot \frac{n-1}{n} \cdot \sigma^2 = \sigma^2 \tag{B26}$$

bzw.

$$\hat{\sigma}^2 = \frac{n}{n-1} \cdot S^2 = \frac{n}{n-1} \cdot \frac{\sum_{i=1}^{n}(x_i - \overline{x})^2}{n} = \frac{\sum_{i=1}^{n}(x_i - \overline{x})^2}{n-1}. \tag{B27}$$

Erwartungswert der Varianz von Linearkombinationen

Im Folgenden befassen wir uns mit dem Erwartungswert der Stichprobenvarianz einer Variablen, die sich additiv aus mehreren gewichteten Variablen zusammensetzt (z. B. $Z = c_1 \cdot X_1 + c_2 \cdot X_2 + \cdots + c_p \cdot X_p$). Werden alle Variablen mit 1 gewichtet, erhält man als Linearkombination die Summe der Variablen, die wir zunächst untersuchen. Danach behandeln wir Linearkombinationen mit beliebigen Gewichten.

Varianz der Summe. Nach (B16) ist:

$$\sigma_z^2 = E(Z^2) - \mu_z^2 = E(Z^2) - [E(Z)]^2. \tag{B28}$$

B. Das Rechnen mit Erwartungswerten

Wenn nun
$$Z = X_1 + X_2 \tag{B29}$$
ist, erhalten wir für $E(Z^2)$:
$$E(Z^2) = E(X_1 + X_2)^2 = E(X_1^2 + 2X_1X_2 + X_2^2) \tag{B30}$$
$$= E(X_1^2) + 2E(X_1X_2) + E(X_2^2).$$

Für $[E(Z)]^2$ in Gl. (B28) schreiben wir:
$$[E(Z)]^2 = [E(X_1 + X_2)]^2 = [E(X_1) + E(X_2)]^2 \tag{B31}$$
$$= [E(X_1)]^2 + 2E(X_1)\cdot E(X_2) + [E(X_2)]^2.$$

Setzen wir Gl. (B31) und (B30) in Gl. (B28) ein, resultiert:
$$\sigma_z^2 = E(X_1^2) + 2E(X_1X_2) + E(X_2^2) - [E(X_1)]^2 - 2E(X_1)E(X_2) - [E(X_2)]^2 \tag{B32}$$
$$= E(X_1^2) - [E(X_1)]^2 + E(X_2^2) - [E(X_2)]^2 + 2[E(X_1X_2) - E(X_1)\cdot E(X_2)]$$
$$= \sigma_{x_1}^2 + \sigma_{x_2}^2 + 2\cdot \sigma_{x_1 x_2}^2.$$

$\sigma_{x_1 x_2}^2$ ist die Kovarianz zwischen den Variablen X_1 und X_2 (vgl. Kap. 6.2.1). Sind X_1 und X_2 voneinander unabhängig, wird die Kovarianz 0, sodass sich Gl. (B32) zu Gl. (B33) reduziert:
$$\sigma_z^2 = \sigma_{x_1}^2 + \sigma_{x_2}^2. \tag{B33}$$

> Die Varianz der Summe zweier voneinander unabhängiger Zufallsvariablen ist gleich der Summe der Varianzen der beiden Zufallsvariablen.

Entsprechendes lässt sich für die Summe aus mehreren voneinander unabhängigen Zufallsvariablen zeigen.
$$\sigma_z^2 = \sigma_{x_1}^2 + \sigma_{x_2}^2 + \cdots + \sigma_{x_p}^2, \tag{B34}$$
wobei $X_1, X_2, \ldots, X_p$ = wechselseitig unabhängige Zufallsvariablen sind und
$$Z = X_1 + X_2 + \cdots + X_p.$$

Varianz beliebiger Linearkombinationen. Im Folgenden wird geprüft, welche Varianz eine Variable Z hat, die sich additiv aus zwei beliebig gewichteten Variablen X_1 und X_2 zusammensetzt. Wir erhalten
$$Z = c_1 \cdot X_1 + c_2 \cdot X_2$$
und nach Gl. (B16) mit $\mu^2 = [E(Z)]^2$
$$\sigma_z^2 = E(Z^2) - [E(Z)]^2. \tag{B35}$$

Für $E(Z^2)$ ergibt sich
$$E(Z^2) = E(c_1 X_1 + c_2 X_2)^2$$
$$= E(c_1^2 X_1^2 + 2c_1 c_2 X_1 X_2 + c_2^2 X_2^2)$$
$$= c_1^2 \cdot E(X_1^2) + 2c_1 c_2 E(X_1 X_2) + c_2^2 E(X_2^2),$$

und für $[E(Z)]^2$ errechnet man

$$[E(Z)]^2 = [E(c_1X_1 + c_2X_2)]^2$$
$$= [c_1 \cdot E(X_1) + c_2 \cdot E(X_2)]^2$$
$$= c_1^2 \cdot [E(X_1)]^2 + 2c_1 \cdot c_2 \cdot E(X_1) \cdot E(X_2) + c_2^2 \cdot [E(X_2)]^2 \,.$$

Setzen wir die Ergebnisse für $E(Z^2)$ und $[E(Z)]^2$ in Gl. (B35) ein, resultiert:

$$\begin{aligned}\sigma_z^2 &= c_1^2 \cdot E(X_1^2) + 2c_1c_2 E(X_1 X_2) + c_2^2 E(X_2^2) \\ &\quad - c_1^2 \cdot [E(X_1)]^2 - 2c_1c_2 \cdot E(X_1) \cdot E(X_2) - c_2^2 \cdot [E(X_2)]^2 \\ &= c_1^2 \cdot \{E(X_1^2) - [E(X_1)]^2\} + c_2^2 \cdot \{E(X_2^2) - [E(X_2)]^2\} + 2c_1c_2 \cdot [E(X_1 X_2) - E(X_1) \cdot E(X_2)] \\ &= c_1^2 \cdot \sigma_{X_1}^2 + c_2^2 \cdot \sigma_{X_2}^2 + 2c_1c_2 \sigma_{X_1 X_2}^2 \,.\end{aligned} \quad (B36)$$

Sind X_1 und X_2 voneinander unabhängig, resultiert wegen $\sigma_{X_1 X_2}^2 = 0$

$$\sigma_z^2 = c_1^2 \cdot \sigma_{X_1}^2 + c_2^2 \cdot \sigma_{X_2}^2 \,. \quad (B37)$$

Entsprechend ergibt sich für p voneinander unabhängige Zufallsvariablen und $Z = c_1X_1 + c_2X_2 + \cdots + c_pX_p$:

$$\sigma_z^2 = c_1^2 \cdot \sigma_{X_1}^2 + c_2^2 \cdot \sigma_{X_2}^2 + \cdots + c_p^2 \cdot \sigma_{X_p}^2 \,. \quad (B38)$$

> **Die Varianz einer Linearkombination von p unabhängigen Zufallsvariablen ist gleich der Linearkombination der Varianzen der p Variablen unter Verwendung der quadrierten Gewichte.**

C. Das Rechnen mit Matrizen

I. Terminologie

Eine rechteckige Anordnung von Zahlen in mehreren Zeilen und Spalten bezeichnen wir als eine Matrix. Die Anzahl der Zeilen und Spalten gibt die Größe bzw. *Ordnung der Matrix* an. Eine n × m-Matrix hat n Zeilen und m Spalten.
Das folgende Beispiel veranschaulicht eine 2 × 3-Matrix:

$$\mathbf{B} = \begin{pmatrix} 3 & -1 & 2 \\ -5 & 0 & 4 \end{pmatrix}.$$

Die einzelnen Werte einer Matrix werden *Elemente der Matrix* genannt. Die Gesamtmatrix wird durch einen fett gedruckten Großbuchstaben gekennzeichnet.
In der oben genannten Matrix **B** lautet das Element $b_{23} = 4$. Der 1. Index gibt an, in welcher Zeile der Matrix und der 2. Index, in welcher Spalte der Matrix das Element steht.
Das folgende Beispiel zeigt die allgemeine Schreibweise der Elemente einer 3 × 4-Matrix.

$$\mathbf{A} = \begin{pmatrix} a_{11} & a_{12} & a_{13} & a_{14} \\ a_{21} & a_{22} & a_{23} & a_{24} \\ a_{31} & a_{32} & a_{33} & a_{34} \end{pmatrix},$$

oder in Kurzform

$$\mathbf{A} = a_{ij} \quad (i = 1, 2, 3; \ j = 1, 2, 3, 4).$$

Häufig kommt es vor, dass die zu einer Matrix gehörende, sog. *transponierte (oder gestürzte) Matrix* benötigt wird. Eine transponierte Matrix erhalten wir, indem jede Zeile der ursprünglichen Matrix als Spalte geschrieben wird. Die Transponierte einer Matrix wird durch einen Strich gekennzeichnet. Das folgende Beispiel zeigt die Transponierte der Matrix **B**:

$$\mathbf{B}' = \begin{pmatrix} 3 & -5 \\ -1 & 0 \\ 2 & 4 \end{pmatrix}.$$

Aus der Definition einer transponierten Matrix folgt, dass die Transponierte einer transponierten Matrix wieder die ursprüngliche Matrix ergibt:

$$(\mathbf{B}')' = \mathbf{B}. \tag{C1}$$

Zwei Matrizen sind dann und nur dann gleich, wenn jedes Element der einen Matrix dem korrespondierenden Element der anderen Matrix entspricht:

$$\mathbf{A} = \mathbf{B} \leftrightarrow a_{ij} = b_{ij} \quad (i = 1, 2 \ldots n; \ j = 1, 2 \ldots m) \tag{C2}$$

($\leftrightarrow$ wird gelesen als „dann und nur dann").

Wenn **A** und **B** n × m Matrizen sind, beinhaltet die Matrixgleichung $\mathbf{A} = \mathbf{B}$ somit n × m gewöhnliche algebraische Gleichungen vom Typus $a_{ij} = b_{ij}$.

Eine Matrix ist *quadratisch*, wenn sie genausoviele Zeilen wie Spalten hat. Sie ist zusätzlich *symmetrisch*, wenn jedes Element (i,j) dem Element (j,i) gleicht. Werden beispielsweise p Variablen miteinander korreliert, erhalten wir $p \cdot p$ Korrelationen. Von diesen haben die p Korrelationen der Variablen mit sich selbst den Wert 1, und von den restlichen $p \cdot p - p$ Korrelationen je 2 den gleichen Wert (z. B. $r_{12} = r_{21}$ bzw. allgemein $r_{ij} = r_{ji}$). Insgesamt ergeben sich somit $(p \cdot p - p)/2 = p \cdot (p-1)/2 = \binom{p}{2}$ verschiedene Korrelationen (vgl. S. 61). Die Korrelationen werden in einer symmetrischen Korrelationsmatrix **R** zusammengefasst:

$$\mathbf{R} = \begin{pmatrix} 1 & r_{12} & r_{13} & \ldots & r_{1p} \\ r_{21} & 1 & r_{23} & \ldots & r_{2p} \\ r_{31} & r_{32} & 1 & \ldots & r_{3p} \\ \vdots & \vdots & \vdots & & \vdots \\ r_{p1} & r_{p2} & r_{p3} & \ldots & 1 \end{pmatrix}.$$

Besteht eine Matrix nur aus einer Zeile (oder Spalte), so sprechen wir von einem Zeilen-(Spalten-)*Vektor*. *Spaltenvektoren* werden durch fett gedruckte Kleinbuchstaben gekennzeichnet:

$$\mathbf{v} = \begin{pmatrix} v_1 \\ v_2 \\ \vdots \\ v_n \end{pmatrix}$$

und *Zeilenvektoren* durch fett gedruckte Kleinbuchstaben mit einem Strich (= transponierte Spaltenvektoren):

$$\mathbf{u}' = (u_1, u_2 \ldots u_n).$$

Einen einzelnen Wert (z. B. 7 oder k) bezeichnen wir im Rahmen der Matrixalgebra als einen *Skalar*. Befinden sich in einer quadratischen Matrix außerhalb der Hauptdiagonale, die von links oben nach rechts unten verläuft, nur Nullen, so sprechen wir von einer *Diagonalmatrix*:

$$\mathbf{D} = \begin{pmatrix} d_1 & 0 & 0 & \ldots & 0 \\ 0 & d_2 & 0 & \ldots & 0 \\ 0 & 0 & d_3 & \ldots & 0 \\ \vdots & \vdots & \vdots & & \vdots \\ 0 & 0 & 0 & \ldots & d_n \end{pmatrix}.$$

Eine Diagonalmatrix heißt *Einheitsmatrix* oder *Identitätsmatrix*, wenn alle Diagonalelemente den Wert 1 haben:

$$\mathbf{I} = \begin{pmatrix} 1 & 0 & 0 & \ldots & 0 \\ 0 & 1 & 0 & \ldots & 0 \\ 0 & 0 & 1 & \ldots & 0 \\ \vdots & \vdots & \vdots & & \vdots \\ 0 & 0 & 0 & \ldots & 1 \end{pmatrix}.$$

C. Das Rechnen mit Matrizen

II. Additionen und Multiplikationen

Das folgende Beispiel zeigt die Addition zweier Matrizen **A** und **B**:

$$\begin{matrix} \mathbf{A} & + & \mathbf{B} & = & \mathbf{C} \\ \begin{pmatrix} 3 & 1 \\ 5 & 2 \\ 2 & 4 \end{pmatrix} & & \begin{pmatrix} 5 & 4 \\ 1 & 2 \\ 1 & 3 \end{pmatrix} & & \begin{pmatrix} 8 & 5 \\ 6 & 4 \\ 3 & 7 \end{pmatrix} \end{matrix}.$$

Eine Addition zweier Matrizen liegt immer dann vor, wenn jedes Element der Summenmatrix gleich der Summe der korrespondierenden Elemente der addierten Matrizen ist:

$$\mathbf{C} = \mathbf{A} + \mathbf{B} \leftrightarrow c_{ij} = a_{ij} + b_{ij} \quad (i = 1, 2 \ldots n;\ j = 1, 2 \ldots m). \tag{C3}$$

Hieraus folgt, dass Matrizen nur dann addiert (subtrahiert) werden können, wenn sie die gleiche Anzahl von Spalten und Zeilen aufweisen, d.h. wenn sie die gleiche Ordnung haben. Aus Gl. (C3) resultiert, dass die Matrizenaddition *kommutativ* ist, d.h. dass die Reihenfolge der Summanden beliebig ist:

$$\mathbf{A} + \mathbf{B} = \mathbf{B} + \mathbf{A}. \tag{C4}$$

Eine Matrix wird mit einem Skalar multipliziert, indem jedes Element der Matrix mit dem Skalar multipliziert wird:

$$\mathbf{B} = k \cdot \mathbf{A} \leftrightarrow b_{ij} = k \cdot a_{ij} \quad (i = 1, 2 \ldots n;\ j = 1, 2 \ldots m). \tag{C5}$$

Die Multiplikation einer Matrix mit einem Skalar ist ebenfalls *kommutativ*:

$$k \cdot \mathbf{A} = \mathbf{A} \cdot k \tag{C6}$$

und darüber hinaus *distributiv*:

$$k \cdot (\mathbf{A} + \mathbf{B}) = k \cdot \mathbf{A} + k \cdot \mathbf{B}. \tag{C7}$$

Im Gegensatz hierzu ist die Multiplikation zweier Matrizen im Allgemeinen nicht kommutativ, d.h., $\mathbf{A} \cdot \mathbf{B} \neq \mathbf{B} \cdot \mathbf{A}$.

> Bei der Multiplikation zweier Matrizen ist die Reihenfolge von entscheidender Bedeutung.

Statt „**A** wird mit **B** multipliziert", muss in der Matrixalgebra genauer spezifiziert werden, ob **A** *rechts* mit **B** ($\mathbf{A} \cdot \mathbf{B}$ = Nachmultiplikation mit **B**) oder *links* mit **B** ($\mathbf{B} \cdot \mathbf{A}$ = Vormultiplikation mit **B**) multipliziert wird. *Die Multiplikation zweier Matrizen ist nur möglich, wenn die Anzahl der Spalten der linksstehenden Matrix gleich der Zeilenanzahl der rechtsstehenden Matrix ist.*
Allgemein erfolgt eine Matrizenmultiplikation nach folgender Regel:

$$\mathbf{C} = \mathbf{A} \cdot \mathbf{B} \leftrightarrow c_{ij} = \sum_{k=1}^{s} a_{ik} \cdot b_{kj} \quad (i = 1, 2 \ldots n;\ j = 1, 2 \ldots m;\ k = 1, 2 \ldots s), \tag{C8}$$

wobei **A** eine $n \times s$ Matrix ist und **B** eine $s \times m$ Matrix.
Die Multiplikation in Gl. (C8) führt zu einer Matrix **C** mit der Ordnung $n \times m$.

Beispiel:

$$\overset{\mathbf{A}}{\begin{pmatrix} 2 & -3 & 1 \\ -1 & 4 & 0 \end{pmatrix}} \cdot \overset{\mathbf{B}}{\begin{pmatrix} 3 & 1 \\ 4 & 2 \\ 5 & -3 \end{pmatrix}} = \overset{\mathbf{C}}{\begin{pmatrix} -1 & -7 \\ 13 & 7 \end{pmatrix}},$$

$$c_{11} = \sum_{k=1}^{3} a_{1k} \cdot b_{k1} = 2 \cdot 3 + (-3) \cdot 4 + 1 \cdot 5 = -1,$$

$$c_{12} = \sum_{k=1}^{3} a_{1k} \cdot b_{k2} = 2 \cdot 1 + (-3) \cdot 2 + 1 \cdot (-3) = -7,$$

$$c_{21} = \sum_{k=1}^{3} a_{2k} \cdot b_{k1} = (-1) \cdot 3 + 4 \cdot 4 + 0 \cdot 5 = 13,$$

$$c_{22} = \sum_{k=1}^{3} a_{2k} \cdot b_{k2} = (-1) \cdot 1 + 4 \cdot 2 + 0 \cdot (-3) = 7.$$

Ein besonderer Fall liegt vor, wenn ein Spaltenvektor und ein Zeilenvektor gleicher Länge bzw. gleicher Dimensionalität miteinander multipliziert werden. Je nachdem, in welcher Reihenfolge diese Multiplikation erfolgt, unterscheiden wir in Abhängigkeit vom Ergebnis zwischen einem *Skalarprodukt* und einem *Matrixprodukt*.

Beispiel: Gegeben seien die Vektoren

$$\mathbf{u}' = (1, -2, 3)$$

und

$$\mathbf{v} = \begin{pmatrix} 3 \\ 1 \\ -2 \end{pmatrix}.$$

Dann ergibt sich gemäß Gl. (C8) für $\mathbf{u}' \cdot \mathbf{v}$ ein Skalar

$$\mathbf{u}' \cdot \mathbf{v} = (1, -2, 3) \cdot \begin{pmatrix} 3 \\ 1 \\ -2 \end{pmatrix} = 1 \cdot 3 + (-2) \cdot 1 + 3 \cdot (-2) = -5$$

und für $\mathbf{v} \cdot \mathbf{u}'$ eine Matrix

$$\mathbf{v} \cdot \mathbf{u}' = \begin{pmatrix} 3 \\ 1 \\ -2 \end{pmatrix} \cdot (1, -2, 3) = \begin{pmatrix} 3 & -6 & 9 \\ 1 & -2 & 3 \\ -2 & 4 & -6 \end{pmatrix}.$$

Die Matrizenmultiplikation ist *distributiv*

$$(\mathbf{A} + \mathbf{B}) \cdot \mathbf{C} = \mathbf{A} \cdot \mathbf{C} + \mathbf{B} \cdot \mathbf{C}$$
$$\mathbf{A} \cdot (\mathbf{B} + \mathbf{C}) = \mathbf{A} \cdot \mathbf{B} + \mathbf{A} \cdot \mathbf{C} \tag{C9}$$

und *assoziativ*

$$(\mathbf{A} \cdot \mathbf{B}) \cdot \mathbf{C} = \mathbf{A} \cdot (\mathbf{B} \cdot \mathbf{C}) = \mathbf{A} \cdot \mathbf{B} \cdot \mathbf{C}. \tag{C10}$$

Ferner gilt, dass die Transponierte eines Matrizenprodukts gleich dem Produkt der transponierten Matrizen in umgekehrter Reihenfolge ist:

$$(\mathbf{A} \cdot \mathbf{B})' = \mathbf{B}' \cdot \mathbf{A}'. \tag{C11}$$

C. Das Rechnen mit Matrizen

Anwendungen. Im Rahmen der multivariaten Methoden taucht häufig folgendes Dreifachprodukt auf: $\mathbf{u}' \cdot \mathbf{A} \cdot \mathbf{u}$, wobei $\mathbf{A}$ eine $n \times n$ Matrix, $\mathbf{u}'$ ein n-dimensionaler Zeilenvektor und $\mathbf{u}$ ein n-dimensionaler Spaltenvektor sind. Wie das folgende Beispiel zeigt, ist das Ergebnis eines solchen Dreifachprodukts ein Skalar:

$$\mathbf{u}' = (3, -1, 2),$$

$$\mathbf{A} = \begin{pmatrix} 5 & 2 & -1 \\ -3 & 4 & 2 \\ 1 & 2 & 3 \end{pmatrix},$$

$$\mathbf{u}' \cdot \mathbf{A} \cdot \mathbf{u} = (3, -1, 2) \cdot \begin{pmatrix} 5 & 2 & -1 \\ -3 & 4 & 2 \\ 1 & 2 & 3 \end{pmatrix} \cdot \begin{pmatrix} 3 \\ -1 \\ 2 \end{pmatrix} = (20, 6, 1) \cdot \begin{pmatrix} 3 \\ -1 \\ 2 \end{pmatrix} = 56.$$

Ebenfalls häufig tauchen im Rahmen multivariater Methoden Multiplikationen von Matrizen mit Diagonalmatrizen auf. Für die Vormultiplikation einer Matrix $\mathbf{A}$ mit einer Diagonalmatrix $\mathbf{D}$ (mit den Elementen $d_1, d_2 \ldots d_n$ in der Hauptdiagonale) gilt:

$$\mathbf{B} = \mathbf{D} \cdot \mathbf{A} \leftrightarrow b_{ij} = d_i \cdot a_{ij} \quad (i = 1, 2 \ldots n; \; j = 1, 2 \ldots m). \tag{C12}$$

Die Nachmultiplikation führt zu einem analogen Ergebnis:

$$\mathbf{B} = \mathbf{A} \cdot \mathbf{D} \leftrightarrow b_{ij} = d_j \cdot a_{ij} \quad (i = 1, 2 \ldots n; \; j = 1, 2 \ldots m). \tag{C13}$$

Aus Gl. (C12) und (C13) folgt, dass Vor- und Nachmultiplikationen einer Matrix $\mathbf{A}$ mit der Einheitsmatrix $\mathbf{I}$ die Matrix $\mathbf{A}$ nicht verändern:

$$\mathbf{A} \cdot \mathbf{I} = \mathbf{I} \cdot \mathbf{A} = \mathbf{A}. \tag{C14}$$

Ihrer Funktion nach ist die Identitätsmatrix somit dem Skalar 1 gleichzusetzen.

III. Determinanten

Unter einer Determinante versteht man eine Kennziffer einer quadratischen Matrix, in deren Berechnung sämtliche Elemente der Matrix eingehen. (Zur geometrischen Veranschaulichung einer Determinante vgl. Green u. Carroll, 1976, Kap. 3.6.) Eine Determinante wird durch zwei senkrechte Striche gekennzeichnet:

Determinante von $\mathbf{A} = |\mathbf{A}|$.

Für eine 2×2 Matrix $\mathbf{A}$

$$\mathbf{A} = \begin{pmatrix} a_{11} & a_{12} \\ a_{21} & a_{22} \end{pmatrix}$$

ist die Determinante durch

$$|\mathbf{A}| = a_{11} \cdot a_{22} - a_{12} \cdot a_{21} \tag{C15}$$

definiert (Produkt der Elemente der Hauptdiagonale minus dem Produkt der Elemente der Nebendiagonale). Für eine 3×3-Matrix bestimmen wir die Determinante in folgender Weise:

$$\mathbf{A} = \begin{pmatrix} a_{11} & a_{12} & a_{13} \\ a_{21} & a_{22} & a_{23} \\ a_{31} & a_{32} & a_{33} \end{pmatrix}.$$

Die Determinante ergibt sich als gewichtete Summe der Elemente einer Zeile oder einer Spalte. Die Wahl der Zeile (oder Spalte) ist hierbei beliebig. Bezogen auf die Elemente der 1. Spalte ergibt sich das Gewicht für das Element a_{11} aus der Determinante derjenigen 2×2-Matrix, die übrigbleibt, wenn die Zeile und die Spalte, in denen sich das Element befindet, außer Acht gelassen werden. Die verbleibende 2×2-Matrix lautet für das Element a_{11}:

$$\begin{pmatrix} a_{22} & a_{23} \\ a_{32} & a_{33} \end{pmatrix}$$

mit der Determinante: $(a_{22} \cdot a_{33}) - (a_{23} \cdot a_{32})$. Entsprechend verfahren wir mit den übrigen Elementen der 1. Spalte von **A**. Hier ergeben sich die folgenden Restmatrizen und Determinanten:

$$\text{für} \quad a_{21}: \begin{pmatrix} a_{12} & a_{13} \\ a_{32} & a_{33} \end{pmatrix} \quad \text{und} \quad a_{12} \cdot a_{33} - a_{13} \cdot a_{32},$$

$$\text{für} \quad a_{31}: \begin{pmatrix} a_{12} & a_{13} \\ a_{22} & a_{23} \end{pmatrix} \quad \text{und} \quad a_{12} \cdot a_{23} - a_{13} \cdot a_{22}.$$

Die Determinanten der verbleibenden Restmatrizen werden *Kofaktoren (Minoren)* der Einzelelemente genannt. Das Vorzeichen der Kofaktoren erhalten wir, indem der Zeilenindex und Spaltenindex des Einzelelements addiert werden. Resultiert eine gerade Zahl, ist der Kofaktor positiv, resultiert eine ungerade Zahl, ist er negativ. Der Kofaktor für das Element a_{11} ist somit positiv ($1+1=2=$ gerade Zahl), für das Element a_{21} negativ ($2+1=3=$ ungerade Zahl) und für das Element a_{31} wiederum positiv ($3+1=4=$ gerade Zahl).

Beispiele. Das folgende Beispiel veranschaulicht die Berechnung der Determinante einer 3×3-Matrix:

$$|\mathbf{A}| = \begin{vmatrix} 2 & 1 & 5 \\ 4 & 8 & 3 \\ 2 & 0 & 7 \end{vmatrix} = 2 \cdot \begin{vmatrix} 8 & 3 \\ 0 & 7 \end{vmatrix} - 4 \cdot \begin{vmatrix} 1 & 5 \\ 0 & 7 \end{vmatrix} + 2 \cdot \begin{vmatrix} 1 & 5 \\ 8 & 3 \end{vmatrix}$$

$$= 2 \cdot (8 \cdot 7 - 3 \cdot 0) - 4 \cdot (1 \cdot 7 - 5 \cdot 0) + 2 \cdot (1 \cdot 3 - 5 \cdot 8)$$

$$= 2 \cdot 56 - 4 \cdot 7 + 2 \cdot (-37)$$

$$= 10.$$

Die einzelnen Rechenschritte sind in Gl. (C16) zu einer Gleichung zusammengefasst.

$$|\mathbf{A}| = a_{11} \cdot a_{22} \cdot a_{33} + a_{12} \cdot a_{23} \cdot a_{31} + a_{13} \cdot a_{21} \cdot a_{32} - a_{13} \cdot a_{22} \cdot a_{31} - a_{12} \cdot a_{21} \cdot a_{33} - a_{11} \cdot a_{23} \cdot a_{32}. \quad (C16)$$

Im Beispiel ermitteln wir:

$$|\mathbf{A}| = 2 \cdot 8 \cdot 7 + 1 \cdot 3 \cdot 2 + 5 \cdot 4 \cdot 0 - 5 \cdot 8 \cdot 2 - 1 \cdot 4 \cdot 7 - 2 \cdot 3 \cdot 0$$

$$= 112 + 6 + 0 - 80 - 28 - 0$$

$$= 10.$$

Bei der Berechnung der Determinante einer 4×4-Matrix benötigen wir als Kofaktoren für die Elemente einer Zeile oder Spalte die Determinanten der verbleibenden 3×3-Matrizen, die nach dem oben beschriebenen Verfahren bestimmt werden. Die Vorgehensweise verdeutlicht das folgende Beispiel:

$$|\mathbf{A}| = \begin{vmatrix} 2 & 4 & 1 & 0 \\ 3 & 2 & 4 & 2 \\ 1 & 6 & 1 & 4 \\ 1 & 0 & 2 & 3 \end{vmatrix} = 2 \cdot \begin{vmatrix} 2 & 4 & 2 \\ 6 & 1 & 4 \\ 0 & 2 & 3 \end{vmatrix} - 3 \cdot \begin{vmatrix} 4 & 1 & 0 \\ 6 & 1 & 4 \\ 0 & 2 & 3 \end{vmatrix} + 1 \cdot \begin{vmatrix} 4 & 1 & 0 \\ 2 & 4 & 2 \\ 0 & 2 & 3 \end{vmatrix} - 1 \cdot \begin{vmatrix} 4 & 1 & 0 \\ 2 & 4 & 2 \\ 6 & 1 & 4 \end{vmatrix}.$$

C. Das Rechnen mit Matrizen

Die Determinanten für die verbleibenden 3 × 3-Matrizen lauten:

$$\begin{vmatrix} 2 & 4 & 2 \\ 6 & 1 & 4 \\ 0 & 2 & 3 \end{vmatrix} = 2 \cdot \begin{vmatrix} 1 & 4 \\ 2 & 3 \end{vmatrix} - 6 \cdot \begin{vmatrix} 4 & 2 \\ 2 & 3 \end{vmatrix} + 0 \cdot \begin{vmatrix} 4 & 2 \\ 1 & 4 \end{vmatrix}$$
$$= 2 \cdot (3 - 8) - 6 \cdot (12 - 4) + 0 \cdot (16 - 2)$$
$$= -58,$$

$$\begin{vmatrix} 4 & 1 & 0 \\ 6 & 1 & 4 \\ 0 & 2 & 3 \end{vmatrix} = 4 \cdot \begin{vmatrix} 1 & 4 \\ 2 & 3 \end{vmatrix} - 6 \cdot \begin{vmatrix} 1 & 0 \\ 2 & 3 \end{vmatrix} + 0 \cdot \begin{vmatrix} 1 & 0 \\ 1 & 4 \end{vmatrix}$$
$$= 4 \cdot (3 - 8) - 6 \cdot (3 - 0) + 0 \cdot (4 - 0)$$
$$= -38,$$

$$\begin{vmatrix} 4 & 1 & 0 \\ 2 & 4 & 2 \\ 0 & 2 & 3 \end{vmatrix} = 4 \cdot \begin{vmatrix} 4 & 2 \\ 2 & 3 \end{vmatrix} - 2 \cdot \begin{vmatrix} 1 & 0 \\ 2 & 3 \end{vmatrix} + 0 \cdot \begin{vmatrix} 1 & 0 \\ 4 & 2 \end{vmatrix}$$
$$= 4 \cdot (12 - 4) - 2 \cdot (3 - 0) + 0 \cdot (2 - 0)$$
$$= 26,$$

$$\begin{vmatrix} 4 & 1 & 0 \\ 2 & 4 & 2 \\ 6 & 1 & 4 \end{vmatrix} = 4 \cdot \begin{vmatrix} 4 & 2 \\ 1 & 4 \end{vmatrix} - 2 \cdot \begin{vmatrix} 1 & 0 \\ 1 & 4 \end{vmatrix} + 6 \cdot \begin{vmatrix} 1 & 0 \\ 4 & 2 \end{vmatrix}$$
$$= 4 \cdot (16 - 2) - 2 \cdot (4 - 0) + 6 \cdot (2 - 0)$$
$$= 60.$$

Für die Determinante von **A** erhalten wir somit zusammengefasst:

$$|\mathbf{A}| = 2 \cdot (-58) - 3 \cdot (-38) + 1 \cdot 26 - 1 \cdot 60 = -36.$$

Bei der Bestimmung der Determinante einer 5 × 5-Matrix verfahren wir entsprechend. Für die 5 Elemente einer Zeile (oder Spalte) suchen wir die verbleibenden Restmatrizen heraus und berechnen die Kofaktoren der Einzelelemente als Determinanten der Restmatrizen. In diesem Fall verbleiben 4 × 4-Matrizen, deren Determinantenbestimmung wir im letzten Beispiel kennengelernt haben. Der Rechenaufwand wird mit größerwerdender Ordnung der Matrizen sehr schnell erheblich, sodass es sich empfiehlt, eine elektronische Datenverarbeitungsanlage einzusetzen. Entsprechende Rechenprogramme für die Bestimmung von Determinanten findet man in einigen Software-Paketen (z. B. S-Plus; vgl. Becker et al., 1988).

Singuläre Matrizen. Hat eine Matrix eine Determinante von 0, bezeichnen wir die Matrix als *singulär*. Eine Determinante von 0 resultiert, wenn sich eine Zeile (Spalte) als *Linearkombination* einer oder mehrerer Zeilen (Spalten) darstellen lässt. Die folgende 2 × 2-Matrix, in der die 2. Zeile gegenüber der ersten verdoppelt wurde, ist somit singulär:

$$|\mathbf{A}| = \begin{vmatrix} 2 & 5 \\ 4 & 10 \end{vmatrix},$$
$$|\mathbf{A}| = 2 \cdot 10 - 5 \cdot 4 = 0.$$

In der folgenden 3 × 3-Matrix ergibt sich die 3. Spalte aus der verdoppelten Spalte 1 und der halbierten Spalte 2:

$$A = \begin{pmatrix} 1 & 4 & 4 \\ 2 & 6 & 7 \\ 1 & 2 & 3 \end{pmatrix},$$

$$|A| = 1 \cdot 6 \cdot 3 + 4 \cdot 7 \cdot 1 + 4 \cdot 2 \cdot 2 - 4 \cdot 6 \cdot 1 - 4 \cdot 2 \cdot 3 - 1 \cdot 7 \cdot 2$$
$$= 18 + 28 + 16 - 24 - 24 - 14$$
$$= 0.$$

Matrizen sind natürlich auch dann singulär, wenn 2 oder mehrere Zeilen (Spalten) miteinander identisch sind.

Eigenschaften von Determinanten. Determinanten haben folgende Eigenschaften:
a) Die Determinante einer Matrix **A** ist gleich der Determinante der transponierten Matrix **A**′:

$$|A| = |A'|. \tag{C17}$$

b) Werden 2 Zeilen (oder 2 Spalten) einer Matrix ausgetauscht, ändert sich lediglich das Vorzeichen des Wertes der Determinante.
c) Werden die Elemente einer Zeile (Spalte) mit einer Konstanten multipliziert, verändert sich der Wert der Determinante um den gleichen Faktor.
d) Die Determinante des Produkts zweier quadratischer Matrizen **A** und **B** ist gleich dem Produkt der Determinanten der entsprechenden Matrizen:

$$|A \cdot B| = |A| \cdot |B|. \tag{C18}$$

IV. Matrixinversion

Die Division eines Skalars (einer Zahl) durch sich selbst bzw. das Produkt eines Skalars mit seinem Reziprok- oder Kehrwert ergibt 1 $\left(a \cdot 1a = 1 \text{ bzw. } a \cdot a^{-1} = 1 \right)$. Analog hierzu suchen wir eine „Reziprokmatrix" zu einer Matrix, die so geartet ist, dass *das Produkt der beiden Matrizen die Identitätsmatrix ergibt*. Die Reziprokmatrix wird als Inverse einer Matrix bezeichnet und erhält wie skalare Reziprokwerte den Exponenten -1.

Das Rechnen mit der Inversen einer Matrix entspricht somit der Division in der numerischen Algebra. Die Frage lautet: Kann zu einer Matrix **A** die Inverse A^{-1} gefunden werden, sodass folgende Beziehung gilt:

$$A \cdot A^{-1} = A^{-1} \cdot A = I? \tag{C19}$$

Die Inverse einer Matrix **A** wird nach folgender Gleichung ermittelt:

$$A^{-1} = \frac{\text{adj}(A)}{|A|}. \tag{C20}$$

Wir benötigen neben der Determinante $|A|$ die sog. adjunkte Matrix von **A** (adj **A**), die wie folgt errechnet wird: Man bestimmt zu jedem Matrixelement den Kofaktor (vgl. S. 718) und ersetzt die einzelnen Matrixelemente durch ihre Kofaktoren, wobei Kofaktoren für Elemente mit geradzahliger Indexsumme mit $+1$ und mit ungeradzahliger Indexsumme mit -1 multipliziert werden. Die Transponierte der so ermittelten Matrix stellt die adjunkte Matrix dar. Dividieren wir alle Elemente von adj(**A**) durch $|A|$, resultiert die Inverse A^{-1}.

C. Das Rechnen mit Matrizen

Beispiel. Gesucht wird die Inverse von folgender Matrix:
$$\mathbf{A} = \begin{pmatrix} 2 & 1 & 2 \\ 2 & 0 & 0 \\ 4 & 2 & 2 \end{pmatrix}.$$

Wir berechnen zunächst die vorzeichengerechten Kofaktoren:

a_{11}: $0 \cdot 2 - 0 \cdot 2 = 0$, a_{12}: $-1 \cdot (2 \cdot 2 - 0 \cdot 4) = -4$, a_{13}: $2 \cdot 2 - 0 \cdot 4 = 4$,

a_{21}: $-1 \cdot (1 \cdot 2 - 2 \cdot 2) = 2$, a_{22}: $2 \cdot 2 - 2 \cdot 4 = -4$, a_{23}: $-1 \cdot (2 \cdot 2 - 1 \cdot 4) = 0$,

a_{31}: $1 \cdot 0 - 2 \cdot 0 = 0$, a_{32}: $-1 \cdot (2 \cdot 0 - 2 \cdot 2) = 4$, a_{33}: $2 \cdot 0 - 2 \cdot 1 = -2$.

Nach Transponieren ergibt sich also

$$\mathbf{A}\,(\text{adj}) = \begin{pmatrix} 0 & 2 & 0 \\ -4 & -4 & 4 \\ 4 & 0 & -2 \end{pmatrix}.$$

Für die Determinante errechnet man

$$|\mathbf{A}| = 2 \cdot (0 \cdot 2 - 0 \cdot 2) - 2 \cdot (1 \cdot 2 - 2 \cdot 2) + 4 \cdot (1 \cdot 0 - 2 \cdot 0) = 4.$$

Wir dividieren die Elemente aus $\mathbf{A}\,(\text{adj})$ durch 4 und erhalten

$$\mathbf{A}^{-1} = \begin{pmatrix} 0 & 0{,}5 & 0 \\ -1 & -1 & 1 \\ 1 & 0 & -0{,}5 \end{pmatrix}.$$

Die Kontrolle ergibt:

$$\begin{array}{ccc} \mathbf{A} & \cdot & \mathbf{A}^{-1} & = & \mathbf{I} \end{array}$$

$$\begin{pmatrix} 2 & 1 & 2 \\ 2 & 0 & 0 \\ 4 & 2 & 2 \end{pmatrix} \cdot \begin{pmatrix} 0 & 0{,}5 & 0 \\ -1 & -1 & 1 \\ 1 & 0 & -0{,}5 \end{pmatrix} = \begin{pmatrix} 1 & 0 & 0 \\ 0 & 1 & 0 \\ 0 & 0 & 1 \end{pmatrix}.$$

Der rechnerische Aufwand, der erforderlich ist, um die Inverse einer Matrix höherer Ordnung zu bestimmen, ist beträchtlich und ohne den Einsatz einer elektronischen Datenverarbeitungsanlage kaum zu bewältigen. Formalisierte Rechenregeln (bzw. zum Teil auch Rechenprogramme) für die Bestimmung einer Inversen werden z. B. bei Horst (1963, Kap. 19), Pawlik (1976), Cooley u. Lohnes (1971), Ralston u. Wilf (1967), Tatsuoka (1971) und Zurmühl (1964) dargestellt. Für die Lösung komplexer matrixalgebraischer Aufgaben seien SAS-IML oder das Programm „S-Plus" (1990) empfohlen (vgl. auch Becker et al., 1988).

Die Inverse einer 2×2-Matrix kann vereinfacht nach folgender Gleichung bestimmt werden:

$$\mathbf{A}^{-1} = \frac{1}{|\mathbf{A}|} \cdot \begin{pmatrix} a_{22} & -a_{12} \\ -a_{21} & a_{11} \end{pmatrix} = \frac{1}{a_{11} \cdot a_{22} - a_{12} \cdot a_{21}} \cdot \begin{pmatrix} a_{22} & -a_{12} \\ -a_{21} & a_{11} \end{pmatrix}, \qquad (C21)$$

wobei der rechte Klammerausdruck die adjunkte Matrix einer 2×2-Matrix darstellt:

$$\text{adj}\,(\mathbf{A}) = \begin{pmatrix} a_{22} & -a_{12} \\ -a_{21} & a_{11} \end{pmatrix}. \qquad (C22)$$

Beispiel:

$$\mathbf{A} = \begin{pmatrix} 2 & 4 \\ 1 & 3 \end{pmatrix},$$

$$|\mathbf{A}| = 2 \cdot 3 - 4 \cdot 1 = 2.$$

Die Inverse heißt somit:
$$\mathbf{A}^{-1} = \frac{1}{2} \cdot \begin{pmatrix} 3 & -4 \\ -1 & 2 \end{pmatrix} = \begin{pmatrix} 1{,}5 & -2 \\ -0{,}5 & 1 \end{pmatrix}.$$

Lösung linearer Gleichungssysteme. Matrixinversionen werden vor allem – wie das folgende Beispiel zeigt – zur Lösung linearer Gleichungssysteme eingesetzt. Gegeben seien 3 Gleichungen mit den Unbekannten x_1, x_2 und x_3:

$$x_1 + 2 \cdot x_2 - x_3 = 1,$$
$$3 \cdot x_1 - x_2 + x_3 = 5,$$
$$4 \cdot x_1 + 3 \cdot x_2 - 2 \cdot x_3 = 2.$$

Setzen wir

$$\mathbf{A} = \begin{pmatrix} 1 & 2 & -1 \\ 3 & -1 & 1 \\ 4 & 3 & -2 \end{pmatrix}; \quad \mathbf{x} = \begin{pmatrix} x_1 \\ x_2 \\ x_3 \end{pmatrix}; \quad \text{und} \quad \mathbf{c} = \begin{pmatrix} 1 \\ 5 \\ 2 \end{pmatrix},$$

können wir das Gleichungssystem matrixalgebraisch folgendermaßen darstellen:

$$\mathbf{A} \cdot \mathbf{x} = \mathbf{c}.$$

Durch Vormultiplizieren mit der Inversen von $\mathbf{A}$ („Division" durch $\mathbf{A}$) erhalten wir den Lösungsvektor $\mathbf{x}$:

$$\mathbf{A}^{-1} \cdot \mathbf{A} \cdot \mathbf{x} = \mathbf{A}^{-1} \cdot \mathbf{c}.$$

Da nach Gl. (C19) das Produkt einer Matrix mit ihrer Inversen die Identitätsmatrix ergibt, die ihrerseits als Faktor einer Matrix diese nicht verändert, resultiert für $\mathbf{x}$:

$$\mathbf{x} = \mathbf{A}^{-1} \cdot \mathbf{c}.$$

Für $\mathbf{A}^{-1}$ ermitteln wir zunächst:

$$\mathbf{A}\,(\text{adj}) = \begin{pmatrix} -1 & 1 & 1 \\ 10 & 2 & -4 \\ 13 & 5 & -7 \end{pmatrix}.$$

Es ergibt sich ferner $|\mathbf{A}| = 6$ und damit nach Gl. (C20):

$$\mathbf{A}^{-1} = \begin{pmatrix} -1/6 & 1/6 & 1/6 \\ 10/6 & 2/6 & -4/6 \\ 13/6 & 5/6 & -7/6 \end{pmatrix}.$$

Die Bestimmungsgleichung für $\mathbf{x}$ lautet somit:

$$\begin{array}{ccc} \mathbf{A}^{-1} & \cdot \quad \mathbf{c} & = \quad \mathbf{x} \end{array}$$

$$\begin{pmatrix} -\frac{1}{6} & \frac{1}{6} & \frac{1}{6} \\ \frac{10}{6} & \frac{2}{6} & -\frac{4}{6} \\ \frac{13}{6} & \frac{5}{6} & -\frac{7}{6} \end{pmatrix} \times \begin{pmatrix} 1 \\ 5 \\ 2 \end{pmatrix} = \begin{pmatrix} x_1 \\ x_2 \\ x_3 \end{pmatrix}$$

bzw. unter Verwendung der Multiplikationsregel Gl. (C8):

$$x_1 = 1 \cdot (-1/6) + 5 \cdot 1/6 + 2 \cdot 1/6 = 1,$$
$$x_2 = 1 \cdot 10/6 + 5 \cdot 2/6 + 2 \cdot (-4/6) = 2,$$
$$x_3 = 1 \cdot 13/6 + 5 \cdot 5/6 + 2 \cdot (-7/6) = 4.$$

Zur Kontrolle setzen wir die Werte in das Gleichungssystem ein:

$$1 + 2 \cdot 2 - 4 = 1,$$
$$3 \cdot 1 - 2 + 4 = 5,$$
$$4 \cdot 1 + 3 \cdot 2 - 2 \cdot 4 = 2.$$

Eigenschaften der Inversen. Für Rechnungen mit invertierten Matrizen gelten folgende Regeln:

a) Die Inverse einer Matrix **A** existiert nur, wenn sie quadratisch und ihre Determinante von 0 verschieden ist, d.h. wenn die Matrix **A** nicht singulär ist (vgl. auch Gl. C20).
b) Ist **A** symmetrisch und nicht singulär, sodass $\mathbf{A}^{-1}$ existiert, ist $\mathbf{A}^{-1}$ ebenfalls symmetrisch.
c) Die Inverse einer transponierten Matrix $\mathbf{A}'$ ist gleich der Transponierten der Inversen $\mathbf{A}^{-1}$:

$$(\mathbf{A}')^{-1} = (\mathbf{A}^{-1})'. \tag{C22a}$$

d) Die Inverse einer Diagonalmatrix ist die aus den Reziprokwerten der Diagonalelemente gebildete Diagonalmatrix:

$$\mathbf{A} = \begin{pmatrix} 1 & 0 & 0 \\ 0 & 2 & 0 \\ 0 & 0 & 3 \end{pmatrix}; \quad \mathbf{A}^{-1} = \begin{pmatrix} 1 & 0 & 0 \\ 0 & \frac{1}{2} & 0 \\ 0 & 0 & \frac{1}{3} \end{pmatrix}.$$

e) Die Determinante der Inversen $\mathbf{A}^{-1}$ entspricht dem Reziprokwert der Determinante von **A**:

$$|\mathbf{A}^{-1}| = |\mathbf{A}|^{-1} = \frac{1}{|\mathbf{A}|}. \tag{C23}$$

f) Die Inverse des Produkts zweier nicht singulärer Matrizen mit gleicher Ordnung ist gleich dem Produkt dieser Inversen in umgekehrter Reihenfolge:

$$(\mathbf{A} \cdot \mathbf{B})^{-1} = \mathbf{B}^{-1} \cdot \mathbf{A}^{-1}. \tag{C24}$$

D. Maximierung mit Nebenbedingungen

Im Rahmen der Hauptkomponentenanalyse werden die Merkmalsachsen so rotiert, dass sie nach der Rotation sukzessiv maximale Varianz aufklären. Für eine orthogonale Rotation benötigen wir eine Gewichtungsmatrix **V**, die den Bedingungen $\mathbf{V}' \cdot \mathbf{V} = \mathbf{I}$ und $|\mathbf{V}| = 1$ genügen muss. Wir suchen somit Koeffizienten v_{ij}, die einerseits die Varianzen auf den neuen Achsen sukzessiv maximieren und andererseits eine orthogonale Rotationstransformation bewirken, wobei Letzteres durch die Bedingung $\mathbf{V}' \cdot \mathbf{V} = \mathbf{I}$ und $|\mathbf{V}| = 1$ gewährleistet ist. Bezogen auf *eine* Variable besagen diese Forderungen, dass die Varianz der Variablen durch Rotation maximiert werden soll, wobei die Nebenbedingung $\mathbf{v}' \cdot \mathbf{v} = 1$ gelten muss.

Das folgende Beispiel zeigt, wie Maximierungsprobleme mit Nebenbedingungen im Prinzip gelöst werden können. Gegeben sei eine Variable y, die von 2 Variablen x und z in folgender Weise abhängt:

$$y = F(x, z) = -x^2 - 2z^2 + 3x - 8z - 5.$$

Wir prüfen zunächst, für welchen x- und z-Wert die Funktion ein Maximum hat, indem wir sie partiell nach x und z ableiten. Die beiden Ableitungen lauten:

$$\frac{dF(x,z)}{dx} = -2x + 3, \quad \frac{dF(x,z)}{dz} = -4z - 8.$$

Setzen wir die beiden Ableitungen 0, resultieren für x und z:

$$x = 3/2; \quad z = -2.$$

(Da die zweiten Ableitungen negativ sind, befindet sich an dieser Stelle tatsächlich jeweils ein Maximum und kein Minimum.)

Bisher haben wir die Variablen x und z als voneinander unabhängig betrachtet. In einem weiteren Schritt wollen wir festlegen, dass zusätzlich die *Nebenbedingung* $x + z = 2$ erfüllt sein soll. Wir suchen nun dasjenige Wertepaar für x und z, das einerseits y maximal werden lässt und andererseits die Nebenbedingung $x + z = 2$ erfüllt. Dieses Problem lässt sich am einfachsten unter Einsatz eines sog. *Lagrange-Multiplikators* lösen. (Auf die Herleitung dieses Ansatzes, der in Mathematikbüchern über Differentialrechnung dargestellt ist, wollen wir nicht näher eingehen. Eine auf sozialwissenschaftliche Probleme zugeschnittene Erläuterung findet der interessierte Leser bei Bishir u. Drewes, 1970, Kap. 17.4.)

Wir definieren folgende erweiterte Funktion, die die Nebenbedingung $x + z = 2$ bzw. $x + z - 2 = 0$ enthält:

$$F(x, z) = -x^2 - 2z^2 + 3x - 8z - 5 - \lambda \cdot (x + z - 2).$$

λ ist hierin der unbekannte Lagrange-Multiplikator. Diese Funktion differenzieren wir wieder nach x und z:

$$\frac{dF(x,z)}{dx} = -2x + 3 - \lambda, \quad \frac{dF(x,z)}{dz} = -4z - 8 - \lambda.$$

Beide Ableitungen werden 0 gesetzt. Zusammen mit der Nebenbedingung $x + z - 2 = 0$ erhalten wir als Lösungen:

$$x = 19/6; \quad z = -7/6; \quad \lambda = -10/6.$$

x und z erfüllen die Nebenbedingung x + z = 2. Sie führen zu einem y-Wert von 1,08. Wie man sich leicht überzeugen kann, existiert kein weiteres Wertepaar für x und z, das unter der Bedingung x + z = 2 zu einem größeren Wert für y führt.

Nach dem gleichen Prinzip werden die v_{ij}-Werte berechnet, die in der Hauptachsenanalyse die Bedingung $\mathbf{V}' \cdot \mathbf{V} = \mathbf{I}$ erfüllen müssen und damit eine orthogonale Rotation des Achsensystems bewirken. Zusätzlich maximieren die Gewichtungskoeffizienten v_{ij} sukzessiv die Varianzen der neuen Achsen.

E. Statistik mit SPSS

René Weber

Die in diesem Buch vorgestellten statistischen Verfahren werden jeweils an Zahlenbeispielen verdeutlicht, die dazu beitragen sollen, dass Rechengang und mathematischer Hintergrund der Prüfstatistiken verstanden werden. In der Forschungspraxis werden statistische Analysen heute jedoch kaum noch per Hand oder Taschenrechner durchgeführt, sondern meistens mit dem Computer. Hierfür sind zahlreiche kommerzielle Softwarepakete auf dem Markt, die eine umfangreiche Sammlung an Statistikprozeduren zur Verfügung stellen (z.B. SPSS, SAS, STATISTICA, S-PLUS, BMDP). Inzwischen gibt es auch leistungsfähige Statistik-Software, die im Internet kostenlos zum Herunterladen bereit gestellt wird. Zu nennen ist hier insbesondere das Statistikprogramm „R" (verfügbar unter http://www.r-project.org).

Voraussetzung für eine erfolgreiche Durchführung computergestützter Datenauswertungen sind Kenntnisse in der Bedienung und Steuerung des jeweiligen Programms sowie im Lesen und Interpretieren der Ergebnisse. Um den Transfer zwischen dem im Buch vermittelten Methodenwissen und der praktischen Anwendung von Statistik-Software zu erleichtern, werden die wichtigsten Zahlenbeispiele im Folgenden auch computergestützt berechnet. Hierbei wird das speziell für sozialwissenschaftliche Auswertungsprobleme entwickelte Statistikprogramm „SPSS für Windows (Version 12)" herangezogen. Eine über 30 Tage vollständig funktionstüchtige Demoversion des Programms kann unter http://www.spss.de bezogen werden. Darüber hinaus bietet die Firma SPSS (wie auch die meisten anderen Anbieter) eine im Preis wesentlich reduzierte Version für Studierende an (erhältlich im Buchhandel).

Bei der Darstellung der mit SPSS berechneten Zahlenbeispiele wurde Folgendes beachtet: Jedes SPSS-Beispiel setzt sich zusammen aus einer Kurzinformation über das Zahlenbeispiel, der Dateneingabe, den Programmbefehlen (Syntax), den Programmausgaben und den Erläuterungen zur Interpretation der Ergebnisse. Aus Gründen der Übersichtlichkeit wurde die Programmausgabe von redundanten und irrelevanten Systemmeldungen und -ausgaben bereinigt. Die Analyseergebnisse werden jedoch stets vollständig wiedergegeben. Diese Darstellungsform wurde gewählt, da die Beispiele für diejenigen gedacht sind, die bereits etwas Erfahrung mit SPSS und dem Windows-System gesammelt haben. Daher wird auch auf detaillierte Beschreibungen von Menüfenstern und deren Auswahloptionen verzichtet, die SPSS aus Gründen der Benutzerfreundlichkeit in der Windows Systemumgebung anbietet. Es wird hier lediglich gezeigt, wie man durch die Eingabe von einfachen Befehlen in SPSS eine gewünschte statistische Analyse anfordern kann. Dieses hat mehrere Vorteile:

- Nach Einweisung in die Dateneingabe und in den Umgang mit der SPSS-Programmierumgebung (SPSS-Syntax-Editor, s. unten) kann sich die Darstellung auf die wesentlichen inhaltlichen Aspekte eines Zahlenbeispiels beschränken.
- Die abgespeicherten SPSS-Programme können mehrfach nach einfachem Editieren der Variablennamen auch für andere (z.B. die eigenen) Auswertungen verwendet werden.
- Die angegebenen Programmbefehle sind mit früheren und aller Wahrscheinlichkeit nach auch mit nachfolgenden Windows-Versionen von SPSS weitestgehend kompatibel.

Für detaillierte Einführungen in SPSS und dessen benutzerfreundliche Bedienung durch Menüfenster stehen zahlreiche umfangreiche Bücher zur Verfügung. Zu nennen ist z.B. Janssen u. Laatz (2003), Diehl u. Staufenbiel (2002), Bühl u. Zöfel (2002), Brosius (2002), Martens (2003) und Eckstein (2002). Auf zum Teil mehreren 100 Seiten kann dort ausführlich nachvollzogen werden, welche Optionen man in welchen aufeinander folgenden Menüfenstern „anklicken" muss, um die gewünschten Ausgaben zu erhalten.

Die derzeit aktuelle Version von SPSS ist Version 12 (Stand Februar 2004). Diese Version wurde für die Berechnung der Zahlenbeispiele verwendet, wobei darauf geachtet wurde, dass die verwendeten Programmbefehle maximale Kompatibilität mit früheren Versionen aufweisen. Wesentliche Neuerungen in der Version 12 betreffen hauptsächlich Grafik-Prozeduren, die hier nicht besprochen werden, sowie das Daten- und Ausgabemanagement. Es ist auch ab Version 12 erstmalig nicht mehr nötig, Variablennamen auf 8 Zeichen zu beschränken.

Im Folgenden wird beschrieben, wie man in SPSS Variablen definiert, Daten eingibt und einfache SPSS-Programme, sog. Syntax-Files, erstellt. Wenn es dabei mehrere Vorgehensweisen gibt, so wurde jeweils nur eine ausgewählt. Mit den Anleitungen ist man jedoch in der Lage, sämtliche Rechenbeispiele selbstständig am Computer nachzuvollziehen. Das Syntax-File, das die Variablen und die Daten aller hier abgedruckten SPSS-Beispiele definiert, kann beim Springer-Verlag angefordert werden bzw. von dessen Homepage (http://www.springeronline.com) heruntergeladen werden.

Definition von Variablen und Eingabe von Daten in SPSS

Zur Berechnung der Zahlenbeispiele mit SPSS muss man zunächst die an einer Analyse beteiligten Variablen definieren und anschließend die jeweiligen Daten eingeben. Wie weiter unten gezeigt wird, können beide Arbeitsschritte auch mittels SPSS-Programmbefehlen in ein SPSS-Programm integriert werden. Mit dem sog. Daten-Editor bietet SPSS jedoch eine komfortablere und einfachere Möglichkeit an, die Daten der Zahlenbeispiele in SPSS zu übertragen.

Nach dem Aufruf von SPSS wird bei üblichen Voreinstellungen zunächst ein Dialogfenster angezeigt, das den Benutzer auffordert anzugeben, was er tun möchte. Durch Auswählen der Option *Type in Data* oder durch Unterbrechung des Dialogs durch *Cancel* gelangt man automatisch zum Daten-Editor. (Zur Zeit der Bearbeitung des Buches erschien die englische Version 12 von SPSS gerade neu auf dem Markt. Eine deutsche Version gab es noch nicht. Die Angaben zur Auswahl von Menüoptionen sind daher in Englisch. Die korrespondierenden Angaben in der deutschen Version findet man jedoch zumeist einfach.) Wird das Dialogfenster nicht angezeigt, dann befindet man sich nach Aufruf von SPSS direkt im Daten-Editor (wird in der Kopfzeile des Programmfensters angezeigt).

Der Daten-Editor hat zwei Ansichten, die hier wichtig sind. Die erste ist die Daten-Ansicht, in der man sich automatisch nach Programmstart befindet und die zur Eingabe von Daten gedacht ist. Die zweite ist die Variablen-Ansicht, die man zur Definition der Variablen verwendet. Man gelangt zur Variablen-Ansicht, in dem man unten links im SPSS Programmfenster auf *Variable View* klickt (Abb. E1). Zurück zur Daten-Ansicht gelangt man durch Klicken auf *Data View* links daneben. Da man jedoch zunächst Variablen definiert, bevor Daten eingegeben werden, verbleiben wir zunächst in der Variablen-Ansicht.

Die Variablen-Ansicht besteht aus einer einfachen Tabelle, in der die gewünschten Variablen mit ihren Spezifikationen eingetragen werden können. Die Definition von Variablen sei im Folgenden anhand des ersten Zahlenbeispiels (s. E1, S. 733 bzw. Tabelle 5.1, S. 142) demonstriert.

Es reicht aus, in die erste Spalte und Zeile der Tabelle unter *Name* einfach den Variablennamen der ersten Variablen einzutragen, also z. B. „Geschlecht". Mit Version 12 ist es erlaubt, hier auch sog. lange Variablennamen zu verwenden, also Namen, die mehr als 8 Buchstaben haben. Obwohl dies möglich ist, sei empfohlen, dennoch nicht allzu lange Variablennamen zu verwenden. Nach Eingabe von „Geschlecht" ergänzt SPSS automatisch alle anderen Spalten. Diese sind im Einzelnen: Unter *Type* ist es möglich einen anderen Variablentyp auszuwählen, d. h. die Variable zum Beispiel so zu definieren, dass man später Text als Datenwerte (z. B. Mann) anstatt Zahlen bzw. Codes (z. B. 1 für Mann) eingeben kann (als Typ würde man dann *String* anstatt *Numeric* auswählen). Da man üblicherweise nur Zahlen

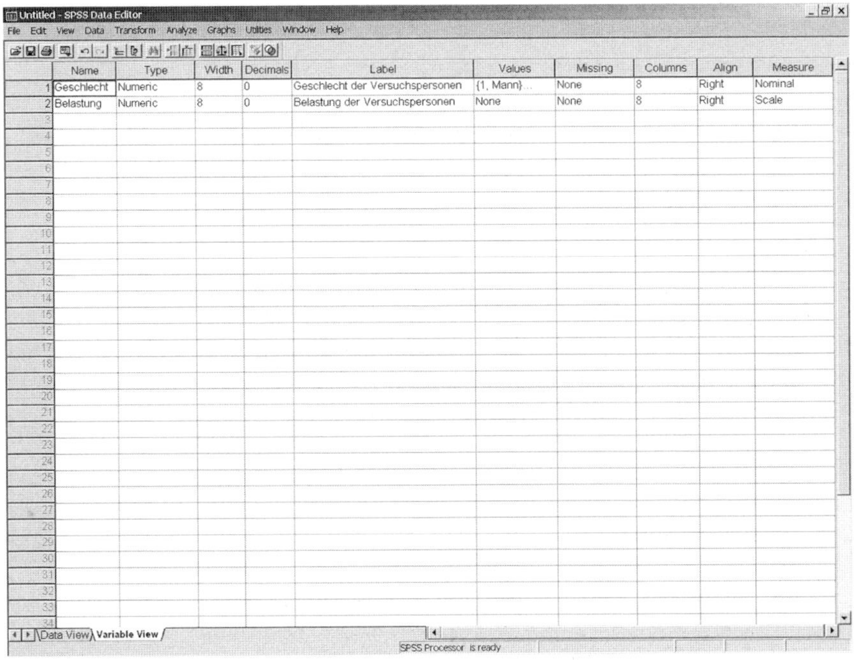

E. Statistik mit SPSS

Abb. E1. Der Daten-Editor von SPSS in der Variablen-Ansicht

bzw. Codes eingibt, bleibt diese Spalte unverändert. Die nächsten zwei Spalten (*Width* und *Decimals*) beziehen sich auf die Formatierung der später einzugebenden Zahlen/Codes. Da bei den beiden analysierten Variablen „Geschlecht" und „Belastung" nur ganze Zahlen ohne Nachkommastellen zu erwarten sind, kann man hier für *Decimals* einfach eine 0 eingeben. Man muss es jedoch nicht; Daten können auch mit der Voreinstellung 2 eingegeben werden. In den darauf folgenden zwei Spalten (*Labels* und *Values*) wird die Möglichkeit angeboten, den Variablen sowie den Ausprägungen der Variablen selbsterklärende Etiketten zuzuordnen, die statt der eher knappen Variablennamen in der Programmausgabe erscheinen. Also beispielsweise für die Variable „Geschlecht" das Etikett „Geschlecht der Versuchspersonen" und für die Ausprägungen bzw. Codes „1" und „2" die Etiketten „Mann" und „Frau". Unter *Missing* kann man eintragen, ob fehlende Datenwerte einen bestimmten Code tragen (z.B. „-9"). Da fehlende Werte jedoch zumeist einfach nicht eingegeben werden, sei empfohlen, diese Spalte unverändert zu lassen. *Columns* sowie *Align* bezieht sich ebenfalls ausschließlich auf die Formatierung der Variablen im Daten-Editor und ist daher hier weniger wichtig. In der letzten Spalte kann schließlich eingetragen werden, auf welchem Skalenniveau (*Scale/Interval*, *Ordinal* oder *Nominal*) die Variable gemessen wurde. Für die Analyse bei SPSS hat dies jedoch ebenfalls keine Bedeutung. In die zweite Zeile der Tabelle kann man nun die zweite Variable des Zahlenbeispiels (Belastung) eintragen und, falls man möchte, Etiketten etc. definieren. Damit ist die Definition der Variablen abgeschlossen. Durch Klicken auf *Data View* gelangt man zurück zur Daten-Tabelle, die man jetzt für die Dateneingabe verwenden kann.

Im Kopf der Daten-Tabelle sieht man nun die beiden definierten Variablen, und man kann damit beginnen, die Daten bzw. die Ausprägungen/Codes der Variablen einzugeben, also unter „Geschlecht" den Wert „1" für alle Männer und den Wert „2" für alle Frauen sowie unter „Belastung" den jeweiligen Belastungswert (Abb. E2). Nachdem man die Daten aller 35 Männer und 33 Frauen eingegeben hat, sollte das Speichern der Daten unter *File* und dann *Save* nicht vergessen werden. Bei längeren Dateneingaben empfiehlt sich ein Speichern zwischendurch. Damit sind die Variablen definiert, die Daten eingegeben,

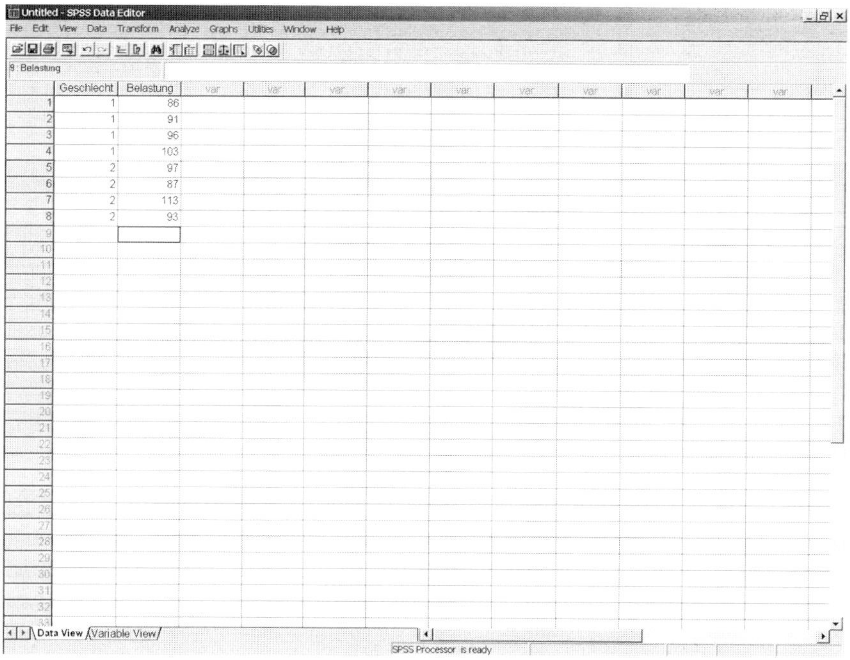

Abb. E2. Der Daten-Editor von SPSS in der Daten-Ansicht

und man kann zur Anforderung der Datenanalyse schreiten. Es können hierfür die diversen Dialogfenster unter *Analyze* verwendet werden. Aus den genannten Gründen soll hier jedoch ein anderer Weg beschritten werden – die Analyse mittels eines SPSS-Programms bzw. mittels SPSS-Syntax-Dateien.

Umgang mit dem SPSS-Syntax-Editor

SPSS-Programme bestehen aus einfachen Text-Dateien, in die man festgelegte Programmbefehle gemäß der SPSS-Syntax einträgt (SPSS-Befehle). Im Prinzip kann man solche SPSS-Programme mit jedem Text-Editor erstellen. Der von SPSS angebotene und in das SPSS-System integrierte Syntax-Editor hat jedoch einige Vorteile, die das Schreiben von SPSS-Programmen erleichtern, wie beispielsweise eine Hilfe-Funktion, ein Verzeichnis aller vorhandenen Programmbefehle und Prozeduren zum Ausführen des Programms. Es sei daher empfohlen, den SPSS-Syntax-Editor zum Erstellen von SPSS-Programmen zu verwenden.

Zum Syntax-Editor gelangt man, indem man im Daten-Editor aus dem Menü in der Kopfzeile *File*, dann *New* und anschließend *Syntax* auswählt. Es öffnet sich ein neues Fenster, das den SPSS-Syntax-Editor repräsentiert.

Diesen Syntax-Editor kann man wie ein gewöhnliches Schreibprogramm verwenden, d. h., man gibt einfach über die Tastatur die SPSS-Befehle ein. Für das erste Beispiel E1 (s. S. 733) tippt man den folgenden Text ein (Abb. E3):

```
T-TEST GROUPS=Geschlecht(1,2)
/VARIABLES=Belastung.
```

Zu beachten ist, dass in SPSS jeder Befehl mit einem Punkt abgeschlossen wird. Das ist wichtig, da SPSS sonst nicht „weiß", wann der Befehl abgeschlossen ist. Bei Fortsetzungszeilen (wie oben) ist da-

E. Statistik mit SPSS

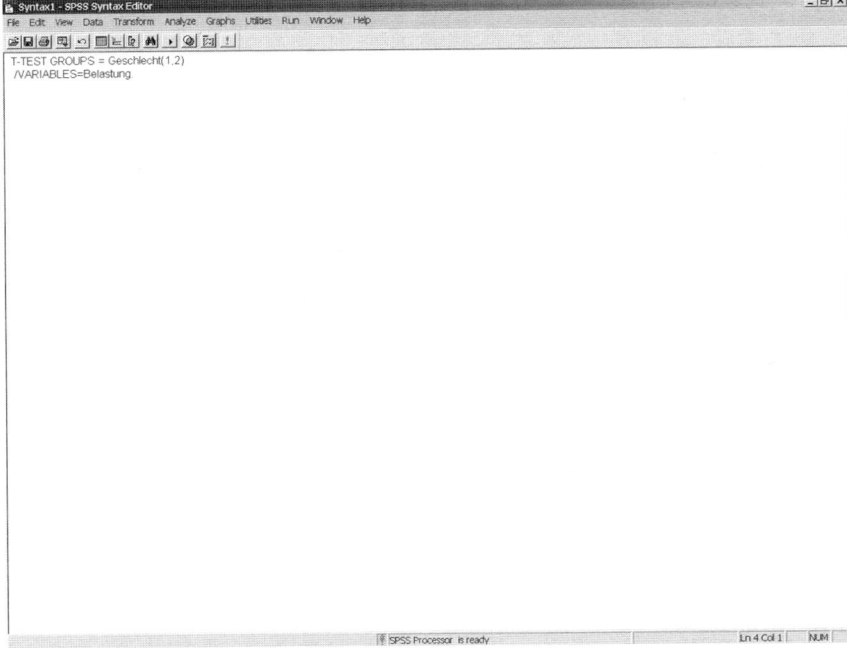

Abb. E3. Der Syntax-Editor in SPSS

rauf zu achten, dass die zweite Zeile und die Folgezeilen nicht in der ersten Spalte beginnen. SPSS führt den Programmbefehl aus, wenn man aus dem Menü in der Kopfzeile des Syntax-Editors *Run* und in dem nachfolgenden Menü *Current* auswählt. Vorausgesetzt der Programmbefehl enthält keine Syntax-Fehler, öffnet sich ein weiteres Fenster (der SPSS-Viewer), in das SPSS die Programmausgabe, also die Ergebnisse schreibt. Enthält der Syntax-Editor mehrere SPSS-Befehle, die jeweils durch einen Punkt abgeschlossen und voneinander getrennt werden, so kann man durch die Auswahl von *Run* und dann *All* SPSS veranlassen, alle Befehle nacheinander auszuführen. Wie die Daten im Daten-Editor kann und sollte man auch die SPSS-Befehle im Syntax-Editor abspeichern. Das geschieht in der Kopfzeile unter *File* und dann *Save*. Man kann die SPSS-Programmbefehle dann später wieder durch *File*, *Open* und dann *Syntax* in den Syntax-Editor laden sowie ggf. modifizieren und erneut ausführen.

Auf die beschriebene Weise können nun sämtliche Programmbefehle in den nachfolgenden Rechenbeispielen eingegeben werden. Sind die Daten ebenfalls in der beschriebenen Weise eingegeben, wird nach Ausführen der SPSS-Befehle die hier jeweils wiedergegebene Ausgabe von SPSS erzeugt.

Für den Fall, dass man eigene SPSS-Programme schreibt und man sich bei einem SPSS-Befehl hinsichtlich der Syntax bzw. der Schreibweise nicht ganz sicher ist, sei auf die folgende praktische Hilfefunktion hingewiesen. Unter dem Menü in der Kopfzeile sind nach der SPSS-Installation 13 sog. Menü-Buttons vorhanden. Darunter ist der zweite Button von rechts (Syntax Help) sehr hilfreich. Klickt man auf diesen Button, so öffnet sich ein Fenster, das für jenen SPSS-Befehl, in dessen Zeile der Mauszeiger (Cursor) gerade steht, eine Syntaxbeschreibung enthält. Diese kann man u.a. als Mustervorlage verwenden. Selbstverständlich gibt es für den Umgang mit SPSS-Programmbefehlen auch Handbücher, die direkt bei SPSS angefordert werden können (http://www.spss.de). In Zöfel (2002) findet man ebenfalls wertvolle Hinweise zum Umgang mit dem SPSS-Syntax-Editor und der Arbeit mit SPSS-Programmbefehlen.

Eingabe von Daten mit dem SPSS-Syntax-Editor

Neben der Verwendung des Daten-Editors von SPSS zur Dateneingabe (s. oben) gibt es in SPSS auch die Möglichkeit, Daten gemeinsam mit SPSS-Programmbefehlen innerhalb des Syntax-Editors in das System einzugeben. Die Variablendefinition, Dateneingabe sowie die Anforderung der Analyse geschieht damit innerhalb einer einzigen Datei (eines einzigen Fensters). Besonders für kleine Datensätze – wie bei den meisten Zahlenbeispielen in diesem Buch – ist diese Vorgehensweise einfach und praktikabel.

Diese Form der Dateneingabe wird mit dem SPSS-Befehl „DATA LIST FIXED" eingeleitet (s. unten). Dann werden die einzelnen Variablen genannt (im Beispiel E3, S. 738 sind das die Variablen „x" und „y"), jeweils gefolgt von den Spaltennummern, in denen die Variablen stehen. Würde man in den Syntax-Editor „Alter 4-5" schreiben, bedeutete dies, dass die zweistellige Variable „Alter" in den Spalten 4 und 5 steht. Nach dem DATA-LIST-Befehl, in dem die Variablen definiert werden und der mit einem Punkt endet, folgen auf den Befehl „BEGIN DATA" die Daten in den angegebenen Spalten. Die Angabe der Daten endet mit dem Befehl „END DATA" und einem Punkt. Nach der Dateneingabe können Analysen mittels SPSS-Befehlen angefordert werden. Möchte man SPSS veranlassen sämtliche Befehle zur Variablendefinition, Dateneingabe und Anforderung der Analyse auszuführen, wählt man aus dem Menü in der Kopfzeile des Syntax-Editors die Optionen *Run* und dann *All* aus.

Dateneingabe für Beispiel E3 (s. S. 738):

```
DATA LIST FIXED
/x 1 y 3.
BEGIN DATA
2 1
1 2
9 6
5 4
3 2
END DATA.
```

Hinweis

Bei den nachfolgenden Beispielen wird die Dateneingabe jeweils in dieser Form wiedergegeben. Zum Teil sind geringfügige Modifikationen bei der Dateneingabe nötig, die jedoch innerhalb der Beispiele erläutert werden.

E. Statistik mit SPSS

E 1. t-Test für unabhängige Stichproben (Beispiel S. 142 f.)

Kurzinformation

UV: Geschlecht   AV: Punktwert im Belastungstest

Dateneingabe

```
DATA LIST FIXED
/Geschlecht 1 Belastung 3-5.
BEGIN DATA
1 86
1 91
1 96
...
...
2 90
2 130
END DATA.
```

Syntax

```
T-TEST GROUPS=Geschlecht (1 2)
/VARIABLES=Belastung.
```

Ausgabe

Group Statistics

	Geschlecht	N	Mean	Std. Deviation	Std. Error Mean
Belastung	1	35	103,20	12,565	2,124
	2	33	104,24	12,639	2,200

Independent Samples Test

		Levene's Test for Equality of Variances		t-Test for Equality of Means		
		F	Sig.	t	df	Sig. (2-tailed)
Belastung	Equal variances assumed	0,001	0,975	−0,34	66	0,734
	Equal variances not assumed			−0,34	65,72	0,734

Erläuterung

Die Prozedur T-TEST von SPSS liefert im Output zunächst eine Beschreibung der beiden Stichproben (*Belastung 1,2*) durch Fallzahl (*N*), Mittelwert (*Mean*), Streuung (*Std. Deviation*) und Standardfehler des Mittelwerts (*Std. Error Mean*).

Für die Berechnung des t-Wertes (*t*) stehen zwei Varianten des t-Tests zur Verfügung:

1) der t-Test unter der Annahme gleicher Populationsvarianzen (*Equal variances assumed*) und
2) der t-Test unter der Annahme ungleicher Populationsvarianzen (*Equal variances not assumed*, s. Gl. 5.16).

Wie man am vorliegenden Rechenergebnis erkennt, führen beide Verfahren nicht immer zu unterschiedlichen Ergebnissen.

Die Homogenität der Varianzen prüft SPSS mit dem Levene-Test statt mit dem F-Test (s. S. 148). Dieser Test entscheidet robuster, wenn die Ausgangsdaten nicht ideal normalverteilt sind (was bei realen Datensätzen häufiger der Fall ist). Die Prüfgröße des Levene-Tests ist F-verteilt. SPSS gibt den entsprechenden F-Wert (*F*) neben der zutreffenden Varianzannahme und vor den t-Werten aus.

Generell können Signifikanzaussagen getroffen werden:

a) durch den Vergleich des empirischen Wertes der statistischen Prüfverteilung (hier: t-Wert) mit dem kritischen Wert für das gewünschte Signifikanzniveau α [$t_{emp} \geq t_{crit(\alpha)}$ ⟶ signifikantes Ergebnis] oder
b) durch den Vergleich der Irrtumswahrscheinlichkeit (Wahrscheinlichkeit des empirischen Wertes unter Gültigkeit der H_0) mit dem Signifikanzniveau [$p(t_{emp}|H_0) \leq \alpha$ ⟶ signifikantes Ergebnis] (vgl. S. 114).

SPSS gibt für statistische Prüfgrößen nie die kritischen Werte, sondern stets die Irrtumswahrscheinlichkeiten an. Die Prozedur t-Test berechnet die zweiseitige Irrtumswahrscheinlichkeit (*Sig. 2-tailed*). Für die einseitige Signifikanzprüfung muss die zweiseitige Irrtumswahrscheinlichkeit halbiert werden. Zusammenfassend ist der SPSS-Output für das vorliegende Beispiel folgendermaßen zu interpretieren: Die Varianzen der beiden Geschlechter-Stichproben unterscheiden sich nicht signifikant [$p(F|H_0) = 0{,}970 > \alpha$], sodass der t-Test mit gepoolten Varianzen bzw. unter der Annahme gleicher Populationsvarianzen indiziert ist. Die einseitige Irrtumswahrscheinlichkeit für $t = -0{,}34$ (die Differenz von 0,01 zu dem „per Hand" berechneten Wert resultiert aus Rundungsungenauigkeiten) mit 66 Freiheitsgraden (*df*) beträgt $p = 0{,}734/2 = 0{,}367$ und liegt damit deutlich höher als $\alpha = 0{,}05$. Das Ergebnis ist somit nicht signifikant und die Nullhypothese, nach der sich die Belastbarkeit der Geschlechter nicht unterscheidet, wird beibehalten.

E. Statistik mit SPSS

E 2. k × l-Chi²-Test (Beispiel S. 172)

Kurzinformation

Merkmal 1: Alter   Merkmal 2: Deutungsarten im Rorschach-Test

Dateneingabe

Möchte man sich bei der Dateneingabe die mühselige Eingabe von 500 Einzelfällen ersparen, dann kann man Folgendes tun: In den Variablen „Alter" und „Deutungsart" erfasst man die Zellenzugehörigkeit der Fälle und in einer zusätzlichen Variablen „Anzahl" die Häufigkeit in den Zellen. Vor der Anforderung der Analyse veranlasst man SPSS die Fälle mit der Variablen „Anzahl" zu gewichten. Die Eingabe von Tabelle 5.14 des Zahlenbeispiels erfolgt dadurch sehr ökonomisch. Die hierfür notwendigen SPSS-Befehle sind die Folgenden:

```
DATA LIST FIXED
/Alter 1 Deutungsart 3 Anzahl 5-6.

Value Labels
Alter 1 '10-12 J.' 2 '13-15 J.' 3 '16-18 J.' 4 '19-21 J.'
/Deutungsart 1 'Mensch' 2 'Tier' 3 'Pflanze'.

BEGIN DATA
1 1 12
2 1 20
3 1 35
4 1 40
1 2 80
2 2 70
3 2 50
4 2 55
1 3 30
2 3 50
3 3 30
4 3 28
END DATA.

WEIGHT BY Anzahl.
```

Syntax

```
CROSSTABS
/TABLES=Alter BY Deutungsart
/STATISTIC=CHISQ
/CELLS=COUNT EXPECTED TOTAL .
```

Ausgabe

Alter * Deutungsart Crosstabulation

			Deutungsart			
			Mensch	Tier	Pflanze	Total
Alter	10–12 J.	Count	12	80	30	122
		Expected Count	26,1	62,2	33,7	122,0
		% of Total	2,4	16,0	6,0	24,4
	13–15 J.	Count	20	70	50	140
		Expected Count	30,0	71,4	38,6	140,0
		% of Total	4,0	14,0	10,0	28,0
	16–18 J.	Count	35	50	30	115
		Expected Count	24,6	58,7	31,7	115,0
		% of Total	7,0	10,0	6,0	23,0
	19–21 J.	Count	40	55	28	123
		Expected Count	26,3	62,7	33,9	123,0
		% of Total	8,0	11,0	5,6	24,6
Total		Count	107	255	138	500
		Expected Count	107,0	255,0	138,0	500,0
		% of Total	21,4	51,0	27,6	100,0

Chi-Square Test

	Value	df	Asymp. Sig. (2-sided)
Pearson Chi-Square	34,643[a]	6	0,000

[a] 0 cells (0,0%) have expected count less than 5. The minimum expected count is 24,61.

Erläuterung

Für die Analyse von zweidimensionalen Kontingenztafeln bietet SPSS die Prozedur CROSSTABS (Kreuztabellen) an. Drei- und mehrdimensionale Kreuztabellen können mit der Prozedur HILOGLINEAR (hierarchische logarithmisch-lineare Modelle) ausgewertet werden (CROSSTABS liefert für diese Fälle unübersichtliche, schwer interpretierbare Tabellen und ermöglicht Signifikanztests nur über zweidimensionale Teiltabellen).

CROSSTABS gibt als Feldinhalt der Tabelle neben den beobachteten Häufigkeiten (*Count*) auch die erwarteten Häufigkeiten (*Expected Count*) aus. Für den χ^2-Wert (*Pearson Chi-Square*) wird entsprechend seinen Freiheitsgraden (*df*) die zweiseitige Irrtumswahrscheinlichkeit (*Asymp. Sig. 2-sided*) angegeben. (Die Irrtumswahrscheinlichkeit hat im vorliegenden Beispiel nicht exakt den Wert 0; sie ist jedoch so gering, dass sie mit der Genauigkeit von drei Nachkommastellen nicht ausgewiesen werden kann.)

Außerdem werden in der Fußzeile die Zelle mit der kleinsten erwarteten Häufigkeit sowie Anzahl und Prozentanteil der Zellen mit Erwartungshäufigkeiten kleiner als 5 genannt. Dieser Prozentanteil sollte gemäß den Voraussetzungen der χ^2-Techniken 20% nicht überschreiten (S. 176 f.).

E. Statistik mit SPSS

Eindimensionale χ^2-Tests können über die Prozedur NPAR TESTS (Nonparametrische Tests) angefordert werden. Die Überprüfung einer empirischen Verteilung auf Gleichverteilung oder ihre Anpassung an eine andere theoretische Verteilung (Goodness of fit) kann mit dem Befehl NPAR TESTS CHISQUARE vorgenommen werden. Eindimensionale χ^2-Tests mit zwei- oder mehrmaligen Messwiederholungen werden mit NPAR TESTS MCNEMAR (McNemar χ^2, S. 159 f.) bzw. NPAR TESTS COCHRAN (Cochran χ^2, S. 161 f.) berechnet.

E 3. Produkt-Moment-Korrelation (Bravais-Pearson-Korrelation) (Beispiel S. 206)

Kurzinformation

Merkmal 1: x   Merkmal 2: y

Dateneingabe

```
DATA LIST FIXED
/x 1 y 3.

BEGIN DATA
2 1
1 2
9 6
5 4
3 2
END DATA.
```

Syntax

```
CORRELATIONS
/VARIABLES=x WITH y
/PRINT=TWOTAIL NOSIG.
```

Ausgabe

Correlations

		y
x	Pearson Correlation	0,949*
	Sig. (2-tailed)	0,014
	N	5

* Correlation is significant at the 0,05 level (2-tailed).

Erläuterung

Mit der Prozedur CORRELATION von SPSS können die Koeffizienten der Produkt-Moment-Korrelation (*Pearson Correlation*) berechnet und anhand ihrer zweiseitigen Irrtumswahrscheinlichkeiten (*Sig. 2-tailed*) auf Signifikanz geprüft werden. Für einseitige Signifikanzprüfungen muss die zweiseitige Irrtumswahrscheinlichkeit halbiert werden oder man schreibt statt „TWOTAIL" im Unterbefehl „ONE-TAIL". N kennzeichnet die der Berechnung zugrunde liegende Fallzahl.

E. Statistik mit SPSS

E 4. Einfaktorielle univariate Varianzanalyse mit A-priori-Einzelvergleichen
(Beispiel S. 276 f.)

Kurzinformation

UV: Behandlungsart   AV: Depressivität

Dateneingabe

```
DATA LIST FIXED
/Behandlungsart 1 Depressivitaet 3-4.

BEGIN DATA
1 18
1 22
1 25
...
...
3 13
3 14
END DATA.
```

Syntax

```
ONEWAY Depressivitaet BY Behandlungsart
/CONTRAST= 2 -1 -1 /CONTRAST= 0 1 -1
/STATISTICS HOMOGENEITY.
```

Ausgabe

Test of Homogeneity of Variances

Depressivität

Levene Statistic	df1	df2	Sig.
1,461	2	19	0,257

ANOVA

Depressivität

	Sum of Squares	df	Mean Square	F	Sig.
Between Groups	204,00	2	102,000	31,100	0,000
Within Groups	62,360	19	3,280		
Total	266,360	21			

Contrast Coefficients

Contrast	Behandlungsart		
	1	2	3
1	2	−1	−1
2	0	1	−1

Contrast Tests

		Contrast	Value of Contrast	Std. Error	t	df	Sig. (2-tailed)
Depressivität	Assume equal variances	1	11,55	1,669	6,917	19	0,000
		2	2,83	0,955	2,967	19	0,008
	Does not assumed equal variances	1	11,55	1,971	5,858	8,100	0,000
		2	2,83	0,753	3,764	11,523	0,003

Erläuterung

Die Prozedur ONEWAY von SPSS erstellt einfaktorielle Varianzanalysen und gibt die Ergebnisse in Tabellenform aus. Als Quelle der Variation werden Treatment (*Between Groups*), Fehler (*Within Groups*) und Total (*Total*) mit ihren Freiheitsgraden (*df*) sowie Quadratsummen (*Sum of Squares*), Varianzen (*Mean Square*) und F-Wert (*F*) ausgegeben. Für den F-Wert wird die einseitige Irrtumswahrscheinlichkeit berechnet (*Sig.*). Üblicherweise werden mit einseitigen Signifikanztests gerichtete Alternativhypothesen überprüft. In der Varianzanalyse entspricht der einseitige Test jedoch der Überprüfung einer ungerichteten Alternativhypothese bezüglich der Gruppenmittelwerte (S. 256). Die c-Koeffizienten für die beiden durch den Programmbefehl angeforderten A-priori-Einzelvergleiche werden in einer Tabelle zusammengefasst (*Contrast Coefficients*).

ONEWAY berechnet für jeden Kontrast den D-Wert (*Value of Contrast*) und den Standardfehler des D-Wertes (*Std. Error*) sowie den zugehörigen t-Wert (*t*), dessen Freiheitsgrade (*df*) und die zweiseitige Irrtumswahrscheinlichkeit des t-Wertes (*Sig. 2-tailed*). Kontraste werden in SPSS nicht über die F-Verteilung, sondern über die t-Verteilung auf Signifikanz geprüft. Beide Prüfstatistiken lassen sich zur Kontrolle leicht ineinander überführen (s. Gl. 2.60).

Ebenso wie bei der Prozedur T-TEST werden auch für die Kontraste in ONEWAY t-Werte unter der Annahme homogener und inhomogener Varianzen berechnet.

Zur Überprüfung der Varianzhomogenität wird der Levene-Test verwendet. Bei Signifikanz geht man von inhomogenen Varianzen aus.

E 5. Zweifaktorielle univariate Varianzanalyse (Beispiel S. 292)

Kurzinformation

Faktor A: Behandlungsart   Faktor B: Geschlecht   AV: Depressivität

Dateneingabe

```
DATA LIST FIXED
/Behandlungsart 1 Geschlecht 3 Depressivitaet 5-6.

BEGIN DATA
1 1 22
1 1 25
1 1 22
. . . .
. . . .
3 2 13
3 2 14
END DATA.
```

Syntax

```
ANOVA VARIABLES=Depressivitaet BY Behandlungsart (1 3) Geschlecht (1 2)
/METHOD UNIQUE .
```

Ausgabe

ANOVA[a, b]

			Unique Method				
			Sum of Squares	df	Mean Square	F	Sig.
Depressivität	Main Effects	(Combined)	253,700	3	84,567	49,745	0,000
		Behandlungsart	253,400	2	126,700	74,529	0,000
		Geschlecht	0,300	1	0,300	0,176	0,678
	2-Way Interactions	Behandlungsart * Geschlecht	54,200	2	27,100	15,941	0,000
	Model		307,900	5	61,580	36,224	0,000
	Residual		40,800	24	1,700		
	Total		348,700	29	12,024		

[a] Depressivität by Behandlungsart, Geschlecht
[b] All effects entered simultaneously

Erläuterung

Die Prozedur ANOVA von SPSS berechnet Varianzanalysen für ein- und mehrfaktorielle Pläne und gibt die Ergebnisse in Tabellenform aus. Die Quellen der Variation werden in Haupteffekte (*Main Effects*) und Interaktionen erster Ordnung (*2-way Interactions*) gegliedert, die zusammen die erklärte Quadratsumme bzw. die QS$_{Zellen}$ (*Model*) ausmachen. Die erklärte Quadratsumme zusammen mit den Fehler-Effekten (*Residual*) ergibt die totale Quadratsumme (*Total*).

Die Ergebnistabelle enthält Quadratsummen (*Sum of Squares*), Freiheitsgrade (*df*), Varianzen (*Mean Square*) und F-Werte (*F*) sowie die Irrtumswahrscheinlichkeiten der F-Werte (*Sig.*). Anhand der F-Werte werden nicht nur die Nullhypothesen bezüglich der Haupteffekte „Behandlungsart" und „Geschlecht" sowie deren Interaktionseffekt (*Behandlungsart * Geschlecht*) getestet, sondern auch die (oft nicht formulierten) Nullhypothesen für die gruppierten Effekte (Haupteffekte gesamt, Interaktionen gesamt und Zellen).

Zu beachten ist bei der Verwendung der ANOVA-Prozedur, dass die Default-Einstellung bei der Berechnung des F-Wertes von festen Faktoren ausgeht (Prüfvarianzen für zufällige Faktoren müssen vom Benutzer über den Unterbefehl „Error" definiert werden). Außerdem geht die Funktion bei der Quadratsummenzerlegung von orthogonalen Plänen mit gleich großen Stichproben aus (bei nicht-orthogonalen, unbalancierten Plänen entspricht die Berechnung dem auf S. 497 beschriebenen Modell I).

E. Statistik mit SPSS

E 6. Zweifaktorielle univariate Varianzanalyse mit Messwiederholungen auf einem Faktor (Beispiel S. 338 f.)

Kurzinformation

Faktor A: Kreativitätstraining   Faktor B: Messzeitpunkt   AV: Kreativität

Dateneingabe

Die hier benötigte Prozedur GLM (General Linear Model) behandelt Messwiederholungsanalysen und multivariate Varianzanalysen (s. Kap. 17) formal äquivalent, d. h., die wiederholten Messungen bei den Versuchspersonen stellen hier Messungen auf mehreren abhängigen Variablen dar (und nicht Messungen einer abhängigen Variablen unter verschiedenen Faktorstufen). Das bedeutet, dass auch die Dateneingabe so zu erfolgen hat, als wollte man eine multivariate Varianzanalyse mit mehreren abhängigen Variablen, welche die Messzeitpunkte repräsentieren, berechnen. Die Eingabe der Daten innerhalb eines SPSS-Programms kann für das Zahlenbeispiel auf S. 338 f. folgendermaßen erfolgen:

```
DATA LIST FIXED
/Kreativitaetstraining 1 Kreativitaet_T1 3-4 Kreativitaet_T2 6-7
Kreativitaet_T3 9-10.
BEGIN DATA
1 56 52 48
1 57 54 46
1 55 51 51
1 58 51 50
1 54 53 46
2 54 50 49
2 53 49 48
2 56 48 52
2 52 52 50
2 55 51 46
3 57 49 50
3 55 51 47
3 56 48 51
3 58 50 48
3 58 46 52
END DATA.
```

Syntax

```
GLM Kreativitaet_T1 Kreativitaet_T2 Kreativitaet_T3 BY Kreativitaetstraining
/WSFACTOR = Messzeitpunkt 3.
```

Ausgabe

Mauchly's Test of Sphericity
Measure: MEASURE_1

Within Subjects Effect	Mauchly's W	Approx. Chi-Square	df	Sig.	Epsilon[a]		
					Greenhouse-Geisser	Huynh-Feldt	Lower-bound
Messzeitpunkt	0,708	3,803	2	0,149	0,774	1,000	0,500

Tests the null hypothesis that the error covariance matrix of the orthonormalized transformed dependent variables is proportional to an identity matrix.
[a] May be used to adjust the degrees of freedom for the averaged tests of significance. Corrected tests are displayed in the Tests of Within-Subjects Effects table.

Test of Within Subjects Effects
Measure: MEASURE_1

Source		Type III Sum of Squares	df	Mean Square	F	Sig.
Messzeitpunkt	Sphericity Assumed	370,711	2	185,356	44,016	0,000
	Greenhouse-Geisser	370,711	1,548	239,539	44,016	0,000
	Huynh-Feldt	370,711	2,000	185,356	44,016	0,000
	Lower-bound	370,711	1,000	370,711	44,016	0,000
Messzeitpunkt Kreativitätstraining	Sphericity Assumed	45,556	4	11,389	2,704	0,054
	Greenhouse-Geisser	45,556	3,095	14,718	2,704	0,074
	Huynh-Feldt	45,556	4,000	11,389	2,704	0,054
	Lower-bound	45,556	2,000	22,778	2,704	0,107
Error (Messzeitpunkt)	Sphericity Assumed	101,067	24	4,211		
	Greenhouse-Geisser	101,067	18,571	5,442		
	Huynh-Feldt	101,067	24,000	4,211		
	Lower-bound	101,067	12,000	8,422		

Test of Within Subjects Contrasts
Measure: MEASURE_1

Source	Messzeitpunkt	Type III Sum of Squares	df	Mean Square	F	Sig.
Messzeitpunkt	Linear	333,333	1	333,333	121,951	0,000
	Quadratic	37,378	1	37,378	6,570	0,025
Messzeitpunkt Kreativitätstraining	Linear	10,867	2	5,433	1,988	0,180
	Quadratic	34,689	2	17,344	3,049	0,085
Error (Messzeitpunkt)	Linear	32,800	12	2,733		
	Quadratic	68,267	12	5,689		

Test of Within Subjects Effects

Measure: MEASURE_1
Transformed Variable: Average

Source	Type III Sum of Squares	df	Mean Square	F	Sig.
Intercept	119918,422	1	119918,422	93849,20	0,0000
Kreativitätstraining	9,911	2	4,956	3,878	0,0502
Error	15,333	12	1,278		

Erläuterung

Die Ausgabe der Ergebnisse in SPSS beginnt mit 3 Tabellen (*Within-Subjects Factors, Between-Subjects Factors, Multivariate Tests*), auf deren Wiedergabe hier verzichtet wurde. Die ersten beiden Tabellen enthalten allgemeine Infos über die einbezogenen Variablen und die Letztere multivariate Tests, die für Messwiederholungsanalysen weniger interessant sind (vgl. Hinweise S. 357). In den nächsten 4 Tabellen (s. oben) erfolgen die eigentlich interessanten Ausgaben.
Der *Mauchly's Test of Sphericity* prüft die Voraussetzungen (s. Kap. 9.3). Verletzungen dieser Voraussetzung können durch Epsilon-korrigierte Freiheitsgrade kompensiert werden (s. S. 355). Der Korrekturfaktor Epsilon nach *Greenhouse-Geisser* und der seinerseits korrigierte Epsilon-Wert nach *Huynh-Feldt* (dieser ist weniger konservativ als *Greenhouse-Geisser*) sowie der kleinste mögliche Epsilon-Wert, der zu einer maximal konservativen Entscheidung führt, werden angegeben. Da Epsilon $>0,75$ würde man im vorliegenden Fall auf eine Korrektur verzichten, d.h. in der nachfolgenden Ergebnistabelle *Test of Within-Subjects Effects* das Ergebnis der Analyse unter *Sphericity Assumed* ablesen. Es werden allerdings sowohl für den Messwiederholungsfaktor „Messzeitpunkt" (Faktor B) als auch für die Interaktion mit dem Gruppierungsfaktor „Kreativitätstraining" (Faktor A) sämtliche korrigierten Tests ausgegeben, so dass man überprüfen kann, ob unterschiedliche Epsilon-Korrekturen zu unterschiedlichen Entscheidungen führen würden (die geringfügigen Abweichungen der Ausgaben von den Ergebnissen in Tabelle 9.9 sind auf Rundungsfehler zurückzuführen). In der Tabelle *Tests of Within-Subjects Contrasts*, die auch ohne explizite Anforderung ausgegeben wird, werden ein linearer und ein quadratischer Trendtest (vgl. S. 276) gleich mitgeliefert.
Schließlich enthält die Tabelle *Tests of Between-Subjects Effects* den Test des Gruppierungsfaktors „Kreativitätstraining" (Faktor A). Im Beispiel (vgl. S. 338) heißt es, dass sich die Kreativität durch das Training ändert, wobei sich die 3 verschiedenen Trainingsarten statistisch nicht bedeutsam unterscheiden. Die exakte Irrtumswahrscheinlichkeit gemäß der SPSS-Analyse beträgt $p=0,0502$. Man sieht also, dass die Signifikanz bei $\alpha=0,05$ nur knapp verfehlt wurde. Unter *Intercept* (Konstante) als Gesamtmittelwertsparameter wird die Nullhypothese geprüft, dass dieser den Betrag Null hat. Diese Information ist jedoch eher von geringem Interesse, da Untersuchungen in der Regel nicht so angelegt sind, dass ein Gesamtmittelwert von Null zu erwarten wäre.

E 7. Zweifaktorielle univariate Kovarianzanalyse (Beispiel S. 783)

Kurzinformation

Faktor A: Lernprogramm   Faktor B: Motivstärke   Kontrollvariable: Intelligenz   AV: Lernerfolg

Dateneingabe

```
DATA LIST FIXED
/Lernprogramm 1 Motivstaerke 3 Intelligenz 5 Lernerfolg 7-8.

BEGIN DATA
1 1 5 13
1 1 6 17
1 1 6 18
. . . . .
. . . . .
3 2 4 15
3 2 5 18
END DATA.
```

Syntax

GLM Lernerfolg BY Lernprogramm Motivstaerke WITH Intelligenz.

Ausgabe

Tests of Between-Subjects Effects

Dependent Variable: Lernerfolg

Source	Type III Sum of Squares	df	Mean Square	F	Sig.
Corrected Model	422,402 [a]	6	70,400	22,108	0,000
Intercept	2,117	1	2,117	0,665	0,421
Intelligenz	297,819	1	297,819	93,524	0,000
Lernprogramm	101,907	2	50,953	16,001	0,000
Motivstärke	111,190	1	111,190	34,917	0,000
Lernprogramm [a] Motivstärke	22,949	2	11,474	3,603	0,040
Error	92,348	29	3,184		
Total	9635,000	36			
Corrected Total	514,750	35			

[a] R Squared = 0,821 (Adjusted R Squared = 0,783)

E. Statistik mit SPSS

Erläuterung

Univariate und multivariate Kovarianzanalysen für ein- und mehrfaktorielle Pläne können in SPSS ebenfalls mit der Prozedur GLM durchgeführt werden. Die Kontrollvariable bzw. Kovariate wird im Programmbefehl nach „WITH" angegeben. Neben den Effekten enthält die Ausgabetabelle eine Angabe zur Varianzerklärung (vgl. Beispiel E9, S. 750) des Modells. Fügt man dem Programmbefehl die Option „/PRINT= Parameter" hinzu, erhält man zusätzlich den Steigungskoeffizienten der Kontrollvariablen in der Regression (B = 2,549).

E 8. Zweifaktorielle hierarchische univariate Varianzanalyse (Beispiel S. 390)

Kurzinformation

Faktor 1: Computerspiele, feste Stufen
Faktor 2 (geschachtelt unter Faktor 1): Kaufhäuser, zufällige Stufen
AV: Bewertung

Dateneingabe

```
DATA LIST FIXED
/Spiel 1 Kaufhaus 3-4 Bewertung 6-7.

BEGIN DATA
1 1 7
1 1 9
1 1 12
1 1 7
1 2 6
1 2 5
. . . .
. . . .
4 12 10
4 12 13
END DATA.
```

Syntax

```
GLM Bewertung BY Spiel Kaufhaus
/RANDOM = Kaufhaus
/DESIGN=Spiel Kaufhaus(Spiel).
```

Ausgabe

Tests of Between-Subjects Effects

Dependent Variable: Bewertung

Source		Type III Sum of Squares	df	Mean Square	F	Sig.
Intercept	Hypothesis	5896,333	1	5896,333	270,061	0,000
	Error	174,667	8	21,833 [a]		
Spiel	Hypothesis	391,500	3	130,500	5,977	0,019
	Error	174,667	8	21,833 [a]		
Kaufhaus (Spiel)	Hypothesis	174,667	8	21,833	5,258	0,000
	Error	149,500	36	4,153 [b]		

[a] MS (Kaufhaus (Spiel))
[b] MS (Error)

E. Statistik mit SPSS

Erläuterung

Die umfassende Prozedur GLM stellt flexible Unterbefehle zur Verfügung, mit denen hierarchische uni- und multivariate Varianzanalysen berechnet werden können. Mit dem Unterbefehl /RANDOM wird angegeben, dass es sich bei den Stufen des Faktors „Kaufhaus" um zufällige Stufen handeln soll. Durch den Unterbefehl /DESIGN wird angegeben, wie die Effekte ineinander geschachtelt sind. Die jeweils korrekten Prüfvarianzen werden (im Standardfall) durch SPSS automatisch berücksichtigt. Die erzeugte Ergebnistabelle für die zweifaktorielle hierarchische Varianzanalyse hat das typische Format, d.h., es werden Quadratsummen (*Sum of Squares*), Freiheitsgrade (*df*), Varianzen (*Mean Square/MS*), empirische F-Werte (*F*) sowie deren Irrtumswahrscheinlichkeiten (*Sig.*) angegeben.

E 9. Multiple Korrelation und Regression (Beispiel S. 451f.)

Kurzinformation

Prädiktor 1: Gedächtnis   Prädiktor 2: Deutschnote   Kriterium: Intelligenz

Dateneingabe

```
DATA LIST FIXED
/Gedaechtnis 1-2 Deutschnote 4 Intelligenz 6-8.

BEGIN DATA
12 2 107
12 3 105
13 3 101
10 4 102
11 2 114
13 4 97
12 4 92
10 1 118
14 2 111
15 3 95
END DATA.
```

Syntax

```
REGRESSION
/VARIABLES=Gedaechtnis Deutschnote Intelligenz
/DEPENDENT=Intelligenz
/METHODE=ENTER.
```

Ausgabe

Model Summary

Model	R	R Square	Adjusted R Square	Std. Error of the Estimate
1	0,935[a]	0,874	0,838	3,401

[a] Predictors (Constant), Deutschnote, Gedächtnis

ANOVA[b]

Model		Sum of Squares	df	Mean Square	F	Sig.
1	Regression	560,642	2	280,321	24,238	0,001[a]
	Residual	80,958	7	11,565		
	Total	641,600	9			

[a] Predictors: (Constant), Deutschnote, Gedächtnis
[b] Dependent Variable: Intelligenz

Coefficients[a]

Model		Unstandardized Coefficients		Standardized Coefficients	t	Sig.
		B	Std. Error	Beta		
1	(Constant)	144,333	8,781		16,437	0,000
	Gedächtnis	−1,750	0,709	−0,336	−2,468	0,043
	Deutschnote	−6,708	1,112	−0,821	−6,034	0,001

[a] Dependent Variable: Intelligenz

Erläuterung

Bivariate und multiple Korrelationen und Regressionen können in SPSS mit der Prozedur REGRESSION berechnet werden. Das System gibt den multiplen Korrelationskoeffizienten R, den Determinationskoeffizienten R^2 (*R square*), einen korrigierten R^2-Wert (*Adjusted R square*) sowie den Standardschätzfehler (*Std. Error of the Estimate*) aus. Der korrigierte Determinationskoeffizient entspricht nicht der Schrumpfungskorrektur nach Gl. (13.22), sondern berechnet sich folgendermaßen:

$$R^2_{\text{Adjusted}} = R^2 - \frac{k(1-R^2)}{n-k-1}.$$

Als Standardschätzfehler verwendet das Programm die für mehrere Prädiktorvariablen verallgemeinerte Gl. (6.42):

$$\hat{\sigma}^2_{(c|x_1, x_2, \ldots, x_k)} = \frac{n}{n-k-1} \cdot s_c^2 \cdot (1-R^2)$$

Die Signifikanzprüfung des multiplen Korrelationskoeffizienten erfolgt nicht über Gl. (13.19), sondern anhand einer Varianzanalyse. Dabei wird der durch die Regressionsgleichung erklärte Varianzanteil [$QS_{\text{Regression}} = \sum_i (\hat{y}_i - \bar{y})^2$] (*Regression*) an der Fehler- oder Residualvarianz [$QS_{\text{Residual}} = \sum_i (y_i - \hat{y}_i)^2$] (*Residual*) relativiert (vgl. auch S. 490). Inhaltlich entspricht diese Berechnungsmethode dem Verfahren nach Gl. (13.19); die Differenz im Ergebnis beruht auf Rundungsungenauigkeiten, die bei der Regression beträchtliche Auswirkungen haben können.

Unter der Überschrift *Coefficients* sind für beide Prädiktoren und die Konstante (*Constant*), die dem Gesamtmittelwert der abhängigen Variable entspricht, der Regressionskoeffizient b (*B*), der Standardfehler des Regressionskoeffizienten (*Std. Error*), der standardisierte Regressionskoeffizient bzw. das Beta-Gewicht (*Beta*) sowie der zur Überprüfung der Signifikanz der Beta-Gewichte benötigte t-Wert (*t*) und dessen zweiseitige Irrtumswahrscheinlichkeit (*Sig.*) zu finden.

E 10. ALM: Einfaktorielle univariate Varianzanalyse (Beispiel S. 490)

Kurzinformation

UV: Unterricht in Form von drei Indikatorvariablen X1, X2 und X3 (Effektkodierung)
AV: Lernerfolg

Dateneingabe

In SPSS ist es selbstverständlich möglich, nach dem Allgemeinen Linearen Modell (ALM; vgl. Kap. 14) vorzugehen und die Prozedur REGRESSION für multiple Korrelations- und Regressionsrechnungen einzusetzen. Dazu muss man jedoch zunächst die für einen Auswertungsplan erforderliche Design-Matrix bzw. die erforderlichen Indikatorvariablen selbst erzeugen. Hierfür gibt es zwei Methoden:

1. Mit dem DATA LIST-Befehl werden einfach die notwendigen Indikatorvariablen definiert und ihre Werte als Rohdaten eingegeben (s. Abschnitt „Eingabe von Daten mit dem SPSS-Syntax-Editor", S. 732).
2. Liegt bereits ein DATA LIST nach dem „klassischen" Auswertungsplan vor, so können die Indikatorvariablen auch durch Umformung des vorhandenen DATA LIST generiert werden. Mit dem IF-Befehl kann die Wertzuweisung (z.B. „1") an eine Zielvariable (z.B. Indikatorvariable x1) an Bedingungen geknüpft werden (z.B. 1. Faktorstufe). Pro IF-Anweisung ist jedoch nur eine Wertzuweisung möglich. Weist man entsprechend der Effektkodierung (vgl. S. 484) den durch den IF-Befehl erzeugten Indikatorvariablen nur die Werte „1" bzw. „−1" zu, so lassen sich die fehlenden Nullen zur Vervollständigung des Codierungsmusters für die einzelnen Indikatorvariablen über die SYSMIS-Funktion ergänzen.

Die SPSS-Programmbefehle zur Realisierung der zweiten Methode sowie zur Auflistung der Indikatorvariablen lauten folgendermaßen:

```
DATA LIST FIXED
/Unterricht 1 Lernerfolg 3.

BEGIN DATA.
1 2
1 1
1 3
1 3
1 1
2 3
2 4
2 3
2 5
2 0
3 6
3 8
3 7
3 6
3 8
4 5
```

E. Statistik mit SPSS

```
4 5
4 5
4 3
4 2
END DATA.

IF (Unterricht=1) x1=1.
IF (Unterricht=2) x2=1.
IF (Unterricht=3) x3=1.
IF (Unterricht=4) x1=-1.
IF (Unterricht=4) x2=-1.
IF (Unterricht=4) x3=-1.
IF (sysmis(x1)) x1=0.
IF (sysmis(x2)) x2=0.
IF (sysmis(x3)) x3=0.
LIST Unterricht x1 x2 x3 Lernerfolg.
```

Hieraus ergibt sich die nachfolgende SPSS-Ausgabe (vgl. Tabelle 14.5):

Unterricht	x1	x2	x3	Lernerfolg
1	1	0	0	2
1	1	0	0	1
1	1	0	0	3
1	1	0	0	3
1	1	0	0	1
2	0	1	0	3
2	0	1	0	4
2	0	1	0	3
2	0	1	0	5
2	0	1	0	0
3	0	0	1	6
3	0	0	1	8
3	0	0	1	7
3	0	0	1	6
3	0	0	1	8
4	-1	-1	-1	5
4	-1	-1	-1	5
4	-1	-1	-1	5
4	-1	-1	-1	3
4	-1	-1	-1	2

Number of cases read: 20   Number of cases listed: 20

Syntax

```
REGRESSION
/VARIABLES= X1 X2 X3 Lernerfolg
/DEPENDENT=Lernerfolg
/METHODE=ENTER.
```

Ausgabe

Model Summary

Model	R	R Square	Adjusted R Square	Std. Error of the Estimate
1	0,837[a]	0,700	0,644	1,369

[a] Predictors: (Constant), x3, x2, x1

ANOVA[b]

Model		Sum of Squares	df	Mean Square	F	Sig.
1	Regression	70,000	3	23,333	12,444	0,000[a]
	Residual	30,000	16	1,875		
	Total	100,000	19			

[a] Predictors: (Constant), x3, x2, x1
[b] Dependent Variable: Lernerfolg

Coefficients[a]

Model		Unstandardized Coefficients		Standardized Coefficients	t	Sig.
		B	Std. Error	Beta		
1	(Constant)	4,000	0,306		13,064	0,000
	x1	−2,000	0,530	−0,632	−3,771	0,002
	x2	−1,000	0,530	−0,316	−1,886	0,078
	x3	3,000	0,530	0,949	5,657	0,000

[a] Dependent Variable: Lernerfolg

Erläuterung

Dem Output von REGRESSION sind einfacher und quadrierter multipler Korrelationskoeffizient sowie die Regressionsgewichte zu entnehmen, deren Bedeutung auf S. 485 erläutert wird. Per Voreinstellung wird außerdem eine Varianzanalyse berechnet (vgl. Beispiel E9). Mit dem Unterbefehl STATISTICS können weitere bzw. andere Statistiken angefordert werden. Beispielsweise liefert „STATISTICS CHA" den Wert „R^2 change", dem zu entnehmen ist, in welcher Weise sich die gemeinsamen Varianzen durch die sukzessive Aufnahme weiterer Prädiktorvariablen in die Modellgleichung verändern (Nützlichkeit, vgl. S. 456 und E11). Mit dem Unterbefehl „STATISTICS ZPP" erhält man einfache, semipartielle und partielle Korrelationen (vgl. S. 454 ff.).
Der vollständige SPSS-Programmbefehl heißt dann:

```
REGRESSION
/VARIABLES= X1 X2 X3 Lernerfolg
/STATISTICS DEFAULT CHA ZPP
/DEPENDENT=Lernerfolg
/METHOD=ENTER X1
/METHOD=ENTER X1 X2
/METHOD=ENTER X1 X2 X3.
```

Anmerkung

Die oben beschriebene Berechnungsweise ist formal korrekt und kann mit jedem Statistikprogramm, das die Berechnung multipler Korrelationen erlaubt, durchgeführt werden (solche Programme gibt es zahlreich kostenlos im Internet). Die Konstruktion einer Designmatrix, d.h. die Umformung der Ausgangsdaten in Indikatorvariablen sowie die Interpretation der multiplen Korrelationen ist jedoch gelegentlich etwas umständlich. Innerhalb von SPSS sei daher empfohlen, die GLM-Prozedur (*General Linear Model/Allgemeines Lineares Modell*) zur Berechnung allgemeiner linearer Modelle zu verwenden (vgl. Beispiele E6, E7, E8). Diese Prozedur ist eigens hierfür vorgesehen. Die eigenständige Konstruktion einer Designmatrix ist bei dieser Prozedur nicht notwendig – dies geschieht automatisch während der Verarbeitung der Daten. Der analoge SPSS-Programmbefehl lautet:

```
GLM Lernerfolg BY Unterricht
/PRINT = PARAMETER.
```

Die Teststatistiken der Parameter (t-Werte und Irrtumswahrscheinlichkeiten) sind bei der Prozedur „REGRESSION" und „GLM" jedoch nur dann identisch, wenn für die Indikatorvariablen die Dummycodierung (vgl. S. 484) und nicht die Effektcodierung verwendet wurde.

E 11. ALM: Zweifaktorielle hierarchische univariate Varianzanalyse
(Beispiel S. 500)

Kurzinformation

Faktor A: Computerspiele (Indikatorvariable x_1 bis x_3), feste Stufen
Faktor B: Kaufhäuser (Indikatorvariable x_4 bis x_{11}), zufällige Stufen
AV: Bewertung

Dateneingabe

Möchte man die zweifaktorielle hierarchische univariate Varianzanalyse mittels Indikatorvariablen nach dem ALM berechnen und dafür nicht die eigens hierfür vorgesehene Prozedur GLM verwenden (vgl. Beispiel E6, S. 338 f.), so sind zunächst eben jene effektcodierte Indikatorvariablen durch Datentransformationen zu produzieren. Werden die Variablen „Computerspiel", „Kaufhaus" und „Bewertung" standardmäßig per DATA-LIST-Befehl eingegeben geschieht dies durch folgende Anweisungen (vgl. Beispiel E10):

DATA LIST FIXED
/Spiel 1 Kaufhaus 3-4 Bewertung 6-7.

```
BEGIN DATA
1 1 7
1 1 9
1 1 12
1 1 7
1 2 6
1 2 5
. . . .
. . . .
4 12 10
4 12 13
END DATA.
```

IF (Spiel=1) x1=1.
IF (Spiel=2) x2=1.
IF (Spiel=3) x3=1.
IF (Spiel=4) x1=−1.
IF (Spiel=4) x2=−1.
IF (Spiel=4) x3=−1.
IF (Spiel=1) AND (Kaufhaus=1) x4=1.
IF (Spiel=1) AND (Kaufhaus=2) x5=1.
IF (Spiel=1) AND (Kaufhaus=3) x4=−1.
IF (Spiel=1) AND (Kaufhaus=3) x5=−1.
IF (Spiel=2) AND (Kaufhaus=4) x6=1.
IF (Spiel=2) AND (Kaufhaus=5) x7=1.
IF (Spiel=2) AND (Kaufhaus=6) x6=−1.
IF (Spiel=2) AND (Kaufhaus=6) x7=−1.

```
IF (Spiel=3) AND (Kaufhaus=7) x8=1.
IF (Spiel=3) AND (Kaufhaus=8) x9=1.
IF (Spiel=3) AND (Kaufhaus=9) x8=-1.
IF (Spiel=3) AND (Kaufhaus=9) x9=-1.
IF (Spiel=4) AND (Kaufhaus=10) x10=1.
IF (Spiel=4) AND (Kaufhaus=11) x11=1.
IF (Spiel=4) AND (Kaufhaus=12) x10=-1.
IF (Spiel=4) AND (Kaufhaus=12) x11=-1.
IF (sysmis(x1)) x1=0.
IF (sysmis(x2)) x2=0.
IF (sysmis(x3)) x3=0.
IF (sysmis(x4)) x4=0.
IF (sysmis(x5)) x5=0.
IF (sysmis(x6)) x6=0.
IF (sysmis(x7)) x7=0.
IF (sysmis(x8)) x8=0.
IF (sysmis(x9)) x9=0.
IF (sysmis(x10)) x10=0.
IF (sysmis(x11)) x11=0.
```

Syntax

```
REGRESSION
VAR= x1 to x11 Bewertung
/STATISTICS=DEFAULTS R CHANGE COEFF
/DEPENDENT=Bewertung
/METHOD ENTER x1 x2 x3
/METHOD ENTER x4 x5 x6 x7 x8 x9 x10 x11.
```

Ausgabe

Model Summary

Model	R	R Square	Adjusted R Square	Std. Error of the Estimate	Change Statistics				
					R Square Change	F Change	df1	df2	Sig. F Change
1	0,740[a]	0,547	0,516	2,714	0,547	17,713	3	44	0,000
2	0,889[b]	0,791	0,727	2,038	0,244	5,258	8	36	0,000

[a] Predictors: (Constant), x3, x2, x1
[b] Predictors: (Constant), x3, x2, x1, x11, x9, x7, x5, x10, x8, x6, x4

ANOVA[a]

Model		Sum of Squares	df	Mean Square	F	Sig.
1	Regression	391,500	3	130,500	17,713	0,000[b]
	Residual	324,167	44	7,367		
	Total	715,667	47			
2	Regression	566,167	11	51,470	12,394	0,000[c]
	Residual	149,500	36	4,153		
	Total	715,667	47			

[a] Dependent Variable: Bewertung
[b] Predictors: (Constant), x3, x2, x1
[c] Predictors: (Constant), x3, x2, x1, x11, x9, x7, x5, x10, x8, x6, x5

Coefficients[a]

Model		Unstandardized Coefficients		Standardized Coefficients	t	Sig.
		B	Std. Error	Beta		
1	(Constant)	11,083	0,392		28,290	0,000
	x1	−3,750	0,679	−0,687	−5,526	0,000
	x2	−1.250	0,679	−0,229	−1,842	0,072
	x3	1,000	0,679	0,183	1,474	0,148
2	(Constant)	11,083	0,294		37,681	0,000
	x1	−3,750	0,509	−0,687	−7,361	0,000
	x2	−1,250	0,509	−0,229	−2,454	0,019
	x3	1,000	0,509	0,183	1,963	0,057
	x4	1,417	0,832	0,150	1,703	0,097
	x5	−1,083	0,832	−0,115	−1,302	0,201
	x6	−2,583	0,832	−0,273	−3,105	0,004
	x7	0,667	0,832	0,070	0,801	0,428
	x8	−1,083	0,832	−0,115	−1,302	0,201
	x9	3,417	0,832	0,361	4,107	0,000
	x10	−0,083	0,832	−0,009	−0,100	0,921
	x11	2,417	0,832	0,256	2,905	0,006

[a] Dependent Variable: Bewertung

Erläuterung

Mehrere multiple Korrelationen können durch einen einzigen Programmbefehl angewiesen werden, wenn im Unterbefehl METHOD = ENTER die Teilmenge der Variablen, die sukzessiv in die Regression eingehen sollen, spezifiziert wird. Im Beispiel wird zunächst die multiple Korrelation der Indikatorvariablen x1, x2, x3, die den Faktor „Computerspiel" repräsentieren, mit der AV-„Bewertung" berechnet (R $square$ ist dann R^2_{Y,X_A}). Anschließend wird die multiple Korrelation aller 11 Indikatorvariablen [x1 bis x3 für Faktor „Computerspiel", x4 bis x11 für Faktor „Kaufhaus (Computerspiel)"] mit der AV-„Bewertung" berechnet (R $square$ ist dann $R^2_{Y,X_A X_{B(A)}}$).

Mit diesen R^2-Werten errechnet man einfachheitshalber die benötigten F-Werte (z. B. nach Gl. 14.20 und 14.21) „per Hand". Der $F_{B(A)}$-Wert entspricht im SPSS-Output dem *F-Change*-Wert (5.258).

Unter *R Square change coefficient* ist zu entnehmen, in welcher Weise sich die gemeinsamen Varianzen durch die sukzessive Aufnahme weiterer Prädiktorvariablen in die Modellgleichung verändern. Über diesen Befehl lässt sich also die „*Nützlichkeit*" der Prädiktoren gem. Gl. (13.33) einfach ermitteln.

E 12. Faktorenanalyse (PCA ohne Rotation) (Beispiel S. 520f.)

Kurzinformation

Var: 6 Maße für zylindrische Körper

Dateneingabe

Die Daten für den Durchmesser und die Länge der Zylinder in Tabelle 15.1 (S. 520) können durch einen DATA-LIST-Befehl eingegeben werden. Die Daten für die anderen 4 beschreibenden Merkmale (Grundfläche, Mantelfläche, Volumen, Diagonale) werden dann nachfolgend aus dem Durchmesser und Länge durch sog. COMPUTE-Befehle in SPSS berechnet:

DATA LIST FIXED
/Durchmesser 1 Laenge 3.

```
BEGIN DATA
1 2
2 2
3 2
. .
. .
2 4
3 4
END DATA.
```

COMPUTE Grundflaeche = 3.141592654 * Durchmesser**2 /4.
COMPUTE Mantelflaeche = 3.141592654 * Durchmesser * Laenge.
COMPUTE Volumen = 3.141592654 * Durchmesser**2 * Laenge /4.
COMPUTE Diagonale = SQRT (Durchmesser**2 + Laenge**2).

Es ergibt sich dadurch die Korrelationsmatrix der 6 Zylindermerkmale in Tabelle 15.2 (S. 521).

Syntax

FACTOR
VAR=Durchmesser Laenge Grundflaeche Mantelflaeche Volumen Diagonale
/PRINT=CORRELATION DEFAULT
/PLOT=EIGEN
/ROTATION=NOROTATE
/SAVE=REG(all fakw).
LIST fakw1 fakw2.

Ausgabe

Correlation Matrix

		Durchmesser	Länge	Grundfläche	Mantelfläche	Volumen	Diagonale
Correlation	Durchmesser	1,000	0,000	0,990	0,812	0,895	0,556
	Länge	0,000	1,000	0,000	0,541	0,348	0,823
	Grundfläche	0,990	0,000	1,000	0,803	0,905	0,558
	Mantelfläche	0,812	0,541	0,803	1,000	0,969	0,874
	Volumen	0,895	0,348	0,905	0,969	1,000	0,767
	Diagonale	0,556	0,823	0,558	0,874	0,767	1,000

Communalities

	Initial	Extraction
Durchmesser	1,000	0,986
Länge	1,000	1,000
Grundfläche	1,000	0,987
Mantelfläche	1,000	0,976
Volumen	1,000	0,970
Diagonale	1,000	0,975

Extraction Method: Principal Component Analysis.

Total Variance Explained

Component	Initial Eigenvalues			Extraction Sums of Squared Loadings		
	Total	% of Variance	Cumulative %	Total	% of Variance	Cumulative %
1	4,435	73,922	73,922	4,435	73,922	73,922
2	1,459	24,315	98,237	1,459	24,315	98,237
3	0,087	1,450	99,687			
4	0,018	0,303	99,990			
5	0,000	0,006	99,997			
6	0,000	0,003	100,000			

Extraction Method: Principal Component Analysis.

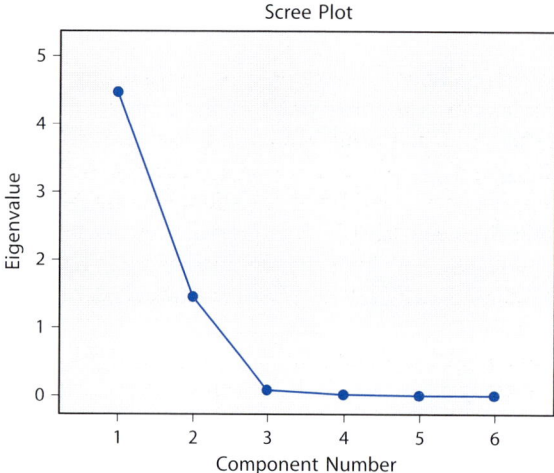

Component Matrix[a]

	Component	
	1	2
Durchmesser	0,881	−0,458
Länge	0,461	0,887
Grundfläche	0,881	−0,459
Mantelfläche	0,983	0,100
Volumen	0,978	−0,115
Diagonale	0,864	0,478

Extraction Method: Principal Component Analysis
[a] 2 components extracted.

```
             fakw1          fakw2
1         -1,44889       -0,59173
2         -0,63106       -1,01363
3          0,42747       -1,57793
4         -1,01467        0,51988
5         -0,10050        0,04028
6          1,09605       -0,59228
7         -0,57233        1,64514
8          0,45106        1,12948
9          1,79288        0,44080
                .              .
                .              .
                .              .
26         0,45106        1,12948
27         1,79288        0,44080

Number of cases read: 27    Number of cases listed: 27
```

Erläuterung

Die Prozedur FACTOR von SPSS berechnet Faktorenanalysen nach verschiedenen Extraktions- und Rotationsverfahren. Für die in das Faktorenmodell eingehenden Variablen [VAR = Durchmesser, Länge, ...] kann die Matrix der paarweisen Interkorrelationen zusätzlich zum Standardoutput angefordert werden durch \PRINT=CORRELATION DEFAULT. Die Ergebnisse des ersten faktorenanalytischen Berechnungsschrittes, der die Extraktion von ebensovielen Faktoren wie Variablen beinhaltet, erscheinen im Output unter der Überschrift *Communalities*. Ausgegeben werden die Kommunalitäten h^2 für die einzelnen z-standardisierten Variablen, die für das vollständige – hier nach der Hauptkomponentenanalyse (*Principal-Components Analysis* ist die Default-Einstellung) extrahierte – Faktorenmodell den Wert 1 haben (Initial).

Unter *Extraction* ergeben sich die Kommunalitäten in der Ausgangslösung durch das Quadrieren einer multiplen Korrelation, die sich ergibt, wenn man den jeweiligen Faktor als Kriteriumsvariable und die jeweils anderen Faktoren als Prädiktoren in einer Regression verwendet. Man erkennt hier, wie gut ein Faktor (bzw. eine Variable in der Ausgangslösung) durch alle anderen Faktoren (Variablen) erklärt wird.

In der Tabelle *Total Variance Explained* werden für die Ausgangslösung (*Initial Eigenvalues*) und die rotierte Faktorlösung (*Extraction Sums of Squared Loadings*) für jeden der Faktoren Eigenwert (*Total*), Prozentanteil der aufgeklärten Varianz (*% of Variance*) sowie die kumulierten Prozentanteile (*Cumulative %*) berechnet.

Für die Bestimmung der Anzahl der substantiellen Faktoren (s. Kap. 15.4) zieht die Prozedur FACTOR per Voreinstellung das Kaiser-Guttman-Kriterium heran und übernimmt alle Faktoren mit Eigenwerten > 1. Als Entscheidungshilfe wird mit dem Unterbefehl /PLOT=EIGEN vom Programm ein Eigenwertediagramm (Scree-Plot) angefordert, oder es kann eine vom Benutzer vordefinierte Faktorenzahl übernommen werden. Dies ist zu empfehlen, denn in der Regel überschätzt das KG-Kriterium die Anzahl der bedeutsamen Faktoren (vgl. S. 544).

Die Ergebnisse für das Lösungsmodell mit zwei PCA-Faktoren sind in der Tabelle *Component Matrix* zusammengefasst, der die Faktorladungen entnommen werden können.

Der Faktorenextraktion kann eine Rotation angeschlossen werden, die im orthogonalen Fall eine rotierte Faktorladungsmatrix (*Rotated Component Matrix*) sowie eine *Component Transformation Matrix* im Output produziert. Eine Varimax-Rotation (vgl. E 13) erhält man durch den Unterbefehl /ROTATION =VARIMAX.

Die Faktorwerte einzelner Personen oder Objekte können unter einem selbst gewählten Namen als Variable gesichert [SAVE=REG (all fakw)] und mit dem LIST-Befehl [LIST fakw1 fakw2] angezeigt werden.

E 13. Faktorenanalyse (Varimax-Rotation) mit Matrix-Eingabe (Beispiel S. 552 f.)

Kurzinformation

Variablen: 18 bipolare Adjektive zur Beurteilung von Sprechstimmen

Dateneingabe

Die Prozedur FACTOR berechnet Faktorenanalysen nicht nur auf Basis von Rohdaten (vgl. E 12), sondern auch auf Basis von Korrelationsmatrizen oder Faktorladungsmatrizen. Im Beispiel (S. 553) sind die Rohdaten der 18 Adjektivpaare nicht angegeben, sondern lediglich die Faktorladungen der 3 Faktoren. Diese können mit dem SPSS-Befehl „/MATRIX=IN(FAC=*)" (s. unten) innerhalb der Prozedur FACTOR eingelesen werden. Dabei muss jedoch die Datendatei, welche die Matrix der Faktorladungen enthält, bestimmte Formatvorgaben befolgen: Sie muss eine Textvariable (String) namens „ROWTYPE_" enthalten (der Variablenname ist nicht beliebig!), die exakt 8 Zeichen umfasst und als Variablenwert für jeden Faktor den Text „FACTOR" enthält. Des Weiteren ist eine Variable namens „FACTOR_" erforderlich, die als Wert jeweils die Faktornummer enthält, gefolgt von den Variablen der Faktorenanalyse (hier 18 Adjektivpaare). Der nachfolgende DATA-LIST-Befehl definiert die nötigen Variablen und Daten zur Berechnung des Zahlenbeispiels. Der Einfachheit halber wurde hier statt DATA LIST FIXED der Befehl DATA LIST **FREE** verwendet. Der Unterschied ist, dass keine fixierten Spaltenpositionen für die Variablen angegeben werden müssen, sondern die Variablen einfach in der im DATA-LIST-Befehl angegebenen Reihenfolge eingelesen werden. Die Variablenwerte nach BEGIN DATA müssen lediglich durch jeweils ein Leerzeichen voneinander getrennt sein. Der Zusatz „(A8)" hinter „ROWTYPE_" definiert eine Zeichenvariable (String), die aus 8 Zeichen besteht.

```
DATA LIST FREE
/ROWTYPE_ (A8) FACTOR_ V1 TO V18.
BEGIN DATA
FACTOR 1 0,73 0,19 0,69 0,70 -0,63 0,67 0,16 0,90 0,88 0,61 0,89 -0,39 -0,67
-0,79 0,43 0,84 0,36 -0,29
FACTOR 2 -0,44 0,85 -0,02 0,20 0,65 0,23 0,93 -0,37 0,27 0,46 0,14 -0,81 0,64
0,50 0,35 -0,38 0,76 -0,85
FACTOR 3 0,04 0,01 -0,65 0,00 -0,06 -0,64 0,02 0,06 0,24 0,48 0,08 -0,03
-0,12 -0,15 -0,72 0,16 0,43 0,01
END DATA.
```

Syntax

```
FACTOR
/MATRIX=IN(FAC=*)
/ROTATION=VARIMAX.
```

Ausgabe

Component Matrix

	Component		
	1	2	3
V1	0,730	−0,440	0,040
V2	0,190	0,850	0,010
V3	0,690	−0,020	−0,650
V4	0,700	0,200	0,000
V5	−0,630	0,650	−0,060
V6	0,670	0,230	−0,640
V7	0,160	0,930	0,020
V8	0,900	−0,370	0,060
V9	0,880	0,270	0,240
V10	0,610	0,460	0,480
V11	0,890	0,140	0,080
V12	−0,390	−0,810	−0,030
V13	−0,670	0,640	−0,120
V14	−0,790	0,500	−0,150
V15	0,430	0,350	−0,720
V16	0,840	−0,380	0,160
V17	0,360	0,760	0,430
V18	−0,290	−0,850	0,010

Communalities

	Reproduced
V1	0,728
V2	0,759
V3	0,899
V4	0,530
V5	0,823
V6	0,911
V7	0,891
V8	0,951
V9	0,905
V10	0,814
V11	0,818
V12	0,809
V13	0,873
V14	0,897
V15	0,826
V16	0,876
V17	0,892
V18	0,807

Total Variance Explained

Component	Reproduced Sums of Squared Loadings			Rotation Sums of Squared Loadings		
	Total	% of Variance	Cumulative %	Total	% of Variance	Cumulative %
1	7,484	41,580	41,580	6,673	37,073	37,073
2	5,621	31,225	72,805	5,475	30,419	67,492
3	1,903	10,570	83,375	2,859	15,883	83,375

Rotated Component Matrix[a]

	Component		
	1	2	3
V1	0,834	−0,076	0,164
V2	−0,252	0,804	0,222
V3	0,419	0,030	0,850
V4	0,488	0,445	0,307
V5	−0,858	0,288	−0,068
V6	0,284	0,240	0,880
V7	−0,313	0,864	0,216
V8	0,947	0,057	0,224
V9	0,666	0,657	0,173
V10	0,409	0,796	−0,113
V11	0,696	0,495	0,297
V12	0,060	−0,855	−0,274
V13	−0,902	0,243	−0,031
V14	−0,941	0,067	−0,076
V15	0,004	0,221	0,882
V16	0,928	0,059	0,109
V17	0,042	0,937	−0,109
V18	0,173	−0,836	−0,279

Rotation Method: Varimax with Kaiser Normalization.
[a] Rotation converged in 5 iterations.

Component Transformation Matrix

Component	1	2	3
1	0,835	0,391	0,386
2	−0,486	0,854	0,186
3	0,257	0,342	−0,904

Rotation Method: Varimax with Kaiser Normalization.

Erläuterung

Die Faktorladungsmatrix wird nach dem Einlesen unter *Component Matrix* erneut ausgedruckt. Außerdem werden die Kommunalitäten in der Tabelle *Communalities* reproduziert. In der Tabelle *Total Variance Explained* findet sich eine Darstellung der Eigenwerte (*Total*), des Prozentanteils der aufgeklärten Varianz (*% of Variance*) sowie der kumulierten Prozentanteile (*Cumulative %*) aller Faktoren, einmal für die unrotierte (bzw. PCA-rotierte) und einmal für die Varimax-rotierte Lösung (unter *Rotation Sums of Squared Loadings*). Die Varimax-rotierte Faktorlösung findet sich schließlich unter *Rotated Component Matrix*. Da sich die Kommunalitäten durch die Rotation der Achsen nicht verändern, werden sie nicht erneut ausgegeben. Zusätzlich liefert die Prozedur FACTOR eine Transformationsmatrix (*Component Transformation Matrix*), durch deren Multiplikation mit der PCA-Faktorladungsmatrix die Varimax-rotierte Ladungsmatrix generiert wird (s. Gl. 15.65).

Angemerkt sei, dass bei Faktorenanalysen auf der Basis von Korrelations- oder Faktorladungsmatrizen natürlich keine Faktorwerte berechnet bzw. geschätzt werden können, da hierzu die einzelnen Messwerte, d.h. die Rohdaten bekannt sein müssen.

E 14. Cluster-Analyse nach der Ward-Methode (Beispiel S. 575 f.)

Kurzinformation

p = 2 Merkmale, n = 6 Objekte

Dateneingabe

```
DATA LIST FIXED
/X1 1 X2 3.

BEGIN DATA
2 4
0 1
1 1
3 2
4 0
2 2
END DATA.
```

Syntax

```
CLUSTER X1 X2
/METHOD=WARD
/PRINT=DISTANCE SCHEDULE
/PLOT=DENDROGRAM.
```

Ausgabe

Proximity Matrix

Case	Squared Euclidean Distance					
	1	2	3	4	5	6
1	0,000	13,000	10,000	5,000	20,000	4,000
2	13,000	0,000	1,000	10,000	17,000	5,000
3	10,000	1,000	0,000	5,000	10,000	2,000
4	5,000	10,000	5,000	0,000	5,000	1,000
5	20,000	17,000	10,000	5,000	0,000	8,000
6	4,000	5,000	2,000	1,000	8,000	0,000

This is a dissimilarity matrix

Agglomeration Schedule

Stage	Cluster Combined		Coefficients	Stage Cluster First Appears		Next Stage
	Cluster 1	Cluster 2		Cluster 1	Cluster 2	
1	4	6	0,500	0	0	3
2	2	3	1,000	0	0	4
3	1	4	3,833	0	1	4
4	1	2	11,200	3	2	5
5	1	5	19,333	4	0	0

Dendrogram using Ward Method

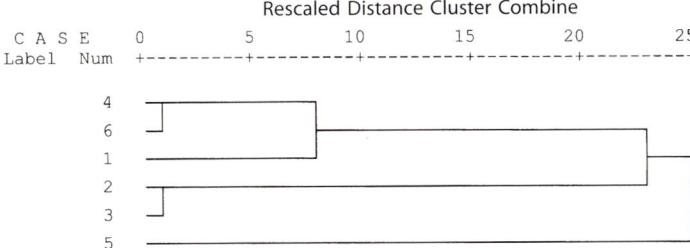

Erläuterung

Hierarchische agglomerative Clusteranalysen können in SPSS mit der Prozedur CLUSTER berechnet werden, die verschiedene Agglomerationsmethoden (z.B. Single linkage, Complete linkage, Average linkage, Medianverfahren) anbietet.

Bei der WARD-Methode werden zunächst die quadrierten euklidischen Distanzen zwischen den einzelnen Elementenpaaren ausgedruckt. Nach Gleichung (16.9) können diese Distanzen in Fehlerquadratsummen umgerechnet werden. Wegen $n_i = n_{i'} = 1$ auf der 1. Fusionsstufe entsprechen die Werte in Tabelle 16.3a gem. Gl. (16.9) den halbierten Werten der quadrierten Distanzmatrix.

Die sukzessive Fusionierung der einzelnen Elemente bzw. Cluster bei gleichzeitig minimaler Erhöhung der gesamten Fehlerquadratsumme ist tabellarisch in der Tabelle „Agglomeration Schedule" dargestellt. Die erste Spalte enthält die Ordnungszahlen der Fusionsstufen (*Stage*). Spalte 2 und 3 (*Clusters combined*) geben die Nummern derjenigen Elemente bzw. Cluster an, die auf der jeweiligen Fusionsstufe zusammengefasst werden. Die Fusionierung erfolgt bei der WARD-Methode nach dem Kriterium des minimalen Fehlerquadratsummenzuwachses, die kumulierten ΔQS_{Fehler}-Werte sind in Spalte 4 (*Coefficient*) genannt. Man erhält diese Werte, indem man die fett gedruckten ΔQS_{Fehler}-Werte in den Tabellen 16.3 bis 16.7 sukzessiv addiert. Spalte 5 und 6 (*Stage Cluster First Appears*) geben für beide an der Fusion beteiligten Elemente bzw. Cluster an, auf welcher Fusionsstufe sie erstmals fusioniert wurden. Auf welcher Fusionsstufe das gebildete Cluster in eine weitere Fusion einbezogen wird, steht in Spalte 7 (*Next stage*). (Die durch die Fusionierungen modifizierten Datenmatrizen können von SPSS nicht erzeugt werden.)

Eine graphische Veranschaulichung der Clusterbildungen in Form eines liegenden Dendrogramms (*Dendrogram using Ward method*) ist möglich. Die Ordinate gibt die Nummern der fusionierten Elemente an. Auf der Abszisse sind nicht die absoluten, sondern lediglich relative Fehlerquadratsummenzuwächse abgetragen, da die ΔQS_{Fehler}- Werte auf einen Wertebereich von 0–25 gebracht werden (*Rescaled Distance Cluster Combine*).

Bei großen Fallzahlen benötigt die Prozedur CLUSTER erheblichen Speicherplatz und viel Rechenzeit. Deshalb bietet das System ergänzend die Funktion QUICK CLUSTER an, die auch große Fallzahlen effizient bearbeitet und dabei die Methode des *nearest centroid sorting* (Anderberg, 1973) einsetzt.

E 15. Einfaktorielle multivariate Varianzanalyse (Beispiel S. 595)

Kurzinformation

UV: Schicht   AV1: Satzlänge   AV2: Wortwahl   AV3: Satzkonstruktion

Dateneingabe

```
DATA LIST FIXED
/Schicht 1 Satzlaenge 3 Wortwahl 5 Satzkonstruktion 7.

BEGIN DATA
1 3 3 4
1 4 4 3
1 4 4 6
1 2 5 5
1 2 4 5
1 3 4 6
2 3 4 4
2 2 5 5
2 4 3 6
2 5 5 6
3 4 5 7
3 4 6 4
3 3 6 6
3 4 7 6
3 6 5 6
END DATA.
```

Syntax

GLM Satzlaenge Wortwahl Satzkonstruktion BY Schicht.

Ausgabe

Multivariate Tests[a]

Effect		Value	F	Hypothesis df	Error df	Sig.
Intercept	Pillai's Trace	0,990	347,487[b]	3,000	10,000	0,000
	Wilks' Lambda	0,010	347,487[b]	3,000	10,000	0,000
	Hotelling's Trace	104,246	347,487[b]	3,000	10,000	0,000
	Roy's Largest Root	104,246	347,487[b]	3,000	10,000	0,000
Schicht	Pillai's Trace	0,717	2,049	6,000	22,000	0,102
	Wilks' Lambda	0,297	2,784[b]	6,000	20,000	0,039
	Hotelling's Trace	2,321	3,481	6,000	18,000	0,018
	Roy's Largest Root	2,300	8,435[c]	3,000	11,000	0,003

[a] Design: Intercept + Schicht
[b] Exact statistic
[c] The statistic is an upper bound on F that yields a lower bound on the significance level

Test of Between-Subjects Effects

Source	Dependent Variable	Type III Sum of Squares	df	Mean Square	F	Sig.
Corrected Model	Satzlänge	3,933[a]	2	1,967	1,710	0,222
	Wortwahl	9,783[b]	2	4,892	7,775	0,007
	Satzkonstruktion	2,550[c]	2	1,275	1,064	0,376
Intercept	Satzlänge	185,659	1	185,659	161,443	0,000
	Wortwahl	320,112	1	320,112	508,788	0,000
	Satzkonstruktion	409,103	1	409,103	341,314	0,000
Schicht	Satzlänge	3,933	2	1,967	1,710	0,222
	Wortwahl	9,783	2	4,892	7,775	0,007
	Satzkonstruktion	2,550	2	1,275	1,064	0,376
Error	Satzlänge	13,800	12	1,150		
	Wortwahl	7,550	12	0,629		
	Satzkonstruktion	14,383	12	1,199		
Total	Satzlänge	205,000	15			
	Wortwahl	344,000	15			
	Satzkonstruktion	433,000	15			
Corrected Total	Satzlänge	17,733	14			
	Wortwahl	17,333	14			
	Satzkonstruktion	16,933	14			

[a] R Squared = 0,222 (Adjusted R Squared = 0,092)
[b] R Squared = 0,564 (Adjusted R Squared = 0,492)
[c] R Squared = 0,151 (Adjusted R Squared = 0,009)

Erläuterung

Multivariate Varianzanalysen werden in SPSS durch die Prozedur GLM angefordert (vgl. E 6, E 7, E 8). GLM berechnet die vier multivariaten Teststatistiken Pillai's PS, Wilks Λ, Hotelling's T und Roy's größten Eigenwert λ (s. Tabelle 17.5). In der Tabelle *Multivariate Tests* werden die Teststatistiken (*Value*) in annähernd F-verteilte Werte transformiert, deren Zählerfreiheitsgrade (*Hypothesis DF*) und Nennerfreiheitsgrade (*Error DF*) ausgewiesen sind und die anhand ihrer Irrtumswahrscheinlichkeiten (*Sig.*) auf Signifikanz geprüft werden können. Im hier verwendeten Beispiel kommen die vier Prüfverfahren zu unterschiedlichen Ergebnissen. Bei der Wahl zwischen den genannten Prüfgrößen kann man sich daran orientieren, dass die Teststärke der Verfahren in der Reihenfolge ihrer Ausgabe abnimmt, d.h., Pillai's PS ist der stärkste Test; bei kleinen Stichproben reagiert er – wie im Beispiel – allerdings konservativ.

In der Tabelle *Multivariate Tests* wird neben *Intercept* (Konstante) auch die Nullhypothese geprüft, der Gesamtmittelwerte-Vektor unterscheidet sich vom Nullvektor. Wie bei der univariaten Varianzanalyse (vgl. E6) ist diese Information jedoch von geringer Bedeutung, da Untersuchungen in der Regel nicht so angelegt sind, dass Gesamtmittelwerte von Null erwartet werden.

Neben den multivariaten Signifikanztests bietet GLM per Voreinstellung auch univariate Signifikanztests für jede abhängige Variable einzeln an. In der Tabelle *Tests of Between-Subjects Effects* werden neben *Schicht* die Quadratsummen (*Type III Sum of Squares*), Freiheitsgrade (*df*), Varianzen (*Mean square*), F-Werte (*F*) und Irrtumswahrscheinlichkeiten (*Sig.*) ausgegeben. Ist der multivariate Test signifikant, so können die univariaten Tests Hinweise darauf geben, welche abhängigen Variablen zur Overall-Signifikanz beitragen. Es sei allerdings darauf hingewiesen, dass dieser Rückschluss bei korrelierten abhängigen Variablen aufgrund von Suppressionseffekten (vgl. S. 457) problematisch sein kann. Neben *Intercept* wird erneut univariat die Nullhypothese überprüft, ob sich der Gesamtmittelwert einer abhängigen Variablen von Null unterscheidet. Wie erwähnt führt dies nur zu einer sinnvoll interpretierbaren Information, wenn die Untersuchung so geplant war, dass ein Gesamtmittelwert von Null zu erwarten wäre, wenn es keinen Effekt gibt. Zusätzlich werden in der Fußzeile der Tabelle *Tests of Between-Subjects Effects* die univariaten Varianzerklärungen wiedergegeben.

E. Statistik mit SPSS

E 16. Diskriminanzanalyse (Beispiel S. 614 ff.)

Kurzinformation

UV: Schicht   AV1: Satzlänge   AV2: Wortwahl   AV3: Satzkonstruktion

Dateneingabe

```
DATA LIST FIXED
/Schicht 1 Satzlaenge 3 Wortwahl 5 Satzkonstruktion 7.

BEGIN DATA
1 3 3 4
1 4 4 3
1 4 4 6
1 2 5 5
1 2 4 5
1 3 4 6
2 3 4 4
2 2 5 5
2 4 3 6
2 5 5 6
3 4 5 7
3 4 6 4
3 3 6 6
3 4 7 6
3 6 5 6
END DATA.
```

Syntax

```
DISCRIMINANT
/GROUPS=Schicht(1 3)
/VARIABLES=Satzlaenge Wortwahl Satzkonstruktion
/ANALYSIS ALL
/STATISTICS RAW.
```

Ausgabe

Eigenvalues

Function	Eigenvalue	% of Variance	Cumulative %	Canonical Correlation
1	2,300[a]	99,1	99,1	0,835
2	0,020[a]	0,9	100,0	0,141

[a] First 2 canonical discriminant functions were used in the analysis

Wilk's Lambda

Test of Functions(s)	Wilk's Lambda	Chi-Square	df	Sig.
1 through 2	0,297	13,357	6	0,038
2	0,980	0,222	2	0,895

Standardized Canonical Discriminant Function Coefficients

	Function	
	1	2
Satzlänge	0,627	0,527
Wortwahl	0,961	−0,439
Satzkonstruktion	0,237	0,539

Structure Matrix

	Function	
	1	2
Wortwahl	0,748*	−0,633
Satzlänge	0,345	0,734*
Satzkonstruktion	0,271	0,622*

Pooled within-groups correlations between discriminating variables and standardized canonical discriminant functions. Variables ordered by absolute size of correlation within function.
* Largest absolute correlation between each variable and any discriminant function

Canonical Discriminant Function Coefficients

	Function	
	1	2
Satzlänge	0,585	0,492
Wortwahl	1,212	−0,553
Satzkonstruktion	0,217	0,493
(Constant)	−8,863	−1,750

Unstandardized coefficients

Functions at Group Centroids

Schicht	Function	
	1	2
1	–1,214	–0,107
2	–0,528	0,206
3	1,879	–0,037

Unstandardized canonical discriminant functions evaluated at group means

Erläuterung

Einfaktorielle Diskriminanzanalysen können in SPSS mit der Prozedur DISCRIMINANT durchgeführt werden:
Hinter dem Proceduraufruf DISCRIMINANT erwartet das System nach dem Unterbefehl „/GROUPS=" eine nominalskalierte Gruppierungsvariable (die unabhängige Variable), deren Wertebereich in Klammern anzugeben ist. Auf den ebenfalls obligatorischen Unterbefehl „/VARIABLES=" hat die Liste der intervallskalierten oder dichotomen abhängigen Variablen zu folgen. Die Kennzeichnung der Gruppierungsvariable als UV und der übrigen Variablen als AV entspricht dem Denkmodell der multivariaten Varianzanalyse. Gelegentlich werden die hier als abhängig bezeichneten Variablen jedoch im Sinn des Denkmodells der multiplen Regression als Prädiktoren aufgefasst, die eben das Kriterium Gruppenzugehörigkeit vorhersagen (Brosius, 1989; Norušis, 1986). Inhaltlich ist jedoch das Gleiche gemeint.
Durch zusätzliche Steuerbefehle können in DISCRIMINANT unterschiedliche Methoden zur Bestimmung von Diskriminanzfunktionen ausgewählt, Kriterien für die Aufnahme oder das Entfernen von Variablen aus der Gleichung spezifiziert sowie ergänzende Statistiken angefordert werden, die hier nicht im Einzelnen dargestellt werden können. Per Voreinstellung verfährt das System so, dass alle AV gleichzeitig in das Modell aufgenommen werden.
Der voreingestellte Standardoutput liefert unter der Überschrift *Eigenvalues* die Eigenwerte, den durch den Diskriminanzfaktor aufgeklärten Varianzanteil (*% of variance*), die kumulierte Varianzerklärung sowie den kanonischen Korrelationskoeffizienten (*Canonical correlation*), der sich gem. Gl. (19.45) zu $\sqrt{\lambda^2_{i(k)}}$ ergibt. Zur Signifikanzprüfung wird in der nächsten Tabelle Wilk's Lambda berechnet, und zwar zunächst für alle Diskriminanzfunktionen des Modells (*1 through 2*). Im Output ist direkt unter diesem Ergebnis, das sich auf das gesamte Diskriminanzpotential bezieht, dann der Lambda-Wert zu finden, der sich nach der Extraktion des ersten Diskriminanzfaktors ergibt (*neben Test of Function(s): 2*). Den zugehörigen χ^2-Werten (*Chi-square*) und ihren Irrtumswahrscheinlichkeiten (*Sig.*) ist zu entnehmen, welche und wieviele Diskriminanzfunktionen bedeutsam sind.
Die Eigenvektoren (V^*) sind im SPSS-Output nicht enthalten. Die Diskriminanzkoeffizienten werden per Voreinstellung standardisiert ausgegeben (*Standardized canonical discriminant function coefficients*), können aber mit dem Unterbefehl „/STATISTICS RAW" auch unstandardisiert angefordert werden (*Canonical discriminant function coefficients*). Mit Hilfe dieser Diskriminanzkoeffizienten lassen sich die Faktorwerte der Messwertträger auf den Diskriminanzfaktoren berechnen (s. Gl. 18.27a). Die standardisierten Diskriminanzkoeffizienten findet man im Beispiel (S. 616) als Matrix **E** und die nichtstandardisierten als Matrix **B**.
Als Indikatoren der Bedeutsamkeit der einzelnen Variablen für die Diskriminanzfaktoren sind die Diskriminanzkoeffizienten weniger geeignet (vgl. S. 611). Tauglichere Informationen hierfür sind der *„Structure matrix"* zu entnehmen. Sie gibt die Korrelationen zwischen den diskriminierenden Variablen

(AV) einerseits und den Diskriminanzfaktoren andererseits, also die Faktorladungen, wieder (*Pooled-within-groups correlations between discriminating variables and canonical discriminant functions*). Diese Faktorladungen sind auf S. 616 als Matrix **A** aufgeführt.

Der Standardoutput kennzeichnet die Diskriminanzfunktionen (die wir – um einer Verwechslung mit den auf S. 623 behandelten Klassifikationsfunktionen vorzubeugen – als Diskriminanzfaktoren bezeichnen) zunächst durch ihre Bedeutsamkeit (Varianzanteile, Signifikanzen) und Interpretierbarkeit (Faktorladungen) und gibt schließlich unter dem Titel *Functions at Group Centroids* die Mittelwerte der Diskriminanzfaktorwerte der Gruppen (Gruppenzentroide) an, denen zu entnehmen ist, wie gut die Gruppen durch die Faktoren getrennt werden (vgl. Matrix $\bar{\mathbf{F}}$ auf S. 616).

E. Statistik mit SPSS

E 17. Kanonische Korrelation (Beispiel S. 637 ff.)

Kurzinformation

Kriterium 1: Intelligenz   Kriterium 2: Aufrichtigkeit
Prädiktor 1: Stirnhöhe   Prädiktor 2: Augenabstand   Prädiktor 3: Mundbreite

Dateneingabe

Bei der Berechnung kanonischer Korrelationen mit SPSS Version 12 ist zu beachten, dass hier keine langen Variablennamen verwendet werden können, sondern diese maximal 8 Zeichen lang sein dürfen.

```
DATA LIST FIXED
/Stirn 1-2 Augen 4 Mund 6 Intell 8-10 Aufri 12-13.

BEGIN DATA
14 2 5 108 18
15 2 3 098 17
12 2 3 101 22
10 3 4 111 23
12 2 6 113 19
11 3 3 095 19
16 3 4 096 15
13 4 4 105 21
13 2 5 092 17
15 3 4 118 19
END DATA.
```

Syntax

Für kanonische Korrelationsanalysen steht in SPSS leider keine eigene Prozedur zur Verfügung (in den meisten anderen Statistikprogrammen wie z.B. „SAS" oder „R" ist das der Fall). Allerdings bietet SPSS ein eigens für diesen Zweck erstelltes SPSS-Makro an, das die Berechnungen durchführt und die für kanonische Korrelationsanalysen wesentlichen Ausgaben produziert. Dieses Makro muss vor der eigentlichen Analyse mit einem INCLUDE-Befehl aufgerufen werden (unter [Pfad zum SPSS Installationsverzeichnis] muss man den Pfad zu dem Verzeichnis, in dem SPSS installiert wurde, angeben. Zum Beispiel: „C:\Programme\SPSS12").

```
INCLUDE FILE [Pfad zum SPSS Installationsverzeichnis]\Canonical correlation.sps'.
CANCORR SET1=Stirn Augen Mund /
        SET2=Intell Aufri /.
```

Ausgabe

```
1) Correlations for Set-1
           Stirn       Augen       Mund
Stirn      1,0000     -0,0499    -0,0058
Augen     -0,0499      1,0000    -0,2557
Mund      -0,0058     -0,2557     1,0000
2) Correlations for Set-2
           Intell      Aufri
Intell     1,0000      0,4449
Aufri      0,4449      1,0000
3) Correlations Between Set-1 and Set-2
           Intell      Aufri
Stirn     -0,0852    -0,7592
Augen      0,1430     0,2595
Mund       0,3648    -0,1825
4) Canonical Correlations
1          0,901
2          0,439
5) Test that remaining correlations are zero:
           Wilk's      Chi-SQ      DF          Sig.
1          0,152       11,311      6,000       0,079
2          0,807        1,287      2,000       0,525
6) Standardized Canonical Coefficients for Set-1
           1           2
Stirn      0,881       0,319
Augen     -0,069      -0,581
Mund       0,448      -0,898
7) Raw Canonical Coefficients for Set-1
           1           2
Stirn      0,461       0,167
Augen     -0,099      -0,831
Mund       0,451      -0,903
8) Standardized Canonical Coefficients for Set-2
           1           2
Intell     0,582      -0,953
Aufri     -1,112      -0,097
9) Raw Canonical Coefficients for Set-2
           1           2
Intell     0,067      -0,110
Aufri     -0,454      -0,040
10) Canonical Loadings for Set-1
           1           2
Stirn      0,882       0,353
Augen     -0,228      -0,368
Mund       0,461      -0,751
11) Cross Loadings for Set-1
           1           2
Stirn      0,795       0,155
Augen     -0,205      -0,162
Mund       0,415      -0,330
12) Canonical Loadings for Set-2
           1           2
Intell     0,087      -0,996
Aufri     -0,853      -0,521
13) Cross Loadings for Set-2
           1           2
Intell     0,079      -0,438
Aufri     -0,769      -0,22
```

```
Redundancy Analysis:
14) Proportion of Variance of Set-1 Explained by Its Own Can. Var.
            Prop Var
CV1-1       0,348
CV1-2       0,274

15) Proportion of Variance of Set-1 Explained by Opposite Can. Var.
            Prop Var
CV2-1       0,282
CV2-2       0,053

16) Proportion of Variance of Set-2 Explained by Its Own Can. Var.
            Prop Var
CV2-1       0,368
CV2-2       0,632

17) Proportion of Variance of Set-2 Explained by Opposite Can. Var.
            Prop Var
CV1-1       0,299
CV1-2       0,122
```

Erläuterung

Zur Vereinfachung der Erläuterungen wurden die Ausgabetabellen nummeriert. In den Tabellen 1–4 erhält man bivariate Korrelationen innerhalb und zwischen den Prädiktoren und Kriterien sowie die 2 möglichen kanonischen Korrelationen. Tabelle 5 enthält den Signifikanztest gemäß Gl. 19.44. Die V*- und W*-Matrix findet sich in den Tabellen 6 und 8 bzw. in ihrer unstandardisierten Form in den Tabellen 7 und 9 wieder. Analog hierzu werden in den Tabellen 10–13 die Ladungsmatrizen ausgegeben. Die Redundanzanalyse enthalten schließlich die Tabellen 14–17. Tabelle 14 und 16 informieren über den Anteil erklärter Varianz innerhalb der Prädiktoren bzw. innerhalb der Kriterien. In Tabelle 15 und 17 wird jeweils der Anteil an erklärter Varianz der Prädiktoren auf Basis der Kriterien bzw. der Kriterien auf Basis der Prädiktoren geliefert. Der erste Kriteriumsfaktor führt daher zu einer Redundanz von 0,282 oder 28,2% und der erste Prädiktorfaktor zu einer Redundanz von 0,299 oder 29,9%.

F. Verzeichnis der wichtigsten Abkürzungen und Symbole

$\mathbf{A}$	allgemeine Bezeichnung für einen Faktor in der Varianzanalyse (S. 249)
$\mathbf{A}'$	Transponierte der Matrix $\mathbf{A}$ (S. 713)
$\mathbf{A}^{-1}$	Inverse der Matrix $\mathbf{A}$ (S. 720)
A_i	Summe der Messungen unter einer Faktorstufe a_i (S. 249)
$\overline{A_i}$	Mittelwert der Messungen unter einer Faktorstufe a_i (S. 249)
a (a_{yx}, a_{xy})	Regressionskoeffizient (Höhenlage) (S. 188 f.)
a_i	Stufe i eines Faktors A (S. 249)
a_{ij}	Ladung der Variablen i auf dem Faktor j (S. 519)
AB_{ij}	Summe der Messwerte unter der Faktorstufenkombination ab_{ij} (S. 291)
$\overline{AB_{ij}}$	Mittelwert der Messungen unter der Faktorstufenkombination ab_{ij} (S. 292)
$\overline{AB}'_{ij}$	Mittelwert der Faktorstufenkombination ab_{ij} bei additiver Wirkung der Faktoren A und B (S. 294)
a, b, c, d	Häufigkeiten einer Vierfeldertafel (S. 168)
AD	Streuungsmaß („average deviation") (S. 41)
adj ($\mathbf{A}$)	Adjunkte der Matrix $\mathbf{A}$ (S. 721)
AM	arithmetisches Mittel (auch $\bar{x}$) (S. 37)
α	Signifikanzniveau (S. 114)
α	Reliabilitätskoeffizient von Cronbach (S. 559)
α	Potenzmoment (S. 46)
α'	adjustiertes α-Niveau (S. 272)
α_i	der mit einer Stufe a_i verbundene Effekt (S. 416)
α-Fehler	falsche Entscheidung zugunsten von H_1 (S. 110 f.)
B	Prüfgröße des Box-Tests (S. 619)
B	allgemeine Bezeichnung für einen Faktor in der Varianzanalyse (S. 291)
B_j	Summe der Messwerte unter einer Faktorstufe b_j (S. 292)
$\overline{B_j}$	Mittelwert der Messungen unter einer Faktorstufe b_j (S. 202)
b (b_{yx}, b_{xy})	Regressionskoeffizient (Steigung der Regressionsgeraden) (S. 188 f.)
b_i	standardisierte Beta-Gewichte in einer multiplen Regressionsgleichung (S. 449)
b'_i	Rohwertgewichte in der multiplen Regressionsgleichung (S. 449)
b_j	Stufe j eines Faktors b (S. 291)
B(A)	unter Faktor A geschachtelter Faktor B (S. 389)
β	Wahrscheinlichkeit, eine richtige H_1 zu verwerfen (S. 121)
$1 - \beta$	Teststärke (S. 123)

C	Kontingenzkoeffizient (S. 235)
C_{jk}	Ähnlichkeitskoeffizient für 2 Faktoren j und k (S. 554)
C_{jm}	Klassifikationskoeffizient der Person m für die Gruppe j (S. 623)
c	beliebige Konstante
c_i	Gewichtungskoeffizient der Faktorstufe a_i für einen Einzelvergleich (Kontrast) (S. 264)
c_i	Strukturkoeffizient der Variablen i (S. 453)
CI	Cramérs Index (S. 235)
cov (x, y)	Kovarianz zweier Variablen x und y (S. 189)
CR	kanonische Korrelation (S. 628)
χ^2_k	(griech.: chi) χ^2-Variable mit k Freiheitsgraden (S. 79)
D	Einzelvergleich oder Kontrast (S. 264)
D_p	Symbol zur Kennzeichnung eines Faktors A mit fester Stufenauswahl ($D_p = 0$) bzw. zufälliger Stufenauswahl ($D_p = 1$) (S. 421)
d_{AB}	Distanz zweier Objekte A und B (S. 569)
d_i	Differenz $(x_{i1} - x_{i2})$ (S. 144)
d_{ij}	Element der D-Matrix (Matrix der Quadratsummen und der Kreuzproduktsummen) (S. 531)
d_{MC}	Objektdistanz nach der „Minimum χ^2-Regel" (S. 581)
d_{NC}	Objektdistanz nach der „Nearest-centroid"-Regel (S. 581)
d_{NN}	Objektdistanz nach der „Nearest-neighbor"-Regel (S. 581)
df	Freiheitsgrade (degrees of freedom)
Diff_{crit}	kritische Differenz nach dem Scheffé-Test (S. 275)
Δ_{crit}	(griech.: delta) Konfidenzintervall (S. 102)
ΔQS_{Fehler}	Erhöhung der Fehlerquadratsumme bei der Ward-Methode (S. 575)
e	mathematische Konstante ($e = 2.7182818$)
Ex	Exzess einer Verteilung (S. 46)
E(X)	Erwartungswert der Zufallsvariablen X (S. 705)
ε	(griech.: epsilon) Parameter für eine Effektgröße (S. 120 f.)
ε	Korrekturfaktor für Freiheitsgrade („Epsilon-Korrektur") (S. 355)
ε_{im}	die mit einer Messung x_{im} verbundene Fehlerkomponente (S. 412)
η	(griech.: eta) endogene Variable im LISREL-Ansatz (S. 476)
η^2	deskriptives Maß für den erklärten Varianzanteil in der Varianzanalyse (S. 255)
F_{n_1, n_2}	Wert der F-Verteilung mit n_1 Zähler- und n_2 Nennerfreiheitsgraden (S. 81 f.)
F'	Wert eines Quasi-F-Bruchs (S. 314 f.)
F_{max}	Prüfgröße des F_{max}-Tests (S. 286)
f	Bezeichnung für Häufigkeit (Frequenz) (S. 29)
$\bar{f}$	durchschnittliche Häufigkeit (S. 31)
f_b	beobachtete Häufigkeit (S. 156)
f_e	gemäß H_0 erwartete Häufigkeit (S. 156)
f_{kum}	kumulierte Häufigkeit (S. 29)
f_{mj}	Faktorwert der Person m für den Faktor j (S. 519)

F. Verzeichnis der wichtigsten Abkürzungen und Symbole

FC	Ähnlichkeitskoeffizient für Faktorstrukturen (S. 554)
FS	Stabilitätsmaß für Faktorstrukturen (S. 523)
G	Gesamtsumme in der Varianzanalyse (S. 249)
$\bar{G}$	Gesamtmittelwert in der Varianzanalyse (S. 249)
GAM	gewichtetes arithmetisches Mittel (S. 39)
GM	geometrisches Mittel (S. 38)
H_1	Alternativhypothese (S. 108 f.)
H_0	Nullhypothese (S. 109 f.)
h_i^2	Kommunalität einer Variablen i (S. 520)
HM	harmonisches Mittel (auch $\bar{n}_h$) (S. 39)
KFA	Konfigurationsfrequenzanalyse (S. 175)
KIB	Konfidenzintervallbreite (S. 102)
κ	(griech.: kappa) Übereinstimmungsmaß nach Cohen (S. 581)
L	Nonzentralitätsparameter der nicht-zentralen F-Verteilung (S. 464)
L	Likelihood (S. 99)
LCF	„linear classification function" (S. 619)
ln	Logarithmus naturalis (Logarithmus zur Basis e)
Λ	Wilks Likelihood-Quotient (S. 593)
λ	Pfadkoeffizient im LISREL-Ansatz (S. 476)
λ_j	Eigenwert eines Faktors j (S. 520)
M_i	„optimale" Kontrastkoeffizienten des monotonen Trend-Tests (S. 283)
Md	Medianwert (S. 36 f.)
Mo	Modalwert (S. 36)
μ	(griech.: my) Mittelwert (Erwartungswert) einer theoretischen Verteilung oder einer Population (S. 65)
N	Stichprobenumfang als Zufallsvariable (S. 65)
N	Summe unterschiedlicher Stichprobenumfänge n_i (S. 260)
n	Stichprobenumfang (S. 29)
$\bar{n}_h$	harmonisches Mittel (auch HM) (S. 39)
$\binom{n}{k}$	Schreibweise für $n!/(k! \cdot (n-k)!)$ (S. 60 f.)
$\hat{\omega}^2$	(griech.: omega) Schätzwert für den „wahren" erklärten Varianzanteil in der Varianzanalyse (S. 281)
P	Symbol für Prozentwerte (S. 92)
P	Irrtumswahrscheinlichkeit (S. 112)
P_m	Summe der Messwerte einer Person m (S. 332)
$\bar{P}_m$	Mittelwert der Messwerte einer Person m (S. 333)
p	Anzahl der Faktorstufen eines Faktors A (S. 290)
p	Wahrscheinlichkeit, geschätzt über die relative Häufigkeit (S. 52)

$p(A)$	Wahrscheinlichkeit des Ereignisses A (S. 52)
$p(A \mid B)$	Wahrscheinlichkeit von A unter der Bedingung, dass B eingetreten ist (bedingte Wahrscheinlichkeit) (S. 54 f.)
PCA	„principle component analysis" (S. 516)
Φ	Phi-Koeffizient (Zusammenhangsmaß) (S. 228)
PR	Prozentrang (S. 29)
PS	Pillais Spurkriterium (S. 598)
π	theoretischer Wahrscheinlichkeitswert (S. 52)
π	mathematische Konstante ($\pi = 3{,}14159265$)
Q	Prüfgröße des Cochran-Tests (S. 161)
q	Anzahl der Faktorstufen des Faktors B (S. 290)
q	$1 - p$ (Komplementärwahrscheinlichkeit) (S. 65)
QCF	„quadratic classification function" (S. 618)
QS	Quadratsumme (S. 42)
$R_{c.12...k}$	multiple Korrelation zwischen einer Kriteriumsvariablen (c) und k Prädiktorvariablen (S. 449)
R_i	Symbol für eine Relation i (S. 16)
R_m	Rangplatz einer Person m (S. 150)
R^2_{xy}	gemeinsame Varianz zweier Variablensätze x und y (set correlation) (S. 631)
r	Produkt-Moment-Korrelation (S. 205)
r^2	Determinationskoeffizient (S. 209)
r^{ij}	Element ij der invertierten Korrelationsmatrix (S. 450)
r_{bis}	biseriale Korrelation (S. 226)
r_{bisR}	biseriale Rangkorrelation (S. 231 f.)
r_j	Reliabilität eines Faktors j (S. 560)
r_{pb}	punkt-biseriale Korrelation (S. 225)
r_s	Spearmans Rangkorrelation (rho) (S. 232 f.)
r_{tet}	tetrachorische Korrelation (S. 230)
$r_{xy.z}$	Partialkorrelation mit einer Kontrollvariablen z (S. 446)
$\text{Red}_{(xy)}$	Redundanzkoeffizient (S. 636)
rF	relative Fehlerreduktion (S. 211)
RI	Rand-Index (S. 582)
ϱ	(griech.: rho) (Produkt-Moment-)Korrelation in der Population (S. 109)
S	kritischer Wert für Einzelvergleiche (S. 274)
S_{AB}	Ähnlichkeitskoeffizient für die Objekte A und B (S. 567)
S_i	unter der Faktorstufe a_i untersuchte Stichprobe (S. 336)
s	Standardabweichung (Streuung) für eine Stichprobe (S. 41)
s^2	Varianz für eine Stichprobe (S. 41)
SMC_{AB}	Ähnlichkeitskoeffizient für die Objekte A und B („simple matching coefficient") (S. 567)
σ	(griech.: sigma) Streuung einer theoretischen Verteilung oder einer Population (S. 65 u. 90)

F. Verzeichnis der wichtigsten Abkürzungen und Symbole

σ^2	Varianz einer theoretischen Verteilung oder einer Population (S. 65)
σ_d	Streuung einer theoretischen Differenzenverteilung (S. 144)
$\sigma_{\bar{x}}$	Standardfehler des arithmetischen Mittels (S. 90)
$\sigma_{(\bar{x}_1-\bar{x}_2)}$	Standardfehler der Mittelwertdifferenz (S. 140)
$\sigma_{(y\|x)}$	Standardschätzfehler (S. 192)
$\hat{\sigma}$	geschätzte Populationsstreuung (S. 92)
$\hat{\sigma}^2$	geschätzte Populationsvarianz (S. 92)
$\hat{\sigma}_d$	geschätzte Streuung einer theoretischen Differenzenverteilung (S. 144)
$\hat{\sigma}_{MD}$	geschätzter Standardfehler des Medians (S. 92)
$\hat{\sigma}_s$	geschätzter Standardfehler der Standardabweichung (S. 92)
$\hat{\sigma}_{\bar{x}}$	geschätzter Standardfehler des arithmetischen Mittels (S. 92)
$\hat{\sigma}_{\bar{x}_d}$	Standardfehler der mittleren Differenz (S. 144)
$\hat{\sigma}_{\bar{x}_f}$	geschätzter Standardfehler des Mittelwerts für finite Grundgesamtheiten (S. 93)
$\hat{\sigma}_{\bar{x}_g}$	geschätzter Standardfehler des arithmetischen Mittels für eine geschichtete Stichprobe (S. 92)
$\hat{\sigma}_{(\bar{x}_1-\bar{x}_2)}$	geschätzter Standardfehler der Mittelwertdifferenz (S. 140)
$\hat{\sigma}_{(y\|x)}$	geschätzter Standardschätzfehler (S. 193)
$\hat{\sigma}_\%$	geschätzter Standardfehler des Prozentwertes (S. 92)
$\hat{\sigma}^2_{\bar{x}(m)}$	geschätzte Varianz für geschichtete Stichproben (S. 93)
Σ	(griech.: sigma) Summenzeichen (S. 703)
Sch	Schiefe einer Verteilung (S. 45)

T	Hotellings Spurkriterium (S. 598)
T	Rangsumme (S. 150)
T^2	Hotellings T^2-Quadrat-Test (S. 588)
$T^\star$	Prüfgröße des monotonen Trendtests (S. 283)
t_i	Länge einer Rangbindung i (S. 152)
t_n	Wert der t-Verteilung mit n Freiheitsgraden (S. 81)
τ_i	(griech.: tau) theoretischer Effekt einer Treatmentstufe a_i (S. 274)
ϑ	(griech.: theta) Ordinate (Dichte) eines z-Wertes in der Standardnormalverteilung (S. 226)

U	Prüfgröße des U-Tests von Mann-Whitney (S. 150 f.)
U_{k+1}	Nützlichkeit einer Prädiktorvariablen $k+1$ (S. 456)

V	multivariate Prüfstatistik von Bartlett (S. 594)
V	Variationskoeffizient (S. 44)

X	Zufallsvariable X (S. 62)
x_i	Realisierung (Wert) einer Zufallsvariablen X (S. 62)
$\bar{x}$	arithmetisches Mittel (S. 37)
ξ	(griech.: xi) exogene, latente Variable im LISREL-Ansatz (S. 476)
ξ_{im}	Normalrangwerte (S. 283)

$\hat{y}_m$	regressionsanalytisch vorhergesagter Wert für eine Person m (S. 184 f.)
y_m^*	Regressionsresiduum für eine Person m (S. 362)
Z	Fischers Z-Wert (transformierte Korrelation) (S. 218)
z	Wert einer Verteilung mit $\bar{x} = 0$ und $s = 1$ (S. 45)
ζ	(griech.: zeta) Residualvariable im LISREL-Ansatz (S. 476)
!	Fakultät einer Zahl (z. B. $3! = 3 \cdot 2 \cdot 1$)
∞	Symbol für einen „unendlich" großen Wert
$|\mathbf{A}|$	Determinante der Matrix **A** (S. 717)
$|x|$	Absolutbetrag des Wertes x

G. Glossar

Die Seitenzahlen verweisen auf die Stelle im Buch, an der der Begriff eingeführt wird. Begriffe, die an anderer Stelle im Glossar erläutert werden, sind kursiv gesetzt

A-posteriori-Einzelvergleiche: Der Unterschied zwischen zwei Gruppen wird im Nachhinein auf Signifikanz geprüft (Varianzanalyse). S. 272

A-priori-Einzelvergleiche: Über den Unterschied zwischen zwei Gruppen besteht bereits vor der Untersuchung eine (meist gerichtete) Hypothese. S. 272

abhängige Stichproben: Man erhält abhängige (Daten-)Stichproben durch wiederholte Untersuchung einer Vpn-Stichprobe oder durch die Untersuchung von „matched samples". S. 143

abhängige Variable: Merkmal, das in einem *(Quasi-) Experiment* erfasst wird, um zu überprüfen, wie sich systematisch variierte *unabhängige Variablen* auf die a.V. auswirken. S. 7

Ähnlichkeitsmaße: Werden im Rahmen der Clusteranalyse benötigt, um die Ähnlichkeit der zu gruppierenden Objekte zu ermitteln. S. 566

ALM (Allgemeines Lineares Modell): Verfahren, das die wichtigsten Verfahren der Elementarstatistik, *varianzanalytische* Verfahren sowie die multiple *Korrelations-* und *Regressionsrechnung* integriert. S. 483

Alpha-Fehler (α-Fehler): *Fehler erster Art* bzw. S. 110

Alpha-Fehler-Niveau (α-Fehler-Niveau): *Signifikanzniveau* bzw. S. 114

Alternativhypothese (H_1): Bei *inferenzstatistischen Tests* die mathematisch formulierte These, die überprüft werden soll. Gegenhypothese zur *A.* ist die *Nullhypothese.* Man unterscheidet *gerichtete* und *ungerichtete* sowie *spezifische* und *unspezifische A.* S. 108

arithmetisches Mittel: *Mittelwert* bzw. S. 37

AV: (siehe *abhängige Variable*)

Axiom: Definition bzw. Satz, der nicht bewiesen, sondern dessen Gültigkeit vorausgesetzt wird. S. 17

Bartlett-Test: Verfahren zur Überprüfung der Varianzhomogenitäts-Voraussetzung im Rahmen einer Varianzanalyse. Lässt ungleich große Stichproben zu. S. 285

Bayes-Statistik: Eine Variante der statistischen Entscheidungstheorie, bei der Wahrscheinlichkeiten für verschiedene Hypothesen unter der Voraussetzung eines empirisch ermittelten Untersuchungsergebnisses ermittelt werden. S. 57

bedingte Haupteffekte: Unterschiedlichkeit der Stufen des *Faktors A* unter den einzelnen Stufen des Faktors B (und umgekehrt). S. 306

Beta-Fehler (β-Fehler): *Fehler zweiter Art* bzw. S. 110

bimodale Verteilung: Verteilung mit zwei Gipfeln (und somit zwei *Modalwerten*). S. 33

Binomialverteilung: *Wahrscheinlichkeitsfunktion,* die aussagt, wie wahrscheinlich die Häufigkeiten für das Auftreten eines *Ereignisses A* bei n Wiederholungen eines *Zufallsexperiments* sind. A tritt dabei in jedem Versuch mit der Wahrscheinlichkeit p ein. Neben A gibt es nur das Gegenereignis („nicht A") mit der Auftretenswahrscheinlichkeit q = 1−p. Bsp.: Münzwurf, Stadtkind vs. Landkind. S. 65

biseriale Korrelation: *Korrelationskoeffizient* r_{bis} für ein *kardinalskaliertes* und ein künstlich *dichotomes* Merkmal. S. 226

biseriale Rangkorrelation: *Korrelationskoeffizient* für ein (echt oder künstlich) *dichotomes* und ein *rangskaliertes* Merkmal. S. 231

bivariate Normalverteilung: Werden zwei Merkmale x und y gemeinsam erhoben, verteilen sie sich bivariat normal, wenn nicht nur die Verteilung von x und y je für sich allein, sondern auch deren gemeinsame Verteilung *normal* ist; in diesem Fall ergibt die graphische Darstellung der gemeinsamen Verteilung eine (dreidimensionale) Glockenform. S. 191

bivariate Verteilung: Verteilung zweier gemeinsam erhobener Variablen; graphische Darstellung als Punktwolke oder dreidimensional. S. 184

Bonferroni-Korrektur: α-Fehler-Korrektur bei mehreren Einzelhypothesen zur Überprüfung einer Gesamthypothese. S. 129 u. S. 272

Bootstrap-Methode: Der *Monte-Carlo-Methode* ähnliche Computersimulationstechnik, mit der die Verteilung eines Stichprobenkennwertes erzeugt wird. S. 130

Box-Test: Verfahren zur Überprüfung der Homogenität einer Varianz-Kovarianz-Matrix. Wird bei multivariaten Mittelwertvergleichen benötigt. S. 619

Chi-Quadrat-Methoden (χ^2-Methoden): Signifikanztests zur Analyse von Häufigkeitsunterschieden. S. 154

Clusteranalyse: Heuristisches Verfahren zur systematischen Klassifizierung der Objekte einer gegebenen Objektmenge. S. 565

cluster sample: *Klumpenstichprobe* bzw. S. 87

Cochran-Test: Verfahren zur Überprüfung von Veränderungen eines *dichotomen Merkmals* bei *abhängigen Stichproben*. S. 161

Codierung, Arten der: z.B. Dummy-, Effekt- und Kontrastcodierung (siehe auch *Indikatorvariable*). S. 493

Dendrogramm: Eine graphische Darstellung des Ergebnisses einer hierarchischen Clusteranalyse, die über die Anzahl der bedeutsamen Cluster informiert. S. 576

deskriptive Statistik: Statistik, die die Daten eines *Kollektivs* z.B. durch Graphiken oder Kennwerte (*Mittelwert, Varianz* etc.) beschreibt. S. 15

Determinationskoeffizient: Gemeinsame Varianz zweier Variablen (r^2) siehe auch *Redundanz*. S. 209

Dichotomisierung: Merkmale sind dichotom, wenn sie nur zwei Ausprägungen haben; es gibt natürlich *d*. Daten (z.B. Geschlecht); man kann aber auch z.B. *kardinalskalierte Daten* durch Teilung am *Median* dichotomisieren. S. 226

Dichtefunktion: *Wahrscheinlichkeitsfunktion* einer *stetigen Zufallsvariablen*. S. 63

disjunkt: Zwei einander ausschließende (d.h. keine gemeinsamen *Elementarereignisse* beinhaltende) *Ereignisse* sind d. Ihr Durchschnitt (A ∩ B) ist die leere Menge. S. 52

diskret: Ein Merkmal ist *d*., wenn es nicht kontinuierliche, sondern nur bestimmte Werte annehmen kann. Bsp.: Die Anzahl der Freunde einer Person lässt sich nur in ganzen Zahlen messen. S. 62

Diskriminanzanalyse: Verfahren, das aufgrund der linearen Gewichtung eines Satzes *abhängiger Variablen* zu einer maximalen Trennung der untersuchten Gruppen führt. S. 605

Diskriminanzraum: Der Diskriminanzraum besteht aus einer bestimmten Anzahl von Diskriminanzfaktoren, deren Reihenfolge so festgelegt wird, dass die verglichenen Stichproben sukzessiv maximal getrennt werden. S. 609

Effektgröße: Größe eines Effekts bzw. einer Parameterdifferenz. Um eine *spezifische Alternativhypothese* formulieren zu können, muss man die erwartete Effektgröße im Voraus angeben. Die Festlegung einer Effektgröße ist auch notwendig, um den für die geplante Untersuchung *optimalen Stichprobenumfang* zu bestimmen bzw. die *Teststärke* eines *Signifikanztests* angeben zu können. Da sich bei großen *Stichproben* auch sehr kleine (für die Praxis unbedeutende) Effekte als statistisch signifikant erweisen können, sollte ergänzend zur statistischen Signifikanz immer auch die Effektgröße betrachtet werden. S. 120

Effizienz: Kriterium der *Parameterschätzung:* Je größer die *Varianz* der *Stichprobenkennwerteverteilung,* desto geringer ist die *E.* des Schätzwerts. S. 97

Eigenwert: Gesamtvarianz aller Variablen, die durch einen Faktor aufgeklärt wird (*Faktorenanalyse*). S. 520

Eigenwertediagramm: Graphische Darstellung der Eigenwerte einer PCA in einem Diagramm (*Faktorenanalyse*). S. 544

eindimensionaler Chi-Quadrat-Test: χ^2-Methode zur *Signifikanzprüfung* der Häufigkeiten eines k-fach gestuften Merkmals; hierbei kann getestet werden, ob die untersuchten Daten gleich verteilt sind oder ob sie einer bestimmten Verteilungsform (z.B. Normalverteilung) folgen (goodness of fit test bzw. χ^2-Anpassungstest). S. 156

einseitiger Test: Statistischer Test, der eine *gerichtete Hypothese* (im Gegensatz zu einer *ungerichteten Hypothese*) überprüft. S. 116

Einzelvergleiche: Die Einzelvergleichsverfahren dienen der Überprüfung von Unterschieden zwischen einzelnen Stufen eines Faktors im Rahmen der Varianzanalyse. Man unterscheidet

A-priori- und *A-posteriori-*Einzelvergleiche. Eine andere Bezeichnung für Einzelvergleiche sind Kontraste. S. 263

Elementarereignis: Ein einzelnes Ergebnis eines *Zufallsexperiments* (z. B. beim Würfeln eine 4 würfeln). S. 50

empirisches Relativ: Aus empirischen Objekten bestehendes *Relationensystem* (im Gegensatz zu einem *numerischen Relativ*). S. 16

Epsilon-(ε-)Korrektur: Korrektur der Freiheitsgrade im Rahmen einer Varianzanalyse mit Messwiederholungen, die erforderlich wird, wenn die Voraussetzungen dieses Verfahrens verletzt sind. S. 355

Ereignis: Mehrere *Elementarereignisse* werden zu einem E. zusammengefasst (z. B. beim Würfeln das Ereignis „alle geraden Zahlen"). S. 50

Ergebnismenge: Menge aller möglichen *Elementarereignisse* eines *Zufallsexperiments* (z. B. beim Würfeln die Elementarereignisse 1 bis 6). S. 50

Erwartungstreue: Kriterium der *Parameterschätzung*: Ein statistischer *Kennwert* schätzt einen *Populationsparameter* erwartungstreu, wenn das arithmetische Mittel der *Kennwerteverteilung* bzw. deren *Erwartungswert* dem Populationsparameter entspricht. S. 96

Erwartungswert: „Mittelwert" einer theoretischen (nicht empirischen) Verteilung einer *Zufallsvariablen*; bezeichnet durch den Buchstaben μ („mü") bzw. durch E(X). S. 64 und Anhang B

Eta (η): Korrelationskoeffizient, der die linearen und nonlinearen Zusammenhänge zwischen UV und AV erfasst (*Varianzanalyse*). S. 255

Exhaustion: Modifikation oder Erweiterung einer Theorie aufgrund von Untersuchungsergebnissen, die die ursprüngliche Form der Theorie falsifizieren. S. 12

Experiment: Untersuchung mit *randomisierten Stichproben*, um die Auswirkung der unabhängigen Variable(n) auf die abhängige(n) Variable(n) zu überprüfen. S. 8

externe Validität: Liegt vor, wenn das Ergebnis einer Untersuchung über die untersuchte *Stichprobe* und die Untersuchungsbedingungen hinaus generalisierbar ist. E.V. sinkt, je unnatürlicher die Untersuchungsbedingungen sind und je weniger repräsentativ die untersuchte Stichprobe für die *Grundgesamtheit* ist. S. 8

Exzess: Maß für die Breit- oder Schmalgipfligkeit einer Verteilung. S. 46

Faktor: Im Rahmen der Varianzanalyse ist ein Faktor eine unabhängige Variable, deren Bedeutung für eine abhängige Variable überprüft wird. S. 247

Faktoren, geschachtelte: Ein Faktor ist geschachtelt, wenn seine Stufen nur unter bestimmten Stufen eines anderen Faktors auftreten (*Varianzanalyse*). S. 388

Faktoren, orthogonale: unkorrelierte Faktoren (*Faktorenanalyse*). S. 513

Faktorenanalyse: Datenreduzierendes Verfahren zur Bestimmung der dimensionalen Struktur korrelierter Merkmale. S. 511

Faktorenanalyse, konfirmative: Verfahren, mit dem unter anderem Hypothesen über die Faktorenstruktur eines Datensatzes getestet werden können. S. 560

Faktorladung: Korrelation zwischen einer Variablen und einem Faktor (*Faktorenanalyse*). S. 519

Faktorwert: Der Faktorwert kennzeichnet die Position einer Person auf einem Faktor (*Faktorenanalyse*). S. 519

Fehler erster Art (α-Fehler): In der statistischen Entscheidungstheorie die fälschliche Entscheidung zugunsten der H_1, d. h., man nimmt an, die *Alternativhypothese* sei richtig, obwohl in Wirklichkeit die *Nullhypothese* richtig ist. S. 110

Fehlerquadratsumme: Die Fehlerquadratsumme kennzeichnet im Rahmen der *Varianzanalyse* die Unterschiedlichkeit der Messwerte innerhalb der Stichproben. Sie wird mit der Wirksamkeit von *Störvariablen* erklärt. S. 252

Fehler zweiter Art (β-Fehler): In der statistischen Entscheidungstheorie die fälschliche Entscheidung zugunsten der H_0, d. h., man nimmt an, die *Nullhypothese* sei richtig, obwohl in Wirklichkeit die *Alternativhypothese* richtig ist. S. 110

Felduntersuchung: Untersuchung, die in einem natürlichen Umfeld stattfindet. S. 7

Feste Effekte: Systematische Auswahl der Faktorstufen, über die letztlich Aussagen gemacht werden sollen (*Varianzanalyse*). S. 302

Fishers Z-Transformation: Transformation von *Korrelationen* in sog. Z-Werte (nicht verwechseln mit z-Werten der *Standardnormalverteilung!*); diese ist z. B. erforderlich, wenn Korrelationen gemittelt werden sollen. S. 218

Freiheitsgrade: Die Anzahl der bei der Berechnung eines Kennwerts frei variierbaren Werte. Bsp.:

Die Summe der Differenzen aller Werte von ihrem *Mittelwert* ergibt 0. Sind von n = 10 Werten 9 (= n–1) bereits zufällig gewählt, steht fest, wie groß die 10. Differenz sein muss. Die *Varianz* – deren Formel diese Differenzen vom Mittelwert beinhaltet – hat daher n − 1 Freiheitsgrade. Anwendung bei der Bestimmung der für verschiedene statistische Tests adäquaten Prüfverteilung. S. 138

F-Test: Statistischer *Signifikanztest*, der zwei *Stichprobenvarianzen* miteinander vergleicht. S. 148

F_{max}-Test: Verfahren zur Überprüfung der Varianzhomogenitäts-Voraussetzung im Rahmen der Varianzanalyse. Lässt nur gleich große Stichprobenumfänge zu. S. 286

Fusionskriterien: Kriterien, nach denen entschieden wird, welche Objekte oder Cluster zu einem neuen Cluster zusammengefasst werden (z. B. single linkage, complete linkage oder average linkage) (*Clusteranalyse*). S. 572

gerichtete Alternativhypothese: Annahme, die nicht einen irgendwie gearteten Unterschied oder Zusammenhang behauptet, sondern die eine bestimmte Richtung vorgibt. Bsp.: Männer sind im Durchschnitt größer als Frauen (im Gegensatz zur ungerichteten H.: Männer und Frauen sind im Durchschnitt unterschiedlich groß). S. 108

geschichtete Stichprobe (stratifizierte S.): Stichprobe, in der sich ausgewählte Merkmale (Alter, Geschlecht, Einkommen etc.) nach bestimmten Vorgaben verteilen; bei einer proportional geschichteten Stichprobe entspricht die prozentuale Verteilung der Schichtungsmerkmale in der Stichprobe der prozentualen Verteilung in der *Grundgesamtheit*. S. 88

Gewichtetes arithmetisches Mittel (GAM): *Mittelwert* der Mittelwerte mehrerer unterschiedlich großer Kollektive oder Stichproben; die einzelnen Mittelwerte werden mit ihrer Kollektiv- bzw. Stichprobengröße gewichtet. S. 39

goodness of fit test: *Eindimensionaler χ^2-Test* bzw. S. 164

Grenzwerttheorem: *Zentrales Grenzwerttheorem* bzw. S. 93

Griechisch-lateinische Quadrate: Erweiterung eines *Lateinischen Quadrats* um einen Faktor (*Varianzanalyse*). S. 400

Grundgesamtheit (Population): Alle potentiell untersuchbaren Objekte, die ein gemeinsames Merkmal aufweisen. Bsp.: Bewohner einer Stadt, Frauen, dreisilbige Substantive. S. 86

Haupteffekt: In Abgrenzung zu einem *Interaktionseffekt* in der mehrfaktoriellen *Varianzanalyse* kennzeichnet ein H. die Wirkungsweise eines bestimmten *Faktors* bzw. einer bestimmten *unabhängigen Variablen*. S. 293

Hauptkomponentenanalyse: Wichtigstes Verfahren zur Extraktion von Faktoren. Faktoren einer Hauptkomponentenanalyse sind voneinander unabhängig und erklären sukzessiv maximale Varianzanteile (*Faktorenanalyse*). S. 516

Helmert-Kontraste: Regeln zur Erzeugung eines vollständigen Satzes orthogonaler *Einzelvergleiche* (*Varianzanalyse*). S. 267

Hierarchische Pläne: Versuchspläne, bei denen durch Schachtelung je eines Faktors unter den vorherigen eine Hierarchie der Faktoren entsteht (*Varianzanalyse*). S. 388

Histogramm: Trägt man in einer Graphik die empirische Häufigkeitsverteilung einer *diskreten Variablen* in Form von Balken ab, erhält man ein H. Die Gesamtfläche des H. repräsentiert die Kollektivgröße (n) (*Polygon*). S. 30

Holm-Korrektur: Eine Technik zur Korrektur des α-Fehlers-Niveaus beim *multiplen Testen*. H. ist weniger konservativ als die *Bonferroni-Korrektur*. S. 129

homomorph: Lässt sich ein *empirisches* durch ein *numerisches* Relativ so abbilden, dass eine bestimmte Relation im empirischen Relativ der Relation im numerischen Relativ entspricht, bezeichnet man diese Abbildung als *h*. Bsp.: empirisches Relativ: Mathekenntnisse der Schüler einer Klasse; numerisches Relativ: Mathenoten. Bilden die Mathenoten die Kenntnisse der Schüler „wirklichkeitsgetreu" ab, ist diese Abbildung *h*. S. 17

Homoskedastizität: Liegt vor, wenn bei einer *bivariaten Verteilung* zweier Variablen x und y die zu jedem beliebigen Wert x_i gehörenden y-Werte gleich *streuen*. Bsp.: Erhebt man Körpergröße (x) und Schuhgröße (y), sollten die Schuhgrößen von Menschen, die 180 cm groß sind, die gleiche Varianz aufweisen wie die Schuhgrößen von Menschen, die 170 cm groß sind. S. 192

Hotellings T^2-Test: Verfahrensgruppe zur Überprüfung multivariater Unterschiedshypothesen,

d. h. Unterschiedshypothesen auf der Basis mehrerer abhängiger Variablen. S. 586

Indifferenzbereich: Sind α- und β-*Fehler-Niveau* vorgegeben, können sich bei zu kleinen Stichproben statistische Testwerte ergeben, bei denen weder die H_0 noch die H_1 abgelehnt werden können. Bei zu großen Stichproben hingegen können sich Testwerte ergeben, bei denen sowohl die H_0 als auch die H_1 abgelehnt werden müssen. In beiden Fällen kann keine Entscheidung bezüglich der geprüften Hypothese getroffen werden. Die Testwertbereiche, in denen diese beiden Effekte auftreten, bezeichnet man als *I*. Man vermeidet *I* durch den Einsatz *optimaler Stichprobenumfänge*. S. 122

Indikatorvariable: Variable, die alle Informationen eines nominalskalierten Merkmals in codierter Form enthält (*ALM*). S. 483

Inferenzstatistik (schließende Statistik): Statistik, die auf der Basis von Stichprobenergebnissen induktiv allgemeingültige Aussagen formuliert. Zur *I*. zählen die Schätzung von *Populationsparametern* (Schließen) und die Überprüfung von Hypothesen (Testen). S. 15

Interaktion: Effekt der Kombination mehrerer Faktoren. Man unterscheidet zwischen ordinaler, hybrider und disordinaler Interaktion (*Varianzanalyse*). S. 294

interne Validität: Liegt vor, wenn das Ergebnis einer Untersuchung eindeutig interpretierbar ist. Die *i.V.* sinkt mit der Anzahl plausibler Alternativerklärungen für das Ergebnis. S. 8

Intervallschätzung: *Konfidenzintervall*

Intervallskala: Ordnet den Objekten eines *empirischen Relativs* Zahlen zu, die so geartet sind, dass die Rangordnung der Zahlendifferenzen zwischen je zwei Objekten der Rangordnung der Merkmalsunterschiede zwischen je zwei Objekten entspricht. Eine *I*. erlaubt Aussagen über Gleichheit (Äquivalenzrelation), Rangfolge (Ordnungsrelation) und Größe des Unterschieds der Merkmalsausprägung von Objekten. Eine *I*. hat keinen empirisch begründbaren Nullpunkt. Bsp.: Temperaturskalen; mit Fahrenheit- und Celsiusskala lassen sich die gleichen Aussagen machen; ihr Nullpunkt ist verschieden. *I*. und *Verhältnisskalen* bezeichnet man zusammenfassend als *Kardinalskalen*. S. 19

Ipsative Daten: Mehrere Messungen eines Individuums, von denen der individuelle Mittelwert abgezogen wurde. Dadurch sind die ipsativen Daten mehrerer Individuen bezüglich ihres Niveaus vergleichbar. S. 335

Irrtumswahrscheinlichkeit: Wahrscheinlichkeit, bei einer statistischen Entscheidung einen *Fehler erster Art* (α-Fehler) zu begehen. Die *I*. bezeichnet die Wahrscheinlichkeit, dass das gefundene Ergebnis oder extremere Ergebnisse bei Gültigkeit von H_0 eintreten (*Signifikanzniveau*). S. 112

k*l-Chi-Quadrat-Test (k*l-χ^2-Test): Verfahren, mit dem die *Nullhypothese* überprüft werden kann, nach der ein k-fach und ein l-fach gestuftes Merkmal voneinander unabhängig sind. S. 172

Kaiser-Guttman-Kriterium: Nur *Faktoren* mit einem *Eigenwert* größer 1 sind als bedeutsam einzustufen. Überschätzt in der Regel die Anzahl bedeutsamer Faktoren (*Faktorenanalyse*). S. 544

Kappa-Maß: Verfahren, mit dem man die Übereinstimmung von 2 Klassifikationen derselben Objekte erfassen und überprüfen kann. S. 581

Kardinalskala: Zusammenfassender Begriff für *Intervall-* und *Verhältnisskalen*. S. 22

Kennwert: *Stichprobenkennwert*

Klassifikation: Mit Klassifikationsverfahren kann man überprüfen, zu welcher von k Gruppen ein Individuum aufgrund eines individuellen Merkmalsprofils am besten passt (*Diskriminanzanalyse*). S. 617

Klumpenstichprobe (cluster sample): Als Klumpen (Cluster) bezeichnet man eine wohl definierte Teilgruppe einer Population (z.B. die Schüler einer Schulklasse, die Patienten eines Krankenhauses etc.). Eine Klumpenstichprobe besteht aus allen Individuen, die sich in einer Zufallsauswahl von Klumpen befinden. Bsp.: Alle Alkoholiker aus zufällig ausgewählten Kliniken. S. 87

k-means-Methode: Ein wichtiges Verfahren der nicht-hierarchischen Clusteranalyse. S. 578

Kollektiv: Gesamtmenge einer empirisch untersuchten, durch *deskriptive Statistik* zu beschreibende (Personen-)Gruppe (*Stichproben*). S. 15

Kommunalität: Ausmaß, in dem die *Varianz* einer Variablen durch die Faktoren aufgeklärt wird (*Faktorenanalyse*). S. 520

Konfidenzintervall: Derjenige Bereich eines Merkmals, in dem sich 95% bzw. 99% aller möglichen *Populationsparameter* befinden, die den empirisch ermittelten *Stichprobenkennwert* erzeugt haben können. M.a.W., der in der Stichprobe ermittelte *Mittelwert* gehört mit 95%- bzw. 99%iger Wahrscheinlichkeit zu einer *Population*, deren Parameter μ sich im berechneten Intervall befindet. S. 101

Konfigurationsfrequenzanalyse (KFA): Verallgemeinerung der *Kontingenztafelanalyse* auf eine mehrdimensionale „Tafel", mit der die Häufigkeiten mehrerer *nominalskalierter Merkmale* mit mehreren Stufen verglichen werden können. Geprüft wird die stochastische *Unabhängigkeit* der Merkmale voneinander. S. 175

Konservative Entscheidung: Man spricht von einer konservativen Entscheidung, wenn ein statistischer Test aufgrund von Voraussetzungsverletzungen eher zugunsten von H_0 entscheidet. S. 129

Konsistenz: Kriterium der *Parameterschätzung*: Ein Schätzwert ist konsistent, wenn er sich mit wachsendem Stichprobenumfang (n) dem zu schätzenden Parameter nähert. S. 97

Kontingenzkoeffizient: Maß zur Charakterisierung des Zusammenhangs zweier *nominalskalierter Merkmale*. S. 234

Kontingenztafel: Tabellarische Darstellung der gemeinsamen Häufigkeitsverteilung eines k-fach und eines l-fach gestuften Merkmals. S. 168

Kontrollvariable (Moderatorvariable): Merkmal, das bei einem *(Quasi-)Experiment* weder *abhängige* noch *unabhängige Variable* ist, sondern nur miterhoben wird, um im Nachhinein prüfen zu können, ob es einen Einfluss auf das Untersuchungsergebnis hatte. S. 7

Korrelation, kanonische: Die kanonische Korrelation erfasst den Zusammenhang zwischen mehreren *Prädiktorvariablen* und mehreren *Kriteriumsvariablen*. S. 627

Korrelation, multiple: Bestimmt den Zusammenhang zwischen mehreren Prädiktorvariablen und einer Kriteriumsvariablen. S. 448

Korrelationskoeffizient: Zusammenhangsmaß, das unabhängig vom Maßstab der in Zusammenhang zu bringenden Variablen x und y i.d.R. einen Wert zwischen –1 und 1 annimmt. Ein positiver *K*. besagt, dass hohe x-Werte häufig mit hohen y-Werten auftreten. Ein negativer *K*. besagt, dass hohe x-Werte häufig mit niedrigen y-Werten auftreten. S. 205

Kovarianz: *Mittelwert* aller Produkte von korrespondierenden Abweichungen zweier gemeinsam erhobener Variablen; m.a.W., die *K*. ist ein Maß für den Grad des Miteinander-Variierens zweier Messwertreihen x und y. Eine positive *K*. besteht, wenn viele Versuchspersonen bei einem hohen x-Wert auch einen hohen y-Wert haben; eine negative *K*. besteht, wenn viele Versuchspersonen bei einem hohen x-Wert einen niedrigen y-Wert haben. Die *K. z-transformierter Variablen* entspricht der Produkt-Moment-Korrelation. S. 188

Kovarianzanalyse: Verfahren zur Überprüfung der Bedeutsamkeit einer Kontrollvariablen für eine Untersuchung. Der Einfluss dieser Variablen wird „neutralisiert" (*Varianzanalyse*). S. 361

Kreuzvalidierung: Verfahren, bei dem zwei *Regressionsgleichungen* aufgrund von zwei Teilstichproben bestimmt werden, deren Vorhersagekraft in Bezug auf die Kriteriumswerte der anderen Stichprobe geprüft wird. S. 454

Kriteriumsrotation: Eine Rotationstechnik, mit der eine empirische Faktorenstruktur einer vorgegebenen Kriteriumsstruktur maximal angenähert wird (*Faktorenanalyse*). S. 553

Kriteriumsvariable: Variable, die mittels einer oder mehrerer *Prädiktorvariablen* und einer *Regressionsgleichung* vorhergesagt werden kann. S. 182

kumulierte Häufigkeitsverteilung: Sukzessiv summierte Häufigkeiten von geordneten Kategorien einer empirischen Verteilung. Die Häufigkeit einer Kategorie bezieht sich also auf die Kategorie selbst und alle vor ihr liegenden Kategorien. Der Wert der letzten Kategorie ist n, da hier alle Häufigkeiten aufaddiert sein müssen. S. 29

Lateinisches Quadrat: Besondere Variante unvollständiger Versuchspläne mit drei Faktoren, die alle dieselbe Stufenzahl aufweisen (*Varianzanalyse*). S. 396

Latente Variable: Nicht direkt beobachtbare Variable. S. 476

Lineare Regression: Regressionsgleichung bzw. S. 181

Lineare Strukturgleichungsmodelle: Mit linearen Strukturgleichungsmodellen werden anhand empirischer Daten a priori formulierte „Kausalhypothesen" zur Erklärung von Merkmalszusammenhängen geprüft. S. 471

LISREL (linear structural relationships): Computerprogramm von Jöreskog und Sörbom (1989) zur Überprüfung *linearer Strukturgleichungsmodelle*. S. 471

Logistische Regression: Variante der Regressionsrechnung mit einer nominalen (2- oder k-fach gestuften) Kriteriumsvariablen. S. 463

Mann-Whitney-U-Test: Verteilungsfreier Signifikanztest für den Vergleich zweier *unabhängiger Stichproben* auf der Basis *rangskalierter Daten*. S. 150

„matched samples": Strategie zur Erhöhung der *internen Validität* bei *quasiexperimentellen Untersuchungen* mit kleinen Gruppen. Zur Erstellung von matched samples wird die Gesamtmenge der Untersuchungsobjekte in (hinsichtlich der relevanten Hintergrund- bzw. Störvariablen) möglichst ähnliche Paare gruppiert. Die beiden Untersuchungsgruppen werden anschließend so zusammengestellt, dass jeweils ein Paarling zufällig der einen Gruppe, der andere Paarling der anderen Gruppe zugeordnet wird. Man beachte, dass matched samples *abhängige Stichproben* sind, die entsprechend auch mit Signifikanztests für abhängige Stichproben (z. B. *t-Test für abhängige Stichproben*) auszuwerten sind (vgl. *Parallelisierung*). S. 143

Maximum-likelihood-Methode: Methode, nach der Populationsparameter so geschätzt werden, dass die „Wahrscheinlichkeit" (Likelihood) des Auftretens der beobachteten Daten maximiert wird. S. 99

McNemar-χ^2-Test (test for significance of change): χ^2-Methode zur Signifikanzprüfung der Häufigkeiten eines *dichotomen Merkmals*, das bei derselben *Stichprobe* zu zwei Zeitpunkten erhoben wurde (*Messwiederholung*, vorher – nachher). Es handelt sich somit um einen Test für abhängige Stichproben. S. 159

Median: Derjenige Wert einer Verteilung, der die Gesamtzahl der Fälle halbiert, sodass 50% aller Werte unter dem *M.*, 50% aller Fälle über ihm liegen. S. 35

Messwiederholung: An einer *Stichprobe* wird dasselbe Merkmal bei jeder Versuchsperson mehrmals gemessen (z. B. zu zwei Zeitpunkten, vorher – nachher); solche (Daten-)Stichproben bezeichnet man als abhängig. S. 143

Methode der kleinsten Quadrate: Methode zur Schätzung unbekannter Parameter. Hierbei wird die Summe der quadrierten Abweichungen der beobachteten Messungen vom gesuchten Schätzwert minimiert. Methode, die z. B. in der Regressionsrechnung angewendet wird. S. 98

Mittelwert (arithmetisches Mittel): Derjenige Wert, der sich ergibt, wenn die Summe aller Werte einer Verteilung durch die Gesamtzahl der Werte (n) geteilt wird. S. 36

Modalwert: Derjenige Wert einer Verteilung, der am häufigsten vorkommt. In einer graphischen Darstellung der Verteilung deren Maximum. Eine Verteilung kann mehrere Modalwerte (und somit Maxima) besitzen (*bimodale Verteilung*). S. 35

Moderatorvariable: *Kontrollvariable* bzw. S. 222

Monte-Carlo-Methode: Mittels Computer werden aus einer festgelegten Population viele Stichproben gezogen (Computersimulation), um anhand dieser Simulation zu erfahren, wie sich statistische *Kennwerte* (z. B. *Mittelwerte*) verteilen oder wie sich Verletzungen von Testvoraussetzungen auf die Ergebnisse des Tests auswirken. S. 130

Multikollinearität: Unter Multikollinearität versteht man die wechselseitige Abhängigkeit von Variablen im Kontext multivariater Verfahren. S. 452

Multiples Testen: Simultane Durchführung mehrerer *Signifikanztests* zur Überprüfung einer globalen Hypothese. *M. T.* macht eine α-Fehler-Adjustierung erforderlich (*Bonferroni-* oder *Holm-Korrektur*). S. 129

Multivariate Methoden: Mit multivariaten Methoden werden Hypothesen geprüft, die sich auf das Zusammenwirken vieler *abhängiger* und *unabhängiger* Variablen beziehen. S. 439

Nichtorthogonale Varianzanalysen: *Varianzanalysen* mit ungleichen Stichprobenumfängen. S. 496

Nominalskala: Ordnet den Objekten eines *empirischen Relativs* Zahlen zu, die so geartet sind, dass Objekte mit gleicher Merkmalsausprägung gleiche Zahlen, Objekte mit verschiedener Merkmalsausprägung verschiedene Zahlen erhalten. Eine *N.* erlaubt nur Aussagen über Gleichheit von Objekten (Äquivalenzrelation), nicht aber über deren Rangfolge. Bsp.: Zuweisung des Wertes 0 für männliche, 1 für weibliche Versuchspersonen. S. 18

Normalverteilung: Wichtigste Verteilung der Statistik; festgelegt durch die Parameter μ (Erwartungswert) und σ (Streuung); glockenförmig, symmetrisch, zwischen den beiden Wendepunkten ($\mu \pm 1\sigma$) liegen ca. 68% der gesamten Verteilungsfläche (*Standardnormalverteilung*). S. 73

Nullhypothese (H_0): Bei inferenzstatistischen Tests eine mathematisch formulierte These, die besagt, dass der von der *Alternativhypothese* behauptete Unterschied bzw. Zusammenhang nicht besteht. Die N. ist eine Negativhypothese, d. h., sie besagt immer genau das Gegenteil der Alternativhypothese. S. 109

numerisches Relativ: Aus Zahlen bestehendes *Relationensystem* (z. B. Menge der reellen Zahlen); mit einem n. R. lässt sich ein empirisches R. *homomorph* abbilden. S. 16

oblique Rotation: Faktorenrotation, die zu schiefwinkligen bzw. korrelierten Faktoren führt (*Faktorenanalyse*). S. 547

Omega² (ω^2): Koeffizient, der die gemeinsame *Varianz* zwischen *UV* und *AV* in der Population schätzt (*Varianzanalyse*). S. 281

Operationalisierung: Umsetzung einer eher abstrakten Variable bzw. eines theoretischen Konstruktes in ein konkret messbares Merkmal; Bsp.: O. der Variable „mathematische Begabung" durch die Variable „Mathematiknote". Wichtig ist, dass die operationalisierte Variable die abstrakte Variable tatsächlich widerspiegelt. S. 9

Optimaler Stichprobenumfang: Stichprobenumfänge sind optimal, wenn sie bei gegebenem *Signifikanzniveau*, einer gegebenen *Teststärke* und einer festgelegten *Effektgröße* eine eindeutige Entscheidung über die Gültigkeit von H_0 oder H_1 sicherstellen (s. auch *Indifferenzbereich*). S. 125

Ordinalskala: Ordnet den Objekten eines *empirischen Relativs* Zahlen zu, die so geartet sind, dass von jeweils zwei Objekten das Objekt mit der größeren Merkmalsausprägung die größere Zahl erhält. Eine O. erlaubt Aussagen über die Gleichheit (Äquivalenzrelation) und die Rangfolge (Ordnungsrelation) von Objekten. Sie sagt aus, ob ein Objekt eine größere Merkmalsausprägung besitzt als ein anderes, nicht aber, um wie viel größer diese Ausprägung ist. Bsp.: Rangfolge für die Schönheit dreier Bilder: 1 = am schönsten; 3 = am wenigsten schön. Bild 2 muss nicht „mittelschön" sein, sondern kann fast so schön sein wie Bild 1. S. 19

Parallelanalyse: Verfahren zur Bestimmung der Anzahl bedeutsamer Faktoren im Rahmen einer Faktorenanalyse, die auf dem Vergleich empirisch ermittelter Eigenwerte mit Eigenwerten für Zufallskorrelationen basiert (*Faktorenanalyse*). S. 545

Parallelisierung: Zusammenstellen von möglichst vergleichbaren Untersuchungsgruppen (z. B. Behandlungsgruppe und Kontrollgruppe), indem man hinsichtlich wichtiger Hintergrund- bzw. *Störvariablen* (z. B. Alter oder Bildungsstand) in den Stichproben für annähernd gleiche Verteilungen bzw. Kennwerte sorgt (z. B. gleicher Altersdurchschnitt oder gleicher Anteil von Abiturienten). Parallelisierung ist eine Maßnahme zur Erhöhung der *internen Validität* von *quasiexperimentellen Untersuchungen* und stellt einen (schlechteren) Ersatz der in *experimentellen Untersuchungen* durchgeführten Randomisierung dar. Bei kleinen Gruppen arbeitet man statt mit Parallelisierung mit *matched samples*. S. 9

Parameter: *Kennwerte* einer theoretischen Verteilung oder *Grundgesamtheit* (im Gegensatz zu Stichprobenkennwerten) wie z. B. *Erwartungswert, Streuung* etc. Bezeichnung durch griechische Buchstaben oder Großbuchstaben. S. 85

Partialkorrelation: Gibt den Zusammenhang zweier Variablen an, aus dem der lineare Einfluss einer dritten Variable eliminiert wurde. Sie stellt eine bivariate Korrelation zwischen den Regressionsresiduen der beiden Variablen dar. S. 443

PCA: Principal Components Analysis (s. *Hauptkomponentenanalyse*). S. 516

Permutation: Werden in einem *Zufallsexperiment* (z. B. Urne, Kartenspiel) alle Objekte gezogen und nicht zurückgelegt, bezeichnet man die bei einer Durchführung dieses Experiments aufgetretene Reihenfolge der Objekte als eine *P.* Bei n Objekten gibt es n! P. S. 60

Perzentil: Das x-te *P.* ist diejenige Merkmalsausprägung, die die unteren x% einer Verteilung abschneidet. In einer Graphik werden die unteren x% (in der Graphik links) der Verteilungsfläche abgeschnitten. S. 40

Pfaddiagramm: Graphische Veranschaulichung eines Kausalmodells. S. 474

Phi-Koeffizient (Φ-Koeffizient): Korrelationskoeffizient für zwei natürlich *dichotome Merkmale*; diese werden im Allgemeinen in einer *Vier-Felder-Tafel* dargestellt. S. 227

Polygon: Graphik zur Veranschaulichung einer empirischen Häufigkeitsverteilung einer *stetigen Variablen*. Auf den Kategorienmitten werden Lote errechnet, deren Länge jeweils der Kategorienhäufigkeit (absolut oder prozentual) entspricht. Verbindet man die Endpunkte der Lote, erhält man das Polygon. Die Fläche unter dem Polygonzug repräsentiert die Kollektivgröße n bzw. 100% (*Histogramm*). S. 30

Population: *Grundgesamtheit* bzw. S. 86

power: *Teststärke* bzw. S. 123

Prädiktorvariable: Variable, mittels derer unter Verwendung der *Regressionsgleichung* eine Vorhersage über eine andere Variable (*Kriteriumsvariable*) gemacht werden kann. S. 182

Probabilistische Stichproben: Stichprobentechniken, bei denen die Auswahl der Untersuchungsobjekte vom Zufall bestimmt ist. Zu den *P. S.* gehören die einfache Zufallsstichprobe, die geschichtete Stichprobe, die mehrstufige Stichprobe und die Klumpenstichprobe. S. 88

Progressive Entscheidung: Man spricht von einer progressiven Entscheidung, wenn ein statistischer Signifikanztest aufgrund von Voraussetzungsverletzungen eher zugunsten von H_1 entscheidet. S. 131

Prozentränge: In Prozentwerte umgerechnete *kumulierte Häufigkeiten*. S. 29

Punktbiseriale Korrelation: Verfahren zur Berechnung eines *Korrelationskoeffizienten* r_{pbis} für ein *kardinalskaliertes* und ein natürlich *dichotomes* Merkmal. S. 224

Punktschätzung: Schätzung eines *Parameters* über einen einzelnen Wert (im Unterschied zur *Intervallschätzung*). S. 110

Quadratsumme: Summe der quadrierten Abweichungen aller Messwerte einer Verteilung vom *Mittelwert*. Bestandteil der *Varianzformel*; außerdem wichtig in der *Varianzanalyse*. S. 42

Quasiexperiment: Untersuchung, bei der auf *Randomisierung* verzichtet werden muss, weil natürliche bzw. bereits bestehende Gruppen untersucht werden; Bsp.: Raucher vs. Nichtraucher, männliche vs. weibliche Vpn (man kann nicht per Zufall entscheiden, welcher Gruppe eine Vp angehören soll). S. 8

Quasi-F-Brüche: Nach dem theoretischen Erwartungsmodell gebildete F-Brüche, um nicht direkt zu testende Effekte approximativ zu testen (*Varianzanalyse*). S. 314

Rand-Index: Ein Index zur Evaluation clusteranalytischer Lösungen mit ungleicher Clusteranzahl. S. 582

Randomisierung: Zufällige Zuordnung der Versuchsteilnehmer bzw. -objekte zu den Versuchsbedingungen. S. 8

range: *Variationsbreite* bzw. S. 40

Rangkorrelation nach Spearman: Verfahren zur Berechnung eines *Korrelationskoeffizienten* für zwei *rangskalierte Merkmale*. S. 232

Redundanz: In der Korrelationsrechnung der prozentuale Anteil der Varianz der y-Werte, der aufgrund der x-Werte erklärbar bzw. redundant ist. Berechnung über $r^2 \cdot 100$ (*Determinationskoeffizient*). S. 209

Regression, multiple: Vorhersage einer Kriteriumsvariablen mittels eines linearen Gleichungsmodells aufgrund mehrerer Prädiktorvariablen. S. 448

Regressionsgleichung: (Meist lineare) Gleichung, die die Beziehung zwischen zwei Merkmalen x und y charakterisiert. Mit Hilfe der *R.* kann ein Vorhersagewert für y (*Kriteriumsvariable*) geschätzt werden, wenn x (*Prädiktorvariable*) bekannt ist. Die *R.* wird so ermittelt, dass sie die Summe der quadrierten Vorhersagefehler minimiert. S. 185

Regressionsresiduum: Kennzeichnet die Abweichung eines empirischen Werts von seinem durch die *Regressionsgleichung* vorhergesagten Wert. Das *R.* enthält Anteile der *Kriteriumsvariablen* y, die durch die *Prädiktorvariable* x nicht erfasst werden. S. 207

Rekursive Systeme: Systeme, in denen nur einseitig gerichtete kausale Wirkungen angenommen und in denen die Variablen bezüglich ihrer kausalen Priorität hierarchisch angeordnet werden (*lineare Strukturgleichungsmodelle*). S. 475

Relationensystem (Relativ): Menge von Objekten und einer oder mehrerer Relationen (z. B. Gleichheitsrelation, die besagt, dass zwei Objekte gleich sind; Ordnungsrelation, die besagt, dass

sich Objekte in eine Rangreihe bringen lassen) (*empirisches* bzw. *numerisches Relativ*). S. 16
Relativ: *Relationensystem* bzw. S. 16
relative Häufigkeit: Wird ein *Zufallsexperiment* n-mal wiederholt, besagt die *r. H.*, wie oft ein *Ereignis* in Relation zu n aufgetreten ist. Die *r. H.* liegt daher immer zwischen 0 und 1. *r. H.* sind Schätzwerte für Wahrscheinlichkeiten. S. 52
Residuum: (s. Regressionsresiduum)
Robuster Test: Ein statistischer Signifikanztest ist robust, wenn er trotz verletzter Voraussetzungen im Prinzip richtig über H_1 oder H_0 befindet. S. 131

Scheffé-Test: Mit diesem Test wird der gesamte, mit allen möglichen *Einzelvergleichen* verbundene Hypothesenkomplex auf dem *α-Fehler-Niveau* der *Varianzanalyse* abgesichert. S. 274
Scheinkorrelation: Man spricht von einer Scheinkorrelation zwischen zwei Merkmalen, wenn die Korrelation durch die Wirksamkeit eines oder mehrerer Drittmerkmale verursacht wurde. S. 443
Schiefe: Steigt eine Verteilung auf einer Seite steiler an als auf der anderen, wird sie als schief bezeichnet; sie ist also asymmetrisch. S. 45
Schrumpfungskorrektur: Korrektur, die erforderlich wird, wenn ein bestimmter Kennwert den wahren Wert in der Population überschätzt (z. B. bei der *multiplen Korrelation*). S. 450
Scree-Test: Identifikation der bedeutsamen Faktoren in der *Faktorenanalyse* anhand des *Eigenwertediagramms*. S. 544
Sequenzeffekte: Effekte, die bei wiederholter Untersuchung von Versuchspersonen auftreten und die Treatmenteffekte überlagern können (z. B. Lerneffekte; *Varianzanalyse*). S. 338
signifikant: *Signifikanzniveau* bzw. S. 114
Signifikanzniveau (α-Fehler-Niveau): Die *Irrtumswahrscheinlichkeit*, die ein Untersuchungsergebnis maximal aufweisen darf, damit die *Alternativhypothese* als bestätigt gelten kann. Im Allgemeinen spricht man von einem signifikanten Ergebnis, wenn die Irrtumswahrscheinlichkeit höchstens 5%, von einem sehr signifikanten Ergebnis, wenn sie höchstens 1% beträgt. S. 114
spezifische Alternativhypothese: Annahme, die nicht nur einen Unterschied oder Zusammenhang generell, sondern auch dessen Mindestgröße voraussagt. Bsp.: Männer sind im Durchschnitt mindestens 5 cm größer als Frauen (im Gegensatz zur unspezifischen *H.*: Männer sind im Durchschnitt größer als Frauen). Spezifische Hypothesen werden meistens in Verbindung mit *Effektgrößen* formuliert. S. 108
Standardabweichung (Streuung): Wurzel aus der *Varianz*; bezeichnet durch s für *Stichproben*, durch σ für theoretische Verteilungen (z. B. *Population*). S. 41
Standardfehler: *Streuung* einer *Stichprobenkennwerteverteilung*. Sie informiert darüber, wie unterschiedlich Stichprobenkennwerte (z. B. *Mittelwerte*) von Stichproben aus einer Population bei einem gegebenen Stichprobenumfang sein können. Wichtig für die *Inferenzstatistik*. S. 90
Standardnormalverteilung: *Normalverteilung* mit *Erwartungswert* (μ) 0 und *Standardabweichung* (σ) 1. Jede Normalverteilung kann durch *z-Transformation* in die *S.* überführt werden, was den Vergleich verschiedener Normalverteilungen ermöglicht. S. 75
Standardschätzfehler: Kennzeichnet die *Streuung* der y-Werte um die *Regressionsgerade* und ist damit ein Gütemaßstab für die Genauigkeit der Regressionsvorhersagen. Je kleiner der *S.*, desto genauer ist die Vorhersage. *S.* ist identisch mit der Streuung der *Regressionsresiduen*. S. 192
Stem-and-Leaf-Plot: (Stamm und Blatt) Spezielle Form eines Histogramms, dem nicht nur die Häufigkeit von Messwerten, sondern auch deren Größe entnommen werden kann. S. 33
stetig: Ein Merkmal ist *s.*, wenn es kontinuierliche Werte annehmen kann bzw. zumindest theoretisch beliebig genau gemessen werden kann. Bsp.: Größe, Gewicht etc. S. 62
Stichprobe: In der Regel zufällig ausgewählte Personengruppe, die als Grundlage für *inferenzstatistische Schlüsse* dienen soll (im Unterschied zu *Kollektiv*). S. 86
Stichprobenkennwert: Wert, der die beobachteten Werte einer Stichprobe zusammenfasst, um eine Aussage zur Verteilung der Werte zu machen. Bsp.: Mittelwert, Modalwert, Varianz. Bezeichnung i. Allg. durch Kleinbuchstaben (*Parameter*). S. 85
Stichprobenkennwerteverteilung: Verteilung der Kennwerte eines Merkmals aus mehreren Stichproben, die derselben *Grundgesamtheit* entnommen wurden. Bsp.: Verteilung der Mittel-

werte aus Untersuchungen zur Körpergröße von Zehnjährigen. S. 89

Störvariable: Merkmal, das bei einem *(Quasi-)Experiment* nicht kontrolliert oder miterhoben wird, die Werte der *abhängigen Variable* aber (potentiell) beeinflusst und somit die Interpretation der Ergebnisse erschwert. S. 252

stratifizierte Stichprobe: *Geschichtete Stichprobe* bzw. S. 88

Streuung: *Standardabweichung* bzw. S. 41

Suffizienz: Kriterium der *Parameterschätzung*. Ein Schätzwert ist suffizient oder erschöpfend, wenn er alle in den Daten einer Stichprobe enthaltenen Informationen berücksichtigt, sodass durch Berechnung eines weiteren statistischen Kennwertes keine zusätzliche Information über den zu schätzenden Parameter gewonnen werden kann. S. 98

Suppressorvariable: Variable, die den Vorhersagebeitrag einer (oder mehrerer) anderer Variablen erhöht, indem sie irrelevante Varianzen in den (der) anderen Variable(n) unterdrückt (*multiple Korrelation*). S. 457

Teststärke (power): Gegenwahrscheinlichkeit des *Fehlers zweiter Art* (β-Fehler): $1 - \beta$. Sie gibt an, mit welcher Wahrscheinlichkeit ein Signifikanztest zugunsten einer spezifischen *Alternativhypothese* entscheidet, sofern diese wahr ist, d. h. mit welcher Wahrscheinlichkeit ein Unterschied oder Zusammenhang entdeckt wird, wenn er existiert. S. 123

Tetrachorische Korrelation: Verfahren zur Berechnung eines *Korrelationskoeffizienten* r_{tet} für zwei künstlich *dichotomisierte Merkmale*; diese werden i. Allg. in einer *Vier-Felder-Tafel* dargestellt. S. 230

Treatmentquadratsumme: Die T. kennzeichnet im Rahmen der einfaktoriellen *Varianzanalyse* die Unterschiedlichkeit der Messwerte zwischen den Stichproben. Ihre Größe hängt von der Wirksamkeit der geprüften unabhängigen Variablen (Treatment) ab. S. 251

Trendhypothese, monotone: Durch eine monotone Trendhypothese wird eine Rangfolge der Treatment-Mittelwerte vorgegeben (*Varianzanalyse*). S. 282

Trendtests: Durch Trendtests wird die Treatment-Quadratsumme in orthogonale Trendkomponenten zerlegt, die auf verschiedene Trends (linear, quadratisch, kubisch usw.) in den Mittelwerten der abhängigen Variablen zurückzuführen sind (*Varianzanalyse*). S. 276

Tripleinteraktion: Interaktion 2. Ordnung A×B×C (*Varianzanalyse*). S. 320

t-Test für abhängige Stichproben: Statistischer Signifikanztest, der zwei Gruppen, die nicht unabhängig voneinander ausgewählt wurden (*parallelisierte Stichproben* oder *Messwiederholung*) auf einen Unterschied bezüglich ihrer *Mittelwerte* eines *intervallskalierten Merkmals* untersucht. S. 143

t-Test für unabhängige Stichproben: Statistischer Signifikanztest, der zwei Gruppen, die unabhängig voneinander ausgewählt wurden, auf einen Unterschied bezüglich ihrer *Mittelwerte* eines *intervallskalierten Merkmals* untersucht. S. 140

U-Test: *Mann-Whitney-U-Test* bzw. S. 150

unabhängige Variable: Merkmal, das in einem *(Quasi-)Experiment* systematisch variiert wird, um seine Auswirkung auf die *abhängige Variable* zu untersuchen. S. 6 f.

Unabhängigkeit: Zwei *Ereignisse* sind voneinander unabhängig, wenn das Auftreten des einen Ereignisses nicht davon beeinflusst wird, ob das andere eintritt oder nicht. Mathematisch drückt sich dies darin aus, dass die Wahrscheinlichkeit für das gemeinsame Auftreten beider Ereignisse dem Produkt der Einzelwahrscheinlichkeiten der beiden Ereignisse entspricht. S. 56

ungerichtete Alternativhypothese: Annahme, die einen Unterschied oder Zusammenhang voraussagt, ohne deren Richtung zu spezifizieren. Bsp.: Männer und Frauen sind im Durchschnitt unterschiedlich groß (im Gegensatz zur gerichteten H_1: Männer sind im Durchschnitt größer als Frauen). S. 108

unimodale Verteilung: Verteilung mit nur einem Gipfel (und somit nur einem *Modalwert*). S. 33

unspezifische Alternativhypothese: Annahme, die einen Unterschied oder Zusammenhang voraussagt, ohne deren Größe zu spezifizieren. S. 108

Unterschiedshypothese: Annahme, die besagt, dass sich zwei oder mehr zu untersuchende Gruppen bezüglich eines Merkmals unterscheiden. Überprüfung durch *t-Test* oder *Varianzanalyse*. S. 135

UV: s. *unabhängige Variable*

Varianz: Summe der quadrierten Abweichungen aller Messwerte einer Verteilung vom *Mittelwert*, dividiert durch die Anzahl aller Messwerte (n). Maß für die Unterschiedlichkeit der einzelnen Werte einer Verteilung. S. 41

Varianzanalyse: Allgemeine Bezeichnung für eine Verfahrensklasse zur Überprüfung von Unterschiedshypothesen. Man unterscheidet ein- und mehrfaktorielle Varianzanalysen, uni- und multivariate Varianzanalysen, hierarchische und nichthierarchische Varianzanalysen sowie Kovarianzanalysen. S. 247

Variationsbreite („range"): Gibt an, in welchem Bereich sich die Messwerte eines *Kollektivs* bzw. einer *Stichprobe* befinden; ergibt sich als Differenz des größten und kleinsten Werts der Verteilung. S. 40

Varimax-Kriterium: Rotationskriterium, das die *Varianz* der quadrierten *Ladungen* pro *Faktor* maximiert (*Faktorenanalyse*). S. 548

Verhältnisskala: Ordnet den Objekten eines *empirischen Relativs* Zahlen zu, die so geartet sind, dass das Verhältnis zwischen je zwei Zahlen dem Verhältnis der Merkmalsausprägungen der jeweiligen Objekte entspricht. Eine V. erlaubt Aussagen über Gleichheit (Äquivalenzrelation), Rangfolge (Ordnungsrelation) und Größe des Unterschieds der Merkmalsausprägung von Objekten. Eine V. hat außerdem einen empirisch begründbaren Nullpunkt. Bsp.: Längenskalen (*Nominal-, Ordinal-, Intervall-, Kardinalskala*). S. 21

Versuchsleitereffekt: (Unbewusste) Beeinflussung des Untersuchungsergebnisses durch das Verhalten oder die Erwartungen des Versuchsleiters. S. 10

Versuchspläne, hierarchische: s. hierarchische Pläne.

verteilungsfreie Verfahren: Statistische Tests, die keine besondere Verteilungsform der Grundgesamtheit (insbesondere *Normalverteilung*) voraussetzen. Sie sind vor allem für die inferenzstatistische Auswertung kleiner Stichproben geeignet; auch nonparametrische Tests genannt. S. 131

Verteilungsfunktion: Kumulation der *Wahrscheinlichkeitsfunktion* einer *Zufallsvariablen*. Die Werte dieser Funktion benennen keine Einzelwahrscheinlichkeiten, sondern die Wahrscheinlichkeit des Wertes selbst sowie aller kleineren Werte. Die V. berechnet sich bei stetigen Zufallsvariablen durch das Integral der *Dichtefunktion*. S. 64

Vier-Felder-Tafel: Tabellarische Darstellung der gemeinsamen Häufigkeitsverteilung von 2 dichotomen Merkmalen. S. 168

Wahrscheinlichkeitsdichte: *Dichtefunktion*

Wahrscheinlichkeitsfunktion: Funktion, die bei *diskreten Zufallsvariablen* angibt, mit welcher Wahrscheinlichkeit jedes Ereignis bei einem *Zufallsexperiment* auftritt. Bei stetigen Variablen bezeichnet man die W. als *Dichtefunktion*. S. 62

Ward-Methode: Hierarchisches Verfahren, das zur Clusteranalyse gehört. S. 575

Wilcoxon-Test: Verteilungsfreier Signifikanztest, der zwei Gruppen, die nicht unabhängig voneinander ausgewählt wurden (*parallelisierte Stichproben* oder *Messwiederholung*), auf einen Unterschied bezüglich ihrer *zentralen Tendenz* eines *ordinalskalierten Merkmals* untersucht. S. 153

z-Transformation: Ein Wert einer beliebigen Verteilung wird durch Subtraktion des *Mittelwerts* und anschließende Division durch die *Standardabweichung* der Verteilung in einen z-Wert transformiert. Eine z-transformierte Verteilung hat einen Mittelwert von 0 und eine Standardabweichung von 1. Beliebige Normalverteilungen werden durch die z-Transformation in die Standardnormalverteilung überführt. S. 45

zentrale Tendenz: Charakterisiert die „Mitte" bzw. das „Zentrum" einer Verteilung. Bei intervallskalierten Daten wird die z. T. durch das *arithmetische Mittel*, bei ordinalen Daten durch den *Median* und bei nominalen Daten durch den *Modalwert* beschrieben. S. 35

Zentrales Grenzwerttheorem: Besagt, dass die Verteilung von *Mittelwerten* gleich großer *Stichproben* aus derselben Grundgesamtheit bei wachsendem Stichprobenumfang (n) in eine *Normalverteilung* übergeht. Dies gilt, unabhängig von der Verteilungsform der Messwerte in der Grundgesamtheit, für Stichproben mit n>30. S. 93

zufällige Effekte: Ein Faktor überprüft zufällige Effekte, wenn die Auswahl der Effekte zufällig aus einer Population erfolgte. Bsp.: Lehrer, Therapeuten oder Versuchsleiter als Stufen eines

Faktors. Bei mehrfaktoriellen Plänen wichtig für die Bestimmung adäquater Prüfvarianzen (*Varianzanalyse*). S. 302

Zufallsexperiment: Ein beliebig oft wiederholbarer Vorgang, der nach einer ganz bestimmten Vorschrift ausgeführt wird und dessen Ergebnis vom Zufall abhängt, d.h. nicht im Voraus eindeutig bestimmt werden kann (z.B. Würfeln, Messung der Reaktionszeit). S. 50

Zufallsstichprobe: Zufällige Auswahl von Untersuchungseinheiten; jedes Element der *Grundgesamtheit* wird, unabhängig von den bereits ausgewählten Elementen, mit gleicher Wahrscheinlichkeit ausgewählt. S. 86

Zufallsvariable: Funktion, die den Ergebnissen eines *Zufallsexperiments* (d.h. *Elementarereignissen* oder *Ereignissen*) reelle Zahlen zuordnet, z.B. beim Würfeln Zuordnung einer Zahl von 1 bis 6 zu jedem Wurf. S. 62

Zusammenhangshypothese: Annahme, die besagt, dass zwei oder mehr zu untersuchende Merkmale miteinander zusammenhängen. Überprüfung durch *Korrelationsstatistik*. S. 182

zweiseitiger Test: Statistischer Test, der eine *ungerichtete Hypothese* (im Gegensatz zu einer *gerichteten Hypothese*) überprüft. S. 117

H. Formelverzeichnis

Im Folgenden werden zusammenfassend einige Formeln genannt, die bei statistischen Analysen häufig benötigt werden. Über die Gleichungsnummer kann man die Textstelle finden, mit der die jeweilige Formel eingeführt wird.

Additionstheorem

$$p(A \cup D) = p(A) + p(D) - p(A \cap D) \qquad (2.8)$$

oder

$$p(A \cup B) = p(A) + p(B) \qquad (2.9)$$

(für disjunkte Ereignisse)

Arithmetisches Mittel

$$AM = \bar{x} = \frac{\sum_{i=1}^{n} x_i}{n} \qquad (1.8)$$

Bartlett-Test

$$\chi^2 = \frac{2{,}303}{C} \cdot \left(\sum_i n_i - p\right) \cdot \lg(\hat{\sigma}^2_{\text{Fehler}})$$
$$- \sum_i (n_i - 1) \cdot \lg \hat{\sigma}^2_{\text{Fehler}(i)} \qquad (7.82)$$

wobei

$$C = 1 + \frac{1}{3 \cdot (p-1)} \cdot \left[\sum_i \frac{1}{n_i - 1} - \frac{1}{\sum_i n_i - p}\right]$$

$\hat{\sigma}^2_{\text{Fehler}(i)}$ = Varianz innerhalb der Stichprobe i,
$\lg$ = Logarithmus zur Basis 10

Bayes-Theorem

$$p(A_i|B) = \frac{p(A_i) \cdot p(B|A_i)}{\sum_{i=1}^{k} p(A_i) \cdot p(B|A_i)} \qquad (2.18)$$

Bedingte Wahrscheinlichkeiten

$$p(A|D) = \frac{n_{AD}/n}{n_D/n} = \frac{p(A \cap D)}{p(D)} \qquad (2.11)$$

Beta-Gewicht (2 Prädiktoren)

$$b_1 = \frac{r_{1c} - r_{2c} \cdot r_{12}}{1 - r_{12}^2} \qquad (13.15a)$$

$$b_2 = \frac{r_{2c} - r_{1c} \cdot r_{12}}{1 - r_{12}^2} \qquad (13.15b)$$

Binomialverteilung

$$f(X = k|n) = \binom{n}{k} \cdot p^k \cdot q^{n-k} \qquad (2.34)$$

Biseriale Korrelation

$$r_{\text{bis}} = \frac{\bar{y}_1 - \bar{y}_0}{s_y} \cdot \frac{n_0 \cdot n_1}{\vartheta \cdot n^2} \qquad (6.101)$$

Biseriale Rangkorrelation

$$r_{\text{bisR}} = \frac{2}{n} \cdot (\bar{y}_1 - \bar{y}_2) \qquad (6.114)$$

Bonferroni-Korrektur

$$\alpha' = \alpha/m \qquad (7.63)$$

Cramers Index

$$CI = \sqrt{\frac{\chi^2}{n \cdot (R-1)}} \qquad (6.120)$$

Effektgröße für den Vergleich zweier Stichprobenmittelwerte (abhängige Stichproben)

$$\varepsilon' = \frac{\mu_1 - \mu_2}{\hat{\sigma} \cdot \sqrt{1-r}} \quad (\mu_1 > \mu_2) \qquad (5.24)$$

Effektgröße für den Vergleich zweier Stichprobenmittelwerte (unabhängige Stichproben)

$$\varepsilon = \frac{\mu_1 - \mu_2}{\hat{\sigma}} \quad (\mu_1 > \mu_2) \qquad (5.17)$$

Effektgröße für Häufigkeitsvergleiche

$$\varepsilon = \sqrt{\sum_{j=1}^{k} \frac{(\pi_{b(j)} - \pi_{e(j)})^2}{\pi_{e(j)}}} \quad (5.68)$$

(eindimensional)

$$\varepsilon = \sqrt{\sum_{i=1}^{k} \sum_{j=1}^{\ell} \frac{(\pi_{b(i,j)} - \pi_{e(i,j)})^2}{\pi_{e(i,j)}}} \quad (5.76)$$

(k×ℓ-Tafel)

Effektgröße für Korrelationen

$\varepsilon = r = \hat{\varrho}$

Eigenwert (Faktorenanalyse)

$$\lambda_j = \sum_{i=1}^{p} a_{ij}^2 \quad (15.5)$$

p = Anzahl der Variablen

Eindimensionales χ^2

$$\chi^2 = \sum_{j=1}^{k} \frac{(f_{b(j)} - f_{e(j)})^2}{f_{e(j)}} \quad (5.67)$$

$df = k - 1$ (für Gleichverteilung)

Einfaktorielle Varianzanalyse

$$F = \hat{\sigma}_{treat}^2 / \hat{\sigma}_{Fehler}^2 \quad (7.22)$$

mit

$$\hat{\sigma}_{treat}^2 = QS_{treat}/(p-1)$$
$$= \frac{n \cdot \sum_i (\overline{A}_i - \overline{G})^2}{p-1} \quad (7.6)$$

und

$$\hat{\sigma}_{Fehler}^2 = \frac{QS_{Fehler}}{df_{Fehler}}$$
$$= \frac{\sum_i \sum_m (x_{mi} - \overline{A}_i)^2}{p \cdot (n-1)} \quad (7.10)$$

$df_{treat} = p - 1; \quad df_{Fehler} = p \cdot (n-1)$

Einfaktorielle VA mit Messwiederholungen

$$F = \frac{\hat{\sigma}_{treat}^2}{\hat{\sigma}_{res}^2}; \; df_{treat} = p - 1;$$
$$df_{res} = (p-1) \cdot (n-1) \quad (9.8)$$

mit

$$\hat{\sigma}_{treat}^2 = \frac{n \cdot \sum_i (\overline{A}_i - \overline{G})^2}{p-1};$$
$$\hat{\sigma}_{res}^2 = \frac{\sum_i \sum_m (x_{mi} - \overline{A}_i - \overline{P}_m + \overline{G})^2}{(p-1) \cdot (n-1)}$$

**Einzelvergleichstest
(Kontraste in der einfaktoriellen Varianzanalyse)**

$$F = \frac{D^2}{\widehat{Var(D)}} = \frac{n \cdot D^2}{\left(\sum_i c_i^2\right) \cdot \hat{\sigma}_{Fehler}^2} \quad (7.44)$$

mit

$$D = c_1 \cdot \overline{A}_1 + c_2 \cdot \overline{A}_2 + \cdots + c_p \cdot \overline{A}_p$$
$$= \sum_i c_i \cdot \overline{A}_i \quad (7.41)$$

$$\sum_i c_i = 0 \quad \text{(Kontrastbedingung)} \quad (7.42)$$

$$\hat{\sigma}_{Fehler}^2 = \frac{QS_{Fehler}}{df_{Fehler}}$$
$$= \frac{\sum_i \sum_m (x_{mi} - \overline{A}_i)^2}{p \cdot (n-1)} \quad (7.10)$$

η-(eta-) Koeffizient

$$\eta = \sqrt{\frac{QS_{lin} + QS_{quad} + \cdots + QS_{trend(p-1)}}{QS_{tot}}}$$
$$= \sqrt{\frac{QS_{treat}}{QS_{tot}}} \quad (7.74)$$

Euklidische Distanz

$$d_{ii'} = \left[\sum_{j=1}^{p} (x_{ij} - x_{i'j})^2\right]^{1/2} \quad (16.3)$$

H. Formelverzeichnis

4-Felder-χ^2

$$\chi^2 = \frac{n \cdot (ad - bc)^2}{(a+b) \cdot (c+d) \cdot (a+c) \cdot (b+d)} \quad (5.73)$$
$$df = 1$$

F-Test

$$F = \frac{\hat{\sigma}_1^2}{\hat{\sigma}_2^2} \quad (5.39)$$
$$df_N = n_1 - 1, \; df_Z = n_2 - 1$$

F_{max}-Test

$$F_{max} = \frac{\hat{\sigma}^2_{Fehler(max)}}{\hat{\sigma}^2_{Fehler(min)}} \quad (7.83)$$

Hypergeometrische Verteilung

$$f(X = k|N, K, n) = \frac{\binom{K}{k} \cdot \binom{N-K}{n-k}}{\binom{N}{n}} \quad (2.40)$$

k×l-χ^2

$$\chi^2 = \sum_{i=1}^{k} \sum_{j=1}^{\ell} \frac{(f_{b(i,j)} - f_{e(i,j)})^2}{f_{e(i,j)}} \quad (5.75)$$
$$df = (k-1) \cdot (\ell - 1)$$

Kappa-Maß

$$\kappa = \frac{P_0 - P_e}{1 - P_e} \quad (16.15)$$

mit

$$P_0 = \frac{\sum_{i=1}^{k} f_{ii}}{n} \quad (16.16)$$

$$P_e = \frac{\sum_{i=1}^{k} f_{i\cdot} \cdot f_{\cdot i}}{n^2} \quad (16.17)$$

Kombinationen (ohne Reihenfolge)

$$\binom{n}{r} = \frac{n!}{r! \cdot (n-r)!} \quad (2.20)$$

Kommunalität

$$0 \le h_i^2 = \sum_{j=1}^{q} a_{ij}^2 \le 1 \quad (15.4)$$

q = Anzahl der Faktoren

Konfidenzintervall für Mittelwerte

$$\Delta_{crit} = \overline{x} \pm z_{(\alpha/2)} \cdot \hat{\sigma}_{\overline{x}} \quad (3.22)$$

Kontingenzkoeffizient

$$C = \sqrt{\frac{\chi^2}{\chi^2 + n}} \quad (6.118)$$

Korrelationskoeffizient r

$$r = \frac{cov(x, y)}{s_x \cdot s_y}$$

$$= \frac{\sum_{i=1}^{n}(x_i - \overline{x}) \cdot (y_i - \overline{y})}{n \cdot s_x \cdot s_y}$$

$$= \frac{1}{n} \cdot \sum_{i=1}^{n} \left(\frac{x_i - \overline{x}}{s_x} \cdot \frac{y_i - \overline{y}}{s_y} \right)$$

$$= \frac{1}{n} \cdot \sum_{i=1}^{n} z_{xi} \cdot z_{yi}$$

$$= \frac{n \cdot \sum_{i=1}^{n} x_i \cdot y_i - \left(\sum_{i=1}^{n} x_i\right) \cdot \left(\sum_{i=1}^{n} y_i\right)}{\sqrt{n \cdot \sum_{i=1}^{n} x_i^2 - \left(\sum_{i=1}^{n} x_i\right)^2}}$$
$$\times \frac{1}{\sqrt{n \cdot \sum_{i=1}^{n} y_i^2 - \left(\sum_{i=1}^{n} y_i\right)^2}}$$

$$= \frac{s_x}{s_y} \cdot b_{yx} \quad (6.57, 6.58, 6.59, 6.60, 6.65)$$

McNemar-χ^2

$$\chi^2 = \frac{(P_1 - P_2)^2}{\hat{\sigma}^2_{(P_1 - P_2)}} = \frac{(b-c)^2}{b+c} \quad (5.65)$$
$$df = 1$$

Multiple Korrelation (2 Prädiktoren)

$$R_{c.12} = \sqrt{\frac{r_{1c}^2 + r_{2c}^2 - 2 \cdot r_{12} \cdot r_{1c} \cdot r_{2c}}{1 - r_{12}^2}} \quad (13.14a)$$

Signifikanztest

$$F = \frac{R^2 \cdot (n - k - 1)}{(1 - R^2) \cdot k} \quad (13.19)$$

Multiplikationstheorem

$$p(A \cap B) = p(A) \cdot p(B|A) \quad (2.13)$$

oder

$$p(A \cap B) = p(A) \cdot p(B) \quad (2.14)$$

(für unabhängige Ereignisse)

Orthogonalitätsbedingung für Einzelvergleiche

$$c_{1j} \cdot c_{1k} + c_{2j} \cdot c_{2k} + \cdots + c_{pj} \cdot c_{pk} = \sum_i c_{ij} \cdot c_{ik} = 0 \quad (7.46)$$

Partialkorrelation

$$r_{xy \cdot z} = \frac{r_{xy} - r_{xz} \cdot r_{yz}}{\sqrt{1 - r_{xz}^2} \cdot \sqrt{1 - r_{yz}^2}} \quad (13.5)$$

Phi-Koeffizient

$$\Phi = \frac{a \cdot d - b \cdot c}{\sqrt{(a+c) \cdot (b+d) \cdot (a+b) \cdot (c+d)}} = \sqrt{\frac{\chi^2}{n}}$$

$$(6.106, 6.107)$$

Populationsvarianz (geschätzt)

$$\widehat{\sigma}^2 = \frac{\sum_{i=1}^{n}(x_i - \bar{x})^2}{n} \cdot \frac{n}{n-1} = \frac{\sum_{i=1}^{n}(x_i - \bar{x})^2}{n-1} \quad (3.2)$$

Prozentwert für die Häufigkeit einer Kategorie k

$$\%_k = \frac{f_k}{n} \cdot 100\% \quad (1.5)$$

Punktbiseriale Korrelation

$$r_{pb} = \frac{\bar{y}_1 - \bar{y}_0}{s_y} \cdot \sqrt{\frac{n_0 \cdot n_1}{n^2}} \quad (6.99)$$

Rangkorrelation

$$r_s = 1 - \frac{6 \cdot \sum_{i=1}^{n} d_i^2}{n \cdot (n^2 - 1)} \quad (6.115)$$

Redundanzmaß (Determinationskoeffizient)

$$\text{Red}_{(yx)} = r^2 \cdot 100 \quad (6.80)$$

Regressionsgleichung (linear)

$$\hat{y}_i = b \cdot x_i + a \quad (6.3)$$

mit

$$b = \frac{n \cdot \sum_{i=1}^{n} x_i \cdot y_i - \sum_{i=1}^{n} x_i \cdot \sum_{i=1}^{n} y_i}{n \sum_{i=1}^{n} x_i^2 - \left(\sum_{i=1}^{n} x_i\right)^2} \quad (6.12)$$

$$a = \bar{y} - b \cdot \bar{x} \quad (6.9)$$

oder

$$\hat{y}_i = \frac{\text{cov}(x, y)}{s_x^2} \cdot x_i + a_{yx} \quad (6.25)$$

mit

$$\text{cov}(x, y) = \frac{\sum_{i=1}^{n}(x_i - \bar{x}) \cdot (y_i - \bar{y})}{n}$$

$$= \frac{\sum_{i=1}^{n} x_i \cdot y_i - \frac{\sum_{i=1}^{n} x_i \cdot \sum_{i=1}^{n} y_i}{n}}{n} \quad (6.22a, 6.22)$$

S-Koeffizient

$$S_{ij} = \frac{a}{a + b + c} \quad (16.1a)$$

H. Formelverzeichnis

Scheffé-Test (einfaktorielle Varianzanalyse)

$$\text{Diff}_{\text{crit}} = \sqrt{\frac{2 \cdot (p-1) \cdot \hat{\sigma}^2_{\text{Fehler}} \cdot F_{(p-1;N-p;1-\alpha)}}{n}} \quad (7.67)$$

mit

$$\hat{\sigma}^2_{\text{Fehler}} = \frac{QS_{\text{Fehler}}}{df_{\text{Fehler}}}$$

$$= \frac{\sum_i \sum_m (x_{mi} - \overline{A}_i)^2}{p \cdot (n-1)} \quad (7.10)$$

Semipartialkorrelation

$$r_{y(x \cdot z)} = \frac{r_{xy} - r_{xz} \cdot r_{yz}}{\sqrt{1 - r_{xz}^2}} \quad (13.6)$$

„Set"-Korrelation

$$R^2_{xy} = 1 - (1 - CR_1^2) \cdot (1 - CR_2^2) \cdot \ldots \cdot (1 - CR_r^2) \quad (19.8)$$

Signifikanztest für Korrelationen

$$t = \frac{r \cdot \sqrt{n-2}}{\sqrt{1-r^2}} \quad (6.84)$$

Simple Matching Coefficient (SMC)

$$SMC_{ij} = \frac{a+d}{a+b+c+d} \quad (16.2)$$

Standardabweichung (Streuung)

$$s = \sqrt{s^2} = \sqrt{\frac{\sum_{i=1}^{n}(x_i - \overline{x})^2}{n}} \quad (1.17)$$

Standardfehler des Mittelwertes (geschätzt)

$$\hat{\sigma}_{\overline{x}} = \sqrt{\frac{\hat{\sigma}^2}{n}} = \sqrt{\frac{\sum_{i=1}^{n}(x_i - \overline{x})^2}{n \cdot (n-1)}} \quad (3.3)$$

Standardschätzfehler (geschätzt)

$$\hat{\sigma}_{(y|x)} = \sqrt{\frac{n \cdot s_y^2 - n \cdot b_{yx}^2 \cdot s_x^2}{n-2}} \quad (6.42)$$

Tetrachorische Korrelation

$$r_{\text{tet}} = \cos \frac{180°}{1 + \sqrt{b \cdot c / (a \cdot d)}} \quad (6.110)$$

t-Test (abhängige Stichproben)

$$t = \frac{\overline{x}_d}{\hat{\sigma}_{\overline{x}_d}} \quad (5.23)$$

mit

$$\overline{x}_d = \frac{\sum_{i=1}^{n} d_i}{n} \quad (5.19)$$

$$\hat{\sigma}_{\overline{x}_d} = \frac{\hat{\sigma}_d}{\sqrt{n}} \quad (5.20)$$

$$\hat{\sigma}_d = \sqrt{\frac{\sum_{i=1}^{n}(d_i - \overline{x}_d)^2}{n-1}} = \sqrt{\frac{\sum_{i=1}^{n} d_i^2 - \frac{\left(\sum_{i=1}^{n} d_i\right)^2}{n}}{n-1}} \quad (5.21)$$

$$df = n - 1$$

t-Test (unabhängige Stichproben)

$$t = \frac{\overline{x}_1 - \overline{x}_2}{\hat{\sigma}_{(\overline{x}_1 - \overline{x}_2)}} \quad (5.15)$$

mit

$$\hat{\sigma}_{(\overline{x}_1 - \overline{x}_2)} = \sqrt{\frac{(n_1 - 1) \cdot \hat{\sigma}_1^2 + (n_2 - 1) \cdot \hat{\sigma}_2^2}{(n_1 - 1) + (n_2 - 1)}}$$

$$\times \sqrt{\frac{1}{n_1} + \frac{1}{n_2}} \quad (5.13)$$

$$df = n_1 + n_2 - 2$$

Varianz

$$s^2 = \frac{\sum_{i=1}^{n}(x_i - \overline{x})^2}{n} =$$

$$= \frac{\sum_{i=1}^{n} x_i^2 - \left(\sum_{i=1}^{n} x_i\right)^2 / n}{n} = \frac{\sum_{i=1}^{n} x_i^2}{n} - \overline{x}^2$$

(1.16, 1.21)

Varianzaufklärung (einfaktorielle Varianzanalyse)

$$\text{Varianzaufklärung} = \frac{QS_{treat}}{QS_{tot}} \cdot 100\% \qquad (7.21)$$

z-Wert

$$z_i = \frac{x_i - \overline{x}}{s} \qquad (1.27)$$

Zweifaktorielle Varianzanalyse

$$F_A = \frac{\hat{\sigma}_A^2}{\hat{\sigma}_{Fehler}^2}; \quad F_B = \frac{\hat{\sigma}_B^2}{\hat{\sigma}_{Fehler}^2}; \quad F_{A \times B} = \frac{\hat{\sigma}_{A \times B}^2}{\hat{\sigma}_{Fehler}^2}$$

mit

$$\hat{\sigma}_A^2 = \frac{q \cdot n \sum_i (\overline{A}_i - \overline{G})^2}{p - 1}$$

$$\hat{\sigma}_B^2 = \frac{p \cdot n \sum_j (\overline{B}_j - \overline{G})^2}{q - 1}$$

$$\hat{\sigma}_{A \times B}^2 = \frac{n \cdot \sum_i \sum_j (\overline{AB}_{ij} - \overline{A}_i - \overline{B}_j + \overline{G})^2}{(p - 1) \cdot (q - 1)}$$

$$\hat{\sigma}_{Fehler}^2 = \frac{\sum_i \sum_j \sum_m (X_{ijm} - \overline{AB}_{ij})^2}{p \cdot q \cdot (n - 1)}$$

$df_A = p - 1;\ df_B = q - 1;\ df_{AB} = (p - 1) \cdot (q - 1);\ df_{Fehler} = p \cdot q \cdot (n - 1)$

Tabellen

Tabelle A. Binomialverteilungen (zit. nach: Hays, W.L., Winkler, R.L.: Statistics, vol. I, pp. 609–613. New York: Holt, Rinehart and Winston 1970)

n	k	p 0,05	0,10	0,15	0,20	0,25	0,30	0,35	0,40	0,45	0,50
1	0	0,9500	0,9000	0,8500	0,8000	0,7500	0,7000	0,6500	0,6000	0,5500	0,5000
	1	0,0500	0,1000	0,1500	0,2000	0,2500	0,3000	0,3500	0,4000	0,4500	0,5000
2	0	0,9025	0,8100	0,7225	0,6400	0,5625	0,4900	0,4225	0,3600	0,3025	0,2500
	1	0,0950	0,1800	0,2550	0,3200	0,3750	0,4200	0,4550	0,4800	0,4950	0,5000
	2	0,0025	0,0100	0,0225	0,0400	0,0625	0,0900	0,1225	0,1600	0,2025	0,2500
3	0	0,8574	0,7290	0,6141	0,5120	0,4219	0,3430	0,2746	0,2160	0,1664	0,1250
	1	0,1354	0,2430	0,3251	0,3840	0,4219	0,4410	0,4436	0,4320	0,4084	0,3750
	2	0,0071	0,0270	0,0574	0,0960	0,1406	0,1890	0,2389	0,2880	0,3341	0,3750
	3	0,0001	0,0010	0,0034	0,0080	0,0156	0,0270	0,0429	0,0640	0,0911	0,1250
4	0	0,8145	0,6561	0,5220	0,4096	0,3164	0,2401	0,1785	0,1296	0,0915	0,0625
	1	0,1715	0,2916	0,3685	0,4096	0,4219	0,4116	0,3845	0,3456	0,2995	0,2500
	2	0,0135	0,0486	0,0975	0,1536	0,2109	0,2646	0,3105	0,3456	0,3675	0,3750
	3	0,0005	0,0036	0,0115	0,0256	0,0469	0,0756	0,1115	0,1536	0,2005	0,2500
	4	0,0000	0,0001	0,0005	0,0016	0,0039	0,0081	0,0150	0,0256	0,0410	0,0625
5	0	0,7738	0,5905	0,4437	0,3277	0,2373	0,1681	0,1160	0,0778	0,0503	0,0312
	1	0,2036	0,3280	0,3915	0,4096	0,3955	0,3602	0,3124	0,2592	0,2059	0,1562
	2	0,0214	0,0729	0,1382	0,2048	0,2637	0,3087	0,3364	0,3456	0,3369	0,3125
	3	0,0011	0,0081	0,0244	0,0512	0,0879	0,1323	0,1811	0,2304	0,2757	0,3125
	4	0,0000	0,0004	0,0022	0,0064	0,0146	0,0284	0,0488	0,0768	0,1128	0,1562
	5	0,0000	0,0000	0,0001	0,0003	0,0010	0,0024	0,0053	0,0102	0,0185	0,0312
6	0	0,7351	0,5314	0,3771	0,2621	0,1780	0,1176	0,0754	0,0467	0,0277	0,0156
	1	0,2321	0,3543	0,3993	0,3932	0,3560	0,3025	0,2437	0,1866	0,1359	0,0938
	2	0,0305	0,0984	0,1762	0,2458	0,2966	0,3241	0,3280	0,3110	0,2780	0,2344
	3	0,0021	0,0146	0,0415	0,0819	0,1318	0,1852	0,2355	0,2765	0,3032	0,3125
	4	0,0001	0,0012	0,0055	0,0154	0,0330	0,0595	0,0951	0,1382	0,1861	0,2344
	5	0,0000	0,0001	0,0004	0,0015	0,0044	0,0102	0,0205	0,0369	0,0609	0,0938
	6	0,0000	0,0000	0,0000	0,0001	0,0002	0,0007	0,0018	0,0041	0,0083	0,0156
7	0	0,6983	0,4783	0,3206	0,2097	0,1335	0,0824	0,0490	0,0280	0,0152	0,0078
	1	0,2573	0,3720	0,3960	0,3670	0,3115	0,2471	0,1848	0,1306	0,0872	0,0547
	2	0,0406	0,1240	0,2097	0,2753	0,3115	0,3177	0,2985	0,2613	0,2140	0,1641
	3	0,0036	0,0230	0,0617	0,1147	0,1730	0,2269	0,2679	0,2903	0,2918	0,2734
	4	0,0002	0,0026	0,0109	0,0287	0,0577	0,0972	0,1442	0,1935	0,2388	0,2734
	5	0,0000	0,0002	0,0012	0,0043	0,0115	0,0250	0,0466	0,0774	0,1172	0,1641
	6	0,0000	0,0000	0,0001	0,0004	0,0013	0,0036	0,0084	0,0172	0,0320	0,0547
	7	0,0000	0,0000	0,0000	0,0000	0,0001	0,0002	0,0006	0,0016	0,0037	0,0078

Tabelle A (Fortsetzung)

n	k	p=0,05	0,10	0,15	0,20	0,25	0,30	0,35	0,40	0,45	0,50
8	0	0,6634	0,4305	0,2725	0,1678	0,1001	0,0576	0,0319	0,0168	0,0084	0,0039
	1	0,2793	0,3826	0,3847	0,3355	0,2760	0,1977	0,1373	0,0896	0,0548	0,0312
	2	0,0515	0,1488	0,2376	0,2936	0,3115	0,2965	0,2587	0,2090	0,1569	0,1094
	3	0,0054	0,0331	0,0839	0,1468	0,2076	0,2541	0,2786	0,2787	0,2568	0,2188
	4	0,0004	0,0046	0,0185	0,0459	0,0865	0,1361	0,1875	0,2322	0,2627	0,2734
	5	0,0000	0,0004	0,0026	0,0092	0,0231	0,0467	0,0808	0,1239	0,1719	0,2188
	6	0,0000	0,0000	0,0002	0,0011	0,0038	0,0100	0,0217	0,0413	0,0703	0,1094
	7	0,0000	0,0000	0,0000	0,0001	0,0004	0,0012	0,0033	0,0079	0,0164	0,0312
	8	0,0000	0,0000	0,0000	0,0000	0,0000	0,0001	0,0002	0,0007	0,0017	0,0039
9	0	0,6302	0,3874	0,2316	0,1342	0,0751	0,0404	0,0277	0,0101	0,0046	0,0020
	1	0,2985	0,3874	0,3679	0,3020	0,2253	0,1556	0,1004	0,0605	0,0339	0,0176
	2	0,0629	0,1722	0,2597	0,3020	0,3003	0,2668	0,2162	0,1612	0,1110	0,0703
	3	0,0077	0,0446	0,1069	0,1762	0,2336	0,2668	0,2716	0,2508	0,2119	0,1641
	4	0,0006	0,0074	0,0283	0,0661	0,1168	0,1715	0,2194	0,2508	0,2600	0,2461
	5	0,0000	0,0008	0,0050	0,0165	0,0389	0,0735	0,1181	0,1672	0,2128	0,2461
	6	0,0000	0,0001	0,0006	0,0028	0,0087	0,0210	0,0424	0,0743	0,1160	0,1641
	7	0,0000	0,0000	0,0000	0,0003	0,0012	0,0039	0,0098	0,0212	0,0407	0,0703
	8	0,0000	0,0000	0,0000	0,0000	0,0001	0,0004	0,0013	0,0035	0,0083	0,0176
	9	0,0000	0,0000	0,0000	0,0000	0,0000	0,0000	0,0001	0,0003	0,0008	0,0020
10	0	0,5987	0,3487	0,1969	0,1074	0,0563	0,0282	0,0135	0,0060	0,0025	0,0010
	1	0,3151	0,3874	0,3474	0,2684	0,1877	0,1211	0,0725	0,0403	0,0207	0,0098
	2	0,0746	0,1937	0,2759	0,3020	0,2816	0,2335	0,1757	0,1209	0,0763	0,0439
	3	0,0105	0,0574	0,1298	0,2013	0,2503	0,2668	0,2522	0,2150	0,1665	0,1172
	4	0,0010	0,0112	0,0401	0,0881	0,1460	0,2001	0,2377	0,2508	0,2384	0,2051
	5	0,0001	0,0015	0,0085	0,0264	0,0584	0,1029	0,1536	0,2007	0,2340	0,2461
	6	0,0000	0,0001	0,0012	0,0055	0,0162	0,0368	0,0689	0,1115	0,1596	0,2051
	7	0,0000	0,0000	0,0001	0,0008	0,0031	0,0090	0,0212	0,0425	0,0746	0,1172
	8	0,0000	0,0000	0,0000	0,0001	0,0004	0,0014	0,0043	0,0106	0,0229	0,0439
	9	0,0000	0,0000	0,0000	0,0000	0,0000	0,0001	0,0005	0,0016	0,0042	0,0098
	10	0,0000	0,0000	0,0000	0,0000	0,0000	0,0000	0,0000	0,0001	0,0003	0,0010
11	0	0,5688	0,3138	0,1673	0,0859	0,0422	0,0198	0,0088	0,0036	0,0014	0,0005
	1	0,3293	0,3835	0,3248	0,2362	0,1549	0,0932	0,0518	0,0266	0,0125	0,0054
	2	0,0867	0,2131	0,2866	0,2953	0,2581	0,1998	0,1395	0,0887	0,0513	0,0269
	3	0,0137	0,0710	0,1517	0,2215	0,2581	0,2568	0,2254	0,1774	0,1259	0,0806
	4	0,0014	0,0158	0,0536	0,1107	0,1721	0,2201	0,2428	0,2365	0,2060	0,1611
	5	0,0001	0,0025	0,0132	0,0388	0,0803	0,1231	0,1830	0,2207	0,2360	0,2256
	6	0,0000	0,0003	0,0023	0,0097	0,0268	0,0566	0,0985	0,1471	0,1931	0,2256
	7	0,0000	0,0000	0,0003	0,0017	0,0064	0,0173	0,0379	0,0701	0,1128	0,1611
	8	0,0000	0,0000	0,0000	0,0002	0,0011	0,0037	0,0102	0,0234	0,0462	0,0806
	9	0,0000	0,0000	0,0000	0,0000	0,0001	0,0005	0,0018	0,0052	0,0126	0,0269
	10	0,0000	0,0000	0,0000	0,0000	0,0000	0,0000	0,0002	0,0007	0,0021	0,0054
	11	0,0000	0,0000	0,0000	0,0000	0,0000	0,0000	0,0000	0,0000	0,0002	0,0005
12	0	0,5404	0,2824	0,1422	0,0687	0,0317	0,0138	0,0057	0,0022	0,0008	0,0002
	1	0,3413	0,3766	0,3012	0,2062	0,1267	0,0712	0,0368	0,0174	0,0075	0,0029
	2	0,0988	0,2301	0,2924	0,2835	0,2323	0,1678	0,1088	0,0639	0,0339	0,0161
	3	0,0173	0,0852	0,1720	0,2362	0,2581	0,2397	0,1954	0,1419	0,0923	0,0537
	4	0,0021	0,0213	0,0683	0,1329	0,1936	0,2311	0,2367	0,2128	0,1700	0,1208
	5	0,0002	0,0038	0,0193	0,0532	0,1032	0,1585	0,2039	0,2270	0,2225	0,1934
	6	0,0000	0,0005	0,0040	0,0155	0,0401	0,0792	0,1281	0,1766	0,2124	0,2256

Tabelle A

Tabelle A (Fortsetzung)

n	k	p 0,05	0,10	0,15	0,20	0,25	0,30	0,35	0,40	0,45	0,50
	7	0,0000	0,0000	0,0006	0,0033	0,0115	0,0291	0,0591	0,1009	0,1489	0,1934
	8	0,0000	0,0000	0,0001	0,0005	0,0024	0,0078	0,0199	0,0420	0,0762	0,1208
	9	0,0000	0,0000	0,0000	0,0001	0,0004	0,0015	0,0048	0,0125	0,0277	0,0537
	10	0,0000	0,0000	0,0000	0,0000	0,0000	0,0002	0,0008	0,0025	0,0068	0,0161
	11	0,0000	0,0000	0,0000	0,0000	0,0000	0,0000	0,0001	0,0003	0,0010	0,0029
	12	0,0000	0,0000	0,0000	0,0000	0,0000	0,0000	0,0000	0,0000	0,0001	0,0002
13	0	0,5133	0,2542	0,1209	0,0550	0,0238	0,0097	0,0037	0,0013	0,0004	0,0001
	1	0,3512	0,3672	0,2774	0,1787	0,1029	0,0540	0,0259	0,0113	0,0045	0,0016
	2	0,1109	0,2448	0,2937	0,2680	0,2059	0,1388	0,0836	0,0453	0,0220	0,0095
	3	0,0214	0,0997	0,1900	0,2457	0,2517	0,2181	0,1651	0,1107	0,0660	0,0349
	4	0,0028	0,0277	0,0838	0,1535	0,2097	0,2337	0,2222	0,1845	0,1350	0,0873
	5	0,0003	0,0055	0,0266	0,0691	0,1258	0,1803	0,2154	0,2214	0,1989	0,1571
	6	0,0000	0,0008	0,0063	0,0230	0,0559	0,1030	0,1546	0,1968	0,2169	0,2095
	7	0,0000	0,0001	0,0011	0,0058	0,0186	0,0442	0,0833	0,1312	0,1775	0,2095
	8	0,0000	0,0000	0,0001	0,0011	0,0047	0,0142	0,0336	0,0656	0,1089	0,1571
	9	0,0000	0,0000	0,0000	0,0001	0,0009	0,0034	0,0101	0,0243	0,0495	0,0873
	10	0,0000	0,0000	0,0000	0,0000	0,0001	0,0006	0,0022	0,0065	0,0162	0,0349
	11	0,0000	0,0000	0,0000	0,0000	0,0000	0,0001	0,0003	0,0012	0,0036	0,0095
	12	0,0000	0,0000	0,0000	0,0000	0,0000	0,0000	0,0000	0,0001	0,0005	0,0016
	13	0,0000	0,0000	0,0000	0,0000	0,0000	0,0000	0,0000	0,0000	0,0000	0,0001
14	0	0,4877	0,2288	0,1028	0,0440	0,0178	0,0068	0,0024	0,0008	0,0002	0,0001
	1	0,3593	0,3559	0,2539	0,1539	0,0832	0,0407	0,0181	0,0073	0,0027	0,0009
	2	0,1229	0,2570	0,2912	0,2501	0,1802	0,1134	0,0634	0,0317	0,0141	0,0056
	3	0,0259	0,1142	0,2056	0,2501	0,2402	0,1943	0,1366	0,0845	0,0462	0,0222
	4	0,0037	0,0349	0,0998	0,1720	0,2202	0,2290	0,2022	0,1549	0,1040	0,0611
	5	0,0004	0,0078	0,0352	0,0860	0,1468	0,1963	0,2178	0,2066	0,1701	0,1222
	6	0,0000	0,0013	0,0093	0,0322	0,0734	0,1262	0,1759	0,2066	0,2088	0,1833
	7	0,0000	0,0002	0,0019	0,0092	0,0280	0,0618	0,1082	0,1574	0,1952	0,2095
	8	0,0000	0,0000	0,0003	0,0020	0,0082	0,0232	0,0510	0,0918	0,1398	0,1833
	9	0,0000	0,0000	0,0000	0,0003	0,0018	0,0066	0,0183	0,0408	0,0762	0,1222
	10	0,0000	0,0000	0,0000	0,0000	0,0003	0,0014	0,0049	0,0136	0,0312	0,0611
	11	0,0000	0,0000	0,0000	0,0000	0,0000	0,0002	0,0010	0,0033	0,0093	0,0222
	12	0,0000	0,0000	0,0000	0,0000	0,0000	0,0000	0,0001	0,0005	0,0019	0,0056
	13	0,0000	0,0000	0,0000	0,0000	0,0000	0,0000	0,0000	0,0001	0,0002	0,0009
	14	0,0000	0,0000	0,0000	0,0000	0,0000	0,0000	0,0000	0,0000	0,0000	0,0001
15	0	0,4633	0,2059	0,0874	0,0352	0,0134	0,0047	0,0016	0,0005	0,0001	0,0000
	1	0,3658	0,3432	0,2312	0,1319	0,0668	0,0305	0,0126	0,0047	0,0016	0,0005
	2	0,1348	0,2669	0,2856	0,2309	0,1559	0,0916	0,0476	0,0219	0,0090	0,0032
	3	0,0307	0,1285	0,2184	0,2501	0,2252	0,1700	0,1110	0,0634	0,0318	0,0139
	4	0,0049	0,0428	0,1156	0,1876	0,2252	0,2186	0,1792	0,1268	0,0780	0,0417
	5	0,0006	0,0105	0,0449	0,1032	0,1651	0,2061	0,2123	0,1859	0,1404	0,0916
	6	0,0000	0,0019	0,0132	0,0430	0,0917	0,1472	0,1906	0,2066	0,1914	0,1527
	7	0,0000	0,0003	0,0030	0,0138	0,0393	0,0811	0,1319	0,1771	0,2013	0,1964
	8	0,0000	0,0000	0,0005	0,0035	0,0131	0,0348	0,0710	0,1181	0,1647	0,1964
	9	0,0000	0,0000	0,0001	0,0007	0,0034	0,0116	0,0298	0,0612	0,1048	0,1527
	10	0,0000	0,0000	0,0000	0,0001	0,0007	0,0030	0,0096	0,0245	0,0515	0,0916
	11	0,0000	0,0000	0,0000	0,0000	0,0001	0,0006	0,0024	0,0074	0,0191	0,0417
	12	0,0000	0,0000	0,0000	0,0000	0,0000	0,0001	0,0004	0,0016	0,0052	0,0139
	13	0,0000	0,0000	0,0000	0,0000	0,0000	0,0000	0,0001	0,0003	0,0010	0,0032

Tabelle A (Fortsetzung)

		p									
n	k	0,05	0,10	0,15	0,20	0,25	0,30	0,35	0,40	0,45	0,50
	14	0,0000	0,0000	0,0000	0,0000	0,0000	0,0000	0,0000	0,0000	0,0001	0,0005
	15	0,0000	0,0000	0,0000	0,0000	0,0000	0,0000	0,0000	0,0000	0,0000	0,0000
16	0	0,4401	0,1853	0,0743	0,0281	0,0100	0,0033	0,0010	0,0003	0,0001	0,0000
	1	0,3706	0,3294	0,2097	0,1126	0,0535	0,0228	0,0087	0,0030	0,0009	0,0002
	2	0,1463	0,2745	0,2775	0,2111	0,1336	0,0732	0,0353	0,0150	0,0056	0,0018
	3	0,0359	0,1423	0,2285	0,2463	0,2079	0,1465	0,0888	0,0468	0,0215	0,0085
	4	0,0061	0,0514	0,1311	0,2001	0,2252	0,2040	0,1553	0,1014	0,0572	0,0278
	5	0,0008	0,0137	0,0555	0,1201	0,1802	0,2099	0,2008	0,1623	0,1123	0,0667
	6	0,0001	0,0028	0,0180	0,0550	0,1101	0,1649	0,1982	0,1983	0,1684	0,1222
	7	0,0000	0,0004	0,0045	0,0197	0,0524	0,1010	0,1524	0,1889	0,1969	0,1746
	8	0,0000	0,0001	0,0009	0,0055	0,0197	0,0487	0,0923	0,1417	0,1812	0,1964
	9	0,0000	0,0000	0,0001	0,0012	0,0058	0,0185	0,0442	0,0840	0,1318	0,1746
	10	0,0000	0,0000	0,0000	0,0002	0,0014	0,0056	0,0167	0,0392	0,0755	0,1222
	11	0,0000	0,0000	0,0000	0,0000	0,0002	0,0013	0,0049	0,0142	0,0337	0,0667
	12	0,0000	0,0000	0,0000	0,0000	0,0000	0,0002	0,0011	0,0040	0,0115	0,0278
	13	0,0000	0,0000	0,0000	0,0000	0,0000	0,0000	0,0002	0,0008	0,0029	0,0085
	14	0,0000	0,0000	0,0000	0,0000	0,0000	0,0000	0,0000	0,0001	0,0005	0,0018
	15	0,0000	0,0000	0,0000	0,0000	0,0000	0,0000	0,0000	0,0000	0,0001	0,0002
	16	0,0000	0,0000	0,0000	0,0000	0,0000	0,0000	0,0000	0,0000	0,0000	0,0000
17	0	0,4181	0,1668	0,0631	0,0225	0,0075	0,0023	0,0007	0,0002	0,0000	0,0000
	1	0,3741	0,3150	0,1893	0,0957	0,0426	0,0169	0,0060	0,0019	0,0005	0,0001
	2	0,1575	0,2800	0,2673	0,1914	0,1136	0,0581	0,0260	0,0102	0,0035	0,0010
	3	0,0415	0,1556	0,2359	0,2393	0,1893	0,1245	0,0701	0,0341	0,0144	0,0052
	4	0,0076	0,0605	0,1457	0,2093	0,2209	0,1868	0,1320	0,0796	0,0411	0,0182
	5	0,0010	0,0175	0,0668	0,1361	0,1914	0,2081	0,1849	0,1379	0,0875	0,0472
	6	0,0001	0,0039	0,0236	0,0680	0,1276	0,1784	0,1991	0,1839	0,1432	0,0944
	7	0,0000	0,0007	0,0065	0,0267	0,0668	0,1201	0,1685	0,1927	0,1841	0,1484
	8	0,0000	0,0001	0,0014	0,0084	0,0279	0,0644	0,1143	0,1606	0,1883	0,1855
	9	0,0000	0,0000	0,0003	0,0021	0,0093	0,0276	0,0611	0,1070	0,1540	0,1855
	10	0,0000	0,0000	0,0000	0,0004	0,0025	0,0095	0,0263	0,0571	0,1008	0,1484
	11	0,0000	0,0000	0,0000	0,0001	0,0005	0,0026	0,0090	0,0242	0,0525	0,0944
	12	0,0000	0,0000	0,0000	0,0000	0,0001	0,0006	0,0024	0,0081	0,0215	0,0472
	13	0,0000	0,0000	0,0000	0,0000	0,0000	0,0001	0,0005	0,0021	0,0068	0,0182
	14	0,0000	0,0000	0,0000	0,0000	0,0000	0,0000	0,0001	0,0004	0,0016	0,0052
	15	0,0000	0,0000	0,0000	0,0000	0,0000	0,0000	0,0000	0,0001	0,0003	0,0010
	16	0,0000	0,0000	0,0000	0,0000	0,0000	0,0000	0,0000	0,0000	0,0000	0,0001
	17	0,0000	0,0000	0,0000	0,0000	0,0000	0,0000	0,0000	0,0000	0,0000	0,0000
18	0	0,3972	0,1501	0,0536	0,0180	0,0056	0,0016	0,0004	0,0001	0,0000	0,0000
	1	0,3763	0,3002	0,1704	0,0811	0,0338	0,0126	0,0042	0,0012	0,0003	0,0001
	2	0,1683	0,2835	0,2556	0,1723	0,0958	0,0458	0,0190	0,0069	0,0022	0,0006
	3	0,0473	0,1680	0,2406	0,2297	0,1704	0,1046	0,0547	0,0246	0,0095	0,0031
	4	0,0093	0,0700	0,1592	0,2153	0,2130	0,1681	0,1104	0,0614	0,0291	0,0117
	5	0,0014	0,0218	0,0787	0,1507	0,1988	0,2017	0,1664	0,1146	0,0666	0,0327
	6	0,0002	0,0052	0,0301	0,0816	0,1436	0,1873	0,1941	0,1655	0,1181	0,0708
	7	0,0000	0,0010	0,0091	0,0350	0,0820	0,1376	0,1792	0,1892	0,1657	0,1214
	8	0,0000	0,0002	0,0022	0,0120	0,0376	0,0811	0,1327	0,1734	0,1864	0,1669
	9	0,0000	0,0000	0,0004	0,0033	0,0139	0,0386	0,0794	0,1284	0,1694	0,1855
	10	0,0000	0,0000	0,0001	0,0008	0,0042	0,0149	0,0385	0,0771	0,1248	0,1669
	11	0,0000	0,0000	0,0000	0,0001	0,0010	0,0046	0,0151	0,0374	0,0742	0,1214

Tabelle A

Tabelle A (Fortsetzung)

	p									
n k	0,05	0,10	0,15	0,20	0,25	0,30	0,35	0,40	0,45	0,50
12	0,0000	0,0000	0,0000	0,0000	0,0002	0,0012	0,0047	0,0145	0,0354	0,0708
13	0,0000	0,0000	0,0000	0,0000	0,0000	0,0002	0,0012	0,0045	0,0134	0,0327
14	0,0000	0,0000	0,0000	0,0000	0,0000	0,0000	0,0002	0,0011	0,0039	0,0117
15	0,0000	0,0000	0,0000	0,0000	0,0000	0,0000	0,0000	0,0002	0,0009	0,0031
16	0,0000	0,0000	0,0000	0,0000	0,0000	0,0000	0,0000	0,0000	0,0001	0,0006
17	0,0000	0,0000	0,0000	0,0000	0,0000	0,0000	0,0000	0,0000	0,0000	0,0001
18	0,0000	0,0000	0,0000	0,0000	0,0000	0,0000	0,0000	0,0000	0,0000	0,0000
19 0	0,3774	0,1351	0,0456	0,0144	0,0042	0,0011	0,0003	0,0001	0,0000	0,0000
1	0,3774	0,2852	0,1529	0,0685	0,0268	0,0093	0,0029	0,0008	0,0002	0,0000
2	0,1787	0,2852	0,2428	0,1540	0,0803	0,0358	0,0138	0,0046	0,0013	0,0003
3	0,0533	0,1796	0,2428	0,2182	0,1517	0,0869	0,0422	0,0175	0,0062	0,0018
4	0,0112	0,0798	0,1714	0,2182	0,2023	0,1491	0,0909	0,0467	0,0203	0,0074
5	0,0018	0,0266	0,0907	0,1636	0,2023	0,1916	0,1468	0,0933	0,0497	0,0222
6	0,0002	0,0069	0,0374	0,0955	0,1574	0,1916	0,1844	0,1451	0,0949	0,0518
7	0,0000	0,0014	0,0122	0,0443	0,0974	0,1525	0,1844	0,1797	0,1443	0,0961
8	0,0000	0,0002	0,0032	0,0166	0,0487	0,0981	0,1489	0,1797	0,1771	0,1442
9	0,0000	0,0000	0,0007	0,0051	0,0198	0,0514	0,0980	0,1464	0,1771	0,1762
10	0,0000	0,0000	0,0001	0,0013	0,0066	0,0220	0,0528	0,0976	0,1449	0,1762
11	0,0000	0,0000	0,0000	0,0003	0,0018	0,0077	0,0233	0,0532	0,0970	0,1442
12	0,0000	0,0000	0,0000	0,0000	0,0004	0,0022	0,0083	0,0237	0,0529	0,0961
13	0,0000	0,0000	0,0000	0,0000	0,0001	0,0005	0,0024	0,0085	0,0233	0,0518
14	0,0000	0,0000	0,0000	0,0000	0,0000	0,0001	0,0006	0,0024	0,0082	0,0222
15	0,0000	0,0000	0,0000	0,0000	0,0000	0,0000	0,0001	0,0005	0,0022	0,0074
16	0,0000	0,0000	0,0000	0,0000	0,0000	0,0000	0,0000	0,0001	0,0005	0,0018
17	0,0000	0,0000	0,0000	0,0000	0,0000	0,0000	0,0000	0,0000	0,0001	0,0003
18	0,0000	0,0000	0,0000	0,0000	0,0000	0,0000	0,0000	0,0000	0,0000	0,0000
19	0,0000	0,0000	0,0000	0,0000	0,0000	0,0000	0,0000	0,0000	0,0000	0,0000
20 0	0,3585	0,1216	0,0388	0,0115	0,0032	0,0008	0,0002	0,0000	0,0000	0,0000
1	0,3774	0,2702	0,1368	0,0576	0,0211	0,0068	0,0020	0,0005	0,0001	0,0000
2	0,1887	0,2852	0,2293	0,1369	0,0669	0,0278	0,0100	0,0031	0,0008	0,0002
3	0,0596	0,1901	0,2428	0,2054	0,1339	0,0716	0,0323	0,0123	0,0040	0,0011
4	0,0133	0,0898	0,1821	0,2182	0,1897	0,1304	0,0738	0,0350	0,0139	0,0046
5	0,0022	0,0319	0,1028	0,1746	0,2023	0,1789	0,1272	0,0746	0,0365	0,0148
6	0,0003	0,0089	0,0454	0,1091	0,1686	0,1916	0,1712	0,1244	0,0746	0,0370
7	0,0000	0,0020	0,0160	0,0545	0,1124	0,1643	0,1844	0,1659	0,1221	0,0739
8	0,0000	0,0004	0,0046	0,0222	0,0609	0,1144	0,1614	0,1797	0,1623	0,1201
9	0,0000	0,0001	0,0011	0,0074	0,0271	0,0654	0,1158	0,1597	0,1771	0,1602
10	0,0000	0,0000	0,0002	0,0020	0,0099	0,0308	0,0686	0,1171	0,1593	0,1762
11	0,0000	0,0000	0,0000	0,0005	0,0030	0,0120	0,0336	0,0710	0,1185	0,1602
12	0,0000	0,0000	0,0000	0,0001	0,0008	0,0039	0,0136	0,0355	0,0727	0,1201
13	0,0000	0,0000	0,0000	0,0000	0,0002	0,0010	0,0045	0,0146	0,0366	0,0739
14	0,0000	0,0000	0,0000	0,0000	0,0000	0,0002	0,0012	0,0049	0,0150	0,0370
15	0,0000	0,0000	0,0000	0,0000	0,0000	0,0000	0,0003	0,0013	0,0049	0,0148
16	0,0000	0,0000	0,0000	0,0000	0,0000	0,0000	0,0000	0,0003	0,0013	0,0046
17	0,0000	0,0000	0,0000	0,0000	0,0000	0,0000	0,0000	0,0000	0,0002	0,0011
18	0,0000	0,0000	0,0000	0,0000	0,0000	0,0000	0,0000	0,0000	0,0000	0,0002
19	0,0000	0,0000	0,0000	0,0000	0,0000	0,0000	0,0000	0,0000	0,0000	0,0000
20	0,0000	0,0000	0,0000	0,0000	0,0000	0,0000	0,0000	0,0000	0,0000	0,0000

Tabelle B. Verteilungsfunktion der Standardnormalverteilung (Quelle: Glass, G. V., Stanley, J. C.: Statistical methods in education and psychology, pp. 513–519. New Jersey: Prentice-Hall. Englewood Cliffs 1970)

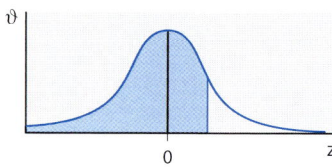

z	Fläche	Ordinate	z	Fläche	Ordinate	z	Fläche	Ordinate
−3,00	0,0013	0,0044	−2,60	0,0047	0,0136	−2,20	0,0139	0,0355
−2,99	0,0014	0,0046	−2,59	0,0048	0,0139	−2,19	0,0143	0,0363
−2,98	0,0014	0,0047	−2,58	0,0049	0,0143	−2,18	0,0146	0,0371
−2,97	0,0015	0,0048	−2,57	0,0051	0,0147	−2,17	0,0150	0,0379
−2,96	0,0015	0,0050	−2,56	0,0052	0,0151	−2,16	0,0154	0,0387
−2,95	0,0016	0,0051	−2,55	0,0054	0,0154	−2,15	0,0158	0,0396
−2,94	0,0016	0,0053	−2,54	0,0055	0,0158	−2,14	0,0162	0,0404
−2,93	0,0017	0,0055	−2,53	0,0057	0,0163	−2,13	0,0166	0,0413
−2,92	0,0018	0,0056	−2,52	0,0059	0,0167	−2,12	0,0170	0,0422
−2,91	0,0018	0,0058	−2,51	0,0060	0,0171	−2,11	0,0174	0,0431
−2,90	0,0019	0,0060	−2,50	0,0062	0,0175	−2,10	0,0179	0,0440
−2,89	0,0019	0,0061	−2,49	0,0064	0,0180	−2,09	0,0183	0,0449
−2,88	0,0020	0,0063	−2,48	0,0066	0,0184	−2,08	0,0188	0,0459
−2,87	0,0021	0,0065	−2,47	0,0068	0,0189	−2,07	0,0192	0,0468
−2,86	0,0021	0,0067	−2,46	0,0069	0,0194	−2,06	0,0197	0,0478
−2,85	0,0022	0,0069	−2,45	0,0071	0,0198	−2,05	0,0202	0,0488
−2,84	0,0023	0,0071	−2,44	0,0073	0,0203	−2,04	0,0207	0,0498
−2,83	0,0023	0,0073	−2,43	0,0075	0,0208	−2,03	0,0212	0,0508
−2,82	0,0024	0,0075	−2,42	0,0078	0,0213	−2,02	0,0217	0,0519
−2,81	0,0025	0,0077	−2,41	0,0080	0,0219	−2,01	0,0222	0,0529
−2,80	0,0026	0,0079	−2,40	0,0082	0,0224	−2,00	0,0228	0,0540
−2,79	0,0026	0,0081	−2,39	0,0084	0,0229	−1,99	0,0233	0,0551
−2,78	0,0027	0,0084	−2,38	0,0087	0,0235	−1,98	0,0239	0,0562
−2,77	0,0028	0,0086	−2,37	0,0089	0,0241	−1,97	0,0244	0,0573
−2,76	0,0029	0,0088	−2,36	0,0091	0,0246	−1,96	0,0250	0,0584
−2,75	0,0030	0,0091	−2,35	0,0094	0,0252	−1,95	0,0256	0,0596
−2,74	0,0031	0,0093	−2,34	0,0096	0,0258	−1,94	0,0262	0,0608
−2,73	0,0032	0,0096	−2,33	0,0099	0,0264	−1,93	0,0268	0,0620
−2,72	0,0033	0,0099	−2,32	0,0102	0,0270	−1,92	0,0274	0,0632
−2,71	0,0034	0,0101	−2,31	0,0104	0,0277	−1,91	0,0281	0,0644
−2,70	0,0035	0,0104	−2,30	0,0107	0,0283	−1,90	0,0287	0,0656
−2,69	0,0036	0,0107	−2,29	0,0110	0,0290	−1,89	0,0294	0,0669
−2,68	0,0037	0,0110	−2,28	0,0113	0,0297	−1,88	0,0301	0,0681
−2,67	0,0038	0,0113	−2,27	0,0116	0,0303	−1,87	0,0307	0,0694
−2,66	0,0039	0,0116	−2,26	0,0119	0,0310	−1,86	0,0314	0,0707
−2,65	0,0040	0,0119	−2,25	0,0122	0,0317	−1,85	0,0322	0,0721
−2,64	0,0041	0,0122	−2,24	0,0125	0,0325	−1,84	0,0329	0,0734
−2,63	0,0043	0,0126	−2,23	0,0129	0,0332	−1,83	0,0336	0,0748
−2,62	0,0044	0,0129	−2,22	0,0132	0,0339	−1,82	0,0344	0,0761
−2,61	0,0045	0,0132	−2,21	0,0136	0,0347	−1,81	0,0351	0,0775

Tabelle B (Fortsetzung)

z	Fläche	Ordinate	z	Fläche	Ordinate	z	Fläche	Ordinate
−1,80	0,0359	0,0790	−1,30	0,0968	0,1714	−0,80	0,2119	0,2897
−1,79	0,0367	0,0804	−1,29	0,0985	0,1736	−0,79	0,2148	0,2920
−1,78	0,0375	0,0818	−1,28	0,1003	0,1758	−0,77	0,2206	0,2966
−1,77	0,0384	0,0833	−1,27	0,1020	0,1781	−0,78	0,2177	0,2943
−1,76	0,0392	0,0848	−1,26	0,1038	0,1804	−0,76	0,2236	0,2989
−1,75	0,0401	0,0863	−1,25	0,1056	0,1826	−0,75	0,2266	0,3011
−1,74	0,0409	0,0878	−1,24	0,1075	0,1849	−0,74	0,2296	0,3034
−1,73	0,0418	0,0893	−1,23	0,1093	0,1872	−0,73	0,2327	0,3056
−1,72	0,0427	0,0909	−1,22	0,1112	0,1895	−0,72	0,2358	0,3079
−1,71	0,0436	0,0925	−1,21	0,1131	0,1919	−0,71	0,2389	0,3101
−1,70	0,0446	0,0940	−1,20	0,1151	0,1942	−0,70	0,2420	0,3123
−1,69	0,0455	0,0957	−1,19	0,1170	0,1965	−0,69	0,2451	0,3144
−1,68	0,0465	0,0973	−1,18	0,1190	0,1989	−0,68	0,2483	0,3166
−1,67	0,0475	0,0989	−1,17	0,1210	0,2012	−0,67	0,2514	0,3187
−1,66	0,0485	0,1006	−1,16	0,1230	0,2036	−0,66	0,2546	0,3209
−1,65	0,0495	0,1023	−1,15	0,1251	0,2059	−0,65	0,2578	0,3230
−1,64	0,0505	0,1040	−1,14	0,1271	0,2083	−0,64	0,2611	0,3251
−1,63	0,0516	0,1057	−1,13	0,1292	0,2107	−0,63	0,2643	0,3271
−1,62	0,0526	0,1074	−1,12	0,1314	0,2131	−0,62	0,2676	0,3292
−1,61	0,0537	0,1092	−1,11	0,1335	0,2155	−0,61	0,2709	0,3312
−1,60	0,0548	0,1109	−1,10	0,1357	0,2179	−0,60	0,2749	0,3332
−1,59	0,0559	0,1127	−1,09	0,1379	0,2203	−0,59	0,2776	0,3352
−1,58	0,0571	0,1145	−1,08	0,1401	0,2227	−0,58	0,2810	0,3372
−1,57	0,0582	0,1163	−1,07	0,1423	0,2251	−0,57	0,2843	0,3391
−1,56	0,0594	0,1182	−1,06	0,1446	0,2275	−0,56	0,2877	0,3410
−1,55	0,0606	0,1200	−1,05	0,1469	0,2299	−0,55	0,2912	0,3429
−1,54	0,0618	0,1219	−1,04	0,1492	0,2323	−0,54	0,2946	0,3448
−1,53	0,0630	0,1238	−1,03	0,1515	0,2347	−0,53	0,2981	0,3467
−1,52	0,0643	0,1257	−1,02	0,1539	0,2371	−0,52	0,3015	0,3485
−1,51	0,0655	0,1276	−1,01	0,1562	0,2396	−0,51	0,3050	0,3503
−1,50	0,0668	0,1295	−1,00	0,1587	0,2420	−0,50	0,3085	0,3521
−1,49	0,0681	0,1315	−0,99	0,1611	0,2444	−0,49	0,3121	0,3538
−1,48	0,0694	0,1334	−0,98	0,1635	0,2468	−0,48	0,3156	0,3555
−1,47	0,0708	0,1354	−0,97	0,1660	0,2492	−0,47	0,3192	0,3572
−1,46	0,0721	0,1374	−0,96	0,1685	0,2516	−0,46	0,3228	0,3589
−1,45	0,0735	0,1394	−0,95	0,1711	0,2541	−0,45	0,3264	0,3605
−1,44	0,0749	0,1415	−0,94	0,1736	0,2565	−0,44	0,3300	0,3621
−1,43	0,0764	0,1435	−0,93	0,1762	0,2589	−0,43	0,3336	0,3637
−1,42	0,0778	0,1456	−0,92	0,1788	0,2613	−0,42	0,3372	0,3653
−1,41	0,0793	0,1476	−0,91	0,1814	0,2637	−0,41	0,3409	0,3668
−1,40	0,0808	0,1497	−0,90	0,1841	0,2661	−0,40	0,3446	0,3683
−1,39	0,0823	0,1518	−0,89	0,1867	0,2685	−0,39	0,3483	0,3697
−1,38	0,0838	0,1539	−0,88	0,1894	0,2709	−0,38	0,3520	0,3712
−1,37	0,0853	0,1561	−0,87	0,1922	0,2732	−0,37	0,3557	0,3725
−1,36	0,0869	0,1582	−0,86	0,1949	0,2756	−0,36	0,3594	0,3739
−1,35	0,0885	0,1604	−0,85	0,1977	0,2780	−0,35	0,3632	0,3752
−1,34	0,0901	0,1626	−0,84	0,2005	0,2803	−0,34	0,3669	0,3765
−1,33	0,0918	0,1647	−0,83	0,2033	0,2827	−0,33	0,3707	0,3778
−1,32	0,0934	0,1669	−0,82	0,2061	0,2850	−0,32	0,3745	0,3790
−1,31	0,0951	0,1691	−0,81	0,2090	0,2874	−0,31	0,3783	0,3802

Tabelle B (Fortsetzung)

z	Fläche	Ordinate	z	Fläche	Ordinate	z	Fläche	Ordinate
−0,30	0,3821	0,3814	0,20	0,5793	0,3910	0,70	0,7580	0,3123
−0,29	0,3859	0,3825	0,21	0,5832	0,3902	0,71	0,7611	0,3101
−0,28	0,3897	0,3836	0,22	0,5871	0,3894	0,72	0,7642	0,3079
−0,27	0,3936	0,3847	0,23	0,5910	0,3885	0,73	0,7673	0,3056
−0,26	0,3974	0,3857	0,24	0,5948	0,3876	0,74	0,7704	0,3034
−0,25	0,4013	0,3867	0,25	0,5987	0,3867	0,75	0,7734	0,3011
−0,24	0,4052	0,3876	0,26	0,6026	0,3857	0,76	0,7764	0,2989
−0,23	0,4090	0,3885	0,27	0,6064	0,3847	0,77	0,7794	0,2966
−0,22	0,4129	0,3894	0,28	0,6103	0,3836	0,79	0,7852	0,2920
−0,21	0,4168	0,3902	0,29	0,6141	0,3825	0.78	0.7823	0,2943
−0,20	0,4207	0,3910	0,30	0,6179	0,3814	0,80	0,7881	0,2897
−0,19	0,4247	0,3918	0,31	0,6217	0,3802	0,81	0,7910	0,2874
−0,18	0,4286	0,3925	0,32	0,6255	0,3790	0,82	0,7939	0,2850
−0,17	0,4325	0,3932	0,33	0,6293	0,3778	0,83	0,7967	0,2827
−0,16	0,4364	0,3939	0,34	0,6331	0,3765	0,84	0,7995	0,2803
−0,15	0,4404	0,3945	0,35	0,6368	0,3752	0,85	0,8023	0,2780
−0,14	0,4443	0,3951	0,36	0,6406	0,3739	0,86	0,8051	0,2756
−0,13	0,4483	0,3956	0,37	0,6443	0,3725	0,87	0,8078	0,2732
−0,12	0,4522	0,3961	0,38	0,6480	0,3712	0,88	0,8106	0,2709
−0,11	0,4562	0,3965	0,39	0,6517	0,3697	0,89	0,8133	0,2685
−0,10	0,4602	0,3970	0,40	0,6554	0,3683	0,90	0,8159	0,2661
−0,09	0,4641	0,3973	0,41	0,6591	0,3668	0,91	0,8186	0,2637
−0,08	0,4681	0,3977	0,42	0,6628	0,3653	0,92	0,8212	0,2613
−0,07	0,4721	0,3980	0,43	0,6664	0,3637	0,93	0,8238	0,2589
−0,06	0,4761	0,3982	0,44	0,6700	0,3621	0,94	0,8264	0,2565
−0,05	0,4801	0,3984	0,45	0,6736	0,3605	0,95	0,8289	0,2541
−0,04	0,4840	0,3986	0,46	0,6772	0,3589	0,96	0,8315	0,2516
−0,03	0,4880	0,3988	0,47	0,6808	0,3572	0,97	0,8340	0,2492
−0,02	0,4920	0,3989	0,48	0,6844	0,3555	0,98	0,8365	0,2468
−0,01	0,4960	0,3989	0,49	0,6879	0,3538	0,99	0,8389	0,2444
0,00	0,5000	0,3989	0,50	0,6915	0,3521	1,00	0,8413	0,2420
0,01	0,5040	0,3989	0,51	0,6950	0,3503	1,01	0,8438	0,2396
0,02	0,5080	0,3989	0,52	0,6985	0,3485	1,02	0,8461	0,2371
0,03	0,5120	0,3988	0,53	0,7019	0,3467	1,03	0,8485	0,2347
0,04	0,5160	0,3986	0,54	0,7054	0,3448	1,04	0,8508	0,2323
0,05	0,5199	0,3984	0,55	0,7088	0,3429	1,05	0,8531	0,2299
0,06	0,5239	0,3982	0,56	0,7123	0,3410	1,06	0,8554	0,2275
0,07	0,5279	0,3980	0,57	0,7157	0,3391	1,07	0,8577	0,2251
0,08	0,5319	0,3977	0,58	0,7190	0,3372	1,08	0,8599	0,2227
0,09	0,5359	0,3973	0,59	0,7224	0,3352	1,09	0,8621	0,2203
0,10	0,5398	0,3970	0,60	0,7257	0,3332	1,10	0,8643	0,2179
0,11	0,5438	0,3965	0,61	0,7291	0,3312	1,11	0,8665	0,2155
0,12	0,5478	0,3961	0,62	0,7324	0,3292	1,12	0,8686	0,2131
0,13	0,5517	0,3956	0,63	0,7357	0,3271	1,13	0,8708	0,2107
0,14	0,5557	0,3951	0,64	0,7389	0,3251	1,14	0,8729	0,2083
0,15	0,5596	0,3945	0,65	0,7422	0,3230	1,15	0,8749	0,2059
0,16	0,5636	0,3939	0,66	0,7454	0,3209	1,16	0,8770	0,2036
0,17	0,5675	0,3932	0,67	0,7486	0,3187	1,17	0,8790	0,2012
0,18	0,5714	0,3925	0,68	0,7517	0,3166	1,18	0,8810	0,1989
0,19	0,5753	0,3918	0,69	0,7549	0,3144	1,19	0,8830	0,1965

Tabelle B (Fortsetzung)

z	Fläche	Ordinate	z	Fläche	Ordinate	z	Fläche	Ordinate
1,20	0,8849	0,1942	1,70	0,9554	0,0940	2,20	0,9861	0,0355
1,21	0,8869	0,1919	1,71	0,9564	0,0925	2,21	0,9864	0,0347
1,22	0,8888	0,1895	1,72	0,9573	0,0909	2,22	0,9868	0,0339
1,23	0,8907	0,1872	1,73	0,9582	0,0893	2,23	0,9871	0,0332
1,24	0,8925	0,1849	1,74	0,9591	0,0878	2,24	0,9875	0,0325
1,25	0,8944	0,1826	1,75	0,9599	0,0863	2,25	0,9878	0,0317
1,26	0,8962	0,1804	1,76	0,9608	0,0848	2,26	0,9881	0,0310
1,27	0,8980	0,1781	1,77	0,9616	0,0833	2,27	0,9884	0,0303
1,28	0,8997	0,1758	1,78	0,9625	0,0818	2,28	0,9887	0,0297
1,29	0,9015	0,1736	1,79	0,9633	0,0804	2,29	0,9890	0,0290
1,30	0,9032	0,1714	1,80	0,9641	0,0790	2,30	0,9893	0,0283
1,31	0,9049	0,1691	1,81	0,9649	0,0775	2,31	0,9896	0,0277
1,32	0,9066	0,1669	1,82	0,9656	0,0761	2,32	0,9898	0,0270
1,33	0,9082	0,1647	1,83	0,9664	0,0748	2,33	0,9901	0,0264
1,34	0,9099	0,1626	1,84	0,9671	0,0734	2,34	0,9904	0,0258
1,35	0,9115	0,1604	1,85	0,9678	0,0721	2,35	0,9906	0,0246
1,36	0,9131	0,1582	1,86	0,9686	0,0707	2,36	0,9909	0,0246
1,37	0,9147	0,1561	1,87	0,9693	0,0694	2,37	0,9911	0,0241
1,38	0,9162	0,1539	1,88	0,9699	0,0681	2,38	0,9913	0,0235
1,39	0,9177	0,1518	1,89	0,9706	0,0669	2,39	0,9916	0,0229
1,40	0,9192	0,1497	1,90	0,9713	0,0656	2,40	0,9918	0,0224
1,41	0,9207	0,1476	1,91	0,9719	0,0644	2,41	0,9920	0,0219
1,42	0,9222	0,1456	1,92	0,9726	0,0632	2,42	0,9922	0,0213
1,43	0,9236	0,1435	1,93	0,9732	0,0620	2,43	0,9925	0,0208
1,44	0,9251	0,1415	1,94	0,9738	0,0608	2,44	0,9927	0,0203
1,45	0,9265	0,1394	1,95	0,9744	0,0596	2,45	0,9929	0,0198
1,46	0,9279	0,1374	1,96	0,9750	0,0584	2,46	0,9931	0,0194
1,47	0,9292	0,1354	1,97	0,9756	0,0573	2,47	0,9932	0,0189
1,48	0,9306	0,1334	1,98	0,9761	0,0562	2,48	0,9934	0,0184
1,49	0,9319	0,1315	1,99	0,9767	0,0551	2,49	0,9936	0,0180
1,50	0,9332	0,1295	2,00	0,9772	0,0540	2,50	0,9938	0,0175
1,51	0,9345	0,1276	2,01	0,9778	0,0529	2,51	0,9940	0,0171
1,52	0,9357	0,1257	2,02	0,9783	0,0519	2,52	0,9941	0,0167
1,53	0,9370	0,1238	2,03	0,9788	0,0508	2,53	0,9943	0,0163
1,54	0,9382	0,1219	2,04	0,9793	0,0498	2,54	0,9945	0,0158
1,55	0,9394	0,1200	2,05	0,9798	0,0488	2,55	0,9946	0,0154
1,56	0,9406	0,1182	2,06	0,9803	0,0478	2,56	0,9948	0,0151
1,57	0,9418	0,1163	2,07	0,9808	0,0468	2,57	0,9949	0,0147
1,58	0,9429	0,1145	2,08	0,9812	0,0459	2,58	0,9951	0,0143
1,59	0,9441	0,1127	2,09	0,9817	0,0449	2,59	0,9952	0,0139
1,60	0,9452	0,1109	2,10	0,9821	0,0440	2,60	0,9953	0,0136
1,61	0,9463	0,1092	2,11	0,9826	0,0431	2,61	0,9955	0,0132
1,62	0,9474	0,1074	2,12	0,9830	0,0422	2,62	0,9956	0,0129
1,63	0,9484	0,1057	2,13	0,9834	0,0413	2,63	0,9957	0,0126
1,64	0,9495	0,1040	2,14	0,9838	0,0404	2,64	0,9959	0,0122
1,65	0,9505	0,1023	2,15	0,9842	0,0396	2,65	0,9960	0,0119
1,66	0,9515	0,1006	2,16	0,9846	0,0387	2,66	0,9961	0,0116
1,67	0,9525	0,0989	2,17	0,9850	0,0379	2,67	0,9962	0,0113
1,68	0,9535	0,0973	2,18	0,9854	0,0371	2,68	0,9963	0,0110
1,69	0,9545	0,0957	2,19	0,9857	0,0363	2,69	0,9964	0,0107

Tabelle B (Fortsetzung)

z	Fläche	Ordinate	z	Fläche	Ordinate	z	Fläche	Ordinate
2,70	0,9965	0,0104	2,80	0,9974	0,0079	2,90	0,9981	0,0060
2,71	0,9966	0,0101	2,81	0,9975	0,0077	2,91	0,9982	0,0058
2,72	0,9967	0,0099	2,82	0,9976	0,0075	2,92	0,9982	0,0056
2,73	0,9968	0,0096	2,83	0,9977	0,0073	2,93	0,9983	0,0055
2,74	0,9969	0,0093	2,84	0,9977	0,0071	2,94	0,9984	0,0053
2,75	0,9970	0,0091	2,85	0,9978	0,0069	2,95	0,9984	0,0051
2,76	0,9971	0,0088	2,86	0,9979	0,0067	2,96	0,9985	0,0050
2,77	0,9972	0,0086	2,87	0,9979	0,0065	2,97	0,9985	0,0048
2,78	0,9973	0,0084	2,88	0,9980	0,0063	2,98	0,9986	0,0047
2,79	0,9974	0,0081	2,89	0,9981	0,0061	2,99	0,9986	0,0046
						3,00	0,9987	0,0044

Tabelle C

Tabelle C. Verteilungsfunktion der χ^2-Verteilungen (zit. nach: Hays, W.L., Winkler, R.L.: Statistics, vol. I, pp. 604–605. New York: Holt, Rinehart and Winston 1970)

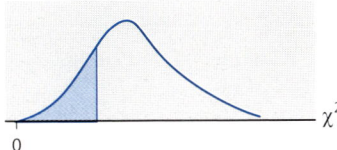

Fläche df	0,005	0,010	0,025	0,050	0,100	0,250	0,500
1	$392704 \cdot 10^{-10}$	$157088 \cdot 10^{-9}$	$982069 \cdot 10^{-9}$	$393214 \cdot 10^{-8}$	0,0157908	0,1015308	0,454937
2	0,0100251	0,0201007	0,0506356	0,102587	0,210720	0,575364	1,38629
3	0,0717212	0,114832	0,215795	0,351846	0,584375	1,212534	2,36597
4	0,206990	0,297110	0,484419	0,710721	1,063623	1,92255	3,35670
5	0,411740	0,554300	0,831211	1,145476	1,61031	2,67460	4,35146
6	0,675727	0,872085	1,237347	1,63539	2,20413	3,45460	5,34812
7	0,989265	1,239043	1,68987	2,16735	2,83311	4,25485	6,34581
8	1,344419	1,646482	2,17973	2,73264	3,48954	5,07064	7,34412
9	1,734926	2,087912	2,70039	3,32511	4,16816	5,89883	8,34283
10	2,15585	2,55821	3,24697	3,94030	4,86518	6,73720	9,34182
11	2,60321	3,05347	3,81575	4,57481	5,57779	7,58412	10,3410
12	3,07382	3,57056	4,40379	5,22603	6,30380	8,43842	11,3403
13	3,56503	4,10691	5,00874	5,89186	7,04150	9,29906	12,3398
14	4,07468	4,66043	5,62872	6,57063	7,78953	10,1653	13,3393
15	4,60094	5,22935	6,26214	7,26094	8,54675	11,0365	14,3389
16	5,14224	5,81221	6,90766	7,96164	9,31223	11,9122	15,3385
17	5,69724	6,40776	7,56418	8,67176	10,0852	12,7919	16,3381
18	6,26481	7,01491	8,23075	9,39046	10,8649	13,6753	17,3379
19	6,84398	7,63273	8,90655	10,1170	11,6509	14,5620	18,3376
20	7,43386	8,26040	9,59083	10,8508	12,4426	15,4518	19,3374
21	8,03366	8,89720	10,28293	11,5913	13,2396	16,3444	20,3372
22	8,64272	9,54249	10,9823	12,3380	14,0415	17,2396	21,3370
23	9,26042	10,19567	11,6885	13,0905	14,8479	18,1373	22,3369
24	9,88623	10,8564	12,4011	13,8484	15,6587	19,0372	23,3367
25	10,5197	11,5240	13,1197	14,6114	16,4734	19,9393	24,3366
26	11,1603	12,1981	13,8439	15,3791	17,2919	20,8434	25,3364
27	11,8076	12,8786	14,5733	16,1513	18,1138	21,7494	26,3363
28	12,4613	13,5648	15,3079	16,9279	18,9392	22,6572	27,3363
29	13,1211	14,2565	16,0471	17,7083	19,7677	23,5666	28,3362
30	13,7867	14,9535	16,7908	18,4926	20,5992	24,4776	29,3360
40	20,7065	22,1643	24,4331	26,5093	29,0505	33,6603	39,3354
50	27,9907	29,7067	32,3574	34,7642	37,6886	42,9421	49,3349
60	35,5346	37,4848	40,4817	43,1879	46,4589	52,2938	59,3347
70	43,2752	45,4418	48,7576	51,7393	55,3290	61,6983	69,3344
80	51,1720	53,5400	57,1532	60,3915	64,2778	71,1445	79,3343
90	59,1963	61,7541	65,6466	69,1260	73,2912	80,6247	89,3342
100	67,3276	70,0648	74,2219	77,9295	82,3581	90,1332	99,3341
z	−2,5758	−2,3263	−1,9600	−1,6449	−1,2816	−0,6745	0,0000

Tabelle C (Fortsetzung)

Fläche df	0,750	0,900	0,950	0,975	0,990	0,995	0,999
1	1,32330	2,70554	3,84146	5,02389	6,63490	7,87944	10,828
2	2,77259	4,60517	5,99147	7,37776	9,21034	10,5966	13,816
3	4,10835	6,25139	7,81473	9,34840	11,3449	12,8381	16,266
4	5,38527	7,77944	9,48773	11,1439	13,2767	14,8602	18,467
5	6,62568	9,23635	11,0705	12,8325	15,0863	16,7496	20,515
6	7,84080	10,6446	12,5916	14,4494	16,8119	18,5476	22,458
7	9,03715	12,0170	14,0671	16,0128	18,4753	20,2777	24,322
8	10,2188	13,3616	15,5073	17,5346	20,0902	21,9550	26,125
9	11,3887	14,6837	16,9190	19,0228	21,6660	23,5893	27,877
10	12,5489	15,9871	18,3070	20,4831	23,2093	25,1882	29,588
11	13,7007	17,2750	19,6751	21,9200	24,7250	26,7569	31,264
12	14,8454	18,5494	21,0261	23,3367	26,2170	28,2995	32,909
13	15,9839	19,8119	22,3621	24,7356	27,6883	29,8194	34,528
14	17,1170	21,0642	23,6848	26,1190	29,1413	31,3193	36,123
15	18,2451	22,3072	24,9958	27,4884	30,5779	32,8013	37,697
16	19,3688	23,5418	26,2962	28,8454	31,9999	34,2672	39,252
17	20,4887	24,7690	27,5871	30,1910	33,4087	35,7185	40,790
18	21,6049	25,9894	28,8693	31,5264	34,8053	37,1564	42,312
19	22,7178	27,2036	30,1435	32,8523	36,1908	38,5822	43,820
20	23,8277	28,4120	31,4104	34,1696	37,5662	39,9968	45,315
21	24,9348	29,6151	32,6705	35,4789	38,9321	41,4010	46,797
22	26,0393	30,8133	33,9244	36,7807	40,2894	42,7956	48,268
23	27,1413	32,0069	35,1725	38,0757	41,6384	44,1813	49,728
24	28,2412	33,1963	36,4151	39,3641	42,9798	45,5585	51,179
25	29,3389	34,3816	37,6525	40,6465	44,3141	46,9278	52,620
26	30,4345	35,5631	38,8852	41,9232	45,6417	48,2899	54,052
27	31,5284	36,7412	40,1133	43,1944	46,9630	49,6449	55,476
28	32,6205	37,9159	41,3372	44,4607	48,2782	50,9933	56,892
29	33,7109	39,0875	42,5569	45,7222	49,5879	52,3356	58,302
30	34,7998	40,2560	43,7729	46,9792	50,8922	53,6720	59,703
40	45,6160	51,8050	55,7585	59,3417	63,6907	66,7659	73,402
50	56,3336	63,1671	67,5048	71,4202	76,1539	79,4900	86,661
60	66,9814	74,3970	79,0819	83,2976	88,3794	91,9517	99,607
70	77,5766	85,5271	90,5312	95,0231	100,425	104,215	112,317
80	88,1303	96,5782	101,879	106,629	112,329	116,321	124,839
90	98,6499	107,565	113,145	118,136	124,116	128,299	137,208
100	109,141	118,498	124,342	129,561	135,807	140,169	149,449
z	+0,6745	+1,2816	+1,6449	+1,9600	+2,3263	+2,5758	+3,0902

Tabelle D

Tabelle D. Verteilungsfunktion der t-Verteilungen und zweiseitige Signifikanzgrenzen für Produkt-Moment-Korrelationen (zit. nach Glass, G.V., Stanley, J.C.: Statistical methods in education and psychology, p. 521. New Jersey: Prentice-Hall, Englewood Cliffs 1970)

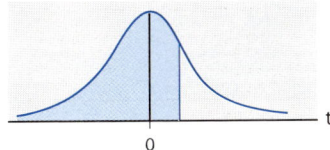

Fläche* df	0,55	0,60	0,65	0,70	0,75	0,80	0,85	0,90	0,95	0,975	0,990	0,995	0,9995	$r_{0,05}$	$r_{0,01}$
1	0,158	0,325	0,510	0,727	1,000	1,376	1,963	3,078	6,314	12,706	31,821	63,657	636,619	0,997	1,000
2	0,142	0,289	0,445	0,617	0,816	1,061	1,386	1,886	2,920	4,303	6,965	9,925	31,598	0,950	0,990
3	0,137	0,277	0,424	0,584	0,765	0,978	1,250	1,638	2,353	3,182	4,541	5,841	12,941	0,878	0,959
4	0,134	0,271	0,414	0,569	0,741	0,941	1,190	1,533	2,132	2,776	3,747	4,604	8,610	0,811	0,917
5	0,132	0,267	0,408	0,559	0,727	0,920	1,156	1,476	2,015	2,571	3,365	4,032	6,859	0,754	0,874
6	0,131	0,265	0,404	0,553	0,718	0,906	1,134	1,440	1,943	2,447	3,143	3,707	5,959	0,707	0,834
7	0,130	0,263	0,402	0,549	0,711	0,896	1,119	1,415	1,895	2,365	2,998	3,499	5,405	0,666	0,798
8	0,130	0,262	0,399	0,546	0,706	0,889	1,108	1,397	1,860	2,306	2,896	3,355	5,041	0,632	0,765
9	0,129	0,261	0,398	0,543	0,703	0,883	1,100	1,383	1,833	2,262	2,821	3,250	4,781	0,602	0,735
10	0,129	0,260	0,397	0,542	0,700	0,879	1,093	1,372	1,812	2,228	2,764	3,169	4,587	0,576	0,708
11	0,129	0,260	0,396	0,540	0,697	0,876	1,088	1,363	1,796	2,201	2,718	3,106	4,437	0,553	0,684
12	0,128	0,259	0,395	0,539	0,695	0,873	1,083	1,356	1,782	2,179	2,681	3,055	4,318	0,532	0,661
13	0,128	0,259	0,394	0,538	0,694	0,870	1,079	1,350	1,771	2,160	2,650	3,012	4,221	0,514	0,641
14	0,128	0,258	0,393	0,537	0,692	0,868	1,076	1,345	1,761	2,145	2,624	2,977	4,140	0,497	0,623
15	0,128	0,258	0,393	0,536	0,691	0,866	1,074	1,341	1,753	2,131	2,602	2,947	4,073	0,482	0,606
16	0,128	0,258	0,392	0,535	0,690	0,865	1,071	1,337	1,746	2,120	2,583	2,921	4,015	0,468	0,590
17	0,128	0,257	0,392	0,534	0,689	0,863	1,069	1,333	1,740	2,110	2,567	2,898	3,965	0,456	0,575
18	0,127	0,257	0,392	0,534	0,688	0,862	1,067	1,330	1,734	2,101	2,552	2,878	3,922	0,444	0,561
19	0,127	0,257	0,391	0,533	0,688	0,861	1,066	1,328	1,729	2,093	2,539	2,861	3,883	0,433	0,549
20	0,127	0,257	0,391	0,533	0,687	0,860	1,064	1,325	1,725	2,086	2,528	2,845	3,850	0,423	0,537
21	0,127	0,257	0,391	0,532	0,686	0,859	1,063	1,323	1,721	2,080	2,518	2,831	3,819	0,413	0,526
22	0,127	0,256	0,390	0,532	0,686	0,858	1,061	1,321	1,717	2,074	2,508	2,819	3,792	0,404	0,515
23	0,127	0,256	0,390	0,532	0,685	0,858	1,060	1,319	1,714	2,069	2,500	2,807	3,767	0,396	0,505
24	0,127	0,256	0,390	0,531	0,685	0,857	1,059	1,318	1,711	2,064	2,492	2,797	3,745	0,388	0,496
25	0,127	0,256	0,390	0,531	0,684	0,856	1,058	1,316	1,708	2,060	2,485	2,787	3,725	0,381	0,487
26	0,127	0,256	0,390	0,531	0,684	0,856	1,058	1,315	1,706	2,056	2,479	2,779	3,707	0,374	0,478
27	0,127	0,256	0,389	0,531	0,684	0,855	1,057	1,314	1,703	2,052	2,473	2,771	3,690	0,367	0,470
28	0,127	0,256	0,389	0,530	0,683	0,855	1,056	1,313	1,701	2,048	2,467	2,763	3,674	0,361	0,463
29	0,127	0,256	0,389	0,530	0,683	0,854	1,055	1,311	1,699	2,045	2,462	2,756	3,659	0,355	0,456
30	0,127	0,256	0,389	0,530	0,683	0,854	1,055	1,310	1,697	2,042	2,457	2,750	3,646	0,349	0,449
40	0,126	0,255	0,388	0,529	0,681	0,851	1,050	1,303	1,684	2,021	2,423	2,704	3,551	0,304	0,393
60	0,126	0,254	0,387	0,527	0,679	0,848	1,046	1,296	1,671	2,000	2,390	2,660	3,460	0,250	0,325
120	0,126	0,254	0,386	0,526	0,677	0,845	1,041	1,289	1,658	1,980	2,358	2,617	3,373	0,178	0,232
z	0,126	0,253	0,385	0,524	0,674	0,842	1,036	1,282	1,645	1,960	2,326	2,576	3,291		

* Die Flächenanteile für negative t-Werte ergeben sich nach der Beziehung $p(-t_{df}) = 1 - p(t_{df})$

Tabelle E. Verteilungsfunktion der F-Verteilungen (zit. nach: Winer, J.B.: Statistical principles in experimental design, pp. 642–647. New York: McGraw-Hill 1962)

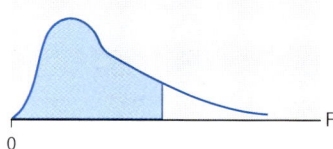

Nenner-df	Fläche	Zähler-df 1	2	3	4	5	6	7	8	9	10	11	12
1	0,75	5,83	7,50	8,20	8,58	8,82	8,98	9,10	9,19	9,26	9,32	9,36	9,41
	0,90	39,9	49,5	53,6	55,8	57,2	58,2	58,9	59,4	59,9	60,2	60,5	60,7
	0,95	161	200	216	225	230	234	237	239	241	242	243	244
2	0,75	2,57	3,00	3,15	3,23	3,28	3,31	3,34	3,35	3,37	3,38	3,39	3,39
	0,90	8,53	9,00	9,16	9,24	9,29	9,33	9,35	9,37	9,38	9,39	9,40	9,41
	0,95	18,5	19,0	19,2	19,2	19,3	19,3	19,4	19,4	19,4	19,4	19,4	19,4
	0,99	98,5	99,0	99,2	99,2	99,3	99,3	99,4	99,4	99,4	99,4	99,4	99,4
3	0,75	2,02	2,28	2,36	2,39	2,41	2,42	2,43	2,44	2,44	2,44	2,45	2,45
	0,90	5,54	5,46	5,39	5,34	5,31	5,28	5,27	5,25	5,24	5,23	5,22	5,22
	0,95	10,1	9,55	9,28	9,12	9,10	8,94	8,89	8,85	8,81	8,79	8,76	8,74
	0,99	34,1	30,8	29,5	28,7	28,2	27,9	27,7	27,5	27,3	27,2	27,1	27,1
4	0,75	1,81	2,00	2,05	2,06	2,07	2,08	2,08	2,08	2,08	2,08	2,08	2,08
	0,90	4,54	4,32	4,19	4,11	4,05	4,01	3,98	3,95	3,94	3,92	3,91	3,90
	0,95	7,71	6,94	6,59	6,39	6,26	6,16	6,09	6,04	6,00	5,96	5,94	5,91
	0,99	21,2	18,0	16,7	16,0	15,5	15,2	15,0	14,8	14,7	14,5	14,4	14,4
5	0,75	1,69	1,85	1,88	1,89	1,89	1,89	1,89	1,89	1,89	1,89	1,89	1,89
	0,90	4,06	3,78	3,62	3,52	3,45	3,40	3,37	3,34	3,32	3,30	3,28	3,27
	0,95	6,61	5,79	5,41	5,19	5,05	4,95	4,88	4,82	4,77	4,74	4,71	4,68
	0,99	16,3	13,3	12,1	11,4	11,0	10,7	10,5	10,3	10,2	10,1	9,96	9,89
6	0,75	1,62	1,76	1,78	1,79	1,79	1,78	1,78	1,77	1,77	1,77	1,77	1,77
	0,90	3,78	3,46	3,29	3,18	3,11	3,05	3,01	2,98	2,96	2,94	2,92	2,90
	0,95	5,99	5,14	4,76	4,53	4,39	4,28	4,21	4,15	4,10	4,06	4,03	4,00
	0,99	13,7	10,9	9,78	9,15	8,75	8,47	8,26	8,10	7,98	7,87	7,79	7,72
7	0,75	1,57	1,70	1,72	1,72	1,71	1,71	1,70	1,70	1,69	1,69	1,69	1,68
	0,90	3,59	3,26	3,07	2,96	2,88	2,83	2,78	2,75	2,72	2,70	2,68	2,67
	0,95	5,59	4,74	4,35	4,12	3,97	3,87	3,79	3,73	3,68	3,64	3,60	3,57
	0,99	12,2	9,55	8,45	7,85	7,46	7,19	6,99	6,84	6,72	6,62	6,54	6,47
8	0,75	1,54	1,66	1,67	1,66	1,66	1,65	1,64	1,64	1,64	1,63	1,63	1,62
	0,90	3,46	3,11	2,92	2,81	2,73	2,67	2,62	2,59	2,56	2,54	2,52	2,50
	0,95	5,32	4,46	4,07	3,84	3,69	3,58	3,50	3,44	3,39	3,35	3,31	3,28
	0,99	11,3	8,65	7,59	7,01	6,63	6,37	6,18	6,03	5,91	5,81	5,73	5,67
9	0,75	1,51	1,62	1,63	1,63	1,62	1,61	1,60	1,60	1,59	1,59	1,58	1,58
	0,90	3,36	3,01	2,81	2,69	2,61	2,55	2,51	2,47	2,44	2,42	2,40	2,38
	0,95	5,12	4,26	3,86	3,63	3,48	3,37	3,29	3,23	3,18	3,14	3,10	3,07
	0,99	10,6	8,02	6,99	6,42	6,06	5,80	5,61	5,47	5,35	5,26	5,18	5,11
10	0,75	1,49	1,60	1,60	1,59	1,59	1,58	1,57	1,56	1,56	1,55	1,55	1,54
	0,90	3,28	2,92	2,73	2,61	2,52	2,46	2,41	2,38	2,35	2,32	2,30	2,28
	0,95	4,96	4,10	3,71	3,48	3,33	3,22	3,14	3,07	3,02	2,98	2,94	2,91
	0,99	10,0	7,56	6,55	5,99	5,64	5,39	5,20	5,06	4,94	4,85	4,77	4,71
11	0,75	1,47	1,58	1,58	1,57	1,56	1,55	1,54	1,53	1,53	1,52	1,52	1,51
	0,90	3,23	2,86	2,66	2,54	2,45	2,39	2,34	2,30	2,27	2,25	2,23	2,21

Tabelle E (Fortsetzung)

Zähler-df													Fläche	Nenner-df
15	20	25	30	40	50	60	100	120	200	500	∞			
9,49	9,58	9,63	9,67	9,71	9,74	9,76	9,78	9,80	9,82	9,84	9,85	0,75	1
61,2	61,7	62,0	62,3	62,5	62,7	62,8	63,0	63,1	63,2	63,3	63,3	0,90	
246	248	249	250	251	252	252	253	253	254	254	254	0,95	
3,41	3,43	3,43	3,44	3,45	3,45	3,46	3,47	3,47	3,48	3,48	3,48	0,75	2
9,42	9,44	9,45	9,46	9,47	9,47	9,47	9,48	9,48	9,49	9,49	9,49	0,90	
19,4	19,4	19,5	19,5	19,5	19,5	19,5	19,5	19,5	19,5	19,5	19,5	0,95	
99,4	99,4	99,5	99,5	99,5	99,5	99,5	99,5	99,5	99,5	99,5	99,5	0,99	
2,46	2,46	2,46	2,47	2,47	2,47	2,47	2,47	2,47	2,47	2,47	2,47	0,75	3
5,20	5,18	5,18	5,17	5,16	5,15	5,15	5,14	5,14	5,14	5,14	5,13	0,90	
8,70	8,66	8,64	8,62	8,59	8,58	8,57	8,55	8,55	8,54	8,53	8,53	0,95	
26,9	26,7	26,6	26,5	26,4	26,4	26,3	26,2	26,2	26,1	26,1	26,1	0,99	
2,08	2,08	2,08	2,08	2,08	2,08	2,08	2,08	2,08	2,08	2,08	2,08	0,75	4
3,87	3,84	3,83	3,82	3,80	3,80	3,79	3,78	3,78	3,77	3,76	3,76	0,90	
5,86	5,80	5,77	5,75	5,72	5,70	5,69	5,66	5,66	5,65	5,64	5,63	0,95	
14,2	14,0	13,9	13,8	13,7	13,7	13,7	13,6	13,6	3,5	13,5	13,5	0,99	
1,89	1,88	1,88	1,88	1,88	1,88	1,87	1,87	1,87	1,87	1,87	1,87	0,75	5
3,24	3,21	3,19	3,17	3,16	3,15	3,14	3,13	3,12	3,12	3,11	3,10	0,90	
4,62	4,56	4,53	4,50	4,46	4,44	4,43	4,41	4,40	4,39	4,37	4,36	0,95	
9,72	9,55	9,47	9,38	9,29	9,24	9,20	9,13	9,11	9,08	9,04	9,02	0,99	
1,76	1,76	1,75	1,75	1,75	1,75	1,74	1,74	1,74	1,74	1,74	1,74	0,75	6
2,87	2,84	2,82	2,80	2,78	2,77	2,76	2,75	2,74	2,73	2,73	2,72	0,90	
3,94	3,87	3,84	3,81	3,77	3,75	3,74	3,71	3,70	3,69	3,68	3,67	0,95	
7,56	7,40	7,31	7,23	7,14	7,09	7,06	6,99	6,97	6,93	6,90	6,88	0,99	
1,68	1,67	1,67	1,66	1,66	1,66	1,65	1,65	1,65	1,65	1,65	1,65	0,75	7
2,63	2,59	2,58	2,56	2,54	2,52	2,51	2,50	2,49	2,48	2,48	2,47	0,90	
3,51	3,44	3,41	3,38	3,34	3,32	3,30	3,27	3,27	3,25	3,24	3,23	0,95	
6,31	6,16	6,07	5,99	5,91	5,86	5,82	5,75	5,74	5,70	5,67	5,65	0,99	
1,62	1,61	1,60	1,60	1,59	1,59	1,59	1,58	1,58	1,58	1,58	1,58	0,75	8
2,46	2,42	2,40	2,38	2,36	2,35	2,34	2,32	2,32	2,31	2,30	2,29	0,90	
3,22	3,15	3,12	3,08	3,04	3,02	3,01	2,96	2,97	2,95	2,94	2,93	0,95	
5,52	5,36	5,28	5,20	5,12	5,07	5,03	4,96	4,95	4,91	4,88	4,86	0,99	
1,57	1,56	1,56	1,55	1,55	1,54	1,54	1,53	1,53	1,53	1,53	1,53	0,75	9
2,34	2,30	2,28	2,25	2,23	2,22	2,21	2,19	2,18	2,17	2,17	2,16	0,90	
3,01	2,94	2,90	2,86	2,83	2,80	2,79	2,76	2,75	2,73	2,72	2,71	0,95	
4,96	4,81	4,73	4,65	4,57	4,52	4,48	4,42	4,40	4,36	4,33	4,31	0,99	
1,53	1,52	1,52	1,51	1,51	1,50	1,50	1,49	1,49	1,49	1,48	1,48	0,75	10
2,24	2,20	2,18	2,16	2,13	2,12	2,11	2,09	2,08	2,07	2,06	2,54	0,95	
2,85	2,77	2,74	2,70	2,66	2,64	2,62	2,59	2,58	2,56	2,55	2,54	0,95	
4,56	4,41	4,33	4,25	4,17	4,12	4,08	4,01	4,00	3,96	3,93	3,91	0,99	
1,50	1,49	1,49	1,48	1,47	1,47	1,47	1,46	1,46	1,46	1,45	1,45	1,75	11
2,17	2,12	2,10	2,08	2,05	2,04	2,03	2,00	2,00	1,99	1,98	1,97	0,90	

Tabelle E (Fortsetzung)

Nenner-df	Fläche	Zähler-df 1	2	3	4	5	6	7	8	9	10	11	12
11	0,95	4,84	3,98	3,59	3,36	3,20	3,09	3,01	2,95	2,90	2,85	2,82	2,79
	0,99	9,65	7,21	6,22	5,67	5,32	5,07	4,89	4,74	4,63	4,54	4,46	4,40
12	0,75	1,46	1,56	1,56	1,55	1,54	1,53	1,52	1,51	1,51	1,50	1,50	1,49
	0,90	3,18	2,81	2,61	2,48	2,39	2,33	2,28	2,24	2,21	2,19	2,17	2,15
	0,95	4,75	3,89	3,49	3,26	3,11	3,00	2,91	2,85	2,80	2,75	2,72	2,69
	0,99	9,33	6,93	5,95	5,41	5,06	4,82	4,64	4,50	4,39	4,30	4,22	4,16
13	0,75	1,45	1,54	1,54	1,53	1,52	1,51	1,50	1,49	1,49	1,48	1,47	1,47
	0,90	3,14	2,76	2,56	2,43	2,35	2,28	2,23	2,20	2,16	2,14	2,12	2,10
	0,95	4,67	3,81	3,41	3,18	3,03	2,92	2,83	2,77	2,71	2,67	2,63	2,60
	0,99	9,07	6,70	5,74	5,21	4,86	4,62	4,44	4,30	4,19	4,10	4,02	3,96
14	0,75	1,44	1,53	1,53	1,52	1,51	1,50	1,48	1,48	1,47	1,46	1,46	1,45
	0,90	3,10	2,73	2,52	2,39	2,31	2,24	2,19	2,15	2,12	2,10	2,08	2,05
	0,95	4,60	3,74	3,34	3,11	2,96	2,85	2,76	2,70	2,65	2,60	2,57	2,53
	0,99	8,86	6,51	5,56	5,04	4,69	4,46	4,28	4,14	4,03	3,94	3,86	3,80
15	0,75	1,43	1,52	1,52	1,51	1,49	1,48	1,47	1,46	1,46	1,45	1,44	1,44
	0,90	3,07	2,70	2,49	2,36	2,27	2,21	2,16	2,12	2,09	2,06	2,04	2,02
	0,95	4,54	3,68	3,29	3,06	2,90	2,79	2,71	2,64	2,59	2,54	2,51	2,48
	0,99	8,68	6,36	5,42	4,89	4,56	4,32	4,14	4,00	3,89	3,80	3,73	3,67
16	0,75	1,42	1,51	1,51	1,50	1,48	1,48	1,47	1,46	1,45	1,45	1,44	1,44
	0,90	3,05	2,67	2,46	2,33	2,24	2,18	2,13	2,09	2,06	2,03	2,01	1,99
	0,95	4,49	3,63	3,24	3,01	2,85	2,74	2,66	2,59	2,54	2,49	2,46	2,42
	0,99	8,53	6,23	5,29	4,77	4,44	4,20	4,03	3,89	3,78	3,69	3,62	3,55
17	0,75	1,42	1,51	1,50	1,49	1,47	1,46	1,45	1,44	1,43	1,43	1,42	1,41
	0,90	3,03	2,64	2,44	2,31	2,22	2,15	2,10	2,06	2,03	2,00	1,98	1,96
	0,95	4,45	3,59	3,20	2,96	2,81	2,70	2,61	2,55	2,49	2,45	2,41	2,38
	0,99	8,40	6,11	5,18	4,67	4,34	4,10	3,93	3,79	3,68	3,59	3,52	3,46
18	0,75	1,41	1,50	1,49	1,48	1,46	1,45	1,44	1,43	1,42	1,42	1,41	1,40
	0,90	3,01	2,62	2,42	2,29	2,20	2,13	2,08	2,04	2,00	1,98	1,96	1,93
	0,95	4,41	3,55	3,16	2,93	2,77	2,66	2,58	2,51	2,46	2,41	2,37	2,34
	0,99	8,29	6,01	5,09	4,58	4,25	4,01	3,84	3,71	3,60	3,51	3,43	3,37
19	0,75	1,41	1,49	1,49	1,47	1,46	1,44	1,43	1,42	1,41	1,41	1,40	1,40
	0,90	2,99	2,61	2,40	2,27	2,18	2,11	2,06	2,02	1,98	1,96	1,94	1,91
	0,95	4,38	3,52	3,13	2,90	2,74	2,63	2,54	2,48	2,42	2,38	2,34	2,31
	0,99	8,18	5,93	5,01	4,50	4,17	3,94	3,77	3,63	3,52	3,43	3,36	3,30
20	0,75	1,40	1,49	1,48	1,46	1,45	1,44	1,42	1,42	1,41	1,40	1,39	1,39
	0,90	2,97	2,59	2,38	2,25	2,16	2,09	2,04	2,00	1,96	1,94	1,92	1,89
	0,95	4,35	3,49	3,10	2,87	2,71	2,60	2,51	2,45	2,39	2,35	2,31	2,28
	0,99	8,10	5,85	4,94	4,43	4,10	3,87	3,70	3,56	3,46	3,37	3,29	3,23
22	0,75	1,40	1,48	1,47	1,45	1,44	1,42	1,41	1,40	1,39	1,39	1,38	1,37
	0,90	2,95	2,56	2,35	2,22	2,13	2,06	2,01	1,97	1,93	1,90	1,88	1,86
	0,95	4,30	3,44	3,05	2,82	2,66	2,55	2,46	2,40	2,34	2,30	2,26	2,23
	0,99	7,95	5,72	4,82	4,31	3,99	3,76	3,59	3,45	3,35	3,26	3,18	3,12
24	0,75	1,39	1,47	1,46	1,44	1,43	1,41	1,40	1,39	1,38	1,38	1,37	1,36
	0,90	2,93	2,54	2,33	2,19	2,10	2,04	1,98	1,94	1,91	1,88	1,85	1,83
	0,95	4,26	3,40	3,01	2,78	2,62	2,51	2,42	2,36	2,30	2,25	2,21	2,18
	0,99	7,82	5,61	4,72	4,22	3,90	3,67	3,50	3,36	3,26	3,17	3,09	3,03
26	0,75	1,38	1,46	1,45	1,44	1,42	1,41	1,40	1,39	1,37	1,37	1,36	1,35
	0,90	2,91	2,52	2,31	2,17	2,08	2,01	1,96	1,92	1,88	1,86	1,84	1,81

Tabelle E

Tabelle E (Fortsetzung)

Zähler-df												Fläche	Nenner-df
15	20	25	30	40	50	60	100	120	200	500	∞		
2,72	2,65	2,61	2,57	2,53	2,51	2,49	2,46	2,45	2,43	2,42	2,40	0,95	11
4,25	4,10	4,02	3,94	3,86	3,81	3,78	3,71	3,69	3,66	3,62	3,60	0,99	
1,48	1,47	1,46	1,45	1,45	1,44	1,44	1,43	1,43	1,43	1,42	1,42	0,75	12
2,10	2,06	2,04	2,01	1,99	1,97	1,96	1,94	1,93	1,92	1,91	1,90	0,90	
2,62	2,54	2,51	2,47	2,43	2,40	2,38	2,35	2,34	2,32	2,31	2,30	0,95	
4,01	3,86	3,78	3,70	3,62	3,57	3,54	3,47	3,45	3,41	3,38	3,36	0,99	
1,46	1,45	1,44	1,43	1,42	1,42	1,42	1,41	1,41	1,40	1,40	1,40	0,75	13
2,05	2,01	1,98	1,96	1,93	1,92	1,90	1,88	1,88	1,86	1,85	1,85	0,90	
2,53	2,46	2,42	2,38	2,34	2,31	2,30	2,26	2,25	2,23	2,22	2,21	0,95	
3,82	3,66	3,59	3,51	3,43	3,38	3,34	3,27	3,25	3,22	3,19	3,17	0,99	
1,44	1,43	1,42	1,41	1,41	1,40	1,40	1,39	1,39	1,39	1,38	1,38	0,75	14
2,01	1,96	1,94	1,91	1,89	1,87	1,86	1,83	1,83	1,82	1,80	1,80	0,90	
2,46	2,39	2,35	2,31	2,27	2,24	2,22	2,19	2,18	2,16	2,14	2,13	0,95	
3,66	3,51	3,43	3,35	3,27	3,22	3,18	3,11	3,09	3,06	3,03	3,00	0,99	
1,43	1,41	1,41	1,40	1,39	1,39	1,38	1,38	1,37	1,37	1,36	1,36	0,75	15
1,97	1,92	1,90	1,87	1,85	1,83	1,82	1,79	1,79	1,77	1,76	1,76	0,90	
2,40	2,33	2,29	2,25	2,20	2,18	2,16	2,12	2,11	2,10	2,08	2,07	0,95	
3,52	3,37	3,29	3,21	3,13	3,08	3,05	2,98	2,96	2,92	2,89	2,87	0,99	
1,41	1,40	1,39	1,38	1,37	1,37	1,36	1,36	1,35	1,35	1,34	1,34	0,75	16
1,94	1,89	1,87	1,84	1,81	1,79	1,78	1,76	1,75	1,74	1,73	1,72	0,90	
2,35	2,28	2,24	2,19	2,15	2,12	2,11	2,07	2,06	2,04	2,02	2,01	0,95	
3,41	3,26	3,18	3,10	3,02	2,97	2,93	2,86	2,84	2,81	2,78	2,75	0,99	
1,40	1,39	1,38	1,37	1,36	1,35	1,35	1,34	1,34	1,34	1,33	1,33	0,75	17
1,91	1,86	1,84	1,81	1,78	1,76	1,75	1,73	1,72	1,71	1,69	1,69	0,90	
2,31	2,23	2,19	2,15	2,10	2,08	2,06	2,02	2,01	1,99	1,97	1,96	0,95	
3,31	3,16	3,08	3,00	2,92	2,87	2,83	2,76	2,75	2,71	2,68	2,65	0,99	
1,39	1,38	1,37	1,36	1,35	1,34	1,34	1,33	1,33	1,32	1,32	1,32	0,75	18
1,89	1,84	1,81	1,78	1,75	1,74	1,72	1,70	1,69	1,68	1,67	1,66	0,90	
2,27	2,19	2,15	2,11	2,06	2,04	2,02	1,98	1,97	1,95	1,93	1,92	0,95	
3,23	3,08	3,00	2,92	2,84	2,78	2,75	2,68	2,66	2,62	2,59	2,57	0,99	
1,38	1,37	1,36	1,35	1,34	1,33	1,33	1,32	1,32	1,31	1,31	1,30	0,75	19
1,86	1,81	1,79	1,76	1,73	1,71	1,70	1,67	1,67	1,65	1,64	1,63	0,90	
2,23	2,16	2,11	2,07	2,03	2,00	1,98	1,94	1,93	1,91	1,89	1,88	0,95	
3,15	3,00	2,92	2,84	2,76	2,71	2,67	2,60	2,58	2,55	2,51	2,49	0,99	
1,37	1,36	1,35	1,34	1,33	1,33	1,32	1,31	1,31	1,30	1,30	1,29	0,75	20
1,84	1,79	1,77	1,74	1,71	1,69	1,68	1,65	1,64	1,63	1,62	1,61	0,90	
2,20	2,12	2,08	2,04	1,99	1,97	1,95	1,91	1,90	1,88	1,86	1,84	0,95	
3,09	2,94	2,86	2,78	2,69	2,64	2,61	2,54	2,52	2,48	2,44	2,42	0,99	
1,36	1,34	1,33	1,32	1,31	1,31	1,30	1,30	1,30	1,29	1,29	1,28	0,75	22
1,81	1,76	1,73	1,70	1,67	1,65	1,64	1,61	1,60	1,59	1,58	1,57	0,90	
2,15	2,07	2,03	1,98	1,94	1,91	1,89	1,85	1,84	1,82	1,80	1,78	0,95	
2,98	2,83	2,75	2,67	2,58	2,53	2,50	2,42	2,40	2,36	2,33	2,31	0,99	
1,35	1,33	1,32	1,31	1,30	1,29	1,29	1,28	1,28	1,27	1,27	1,26	0,75	24
1,78	1,73	1,70	1,67	1,64	1,62	1,61	1,58	1,57	1,56	1,54	1,53	0,90	
2,11	2,03	1,98	1,94	1,89	1,86	1,84	1,80	1,79	1,77	1,75	1,73	0,95	
2,89	2,74	2,66	2,58	2,49	2,44	2,40	2,33	2,31	2,27	2,24	2,21	0,99	
1,34	1,32	1,31	1,30	1,29	1,28	1,28	1,26	1,26	1,26	1,25	1,25	0,75	26
1,76	1,71	1,68	1,65	1,61	1,59	1,58	1,55	1,54	1,53	1,51	1,50	0,90	

Tabelle E (Fortsetzung)

Nenner-df	Fläche	Zähler-df 1	2	3	4	5	6	7	8	9	10	11	12
26	0,95	4,23	3,37	2,98	2,74	2,59	2,47	2,39	2,32	2,27	2,22	2,18	2,15
	0,99	7,72	5,53	4,64	4,14	3,82	3,59	3,42	3,29	3,18	3,09	3,02	2,96
28	0,75	1,38	1,46	1,45	1,43	1,41	1,40	1,39	1,38	1,37	1,36	1,35	1,34
	0,90	2,89	2,50	2,29	2,16	2,06	2,00	1,94	1,90	1,87	1,84	1,81	1,79
	0,95	4,20	3,34	2,95	2,71	2,56	2,45	2,36	2,29	2,24	2,19	2,15	2,12
	0,99	7,64	5,45	4,57	4,07	3,75	3,53	3,36	3,23	3,12	3,03	2,96	2,90
30	0,75	1,38	1,45	1,44	1,42	1,41	1,39	1,38	1,37	1,36	1,35	1,35	1,34
	0,90	2,88	2,49	2,28	2,14	2,05	1,98	1,93	1,88	1,85	1,82	1,79	1,77
	0,95	4,17	3,32	2,92	2,69	2,53	2,42	2,33	2,27	2,21	2,16	2,13	2,09
	0,99	7,56	5,39	4,51	4,02	3,70	3,47	3,30	3,17	3,07	2,98	2,91	2,84
40	0,75	1,36	1,44	1,42	1,40	1,39	1,37	1,36	1,35	1,34	1,33	1,32	1,31
	0,90	2,84	2,44	2,23	2,09	2,00	1,93	1,87	1,83	1,79	1,76	1,73	1,71
	0,95	4,08	3,23	2,84	2,61	2,45	2,34	2,25	2,18	2,12	2,08	2,04	2,00
	0,99	7,31	5,18	4,31	3,83	3,51	3,29	3,12	2,99	2,89	2,80	2,73	2,66
60	0,75	1,35	1,42	1,41	1,38	1,37	1,35	1,33	1,32	1,31	1,30	1,29	1,29
	0,90	2,79	2,39	2,18	2,04	1,95	1,87	1,82	1,77	1,74	1,71	1,68	1,66
	0,95	4,00	3,15	2,76	2,53	2,37	2,25	2,17	2,10	2,04	1,99	1,95	1,92
	0,99	7,08	4,98	4,13	3,65	3,34	3,12	2,95	2,82	2,72	2,63	2,56	2,50
120	0,75	1,34	1,40	1,39	1,37	1,35	1,33	1,31	1,30	1,29	1,28	1,27	1,26
	0,90	2,75	2,35	2,13	1,99	1,90	1,82	1,77	1,72	1,68	1,65	1,62	1,60
	0,95	3,92	3,07	2,68	2,45	2,29	2,17	2,09	2,02	1,96	1,91	1,87	1,83
	0,99	6,85	4,79	3,95	3,48	3,17	2,96	2,79	2,66	2,56	2,47	2,40	2,34
200	0,75	1,33	1,39	1,38	1,36	1,34	1,32	1,31	1,29	1,28	1,27	1,26	1,25
	0,90	2,73	2,33	2,11	1,97	1,88	1,80	1,75	1,70	1,66	1,63	1,60	1,57
	0,95	3,89	3,04	2,65	2,42	2,26	2,14	2,06	1,98	1,93	1,88	1,84	1,80
	0,99	6,76	4,71	3,88	3,41	3,11	2,89	2,73	2,60	2,50	2,41	2,34	2,27
∞	0,75	1,32	1,39	1,37	1,35	1,33	1,31	1,29	1,28	1,27	1,25	1,24	1,24
	0,90	2,71	2,30	2,08	1,94	1,85	1,77	1,72	1,67	1,63	1,60	1,57	1,55
	0,95	3,84	3,00	2,60	2,37	2,21	2,10	2,01	1,94	1,88	1,83	1,79	1,75
	0,99	6,63	4,61	3,78	3,32	3,02	2,80	2,64	2,51	2,41	2,32	2,25	2,18

Tabelle E (Fortsetzung)

Zähler-df 15	20	25	30	40	50	60	100	120	200	500	∞	Fläche	Nenner-df
2,07	1,99	1,95	1,90	1,85	1,82	1,80	1,76	1,75	1,73	1,71	1,69	0,95	26
2,81	2,66	2,58	2,50	2,42	2,36	2,33	2,25	2,23	2,19	2,16	2,13	0,99	
1,33	1,31	1,30	1,29	1,28	1,27	1,27	1,26	1,25	1,25	1,24	1,24	0,75	28
1,74	1,69	1,66	1,63	1,59	1,57	1,56	1,53	1,52	1,50	1,49	1,48	0,90	
2,04	1,96	1,91	1,87	1,82	1,79	1,77	1,73	1,71	1,69	1,67	1,65	0,95	
2,75	2,60	2,52	2,44	2,35	2,30	2,26	2,19	2,17	2,13	2,09	2,06	0,99	
1,32	1,30	1,29	1,28	1,27	1,26	1,26	1,25	1,24	1,24	1,23	1,23	0,75	30
1,72	1,67	1,64	1,61	1,57	1,55	1,54	1,51	1,50	1,48	1,47	1,46	0,90	
2,01	1,93	1,89	1,84	1,79	1,76	1,74	1,70	1,68	1,66	1,64	1,62	0,95	
2,70	2,55	2,47	2,39	2,30	2,25	2,21	2,13	2,11	2,07	2,03	2,01	0,99	
1,30	1,28	1,26	1,25	1,24	1,23	1,22	1,21	1,21	1,20	1,19	1,19	0,75	40
1,66	1,61	1,57	1,54	1,51	1,48	1,47	1,43	1,42	1,41	1,39	1,38	0,90	
1,92	1,84	1,79	1,74	1,69	1,66	1,64	1,59	1,58	1,55	1,53	1,51	0,95	
2,52	2,37	2,29	2,20	2,11	2,06	2,02	1,94	1,92	1,87	1,83	1,80	0,99	
1,27	1,25	1,24	1,22	1,21	1,20	1,19	1,17	1,17	1,16	1,15	1,15	0,75	60
1,60	1,54	1,51	1,48	1,44	1,41	1,40	1,36	1,35	1,33	1,31	1,29	0,90	
1,84	1,75	1,70	1,65	1,59	1,56	1,53	1,48	1,47	1,44	1,41	1,39	0,95	
2,35	2,20	2,12	2,03	1,94	1,88	1,84	1,75	1,73	1,68	1,63	1,60	0,99	
1,24	1,22	1,21	1,19	1,18	1,17	1,16	1,14	1,13	1,12	1,11	1,10	0,75	120
1,55	1,48	1,45	1,41	1,37	1,34	1,32	1,27	1,26	1,24	1,21	1,19	0,90	
1,75	1,66	1,61	1,55	1,50	1,46	1,43	1,37	1,35	1,32	1,28	1,25	0,95	
2,19	2,03	1,95	1,86	1,76	1,70	1,66	1,56	1,53	1,48	1,42	1,38	0,99	
1,23	1,21	1,20	1,18	1,16	1,14	1,12	1,11	1,10	1,09	1,08	1,06	0,75	200
1,52	1,46	1,42	1,38	1,34	1,31	1,28	1,24	1,22	1,20	1,17	1,14	0,90	
1,72	1,62	1,57	1,52	1,46	1,41	1,39	1,32	1,29	1,26	1,22	1,19	0,95	
2,13	1,97	1,89	1,79	1,69	1,63	1,58	1,48	1,44	1,39	1,33	1,28	0,99	
1,22	1,19	1,18	1,16	1,14	1,13	1,12	1,09	1,08	1,07	1,04	1,00	0,75	∞
1,49	1,42	1,38	1,34	1,30	1,26	1,24	1,18	1,17	1,13	1,08	1,00	0,90	
1,67	1,57	1,52	1,46	1,39	1,35	1,32	1,24	1,22	1,17	1,11	1,00	0,95	
2,04	1,88	1,79	1,70	1,59	1,52	1,47	1,36	1,32	1,25	1,15	1,00	0,99	

Tabelle F. U-Test-Tabelle (zit. nach: Clauss, G., Ebner, H.: Grundlagen der Statistik, S. 345–349. Frankfurt a. M.: Harri Deutsch 1971)

Wahrscheinlichkeitsfunktionen für den U-Test von Mann u. Whitney

| | $n_2 = 3$ | | | $n_2 = 4$ | | | |
| | n_1 | | | n_1 | | | |
U	1	2	3	1	2	3	4
0	0,250	0,100	0,050	0,200	0,067	0,028	0,014
1	0,500	0,200	0,100	0,400	0,133	0,057	0,029
2	0,750	0,400	0,200	0,600	0,267	0,114	0,057
3		0,600	0,350		0,400	0,200	0,100
4			0,500		0,600	0,314	0,171
5			0,650			0,429	0,243
6						0,571	0,343
7							0,443
8							0,557

| | $n_2 = 5$ | | | | | $n_2 = 6$ | | | | | |
| | n_1 | | | | | n_1 | | | | | |
U	1	2	3	4	5	1	2	3	4	5	6
0	0,167	0,047	0,018	0,008	0,004	0,143	0,036	0,012	0,005	0,002	0,001
1	0,333	0,095	0,036	0,016	0,008	0,286	0,071	0,024	0,010	0,004	0,002
2	0,500	0,190	0,071	0,032	0,016	0,428	0,143	0,048	0,019	0,009	0,004
3	0,667	0,286	0,125	0,056	0,028	0,571	0,214	0,083	0,033	0,015	0,008
4		0,429	0,196	0,095	0,048		0,321	0,131	0,057	0,026	0,013
5		0,571	0,286	0,143	0,075		0,429	0,190	0,086	0,041	0,021
6			0,393	0,206	0,111		0,571	0,274	0,129	0,063	0,032
7			0,500	0,278	0,155			0,357	0,176	0,089	0,047
8			0,607	0,365	0,210			0,452	0,238	0,123	0,066
9				0,452	0,274			0,548	0,305	0,165	0,090
10				0,548	0,345				0,381	0,214	0,120
11					0,421				0,457	0,268	0,155
12					0,500				0,545	0,331	0,197
13					0,579					0,396	0,242
14										0,465	0,294
15										0,535	0,350
16											0,409
17											0,469
18											0,531

Tabelle F (Fortsetzung)

$n_2 = 7$

U	n_1=1	2	3	4	5	6	7
0	0,125	0,028	0,008	0,003	0,001	0,001	0,000
1	0,250	0,056	0,017	0,006	0,003	0,001	0,001
2	0,375	0,111	0,033	0,012	0,005	0,002	0,001
3	0,500	0,167	0,058	0,021	0,009	0,004	0,002
4	0,625	0,250	0,092	0,036	0,015	0,007	0,003
5		0,333	0,133	0,055	0,024	0,011	0,006
6		0,444	0,192	0,082	0,037	0,017	0,009
7		0,556	0,258	0,115	0,053	0,026	0,013
8			0,333	0,158	0,074	0,037	0,019
9			0,417	0,206	0,101	0,051	0,027
10			0,500	0,264	0,134	0,069	0,036
11			0,583	0,324	0,172	0,090	0,049
12				0,216	0,117	0,064	
13				0,265	0,147	0,082	
14				0,319	0,183	0,104	
15				0,378	0,223	0,130	
16				0,438	0,267	0,159	
17				0,500	0,314	0,191	
18				0,562	0,365	0,228	
19					0,418	0,267	
20					0,473	0,310	
21					0,527	0,355	
22						0,402	
23						0,451	
24						0,500	
25						0,549	

$n_2 = 8$

U	n_1=1	2	3	4	5	6	7	8	t	Normal
0	0,111	0,022	0,006	0,002	0,001	0,000	0,000	0,000	3,308	0,001
1	0,222	0,044	0,012	0,004	0,002	0,001	0,000	0,000	3,203	0,001
2	0,333	0,089	0,024	0,008	0,003	0,001	0,001	0,000	3,098	0,001
3	0,444	0,133	0,042	0,014	0,005	0,002	0,001	0,001	2,993	0,001
4	0,556	0,200	0,067	0,024	0,009	0,004	0,002	0,001	2,888	0,002
5		0,267	0,097	0,036	0,015	0,006	0,003	0,001	2,783	0,003
6		0,356	0,139	0,055	0,023	0,010	0,005	0,002	2,678	0,004
7		0,444	0,188	0,077	0,033	0,015	0,007	0,003	2,573	0,005
8		0,556	0,248	0,107	0,047	0,021	0,010	0,005	2,468	0,007
9			0,315	0,141	0,064	0,030	0,014	0,007	2,363	0,009
10			0,387	0,184	0,085	0,041	0,020	0,010	2,258	0,012
11			0,461	0,230	0,111	0,054	0,027	0,014	2,153	0,016
12			0,539	0,285	0,142	0,071	0,036	0,019	2,048	0,020
13				0,341	0,177	0,091	0,047	0,025	1,943	0,026
14				0,404	0,217	0,114	0,060	0,032	1,838	0,033
15				0,467	0,262	0,141	0,076	0,041	1,733	0,041
16				0,533	0,311	0,172	0,095	0,052	1,628	0,052
17					0,362	0,207	0,116	0,065	1,523	0,064
18					0,416	0,245	0,140	0,080	1,418	0,078
19					0,472	0,286	0,168	0,097	1,313	0,094
20					0,528	0,331	0,198	0,117	1,208	0,113
21						0,377	0,232	0,139	1,102	0,135
22						0,426	0,268	0,164	0,998	0,159
23						0,475	0,306	0,191	0,893	0,185
24						0,525	0,347	0,221	0,788	0,215
25							0,389	0,253	0,683	0,247
26							0,433	0,287	0,578	0,282
27							0,478	0,323	0,473	0,318
28							0,522	0,360	0,368	0,356
29								0,399	0,263	0,396
30								0,439	0,158	0,437
31								0,480	0,052	0,481
32								0,520		

Tabelle F (Fortsetzung)

Kritische Werte von U für den Test von Mann u. Whitney
für den einseitigen Test bei $a = 0,01$, für den zweiseitigen Test bei $a = 0,02$

n_1	n_2											
	9	10	11	12	13	14	15	16	17	18	19	20
1												
2					0	0	0	0	0	0	1	1
3	1	1	1	2	2	2	3	3	4	4	4	5
4	3	3	4	5	5	6	7	7	8	9	9	10
5	5	6	7	8	9	10	11	12	13	14	15	16
6	7	8	9	11	12	13	15	16	18	19	20	22
7	9	11	12	14	16	17	19	21	23	24	26	28
8	11	13	15	17	20	22	24	26	28	30	32	34
9	14	16	18	21	23	26	28	31	33	36	38	40
10	16	19	22	24	27	30	33	36	38	41	44	47
11	18	22	25	28	31	34	37	41	44	47	50	53
12	21	24	28	31	35	38	42	46	49	53	56	60
13	23	27	31	35	39	43	47	51	55	59	63	67
14	26	30	34	38	43	47	51	56	60	65	69	73
15	28	33	37	42	47	51	56	61	66	70	75	80
16	31	36	41	46	51	56	61	66	71	76	82	87
17	33	38	44	49	55	60	66	71	77	82	88	93
18	36	41	47	53	59	65	70	76	82	88	94	100
19	38	44	50	56	63	69	75	82	88	94	101	107
20	40	47	53	60	67	73	80	87	93	100	107	114

für den einseitigen Test bei $a = 0,025$, für den zweiseitigen Test bei $a = 0,050$

n_1	n_2											
	9	10	11	12	13	14	15	16	17	18	19	20
1												
2	0	0	0	1	1	1	1	1	2	2	2	2
3	2	3	3	4	4	5	5	6	6	7	7	8
4	4	5	6	7	8	9	10	11	11	12	13	13
5	7	8	9	11	12	13	14	15	17	18	19	20
6	10	11	13	14	16	17	19	21	22	24	25	27
7	12	14	16	18	20	22	24	26	28	30	32	34
8	15	17	19	22	24	26	29	31	34	36	38	41
9	17	20	23	26	28	31	34	37	39	42	45	48
10	20	23	26	29	33	36	39	42	45	48	52	55
11	23	26	30	33	37	40	44	47	51	55	58	62
12	26	29	33	37	41	45	49	53	57	61	65	69
13	28	33	37	41	45	50	54	59	63	67	72	76
14	31	36	40	45	50	55	59	64	67	74	78	83
15	34	39	44	49	54	59	64	70	75	80	85	90
16	37	42	47	53	59	64	70	75	81	86	92	98
17	39	45	51	57	63	67	75	81	87	93	99	105
18	42	48	55	61	67	74	80	86	93	99	106	112
19	45	52	58	65	72	78	85	92	99	106	113	119
20	48	55	62	69	76	83	90	98	105	112	119	127

Tabelle F (Fortsetzung)

für den einseitigen Test bei $a = 0{,}05$, für den zweiseitigen Test bei $a = 0{,}10$

n_1	____ n_2 ____											
	9	10	11	12	13	14	15	16	17	18	19	20
1											0	0
2	1	1	1	2	2	2	3	3	3	4	4	4
3	3	4	5	5	6	7	7	8	9	9	10	11
4	6	7	8	9	10	11	12	14	15	16	17	18
5	9	11	12	13	15	16	18	19	20	22	23	25
6	12	14	16	17	19	21	23	25	26	28	30	32
7	15	17	19	21	24	26	28	30	33	35	37	39
8	18	20	23	26	28	31	33	36	39	41	44	47
9	21	24	27	30	33	36	39	42	45	48	51	54
10	24	27	31	34	37	41	44	48	51	55	58	62
11	27	31	34	38	42	46	50	54	57	61	65	69
12	30	34	38	42	47	51	55	60	64	68	72	77
13	33	37	42	47	51	56	61	65	70	75	80	84
14	36	41	46	51	56	61	66	71	77	82	87	92
15	39	44	50	55	61	66	72	77	83	88	94	100
16	42	48	54	60	65	71	77	83	89	95	101	107
17	45	51	57	64	70	77	83	89	96	102	109	115
18	48	55	61	68	75	82	88	95	102	109	116	123
19	51	58	65	72	80	87	94	101	109	116	123	130
20	54	62	69	77	84	92	100	107	115	123	130	138

Tabelle G. Tabelle der kritischen Werte für den Wilcoxon-Test (zit. nach: Clauss, G., Ebner, H.: Grundlagen der Statistik, S. 349. Frankfurt a. M.: Harri Deutsch 1971)

n	Irrtumswahrscheinlichkeit a für einseitige Fragestellung			n	Irrtumswahrscheinlichkeit a für einseitige Fragestellung		
	0,025	0,01	0,005		0,025	0,01	0,005
	Irrtumswahrscheinlichkeit a für zweiseitige Fragestellung				Irrtumswahrscheinlichkeit a für zweiseitige Fragestellung		
	0,05	0,02	0,01		0,05	0,02	0,01
6	0			16	30	24	20
7	2	0		17	35	28	23
8	4	2	0	18	40	33	28
9	6	3	2	19	46	38	32
10	8	5	3	20	52	43	38
11	11	7	5	21	59	49	43
12	14	10	7	22	66	56	49
13	17	13	10	23	73	62	55
14	21	16	13	24	81	69	61
15	25	20	16	25	89	77	68

Tabelle H. Fishers Z-Werte (zit. nach: Glass, G. V., Stanley, J. C.: Statistical methods in education and psychology, p. 534. New Jersey: Prentice-Hall, Englewood Cliffs 1970)

r	Z	r	Z	r	Z	r	Z	r	Z
0,000	0,000	0,200	0,203	0,400	0,424	0,600	0,693	0,800	1,099
0,005	0,005	0,205	0,208	0,405	0,430	0,605	0,701	0,805	1,113
0,010	0,010	0,210	0,213	0,410	0,436	0,610	0,709	0,810	1,127
0,015	0,015	0,215	0,218	0,415	0,442	0,615	0,717	0,815	1,142
0,020	0,020	0,220	0,224	0,420	0,448	0,620	0,725	0,820	1,157
0,025	0,025	0,225	0,229	0,425	0,454	0,625	0,733	0,825	1,172
0,030	0,030	0,230	0,234	0,430	0,460	0,630	0,741	0,830	1,188
0,035	0,035	0,235	0,239	0,435	0,466	0,635	0,750	0,835	1,204
0,040	0,040	0,240	0,245	0,440	0,472	0,640	0,758	0,840	1,221
0,045	0,045	0,245	0,250	0,445	0,478	0,645	0,767	0,845	1,238
0,050	0,050	0,250	0,255	0,450	0,485	0,650	0,775	0,850	1,256
0,055	0,055	0,255	0,261	0,455	0,491	0,655	0,784	0,855	1,274
0,060	0,060	0,260	0,266	0,460	0,497	0,660	0,793	0,860	1,293
0,065	0,065	0,265	0,271	0,465	0,504	0,665	0,802	0,865	1,313
0,070	0,070	0,270	0,277	0,470	0,510	0,670	0,811	0,870	1,333
0,075	0,075	0,275	0,282	0,475	0,517	0,675	0,820	0,875	1,354
0,080	0,080	0,280	0,288	0,480	0,523	0,680	0,829	0,880	1,376
0,085	0,085	0,285	0,293	0,485	0,530	0,685	0,838	0,885	1,398
0,090	0,090	0,290	0,299	0,490	0,536	0,690	0,848	0,890	1,422
0,095	0,095	0,295	0,304	0,495	0,543	0,695	0,858	0,895	1,447
0,100	0,100	0,300	0,310	0,500	0,549	0,700	0,867	0,900	1,472
0,105	0,105	0,305	0,315	0,505	0,556	0,705	0,877	0,905	1,499
0,110	0,110	0,310	0,321	0,510	0,563	0,710	0,887	0,910	1,528
0,115	0,116	0,315	0,326	0,515	0,570	0,715	0,897	0,915	1,557
0,120	0,121	0,320	0,332	0,520	0,576	0,720	0,908	0,920	1,589
0,125	0,126	0,325	0,337	0,525	0,583	0,725	0,918	0,925	1,623
0,130	0,131	0,330	0,343	0,530	0,590	0,730	0,929	0,930	1,658
0,135	0,136	0,335	0,348	0,535	0,597	0,735	0,940	0,935	1,697
0,140	0,141	0,340	0,354	0,540	0,604	0,740	0,950	0,940	1,738
0,145	0,146	0,345	0,360	0,545	0,611	0,745	0,962	0,945	1,783
0,150	0,151	0,350	0,365	0,550	0,618	0,750	0,973	0,950	1,832
0,155	0,156	0,355	0,371	0,555	0,626	0,755	0,984	0,955	1,886
0,160	0,161	0,360	0,377	0,560	0,633	0,760	0,996	0,960	1,946
0,165	0,167	0,365	0,383	0,565	0,640	0,765	1,008	0,965	2,014
0,170	0,172	0,370	0,388	0,570	0,648	0,770	1,020	0,970	2,092
0,175	0,177	0,375	0,394	0,575	0,655	0,775	1,033	0,975	2,185
0,180	0,182	0,380	0,400	0,580	0,662	0,780	1,045	0,980	2,298
0,185	0,187	0,385	0,406	0,585	0,670	0,785	1,058	0,985	2,443
0,190	0,192	0,390	0,412	0,590	0,678	0,790	1,071	0,990	2,647
0,195	0,198	0,395	0,418	0,595	0,685	0,795	1,085	0,995	2,994

Tabelle I. c-Koeffizienten für Trendtests (orthogonale Polynome) (zit. nach: Winer, J. B.: Statistical principles in experimental design, p. 656. New York: McGraw-Hill 1962)

Anz. der Faktorstufen	Trend	Faktorstufennummer										Σc_i^2	λ
		1	2	3	4	5	6	7	8	9	10		
3	linear	−1	0	1								2	1
	quadratisch	1	−2	1								6	3
4	linear	−3	−1	1	3							20	2
	quadratisch	1	−1	−1	1							4	1
	kubisch	−1	3	−3	1							20	10/3
5	linear	−2	−1	0	1	2						10	1
	quadratisch	2	−1	−2	−1	2						14	1
	kubisch	−1	2	0	−2	1						10	5/6
	quartisch	1	−4	6	−4	1						70	35/12
6	linear	−5	−3	−1	1	3	5					70	2
	quadratisch	5	−1	−4	−4	−1	5					84	3/2
	kubisch	−5	7	4	−4	−7	5					180	5/3
	quartisch	1	−3	2	2	−3	1					28	7/12
7	linear	−3	−2	−1	0	1	2	3				28	1
	quadratisch	5	0	−3	−4	−3	0	5				84	1
	kubisch	−1	1	1	0	−1	−1	1				6	1/6
	quartisch	3	−7	1	6	1	−7	3				154	7/12
8	linear	−7	−5	−3	−1	1	3	5	7			168	2
	quadratisch	7	1	−3	−5	−5	−3	1	7			168	1
	kubisch	−7	5	7	3	−3	−7	−5	7			264	2/3
	quartisch	7	−13	−3	9	9	−3	−13	7			616	7/12
	quintisch	−7	23	−17	−15	15	17	−23	7			2184	7/10
9	linear	−4	−3	−2	−1	0	1	2	3	4		60	1
	quadratisch	28	7	−8	−17	−20	−17	−8	7	28		2772	3
	kubisch	−14	7	13	9	0	−9	−13	−7	14		990	5/6
	quartisch	14	−21	−11	9	18	9	−11	−21	14		2002	7/12
	quintisch	−4	11	−4	−9	0	9	4	−11	4		468	3/20
10	linear	−9	−7	−5	−3	−1	1	3	5	7	9	330	2
	quadratisch	6	2	−1	−3	−4	−4	−3	−1	2	6	132	1/2
	kubisch	−42	14	35	31	12	−12	−31	−35	−14	42	8580	5/3
	quartisch	18	−22	−17	3	18	18	3	−17	−22	18	2860	5/12
	quintisch	−6	14	−1	−11	−6	6	11	1	−14	6	780	1/10

Tabelle K. Kritische Werte der F$_{max}$-Verteilungen (zit. nach: Winer, J.B.: Statistical principles in experimental design, p. 653. New York: McGraw-Hill 1962)

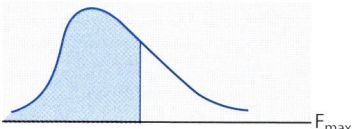

df für $\hat{\sigma}^2$	Fläche	Anzahl der Varianzen								
		2	3	4	5	6	7	8	9	10
4	0,95	9,60	15,5	20,6	25,2	29,5	33,6	37,5	41,4	44,6
	0,99	23,2	37	49	59	69	79	89	97	106
5	0,95	7,15	10,8	13,7	16,3	18,7	20,8	22,9	24,7	26,5
	0,99	14,9	22	28	33	38	42	46	50	54
6	0,95	5,82	8,38	10,4	12,1	13,7	15,0	16,3	17,5	18,6
	0,99	11,1	15,5	19,1	22	25	27	30	32	34
7	0,95	4,99	6,94	8,44	9,70	10,8	11,8	12,7	13,5	14,3
	0,99	8,89	12,1	14,5	16,5	18,4	20	22	23	24
8	0,95	4,43	6,00	7,18	8,12	9,03	9,78	10,5	11,1	11,7
	0,99	7,50	9,9	11,7	13,2	14,5	15,8	16,9	17,9	18,9
9	0,95	4,03	5,34	6,31	7,11	7,80	8,41	8,95	9,45	9,91
	0,99	6,54	8,5	9,9	11,1	12,1	13,1	13,9	14,7	15,3
10	0,95	3,72	4,85	5,67	6,34	6,92	7,42	7,87	8,28	8,66
	0,99	5,85	7,4	8,6	9,6	10,4	11,1	11,8	12,4	12,9
12	0,95	3,28	4,16	4,79	5,30	5,72	6,09	6,42	6,72	7,00
	0,99	4,91	6,1	6,9	7,6	8,2	8,7	9,1	9,5	9,9
15	0,95	2,86	3,54	4,01	4,37	4,68	4,95	5,19	5,40	5,59
	0,99	4,07	4,9	5,5	6,0	6,4	6,7	7,1	7,3	7,5
20	0,95	2,46	2,95	3,29	3,54	3,76	3,94	4,10	4,24	4,37
	0,99	3,32	3,8	4,3	4,6	4,9	5,1	5,3	5,5	5,6
30	0,95	2,07	2,40	2,61	2,78	2,91	3,02	3,12	3,21	3,29
	0,99	2,63	3,0	3,3	3,4	3,6	3,7	3,8	3,9	4,0
60	0,95	1,67	1,85	1,96	2,04	2,11	2,17	2,22	2,26	2,30
	0,99	1,96	2,2	2,3	2,4	2,4	2,5	2,5	2,6	2,6
∞	0,95	1,00	1,00	1,00	1,00	1,00	1,00	1,00	1,00	1,00
	0,99	1,00	1,00	1,00	1,00	1,00	1,00	1,00	1,00	1,00

Tabelle L. Normal-Rang-Transformationen (zit. nach Marascuilo, L. A. u. McSweeney, M.: Nonparametric and distribution-free methods for the social sciences, pp. 510–511. Monterey, Cal.: Brooks/Cole 1977)

Erläuterungen:	n = Stichprobenumfang
	i = Rangplatznummer in einer aufsteigenden Rangreihe
	n−i+1 = Rangplatznummer in einer absteigenden Rangreihe

Beispiel: Für n = 20 hat der 7. Rangplatz in einer aufsteigenden Rangreihe (also der 7.-kleinste Wert bzw. der 20−7+1 = 14.-größte Wert) die Normalrangstatistik −0,45, und der 3. Rangplatz in einer absteigenden Rangreihe (also der 3.-größte bzw. der 20−3+1=18.-kleinste Wert) hat die Normalrangstatistik 1,13 (weitere Erläuterungen s. S. 283 f.).

					n					
n−1+i	1	2	3	4	5	6	7	8	9	10
1	0	0,56	0,85	1,03	1,16	1,27	1,35	1,42	1,49	1,54
2		−0,56	0,00	0,30	0,50	0,64	0,76	0,85	0,93	1,00
3			−0,85	−0,30	0,00	0,20	0,35	0,47	0,57	0,66
4				−1,03	−0,50	−0,20	0,00	0,15	0,27	0,38
5					−1,16	−0,64	−0,35	−0,15	0,00	0,12
6						−1,27	−0,76	−0,47	−0,27	−0,12

					n					
n−1+i	11	12	13	14	15	16	17	18	19	20
1	1,59	1,63	1,67	1,70	1,74	1,77	1,79	1,82	1,84	1,87
2	1,06	1,12	1,16	1,21	1,25	1,28	1,32	1,35	1,38	1,41
3	0,73	0,79	0,85	0,90	0,95	0,99	1,03	1,07	1,10	1,13
4	0,46	0,54	0,60	0,66	0,71	0,76	0,81	0,85	0,89	0,92
5	0,22	0,31	0,39	0,46	0,52	0,57	0,62	0,66	0,71	0,75
6	0,00	0,10	0,19	0,27	0,34	0,40	0,45	0,50	0,55	0,59
7	−0,22	−0,10	0,00	0,09	0,17	0,23	0,30	0,35	0,40	0,45
8	−0,46	−0,31	−0,19	−0,09	0,00	0,08	0,15	0,21	0,26	0,31
9	−0,73	−0,54	−0,39	−0,27	−0,17	−0,08	0,00	0,07	0,13	0,19
10	−1,06	−0,79	−0,60	−0,46	−0,34	−0,23	−0,15	−0,07	0,00	0,06
11	−1,59	−1,12	−0,85	−0,66	−0,52	−0,40	−0,30	−0,21	−0,13	−0,06

Tabelle L (Fortsetzung)

n−1+i	n									
	21	22	23	24	25	26	27	28	29	30
1	1,89	1,91	1,93	1,95	1,97	1,98	2,00	2,01	2,03	2,04
2	1,43	1,46	1,48	1,50	1,52	1,54	1,56	1,58	1,60	1,62
3	1,16	1,19	1,21	1,24	1,26	1,29	1,31	1,33	1,35	1,36
4	0,95	0,98	1,01	1,04	1,07	1,09	1,11	1,14	1,16	1,18
5	0,78	0,82	0,85	0,88	0,91	0,93	0,96	0,98	1,00	1,03
6	0,63	0,67	0,70	0,73	0,76	0,79	0,82	0,85	0,87	0,89
7	0,49	0,53	0,57	0,60	0,64	0,67	0,70	0,73	0,75	0,78
8	0,36	0,41	0,45	0,48	0,52	0,55	0,58	0,61	0,64	0,67
9	0,24	0,29	0,33	0,37	0,41	0,44	0,48	0,51	0,54	0,57
10	0,12	0,17	0,22	0,26	0,30	0,34	0,38	0,41	0,44	0,47
11	0,00	0,06	0,11	0,16	0,20	0,24	0,28	0,32	0,35	0,38
12	−0,12	−0,06	0,00	0,05	0,10	0,14	0,19	0,22	0,26	0,29
13	−0,24	−0,17	−0,11	−0,05	0,00	0,05	0,09	0,13	0,17	0,21
14	−0,36	−0,29	−0,22	−0,16	−0,10	−0,05	0,00	0,04	0,09	0,12
15	−0,49	−0,41	−0,33	−0,26	−0,20	−0,14	−0,09	−0,04	0,00	0,04
16	−0,63	−0,53	−0,45	−0,37	−0,30	−0,24	−0,19	−0,13	−0,09	−0,04

n−1+i	n									
	31	32	33	34	35	36	37	38	39	40
1	2,06	2,07	2,08	2,09	2,11	2,12	2,13	2,14	2,15	2,16
2	1,63	1,65	1,66	1,68	1,69	1,70	1,72	1,73	1,74	1,75
3	1,38	1,40	1,42	1,43	1,45	1,46	1,48	1,49	1,50	1,52
4	1,20	1,22	1,23	1,25	1,27	1,28	1,30	1,32	1,33	1,34
5	1,05	1,07	1,09	1,11	1,12	1,14	1,16	1,17	1,19	1,20
6	0,92	0,94	0,96	0,98	1,00	1,02	1,03	1,05	1,07	1,08
7	0,80	0,82	0,85	0,87	0,89	0,91	0,92	0,94	0,96	0,98
8	0,69	0,72	0,74	0,76	0,79	0,81	0,83	0,85	0,86	0,88
9	0,60	0,62	0,65	0,67	0,69	0,71	0,73	0,75	0,77	0,79
10	0,50	0,53	0,56	0,58	0,60	0,63	0,65	0,67	0,69	0,71
11	0,41	0,44	0,47	0,50	0,52	0,54	0,57	0,59	0,61	0,63
12	0,33	0,36	0,39	0,41	0,44	0,47	0,49	0,51	0,54	0,56
13	0,24	0,28	0,31	0,34	0,36	0,39	0,42	0,44	0,46	0,49
14	0,16	0,20	0,23	0,26	0,29	0,32	0,34	0,37	0,39	0,42
15	0,08	0,12	0,15	0,18	0,22	0,24	0,27	0,30	0,33	0,35
16	0,00	0,04	0,08	0,11	0,14	0,17	0,20	0,23	0,26	0,28
17	−0,08	−0,04	0,00	0,04	0,07	0,10	0,14	0,16	0,19	0,22
18	−0,16	−0,12	−0,08	−0,04	0,00	0,03	0,07	0,10	0,13	0,16
19	−0,24	−0,20	−0,15	−0,11	−0,07	−0,03	0,00	0,03	0,06	0,09
20	−0,33	−0,28	−0,23	−0,18	−0,14	−0,10	−0,07	−0,03	0,00	0,03
21	−0,41	−0,36	−0,31	−0,26	−0,22	−0,17	−0,14	−0,10	−0,06	−0,03

Literaturverzeichnis

Abelson, R. P., Prentice, D. A.: Contrast tests of interaction hypothesis. Psychological Methods **2** (1997).

Abelson, R. P., Tukey, J. W.: Efficient utilization of non-numerical information in quantitative analysis: General theory and the case of simple order. Annals of math. stat. **34**, 1347–1369 (1963).

Adams, J. L., Woodward, J. A.: An APL procedure for computing the eigenvectors and eigenvalues of a real symmetric matrix. Educ. psychol. measmt. **44**, 131–135 (1984).

Adler, F.: Yates' Correction and the statisticians. J. of the American Stat. Assoc. **46**, 490–501 (1951).

Agresti, A.: Categorial data analysis. New York: Wiley 1990.

Agresti, A., Wackerly, D.: Some exact conditional tests of independence for R×C cross-classification tables. Psychometrika **42**, 111–125 (1977).

Aiken, L. R.: Some simple computational formulas for multiple regression. Educ. psychol. measmt. **34**, 767–769 (1974).

Aiken, L. R.: Small sample difference tests of goodness of fit and independence. Educ. psychol. measmt. **48**, 905–912 (1988).

Aiken, L. R., West, S. G.: Multiple Regression: Testing and Interpreting Interactions. Newbury Park, CA: Sage (1991).

Aitchison, J.: Choice against chance. An introduction to statistical decision theory. Reading, Mass.: Addison-Wesley 1970.

Aleamoni, L. M.: The relation of sample size to the number of variables in using factor analysis techniques. Educ. psychol. measmt. **36**, 879–883 (1976).

Alexander, R. A., Alliger, G. M., Carson, K. P., Barrett, G. V.: The empirical performance of measures of association in the 2×2-table. Educ. psychol. measmt. **45**, 79–87 (1985a).

Alexander R. A., De Shon, R. P.: Effect of error variance heterogeneity on the power of tests for regression slope differences. Psychological Bulletin **115**, 308–314 (1994).

Alexander, R. A., Hanges, P. J., Alliger, G. M.: An empirical examination of the two transformations of sample correlations. Educ. psychol. measmt. **45**, 797–801 (1985b).

Alexander, R. A., Scozzaro, M. J., Borodkin, L. J.: Statistical and empirical examination of the chi-square test for homogeneity of correlations in meta-analysis. Psychol. Bull. **106**, 329–331 (1989).

Alf, E., Abrahams, N.: Reply to Edgington. Psychol. Bull. **80**, 86–87 (1973).

Algina, J.: Some alternative approximate tests for a split plot design. Multivariate Behavioral Research **29**, 365–384 (1994).

Algina, J., Keselman, H. J.: Detecting repeated measures effects with univariate dual multivariate statistics. Psychological Methods **2** (1997).

Algina, J., Keselman, H. J.: Comparing Squared Multiple Correlation Coefficients: Examination of a Confidence Intervall and a Test of Significance. Psychol. Methods **4**, 76–83 (1999).

Algina, J., Olejnik, S. F.: Implementing the Walch-James procedure with factorial designs. Educ. psychol. measmt. **44**, 39–48 (1984).

Algina, J., Oshima, T. C.: Robustness of the independent samples Hotelling's T^2 to variance-covariance heteroscedasticity when sample sizes are unequal and in small ratios. Psychol. Bull. **108**, 308–313 (1990).

Algina, J., Seaman, S.: Calculation of semipartial correlations. Educ. psychol. measmt. **44**, 547–549 (1984).

Allen, S. J., Hubbard, R.: Regression equations for the latent roots of random data correlation matrices with unities on the diagonal. Mult. beh. res. **21**, 393–398 (1986).

Amthauer, R.: Intelligenz-Struktur-Test. Göttingen: Hogrefe 1970.

Anastasi, A.: Psychological testing. New York: MacMillan 1982.

Anastasi, A.: Differential psychology. New York: MacMillan 1963.

Anderberg, M. R.: Cluster analysis for applications. New York: Academic Press 1973.

Anderson, E. B.: The statistical analysis of catecorial data. New York: Springer 1990.

Anderson, O.: Verteilungsfreie Testverfahren in den Sozialwissenschaften. Allgemeines Statistisches Archiv **40**, 117–127 (1956).

Anderson, R. L., Houseman, E. E.: Tables of orthogonal polynomial values extended to N=104. Res. Bull. 297, April 1942, Ames, Iowa.

Anderson, T. W.: An introduction to multivariate statistical analysis. New York: Wiley 1958.

Andres, J.: Grundlagen linearer Strukturgleichungsmodelle. Frankfurt: Lang 1990.

Andres, J.: Das Allgemeine Lineare Modell. In: Erdfelder, E. et al. (Hrsg.) Handbuch quantitative Methoden (S. 185–200). Weinheim: Beltz 1996.

Andreß, H. J., Hagenaars, J. A., Kühnel, S.: Analyse von Tabellen und kategorialen Daten. Heidelberg: Springer 1997.

Arabie, P., Carroll, J. D.: MAPCLUS: A mathematical programming approach to fitting the ADCLUS model. Psychometrika **45**, 211–235 (1980).

Arabie, P., Hubert, L. J., De Soete, G.: Clustering and classification. Singapore: World Scientific 1996.

Archer, C. O., Jennrich, R. I.: Standard errors for rotated factor loadings. Psychometrika **38**, 581–592 (1973).

Arminger, G.: Faktorenanalyse. Stuttgart: Teubner 1979.

Arminger, G.: Multivariate Analyse von qualitativen abhängigen Variablen mit verallgemeinerten linearen Modellen. Zsch. f. Soziol. **12**, 49–64 (1983).

Assenmacher, W.: Induktive Statistik. Heidelberg: Springer 2000.

Attneave, F.: Dimensions of similarity. Amer. J. Psychol. **63**, 516–556 (1950).

Attneave, F.: Informationstheorie in der Psychologie. Bern: Huber 1969.

Ayabe, C. R.: Multicrossvalidation and the jackknife in the estimation of shrinkage of the multiple coefficient of correlation. Educ. psychol. measmt. **45**, 445–451 (1985).

Azen, R., Budescu, D. V.: The Dominance Analysis Approach for Comparing Predictors in Multiple Regression. Psychol. Methods **8**, 129–148 (2003).

Backhaus, K., Erichson, B., Plinke, W., Wüber, R.: Multivariate Analysemethoden. Berlin: Springer 1987, 2000 (9. Aufl.).

Bacon, D. R.: A maximum likelihood approach to correlational outlier identification. Multivariate Behavioral Research **30**, 125–148 (1995).

Bailey, K. D.: Cluster analysis. In: Heise, D. (ed.): Sociological Methodology. San Francisco: Jossey-Bass 1974.

Bajgier, S. M., Aggarwal, L. K.: Powers of goodness-of-fit tests in detecting balanced mixed normal distributions. Educ. psychol. measmt. **51**, 253–269 (1991).

Bakan, D.: The test of significance in psychological research. Psychol. Bull. **66**, 423–437 (1966).

Baker, F. B.: An investigation of the sampling distributions of item discrimination indices. Psychometrika **30**, 165–178 (1965).

Baker, F. B., Hubert, L. J.: Measuring the power of hierarchical cluster analysis. J. Am. Statistical Assoc. **70**, 31–38 (1975).

Ball, G. H.: Classification analysis. Menlo Park Calif.: Stanford Research Institute 1970.

Bardeleben, H.: FACREL – ein Programm zur Bestimmung der maximalen faktoriellen Reliabilität sozialwissenschaftlicher Skalen nach der OLS- und ML-Methode. Soziologisches Forum. Gießen: Institut für Soziologie 1987.

Barker, D. G.: Averaging correlation coefficients. A basic program. Educ. psychol. measmt. **50**, 843–844 (1990).

Bartlett, M. S.: Multivariate analysis. J. of the Royal Statistical Society, Series B, **9**, 176–197 (1947).

Bartlett, M. S.: Tests of significance in factor analysis. Brit. J. of Psychol. (Statist. section) **3**, 77–85 (1950).

Bartlett, M. S.: A note on the multiplying of factors for various chi-squared approximations. J. Royal Statist. Soc., Series B, **16**, 296–298 (1954).

Bartussek, D.: Eine Methode zur Bestimmung von Moderatoreffekten. Diagnostica **16**, 57–76 (1970).

Bartussek, D.: Zur Interpretation der Kernmatrix in der dreimodalen Faktorenanalyse von L. R. Tucker. Psychol. Beiträge **15**, 169–184 (1973).

Becker, R. A., Chambers, J. M., Wilks, A. R.: The new S language. Belmont, CA 1988.

Bedrick, E. J.: On the large sample distributions of modified sample biserial correlation coefficients. Psychometrika **55**, 217–228 (1990).

Bedrick, E. J.: A comparison of generalized and modified sample biserial correlation estimators. Psychometrika **57**, 183–201 (1992).

Bedrick, E. J., Breslin, F. C.: Estimating the polyserial correlation coefficient. Psychometrika **61**, 427–443 (1996).

Beelmann, A., Bliesener, T.: Aktuelle Probleme und Strategien der Metaanalyse. Psychologische Rundschau **45**, 211–233 (1994).

Behrens, J. T.: Principles and Procedures of Exploratory Data Analysis. Psychol. Methods **2**, 131–160 (1997).

Belsley, D. A., Kuh, E., Welsch, R. E.: Regression diagnostics: Identifying influential data and sources of collinearity. New York: Wiley 1980.

Bentler, P. M.: EQS. Structural equation program manual. Los Angeles: BMDP Statistical Software Inc. 1989.

Bentler, P. M., Yuan, K. H.: Test of Linear Trend in Eigenvalues of a Covariance Matrix with a Application to Data Analysis. British Journal of Mathematical and Statistical Psychology **49**, 299–312 (1996).

Berenson, M. L.: A useful k sample test for monotonic relationships in completely randomized designs. SCIMA-Journal of Management Science and Applied Cybernetics **5**, 2–16 (1976).

Berenson, M. L.: A comparison of several k sample tests for ordered alternatives in completely randomized designs. Psychometrika **47**, 265–280 (1982).

Berger, J. O.: Statistical decision theory. New York: Springer 1980.

Berry, K. J.: Orthogonal polynomials for the analysis of trend. Educ. psychol. measmt. **53**, 139–141 (1993).

Berry, K. J., Martin, T. W., Olson, K. F.: A note on fourfold point correlation. Educ. psychol. measmt. **34**, 53–56 (1974).

Berry, K. J., Mielke, P. W., Jr.: R by C chi-square analysis with small expected cell frequencies. Educ. psychol. measmt. **46**, 169–173 (1986).

Berry, K. J., Mielke, P. W., Jr.: Exact cumulative probabilities for the multinomial distribution. Educ. psychol. measmt. **55**, 769–772 (1995).

Bickel, P. J., Doksum, K.: Mathematical statistics. Holden Day 1977.

Bijman, J.: Cluster analysis. Tilberg: Tilberg Univ. Press 1973.

Birch, H. G.: The role of motivational factors in insightful problem-solving. J. Comp. Psychol. **43**, 259–278 (1945).

Bishir, J. W., Drewes, D. W.: Mathematics in the behavioral and social sciences. New York: Harcourt, Brace and World 1970.

Bishop, Y. M. M., Fienberg, S. E., Holland, P. W.: Discrete multivariate analysis. MIT-Press Cambridge 1978.

Blair, R. C., Higgings, J. J.: Tests of hypotheses for unbalanced factorial designs under various regression/coding method combinations. Educ. psychol. measmt. **38**, 621–631 (1978).

Blalock, H. M.: Theory building and causal inferences. In: Blalock, H. M., Blalock, A. B. (eds.): Methodology in social research, pp. 155–198. New York: McGraw-Hill 1968.

Blalock, H. M. (ed.): Causal models in the social sciences. London: MacMillan 1971.

Blashfield, R. K.: Mixture model tests of cluster analysis: Accuracy of four agglomerative hierarchical methods. Psychol. Bull. **83**, 377–388 (1976).

Blashfield, R. K.: A consumer report on cluster analysis software: (3) Iterative partitioning methods. State College PA: The Pennsylvania State Univ., Department of Psychology, March 1977.

Blashfield, R. K.: The growth of cluster analysis: Tryon, Ward and Johnson. Multivariate behavioral research **15**, 439–458 (1980).

Blashfield, R. K.: The classification of psychopathology: Neo-Kraepelinean and quantitative approaches. New York: Plenum Press 1984.

Blashfield, R. K., Aldenderfer, M. S.: The literature on cluster analysis. Multivariate behavioral research **13**, 271–295 (1978).

Bliesener, T.: Korrelation und Determination von Konstrukten. Zur Interpretation der Korrelation in multivariaten Datensätzen. Zeitschrift für Differentielle und Diagnostische Psychologie **13**, 21–33 (1992).

Bock, H. H.: Automatische Klassifikation. Göttingen: Vandenhoeck u. Ruprecht 1974.

Bock, R. D.: A computer program for univariate and multivariate analysis of variance. In: Proceedings of the IBM scientific computing symposium on statistics. White Plains, New York: IBM Data Processing Division 1965.

Bock, R. D.: Multivariate statistical methods in behavioral research. New York: McGraw-Hill 1975.

Bock, R. D., Haggard, E. A.: The use of multivariate analysis of variance in behavioral research. In: Witla, D. K. (ed.): Handbook of measurement and assessment in behavioral sciences. Reading, Mass.: Addison Wesley 1968.

Boehnke, K.: Der Einfluß verschiedener Stichprobencharakteristiken auf die Effizienz der parametrischen und nichtparametrischen Varianzanalyse. Heidelberg: Springer 1983.

Boik, R. J.: The rationale of Scheffés method and the simultaneous test procedure. Educ. psychol. measmt. **39**, 49–56 (1979a).

Boik, R. J.: Interactions, partial interactions, and interaction contrasts in the analysis of variance. Psychol. Bull. **86**, 1084–1089 (1979b).

Boik, R. J.: A Priori Tests in Repeated Measures Design: Effects on Nonsphericity. Psychometrika **46**, 241–255 (1981).

Bolch, B. W.: More on unbiased estimation of the standard deviation. American Statistician **20**, 27 ff. (1968).

Bollen, K. A., Long, J. S.: Testing structural equation models. Newberry Park, CA: Sage 1993.

Boneau, C. A.: The effects of violations of assumptions underlying the t-test. In: Steger, J. A.: Readings in statistics, pp. 311–329. New York: Holt, Rinehart and Winston, Inc. 1971.

Bonett, D. G.: A weighted harmonic means analysis for the proportional embalanced design. Educ. psychol. measmt. **42**, 401–407 (1982a).

Bonett, D. G.: On post-hoc blocking. Educ. psychol. measmt. **42**, 35–39 (1982b).

Borg, J., Staufenbiel, T.: Theorien und Methoden der Skalierung. Eine Einführung (3. Auflage). Bern: Huber 1997.

Boring, E. G.: A history of experimental psychology (Rev. ed.). New York: Appleton-century-crofts 1950.

Bortz, J.: Möglichkeiten einer exakten Kennzeichnung der Sprechstimme. Diagnostica **17**, 3–14 (1971).

Bortz, J.: Ein Verfahren zur Tauglichkeitsüberprüfung von Rating-Skalen. Psychologie und Praxis **16**, 49–64 (1972a).

Bortz, J.: Beiträge zur Anwendung der Psychologie auf den Städtebau. II. Erkundungsexperiment zur Beziehung zwischen Fassadengestaltung und ihrer Wirkung auf den Betrachter. Zsch. exp. angew. Psychol. **19**, 226–281 (1972b).

Bortz, J.: Lehrbuch der empirischen Forschung. Berlin: Springer 1984.

Bortz, J., Döring, N.: Forschungsmethoden und Evaluation. Heidelberg: Springer 2002 (3. Aufl.).

Bortz, J., Muchowski, E.: Analyse mehrdimensionaler Kontingenztafeln nach dem ALM. Zeitschrift für Psychologie **196**, 83–100 (1988).

Bortz, J., Lienert, G. A.: Kurzgefaßte Statistik für die Klinische Forschung. Ein praktischer Leitfaden für die Analyse kleiner Stichproben. Heidelberg: Springer 2003 (2. Aufl.).

Bortz, J., Lienert, G. A., Boehnke, K.: Verteilungsfreie Methoden in der Biostatistik. Heidelberg: Springer 2000 (2. Aufl.).

Boudon, R.: A method of linear causal analysis: Dependence analysis. Amer. soc. Rev. **30**, 365–374 (1965).

Bowers, J.: A note on comparing r-biserial and r-point biserial. Educ. psychol. measmt. **32**, 771–775 (1972).

Box, G. E. P.: A general distribution theory for a class of likelihood criteria. Biometrika **36**, 317–346 (1949).

Box, G. E. P.: Non-normality and tests on variance. Biometrika **40**, 318–335 (1953).

Box, G. E. P.: Some theorems on quadratic forms applied in the study of analysis of variance problems. I. Effect of inequality of variances in the one-way classification. Annals of Mathematical Statistics **25**, 290–302 (1954a).

Box, G. E. P.: Some theorems on quadratic forms applied in the study of analysis of variance problems. II. Effects of inequality of variance and of correlation between errors in the two-way classification. Annals of Math. Statistics **25**, 484–498 (1954b).

Boyle, R. P.: Path analysis and ordinal data. Amer. J. of Soc. **75**, 461–480 (1970).

Bracht, G. H., Glass, G. V.: Die externe Validität von Experimenten. In: Schwarzer, R., Steinhagen, K. (Hrsg.): Adaptiver Unterricht. München: Kösel 1975.

Bradley, D. R., Bradley, T. D., McGrath, S. G., Cutcomb, S. D.: Type I error of the χ^2-Test of independence in R×C tables that have small expected frequencies. Psychol. Bull. **86**, 1290–1297 (1979).

Bradley, J. V.: Distribution-free statistical tests. Prentice-Hall: Englewood Cliffs 1968.

Bradley, J. V.: Robustness? British Journal of Mathematical and Statistical Psychology **31**, 144–152 (1978).

Brandstätter, J., Bernitzke, F.: Zur Technik der Pfadanalyse. Ein Beitrag zum Problem der nichtexperimentellen Konstruktion von Kausalmodellen. Psychol. Beiträge **18**, 12–34 (1976).

Bravais, A.: Analyse mathematique sur les probabilités des erreurs de situation de point. Memoires presentes par divers savants a l'Academie des Sciences de l'Institut de France **9**, 255–332 (1846).

Braver, S. L., Sheets, V. L.: Monotonic hypothesis in multiple group designs: A Monte Carlo study. Psychological Bulletin **113**, 379–395 (1993).

Breckenridge, J. N.: Replicating cluster analysis: Method, consistency, and validity. Mult. beh. res. **24**, 147–161 (1989).

Breckler, S. J.: Applications of covariance structure modeling in psychology: Cause for concern? Psych. Bull. **107**, 260–273 (1990).

Bredenkamp, J.: Über die Anwendung von Signifikanztests bei theorie-testenden Experimenten. Psychol. Beiträge **11**, 275–285 (1969a).

Bredenkamp, J.: Über Maße der praktischen Signifikanz. Zsch. f. Psychol. **177**, 310–318 (1969b).

Bredenkamp, J.: Der Signifikanztest in der psychologischen Forschung. Frankfurt/Main: Akademische Verlagsanstalt 1972.

Bredenkamp, J.: Dürfen wir psychologische Hypothesen statistisch testen? Berichte aus dem Psychologischen Institut der Universität Bonn **12** (2), 1–36 (1986).

Bresnahan, J. L., Shapiro, M. M.: A general equation and technique for the exact partitioning of chi-square contingency tables. Psych. Bull. **66**, 252–262 (1966).

Bridgeman, P. W.: The logic of modern physics. New York: MacMillan 1927.

Brien, C. J., Venables, W. N., James, A. T., Mayo, O.: An analysis of correlation matrices: Equal correlations. Biometrika **71**, 545–554 (1984).

Bring, J.: Variable importance by partitioning R? Quality and Quantity **29**, 173–189 (1995).

Broadbocks, W. J., Elmore, P. B.: A Monte Carlo study of the sampling distribution of the congruence coefficient. Educ. psychol. measmt. **47**, 1–11 (1987).

Brosius, G.: SPSS/PC+ Basics und Graphics. Einführung und praktische Beispiele. Hamburg: McGraw-Hill 1988.

Brosius, G.: SPSS/PC+ Advanced Statistics und Tables. Einführung und praktische Beispiele. Hamburg: McGraw-Hill 1989.

Brosius, F.: SPSS 11. Bonn: MITP (2002).

Brown, M. B., Benedetti, J. K.: On the mean and variance of the tetrachoric correlation coefficient. Psychometrika **42**, 347–355 (1977).

Browne, M. W.: A comparison of single sample and cross-validation methods for estimating the mean-square error of prediction in multiple linear regression. Brit. J. of Math. Stat. Psychol. **28**, 112–120 (1975a).

Browne, M. W.: Predictive validity of a linear regression equation. Brit. J. of Math. Stat. Psychol. **28**, 79–87 (1975b).

Browne, M. W., Arminger, G.: Specification and Estimation of Mean- and Covariance-Structure Models. In: Arminger, G., Clogg, C. C., Sobel M. E. (eds.): Handbook of Statistical Modelling for the Social and Behavioral Sciences, pp. 185–249. New York: Plenum Press (1995).

Browne, M. W., Cudeck, R.: Single sample cross-validation indices for covariance structures. Mult. beh. res. **24**, 445–455 (1989).

Bryant, F. B., Yarnold, P. R.: Principal-Components Analysis and Exploratory and Confirmatory Factor Analysis. In: Grimm, L. G., Yarnold, P. R. (eds.): Reading and Understanding Multivariate Statistics, pp. 99–136. Washington, DC: American Psychological Association (2000).

Bryant, J. L., Paulson, A. S.: An Extension of Tukey's Method of Multiple Comparisons to Experimental Design with Random Concomitant Variables. Biometrika, 631–638 (1976).

Bryk, A. S., Raudenbush, S. W.: Heterogeneity of variance in experimental studies: A challenge to conventional interpretations. Psychol. Bull. **104**, 396–404 (1988).

Bryk, A. S., Raudenbusch, S. W.: Hierarchical Linear Models: Applications and Data Analysis Methods. Newburry Park, London: Sage (1992).

Buchner, A., Erdfelder, E., Faul, F.: Teststärkeanalysen. In: Erdfelder, E. et al. (Hrsg.): Handbuch quantitative Methoden (S. 123–136). Weinheim: Beltz 1996.

Buck, W.: Der U-Test nach Ullmann. EDV in Medizin und Biologie **7**, 65–75 (1976).

Budescu, D. V.: Dominance analysis: A new approach to the problem of relative importance of predictors in multiple regression. Psychological Bulletin **114**, 542–551 (1993).

Bühl, A., Zöfel, P.: SPSS 11. Eine Einführung in die moderne Datenanalyse unter Windows, 8. Aufl. München: Pearson Studium 2002.

Bühlmann, H., Löffel, H., Nievergelt, E.: Einführung in die Theorie und Praxis der Entscheidung bei Unsicherheit. Heidelberg: Springer 1967.

Buja, A., Eyuboglu, N.: Remarks on parallel analysis. Multivariate Behavioral Research **27**, 509–540 (1992).

Bunge, M.: Kausalität – Geschichte und Probleme. Tübingen: Mohr 1987.

Büssing, A., Jansen, B.: Exact tests of two-dimensional contingency tables: Procedures and problems. Methodika **1**, 27–39 (1988).

Burnett, T. D., Barr, D. R.: A nonparametric analogy of analysis of covariance. Educ. psychol. measmt. **37**, 341–348 (1977).

Burt, C.: Experimental tests of general intelligence. Brit. J. Psychol. **3**, 94–177 (1909).

Burt, C.: Annual Report of the L. C. C. Psychologist. London: P. S. King and Son 1914.

Burt, C.: The early history of multivariate techniques in psychological research. Multivar. behav. Res. **1**, 24–42 (1966).

Bush, A. J., Rakow, E. A., Gallimore, D. N.: A comment on correctly calculating semipartial correlation. J. Educ. Stat. **5**, 105–108 (1980).

Byrne, B. M.: Structural equation modelling with EQS and EQS/Windows: Basic concepts, applications and programming. London: Sage 1994.

Calinski, R. B., Harabasz, J.: A dendrite method for cluster analysis. Communications in Statistics **3**, 1–27 (1974).

Camilli, G.: The test of homogeneity for 2×2-contingency tables: A review of some personal opinions on the controversy. Psychol. Bull. **108**, 135–145 (1990).

Camilli, G., Hopkins, K. D.: Testing for association in 2×2 contingency tables with very small sample sizes. Psychol. Bull. **86**, 1011–1014 (1979).

Campbell, D. T., Stanley, J. C.: Experimental and quasi-experimental designs for research on teaching. In: Gage, N. L. (ed.): Handbook of research on teaching. Chicago: Rand McNally 1963.

Carnap, R.: Einführung in die symbolische Logik. Wien: Springer 1960.

Carroll, J. B.: An analytic solution for approximating simple structure in factor analysis. Psychometrika **18**, 23–38 (1953).

Carroll, J. B.: Biquartimin criterion for rotation to oblique simple structure in factor analysis. Science **126**, 1114–1115 (1957).

Carroll, J. B.: IBM 704 program for generalized analytic rotation solution in factor analysis. Unpublished manuscript. Harvard Univ. 1960.

Carroll, J. B.: The nature of the data, or how to choose a correlation-coefficient. Psychometrika **26**, 347–372 (1961).

Carroll, R. J., Ruppert, D.: Transformation and Weighting in Regression. London: Chapman and Hall 1988.

Carter, D. S.: Comparison of different shrinkage formulas in estimating population multiple correlation coefficients. Educ. psychol. measmt. **39**, 261–266 (1979).

Carver, R. P.: The case against statistical significance testing. Harvard Educational Review **48**, 378–399 (1978).

Castellan, N. J. Jr.: On the estimation of the tetrachoric correlation coefficient. Psychometrika **31**, 67–73 (1966).

Cattell, R. B.: r_p and other coefficients of pattern similarity. Psychometrika **14**, 279–298 (1949).

Cattell, R. B.: Factor analysis. New York: Harper 1952.

Cattell, R. B.: The scree test for the number of factors. Multivariate behav. Res. **1**, 245–276 (1966a).

Cattell, R. B.: The data box: its ordering of total resources in terms of possible relational systems. In: Cattell, R. B. (ed.): Handbook of multivariate experimental psychology. Chicago: Rand McNally 1966b.

Cattell, R. B., Muerle, J. L.: The "maxplane" program for factor rotation to oblique simple structure. Educ. psychol. measmt. **20**, 569–590 (1960).

Cattell, R. B., Vogelmann, S.: A comprehensive trial of the scree and KG-criteria for determining the number of factors. Multivariate Behavioral Research **12**, 289–325 (1977).

Chalmers, A. F.: Wege der Wissenschaft. Berlin: Springer 1986.

Chan, W., Ho, R. M., Leung, K., Chan, D. K. S., Yung, Y. F.: An Alternative Method for Evaluating Congruence Coefficients with Procrustes Rotation: A Bootstrap Procedure. Psychol. Methods **4**, 378–402 (1999).

Charter, R. A., Larsen, B. S.: Fisher's Z to r. Educ. psychol. measmt. **43**, 41–42 (1983).

Cheng, R., Milligan, G. W.: Hierarchical clustering algorithms with influence detection. Educ. psychol. measmt. **55**, 237–244 (1995).

Cheng, R., Milligan, G. W.: K-means clustering methods with influence detection. Educ. psychol. measmt. **56**, 833–838 (1996).

Chernoff, H., Moses, L. E.: Elementary decision theory. New York: Wiley 1959.

Chow, S. L.: Significance test or effect size? Psychol. Bull. **103**, 105–110 (1988).

Clauss, G., Ebner, H.: Grundlagen der Statistik. Frankfurt/Main: Deutsch 1971.

Cliff, N.: Orthogonal rotation to congruence. Psychometrika **31**, 33–42 (1966).

Cliff, N.: The eigenvalues-greater-than-one rule and the reliability of components. Psych. Bull. **103**, 276–279 (1988).

Cliff, N., Hamburger, C. D.: A study of sampling errors in factor analysis by means of artificial experiments. Psychol. Bull. **68**, 430–445 (1967).

Cliff, N., Krus, D. J.: Interpretation of canonical analysis: Rotated vs. unrotated solutions. Psychometrika **41**, 35–42 (1976).

Cliff, N., McCormick, D. J., Zatkin, J. L., Cudeck, R. A., Collins, L. M.: Binclus: Nonhierarchical clustering of binary data. Mult. beh. res. **21**, 201–227 (1986).

Clifford, H. T., Stephenson, W.: An introduction to numerical classification. New York: Academic Press 1975.

Clyde, D. J., Cramer, E. M., Sherin, R. J.: Multivariate statistical programs. Coral Gables, Florida: Biometric laboratory of the University of Miami 1966.

Cochran, W. G.: Stichprobenverfahren. Berlin: de Gruyter 1972.

Cochran, W. G., Cox, G. M.: Experimental designs. New York: Wiley 1966.

Cohen, J.: A coefficient of agreement for nominal scales. Educ. psychol. measmt. **20**, 37–46 (1960).

Cohen, J.: Multiple regression as a general data-analytic system. Psychol. Bull. **70**, 426–443 (1968a).

Cohen, J.: Weighted kappa: Nominal scale agreement with provision for scale disagreement or partial credit. Psych. Bull. **70**, 213–220 (1968b).

Cohen, J.: Eta-squared and partial eta-squared in fixed factor ANOVA designs. Educ. psychol. measmt. **33**, 107–112 (1973).

Cohen, J.: Trend analysis the easy way. Educ. psychol. measmt. **40**, 565–568 (1980).

Cohen, J.: Set correlation as a general multivariate data-analytic method. Multivariate behavioral research **17**, 301–341 (1982).

Cohen, J.: Statistical power analysis for the behavioral sciences. Hillsdale, New York: Erlbaum 1988.

Cohen, J.: A power primer. Psychological Bulletin **112**, 155–159 (1992).

Cohen, J.: The earth is round ($p<0.05$). American Psychologist **49**, 997–1003 (1994).

Cohen, J., Cohen, P.: Applied multiple regression/correlation analysis for the behavioral sciences. New York: Wiley 1975.

Cohen, J., Nee, J. C. M.: Estimators for two measures of association for set correlation. Educ. psychol. measmt. **44**, 907–917 (1984).

Cohen, M., Nagel, E.: An introduction to logic and scientific method. London: Harcourt Brace Jovanovich, Inc. 1963.

Cole, A. J.: Numerical taxonomy. London: Academic Press 1969.
Cole, D. A., Maxwell, S. E., Arvey, R., Solas, E.: How the power of MANOVA can both increase and decrease as a function of the intercorrelations among dependent variables. Psychological Bulletin **115**, 465–474 (1994).
Collier, R. O., Jr., Baker, F. B., Mandeville, G. K., Hayes, T. F.: Estimates of test size for several test procedures based on conventional variance ratios in the repeated measurement design. Psychometrika **32**, 339–353 (1967).
Collins, L. A., Dent, C. W.: Omega: A general formulation of the Rand-Index of cluster recovery suitable for non-disjoint solutions. Mult. beh. res. **23**, 231–242 (1988).
Collins, L. A., Cliff, N., McCormick, D. J., Zatkin, J. L.: Factory recovery in binary data sets: A simulation. Mult. beh. res. **21**, 377–391 (1986).
Comrey, A. L.: A first course in factor analysis. New York: Academic Press 1973.
Conger, A. J.: A revised definition for suppressor variables: A guide to their identification and interpretation. Educ. psych. measmt. **34**, 35–46 (1974).
Conger, A. J., Jackson, D. N.: Suppressor variables, prediction, and the interpretation of psychological relationships. Educ. psychol. measmt. **32**, 579–599 (1972).
Cook, T. D., Grader, C. L., Hennigan, K. M., Flay, B. R.: The history of the sleeper effect: Some logical pitfalls in accepting the Null-hypothesis. Psychol. Bull. **86**, 662–679 (1979).
Cooley, W. W., Lohnes, P. R.: Multivariate data analysis. New York: Wiley 1971.
Coombs, C. H., Dawes, R. M., Tversky, A.: Mathematische Psychologie. Weinheim: Beltz 1975.
Coombs, W. T., Algina, J.: New test statistics for MANOVA/descriptive discriminant analysis. Educ. psychol. measmt. **56**, 382–402 (1996).
Cooper, H., Hedges, L. V.: The Handbook of Research Synthesis. New York: Russel Sage Foundation 1994.
Coovert, M. D., McNelis, K.: Determining the number of common factors in factor analysis: A review and program. Educ. psychol. measmt. **48**, 687–692 (1988).
Corballis, M. C., Traub, R. E.: Longitudinal factor analysis. Psychometrika **35**, 79–98 (1970).
Cornfield, J., Tukey, J. W.: Average values of mean squares in factorials. Ann. math. statist. **27**, 907–949 (1956).
Cornwell, J. M.: Monte Carlo comparisons of three tests for homogeneity of independent correlations. Educ. psychol. measmt. **53**, 605–618 (1993).
Cortina, J. M., Dunlap, W. P.: On the logic and purpose of significance testing. Psychological Methods **2**, 161–172 (1997).
Cota, A. A. et al.: Interpolating 95th percentile eigenvalues from random data: An empirical example. Educ. psychol. measmt. **53**, 585–596 (1993).
Cotton, J. W.: Interpreting data from two-period crossover design. (Also termed the replicated 2×2 latin square design.) Psych. Bull. **106**, 503–515 (1989).
Cowles, M.: Statistics in psychology: A historical perspective. Hillsdale: Erlbaum 1989.
Cowles, M., Davis, C.: On the origins of the 0.05 level of significance. American Psychologist **37**, 553–558 (1982).

Crane, J. A.: Relative likelihood analysis vs. significance tests. Evaluation Review **4**, 824–842 (1980).
Crawford, C.: A general method of rotation for factor analysis. Paper read at spring meeting of the Psychometric society. Madison, Wisc., April 1, 1967.
Crawford, C., Ferguson, G. A.: A general rotation criterion and its use in orthogonal rotation. Psychometrika **35**, 321–332 (1970).
Cronbach, L. J.: Coefficient alpha and the internal structure of tests. Psychometrika **16**, 297–334 (1951).
Cronbach, L. J.: A research worker's treasure chest. Mult. beh. res. **19**, 223–240 (1984).
Cronbach, L. J., Gleser, G. C.: Assessing similarity between profiles. Psychol. Bull. **50**, 456–473 (1953).
Cronbach, L. J., Rajaratnam, N., Gleser, G. C.: Theory of generalizability: a liberalization of reliability theory. Brit. J. of stat. psychol. **16**, 137–163 (1963).
Cross, E. M., Chaffin, W. W.: Use of the binomial theorem in interpreting results of multiple tests of significance. Educ. psychol. measmt. **42**, 25–34 (1982).
Cudeck, R., O'Dell, L.: Applications of standard error estimates in unrestricted factor analysis: Significance tests for factor loadings and correlations. Psychological Bulletin **115**, 475–487 (1994).
Cureton, E. E.: Rank-biserial correlation. Psychometrika **21**, 287–290 (1956).
Cureton, E. E.: Note on Phi/Phi$_{max}$. Psychometrika **14**, 89–91 (1959).
Cureton, E. E.: Unbiased estimation of the standard deviation. American Statistician **22**, 22 ff. (1968a).
Cureton, E. E.: Priority correction to "Unbiased estimation of the standard deviation". American Statistician **22**, 27 ff. (1968b).
Cureton, E. E.: Rank-biserial correlation when ties are present. Educ. psychol. measmt. **28**, 77–79 (1968c).
Cureton, E. E.: Communality estimation in factor analysis of small matrices. Educ. psychol. measmt. **31**, 371–380 (1971).
Czienskowski, U.: Wissenschaftliche Experimente: Planung, Auswertung, Interpretation. Weinheim: Beltz 1996.
D'Agostino, R. B.: Relation between chi-squared and ANOVA-tests for testing the equality of k independent dichotomous populations. American Statistician, 30–32 (1972).
D'Agostino, R. B.: Tests for departures of normality. In: Kotz, S., Johnson, N. L. (eds.): Encyclopedia of statistical sciences. New York: Wiley 1982.
Dar, R.: Another look at Meehl, Lakatos, and the scientific practices of psychologists. American Psychologist **42**, 145–151 (1987).
Darlington, R. B.: Multiple regression in psychological research and practice. Psychol. Bull. **69**, 161–182 (1968).
Darlington, R. B.: Regression and linear models. New York: McGraw-Hill 1990.
Das Gupta, S.: Theories and methods in classification: A review. In: Cacoullos, T. (ed.): Discriminant analysis and applications. New York: Academic Press 1973.
Davenport, E. C. Jr.: Significance testing of congruence coefficients: A good idea? Educ. psychol. measmt. **50**, 289–296 (1990).

Literaturverzeichnis

Davis, C. S.: Statistical Methods for the Analysis of Repeated Measurements. New York: Springer 2002.

Davison, M. L., Sharma, A. R.: Parametric statistics and levels of measurement. Psychol. Bull. **104**, 137–144 (1988).

Dawson-Saunders, B. K.: Correcting for bias in the canonical redundancy statistic. Educ. psychol. measmt. **42**, 131–143 (1982).

Dayton, C. M.: The design of educational experiments. New York: McGraw-Hill 1970.

De Carlo, L. T.: On the meaning and use of Kurtosis. Psychological Methods **2**, 292–307 (1997).

De Groot, M. H.: Optimal statistical decisions. New York: McGraw-Hill 1970.

de Leeuw, J., van Rijckevorstel, J. L. A.: HOMALS and PRINCALS, some generalizations of principle components analysis. In: Diday, E. et al. (eds.): Data analysis and informatics II (pp. 231–242). Amsterdam: Elsevier Science Publishers 1980.

Delucchi, K, Bostrom, A.: Small Sample Longitudinal Clinical Trials with Missing Data: A Comparison of Analytical Methods. Psychol. Methods **4**, 158–172 (1999).

Diaconis, P., Efron, B.: Computer-intensive methods in statistics. Scientific American **248**, 116–130 (1983).

Dickman, K. W.: Factorial validity of a rating instrument. Unpublished Ph. D. Thesis, Univ. of Illinois 1960.

Diehl, J. M., Staufenbiel, T.: Statistik mit SPSS. Version 10+11. Eschborn: Klotz 2002.

Diepgen, R.: Inkonsequentes zur Signifikanztestproblematik. Ein Kommentar zu Hager (1992). Psychologische Rundschau **44**, 113–115 (1993).

DIN (Deutsche Industrie Norm) Nr. 55301. Berlin: Beuth Vertrieb GmbH 1957.

DIN (Deutsche Industrie Norm) Nr. 55302. Berlin: Beuth Vertrieb GmbH 1970 (Blatt 1), 1967 (Blatt 2).

Dingler, H.: Grundlagen der Physik. Synthetische Prinzipien der mathematischen Naturphilosophie. Berlin: de Gruyter 1923.

Ditton, H.: Mehrebenenanalyse. Grundlagen und Anwendungen des hierarchisch linearen Modells. Weinheim: Juventa 1998.

Divgi, D. R.: Calculation of the tetrachoric correlation coefficient. Psychometrika **44**, 169–172 (1979).

Donoghue, J. R.: Univariate screening measures for cluster analysis. Multivariate Behavioral Research **30**, 385–427 (1995a).

Donoghue, J. R.: The effects of within-group covariance structure on recovery in cluster analysis. I. The bivariate case. Multivariate Behaviour Research **30**, 227–254 (1995b).

Doppelt, J. E., Wallace, W. L.: Standardization of the Wechsler Adult Intelligence Scale for older persons. J. of abnorm. soc. psychol. **51**, 312–330 (1955).

Downie, N. M., Heath, R. W.: Basic statistical methods. New York: Harper 1970.

Draper, N. R., Smith, H.: Applied regression analysis, 3rd ed. New York: Wiley (1998)..

Dreger, R. M., Fuller, J., Lemoine, R. L.: Clustering seven data sets by means of some or all of seven clustering methods. Mult. beh. res. **23**, 203–230 (1988).

Dretzke, B. J., Levin, J. R., Serlin, R. C.: Testing for regression homogeneity under variance heterogeneity. Psychol. Bull. **91**, 376–383 (1982).

Driver, H. E., Kroeber, A. L.: Quantitative expression of cultural relationships. Univ. of California Publications in Archeology and Ethnology **31**, 211–256 (1932).

Du Mas, F. M.: A quick method of analyzing the similarity of profiles. J. clin. psychol. **2**, 80–83 (1946).

Duan, B., Dunlap, W. P.: The accuracy of different methods for estimating the standard error of correlations corrected for range restriction. Educ. psychol. measmt. **57**, 245–265 (1997).

Duda, R. O., Hart, P. E.: Pattern classification and scene analysis. New York: Wiley 1973.

Duncan, O. D.: Introduction to structural equations models. New York: Academic Press 1975.

Dunn, O. J., Clark, V. A.: Correlation coefficients measured on the same individuals. J. of the American Statistical Association **64**, 366–377 (1969).

Duran, B. S., Odell, P. L.: Cluster analysis: A survey. Berlin: Springer 1974.

Dutoit, E. F., Penfield, D. A.: Tables for determining the minimum incremental significance of the multiple correlation coefficient. Educ. psychol. measmt. **39**, 767–778 (1979).

Dwyer, P. S.: A matrix presentation of least-squares and correlation theory with matrix justification of improved methods of solution. The Annals of mathem. statist. **15**, 82–89 (1944).

Dyckman, T. R., Schmidt, S., McAdams, A. K.: Management decision making under uncertainty. An introduction to probability and statistical decision theory. London: Collier-MacMillan 1969.

Eber, H. W.: Toward oblique simple structure: A new version of Cattell's Maxplane rotation program for the 7094. Mult. behav. res. **1**, 112–125 (1966).

Eber, H. W.: SETCORAN: Multivariate set correlation. Mult. beh. res. **23**, 277–278 (1988).

Eberhard, K.: Die Manifestationsdifferenz – ein Maß für den Vorhersagewert einer alternativen Variablen in einer Vierfelder-Tafel. Zschr. f. exp. angew. Psychol. **15**, 1968.

Eberhard, K.: Die Kausalitätsproblematik in der Wissenschaftstheorie und in der sozialen Praxis. Archiv für Wiss. u. Praxis der Soz.-Arbeit, Heft 2, 1973.

Eberhard, K.: Die Intelligenz verwahrloster, männlicher Jugendlicher und ihre kriminalprognostische Bedeutung. Diss. TU-Berlin, 1974.

Eckes, T.: Bimodale Clusteranalyse, Methoden zur Klassifikation von Elementen zweier Mengen. Zeitschr. f. angew. Psych. **38**, 201–225 (1991).

Eckes, T., Roßbach, H.: Clusteranalysen. Stuttgart: Kohlhammer 1980.

Eckstein, P. P.: Angewandte Statistik mit SPSS, 3. Aufl. Praktische Einführung für Wirtschaftswissenschaftler. Wiesbaden: Gabler 2002.

Edwards, W., Lindman, H., Savage, L.J.: Bayesian statistical inference for psychological research. Psychol. Review **70**, 193–242 (1963).

Efron, B.: Bootstrap methods: Another look at the jackknife. The Annals of Statistics **7**, 1–26 (1979).

Efron, B.: The jackknife, the bootstrap, and other resampling plans. Society of Industrial and Applied Mathematics LBMS-NFS monographs 38 (1982).

Efron, B.: Better bootstrap confidence intervals. J. of the American Statistical Association 82, 171–200 (1987).

Efron, B., Tibshirani, R. J.: Bootstrap methods for standard errors, confidence intervals and other measures of statistical accuracy. Statistical science 1, 54–77 (1986).

Efron, B., Tibshirani, R. J.: An introduction to the Bootstrap. New York: Chapman and Hill 1993.

Efroymson, M. A.: Mehrfache Regressionsanalyse. In: Rahlston, A., Wilf, H. S. (eds.): Mathematische Methoden für Digitalrechner, Kap. 17. München: Oldenbourg 1967.

Ekbohm, G.: On testing the equality of proportions in the paired case with incomplete data. Psychometrika 49, 147–152 (1982).

Elliot, S. D.: The method of unweighted means in univariate and multivariate analysis of variance. Educ. psychol. measmt. 49, 399–405 (1989).

Elshout, J. J., Roe, R. A.: Restriction of the range in the population. Educ. psychol. measmt. 33, 53–62 (1973).

Erdfelder, E., Bredenkamp, J.: Hypothesenprüfung. In: Herrmann, T., Tack, W. H. (Hrsg.): Methodologische Grundlagen der Psychologie (= Enzyklopädie der Psychologie, Themenbereich B, Serie 1, Band 1, S. 604–648). Göttingen: Hogrefe 1994.

Erdfelder, E., Faul, F., Buchner, A.: GPOWER: A general power analysis program. Behavior Research Methods, Instruments and Computers 28, 1–11 (1996).

Evans, S. H., Anastasio, E. J.: Misuse of analysis of covariance when treatment effect and covariate are confounded. Psychol. Bull. 69, 225–234 (1968).

Everitt, B. S.: Cluster analysis. London: Halstead Press 1974.

Eye, A. v.: The general linear model as a framework for models in configural frequency analysis. Biometrical Journal 30, 59–67 (1988).

Eye, A. v.: Introduction to configural frequency analysis. Cambridge: Cambridge University Press 1990.

Eye, A. v. (Hrsg.): Prädiktionsanalyse. Vorhersagen mit kategorialen Variablen. Weinheim: Beltz 1991.

Eyferth, K., Baltes, P. B.: Über Normierungseffekte in einer Faktorenanalyse von Fragebogendaten. Zschr. f. exp. u. angew. Psychol. 16, 38–51 (1969).

Eyferth, K., Sixtl, F.: Bemerkungen zu einem Verfahren zur maximalen Annäherung zweier Faktorenstrukturen aneinander. Archiv f. d. ges. Psychol. 117, 131–138 (1965).

Fabrigar, L. R., Wegener, D. T., MacCallum, R. C., Strahan, E. J.: Evaluating the Use of Exploratory Factor Analysis in Psychological Research. Psychol. Methods 4, 272–299 (1999).

Fahrmeir, L., Künstler, R., Pigeot, J., Tutz, G.: Statistik. Der Weg zur Datenanalyse, 3. Aufl. Heidelberg: Springer 2001.

Fan, X.: An SAS program for assessing multivariate normality. Educ. psychol. measmt. 56, 668–674 (1996).

Fava, J. L., Velicer, F.: An empirical comparison of factor, image, component and scale scores. Multivariate behavioural research 27, 301–322 (1992).

Fechner, G. T.: Über den Ausgangswert der kleinsten Abweichungssumme. Abhandlung d. Sächs. Ges. d. Wiss. 18 (1874).

Feingold, M.: The equivalence of Cohen's kappa and the Pearson's chi-square statistics in the 2×2 table. Educ. psychol. measmt. 52, 57–61 (1992).

Feir-Walsh, B. J., Toothaker, L. E.: An empirical comparison of the anova F-test, nominal scores test and Kruskal-Wallis test under violation of assumptions. Educ. psychol. measmt. 34, 789–799 (1974).

Finn, J. D.: A general model for multivariate analysis. New York: Holt, Rinehart and Winston 1974.

Finnstuen, K., Nichols, S., Hoffmann, P.: Correction to a correction factor and identification of hypothesis for one-way ANOVA from summary statistics. Educational and Psychological Measurement 54, 606–607 (1994).

Fischer, G.: Zum Problem der Interpretation faktorenanalytischer Ergebnisse. Psychol. Beiträge 10, 122–135 (1967).

Fischer, G., Roppert, J.: Bemerkungen zu einem Verfahren der Transformationsanalyse. Archiv f. d. Ges. Psychol. 116, 98–100 (1964).

Fisher, R. A.: The correlation between relatives on the supposition of Mendelian inheritance. Trans. Roy. Soc. Edinburgh 52, 399–433 (1918).

Fisher, R. A.: Theory of statistical estimation. Proc. Cambr. Phil. Soc. 21, 700–725 (1925a).

Fisher, R. A.: The use of multiple measurements in taxonomic problems. Annals of Eugenics 7, 179–188 (1936).

Fisher, R. A.: Statistical methods of research workers, 1. Aufl. (1925b); 17. Aufl. (1972). London: Oliver and Boyd 1925–1972.

Fisher, R. A., Yates, F.: Statistical tables for biological, agricultural and medical research. Edinburgh: Oliver and Boyd 1957, 1963.

Fisz, M.: Wahrscheinlichkeitsrechnung und mathematische Statistik, 11. Aufl. Berlin: Deutscher Verlag der Wissenschaften 1989.

Fleiss, J. L.: Statistical methods for rates and proportions. New York: Wiley 1973.

Fleiss, J. L., Cohen, J., Everitt, B. S.: Large sample standard errors of kappa and weighted kappa. Psychol. Bull. 72, 323–327 (1969).

Fleming, J. S.: The use and misuse of factor scores in multiple regression analysis. Educ. psychol. measmt. 41, 1017–1025 (1981).

Foerster, F., Stemmler, G.: When can we trust the F-approximation of the Box-Test. Psychometrika 55, 727–728 (1990).

Folger, R.: Significance tests and the duplicity of binary decisions. Psychol. Bull. 106, 155–160 (1989).

Fornell, C.: External single-set components analysis of multiple criterion/multiple predictor variables. Multivariate behavioral research 14, 323–338 (1979).

Fornell, C., Barclay, D. W., Rhee, B. D.: A model and simple iterative algorithm for redundancy analysis. Mult. beh. res. 23, 349–360 (1988).

Forsyth, R. A.: An empirical note on correlation coefficients corrected for restriction in range. Educ. psychol. measmt. 31, 115–123 (1971).

Fouladi, R. T., Steiger, J. H.: Test of multivariate independence: A critical analysis of „"A Monte Carlo Study of testing the significance of correlation matrices" by Silver and Dunlap. Educ. psychol. measmt. 53, 927–932 (1993).

Frane, J. W.: Some simple procedures for handling missing data in multivariate analysis. Psychometrika 41, 409–415 (1976).

Franke, J., Bortz, J., Braune, P., Klockhaus, R.: Enkulturationswirkung des regelmäßigen Lesens von Tageszeitungen. In: Ronneberger, F. (Hrsg.): Sozialisation durch Massenkommunikation, pp. 242–275. Stuttgart: Enke 1971.

Franklin, S. B., Gibson, D. J., Robertson, P. A., Pohlmann, J. T., Fralish, J. S.: Parallel Analysis: A Method for Determining Significant Principal Components. J. Vegetat. Science 6, 99–106 (1995).

Fricke, R., Treinies, G.: Einführung in die Metaanalyse. Bern: Huber 1985.

Friedman, H.: Simplified determinations of statistical power: Magnitude of affect and research sample sizes. Educ. psychol. measmt. 42, 521–526 (1982).

Friedman, S., Weisberg, H. F.: Interpreting the first Eigenvalue of a correlation matrix. Educ. psychol. measmt. 41, 11–21 (1981).

Frigon, J. Y., Laurencelle, L.: Analysis of covariance: A proposed algorithm. Educ. psychol. measmt. 53, 1–18 (1993).

Fruchter, B.: Introduction to factor analysis. New York: Van Nostrand-Reinhold 1954.

Fürntratt, E.: Zur Bestimmung der Anzahl interpretierbarer gemeinsamer Faktoren in Faktorenanalysen psychologischer Daten. Diagnostika 15, 62–75 (1969).

Fung, W. K., Kwan, C. W.: Sensitivity analysis in factor analysis: Difference between using covariance and correlation matrices. Psychometrika 60, 607–614 (1995).

Furr, R. M., Rosenthal, R.: Repeated-Measures Contrasts for "Multiple-Pattern" Hypotheses. Psychol. Methods 8, 275–293 (2003).

Gabriel, K. R.: A procedure for testing the homogeneity of all sets of means in analysis of variance. Biometrics 20, 459–477 (1964).

Gabriel, K. R.: Simultaneous test procedures – some theory of multiple comparisons. Annals of mathem. statistics 40, 224–250 (1960).

Gaensslen, H., Schubö, W.: Einfache und komplexe statistische Analyse. UTB, München: Reinhardt 1973.

Gaito, J.: Repeated measurements designs and tests of Null-Hypothesis. Educ. psychol. measmt. 33, 69–75 (1973).

Gaito, J.: Equal and unequal n and equal and unequal intervals in trend analysis. Educ. psychol. measmt. 37, 283–289 (1977).

Galton, F.: Family Likeness in Stature. Proc. Roy. Soc. 15, 49–53 (1886).

Games, P. A., Keselman, H. J., Clinch, J. J.: Tests for homogeneity of variance in factorial designs. Psychol. Bull. 86, 978–984 (1979).

Games, P. A., Keselman, H. J., Rogan, J. C.: Simultaneous pairwise multiple comparison procedures for means when sample sizes are unequal. Psychol. Bull. 90, 594–598 (1981).

Gatsonis, C., Sampson, A. R.: Multiple correlation: Exact power and sample size calculations. Psychol. Bull. 106, 516–524 (1989).

Gebhardt, F.: Über die Ähnlichkeit von Faktorenmatrizen. Psychol. Beiträge 10, 591–599 (1967).

Gebhardt, F.: Some numerical comparisons of several approximations to the binomial distribution. J. Amer. Statist. Assoc. 64, 1638–1646 (1969).

Geider, F. J., Rogge, K. E., Schaaf, H. P.: Einstieg in die Faktorenanalyse. Heidelberg: Quelle u. Meyer 1982.

Geisser, S.: The predictive sample reuse method with applications. J. of the American Statistical Association 70, 320–328 (1975).

Geisser, S., Greenhouse, S. W.: An extension of Box's results on the use of the F-distribution in multivariate analysis. Annals of math. statistics 29, 885–891 (1958).

Gekeler, G.: Aggression und Aggressionsbewertung. Diss. TU Berlin 1974.

Gelman, A., Carlin, J. B., Stern, H. S., Rubin, D. B.: Bayesian data analysis. London: Chapman and Hall 1995.

Gibbons, J. A.: Shrinkage formulas for two nominal level measures of association. Educ. psychol. measmt. 45, 551–566 (1985).

Gibbons, J. A., Sherwood, R. D.: Repeated measures/randomized blocks ANOVA through the use of criterion-scaled regression. Educ. psychol. measmt. 45, 711–724 (1985).

Gigerenzer, G.: Messung und Modellbildung in der Psychologie. München: Reinhardt 1981.

Gigerenzer, G.: The superego, the ego and the id in statistical reasoning. In: Keren G, Lewis C (eds.): A handbook for data analysis in the behavioural sciences: Methodological issues (pp. 311–319). Hillsdale, NY: Erlbaum 1993.

Gigerenzer, G., Murray, D. J.: Cognition as intuitive statistics. Hillsdale: Erlbaum 1987.

Gilbert, N.: Analyzing tabular data. Loglinear and logistic models for social researchers. London: University College London Press 1993.

Girshick, M. A.: On the sampling theory of roots of determinantal equations. Annals of math. statistics 10, 203–224 (1939).

Glaser, B. G., Strauss, A. L.: The discovery of grounded theory. Strategies for qualitative research. Chicago 1967.

Glasnapp, D. R.: Change scores and regression suppressor conditions. Educ. psychol. measmt. 44, 851–867 (1984).

Glass, G. V.: Note on rank-biserial correlation. Educ. psychol. measmt. 26, 623–631 (1966).

Glass, G. V., Collins, J. R.: Geometric proof of the restriction on the possible values of r_{xy} when r_{xz} and r_{yz} are fixed. Educ. psychol. measmt. 30, 37–39 (1970).

Glass, G. V., Stanley, J. C.: Statistical methods in education and psychology. Englewood Cliffs, New Jersey: Prentice-Hall 1970.

Glass, G. V., Peckham, P. D., Sanders, J. R.: Consequences of failure to meet assumptions underlying the fixed effects analysis of variance and covariance. Review of educational research 42, 237–288 (1972).

Gleiss, I., Seidel, R., Abholz, H.: Soziale Psychiatrie. Frankfurt/Main: Fischer 1973.

Glorfeld, L. W.: An improvement on Horn's parallel methodology for selecting the correct number of factors to retain. Educ. psychol. measmt. 95, 377–393 (1995).

Gnanadesikan, R.: Methods for statistical data analysis of multivariate observations. New York: Wiley 1977.

Gocka, E. F.: Stepwise regression for mixed mode predictor variables. Educ. psychol. measmt. 33, 319–325 (1973).

Gondek, P. C.: What you see may not be what you think you get: Discriminant analysis in statistical packages. Educ. psychol. measmt. **41**, 267–281 (1981).

Goodall, D. W.: A new similarity index based on probability. Biometrics **22**, 882–907 (1966).

Gordon, A. D.: Classification. London: Chapman and Hall 1981.

Gordon, A. D.: A review of hierarchical classification. J. of the Royal Statistical Society, series A, **150**, 119–137 (1987).

Gordon, L. V.: One-way analysis of variance using means and standard deviations. Educ. psychol. measmt. **33**, 815–816 (1973).

Gorman, B. S., Primavera, L. H.: MCA: A simple program for Multiple Correspondence Analysis. Educ. psychol. measmt. **53**, 685–688 (1993).

Gorman, B. S., Primavera, L. H., Allison, D. B.: POWPAL: A program for estimating effect sizes, statistical power, and sample sizes. Educ. psychol. measmt. **55**, 773–776 (1995).

Gorsuch, R. L.: A comparison of biquartim, maxplane, promax and varimax. Educ. psychol. measmt. **30**, 861–872 (1970).

Gorsuch, R. L.: Using Bartlett's significance test to determine the number of factors to extract. Educ. psychol. measmt. **33**, 361–364 (1973).

Gottmann, J. M.: The Analysis of Change. Mahwah, New Jersey: Lawrence Erlbaum 1995.

Goulden, C. H.: Methods of statistical analysis, 1. Aufl. 1939, 2. Aufl. 1952. New York: Wiley 1952.

Grandage, A.: Orthogonal coefficients for unequal intervals. Biometrics **14**, 287–289 (1958).

Graybill, F. A.: An introduction to linear statistical models, Vol. I. New York: McGraw-Hill 1961.

Green, B. F.: The orthogonal approximation of an oblique structure in factor analysis. Psychometrika **17**, 429–440 (1952).

Green, B. F.: The two kinds of linear discriminant functions and their relationship. J. of Educ. Statist. **4**, 247–263 (1979).

Green, P. E., Carroll, J. D.: Mathematical tools for applied multivariate analysis. New York: Academic Press 1976.

Greer, T., Dunlap, W. P.: Analysis of variance with ipsative measures. Psychological Methods **2**, 200–207 (1997).

Greenwald, A. G.: Consequences of prejudice against the Nullhypothesis. Psychol. Bull. **82**, 1–20 (1975).

Grissom, R. J., Kim, J. J.: Review of Assumptions and Problems in the Appropriate Conceptualization of Effect Size. Psychol. Methods **6**, 135–146 (2001).

Groeben, N., Westmeyer, H.: Kriterien psychologischer Forschung. München: Juventa 1975.

Gross, A. L., Kagen, E.: Not correcting for restriction of range can be advantageous. Educ. psychol. measmt. **43**, 389–396 (1983).

Guadagnoli, E., Velicer, W. F.: Relation of sample size to the stability of component patterns. Psych. Bull. **103**, 265–275 (1988).

Guertin, W. H., Bailey, J. P., Jr.: Introduction to modern factor analysis. Ann Arbor, Michigan: Edwards Brothers Inc. 1970.

Guilford, J. P.: Fundamental statistics in psychology and education. New York: McGraw-Hill 1956.

Guilford, J. P.: When not to factor analyse. In: Jackson, D. N., Messick, S. (eds.): Problems in human assessment. New York: McGraw-Hill 1967.

Guilford, J. P., Fruchter, B.: Fundamental statistics in psychology and education. New York: McGraw-Hill 1978.

Gullickson, A., Hopkins, K.: Interval estimation of correlation coefficients corrected for restriction of range. Educ. psychol. measmt. **36**, 9–26 (1976).

Guthri, D.: Analysis of dichotomous variables in repeated measures. Psychol. Bull. **90**, 189–195 (1981).

Guttman, L.: Image theory for the structure of quantitative variates. Psychometrika **18**, 277–296 (1953).

Guttman, L.: Some necessary conditions for common factor analysis. Psychometrika **19**, 149–161 (1954).

Haase, R. F.: Classical and partial eta square in multifactor anova designs. Educ. psychol. measmt. **43**, 35–39 (1983).

Haber, M.: Comments on "The test of homogeneity for 2×2 contingency tables: A review of some personal opinions on the controversy" by G. Camilli. Psych. Bull. **108**, 146–149 (1990).

Hagenaars, J. A.: Categorical longitudinal data. Log-linear panel, trend, an cohort analysis. Newburg Park: Sage 1990.

Hager, W.: Grundlagen einer Versuchsplanung zur Prüfung empirischer Hypothesen in der Psychologie. In: Lüer, G. (Hrsg.): Allgemeine experimentelle Psychologie, S. 43–253. Göttingen: UTB, 1987.

Hager, W.: Eine Strategie zur Entscheidung über psychologische Hypothesen. Psychol. Rundschau **43**, 18–92 (1992a).

Hager, W.: Jenseits von Experiment und Quasiexperiment. Zur Struktur psychologischer Versuche und zur Ableitung von Vorhersagen. Göttingen: Hogrefe 1992b.

Hager, W., Westermann, R.: Entscheidung über statistische und wissenschaftliche Hypothesen: Probleme bei mehrfachen Signifikanztests zur Prüfung einer wissenschaftlichen Hypothese. Zsch. f. Sozialpsychologie **14**, 106–117 (1983a).

Hager, W., Westermann, R.: Zur Wahl und Prüfung statistischer Hypothesen in psychologischen Untersuchungen. Zsch. f. exp. u. angew. Psychologie **30**, 67–94 (1983b).

Hájek, J.: Nonparametric statistics. San Francisco: Holden-Day 1969.

Hakstian, A. R.: Formulas for image factor scores. Educ. psychol. measmt. **33**, 803–810 (1973).

Hakstian, A. R., Boyd, W. M.: An empirical investigation of some special cases of the general "orthomax" criterion for orthogonal factor transformation. Educ. psychol. measmt. **32**, 3–22 (1972).

Hakstian, A. R., Roed, J. C., Lind, J. C.: Two-sample T^2 procedure and the assumption of homogeneous covariance matrices. Psychol. Bull. **86**, 1255–1263 (1979).

Hakstian, A. R., Rogers, W. T., Cattell, R. B.: The behavior of number-of-factors rules with simulated data. Multivariate behavioral research **17**, 193–219 (1982).

Hall, P. G.: The bootstrap and Edgeworth expansion. Heidelberg: Springer 1992.

Hamilton, B. L.: An empirical investigation of the effects of heterogeneous regression slopes in analysis of covariance. Educ. psychol. measmt. **37**, 701–712 (1977).

Hammersley, J. M., Handscomb, D. C.: Monte Carlo methods. London: Methuen 1965.

Hammond, S. M., Lienert, G. A.: Modified Phi correlation coefficients for the multivariate analysis of ordinally scaled variables. Educ. psychol. measmt. **55**, 225–236 (1995).

Handl, A.: Multivariate Analysemethoden. Heidelberg: Springer (2002).

Hands, S., Everitt, B.: A Monte Carlo study of the recovery of cluster structure in binary data by hierarchical clustering techniques. Mult. beh. res. **22**, 235–243 (1987).

Hanges, P. J., Rentsch, J. R., Yusko, K. P., Alexander, R. A.: Determining the appropriate correlation when the type of range restriction is unknown: Developing a sample base procedure. Educ. psychol. measmt. **51**, 329–340 (1991).

Harman, H. H.: Modern factor analysis. Chicago: The University of Chicago Press 1968.

Harnatt, J.: Der statistische Signifikanztest in kritischer Betrachtung. Psychologische Beiträge **17**, 595–612 (1975).

Harris, C. W.: Canonical factor models for the description of change. In: Harris, C. W. (ed.): Problems in measuring change. Madison, Milwaukee: The University of Wisconsin Press 1967.

Harris, C. W.: Note on the squared multiple correlation as a lower bound to communality. Psychometrika **43**, 283–284 (1978).

Harris, M. L., Harris, C. W.: A factor analytic interpretation strategy. Educ. psychol. measmt. **31**, 589–606 (1971).

Harris, R. J.: A primer of multivariate statistics. New York: Academic Press 1985.

Harris, R. J.: A canonical cautionary. Mult. beh. res. **24**, 17–39 (1989).

Hartigan, J.: Clustering algorithms. New York: Wiley 1975.

Hartley, H. O.: The modified Gauss-Newton method for fitting of non-linear regression functions by least squares. Technometrics **3**, 269–280 (1961).

Hattie, J.: An empirical study of various indices for determining unidimensionality. Mult. beh. res. **19**, 49–78 (1984).

Havlicek, L. L., Peterson, N. L.: Robustness of the t-Test: A guide for researchers on effect of violations of assumptions. Psychol. Reports **34**, 1095–1114 (1974).

Havlicek, L. L., Peterson, N. L.: Effect of the violation of assumptions upon significance levels of the Pearson r. Psychol. Bull. **84**, 373–377 (1977).

Hayduck, L. A.: Structural equation modelling with LISREL: Essentials and advances. Baltimore: The John Hopkins University Press 1989.

Hays, W. L.: Statistics for the social sciences, 2nd ed. New York: Holt, Rinehart and Winston, 1973, 5. Aufl. 1994.

Hays, W. L., Winkler, R. L.: Statistics, vol. I and II. New York: Holt, Rinehart and Winston 1970.

Heck, D. L.: Charts of some upper percentage points of the distribution of the largest characteristic root. Ann. math. statistics **31**, 625–642 (1960).

Hedges, L. V., Olkin, I.: Statistical methods for meta-analysis. New York: Academic Press 1985.

Heerden, J. V. van, Hoogstraten, J.: Significance as a determinant of interest in scientific research. European Journal of Social Psychology **8**, 141–143 (1978).

Hegemann, V., Johnson, D. E.: The power of two tests of nonadditivity. J. of Am. Statistical Association **71**, 945–948 (1976).

Heise, D. R.: Problems in path analysis and causal inference. In: Borgatta, E. F., Bohrnstedt, G. W. (eds.): Sociological methodology, pp. 38–73. San Francisco: Jossey-Bass Inc. 1969.

Hemmerle, W. J.: Statistical computations on a digital computer. Waltham, Mass.: Blaisdell 1967.

Hendrichson, A. E., White, P. O.: Promax: A quick method for rotation to oblique simple structure. Brit. J. of Stat. Psychol. **17**, 65–70 (1964).

Herr, D. G., Gaebelein, J.: Nonorthogonal analysis of variance. Psychol. Bull. **85**, 207–216 (1978).

Herrmann, T., Tack, W. H. (Hrsg.): Methodologische Grundlagen der Psychologie. Enzyklopädie der Psychologie – Serie B/I – Forschungsmethoden in der Psychologie – Band I. Göttingen: Hogrefe 1994.

Heyn, W.: Stichprobenverfahren in der Marktforschung. Würzburg: Physica 1960.

Hicks, M. M.: Applications of nonlinear principal components analysis to behavioral data. Multivariate behavioral research **16**, 309–322 (1981).

Hinderer, K.: Grundbegriffe der Wahrscheinlichkeitstheorie. Heidelberg: Springer 1980.

Hinkle, D. E., Oliver, J. D.: How large should the sample be? A question with no simple answer? Or .... Educ. psychol. measmt. **43**, 1051–1060 (1983).

Hinkle, D. E., Oliver, J. D., Hinkle, C. A.: How large should the sample be? Part II – The one-sample case for survey research. Educ. psychol. measmt. **45**, 271–280 (1985).

Hoel, P. G.: Introduction to mathematical statistics. New York: Wiley 1971.

Hofer, M., Franzen, U.: Theorie der angewandten Statistik. Weinheim: Beltz 1975.

Hofstätter, P. R.: Zum Begriff der Intelligenz. Psychologische Rundschau **17**, 229 ff. (1966).

Hofstätter, P. R., Wendt, D.: Quantitative Methoden der Psychologie (1. Aufl. 1966). Frankfurt/Main: Barth 1974.

Holland, B. S., Copenhaver, M. D.: Improved Bonferroni-type multiple testing procedures. Psychol. Bull. **104**, 145–149 (1988).

Holland, T. R., Levi, M., Watson, C. G.: Canonical correlation in the analysis of a contingency table. Psychol. Bull. **87**, 334–336 (1980).

Hollander, M., Sethuraman, J.: Testing for agreement between two groups of judges. Biometrika **65**, 403–411 (1978).

Holley, J. W., Guilford, J. P.: A note on the G-index of agreement. Educ. psychol. measmt. **24**, 749–753 (1964).

Holling, H.: Suppressor structures in the general linear model. Educ. psychol. measmt. **43**, 1–9 (1983).

Hollingsworth, H. H.: An analytical investigation of the effects of heterogeneous regression slopes in analysis of covariance. Educ. psychol. measmt. **40**, 611–618 (1980).

Hollingsworth, H. H.: Discriminant analysis of multivariate tables from a single population. Educ. psychol. measmt. **41**, 929–936 (1981).

Holm, K.: Die Befragung 3. Die Faktorenanalyse. München: Francke 1976.

Holm, S.: A simple sequentially rejective multiple test procedure. Scandinavian Journal of Statistics **6**, 65–70 (1979).

Holmes, D. J.: The robustness of the usual correction for restriction in range due to explicit selection. Psychometrika **55**, 19–32 (1990).

Holz-Ebeling, F.: Faktorenanalyse und was dann? Zur Frage der Validität von Dimensionsinterpretationen. Psychologische Rundschau **46**, 18–35 (1995).

Holzkamp, K.: Theorie und Experiment in der Psychologie. Berlin: de Gruyter 1964.

Holzkamp, K.: Wissenschaft als Handlung. Berlin: de Gruyter 1968.

Holzkamp, K.: Konventionalismus und Konstruktivismus. Zeitschr. Sozialpsychol. **2**, 24–39 (1971).

Hope, K.: Methods of multivariate analysis. London: Univ. of London Press Ltd. 1968.

Hopkins, K. D.: An empirical analysis of the efficacy of the WISC in the diagnosis of organicity in children of normal intelligence. J. of Genetic Psychol. **105**, 163–172 (1964).

Hopkins, K. D.: A strategy for analyzing anova designs having one or more random factors. Educ. psychol. measmt. **43**, 107–113 (1983).

Hopkins, K. D., Chadbourn, R. A.: A schema for proper utilization of multiple comparisons in research and a case study. Amer. Educ. Res. J. **4**, 407–412 (1967).

Hopkins, K. D., Weeks, D. L.: Tests for normality and measures of skewness and kurtosis: Their place in research reporting. Educ. psychol. measmt. **50**, 717–729 (1990).

Horn, D.: A correction for the effect of tied ranks on the value of rank difference correlation coefficient. Educ. psychol. measmt. **33**, 686–690 (1942).

Horn, J. L.: A rationale and test for the number of factors in factor analysis. Psychometrika **30**, 179–185 (1965).

Horn, J. L., Engstom, R.: Cattell's scree test in relation to Bartlett's χ^2-Test and other observations on the number of factors problem. Multivariate behavioral research **14**, 283–300 (1979).

Horst, P.: The prediction of personal adjustment. Soc. science research council bulletin No. 48. New York 1941.

Horst, P.: Relations among m sets of measures. Psychometrika **26**, 129–149 (1961a).

Horst, P.: Generalized canonical correlations and their applications to experimental data. J. of clin. psychol. (Monograph supplement) **14**, 331–347 (1961b).

Horst, P.: Matrix algebra for social scientists. New York: Holt, Rinehart and Winston 1963.

Horst, P.: Factor analysis of data matrices. New York: Holt, Rinehart and Winston 1965.

Horst, P., Edwards, A. L.: Analysis of nonorthogonal designs: The 2^k factorial experiment. Psychol. Bull. **91**, 190–192 (1982).

Horton, R. L.: The general linear model. New York: McGraw-Hill 1978.

Hotelling, H.: The generalization of Student's ratio. Annals of mathem. statistics **2**, 360–378 (1931).

Hotelling, H.: Analysis of a complex of statistical variables into principal components. J. Educ. Psychol. **24**, 417–441, 498–520 (1933).

Hotelling, H.: The most predictable criterion. J. Educ. Psychol. **26**, 139–142 (1935).

Hotelling, H.: Relations between two sets of variates. Biometrika **28**, 321–377 (1936).

Howe, W. G.: Some contributions to factor analysis. Report No. ORNL-1919. Oak Ridge, Tenn.: Oak Ridge National Laboratory 1955.

Howell, D. C., McConaughy, S. H.: Nonorthogonal analysis of variance: Putting the question before the answer. Educ. psychol. measmt. **42**, 9–24 (1982).

Hsiung, T., Olejnik, S., Huberty, C.: A comment on Wilcox's improved test for comparing means when variances are unequal. J. Educ. Stat. **19**, 111–118 (1994a).

Hsiung, T., Olejnik, S., Oshima, T. C.: A SAS/IML programme for applying the James Second-order test in two-factor fixed-effect ANOVA models. Educ. psychol. measmt. **54**, 696–698 (1994b).

Hsu, J.: Multiple Comparisons. Theory and Methods. London: Chapman and Hall 1996.

Hubert, L. J., Arabie, P.: Comparing partitions. J. of Classification **2**, 193–218 (1985).

Hubert, L. J., Levin, J. R.: A general statistical framework for assessing categorical clustering in free recall. Psychological Bulletin **83**, 1072–1080 (1976).

Huberty, C. J.: Discriminant analysis. Review of Educ. Res. **45**, 543–598 (1975).

Huberty, C. J.: Issues in the use and interpretation of discriminant analysis. Psychol. Bull. **95**, 156–171 (1984).

Huberty, C. J.: Why multivariable analysis? Educ. psychol. measmt. **54**, 620–627 (1994a).

Huberty, C. J.: Applied discriminant analysis. New York: Wiley 1994b.

Huberty, C. J., Curry, A. R.: Linear vs. quadratic multivariate classification. Mult. beh. res. **13**, 237–245 (1978).

Huberty, C. J., Morris, J. D.: A single contrast procedure. Educ. psychol. measmt. **48**, 567–578 (1988).

Huberty, C. J., Morris, J. D.: Multivariate analysis versus multiple univariate analysis. Psychol. Bull. **105**, 302–308 (1989).

Huberty, C. J., Mourad, S. A.: Estimation in multiple correlation/prediction. Educ. psychol. measmt. **40**, 101–112 (1980).

Huberty, C. J., Wisenbaker, J. M., Smith, J. D., Smith, J. C.: Using categorical variables in discriminant analysis. Mult. beh. res. **21**, 479–496 (1986).

Huberty, C. J., Wisenbaker, J. M., Smith, J. C.: Assessing predictive accuracy in discriminant analysis. Mult. beh. res. **22**, 307–329 (1987).

Huck, S. W., Layne, B. H.: Checking for proportional n's in factorial anovas. Educ. psychol. measmt. **34**, 281–287 (1974).

Huck, W. S., Malgady, R. G.: Two-way analysis of variance using means and standard deviations. Educ. psychol. measmt. **38**, 235–237 (1978).

Huff, D.: How to lie with statistics. New York: Norton 1954.

Huitema, B. E.: The analysis of covariance and its alternatives. New York: Wiley 1980.

Humphreys, L. G., Ilgen, D. R.: Note on a criterion for the number of common factors. Educ. psychol. measmt. **29**, 571–578 (1969).

Humphreys, L. G., Taber, T.: A comparison of squared multiples and iterated diagonals as communality estimates. Educ. psychol. measmt. **33**, 225–229 (1973).

Hussy, W., Jain, A.: Experimentelle Hypothesenprüfung in der Psychology. Göttingen: Hofgrefe (2002).

Hussy, W., Möller, H.: Hypothesen. In: Herrmann, T., Tack, W. H. (Hrsg.): Methodologische Grundlagen der Psychologie (=Enzyklopädie der Psychologie, Themenbereich B, Serie 1, Band 1, S. 475–507). Göttingen: Hogrefe 1994.

Huynh, H.: Some approximate tests for repeated measurement designs. Psychometrika **43**, 161–175 (1978).

Huynh, H.: Testing the identity of trends under the restriction of monotonicity in repeated measures designs. Psychometrika **46**, 295–305 (1981).

Huynh, H., Feldt, L. S.: Conditions under which mean square ratios in repeated measurements designs have exact F-distributions. Journal of the American Statistical Association **65**, 1582–1589 (1970).

Huynh, H., Feldt, L. S.: Estimation of the box correction for degrees of freedom from sample data in randomized block and splitplot designs. J. Educ. Stat. **1**, 69–82 (1976).

Huynh, H., Mandeville, G. K.: Validity conditions in repeated measures designs. Psychol. Bull. **86**, 964–973 (1979).

Imhof, J. P.: Testing the hypothesis of fixed main effects in Scheffés mixed model. Ann. Math. Stat. **33**, 1086–1095 (1962).

Isaac, P. D., Milligan, G. W.: A comment on the use of canonical correlation in the analysis of contingency tables. Psychol. Bull. **93**, 378–381 (1983).

Ito, K.: A comparison of the powers of two multivariate analysis of variance tests. Biometrika **49**, 455–462 (1962).

Ito, K.: On the effect of heteroscedasticity and non-normality upon some multivariate tests procedures. In: Krishnaiah, P. R. (ed.): Multivariate Analysis – II, pp. 87–120. New York: Academic Press 1969.

Ito, K., Schull, W. J.: On the robustness of the T_0^2-test in multivariate analysis of variance when variance-covariance matrices are not equal. Biometrika **51**, 71–82 (1964).

Jaccard, P.: Nouvelles recherches sur la distribution florale. Bull. Soc. Vaud. Sci. Nat. **44**, 223–270 (1908).

Jacobi, C. G. J.: Über ein leichtes Verfahren, die in der Theorie der Säkularstörungen vorkommenden Gleichungen numerisch aufzulösen. J. reine angew. Math. **30**, 51–95 (1846).

Jacobs, K. W.: A table for the determination of experimentwise error rate (alpha) from independent comparisons. Educ. psychol. measmt. **36**, 899–903 (1976).

Jäger, R.: Methoden zur Mittelung von Korrelationen. Psychol. Beitr. **16**, 417–427 (1974).

Jäger, R.: Ähnlichkeit und Konsequenzen von Suppressorwirkungen und Multicollinearität. Psychol. Beiträge **18**, 77–83 (1976).

Jajuga, K., Sokolowski, A., Bock, H. H.: Classification, Clustering, and Data Analysis. New York: Springer 2003.

James, L. R., Mulaik, S. A., Brett, J. M.: Causal analysis: Assumptions, models, and data. Beverly Hills: Sage 1982.

Janson, S., Vegelius, J.: Correlation coefficients for more than one scale type. Multivariate behavioral research **17**, 271–284 (1982).

Janssen, J., Laatz, W.: Statistische Datenanalyse mit SPSS für Windows, 4. Aufl. Berlin: Springer 2003.

Jardine, N., Sibson, R.: Mathematical taxonomy. London: Wiley 1971.

Jaspen, N.: Serial correlation. Psychometrika **11**, 23–30 (1946).

Jaspen, N.: The calculation of probabilities corresponding to values of z, t, F, and χ^2. Educ. psychol. measmt. **15**, 877–880 (1965).

Jenkins, W. L.: An improved method for tetrachoric r. Psychometrika **20**, 253–258 (1955).

Jennings, E.: Fixed effects analysis of variance by regression analysis. Multivar. behav. res. **2**, 95–108 (1967).

Jennrich, R. I.: Orthogonal rotation algorithms. Psychometrika **35**, 229–235 (1970).

Jennrich, R. I., Sampson, P. F.: Rotation for simple loadings. Psychometrika **31**, 313–323 (1966).

Jolliffe, I. T.: Principal Component Analysis. New York: Springer 2002.

Jöreskog, K. G.: Some contributions to maximum likelihood factor analysis. Psychometrika **32**, 443–482 (1967).

Jöreskog, K. G.: A general method for estimating a linear structural equation system. In: Goldberger, A. S., Duncan, O. D. (eds.): Structural equation models in the social sciences. New York: Seminar Press 1973.

Jöreskog, K. G.: The LISREL-approach to causal model building in the social sciences. In: Jöreskog, K. G., Wold, H. (eds.): Systems under indirect observation. Part I, pp. 81–99. Amsterdam: North-Holland Publishing 1982.

Jöreskog, K. G., Lawley, D. N.: New methods in maximum likelihood factor analysis. Brit. J. of Math. Statist. Psychol. **21**, 85–96 (1968).

Jöreskog, K. G., Sörbom, D.: LISREL 8: User's reference guide. Chicago: Scientific software 1993.

Johnson, D. E., Graybill, F. A.: An analysis of a two-way model with interaction and no replication. J. Am. Statistical Assoc. **67**, 862–868 (1972).

Johnson, E. M.: The Fisher-Yates exact test and unequal sample sizes. Psychometrika **37**, 103–106 (1972).

Johnson, R. A., Mehrotra, K. G.: Some c-sample nonparametric tests for ordered alternatives. J. Indian Statistical Assoc. **9**, 8–23 (1971).

Johnson, S. C.: Hierarchical clustering schemes. Psychometrika **32**, 241–254 (1967).

Johnson, W. L., Johnson, A. M.: Using SAS/PC for higher order factoring. Educ. psychol. measmt. **55**, 429–434 (1995).

Jones, L. V.: Analysis of variance in its multivariate developments. In: Cattell, R. B. (ed.): Handbook of multivariate experimental psychology. Chicago: Rand McNally 1966.

Jones, W. S.: Some correlates of the authoritarian personality in a quasi-therapeutic situation. Unpublished doctoral dissertation. Carolina: Univ. of North Carolina 1961.

Kaiser, H. F.: The varimax criterion for analytic rotation in factor analysis. Psychometrika **23**, 187–200 (1958).

Kaiser, H. F.: Computer program for varimax rotation in factor analysis. Educ. psychol. measmt. **19**, 413–420 (1959).

Kaiser, H. F.: The application of electronic computers to factor analysis. Educ. psychol. measmt. 20, 141–151 (1960).

Kaiser, H. F., Caffrey, J.: Alpha factor analysis. Psychometrika 30, 1–14 (1965).

Kaiser, H. F., Dickman, K.: Analytic determination of common factors. Amer. Psychol. 14, 425 ff. (1959).

Kaiser, H. F., Norman, W. T.: Coefficient alpha for components. Psychol. reports 69, 111–114 (1991).

Kallina, H.: Das Unbehagen in der Faktorenanalyse. Psychol. Beitr. 10, 81–86 (1967).

Kallina, H., Hartmann, A.: Ein Vergleich von Hauptkomponentenanalyse und klassischer Faktorenanalyse. Psychol. Beiträge 18, 84–98 (1976).

Kalos, M. H., Whitlock, P. A.: Monte Carlo methods, Vol. 1: Basics. New York: Wiley 1986.

Kalveram, K. T.: Über Faktorenanalyse. Kritik eines theoretischen Konzeptes und seine mathematische Neuformulierung. Archiv. f. Psychologie 122, 92–118 (1970 a).

Kalveram, K. T.: Probleme der Selektion in der Faktorenanalyse. Archiv f. Psychologie 122, 199–230 (1970 b).

Kaplan, D.: Structural Equation Modeling Foundations and Extensions. Thousand Oaks, CA: Sage 2000.

Kelley, T. L.: Essential traits of mental life. Harvard Stud. in Educ. 26. Cambridge, Mass.: Harvard Univ. Press 1935.

Kelloway, E. K.: Using LISREL for structural equation modeling. London: Sage 1998.

Kempf, W. F.: Zur Bewertung der Faktorenanalyse als psychologische Methode. Psychol. Beiträge 14, 610–625 (1972).

Kendall, M. G.: Rank correlation methods. London: Griffin 1962.

Kendall, M. G., Stuart, A.: The advanced theory of statistics, Vol. I. London: Griffin 1969.

Kendall, M. G., Stuart, A.: The advanced theory of statistics, Vol. II. Inference and relationship. London: Griffin 1973.

Kennedy, J. J.: The eta coefficient in complex anova designs. Educ. psychol. measmt. 30, 885–889 (1970).

Kenny, D. A.: A quasi-experimental approach to assessing treatment effects in the nonequivalent control group design. Psychol. Bull. 82, 345–362 (1973).

Keren, G., Lewis, C.: A comment on coding in nonorthogonal designs. Psychol. Bull. 84, 346–348 (1977).

Keren, G., Lewis, C.: Partial omega square for anova designs. Educ. psychol. measmt. 39, 119–128 (1979).

Kerlinger, F. N.: Foundations of behavioral research. New York: Holt, Rinehart and Winston 1964.

Kerlinger, F. N.: The factor-structure and content of perceptions of desirable characteristics of teachers. Educ. psychol. measmt. 27, 643–656 (1967).

Kerlinger, F. N., Pedhazur, E. J.: Multiple regression in behavioral research. New York: Holt, Rinehart and Winston 1973.

Keselman, H. J.: Multiple comparison for repeated measures means. Multivariate behavioral research 17, 87–92 (1982).

Keselman, H. J., Toothaker, L. E.: Comparison of Tukey's T-method and Scheffé's-method for various numbers of all possible differences of averages contrasts under violation of assumptions. Educ. psychol. measmt. 34, 511–519 (1974).

Keselman, H. J., Rogan, J. C.: The Tukey multiple comparison test: 1953–1976. Psychol. Bull. 84, 1050–1056 (1977).

Keselman, H. J., Games, P. A., Rogan, J. C.: Protecting the overall rate of Type I errors for pairwise comparisons with an omnibus test statistic. Psychol. Bull. 86, 884–888 (1979).

Keselman, H. J., Games, P. A., Rogan, J. C.: Type I and Type II errors in simultaneous and two-stage multiple comparison procedures. Psychol. Bull. 88, 356–358 (1980a).

Keselman, H. J., Rogan, J. C., Mendoza, J. L., Breen, L. J.: Testing the validity conditions of repeated measures F-Tests. Psychol. Bull. 87, 479–481 (1980b).

Keselman, H. J., Rogan, J. C., Games, P. A.: Robust tests of repeated measures means in educational and psychological research. Educ. psychol. measmt. 41, 163–173 (1981).

Keselman, H. J., Keselman, J. C., Games, P. A.: Maximum family wise type I error rate: The least significant difference, Newman-Kuuls, and other multiple comparison procedures. Psychol. Bull. 110, 155–161 (1991).

Keselman, H. J., Carriere, K. C., Lix, L. M.: Testing repeated measures hypothesis when covariance matrices are heterogeneous. J. Educ. Stat. 18, 305–319 (1993).

Keselman, H. J., Carriere, K. C., Lix, L. M.: Robust and powerful nonorthogonal analysis. Psychometrika 60, 395–418 (1995).

Keselman, H. J., Kowalchuk, R. K., Lix, L. M.: Robust nonorthogonal analysis revisited: An update based on trimmed means. Psychometrika 63, 145–163 (1998).

Kiers, H. A. L.: Simple structure in component analysis techniques for mixtures of qualitative and quantitative variables. Psychometrika 56, 197–212 (1991a).

Kiers, H. A. L.: Hierarchical relations among three-way methods. Psychometrika 56, 449–470 (1991b).

Kiers, H. A. L.: Techniques for rotating two or more loading matrices to optimal agreement and simple structure: A comparison and some technical details. Psychometrika 62, 545–568 (1997).

Kiers, H. A. L., ten Berge, J. M. F.: Alternating least squares algorithms for simultaneous components analysis with equal component weight matrices in two or more populations. Psychometrika 54, 467–473 (1989).

Kiers, H. A. L., Groenen, P.: A monotonically convergent algorithm for orthogonal congruence rotation. Psychometrika 61, 375–389 (1996).

Kiers, H. A. L., van Meckelen, I.: Three-Way Component Analysis: Principles and Illustrative Application. Psychol. Methods 6, 84–110 (2001).

Kieser, M., Victor, N.: A test procedure for an alternative approach to configural frequency analysis. Methodika 5, 87–97 (1991).

King, A. C., Read, C. B.: Pathways to probability. New York: Holt 1963.

Kirk, D. B.: On the numerical approximation of the bivariate normal (tetrachoric) correlation coefficient. Psychometrika 38, 259–268 (1973).

Kirk, R. E.: Experimental design, 2nd ed. Monterey, CA: Brooks/Cole 1982.

Kirk, R. E.: Practical significance: A concept whose time has come. Educ. psychol. measmt. 56, 746–759 (1996).

Kish, L.: Survey sampling. New York: Wiley 1965.

Klauer, K. C.: Parameterschätzung. In: Erdfelder, E. et al. (Hrsg.): Handbuch quantitative Methoden, S. 99–197. Weinheim: Beltz 1996a.

Klauer, K. C.: Urteilerübereinstimmung bei dichotomen Kategoriensystemen. Diagnostika 42, 101–118 (1996b).

Klemm, E.: Das Problem der Distanzbindungen in der hierarchischen Clusteranalyse. Frankfurt/Main: Peter Lang GmbH, Europäische Hochschulschriften 1995.

Klemmert, H.: Äquivalenz- und Effekttests in der psychologischen Forschung. Peter Lang GmbH, Europäischer Verlag der Wissenschaften, Frankfurt a. M. 2004.

Knapp, T. R.: Canonical correlation analysis: A general parametric significance-testing system. Psychol. Bull. 85, 410–416 (1978).

Koch, K. R.: Einführung in die Bayes-Statistik. Heidelberg: Springer 2000.

Koeck, R.: Grenzen von Falsifikation und Exhaustion – der Fall der Frustrations-Aggressionstheorie. Psychol. Beiträge 19, 391–419 (1977).

Kogan, L. S.: Analysis of variance – repeated measures. Psychol. Bull. 45, 131–143 (1948).

Kolmogoroff, A.: Grundbegriffe der Wahrscheinlichkeitsrechnung. Berlin: Springer 1933 (Reprint Berlin: Springer 1973).

Korth, B. A.: A significance test for congruence coefficients for Cattall's factors matched by scanning. Mult. beh. res. 13, 419–430 (1978).

Korth, B. A., Tucker, L. R.: The distribution of chance congruence coefficients from simulated data. Psychometrika 40, 361–372 (1975).

Korth, B. A., Tucker, L. R.: Erratum for the distribution of chance congruence coefficients from simulated data. Psychometrika 44, 365 (1979).

Kowalchuk, R. K., Keselman, H. J.: Mixed-Model Pairwise Multiple Comparison of Repeated Measures Means. Psychol. Methods 6, 282–296 (2001).

Kraak, B.: Zum Problem der Kausalität in der Psychologie. Psychol. Beiträge 9, 413–432 (1966).

Kraemer, H. C.: Tests of homogeneity of independent correlation coefficients. Psychometrika 44, 329–355 (1979).

Kraemer, H. C.: Modified biserial correlation coefficients. Psychometrika 46, 275–282 (1981).

Kraemer, H. C., Thiemann, S.: How many subjects? Statistical power analysis in research. Beverly Hills: Sage 1987.

Krämer, W.: So lügt man mit Statistik. Frankfurt/Main: Campus 1995.

Krause, B., Metzler, P.: Zur Anwendung der Inferenzstatistik in der psychologischen Forschung. Zsch. f. Psychol. 186, 244–267 (1978).

Krauth, J.: Ein Vergleich der KFA mit der Methode der log-linearen Modelle. Zsch. f. Sozialpsychologie 11, 233–247 (1980).

Krauth, J.: Einführung in die Konfigurationsfrequenzanalyse (KFA). Weinheim: Beltz 1993.

Krauth, J.: Median Dichotomization in CFA: Is it allowed? Psychol. Science 45, 324–329 (2003).

Krauth, J., Lienert, G. A.: KFA – Die Konfigurationsfrequenzanalyse. Freiburg: Alber-Broschur Psychologie 1973.

Kreienbrock, L.: Einführung in die Stichprobenverfahren. München: Oldenbourg 1989.

Kreyszig, E.: Statistische Methoden und ihre Anwendungen. Göttingen: Vandenhoeck und Ruprecht 1973.

Kristof, W.: Ein Verfahren zur Überprüfung der Homogenität mehrerer unabhängiger Stichprobenkorrelationskoeffizienten. Psychologie und Praxis 24, 185–189 (1980).

Kristof, W.: Anwendungen einer Beziehung zwischen t- und F-Verteilungen auf das Prüfen gewisser statistischer Hypothesen über Varianzen und Korrelationen. In: Jahnke, W. (Hrsg.): Beiträge zur Methodik in der differentiellen, diagnostischen und klinischen Psychologie. Festschrift zum 60. Geburtstag von G. A. Lienert, S. 46–57. Königstein/Taunus: Hain 1981.

Krolak-Schwerdt, S., Eckes, T.: A graph theoretic criterion for determining the number of clusters in a data set. Multivariate Behavioral Research 27, 541–565 (1992).

Kromrey, J. D., v. Hines, C.: Nonrandomly missing data in multiple regression: An empirical comparison of common missing-data treatment. Educ. psychol. measmt. 54, 573–593 (1994).

Kruskal, J. B., Shephard, R. N.: A nonmetric variety of linear factor analysis. Psychometrika 39, 123–157 (1974).

Krzanowski, W. J., Kline, P.: Cross-validation for chosing the number of important components in principal component analysis. Multivariate Behavioral Research 30, 149–165 (1995).

Kshirsagar, A. M.: Multivariate analysis. New York: Marcel Dekker 1972.

Kshirsagar, A. M., Aserven, E.: A note on the equivalence of two discrimination procedures. The American Statistician 29, 38–39 (1975).

Kubinger, K. D.: Übersicht und Interpretation verschiedener Assoziationsmaße. Psychologische Beiträge 32, 290–346 (1990).

Küchler, M.: The analysis of nonmetric data. Sociological methods and research 8, 369–388 (1980).

Kuiper, F. K., Fisher, L. A.: A Monte Carlo comparison of six clustering procedures. Biometrics 31, 777–783 (1975).

Kukuk, C. R., Baty, C. F.: The misuse of multiple regression with composite scales obtained from factor scores. Educ. psychol. measmt. 39, 277–290 (1979).

Kullback, S.: On testing correlation matrices. Applied statistics 16, 80–85 (1967).

Kyburg, H. E.: Philosophy of science. A formal approach. New York: MacMillan 1968.

Lachenbruch, P. A.: An almost unbiased method of obtaining confidence intervals for the probability of misclassification in discriminant analysis. Biometrics 23, 639–645 (1967).

LaDu, T. J., Tanaka, J. S.: Incremental fit index changes for nested structural equation models. Multivariate behavioral Research 30, 289–316 (1995).

Lambert, Z. V., Wildt, A. R., Durand, R. M.: Approximate confidence intervals for estimates of redundancy between sets of variables. Mult. beh. res. 24, 307–333 (1989).

Lambert, Z. V., Wildt, A. R., Durand, R. M.: Assessing sampling variations relative to number of factors criteria. Educ. psychol. measmt. 50, 33–48 (1990).

Lambert, Z. V., Wildt, A. R., Durand, R. M.: Bias approximations for complex estimators: An application to redundancy analysis. Educ. psychol. measmt. 51, 1–14 (1991).

Lancaster, H. O., Hamden, M. A.: Estimate of the correlation coefficient in contingency tables with possibly nonmetrical characters. Psychometrika 19, 383–391 (1964).
Lance, G. N., Williams, W. T.: A generalized sorting strategy for computing classification. Nature 212, 218 (1966).
Lance, G. N., Williams, W. T.: A general theory of classificatory sorting strategies: Hierarchical systems. Computer Journal 9, 373–380 (1967).
Land, K. C.: Principles of path analysis. In: Borgatta, E. F., Bohrnstedt, G. W. (eds.): Sociological methodology, pp. 3–37. San Francisco: Jossey-Bass 1969.
Landahl, H. D.: Centroid orthogonal transformations. Psychometrika 3, 219–223 (1938).
Lane, D. M., Dunlap, W. P.: Estimating effect size: Bias resulting from the significance criterion in editorial decisions. Brit. J. of Math. Stat. Psychol. 31, 107–112 (1978).
Langeheine, R.: Multivariate Hypothesentestung bei qualitativen Daten. Zsch. f. Sozialpsych. 11, 140–151 (1980a).
Langeheine, R.: Log-lineare Modelle zur multivariaten Analyse qualitativer Daten. München: Oldenbourg 1980b.
Lantermann, E. D.: Zum Problem der Angemessenheit eines inferenzstatistischen Verfahrens. Psychol. Beiträge 18, 99–104 (1976).
Larzelere, R. E., Mulaik, S. A.: Single-sample tests for many correlations. Psychol. Bull. 84, 557–569 (1977).
Lathorp, R. G., Williams, J. E.: The reliability of inverse scree tests for cluster analysis. Educ. psychol. measmt. 47, 953–959 (1987).
Lathorp, R. G., Williams, J. E.: The shape of the inverse scree test for cluster analysis. Educ. psychol. measmt. 49, 827–834 (1989).
Lathorp, R. G., Williams, J. E.: The validity of the inverse scree test for cluster analysis. Educ. psychol. measmt. 50, 325–330 (1990).
Lautenschlager, G. J.: A comparison of alternatives to conducting Monte Carlo analysis for determining parallel analysis criteria. Mult. beh. res. 24, 365–395 (1989).
Lautenschlager, G. J., Lance, C. E., Flaherty, V. L.: Parallel analysis criteria: Revised equations for estimating the latent roots of random data correlation matrices. Educ. psychol. measmt. 49, 339–345 (1989).
Lauter, J.: Sample Size Requirements for the T^2 Test of MANOVA (Tables for One-Way Classification). Biometrical Journal 20, 389–406 (1978).
Lautsch, E., Lienert, G. A.: Binärdatenanalyse. Weinheim: Psychologie Verlags Union 1993.
Lautsch, E., Weber, S. v.: Methoden und Anwendungen der Konfigurationsfrequenzanalyse (KFA). Weinheim: Beltz 1995.
LaValle, J. H.: An introduction to probability, decision and inference. New York: Holt, Rinehart and Winston 1970.
Lawley, D. N.: The estimation of factor loadings by the method of maximum likelihood. Proceedings of the Royal Society of Edinburgh 60, 64–82 (1940).
Lawley, D. N.: Further investigations in factor estimation. Proceedings of the Royal Society of Edinburgh, Series A, 61, 176–185 (1942).
Lawley, D. N.: Problems in factor analysis. Proceedings of the Royal Society of Edinburgh, Series A, 62, 394–399 (1949).

Lawley, D. N., Maxwell, A. E.: Factor analysis as a statistical method. New York: American Elsevier 1971.
Lee, H. B., Comrey, A. L.: Distortions in a commonly used factor analytic procedure. Mult. behav. res. 14, 301–321 (1979).
Leigh, J. H., Kinnear, T. C.: On interaction classification. Educ. psychol. measmt. 40, 841–843 (1980).
Leiser, E.: Wie funktioniert sozialwissenschaftliche Statistik? Zsch. f. Sozialpsychologie 13, 125–139 (1982).
LeRoy, H. L.: Kennen Sie die Methode des Pfadkoeffizienten? Einige Regeln und Anwendungsmöglichkeiten. Biometrische Zeitschr. 9, 84–96 (1967).
Levin, J.: The occurrence of an increasing correlation by restriction of range. Psychometrika 37, 93–97 (1972).
Levy, K. J.: A multiple range procedure for independent correlations. Educ. psychol. measmt. 36, 27–31 (1976).
Levy, K. J.: Pairwise comparison involving unequal sample sizes associated with correlations, proportions, or variances. Br. J. Math. Statistical Psychol. 30, 137–139 (1977).
Levy, K. J.: A Monte Carlo study of analysis of covariance under violations of the assumptions of normality and equal regression slopes. Educ. psychol. measmt. 40, 835–840 (1980).
Levy, P. S., Lemeshow, S.: Sampling of Populations: Methods and Applications: New York: Wiley 1999.
Lewis, A. E.: Biostatistics. New York: Reinhold 1966.
Lienert, G. A.: Verteilungsfreie Methoden in der Biostatistik, Bd. 1. Meisenheim/Glan: Hain 1973.
Lienert, G. A.: Subject variables in perception and their control. In: Spillmann, L., Wooten, B. R. (eds.): Sensory, experience, adaptation, and perception. Festschrift for Ivo Kohler. Hillsdale, New York: Lawrence Erlbaum Ass. 1984, 177–186.
Lienert, G. A. (Hrsg.): Angewandte Konfigurationsfrequenzanalyse. Frankfurt/M.: Athenäum 1988.
Lienert, G. A., Raatz, U.: Testaufbau und Testanalyse. Weinheim: Beltz 1998.
Linder, A.: Statistische Methoden, 1. Aufl. 1945, 4. Aufl. 1964. Basel: Birkhäuser 1964.
Lingoes, J. C.: The multivariate analysis of qualitative data. Mult. behav. res. 3, 61–94 (1968).
Little, J. A., Rubin, D. B.: Statistical Analysis with Missing Values. New York: Wiley 1987.
Lix, L. M., Keselman, H. J.: Approximate degrees of freedom tests: A unified perspective on testing for mean equality. Psychological Bulletin 117, 547–560 (1995).
Lösel, F., Wüstendörfer, W.: Zum Problem unvollständiger Datenmatrizen in der empirischen Sozialforschung. Kölner Zeitschr. f. Soziol. und Soz. Psychol. 26, 342–357 (1974).
Loehlin, J. C.: Latent variable models. An introduction to factor, path, and structural analysis. Hillsdale: Erlbaum 1992.
Lohmöller, J. B.: Die trimodale Faktorenanalyse von Tucker: Skalierungen, Rotationen, andere Modelle. Archiv f. Psychol. 131, 137–166 (1979).
Lohmöller, J. B.: LVPLS 1.6 program manual: Latent variables path analysis with partial least-squares estimation. Forschungsbericht 81.04, Hochschule der Bundeswehr, Fachbereich Pädagogik. München 1981.

Long, J. S.: Confirmatory factor analysis: A preface to LISREL. Beverly Hills: Sage 1983 a.

Long, J. S.: Covariance structure models: An introduction to LISREL. Beverly Hills: Sage 1983 b.

Longman, R. S., Cota, A. A., Holden, R. R., Fekken, G. C.: A regression equation for the parallel analysis criterion in principle component analysis: Means and 95th percentile eigenvalues. Mult. beh. res. **24**, 59–69 (1989).

Looney, S. W.: How to use tests for univariate normality to assess multivariate normality. The American Statistician **49**, 64–70 (1995).

Lord, F. M.: Some relations between Guttman's principal components of scale analysis and other psychometric theory. Psychometrika **23**, 291–296 (1958).

Lowerre, G. F.: A formula for correction for range. Educ. psychol. measmt. **33**, 151–152 (1973).

Lüer, G. (Hrsg.): Allgemeine experimentelle Psychologie. Stuttgart: Fischer 1987.

Lunneborg, C. E., Tousignant, J. P.: Efrons's bootstrap with application to the repeated measurement design. Mult. beh. res. **20**, 161–178 (1985).

Lunney, G. H.: Using analysis of variance with a dichotomous dependent variable: An empirical study. J. educ. measmt. **7**, 263–269 (1970).

Lutz, J. G.: On the rejection of Hotellings's single sample T^2. Educ. psychol. measmt. **34**, 19–23 (1974).

Lutz, J. G.: A method for constructing data which illustrate three types of suppressor variables. Educ. psychol. measmt. **43**, 373–377 (1983).

Lutz, J. G., Eckert, T. L.: The relationship between canonical correlation analysis and multivariate multiple regression. Educ. psychol. measmt. **54**, 666–675 (1994).

Lykken, D. T.: Statistical significance in psychological research. Psychol. Bull. **70**, 151–157 (1968).

MacCallum, R. C.: Model Specification: Procedures, Strategies, and Related Issues. In: Hoyle, R. H. (ed.): Structural Equation Modeling: Concepts, Issues, and Applications, pp. 16–36. Thousand Oaks, CA: Sage 1995.

MacCallum, R. C., Mar, C. M.: Distinguishing between moderator and quadratic effects in multiple regression. Psychological Bulletin **118**, 405–421 (1995).

MacCallum, R. C., Roznowski, M., Necovitz, L. B.: Model modifications in covariance structure analysis: The problem of capitalization on chance. Psychological Bulletin **111**, 490–504 (1992).

MacCallum, R. C., Wegener, D. T., Uchino, B. N., Fabrigor, L. R.: The problem of equivalent models in applications of covariance structure analysis. Psychological Bulletin **114**, 185–199 (1993).

MacCallum, R. C., Widaman, K. F., Zhang, S., Hong, S.: Sample Size in Factor Analysis. Psychol. Methods **4**, 84–99 (1999).

MacCallum, R. C., Zhang, S., Preacher, K. J., Rucker, D. D.: On the Practice of Dichotomization of Quantitative Variables. Psychol. Methods **7**, 19–40 (2002).

MacQueen, J.: Some methods for classification and analysis of multivariate observations. In: Lecam, L. M., Neyman, J. (eds.): Proc. 5th Berkely Symp. Math. Stat. Prob. 1965/66, Berkely 1967, **1**, 281–297.

Mahalanobis, P. C.: On the generalized distance in statistics. Proceedings of the National Institute of Science India, **12**, 49–55 (1936).

Malgady, R. G.: Contrasting part correlations in regression models. Educ. psychol. measmt. **47**, 961–965 (1987).

Mangoldt, v. H., Knoop, K.: Einführung in die höhere Mathematik, Bd. I. Stuttgart: Hirzel 1964.

Mann, H. B., Whitney, D. R.: On a Test whether one of two Random Variables is Stochastically Larger than the other. The Annals of Mathematical Statistics **18**, 50–60 (1947).

Manoukian, E. B.: Modern concepts and theorems of mathematical statistics. Springer 1986.

Marascuilo, L. A.: Large sample multiple comparisons. Psychol. Bull. **65**, 280–290 (1966).

Marascuilo, L. A., McSweeny, M.: Nonparametric and distribution-free methods for the social sciences. Monterey, CA: Brooks/Cole Publ. Comp. 1977.

Marascuilo, L. A., Omelick, C. L., Gokhole, D. V.: Planned and posthoc methods for multiple-sample McNemar (1947) tests with missing data. Psychol. Bull. **103**, 238–245 (1988).

Marcoulides, G. A., Schumacker, R. E.: Advanced structural equation modeling: issues and techniques. Mahwah, New Jersey: Erlbaum 1996.

Mardia, K. V.: Measures of multivariate skewness and kurtosis with applications. Biometrika **57**, 519–530 (1970).

Mardia, K. V.: Applications of some measures of multivariate skewness and kurtosis in testing normality and robustness studies. Sankhya, B, **36**, 115–128 (1974).

Mardia, K. V.: Mardia's test of multinormality. In: Kotz, S., Jonson, N. L. (eds.): Encyclopedia of statistical sciences, vol. 5, pp. 217–221. New York: Wiley, 1985.

Markus, K. A.: The Converse Inequality Argument Against Tests of Statistical Significance. Psychol. Methods **6**, 147–160 (2001).

Marsh, H. W., Balla, J. R., McDonald, R. P.: Goodness-of-fit indexes in confirmatory factor analysis: The effect of sample size. Psychol. Bull. **103**, 391–410 (1988).

Martens, J.: Statistische Datenanalyse mit SPSS für Windows, 2. Aufl. München: Oldenbourg 2003.

Martin, W. S., Fruchter, B., Mathis, W. J.: An investigation of the effect of the number of scale intervals on principal components factor analysis. Educ. psychol. measmt. **34**, 537–545 (1974).

Marx, W.: Spearman's Rho: Eine „unechte" Rangkorrelation? Archiv f. Psychol. **134**, 161–164 (1981/82).

Maxwell, S. E.: Sample Size and Multiple Regression Analysis: Psychol. Methods **5**, 434–458 (2000).

McCabe, G. P.: Computations for variable selection in discriminant analysis. Technometrics **17**, 103–109 (1975).

McCall, R. B.: Fundamental statistics for psychology. New York: Harcourt, Brace and World 1970.

McCornack, R. L.: A comparison of three predictor selection techniques in multiple regression. Psychometrika **35**, 257–271 (1970).

McHenry, C. E.: Computation of the best subset in multivariate analysis. Applied statistics **27**, 291–296 (1978).

McKay, R. J., Campbell, N. A.: Variable selection techniques in discriminant analysis II. Allocation. Br. J. Math. Stat. Psychol. **35**, 30–41 (1982).

McLachlan, G. J.: Discriminant Analysis and Statistical Pattern Recognition. New York: Wiley-Interscience 1992.

McNamara, W. J., Dunlap, W.: A graphical method for computing the standard error of biserial r. J. of experimental educ. 2, 274–277 (1934).

McNemar, Q.: Psychological statistics. New York: Wiley 1969.

McNemar, Q.: Note on the sampling error of the difference between correlated proportions or percentages. Psychometrika 12, 153–157 (1947).

Meehl, P. E.: Configural scoring. J. consult. psych. 14, 165–171 (1950).

Meehl, P. E.: Theoretical risks and tabular asterisks: Sir Karl, Sir Ronald, and the slow progress of soft psychology. Journal of Consulting and Clinical Psychology 46, 806–834 (1978).

Meiser, T., Humburg, S.: Klassifikationsverfahren. In: Erdfelder, E. et al. (Hrsg.): Handbuch quantitative Methoden (S. 279–290). Weinheim: Beltz 1996.

Melton, R. S.: Some remarks on failure to meet assumptions in discriminant analysis. Psychometrika 28, 49–53 (1963).

Mendoza, J. L.: Fisher transformations for correlations corrected for selection and missing data. Psychometrika 58, 601–615 (1993).

Mendoza, J. L., Markos, V. H., Gonter, R.: A new perspective on sequential testing procedures in canonical analysis: A Monte Carlo evaluation. Mult. beh. res. 13, 371–382 (1978).

Meng, X. L., Rosenthal, R., Rubin, D. B.: Comparing correlated correlation coefficients. Psychological Bulletin 111, 172–175 (1992).

Menges, G.: Stichproben aus endlichen Grundgesamtheiten, Theorie und Technik. Frankfurter wissenschaftliche Beiträge; Rechts- und Wirtschaftswissenschaftliche Reihe Bd. 17, Frankfurt 1959.

Meredith, W.: Canonical correlations with fallible data. Psychometrika 29, 55–65 (1964).

Metropolis, N., Ulam, S.: The Monte Carlo method. J. Am. Statist. Assoc. 44, 335 (1949).

Micceri, T.: The unicorn, the normal curve, and other improbable creatures. Psychol. Bull. 105, 156–166 (1989).

Michaelis, J.: Simulation experiments with multiple group linear and quadratic discriminant analysis. In: Cacoullos, T. (ed.): Discriminant analysis and applications. New York: Academic Press 1973.

Michell, J.: An introduction to the logic of psychological measurement. Hillsdale, N. Y.: Lawrence Erlbaum 1990.

Mielke, P. W., Jr., Berry, K. J.: Exact goodness of fit tests for analysing categorial data. Educ. psychol. measmt. 53, 707–710 (1993).

Miller, N. E., Bugelski, R.: Minor studies of aggression: II. The influence of frustrations imposed by the in-group on attitudes expressed toward out-groups. J. Psychol. 25, 437–452 (1948).

Milligan, G. W.: A review of Monte Carlo tests of cluster analysis. Mult. beh. res. 16, 379–407 (1981).

Milligan, G. W.: A study of the beta-flexible clustering method. Mult. beh. res. 24, 163–176 (1989).

Milligan, G. W., Cooper, M. C.: An examination of procedures for determining the number of clusters in a data set. Psychometrika 50, 159–179 (1985).

Milligan, G. W., Cooper, M. C.: A study of the comparability of external criteria for hierarchical cluster analysis. Mult. beh. res. 21, 441–458 (1986).

Milligan, G. W., Schilling, D. A.: Asymptotic and finite sample characteristics of four external criterion measures. Mult. beh. res. 20, 97–109 (1985).

Milligan, G. W., Sokal, L.: A two-stage clustering algorithm with robustness recovery characteristics. Educ. psychol. measmt. 40, 755–759 (1980).

Milligan, G. W., Wong, D. S., Thompson, P. A.: Robustness properties of nonorthogonal analysis of variance. Psychol. Bull. 101, 464–470 (1987).

Millsap, R. E., Meredith, W.: Component analysis in cross-sectional and longitudinal data. Psychometrika 53, 123–134 (1988).

Millsap, R. E., Zalkind, S. S., Xenos, T.: Quick reference tables to determine the significance of the difference between two correlation coefficients from two independent samples. Educ. psychol. measmt. 50, 297–307 (1990).

Mintz, J.: A correlational method for the investigation of systematic trends in serial data. Educ. psychol. measmt. 30, 575–578 (1970).

Mirkin, B.: Mathematical classification and clustering. Dordrecht: Kluwer Academic Publishers 1996.

Mittenecker, E.: Planung und statistische Auswertung von Experimenten. Wien: Deuticke 1948.

Mittenecker, E., Raab, E.: Informationstheorie für Psychologen. Göttingen: Hogrefe 1973.

Möbus, C., Schneider, W.: Strukturmodelle zur Analyse von Längsschnittdaten. Bern: Huber 1986.

Molenaar, J. W., Lewis, C.: Bayes-Statistik. In: Erdfelder, E. et al. (Hrsg.): Handbuch quantitative Methoden (S. 143–156). Weinheim: Beltz 1996.

Montanelli, R. G., Humphreys, L. G.: Latent roots of random data correlations matrices with squared multiple correlations in the diagonal: A Monte Carlo study. Psychometrika 41, 341–348 (1976).

Moosbrugger, H.: Multivariate statistische Analyseverfahren. Stuttgart: Kohlhammer 1978.

Moosbrugger, H., Frank, D.: Clusteranalytische Methoden in der Persönlichkeitsforschung. Bern: Huber 1992.

Moosbrugger, H., Zistler, R.: Lineare Modelle. Regressions- und Varianzanalysen. Bern: Huber 1994.

Morey, L., Agresti, A.: The measurement of classification agreement: An adjustment to the Rand-statistic for chance agreement. Educ. psychol. measmt. 44, 33–37 (1984).

Morey, L. C., Blashfield, R. K., Skinner, H. A.: A comparison of cluster analysis techniques within a sequential validation framework. Mult. beh. res. 18, 309–329 (1983).

Morris, J. D., Meshbane, A.: Selecting predictor variables in two-group classification problems. Educ. psychol. measmt. 55, 438–441 (1995).

Morris, S. B., De Shon, R. P.: Correcting Effect Sizes Computed from Factorial Analysis of Variance for Use in Meta-Analysis. Psychol. Methods 2, 192–199 (1997).

Morrison, D. F.: Multivariate statistical methods, 2nd ed. New York: McGraw-Hill 1976 (1990 3rd ed.).

Mosier, C. I.: Determining a simple structure when loadings for certain tests are known. Psychometrika 4, 149–162 (1939).

Mossholder, K. W., Kemrey, E. R., Bedlian, A. G.: On using regression coefficients to interpret moderator effects. Educ. psychol. measmt. **50**, 255–263 (1990).

Mosteller, F., Wallace, D. L.: Inference and disputed authorship: the federalist. Reading, Mass.: Addison-Wesley 1964.

Mulaik, S. A.: The foundations of factor analysis. New York: McGraw-Hill 1972.

Mulaik, S. A.: A brief history of the philosophical foundations of exploratory factor analysis. Mult. beh. res. **22**, 267–305 (1987).

Mummendey, H. D.: Die Fragebogenmethode. Göttingen: Verlag für Psychologie 1995.

Muthen, B.: LISCOMP: International educational statistics. Evanston: Indiana 1986.

Nesselroade, J. R.: Note on the "longitudinal factor analysis" model. Psychometrika **37**, 187–191 (1972).

Nesselroade, J. R., Baltes, P. B.: On a dilemma of comparative factor analysis. A study of factor matching based on random data. Educ. psychol. measmt. **30**, 935–948 (1970).

Neter, J., Wassermann, W., Kutner, M. H.: Applied linear statistical models. Homewood, Ill.: Irwin 1985.

Neuhaus, J. O., Wrigley, C.: The quartimax method: an analytic approach to orthogonal simple structure. Brit. J. of Statist. Psychol. **7**, 81–91 (1954).

Neyman, J.: Outline of a theory of statistical estimation based on the classical theory of probability. Philosophical transactions of the Royal Society, Series A, p. 236 (1937).

Neyman, J., Pearson, E. S.: On the use and interpretation of certain test criteria for purposes of statistical inference. Biometrika **29A**, Part I: 175–240; Part II: 263–294 (1928).

Nickerson, R. S.: Null Hypothesis Significance Testing: A Review of an Old and Continuing Controversy. Psychol. Methods **5**, 241–301 (2000).

Niedereé, R., Mausfeld, R.: Skalenniveau, Invarianz und „Bedeutsamkeit". In: Erdfelder, E. et al. (Hrsg.). Handbuch quantitative Methoden (S. 385–398). Weinheim: Beltz 1996a.

Niedereé, R., Mausfeld, R.: Das Bedeutsamkeitsproblem in der Statistik. In: Erdfelder, E. et al. (Hrsg.): Handbuch quantitative Methoden (S. 399–410). Weinheim: Beltz 1996b.

Niedereé, R., Narens, L.: Axiomatische Meßtheorie. In: Erdfelder, E. et al. (Hrsg.): Handbuch quantitative Methoden (S. 369–384). Weinheim: Beltz 1996.

Nijsse, M.: Testing the significance of Kendall's τ and Spearman's r_s. Psychol. Bull. **103**, 235–237 (1988).

Norris, R. C., Hjelm, H. F.: Non-normality and product moment correlation. J. exp. educ. **29**, 261–270 (1961).

Norušis, M. J.: SPSS/PC+ for the IBM PC/XT/AT. Chicago, Ill.: SPSS inc. 1986.

Norušis, M. J.: Advanced Statistics SPSS/PC+ for the IBM PC/XT/AT. Chicago, Ill.: SPSS inc. 1986.

Nye, L. G., Witt, L. A.: Interpreting moderator effects: Substitute for the signed coefficient rule. Educ. psychol. measmt. **55**, 27–31 (1995).

O'Brien, R. G.: Robust techniques for testing heterogeneity of variance effects in factorial designs. Psychometrika **43**, 327–342 (1978).

O'Brien, R. G.: A simple test for variance effects in experimental design. Psychol. Bull. **89**, 570–574 (1981).

O'Brien, R., Kaiser, M.: MANOVA Method for Analysing Repeated Measures Designs: An Extensive Primer. Psychol. Bull., 316–333 (1985).

O'Grady, K. E., Medoff, D. R.: Categorial variables in multiple regression: Some cautions. Mult. beh. res. **23**, 243–260 (1988).

Olejnik, S. F., Algina, J.: Tests of variance equality when distributions differ in form and location. Educ. psychol. measmt. **48**, 317–329 (1988).

Olkin, J.: Correlations revisited. In: Stanley, J. C. (ed.): Improving experimental design and statistical analysis. Chicago: Rand McNalley 1967.

Olkin, J.: Range restrictions for product-moment correlation matrices. Psychometrika **46**, 469–472 (1981).

Olkin, J., Finn, J. D.: Testing correlated correlations. Psychol. Bull. **108**, 330–333 (1990).

Olkin, J., Finn, J. D.: Correlations redux. Psychological Bulletin **118**, 155–164 (1995).

Olkin, J., Pratt, J. W.: Unbiased estimation of certain correlation coefficients. Annals of the mathematical statistics **29**, 201–211 (1958).

Olkin, J., Siotani, M.: Asymptotic distribution functions of a correlation matrix. Stanford, CA: Stanford University Laboratory for Quantitative Research in Education. Report No. 6, 1964.

Olson, C. L.: Comparative robustness of six tests in multivariate analysis of variance. J. Am. Statist. Assoc. **69**, 894–908 (1974).

Olson, C. L.: On choosing a test statistic in multivariate analysis of variance. Psychol. Bull. **83**, 579–586 (1976).

Olson, C. L.: Practical considerations in choosing a MANOVA test statistic: A rejoinder to Stevens. Psychol. Bull. **86**, 1350–1352 (1979).

Olsson, U.: Maximum likelihood estimation of the polychoric correlation coefficient. Psychometrika **44**, 443–460 (1979).

Olsson, U., Bergmann, L. R.: A longitudinal factor model for studying change in ability structure. Mult. beh. res. **12**, 221–241 (1977).

Olsson, U., Drasgow, F., Dorans, N. J.: The polyserial correlation coefficient. Psychometrika **47**, 337–347 (1982).

Opp, K. D.: Methodologie der Sozialwissenschaften, 4. Aufl. Opladen: Westdeutscher Verlag 1999.

Orlik, P.: Das Dilemma der Faktorenanalyse – Zeichen einer Aufbaukrise in der modernen Psychologie. Psychol. Beiträge **10**, 87–89 (1967a).

Orlik, P.: Eine Technik zur erwartungstreuen Skalierung psychologischer Merkmalsräume auf Grund von Polaritätsprofilen. Zschr. exp. angew. Psychol. **14**, 616–650 (1967b).

Orlik, P.: Das Summax-Modell der dreimodalen Faktorenanalyse mit interpretierbarer Kernmatrix. Archiv f. Psychologie **133**, 189–218 (1980).

Orloci, L.: Information theory models for hierarchic and non-hierarchic classification. In: Cole, A. J. (ed.): Numerical taxonomy. London: Academic Press 1969.

Orth, B.: Einführung in die Theorie des Messens. Stuttgart: Kohlhammer 1974.

Orth, B.: Grundlagen des Messens. In: Feger, H., Bredenkamp, J. (Hrsg.): Messen und Testen, Enzyklopädie der

Psychologie, Themenbereich B, Serie I, Bd. 3, Kap. 2. Göttingen: Hogrefe 1983.
Osgood, L. E., Suci, G. J.: A measure of relation determined by both mean difference and profile information. Psychol. Bull. **49**, 251–262 (1952).
Ostmann, A., Wuttke, J.: Statistische Entscheidung. In: Herrmann, T., Tack, W. H. (Hrsg.): Methodologische Grundlagen der Psychologie (Enzyklopädie der Psychologie. Themenbereich B, Serie I, Band 1) (S. 694–738). Göttingen: Hogrefe 1994.
Overall, J. E.: Power of χ^2-Tests for 2×2 contingency tables with small expected frequencies. Psychol. Bull. **87**, 132–135 (1980).
Overall, J. E., Klett, C. J.: Applied multivariate analysis. New York: McGraw-Hill 1972.
Overall, J. E., Spiegel, D. K.: Concerning least squares analysis of experimental data. Psychol. Bull. **71**, 311–322 (1969).
Overall, J. E., Woodward, J. A.: Nonrandom assignment and the analysis of covariance. Psychol. Bull. **84**, 588–594 (1977a).
Overall, J. E., Woodward, J. A.: Common misconceptions concerning the analysis of covariance. Mult. beh. res. **12**, 171–185 (1977b).
Overall, J. E., Rhoades, H. M., Starbuck, R. R.: Small-sample tests for homogeneity of response probabilities in 2×2-contingency tables. Psychol. Bull. **102**, 307–314 (1987).
Overton, R. C.: Moderated Multiple Regression for Interactions Involving Categorical Variables: A Statistical Control for Heterogeneous Variance Across two Groups. Psychol. Methods **6**, 218–233 (2001).
Parzen, E.: Stochastic processes. San Francisco: Holden-Day, Inc. 1962.
Paull, A. E.: On preliminary tests for pooling mean squares in the analysis of variance. Ann. math. statist. **21**, 539–556 (1950).
Paunonen, S. V.: On chance and factor congruence following orthogonal Procrustes rotation. Educ. psychol. measmt. **57**, 33–59 (1997).
Pawlik, K.: Der maximale Kontingenzkoeffizient im Falle nicht quadratischer Kontingenztafeln. Metrika **2**, 150–166 (1959).
Pawlik, K.: Right answers to wrong questions? A re-examination of factor analytic personality research and its contribution to personality theory. In: Royce, J. R. (ed.): Multivariate analysis and psychological theory. New York: Academic Press 1973.
Pawlik, K.: Dimensionen des Verhaltens. Stuttgart: Huber 1976.
Pearl, I.: Causality-Models, Reasoning, and Inference. Cambridge, UK: Cambridge University Press 2000.
Pearson, E. S., Hartley, H. O.: Biometrika tables for statisticians, Vol. I. New York: Cambridge 1966.
Pearson, E. S., Hartley, H. O.: Biometrika tables for statisticians, vol. II. Cambridge: The University Press, 1972.
Pearson, K.: Contributions to the mathematical theory of evolution II: Skew variation in homogeneous material. Philosophical transactions of the Royal Society of London **186**, 343–414 (1895).
Pearson, K.: On further methods of determining correlation. Draper's Company Memoirs. Biometric Series IV 1907.
Pearson, K., Filon, L. N. G.: Mathematical contributions to the theory of evolution IV. On the probable errors of frequency constants and on the influence of random selection on variation and correlation. Philosophical transactions of the Royal Society, Series A, **191**, 229–311 (1898).
Pedhazur, E. J.: Coding subjects in repeated measures designs. Psychol. Bull. **84**, 298–305 (1977).
Pedhazur, E. J.: Multiple regression in behavioral research. Explanation and prediction, 2nd ed. New York: Holt, Rinehart and Winston 1982.
Penfield, D. A., Koffler, S. L.: A nonparametric K-sample test for equality of slopes. Educ. psychol. measmt. **46**, 537–542 (1986).
Peng, K. C.: The design and analysis of scientific experiments. Reading, Mass.: Addison-Wesley 1967.
Pennell, R.: Routinely computable confidence intervals for factor loadings using the "jackknife". Brit. J. Math. Statist. Psychol. **25**, 107–114 (1972).
Pfanzagl, J.: Theory of measurement. Würzburg: Physika 1971.
Pfanzagl, J.: Allgemeine Methodenlehre der Statistik, I und II. Berlin: de Gruyter 1972 (Bd. I), 1974 (Bd. II).
Pfeifer, A., Schmidt, P.: LISREL: Die Analyse komplexer Strukturgleichungsmodelle. Stuttgart: Fischer 1987.
Phillips, J. P. N.: A simplified accurate algorithm for the Fisher-Yates exact test. Psychometrika **47**, 349–351 (1982).
Phillips, L. D.: Bayesian statistics for social sciences. London: Nelson 1973.
Pillai, K. C. S.: Some new test criteria in multivariate analysis. Annals of the mathematical statistics **26**, 117 (1955).
Pinzka, C., Saunders, D. R.: Analytical rotation to simple structure. II: Extension to an oblique solution. Research bulletin, RB-34-31. Princeton, New York: Educational Testing Service 1954.
Podani, J.: New combinational SAHN clustering methods. Unpublished manuscript. Research Institute of Ecology and Botany. Hungarian Academy of Sciences, 2163 Vacratat, Hungary 1988.
Pollard, P., Richardson, J. T. E.: On the probability of making type I errors. Psychol. Bull. **102**, 159–163 (1987).
Popper, K. R.: Logik der Forschung. Tübingen: Mohr 1966.
Pratt, J. W., Raiffa, H., Schlaifer, R.: Introduction to statistical decision theory. New York: McGraw-Hill 1965.
Press, S. J.: Applied multivariate analysis. New York: Holt, Rinehart and Winston 1972.
Preuss, L., Vorkauf, H.: The knowledge content of statistical data. Psychometrika **62**, 133–161 (1997).
Raghunathan, T. E., Rosenthal, R., Rubin, D. B.: Comparing Correlated but Nonoverlapping Correlations. Psychol. Methods **1**, 178–183 (1996).
Raju, N. S.: Obtaining the squared multiple correlations from a singular correlation matrix. Educ. psychol. measmt. **43**, 127–130 (1983).
Ralston, A., Wilf, H. S.: Mathematische Methoden für Digitalrechner. München: Oldenbourg 1967.
Ramsey, P. H.: Exact type I error rates for robustness of Student's t-test with unequal variances. J. Educ. Stat. **5**, 337–349 (1980).

Ramsey, P. H.: Power of univariate pairwise multiple comparison procedures. Psychol. Bull. **90**, 352–366 (1981).

Ramsey, P. H.: Comparison of Closed Testing Procedures for Pairwise Testing of Means. Psychol. Methods **7**, 504–523 (2002).

Rand, W. M.: Objective criteria for the evaluation of clustering methods. J. Am. Statist. Assoc. **66**, 846–850 (1971).

Rao, C. R.: Advanced statistical methods in biometric research. New York: Wiley 1952.

Rao, C. R.: Estimation and tests of significance in factor analysis. Psychometrika **20**, 93–111 (1955).

Rao, C. R.: Linear Statistical Inference and its Applications. New York: Wiley 1965.

Rao, C. R.: Advanced statistical methods in biometric research. New York: Hafner 1970.

Rasmussen, J. L.: Algorithm for Shaffer's multiple comparison tests. Educ. psychol. measmt. **53**, 329–335 (1993).

Rasmussen, J. L., Heumann, K. A., Heumann, M. T., Botzum, M.: Univariate and multivariate groups by trials analysis under violation of variance-covariance and normality assumptions. Mult. beh. res. **24**, 93–105 (1989).

Rengers, M.: Varianzanalyse – Ursachen und Folgen ungleicher Zellbesetzungen und ihre Behandlung über verschiedene Lösungsansätze. Aachen: Shaker Verlag 2004.

Rese, M.: Logistische Regression. In: Backhaus, K. et al. (Hrsg.): Multivariate Analysemethoden, S. 105–144. Heidelberg: Springer 2000.

Revenstorf, D.: Lehrbuch der Faktorenanalyse. Stuttgart: Kohlhammer 1976.

Revenstorf, D.: Vom unsinnigen Aufwand. Archiv f. Psychol. **130**, 1–36 (1978).

Revenstorf, D.: Faktorenanalyse. Stuttgart: Kohlhammer 1980.

Reynolds, T. J., Jackosfsky, E. F.: Interpreting canonical analysis. The use of orthogonal transformations. Educ. psychol. measmt. **41**, 661–671 (1981).

Rietz, C.: Faktorielle Invarianz: Die inferenzstatistische Absicherung von Faktorstrukturvergleichen. Bonn: PACE 1996.

Rietz, C., Rudinger, G., Andres, J.: Lineare Strukturgleichungsmodelle. In: Erdfelder, E., Mausfeld, R., Meiser, T., Rudinger, G. (Hrsg.): Handbuch quantitative Methoden (S. 253–268). Weinheim: Beltz 1996.

Rippe, P. R.: Application of a large sampling criterion to some sampling problems in factor analysis. Psychometrika **18**, 191–205 (1953).

Ritschard, G., Kellerhals, J., Olszak, M., Sardi, M.: Path analysis with partial association measures. Quality and Quantity **30**, 37–60 (1996).

Robert, C. P., Casella, G.: Monte Carlo Statistical Methods, 2nd printing. New York: Springer 2000.

Roberts, F. S.: Measurement theory. London: Addison-Wesley 1979.

Robson, D. S.: A simple method for construction of orthogonal polynomials when the independent variable is unequally spaced. Biometrics **15**, 187–191 (1959).

Rochel, H.: Planung und Auswertung von Untersuchungen im Rahmen des allgemeinen linearen Modells. Heidelberg: Springer 1983.

Rock, D. A., Linn, R. L., Evans, F. R., Patrick, C.: A comparison of predictor selection techniques using Monte Carlo methods. Educ. psychol. measmt. **30**, 873–884 (1970).

Rock, D. A., Werts, C. E., Linn, R. A.: Structural equations as an aid in the interpretation of the non-orthogonal analysis of variance. Multivariate behavioral research **11**, 443–448 (1976).

Rogan, J. C., Keselman, H. J., Mendoza, J. L.: Analysis of repeated measurements. Br. J. Math. Statist. Psychol. **32**, 269–286 (1979).

Rogers, D. J., Tanimoto, T. T.: A computer program for classifying plants. Science **132**, 1115–1118 (1960).

Rogge, K. E. (Hrsg.): Methodenatlas für Sozialwissenschaftler. Heidelberg: Springer 1995.

Rogosa, D.: Comparing nonparallel regression lines. Psychol. Bull. **88**, 307–321 (1980).

Romaniuk, J. G., Levin, J. R., Lawrence, J. H.: Hypothesis-testing procedures in repeated-measures designs: On the road map not taken. Child development **48**, 1757–1760 (1977).

Ronis, D. L.: Comparing the magnitude of effects in ANOVA designs. Educ. psychol. measmt. **41**, 993–1000 (1981).

Rosenstiel, von L., Schuler, H.: A wie Arnold, B wie Bender ... zur Sozialdynamik der akademischen Karriere. Psychol. Rundschau **26**, 183–190 (1975).

Rosenthal, R.: Experimenter effects in behavioral research. New York: Appleton 1966.

Rosenthal, R., Rosnow, R. L. (eds.): Artifact in behavioral research. New York: Academic Press 1969.

Rosenthal, R., Rubin, D. B.: A note on percent variance explained as a measure of the importance of effects. J. appl. soc. psychol. **9**, 395–396 (1979).

Rosenthal, R., Rubin, D. B.: A simple general purpose display of magnitude of experimental effect. J. Educ. Psychol. **74**, 166–169 (1982).

Rosnow, R. L., Rosenthal, R.: Definition and interpretation of interactive effects. Psychol. Bull. **105**, 143–146 (1989).

Rossi, J. S.: One-way ANOVA from summary statistics. Educ. psychol. measmt. **47**, 37–38 (1987).

Rothstein, H. R., Borenstein, M., Cohen, J., Pollack, G.: Statistical power analysis for multiple regression/correlation: A computer program. Educ. psychol. measmt. **50**, 819–830 (1990).

Roy, S. N.: On a heuristic method of test construction and its use in multivariate analysis. Ann. math. statist. **24**, 220–238 (1953).

Royce, J. R.: The development of factor analysis. J. Gen. Psychol. **58**, 139–164 (1958).

Royce, J. R. (ed.): Multivariate analysis and psychological theory. New York: Academic Press 1973.

Royston, J. P.: A Remark on Algorithm AS181: The W-Test of Normality. Applied Statistics **44**, 547–551 (1995).

Rubin, J.: Optimal classifications into groups: An approach for solving the taxonomy problem. Journal of the theoretical biology **15**, 103–144 (1967).

Rubinstein, R. Y.: Simulation and the Monte Carlo method. New York: Wiley 1981.

Rucci, A. J., Tweney, R. D.: Analysis of variance and the "second discipline" of scientific psychology: A historical account. Psychol. Bull. **87**, 166–184 (1980).

Rudinger, G., Andres, J., Rietz, C.: Structural equation models for studying intellectual development. In: D. Magnussen, L. R. Bergman, G. Rudinger, B. Törestad (eds.): Problems and methods in longitudinal research, pp. 308–322. Cambridge: Cambridge University Press 1990.

Ruf, H.: Der Zusammenhang anfänglicher Ressourcen und späterem Therapieerfolg in der stationären Rehabilitationsbehandlung Alkoholabhängiger. Unveröffentlichte Diplomarbeit. Institut für Psychologie und Arbeitswissenschaft, TU Berlin (2003).

Rützel, E.: Zur Ausgleichsrechnung: Die Unbrauchbarkeit von Linearisierungsmethoden beim Anpassen von Potenz- und Exponentialfunktionen. Archiv f. Psychol. **128**, 316–322 (1976).

Rupinski, M. T., Dunlap, W. P.: Approximating Pearson product-moment-correlations from Kendall's tau and Spearman's rho. Educ. psychol. measmt. **56**, 419–429 (1996).

Ryan, T. A.: Comment on "Protecting the overall rate of type I errors for pairwise comparisons with an omnibus test statistic". Psychol. Bull. **88**, 354–355 (1980).

Sachs, L.: Statistische Auswertungsmethoden, 10. Aufl. Berlin: Springer 2002.

Santa, J. L., Miller, J. J., Shaw, M. L.: Using Quasi-F to prevent alpha inflation due to stimulus variation. Psychol. Bull. **86**, 37–46 (1979).

Santner, T. J., Duffy, D. E.: The statistical analysis of discrete data. New York: Springer 1989.

Sarris, V.: Zum Problem der Kausalität in der Psychologie. Ein Diskussionsbeitrag. Psychol. Beiträge **10**, 173–186 (1967).

Sarris, V.: Methodologische Grundlagen der Experimentalpsychologie 1: Erkenntnisgewinnung und Methodik. München: Reinhardt 1990.

Sarris, V.: Methodische Grundlagen der Experimentalpsychologie 2: Versuchsplanung und Stadien. München: Reinhardt 1992.

Satterthwaite, F. E.: An approximate distribution of estimates of variance components. Biometrics Bull. **2**, 110–114 (1946).

Saunders, D. R.: Moderator variables in prediction. Educ. psychol. measmt. **16**, 209–222 (1956).

Saunders, D. R.: Transvarimax: some properties of the ratiomax and equamax criteria for blind orthogonal rotation. Paper delivered at the meeting of the American Psychological Association, St. Louis 1962.

Savage, I. R.: Probability inequalities of the Tschebycheff type. J. Res. Nat. Bur. Stds. **65 B**, 211–222 (1961).

Saville, D. J.: Multiple comparison procedures: The practical solution. The Americ. Statist. **44**, 174–180 (1990).

Sawilowsky, S. S., Blair, R. C.: A more realistic look at the robustness and type II error properties of the t test to departures from population normality. Psychological Bulletin **111**, 352–360 (1992).

Schafer, J. L., Graham, J. W.: Missing Data: Our View of the State of the Art. Psychol. Methods **7**, 147–177 (2002).

Scheffé, H.: A method of judging all contrasts in the analysis of variance. Biometrika **40**, 87–104 (1953).

Scheffé, H.: The analysis of variance. New York: Wiley 1963.

Scheibler, D., Schneider, W.: Monte Carlo tests of the accuracy of cluster analysis algorithms: A comparison of hierarchical and nonhierarchical methods. Mult. beh. res. **20**, 283–304 (1985).

Schiller, W.: Vom sinnvollen Aufwand in der Faktorenanalyse. Archiv für Psychologie **140**, 73–95 (1988).

Schlosser, O.: Einführung in die sozialwissenschaftliche Zusammenhangsanalyse. Hamburg: Rowohlt 1976.

Schmetterer, L.: Einführung in die mathematische Statistik. Wien: Springer 1966.

Schmidt, F.: Statistical significance testing and cumulative knowledge in psychology: Implications for the training of researchers. Psychological Methods **1**, 115–129 (1996).

Schmitt, S. A.: Measuring uncertainty: an elementary introduction to Bayesian statistics. Reading, Mass.: Addison-Wesley 1969.

Schneeweiss, H., Mathes, H.: Factor Analysis and Principal Components. J. Mult. Anal. **55**, 105–124 (1995).

Schneewind, K. A., Cattell, R. B.: Zum Problem der Faktoridentifikation: Verteilungen und Vertrauensintervalle von Kongruenzkoeffizienten für Persönlichkeitsfaktoren im Bereich objektiv-analytischer Tests. Psychol. Beitr. **12**, 214–226 (1970).

Schnell, R., Hill, P., Esser, E.: Methoden der empirischen Sozialforschung. München: Oldenbourg 1999.

Schönemann, P. H.: Varisim: a new machine method for orthogonal rotation. Psychometrika **31**, 235–248 (1966a).

Schönemann, P. H.: A generalized solution to the orthogonal Procrustes problem. Psychometrika **31**, 1–10 (1966b).

Schwarz, H.: Stichprobenverfahren. München: Oldenbourg 1975.

Seaman, M. A., Levin, J. R., Serlin, R. C.: New developments in pairwise multiple comparison: Some powerful and practicable procedures. Psychol. Bull. **110**, 577–586 (1991).

Seber, G. A. F., Wild, D. J.: Nonlinear Regression. New York: Wiley 1989.

Sedlmeier, P., Gigerenzer, G.: Do studies of statistical power have an effect on the power of study? Psychol. Bull. **105**, 309–316 (1989).

Seifert, T. L.: Determining effect sizes in various experimental designs. Educ. psychol. measmt. **51**, 341–347 (1991).

Selg, H., Klapprott, J., Kamenz, R.: Forschungsmethoden der Psychologie. Stuttgart: Kohlhammer 1992.

Shaffer, J. P.: Probability of directional errors with disordinal (qualitative) interaction. Psychometrika **56**, 29–38 (1991).

Shaffer, J. P.: Modified sequentially rejective multiple test procedures. J. Am. Statist. Assoc. **81**, 826–831 (1993).

Shaffer, J. P., Gillo, M. W.: A multivariate extension of the correlation ratio. Educ. psychol. measmt. **34**, 521–524 (1974).

Shapiro, S. S., Wilk, M. B., Chen, H. J.: A comparative study of various tests of normality. J. Am. Statist. Assoc. **63**, 591–611 (1968).

Sherif, M., Harvey, O. J., White, B. J., Hood, W. R., Sherif, C.: Intergroups conflict and cooperation: The robbers cave experiment. Norman, Oklahoma: University Book Exchange 1961.

Shiffler, R. E., Harwood, G. B.: An empirical assessment of realized α-risk when testing hypothesis. Educ. psychol. measmt. **45**, 811–823 (1985).

Shine II, L. C.: The fallacy of replacing on a priori significance level with an a posteriori significance level. Educ. psychol. measmt. **40**, 331–335 (1980).

Siegel, S.: Non-parametric statistics for the behavioral sciences. New York: McGraw-Hill 1956.

Sievers, W.: Bootstrap-Konfidenzintervalle und Bootstrap-Akzeptanz-Bereiche hypothesenprüfender Verfahren. Zeitschr. f. exp. angew. Psychol. **37**, 85–123 (1990).

Silbereisen, R. K.: Prädiktoren der Rollenübernahme bei Kindern. Psychologie in Erziehung und Unterricht **24**, 86–92 (1977).

Silver, N. C., Dunlap, W. P.: Averaging correlation coefficients: Should Fisher's z-transformation be used? J. Appl. Psychol. **72**, 146–148 (1987).

Silver, N. C., Dunlap, W. P.: A Monte Carlo study for testing the significance of correlation matrices. Educ. psychol. measmt. **49**, 563–569 (1989).

Silver, N. C., Finger, M. S.: A Fortran 77 program for determining the minimum significant increase of the multiple correlation coefficient. Educ. psychol. measmt. **53**, 703–706 (1993).

Silver, N. C., Wadiak, D. L., Massey, C. J.: A Microsoft Fortran 77 program for testing the difference among independent first-order partial correlations. Educ. psychol. measmt. **55**, 245–248 (1995).

Silverstein, A. B.: Multiple regression analysis of split-plot factorial designs. Educ. psychol. measmt. **45**, 845–849 (1985).

Sinha, A. R., Buchanan, B. S.: Assessing the stability of principal components using regression. Psychometrika **60**, 355–369 (1995).

Sixtl, F.: Faktoreninvarianz und Faktoreninterpretation. Psychol. Beitr. **10**, 99–111 (1967).

Sixtl, F.: Der Mythos des Mittelwertes. Neue Methodenlehre der Statistik. München: Oldenbourg 1993.

Skakun, E. N., Maguire, T. O., Hakstian, A. R.: An application of inferential statistics to the factorial invariance problem. Mult. beh. res. **11**, 325–338 (1976).

Skakun, E. N., Maguire, T. O., Hakstian, A. R.: Erratum. Multir. beh. res. **12**, 68 (1977).

Sletten, O.: Algorithms for hand calculators to approximate Gaussian and chi-square probabilities. Educ. psychol. measmt. **40**, 899–910 (1980).

Smith, R. L., Ager Jr., J. W., Williams, D. L.: Suppressor variables in multiple regression/correlation. Educ. psychol. measmt. **52**, 17–28 (1992).

Snedecor, G. W.: Statistical methods, 1. Aufl. 1937, 6. Aufl. (gemeinsam mit Cochran, W. G.) 1967. Ames, Iowa: Univ. Press 1967.

Snook, S. C., Gorsuch, R. L.: Component analysis versus common factor analysis: A Monte Carlo study. Psychol. Bull. **106**, 148–154 (1989).

Snyder, C. W., Law, H. G.: Three-mode common factor analysis: Procedure and computer programs. Mult. beh. res. **14**, 435–441 (1979).

Sobel, M. E.: Effect analysis and causation in linear structural equation models. Psychometrika **55**, 495–515 (1990).

Sörbom, D.: An alternative to the methodology for analysis of covariance. Psychometrika **43**, 381–396 (1978).

Sokal, R. R., Michener, C. D.: A statistical method for evaluating systematic relationships. Univ. of Kansas Science Bulletin **38**, 1409–1438 (1958).

Sokal, R. R., Sneath, P. H. A.: Principles of numerical taxonomy. San Francisco: Freeman 1963.

Spearman, C.: "General intelligence", objectively determined and measured. Amer. J. Psychol. **15**, 201–293 (1904).

Späth, H.: Cluster-Analyse-Algorithmen zur Objektklassifizierung und Datenreduktion. München: Oldenbourg 1977.

S-Plus: Statistical science, Inc. (STATSCI), P.O. Box 65825, Seattle, WA 98145; (206) 322-8707 (1990).

SPSS, X: User's guide. New York: McGraw-Hill 1983.

SPSS inc. (ed.): SPSS Statistical Algorithms. Chicago, Ill: SPSS inc. 1991.

Srivastava, A. B. L.: Effect of non normality on the power of the analysis of variance test. Biometrika **46**, 114–122 (1959).

Stanley, J. C.: An important similarity between biserial r and the Brogden-Cureton-Glass biserial r for ranks. Educ. psychol. measmt. **28**, 249–253 (1968).

Stanley, J. C., Wang, M. D.: Restrictions on the possible values of r_{12}, given r_{13} and r_{23}. Educ. psychol. measmt. **29**, 579–581 (1969).

Staving, G. R., Acock, A. C.: Evaluating the degree of dependence for a set of correlations. Psychol. Bull. **83**, 236–241 (1976).

Steger, J. A. (ed.): Readings in statistics. New York: Holt, Rinehart and Winston 1971.

Stegmüller, W.: Wissenschaftliche Erklärung und Begründung. Berlin: Springer 1969.

Steiger, J. H.: Tests for comparing elements of a correlation matrix. Psychol. Bull. **87**, 245–251 (1980).

Steiger, J. H.: Driving Fast in Reverse. Journal of the American Statistical Association **96**, 331–338 (2001).

Steingrüber, H. J.: Indikation und psychologische Anwendung von verteilungsfreien Äquivalenten der Regressionskoeffizienten. Psychologie u. Praxis **14**, 179–185 (1970).

Steinhausen, D., Langer, K.: Clusteranalyse. Berlin: de Gruyter 1977.

Steinley, D.: Local Optima in K-Means Clustering: What you don't know may hurt you. Psychol. Methods **8**, 294–304 (2003).

Stelzl, I.: Ein Verfahren zur Überprüfung der Hypothese multivariater Normalverteilung. Psychol. Beiträge **22**, 610–621 (1980).

Stelzl, I.: Fehler und Fallen in der Statistik. Bern: Huber 1982.

Stelzl, I.: Changing a causal hypothesis without changing the fit: Some rules for generating equivalent path models. Multiv. beh. res. **21**, 309–331 (1986).

Stenger, H.: Stichprobentheorie. Würzburg: Physica 1971.

Stevens, J.: Comment on Olson: Choosing a test statistic in multivariate analysis of variance. Psychol. Bull. **86**, 355–360 (1979).

Stevens, J.: Power for the multivariate analysis of variance tests. Psychol. Bull. **88**, 728–737 (1980).

Stevens, J.: Applied multivariate statistics for the social sciences. Hillsdale, New York: Erlbaum 1986.

Stevens, J.: Applied multivariate statistics for the social sciences. Mahwah, New Jersey: Erlbaum 2002.

Steward, D., Love, W.: A general canonical correlation index. Psychol. Bull. **70**, 160–163 (1968).

Steyer, R.: Theorie kausaler Regressionsmodelle. Stuttgart: Fischer 1992.

Steyer, R., Eid, M.: Messen und Testen. Heidelberg: Springer 1993.

Stoloff, P. H.: Correcting for heterogeneity of covariance for repeated measures designs of the analysis of variance. Educ. psychol. measmt. **30**, 909–924 (1970).

Stone, M.: Cross-validation choice and assessment of statistical predictions. J. Royal Statist. Soc., Series B, **39**, 44–47 (1974).

Stone-Romero, E. F., Anderson, L. E.: Relative power of moderated multiple regression and the comparison of subgroup correlation coefficients for detecting moderating effects. J. Appl. Psychol. **79**, 354–359 (1994).

Strauss, D.: Testing partial correlations when the third variable is measured with error. Educ. psychol. measmt. **41**, 349–358 (1981).

"Student": The probable error of a mean. Biometrika **6**, 1–25 (1908).

Sturges, H. A.: The choice of a class intervall. J. Amer. Statist. Assoc. **21**, 65–66 (1926).

Suppes, P., Zinnes, J. L.: Basic measurement theory. In: Luce, R. D., Bush, R. R., Galanter, E. (eds.): Handbook of Mathematical Psychology, vol. I, pp. 1–76. New York: Wiley 1963.

Swaminathan, H., De Friesse, F.: Detecting significant contrasts in analysis of variance. Educ. psychol. measmt. **39**, 39–44 (1979).

Tabachnik, B. G., Fidell, L. S.: Using multivariate statistics. New York: Harper & Row 1983.

Tang, K. L., Algina, J.: Performance of four multivariate tests under variance-covariance heteroscedasticity. Multivariate Behavioral Research **28**, 391–405 (1993).

Tarski, A.: Introduction to logic. New York: Oxford Univ. Press 1965.

Tatsuoka, M. M.: The relationship between canonical correlation and discriminant analysis. Cambridge, Mass.: Educational Research Corporation 1953.

Tatsuoka, M. M.: Discriminant analysis. Institute for Personality and Ability Testing. 1602-04 Colorado Drive, Champaign, Illinois 61820, 1970.

Tatsuoka, M. M.: Multivariate Analysis. New York: Wiley 1971.

Tatsuoka, M. M.: Multivariate Analysis: Techniques for Educational and Psychological Research, 2nd ed. New York: Macmillan 1988.

ten Berge, J. M. F.: Some relationships between descriptive comparison of components from different studies. Mult. beh. res. **21**, 29–40 (1986a).

ten Berge, J. M. F.: Rotation to perfect congruence and cross-validation of component weights across populations. Mult. beh. res. **21**, 41–64 (1986b).

Tenenhaus, M., Young, F. W.: An analysis and synthesis of multiple correspondence analysis, optimal scaling, dual scaling, homogeneity analysis and other methods of quantifying categorial multivariate data. Psychometrika **50**, 91–119 (1985).

Terell, C. D.: Table for converting the point biserial to the biserial. Educ. psychol. measmt. **42**, 983–986 (1982a).

Terrell, C. D.: Significance tables for the biserial and the point biserial. Educ. psychol. measmt. **42**, 975–981 (1982b).

Thalberg, S. P.: Reading rate and immediate versus delayed retention. J. Educ. Psychol. **58**, 373–378 (1967).

Tholey, P.: Signifikanztest und Bayessche Hypothesenprüfung. Archiv f. Psychol. **134**, 319–342 (1982).

Thomas, C. L. P., Schofield, H.: Sampling Source Book: An Indexed Bibliography of the Literature of Sampling. Woborn, MA: Butterworth-Heinemann 1996.

Thomas, D. R.: Interpreting discriminant functions: A data analytic approach. Multivariate Behavioral Research **27**, 335–362 (1992).

Thompson, B.: Program FACSTRAP: A program that computes bootstrap estimates of factor structure. Educ. psychol. measmt. **48**, 681–686 (1988).

Thompson, B.: Finding a correction for the sampling error in multivariate measures of relationship: A Monte Carlo study. Educ. psychol. measmt. **50**, 15–31 (1990a).

Thompson, B.: Multinor: A Fortran program that assists in evaluating multivariate normality. Educ. psychol. measmt. **50**, 845–848 (1990b).

Thompson, B.: Stepwise regression and stepwise discriminant analysis need not apply here: A guidelines editorial. Educ. psychol. measmt. **55**, 525–534 (1995a).

Thompson, B.: Exploring the replicability of a study's result: Bootstrap statistics for the multivariate case. Educ. psychol. measmt. **55**, 84–94 (1995b).

Thompson, B.: AERA editorial policies regarding statistical significance testing: Three suggested reforms. Educational Researcher **25**, 26–30 (1996).

Thompson, B., Borello, G. M.: The importance of structure coefficients in regression research. Educ. psychol. measmt. **45**, 203–209 (1985).

Thompson, P. A.: Contrasts for the residual interaction in latin square designs. Educ. psychol. measmt. **48**, 83–88 (1988).

Thorndike, R. M.: Correlation procedures for research. New York: Gardner 1978.

Thorndike, R. M., Weiss, D. J.: A study of the stability of canonical correlations and canonical components. Educ. psychol. measmt. **33**, 123–134 (1973).

Thurstone, L. L.: Multiple factor analysis. Psychol. Rev. **38**, 406–427 (1931).

Thurstone, L. L.: Multiple factor analysis. Chicago: Univ. of Chicago Press 1947.

Tideman, T. N.: A generalized χ^2 for the significance of differences in repeated, related measures applied to different samples. Educ. psychol. measmt. **39**, 333–336 (1979).

Tiku, M. L., Balakrishnan, N.: Testing the equality of variance-covariance matrices the robust way. Communications in statistics-theory and methods **13**, 3033–3051 (1985).

Timm, N. H.: Multivariate analysis. Monterey, CA: Brooks/Cole publ. 1975.

Timm, N. H.: Applied multivariate analysis. New York: Springer 2002.

Tippett, L. H. C.: The methods of statistics, 1. Aufl. 1931, 4. Aufl. 1952. New York: Wiley 1952.

Tisak, J.: Determination of the regression coefficients and their associated standard errors in hierarchical regression analysis. Mult. Beh. Res. **29**, 185–201 (1994).

Torgerson, W. S.: Theory and methods of scaling. New York: Wiley 1958.

Toutenberg, H.: Statistical Analysis of Designed Experiments. New York: Springer 2002.

Traxel, W.: Grundlagen und Methoden der Psychologie: Eine Einführung in die psychologische Forschung. Bern: Huber 1974.

Tryfos, P.: Sampling Methods for Applied Research: Text and Cases. New York: Wiley 1996.

Tryon, R. C.: Cluster analysis. Ann Arbor: Edwards Brothers 1939.

Tryon, R. C., Bailey, D. E.: Cluster analysis. New York: McGraw-Hill 1970.

Tucker, L. R.: A method for synthesis of factor analytic studies. Personnel research section report no. 984. Washington, D.C.: Department of the Army 1951.

Tucker, L. R.: Some mathematical notes on three mode factor analysis. Psychometrika **31**, 279–311 (1966).

Tucker, L. R.: Implications of factor analysis of three-way matrices for measurement of change. In: Harris, C. W. (ed.): Problems in measuring change. Madison, Milwaukee: The Univ. of Wisconsin Press 1967.

Tucker, L. R., Cooper, L. G., Meredith, W.: Obtaining squared multiple correlations from a correlation matrix which may be singular. Psychometrika **37**, 143–148 (1972).

Tukey, J. W.: Exploratory data analysis. Reading, Mass.: Addison-Wesley 1977.

Tukey, J. W.: One degree of freedom for non-additivity. Biometrics **5**, 232–242 (1949).

Tzelgov, J., Henik, A.: A definition of suppression situations for the general linear model: A regression weights approach. Educ. psychol. measmt. **45**, 281–284 (1985).

Tzelgov, J., Henik, A.: On the differences between Conger's and Velicer's definitions of suppressor. Educ. psychol. measmt. **41**, 1027–1031 (1981).

Tzelgov, J., Henik, A.: Suppression situations in psychological research: Definitions, implications, and applications. Psychological Bulletin **109**, 524–536 (1991).

Tzelgov, J., Stern, I.: Relationships between variables in three variables linear regression and the concept of suppressor. Educ. psychol. measmt. **38**, 325–335 (1978).

Überla, K.: Faktorenanalyse. Heidelberg: Springer 1971.

Vahle, H., Tews, G.: Wahrscheinlichkeit einer χ^2-Verteilung. Biometrische Zeitschrift **11**, 175–202 (1969).

Van de Geer, J. P.: Introduction to multivariate analysis for the social sciences. San Francisco: Freeman 1971.

Vegelius, J.: On the utility of the E-correlation coefficient concept in psychological research. Educ. psychol. measmt. **38**, 605–611 (1978).

Velicer, W. F.: A comparison of the stability of factor analysis, principal component analysis and rescaled image analysis. Educ. psychol. measmt. **34**, 563–572 (1974).

Velicer, W. F.: An empirical comparison of the similarity of principal component, image, and factor patterns. Multivariate behavioral research **11**, 3–22 (1977).

Velicer, W. F.: Suppressor variables and the semipartial correlation coefficient. Educ. psychol. measmt. **38**, 953–958 (1978).

Velicer, W. F., Peacock, A. C., Jackson, D. M.: A comparison of component and factor patterns: A Monte Carlo approach. Mult. beh. res. **17**, 371–388 (1982).

Viernstein, N.: A coefficient for measuring the agreement on bipolar rating scales. Educ. psychol. measmt. **50**, 273–278 (1990).

Vincent, P. F.: The origin and development of factor analysis. Appl. Statistic **2**, 107–117 (1953).

Vukovich, A.: Faktorielle Typenbestimmung. Psychol. Beiträge **10**, 112–121 (1967).

Wainer, H.: On the sensitivity of regression and regressors. Psychol. Bull. **85**, 267–273 (1978).

Wainer, H.: One Cheer for Null Hypothesis Significance Testing. Psychol. Methods **4**, 212–213 (1999).

Wainer, H., Thissen, D.: Three steps towards robust regression. Psychometrika **41**, 9–34 (1976).

Wainer, H., Thissen, D.: Graphical data analysis. Annual review of psychol. **32**, 191–241 (1981).

Walker, H. M.: Studies in the history of statistical method. Baltimore: Williams and Wilkins 1929.

Walker, H. M., Lev, J.: Statistical inference. New York: Holt, Rinehart and Winston 1953.

Wallenstein, S., Fleiss, J. L.: Repeated measurements analysis of variance when the correlations have a certain pattern. Psychometrika **44**, 229–233 (1979).

Wang, M. D.: Estimation of ω^2 for a one-way, fixed-effects model when sample sizes are disproportionate. Educ. psychol. measmt. **42**, 167–179 (1982).

Ward, J. H.: Hierarchical grouping to optimize an objective function. J. Am. Statistical Assoc. **58**, 236–244 (1963).

Weber, E.: Grundriß der biologischen Statistik für Naturwissenschaftler und Mediziner, 1. Aufl. 1948, 7. Aufl. 1972. Jena: Fischer 1972.

Weede, E.: Zur Methodik der kausalen Abhängigkeitsanalyse (Pfadanalyse) in der nicht-experimentellen Forschung. Kölner Ztschr. f. Soziol. u. Sozialpsychol. **22**, 532–550 (1970).

Weiling, F.: Die Varianzanalyse. Eine Übersicht mit historischem Aspekt. Vortrag 19. Kolloquium der Deutschen Region der Internationalen Biometrischen Gesellschaft, Berlin 1973.

Weiss, D. J.: Snapshot analysis of variance: Comparing groups with unequal numbers of scores per subject. Perceptual and motor skills **61**, 420–422 (1985).

Welch, B. L.: The generalization of Student's problem when several different population variances are involved. Biometrika **34**, 28–35 (1947).

Wendt, D.: Versuche zur Erfassung eines persönlichen Verläßlichkeitsniveaus. Z. Psychol. **172**, 40–81 (1966).

Wendt, H. W.: Spurious correlation, revisited: a new look at the quantitative outcomes of sampling heterogeneous groups and/or at the wrong time. Archiv f. Psychol. **128**, 292–315 (1976).

Werner, J.: Lineare Statistik. Allgemeines Lineares Modell. Weinheim: Psychologie Verlags Union 1997.

Wert, J. E., Neidt, O. N., Ahmann, J. S.: Statistical methods in educational and psychological research. New York: Appleton-Century-Crofts 1954.

Werts, C. E., Linn, R. L.: Problems with inferring treatment effects from repeated measures. Educ. psychol. measmt. **31**, 857–866 (1971).

West, S. G.: New approaches to missing data in psychological research: introduction to the special section. Psychol. Methods **6**, 315–316 (2001).

Westerman, R.: Wissenschaftstheorie und Experimentalmethodik. Göttingen: Hofgrefe 2000.

Wickens, T. D.: Multiway contingency table analysis for the social sciences. Hillsdale, New York: Erlbaum 1989.

Wiedemann, C. F., Fenster, C. A.: The use of chance corrected percentage of agreement to interpret the results of a discriminant analysis. Educ. psychol. measmt. **38**, 29–35 (1978).

Wilcox, R. R.: Comparing the variances of dependent groups. Psychometrika **54**, 305–315 (1989).

Wilcox, R. R.: The percentage bend correlation coefficient. Psychometrika **59**, 601–616 (1994).

Wilcox, R. R.: Testing the hypothesis of independance between two sets of variates. Mult. Beh. Res. **30**, 213–225 (1995).

Wilcoxon, F.: Individual comparisons by ranking methods. Biometrica **1**, 80–83 (1945).

Wilcoxon, F., Probability tables for individual comparisons by ranking methods. Biometrics **3**, 119–122 (1947).

Wilkinson, L.: Tests of significance in stepwise regression. Psychol. Bull. **86**, 168–174 (1979).

Wilks, S. S.: Certain generalizations in the analysis of variance. Biometrika **24**, 471–494 (1932).

Williams, E. J.: Experimental designs balanced for the estimation of residual effects of treatments. Austr. J. Sci. Res. **2**, 149–168 (1949).

Williams, R. H., LeBlanc, W. G.: Pairwise comparisons among proportions. Educ. psychol. measmt. **55**, 445–447 (1995).

Willson, V. L.: Research techniques in AERJ articles: 1969 to 1975. Educ. Researcher **9**, 5–10 (1980).

Wilson, G. A., Martin, S. A.: An empirical comparison of two methods for testing the significance of a correlation matrix. Educ. psychol. measmt. **43**, 11–14 (1983).

Wilson, V. L.: Critical values of the rank-biserial correlation coefficient. Educ. psychol. measmt. **36**, 297–300 (1976).

Winer, B. J.: Statistical principles in experimental design, 2nd ed. New York: McGraw-Hill 1971.

Winer, B. J., Brown, D. R., Michels, K. M.: Statistical principles in experimental design, 3rd ed. New York: McGraw-Hill 1992.

Winkler, R. L.: An introduction to Bayesian inference and decision. New York: Holt, Rinehart and Winston 1972.

Winkler, W.: Vorlesungen zur mathematischen Statistik. Teubner 1983.

Wishart, D.: CLUSTAN: User Manual. Program library unit, Edinburgh Univ., Edinburgh 1978.

Wishart, D.: CLUSTAN: User Manual supplement. Program library unit, Edinburgh Univ., Edinburgh 1982.

Wishart, D.: CLUSTAN: User manual, 4th ed. Computer laboratory, University of St. Andrews 1987.

Wishart, J.: Bibliography of agricultural statistics 1931–33. J. Roy. Statistic. Soc., suppl. **1**, 94–106 (1934).

Wishart, J., Metakides, T.: Orthogonal polynomial fitting. Biometrika **40**, 361–369 (1953).

Witte, E. H.: Zur Logik und Anwendung der Inferenzstatistik. Psychol. Beiträge **19**, 290–303 (1977).

Witte, E. H.: Zum Verhältnis von Merkmalen zu Merkmalsträgern in der Faktorenanalyse. Psychol. und Praxis **22**, 83–89 (1978).

Witte, E. H.: Signifikanztest und statistische Inferenz. Stuttgart: Enke 1980.

Witte, E. H., Horstmann, H.: Kanonische Korrelationsanalyse: Ihre Ähnlichkeit zu anderen Verfahren und zwei Anwendungsbeispiele aus dem Bereich Graphometrie-Persönlichkeit. Psychol. Beiträge **18**, 553–570 (1976).

Witting, H.: Mathematische Statistik, 3. Aufl. Teubner 1978.

Wittmann, W. W.: Drei Klassen verschiedener faktorenanalytischer Modelle und deren Zusammenhang mit dem Konzept der Alpha-Generalisierbarkeit der klassischen Testtheorie. Psychol. Beiträge **20**, 456–470 (1978).

Wolf, B.: Invariante Test- und Effektmaße sowie approximative Prüfgrößen bei multivariaten parametrischen Analysen. Empirische Pädagogik **2**, 165–197 (1988).

Wolins, L.: Interval measurement: Physics, Psychophysics, and metaphysics. Educ. psychol. measmt. **38**, 1–9 (1978).

Wood, D. A., Erskine, J. A.: Strategies in canonical correlation with application to behavioral data. Educ. psychol. measmt. **36**, 861–878 (1976).

Woodward, J. A., Overall, J. E.: Nonorthogonal analysis of variance in repeated measures experimental designs. Educ. psychol. measmt. **36**, 855–859 (1976a).

Woodward, J. A., Overall, J. E.: Factor analysis of rank-ordered data: An old approach revisited. Psychol. Bull. **83**, 864–867 (1976b).

Wottawa, H.: Zum Problem der Abtestung der Verteilungsvoraussetzungen in Varianz- und Regressionsanalyse. Archiv f. Psychol. **134**, 257–263 (1981/82).

Wright, S. P.: Correlation and causation. J. Agric. Res. **20**, 557–585 (1921).

Wright, S. P.: Adjusted P-values for simultaneous inference. Biometrics **48**, 1005–1013 (1993).

Wu, Y. B.: The effects of heterogeneous regression slopes on the robustness of two test statistics in the analysis of covariance. Educ. psychol. measmt. **44**, 647–663 (1984).

Yao, Y.: An approximate degrees of freedom solution to the multivariate Behrens-Fisher problem. Biometrika **52**, 139–147 (1965).

Yu, M. C., Dunn, O. J.: Robust tests for the equality of two correlation coefficients: A Monte Carlo study. Educ. psychol. measmt. **42**, 987–1004 (1982).

Zahn, D. A., Fein, S. B.: Large contingency tables with large cell frequencies: A model search algorithm and alternative measures of fit. Psychol. Bull. **86**, 1189–1200 (1979).

Zalinski, J., Abrahams, N. M., Alf, E. Jr.: Computing tables for the tetrachoric correlation coefficient. Educ. psychol. measmt. **39**, 267–275 (1979).

Zar, J. H.: Significance testing of the Spearman rank correlation coefficient. J. Am. Stat. Assoc. **67**, 578–580 (1972).

Zimmermann, D. W., Zumbo, B. D.: The Relative Power of Parametric and Nonparametric Statistical methods. In: Keren, G., Lewis, C. (Eds.): A handbook for data analysis in the behavioral sciences. Methodologic issues, pp. 481–518. Hillsdale, New Jersey: Lawrence Erlbaum 1993.

Zinkgraf, S. A.: Performing factorial multivariate analysis of variance using canonical correlation analysis. Educ. psychol. measmt. **43**, 63–68 (1983).

Zöfel, P.: SPSS-Syntax. Die ideale Ergänzung für die effiziente Datenanalyse. München: Pearson Studium 2002.

Zoski, K. W., Jurs, S.: An objective counterpart to the visual scree test for factor analysis: The standard error scree. Educ. psychol. measmt. **56**, 443–451 (1996).

Zucker, D. M.: An analysis of variance pitfall. The fixed effects analysis in a nested design. Educ. psychol. measmt. **50**, 731–738 (1990).

Zurmühl, R.: Matrizen und ihre technische Anwendung. Berlin: Springer 1964.

Zwick, R.: Nonparametric one way multivariate analysis of variance: A computational approach based on the Pillai-Bartlett trace. Psychol. Bull. **97**, 148–152 (1985 a).

Zwick, R.: Rank and normal scores alternatives to Hotelling's T^2. Mult. beh. res. **21**, 169–186 (1985 b).

Zwick, W. R., Velicer, W. F.: Factors influencing four rules for determining the number of components to retain. Mult. beh. res. **17**, 253–269 (1982).

Zwick, W. R., Velicer, W. F.: Comparison of five rules of determining the number of components to retain. Psychol. Bull. **99**, 432–442 (1986).

Zysno, P. V.: Die Modifikation des Phi-Koeffizienten zur Aufhebung seiner Randverteilungsabhängigkeit. Methods of Psychological Research Online **2**, 41–53 (1997).

Namenverzeichnis

A

Abelson RP, Prentice DA   308
Abelson RP, Tukey JW   283
Abholz II (*siehe* Gleiss I et al)
Abrahams NM (*siehe* Alf E)
Abrahams NM (*siehe* Zalinski J et al)
Acock AC (*siehe* Staving GR)
Adams JL, Woodward JA   536
Adler F   169
Ager JW jr (*siehe* Smith RL et al)
Aggarwal LK (*siehe* Bajgier SM)
Agresti A   176
Agresti A, Wackerly D   173
Agresti A (*siehe* Morey LC)
Ahmann JS (*siehe* Wert JE)
Ahmann JS (*siehe* Wert JE et al)
Aiken LR   174, 467
Aiken LR, West SG   463
Aitchison J   58
Aldendorfer MS (*siehe* Blasfield RK)
Aleamoni LM   523
Alexander RA, Alliger GM, Carson KP, Barrett GV   231
Alexander RA, De Shon RP   370
Alexander RA, Hanges PJ, Alliger GM   219
Alexander RA, Scozzaro MJ, Borodkin LJ   222
Alexander RA (*siehe* Hanges PJ et al)
Alf E, Abrahams N   87
Alf E jr (*siehe* Zalinski J et al)
Algina J   355
Algina J, Keselman HJ   357, 450
Algina J, Olejnik SF   286, 328
Algina J, Oshima TC   590
Algina J, Seaman S   447
Algina J (*siehe* Coombs WT)
Algina J (*siehe* Olejnik SF)
Algina J (*siehe* Tang KL)
Allen SJ, Hubbard R   545
Alliger GM (*siehe* Alexander RA et al)
Allison DB (*siehe* Gorman BS et al)
Amthauer R   626
Anastasi A   76
Anastasio EJ (*siehe* Evans SH)
Anderberg MR   566, 570, 769
Anderson EB   176
Anderson LE (*siehe* Stone-Romero EF)

Anderson O   114
Anderson RL, Houseman EE   277
Anderson TW   587
Andres J   481, 489
Andres J (*siehe* Rietz C et al)
Andres J (*siehe* Rudinger G et al)
Andreß HJ, Hagenaars JA, Kühnel S   176
Arabie P, Hubert LJ, De Soete G   566
Arabie P (*siehe* Hubert LJ)
Archer CO, Jennrich RI   552
Arminger G   176, 515
Arminger G (*siehe* Browne MW)
Arvey R (*siehe* Cole DA et al)
Aserven E (*siehe* Kshirsagar AM)
Assenmacher W   94, 97, 98
Attneave F   570, 618
Ayabe CR   454
Azen R, Budescu DV   453

B

Backhaus K, Erichson B, Plinke W, Wüber R   477, 516
Bacon DR   216
Bailey JP jr (*siehe* Guertin WH)
Bailey DE (*siehe* Tryon RC)
Bailey KD   566
Bajgier SM, Aggarwal LK   165
Bakan D   120
Baker FB   226
Baker FB, Hubert LJ   577
Baker FB (*siehe* Collier RO jr et al)
Balakrishnan N (*siehe* Tiku ML)
Ball GH   566
Balla JR (*siehe* Marsh HW et al)
Baltes PB (*siehe* Eyferth K)
Baltes PB (*siehe* Nesselroade JR)
Barclay DW (*siehe* Fornell C et al)
Bardeleben H   560
Barker DG   220
Barr DR (*siehe* Burnett TD)
Barrett GV (*siehe* Alexander RA et al)
Bartlett MS   546, 594
Bartussek D   500, 562
Baty CF (*siehe* Kukuk CR)
Becker RA, Chambers JM, Wilks AR   721

Bedlian AG (*siehe* Mossholder KW et al)
Bedrick EJ   226, 227
Bedrick EJ, Breslin FC   228
Beelmann A, Bliesener T   222
Behrens JT   34
Benedetti JK (*siehe* Brown MB)
Bentler PM   471
Bentler PM, Yuan KH   544
Berenson ML   283
Berger JO   58
Bergmann LR (*siehe* Olsson U)
Bernitzke F (*siehe* Brandstätter J)
Berry KJ   278, 281
Berry KJ, Martin TW, Olson KF   230
Berry KJ, Mielke PW   164, 167
Berry KJ (*siehe* Mielke PW)
Besley DA, Kuh E, Welsch RE   453
Bickel PJ, Doksum K   128, 138
Bijman J   566
Birch HG   237
Bishir JW, Drewes DW   725
Bishop YMM, Fienberg SE, Holland PW   176
Blair RC, Higgings JJ   496
Blair RC (*siehe* Sawilowsky SS)
Blalock HM   236
Blashfield RK   566, 573, 575, 581
Blashfield RK, Aldendorfer MS   565
Blashfield RK (*siehe* Morey LC et al)
Bliesener T   212
Bliesener T (*siehe* Beelmann A)
Bock HH   566
Bock RD   489, 593, 594, 597, 602
Bock RD, Haggard EA   594
Boehnke K   286
Boehnke K (*siehe* Bortz J et al)
Boik RJ   274, 306, 308, 334
Bolch BW   97
Bollen KA, Long JS   481
Boneau CA   141, 286
Bonett DG   322, 362
Borenstein M (*siehe* Rothstein HR et al)
Borg J (*siehe* Schönemann PH)
Boring EG   76
Borodkin LJ (*siehe* Alexander RA et al)
Borello GM (*siehe* Thompson B)
Bortz J   557, 632

Bortz J, Döring N   2, 4, 7, 9, 11, 26, 28, 58, 86, 88, 106, 128, 142, 150, 167, 184, 218, 221, 222, 248, 258, 292, 331
Bortz J, Lienert GA   124, 131, 150, 160, 161, 164, 170, 216, 230, 233, 234, 235, 284, 287, 359, 509, 568, 582, 626
Bortz J, Lienert GA, Boehnke K   130, 131, 150, 153, 161, 162, 165, 173, 176, 228, 232, 235, 272, 278, 507, 508, 582, 626
Bortz J, Muchowski E   176, 507, 508
Bortz J (siehe Franke J et al)
Bostrom A (siehe Delucchi K)
Böttcher HR (siehe Guthke J et al)
Botzum M (siehe Rasmussen JL et al)
Boudon R   236
Bowers J   227
Boyd WM (siehe Hakstian AR)
Boyle RP   236
Box GEP   141, 286, 328, 352, 354, 619
Bracht GH, Glass GV   301
Bradley DR, Bradley TD, McGrath SG, Cutcomb SD   176
Bradley JV   131, 176
Bradley TD (siehe Bradley DR et al)
Brandstätter J, Bernitzke F   236
Braune P (siehe Franke J et al)
Bravais A   205
Braver SL, Sheets VL   284
Breckenridge JN   573, 581, 583
Breckler SJ   481
Bredenkamp J   109, 120
Bredenkamp J (siehe Erdfelder E)
Breen LJ (siehe Keselman HJ et al)
Breslin FC (siehe Bedrick EJ)
Bresnahan JL, Shapiro MM   173
Brett JM (siehe James LR et al)
Brien CJ, Venables WN, James AT, Mayo O   540
Bring J   453
Broadbooks WJ, Elmore PB   554
Brosius G   727, 775
Brown DR (siehe Winer BJ et al)
Brown MB, Benedetti JK   231
Browne MW   454
Browne MW, Arminger G   480
Browne MW, Cudeck R   454
Bryant FB, Jarnold PR   561
Bryk AS, Raudenbush SW   286, 508
Buchanan BS (siehe Sinha AR)
Buchner A, Erdfelder E, Faul F   128
Buchner A (siehe Erdfelder E)
Buck W   153
Budescu DV   453
Budescu DV (siehe Azen R)
Bugelski R (siehe Miller NE)
Bühl A, Zöfel P   727
Bühlmann H, Löffel H, Nievergelt E   58
Buja A, Eyuboglu N   546

Bunge M   236
Burnett TD, Barr DR   370
Burt C   514
Büssing A, Jansen B   175
Byrne BM   471, 481

C

Caffrey J (siehe Kaiser HF)
Calinski RB, Harabasz J   577
Camilli G   170
Camilli G, Hopkins KD   169
Campell DT, Stanley JC   2
Campbell NA (siehe McKay RJ)
Carlin JB (siehe Gelman A et al)
Carnap R   5
Carriere KC (siehe Keselman HJ et al)
Carroll JB   206, 214, 230, 548
Carroll JD (siehe Green PE)
Carroll RJ, Ruppert D   214
Carson KP (siehe Alexander RA et al)
Carter DS   451
Carver RP   236
Casella G (siehe Robert CP)
Castellan NJ jr   231
Cattell RB   515, 544, 561, 618
Cattell RB, Muerle JL   548
Cattell RB, Vogelmann S   544
Cattell RB (siehe Hakstian AR et al)
Cattell RB (siehe Schneewind KA)
Chadbourn RA (siehe Hopkins KD)
Chaffin WW (siehe Cross EM)
Chambers JM (siehe Becker RA)
Charter RA, Larsen BS   219
Chen HJ (siehe Shapiro SS et al)
Cheng R, Milligan GW   583
Chernoff H, Moses, LE   58
Chow SL   120
Clark VA (siehe Dunn OJ)
Clauss G, Ebner H   826, 829
Cliff N   554, 560
Cliff N, Hamburger CD   552
Cliff N, Krus DJ   634
Cliff N, McCormick DJ, Zatkin JL, Cudeck RA, Collins LM   575
Cliff N (siehe Collins LA et al)
Clifford HAT, Stephenson W   566
Clinch JJ (siehe Games PA et al)
Clyde DJ, Cramer EM, Sherin RJ   602
Cochran WG   86
Cochran WG, Cox GM   141, 402
Cohen J   120, 143, 146, 167, 211, 212, 218, 258, 259, 281, 299, 402, 454, 460, 461, 483, 489, 581, 626, 631, 639, 642
Cohen J, Cohen P   460, 461, 489
Cohen J, Nee JCM   631
Cohen J (siehe Fleiss JL et al)
Cohen J (siehe Rothstein HR et al)
Cohen M, Nagel E   5
Cohen P (siehe Cohen J)
Cole AJ   566

Cole DA, Maxwell SE, Arvey R, Solas E   597
Collier RO jr, Baker FB, Mandeville GK, Hayes TF   352
Collins JR (siehe Glass GV)
Collins LA, Cliff N, McCormick DJ, Zatkin JL   524
Collins LA, Dent CW   582
Collins LA (siehe Cliff N et al)
Comrey AL   515, 523, 548, 550
Comrey AL (siehe Lee HB)
Conger AJ   460, 461
Conger AJ, Jackson DN   461
Cook TD, Grader CL, Hennigan KM, Flay BR   120
Cooley WW, Lohnes PR   516, 536, 617, 619, 621
Coombs CH, Dawes RM, Tversky A   27
Coombs WT, Algina J   597
Cooper H, Hedges LV   222
Cooper LG (siehe Tucker LR et al)
Cooper MC (siehe Milligan GW)
Coovert MD, McNiels K   558
Copenhaver MD (siehe Holland BS)
Corballis MC, Traub RE   562
Cornfield J, Tukey JW   431
Cornwell JM   222
Cortina JM, Dunlap WP   120
Cota AA (siehe Longman RS et al)
Cota AA et al   545
Cotton JW   405
Cowles M   107
Cowles M, Davis C   114
Cox GM (siehe Cochran WG)
Cramer EM (siehe Clyde DJ et al)
Crane JA   120
Crawford CB   548
Crawford CB, Ferguson GA   553
Cronbach LJ   559, 561
Cronbach LJ, Gleser GC   618
Cronbach LJ, Rajaratnam N, Gleser GC   559
Cross EM, Chaffin WW   272
Crutchfield RS (siehe Krech D)
Cudeck RA, O'Dell L   552
Cudeck RA (siehe Browne MW)
Cudeck RA (siehe Cliff N et al)
Cureton EE   97, 230, 232, 558
Curry AR (siehe Huberty CJ)
Cutcomb SD (siehe Bradley DR et al)
Czienskowski U   2

D

D'Agostino RB   165, 508
Dar R   120
Darlington RB   454, 456
Das Gupta S   606
Davenport EC jr   554
Davis C (siehe Cowles M)
Davis CS   162, 351, 358, 359, 509, 597
Davison ML, Sharma AR   26

Dawes RM (*siehe* Coombs CH et al)
Dawson-Saunders BK   637
Dayton CM   286, 400, 403
De Carlo LT   47
De Friese F (*siehe* Swaminathan H)
De Groot MH   58
de Leeuw J, van Rijckevorstel IJA   523
De Shon RP (*siehe* Alexander RA)
De Soete G (*siehe* Arabie P et al)
Delucchi K, Bostrom A   359
Dent CW (*siehe* Collins LA)
Dickman KW   548
Dickman KW (*siehe* Kaiser HF)
Diehl JM, Staufenbiel T   602, 727
Diepgen R   120
Dingler H   12
Ditton H   508
Divgi DR   231
Doksum K (*siehe* Bickel PJ)
Donoghue JR   566, 569
Doppelt JE, Wallace WL   602
Dorans NJ (*siehe* Olsson U et al)
Döring N (*siehe* Bortz J)
Downie NM, Heath RW   225
Draper N, Smith H   201, 216, 463, 467
Drasgow F (*siehe* Olsson U et al)
Dreger RM, Fuller J, Lemoine RL   573, 575
Dretzke BJ, Lewin JR, Serlin RC   369
Drewes DW (*siehe* Bishir JW)
Driver HE, Kroeber AL   565
Du Mas FM   618
Duan B, Dunlap WP   214
Duda RO, Hart PE   577
Duffy DE (*siehe* Santner TJ)
Duncan OD   481
Dunlap WP (*siehe* Cortina JM)
Dunlap WP (*siehe* Duan B)
Dunlap WP (*siehe* Greer T)
Dunlap WP (*siehe* Lane DM)
Dunlap WP (*siehe* McNamara WJ)
Dunlap WP (*siehe* Rupinski MT)
Dunlap WP (*siehe* Silver NC)
Dunn OJ, Clark VA   224
Dunn OJ (*siehe* Yu MC)
Duran BS, Odell PL   565
Durand RM (*siehe* Lambert ZV et al)
Dutoit EF, Penfield A   461
Dwyer PS   556
Dyckman TR, Schmidt S, McAdams AK   58

E

Eber HW   548, 639
Eberhard K   107, 230, 236
Ebner H (*siehe* Clauss G)
Eckert TL (*siehe* Lutz JG)
Eckes R, Rossbach H   566, 572
Eckes T   565
Eckes T (*siehe* Krolak-Schwerdt S)

Eckstein PP   727
Edwards W, Lindman H, Savage LJ   58
Efron B   132, 133
Efron B, Tibshirani R   133
Efroymson MA   463
Eid M (*siehe* Steyer R)
Ekbohm G   161
Elliot SD   322
Elmore PB (*siehe* Broadbooks WJ)
Elshout JJ, Roe RA   214
Engstom R (*siehe* Horn JL)
Erdfelder E, Bedenkamp J   107
Erdfelder E, Faul F, Buchner A   128
Erdfelder E (*siehe* Buchner A et al)
Erichson B (*siehe* Backhaus K et al)
Erskine JA (*siehe* Wood DA)
Evans FR (*siehe* Rock DA)
Evans SH, Anastasio EJ   369
Everitt BS   566
Everitt BS (*siehe* Fleiss JL et al)
Everitt BS (*siehe* Hands S)
Eye A v   176
Eyferth K, Baltes PB   539
Eyferth K, Sixtl F   554
Eyuboglu N (*siehe* Buja A)

F

Fabrigor LR (*siehe* MacCallum RC et al)
Fahrmeir L, Künstler R, Pigeot J, Tutz G   23, 107
Fan X   450
Faul F (*siehe* Buchner A et al)
Faul F (*siehe* Erdfelder E)
Fava JL, Velicer WF   557
Fechner GT   36
Fein SB (*siehe* Zahn DA)
Feingold M   211
Feir-Walsh BJ, Toothaker LE   286
Fekken GC (*siehe* Longman RS et al)
Feldt LS (*siehe* Huynh H)
Fenster CA (*siehe* Wiedemann CF)
Ferguson GA (*siehe* Crawford CB)
Fienberg SE (*siehe* Bishop YMM et al)
Filon LNG (*siehe* Pearson K)
Finger MS (*siehe* Silver NC)
Finn JD   447, 489
Finn JD (*siehe* Olkin I)
Finnstuen K, Nichols S, Hoffmann P   261
Fischer G   10, 515
Fischer G, Roppert J   554
Fisher LA (*siehe* Kuiper FK)
Fisher RA   96, 107, 218, 244, 606
Fisher RA, Yates F   277, 283
Fisz M   94
Flaherty VL (*siehe* Lautenschlager GJ et al)
Flay BR (*siehe* Cook TD et al)
Fleiss JL   157, 170, 174, 177
Fleiss JL, Cohen J, Everitt BS   626

Fleiss JL (*siehe* Wallenstein S)
Fleming JS   631
Foerster F, Stemmler G   619
Folger R   120
Fornell C   634
Fornell C, Barclay DW, Rhee BD   634, 637
Forsyth RA   214
Fouladi RT, Steiger JH   546
Frane JW   321
Frank D (*siehe* Moosbrugger H)
Franke J, Bortz J, Braune P, Klockhaus R   47
Franzen U (*siehe* Hofer M)
Frenz HG (*siehe* Cranach MV)
Fricke R, Treinies G   218, 222
Friedman H   218
Friedman S, Weisberg HF   520
Frigon JY, Laurencelle L   370, 371
Fruchter B   515
Fruchter B (*siehe* Guilford JP)
Fuller J (*siehe* Dreger RM et al)
Fürntratt E   552
Fung WK, Kwan CW   539
Furr RM, Rosenthal R   358

G

Gaebelein J (*siehe* Herr DG)
Gaensslen H, Schubö W   489, 516
Gaito J   282, 352
Galton F   184
Games PA, Keselman HJ, Clinch JJ   329
Games PA, Keselman HJ, Rogan JC   328, 787
Games PA (*siehe* Keselman HJ et al)
Gatsonis C, Sampson AR   464
Gebhardt F   554, 555
Geider FJ, Rogge KE, Schaaf HP   516
Geisser S   454
Geisser S, Greenhouse SW   352, 355
Gelman A, Carlin JB, Stern HS, Rubin DB   58
Gibbons JA, Sherwood RD   503
Gigerenzer G   27, 120
Gigerenzer G, Murray DJ   107
Gigerenzer G (*siehe* Sedlmeier P)
Gilbert N   176
Gillo MW (*siehe* Shaffer JP)
Girshick MA   552
Glasnapp DR   461
Glass GV   230, 232, 812, 819
Glass GV, Collins JR   223, 449
Glass GV, Peckham PD, Sanders JR   144, 286, 369
Glass GV, Stanley JC   230, 238, 329, 359, 812, 819, 830
Glass GV (*siehe* Bracht GH)
Gleiss I, Seidel R, Abholz H   179
Gleser GC (*siehe* Cronbach LJ)
Gleser GC (*siehe* Cronbach LJ et al)

Glorfeld LW   545
Gnanadesikan R   523
Gocka EF   494
Gondek PC   612, 618
Gonter R (*siehe* Mendoza JL et al)
Goodall DW   618
Gokhol DV (*siehe* Marascuilo LA et al)
Gordon AD   261, 566, 573
Gorman BS, Primavera LH, Allison DB   208, 524
Gorsuch RL   546, 548
Gorsuch RL (*siehe* Snook SC)
Gottmann JM   331
Goulden CH   244
Grader CL (*siehe* Cook TD et al)
Grandage A   282
Graybill FA   79
Graybill FA (*siehe* Johnson DE)
Green BF   554, 623
Green PE, Carroll JD   554, 717
Greenhouse SW (*siehe* Geisser S)
Greenwald AG   120
Greer T, Dunlap WP   335
Grissom RJ, Kim JJ   143
Groeben N, Westmeyer H   6
Groenen PA (*siehe* Kiers HAL)
Groenen PJ (*siehe* Borg J)
Gross AL, Kagan E   214
Guadagnoli E, Velicer WF   523, 551
Guertin WH, Bailey JP jr   515
Guilford JP   2, 92, 523
Guilford JP, Fruchter B   219
Guilford JP (*siehe* Holley JW)
Gullikson A, Hopkins KD   214
Guthri D   162, 352
Guttman L   544, 559

H
Haase RF   299
Haber M   170
Hagenaars JA   176
Hagenaars JA (*siehe* Andreß HJ et al)
Hager W   2, 109
Hager W, Westermann R   109, 272
Haggard EA (*siehe* Bock RD)
Hájek J   233
Hakstian AR   559
Hakstian AR, Boyd WM   553
Hakstian AR, Roed JC, Lind JC   590
Hakstian AR, Rogers WT, Cattell RB   546
Hakstian AR (*siehe* Skakun EN et al)
Hall PG   133
Hamburger CD (*siehe* Cliff N)
Hamden MA (*siehe* Lancaster HO)
Hamilton BL   369
Hammersley JM, Handscomb DC   132
Handl A   571, 573, 575
Hands S, Everitt BS   578
Handscomb DC (*siehe* Hammersley JM)
Hanges PJ (*siehe* Alexander RA et al)

Hanges PJ, Rentsch JR, Yusko KP, Alexander RA   214
Harabasz J (*siehe* Calinski RB)
Harman HH   515, 549, 558
Harnatt J   120
Harris CW   558, 560, 619, 630
Harris CW (*siehe* Harris ML)
Harris ML, Harris CW   557
Hart PE (*siehe* Duda RO)
Hartigan J   566
Hartley HO   201
Hartley HO (*siehe* Pearson ES)
Hartmann A (*siehe* Kallina H)
Harvey OJ (*siehe* Sherif M et al)
Harwood GB (*siehe* Shiffler RE)
Hattie J   546
Havlicek LL, Peterson NL   141, 214
Hayduck LA   481
Hayes TF (*siehe* Collier RO jr et al)
Hays WL   186, 235, 266, 272, 302, 807, 817
Hays WL, Winkler RL   32, 104, 115, 214, 281, 807, 817
Heck DL   597
Hedges LV (*siehe* Cooper H)
Hedges LV, Olkin I   222
Heerden JV van, Hoogstraten J   120
Hegemann V, Johnson DE   328
Heise DR   236
Hemmerle WJ   463
Hendrichson AE, White PO   548
Henik A (*siehe* Tzelgov J)
Hennigan KM (*siehe* Cook TD et al)
Herr DG, Gaebelein J   496
Herrmann T, Tack WH   2
Heumann KA (*siehe* Rasmussen JL et al)
Heumann MT (*siehe* Rasmussen JL et al)
Heyn W   86
Heath RW (*siehe* Downie NM)
Hicks MM   523
Higgings JJ (*siehe* Blair RC)
Hinderer K   50
Hines v C (*siehe* Kromrey JD)
Hinkle DE, Oliver JD   125
Hjelm HF (*siehe* Norris RC)
Hoel PG   205
Hofer M, Franzen U   99
Hoffmann P (*siehe* Finnstuen K et al)
Hofstätter PR   49
Hofstätter PR, Wendt D   58, 79, 244
Holden RR (*siehe* Longman RS et al)
Holland BS, Copenhaver MD   272
Holland PW (*siehe* Bishop YMM et al)
Holland TR, Levi M, Watson CG   643
Hollander M, Sethuraman J   357
Holley JW, Guilford JP   617
Holling H   461, 496
Hollingsworth HH   369, 588
Holm K   515
Holm K (*siehe* Mayntz R et al)
Holm S   129, 272

Holmes DJ   214
Holz-Ebeling F   547
Holzkamp K   2, 4, 12
Hood WR (*siehe* Sherif M et al)
Hope K   516
Hopkins KD   303, 315, 359
Hopkins KD, Chadbourn RA   274
Hopkins KD, Weeks DL   47
Hopkins KD (*siehe* Camilli G)
Hopkins KD (*siehe* Gullikson A)
Hoogstraten J (*siehe* Heerden JV van)
Horn JL   233, 545
Horn JL, Engstom R   546
Horst P   182, 460, 515, 531, 559, 634, 721
Horstmann H (*siehe* Witte EH)
Horton RL   489
Hossiep R (*siehe* Wottawa H)
Hotelling H   556, 560, 627
Houseman EE (*siehe* Anderson RL)
Howe WG   560
Howell DC, McConaughy SH   496
Hsiung T, Olejnik S, Huberty CJ   328
Hsiung T, Olejnik S, Oshima TC   328
Hsu J   130, 272, 274
Hubbard R (*siehe* Allen SJ)
Hubert LJ, Levin RA   577
Hubert LJ, Arabie P   582
Hubert LJ (*siehe* Arabie P et al)
Hubert LJ (*siehe* Baker FB)
Huberty CJ   586, 606, 610, 612, 614, 625
Huberty CJ, Curry AR   622, 625
Huberty CJ, Mourad SA   451
Huberty CJ, Morris JD   585, 586
Huberty CJ, Wisenbaker JM, Smith JC   625
Huberty CJ, Wisenbaker JM, Smith JD, Smith JC   612
Huberty CJ (*siehe* Hsiung T et al)
Hübner P (*siehe* Mayntz R et al)
Huck SW, Layne BH   322
Huck WS, Malgady RG   299
Huff D   34
Huitema BE   371, 499
Humburg S (*siehe* Meiser T)
Humphreys LG (*siehe* Montanelli RG)
Humphreys LG, Ilgen DR   558
Humphreys LG, Taber T   558
Hurwitz WN (*siehe* Hansen MH)
Hussy W, Möller H   6
Huynh H   338, 352, 357
Huynh H, Feldt LS   352, 355, 356, 357
Huynh H, Mandeville GK   352

I
Ilgen DR (*siehe* Humphreys LG)
Imhoff JP   356
Isaac PD, Milligan GW   643
Ito K   597
Ito K, Schull WJ   597

J

Jaccard P 567
Jackosfsky EF (*siehe* Reynolds TJ)
Jackson DN (*siehe* Conger AJ)
Jackson DN (*siehe* Velicer WF et al)
Jacobi CGJ 536
Jacobs KW 272
Jäger R 220, 461
James AT (*siehe* Brien CJ et al)
James LR, Mulaik SA, Brett JM 481
Jansen B (*siehe* Büssing A)
Janson S, Vegelius J 227
Janssen J, Latz W 727
Jardine N, Sibson R 556
Jarnold PR (*siehe* Bryant FB)
Jaspen N 83, 227
Jenkins WL 230
Jennings E 489
Jennrich RI 553
Jennrich RI, Sampson PF 548
Jennrich RI (*siehe* Archer CO)
Johnson AM 450
Johnson AM (*siehe* Johnson WL)
Johnson DE, Graybill FA 328
Johnson DE (*siehe* Hegemann V)
Johnson EM 170
Johnson RA, Mehrotra KG 283
Johnson SC 565
Johnson WL, Johnson AM 547
Jolliffe IT 347, 515, 523, 544, 631
Jones LV 597, 610, 611
Jöreskog KG 481, 560
Jöreskog KG, Lawley DN 560
Jöreskog KG, Sörbom D 471, 793
Jurs S (*siehe* Zoski KW)

K

Kagan E (*siehe* Gross AL)
Kaiser HF 548, 560
Kaiser HF, Caffrey J 559, 560
Kaiser HF, Dickman KW 544
Kaiser HF, Norman WT 559
Kaiser M (*siehe* O'Brien R)
Kallina H 515
Kallina H, Hartmann A 557
Kalos MH, Whitlock PA 132
Kalverham KT 515
Kamenz R (*siehe* Selg H et al)
Kaplan D 481
Kellerhals J (*siehe* Ritschard G et al)
Kelley TL 514
Kelloway EK 481
Kempf WF 514
Kemrey ER (*siehe* Mossholder KW et al)
Kendall MG 81, 233, 234
Kendall MG, Stuart A 77, 82, 94, 100, 195
Kennedy JJ 299
Kenny DA 224
Keren G, Lewis C 299, 496
Kerlinger FN 255, 555
Kerlinger FN, Pedhazur EJ 461, 484, 489
Keselman HJ 358
Keselman HJ, Carriere KC, Lix LM 357, 498
Keselman HJ, Games PA, Rogan JC 272, 274
Keselman HJ, Kowalchuk RK, Lix LM 498
Keselman HJ, Rogan JC 274
Keselman HJ, Rogan JC, Games PA 355, 358
Keselman HJ, Rogan JC, Mendoza JL, Breen LJ 352, 357
Keselman HJ, Toothaker LE 287
Keselman HJ (*siehe* Algina J)
Keselman HJ (*siehe* Games PA et al)
Keselman HJ (*siehe* Kowalchuk RK)
Keselman HJ (*siehe* Lix LM)
Keselman HJ (*siehe* Rogan JC et al)
Keuth H (*siehe* Albert H)
Kiers HAL 524, 556, 562
Kiers HAL, ten Berge JMF 556
Kiers HAL, Groenen PA 556
Kiers HAL, van Meckelen L 562
Kieser M, Victor N 176
Kim JJ (*siehe* Grissom RJ)
King AC, Read CB 50
Kinnear TC (*siehe* Leight JH)
Kirk DB 120, 231, 358
Kish L 86
Klapproth J (*siehe* Selg H et al)
Klauer KC 100, 581
Klemm E 573, 576
Klemmert 165
Klett CJ (*siehe* Overall JE)
Kline P (*siehe* Krzanowski WJ)
Klockhaus R (*siehe* Franke J et al)
Knapp TR 639, 640, 643
Knoop K (*siehe* Mangold v H)
Koeck R 4, 12
Koffler SL (*siehe* Penfield DA)
Kogan LS 352
Kolmogoroff A 53
Korth BA 555
Korth BA, Tucker LR 555
Kowalchuk RK (*siehe* Keselman HJ et al)
Kowalchuk RK, Keselman HJ 338
Kraak B 236
Kraemer HC 222, 226
Kraemer HC, Thiemann S 218
Krämer W 34, 444
Krause B, Metzler P 120
Krauth J 176, 272, 568
Krauth J, Lienert GA 175, 176
Kreyszig E 50, 194, 217
Kristof W 149, 222
Kroeber AL (*siehe* Driver HE)
Krolak-Schwerdt S, Eckes T 577
Kromrey JD, Hines v C 450
Krus DJ (*siehe* Cliff N)
Kruskal JB, Shephard RN 523
Krzanowski WJ, Kline P 546
Kshirsagar AM 597, 643
Kshirsagar AM, Aserven E 624
Kubinger KD 214, 219, 231
Küchler M 507
Kuh E (*siehe* Besley DA et al)
Kühnel S (*siehe* Andreß HJ et al)
Kuiper FK, Fisher LA 578
Kukuk CR, Baty CF 631
Kullback S 546
Künstler R (*siehe* Fahrmeir L et al)
Kuter MH (*siehe* Neter J et al)
Kwan CW (*siehe* Fung WK)
Kyburg HE 5

L

La Valle JH 58
Lachenbruch PA 625
Lambert ZV, Wildt AR, Durand RM 544, 631, 637
Lancaster HO, Hamden MA 231
Lance CE (*siehe* Lautenschlager GJ et al)
Lance GN, Williams WT 573
Land KC 236
Landahl HD 548
Lane DM, Dunlap WP 120
Langeheine R 176
Langer K (*siehe* Steinhausen D)
Lantermann ED 26
Larsen BS (*siehe* Charter RA)
Larzelere RE, Mulaik SA 224
Lathorp RG, Williams JE 557
Latz W (*siehe* Janssen J)
Laurencelle L (*siehe* Frigon JY)
Lautenschlager GJ 545
Lautenschlager GJ, Lance CE, Flaherty VL 545
Lautsch E, Lienert GA 170, 173
Lautsch E, Weber S v 175
Law HG (*siehe* Snyder CW)
Lawley DN 560
Lawley DN, Maxwell AL 515, 560
Lawley DN (*siehe* Jöreskog KG)
Lawrence JH (*siehe* Romanuik JG et al)
Layne BH (*siehe* Huck SW)
LeBlanc WG (*siehe* Williams RH)
Lee HB, Comrey AL 544
Leight JH, Kinnear TC 300
Leiser E 101
Lemoine RL (*siehe* Dreger RM et al)
LeRoy HL 236
Lev J (*siehe* Walker HM)
Levi M (*siehe* Holland TR et al)
Levin J 214
Levy KJ 174, 222, 369, 370
Lewin JR (*siehe* Dretzke BJ et al)
Lewin JR (*siehe* Romanuik JG et al)
Levin RA (*siehe* Hubert LJ)
Lewis AE 29
Lewis C (*siehe* Keren G)

Lewis C (*siehe* Molenaar JW)
Lienert GA   176, 233, 303
Lienert GA, Raatz U   10, 230
Lienert GA (*siehe* Bortz J)
Lienert GA (*siehe* Bortz J et al)
Lienert GA (*siehe* Krauth J)
Lienert GA (*siehe* Lautsch E)
Lind JC (*siehe* Hakstian AR et al)
Linder A   244
Lindman H (*siehe* Edwards W et al)
Lingoes JC   618
Linn RL (*siehe* Rock DA)
Linn RL (*siehe* Rock DA et al)
Linn RL (*siehe* Werts CE)
Little JA, Rubin DB   321
Lix LM, Keselman HJ   328
Lix LM (*siehe* Keselman HJ et al)
Löffel H (*siehe* Bühlmann H et al)
Loehlin JC   480
Lohmöller JB   471, 562
Lohnes PR (*siehe* Cooley WW)
Long JS   481
Long JS (*siehe* Bollen KA)
Longman RS, Cota AA, Holden RR, Fekken GC   545
Looney SW   450
Lord FM   559, 560
Lösel F, Wüstendörfer W   321
Love W (*siehe* Steward D)
Lowerre GF   214
Lüdtke H (*siehe* Friedrichs J)
Lüer G   2
Lunneborg CE, Tousignant JP   358
Lunney GH   508
Lutz JG   461, 588
Lutz JG, Eckert TL   641
Lykken DT   120

M

MacCallum RC, Mar CM   463
MacCallum RC, Roznowski M, Necovitz LB   471
MacCallum RC, Wegener DT, Uchino BN, Fabrigor LR   524, 568
MacQueen J   578
Maguire TO (*siehe* Skakun EN et al)
Mahalanobis PC   569
Malgady RG   448
Malgady RG (*siehe* Huck WS)
Mandeville GK (*siehe* Collier RO jr et al)
Mandeville GK (*siehe* Huynh H)
Mangold v H, Knoop K   59
Mann HB, Whitney DR   153
Manoukian EB   128
Mar CM (*siehe* MacCallum RC)
Marascuilo LA   222
Marascuilo LA, McSweeney M   833
Marascuilo LA, Omelick CL, Gokhol DV   161
Marcoulides GA, Schumacker RE   481
Mardia KV   192, 450

Markos VH (*siehe* Mendoza JL et al)
Markus KA   114
Marsh HW, Balla JR, McDonald RP   561
Martens J   727
Martin SA (*siehe* Wilson GA)
Martin TW (*siehe* Berry KJ et al)
Marx W   232
Massey CJ (*siehe* Silver NC et al)
Mausfeld R (*siehe* Niederée R)
Mayo O (*siehe* Brien CJ et al)
Maxwell AL (*siehe* Lawley DN)
Maxwell SE   564
Maxwell SE (*siehe* Cole DA et al)
McAdams AK (*siehe* Dyckman TR et al)
McCabe GP   612
McCall RB   214
McConaughy SH (*siehe* Howell DC)
McCormick DJ (*siehe* Cliff N et al)
McCormick DJ (*siehe* Collins LA et al)
McCornack RL   463
McDonald RP (*siehe* Marsh HW et al)
McGrath SG (*siehe* Bradley DR et al)
McHenri CE   612
McKay RJ, Campbell NA   624
McNamara WJ, Dunlap WP   226
McNemar Q   161, 214
McNiels K (*siehe* Coovert MD)
McSweeney M (*siehe* Marascuilo LA)
Medoff DR (*siehe* O'Grady KE)
Meehl P   120
Meiser T, Humburg S   566
Melton RS   610
Mendoza JL   219
Mendoza JL, Markos VH, Gonter R   629
Mendoza JL (*siehe* Keselman HJ et al)
Mendoza JL (*siehe* Rogan JC et al)
Meng XL, Rosenthal R, Rubin DB   223
Menges G   86
Mehrotra KG (*siehe* Johnson RA)
Meredith W   631
Meredith W (*siehe* Tucker LR et al)
Meshbane A (*siehe* Morris JD)
Metzler P (*siehe* Krause B)
Micceri T   76
Michaelis J   625
Michell J   27
Michels KM (*siehe* Winer BJ et al)
Michener CD (*siehe* Sokal RR)
Mielke PW, Berry KJ   164
Mielke PW (*siehe* Berry KJ)
Miller JJ (*siehe* Santa JL)
Miller NE, Bugelski R   170
Milligan GW   565, 573, 575
Milligan GW, Cooper MC   577, 581, 582, 583
Milligan GW, Schilling DA   581
Milligan GW, Sokal L   575
Milligan GW, Wong DS, Thompson PA   498

Milligan GW (*siehe* Cheng R)
Milligan GW (*siehe* Isaac PD)
Millisap RE, Zalkind SS, Xenos T   221
Mintz J   278
Mirkin B   566
Mittenecker E   244
Mittenecker E, Raab E   200
Möbus C, Schneider W   481
Molenaar JW, Lewis C   58
Möller H (*siehe* Hussy W)
Moosbrugger H   489
Moosbrugger H, Frank D   566
Moosbrugger H, Zistler R   489
Morey LC, Blashfield RK, Skinner HA   580
Morey LC, Agresti A   582
Morris JD (*siehe* Huberty CJ)
Morris JD, Meshbane A   612
Morris SB, De Shon RP   304
Morrison DF   450, 516, 561, 587, 592, 594, 597, 602
Moses LE (*siehe* Chernoff H)
Mosier CI   554
Mossholder KW, Kemrey ER, Bedlian AG   463
Mosteller F, Wallace DL   73
Mourad SA (*siehe* Huberty CJ)
Muchowski E (*siehe* Bortz J)
Muerle JL (*siehe* Cattell RB)
Mulaik SA   514, 515, 559, 560
Mulaik SA (*siehe* James LR et al)
Mulaik SA (*siehe* Larzelere RE)
Murray DJ (*siehe* Gigerenzer G)
Muthen B   471

N

Nagel E (*siehe* Cohen M)
Narens L (*siehe* Niederée R)
Nee JCM (*siehe* Cohen J)
Neidt ON (*siehe* Wert JE et al)
Nesselroade JR   562
Nesselroade JR, Baltes PB   555
Neter J, Wassermann W, Kuter MH   328, 489
Neuhaus JO, Wrigley C   548
Neyman J   101
Neyman J, Pearson K   107
Nichols S (*siehe* Finnstuen K et al)
Nickerson RS   120
Niederée R, Mausfeld R   27
Niederée R, Narens L   27
Nievergelt E (*siehe* Bühlmann H et al)
Nijsse M   233
Norman WT (*siehe* Kaiser HF)
Norris RC, Hjelm HF   214
Norussis MJ   775
Nye LG, Witt LA   463

Namenverzeichnis

O

O'Brien RG   328
O'Brien R, Kaiser M   334
O'Dell L (*siehe* Cudeck R)
O'Grady KE, Medoff DR   491
Oliver JD (*siehe* Hinkle DE)
Olejnik SF, Algina J   328
Olejnik SF (*siehe* Algina J)
Olejnik SF (*siehe* Hsiung T et al)
Olkin I   222, 450
Olkin I, Finn JD   224, 447, 450, 452
Olkin I, Pratt JW   451
Olkin I (*siehe* Hedges LV)
Olkin I, Siotani M   222
Olson CL   594, 597, 602, 619
Olson KF (*siehe* Berry KJ et al)
Olsson U   231
Olsson U, Bergmann LR   563
Olsson U, Drasgow F, Dorans NJ   227
Olszak M (*siehe* Ritschard G et al)
Omelick CL (*siehe* Marascuilo et al)
Opp KD   4
Orlik P   515, 561, 562
Orloci L   618
Orth B   16, 17
Oshima TC (*siehe* Algina J)
Oshima TC (*siehe* Hsiung T et al)
Ostmann A, Wuttke J   107
Overall JE   169
Overall JE, Klett CJ   450, 489, 516
Overall JE, Spiegel DK   483
Overall JE, Woodward JA   370
Overall JE, Rhoades HM, Starbuck RR   164
Overall JE (*siehe* Woodward JA)
Overton RC   463

P

Paunonen SV   556
Parzen E   73
Patrick CA (*siehe* Rock DA)
Paull AE   315
Pawlik K   235, 514, 515, 516, 558, 721
Peacock AC (*siehe* Velicer WF et al)
Pearl I   481
Pearson ES, Hartley HO   283, 286
Pearson KK   45, 230
Pearson K, Filon LNG   223
Pearson K (*siehe* Neyman J)
Peckham PD (*siehe* Glass GV et al)
Pedhazur EJ   453, 502, 503, 504
Pedhazur EJ (*siehe* Kerlinger FN)
Penfield A (*siehe* Dutoit EF)
Penfield DA, Koffler SL   370
Peng KC   282, 402
Pennell R   552
Peterson NL (*siehe* Havlicek LL)
Pfanzagl J   27, 71, 86, 141
Pfeifer A, Schmidt P   481
Philips LD   58
Phillips JPN   170

Pigeot J (*siehe* Fahrmeir et al)
Pillai KCS   594, 643
Pinzka C, Saunders DR   548
Plinke W (*siehe* Backhaus K et al)
Podani J   573
Pollack G (*siehe* Rothstein HR et al)
Pollard P, Richardson JTE   114
Popper KR   12
Pratt JW, Raiffa H, Schlaifer R   58
Pratt JW (*siehe* Olkin I)
Prentice DA (*siehe* Abelson RP)
Press SJ   516, 587, 597
Preuss L, Vorkauf H   176
Primavera LH (*siehe* Gorman BS et al)

R

Raab E (*siehe* Mittenecker E)
Raatz U (*siehe* Lienert GA)
Raghunathan TE, Rosenthal R, Rubin DB   224
Raiffa H (*siehe* Pratt JW et al)
Rajaratnam N (*siehe* Cronbach LJ et al)
Raju NS   467
Ralston A, Wilf HS   536, 721
Ramsey PH   141, 274
Rand WM   582
Rao CR   594, 639
Rasmussen JL   272
Rasmussen JL, Heumann KA, Heumann MT, Botzum M   357
Raudenbush SW (*siehe* Bryk AS)
Read CB (*siehe* King AC)
Rengers M   496
Rentsch JR (*siehe* Hanges PJ et al)
Revenstorf D   515, 516, 554, 561
Reynolds TJ, Jackosfsky EF   634
Rhee BD (*siehe* Fornell C et al)
Rhoades HM (*siehe* Overall JE et al)
Richardson JTE (*siehe* Pollard P)
Rietz C   556
Rietz C, Rudinger G, Andres J   481
Rietz C (*siehe* Rudinger G et al)
Rippe PR   552
Ritschard G, Kellerhals J, Olszak M, Sardi M   472
Roed JC (*siehe* Hakstian AR et al)
Robert CP, Casella G   132
Roberts FS   27
Robson DS   282
Rochel H   489
Rock DA, Linn RL, Evans FR, Patrick CA   463
Rock DA, Werts CE, Linn RA   496
Roe RA (*siehe* Elshout JJ)   214
Rogan JC, Keselman HJ, Mendoza JL   352, 357
Rogan JC (*siehe* Games PA et al)
Rogan JC (*siehe* Keselman HJ)
Rogan JC (*siehe* Keselman HJ et al)
Rogers DJ, Tanimoto TT   567
Rogers WT (*siehe* Hakstian AR et al)

Rogge KE   2
Rogge KE (*siehe* Geider FJ et al)
Rogosa D   369
Rohracher H (*siehe* Meili R)
Romanuik JG, Lewin JR, Lawrence JH   357
Ronis DL   299
Roppert J (*siehe* Fischer G)
Rose M   463
Rosenthal R   10
Rosenthal R, Rosnow RL   10
Rosenthal R, Rubin DB   212
Rosenthal R (*siehe* Furr RM)
Rosenthal R (*siehe* Meng XL et al)
Rosenthal R (*siehe* Raghunathan TE et al)
Rosnow RL, Rosenthal R   300
Rosnow RL (*siehe* Rosenthal R)
Rossbach H (*siehe* Eckes R)
Rossi JS   261
Rothstein HR, Borenstein M, Cohen J, Pollack G   489
Royce JR   514, 515, 516
Royston JP   216
Rozeboom WW   553
Rubin DB (*siehe* Gelman A et al)
Rubin DB (*siehe* Little JA)
Rubin DB (*siehe* Meng XL et al)
Rubin DB (*siehe* Raghunathan TE et al)
Rubin DB (*siehe* Rosenthal R)
Rubin J   574
Rubinstein RY   132
Rucci AJ, Tweney RD   244
Rudinger G, Andres J, Rietz C   481
Rudinger G (*siehe* Rietz C et al)
Ruf H   463
Rupinski MT, Dunlap WP   233
Ruppert D (*siehe* Carroll RJ)
Rützel E   201
Ryan TA   274

S

Sachs L   78, 93
Sampson AR (*siehe* Gatsonis C)
Sampson PF (*siehe* Jennrich RI)
Sanders JR (*siehe* Glass GV et al)
Santa JL, Miller JJ, Shaw ML   315
Santner TJ, Duffy DE   176
Sardi M (*siehe* Ritschard G et al)
Sarris V   2, 236
Satterthwaite FE   141
Saunders DR   222, 548
Saunders DR (*siehe* Pinzka C)
Savage IR   44
Savage LJ (*siehe* Edwards W et al)
Saville DJ   273
Sawilowsky SS, Blair RC   141
Schaaf HP (*siehe* Geider FJ et al)
Schafer JL, Graham JW   321
Scheffé H   244, 274, 328

Scheibler D, Schneider W   572, 573
Schiller W   546
Schilling DA (*siehe* Milligan GW)
Schlaifer R (*siehe* Pratt JW et al)
Schlosser O   565, 566, 570, 617
Schmetterer L   94
Schmidt F   120
Schmidt P (*siehe* Pfeifer A)
Schmidt S (*siehe* Dyckman TR et al)
Schmitt SA   58
Schneewind KA, Cattell RB   555
Schneider W (*siehe* Möbus C)
Schneider W (*siehe* Scheibler D)
Schönemann PH   546, 554
Schönemann PH (*siehe* Borg J)
Schubö W (*siehe* Gaensslen H)
Schull WJ (*siehe* Ito K)
Schumacker RE (*siehe* Marcoulides GA)
Schwarz H   86, 258
Scozzaro MJ (*siehe* Alexander RA et al)
Seaman S (*siehe* Algina J)
Seber GAF, Wild DJ   201
Sedlmeier P, Gigerenzer G   128
Seidel R (*siehe* Gleiss I et al)
Selg H, Klapproth J, Kamenz R   2
Serlin RC (*siehe* Dretzke BJ et al)
Sethuraman J (*siehe* Hollander M)
Shaffer JP   272, 301
Shaffer JP, Gillo MW   597
Shapiro MM (*siehe* Bresnahan JL)
Shapiro SS, Wilk MB, Chen HJ   165
Sharma AR (*siehe* Davison ML)
Shaw ML (*siehe* Santa JL)
Sheets VL (*siehe* Braver SL)
Shephard RN (*siehe* Kruskal JB)
Sherif C (*siehe* Sherif M et al)
Sherif M, Harvey OJ, White BJ, Hood WR, Sherif C   236
Sherin RJ (*siehe* Clyde DJ et al)
Sherwood RD (*siehe* Gibbons JA)
Shiffler RE, Harwood GB   126
Shine LC   114
Shon RP (*siehe* Morris SB)
Sibson R (*siehe* Jardine N)
Silbereisen RK   462
Siegel S   233
Sievers W   131
Silver NC, Dunlap WP   219, 546
Silver NC, Finger MS   461
Silver NC, Wadiak DL, Massey CJ   448
Silverstein AB   504
Sinha AR, Buchanan BS   524
Siotani M (*siehe* Olkin I)
Sixtl F   39, 166, 515
Sixtl F (*siehe* Eyferth K)
Skakun EN, Maguire TO, Hakstian AR   555, 556
Skinner HA (*siehe* Morey LC et al)
Sletten O   75, 80
Smith JC JM (*siehe* Huberty CJ et al)

Smith H (*siehe* Draper N)
Smith RL, Ager JW jr, Williams DL   460, 461
Sneath PHA (*siehe* Sokal RR)
Snedecor GW   244
Snook SC, Gorsuch RL   557
Snyder CW, Law HG   562
Sobel ME   481
Sokal L (*siehe* Milligan GW)
Sokal RR, Michener CD   567
Sokal RR, Sneath PHA   566
Solas E (*siehe* Cole DA et al)
Sörbom D   371, 471
Sörbom D (*siehe* Jöreskog KG)
Späth H   566
Spearman C   514
Spiegel DK (*siehe* Overall JE)
Sprung L (*siehe* Guthke J et al)
Srivastava ABL   141
Stanley JC   227
Stanley JC, Wang MD   449
Stanley JC (*siehe* Campell DT)
Stanley JC (*siehe* Glass GV)
Stapf KH (*siehe* Herrmann T)   4, 7
Starbuck RR (*siehe* Overall JE et al)
Staufenbiel T (*siehe* Borg J)
Staufenbiel T (*siehe* Diehl JM)
Staving GR, Acock AC   224
Steger JA   118, 177
Stegmüller W   5
Steiger JH   222, 224, 481, 546
Steiger JH (*siehe* Fouladi RT)
Steingrüber HJ   230
Steinhausen D, Langer K   466, 468, 571
Stelzl I   192, 450, 491
Stemmler G (*siehe* Foerster F)
Stenger H   86
Stephenson W (*siehe* Clifford HAT)
Stern HS (*siehe* Gelman A et al)
Stern I (*siehe* Tzelgov J)
Stevens J   166, 176, 368, 369, 370, 471, 499, 590, 592, 596, 597, 602, 608, 609, 610, 612
Steward D, Love W   630, 631
Steyer R   236
Steyer R, Eid M   16
Stoloff PH   352
Stone M   454
Stone-Romero EF, Anderson LE   463
Strauss D   4, 448
Stuart A (*siehe* Kendall MG)
Suppes P, Zinnes JL   27
Swaminathan H, De Friese F   276

T

Taber T (*siehe* Humphreys LG)
Tack WH (*siehe* Herrmann T)
Tang KL, Algina J   598
Tanimoto TT (*siehe* Rogers DJ)
Tarski A   5

Tatsuoka MM   183, 489, 524, 587, 609, 610, 629
ten Berge JMF   556
ten Berge JMF (*siehe* Kiers HAL)
Tenenhaus M, Young FW   524
Terrell CD   225, 227
Thalberg SP   238
Thews G (*siehe* Vahle H)
Thiemann S (*siehe* Kraemer HC)
Thissen D (*siehe* Wainer H)
Tholey P   52
Thomas DR   609
Thompson B   120, 192, 272, 450, 462, 546, 612, 631, 634
Thompson B, Borello GM   453
Thompson PA (*siehe* Milligan GW et al)
Thorndike RM   453
Thorndike RM, Weiss DJ   634
Thurstone LL   514, 516, 520, 547, 556, 557
Tibshirani R (*siehe* Efron B)
Tidemann TN   162
Tiku ML, Balakrishnan N   617
Timm NH   450, 480, 489, 498, 516, 558, 566, 573, 597, 601, 602, 627
Tippet LHC   244
Tisak J   461
Toothaker LE (*siehe* Feir-Walsh BJ)
Toothaker LE (*siehe* Keselman HJ)
Torgerson WS   15
Tousignant JP (*siehe* Lunneborg CE)
Toutenburg H   216
Traub RE (*siehe* Corballis MC)
Traxel W   2
Treinies G (*siehe* Fricke R)
Troitzsch KG (*siehe* Esser H)
Tryon RC   565
Tryon RC, Bailey DE   566
Tucker LR   554, 561
Tucker LR, Cooper LG, Meredith W   467
Tucker LR (*siehe* Korth BA)
Tukey JW   34, 325
Tukey JW (*siehe* Abelson RP)
Tukey JW (*siehe* Cornfield J)
Tutz G (*siehe* Fahrmeir L et al)
Tversky A (*siehe* Coombs CH et al)
Tweney RD (*siehe* Rucci AJ)
Tzelgov J, Henik A   461
Tzelgov J, Stern I   460, 461

U

Uchino BN (*siehe* MacCallum RC et al)
Ueberla K   516

V

Vahle H, Thews G   80
Van de Geer JP   516, 560
van Meckelen L (*siehe* Kiers AAL)
van Rijckevorstel IJA (*siehe* de Leeuw J)
Vegelius J   227

Vegelius J (*siehe* Janson S)
Velicer WF   551
Velicer WF, Peacock AC, Jackson DN   551
Velicer WF (*siehe* Fava JL)
Velicer WF (*siehe* Guadagnoli E)
Velicer WF (*siehe* Zwick WR)
Venables WN (*siehe* Brien CJ et al)
Victor N (*siehe* Kieser M)
Viernstein N   617
Vincent PF   514
Vogelmann S (*siehe* Cattell RB)
Vorkauf H (*siehe* Preuss L)
Vukovich A   515

W

Wackerly D (*siehe* Agresti A)
Wadiak DL (*siehe* Silver NC et al)
Wainer H   454
Wainer H, Thissen D   34, 214
Walker HM   76
Walker HM, Lev J   226
Wallace DL (*siehe* Mosteller F)
Wallace WL (*siehe* Doppelt JE)
Wallenstein S, Fleiss JL   354
Wang MD   281
Wang MD (*siehe* Stanley JC)
Ward JH   565
Wassermann W (*siehe* Neter J et al)
Watson CG (*siehe* Holland TR et al)
Weber E   244
Weber S v (*siehe* Lautsch E)
Weede E   236
Weeks DL (*siehe* Hopkins KD)
Wegener DT (*siehe* MacCallum RC et al)
Weiling F   244
Weisberg HF (*siehe* Friedman S)
Weiss DJ   340
Weiss DJ (*siehe* Thorndike RM)
Welch BL   141
Welsch RE (*siehe* Besley DA et al)
Wendt D   115, 215
Wendt D (*siehe* Hofstätter PR)
Werner J   489
Wert JE, Neidt ON, Ahmann JS   227
Werts CE, Linn RL   361
Werts CE (*siehe* Rock DA et al)
West SG   321
West SG (*siehe* Aiken LR)
Westermann R (*siehe* Hager W)
Westmeyer H (*siehe* Groeben N)
White BJ (*siehe* Sherif M et al)
White PO (*siehe* Hendrichson AE)
Whitlock PA (*siehe* Kalos MH)
Whitney DR (*siehe* Mann HB)
Wickens TD   176
Wiedemann CF, Fenster CA   626
Wilcox RR   150, 215, 629
Wild DJ (*siehe* Seber GAF)
Wildt AR (*siehe* Lambert ZV et al)
Wilf HS (*siehe* Ralston A)
Wilk MB (*siehe* Shapiro SS et al)
Wilks AR (*siehe* Becker RA)
Wilks SS   593
Wilkinson L   461
Williams DL (*siehe* Smith RL et al)
Williams EJ   405
Williams JE (*siehe* Lathorp RG)
Williams RH, LeBlanc WG   174
Williams WT (*siehe* Lance GN)
Willson VL   232, 448
Wilson GA, Martin SA   546
Winer BJ   256, 352, 357, 820, 831, 832
Winer BJ, Brown DR, Michels KM   286, 328, 385, 397, 407, 431
Winkler RL   58, 128
Winkler RL (*siehe* Hays WL)
Wisenbaker JM (*siehe* Huberty CJ et al)
Wishart J   244, 571, 575
Wishart J, Metakides T   282
Witt LA (*siehe* Nye LG)
Witte EH   120, 523
Witte EH, Horstmann H   628
Witting H   128
Wittmann WW   560
Wolf B   597
Wolins L   26
Wong DS (*siehe* Milligan GW et al)
Wood DA, Erskine JA   634
Woodward JA (*siehe* Adams JL)
Woodward JA, Overall JE   343, 523
Woodward JA (*siehe* Overall JE)
Wottawa H   285
Wright SP   272, 471
Wrigley C (*siehe* Neuhaus JO)
Wüstendörfer W (*siehe* Lösel F)
Wu YB   369
Wüber R (*siehe* Backhaus K et al)
Wuttke J (*siehe* Ostmann A)

X

Xenos T (*siehe* Millisap RE et al)

Y

Yao Y   590
Yates F (*siehe* Fisher RA)
Young FW (*siehe* Tenenhaus M)
Yu MC, Dunn OJ   224
Yuan KH (*siehe* Bentler PM)
Yusko KP (*siehe* Hanges PJ et al)

Z

Zahn DA, Fein SB   174
Zalkind SS (*siehe* Millisap RE et al)
Zalinski J, Abrahams NM, Alf E jr   231
Zar JH   233
Zatkin JL (*siehe* Cliff N et al)
Zatkin JL (*siehe* Collins LA et al)
Zielinski W (*siehe* Amelang M)
Zimmermann DW, Zumbo BD   141
Zinkgraf SA   641
Zinnes JL (*siehe* Suppes P)
Zistler R (*siehe* Moosbrugger H)
Zöfel P   731
Zöfel P (*siehe* Zimmermann DW)
Zoski KW, Jurs S   544
Zumbo DB (*siehe* Zimmermann DW)
Zurmühl R   721
Zwick R   590, 597
Zwick WR, Velicer WF   544, 546
Zysno PV   229

Sachverzeichnis

A
abhängige Stichproben 143, 331, 787
– Variable 7, 247, 787
Ablehnungsbereich 116, 117
adäquate Prüfvarianz 420
– Bestimmung der (s. a. F-Test) 411–436
Additionstheorem der Wahrscheinlichkeiten 54, 67
additives Modell der Varianzanalyse 254, 286, 296, 411-436
Additivitätstest 325–328
AD-Streuung 41, 42
Ähnlichkeitsmaße (s. a. Korrelation) 566–571, 617, 618, 787
Ähnlichkeit von Faktorstrukturen 554–556
Äquidistanz 20
Äquivalenztest 165
allgemeines lineares Modell (ALM) 244, 321, 483–509, 639–645, 787
–, SPSS-Beispiele 752–759
Alpha-Faktorenanalyse 559
Alpha-Fehler 110–111, 787
Alpha-Fehler-Korrektur 271, 272
Alpha-Koeffizient 559
Alternativhypothese 108, 109, 787
Analytische Statistik 1
Anpassung, Güte der 162–167, 170–172, 174
arithmetisches Mittel 36–38, 96–98, 787
Arrayverteilungen 192
assoziativ 716
asymmetrische Verteilung 33
Ausreißer (Extremwerte) 28, 40, 215
average linkage 572, 573

B
Bartlett-Test 285, 286, 787
Bayes-Theorem 57, 58, 787
Behrens-Fisher-Problem 141
Belastbarkeitskriterium 6, 12
Bernoulli-Prozess 65, 66
Bernoulli-Theorem 52
Beta-Fehler 65, 110, 111, 121–123, 787
Beta-Gewicht 448
–, Signifikanz 450, 453, 467
Bewährungskriterium 6, 12
bias 87, 96
bimodale Verteilung 32, 33, 36, 787
Binomialkoeffizienten 69
Binomialverteilung 65–70, 77, 78, 158, 159, 787
–, negative 73

biseriale Korrelation 226, 227, 787
– Rangkorrelation 231, 232, 787
bivariate Häufigkeitsverteilung 168
– Normalverteilung 191, 213, 214, 787
Bonferroni-Korrektur 129, 272, 788
Bootstrap-Methode 132, 133, 788
Bowker-Test 161
Box-Plot 40
Box-Text 357, 619, 620, 788
breitgipflige Verteilung 33, 46

C
carry-over-Effekt 338, 403–405
charakteristische Gleichung einer Matrix 534–536, 613, 634, 635
Chi-Quadrat Komponenten 175, 176
– Methoden 154–177, 643, 644, 788
– –, Effektgrößen 167, 174
– –, 2-Felder-χ^2-Test und Binomialverteilung 156–159
– –, McNemar-Test 159–161
– –, Cochran-Test 161, 162
– –, 1-dimensionaler χ^2-Test 156–167, 788
– –, Güte der Anpassung 162–167
– –, 4-Felder-χ^2-Test 168–172, 505, 506, 644
– –, $k \cdot l$-χ^2-Test 172–175, 507, 643, 644
– Verteilung 79–81, 82
city-block-Metrik 570
Clusteranalyse 441, 565–584, 788
–, SPSS-Beispiel 768, 769
Cluster, Generalisierbarkeit 580, 581
–, Übereinstimmung 581–583
Cochran-χ^2-Test 161, 162, 788
complete linkage 572
Cornfield-Tukey-Verfahren 430–436
Cramers Index 235
Cross-lagged panel design 223
Crossover design 405

D
Deduktion 2
Dendrogramm 572, 576, 577, 788
Design-Matrix 488
–, einfaktorielle Varianzanalyse 490, 495
–, 4-Felder-Tafel 506
–, hierarchische Varianzanalyse 500
–, Kovarianzanalyse 500
–, lateinisches Quadrat 501
–, mehrfaktorielle Varianzanalyse 492

–, Messwiederholungsanalyse 503, 505
–, multivariate Varianzanalyse 641
–, k·l-Tafel 507
–, t-Test (unabhängige Stichproben) 489
–, t-Test (abhängige Stichproben) 503
deskriptive Statistik 1, 15–47, 788
Determinante 717–719
Determinantenkriterium 574
Determinationskoeffizient 209, 210, 788
Diagonalmatrix 714
Diagonalmethode 556
dichotome Variable 224, 226, 788
Dichtefunktion 32, 63, 64, 788
Differenz von Mittelwerten (s. t-Test und Varianzanalyse)
Dimensionalität 514
diskrete Variable 23, 29, 62, 63, 65–73, 705, 788
Diskriminanzanalyse 440, 605–626, 641, 788
–, Faktorladungen 608, 614–616
–, Faktorwerte 608, 614–616
–, Grundprinzip 606–612
–, Interpretation 610, 611, 616
–, mathematischer Hintergrund 612–616
–, mehrfaktorielle 617, 641, 642
–, rechnerische Durchführung 614–616
–, Multikollinearität 606, 611, 612
–, Signifikanztest 609, 610, 615
–, stepwise 611, 612
–, SPSS-Beispiel 773–776
– und kanonische Korrelation 641, 642
–, Voraussetzungen 610
Diskriminanzfaktor 608–610
Diskriminanzfunktion (s. Diskriminanzfaktor)
Diskriminanzkriterium 607, 608, 612
Diskriminanzpotenzial 609, 610
Diskriminanzraum 609, 746
Dispersionsmaße 15, 35, 39–44
Distanzmaße 566–571
distributiv 715
D-Matrix 531, 588, 589, 593
Dominanz-Metrik 570
Drei- und mehrfaktorielle Varianzanalyse 312–321, 494
–, Effektgrößen 315
–, Einzelvergleiche 316
–, Freiheitsgrade 314
–, F-Test 314
–, Hypothesen 313, 314
–, n = 1 327, 328
–, Prüfvarianzen 314
–, Quadratsummenzerlegung 313
–, rechnerische Durchführung 306–309, 314, 316–320
–, Scheffé-Tests 316
–, Theorie der 421, 422
–, Trendtests 316
–, Voraussetzungen 328
Dummycodierung 472, 484, 486
Durchschnitt 51, 52
durchschnittliche Kovarianz 357, 619
– Varianz 140, 253, 357

E
Effektcodierung 484–486
Effektgröße 120, 121, 126–128, 139, 143, 145, 167, 218, 258, 303–305, 315, 350, 464, 596, 788
Effizienz 97
–, relative 97, 98
Eigenvektoren, Diskriminanzanalyse 613
–, Hauptkomponentenanalyse 537
–, kanonische Korrelationsanalyse 635, 636
Eigenwerte, Diskriminanzanalyse 613
–, Hauptkomponentenanalyse 520, 536, 537
–, kanonische Korrelationsanalyse 635
Eigenwertediagramm 544, 788
Eindeutigkeit einer Skala 17
Einfachstruktur 547
einfaktorielle Varianzanalyse 247–287, 411–416, 490–491, 642, 643
– –, Effektgrößen 259, 260
– –, Einzelvergleiche 263–270
– –, Freiheitsgrade 257
– –, F-Test 256
– –, Quadratsummenzerlegung 250–254
– –, rechnerische Durchführung 256, 257
– –, Scheffé-Test 274–276
– –, SPSS-Beispiel 739, 740, 752–755
– –, Theorie der 411–416
– –, Trendtest 276–284
– –, und t-Test 250, 262, 263
– –, ungleiche Stichprobengrößen 260, 261
– –, Voraussetzungen 284–287
Einheitsmatrix 714
einseitiger Test 116, 117, 788
Einzelvergleiche, einfaktorielle Varianzanalyse 263–270, 272–274, 787, 788
–, hierarchische Varianzanalyse 394, 395
–, Kovarianzanalyse 368, 375
–, mehrfaktorielle Varianzanalyse 316
–, Messwiederholungsanalyse 334
–, multivariate Varianzanalyse 597
–, orthogonale 265–267
–, quadratische Anordnungen 400
–, ungleiche Stichprobengrößen 268–270, 275, 276
–, zweifaktorielle Varianzanalyse 305–312
empirische Überprüfbarkeit einer Theorie 5, 6
– Untersuchung, Aufbau einer 2–12
Endlichkeitskorrektur 93
Ereignis, komplementäres 51
–, seltenes 71
–, sicheres 51
Ergebnismenge 50, 789
Erkundungsexperiment 1
erwartungstreue Schätzung 92, 96, 97, 193, 789
Erwartungswerte 64, 65, 705–712, 789
–, in der Varianzanalyse (s.a. Theorie der Varianzanalyse) 411–436
–, quadrierte Zufallsvariable 709
–, Rechenregeln für 706, 707
–, Stichprobenmittelwert 96, 707
–, Stichprobenvarianz 92, 708, 709
–, Varianz der Summe zweier Zufallsvariablen 711, 712
–, Zufallsvariable 705, 706

Sachverzeichnis

euklidische Metrik   568, 569
Eta-Koeffizient   255, 259, 280, 299, 303, 304, 318, 789
Exhaustion   12, 789
experimentelle Untersuchung   8, 9, 248, 303, 789
explorative Datenanalyse   34
exponentieller Zusammenhang   196
Extremwerte   28, 40, 215
Exzess   46, 789

F
Faktor (in der Faktorenanalyse)   512–513, 517–519, 539–542
–, oblique   547
–, orthogonal   538, 539, 547, 789
–, primär (1. Ordnung)   547
–, Reliabilität   559, 560
–, sekundär (2. Ordnung)   547
–, Signifikanz   546
Faktor (in der Varianzanalyse)   247, 789
–, feste Stufenauswahl   302, 303, 412–415
–, zufällige Stufenauswahl   302, 303, 412, 415, 493
Faktorenanalyse   441, 511–563, 789
–, Alpha-Analyse   559
–, dreimodale   561
–, Hauptkomponentenanalyse   516–543
–, Imageanalyse   559
–, kanonische   560
–, konfirmative   471, 560, 561, 789
–, Literatur   515, 516
–, longitudinale   562
–, Maximum likelihood   560
–, Modell mehrerer gemeinsamer Faktoren   514, 557–559
–, SPSS-Beispiel   723–728, 760–767
faktorenanalytische Modelle   556–563
Faktorenanzahl, Bestimmung der   543–546
Faktorenextraktionsverfahren   516, 519, 542, 556
Faktorenrotationsverfahren   547–556
–, graphische   547, 548
–, Kriteriums-   553–556
–, orthogonale   547
–, schiefwinklige (oblique)   547
–, Varimax   548–551
Faktorladung   513, 519, 540–542, 551, 552, 789
–, Signifikanz   552
Faktorstrukturvergleich   554–556
Faktorwert   519, 539, 540, 789
Falsifikator   4
Falsifizierbarkeit einer Theorie   5, 6
falsifizieren   11, 12
fehlende Daten (s. missing data)
Fehler erster Art   110, 747
Fehlerkomponenten   78, 79, 284, 285, 313
Fehlervarianz   254
Fehlervarianzreduktionen   289, 290
Fehlervarianzschätzung   254
–, s. a. Theorie der Varianzanalyse
Fehler zweiter Art   110, 789
Felduntersuchung   7, 8, 789
finite Grundgesamtheit   86, 93
Fisher's-Z-Transformation   218, 219, 789
F_{max}-Test   286, 748, 790

Freiheitsgrade, χ^2-Methoden   80, 157, 164, 165, 173
–, dreifaktorielle Varianzanalyse   313
–, einfaktorielle Varianzanalyse   257, 260
–, F-Test   82, 149, 790
–, hierarchische Versuchspläne   390, 391
–, Kovarianzanalyse   366
–, Messwiederholungsanalyse   333, 338
–, quadratische Anordnungen   398, 406
–, t-Test   81, 138, 141, 144
–, Varianz   138, 789, 790
–, zweifaktorielle Varianzanalyse   296, 297
Freiheitsgradkorrektur für Quasi-F-Brüche   315
– in der Messwiederholungsanalyse   354, 355
F-Test, dreifaktorielle Varianzanalyse   314, 421, 422
–, einfaktorielle Varianzanalyse   256, 411–416
–, hierarchische Varianzanalyse   390, 428–430
–, Kovarianzanalyse   367, 427, 428
–, lateinisches Quadrat   400, 430
–, Messwiederholungsanalyse   334, 423–427
–, Vergleich zweier Stichprobenvarianzen   148–150, 790
–, zweifaktorielle Varianzanalyse   298, 416–421
Fürntratt-Kriterium   552, 553
funktionaler Zusammenhang   181
F-Verteilung   81, 82

G
Gegenhypothese   108
gemeinsame Faktoren, Modell mehrerer   514, 557–559
gemeinsame Varianz   209, 210, 558
Generalfaktormodell   514
Generalisierbarkeit   8, 559, 560
geometrisches Mittel   38, 39
geometrische Verteilung   73
geschachtelte Faktoren   388, 789
geschichtete Stichprobe   88, 93, 106, 790
gestürzte Matrix, s. transponierte Matrix
gewichtetes arithmetisches Mittel   39, 790
gleitende Durchschnitte, Verfahren der   30, 31
goodness of fit   162–167, 790
graphische Rotation   547, 548
griechisch-lateinisches Quadrat   388, 400–403, 790
Grundgesamtheit   86, 790
Gruppenfaktormodell   514
gruppierte Daten   27–32, 37, 38, 41, 44
Güte der Anpassung   162–167

H
H_0 (s. Nullhypothese)
H_1 (s. Alternativhypothese)
Häufigkeiten   18, 19, 27–34
–, beobachtete   156
–, erwartete   156
–, relative   52
Häufigkeitsunterschiede, Überprüfung von, s. χ^2-Methoden
harmonisches Mittel   39
– –, Varianzanalyse mit dem   322–325
Haupteffekt (s. a. Faktor in der Varianzanalyse)   293, 294, 312
–, abhängig   494–498
–, bedingter   305, 787
–, unabhängig   491–494

Hauptkomponentenanalyse 516–543, 790
–, Grundprinzip 516–523
–, mathematischer Hintergrund 524–541
–, rechnerische Durchführung 541, 542
Helmert-Kontraste 267, 790
herauspartialisieren 362, 445
hierarchische Versuchspläne 388–395, 428–430, 500, 501, 790
– –, dreifaktoriell 391–395
– –, Einzelvergleiche 394, 395
– –, Quadratsummenzerlegung 389
– –, rechnerische Durchführung 389, 390
– –, SPSS-Beispiel 720–722, 748, 749, 756–759
– –, Theorie 428–430
– –, ungleiche Stichprobenumfänge 395
– –, zweifaktoriell 388–391
hill climbing 574
Histogramm 31, 33, 790
Holm-Korrektur 129
Homogenität der Varianzen 285, 286, 413
Homogenität der Varianz-Kovarianzmatrix 353–355, 424, 425, 619, 620
homomorphe Abbildung 17, 790
Homoskedastizität 192, 213, 216, 790
Horn-Verfahren zur Bestimmung der Faktorenanzahl 545
Hotelling's T^2-Test 586–592, 748
– –, Messwiederholungsanalyse (T_4^2) 590–592
– –, Vgl. Stichprobe mit Population (T_1^2) 586–588
– –, Vgl. zweier abhängiger Stichproben (T_2^2) 588, 589
– –, Vgl. zweier unabhängiger Stichproben (T_3^2) 589, 590
H_0-Verteilung 130
hypergeometrische Verteilung 69–71
hyperquadratische Anordnung 403
Hypothese 6, 10–12, 107–110
–, Alternativhypothese 108, 109
–, gerichtete 108, 157, 790
–, Nullhypothese 109, 110
–, spezifische 108, 109, 121, 122, 796
–, statistische 109
–, ungerichtete 108, 797
–, unspezifische 108, 109, 797

I
Identitätsmatrix 546, 714
Image-Faktorenanalyse 559
Indifferenzbereich 122, 791
Indikatorvariable 483, 484, 791
Induktion 2, 11, 12
Inferenzstatistik 1, 15, 85, 791
Informationsgehalt einer Theorie 4
Interaktion 294, 295, 420, 791
–, Einzelvergleiche 308, 311, 312
–, graphische Veranschaulichung 300, 319
–, Klassifikation 300, 301
– 2. Ordnung 313, 320
Interdezilbereich 40
Interquartilbereich 40
Intervallbreite 29
Intervallschätzung 100–106, 791
Intervallskala 19–21, 24, 25, 791
Inverse 720–722

ipsative Messwerte 335, 336, 791
Irrtumswahrscheinlichkeit 11, 112, 113, 791

K
Kaiser-Guttman-Kriterium 544, 791
Kann-Sätze 5
kanonische Faktorenanalyse 560
kanonische Korrelationsanalyse 440, 627–645
– –, als allgemeiner Lösungsansatz 639–645
– –, Faktorladung 630, 631, 636, 638
– –, Grundprinzip 628–634
– –, Interpretation 629–633
– –, mathematischer Hintergrund 634–639
– –, rechnerische Durchführung 637–639
– –, Redundanzmaße 618, 630, 636, 637, 639
– –, Signifikanztests 629
– –, SPSS-Beispiel 777–779
– –, Strukturkoeffizienten 631, 636, 639
– –, und Diskriminanzanalyse 641, 642
– –, Voraussetzungen 629
Kappa-Maß 212, 581, 582, 626, 791
Kardinalskala 22, 791
Kategorienbreite 28
Kategorienmitte 30
Kausalität 182, 235, 236, 471, 472
Kendall's Tau 234
KFA 175, 176, 792
Klassifikationsfunktionen 623, 624
Klassifikationsverfahren 617–626, 791
$k \cdot l \cdot \chi^2$-Test 172–175, 643, 644, 791
–, SPSS-Beispiel 735–737
kleinster χ^2-Wert, Methode des 618–621
Klumpenstichprobe 87, 88, 791
k-means-Methode 578–580, 791
Kofaktor 718
Kollektiv 15, 27, 791
Kombinationsregeln 60–62
Kommunalität 520, 542, 558, 791
Kommunalitätenproblem 558
kommutativ 715
Konditionalsatz 4
Konfidenzintervall 101–104, 792
–, arithmetisches Mittel 101, 102
–, Faktorladung 552
–, Korrelationskoeffizient 220
–, Prozentwert 103, 104
–, Regressionskoeffizient 194
–, vorhergesagte ŷ-Werte 194–196
Konfidenzkoeffizient 102
Konfigurationsfrequenzanalyse 175, 176, 792
konfirmative Faktorenanalyse 560, 561
konfundierte Varianzen 323, 325, 333
Kongruenzkoeffizient 554
Konkatenation 21
konservativer Test 129, 131, 356, 357, 792
konsistenter Schätzwert 97, 792
Konstante 6
Kontingenzkoeffizient 234, 235, 792
Kontingenztafel, k·l-Felder 172, 234, 643, 792
–, mehrdimensionale 175
–, 4-Felder 168, 228, 506, 643

Sachverzeichnis

kontinuierlich, s. stetig
Kontinuitätskorrektur   159, 160, 169
kontradiktorischer Satz   5
Kontrastcodierung   473, 485, 487, 488
Kontraste, s. Einzelvergleiche
Kontrollvariable   7, 279, 361, 792
Korrelation   181, 190, 203–220, 792
–, Beeinflussung durch Selektionsfehler   214, 215
–, biseriale Korrelation   226, 227
–, biseriale Rangkorrelation   231, 232
–, Cramers Index   235
–, Fisher's-Z-Transformation   218
–, Interpretation   210–212, 235, 236
–, kanonische Korrelation   627–645, 792
–, Konfidenzintervall   220
–, Kontingenzkoeffizient   234, 235
–, multiple Korrelation   440, 448–471, 792
–, Partial   443–448
–, Phi-Koeffizient   211, 227–230
–, Produktmomentkorrelation   204, 205
–, punktbiseriale Korrelation   224–226
–, Rangkorrelation   232–234
–, Signifikanztest   217
–, tetrachorische Korrelation   230, 231
–, und Regression   207
–, Wertebereich der   206, 207
Korrelationsmatrix   521, 531, 546, 714
Korrelationsmittelung   219, 220
Korrelationsunterschiede   220–224
–, Effektgrößen   221
Korrespondenzanalyse, multiple   524
Kovarianz   188–190, 203, 204, 792
Kovarianzanalyse   361–386, 427, 428, 498, 499, 792
–, Effektgrößen   368, 369
–, einfaktorielle   362–368
–, Einzelvergleiche   368, 375
–, mehrfaktorielle   373–376
–, mit mehreren Kontrollvariablen   499
–, mit Messwiederholungen   376–385
–, Mittelwertkorrektur   368
–, multivariate   642
–, rechnerische Durchführung   366–368
–, SPSS-Beispiel   746, 747
–, Theorie der   427, 428
–, ungleiche Stichprobengrößen   368, 375, 376
–, Voraussetzungen   369–373, 499
Kreisdiagramm   34
Kreuzproduktsumme   531
Kreuzvalidierung   454, 792
Kriteriumsrotation   553–556, 792
Kriteriumsvariable   182, 792
kritische Differenz, s. Scheffé-Test
Kruskal-Wallis H-Test   287
kubischer Zusammenhang   196
kumulierte Häufigkeitsverteilung   29, 792

L

Laboruntersuchung   7, 8
Lagrange-Multiplikatoren   534, 725
Lambda-Wert, s. Eigenwert
Lateinische Quadrate   388, 396–400, 501, 502, 792
– –, ausbalanciert   397, 398
– –, balancierter Satz   398
– –, Einzelvergleiche   400
– –, mit Messwiederholungen   403–408
– –, orthogonale   402
– –, sequentiell ausbalanciert   405, 406
– –, Standardform   397
– –, Theorie   430
– –, Voraussetzungen   399
LCF-Regel   619
least squares solution, s. Methode der kleinsten Quadrate
Levene-Test   286
Likelihoodfunktion   99
lineare Funktion   183
lineares Gleichungssystem, Lösung eines   199, 466, 722, 723
Lineare Strukturgleichungsmodelle   236, 471–481, 792
lineare Transformation   21, 37, 43, 205
linearisierende Transformation   200
Linearität   183
Linearkombination   264, 465, 710–712
–, Diskriminanzanalyse   612
–, Hauptkomponentenanalyse   524–530
–, homologe   530
–, kanonische Korrelationsanalyse   634
–, multiple Regression   465–467
linkssteile Verteilung   32, 38, 46
LISREL (s. lineare Strukturgleichungsmodelle)
logarithmischer Zusammenhang   198
logisches Produkt   51
logische Überprüfung einer Theorie   4, 5
logistische Regression   176, 463
Log-lineare Modelle   176

M

Malhalanobis-Distanz   569, 570
MANOVA (s.a. multivariate Varianzanalyse)   592–603
Maße der zentralen Tendenz   15, 35–39
matched samples   9, 143, 331, 793
Matrix   713
Matrixalgebra   441, 713–721
Matrixprodukt   716
Matrizenaddition   715
Matrizeninversion   720–722
Matrizenmultiplikation   715, 716
Maximierung mit Nebenbedingungen   534, 725, 726
Maximum-likelihood-Schätzung   99, 100, 793
McNemar-χ^2-Test   159–161, 793
Mediandichotomisierung   568
Medianverfahren   573
Medianwert   35–37, 40, 92, 96, 97, 751, 793
Mehrebenenanalyse   508, 509
Messen   15–27
Messfehler   78, 79
Messstruktur   17
Messtheoretische Voraussetzungen der Statistik   15–27
Messwert   17
Messwiederholungen, Kovarianzanalyse   376–385
–, lateinisches Quadrat   403–408
–, Nominaldaten   159–161
–, t-Test für abhängige Stichproben   143–146
–, Varianzanalyse, s. Messwiederholungsanalyse

Messwiederholungsanalyse 331–360, 423–427, 503–505, 590–592
–, dreifaktorielle 341–347
–, Effektgrößen 350
–, einfaktorielle 331–335
–, Freiheitsgrade 327, 333, 338, 340
–, F-Test 334
–, im lateinischen Quadrat 403–408
–, komplette Messwiederholungen 347–350
–, Quadratsummenzerlegung 332, 333
–, rechnerische Durchführung 333, 334
–, Scheffé-Test 334
–, SPSS-Beispiel 743–745
–, Theorie der 423–427
–, Trendanalyse 334
–, und ipsative Daten 335, 336
–, ungleiche Stichprobengrößen 340, 341, 347
–, Voraussetzungen 352–359
–, zweifaktorielle 336–340
Meta-Analyse 222, 261, 304
Methode der kleinsten Quadrate 98, 99, 185, 186, 793
Metrik, euklidische 568, 569
–, Minkowski 570
mid-range 36
Minkowski-Metriken 570
Minoren 718
Mischverteilung 165
missing data 321, 336, 340, 341, 359, 450
Mittel, arithmetisches 36–38, 96–98, 793
–, geometrisches 38, 39
–, gewichtetes 39
–, harmonisches 39
–, von Korrelationen 219, 220
–, von Kovarianzen 357, 619
– von Varianzen 140, 253, 357
Mittelwert 36–38
Modalwert 35, 36, 96, 793
Moderatorvariable 215, 222, 463, 793
Momente von Verteilungen s. Potenzmomente
monotone Transformation 17, 19
– Trendhypothesen 196–201, 282–284, 338, 797
Monte Carlo-Studie 90, 130–132, 793
Multikollinearität 452–463, 606, 793
multinomiale Verteilung 72, 73, 177
multiple Korrelation 440, 448–471, 640
– –, Ableitung der 468
– –, Effektgrößen 464
– –, Grundprinzip der 449, 450
– –, Interpretation 451, 452
– –, Signifikanztest 450
– –, SPSS-Beispiel 750, 751
– – und Partialkorrelation 454–456
– – und Varianzanalyse s. allgemeines lineares Modell
– Regression 440, 448
– –, Berechnung 448, 449, 465–471
– –, Grundprinzip der 448, 449
– –, Interpretation 451, 452
– –, schrittweise 461–463
Multiple Regression, moderierte 463
multiples Testen 129, 130, 271
Multiplikationstheorem der Wahrscheinlichkeit 55–57

multivariater Ansatz 439–442, 585, 586
multivariate Methoden 437–645, 793
– Normalverteilung 450
– Prüfkriterien 597, 598
– Signifikanztests 593, 594
– Varianzanalyse 440, 592–603
– –, Effektgröße 596
– –, einfaktorielle 592–597
– –, Einzelvergleiche 597
– –, mehrfaktorielle 598–601
– –, optimaler Stichprobenumfang 596
– –, rechnerische Durchführung 595, 596, 600, 601
– –, SPSS-Beispiel 770–772
– –, Voraussetzungen 597

N
negative Binomialverteilung 73
nested factors 388
nicht-orthogonale Varianzanalyse 321–325, 494–498, 601, 793
Nominalskala 18, 23, 24, 793, 794
nonlineare Regression 196–201, 282, 500
Normalrangtransformation 283, 284
Normalverteilung 42, 43, 46, 73–79, 794
– als empirische Verteilung 76
– als mathematische Basisverteilung 77, 78
–, multivariate 450, 597
–, Streuungsbereiche 43, 75
–, Überprüfung auf 75, 76, 164, 166, 450
– und statistische Fehlertheorie 78, 79
–, Verteilungseigenschaften 43, 73–75
Normalverteilungsüberprüfung 75, 76, 164, 166
normierter Vektor 537
Nützlichkeit von Prädiktorvariablen 456
Nullhypothese 109, 110, 115, 116, 794
Nullpunkt 22

O
Objektivität 10
oblique Struktur 547, 794
Omega-Quadrat 259, 281, 610, 794
Operationalisierung 9, 794
Ordinalskala 19, 24, 794
orthogonale Matrix 530
– Einzelvergleiche 265–267
– Polynome 277
– Rotationstransformation 519, 527–530, 533
Orthogonalität 538, 539

P
Paarbildungsgesetz 61
parabolischer Zusammenhang 196
Parallelanalyse 545, 546, 558, 794
parallele Stichproben 9, 143, 331
parallelisieren 9, 794
Parameter 65, 85, 794
Parameterschätzung 95–106
Partialkorrelation 443–448, 454, 455, 464, 472, 794
–, Effektgrößen 464
– höherer Ordnung 447, 454, 455
–, multiple 455

–, Signifikanz der 447
Pascal'sches Dreieck 69
PCA, s. Hauptkomponentenanalyse
Per fiat-Messung 26
Permutation 60, 794
Perzentil 40, 794
Pfadanalyse 236, 474–478
Pfaddiagramm 474–478, 795
Phi-Koeffizient 174, 211, 227–230, 567, 644, 795
Phi_{max} 228–230
Pillai's Spur-Kriterium 594, 602
Poisson-Verteilung 71, 72, 166, 167
Polygon 30, 795
Polynom 200, 277
Polyseriale Korrelation 227
Pooling-Prozedur 315, 423
Population 86, 795
positiv definite Matrix 536
– semidefinite Matrix 536
Potenzmomente 46
Power (s. Teststärke)
Prädiktorvariable 182, 795
– mit Suppressionseffekten (s. a. Suppressorvariable) 457–461
–, Nützlichkeit der 456
–, redundante 457, 458
–, unabhängige 457
Präzision einer Theorie 4
praktische Bedeutsamkeit 119–121
Primärfaktoren 547
probabilistische Stichprobe 88
Produktmomentkorrelation 204, 205, 278, 570, 640
–, Berechnung der 205
–, Effektgrößen 217, 218
–, Signifikanz der 217
–, SPSS-Beispiel 738
Profilähnlichkeit 568–570, 617, 618
Progressiver Test 131, 795
proportionale Stichprobengrößen 88, 321, 322
Prozentrang 29, 45, 795
Prozentwert 29, 92, 102, 103
Prozentwertdifferenzen
–, 2 abhängige Stichproben 161
–, 2 unabhängige Stichproben 170
–, k Stichproben 174
Prozentwertverteilung 29
P-Technik 562
punktbiseriale Korrelation 224–226, 795
Punktschätzung 100, 795

Q
QCF-Regel 618, 619
Q-Technik 562
quadratische Pläne 396–409, 430, 501, 502
– Matrix 714
Quadratsumme 42, 92, 250, 795
Quadratsummenzerlegung, s. Varianzanalyse
Quartilabstand 40
quasiexperimentelle Untersuchung 8, 9, 248, 303, 795
Quasi-F-Brüche 314, 319, 392, 422, 423, 795

R
Rand-Index 582, 583, 795
randomisierte Stichproben 8, 795
randomized block design 289
Rangaufteilungen 152, 233, 234
range 40, 795
Rang einer Matrix 536
Rangkorrelation 232–234, 795
Rangskala 19, 24
rechtssteile Verteilung 38, 46
Reduktionslagen 29
Redundanzmaße 203, 209, 630, 636, 637, 639, 795
Regression, Koeffizienten 184
–, lineare 182–196, 795
–, multiple 440, 448–471, 795
–, nonlineare 196–201, 282, 500
–, schrittweise 461–463, 494
Regressionsresiduen 207–209, 216, 445, 795
rekursives System 475, 795
Relativ, numerisches 16, 795, 796
–, empirisches 16, 789
Reliabilität 10, 11
Repräsentationstheorem 17
Repräsentativität 86
Residuum 207, 216
robuster Test 131, 796
Rotationstransformationen 525–534
R-Technik 562

S
sampling distribution, s. Stichprobenkennwerteverteilung
Satz von der totalen Wahrscheinlichkeit 57
Schätzung, effiziente 97
–, erwartungstreue 96, 97, 193
–, konsistente 97
–, suffiziente 98
Scheffé-Test, einfaktorielle Varianzanalyse 274–276, 796
–, mehrfaktorielle Varianzanalyse 316
–, Messwiederholungsanalyse 334
– zweifaktorielle Varianzanalyse 305, 306, 309
Schiefe 45, 46, 796
schiefwinklige Faktorenstruktur 547
schließende Statistik 1, 15, 85
schmalgipflige Verteilung 33, 46
Schrumpfungskorrektur der multiplen Korrelation 450, 451, 796
Scree-Test 544, 796
Sekundärfaktoren (Faktoren 2. Ordnung) 547
Semipartialkorrelation 281, 446, 455, 464
Sequenzeffekte 338, 403–405, 796
Set-correlation 631
sicheres Ereignis 51
Signifikanz 11, 12, 111–116
Signifikanzniveau 11, 113, 114, 796
Signifikanztest 11, 111–130
simple matching coefficient 567
– structure 547
single linkage 572
singuläre Matrix 467, 537, 719, 720
Skala 17
Skalar 714

Skalarprodukt 716
Skalenarten 18–25
Skalenniveau 10, 25
Spearman's Rangkorrelation 232–234
spezifische Varianz 557
SPSS-Beispiele 727–779
–, ALM: einfaktorielle Varianzanalyse 752–755
–, ALM: zweifaktorielle hierarchische Varianzanalyse 756–759
–, Clusteranalyse nach Ward 768, 769
–, Diskriminanzanalyse 773–776
–, Einlesen von Daten 732
–, einfaktorielle Varianzanalyse 739, 740
–, Faktorenanalyse (PCA) 760–763
–, Kanonische Korrelation 777–779
–, $k \times l\text{-}\chi^2$-Test 735–737
–, multiple Korrelation und Regression 750, 751
–, multivariate Varianzanalyse 770–772
–, Produkt-Moment-Korrelation 738
–, t-Test für unabhängige Stichproben 733, 734
–, Varimax-Rotation 764–767
–, zweifaktorielle hierarchische Varianzanalyse 748, 749
–, zweifaktorielle Kovarianzanalyse 746, 747
–, zweifaktorielle Varianzanalyse 741, 742
–, zweifaktorielle Varianzanalyse mit Messwiederholungen 743–745
Spur-Kriterium 574
Spur einer Matrix 536
Standardabweichung 41–44, 96, 796
Standardfehler des arithmetischen Mittels 90–92, 709, 710, 796
– des arithmetischen Mittels bei geschichteten Stichproben 93
– der Faktorladung 552
– der Korrelation 220
– des Medianwertes 92
– des Prozentwertes 92, 103, 104
– der Regressionsschätzung 192–194
– der Standardabweichung 92
standardisieren (z-Transformation) 44, 45
Standardnormalverteilung 75, 76, 796
Standardpartialregressionskoeffizient (s. Beta-Gewicht)
Standardschätzfehler 192–194, 751, 796
statistische Kennwerte 34–46, 85
Stem-and-Leaf-Plot 33, 35
stepwise regression 461–463, 494
stetig 63, 64, 796
stetige Variable 23, 29, 63, 64, 705
Stichprobe 27, 85–89, 796
–, abhängige 143, 331
–, parallele 9, 143
–, probabilistische 88
–, repräsentative 86
–, stratifizierte 88, 797
–, unabhängige 140
–, zufällige 86, 87
Stichprobenkennwerteverteilung 89–95, 796, 797
Stichprobenumfang 9
– für die Bestimmung von Konfidenzintervallen 104–106
Stichprobenumfang, „optimaler" 125–129, 794
–, χ^2-Test auf Gleichverteilung 167

–, drei- und mehrfaktorielle Varianzanalyse 315
–, einfaktorielle Varianzanalyse 258, 259
–, $k \times l\text{-}\chi^2$-Test 174, 175
–, Kovarianzanalyse 368, 369
–, Messwiederholungsanalyse 350–352
–, multiple Korrelation 463
–, multivariate Varianzanalyse 596
–, Partial- und Semipartialkorrelation 464
–, Produkt-Moment-Korrelation 218, 219
–, t-Test für abhängige Stichproben 145
–, t-Test für unabhängige Stichproben 143
–, Vergleich x̄ und μ (t-Test) 136
–, zweifaktorielle Varianzanalyse 303, 304
stochastisch unabhängig 168, 203
stochastische Variable (s. Zufallsvariable)
stochastischer Zusammenhang 183–188
Störvariablen 7, 252, 797
Streuung 41, 797
Strichliste 28
Struktogramm 577
Strukturkoeffizienten
–, kanonische Korrelation 631, 636, 639
–, multiple Korrelation 453, 470
Strukturkomponenten 412, 416, 423, 427, 428, 430
Suffizienz 98, 797
Summenzeichen, Rechnen mit dem 703, 704
Supermatrix 627
Suppressorvariable 457–461, 606, 630, 797
–, negative 460
–, reziproke 460
–, traditionelle 460
symmetrische Matrix 714

T

tautologischer Satz 4, 5
teilhierarchischer Versuchsplan 391–395
– –, Einzelvergleiche 394, 395
– –, rechnerische Durchführung 393
– –, ungleiche Stichprobengrößen 395
– –, Version 1 391, 392
– –, Version 2 392
Test (s. Signifikanztest)
–, einseitiger 116, 117, 788
–, konservativer 131, 356, 357
–, progressiver 131
–, robuster 11, 131
–, zweiseitiger 117, 799
Teststärke 123–125, 127, 128, 797
Teststärkefunktion 125
tetrachorische Korrelation 230, 231, 797
Tetradenmethode 514
Theorie 2–6, 11, 12
–, empirische Überprüfbarkeit 5, 6
–, Falsifizierbarkeit 6, 11, 12
–, Informationsgehalt 4
–, logische Konsistenz 4, 5
–, logische Vereinbarkeit 5
–, Präzision 4
Transformationen 18, 19, 21, 25, 166, 200
transitiv 19
transponierte Matrix 713

Sachverzeichnis

treatment 248
Trendkomponente 277–280
Trendtest, einfaktorielle Varianzanalyse 276–284, 491, 797
–, mehrfaktorielle Varianzanalyse 316
–, Messwiederholungsanalyse 334
–, monotoner Trend 282–284
–, zweifaktorielle Varianzanalyse 305
Tripelinteraktion, graphische Darstellung 320, 797
–, Interpretation 313, 320
Tschebycheff'sche Ungleichung 43
t-Test 136–146
–, Effektgrößen 139, 143, 145
– für abhängige Stichproben 143–146, 502, 503
– für unabhängige Stichproben 140–143, 489, 643
–, SPSS-Beispiel 733, 734
T^2-Test 586–592
Tukey-Test auf Additivität 325–328
t-Verteilung 81, 82

U
unabhängige Ereignisse 56, 797
ungleiche Stichprobengrößen, einfaktorielle Varianzanalyse 260, 261, 416
– –, hierarchische Versuchspläne 395
– –, Kovarianzanalyse 368, 375
– –, mehrfaktorielle Varianzanalyse 321–325, 494–498
– –, Messwiederholungsanalyse 340, 341, 347
Unterschiedshypothesen 108, 797
–, Überprüfung von (s. a. Varianzanalyse) 135–175
unvollständige Versuchspläne 387
Urliste 27
U-Test 150–153, 739, 797

V
Validität 182
–, externe 8, 789
–, interne 8, 248, 791
Variable 6
–, abhängige 7, 182, 247
–, diskrete 23, 29, 62, 63, 65–73, 705
–, kontrollierte 7, 289
–, konstant gehaltene 7, 289
–, stetige 23, 29, 63, 705
–, systematisch variierte 289, 290
–, unabhängige 7, 247, 707, 797
Varianz 41–44, 65, 92, 95, 798
–, Vergleich zweier Stichprobenvarianzen 148–150
–, erwartungstreue Schätzung 96, 708, 709
Varianzanalyse 243–436, 490–505, 590–603, 642, 643, 798
– bei bekannten Mittelwerten, Varianzen und Stichprobenumfängen 261, 262, 299
–, Bestimmung der Erwartungswerte 411–436
–, einfaktorielle 247–287, 411–416, 490, 491, 642, 643
–, hierarchische Versuchspläne 388–395, 428–430, 500, 501
–, Kovarianzanalyse 361–386, 427, 428, 498–500, 642
–, mehrfaktorielle 289–330, 416–421, 491–498
–, mit Messwiederholungen 331–360, 423–427, 503–505
–, multivariate 592–603, 642, 643
–, nichtorthogonale 321–325, 494–498
–, quadratische Versuchspläne 396–409, 430, 501, 502
–, Theorie der 411–436

– und t-Test 250, 262, 263
Varianzanteil eines Faktors
– – – in der Hauptkomponentenanalyse 520
– – – in der univariaten Varianzanalyse 255, 280, 281, 299
– – – in der multivariaten Varianzanalyse 610
Varianzhomogenität beim t-Test 141
– in der Varianzanalyse 285, 286, 328, 413
Varianzhomogenitätstest, F_{max} 286
– nach Bartlett 285, 286
– nach O'Brien 328
Varianz-Kovarianzmatrix, Berechnung der 355, 356, 531
–, Überprüfung der Homogenität der 619, 620
Varianzkriterium 574
Variationen 59, 60
Variationsbreite 28, 40, 798
Variationskoeffizient 44
Varimax-Rotation 548–551, 798
–, SPSS-Beispiel 764–767
Vektor 714
verbundene Ränge 152, 233, 234
Vereinigung 51
Verhältnisskala 21–23, 25, 798
verifizieren 12
Versuchsleitereffekte 10, 798
Verteilung von Stichprobenkennwerten 89–95
Verteilung, Binomial- 65–69, 77, 78, 158, 159
–, χ^2- 79–81, 82
–, diskrete 65–73
–, F- 81, 82
–, hypergeometrische 69–71
–, multinomiale 72, 73, 177
–, negative Binomial- 73
–, Normal- 42, 43, 73–79
–, Poisson 71, 72
–, stetige 23, 29, 63, 73–83
–, t- 81, 82
Verteilungsformen 32, 34
verteilungsfreie Tests 131, 141, 150–155, 798
Verteilungsfunktion 64, 798
Verteilungsintegrale 64
Vertrauensintervall s. Konfidenzintervall
4-Felder-χ^2-Test 168–172, 505, 506, 644
Voraussetzungen, χ^2-Methoden 159, 160, 164, 169, 172, 173, 176, 177
–, Diskriminanzanalyse 610
–, einfaktorielle Varianzanalyse 284–287
–, F-Test 149
–, Hauptkomponentenanalyse 523, 524
–, hierarchische Versuchspläne 388, 390
–, Hotelling's T^2-Test 587, 590
–, kanonische Korrelationsanalyse 629
–, Korrelationsrechnung 213, 214
–, Kovarianzanalyse 369–373
–, mehrfaktorielle Varianzanalyse 328
–, Messwiederholungsanalyse 352–359
–, multiple Korrelation und Regression 450
–, multivariate Varianzanalyse 597
–, quadratische Versuchspläne 400, 430
–, Regressionsrechnung 191, 192
–, t-Test für abhängige Stichproben 144, 145
–, – – unabhängige Stichproben 141

Voraussetzungen, Verletzung von   131, 132
Vorhersage   186, 453

W
Wahrheitsgehalt einer Theorie   2–6, 11–12, 114, 115
Wahrscheinlichkeit   49–83
–, Additionstheorem   54
–, Axiome der   53
–, bedingte   54, 55
–, Multiplikationstheorem   55–57
–, objektive   50
–, subjektive   50
Wahrscheinlichkeitsdichte   64, 798
Wahrscheinlichkeitsfunktion   62–64, 798
Wahrscheinlichkeitsverteilungen   62–83
Ward-Methode   573, 575–578, 768, 769, 798
Wartezeiten   73
Wechselwirkung (s. Interaktion)
Welch-James-Prozedur   141, 275, 286, 317, 498
Wilcoxon-Test   153, 154, 798
Wilk's Lambda   593, 601, 602

Z
Zentrales Grenzwerttheorem   93, 94, 798
zentrale Tendenz, Maße der   35–39, 798
Zentroidmethode   573
Zirkularitätsannahme   354
Z-Transformation   218, 219

z-Transformation   44, 45, 798
Zufallsexperiment   50, 799
Zufallsstichprobe   86, 87, 799
Zufallsvariable   62, 799
–, Erwartungswert   65
–, Varianz   65
Zuordnungsverfahren   617–626
Zusammenfassen von Fehlervarianzschätzungen   253
Zusammenhangshypothese   108, 181, 182, 799
zweifaktorielle Varianzanalyse   290–312, 416–421, 494–498, 642
– –, Effektgrößen   303–305
– –, Einzelvergleiche   305–312
– –, Freiheitsgrade   296, 297
– –, F-Tests   298
– –, Hypothesen   297
– –, n = 1   325–327
– –, Quadratsummenzerlegung   292–296
– –, rechnerische Durchführung   298, 299
– –, Scheffé-Test   306, 309
– –, SPSS-Beispiel   741, 742
– –, Theorie der   410–421
– –, Trendtest   305
– –, ungleiche Stichprobengrößen   321–325, 480–484, 494–498
– –, Voraussetzungen   328
zyklische Permutation   397

Druck- und Bindearbeiten: Legoprint, Italien